Gesamtverzeichnis des deutschsprachigen Schrifttums (GV) 1700 – 1910

Bearbeitet unter der Leitung von
Hilmar Schmuck und Willi Gorzny
Bibliographische und redaktionelle Beratung:
Hans Popst und Rainer Schöller

152

Vois - Vor

K · G · Saur München · New York · London · Paris 1986

CIP-Kurztitelaufnahme der Deutschen Bibliothek

Gesamtverzeichnis des deutschsprachigen Schrifttums :
(GV). – München, New York, London, Paris : Saur.
Bd. 1 – 6 bearb. unter d. Leitung von Peter Geils
u. Willi Gorzny.
ISBN 3-598-30000-X

1700 – 1910 / bearb. unter d. Leitung von Hilmar
Schmuck u. Willi Gorzny. Bibliograph. u. red.
Beratung: Hans Popst u. Rainer Schöller

NE: Schmuck, Hilmar [Bearb.]

152. Vois – Vor. – 1986.

Techn. Realisierung und Druck: Norbert Gaertner, Mainz-Kastel
Binden: Karl Schaumann, Darmstadt
Printed in the Federal Republic of Germany
ISBN 3-598-30000-X (Gesamtwerk)

Voisard, **Franc. Xav., elementa linguae gallicae juxta recentissimam Aevi etc. 8maj. Budae 778. Typ. 12 ℊ**

v. **Voisenon**, Euphrosine, od. d. weibl. Saldangarin. 8. Leipz., Joachim. 18 ℊ

Voisenon, Claude-Henri de Fusée de

VOISENON, Abbé v. Die Andachtsübungen des Herrn Heinrich Roch mit der Frau Herzogin von Condor. Mit einem Frontispiz von Félicien Rops. Übersetzt von Alfred Semerau. 1907. 8°. IV, 81 S. 350 Expl. auf van Gelder.

VOISENON, Abbé Claude-Henri de Fusée de, (de l'Acad. Franç., né au Château de Voisenon, près Melun, en 1708, † en 1775. — Voir Palissot, Oeuvres, nouv. édit., t. 4. Liège 1777. gr. in-8°, p. 403–4). — Die Andachtsübungen des Herrn Heinrich Roch mit der Frau Herzogin von Condor von dem verstorbenen Abbé *von Voisenon*, fröhlichen Angedenkens, ehemaligem Mitglied der französischen Akademie. Mit einem Frontispice v. Félicien Rops. O. O. (München) 1908. Kl. 8°. Privatdruck. IV u. 81 S. (Gebd. Mk. 10—; Ldr. 15—.) (7 Mk. 50 Pfg., Orig.-Bd., wie neu, Lipsius & Tischer, Kiel, 1909; 12 Mk., Orig.-Einbd. m. Goldschrift u. oben Goldschnitt, Adolf Weigel, 1909.)
Nur in einer Auflage von 350 Expl. hergestellt.

— — Dasselbe. Luxusausgabe auf van Geldern in Ganzldr. (nur 15 Expll. à Mk. 25—.)

Voisenon, contes légers, s.: Bibliothèque classique intéressante.

Voisenon, la Coquette finée. Comedie en 3 A. 8. Dresd. 765. Walther. 6 ℊ

Voisin, A., die Haematocele retrouterina und die freien Blutextravasate in der Beckenhöhle. In's Deutsche übertr. von W. Langenbeck. gr. 8. (IV und 225 S.) Göttingen 862, **Vandenhoeck und Ruprecht's Verlag.** *

Voisin, A. A., s. le **Livre** de Baudoyn.

Voisin, Aug., Bibliotheca Gandavensis. **Catalogue méthodique de la Bibliothèque de l'Université de Gand; précédé d'une histoire de cette Bibliothèque et suivi de tables de noms d'autres etc. — Jurisprudence. (Mit Titelkupfer.)** gr. in-8. Gand 839. (Bonn, Marcus.) n. 2 ℳ

— Documents pour servir à l'histoire des Bibliothèques en Belgique et de leurs principales curiosités littéraires. (Mit Titelkpfr.) gr. in-8. Gand 840. (Bonn, Marcus.) n. 4 ℳ

Voisin, Aug., Examen critique des historiens de Jacques van Artevelde, ou un grand homme réhabilité; avec pièces justificatives. gr. in-8. Bruxelles 841, Muquardt. n. 2 ℳ

Voisin, Fr., über das Stammeln, seine Ursachen u. verschiedenen Grade, nebst den Mitteln, diesem Fehler d. Aussprache vorzubeugen u. ihn zu heilen; aus d. Franz. v. G. Wendt. 8. Leipz. 822. Mag. f. Ind. 6 ℊ

— üb. d. Stammeln ꝛc., e. andere Uebersetzung. 18. Wien 826. Haas. 16 ℊ

Voisin, (Fr.,) üb. d. Stammeln ꝛc., e. andere Uebersetzung. 16. Wien 827, **Haas.**

Voisin, J. Ant. R., De antipathia humana. Bas. 8°.

1710

Voisin, Jh. Bapt., s. a. **Duvoisin.**

Voisin, Joh. Bapt. du, beweisführende Probe für d. Aechtheit der evangel. Gesch. 8. Cöln, Fabricius. 801.

Voisin, M., Militair-Reiterei. Die unrichtige Wirkung der Kandarenzügel, und ein Mittel zur Beseitigung dieses Fehlers. Aus dem Französ. übers. von E. v. Block. 1. Aufl. (44 S.) und 2., verb. Aufl. gr. 8. (46 S.) Erfurt 847, (Körner's Verlag.) *

Voisin, P., im Lande der Teutonen. Nach dem Franz. 8. (III, 101 S.) Zürich 889. Verlags-Magazin. n. 1.40

Murroch, der Verräter. Schauspiel in 3 Akten aus d. Franz. des August **Voisine** in's Deutsche übers. von Heinrich Houben. *Kempen (Rh.): Klöckner & Mausberg [1899]*. (68 S.) 8° [F.]
= **Theater-Bibliothek.** H. 11. [oi 3340 5

Voiss, Franciscvs (geb. am 14 Jan. 1847 in Stolberg bei Aachen): De Wenceslao rege Romanorvm ... Bonnae, typ. I. F. Carthavsii (1869). 2 Bl., 88 S., 1 Bl. 8.
Bonn, Phil. Fak., Diss. v. 15 Mai 1869

Voiss, Frz. König Wenzel und die römische Kurie. 1 Teil XLIX S. **Progr.** G. **Düren* 1877

Voiss, Hubert Julius (geb. Kerpen bei Cöln a. Rh. 13. 7. 1859): Ruptura oesophagi traumatica. Berlin (1881). (35 S.) 8°
Berlin, Med. Diss. v. 12. Febr. 1881

Voissel, Peter: Resonanzerscheinungen in der Saugleitung von Kompressoren und Gasmotoren. 1910. 57 S., 6 Taf. 4°
¶ Etwas gekürzt in: Mitteilungen über Forschungsarbeiten auf d. Gebiete d. Ingenieurwesens. H. 106. 1911; Ausz. in: Zeitschrift d. Vereines deutscher Ingenieure. Bd 56. 1912, Halbj. 1.
Aachen, Dr.-Ing.-Diss. v. 9. 7. 1910

Voissin-Bey, die Seehäfen Frankreichs. **Deutsche autoris. Ausg. nebst Anmerkgn. v. G. Franzius. Mit 12 Taf. Lex.-8. (IV, 183 S. m. 1 Tab.) Leipzig 886.** Engelmann. **n. 11. —**

Voit, A., David Voit, Verfasser der ersten Landeskunde d. Herzogth. Sachsen-Meiningen, s.: Schriften d. Vereins f. Meiningische Geschichte u. Landeskunde.

Voit, August

Voit, A., theoret.-prakt. Anleitung zu den bei großen Brunnenwerken vorkomm. Maschinen zur Hebung d. Wassers. Nach Kasp. Walter u. Luk. Boch, mit Berücksichtigung d. öffentl. Wasserwerke in Augsburg, neu bearb. 2 Thle. gr. 8. (12 B. u. 44 Kpfrt. gr. Fol.) Augsburg 832, v. Jenisch u. Stage'sche Brlsh.

Voit, Aug., üb. die Aufbewahrung des Getreides in Scheunen, auf Schüttböden, in hermetisch geschlossenen u. mit Bleiplatten bekleideten Gewölben u. in sogen. Silos; dann über Getreidedarren u. die zweckmäßigste Construction aller hieher gehörigen Bauwerke. 2. Ausg. Mit 3 Kpfrtaf. (in Fol.) gr. 8. (342 S.) Augsburg 847, v. Jenisch & Stage. 2 ℳ

— u. Jos. **Unger,** ein Brunnenhaus, siehe: Unger, Jos.

Voit, Aug., Darstellung einer bayer. Bierbrauerei, } **s. Unger, J.**

Voit, Aug., **Denkmäler der Kunst, s.a. Denkmäler. — Unger, J(os.)**

—— Denkmäler der Kunst zur Uebersicht ihres Entwickelungs-Ganges von den ersten künstlerischen Versuchen bis zu den Standpunkten der Gegenwart. 1—3. Lfg. 1. u. 2. Abschnitt. Die Kunst auf ihren früheren Entwickelungsstufen. Taf. 1—XI. u. 2. Abschn. Taf. I—XIII. (Bilder-Atlas zum Handbuch der Kunstgeschichte von F. Kugler.) qu. Fol. (10½ B. Text.) Stuttgart 845, 47, Ebner u. Seubert. * : feine Ausg. * :

Voit, A. v., das chemische Laboratorium der königl. Akademie der Wissenschaften in München. Unter Mitwirkung von Justus v. Liebig. gr. 8. (VII und 43 S. nebst einem Atlas mit 13 Stnt. in qu. gr. Fol.) Braunschweig 859, Vieweg und Sohn. *

— Sammlung v. Rissen von ꝛc. in München aufgeführten Privat= u. Gemeinde=Gebäuden, s. Unger, Jos.

Voit, C. v., s. Voit, Karl v.

Voit, Carl v., s. Voit, Karl v.

Voit, Dav., der kleine Geograph oder Handatlas f. d. Schulen des Herzogth. Sachsen=Meiningen. 2. Aufl. 8 Karten und Text. Saalfeld ..., Niese. 1/4 ₰

— das Herzogthum S.=Meiningen, tabellarisch, historisch und statistisch dargestellt. ... Ebend. ... 1/3 ₰

Voit, D., das Herzogthum Sachsen=Meiningen, in tabellar. Uebersicht histor., geograph. u. statist. dargestellt. gr. Imp.=Fol. Saalfeld 839, Niese. Thlr.

Voit, Edmund, († d. 29. Oct. 1780.) **theologia moralis. II Ptes. 8maj. Würzb. 754, auch 769. Stahel. 2 ₰**

Voit, E., theologia moralis, ex solidis probatorum auctorum principiis etc. concinnata. II Tmi. 8. maj. Würzburg, Stahel. 769.

Voit, Edm., Theologia moralis ad commodiorem usum in alma universitate Herbipolensi. Editio XII., accurate emendata, cui accedunt notae amplissimae accommodatae juri gallico, cura et studio M. Gaultier. Et tractatu prodromo de actibus humanis, syllabo definitionum, atque aliis plurimis accessionibus locupletata. II Tomi. 12maj. (XXVII und 1343 S. mit 1 Kpfrt. in qu. 4.) Parisiis 843. Moguntiae, [Kirchheim.] Thlr. *

Voit, Edm., theologia moralis. Editio VII. 2 Partes. Würzburg 860. Stahel. Lex.-8. (VIII, 440; VI, 489 S.) n. 2 ₰

Voit, Eduard: Über die beiden isomeren Dimethylbernsteinsäuren symmetrischer Konstruktion. . . . Leipzig-Reudnitz, Druck v. Max Hoffmann, 1889; 40 S. + 1 Bl. 8°
Leipzig, Phil. Fak., Inaug.-Diss. v. 17. Apr. 1889

Voit, Emil, Kgl. Bayer. Forstamtsassistent I. Kl.: Geschichtliche Darstellung des Einflusses der künstlichen Verjüngung auf die Verbreitung der Holzarten (im Königreich Bayern). München 1908: Kastner & Callwey. (VI, 109 S., 2 Tab.) 8° ¶ (Gekr. Preisschr.)
München, Staatswirtsch. Fak., Ref. H. Mayr, Diss. v. 9. März 1908
[Geb. 5. Juni 72 Berlin; Wohnort: München; Staatsangeh.: Bayern; Vorbildung: Maximilians-Gymn. München Reife Juli 94; Studium: Forstl. Hochsch. Aschaffenburg 4, Univ. München 7 S.; Rig. 9. März 08.]

Voit, Ernst. Handbuch d. angewandten Optik, s. Steinheil, Adph.

Voit, Ernst, d. elektrische Lichtbogen, s.a. Sammlung elektrotechn. Vorträge, Hft. 1.

Voit E. der elektrische Lichtbogen. (Samml g. elektr. Vortr. 1, 1) Stuttgart 1896

— u. C. Heinke, elektrotechnisches Praktikum. Hilfsbuch für Studirende der Elektrotechnik. 2. Thl. gr. 8. Leipzig 897. S. Hirzel. Geb. in Leinw. n. 8. — Wechselstrommessungen u. magnetische Messungen. Von C. Heinke. (XXIII, 300 S. m. 148 Fig.)
Der 1. Thl. erscheint später.

Voit, Ernst, s.: Sammlung elektrotechn. Vorträge.

Voit, Ernst, über die Vergleichung von Bergkrystall-Gewichten. [Aus: „Abhandlgn. d. k. b. Akad. d. Wiss."] gr. 4. (100 S.) München 880. Franz in Comm. n.n. 3. —

VOIT, Erwin (München): Ueber die Bedeutung des Kalks für den thierischen Organismus.- München: Oldenbourg 1880. 66 S.
1.8.1877 - Urk (Titel: Quam vim victus calce carens in organismum habeat.); Chr 1877/78,10
Diss. Ingolst.-Landsh.-Mchn.

Voit, Erwin, s.: Zeitschrift f. Biologie.

Voit, F. W., Übersicht üb. die nutzbaren Lagerstätten Südafrikas. (38 S. m. 9 Fig. u. 1 Taf.) Lex. 8. Berlin 908. M. Krahmann. 2. 50
Sonderabdruck aus: „Ztschr. f. prakt. Geol."

Voit, Friedrich W[ilhelm], aus Freiberg i. S.: Geognostische Schilderung der Lagerstätten-Verhältnisse von Dobschau in Ungarn. Mit 1 Taf. in Farbendr. u. 2 Zinkotypien im Texte. *Wien 1901: Brüder Hollinek.* (34 S.) 4° ¶ Aus: Jahrbuch d. k. k. geol. Reichsanst., 1900, Bd 50, H. 4.
Rostock, Phil. Diss. v. [23. Febr.] 1901

Voit, Fritz [Dr.]: Beiträge zur Frage der Secretion und Resorption im Dünndarm . . . München, Druck v. R. Oldenbourg, 1893; 75 S. 8.
München, Med. Fak., Hab.-Schr. v. 1893

Voit, Fritz [app. Arzt]: Ueber den bacterientötenden Einfluss des Blutes. . . . München, k. Hof- u. Univ.-Buchdr. Dr. C. Wolf & Sohn, 1889; 31 S. 8°
München, Med. Fak., Inaug.-Diss. v. 1889

Voit, Fritz, Lehrbuch d. klin. Untersuchungsmethoden, s.: Geigel, Rich.

Voit, G., Militär-Geschäftskenntnis. Ein Nachschlagebuch für Offiziere, Feldwebel etc. der bayerischen Armee. gr. 8. (X, 194 S.) Neuburg a/D. 881. Griessmayer. n. 3. —

Voit, G., **Militär-Geschäftskenntnis.** Nachträge, bearb. von Ed. v. Lilier. gr. 8. (34 Bl.) Neuburg a/D. 883. Griessmayer. n. — 80

— dasselbe. 2. Nachtrag. gr. 8. (15 Bl.) Ebend. 884. — 60 (Hauptwerk m. 1. u. 2. Nachtrag: n. 4. 10)

Voit, Hans, bacc. iur.: Der Besitzanspruch wegen Besitzentziehung nach dem Bürgerlichen Gesetzbuche für das Deutsche Reich. Borna-Leipzig 1908: Noske. X, 72 S. 8°
Leipzig, Jur. Diss. v. 2. Dez. 1908
[Geb. 11. Juni 85 Grimma; Wohnort: Grimma; Staatsangeh.: Sachsen; Vorbildung: Fürstensch. Grimma Reife O. 04; Studium: Leipzig 8 S.; Rig. 5. Febr. 08.] [U 09. 2711

Voit, Hermann: Aetiologie, Diagnose und Therapie des Aneurysmas der Arteria poplitea im Anschluss an einen auf der chirurgischen Abteilung des Krankenhauses l. d. I. in München beobachteten Fall. Nürnberg 1908: Voit. 21 S. 8°
München, Med. Diss. v. 22. Jan. 1909, Ref. v. Angerer
[Geb. 28. Juli 83 Stuttgart; Wohnort: Nürnberg; Staatsangeh.: Bayern; Vorbildung: Altes Gymn. Nürnberg Reife Juli 02; Studium: Erlangen 4, Kiel 1, Berlin 1, München 4 S.; Coll. 22. Jan. 09; Approb. 31. Dez. 08.] [U 09. 3417

Voit, J., s. Voit, Joseph

Voit, I. G. G., s. Voit, Johann Gottlob Wilhelm

Voit, Johann Michael

— üb. d. Anlegung u. Umwandlung d. Gottesäcker in heitere Ruhegärten d. Abgeschiedenen. Ein Wort zu seiner Zeit an alle christl. Gemeinden Deutschlands. Mit 3 Kpf. gr. 4. Augsb. 825. (Leipz., Hinrichs). 12 gGr.

—— auf Theorie u. Erfahrung gegründ. Anleit. z. Bauart mit Senkfaschinen u. Pfahlreihen in Anwendung auf Uferdeckwerke u. Flußcorrektionen. Ein Beitr. z. Strombaukunde. 1. Aufl. 837. 1¼ Thlr., u. 2., wohlf. Ausg. gr. 8. (à 9½ B. u. 2 Stnt.) Augsburg ..., [Fahrmbacher.]

— auf Theorie u. Erfahrung gegründete Anleitung zur Bauart mit Senkfaschinen u. Pfahlreihen in Anwendung auf Uferdeckwerke u. Flußcorrektionen. Ein Beitrag zur Strombaukunde. (Mit 2 Steintaf.) gr. 8. Augsburg 837. Magazin für kathol. Literatur. 1⅙ Rthlr.

Voit, J. M., theoret.-prakt. Anleitung z. Straßen-, Brücken-, Wasser- u. Hochbau-Wesen. Ein Handb. f. angeh. Baumeister u. Bauwerkleute. 2 Thle. Augsburg, v. Jenisch u. Stagesche Buchh. à 2 Thlr.

Thl. 1. Den Straßen- u. Pflasterbau, dann den Brückenbau enth. (25½ B. u. 4 Stnt.) 837.
" 2. Den Wasser- u. Hochbau enth. (25 B. u. 4 Stnt.) 838.

Voit, Mich., Anleitung zum Vizinalstraßenbau. Mit 1 Kpft. 8. Augsburg 821. v. Jenisch u. St. 14 gGr.

— üb. die Anwendung d. Curven von Holz u. Gußeisen zu Dächern u. Brücken, od. gründl. Anleit. z. Construction d. Bohlendächer, eis. Brücken u. Dachstühle. Mit 6 Kpft. gr. 8. Augsb. 825. v. Jenisch u. St. 2 Rthlr. 16 gGr.

Voit, Mich., üb. die Aufbewahrung des Getreides; dann üb. Getreidedarren u. die zweckmäß. Construction aller hieher gehör. Bauwerke. Mit 3 Kpft. gr. 8. Augsb. 825. v. Jenisch u. St. 2 Rthlr.

— der innere Ausbau d. Gebäude, od. theoretisch-prakt. Anleitung zu einer bequemen u. schickl. Anordn. u. Einrichtung d. Wohnungen, dann üb. die Construction d. Gewölbe, Treppen, Fenster, Thüren etc. Mit 5 Kpft. gr. 8. Augsb. 824. v. Jenisch u. St. 3 Rthlr.

— üb. Baumaterialien u. Arbeitslohn zur Berechnung richtiger Bauanschläge. 8. Augsb. 821. v. Jenisch u. St. 18 gGr.

— Beiträge zur allgem. Baukunst, eine Samml. techn. Beobachtungen u. Erfahrungen über Architektur, Hydrotechnik, Mechanik u. Landwirthschaft. 3 Thle. mit Kpft. 8. Augsb. 822 u. 23. v. Jenisch u. St. 4 Rthlr. 3 gGr.

—— über Fensterstöcke nebst ihren Rahmen, dann üb. Zimmerthüren, Hausthüren u. Thore mit ihren Beschlägen, in Hinsicht e. zweckmäß. Construction u. schönen Form. Vorzügl. f. Schreiner u. Schlosser etc. gr. 8. (8 B. u. 12 Kpfrt. gr. Fol.) Augsburg 829, [v. Jenisch u. Stage'sche Vrlsh.]

— Handbuch d. landwirthschaftl. Baukunst. 2 Thle. Mit 22 Kpf. gr. 4. Münch. 817. Wohlf. Ausg. 819. (Leipz., Fr. Fleischer.) 3 Rthlr. 8 gGr. Neu umgearb. u. theils mit verbess., theils mit neuen Plänen versehen. 2 Thle. mit 20 Kpft. (in Fol.) gr. 8. Augsb. 831. v. Jenisch u. St. 4 Rthlr. (38½ B. u. 20 Kpfrt. Fol.)

—— Handbuch d. landwirthschaftl. Baukunst. 2 Thle. 3. Ausg. gr. 8. (38½ B. u. 20 Kpfrt.) Augsburg 840, v. Jenisch u. Stagesche Verlagsh.

Voit, Mich., Handbuch der landwirthschaftlichen Baukunst. 2 Thle. Mit 24 (Kpfr.-)Taf. (in Fol.) 3. Aufl. München 859. Fleischmann in Comm. 4. (XII, 250 S.) n. 2 Rthlr. 20 ngr.

—— technolog. Handwörterbuch, od. Beschreib. u. Erklär. d. gewöhnlichsten Kunstausdrücke, welche bei d. Landbaue, Straßen-, Brücken- u. Wasserbaue, dann Maschinen- u. Mühlenbaue vorkommen; ein Hülfsb. f. Beamte, Handwerker, Künstler u. alle Geschäftsmänner. gr. 8. (12 B.) Augsburg 833, v. Jenisch u. Stage'sche Vrlsh.

Voit, J. M., die Landbaukunst in allen ihren Haupttheilen, oder Unterricht in der Materialienkunde und Anleitung zum Entwerfen der Pläne vorzüglich öffentlicher und Privatgebäude, dann zur Construction der Bauwerke. 4 Thle. Augsburg. 1826—1829. 8. 11 Thlr.

1r Theil. In besonderer Rücksicht auf Gebäude des Cultus und der Erziehung. 1826. 2⅔ Thlr.
2r Theil. In besonderer Rücksicht auf Gebäude zur höhern Bildung der Jugend und für gelehrte Anstalten und Kunst. 1827.

—— die Landbaukunst in allen ihren Haupttheilen, od. Unterricht in d. Materialienkunde, u. Anleit. zur Entwerfung d. Pläne vorzügl. öffentl. u. Privat-Gebäude. 3. u. 4. (letzt.) Thl. gr. 8. Augsburg, [v. Jenisch u. Stage'sche Vrlsh.] à 2 Thlr. 18 Gr

Thl. 3. In besond. Rücksicht auf Gebäude zur Leitung d. Staatsgeschäfte, zur Erhaltung öffentl. Sicherheit, von Gebäuden d. Militärs, zur Beförd. d. Industrie u. d. Wohlthätigkeit. (30 B. u. 10 Kpfrt. gr. Fol.) 828.
" 4. In besond. Rücksicht auf öffentl. Gebäude zur Beförderung d. Vergnügens, u. auf Privat-Gebäude. (30 B. u. 10 Kpfrt.) 829.
1. u. 2. Thl. Ebendas. 1826. 6 Thlr. 12 Gr.

—— Lehrbuch f. Bauhandwerker u. Bauherren üb. Baumaterialien-Kunde u. z. Berechn. richt. Bauanschläge. Auch als Leitfaden z. architekton. Unterr. bei Gewerbsschulen. In alphabet. Ordnung. 1. Aufl. 835. 1⅙ Thlr., u. 2., wohlf. Ausg. gr. 8. (à 15 B.) Augsburg ..., [Fahrmbacher.]

Voit, J. M., Lehrbuch für Bauhandwerker u. Bauherren über Baumaterialien-Kunde und zur Berechnung richtiger Bauanschläge. Auch als Leitfaden zum architekton. Unterricht bei Gewerbsschulen. In alphabet. Ordnung. gr. 8. Augsburg 835. Kranzfelder'sche Buchh. 1⅙ Rthlr.

Voit, J. M. Lehrbuch über Baumaterialien-Kunde und zur Berechnung richtiger Bauanschläge. 2. A. Augsburg 1847.

—— theoret.-prakt. Lehrbuch f. Maurer u. Zimmerleute, insonderheit zur Vorbereit. auf die ihnen vorgeschriebene Prüfung, wenn sie das Meisterrecht erhalten wollen. gr. 8. (12 B. u. 4 Kpfrt. Fol.) Augsburg 832, v. Jenisch u. Stage'sche Vrlsh.

Voit, theoretisch-prakt. Lehrbuch f. Maurer u. Zimmerleute, insonderheit zur Vorbereitung auf die ihnen vorgeschriebene Prüfung, wenn sie das Meisterrecht erhalten wollen. 2., verm. u. verb. Aufl. gr. 8. (14½ B. u. 5 Kpfrt.) Augsburg 841, v. Jenisch u. Stage'sche Buchh.

Voit, J. P., s. Voit, Johann Peter

Voit, Joh. Christoph (Schweinfurt) [Auctor]
Dissertatio inauguralis De haemorrhoidum praecipuis causis.
Gissae 3. Sept. 1784: Braun. (2), 18, (2) S. 4°
pro summis in medicina honoribus et privilegiis rite consequendis.

Voit, Jh. Glo. Wlh., (†d. 12 Juni 1813.) commentatio med. chirurg. exhibens oculi humani anatomiam et pathologiam, ejusdemque in statu morboso exstirpationem. 8 maj. Nürnb. 810. Schneider u. W. 8 gGr.

— Historia muscorum frondosorum in magno ducatu Herbipolitano crescentium, cum fig. 8. Nürnb. 812. Schneider u. W. 16 gGr.

— Historia plantarum cryptogamicarum in magno Ducatu Herbipolitano crescentium. Fasc. Ius. Musci frondosi. 8. ibid. 812.

— Versuch e. physiolog.-phys. Darstell. des Menschen. 8. Nürnb. 813. Schneider u. W. 20 gGr.

Voit, Jh. Pet., († 30. Mai 1811.) neues ABC=, Buchstabir= u. Lesebüchlein für Schulen. 2e Ausg. 8. Schweinf. 785. 3e A. 790. 4e A. 8. Nürnb. 799. Schneider u. W. 4 ℊℊ, mit Kpf. 8 ℊℊ ill. 12 ℊℊ. N. Aufl., s. : neueste Fibel.

— ABC=Fibel, od. Syllabir= u. Lesebuch, m. K. 8. Ebend.
m. illum. Kupf.

— ABC=Schule d. Vergnüg. f. kl. Kind. m. K. Ebend.
illum.

— ABC= u. Syllabirspiel in 36 Blättern in Kartenformat; mit 24 Kpf. in Futteral: Nürnb. 788. Schneider u. W. 8 ℊℊ ill. 12 ℊℊ

— Anweisung für Bürger u. Landleute zu anständiger Abfassung u. Beantwortung sogenannter Freiers= u. Gevatterbriefe, Hochzeit=Einladungen u. Traueranzeigen rc. 8. Nürnb. 812.

s. Auswahl deutscher Fabeldichter.

— Beicht= u. Communionbuch, für Freunde u. Verehrer Jesu. 8. Schweinf. 794. 8. Leipz. 797. Rein. 16 ℊℊ

Voit, Johann Peter: Fassliche Beschreibung der gemeinnützlichsten Künste und Handwerke für junge Leute ... Nürnberg: bei C. Weigel und Schneider 1788
2 Bd. 390 S. 46 Taf. 8
Die Kupfer bez. A. Gabler inv. et del. ... G. Vogel sc. Nbg 1786

— faßliche Beschreib. der gemeinnützig. Künste u. Handwerker für junge Leute als technologischer Unterricht rc. 2 Bde. mit 112 K. 8. Nürnb. Schneider u. W. 804.
m. illum. K.

— kurze Beschreib. d. Künste u. Handwerke. 8. Erlang. 791.

— neues Bilder=, ABC= u. Syllabirspiel, m. K. Nürnb. Schneider u. W.
illum.

— Eusebius z. Förder. christlicher Gesinnung und Rechtschaffenheit. 2 Hefte. gr. 8. Nürnb. 793. Schneider u. W. 12 ℊℊ (I. Rath e. Vaters an s. studir. Söhne. 6 ℊℊ N. A. 813. 12 ℊℊ II. Winke e. Vaters. 6 ℊℊ)

— neueste Fibel, oder ABC=, Syllabir= u. Lesebüchlein, für alle Confessionen brauchbar, mit 2 Taf. 8. Nürnb. 810. Schneider u. W. 8 ℊℊ mit Kpf. 12 ℊℊ mit ill. Kpf. 16 ℊℊ N. Aufl. (d. neuern ABC=, Buchstabir= u. Lesebüchleins).

— Gebete u. Lieder für junge Christen, mit 2 Kpf. 8. Nürnb. 792. Raw. 5 ℊℊ Hbg. Pr. 3 ℊℊ

s. Komplimentir= und Sittenbuch.

s. Mittel, d. Weinberge gegen Nachtfröste zu sichern.

— zwei Nachmittagspredigten, gehalten nach dem ersten u. zweiten Brande, der am 11. u. 14. Januar 1787 in Schweinfurt ausgekommen war. 8. Schweinf. 787.

— Naturgeschichte. 8. Nürnb. Raw. 794.

Voit, Joh. Pet., Naturgeschichte f. junge Leute, m. K. 8. Nürnberg, Schneider u. W. Rthl.
m. illum. Kupf.

Voit, Joh. Pet., Rath eines Vaters an seine studirende Söhne. 8. Ebend. 813.

— s.a. Rettung d. Weinberge in Franken.

Voit, Johann Peter: Die Rettung der Weinberge in Franken unternommen im May 1803 und durch Räuchern glücklich ausgeführt. als faßlicher Unterricht für das Volk in Gesprächen dargest. von einem Freunde der allgemeinen Landeskultur [d. i. Johann Peter Voit]. Würzburg: Stahel 1804. 195 S. -- 12°.21
BJ: Die Rettung der Weinberge ... . -- Bibliotheca oenologica: Die Rettung der Weinberge .... -- Dochnahl: Die Rettung der Weinberge ... . -- Heinsius: Rettung der Weinberge ... . -- Kayser: Rettung der Weinberge ...., angebl. von J. P. Voit. -- Weber: Die Rettung der Weinberge ....

Voit, J. P., Sammlung von Fabeln der vorzügl. deutschen Dichter mit erklär. Anmerkungen für die Jugend. N. Aufl. mit 12 illum. Kupf. gr. 8. Nürnberg, Schneider und W. 820.

— Schule des Vergnügens f. kleine Kinder, in 3 Classen abgetheilt, mit Räthseln, Spielen, angen. Erzähll. u. 36 Kpf. u. Vorschr. 8. Nürnb. 788. N. A. 803. Schneider u. W. 1 ℛ ill. 1 ℛ 12 ℊℊ

— Schule des Vergnügens f. kleine Kinder, in 3 Klassen eingetheilt. Mit vielen Kupf. Neue Auflage. 8. Ebend. 811.
illum.

s.a. Schüler, d. höfl.

[Voit, Joh. P.] *Der höfliche Schüler* oder Regeln zu einem höflichen und artigen Betragen für junge Leute. [Darunter Holzschnitt]. Nürnberg, bei C. Weigel und A. G. Schneider, [ca. 1790]. 96 S. mit 7 kräftig kolorierten Kupfern im Text. Kl.-8°. Neuerer Pappbd. 75.—
Nicht bei RumKB. Hobrecker AVK (p. 138) zitiert nur eine dritte Auflage v. 1835. Selten! Zweite Auflage dieses sehr bemerkenswerten, mit Versen u. Anekdoten belebten „Sittenbüchleins". Der Verf. unterzeichnet die Vorrede zur zwoten Auflage (S. 3/4): „Johann Peter Voit, Archidiac. und Professor. Schweinfurt am 15. Marz." Von den originellen Stichen (je ca. 57 : 70 mm) ist der letzte bezeichnet: „KLINGER sc." — Gutes Exemplar.

— höflicher Schüler, od. Sittenbuch f. d. Jugend, m. K. 8. Ebend. 803.
illum.

— Sendschreiben an die evangel. Gemeinde zu Oberndorf bei Schweinfurt. 4. Marktbreit 777.

— Sittenbuch für junge Leute, s. Schüler, d. höfl.

J. Pt. Voit's Sittenb. f. junge Leute — (3e A. d. höfl. Schülers. 797.) 4e vm. u. vb. A. *Nürnb.*, Schneider u. Weigel. 802. 8° m. K. 8 ℊℊ

— Syllabir=Spiel in 36 Charten. 12. Ebend.

— das Thierreich in Reimen, e. naturhistor. Bilderbuch rc. 1r Thl. 4. Leipz. 797. Rein 16 ℊℊ mit Kpf. 2 ℛ illum. Kpf. 4 ℛ mit fein illum. Kpf. 6 ℛ (vergl. Säugethiere, die).

— Unterhaltungen für junge Leute, aus d. Naturgeschichte rc. 3 Bde. mit 88 Kpf. 8. Nürnb. 786—90. N. A. 794—99. 3e A. 804. Schneider u. W. 5 ℛ 8 ℊℊ ill. 7 ℛ 12 ℊℊ (I. Auch u. d. T.: Naturgeschichte zur deutl. Selbstbelehrung u. z. Gebrauch für Schulen. 1 ℛ 8 ℊℊ ill. 3 ℛ II. III. A. u. d. T.: Beschreib. der Künste u. Handwerker. 4 ℛ ill. 6 ℛ)

— an deutsche Väter u. Mütter. 8. Nürnb. 792. Raw. 4 ℊℊ

— Versuch einer physiolog.=psychologischen Darstellung d. Menschen. gr. 8. Nürnb. 813. Schneider u. W. 16 ℊℊ

— Zeitvertreib für junge Leute zur Beschäftigung in arbeitsfreien Stunden, mit Kpf. 8. Nürnb. 793. Endter. 11 ℊℊ Schreibp. 16 ℊℊ mit Kpf. 18 Schreibp. mit ill. Kpf. 22 ℊℊ

Voit, Joseph

— berühmte Österreicher. Lebensbilder hervorrag. Männer aus d. Volke. Für d. Jugend bearb. 1.—3. Bd. 8. Zwettl, O. Neugebauer. Geb. in Leinw. n. 3. —
1. (IV, 93 S. m. 4 Bildn.) 896. n. — 80
2. (IV, 121 S. m. 4 Bildn. u. 2 Taf.) 897. n. 1. —
3. (IV, 170 S. m. 6 Bildn.) 897. n. 1. 20

Voit, J., deutsche Ruhmeshalle. Der deutschen Jugend Österreichs gewidmet. gr. 4. (40 S. m. eingedr. Illustr., 5 Taf. u. Farbentitel.) Wien 888. (Seidel & Sohn.) cart. n. 3. 60

Voit, J., Deutsche Ruhmeshalle. Der deutschen Jugend Oesterreichs gewidmet. 4. (40 S.) Eleg. cart. In Comm. Wien: Möbius 1897. 1. —

Voit, Jos., denkwürdige Tage Österreichs. Geschichtl. Bilder aus der ruhmvollen Vergangenheit uns. Vaterlandes. Zur Feier patriot. Gedenktage bearb. f. d. österr. Jugend. gr. 8. (III, 245 S. m. 22 Taf.) Wien 893. (L. W. Seidel & Sohn.) n. 3. —

— dasselbe. 2. [Titel-] Ausg. gr. 8. (III, 245 S. m. 20 Bildern.) Wien (893) 897. O. Möbius. 1. 60

Voit, Jos., Warenkunde-Signaturen, nebst Anh. wicht., f. den Warenverkehr besteh. Gesetze, Erlässe, Verordngn., Kundmachgn., sowie Gewerbeordng., Handelsgesetz etc. u. e. Sammlg. prakt. Tabellen. Ausg. A. Für den Spezerei- u. Kolonialwarenhandel ausgearb. u. hrsg. 4. Aufl. (XI, 729 S.) Lex. 8. Wien 908. (C. Stetter.) Geb. in Leinw. 14. —

— dasselbe. Ausg. B. Für den Drogen- u. Materialwarenhandel ausgearb. u. hrsg. 4. Aufl. (XI, 851 S.) Lex. 8. Ebd. 908. Geb. in Halbfrz. 18. —

Voit, Karl v.

Voit, Carl, Anhaltspunkte zur Beurtheilung des sogenannten eisernen Bestandes für den Soldaten. (Suppl. zur Zeitschrift für Biologie.) gr. 8. (32 S.) München 876, Oldenbourg. *

Voit, Carl, über die Bedeutung der Galle für die Aufnahme der Nahrungsstoffe im Darmkanal. Lex.-8. (32 S.) Stuttgart 882, Cotta'sche Buchh. *
Aus: Beiträge zur Biologie als Festgabe dem Anatomen und Physiologen Th. W. v. Bischoff gewidmet, besonders abgedruckt.

VOIT, Karl (Amberg): Beiträge zum Kreislauf des Stickstoffes im thierischen Organismus.- Augsburg: Himmer 1857. 44 S.
8.8.1854 - Urk (Titel: De nitrogenii circulatione in corpore animalium.); F 68
Diss.Ingolst.-Landsh.-Mchn.

Voit, C. v., über die Beziehungen der Galle-Absonderung zum Gesammt-Stoffwechsel, s. Festschrift zur Feier des 300jähr. Bestehens der Julius-Maximilians-Universität.

—— über die Entwickelung der Erkenntniß. Rede an die Studirenden beim Antritte des Rektorats der Ludwig-Maximilians-Universität gehalten am 23. Novbr. 1878. gr. 8. (29 S.) München 879, Rieger'sche Universitäts-Buchh. *

Voit, Joseph v. Fraunhofer. [Aus: „Bayer. Industrie- u. Gewerbebl."] Lex.-8. (20 S. m. eingedr. Fig. u. 1 Portr.) München 887. (Literar.-artist. Anstalt.) n. 1.50

—— und Theod. Ludw. Wilh. Bischoff, die Gesetze der Ernährung des Fleischfressers, s. Bischoff, Theod. Ludw. Wilh.

Voit, C. v., Handbuch der Physiologie des allgemeinen Stoffwechsels u. der Ernährung. 8.-A. Leipzig 81. F. C. W. Vogel. M. 14.—

—— über die Kost in öffentlichen Anstalten. Vortrag, gehalten am 13. Septbr. 1875 in der ersten Sitzung des Congresses für öffentl. Gesundheitspflege zu München. Nebst einem Anhang: Methode zur Untersuchung der Kost auf die in ihr enthaltenen Nahrungsstoffe. Lex.-8. (59 S.) München 876, Oldenbourg. *

Voit, C. von.
Nekrologe auf J. G. von Jolly, J. B. Dumas, A. Wurtz, H. Kolbe, R. A. Smith, und andere. München, 1885. 8vo.

Voit, Carl v., Max v. Pettenkofer zum Gedächtniss. Rede, im Auftrag der mathematisch-physikal. Classe der kgl. bayer. Akademie der Wissenschaften in München in der öffentl. Sitzung am 16. XI. 1901 geh. gr. 4. (160 S.) München 902. (G. Franz' Verl.) n. 3.—

— Physiologie des allgemeinen Stoffwechsels u. der Ernährung, s. a. Handbuch der Physiologie.

Voit Cv, Physiologie des allgemeinen Stoffwechsels und der Ernährung. (Handbuch der Physiologie von Hermann 6, I) Leipzig 1881

Voit, Carl, über die Theorien der Ernährung der thierischen Organismen. Vortrag in der öffentl. Sitzg. der k. Akademie der Wissenschaften am 28. März 1868 gehalten. München 868. (Franz.) gr. 4. (37 S.) n. 12 ngr.

Voit, Carl, Untersuchung der Kost in einigen öffentlichen Anstalten. Für Aerzte und Verwaltungsbeamte in Verbindung mit J. Forster, Fr. Renk und Ad. Schuster zusammengestellt. Lex.-8. (215 S.) Ebendas. 877. *

Voit, Carl, Untersuchungen über den Einfluss des Kochsalzes, des Kaffee's und der Muskelbewegungen auf den Stoffwechsel. Ein Beitrag zur Feststellung des Princips der Erhaltung der Kraft in den Organismen. gr. 8. (III und 253 S. mit 1 Tab. in qu. Fol.) München 860, Literarisch-artistische Anstalt. *

—— physiologisch-chemische Untersuchungen. 1. Heft. gr. 8. (III und 111 S.) Augsburg 857, Rieger'sche Buchh.

Voit, Carl, über die Ursachen der Fettablagerung im Thierkörper. Vorgetragen in der Sitzung des ärztl. Vereins am 10. Oktbr. 1883. 1.—3. Aufl. Lex.-8. (23 S.) München 883,84, Rieger'sche Universitäts-Buchh. *
Aus: Festschrift dem ärztlichen Verein München zur Feier seines 50jähr. Jubiläums gewidmet, besonders abgedruckt.

— s.: Zeitschrift f. Biologie.

Voit, Max, appr. Arzt aus München: Ausnützungsversuche bei Aufnahme von trockenem und gequollenem Eiweiß mit und ohne Zugabe von Fleischextrakt. *München 1903: R. Oldenbourg.* (29 S.) 8° ¶[Aus: Zeitschr. f. Biologie, Bd 45, H. 1.]
München, Med. Diss. v. 1903

Voit, Max, Bau u. Entwickelung der Cowperschen Drüsen bei Echidna, s.: Denkschriften der medicinisch-naturwissenschaftlichen Gesellschaft zu Jena. VI, 2.

Voit, Max, Dr.: Aus d. anat. Inst. d. Universität Freiburg i. B. Dir.: Wiedersheim. Das Primordialcranium des Kaninchens unter Berücksichtigung der Deckknochen. Ein Beitr. z. Morphol. d. Säugetierschädels. Wiesbaden: Bergmann 1909. 192 S. 8° ¶(Aus: Anatomische Hefte. Abt. 1, Bd 38, H. 3.)
Freiburg i. B., Med. Hab.-Schr. v. 1909 [U 09. 1063

Voit, Michael. s. Voit, Johann Michael

Voit, P. C., percursio conatuum demonstrandi parallelarum theor. etc. c. fig. 8maj. Götting. 802. Brose. 8 gr.

Voit, Wilhelm, appr. Arzt aus Nürnberg: Bericht über 50 an der Erlanger Klinik ausgeführte Radikaloperationen von Leistenhernien. Erlangen 1904: Junge & Sohn. (45 S.) 8°
Erlangen, Med. Fak., Ref. Graser, Diss. v. 27. Juli 1904
[Geb. 3. Dez. 79 Nürnberg; Staatsangeh.: Bayern; Vorbildung: Gymn. Nürnberg Reife 99; Studium: Erlangen 4, Berlin 2, Freiburg i. B. 1, Erlangen 3 S.: Approb. S. S. 04.]

Voit von Berg, Christoph Friedrich (Augsburg)
A. S. 6/14

Dissertatio inauguralis iuridica de pictura famosa et de specie iuris Germanici, pacto nimirum quo maiores nostri, sub pictura famosa Bey Straffe Schandgemähldes sese obligarunt, occasione rec. imper. de a. 1577. tit. 35. $. 7. Präs. Jo. Salomon Brunnquell.
Jena (Horn) X. 1733. 1 Taf., 60 S.
35358

Voit von Berg, Christoph Jakob (Augsburg)
Altd. Jur. lose

Dissertatio inauguralis iuridica de iure communi dubie atque difficulter definiendo.
Altdorf (Meyer) 22. VIII. 1765. 27 S.

Gew.: Markus Christoph Koch, David von Stetten, Paul Amman, Wolfgang Jakob Sulzer, Johann Friedrich Gullmann, Christian Holeisen, Jakob Neuss, Paul von Stetten, Christoph von Rad, Jo. Leonhard Tauber. 35359

Voit von Salzburg, s. v. Salzburg.

Die Turbinen-Versuchsstationen und die Wasserkraft-Zentralen mit hydraulischer Akkumulierungsanlage der Firma J. M. Voith in Heidenheim a. d. Brenz. Zweigniederlassung in St. Pölten <Österreich>. (Der Königl. Techn. Hochschule zu Berlin gewidmet von ihrem Ehren-Doktor-Ing. Fr. Voith.) — Berlin: Springer 1909. XI, 69 S., 3 Taf. 4° **38 A.**

v. Voith, Ign. Edler u. Ritter, Anleitung z. Kenntniß, Behandl. u. Untersuchung der in d. königl. baierschen Armee eingeführten kl. Feuergewehre. 8. Amberg 825. (Pustet in Regensb.) 12 gr. (Nürnb. 828. Felßecker). 1 ₰ (Leipz., Mag. f. Ind.) 16 gr.
204 E

v. Voith, (K. B. quiesc. Oberstbergrath und Gewehrfabrik-Direktor etc.,) das Königl. Berg- u. Hüttenamt Bodenwöhr. Statistisch-historisch-topograph. beschrieben. Mit 2 Lithogr. 8. Regensburg 841. (Pustet.) n. ½ ₰ (11 B. u. 2 Stnt.)

— Vorschläge zur Verbesserung des Berg- u. Hüttenwesens in Baiern. 8. Sulzb. 822. v. Seidel. 3 gr.

— Vorschläge zur Vervollkommung der Markscheidekunst. gr. 8. Landsh., Weber. Ist d. Pr.

— Vorschläge zur Vervollkommnung d. Markscheideinstrumente, nebst e. Tabelle d. Seigerteufen u. Sohlen sowohl, als Breiten u. Längen, in 0,1 Theilen e. Prim nach d. Decimaleintheilung, mit 7 Kpft. gr. 8. Landsh. 805. Weber in Münch. 1 ₰

Voith, Valten: Dramen, s. Ackermann, Johann

Voith und Ackermann, Dramen, s. Bibliothek des litterarischen Vereins in Stuttgart CLXX.

Voitinovici, Artur, a. Botosani <Rumänien>: Hydrolyse des Keratins aus Horn und Wolle, sowie des Ichtylepidins. (Berlin 1907: A. W. Schade.) (33 S.) 8°
Berlin, Phil. Fak., Ref. Fischer, Diss. v. 5. Aug. 1907
[Geb. 19. April 81 Botoşanī (Rumänien); Wohnort: Botoşanī; Staatsangeh.: Rumänien; Vorbildung: Lyceum Laurian Botoşanī Reife Juni 99; Studium: Bukarest 6, Berlin 4 S.; Rig. 18. Juli 07.]

Vojtišek, Karl A.

Vojtíšek, Karl A., neueste Gespräche in čechischer und deutscher Sprache. Nejnovějši české a německé cvičeni v mluvení. Wien 862. Wenedikt. 16. (80 S.) 12 ngr.

Vojtíšek, K. A., der kleine Czeche. 5. Aufl. 16. Wien 873. Brünn, Karafiat's Verlag.

Vojtíšek, Karl A., der kleine Czeche. Gründliche und leichtfaßl. Anleitung, die böhm. Sprache theoretisch und praktisch in 14 eingetheilten Lectionen ohne Hilfe eines Lehrers gut lesen, schreiben und sprechen zu lernen. Für jeden Stand und jedes Alter. A. u. d. T.: Neuer unfehlbarer Schlüssel zur schnellen Erlernung der böhm. Sprache. Mit einem Anh. von Sprichwörtern, Sprach-eigenheiten, Aufgaben und Leseübungen etc. Nach den besten Quellen bearb. 5. verb. Aufl. 16. (160 S.) Wien 873, Wenedikt.

Vojtíšek, Karl A., der kleine Čeche. Gründliche u. leichtfaßliche Anleitung, die böhmische Sprache theoretisch u. praktisch in 14 eingetheilten Lectionen ohne Hilfe eines Lehrers gut lesen, sprechen u. schreiben zu lernen. Für jeden Stand u. jedes Alter. 6., verb. u. verm. Aufl. 16. (160 S.) Brünn 882. F. Karafiat's Verl. — 75

Voitl, Karl, zur Frage unserer Wasserstrassen. Gutachten des Vereines der Holzhändler, Holzindustriellen u. Flossfahrtunternehmer im Königr. Böhmen üb. die Rückwirkg u. den Einfluss der zu erricht. Wasserstrassen auf die durch den Verein vertretene Interessensphäre des Holzhandels, der Holzindustrie u. der Forstwirthschaft. gr. 8. (18 S.) Prag 902. (F. Řivnáč.) — 60

Voitl, Ludwig

Voitl, L., Handels-Adressenbuch für Böhmen, s. a. Handels-Adressenbuch.

Voitl, Ludwig, Handels-Adressenbuch für Böhmen mit besonderer Berücksichtigung der königlichen Hauptstadt Prag. 8. (512 S.) Prag, Styble. 1866 cart.

Voitl, L., s. a. Handels- und Gewerbe-Adressenbuch, Prager.

Voitl, Ludwig, Prager Handels- und Gewerbe-Adressenbuch umfassend die k. Hauptstadt Prag und deren Vorstädte Karolinenthal, Smichov und die k. Bergstadt Wyschehrad. gr. 8. (XVI, 651 u. XXXII S.) Prag, Dr. Grégr & F. Dattel. cart. 1870. 5 fl.

Voitmann, G., Übungsbeispiele aus der quantitativen chemischen Analyse durch Gewichtsanalyse einschließlich der Elektroanalyse. 3. Aufl. Gr.-8°. (ill. 61 S.) Wien: Deuticke 1910. K 1.80

Voitswinkler, Joh. Geo., die Einführung u. Befestigung des christ-kathol. Glaubens in Bayern. 12. (1½ B.) Landshut 813, (Thomann'sche Buchh.) *

Voituret, *Julius August Willi* Hugo [app. Arzt aus Braunschweig]: Aus d. Herzogl. Krankenhause zu Braunschweig. Ein Fall von Septicopyaemie unter dem Bilde der acuten Dermatomyositis verlaufend ... Berlin, C. Vogts Buchdr., 1894; 19 S., 1 Bl. 8.
Kiel, Med. Fak., Inaug.-Diss. v. [14. Nov.] 1894

Voitus, C. A.

— Gewerkschaften von Handwerkern u. Fabrikarbeitern. Ein Vorschlag zu einem neuen Titel der deutschen Gewerbeordnung. gr. 8. (32 S.) Jena 879. Fischer. n. — 40

Voitus, C. A., Handbuch für Schöffen. gr. 8. (XXVI, 824 S.) Berlin 879, G. Reimer. *

—— Kommentar zu der Strafprozeßordnung für das Deutsche Reich und den dieselbe ergänzenden Vorschriften des Gerichtsverfassungsgesetzes. gr. 8. (XL, 556 S.) Ebendas. 877. *

— Kontroversen betreffend die Strafprozeßordnung u. das Gerichtsverfassungsgesetz. gr. 8. (XV, 142 S.) Lindau 879. Ludwig. n. 3. —

— dasselbe. 2. u. 3. Hft. gr. 8. (XI u. S. 143—442.) Berlin 880. 81. Puttkammer & Mühlbrecht. à n. 3. —

—— dass. — 2. Bd. 3 Hefte. gr. 8. (XII, 467 S.) Ebendas. 881—83. à Heft *ℳ 3. *

Nachrichten über die Familie Voitus abs A. Dom. 1500. ad 1900. Gesammelt u. geordnet durch Dr. med. **Felix Voitus**, pr. Arzt in Zörbig. 1902. *Grafenhainichen (1902): W. Hecker.* (160 S.) 8° [F. u. Ant.] [03. 1487

Voitus, Felix Heinr. [illegible] De ossium fracturis. Berolini (1856) (35 S.) 8°
Berlin, Med. Diss. v. 18. Sept. 1856.

Johann Christoph Friedrich Voitus

Zwey Reden an die jungen Wundärzte gehalten auf ihrem öffentlichen Hörsaal in Berlin von J[ohann] C[hristoph] F[riedrich] Voitus. Berlin: Himburg 1780. 128 S. 8°

Voitus, S. Ch., Kirchengeschichte d. Zeit vor der Sündfluth. 8. Brandenburg 764. Halle. 5 gr.

Voiutschi, E., Prelegeri academice din Teologia morală ortodaxă. Vol. I. Introducere. Gr. 8°. (269 S.) * K 6. —
Czernowitz: H. Pardini, k.u.k. Univ.-Buchh. 1907.

Vojvodjanin srbsko narodnyj Kalendar za prostu 1857 godinu. Od Milana D Rašića. Ukrašen sa 20 drvoreza. U Beću pismeny jermenskog monastira. V. Godina. (104 S. 8.) (Der Wojwodine. Nationalserbischer Kalender für das gemeine Jahr 1857. Von Milan Dr. Raschitz. Mit 20 Holzschnitten. 5. Jahrgang. Wien. Mechitharisten-Buchdruckerei.)

***Voix,* libre du citoyen, ou observation sur le Gouvernement de Pologne, par le roi Stanislas de Pologne. 8. Dresde 753. Walther. 20 gr.**

Voix des Missions
(1) Adressées à tous les Chrétiens. Société des Missions évangéliques de Bâle (5) 1842 (?)—1870—? (6) in-8° (7) trimestriel (8) Bâle: J. Schweighauser (?—1847—?); Lausanne: S. Genton, Laquiens et Compagnie (?—1852), Genton, Voruz et Vinet (1858), Genton, Voruz et Dutoit (1858—1870—?) (9) Société des Missions évangéliques de Bâle (11) premier rédacteur: W. Hoffmann, Inspecteur, Bâle (14) Be 1. (no. 12 non-daté, no. 13. 1842, 1852—1870).

Voix, Blanc de, voy. Blanc.

Vokabel, s. Vocabel.

Vokabelbuch zu Bröders kleiner lateinischen Grammatik nach Folge d. Paragraphen, herausg. von C. E. E. Schmidt. gr. 8. Jena, Mauke. 807. -

Vokabelbuch für Kinder. Französisch-polnisch-deutsch. gr. 8. (54 lith. S.) Rogasen 851, Alexander. n. 1/6 ℛ

Vokabelbuch zum 1sten Cursus von Jacobs Elementarbuche d. griech. Sprache nach Folge d. Paragraphen geordnet. 8. Eisenach, Wittekind. 813. -

Vokabeln u. Erläuterungen z. Vicar of Wakefield, e. erleicht. Hülfsmittel f. diejen., welche die engl. Sprache erlernen wollen. 8. Leipz. Sommer. 807. -

Vocabeln, geschichtliche, zum Gebrauch des fürstl. Gymnasiums zu Rudolstadt. Rudolstadt 856. (Scheitz.) gr. 8. (18 S.) 3 ngr.

Das Elbinger Deutsch-Preussische **Vokabular.** 17 Taf. in Lichtdr. hrsg. namens d. Altertumsgesellsch. Prussia v. Dr. A[dalb.] Bezzenberger, o. Prof. an d. Univ. Königsberg, u. Dr. W[alter] Simon, Stadtrat in Königsberg. Photogr. v. F. Surand in Elbing, Lichtdr. v. Meisenbach, Riffarth & Co. in Berlin, Dr. v. R. Leupold in Königsberg i. Pr. *Königsberg: In Comm. b. W. Koch 1897.* (2 Bl., 17 Taf. Facs.) 1 Bd 8. [97 468]

Vokabular zu Schenkl's griechischem Elementarbuch. Uebung I—XXIX. In-8°, Zürich. (Riga, Stieda). 1879. — 55

Vokabularien, französische u. englische, zur Benutzung bei den Sprechübungen üb. Vorkommnisse des tägl. Lebens. (Umschlag: Ew. Goerlichs französ. u. engl. Vokabularien) I. Französische Vokabularien. 5. u. 6. Bdchn. 12. Leipzig, Renger. à n. — 40
5. Der Frühling. Von Ewald Goerlich. Zugleich im Anschluß an das bei Ed. Hölzel in Wien erschienene Anschauungsbild: Der Frühling. (36 S.) 899.
6. Der Sommer. Von Herm. Wallenfels. Zugleich im Anschluß an das bei Ed. Hölzel in Wien erschienene Anschauungsbild: Der Sommer. (26 S.) 902.

— **dasselbe.** II. Englische Vokabularien. 5. u. 6. Bdch. 12. Ebd. à n. — 40
5. Der Frühling. Von Ew. Goerlich. Zugleich im Anschluß an das bei Ed. Hölzel in Wien erschienene Anschauungsbild: Der Frühling. (39 S.) 899.
6. Die Schule. Von Herm. Wallenfels. (28 S.) 902.

Vokabularien, französische u. englische, zur Benutzung bei den Sprechübungen üb. Vorkommnisse des täglichen Lebens. I. Französische Vokabularien. 2., 3., 5. u. 7. Bdchn. kl. 8. Leipzig, Renger. à n. — 40
2. Der Herbst. Im Anschluß an das bei Ed. Hölzel in Wien erschienene Jahreszeitenbild: Der Herbst. Von Ewald Goerlich. 2., verb. Aufl. (24 S.) 906.
3. Die Stadt, zugleich im Anschluß an das bei Ed. Hölzel in Wien erschienene Anschauungsbild: Die Stadt. Von Ewald Goerlich. 2., verb. Aufl. (18 S.) 905.
5. Der Frühling, zugleich im Anschluß an das bei Ed. Hölzel in Wien erschienene Anschauungsbild: Der Frühling. Von Ewald Goerlich. 2., verb. Aufl. (36 S.) 906.
7. Die Wohnung, zugleich im Anschluß an das bei Ed. Hölzel in Wien erschienene Anschauungsbild: Die Wohnung. Von Herm. Wallenfels. (33 S.) 906.

— **dasselbe.** II. Englische Vokabularien. 7. Bdchn. kl. 8. Ebd. n. — 40
Die Wohnung, zugleich im Anschluß an das bei Ed. Hölzel in Wien erschienene Anschauungsbild: Die Wohnung. Von Herm. Wallenfels. (33 S.) 906.

Vokabularien, französische u. englische, zur Benutzung bei den Sprechübungen üb. Vorkommnisse des täglichen Lebens. (Ew. Goerlich's französ. u. engl. Vokabularien.) I. Französische Vokabularien. 4. 8. u. 9. Bdchn. kl. 8. Leipzig, Renger. à — 40
Goerlich, Ewald, der Winter, zugleich im Anschluß an das bei Ed. Hölzel in Wien erschienene Anschauungsbild: Der Winter. 3. Aufl. (30 S.) 907. (4. Bdchn.)
Wallenfels, Herm., der Bauernhof, zugleich im Anschluß an das bei Ed. Hölzel in Wien erschienene Anschauungsbild: Der Bauernhof. (35 S.) 907. (8. Bdchn.)
— Der Wald, zugleich im Anschluß an das bei Ed. Hölzel in Wien erschienene Anschauungsbild: Der Wald. (33 S.) 908. (9. Bdchn.)

— **dasselbe.** II. Englische Vokabularien. 8. u. 9. Bdchn. kl. 8. Ebd. à — 40
Wallenfels, Herm., der Bauernhof, zugleich im Anschluß an das bei Ed. Hölzel in Wien erschienene Anschauungsbild: Der Bauernhof. (38 S.) 907. (8. Bdchn.)
— Der Wald, zugleich im Anschluß an das bei Ed. Hölzel in Wien erschienene Anschauungsbild: Der Wald. (34 S.) 908. (9. Bdchn.)

Vokabularium zu den Institutionen Justinian's, zusammengestellt zum Gebrauch für angehende Juristen. gr. 8. (III, 73 S.) Freienwalde 879, Draeseke. *

Vokabularspiel in franz., lat. u. deutscher Sprache, den Kindern in kurzer Zeit üb. 1000 Wörter zu lernen. Nürnb. Bielling. -

Vokation, über die göttl., der Priester. Angehenden Candidaten der Theologie zur Deliberation vorgelegt. Eine (3e) Beilage zum Werke: Begründung eines Planes zu einem Clerikal- und Priesterseminar rc. gr. 8. Landshut 836. Thomann. 5 ℳ

Vokativus, O.

— Errichtung eines Bordell-Hauses in Wien. Unterzeichnet: Ein praktischer *Vokativus*. O. O. (Wien). Druck der M. Zell'schen Offizin. O. J. (1848). Fol. ½ Bogen. (3 Mk. Franz Deuticke, Wien, 1900, hat: „ca. 1830" [?].)

VOKATIVUS, O. (ps.). Flora, oder Die Geheimnisse einer Probirmamsell. Altona, Aug. Prinz, 1870. 12°. 83 S. (4 Mk. Adolf Weigel, 1907.)

— — Hinter der Gardine: Aus dem Leben einer Lorette. Ebd., o. J. (c. 1870). Kl. 8°. 80 S. (4 Mk. Adolf Weigel, 1907.)

— — Geheimnisse des Serail und Geheime Liebschaften und Liebes-Intriguen der Damen des türkischen Harem (!). 2. Auflage. Ebd. 1874. 12°. (4 Mk. A. Bielefeld, 1892; 4 Mk. Adolf Weigel, 1907.)
79 S. (incl. Tit.) u. 1 S.: Druck von Gräfius & Möller in Hamburg. — Zuerst gedr. 1870.

Vokativus, O. (ps.), Der Hirschpark. Pikant-moderne Liebesgeschichten aus dem Kaiserreich. Altona, Aug. Prinz, 1869. 8°. 78 S. (In Wien, Stadtbibl., Secr. A. 142.)
— — Dasselbe. Ebd. 1871. 8°.
Weller, Lex. Ps. p. 597. — Auch tit.: Illustrirte Unterhaltungs-Bibliothek f. die elegante und galante Welt, Nr. 3.

— — Der Hirschpark. Pikant-moderne Liebesgeschichten aus dem Kaiserreich. 2. Aufl. Ebd. 1871. Kl. 8°. 78 S. (5 Mk. Adolf Weigel, 1907.)
Zuerst gedr. o. O. (ebd.) 1869. (In Wien, Stadtbibl.: Secr. A 142.)

— — Therese. Liebesschwänke aus dem Leben einer Polka-Sängerin. 2. Aufl. Altona, 1871. August Prinz. Kl. 8°. 79 S. (2 Kr. Halm & Goldmann, Wien, 1904.)
Ziemlich frei. Einiges in Versen. — Zuerst gedr. ebd. 1869.

— — Illustrirte Unterhaltungs-Bibliothek für die elegante und galante Welt. Ebd. 1869. Kl. 8°.
Enth. die obigen 5 Schriftchen. — Weller, Lex. Ps. p. 597.

Volait, Georges, die Stellung des Alexander v. Aphrodisias zur Aristotelischen Schlusslehre, s. Abhandlungen zur Philosophie u. ihrer Geschichte. 27. Heft.

Volait, Georges, a. La Celle Saint-Cloud (Frankreich): Die Stellung des Alexander von Aphrodisias zur Aristotelischen Schlusslehre. Halle a./S. 1907: E. Karras. (99 S.) 8°
¶ (Nur ein Teil der eingereichten Arbeit.)
Bonn, Phil. Fak., Ref. Dyroff, Diss. v. 6. Aug. 1907
[Geb. 21. Juli 82 La Celle St. Cloud (Frankreich); Wohnort: Genf; Staatsangeh.: Frankreich; Vorbildung: Collège Stanislas Paris bis Juli 99; Studium: Bonn 6 S.; Rig. 20. Febr. 07.]

Volak Frz. Siehe: Czajkowski. Kirdzali. (298.)
1853.

Volansky, Nicon [de Louka-Nemirovsk, Russie]: Chlorhydrates-Chloromercurates et Chloromercurates de quelques sels organiques. Genève 1897. 40 S. 8°.
Bern. Phil. Diss. 1897/98.

Volanthen, B. Kreditreform u. Zahlungsfristen. Referat. In-4°. 24 S. Bern, Michel & Büchler. 1893.
*** Gewerbl. Zeitfragen. Heft IX.

Volapükabled lezenodik. [Calabled vpa.] Jahrg. 1891—1894. à 12 Nrn. (½ Bog.) gr. 4. Konstanz, Weltsprache-Zentralbüro, (J. M. Schleyer). à Jahrg. n. 2. 40
Frühere Jahrgge. u. d. T.: „Weltsprachebiatt".

Volapükabled lezenodik. [Calabled vpa.] Jahrg. 1895 u. 1896. à 12 Nrn. (à ca. 4 S.) gr. 4. Konstanz, Schleyer's Weltsprache-Zentralbüro. n. 2. 40

— dasselbe. Hrsg. u. Red.: Karl Zetter. Jahrg. 1897 u. 1898. à 12 Nrn. (à ca. 4 S.) gr. 4. Graz, Administration. à Jahrg. n. 3. 50

Volapükabled lezenodik. (Calabled vpa.) Hrsg. u. Red.: Karl Zetter. Jahrg. 1899—1902. à 12 Nrn. Fol. (à ca. 4 S.) Graz, Administration. à Jahrg. n.n. 3. 50

Volapükabled lezenodik. (Calabled vpa.) Hrsg. u. Red.: Karl Zetter. Jahrg. 1903—1905 à 12 Nrn. (à 4 S.) Fol. Graz, Administration. à Jhrg. n.n. 3. 50

Volapükabled lezenodik. (Notèds volapükanès.) Red.: J. M. Schleyer. Jahrg. 1908. 12 Nrn. (à 4 S.) Lex. 8. Konstanz, Schleyer's Weltsprache-Zentralbüro. (Nur direkt.) nn 2. 40
Erscheint nicht mehr.

Volapükabuks. 1 e 2. 8. Leipzig, E. H. Mayer. à *
Inhalt:
1. Andersen, magabuk nen mage. Lovepolam fa Dr Lederer Siegfried. (58 S.) 887.
2. Grimm, Blods, märs popa deutik (Gebr. Grimm's deutsche Volksmärchen). Sevälam e lovepolam fa Dr Lederer Siegfried. (VI, 77 S.) 888.

Volapükabuks. 3. 8°. Lpz. 889, E. H. Mayer. * — 60
Sienkiewicz. Böf pölamas. — Kim binom kod? (Lovepolam fa Plof. Alfons Ritter v. Rylski.) Komödie der Irrungen. — Wessen Schuld? (54 S.) 1. u. 2. Ebd. 1887.88. à * — 60.

Volapükaflen jveizik — Schweizer Volapükfreund
(1) Organ für die Volapükisten der Schweiz und des Auslandes. Internationaler Sprechsaal für Volapükfreunde, Kaufleute, Lehrer etc. (Nrn 1–5, 1888) Organ des Landesverbandes der schweizer. Volapükisten und Sprechsaal für alle schweizerischen Vereine (Nr 6, 1888—Nr 12, 1889) (4) Jveizapot (5) Januar 1888—Dezember 1889 (6) 4° (7) Monatsblatt (8) St. Gallen: A. Tagmann, vormals Joh. Butt (Nrn 1—7, 1888), M. Kälin (Nr 8, 1888—Nr 8, 1889); Trogen: Schläpfer'sche Buchdruckerei U. Kubler (Nrn 9—12, 1889) (9) F. Hasselbrink, St Gallen (11) G. Schmid, St. Gallen (Nrn 1—9, 1888), C. Rietmann-Schmid, St. Gallen (Nr 10, 1888—Nr 12, 1889) (12) Schweizer Graphischer Zentralanzeiger 1947, Nrn 1, 2; Schweiz. Gutenbergmuseum 1947, Nr. 4 (14) Lu. Z. Be. L. (15) Neben Vp.-Nachrichten auch Artikel in deutscher, französischer und englischer Sprache und Mitteilungen allgemeiner Natur.

Volapükagased. Nogot flenas valik volapüka. Redakel: Obhlidal Moriz. Yelüp III. gr. 4. Wien 889, (Kravani). * 2 —
Erscheint nicht mehr.

Volapükaklubs. [Yelüp folid.] Red.: Fieweger Y. 3. Jahrg. 1886. 12 Nrn. (½ B.) gr. 8. Breslau, (Aderholz). n. 2. —

—— [Yelüp luüd.] Redact.: Fieweger J. 4. Jahrg. 1887. 12 Nrn. (Bog.) gr. 8. (Ebendas.) *

—— [Yelüp mälid.] Redact.: Fieweger J. 5. Jahrg. 1888. 12 Nrn. (Bog.) gr. 8. (Ebendas.) *

Volapükaklubs. Redact.: Fieweger. 6.—9. Jahrg. 1889—1892. à Jahrg. 12 Nrn. (à Nr. ½ Bog.) gr. 8. Bresl., (Aderholz). à Jahrg. * 2 40

Volapük-Almanach für 1888, verfasst von Siegm. Spielmann. 1. Jahrg. Genehmigt vom Autor des Volapük Hrn. J. M. Schleyer. 12. (80 S. mit 1 Portr.) Leipzig 887, E. H. Mayer. *
—— dass. — [lekaled volapüka] plo yel balmil jöltum jölsezül fa Spielmann Sigmund plofed vpa. Yelüp telid. 12. (70 S. mit 1 Bild.) Ebendas. 888. *

Volapükan nolik e nepaletik. (Der wissenschaftl. u. unparteiische Volapükist.) Redakel: J. E. Weiss. 1.—3. Jahrg. 1888—1890. à 12 Nrn. (à 1/2—3/4 B.) gr. 8. München, (Herder & Co.). à Jahrg. n. 1. 60

Volapükan nolik e nepaletik. (Der wissenschaftl. unparteiische Volapükist.) Redakel: J. E. Weiss. Jahrg. 1891. 12 Nrn. (à 1/2—3/4 Bog.) gr. 8. München, (Herder & Co.). n. 1. 60
Erscheint nicht mehr. — Jahrg. 1891 hat m. Nr. 3 aufgehört.

Schweizer Volapükfreund
s.a. **Volapükaflen jveizik.**

Volapükfreund, schweizer. Organ f. die Volapükisten der Schweiz u. d. Auslandes. Internationaler Sprechsaal f. Volapükfreunde, Lehrer etc. 1. Jahrg. 1888. 12 Nrn. (B.) hoch 4. St. Gallen, Hasselbrink. n. 3. 60

— dasselbe. Organ d. Landesverbandes der schweizer. Volapükisten u. Sprechsaal f. alle schweizer. Vereine. Red.: C. Rietmann-Schmied. 2. Jahrg. 1889. 12 Nrn. (B.) hoch 4. Ebd. n. 2. 60

Volapük-Hauptrègeln, sämtliche, in interlineärer Übersétzg. v. 33 éinfachen Sätzen. 8. (7 S.) Konstanz 898. Schleyer's Weltsprache-Zentràlbüro. n. — 10

VOLARIĆ, Franciscus: De biblica A. T. notione expiandi. — (1878) 109 S. 4° (Handschr.) Diss. 299
Diss. Wien, Univ.

Volbach, Fritz, Beethoven. Die Zeit des Klassizismus. (Weltgeschichte in Karakterbildern, hrsg. v. Frz. Kampers, Seb. Merkle u. Mart. Spahn. V. Abtlg. Die neueste Zeit.) Mit 4 Beilagen u. 63 Abbildgn. 1. bis 5. Tausd. (IV, 118 S.) Lex.-8. München 905. Mainz, Kirchheim & Co. In Leinw. kart. n. 4. —

Volbach, Fritz, s.: **Berlioz, Hector.**

Enrico **Bossi**. Das Hohe Lied. Erl. von Prof. Dr. Fritz Volbach. Leipzig: H. Seemann Nachf. [1901]. (19 S.) 8°
(Musikführer. No 195/96.)

Volbach, Fritz, s.: **Chorwerke, die beliebtesten.**

— Georg Friedrich Händel, s.a. **Musiker, berühmte.**

Georg Friedrich Händel. Von Fritz **Volbach**. *Berlin: Harmonie 1898.* (3 Bl., 86 S., 1 Portr., 3 Taf., 2 Facs.) 1 Bd (.08.)
= **Musiker,** Berühmte. [Bd] II.

Die **Legende** von der heiligen Elisabeth. Oratorium v. Franz Liszt. Erläut. v. Fritz **Volbach**. Frankfurt a. M.: H. Bechhold (1898). (27 S.) 1 Bd 8°
(Musikführer. Der. No 147.)

Volbach, F., Lehrbuch d. Begleitung d. Gregorianischen Gesanges u. d. deutschen Chorals in den Kirchentonarten nach den Grundsätzen d. polyphonen Satzes. Historisch u. kritisch bearb. 8. (56 S.) Berlin 888. J. J. Heine. n. 1. 60

— Richard Wagner's Liebesmahl der Apostel, s.: **Musikführer, der.**

— s.: **Liederbuch, unser.**

Volbach, Fritz, Franz Liszt, s.: **Hahn, Arth.**

W. A. **Mozart**. Grosse Messe in C moll. Nach Mozartschen Vorlagen vervollständigt von Alois Schmitt. Erl. von Dr. Fritz **Volbach**. Leipzig: H. Seemann Nachf. [1901]. (20 S.) 8°
(Musikführer. No 230.)

Volbach, Fritz, die deutsche Musik im 19. Jahrh., s.a. **Sammlung Kösel.**

Volbach, Fritz, Die deutsche Musik im 19. Jh. Nach d. Grundlagen ihrer Entwickel. u. ihren Haupterscheinungen dargest. Kempten u. München 1909. 8°.
(Sammlung *Kösel*. 31.)

— s.: **Musikführer, der.**

— Das moderne Orchester in seiner Entwickelung, s.a. **Aus Natur u. Geisteswelt.**

Das moderne Orchester in seiner Entwickelung. Von Fritz **Volbach**. Mit 3 Taf. Leipzig: Teubner 1910. 118 S. 8°
(Aus Natur u. Geisteswelt. Bdch. 308.) [10. 7371

Vom **Pagen** und der Königstochter. Vier Balladen von Emanuel Geibel (aus einen 'Junius-Liedern') für Soli, Chor u. Orchester komp. von Fritz **Volbach**. Leipzig: Breitkopf & Härtel [1899]. (8 S.) 8°
(Textbibliothek. Breitkopf & Härtels. No 263.)

— Giuseppi Verdi's Quattro pezzi sacri, s.: **Musikführer, der.**

Volbach, Fritz: Die Praxis der Händel-Aufführung. Th. 2. Das Händel-Orchester und die technische Behandlung der einzelnen Instrumente. 1. Das Streichorchester in seinen einzelnen Instrumenten und in seiner Zusammensetzung. *Charlottenburg 1899: Buchdr. 'Gutenberg'.* (2 Bl.) 4° ¶ [Nur Titelblatt, Vita u. Thesen.]
Bonn, Phil. Diss. v. 12. Aug. 1899

Volbach, Fritz: Die Praxis der Händel-Aufführung. Th. 2. Das Händel-Orchester und die technische Behandlung der einzelnen Instrumente. 1. Das Streichorchester in seinen einzelnen Instrumenten und in seiner Zusammensetzung. *Charlottenburg 1899: 'Gutenberg'.* (17 S.) 4° ¶ [Vgl. 1898/99 Bonn No 69.]
Bonn, Phil. Diss. v. 12. Aug. 1899

Giovanni Sgambati. Katalog s. hauptsächlichsten Werke bis auf d. Neuzeit vervollständigt, mit ausführl. Erl., Kritiken u. Aufführungen u. e. Einl. von Dr. Fritz **Volbach**. Mainz [usw.]: Schott [1910]. 32 S. 8° [10. 7474

— Hector Berlioz' „Faust's Verdammnis", s.: **Musikführer, der.**

Giuseppe Verdi. Quattro pezzi sacri. Erl. von Dr. Fritz **Volbach**. *Berlin & Leipzig: H. Seemann Nachf. [1901].* (18 S.) 8° [J. u. Ant.]
= **Musikführer.** Der. No 192. [04. 11,42

Die Zeit des Klassizismus. Beethoven. Von Fritz **Volbach**. Mit 4 Beil. u. 63 Abb. 1.–5. Taus. München: Kirchheim 1905. (118 S.) 4°(8°) [J.]
= **Weltgeschichte** in Karakterbildern. Abt. 5. [5.] [05. 15861

Volbeding, A(lbert): Klinische und pathologisch-anatomische Beiträge zu den fötalen Erkrankungen des Herzens. Halle a. S. 1881: Plötz. 29 S. 8°
Halle-Wittenberg, Med. Diss. v. 16. April 1881
Geb. Schwerin a. d. W. [10. 5. 1856]. V.

Volbeding, F., die edle Fassung, mit welcher wir als Christen auch dem traurigsten Wechsel unseres Schicksals entgegengehen sollen. Eine Predigt etc., herausg. von C. W. Kenzelmann. ... Meißen 834. Klinkicht u. Sohn. n. 1/12 ℛ

Volbeding, H., die Maasse und Gewichte des metrischen Systems, s. **Kruschke, G.**

Volbeding, Herm., zur bleibenden Erinnerung an den scharfsinnigen Begründer der rationellen deutschen Redezeichenkunst Franz Xaver Gabelsberger. gr. Fol. (Stenographirt in Kpfrst. mit 1 Bl. Text in qu. Imp.-4.) Leipzig 849, (Literarisches Antiquarium.) **

Volbeding, Herm., topographische Karte der Umgegend von Leipzig. Nach den besten Hülfsmitteln entw. u. gez. Imp.-Fol. Kpfrst. Leipzig 852, Rocca. n. 1/2 ₰

Volbeding, Herm., Uebersichts-Karte der näheren Umgebung Leipzigs mit besond. Berücksicht. der Schlachtfelder. Fol. Leipzig 873, C. H. Reclam sen. *

—— Uebersichtskarte der weiteren Umgegend Leipzigs. Fol. Ebendas. 869. *

Volbeding's, Herm., Uebersichtskarte der weiteren Umgegend Leipzigs. Neu revid. Ausg. Chromolithogr. Fol. Ebendas. 878.

—— Uebersichtsplan von Leipzig und seinen Vorstadtdörfern. Fol. Ebendas. 869. *
color. *

Volbeding, J. F., utrum Christus matrem genusque suum dissimulaverit et despexerit? Viteb. 1784. 4.

Volbeding, Joh. Ernst

—— Erinnerung an den Tag d. Confirmation, s. Zur.

(—) zur Erinnerung an den Tag d. Confirmation u. des ersten Abendmahlgenusses. 8. (Leipz.) 832. Lauffer. 4 gr.

Volbeding, Joh. Ernst, Erinnerungen aus dem Leben eines wackern Mannes. Erzählungen u. Schilderungen f. die reifere Jugend. 2 Bdchn. 8. (X u. 493 S.) Leipzig 851, Brockhaus. 1 1/2 ₰

Volbeding, Joh. Ernst, Feierabende, s. Unterhaltungen für die Jugend und ihre Freunde.

Volbeding, Joh. Ernst, Gebet- u. Erbauungsbuch f. Alle, welche in untergeord. Verhältnissen d. Lebens stehen. (Neue Ausg.) 8. (9 1/4 B.) Leipzig 838, Lauffer.

Vollbeding, (Superint.) Jh. Er., Gebet- u. Erbauungsbuch für Dienstboten. 8. Leipz. 826. Lauffer. 10 gr.

—— zur Geburtstagsfeier Sr. Maj. Friedrich Wilhelm III. Königs v. Preußen. Fünf Predigten, geh. z. 3. Aug. in d. J. 1831—35 in d. Stadtkirche zu Delitzsch. gr. 8. (3 1/2 B.) Weimar 836, Voigt.

Volbeding, J(oh.) E(rnst), kurzgefaßtes lateinisch-deutsches u. deutsch-lateinisches Handwörterbuch, s. Kreußler, D.

Volbeding, Jh. Er., s. Handwörterbuch, kurzgefaßtes Lateinisch-Deutsches. — Kunst, die, jedes deutsche Wort richtig zu schreiben. — Thesaurus commentationum selectarum etc.

—— zur vergleichenden Homiletik. 1. Bd. 1. u. 2. Hft. gr. 8. Leipzig, Lauffer. [1. (5 B.) 831. 9 Gr., 2. (8 B.) 833. 15 Gr.]

Volbeding, Joh. Ernst, Jahreszeiten. Vierteljahrschrift für die Jugend und ihre Freunde. (Jahrg. 1857. 1—4. Heft.) Frühling, Sommer, Herbst und Winter. 8. (IV und 378 S.) Leipzig, Dyk'sche Buchh. [1. und 2. Heft à 7 1/2 Ngr., 3. und 4. Heft à 6 Ngr.]

— index dissertationum programmatum et libellorum quibus singuli historiae N. T. et antiquitatum ecclesiasticarum loci illustrantur. gr. 8. (IV u. 176 S.) Lipsiae 849, Dyk. 1 1/2 ₰

— Kinderleben. In einer Reihe v. Liedern u. Reimen aus alter u. neuer Zeit. Mit 32 Illustr. (in eingedr. Holzschn.) v. Ludw. Richter. 8. (XVI u. 170 S.) Leipzig 852, Brockhaus. n. 1 ₰

Volbeding, Joh. Ernst, Kinderleben. In einer Reihe von Liedern und Reimen aus alter und neuer Zeit. Mit Illustr. (in eingedr. Holzschn.) von Ludw. Richter. 1. Aufl. 1852. * 1 Thlr. und 2. Aufl. 8. (XVI und 170 S.) Leipzig 855(56,) Brockhaus. Thlr. *

— Kinderleben. Lieder und Reime aus alter und neuer Zeit. Mit Illustr. (Holzschn. im Text) von L. Richter. Geordnet u. herausg. 2. Aufl. 856. — 4. Aufl. Leipzig 858. Brockhaus. 8. (XVI, 170 S.) n. 20 ngr.

Volbeding, J(oh.) E(rnst), Kinderleben. Lieder und Reime aus alter und neuer Zeit. 5., verm. Aufl. gr. 8. (XVI und 190 S. mit Illustr. in eingedr. Holzschn. von Ludw. Richter.) Leipzig 862, Brockhaus. cart. *

—— die Kunst, jed. deutsche Wort richtig zu schreiben, s. Kunst, die.

—— Luther in Worms. Ein Tag aus Philipp Melanchthon's Leben. Zwei Lebensbilder, für das Volk und die reifere Jugend aufgestellt. 8. (VI und 120 S.) Leipzig 852, Brockhaus.

— Philipp Melanthon, wie er leibte und lebte. Ein Lebensbild aus dem Zeitalter der Reformation für Leser aus allen Ständen. Nebst 2 Anhängen: Erläuterungen und Zusätzen zu dem Charakterbilde und einem ausführlichen Berichte über die letzten Lebenstage, den Tod und das Begräbniß Melanthons. Leipzig 860. Dyk. gr. 8. (IV, 184 S.) n. 12 1/2 ngr.

— observationes in aliquot actuum Apostolorum loca. 4. Leipz. 813.

— Predigten beim Jahreswechsel 1826, 27. in d. Stadtkirche zu Delitzsch gehalten. 8. Leipz. 827. Lauffer. 3 gr.

—— Thesaurus commentationum selectarum etc., s. Thesaurus.

—— Constantin Tischendorf in seiner 25jährigen schriftstellerischen Wirksamkeit. Literar-histor. Skizze. gr. 8. (VI und 98 S.) Leipzig 862, C. F. Fleischer. *

—— die Uebergabe d. Augsburg. Glaubensbekenntnisses am 15. Juni 1530, u. das Leben Ph. Melanchthons. Eine Vorbereitungsschrift auf d. Jubeljahr d. evangel. Kirche 1830, f. Leser aus allen Ständen u. f. Schulen. Mit Melanchthons Bildn. 1. Aufl. (6 B.) 828., 2., verb. u. verm. A. (6 1/2 B.) 8. Leipzig 830, Lauffer. à
Vgl. Vollbeding.

— Unterhaltungen für die Jugend und ihre Freunde. 1. Bdchn. A. u. d. T.: Feierabende. Eine Reihe kleiner Erzählungen für die erwachsenere Jugend und ihre Freunde. Leipzig (857.) Dyk. 8. (VIII, 359 S.) 1 ₰

Volbeding, Joh. Ernst, wie wir als Christen diejenigen zu beurtheilen haben, welche Störungen d. bürgerl. Ruhe veranlassen. Predigt. gr. 8. (1 1/2 B.) Leipzig 830, Lauffer.

—— deutsch-latein. Wörterbuch, s. Handwörterbuch.

— Zeitbilder. Erzählungen aus dem Volke für das Volk. 1. Sammlg. gr. 12. (VI u. 186 S.) Leipzig 850, Pönicke. 1/2 ₰

— siehe: Zeitung, illustrirte, f. die Jugend.

Volbeding, Otto [app. Arzt aus Coennern]: Über Totalexstirpation des Uterus wegen Myom ... Würzburg, N. Seubert's Buchdr., 1897; 34 S., 1 Bl. 8.
Würzburg, Med. Fak., Inaug.-Diss. v. 1897

Volbehr, Berend *Friedrich Karl Julius* [aus Kiel]: Untersuchungen über die Quellung der Holzfaser ... Kiel, Druck v. Schmidt & Klaunig, 1896; 37 S., 1 Bl., 1 Doppeltaf. 8.
Kiel, Phil. Fak., Inaug.-Diss. v. [22. Juli] 1896

Das theologische Amts-Examen in Schleswig-Holstein während seines ersten Jahrhunderts, 1778—1877 v. Friedrich **Volbehr.** Kiel. 1878. 8°

Volbehr, Frdr., Beiträge zur Geschichte der Christian-Albrecht-Universität zu Kiel. Die drei Universitätsgebäude v. 1665, 1758 u. 1876. Die Frequenz der Universität von 1665 bis 1876. Mit 4 lith. Abbildgn. gr. 8. (64 S.) Kiel 876. Schwers. — Universitäts-Buchh. n. 2. —

Volbehr, Frdr., Beiträge zur Topographie der Stadt Kiel in den letzten drei Jahrhunderten, s.a. Mittheilungen der Gesellschaft f. Kieler Stadtgeschichte.

Volbehr, Friedr., Beiträge zur Topographie der Stadt Kiel in den letzten drei Jahrhunderten. 1. Hälfte: Schloß und Altstadt. gr. 8. (178 S. mit 3 Lithogr.) Kiel 881, (v. Maack's Buchh.) *

— die Einweihungsfeier d. neuen Universitäts-Gebäudes zu Kiel, 24. bis 26. Oktbr. 1876. Mit 2 lith. Abbildgn. gr. 8. (111 S.) Ebend. 876. n. 2. —

⊙ (Feste in Kiel 1859—71. Zsgest. v. Friedrich Volbehr.) 8°.

— die Kieler adeligen Freihäuser, s.: Mittheilungen der Gesellschaft f. Kieler Stadtgeschichte.

Die Geistlichen der evangelisch-lutherischen Landeskirche Schleswig-Holsteins v. Friedrich **Volbehr.** (Separatabdruck aus der Zeitschrift für Schleswig-Holstein-Lauenburgische Geschichte. Bd. 12.) (Abgeschlossen am 9. October 1882.) Kiel. 1882. 8°

Volbehr, Friedr., die Geistlichkeit der holsteinischen General-Superintendentur von 1848 bis 1871. gr. 8. (76 S.) Kiel 872, Schwers'sche Buchh. *

— zur Geschichte v. Rath u. Bürgerschaft in Kiel, s.: Mittheilungen der Gesellschaft f. Kieler Stadtgeschichte.

— zur Geschichte der ehemaligen Kieler Stadtdörfer, s.: Mittheilungen der Gesellschaft f. Kieler Stadtgeschichte.

— zur Geschichte des Zunftwesens in Schleswig-Holstein, s.: Mittheilungen der Gesellschaft f. Kieler Stadtgeschichte.

Volbehr, Friedrich: August Friedrich Karl **Himly,** gestorben den 27. Januar 1885. 4° Aus: Chronik der Universität Kiel f. das Jahr 1885/86.

Nordelbische Literaturbilder v. Friedrich **Volbehr.** Kiel. 1863. 8°
[Besonders abgedruckt aus dem Kieler Wochenblatt von 1863.]

⊙ Maifest des Kieler Künstlervereins 1859. Zur Dürer-Feier [v. Friedrich **Volbehr**]. Kiel. 1859. 8°

Volbehr, Friedr., die Prediger der schleswigschen General-Superintendentur von 1848 bis 1865. gr. 8. (XII und 92 S.) Kiel 866, Schwers'sche Buchh. *
Aus: Jahrbücher für die Landeskunde der Herzogthümer Schleswig, Holstein und Lauenburg, besonders abgedruckt.

— Kieler Prediger-Geschichte seit der Reformation, s.a. Mittheilungen der Gesellschaft f. Kieler Stadtgeschichte.

Kieler Prediger-Geschichte seit der Reformation. Ein Beitrag zur Geschichte des kieler Kirchenwesens v. Friedrich **Volbehr.** Kiel. 1884. = Mittheilungen der Gesellschaft für Kieler Stadtgeschichte. Heft 6. 8°.

Professoren und Docenten der Christian-Albrechts-Universität zu Kiel 1665 bis 1887. Von Dr. Friedrich **Volbehr.** Beilage zur Chronik der Univ. Kiel 1886/87. Kiel, Verl. d. Univ.-Buchh. (Paul Toeche), 1887; 102 S. 8°.

Rede zur Feier des 25jährigen Bestehens der Kunsthalle zu Kiel, gehalten am 31. Juli 1882 in der Aula der Universität v. Friedrich **Volbehr.** Bei: Bericht des Schleswig-Holsteinischen Kunstvereins zu Kiel für das Jahr **1882.** Kiel. 1883. 8°.

Die Schillertage in Kiel v. Friedrich **Volbehr.** Kiel. 1859. 8°.

Volbehr, Frdr., die Schillertage in Kiel. Kiel 860. (Akademische Buchhdlg.) gr. 8. (2 Bl., 43 S.) n. 10 ngr.

— eine Stadtlotterie in Kiel, s.: Mittheilungen der Gesellschaft f. Kieler Stadtgeschichte.

† Gustav Ferdinand **Thaulow** (v. Friedrich Volbehr). Separatabdruck aus der Chronik der Universität für das Jahr 1884/85. Kiel. **1885.** 8°.

Der Theologische Verein zu Kiel. Geschichte des Vereins. — Theses. — Themata der Reden. — Statuten. — Verzeichniß der Mitglieder. [Verf.: (Friedrich **Volbehr**).] Als Manuscript gedruckt. Kiel. 1845. 8°

—— **Verzeichniß der gegenwärtig in Schleswig-Holstein angestellten und zur Anstellung berechtigten Geistlichen, welche nicht das schleswig-holstein. Amtsexamen bestanden haben. gr. 4. (15 S.) Kiel 869, Homann.** *

Wie Kiel vor dreissig Jahren aussah. Von Friedrich **Volbehr.** [Kiel. 1861.] 8°.

Volbehr, Heinr. Marc. Friedr., evangelische Zeugnisse aus dessen nachgelassnen Predigten gesammelt von A. Moraht und C. Genzken. Lex.-8. (VIII und 380 S.) Rendsburg 862, Matthiessen. [Kunz.]

Volbehr, Johann Christian Heinrich

Volbehr, J. Chr.: Ev. Joh. 14, 1—29 besonders mit Rücksicht auf den Zusammenhang erläutert. 36 S. - Hadersleben, Progr. 1869.

De Trinummo, fabula Plautina; v. [Johann Christian Heinrich] **Volbehr.** Rendsburg. 1861. 4°
Real-Gymn.-Progr.

Volbehr, Lu, die Bäuerin v. Vorbach, s.a. Frauen-Bibliothek, moderne. Nr. 10.

Die Bäuerin von Vorbach. Roman von Lu **Volbehr.** Berlin & Leipzig: Frauen-Rundschau [1903]. (129 S.) 8° [F.]

Volbehr, Lu, Schwester Fides. Schauspiel. gr. 8. (101 S.) Leipzig (902). Berlin, H. Seemann Nachf. n. 2.—

— **führe uns nicht in Versuchung.** Geschichten. 12. (168 S.) Ebd. (902). n. 2. 50; geb. n. 3. 50

— **ihr Gott.** Drama in 4 Akten. gr. 8. (83 S.) Ebd. 902. n. 2.—

— **Stephan Henlein.** Roman. 8. (239 S.) Ebd. (902). n. 2.—

— die neue Zeit. Roman. (IV, 400 S.) 8. Berlin (905). O. Janke. n. 3.—

Volbehr, Lu, die neue Zeit. Roman in 2 Tln. 8. Dresden 909. M. Seyfert. 7.—; geb. 9.—
I. Sebastian Rottmann. (V, 304 S.) — II. Und alles ist Frucht. (266 S.)

Die Christkirche in Rendsburg-Neuwerk. Festschrift zur Feier des 200jährigen Jubiläums der Kirche am 15. Juli 1900. Hrgg. v. Otto **Volbehr.** Mit 3 Abbildungen. Kiel. 1900. 8°

Das Mutterhaus zur Ausbildung von Krankenpflegerinnen, verbunden mit dem Kinderhospital zu Kiel v. Otto **Volbehr.** Separat-Abdruck aus: Schleswig-Holstein, seine Wohlfahrtsbestrebungen u. s. w. hrgg. v. P. Chr. Hansen. Kiel. 1882. S. 582 86. Bei: 1. Rechenschafts-Bericht des Verwaltungs-Ausschusses für das Mutterhaus etc. 8°

Volbehr, Thdr., Bau u. Leben der bildenden Kunst, s.a. Aus Natur u. Geisteswelt. 68 Bdchn.

Bau und Leben der bildenden Kunst. Von Theodor **Volbehr.** Mit 44 Abb. Leipzig: B. G. Teubner 1905. (V, 129 S.) 8° [F.]
= **Natur,** Aus, u. Geisteswelt. Bdch. 68. [05. 11390

Volbehr, Thdr., König Bob. Eine Urwald-Geschichte aus dem Innern Afrikas. (VII, 70 S. m. Abb.) Lex. 8. München 908. G. Müller. Kart. 3. 50

— Hinter dem Erdentag, s.a. Bücher für's deutsche Heim.

Volbehr, Thdr., hinter dem Erdentag. Träumereien, m Bildern v. Frz. Stassen. gr. 4. (V, 57 S.) Berlin (902). Düsseldorf, Fischer & Franke. Kart. n. 8.—

Hinter dem Erdentag. Träumereien von Theodor **Volbehr.** Mit 6 Ill. von Franz Stassen. Berlin: Fischer & Franke [1907]. (70 S.) 8° [F.]
= **Bücher** für's deutsche Heim. Bd 2. [08. 13307

Volbehr, Theod., Führer durch das Kaiser Friedrich-Museum der Stadt Magdeburg. (Magdeburg) 1910. 8°.

— **gibt es Kunstgesetze,** s.a. Führer zur Kunst. I.

Gibt es Kunstgesetze? Von Dir. Dr. Th[eodor] **Volbehr.** Mit 3 Photograv. u. 5 Abb. Esslingen: Neff 1906. 54 S. 8°
Führer z. Kunst. Bdch. 1.) [11. 15313 7

Volbehr, Thdr., Goethe u. d. bild. Kunst. 8. (VII, 244 S.) Leipzig 895. E. A. Seemann. n. 3. 60

Volbehr, Th., Lucas van Leydon, s.a. Verzeichnisse, kritische, v. Werken hervorragender Kupferstecher.

Volbehr, Dr. Th. Lucas van Leyden. Verzeichniss seiner Kupferstiche, Radirungen und Holzschnitte. (Kritische Verzeichnisse von Werken hervorragender Kupferstecher. Bd. 4.) Hamburg 1888. 8°.

Ein Originalaufsatz Dr. Richard Muthers, Professor an d. Univ. Breslau, besprochen von Dr. Theodor **Volbehr.** 2. Abdr. Leipzig: E. A. Seemann 1896. 23 S. 8°

— **das Verlangen nach einer neuen deutschen Kunst.** Ein Vermächtnis des 18. Jahrh. Buchschmuck von Heinr. Vogeler. 8. (IV, 114 S.) Leipzig 901. Jena, E. Diederichs. n. 2.—; geb. n. 3.—

Volbehr, Theodor: Antoine Watteau. Ein Beitrag zur Kunstgeschichte des achtzehnten Jahrhunderts .... München, Kgl. Hof- u. Univ.-Buchdr. v. Dr. C. Wolf & Sohn, 1885; 58 S. 8°.
München, Phil. Fak., Inaug.-Diss. v. 1885.

Volbehr, Thdr., Antoine Watteau. Ein Beitrag zur Kunstgeschichte d. 18. Jahrh. gr. 8. (58 S.) Hamburg 885. Haendcke & Lehmkuhl. n. 2.—

— **Die Zukunft der deutschen Museen,** s.a. Kunst u. Kultur. 5. Bd.

Die Zukunft der deutschen Museen. Von Prof. Dr. Theodor **Volbehr.** Stuttgart: Strecker & Schröder 1909. 80 S. 8°
(Kunst u. Kultur. 5.) [10. 1313

Volbert, Anton, a. Altenberge i. Westf.: Ferdinand Freiligrath als politischer Dichter. Münster i. W. 1907: Westf. Vereinsdruckerei. (69 S.) 8° [F.] ¶ (Erscheint vollst. als: „Münsterische Beiträge z. neueren Literaturgeschichte" H. 3 b. H. Schöningh, Münster.)
Münster, Phil. Fak., Ref. Schwering, Diss. v. 8. Aug. 1907
[Geb. 2. Jan. 83 Altenberge, Kr. Steinfurt; Wohnort: Münster i. W.; Staatsangeh.: Preußen; Vorbildung: Fürstl. Gymn. Arnoldinum Burgsteinfurt Reife O. 03; Studium: Münster 2, Leipzig 2, Münster 4 S.; Rig. 8. Mai 07.]

Volbert, A., Ferdinand Freiligrath als politischer Dichter, s.a. Beiträge, Münstersche, zur neueren Literaturgeschichte. III.

Ferdinand Freiligrath als politischer Dichter. Von Dr. A[nton] **Volbert.** Münster i. W.: H. Schöningh 1907. (VIII, 104 S.) 8° [F.]
[Ein T. erschien als Inaug.-Diss. Münster 1907.]
– **Beiträge,** Münstersche, z. neueren Literaturgeschichte. H. 3. [08. 3016

VOLBERT, EMIL S. J.: Die Heiligkeit des Hauses Gottes. Festrede bei Einweihung der neuerbauten Pfarrkirche in Blumenthal zu Preßburg durch ... Cardinal Johann Simor ... am 28. Oktober 1888. Preßburg 1888: Stampfel, Eder. 16 S. - 4°

Volborth, s.: Zeitschrift f. Versicherungsmedizin.

Volborth, A. v., über Achradocystites und Cystoblastus, s.a. Mémoires de l'Académie impériale des sciences de St. Pétersbourg.

Volborth, A. v., über Achradocystites u. Cystoblastus, zwei neue Crinoideen-Gattungen, eingeleitet durch krit. Betrachtgn. über die Organe der Cystideen [Mit einer lith. Taf.] [Mémoires de l'acad. des sciences de St.-Petersb.] St. Petersbourg 870. Leipzig, Voss. Imp.-4. (15 S.) n. 10 ngr.

Volborth, A. v., über einige neue ehstländische Illaenen, s. Mémoires de l'académie imp. des sciences de St.-Pétersbourg. 7. Série, Tome VIII, Nr. 9.

Volborth, A. v. Ueber die Crotaluren und Remopleuriden: ein Beitrag zur Kenntniss der russischen Trilobiten. (Aus Verh. der k. min. Gesellsch.) Petersburg. 1858. 8.

Volborth (A. v.). Ueber die Prioritätsrechte der Trilobiten-Gattung Zethus gegen die Gattung Cryptonymus Eichw. (Bull. phys.-mathém., T. 13, Nr. 19.) Petersburg 1855. 8.

Volborth: Üb. die m. glatten Rumpfgliedern verseh. russ. Trilobiten. St. Petersb. 1863
Schul-/Univ.-Schrift

—— über die mit glatten Rumpfgliedern versehenen russischen Trilobiten, s.a. Mémoires de l'académie imp. des sciences de St.-Pétersbourg. 7. Série, Tome VI, Nr. 2.

——— Ueber die mit glatten Rumpfgliedern versehenen russischen Trilobiten, nebst einem Anhange über die Bewegungsorgane und über das Herz derselben. (Mem. de l'Acad. impér. des sciences de St.-Petersbourg, VIIe sér., T. 6, No. 2.) St. Petersburg 1863. 4. Mit 4 lithogr. Tafeln.
Desgl. ein zweites Exemplar.

Volborth, Alexander (geb. Mohilew 11. 1. 1800): De bobus uro, arno et caffro. Berolini (1825). (26 S.) 4°
Berlin, Med. Diss. v. 19. Aug. 1825

Volborth, Al., de bobus uro, arno et caffro. Comment. zootomica. 4maj. (Mit 3 Kpft. in Roy.-Fol.) Berl. 826. Dümmler. 3 ₰

Volborth, Alexis von: Über das Verhalten von Dicarbonsäureanhydriden, deren Hydrate nicht existenzfähig sind, gegen Ammoniak, Anilin und p-Toluidin. Bonn 1910: Ludwig. 38 S. 8°
Bonn, Phil. Diss. v. 27. Juli 1910, Ref. Anschütz
[Geb. 27. März 83 Petersburg; Wohnort: Petersburg; Staatsangeh.: Rußland; Vorbildung: St. Petrischule Petersburg Reife Juni 02; Studium: Bonn 4, München 1, Bonn 6 S.; Rig. 20. Juli 10.] [U 10. 427

Die Glücksritter. Kom. Oper in 3 Akten. Frei nach Eichendorff von Carl Müller-Rastatt. Musik von Eugène v. Volborth. *Berlin, Köln, Leipzig: A. Ahn 1899.* (63 S.) 8°
= Operntext-Bibliothek, Ahns. No 75. [00. 9501

Marienburg. Oper in 3 Acten von Eugen v. Volborth. Dichtung von Axel Delmar [d. i.: v. Demandowski]. (Berlin [1903]: O. & E. Klett.) (47 S.) 8° [Fr.] [07. 6810

Volborth, Eug. v., Marienburg. Oper in 4 Aufzügen. Text m. Benutzg. der gleichnam. Dichtg. Axel Delmars v. Alb. Sergel. (Textbuch.) (73 S.) 8. Rostock 906. Berlin, C. J. E. Volckmann Nachf. -- 80

Die Zaubersaite. Dramat. Märchen in 3 Aufz. von Wilma v. Volborth. Übers. aus d. Franz. Musik von Eugène v. Volborth. Berlin, Köln, Leipzig: A. Ahn [1904]. (43 S.) 8°
= Operntext-Bibliothek, Ahns. No 99. [05. 3771

Volborth, J. F. A., Handlexikon für Küchengartenfreunde; od. Anleitung zur Kenntniß und Cultur aller in e. guten Hauswesen unentbehrl. Küchengartengewächse, in alphabet. Ordnung nebst e. Küchengartenkalender. 8. Leipz. 802. Weigel. (Hahn in Hannov.) 20 gr

Volborth, Johann Karl

— nova bibliotheca philologica et critica, s. *Bibliotheca*.

— Progr. de censu Quirinii ad Lucae II, 1. 2. 4. Götting. 785. Dieterich. 2 gr

— Chrestomathia comica graeco-latina cont. Aristophanis ranas, Plauti captivos, Terentii Adelphos. 8. Götting. 777. Vandenhöck u. R. 12 gr.

— nova Chrestomathia tragica graeco-latina. 8. Götting. 776. Dieterich. 12 gr

Volborth, J. C., cur Josephus caedem pueror. Bethl. silentio praeterierit? Götting. 1788. 4.

— Daniel, aufs neue aus d. Hebräisch-chaldäischen übersetzt u. m. kurz. Anmerk. f. unstud. Leser. 8. Hannov. Ritscher. (Hahn). 788.

— s. **Daniel, d. Prophet.**

Volborth, J. C., de discipulis Chr. per gradus ad dignitatem et potentiam apostolicam evectis. Götting. 1790. 4.

— Erklärung des Propheten Hosea. 1e Abth. 8. Götting. 787. Brose. 1 ₰

— s. a. **Ezechiel.**

— Ezechiel, aufs neue aus d. Hebräischen übersetzt. 8. Göttingen, Brose. 787.

— Jeremias, übers. m. Anmerk. 8. Celle, Schulze. 795.

— s. **Jeremias Klaggesänge.**

s. **Jennings, üb. innere Klarheit.**

— Progr. interpretatio locorum Joannis, in quibus Spiritus Sanctus παρακλήτος vocatur. 4. Götting. 786.

Volborth, Jh. Karl, primae lineae antiquitatis christianae, in usum tironum ductae. 8. Leipz. 789. Kummer. 12 gr

— primae lineae Grammaticae hebraeae in usum tironum ductae. 8. Leipz. 788. Kummer. 10 gr

— primae lineae theologiae historica-polemicae. 8. Leipz. 790. Kummer. 4 gr

— Lobschrift auf Mich. Neander, mit histor. Beilagen. 4. Götting. 777. Vandenhöck u. R. 8 gr

— Lobschrift auf Lorenz Rhodemann. Eine Vorlesung in d. königl. deutschen Gesellschaft in Göttingen am 16. März 1776 gehalten. 4. Götting. 776. Dieterich. 2 gr

Volborth, Johann Karl F, v/16

De animi suspicapis natura, fontibus, effectibus et indignitate, respectu in primis ad doctrinam Christianam habito.
Göttingen (Schulz) 1791. 43 S.

Gew.: Karl August Fhr. von Hardenberg.
35362

Volborth, Jh. Karl, († d. 29. Aug. 1796.) Diss. inaug. de animi suspicacis natura, fontibus, effectibus et indignitate, respectu inprimis ad doctrinam christianam habito. 4. Götting. 791. (Kummer in Leipz.) 4 gr

— Disputatio inaug. philologica de Olympo, Thessaliae monte, Deorum sede. 4. Götting. 776. Dieterich. 2 gr

— super fructu, quem interpres Homeri e Virgilii lectione capere possit, pauca praefatus est. 4. Götting. 777. Dieterich. 2 gr

— Predigt von d. gnädigen Aufsicht Gottes üb. d. hohe Schule zu Göttingen, auf d. 50jähr. Jubiläum gehalten. 4. Götting. 787. Brose. 3 gr

— christliche Predigten. gr. 8. Götting. 786. Brose. 16 gr

— christliche Predigten über die epistolischen Texte aller Sonn- u. Festtage des ganzen Jahres. gr. 8. Götting. 793. Vandenhöck u. R. 2 ₰ 4 gr

— christliche Predigten über die evangel. Texte aller Sonn- u. Festtage des ganzen Jahres. gr. 8. Götting. 791. Vandenhöck u. R. 1 ₰ 20 gr

— Progr. Academiam latinam latinae linguae studiosis in inclyta Georgia Augusta publice apertam etc. 4. Gött. 777. Dieterich. 2 gr.

— die zwölf kleinen Propheten, aufs neue aus d. Hebr. übers. u. mit Anmerkk. herausg. 8. Götting. 783. Vandenhöck u. R. 8 gr.

Volborth, J. C., quantum error Apollinaris contulerit, ut dogma de descensu Chr. ad inferos symbolis fidei insereretur. Brunsv. 1795. 8.

— Rechenschaft e. christl. Lehrers an s. Gemeinde; e. Abschiedspredigt. 8. Götting. 792.

— comm. theolog.-exeget. de sacrificio farreo Hebraeorum cum similibus aliarum gentium ritibus comparato. 4. Götting. 780. Vandenhöck u. R. 4 gr.

— neue Samml. v. Predigten. gr. 8. Gotha 789. Ettinger. 22 gr.

—Vindiciae orthodoxiae a saeculi nostri criminationibus; oratio. 4. Götting. 785. Vandenhöck u. R. 2 gr.

s. G. T. Zachariä, Erklärung d. beiden Briefe an die Korinther u. dess. biblische Theologie.

Volborth, Walther, aus Berlin: Die Zusammensetzung der im Rassenstalle des landwirtschaftlichen Institutes der Universität Leipzig gewonnenen Kuhmilch. *Langensalza [1904]: H. Beyer & Söhne.* (76 S.) 8°
Leipzig, Phil. Diss. v. 1904

Volbracht, Antonius Josephus (Martismontanus)
De Dysenteria.
Giessae: Heyer 1839. 32 S.
Diss. med. 12.6.1839. vorh. 4.Δ.

Volbrecht, s. Amtmann.

Volcamer, Heinrich Samuel (Nürnberg)

s. Volckamer 35366

Nieder mit dem übermäßigen Luxus! Nieder mit d. übermäßigen Reichtum! Ein Vorschlag z. Güte von G. A. Volchert, Rektor. Naumburg: Kämmerer [1908]. 24 S. 8° [ov. 301 3

Volchert, Helene, Rezeptbuch f. vegetar. Rohkost (nebst Anh.: Reformküche). Notwendige Ergänzg. zu allen Kochbüchern. 2., verb. Aufl. 8. (117 S.) Berlin 897. (Zehlendorf, P. Zillmann.) n. 1. —

Volchert-Lietz, H., Oswald Hersen od. d. Rache d. Gutsherrn. E. Erzählg. f. die reif. Jugend aufgekl. Kreise. 12. (III, 116 S.) Leipzig 893. E. Wiest Nachf. Kart. n. — 80

Volčič, Janez. Šmarnice naše ljube Gospé presvetega Srca. V Celovcu, St. Hermagoras-Druck., 1879—92. 2 Bde.

Volčič, Janez. Življenje preblažene Device in Matere Marije in njenega prečistega ženina svetega Jožefa. V Celovcu, St. Hermagoras-Druck., 1884—1891. 5 Tle.

Volck, Adalbert

Volck, A., die Tätigkeit des „Theatercomités der Großen Gilde" seit dem Frühjahr 1908, s.: Kulturfrage, e. baltische.

Volck, A., Wer trägt die Schuld? Betrachtung üb. die estn. Revolution. (14 S.) gr. 8. Jurjew (Dorpat), J. Anderson. 1906. —. 50.

Volck, Adalb., wer trägt die Schuld? Betrachtung üb. die estn. Revolution. (14 S.) gr. 8. Jurjew (Dorpat) 906. C. Glück. n. — 50

— Wie einer jung war u. jung blieb, s.: Siebel, Ernst.

Volck, Adf., Lesestücke zur physischen, mathematischen und Verkehrs-Geographie, als Hilfsbuch für die Oberstufe des Geographie-Unterrichts hrsg. gr. 8. (VI, 170 S. mit eingedr. Fig.) [Nördlingen 888.] München, Beck'sche Verlagsh. *

Volck, Alexander („Stadt-Schreiber u. Advoc. Regim. Ordin. zu Büdingen"), Das Entdeckte Geheimnis der Bosheit der Herrnhutischen Secte, zu Errettung vieler unschuldigen Seelen . . . 1790. in Sechs Gesprächen dargelegt. Mit e. Zuschrift an . . . . Herrn Nicolaus Ludwig, Grafen von Zinzendorf und Pottendorf, der so genanten (!) Mährischen Brüder Bischof etc. etc. Zum Druck befördert von —. 6 Stücke. Mit Portr. Zinzendorf's (ovales Brustbild mit je 4 lat. u. deutschen [sehr anzüglichen] Versen, A. Reinhardt sc.). Franckfurt und Leipzig, Bey Heinrich Ludwig Brönner, 1750, 1748, 1749, 1749, 1749, 1750. 8°. (Auch in Dresden u. in Zürich, Stadtbibl.)
So der Haupttitel, dann 6 Bll. Vorst. — Entrevue I: 1749. 151 SS. II: 1748. III—V: 1749. VI: 1750. (II bis VI enth. 850 fortl. pag. SS. u. 5 Bll. Reg.) Gespräche zwischen Alethophilus und Timotheus Verinus, mit vielen ärgerlichen Herrnhuter Ehestands Liedern u. einer Menge Scandalosa durchflochten. (6 Mk. B. Liebisch, 1901; steigt im Preise!)

— — Dasselbe. 7 Entrevuen. Mit Vorwort von J. Phil. Fresenius. Ebd. 1748—51. 8°. 3 Alph. 9 Bog. So cplt. rar!

— entdecktes Geheimniß der Bosheit der herrnhutischen Sekte. 7 Hefte. 5e A. 8. Frankf. a. M. 751—60. Brönner. 1 rthl. 4 gr.

Alexander Volck's Gründlicher Unterricht zur Rechenkunst oder Rechenbüchlein. Büdingen. 8. 14 B. 1765.

Volk, Alex., unumstößliche Vertheidigung der Glaubwürdigkeit des entdeckten Geheimnisses der Bosheit der herrnhutischen Sekte. 8. Frankf. a. M. 750. Brönner. 4 gr.

Volck, Conrad, s. Volck, Konrad

Volck, Heinrich, s. Volck von Wertheim, Heinrich

Volck, Justus Heinrich (Frankenhausen) A. S. 1157/5

Ulceris vesicae origines, signa et remedia.
Präs. Christian Vater.
Wittenberg (Gerdes) VI. 1709. 26 S.
35368

Volck, Konrad

Volck, Conrad [aus Weikersheim '(Württemb.)']: Beiträge zur Kenntniss des Thoriums . . . München, Buchdr. v. V. Höfling, 1892; 23 S. 8.
München, Phil. Fak., Inaug.-Diss. v. 1892

Volck, Otto und Scheck, Joseph „Die Schülerübungen im naturwissenschaftlichen Unterricht nach dem neuen Lehrplan der Real- und Oberrealschulen". pg. 47—60. 8°. Mit Abbildungen. T. A. Schachenmayer.
Kissingen, Progr. 1909/10

Volck, Wilh., die Bedeutung der semitischen Philologie für die alttestamentliche Exegese. Eine akadem. Festrede. 2. durchgeseh. Aufl. gr. 8. (34 S.) Dorpat 874, Glaeser. [Schnakenburg.] *

Volck, W., die Bibel als Kanon. Drei Vorträge. gr. 8. (54 S.) Dorpat 885. Karow. n. 1. 60

Volck, Wilh., Mosis canticum cygneum [Deuter. c. XXXII.]. Nördlingen 861. Beck. 8. (46 S.) n. 10 ngr.

Volck, W., der Chiliasmus seiner neuesten Bekämpfung gegenüber. Eine historisch-exeget. Studie. Dorpat. 869. Gläser. gr. 8. (IV, 185 S.) n. 21 ngr.

Volck, Wilh., Christi u. der Apostel Stellung zum Alten Testament. Ein Konferenzvortrag. 8. (45 S.) Leipzig 900. A. Deichert Nachf. n. — 60

Volck, Wilh., s.: Delitzsch u. v. Hofmann, theologische Briefe.

Volck, Wilh., zur Erinnerung an J. Chr. K. v. Hofmann. gr. 8. (16 S.) Erlangen 878, (Deichert.)
Aus: Mittheilungen und Nachrichten für die evangelische Kirche in Rußland, besonders abgedruckt.

— die rechte Feier d. Bibelfestes. Bibelfestpredigt üb. 2. Petri 1, 19—21, geh. in der Universitäts-Kirche zu Dorpat am Sonntag Cantate. gr. 8. (15 S.) Ebend. 886. n. — 60

— Festrede zur Jahresfeier der Stiftung der Universität Dorpat am 12. Decbr. 1883 geh. Hrsg. v. der kaiserl. Universität Dorpat. 4. (23 S.) Dorpat 884. (Schnakenburg.) n. 2. —

—— **s. Gesenius, Wilh., hebräisches und chaldäisches Handwörterbuch über das Alte Testament.**

Volck, Wilh., u. Sam. Oettli. Die poet. Hagiographen, s. Kommentar, kurzgef., zu den heil. Schriften Alten u. Neuen Testamentes.

— die alttestamentl. Heilsgeschichte übersichtl. dargestellt, s.a. Handreichung zur Vertiefung christl. Erkenntnis.

Die alttestamentliche Heilsgeschichte übersichtlich dargest. von D. Wilhelm Volck, Prof. zu Rostock. *Gütersloh: C. Bertelsmann 1903.* (VI, 125 S.) 8° [F.]
= Handreichung z. Vertiefung christl. Erkenntnis. II. 8. [03.1088

Volck, Wilh., auf den Höhen des Kirchenjahrs. Ausgewählte Festpredigten. Hrsg. v. Vikt. Wittrock. (VIII, 168 S. m. Bildnis.) gr. 8. Jurjew (Dorpat) 905. J. G. Krüger. n. 3. —; geb. n. 4. 50

—— In wie weit ist der Bibel Irrthumslosigkeit zuzuschreiben? Vortrag, gehalten in der Aula der Universität. 1. und 2. Aufl. gr. 8. (20 S.) Dorpat 884, Karow. *

— zum Kampf um Bibel u. Babel. Noch e. Wort zur Verständigg. u. Abwehr. (32 S.) gr. 8. Rostock 903. Stiller. n. — 60

Volck, W., Lebens- u. Zeitfragen im Lichte der Bibel. Letzte Gedanken. Hrsg. u. m. e. Vorwort versehen v. A. W. Hunzinger. Mit e. Bilde des Entschlafenen. (VIII, 90 S.) gr. 8. Wismar 906. H. Bartholdi. n. 1. 80

—— **zur Lehre von der heil. Schrift. Beleuchtung der offenen Erklärung der Glieder der Ösel'schen Synode zu ihrem Synodal-Proteste vom J. 1884 betr. die Lehre von der heil. Schrift. gr. 8. (21 S.) Dorpat 885, Karow.** *
Vgl.: Dieckhoff, A. W., das Wort Gottes.

— de nonnullis Veteris Testamenti prophetarum locis ad sacrificia spectantibus. Diss. gr. 8. (24 S.) Ebd. 893. n. — 80

— Rede bei der Beerdigung des weil. Consist.-R. Abb. Hugo Willigerode am 30. Aug. / 11. Septbr. 1893, geh. in der Marienkirche. gr. 8. (12 S.) Ebd. 893. n. — 50

Volck, Wilh., Heilige Schrift u. Kritik. E. Beitrag zur Lehre v. d. Hl. Schrift, insonderheit Alten Testamentes. gr. 8. (X, 216 S.) Leipzig 897. A. Deichert Nachf. n. 3. 25

—— der Segen Mose's. Deut. Kap. XXIII. Untersucht und ausgelegt. gr. 8. (II, 194 S.) Erlangen 873, Deichert. *

—— de summa carminis Jobi sententia. gr. 4. (45 S.) [Ebendas.] 870. *

— die Urgeschichte nach Genesis Kap. 1—11. Vortrag, geh. in der evang. Kirche zu Unterbarmen am 5. VIII. 1897. 8. (32 S.) Barmen 897. Wupperthaler Traktat-Gesellschaft. n. — 40

Volck, Guil., Vindiciae Danielicae. gr. 4. (37 S.) Dorpat 866, (Gläser's Verlag.) *
Vgl.: Ibn Mâlik's Lâmiyat al af'âl.

— was lernen wir aus der Geschichte der Auslegung der hl. Schrift? 2 Vorträge, geh. in der Aula der Universität. gr. 8. (40 S.) Jurjew (Dorpat) 894. E. J. Karow. n. 1. —

VOLCK VON WERTHEIM, HEINRICH. Auf neue Manier abgefaßter und allzeit fertiger Brief-Steller, ... Nebst einem Anhange von des berühmten Herrn LE PAYS und Hrn. BENJ. NEUKIRCHS Galanten Briefen, einem kurtzgefaßten Deutsch- und Frantzösischen Titular-Buche, ... von allerley mündlichen Complimenten, als auch von denen vornehmsten Kaufmanns- Jäger- und Bergwercks-Terminis, ... einem Frantzösisch-Lateinisch- und Deutschen Lexico. Mit gehörigen Registern versehen, von neuen durchgegangen, und um die Helfte vermehrter herausgegeben von BERNHARD DIETRICH VON SCHARFFENBERG. Chemnitz, Stößel, 1746. 8°. *Titelkupfer (der Autor in einer Bibliothek sitzend)*, 8 Bl. 362 S.; 1 Bl. 335 S. — 2 Teile in 1 Bde. Leicht benutzter Ldbd. d. Z.

Eine sehr vielseitige Enzyklopädie des Briefschreibens; inhaltlich am meisten bedeutsam sind die Liebesbriefe des Le Pays (in deutscher Übersetzung) und die Benjamin Neukirchs. — Der 2. Teil hat einen eigenen Titel: „Kurtzgefaßtes Orthographisches Lexicon ...", auch dem ersten Teil ist noch ein Separat-Titel vorangeschickt (er bildet das letzte Blatt nach der Vorrede), auf dem einige Details mehr angegeben sind als der Haupttitel erwähnt, nämlich: „... Anweisung zur Schreibe-Kunst, Welche bestehet in der Calligraphia, oder Schönschreibe-Kunst; Orthographia ... Tachygraphia, ... Stylographia", welche alle (*mit einigen Holzschnittbeispielen zur Kalligraphie*) auf den ersten 64 S. abgehandelt werden. Alle Titel in rot und schwarz.

Volck, Hnr., Frantzösisches und Teutsches Titularbuch. Chemnitz 1705. 8. . . . (D.)
—— Genealogisches Titularbuch. Th. 1. 2. Chemnitz 1707—10. 8. . . . . (D.)
——, —— Ebda 1712. 8. . . . . (D.)
——, —— Ebda 1717. 8.
Dsgl. 1720. 42. 50. . . . . (D.)

Völck, J., s. Völk, Joseph

Volckamer, Georg Karl (Kirchsittenbach) A. S. 753/3

Status naturalis Hobbesii in corpore iur. civ. defensus et defendendus, occasione l. 5. de iust. et l.
Präs. Nikolaus Gundling.
Halle (Zeitler) 5. V. 1706. 22 Bl.
35369

[F.] Die Stadtmauer von Nürnberg mit ihren Veränderungen während dreier Jahrhunderte dargest. durch Abb. aus dem 17., 18. u. 19. Jahrh. Zsgest. v. Guido von Volckamer auf Kirchensittenbach. (Lfg 1.) *München: Deiglmayr & Fuhrmann 1897* (A. d. Umschl.: *1896*). 4. [97.4[illegible]

Volckamer auf Kirchensittenbach, Guido v., die Stadtmauer v. Nürnberg m. ihren Verändergn. während dreier Jahrhunderte, dargest. durch Abb. aus d. 17., 18. u. 19. Jahrh. (In 10 Lfgn.) 1. Lfg. gr. 4. (12 Lichtdr.-Taf.) München 897 (Barerstr. 55), Selbstverlag. n. 3. —

Volckamer, Heinrich Samuel (Nürnberg) A. S. 1311/3

Dissertatio medica de abusu purgantium in recens natis. Präs. Jo. Nikolaus Weiss.
Altdorf (Meyer) 16. II. 1737. 32 S.
35370

Volckamer, Heinrich Samuel (Nürnberg) A. S. 964/25

Dissertatio inauguralis medica de dolore doloris remedio.
Altdorf (Hessel) 15. X. 1739. 44 S.

W. v.: Jo. Nikolaus Weiss. 35371

Johann Christoph Volckamer
1662 - 1744

[Teils.Lat.] Hesperidum Norimbergensium sive De malorum citreorum, limonum aurantiorumque cultura et usu libri 4,...quibus subiuncta est Flora, flores plantasque rariores in agro norico cultas exhibens. Acc. De Horologii solaris buxo describen di ratione, De Horto ex opticorum regulis delineando,De Columnis item milliaribus et obelisco Theodosiani Simulacro...Auctore J(oanni) C(hristophoro) V(olcamero)[Volckamer]. Omnia e lingua Germanica in Lat.nunc transl. ([Übers.:]Erhard_us Reuschius [Reusch]), Norimbergae:Endter (1713). 271 S., 117 Taf. 2°
[Es fehlen: 1 Bl. Designatio schematum seu iconum, u. 1 Bl. Errata.]

Johann Christoph Volckamer
1662-1744

[Teils.,lat.] Hesperidum Norimbergensium sive De malorum citreorum, limonum aurantiorumque cultura et usu libri 4, bene multis iconibus... ornati:Quibus subiuncta est Flora,. flores plantasque rariores in agro Norico cultas exhibens. Acc. De horologii solaris buxo describendi ratione, De horto ex opticorum regulis delineando, De columnis item milliaribus et obelisco Theodosiani simulacro in auctoris viridario erectis, brevis commentatio, auctore J(oanne) C(hristophoro) V(olcamero [Volckamer]). Omnia e lingua Germanica in Lat. Nunc transl. ([Übers.:] Erhardus Reuschius [Reusch].) - Norimbergae: Endter (1713). 271 S., 117 Taf. 2°

Angeb.: Lochner [v.Hummelstein, Miahael Friedrich, 1662-1720]: Commentatio de ananasa sive nuce pinea Indica vulgo pinhas. Norimbergae 1716.

Volkamer, Joh. Chp., *Nürnbergische Hesperides*, oder gründliche Beschreibung der Edlen *Citronat-*, *Citronen-* u. *Pomeranzen-Früchte* . . . . 4 Thle. (in 1 Bde.). Nürnberg. Endter. 1708. (Gr.-Fol. Starker Pgmtholzbd. m. Merkzeichen. Auct. Graf v. Mohr no. 1240.)
Mit 1 Kpf., roth u. schwarz gedr. Tit. u. vielen Kpfrn verschiedener Stecher (die meisten von Jos. à Montalegre), darstellend Ansichten von Gärten, Treibhäusern etc.; unter jeder Frucht Abbildung die Ansicht einer in Bezug stehenden Stadt od. Landschaft.

Johann Georg Volckamer
1662 - 1744

Flora Noribergensis sive Catalogus plantarum in agro Noribergensi...addita singulis exoticis culture...cum...notis characteristicis ex Morisono, Ammanno,Hermanno...Opera & labore Johannis Georgii Volckameri [Volckamer].Noribergae:Michaellianis 1700. 407 S. 8°

Volkamer, Ioh. Geo., flora Norimbergensis, sive catalogus plantarum in agro Norimb. nasc. c. fig. 4. Nürnb. 728.

Volckamer, Johann Wilhelm (Nürnberg) Altd. Jur. lose

Specimen inaugurale iuridicum de illicita extensione iurisdictionis feudalis in vasallos eorumque subvasallos ...
Altdorf (Meyer) 7. IV. 1789. 28 S.

Gew.: Stadt Nürnberg. 35375

Volckamer, Michael Georg (Nürnberg) A. S. 938/35

Dissertatio inauguralis medica de otalgia.
Altdorf (Kohles) 1. XII. 1733. 32 S.

35376

Volckamer, Paul Magnus (Nürnberg) A. S. 230/27

Collatio iuris communis et Norici in materia de tutela et cura.
Altdorf (Meyer) 14. II. 1754. 36 S.

W. v.: Karl Colmar, Martin Reinhardt, Georg Christoph Erlabeck, Johann Paul Sigmund Kress (Opp.), Tobias Huth (Opp.). 35377

Volckamer auf Kirchensittenbach, Guido von, s. Volckamer, Guido von

VOLCKART, A. G., Reisen u. Schifffahrten, wie solche durch Nieder-Sachsen nach Hamburg, Amsterdam u. von dar nach Cadix, Gibraltar etc. weiter im Norden biss Archangel und endlich in Westindien binnen 6 Jahren unternommen u. vollbracht. Budissin 1735. 8°. Sehr selten! (8 Mk. M. Glogau jr., Hamburg, 1911.)

Vgl. Volkardt, Andr. G.

Volckart, Gg. Ludw.: „Geist- und Weltliches Stats-Cabinet, bestehend in vier Theilen, dem Regenten, Erstern (so!) Minister, Rent-Cammer und Consistorio oder geistlichen Rath-Stuben. Nebst einem kleinen Perspectiv- oder Fernglas, cur- und praeservative zu gebrauchen . . . .", Frankfurt a. M. und Leipzig 1767. — Vorh.: StB Nürnberg.

Voelckel, C., s. Voelckel, Karl

Voelckel, Georg [cand. med. aus Frankenthal (Rheinpfalz)]: Ein Fall tötlicher Blutung aus einem Varix des Oesophagus im Verlaufe von hepatitis interstitialis . . . Frankenthal. Buchdr. v. F. Albeck. 1891; 24 S. 8°
Erlangen, Med. Fak., Inaug.-Diss. v. 22. Dez. 1890.

Voelckel, Gottfried Heinrich (Dresden) A. S. 759/14

Dissertatio inauguralis de maturanda dominii probatione per usucapionem. Präs. Johann Heinrich Berger. Wittenberg (Gerdes) 28. XI. 1709. 55 S.

35240

Voelckel, Gottfried Heinrich (Dresden) A. S. 5/4

Dissertatio inauguralis de maturando dominii probatione per usucapionem. Präs. Jo. Heinrich Berger. Ed. 2. Wittenberg (Gerdes) 1734. 55 S.

Diss. 28. XI. 1709. 35241

Voelckel, Karl

Voelckel, C., Chemische Untersuchung der Brunnquellen von Solothurn. Solothurn 1865. Progr.

Völckel, Margaretha, neuestes bayerisches Kochbuch. Rezepte f. d. bürgerl. u. feineren Tisch enth. Zuverlässiger Ratgeber zur Bereitg. guter u. schmackhafter Speisen, nebst e. ausführl. Speisezettel u. Angabe der neuen u. alten Maße u. Gewichte. Neue Ausg. 8. (III, 515 S.) Nürnberg 897. J. Ph. Raw's Verl. Kart. n. 2. —

Voelckel, P.: Über den Alkoholismus. D. 8°. 1 Bd. Würzburg. 1863.

Volckelt, Johann Gottlieb (Lauban) A. S. 1339/6

Historia philosophiae corpuscularis veteris et recentioris. Präs. Martin Gottlieb Pauli.
Leipzig (Langenheim) 10. IV. 1745. 63 (statt: 36) S.

Gew.: Christian Gottlieb von Holzendorf.

35378

Volckens, Wilh., Neumühlen u. Oevelgönne. Histor. Skizzen, u. Mittheilgn. aus d. Archive d. Oevelgönner u. Neumühlener Lootsen-Brüderschaft v. Pet. Hoppe. gr. 8. (VIII, 168 S. m. Textbild., 2 Lichtdr.-Taf., 1 Plan u. 4 Karten.) Altona 895. Schlüter. n. 3. —

Volcker, R., Ilona Fatillis Liebe bis in den Tod. Roman. (248 S.) 8. Berlin (906). C. Georgi. n. 2. —

— im russischen Reiche od. e. Zusammenbruch. Erlebnisse e. Arztes in Rußland. (Roman.) (248 S.) 8. Ebd. (905). n. 3. 50

Völcker: De anno, quo natus sit Andocides orator, commentatio. 19 S. – Meppen, Progr 1872.

Völcker, formalsprachliche Bildung durch den Unterricht in der Muttersprache, formal-logische Bildung durch den Unterricht in der Mathematik. [Aus: „Central-Organ f. d. Interessen d. Realschulw.“] gr. 8. (90 S.) Berlin 893. Friedberg & Mode. n. 1. —

Voelcker, die Gutachten der preuß. Handelskammern u. kaufmänn. Korporationen zu d. Erlaß d. Hrn. Ministers f. Handel u. Gewerbe v. 1. Jan. 1895 betr. d. Reorganisation d. Handelskammern in Preußen. Im Auftr. der Handelskammer f. den Reg.-Bez. Oppeln zusammengest. gr. 8. (160 S.) Berlin 895. Siemenroth & Troschel. n. 2. —

Voelcker, s.: Jahresbericht der Heidelberger chirurgischen Klinik.

Voelcker, Aloys. Hein. (geb. Meppen 15. 9. 1805): De vi medicatrice naturae. Berolini (1829). (56 S.) 8°
Berlin, Med. Diss. v. 29. Sept. 1829

Alois Heinrich Voelcker

Aloys(ius) Henricus Voelcker: De Vi medicatrice naturae. Berolini (1829:). Klewert. 56 S. 8
Berlin, Med. Diss. v. 29. Sept. 1829

Völcker, Anton Ulrich (Braunschweig) A. S. 757/26
Dissertatio juridica de felonia domini.
Präs. Christian Thomasius.
Halle (Salfeld) 22. X. 1710. 42 S.
35242

Völcker, Aug., chemische Untersuchung des Schildpatts. Inaug.-Dissert. gr. 8. (69 S.) Göttingen 847. (Frankfurt a. M., Keller.) *—

Völcker, Aug., chemische Untersuchung des Schildpatts. Inaug.-Dissert. gr. 8. (69 S.) Göttingen 847. (Frankfurt a. M., Schmerber.) n. 5/12 ₰

Voelcker, Bernhardt

Völcker, B., die Wortstellung in den ältesten französischen Sprachdenkmälern, s. a. Studien, französische.

Die Wortstellung in den ältesten französischen Sprachdenkmälern. Von Bernhard Völcker. Heilbronn: Gebr. Henninger 1882. (56 S.) 8°
= Studien, Französische. Bd 3, H. 7. [c6. 6043

Völcker, C. H. G., s. Völcker, Karl Heinrich Wilhelm

Voelcker, F., s. Voelker, Franz

Völcker, Friedrich, Dr., Assistenzarzt d. chirurg. Universitätsklinik: Das Caput obstipum, eine intrauterine Belastungsdeformität. Tübingen 1901: H. Laupp jr. (71 S.) 8°
(Aus: Beiträge zur klinischen Chirurgie, Bd 33, H. 1.)
Heidelberg, Med. Hab.-Schr. v. 1901.

Völcker, Friedrich [app. Arzt aus Speyer]: Ein Fall von brandiger Pneumonie . . . Speyer, Druck d. Dr. Jäger'schen Buchdr., 1895; 1 Bl., 20 S. 8°
München, Med. Fak., Inaug.-Diss. v. 1895.

Völcker, Friedrich [cand. med. aus Schweinfurt]: Die Schädlichkeit des Schnürens, e. histor., anatom.-klin. u. hygien. Studie ... München, M. Pössenbacher'sche Buchdr., 1893; VIII, 55 S., 4 Taf. 8.
München, Med. Fak., Inaug.-Diss. v. 1893

Völcker, Frdr., die Schädlichkeit des Schnürens, e. histor., anatomisch-klin. u. hygien. Studie. Diss. gr. 8. (VIII, 55 S. m. 20 Fig. u. 4 Taf.) München 893. (J. F. Lehmann's Verl.) n. 2. —

Voelcker, Fritz, Diagnose der chirurgischen Nierenerkrankungen unter Verwertung der Chromocystoskopie. (X, 187 S. m. 50 Abbildgn.) Lex.-8. Wiesbaden 906. J. F. Bergmann. n. 4. 60

Völcker, G. Ad., der Jahreswechsel, eine ernste Erinnerung an die göttliche Langmuth. Jahresschlußbetrachtung über Lucas 13, 6—9 am Abende des 31. Dezember 1860 in der St. Paulskirche zu Frankfurt a. M. gehalten. Frankfurt a. M. 861. Völcker. 8. (16 S.) 3 ngr.

Völcker, Gustav [Dir. Dr.]: I. Aufgaben des zu verstärkenden deutschen Unterrichts der unteren Klassen. II. Klassen-Arbeiten über durchgenommene Abschnitte aus der Naturkunde, Geographie, Geschichte, Religion. Schönebeck a. E., Druck v. C. Hirschfelder, *1892;* 79 S. 8.
Schönebeck a. E., RPG, OP 1892 (274)

[J. u. Ant.] Völcker, Gustav [Dir. Dr.]: I. Zum spätern Beginn des lateinischen Unterrichts. II. Der neueste Kampf um das Latein. (I aus: N. Jahrb. f. Philol. u. Päd. Jan. 1891. II aus: Padag. Arch. 1. Heft 1891.) Schönebeck, Druck v. Th. Wulfert, *1891;* 1 Bl., 74 S. 8°
Schönebeck a. E., RPG, OP 1891 (268)

Völcker, G. [Dr.]: I. In welcher Weise würde die Priorität des Französischen auf den deutschen Elementarunterricht einwirken? II. Werden die grammatischen Grundbegriffe besser an der lateinischen oder an der französischen Sprache erkannt? (Aus: N. Jahrb. f. Phil.) Schönebeck, Druck v. Th. Wulfert, 1889; 1 Bl., 54 S. 8°
Schönebeck a. E., RPG, OP 1889 (263)

Völcker, G. Der neue Lehrplan der französischen Gymnasien. Schönebeck a./E., Rpg., 1883. 33 S. 4. Progr.

Völcker, Gustav: Die neuen Lehrpläne der französischen Gymnasien. – Schönebeck. – R. S. – 33 S. – (244).

Völcker, G., die Reform des höheren Schulwesens auf Grund der Ostendorffschen These: Der fremdsprachliche Unterricht ist mit dem Französischen zu beginnen. gr. 8. (V, 251 S.) Berlin 887, Springer. *

Völcker, G., Register, s.: Maltzahn's, W. v., deutscher Bücherschatz.

Völcker, Gust., Rollin als Pädagoge, s. a. Sammelmappe, pädagogische.

Völcker, Gust., Rollin als Pädagoge. Ein Beitrag zur Geschichte der Pädagogik. gr. 8. (72 S.) Leipzig 881. Siegismund & Volkening. n. 1. 20

Völcker, G., die Schule u. die soziale Frage. gr. 8. (96 S.) Schönebeck 891. Senff. n. 1. —

Völcker, H.

Völcker, Fremdwörter, s. a. Fremdwörter.

Völcker, H., Fremdwörter. Zum Lesen, Erklären und Lernen in Schulen, in denen fremde Sprachen nicht gelehrt werden. 3. verm. Aufl. Aschersleben 861. Huch. 16. (47 S.) n. 1¼ ngr.

Völcker, H., Fremdwörter. Zum Lesen, Erklären und Lernen in Schulen, in denen fremde Sprachen nicht gelehrt werden, zusammengestellt. 4. Aufl. 1868, und 5. verm. Aufl. gr. 16. (48 S.) Aschersleben 875, Huch's Buchh. *

—— und L. Witte, praktisches Rechenbuch für Bürgerschulen 1—3. Cursus. 8. Aschersleben 858, [Carstedt.] [1. Cursus. (IV und 42 S.) 3 Ngr., 2. (39 S.) 3 Ngr., 3. (77 S.) 5 Ngr.]

—— ——. Beantwortungen der Aufgaben des practischen Rechenbuches für Bürgerschulen. 8. (49 S.) Aschersleben 858, [Carstedt.] *

Völcker, H., und L. **Witte**, praktisches Rechenbuch für Bürgerschulen. 1—3. Cursus. Aschersleben 858. Mannicke. 8. (1.: IV, 42 S. 3 ngr.; 2.: 39 S. 3 ngr.; 3.: 77 S. 5 ngr.) 11 ngr.

— Beantwortungen der Aufgaben des practischen Rechenbuches für Bürgerschulen. Ebend. 858. 8. (40 S.) n. 5 ngr.

Völcker, H., u. A. Schufft, Uebungsbuch f. d. schriftl. Rechnen in Volks- u. Bürgerschulen. 1—3. Curs. m. 1 Hft. Beantwortungen. 8. (11½ B.) Halle 842, [Knapp.] *

(Völcker, H.,) Uebungstafel f. die 4 Grundrechnungsarten in unbenannten Zahlen. gr. 16. Halle 843, [Knapp.]

—— Beantwortung der Aufgaben auf obiger Uebungstafel. 8. (2 B.) Halle 843, [Knapp.]

Völcker, H., Uebungstafel für die 4 Grundrechnungsarten in unbenannten Zahlen. gr. 16. Halle 843, Kümmel. 3 ₰

— Beantwortung der Aufgaben auf obiger Uebungstafel. 8. Ebend. 843. 1/12 ₰

Bericht über das Kartellwesen in der inländischen Eisenindustrie für die im Reichsamt des Innern stattfindenden kontradiktorischen Verhandlungen über Kartelle d. Eisenindustrie erstattet von Dr. H[enry] **Voelcker**, Reg.R. im Reichsamt d. Inn. (T. 1.) *Berlin: F. Siemenroth 1903.* 8° [ß.] 04. 1277

Bericht über die zwischen der Wissenschaft und dem Buchhandel entstandenen Meinungsverschiedenheiten. Erstattet für die im Reichsamt d. Innern stattfindenden kontradiktorischen Verhandlungen über d. Börsenverein d. deutschen Buchhändler von Dr. [Henry] **Voelcker**, Reg.R. im Reichsamt d. Inn. *Berlin: F. Siemenroth 1904.* (46 S.) 8° [ß.] 04. 6388

Voelcker, Henry, die deutsche Eisen- u. Stahlindustrie, s. a. Handel, Industrie u. Verkehr in Einzeldarstellungen.

Die deutsche Eisen- und Stahlindustrie. Von Dr. Henry **Voelcker**. Berlin: S. Simon [1907]. (79 S.) 8° [ß.]
= **Handel**, Industrie u. Verkehr in Einzeldarstellungen. Bd 9. 08. 1537

Voelcker, Henry, die deutsche Volkswirtschaft im Kriegsfall. (158 S.) gr. 8. Leipzig 909. Dr. W. Klinkhardt. 3.—; geb. 3.80

Deutsche **Wirtschafts-Zeitung**. Zentral-Blatt f. Handel, Industrie u. Verkehr. Hrsg. von Dr. Max Apt, Syndicus, [&] Dr. Henry **Völcker**, Reg.R. a. D. Jg. 1, No 1. Berlin: R. v. Decker 1905. 4° 05. 13697

Völcker, Hier. Ldw. Wlh., s. V ö l k e r

Voelcker, Johann Adolph (Traben-Trarbach)
A. S. 1318/44

... h. e. dissertatio philologica, de singulari Hebraeorum cura sepeliendi mortuos, ad illustrationem verborum Christi, Matth. VIII. 22. Luc. IX. 60. Lass die Todten ihre Todten begraben.
Präs. Leonhard Hoffmann.
Jena (Müller) 1727. 20 S.

Diss. VIII. 1726.
Gew.: Karl Ernst Gotthelf Marschall. 35244

Voelcker, Johann Adolph (Traben-Trarbach)
A. S. 1362/29

... h. e. dissertatio philologica, de singulari Hebraeorum cura sepeliendi mortuos, ad illustrationem verborum Christi, Matth. VIII. 22. Luc. IX. 60. Lass die Todten ihre Todten begraben.
Präs. Leonhard Hoffmann. Rec.
Jena (Müller) 1733. 20 S.

Diss. VIII. 1726.
Gew.: Karl Ernst Gotthelf Marschall. 35245

Voelcker, Johann Elias (Sponheim) A. S. 575/14

Dissertatio iuridica de transitu querelae inofficiosi testamenti ad heredes. Präs. Karl Friedrich Walch.
Jena (Heller) 1. II. 1772. 18 S.

W. v.: Präs., Daniel Heinrich Hasentien.
35246

Voelcker, John Augustus (London)
Die chemische Zusammensetzung des Apatits, erschlossen aus zahlreichen eigenen vollständigen Analysen und ausgedrückt durch eine abgeänderte Apatit-Formel.
Giessen 1883. 35 S.
Diss. phil. 1883. vorh. 26.7.

Voelcker, John Augustus, die chemische Zusammensetzung d. Apatits, erschlossen aus zahlreichen eigenen vollständ. Analysen u. ausgedrückt durch e. abgeänderte Apatit-Formel. gr. 8. (34 S.) Giessen 883. (Frankfurt, Völcker.) n. 1. —

Völcker, Karl [Apotheker zu Zürich]: U n t e r s u c h u n g e n über das Intervall zwischen der Blüthe und Fruchtreife von „Aesculus Hippocastanum" und „Lonicera tartarica" ... Giessen, Druck v. W. Keller, 1891; 43 S., 2 Kart. 8°
Giessen, Phil. Fak., Inaug.-Diss. v. 1891.

Völcker, Karl Heinrich Wilhelm

— üb. d e Bedeutung von Ψυχή u. Εἴδωλον der Ilias u. Odyssee, als Beitrag zu der Homerischen Psychologie. Programm. gr. 4. Gießen 825. (Heyer). 4 ₰

Völcker, K. H. W., pädagogische Blätter, s. Blätter.

Völcker, K. H. W.: Über Homerische Geographie und Weltkunde. Nebst einer Charte. Hannover 1830. XVII, 159 S., 1 Krt. 8°.

Völcker, Karl Hnr. Wlh., über Homerische Geographie u. Weltkunde. Mit 1 Karte. gr. 8. Hannov. 830. Hahn. 20 ₰

—— mythische Geographie d. Griechen u. Römer. 1. Thl. Ueber d. Wanderungen der Jo in des Aeschylus gefesseltem Prometheus u. die damit zusammenhäng. mythisch-geograph. Gegenstände. gr. 8. (15¼ B. u. 1 Kärtchen.) Leipzig 832, Köhler. Thlr.

— die Mythologie des japetischen Geschlechtes, od. d. Sündenfall d. Menschen nach griech. Mythen. 8. Gießen 824. Heyer. 1 ₰

— griech. Schul-Grammatik ꝛc., s. H. A. W. Winckler.

—— Tabellen z. Erlernung d. regelmäß. latein. Conjugationen durch Zurückführung d. vier Conjugationen auf Eine. Neben jed. latein. Grammatik zu gebrauchen. gr. 4. (3 B.) Gießen 838, [Heyer's Verl.]

Völcker, Karl Heinr. Wilh., der Unterricht in d. alten Sprachen, s. Blätter, padagogische.

Völcker, Karl Heinrich Wilhelm (Lich)
Ueber den ungewissen Verfasser des Dialogus de oratoribus.
[Vermerk in den Promot.-Akten: schreibt zur Zeit noch daran!]
Dr. phil. Giessen 14.12.1818.

Völcker, C. H. G., Progr. de Lycophronis Cass. Vs. 13-15. Gieſs. 820. 4. (28 S.)

[Umschlagt.:] 226. Verzeichniss des antiquarischen Bücher-Lagers von Karl Theodor Völcker's Verlag und Antiquariat in Frankfurt a. M. Römerberg 3. Porträts und Autographen. Frankfurt a. M. (Dr. v. R. Baumbach) [1899]. (114 S.) 8. [illegible]

Der Königlichen Julius-Maximilians-Universität Würzburg bei ihrem dreihundertjährigen Jubilaeum gewidmet im Namen des Lehrercollegiums. — Geschichte der Studienanstalt Schweinfurt. I Teil. Geschichte der alten lateinischen Schule. Von V. Völcker, Stdr. — 1882, Schweinfurt, ibid. — S. 5—86°.
Progr. Schweinfurt. K. Gymn.

Zur Kritik und Erklärung des Oidipus Tyrannos von Sophocles. — Von V. Völcker, Str. — 1879, Würzburg, ibid. — S. 3—46°.
Progr. Schweinfurt. K. Gymn.

Voelckerling, Alb., Mutter und Kind. Mit 6 Aquarellen und 40 Illustr. im Text nach Orig.-Zeichnungen von E. Bärwinkel, Fed. Flinzer, Rud. Geißler ꝛc. Lex.-8. (VIII, 95 S.) Glogau 882, Flemming. geb.

Völckerling, Alb., Oranien. Schauspiel in 5 Akten. 8. (110 S.) Berlin 877, R. Kühn. *

Völckerling, Alb., Göran Persson. Trauerspiel in 5 Akten. 8. (114 S.) Berlin 876. R. Kühn. n. 2 25

Völckerling, O., Cantate, s.: Friedrich, Hans.

Volckers, E., s. Volkers, Emil

Völckers, Adf., Brocke unn Krimmele. Gedichte in Frankfurter Mundart. 8. (64 S.) Frankfurt a/M. 903. A. Kullmann. n. 1.—; geb. n. 1.75

Völckers, Adf., Fastebretzel unn Kimmelweck. Allerhand zum Knuppern in Frankfurter Mundart. (78 S.) 8. Frankfurt a/M. (908). A. Kullmann. — 90

Völckers, Albr., üb. Granuloma fungoides (Mykosis fungoides) der Haut, s.a. Abhandlungen, Münchener medicinische.

Völckers, Albrecht [app. Arzt aus Hamburg]: Ueber Granuloma fungoides '(Mykosis fungoides)' der Haut. M. 1 Taf. ... München, J. F. Lehmann, 1893; 22 S., 1 Taf. 8.
München, Med. Fak., Inaug.-Diss. v. 1893

Voelckers, C., und V. Hensen, Experimentaluntersuchung über den Mechanismus der Accommodation, s. Hensen, V.

Völckers, G., Lehrbuch f. den Unterricht in der Wetterkunde. Mit 1 Titelbild, 70 Abb. im Text u. 2 Wetter-Karten. (VIII, 88 S.) gr. 8. Leipzig 910. List & v. Bressensdorf. Geb. 1.50

Völckers, J., Beurtheilung der calorischen Maschine des Capitain Ericsson. gr. 8. (46 S. mit 1 Stnt. in qu. gr. 4.) Magdeburg 853, Ebers. *

Völckers, J., der Indicator., Anleitung zum Gebrauch desselben bei der Prüfung von Dampfmaschinen und zur Ermittelung des Kraftbedarfs von Arbeitmaschinen nebst prakt. Formeln, auf Indicator-Versuche basirt, zur Berechnung neu anzulegender Dampfmaschinen, und eine Sammlung ausgeführter eigner Versuche. Mit einem Vorworte von F. Grashof. gr. 8. (XVI und 146 S. mit 7 Stnt. in qu. gr. Fol.) Berlin 863, Gärtner. *

Völckers, J., der Indicator. Anleitung zum Gebrauch desselben bei der Prüfung von Dampfmaschinen u. zur Ermittelung des Kraftbedarfs von Arbeitsmaschinen, nebst praktischen Formeln, auf Indicatorversuche basirt, zu Berechnung neu anzulegender Dampfmaschinen, u. einer Sammlung ausgeführter eigener Versuche. 2. Aufl. Erweitert u. nach metrischem Mass u. Gewicht bearb. von R. Ziebarth. Mit (eingedr.) Holzschn. u. 7 lith. Taf. gr. 8. (VIII, 144 S.) Berlin 877. Gaertner. n. 5. —

Fest-Loge zur Feier des 25 jährigen Jubiläums des Br. P. O. H. Pepper als Meister vom Stuhl der Loge St. Georg [in Hamburg], Donnerstag, den 26 sten Mai 1859. [Unterz.:] J[oh.] L[udw.] Völckers. [Hamburg 1859: Nestler & Melle.] 2 S. 2° [Kopftit.]

Ausserordentliche Versammlung der Grossen Loge von Hamburg zur Feier des 50 jährigen Maurerjubiläums des deputierten Grossmeisters Brs. C[arl] E[duard] Buek, Dienstag den 13. März 1866 unter dem Vorsitz des Grossmeisters Brs. Buek sen., im Beistande sämtlicher Grossbeamten. [Unterz.:] J[oh.] L[udw.] Völckers. [Hamburg 1866:] Nobiling. 6 S. 2°.

Völckers, Otto, s.: Pferd, das fahl.

Volckert, Geo., Reichsst. Nürnberg. Adreßbuch f. d. J. 1793—95. 8. Nürnb. 793, 94.

Volckhausen, Adeline, Irren und Finden. Ein Roman. Hamburg 859. Hoffmann & Campe. 8. (153 S.) 1 ₰ 15 ngr.

Volckhausen, Ad., das Kind aus dem Ebräergang. Roman in 2 Bdn. gr. 8. (VIII, 279; IV, 222 S.) Stuttgart 870, Vogler und Beinhauer. [Werther.]

Volckhausen, Adeline, Sara. Roman. 8. (VI und 304 S.) Leipzig 861, Weber. *

Volckhausen, A., der Tannenhof, s. Album. Bibliothek deutscher Original-Romane.

Volckhausen, Julie Adeline

Der Tannenhof. Roman. Bd 1-3. Leipzig: Günther 1865. 8°

Volckhausen, C., Antrittspredigt am Tage seiner Einführung in der Kirche St. Johann zu Lemgo gehalten. gr. 8. Bielefeld 843, Velhagen u. Klasing. n. 1/12 Thlr.

—— Nikolaus I., s. Crusenstolpe, Magn. Jak. v., der russische Hof.

Volckhausen, C., drei Reden über Gewissensfreiheit. Das Schutz- und Prohibitivsystem auf dem Gebiete der Religion. Geschichtliche Studien über Gewissensfreiheit. Ist ein Glaubenszwang für das Volk nothwendig? 8. (70 S.) Hamburg 859, Hoffmann und Campe.

Volckhausen, Julie Adeline, s. Volckhausen, Adeline

Volckmann, Edwin

Volckmann, E., das städtische Gymnasium zu Elbing. Festschrift zur Erinnerung an den Auszug aus dem vom Rat der Stadt 1535/36 gegründeten Gymnasium. gr. 8. (44 S.) Elbing 882. Meissner. n. 1. —

Volckmann, Edwin Die Originalurkunden des Elbinger Stadtarchivs. 31, 33, 30 SS. **Progr.** G. *Elbing* 1876. 1880. 1881.

Volckmann, Ed.: Das älteste geschriebene polnische Rechtsdenkmal. 24 S. – Elbing, Progr. 1869.

—— das älteste geschriebene polnische Rechtsdenkmal. gr. 4. (III, 24 S.) Elbing 869, (Saunier'sche Buchh.) *

Volckmann, E., De Herodiani vita, scriptis fideque. Diss. 1859. 30 S.

Volckmann, Edwin, als Elbing's Vorzeit. Zur hundertjähr. Gedächtnißfeier der Vereinigung Elbings mit dem preuß. Staate. gr. 8. (79 S.) Elbing 872, Neumann-Hartmann's Verlag. *

Volckmann, Ern. Otto Guil. (geb. Pr.-Friedland 18. 11. 1841): De diagnosi morborum tractus intestinalis chemica. Berolini 1866. (32 S.) 8°
Berlin, Med. Diss.
nachgeliefert v. dem am 2. Aug. 1866 auf Grund gedruckter Thesen promov. Verf.

Antwerp and its environs. By Erwin **Volckmann**. With 1 pl. and 20 ill. Berlin: Maritima 1910. 31 S. 8°
(Pilot Reise-Fuhrer. 3.) 10. 11050

Antwerpen und Umgebung. Von Erwin **Volckmann**. Mit Plan u. 20 Abb. Berlin: Maritima 1910. 33 S. 8°
(Pilot Reise-Führer. 2.) 10. 11049

Belgien. Reisehandbuch f. d. Hauptsehenswürdigkeiten d. Landes. Von Erwin **Volckmann**. Mit 124 Abb., 17 Kt. u. Pl. Berlin: Maritima 1910. XX, 208, 8 S. 8°
(Pilot Reise-Fuhrer. 5.) 10. 11051

Belgium. Handbook for travellers by Erwin Volkmann [vielm.: **Volckmann**]. Berlin [usw.]: Maritima [1910]. XII, 207 S. 8°
(Illustrated Pilot Guides. 4.) 11. 7452

Bruges and the coast from Knocke to Dunkerk by Erwin **Volkmann**. Berlin [usw.]: Maritima [1910]. 44 S. 8°
(Illustrated Pilot Guides. 6.) 1c. 15026

Brügge und die Küste von Knocke bis Dünkirchen. Von Erwin **Volckmann**. Mit 21 Abb., 2 Kt. u. 2 Pl. Berlin: Maritima 1910. 44 S. 8°
(Pilot Reise-Führer. 7.) 10. 11052

Brüssel und Umgebung. (Weltausstellung 1910.) Von Erwin Volckmann. Mit 26 Abb., Kt. u. 5 Pl. 3. Aufl. Berlin: Maritima 1910. 62 S. 8°
(Pilot Reise-Führer. 9.) 10. 16183 II

Brüssel und Umgebung. Von Erwin **Volckmann**. Mit 20 Abb., Karte u. 5 Pl. 4. Aufl. Berlin: Maritima 1910. 62 S. 8°
(Pilot Reise-Fuhrer. 9.) 10. 11054

Brussels and its environs. World Exhibition 1910. [Verf.: Erwin **Volckmann**.] Berlin: Maritima (1910). 55 S. 8°
(Pilot Reise-Fuhrer. 8.) 10. 11053

Bruxelles et ses environs par Erwin **Volckmann**. Berlin: Maritima 1910. 55 S. 8°
(Pilot Reise-Fuhrer. 11.) 10. 11055

Volckmann, Erwin, s.: Captain.

Volckmann, Erwin, Doberan, Heiligendamm u. Umgebung. Illustr. Führer. 3. Aufl. (30 S. u. 3 eingedr. Kärtchen.) kl. 8. Rostock (903). C. J. E. Volckmann Nachf. — 50

— illustrierte Führer f. Land- u. Seereisen. 1.—5. Bd. kl. 8. Ebd. Kart. n. 7. 20

1. Das Reisen zur See. Prakt. Ratgeber u. Führer an Bord. Von Emil Knoll. Mit 36 Abbildgn. u. 1 Signalflaggentaf. (IV, 64 S.) 906. 907. n. 1 50
2. Rügen. Illustr. Führer. Von Erwin Volckmann. 3. wesentlich verm. u. verb. Aufl. Mit 1 grossen Hauptkarte der Insel, 7 Sonderkarten u. 30 Abbildgn. (VIII, 92 S.) 906. 907. n. 1. 20
3. Rügen, Bornholm u. die Seebäder Vorpommerns. Von Erwin Volckmann. 3., verm. u. verb. Aufl. Mit 1 grossen Hauptkarte v. Rügen, 9 Sonderkarten u. 38 Abbildgn. (VIII, 116 S.) 906. 907. n. 1.50
4. Dänemark u. Südschweden bis Trollhättan, Marstrand u. Gotland. Prakt. Reisehandbuch, unter Mitwirkg. des dän. u. schwed. Touristenvereins. Von Erwin Volckmann. 3. Aufl. Mit 61 Abbildgn., 8 Karten, 3 Kartenbeilagen, 3 Grundrissen u. neuem grossen Stadtplan v. Kopenhagen. (XII, 202 S.) 906. 907. n. 2.—
5. Kopenhagen u. seine nächste Umgebung. Prakt. Stadt- u. Reiseführer, unter Mitwirkg. des dän. u. schwed. Touristenvereins. Von Erwin Volckmann. 3. verm. u. verb. Aufl. Mit 22 Abbildgn., 1 Karte u. neuerem grossen Stadtplan. (XII, 88 S.) 906. 907. n. 1.—

Volckmann's illustrierte Führer f. Land- u. Seereisen. 2.—7. Bd. kl. 8. Rostock. Berlin, C. J. E. Volckmann Nachf. Kart. 8. 20

Dänemark u. Südschweden bis Trollhättan, Marstrand u. Gotland. Praktisches Reisehandbuch. Von Erwin Volckmann. 5. neu bearb. Aufl. v. Alex. Schumacher. Mit 64 Abb., 8 Karten, 2 Kartenbeilagen, 3 Grundrissen u. neuem grossen Stadtplan v. Kopenhagen. (XI, 196 S.) 909. (Bd. 4.) Kart. 2. 50

Kopenhagen u. seine nächste Umgebung. Praktischer Stadt- u. Reiseführer. Von Erwin Volckmann. 5. neu bearb. Aufl. v. Alex. Schumacher. Mit 22 Abb., 1 Karte u. neuem grossen Stadtplan. (IX, 84 S.) 909.10. (Bd. 5.) Kart. 1. —

Mecklenburgs östliche Seebäder m. der Seestadt Rostock. 5. Aufl. v. Mecklenburgs Seebäder v. Erwin Volckmann. 6. neu bearb. u. verm. Aufl. v. R. A. Ahrens. Mit 31 Abb., 3 Kartenbeilagen u. 3 Grundrissen. (82 S.) 908.09. (Bd. 6.) 1. —

— westliche Seebäder m. Doberan u. d. Seestadt Wismar. 5. Aufl. v. Mecklenburgs Seebäder v. Erwin Volckmann. 6. neu bearb. u. verm. Aufl. v. R. A. Ahrens. Mit 28 Abb., 5 Kartenbeilagen u. 5 Übersichtskarten. (68 S.) 908.09. (Bd. 7.) 1. —

Rügen. Illustrierter Führer. Von Erwin Volckmann. 4. neu bearb. Aufl. v. R. A. Ahrens. Mit 1 grossen Hauptkarte der Insel, 6 Sonderkarten u. 30 Abb. (III, 96 S.) 909.10. (Bd. 2.) Kart. 1. 20

— Bornholm u. die Seebäder Vorpommerns. Von Erwin Volckmann. 4. neu bearb. Aufl. v. R. A. Ahrens. Mit 1 grossen Hauptkarte v. Rügen, 8 Sonderkarten u. 37 Abb. (III, 120 S.) 909. 10. (Bd. 3.) Kart. 1. 50

— illustrierter Führer durch die Seebäder Müritz u. Graal. (18 S. m. Abbildgn., Plänen u. Karten.) kl. 8. Ebd. 904. — 50

— illustrierter Führer durch Rostock. 5. Aufl. 8. (39 S. m. 1 Plan u. 1 Karte.) Ebd. 898. — 75

— illustrierter Führer durch Rostock u. seine Umgegend. 7. verb. u. verm. Aufl. (55 S. m. 2 Plänen u. 1 Karte.) kl. 8. Ebd. 902. — 60

— illustrirter Führer durch Warnemünde. 8. (29 S. m. 1 Karte.) Ebd. 897. — 75

— illustrierter Führer durch Warnemünde u. Umgebung. Mit Plan u. Karte. 2. verm. u. verb. Aufl. gr. 8. (27 S. m. Abbildgn.) Ebd. 899. — 75

— illustrierter Führer durch Warnemünde u. Umgebung. Mit 20 Abbildgn., Plan u. 3 Karten. 4. verm. u. verb. Aufl. (33 S.) 8. Ebd. 906. — 50

Volckmann, Erwin, Heiligendamm. Eine Skizze. Mit Illustr. nach Orig.-Aufnahmen v. B. Beckmann u. Zeichngn. v. H. Ulbrich u. A. 8. (23 S.) Rostock 891 Volckmann & Jerosch. — 50

Volckmann, Erwin, Kopenhagen u. seine nächste Umgebung. Praktischer Stadt- u. Reiseführer. 2. verm. u. verb. Aufl., unter freundl. Mitwirkg. des dänischen Touristenvereins in Kopenhagen. 12. (VIII, 56 S. m. Abbildgn., 1 Karte u. 1 Stadtplan.) Rostock 901. C. J. E. Volckmann. n. 1. —

— Kopenhagen u. seine nächste Umgebung. Praktischer Stadt- u. Reiseführer. 3. verm. u. verb. Aufl., unter Mitwirkg. des dän. Touristenvereins in Kopenhagen. Mit Karte, neuem Stadtplan u. 22 Abbildgn. (XII, 88 S.) kl. 8. Ebd. 905. n. 1. —

— Kopenhagen, s. Umgebung u. Südschweden. Prakt. Reiseführer f. Touristen u. Sommerfrischler. 8. (65 S. m. Abb., 2 Plänen u. 2 Karten.) Ebd. 898. n. 1. 50

— Kopenhagen, seine Umgebung u. Südschweden. Nebst Touren durch Dänemark u. die Insel Bornholm. Prakt. Reisehandbuch. 2. verm. u. verb. Aufl. unter freundl. Mitwirkg. des dän. bezw. schwed. Touristenvereins. Mit Karten, Stadtplänen u. zahlr. Abbildgn. 12. (VIII, 120 S.) Ebd. 902. 2. —

— Kopenhagen, seine Umgebung u. Südschweden bis Trollhättan, Marstrand u. Gotland, nebst Touren durch Dänemark u. die Insel Bornholm. Praktisches Reisehandbuch. 3. verm. u. verb. Aufl., unter Mitwirkg. des dän. u. schwed. Touristenvereins. Mit 64 Abbildgn., 8 Karten u. 3 Grundrissen im Text, 3 Kartenbeilagen u. grossem Stadtplan v. Kopenhagen. (XII, 202 S.) kl. 8. Ebd. 905. n. 2. —

Die Nordseebäder Schleswig-Holstein's nebst Cuxhaven und Helgoland. Ill. Reiseführer von Erwin Volckmann. Mit zahlr. Karten u. Pl. Rostock i. M.: C. J. E. Volckmann 1896. (76 S.) 8°
(Volckmann: Deutschlands Seebäder. Bd 6.)

Die Nordseebäder von der Weser bis Borkum. Ill. Reiseführer. Von Erwin Volckmann. Mit zahlr. Karten u. Pl. Rostock i.M.: C. J. E. Volckmann 1897. (62 S.) 8°
(Volckmann: Deutschlands Seebäder. Bd 7.)

Die Ostseebäder Schleswig-Holstein's. Ill. Reiseführer von Erwin Volckmann. Mit zahlr. Karten u. Pl. Rostock i.M.: C. J. E. Volckmann 1896. (53 S.) 8°
(Volckmann: Deutschlands Seebäder. Bd 5.)

— s.: Pilot-Reise-Führer.

— Reiseführer. 1 u. 2. kl. 8. Rostock. Berlin, Maritima. 1. 30
1. Die Rostocker Heide. Ein Wald- u. Strandführer. Mit 6 Abb. u. 1 Karte der Rostocker Heide im Massstab 1 : 25000. (III, 20 S.) 907. 1. —
2. Führer durch Rostock u. Umgegend. Mit 18 Abb., 1 Karte u. neuem Stadtplan in Dreifarbendr. (24 S.) (908.) 30

Volckmann, E., Rostock, Warnemünde, Doberan u. der Heilige Damm. Skizzen. Mit 18 Abbildgn. u. 6 Zierstücken nach Zeichngn. v. H. Ulbrich u. d. Verf. gr. 8. (72 S. m. Stadtplan u. Karte.) Rostock i/M. 890. Volckmann. n.n. 1. 25

— Rügen. Illustr. Reiseführer. Mit Plänen u. Karte. 2. verm. u. verb. Aufl. 8. (78 S. m. Abb.) Ebd. 899. 1.50

Volckmann, Erwin, Deutschland's Seebäder. I—VII. Illustr. Reiseführer f. Freunde des Seestrandes. Mit zahlreichen Karten u. Plänen. gr. 8. Rostock, C. J. E. Volckmann. In Leinw. kart. n. 11. 50
I. Die Seebäder Ost- u. Westpreussen's. (Neue [Titel-] Ausg.) (71 S.) (895) 896. n. 1. 50
II. Die Seebäder Pommern's östlich der Peene. (Neue [Titel-] Ausg.) (75 S.) (895) 896. n. 1. 50
III. Rügen u. die Seebäder Vorpommern's. (Neue [Titel-] Ausg.) (63 S.) (895) 896. n. 1. 50
IV. Mecklenburg's Seebäder, nebst e. Ausflug nach Kopenhagen. 2., verm. u. verb. Aufl. (Neue [Titel-] Ausg.) (91 S.) (895) 896. n. 1. 50
V. Die Ostseebäder Schleswig-Holstein's. (53 S.) 896. n. 1. 50
VI. Die Nordseebäder Schleswig-Holstein's, nebst Cuxhaven u. Helgoland. (77 S.) 896. n. 2. —
VII. Die Nordseebäder von der Weser bis Borkum. (63 S.) 897. n. 2. —

— Deutschland's Seebäder. III. Rügen u. die Seebäder Vorpommerns. Illustr. Reiseführer f. Freunde des Seestrandes. 2. verm. u. verb. Aufl. Mit Karte u. Plänen. 8. (78 S. m. Abbildgn.) Ebd. 899. n. 1. 50

— Deutschlands Seebäder. IV. kl. 8. Ebd. n. 1. 50
Mecklenburgs Seebäder u. die Seestädte Rostock u. Wismar. Illustr. Reiseführer. Mit zahlr. Abbildgn., Karten u. Plänen. 5. verm. u. verb. Aufl. (V, 103 S.) 904.

— Mecklenburg's Seebäder, nebst e. Ausflug nach Dänemark. Illustr. Handbuch f. Freunde d. Ostseestrandes u. Solche, die es werden wollen. Mit zahlreichen Karten u. Plänen. 8. (86 S.) Ebd. 893. 1. 50

— s.: Urkunde, die älteste, des Rostocker Ratsarchivs.

Volckmann, Jh. Fr. Ldw., († d. 13. Sept. 1815.), s. Menschenstolz u. Thierquälen, u. setze hinzu: (von J. F. L. Volckmann.)

Volckmann, Johann Jakob

— s. Abhandl. von d. Kupferstichen.

— s. Anmerkk. über die Fehler d. Maler.

— s. d'Argenville, Leben.

s. Baltimore Reise.

— s. J. Barrow, Samml. v. Reisen.

Volckmann, J. J. (Herausgeber und Uebersetzer): „Italienische Beiträge, oder Sammlung kleiner Abhandlungen zur Naturgeschichte, Oekonomie . . . . .", aus dem Italienischen, 2 Theile, Leipzig 1778, 1779 (Hahn).

s. Bibliothek, italien.

— s. Bruce, Reisen zur Entdeck. d. Quellen d. Nils.

s. Denina, Staatsveränderung.

s. Deschamp, Reise.

VOLCKMANN, Johann Jakob 1732 - 1803
Neues geographisches Handlexicon, oder alphabethisches Verzeichniß der vornehmsten Länder, Städte, Oerter und Flüße in allen vier Theilen der Welt, nebst einer kurzen Anzeige der vornehmsten Merkwürdigkeiten eines jeden Ortes, und warum er in der Geschichte zu merken ist.
Herausgegeben von D. J. J. Volkmann.
Leipzig: Schwickert. 1778. 1508 Sp. 8°.
Sächsische Landesbibliothek Dresden
Frankfurt-Leipziger Meßkatalog, Ostermesse 1778, S. 484.

— s. Laugier, Versuch.

— s. K. Leem, Nachrr.

— histor.-krit. Nachrr. von Italien, welche eine Beschreibung des Landes, der Sitten, Regierungsform, Handlung, des Zustandes der Wissenschaften u. besonders d. Werke d. Kunst enthalten. 3 Bde. gr. 8. Leipz. 770, 71. 2e A. 777, 78. (Hahn). 5 rß 16 gr Zusätze hierzu, s. Bernoulli.

— neueste Reisen durch England, vorzügl. in Absicht auf d. Kunstsammlung, Naturgeschichte, Oekonomie, Manufakturen u. Landsitze der Großen, mit 1 Karte u. 1 groß. Plan von London. 4 Bde. gr. 8. Leipz. 781—83. (Hahn). 5 rß 12 gr

— desselben 5r Bd. oder neueste Reisen durch Schottland u. Irrland. gr. 8. Ebd. 784. 1 rß 8 gr

— neueste Reisen durch Frankreich. Mit 1 Karte u. 1 groß. Plan von Paris. 3 Bde. gr. 8. Leipz. 787, 88. (Hahn.) 6 rß

— neueste Reisen durch d. sieben vereinigten Provinzen der Niederlande. Mit 1 Karte. 2 Bde. gr. 8. Leipz. 783. (Hahn). 1 rß 12 gr

— neueste Reisen durch Spanien. 2 Bde. Mit 1 Karte. gr. 8. Leipz. 785. (Hahn). 2 rß 16 gr

s. Jo. v. Sandrart, deutsche Akademie.

s. Sestini Briefe.

s. Townsend, Reise.

s. A. Youngs Reise d. Irrland.

s. G. H. Zinke, ökon. Lexikon.

Volckmann, Jh. Wlh., Diss. inaug. de seditione, ad legem Saxonicam Electoralem a 1791. 4. Lips. 797.

Volckmann, Konrad Dietrich (Hamburg) A. S. 54/10

Dissertatio inauguralis iuridica de aeris alieni inter coniuges Hamburgenses communione occasione inprimis stat. Hamb. p. II. tit. V. art. X. et XI.
Präs. Justus Henning Boehmer.
Halle (Grunert) 20. IV. 1728. 61 S.

35390

Volckmannin, Der Frauen Anna Helena, gebohrner Wolfermannin, erstattete . . . gehorsamsten Danck Ein Ungenannter. O. O. 1740. V: *Neumann, Joh. Casp.* (Nent)

Volckmar's, Dr. W., Lebensbild, s. Gehrig, H.

Volckmar, A. V. Wilh., Choralbuch mit Vorspielen, Zwischenspielen u. geschichtl. Anmerkn. 1. u. 2. Lfg. gr. qu. 4. (à 12 B.) Kassel 841, (Fischer.) *

Volckmar, A. V. Wilh., Choralbuch m. Vorspielen, Zwischenspielen u. Nachspielen nebst geschichtl. Anmerkungen. 3—8. Lfg. qu. Fol. (30 B.) Kassel 843—45, Fischer. à * 15 Ngr. *
1. u. 2. Lfg. Ebendas. 1841. * 1 Thlr.

Volckmar, A. V. Wlh., Choralbuch mit Vorspielen, Zwischenspielen und geschichtlichen Anmerkungen. 8 Liefg. ½ Fol. Kassel 841—45, jetzt Luckhardt. S.-Pr. (à n. ½ rß) n. 4 rß

— Orgelstücke. qu. Fol. 3 Liefg. Ebend. 843. n. 1 rß

—— Violinschule z. Gebr. f. Schullehrerseminarien u. Seminarpräparandenschulen. gr. hoch 4. (21 Blätt.) Kassel 841, Fischer. *

Volckmar, C. H., s. Volckmar, Karl Heinrich

Volckmar, Carl Heinrich, s. Volckmar, Karl Heinrich

Volckmar, E. Geologisches (aus Offenbach) u. die Kaiser Friedrich-Quelle, s. Schmidt, Ludw. Führer durch Offenbach am Main.

Volckmar, E., Lehrbuch der anorganischen Chemie für den Unterricht an höheren Lehranstalten. gr. 8. (XVI, 182 S.) Kassel 887, Fischer. cart. *

Volckmar, E., kurzes Lehrbuch der Chemie zunächst f. den Unterricht an höh. Lehranstalten. 2. wesentlich verm. u. verb. Aufl. gr. 8. (XV, 292 u. VIII S. m. 71 Abb.) Cassel 901. Th. G. Fisher & Co. n. 2.40; geb. in Leinw. n. 3.—

Volckmar, E., kurzes Lehrbuch der Chemie, zunächst f. d. Unterricht an höh. Lehranstalten. 3., wesentlich verm. u. verb. Aufl. (XIV, 300 S. m. 71 Abb.) gr. 8. Gießen 908. E. Roth. 3.—; geb. 3.60

— Lehrgang der Chemie auf methodischer Grundlage. (IV, 55 S. m. 33 Abb.) gr. 8. Ebd. (908). —60; geb. n —80

— dasselbe, s. a. Klingelhöffer, H., Leitfaden der Physik.

Volckmar, E., geologische Schilderung der Gegend v. Homberg im Reg.-Bez. Kassel. Nebst e. Karte u. Plänen (photolith. in qu. gr. 4.) gr. 8. (46 S.) Kassel 877. Freyschmidt. n. 2. —

Volckmar, E. Die fossilen Wirbeltiere. Eine paläontologische Studie. 15 S. Progr. *Offenbach* 1880.

Volckmar, Erich: Die Ortsnamen des Kreises Höxter. Höxter, Druck v. C. D. Flotho, 1896; 44, III S. 8.
Höxter a. d. Weser, König Wilhelms-G, OP 1896 (364)

Deutsche Bibliothek Weltausstellung. St. Louis Worlds Exposition. German Libary 1904 (ausgestellt von F. Volckmar, Leipzig). (*Leipzig: F. Volckmar 1904.*) (72 S.) 8° [F.] [04. 11449]

F. Volckmar. Universal-Atlas für deutsche Schulen in Südamerika. Ausg. A: Für Länder span. Zunge. Leipzig & Berlin: F. Volckmar 1907. (Kartenseite 1–5. 5a. 6–59.) 4° [07. 6012]

Volckmar, Gust., Blumenlese aus römischen Dichtern, zum Beginn der latein. poetischen Lectüre auf Gymnasien, mit Erläuterungen u. einer prakt. Anleitung zur Auffassung des Versmaßes. 8. Hersfeld 840. Schuster. ½ rß — In Parthien nur à n. ⅜ rß

Volckmar, Gust., Blumenlese aus röm. Dichtern, z. Beginn d. latein. poet. Lectüre auf Gymnasien, mit Erläutern. u. e. prakt. Anleit. z. Auffassung d. Versmasses. 8. (9 B.) Hersfeld 840, [Zimmermann.]
In Parthien nur à *

Volckmar, Gust., das Evangelium Marcions. Text und Kritik mit Rücksicht auf die Evangelien des Märtyrers Justin, der Clementiner und der apostol. Väter. Eine Revision der neuern Untersuchungen nach den Quellen selbst zur Textesbestimmung und Erklärung des Lucas-Evangeliums. gr. 8. (VII und 268 S.) Leipzig 852. [Berlin, Weidmannsche Buchh.]

Volckmar, Gust. H. J. Ph., observationes in Sophoclis Antigonen. Pars prior. [Programma Gymnasii Fuldensis.] gr. 4. (20 S.) Fuldae 851, Müller. n. 8 ngr

Volckmar, K.: Zur Stammes- und Sagengeschichte der Friesen und Chauken. Aurich. 1867.
Schul-/Univ.-Schrift

Volckmar, K., zur Stammes- und Sagengeschichte der Friesen und Chaukeu. gr. 8. (III und 48 S.) Aurich 867, Spielmeyer. *

Volckmar, Karl, Auswahl der Minnesänger, s. Bibliothek d. gesammt. deutsch. National-Literatur, 15. Bd.

Volckmar, Carl, Geschichte der Klosterschule zu Walkenried. Nordhausen 857. Büchting. gr. 8. (64 S.) 11¼ ngr

Volckmar, Carl, Geschichte der Klosterschule zu Walkenried. gr. 8. (64 S.) Nordhausen 857, [Wilfferodt.] –

Volckmar, C., poëmatia Latina. Aus der anthologia Latina, Virgilius, Martialis u. Statius. Mit anmerkgn. für schulen hrsg. gr. 8. (X u. 138 S.) Nordhausen 852, Förstemann. ½ th

— s. a. Sammlung deutscher Gedichte, welche sich zum Declamiren eignen.

— Sammlung deutscher Gedichte welche sich zum Declamiren in den mittleren und oberen Gymnasialklassen eignen. 2. verb. Aufl. Göttingen 853. Vandenhoeck u. Ruprecht. gr. 8. (IX, 460 S.) n. 1 th.

—— Sammlung deutscher Gedichte, welche sich zum Deklamiren in den mittleren und oberen Gymnasialklassen eignen. 3., verb. Aufl. gr. 8. (IX und 470 S.) Göttingen 865, Vandenhoeck und Ruprecht's Verlag. * 1 Thlr.; geb. *

Volckmar, Karl Heinrich

Volckmar, Car. Henr., de Xenophontis Hellenicis comment. histor.-crit. Comment. praem. reg. ornata. 4maj. (6⅓ B.) Gottingae 837, Vandenhoeck et Ruprecht.

Volckmar, C. H., zu Horatius, Sophokles, Aeschylus. 4. (17 S.) Aurich 865, (Spielmeyer.) *

Volckmar, C. H., De Trachiniis. I. Pr. 1839. 38 S. 4°.

Volckmar, Kaspar (Hamburg) A. S. 257/5

Exercitatio juris publici de nexu regni Burgundici cum imp. Romano-Germanico.
Präs. Johann Jakob Mascov.
Leipzig (Titius) 25. VII. 1720. 40 S.
35398

Volckmar, Theodor Friedrich (Pommern) A. S. 809/44

Thesium selectarum, ex universa iuris privati prudentia decerptarum, specimen inaugurale.
Präs. Nikolaus Martini.
Kiel (Reuther) 4.-5. XII. 1702. 24 S.
35399

Volckmar, Wilh., Choralbuch. Enthaltend sämmtl. Melodien des von den Delegaten der protestant. Staaten Deutschlands vereinbarten evangel. Kirchengesangbuchs, in ihrer älteren und neueren Form. Für Kirche und Haus. Vierstimmig bearb. für die Orgel oder das Klavier, mit Vorspielen, Zwischensätzen und Schlüssen. In 3 Abthlgn. 2., unveränd. Aufl. qu. 4. (VIII und 205 S.) Erfurt 854, Körner's Verlag. *

Volckmar, Wilh., Choralbuch. 501 Choräle in neuerer Form für evangelische Kirchen und Seminarien, auch zur häusl. Erbauung frommer Familien, zunächst zu den in den Provinzen Brandenburg und Pommern gebräuchl. Gesangbüchern, enth. die Melodieen zu dem Altmärkisch-Priegnitz'schen, dem Bollhagen'schen, dem alten Dresdner etc. Gesangbuche. Für Orgel, (Pianoforte oder Harmonium) 4stimmig ausgesetzt, mit Zwischensätzen, Schlüssen und geschichtl. Bemerkungen etc. qu. gr. 4. (XII und 260 S.) Erfurt 863, Körner's Verlag. *

—— dass. — Enth. 323 der schönsten, im Kurfürstenth. Hessen gebräuchl. Choralmelodien der evangel. Kirche. In vierstimm. Tonsatz für die Orgel oder das Clavier. Mit Zwischenspielen, Schlüssen, histor. Anmerkungen etc. gr. 4. (IX und 167 S.) Cassel 868, Fischer. geb. *

Volckmar, Wilh., Choralbuch. Supplement hierzu, bearb. unter besond. Berücksichtigung der in den preuss. Schulregulativen vorgeschrieb. Choräle. Ebend. 868. qu. 4. (IV, 17 S.) 10 ngr

Volckmar, Wilh., Choralbuch. Enth. 323 der schönsten Choralmelodien der evangel. Kirche. In 4stimm. Tonsatz f. die Orgel od das Clavier. Mit Zwischenspielen (ad libitum), Schlüssen, histor. Anmerkgn. u. m. Bezeichng. der Pedalapplicatur. Op 165. (2. Neudr.) qu. gr. 4. (IX, 167 S.) Cassel 894. E. Hühn. n. 7. —

Volckmar, W., deutsches Choralbuch. 1. Thl.: Diöcese Fulda. Op. 371. Nr. 1—6. qu. gr. 4. (à 16 lithogr. S.) Fulda 872,73, Maier. à Nr. M 1.

—— 34 alte Choräle in der Urform. Enthaltend die Weisen zu den Liedern des Werkes: Vierzig alte Kirchenlieder zum Auswendiglernen für evangel. Christenkinder. 8. (18 S.) Homberg 852. (Cassel, J. G. Luckhardt.) *

— vierunddreißig Choräle in ihren früheren Rhythmen. Vierstimmig gesetzt für Orgel oder Klavier. Homberg (853.) (Cassel, Bertram.) 4. (18 S.) n. 15 ngr

—— zwölf Choräle in der Urform aus dem 1. Jahrh. der Reformation. 8. (8 S.) Homberg 852. (Cassel, J. G. Luckhardt.) *

—— Choral-Studien. Enth. die gebräuchlichsten Formen der Choral-Bearbeitungen für die Orgel. Dargestellt in 80 Chorälen der evangel. Kirche. Op. 282. qu. Fol. (IX, 130 S.) Gütersloh 874, Bertelsmann's Verlag. *

—— übersichtliche Darstellung der gebräuchlichsten Accorde. Den Schülern zur Wiederholung. (Op. 37.) 16. (11 S. mit 1 Noten-Tab. in qu. gr. 4.) Homberg 856. (Cassel, Bertram.)

—— Eichenkranz. Sammlung deutscher Vaterlandslieder mit Tonweisen im Satz für den zweistimm. Volksgesang sowie für den vierstimm. Männerchor zu leichtester Ausführung. 235. Werk. 16. (IV, 116 S.) Leipzig 871, Merseburger.

Volckmar, [W.], drei Fantasien für die Orgel. Op. 309, 310 und 326. qu. gr. 4. (à 12 S.) Neuwied 877, Heuser'sche Verlagsh. à *

—— 10 Festspiele für die Orgel. 2., verb. Aufl. qu. 4. (40 S.) Fulda 864, Maier.

Volckmar, W., Handbuch der Musik. gr. 8. (VI, 265 S.) Langensalza 885. Beyer & Söhne. n. 7. —; geb. n. 9. —

—— Harmonielehre. Zunächst zum Gebrauch für Schullehrer-Seminarien bearb. gr. 8. (X und 459 S. mit eingedr. Holzschn.) Leipzig 860, Breitkopf und Härtel.

—— Hausaltar. Eine Sammlung von Kirchenliedern in mehrstimm. Tonsatz, nebst Einleitungs-, Uebergangs- und Schlußsätzen. Für das Pianoforte eingerichtet und hrsg. Der Hausandacht bestimmt. gr. Lex.-8. (XII und 328 S.) Leipzig 863, Brockhaus. cart. *

—— **Hausaltar. Eine Sammlung von Kirchenliedern in mehrstimm. Tonsatz, nebst Einleitungs-, Uebergangs- und Schlußsätzen. Für das Pianoforte eingerichtet und hrsg. 2. verm. Aufl. Lex.-8. (XIV. 328 S.) Leipzig 878, Brockhaus. cart. ***

Volckmar, W. Leitfaden zum Gebrauch der Geläufigkeits-Schule für Orgel nebst einem Anhange: Die Structur der Orgel und über Verwendung der Register. Leipzig.

--- deutsche Lieder, s. a. Müller, H.

—— und G. Zanger, deutsche Lieder für Schule, Haus und Leben. 3 Hefte. 8. Leipzig 880, Peter's Verlag. [1. Heft. (20 S.) * 15 Pf.; 2. Heft. (32 S.) * 20 Pf.; 3. Heft. (100 S.) * 50 Pf.] cart. *
geb. in 1 Bd. *

Volckmar, W., u. G. **Zanger**, deutsche Lieder f. Schule, Haus u. Leben. Gesammelt u. bearb. 3. Hft. 2., verm. u. verb. Aufl. 8. (104 S.) Leipzig 896. C. Peter. n. — 50

Volckmar, W., u. G. **Zanger**, deutsche Lieder für Schule, Haus u. Leben. Gesammelt u. bearb. 1. u. 2. Hft. 2. verm. u. verb. Aufl. 8. Leipzig, C. Peter. n. — 35
1. (20 S.) 901. n. — 15. — 2. (32 S.) 899. n. — 20.

Volckmar, W., der Organist. Winke und Ratschläge über Führung des Organistendienstes. Für Organisten und solche, die sich für dieses Amt vorbereiten. gr. 8. (IV, 116 S.) Langensalza 881, Beyer und Söhne. *

Volckmar, W., der Organist. Winke u. Ratschläge üb. Führg. d. Organistendienstes. Für Organisten u. solche, die sich f. dieses Amt vorbereiten. 2., verb. Aufl. gr. 8. (IV, 118 S.) Langensalza 890. Beyer & Söhne. n. 1. 50

—— Orgelmagazin. Ein unentbehrl. Hülfsbuch für die Organisten einer jeden Confession enth. an 400 kleinere und mittelgrosse Tonstücke für die Orgel mit und ohne Pedal sowie für Harmonium in allen übl. Tonarten und Formen componirt. 1.—7. Heft. qu. 4. (112 S. mit photogr. Portr.) Fulda 864,65, Maier. à Heft 12 Ngr.

—— dass. — 2. Abthl.; 3. Abthl. Suppl.; 4. Abthl. 1. und 2. Heft; 5. Abthl. 4 Hefte; 6. Abthl. 1. und 2. Heft; 7. Abthl. 4 Hefte und 8. Abthl. qu. 4. Ebendas. 866—68. [2. Abthl. (24 S.) 22½ Ngr., 3. Abthl. Suppl. (18 S.) 15 Ngr., 4. Abthl. 1. und 2. Heft, 5. Abthl. 4 Hefte, 6. Abthl. 1. und 2. Heft, 7. Abthl. 4 Hefte (à Heft 8 S.) à 6 Ngr., 8. Abthl. (32 S.) 24 Ngr.] 4

— Orgelschule. Op. 50. Leipzig (1858).

—— Orgelsonaten. qu. 4. (64 S.) Fulda 868, Maier. cart.

—— Schul-Choralbuch. Die in Volckmar's Choralbuch für Hessen enthaltenen Choräle im Tonsatz für drei Kinderstimmen. 1. Abthl. Enth. die mehr gebräuchl. Choräle. 8. (IV, 96 S.) Cassel 868, Fischer. cart. *

—— 96 leichte und kurze Tonsätze in allen Tonarten für die Orgel mit und ohne Pedal. Op. 54. 2. verb. Aufl. qu. gr. 4. (23 S.) Fulda 872, Maier.

—— **45 leicht ausführbare melodische Tonstücke für die Orgel mit und ohne Pedal, sowie für Harmonium. qu. gr. 4. (32 S.) Fulda 864, Maier.**

—— Vorspielbuch zu dessen Choralbuch der im Kurfürstenth. Hessen gebräuchl. Choralmelodien der evangel. Kirche, enth.: 380 Vorspiele zu 320 Chorälen. 12 Lfgn. qu. 4. (1. und 2. Lfg. 32 lithogr. S.) Ebendas. 868.

Volckmer, Gg. Phil.: De febre catarrhali ..., s. Baumer, Joh. Wilh.

Völckner, C. Die ovalbogenförmige Kriegsbaracke der k. k. österr. Armee. Wien 1878. 8°.

VÖLCKSEN, Conr. Heinr., Geschichte der schönen Susanna. 1736. 8°.
Bibl. Schadeloock II. p. 446; O. M. V. 1736. G 4a (ohne Ortsangabe). — Selten!

Volckrsom, J. van, die Marienverehrung. Betrachtungen, um den Monat und die Feste der allerseligsten Jungfrau zu feiern. Autoris. Ausg., aus dem Französischen übers. 12. (XV, 480 S.) Regensburg 887, Verlags-Anstalt. *

Volcmann, Gottlob Israel (Liegnitz) A. S. 1148/38

Dissertatio inauguralis medica de manna eiusque praestantissimo in medicina usu.
Präs. Friedrich Hoffmann.
Halle (Hilliger) 31. III. 1725. 34 S.

W. v.: Stephan Mackius, Joh. Bacsmeyer.

35401

Volcmar, Frédéric

Volcmar, F. Histoire de la tactique des Romains, de ses progrès et de sa décadence. T. 1. (Mit Taf.) Breslau 1780. 58 S.
T. 1. Histoire de la tactique sous les rois.

Volcmar, F. N., Diss. de intestatorum Atheniensium hereditatibus. Francof. 778. 4.

Volcmar, Friedrich Nathanael (Breslau) A. S. 189/20

Dissertatio iuris civilis de condictionum indole atque natura. Präs. Jo. Christian Woltaer.
Halle (Hendel) 15. X. 1777. 55 S.

Gew.: Johann Heinrich Kasimir von Carmer, Ferdinand Sigismund Fhr. von Seidlitz.
W. v.: Präs. 35404

Vold, John Mourly

Vold, J. Mourly, Albrecht Krause's Darstellung der Kantischen Raumtheorie u. der Kantischen Lehre v. den Gegenständen beurtheilt. gr. 8. (29 S.) Christiania 885. (Dybwad.) n. — 80

Über den Traum. Experimental-psycholog. Untersuchungen von Dr. J[ohn] Mourly **Vold**, weil. Prof. Hrsg. von O[tto] Klemm. Bd 1. Leipzig: J. A. Barth 1910. 8° [10. 13543]

Über den Traum. Experimental-psycholog. Untersuchungen von Dr. J[ohn] Mourly **Vold**, weil. Prof. Hrsg. von O[tto] Klemm, Privatd. Bd 1. 2. Leipzig: J. A. Barth 1910–12. 8°

Volderauer, Frdr., Gedichte. gr. 16. (V, 143 S.) Wien 877. Gerold's Sohn in Comm. n. 3. —

Volderauer Ludwig: Constructive Behandlung astronomischer Aufgaben. 17. 14. 16. Trautenau R. 92. 94. 95. Progr.

— Zum Kepler'schen Problem. (Mit 3 Figurent). 32. Wien V. R. 97. Progr.

Volderauer, Richard, Wert und Bedeutung des Schwimmens, m. e. Vorw. v. W. Weber, Karlsruhe, 24 S., 16°.

Völderndorf, Baron v.: Betrachtungen über das Werk des Herrn Grafen Ph. v. Ségur . . ., s. Völderndorff-Waradein. Ed. Freiherr v.

Völderndorf-Waradein, Karl Fr. Wilhelm v., s. Völderndorff-Waradein

Völderndorff, E., s. Völderndorff-Waradein, Ed. Freih. von

Völderndorff, Heinrich Otto v., s. Völderndorff-Waradein, Otto v.

Völderndorff, Otto, s. Völderndorff-Waradein

Völderndorff-Waradein, Eduard Freih. v.

Völderndorf, Baron v., Major im k. bayer. General-Quartiermeister-Stab. Betrachtung über das Werk des Herrn Grafen Ph. v. Ségur, betitelt: Geschichte Napoleons und der Grossen Armee im Jahre 1812. Mit einer Charte. 8. Nördlingen 1827.

Völderndorff-Waradein, Ed. v., Blätter für Fortschritt in der Civilrechtspflege zunächst in Bayern. Eine Zeitschrift in zwanglosen Heften. 1. und 2. Heft. gr. 8. (165 S.) Nördlingen 847, Beck'sche Buchh.

—— dass. — 3—5. Heft: Das Wesentliche des französ. Civilprocesses ꝛc. gr. 8. (VIII und S. 167—406.) Ebds. 848.

Völderndorff-Waradein, Ed. v., Denkschrift an Se. Exc. Hrn. Dr. v. Kleinschrod, k. bayer. Staatsrath ꝛc., die Gerichtsorganisation betreffend. gr. 8. (105 S.) Nördlingen 854, (Beck'sche Buchh.) Thlr. *

Völderndorff-Waradein, Ed. Frhr. v., eine neue Form der Anwaltschriften der einzige Weg zur Beseitigung der Gebrechen und zur Gleichförmigkeit des Verfahrens im bürgerl. Rechtsstreit in den deutschen Staaten. Ein Mahnwort in elfter Stunde. Lex.-8. (62 S.) Erlangen [Stuttgart] 868, Enke. (* 90 Pf.) *

Völderndorff, v., die Form der Rechtsgeschäfte nach allgemeinen Grundsätzen und den positiven Rechten. gr. 8. (103 S.) Nördlingen 856(57,) Beck'sche Buchh.

Völderndorff-Waradein, Ed. v., Gesetz-Vorschlag in 30 Artikeln zur Einführung der Mündlichkeit ohne Oeffentlichkeit im Civil-Prozeß in Bayern diesseits des Rheines. Nördlingen 859. Beck in Comm. gr. 8. (VI, 31 S.) 6 ngr.

— die Grundgliederung des kontradiktor. Vortrages in der äußern Form als Lösung des Problems: Die Dauer u. die Kosten der Civilprozesse durchschnittlich auf den 5. bis 20. Theil zu vermindern, unbeschadet der Gründlichkeit u. ohne Vermehrung des Richterpersonales sowohl im schriftl. u. protokollar. als im mündl. u. öffentl. Verfahren. Mit 7 Formularen. Ein Beitrag zur Umgestaltung u. Gleichförmigkeit d. Civil-Prozeßverfahrens in Deutschland. gr. 8. (23 S. u. 2½ B. Formulare.) Ebd. 849. n. 8 ngr

— s. Jomini krit. u. militair. Geschichte.

Völderndorff u. Waradein, E.d. Frhr. v. (Major im k. b. Generalquartiermeisterstab): Kriegsgeschichte von Bayern unter König Maximilian Joseph I. 4 Bde. Text u. 1 Bd. Karten u. Pläne. (5 voll.) München, (o. Ang. d. V.), 1826. 8°. Hlwdbde. Name aus den Titeln geschnitten, sonst gutes Expl.
1: 1 Bl., VIII—320 + 200 S., 1 Bl. Err. — 2: IV—456 S., 1 Bl. Err. 3: 2 Bll., 494 S., 1 Bl. Err. 4: VI—375 + 443 S., 1 Bl. Err. 5: 12 Karten u. Pläne.

— Kriegsgeschichte v. Baiern unter König Maximilian Joseph I. 4 Bde. in gr. 8. Nebst 1 Atlas von 12 sauber gestoch. Karten u. Planen in gr. Fol. Münch. 826. (Geograph. Depot; Leipz., Hinrichs). 10 ℛ 12 𝒢 Velinp. 12 ℛ 16 𝒢

de Völderndorff u. Waradein, Baron E., observations sur l'ouvrage du Comte de Segur, intitulé: Histoire de Napoléon et de la grande-armée. gr. 8. Münch. 826. (Finsterlin; a. Jaquet). 12 𝒢

— dass. ins Deutsche übersetzt. Mit 1 Karte. gr. 8. Nördl. 827. Beck. 6 𝒢

—— der bürgerliche Rechtstreit dargestellt als Entwurf einer allgem. Rechtstreitordnung für die deutschen Staaten. (Mit Formularien.) Lex.-8. (VIII und 333 S.) Nördlingen 850, Beck'sche Buchh.

Voelderndorff u. Waradein, E. Frh. v. Rück-Erinnerungen an die Jahre 1813 u. 1814 oder Berichtigung verschiedener Ansichten u. Urteile, als Anhang zu des Obersilts von Plotho Werk „Der Krieg in Deutschland und Frankreich in den Jahren 1813 und 1814". München 1818. 79 S.

— Rückerinnerungen an die Jahre 1813 u. 14, od. Berichtigungen verschiedener Ansichten u. Urtheile, die Schlacht von Hanau, d. Gefecht bei Marmont und Bar-sur-Aube, die Schlacht von Arcis u. s. w. betreffend. gr. 8. Münch. 818. Lindauer. 9 𝒢

—— das Wesentliche des französ. Civil-Processes. Mit besond. Rücksicht auf die bayer. Rheinpfalz. Für nichtrhein. Juristen bearb. Mit 80 Formularen und einem Anhange über das Institut des Huissiers und über das Notariat. Nebst einer Abhandlung über Einführung der Mündlichkeit und Oeffentlichkeit im Civilprozesse. gr. 8. (VIII und 272 S.) Nördlingen 848, Beck'sche Buchh. *
Aus des Verf.: Blätter für Fortschritt ꝛc., besonders abgedruckt.

Völderndorff-Waradein, Karl Friedrich Wilhelm v.

v. Völderndorff u. Waradein, Karl Fr. Wlh. Frhr., die Anstalt für Gehalte d. Wittwen u. Waisen d. Rechtsanwälte im Königreich Bayern. Nebst der ersten Fortsetzung in mehrern Tabellen. 8. Passau 821. (Augsburg, Kollmann.) ¾ ℛ — 2e Fortsetzung, mit Tabellen. 1822. ⅔ ℛ

v. Völderndorf u. Waradein, Karl Fr. Wlh. Frhr., die Anstalt f. Gehalte d. Wittwen u. Waisen d. Rechtsanwälte im Königr. Baiern, in 17 Vorlagen aus öffentl. Quellen, zu vaterländ. Versuchen ihrer Berechnung, auf 114 Tafeln. Nebst 1r u. 2r Fortsetz. mit Tabellen. 8. Passau 821. 22. Pustet. 1 ℛ 10 𝒢 (bei Riegel u. W. in Nürnb.) 1 ℛ 16 𝒢 3e Fortsetz. des Berechnungs-Versuchs d. Anstalten f. Gehalte d. Wittwen u. Waisen d. Rechtsanwalte im Königr. Baiern ꝛc. gr. 8. Nürnb. 823. (Riegel u. W.) 6 𝒢

— etwas von Nachlaßverträgen (de pactis remissoriis). gr. 8. Erlang. 788. Palm. 12 𝒢

— Geschichte der in d. J. 1790, 91 zum Behuf einer Brod-Reitung vorgenomm. Prob-Wägen, Mahlen u. Backen des Getreides. 8. Bayr. 792. (Grau in Hof). 16 𝒢

— u. Th. K. Kretschmann, staatswissenschaftl. u. jurist. Literatur. 2 Jahrgg. od. 24 Stück. gr. 8. Bayr. 794, 95. Lübecks Erb. (à Jahrg. 6 ℛ) 12 ℛ

— sechs Prüfungstage in den v. Graser organisirten Volksschulen in Bayreuth. 8. Erlang. 822. Palm. 4 gl

— das Registraturwesen e. Landes-Justiz-Collegii als wesentliches Hülfsmittel zu e. prompten Gerechtigkeitspflege u. Geschäftsführung überhaupt, u. als e. Theil 14jähr. Präsidial-Rechenschaft rc. gr. 4. Hof 809. Grau. 2 ₰ Schreibp. 2 ₰ 8 gl Hbg. Pr. 1 ₰ Schrbp. 1 ₰

Völderndorf u. Waradein, K. F. W. Frhr.: D. Registraturwesen e. (Preuss.) Landesjustizcollegii, als wesentl. Hülfsmittel zu e. promten Gerechtigkeitspflege u. Geschäftsführ. überh., u. als e. Theil vierzehnj. Präsidialrechenschaft, a. Preuss. Gesetzen u. Ergänzz. ders. durch bes. Anweiss. dargest. *Hof*, Grau. 810. 4. (2 Thl. Schrp. 2 Thl. 8 Gr.)

Völderndorff-Waradein, Otto v.

Völderndorff, Otto Frhr. v., Entwurf eines Gesetzes über das eheliche Güterrecht auf Grund der bayerischen Statutarrechte. Erlangen 867. Palm & Enke. Lex.-8. (17 S.) n. 6 ngr.

Völderndorff, Otto Frhr. v., das bayerische Gesetz vom 26. März 1859, die Gewährleistung bei Viehveräußerungen betr., m. Bezugnahme auf die badisch-württemberg. Gesetze. Erläutert. 2. Aufl. Mit umfass. Register. 8. (III, 150 S.) München 883. Kaiser. n. 1. 80

Völderndorff, Otto v., Gesetz, die Gewährleistung der Viehveräußerungen betreffend. Erläutert. Mit umfassendem Register. München 860. Kaiser. gr. 8. (2 Bl., 96 S.) n. 10 ngr.

— Gesetz vom 26. März 1859, die Verjährungsfristen betr., s. Gesetzgebung, die, des Königreichs Bayern.

—— Gesetz vom 5. Oktbr. 1863, einige Bestimmungen der allgemeinen deutschen Wechselordnung betr., erläutert, s. Gesetzgebung, die, des Königr. Bayern.

Völderndorff, Otto Frhr. v., vom Reichskanzler Fürsten v. Hohenlohe. Erinnerungen. Mit 2 Portr. u. 1 Fksm. gr. 8. (IV, 57 S.) München 902. Verl. der Allg. Zeitg. n. 1.50
Sonderabdruck aus: „Allgem. Zeitung, Beilage".

Völderndorff, Otto Frh. v.: Kommentar zum Allgemeinen Deutschen Handelsgesetzbuche, s. Anschütz, August.

Völderndorff, v., Kommentar zum allgemeinen deutschen Handelsgesetzbuche, s. Gesetzgebung, die, des Königr. Bayern.

Völderndorff, O. Frhr. v., Konkursordnung für das Deutsche Reich nebst Einführungsgesetz erläutert, s. Gesetzgebung, die, des Deutschen Reichs mit Erläuterungen.

Völderndorff O v, Konkursordnung für das Deutsche Reich nebst Einführungsgesetz mit Erläuterungen. 1. u 2. Aufl. (Gesetzgeb. des D. R. I, 2) Erlangen 1879. 85

—— die Konkursordnung für das deutsche Reich, nebst dem Einführungsgesetz und dem Reichsgesetz vom 21. Juli 1879, betr. die Anfechtung von Rechtshandlungen eines Schuldners außerhalb des Konkursverfahrens. Erläutert. 3 Bde. und Register. 2. verm. und vielfach umgearb. Aufl. Lex.-8. Erlangen, Palm und Enke. [1. Bd. 1. Hälfte. (S. 1—432.) 881. * M 6,80.; 2. Hälfte. (VI, S. 433—691.) 884. * M 4,20.; 2. Bd. 1. Hälfte. (S. 1—348.) 881. * M 6.; 2. Hälfte. (VIII, S. 353—722.) 885. * M 6.40.; 3. Bd. 1. Heft. (S. 1—122.) 884. * M 1,80.; 2. Heft. (VI, S. 123—222; Register 70 S.) 885. * M 1,20.] *

— Landtagsabschied vom 10. Novbr. 1861 rc., s. Gesetzgebung, die, des Königr. Bayern.

VÖLDERNDORFF-WARADEIN, Otto Frh. von (Zweibrucken; München): Zur Lehre vom Erlass.- München: Wild 1850. 2 Bl., 64 S.
5.6.1850 - Urk (Titel: De pactis remissoriis.); F 49
Diss. Ingolst.-Landsh.-Mchn.

Völderndorff-Waradein, Otto v., zur Lehre vom Erlaß. gr. 8. (III und 64 S.) München 850, Kaiser. *

Völderndorff, Otto v., die Papiergeld-Crisis und die Papiere auf jeden Inhaber nebst ihrem Eintrage in die Hypothekenbücher. Ein rechtliches Gutachten. München 856. Kaiser. gr. 8. (16 S.) n. 2 ngr.

Völderndorff, Otto Frhr. v. Harmlose Plaudereien e. alten Münchners. 8. (XIV, 343 S.) Münch. 892, Beck. * 3 50; geb. ** 4 50

Völderndorff, Otto Frhr. v., harmlose Plaudereien e. alten Münchners. Neue Folge. Mit alphabet. Namenregister. 8. (VIII, 424 S.) München 898. C. H. Beck. n. 5. 50; geb. n.n. 6. 50 (1. u. 2. Folge: n. 9.—; geb. n.n. 11.—)

Völderndorff, O. Frh. v.: Das Reichsgesetz betr. die Anfechtung von Rechtshandlungen eines Schuldners außerhalb des Konkursverfahrens vom 21. Juli 1879. (Erlangen 1885.) 1, 2, Beil.H.
(Die Gesetzgebung des Dt. Reiches mit Erl. hrsg. von Bezold. T. 1, Bd 2, Beil.H.)

— das Reichsgesetz betr. die Kommanditgesellschaften auf Aktien u. die Aktiengesellschaften, s. a. Gesetzgebung, die, d. Deutschen Reichs m. Erläuterungen.

Völderndorff, Dr. Otto Frhr. v. [illegible], das Reichsgesetz betreffend die *Kommanditgesellschaften auf Aktien* u. die *Aktiengesellschaften*, v. 18. Juli 1884, erläutert. (S.-A. aus der „Gesetzgebung des Deutschen Reiches mit Erläuterungen".) Erlangen 1885. Gr. 8°. Eleg. Hchgeb. [illegible]

—— Repertorium der zum neuen Strafverfahren ergangenen Entschließungen und Präjudicien sowie über die noch gültigen Novellen zum 2. Thl. des Strafgesetzbuches von 1813, zu den Sammlungen von Fertig und Doppelmayr, sowie zu dem einschlägigen Inhalte der Blätter für Rechtsanwendung und zu den Sitzungsberichten der bayer. Strafgerichte. gr. 8. (136 S.) Nördlingen 854, Beck'sche Buchh. *

— Sammlung handelsgerichtlicher Entscheidungen, s. Sammlung.

—— Sammlung von Ministerialentschließungen zu dem neuen Strafverfahren in Bayern, s. Sammlung.

—— die Schleswig-Holsteiner. Ein deutsches Drama in 3 Aufz. (Den Bühnen gegenüber als Manuscr. gedr.) gr. 12. (76 S.) München 848, Kaiser. *

— die richterliche Thätigkeit der Centralcommission f. die Rheinschiffahrt von 1832 bis 1894. Hrsg. vom Rheinschiffs-Register-Verbande, geschäftsführ. Gesellschaft „Providentia", Frankfurter Versicherungs-Gesellschaft in Frankfurt a/M. Lex.-8. (VI, 47 S.) Frankfurt a/M. 894. (Jaeger's Verl.) n. 3. 50

—— Deutsche Verfassungen u. Verfassungsentwürfe. Lex.-8. (III, 175 S.) Münch. 890, Hirth. * 3 —
Aus: Annalen d. Deutschen Reichs, besonders abgedruckt.

Völderndorff-Waradein, Otto v., einige Worte über Recht, Rechtswissenschaft und römisches Recht. gr. 8. (35 S.) München 851, Kaiser. Thlr.

Völderndorff, Otto Frhr. v., Civilgesetzstatistik des Königr. Bayern. 2. nach der Organisation der Gerichte von 1879 bearb. Aufl. gr. 8. (VIII, 371 S.) Nördlingen 880, Beck'sche Buchh. *

Voleur, le, Gazette des journaux français. 1. et 2. Année 1832 et 33. 72 Nos. (Feuilles.) Avec Vign. et gravures des modes. gr. in-4. Leipzig, [Baumgärtner.] à Ann.

Voleur, le, Gazette des journaux franç. Rédigé p. D. de Félice. 3—11. Année 1834—42. à 52 Nos. (1 à 1½ Bog.) Avec 52 gravures des modes. gr. in-4. Leipzig, libr. de Baumgärtner. à an. *
Ohne Kupfer *

Voleur, le, Gazette des journaux français. Redigé par Ch. Brandon. 12—16. Année 1843—47. à 52 Nrn. (à 1—1½ B.) à Année avec 52 grav. des modes. gr. in-4. Leipzig, libr. Baumgärtner. à * 6 Thlr. — Ohne Mode-Bilder à *

Voieur, le, gazette des journaux français. Rédigé par C. Louis Lebec. 17. Année 1848. 52 Nrs. (à 1½ Bog.) gr. 4. Leipzig, Baumgärtners Buchh. *
Mit 52 ill. Modekpfrn. *

Volf, Hedv., Anděl světla. Novela z dob valky francouské. Olmutz 862. Halauska. 12. (52 S.) n. 3 ngr.

Volgemann, Hnr., Hamburg's Brandstätte im Mai 1842. Nachklänge aus ernster Zeit. (Gedicht.) gr. 8. Hamburg 842, Berendsohn. n. 1/12 Thlr.

—— Hamburg's Trauertage während der Belagerung u. Feuersbrunst 1813 u. 1842; eine Zusammenstellung u. Erörterung: Welche Zeit die schrecklichere war! Nach geschichtl. Angaben u. eignem Erlebniß abgefaßt. gr. 8. (1½ B.) Hamburg 842, Berendsohn. *

Volger, Wilh.: Wilh. **Volger**. o. O. [1877]. 1 Bl. 2° [Kopftit.]
Mit Bildnis; berührt kurz Volgers Zugehörigkeit zum Frmrbunde.

Volger's Damen-Bühne. Nr. 1—5. gr. 8. Landsberg, Volger & Klein. à n. 1.50
1. Beim Täßchen Kaffee! Scherz in 1 Akt. Von Fritz Volger. 4. Aufl. (15 S.) (903.)
2. Im Warte-Salon. Scherz in 1 Akt. Von Fritz Volger. 2. Aufl. (15 S.) (903.)
3. Miß Hercules. Schwank in 1 Act. (Seitenstück zu „Monsieur Hercules".) Von Fritz Volger. (12 S.) (903.)
4. In der Sommerfrische od. Ein kleiner Irrtum. Lustspiel in 1 Akt. Von Marie Schloß. (16 S.) (905.)
5. Ein modernes Aschenbrödel od. Talentlos. Schwank in 1 Aufzuge. Von Fritz Ewald. (20 S.) (905.)

Volger's Damen-Bühne. Nr. 6 u. 7. 8. Landsberg a/W., Volger & Klein. à 1.50
Braune, Edm., Erna's Kaffe-Kränzchen. Lustspiel in 1 Akt. (20 S.) (910.) (Nr. 7.)
Jansen-Meinhold, die Kaffeetanten. Humor. Silberhochzeits-Aufführg. (16 S.) (909.) (Nr. 6.)

— **Herren-Bühne.** Nr. 1—8. gr. 8. Ebd. à n. 1.50
Gräf, C., Modelle. Schwank in 1 Akt. (Umschlag: 2. Aufl.) (15 S.) (903.) Nr. 5.)
Leo, Ernst, ein Tenor aus Kyritz. Schwank in 1 Akt. 3. Aufl. (15 S.) (903.) (Nr. 2.)
Noboby, C., Robert u. Bertram od. Die lustigen Vagabunden. Schwank in 1 Akt. 5. Aufl. (16 S.) (904.) (Nr. 8.)
Rosen, W., o alte Burschenherrlichkeit. Schwank m. Gesang in 1 Akt. Musik v. O. Vogel. (Umschlag: 2. Aufl.) (15 S.) (903.) (Nr. 6.)
— ein ruhiger Miether. Schwank in 1 Akt. (Umschlag: 2. Aufl.) (14 S.) (903.) (Nr. 7.)
Volger, Fritz, Jochen Päsel od.: Zu Befehl, Herr Leutnant! Schwank in 1 Akt. 8. u. 9. Aufl. (14 S.) (903.) (Nr. 4.)
— auf dem Schöffengericht. Schwank m. Gesang in 1 Akt (m. freier Benutzg. e. älteren Stoffes). Musik v. C. Heyer. 3. Aufl. (15 S.) (903.) (Nr. 3.)
— Sonntags-Jäger. Posse in 1 Akt. 3. Aufl. (15 S.) (903.) (Nr. 1.)

— **Herren-Bühne.** Nr. 8—10. 8. Ebd. à 1.50
Görner, M., ein fideles Gefängnis. Schwank in 1 Akt. 3. Aufl. (15 S.) (907.) (Nr. 9.)
Lehnhardt, Paul R., Nunne vor Gericht. Posse in 1 Akt. (15 S.) (907.) (Nr. 10.)
Noboby, C., Robert u. Bertram od. Die lustigen Vagabunden. Schwank in 1 Akt. 6. Aufl. (16 S.) (908.) (Nr. 8.)

Volger's Mehrakter. Nr. 1. 8. Landsberg, Volger & Klein. n. 2.—
Post u. Comptoir od. Handel u. Wandel. Charakterstück in 2 Akten. Von Adf. Volger. (40 S.) (906.)

— **Schaubühne.** Nr. 1 u. 2. Ebd. à 2.—
Mar, Max, Knabenehre. Drama in 1 Akt. (24 S.) (910.) (Nr. 1.)
Volger, Adf., im Feuer erobert. Ein Militär- u. Feuerwehrstück m. Gesang in 2 Akten. (32 S.) (910.) (Nr. 2.)

— **Vaudeville-Theater.** Nr. 1—3. gr. 8. Ebd. 898. à n. 1.50
1. Die Kibitze. Schwank m. Gesang u. Tanz in 1 Akt. Von Walth. Gericke. Musik v. Karl Wapphaus. (32 S.)
2. Mädchenschwüre od. e. fideles Pensionat. Liederspiel in 1 Akt. Nach e. Kotzebue'schen Schwank. Von R. Hellborn. (22 S.)
3. Backfische auf Reisen. Operette in 1 Akt. Von Fritz Volger. Musik von Paul Gräner. 2. Aufl. (18 S.)

— **Vaudeville-Theater.** Nr. 4 u. 5. 8. Ebd. à n. 1.50
4. Unsere Wäschermädel. Orig.-Burleske m. Gesang u. Tanz in 1 Akt. Von Walt. Gericke. 2. Aufl. (28 S.) (904.)
5. Der Schäfer-Toni. Alpines Lustspiel m. Gesang. Von A. Blasius. (20 S.) (905.)

— **Vaudeville-Theater.** Nr. 6. 8. Ebd. 1.50
Sonntags-Nachmittags. Volks-Posse m. Gesang in 1 Akt. Von Rich. Weiß. Musik v. A. Meglov. (28 S.) (907.)

— **Vereins-Bühne.** Nr. 1—7, 9 u. 10. 8. Ebd. à n. 1.50
Bliß, Paul, Schwerenöter. Schwank in 1 Akt. (20 S.) (904.) (Nr. 1.)
Ewald, Fritz, ein modernes Aschenbrödel od. Talentlos. Schwank in 1 Aufzuge. (20 S.) (905.) (Nr. 5.)
Mahlmann, Rob., per Dampf! od.: Eisenbahner. Schwank m. Gesang in 1 Akt. (32 S.) (906.) (Nr. 9.)
Ohler, Wh., Reisezauber. Charakterbild (Umschlag: Lustspiel) in 1 Akt. (16 S.) (906.) (Nr. 7.)
Praeger, Otto, die Schützenbrüder. Schwank in 1 Akt. (16 S.) (904.) (Nr. 2.)
Renker, Fel., ein schöner Empfang od. Zwei Eifersüchtige. Orig.-Schwank in 1 Akte. (13 S.) (904.) (Nr. 3.)
— eine fidele Spritzenprobe od. Der abgekühlte Freier. Orig.-Feuerwehr-Schwank in 1 Akt. (16 S.) (905.) (Nr. 6.)
Schloß, Marie, in der Sommerfrische od. Ein kleiner Irrtum. Lustspiel in 1 Akt. (16 S.) (905.) (Nr. 4.)
Wettbergen, B. v., „M. W." (machen wir) od. Die Radfahrer-Pumpstation. Schwank in 1 Akt. (16 S.) (906.) (Nr. 10.)
Nr. 8 ist noch nicht erschienen.

— **Vereins-Bühne.** Nr. 6, 8 u. 11—19. 8. Ebd. à 1.50
Bernhardt, Karl, Z. II od. Der Zukunftskrieg. Schwank in 1 Aufzuge. (14 S.) (910.) (Nr. 17.)
Braune, Edm., einer v. der Post. Schwank in 1 Aufzuge. (19 S.) (910.) (Nr. 18.)
— Gotthilf turnt! od. Im D. T. B. Turnerschwank in 1 Akt. (20 S.) (907.) (Nr. 12.)
— Der große Wohltäter od. Eine fidele Feuerwehr. Schwank in 1 Akt. (24 S.) (908.) (Nr. 13.)
Dahms, Paul, der Stenographen-Ausflug. Schwank in 1 Akt. (19 S.) (909.) (Nr. 15.)
Hajert, Just., der falsche Polizist od. Rache ist süß. Schwank in 1 Akt. (16 S.) (907.) (Nr. 11.)
Kuhnt, Willi, ein Graf muß sein od. Stein u. Lilienkron. Schwank in 1 Akt. (15 S.) (910.) (Nr. 19.)
Lorange, Geo., ein verliebter Briefträger od. Einmal u. nicht wieder. Schwank m. Gesang in 1 Akt. (20 S.) (909.) (Nr. 16.)
Paul, Ernst, mit Sense u. Spaten. Schwank in 1 Akt. (15 S.) (907.) (Nr. 8.)
Renker, Fel., eine fidele Spritzenprobe od.: Der abgekühlte Freier. Orig.-Feuerwehrschwank in 1 Akt. 2. Aufl. (16 S.) (908.) (Nr. 6.)
Schulz, Fritz, mein Schatz ist e. Eisenbahner. Schwank in 1 Akt. (14 S.) (909.) (Nr. 14.)

Volger, Adf., Bädeker jun., s.: Liebhaber-Bühne, neue.

Volger, Adf., lebende Bilder. 2. Hft. Zur Aufführg. bei militär. u. patriot. Festlichkeiten geeignet. Ausführl. Anleitg. zur Darstellg. derselben m. begleit. Text. 2. Aufl. (2. Taus.) gr. 8. (16 S.) Landsberg a/W. 897. Volger & Klein. n. 1.—

Volger, Adf., Ehre sei Gott in der Höhe od. Urlaubers Weihnacht, s. a. Weihnachts-Bühne. Nr. 3.

Ehre sei Gott in der Höhe oder Urlaubers Weihnacht. Weihnachtsstück in 1 Akt von Adolf **Volger**. Landsberg a. W.: Volger & Klein [1905]. (20 S.) 8° [F.]
— **Weihnachts-Bühne**. No 3. [07 2.21]

— Fahnenweihe. Original-Gedichte u. Ansprachen bei der Fahnenweihe der Krieger-Vereine, Schützen-, Gesang- u. Turn-Vereine u. der Veloziped-Clubs. Kernsprüche bei dem Einschlagen der Fahnennägel. gr. 8. (23 S.) Landsberg a/W. 890. Volger & Klein. — 75

— Fahnenweihe. Orig.-Gedichte u. Ansprachen bei d. Fahnenweihe d. Krieger-Vereine, Schützen-, Gesang- u. Turn-Vereine u. der Velociped-Clubs. Kernsprüche bei d. Einschlagen d. Fahnennägel. 2. Aufl. gr. 8. (28 S.) Ebd. 896. n. 1. —

Volger, Adf., Fahnenweihe. Orig.-Gedichte u. Ansprachen bei der Fahnenweihe der Krieger-Vereine, Schützen-, Gesang- u. Turn-Vereine, der Gewerk-Vereine u. Radfahrer-Clubs. Kernsprüche bei dem Einschlagen der Fahnennägel. 3. Aufl. gr. 8. (31 S.) Landsberg (899). Vogler & Klein. n. 1. —

Volger, Adf., im Feuer erobert, s.: Volger's Schaubühne.

— Fridericus Rex unser König u. Herr, s.: Theater-Album, militär.

— Kaisers Geburtstag, s.: Theater-Album, militärisches.

—— Ginevra. Ein erzählendes Gedicht. 12. (111 S.) Altenburg 888, Bonde's Verlag. geb. mit Goldschn. *

—— Ginevra. Ein erzähl. Gedicht. 2. Aufl. 12. (111 S.) Altenb. 890, Bonde's Verlag. geb. m. Goldschn. * 2 50

[F.] Ginevra. E. erzählendes Gedicht v. Adolf Volger ... 2. Aufl. *Landsberg a. W.: Volger & Klein 1896.* (111 S.) 1 Bd 8. [97. 543

Ein unbekanntes Grab eines Br Maurers [d. i. Wolfg. Amad. Mozart]. Novelle von Adolf Volger. Frankfurt a. M.: 1891. 8°
Abgedr. in: Bh. 34 (1891) S. 389—393.
TB. 423. Schildert Mozarts Begräbnis.

Volger, Adf., die Herthasage. Erzählendes Gedicht. gr. 16. (108 S.) Landsberg a/W. 893. Volger & Klein. Geb. in Leinw. m. Goldschn. n. 3. —

— die Herthasage. Erzähl. Gedicht. 2. Aufl. 12. (108 S.) Ebd. 896. Geb. in Leinw. m. Goldschn. n. 3. —

— Das tapfere Herz, s. a. Mehrakter, patriotische.

Das tapferste Herz. Vaterländ. Schauspiel in 2 Akten u. 3 Aufz. von Adolf **Volger**, Landsberg a. W.: Volger & Klein [1905]. (31 S.) 8°
(Mehrakter, Patriotische. No 2.)

— der Hohenzollernaar, od. Kaisers-Geburtstag, s. a. Festspiele, patriotische.

Der Hohenzollernaar oder Kaisers-Geburtstag. Patriot. Festspiel in 1 Aufz. von Adolf **Volger**. ⟨2. Ausg.⟩ Landsberg a. W.: Volger & Klein [1900]. (12 S.) 8° [F.]
= **Festspiele**, Patriotische. No 2. [07. 8010

— Für Kaiser u. Reich! Reden u. Toaste (letztere in Versen u. Prosa) zum Geburtstage Sr. Maj. d. Kaisers, z. Preise des Kaiserhauses, des Vaterlandes, des Heeres, der Marine u. des Prinzen Heinrich, zur Sedanfeier u. zur Gedenkfeier e. Schlacht. (29 S.) 8. Landsberg a/W. (909). Volger & Klein. 1. —

— Ein modernes Mädchen, s.: Theater, kleines.

Volger, Adf., Märchen-Bilder. Zwei Dichtungen. [Ein Liebes-Frühlings-Traum. Märchen-Drama. — Der Geist der Berge. Märchen-Drama.] 64. (144 S.) Leipzig 879, Lenz.

— ein mod. Mars od. Verschnappt, s. a. Liebhaber-Bühne, neue.

Ein moderner Mars oder Verschnappt. Schwank mit Gesang in 1 Akt von Adolf **Volger**. Landsberg a. W.: Volger & Klein [1905]. (20 S.) 8° [F.]
= **Liebhaber-Bühne**, Neue. No 82. [07. 1865

Ein moderner Mars oder Verschnappt. Schwank mit Gesang in 1 Akt von Adolf **Volger**. Landsberg a. W.: Volger & Klein [1905]. (20 S.) 8° [F.]
= **Theater-Album**, Militärisches. No 111. [07. 1973

— Post u. Comptoir od. Handel u. Wandel, s. a. Volger's Mehrakter.

Post und Comptoir oder Handel und Wandel. Charakterstück in 2 Akten von Adolf **Volger**. Landsberg a. W.: Volger & Klein [1906]. (40 S.) 8° [F.]
= **Mehrakter**, Volger's. No 1. [07. 1880

— Prolog und Festrede zur Geburtstagsfeier Sr. Maj Kaiser Wilhelms II. zum 27. I. 1900 bezw. 1901 u. 1902. gr. 8. (à 4 S.) Ebd. (899—901). à — 75

Prolog und Festrede zum Geburtstage Sr. Maj. d. Kaisers, d. 27. Jan. 1903. [Verf.: Adolf **Volger**.] Landsberg a. W.: Volger & Klein (1903). (2 Bl.) 8° [F.] [08. 2374

Prolog zur Gedächtnissfeier des 100jährigen Geburtstages Kaiser Wilhelm des Grossen 22. März 1897. (Vf.: Adolf **Volger**.) *Landsberg a. W.: Volger & Klein [1897].* 2 Bl. 8. [99. 1536

— Neue Prologe zur Geburtstagsfeier Sr. Maj. Kaiser Wilhelm II. f. Armee u. Marine; f. Krieger-, Militär-, Marine-, Flotten- u. sonstige patriotische Vereine. 3. Heft. (20 S.) 8. Landsberg a/W. (907). Volger & Klein. — 75

— dasselbe f. Post- u. Bahnbeamte, Feuerwehr-, Gesang-, Turn-Vereine u. Schützengilden. 4. Heft. (14 S.) 8. Ebd. (909). — 75

— Zum Stiftungsfest v. Krieger-Vereinen sämtlicher Waffen u. Marine-Vereinen sowie zur Sedanfeier u. patriot. Gedenktagen. Prologe zu diesen Festen. (38 S.) 8. Ebd. (909). 1. —

— Das Volk steht auf, d. Sturm bricht los!, s.: Mehrakter, patriot.

Volger, Adf., vom Fels zum Meer, s. Theater-Album, militärisches.

— vom Himmel hoch, da komm ich her, s. a. Weihnachtsbühne. 5.

Vom Himmel hoch, da komm' ich her. Weihnachtsstück in 1 Akt von Adolf **Volger**. Landsberg a. W.: Volger & Klein [1906]. (22 S.) 8° [F.]
= **Weihnachts-Bühne**. No 5. [07. 8086

Volger, Adf., wer die Wahl hat, s.: Wallner's allgemeine Schaubühne.

Wilhelm der Grosse. Patriot. Festspiel in 1 Aufz. z. 100j. Geburtstagsfeier Kaiser Wilhelm I. v. Adolf Volger. Landsberg a. W.: Volger & Klein 1897. (15 S.) 1 Bd 8°
(Theater-Album, Militärisches. No 76.)

—— die Wogenbraut. Episches Gedicht in vier Gesängen. 16. (82 S.) Altenburg 885, Bonde's Verlag. geb. mit Goldschn. *

— die Wogenbraut. Episches Gedicht in 4 Gesängen. 2. Aufl. 16. (82 S.) Altenburg 889. Bonde's Verl. geb. m. Goldschn. n. 1. 75

— aus eiserner Zeit, oder: Die Erstürmung v. Magdeburg. Historisches Orig.-Volksschauspiel in 4 Acten. Musik v. Carl Heyer. Den Bühnen gegenüber als Mscr. gedr. gr. 8. (66 S.) Landsberg a/W. 875. (Volger & Klein.) 1. 50

— aus glorreicher Zeit, s.a. Theater-Album, militärisches.

[F.] Aus glorreicher Zeit. Patriot. Festspiel in Lebenden Bildern m. begleit. Text v. Adolf Volger. *Landsberg a. W.: Volger & Klein (1897).* (11 S.) 1 Bd 8.
= Theater-Album, Militärisches. No 77. [99. 935

Die schriftlichen Arbeiten des Gewerbetreibenden und Handwerkers. Unter bes. Berücks. d. Schriftführung mit Gerichten, Militär-, Polizei-, Schulbehörden etc., nebst e. Anh.: Gewerbl. (allgem.) Formularkunde. Von Bruno Volger. Berlin: A. Goldschmidt 1903. (VIII, 235 S.) 8°
(Bücherei, Bruno Volgers, f. d. Gewerbe- u. Handwerkerstand. Bd 1.)

— das goldene Buch des Handwerks. Ein Lehr- u. Lernbuch f. Meister, Gesellen, Gehilfen u. Lehrlinge, umfassend das gesamte theoret. u. geschäftsprakt. Wissen des Handwerkers. 2 Bde. m. mehr als 150 Illustr. u. nahezu 300 Entwürfen u. Musterbeispielen im Text. Unter Mitwirkg. v. Allendorff, Hans Benzmann, Aug. Bergmann u. a. hrsg. u. bearb. (VIII, 528 u. VIII, 544 S.) Lex.-8. Leipzig (906). Deutsche Verlagsactiengesellschaft.
Geb. in Leinw. n. 24. —

Volger, Bruno, das goldene Buch des Kaufmanns. Ein Lehr- u. Lernbuch, das Ganze des kaufmänn. prakt. u. theoret. Wissens klar u. allgemeinverständlich behandelnd, mit gegen 100 Abbildgn. u. mehr als 140 Entwürfen, Mustern u. Formularen. Unter Mitwirkg. v. Ferd. Maria Wendt, E. Dohrn, Kettembeil, J. Mertig u. Loth. Breitschuch. 2 Bde. gr. 8. (VIII, 400 u. VII, 440 S.) Leipzig 902. 903. [Leipziger Verlagshaus A. Schneider.] Jacobi & Zocher. n. 12. —; geb. in Leinw. n. 15.;
auch in 10 Lfgn. à n. 1.20

Volger, Bruno, das goldne Buch des Kaufmanns. Ein Lehr- u. Lernbuch, das Ganze des kaufmänn. prakt. u. theoret. Wissens klar u. allgemeinverständlich behandelnd, m. gegen 100 Abbildgn. u. mehr als 140 Entwürfen, Mustern u. Formularen. Unter Mitwirkg. v. Ferd. Maria Wendt, E. Dohrn, Kettembeil, J. Mertig u. Loth. Breitschuch. (Neue Aufl.) 2 Bde. (VIII, 400 u. VII, 440 S.) gr. 8. Leipzig 903. Chemnitz, Hackfeld & Co.
Geb. in Leinw. n. 16. —

— Bücherei f. den Gewerbe- u. Handwerkerstand. 1. bis 5. Bd. kl. 8. Berlin, A. Goldschmidt.
Geb. in Leinw. n. 12. —

1. Die schriftlichen Arbeiten des Gewerbetreibenden u. Handwerkers. Unter besond. Berücksicht. der Schriftführg. m. Gerichten, Militär-, Polizei-, Schulbehörden zc., nebst e. Anh.: Gewerbliche (allgemeine) Formularkunde. Von Bruno Volger. (VIII, 235 S.) 903. n. 2. —
2. Allgemeine Gesetzeskunde. Enth. die wichtigsten Rechtssätze der Reichsgesetze in ihrem Wortlaut, soweit sie f. das private u. berufl. Leben des Gewerbetreibenden, Handwerkers u. Arbeiters in Frage kommen. Unter Mitwirkg. e. erfahrenen Juristen zum Gebrauche in Gewerbe- u. Fachschulen sowie besonders f. die Meisterkurse u. zur Selbstbelehrg. bearb. Von Bruno Volger. (VIII, 264 S.) 903. n. 2. —
3. Die Buchführung des Gewerbetreibenden (f. jeden Gewerbebetrieb anwendbar), nebst 97 Buchhaltungs- u. Wiederholungsfragen u. e. Anh.: Wechsellehre zum Gebrauch in den Meisterkursen u. zum Selbststudium. Von J. Mertig u. Bruno Volger. (VIII, 194 S.) 903. n. 2. —
4. Der praktische Geschäftsbetrieb f. den Gewerbetreibenden u. Handwerker. Ratschläge u. Winke f. Geschäftsführg. u. Erweiterg. der Absatzgebiete. Zum Gebrauch in gewerbl. Fortbildungs- u. Fachschulen, in den Meisterkursen u. zum Selbststudium bearb. Von J. Mertig u. Bruno Volger. (VIII, 200 S.) 903. n. 2. —
5. Illustrierte gewerbliche Materialienkunde. Zum Gebrauche in gewerbl. Fortbildungs- u. Fachschulen, in Meisterkursen u. zur Selbstbelehrg. Von Ottokar Leneček. Mit zahlr. Abbildgn. (VIII, 578 S.) 905. n. 4. —

Volger, Bruno, die Buchführung d. Gewerbetreibenden, s.: Mertig, J.

Volger, Bruno: Rudolf Bunge, s. Leben u. Schaffen. 8°
Aus: Internat. Literatur- u. Musikberichte. Jg. 10, No 21. [1903.] [04. 4710 S

— die Entwicklung des Börsenvereins der Buchhändler in Wort u. Bild. (Buchhändlerische Monographien.) (73 S. m. 20 Bildnissen.) 8. Weimar (904). R. Leutloff. n. 2. —
Sonderabdruck aus: „Deutsche Buchh.-Blätter".

— der prakt. Geschäftsbetrieb f. den Gewerbetreibenden u. Handwerker, s.: Mertig, J.

Allgemeine Gesetzkunde. Enth. d. wichtigsten Rechtssätze d. Reichsgesetze in ihrem Wortlaut ... Unter Mitw. e. erfahrenen Juristen z. Gebr. in Gewerbe- u. Fachschulen ... bearb. von Bruno Volger. *Berlin: A. Goldschmidt 1903.* (VIII, 263 S.) 8° [F.]
= Bücherei, Bruno Volgers, f. d. Gewerbe- u. Handwerkerstand. Bd 2.
[04. 4539

Volger, Bruno, die deutsche Gewerbepolitik nach ihrer Entwicklung u. ihrem gegenwärtigen Stande, s.a. Politik, die, des Deutschen Reiches. 3. Bd.

Die deutsche Gewerbepolitik nach ihrer Entwicklung und ihrem gegenwärtigen Stande im Abriß dargest. von Bruno Volger. Leipzig: G. H. Wigand 1908. (VI, 352 S.) 8° [F.]
= Politik, Die, d. Deutschen Reiches. Bd 3. [08. 6040

— der Handelsangestellte, sein Recht u. seine Pflichten. Ein Hilfsmittel zur Selbstverteidigg. u. Rechtsbelehrg. in den wichtigsten Rechts- u. Streitfragen. In Frage u. Antwort u. an Hand der handelsrechtl. Rechtsprechg. bearb. (VIII, 123 S.) 8. München 903. E. Koch.
n. 1. 20; geb. n. 1. 80

— der Kaufmann im schriftlichen Verkehr m. den gesamten Behörden. Zum Selbststudium u. zum Gebrauche an Handels- u. kaufmänn. Fortbildungsschulen. Mit 84 vorbildl. Schriftstücken. (VIII, 84 S.) gr. 8. Leipzig 903. G. A. Gloeckner. n. 1. —

Volger, Bruno, die Kunst der Reklame. Lehrbuch der modernen Geschäftspropaganda. Mit Muster-Inseraten u. Illustr. gr. 8. (VII, 145 S.) Leipzig (901). O. Seiler.
2. 25; geb. 2. 80

— Lexikon der gesamten Handelswissenschaften. Ein Nachschlagebuch f. alle Fragen aus dem Gebiete des kaufmänn. Lebens f. Industrielle, Kaufleute, Gewerbetreibende, Handelslehrer, Handelsrichter, Rechtsanwälte, kaufmännische u. Handelsangestellte, Studierende an Handelshoch- u. Schüler kaufmänn. Fortbildungs- u. Privatschulen. Unter Mitwirkg. v. Fachgelehrten bearb. u. red. (VIII, 952 S.) Lex.-8. Wien 907. A. Hartleben.
n. 10. —; geb. in Halbfrz. n. 12. 50;
auch in 20 Lfgn. à n. — 50

— Ratgeber f. den Steuerzahler. Ein Auskunftsbuch f. alle Steuersachen, insbesondere e. Anleitg.: wie man richtig deklariert u. m. Erfolg reklamiert. Mit 14 Reklamations- u. anderen Gesuchen. An der Hand des sächs. u. preuß. Einkommensteuergesetzes bearb. (VII, 68 S.) gr. 8. Leipzig 903. G. A. Gloeckner. n. 1. —

— Mod. Reklamekunst. Handbuch d. neuzeitl. Insertions- u. Propagandatechnik f. Industrie, Fabrikanten, Kaufleute, Grossisten u. Detaillisten, Geschäfts- u. Gewerbetreibende aller Branchen, Handels-Angestellte, Reklamechefs, Handels-Lehrer u. Handelsschüler, sowie f. jedes kaufmänn. Kontor. Mit 70 Mustern, Entwürfen u. Beispielen. (VI, 157 S.) gr. 8. Stuttgart (907). Schwabacher.
3.60; geb. in Leinw. 4. 50

— s.: Silhouetten, literarische.

— allerlei Sünden. Großstadtgeschichten. 8. (114 S.) Hamburg (901). Verlagshaus Digel. 1.50

— allerlei Sünden. Die Sünden der Liebe. Großstadtgeschichten. 3. Aufl. (86 S.) 8. Hamburg (905). W. Digel. n. 1.50

Das Taschenbuch des Arbeiters. Ein Nachschlagebuch f. alles, was der Arbeiter zu wissen nötig hat, insbes. e. Führer durch d. gesamte Arbeitergesetzgebung, nebst Formularen u. Mustern u. e. Lohntab. mit 6063 Lohnberechnungen. Von Bruno **Volger**. Leipzig & Kattowitz: C. Siwinna 1905. (x, 163 S.) 8° [F.]
= **Taschenbücherei**, Siwinna's moderne. Bd 1. 06. 6373

— das goldene Taschenbuch des Arbeiters; des Handlungsgehilfen; des Handwerkers, s. a. Siwinna's moderne Taschenbücherei.

Volger, B., Das goldene Taschenbuch des Arbeiters. Ein Nachschlagebuch f. alles, was der Arbeiter zu wissen nötig hat, insbesondere e. Führer durch die gesamte Arbeitergesetzgebg., nebst Formularen u. Mustern u. e. Lohntabelle m. 6063 Lohnberechngn. (X, 163 S.) 8. Kattowitz, C. Siwinna. 1905. 1. —; geb. 2. —
Siwinnas' mod. Taschenbücherei. Bd. 1.

Das goldene Taschenbuch des Handlungsgehilfen, insbes. ein Rechtskatechismus f. Handelsangestellte u. Lehrlinge. Von Bruno **Volger**. Leipzig & Kattowitz; C. Siwinna [1906]. (vII, 167 S.) 8° [F.]
= **Taschenbücherei**, Siwinna's moderne. Bd 3. 07. 8592

Das goldene Taschenbuch des Handwerkers. Ein Nachschlagebuch f. alles, was der Gewerbetreibende u. Handwerker zu wissen nötig hat... Von Bruno **Volger**. Leipzig & Kattowitz: C. Siwinna [1906]. (vIII, 180 S.) 8° [F.]
= **Taschenbücherei**, Siwinna's moderne. Bd 2. 07. 8591

— vom Lehrling zum Lehrherrn! Ratgeber f. junge Kaufleute. (VIII, 160 S.) kl. 8. Stuttgart (905). Schwabacher. Geb. n. 1. —

— griechische u. deutsche Wein-Lyrik. 12. (X, 216 S. m. Abbildgn.) Leipzig-Gohlis 901. Hoffmann, Heffter & Co. (Nur direkt.) Geb. in Leinw. m. Goldschn. n. 6. —

Volger, E., Urkunden der Bischöfe von Hildesheim, s. Urkundenbuch.

Volger, E., s. Urkundenbuch des histor. Vereins f. Niedersachsen.

Volger, E., die neue Wunderwelt, s.: Fendius, G.

Volger, Eduard

Volger, Ed., allerhand Dummheiten, s.: Universal-Bibliothek.

Volger, E., die junge Frau, s.: Kühling's, A., Volksschaubühne.

— die Hausfee, s.: Volks-Schaubühne.

— in der eigenen Schlinge gefangen, s.: Bibliothek, rothe.

Volger, Ed., der Kanarienvogel. Eine Anleitg. f. Freunde dieses beliebten Singvogels, denselben richtig behandeln, verpflegen, züchten u. bei entstandenen Krankheiten kuriren zu können. [Aus: „Der Vogelfreund als Vogelkenner."] gr. 8. (52 S.) Hannover 877. Hahn. — 75

Volger, Ed., der Kanarienvogel. Eine Anleitg. f. Freunde dieses beliebten Stubenvogels, denselben richtig behandeln, verpflegen, züchten u. bei entstandenen Krankheiten kuriren zu können. 2. Aufl. 8. (51 S.) Hannover 893. Hahn. — 60

Volger, Ed., komische Käuze. Humoresken. 8. (100 S.) Leipzig 895. Berlin, J. Gnadenfeld & Co. n. 1. —

Volger, Eduard, komische Käuze. 6 Humoresken. (Neue [Titel-]Ausg.) (96 S.) 8. Leipzig [895] (905). A. Hasert & Co. n. — 80

Volger, Ed., die Correctur, wie sie gelesen werden muß. 1 Bog. in gr. Fol. München 834. Franz. 7 gl

Volger, E., Leonore, s.: Wallner's allgemeine Schaubühne.

— Ludwigs XIV. Jugendliebe, s.: Wallner's allgemeine Schaubühne.

— alphabetisch geordnete Nachweisungs-Tabelle solcher Buchhandlungen, auch einiger Kunst- u. Musikalien-Handlungen, die früher existirten, jetzt aber an Andere übergegangen sind. Fol. Landsberg a. d. W. 839. Schulz u. Volger. 1/2 ₰

Polterabend-Scherze für Kinder. Ges. u. hrsg. von F. Drucker [d.i. Eduard **Volger**]. 5. bed. verm. Aufl. Landsberg a. W.: Volger & Klein [1899]. (48 S.) 8°

Volger, Ed., allgemein anwendbare u. geltende Regeln u. Gesetze d. Whistspiels, welche ein Jeder, der dies. Spiel erlernen will, wissen muß. (Hauptsächlich nach d. Regeln u. d. Anleit. d. berühmten engl. Whistspielers Matthews.) 12. (1 B.) Berlin 836. [Krause'sche Brlsbuchh.] Thlr.

Volger, Ed., die hauptsächlichsten Verlags-Veränderungen in den J. 1863, 1864, 1865 und 1866, nebst einigen Nachträgen und Berichtigungen zu früheren Jahren. Ein Suppl. zu der „Nachweisungs-Tabelle veränderter Firmen von Strabel und Vogler", so wie auch zum „Götschel'schen Verzeichniss erloschener oder veränderter Firmen" und zur „Conrad'schen Uebersicht der Verlags-Veränderungen in den J. 1850 bis 1862". 8. (40 S.) Landsberg a. d. W. 867, Vogler.
Vgl.: Nachweisungstabelle.

Volger, Ed., die hauptsächlichsten Verlags-Veränderungen während der J. 1863 bis incl. 1869, nebst einigen Nachträgen und Berichtigungen zu früheren Jahren. Ein Suppl. zu der „Nachweisungs-Tab. veränderter Firmen von Strabel und Volger", so wie auch zum „Götschel'schen Verzeichniss erloschener oder veränderter Firmen" und zur „Conradschen Uebersicht der Verlags-Veränderungen in den J. 1850 bis 1862". gr. 16. (62 S.) Landsberg a. W. 869, Volger und Klein.

Volger, Ed., die hauptsächlichsten Verlags-Veränderungen im Buch-, Kunst-, Musikalien- u. Landkarten-Handel während der 10 Jahre von 1863 bis incl. 1872 nebst einigen Nachträgen u. Berichtiggn. zu früheren Jahren. Ein Suppl. zu der „Nachweisungs-Tabelle veränderter Firmen v. Strabel u. Volger" sowie auch zum „Götschel'schen Verzeichniss erloschener oder veränderter Firmen" u. zur „Conrad'schen Uebersicht der Verlags-Verändergn. in den J. 1850 bis 1862." 8. (57 S.) Landsberg a. W. 873. Volger & Klein. n. 1.60

Volger, Ed. (II.), die hauptsächlichsten Verlags-Veränderungen im Buch-, Kunst-, Musikalien- und Landkarten-Handel während der zehn Jahre 1873 bis incl. 1882. Nebst einigen Nachträgen und Berichtigungen zu früheren Jahren. Ein Suppl. zur „Nachweisungs-Tabelle veränderter Firmen von Strabel und Volger" und zu den „Verlags-Veränderungen der J. 1863 bis incl. 1872 von Ed. Vogler", sowie auch zum „Götschel'schen Verzeichniss veränderter Firmen" und zur „Conrad'schen Uebersicht der Verlags-Veränderungen in den J. 1850 bis 1862". 8. (95 S.) Landsberg a. d. W. 883, Volger und Klein. **

—— der Vogelfreund als Vogelkenner. Eine deutliche und ausführliche Anleitung für Liebhaber der Sing- und Stubenvögel, die beliebtesten derselben, als Kanarienvögel, Nachtigallen, Sprosser ꝛc. auf die einfachste Weise zu fangen, sie zu zähmen, richtig zu behandeln und zu füttern, auch sie nach ihrem Aussehen und Gesange zu bestimmen, nebst Angabe ihrer Krankheiten und Mittel zu deren Heilung. gr. 8. (VIII, 307 S.) Ebendas. 877.

— der Vogelfreund als Vogelkenner. Eine deutl. u. ausführl. Anleitg. f. Liebhaber der Sing- u. Stubenvögel, die beliebtesten derselben, als: Kanarienvögel, Nachtigallen, Sprosser, Grasmücken, Amseln, Drosseln, Lerchen, Finken, Meisen, Stieglitze, Zeisige, Rothkehlchen, Dompfaffen, Staare, Kreuzschnäbel, Wachteln u. s. w. auf die einfachste Weise zu fangen, sie zu zähmen, richtig zu behandeln u. zu füttern, auch sie nach ihrem Aussehen u. Gesange zu bestimmen, nebst Angabe ihrer Krankheiten u. Mittel zu deren Heilg. Neue (Titel-)Ausg. 8. (VIII, 307 S.) Hannover 893. Hahn. 3 —

— das Wesentliche d. französ. Civil-Processes. Mit besonderer Rücksicht auf die bayer. Rheinpfalz. Für nichtrhein. Juristen bearb. Mit 80 Formularen u. einem Anhang üb. das Institut der Huissiers u. üb. das Notariat. Nebst einer Abhandlg. üb. Einführg. der Mündlichkeit u. Oeffentlichkeit im Civilprozesse. (Aus den Blättern f. Fortschritt, 3—5. Hft. abgedr.) gr. 8. (VIII u. 272 S.) Ebd. 848. n. 1 Thlr.

Volger, F. A., der wilde Jäger, s.: Volks-Theater, deutsches.

Volger, F. H. E., kurzgefaßte historische, statist. u. geograph. Beschreibung von Ungarn. Für Zeitungsleser aller Stände, insbesondere f. d. gebildeten Bürger u. Landmann. 8. (32 S.) Landsberg 849, Volger & Klein. 4 ngr.

Volger, Frz., die Altenburger Bauern in ihren Trachten, Sitten u. Gebräuchen. gr. 8. (32 S.) Altenburg 890. Bonde's Verl. n. — 20

Volger, Franz [aus Lüneburg]: Beiträge zur Kenntniss des ortho-Methyl-Chinolins ... Breslau, Druck v. F. Trewendt, 1896; 2 Bl., 47 S. 8.
Freiburg i. B., Phil. Fak., Inaug.-Diss. v. 1896

Volger, Frz., Beschreibung d. Festlichkeiten, welche zur Vermählg. Ihrer Hoheit d. Prinzessin Luise v. Sachsen-Altenburg, Herzogin zu Sachsen m. Seiner Hoheit dem Prinzen Eduard v. Anhalt in Altenburg stattgefunden haben. gr. 8. (51 S. m. 2 Bildn.) Altenburg 895. O. Bonde, Verl. n. — 50

— Blätter u. Blüthen aus dem Fremdenbuche der Leuchtenburg. gr. 8. (III, 97 S. m. 12 Illustr.) Ebd. 895. n. 1. —

— Brandenburger u. Lothringerin, s: Kühling's, A., Album f. Liebhaberbühnen.

Volger, Frz., Deutschland. Fragment e. Gedichtes von Friedrich v. Schiller. Vortrag, geh. in der litterar. Vereinigg. zu Altenburg. gr. 8. (16 S.) Altenburg (902). O. Bonde. n. — 30

Volger, Frz., Elsaß, Lothringen u. unsere Friedensbedingungen. Eine polit. Studie. 1—3. Aufl. Anklam 870. Wriezen, Riemschneider. gr. 16. (16 S.) n. 2½ ngr.

Volger, Frz., Elsaß, Lothringen und unsere Friedensbedingungen. Eine polit. Studie. 1.—4. verm. Aufl. 16. (20 S.) Anklam 870,71, Dietze's Buchh. [Poettcke.] *

— zur Erinnerung an die Kaisertage in Altenburg am 3. u. 4. Mai 1890. gr. 8. (64 S. m. Illustr.) Ebd. 890. n. — 40

— Prinz Ernst u. Prinzessin Adelheid v. Sachsen-Altenburg u. Beschreibg. d. Festlichkeiten, welche zur Vermählg. stattgefunden haben. Hrsg. unt. Mitwirkung v. H. W. Meyer in Bückeburg. gr. 8. (IV, 96 S. m. 1 Bildnistaf.) Ebd. 898. n. — 50

— Herzog Ernst v. Sachsen-Altenburg. Ein Bild seines Lebens u. s. militär. Laufbahn. Zum 50jähr. Militärdienst-Jubiläum Sr. Hoheit 17. Aug. 1895 hrsg. gr. 8. (64 S. m. Bildn.) Ebd. 895. n. — 20

[F.] Herzog Ernst von Sachsen-Altenburg. E. deutsches Fürstenleben. Hrsg. v. Franz Volger. M. 26 Abb. *Altenburg: O. Bonde [1896].* (IV, 190 S., 22 Taf.) 1 Bd 8. [96. 808]

— Herzog Ernst v. Sachsen-Altenburg. Ein Bild seines Wirkens u. Gedichte zu seinem Geburtstage. Zum 75. Geburtstage Sr. Hoh., 16. IX. 1901, hrsg. 8. (32 S. m. 1 Bildnis.) Ebd. 901. n. — 30

— die Farben d. alten u. neuen Deutschland. 16. (8 S.) Ebend. 871. — 15

— Führer durch die Haupt- u. Residenzstadt Altenburg. Mit 6 Abb. u. 1 Stadtplan. 12. (IV, 80 S.) Ebd. 898. n. — 60

Volger, Frz., Führer durch die Haupt- u. Residenzstadt Altenburg. 2. Aufl. Mit 11 Abbildgn. u. 1 Stadtplan. (IV, 104 S.) kl. 8. Altenburg (906). O. Bonde. n. — 50

— Gedenkbuch zum 50jährigen Regierungs-Jubiläum Sr. Hoh. des Herzogs Ernst v. Sachsen-Altenburg. (II, 88 S. m. 3 Abbildgn.) 8. Ebd. 903. n. — 50

— die älteste Geschichte des Schützenwesens in Altenburg. gr. 8. (61 S.) Ebd. 895. n. — 50

— Ibsens Drama „Nordische Heerfahrt" u. die altnordischen Sagen. Vortrag, geh. in der litterar. Vereinigg. zu Altenburg. (17 S.) 8. Ebd. (904). n. — 30

— die Dynastengeschlechter Hohenzollern u. Wettin, ihre Abstammg. u. ihre Stellg. in d. deutschen Geschichte bis z. Ende d. 13. Jahrh. gr. 8. (V, 178 S.) Ebd. 895. n. 1. 50

— altenburgische Jahrbücher. Nach urkundl. Quellen bearb. 2. Bd. Juli bis Dezbr. 8. (IV, 153 S.) Ebend. 884. n. 1. 50
Der 1. Bd. erscheint später.

— die deutschen Kaiser u. ihre Beziehungen zu Altenburg. gr. 8. (VII, 40 S.) Ebd. 890. n. — 50

Volger, Frz., Altenburger Kriegserinnerungen aus alter u. neuer Zeit. Festspiel in 12 Vorgängen. 8. (71 S.) Altenburg 892. O. Bonde's Verl. n. — 50

— die Leuchtenburg in Sage, Geschichte u. Gegenwart. 2. Aufl. Mit 2 Abbildgn. der Leuchtenburg. 8. (III, 88 S.) Ebend. 884. n. — 50; geb. m. 5 Illustr. n. 3. —

Die Leuchtenburg in Sage, Geschichte und Gegenwart. Von Franz Volger. 3. Aufl. 2 Abb. *Altenburg: O. Bonde 1894.* (90 S.) 8° [F.] [94. 13567]

— die Leuchtenburg in Sage, Geschichte u. Gegenwart. 4., gänzl. umgearb. Aufl. M. 2 (farb.) Abb. d. Leuchtenburg. 12. (IV, 94 S.) Ebd. 897. n.n. — 70

—— die Leuchtenburg und ihre Umgebung in Sage, Geschichte und Gegenwart. Mit 2 (Holzschn.-)Abbild. der Leuchtenburg. 12. (32 S.) Ebendas. 881. *
Ausg. mit 4 lithogr. und color. Bildern **

[F.] Bernhard v. Lindenau als Gelehrter, Staatsmann, Menschenfreund u. Förderer d. schönen Künste. E. Lebensbild v. Franz Volger. M. 7 Abb. *Altenburg: O. Bonde [1896].* (2 Bl., 116 S., 7 Taf.) 1 Bd 8. [96. 3533

Herzogin Marie von Sachsen-Altenburg geb. Herzogin von Mecklenburg-Schwerin. Zur Erinnerung an ihren 100. Geburtstag hrsg. von Franz Volger. Mit Abb. *Altenburg: O. Bonde 1903.* (96 S.) 8° [F.] [03. 1837

[F.] Die Sachsen-Altenburgischen Truppen im Schleswig-Holstein'schen Feldzuge 1849. Bearb. v. Franz Volger. *Altenburg: O. Bonde 1899.* (1 Bl., 41 S.) 1 Bd 8. [09. 3043

Volger, Frz., von **Altenburg** üb. Großenstein nach Bad Ronneburg u. Umgebung. Mit e. (lith.) Abbildg. d. Bades zu Ronneburg. 12. (V, 176 S.) Altenburg 884. Bonde. n. — 75; geb. n. 1. 50

Volger, Fritz, s. a.: Hildebrand, Emil.

Volger, Fritz, im lustigen Alt-England, s. Liebhaber-Bühne, neue.

Volger, Fritz, Backfischchen, s. Kühling's, A., Album für Solo-Scenen.

— Backfische auf Reisen, s. a. Liebhaber-Bühne, neue.

—— Backfische auf Reisen. Orig.-Vaudeville in 1 Akt. Musik von C. Heyer. [Seitenstück zu Jacobson's „Backfische".] gr. 8. (18 S.) Landsberg a. W. 876, Volger und Klein. *

Volger, Fritz, Backfische auf Reisen, s. a. Volger's Vaudeville-Theater.

Backfische auf Reisen. Operette in 1 Akt von F(ritz) Volger. Musik vom Kapellmeister Paul Gräner. 2. Aufl. *Landsberg a. W.: Volger & Klein [1997].* (18 S.) 8° [F.]
= Vaudoville-Theater, Volger's. No 3. [03. 831

Volger, Fritz, Zu Befehl, Herr Hauptmann! s. Theater-Album, militärisches.

— zu Befehl, Herr Unteroffizier, s.: Theater-Album, militärisches.

— das Bild des Kaisers, s. a. Theater Album, militärisches.

—— das Bild des Kaisers. Dramolet in 1 Akt. gr. 8. (24 S.) Ebendas. 879. *

Volger, Fritz, u. Ad. **Volger,** lebende Bilder, zur Aufführung bei militärischen u. patriotischen Festlichkeiten geeignet. Ausführliche Anleitg. zur Darstellg. derselben m. begleit. Text. 2. Hft. gr. 8. (15 S.) Landsberg a/W. 889. Volger & Klein. n. 1. —
Das 1. Hft. s.: Volger, F., u. A. Volger, neue Sujets zu lebenden Bildern rc. 884. n. 1. —

— s. Blind geladen.

—— Vater Blücher, s. Theater-Album, militärisches.

— unser Bursche, s.: Theater-Album, militärisches.

—— Denkzettel. Posse mit Gesang in 1 Act mit freier Benutzung einer Winterfeld'schen Humoreske. Musik von C. Heyer. gr. 8. (19 S.) Ebendas. 877. *

—— ein gefangener Dichter, s. Liebhaber-Bühne, neue.

— eine gemischte Ehe oder Infanterie u. Kavallerie, s.: Theater-Album, militärisches.

— einquartiert, s.: Theater-Album, militärisches.

— im Elsaß od.: Im Rock des Königs, s.: Theater-Album, militärisches.

Volger, Fritz, es lebe der Kaiser!, s.: Theater-Album, militär.

—— preußische Farben, s. Theater-Album, militärisches.

—— Madame Kaudel's Gardinen-Predigt, s. Theater-Mappe.

—— eine Gastspielsreise, s. Kühling's, A., Theater-Specialität.

—— Genius und Genie, s. Kühling's, A., Album für Liebhaber-Bühnen.

— Miß Hercules, s. a. Volger's Damen-Bühne. Nr. 3.

Miss Hercules. Schwank in 1 Act von Fritz Volger. Landsberg a. W.: Volger & Klein [1903]. (12 S.) 8° [F. u. Ant.]
= Damen-Bühne, Volger's. No 3. [03. 731

—— Hurrah! Kaiser Wilhelm II. Neun Prologe zur Geburtstagsfeier Sr. Maj. Kaiser Wilhelms II. gr. 8. (16 S.) Landsberg a. W. 888, Volger und Klein. *

Volger, Fritz. Hurrah! Kaiser Wilhelm II. Neue Prologe zur Geburtsfeier Sr. Maj. Kaiser Wilhelms II. 2. Heft. gr. 8. (16 S.) Landsberg a. W. 891, Volger u. Klein. * — 50
[1. Heft.] Ebd. 1888. * — 50.

— Hurrah! Kaiser Wilhelm II. Neue Prologe zur Geburtstagsfeier Sr. Maj. Kaiser Wilhelms II. 2. Hft. 2. Aufl. gr. 8. (16 S.) Landsberg a/W. 893. Volger & Klein. — 75

Volger, Fritz, Hurrah! Kaiser Wilhelm II. Neue Prologe zur Geburtstagsfeier Sr. Maj. Kaiser Wilhelms II. 1. Hft. 2. Aufl. gr. 8. (16 S.) Landsberg a/W. (899). Volger & Klein. — 75

Hurrah! Kaiser Wilhelm II. Neue Prologe zur Geburtstagsfeier Sr. Maj. Kaiser Wilhelms II. Hrsg. von Fritz Volger. 2. Aufl. H. 1. *Landsberg a. W.: Volger & Klein [1900].* 8° [F.] [03. 25499

— Hurrah! Kaiser Wilhelm II. Neue Prologe zur Geburtstagsfeier Sr. Maj. Kaiser Wilhelms II. 2. Heft. 3. Aufl. (16 S.) gr. 8. Landsberg (903). Volger & Klein. — 75

—— grüner Jäger, s. Theater-Album, militärisches.

— fünf Jahre nach der Hochzeit, s.: Liebhaber-Bühne, neue

—— Ich liebe Sie! s. Wallner's allgemeine Schaubühne.

— beim Täßchen Kaffee, s. a. Volger's Damen-Bühne.

— beim Täßchen Kaffee! Dramatischer Scherz in 1 Akt. gr. 8. (15 S.) Ebend. 880. n. 1. —

Beim Täßchen Kaffee! Scherz in 1 Akt von Fritz Volger. 4. Aufl. Landsberg a. W.: Volger & Klein [1903]. (15 S.) 8° [F.]
= Damen-Bühne, Volger's. No 1. [03. 733

—— der fidele Komiker. Urkom. Soloscenen, Declamationen, Couplets rc., zum Vortragen in heiteren Kreisen hrsg. 8. (64 S.) Landsberg a. d. W. 882, Volger und Klein. *

— der fidele Komiker. Urkomische Solo-Scenen, Declamationen, Couplets zc. zum Vortragen in heiteren Kreisen. 2. Aufl. 8. (48 S.) Landsberg a/W. 893. Volger & Klein. n. — 50

Volger, Fritz, eine egyptische Königstochter, s. Liebhaber-Bühne, neue.

— Krieg u. Frieden oder Kutschke als Budiker, s.: Theater-Album, militärisches.

—— ein lustiger Krieg, s. Theater-Album, militärisches.

—— der Kriegsminister des Königs Theodor, s. Kühling's, A., Album für Liebhaber-Bühnen.

—— im Lager vor Metz, s. Theater-Album, militärisches.

— Lubowski od. e. sogen. Doktor, s.: Liebhaber-Bühne, neue, Nr. 10

—— Königin Luise, s. Theater-Album, militärisches.

— mein Schatz ist e. Reiter, s.: Theater-Album, militärisches.

— nur militärisch! od. Hans u. Peter, s.: Theater-Album, militärisches.

— die Ordre ist Schnarchen, s.: Theater-Album, militärisches.

—— Jochen Päsel, s.a.Theater-Album, militärisches.

Jochen Päsel oder: Zu Befehl, Herr Leutnant! Schwank in 1 Akt von Fritz Volger. 8. u. 9. Aufl. Landsberg a.W.: Volger & Klein [1903]. (16 S.) 8°
(Herren-Bühne, Volger's. No 4.)

—— Piefke-Pascha, s. Liebhaber-Bühne, neue.

Prolog und Festrede zum Geburtstage Sr. Majestät des Kaisers am 27. Jan. 1904. [Verf.: Fritz Volger.] Landsberg a. W.: Volger & Klein (1904). (2 Bl.) 8° [F.] [05. 12512

Prolog und Festrede zum Geburtstage Sr. Majestät des Kaisers, d. 27. Jan. 1906. [Verf.: Fritz Volger.] Landsberg a. W.: Volger & Klein [1905]. (2 Bl.) 8° [F.] [07. 2011

Prolog und Festrede zur 48. Geburtstags-Feier Sr. Majestät des Kaisers am 27. Jan. 1907. [Verf.: Fritz Volger.] Landsberg a. W.: Volger & Klein (1907). (2 Bl.) 8° [Ant. u. F.] [07. 2012

—— Prologe, Toaste und Tafellieder zum Geburtstage des Kaisers. gr. 8. (16 S.) Landsberg a. d. W. 881, Volger und Klein. *

—— ein Raubmörder, s. Liebhaber-Bühne, neue.

— ein deutscher Reichsfechtmeister, s.: Liebhaber-Bühne, neue.

—— im Rock des Königs, s. Theater-Album, militärisches.

— die alte Schabracke, s.: Theater-Album, militärisches.

—— auf dem Schöffengericht, s.a.Liebhaber-Bühne, neue.

— auf dem Schöffengericht, s.a.Volger's Herren-Bühne.

Auf dem Schöffengericht. Schwank mit Gesang in 1 Akt (mit freier Benutzung e. älteren Stoffes) von Fritz Volger. Musik von E. Heyer. 3. Aufl. Landsberg a.W.: Volger & Klein [1903]. (15 S.) 8°
(Herren-Bühne, Volger's. No 3.)

— Soldatenliebe, s.: Theater-Album, militärisches.

— drei militärische Solo-Scenen, s. Theater-Album, militärisches.

—— Sonntags-Jäger, s.a.Liebhaber-Bühne, neue.

— Sonntags-Jäger, s.a.Volger's Herren-Bühne.

Sonntags-Jäger. Posse in 1 Akt von Fritz Volger. 3. Aufl. Landsberg a.W.: Volger & Klein [1903]. (15 S.) 8°
(Herren-Bühne, Volger's. No 1.)

— mythologische Studien, s.: Kühling's, A., Album f. Liebhaberbühnen.

— ein Stündchen in der Buchhandlung. Schwank mit Gesang in 1 Akt. Musik von E. Heyer. gr. 8. (18 S.) Landsberg 880. Volger & Klein. n. 1. —

— ein Stündchen beim alten Dessauer, s.: Theater-Album, militärisches.

—— und Adf. Volger, neue Sujets zur Aufführung an Kaisers Geburtstag, sowie zu sonstigen militairischen und patriotischen Festlichkeiten. Ausführl. Anleitung zu deren Darstellung, nebst Orig.-Gedichten. gr. 8. (16 S.) Landsberg a. d. W. 884, Volger und Klein.

— Tante u. Nichte, s.: Wallner's allgemeine Schaubühne.

— durch's Telephon, s. Kühling's, A., Theater-Specialität.

— s.: Theater-Album, militärisches.

— Toaste u. Reden zum Geburtstag d. Kaisers. gr. 8. (24 S.) Landsberg a/W. 890. Volger & Klein. — 75

— der Trompeter v. Schöneberg, s.: Theater-Album, militärisches.

— überrumpelt, s.a.Theater-Album, militärisches.

Ueberrumpelt. Schwank in 1 Akt von F[ritz] Volger. Landsberg a. W.: Volger & Klein [1904]. (16 S.) 8° [F.]
= Theater-Album, Militärisches. No 109. [07. 1771

Volger, Fritz, vor Paris nichts Neues od.: Kutschke's Memoiren, s.: Theater-Album, militärisches.

— Wachtstubenabenteuer, s.: Theater-Album, militärisches.

— im Warte-Salon, s. a. Liebhaber-Bühne, neue.

— im Warte-Salon, s. a. Volger's Damen-Bühne.

— im Warte-Salon. Dramatischer Scherz in 1 Akt. gr. 8. (9 S.) Landsberg a/W. 880. Volger & Klein. n. 1. —

Im Warte-Salon. Scherz in 1 Akt von Fritz **Volger**. 2. Aufl. Landsberg a. W.: Volger & Klein [1903]. (15 S.) 8° [F.]
— Damen-Bühne, Volger's. No 2. 03. 7ll

—— was sich die Kantine erzählt, s. Theater-Album, militärisches.

—— Wie denken Sie über Serbien? oder eine türkische Eroberung. Posse mit Gesang in 1 Akt mit freier Benutzung eines französ. Stoffes. Musik von Fritz Richter. gr. 8. (20 S.) Landsberg a. W. 876, Volger und Klein. *

— zwei vom schönen Geschlecht, s.: Kühling's, A., Theater-Specialität.

Volger, Geo., Buchführung, s.: Wissen, eigenes.

Volger, Georg, ein Düppler, s. Theater-Album, militärisches.

Eine gestürzte Dynastie. Preisgekrönter Sensationsroman aus d. Gegenwart von Volger v. Wegstetten [d. i. Georg **Volger**]. Leipzig: C. Schubert; [Berlin: W. Frey] [1908]. (212 S.) 8° [F.] 08. 13208

Volger, G., unser Fritz, s. Theater-Album, militärisches.

Volger, Geo., s.: **Handbuch des Grundbesitzes im Deutschen Reiche.**

Volger, G., die schiefe Schlachtordnung, s.: Theater-Album, militärisches.

Volger, G., Schneidig!, s.: Theater-Album, militär.

—— die kleine Schwarze, s. Kühling's, A., Album für Liebhaber-Bühnen.

—— russische Sitten, s. Liebhaber-Bühne, neue.

—— der Trompeter von Schöneberg, s. Theater-Album, militärisches.

—— Lieschen's Zopf oder da kennen Sie Buchholzen schlecht, s. Kühling's, A., Album für Liebhaber-Bühnen.

Volger, Geo., s.: Wettbergen, B. v.

— Wie Ziethen aus dem Busch, s. Theater-Album, militärisches.

Volger, Geo. Hnr., **Diss. inaug. med. de maculis corneae.** 4. Götting. 778. Dieterich. 2 gr.

– Praefatio agit de oculorum morbis ..., s. Baldinger, Ernst Gottfried [Praes.]

Volger, Georg Heinrich Otto

Volger, G. H. Otto, Aragonit und Kalzit. Eine Lösung des ältesten Widerspruches in der Krystallographie. Nebst Untersuchungen über den Asterismus der Krystalle. gr. 8. (64 S. mit 3 Stnt.) Zürich 855, (Schulthess.) *

Volger G. H. Otto, Dr.: Der Asterismus. S. 19. 103 . . . .
Separatabdruck

Volger, Otto, Ein Beitrag zur Kenntniss der Glimmer. [o. O. u. J.]

Volger, G. H. Otto, Beiträge z. geognostischen Kenntniss des norddeutschen Tieflandes. I. Beitrag. A. u. d. Ttl.: Ueber die geognost. Verhältnisse v. Helgoland, Lüneburg, Segeberg, Läggedorf u. Elmshorn in Holstein u. Schwarzenbeck im Lauenburg. gr. 4. ($13\frac{1}{2}$ B. u. 3 geognost. ill. Taf.) Braunschweig 846. (Göttingen, Deuerlich.) *

OFFENE BRIEFE IN ANGELEGENHEITEN DES FREIEN DEUTSCHEN HOCHSTIFTES für Wissenschaften, Künste und Allgemeine Bildung in Goethe's Vaterhause zu Frankfurt a. M. (zur Wahrung der Rechte der stiftungsgetreuen Genossen herausgegeben von dem Begründer und seitherigen Obmanne OTTO VOLGER gen. Senckenberg.)
Nr. 1. 9. Wonnemonates 1882. (Ohne bes. Titelblatt. — Druck von R. Baist in Frankfurt a. M.) 8°.

— das Buch der Erde, s. Feierstunden, malerische.

Volger, Geo. Henr. Otto, dissertatio inaug. de agri Luneburgici constitutione geognostica. Accedit tabula agri Luneburgici geognost. gr. 8. (VI u. 44 S.) Gottingae 845. (Dieterich.) n. 1/3 ß

G. H. OTTO VOLGER gen. Senckenberg, Die seitherige Entwicklung und dermalige Nothlage des Freien Deutschen Hochstiftes für Wissenschaften, Künste und Allgemeine Bildung in Goethe's Vaterhause zu Frankfurt am Main im Kampfe mit örtlichem Parteigetriebe, mit Engherzigkeiten, Unbilden und Gewaltversuchen dargestellt.
2. durchgesehene Auflage. Frankfurt a. M. 1882. Selbstverlag des Verfassers. 4°.

—— die **Entwicklungsgeschichte der Mineralien der Talkglimmer-Familie und ihrer Verwandten** sowie der durch dieselben bedingten petrograph. und geognost. Verhältnisse. gr. 8. (XV und 634 S.) Zürich 854(55,) Schulthess. *

Volger, G. H. Otto, Epidot und Granat. Beobachtungen über das gegenwärtige Verhältniss dieser Krystalle und über Felsarten, welche aus Kalzit, Pyroxen, Amphibol, Granat, Epidot, Quarz, Titanit, Feldspath und Glimmerarten bestehen. Zürich 855. Schulthess. gr. 4. (58 S.) n. 12 ngr.

—— Erde und Ewigkeit. Die natürliche Geschichte der Erde als kreisender Entwicklungsgang im Gegensatze zur naturwidrigen Geologie der Revolutionen und Katastrophen. 8. (XII und 578 S.) Frankfurt a. M. 857. [Hamm, Grote'sche Buchh.] Thlr.

— Erde und Ewigkeit. Die natürliche Geschichte der Erde als kreisender Entwicklungsgang im Gegensatze zur naturwidrigen Geologie der Revolutionen u. Katastrophen. Frankfurt a. M. 857. Meidinger. 8. (XII, 578 S.) 2 ß.

Volger, (gen. Senckenberg), G. H. Otto, die fünf brennenden Fragen der öffentlichen Gesundheitspflege. Ein Zeitungsaufsatz, den Mitgliedern städt. Behörden ꝛc. in besond. Abdrucke gewidmet. 2. Aufl. Frankfurt a. M. 867. (Leipzig, Brockhaus' Sort.) gr. 8. (16 S.) 3 ngr.

— Handbuch der Naturgeschichte zur Einführung in das zusammenhängende Verhältniß der Anthropologie, Zoologie, Botanik, Mineralogie, Anatomie, Physiologie, Entwicklungsgeschichte, Paläontologie und Geologie. Ein Lehr- und Lesebuch für Schule und Haus. Mit mehr als 2200 eingedr. Holzschn. (Neue Titel-Ausg.) Stuttgart (852.) 855. Rieger. Lex.-8. (VII, 1228 S.) 4 ₰. 6 ngr.

— das freie Deutsche Hochstift für Wissenschaften, Künste und allgemeine Bildung zu Frankfurt a. M. Vorläufiger Entwurf eines freien Anregungs- und Lehrvereins zur Vertretung der gesammten Deutschen Bildung als einheitliche Geistesmacht und zur Belebung des Selbstgefühls im Deutschen Volke. Allen vaterlandsliebenden Trägern und Pflegern geistlichen Strebens in allen Ständen als Aufruf zum Beitritte vorgelegt. Frankfurt a. M. 859. Sauerländer's Sorthdlg. gr. 8. (56 S.) n. 10 ngr.

—— die Krystallographie oder Formenlehre der stoffeinigen Naturkörper. Leicht fasslich bearb. für den öffentl. Unterricht und das Privatstudium, zugleich als Hülfsbuch bei der Benutzung der namhaftesten mineralog. Handbücher und als Schlüssel zu den verbreitetsten krystallograph. Methoden. Mit ca. 1000 eingedr. Holzschn. gr. 8. (VIII und 450 S. mit 6 Tab. in 4. und Fol.) Stuttgart 855, Rieger'sche Vrlgsh.

Volger gen. **Senckenberg,** G. H. O., Leben u. Leistungen d. Naturforschers Karl Schimper. Vortrag. 3., m. erläut. Beigaben verm. Aufl. gr. 8. (56 S.) Frankfurt a/M. 889. Reitz & Koehler. n. 1. 50

—— Leitfaden für die erste Stufe eines auf die Bildung des Verstandes gerichteten Unterrichtes in der Naturgeschichte. Mit mehr als 1200 eingedr. Holzschn. 1—3. Kurs. Lex.-8. Stuttgart, Rieger'sche Vrlgsh.

Inhalt:
Kurs 1. Zoologie. (XV und 188 S.) 853. 21 Ngr.
„ 2. Botanik. (III und 248 S.) 854. 24 Ngr.
„ 3. Mineralogie. (VII und 140 S.) 854. 15 Ngr.

Volger (gen. Senckenberg), G. H. Otto, Leitfaden für die erste Stufe eines auf die Bildung des Verstandes gerichteten Unterrichtes in der Naturgeschichte. Neue (Titel-)Ausg. Lex.-8. (XXII und 579 S. mit mehr als 1200 eingedr. Holzschn.) Stuttgart (853,54)865, Rieger'sche Verlagsh. [Cöln, M. Tonger's Sortiment.] 2 Thlr.; geb.

G. H. OTTO VOLGER gen. Senckenberg, Die wissenschaftliche Lösung der Wasserfrage mit Rücksicht auf die Versorgung der Städte. Vortrag einer neuen Quellenlehre gehalten in der Haupt-Versammlung des Vereins Deutscher Ingenieure am 27. August 1877 zu Frankfurt a. M. Sonderabdruck nach der stenographischen Aufnahme entnommen aus der Zeitschrift des Vereines Deutscher Ingenieure, Bd. XXI. Heft 11. für die Genossen des Freien Deutschen Hochstiftes. Frankfurt a. M. 1877. Verlag des Freien Deutschen Hochstiftes. 4⁰.

OTTO VOLGER, Freies Deutsches Hochstift für Wissenschaften, Künste und allgemeine Bildung zu Frankfurt am Main. Rede, gehalten bei der Eröffnung der Festsitzung zum Antritt des zweiten Jahrganges ... ib. 1860. Selbstverlag des Hochstiftes. 8⁰.

—— methodische Schule der Naturgeschichte zur Einführung in das zusammenhängende Verständniß der Anthropologie, Zoologie, Botanik, Mineralogie, Anatomie, Physiologie, Entwicklungsgeschichte, Paläontologie und Geologie. Ein Lehr- und Lesebuch für den öffentl. und Privatunterricht. Lex.-8. (VII und 1226 S. mit mehr als 2000 eingedr. Holzschn.) Stuttgart 851(52,) Rieger'sche Vrlgsh.

Volger, G. H. Otto, gen. Senckenberg, die Schwemmsielfrage angesichts des Liernur'schen Abfuhrverfahrens mit Saugsielen. gr. 8. (24 S.) Frankfurt a. M. 869. (Leipzig, Brockhaus' Sortiment und Antiq.) *

— die Steinkohlenbildung Sachsens. Bergmännisches Gutachten über die Höfflichkeit der Berechtigungsfelder u. die Bergbauunternehmung der Lichtensteiner Bergbaugesellschaft, begründet mit Erörterungen der älteren u. neueren Gesichtspunkte für die Beurtheilung des Steinkohlengebirges. Frankfurt a. M. 860. Sauerländer's Sorthdlg. gr. 8. (96 S.) n. 10 ngr.

—— das Steinsalzgebirge von Lüneburg ein Seitenstück zu demselben von Staßfurth. Mit Rücksicht auf Erdwissenschaft und Bergbau beleuchtet. gr. 4. (III und 21 S.) Frankfurt a. M. 865. (Leipzig, Brockhaus' Sortiment und Antiquarium.) *

—— Studien zur Entwicklungsgeschichte der Mineralien als Grundlage einer wissenschaftl. Geologie und rationellen Mineralchemie. gr. 8. (XXVII und 548 S. mit 1 Stnt.) Zürich 854, Schulthess. *

Volger, G[eorg] H[einrich] Otto. Untersuchungen über das letztjährige Erdbeben in Central-Europa. [Mit Figuren und 2 Tafeln. A.] 4. (Gotha 1856.)

— Untersuchungen über das Phänomen der Erdbeben in der Schweiz, seine Geschichte, seine Äusserungsweise, seinen Zusammenhang mit anderen Phänomenen u. mit den petrographischen u. geotektonischen Verhältnissen des Bodens und seine Bedeutung für die Physiologie des Erdorganismus. 3 Thle. Mit 7 lith. Taf. u. 1 (lith.) Karte (in 4.). Gotha 857, 58. J. Perthes. gr. 8. (367 S.; 283 S.; 3 Bl., 524 S.) n. 6 ₰.

G. H. OTTO VOLGER gen. Senckenberg, Goethe's Vaterhaus. Ein Beitrag zu des Dichters Entwicklungsgeschichte. 2. verb. und verm. Auflage. ib. 1863. — 8⁰.

Ueber die geognostischen Verhältnisse von Helgoland, Lüneburg, Segeberg, Läggedorf und Elmshorn in Holstein und Schwarzenbeck im Lauenburgischen. Nebst vorangehender Uebersicht der orographischen und geognostischen Verhältnisse des norddeutschen Tieflandes. Mit 3 geognostischen Tafeln. Braunschweig 1846. 4.

G. H. OTTO VOLGER, gen. Senckenberg, Das Emanuel Müller'sche Vermächtniss zu Gunsten des Freien Deutschen Hochstiftes für Wissenschaften, Künste und Allgemeine Bildung in Goethe's Vaterhause zu Frankfurt am Main. Entstehung, Inhalt, Ausführung und Zukunft. Zum Verständnisse, zur Nachahmung, zur Mahnung. Den Genossen des Freien Deutschen Hochstiftes und den Bürgern der Stadt Frankfurt vorgelegt.

I. Frankfurt am Main. 1882. Im Selbstverlage des Verfassers. 8⁰.

—— Versuch einer Monographie des Borazites, s.a. Denkschriften des naturwissenschaftl. Vereins zu Lüneburg.

———— Versuch einer Monographie des Borazites. Hannover 1855. 8.

Volger, G. H. O., Vorbemerkungen zu einer neuen Würdigung der Quellenlehre des Aristoteles. Gel. 1877. 13 S. 4°.

Das Freie Deutsche Hochstift für Wissenschaften, Künste und allgemeine Bildung in Goethe's Vaterhause zu Frankfurt am Main, ... beehrt sich, zur Jubelfeier segensreichster ... Vierhundertjähriger Wirksamkeit, der ehrwürdigen Eberhard-Karls-Hochschule zu Tübingen anerkennungsvollst Dank und Glückwunsch darzubringen. ib. 1877. — A. u. d. T.: G. H. OTTO VOLGER gen. Senckenberg, Vorbemerkungen zu einer neuen Würdigung der Quellenlehre des Aristoteles. Zur Begrüssung der Königlich Württembergischen Eberhard-Karls-Hochschule zu Tübingen an dem Jubelfeste ihres vierhundertjährigen Bestehens dargebracht vom Freien Deutschen Hochstifte in Frankfurt am Main. ib. 1877. — 4⁰.

Volger, Otto, Dr., Unterirdische Wetterlehre. Berlin 1890.

Volger, G. H. Otto, Dr., Ueber den Zusammenhang alles Könnens und Wissens, zugleich eine Erinnerung an Joh. Jos. Prechtl. Festrede am 30. Novbr. 1890. Berlin 1891.

V[olger], H.: Frauenbrevier für Haus und Welt. Eine Auswahl d. besten Stellen aus namhaften Schriftstellern üb. Frauenleben u. Frauenbildung. Zsgest. v. H. V[olger]. — Frankfurt a. M.: Meidinger 1859. XII, 354 S. 8⁰

Volger, Hnr. Fr. Magnus, s. Ad. Bühren.

Volger, Heinrich Friedrich Magnus

— s. Aesopi fabulae.

– s. **Callimachi hymni.**

Volger, Heinrich Friedrich Magnus

Die Erzählung auf der Flucht. Flüchtig erzählt von Adolph Bühren[d.i. Heinrich Friedrich Magnus Volger]. Leipzig: Kollmann 1827. 230 S. 8⁰

— die Fabeln des Aesop. Zum Gebrauche d. Schulen, mit Anmerkungen u. e. griechisch-deutschen Wortregister versehen. 8. Leipz. 811. Weidmann. 15 gr Schreibp. 18 gr

s. **Sapphus Lesbiae Carmina et fragm.**

***Volger*, Hnr. Fr. Magn., Diatribe historico-critica de Sapphus poetriae vita et scriptis. 8. Gotha 809. Ettinger. 6 gr**

[F]. **Volger**, *Hermann* [Dr.]: Die Einheitlichkeit der Satzlehre für alle Schulsprachen. Ratzeburg, H. H. C. Freystatzky's Buchdr., 1897; 3—21 S. 4.
Ratzeburg, Lauenburgische Gelehrten-S (G), OP 1897 (293)

[F.] **Volger**, Hermann [wiss. Hilfsl.]: Die Lehre von den Seelenteilen in der alten Philosophie. I. Tl. Ploen, S. W. Hirt's Buchdr., *1892*; 1 Bl., 28 S. 4.
Ploen, k. G, OP 1892 (283)

[F.] **Volger**, Hermann [wiss. Hilfsl.]: Die Lehre von den Seelenteilen in der alten Philosophie. II. Tl. (I: P-Beil. 1892. — Forts. folgt an and. Stelle.) Ploen, S. W. Hirt's Buchdr., *1893*; 1 Bl., 17 S. 4.
Ploen, k. G, OP 1893 (280)

Volger, Hermann, Dr.: Lehrplan für den lateinischen Unterricht auf der Unterstufe des Gymnasiums. Leipzig 1905: B. G. Teubner. (48 S.) 8⁰
Ratzeburg, Lauenburgische GelehrtenS G OP 1905 (336)

Volger, Hugo [app. Arzt aus Sibbesse]: Die „Stückchen-Diagnosen" des pathologischen Instituts in Göttingen. Vom 1. Apr. 1878 bis 20. Jan. 1897 ... Göttingen, Druck d. Dieterich'schen Univ.-Buchdr., 1897; 57 S. 8.
Göttingen, Med. Fak., Inaug.-Diss. v. [8. März] 1897

Volger, Hugo, die „Stückchen-Diagnosen" des patholog. Instituts in Göttingen. Vom 1. IV. 1878 bis 20. I. 1897. Diss. gr. 8. (57 S.) Göttingen 897. (Vandenhoeck & Ruprecht.) n. 1. 60

Volger, Magnus Christoph (Hannover) A. S. 1374/32

Minister ecclesiae omnibus omnia s. Pauli, praecipue ex I. Cor. IX., 22. (Ich bin Jederman allerley worden) ut et ss. patrum doctrina et exemplo instructus. Präs- Johann Andreas Schmidt. Rec. o. O. 1730. 40 S.

Diss. Helmstedt 12. III. 1701. 35409

Volger, O., s. Volger, Georg Heinrich Otto

Volger, Paul, der fidele Agent, s. a. Liebhaber-Bühne, neue.

Der fidele Agent. Schwank in 1 Akt von Paul **Volger**. *Landsberg a. W.: Volger & Klein [1903]*. (16 S.) 8⁰ [F. u. Ant.]
= Liebhaber-Bühne, Neue. No 79. [04. 11]

Volger, Paul, ein Viertelstündchen Feldwebel, s.: Theater-Album, militärisches.

— Kikebusch als General, s.: Theater-Album, militärisches.

Volger, Paul, Krause in Kiautschau, s.: Theater-Album, militärisches.

— d. gestohlene Rad od.: Manchmal da geht's, s. a. Liebhaber-Bühne, neue, Nr. 65.

Das gestohlene Rad oder: Manchmal da geht's. Radfahrer-Schwank mit Gesang in 1 Act von Paul **Volger**. Landsberg a. W.: Volger & Klein [1896]. (16 S.) 8⁰ [F.]
= Liebhaber-Bühne, Neue. No 65. [97. 1310]

Volger, Rudolf, Referendar a. Lübeck: Erläuterung des § 822 BGB. Borna-Leipzig 1906: R. Noske. (VIII, 51 S.) 8⁰
Jena, Jur. Fak., Ref. Thon, Diss. v. 29. Okt. 1906
[Geb. 8. Jan. 85 Lübeck; Wohnort: Lübeck; Staatsangeh.: Lübeck; Vorbildung: Katharineum-Gymn. Lübeck Reife O. 03; Studium: Marburg 3, Berlin 1, Jena 2 S.; Rig. 27. Sept. 06.]

Volger, Wlh. Fr., Anleit. zur Einübung d. griech. Formenlehre in kurzen Uebersetzungsstücken nach genauer Stufenfolge. 8. Lüneburg 823. Herold u. W. 4 gr

—Anleitung zur Länder- u. Völkerkunde. Für Bürger- u. Landschulen. 1ste u. 2e Abth. Mit e. Vorrede v. H. Albers. (1ste Abtheil. Europa. 2e Abth. Asien, Afrika, Amerika u. Polynesien.) gr. 8. Hannov. 820, 21. Hahn. (à 12 gr) 1 ₰ 2e verm. Aufl. 830. mit Tabb. u. Regist. Ebd. 1 ₰ 8 gr

Volger, Wilh. Friedr., Anleitung zur Länder- u. Völkerkunde. Für Bürger- u. Landschulen, so wie zum Selbstunterr. 2 Abthln. 2., gänzl. umgearb. u. verm. Aufl. (39¼ B. u. 6 Tab. gr. Fol.) 830., 3., verb. u. verm. A. (41½ B. u. 6 Tab. gr. Fol.) gr. 8. Hannover 833, 34, Hahn. à Aufl.
Abthl. 1. Europa.] à 16 Gr.
= 2. Asien, Afrika, Amerika u. Australien.]

Volger, Wilh. Friedr., die merkwürdigsten Begebenheiten in Lüneburg währ. d. J. 1813 u. 1814 2c., s. Begebenheiten.

— Beschreibung von Palästina. Ein Wegweiser zur Wandkarte dieses Landes von K. M. Ernst. 3. verb. Aufl. 8. Berlin 843, Hentze in Leipzig. ⅙ ℳ

Volger, Wilh. Frdr., s.: Blätter, Lüneburger.

Volger, Wilhelm Friedrich, Dr., Vergleichende Darstellung der alten, mittleren und neuen Geographie. (Lehrbuch der Geographie, 3. Cursus.) Hannover 1832.

Volger, W. F., Führer durch die Stadt Lüneburg. 16. (31 S. m. 1 Steintaf in qu. 4.) Lüneburg 875. Herold & Wahlstab. n. 1. 25

Volger, W., Führer durch die Stadt Lüneburg. 16. (31 S. mit 1 Stnt. in qu. 4.) Lüneburg 876, Herold und Wahlstab'sche Buchh. *

Volger, Wilh. Friedr., Geschichtstafeln zum Schul- und Privatgebrauche. 1. Abthl.: Alte Geschichte bis zum Untergange des weström. Reichs. Fol. (8 Bog.) Hamburg 847, J. A. Meissner. *

— dass. — 2. Abthl.: Mittlere Geschichte bis zur Entdeckung von Westindien. Fol. (18 Bog.) Ebds. 850. *

Volger, Wilh. Friedr., Geschichtstafeln zum Schul- und Privatgebrauche. 3. Abthl.: Neuere Geschichte von der Entdeckung von Westindien bis auf die Gegenwart. gr. Fol. (19 Bog.) Hamburg 855, J. A. Meissner. *
1. und 2. Abthl. Ebendas. 1847—50. * 2 Thlr. 5 Ngr.

— Handbuch d. Geographie, zum Gebr. f. höh. Schulanstalten u. f. gebild. Leser. 1. Aufl. (57 B. incl. Tab.) 828. 1 Thlr. 16 Gr., 2., verm. u. umgearb. A. 2 Abthln. (65 B.) 830. 2 Thlr. 4 Gr., 3., verm. A. 2 Thle. (78¼ B.) gr. 8. Hannover 833, Hahn.

— Handbuch d. Geographie. 2 Thle. 4., stark verm. Aufl. gr. 8. (84¼ B.) Hannover 836, Hahn'sche Hofbuchh.

— Handbuch der Geographie. 2. Thl. 5., verm. Aufl. gr. 8. (632 S.) Hannover 847, Hahn'sche Hofbuchh.
1. Thl. (5. Aufl.) Ebendas. 1846. 1 Thlr. 15 Ngr.

— Handbuch d. allgem. Weltgeschichte. 2 Bde. à 2 Abthln. gr. 8. Hannover, Hahnsche Hofbuchh.
Bd. 1. Abthl. 1. Alte Geschichte. (19¼ B. incl. Tabn. u. 1 Karte.) 835. 21 Gr.
= = 2. Das Mittelalter. (28¾ B. incl. Tabn. u. 4 ill. Karten.) 836. 1 Thlr. 15 Gr.
= 2. = 1. Neuere Geschichte. (25½ B. u. 2 ill. Karten.) 837. 1 Thlr. 6 Gr.
= = 2. Neueste Geschichte. (48⅛ B., 2 ill. Karten, Tabn. u. Register.) 838. 2 Thlr. 6 Gr.

— dem Johanneum in Lueneburg am 4. October 1872. gr. 4. (4 S. mit 1 Holzschntaf.) Lüneburg 872, (Engel's Buchh.) *

— Lüneburger Jubelfestblatt, zum 18. März 1863. gr. 8. (30 S.) Lüneburg 863, (Herold und Wahlstab'sche Buchh.) *

— der dreißigjährige Krieg im Fürstenthum Lüneburg. 1. Abth. 4. (21 S.) Lüneburg 847. (Engel.) n. ⅙ ℳ

— der dreißigjährige Krieg im Fürstenth. Lüneburg. 2. und 3. Abthl. gr. 4. (58 S. mit 1 Stnt.) Lüneburg 853. 54, (Herold und Wahlstab'sche Buchh.) **
1. Abthl. [Ebendas.] 1847. * 5 Ngr.

— Lehrbuch d. Geographie. 1. Curs. — A. u. d. T.: Leitfaden beim ersten Unterr. in d. Länder- u. Völkerkunde f. Gymnasien u. Bürgerschulen. 3—7., verb. Aufl. (à 7½ B.) gr. 8. Hannover 829—34, Hahn, à

— dass. 2. Curs. — A. u. d. T.: Schul-Geographie f. d. mittl. Klassen d. Gymnasien, f. Bürger-, Real- u. Töchterschulen. 1. Aufl. (16½ B.) 831., 2., u. 3., verb. A. (à 18⅓ B.) 832, 34. à 12 Gr., 4., verb. A. (19 B.) gr. 8. Ebds. 835.

— dass. 3. Curs. — A. u. d. T.: Vergleich. Darstellung d. alten, mittleren u. neuen Geographie. Ein Lehrb. f. d. obersten Gymnasialklassen. gr. 8. (21¼ B.) Ebds. 832.

— Lehrbuch der Geographie. 3 Curs. gr. 8. Hannover, Hahn'sche Hofbuchh.
A. u. d. Ttln.:
Curs. 1. Leitfaden beim ersten Unterrichte in d. Länder- u. Völkerkunde, f. Gymnasien u. Bürgerschulen. 8–10. Aufl. (à 7½ B.) 836–41. à 4 Gr.
= 2. Schulgeographie f. d. mittl. Klassen d. Gymnasien, f. Bürger-, Real- u. Töchterschulen. 5. u. 6. verb. Aufl. (à 20 B.) 839, 42. à 16 Gr.
= 3. Vergleichende Darstellung d. alten, mittleren u. neuen Geographie, e. Lehrb. f. d. obersten Gymnasialklassen. 2., verb. u. verm. Aufl. (29 B.) 837. 1 Thlr.

— Lehrbuch der Geographie. 1. u. 2. Curs. gr. 8. Hannover, Hahn'sche Hofbuchh.
A. u. d. Ttln.:
Curs. 1. Leitfaden beim Unterricht in der Länder- u. Völkerkunde f. Gymnasien u. Bürgerschulen. 11. Aufl. 843. u. 12., verb. Aufl. (à 7¼ B.) 845. à 5 Ngr.
= 2. Schulgeographie f. die mittleren Klassen der Gymnasien, f. Bürger-, Real- u. Töchterschulen. 7., verb. Aufl. (19¼ B.) 845. 20 Ngr.
3. Curs. (2. Aufl.) Ebendas. 1837. 1 Thlr.

— Lehrbuch der Geographie. 1. Cursus. 14., verb. Aufl. A. u. d. T.: Leitfaden beim Unterrichte in der Länder- und Völkerkunde für Gymnasien und Bürgerschulen. 13. Aufl. (116 S.) 1847. und 14., verb. Aufl. gr. 8. (VIII und 108 S. mit 2 Holzschn.) Hannover 851, Hahn'sche Hofbuchh.

— dass. — 2. Cursus. 8., verb. Aufl. A. u. d. T.: Schulgeographie für die mittleren Klassen der Gymnasien, für Bürger-, Real- und Töchterschulen. 8., verb. Aufl. gr. 8. (VI und 327 S.) Ebds. 850.

— Lehrbuch der Geographie. 2. Cursus. 9., verb. Aufl. A. u. d. T.: Schulgeographie für die mittleren Klassen der Gymnasien, für Bürger-, Real- und Töchterschulen. 9., verb. Aufl. gr. 8. (VI und 332 S.) Hannover 856, Hahn'sche Hofbuchh.

Volger, Wilh. Friedr., Lehrbuch der Geographie. 1. Cursus. Leitfaden beim Unterricht in der Länder- und Völkerkunde für Gymnasien und Bürgerschulen. 17., verb. Aufl. gr. 8. (VIII und 108 S.) Hannover 864, Hahn'sche Hofbuchh. *

Volger, Wilh. Friedr., Lehrbuch der Geographie. 1. Cursus. A. u. d. T.: Leitfaden beim Unterricht in der Länder- und Völkerkunde für Gymnasien, Real- und Bürgerschulen. 18. verb. Aufl. gr. 8. (VIII, 107 S.) Hannover 869, Hahn'sche Buchh.
2. Cursus. 9. Aufl. 1856. ℳ 2.; 3. Cursus. 2. Aufl. 1837. ℳ 3.

— Lehrbuch d. Geschichte. 1. Curs. — A. u. d. T.: Leitfaden beim ersten Unterr. in d. Geschichte. 1—3. Aufl. (à 8¼ B.) gr. 8. Hannover 832—34, Hahn. à

— dass. 2. Curs. — A. u. d. T.: Abriß d. allgem. Weltgeschichte, f. d. mittl. Klassen d. Gymnasien. gr. 8. (10½ B.) Ebds. 833.

—— Lehrbuch der Geschichte. 2 Curs. gr. 8. Hannover, Hahn'sche Hofbuchh.
A. u. d. Ttln.:
Curs. 1. Leitfaden beim ersten Unterrichte in d. Geschichte. 4. u. 5., verb. Aufl. (à 8¼ B.) 837, 42. à 6 Gr.
„ 2. Abriß d. allgem. Weltgeschichte f. d. mittl. Klassen d. Gymnasien. 2., stark verm. Aufl. (13¼ B.) 836. 10 Gr.

—— Lehrbuch der Geschichte. 1. u. 2. Curs. 8. Hannover, Hahn'sche Hofbuchh.
A. u. d. Ttln.:
Curs. 1. Leitfaden beim ersten Unterricht in der Geschichte. 6., verb. Aufl. (9 B.) 844. 7½ Ngr.
„ 2. Abriß der allgemeinen Weltgeschichte f. die mittleren Klassen der Gymnasien. 3., verb. Aufl. (14 B.) 845. 12½ Ngr.

—— Lehrbuch der Geschichte. 1. Curs. 8., verb. Aufl. A. u. d. T.: Leitfaden beim ersten Unterricht in der Geschichte. 8., verb. Aufl. gr. 8. (134 S.) Hannover 851, Hahn'sche Hofbuchh.
2. Curs. (3. Aufl.) Ebendas. 1845. 12½ Ngr.

— Lehrbuch der Geschichte. 1. Cursus. Leitfaden beim ersten Unterrichte in der Geschichte. 10. Aufl. 859. — 11. verb. Aufl. Ebend. 864. gr. 8. (VIII, 136 S.) 7½ ngr.

—— Lehrbuch der Geschichte. 1. Cursus. Leitfaden beim ersten Unterrichte in der Geschichte. 11., verb. Aufl. gr. 8. (VIII und 136 S.) Hannover 864, Hahn'sche Hofbuchh.

— Lehrbuch der Geschichte. 1. Cursus. Leitfaden beim ersten Unterricht in der Geschichte. 12. verb. Aufl. gr. 8. (IV, 144 S.) Hannover 873. Hahn. — 90

—— Lehrbuch d. Naturgeschichte f. Realschulen u. mittl. Gymnasialklassen. gr. 8. (17½ B.) Hannover 841, Hahn'sche Hofbuchh.

— Lehrbuch der Welt-Geschichte. 1r Curs. — Auch u. d. T.: Leitfaden beim ersten Unterricht in der Welt-Geschichte. gr. 8. Hannov. 832. Hahn. 6 K

— Leitfaden beim Unterr. in d. Länder- u. Völkerkunde. 8. Hannov. 822, Hahn.

— Leitfaden bei dem Unterrichte in der Hannoverisch-Braunschweigischen Landesgeschichte. Mit Stammtafeln. Ebend. 859. gr. 8. (V, 82 S. u. 1 Tab. in 4.) n. 6 ngr.

Volger: D. Patricier d. Stadt Lüneburg. Lüneb. 1863.
Schul-/Univ.-Schrift

—— die Patricier der Stadt Lüneburg. (Ein Versuch). gr. 8. (40 S.) Lüneburg 863, Herold und Wahlstab'sche Buchh. *

—— die Realschule des Johanneums zu Lüneburg. Einige Worte. 4. (8 S.) Lüneburg 849, (Engel's Buchh.) *

—— Urkundenbuch der Stadt Lüneburg, s. Urkundenbuch des histor. Vereins für Niedersachsen.

—— der Ursprung und der älteste Zustand der Stadt Lüneburg. Ein Versuch. gr. 8. (VIII und 54 S.) Lüneburg 861, Herold und Wahlstab'sche Buchh.) *

Volger v. Wegstetten, eine gestürzte Dynastie. Preisgekrönter Sensationsroman aus d. Gegenwart. (VII, 212 S.) gr. 8. Leipzig (908). (Berlin, W. Frey.) 4. —

Volhard, Franz, Dr. med., I. Assistenzarzt d. med. Universitätsklinik: Ueber das fettspaltende **Ferment** des Magens. *Berlin 1901: L. Schumacher.* (25 S.) 8° ¶(Aus: Zeitschrift f. klinische Med., Bd 43, H. 5 u. 6.)
Giessen, Med. Hab.-Schr. v. 1901

Volhard, Franz [app. Arzt aus Halle a. S.]: . . . Experimentelle und kritische Studien zur Pathogenese der Eklampsie . . . (Aus d. Monatsschr. f. Geburtsh. u. Gynaekol.) *Berlin, Druck v. Imberg & Lefson, 1897;* 32 S., 2 Bl. 8.
Halle, Med. Fak., Inaug.-Diss. v. 29. März 1897

Volhard, Jakob

Volhard's, J., Anleitung zur qualitativen chemischen Analyse, s. a. Pechmann, H. v.

VOLHARD.
Anleitung zur qualitativen chemischen Analyse. Neunte Auflage, herausgegeben von H. von Pechmann. München, 1898. 8vo. III. Zehnte Auflage revidirt von K. A. Hofmann et O. Pilotz. München 1901. 8vo.

Volhard, Jak., die Begründung der Chemie durch Lavoisier. [Aus dem Journal für prakt. Chemie.] Leipzig 870. Barth. gr. 8. (47 S.) n. 10 ngr.

Volhard, J., zur Geschichte der Metalle. [Aus: „Zeitschr. f. Naturwiss."] gr. 8. (24 S.) Leipzig 897. C. E. M. Pfeffer. n. — 60

— u. Emil **Fischer, August Wilhelm** v. Hofmann. Ein Lebensbild, im Auftrage der deutschen chem. Gesellschaft verf. gr. 8. (III, 284 S. m. Abbildgn. u. 2 Bildnissen.) Berlin 902. (R. Friedländer & Sohn.) n. 9. —

— **Justus** v. Liebig. Vortrag in der Hauptversammlg. des Vereins deutscher Chemiker, Darmstadt 2. VI. 1898. 12. (68 S.) Berlin (898). J. Springer. n. 1.20
Sonderabdruck aus: „Zeitschrift f. angewandte Chemie".

— u. G. F. **Knapp,** Justus v. Liebig, Gedenkblätter zu dessen 100jähr. Geburtstag. (61 S. m. 1 Bildnis.) gr. 8. Leipzig 903. C. F. Winter. n. 1.20
Sonderabdruck aus: „J. Liebig's Annalen d. Chemie".

Volhard, Jak., Justus v. Liebig. 2 Bde. (XII, 456 u. VIII, 438 S. m. Fksms. u. 2 Bildnissen.) gr. 8. Leipzig 909. J. A. Barth. 22.—; geb. in Leinw. 24. —

— s.: **Liebig's,** Just, Annalen der Chemie.

— über **Margarine.** [Aus: „Zeitschr. f. Naturwiss."] gr. 8. (16 S.) Leipzig 896. C. E. M. Pfeffer. n. — 30

Volhard, J., die Silbertitrirung mit Schwefelcyanammoniak und deren Anwendung zur Bestimmung des Kupfers, Quecksilbers und der Halogene. gr. 8. (61 S.) Leipzig 878, C. F. Winter'sche Verlagsh. *
Aus: Annalen der Chemie, besonders abgedruckt.

Volhard, J. Ueber die Synthese der Vulpinsäure u. die Constitution der γ-Ketonsäuren. gr. 4. (22 S.) Halle a. S. 892, Niemeyer. * 1 20
Aus: Abhandlgn. der naturforsch. Gesellsch. zu Halle a. S., besonders abgedruckt.

(8) Synthese d. Vulpinsäure. 892. (KBL 28.) Jetzt: Stuttgart, E. Schweizerbart.

Volhard, Justus [aus München]: Über das Dinitril der Ditolylketipinsäure und seine Derivate . . . Halle a. S., *Buchdr. „Die Post", Berlin, 1895;* 2 Bl., 30 S., 1 Bl. 8.
Halle, Phil. Fak., Inaug.-Diss. v. 28. Dez. 1895

Volhart, Johann Christian (Bautzen) A. S. 1126/1

Disputatio inauguralis medica de naturae erroribus medicis. Präs. Georg Ernst Stahl.
Halle (Henckel) V. 1703. 28 Bl.

35414

De naturae Erroribus medicis. [Resp.:] Johannes Christianus Volhart. Halae Magdeb. 1707: Henckelius. 48 S.,4 Bl. 8°

Halle, Med. Diss. v. Mai 1703

Darin ausserdem: Stahl: Propempticon inaugurale περι φυσεως απαιδευτου. [Einladungsschrift zur Dr.-med.-Promotion von Johannes Christian Volhart, Mai 1703.]

(= Stahl: Dissertationes medicae. P.2[,23.])

[Russ.] Narodnaja volja Social'no-revoljucionnoe obozrėnie. [Neudruck der Nummer vom 10. Nojabr' 1879 u.] God. 3. 1881. *Berlin: G. Štejnic (1904)* 2 [illegible] 8°
[Auf d. Umschl.:] Der Volkswille.
(Sobranie lučšich russkich proizvedenij Č. 81 85.) [illegible]

Volie, Kristian. Darstellung des tirolischen Steuersistemes nach den allerhöchsten Patenten und dem Steuercompilazions-Werke mit Beispielen und Erläuterungen. gr. 8°. Innsbruck, Fel. Rauch, 1827.

Volk (Das). Organ des Centralcomités für Arbeiter. Hrsg. vom Schriftsetzer Born. 3 mal wöchentlich. Berlin 1848. (Nur vom 25. Mai — 29. August.)

Volk, das. Ein politisches Wochenblatt. Red.: G. A. Wislicenus. 1. Jahrg. 1848. April–Decbr. 39 Nrn. gr. 4. (B.) Halle, Knapp. n. 1½ ₰

Das **Volk.** Eine demokratische Zeitung. Red. von Paul Harro-Harring [u. a.] — (Rendsburg: Fricker (1849, Nr. 38 ff.: Lexow).) 4° u. 2°

Volk (Das). Zeitschrift. London, Nr. 1, 7. Mai 1859. 16 Nrn.

Volk (An das). Flugblatt, dto. Hamburg, Anfang Febr. 1883, mit der Unterschrift: „Die Sozialdemokraten von Hamburg, Altona und Umgegend."

Volk. Das Volk.
Berlin. 23.XI.1888 31.XII.1898.

Ɓolf, das alte, Thuiskons, von e. Cherusker. 8. Wien 791. Hörling. 8 [illegible]

Volk (An das arbeitende). Flugblatt, hrsg. vom sozialdemokr. Comité. s. l. s. a.

Volk (An das arbeitende)! Hrsg. von dem in Zürich-Riesbach erscheinenden Wochenblatte „Der Socialdemokrat". 8°. Zürich-Hottingen, Schweiz. Vereins-Buchdr., s. a.

Volk (An das arbeitende) von Lüdenscheid und Umgegend. 8°. Hottingen-Zürich, Genoss.-Buchdr., s. a.

Volk (An das arbeitende) von Magdeburg. 8°. Magdeburg, O. Grimm; Druck von A. Vogel u. Co. in Braunschweig, s. a.

Volk, das arbeitende, und die Nationalitätenfrage, s. a. Lichtstrahlen. Nr. 4.

(F) Das arbeitende Volk und die Nationalitätenfrage. („Lichtstrahlen Nr. 4,") Wien. 1900. Volksbuchhandlung Brand. 16°. 16 S. K —.6

Volk (An das arbeitende) der Rheinprovinz! Flugschrift mit der Unterschrift: „Das sozialdemokratische Wahlkomité." 8°. Hottingen-Zürich, Genoss.-Buchdr., s. a.

Volk (An das arbeitende) in Stadt und Land. Brüder und Freunde. Aufruf mit der Unterschrift: „Mainz im Febr. 1881." 8°. Mainz, Jos. Leydenecker, s. a.

Volk von Berlin! [illegible] hat am [illegible] — Der Volks-Club. Der Verein für Volks-Recht. 1 Bl. Fol.
Flugblatt. Berlin, 25. Sept. 1848.

Volk [illegible] Abgeordneten zum [illegible] Viele Mitglieder [illegible] Druck von [illegible] u. Schultze. 1 Bl. Fol.
Flugblatt. Berlin, 31. Okt. 1848.

Volk von Berlin! [illegible] — Der Central-Ausschuß der demokratischen [illegible] Vereine Deutschlands. Druck von [illegible] 1 Bl. Fol.
Flugblatt. Berlin, 2. Nov. 1848.

Volk von Berlin! [illegible] Potsdam mehr als [illegible] Versammlung im Lüderschen Garten zu Potsdam. Druck von [illegible] u. Comp. 1 Bl. Fol.
Flugblatt. Berlin, 5. Nov. 1848.

Volk von Berlin! [illegible] durch einen [illegible] angegriffen. Der constitutionelle Club. Druck von [illegible] u. [illegible]. 1 Bl. Fol.
Flugblatt. Berlin, 10. Nov. 1848.

Volk, christliches, wach' auf! Red.: Herm. Winkler. 1. Hft. gr. 8. Wien 896. Verlagshaus f. christl. Druckschriften. n. —40
Dr. Carl Lueger, e. Held des christlich-german. Volkes u. seine Mitkämpfer. (39 S. m. Bildn.)

Volk denke nach! Flugblatt. s. l. s. a.

Volk der Arbeit aufgewacht! Bürger! Arbeiter! Handwerker! Kaum dass der Sozialismus in Düsseldorf an Bedeutung gewonnen hat, etc. Flugblatt, Düsseldorf, Franz Horn, s. a.

Volk (An das deutsche). Flugblatt, s. l. s. a.

Volk (An das deutsche). Flugblatt, hrsg. von der Zeitschrift „Der Sozialdemokrat" in Riessbach-Zürich.

An das deutsche **Volk.** (Proklamation) des Reichsverwesers Erzherzogs Johann. Frankfurt a. M. den 21. November 1848. 4°.

Für's deutsche Volk. Zeitschrift für Bildungsstreben der Gegenwart. Jg. 6 (mehr nicht erschienen). Hamburg: Seelig u. Ohlmann 1883/84. 8°
Vorh. u.d.T.: Der Wanderlehrer. 1878 ff.
Hrsg.: Julius Keller.

Volk (An das deutsche). Flugblatt, dto. Berlin, 14. Jan. 1887. 8°. Nürnberg, Woerlein u. Co.

Für's Deutsche **Volk.** Organ zur Unterhaltung etc. Jg. 2—4. Nr. 1—38. ebd. 1901—1903. 4°.

Volk, das deutsche. Zeitschrift f. nation. Politik. Schriftleitung: Fred. Meyer-Balte. 1. Jahrg. Novbr. u. Dezbr. 1908. (5 Nrn.) u. 2. Jahrg. Jan.—März 1909. 13 Nrn. (158 u. 400 S.) gr. 8. Berlin, H. Hillger. à Nr. — 30
Fortsetzg., s.: Gegenwart, die.

Volk, das deutsche, u. seine Ansprüche. Ein Wort an d. gutdenk. deutsch. Bürger, z. Sühne gesprochen v. ein. Nationalisten. gr. 8. (1 B.) Leipzig 835, Fort. (?)

Das deutsche Volk an den sogenannten deutschen König in Berlin. Hohenzollern, bei F. W. Eichhorn u. Comp. 2 S. 4.
Flugblatt. Berlin, 31. März 1848.

Volk, das deutsche, und das österreichische Ministerium. Von einem Großdeutschen. gr. 8. (15 S.) Frankfurt a. M. 864, Keller.

—— und Reich, das deutsche, s. Volksbücher, neue.

Volk, das deutsche, dargestellt in Vergangenheit u. Gegenwart z. Begründung der Zukunft. 1—3. Bd. A. u. d. T.: Annalen der deutschen Geschichte. Abriß der deutschen Entwickelungsgeschichte in chronolog. Darstellg. Von H. Rückert. 3 Thle. 8. 1. Thl.: Bis zum J. 1493. (XII u. 279 S.) 2. Thl.: Bis zum J. 1740. (VIII u. 298 S.) 3. Thl.: Bis zum J. 1848. (VIII u. 232 S.) Leipzig 850, T. O. Weigel. (1: 1 Thlr 2: 27 ngr 3: 21 ngr) 2 Thlr 18 ngr

— dass. 4—7. Bd. A. u. d. T.: Geschichte der deutschen Städte u. des deutschen Bürgerthums. Von F. W. Barthold. 4 Thle. 8. 1. Thl.: Vom Ursprunge deutscher Städte bis gegen den Schluß des 12. Jahrh. (X u. 310 S.) 2. Thl.: Vom Schlusse des 12. Jahrh. bis zum Ende des großen Zwischenreichs [1273]. (VIII u. 304 S.) 3. Thl.: Vom Ende des großen Zwischenreichs [1273] bis zum Höhestande der Zunftkämpfe [1332]. (VI u. 278 S.) 4. Thl.: Vom Höhestande der Kämpfe zwischen Zünften u. Geschlechtern bis zum Untergange reichsstädt. Freiheit u. zu dem wiedererweckten Gemeindeleben, v. J. 1332—1808. (VI u. 514 S.) Ebd. 850—53. (1: 1 Thlr 2 u. 3: à 27 ngr 4: 1 Thlr 21 ngr) 4½ Thlr

— dass. 8 u. 9. Bd. A. u. d. T.: Geschichte der deutschen Kunst. Von Ernst Förster. 1 u. 2. Thl. 8. 1. Thl.: Von Einführung des Christenthums bis zu Anfang des 15. Jahrhunderts. (XII u. 220 S. m 16 Stahlst.) 2. Thl.: Von Anfang des 15. bis Mitte des 16. Jahrhunderts. (368 S. m. 16 Stahlst.) Ebd. 851. 53. (1: 1 Thlr 24 ngr 2: 2 Thlr 6 ngr) 4 Thlr

Volk, das deutsche, dargestellt in Vergangenheit und Gegenwart zur Begründung der Zukunft. 10—22. Bd. Leipzig 854—57. T. O. Weigel. 8.
10. Bd.: Geschichte der deutschen Kunst. Von Ernst Förster. 3. Thl. Von der Mitte des 16. bis Ende des 18. Jahrh. Mit 9 Stahlst. 855. (VIII, 255 S.) 2 Thlr.
11—13. Bd.: Geschichte der deutschen Hansa. Von F. W. Barthold. 3 Thle. 854. 5 Thlr. 24 ngr.
1. Thl. Vom Ursprung der Hansa bis auf die festere Ausbildung derselben um's Jahr 1270. (VI, 250 S. u. 1 lith. Karte in Fol.) 1 Thlr. 15 ngr.
2. Thl. Von der festeren Ausbildung der Hansa bis auf die Union von Kalmar (1270—1397). (X, 252 S.) 1 Thlr. 15 ngr.
3. Thl. Von der Union von Kalmar bis zum Verlöschen der Hansa (1397—1630). (VIII, 536 S.) 2 Thlr. 24 ngr.
14—16. Bd.: Mythe, Sage, Märe und Fabel im Leben und Bewußtsein des deutschen Volkes. Von Ludw. Bechstein. 3 Thle. 854, 55. (263; 251; 283 S.) 3 Thlr. 7½ ngr.
17. 18. Bd.: Geschichte der Kriegsverfassung u. des Kriegswesens der Deutschen. Von F. W. Barthold. 2 Thle. 854, 55. (VI, 250; VII, 295 S.) 2 Thlr. 15 ngr.
19. Bd.: Gottfried Heinrich, Graf zu Pappenheim. Nach Geschichtsquellen u. Urkunden bearb. von Joh. Ed. Heß. Nebst 1 (lith.) Plan von d. Schlacht bei Lützen. 855. (VIII, 312 S.) 1 Thlr. 15 ngr.
20—22. Bd.: Geschichte der deutschen Literatur des 18. Jahrh. In übersichtl. Umrissen u. biograph. Schilderungen von Joh. Wilh. Schaefer. 3 Bde. 855—57. (X, 253 S.; 3 Bl., 247 S.; 2 Bl., 244 S.) 4 Thlr. 15 ngr.

Volk, das deutsche, dargestellt in Vergangenheit und Gegenwart zur Begründung der Zukunft. Leipzig 860. T. O. Weigel. 8.
23. 24. Bd.: Geschichte der deutschen Kunst. Von Ernst Förster. 4. u. 5. Thl. Mit 16 Stahlst. (XXII, 833 S.) 4 Thlr

— deutsches, wie sorgte die deutsche Reichstagsmehrheit f. deine heldenmütigen Söhne in Südwestafrika? Ein Wort an alle wahlberecht. Männer f. d. bevorsteh. Reichstagswahlen. (16 S. m. 1 Fig.) 8. Leipzig 907. L. Staackmann. nn — 05

Volk. - An das Volk Deutschlands. Eine Stimme des Friedens aus Dänemark. s.a. Lütken, Christian.

An das **Volk** Deutschlands. Eine Stimme des Friedens aus Dänemark. Nr. 1 u. Nr. 2. Kopenhagen. 1848. 8°

An Deutschlands Volk und Fürsten, insbesondere an Preußen (Frankfurt a. M. August 1848.) 14 S. 8.

— **das gefiederte, f. unsere kleinen Lieblinge.** qu. gr. 8. (12 S. m. z. Tl. farb. Abb.) Konstanz (899). C. Hirsch. — 25

Das Volk und die Gelehrten im Verhältnis zu Christentum u. Kirche. Bamberger Pastoralbl. 1865. Nr. 8—10.

Volk und Heer — unsre Wehr! Zürich 1886 s.a.[Ehrenberg, Alfred von].

Volk und Heer, unsre Wehr! Entwurf einer Wehrorganisation . . . Zürich 1886. V: *Ehrenberg, Alfr. v.* (Cat. der Stadtbibl. Zürich. Zürich 1864—97.)

— u. Heer — unsre Wehr! Entwurf e. Wehrorganisation auf der Basis einjähr. Präsenz-Dienstzeit. Ein Mahnruf an die deutsche Volksvertretg. zur Septennatsberathg. Von e. preuß. Offizier. gr. 8. (71 S.) Zürich 886. Verlags-Magazin. n. — 80.

Junges Volk: Jahrgang 1, no. 1, Jan. 12, 1873–?
Monthly, with irregularities. Sub-title: La Plata Monatsschrift. Editor: F. Ziesschand.
Buenos Aires

Volk, junges. 4. (8 color. Stnt. mit eingedr. Text.) Reutlingen 883, Enßlin und Laiblin's Verlagsb. cart.
Unzerreißbar geb.

Junges Volk: vol. 1—3, May 1884—Dec. 1886?
Monthly, May–Dec. 1884; semi-monthly, Jan.–Dec.? 1885; monthly, 1886? Published in English and German. Sub-title: 1) Eine Auswahl der besten deutschen und englischen Schriften für die reifere Jugend, in beiden Sprachen nebeneinander, May–Dec. 1884; 2) Erzählungen, Skizzen, Gedichte, für die reifere Jugend und die Familie, in deutscher und englischer Sprache nebeneinander. Large quarto, each issue 16 pages; illustrated. Edited by Louis Neumann, & published by H. Cherouny, 1884–86.
New York, NY

Kleines Volk: 1885–1886. New York, NY

Volk, kleines. 2 Sorten. 12. (à 3 schwarze u. 8 farb. Taf. m. eingedr. u. 4 S. Text.) Leipzig 889. Fr. Pfau. cart. à — 15

Volk, kleines, beim Spiel. (Ausgestanzter Ball.) gr. 4. (8 farb. Taf. m. 6 S. illustr. Text.) Stuttgart 893. F. Loewe. n. 1. —

Volk u. König. Oder die Adreßfrage u. ihre Behandlung in d. gegenwärtigen Ständeversammlung Sachsens. (Von Ed. Sparfeld.) 8. (5 B.) Leipzig 845, Friese.

Volk, das, des Lichts u. seine Bedeutung in d. Weltgeschichte. Von Leuconius. (106 S.) 8. Cassel 907. (Buchdruckerei „Gutenberg".) 1. 80

— **lustiges.** gr. 4. (8 Bl. m. farb. Abbildgn.) Reutlingen (900). Enßlin & Laiblin. — 50; unzerreißbar. (8 S. m. farb. Abbildgn. auf Pappe.) Kart. 1. —

Volk. Mein Volk! Deine Leiter verführen dich! Bern 1831 s.a [Kuhn, Gottlieb Jacob].

Volk, Mein! Deine Leiter verführen dich! Bern 1830. V: *Kuhn, Gottlieb Jacob.* (GGr)

Volk, Nation, Kirche. Kampf zwischen Licht und Finsterniß in unserem aufgeklärten Jahrhundert. Von einem Volksfreunde für's Volk. Mit 21 (eingedr.) Holzschn. u. 1 Lithogr. Prag 861. (Rziwnatz.) gr. 8. (225 S.) n. 10 ngr.

Volk, das, und die Partheien. Nebst einem Anhange über die freie Presse. 8. Heilbronn 844, C. Drechsler. $1^{3}/_{8}$ rf

—— das, u. die Partheien. Nebst e. Anh. über die freie Presse. 8. (21¼ B.) Heilbronn 844. [Stuttgart, Lubrecht u. Comp.]

Volk, Das preussische, in Waffen und die neue Militär-Organisation. Berlin 1861. V: *Pauli.* (KA)

— das preußische, in Waffen und die neue Militär-Organisation. Berlin 861. Lüderitz'sche Verlhdlg. gr. 8. (2 Bl., 139 S.) n. 17½ ngr.

Dr. Körner, Assessor Lewald, Assessor Nauwerk, Dr. Oppenheim, Dr. Pütter, Prof. Steinhart. 2. (letzter) Bd. (Eberty's Zeitschr. für volksthüml. Recht. 2. Bd.) gr. 8. Halle 845, Lippert u. Schmidt. n. 28 ngl

— **das, und sein Recht.** Publicistische Abhandlungen, Tagesfragen, Uebersichten u. Kritiken von Dr. Gollmann, Assessor Delbrück, Assessor Eberty, Dr. Friedländer, Prof. Hinrichs,

Volk (An das rechtlose)! Aufruf zur Betheiligung an der für den 1. Mai 1895 in Czernowitz geplanten Volksversammlung. Unterschrift: Das Comité. s. l. s. a.

— ein, eine Schule! Sozialpädagog. Zeitschrift f. die deutschen Volksschullehrerinnen. Publikationsorgan des Landesvereins preuss. Volksschullehrerinnen. Hrsg. v. Martha Schumann. Verantwortlich: M. Schumann; M. Telschow, L. Wetter. Monatliche Beilagen: „Die Mädchenfortbildungsschule", Schriftleitung: M. Kampfmeyer-Streichhan. — „Gegen den Alkoholismus", Schriftleitg.: G. Streichhan u. „Gesunder Leib — gesunde Seele", Schriftleitung: E. Röhn. 1.—4. Jahrg. Jahrg. April 1907—März 1911. à 24 Nrn. (à ca. 8, 2 u. 2 S.) 32,5×23,5 cm. Berlin [W. & S. Loewenthal]. P. Zimmermann. à Jahrg. 4. —

—— das serbische, in seiner Bedeutung für die orientalische Frage und für die europäische Civilisation. Eine Denkschrift. gr. 8. (64 S.) Leipzig 853, G. Mayer. Thlr. *

— unser, ein Blick in die Vergangenheit u. Zukunft. gr. 8. Wien 813. Rehm. 10 K

Volk, das, u. seine Verderber, od. der Triumph d. irreligiösen Philosophismus u. seine Folgen. Eine zeitgemäße Erzählg. zur Befestigg. guter Grundsätze verführer. Principien gegenüber. 2. verb. Aufl. Mit e. Stahlst. 8. (VIII, 164 S.) Regensburg 874. Volks- u. Jugendschriften-Verlag. 1. 20

Volk, Das, in Waffen. System zur zeitgemässen Ausbildung des Heeres-Contingentes . . . Pest 1872. V: *Lasemowicz, Joseph.* (KA)

— das, in Waffen im Sinne der Demokratie. Ein Bild aus den Märztagen. Unter Benutzg. handschriftl. Aufzeichngn. gr. 8. (VIII, 152 S.) Berlin 887. v. Decker. n. 3. 50

—— und Zustände in Algier. Bilder und Skizzen von einer deutschen Dame. 8. (IV und 167 S.) Leipzig 864, Bergson-Sonenberg. [Mühlheim, v. Kamp.]

Volk, A., die hauptsächlichsten Formen und Gattungen der deutschen Dichtkunst. 1. und 2. Aufl. 8. (15 S.) Darmstadt 875,77, Schmitt. *

Volk, A., und R. Fuchs, die Weltsprache. Entworfen auf Grundlage des Lateinischen. Zum Selbstunterricht. gr. 8. (105 S.) Berlin 883, Kühl. *

Volk, Alexander, s. Volck

Volk, C., s. Volk, Karl

Volk, C. L., Alt-Mainzer Erinnerungen. Bilder aus d. Mainzer Leben um d. Mitte uns. Jahrhunderts. Illustr. v. Clem. Kissel. gr. 8. (163 S.) Mainz 896. L. Wilckens. n. 1. 50; geb. n. 2. 50

Volk, Carl, s. Volk, Karl

Volk, Frz., Hexen in der Landvogtei Ortenau und Reichsstadt Offenburg. Ein Beitrag zur Sittengeschichte. gr. 8. (VII, 154 S.) Lahr 882, Schauenburg. *
geb. *

Volk, Franz, Hexen in der Landvogtei Ortenau u. Reichsstadt Offenburg. Lahr 1885. 8⁰. (3 Mk. 60 Pfg. J. Halle, München, c. 1905.)
Vorher ebd. 1882. 8⁰. (2 Mk. 50 Pfg., E. Frensdorff, c. 1905.)

VOLK, Franz Xaver (Augsburg): De asthmate. (Titel nach der Urkunde)
10.3.1831 – Urk: F 60
Diss. Ingolst.-Landsh.-Mchn.

Volk, Geo. (Hrsg.), s. Aufwärts.

Volk, Georg

Volk, G., Gedichte in Odenwälder Mundart. 16. (IV, 71 S.) Frankfurt a/M. 890. Jäger's Verl. n. 1. —

Volk's, Geo., Odenwälder Hausbücher. Nr. 1—3. 12. Offenbach a/M. (Frankfurt a/M., Jaeger's Verl.) n. 2. 50

1. Bergluft. Neue Gedichte u. Sprüche in Odenwälder Mundart. (66 S.) 891. n. 1. —
2. Auf der Ofenbank. Erzählungen in Odenwälder Mundart. Mit e. Wörterverzeichnis. (64 S.) 892. n. — 75
3. Beim Kienspanlicht. Geschichten aus Großvaters Zeiten. In Odenwälder Mundart erzählt. (66 S.) 894. n. — 75

Volk, Geo., der Odenwald u. seine Nachbargebiete, s. a. Land u. Leben, deutsches, in Einzelschilderungen. I. 2.

Volk, Geo., der Odenwald u. seine Nachbargebiete. Eine Landes- u. Volkskunde. Unter Mitwirkg. vieler Landeskenner hrsg. Mit 100 Bildern u. Skizzen auf Taf. u. im Texte, statist. Kärtchen, e. geolog. u. e. topograph. Karte des Odenwaldgebietes. (Neue [Titel-]Ausg.) (XII, 440 S.) 8. Gießen [900] (906). E. Roth. n. 8. —; geb. n. 10. —

Volk, Geo., Sunndåg u. Werdåg. Gedichte, Sprüche u. Geschichten in Odenwälder Mundart. Mit e. Titelbilde v. Heinz Heim. 12. (XX, 295 S.) Stuttgart 896. Hobbing & Büchle. n. 2. 75; geb. n. 3. 50; m. Goldschn. n. 4. —

— s.: Volkskultur, die.

Volk, H., Geschichte des Fleckens Rheinbrohl. E. Festschrift z. 100jähr. Gedenktage des kathol. Junggesellen-Vereins daselbst. gr. 8. (IV, 96 S. m. Vignetten.) Rheinbrohl 897. Coblenz (J. Schuth). n.n. 1. 30

[F.] Geschichte des Fleckens Rheinbrohl. Eine Festschr. z. 100jähr. Gedenktage des kathol. Junggesellen-Vereins daselbst. Von H. Volk, Pfarrer. *Rheinbrohl: Verl. d. Jungges. Vereins 1897.* (96 S., 2 Bl.) 1 Bd 8.
[97. 6775 Bo

Volk, Heribert, appr. Arzt a. Regensburg: Zur Frage der diagnostischen Bedeutung und der Ungefährlichkeit der Tuberkulinreaktionen, besonders der subkutanen. Erlangen 1910: Junge. 44 S. 8°
Erlangen, Med. Diss. v. 10. Nov. 1910, Ref. Penzoldt
[Geb. 26. Okt. 83 Günzburg; Wohnort: Brackel; Staatsangeh.: Bayern; Vorbildung: Neues Gymn. Regensburg Reife 03; Studium: Erlangen 7, Würzburg 2, Kiel 1 S.; Coll. 1. Okt. 10; Approb. 10. Jan. 10.] [U 11. 911

Volk, Hier. v., s. Volck von Wertheim, Heinrich

Wertheim, H. V. v., s.a. Volck von Wertheim, Heinrich

Volk, Johann Jakob (Frankenhausen) A. S. 1270/10

Disputatio inauguralis medica de hydrope anasarca.
Präs. Justus Vesti.
Erfurt (Grosch) 23. VIII. 1708, 12 Bl.

Gew.: Benjamin Dreuscherffer.
W. v.: Präs., Johann Philipp Eysel, Lorenz Theophil Luther, Christoph Wilhelm Vesti, Jo. Heinrich Bohn, Johann Erwin Schötteler, Johann Christoph Lendinn, Justus Christoph Motschmann. 35415

Volk, Josef, appr. Arzt aus Götzingen (Baden): Aus d. Universitäts-Augenklinik zu Giessen. Zur Statistik der Augenverletzungen mit besonderer Berücksichtigung der Fremdkörperverletzungen. *Giessen 1898: v. Münchow.* (70 S.) 8°
Giessen, Med. Diss. v. 1898

Volk, Jos., das Strafverfahren in Zoll-, Aufschlags- u. anderen Steuersachen. Auf Grund der f. das Königr. Bayern gelt. Vorschriften f. den prakt. Gebrauch bearb. u. erläutert. gr. 8. (VIII, 203 S.) Nördlingen 885. Beck. n. 3. 20

Volk, Julius: Die Kirchenpolitik des zweiten Nürnberger Reichsregiments von seinen ersten Anfängen an bis zu seiner Verlegung nach Esslingen. 1521—1524. Weida i. Th. 1910: Thomas & Hubert. VIII, 122 S. 8°
Leipzig, Phil. Diss. v. 7. Febr. 1911, Ref. Brandenburg, Seeliger
[Geb. 10. Febr. 84 Koburg; Wohnort: Koburg; Staatsangeh.: Sachsen-Koburg-Gotha; Vorbildung: Gymn. Koburg Reife O. 04; Studium: München 2, Leipzig 10 S.; Rig. 22. Juli 10.] [U 11. 3331

Volk, K. J., die kirchliche Bedeutung der Arbeiterversicherung. Referat auf der Diözesansynode Neckargemünd. 8. (47 S.) Karlsruhe 891. Reiff. n. — 60

— Entwicklungsgeschichte der alttestamentlichen Religion nach der Graf-Wellhausen'schen Hypothese. Vortrag, auf der Jahresversammlg. d. wissenschaftl. Predigervereins am 1. Juli 1890 geh. gr. 8. (54 S.) Ebd. 891. n. — 50

Volk, Karl

Volk, Carl, Entwerfen u. Herstellen. Eine Anleitg. zum graph. Berechnen der Bearbeitungszeit v. Maschinenteilen. Mit 18 Skizzen, 4 Fig. u. 2 Taf. (VI, 56 S.) gr. 8. Berlin 905. J. Springer. Geb. in Leinw. n. 2. —

Volk, Carl, Geräthe u. Maschinen zur bergmännischen Förderung. Mit theilweiser Benutzg. der Julius R. v. Hauer'schen Schriften. gr. 8. (VIII, 114 S. m. 156 Abbildgn.) Leipzig 901. A. Felix. n. 6. 50

Volk, Carl, die Prüfung der Maschinen-Schmieröle. Nach d. in d. Jahresversammlg. 1898 d. Section Leoben des berg- u. hüttenmänn. Vereines f. Steiermark u. Kärnten geh. Vortrage. [Aus: „Oesterr. Zeitschrift f. Berg- u. Hüttenwesen".] gr. 8. (13 S.) Leoben 898. L. Nüssler. n. 1. —

— das Skizzieren v. Maschinenteilen in Perspektive. gr. 8. (IV, 31 S. m. 54 eingedr. Skizzen.) Berlin 902. J. Springer. Geb. in Leinw. n. 1. 40

— das Skizzieren v. Maschinenteilen in Perspektive. 2., verb. Aufl. (IV, 33 S. m. 60 Skizzen.) gr. 8. Ebd. 906. Geb. in Leinw. n. 1. 40

Volk, Karl G., die Elemente der neueren Geometrie unter besond. Berücksicht. des geometr. Bewegungsprinzips. Für die oberen Klassen höh. Lehranstalten u. zum Selbststudium bearb. Mit 93 zum grossen Tl. zweifarb. Fig. im Text. (VIII, 77 S.) 8. Leipzig 907. B. G. Teubner. Kart. 2. —; geb. 2. 20

— Dem Frühling entgegen! Tagebuchblätter v. meiner Osterferien-Reise durch Ober-Italien. (Mailand, Garda-See, Verona, Venedig.) (147 S. m. 3 Vollbildern.) kl. 8. Berlin-Schlachtensee (908). Volkserzieher-Verl. 2. —

Volk, Carl G. . Geologische Wanderungen am Schwäbischen Meere. Ein methodischer Beitrag zur Heimatkunde. Von K' G. V'... Mit 14 [*d. i.* 16] Abbildungen. Sonderabdruck aus Band 3 der «Monatshefte für den naturkundlichen Unterricht aller Schulgattungen». 16 S. gr.-8. Leipzig und Berlin, B. G. Teubner. 1910. [M. 1. —]

§ **COELIBAT,** Der (1) (von *L. Clarus,* d. i. *Ludw. Volk*). 2 Thle. Regensburg, G. Jos. Manz, 1841. 8°. ($2^1/_6$ Rthl.) (2 Mk. Ferd. Raabe, Königsb., 1894.)

Volk, Otto, Gerichtsassessor: Der **Anspruch** des früheren Besitzers aus § 1007 BGB mit besonderer Rücksicht auf die Verteilung der Behauptungs- und Beweislast. *Weimar 1903: F. Roltsch.* (V, 33 S.) 8° [F. u. Ant.]
Jena, Jur. Diss. v. (9. Juni) 1903

Volk, Phil., die Eisenbahn von Wien nach Gloggnitz, als ausgeführter Theil des Wien-Raaber-Eisenbahn-Projektes. Nebst deren Betrieb bis 30. Juni 1842. Mit 6 Kupfertaf. gr. 4. Wien 842, Förster. n. 2 2/3 ᵭ

Volk, Rich., allgemeines üb. die biolog. Verhältnisse der Elbe bei Hamburg u. üb. die Einwirkung der Sielwässer auf die Organisation des Stromes, s.: Elb-Untersuchung, hamburgische. I.

Volk, Rich., die bei der hamburgischen Elbe-Untersuchung angewandten Methoden zur quantitativen Ermittelung des Planktons. Lex.-8. (S. 135—182 m. 12 Fig. u. 3 Taf.) Hamburg 901. (L. Gräfe & Sillem.) n. 2.—
Sonderabdruck aus: „Mitteilgn. a. d. naturhistor. Museum".

— Studien üb. die Einwirkung der Trockenperiode im Sommer 1904 auf die biolog. Verhältnisse der Elbe bei Hamburg, s. Elb-Untersuchung, hamburgische. VIII.

Volk, R., Studien üb. Immunität gegen Variolavaccine, s.a. Kraus, R.

Volk R., Dr., und Kraus R., Dr.: Studien über Immunität gegen Variolavaccine. Experimentelle Begründung einer subkutanen Schutzimpfung mittels verdünnter Vaccine. S. 116. III. 25 . . . .

— Über generalisierte Syphilis bei niederen Affen, s.a. Kraus, R.

— — Über generalisierte Syphilis bei niederen Affen (mit 1 Taf.). S. 118. III. 3 .
Separatabdruck

Volk, Rud., Denkmal d. Verehrung u. Andacht d. seligsten Jungfrau Maria, errichtet u. unterhalten in der unter dem glorreichen Titel Mariä Himmelfahrt in d. Stadt Würzburg bestehenden Sodalität d. Herren u. Bürger, zugleich zu ihrem Gebet- u. Erbauungsbuche bestimmt. 8. Würzb. 813.

Volk, Walther, a. Ohligs ⟨Rhd.⟩: Untersuchungen in der Cumarinreihe. Marburg 1910: Müller, Ohligs. 61 S. 8°
Marburg, Phil. Diss. v. 8. Aug. 1910, Ref. Zincke
[Geb. 4. März 85 Haan; Wohnort: Kassel; Staatsangeh.: Preußen; Vorbildung: Oberrealsch. Elberfeld Reife O. 06; Studium: Marburg 3, Berlin 1, Marburg 4 S.: Rig. 23. Febr. 10.] [U 10. 3399

Volk, Wilh., die Bedeutung der semitischen Philologie f. die alttestamentliche Exegese. Eine akadem. Festrede. 2. durchgeseh. Aufl. gr. 8. (34 S.) Dorpat 874. Schnakenburg. n. — 50

Volk, Wilhelm [app. Arzt aus Lindau]: Aus d. Patholog. Institut zu München. Zwei Fälle von traumatischer Ruptur des Colon transversum. . . . München, Buchdr. v. M. Ernst, 1890; 20 S. 8°
München, Med. Fak., Inaug.-Diss. v. 1890

— Festrede zur Jahresfeier der Stiftung der Universität Dorpat am 12. Decbr. 1873 „üb. die Bedeutg. der semit. Philologie f. die alttestamentl. Exegese." 4. (40 S.) Ebend. 874. n. — 80

§ **JUNGFRAUEN,** Die Tyroler ekstatischen. Leitsterne in die dunkeln Gebiete der Mystik (von *Wilh. Gust. Werner Volk*, 1804—69). 2 Thle. Regensburg, G. Jos. Manz. 1843. 8°. (3 Rthl.) (3 Mk. B. Seligsberg, Bayreuth, 1906.)
Sehr interessanter Beitrag zur Geschichte der Magie.

Volk, Wilhelm Gustav Werner: Der Freiherr von Sandau auf dem Richtplatze einer unbefangenen Kritik, s. Anti-Bretschneider.

Völk.: Grabdenkmäler... s. Schmidtner

Völk, Urteil üb. den Jesuitenorden, s.: Aktenstücke, kirchliche.

Völk, F., s. N. F. Canard, Grundsätze.

VÖLK, Franz Joseph (Mittelstetten): De origine laudemiorum. (Titel nach der Urkunde)
9.12.1843 - Urk; F 49
Diss. Ingolst.-Landsh.-Mchn.

VOELK, Heinrich (Ingolstadt): Die Kindes-Tödtung in gerichtlich-medizinischer Beziehung.- München: Wolf 1883. V,55 S.,1 Bl.
29.8.1883 - Urk (Titel: De infanticidio relationes medico-forenses.); Chr 1883/84,13
Diss. Ingolst.-Landsh.-Mchn.

Voelk, Heinr., die Kindes-Tödtung in gerichtlich-medizinischer Beziehung. Inaugural-Abhandlung. gr. 8. (V, 58 S.) München 884, J. A. Finsterlin. *

Völk, Helene, Erlösung. Gedichte. (55 S.) 8. Berlin (907). Verlag Continent. 2.—; geb. 3.—

Völk, Helene, Irrlichter. Das Schicksal e. Frau. 4 Akte. (159 S.) 8. Berlin (906). Verlag Continent. n. 2.—; geb. n. 3.—

Völk, J., Gebührenordnung für Rechtsanwälte für das deutsche Reich. Mit Erläuterungen unter Berücksichtigung der Protokolle der Reichstagscommission, sowie ausführl. Sachregister. 16. (IV, 171 S.) Nördlingen 879. Beck. cart. n. 1. 80

Völk, J., Gerichtskostengesetz, nebst Gebührenordnung für Gerichtsvollzieher, Zeugen und Sachverständige. Mit Einleitung, Noten und Sachregister. 2. neubearb. Aufl. 16. (80 S.) Nördlingen 880, Beck'sche Buchh. cart. *

—— Gerichtskostengesetz nebst Gebührenordnung für Gerichtsvollzieher, Zeugen und Sachverständige in der Fassung des Reichsgesetzes vom 29. Juni 1881. Mit Noten und Sachregister hrsg. 3. neu bearb. Aufl. 16. (IV, 88 S.) Ebendas. 881. cart. *

—— die Rechtsanwaltsordnung für das deutsche Reich. Mit Erläuterungen unter Berücksicht. der Protokolle der Reichstagscommission, sowie ausführl. Sachregister. 16. (IV, 156 S.) Ebendas. 878. cart. *

Völk, J., das Reichsgesetz über die Beurkundung des Personenstandes und die Eheschließung vom 6. Febr. 1875 mit der Ausführungsverordnung des Bundesraths vom 22. Juni 1875. Mit Einleitung und Kommentar hrsg. 2. sorgfältig ergänzte und mit den königl. bayer. Vollzugsverordnungen ꝛc. ꝛc. verseh. Aufl. gr. 8. (XXIII, 311 S.) Nördlingen 876, Beck'sche Buchh. *
—— dass. — 3. verm. Aufl. gr. 8. (XXIII, 326 S.) Ebendas. 876. *

—— Subhastationsordnung für das Königr. Bayern. Gesetz, die Zwangsvollstreckung in das unbewegl. Vermögen wegen Geldforderungen betr. vom 23. Febr. 1879, mit Auslegungsbehelfen, Bemerkungen und ausführl. Sachregister hrsg. gr. 16. (VIII, 236 S.) Ebendas. 879. cart. *

—— Subhastationsordnung für das Königr. Bayern. Gesetz, die Zwangsvollstreckung in das unbewegl. Vermögen wegen Geldforderungen betr. vom 23. Febr. 1879, mit Auslegungsbehelfen, Bemerkungen und ausführl. Sachregister hrsg. 2. Aufl. (VIII, 236 S.) 1879; 3. neu durchges. und ergänzte Aufl. 16. (VIII, 236 S.) Ebendas. 882. cart. *

Völk, Jos., Beiträge zur Geschichte der Entstehung der Handlöhne, besonders in Bayern. München 1868.

Volkamer, Johann Christoph, s. Volckamer

Volkamer, Joh. Georg, s. Volckamer, Johann Georg

Volkamer v. Ehrenberg, J. N., üb. d. Emancipation d. Katholiken in England, s. Ehrenberg, J. N. V.

Volkamer v. Kirchensittenbach, Jh. Geo. Fr., s. Handbuch, genealog., d. Adels.

Volkar, Andr., über die Agrarverhältnisse in der Herzegovina. gr. 8. (44 S.) Prag 881, (Otto'sche Buchh.)

Volkar, Andr., das administrative Rechtsmittel-Verfahren in Angelegenheiten der politischen, Schul- u. autonomen Verwaltung. Nach österreich. Gesetzen u. Verordngn. m. Benützg. der Judicate d. Verwaltungsgerichtshofes, d. Reichsgerichtes u. der Centralstellen bearb. 1. Thl. [Ohne Strafverfahren.] 8. (VII, 189 S.) Prag 887. (Steinhauser.) n.n. 2. —

Volkar, A., das administrative Rechtsmittel-Verfahren in Angelegenheiten der politischen, Schul- u. autonomen Verwaltung. Nach österreich. Gesetzen u. Verordngn. m. Benützg. der Judicate d. Verwaltungsgerichtshofes, d. Reichsgerichtes u. der Centralstellen bearb. 2. Thl. [Strafverfahren]. Mit alphabet. Sachregister zu beiden Theilen. 8. (IV, 161 S.) Prag 888. (Steinhauser.) n.n. 1. 50 (cplt.: n.n. 3. 50)

Volkar, A., über die concurrirende Strafcompetenz der Gerichts- u. Verwaltungsbehörden, dann die Verjährg. der administrativ zu behandelnden Straffälle. Dargestellt in Vergleichung der im allgemeinen Strafgesetze vorkomm. Übertretgn. m. d. Straffällen administrativer Gerichtsbarkeit. gr. 8. (46 S.) Prag 899. (F. Řivnáč.) n. —60

Volkard, G., s. Bürgerblatt.

Volkardt, Adr. G., Reisen u. Schiffahrten. 8. Bautzen, Drachstädt. 735.
Vgl. Volckart, A. G.

Volkart, Albert

Volkart A.: Die Bekämpfung d. Steinbrandes d. Weizens u. d. Kornes. 1906. [Rostr. Saml.].

Volkart, A[lbert]. Neuere Erfahrungen und Versuche auf dem Gebiete des Futterbaues. Vortrag gehalten am 10. Januar 1908 in der Gesellschaft schweizerischer Landwirte. Sonderabdruck aus den Mitteilungen der Ges' sch' L' [Jahrg. 1908, № 1]. 25 S. 8. [Frauenfeld, Huber & Co.]

Volkart, A., die besten Futterpflanzen, s.: Stebler, F. G.

Volkart, [Diethelm] Albert. von Zürich: Über sympathische Iridochorioiditis und Enucleation. Zür. E. Kiesling Dr. 1863. 2 Bl., 45 S., 1 Bl. 8°.
Zürich. Med. Diss. v. 16. März 1863.

Volkart, A., Pflanzenkunde u. Pflanzenkrankheiten, s.: Stutz, J.

Volkart, A., s.: Samen-Kontrol-Station, die schweizer.

— s.: Samen-Untersuchungs-Anstalt, die schweizer.

Volkart, Albert [von Zürich]: Untersuchungen über den Parasitismus der Pedicularisarten. Zürich 1899. 52 S. 8°.
Zürich. Phil. Diss. II. S. 1898/99.

Volkart, Diethelm Albert, s. Volkart, Albert

Volkart, H. R., Der Radschuh zu Eisenbahnwagen. Kurze Beschreibung eines Projektes zur Sicherheit bei Zusammenstössen von Locomotivzügen. (Zürich.) 8°. brosch.

Volkart, Heinrich, und Volkart-Schlatter, Anna. ... Buch der einfachen Hausfrau... . Teil 1. 3. ...Aufl. u. Teil 4. 2. Aufl. 8. Frauenfeld, Huber & Co., [1905].

Kochbüchlein. Leitfaden für Koch-, Haushaltungs- und Töchterfortbildungsschulen, sowie für jede Hausfrau. 3., vermehrte Aufl. Teil 1 vom Buch... . Zwanzig Speisezettel... . [Mit 1 Figur.] 148 S. [1905.] (cart. fr. 1. 80)

Gesundheitslehre. Leitf' — — Hausfrau. Mit zahlreichen Abbildungen ([und] Anhang: Familie und Alkohol. Von Augustin[us] Egger, Bischof von St. Gallen). 2. Aufl. [Titel-Ausg.] Teil 4 vom Buch... . S. 343—497 = 155 S. [1905.] [cart. fr. 1. 80]

Volkart, Heinrich, und Volkart-Schlatter, Anna. ... Buch der einfachen Hausfrau von H' V', Reallehrer, und A' V'-Sch' (*Teil 2—4:* in Herisau). 4 Teile. 3. (**Teil 1:* 4.) ... Aufl. [Ausg. A in 4 Bändchen.] 8. Frauenfeld, Huber & Co., (1905[—1908]).

Kochbüchlein. Leitfaden für Koch-, Haushaltungs- und Töchterfortbildungsschulen, sowie für jede Hausfrau (**Umschlag:* Volkart's Kochbüchlein der einfachen Hausfrau). 4. durchgesehene Aufl. Teil 1 vom Buch... . Zwanzig Speisezettel mit vollständiger Berechnung und weitere Kochrezepte. [Mit 1 Figur.] 148 S. [1907.] (cart. fr. 1. 80)

Nahrungsmittellehre. Leitfaden — — Hausfrau (**Umschlag:* Volkart's Nahr'). Mit vier Textfiguren und drei chromolithographischen Tafeln ([sowie einem Anhang:] Anleitung zum ... Anbau eines Gemüsegartens [von] Herrn Reg.-Rat J[acob] Lutz in Zürich ...). 3., umgearbeitete Aufl. Teil 2 vom Buch... . 152 S. (1905.) (cart. fr. 2. —)

Haushaltungskunde. Leitfaden — — Hausfrau (**Umschlag:* Volkart's Haush'). 8., vermehrte Aufl. Teil 3 vom Buch... . [Mit 1 Figur und 1 Tabelle.] 114 S. [1906.] (cart. fr. 1. 50)

Gesundheitslehre. Leitfaden... . 3. Aufl. Gänzlich neu bearb. von Dr. med. W[illy] Knoll (**Umschlag:* Ges'. Neubearb. von Dr. med. W. K'). Mit 16 Abbildungen ([und] Anhang: Familie und Alkohol. Von Augustin[us] Egger, Bischof von St. Gallen). Teil 4 vom Buch... . 115 S. [1908.] [cart. fr. 2. —]

Volkart, Heinrich, und Volkart-Schlatter, Anna. Haushaltungskunde. Leitfaden für Koch-, Haushaltungs- und Töchterfortbildungsschulen, sowie für jede Hausfrau. 3., vermehrte Aufl. Teil 3 vom Buch der einfachen Hausfrau. [Mit 1 Abbildung und 1 Tabelle.] 114 S. 8. Frauenfeld, Huber & Co., [1906]. [cart. fr. 1. 50]

— **Kochbüchlein.** Leitfaden f. Koch-, Haushaltungs- u. Töchterfortbildungsschulen, sowie f. jede Hausfrau. 3., verm. Aufl. 1. Tl. vom Buch der einfachen Hausfrau. 20 Speisezettel m. vollständ. Berechng. u. weitere Kochrezepte. (148 S.) 8. Ebd. (905). Kart. n. 1. 50

Volkart, Heinr., u. Anna Volkart-Schlatter, Koch-, Haushaltungs- u. Gesundheitsbüchlein. Leitfaden f. Koch-, Haushaltungs- u. Töchterfortbildungsschulen. Der weibl. Jugend uns. Volkes gewidmet. Mit 5 lith. Taf. u. 13 Textillustr. gr. 8. (XI, 351 S. m. 1 Tab.) Zürich III, 898. A. Coradi-Stahl. Geb. in Leinw. n. 4. —

Volkart, Heinrich, und Volkart-Schlatter, Anna. Leitfaden für Koch-, Haushaltungs- und Töchterfortbildungsschulen, sowie für jede Hausfrau. 2. Aufl. 3 Teile. VI + 342 S. 8. Zürich, W. Coradi-Maag.

Kochbüchlein. Teil 1 des Koch-, Haushaltungs- und Gesundheitsbüchlein. 20 Speisezettel mit vollständiger Berechnung und weitere Kochrezepte. [Mit 1 Figur.] 99 S. (1900.) [cart. fr. 1. 20]

Lehre von den Nahrungs- und Genussmitteln. Teil 2 des — — Gesundheitsbüchlein. ([Mit 4 Tafeln und] Anhang: Anleitung zum ... Anbau eines Gemüsegartens... . Verfasst von Hrn. Stadtrat J[acob] Lutz in Zürich... .) 148 S. (1900.) [cart. fr. 1. 70]

Haushaltungskunde. Teil 3 des — — Gesundheitsbüchlein. [Mit 1 Figur und 1 Tabelle.] 100 S. (1901.) [cart. fr. 1. 20]

Volkart, Herm., aus Sturm zum Frieden schon hienieden. Eine Geschichte für innerlich Fortstrebende. (Herausgeg. von Aug. Lewald.) 8. Augsburg 845, v. Jenisch u. Stage. 7/12 ℛ︀

Volkart, M., errungen. Lieder-Zyklus. (VII, 81 S.) 8. Dresden 903. E. Pierson. n. 1. 60; geb. n. 2. 60

— Huldigung der Stände, s. a. Festspiele zu Kaisers Geburtstag.

Huldigung der Stände. Festspiel zu Kaisers Geburtstag z. Aufführung in Knaben- u. Mädchenschulen geeignet von **M. Volkart**. *Mühlhausen i. Th.: G. Danner [1903].* (13 S.) 8° [F.]
— Festspiele zu Kaisers Geburtstag. No 10. [04. 2161]

Volkart, M., verbotene Liebe. Lieder-Cyklus. 8. (VI, 158 S.) Dresden 901. E. Pierson. n. 2. —; geb. n. 3. —

— Mutter. Lieder-Cyklus. Mit Illustr. v. Hans Leiter. hoch 4. (V, 19 S. m. 11 Taf. u. Bildnis.) Ebd. 902. n. 3. —; geb. in Leinw. m. Goldschn. n. 4. 50

Volkart, M., ein Talent. Lieder-Zyklus. (VII, 100 S.) 8. Dresden (910). E. Pierson. 2.—; geb. n 3. --

Aus dem deutschen Volke. Volkslieder, bearbeitet von Ed. Kremser. Für Männerchor.

Nr. 19. Der Wendlstoan
Nr. 20. Möcht i wiss'n, wia da Bauer
Nr. 21. Hirtenlied (Weihnachtslied)
Nr. 22. Das Unterberga Bäuerl
Nr. 23. Der Bauer und die Bäuerin
Nr. 24. Die sieben G'schwiestrat
Nr. 25. Da Wildschütz
Nr. 26. Der Almaspitz
Nr. 27. Zwischen Berg und Tal
Nr. 28. Der lustige Jaga
Nr. 29. Dirnd'l, mi muaßt liab'n
Nr. 30. Am Riegerl
Nr. 32. Wo i geh', wo i steh'

} Partitur und Stimmen à K —.90

Leipzig: Bosworth & Co. 1906.

Volke, dem deutschen, e. Volkskaiser. Ein offener Brief an Se. Maj. Kaiser Wilhelm II. Von e. Deutschen. gr. 8. (24 S.) Leipzig 896. W. Friedrich. n. — 50

Volke, Tumbem. Luthers Thesen neu angeschlagen. Leipzig 1907. V:. *Naumann, Gustav.* (Berlzu 1908, S. 657)

Volke, tumbem. Luthers Thesen neu angeschlagen. (32 S.) gr. 8. Leipzig 907. H. Haessel, Verl. — 60

Volke (Dem) werde sein Recht, oder die christlich-demokratische Republik die Staatsform der Zukunft. 8°. Freiburg 1876.

Volke, L., Scelta di prose e poesie tedesche, s.: Filippi, Domin. Anton.

Volke, Martin: Der Einfluss von Druckspannungen auf die elliptische Polarisation des total reflektierten Lichts. Breslau 1909: Grass, Barth & Co. 44 S. 8°
Breslau, Phil. Diss. v. 2. Juni 1909, Ref. Lummer-Pringsheim
[Geb. 11. Dez. 84 Hohenbocka; Wohnort: Görchen; Staatsangeh.: Preußen; Vorbildung: Gymn. Rawitsch Reife O. 03; Studium: Berlin Techn. Hochsch. 3, Göttingen 4, Breslau 5 S.; Rig. 3. März 09.] [U 09. 637

Voelkel. Bibelstunden f. denkende Leser. 3 Lfgn. gr. 8. (VIII, 133 S.) Zittau 892, Verlags-Magazin. à Lfg. * — 75; * 2 25

Voelkel, Offizier-Stammliste des großherzogl. mecklenburgischen Jäger-Bataillons Nr. 14. Im Auftrage des Bataillons zusammengestellt. Abgeschlossen: Colmar i. Elsaß, 1. V. 1904. (XXVI, 124 S. m. 1 Bildnis.) gr. 8. Oldenburg 904. G. Stalling's Verl. n. 5. —; geb. n.n. 6. 50

Völkel: Chemische Untersuchung der Brunnen der Stadt Solothurn, s. Voelckel, C.

Voelkel, A., Christenthum und Wissenschaft. gr. 8. Elberfeld 875. Berlin, Friedberg und Mode. *

Voelkel, A., Christenthum und Wissenschaft. Ein Wort der Verständigung. gr. 8. (30 S.) Elberfeld 875, Loll's Nachf.

Voelkel, A., Seele — Unsterblichkeit. Weltanfang — Weltende. Eine populäre Flugschrift. gr. 8. (34 S.) Leipzig und Berlin 871, Luckhardt'sche Verlagsh.

—— das Vernünftige und Bewusste in der Natur und die Weltanschauung der Zukunft. gr. 8. (44 S.) [Leipzig 878, Koschny.] Heidelberg, Weiss. *

Völkel, A. F., Geschichte d. Deutschen Ritterordens im Vogtlande. Ein Beitrag zur Heimatskunde. gr. 8. (V, 233 S.) Plauen 888. (Kell.) n. 3. —

Voelkel, Arthur [Secundärarzt a. d. Kur- u. Wasser-Heil-Anstalt Thalheim]: Beiträge zur Aetiologie, Symptomatologie und Therapie der progressiven Paralyse nach Beobachtungen der in den Jahren 1880—1886 in die Provinzial-Irren-Anstalt Leubus aufgenommenen Kranken bearbeitet . . . Breslau, Buchdr. v. S. Lilienfeld, 1887; 41 S. + 2 Bl. 8°
Breslau, Med. Fak., Inaug.-Diss. v. 29. Apr. 1887.

Voelkel, Arth., Beiträge zur Aetiologie, Symptomatologie und Therapie der progressiven Paralyse, nach Beobachtungen der in den J. 1880—1886 in die Provinzial-Irren-Anstalt Leubus aufgenommenen Kranken bearb. Inaugural-Dissertation. gr. 8. (41 S.) Breslau 887, (Köhler.) *

Voelkel, Carl, s. Voelkel, Karl

Voelkel, Carl Franz, s. Voelkel, Karl Franz

Voelkel, Carl Joseph, s. Voelkel, Karl Joseph

Völkel, Christian, Rätselbüchlein, s.: Klander, Albr.

Völkel, Friedrich, approb. Arzt aus Uetersen. **Aus d. Kgl.** chirurg. Klinik zu Kiel. Coecalhernie mit Darmperforation durch einen Dorn. *Plon 1904: O. Karen.* (12 S.) 8°
Kiel, Med. Diss. v. [8. Apr.] 1904

Völkel, Friedr., die Schlacht an der Beresina. Dramatisches Gedicht. 12. (60 S.) München 866, Kaiser. *

Voelkel, Henr. Julius (Guil. Frid.) (geb. Kleinkniegnit in Schles. [illegible] 8. 1832): De cholera Asiatica. Berolini (1855) (26 S.) 8°
Berlin, Med. Diss. v. 10. März 1855

Voelkel, Herm. (geb. Peterswaldau in Schles. [illegible] 2. 1828): De Chattorum nomine sedibusque ac rebus gestis. Berolini (1852). (71 S.) 8°
Berlin, Phil. Diss. v. [illegible] Jan. 1852

Völkel, Johann Ludwig, s. Voelkel, Ludwig

Voelkel, Karl

Voelkel, Carl, Gesetz üb. den Absatz v. Kalisalzen, s. a. Guttentag's Sammlung deutscher Reichsgesetze. Nr. 100.

Voelkel (Carl), Gesetz über den Absatz von Kalisalzen. Vom 25. Mai 1910. Text-Ausg. m. Anm. u. Sachreg. Berlin 1910. 181 S.
(Guttentag'sche Samml. deutsch. Reichsgesetze. No 100.)

— Quellenschutzgesetz, s. a. Guttentag's Sammlung preußischer Gesetze. Nr. 44.

Voelkel, Karl, Quellenschutzgesetz vom 14. Mai 1908 nebst d. Ausführungsbestimm. u. d. nassauischen Verordn. v. 7. Juli 1860. M. Einl., Erl. u. Sachreg. Berlin 1909. 8°.
(Guttentag'sche Sammlung Preuss. Gesetze.)

Karl Franz Voelkel

De Formatione concrementorum calculosorum corporis humani. Vratislaviae (1822:) Kupfer. 45 S. 8°

Breslau, Med. Diss. v. 26. Nov. 1822

Voelkel, Carolus Franciscus (*geb. Reichenbach in Schles. 23. 11 1795*): De formatione concrementorum calculosorum corporis humani. Vratislaviae (1822). (45 S.) 8°
Breslau, Med. Diss. v. 26. Nov. 1822

Voelkel, Karl Joseph

Voelkel, Carolus Josephus *(geb. Weicherau in Schles. 12. 10. 1835)*: De imperfecta partium muliebrium genesi sexualium earumque de stenosi atresiaque. Vratislaviae (1864). (22 S.) 8°
Breslau, Med. Diss. v. 17. Dez. 1864

Voelkel, Ludwig

— **Beschreibung einer seltenen Silbermünze von Constantin dem Großen. Mit 1 Kpf. gr. 8. Götting. 801. Dieterich. 6 gr.**

— s. Th. Beyer, Geschichte.

— **de fontibus, unde Tacitus, quae de patria nostra tradidit, hauserit. (Cassel) 787. Krieger. 2 gr.**

Völkel, L., Prolus. de fontibus, unde Tacitus, quae de patria nostra tradit, hauserit, deque consilio, quod in scribendo libr. de Germania sequutus esse videtur. Marburg. 788. 4. Ib. 789. 8. 2 gr.

Völkel, (Joh.) Ludw., archäolog. Nachlaß, hrsg. v. K. O. Müller. 1. Hft. gr. 8. (12 B. u. 1 Kpfrt. Fol.) Göttingen 831, Vandenhoeck u. Ruprecht.

Völkel, (Jh.) Ldw., (†...) üb. den großen Tempel u. die Statue des Jupiters zu Olympia. 8. Leipz. 794. Breitkopf u. H. 16 gr.

— **über die Wegführung d. Kunstwerke aus den eroberten Ländern nach Rom, e. Vorles. 8. Leipz. 798. Breitkopf u. H. 10 gr.**

VÖLKEL, L.: **Ueb. d. Wegnahme d. Kunstwerke aus d. eroberten Ländern nach Rom.** *Leipz.* 798. **4.**

Völkel, Max: Die Konstanten der physischen Libration des Mondes berechnet aus Kasaner Heliometermessungen. Breslau 1906: H. Fleischmann. (54 S.) 8°
Breslau, Phil. Fak., Ref. Franz, Diss. v. 13. Okt. 1906
[Geb. 5. Aug. 82 Breslau; Wohnort: Breslau; Staatsangeh.: Preußen; Vorbildung: Matthias-Gymn. Breslau Reife O. 02; Studium: Breslau 10 S.; Rig. 13. Okt. 06.]

Voelkel, Maximilian J. A.

—— und Alfr. Thomas, die Aussprache der geographischen Namen aus dem Bereiche der Schule, nach Laut und Ton bezeichnet. gr. 8. (25 S.) Ebendas. 877. *

Völkel, M. Die Behandlung der französischen Conjugation in den mittleren Klassen. Tilsit, R., 1866. Progr.

Voelkel, Max. J. A., Bibellesetafel und Gebete für Schulandachten. gr. 8. (IV, 31 S.) Tilsit 882, [Loesch.] Lohauß.

Voelkel, Maxim. J. A., lithauisches Elementarbuch. gr. 8. (VIII, 110 S.) Heidelberg 879, C. Winter's Universitäts-Buchh. *

Voelkel, Max. J. A., litauisches Elementarbuch. 2. neu bearb. u. verm. Aufl. 2. [Titel-]Ausg. gr. 8. (XII, 192 S.) Heidelberg [897.] 900. C. Winter. n. 2. 40

Litauisches Elementarbuch v. Maxim. J. A. Voelkel. 2. neu bearb. u. verm. Aufl. *Heidelberg: C. Winter 1898.* (XII, 192 S.) 1 Bd 8. (97. 735)

Voelkel, Maxim. J. A., die französische Konjugation in möglichster Vollständigkeit und Einfachheit zum Handgebrauch für Schüler. 3. erweit. Aufl. 8. (23 S.) Tilsit 873, Lösch. *

—— die französische Konjugation in möglichster Vollständigkeit und Einfachheit zum Handgebrauch für Schüler. 3. Aufl. kl. 8. Ebendas. 882. [25 Pf.] *

Voelkel, Max J. A., Schlüssel zum evangelischen Liederschatz. Ein Versregister zu 1800 Kirchenliedern. (IV, 151 S.) gr. 8. Heidelberg (906). C. Winter, Verl. Geb. n. 3. —

Voelkel, Max: Die lettischen Sprachreste auf der Kurischen Nehrung. 32 S. Tilsit. R. S. 1. O. (18).

Voelkel, Max. J. A., die lettischen Sprachreste auf der Kurischen Nehrung. gr. 4. (32 S.) Heidelberg 879. C. Winter. n. 1. 60

Voelkel, Maxim. Lithauische Studien: die lettischen Sprachreste auf der kurischen Nehrung. 32 S. Progr. Rg. *Tilsit* 1879.

— u. Alfr. **Thomas**, Taschenwörterbuch der Aussprache geographischer u. historischer Namen f. das allgem. Bildungsbedürfniß zusammengestellt. gr. 16. (XII, 175 S.) Heidelberg 876. C. Winter. n. 2. 40

— u. Alfr. **Thomas, Taschenwörterbuch** der Aussprache geographischer u. historischer Namen, f. d. allgem. Bildungsbedürfnis zusammengest. 2., verb. u. verm. Aufl., bearb. v. **Max J. A. Voelkel.** 12. (XVI, 189 S.) Heidelberg 895. **C. Winter.** Geb. in Leinw. n. 2. 40

—— **der Tonwandel in der lithauischen Declination. 4. (82 S.) Ebendas. 878.** *

Voelkel, Maximilian: Übungsstücke zu Ploetz Petit Vocabulaire. Tilsit. R. G. 48 S. (22).

Voelkel, Maxim. Le petit vocabulaire de Ploetz en lecture courante. 48 S. **Progr.** Rg. *Tilsit* 1883.

Die Slavenchronik Helmolds v. **Otto Voelkel.** Danzig. 1873. 8°
Göttingen, Phil. Diss.

Voelkel, Paul. Sur le changement de l'*l* en *u*. 4. (18 S.) **Progr.** Collège Français *Berlin* 1888. (5.)

Voelkel, Paul, premières lectures. Erstes französ. Lesebuch. gr. 8. (VIII, 198 S.) Heidelberg 891. C. Winter. geb. n. 1. 80

Voltaire, Diderot, Rousseau. Morceaux choisis. Mit Anm. z. Schulgebr. hrsg. von Prof. Paul **Voelkel**, Oberl. zu Berlin. [Nebst] Anmerkungen [&] Wörterbuch. Bielefeld & Leipzig: Velhagen & Klasing 1902. 8°
(Sammlung, Velhagen & Klasings, franz. u. engl. Schulausgaben. Prosateurs franç. Lfg 138 B.)

Völkel, Gebr. R., figurale Malereien. Amoretten, Allegorien, Trink- u. Jagdszenen, Landschaften, figürl. u. andere moderne Entwürfe f. den prakt. Gebrauch des Dekorationsmalers. I. Serie. (60 farb. Taf.) gr. Fol. Wien (905). F. Wolfrum & Co. In Mappe n. 100. —

Völkel, Gebr. R., mod. Villen in Meisteraquarellen, II. Serie, s. a. Villen, moderne.

— **moderne Villen in Meisteraquarellen. I. Serie. 64 Taf. 4 Abtlgn. (à 16 [12 farb.] Taf.) gr. Fol. Ebd. (903. 904). n. 100. —**

Völkel, Reinhold, Plafond- und Wand-Decorationen des XVI. bis XIX. Jahrhunderts. Chromolithographien nach Entwürfen und Aufnahmen der berühmtesten Architekten. Mit erklärendem Texte von Dr. Albert Ilg. Lieferung III. (IX.—XII. Bl.) Hoch-Folio. Wien, Eduard Hölzel. In Umschlag 3 fl. 1884.
— — Dasselbe mit französ. Text: Décorations de Plafond et de mur du XVIe jusqu'au XIXe siècle. Ebds. Ebenso. S. 226

Relegationspatent für Siegismund Emanuel Richard **Voelkel** aus Giesmannsdorf (Schlesien), stud. theol. 12. März 1868. Halle-Wittenberg. 1 Bl.

Voelkel, T., Auswahl französischer von Franzosen verfaßter Briefe mit erklärenden Anmerkungen zum Schul- und Privatgebrauch hrsg. — Choix de lettres françaises originales. 8. (VIII, 124 S.) Berlin 871, W. Schultze. *

—— Lehrbuch der französischen Sprache. 1. und 2. Jahrg. gr. 8. Karlsruhe 870, Groos. *

Inhalt:
Jahrg. 1. Quinta. (IV, 50 S.) * 40 Pf.
" 2. Quarta. (VI, 94 S.) * 60 Pf.

Völkel, [T.], Lehrbuch der französischen Sprache. 1. Jahrg.: Quinta. 2. Aufl. gr. 8. (IV, 52 S.) Karlsruhe 877, Groos. *
—— dass. — 2. Jahrg.: Quarta. 2. Aufl. gr. 8. (V, 94 S.) Ebendas. 879. *

Völkel, [T.], Lehrbuch der französischen Sprache. 1. Jahrg.: Quinta. 3. Aufl. gr. 8. (IV, 52 S.) Karlsruhe 881, Groos.

Voelkel, Lehrbuch der französischen Sprache. 1. u. 2. Jahrg. gr. 8. Karlsruhe 885. Groos. n. 1. —
1. Quinta. 4. Aufl. (IV, 53 S.) n. — 40. — 2. Quarta. 3. Aufl. (V, 97 S.) n. — 60

—— Lehrgang der französischen Sprache zunächst für Mittelschulen. 1. Jahrg.: Vorschule. 8. (VIII, 80 S.) [Straßburg 877.] Mannheim, Schneider. *

—— französisches etymologisches Lesebuch, nach Wortfamilien geordnet für den Gebrauch der oberen Klassen höherer Lehranstalten, sowie zum Selbstunterricht. 1. Heft: Die Familien der unregelmässigen Verben. gr. 8. (88 S.) Hannover 878, Meyer. *

Voelkel, T., französ. etymologisches Lesebuch, nach Wortfamilien geordnet f. den Gebrauch der oberen Klassen höh. Lehranstalten sowie z. Selbstunterricht. 1. Heft. Die Familien d. unregelmäss. Verben. 2. unveränd. Ausg. (88 S.) 8. Hannover 911. C. Meyer. 1.25

Voelkel, T., Vocabulaire systématique. Methodische Anleitung zum französisch Sprechen für obere Klassen höherer Schulen und zum Privatgebrauche in Frankreich verfaßt. 1. Aufl. 1871, und 2. unveränd. Aufl. 8. (VII, 176 S.) Braunschweig 874, Vieweg und Sohn. *

Voelkel, Titus: Insignium propriorum zoologicorum critice, historiae systematis zoologici adumbratio.
Halle-Wittenberg, Phil. Diss. v. 15. Jan. 1866
Geb. [Wirsitz (Posen) 14. 12. 1841]
Ms. fehlt. Tit. aus dem Umlauf des Dekans Rosenberger.
Verf. erlebte das goldene Dr.-Jubiläum 1916 als Bertheau Instructor am College of the City of New York, USA.

Feuerbestattung? oder Erdbegräbnis? Wie sollen wir unsere Toten bestatten? Ein Aufruf an denkende Menschen. (Verf.: Dr. T[itus] **Voelkel.**) [New York]: Feuerbestattungs-Verein d. Verein. Staaten von Amerika 1904. (30 S.) 8° [F.]

Völkel, Dr. T. Feuerbestattung oder Erdbegräbnis. Herausgegeben vom Feuerbestattungsverein der Vereinigten Staaten von Nord-Amerika. 1905. Brooklyn. Ch. H. Schaller.

— 80 Gedichte aus d. „Neuen freireligiösen Sonntags-Blatt", hrsg. v. V. 3. Aufl. gr. 8. (77 S.) Ebd. 895. n. — 40

— Handbüchlein f. den Jugend-Unterricht in freien Gemeinden. 3., verm. u. verb. Aufl. 12. (IV, 108 S.) Rudolstadt 894. A. Bock. Kart. n. — 75

[F. u. Ant.] Luther's kleiner Katechismus (Umschlagt.: und M. Fürbringer's Biblische Geschichten). Im Auftr. d. Freireligiösen Gemeinde zu Berlin für Dissidenten erläut. (a. d. Umschl.: für freireligiöse Schüler erläut. im Auftr. d. Freirelig. Gemeinde zu Berlin) v. Dr. [Titus] Voelkel. *Berlin: Komm.-V. v. W. Rubenow; (Dr. v. Maurer & Dimmick) 1895.* (1 Bl., 30 S., 1 Bl.) 1 Bd 8.

—— Lehren wir nichts Positives? Vortrag, geh. am 29. Juni 1890 in der freireligiösen Gemeinde zu Berlin. 8. (23 S.) Berl. 890, (Rubenow). — 15

— sollen die Dissidentenkinder gezwungen werden, am Schul-Religionsunterricht teilzunehmen? Beleuchtung der Frage durch Bibelskizzen. Sr. Exc. Hrn. Bosse, Hrn. v. Zedlitz u. Hrn. Hübler gewidmet. (4 Hfte.) 1.—3. Hft. 12. Berlin 894. (W. Rubenow.) à n. — 40
1. Aberglaube u. Bibel. (IV, 42 S.) — 2. Fälschungen in der Bibel. (IV, 61 S.) — 3. Biblische Frauen. (IV, 76 S.)

Volkelt, Johann Gottlieb

— kurze Anweisung zur deutschen Verskunst. 8. Liegnitz 761.

- s. Arnaud, Pauline u. Uzette.

— s. Bemerkungen in Rücksicht d. Vertilg. d. Baumraupen, und setze hinzu: (v. J. G. Volkelt).

— kurze Erdbeschreibung, zum Gebrauch der Landkarten, für die Jugend. 8. Bresl. 775. Neue verm. Aufl. 791. Gutsch. 20 Kr

VOLKELT, Johann Gottlieb 1721 - 1795
M. Johann Gottlieb Volkelts ... kurze Erdbeschreibung zum Gebrauch der Landcharten für die Jugend, nebst einer vorangesetzten Einleitung für die Anfänger.
Zwote, vermehrte, und mit einem Register versehene Auflage.
Breslau: Gutsch. 1791. 412, 32 S. 8°.
Bayerische Staatsbibliothek München
1. Aufl. 1775 (Frankfurt-Leipziger Meßkatalog, Michaelismesse 1775, S. 942) konnte nicht gefunden werden.

s. Fanny, eine engl. Geschichte.

s. Julie, od. die glückl. Reue.

s. Loaisel de Treogate, Valmore.

— historische Mineralogie für Anfänger, oder Beschreib. d. Mineralien u. Anzeigung der Oerter, wo sie gefunden werden. 8. Bresl. 765. Gutsch. (W. Nauck in Leipz.) 8 Kr

— histor. Mineralogie f. Anfänger. 8. Breslau, Gutsch. (Sommer in Leipz.). 765. -

— ausführl. Nachr. von d. tatarischen Schlacht, welche in den 1342sten Jahre bei Wahlstadt vorgefallen ist. 8. Liegn. 770.

Volkelt, Jh. Gli., († d. 12. Jan. 1795.) gesammelte Nachr. von schlesischen Bergwerken. 8. Bresl. 775. Gutsch. 12 Kr

— Nachr. von d. schlesischen Mineralien u. den Oertern, wo sie gefunden werden. 8. Bresl. 775. Gutsch. 5 Kr

Volkelt, Johs., Ästhetik des Tragischen. gr. 8. (XVI, 445 S.) München 897. C. H. Beck. n. 8. —; geb. n. 9. —

Volkelt, Johs., Aesthetik des Tragischen. 2., umgearb. Aufl. (XVI, 488 S.) gr. 8. München 906. C. H. Beck. n. 9. —; geb. in Leinw. n. 10. —

Volkelt, Johs., Bildungswege der Frau. Festrede. 8⁰. Leipzig, J. C. Hinrichs Verlag, 1911.

Volkelt, Johs., zwischen Dichtung u. Philosophie. Gesammelte Aufsätze. (VII, 389 S.) gr. 8. München 908. C. H. Beck. Geb. in Leinw. 8.—; in Halbfrz. n 10. 50

Volkelt, Johs., Erfahrung u. Denken. Kritische Grundlegg. der Erkenntnistheorie. gr. 8. (XVI, 556 S.) Hamburg 886. Voss. n. 13. —

—— Immanuel Kant's Erkenntnisstheorie nach ihren Grundprincipen analysirt. Ein Beitrag zur Grundlegung der Erkenntnisstheorie. gr. 8. (VIII, 294 S.) Leipzig 879, Voss. *

—— Franz Grillparzer als Dichter des Tragischen. gr. 8. (VIII, 216 S.) [Nördlingen 888.] München, Beck'sche Verlagsb. *
geb. *

— Franz Grillparzer als Dichter des Tragischen. 2., unveränd. Abdr. (IX, 216 S.) 8. Ebd 909. 3.—; geb. in Leinw. 4. —

—— Kant's kategorischer Imperativ und die Gegenwart. Vortrag, gehalten im „Leseverein der deutschen Studenten Wien's" am 10. März 1875. gr. 8. (20 S.) Wien 875, [Czermak.] Toeplitz und Deuticke. *

Volkelt, Johs., die Kunst des Individualisierens in den Dichtungen Jean Pauls. gr. 8. (64 S.) Halle 902. M. Niemeyer. n. 2. —
Sonderabdruck aus: „Philosoph. Abhandlgn. Gedenkschrift f. Rud. Haym".

Volkelt, Johs., über die Möglichkeit der Metaphysik. Antrittsrede, gehalten zu Basel am 23. Oktbr. 1883. gr. 8. (40 S.) Hamburg 884, Voss. *

— Pantheismus u. Individualismus im Systeme Spinoza's. gr. 8. (89 S.) Leipzig 872. Lorentz. n. 1. 50

Die Quellen der menschlichen Gewissheit von Johannes **Volkelt**, Prof. zu Leipzig. München: C. H. Beck 1906. (134 S.) 8° [06. 8956

— Arthur Schopenhauer, s.a Frommann's Klassiker der Philosophie. X.

Arthur Schopenhauer. Seine Persönlichkeit, seine Lehre, sein Glaube. Von Johannes **Volkelt**. Mit Bildn. Stuttgart: F. Frommann 1900. (XIV, 392 S.) 8°
= **Klassiker**, Frommanns, d. Philosophie. 10. [00 7077

Arthur Schopenhauer. Seine Persönlichkeit, s. Lehre, s. Glaube. Von Johannes **Volkelt**. Mit Bildn. 2. Aufl. Stuttgart: F. Frommann 1901. (XIV, 392 S.) 8°
= **Klassiker**, Frommanns, d. Philosophie. 10. [06. 14560 9

Arthur Schopenhauer. Seine Persönlichkeit, s. Lehre, s. Glaube. Von Johannes **Volkelt**. Mit Bildn. 3., stark erg. Aufl. Stuttgart: F. Frommann 1907. (XVI, 459 S.) 8°
= **Klassiker**, Frommanns, d. Philosophie. 10. [07. 11786 11

Volkelt, Johs., der Symbol-Begriff in der neuesten Aesthetik. gr. 8. (V, 120 S.) Jena 876, [Dufft.] Fischer. *

— System der Aesthetik. (In 2 Bdn.) 1. Bd. (XVII, 592 S.) gr. 8. München 905. C. H. Beck. n. 10. 50; geb. in Leinw. n. 12. —

— System der Ästhetik. (In 3 Bdn.) 2. Bd. (XXII. 569 S.) gr. 8. München 910. C. H. Beck. Geb. in Leinw. 12. ·
1. Bd. Ebd. 905. 10.50; geb. 12.—.

—— die Traum-Phantasie. 8. (V, 208 S.) Stuttgart 875, [Meyer und Zeller.] Bonz und Comp. *

—— das Unbewusste und der Pessimismus. Studien zur modernen Geistesbewegung. gr. 8. (II, 322 S.) Berlin 873, Henschel. [München, Th. Ackermann.] *

Volkelt, Johs. Vorträge zur Einführung in die Philosophie der Gegenwart. gr. 8. (VIII, 230 S.) Münch. 892, Beck. * 4 50
geb. ** 5 50

Volkelt, Johannes: Was Schiller uns heute bedeutet. Ein Nachwort zur Schillerfeier. Lipsiae (1905): A. Edelmann. (S. 1—26.) 4°
Leipzig, Verz. d. Promotionen in d. philos. Fak. 1904—1905

— was Schiller uns heute bedeutet. Ein Nachwort zur Schillerfeier. Progr. (26 S.) Lex.-8. Leipzig 905. A. Edelmann. n. — 60

— ästhetische Zeitfragen. Vorträge. gr. 8. (VIII, 258 S.) Ebd. 895. n. 4. 50; geb. n.n. 5. 50

— s.: Zeitschrift f. Philosophie u. philosoph. Kritik.

Volkenborn, Heinrich: Emanuel Geibel als Übersetzer und Nachahmer englischer Dichtungen. Münster 1910: Theissing. 94 S. 8°
Münster, Phil. Diss. v. 20. Febr. 1910, Ref. Schwering
[Geb. 7. Dez. 86 Mülheim-Broich; Wohnort: Dortmund; Staatsangeh.: Preußen; Vorbildung: Oberrealsch. Dortmund Reife O. 06; Studium: Münster 7 S.; Rig. 27. Nov. 09.] [U 10. 3811

Volkening, A. D., deutsche Liederkrone im goldnen Tonschmuck lieblicher Melodien für alle Zeit- und Lebensverhältnisse. 70 Palmbäume am Lebensstrome der heil. Schrift. Religiöse Gesänge im Cantus firmus. Zum Gebrauch in höheren Schulen, Seminarien und Vereinsleben. 1. Buch. Ausg. A. gr. 16. (X und 77 S.) Hildburghausen 865, Kesselring'sche Hofbuchh. *

Volkening, kleine Missionsharfe, s. Missionsharfe.

Volkening, A. D., und C. Blumhardt, geistliche Tonhalle. Psalmlieder und auserlesene Bibeltexte im harmonischen Tongewande des ältern Rhythmus. Zugleich ein Choralwerk zu den Psalmen- und Propheten-Liedern von M. Jorissen und C. Blumhardt, sowie zu Psalter und Harfe von Spitta. Zum Gebrauch für die häusl. Erbauung am Klaviere und für kirchl. Chorgesang-Vereine. 1. Heft. hoch 4. (28 S.) Elberfeld 854, Schmachtenberg.

Geschichten aus Minden-Ravensberg für jung und alt. Von Sup. B[ernhard] **Volkening**. Gütersloh: C. Bertelsmann 1906. (173 S.) 8° [F.] [06. 664

Volkening, B., Leben des Ansgarius, d. Apostels d. Nordens, siehe: Sonntags-Bibliothek.

Volkening, B., s.: Monatsblatt, evangel., f. Westfalen.

Volkening, Carl, s. Volkening, Karl

Volkening, Ed., die Besitz- u. Firmenveränderungen im deutschen Verlags-Buch-, Kunst-, Musikalien- u. Landkartenhandel in den J. 1885—1892, nebst zahlreichen Nachträgen aus früherer Zeit. gr. 8. (55 S.) Leipzig 892. E. Volkening. n. 3. —; geb. u. durchsch. n. 4. —

Volkening, Eduard (Hrsg.), s. Bildnisse, Fünfunddreißig verschiedene, von ber. Männern ...

Volkening, Ed., die Preisherabsetzungen der Verlags-, Rest- u. Partie-Artikel im deutschen Buchhandel. Ein Verzeichnis v. Büchern, welche zu ermässigten Preisen zu beziehen sind, m. Angabe v. Jahren, Formaten, Illustrationen, Tafeln, Bezugsquellen, Laden- u. ermässigten Preisen, nebst Rabattbezeichng. [Veränderungen im deutschen Buchhandel. III. Abtlg.] 12 Lfgn. gr. 8. (IV, 515 S.) Leipzig 892. 893. E. Volkening. Subskr.-Pr. à n.n.n. 1.—; Ladenpr. à n. 2. —; einseitig bedruckt Subskr.-Pr. à n.n.n. 1. 25; Ladenpr. à n. 2. 50

Volkening, Ed. Veränderungen im deutschen Buchhandel. 3 Abtlgn. gr. 8. Lpz., E. Volkening. * 57 —
1. Die Besitz- u. Firmenveränderungen im deutschen Verlags-Buch-, Kunst-, Musikalien- u. Landkartenhandel in den J. 1885—1892, nebst zahlreichen Nachträgen aus früherer Zeit. (55 S.) 892. * 3 —; geb. u. durchsch. * 4 —.
2. Die Verlagsveränderungen im deutschen Buchhandel in d. J. 1874—1890, nebst zahlreichen Nachträgen aus früherer Zeit u. Angabe vieler billigerer Bezugsquellen. (IV, 583 S.) 890—93. * 30 —; geb. * 32 —.
3. Die Preisherabsetzungen der Verlags-, Rest- u. Partie-Artikel im deutschen Buchhandel. (IV, 515 S.) 893.93. * 24 —; einseitig bedruckt * 30 —.
Vgl.: XVIII. Bd. 1. Abthl. S. 391: Erlecke, Alb. Besitzveränderungen 1750—1885. Ebd. 1886. geb. [* 5 —] 7 50.

Volkening, Ed., die Verlagsveränderungen im deutschen Buchhandel in den J. 1874—1890, nebst zahlreichen Nachträgen aus früherer Zeit. Als Ergänzg. zu den früheren Bdn., die J. 1851—70 u. 71—73 umfassend, zu den Besitz- u. Firmenveränderagn., sowie zu allen Bücherkatalogen. (In etwa 10 Lfgn.) 1.—4. Lfg. gr. 8. (176 S.) Leipzig 890. Ed. Volkening. à 2. —; Subscr.-Pr. à 1. 50

— die Verlagsveränderungen im deutschen Buchhandel in den J. 1874—1890, nebst zahlreichen Nachträgen aus früherer Zeit u. Angabe vieler billigerer Bezugsquellen. 5.—16. Lfg. gr. 8. (IV u. S. 177—583.) Ebd. 891. 892. à n. 2. —; Subskr.-Pr. à 1. 50 (kplt.: n. 30. —)

Volkening, H., und A. Rische, s. Krieg und Sieg.

Volkening, J., Israel Hartmann, s. Sonntags-Bibliothek. 5. Bd. 5. Heft.

Volkening, Karl

Volkening, *Carl* [aus Essen a. d. Ruhr]: Beiträge zur Kenntniss des o.Amidobenzyl p-Chloranilin ... Erlangen, k. b. Hof- u. Univ.-Buchdr. v. F. Junge, 1892; 41 S. 8.
Erlangen, Phil. Fak., Inaug.-Diss. v. Febr. 1893

Volkening, W., die große Schaar. Predigt, geh. am Todtenfeste, 20. Novbr. 1870 in der Kirche zu Wupperfeld. 8. (16 S.) Barmen 870. (Klein.) n. — 30

Völkening, Theodor, Die landwirschaftliche Witterungskunde und Wetterprophezeiung für die deutschen und holländischen Nordseeprovinzen. Mit besonderer Berücksichtigung Ostfrieslands popular dargestellt.
Aurich 1865.

Volkenrath, Max [aus Mülheim a/Rh.]: (Aus d. chirurg. Klinik.) Über die branchiogenen Misbildungen .... Andernach, A. Jung'sche Buchdr., 1888; 44 S. + 2 Bl. 8°
Bonn, Med. Fak., Inaug.-Diss. v. 11. Aug. 1888

Volkenrath, R. On the history and etymology of the English language. Hagen, R., 1866. 12 S. 4. **Progr.**

Volkenrath, Rudolf [stellvertr. Dir. Prof. Dr.]: *Direktor Dr. Franz Cramer, gest. am 2. Mai 1895.* Mülheim a. Rh., Druck v. C. G. Künstler Wwe, 1896; 17—18 S. 4.
Mülheim a. Rh., RG m. Gymnasialkl., P 1896 (401)

Volkens, Neumühlen u. Oevelgönne. Historische Skizzen. Altona 1895.

Volkens, Georg

Volkens, G., Chenopodiaceae; Basellaceae, s.: Engler, A., u. K. Prantl, die natürlichen Pflanzenfamilien.

Volkens, G., die Flora der ägyptisch-arabischen Wüste, auf Grundlage anatomisch-physiolog. Forschgn. dargestellt. Mit 18 Taf. Hrsg. m. Unterstützg. der kgl. preuss. Academie der Wissenschaften zu Berlin. gr. 4. (VIII, 156 S.) Berlin 887. Gebr. Bornträger. n. 24. —

Der Kilimandscharo. Darstellg d. allgemeineren Ergebnisse e. fünfzehnmonatigen Aufenthalts im Dschaggalande v. Prof. Dr. Georg **Volkens**, Privatd. ... an d. Univ. Berlin. M. 11 Vollbild., 28 Textb. u. 1 Kt. *Berlin: D. Reimer 1897.* (6 Bl., 388 S., 1 Taf., 1 Kt.) 1 Bd 4.(8). (97. 8735

Volkens, G., die Nutzpflanzen Togos, s.a. Notizblatt des königl. botanischen Gartens u. Museums zu Berlin-Dahlem. Appendix.

Die Nutzpflanzen Togos. Von G[eorg] **Volkens**. 1. Leipzig: W. Engelmann in Komm. 1900. 8°
(Notizblatt d. Kgl. botan. Gartens u. Mus. zu Berlin-Dahlem. App. 22, Nr 1.) (09. 14130

Volkens, Georg: Die Vegetation der Karolinen, mit besonderer Berücksichtigung der von Yap. ([S.-A.] Englers Botanische Jahrbücher. Bd. 31. S. 412—477.) (Leipzig 1901.) 66 S., 4 Tf. 8°.

Volkens, Georg (geb. Berlin 13. 7. 1855): Ueber Wasserausscheidung in liquider Form an den Blättern höherer Pflanzen. Berlin 1882. (40 S.) 8°. * Aus: Jahrb. d. Königl. botan. Gartens u. des botan. Museums zu Berlin Bd. 2. 1883.
Berlin, Phil. Diss. v. 15. Nov. 1882

Volker, Siderische Geburt. Seraphische Wanderg. vom Tode der Welt zur Taufe der Tat. (239 S.) gr. 8. Berlin 910. K. Schnabel. 4.50; geb. 7. —

Volker, F., Lohengrin, e. Heldengedicht. 8. (183 S.) Arnsberg 899. F. W. Becker. n. 1. 50

Volker, Frdr. Sang u. Drang. Gedichte. 16. (VIII, 132 S. m. Holzschn.-Vignetten.) Aarau 876. Sauerländer. n. 2. —

Volker, H., Manöverabler u. andere Militär-Humoresken. (III, 254 S.) 8. Dresden 903. E. Pierson. n. 3. —; geb. n. 4. —

Volker, H. S., Handbuch der deutschen Volksbildungsbestrebungen. gr. 8. (VI, 131 S.) Zürich 893. C. Schmidt. n. 2. —

Volker, Hans. Bimini. Sebastian Kneipp, der Pfadfinder zur Verjüngungsquelle Neu-Bimini. 8. (VIII, 104 S.) Wörishofen u. Türkheim 892, Kurbuchh. v. Jos. Müller. 1 50; geb. 2 —

Volker, J. H., das Buch f. Kaufleute, od. wie kann ein Kaufmann sein Geschäft am vortheilhaftesten führen? rc. 8. Quedlinb. 823. Basse. 20 gr

— Handbuch d. Wollenfärberei. Oder gründl. u. leichtfaßl. Unterricht, Wolle u. wollene Fabrikate, als Garn, Zeuge, Tuch rc. in allen Farben u. Nuancen schön u. dauerhaft zu färben. Nach d. neuesten Grundsätzen rc. 8. Quedlinb. 826. Basse. 1 th 4 gr

— die besten u. vortheilhaftesten Methoden der Oelreinigung, nach den neuesten Verbesserungen. Mit 9 Abbildungen. 8. Quedlinb. 828. Basse. 12 gr

— Taschenbuch d. Waarenkunde f. d. Luxus, Galanterie-, Mode- u. Kunsthandel. Mit Anh. 16. Quedlinb. 824. Basse. 1 th 12 gr

— Taschen-Encyklopädie der Material- u. Droguererie-Waarenkunde. In alphabet. Ordnung. 2 Bde. 16. Quedlinb. 824. Basse. 2 ₰ 12 ℊ 2e Aufl. unter d. T.: Handbuch der Material- u. Droguerie-Waarenkunde. 2 Bde. A—Z. 8. Ebd. 831. 2 ₰ 12 ℊ

Volker, Pepo v., ein blondes Wuschelhaar. Studentennovelle. (104 S.) 8. Magdeburg (906). R. Zacharias. n. 1. —

Ein blondes Wuschelhaar. Studentennovelle von Pepo v. **Volker**. Magdeburg: R. Zacharias [1907]. (104 S.) 8° [07. 6364 3

Volker, Rhard. (Rhard. Spitzner), Cis-Moll. Lieder. (II, 103 S.) 8. München (908). Braun & Schneider. Geb. in Leinw. 2.

— Prinzessin Haschanascha u. anderes. Schwänke u. Lieder. (VIII, 138 S.) 8. München (909). Braun & Schneider. 2. 50

Volker, Rhard. (Rhard. Spitzner), der Igel. Ein fröhl. Buch. (VII, 154 S.) 8. München (908). Braun & Schneider. Geb. in Leinw. 2. 50

Gottes Teppich. Märchen u. doch nicht Märchen, von Reinhard **Volker**. Berlin: A. Hofmann & Co 1908. (95 S.) 8° [F.] [08. 1871

Humoristische Vorträge. 1. Berlin: W. Frey [1907]. 8° [F.] [08. 1871

— Wunderliche Welt. Allerhand f. nachdenkl. Leute. (VIII, 101 S.) 8. Ebd. (910). Geb. in Leinw. 3. —

Volker, Rob., das Natur-Evangelium. (57 S.) 8. Riga (906). F. Deutsch. n. 1. 20

Völker, Die, eine Abhandlung.

[Halle 1776.] V: *Fulda, Frdr. Carl.* (ML)

Völker, die, der Erde. Ein Unterhaltungsbuch f. die Jugend. 2 Bdchen., mit ill. Kpf. 12. Nürnb. 820. Campe. 3 ₰

Völker, die, d. Erde, in 67 naturgetreuen Abbildd. europ. u. a. fremden Nationen. Zum Nachzeichnen u. Coloriren für artige Kinder u. als Beitrag zu jeder Geographie f. d. erwachsene Jugend. Mit kurzer Erklärung u. beigefügter Andeutung d. Farben, welche man bei d. Colorit zu wählen hat. 12. Pirna 830. Friese. In Etuis 8 ℊ 2e Ausg. in 96 Abbild. 12. Ebd. 831. 8 ℊ

Völker, die, der Erde. Ein ethnograph. Bilderbuch. 14 fein kolor. Bildertaf. m. 89 Abbildgn. der wichtigsten Menschenrassen. hoch 4. (14 S. Text.) Eßlingen 885. Schreiber. geb. n. 3. —

Völker Europas . . .! Der Krieg der Zukunft v. ***. 1.—15. Taus. (664 S. m. 5 Karten.) 8. Berlin (906). R. Bong. n. 5. —; geb. n. 6. —

Völker, der, Liebesgarten. (Gesammelt u. hrsg. v. Paul Seliger.) (VIII, 531 S.) 8. Leipzig 909. J. Zeitler. 6.50; geb. in Leinw. 8.—; in Ldr. 11. —; Luxusausg. 25. —

Die **Völker** der österreichisch-ungarischen Monarchie. Für die Jugend bearbeitet von L. K.
Wien, Verlag von C. Dittmarsch Nachfolger [um 1870]
24 S. 12 Taf. in farb. Holzschn. 8°

Völker, die, Oesterreich-Ungarns. Ethnographische u. culturhistorische Schilderungen. 1., 3—6., 9. u. 10. Bd. gr. 8. Teschen 881. 82. Prochaska. n. 42. 20

1. Die Deutschen in Nieder- u. Ober-Oesterreich, Salzburg, Steiermark, Kärnthen u. Krain. Von Karl Schober. (397 S.) n. 6. 50
3. Die Deutschen in Ungarn u. Siebenbürgen. Von J. H. Schwicker. (IV, 512 S.) n. 7. 50
4. Die Tiroler u. Vorarlberger. Von Jos. Egger. (X, 531 S.) n. 7. 50
5. Die Ungarn od. Magyaren. Von Paul Hunfalvy. (255 S.) n. 4. 50
6. Die Rumänen in Ungarn, Siebenbürgen u. der Bukowina. Von Joan Slavici. (237 S.) n. 4. 50
9. Die Polen u. Ruthenen in Galizien. Von Jos. Szujski. (V, 283 S.) n. 5. 20
10. 1. Die Slovenen. Von Jos. Šuman. (184 S.) n. 3. 50
    2. Die Kroaten im Königr. Kroatien u. Slavonien. Von Jos. Starè. (155 S.) n. 3. —

— die, Oesterreich-Ungarns. Ethnographische u. culturhistor. Schildergn. 2., 8., 7., 11. u. 12. Bd. gr. 8. Teschen, Prochaska. n. 27. —

II. Die Deutschen in Böhmen, Mähren u. Schlesien. Von Jos. Bendel. (VI, 355 S.) 884. 85. n. 7. —
VII. Die Juden. Von Gerson Wolf. Mit e. Schlußbetrachtg. v. Wilh. Goldbaum. (177 S.) 883. n. 3. 75
VIII. Die Čecho-Slaven. Uebersichtl. Darstellg. v. Jaroslav Vlach. Volkslied u. Tanz. Das Wiederaufleben der böhm. Sprache u. Literatur. Die ältesten Denkmale böhm. Schriftthums u. der Streit üb. deren Aechtheit. Drei Studien von Jos. Alex. Frhr. v. Helfert. (VIII, 451 S.) 883. n. 7. —
XI. Die Serben im südlichen Ungarn, in Dalmatien, Bosnien u. in der Herzegovina. Von Thdr. Ritter Stefanovič Vilovsky. Mit e. Anh.: Die südungar. Bulgaren v. Géza Czirbusz. (V, 403 S.) n. 5. 50; Einbd. n. 1. 60
XII. Die Zigeuner in Ungarn u. Siebenbürgen. Von J. H. Schwicker. (188 S.) 883. n. 3. 75

Völker, die, Russlands in Waffen. Von ***. gr. 8. (53 S.) Leipzig 893. W. Malende. n. 2. —

Völker u. Völkerstämme, russische, unt. Alexander I., s. Fr. Hempel.

Völker, die westslawischen, s. Lord's Zeithefte.

Völker, Die westslavischen, ihre

Stellung in Europa und ihre Bestrebungen. Leipzig 1859. V: *Andree, Carl.* (Globus XI (1866), S. 117)

Völker, A. J., die innere Politik des Fürstbischofs v. Münster Friedrich Christian v. Plettenberg, s. a. Beiträge f. die Geschichte Niedersachsens u. Westfalens. 12. Heft.

Die innere Politik des Fürstbischofs von Münster Friedrich Christian von Plettenberg. Von Dr. A. J. **Völker**. Hildesheim: A. Lax 1908. (144 S.) 8° [F.]
= **Beiträge** f. d. Geschichte Niedersachsens u. Westfalens. H. 12. [08. 13696

Völker, Adph. Herm., Handbuch des großherzogl. sächs. Privatrechts. gr. 8. (XLVIII und 503 S. mit 1 Tab. in Fol.) Jena 855, Mauke. *

—— der östreich-preußische Handels- und Zollvertrag staatswissenschaftlich, systematisch und practisch dargestellt nach seinen bedeutendsten nationalmerkantil. und gewerbl. Vortheilen, wie sie sich dem deutschen und östreich. Handels- und Fabrikstande demnächst bieten, mit Hinweisung auf die vorzüglichsten Productivkräfte Oestreichs und Preußens ꝛc. und der Münz-, Maaß- und Gewichtsverhältnisse nebst einer vergleichenden Darstellung des bisherigen und vom 1. Jan. k. J. an in Kraft tretenden Tarifs. Zugleich Taschenbuch für Kaufleute und Gewerbtreibende aller Branchen ꝛc. gr. 8. (52 S.) Neustadt a. d. Orla 853. (Plauen, Schröter.) *

Völker, Leitfaden für Geschworne nebst Anh. enth. die gesetzl. Bestimmungen über Einführung der Geschwornengerichte im Königr. Preußen und in den norddeutschen Bundesstaaten. 8. (IV und 48 S.) Erfurt 867, Körner's Verlag.

—— das praktische Recht des Corpus juris civilis (deutsch nach Otto, Schilling und Sintenis) in seinen Beweis- und Beleg-Stellen zu den Pandecten-Lehrbüchern von Arndts, Puchta, v. Vangerow und Mühlenbruch. (In 2 Bdn.) 1. Bd. gr. 8. (VIII und 380 S.) Jena 868, Mauke's Verlag.

Völker, Adph. Herm., volksthümliche Vorbereitungsschule für die Geschwornenrichter in Deutschland, um sie in kürzester Zeit auf den Standpunct zu erheben, über den Anklagestand und über das Schuldig in Straffachen mit möglichster Sicherheit zu entscheiden. 12. (67 S.) Weimar 848, Voigt.

Voelker, Ambros., Ist der menschliche Wille frei? Mit besond. Rücksicht auf die Frage der Zulässigkeit der Todesstrafe. 1. und 2. Aufl. gr. 8. (28 S.) Stuttgart 880, Levy und Müller. *

Voelker, August [app. Arzt, aus Marburg a. d. Lahn]: Ueber die Gefahren grösserer Kraftеinwirkung am Halse bei Entwickelung des nachfolgenden Kopfes. . . . Cassel, Druck v. Weber & Weidemeyer, 1888; 27 S. 8°

München, Med. Fak., Inaug.-Diss. v. 1888

Völker, Augustus, über die Zusammensetzung und den Nahrungswerth des Strohes. Aus dem Engl. übertragen von Jul. v. Holtzendorff. Breslau 863. Trewendt. gr. 8. (48 S.) 7½ ngr.

Voelker, Benno, die einfache Buchführung f. Detailgeschäfte. (91 S.) gr. 8. Braunschweig 907. K. Pfankuch. 1.25; geb. 1.60

Völker, C., s. Völker, Karl

Völker, C. Chr., s. Völker, Karl Christian Konrad

Völker, C. W., s. Völker, Johann Wilhelm

Völker, Carl, s. Völker, Karl

Völker, Carl Chr. Conrad, s. Völker, Karl Christian Konrad

Voelker, Carl Heinrich Wilhelm, s. Voelker, Karl Heinrich Friedrich

Völker, Chr., neueröffnete Hebammenschule. 8. Stuttgart, Metzler. 722. —

Voelker, Dorothea, Waizenkörner. Erzählungen für das Mädchenalter. 8. (71 S.) Ludwigsburg 877, Neubert'sche Buchh. cart. *

Völker, Erich, appr. Arzt in Bonn: Über multiple Embryome des Ovariums. Bonn 1905: J. Trapp. (32 S.) 8°

Bonn, Med. Fak., Ref. Schröder, Diss. v. 30. Sept. 1905.

[Geb. 20. Mai 81 Krefeld; Wohnort: Barmen; Staatsangeh.: Preußen; Vorbildung: Gymn. Barmen Reife O. 99; Studium: Bonn 4, Berlin 4, Bonn 1 S.; Coll. 30. Sept. 05; Approb. 19. März 04.]

Völker, Ericus [Stetinensis]: Rhinthonis fragmenta . . . Halis Saxonum, Druck v. Hesse & Becker in Leipzig, 1887; 3 Bl. + 49 + 1 S. 8°

Halle, Phil. Fak., Inaug.-Diss. v. [28. Febr.] 1887.

Völker, Erich, Rhinthonis fragmenta. gr. 8. (49 S.) Leipzig 887, Fock. *

(Völker, [F.].) Studentenstreiche. Posse in einem Akt. 3. Aufl. 24 S. 8. Aarau, H. R. Sauerländer & Co., 1910. [fr. —. 60]

Völker, F., Sang und Drang. Gedichte. 16. Aarau, Sauerländer. 1876. 2. 50

Voelker, Franz

Voelcker, F., de Graecorum fabularum auctoribus, s. Dissertationes philologicae Halenses.

Voelker, Franciscus: De Graecorum fabularum actoribus. Halis Saxonum 1880: Karras. 28 S. 8°

Halle-Wittenberg, Phil. Diss. v. [27.] Jan. 1880

Geb. Gehlenbeck bei Lübbecke (Westf.) 3. 7. 1856. V.

Ersch. vollst in: Dissertationes philologicae Halenses. Vol. 4 Halis Sax 1880. S. 147—217.

Völker, Franz [aus Rietzig]: Beitrag zur Casuistik der Gesichtsfeldamblyopie . . . Berlin, Buchdr. v. Gustav Schade (Otto Francke) (1886); 30 + 2 S. 8°

Berlin, Med. Fak., Inaug.-Diss. v. 11. Aug. 1886.

Völker, Franz, Beitrag zur Casuistik der Gewichtsfeld-amblyopie. Diss. Berlin 1886, Mayer & Müller. 8°. 30 S.

Völker, Frz., Bismarcks Politik in d. J. 1864 u. 1866, auf Grund d. Sybelschen Werkes. Die Begründg. des Deutschen Reiches durch Wilhelm I. in gemeinverständl. Form dargest. gr. 8. (IV, 97 S.) Gotha 898. F. A. Perthes. n. — 80

Völker, F., berühmte Schauspieler im griech. Alterthum, s. Sammlung gemeinverständl. wissenschaftl. Vorträge.

Berühmte Schauspieler im griechischen Alterthum. Von Dr. F[ranz] Völker in Bielefeld. Auf Grund d. Dissertation d. Verf. 'de Graecorum fabularum actoribus' (Halle 1880) u. unter Berücks. neuerer Forschungen. Hamburg: Verlagsanst. u. Dr. A.-G. 1899. (33 S.) 8°

(Sammlung gemeinverständl. wiss. Vorträge. N. F. Ser. 14. H. 327.)

Völker, Franciscus, Hannoveranus: Papyrorum Graecarum syntaxis specimen. (de accusativo; acced. II tract. de -ν et -ς finali.) Bonnae 1900: C. Georgi. (37 S.) 8° (Teil einer grösseren Arbeit.)

Bonn, Phil. Diss. v. 15. März 1900.

Völker, Franz, Dr.: Syntax der griechischen Papyri. 1. Der Artikel. *Münster 1903: Westf. Vereinsdruck.* (20 S.) 4°
Münster i. W., RG, G u. R, P 1903 (433)

Völker, Frz., 38 kurze systematische Uebungsgänge zur Einführung in die doppelte Buchführung, s.: Blum, Th.

Völker, G., s.: Barren-Pyramiden.

— s.: Bock-Pyramiden.

— Pferd-Pyramiden. Enth. Pyramiden an 1 u. 2 Pferden f. 10 bis 24 Mann. (40 S.) kl. 8. Probstheida (902). Leipzig, Rauh & Pohle. n. 1. 50

— Pferd- u. Leiter-Pyramiden, s.: Thomas, K.

— Pyramiden m. langen Stäben, s.: Thomas, K.

— Verwandlungs-Pyramiden, s.: Thomas, K.

Völker, Gilbert, approb. Arzt aus Braunschweig: Die Resultate der Kropfoperationen in der chirurg. Universitätsklinik in Halle a. S. in der Zeit vom 1. April 1890 - 1903. Halle a. S. 1904: C. A. Kaemmerer & Co. (29 S.) 8°
Halle, Med. Diss. v. 24. Febr. 1904.

Völker, H., Kurzhand. Stenographisches Lehr- u. Übungsbuch f. Schulen u. zum Selbstunterricht. Einfache u. regelmäß. Schreibweise. Leicht erlernbar. An Deutlichkeit der Kurrentschrift gleichkommend. (39 S.) 8. Darmstadt (909). (Leipzig, J. H. Robolsky.) 1. 20

Völker, Hans, aus Würzburg: Zur Frage der Behandlung der Eihautretention nebst Bemerkungen über die Ursache derselben. Würzburg 1901: P. Scheiner. (43 S.) 8°
Würzburg, Med. Diss. v. 1901

Völker, Heinrich Ludwig Wilhelm, s. Völker, Hieronymus Ludwig Wilhelm

Völker, Hieronymus Ludwig Wilhelm

Völker, H. L. W., Brantwortung der Frage: die Meister eines Handwerks einzuschränken. 8. Freyberg, Craz u. G. 801. Rthlr.

Völcker, Hier. Ldw. Wlh., Erfurts Feld- und Gartenbau, in Beziehung auf Lage, Boden, Klima u. andere örtliche Verhältnisse der Gegend, aus Reicharts Land- u. Gartenschatz, 6e Aufl., besonders abgedruckt. Mit 1 Karte. 8. Erfurt 819. Keyser. 12 gr

Völker, Heinr. Ludw. Wilh., Erfurts Feld- u. Gartenbau, in Bezieh. auf Lage, Boden, Klima u. andre örtl. Verhältnisse d. Gegend, aus Reichart's Land- u. Gartenschatz 6. Aufl. Mit 1 petrograph. Charte u. 1 Witterungstabelle. 8. Erfurt, 1819. (Winkler.) — 15

Völcker, Hier. Ldw. Wlh., Erfurts Feld- und Gartenbau, in Beziehung auf Lage, Boden, Klima u. andere örtliche Verhältnisse der Gegend, aus Reicharts Land- u. Gartenschatz, 6e Aufl., besonders abgedruckt. Mit 1 Karte. 8. Erfurt 819. Keyser. 12 gr

— Forsttechnologie, od. Handbuch der techn. Benutzung der Forstprodukte, für Forstmänner, Cameralisten u. Technologen. 8. Weimar 803. Gädicke in Berlin. 2 Rthlr

VÖLKER, Heinrich Ludwig Wilhelm: Forsttechnologie, oder Handbuch der technischen Benutzung der Forstproducte, für Forstmänner, Cameralisten und Technologen. - Weimar 1803. VI, 664 S. - 2. Aufl. u. d. T.: Handbuch der Forsttechnologie. - Leipzig 1836. 422 S. - (Allg. Encyclopädie ges. Land- u. Hauswirtsch. Bd. 14, 15, 16)

— neuentdeckte u. bisher unbenutzte Futtersurrogate zur Abhelfung des Futtermangels. gr. 8. Erfurt 817. Maring. (Otto). 8 gr 56 S.

— s. Gartenmagazin, allgem. deutsches.

Völker, Hier. Ldw. Wlh., Handbuch der Forsttechnologie. Eine Anleit. zur zweckmäß. technischen Zugutmachung u. Benutzung der mannichfaltigen Forstproducte; für Forstmänner, Landwirthe, Architekten, Techniker u. Kameralisten. Mit 3 Kpfrtaf. u. e. vollständ. Realregister. (Ein integrir. Theil der allgem. Encyklopädie der gesammten Land- und Hauswirthschaft der Deutschen.) 8. Leipzig 836. Baumgärtner. 1 1/3 Rthlr
(28 B. u. 3 Kpfrt.)

Völker, H. L. W.: „Handbuch der ökonomisch-technischen Mineralogie, für Cameralisten, Fabrikanten, Manufakturisten, Metallurgen, Land- und Forstwirthe und Jeden, der sich über den ökonomischen Gebrauch der Mineralien zu unterrichten wünscht", 2 Bände, Berlin 1804 und 1805 (Gebr. Gädicke).

— Handbuch der ökonom.-techn. Mineralogie, für Kameralisten, Fabrikanten, Künstler, Manufakturisten, Metallurgen, Land- u. Forstwirthe etc. 2 Bde. 8. Weimar 804, 5. (Henning in Greiz). 3 Rthlr 18 gr

— gekrönte Preisschrift üb. die Frage: unter welchen Umständen ist es vortheilhaft, in einer Stadt die Meister eines Handwerks einzuschränken? welche Vortheile u. welche Nachtheile sind davon zu erwarten? etc. 8. Freiberg 801. Craz u. G. 4 gr

s. Chr. Reichardt, Land- u. Gartenschatz.

—— land- u. hauswirthschaftl. Technologie, s. Hermbstädt.

Völker H. L. W.: Hauswirthschaftliche Technologie od. hauswirthschaftliches Kunstbuch ... Erfurt 1821. 524 S.
(= C. Reichart: Land- u. Garten-Schatz ... Neue Ausg. Th. 6). 380.

—— das thüringer Waldgebirge, nach seinen phys., geograph., statist. u. topograph. Verhältnissen geschildert. Ein Wegweiser f. Reisende zu d. Merkwürdigkeiten d. thüringer Waldes u. seiner nächsten Umgebung. gr. 12. (28 3/4 B. u. 1 Karte.) Weimar 836, Landes-Indust.-Compt.

Völker, J. A., Beitr. zur Geschichte d. letzten Tage des zu Ottensen bei Altona verstorb. Karl Wilhelm Ferdinand, regier. Herzogs zu Braunschweig-Lüneburg. 8. (Halle) 812. (Aus K. Wolfart's Ἀσκληπειον abgedr.)

Völker, J. A., 200 deutsche Dichtungen aus Lesebüchern, zur Förderung d. schriftl. Gedanken-Ausdrucks bearb. (In 5 Lfgn.) 1. Lfg. gr. 8. (80 S.) Gießen 898. E. Roth. n. — 60

Völker, J. A., 200 deutsche Dichtungen aus Lesebüchern, zur Förderung des schriftl. Gedanken-Ausdrucks bearb. 2.—5. Lfg. gr. 8. (X u. S. 81—332.) Gießen 899. E. Roth. à n. — 60; (kplt. geb. in Leinw. n. 4.—)

Völker, J. A., deutsche Fibel, s.: Müller, P.

— Geographie, s.: Müller, P.

— Geschichte, s.: Müller, P.

Völker, J. A., Hausschatz zur Unterhaltung u. Belehrung d. Bürgers u. Landmanns, s.: Müller, P.

Völker, J. A., der menschliche Körper, s.: Müller, P.

— Lesebuch f. Fortbildungsschulen, s.: Müller, P.

— hess. Lesebuch f. Fortbildungsschulen, s.: Müller, P.

— Mineralkunde u. Chemie, s.: Müller, P.

— Naturlehre, s.: Müller, P.

— Pflanzenkunde, s.: Müller, P.

— Realienbuch, s.: Müller, P.

— Rechenbuch, s.: Niepoth.

— Rechenbuch f. Fortbildungsschulen, s.: Müller, P.

— deutsche Schreiblesefibel, s.: Müller, P.

— Tierkunde, s.: Müller, P.

— sprachliche Übungen zum deutschen s.: Müller, P. Lesebuch.

— Wegweiser durch das Lesebuch. Dichtungen in Prosa u. Versen, m. besond. Rücksicht auf die Förderg. des schriftl. Gedankenausdrucks erläutert. 3 Bde. (XVI, 568; XII, 484 u. XII, 558 S. m. Bildnis u. eingedr. Bildnissen.) gr. 8. Gießen 910. E. Roth. à 5.— ; geb. in Leinw. à 6.—; auch in 25 Lfgn. à —60

— Wiederholungsbücher, s.: Müller, P.

Völker, Jh. Elias, kurze Erörterung der Fr.: unter welchem Gerichtsstand stehen die Kammergerichtspersonen in geistl. Sachen. 8. Frankf. u. Leipz. 787.

Voelker, Johann Karl Andreas

Voelker, Joan(nes) Carol(us) Andr(eas): Dissertatio ... sistens nonnulla de induratione ventriculi scirrhosa. Halae (1835): Ploetz. 38 S. 8°
Halle-Wittenberg, Med. Diss. v. 15. April 1835
Geb. Berlin [6. 6.] 1811. V.

Völker, Joh. W., Analyse und Symbolik. Hypothesen aus der Formenwelt. Leipzig 861. R. Weigel. 8. (VI, 136 S. m. Holzschn.) n. 22½ ngr.

Völker, Joh. Wilh., das Freihandzeichnen nach geometrischen Körpern und Gypsmodellen. Für Real-, Gewerbs- und Fortbildungsschulen. br. 8. (IV und 67 S. mit 23 Stnt., wovon 6 in Tondr.) St. Gallen 865, Huber und Comp.

Völker, Joh. Wilh., die Kunst der Malerei. Enthaltend das Landschaft-, Porträt-, Genre- und Historien-Fach nach rein künstlerischer, leichtfaßl. Methode. 8. (XII und 435 S.) Leipzig 852, R. Weigel.

— die Kunst der Malerei. Enthaltend das Landschaft-, Porträt-, Genre- u. Historien-Fach nach rein künstlerischer, leicht faßlicher Methode. 2. verb. Aufl. Ebend. 861. 8. (XII, 471 S.) n. 2 Thlr.

Völker, Joh. Wilh., die Kunst der Malerei nach rein künstlerischer, leicht fasslicher Methode. 3. Aufl., neu durchgesehen u. umgearb. von Ernest Preyer. gr. 8. (VII, 175 S.) Leipzig 883. Barth. n. 4. —; geb. n. 5. —

Völker, Joh. Wilh. Die Kunst der Malerei nach rein künstlerischer, leicht fasslicher Methode. 3. Aufl., umgearb. v. Ernest Preyer. Neue bill. [Titel-]Ausg. gr. 8. (VII, 175 S.) Lpz. 891, Barth. * 2 —; geb. * 3 —

Völker, K. G. W., s. Völcker, Karl Heinrich Wilhelm

Völker, Karl

Voelker, K., s.: Bibel, die, ꝛc., f. Schule u. Haus hrsg.

Voelker, Carl, Bilder aus der biblischen u. Kirchengeschichte. Für die Oberklassen evangel. Volksschulen u. zum Selbstunterricht bearb. gr. 8. (VI, 47 S.) Berlin 884. Nicolai's Verl. n. —40

Voelker, Karl, Bilder aus d. biblischen u. Kirchengeschichte. Für d. Oberklassen evang. Volksschulen u. zum Selbstunterricht bearb. 2. Aufl. gr. 8. (VIII, 47 S.) Berlin 896. Nicolai's Verl. n.n. —30

— **Bilder aus der biblischen u. Kirchengeschichte, nebst e. Anh., enth. den in evangel. Schulen gebräuchl. Memorierstoff. Mit kurz gefaßter Geographie v. Palästina u. 2 Karten zur bibl. u. Kirchengeschichte. 3. Aufl. gr. 8. (II, 47 u. 38 S.) Berlin 900. Nicolai's Verl. n. —20**

[Kopft.:] [F.] **Völker**, Karl [Dr.]: Anschauliche Darstellung vom Bau und Laub der Holzgewächse. 1. *Kassel, 1894;* 10 S. 4.
Kassel, OR, OP 1894 (413)

— **Ergänzungs-Heft zu dem alttestamentl. Teile des biblischen Lesebuches v. Voelker u. Strack, enth. bibl. Geschichten aus dem Neuen Testament. Für die evangel. Schuljugend bearb. gr. 8. (VII, 72 S.) Gera 899. Leipzig, Th. Hofmann. Kart. n.n. —35**

Völker, Karl, eine auf physische und mathematische Gesetze gegründete Erklärung der Ursache der Eiszeit und der jetzt viel besprochenen Abnahme der Gletscher. Oeffentlicher Vortrag gehalten in Etnat-Kappel. 8. (30 S. mit 1 Stnt. in qu. 4.) St. Gallen 877, Huber und Comp. *

Völker, Carl, Gedanken und Vorschläge für eine durchgreifende Volksbildung. gr. 8. (33 S.) Schaffhausen 874, Brodtmann'sche Buchh.

— biblische Geschichten f. d. 4 ersten Schuljahre. (Vorstufe des „Bibl. Lesebuchs f. evang. Schulen".) gr. 8. (VIII, 119 S.) Gera 895. Th. Hofmann. n. —40; geb. n. —50

Voelker, Karl, biblische Geschichten f. die vier ersten Schuljahre. (Vorstufe des „Biblischen Lesebuchs f. evangel. Schulen".) 2. Aufl. gr. 8. (VIII, 119 S.) Gera 900. Leipzig, Th. Hofmann. n. —40; kart. n.n. —50

— — dasselbe. Ausg. B. Für höhere Schulen. (XVI, 136 S.) gr. 8. Ebd. 903. Geb. n.n. —90

— u. H. L. Strack, biblische Geschichten f. die ersten fünf Schuljahre (Vorstufe zum „Bibl. Lesebuch f. evangel. Schulen"). 3., neu bearb. Aufl. Mit 2 Karten. Ausg. A. Für Volksschulen. (XVI, 128 S.) gr. 8. Leipzig 903. [Th. Hofmann.] B. G. Teubner. Geb. n.n. —75

— u. H. L. **Strack**, biblische Geschichten f. die ersten fünf Schuljahre. (Vorstufe zum „Bibl. Lesebuch f. evangel. Schulen".) Ausg. A: Für Volksschulen. 3. Aufl. Neuer Abdr. (XVI, 130 S. m. 2 farb. Karten.) gr. 8. Leipzig 908. B. G. Teubner. Kart. nn —75

— — dasselbe. Ausg. B: Für höhere Schulen. 4., verb. Aufl. (XIV, 138 S. m. 2 farb. Karten.) gr. 8. Ebd. 908. Kart. nn — 90

— — dasselbe. Ausg. C: Für höhere Mädchenschulen. 4., verb. Aufl. (XX, 124 S. m. 2 farb. Karten.) gr. 8. Ebd. 909. Geb. — 90

— — **Hilfsbuch zum biblischen Lesebuch.** (IV, 84 S. m. 2 Abbildgn.) gr. 8. Ebd. 905. n. — 40

— **Hilfsbuch** f. d. Religions-Unterricht. Für d. evang. Volksschuljugend bearb. 4. Aufl. gr. 8. (II, 47 u. 38 S. m. 2 Karten.) Berlin 897. Nicolai's Verl. n. — 20

—— Hilfsbuch für den evangelischen Religions-Unterricht in Volksschulen. Mit kurzgefaßter Geographie und 1 Karte von Palästina. gr. 8. (38 S.) Ebendas. 881. *

—— dass. — für den Religions-Unterricht in evangelischen Schulen. Mit kurzgefaßter Geographie und 1 (eingedr.) Karte von Palästina. [Ausg. für die Prov. Schlesien.] gr. 8. (36 S.) Ebendas. 882. *

— **Hilfsbuch f. den Religionsunterricht in Volksschulen (Anh. zu dem bibl. Lesebuch f. evangel. Schulen v. Voelker u. Strack. Altes Testament.** Ausg. B.) gr. 8. (78 S.) Leipzig 901. Th. Hofmann. n. — 25

Völker, Carl (H.), I. die derivierten Curven der Hyperbel. II. Die Lemniskate. II. Art. Mathematische Abhandlung. gr. 4. (16 S. mit 1 autogr. Taf.) Berlin 884, (Mayer und Müller.) *

— **Leben u. Lehre Jesu** nach d. vier Evangelien. Für d. Bibelleser u. den Katechismusunterricht in Schule u. Haus bearb. Mit e. (farb.) Karte v. Palästina. gr. 8. (XVI, 281 S.) Berlin 896. Reuther & Reichard. n. 3. —; geb. n. 4. —

Völker, C., methodisches Lehrbuch der Weltsprache ‚Volapük'; zur leichten u. gründl. Erlerng. m. grammat. Reimregeln, e. Ableitg. der Wörter u. Schlüssel versehen. gr. 8. (IV, 67 S.) Cassel 889. Hühn. n. 1. 25

— die **Lehre Jesu** nach d. vier Evangelien in d. Rahmen d. kleinen Lutherschen Katechismus gefaßt. Für d. evang. Volksschuljugend bearb. gr. 8. (II, 93 S.) Ebd. 897. n. — 40

— **biblisches Lesebuch** für evangelische Schulen. gr. 8. (VIII, 544 S. m. 2 Bildern u. 4 Karten.) Gera 890. Th. Hofmann. n. 1. 25; geb. n. 1. 60

Voelker, Karl, biblisches Lesebuch f. evangelische Schulen. Unter Mitwirkg. v. Herm. L. Strack bearb. u. hrsg. 3. Aufl. gr. 8. (VIII, 624 S. m. 2 Abbildgn. u. 2 Karten.) Gera 895. Th. Hofmann. n. 1. 40; geb. n.n. 1. 80

— **biblisches Lesebuch** f. evang. Schulen. Unt. Mitwirkg. v. Herm. L. Strack bearb. u. hrsg. 5. Aufl. gr. 8. (VIII, 624 S. m. 2 Abb. u. 2 Karten.) Gera 896. Th. Hofmann. Geb. n.n. 1. 80

— u. Herm. L. Strack, **biblisches Lesebuch** f. evangel. Schulen (zugl. bibl. Geschichtsbuch). 7., durchgeseh. Aufl. Mit erläut. Beilagen, Abb. u. Karten. gr. 8. (VIII, 609 u. 38 S.) Gera 898. Th. Hofmann. Geb. in Leinw. n.n. 1. 80

— u. Herm. L. Strack, biblisches Lesebuch f. evangelische Schulen (zugleich bibl. Geschichtsbuch). 9., durchgeseh. Aufl. Mit erläut. Beilagen, Abbildgn. u. (farb.) Karten. gr. 8. (VIII, 612 u. 34 S.) Gera 900. Leipzig, Th. Hofmann. Geb. in Leinw. n.n. 1. 80

— — dasselbe. Altes Testament. Mit erläut. Beilagen, Abbildgn. u. Karten. gr. 8. (IV, 296 u. 20 S.) Ebd. 898. Geb. n.n. 1. —

— — dasselbe, f. evangelische Volksschulen (zugleich biblisches Geschichtsbuch). Mit erläut. Beilagen, Abbildgn. u. Karten. (VIII, 268 S.) gr. 8. Ebd. 904. Geb. n.n. 1. —

Biblisches Lesebuch für evangelische Schulen ⟨zugleich Biblisches Geschichtsbuch⟩. Bearb. u. hrsg. von Karl **Voelker**, Rektor in Berlin, u. D. Dr. Hermann L[eberecht] Strack, Prof. in Berlin. 13. Aufl., mit erl. Beil., Abb. u. Karten. Leipzig & Berlin: Th. Hofmann 1906. (VIII, 592, 40 S.) 8° [F.] [06. 8501

— — dasselbe. Neues Testament. (IV, S. 285—592 u. 4 S.) gr. 8. Ebd. 907. Geb. nn 1. —

Biblisches Lesebuch für evangelische Schulen ⟨zugleich Biblisches Geschichtsbuch⟩. Bearb. u. hrsg. von Karl **Voelker**, Rektor, u. D. Dr. Hermann L[eberecht] Strack, Prof. in Berlin. 14. Aufl. Mit erl. Beilagen, Abb. u. Karten. Leipzig & Berlin: B. G. Teubner 1907. (VIII, 592, 39 S.) 8° [F.] [07. 9190

Biblisches Lesebuch für evangelische Schulen ⟨zugleich Biblisches Geschichtsbuch⟩. Bearb. u. hrsg. von Karl **Voelker**, Rektor in Berlin, u. D. Dr. Hermann L[eberecht] Strack, Prof., Berlin. 14. Aufl. [1.] Ausg. f. Sächs. Schulen. Leipzig & Berlin: B. G. Teubner 1908. 8° [F.] [08. 7356

— — **Biblisches Lesebuch** f. evangelische Schulen (zugleich biblisches Geschichtsbuch). 15., durchgeseh. Aufl. Mit erläut. Beilagen, Abbildgn. u. (farb.) Karten. (VIII, 284, 308 u. 40 S.) gr. 8. Ebd. 911. Geb. 1. 80

— — dasselbe. 15., durchgeseh. Aufl. Mit erläut. Beilagen, Abbildgn. u. (farb.) Karten. Altes Testament. (IV, 324 S.) gr. 8. Ebd. 911. Geb. 1. 20

— — dasselbe. Ausg. f. das Herzogt. Sachsen-Altenburg. (IV, 310 S.) gr. 8. Ebd. 909. Geb. 1. 20

— — dasselbe. Ausg. C, neubearb. v. Herm. L. Strack. Altes Testament. (VII, 292 u. 28 S.) gr. 8. Ebd. 911. Geb. 1. 20

—— **Präparationen** für den Katechismus-Unterricht in der evangelischen Volksschule. (VI, 223 S.) 1881; 2. verm. und verb. Aufl. gr. 8. (VI, 257 S.) Ebendas. 884. *

Völker, Karl, der Protestantismus in Polen, auf Grund der einheimischen Geschichtsschreibung dargestellt. (VIII, 240 S.) gr. 8. Leipzig 910. J. C. Hinrichs' Verl. 6. —; geb. in Leinw. 7. —

Völker Karl: Reformation in Polen im Spiegel der polnischen Historiographie des 16. u. 17. Jahrhunderts. 1909 PN 2621 Diss. Wien, Univ. 1008

— über die Relationen zwischen einer gegebenen Curve $y = f(x)$ u. e. daraus abgeleiteten Curve $y = k \cdot \frac{dx}{dy} = \frac{k}{f'x}$, m. specieller Anwendg. auf die Ellipse. gr. 8. (32 S. m. 1 autogr. Taf.) Marburg 880. Ebend. n. 1. 20

Voelker, Karl, s.: Schrift, die hl., nach der Uebersetzung Mart. Luthers im Auszuge u. m. kurzen Erläuterungen hrsg.

—— die Volksschule. 1. Thl.: Erziehung des Kindes bis zur Schulpflichtigkeit, hauptsächlich den Kindergarten enth. gr. 8. (190 S.) Ebendas. 874.

—— populäre kosmogenische Vorträge. gr. 8. (IV, 146 S. mit 9 lithogr. Taf.) Ebendas. 872.

[F.] Was uns von Rom trennt. D. Unterscheidungslehren d. evangel. u. d. römisch-kathol. Kirche. F. d. konfirmierte Jugend bearb. v. Karl Voelker, Rektor. 3. Aufl. *Berlin: Reuther & Reichard 1896.* (20 S.) 1 Bd 8. '96. 4347

— was uns v. Rom trennt. D. Unterscheidungslehren d. evangel. u. d. römisch-kathol. Kirche. F. d. konfirmierte Jugend bearb. 5. Aufl. gr. 8. (20 S.) Berlin 898. Reuther & Reichard. n.n. — 15

— was uns v. Rom trennt. Die Unterscheidungslehren der evangel. u. der römisch-kathol. Kirche. Für die konfirmierte Jugend bearb. 6. Aufl. gr. 8. (20 S.) Berlin 899. Reuther & Reichard. n.n. — 15

Völker, Carl, Weg zum Fortschritt in Zivilisation und Humanität, oder: Anleitung zu einem vernunftgemäßen Leben für das Individuum sowohl wie für die Gesellschaft. 8. (194 S.) St. Gallen 868, Altwegg-Weber.
geb. in Halbleinw.

Völker, Carl, Winkelried. Ein Trauerspiel in 5 Akten. 16. (7 B.) St. Gallen 846, Huber u. Comp.

Völker, Carl. Ein Wort zur Beherzigung für das St. Gallische Volk. Von K. V. 8. St. Gallen 1845.
Ausg. A. – Ausg. B.

— u. W. Crecelius, Wörterbuch, s. a. Cornelius Nepos.

Völker, Karl, und W. Crecelius, Wörterbuch zu Cornelius Nepos. gr. 8. (II, 82 S.) Elberfeld 885, Fassbender's Buchh. *

[F.] [Kopft.:] **Völker**, Karl [Dr.]: Die Centralbewegung. Entwickelg d. einschlägigen Gesetze u. Zsstellg d. auf ihnen beruhenden Versuche u. Erscheingn. *Cassel, 1892;* 9—43 S. 4.
Cassel, R in d. Hedwigstr., OP 1892 (402)

Völker, Karl, die Centralbewegung. Entwickelung der einschläg. Gesetze u. Zusammenstellg. der auf ihnen beruh. Versuche u. Erscheingn. Progr. gr. 4. (36 S. m. 2 autogr. Taf.) Kassel 892. (Berlin, Mayer & Müller.) n. 1. 50

Völker, Karl Ad., von Verbesserung der Landschulen durch gute Lehrer rc. 8. Magdeb. 787. Creutz. 3 gl.

Völker, Karl Christian Konrad

Völker Claudius Civilis in sacro nemore: [Einladungsprogramm zu Königs-Geburtstag]. 5 S. 8.
Elberfeld, Progr. 1848

Völker, C. Chr. Conr. Der Freiheitskampf der Bataver unter Claudius Civilis. Nach Tacitus, mit Einleitung, Commentar. 2 Th. (VII. 111; VII. 160). 8. Mit 2 Krtn. Elberfeld 1861. 63. 4.00.

Völker: Joanni Christoph. Henr. Clausen -- sollemnia muneris quo per quinque lustra -- functus est -- gratulantur gymnasii Elberfeldensis rector et collegae. 4 S. Fol. -- Progr. Elberfeld 1857.

Völker, C. C. C., Juvenal. Ein Lebens- u. Charakterbild a. d. röm. Kaiserzeit. 1851. IV, 132 S.

Völker, C. Chr., Juvenal. Ein Lebens- u. Charakterbild aus der Röm. Kaiserzeit. gr. 8. (IV u. 134 S.) Elberfeld 851, (Iserlohn) Badeker. 2/3 ₰

Völker, Carl Chr. Conr., kleine Lebensbilder aus dem Alterthum. Ein Hülfsbuch für den ersten Unterricht in der Geschichte in den höheren Classen der Elementarschulen und den untern der Gymnasien und Realschulen. gr. 8. (VI, 124 S.) Elberfeld 868, Volkmann. *

—— dass. — 2. verm. und verb. Aufl. gr. 8. (VIII, 126 S.) Elberfeld 873, Bädeker'sche Buchh. *

Völker, Carl Chr. Conr., kleine Lebensbilder aus dem Mittelalter. Ein Hilfsbuch f. den ersten Unterricht in der Geschichte in den höheren Klassen der Elementarschulen u. den unteren der Gymnasien u. Realschulen. [Fortsetzung der kleinen Lebensbilder aus dem Alterthum.] gr. 8. (VII, 80 S.) Elberfeld 872. Bädeker. n. 1. —

— dasselbe. 2. verm. u. verb. Aufl. gr. 8. (VIII, 126 S.) Ebend. 873. n. 1. 50

Völker, C. Chr., Leitfaden für einen methodischen Unterricht in der Naturgeschichte auf Gymnasien. I. Abthl.: Zoologie. I. Hftchn.: Die Gruppen und Klassen des Thierreichs. (Für Sexta und Quinta des Gymnasiums.) 8. (56 S.) Elberfeld 852, Friderichs. *

Völker, Carol. Christ(ianus) Conr. ⟨geb. am 26 Febr. 1817 in Kleve⟩: Theses controversae quas una cum dissertatione De C. Cornelii Galli vita ... defendet. Bonnae, typ. C. Georgii 1840. 2 Bl. 8.
Bonn, Phil. Fak., Thes. v. 28 März [hs. v. 8 Aug.] 1840

Völker, Carol. Christ[ianus] Conr. ⟨geb. am 26 Febr. 1817 in Kleve⟩: Commentationis de C. Cornelii Galli Foroiuliensis vita et scriptis Pars prior quae est de vita Galli. Praemissa est brevis disputatio de caussis feliciter a Romanis cultae elegiae ... Bonnae, typ. C. Georgii 1840. 2 Bl., 42 S., 1 Bl. 8. ¶ Erschien zugleich selbständig bei Weber in Bonn. — Part. altera, quae est de Galli scriptis erschien 1844 als Beilage d. Elberfelder Gymn.-Progr.
Bonn, Phil. Fak., Diss. v. [8 Aug.] 1840

Völker, Carol. Chrstn. Conr., Commentationis de C. Cornelii Galli Foroiuliensis vita et scriptis Ps. I. quae est de vita Galli. Praemissa est brevis disputat. de causis feliciter a Romanis cultae elegiae. 8maj. (3 B.) Bonnae 840, Weber. *

Völker, Car. Chr. Conr., **Commentationis de C. Cornelii Galli vita et scriptis Particula altera, quae est de Galli scriptis.** 8maj. (2 B.) Elberfeldiae 841, (Baedeker.) *
Part. I. Bonn 1840, Weber. * 10 Ngr.

Völker: De imperat. M. Ulpii Nervae Traiani vita. P. I. 22 S. –Elberfeld G., Progr. 1859

Voelker, Karl Heinrich Wilhelm, s. Völcker

Völker, Otto, appr. Arzt a. Braunschweig: Aus dem pathologischen Institut d. Univ. Freiburg i. B. Ein Beitrag zur Kenntnis der falschen Darmdivertikel. Freiburg i. B.: Speyer & Kaerner 1900. (47 S.) 8°
Freiburg i. B., Med. Fak., Ref. Aschoff, Diss. v. 1907
[Geb. 15. Mai 80 Braunschweig; Wohnort: Freiburg i. B.; Staatsangeh.: Braunschweig; Vorbildung: Gymn. Braunschweig Reife M. 00; Studium: Halle 6, Freiburg i. B. 4 S.; Coll. 23. Okt. 06; Approb. 1. Sept. 06.]

Völker, Ottomar, Analyse e. als Hüttenproduct erhalt. Magneteisensteines, s.: Untersuchungen aus Prof. Lieben's Laboratorium.
— Analyse e. neuen Minerales d. Syngenites aus Kalusz, s.: Untersuchungen aus Prof. Lieben's Laboratorium.

— Über die Darstellung des zweiten sekundären, normalen Hexylalkohols, des Äthylpropylkarbinols aus seinem Keton. S. 73. II. 335 . . . .
Separatabdruck

— über die Darstellung d. zweiten secundären normalen Hexylalkohols, d. Aethylpropylcarbinols aus seinem Keton. [Aus: „Sitzungsber. d. k Akad. d. Wiss."] Lex.-8. (10 S.) Wien 876. (Gerold's Sohn.) n. — 20

Völker, Ottomar, über die Maxwell-Sympson'sche Synthese des Acroleins aus Dijodaceton, s.a. Aus dem Universitätslaboratorium zu Prag.

— Über die Maxwell Sympsonsche Synthese des Akroleins aus Dijodaceton. S. 77. II. 61.
Siehe auch Linnemann Eduard.
Separatabdruck

Voelker Ottomar, Dr.: Untersuchungen aus Professor Liebens Laboratorium an der k. k. Universität zu Prag: 2. Analyse eines als Hüttenprodukt erhaltenen Magneteisensteines. S. 66. II. 193 . . . .
— — 3. Analyse eines neuen Minérales des Svenites aus Kalusz. S. 66. II. 197 .
Separatabdruck

Voelker, Paul [aus Arnstadt]: Die Bedeutungsentwickelung des Wortes Roman . . . . Halle a. S., Druck v. Ehrhardt Karras, 1887, 1 Bl. + 41 + 1 S. 8°.
Halle, Phil. Fak., Inaug.-Diss. v. [26. Jan.] 1887.

Voelker, Paul, die Bedeutungsentwickelung des Wortes Roman. Diss. Halle 1887, Lippertsche Buchh. 8°. 41 S.

Beschreibung des Neubaues. Vom städtischen Bauamt. (Umschlagtitel: Der Neubau der Anstalt und seine innere Einrichtung.) S. 3—10. 2 Abb. 4.
Progr.

Voelker, [Paul]: Die Feier der Einweihung. S. 10—25. 4.
Progr. Kgl. Realschule *Suhl* 1904 (323).

Voelker, Paul, Dr.: Über sprachlich-logische Schulung durch das Französische. *Halle a. S. 1898: Waisenhaus.* (S. 31—53.) 4°
Halle a. S., RG u. OR d. Franckeschen Stiftungen, Festschr. 1898

Völker, Philipp, Reg.-Bauführer: Die Beziehungen zwischen den Auflagerbedingungen u. Stabkräften beim ebenen und räumlichen Fachwerk. [1902.] 32 S. 8°
¶ Aus: Bauingenieur-Zeitung. Jg. 2 u.: Das Baugewerbe. Jg. 1.
Darmstadt, Dr.-Ing.-Diss. v. 17. 11. 1902

Völker, Philipp, s.: Lehrbuch des Tiefbaues.

Völker, W., u. K. W. Presler, Karte von Texas, siehe: Presler, K. W.

Völker, Walter, appr. Arzt a. Krefeld: Über das Verhältnis der direkten titrimetrischen Bestimmung der Harnacidität nach Moritz zu dem Verfahren von Freund-Lieblein (Bewertung der Harnacidität nach der Menge des im Harn als vorhanden angenommenen primären Phosphats). Naumburg a. S. 1906: Lippert & Co. (16 S.) 8°
Greifswald, Med. Fak., Ref. Moritz-Bleibtreu, Diss. v. 7. Nov. 1906
[Geb. 19. Aug. 72 Krefeld; Wohnort: Wehnen b. Oldenburg; Staatsangeh.: Preußen; Vorbildung: Gymn. Krefeld Reife M. 93; Studium: Jena 2, Leipzig 3, Kiel 3, Bonn 1, Gießen 2, Tübingen 6, Bonn 3, Greifswald 2 S.; Coll. 21. Juni 05; Approb. 1. Mai 06.]

Völker-Albert, A(nton) J(oseph), a. Lengerich in Hannover: Die innere Politik des Fürstbischofs von Münster Friedrich Christian von Plettenberg 1688—1706. T. 1. Die Finanzverwaltung. Hildesheim 1907: A. Lax. (68 S.) 8° [J.]
¶ (Erscheint vollst. als: Beiträge f. die Gesch. Niedersachsens u. Westfalens H. 12.)
Münster, Phil. Fak., Ref. Erler, Diss. v. 23. Nov. 1907
[Geb. 1. Febr. 82 Lengerich; Wohnort: Lengerich; Staatsangeh.: Preußen; Vorbildung: Gymn. Carolinum Osnabrück Reife O. 01; Studium: Münster 9 S.; Rig. 13. März 07.]

Völkerbewegungen, die, der Gegenwart, s. a. Arbeiterfrage, die soziale, der Gegenwart.

Völkerbewegungen, die, der Gegenwart, auf sozialem, religiösem und politischem Gebiete und unsere Aufgabe. gr. 8. Basel, in Commiss. bei Riehm. 1871. 1. 50

Völkerbund: Der Völkerbund
⑤ 1. 12. 1849 (Probe-Nummer zugleich Nr. 1) ⑥ 8° ⑦ Wochenblatt ⑧ Lausanne J. A. Michod ⑩ A. Galeer, Genf ⑪ A. Galeer ⑫ revolutionär ⑬ Be: L ⑮ Französische Ausgabe: L'Alliance des peuples.

Der **Völkerbund**. H. 1. Colmar 1850. 8°

Völkerbund, der. Red.: A. Galeer. 1. Jahrg. 1850. 12 Hfte. gr. 8. (à 4—5 B.) Genf. (Basel, Schabelitz.) n. 3 ℛ 6 ngr

Der Völkerbund: 1850–? New York, NY

Der Völkerbund: no. 1, Nov. 1850.
Weekly. Edited & published by Karl Heinzen.
New York, NY

Demokratische Völkerbund: 1852 -?
New York, NY

Völkerbund (Commercieller). Zeitschr. gr.-8°. Wien. Nr. 1, 22. April 1848. Nr. 9, 24. Mai 1848.

Deutsche Gesellschaft für Völkerrecht. Der Völkerbundsentwurf der Dtcn Gesell f Völkerrecht. Vorschläge für d Organisation der Welt. Publ: Th. Niemeyer. Berlin, 1910.

Völker-Friede früher: Friedensblätter. Organ der deutschen Friedensgesellschaft. Hrsg. v. M. Kohler. 11. Jahrg. 1910. 12 Nrn. (108 S.) gr. 8. Esslingen, W. Langguth. 1. —
Vergl.: Friedensblätter.

Der Völkerfrühling. Ein Liederkranz, unsern am 18. und 19. März gefallenen Brüdern dargebracht vom M. B. Lessing. Berlin, am ersten Frühlingstage 1848. 14 S. 8.
Flugblatt. Berlin, 1848/49.

Völkerfrühling, Der, und seine Verkünder. Frühlingsgruss . . . Nürnberg 1831. V: *Gathy, Frz Servais Aug.* (schr)

Völkergallerie, kleine, od. unterhaltende u. bildliche Darstellung von den Charaktern, Sitten, Gebräuchen u. Kleidungen einiger merkw. europäischen u. fremden Völker, mit 64 color. Abbildd. auf 8 Kpft. 12. Pirna 811. Friese. 1 ℛ 8 ℊ

— kleine, für die Jugend, enthaltend 24 der schönsten Costüme verschiedener Nationen. 16. Berlin 834. Gropius. n. 1 ℛ

— kleine, f. Kinder in unterhalt. Erzählungen v. d. Sitten, Meinungen, Gebräuchen und Kleidungen fremder Nationen, m. 24 color. Kupf. 8. Nürnberg, Bieling. (Benj. Fleischer in Leipz.). 809.

Völker=Gallerie, kleine, für Kinder in unterhalt. Erzählungen von den Sitten, Meinungen, Gebräuchen u. Kleidungen fremder Nationen. 2 Thle. Mit 24 color. Kpf. 8. Nürnb. 810, 11. (Fr. Fleischer in Leipz.) 2 ꝛß 8 K

Vollständige Völkergallerie in getreuen Abbildungen aller Nationen mit ausführlicher Beschreibung derselben ... Meissen, bei Friedrich Wilhelm Goedsche (1830—1839].
3 Bde. 4°.
I 1 (Asien.): Titelbild, Tit., 1 Bl., 278 S.; 68 Taf., 2 (Afrika): 256 S.; 52 Taf
II 1 (Amerika.): Titelbild, 136 S.; 36 Taf., 2 (Australien): 134 S. 28 Taf
III (Europa.): Titelbild. 724 S.; 60 Taf.
Die Titelbilder u. die 244 Taf. in Lithogr

—— vollständ., in getreuen Abbildn. aller Nationen d. Erde mit ausführl. Beschreib. ihrer Sitten u. Gewohnheiten u. ein. allgem. Erd= u. Länderkunde. 4 Bde. (62 Hfte.) (Neue Ausg. d. vorhergeh. Werkes.) Lex.=8. Meißen, Goedsche. à H. 3½ Gr., col. Thlr.
Bd. 1. Asien. 17 Hfte. (69 Stnt. u. 17¾ B.) 841, 42.
= 2. Afrika. 14 Hfte. (52 Stnt. u. 16 B.) 842.
= 3. Amerika u. Australien. 16 Hfte. (65 Stnt. u. 16¾ B.) 842, 43.
= 4. Europa. 15 Hfte. (61 Stnt. u. 28 B.) 843.

Völkergedanke, Der, im Aufbau einer Wissenschaft vom Menschen und seine Begründung auf ethnologischen Sammlungen. Berlin 1881. V: *Bastian, Adolph.* (CBH) (Kat. d. stat. Bureaus Dresden 1890.)

Völkergeist, der moderne. Organ des socialitären Verbandes. Schriftleitung: E. Keil. 1. Jahrg. 1894. 12 Nrn. (Bog.) gr. 4. Berlin, Paul Struppe. n. 2. —

Völkergeist, der moderne. Organ des socialitären Verbandes. Schriftleitung: E. Keil. 2. Jahrg. 1895. 12 Nrn. (Bog.) gr. 4. Berlin, E. Keil. Postfrei n. 2. —

— dasselbe. 3.—5. Jahrg. 1896—1898. à 24 Nrn. (Bog.) gr. 4. Ebd. à Jahrg. n. 4. —
Kann auch vierteljährlich bezogen werden.

Völkergeist, der moderne. Dühringscher Standpunkt. Befreiende Geisteshaltg. u. Lebensbethätigg. Red.: E. Keil. 6. Jahrg. 1899. 24 Nrn. gr. 4. (à ca. 8 S.) Berlin. Nowawes-Neuendorf, Ulr. Dühring. n. 6. —
Fortsetzung s.: **Personalist u. Emancipator.**

Völkergeschichte in Bildern u. Versen für Kinder von gereifterem Alter. 1. Heft. Urwelt. Israeliten. 8. (32 lith. Blätter.) Gotha 844. (Gläser.) n. 5/12 ꝛß

Völkergröße, oder er blieb dennoch Vater. Schspl. in 3 A. 8. Wien 807. Wallishausser. 6 K

Völkergröße; od. er blieb dennoch Vater. Schsp. in 3 Aufz. 8. Wien, Wallishäußer. 808.

Völkerhass? od. Völkerfrieden? Eine Fragestellg. an die Zeit. (Von Adf. Bastian.) (28 S.) gr. 8. Berlin 902. D. Reimer. n. — 50

Völkerhistorie, Die, alten Testaments, mit einigen . . . Tabellen. Berlin 1754. V: *Hähn, Joh. Friedrich.* (KY)

Völkerhistorie, die, alten Testaments, mit e. chronolog. u. synchronist. Tabellen, (v. J. F. Hähn.) Berl. 754. Realschule.

Völker- und Sprachenkarte [Schlagwort]

Völker- u. Sprachenkarte, s.: Europa. Peucker, Karl.

Völkerkarten [Schlagwort]

Völkerkarten. Langhans, Paul, Karte der Verteilg. v. Deutschen u. Dänen in Nordschleswig nach den Ergebnissen der amtlichen Sprachenzählung vom 1. XII. 1890, ergänzt bis 1899. [Aus: „Petermann's Mitteilgn."] 24,5×27 cm. Farbdr. Mit Text auf dem Umschlag. Gotha 899. J. Perthes. n. — 40

— — Karte der Verbreitung v. Deutschen u. Slawen in Oesterreich. Mit statist. Begleitworten (auf dem Umschlag). Bearb. auf Grund der Vogelschen Karten. 60,5×78,5 cm. Farbdr. Ebd. 899. n. 2. —

— Sandler, Chr., Volks-Karten. Karten üb. die Verteilg. der Bevölkerg. im Reg.-Bez. Oberfranken, Bez.-Amt Garmisch, Herzogt. Oldenburg, in der Lichtenfelser Gegend u. im 9. Bezirk der Stadt München, nach neuer Methode gezeichnet u. erläutert. hoch 4. (7 farb. Karten m. V, 31 S. Text.) München (899). R. Oldenbourg. Geb. in Leinw. n. 6. —

Völkerkunde [Schlagwort]

Völkerkunde, s.: Atlanten. Berghaus.

Völkerkunde [Sachliches OW]

Völkerkunde, illustrierte. Unter Mitwirkg. v. A. Byhan (Nord-, Mittel-, Westasien u. Europa), W. Krickeberg (Amerika), R. Lasch (Einführg.), Fel. v. Luschan (Afrika), W. Volz (Süd- u. Ostasien) hrsg. v. Geo. Buschan. 1.—15. Tauf. (XIV, 464 S. m. 194 Abbildgn. u. 17 Taf.) 8. Stuttgart (910), Strecker & Schröder. 2.60; geb. 3.50

Völkerkunde, kleine. Ein neues ABC= u. Lesebuch für gute und wißbegierige Kinder. Mit 29 illum. Abbildd. 8. Nürnberg ... Renner u. Comp. 1/6 ꝛß

Völker= und Naturleben, das große. Physiognomische Züge aus fernen Welttheilen. Lex.=8. (VII und 551 S. mit mehr als 100 Illustr. in eingedr. Holzschn.) Braunschweig (861)62, Westermann.

Völkerlexikon, Charakteristisches, oder Sitten und Völkergebräuche der neuesten Zeiten. Nach dem Französischen des Sabbathier. O. O. [Bayreuth] 1778. V: *Behrisch, Hch. Wolfg.* ([Heinrich Wolfg. Behrisch], Die Wiener Autoren. Pressb. 1784) (BGE VIII³, 139) (biblport)

Völkerlexikon, charakteristisches, oder Sitten u. Völkergebräuche der neuesten Zeiten, aus d. Französ. d. Sabbathier (v. H. W. Berisch.) gr. 8. Bayreuth 778. Lübeck. 1 ꝛß 8 K

Voelkerling, Emil

Voelkerling, (Fridericus) Aemilius *(geb. Niederbenna bei Merseburg 18. 11. 1836)*: De rebus Siculis ab Atheniensium expeditione usque ad prioris belli Punici finem gestis. Vratislaviae (1868). (102 S.) 8° *[Buchausg 1868 bei Calvary & Ko in Berlin]*
Breslau, Phil. Diss. v. 9. März 1868

Voelkerling, E., de rebus siculis ab Atheniensium expeditione usque ad prioris belli Punici finem gestis. gr. 8. (III, 102 S.) Berlin 868, Calvary und Comp. *

Voelkerling, Friedrich Emil, s. Voelkerling, Emil

Völkerling, J. C. F., kurze Anleitung zu den ersten Aufsatzübungen nebst 200 ausgeführten Beispielen u. vielen Aufgaben, für Lehrer an Stadt- u. Landschulen. 8. (96 S.) Königsberg 847, Bon. 1/4 ℛ

Völkerling, J. C. F., Ferien-Büchlein, enthaltend Erzählungen, Beschreibungen, Briefe, Gedichte, Fragen u. Aufgaben zur Belehrung und Unterhaltung der Jugend in schulfreien Tagen u. Stunden. 6 Hefte. 2. verb. Aufl., mit 6 Abbild. 12. Graudenz 844, Röthe'sche Buchh. 12 ngr

—— die merkwürdigsten Fragen und Aufgaben aus der Erdbeschreibung mit ihren Beantwortungen und Lösungen für Elementar- und Fortbildungs-Schulen. 8. (30 S.) Marienwerder 850, [Jacoby.] *

Völkerling, J. C. F., die merkwürdigsten Fragen und Aufgaben aus der Erdbeschreibung mit ihren Beantwortungen und Lösungen für Elementar- und Fortbildungs Schulen. 3. verb. u. verm. Aufl. Marienwerder 860. Jacoby. 8. (35 S.) 3 ngr.

Völkerling, J. C. F., Grundlage beim Unterricht im Zeichnen. Ein Beitrag, den Zeichenunterricht den Volksschulen zugänglich zu machen; bestehend in 10 Wandtafeln mit 90 großen Figuren, nebst Gebrauchanweisung. Berlin 841. Wohlgemuth. 2/3 ℛ

— Schul-Andachten für die gewöhnlichen u. feierlichen Schultage. Ein Handbüchlein f. Lehrer in Bürger- u. Landschulen. 8. Berlin 842, Wohlgemuth's Buchh. 1/4 ℛ

— Wandtafel zur Geschichte des preuß. Staats. Nebst Anweisung über deren Gebrauch. 4 Bl. Ebend. 841. 1/4 ℛ

— Wandtafel, geschichtliche, nach mnemonischen Grundsätzen bearb. 4 Bl. Graudenz 841, Röthe. 1/4 ℛ

Völkerkarten [Schlagwort]

Völkerling, L. Diodors Quellen für die Geschichte des älteren Dionysios und deren Einfluss auf seine Darstellung. (38) 4. Creuzburg (Schles.) 1865.
Schul-/Univ.-Schrift

Völkerling, Val., gläubiger Christen Ehre u. Ruhm wider alle unverdiente Schmach. 8. Braunschweig. 714.

Volkermann, M. C., sichere u. gründliche Anweisung Schreibfedern zu appretiren. 8. Frankf. a. M. 808. (Wienbrack in Leipz.) 4 gr

Völkermarkt [Schlagwort]

Völkermarkt, s.: Geologische Karten. Spezialkarte (Oesterr.-Ungarn.)

Völkermarkt [Sachliches OW]

Völkermarkt in Kärnten, und Umgebung. Bearbeitet von J. Berger. Herausgegeben vom Verschönerungsvereine der Stadt Völkermarkt. 8. (58 S. mit einer Ansicht von Völkermarkt) * —.30
Klagenfurt: F. von Kleinmayr 1892.

Völkerprozeß, der, der Magyaren u. Kroaten. Mit Berücksicht. seiner auch f. Deutschland wichtigen Folgen. gr. 8. (78 S.) Weimar 848. Voigt. 5/12 ℛ

Völkerrecht. Volksthümliche Darstellung von einem Staatsmanne a. D. Leipzig 1864. V: *Huhn*, *Eugen H. Th.* (Kat. d. Bibl. d. dtsch. Reichstages. Berl. 1882.)

Volkers, Emil, Abbildungen vorzüglicher Pferde-Rassen. qu. gr. 4. (20 Chromolithogr. mit 1 Bl. Text.) Stuttgart 880, Schickhardt und Ebner. In Mappe *
Text dazu: Beschreibung der vorzüglichsten Pferde-Racen. Gesammelte Aufsätze aus dem „Sport" von G. Schwarznecker und W. Zipperlen. gr. 8. (III, 75 S.) *
—— dass. — 2. Reihe. qu. gr. 4. (14 Chromolithogr.) Ebendas. 882. In Mappe *

Volkers, Emil, Abbildungen vorzüglicher Pferde-Rassen. 2. verm. und 3. Aufl.. qu. gr. 4. (34 Chromolithogr.) Stuttgart 882,83, Schickhardt und Ebner. In Mappe *

— dasselbe. Mit beschreib. Text v. G. Schwarznecker u. W. Zipperlen. 4. Aufl. qu. gr. 4. (III, 56 S. m. eingedr. Illustr. u. 34 Taf.) Ebend. 885. n. 17. —; Einbd. n.n. 3. —

Volkers, Emil, Abbildungen vorzüglicher **Pferde-Rassen.** 5. Aufl. qu. Fol. (34 farb. Bl.) Stuttgart 892. Schickhardt & Ebner. In Leinw.-Mappe. n. 15. —

—— dass. — m. Text v. G. Schwarznecker u. W. Zipperlen. (34 farb. Bl. u. 56 S.) Ebd. 892. geb. * 20 —

Volkers, Emil, Bildnisse vorzüglicher Hengste aus dem königlichen Landgestüt Celle. Nach der Natur gemalt. Düsseldorf 862. Elkan & Co. (Breidenbach & Co.) gr. Fol. (18 lith. Bl.) n. 20 ℛ

Volckers, E., Bildnisse vorzüglicher Hengste aus dem Grossherzogthum Oldenburg. Nach dem Leben gez. Düsseldorf (857.) Arnz u. Co. (Elkan, Baumer u. Co.) qu. gr. Fol. (6 lith. Bl.) n. 5 ℛ 20 ngr

Volkers E., Bildnisse vorzüglicher Hengste aus dem Grossherzogth. Oldenburg. Nach dem Leben gezeichnet. qu. Imp.-Fol. (6 Stnt. in Tondr.) Düsseldorf 858, [Elkan und Comp.] Thlr. *

Volkers, Emil. Die vorzüglichsten Hengste aus dem Hannoverschen Landesgestüt Celle, nach dem Leben gemalt u. lithogr 22 Bl. à 50,5×62 cm. Crayonlithogr. u. Tondr. Wandsbeck 890, Kunstanstalt (vorm. Seitz). In Umschlag 22 —
Einzelne Blätter à 1 —

VOLKERS, Georg: Über Wasserausscheidung in liquider Form an den Blättern höherer Pflanzen. - Berlin 1882. 46 S., 3 Taf. - Diss.

Volkers, J. M., geistliche Receptsammlung des großen Seelen-Arztes Jesus Sirach. Geordnet u. zum Gebrauch für Heilsbedürftige herausg. Stuttgart 861. Estelt. (Schober.) 32. (VIII, 94 S.) n. 5 *ngr.*

Völkers, J., s. V ö l c k e r s

Völkers, P. J., vollständige Einleitung in die sämmtlichen Amts-Verrichtungen und Verhältnisse eines deutschen Elementar-Schullehrers, mit Hinsicht auf die Zwecke der Pestalozzischen Lehrart. 2te verb. und verm. Ausg. gr. 8. Heilbronn, Claß. 819.

v. Völkersahm, Jh. Gust. Geo., Hülfstabellen für die russische Sprache, zunächst dem Selbstunterricht gewidmet. Mit 2 Tabb. 8. Riga 817. (114 S.)

Völkersam, J., politischer Vorschlag dem Kindermord ohne alle Strafen u. ohne Findelhaus sicher vorzubeugen. gr. 8. Bayreuth 779. Lübeck. 2 *gl.*

V ö l k e r s a m e n, J., P o l i t i s c h e r V o r s c h l a g d e m K i n d e r m o r d o h n e a l l e S t r a f e n u n d o h n e F i n d e l h a u s s i c h e r v o r z u b e u g e n. Bayreuth, Lübeck, 1779. 8⁰.
Citiert Meusel.

Völkerschau. Eine Sammlung v. Erzeugnissen d. Kunst- u. Gewerbefleisses aller Zonen u. Zeiten. Hrsg. v. der mittelschweizer. geographisch-kommerziellen Gesellschaft in Aarau unter Mitwirkg. schweizer. Museen. 1. Bd. Bl. 1—30. Mit 11 Taf. in Farbendr. 18 Lichtdr., e. japan. Fächerschablone im Original u. 7 Orig.-Vignetten. Imp.-4. (20 S. Text m. Abbildgn.) Aarau 888—91, (Christen's Sort.). In Mappe * · 30 —

— dasselbe. 2. Bd., Bl. 31—60. Mit 10 Taf. in Farbendr., 25 Lichtdr. auf 20 Taf. u. 5 Orig.-Vignetten. Fol. (20 S.) Ebd. 892. In Mappe. n.n. 30. —

Völkerschau. E. Sammlg. v. Erzeugn. des Kunst- u. Gewerbefleisses aller Zonen u. Zeiten. Hrsg. v. der mittelschweizer. geographisch-kommerz. Gesellschaft in Aarau unter Mitwirkg. schweizer. Museen. III. Bd., Blatt 61—90. Mit 10 Taf. in Farbendr., 25 Lichtdr. auf 20 Taf. u. 18 Orig.-Vignetten. Fol. (18 S. m. Abb.) Aarau 894. (J. J. Christen's Sort.) In Mappe n.n. 30. —

Völkerschau. Illustrierte Monatsschrift. Hrsg. v. B. Clara Renz. 1. u. 2. Jahrg. April 1901—März 1903. à 12 Hfte. Lex.-8. (à ca. 32 S.) München, Leutkirch, J. Bernklau. à Jahrg. n. 6. —

Völkerschau. Populär-wissenschaftl. Quartalschrift. Hrsg. v. B. Clara Renz. 3. Jahrg. 1904. 4 Hefte. (à ca. 96 S. m. Abbildgn.) Lex.-8. Leutkirch, J. Bernklau. n. 6. —
Erscheint nicht mehr.

Völkerschlacht bei Leipzig, im Oct. 1813. Dargestellt auf einem Plan, welcher das ganze Kreisamt Leipzig enthält, nebst Beschreib. von einem Offizier aus dem Generalstabe d. Verbündeten. gr. 4. Leipz. 813. Ind.-Compt. 4 *gl.*

Völkerschmuck mit besonderer Berücksichtigung des metallischen Schmuckes mit Erläuterungen von M Haberlandt. (109 T) (Quelle VII) qu 4° Wien (1906)

Volkersen, F., das Infanteriefeuer im Gefecht, s. a. Beiheft zum Militär-Wochenblatt.

Volkersen, F., u. J. Leerbech. Das Infanteriefeuer im Gefecht. Eine taktische Studie. Berlin 1880. 148 S.

—— und John Leerbech, das Infanteriefeuer im Gefecht. Eine trakt. Studie. 2. (Titel-)Ausg. gr. 8. (VII, 148 S.) Berlin 882, (F. Luckhardt.) *

Völker- u. Zeitenspiegel aus Tacitus. 8. Germanien. (Leipz. Gerh. Fleischer.) (Pesth, Hartleben.) 814.

Völkerstämme, die verschiedenen, aller Nationen in treuester Gesichtsbildung, Farbe, Grösse u. Nationaltracht. Mit 50 grossen color. Figuren. Nach der Zusammenstellung von Latham. Stuttgart (857.) Nitzschke. gr. Fol. (4 lith. Taf. u. 4 S. Text in 4.) 1 *rℬ.* 15 *ngr.*

V ö l k e r s t ä m m e, die verschiedenen, aller Nationen in treuester Gesichtsbildung, Farbe, Grösse und Nationaltracht. 4 (lithogr.) Taf., mit 50 grossen ill. Fig. Zum Gebrauch in Schulen nach der Zusammenstellung von Latham. 1. Aufl. 1857. 1 Thlr. 15 Ngr. und 2. Aufl. qu. Imp.-Fol. Mit Text. (4 S. in gr. 4.) Stuttgart (861)62, Nitzschke. *

Völkerstimmen, Germaniens, s. G e r m a n i e n s Völkerstimmen.

Volkert, August

Volkert, A. Karte der München-Augsburger Eisenbahn und Umgegend. München 1840. 1 Bl. K.

Volkert, Aug., statist. Karte vom Königr. Bayern, zugleich Uebersichts- u. Postkarte von Süd-West-Deutschland. 2′ 6″ hoch u. 3′ 7″ breit. Kpfrst. u. color. München 847, Volkert. Auf Leinw. in Etui n. $2^{5}/_{6}$ *rℬ*

Volkert, Aug., Statistische Karte vom Königreich Bayern zugleich Übersichts- und Postkarte von Süd-West-Deutschland. München 1852. 4 Bll. . . . . . .

Volkert, A. Statistische Karte vom Königreiche Bayern. Zugleich Uebersichts- und Post-Karte 1:600 000. München 1853. 4 Bl. c. K. Ft.

Volkert, Aug. (Geograph u. k. b. topogr. Kupferstecher), *statistische Karte vom Kgre. Bayern,* zugleich Uebersichts-, Post- u. specielle Eisenbahn-Karte von Südwestdeutschland. . . . . Neubearb. u. in allen Theilen vervollständiget hrsg. von der k. b. priv. Kunstanstalt von *Piloty & Löhle* zu München. 1864. Gedr. bei J. Gotteswinter. Gr. Fol. 32-theilig, color., auf Lwd. gez. Roth. Orig.-Lwdbd. m. Goldtit. auf Deckel.

Volkert, A., Meilenberechnungs- und Postkarte von Mitteleuropa etc.; auf Leinwand aufgezogen in Futteral. München 1844.

Volkert, Aug., Meilenberechnungs- und Post-Karte von Mittel-Europa. A Post Map and Map for Travels calculation of Central Europe. München [1840.] 2 Bll. (Br. Mus.)
——, —— Ebenda 1865. Imp.-Fol.
——, —— Ebenda 1867. . . . .

Volkert, Chrph., die Dynamomaschine. E. zerlegbares Modell, zum Zwecke d. Selbstbelehrg. u. f. d. Unterr. an gewerbl. Fachschulen bearb. u. m. geschichtl. u. beschreib. Text vers. qu. Fol. (46 Sp. m. Fig. u. 1 farb. Phantom.) Fürth 898. G. Löwensohn. Kart. 3.—

— die Lokomotive. E. zerlegbares Modell, zum Zwecke d. Selbstbelehrg. u. f. d. Unterr. an gewerbl. Fachschulen bearb. u. mit geschichtl. u. beschreib. Text versehen. qu. Fol. (40 Sp. u. 2 Bl. m. Fig. u. 5 Farbdr.) Ebd. 897. Kart. 3.—

— Modell e. liegenden Dampfmaschine m. Mayer'scher Expansions-Schieber-Steuerung. Geschichtl. u. beschreib. Erläutergn. qu. 4. (46 Sp. m. 16 Fig. u. 8 z. Tl. farb. Taf.) Ebd. 896. Kart. 2. —

Volkert, Chrph., zerlegbares Modell e. modernen Kriegsschiffes, s.: Teutsch-Lerchenfeld, Bernh., Deutschlands Wehr.

Volkert, J., Geschichte und Geographie des Königr. Bayern. Für den Schulgebrauch bearb. Mit 1 (lithogr.) Karte von Bayern. 8. (63 S.) Berlin 881, Th. Hofmann. cart. *

Volkert, J., das Kirchengebäude, seine Restaurierung u. sein gottesdienstlicher Schmuck. Nebst e. Anh.: Über Akustik u. zweckmäßigste Größe der Kirchen. Von H. Steindorff. Hrsg. vom Verein f. christl. Kunst in der evangel. Kirche Bayerns. (A. B.) 2. verm. Aufl. gr. 8. (70 S. m. Abbildgn.) Nürnberg 898. (Heerdegen-Barbeck.) n. 1. —

Volkert, Leonh., die heil. Märtyrer der evangel. Kirche, s. Märtyrer.

Drei Gedichte für Freimaurer vom Br.·. M. **Volkert.** Berlin: 1841. 2 Bl. 4⁰ [Umschlagtit.]

Volkert, M., neue Trinksprüche zum Gebrauche f. alle Stände bei Geburtstagen, Hochzeiten, Jubiläen u. sonstigen Gelegenheiten. 16. Cottbus 843, Meyer. 1/4 ℔

Volkert, Osk., zehn Jahr durch Nacht u. Licht. Erstlingsgabe in 100 Gedichten. 8. (VIII, 121 S.) Dresden 899. E. Pierson. n. 1. 50; geb. n. 2. 50

Volkert, P. K. Johs., Altes und Neues von Gründlach. Blätter der Erinnerung an die 200jähr. Jubelfeier der Wiedererbauung unserer Kirche. gr. 8. (42 S.) Nürnberg 881, (Löhe's Buchh.) *

Volkert, P. K. J., Predigt über Ev. Luc. 11, 28, geh. am Bibelfeste zu Nürnberg in der St. Ägydienkirche am 13. Juni 1888. 8. (12 S.) Nürnberg 888. Löhe. n. — 20

Hölzels europäische Völkertypen. 4 Tafeln
Wien: Hölzel 1908. unaufgespannt in Umschlag K 20.—

Völkerverkehr, der, u. seine Verständigungsmittel im Hinblick auf China. (Von Adf. Bastian.) 8. (31 S.) Berlin 900. D. Reimer. n. 1. —

Völkerwanderung [Schlagwort]

Völkerwanderung, Geschichte, s.: Geschichtskarten. Sammlung.

Völkerwanderung, s.: Geschichtskarten. Sammlung.

Völkerwanderung [Sachliches OW]

Völkerwanderung, die große, oder der Umsturz des abendländ.-römischen Staats. 8. Leipz. 817. Joachim. 12 ℊℊ

Volkes, des badenschen, materielle Bedürfnisse u. Wünsche. Dargestellt von einigen Vaterlandsfreunden. 3. Aufl. gr. 8. (39 S.) Villingen 848, Förderer. 3 ℊℊ

Volkes, des deutschen, Größe und Einigkeit in seinen geistigen Heroen Friedr. v. Schiller und Alex. v. Humboldt. Zwei vaterländ. Gedichte zur Feier von Friedr. v. Schillers 100jähr. Geburtstage am 10. Novbr. 1859. gr. 8. (7 S.) Darmstadt 859, Zernin. *

Volkes, des deutschen, Liederschatz. E. Sammlg. der schönsten, bekanntesten u. beliebtesten Volks-, Vaterlands-, Studenten-, Turner-, Jäger-, Soldaten-, Wander-, Gesellschafts- u. Trinklieder f. fröhl. Kreise. gr. 16. (XV, 352 u. 14 S. m. Abb.) M.-Gladbach 895. A. Riffarth. Kart. 1. —; geb. m. Biernägeln n. 1. 50

Volkes, des, Lieblingsbücher. Sammlg. bester u. spannendster Volksschriften. Hrsg.: Adrian Mohr. Nr. 1.—24. kl. 8. Dessau [Mohr]. Neu-Weißensee, E. Bartels. à — 10

Arnim, Ludw. Achim v., der tolle Invalide auf dem Fort Ratonneau. Novelle. (64 S.) (910.) (Nr. 24.)
Blum, Hans, eine dunkle Tat. Nach alten Akten erzählt. (80 S.) (908.) (Nr. 5.)
— Die Tat der Johannisnacht. Erzählung. (80 S.) (908.) (Nr. 7.)
Chamisso, Adelb. v., Peter Schlemihls wundersame Geschichte. Für den Leser aus dem Volke bearb. v. Adrian Mohr. (64 S.) (909.) (Nr. 20.)
Eichendorff, Jos. Frhr. v., das Schloß Dürande. Erzählung. (64 S.) (909.) (Nr. 22.)
Gerstäcker, Frdr., der tote Chaussee-Einnehmer. Die Puppe. 2 unheiml. Geschichten. (80 S.) (908.) (Nr. 1.)
— Der Dreizehnte. Erzählung. (61 S.) (909.) (Nr. 16.)
— Das sonderbare Duell. Erzählung. (64 S.) (909.) (Nr. 14.)
— Germelshausen. Erzählung. — Die Ahnung. Nach e. wahren Begebenheit. (79 S.) (909.) (Nr. 12.)
— Die Vision. (77 S.) 908. (Nr. 8.)
— Werner. Erzählung. (64 S.) (909.) (Nr. 17.)
Hauff, Wilh., das Gespensterschiff, s.: Hoffmann, E. T. A., das Majorat.
— Jud Süß. Novelle. (80 S.) 908. (alte Nr. 3.)
— Othello (od. das Schicksal des Fürstenhauses). Novelle. (77 S.) (909.) (Nr. 11.)
Hoffmann, E. T. A., die Bergwerke v. Falun. Erzählung. (64 S.) (909.) (Nr. 15.)
— Die Doppelgänger. Erzählung. (63 S.) (909.) (Nr. 19.)
— Der unheimliche Gast. Erzählung. (61 S.) (909.) (neue Nr. 3.)
— Das Majorat. — Hauff, Wilh., das Gespensterschiff. (80 S.) 908. (Nr. 2.)
— Meister Johannes Wacht. Eine Erzählg. (64 S.) (910.) (Nr. 23.)
— Meister Martin der Küfner u. seine Gesellen. (79 S.) 908. (Nr. 9.)
— Der große Räuberhauptmann Ignaz Denner. Erzählung. (76 S.) 908. (Nr. 6.)
Marryat, der Pirat. Szenen aus dem Seeräuberleben. (80 S.) (909.) (Nr. 10.)
Nieritz, Gust., der Bilderdieb. Erzählung aus der 2. Hälfte des 18. Jahrh. (62 S.) (909.) (Nr. 18.)
Ruppius, Otto, vermißt. (79 S.) (909.) (Nr. 13.)
Scuderi, das Fräulein v. Eine Erzählg. aus dem Zeitalter Ludwigs XIV. (Von E. T. A. Hoffmann.) (80 S.) 908. (Nr. 4.)
Zschokke, Heinr., der tote Gast. Novelle. (Gekürzt.) (64 S.) (909.) (Nr. 21.)

Volkes, des, Lieblingslieder. (64 S.) kl. 8. Crimmitschau (905). R. Raab. — 10

Volkesstimme — Gottesstimme! Erwartungen des sächsischen Volkes von der gegenwärtigen Ständeversammlung. 8. (2 B.) Leipzig 845, Friese. *

Volkhardt, Carl Heinrich, s. Volkhardt, Karl Heinrich

Volkhardt, Georg: Die strafbaren öffentlichen Aufforderungen. Nürnberg 1908: Volkhardt & Wilbert. VIII, 119 S. 8°
Erlangen, Jur. Diss. v. 12. Okt. 1908, Ref. Allfeld
[Geb. 10. Nov. 85 Nürnberg; Wohnort: Nürnberg; Staatsangeh.: Bayern; Vorbildung: Altes Gymn. Nürnberg Reife 04; Studium: Erlangen 4, München 3. Berlin 1 S.; Rig. 12. Juli 07.] [U 09. 745

(*Volkhardt*, H.) Das Mineral-, Soole-, See- u. Schwefel-Bad Seeon am Seeoner See, in nächster Nähe des Chiemsee's. 1886. Druck der Gottlob Volkhardt'schen Druckerei, Amorbach. 8⁰. Cart.
8 S. — Mit Ansicht (Vignette) auf Bl. 3.

Volkhardt, J. K.,

— s. Wlh. v. Grumbach.

Volkhardt, J. K., s.a. Leben Bischof Konrad I.

(*Volkhardt, J. K.*) Leben u. Ermordung *Conrad's I.*, Bischofs zu Würzburg. Eine Scene aus d. XIII. Jahrh. Mit TKpf. (von *J. F. Bürcklein*). Frankfurt a. M. 1802. 8⁰. Hsrsb.
230 S. Zuschr. unterz. J. K. V. — Ld. I ibid., Pech, 1701.

— s.a. Scenen aus d. Geschichte.

SCENEN aus der Geschichte der Vorwelt (von *J. K. Volkhardt*). Th. (1) — 4. (cplt.) Mit 1 Titelkpfr. Leipzig, bei Adam Friedrich Böhme, 1791—1794. 8°. (1 Rthl. Steinkopf, Stuttgart, vor 1875; jetzt theurer!)
Dialogisirte Erzählungen, theilweise frei und üppig. Cplt. rar! I: Gonzaga's Gerechtigkeit. Rosimunde, od. des Königs Allgewinn (so!) Ermordung. Pertharit u. Gundebert, Könige d. Longobarden. Uta u. Siegebald, od. des hl. Emerams Seligsprechung.
II: Die schöne Kunigunde. Anna von Coburg. Pertharit u. Gundebert (Forts.).
III: Die Fehde aus Liebe. Der Reußenberg. E. fränkische Rittergesch. Gertraud v. Rienek. Die schöne Kunigunde. (Forts.)
IV: Die weiße Frau. Luz von Steinrück, od. d. Vehmgericht. Der Reliquienfreund.

Volkhardt, Karl Heinrich

Volkhardt, Carl Heinr., Flagelliformis. Scherz u. Ernst in Xenien, Epigrammen u. ähnl. kleinen Gedichten. 1. Bdchn. 12. (7⅙ B.) Bamberg 846, Schmidt.

—— das Friedensschwert. Poetische Novelle in 10 Gesängen. gr. 12. (9½ B.) Bamberg 843, Schmidt.

Volkhardt, Karl Hnr., metrische Gebete für Schulen u. Schüler. 8. Nürnberg 836. Riegel u. Wießner. ½ ℔

Volkhardt, Paul [approb. Arzt aus Zirndorf]: Ueber einige Wirkungen der Methylindolcarbonsäure .... Erlangen, Druck d. Univ.-Buchdr. v. Junge & Sohn, 1888; 26 S. 8°
Erlangen, Med. Fak., Inaug.-Diss. v. 31. März 1887

Volkhart, F. A., die Lehre vom griech. Accent. Programm. gr. 8. Essen 825. Bädeker. 5 ℛ

Volkhart, Hermann, approb. Arzt aus Fürth: Casuistischer Beitrag zur Lehre vom Duodenalgeschwür. *München 1902: C. Wolf & Sohn.* (26 S.) 8°
München, Med. Diss. v. 1902

Volkhart, Jh. Geo. Wlh., († d. 28. Mai 1800.) Entwürfe seiner Predigten auf d. J. 1770 u. 71. 8. Meiningen ..

— s. J. S. Stryck, comm. de jure Sabbathi.

Volkhausen, der Unterleibstyphus in Detmold im Sommer u. Herbst 1904. Nach dem vorhandenen amtl. Material dargestellt. (40 S. m. eingedr. Skizzen u. 1 Plan.) gr. 8. Berlin (905). Fischer's medicin. Buchh. n.n. 1.—
Sonderabdruck aus: „Ztschr. f. Medizinalbeamte".

Volkhausen, Aug. Fr., Predigten eines Emanzipirten. Gehalten in der Kirche zu Oerlinghausen. 1. u. 2. Sammlung. gr. 8. Bielefeld 845, Helmich's Verlag. à n. ½ ℔

—— vier Predigten, eine am Osterfeste, zwei über Zeitfragen u. eine zur Feier des Regierungsjubiläums Sr. Durchl. des Fürsten zur Lippe gehalten. 8. (4¼ B.) Bielefeld 845, Helmich. *

Volkhausen, Karl. 1908 [wirkl. Name]
s. Biegemann, Korl [Pseud.] [09. 663] 9

Volkhausen, Ludw., üb. Nitrobenzanilide. Chemische Inaugural-Dissertation. gr. 8. (46 S.) Wiesbaden 875. (Jena, Deistung.) n. — 40

Volkheimer, A. Die missa cantata u. das deutsche Kirchenlied. Anweisung zum Orgelspiel beim gesungenen Amte m. deutschem Volksgesang. gr. 8. (8 S.) Passau 892, Abt's Verlag. * — 20
Aus: Theologisch-prakt. Monats-Schrift, besonders abgedruckt.

[**Volkholz**, Friedrich Robert]: *Moritz von Sachsen und Magdeburg besonders 1550 u. 1551. 209 [vielmehr: 210] S. 4° (2°)
Halle-Wittenberg, Phil. Diss. v. 3. Nov. 1873
Geb. [Buckau bei Magdeburg 31. 3. 1843]

Volkholz, Hans, aus Berlin: Bestimmung von Aldehyden mit Dimethylhydroresorcin. *Halle a. S. 1902: (H. Meyer, Halberstadt).* (47 S.) 8°
Halle, Phil. Diss. v. 1902

Volkholz, Rob., Jürgen Ackermann, Kapitän b. Regiment Alt-Pappenheim. 1631. gr. 8. (88 S.) Halberstadt 895. F. Schimmelburg. n. 1.—

Volkholz, Rob., die Zerstörung Magdeburgs (1631) im Lichte der neuesten Forschung. gr. 8. (VI, 91 S. m. 1 Plan.) Magdeburg 892. Faber'sche Buchdr. n. 3.—

Völkl, Joh., Anna-Buch oder Anleitung zur Nachfolge und Verehrung der heil. Mutter Anna. Ein Lehr-, Gebet- und Erbauungsbuch für Bräute, Ehefrauen und Witwen, insbesondere für Mitglieder des St. Anna-Bundes. 10. Aufl. 12. (XXXII, 726 S. mit 1 Stahlst.) Innsbruck 888, Vereins-Buchhandlung und Buchdr.

Völkl, Joh. Anna-Buch od. Anleitg. zur Nachfolge u. Verehrg. der heil. Mutter Anna. 11. Aufl. 12. (XXXII, 726 S. m. 1 Stahlst.) Innsbruck 891, Vereins-Buchh. u. Buchdr. 3 —

— dasselbe. Neue Ausg. 16. (XXIV, 863 S. m. 1 Stahlst.) Ebd. 894. n. 2. —; geb. in Leinw. n. 3. —; in Ldr. m. Goldschn. n. 4. —

Völkl, Joh., Anna-Buch od. Anleitg. zur Nachfolge u. Verehrg. d. hl. Mutter Anna. E. Lehr-, Gebet- u. Erbauungsbuch f. Bräute, Ehefrauen u. Witwen, insbes. f. Mitglieder d. St. Anna-Bundes. 14. Aufl. 16. (XXIV, 863 S. m. 1 Stahlst.) Innsbruck 895. Vereinsbuchh. n. 2. —; geb. in Leinw. n. 3. —; in Ldr. m. Goldschn. n. 4. —

Völkl, Joh., Anna-Buch. Anleitung zur Nachfolge der Verehrg. der hl. Mutter Anna. Ein Lehr-, Gebet- u. Erbauungsbuch f. Bräute, Ehefrauen u. Witwen, insbesondere f. Mitglieder des St. Anna-Bundes. Neu hrsg. v. Leonh. Wiedemayr. 15. Aufl. gr. 16. (XXIII, 832 S. m. 1 Stahlst.) Innsbruck 899. Vereins-Buchh. u. Buchdr. n. 2. —; geb. in Leinw. n. 3. —; in Ldr. m. Goldschn. n. 4. —

Völkl, Joh., Anna-Buch. Anleitung zur Nachfolge u. Verehrg. der hl. Mutter Anna. Ein Lehr-, Gebet- u. Erbauungsbuch f. Bräute, Ehefrauen u. Witwen, insbesondere f. Mitglieder des St. Anna-Bundes. Neu hrsg. v. Leonh. Wiedemayr. 17. u. 18. Aufl. (XVI, 882 S. m. 1 Stahlst.) 16. Innsbruck 906. Vereins-Buchh. & Buchdr. n. 2. —; geb. in Leinw. n. 3. —

— der hl. Josef als Vorbild u. Schutzpatron der christlichen Ehemänner. Ein Lehr-, Gebet- u. Erbauungsbuch f. Bräutigame, Ehemänner u. Witwer. 6. Aufl. (XIV, 563 S. m. 1 Stahlst.) 16. Ebd. 904. n. 1. 40; geb. n. 2. —

Völkl, Oskar [cand. med. aus München]: Die Osteotomien an Ober- und Unterschenkel aus der chirurg. Universitäts-Kinder-Klinik zu München vom 1. Juli 1891 bis 31. Oktober 1893 ... München, Druck v. F. Bickel, 1893; 32 S., 1 Taf. 8.
München, Med. Fak., Inaug.-Diss. v. 1894

Volkland, Lothar: Wörterbuch zu den englischen Dichtungen von Percy Bysshe Shelley. T. 1. A—M. Borna-Leipzig 1910: Noske. X, 81 S. 8° ¶(Ersch. später vollst. als Buch.)
Leipzig, Phil. Diss. v. 5. März 1910, Ref. Wülker, Birch-Hirschfeld
[Geb. 5. Mai 86 Treuen; Wohnort: Werdau; Staatsangeh.: Sachsen; Vorbildung: Realgymn. Zwickau Reife O. 05; Studium: München 1, Leipzig 7 S.; Rig. 17. Febr. 09.] [U 10. 3261

Volkmann, Richard

—— Zur Erinnerung an ihn, s. Krause, Fedor.

Volkmann, Richard v., s. Worte der Erinnerung am Sarge u. Grabe.

Volkmann, Geschichte d. Magdeburgischen Pionier-Bataillons Nr. 4. 1813—1887. Mit 1 Titelbild u. 2 Uebersichtskarten. gr. 8. (VIII, 166 S.) Berlin 888. Mittler & Sohn. n. 3. 75

Volkmann, Geschichte des magdeburg. Pionier-Bataillons Nr. 4. 1813—1887. 2. Abdr. Mit e. (farb.) Titelbild u. 2 Uebersichtskarten. gr. 8. (VIII, 166 S.) Berlin 899. E. S. Mittler & Sohn. n. 3.75; geb. in Leinw. n.n. 5.—

Volkmann, Die Harmonie der Sphären in Ciceros Traum des Scipio. S.-A. 1908. 25 S. 1.20

Volkmann, die Harmonie der Sphären in Ciceros Traum des Scipio. (25 S.) gr. 8. Breslau 908. G. P. Aderholz. —60
Sonderabdruck aus: „85. Jahresber. d. schles. Gesellsch. f. vaterländ. Cultur".

Volkmann, virorum obscurorum historiae. I. In philosophos. (32 S.) gr. 8. Berlin 908. Herm. Walther. —60

Volkmann, u. Twiehaus, die Canalisirung der Fulda von Cassel bis Münden. Imp.-4. (14 S. m. 5 Taf.) Berlin 899. W. Ernst & Sohn. n. 5.—
Sonderabdruck aus: „Zeitschrift f. Bauwesen".

Volkmann: Lectiones Sibyllinae. 22 S.–Pyritz, Progr. 1861

Volkmann: Bischof Otto's erste Reise nach Pommern. 36 S.–Rastenburg, Progr. 1862.

Volkmann, ..., s. Vinet, A., üb. d. Freiheit d. relig. Cultus.

Wandern. Manches wegstoßen, manches richtig ablesen . . . Volkmann. Berlin: Walther [1908]. 109 S. 8°

Volkmann [Hrsg.], s. Zeitschrift für Bewegungslehre.

Volkmann, A., die Stände Sachsens über die Reform des Strafprocesses. Eine Betrachtung üb. constitutionelle Wirksamkeit beim Schlusse des Landtags. gr. 8. Leipzig 843, O. Wigand. n. $^2/_3$ ℛ

v. Volkmann, A., Tafel aller Winkel, die sich im Mittelpunkte eines Quadrats bilden, an welchen der ganze Umfang in 16,000 Theile getheilt ist, für jeden einzelnen Theil durch den ganzen Kreisbogen oder die eigetl. prakt. ausgeführte Quadratur des Zirkels. Fol. Linz 824. Akad. B. 16 kr

Volkmann, A. G., De Theophrasti Eresii libello cui ἠθικοὶ χαρακτῆρες est inscriptum. Pr. 1851. 10 S. 4°.

Volkmann, Ad., verbess. Notariatskunst, oder Handbuch für Advokaten, Notarien, Amts- u. Gerichtsschreiber. gr. 4. Jena 763. Cuno (Schmid). 3 ℛ 8 kr

Volkmann, Adalbert Wilhelm

— Beitrag zur moralischen Würdigung des Zweikampfs. Eine Rede. gr. 8. Dorpat 841. (Gläser.) n. $^1/_6$ ℛ

A. W. VOLKMANN), Entwurf zu einer Schiedsgerichtsordnung für den Verein der Buchhändler zu Leipzig. (Leipzig. 1847. Druck von C. E. Elbert.) 8°.

Volkmann, A. W., deutsche Gesetze u. Verträge zum Schutze des Urheberrechts, s. a. Publikationen des Börsen-Vereins der deutschen Buchhändler.

Volkmann AW, deutsche Gesetze und Vertrage zum Schutze des Urheberrechts. (Publikationen des Börsenvereins der deutschen Buchhändler 5) Leipzig 1877

Volkmann, Adalb. Wilh., der außerordentliche Landtag von 1847 für das Königr. Sachsen ist beschlußfähig. Aus der Verfassung nachgewiesen. gr. 8. (22 S.) Leipzig 847, Schrey. n. 4 *ngl*

— das Schwurgericht, eine Forderung der Zeit. Ein Vortrag. [Ein fliegendes Blatt. Nr. 3.] gr. 8. (24 S.) Leipzig 849, G. Mayer. 3 *ngr*

Volkmann, A. W., Zusammenstellung der gesetzlichen Bestimmungen über das Urheber- und Verlagsrecht. Aus den Bundesbeschlüssen, den deutschen Territorialgesetzgebungen und den französ. und engl. Gesetzen in Auftrag des Börsenvereins der deutschen Buchhändler bearb. gr. 8. (XVIII und 174 S.) Leipzig 855, Expedition des Börsenblattes für den deutschen Buchhandel. **

Volkmann, A. W., Zusammenstellung der gesetzlichen Bestimmungen über das Urheber- und Verlagsrecht. Aus den Bundesbeschlüssen, den deutschen Territorialgesetzgebungen u. den französ. u. engl. Gesetzen im Auftrag des Börsenvereins der deutschen Buchhändler bearb. Leipzig 855. (Kirchner.) gr. 8. (XVIII, 174 S.) nn. 15 *ngr*

Volkmann, Albert, Carl Baunscheidt oder kurzgefaßte Lebensbeschreibung des Erfinders der neuen Heillehre „Baunscheidtismus". 8. (36 S. mit dem Portr. in Stahlst.) Bonn 854, Wittmann. *

Volkmann, Alfr. Guil., Anatomia animalium, tabulis illustrata. Vol. I. Lib. I. et II. 4 maj. Lipsiae, Lauffer. [I. (12 Stnt. u. 12 Bl. Text.) 831. 21 Gr., II. Accedit descript. ossium ad lib. I. pertinens. (10 Stnt. u. 12 Bl. Text.) 833. 1 Thlr. 9 Gr.]

— neue Beiträge zur Physiologie des Gesichtssinnes. Mit 3 Kpfrtaf. gr. 8. Leipzig 836. Breitkopf u. Härtel. $1^1/_3$ ℛ

Volkmann, Alfred Wilhelm: De causis quibusdam incremento artis medicae amplificando ..., s. Hasper, Moritz.

Volkmannus, Alfredus Guilelmus: Commentatio anatomiae studium cum falsa humanitatis notione tum legum ambigue constitutarum culpa impediri. Halis 1868: Hendel. S. 4—10. 8° (4°)
Halle-Wittenberg, Progr. z. akad. Preisverteilung 1868

Volkmannus, Alfredus Guilelmus: Commentatio de elasticitate musculorum. Halis 1856: Hendel. S. 4—15. 8° (4°)
Halle-Wittenberg, Progr. z. akad. Preisverteilung 1856

Volkmann, A. W., zur Entwickelung der Organismen. Vortrag gehalten am Stiftungsfeste der naturforschenden Gesellschaft in Halle. gr. 4. (9 S.) Halle 875, Schmidt's Verlagsh. *
Aus: Sitzungsberichte der naturforschenden Gesellschaft zu Halle, besonders abgedruckt.

— Die stereoskopischen Erscheinungen in ihrer Beziehung zu der Lehre von den identischen Netzhautpunkten. (Arch. f. Ophthalm., II, 2.) (S. 5695)

Glückwunsch der medizinischen Fakultät für Alfred Wilhelm **Volkmann** zum 50jährigen Dr.-Jubiläum am 28. Juli 1876. Abgedr.: Chronik 1876. S. 14 f. V. stiftete gleichzeitig, zur Erinnerung an seine medizinische Promotion in Leipzig, ein Stipendium, 1876. Halle-Wittenberg. 1 Bl.

—— die Hämodynamik nach Versuchen. Nebst Abbildungen. gr. 8. (VIII und 484 S. mit 10 Stnt. in gr. 4. und eingedr. Holzschn.) Leipzig 850, Breitkopf und Härtel.

Volkmann, A. W., Ueber Irradiation (Aus: Ber. der Kgl. Sächs. Ges. der Wiss., mathem.-physik. Kl., 1857, I.)

Volkmann, Alfred Wlh., die Lehre von dem leiblichen Leben des Menschen, ein anatomisch-physiolog. Handbuch zum Selbstunterricht für Gebildete. Mit 8 lithogr. Abbildd. Lex.-8. Leipzig 837. Breitkopf u. Härtel. 2 1/2 Rthlr.

Volkmann, Alfr. Guil., de secundis atque funestis mutationibus, quas literarum academiae germanicae propediem subibunt. Oratio. 8. (14 S.) Lipsiae 848, Breitkopf et Härtel.

Volkmann, A. W., die Selbstständigkeit des sympath. Nervensystems, s. Bidder, F. H.

—— Streifzüge im Gebiete der exacten Physiologie. Eine Streitschrift gegen Hrn. Prof. G. Valentin. gr. 8. (66 S.) Leipzig 847, Breitkopf und Härtel.

— Das Tachistoskop, ein Instrument, welches bei Untersuchung des momentanen Sehens den Gebrauch des elektrischen Funkens ersetzt. (Aus: Ber. der Kgl. Sächs. Ges. der Wissensch., mathem.-physik. Kl. Sitz. am 2. April 1859.)

Volkmann, A. W.: Physiolog. Untersuchgn. im Gebiete d. Optik. I. Lpz. 1863. III, 180 p. u. 21 Hlzschn.
Schul-/Univ.-Schrift

Volkmann, Alfr. Wilh., physiologische Untersuchungen im Gebiete der Optik. 2 Hefte. gr. 8. Leipzig 863,64, Breitkopf und Härtel. [1. Heft. (III und S. 1—180 mit 21 in den Text gedr. Holzschn.) 1 Thlr., 2. Heft. (S. 181—268 mit 13 in den Text gedr. Holzschn.) 15 Ngr.]

— Ueber das Vermögen, Grössenverhältnisse zu schätzen. (Aus: Ber. der Kgl. Sächs. Ges. der W., math.-phys. Kl. Sitz. am 7. Aug. 1858.) (S. 5698)

Victores in certamine litterario praemiis ornatos novasque in annum 1848 quaestiones renuntiat academiae Halensis prorector Alfredus Guilelmus **Volkmann** cum senatu. Inest doctrina de matrimonio ex ordinationibus ecclesiae evangelicae saeculi 16. adumbrata ab Ottone Goeschen. Halis. 1847. 4°

Volkmann, Anne Helene, Erstlinge, moralische Gedichte oder die Sprüche Salomonis. 8. Bresl. 751. W. G. Korn. 10 Gr.

Volkmann, Carl, s. Volkmann, Karl

Volkmann, Carl Moritz, s. Volkmann, Karl Moritz

Volkmann, Diederich

Volkmann, Didericvs: Ad Itinerarivm Alexandri adnotationes criticae. Naumburg a. S., Druck v. H. Sieling, 1893; 81—93 S. 4.
Pforta, k. Landes-S, Festschr. 1893 (248)

Volkmann, *Diederich* [Rektor]: *Bericht über die Feier des 350jährigen Bestehens der Anstalt.* Naumburg a. S., Druck v. H. Sieling, 1894; XII—XXIII S. 4.
Pforta. k. Landes-S, P 1894 (247)

Die Ecce der Landesschule Pforta im Jahre 1890. 8 (33 S.).
Progr. Landessch. *Pforta* 1890.
Inhalt: I. Außerordentliches Ecce für den Alumnus Johannes Oetelshofen, gehalten am 7. December von ... *Diedrich* Volkmann. II. Allgemeines Ecce, gehalten am 22. November von ... *Hugo* Hädicke.
Nicht im Tauschverkehr.

Volkmann, *Diedrich*: *Das Ecce der Landesschule Pforta am 22. November 1890.* 4 (S. XIII–XIV der Schuln.).
Progr. Kgl. Landessch. *Pforta* 1891 (240)

—, *Das Ecce der Landesschule Pforta am 21. November 1891.* 4 (S. XIII der Schuln.). **Progr.** Kgl. Landessch. *Pforta* 1892 (245)

—, *Das Ecce der Landesschule Pforta am 19. November 1892.* 4 (S. XIV–XV der Schuln.). **Progr.** Kgl. Landessch. *Pforta* 1893 (248)

Volkmann, *Diederich* [Rektor]: *Das Ecce der Landesschule Pforta am 25. November 1893.* Naumburg a. S., Druck v. H. Sieling, 1894; XXIII–XXIV S. 4.
Pforta, k. Landes-S, P 1894 (247)

Volkmann, *Diederich* [Rektor]: *Das Ecce der Landesschule Pforta am 24. November 1894.* Naumburg a. S., Druck v. H. Sieling, 1895; XIV—XV S. 4.
Pforta, k. Landes-S, P 1895 (249)

Die Ecce der Königlichen Landesschule Pforta im Jahre 1895. 8 (78 S.). **Progr.** Kgl. Landessch. *Pforta* 1895
I. Ausserordentliches Ecce für den Prof. Dr. Heinrich Bertram gehalten von *Diederich* Volkmann (S. 3–11). II. Ausserordentliches Ecce für den Alumnus Kurt von Wasserschleben gehalten von *Max* Hoffmann (S. 12–16). III. Allgemeines Ecce gehalten von *Karl* Schaefer (S. 17–78).
Sämtliche Ecce in 8 sind nicht im Tauschverkehr.

Volkmann, *Diederich* [Rektor]: *Das Ecce der Landesschule Pforta am 23. November 1895.* Naumburg a. S., Druck v. H. Sieling, 1896; XIV—XV S. 4.
Pforta, k. Landes-S, P 1896 (250)

Volkmann, D[iederich]: [Das Ecce der Landesschule Pforta am 20. November 1897.] *Naumburg a. S. 1898: H. Sieling.* (XIV—XV S.) 4°
Pforta, k. Landes-S, P 1898 (255)

Volkmann, Did., s. Itinerarium Alexandri.

Volkmann, Didericus: Itinerarium Alexandri ed. – Pforta, Progr. 1871.

Volkmann, Didericus (geb. am 13 Sept. 1838 in Bremen): De Svidae Biographicis qvaestiones selectae ... Bonnae, form. C. Georgi (1861). 2 Bl., 41 [vielm. 42] S. 8. ¶ Erschien gleichzeitig bei Henry & Cohen in Bonn. — Quaest. alterae in d. Symbola philol. Bonn. 1864—67 S. 715 ff.; Quaest. novae in d. Festschr. v. Schulpforta 1873: Carol. Peter Rectorem Portens. munere se abdicantem valere iubent Sch. Port. praeceptores.
Bonn, Phil. Fak., Diss. v. 5 Aug. 1861

Volkmann, Dider., de Suidae biographicis quaestiones selectae. Bonn 861. Henry & Cohen. (Cohen & Sohn.) gr. 8. (2 Bl., 37 S.) n. 8 Ngr.

— De Suidae biographicis quaestiones alterae. S.-A. 1867. 17 S.

— De Suidae biographicis quaestiones novae. Pr. 1873. 18 S. 4°.

Volkmann, F. M., Werk u. Ruhm einer christl. Hausfrau. Predigt. ... Oschatz 846, Oldecop's Erben. 1/12 Rthlr.

Volkmann, Ernst, a. Kettwig: Beweislast bei der Rückforderungsklage wegen Nichteintritts des mit der Leistung bezweckten Erfolges ⟨condictio ob causam non secutam⟩. Düsseldorf 1905: A. Bagel. (95 S.) 8°
Würzburg, Jur. Fak., Ref. v. Burckhard, Diss. v. 10. Apr. 1905
[Geb. 25. Febr. 81 Kettwig; Wohnort: Düsseldorf; Staatsangeh.: Preußen; Vorbildung: Gymn. Düsseldorf Reife O. 99; Studium: Tübingen 3, Halle 1, Bonn 2 S.; Rig. 15. Febr. 05.]

Volkmann, Erwin, s. Volckmann

Volkmann, F., die Einwirkung des Unsichtbaren auf das Sichtbare. (30 S.) gr. 8. Berlin 906. G. Nauck. — 60

Volkmann, F., die Entwicklung d. Philosophie. gr. 8. (31 S.) Berlin 899. F. Rühe. n. — 60

Volkmann, F., Null u. Unendlich. gr. 8. (32 S.) Berlin 901. F. Rühe. n. — 60

— **Schiller's Philosophie.** gr. 8. (31 S.) Berlin 899. F. Rühe. n. — 60

Philosophie, soweit solche vor Vernunft bestehen kann, von F. Volkmann. *Berlin: F. Rühe 1904.* (26 S.) 8° [F.]

Volkmann, F., die Reichweite menschlicher Kräfte. (33 S.) gr. 8. Berlin 909. G. Nauck. — 60

— **Religion u. Philosophie.** gr. 8. (28 S.) Berlin 902. G. Nauck. n. — 60

Volkmann, F., Synthesen zur Erzielg. vollkommenerer Grade menschl. Gesundheit. 12. (13 S.) Wien 895. (G. Szelinski.) n. — 20

— die **Vergeistigung des Stoffs.** gr. 8. (26 S.) Berlin 903. G. Nauck. n. — 60

Volkmann, F. S., s. **Trauerrede** am Sarge G. A. L. Hanstein's.

Volkmann, Fr., Auguste, die Würde ihres Geschlechts. 2 Bde. 8. Hamb. 796—800. (Herold jun.) 2 Thlr. 2 gGr.

Volkmann, Freimund, Volkserzählungen. 1. Bd.: Der Trunkenbold und seine Tochter. — Hans Freundlich. — Das Glück der Armen. — 2. Bd.: Der Christ u. der Freigeist. — Johann der muntere Seifensieder. 8. Siegen u. Wiesbaden 843, 44, Friedrichs Buchh. (à Bd. 1/3 Thlr.) 2/3 Thlr.

Volkmann's, Freimund, Volkserzählungen. Eine Sammlung von Orig.-Novellen, Erzählungen und Charakterzeichnungen aus dem bürgerl. Leben. 2 Bde. 2. (Titel-)Ausg. 8. (VI und 311 S.) Wiesbaden 855, Friedrich's Vrlgsh.

Volkmann, Friedr., Erzherzog **Johann,** deutscher Reichsverweser. gr. 8. (24 S. mit des Erzherzogs lithogr. Portr.) Arnstadt 848, Meinhardt.

Volkmann, Frdr., **Deutscher Liederkranz.** Auswahl volksthüml. Lieder f. Schule u. Haus. 1. Hft. 74 zwei- u. dreistimm. Lieder enthaltend. 8. (IV u. 84 S.) Arnsberg 851, Grote. 1/8 Thlr.

Volkmann, (Friedr.), deutscher Liederkranz. Auswahl volksthüml. Lieder für Schule und Haus. 2. Heft. 82 zwei- und dreistimm. Lieder enthaltend. 8. (103 S.) Arnsberg 852, Grote.
1. Heft. Ebendas. 1851. 3 3/4 Ngr.

Volkmann, (Frdr.), deutscher Liederkranz. Auswahl volksthümlicher Lieder für Schule u. Haus. 1. Heft. 72 zwei- und dreistimmige Lieder enth. 2. verb. Aufl. Arnsberg 859. Grote. 8. (2 Bl., 80 S.) 3 3/4 ngr.

— **vollständ. Taschen-Fremdwörterbuch** f. Zeitungsleser u. zur Erläuterung der in der Gerichtssprache vorkommenden Fremdwörter. 32. (264 S.) Arnsberg 849, Ritter. 1/4 Thlr.

—— vollständiges Taschen-Fremdwörterbuch für Zeitungsleser und zur Erläuterung der in der Gerichtssprache vorkommenden Fremdwörter. 2., mit einem vollständ. Titulaturbuche verm. Aufl. 16. (264 S.) Arnsberg 852, Ritter.

Volkmann, G., s.: **Kindergottesdienst, der.**

— s.: **Taschenbuch** f. Leiter u. Helfer d. Kindergottesdienste.

Volkmann, G. K., Versuch über eine in Baiern herzustellende Steuerperäquation. 8. Münch. 801. Jos. Lindauer. 12 kr.

Georg Anton Volkmann

Georg Anton Volkmanns [Volkmann] Silesia subterranea, oder Schlesien mit seinen unterirrdischen Schätzen... Leipzig: Weidmann 1720. 344 S. 8°

Beigeb.: Baier, Johann Jakob [1677-1735]: Ορυκτογραφια [Oryktographia] norica. Norimbergae 1708.

Volkmann, Gotthold, approb. Arzt aus Müllerdorf: Die Häufigkeit des engen Beckens und dessen Folgen für die Geburt nach Beobachtungen der Halleschen Frauenklinik von 1895 bis 1900. *Halle a. S. 1900: E. Karras.* (31 S.) 8°
Halle, Med. Diss. v. 27. Nov. 1900

Volkmann, H., Aufgaben für das schriftliche Rechnen in der Volksschule. 8 Hefte. 8. Bunzlau, Kreuschmer. à Heft 15 Pf.

Inhalt:
Heft 1a. Die vier Grundrechnungsarten im Zahlenkreise von 1 bis 200. (12 S.) 879.
„ 1b. Die vier Grundrechnungsarten im Zahlenkreise von 1 bis 1000 und im unbegrenzten Zahlenkreise. (20 S.) 879.
„ 2. Resolviren, Reduciren, die vier Grundrechnungsarten mit mehrfach benannten Zahlen. Zeitrechnung, Durchschnittsrechnung. [Anwendung der decimalen Schreibung.] (28 S.) 879.
„ 3. Die gemeinen Brüche. Die Decimalbrüche. (24 S.) 879.
„ 4. Einfache Regeldetri. Zusammengesetzte Regeldetri. (16 S.) 879.
„ 5. Prozentrechnungen (Zins-, Rabatt-, Disconto-, Waaren-, Gewinn- und Verlust-, Zinseszins-Rechnung). (16 S.) 879.
„ 6. Gesellschafts-, Mischungs- und Terminrechnung. (Verhältnißbestimmungen.) (20 S.) 879.
„ 7. Cours- und Wechselrechnung. Ausziehen der Quadrat- und Kubikwurzeln. Raumrechnungen. (20 S.) 880.

—— dass. — Facit-Büchlein. 7 Hefte. 8. Ebendas. 879,80. [Heft 1a und 1b. (16 S.) 30 Pf.; 2.—7. Heft. (20; 12; 4; 4; 7; 4 S.) à 30 Pf.]

—— **Leitfaden** für den Unterricht in der Raumlehre. Für die Bedürfnisse der Volksschule, der Mittelschule und der Präparandenanstalt bearb. Mit einer Beilage, enth. 2 Transporteure, 1 Meßlineal, 1 Winkelhaken, 1 rechtwinkel. Dreieck [zum Ausschneiden]. 1. und 2. Heft. gr. 8. Ebendas. 879. à Heft * 40 Pf. *

Inhalt:
Heft 1. Von den geraden und krummen Linien, Winkeln und Flächen [mit Ausschluß der Berechnung der letzteren]. (32 S.)
„ 2. Flächen- und Körperberechnungen. Vom Feldmessen. (39 S.)

—— Facit-Büchlein zum **Leitfaden** für den Unterricht in der Raumlehre. 1. und 2. Heft. gr. 8. (8 S.) Ebendas. 879. *

Volkmann, H., der zinsfreie und der zinspflichtige Real-Credit für Stadt und Land oder sichere Hülfe der Landwirthschaft und dem Hausbesitz. gr. 8. (32 S.) Inowrazlaw 885, Olawski. *

Volkmann, H., der zinsfreie u. der zinspflichtige Realcredit f. Land u. Stadt od. sichere Hülfe der Landwirthschaft u. dem Hausbesitz. gr. 8. (32 S.) Königsberg 894. (Bon's Buchh.) n.n. — 50

Volkmann, H., der Rechenunterricht auf der Unterstufe der Volksschule zum Gebrauch f. Seminaristen, jüngere Lehrer u. Lehrerinnen. Mit e. Übungstafel. 2. (Titel-) Ausg. gr. 8. (V, 92 S.) Bunzlau 893. G. Kreuschmer. 1.20

—— der Rechenunterricht in der Volksschule. 1. Thl.: Der Rechenunterricht auf der Unterstufe der Volksschule. Mit einer Uebungstafel (4 Bl. in gr. Fol.). gr. 8. (VII, 92 S.) Ebendas. 879. *

Volkmann, H., practische Tabelle zur Berechnung, Erhebung und Vertheilung der Friedens-Rationen der preuss. Armee, zusammengestellt auf Grund des Reglements über die Natural-Verpflegung der Truppen im Frieden vom J. 1858. gr. 8. (19 S.) Bromberg 859, (Aronsohn.) **

Volkmann, H. M. v., Ri-Ra-Rutsch, s.: Ferdinands, C.

Volkmann, Hans v., Afrika. Studien u. Einfälle e. Malers. qu. Fol. (12 farb. Taf. m. 1 Bl. deutschem, französ. u. engl. Text.) Leipzig 895. Breitkopf & Härtel. Geb. in Halbleinw. n. 10. —; ermäss. Preis 5. —

Volkmann, Hans v., Alt-Halle. Verschwundenes u. Erhaltenes aus der alten Salzstadt an der Saale. Federzeichnungen. (64 u. 63 S. u. 2. Tl.) 8. Halle (908. 09). Gebauer-Schwetschke. à 2. —

Volkmann, Hans, Emanuel d'Astorga. 1. Bd. Das Leben des Tondichters. (III, 216 S.) 8. Leipzig 911. Breitkopf & Härtel. 4.—; geb. in Leinw. n 5.—; in Ldr. n 6. —

Volkmann, Hans van, Bilder vom Rhein u. aus der Eifel, s.: Meyer, Thdr.

Volkmann, Hans [aus Jauer in Schlesien]: Zur Diagnostik der atypischen Formen des Morbus Basedowii, sowie zu dessen Pathogenese .... Berlin, Buchdr. v. Gustav Schade (Otto Francke) (1888); 41 + 1 S. + 1 Bl. 8°
Berlin, Med. Fak., Inaug.-Diss. v. 19. Mai 1888

Volkmann, Hans v., Eifelbilder, s.: Teuerdank.

— Bruder Lustig, s.: Ferdinands, Carl.

Volkmann, Hans, Neues üb. Beethoven. 1. u. 2. Aufl. (à 90 S.) gr. 8. Berlin 904. H. Seemann Nachf. 2. —

Neues über Beethoven. Mitgeteilt von Hans Volkmann. 2. Aufl. Berlin & Leipzig: H. Seemann Nachf. 1905. (90 S.) 8° [05.11515 11

— **Strabanzerchen. Bilder u. Reime. (16 farb. Vollbilder m. Text auf der Rückseite.) qu. Lex.-8. Köln (906). H. & F. Schaffstein. Kart. n. 5. —**

Robert Volkmann, Sein Leben und seine Werke. Nebst Bildern, Faks., Briefen d. Meisters u. syst. Verz. s. gedruckten Kompositionen u. deren Bearbeitungen von (Dr. phil.) Hans Volkmann. *Leipzig: H. Seemann Nachf. 1903.* (197 S.) 8° [03.840

— deutsche Wanderlieder in Bildern, s.: Jungbrunnen.

— aus der schönen weiten Welt, s.: Eigenbrodt, Wolrad.

Volkmann, Heinrich

VOLKMANN, H.: Bericht an die Landesregierung über die Forstverhältnisse und den Forstwirthschaftsstand im Lande Salzburg. - Salzburg 1874

Volkmann, Heinr. Das Weidwerk in Oesterreich m. besond. Berücksicht. d. Hochgebirges. Ein Hand- u. Lehrbuch f. Jagdherren u. Jäger, zugleich Leitfaden zur Vorbereitg. f. die Prüfg. f. den Jagd- u. Jagdschutzdienst. gr. 8. (III, 436 S. m. 6 Vollbildern u. 19 Text-Abbildgn.) Wien 892, (Frick). ** 9 —

VOLKMANN, Heinrich
(F) Das Waidwerk in Oesterreich mit besonderer Berücksichtigung des Hochgebirges. Ein Hand- und Lehrbuch für Jagdherren, Jäger und Jagdfreunde, zugleich Leitfaden zur Vorbereitung für die mit Verordnung des k. k. Ackerbau-Ministeriums vom 14. Juni 1889, R.-G.-Bl. Nr. 100, vorgeschriebene Prüfung für den Jagd- und Jagdschutzdienst. Von Heinrich Volkmann. 2., vermehrte und verbesserte Auflage. Mit 6 Vollbildern und in den Text gedruckten Abbildungen. Wien. 1902. Szelinski & Co. Gr.-8°. 447 S. Geb. K 12.—

Volkmann, Heinr., das Weidwerk m. besond. Berücksicht. des Hochgebirges. Ein Hand- u. Lehrbuch f. Jagdherren, Jäger u. Jagdfreunde, zugleich Leitfaden zur Vorbereitg. f. die m. Verordng. des k. k. Ackerbau-Ministeriums v. 14. VI. 1889, RGB. Nr. 100 vorgeschriebene Prüfg. f. den Jagd- u. Jagdschutzdienst. 4., m. der 2. u. 3. gleichlaut. [Titel-]Aufl., durchgesehen v. Herm. Ramsauer. (447 S. m. Abbildgn. u. 6 Vollbildern.) 8. Wien [902] 906. Szelinski & Co. Geb. n. 5. —

Volkmann, J., Zusammenstellung der im Reg.-Bez. Bromberg geltenden Polizei-Gesetze und Verordnungen. Aufgestellt in den Bureaus der königl. Regierung zu Bromberg. Lex.-8. (IV, 920 S.) Bromberg 875, (Mittler'sche Buchh.) **

Volkmann, J. F. A., Berlin O. Originalposse m. Gesang in 3 Akten. Musik v. Herm. Halle. (92 S.) 8. Berlin (910). A. Hoffmann. 2. —

Volkmann, J. F. A., der Jubilar. Eine Komödie aus dem Arbeiterleben m. Gesang in 1 Akt (3 Abteilgn.). Nach e. Entwurf v. Paul Möhring. Musik v. Lier, Strzelewicz u. Treu. (24 S.) gr. 8. Berlin (905). A. Hoffmann. 1. —

— Kriegskameraden, s.: Winckler, Ernst.

— Mit gefangen, mit — — —! Episoden von der Berliner Straßen-Demonstration in 2 Bildern. (34 S.) 8. Ebd. (910). 1. —

Volkmann, J. F. A., Gensdarm Schlunk in der Klemme, s.: Siedersleben, Frz.

— die Sozialdemokraten kommen! Posse in 2 Bildern. Nach der gleichnamigen Broschüre v. Adph. Hoffmann f. die Bühne bearb. (28 S.) 8. Berlin (905). A. Hoffmann. n. 1. —

Stimm, stimm! des Deutschen Michels Wahllied. Parodie von J. F. A. Volkmann. *Berlin: A. Hoffmann [1901].* (2 Bl.) 8° [F.] [03.7334

— der Streikführer, s.: Bork, Karl.

Volkmann, Joh. Georg, s. Volkmann, Georg Anton

Volkmann, Johann Jakob

— s. Abhandl. von d. Kupferstichen.

— s. Anmerkk. über die Fehler d. Maler.

— s. d'Argenville, Leben.

— s. Baltimore Reise.

– s. J. B a r r o w, Samml. v. Reisen.

– s. B i b l i o t h e k, italien.

– s. B r u c e, Reisen zur Entdeck. d. Quellen d. Nils.

– s. D e n i n a, Staatsveränderung.

– s. D e s c h a m p, Reise.

Volckmann, Jh. Jak., († d. 21. Juli 1803.) neues geograph. Handlexikon, oder Verzeichniß der vornehmsten Länder, Städte, Oerter u. Flüsse in allen 4 Theilen der Welt ꝛc. gr. 8. Leipz. 778. Schwickert. 1 ꝛß 8 ℊ

– s. L a u g i e r, Versuch.

s. K. L e e m, Nachrr.

— histor.=krit. Nachrr. von Italien, welche eine Beschreibung des Landes, der Sitten, Regierungsform, Handlung, des Zustandes der Wissenschaften u. besonders d. Werke d. Kunst enthalten. 3 Bde. gr. 8. Leipz. 770, 71. 2e A. 777, 78. (Hahn). 5 ꝛß 16 ℊ Zusätze hierzu, s. Bernoulli.

— neueste Reisen durch England, vorzügl. in Absicht auf d. Kunstsammlung, Naturgeschichte, Oekonomie, Manufakturen u. Landsitze der Großen, mit 1 Karte u. 1 groß. Plan von London. 4 Bde. gr. 8. Leipz. 781—83. (Hahn). 5 ꝛß 12 ℊ

— desselben 5r Bd. oder neueste Reisen durch Schottland u. Irrland. gr. 8. Ebd. 784. 1 ꝛß 8 ℊ

— neueste Reisen durch Frankreich. Mit 1 Karte u. 1 groß. Plan von Paris. 3 Bde. gr. 8. Leipz. 787, 88. (Hahn.) 6 ꝛß

— neueste Reisen durch d. sieben vereinigten Provinzen der Niederlande. Mit 1 Karte. 2 Bde. gr. 8. Leipz. 783. (Hahn). 1 ꝛß 12 ℊ

— neueste Reisen durch Spanien. 2 Bde. Mit 1 Karte. gr. 8. Leipz. 785. (Hahn). 2 ꝛß 16 ℊ

s. Jo. v. S a n d r a r t, deutsche Akademie.

s. S e s t i n i Briefe.

– s. T o w n s e n d, Reise.

– s. A. Y o u n g s Reise d. Irrland.

– s. G. H. Z i n k e, ökon. Lexikon.

Volkmann, Johann Wilhelm

s. B e i t r r. zur Würdigung des Rationalism.

s. C o l q u h o u n, Londons Polizei.

(V o l k m a n n, Joh. Wilh.,) der Rationalist kein evangel. Christ, s. R a t i o n a l i s t, der.

– s. R e i s e n in allen 4 Welttheilen.

Volckmann, Jh. Wlh., Diss. inaug. de seditione, ad legem Saxonicam Electoralem a 1791. 4. Lips. 797.

Volkmann, Johannes, aus Bischofswerda: Die Bildarchitekturen, vornehmlich in der italiänischen Kunst. *Berlin 1900: B. Paul.* (97 S.) 8° ¶ (Soll fortgesetzt werden.)
Berlin, Phil. Diss. v. 12. März 1900

Volkmann, Johs., die Bildarchitekturen, vornehmlich in der italienischen Kunst. Diss. gr. 8. (97 S.) Berlin 900. (Dresden, v. Zahn & Jaensch.) n. 1. 50

Volkmann Josef: Gustav Schwab als Dichter.
II. 1910 PN 3082 Diss. Innsbruck Univ. 383

V o l k m a n n, Jul., Entwurf einer Criminalproceßordnung f. das Königr. Sachsen nebst Motiven, im Auszuge mitgetheilt u. m. einer Vertheidigung der Oeffentlichkeit u. Mündlichkeit begleitet. gr. 8. (4¼ B.) Schneeberg 842, [Goedsche'sche Buchh.] *

V o l k m a n n, Jul., Lehrbuch des im Königr. Sachsen geltenden Criminalrechtes. 2 Bdchn. gr. 8. Leipzig, Hahn. [1. (12½ B.) 831. 18 Gr., 2. (14½ B.) 832. 22 Gr.]

V o l k m a n n, Jul., die Rentabilität des Kohlenbergbaues in Niederölsnitz und Obergersdorf. Garantirt durch die projectirte Zweigbahn nach dem Hedwigschachte. Fol. (4 S. mit 1 lithogr. und ill. Karte in Imp.=Fol.) Leipzig 862, (Hinrichs'sche Sortimentsh.) * *

V o l k m a n n, Jul., System d. sächs. Civil= u. Administrativ=Processes nach Biener. 1. Bd., enth. den allgem. Theil. gr. 8. (18½ B.) Leipzig 841, Breitkopf u. Härtel.

—— System des sächsischen Civil= u. Administrativ=Processes nach Biener. 2. Bd. enthalt. den ordentlichen Proceß. gr. 8. (30½ B.) Leipzig 843, Breitkopf u. Härtel.

—— dass. 3. Bd. enth. den außerordentl. Proceß. gr. 8. (45 B.) Ebds. 845.
1. Bd. Ebendas. 1841. 1 Thlr. 10 Ngr.

Volkmann, K., Die Lebensfrage Österreichs. (III, 31 S.) 8. Wien, P. Knepler. —.
1908.

Volkmann, Karl

— Flitterwochen. Gar lehrreiche u. nützl. Ratschläge f. die Jungen v. e. Alten. (27 S.) gr. 8. Ebd. 906. n. 1. 20

— Flitterwochen. Gar lehrreiche u. nützl. Ratschläge f. die Jungen v. e. Alten. 2. Aufl. (27 S.) gr. 8. Ebd. 907. 1. 20

Volkmann, Carl, wie erhält sich der Arbeiter sein einzigstes Gut, die Gesundheit? (32 S.) 8. Berlin-Steglitz 906. W. Krüger. n. — 60

Volkmann, Carl, wie erhält sich der Arbeiter sein einzigstes Gut, die Gesundheit? 2. Aufl. (32 S.) 8. Berlin-Steglitz 907. W. Krüger. — 60

Volkmann, Karl Ludwig, s.a. V o l k m a n n, Ludwig

Volkmann, Karl Ldw., s. L. E. v. Borowsky ausgewählte Predigten.

Volkmann, Karl Moritz

Volkmann, Carl Mor., das Amt eines evangelischen Predigers in seiner Verantwortlichkeit und Herrlichkeit gewiesen am Bilde des himmlischen Hirten. Predigt am Sonntage Lätare 1860 beim Antritte seines Amtes gehalten. Leisnig 860. (Döbeln, Schmidt.) gr. 8. (24 S.) n. 3 ngr.

Volkmann, Carl Mor., Christen gilt die Treue im irdischen Berufe als ein Zeugniß rechter Frömmigkeit. Circularpredigt am 13. Trin.-Sonnt. 1852 über 1. Cor. 7, V. 24 zu Oschatz gehalten. gr. 8. (IV u. 16 S.) Oschatz 852, Oldecop's Erben. n. 1/12 ℛ

—— „Rechte evangelische Gesinnung gehört vor Allem dazu, wenn das Werk evangel. Diener in Kirche und Schule zur Verherrlichung Gottes unter den Menschen gereichen soll." Predigt zur Eröffnung der Conferenz der Geistlichen und Lehrer der Diöcese Oschatz am 23. Aug. 1853 zu Oschatz gehalten. gr. 8. (19 S.) Oschatz 853, Oldecop's Erben.

— „Rechte Führung der Seelen ist möglich nur im Geiste der Liebe zum Herrn". Predigt am S. Misericordias Domini 1853 über Joh. 21, 15—17 bei dem evangel. Hofgottesdienste in der Sophienkirche zu Dresden gehalten. Oschatz 853. Oldecop. gr. 8. (24 S.) 3 ngr.

Volkmann, Karl Theodor: Über den Einfluß der Temperatur auf die Geschwindigkeit chemischer Vorgänge. Düsseldorf 1908: Bagel. 77 S. 8°
Freiburg i. B., Phil. Diss. v. 1909, Ref. Gattermann
[Geb. 15. März 82 Düsseldorf; Wohnort: Düsseldorf; Staatsangeh.: Preußen; Vorbildung: Gymn. Düsseldorf Reife Juli 02; Studium: Freiburg i. B. 2, München Techn. Hochsch. 2, Freiburg i. B. 7; Rig. 23. Jan. 09.] [U 09. 1054

Volkmann, Konr., die Geschichten des deutschen Volks, ein Lehr- u. Lern-Buch für Stadt- u. Land-Schulen, so wie zum Selbstunterricht für den Bürger u. gebild. Landmann. (3 Bdchn.) 8. Grimma 835—38. Verlags-Compt. n. 2/3 ℛ

Volkmann, L. (Hrsg.). s. Buch, Das moderne.

Volkmann, L., die Lösung der socialen Frage durch die Frau, nebst Angabe e. natürl. Mittels zur Beschränkg. der Nachkommenschaft. Für Aerzte, Geburtshelfer u. Socialpolitiker. gr. 8. (49 S.) Neuwied 889. Heuser's Verl. n. 1. 50

— dasselbe. 2., verm. Aufl. gr. 8. (64 S.) Ebd. 891. Heuser's Verl. n. 1. 50

Volkmann, L., die Lösg. d. socialen Frage durch die Frau, nebst Angabe e. natürl. Mittels zur Beschränkg d. Nachkommenschaft. Für Aerzte u. Geburtshelfer. 3., verm. Aufl. gr. 8. (61 S.) Neuwied 895. Leipzig, M. Spohr. n. 1. 50

Volkmann, Lothar

Volkmann, Lotharius: Analecta Thesea. Halis Saxonum (1880): (Vaillant in Jauer). 35 S. 8°
Halle-Wittenberg, Phil. Diss. v. 20. Jan. 1880
Geb. Halle a. d. S. 3. 8. 1858. V.

Volkmann, L., Lessings hamburgische Dramaturgie, s.: Klassiker, die deutschen, erläutert u. gewürdigt für höhere Lehranstalten. 30. Bdchn.

Volkmann, L., Lessings Emilia Galotti, s.: Klassiker, die deutschen, erläutert u. gewürdigt. 18.

Volkmann, Lothar [Dr., Lehrer am G u. RG zu Düsseldorf]: Die tragische Hamartia bei Lessing. Jauer, P. Guercke, 1890; S. 35—52; 8°
Jauer, k. G. Festschr. 1890

Volkmann, Lothar. Die tragische Hamartia bei Lessing. gr. 8. (18 S.) Jauer 891, (Guercke). — 80
Aus: Festschrift zur Feier d. 25jähr. Gymnasialjubiläums, besonders abgedruckt.

Volkmann, Lothar, Prof. Dr.: Katalog der Schul-Bibliothek des Städt. Gymnasiums und Realgymnasiums zu Düsseldorf. Düsseldorf 1904: K. Voss & Co. (99 S.) 8°
Düsseldorf, st. G u RG OP 1904 (507)

Volkmann, L., zu den Quellen der Emilia Galotti, s. Festschrift des städtischen Realgymnasiums zu Düsseldorf zur 50jährigen Gedenkfeier.

Volkmann, Loth., was Blumen erzählen. Was mein einst war. gr. 16. (136 S.) Düsseldorf 898. E. Blasius. Geb. in Leinw. m. Goldschn. n. 2. 50

Volkmann, Ludw., das Bewegungsproblem in der bildenden Kunst. s. Führer zur Kunst.

Volkmann L, das Bewegungsproblem in d. bildenden Kunst. (62 S)
(Führer zur Kunst 14) Esslingen 1908

Volkmann, Ludwig: Bildliche Darstellungen zu Dante's Divina Commedia bis zum Ausgang der Renaissance ... Leipzig, Druck v. Breitkopf & Härtel, 1892; 1 Bl., 65 S., 2 Taf. 8.
München, Phil. Fak., Inaug.-Diss. v. 1892

Volkmann, Ludw., bildliche Darstellungen zu Dante's divina commedia bis zum Ausgang der Renaissance. gr. 8. (65 S. m. 2 Taf.) Leipzig 892. Breitkopf & Härtel. n. 2. —

Volkmann, Ludw., die Erziehung zum Sehen. Ein Vortrag. 1. u. 2. unveränd. Abdr. 8. (à 48 S.) Leipzig 902. R. Voigtländer. — 75

Volkmann, Ludw., die Erziehung zum Sehen. Ein Vortrag. 3. Aufl. (48 S.) 8. Leipzig 903. R. Voigtländer. — 75

Grenzen der Künste. Auch eine Stillehre von Ludwig Volkmann. *Dresden: G. Kühtmann 1903.* (255 S.) 4°(8°) [03. 15256

Volkmann, Ludw., Iconografia Dantesca. D. bildl. Darstellgn. zur Göttlichen Komödie. Lex.-8. (VIII, 179 S. m. 4 Abb. u. 17 Taf.) Leipzig 897. Breitkopf & Härtel. n. 10. —; geb. n.n. 12. —

— s.: Künste, die graphischen, der Gegenwart.

— Kunstgenuß auf Reisen. (83 S.) gr. 8. Leipzig 906. R. Voigtländer. Kart. n. 2. 50

[F.] **Volkmann,** *Karl* Ludwig [aus Culmsee]: Die Methodik des Schulunterrichts in den modernen fremden Sprachen, gegründet auf die Methodik des deutschen Unterrichts. Dargelegt am Deutschen u. am Französischen ... Berlin, gedr. in d. Kgl. Hofbuchdr. v. E. S. Mittler & Sohn, 1891; 35 S. 8.
Leipzig, Phil. Fak., Inaug.-Diss. v. [14. Sept.] 1891

Volkmann, Ludw. (L.). Die Methodik d. Schulunterrichts in den modernen fremden Sprachen, gegründet auf die Methodik d. deutschen Unterrichts. Dargelegt am Deutschen u. am Französischen. gr. 8. (34 S.) Berl. 891, Mittler u. Sohn. — 70

— **Naturprodukt** u. Kunstwerk. Vergleichende Bilder zum Verständnis des künstler. Schaffens. gr. 4. (119 S. m. Abbildgn. u. 32 Taf.) Dresden 902. G. Kühtmann. n. 6. —; geb. n. 8. —

— **Naturprodukt** u. Kunstwerk. Vergleichende Bilder zum Verständnis des künstler. Schaffens. 2. Aufl. (127 S. m. Taf.) Lex.-8. Dresden 903. G. Kühtmann. n. 6. —; geb. n. 8. —

— Zur Neugestaltung des Urheberschutzes gegenüber mechanischen Musikinstrumenten. Eine Denkschrift de lege ferenda. (20 S.) gr. 8. Leipzig 909. Breitkopf & Härtel. Unberechnet.

— Padua, s. a. Kunststätten, berühmte. Nr. 26.

Padua. Von Ludwig **Volkmann**. *Leipzig: E. A. Seemann 1904.* (138 S.) 8° [Fr.]
= **Kunststätten**, Berühmte. No 26.

Die Familie Volkmann. Drei u. ein halbes Jh. e. deutschen Geschlechts. Zsgest. von Dr. Ludwig **Volkmann**. Leipzig 1895: Breitkopf & Härtel. (141 S.) 4°(8°)

Die Familie V o l k m a n n. Drei u. ein halbes Jh. e. deutschen Geschlechts. Zsgest. von Dr. Ludwig **Volkmann**. [Nebst] Nachtr. Leipzig 1895–1911: Breitkopf & Härtel. 4°(8°)
Nachtr.: 1895–1911. 1911.

Volkmann, Oscar: Ueber Spontanfracturen der Röhrenknochen bei Caries und Nekrose. Halle 1874: Lipke. 28 S., 2 Bl. Tab. 8°
Halle-Wittenberg, Med. Diss. v. 16. Dez. 1874
Geb. Sylbitz (Saalkr.) 18. 6. 1849. V.
Verf. erlebte die Diplomerneuerung 1924 als Geheimer Sanitätsrat in Düsseldorf

Volkmann, Otto Fel., Wilhelm Busch der Poet, s.a. Untersuchungen zur neueren Sprach- u. Literaturgeschichte. N. F. 5.

Wilhelm B u s c h der Poet. Seine Motive u. seine Quellen von Otto Felix **Volkmann**. Dr. phil. Leipzig: Haessel 1910. 85 S. 8°
(Untersuchungen z. neueren Sprach- u. Literaturgeschichte. N. F. H. 5.)

Volkmann, Otto Felix: Johann Christian G ü n t h e r im Rahmen seiner Zeit. Sein Stil und seine Technik. Berlin 1907. 64 S. 8°. [21. V. 06.]
Bern. Phil. Diss. 1906/1907.

Johann Christian Günther im Rahmen seiner Zeit. Sein Stil u. s. Technik von Otto Felix **Volkmann**. Friedenau bei Berlin 1907: H. Brücker. (II, 64 S.) 8° [Fr.]

Anleitung zur Aufzeichnung physikalischer Beobachtungen, zur Anlegung von Beobachtungsprotokollen u. ihrer Verwertung f. d. Praktikanten d. math.-physik. Laboratoriums d. Univ. Königsberg i. Pr. (Verf.: P[aul] **Volkmann**.) (Königsberg i. Pr. 1902: [E. Rautenberg].) (2 Bl.) 8° [Kopft.] 10

Aufgaben für die Praktikanten des mathematisch-physikalischen Laboratoriums der Universität Königsberg i. Pr. (Verf.: P[aul] **Volkmann**.) (Königsberg i. Pr. 1901: [E. Rautenberg].) (4 Bl.) 8° [Kopft.] 10

Volkmann, P., üb. die Bedeutung d. Studiums der Bodentemperaturen, s.a. Sammlung populärer Schriften, hrsg. v. der Gesellschaft Urania.

Volkmann P, über die Bedeutung des Studiums der Bodentemperatur. (Sammlung populärer Schriften der Gesellsch. Urania 26) Berlin 1894

— Beiträge zur Wertschätzung der Königsberger Erdthermometer-Station 1872—1892. [Aus: „Schriften d. physikal-ökonom. Gesellsch. in Königsberg".] gr. 4. (8 S.) Königsberg 893. (W. Koch.) n. — 25

Volkmann, Paul, die Eigenart der Natur u. der Eigensinn des Monismus. Vortrag, geh. in Kassel u. in Königsberg i. Pr. im Herbst 1909. (34 S.) gr. 8. Leipzig 910. B. G. Teubner. 1. —

Volkmann, Paul, über den Einfluss der Krümmung der Wand auf die Constanten der Capillarität bei benetzenden Flüssigkeiten. Inaugural-Dissertation. gr. 8. (40 S.) Leipzig 880. (Königsberg, Beyer's Verlag.) *

Volkmann, P., Einführung in das Studium der theoretischen Physik insbesondere in das der analytischen Mechanik, m. e. Einleitg. in die Theorie der physikal. Erkenntniss. Vorlesungen. gr. 8. (XVI, 370 S.) Leipzig 900. B. G. Teubner. n. 14. —; geb. n. 15. 20; erm. Pr. n. 9. —; geb. n. 10. 20

— Die materialistische Epoche des 19. Jahrh. u. die phänomenologisch-monistische Bewegung der Gegenwart. Rede am Krönungstage, 18. I. 1909, in der Aula der königl. Albertus-Universität zu Königsberg i. Pr. geh. (30 S.) 8. Ebd. 909. 1. —

— Fähigkeiten der Naturwissenschaften u. Monismus der Gegenwart. Vortrag, am 19. IV. 1909 im wissenschaftl. Predigerverein zu Königsberg i. Pr. geh. u. m. e. Nachwort versehen. (38 S.) 8. Ebd. 909. 1. —

Volkmann, Paul, über Fern- und Druckwirkungen. Vortrag, gehalten in der physikalisch-ökonom. Gesellschaft zu Königsberg i. Pr. am 4. Novbr. 1886. gr. 4. (9 S.) Königsberg 887. (Berlin, Friedländer und Sohn.) * *
Aus: Schriften der Gesellschaft, besonders abgedruckt.

Volkmann P.: Über die Frage nach dem Verhältnis von Denken und Sein und ihre Beantwortung durch die von der Naturwissenschaft nahegelegte Erkenntnistheorie. S. 106. IIa. 1103 . . . .
Separatabdruck

Volkmann, P., über d. Frage nach d. Verhältniss v. Denken u. Sein u. ihre Beantwortg. durch die v. d. Naturwissenschaft nahegelegte Erkenntnisstheorie. [Aus: „Sitzungsber. d. k. Akad. d. Wiss."] gr. 8. (15 S.) Wien 897. (C. Gerold's Sohn.) n. — 30

— üb. Gesetze u. Aufgaben der Naturwissenschaften, insbesondere der Physik in formaler Hinsicht, s.a. Sammlung populärer Schriften, hrsg. v. der Gesellschaft Urania.

Volkmann P, über Gesetze und Aufgaben der Naturwissenschaften, insbesondere der Physik in formaler Hinsicht. (Sammlung der Urania 14) Berlin 1892

— Erkenntnistheoretische Grundzüge der Naturwissenschaften u. ihre Beziehungen zum Geistesleben der Gegenwart, s.a. Wissenschaft u. Hypothese. IX.

— **erkenntnistheoretische Grundzüge d. Naturwissenschaften u. ihre Beziehgn. z. Geistesleben d. Gegenwart. Allgem. wissenschaftl. Vorträge.** gr. 8. (XII, 181 S.) Leipzig 896. B. G. Teubner. n. 6. —

Erkenntnistheoretische G r u n d z ü g e der Naturwissenschaften u. ihre Beziehungen z. Geistesleben d. Gegenwart. Allgemein wissenschaftl. Vorträge von Paul **Volkmann**. 2., vollst. umgearb. u. erw. Aufl. Leipzig & Berlin: Teubner 1910. XXIII, 454 S. 8°
(Wissenschaft u. Hypothese. 9.)

— Hermann v. Helmholtz, s.: Hermann, L.

Volkmann, Paulus, ord. phil. h. t. decanus: Lectiones cursorias, quas ... Augustus Seraphim Phil. Dr. 'Die preussische Politik und der Ausgang des Herzogthums Kurland' ad docendi facultatem rite impetrandam die IX. Martii... habebit, indicit. *Regimonti Bor. 1901: Hartung.* (1 Bl.) 4°

— Franz Neumann. *11. Septbr. 1798, †23. Mai 1895. E. Beitrag zur Geschichte deutscher Wissenschaft. D. Andenken an d. Altmeister d. mathemat. Physik gewidmete Blätter, unter Benutzg. e. Reihe v. authent. Quellen ges. u. hrsg. gr. 8. (VII, 68 S. m. Bildn.) Ebd. 896. n. 2. 40

Volkmann, Paul [aus Thorn]: Über die Produkte der Einwirkung von Phtalyldichlorür auf Natracetessigester und über einige Derivate des Phtalylacetessigesters .... Reudnitz-Leipzig, Druck v. Oswald Schmidt, 1888; 36 S. + 1 Bl. 8°
Leipzig, Phil. Fak., Inaug.-Diss. v. 11. Aug. 1888

Ratschläge für die Studierenden der theoretischen Physik an der Universität Königsberg i. Pr. (Verf.: P[aul] **Volkmann**.) (Königsberg i. Pr. 1901: [E. Rautenberg].) (4 Bl.) 8° [Kopft.] 10

— Die Subjektivität der physikalischen Erkenntnis u. die psychologische Berechtigung ihrer Darstellung. Rede bei Übergabe des Rektorates der königl. Albertus-Universität in Königsberg i. Pr. am 12. IV. 1908. (20 S.) gr. 8. Leipzig 908. Veit & Co. — 80
Sonderabdruck aus: „Annalen d. Naturphilosophie".

Volkmann, Paul, theses theologicae syntagmatis Lud. Crocii. 8. Cöln. 712.

Vorbemerkungen für die praktischen Übungs-Arbeiten und ihre Behandlung im mathematisch-physikalischen Laboratorium der Universität Königsberg i. Pr. (Verf.: P[aul] Volkmann.) (Königsberg i. Pr. 1900: [E. Rautenberg].) (2 Bl.) 8° [Kopft.] [c.s. 15380 10

—— Vorlesungen üb. die Theorie d. Lichtes. Unter Rücksicht auf die elast. u. die elektromagnet. Anschaug. gr. 8. (XVI. 432 S. m. Fig.) Lpz. 891, Teubner. 11 20

Volkmann, Peter Dietrich (Hamburg)
Dissertatio inauguralis juridica de legitimatione partus a parentibus sedulo occultati eiusque adulterini per subsequens matrimonium.
Giessae 13. Feb. 1761: Braun. 30 S. 4°
pro licentia summos in utroque jure honores et privilegia doctoralia rite consequendi.

Volkmann, Peter Dietrich (Hamburg)
Dissertatio inauguralis juridica de legitimatione partus a parentibus sedulo occultati eiusque adulterini per subsequens matrimonium. [Diss. v. 13. Febr. 1761]
Recusa. Giessae 1768: Braun. 30 S. 4°
pro licentia summos in utroque jure honores et privilegia doctoralia rite consequendi.

Volkmann, R., die wirtschaftliche Gesundung der Bevölkerung, s.: Lebens- u. Gesellschaftsfragen. III.

— Die Lebensfrage Österreichs. (III, 31 S.) 8. Wien (908). P. Knepler. — 50

Volkmann, Richard

Volkmann, R., Animadversiones criticae in nonnullos veterum scriptorum de praeexercitamentis rhetoricis locos. Pr. 1869. 8 S. 4°. —.75

Volkmann, Rich. (I.), Animadversiones criticae in nonnullos veterum scriptorum de praeexercitamentis rhetoricis locos. gr. 4. (8 S.) Jauraviae 870. (Berlin, Calvary und Comp.) *

Volkmann, Rich., die Behandlung der complicirten Fracturen, s. Sammlung klinischer Vorträge.

—— Beiträge zur Chirurgie, anschliessend an einen Bericht über die Thätigkeit der chirurg. Universitäts-Klinik zu Halle im J. 1873. gr. 4. (XVI, 388 S. mit 21 eingedr. Holzschn. und 14 lithogr. und chromolithogr. Taf. in gr. 4. und qu. Fol. und 14 Bl. Tafelerklärungen.) Leipzig 875, Breitkopf und Härtel. cart. *

Volkmann, Rich. (II.), neue Beiträge zur Pathologie und Therapie der Krankheiten der Bewegungsorgane. 1. Heft. gr. 8. (V, 74 S. mit eingedr. Holzschn.) Berlin 868, Hirschwald. *

Volkmann, R(ichard) [Dir. Dr.]: Urkundliche Beiträge zur Geschichte des Franziskanerklosters in Jauer. Jauer, Druck d. Opitz'schen Buchdr., 1890; S. 11—22; 4°
Jauer, st. ev. G, OP 1890 (182)

Volkmann, Rich. (I.), Bemerkungen über einige vom Krebs zu trennende Geschwülste. gr. 4. (45 S. mit 2 Stnt.) Halle 858, Schmidt's Verlagsh. *
Aus: Abhandlungen der naturforschenden Gesellschaft in Halle, 4. Bd., besonders abgedruckt.

[F.] Volkmann, Richard [Dir. Dr.]: *Bericht über die Feier des 25-jährigen Bestehens der Anstalt.* Jauer, Druck d. Opitz'schen Buchdr., 1891; S. 10—26; 4°
Jauer, k. G, OP 1891 (185)

Volkmann, Rich., Gottfried Bernhardy. Zur Erinnerung an sein Leben und Wirken. gr. 8. (VIII, 160 S. mit 1 Bildniss Bernhardy's nach einer Photogr.) Halle 887, Anton. *

— über den Charakter u. die Bedeutung der fungösen Gelenkentzündungen, s.: Sammlung klinischer Vorträge.

Volkmann, Rich., die moderne Chirurgie, s. Sammlung klinischer Vorträge.

Volkmann, Ricard., Commentationes epicae. 8maj. (VII und 160 S.) Lipsiae 854, T. O. Weigel. *

Volkmann, R., De consolatione ad Apollonium Pseudoplutarchea. Pr. 1867. 13 S. 4°. 1.—

Volkmann, R., In Boethii de consolatione philosophiae libros. Pr. 1866. 8 S. 4°.

Volkmann, Rich. (geb. Leipzig 17. 8. 1830): De pulmonum gangraena. Berolini (1854). (32 S.) 8°
Berlin, Med. Diss. v. 26. Aug. 1854

Volkmann, *Richard* Gedächtnisrede auf S. Majestät Kaiser Wilhelm I., gehalten am 22. März. 4 (S. 8—11). G. *Jauer* 1888 (177).
Progr.

Volkmann, Rich., Geschichte u. Kritik der Wolfschen Prolegomena zu Homer. Ein Beitrag zur Geschichte der Homerischen Frage. gr. 8. (XIX, 364 S.) Leipzig 874. Teubner. n. 8. —

Volkmann-Leander, R. v., kleine Geschichten. Neue [Min.-]Ausg. 16. (82 S.) Leipzig 888. Breitkopf & Härtel. geb. m. Goldschn. n. 2. 40

Volkmann, Rich., Hermagoras oder Elemente der Rhetorik. gr. 8. (VIII und 358 S.) Stettin 865, von der Nahmer. *

Volkmann, Rich., die Höhe der antiken Aesthetik oder Plotin's Abhandlung vom Schönen. Ein Vortrag, gehalten im wissenschaftlichen Verein zu Stettin. (Abdr. aus dem Pädagogischen Archiv.) Stettin 860. Müller. (v. d. Nahmer.) gr. 8. (24 S.) 6 ngr.

Volkmann, R., Ueb. Homer als Dichter d. epischen Cyklus u. die angebl. Homeridenschulen d. Altertums. Pr. 1884. 24 S. 4°. 2.—

Volkmann, Rich., über Kinderlähmung, s. Sammlung klin. Vorträge.

—— Herr Dr. R. U. Krönlein und seine Statistik, s. Sammlung klinischer Vorträge.

—— Leben, Schriften und Philosophie des Plutarch von Chaeronea. 2 Thle. gr. 8. Berlin 869, Calvary und Comp. *
Inhalt:
Thl. 1. Leben und Schriften. (XVI, 239 S.) * M 6.
» 2. Plutarchs Philosophie. (XVI, 344 S.) * M 9.

— über den Lupus u. seine Behandlung, s. Sammlung klin. Vorträge.

Volkmann, Rich., über den Mastdarmkrebs und seine Exstirpatio recti, s. Sammlung klinischer Vorträge.

—— s. Munk, Ed., Geschichte der griechischen Literatur.

Volkmann, R. Nachträge zur Geschichte und Kritik der Wolfschen Prolegomena 16 S. Progr. *Jauer* 1878

Volkmann, *Richard* Nachträge zur Geschichte und Kritik der Wolf'schen Prolegomena. Zweiter Theil. 4 (16 S.) Ev. G. *Jauer* 1887 (176).
Progr.

Volkmann, Richardus: Observationes anatomicae et chirurgicae quatuor. Lipsiae (1857): Breitkopf & Haertel. 38 S., 2 Taf. 8° (4°)
Halle-Wittenberg, Med. Hab.-Schr. v. 26. Juni 1857

Volkmann, R.: Observationes miscellae. (Aeschines. Ap. Rhod. Apuleius. Aristides. Aristodemus. Galenus. Gellius. Hermagoras. Horatius. Lactantius. Lucianus. Lucilius etc.) 16 S. Jauer. Progr. 1872.

—— **Observationes miscellae. 2 partes. 4. (16; 21 S.) Jauer 872. (Berlin, Calvary und Comp.)** *

— über den antiseptischen Occlusiv-verband u. seinen Einfluss auf den Heilungsprocess der Wunden, s.: Sammlung klinischer Vorträge.

—— de oraculis sibyllinis dissertatio; supplementum editionis a Friedliebio exhibitae. 8maj. (43 S.) Lipsiae 853, T. O. Weigel. *

—— über Progymnasmen und ihre Verwendbarkeit für den deutschen Unterricht auf Gymnasien. Eine pädagogisch-litterar. Studie. gr. 8. (III und 104 S.) Stettin 861, [v. der Nahmer.] *

— die Resectionen der Gelenke, s.: Sammlung klinischer Vorträge.

—— Rhetorik, s. Handbuch der klassischen Altertumswissenschaft.

—— **die Rhetorik der Griechen und Römer in systematischer Uebersicht dargestellt. gr. 8. (VIII, 505 S.) Berlin 870, Ebeling und Plahn.** *

—— **dass. — 2. durch Berichtigungen und Zusätze verm. Ausg. gr. 8. (VIII, 508 S.) Leipzig 874, Teubner.** *

Volkmann, Rich., die Rhetorik der Griechen u. Römer, in systemat. Uebersicht dargestellt. 2. Aufl. gr. 8. (XVI, 595 S.) Leipzig 885. Teubner. n. 12. —

— Rhetorik der Griechen u. Römer. S.-A. 1888. 38 S.

Volkmann, Rich., Rhetorik der Griechen u. Römer, 3. Aufl. v. Casp. Hammer, s.a. Handbuch der klass. Altertums-Wissenschaft. II. 3.

Rhetorik und Metrik der Griechen und Römer. Rhetorik von Dr. Richard Volkmann. 3. Aufl. besorgt von Caspar Hammer, Gymn.Dir. in Würzburg. Metrik nebst e. Anh. über d. Musik d. Griechen mit 2 Notentaf. von H[ugo] Gleditsch, Prof. in Berlin. 3. umgearb. Aufl. *München: C. H. Beck 1901.* (X, 336 S.) 8°
— Handbuch d. klass. Altertums-Wissenschaft. Bd 2, Abt. 3.

— s.: Sammlung, v. Volkmann'sche, kriegschirurgischer Präparate etc.

Volkmann, Rich. v., s.: Sammlung klinischer Vorträge.

—— **Synesius von Cyrene. Eine biograph. Charakteristik aus den letzten Zeiten des untergehenden Hellenismus. gr. 8. (X, 258 S.) Berlin 869, Ebeling und Plahn. [Leipzig, Teubner.]** (*ℳ 6,50.) *

Volkmann, R., Tabelle der griechischen unregelmässigen Verba. br. 8. (16 S.) Jauer 876, Schultze. *

Volkmann (R.), Tabelle der griechischen unregelmäßigen Verba. 4. verb. Aufl. kl. 4. Jauer 882, Guercke. *

— Träumereien an französischen Kaminen. Märchen. 18. Aufl. 12. (X, 188 S.) Leipzig 889. Breitkopf & Härtel. geb. n. 3. —

— dasselbe. 19. Aufl. 12. (X, 189 S.) Ebd. 890. geb. n. 3. —

Volkmann-Leander, Rich. v., Träumereien an französischen Kaminen. Märchen. 22. Aufl. 12. (X, 189 S.) Leipzig 894. Breitkopf & Härtel. Geb. in Leinw. n.n. 3. —

— Träumereien an französ. Kaminen. Märchen. 24. Aufl. 12. (X, 189 S.) Leipzig 897. Breitkopf & Härtel. Geb. in Leinw. n.n. 3. —

— Träumereien an französischen Kaminen. Märchen. 26.—28. Aufl. 12. (à X, 189 S.) Leipzig 899—902. Breitkopf & Härtel. Geb. in Leinw. n. 3. —

— Träumereien an französischen Kaminen. Märchen. 29.—32. Aufl. Mit Zeichngn. von Hans Rich. v. Volkmann. (VII, 123 S) kl. 8. Leipzig 903—906. Breitkopf & Härtel. Geb. in Leinw. n. 3. —

— **dasselbe, s.a Schulbibliothek Stolze-Schrey, I.**

Träumereien an französischen Kaminen. Von Rich. v. **Volkmann**-Leander. a) Pechvogel u. Glückskind. b) Der verrostete Ritter. c) Die künstl. Orgel. Berlin: F. Schulze 1905. (24 S.) 8° [Text stenogr.]
(Stolze-Schrey. Schulbibliothek. Bd 1.)

— Träumereien an französischen Kaminen. Märchen. 34.—39. Aufl. Mit Zeichngn. von Hans Rich. v. Volkmann. (VII, 124 S.) kl. 8. Leipzig 907—09. Breitkopf & Härtel. Geb. in Leinw. 3. —

— alte u. neue Troubadour-Lieder. 1. u. 2. Aufl. gr. 16. (XX, 90 S.) Ebd. 889. 890. geb. n. 3. —

Volkmann, Ricardus: De Nicandri Colophonii vita et scriptis. Particula prior. Halis Saxonum (1852): Ploetz. 59 S. 8°
Halle-Wittenberg, Phil. Diss. v. 28. Juli 1852
Geb. [Sylbitz (Saalkr.) 13. 9. 1832]
Vom Verf. ersch.: Commentationes epicae. Lipsiae: Weigel 1854. 8°
Darin: II. De delectu vocabulorum a Nicandro exhibito. S. 45–77
Er war 1817/85 der drittjüngste Hall. phil. Drd.

Richard Leanders (d. i. Richard v. **Volkmann**) Sämtliche Werke. Mit dem Bildn. d. Verf. u. 1 Holzschn. Leipzig: Breitkopf & Härtel 1899. (VIII, 372 S.) 8°

— üb. septisches u. aseptisches Wundfieber, s. **Sammlung klinischer Vorträge.**

Volkmann, Rob., sechs Lieder für Männerstimmen componirt. Op. 30. 2 Hefte. Lex.-8. (à Heft 49 S.) Pest 857, Heckenast's Musik-Verlag. Partit. und Stimmen. à Heft 1 Thlr.

Volkmann, Rud., Beitrag zur Lehre vom Gliom und der secundären Degeneration des Rückenmarks, s.a. Beiträge zur pathologischen Anatomie und klinischen Medicin.

Volkmann, Rudolf v.: Beitrag zur Lehre vom Gliom und der secundären Degeneration des Rückenmarks im Anschluß an einen Fall von Brown-Sequard'scher Halbseitenläsion.
Leipzig, Med. Diss.

Volkmann, Rud., üb. den primären Krebs der Extremitäten, s.: Sammlung klinischer Vorträge.

von Volkmann, Siegfried *Wilhelm Lothar* [Referendar am Kgl. Landger. zu Halle a. S.]: Der Begriff der Beleidigung im Sinne des Abschn. XIV R.St.G.B. ... Halle a. S., Druck d. Buchdr. d. Waisenhauses, 1896; 1 Bl., 59 S. 8.
Halle, Jur. Fak., Inaug.-Diss. v. 3. Okt. 1896

Volkmann, Thilo, appr. Arzt a. Stollberg i. Erzgeb.: Ueber Madelung'sche Subluxation der Hand nach vorne. Leipzig 1905: B. Georgi. (30 S.) 8°
Leipzig, Med. Fak., Ref. Trendelenburg, Diss. v. 1. März 1905
[Geb. 16. April 76 Stollberg, Erzgeb.; Wohnort: Zschadrass. Sachsen; Staatsangeb.: Sachsen; Vorbildung: Gymn. Goslar Reife O. 97; Studium: Leipzig 8, Tübingen 1, München 1 S.; Coll. 8. März 05; Approb. 24. Dez. 02.]

Volkmann, W.: Der Mystiker Heinrich Suso. 63 S. 8°. Duisburg. Progr. 1869.

Volkmann, Walther. Uriel Acosta. Eine Skizze.
8 (S. 55–90).
In: Festschrift z. 250j. Jubelfeier d. G. Maria Magdalena *Breslau* 1893.
Nicht im Tauschverkehr.
Von S. 71 Ausgabe von: Uriels Acosta exemplar humanae vitae.
Progr.

Volkmann, Walth., Uriel Acosta. Eine Skizze. [Aus: „Festschrift zur Jubelfeier des Gymnasiums zu St. Maria Magdalena".] gr. 8. (36 S.) Breslau 893. (E. Morgenstern's Verl.) n. — 50

Volkmann, Walther, Prof. Dr.: Eine Anmerkung zur Technik des Ovid. *Breslau (1901): Bresl. Genossenschafts-Buchdr.* (S. 3—18.) 4° ¶(Soll fortgesetzt werden.)
Breslau, st. ev. G zu St. Maria-Magdalena, OP 1901 (191)

Volkmann, Walther [Dr.]: Beiträge zur Erläuterung von Immermanns Münchhausen. Breslau, Bresl. Gen.-Buchdr., *1897;* 3—22 S. 4.
Breslau, st. ev. G zu St. Maria-Magdalena, OP 1897 (183)

Volkmann, W., Die Nekyia im 6. Buche der Aeneide Vergils. S.-A. 1903. 11 S. 1.20

Volkmann, Walth., die Nekyia im 6 Buche der Aeneide Vergils. (11 S.) gr. 8. Breslau 903. G. P. Aderholz. n. — 50
Sonderabdruck aus: „Jahresber. d. schles. Gesellsch. f. vaterländ. Cultur".

Volkmann, Gualtherus: Quaestionum de dialecto Aeolica capita duo. [Aufgeklebt:] Halis Saxonum (1879): Vaillant in Jauer. 35 S. 8°
Halle-Wittenberg, Phil. Diss. v. 18. Aug. 1879
Geb. Stettin 1. 1. 1857. V.
Des Verf. Hall. phil. Preisschrift De proprietatibus dialectorum Graecarum (usw.) war 1879 gekrönt worden.

Volkmann, Walther [Dr.]: Quaestionum de Diogene Laertio cap. I: De Diogene Laertio et Suida. Breslau, Druck v. Grass, Barth u. Comp. (1890); S. 3—13; 4°
Breslau, st. ev. G zu St. Maria-Magdalena, OP 1890 (170)

Volkmann, Walther [Dr.]: Quaestionum de Diogene Laertio cap. II: Miscellanea. [Forts. d. P-Beil. 1890.] Breslau, Bresl. Gen.-Buchdr., *1895;* 1—14 S. 4.
Breslau, st. ev. G zu St. Maria-Magdalena, OP 1895 (179)

Volkmann, Walther [Dr., Lehrer am G zu S. Maria-Magd. in Bresl.]: Untersuchungen zu Diogenes Laertius. (I. Sosicrates. II. Die Schriften des Timon v. Phlius.) Jauer, P. Guercke, 1890; S. 103–120; 8°
Jauer, k. G, Festschr. 1890 • •

Volkmann, Walther. Untersuchungen zu Diogenes Laertius. gr. 8. (18 S.) Jauer 891, (Guercke). • 1 20
Aus: Festschrift zur Feier d. 25jähr. Gymnasialjubiläums. besonders abgedruckt.

Volkmann, Walther, Prof. Dr.: Untersuchungen zu Schriftstellern des klassischen Altertums. T. 1. Untersuchungen zu Vergil, Horaz und Cicero. Breslau 1906: Genossenschafts-Buchdruckerei. (27 S.) 8°
Breslau, st. G St. Maria-Magdalena OP 1906 (223)

Volkmann, Wilh., der Aufbau physikalischer Apparate aus selbständigen Apparatenteilen (physikalischer Baukasten). (VIII, 98 S. m. 110 Fig.) 8. Berlin 905. J. Springer. n. 2. —

Volkmann, Wilhelm: Die beste Gestalt für die Spulen eines Nadelgalvanometers. (Berlin 1910: Beyer & Boehme.) 42 S. 8°
Berlin, Phil. Diss. v. 1. Aug. 1910, Ref. Rubens
[Geb. 31. Dez. 72 Mewe; Wohnort: Charlottenburg; Staatsangeh.: Preußen; Vorbildung: Sophien-Gymn. Berlin Reife O. 93; Studium: Berlin 8, Königsberg 2 S.; Rig. 2. Juni 10.] [U 10. 274

Praxis der Linsenoptik in einfachen Versuchen zur Erläuterung und Prüfung optischer Instrumente. Von Dr. Wilhelm **Volkmann.** Mit 36 Textabb. u. 4 Taf. Berlin: Borntraeger 1910. VI, 166 S. 8°
(Bibliothek f. naturwiss. Praxis. 1.)

Volkmann, Wilh. Fridolin, Grundriss der Psychologie vom Standpunkte des philosophischen Realismus und nach genetischer Methode als Leitfaden für academ. Vorlesungen und zum Selbststudium. gr. 8. (XII und 407 S.) Halle 856, Fricke.

Volkmann, Wilh. Fridol., *ausserord. Mitgl. d. k. böhm. Gesellsch. d. Wissensch.* Die Grundzüge der Aristotelischen Psychologie aus den Quellen dargestellt und kritisch beleuchtet. Eine Studie. *Prag* 1858. Druck von *Kath. Geržabek.* 49 S. 4°.
Aus den Abhandl. d. k. böhm. Ges. d. Wiss. V. Folge, 10 Bd.

Volkmann, Wilh. Fr., die Lehre v. den Elementen der Psychologie als Wissenschaft. gr. 8. (IV u. 107 S.) Prag 850. (Leipzig, Thomas.) n. 1/2 ℳ

Volkmann, W. F., Die Lehre d. Socrates in ihrer histor. Stellung. S.-A. 1861 28 S. 4°. 1.20

Volkmann, Willib. Der Freisinn in seinem Verhältniß zu Schule u. Kirche, s. Freund's politische Handbücher.

Volkmann, Wolfgangus [Dr., Hulfsl. am k. Friedr.-G in Bresl.]: De encomio Demosthenis inter Luciani scripta perperam relato. Jauer, P. Guercke, 1890; S. 121–127; 8°
Jauer, k. G, Festschr. 1890 • •

Volkmann, Wolfg., de encomio Demosthenis inter Luciani scripta perperam relato. [Aus: „Festschr. zur Feier d. 25jähr. Gymnasialjubiläums".] gr. 8. (7 S.) Jauer 891. (P. Guercke.) n. — 80

Volkmann, Wolfgang [Pomeranus]: Studia Alciphronea. Partic. I. De Alciphrone comoediae imitatore.... Vratislaviae, typ. Ottonis Gutsmanni (1886); 2 Bl. + 44 S. + 1 Bl. 8°.
Breslau, Phil. Fak., Inaug.-Diss. v. 20. Dez. 1886.

Volkmann, Wolfg., studia Alciphronea. Partic. I: De Alciphrone comoediae imitatore. Dissertatio inauguralis philologica. gr. 8. (44 S.) Breslau 886, (Köhler.) *

Volkmann zu Immenheim, s. Dettl.

Volkmann zu Immenheim. Ein Haus- und Lesebuch von den Bienen, voll Belehrung, Erbauung und Kurzweil. Für Bienenzüchter und Nicht-Bienenzüchter, Bienenfreunde und Bienenfeinde, insbesondere für geistl. und weltl. Lehrer, für Aeltern und die verständ. Jugend. Vom Verf. des Buches: „Klaus, der Bienenvater aus Böhmen" (Joh. Nep. Dettl). Hrsg. von Joh. Maresch. gr. 8. (XVI und 314 S.) Prag 857, (Ehrlich.) • •

Volkmann-Leander, Rich. v., s. Volkmann, Richard

Volkmann Ritter v. Volkmar, Wilh., Lehrbuch der Psychologie vom Standpunkte d. Realismus u. nach genet. Methode. Des Grundrisses der Psychologie. 2. sehr verm. Aufl. 2 Bde. gr. 8. (VII, 481 u. V, 547 S.) Cöthen 875. 76. Schulze. n. 19. —

Volkmann Ritter v. Volkmar, Wilh., Lehrbuch der Psychologie vom Standpunkte d. Realismus u. nach genetischer Methode. Des Grundrisses der Psychologie. 3. Aufl. 2 Bde. gr. 8. (VII, 495 u. V, 570 S.) Cöthen 884. 85. Schulze. n. 22. —

Volkmann Ritter v. Volkmar, Wilh., Lehrbuch der Psychologie vom Standpunkte des Realismus u. nach genetischer Methode. Des Grundrisses der Psychologie 4., sehr verm. Aufl. Hrsg. v. C. S. Cornelius. 1. Bd. gr. 8. (VII, 511 S.) Cöthen 894. O. Schulze, Verl. n. 10. —; in 4 Lfgn. à n. 2. 50

Volkmann Ritter v. Volkmar, Wilh., Lehrbuch der Psychologie v. Standpunkte d. Realismus u. nach genet. Methode. Des Grundrisses d. Psychologie. 4., sehr verm. Aufl. Hrsg. v. C. S. Cornelius. 2. (Schluss-) Bd. gr. 8. (V, 568 S.) Cöthen 895. O. Schulze, Verl. n 10. —
Erschien auch in 4 Lfgn. à n. 2. 50.

Volkmar. Ein Roman in Bildern (und Versen). 8. (VIII und 160 S.) Leipzig 854, C. H. Mayer.

Volkmar: Zur Stammes- u. Sagengeschichte der Friesen u. Chauken. 48 S. 8⁰ — Aurich, Progr. 1867

Volkmar, A. [Dr.]: Zur Erinnerung an Schulrat W. Volkmar. Blankenburg a. H., W. Kirchers Wwe., 1891; S. 1—3; 4⁰
Blankenburg a. H., herz. G, OP 1891 (680)

Volkmar, Augustus [Osnabrugensis]: De annalibus romanis quaestiones. I. De historia decemviratus, qua aetate confecta sit. II. De T. Livio fonte Dionysi Halicarnassei. . . . Marburgi Cattorum, ex typogr. J. Hamel, 1890; 2 Bl., 73 S. 8⁰
Marburg, Phil. Fak., Inaug.-Diss. v. [29. Aug.] 1890

Volkmar, August: Ueber Nephritis der Schwangeren und Kreissenden ... (Aus: Münchener Med. Wochenschr., 1893.) München, J. F. Lehmann, 1893; 1 Bl., 16 S. 8.
Erlangen, Med. Fak., Inaug.-Diss. v. [28.] Febr. 1893

Volkmar, C., a Triatise on the art of breaking horses pursuant, to the Princ. of the celebr. Msr. Ayrer. 8. Gotting. 803. Dieterich. 12 ℊ

Volkmar, Christian Der dritte Römerzug Heinrichs IV. 30 S.
Progr. Rg. *Magdeburg* 1876.

Volkmar, Erich, Kammergerichtsref. aus Charlottenburg: Vis maior und Betriebsgefahr. *Berlin (1900): E. Ebering.* (44 S.) 8°
¶ (Erscheint vollst. als H. 9 d. Rechts- u. Staatswiss. Studien.)
Berlin, Jur. Diss. v. 6. Aug. 1900

Volkmar, Erich, Vis maior u. Betriebsgefahr, s. a. Studien, rechts- u. staatswissenschaftl. 9.

Vis maior und Betriebsgefahr. Von Dr. Erich **Volkmar**. *Berlin: E. Ebering 1900.* (94 S.) 8°
= Studien, Rechts- u. Staatswissenschaftliche. H. 9. [00. 9837

Volkmar, Erwin, die doppelte Buchführung bei dem Landschaftsbetriebe [in Regie] auf grösseren Domainen, durchgeführt in der vollständ. Jahresrechnung eines selbstständ. Verwaltungsobjectes mittlerer Grösse, mit allen Hülfsbüchern und Tabellen nach den Bedürfnissen der Jetztzeit und mit gründl. Anleitung versehen. gr. 8. (IX, 253 S.) Wien 879, Braumüller. *

Volkmar, E., die doppelte Buchführung bei dem Landwirthschaftsbetriebe (in Regie) auf grösseren Domänen. gr. 8. Wien 879. Berlin, Parey. *

Reformvorschläge zum Gerichtsverfassungsgesetz. Gesetzentwurf nebst Begründung. Von E[rwin] **Volkmar**, Amtsger.R. Hannover: Helwing 1908. (17 S.) 8° [08. 6612

Volkmar, E., Vortermin u. Gerichtsferien. (19 S.) gr. 8. Hannover 903. Helwing. n. — 50
Sonderabdruck aus: „Das Recht".

Volkmar, Frz., der Kreuzfuchs, s. Kreuzfuchs.

Volkmar, Friedr., Edel und Abel. Wüstenleben und wüstes Leben. Roman. 2 Abthlgn. 8. Hannover 865, Rümpler. à Abthl. 4 Thlr.
Inhalt:
Abthl. 1. Die Kinder der Wildniß. 4 Bde. (1050 S.)
" 2. Die Söhne des Adels. 4 Bde. (918 S.)

Volkmar, Friedrich Karl

Volkmar, Fr. Karl Ad., s. Versuch einer Beschreib. von Eiderstedt.

Versuch einer Beschreibung von Eiderstädt. In Briefen an einen Freund im Hollsteinischen [v. Friedrich Karl **Volkmar**.] Garding. 1795. 8⁰

Volkmar, Friedrich Nathanael: „Abhandlung über ursprüngliche Menschenrechte, Freiheit und Gleichheit, nebst einigen rhapsodischen Bemerkungen über demokratische und monarchische Regierungsformen", Breslau 1793 (Korn).

— Erläuterungen d. Begriffe: Erbschaft ex asse et ex parte u. Successio titulo universali et singulari. Eine Vorlesung d. bürgerl. Rechts. 4. Bresl. 780. J. F. Korn. 1 ℊ

— histoire de la Tactique des Romains, de ses progrès et de sa décadence, avec des récherches militaires. Vol. I. Avec fig. gr. 8. Bresl. 780. J. F. Korn. 12 ℊ

VOLKMAR, Fr. Nath., Philosophie der Ehe. Halle. Schwetschke u. Sohn, 1791. 8⁰. 24 u. 195 S. (⅔ Rthl.)
Bibl. Bülov. I. 1. p. 152.

— Philosophie der Ehe. 8. Halle 794. Schwetschke u. S. 16 ℊ

Volkmar, F. N., Prüfung der Glaubwürdigkeit der Zeugn. der Evangelisten von der Auferstehung nach röm. Rechte. Breslau 1786. 4.

Volkmar, Fr. Nath., (†d. 15. April 1794.) Prüfung der Glaubwürdigkeit des Zeugnisses d. Evangelisten von d. Auferstehung u. Himmelfahrt Jesu nach römischem Rechte. gr. 8. Bresl. 787. J. F. Korn. 16 ℊ

— Variorum, quae ad leges Romuleas et Magistratus pertinent, liber singularis. 8. Bresl. 779. J. F. Korn. 6 ℊ

— Versuch einer juristischen Anthropologie. 1r Thl. gr. 8. Halle 794.

Volkmar, G., die Währungs- u. die Arbeiterfrage. 8. (87 S.) Wien 893. Manz. n. 1. 20

Volkmar, G. H. J. P., Specimen quaestionum lexicologicarum de vocibus Graecis cum v. ἄγιος radicitus cognatis. Pr. 1888. 34 S. 4°. 1.—

Volkmar, Gust. Urchristliches Andachtsbuch. Die neu entdeckte urchristliche Schrift: Lehre der zwölf Apostel an die Völker. Deutsch herausgegeben und in Kürze erklärt. In-8⁰, 50 S. Zürich, Th. Schröter's Verlag. 1885. — 80

Volkmar, Gustav. Urchristliches Andachtsbuch. Die neu entdeckte christliche Schrift, Lehre der zwölf Apostel an die Völker. Deutsch herausgegeben und in Kürze erklärt. 3. Aufl. In-8⁰, 47 S. Zürich und Stuttgart, Schröter & Meyer. 1886

Volkmar, Gust., die neutestamentlichen Briefe, geschichtlich im Zusammenhang erklärt. 1. Bd.: Paulus Römerbrief. Der älteste Text deutsch und im Zusammenhang erklärt. Mit dem Wortabdr. der Vatican. Urkunde. gr. 8. (XXII, 188 S.) Zürich 875, Schmidt. *

(Volkmar, G[ustav].) Zur Chronologie des Trajanischen Partherkriegs, mit Rücksicht auf die Ignatius-Tradition und eine neue Quelle. [A.] 8. [Frankfurt a. M. 1857.]

—— eine Neu-Testamentliche Entdeckung und deren Bestreitung, oder die Geschichts-Vision des Buches Henoch im Zusammenhang. gr. 8. (28 S.) Zürich 862, Kiesling's Verlag.

Universitati literarum Basileensi abhinc quinquaginta annis illustri reipublicae Basileensis liberalitate reconstitutae diem festum semisecularem rite celebranti XXVI. Novembris anni MDCCCLXXXV. qua par est pietate congratulatur universitas literarum Turicensis optimis votis oblatis per professores delegatos: Dr. philos. A. L. Kym. Dr. juris utriusque A. de Orelli et Dr. theol. G. Volkmar, qui in memoriam huius diei ad usum academicum recensuit Epistulam Polycarpi Smyrnaei genuinam, subiuncta interpolatione Ignatiana. Tur. typ. Zürch. et Furr. 1885. 12 S. 4⁰.

Volkmar. Epistula Polycarpi Smyrnaei Genuina in memoriam diei festis semisaecularis XXVI nov. MDCCCLXXXV, quo abhinc quinquaginta annis universitas litterarum Basiliensis reconstituta est. In-fol., 12 p. Zürich, Th. Schröter. 1886.

Volkmar, Gust, das vierte Buch Esra und apokalyptische Geheimnisse überhaupt. Lex.-8. (III und 60 S.) Zürich 858, Meyer und Zeller's Verlag. *
Aus: Monatsschrift des wissenschaftlichen Vereins zu Zürich, besonders abgedruckt.

—— die Evangelien oder Marcus und die Synopsis der kanon. und ausserkanon. Evangelien nach dem ältesten Text mit historisch-exeget. Commentar. gr. 8. (XIII, 660 S.) Leipzig 869, Fues's Verlag. [Zürich, Schmidt.] *

Volkmar, Gust., die wahre Gottesverehrung nach Offenbarung Johannes Cap. 4. Ein kirchl. Vortrag, gehalten am 30. Juni 1878 in Zell. 8. (15 S.) Zürich 879, Schmidt. *

Volkmar, Gust., der höchste Grundsatz des Christenthums, der Reformation u. des freien Katholizismus der Gegenwart. Ein protestant. Zuspruch an die Deutsch-Katholiken zu Marburg bei ihrer Constituirung. gr. 8. (1 B.) Siegen 846. [Wiesbaden,] Friedrich'sche Vrlgsh. *

Volkmar, Gust., Handbuch der Einleitung in die Apokryphen. 1. Thl.: Judith und die Propheten Esra und Henoch. 1. Abthl.: Judith. gr. 8. (XII und 272 S.) Tübingen 860. [Leipzig, Fues' Verlag.] Thlr.

—— Handbuch der Einleitung in die Apokryphen. 1. Thl.: Judith und die Propheten Esra und Henoch. 2. Abthl.: Das vierte Buch Esra. Zum erstenmale vollständig hrsg., als ältester Commentar zum neuen Testament. gr. 8. (XII und 420 S.) Tübingen [Leipzig] 863, Fues' Verlag.
1. Thl. 1. Abthl. [Ebendas.] 1860. 1 Thlr. 9 Ngr.

—— die Herkunft Jesu Christi nach der Bibel selbst. Gegen Entstellungen der neueren Kirchenbehörde zu Berlin und Bern. gr. 8. (28 S.) Zürich 874, Schmidt. *

Volkmar, Gustav. Hippolytus und die römischen Zeitgenossen. Zürich 1855.

Volkmar, Gust., Jesus Nazarenus und die erste christliche Zeit, mit den beiden ersten Erzählern. gr. 8. (IX, 403 S.) Zürich 882, Schmidt. *

Volkmar, Gustav, Ueber das Ineditum des Codex Sinaiticus. [A.] [1864.]

Volkmar, G., über Justin den Märtyrer und sein Verhältniß zu unsern Evangelien. Ein Programm. gr. 8. (IV und 52 S.) Zürich 853, Kiesling's Verlag.

—— über die römische Kirche, ihren Ursprung und ersten Conflict, nach den letzten Verhandlungen über Hippolyt. gr. 8. (31 S.) Zürich 857, Meyer und Zeller's Verlag. *
Aus: Monatsschrift des wissenschaftlichen Vereins zu Zürich, besonders abgedruckt.

Volkmar, Gust., Commentar zur Offenbarung Johannes. gr. 8. (XI und 350 S.) Zürich 862, Orell, Füßli und Comp.

Volkmar, Gust., die neuentdeckte urchristliche Schrift „Lehre der zwölf Apostel an die Völker". Deutsch hrsg. und in Kürze erklärt. 1. und 2. Aufl. 8. (47 S.) Zürich 885, Schröter und Meyer. *

Volkmar, Gust., Lehre der zwölf Apostel an die Völker. [Urchristliches Andachtsbuch.] Deutsch hrsg. u. in Kürze erklärt. 3. Aufl. 8. (47 S.) Zürich 887. Schröter & Meyer. n. – 60

—— Marcus und die Synopse der Evangelien nach dem urkundl. Text und das Geschichtliche vom Leben Jesu. Neue mit einem Anhang erweiterte Ausg. gr. 8. (XV, 738 S. und Anhang 29 S.) Ebendas. 876. *

Volkmar, G., Kritische Miscellen. [SA. aus Nr. 7 der „Reformblätter aus der bernischen Kirche".] [Bern 1866.]

Index lectionum in literarum universitate Turicensi inde a die XI. mensis Aprilis usque ad diem XVII. mensis Augusti a. MDCCCLXIV. habendarum. Praemissum est monumentum vetustatis christianae ineditum ex recensione Gustavi Volkmari. [Inest textus Graecus epistolae ad Barnab., cp. I–V., ex cod. Sinaït. ed.]. Tur. ex offic. Zürch. et Furr 1864. 21. 11 S. 4⁰.

Volkmar, Gust., de verbi legendi natura atque progenie praecipua verborum relegendi et religendi ratione habita comment. lexilog. 8maj. Hersfeldae 838 Schuster. n. 2/3 ℛ︀

Volkmar, Gust., de verbi legendi natura atque progenie praecipua verborum relegendi et religendi ratione habita commentat. lexilogica. 8maj. (7½ B.) Hersfeldae 838, [Zimmermann.] *

Volkmar, Prof. Dr. G., die römische Papstmythe. Akademischer Rathhausvortrag. 8. Zürich, C. Schmidt. 1873 1. –

Volkmar, G., Paulus von Damascus bis zum Galaterbrief. 8. (VIII, 120 S.) Zürich 887. Schröter & Meyer. n. 1. 60

—— Mose Prophetie und Himmelfahrt. Eine Quelle für das neue Testament, zum ersten Male deutsch hrsg., im Zusammenhang der Apokrypha und der Christologie überhaupt. Hierbei der Codex nach neuer Collation nebst Facsimile und die Zeittafel. gr. 8. (IX und 162 S.) Leipzig 867, Fues' Verlag. *

—— die Quellen der Ketzergeschichte bis zum Nicänum. Kritisch untersucht. I. Bd. A. u. d. T.: Hippolytus und die römischen Zeitgenossen oder die Philosophumena und die verwandten Schriften nach Ursprung, Composition und Quellen untersucht. gr. 8. (VII und 175 S.) Zürich 854(55,) Kiesling's Verlag.

Volkmar, G., Ueber das Recht des Natürlichen im Christenthum. (Aus den „Reformblättern" 1867, Nr. 17.) [SA.]

—— die Religion Jesu und ihre erste Entwickelung nach dem gegenwärtigen Stande der Wissenschaft. 8. (XX und 563 S.) Leipzig 856(57,) Brockhaus. *

Volkmar, Gustav. Die Religionsverfolgung unter Kaiser Tiberius und die Chronologie des Fl. Josephus in der Pilatus-Periode. (A.) 8. [Leipzig 1884.]

Volkmar, G.,.Paulus Römerbrief, deutsch, im Zusammenhang mit Abdruck der vatikanischen Urkunde. XXII, 164 u. XXIV Stn. 8. Zürich, C. Schmidt. 1874 5. —

— die kanonischen Synoptiker in Uebersicht m. Randglossen u. Register u. das Geschichtliche vom Leben Jesu. (Sep.-Abdr. aus der neuen erweit. Ausg. der „Evangelien."] gr. 8. (III, 78 u. 29 S.) Ebend. 876. n. 3. —

—— der Ursprung unserer Evangelien nach den Urkunden, laut den neuern Entdeckungen und Verhandlungen. gr. 8. (IV und 166 S.) Zürich 866, Herzog.

—— Zwingli, sein Leben und Wirken. Ein öffentl. Vortrag gehalten am 20. Febr. 1870 in Zürich. gr. 8. (30 S.) Zürich 870, Herzog.

Volkmar, Hans, deutsche Bühnenspiele. Heimkehr. (170 S.) 8. Berlin 903. J. Sassenbach. n. 2. —

Volkmar, Johann Tob.

— s. geograph. Beschreib. des Zackenflusses u. setze hinzu: (v. J. T. Volkmar.)

Friederich der Grosse, der Weise, der Gnädige, der glorreiche Stifter der deutschen Gesellschaft wurde am erneuerten Gedächtnisstage ihrer Einweihung in allertiefster Ehrfurcht besungen von JOHANN TOBIAS VOLKMAR, ... Den 21ten des Wintermonats, 1746. ib. gedruckt in der Königl. Hof- und Academischen Buchdrukcrey. fol.

Volkmar, Jh. Tob., († 1787.) Reisen nach den Riesengebirge. 8. Bunzlau 777. Waisenhaus. 8 gr.

— Rüstung e. Christen gegen die gegenwärt. Meinungen des Unglaubens. 8. Braunschw. 752. ... 8 gr.

Volkmar, Joh. Tob., Rüstung e. Christen geg. d. Unglauben. 8. Hirschberg. 752.

— katechet. Uebung z. Befestigung in d. Glaubens- u. Lebenslehre d. heil. Schrift. 8. Bresl. 753 Meyer. 5 gr.

Volkmar, Karl Hnr. Edw., Beiträge zur Theorie des Gewohnheitsrechtes, nach Anleitung d. gemeinen Rechte. 8. Helmst. 806. Fleckeisen. 10 gr.

Volkmar, Leopold

— u. E. Eichholz, d. Entwurf d. Preuß. Verfassungs-Gesetzes, siehe: **Eichholz, E.**

Volkmar, L., die Erbeseinsetzung der Fraenckelschen Stiftungen. Nichtigkeits-Beschwerde in Sachen des Dr. M. Kalisch zu Berlin, Imploranten, wider die Commerzienrath Fraenckelschen Stiftungs-Curatoren, Imploraten. Berlin 858. Mittler u. Sohn. gr. 8. (IV, 39 S.) 7½ ngr.

Volkmar, Leop., die Jurisprudenz des Rhein. Cassationshofes zu Berlin. 1819—1846. gr. 8. (VIII u. 548 S.) Berlin 848, Veit & Co. n. 2⅔ Thlr.

Volkmar, Leop., Monatsschrift f. Recht u. Gericht, s. Monatsschrift.

—— die Nichtigkeits-Beschwerde. Critik des Gesetzentwurfes vom 20. Mai 1860. gr. 8. (55 S.) Berlin 860, Guttentag. *

Volkmar, Leop., Paroemia et regulae juris Romanorum, Germanorum, Franco-Gallorum, Britannorum. 24. (V und 513 S.) Berolini 854, Allgemeine deutsche Verlagsanstalt. *

— ein Rechtsgutachten zur Sache des Kfm. Leop. Hentschel wider den Kfm. Jul. Profé. gr. 8. (28 S.) Berlin 847, E. Krause. n. ⅙ Thlr.

Volkmar, Leop., Religions-Prozeß des Prediger Schulz zu Gielsdorf, genannt Zopfschulz, eines Lichtfreundes des 18. Jahrhunderts; actenmäßig dargestellt. 8. Leipzig 846, Ph. Reclam jun. n. 1½ Thlr.

Volkmar, L., die Selbstständigkeit der unteren Instanzen gefährdet durch das geheime Ober-Tribunal. Nebst Anhange: I. Die Assessoren ohne Votum. II. Die Defensoren u. die Angeschuldigten. gr. 8. (2 B.) Berlin 843, Springer.

— die Verbote gegen den Handel in Werth-Papieren und Aktien. Ein Commentar zu den Verordnungen vom 19. Jan. 1836, 27. Juni 1837, 13. Mai 1840, 24. Mai 1844. Berlin 857. G. Reimer. gr. 8. (IV, 68 S.) 10 ngr.

— Vertheidigung des wegen seines Buches Schicksale eines Proletariers der Erregung von Mißvergnügen gegen die preuß. Regierung angeklagten Schriftstellers Ehrenreich Eichholz. Abdr. aus Hitzig's Annalen für Crim.-Rechtspflege. 41. Bd. gr. 8. (20 S.) Altenburg 847, Helbig. 6 ngr.

—– Vertheidigung des Plüschfabrikanten Schladensky, s. Schladensky.

Volkmar, L., und S. Loewy, die deutsche Wechsel-Ordnung erläutert. gr. 8. (XXVII und 375 S.) Berlin 862, Guttentag. *

Volkmar, Loth., die Grundlehren der neuen arzneilosen u. operationslosen Heilkunst. Eine allgemein verständl. Anleitg. zur Anwendg. e. einfachen kostenlosen Verfahrens zur Verhütg. u. Heilg. v. Krankheiten aller Art. 5. u. 6., gänzlich umgearb. Aufl. der Schrift: „Ist die Krankheit unseres Kronprinzen heilbar?" gr. 8. (29 S.) Leipzig 891. 893. Berlin, Verlag der Neuen Heilkunst (L. Volkmar). n. — 50

Volkmar, Loth., die Heilung der Nervenkrankheiten. gr. 8. (66 S.) Leipzig 890. Verlag der neuen Heilkunst (L. Volkmar). n. 1. —

— die Heilung der Nervenkrankheiten. 2., verm. Aufl. gr. 8. (108 S.) Ebd. 893. n. 1. —

Volkmar, Lothar, ist die Krankheit unseres Kronprinzen heilbar? Eine Stimme aus dem deutschen Volke. 1.—3. Aufl. gr. 8. (32 S.) Leipzig 887,88, [G. Wolf.] G. Levien. *

Volkmar, N., 40 Dialogen, polnisch, deutsch u. lateinisch. 8. Leipz.... (Nauck). 8 gr

Volkmar, Paul, s.: Elisabeth Charlotte Herzogin v. Orleans, Hof-Gesellschaft in Frankreich.

Volkmar, R.

— Geschichte der Stadt Habelschwerdt in d. Grafschaft Glatz. M. e. Bilde v. Habelschwerdt u. e. lith. Stadtplane. 8. (VIII, 310 S.) Habelschwerdt 897. Franke. n. 2. 50; geb. n. 3. —

Volkmar, R., Aeltere deutsche Geschichten, s.: Otto, Frz.

— Grundriß d. Volksschul-Pädagogik in übersichtl. Darstellg. 1. u. 2. Bd. 8. Ebd. 897. à n. 2. 50; Einbde. à n.n. — 60

1. Geschichte d. Erziehg. u. d. Unterrichtes. Nebst Anh., enth. e. kurze Geschichte d. speziellen Methodik d. Volksschulunterrichtes sow. d. Jugendlitteratur. 7. Aufl. (18.—21. Taus.) (VIII, 304 S.)
2. Elemente d. Psychologie, Logik u. systemat. Pädagogik. 5., verb. u. verm. Aufl. (VI, 318 S.)

— ausführl. Lehrplan d. Seminarschule z. Habelschwerdt. Unt. Mitwirkg. des Lehrerkollegiums bearb. 8., verm. Aufl. 8. (250 S.) Ebd. 898. n. 2. 60; geb. n. 3. —

Volkmar, Reginald, die Rose von Seeland. Ein romantisches Gedicht. 16. (67 S.) Dresden 856, Adler und Dietze. *

Volkmar, Rud., der Waffenschmied v. Frankfurt. Historische Erzählg. in kulturgeschichtl. Schildergn. aus der Zeit d. falschen Waldemar, f. Jugend u. Volk. Mit 60 Textvignetten u. 4 Tonbildern v. B. Mörlins, H. Vogel u. A. gr. 8. (VII, 328 S.) Leipzig 877. Spamer. n. 7. —; geb. n. 8. —

Volkmar, Rud., der Waffenschmied von Frankfurt. Historische Erzählung in kulturgeschichtl. Schilderungen aus der Zeit des falschen Waldemar, für Jugend und Volk hrsg. 2. wohlf. (Titel-)Ausg. Mit 60 Textvignetten und 4 Tonbildern von B. Mörlins, H. Vogel u. A. gr. 8. (VII, 328 S.) Leipzig 882, Spamer. geb. *

Volkmar, W., neuere Versuche der Reichs-Eisenbahnen in Elsass-Lothringen üb. das Verhalten freier Lenkachsen, s.: Organ f. die Fortschritte d. Eisenbahnwesens in technischer Beziehung.

Volkmar, Wendelin. Erzählungen. Berlin 1808. V: *Pietzker, Carl Frdr. Chn.* (BGE)

Volkmar, Wendelin, (C. F. Pietzker), Erzählungen. 8. Berl. 808. (Krappe in Leipz.) 1 ß

Volkmar, W., Erzählungen. 8. Berlin, Weiß. 808.

Volkmar, Wilhelm

Volkmar's, Wilh., Gedichte. gr. 12. Berlin 837. (Braunschweig, G. C. E. Meyer sen.) 1/4 ß

Volkmar, Wilh., Geschichte des Landes Dithmarschen bis zum Untergange des Freistaates. gr. 16. (V und 145 S. mit 1 lithogr. Karte und 1 lithogr. Taf. Abbildungen in 4.) Braunschweig 851, Vieweg und Sohn.

Volkmar, W., das Gesetz betr. die Zwangsvollstreckung in das unbewegliche Vermögen vom 13. Juli 1883, in Anmerkgn. erläutert. Mit dem Text d. dazu ergangenen Kostengesetzes vom 18. Juli 1883. gr. 8. (VII, 219 S.) Berlin 883. Behr's Verl. n. 4. —

Volkmar, Wilh., kurzer Leitfaden für den geschichtlichen Unterricht. 2. Aufl. 1862. und 3., verb. Aufl. gr. 8. (40 S.) Blankenburg 868, Brüggemann. *

—— kurzer Leitfaden für den geschichtlichen Unterricht. 3. Aufl. 1868. * 40 Pf., und 4. verb. Aufl. gr. 8. (39 S.) Blankenburg 873, Brüggemann.

Volkmar, W., Leitfaden beim geograph. Unterricht. 8. (10½ B.) Braunschweig 845, J. H. Meyer. *

— Leitfaden beim geographischen Unterricht. 2. Aufl. 8. (XII u. 156 S.) Braunschweig 852, J. H. Meyer. n. 1/3 ß

Volkmar, Wilh., Leitfaden beim geographischen Unterricht. 3. Aufl. Braunschweig 861. J. H. Meyer. 8. (XII, 147 S.) n. 10 ngr.

Volkmar, W., Leitfaden beim geographischen Unterricht. 4. Aufl., bearb. v. C. Simonis. 8. (X, 171 S.) Braunschweig 871. J. H. Meyer. — 75

Volkmars Bekenntnisse ꝛc. s. Ehrhardt, S.

Volkmer (Hrsg.), s. Bach, Alois: Die Grafschaft Glatz ...

Volkmer, A.

— Leitfaden der Pädagogik, s.: Ostermann, W., u. L. Wegener.

Volkmer, A., rednerische Prosa, s.a. Schöningh's Ausgaben deutscher Klassiker.

Rednerische Prosa. Für d. Schulgebr. gesammelt u. erl. von A. Volkmer, Seminarl. *Paderborn: F. Schöningh 1902.* (VI, 179 S.) 8° [J.]
= Ausgaben, Schöninghs, deutscher Klassiker. Erg.Bd 5.

Volkmer, A., der Rechenunterricht in d. Volksschule, s.: Elsner, A.

— deutsche Sprachlehre f. Lehrerbildungsanstalten, s.: Schindler, A.

Volkmer, Aug., kurze Anleitung zur unterrichtlichen Behandlung der neuen Folge v. Hirt's Anschauungsbildern — Hochgebirge, Wald, Großstadt, Seehafen. (Farbige Künstler-Steinzeichngn. v. Walth. Georgi.) (20 S. m. 4 farb. Taf.) 8. Breslau 909. F. Hirt. — 50

Volkmer, August: A. W. Schlegels Auffassung des Dramas im Vergleich zu der Lessings. Zabrze 1906: M. Czech. (19 S.) 4°
Zaborze, G i. E. OP 1906 (264)

Volkmer, C., Otto der Schütz, / s. Bibliothek, neue,
—— die Weibertreue von Weinsberg, / für das deutsche Theater.

Volkmer, Franz

Volkmer, Elemente der Psychologie, Logik u. Pädagogik. Als Wiederholungsbuch f. Seminaristen u. Volksschullehrer bearb. 8. (VIII, 150 S.) Habelschwerdt 886. Franke. n. 1. 20

Volkmer, Elemente der Psychologie, Logik u. Pädagogik. Als Wiederholungsbuch f. Seminaristen u. Volksschullehrer bearb. 2., verb. Aufl. 8. (VIII, 154 S.) Habelschwerdt 887. Franke. n. 1. 20; geb. n. 1. 50

Elemente der Psychologie, Logik und systematischen Pädagogik. Bearb. von Schulrat Dr. [Franz] Volkmer, Dir. zu Habelschwerdt. 6. verb. u. verm. Aufl. *Habelschwerdt: Franke 1901.* (VI, 330 S.) 8° [F.]
— Volkmer: Grundriss d. Volksschul-Pädagogik. Bd 2. [01. 5404

Elemente der Psychologie, Logik und systematischen Pädagogik. Bearb. von Schulrat Dr. [Franz] Volkmer, Dir. zu Habelschwerdt. 7. verb. u. verm. Aufl. *Habelschwerdt: Franke 1904.* (VI, 360 S.) 8° [F.]
= Volkmer: Grundriß d. Volksschul-Pädagogik. Bd 1. [04 2053

Elemente der Psychologie, Logik und systematischen Pädagogik. Bearb. von Schulrat Dr. [Franz] Volkmer, Habelschwerdt. 8., verb. u. verm. Aufl. Habelschwerdt: Franke 1906. (VI, 388 S.) 8° [F.]
= Volkmer: Grundriß d. Volksschul-Pädagogik. Bd 1. [07. 3519

Elemente der Psychologie, Logik und systematischen Pädagogik. Bearb. von Schulrat Dr. [Franz] Volkmer, Habelschwerdt. 9., verb. Aufl. Habelschwerdt: Franke 1908. (X, 399 S.) 8° [F.]
= Volkmer: Grundriß d. Volksschul-Pädagogik. Bd 1. [05. 1969

Volkmer. Joh. Ignaz v. Felbiger u. seine Schulreform. Ein Beitrag zur Geschichte der Pädagogik d. 18. Jahrh. gr. 8. (96 S. m. Bild.) Habelschwerdt 890, Franke. * 1 50

Volkmer, Geschichte der Dechanten u. fürsterzbischöfl. Vikare der Grafsch. Glatz. 8. (161 S) Habelschwerdt 894. Franke's Verl. n. 1.50; geb. in Leinw. n.n. 2.—

[F.] Geschichte der Erziehung und des Unterrichts. Nebst Anh., enth. e. kurze Gesch. d. speciellen Methodik d. Volksschulunterr. sowie d. Jugendlitteratur. Bearb. v. Schulr. Dr. [Franz] Volkmer, Dir. ... zu Habelschwerdt. 7. Aufl. ... *Habelschwerdt: Francke 1897.* (VIII, 304 S.) 1 Bd 8.
= Volkmer, F.: Grundriss d. Volksschul-Pädagogik. Bd 1. [98. 3667

Geschichte der Erziehung und des Unterrichtes. Nebst Anh., enth. e. kurze Gesch. d. spez. Methodik d. Volksschulunterr. sowie d. Jugendlitteratur. Bearb. von Dr. [Franz] Volkmer. 8. Aufl. *Habelschwerdt: Franke 1900.* (316 S.) 8° [F.]
= Volkmer: Grundriss d. Volksschul-Pädagogik. Bd 1. [00. 4936 2

Geschichte der Erziehung und des Unterrichtes. Nebst Anh., enth. e. kurze Gesch. d. speziellen Methodik d. Volksschulunterr. sowie d. Jugendlitt. Bearb. von Schulrat Dr. [Franz] Volkmer, Dir. zu Habelschwerdt. 9. Aufl. *Habelschwerdt: Franke 1903.* (330 S.) 8° [F.]
— Volkmer: Grundriß d. Volksschul-Pädagogik. Bd 2. [04. 2053

Geschichte der Erziehung und des Unterrichts. Nebst Anh., enth. e. kurze Gesch. d. spez. Methodik d. Volksschulunterr. sowie d. Jugendlitteratur. Bearb. von Schulrat Dr. [Franz] Volkmer, Habelschwerdt. 10. Aufl. Habelschwerdt: Franke 1905. (372 S.) 8° [F.]
= Volkmer: Grundriß d. Volksschul-Pädagogik. Bd 2. [06. 7200

Geschichte der Erziehung und des Unterrichts. Nebst Anh., enth. e. kurze Geschichte d. spez. Methodik d. Volksschulunterr. sowie d. Jugendlitteratur. Bearb. von Schulrat Dr. [Franz] Volkmer, Habelschwerdt. 11. Aufl. Habelschwerdt: Franke 1907. (382 S.) 8° [F.]
= Volkmer: Grundriß d. Volksschul-Pädagogik. Bd 2. [07. 3520

Geschichte der Erziehung und des Unterrichts. Nebst Anh., enth. e. kurze Geschichte d. spez. Methodik d. Volksschulunterr. sowie d. Jugendlitteratur. Bearb. von Schulrat Dr. [Franz] Volkmer, Habelschwerdt. 12. Aufl. Habelschwerdt: Franke 1909. (394 S.) 8° [F.]
— Volkmer: Grundriß d. Volksschul-Pädagogik. Bd 2. [09. 13640

Geschichte der Erziehung und des Unterrichts. Nebst Anh. ... Bearb. von Schulrat Dr. [Franz] Volkmer. 13. Aufl. Habelschwerdt: Franke 1910. 316 S. 8°
(Volkmer: Grundriß d. Volksschul-Pädagogik. Bd 2.) [11. 986 2

[F.] Geschichte der Stadt Habelschwerdt in der Grafschaft Glatz. Von Schulr. Dr. [Franz] Volkmer, Kgl. Seminar-Dir. M. 1 Bilde v. Habelschwerdt u. 1 lithogr. Stadtpl. *Habelschwerdt: Franke 1897.* (4 Bl., 310 S., 1 Taf., 1 Pl.) 1 Bd 8. [98. 3667

Volkmer, Geschichte des katholischen Schullehrer-Seminars in der Grafschaft Glatz. Festschrift, zur Feier der Einweihung des neuen Seminar-Gebäudes zu Habelschwerdt hrsg. gr. 8. (IV, 79 S. mit 1 eingedr. Grundriss und 1 lithogr. Ansicht.) Habelschwerdt 880, (Franke's Buchh.) *

— Geschichte der Schützengilde zu Habelschwerdt im Reg.-Bez. Breslau. Hrsg. auf Kosten d. Brauereibes. Aug. Kastner. 8. (123 S.) Ebd. 889. cart. n. 1.20

Volkmer, F.: Geschichtsquellen der Grafsch. Glatz.

— Grundriß der Volksschul-Pädagogik in übersichtlicher Darstellung. 1. u. 2. Bd. 8. Habelschwerdt 889. Franke. n. 3. 80; geb. n. 4. 60
1. Geschichte der Erziehung u. d. Unterrichtes. Nebst Anh., enth. e. kurze Geschichte der speziellen Methodik d. Volksschulunterrichtes sowie der Jugendlitteratur. 4., umgearb. Aufl. des bisher. Wiederholungsbuches zur Geschichte der Pädagogik. (VIII, 218 S.) n. 1. 80; geb. n. 2. 10
2. Elemente der Psychologie, Logik u. systemat. Pädagogik. 3., verm. Aufl. (VIII, 238 S.) n. 2. —; geb. n. 2. 40

—— Grundriß der Volksschul-Pädagogik in übersichtlicher Darstellg. 2 Bde. 8. Ebd. à Bd. * 2 —; * 4 — geb. à Bd. * 2 40; * 4 80
1. Geschichte der Erziehung u. d. Unterrichtes. Nebst Anh., enth. e. kurze Geschichte der speziellen Methodik d. Volksschulunterrichtes, sowie der Jugendlitteratur. 5. Aufl. (VIII, 230 S.) 891.
2. Elemente der Psychologie, Logik u. systemat. Pädagogik. 3. verm. Aufl. (VIII, 238 S.) 889.

[F.] Grundriss der Volksschul-Pädagogik in übersichtlicher Darstellung Bearb. v. Schulr. D. [Franz] Volkmer, Dir. d. Kgl. Schull.-Seminars zu Habelschwerdt ... Bd 1. *Habelschwerdt: Francke 1897.* 8. [98. 3667

Grundriss der Volksschul-Pädagogik in übersichtlicher Darstellung. Bearb. von Schulrat Dr. [Franz] Volkmer, Dir. zu Habelschwerdt. (8. Aufl.) Bd 1. *Habelschwerdt: Franke 1900.* 8° [F.] [00. 4935 2

Volkmer, Grundriß der Volksschul-Pädagogik in übersichtlicher Darstellung. 2 Bde. 8. Habelschwerdt, Franke. n. 5. 20; geb. n. 6. 20
1. Geschichte der Erziehg. u. des Unterrichtes. Nebst Anh., enth. e. kurze Geschichte der speziellen Methodik des Volksschulunterrichtes sowie der Jugendliteratur. 9. Aufl. (26.—29. Taus.) (V, 330 S.) 903. n. 2. 70; geb. n.n. 3. 20
8. Aufl. (VIII, 316 S.) 900. n. 2. 50; geb. n. 3. —.
2. Elemente d. Psychologie, Logik u. systemat. Pädagogik. 6. verb. u. verm. Aufl. (VI, 330 S.) 901. n. 2. 50; geb. n. 3. —

Volkmer, Grundriß der Volksschul-Pädagogik in übersichtlicher Darstellung. 1. u. 2. Bd. 8. Habelschwerdt, Franke. à n. 3. —; geb. à n. 3. 50
1. Elemente der Psychologie, Logik u. systemat. Pädagogik. 8., verb. u. verm. Aufl. (VI, 388 S.) 906.
2. Geschichte der Erziehg. des u. Unterrichts. Nebst Anh., enth. e. kurze Geschichte der speziellen Methodik des Volksschulunterrichts sowie der Jugendliteratur. 10. Aufl. (30. bis 33. Taus.) (VI, 372 S.) 905.

Volkmer, Grundriß der Volksschul-Pädagogik in übersichtlicher Darstellung. 2 Bde. 8. Habelschwerdt, Franke. à 3.—; geb. n 3.60
1. Elemente der Psychologie, Logik u. systematischen Pädagogik. 9., verb. Aufl. (X, 399 S.) 908.
2. Geschichte der Erziehg. u. des Unterrichts. Nebst Anh., enth. e. kurze Geschichte der speziellen Methodik des Volksschulunterrichts sowie der Jugendliteratur. 13. Aufl. (VI, 316 S.) 910.

Volkmer. Der zweite schles. Krieg unter besonderer Hervorhebung der militärischen Ereignisse in der Grafschaft Glatz. (Habelschwerdt 1886.) 8°. (Aus: Vierteljahrsschrift f. Gesch. u. Heimatskunde d. Grafsch. Glatz.)

Volkmer, ausführlicher Lehrplan der Seminarschule zu Habelschwerdt unter specieller Mitwirkung von Doering, Rauhut, Streibel, Vogt bearb. [Als Mscr. gedr.] gr. 8. (114 S.) Habelschwerdt 878, (Franke.) *

—— ausführlicher Lehrplan der Seminarschule zu Habelschwerdt, unter specieller Mitwirkung der Collegen Doering, Rauhut, Streibel und Vogt bearb. (2. Aufl.) [Als Mscr. gedr.] gr. 8. (129 S. mit 18 Stnt.) (Ebendas.) 880. *

—— dass. — Unter Mitwirkung des Lehrerkollegiums bearb. 3. Aufl. gr. 8. (IV, 172 S. mit 16 Stnt.) Ebendas. 882.

—— dass. — Nebst Anhang, enthaltend 16 (autogr.) Zeichentaf., zusammengestellt von H. Rauhut. 4. Aufl. gr. 8. (IV, 195 S.) Ebendas. 884. *

— ausführlicher Lehrplan der Seminarschule zu Habelschwerdt. Unter Mitwirkg. d. Lehrerkollegiums bearb. Nebst Anh., enth. 16 (autogr.) Zeichentaf., zusammengestellt v. H. Rauhut. 5. verb. Aufl. gr. 8. (IV, 192 S.) Habelschwerdt 886. Franke. n. 2. 40

Volkmer. Ausführlicher Lehrplan der Seminarschule zu Habelschwerdt. 6. verb. Aufl. 8. (III, 290 S.) Habelschwerdt 891, Franke. * 2 80; geb. ** 3 20

— ausführlicher Lehrplan der Seminarschule zu Habelschwerdt. Unter Mitwirkg. des Lehrerkollegiums bearb. 7., verb. Aufl. 8. (III, 254 S.) Ebd. 893. n. 2. 60

Ausführlicher Lehrplan der Seminarschule zu Habelschwerdt. Unt. Mitw. d. Lehrerkollegiums bearb. v. Schulrat Dr. [Franz] Volkmer. 8. verb. Aufl. Habelschwerdt: Franke 1898. (1 Bl., 250 S.) 1 Bd 8°

— ausführlicher Lehrplan der drei- u. der einklassigen Seminarschule zu Habelschwerdt. Unter Mitwirkg. des Lehrerkollegiums bearb. 9., verb. Aufl. (333 S.) 8. Habelschwerdt 904. Franke. n. 2. 88; geb. n.n. 3. 30

— ausführlicher Lehrplan der 3- u. der 1-klassigen Seminarschule zu Habelschwerdt. Neu bearb. vom Lehrerkollegium, hrsg. v. Kellner. 10., verb. Aufl. (III, 325 S.) 8. Ebd. 910. 3.—; geb. in Leinw. n 3. 60

Volkmer, Franz *(geb. Schönau bei Landeck in Schles. 12. 2. 1846)*: Das Verhältniss von Geist und Körper im Menschen (Seele und Leib) nach Cartesius. Breslau (1869). (73 S.) 8° *[Buchausg 1870 bei Aderholz in Breslau.]*
Breslau, Phil. Diss. v. 9. Dez. 1869

Volkmer, Frz., das Verhältniss von Geist und Körper im Menschen [Seele und Leib] nach Cartesius. Historisch-philosophische Abhandlung. gr. 8. (73 S.) Breslau 870, Aderholz' Buchh. *

—— das Wappen der Grafschaft Glatz. gr. 8. (4 S. mit 1 Chromolithogr.) Ebendas. 883. *
Aus: Vierteljahrsschrift für Geschichte und Heimatskunde der Grafschaft Glatz, besonders abgedruckt.

— Wiederholungsbuch zum Unterricht in der Geschichte der Pädagogik. Für die Habelschwerdter Seminarzöglinge im Anschluß an das amtlich eingeführte Lehrbuch von Kehrein-Kayser zusammengestellt. Als Mscr. gedr. 8. (80 S.) Ebend. 882. n. 1. —

— Wiederholungsbuch zum Unterricht in der Geschichte der Pädagogik. Nebst Anh., enth. e. kurze Geschichte der speziellen Methodik d. Volksschulunterrichts, sowie der Jugendlitteratur. Für Seminarzöglinge u. Lehrer bearb. 3. Aufl. 8. (VIII, 139 S.) Ebend. 885. n. 1. 20

Volkmer, H. Ksp., schriftmäß. Betrachtung d. Leidens Jesu in 7 heil. Reden. 8. Hannov. 755. Helwing. 10 gr

— Sammlung erbaul. Kanzelreden. 8. Hamb. 751. Martini. 8 gr

Volkmer, Ottomar, die Arbeiten der phototechnischen Abtheilungen d. k. k. militär.-geographischen Institutes zu Wien im J. 1883. gr. 8. (12 S. m. 1 Taf) Wien 884. Verlag der Photograph. Correspondenz. n. — 60

Volkmer, Ottomar, die photographische Aufnahme v. Unsichtbarem, } s. a. Encyklopädie der Photographie.

Volkmer, O: Die photographische Aufnahme von Unsichtbarem. Halle a. S. 1894. (Enzyklopädie d. Photographie H. 12)

Volkmer, Ottomar, Betrieb der Galvanoplastik mit dynamoelektrischen Maschinen zu Zwecken der graphischen Künste. 8. (XVI, 230 S. mit 47 Abbild.) Wien 888, Hartleben. *

Volkmer, Ottomar, Major im k. k. Feld-Artillerie-Regiment Nr. 1, Vorstand der technischen Gruppe im k. k. militär-geographischen Institute zu Wien. Die Kartographie auf der mit dem dritten internationalen geographischen Congresse zu Venedig im Monate September d. J. (1881) verbundenen internationalen geographischen Ausstellung. (Aus: „Streffleur's österr. milit. Zeitschrift" XXIII. Jahrg. I. Bd. 1. Heft.) 8. Wien 1882.

Volkmer O, die Kartographie usw. auf der Weltausstellung in Paris 1889. (24 S) Wien 1890

— — Mittheilungen über die Fortschritte in einzelnen Gebieten der photographischen Technik und der photo-mechanischen Reproductionsverfahren. Vortrag, gehalten am 18. März 1887 im militär-wissenschaftlichen und Casino-Vereine zu Wien. (Separatabdruck aus dem Organe der militär-wissenschaftlichen Vereine.) 8°. (29 S.) Ebd. Baar. fl. —.40.

— die Photo-Galvanographie zur Herstellung v. Kupferdruck- u. Buchdruckplatten, } s. a. Encyklopädie der Photographie.

Volkmer O, die Photo-Galvanographie zur Herstellung von Kupferdruck- und Lichtdruckplatten. (94 S 7 T) (Encyclopädie der Photographie 6) Halle 1894

Volkmer, Ottomar, d. Photo-Gravüre zur Herstellg. v. Tiefdruckplatten in Kupfer, Zink u. Stein m. den dazu gehör. Vor- u. Nebenarbeiten, nebst e. Anh. üb. Kupferdruck-Maschinen, s. a. Encyklopädie d. Photographie, Hft. 16.

Volkmer O, die Photogravüre. (143 S 4 Beilagen) (Encyklopädie der Photographie 16)

Volkmer, Ottomar, üb. Stahl-Bronce. Vortrag, geh. im militär-wissenschaftl. Vereine zu Wien am 12. Febr. 1875. [Aus: „Organ der militär-wissenschaftl. Vereine."] gr. 8. (23 S.) Wien 875. Seidel & Sohn in Comm. n. 1. —

Volkmer, Ottomar, die Technik der Reproduction von Militär-Karten u. Plänen des k. k. militär-geographischen Institutes zu Wien. Mit 2 (lith.) Taf. Sep.-Beilage zu den „Mittheilungen über Gegenstände des Artillerie- u. Genie-Wesens". gr. 8. (50 S.) Wien 880. (v. Waldheim.) n. 2. —

— die Technik der Reproduction v. Militär-Karten u. Plänen nebst ihrer Vervielfältigung, m. besond. Berücksicht. jener Verfahren, welche im k. k. militär.-geograph. Institute zu Wien ausgeübt werden. Mit 57 Abbildgn. im Texte u. 1 Taf. 8. (XXIX, 303 S.) Wien 885. Hartleben. n. 4. 50

—— die Verwerthung der Elektrolyse in den graphischen Künsten. Vortrag, gehalten am 4. Novbr. 1884 in der Photograph. Gesellschaft in Wien. gr. 8. (29 S.) Wien 885, Verlag der Photograph. Correspondenz. *
Aus: Photographische Correspondenz, besonders abgedruckt.

Volkmer Ottomar: Das Wasser des k. k. Artillerie-Arsenals zu Wien. Als Beitrag zur Kenntnis der Beschaffenheit des Wassers von Wien (mit 1 Taf.). S. 70. II. 533.
Separatabdruck

—— das Wasser des k. k. Artillerie-Arsenals zu Wien. Als Beitrag zur Kenntniss der Beschaffenheit des Wassers von Wien. [Ausgeführt im chem. Laboratorium der k. k. Artillerie-Kadettenschule im k. k. Arsenale.] Lex.-8. (26 S. mit 3 Tab. in qu. Fol. und 2 Stnt. in Lex.-8. und qu. 4.) Wien 874, (Gerold's Sohn.) *
Aus: Sitzungsberichte der k. Akademie der Wissenschaften, besonders abgedruckt.

Volkmer, Paul Albert, Referendar: Geschichte des Glatzer Mannengerichts. Habelschwerdt 1908: Franke. 78 S. 8°
Breslau, Jur. Diss. v. 14. Sept. 1908, Ref. Meyer-Dahn
[Geb. 13. Apr. 86 Habelschwerdt; Wohnort: Habelschwerdt; Staatsangeh.: Preußen; Vorbildung: Gymn. Glatz Reife O. 05; Studium: Breslau 2, Tübingen 2. Breslau 2 S.; Rig. 9. Juli 08.] [U 09. 530

Volkmer, Volker, Städtesorgen. Gespräche üb. die d. Leben d. Städtebewohner verkürz. Faktoren. gr. 8. (IV, 54 S. m. 1 Fig.) Straßburg 897. Straßburger Druckerei u. Verlagsanstalt. n. 1. 50

Volkmuth, Georg (geb. am 12 Apr. 1860 in Wesseling a. Rh. Landkr. Bonn): Ueber Schultergelenks-Resectionen ... Bonn, Hauptmann'sche Buchdr. 1885. 30 S. 8.
Bonn, Med. Fak., Diss. v. 10 Aug. 1885

Volkmuth, M., allgemeine Volksschule od. Standesschulen? M. Rücksicht auf d. in neuerer Zeit in Köln erricht. Vor- u. Mittelschulen, s.: Abhandlungen, pädagog, Hft. 26.

Volkmuth, Petrus

Volkmuth, P., Gervinus und die Zukunft der Slawen. gr. 8. (VII und 96 S.) Halle 853, Pfeffer.

—— Das Gewissen der letzten Hermesianer. Ein Versuch zur Belehrung. Trier, Lintz. 1844. 8°. 75 Bi.

—— Die letzten Hermesianer u. kein Ende. Vom Verfasser des Gewissens. Trier, Linz 1845. -8°

(Volkmuth, P.,) Der Hermesianismus u. der preußiiche Staat in ihrer welthistorischen Bedeutung aufgezeigt. Köln, Eisen, 1838, gr. 8°.

Volkmuth, P., **Ideen zur vergleichenden Physiologie des Gesichtssinnes. Eine Vorbereitung zur Psychologie. gr. 8. (5 B.)** Trier 844, Lintz'sche Buchh.

Volkmuth, Petrus: Kantius cum Hermesio in philosophia theoretica comparatus. Vratislaviae (1834). (34 S.) 8° [*Im Buchhandel 1834 bei Schulz & Ko. in Breslau.*
Breslau, Phil. Fak., Hab. Schr. v. 22. Dez. 1834

Volkmuth, Petr., Kantius cum Hermesio in philosophia theoretica comparatus. Dissertat. 8maj. Vratislaviae 834. Schulz et soc. 1/4 ß

Volkmuth, P., Herr v. Ketteler, Bischof von Mainz u. der sogenannte Beruf Preußens. Berlin 867. Heinicke. gr. 8. (71 S.) n. 10 ngr.

Volkmuth, P., der dreieinige Pantheismus, von Thales bis Hegel dargestellt. gr. 8. (20 1/8 B.) Köln 837, Lumscher. (?)

Volkmuth, P., die Pelasger als Semiten. Geschichtsphilosophische Untersuchungen. gr. 8. (VIII und 324 S.) Schaffhausen 860, Hurter'sche Buchh. *

Volkmuth, P., Petrus und Paulus auf dem Concil zu Jerusalem. Beleuchtung der Schrift des Bisch. Frhrn. v. Ketteler: „Das allgemeine Concil und seine Bedeutung für unsere Zeit". gr. 8. (IV, 68 S.) Leipzig 869, H. Fritzsche's Verlag. [A. Krüger.]

Volkmuth, Petrus (*geb. Wesseling a. Rh. 10. 12. 1805*): De summis honesti dijudicandi principiis inveniendis. Vratislaviae (1834). (38 S.) 8°
Breslau, Phil. Diss. v. 11. Juni 1831

—— Rußland und die Zukunft der Deutschen. gr. 8. (IV und 144 S.) Regensburg 854, Manz.

(——) die hermesische Wissenschaft nach geschichtl. Ansicht gewürdigt. 1. Hft. — A. u. d. T.: Würdigung d. hermes. Beweises f. d. Dasein Gottes, v. P. Volkmuth. gr. 8. (4 1/2 B.) Bonn 841, Habicht.

—— Wissenschaft der empirischen Psychologie in genetischer Entwickelung. gr. 8. (28 7/8 B.) Trier 846, Lintz'sche Buchh.

Volkmuth, Wilh. (geb. Posen 4. 8. 1849): Ueber Hydrocephalus congenitus in geburtshülflicher Beziehung. Berlin (1872). (29 S.) 8°
Berlin, Med. Diss. v. 10. Aug. 1872

Volkna, Jh., politisch-deutsches Glossarium. 8. Frankf. a. M. 757. (Wien, Trattner.) 6 ß

Volkna, Joh.: „Politisches deutsches Glossarium . . . . ad Instructionem privatam verfertiget . . . . Gedruckt in unserm Gymnasio politico. Nun nachgedruckt im Jahre 1757. Utopien, bey Peter Marteau". — Vorh.: StB Nürnberg.

Völkner, G. L., der Schüler ist klüger als sein Meister, oder 110 seltsame Fragen u. Räthsel, welche ein Kind einem großen Gelehrten vorlegte u. dieser nicht beantworten konnte. 8. Leipz. 809. Weygand. 4 ß

Voelkner, Kurt E. F.: Zur Gesch. d. Dten Ev. Luth St. Johanneskirche in Wash. Die Hist. Gesell. f. den District of Columbia, vl. iii (1906) 13-33

Voelkner, Louis: Ueber die Exarticulation des Oberschenkels im Hüftgelenk. Halle (1868): Plötz. 26 S., 2 Bl. Tab. 8°
Halle-Wittenberg, Med. Diss. v. 19. Juni 1868
Geb. Halle a. d. S. 31. 5. 1845. V.

Voelkner, O. K., praktisches Rechnen f. den Kaufmann u. Gewerbetreibenden, s. a. **Bibliothek**, neue kaufmännische. 4. Bd.

Praktisches Rechnen für den Kaufmann und Gewerbetreibenden, mit e. Anh. über Münz-, Maass- u. Gewichtskunde aller Staaten d. Erde f. d. Selbstunterr. u. d. Praxis. Leichtverständl. Anleitung f. sämtl. Berufsstände, alle Rechnungsarten d. bürgerl. Lebens u. öffentl. Verkehrs schnell u. richtig zu lösen. Mit Resultaten. Von Oskar **Voelkner**. Berlin. Berlin: R. Wichert 1907. (VIII, 343 S.) 8° [F.]
= **Bibliothek,** Neue Kaufmännische. Bd 4. [07. 1334

Volkoff, A. F., Arbeitersekretariate und Arbeitskammern im Westen Europas. (In russ. Sprache.) 8°. St. Petersburg 1905.

Memoiren der Fürstin Marie Nikolajewna **Wolkonski** [Marija Nikolaevna Knjaginja **Volkonskaja**: Zapiski] mit Vorw. u. Beilagen hrsg. vom Fürsten M[ichail] J. [!, vielm. Sergěevič Knjaz'] **Wolkonski** [**Volkonskij**]. Aus d. Russ. von C[arl] v. **Gütschow**. Leipzig: B. Elischer Nachf. [1905]. (144 S.) 8° [F.] [05. 10941

Kn. Grigorij **Volkonskij**. Zapiska v redakciju gazety 'Pravo' po povodu processa M. A. Stachoviča protiv kn. V. P. Meščerskago. Berlin: H. Steinitz 1905. (39 S.) 8°
[Auf d. Umschl.:] Zum Prozeß Stachowitsch-Meschtersky. Memoiren d. Fürsten G. **Wolkonsky**. [06. 665

[F.] Fürst Sergei **Wolkonskij** [**Volkonskij**]. Bilder aus der Geschichte und Litteratur Russlands. Autoris. Uebs. v. A. **Hippius**. *Basel: F. E. Perthes aus Gotha 1898.* (VIII, 317 S.) 1 Bd 8. [98. 8936

Die Wanderniere. E. Beitrag z. Pathologie d. intraabdominalen Gleichgewichtes. Experimentell-anatom. Studien v. Dr. med. M[ichail] M. **Wolkow** [**Volkov**] u. S[ergej] N. **Delitzin** [**Delicin**], Privatdocenten an d. Kaiserl. Militär-Med. Akad. in St. Petersburg. M. Abb. im Text u. 35 lith. Taf. *Berlin: A. Hirschwald 1899.* (XVI S., 1 Bl., 350 S., 35 Taf.) 1 Bd 4. (8.) [99. 763

v. Volkringshausen, s. Fr. Schulte von B.

Volksabende, hrsg. von Herm. Kaiser. Nr. 1—8. gr. 8. Gotha [Verlagsbureau]. F. E. Perthes. n. 6. 60
Bürkner, Rich., Ludwig Richter. (28 S.) 904. (Nr. 6.) n. — 75
— Hans Sachs. (46 S.) 903. (Nr. 1.) n. 1. —
Greiner, Hugo, der Kyffhäuser. (51 S.) 904. (Nr. 7.) n. 1. 20
Höcker, Gust., Johann Sebastian Bach. (23 S.) 903. (Nr. 5.) n. — 60
Kaiser, Paul, Paul Gerhardt. Ein Volksabend. (31 S.) 907. (Nr. 8.) n. — 75
Mosapp, Herm., Wilhelm Hauff. (47 S.) 903. (Nr. 2.) n. — 75
— Luther als deutscher Volksmann. (40 S.) 903. (Nr. 4.) n. — 80
Müller-Bohn, Herm., Königin Luise. (31 S.) 903. (Nr. 3.) n. — 75

Volksabende. Begründet v. Herm. Kaiser. Hrsg. v. Herm. Müller-Bohn. 3. u. 8.—32. Heft. gr. 8. Gotha, F. E. Perthes. 23. 10
Beta, Ottom., Werner v. Siemens. Ein Bahnbrecher in der Wissenschaft, Technik u. Ethik. Ein Volksabend. (42 S.) 910. (31. Heft.) 1. —
— Hermann v. Wißmann. Ein Volksabend. (36 S.) 907. (11. Heft.) — 80
Bodelschwingh, v., Arbeitslosen-Elend u. Notstandsarbeiten. Ein Notschrei an Regierg. u. Reichstag, sowie an alle, die es angeht. 22. Taus. (55 S.) 909. (22. Heft.) 1. 20
Bogan, Osk., Philipp Melanchthon. Ein Volksabend. (31 S.) 910. (27. Heft.) — 80
Braun, Max, Adolf Stoecker. Ein Volksabend. (32 S.) 909. (21. Heft.) — 80
Conrad, Wilh., Calvin. 1. u. 2. Aufl. (47 S.) 909. (20. Heft.) 1. —
Falke, Rob., Kaisersgeburtstagsfeier. Ein Volksabend. (30 S.) 908. (18. Heft.) — 80
— Kaiser Wilhelm der Große. Ein Volksabend. (35 S.) 907. (13. Heft.) — 80
Friedensburg, Ferd., Gustav Adolf. Ein Volksabend. (22 S.) 909. (23. Heft.) — 60
Glaser, Rud., Bismarcks Stellung zum Christentum. (23 S.) 909. (19. Heft.) — 60
Jahnke, Herm., Fürst Otto v. Bismarck. Ein Volksabend. (48 S.) 907. (9. Heft.) 1. —
Kaiser, Paul, Paul Gerhardt. Ein Volksabend. 3. u. 4. Aufl. (Je 31 S.) 907. (8. Heft.) — 75
Maas, Herm., Großherzog Friedrich v. Baden. Ein deutsches Fürstenleben. Ein Volksabend. (42 S.) 908. (16. Heft.) 1. —
Möller, Marx, Fritz Reuter. Ein Volksabend. (35 S.) 910. (30. Heft.) — 80
Müldener, G., die Entwicklungsgeschichte der Post. Ein Volksabend. (32 S.) 911. (32. Heft.) — 80
Müller-Bohn, Herm., vom Ballon zum Aeroplan. 6 volkstüml. Vorträge üb. die Entwicklg. der Luftschiffahrt v. ihren ersten Anfängen bis zu ihrer gegenwärt. Vervollkommnung. Ein Volksabend. (46 S.) 910. (29. Heft.) 1. —
— Gebhard Leberecht v. Blücher. Der Marschall Vorwärts, Fürst zu Wahlstatt. Ein Volksabend. (48 S.) 907. (12. Heft.) 1. —
— Theodor Körner. Ein Sänger u. e. Held. Ein Volksabend. (48 S.) 910. (25. Heft.) 1. —
— Königin Luise. Ein Volksabend. 2. Aufl. (28 S.) 910. (3. Heft.) — 75
— Freiherr vom u. zum Stein. Ein Volksabend. 1. u. 2. Aufl. (48 S.) 907.09. (10. Heft.) 1. —
Paetzold, Mart., Sedanfeier. (56 S.) 908. (15. Heft.) 1. 20
Petrich, Herm., Johann Hinrich Wichern. Ein Volksabend. (30 S.) 908. (14. Heft.) — 80
Reventlow, Ernst Graf zu, die deutsche Flotte einst u. jetzt. Ein Volksabend. (47 S.) 908. (17. Heft.) 1. —
Scholz, Gust., Graf Nikolaus Ludwig v. Zinzendorf. Ein Volksabend. (36 S.) 910. (28. Heft.) — 80
Stier, Alfr., Schiller. Der Dichter des deutschen Idealismus. Ein Volksabend. 1.—3. Aufl. (37 S.) 910. (24. Heft.) — 80
Wehr, Geo., das deutsche Volkslied. Ein Volksabend. Ein Vortrag u. vollständiger Ratgeber zur Veranstaltg. v. Volksliederabenden aller Art in Stadt u. Land nebst Literatur- u. Notennachweis, Programmmustern u. Deklamationsstoff. (47 S.) 910. (26. Heft.) 1. —

Volks-Aberglaube. 12. (95 S. m. 1 Holzschn.) Philadelphia 851. (Schäfer & Koradi.) n. 12 ngr

Zur Volksabstimmung über das Fabrikgesetz. 21. Okt. 1877. Ein Mahnwort an das arbeitende Schweizervolk. 8. S. 8. Zürich, Schweiz. Vereinsbuchdruckerei. 1877.

Volksabstimmung. Zur V' vom 23. Oktober 1910 über den Nationalratsproporz. I. Jeder Kanton ein Wahlkreis. — II. Die provisorische Vollziehungsverordnung des Bundesrates. Hrg. vom Schweiz. Aktionskomitee für den Nat'. II+24 S. 8. (Bassersdorf, Ed. Schäubli, 1910.)

Volksabstimmung. Zur Volksabstimmung über den neuen Zolltarif am ... 15. März 1903. ([Hrg. von der] Direktion der Aktiengesellschaft der Eisen- und Stahlwerke von Georg Fischer [in] Schaffhausen. 1903 März 12.) 7 S. 8. [Schaffhausen, H. Meier & Cie.]

Volks Advokat, der. Verläßlicher Rathgeber in allen gerichtlichen und geschäftlichen Angelegenheiten für die Bewohner aller österreichischen Königreiche und Länder. Mit besonderer Berücksichtigung des praktischen Bedürfnisses und nach dem neuesten Stande der österr. Gesetzgebung bearbeitet von Dr. Wilibald Müller. 1. Bd. 1. 2. Lfg. (Das Rechtsbuch, 1867. gr. 8. (S. 1—128.) Teschen, Prochaska 1866. à 30 kr.
Als Prämie dazu: Neueste Post, Eisenbahn, Telegraphen und Dampfschiffahrts Karte von Oesterreich mit einem alphabetisch geordneten geographischen Stationen Verzeichniß

Der Volksadvokat : 1887/ 1924/ New York, NY
Yiddish weekly. Daily, see WAHRHEIT.

Volksadvocat, der, für das Königr. Hannover. Gemeinfaßliche Darstellung des im Königr. Hannover gelt. Rechts. Ein Rathgeber in allen Verhältnissen. Hrsg. von einem Verein Hannover'scher Juristen. gr. 8. (1149 S.) Leipzig 866, Expedition.

—— neuer, für das Königr. Sachsen und die sächsischen Herzogthümer. Gemeinfaßliche Darstellung des im Königr. Sachsen geltenden Rechts. Ein Rathgeber in allen Verhältnissen. Hrsg. von einem Verein sächsischer Juristen. 1.—30. Lfg. gr. 8. (1. Bd. XIV, S. 1—874; 2. Bd. S. 875—1220.) Leipzig 874,75, G. Körner. à Heft 30 Pf. 9 —

Volksadvocat, neuer, für das Königr. Sachsen und die sächs. Herzogthümer. Gemeinfaßl. Darstellung des im Königr. Sachsen geltenden Rechts. Ein Rathgeber in allen Verhältnissen. Hrsg. von einem Verein sächs. Juristen. 31. (Schluß-)Lfg. gr. 8. (2. Bd. XX, S. 1419—1455.) Leipzig 876, Körner und Comp.
1.—30. Lfg. Ebendas. 1874,75. à 30 Pf.

—— der, für das Königr. Sachsen und die sächsischen Herzogthümer. Ein unentbehrl. in allgemein verständl. Sprache abgefaßter Rathgeber in allen Verhältnissen des bürgerl., gerichtl. und geschäftl. Verkehrs. 2 Bde. 1.—5. Aufl. gr. 8. (XX und 1124 S.) Leipzig 866, R. Schäfer. [Meerane, Send.] *
Ermäßigter Preis * 1 Thlr.; geb. *

Volks-Advokat, der, für das Königr. Sachsen und die sächsischen Herzogthümer. Unentbehrlicher und populärer Rathgeber in allen Verhältnissen des bürgerl., gerichtl. und geschäftl. Verkehrs für Sachwalter, Gerichts- und Verwaltungsbeamte, Lehrer rc. 6. Aufl. 28 Hefte. gr. 8. (1321 S.) Leipzig 868,69, R. Schaefer. [Meerane—Altona, Send.] (à Heft * 30 Pf.) * 3 —
Die 4 Supplementhefte apart 1 20

—— s.a. Müller, Wilib.

Volks-Akademie. Illustr. Monatshefte f. das arbeit. Volk. Hrsg. v. Konr. Beißwanger unter Mitwirkg. zahlr. Fachschriftsteller. Jahrg. 1900. 12 Hfte. gr. 8. (à ca. 32 S.) Nürnberg, Litterar. Bureau. à — 25

Illustrierter Volksalmanach : 186?/ ? Philadelphia, PA
Published by Tischer & Brühler

Volksandacht, gemeinschaftliche, unter d. heil. Messe. 12. Augsb. 822. 2e A. 826. Doll. (Landsh., Krüll.) 1 ℛ

Volksandachten. Ein Gebeth- und Gesangbuch für kathol. Christen, nebst einem Anhange für die Mitglieder der vereinigten Marianischen Bundesbruderschaft in Neustadt Kempten. 3. verm. Aufl. Mit 1 Titelkupfer. 18. Kempten 843, Kösel'sche Buchh. 1/4 ℛ

Volksandachten. Ein Gebet- und Gesangbuch für kathol. Christen. 6. Aufl. 32. (352 S.) Kempten 869, Kösel'sche Buchh. — 70

Volks-Andachten. Ein Gebet- und Gesangbuch für kathol. Christen. 7. Aufl. 16. (VIII, 467 S. und Nachtrag 4 S. mit 1 Stahlst. und Farbendr.-Titel.) Kempten 878, Kösel'sche Buchh. *

Volks-Andachten. Ein Gebet- und Gesangbuch für kathol. Christen, zugleich Andachts-Buch der vereinigten Marianischen Bundesbruderschaft, welche in Kempten besteht. 8. Aufl. Ausg. ohne liturg. Volksgesänge. 16. (IX, 382 S. mit 1 Stahlst.) Kempten 884, Kösel'sche Buchh. *

—— daſſ. — 8. Aufl. Ausg. mit liturg. Volksgeſängen. 16. (IX, 382; 232 S.) Ebendaſ. 884. *

Volks-Anwalt: Jahrgang 1—9. Oct. 25, 1889—1898.

Weekly. Sub-title [with slight variations]: 1) Der politischen und ökonomischen Befreiung der Arbeiterklasse gewidmet, Oct. 25, 1889—Mar. 1895; 2) Central Organ der S.A.P. von Nord-Amerika, Apr. 1, 1895—1896?; 3) Organ der Social-Demokratischen Federation von Nord Amerika, 1897?—1898. Place of publication varies: Cincinnati, Oct. 24, 1889—Apr. 15, 1893; Baltimore, Apr. 22—Oct. 28, 1893; Buffalo, Nov. 18, 1893—June 2, 1894; Cleveland, June 9, 1894—1898. Folio, each issue 4 pages. Edited by J. Willig, Oct. 25, 1889—June? 1891; by Gus Müller, June 1891?—June 1894; by Max Silz, June 16, 1894—1898? Published by National-Komite der S.A.P.
Cleveland, OH

Volksanwalt. Unabhängiges Organ für den Kampf um volkstüml. Recht u. zur Abwehr der Juriſtenherrſchaft Reindeutſche Erziehg. u. Volksveredelg. Hrsg. v. Lehmann-Hohenberg. 5. Jahrg. 2. Jahr e. neuen Zeit (des Wiſſens vom Leben u. der Kunſt zu leben). Lex.-8 (à Nr. ca. 8 S.) Kiel (902). Verlag d. Volksanwalt. 2.—

Volksanwalt, s.a. Arbeiter-Zeitung. – St. Louis.

Der Volksanwalt: 1902–1903. St. Louis, MO
Published by the Arbeiter Zeitung.

Volks-Anwalt, deutſcher. Organ zur Verbreitung der Geſetze, Anweiſung über deren Anwendung, Mittheilungen über intereſſante Gerichtsfälle, ſowie Auskunftsertheilung in Rechtsſachen ꝛc. Redact.: Herm. Scheps. 1. Jahrg. 1880. 13 Nrn. (à Nr. 2 Bog. mit Geſetzesbeilagen.) Fol. Leipzig, (G. Schulze.)
Nicht weiter erſchienen.

Volks-Anzeiger für Winterthur und Umgebung
v. **Winterthurer-Volks-Anzeiger.**

Winterthurer Volks-Anzeiger
① für den Bezirk Winterthur, das Tößtal und den Kanton Zürich ② Volks-Anzeiger für Winterthur und Umgebung (1910). Winterthurer Volkszeitung (um 1911—31. 12. 1921?) ③ Monatsanzeiger für die Kirchgemeinde Winterthur ④ Hochwacht ⑤ 1908—31. 12. 1921 (?) ⑥ 4° (am Anfang); 2° (1910—31. 12. 1921 ?) ⑦ Wochenblatt (31. 12. 1920); wöchentlich 2× (während der Wahlen 12. 6. 1917—14. 7. 1917), Tagblatt (3. 1. 1921—31. 12. 1921 ?) ⑧ Winterthur: Konkordia ⑨ Sonntagsfeier (um 1914—1920 ?; 4°; Wochenbeilage); Die Arbeiterin (26. 1. 1921—Ende 1921 ?) ⑩ Konkordia, Winterthur ⑪ Dekan J. Th. Meyer (Gründer, um 1908), Eugen Fischer (um 1911—1913), J. F. Betz, Winterthur (um 1914—8. 1. 1915), Dr. Ferdinand Buomberger (15. 1. 1915—23. 1. 1920), Ewald Zimmermann (30. 1. 1920—31. 12. 1921 ?), Dr. Karl Wick (3. 1. 1921—30. 12. 1921 ?) ⑫ christlich-sozial ⑬ BGSZ: 292 (p. 13—15, 17); A. Mächler: Winterthur und die Hochwacht. «Hochwacht», Jubiläumsausgabe, März 1946 ⑭ Be: L (1915—1918); Wi: S (1919—1921) ⑮ Geplante Titeländerung: «Zurcherische Volkszeitung» (Dezember 1913). Seit 3. 1. 1921 Winterthurer Lokalausgabe der «Hochwacht».

Volksarzneimittel, die beſten, gegen alle Krankheiten. 1. Aufl. (10 B.), 2., verb. A. (10¼ B.) 8. Quedlinburg 833, Ernſt. à Thlr.

Volksarzneimittel-Hausſchatz, der wunderſam heilkräftige, der merkwürdigen und berühmten Doctor-Bäuerin, beſtehend aus Anweiſungen zum Gebrauche der Heilpflanzen, Kräuter und Wurzeln ꝛc. 8. (63 S.) München 865, L. Finſterlin.

Volksarzt, der, s.a. Hausarzt, der.

Volksarzt, Der. Populaire Zeitschrift für Heil-, Natur und Menschen-Kunde. Schleswig 1857—58. H: *Dittmann, Aug. Frdr.* (Ky) (EngM)

Volksarzt, der. Populaire Zeitſchrift für Heil-, Natur- und Menſchen-Kunde. (Hrsg. von A. F. Dittmann.) 1. Bd. (1. Jahrg. Juli 1857 bis Juni 1858.) 12 Hefte. (à 2—3 Bog.) gr. 8. Schleswig. (Altona, Mentzel.) *

Volksarzt, der. Wochenſchrift für Erfahrungsheilkunde. Redact. und Hrsgbr.: Carl Schöpffer. 1.—3. Jahrg. 1869—1872. à Jahrg. 52 Nrn. (à 1—1½ Bog.) gr. 8. Leipzig, Fritſch. [Theile.] 1. und 3. Jahrg. à 5 20
2. Jahrg. 6 —

—— daſſ. — 4. und 5. Jahrg. 1872 und 1873. à Jahrg. 26 Nrn. (à 1—1½ Bog.) Leipzig, Matthes. à Jahrg. * 3 —

Volksarzt. Organ f. volksverſtändl. Geſundheitspflege u. Naturheilkunde, zur Belehrg. u. Aufklärg. d. Publikums unter Mitwirkg. v. Spohr, Frhr. v. Biſtram, Graf v. Zedtwitz, Sturm, Voigt u. mehrerer anderer namhaften Aerzte hrsg. u. red. v. C. Neumann. 1. Jahrg. April—Decbr. 1884. 9 Nrn. (à ½—1 B.) Lex.-8. Dresden. (Berlin, Schmidt & Sternaux.) n. 3. —

Volksarzt. Organ für naturgemäße Geſundheitspflege und arzneiloſe Heilkunde. Zur Belehrung und Aufklärung des Publikums unter Mitwirkung von Spohr, Frhr. v. Biſtram, Graf v. Zedtwitz ꝛc., Sturm, Voigt und mehrerer anderer namhaften Aerzte hrsg. und redig. von Schulze. 2. Jahrg. 1885. 12 Nrn. (Bog.) Lex.-8. Berlin. (Leipzig, Th. Grieben's Verlag.) * 3 —

—— Organ des „Central-Verbands" der 70 Vereine für naturgemäße Geſundheitspflege und arzneiloſe Heilkunde. Zur Belehrung und Aufklärung des Publikums, unter Mitwirkung von Spohr, Frhr. v. Biſtram, Graf v. Zedtwitz ꝛc., hrsg. und redig. von Schulze. 3. Jahrg. 1886. 12 Nrn. (Bog.) Lex.-8. Berlin. (Ebendaſ.) * 3 —
Die Fortſetzung erſcheint u. d. T.: Naturarzt (ſ. d.).

—— der. Zeitſchrift für das Wohl der leidenden Menſchheit. Unter Mitwirkung von R. Weil, Ed. Reich, Aug. Kruhl ꝛc. hrsg. von Johs. Harbeck. 7. Jahrg. 1888. 12 Nrn. (Bog.) Lex.-8. Kellinghuſen, Harbeck. * 2 —

Volksarzt. Schweizer. Zeitschrift f. Gesundheitspfl. u. Homöopathie. 24 Nrn. (Nr. 1, 8 S.) In-4°. Biel, Ernst Kuhn. 1898. Jährl. 4 —

Volksarzt, der. Anleitg. zur Selbſtbehandlg. nach d. Grundſätzen d. Homöopathie m. Berückſicht. d. Naturheilkunde. 2. Aufl., durchgeſ. u. teilweiſe umgearb. v. Boſſenmeyer. 8. (IV, 146 S.) Stuttgart 898. J. Roth. Kart. n. 1. 50

Volksarzt, der. Anleitung zur Selbſtbehandlung nach den Grundſätzen der Homöopathie m. Berückſicht. der Naturheilkunde. 3. Aufl. Neu bearb. v. A. Stiegele. (152 S.) 8. Cannſtatt 910. Stuttgart, O. Gerſchel.
Geb. in Leinw. nn 2. —

Volksarzt, Der aufrichtige, Rudolstadt 1798 ff. H: *Collenbusch, Dan.* (Ludwig)

Volksarzt, Der deutsche, s.a. Hausarzt, Der.

— **der deutſche.** Centralblatt f. Volksmedizin. Red.: Johs. Harbeck. 16. Jahrg. Aug. 1895—Juli 1896. 24 Nrn. (Bog. m. Abb.) gr. 4. Frankfurt a. M., Gebr. Staudt. n. 4. —

Volks- u. Hausarzt, deutſcher. Serienſchrift unter Mitwirkg. hygien. Aerzte pp. Hrsg. vom „Verlag Sanitas", Bielefeld. I. Serie. 8 Hfte. gr. 8. Bielefeld 902. Verlag Sanitas. à Hft. — 50
1. Kinderkrankheiten (Keuchhuſten, Maſern, Scharlach, Croup, Diphtheritis ꝛc.) Ihre wahre Entſtehg., Verhütg. u. naturgemäße Heilg.! ohne vergiſt. Arznei u. ohne Operation! auf dem Wege der Selbſthilfe. (43 S.)
2. Frauenleiden. Bleichſucht, Blutarmut, Menſtruationsſtörgn., Entzündgn., Weißfluß, Gebärmutter-Knickgn., -Senkgn., Unfruchtbarkeit u. ſ. w. Ihr wahres Weſen, Entſtehg., Verhütg. u. naturgemäße Heilg. auf d. Wege der Selbſthilfe. (38 S.)
3. Frauenleiden (II. Tl.) Wie erreicht man leichte, glückl. Geburten? oder Schwangerſchafts-Beſchwerden u. Wochenbettkrankheiten, ihre Entſtehg., Verhütg. u. erfolgreiche Behandlg. auf dem Wege der Selbſthilfe! ohne vergiſt. Arznei u. ohne Operation! (43 S.)
4. Verdauungsſtörungen, die akut-chroniſchen, u. ihre üblen Folge- u. Begleiterſcheinungen: Durchfall, Stuhlverſtopfung, Appetitloſigkeit, allgem. Schwächezuſtände, Blutverderbnis, Hautausſchläge, Abmagerg., Fettleibigkeit uſw. uſw. Ihre Entſtehg., Verhütg. u. wahrhaft dauernde Heilung auf dem Wege der Selbſthilfe. (38 S.)
5. Rheumatismus. Seine wahre Entſtehg., Verhütg. u. natur-

gemäße Heilg. (ohne vergift. Arznei: Chinin, Salicyl 2c.!) auf dem Wege der Selbsthilfe. (45 S.)
6. Nervenleiden. (Neurasthenie, Hypochondrie, Hysterie, Krämpfe u. s. w.) Ihre Entstehg., Verhütg. u. erfolgreiche Behandlg. auf dem Wege der Selbsthilfe ohne vergift. Arznei: (Chinin, Salicyl 2c.!) (44 S.)
7. Brust-Lungenleiden.(Lungenkatarrh,Lungenentzündg ,Asthma, Lungentuberkulose.) Ihr wahres Wesen, Entstehg., Verhütg u. naturgemäße Heilg. auf dem Wege der Selbsthilfe ohne vergift. Arznei: Chinin, Kreosot, Morphium, Tuberkulin 2c.! (45 S.)
8. Leiden, geheime. Ihre wahre Entstehg., Verhütg. u. naturgemäße Heilg. auf dem Wege der Selbsthilfe. (34 S.)

Volks- u. Hausarzt, deutscher. Serienschrift unter Mitwirkg. hygiein. Aerzte pp. Hrsg. vom „Verlag Sanitas" Bielefeld. II. Serie, 2. Heft. gr. 8. Bielefeld (Verlag Sanitas]. Leipzig, Modern-medizin. Verlag. — 50
Frauen! reformiert eure Kleidung! Küchen- u. Hausklaverei. Haarpflege der Frauen. (50 S. m. Abbildgn.) 902.

Volks-Arzt, der naturgemässe. Organ f. das gesammte Naturheilverfahren, Gesundheitspflege u. Kneipp'sche Heilweise. Hrsg.: E. Spiekermann. Red.: L. Feuerstein. 2. Jahrg. 1894. 12 Nrn. (à ca. 1½ Bog.) gr. 4. Wien, (Leipzig, Literar. Anstalt A. Schulze). n. 5. —

Volksarzt, Schweizer. Wochenschrift für Homöopathie und Volksheilkunde. Organ des schweizer. Vereins für volksthüml. Heilkunde. Hrsg. von A. v. Fellenberg-Ziegler und Fritz Rödiger. Jahrg. 1878 und 1879. à Jahrg. 52 Nrn. (à ½ Bog.) hoch 4. Zürich, Verlags-Magazin. à Jahrg. *
Mit der Schweizer. Bauernzeitung à Jahrg. *
Erschien früher u. d. T.: Dorfdoktor.

—— Schweizer. Wochenschrift für Homöopathie und Volksheilkunde. Organ des schweizer. Vereins für volksthüml. Heilkunde. Hrsg. von A. v. Fellenberg-Ziegler und Fritz Rödiger. Jahrg. 1880—1884. à Jahrg. 52 Nrn. (à Nr. ½ Bog.) hoch 4. Herzogenbuchsee, Expedition. à Jahrg. *
Mit der Schweizer. Bauernzeitung à Jahrg. *

—— schweizerischer. Wochenblatt für Gesundheitspflege und Naturheilkunde, mit besond. Berücksicht. der Homöopathie. Organ des schweizer. Vereins für volksthüml. Heilkunde. Hrsg. von A. v. Fellenberg-Ziegler und Fritz Rödiger. „Dorfdoktor's" Jahrg. 1885—1888. à Jahrg. 26 Nrn. (Bog.) 4. Bülach (Zürich), Schruchzer. à Jahrg. *

— schweizerischer. Wochenblatt f. Gesundheitspflege u. Naturheilkunde, m. besond. Berücksicht. der Homöopathie. Organ d. schweizer. Vereins f. volksthüml. Heilkunde. Hrsg. von A. v. Fellenberg-Ziegler u. Fritz Rödiger. „Dorfdoktor's" 18. Jahrg. 1886. 52 Nrn. (B.) 4. Bern. (St. Gallen, F. B. Müller.) n. 4. —

— schweizer. Zeitschrift f. Gesundheitspflege u. Naturheilkunde m. bes. Berücksicht. d. Homöopathie. Organ d. schweizer. Vereins f. Homöopathie u. Gesundheitspflege. Hrsg. von A. v. Fellenberg-Ziegler u. Fritz Rödiger. „Dorfdoktor's" 31. Jahrg 1898. 24 Nrn. (à ca. 1 Bog.) hoch 4. Biel, E. Kuhn. n. 3.20

Volksarzt, schweizer. Zeitschrift f. Gesundheitspflege u. Naturheilkunde m. besond. Berücksicht. der Homöopathie. Offizielles Organ des schweizer. Vereins f. Homöopathie u. Gesundheitspflege. Hrsg. von A. v. Fellenberg-Ziegler u. Fritz Rödiger. „Dorfdoktor's" 32. Jahrg. 1899 12 Hfte. gr. 8. (à ca. 16 S.) Biel, E. Kuhn. n. 3.20

Volks-Atlas, grosser, der Naturgeschichte aller drei Reiche. In 120 Folio-Taf. nach e. neuen patentirten Methode in Farben ausgeführt. 3. Aufl. Hrsg. unter Mitwirkg. hervorrag. Künstler u. Fachgelehrter von G. v. Hayek. 40 Lfgn. Fol. (Mit 84 S. Text.) Wien 889. 890. Perles. à n. — 50

Hartleben's, A., Volksatlas, enthaltend zweiundsiebzig Karten in 100 Kartenseiten Folio Mit vollständigem Register. (Complet in 20 Lieferungen.) Liefrg. 6 —.30
Wien: Hartleben 1892.

Hartleben's, A., Volksatlas, enthaltend zweiundsiebzig Karten in 100 Kartenseiten Folio. Mit vollständigem Register. (Complet in 20 Lieferungen.) Liefrg. 8 —.30
Wien: Hartleben 1892.

Hartleben's, A., Volksatlas, enthaltend zweiundsiebzig Karten in 100 Kartenseiten Folio. Mit vollständigem Register. (Complet in 20 Lieferungen.) Liefrg. 10 —.30
Wien: Hartleben 1892.

Hartleben's, A., Volksatlas, enthaltend zweiundsiebzig Karten in 100 Kartenseiten Folio. Mit vollständigem Register. (Complet in 20 Lieferungen.) Liefrg. 11 —.30
Wien: Hartleben 1892.

A. Hartleben's Volks-Atlas enth. 72 Hauptkarten u. 66 Nebenkarten in 100 Kartenseiten. Mit erl. Text u. vollst. alphab. Register. 4., vollkommen umgearb. u. erneuerte Aufl. Wien & Leipzig: A. Hartleben [1904-05]; (Kartogr. Anst. G. Freytag & Berndt, Wien). (3) S., 100 Kartenseiten.) 2° [illegible]

Volks-Atlas, illustrirter, der Geographie. In 52 Landkarten, 104 Bl. Text und einem Bildersaal der Landes- und Völkerkunde in Orig.-Holzschn. 53 Lfgn. Fol. Stuttgart 859—74. Gera, Griesbach's Verlag. geb. 44 —

Volks-Atlas, illustrirter, der Geographie. In 52 Landkarten, 104 Bl. Text und einem Bildersaal der Länder- und Völkerkunde in Original-Holzschn. Mit alphabet. Aufsuchregistern der Ortsnamen. Auf Grund von Frz. Bromme's Hand-Atlas nach dem neuesten Stand der Erdkunde. Textrevision von Gust. Reuschle. Bildersaal von Heinr. Merte. Landkarten von Ernst Serth. 53 Lfgn. Fol. (420 S. mit eingedr. Holzschn. und 52 Karten.) Stuttgart 859—74, Hoffmann'sche Verlagsh. à Lfg. 75 Pf. 39 75

Volks-Atlas, illustrirter, der Geographie. In 52 Landkarten. 104 Bgn. Text u. ein Bildersaal der Länder- u. Völkerkunde in Orig.-Holzschn. Mit alphabet. Aufsuchregistern der Ortsnamen. Auf Grund von Traugott Bromme's Hand-Atlas nach dem neuesten Stande der Erdkunde. Textrevision von Gust. Reusche; Bildersaal von Heinrich Merte; Landkarten von Ernst Serth. (In 52 Liefgn.) 1—14. Liefg. Stuttgart 868,69. Hoffmann. Fol. (S. 1—112 mit eingedr. Holzschn. u. 14 chromolith. Karten in Imp.-4.) Jede Liefg. 7½ ngr.

Volks-Atlas, illustrirter, der Geographie. In 52 Landkarten. 104 Bl. Text u. e. Bildersaal der Länder- u. Völkerkunde in Orig.-Holzschn. Mit alphabet. Aufsuchregistern der Ortsnamen. Auf Grund v. Franz Bromme's Hand-Atlas nach dem neuesten Stande d. Erdkunde. Textrevision v. Gust. Reuschle. Bildersaal v. Heinr. Merte, Landkarte v. Ernst Serth. 15—53. (Schluss-)Lfg. Fol. (S. 113—176 m. eingedr. Holzschn. u. 44 chromolith Karten in qu. Fol.) Stuttgart 871—74. Hoffmann. à — 75

Volks-Atlas, Kleiner, 24 Hauptkarten und 30 Nebenkarten auf 40 Kartenseiten. Mit einem begleitenden Texte von Prof. Dr. Friedrich Umlauft. Gr.-Folio. In Original-Einband. Mit Schutzcarton 3.—
Wien: Hartleben 1896.

Volks-Atlas der Schweiz in 28 Vogelschaublättern. Gezeichnet v. G. Maggini. Nr. 8, 9, 16 u. 20. Farbendr. (à 35×46 cm.) Zür. 891,92, Artist. Institut Orell Füssli, Verlag. à Nr. * 1 50; * 6 —

8. Der Bodensee. — 9. Neuchatel-Fribourg-Bienne. — 16. Berner Oberland. — 20. Genève et ses environs.

Blatt 6 u. 12 erschienen u. d. T.: Vogelschaukarte der Schweiz; Blatt 1, 2, 4, 5, 7—11 u. 13—19 noch nicht erschienen.

Volks-Atlas der Schweiz in 28 Vogelschaublättern. Gezeichnet v. *G. Maggini*. Blatt 15. Yverdon, Lausanne, Bulle. 34,5 × 46 cm. Farbendr. Zürich, Art. Inst. Orell Füssli. 1893. 1 50

Volks-Atlas der Schweiz in 28 Vogelschaublättern. No 7. St. Gallen u. Umgebung. Zürich, Art. Inst. Orell Füssli. 1894. 1 50

Volks-Atlas der Schweiz in 28 Vogelschaublättern. No. 5. Solothurn — Aarau. No. 13. Davos — Arlberg. Zürich, Art. Inst. Orell Füssli. à 1 50 1895.

Volks-Atlas der Schweiz in 28 Vogelschaublättern. Gezeichnet von *G. Maggini*. Blatt 1 und 21. In Farbendruck. Zürich, Art. Inst. Orell Füssli. 1896 à 1 50

1. Basel u. Umgebung. 31 : 46 cm, — 21. St. Maurice. Sion. 31 : 46,5 cm.

Volks-Atlas der Schweiz. Gezeichnet v. *G. Maggini*. Blatt 10 u. 22. In Farbendruck. Zürich, Art. Inst. Orell Füssli. 1896. à 1 50

10. Bern, Burgdorf, Willisau. 31 : 46,5 cm. — 22. Sierre u. Brig. 31,5 : 46 cm.

Volks-Atlas der Schweiz in 28 Vogelschaublättern. Gezeichnet von *G. Maggini*. Blatt 2. Schaffhausen und Umgebung. 31,5 : 45,5 cm. Farbdr. Zürich, Art. Institut Orell Füssli. 1899 1 50

Volks-Atlas der Schweiz in 28 Vogelschaublättern. Gezeichnet von *G. Maggini*. Blatt 26 u. 27 à 31,5×45,5 cm. Farbdr. Zürich. Art. Institut Orell Füssli. 1899. à 1 50

26. Mont-Blanc. Grd. St-Bernard. — 27. Zermatt. Monte Rosa.

Volks-Atlas der Schweiz in 28 Vogelschaublättern. Gezeichnet von *G. Maggini*. No. 27. Farbdruck. Zürich, Art. Inst. Orell Füssli Verlag. 1900. 1 50

*** Zermatt. Monte-Rosa.

ibidem. No. 17. Ebda. 1 50

*** St. Gotthard.

Volksatlas. Volks-Atlas der Schweiz (in 28 Vogelschaublättern) gezeichnet von G[iovanni] Maggini, Ingr. — La Suisse vue à vol d'oiseau. (**Ueberschrift der Karte:* Vogelschaukarte der Schweiz. Blatt --) Feuille No 11: Vierwaldstättersee. 312/459 mm. 1 Bl. fol., in Umschlag 8. Zürich, Art. Institut Orell Füssli, [1901]. (per Blatt fr. u. M. 1. 50)

Volks-Atlas der Schweiz (in 28 Vogelschaublättern) gezeichnet von G[iovanni] Maggini, Ingr No 6 = La Suisse vue à vol d'oiseau. Feuille No 6: Zürich und Umgebung. 1 Bl. fol., *in Umschlag* 8. Zürich, Orell Füssli, 1904. (pro Blatt fr. 1. —)

Titel auf dem Blatt: Karte von Zürich & U. Vogelschaukarte der Schweiz Blatt 6. 312/465 mm. Verlag Art. Institut O' F', Zürich — *Rückseite des Bl. teilweise bedruckt.*

Volks-Atlas der Schweiz (in 28 Vogelschaublättern) gezeichnet von G[iovanni] Maggini, Ingr = La Suisse vue à vol d'oiseau. No = Feuille No 18 *u.* 19 [3. Aufl.] *u.* 23 *u.* 24 *u.* 28. *je* 1 Bl. fol., *in Umschlag* 8. Zürich, Orell Füssli, 1906. (pro Blatt fr. 1. —)

No 18: Ilanz-Thusis-Splügen. — No 19: Ober-Engadin. [3. Aufl.] — No 23: Domodossola-Locarno. — No 24: Bellinzona-Chiavenna. — No 28: Lugano.

Titel auf den Blättern: Vogelschaukarte der Schweiz. Blatt 18: I', Th', Sp'; — Bl' 19: O' E'; — Bl' 23: D', Loc'; — Bl' 24: B', Ch'; — Bl' 28: Lugano. *je* 311-322/457-462 mm. Verlag: Art. Institut O' F', (**19:* Verlag von O' F') Zürich. — *Rückseite der Blätter teilweise bedruckt.*

Volks-Atlas über alle Theile der Erde für Schule und Haus. 36 Karten in Farbendr. 29. verb. Aufl. von Amthor und Issleibs Volks-Atlas. Im Verein mit prakt. Schulmännern revid. und neu bearb. von Fr. Riecke. Ausg. für Oesterreich-Ungarn. gr. 4. [Berlin 885.] Gera, Th. Hofmann. * 1 —

30. und folgende Aufl., s. Keil, W., und Fr. Riecke, deutscher Schul-Atlas.

Volks-Atlas über alle Theile der Erde für Schule und Haus. Ausg. für Österreich-Ungarn. 36 Karten in Farbendr. Im Verein mit prakt. Schulmännern revid. und neu bearb. von Fr. Riecke. 30. verb. Aufl. gr. 4. Gera 888, Th. Hofmann. * 1 —

Ausg. f. Oesterr.-Ungarn. **Volks-Atlas** über alle Teile der Erde für Schule und Haus. 36 Karten in Farbendr. Leipzig & Berlin: Th. Hofmann [1905]. (36 Kartenseiten.) 4° [Umschlagt.] [05. 1068]

Volksaufklärung. Kleine Hand-Bibliothek zur Lehr u. Wehr f. Freunde d. Wahrheit. Nr. 1—13. 16. Warnsdorf 898. A. Opitz. à n. — 08

1. Mißglückte socialistisch-communistische Versuche v. Karl Herbach. — Ist Eigenthum Diebstahl? Von P. Helmbach. (44 S.)
2. Die eigentl. Führer d. Socialdemokratie v. Karl Herbach. — Christl. Arbeiter-Fürsorge. (Mit wicht. Geständnissen socialdem. Führer.) Von Karl Herbach. (39 S.)
3. Freiheit, Gleichheit u. Brüderlichkeit in d. Praxis od. Socialdemokraten unter sich. Von Registrator. — Die Sclaverei u. d. Christenthum. Nach Bebel u. — nach d. wahren Geschichte. (32 S.)
4. Kirche u. Cultur. Thatsachen u. Antworten auf düb. Anrempelgn. v. Jos. Fuchs. — Ist d. Glaube an Wunder widersinnig? Von Valentin Hackel. (32 S.)
5. Kirche u. Schule. D. Phrase v. d. planmäßig betrieb. „Volksverdummg." d. kathol. Kirche im Lichte v. Thatsachen beleuchtet v. Jos. Fuchs. (32 S.)
6. Kirchenvermögen — Judenvermögen. Untersucht f. Freund u. Feind v. Jos. Fuchs. — Fördert d. kathol. Kirche den Aberglauben? Von R. H. (31 S.)
7. Peterspfennig, der, v. J. W. — Raub, der, d. Kirchenstaates u. d. angebl. Mißwirtschaft daselbst v. . . . . (30 S.)

8. 9. Thaten, volksfreundliche, statt leerer Worte od. Sociale Thätigkeit d. Kirche. Von Registrator. (62 S.)

10. Galileo Galilei v. K. Rößler. — E. Excursion in d. Fixsternwelt v. K. Rößler. (32 S.)
11. Fragen, einige, an Gottesleugner v. H. G. — Tetzel u. sein Ablaßkasten. (37 S.)
12. Bartholomäusnacht, die, od. Pariser Bluthochzeit v. J. O. — Die angeblich clericale Herrschaft in Spanien v. Registrator. (38 S.)
13. Kampfesweise, socialdemokratische. E. Antwort auf d. Broschüre Frz. Schuhmeier's: „Christlich-social od. socialdemokratisch?" Von Orest-Pylades. (47 S.)

Volksaufklärung. Kleine Hand-Bibliothek zur Lehr- u. Wehr für Freunde der Wahrheit, Ergänzungshefte, s.: Broschüren, zwanglose.

Volksaufklärung. Kleine Hand-Bibliothek zur Lehr u Wehr für Freunde der Wahrheit. Hrsg.: K. Herbach. Nr. 2—5, 11 u. 14—54. 16. Warnsdorf, A. Opitz. à n. — 08; je 10 Nrn. in 1 Leinw.-Bd geb. n. 1. 76

Inhaltsübersicht in alphabetischer Ordnung:

Angriffe, mißglückte, auf die mosaischen Berichte. Von R. S. (48 S.) (901.) (Nr. 40.)
Aus d. Blüthezeit d. Innungs- u. Zunftwesens, s.: Liechtenstein.
Bestätigung der Bibelberichte, s.: Inquisition, die spanische.
Centralfrage, die, des Christenthums. Von R. S. (63 S.) (901.) (Nr. 42. 43.)
Cölibat, der, der katholischen Priester. Von M. S. (29 S. 899. (Nr. 21.)
Echtheit u. Glaubwürdigkeit der vier hl. Evangelien, s.: Seele, die.
Egger, Aug., die Beschimpfung des Beichtinstitutes. (32 S.) (901.) (Nr. 38.)
Etwas vom Unglauben. Seine Haltlosigkeit u. sein Ursprung. Eine apologetisch-philosoph. Plauderei v. H. B. (38 S.) (902.) (Nr. 51.)
Fragen, einige, an Gottesleugner. Von H. G. — Tetzel u. sein Ablaßkasten. 2. Aufl. (37 S.) 899. (Nr. 11.)

Freiheit, Gleichheit, Brüderlichkeit in der Praxis od. Socialdemokraten unter sich. Von Registrator. — Sklaverei, die, u. das Christenthum. Nach Bebel u. — nach der wahren Geschichte. 3. (Umschlag-)Aufl. (38 S.) (902.) (Nr. 3.)

Fuchs, Jos., Kirche u. Cultur. Thatsachen u. Antworten auf büb. Anrempelgn. — Hackel, Val., ist der Glaube an Wunder widersinnig? 2. (Umschlag-)Aufl. (40 S.) (902.) (Nr. 4.)

— Kirche u. Schule. Die Phrase v. der „planmäßig betriebenen Volksverdummg." der kathol. Kirche im Lichte v. Thatsachen beleuchtet. 2. (Umschlag-)Aufl. (38 S.) (902.) (Nr. 5.)

Glaube u. Wissenschaft. Von N. S. (47 S.) (900.) (Nr. 28.)

Gurnemanz, die Greuel der französischen Revolution. Eine Skizze. (56 S.) 899. (Nr. 17.)

Hackel, Val., ist d. Glaube an Wunder widersinnig, s.: Fuchs, J.

Herdach, Karl, die eigentlichen Führer der Socialdemokratie. Christliche Arbeiter-Fürsorge. 4. (Umschlag-)Aufl. (47 S.) (902.) (Nr. 2.)

Hirtin, die, der Völker. Von N. S. (37 S.) (902.) (Nr. 47.)

Jatsch, J., Katholizismus u. Protestantismus in Bezug auf die zeitliche Wohlfahrt der Völker. (60 S.) (902.) (Nr. 53. 54.)

— was verdanken die Deutschen dem Papstthume? (34 S.) 899. (Nr. 20.)

Jesuiten, die, u. ihre Widersacher. Von Gracchus. (48 S.) (901.) (Nr. 36.)

Jesus v. Nazareth. Von N. S. (29 S.) (901.) (Nr. 41.)

Inquisition, die spanische. Von J. G. — Bestätigung der Bibelberichte durch die Ausgrabungen in Babylon u. Ninive. (32 S.) (900.) (Nr. 32.)

Judenfrage, die, in Oesterreich. Von A. K. u. J. G. (52 S.) (899.) (Nr. 18.)

Kirche, die, als Lehrerin der Welt. Von N. S. (32 S.) (901.) (Nr. 45.)

— die, als Mutter der Gläubigen. Von N. S. (32 S.) (902.) (Nr. 46.)

— die wahre. Von N. S. (40 S.) (901.) (Nr. 44.)

Krueckemeyer, der Illuminatenorden. Ein Beitrag zur Geschichte der Freimaurerei. (76 S.) (902.) (Nr. 49. 50.)

Kurze, J., die häusliche Erziehung. Anleitung zu e. guten Kinder-Erziehg., aus der Praxis f. die Praxis. 1. u. 2. Aufl. (à 96 S.) (900. 902.) (Nr. 26. 27.) Geb. in Leinw. n. — 40

Leichenbeerdigung od. Leichenverbrennung? (33 S.) (900.) (Nr. 24.)

Lerch, Wenzel, S. J., die Gefühlsreligion, die moderne Religion. (30 S.) (902.) (Nr. 52.)

Liechtenstein, Fürst Alois, was verdanken die Deutschen dem Katholicismus? Rede. — Aus der Blüthezeit des Innungs- u. Zunftwesens. Von K. N. (34 S.) 899. (Nr. 15.)

Märchen, das, v. der „Päpstin Johanna", s.: Papst u. Kirche.

Mausbach, Autorität u. Freiheit. (32 S.) (901.) (Nr. 35.)

Offenbarung, Wunder u. Geheimnisse. Von N. S. (47 S.) (901.) (Nr. 39.)

Papst u. Kirche. Für Freund u. Feind. — Märchen, das, von der „Päpstin Johanna". 2. (Umschlag-)Aufl. (32 S.) (902.) (Nr. 19.)

Publicus, J., die Macht der Presse in gutem u. schlechtem Sinne. (42 S.) 899. (Nr. 22.)

— die moderne Schandpresse. Nach ihren eigenen Leistgn. beleuchtet. 2. (Umschlag-)Aufl. (47 S.) (902.) (Nr. 23.)

Reiners, Ad., die Wunder v. Lourdes vor dem Richterstuhle der gebildeten Welt. (62 S.) (901.) Nr. 33. 34.)

Religion u. Religionslosigkeit. Von N. S. (45 S.) (900.) (Nr. 31.)

Rettung u. Hebung des Bauernstandes, soweit diese durch Raiffeisencassen-Vereine erreicht werden kann. Wesen, Nutzen, Organismus u. Verwaltung der Raiffeisencassen-Vereine, gemeinverständlich dargestellt v. A. P. (34 S.) 899. (Nr. 16.)

Rundschreiben Sr. Heil. Papst Leo XIII. üb. die Arbeiterfrage. (64 S.) (900.) (Nr. 25.)

Schmidinger, J. M., für Kirche u. Papst! Ein Beitrag gegen die „Los v. Rom"-Bewegg. (32 S.) (901.) (Nr. 37.)

Seele, die, des Menschen. — Echtheit u. Glaubwürdigkeit der vier hl. Evangelien. (45 S.) (900.) (Nr. 30.)

Sklaverei, die, u. d. Christenthum, s.: Freiheit, Gleichheit rc.

Tetzel u. sein Ablaßkasten, s.: Fragen, einige.

Wahrheit, die, oder Antwort auf die Anton Nittel'sche Broschüre „Los v. Prag u. Rom!" Von e. Mitgliede d. Canisius-Preßvereines f. die Diöcese Leitmeritz. Hrsg. auf Veranlassg. des Canisius-Preßvereines. (IV, 52 S.) 899. (Nr. 14.)

Willems, C., „Ekkehard" od.: Wie man Zeitromane schreibt. (47 S.) (902.) (Nr. 48.)

Woher? Wohin? od. Mensch u. Thier. Von N. S. (51 S.) (900.) (Nr. 29.)

Volksaufklärung. Kleine Hand-Bibliothek zur Lehr u. Wehr für Freunde der Wahrheit. Hrsg.: K. Herdach. Nr. 55.—95. 16. Warnsdorf, A. Opitz. à n. — 08; je 10 Nrn. in 1 Leinw.-Bd. n. 1.75

Bankerott der Los v. Rom-Apostel. Von Gracchus. Unter Zugrundelegg. der epochemach. Schrift: „Der deutsche Protestantismus zu Beginn des 20. Jahrh." Nach protestant. Zeugnissen dargest. v. Philipp. Huppert. (62 S.) (903.) (Nr. 55 56.)

Bolzl, Frz., S. J., die göttliche Einsetzung des Papstthums. Vortrag auf dem Katholikentage in Olmütz am 6. XI. 1901. (Nach stenograph. Aufzeichngn.) — Das Papstthum in seinen Segnungen. Vortrag auf dem Katholikentage in Belin (1902). (Nach stenograph. Aufzeichngn.) (64 S.) (963.) (Nr. 57. 58.)

Bonaventura, O. S. Dom., was tut die kathol. Kirche für das Volk? oder: „Kirche u. Charitas!" Rede, geh. in der Arbeiterversammlg. zu Mannheim am 24. VIII. 1902. — Voltaire. Das Leben u. Ende e. Gotthassers. Von J. G. (32 S.) (903.) (Nr. 59.)

„Duldsamkeit", die der Reformation. Von zwei Freunden der Wahrheit. (62 S.) (903.) (Nr. 63. 64.)

Egger, Augustin, über Patriotismus. Vortrag. (58 S.) (901.) (Nr. 75. 76.)

Erler, A., wie die Los-v.-Rom-Prediger auskneifen, wenn man ihnen auf den Leib rückt. Hrsg. auf Veranlassg. des kath. Preßvereins f. d. deutschen Anteil der Königgrätzer Diözese. (35 S.) (905.) (Nr. 88.)

Fleck, H., die christliche Familie in ihrer Bedeutung f. Kirche u. Staat. Vortrag auf dem Gautag der kathol. Vereine Nordböhmens in Hainspach, am 15. VIII. 1903, m. Erlaubnis des Redners durch einige Zusätze erweitert von K. H. — Kard. Schlauch, Ueber die Ehe. (32 S.) (903.) (Nr. 66.)

Gurnemanz, Giordano Bruno. Eine Skizze. (32 S.) 903. (Nr. 65.)

Hamerle, Andr., C. S. S. R., ist die Religion nur f. das Volk? (35 S.) (905.) (Nr. 80.)

— Weg u. Irrwege od. Die katholische Religion ist die sicherste. (32 S.) (906.) (Nr. 92.)

Hansel, Alois, Konfessionsschule od. Mischschule? Eine Mahng. an die Katholiken in den Kämpfen der Gegenwart. (40 S.) (906.) (Nr. 91.)

Heiter, Ant., der Indifferentismus, das Irrlicht unserer Zeit. (31 S.) 904. (Nr. 70.)

— die Sozialdemokratie vor dem Richterstuhl der Vernunft. Ein Vortrag. (69 S.) (904.) (Nr. 71. 72.)

Herdach, Karl, die Geldgeber u. Diktatoren der Sozialdemokratie. (34 S.) (906.) (Nr. 95.)

— wem dient die Sozialdemokratie? (44 S.) (906.) (Nr. 94.)

Kamshoff, Otto, ein Wohltäter der Menschheit. (44 S.) (905.) (Nr. 79.)

Katholizismus u. Protestantismus als sittliche Erzieher der Jugend. Von N. S. (46 S.) (905.) (Nr. 84.)

Kirsch, Herm. Wilh., Paulus Melchers, der Bekennerbischof. Ein Lebensbild aus dem Kulturkampfe in Deutschland. (63 S.) (904.) (Nr. 77. 78.)

Lerch, Wenzel, S. J., die moderne Ehrenhaftigkeit. (40 S.) (903.) (Nr. 60.)

— die Tugendhaftigkeit (u. der Wohlstand) der Nichtkatholiken, nicht statistisch, sondern prinzipiell behandelt. (40 S.) (906.) (Nr. 93.)

Löffler, S. J., die Unwandelbarkeit der kirchlichen Lehre trotz der Wandlungen des menschlichen Geistes. Vortrag, geh. auf der General-Versammlg. der Leogesellschaft in Feldkirch. (38 S.) (905.) (Nr. 87.)

Nikel, Babel u. Bibel. Vortrag, geh. zu Berlin am 22. IV. 1903. — Buch, das, der Bücher. Von K. H. (64 S.) (903.) (Nr. 61. 62.)

Perl, Jul., die Tuberkulose u. ihre Bekämpfung. Nach e. am 19. XII. 1903 im Deutschen Vereinshause in Neutitschein geh. Vortrag. Autoris. Ausg. (32 S.) (904.) (Nr. 73.)

Richter jr., Ant., Religion und Naturwissenschaft od. Die Religion nach dem Urteile d. größten Forscher d. XIX. Jahrh. (64 S.) (905.) (Nr. 82. 83.)

Šanda, Adalb., Fortschritt u. Konservatismus in der Kirche. (32 S.) (905.) (Nr. 81.)

Schicksal, das, v. Verfolgern der Kirche. Von J. G. (63 S.) (904.) (Nr. 67. 68.)

Schlauch, über die Ehe, s.: Fleck, H., die christl. Familie.

Schütz, J., aus Englands Schreckenszeit. Bilder aus der Zeit des Abfalles Englands v. der kathol. Kirche. Zusammengestellt f. das kathol. Volk. (68 S.) (905.) (Nr. 85. 86.)

Volksstaat, der sozialistische, wie er sein würde u. nicht wie ihn die Sozialdemokraten ausmalen. — (Kapitalistische Produktion.) [Aus: „Buffalo-Volksfreund".] Autoris. Abdr. (37 S.) (904.) (Nr. 74.)

Warum die lateinische Kirchensprache? Von K. H. (30 S.) (904.) (Nr. 69.)

Wintera, Laur., der 30jährige Krieg in seinen Motiven u. Folgen. Für das kathol. Volk kurz dargelegt. (64 S.) (906.) (Nr. 89. 90.)

Ergänzungshefte s.: Broschüren, zwanglose.

Volksaufklärung. Kleine Handbibliothek zur Lehr u. Wehr f. Freunde der Wahrheit. Hrsg.: K. Herdach. Nr. 96—100. 16. Warnsdorf, A. Opitz. à Nr. — 08; je 10 Nrn. in Leinw.-Bd. 1.75

Herdach, Karl, die Bedeutung der Wohnungsfrage. (36 S.) (906.) (Nr. 96.)

Jatsch, J., Frauenemanzipation u. Christentum. (32 S.) (906.) (Nr. 97.)

Sleumer, Alb., der Spiritismus. Geschichtliches u. Kritisches v. modernen Geisterkult. (31 S.) (906.) (Nr. 99.)

Stettinger, M., ein wichtiges Kapitel, betr. die rechte Benützg. des Wahlrechtes u. der übrigen staatsbürgerl. Rechte. (32 S.) (906.) (Nr. 98.)

Personen- u. Sachregister zu den ersten 100 Nrn. bezw. ersten 10 Bdn. (36 S.) (906.) (Nr. 100.)

— dasselbe. Hrsg.: J. Gürtler. Nr. 101—140. 16. Klagenfurt, Buch- u. Kunsth. des St. Josef-Vereines. à Nr. — 08; je 10 Nrn. in 1 Leinw.-Bd. 1.75

Davis, C. M., Vorurteile. Offener Brief an meine Brüder u. Schwestern im Protestantismus. (32 S.) (909.) (Nr. 122.)

Deimel, Theod., die größten Dichter u. das positive Christentum. (32 S.) (909.) (Nr. 128.)

Dillinger, Joh., Papst Pius X. Ein kurzes Lebensbild. (63 S.) (907.) (Nr. 108. 109.)

Gürtler, Jos., Auflöslichkeit der Ehe? Beantwortet durch Aussprüche v. Autoritäten u. auch Gegnern der kath. Kirche. (64 S.) (908.) (Nr. 111. 112.)

Hamerle, Andr., C. SS. R., der Schaden der gemischten Ehen. 4. Aufl. (32 S.) (910.) (Nr. 140.)

Haslkofer, Seb., ein Wort an die Volksbildner od. „Das Christentum als Religion der Wahrheit, der Freiheit u. des Fortschrittes". Rede, geh. in der konstituier. Versammlung des Lehrervereins f. den Schulbez. St. Pölten. (31 S.) (907.) (Nr. 101.)
Haßl, Guido, Christentum u. Buddhismus. (64 S.) (909.) (Nr. 132. 133.)
Hertl, Paul, der jüdisch-freimaurerische Weltbund. Ein Mahnwort in letzter Stunde. I. Die internat. Schlingpflanze. (32 S.) (907.) (Nr. 102.)
— dasselbe. II. Die geduldete Loge in Österreich. (62 S.) (907.) (Nr. 103. 104.)
— dasselbe. III. Die mitregier. Loge in Ungarn. (32 S.) (907.) (Nr. 105.)
— dasselbe. IV. Die herrsch. Loge in Frankreich. (40 S.) (907.) (Nr. 106.)
— dasselbe. V. Freimaurerei u. Sozialdemokratie. (31 S.) (907.) (Nr. 107.)
Hille, Vinzenz, Wunder der Schöpfung im Großen. (32 S.) (908.) (Nr. 119.)
— dasselbe im Kleinen. Vortrag, geh. im Volksvereine Warnsdorf am 12. u. 26. I. 1908. (46 S.) (908.) (Nr. 118.)
Kapitza, Jobs., Alkoholismus u. soziale Frage. Rede, geh. auf der 56. Katholiken Versammlung zu Breslau. Autoris. Abdr. (30 S.) (910.) (Nr. 139.)
Kralik, Rich. v., Katholizismus u. Nationalität. (32 S.) (909.) (Nr. 121.)
Prohaszka, Ottok., christl. Moral u. moderne Kultur. (32 S.) (910.) (Nr. 137.)
Sleumer, Alb., ein apostol. Seelsorger d. 19. Jahrh. (63 S.) (909.) (Nr. 126. 127.)
Stauracz, Frz., Dr. Luegers Leben u. Wirken. (40 S.) (908.) (Nr. 115.)
Steeger, Ant., ein unsterblicher Held, Dr. Witt. (32 S.) (909.) (Nr. 124.)
— Zwei Pfadfinder des Unterrichts- u. Erziehungswesens. (32 S.) (909.) (Nr. 123.)
Stettinger, M., zur Geschichte der Sozialdemokratie in Deutschland u. Oesterreich. (64 S.) (908.) (Nr. 116. 117.)
— Wertvolle Geständnisse sozialdemokratischer Führer. (32 S.) (909.) (Nr. 130.)
— Der sozialdemokrat. Humbug. (64 S.) (908.) (Nr. 113. 114.)
— Katholizismus u. Wirtschaftsleben. (32 S.) (908.) (Nr. 120.)
— Römlinge. (29 S.) (909.) (Nr. 131.)
Stimmen, gewichtige, zur Schulfrage. Gesammelt v. e. Jugend- u. Schulfreunde. (32 S.) 908. (Nr. 110.)
Theodorowicz, Jos., Leo XIII. u. Pius X. (32 S.) (909.) (Nr. 125.)
Ubeis, Kurt, Häckelsche Mache. (43 S.) (909.) (Nr. 134.)
Weber, Geo. Ant., größte Maler u. das positive Christentum. (48 S.) (909.) (Nr. 129.)
Zach, Frz., der Antichrist Nietzsche. (32 S.) (910.) (Nr. 138.)
— Das große Wunder d. Weltgeschichte. (64 S.) (910.) (Nr. 135. 136.)

Volksaufklärung, über herrschende, u. über den Zustand der Volksschule in Franken. 8. Würzb. 803. Riënner. 4 ℊ

Volksaufstand, der, in Petersburg am 9. I. 1905. (In russ. Sprache) (88 S.) 8. Berlin (906.) H. Steinitz. n. 1. 60

Volks-Ausgabe norddeutscher Bundes-Gesetze nach amtl. Quellen. 1.—6. Heft. gr. 16. Berlin, Kortkampf. * 7 20

Inhalt:
Heft 1. Organisations-Gesetze. (32 S.) 868. * 20 Pf.
„ 2. Personal- und Consulats-Gesetze. (47 S.) 868. * 40 Pf.
„ 3. Militair-Gesetze. (VIII, 344 S.) 868. * M. 2,50.

Volksausgabe norddeutscher Bundes-Gesetze rc.

Heft 4a. Handelsgesetze. (71 S.) 868. * 60 Pf.
„ 4b. —— dass. — (16 S.) 868. * 20 Pf.
„ 5. Postgesetze. (III, 135 S.) 868. * M. 1.
„ 6. Gewerbegesetze: Nr. 1. (71 S.) * 60 Pf.; Nr. 2. (25 S.) * 40 Pf.; Nr. 3. (45 S.) 868. * 80 Pf.; Nr. 4. Die neue Gewerbe-Ordnung für den norddeutschen Bund. Nach den Beschlüssen des Reichstags vom Mai 1869. (54 S.) 869. * 50 Pf.

—— württembergischer Gesetze, s. Bierer, H.

Volksausgabe des jüdisch-hellenistischen Schriftthums der drei vorchristlichen Jahrhunderte. Unter Mitwirkung von Fachmännern redig. und hrsg. von Osk. Waldeck. 1.—4. Heft. gr. 8. Wien 885, (Engel.) à Heft * 30 Pf. *

Inhalt:
Heft 1. Der Aristeas-Brief oder zur Geschichte der Entstehung der ersten Bibelübersetzung mit Prospect und Einleitung versehen. (32 S.)
„ 2. Das Buch Tobit, mit Einleitung zur Geschichte der Übergangsperiode. (31 S.)
„ 3. Die Essener nach Josephus und Philo. Einleitung. (32 S.)
„ 4. dass. — Aus dem Griech. übers. (30 S.)

— der Zollvereins-Gesetze, s. a. Zollvereins-Gesetze.

—— der Zollvereins-Gesetze. Systematisch bearb. nach amtl. Quellen von H. Robolsky. Mit Sachregister. 1.—4. Heft. gr. 16. Berlin, Kortkampf. * 11 30

Inhalt:
Heft 1. Die Organisation des Zollvereins. Eine Darstellung des Gebietes, der Verfassung und der Gesetzgebung des Zollvereins. (VI, 200 S.) 868. * M. 1,80.
„ 2. Sammlung der wichtigsten Zolltarife. 1. Thl.: Die Tarife des Zollvereins, Rußlands und der westeuropäischen Staaten. (XIV, 329 S.) 868. * M. 2,50.
„ 3. Die Handels-, Zoll- und Schifffahrtsverträge des Zollvereins mit anderen Staaten. (VIII, 310 S.) 868 * M. 3.
„ 4. Die Zoll- und Steuer-Ordnungen des Zollvereins. (VII, 412 S.) 869. * M. 4.

(Moritz) Diesterweg, Deutsche Volksausgaben. Hrsg. von Dr. E(rnst) Keller. Bd 1. Frankfurt a. M., Berlin: M. Diesterweg 1908. 8° [3] [illegible]

Volksbad, das Gießener, erbaut v. Stein & Meyer u. H. Schaffstaedt, Fabrik f. Bade-Einrichtgn. E. Beitrag z. Entstehungs- u. Entwickelungsgeschichte d. Baues u. d. Einrichtg. desselben, nebst d. Badevorschriften u. Badepreisen verf. v. H. M. gr. 8. (58 S. m. 7 Taf.) Gießen 898. (J. Ricker.) n. 2. —

Volksballaden, altisländische, u. and. Volksdichtungen nordischer Vorzeit. Uebertr. v. P. J. Willatzen. 2., veränd. u. verm. Aufl. 8. (XVI, 312 S.) Bremen 897. Leipzig, M. Heinsius Nachf. n. 4. —; geb. n. 5. —

Volksballaden, Altschottische u. Altenglische. Nach den Originalen bearb. v. W. Doenniges. Nebst einem Nachwort üb. den alten Minstrelgesang. 16. (X u. 258 S.) München 852, Literar.-artist. Anstalt. n. 28 ngr

Schweizerische Volksbanken. Denkschrift zum 10jährigen Bestehen 1879 und zum 20jährigen Bestehen 1889. Bern [um 1890].

Volksbedürfnisse u. Reformen. I u. II. 8. I. Generalia. (8 S.) II. Proletarier u. Proletariat. A. u. d. T.: Betrachtungen eines deutschen Proletariers. (80 S.) München 848, Franz. (I: 1 ngr II: 4 ngr) 1/6 ß

Volksbegehren betreffend Abänderung von Art. 72 der Bundesverfassung (Wahl des Nationalrates). Botschaft des Bundesrates. (Vom 28. November 1902.) 28 S. 8. [Bern, Stämpfli & Cie.] 1902.

Volksbeglücker, die. 1907. Eine Studie üb. die Arbeitsgruppe (Trudowiki) in der I. Duma. Aus dem Russ. des Verf. der Broschüre „Falsche Propheten". (46 S.) 8. Riga 907. (Jonck & Poliewsky.) — 40

Ein entlarvter Volksbegl. [illegible] Druck ebenda. 1 Bl. Fol. Flugblatt. Berlin, 8. Juni 1848.

Volksbelehrung

— eine doppelte, 1) über d. allgemein christl. Tugend u. Vollkommenheit. 2) Ueber d. Cölibatsgesetz d. kathol. Geistlichen. Zur Prüfung d. gebildeten Publikum, besond. d. Ständeversamml., d. Bischöfen u. Fürsten d. Volks vorgelegt von e. kathol. Pfarrer in Baiern. 8. Augsb. 832. M. Rieger. (Himmer). 4 ℊ

Volksbelehrung eines Kometen. München 1765. V: *Kennedy, Ildephons.* (MGT) (KY) (Lindner) (Adel)

Volksbelehrung eines Kometen (v. J. Kennedy.) 8. Münch. 765.

Volksbelehrungen in katechetischer Form. Leipzig 1796. V: *Hofmann, Johann Philipp.* (KY) (HS)

Volksbelehrungen in katechet. Form. (Von Jh. Ph. Hofmann.) 8. Leipz. 796. Barth. 14 K (s. auch Katechesen, katholische.)

Volksbelustigungen und Mummenschanz der alten ehemaligen Reichsstadt Nürnberg. Text von Phil. Körber. Illustr. von Osc. Schäffer. Fürth 859. Löwensohn. qu. Fol. (21 S. u. 9 color. Lithogr.) n. 1 ♃ 15 ngr.

Der Volks-Berichter : July 25, 1799 - 1803.

Weekly. Sub-title: Ein Yorker Wochenblatt. Small folio, each issue 4 pages. Subscription rate "für Fünf Viertel Thaler;" increased with issue for July 23, 1801, to "Ein Elf Schilling und drey Pens des Jahrs." Edited & published by Andreas Billmeyer.

York, PA

Der Virginische Volksberichter, und Neu-Marketer Wochenschrift : Oct. 7, 1807-1809

Weekly. Edited by Ambrosius Henkel, & published by Solomon Henkel

New Market, VA

Volksbewaffnung, die allgem., im Sinne der Gegenwart. An dem Beispiele der Volksbewaffnung des Herzogthums Oldenburg anschaulich gemacht. Von W. N. u. W. v. W. gr. 8. (17 S.) Oldenburg 848, Schulze. n. 4 ngr

Volksbewaffnung, Die deutsche.
Von A. R. Dresden 1848. V: *Röckel, August.* (BMarsch 146)

— die deutsche. Von A. R. gr. 8. (23 S.) Dresden 848, Adler & Dietze in Comm. 3 ngr

— die deutsche. Von einem deutschen Bürger. 8. (36 S.) Leipzig 818, Breitkopf und Härtel.

Über Volksbewaffnungen nach den Erfordernissen der Gegenwart u. im besonderen Hinblicke auf die teutschen konstitutionellen Staaten. Mit 1 Taf. München 1848. 52 S.

Volks-Bewaffnungs-Katechismus, allgem., od. leichtfaßl. Unterricht in den Waffenübungen der Infanterie [Linie, Landwehr u. Hülfs- od. Freicorps]. Mit 2 lith. Abbildgn. (auf 1 Taf. in 4.), der Compagnie-Schlachtstellg., Paradestellg., Flankenstellg. u. Aufmarsch in Linie Rechts u. Links. 32. (62 S.) Augsburg 848, Schlosser in Comm. 2 ngr

Die Schlesische Volksbewegung. Lebensfragen unserer Provinz. Breslau – Warschau. Bessere Eisenbahnverbindungen. Techn. Hochschule. Fortbildungswesen. Servisklasse. Breslau: W. G. Korn 1902. (64 S.) 8°
Aus: Schlesische Zeitung.

Volksbibel. 2 Thle. 8. Kempten 807—9. Kösel. 21 K

— oder d. heil. Schrift in e. vollständ. Auszuge, für alle Stände, (von St. Königsberger.) 3 Thle. 8. Landsh. 815. Thomann. 1 ♃ 6 K 1r Thl. N. Test. 2e Aufl. gr. 8. Ebd. 10 K 2r Thl. Alt. Test. 10 K

Volksbibel für katholische Christen, oder biblisches Unterrichts- u. Erbauungsbuch, worin die Ansichten u. Aussprüche der heil. Schriften des A. u. N. Testaments, sowohl üb. die ganze Glaubens- u. Sittenlehre, als auch über die wichtigsten Angelegenheiten u. Verhältnisse des Lebens rc. enthalten sind. 8. Freiburg 835. Wagner. 2 ♃

Volksbibel, Christliche,
oder die heilige Schrift im Auszug, Alten und Neuen Testaments. 2. Aufl. Leipzig 1815—17. H: *Königsberger, Stephan.* (Ky) (schmal) (Th)

Volksbibel, christl., oder die heil. Schrift des neuen Testaments in einem Auszuge für alle Stände. 2te Aufl. gr. 8. (Landshut, Thomann.) 817. — 10

— — dieselbe, altes Testament in einem vollst. Auszuge rc. 2r Bd. gr. 8. Ebend. 818. — 10

Volksbibel, deutsche. Die Bibel in abgekürzter u. verbesserter Fassg., nach Maßgabe des geist., sittl. u. nationalen Bewußtseins unserer Zeit. Hrsg. f. das deutsche Volk. gr. 8. (IX, 258 S.) Leipzig 893. (E. Rust.) n. 2. 40

תורה נביאים כתובים oder Deutsche Volks- u. Schul-Bibel für Israeliten. Auf's Neue aus dem Massoretischen Texte übersetzt. Herausg. von Dr. Gotthold Salomon. (Zum Schulgebrauch.) Stereotyp-Ausgabe. gr. 8. Altona 837. Hammerich. n. $1\frac{1}{2}$ ♃ Velinp. n. $2\frac{1}{6}$ ♃ Schul-Ausg. n. $1\frac{1}{8}$ ♃ — 2r Abdruck. (I.) A. u. d. T.: תורה משה לנו צוה. Die fünf Bücher Mose. gr. 8. Ebd. 838. n. $\frac{1}{2}$ ♃

— dass. 2e Lfgr. A. u. d. T.: כתובים Heilige Schriften. — נביאים ראשונים Die ersten Propheten. נביאים אחרונים Die spätern Propheten. gr. 8. Ebd. 837. Complet n. 2 ♃

Volksbibel, erklärte deutsche, in gemeinverständl. Auslegg. u. Anwendg. m. apologet. Tendenz, hrsg. v. Ed. Rupprecht. Unt. Mitwirkg. von Karl v. Buchrucker, Karl Burger, sow. mehr. Amtsbrüdern. M. 40 Voll- u. ca. 300 Textbild. 1.—16. Lfg. gr. 4. (A. T. S. 1—768.) Hannover 898. H. Brandner. à Lfg. n. — 50

— dasselbe. Wohlfeile Volksausg. 1.—8. Lfg. 4. (A. T. S. 1—768.) Ebd. 898. à Lfg. n. — 50

Volksbibel, erklärte deutsche, in gemeinverständlicher Auslegung u. Anwendung m. apologetischer Tendenz, hrsg. v. Ed. Rupprecht, unter Mitwirkg. von Karl v. Buchrucker u. Karl Burger, sowie mehreren Amtsbrüdern. Mit 40 Voll- u. über 300 Textbildern. 17.—40. Lfg. gr. 4. (A. T. III u. S. 769—1160; Apokryphen 77 S.; VI S., N. T. 618 u. Hauschronik 8 S. m. 8 farb. Kartens.) Hannover 899. 900. O. Brandner. à n. — 50; (kplt. 20. —; geb. in Leinw. n. 24. —; m. Goldschn. n. 27. —; in Bocklbr. m. Goldschn. n. 30. —; in 2 Bde. geb. n. 27. —; bezw. n. 31. — u. n. 88. —; Altes Testament allein 15. —; geb. n. 18. 50; n. 21. — u. n. 23. 50; Neues Testament allein 8. —; geb. n. 11. —; n. 13. — u. n. 15. 50)

— dasselbe. Wohlfeile Volksausg. 9.—20. Lfg. 4. (A. T. III u. S. 769—1160, Apokryphen 77 S.; VI u. N. T. 618 u. Hauschronik 8 S. m. 4 farb. Kartens.) Hannover 900. O. Brandner. à n. — 50; (kplt. 10. —; geb. in Leinw. n. 13. 50; m. Goldschn. n. 15. —; in 2 Bde. geb. n. 15. 50 u. n. 17. 50; Altes Testament allein 7. 50; geb. n. 10. 25 u. n. 11. 50; Neues Testament allein 4. 50; geb. n. 6. 50 u. n. 7. 50)

Volks- u. Schulbibel für Israeliten. Supplem.-Bd., enth. die Apokryphen des alten Testaments, übers. von M. Gutmann. gr. 8. Altona 841, Hammerich. $1\frac{1}{4}$ ♃

Volks-Bibellexikon, allgemeines, oder allgem. faßliche Erläuterung der heil. Schrift durch Wort u. Bild in alphabet. Folge, besonders in Hinsicht auf die bibl. Alterthümer, Geographie, Naturgeschichte, Sitten u. Gebräuche des Morgenlandes rc. hrsg. v. A. G. Hoffmann. Mit mehr als 500 in den Text gedruckten Abbildgn. 1—18. Lfg. (A—Pest.) gr. Lex.-8. (82 B.) Leipzig 842—47, Baumgärtners Buchh. à L. $7\frac{1}{2}$ Ngr.

Volks-Bibellexicon, allgemeines, oder allgemein faßliche Erläuterung der heil. Schrift durch Wort und Bild rc., hrsg. von A. G. Hoffmann. Mit in den Text gedruckten Abbildungen. 19—27. (letzte) Lfg. Lex.-8. (2. Bd. S. 184—623., Pest — Zwillinge.) Leipzig 848, Baumgärtners Buchh.
1—18. Lfg. Ebendas. 1842—47. 4 Thlr. 15 Ngr.

Volks-Bibellexikon, allgemeines, ein praktisches populäres Realwörterbuch, oder allgemein faßliche Erläuterung der heil. Schrift durch Wort und Bild in alphabet. Folge, besonders in Hinsicht auf die bibl. Alterthümer, Geographie, Naturgeschichte, Sitten und Gebräuche des Morgenlandes ꝛc. begründet von A. G. Hoffmann, fortges. von G. M. Redslob. Mit mehr als 500 in den Text gedr. Abbild. (in Holzschn.) Neue, wohlf. (Titel-)Ausg. 2 Bde. 4. Leipzig, Baumgärtners Buchh. [1. (VIII und 689 S.) 2. (623 S.) 853.] Thlr.

—— dass. f. Katholiken, nach dem Muster u. mit Benutzung der besten bibl. Wörterbücher älterer u. neuester Zeit. Hrsg. von Heinr. Joach. Jaeck. 1—18. Lfg. (A—Pard.) 4. (78 B.) Ebds. 842—47. à L. 7½ Ngr.

—— dass. — für Katholiken, nach dem Muster und mit Benutzung der besten bibl. Wörterbücher älterer und neuester Zeit hrsg. von Heinr. Joach. Jaeck. Mit in den Text gedruckten Abbildungen. 19—28. (letzte) Lfg. Lex.-8. (2. Bd. S. 180—634.) Ebds. 848—49. à Lfg. 7½ Ngr.
1—18. Lfg. Ebendas. 1842—47. 4 Thlr. 15 Ngr.

Volks-Bibellexikon, allgemeines, für die Katholiken oder allgemein faßl. Erläuterung der heil. Schrift durch Wort und Bild in alphabet. Folge, nach dem Muster und mit Benutzung der besten bibl. Wörterbücher älterer und neuester Zeit hrsg. von Heinr. Joach. Jaeck. Nach dessen Tode fortgesetzt von einigen kathol. Geistlichen. Mit mehr als 500 Abbild. (in eingedr. Holzschn.) Neue wohlf. Ausg. 6 Lfgn. 4. Leipzig 857, Baumgärtner's Verlagsbuchh. [1. Bd. (710 S.) 2. (634 S.) à Bt. 15 Ngr.]

Volks-Bibliothek
[illegible] Volks-Bibliothek Für [illegible] (Umschlagtitel 1836–1837). Neue Volks-Bibliothek [illegible] Januar 1836–Dezember [illegible] Monats-blatt [illegible] Buchdruckerei der jungen Schweiz [illegible] Comp.; Bern J. A. Weingart [illegible] Nr. 3, 1841, [illegible] Be-handlung politischer Fragen. Politische Übersicht über die monatlichen Ereignisse. Schweizerchronik. Geschichtskalender. Literarische Beiträge.

Volks-Bibliothek. 1—4. Bd. gr. 8. Leipzig, Brockhaus. à * 1 Thlr. *
A. u. d. Tln.:
Bd. 1. Joachim Nettelbeck, Bürger zu Colberg. Eine Lebensbeschreibung, von ihm selbst aufgezeichnet u. hrsg. v. J. C. L. Haken. 2. Aufl. (30½ B., N's. Bildn. u. 1 Plan der Gegend um Colberg.) 845.
" 2. Der alte Heim. Leben u. Wirken Ernst Ludw. Heim's, kgl. preuß. Geheimen-Raths u. Dr. d. Arzneiwissenschaft. Aus hinterlassenen Briefen u. Tagebüchern hrsg. v. Geo. Wilh. Keßler. 2., mit Zusätzen verm. Aufl. (33¼ B. u. H's. Bildn.) 846.
" 3. Die Sprichwörter u. sprichwörtl. Redensarten der Deutschen. Nebst den Redensarten der deutschen Zech-Brüder u. Aller Praktik Großmutter, d. i. der Sprichwörter ewigem Wetter-Kalender. Gesammelt u. mit vielen schönen Versen, Sprüchen u. Historien in ein Buch verfaßt v. Wilh. Körte. Neue Ausg. (38¼ B.) 847.
" 4. Der deutschen Auswanderer Fahrten u. Schicksale. Von Friedr. Gerstäcker. ([illegible] B. u. 1 ill. Karte der Vereinigten Staaten von Nordamerika.) 847.

Volks-Bibliothek. 5—8. Bd. gr. 8. Leipzig, Brockhaus. *
Auch unter den Titeln:
Bd. 5. Das Kriegsjahr 1813. Ein Volksbuch von Rich. Schneider. (412 S. mit 1 in Kpfr. gest. und ill. Karte des Kriegsschauplatzes in gr. 4.) 848. * 1 Thlr.
" 6. Geschichte der evangel. Kirche seit der Reformation. Ein Familienbuch zur Belebung des evangel. Geistes von C. G. H. Lenz. Neue Ausg. (723 S.) * 1 Thlr.
" 7. Herr Goldschmid und sein Probirstein. Bilder aus dem Familienleben. Von O. L. H. (V und 194 S.) 852. * 20 Ngr.
" 8. Die Geschichte des siebenjährigen Krieges. Für das deutsche Volk bearb. von Rud. John. Neue Ausg. (XII und 333 S. mit den Bildnissen von Friedrich II. und Maria Theresia in Holzschn.) 852. * 20 Ngr.

Volks-Bibliothek. 7. Bd.: Herr Goldschmit und sein Probirstein. Bilder aus dem Familienleben. Von Otto Leonh. Heubner. 2. (Titel-)Aufl. gr. 8. (VIII und 194 S.) Leipzig (852)59, Brockhaus. *
1—6. und 8. Bd. Ebendas. 1845—52. * 6 Thlr. 20 Ngr.

—— 1—8. (Heft.) 16. Philadelphia 851, (Schäfer und Koradi.) à (Heft) * 4 Ngr. *
Inhalt:
(Heft) 1. Guckkasten-Bilder. (46 S. mit 1 Abbildung in Holzschn.)
" 2. Leonardo da Vinci, oder: Des Malers Rache. (46 S.)
(Heft) 3. Eulenspiegels hinterlassene Papiere und Zeichnungen. (47 S. mit vielen Holzschn.)
" 4. Sammlung von auserwählten Erzählungen für Winterabende (56 S.)
" 5—8. Der schwarze Bettler. Novelle von Paul Feval. 2 Bde. (296 S.)

Volks-Bibliothek, die. Eine fortlaufende Sammlung der neuesten und interessantesten Romane. 25 Hefte. Mit je 1 color. Stnt. gr. 8. Dresden 876, [Verlag der Chronik.] Abs. Wolf. à Heft 40 Pf.
Inhalt:
Pollack, O., der Geist im Forsthause. Volks-Roman. (112 S.) — Bertold, G., die Verschwörer oder das Gottesgericht. Roman aus der neuesten Zeit. (800 S.) — Pollack, O., Rache und Vergeltung. Romantische Erzählung. (288 S.)

Volksbibliothek. Nr. 1. Der Welt-Untergang. 12. (32 S.) São Leopoldo 899. W. Rotermund. n. —40

Volks-Bibliothek, allgemeine. Nr. 1—33, 40, 41, 47 u. 54. gr. 8. Neusalza 894. H. Oeser. à —10
1. Thdr. Körner: Der Nachtwächter. Eine Posse in Versen u. 1 Aufzuge. Joseph Heyderich od. deutsche Treue. Eine wahre Anekdote, als Drama in 1 Aufzuge. (48 S.)
2. 3. H. Zschokke: Das Abenteuer der Neujahrsnacht. Novelle. Das blaue Wunder. Novelle. (80 S.)
4—11. Wilh. Hauff: Lichtenstein. Eine romant. Sage. (372 S.)
12. 13. H. v. Kleist: Michael Kohlhaas. Eine Erzählg. (104 S.)
14—17. Wilh. Hauff: Jud Süß. Novelle. Das Bild d. Kaisers. Novelle. (174 S.)
18—22. Wilh. Hauff: Die letzten Ritter v. Marienburg. Novelle. Die Bettlerin vom Pont des Arts. Novelle. Die Sängerin. Novelle. (68, 114 u. 56 S.)
23. Thdr. Körner: Leier u. Schwert. Gedichte. (48 S.)
24. Thdr. Körner: Der Vetter aus Bremen. Lustspiel in Versen u. 1 Aufzuge. Der vierjährige Posten. Singspiel in 1 Aufzuge. (23 u. 13 S.)
25. 26. Karoline Pichler: Quintin Messis. Novelle. Stille Liebe. Novelle. (60 u. 35 S.)
27—29. Karoline Pichler: Der schwarze Fritz. Novelle. Der Badeaufenthalt. Erzählg. in Briefen. (56 u. 76 S.)
30. 31. W. v. Goethe: Egmont. Trauerspiel in 5 Aufzügen. (90 S.)
32. 33. W. v. Goethe: Hermann u. Dorothea. (66 S.)
40. 41. Wilh. Hauff: Die Karawane. Märchen. (101 S.)
47. Wilh. Hauff: Othello. Novelle. (47 S.)
54. Wilh. Hauff: Phantasien im Bremer Ratskeller. Ein Herbstgeschenk f. Freunde des Weins. (52 S.)

Volksbibliothek, allgemeine. Nr. 34—39, 42—46, 48—53 u. 55—63. gr. 8. Neusalza, H. Oeser. à Nr. —10
34—36. Gedichte I. u. II. Periode. Von Friedrich v. Schiller. (V, 40 u. 101 S.) 895.
37—39. Dasselbe. III. Periode. (II, 169 S.) 895.
42—44. Das Wirtshaus im Spessart. Märchen. Von Wilh. Hauff. (159 S.) 895.
45. 46. Der Scheik v. Alessandria u. s. Sklaven. Märchen. Von Wilh. Hauff. (96 S.) 896.
48—53. Memoiren d. Satan. Von Wilh. Hauff. (282 S.) 895.
55—59. Der Mann im Mond nebst Kontroverspredigt. Von Wilh. Hauff. (244 S.) 896.
60. 61. Katia. Roman v. d. Ehe. Von Graf Leo Tolstoi. (Deutsch v. Geo. Gärtner.) (95 S.) 895.
62. 63. Die Harzreise. Von Heinr. Heine. (63 S.) 895.
Nicht mehr zu beziehen. An die Stelle tritt die nachfolgend aufgeführte neue Ausgabe.

— dasselbe. Nr. 1—83. (Neue [Titel-] Ausg. 8. Dresden (891—96) 897. A. Köhler. à Nr. n. —15
Inhaltsübersicht in alphabet. Ordnung:
Goethe, Wolfg. v., Egmont. Trauersp. in 5 Aufzgn. (90 S.) (Nr. 28. 29.)
— Hermann u. Dorothea. (60 S.) (Nr. 18. 19.)
Hauff, Wilh., Jud Süß. Das Bild des Kaisers. Novellen. (174 S.) (Nr. 20—23.)
— die Karawane. Märchen. (104 S.) (Nr. 41. 42.)
— Lichtenstein. E. romant. Sage. (372 S.) (Nr. 1—6.) Geb. 1.50
— der Mann im Mond nebst Kontroverspredigt. (244 S.) (Nr. 61—65.)
— Mitteilgn. aus d. Memoiren d. Satan. (282 S.) (Nr. 55—59.)
— Othello. Novelle. (47 S.) (Nr. 25.)
— Phantasien im Bremer Ratskeller. E. Herbstgeschenk f. Freunde d. Weins. (52 S.) (Nr. 60.)
— die letzten Ritter v. Marienburg. Die Bettlerin v. Pont des Arts. Die Sängerin. Novellen. (68, 114 u. 56 S.) (Nr. 29—31.)
— der Scheik v. Alessandria u. s. Sklaven. Märchen. (96 S.) (Nr. 46. 47.)
— das Wirtshaus im Spessart. Märchen. (159 S.) (Nr. 44. 45.)
Heine, Heinr., das Buch d. Lieder. (175 S.) (Nr. 50—52.)
— die Harzreise. (68 S.) (Nr. 48. 49.)
Kleist, Heinr. v., Michael Kohlhaas. Histor. Erzählg. (104 S.) (Nr. 7. [illegible])
Körner, Thdr., Leier u. Schwert. Gedichte. (48 S.) (Nr. 10.)
— der Nachtwächter. E. Posse in Versen u. 1 Aufzuge. Joseph Heyderich, od. Deutsche Treue. E. wahre Anekdote, als Drama in 1 Aufz. (18 S.) (Nr. 9.)
— der Vetter aus Bremen. Lustsp. in Versen u. 1 Aufz. Der vierjährige Posten. Singsp. in 1 Aufz. (23 u. 13 S.) (Nr. 24.)
Lessing, Gotth. Ephr., Minna v. Barnhelm od. d. Soldatenglück. Lustsp. in 5 Aufzügen. (100 S.) (Nr. 68. 69.)
Mügge, Thdr., die Erbin v. Bornholm. Erzählung. (90 S.) (Nr. 7[illegible]—77.)
— der Vogt v. Sylt. Roman. (263 S.) (Nr. 79—83.)
Müller, Faust u. Gretchen. Goethes Faust im Auszuge fürs Volk bearb. (60 S.) (Nr. 53. 54.)
Pichler, Karoline, der schwarze Fritz. Novelle. Der Badeaufenthalt. Erzählg. in Briefen. (56 u. 76 S.) (Nr. 38—40.)

— Quintin Messis. Stille Liebe. Novellen. (60 u. 35 S.) (Nr. 26. 27.)
Schiller, Fdr. v., Gedichte. (V, 40; 101 u. II, 169 S.) (Nr. 15—17.) Geb. 1. 30
Schubert, G. H. v., die Zwillinge. Erzählg. (40 S.) (Nr. 78.)
Stöber, Karl, der Schneider v. Gastein. Erzählg. (43 S.) (Nr. 74.)
Tolstoi, Graf Leo, Katia. Roman v. d. Ehe. Deutsch v. Geo. Gärtner. (95 S.) (Nr. 66. 67.)
Zschokke, Heinr., das Abenteuer d. Neujahrsnacht. Das blaue Wunder. Novellen. (60 S.) (Nr. 11. 12.)
— kriegerische Abenteuer e. Friedfertigen. Erzählg. (47 S.) (Nr. 71.)
— der tote Gast. Novelle. Es ist sehr möglich. Erzählg. (106 u. 18 S.) (Nr. 35—37.)
— Tantchen Rosmarin od. Alles verkehrt. (Humoreske.) (87 S.) (Nr. 72. 73.)
— die Walpurgisnacht. Erzählg. (42 S.) (Nr. 70.)

— allgemeine, zur Belehrung u. Unterhaltung für Jedermann, herausgeg. von e. Vereine von Gelehrten. 1. u. 2. Bd. ... 3. Bd.: Preußische Volkssagen. ... Berlin 841, Lewent. $1^1/_3$ ℛ — 4. Bd.: Die Geschichte unserer Zeit. ... Ebend. 841. $1^1/_6$ ℛ

—— allgem. deutsche. 1—7. Bd. à 4 Hfte. A. u. d. Ttl.: Martin, der Findling, oder Memoiren eines Kammerdieners. Aus dem Franz. d. Eug. Sue übers. v. H. R. Kürsten. 1—7. Bd. à 4 Hfte. 8. (101 B.) Berlin 846, 47, Hübenthal u. Comp. à Hft. 3 Ngr.

—— allgemeine deutsche. 8. und 9. Bd. A. u. d. T.: Martin der Findling. Aus dem Französ. des Eug. Sue, von H. R. Kürsten. 8. und 9. Bd. à 4 Hefte. (Schluß.) 8. (512 S. mit 2 Stnt. in gr. 4.) Berlin 847, [Nelte.] Thlr.

—— dass. — 10—15. Bd. (Der ganzen Folge 37—60. Heft.) A. u. d. T.: Plauderstübchen. Sammlung deutscher Original-Novellen. 6 Bde. 8. (1513 S. und 6 Stnt.) Berlin 848, [Nelte.]
Mit ill. Stnt.

1—7. Bd. Ebendas. 1846—47. 2 Thlr. 24 Ngr.

—— allgemeine deutsche. 1. Jahrg. 1847. 3 Bde. 8. Berlin, [Springer.] *

Inhalt:

Bd. 1., 2. Käthi, die Großmutter, oder: der wahre Weg durch jede Noth. Eine Erzählung für das Volk, von Jerem. Gotthelf. 2 Bde. (165 und 157 S.)
" 3. Jakob Sturm, oder Tagebuch eines Dorfschulmeisters, von Gust. Nieritz. (130 S.)

—— dass. — 2. Jahrg. 1848. 6 Bde. 8. Ebds. *

Inhalt:

Bd. 1. Hans Joggeli der Erbvetter; und Harzer Hans; auch ein Erbvetter. Zwei Erzählungen von Jerem. Gotthelf. (140 S.)
" 2—5. Leiden und Freuden eines Schulmeisters Von Jerem. Gotthelf. 4 Thle. (679 S.)
" 6. Bilder aus dem Volksleben. aus den Schriften deutscher Volksschriftsteller gesammelt von Ferd. Schmidt. (XI und 162 S.)

—— dass. — 3. Jahrg. 1849. 6 Bde. 8. Ebds. *

Inhalt:

Bd. 1—3. Der Korn-Zehnten. Eine Erzählung aus der Dithmarsischen Geschichte. Von Heinr. Smidt. 3 Thle. (482 S.)
" 4. Die Landstürmer in Tyrol. Eine Erzählung für das Volk. Von L. P. Schwalbe. (118 S.)
" 5. Der Fünfnummern-Teufel. Eine Erzählung aus dem Leben von Heinr. Schmidt. (162 S.)
" 6. Ernst Will, oder: Das Leben in der Gemeinde zu Strebmannsdorf. Dem Volke zum Nutz und Frommen erzählt von K. F. W. Wander. (170 S.)

—— dass. — 4. Jahrg. 1850. 6 Bde. 8. Ebds.

Inhalt:

Bd. 1., 2. Die Fürstenschule. Eine Erzählung für Jedermann, von Gust. Nieritz. 2 Bde. (265 S.)
" 3. Ein höheres Gericht, oder: Die junge Griechin am Hofe Nero's. Eine Erzählung für das Volk und die Jugend von Ferd. Schmidt. (134 S.)
" 4. Drei Monate auf der Insel Cuba. Ein Gemälde aus dem Negerleben von Herm. v. Gerdauen. (178 S.)
" 5., 6. Historische Gemälde für gebildete Leser und Freunde der Geschichte. Von J. H. L. Fischer. 2 Bde. (280 S.)

Volks-Bibliothek, allgemeine deutsche. 5—7. Jahrg. à Jahrg. 6 Bde. 8. Berlin 852—54, Springer's Verlag. à Jahrg. *

1—4. Jahrg. 1847—50. [Ebendas.] * 4 Thlr. 20 Ngr.

— allgemeine Deutsche. 1. Jahrg. 1847. 3 Bde. 8. 1 u. 2. Bd.: Käthi, die Großmutter, oder: der wahre Weg durch jede Noth. Eine Erzählung f. das Volk, von Jerem. Gotthelf. 2 Bde. (165 u. 157 S.) 3. Bd.: Jacob Sturm, od. Tagebuch eines Dorfschulmeisters, von Gust. Nieritz. (130 S.) Berlin 847, Verlagshandlung des allg. deutschen Volksschriften-Vereins. n. $^2/_3$ ℛ

— dies. 2. Jahrg. 1848. 6 Bde. 8. 1. Bd. Hans Joggeli der Erbvetter; u. Harzer Hans; auch ein Erbvetter. 2 Erzählungen von Jerem. Gotthelf (Alb. Bitzius). 2—5. Bd. Leiden u. Freuden eines Schulmeisters. Von Jerem. Gotthelf. 4 Thle. 6. Bd. Bilder aus dem Volksleben. Aus den Schriften deutscher Volksschriftsteller gesammelt von Ferd. Schmidt. (XII u. 162 S.) Ebd. 848. n. $1^1/_3$ ℛ

— dies. 3. Jahrg. 1849. 6 Bde. 8. 1—3. Bd. Der Korn-Zehnten. Eine Erzählung aus der Dithmarsischen Geschichte. Von Heinr. Smidt. 3 Thle. (158 ... u. ... S.) 4. Bd. Die Landstürmer in Tirol. Eine Erzählung f. das Volk. Von L. P. Schwalbe. (118 S.) 5. Bd. Der Fünfnummern-Teufel. Eine Erzählung aus dem Leben v. Heinr. Smidt. (162 S.) 6. Bd. Ernst Will, oder: Das Leben in der Gemeinde zu Strebmannsdorf. Dem Volke zum Nutz u. Fkommen erzählt von K. F. W. Wander. (170 S.) Ebd. 849. n. $1^1/_3$ ℛ

— dies. 4. Jahrg. 1850. 6 Bde. 8. 1 u. 2. Bd. Die Fürstenschule. Eine Erzählung f. Jedermann, von Gust. Nieritz. 2 Bde. (132 u. 136 S.) 3. Bd. Ein höheres Gericht, oder: Die junge Griechin am Hofe Nero's. Eine Erzählung für das Volk u. die Jugend von Ferd. Schmidt. (134 S.) 4. Bd. Drei Monate auf der Insel Cuba. Ein Gemälde aus dem Negerleben von Herm. v. Gerdauen. (178 S.) 5 u. 6. Bd. Historische Gemälte f. gebilde Leser u. Freunde der Geschichte. Von J. H. L. Fischer. 2 Bde. (280 S.) Ebd. 851. n. $1^1/_3$ ℛ

Volks-Bibliothek, allgemeine Deutsche. 5. Jahrg. 6 Bde. 8. 1. Der Dorfgelehrte. Eine Erzählung für das Volk von A. L. Lua. (220 S.) 2. Anton Bartels oder: Die betrogene Einfalt. Eine Erzählung f. das Volk von Aug. Rehfeldt. (200 S.) 3. Der Meistersänger. Eine Erzählung aus der frühern Zeit; von L. P. Schwalbe. (107 S.) 4—6. Onkel Tom's Hütte. Eine Negergeschichte; von H. B. Stowe. III Thle. (219. 228 u. 203 S.) Berlin 852, Verlagshandlung des allgem. deutschen Volksschriften-Vereins. n. $1^1/_3$ ℛ

Volks-Bibliothek, allgemeine deutsche. 6. Jahrg. (1853.) 6 Bde. Berlin, Verlhdlg. d. allgem. deutschen Volksschriften-Vereins. 8. n. 1 ℛ. 10 ngr.

1. Bd.: Der Wahnsinnige. Eine Erzählung aus Süd-Amerika. Von F. Gerstäcker. (3 Bl., 181 S.)
2. Bd.: Blicke in das Leben der Natur. Ein Buch für Jedermann aus dem Volke. Von A. Bernstein. (3 Bl., 175 S. mit Holzschn. im Text.)
3. Bd.: Thomas Steinweg und seine Schwester. Eine Volks-Erzählung von F. Drenkhan. (2 Bl., 115 S.)
4. Bd.: Der Bauer Hans oder Hilf Dir selbst, so hilft Dir Gott. Von O. Lettau. (2 Bl., 140 S.)
5. Bd.: Geschichtliche Erzählungen für gebildete Leser und Freunde der Geschichte. Von J. H. L. Fischer. (3 Bl., 138 S.)
6. Bd.: Am Strande. Bilder aus dem Küstenleben Frankreichs. Nach dem Französ. (184 S.)

Volks-Bibliothek, allgemeine deutsche. 7. Jahrg. (1854.) 6 Bde. Berlin, J. Springer. 8. n. 1 ℛ. 10 ngr.

1. 2. Bd.: Handwerk und Studium. Eine Volkserzählung von Max Ring. 2 Thle. (3 Bl., 100; 3 Bl., 136 S.)
3. 4. Bd.: Charles Ball, der Negersclave. Leben und Abenteuer eines Negers, während seines 40jähr. Aufenthalts in verschiedenen Staaten Amerikas. Erzählt von ihm selbst. 2 Bde. (3 Bl., 236; 3 Bl., 196 S.)
5. 6. Bd.: Kienseppli oder Almosen und Wohlthaten. Eine Erzählung von Th. Meyer-Merian. 2 Thle. (2 Bl., 251 S.)

—— allgem. deutsche, hrsg. v. e. Gesellschaft v. Gelehrten, Volks- u. Jugendschriftstellern. 1. Sect. Religion. (4 Thle.) 4. Thl. A. u. d. Ttl.: Universal-Symbolik oder sowohl einfache als vergleichende Darstellung der Haupt-Glaubens- u. Lehrbegriffe sämmtl. bestehender Religionen, Kirchengemeinschaften u. Confessionen. Ein Buch zur Orientirung u. Aussöhnung des Volkes in allen Glaubens-, Religions- u. Kirchensachen v. G. Schilling. gr. 8. (19½ B.) Stuttgart 846, Verlags-Bureau.

—— dass. 2. Sect. Naturwissenschaften. (6 Thle.) 2. u. 4. Thl. gr. 8. Ebds.

A. u. d. Ttln.:

Thl. 2. Die drei Reiche d. Natur. Eine gemeinverständl. übersichtl. Darstellung d. Naturgeschichte. Von Heinr. Rebau. (31½ B.) 846. 1 Thlr. 5 Ngr.

„ 4. Grundlinien der physikal. Erdbeschreibung. Enthaltend in 6 Hauptstücken eine kurze u. allgemein faßl. Darstellung von der Geologie, Hydrographie, Klimalehre, dem Erdmagnetismus u. der Geographie d. Pflanzen u. Thiere. Von Heinr. Berghaus. (28 B.) 847. 1 Thlr. 15 Ngr.

— dies. 2. Sektion: Naturwissenschaften. 6. Thl. A u. d. T.: Akustik oder die Lehre vom Klange. Ein Versuch zu ihrer Einführung ins Leben durch allgemein faßliche, theoretisch-prakt. Darstellung ihrer Wissenschaft für alle Freunde der Natur u. Kunst, insbesondere Musiker, Instrumentenmacher u. Architekten, v. G. Schilling. br. 8. (VIII u. 224 S.) Ebd. 848. 18 Ngr.

—— dass. 3. Sect. Länder- u. Völkerkunde. (3 Thle. 1. u. 3. Thl. gr. 8. Ebds.

A. u. d. Ttln.:

Thl. 1. Allgemeine Geographie. Mit besond. Rücksicht auf Deutschland. Von Heinr. Rebau. (29 B.) 847. 1 Thlr. 10 Ngr.

„ 3. Allgem. Staatenkunde. Als Lehr- u. Lesebuch f. die reifere Jugend u. den gebildeten deutschen Bürger, entworfen v. Heinr. Berghaus. (31 B.) 846. 1 Thlr. 5 Thlr.

—— dass. 4. Sect. Oekonomische Wissenschaften. (4 Thle.) 1., 2. u. 4. Thl. gr. 8. Ebds. 846. à 1 Thlr.

A. u. d. Ttln.:

Thl. 1. Oekonomische Naturproduktenkunde m. besond. Rücksicht auf Erziehung u. Pflege d. Hausthiere, v. F. M. Duttenhofer. (22 B.)

„ 2. Die Technologie, od. Anleitung z. Kenntniß d. technischen Gewerbe, v. J. H. M. v. Poppe. (22 B.)

„ 4. Die Lehre v. d. Hauswirthschaft m. besond. Rücksicht auf techn. u. chem. Grundsätze v. F. M. Duttenhofer. (26 B.)

—— dass. 5. Sect. Geschichte. (4 Thle.) 3. Thl. A. u. d. Ttl.: Mythologie oder die Götterlehre der Alten, dargestellt v. G. Schilling. gr. 8. (29 B.) Ebds. 846.

—— dass. 7. Sect. Politik. (4 Thle.) A. u. d. Ttl.: Der Mensch in der Gesellschaft, oder die Kunst des Umgangs mit Menschen, von dem heut. Standpunkte der Cultur u. Civilisation als Lehr- u. Lesebuch dargestellt von Christ. Birch. gr. 8. (20½ B.) Ebds. 847.

— dies. 7. Sektion. Politik. 4. Thl. Der Mensch in der Gesellschaft, oder die Kunst des Umgangs mit Menschen, von dem heutigen Standpunkte der Cultur u. Civilisation dargestellt v. Chr. Birch. gr. 8. (VIII u. 320 S.) Ebd. 847. 1 Thlr.

— dies. 8. Sektion. Kunst. 3. Thl. A. u. d. T.: Die schöne Kunst der Töne oder heutige Musikkunst zur Orientirung über ihr gesammtes inneres u. äußeres Wesen für Jedermann, alle ihre Freunde, Laien, Dilettanten u. wirkliche Künstler, histor., theoretisch-prakt. dargestellt von G. Schilling. 2 Halbbde. gr. 8. (1: XII u. 528 S. 2: VIII u. 448 S.) Ebd. 847. (1: 1½ Thlr. 2: 1⅓ Thlr.) 2⅚ Thlr.

— dies. 8. Sektion. Kunst. 5. Thl. A. u. d. T.: Dramatik oder Darstellung der Bühnenkunst, historisch, theoretisch-praktisch für Künstler u. alle gebildete Theaterliebhaber. Von Chrn. Birch. gr. 8. (VIII u. 344 S.) Ebd. 847. 1 Thlr.

— dies. 8. Sect. Kunst. (6 Thle.) 6. Thl. A. u. d. T.: Theoret.-prakt. Anweisung zur Ausbildung unsers Körpers durch Leibesübungen, oder Lehrbuch der gymnast. Künste. Nach J. C. F. Guts-Muths Gymnastik für die Jugend bearb. gr. 8. Ebend. 846. 1 Thlr.

— dies. 9. Sektion. Literatur. 1. Thl. A. u. d. T.: Geschichte der alten Literatur f. die Leser aller Stände von K. Fr. Vorbera. br. 8. (VI u. 344 S.) Ebd. 848. 1 Thlr.

—— dass. 9. Sect. Literatur. 3. Thl. (2 Halbbde.) gr. 8. Ebds. à 1 Thlr.

(Hlbbd.) 1. Geschichte d. prosaischen u. poet. deutsch. Nationalliteratur. Von Wilh. Zimmermann. (25 B.) 846.

„ 2. Geschichte der Poesie aller Völker. Für die Leser aller Stände. Von Wilh. Zimmermann. (21 B.) 847.

—— dass. 10. Sect. Militairisches. Einziger Theil. A. u. d. Ttl.: Der Soldat, sein Leben, Sein u. Wirken. Ein Buch z. Orientirung über das gesammte Militärwesen u. Militärleben. Von B. v. Herzog. gr. 8. (25 B.) Ebds. 846.

Volksbibliothek, allgem., in Verbindung mit Mehren hrsg. v. P. Kaatzer. 1. u. 2. Bdchn. 8. Aachen, Mayer. [1. (5 B.) 832. 2 Gr., 2. (6 B.) 833. 4 Gr.]

Volksbibliothek, apologetische. Nr. 1—38. (à 16 S.) 8. M. Gladbach, Volksvereins-Verlag. à p nn — 05

1. Gibt es e. Gott? 906. — 2. Hat Gott die Welt geschaffen? 906. — 3. Bibel u. Naturwissenschaft. 906. — 4. Stammt der Mensch vom Affen ab? 906. — 5. Hat der Mensch e. Seele? 906. — 6. Vom Jenseits. 906. — 7. Wunder, das. 906. — 8. Freidenkertum, das, u. sein Glaubensbekenntnis. 906. — 9. Ist die kathol. Kirche intolerant? 906. — 10. Beichte, die. 907. — 11. Gibt es e. Moral ohne Gott? 907. — 12. Moral, die religionslose, e. Ersatz der religiösen Moral? 907. — 13. Sittenlehre, die christliche, e. Feindin der Kulturarbeit? (907.) — 14. Hat Christus jemals gelebt? (907.) — 15. Entstehung, die angebliche, des Christentums. (907.) — 16. Ist Christus auferstanden v. den Toten? (907.) — 17. Ist Christus der Sohn Gottes? (907.) — 18. Maria, die Gottesmutter u. Jungfrau. (907.) — 19. Papsttum, das, v. Christus gestiftet? (907.) — 20. Papsttum u. Kultur. (907.) — 21. Päpste, schlechte. (907.) — 22. Papsttum u. Inquisition. (907.) — 23. Papsttum u. Hexen-Unwesen. (907.) — 24. Kirche, katholische, u. moderne Kultur. (907.) — 25. Niedergang, der wirtschaftliche, der katholischen Völker. (907.) — 26. Leichenbeerdigung — Leichenverbrennung. 907. — 27. Geisterseherei, moderne (Spiritismus). 907. — 28. Religion u. Offenbarung. 907. — 29. Bibel, die, Menschenwerk od. Gotteswerk? 907. — 30. Schrift, die hl., dem Katholiken verboten? 907. — 31. Was ist Gott? (909.) — 32. Was ist der Mensch? (909.) — 33. Sinn, welchen, hat das Menschenleben? (909.) — 34. Heiligen- u. Reliquienverehrung. (909.) — 35. Sittlichkeit, die christliche. (910.) — 36. Volksschule, die christliche. (910.) — 37. Simultanschule, die. (910.) — 38. Was haben wir an der Volksschule? (910.)

Apologetische **Volksbibliothek**. No 1. M.-Gladbach: Zentralstelle d. Volksver. f. d. kath. Deutschland 1907. 8° [F.] 07. 10475

Auerbach's Hauswirtschaftliche **Volksbibliothek**. H. 1–6. [Mehr nicht erschienen.] *Berlin-Steglitz: R. Auerbach [1896–97].* 6 Bde 8°

1 = Kinderpflege in d. ersten Lebensjahren. [1896.]
2 = Die prakt. Hausfrau. [1896.]
3 = Koche billig u. nahrhaft. [1896.]
4 = Das tüchtige Dienstmädchen. [1896.]
5 = Die Hygiene d. Krankenstube. [1896.]
6 = Raschke, J. G.: Die Pflege d. Zimmerpflanzen. [1897.] 06. 6546

Volks-, Dorf- u. Wander-Bibliothek, ausgewählte, bestehend in 230 verschied. gemeinnützigen Schriften. Nebst Rathschlägen üb. zweckmäßige Anschaffung, Benutzung, Verwaltung u. Vermehrung von Dorf- u. Wanderbibliotheken von Carl Preusker zu Großenhayn. gr. 8. Weimar 842, Voigt. ⅙ Thlr.

—— bayerische. 12 Bde. gr. 12. Augsburg 860, Schmid'sche Verlagsbuchh. à Bd. * 8 Ngr.

Inhalt:

Bd. 1. Brug, Frz. Maria, das christliche Bayern. Geschichtliche Uebersicht der Einführung des Christenthums in Bayern. Mit 4 Illustr. Zeichnung von J. A. Engelhart. (176 S. mit Holzschn.)

„ 2. Lang, Ludw., Bayerns Heldenzeit. Geschichtliche Darstellung. Mit 4 Illustr. Zeichnung von Toni Muttenthaler. (VIII und 184 S. mit Holzschn.)

„ 3. Brug, Frz. Maria, Heinrich der Lowe, Herzog von Bayern und Sachsen. Historische Darstellung. (228 S.)

„ 4. —— Konrad v. der Eiche, oder: Der treue Ritter. Eine histor. Erzählung aus der Zeit der Besteigung des bayer. Thrones durch die Wittelsbacher. (VII und 180 S.)

„ 5. —— Burg Falkenstein. Eine Geschichte aus der Zeit der Theilung Bayerns unter die Herzoge Ludwig dem Strengen und Heinrich XIII. (VIII und 248 S.)

„ 6. Lang, Ludw., Ludwig der Bayer. Historische Darstellung. (VI und 272 S.)

„ 7. Brug, Frz. Maria, die Familienkriege der Wittelsbacher. Geschichtliche Darstellung. (IV und 234 S.)

„ 8. Lang, Ludw., Pater Timotheus. Eine histor. Erzählung aus der Zeit der Reformation (1508—1579). (VI und 272 S.)

- 9. —— Jockel vom Thal. Eine Geschichte aus der Zeit des Churfürsten Maximilian I. von Bayern. (VI und 228 S.)

Bd. 10. Brug, Frz. Maria, Konrad Tribler, der Büchsenmacher von Friedberg. Eine Erzählung aus der Zeit der Regierung des Kurfürsten Maximilian Emanuel von Bayern. (208 S.)

- 11. Lang, Ludw., die Brüder Hämmerlein. Erzählung aus der Zeit der Churfürsten Karl Albert VII., Maximilian III. und Karl Theodor. (VII und 248 S.)
- 12. —— die Zeit König Max Joseph's I. Geschichtliche Darstellung. (VI und 242 S.)

Volks- und Jugendbibliothek, belehrende und unterhaltende. 1—3. Bdchn. 8. Leipzig 855(56,) H. Fritzsche. *

Inhalt:

Bdchn. 1. Elisabeth, ein weiblicher Robinson. Oder: Die Auswanderer nach Amerika. Eine Erzählung für Jung und Alt von J. Neumann (Satori). (130 S.) * 8 Ngr.

- 2. Der Lebensabend des Columbus. Eine histor. Erzählung für Jung und Alt. Von H. Göring. (68 S.) * 5 Ngr.
- 3. Winckelmann. Ein Lebensbild von Ed. Köller. Der brave Kesselflicker. Erzählt von S. (99 S.) * 5 Ngr.

Volks- und Jugendbibliothek, belehrende und unterhaltende. 4—6. Bdchn. 8. Leipzig, H. Fritzsche.

Inhalt:

Bdchn. 4. Ebersberg, J., Friedrich Schwerdtner. Eine österreich. Soldatengeschichte. (116 S.) 857. 7½ Ngr.

- 5. Petermann, C. G., Valentin Jamerai Düval. Für die Jugend und das Volk. (V und 153 S.) 858. 10 Ngr.
- 6. Pilz, Carl, das Röschen von Lindenau. Oder: Die belohnte Treue. Eine Erzählung aus der Zeit des 30jährigen Krieges für die Jugend und das Volk. (150 S.) 859. 8 Ngr.

1—3. Bdchn. Ebendas. 1855. * 18 Ngr.

— des Lahrer Hinkenden Boten. Nr. 1—300. 8. (Mit eingedr. Holzschn. u. chromolith. Umschlag.) Lahr 884. Schauenburg. cart. à n. — 5

1—5. Die Brüder. Ein Stück aus dem Volksleben. Preiserzählung v. Alb. Bürklin. (44 S.)
6. Der Verschollene. Eine Geschichte v. Ludw. Anzengruber. (29 S.)
7—9. Fürst u. Leiermann. Eine Episode aus dem Leben d. „alten Dessauer". Von Karl May. (36 S.)
10—13. Das Schwedenstübchen. Eine Erzählg. aus der Zeit d. 30jähr. Krieges. Von M. Barat. (45 S.)
14. Die Geschichte v. der abgehauenen Hand. Von Wilh. Hauff. (21 S.)
15—19. Doktor u. Apotheker. Erzählung v. Alb. Bürklin. (45 S.)
20—22. Treff-Aß. Eine Geschichte. Pfahlbaute m. Nutzanwendung. Skizze v. Ludw. Anzengruber. (25 S.)
23. Der zerbrochene Krug. Humoristische Novelle v. Heinr. Zschokke. (24 S.)
24—28. Diem perdidi. Eine wahre Geschichte v. Alb. Bürklin. (47 S.)
29. Das Wünschelmännchen. Ein Märchen v. Mises [G. Th. Fechner]. (25 S.)
30—33. Die Pocken. Erzählung v. Alb. Bürklin. (56 S.)
34—37. Zu fromm. Eine Geschichte v. Ludw. Anzengruber. (35 S.)
38—42. Der Meierfritz u. der Müllerhans. Eine Erzählg., aus der man etwas lernen kann. Von Rob. Hase. (62 S.)
43. Wie m. dem Herrgott umgegangen wird. Eine Geschichte m. einigen „Merks" v. L. Anzengruber. (14 S.)
44—48. Das Konzert in Rübenthal. Eine merkwürd. Geschichte v. Alb. Bürklin. (66 S.)
49—53. Der Bahnwärter Martin od. e. Weihnachts-Abend. Von Alb. Bürklin. (50 S.)
54—56. Der Hoisel-Loisel. Eine Räubergeschichte v. Ludw. Anzengruber. (32 S.)
57. Das Lied v. der Glocke. Von Frdr. Schiller. (16 S.)
58. 59. Die Errettung Fatmes. Von Wilh. Hauff. (22 S.)
60. Der 70. Geburtstag. Von J. H. Voß. (12 S.)
61—64. Das stählerne Herz od. e. Tag aus dem Leben e. Lokomotivführers. Von Alb. Bürklin. (40 S.)
65. Blutrache. Nordische Sage. — Das Mahl zu Heidelberg. — Das Gewitter. Von Gust. Schwab. (16 S.)
66—70. Blätter aus dem Tagebuch d. armen Pfarrvikars v. Wiltshire. Novelle v. H. Zschokke. (44 S.)
71. Der Kampf m. dem Drachen. Die Bürgschaft. Von Frdr. Schiller. (17 S.)
72—75. Die drei Prinzen. Ein Märchen. — Das Wünschen. Eine nachdenkl. Geschichte. Der Weib-Fromme. — Über die Freiheit d. menschlichen Willens. Gespräch zweier Spitzbuben. Von Ludw. Anzengruber. (44 S.)
76. 77. Die Geschichte v. dem kleinen Muck. Von W. Hauff. (23 S.)
78. Der Kaiser u. der Abt. Lenore. 2 Gedichte v. G. Bürger. (17 S.)
79—82. Wie der liebe Gott heutzutage Wunder macht. Eine einfache Geschichte v. Alb. Bürklin. (52 S.)
83—85. Der Hackelbernd. Eine Hexengeschichte aus dem 19. Jahrh. Von Karl Weitbrecht. (32 S.)
86. Graf Eberhard der Rauschebart. Des Sängers Fluch. Von L. Uhland. (17 S.)
87—92. Das Abenteuer der Neujahrsnacht. Humoristische Novelle. Von Heinr. Zschokke. (61 S.)
93. Der Gang nach dem Eisenhammer. Der Taucher. Von Fr. Schiller. (16 S.)
94—98. Die Märchen d. Steinklopferhans v. Ludw. Anzengruber. (63 S.)
99. 100. Auf u. nieder. Eine Wäldergeschichte v. C. Geres. (28 S.)
101. Der wilde Jäger. Das Lied vom braven Manne. Von G. A. Bürger. (15 S.)
102—106. Othello. Novelle v. Wilh. Hauff. (52 S.)
107—112. Der Kanzleirat. Erzählung v. Alb. Bürklin. (82 S.)
113. 114. Numero Dreizehn. Erzählung v. Alb. Bürklin. (35 S.)
114—121. Jonathan Frock. Novelle v. Heinr. Zschokke. (79 S.)
122—125. Der Täuferhof od. Eure Rede sei ja, ja — nein, nein. Erzählung v. E. Diethoff. (40 S.)
126—128. Ein braver Mann. Erzählung v. Alb. Bürklin. (31 S.)
129—135. Das Bild d. Kaisers. Novelle v. Wilh. Hauff. (103 S.)
136—139. Der Löwe d. Dorfes. Erzählung v. E. Diethoff. (43 S.)
140—143. Verurteilt. Erzählung v. Alb. Bürklin. (42 S.)
144—146. Das blaue Wunder. Humoristische Novelle v. Heinr. Zschokke. (31 S.)
147—150. Rot, Schwarz u. Gold. Eine Dorfgeschichte v. E. Diethoff. (48 S.)
151—154. Walpurgisnacht. Novelle v. Heinr. Zschokke. (40 S.)
155. 156. Das Märchen vom falschen Prinzen. 6. Erzählg. aus „Die Karawane" v. W. Hauff. (29 S.)
157—162. Hermann u. Dorothea. Von Wolfg. v. Goethe. (71 S.)
163. Die Geschichte vom Kalif Storch. 1. Erzählg. aus „Die Karawane" v. W. Hauff. (18 S.)
164. Die Geschichte v. dem Gespensterschiff. Erzählg. v. W. Hauff. (15 S.)
165. 166. Weshalb Fritz Hedrich nicht umkehrte. Von Vict. Blüthgen. (15 S.)
167—170. Des hinkenden Boten Standrede üb. die Erde. Von Alb. Bürklin. (80 S.)
171. 172. Tapfer u. treu bis ans Ende. Schulprüfung. Lehre u. Beispiel v. A. Bürklin. Der Vater. Eine Erzählg. aus Norwegen. (20 S.)
173—182. Aus wilder Zeit. Nach geschichtl. Quellen v. C. Geres. (94 S.)
183—189. Der zerbrochene Krug. Ein Lustspiel von Heinr. v. Kleist. (79 S.)
190—194. Der Winkel- u. der Wunderdoktor. Ein Bildchen aus dem Volke der Alpen. „Auf der Alm giebt's ka Sünd". Der letzte Schuß. Eine Geschichte aus dem Gebirge. Von P. K. Rosegger. (26 S.)
195—199. Hedwig, die Banditenbraut. Drama in 3 Aufzügen v. Thdr. Körner. (58 S.)
200. Ein amerikanisches Duell. Von A. Bürklin. (14 S.)

201. 202. Ein Karnevalscherz. Humoreske v. S. Behrend. (18 S.)
203. 204. Der Kanonier in der Tonne. Humoreske aus e. Barackenlazarett v. S. Behrend. (20 S.)
205—207. Weinsegen. Von Vict. Blüthgen. (25 S.)
208—212. Shakespeare's Julius Cäsar. In deutsche Sprache übertr. von Alfr. v. d. Velde. (89 S.)
213—216. Drei brave Männer aus dem Volke v. Alb. Bürklin. (40 S.)
217—219. Der Rundreise-Hut. Kannst du schweigen, Margarete? Zwei Erzählgn. v. Alb. Bürklin. (28 S.)
220—223. Eine Strichbewilligung. Eine neue Entdeckg. auf dem Gebiete der Photographie. Der Mausdoktor. Ein belohnter Krawattenmacher. Von C. Gehres. (30 S.)
224—226. Scharfe Ladung. Es ischt halt einmal eso. Von C. Geres. (16 S.)
227. Deutscher Mut u. welsche Tücke. Ein Heldenstücklein aus dem großen Kriege. Von O. Höcker. (16 S.)
228—233. Der Walfischfahrer. Orig.-Humoreske v. Alb. Jaenicke. (52 S.)
234—239. Meister Martin, der Küfner u. seine Gesellen. Erzählung v. E. T. A. Hoffmann. (68 S.)
240—245. Prinz Friedrich v. Homburg. Ein Schauspiel von Heinr. v. Kleist. (82 S.)
246—251. Pachter Feldkümmel v. Tippelskirchen. Ein Fastnachtsspiel in 5 Aufzügen von Aug. v. Kotzebue. (74 S.)
252—256. Toni. Ein Drama in 3 Aufzügen v. Thdr. Körner. (42 S.)
257—261. Die Stricknadeln. Ein Schauspiel in 4 Aufzügen von Aug. v. Kotzebue. (61 S.)
263—269. Der goldene Topf. Ein Märchen aus der neuen Zeit v. E. T. A. Hoffmann. (96 S.)
270—276. Nula, der unglückliche Zuluhäuptling. Der deutschen Jugend u. dem Volke erzählt v. F. M. Fog. (80 S.)
277—286. Das Liebhaber-Theater. Humoreske aus dem ersten Zehntel d. 19. Jahrh. v. C. F. van der Velde. (134 S.)
287. 288. Ein Sterben im Walde. Eine Erinnerg. aus Kindestagen v. P. K. Rosegger. (16 S.)
289—293. Die Ostereier. Eine Erzählg. zum Ostergeschenke f. Kinder. Von Chrph. v. Schmidt. (47 S.)
294—298. Der gehörnte Siegfried. Von G. Schwab. (39 S.)
299. 300. Der lange Hilarius. Von H. Villinger. (16 S.)

— des Lahrer Hinkenden Boten. Nr. 301—700. 12. Lahr 887. 888. Schauenburg. à Nr. n. — 5

Inhaltsübersicht in alphabet. Ordnung:

Ähren u. Blüten. Eine Sammlg. v. Sprüchen der bedeutendsten Dichter u. Denker in Poesie u. Prosa. 4 Bdchn. (52, 61, 62 u. 56 S.) (Nr. 301—320.)
Aldenhoven, C., der Kandidat. — Zur Nachachtung. Von A. Bürklin. (12 S.) (Nr. 501.)
Bestelle dein Haus. Eine Erzählg. für das Volk. (15 S.) (Nr. 502. 503.)
Blumenthal, O., wie Baron Überjatt gestorben ist. (16 S.) (Nr. 401. 402.)
Bürklin, A., Baron v. Nickel. (16 S.) (Nr. 508.)
— etwas üb. Ertrinken, Erfrieren u. Hängen. Eine Standrede. (22 S.) (Nr. 403—405.)
— Nachachtung, s.: Aldenhoven.
Bürklin, A., Peter Polt, der Schmied. (20 S.) (Nr. 509. 510.)
— der Revolutionär od. noch e. Geheimmittel. Eine Standrede. (16 S.) (Nr. 406. 407.)
— des armen Stesse-Marie's Schiller Feier. (15 S.) (Nr. 506. 507.)
— der erste Schritt zur Praxis. (28 S.) (Nr. 321—324.)
Campe. Die Erlebnisse d. jungen Robinson Krusoe. Eine Erzählung für jung u. alt. Frei nach Campe. (208 S.) cart. (Nr. 325—332.)
Chamisso, A. v., Peter Schlemihl's wundersame Geschichte. (66 S.) (Nr. 408—413.)
Exekution, eine, in Afrika, s.: Werther, W., an Bord.
Geres, C., der Amselbann. Nur klassisch. 2 Erzählgn. (18 S.) (Nr. 414—416.)
Goethe, J. W. v., die Geschwister. Schauspiel in 1 Akt. Die Laune d. Verliebten. Ein Schäferspiel in Versen u. 1 Akt. (55 S.) (Nr. 417—421.)
Köhler, G., der Fechthauptmann. Lustspiel in 1 Aufzuge. (16 S.) (Nr. 699. 700.)
Körner, Th., Leier u. Schwert. (50 S.) (Nr. 422—426.)
Marx, L., der alte Postillon. Eine Dorfgeschichte. (18 S.) (Nr. 427. 428.)
Mayer, K. A., eine Nacht im Walde. (26 S.) (Nr. 333—336.)
Meyer-Markau, Wilh., wie der Ruckinger Friedensrichter Recht sprach. Eine Spukgeschichte. Die Wanneser Wolfsjagd. Eine Geschichte, die nicht erfunden ist. (23 S.) (Nr. 337—339.)
Die Familie Meyer. Eine Erzählg. f. das Volk. (16 S.) (Nr. 504. 505.)
Musäus, J. K. A., die Bücher der Chronik der drei Schwestern. (46 S.) (Nr. 340—344.)
— Legenden v. Rübezahl. (95 S.) (Nr. 511—518.)
— Libussa. Volksmärchen. (56 S.) (Nr. 519—523.)
— stumme Liebe. Volksmärchen. (74 S.) (Nr. 620—626.)
— Liebestreue. Volksmärchen. (35 S.) (Nr. 638—640.)
— die Nymphe d. Brunnens. Volksmärchen. (15 S.) (Nr. 606—609.)
— Richilde. Volksmärchen. (39 S.) (Nr. 345—348.)
— Roland's Knappen. Volksmärchen. (42 S.) (Nr. 429—432.)
Schmid, Chrph. v., Heinrich v. Eichenfels. Eine Erzählg. für Kinder u. Kinderfreunde. (42 S.) (Nr. 365—369.)
— das verlorene Kind. Eine Erzählung f. Kinder u. Kinderfreunde. (23 S.) (Nr. 433. 434.)
— das Lämmchen. Eine Erzählg. f. Kinder u. Kinderfreunde. (56 S.) (Nr. 439—443.)
— Rosa v. Tannenburg. Eine Geschichte d. Altertums f. Eltern u. Kinder. (140 S.) cart. (Nr. 349—358.)
— das Täubchen. Eine Erzählg. f. Kinder u. Kinderfreunde. (32 S.) (Nr. 435—438.)
— der Weihnachtsabend. Eine Erzählg. zum Weihnachtsgeschenke f. Kinder. (68 S.) (Nr. 359—364.)
Schulte vom Brühl, fallende Blätter. Novelle. (20 S.) (Nr. 370.)
— Maria regina. Eine Erzählg. aus der Zeit des Abfalls der Niederlande. (81 S.) (Nr. 666—673.)
— die Nixe vom Walchensee. Ein Märchen aus Oberbayern. (78 S.) (Nr. 541—548.)
— die Priesterin der Holde. Ein episches Gedicht in 12 Gesängen. (108 S.) (Nr. 529—540.)
— Prinzeßchen Tausendschön. Ein buntes Märchen. (56 S.) (Nr. 524—528.)
— Hans Wohlgemut, der Spielmann. Ein Märchen f. groß u. klein. (78 S.) (Nr. 444—450.)
Schuster, A., Tante Irene, s.: Villinger, das Viertel.
Schwab, Gust., Agamemnon's Tod. Die Rache d. Orest. Die schönsten Sagen d. klass. Altertums. (51 S.) (Nr. 549—553.)
— die Argonauten. Die schönsten Sagen des klass. Altertums. (72 S.) (Nr. 380—385.)
— die Erschaffung d. Menschen. Die schönsten Sagen des klass. Altertums. (98 S.) cart. (Nr. 371—377.)
— Genoveva. (34 S.) (Nr. 615—619.)
— Griseldis. (25 S.) (Nr. 646—650.)
— der arme Heinrich. (17 S.) (Nr. 456—460.)
— Herakles. Die schönsten Sagen d. klass. Altertums. (55 S.) (Nr. 386—390.)
— die vier Heymonskinder. (128 S.) (Nr. 684—693.)
— Hirlanda. (34 S.) (Nr. 601—605.)
— die Irrfahrt d. Äneas nach Latium. Die schönsten Sagen d. klass. Altertums. (41 S.) (Nr. 568—571.)
— der Kampf um Latium. Die schönsten Sagen d. klass. Altertums. (75 S.) (Nr. 572—577.)
— der trojanische Krieg. Die schönsten Sagen d. klass. Altertums. I. Die Entführung der Helena. Der Zug nach Troja. Der Zorn d. Achilles. (73 S.) (Nr. 461—465.)
— dasselbe. II. Vor Troja. Die Großthaten d. Ajax u. Hektor. Der Kampf bei den Schiffen. (123 S.) (Nr. 466—473.)
— dasselbe. III. Großthaten u. Heldentod d. Hektor u. Achilles. (94 S.) (Nr. 474—480.)
— dasselbe. IV. Troja's Untergang. (68 S.) (Nr. 481—486.)
— die schöne Magelone. (44 S.) (Nr. 451—455.)
— Meleager u. die Eberjagd. Niobe. Orpheus u. Eurydike. Die schönsten Sagen d. klass. Altertums. (16 S.) (Nr. 378. 379.)
— die Nachkommen d. Ödipus u. Herakles. Die schönsten Sagen d. klass. Altertums. (56 S.) (Nr. 396—400.)
— Odysseus u. die Freier. Die schönsten Sagen d. klass. Altertums. (61 S.) (Nr. 560—564.)
— die Rache an den Freiern. Odysseus u. Penelope. Durch Kampf zum Sieg. Die schönsten Sagen d. klass. Altertums. (37 S.) (Nr. 565—567.)
— Robert der Teufel. (32 S.) (Nr. 661—665.)
— die Schildbürger. (46 S.) (Nr. 674—678.)
— das Schloß in der Höhle Xa Xa. (49 S.) (Nr. 632—637.)
— Telemach. Die Heimkehr d. Odysseus. Die schönsten Sagen d. klass. Altertums. (88 S.) (Nr. 554—559.)
— Theseus u. Ödipus. Die schönsten Sagen d. klass. Altertums. (56 S.) (Nr. 391—395.)
Temme, J. D. H., der verfolgte Dieb. Kriminalgeschichte. (28 S.) (Nr. 487—489.)
Villinger, H., das heilig' Dirndl. Ungleiche Kameraden. Ein heiliger Abend. Der Eskimo. Erzählungen. (37 S.) (Nr. 627—631.)
— der Gescheitere. Ein vergnügter Tag. Ben. Erzählungen. (40 S.) (Nr. 641—645.)
— der Lumpensammler. Im Bahnwarthäuschen. Der Karrenschieber. Kastor u. Pollux. Vagabunden. Erzählungen. (40 S.) (Nr. 610—614.)
— die Narren-Rosel. Die Geringsten. Ein Hausgenosse. Erzählungen. (41 S.) (Nr. 694—698.)
— das Viertel. Die Holzsammler. Das gheilte Märl'. Erzählungen. Tante Irene. Ein Bilderbuch v. A. Schuster. (42 S.) (Nr. 679—683.)
Weber, Frdr. W., im Pfalzgrafenschloß. Eine Studenten- u. Soldatengeschichte aus dem alten Heidelberg. (105 S.) (Nr. 651—660.)
Weltbrecht, K., schwerfällig. Aus e. Tagebuch. (16 S.) (Nr. 490. 491.)
Werther, Werner, eine augenblickliche Aufwallung. — Das abgebrochene Haus. — Eine modern erzogene Handwerkstochter. — Eine Gespenstergeschichte. — Das wohlbezahlte Gespenst. 5 Erzählgn. f. das Volk. (32 S.) (Nr. 582—585.)
— an Bord e. Sklavenschiffs. — List gegen List. — Mein Probestück. Eine Geschichte aus Australien. 3 Erzählgn. — Eine Exekution in Afrika. Nach den Erlebnissen e. Fremdenlegionärs. (28 S.) (Nr. 593—600.)

— Heiraten. Eine Geschichte aus dem Leben. — Eine Gerichtsscene aus Kalifornien. — Die entsetzten Leichenschmuggler. 3 Erzählgn. (16 S.) (Nr. 578–581.)
— eine geheimnisvolle Hinrichtung. Rettung im letzten Augenblick. In der Gewalt der Nihilisten. [Aus dem Leben e. russ. Gerichtsbeamten.] — Die Stiefkinder. 4 Erzählgn. (28 S.) (Nr. 594—597.)
— Hochzeitsgebräuche fremder Völker. Schilderungen. (16 S.) (Nr. 586—589.)
— aus dem Leben gekrönter Häupter. 16 Anekdoten. (16 S.) (Nr. 590—593.)
Zschokke, H., der tote Gast. Novelle. (116 S.) (Nr. 492 500.)

—— des Lahrer hinkenden Boten. Nr. 701—825. 12. Lahr 889, Schauenburg. à Nr. * — 05; * 6 25
701—703. Neues Not- u. Hilfsbüchlein in 10 Tln. Hrsg. v. Karl Bernhard. 1. Tl. Bernhard, Karl. Wohnungsnot u. Hilfe. (32 S.)
704—706. —— Dass. — 2. Tl. Lammers, Mathilde. Schmale Kost. (29 S.)
707 u. 708. —— Dass. — 3. Tl. Lammers, Aug.. Das Schnäpschen. (20 S.)
709—711. —— Dass. — 4. Tl. König, Karl. Das Hausbuch. (34 S.)
712—715. —— Dass. — 5. Tl. Kindersegen u. Kindersorgen. Von Grf. Fr. L. u. Karl Bernhard. (43 S.)
716—719. —— Dass. — 6. Tl. Koch, A. Fabrikarbeit. Erinnerungen e. Fabrikinspektors. (41 S.)
720—723. —— Dass. — 7. Tl. Thorwart, F. Der Sparpfennig. (41 S.)
724 726. —— Dass. — 8. Tl. Bernhard, Karl. Wohlthaten. (32 S.)
727 729. —— Dass. — 9. Tl. Lammers, Mathilde. Der Feierabend. (30 S.)
730 u. 731. —— Dass. — 10. Tl. Müller, Ernst. Nach uns? (25 S.)
732—736. Hebel's ausgewählte Erzählungen d. rheinländischen Hausfreundes. Hrsg. v. Karl Stöber. Mit Holzschn. 1. Tl. (XIII, 53 S.)
737—741. Dass. — 2. Tl. (71 S.)
742—746. Dass. — 3. Tl. (78 S.)
747—752. Geres, C. Zur Schlacke verbrannt. Erzählung. (125 S.)
753—757. Musäus, J. K. A. Der geraubte Schleier. Volksmärchen. (55 S.)
758 u. 759. —— Die Entführung. Volksmärchen. (17 S.)
760—766. —— Melechsala. Volksmärchen. (80 S.)
767—770. —— Ulrich m. dem Bühel. Volksmärchen. (44 S.)
771—775. —— Der Schatzgräber. Volksmärchen. (45 S.)
776—785. Schwab, Gust. Kaiser Oktavianus. (87 S.)
786—795. —— Die schöne Melusina. (98 S.)
796—800. —— Herzog Ernst. (55 S.)
801—810. —— Doktor Faustus. (86 S.)
811—822. —— Fortunat u. seine Söhne. (122 S.)
823—825. —— Dämon Amor. Volksmärchen. (21 S.)

— des Lahrer hinkenden Boten. Nr. 826—944. kl. 8. Lahr, M. Schauenburg. à Nr. — 02
Campe, die Erlebnisse des jungen Robinson Krusoe. Eine Erzählg. f. jung u. alt. Frei nach C. (208 S.) (Nr. 826—835.)
Gerstäcker, Frdr., Herr Hobelmann. Humoristische Erzählg. (79 S.) (906.) (Nr. 871–875.)
— der Wilddieb. Die Flucht üb. die Kordilleren. Erzählungen. (151 S.) (906.) (Nr. 895—904.)
Hauff, Wilh., die Bettlerin vom Pont des Arts. (131 S.) (906.) (Nr. 882–889.)
— Lichtenstein. Eine romant. Sage. (352 S.) (906.) (Nr. 846 bis 870)
— Jud Süß. Novelle. (88 S.) (906.) (Nr. 890—894.)
Hoffmann, E. T. A., der Artushof. Der Magnetiseur. Erzählungen. (87 S.) (906.) (Nr. 876—881.)
— das Fräulein v. Scuderi. Erzählung aus dem Zeitalter Ludwigs XIV. (85 S.) (906.) (Nr. 841—845.)
Jäger, Klara, aus Lenz u. Herbst. Erzählungen f. die reifere Jugend. Illustriert v. Aug. H. Blinke. (VII, 228 S.) (906.) (Nr. 930—944.)
Mörike, Eduard, Mozart auf der Reise nach Prag. Novelle. (76 S.) (906.) (Nr. 836—840.)
Wolf, Fel., der Dombaumeister v. Freiburg. Eine Erzählg. aus dem 13. Jahrh. (360 S.) (906.) (Nr. 905—929.)

— des Lahrer hinkenden Boten. Nr. 945—1651. kl. 8. Lahr, M. Schauenburg. à Nr. — 02
Bechstein, Ludw., deutsches Märchenbuch. (164 S.) (909.) (Nr. 1425—1435.)
Brentano, Klemens, das Märchen v. Gockel, Hinkel und Gackeleia in seiner ursprünglichen Gestalt. — Geschichte vom braven Kasperl u. dem schönen Annerl. (92 u. 39 S.) (908.) (Nr. 1246—1254.)
Buchner, Wilh., der große deutsch-französische Krieg 1870—1871. Für das Volk u. die Jugend erzählt. 6.—10. Tauf. (148 S. m. 1 farb. Bildnis u. 1 Karte.) 895. (Nr. 1268—1274.)
Droste-Hülshoff, Annette Freiin v., die Judenbuche. Ein Sittengemälde aus dem gebirg. Westfalen. — Die Schlacht im Loener Bruch. (55 u. 62 S.) (908.) (Nr. 1280—1287.)
Eichendorff, Jos. Frhr. v., aus dem Leben e. Taugenichts. Novelle. (98 S.) (907.) (Nr. 1007—1012.)
Gerstäcker, Frdr., das sonderbare Duell. Ein berühmter Mann. Die Backwoodsmen Nordamerikas. 3 Erzählgn. (92 S.) (907.) (Nr. 953—958.)
— Irrfahrten. Humoristische Erzählg. (109 S.) (908.) (Nr. 1161—1167.)
— Der Kunstreiter. Erzählung. (339 S.) (910.) (Nr. 1594—1618.)
— Herrn Mahlhubers Reiseabenteuer. Humoristische Erzählg. (128 S.) (908.) (Nr. 1190—1198.)
— Die Moderatoren. Erzählung aus Texas. (80 S.) (908.) (Nr. 1275—1279.)
— Die Regulatoren in Arkansas. Roman. (446 S.) (909.) (Nr. 1451—1480.)
— Verhängnisse. Erzählung. (131 S.) (909.) (Nr. 1541—1549.)
— Der tote Zimmermann. So du mir, so ich dir. Erzählgn. (61 S.) (909.) (Nr. 1330—1334.)
Goethe, W. v., Götz v. Berlichingen m. der eisernen Hand. Ein Schauspiel in 5 Akten. (95 S.) (907.) (Nr. 1001—1006.)
— Egmont. Ein Trauerspiel in 5 Aufzügen. (78 S.) (907.) (Nr. 1039—1043.)
— Leiden des jungen Werther. (139 S.) (908.) (Nr. 1134—1142.)

Grillparzer, Frz., die Ahnfrau. Trauerspiel in 5 Aufzügen. (94 S.) (908.) (Nr. 1324—1329.)
— König Ottokars Glück u. Ende. Trauerspiel in 5 Aufzügen. (103 S.) (909.) (Nr. 1550—1556.)
— Des Meeres u. der Liebe Wellen. Trauerspiel in 5 Aufz. (74 S.) (909.) (Nr. 1362—1366.)
— Sappho. Trauerspiel in 5 Aufzügen. (69 S.) (907.) (Nr. 1027—1031.)
— Der arme Spielmann. Das Kloster bei Sendomir. Zwei Novellen. (83 S.) (908.) (Nr. 1288—1293.)
Grimm, Brüder, Kinder- u. Hausmärchen. Vollständige Ausg. 2 Bde. (384 u. 401 S.) (909.) (Nr. 1375—1424.)
Hackländer, F. W., Bilder aus dem Leben. (192 S.) (906.) (Nr. 1301—1312.)
— Der letzte Bombardier. Roman. 3 Bde. (222, 222 u. 219 S.) (909.) (Nr. 1499—1540.)
— Humoristische Erzählungen. (194 S.) (908.) (Nr. 1224—1238.)
— Europäisches Sklavenleben. Roman in 5 Bdn. (222, 223, 222, 246 u. 224 S.) (908.) (Nr. 1051—1125.) Geb. in Leinw. 2. 50
— Das Soldatenleben im Frieden. (225 S.) (908.) (Nr. 1209—1223.)
Hauff, Wilh., die letzten Ritter v. Marienburg. Novelle. (71 S.) (908.) (Nr. 1255—1259.)
— Der Scheik v. Alessandria u. seine Sklaven. Märchen. (104 S.) (909.) (Nr. 1481—1487.)
— Das Wirtshaus im Spessart. Märchen. (173 S.) (909.) (Nr. 1488—1498.)
Heine, Heinr., die Harzreise. (83 S.) (908.) (Nr. 1204—1208.)
Hoffmann, E. T. A., Doge u. Dogaresse. Die Fermate. 2 Erzählgn. (79 S.) (909.) (Nr. 1349—1353.)
Horn, W. O. v. (W. Oertel), eine Korsarenjagd im indischen Inselmeere. Eine Geschichte, dem Volke u. der Jugend erzählt. (72 S.) (910.) (Nr. 1632—1636.)
— Ein Ostindienfahrer. Eine Geschichte f. die Jugend u. das Volk. (109 S.) (910.) (Nr. 1619—1625.)
— Von den 2 Savoyardenbüblein. Eine Geschichte, der Jugend u. dem Volke erzählt. (90 S.) (910.) (Nr. 1626—1631.)
Kleist, Heinr. v., das Käthchen von Heilbronn od. Die Feuerprobe. Großes histor. Ritterschauspiel in 5 Akten. (90 S.) (906.) (Nr. 1143—1148.)
— Michael Kohlhaas. Historische Erzählg. (120 S.) (907.) (Nr. 994—1000.)
— Die Marquise v. O . . . . u. andere Erzählungen. (109 S.) (908.) (Nr. 1168—1174.)
Kopisch, Aug., ein Karnevalsfest auf Ischia. Entdeckung der blauen Grotte auf der Insel Capri. Zwei Geschichten. (87 S.) (909.) (Nr. 1343—1348.)
Körner, Thdr., Erzählungen. (71 S.) (908.) (Nr. 1313—1317.)
— Zriny. Ein Trauerspiel in 5 Aufzügen. (79 S.) (908.) (Nr. 1149—1153.)
Lessing, G. E., Minna v. Barnhelm od. das Soldatenglück. Ein Lustspiel in 5 Aufzügen. (86 S.) (908.) (Nr. 1175—1180.)
— Emilia Galotti. Ein Trauerspiel in 5 Aufzügen. (69 S.) (908.) (Nr. 1186—1190.)
— Nathan der Weise. Ein dramat. Gedicht in 5 Aufzügen. (126 S.) (907.) (Nr. 945—952.)
Ludwig, Otto, zwischen Himmel u. Erde. Roman. (198 S.) (907.) (Nr. 981—993.)
— Aus dem Regen in die Traufe. Erzählung. (92 S.) (910.) (Nr. 1637—1643.)
Meyr, Melch., Ende gut, alles gut. Erzählung aus dem Ries. (125 S.) (909.) (Nr. 1354—1361.)
— Ludwig u. Annemarie. Erzählung aus dem Ries. (120 S.) (909.) (Nr. 1335—1342.)
Möllhausen, Balduin, Erzählungen. I. Bdchn. Die Ansiedler. — Die Bärenhaut. — Die alte Harfenistin. (99 S.) (910.) (Nr. 1564—1573.)
— dasselbe. II. Bdchn. Verkauft. — Der Finkenkrug. — Im letzten Augenblick. (131 S.) (910.) (Nr. 1574—1583.)
Möllhausen, Balduin, Erzählungen. III. Bdchn. Die Hochzeit in der Prärie. — Das Testament des Lumpensammlers. — Der Eulenkneisel. (133 S.) (910.) (Nr. 1584—1593.)
Mörike, Eduard, das Stuttgarter Hutzelmännlein. Märchen. (104 S.) (908.) (Nr. 1294—1300.)
Müllner, Adf., der Kaliber. Aus den Papieren e. Kriminalbeamten. (83 S.) (907.) (Nr. 1013—1017.)
Schiller, Frdr. v., die Braut v. Messina od. die feindlichen Brüder. Ein Trauerspiel m. Chören. (84 S.) (908.) (Nr. 1199—1203.)
— Erzählungen. (Der Verbrecher aus verlorener Ehre. Eine großmüt. Handlg. aus der neuesten Geschichte. Merkwürdiges Beispiel e. weibl. Rache. Spiel des Schicksals.) (87 S.) (908.) (Nr. 1318—1323.)
— Der Geisterseher. Aus den Papieren des Grafen v. O**. (114 S.) (907.) (Nr. 1018—1026.)
— Die Jungfrau v. Orleans. Eine romant. Tragödie. (109 S.) (908.) (Nr. 1239—1245.)
— Die Räuber. Ein Schauspiel. (118 S.) (907.) (Nr. 973—980.)
— Maria Stuart. Ein Trauerspiel. (120 S.) (908.) (Nr. 1260—1267.)
— Wilhelm Tell. Schauspiel in 5 Aufzügen. (100 S.) (907.) (Nr. 1044—1050.)
— Die Verschwörung des Fiesco zu Genua. Ein republikan. Trauerspiel. (104 S.) (910.) (Nr. 1557—1563.)
— Wallenstein. Ein dramat. Gedicht. 2 Tle. in 1 Bde. (112 u. 116 S.) (907.) (Nr. 959—972.) Geb. in Leinw. — 50
Stifter, Adalb., Abdias. Erzählung. (104 S.) (909.) (Nr. 1444—1450.)
— Bergkristall. Brigitta. 2 Erzählgn. (122 S.) (909.) (Nr. 1436—1443.)
— Feldblumen. (123 S.) (910.) (Nr. 1644—1651.)
— Der Hagestolz. Erzählung. (130 S.) (909.) (Nr. 1367—1374.)
— Der Hochwald. Erzählung. (106 S.) (907.) (Nr. 1032—1038.)
— Die Narrenburg. Erzählg. (125 S.) (908.) (Nr. 1126—1133.)

Zschokke, Heinr., das Goldmacherdorf. Eine anmut. u. wahrhafte Geschichte f. Schule u. Haus. (112 S.) (908.) (Nr. 1154—1160.)
— Hans Dampf in allen Gassen. Erzählung. (70 S.) (908.) (Nr. 1181—1185.)

Volks-Bibliothek, christliche. Hrsg. und verlegt von dem Haupt-Verein für christliche Erbauungsschriften. 1.—12. Bd. gr. 16. Berlin, (Beck — W. Schultze.) * 11 80

Inhalt:

Bd. 1. Stein, Armin, der Leiermann und sein Kind. Eine Dorfgeschichte. (87 S. mit 1 Chromolithogr.) 873. *ℳ 1.
• 2. Aulich, W., die Badereise. Eine Erzählung für das Volk. (51 S. mit 1 Chromolithogr.) 873. * 90 Pf.
• 3. Quednow, M., Blumenkäthchen. Eine Erzählung. (54 S.) 873. * 90 Pf.
• 4. Claudius, Martin, der Bettler, oder wer den Armen giebt, der leihet dem Herrn. (48 S.) 873. * 90 Pf.
• 5. Brennekam, Otto, der Heidereiter von Grimnitz. Dem deutschen Volke erzählt. (120 S.) 873. *ℳ 1,20.
• 6. Höchstetter, Wilh. Christ., die Feuertaufe. Erzählung aus dem Volke und für das Volk. (137 S.) 873. *ℳ 1,50.
• 7. Gumpert, Thecla v., Mutter Treuen und ihre Töchter. Erzählung aus der Gegenwart. (74 S. mit 1 color. Stnt.) 874. 75 Pf.
• 8. —— Mutter Treuen und ihre Söhne. Erzählung aus der Gegenwart. (73 S. mit 1 color. Stnt.) 874. 75 Pf.
• 9. Mors, Rudf., die alte Linde. (140 S. mit 1 color. Stnt.) 874. ℳ 1,35.
• 10. Claudius, Mart., die Fahrt nach der Robbeninsel. Eine Volksgeschichte. (75 S. mit 1 color. Stnt.) 874. 75 Pf.
• 11. —— der beste Dienst. Eine Erzählung. (107 S. mit 1 Chromolithogr.) 874. *ℳ 1,5.
• 12. Steinbrück, Herm., Sonntagsbilder. Zwei Erzählungen aus der Kirche und aus dem Leben. (76 S. mit 1 Chromolithogr.) 874. * 75 Pf.

—— christliche. 13.—30. Bd. gr. 16. Berlin, Haupt-Verein für christl. Erbauungsschriften. cart.

Inhalt:

Bd. 13. Brennekam, Otto, Werbelow. Eine Erzählung aus des Vaterlandes Vorzeit. (116 S.) 876. 90 Pf.
• 14. Quednow, M., Heinrich und Gertrud, oder Gottes Wege sind wunderbar. Eine Erzählung. (88 S.) 75 Pf.
• 15. Martin Hübner. Eine Erzählung aus der letzten Hälfte des 16. Jahrh. von O. G. (217 S.) 876. ℳ 1,80.
• 16. Kinderlieb, Auguste, die Familie Reels. Eine Dorfgeschichte für das Volk erzählt. (167 S.) 876. ℳ 1,50.
• 17. Die Schatten der Vergangenheit. Eine Erzählung aus dem Leben von H...... (56 S.) 876. 60 Pf.
• 18. Reichstadt, A., Leben im Lichte. Zwei Erzählungen. I. An einem Krankenbette. II. Die blinde Marie. (52 S.) 877. 60 Pf.
• 19. Friedrich, Joh., verschiedene Wege. Erzählung für das Volk. (76 S.) 877. 75 Pf.
• 20. Aus Braunschweigs Vorzeit. Erzählung von H. H. (73 S.) 877. 75 Pf.
• 21. Friedrich, Joh., in der elften Stunde. Erzählung für das Volk. (92 S.) 878. 90 Pf.
• 22. Claudius, Mart., ein Samenkorn. Eine Erzählung. (67 S.) 878. 60 Pf.
• 23. Constanz, A., vier Erzählungen eines Großvaters. (63 S.) 878. 60 Pf.
• 24. Waldern, M., ein Mädchenleben. Eine Erzählung. (86 S.) 878. 75 Pf.
• 25. Brennekam, Otto, Weihnachten. Eine Erzählung. (144 S.) 879. ℳ 1,20.
• 26. —— Nicolaus v. Buch, oder das märkische Chillon. Erzählung aus des Vaterlandes Vorzeit. (157 S.) 879. ℳ 1,20.
• 27. Eigener Wille und Gottes Wege. Josephe. Zwei Erzählungen für das Volk von der Verf. der „Vier Erzählungen eines Großvaters". (87 S.) 879. 75 Pf.
• 28. Fischer, H. A., das Waisenkind. Ein Bild aus dem Arbeiterstande, dargestellt für Alt und Jung im deutschen Volke. (147 S.) 879. ℳ 1,20.
• 29. Reichstadt, A., die Sklavin vom Kaukasus oder ein Amulet von Gottes Gnaden. Erzählung aus dem letzten russisch-chiwes. Kriege. (88 S.) 879. 75 Pf.
• 30. Friedrich, Joh., mit Harren und Hoffen. Eine Erzählung für das Volk. (100 S.) 90 Pf.

Volks-Bibliothek, christliche. 31.—40. Bd. gr. 16. Berlin, Hauptverein für christl. Erbauungsschriften. cart.

Inhalt:

Bd. 31. Kinderlieb, Auguste, der Kindertausch oder die treuen Geschwister. Erzählung für das Volk. (218 S.) 880. ℳ 1,80.
• 32. Hochkirch, J., im Lande Kubanze. Eine Erzählung aus alter Zeit. (84 S.) 880. 75 Pf.
• 33. Uhlmann, A., Ungetraut. Eine Geschichte zum Civilstands-Gesetze. (156 S.) 880. ℳ 1,20.
• 34. Gnade um Gnade. (200 S.) 880. ℳ 1,50.
• 35. Brennekam, Otto, ein leichtes Herz. Volkserzählung. (142 S.) 882. ℳ 1,20.
• 36. In Freud und Leid Gott allezeit. Erzählungen von O. v. G. (143 S.) 883. ℳ 1,20.
• 37. Kinderlieb, Auguste, die See-Rose oder eine Mutter, die ihre Kinder sucht. Volkserzählung. (132 S.) 884. ℳ 1,20.
• 38. Norden, Erich, verloren und wiedergefunden. Volkserzählung. (65 S.) 884. 60 Pf.
• 39. Wedig, Annette, Treue im Kleinen. Volkserzählung. (96 S.) 881. 90 Pf.
• 40. Zu Gott den Sinn durch Alles hin. Aufzeichnungen aus dem Leben von O. v. G. (107 S.) 884. *ℳ 1.

• 44. Friesen, Mathilde Freifrau v., geb. Gräfin Kanitz, geläutert wie Gold. Eine Erzählung aus dem Leben. (56 S.) 887. * 40 Pf.
• 45. Brennekam, Otto, Christrosen. Fünf Weihnachtserzählungen. (100 S.) 888. * 60 Pf.
• 46. —— wirre Pfade, Gottes Gnade. Fünf Erzählungen. (165 S.) 888. *ℳ 1.

Volksbibliothek, christliche. 41.—46. Bd. 12. Berlin, Hauptverein für christl. Erbauungsschriften. cart. **

Inhalt:

Bd. 41. Meisner, M., der Sonne entgegen. Eine Erzählung. (96 S.) 885. ** 60 Pf.
• 42. Grüß Gott alle lieben Leser. Aufzeichnungen aus dem Leben von O. v. G. (224 S.) 885. **ℳ 1.20.
• 43. Meisner, M., durch Blut und Thränen. Eine Erzählung. (79 S.) 886. 75 Pf.

Volksbibliothek, christliche. 47. u. 48. Bd. 12. Berl. 889, Hauptverein f. christl. Erbauungsschriften. cart. * 1 40
47. Von Weihnachten bis Ostern. Aufzeichngn. aus dem Leben v. O. v. G. (154 S.) * — 80.
48. Brennekam, Otto. Aus einer Dorfchronik. Erzählg. (86 S.) * — 60.

— christliche. 49.—56. Bd. 12. Berlin, Hauptverein f. christl. Erbauungsschriften. Kart. n. 5. 90
49. Aus vergangenen Tagen. Vaterländische Erzählg. aus dem 16. Jahrh. v. Helene Berthold. (115 S.) 890. n. — 70
50. Aus Stadt u. Land. 4 Erzählgn. v. Otto Brennekam (119 S.) 890. n. 7
51. Durchs rote Meer. Eine Erzählg. v. M. Meisner. (95 S.) 890. n. — 60
52. Durch Sturm zur Stille. 5 Erzählgn. v. Otto Brennekam. (112 S.) 893. n. — 70
53. Mutter Ursel u. ihre Kinder od. Gott führt wunderbar. Volkserzählung v. Auguste Kinderlieb. (IV, 182 S.) 893. n. 1. —
54. Um des Glaubens willen. Historische Erzählg. aus dem 17. Jahrh. v. Helene Berthold. (130 S.) 894. n. — 70
55. Der wilde Peter. Eine Erzählg. v. M. Eltner. (68 S.) 894. n. — 50
56. Ein reicher Lazarus u. e. armer Reicher. Volkserzählg. v. Auguste Kinderlieb. (168 S.) 894. n. 1. —

Volksbibliothek, christliche. 57.—61. Bd. 12. Berlin, Hauptverein f. christl. Erbauungsschriften. Kart. n. 2. 60
57. Lebensbilder aus Palästina. E. Erzählung v. Elischeba. (93 S.) 896. n. — 60
58. Die Enkelin. Eine Erzählg. v. Jutta Ihlenfeld. (126 S.) 896. n. — 70
59. Nettelbeck. Ein Lebensbild v. Ad. Gründler. (IV, 52 S.) 896. n. — 40
60. Warum? E. Lebensbild v. M. Hoehne. (10 S.) 898. n. — 40
61. D. Größte unter ihnen. Erzählg. aus d. Zeit v. Deutschlands Schmach u. Befreig. v. Ad. Gründler. (91 S.) 897. n. — 50

-- christliche. 62. u. 63. Bd. 12. Berlin, Hauptverein f. christl. Erbauungsschriften. Kart. n. 1. 20
62. Im fremden Lande. Erinnerungen e. deutschen Ansiedlers in Brasilien. Von W. Herren. (V, 88 S.) 899. n. — 60
63. Wetterleuchten. 4 Erzählgn. Von Martha Eltner. (IV, 110 S.) (899.) n. — 70

Volks-Bibliothek, christliche. IV. 8. Gotha 877. Schloeßmann. n. — 50 (1—4.: n. 2. 70)
Verloren u. Wiedergefunden. Eine Erzählung aus dem Volk u. für das Volk. Aus dem Franz. (46 S.)
I—III. s.: Geschichts- u. Missions-Bibliothek, christliche.

Volks- u. Jugend-Bibliothek, christliche. Eine ausgewählte Sammlung sittlich-religiöser Unterhaltungsschriften des Auslandes. Bearb. u. hrsg. von e. Vereine f. Verbreitung guter u. wohlf. Bücher. 1. u. 2. Bdchn. A. u. d. Ttl.: Abendunterhaltungen eines Familienvaters, oder die christl. Sittenlehre in Beispielen f. die heranwachsende Jugend. Aus dem Franz. des J. B. J. Champagnac. 2 Bdchn. 16. (12½ B. u. 1 Stahlst.) Augsburg 844, Schlosser's Buchh.

CHRISTLICHE Volksbibliothek zur Wehr und Lehr. Redigiert von Stefan Auer. Budapest 1897: Skt.-Gerhards-Druckerei. - 180 mm
Jg. 1. H. 1. Peter Zundl: Zwei neue Heilige. Eine Reise von Budapest nach Rom und zurück. 32 S.
H. 3-4. Ignaz Resch: Es gibt einen Gott. 16. 15 S.
H. 7. Stefan Auer: Gründet katholische Volksbibliotheken. 15. 1 S.
H. 8-9. Stefan Auer: Der Sozialismus in Ungarn. 32 S.
H. 10-11. Ludwig Fiedler: Marien-Legenden. 16. 16 S.

[J.] Cordiers illustrierte Volks-Bibliothek. Bd 1. *Heiligenstadt: F. W. Cordier 1897.* 8. [97. 198]

— Cotta'sche. 52 Bde. 12. Stuttg. 889—92, Cotta Nachf. geb. à Bd. * — 50

Nr. 3, 13, 23, 25, 27, 29, 31, 33, 35, 36, 38, 41:
Goethe's ausgewählte Werke in 12 Bdn. (208; 208; 260; 200; 298; 236; 203; 220; 267; 268; 192; 268 S.)
Nr. 9, 19, 28, 37, 43, 47:
Hauff's sämtliche Werke in 6 Bdn. (224; 211; 294; 232; 256; 280 S.)
Nr. 7, 17, 26, 34:
Körner's sämtliche Werke in 4 Bdn (211; 211; 252; 191 S.)
Nr. 5, 15, 24, 36, 40. 45:
Lessing's, G. E., ausgewählte Werke in 6 Bdn. (232; 255; 194; 192; 262; 244 S.)
Nr. 1, 2, 4, 6, 8, 10, 12, 14, 16, 18, 20, 22:
Schiller's sämtliche Werke in 12 Bdn. (280; 292; 252; 216; 228; 252; 223; 298; 328; 316; 264; 332 S.)
Nr. 11, 21, 30, 39, 42, 44. 46, 48, 49, 50, 51, 52:
Shakespeare's sämtliche dramatische Werke in 12 Bdn. Uebers. v. Schlegel u. Tieck. (178; 208; 215; 304; 240; 256; 280; 194; 236; 194; 228; 236 S.)

— Cotta'sche. (In 52 Bdn.) 1.–28. Bd. 12. Stuttgart 889. 890. Cotta Nachf. geb. à Bd. n. — 50

Goethe's ausgewählte Werke in 12 Bdn. 1.—5. Bd. (208, 208, 260, 200, 298 S.)
Hauff's sämtliche Werke in 6 Bdn. 1—3. Bd. (224 S. m. Bild, 211, 294 S.)
Körner's sämtliche Werke in 4 Bdn. 1.—3. Bd. (211 S. m. Bild, 211, 252 S.)
Lessing's, G. E., ausgewählte Werke in 6 Bdn. 1.—3. Bd. (232 S. m. Bild, 255, 191 S.)
Schiller's sämtliche Werke. 12 Bde. (280, 292, 252 S. m. 1 Bild, 216, 228, 252, 223, 298, 328, 316, 261, 332 S.)
Shakespeare's sämtliche Werke in 12 Bdn. Übers. v. Schlegel u. Tieck. 1. u. 2. Bd. (178 S. m. Bild, 208 S.)

Volks-Bibliothek, Cotta'sche. 29.—52 (Schluß-)Bd. 12. Stuttgart, J. G. Cotta Nachf. Geb. in Leinw. à n. — 50

29. 31. 33. 35. 36. 38. 41. Goethe's ausgewählte Werke in 12 Bdn. 6.—12. Bd. (236, 203, 220, 267, 268, 192 u. 268 S.) 891.
30. 39. 42. 44. 46. 48—52. Shakespeare's sämtliche dramatische Werke in 12 Bdn. Uebers. v. Schlegel u. Tieck. 3.—12. Bd. (215, 304, 240, 256, 280, 194, 226, 194, 228, 236 S.) 891. 892.
32. 40. 45. Lessing's, G. E., ausgewählte Werke in 6 Bdn. 4.—6. Bd. (192, 262, 244 S.) 891. 892.
34. Körner's sämtl. Werke in 4 Bdn. 4. Bd. (191 S.) 891.
37. 43. 47. Hauff's, Wilh., sämtliche Werke in 6 Bdn. 4.—6. Bd. (232, 256, 280 S.) 891. 892.

— dasselbe. 2. Reihe. 48 Bde. 12. Ebd. Geb. in Leinw. à n. — 50

1. 2. Uhland's Gedichte u. Dramen in 2 Bdn. (287 u. 276 S. m. Bildnis.) 892.
3—6. Chamisso's gesammelte Werke in 4 Bdn. (279, 319, 251 u. 282 S. m. Bildnis.) 892.
7—10. H. v. Kleist's sämtliche Werke in 4 Bdn. (195, 232, 228 u. 228 S. m. Bildnis.) 893.
11—14. Lenau's sämtliche Werke in 4 Bdn. (216, 200, 227 u. 196 S. m. Bildnis.) 893.
15—26. Heinr. Heine's sämtliche Werke in 12 Bdn. (228, 307, 246, 191, 220, 252, 228, 247, 246, 240, 284 u. 276 S. m. Bildnis.) 893.
27—30. Jeremias Gotthelf's ausgewählte Werke in 4 Bdn. (286, 315, 255 u. 204 S. m. Bildnis.) 893.
31. 32. J. v. Eichendorff's ausgewählte Werke in 2 Bdn. (251 u. 168 S. m. Bildnis.) 894.
33—38. E. T. A. Hoffmann's ausgewählte Werke in 6 Bdn. (218, 206, 204, 324, 247 u. 263 S. m. Bildnis.) 894.
39—42. Heinr. Zschokke's ausgewählte Werke in 4 Bdn. (188, 227, 240 u. 224 S. m. Bildnis.) 894.
43. 44. Ferd. Raimund's sämtliche Werke in 2 Bdn. (224 u. 236 S. m. Bildnis.) 894.
45. Der Oberhof. Von Karl Immermann. (296 S. m. Bildnis.) 894.
46. Luise u. Idyllen. Von Joh. Heinr. Voß. (197 S. m. Bildnis.) 894.
47. Oberon. Von Ch. M. Wieland. (209 S. m. Bildnis.) 894.
48. Die Frithjofssage u. Gedichte in Auswahl. Von Esaias Tegnér. (178 S. m. Bildnis.) 894.

Deutsch-Anische Volks-Bibl. Volks-schriften d Dt-Anischen Vereins. Hamburg. 1854.

Deutsch-Amerikanische Volksbibliothek: 1872--? New York, NY
Founded by S. Zickel as a weekly.

Deutsch-Amerikanische Volksbibliothek: Se GANAP vol 1 New York, NY
KyLexRe Vol 5, 1877; vol 16, zweite Hälfte, 1889

— deutsche. Neue Folge. 100 Lfgn. gr. 16. Stuttgart 858—60, Cotta'sche Buchh. — Leipzig, Göschen'sche Verlagsh. à Lfg. * 4 Ngr. Thlr. *

Inhalt:

Gudrun. Deutsches Heldenlied übers. von Carl Simrock. (460 S.) (Lfg. 36. 37.)
Hebbel, J. P., Schatzkästlein des rheinischen Hausfreundes. (VIII und 285 S. mit 60 eingedr. Holzschn.) (Lfg. 52. 53.)
Heldenbuch, das kleine. (725 S.) (Lfg. 45. 56. 57.)
Hippel, Th. G. v., Kreuz- und Querzüge des Ritters A bis Z. 2 Thle. (669 S.) (Lfg. 79. 82. 83. 86.)
— Lebensläufe nach aufsteigender Linie nebst Beilagen A. B. C. 1. 2. Thl. und 3. Thl. 2 Bde. (1367 S.) (Lfg. 38. 39. 42. 43. 46. 47. 50. 51.)
Homer's Werke, von Joh. Heinr. Voß. 2 Bde. [1. Bd.: Ilias. (XI und 682 S.) 2. Bd.: Odyssee. (540 S.)] (Lfg. 3. 11. 13. 72. 73. 76.)
Houwald, Chrph. Ernst Frhr. v., sämmtliche Werke. 5 Bde. [1. Bd. (III und 524 S.) 2. und 3. Bd. (VI und 903 S.) 4. Bd. (III und 453 S.) 5. Bd. (VI und 664 S.)] (Lfg. 2. 6. 10. 14. 15. 18. 19. 22. 23. 54. 55. 58. 59. 87. 90. 91.)
Humboldt, Alex. v., Ansichten der Natur, mit wissenschaftlichen Erläuterungen. 2 Bde. [1. Bd. (X und 262 S.) 2. Bd. (294 S.) (Lfg. 48. 49. 80. 81.)
— Kosmos. Entwurf einer physischen Weltbeschreibung. 4 Bde. [1. Bd. (XVI und 507 S.) 2. Bd. (535 S.) 3. Bd. (645 S. mit 1 Tab. in 4.) 4. Bd. (690 S.)] (Lfg. 1. 7. 9. 24. 25. 28. 29. 60. 61. 64. 65. 84. 85. 88. 89. 94. 95. 98—100.)
Iffland's, A. W., theatralische Werke in einer Auswahl. 10 Bde. [1. Bd. (III und 256 S.) 2. Bd. (III und 269 S.) 3—5. Bd. (874 S.) 6—10. Bd. (XV und 1547 S.)] (Lfg. 4. 8. 12. 26. 27. 30. 31. 34. 35. 62. 63. 66. 67. 70. 71. 74. 75. 78.)
Lenau, Nicol., die Albigenser. Freie Dichtungen. (IV und 170 S.) (Lfg. 77.)
— Faust. Ein Gedicht. (IV und 192 S.) (Lfg. 5.)
— Savonarola. Ein Gedicht. (IV und 268 S.) (Lfg. 32. 33.)
Nibelungenlied, das. Uebersetzt von Carl Simrock. (525 S.) (Lfg. 40. 41. 44.)
Zedlitz, (J. Ch. Frhr. v.), altnordische Bilder. (V und 154 S.) (Lfg. 69.)
— dramatische Werke. 4 Thle. (XII und 684 S.) (Lfg. 92. 93. 96. 97.)
— Gedichte. (VII und 545 S.) (Lfg. 16. 17. 20.)
— Soldatenbüchlein. (IV und 144 S.) (Lfg. 68.)
— Waldfräulein. Ein Mährchen in 18 Abentheuern. (XII und 156 S.) (Lfg. 21.)

— dass. — Dritte Reihe. 118 Lfgn. gr. 16. Ebendas. 861,62. à Lfg. * 4 Ngr. *

Inhalt:

Herder's, Joh. Gfried. v., sämmtliche Werke zur schönen Literatur und Kunst. 13 Bde. [1. Bd. (375 S.) 2. und 3. Bd. (XII und 675 S.) 4. Bd. (XII und 436 S.) 5—7. Bd. (XLIV und 909 S.) 8—12. Bd. (LII und 1730 S.) 13. Bd. (VI und 540 S.)] (Lfg. 1. 5. 13. 17. 25. 35. 51. 55. 63. 71. 75. 79. 83. 87. 91. 95. 99. 101. 103. 105. 107. 109. 111. 113. 115. 117.)
Auerbach, Berthold, Schwarzwälder Dorfgeschichten. 6 Bde. [1. Bd. (VII und 386 S.) 2. Bd. (III und 296 S.) 3. Bd. (356 S.) 4. Bd. (282 S.) 5. und 6. Bd. (714 S.)] (Lfg. 2. 7. 10. 26. 36. 42. 52. 67. 76. 80. 84. 88.)
Riehl, W. H., Land und Leute. (XVI und 464 S.) (Lfg. 3. 6.)
Humboldt, Alex. v., Reisen in die Aequinoctialgegenden des neuen Continents. In deutscher Bearbeitung von H. Hauff. Nach der Anordnung und unter Mitwirkung des Verf. 6 Bde. [1. Bd. (XVI und 216 S.) 2. Bd. (300 S.) 3. Bd. (242 S.) 4. Bd. (293 S.) 5. Bd. (267 S.) 6. Bd. (396 S. mit 1 lithogr. Karte in qu. Fol.)] (Lfg. 4. 8. 21. 31. 59. 69. 77. 81. 85. 89. 93. 97.)
Müller, Johs. v., 24 Bücher allgemeiner Geschichten besonders der europäischen Menschheit. 4 Bde. [1. Bd. (XXIV und 294 S.) 2. Bd. (VIII und 299 S.) 3. Bd. (VIII und 298 S.) 4. Bd. (VI und 395 S.)] (Lfg. 9. 14. 18. 29. 41. 48. 56. 64.)
Tegnér, Esaias, die Frithiofs-Sage. Aus dem Schwed. übers. von Amalie v. Helwig. (XII und 194 S.) (Lfg. 11. 15.)
Riehl, W. H., die bürgerliche Gesellschaft. (X und 486 S.) (Lfg. 12. 16. 22. 39.)
Ossian's Gedichte. Aus dem Gälischen von Chrn. Wilh. Ahlwardt. 3 Bde. [1. und 2. Bd. (645 S.) 3. Bd. (114 S.)] (Lfg. 19. 23. 27. 33. 58. 62.)
Jünger, J. F., komisches Theater. 2 Bde. [1. Bd. (331 S.) 2. Bd. (III und 351 S.)] (Lfg. 20. 24. 28. 43.)
Pfeffel, Gottl. Conr., Fabeln und poetische Erzählungen in Auswahl hrsg. von H. Hauff. 2 Bde. [1. Bd. (XXII und 442 S.) 2. Bd. (VII und 308 S.)] (Lfg. 30. 47. 68. 72.)
Wolfram v. Eschenbach, Parzival und Titurel. Rittergedichte. Uebersetzt und erläutert von C. Simrock. 2 Bde. [1. Bd. (668 S.) 2. Bd. (606 S.)] (Lfg. 32. 40. 46. 60. 66. 70. 74. 78.)
Steigentesch, A. v., Lustspiele. 2 Thle. [1. Thl. (III und 288 S.) 2. Thl. (S. 1—274.)] (Lfg. 34. 37. 44. 50.)
Alxinger, J. v., Bliomberis, ein Rittergedicht. 2 Bde. (595 S.) (Lfg. 38. 49. 53. 54.)
Riehl, W. H., die Familie. (XI und 361 S.) (Lfg. 45. 65.)
Alxinger, J. v., Doolin von Mainz. Ein Rittergedicht in zehn Gesängen. (322 S.) (Lfg. 57. 61.)
Riehl, W. H., culturgeschichtliche Novellen. (XI und 444 S.) (Lfg. 73. 82. 86. 90.)
Auerbach, Berthold, Barfüßele. (257 S.) (Lfg. 92. 96.)
Riehl, W. H., Culturstudien aus drei Jahrhunderten. (VI und 408 S.) (Lfg. 94. 98.)
Auerbach, Berthold, Schatzkästlein des Gevattersmanns. 2 Bde. (XIII und 518 S.) (Lfg. 100. 102. 104. 106.)
— neues Leben. Eine Lehrgeschichte in fünf Büchern. 3 Bde. [1. und 2. Bd. (VI und 445 S.) 3. Bd. (246 S.)] (Lfg. 108. 110. 112. 114. 116. 118.)

Vgl.: Classiker, deutsche.

— dass. — Supplement, s. Klencke, H., Alexander v. Humboldt.

—— deutsche. 4. Reihe. Taschen-Ausg. 114 Lfgn. 12. Stuttgart 878—80, Cotta'sche Buchh. à Lfg. 40 Pf.

Inhalt:

Brentano, Clemens, Märchen. Mit Portr. des Verf. in Holzschn. 2 Bde. (L, 344; 422 S.) geb. *ℳ 4,80. 52. 60. 68. 76. 82. 90.

Briefwechsel zwischen Schiller und Lotte. 3 Bde. 2. den ganzen Briefwechsel umfass. Ausg. bearb. von Wilh. Fielitz. Mit Schiller's Portr. in Holzschn. (XX, 334; VI, 316; VI, 238 S.) geb. *ℳ 4. 40. 45. 47. 51. 59. 69. 75. 77.

Droste-Hülfshoff, Freiin Annette v., gesammelte Schriften. Mit dem Portr. der Dichterin in Holzschn. 3 Bde. (VIII, 432; 380; XII, 222 S.) geb. *ℳ 4. 8. 12. 16. 21. 28. 35. 38. 71. 77.

Ebner-Eschenbach, Marie Freifrau v., Erzählungen. Mit dem Portr. der Verf. in Holzschn. (167 S.) 57. 67.

Geibel's, Eman., Gedichte. Erste Periode. Mit dem Portr. des Dichters in Holzschn. (XII, 204 S.) geb. *ℳ 2,20. 3. 15.

Grillparzer's, Frz., Werke. Mit Portr. des Dichters in Holzschn. 10 Bde. (XLVI, 310; 246; 248; 276; 300; 270; 232; 276; 268; 411 S.) 5. 9. 27. 33. 41. 46. 49. 54. 61. 65. 72. 78. 83. 86. 88. 91. 94. 96. 98. 102. 107. 111. 113.

Heyse, Paul, neue Novellen. Mit Portr. des Verf. in Holzschn. (205 S.) 2. 13.

—— Thekla. (149 S.) 22.

Hoefer, Edm., Novellen. Mit Portr. des Verf. in Holzschn. (350 S.) 101. 105. 108.

Kerner, Justinus, ausgewählte poetische Werke. Mit Portr. des Dichters in Holzschn. 2 Bde. (XXXII, 266; VI, 412 S.) geb. *ℳ 3,50. 24. 31. 37. 48. 64.

Klinger's, F. M., ausgewählte Werke. Mit Portr. des Verf. in Holzschn. 8 Bde. (XVIII, 282; 289; VIII, 390; 386; 305; 330; 223; 225 S.) geb. *ℳ 4,50. 14. 19. 25. 29. 34. 43. 53. 58. 66. 70. 79. 84. 87. 89. 92. 95. 97. 99. 104. 110.

Kurz, Heinr., Schillers Heimathjahre. Mit Portr. des Verf. in Holzschn. 2 Bde. (348; 356 S.) 74. 81. 93. 100. 103.

—— Sonnenwirth. 2 Bde. (280; 318 S.) 106. 109. 112. 114.

Redwitz, Osc. v., Hermann Stark. 3. Aufl. Mit Portr. des Verf. in Holzschn. 3 Bde. (VIII, 383; VI, 348; VI, 467 S.) 32. 36. 42. 56. 62. 67. 73. 80. 85.

Riehl, W. H., Geschichten und Novellen. Mit dem Portr. des Verf. in Holzschn. 2 Bde. (457; XI, 608 S.) 6. 10. 17. 23. 30. 39. 44. 50.

Rückert, Friedr., die Makamen des Hariri. Mit Portr. des Dichters in Holzschn. (XVI, 340 S.) 4. 8. 18.

Uhland's, Joh. Ludw., Gedichte und Dramen. Mit Portr. des Dichters. 3 Bde. (XVI, 156; X, 252; XX, 170 S.) geb. *ℳ 5. 1. 7. 11. 20. 26.

Varnhagen v. Ense, K. A., deutsche Erzählungen. 2. Aufl. Mit Portr. des Verf. in Holzschn. (211 S.) geb. *ℳ 1.20. 55. 63.

Von vorstehenden Werken werden einzeln abgegeben, jedoch nur gebunden: Brentano, Briefwechsel zwischen Schiller und Lotte, Droste-Hülshoff, Geibel, Kerner, Klinger, Uhland, Varnhagen v. Ense.

—— deutsche. Neue Folge. 25—42. Lfg. (Afrika. 1—4. Bd.) gr. 16. Berlin 861. 62, Hasselberg'sche Verlagsh. à Lfg. * 4 Ngr. Thlr. *

Inhalt:

Kletke, H., Afrika, dargestellt in den Forschungen und Erlebnissen der berühmtesten Reisenden neuerer Zeit. Ein geographisches Lesebuch. [1. Bd.: David Livingstone's Reisen in Südafrika. (696 S.) 2. Bd.: Paul du Chaillu's Reisen in Centralafrika. (463 S.) 3. Bd.: Heinrich Barth, Overweg und Richardson, Reise in Central-Afrika in den J. 1849—1855. (XII und 558 S.) 4. Bd.: Der Okovanghofluß. Chr. J. Andersson's Reise im südwestlichen Afrika. Aus dem Engl. bearb. (S. 1—64.)]

Die 1—24. Lfg. bildet: Kletke, H., Alex. v. Humboldt's Reisen rc.

—— deutsche. Neue Folge. 43.—52. Lfg. gr. 16. Berlin 863,64, Hasselberg'sche Verlagsh. à Lfg. * 4 Ngr. *

Inhalt:

Kletke, H., Afrika, dargestellt in den Forschungen und Erlebnissen der berühmtesten Reisenden neuerer Zeit. Ein geograph. Lesebuch. 4. Bd.: Der Okovanghofluß. Ch. J. Andersson's Reisen im südwestlichen Afrika. Aus dem Engl. bearb. (S. 65—237.) 5. Bd.: Ed. Vogel's Reise in Centralafrika. Eine Darstellung seiner Forschungen und Erlebnisse nach hinterlassenen Papieren des Reisenden. Nebst einem Bericht der Expedition zur Aufsuchung des Verschollenen. (V und 281 S.) 6. Bd.: Der Nil und seine Quellen. Reise nach den Binnenseen Afrika's und Entdeckungen der Quellen des Nils 1857—1863 von Burton und Speke. Nach dem Engl. (VIII und 520 S.)

—— deutsche. Illustr. Familienjournal zur Unterhaltung für alle Stände. 1. Jahrg. 1880/81. 26 Nrn. (à Nr. 2 Bog. mit eingedr. Holzschn.) gr. 4. Nürnberg, Wörlein und Comp. à Nr.

— deutsche. Nr. 1—6, 8—16. 12. Dresden, F. Tittel Nachf. à — 25

1. Die Pfalzgräfin Genoveva. (44 S.) 886.
2. Joseph Schönfelder, wegen Mordes zum Tode verurtheilt. Kriminalerzählung v. J. Manfred. (41 S.) 886.
3. Die Pfarrerstochter zu Taubenheim. (41 S.) 886.
4. Der Scharfrichter v. Prag od. Hinko, König u. Freiknecht. Wiedererzählt v. J. Manfred. (41 S.) 892.
5. Doktor Faust od. die Fahrt zur Hölle v. Doktor Hokus. (40 S.) 892.
6. Die bezauberte Insel. Ein Märchen. Erzählt v. J. Mauksch. (41 S.) 891.
8. Die hl. Elisabeth, Landgräfin v. Thüringen. Von J. Manfred. (38 S.) 892.
9. Die weiße Frau v. Trémeulé. (47 S.) 891.
10. Die drei Erbstücke od.: Die schöne Schäferin. Wiedererzählt v. J. Manfred. (42 S.) 892.
11. Kloster Laach od. die verfolgte Unschuld. Erzählg. v. J. A. M. (52 S.) 892.
12. Ritter Edulf v. Quarzfels od. die Erlösg. aus den Ketten der Verdammten. Romantische Erzählg. v. J. Manfred. (36 S.) 892.
13. Die Wunderblume. Erzählg. v. J. Mauksch. (38 S.) 892.
14. Der Räuber u. sein Kind. Erzählg. v. J. Manfred. (37 S.) 892.
15. Der Photograph als Spion. Erzählt v. J. Manfred. (44 S.) 892.
16. Don Ciro od. der Priester als Räuberhauptmann. (48 S.) 891.

— dasselbe. Nr. 17—26. 12. Ebd. 892. à — 10

17. Soldaten- u. Vaterlands-Lieder. Eine Sammlg. v. 40 der beliebtesten u. meist gesungenen patriot. Marsch-, Trink- u. Soldaten-Lieder. Zusammengestellt v. Regni Rhebog. (II, 29 S.)
18. Neueste Blumensprache. (32 S.)
19. Die Kunst aus der Hand wahr zu sagen. (32 S.)
20. Neuester Liebes-Briefsteller. Enth. verschiedene Liebesbriefe u. Heiraths-Anträge. Ein Hülfsbuch, um m. Anstand die Gefühle des Herzens in Worten auszudrücken. Von Ed. Borrmann. (30 S.)
21. Der Racheschwur d. Indianers. Erzählg. v. Erwin Klöden. (32 S.)
22. Der gute Ton in allen Lebenslagen. Ein Führer in der Familie, in der Gesellschaft u. im öffentl. Leben v. Regni Rhebog. (31 S.)
23. Die Schiffbrüchigen auf der Suche nach den Seeräubern. Eine Seegeschichte v. Noderich Stevens. (31 S.)
24. Das goldene Buch der Hausfrau. Nützliche Winke auf dem Gebiete der Hauswirthschaft, Küche u. Gesundheitspflege. Unentbehrlich f. jede Familie. Hrsg. v. Alexis. (31 S.)
25. Neueste Liebes-Lieder. (31 S.)
26. Buch zum Todtlachen od. e. Million Dummheiten. (32 S.)

Volksbibliothek, deutsche. 1. Reihe. 1.—3. Heft. gr. 8. Berl., Dewald. — 55

1. Böckel, Otto. Die Quintessenz der Judenfrage. 9. verm. Aufl. (24 S.) 891. — 10.
2. Bischoff, Erich. Die Juden u. das Christenblut. Beiträge zur Erklärg. der Hypothese e. jüd. „Blutrituals". (16 S.) 891. — 30.
3. Türk, Karl. Die Verjudung Oesterreichs. Eine Warng. f. das deutsche Reich. Rede. (22 S.) 889. — 15.

Deutsche Volksbibliothek. Reihe 1, H. 1-3. [Mehr nicht erschienen.] *Berlin: G. A. Dewald (1889–91).* 3 Bde. 8° [F.]

1, 1 = Boeckel, Otto: Die Quintessenz d. Judenfrage. 9. Aufl. [1891.]
1, 2 = Bischoff, Erich: Die Juden u. d. Christenblut. 1. Taus. 1891.
1, 3 = Türk, Carl: Die Verjudung Oesterreichs. 10. Aufl. 1889.

—— deutsche. Nr. 1—12. 8°. Dresd. 892, Deutscher Volksbücher Verlag (Friese u. v. Puttkamer). 3 30

1. Wie heilt man Krankheiten? Durch die Naturheilmethode! Bearb. v. Philo vom Walde. (59 S.) — 50. — 2. Gesegnete Mahlzeit. Praktische u. bill. Koch-Anleitg. Bearb. v. Anita Augspurg. (40 S.) — 30. — 3. Pulver. Humoristische Erzählgn. u. Witze. (32 S. m. Abbildg.) — 20. — 4. Singe wem Gesang gegeben. Sammlung von Volksliedern. Zusammengestellt v. H. Grünberg. (32 S.) — 20. — 5. Knusemann's Alpenreise. Allerlei lust. Geschichten. (56 S. m. Abbildgn.) — 30. — 6. Der Geschäfts-Rath f. Kaufleute u. Gewerbetreibende. Von A. Pretzschner. (76 S.) — 50. — 7. Geschwindigkeit ist keine Hexerei. Lustiges Zauberbuch von Carl v. Lucifer. (32 S.) — 20. — 8. Bildung macht fein. Anstandsregeln v. Leon Berg. (32 S.) — 30. — 9. Briefsteller f. Jedermann. (40 S.) — 20. — 10. Du mußt lachen. Eine Sammlg. humorist. Vorträge von Ludw. v. Lachmann. (32 S.) — 20. — 11. Pflege deine Blumen. Kleine Zimmergärtnerei. Von Anita Augspurg. (32 S.) — 20. — 12. Allerlei Traumdeutungen. Von Selim Abu-Taleb. (32 S.) — 20.

Volks-Bibliothek, deutsche. Nr. 1—56. 12. Dresden, Deutscher Volksbücher-Verlag. 14. 30

Inhaltsübersicht in alphabetischer Ordnung:

Amorelli, Aribert, Polterabend-Vorträge, Aufführungen u. Scherze. (40 S.) 893. (Nr. 27.) — 30
— wie verliebt, verlobt u. verheirathet man sich? (48 S.) 893. (Nr. 25.) — 30
— ich bitte ums Wort! Reden f. alle Fälle des tägl. Lebens. (32 S.) 893. (Nr. 26.) — 20

Arnold, Frdr., quer durch Afrika. Abenteuer u. Erlebnisse aus den beiden Durchquergn. Afrikas v. seiten d. Reichskommissars Herm. v. Wißmann. Nach den besten Quellen bearb. u. zusammengestellt. (32 S.) 893. ((Nr. 30.) — 20

Augspurg, Anita, pflege deine Blumen. Kleine Zimmergärtnerei. (32 S.) 892. (Nr. 11.) — 20
— wie kleide ich mich? Praktische Anleitg. zur gesundheitsgemäßen u. geschmackvollen Kleidg. f. Jedermann. (32 S.) 893. (Nr. 21.) — 30
— gesegnete Mahlzeit. Praktische u. bill. Koch-Anleitg. (40 S.) 892. (Nr. 2.) — 30

Berg, Florian, Blumensprache. Eine vollständ. Sammlg. sinn. Deutgn. v. Blättern, Blüthen, Knospen, Früchten u. s. w. Nach oriental. Quellen bearb., nebst e. Anh.: „Fächersprache". (39 S.) 893. (Nr. 16.) — 30
— „Spaß muß sein!" Humoristische Vorträge, Declamationen u. s. w. in Poesie u. Prosa. (32 S.) 893. (Nr. 37.) — 20

Berg, Leon, Bildung macht fein. Anstandsregeln f. Jedermann. (32 S.) 892. (Nr. 8.) — 30
— aus dem Herzen in die Feder. Ein Liebesbriefsteller. (30 S.) 893. (Nr. 20.) — 30

Briefsteller f. Jedermann. (40 S.) 892. (Nr. 9.) — 20

Corner, Harry, am Amazonenstrom. Eine Erzählg. aus Südamerika. (32 S.) 894. (Nr. 42.) — 20
— im Eismeer. Eine Erzählg. aus den arkt. Regionen. (32 S.) 894. (Nr. 50.) — 20
— die Farm am Mississippi. Eine Erzählg. aus dem Westen Nordamerikas. (32 S.) 894. (Nr. 43.) — 20
— das Geheimniß des alten Indianers. Aus den Erlebnissen e. mexikan. Diggers nacherzählt. (32 S.) 894. (Nr. 45.) — 20

— das Geheimniß des Leuchtthurms. Eine Geschichte v. den normänn. Inseln. (32 S.) 894. (Nr. 47.) — 20
— der weiße Häuptling der Comanchen. Eine Erzählg. aus den Prairien Nordamerikas. (38 S.) 894. (Nr. 46.) — 20
— zehn Jahre in Sibirien. Nach den Erzählgn. e. zur Zwangsarbeit in Sibirien gepreßten Russen bearb. (32 S.) 894. (Nr. 41.) — 20
— auf einsamer Insel. Eine Robinsonade aus dem atlant. Ozean. (32 S.) 894. (Nr. 51.) — 20
— der Schatz des Peruaners. Eine Erzählg. aus Perus Vergangenheit. (36 S.) 894. (Nr. 48.) — 20
Dietz, Frhr., der Dicken Dickster. Soldaten-Humoreske. (24 S. m. Bildern.) 893. (Nr. 33.) — 20
Ecke, Heinr., der schwarze Sepp. Eine Wildschützen-Geschichte aus den steir. Bergen. (32 S.) 894. (Nr. 44.) — 20
Elm, Hugo, König Albert Sachsenherz. Ein Bild König Alberts von der Jugend bis zur Jetztzeit in einzelnen Zügen. (51 S. m. Bildnis.) 893. (Nr. 29.) — 30
— Bismarckbüchlein. Enth. die schönsten Züge u. Erinnergn. aus dem Leben unseres Altreichskanzlers. Gesammelt u. hrsg. (36 S. m. Bildnis.) 893. (Nr. 23.) — 30
— Kaiser Wilhelm, der Siegreiche! (36 S. m. Bildnis.) 893. (Nr. 28.) — 30
Grünberg, H., Singe wem Gesang gegeben. Sammlg. v. Volksliedern. (32 S.) 892. (Nr. 4.) — 20
Holderberg, Karl, Camillo Schnörke's Reise-Abenteuer. Humoreske. (45 S. m. Bildern.) 893. (Nr. 32.) — 20
Hugo, André, gute Gedanken f. Album, Stammbuch u. dergl. gesammelt u. hrsg. (48 S.) 893. (Nr. 22.) — 20
— Hochzeitsbuch. Eine Sammlg. ernsterer u. heiterer Gedichte, welche sich zum Vortrag bei Hochzeiten, silbernen Hochzeiten u. s. w. eignen, Tafellieder u. Material zur Zusammenstellg. v. Hochzeitskladderadatschen. Gesammelt u. hrsg. (48 S.) 894. (Nr. 55.) — 30
Hurrah, die Landwehr! Eine Erzählg. v. Einem, der mit dabei war. (34 S.) 893. (Nr. 24.) — 20
Knusemann's Alpenreise. Allerlei lust. Geschichten. (56 S. m. Abbildgn.) 892. (Nr. 5.) — 30
Kosser, Ernst, die Bauchrednerkunst. (32 S.) 893. (Nr. 38.) — 20
Lachmann, Ludw. v., Du mußt lachen. Eine Sammlg. humorist. Vorträge. (32 S.) 892. (Nr. 10.) — 20
Lucifer, Carl v., Geschwindigkeit ist keine Hexerei. Lustiges Zauberbuch. (32 S.) 892. (Nr. 7.) — 20
Muda, Ernst, an Bord des Wallfischfängers. Eine Erzählg. aus dem Seemannsleben. (30 S.) 894. (Nr 53.) — 20
— deutsche Helden. Eine Erzählg. aus dem amerikan. Grenzerleben. (24 S.) 894. (Nr. 54.) — 20
— ein Kampf in der Prairie. Eine Erzählg. aus den Indianeraufständen. (24 S.) 894. (Nr. 49.) — 20
— der Rächer des Deutschen. Eine Erzählg. aus dem amerikan. Minenleben. (30 S.) 894. (Nr. 52.) — 20
Parten, Johs., Luchsauge, der Häuptling der Prairiesioux. Eine Erzählg. f. das Volk. (66 S.) 893. (Nr. 13.) — 30
— der Neger m. dem Holzbein. Mococo u. Saïmira. 2 Erzählgn. f. das Volk. (36 S.) 893. (Nr. 14.) — 20
— in tiefster Noth. Der alte Waldmann. In der Baumannshöhle. 3 Erzählgn. (40 S.) 893. (Nr. 18.) — 20
Pfretzschner, P., der Geschäfts-Rath f. Kaufleute u. Gewerbetreibende. (76 S.) 892. (Nr. 6.) — 50
Philo vom Walde, Hausmannskost! Naturgemäßes Kochbüchlein f. das Volk. (64 S.) 893. (Nr. 31.) — 50
— wie heilt man Krankheiten? Durch die Naturheilmethode! (59 S.) 892. (Nr. 1.) — 50
Pulver. Humoristische Erzählgn. u. Witze. (32 S. m. Abbildgn.) 892. (Nr. 3.) — 20
Rentielba, der Hausthierschutz od. die Gesundheits- u. Krankenpflege der Pferde, Rinder, Schafe, Schweine, Geflügel u. Bienen. Dargestellt nach den besten Erfahrgn. (71 S.) 894. (Nr. 56.) — 50
Sahor, Olim, Punktirbuch od. die Kunst, aus willkürlich zusammengesetzten Punktfiguren die Antwort auf e. gestellte Frage zu erhalten. Nach arab. Quellen bearb. (38 S.) 893. (Nr. 15.) — 30
Stiefmutter, die böse, u. andere Balladen. (40 S. m. Bildern.) 893. (Nr. 34.) — 20
Thomas, Aug., „Alle Neune!" Ein Büchlein üb. das Kegelschieben, Anleitg. dazu, Spielberechngn. ꝛc. (30 S.) 893. (Nr. 39.) — 20
Traumdeutungen, allerlei. Aus neuen u. alten Schriften der berühmtesten Traumdeuter gesammelt v. Selim Abu-Taleb. (32 S.) 892. (Nr. 12.) — 20
Tribunus, Reichsrecht f. das tägliche Leben. Enth. die wichtigsten Bestimmgn. des Zivilprozesses, Handels- u. Wechselrechts, Strafverfahrens, sowie des Konkursrechts. Nebst Sachregister. (93 S.) 893. (Nr. 40.) — 50
Weise, Ernst, erhalte deinen Körper gesund durch Luft, Bewegung u. Hautpflege. (32 S.) 893. (Nr. 36.) — 20
— Mutterpflichten. (32 S.) 893. (Nr. 35.) — 30
Wilkens, E., unterhalte deine Gesellschaft! Eine Sammlg. der schönsten u. unterhaltendsten Gesellschaftsspiele f. den häuslichen Kreis sowie f. den Spielplan im Freien. (44 S.) 893. (Nr. 17.) — 30
Winkler, Marie, ich gratulire. Die schönsten Glückwunschgedichte älterer u. neuerer Zeit. Gesammelt u. ausgewählt. (32 S.) 893. (Nr. 19.) — 20

Volks-Bibliothek, deutsche. Nr. 1 u. 2. kl. 8. Lorch, K. Rohm. à — 10

1. Stuttgarter Hexen-Geschichten. Kulturgeschichtliche Bilder aus vergangenen Tagen. Mit e. Einleitung. Von Johs. Laudenberger. (23 S.) (905.)
2. Schillers Jugendjahre in Schwaben. Aus der Schillerbiographie. Von Karoline v. Wolzogen. (32 S. m. 1 Bildnis.) 905.

Volks- und Familien-Bibliothek, deutsche, od. Samml. d. Anziehendsten u. Merkwürdigsten im Gebiete d. Unterhalt. u. Belehr. f. Volk u. Jugend, nach d. besten deutschen, französ. u. engl. Quellen unt. Mitwirk. e. Anzahl v. Gelehrten redig. v. Aug. Schäfer. 1. Jahrg. 1. Bd. — A. u. d. T.: Geschichte d. französ. Staats-Umwälzung v. 1789 bis z. Staatsstreiche d. 18. Brumaire. 1. Lfg. gr. 8. (4 B.) Gmünd 837, [Dillenius.] *

Volks- u. Familien-Bibliothek, deutsche, oder Sammlung des Anziehendsten u. Merkwürdigsten im Gebiete der Unterhaltung u. Belehrung für Volk u. Jugend, nach den besten deutschen, französ. u. engl. Quellen unter Mitwirkung einer Anzahl von Gelehrten redigirt von Aug. Schäfer. 1r Jahrg 1r Bd. A. u. d. T.: Geschichte der französ. Staats-Umwälzung von 1789 bis zum Staatsstreiche des 18. Brumaire. 1e Lfrg. gr. 8. Gmünd 837. Raach u. Buck. (Leipzig, Meißner.) n. 1 [illegible]

Volks- u. Familien-Bibliothek, deutsche. Hrsg. v. Alb. Johannsen. 1. Bd. 6 Hfte. 8. (1. Hft. 48 S.) Husum 884. Cristiansen & Bollmann. à Hft. n. — 15

—— **deutsche, in Jahrbüchern.** Der Belehrung und Unterhaltung gewidmet. Hrsg. von Carl Lindow. Jahrbuch 1849. 8. (IV und 192 S. mit 4 Stahlst. und mehr. Holzschn.) Berlin 849, Lindow.

—— **deutsche,** der griechischen und römischen Classiker. (In 200 Lfgn.) 1.—141. Lfg. 8. Stuttgart 864—67, Hoffmann'sche Verlagsh. à Lfg. 4 Ngr.

Inhalt:

Lfg. 1. 2. 10. 22—25. Homer's Ilias. Deutsch in der Versart der Urschrift von J. J. C. Donner. 2 Thle. (240 S., 262 S.)
Lfg. 3. 4. Xenophon's Memorabilien oder Erinnerungen an Sokrates, übers. von A. Zeising. (VIII und 154 S.)
„ 5. 29. Des Cajus Sallustius Crispus Werke übers. und erläut. von C. Cleß. 1. Bdchn.: Der Krieg gegen Jugurtha. 2., verb. Aufl. (VIII und 195 S.)
„ 6. 7. Anakreon und die sogenannten Anakreontischen Lieder. Revision und Ergänzung der J. Fr. Degen'schen Uebersetzung mit Erklärungen von Ed. Mörike. (164 S.)
„ 8. Plato's Phädon. Deutsch von Karl Prantl. (97 S.)
„ 9. —— Gastmahl. Von Karl Prantl. (86 S.)
„ 11—13. 139—141. Des Aeschylos ausgewählte Tragödien. Verdeutscht von J. J. C. Donner. 1. Bd. (263 S.) 2. Bd.: Der gefesselte Prometheus. (263 S.)
„ 14. Epiktet's Handbüchlein der stoischen Moral und das Gemälde des Cabes v. Theben. Uebers. und erklärt von Carl Conz. (85 S.)
„ 15—21. Sueton's Kaiserbiographien verdeutscht von Adph. Stahr. (554 S.)
„ 26. Theophrast's Charaktere. Uebers. und erläut. von Wilh. Binder. (85 S.)
„ 27. 28. 30. 31. Euripides ausgewählte Dramen. Von Johs. Minckwitz. 1.—4. Lfg. (255 S.)
„ 32—37. Q. Curtius Rufus von den Thaten Alexanders des Großen. Verdeutscht von Johs. Siebelis. (399 S.)
„ 38—44. Virgil's Werke. Deutsch in der Versweise der Urschrift von Wilh. Binder. 3 Bdchn. (475 S.)
„ 45—47. 67—69. Homer's Odyssee. Deutsch in der Versart der Urschrift von J. J. C. Donner. 2. Aufl. 2 Bdchn. (201 S., 191 S.)
„ 48. 49. 90—94. 96—100. Thukydides' Geschichte des peloponnesischen Kriegs übers. von Adf. Wahrmund. 2., verb., in den Anmerkungen verm. Aufl. (1. Bd. IV und 353 S., 2. Bd. IV und 351 S.)
„ 50—52. 70—78. 83—89. Die Musen des Herodotus v. Halicarnassus übers. von J. Chr. F. Bähr. 1. Bdchn.: Clio. (159 S.) 2. Bdchn.: Euterpe. (166 S.) 3. Bdchn.: Thalia. (123 S.) 4. Bdchn.: Melpomene. (146 S.) 5. Bdchn.: Terpsichore. (101 S.) 6. Bdchn.: Erato. (100 S.) 7. Bdchn.: Polymnia. (176 S.) 8. Bdchn.: Urania. (101 S.) 9. Bdchn.: Kalliope. (87 S.)
„ 53. 95. Des Publ. Terentius ausgewählte Lustspiele. Deutsch von Johs. Herbst. 1. Bdchn.: Das Mädchen von Andros. (98 S.)
„ 54—57. Cicero's Tusculanen, übers. und erklärt von Raph. Kühner. 2., verb. Aufl. (VI und 261 S.)
„ 58—61. Gaius Jul. Cäsar's Memoiren über den gallischen Krieg. Deutsch von H. Köchly und W. Rüstow. 3., durchgeseh. Aufl. (VIII und 256 S.)
„ 62. Lucian's Werke. Deutsch von Thdr. Fischer. (1. Bd. S. 1—64.)
„ 63. 105. 106. 129. 132. Quintus v. Smyrna. Die Fortsetzung der Ilias. Deutsch in der Versart der Urschrift von J. J. C. Donner. 1. Bdchn. (71 S.) 2. und 3. Bdchn. (118 S.) 4. und 5. Bdchn. (90 S.)
„ 64—66. Mark Aurel's Selbstgespräche. Uebers. und erläut. von C. Cleß. (208 S.)
„ 79—82. 101. 102. Demosthenes ausgewählte Reden verdeutscht von A. Westermann. 1. Bdchn.: Philippische Reden. (X und 80 S.) 2. Bdchn.: Aeschines und Demosthenes Reden gegen und für Ktesiphon vom Kranze. (XII und 158 S.) 3. Bdchn.: Reden gegen Leptines und Meidias. (116 S.)

—— dass. — 8. Aufl. Ausg. mit liturg. Volksgesängen. 16. (IX, 382; 232 S.) Ebendas. 884. *

Volks-Anwalt: Jahrgang 1—9, Oct. 25, 1889—1898.

Weekly. Sub-title [with slight variations]: 1) Der politischen und ökonomischen Befreiung der Arbeiterklasse gewidmet, Oct. 25, 1889—Mar. 1895; 2) Central Organ der S.A.P. von Nord-Amerika, Apr. 1, 1895—1896?; 3) Organ der Social-Demokratischen Federation von Nord Amerika, 1897?—1898. Place of publication varies: Cincinnati, Oct. 24, 1889—Apr. 15, 1893; Baltimore, Apr. 22—Oct. 28, 1893; Buffalo, Nov. 18, 1893—June 2, 1894; Cleveland, June 9, 1894—1898. Folio, each issue 4 pages. Edited by J. Willig, Oct. 25, 1889—June? 1891, by Gus Müller, June 1891?—June 1894; by Max Silz, June 16, 1894—1898? Published by National-Komite der S.A.P.
Cleveland, OH

Volksanwalt. Unabhängiges Organ für den Kampf um volkstüml. Recht u. zur Abwehr der Juristenherrschaft Reindeutsche Erziehg. u. Volksveredelg. Hrsg. v. Lehmann-Hohenberg. 5. Jahrg. 2. Jahr e. neuen Zeit (des Wissens vom Leben u. der Kunst zu leben). Lex.-8 (à Nr. ca. 8 S.) Kiel (902). Verlag d. Volksanwalt. 2.—

Volksanwalt, s.a. Arbeiter-Zeitung. – St. Louis.

Der Volksanwalt: 1902–1903. St. Louis, MO
Published by the Arbeiter-Zeitung.

Volks-Anwalt, deutscher. Organ zur Verbreitung der Gesetze, Anweisung über deren Anwendung, Mittheilungen über interessante Gerichtsfälle, sowie Auskunftsertheilung in Rechtssachen zc. Redact.: Herm. Scheps. 1. Jahrg. 1880. 13 Nrn. (à Nr. 2 Bog. mit Gesetzesbeilagen.) Fol. Leipzig, (G. Schulze.)
Nicht weiter erschienen.

Volks-Anzeiger für Winterthur und Umgebung
v. Winterthurer-Volks-Anzeiger.

Winterthurer Volks-Anzeiger
(1) für den Bezirk Winterthur, das Tößtal und den Kanton Zürich (2) Volks-Anzeiger für Winterthur und Umgebung (1910). Winterthurer Volkszeitung (um 1911—31. 12. 1921?) (3) Monatsanzeiger für die Kirchgemeinde Winterthur (4) Hochwacht (5) 1908—31. 12. 1921 (?) (6) 4° (am Anfang); 2° (1910—31. 12. 1921 ?) (7) Wochenblatt (31. 12. 1920); wöchentlich 2× (während der Wahlen 12. 6. 1917—14. 7. 1917). Tagblatt (3. 1. 1921—31. 12. 1921 ?) (8) Winterthur: Konkordia (9) Sonntagsfeier (um 1914—1920 ?; 4°; Wochenbeilage); Die Arbeiterin (26. 1. 1921—Ende 1921 ?) (10) Konkordia, Winterthur (11) Dekan J. Th. Meyer (Gründer, um 1908), Eugen Fischer (um 1911—1913), J. F. Betz, Winterthur (um 1914—8. 1. 1915), Dr. Ferdinand Buomberger (15. 1. 1915—23. 1. 1920), Ewald Zimmermann (30. 1. 1920—31. 12. 1921 ?), Dr. Karl Wick (3. 1. 1921—31. 12. 1921 ?) (12) christlich-sozial (13) BGSZ 292 (p. 13—15, 17); A. Maehler: Winterthur und die Hochwacht. «Hochwacht», Jubiläumsausgabe März 1946 (14) Be: L (1915—1918); Wi: S (1919—1921) (15) Geplante Umbenennung: «Zürcherische Volkszeitung» (Dezember 1910). Seit 3. 1. 1921 Winterthurer Lokalausgabe der «Hochwacht».

Volksarzneimittel, die besten, gegen alle Krankheiten. 1. Aufl. (10 B.), 2., verb. A. (10¼ B.) 8. Quedlinburg 833, Ernst. à Thlr.

Volksarzneimittel-Hausschatz, der wundersam heilkräftige, der merkwürdigen und berühmten Doctor-Bäuerin, bestehend aus Anweisungen zum Gebrauche der Heilpflanzen, Kräuter und Wurzeln zc. 8. (63 S.) München 865, L. Finsterlin.

Volksarzt, der, s.a. Hausarzt, der.

Volksarzt, Der. Populaire Zeitschrift für Heil-, Natur und Menschen-Kunde. Schleswig 1857—58. H: *Dittmann, Aug. Frdr.* (Ky) (EngM)

Volksarzt, der. Populaire Zeitschrift für Heil-, Natur- und Menschen-Kunde. (Hrsg. von A. F. Dittmann.) 1. Bd. (1. Jahrg. Juli 1857 bis Juni 1858.) 12 Hefte. (à 2—3 Bog.) gr. 8. Schleswig. (Altona, Mentzel.) *

Volksarzt, der. Wochenschrift für Erfahrungsheilkunde. Redact. und Hrsgbr.: Carl Schöpffer. 1.—3. Jahrg. 1869—1872. à Jahrg. 52 Nrn. (à 1—1½ Bog.) gr. 8. Leipzig, Fritsch. [Theile.]
1. und 3. Jahrg. à 5 20
2. Jahrg. 6 —

—— dass. — 4. und 5. Jahrg. 1872 und 1873. à Jahrg. 26 Nrn. (à 1—1½ Bog.) Leipzig, Matthes. à Jahrg. * 3 —

Volksarzt. Organ f. volksverständl. Gesundheitspflege u. Naturheilkunde, zur Belehrg. u. Aufklärg. d. Publikums unter Mitwirkg. v. Spohr, Frhr. v. Bistram, Graf v. Zedtwitz, Sturm, Voigt u. mehrerer anderer namhaften Aerzte hrsg. u. red. v. C. Neumann. 1. Jahrg. April—Decbr. 1884. 9 Nrn. (à ½—1 B.) Lex.-8. Dresden. (Berlin, Schmidt & Sternaux.) n. 3. —

Volksarzt. Organ für naturgemäße Gesundheitspflege und arzneilose Heilkunde. Zur Belehrung und Aufklärung des Publikums unter Mitwirkung von Spohr, Frhr. v. Bistram, Graf v. Zedtwitz zc., Sturm, Voigt und mehrerer anderer namhaften Aerzte hrsg. und redig. von Schulze. 2. Jahrg. 1885. 12 Nrn. (Bog.) Lex.-8. Berlin. (Leipzig, Th. Grieben's Verlag.) * 3 —

—— Organ des „Central-Verbands" der 70 Vereine für naturgemäße Gesundheitspflege und arzneilose Heilkunde. Zur Belehrung und Aufklärung des Publikums, unter Mitwirkung von Spohr, Frhr. v. Bistram, Graf v. Zedtwitz zc., hrsg. und redig. von Schulze. 3. Jahrg. 1886. 12 Nrn. (Bog.) Lex.-8. Berlin. (Ebendas.) * 3 —
Die Fortsetzung erscheint u. d. T.: Naturarzt (s. d.).

—— der. Zeitschrift für das Wohl der leidenden Menschheit. Unter Mitwirkung von R. Weil, Ed. Reich, Aug. Kruhl zc. hrsg. von Johs. Harbeck. 7. Jahrg. 1888. 12 Nrn. (Bog.) Lex.-8. Kellinghusen, Harbeck. * 2 —

Volksarzt. Schweizer. Zeitschrift f. Gesundheitspfl. u. Homöopathie. 24 Nrn. (Nr. 1, 8 S.) In-4°. Biel, Ernst Kuhn. 1898. Jährl. 4 —

Volksarzt, der. Anleitg. zur Selbstbehandlg. nach d. Grundsätzen d. Homöopathie m. Berücksicht. d. Naturheilkunde. 2. Aufl., durchges. u. teilweise umgearb. v. Bossenmeyer. 8. (IV, 146 S.) Stuttgart 898. J. Roth. Kart. n. 1. 50

Volksarzt, der. Anleitung zur Selbstbehandlung nach den Grundsätzen der Homöopathie m. Berücksicht. der Naturheilkunde. 3. Aufl. Neu bearb. v. A. Stiegele. (152 S.) 8. Cannstatt 910. Stuttgart, O. Gerschel. Geb. in Leinw. nn 2. —

Volksarzt, Der aufrichtige, Rudolstadt 1798ff. H: *Collenbusch, Dan.* (Ludwig)

Volksarzt, Der deutsche. s.a. Hausarzt, Der.

— **der deutsche.** Centralblatt f. Volksmedizin. Red.: Johs. Harbeck. 16. Jahrg. Aug. 1895—Juli 1896. 24 Nrn. (Bog. m. Abb.) gr. 4. Frankfurt a. M., Gebr. Staudt. n. 4. —

Volks- u. Hausarzt, deutscher. Serienschrift unter Mitwirkg. hygien. Aerzte pp. Hrsg. vom „Verlag Sanitas", Bielefeld. I. Serie. 8 Hfte. gr. 8. Bielefeld 902. Verlag Sanitas. à Hft. — 50

1. Kinderkrankheiten (Keuchhusten, Masern, Scharlach, Croup, Diphtheritis zc.) Ihre wahre Entstehg., Verhütg. u. naturgemäße Heilg.! ohne vergift. Arznei u. ohne Operation! auf dem Wege der Selbsthilfe. (43 S.)
2. Frauenleiden. Bleichsucht, Blutarmut, Menstruationsstörgn., Entzündgn., Weißfluß, Gebärmutter-Knickgn., -Senkgn., Unfruchtbarkeit u. s. w. Ihr wahres Wesen, Entstehg., Verhütg. u. naturgemäße Heilg. auf d. Wege der Selbsthilfe. (38 S.)
3. Frauenleiden (II. Tl.) Wie erreicht man leichte, glückl. Geburten? oder Schwangerschafts-Beschwerden u. Wochenbettkrankheiten, ihre Entstehg., Verhütg. u. erfolgreiche Behandlg. auf dem Wege der Selbsthilfe ohne vergift. Arznei u. ohne Operation! (43 S.)
4. Verdauungsstörungen, die akut-chronischen, u. ihre üblen Folge- u. Begleiterscheinungen: Durchfall, Stuhlverstopfung, Appetitlosigkeit, allgem. Schwächezustände, Blutverderbnis, Hautausschläge, Abmagerg., Fettleibigkeit usw. usw. Ihre Entstehg., Verhütg. u. wahrhaft dauernde Heilung auf dem Wege der Selbsthilfe. (38 S.)
5. Rheumatismus. Seine wahre Entstehg., Verhütg. u. natur-

gemäße Heilg. (ohne vergift. Arznei: Chinin, Salicyl 2c.!) auf dem Wege der Selbsthilfe. (45 S.)
6. Nervenleiden. (Neurasthenie, Hypochondrie, Hysterie, Krämpfe u. s. w.) Ihre Entstehg., Verhütg. u. erfolgreiche Behandlg. auf dem Wege der Selbsthilfe ohne vergift. Arznei: (Chinin, Salicyl 2c.!) (44 S.)
7. Brust-Lungenleiden.(Lungenkatarrh,Lungenentzündg.,Asthma, Lungentuberkulose.) Ihr wahres Wesen, Entstehg., Verhütg. u. naturgemäße Heilg. auf dem Wege der Selbsthilfe ohne vergift. Arznei: Chinin, Kreosot, Morphium, Tuberkulin 2c.! (45 S.)
8. Leiden, geheime. Ihre wahre Entstehg., Verhütg. u. naturgemäße Heilg. auf dem Wege der Selbsthilfe. (34 S.)

Volks- u. Hausarzt, deutscher. Serienschrift unter Mitwirkg. hygiein. Aerzte pp. Hrsg. vom „Verlag Sanitas" Bielefeld. II. Serie, 2. Heft. gr. 8. Bielefeld (Verlag Sanitas]. Leipzig, Modern-medizin. Verlag. – 50
Frauen! reformiert eure Kleidung! Küchen- u. Haussklaverei. Haarpflege der Frauen. (50 S. m. Abbildgn.) 902.

Volks-Arzt, der naturgemässe. Organ f. das gesammte Naturheilverfahren, Gesundheitspflege u. Kneipp'sche Heilweise. Hrsg.: E. Spiekermann. Red.: L. Feuerstein. 2. Jahrg. 1894. 12 Nrn. (à ca. 1½ Bog.) gr. 4. Wien, (Leipzig, Literar. Anstalt A. Schulze). n. 5. —

Volksarzt, Schweizer. Wochenschrift für Homöopathie und Volksheilkunde. Organ des schweizer. Vereins für volksthüml. Heilkunde. Hrsg. von A. v. Fellenberg-Ziegler und Fritz Rödiger. Jahrg. 1878 und 1879. à Jahrg. 52 Nrn. (à ½ Bog.) hoch 4. Zürich, Verlags-Magazin. à Jahrg. *
Mit der Schweizer. Bauernzeitung à Jahrg. *
Erschien früher u. d. T.: Dorfdoktor.

—— Schweizer. Wochenschrift für Homöopathie und Volksheilkunde. Organ des schweizer. Vereins für volksthüml. Heilkunde. Hrsg. von A. v. Fellenberg-Ziegler und Fritz Rödiger. Jahrg. 1880—1884. à Jahrg. 52 Nrn. (à Nr. ½ Bog.) hoch 4. Herzogenbuchsee, Expedition. à Jahrg. *
Mit der Schweizer. Bauernzeitung à Jahrg. *

—— schweizerischer. Wochenblatt für Gesundheitspflege und Naturheilkunde, mit besond. Berücksicht. der Homöopathie. Organ des schweizer. Vereins für volksthüml. Heilkunde. Hrsg. von A. v. Fellenberg-Ziegler und Fritz Rödiger. „Dorfdoktor's" Jahrg. 1885—1888. à Jahrg. 26 Nrn. (Bog.) 4. Bülach (Zürich), Schruchzer. à Jahrg. *

— schweizerischer. Wochenblatt f. Gesundheitspflege u. Naturheilkunde, m. besond. Berücksicht. der Homöopathie. Organ d. schweizer. Vereins f. volksthüml. Heilkunde. Hrsg. von A. v. Fellenberg-Ziegler u. Fritz Rödiger. „Dorfdoktor's" 18. Jahrg. 1886. 52 Nrn. (B.) 4. Bern. (St. Gallen, F. B. Müller.) n. 4. —

— schweizer. Zeitschrift f. Gesundheitspflege u. Naturheilkunde m. bes. Berücksicht. d. Homöopathie. Organ d. schweizer. Vereins f. Homöopathie u. Gesundheitspflege. Hrsg. von A. v. Fellenberg-Ziegler u. Fritz Rödiger. „Dorfdoktor's" 31. Jahrg. 1898. 24 Nrn. (à ca. 1 Bog.) hoch 4. Biel, E. Kuhn. n. 3. 20

Volksarzt, schweizer. Zeitschrift f. Gesundheitspflege u. Naturheilkunde m. besond. Berücksicht. der Homöopathie. Offizielles Organ des schweizer. Vereins f. Homöopathie u. Gesundheitspflege. Hrsg. von A. v. Fellenberg-Ziegler u. Fritz Rödiger. „Dorfdoktor's" 32. Jahrg. 1899 12 Hfte. gr. 8. (à ca. 16 S.) Biel, E. Kuhn. n. 3.20

Volks-Atlas, grosser, der Naturgeschichte aller drei Reiche. In 120 Folio-Taf. nach e. neuen patentirten Methode in Farben ausgeführt. 3. Aufl. Hrsg. unter Mitwirkg. hervorrag. Künstler u. Fachgelehrter von G. v. Hayek. 40 Lfgn. Fol. (Mit 84 S. Text.) Wien 889. 890. Perles. à n. — 50

Hartleben's, A., Volksatlas, enthaltend zweiundsiebzig Karten in 100 Kartenseiten Folio. Mit vollständigem Register. (Complet in 20 Lieferungen.) Liefrg. 6 —.30
Wien: Hartleben 1892.

Hartleben's, A., Volksatlas, enthaltend zweiundsiebzig Karten in 100 Kartenseiten Folio. Mit vollständigem Register. (Complet in 20 Lieferungen.) Liefrg. 8 —.30
Wien: Hartleben 1892.

Hartleben's, A., Volksatlas, enthaltend zweiundsiebzig Karten in 100 Kartenseiten Folio. Mit vollständigem Register. (Complet in 20 Lieferungen.) Liefrg. 10 —.30
Wien: Hartleben 1892.

Hartleben's, A., Volksatlas, enthaltend zweiundsiebzig Karten in 100 Kartenseiten Folio. Mit vollständigem Register. (Complet in 20 Lieferungen.) Liefrg. 11 —.30
Wien: Hartleben 1892.

A. Hartleben's **Volks-Atlas** enth. 72 Hauptkarten u. 66 Nebenkarten in 100 Kartenseiten. Mit erl. Text u. vollst. alphab. Register. 4., vollkommen umgearb. u. erneuerte Aufl. Wien & Leipzig: A. Hartleben [1904–05]; (Kartogr. Anst. G. Freytag & Berndt, Wien). 132 S., 100 Kartenseiten.) 2° [illegible]

Volks-Atlas, illustrirter, der Geographie. In 52 Landkarten, 104 Bl. Text und einem Bildersaal der Landes- und Völkerkunde in Orig.-Holzschn. 53 Lfgn. Fol. Stuttgart 859—74. Gera, Griesbach's Verlag. geb. 44 —

Volks-Atlas, illustrirter, der Geographie. In 52 Landkarten, 104 Bl. Text und einem Bildersaal der Länder- und Völkerkunde in Original-Holzschn. Mit alphabet. Aufsuchregistern der Ortsnamen. Auf Grund von Frz. Bromme's Hand-Atlas nach dem neuesten Stand der Erdkunde. Textrevision von Gust. Reuschle. Bildersaal von Heinr. Merte. Landkarten von Ernst Serth. 53 Lfgn. Fol. (420 S. mit eingedr. Holzschn. und 52 Karten.) Stuttgart 859—74, Hoffmann'sche Verlagsh. à Lfg. 75 Pf. 39 75

Volks-Atlas, illustrirter, der Geographie. In 52 Landkarten. 104 Bgn. Text u. ein Bildersaal der Länder- u. Völkerkunde in Orig.-Holzschn. Mit alphabet. Aufsuchregistern der Ortsnamen. Auf Grund von Traugott Bromme's Hand-Atlas nach dem neuesten Stande der Erdkunde. Textrevision von Gust. Reusche; Bildersaal von Heinrich Merte; Landkarten von Ernst Serth. (In 52 Liefgn.) 1—14. Liefg. Stuttgart 868,69. Hoffmann. Fol. (S. 1—112 mit eingedr. Holzschn. u. 14 chromolith. Karten in Imp.-4.) Jede Liefg. 7½ ngr.

Volks-Atlas, illustrirter, der Geographie. In 52 Landkarten. 104 Bl. Text u. e. Bildersaal der Länder- u. Völkerkunde in Orig.-Holzschn. Mit alphabet. Aufsuchregistern der Ortsnamen. Auf Grund v. Franz Bromme's Hand-Atlas nach dem neuesten Stande d. Erdkunde. Textrevision v. Gust. Reuschle. Bildersaal v. Heinr. Merte, Landkarte v. Ernst Serth. 15—53. (Schluss-)Lfg. Fol. (S. 113—176 m. eingedr. Holzschn. u. 44 chromolith Karten in qu. Fol.) Stuttgart 871—74. Hoffmann. à — 75

Volks-Atlas, Kleiner, 24 Hauptkarten und 30 Nebenkarten auf 40 Kartenseiten. Mit einem begleitenden Texte von Prof. Dr. Friedrich Umlauft. Gr.-Folio. In Original-Einband. Mit Schutzcarton 3.—
Wien: Hartleben 1896.

- 34. Deinhardt, Heinr., Wittich. Ein Theil der Dietrichsage. (64 S.)
- 35. Krainz, J., Sagen aus Steiermark. (74 S.)
- 36. Glock, M., Martin Gotthelf. Eine Erzählung für die reifere Jugend. (70 S.)
- 37. Leo, W., Feldmarschall Radetzky. (64 S.)
- 38. Netoliczka, Eug., Kometen und Feuermeteore. (72 S.)
- 39. Binstorfer, Mich., Fortunat und seine Söhne. Deutsches Volksbuch. (79 S.)
- 40. Krainz, J., denkwürdige Männer aus Steiermark. (83 S.)
- 41. Schmerz, Leop., unser Holz. (78 S. mit 11 Holzschn.)
- 42. Laber, Mich., Wanderungen durch Salzburg. Für die Jugend und das Volk. (93 S.)
- 43. Knauer, Friedr. K., die bauende Thierwelt. Beschreibung der wichtigeren Thierbaue nach fremden und eigenen Beobachtungen. 1. Abthl.: Wohnungen und Baue der Säugethiere und Vögel. (72 S. mit 25 Abbild.)
- 44. Frisch, F., lange Reue. Der stumme Knecht. Zwei Erzählungen. (66 S.)
- 45. Reuper, Jul., schlesische Sagen und Märchen. Erzählt. (57 S.)
- 46. Mehl, Herm., die schönsten Sagen des griechischen Alterthums. Erzählt. (87 S.)
- 47. Gleirscher, Math., Josef Speckbacher. Ein Held aus dem J. 1809. (102 S.)
- 48. Loll, Ed., von Schweden nach Japan. Die Nordpolfahrten Adolf Erich v. Nordenskjöld's. Erzählt. (67 S. mit 9 Illustr.)
- 49. Thalheim, H., aus dem Künstlerleben. Kleine Biographien und Züge aus dem Leben berühmter Tonkünstler und Sänger. Gesammelt. (85 S.)
- 50. Pauer, Ludw., der Lehrer von Apfelheim. Eine Erzählung zur Belehrung für die Jugend. (93 S.)

Volks- u. Jugendbibliothek. Red.: A. Chr. Jessen. Nr. 51—65. 12. (Mit Holzschn.) Wien 882—85. Pichler's Wwe. & Sohn. cart. à — 70

51. Unglück versöhnt. Eine Erzählg. f. die reifere Jugend u. das Volk. Von Frz. Frisch. (50 S.)
52. Wanderungen durch Krain. Von Joh. Sima. (106 S.)
53. Franz Grillparzer. Biographisches Charakterbild f. die reifere Jugend. Von Rud. Hanke. (96 S.)
54. Erdbeben u. Vulcane. Von Eug. Netoliczka. (64 S.)
55. Die Höhlen d. Radhost. Eine mähr. Sage. Von E. Biller. (65 S.)
56. Verschiedene Lebenswege. Eine Erzählg. v. Frz. Frisch. (73 S.)
57. Wallenstein. Für das Volk u. die reifere Jugend v. Guido Jöndl. (71 S.)
58. Wanderungen durch Bosnien u. die Herzegowina. Von Ludw. Pauer. (74 S.)
59. Die Türken vor Wien 1683. Von Emil Brandeis. (67 S.)
60. Lemuel Gulliver's Reise nach Brobdingnag, dem Land der Riesen. Reise-Märchen, f. die Jugend bearb. v. Frdr. Seidel. (66 S.)
61. Die Geschichte e. Braven. Erzählt v. Frz. Frisch. (72 S.)
62. Sagen aus dem Böhmerlande. Von Rob. Manzer. (74 S.)
63. Friedrich Hebbel. Biographisches Charakterbild f. die reifere Jugend v. Rud. Hanke. (78 S.)
64. Flut u. Ebbe od. die drei Brüder. Eine Erzählg. f. die reifere Jugend v. M. Glock. (52 S.)
65. Vergelt's Gott tausendmal! Selig sind die Barmherzigen. 2 Erzählgn. f. Mädchen von 12—15 Jahren. Von Ferd. Maria Wendt. (68 S.)

Volks- u. Jugend-Bibliothek. Red.: A. Chr. Jessen. Nr. 66—92. 12. (Mit je 1 Titelbild.) Wien, A. Pichler's Wwe. & Sohn. Kart. à — 70

66. Plauderstündchen. Von R. Niedergesäß. (IV, 67 S.) 885.
67. Aus Berg u. Thal. Lehrreiche Erzählgn. f. die Jugend v. M. Fiechtl. (II, 82 S.) 888.
68. Vierklee. Erzählgn. v. Tony Pauly. (78 S.) 888.
69. Der letzte Ritter. Ein Bilderkranz aus dem Leben d. Kaisers Maximilian I. v. M. Glock. (54 S.) 888.
70. Lemuel Gulliver's Reise nach Liliput. Ein Reise-Märchen. Für die Jugend bearb. v. Frdr. Seidel. (74 S.) 888.
71. Die Spielkameraden. Eine Erzählg. f. Kinder bis zum 9. Jahre v. Juliane. (63 S.) 889.
72. Kärntner Sagen. Für die Jugend u. das Volk erzählt v. J. Rappold. (67 S.) 889.
73. Im Banne d. Föhn. Eine Feriengeschichte, der reiferen Jugend erzählt v. Ferd. Frank. (75 S.) 889.
74. Österreichs Flagge im hohen Norden. Von F. L. Kobányi. (54 S. m. 1 Karte.) 889.
75. Drislaw u. Jutta. Erzählg. aus der Zeit der ersten deutschen Ansiedelg. im Odergau v. Heinr. Schulig. (72 S.) 889.
76. Siebenbürgische Erzählgn. Von J. Wille-Theiß. (57 S.) 890.
77. Vom Hirtenstab zur Feder. (P. K. Rosegger.) Ein Lebensbild. Der Jugend erzählt v. Elis. Müller-Mernell. (69 S.) 890.
78. Was man dem kleinen Volke erzählt. Von R. Niedergesäß. (63 S.) 890.
79. Die bauende Thierwelt. Beschreibung der wichtigeren Thierbaue nach fremden u. eigenen Beobachtgn. v. Frdr. K. Knauer. II. Abth.: Insecten. (55 S. m. 38 Abbildgn.) 890.
80. Michel's erster Wanderzug. Eine Erzählg. f. die Jugend. Von M. Glock. (48 S.) 890.
81. Ein Edelmann in der Hütte. Eine Erzählg. f. die Jugend. Von Ferd. Frank. (58 S.) 891.
82. Im Walde. Zwei Schwestern. Ein Geburtstagswunsch. 3 Erzählgn. v. Jenny Rappold. (73 S.) 891.
83. Friedrich der Streitbare, der letzte Babenberger. Eine geschichtl. Erzählg. f. die Jugend v. Aug. Kurz. (75 S.) 891.
84. Immergrün. Erzählgn. v. Tony Pauly. (66 S.) 891.
85. Bain-Sepp. Eine Erzählg. f. die reifere Jugend v. Jos. Steigl. (98 S.) 891.
86. Till Eulenspiegel. Ein Büchlein f. die Jugend v. Ferd. Thomas. (68 S.) 892.
87. 88. Der Erbrichter v. Liebengrund. Erzählgn. aus dem Volksleben f. die Jugend u. f. das Volk v. Jos. Steigl. 2 Thle. (76 u. 84 S.) 892.
89. Auf Irrwegen u. Anderes. Von F. Müller. (58 S.) 892.
90. Wanderungen durch das Küstenland. Schilderungen v. Joh. Sima. (86 S.) 892.
91. 92. Columbus od. die Entdeckung v. Amerika. Von J. H. Campe. Zur 400jähr. Jubelfeier bearb. v. Frdr. Seidel. 2 Thle. (81 u. 64 S. m. 1 farb. Karte.) 892.

Volks- u. Jugend-Bibliothek, hrsg. v. A. Ch. Jessen, Fortsetzg., s.: Jessen, A. Ch.

—— **katholische.** Mit e. Vorw. v. Brinkmann. I. Thl. (1. Hft.) Der kathol. Glaubensschild. I. Thl.: Die Bibel, die mündliche Ueberlieferung, die Kirche, das unfehlbare Lehramt, das wahre Priesterthum ꝛc. Von Brinkmann. 8. (6 B.) Berlin 845, Moeser u. Kühn. *

—— dass. I. Thl. (2. Hft.) Der kathol. Glaubensschild. 2. Thl.: Die wahre Gegenwart Christi im allerheil. Altarsakramente, die ungetheilte Gegenwart unter jeder Gestalt, die Communion unter einer Gestalt ꝛc. 8. (2⅞ B.) Ebds. 845. *

—— **katholische, oder: Sammlung von gediegenen und populären Werken religiösen und belehr. Inhalts.** 1. Bd. 5 Lfgn. und 2. Bd. 1. und 2. Lfg. 8. Brixen 864,65, Weger's Buchh. à Lfg. 2 Ngr.

Inhalt:

- Bd. 1. Cochem, Mart. v., die vier letzten Dinge „Tod, Gericht, Hölle, Himmelreich." Hrsg. von einem Priester der Diözese Brixen. (240 S.)
- 2. Montalembert, Graf v., Geschichte der heiligen Elisabeth von Ungarn, Landgräfin von Thüringen und Hessen. Hrsg. von einem Priester der Diözese Brixen. (S. 1—96.)

—— **katholische.** Hrsg. von A. Hungari. 12 Bde. 2. Aufl. 8. Regensburg, Manz. à Bd.

Inhalt:

- Bd. 1. Geistige Sommerfrische. Erzählungen zur lehrreichen Unterhaltung für kathol. Christen. Gesammelt und bearb. von A. Hungari. (320 S. mit 1 Stahlst.) 868.
- Bd. 2. Auf der Moosbank. Erzählung zur lehrreichen Unterhaltung für kathol. Christen. (327 S. mit 1 Stahlst.) 868.
- 3. Einsam im Hausgärtchen. Erzählungen zur lehrreichen Unterhaltung für kathol. Christen. (317 S. mit 1 Stahlst.) 868.
- 4. Unter der alten Linde. Erzählungen zur lehrreichen Unterhaltung für kathol. Christen. (331 S. mit 1 Stahlst.) 868.
- 5. Sonntags Nachmittags. Erzählungen zur lehrreichen Unterhaltung für kathol. Christen. Gesammelt und bearb. von A. Hungari. (320 S. mit 1 Stahlst.) 869.
- 6. Nach der Vesperglocke. Erzählungen zur lehrreichen Unterhaltung für kathol. Christen. Gesammelt und bearb. von A. Hungari. (328 S. mit 1 Stahlst.) 869.
- 7. Sinniges und Gemüthliches. Erzählungen zur lehrreichen Unterhaltung für kathol. Christen. Gesammelt und bearb. von A. Hungari. (320 S. mit 1 Stahlst.) 869.
- 8. Im Stoppelfelde. Erzählungen zur lehrreichen Unterhaltung für kathol. Christen. Gesammelt und bearb. von A. Hungari. (320 S. mit 1 Stahlst.) 869.
- 9. Abendfreuden. Erzählungen zur lehrreichen Unterhaltung für kathol. Christen. Gesammelt und bearb. von A. Hungari. (320 S. mit 1 Stahlst.) 869.
- 10. Gute Aussaat. Erzählungen zur lehrreichen Unterhaltung für kathol. Christen. Gesammelt und bearb. von A. Hungari. (320 S. mit 1 Stahlst.) 869.
- 11. Gedeibliches Wachsthum. Erzählungen zur lehrreichen Unterhaltung für katholische Christen. Gesammelt und bearb. von A. Hungari. (320 S. mit 1 Stahlst.) 870.
- 12. Fröhliche Ernte. Erzählungen zur lehrreichen Unterhaltung für kathol. Christen. Gesammelt und bearb. von A. Hungari. (320 S. mit 1 Stahlst.) 870.

— katholische, hrsg. v. Konr. Kümmel. 1. u. 2. Bd. 8. Kempten, J. Kösel. 3. 90; Einbde. in Leinw. à n. — 60

1. Der Schreinermax. 8 Geschichten aus dem Leben e. christl. Handwerkers u. s. Familie v. Konr. Kümmel. M. 27 Orig.-Illustr. (VIII, 541 S.) 899. 2. 40
2. Pater Jeremias. E. Zeitgemälde aus d. Schwedenkriege. F. d. Volk geschrieben v. Kasp. Kuhn, O. S. B. M. 3 Illustr. im Texte. — Von Augsburg nach Lima od. d. Lebens wechselvolles Spiel. Ein Buch f. d. studier. Jugend u. d. gebild. Volk v. Kasp. Kuhn, O. S. B. Mit 3 Illustr. im Texte. (120 u. 158 S.) 898. 1. 50

— dasselbe, hrsg. v. Konr. Kümmel. 3.—8. Bd. 8. Kempten, J. Kösel. 12. 20; geb. n. 15. 80
3. Wilder Wein. Erzählungen. Von Wendel Kiefer. Mit 6 Illustr. im Texte. — Am Hexenkessel. Erzählung aus der Jugend eines Eigensinnigen. Von Lor. Helzer. Mit 3 Illustr. im Texte. — 's katholisch Mädell. Erzählung aus den schweizer. Bergen. Von Florian Wengenmayr. Mit 3 Illustr. im Texte. (159, 122 u. 74 S.) 899. 2. 10; geb. n. 2. 70
4. Die Erben des Heidehofs. Erzählung f. das Volk. Von J. Dierkesmann. Mit 3 Text-Illustr. — Auf sich selbst gestellt. Erzählung. Von Otto Leitenberger. Mit 4 Text-Illustr. — Arm u. reich. Erzählung f. das Volk. Von Redeatis. Mit 6 Text-Illustr. (61, 112 u. 101 S.) 899. 1. 80; geb. n. 2. 40
5. Bilder u. Erinnerungen aus dem bayer. u. benachbarten Hochgebirge, vornehmlich aber dem Isarwinkel. Von J. B. Schöffmann. Mit 6 Illustr. im Texte. — Gertrud. Erzählung. Von Marianne v. Biegeleben. Mit 6 Illustr. im Texte. — Bauernschutz — Bauerntrutz. Eine Erzählg. aus der Bauernbunds-Bewegg. d. Gegenwart. Von Florian Wengenmayr. Mit 5 Illustr. im Texte. (222, 104 u. 52 S.) 899. 900. 2. 40; geb. n. 3. —
6. Das Prager Jesulein. Eine Weihnachtsgeschichte. Von O. Leitenberger. Mit 6 Illustr. im Texte. — Macht der Leidenschaft. Eine Erzählg. Von W. Robbert. Mit 4 Illustr. im Texte. — Verbannt nach Sibirien. Erzählg. Von Margot Loudka. Mit 5 Illustr. im Texte. (55, 64 u. 175 S.) 899. 900. 2. 10; geb. n. 2. 70
7. Veronika od. an der Krippe u. unter'm Kreuze. Eine Erzählung aus der Zeit Christi. Von Gerh. Holschen. Mit 6 Illustr. im Texte. (259 S.) 900. 1. 80; geb. n. 2. 40
8. Eine Feuerwehr-Geschichte. Erzählung. Von O. Leitenberger. Mit 4 Illustr. im Texte. — Der arme Bastian od. Wohlthun bringt Zinsen. Erzählung. Von Jos. Lennartz. Mit 3 Textillustr. v. Hoffmann. — Erzählungen u. Novellen. Von M. Hostert. Mit 5 Illustr. im Texte. (71, 48 u. 131 S.) 900. 2. —; geb. n. 2. 60

— katholische. Nr. 4—24. 12. Ravensburg, Dorn. n. 8. 55
4. Eine gute Beicht! Ein Mahnruf an viele Katholiken. Von J. Haw. (IV, 100 S.) 900. n. — 40
5. Alt werden u. jung bleiben. Ein Mahnwort an die Jünglinge. Von Augustinus Egger. (47 S.) (900.) n. — 30
6. Das wahre Glück der christlichen Ehe. Ein Belehrungsbüchlein f. Braut- u. Eheleute. Von Frdr. J. Pesendorfer. 5. Aufl. (78 S.) 899. n. — 50; geb. n. 1. 25
7. Allerhand aus Stadt u. Land. Erzählungen. Von Guido Haßl. (38 S.) 900. n. — 50
8. Die Heiligkeit der katholischen Kirche an der Wende des 19. Jahrh. Von Jos. Martin. S. J. (22 S.) 900. n. — 20
9. Ein zweischneidig Schwert od. die schwarze Kunst des Johann Gutenberg. Von Ballmann. (48 S.) 901. n. — 30
10. Ein wackerer Soldat Jesu Christi: General de Sonis. Von Otto Bodenthal. (70 S.) (901.) n. — 35
11. Eine deutsche Eiche od. Friedrich Leopold Graf zu Stolberg. Von P. Ballmann. (93 S.) (901.) n. — 40
12. Auch die Männer müssen beten. Ein Wort an die Männer Von F. X. Wetzel. 1—10. Tausf. (33 S.) (901.) n. — 20
13. Der sel. Petrus Canisius. Von Frz. Xav. Wetzel. 4. Aufl. (49 S.) (901.) n. — 30
14. Liberalismus u. Katholizismus. Zeitgemäße Abhandlgn., besonders f. jeden gebildeten Katholiken. Von Jos. Reiter. (103 S.) (901.) n. — 40
15. Die Arbeit, ihre sittliche u. soziale Bedeutung. Von Karl Bochtler. (140 S.) (901.) n. — 60
16. Die Hölle. Etwas aus dem dunklen Jenseits f. jedermann Von J. Haw. (129 S.) (901.) n. — 50
17. Mehr Licht! Mehr Bildung! Von P. Ballmann. (75 S.) (902.) n.n. — 35
18. Gottesweise. Von Th. Famulus. Aus dem Holl. übers. (59 S.) (902.) n.n. — 35
19. Die Weisheit der Gottesleugner od. einige gewöhnl. Einwendgn. gegen das Dasein Gottes. Beantwortet. Von Th. Famulus. Aus dem Holl. (150 S.) (902.) n. — 60
20. Zum Katholisch-werden! od.: Außer der Kirche kein Heil. Von P. Ballmann. (63 S.) (902.) n. — 35
21. Panem et Circenses! verdeutscht: Trinken u. Spielen. Von P. Ballmann. (64 S.) (902.) n. — 35
22. Christentum u. Sozialismus od. Der Kampf zwischen der christl. u. heidn. Weltanschaug. Von Karl Bochtler. (187 S.) (902.) n. — 70
23. „Leben" heißt „Genießen". Von P. Ballmann. (90 S.) (902.) n. — 40
24. Jesus v. Nazareth — wessen Sohn ist Er? Volkstümlich beantwortet. Von Alfr. Ammann. (141 S.) (902.) n. — 60
Nr. 1—3 bilden: Haßl, Guido, machen d. Kirchenwände den Christen. 897. n. — 35. — Gedankenspäne v. Theophilus 898. n. — 60. — Teutsch, Frz., d. Jerusalempilger. 898. n. — 35. — Nr. 4—9 erschienen ohne Sammeltitel.

— dasselbe. II. Serie Nr. 1. gr. 16. Ebd. 902. n. — 25
Der Papst, der Vater der Christenheit. Von J. B. Reiber. S. J. (47 S.)

— katholische. I. Serie. Nr. 4 u. 16. 12. Ravensburg, F. Alber. n. — 90
4. Eine gute Beicht! Ein Mahnruf an viele Katholiken. Von J. Haw. 3. u. 4. Aufl. (IV, 100 S.) (904. 906.) n. — 40
16. Etwas aus dem dunklen Jenseits f. jedermann. Von J. Haw. 2. u. 3. Aufl. (129 S.) 904. 906. n. — 50

— dasselbe. II. Serie. Nr. 2—15 u. 18—22. gr. 16. Ebd. n. 9. 05
Bergmann, J., Sprüche u. Stiche. (94 S.) (903.) (Nr. 11.) n. — 60
Bleibet treu eurem kath. Glauben. Ein ernstes Mahnwort an die reifere Jugend u. an das kath. Volk. (99 S.) (903.) (Nr. 12.) n. — 40
Blessing, Bernh., nach Lourdes! Erinnerungen u. Bilder aus e. Pilgerreise. (87 S.) (904.) (Nr. 20.) n. — 30
— Reise-Bilder u. Kloster-Bilder. (55 S.) (904.) (Nr. 19.) n. — 25
— eine Romfahrt. (87 S.) (904.) (Nr. 21.) n. — 30
Drexler, Eug., wann lebte Adam? Eine bibl., geschichtl. u. vorgeschichtl. Studie f. jedermann. (VII, 87 S.) (903.) (Nr. 13.) n. — 50
Eichert, Frz., Wetterleuchten. 2 Tle. 9.—11. Tausf. (VII, 152 u. VII, 194 S.) 904. (Nr. 14. 15.) à n. 1. —
Feiel, Rob., des Christen Kreuzestrost. (92 S.) (903.) (Nr. 9.) n. — 35
Haw, J., der Himmel auf Erden! (79 S.) (904.) (Nr. 18.) n. — 35
Jöchle, Norb., allerhand Gedichte f. ernsthafte Leute. (100 S.) (903.) (Nr. 8.) n. — 50
— der Kunzenbauer. Drama in 2 Aufzügen. (53 S.) (903.) (Nr. 7.) n. — 40
Matthias v. Bremscheid, O. Cap., Fluch des Unglaubens. Zeitgemäße Erwäggn. f. das christl. Volk. (56 S.) 903. (Nr. 10.) n. — 25
— Thorheit des Unglaubens. Zeitgemäße Erwäggn. f. das christl. Volk. (48 S.) (903.) (Nr. 6.) n. — 25
Quadt, Julie Gräfin, D'Lont u. andere Erzählungen. (164 S.) (905.) (Nr. 22.) n. 1. —
Thuma, Karl, Gedichte. Hrsg. nach dem Tode des Verf. von Ernst Scheffold. I. Bd. Gotteslob in Harfenklängen. (VIII, 84 S. m. Bildnis.) (903.) (Nr. 2.) n. — 40
— dasselbe. II. Bd. Gotteswunder in der Natur. (IV, 82 S.) (903.) (Nr. 3.) n. — 40
— dasselbe. III. Bd. Lied u. Lehre. (IV, 90 S.) (903.) (Nr. 4.) n. — 40
— dasselbe. IV. Bd. Froher u. ernster Sang. (IV, 88 S.) (903.) (Nr. 5.) n. — 40
Nr. 16 u. 17 erschienen unter Sondertitel.

— katholische. I. Serie. 22. Bdchn. kl. 8. Ravensburg 910. F. Alber. — 60; geb. 1. 20
22. Gedichte u. Gedanken. Von J. Bergmann. (109 S.)

— dasselbe. II. Serie. Nr. 15. kl. 8. Ebd. 910. — 60
15. Die Arbeit, ihre sittliche u. soziale Bedeutung. Von Karl Bochtler. 2. Aufl. (140 S.)

Volksbibliothek deutscher Classiker. Deutschlands Dichter und Denker von Lessing bis Heine. Hrsg. von Herm. Kletke. 102 Lfgn. 16. (à Lfg. 32 S. mit Portr. in Holzschn.) Berlin 866,67, A. Jonas. à Lfg. * ½ Ngr.

Volksbibliothek der griechischen und römischen Classiker. Enth. das Schönste aus denselben in deutscher Uebertragung. 18 Lfgn. 32. (VI und 8605 S.) Berlin 865, Rauh. à Lfg. 5 Ngr.

—— kleine illustrirte, für junge und alte Leser. 1. und 2. Bdchn. 16. Münster 870, Russell's Verlag. à Bdchn.
Inhalt:
Bd. 1. Des Lindenbauers Töchterlein. Eine westfäl. Dorfgeschichte. — Der Gottesstreiter. Episode aus den röm. Kämpfen. (141 S. mit eingedr. Holzschn. und 4 Holzschntaf.)
„ 2. Ein Herz von Wachs und Eisen. Eine Dorfgeschichte. — Der Hirtenknabe aus Tyrol. Eine Erzählung aus den glückl. und unglückl. Tagen Maximilian's von Mexiko. (152 S. mit 5 Holzschntaf.)

— für Körperkultur. 6. u. 7. Heft. gr. 8. Berlin-Steglitz, Verlag: „Kraft u. Schönheit". à — 50
6. Wassersport, der. (40 S. m. Abbildgn.) (906.)
7. Olympia-Heft. (39 S. m. Abbildgn.) (906.)
Vergl.: Kraft u. Schönheit.

—— für Kunst und Wissenschaft. Hrsg. von Rud. Bergner. Nr. 1—10. 12. Leipzig 884, Bruckner.
Inhalt:
Nr. 1. Lemmermayer, Fritz, die deutsche Lyrik der Gegenwart. Eine Anthologie. Zusammengestellt. (XXIX, 233 S.) 60 Pf.
„ 2. Friedrich der Große, über den Krieg und Reflexionen über den Charakter und die militärischen Talente Karls XII. (51 S.) 30 Pf.
„ 3. Arnim, Ludw. Achim v., Halle und Jerusalem. Studentenspiel und Pilgerabenteuer. (297 S.) 60 Pf.
„ 4. Wien im Lichte verschiedener Jahrhunderte. Eine Zusammenstellung von Berichten über die Kaiserstadt an der Donau. (72 S.) 30 Pf.
„ 5. Hippel, Th. G. v., über die Ehe. (254 S.) 60 Pf.
„ 6. Schlegel, A. W. v., über dramatische Kunst und Literatur. Vorlesungen. (71 S.) 30 Pf.

Haslhofer, Seb., ein Wort an die Volksbildner od. „Das Christentum als Religion der Wahrheit, der Freiheit u. des Fortschrittes". Rede, geh. in der konstituier. Versammlung des Lehrervereins f. den Schulbez. St. Pölten. (31 S.) (907.) (Nr. 101.)
Haßl, Guido, Christentum u. Buddhismus. (64 S.) (909.) (Nr. 132. 133.)
Hertl, Paul, der jüdisch-freimaurerische Weltbund. Ein Mahnwort in letzter Stunde. I. Die internat. Schlingpflanze. (32 S.) (907.) (Nr. 102.)
— dasselbe. II. Die geduldete Loge in Österreich. (62 S.) (907.) (Nr. 103. 104.)
— dasselbe. III. Die mitregier. Loge in Ungarn. (32 S.) (907.) (Nr. 105.)
— dasselbe. IV. Die herrsch. Loge in Frankreich. (40 S.) (907.) (Nr. 106.)
— dasselbe. V. Freimaurerei u. Sozialdemokratie. (31 S.) (907.) (Nr. 107.)
Hille, Vinzenz, Wunder der Schöpfung im Großen. (32 S.) (908.) (Nr. 119.)
— dasselbe im Kleinen. Vortrag, geh. im Volksvereine Warnsdorf am 12. u. 26. I. 1908. (46 S.) (908.) (Nr. 118.)
Kapitza, Johs., Alkoholismus u. soziale Frage. Rede, geh. auf der 56. Katholiken Versammlung zu Breslau. Autoris. Abdr. (30 S.) (910.) (Nr. 139.)
Kralik, Rich. v., Katholizismus u. Nationalität. (32 S.) (909.) (Nr. 121.)
Prohaszka, Ottok., christl. Moral u. moderne Kultur. (32 S.) (910.) (Nr. 137.)
Sleumer, Alb., ein apostol. Seelsorger d. 19. Jahrh. (63 S.) (909.) (Nr. 126. 127.)
Stauracz, Frz., Dr. Luegers Leben u. Wirken. (40 S.) (908.) (Nr. 115.)
Steeger, Ant., ein unsterblicher Held, Dr. Witt. (32 S.) (909.) (Nr. 124.)
— Zwei Pfadfinder des Unterrichts- u. Erziehungswesens. (32 S.) (909.) (Nr. 123.)
Stettinger, M., zur Geschichte der Sozialdemokratie in Deutschland u. Oesterreich. (64 S.) (908.) (Nr. 116. 117.)
— Wertvolle Geständnisse sozialdemokratischer Führer. (32 S.) (909.) (Nr. 130.)
— Der sozialdemokrat. Humbug. (64 S.) (908.) (Nr. 113. 114.)
— Katholizismus u. Wirtschaftsleben. (32 S.) (908.) (Nr. 120.)
— Römlinge. (29 S.) (909.) (Nr. 131.)
Stimmen, gewichtige, zur Schulfrage. Gesammelt v. e. Jugend- u. Schulfreunde. (32 S.) 908. (Nr. 110.)
Theodorowicz, Jos., Leo XIII. u. Pius X. (32 S.) (909.) (Nr. 125.)
Udeis, Kurt, Häckelsche Mache. (43 S.) (909.) (Nr. 134.)
Weber, Geo. Ant., größte Maler u. das positive Christentum. (48 S.) (909.) (Nr. 129.)
Zach, Frz., der Antichrist Nietzsche. (32 S.) (910.) (Nr. 138.)
— Das große Wunder d. Weltgeschichte. (64 S.) (910.) (Nr. 135. 136.)

Volksaufklärung, über herrschende, u. über den Zustand der Volksschule in Franken. 8. Würzb. 803. Kienner. 4 gr.

Volksaufstand, der, in Petersburg am 9. I. 1905. (In russ. Sprache) (88 S.) 8. Berlin (906.) H. Steinitz. n. 1. 60

Volks-Ausgabe norddeutscher Bundes-Gesetze nach amtl. Quellen. 1.—6. Heft. gr. 16. Berlin, Kortkampf. * 7 20

Inhalt:
Heft 1. Organisations-Gesetze. (32 S.) 868. * 20 Pf.
" 2. Personal- und Consulats-Gesetze. (47 S.) 868. * 40 Pf.
" 3. Militair-Gesetze. (VIII, 341 S.) 868. * M. 2.50.

Volksausgabe norddeutscher Bundes-Gesetze etc.
Heft 4a. Handelsgesetze. (71 S.) 868. * 60 Pf.
" 4b. —— dass. — (16 S.) 868. * 20 Pf.
" 5. Postgesetze. (III, 135 S.) 868. * M. 1.
" 6. Gewerbegesetze: Nr. 1. (71 S.) * 60 Pf.; Nr. 2. (25 S.) * 40 Pf.; Nr. 3. (45 S.) 868. * 80 Pf.; Nr. 4. Die neue Gewerbe-Ordnung für den norddeutschen Bund. Nach den Beschlüssen des Reichstags vom Mai 1869. (54 S.) 869. * 50 Pf.

—— württembergischer Gesetze, s. Bierer, H.

Volksausgabe des jüdisch-hellenistischen Schriftthums der drei vorchristlichen Jahrhunderte. Unter Mitwirkung von Fachmännern redig. und hrsg. von Osk. Waldeck. 1.—4. Heft. gr. 8. Wien 885, (Engel.) à Heft * 30 Pf. *

Inhalt:
Heft 1. Der Aristeas-Brief oder zur Geschichte der Entstehung der ersten Bibelübersetzung mit Prospect und Einleitung versehen. (32 S.)
" 2. Das Buch Tobit, mit Einleitung zur Geschichte der Übergangsperiode. (31 S.)
" 3. Die Essener nach Josephus und Philo. Einleitung. (32 S.)
" 4. dass. — Aus dem Griech. übers. (30 S.)

— der Zollvereins-Gesetze, s. d. Zollvereins-Gesetze.

—— der Zollvereins-Gesetze. Systematisch bearb. nach amtl. Quellen von H. Robolsky. Mit Sachregister. 1.—4. Heft. gr. 16. Berlin, Kortkampf. * 11 30

Inhalt:
Heft 1. Die Organisation des Zollvereins. Eine Darstellung des Gebietes, der Verfassung und der Gesetzgebung des Zollvereins. (VI, 200 S.) 868. * M. 1.80.
" 2. Sammlung der wichtigsten Zolltarife. 1. Thl.: Die Tarife des Zollvereins, Rußlands und der westeuropäischen Staaten. (XIV, 329 S.) 868. * M. 2.50.
" 3. Die Handels-, Zoll- und Schiffahrtsverträge des Zollvereins mit anderen Staaten. (VIII, 310 S.) 868. * M. 3.
" 4. Die Zoll- und Steuer-Ordnungen des Zollvereins. (VII, 412 S.) 869. * M. 4.

(Moritz) Diesterweg. Deutsche **Volksausgaben**. Hrsg. von Dr. E[rnst] Keller. Bd 1. Frankfurt a. M., Berlin: M. Diesterweg 1908. 8° [S.]

Volksbad, das Gießener, erbaut v. Stein & Meyer u. H. Schaffstaedt, Fabrik f. Bade-Einrichtgn. E. Beitrag z. Entstehungs- u. Entwickelungsgeschichte d. Baues u. d. Einrichtg. desselben, nebst d. Badevorschriften u. Badepreisen verf. v. H. M. gr. 8. (58 S. m. 7 Taf.) Gießen 898. (J. Ricker.) n. 2. —

Volksballaden, altisländische, u. and. Volksdichtungen nordischer Vorzeit. Uebertr. v. P. J. Willatzen. 2., veränd. u. verm. Aufl. 8. (XVI, 312 S.) Bremen 897. Leipzig, M. Heinsius Nachf. n. 4. —; geb. n. 5. —

Volksballaden, Altschottische u. Altenglische. Nach den Originalen bearb. v. W. Doenniges. Nebst einem Nachwort üb. den alten Minstrelgesang. 16. (X u. 258 S.) München 852, Literar.-artist. Anstalt. n. 28 ngr

Schweizerische **Volksbanken**. Denkschrift zum 10jährigen Bestehen 1879 und zum 20jährigen Bestehen 1889. Bern [um 1890].

Volksbedürfnisse u. Reformen. I u. II. 8. I. Generalia. (8 S.) II. Proletarier u. Proletariat. A. u. d. T.: Betrachtungen eines deutschen Proletariers. (80 S.) München 848, Franz. (I: 1 ngr II: 4 ngr) 1/6 rß

Volksbegehren betreffend Abänderung von Art. 72 der Bundesverfassung (Wahl des Nationalrates). Botschaft des Bundesrates. (Vom 28. November 1902.) 28 S. 8. [Bern, Stämpfli & Cie.,] 1902.

Volksbeglücker, die. 1907. Eine Studie üb. die Arbeitsgruppe (Trudowiki) in der I. Duma. Aus dem Russ. des Verf. der Broschüre „Falsche Propheten". (46 S.) 8. Riga 907. (Jonck & Poliewsky.) — 40

Ein entlarvter Volksbeglücker. (Gegen Held.) Druck ebenda. 1 Bl. Fol. Flugblatt. Berlin, 8. Juni 1848.

Volksbelehrung

— eine doppelte, 1) über d. allgemein christl. Tugend u. Vollkommenheit. 2) Ueber d. Cölibatsgesetz d. kathol. Geistlichen. Zur Prüfung d. gebildeten Publikum, besond. d. Ständeversammll., d. Bischöfen u. Fürsten d. Volks vorgelegt von e. kathol. Pfarrer in Baiern. 8. Augsb. 832. M. Rieger. (Himmer). 4 gr.

Volksbelehrung eines Kometen. München 1765. V: *Kennedy, Ildephons.* (MGT) (Ky) (Lindner) (Adel)

Volksbelehrung eines Kometen (v. J. Kennedy.) 8. Münch. 765.

Volksbelehrungen in katechetischer Form. Leipzig 1796. V: *Hofmann, Johann Philipp.* (Ky) (HS)

Volksbelehrungen in katechet. Form. (Von Jh. Ph. Hofmann.) 8. Leipz. 796. Barth. 14 K (s. auch Katechesen, katholische.)

Volksbelustigungen und Mummenschanz der alten ehemaligen Reichsstadt Nürnberg. Text von Phil. Körber. Illustr. von Osc. Schäffer. Fürth 859. Löwensohn. qu. Fol. (21 S. u. 9 color. Lithogr.) n. 1 ℛ 15 ngr.

Der Volks-Berichter : July 25, 1799–1803

Weekly. Subtitle: Ein Yorker Wochenblatt. Small folio, each issue 4 pages. Subscription rate "für Fünf Viertel Thaler," increased with issue for July 23, 1801, to "für Eilf Schilling und drey Pens des Jahrs." Edited & published by Andreas Billmeyer.

York, PA

Der Virginische Volksberichter, und Neu-Marketer Wochenschrift : Oct. 7, 1807–1809

Weekly. Edited by Ambrosius Henkel, & published by Solomon Henkel.

New Market, VA

Volksbewaffnung, die allgem., im Sinne der Gegenwart. An dem Beispiele der Volksbewaffnung des Herzogthums Oldenburg anschaulich gemacht. Von W. N. u. W. v. W. gr. 8. (17 S.) Oldenburg 848, Schulze. n. 4 ngr

Volksbewaffnung, Die deutsche. Von A. R. Dresden 1848. V: *Röckel, August.* (BMarsch 146)

— die deutsche. Von A. R. gr. 8. (23 S.) Dresden 848, Adler & Dietze in Comm. 3 ngr

— die deutsche. Von einem deutschen Bürger. 8. (36 S.) Leipzig 848, Breitkopf und Härtel.

Über Volksbewaffnungen nach den Erfordernissen der Gegenwart u. im besonderen Hinblicke auf die teutschen konstitutionellen Staaten. Mit 1 Taf. München 1848. 52 S.

Volks-Bewaffnungs-Katechismus, allgem., od. leichtfaßl. Unterricht in den Waffenübungen der Infanterie [Linie, Landwehr u. Hülfs- od. Freicorps]. Mit 2 lith. Abbildgn. (auf 1 Taf. in 4.), der Compagnie-Schlachtstellg., Paradestellg., Flankenstellg. u. Aufmarsch in Linie Rechts u. Links. 32. (62 S.) Augsburg 848, Schlosser in Comm. 2 ngr

Die Schlesische Volksbewegung. Lebensfragen unserer Provinz. Breslau – Warschau. Bessere Eisenbahnverbindungen. Techn. Hochschule, Fortbildungswesen. Servisklasse. Breslau: W. G. Korn 1902. (64 S.) 8°
Aus: Schlesische Zeitung.

Volksbibel. 2 Thle. 8. Kempten 807–9. Kösel. 21 K

— oder d. heil. Schrift in e. vollständ. Auszuge, für alle Stände, (von St. Königsberger.) 3 Thle. 8. Landsh. 815. Thomann. 1 ℛ 6 K 1r Thl. N. Test. 2e Aufl. gr. 8. Ebd. 10 K 2r Thl. Alt. Test. 10 K

Volksbibel für katholische Christen, oder biblisches Unterrichts- u. Erbauungsbuch, worin die Ansichten u. Aussprüche der heil. Schriften des A. u. N. Testaments, sowohl üb. die ganze Glaubens- u. Sittenlehre, als auch über die wichtigsten Angelegenheiten u. Verhältnisse des Lebens ꝛc. enthalten sind. 8. Freiburg 835. Wagner. 2 ℛ

Volksbibel, Christliche, oder die heilige Schrift im Auszug, Alten und Neuen Testaments. 2. Aufl. Leipzig 1815–17. H: *Königsberger, Stephan.* (Ky) (schmal) (Th)

Volksbibel, christl., oder die heil. Schrift des neuen Testaments in einem Auszuge für alle Stände. 2te Aufl. gr. 8. (Landshut, Thomann.) 817. — 10

— — dieselbe, altes Testament in einem vollst. Auszuge ꝛc. 2r Bd. gr. 8. Ebend. 818. — 10

Volksbibel, deutsche. Die Bibel in abgekürzter u. verbesserter Fassg., nach Maßgabe des geist., sittl. u. nationalen Bewußtseins unserer Zeit. Hrsg. f. das deutsche Volk. gr. 8. (IX, 258 S.) Leipzig 893. (E. Rust.) n. 2. 40

תורה נביאים כתובים oder Deutsche Volks- u. Schul-Bibel für Israeliten. Auf's Neue aus dem Massoretischen Texte übersetzt. Herausg. von Dr. Gotthold Salomon. (Zum Schulgebrauch.) Stereotyp-Ausgabe. gr. 8. Altona 837. Hammerich. n. $1\frac{1}{2}$ ℛ Velinp. n. $2\frac{1}{6}$ ℛ Schul-Ausg. n. $1\frac{1}{8}$ ℛ — 2r Abdruck. (1.) A. u. d. T.: תורה צוה לנו משה. Die fünf Bücher Mose. gr. 8. Ebd. 838. n. $\frac{1}{2}$ ℛ

— dass. 2e Lfgr. A. u. d. T.: כתובים Heilige Schriften. — נביאים ראשונים Die ersten Propheten. נביאים אחרונים Die spätern Propheten. gr. 8. Ebd. 837. Complet n. 2 ℛ

Volksbibel, erklärte deutsche, in gemeinverständl. Auslegg. u. Anwendg. m. apologet. Tendenz, hrsg. v. Ed. Rupprecht. Unt. Mitwirkg. von Karl v. Buchrucker, Karl Burger, sow. mehr. Amtsbrüdern. M. 40 Voll- u. ca. 300 Textbild. 1.–16. Lfg. gr. 4. (A. T. S. 1–768.) Hannover 898. J. Brandner. à Lfg. n. — 50

— dasselbe. Wohlfeile Volksausg. 1.–8. Lfg. 4. (A. T. S. 1–768.) Ebd. 898. à Lfg. n. — 50

Volksbibel, erklärte deutsche, in gemeinverständlicher Auslegung u. Anwendung m. apologetischer Tendenz, hrsg. v. Ed. Rupprecht, unter Mitwirkg. von Karl v. Buchrucker u. Karl Burger, sowie mehreren Amtsbrüdern. Mit 40 Voll- u. über 300 Textbildern. 17.–40. Lfg. gr. 4. (A. T. III u. S. 769–1160; Apokryphen 77 S.; VI S., N. T. 618 u. Hauschronik 8 S. m. 8 farb. Kartens.) Hannover 899. 900. O. Brandner. à n. — 50; (kplt. 20. —; geb. in Leinw. n. 24. —; m. Goldschn. n. 27. —; in Bockldr. m. Goldschn. n. 30. —; in 2 Bde. geb. n. 27. —; bezw. n. 31. — u. n. 38. —; Altes Testament allein 15. —; geb. n. 18. 50; n. 21. — u. n. 23. 50; Neues Testament allein 8. —; geb. n. 11. —; n. 13. — u. n. 15. 50)

— dasselbe. Wohlfeile Volksausg. 9.–20. Lfg. 4. (A. T. III u. S. 769–1160, Apokryphen 77 S.; VI u. N. T. 618 u. Hauschronik 8 S. m. 4 farb. Kartens.) Hannover 900. O. Brandner. à n. — 50; (kplt. 10. —; geb. in Leinw. n. 13. 50; m. Goldschn. n. 15. —; in 2 Bde. geb. n. 15. 50 u. n. 17. 50; Altes Testament allein 7. 50; geb. n. 10. 25 u. n. 11. 50; Neues Testament allein 4. 50; geb. n. 6. 50 u. n. 7. 50)

Volks- u. Schulbibel für Israeliten. Supplem.-Bd., enth. die Apokryphen des alten Testaments, übers. von M. Gutmann. gr. 8. Altona 841, Hammerich. $1\frac{1}{4}$ ℛ

Volks-Bibellexikon, allgemeines, oder allgem. faßliche Erläuterung der heil. Schrift durch Wort u. Bild in alphabet. Folge, besonders in Hinsicht auf die bibl. Alterthümer, Geographie, Naturgeschichte, Sitten u. Gebräuche des Morgenlandes ꝛc. hrsg. v. A. G. Hoffmann. Mit mehr als 500 in den Text gedruckten Abbildgn. 1–18. Lfg. (A–Pest.) gr. Lex.-8. (82 B.) Leipzig 842–47, Baumgärtners Buchh. à L. $7\frac{1}{2}$ Ngr.

Volks-Bibellexicon, allgemeines, oder allgemein faßliche Erläuterung der heil. Schrift durch Wort und Bild ꝛc., hrsg. von A. G. Hoffmann. Mit in den Text gedruckten Abbildungen. 19–27. (letzte) Lfg. Lex.-8. (2. Bd. S. 181–623., Pest – Zwillinge.) Leipzig 848, Baumgärtners Buchh.
1–18. Lfg. Ebendas. 1842–47. 4 Thlr. 15 Ngr.

„ 75. —— Schwarzbart der Seeräuber. (48 S.)
„ 76. Linden, Ernst, der Schwanenritter. (48 S.)
„ 77. —— der Kampf mit dem Riesenkönig oder: Kaiser Octavianus. (48 S.)
„ 78. —— Robert der Teufel. (48 S.)
„ 79. —— Auf dem Scheiterhaufen oder: Der Sieg der Unschuld. (48 S.)
„ 80. Stein, Rudolf, Paul und Virginie. (48 S.)
„ 81. Linden, Ernst, das geheimnisvolle Schloß in der Höhle Xa-Xa. (48 S.)
„ 82. Müller, A., das Gespenst von Ghismondo. (48 S.)
„ 83. Stein, B., der Bastard. (48 S.)
„ 84. Linden, Ernst, der Drachentöter. (48 S.)
„ 85. —— die Tochter des Sultans oder: Fierabras, der Riese. (48 S.)
„ 86. —— die geduldige Helena. (48 S.)
„ 87. —— die Schildbürger. (48 S.)
„ 88. —— die verstoßene Frau oder: Belohnte Treue. (48 S.)
„ 89. —— Heinrich der Löwe. (48 S.)
„ 90. —— Till Eulenspiegel. (64 S.)
„ 91. Elsner, Karl, die Hexe von Pultawa. (48 S.) (48 S.)
„ 92. Reimann, Rob., Toni oder: Der Negeraufstand auf Haiti.
„ 93. —— das ungarische Blutweib. (48 S.)
„ 94. —— der Wilderer. (48 S.)
„ 95. Brentano, Fritz, Im Wolfsgrund. (48 S.)

Nr. 121. Brentano, Fritz, Prairievogel oder der Kriegs-Adler der Delawaren. Frei nach Murray für Volk und Jugend bearb. (63 S.)
„ 122. —— Montbars, der Seeräuber, oder die Erstürmung von Panama. Eine Seegeschichte aus dem 17. Jahrh. Für das Volk bearb. (64 S.)
„ 123. —— Spieler und Goldgräber oder Californische Abenteuer. Nach einem älteren Stoff bearb. (64 S.)
„ 124. —— der rothe Wolf oder die Indianer in Mexiko. (64 S.)
„ 125. —— Cora, die Quadrone oder die Tochter des Pflanzers. (64 S.)
„ 126. Warnbeck, Karl, Ehrlich währt am längsten. (64 S.)
„ 127. —— die Rache des Negers. (63 S.)
„ 128. —— die Strandräuber oder wie man's treibt so geht's. (63 S.)
„ 129. —— die Schiffspiraten oder der Seekampf bei Borneo. (63 S.)
„ 130. Brentano, Fritz, Seguin, der Scalpjäger oder die Königin der Navajoes. Nach Capit. Reid frei bearb. für Volk und Jugend. (64 S.)
„ 131. Kästner, Ferd., die roten Teufel oder General Hill und seine Reiter. (63 S.)
„ 132. Wickede, Fr. C. v., das Flachsgretchen oder die Rache des Giftmischers. (64 S.)
„ 133. Brentano, Fritz, der schwarze Graf oder ein deutsches Reiterleben. (64 S.)
„ 134. —— Kenneth vom Leoparden oder die Kreuzfahrer bei Askalon. (63 S.)
„ 135. —— der Weber von Lyon oder ein Genie aus dem Volke. (64 S.)
„ 136. —— der Lüneburger Kirchenraub oder Nickel List und seine Gesellen. (64 S.)
„ 137. Kästner, Ferd., der Hungerthurm von Pisa oder Graf Ugolino. (64 S.)
„ 138. —— Tarella, die treue Indianerin, oder der weiße Häuptling. (64 S.)
„ 139. Brentano, Fritz, des Scharfrichters Freiknecht oder König Wenzel, der Wilde. Nach einem älteren Stoff frei bearb. (63 S.)
„ 140. Wangerin, W., Kuno v. Braubid oder die Erstürmung des Raubnestes. (63 S.)
„ 141. Kästner, Ferd., der Sclavenaufstand auf Cuba. (63 S.)
„ 142. —— der rothe Philipp oder der Fluch der bösen That. (63 S.)
„ 143. —— der Neffe aus Paris oder ehrlich währt am längsten. (63 S.)
„ 144. Oswald, E., Ein Diebstahl in Metz im J. 1870. (64 S.)
„ 148. Ritter, Frz., Felicitas, die Fischerin, oder Kindestreue und Vaterliebe. Eine Erzählung aus dem 30jähr. Kriege. (63 S.)
„ 149. Horn, A., Wapiti, der Indianerknabe, oder der verhängnißvolle Weihnachtsabend. Nach eigenen Erlebnissen erzählt. (64 S.)
„ 150. Krause, Gisbert, auf der Bahn des Verbrechens. Criminal Erzählung. (63 S.)
„ 151. Cassau, Karl, Red Devil oder ein treuer Lenape. Eine Indianer Erzählung. (64 S.)
„ 152. Shipman, Charles, im Schneesturme der Felsengebirge Nordamerikas oder die Silbergruben von Baxter-Hill. Aus den Papieren eines Emigranten wiedererzählt. (63 S.)
„ 153. Kruse, Ed., unter den Osage Indianern. Abenteuer eines deutschen Knaben in der Wildnis. Für die Jugend erzählt. (63 S.)
„ 154. Hoffmann, Ferd., Rothhaut und Blaßgesicht oder die Zerstörung von Washita-Village. Eine Indianergeschichte. (63 S.)
„ 155. Lange, Jul., Owama, der Häuptling der Sioux, oder der Blutsonntag in der Mariana-Lichtung. Eine Indianergeschichte. (63 S.)
„ 156. Kruse, Ed., die falschen und die wahren Rothhäute oder der Pächter-Aufstand von Mapleton. Eine Erzählung aus der Mitte dieses Jahrhunderts. (63 S.)
„ 157. Cassau, Karl, Abenteuer in Californien. Erzählung. (64 S.)
„ 158. —— im fernen Westen. Indianer-Erzählung. (63 S.)
„ 159. —— Li-te-pi, der Chinesenknabe, oder der zertrümmerte Götze. Nach einem mündl. Berichte erzählt. (63 S.)
„ 174. Widhalm, R., die Schiffbrüchigen oder Gottes Fügungen sind wunderbar. Eine Erzählung für die Jugend. (64 S.)
„ 175. Frei, W., der Pirat. Erzählung. (64 S.)
„ 176. —— das Geheimnis des Deportierten. Erzählung. (64 S.)
„ 177. —— unter den Sioux. Erzählung aus dem Indianerleben. (64 S.)
„ 178. Moest, Friedr., die Tochter des Pflanzers. Erzählung aus dem Negerleben. (64 S.)
„ 179. Waldheim, R., das Schloß im Argonner Walde. Eine Geschichte aus dem deutsch-französ. Kriege. (64 S.)
„ 180. Fogowitz, A. H., Giacomo Rossi, der Abruzzenräuber. Eine Geschichte aus dem italien. Gebirgsland. (64 S.)
„ 181. —— der „Mälström" oder der Untergang des „Albatros". Erinnerung aus dem Leben eines Seemannes. (64 S.)
„ 182. Moest, Friedr., die Sklavenjäger. Erzählung aus dem Negerleben. (64 S.)
„ 183. Fogowitz, A. H., der Löwe der Wildnis oder die verfolgten Goldsucher. Eine Abenteurergeschichte. (64 S.)
„ 184. Frei, W., unter falscher Flagge. Erzählung. (64 S.)
„ 185. Dangschat, M., die Abenteuer eines Offiziers während der Belagerung von Paris oder Pierrot der Idiot. Für die Jugend erzählt. (64 S.)

Nr. 96—120, 145—147 und 160—173 sind nicht in dieser Sammlung erschienen.

Volksbibliothek, Neue illustrirte, s.a. Volksbibliothek, Neue.

—— neue illustrirte. 10. Heft: Die sieben Rettungen Deutschlands. I. Arminius der Cherusker und die Schlacht im Teutoburger Walde. Von W. Paulus. gr. 16. (40 S. mit 1 Holzschntaf.) Stuttgart 875, Levy und Müller. * — 20

1.—9. Heft vgl.: Jugend- und Volksbibliothek, neue illustrirte.

— dasselbe. 2. Serie. Nr. 1—12. gr. 16. Ebend. 876. à n. — 20

1. Das Poetische in der bildenden Kunst. Von H. Rustige. (32 S. m. 2 Holzschntaf.)
2. 3. Die sittlich-religiöse Bedeutung der socialen Frage. Von Gust. Schönberg. (54 S.) Einzelpr. n. — 60
4. Das heilige Land. Nach eigener Anschaug. v. J. Paulus. II. Die Gebirge u. Städte Judäa's. (48 S. m. 2 Holzschntaf.)
5. Martin Luther u. Franz v. Sickingen. Von Bernh. Kugler. (32 S. m. 1 Holzschntaf.) Einzelpr. n. — 60
6. Ueber Volk u. Sprache. Von Ludw. Schwabe. (32 S.) Einzelpr. n. — 60
7. 8. Von den Lebensaltern d. Menschen u. der menschlichen Lebensdauer. Von F. L. Jul. Wilbrand. (56 S.) Einzelpr. n. 1. —
9. 10. Lungenschwindsucht. Eine „Geißel der civilisirten Gesellschaft." Von P. Niemeyer. (68 S. m. Holzschntaf.) Einzelpr. n. 1. —
11. 12. Wallenstein. Von Mart. Philippson. (48 S.) Einzelpr. n. — 60

cf.: Jugend- u. Volks-Bibliothek, neue illustrirte.

Volks- und Jugendbibliothek

—— —— neue. 1—4. 8. Regensburg 860. 61, Manz. à Bdchn. 7½ Ngr.

Inhalt:

1. Hahn, F. X., drei Schulkameraden. Ein Lebensgemälde für die Jugend. (111 S. mit 4 Stahlst.)

Volks- und Jugendbibliothek, neue. ꝛc.

2. Hahn, F. X., Fuchs und Lamm. Eine Erzählung für Jung und Alt (112 S. mit 4 Stahlst.)
3. —— das Testament, oder Schicksale eines Findlings. Eine Erzählung (125 S. mit 4 Stahlst.)
4. Lenzen, Maria, Marcell der brave Sohn. Angela die brave Tochter Zwei Erzählungen für die Jugend. 2. Aufl. (133 S. mit 4 Stahlst.)

— — neue. 5. u. 6. Bdchn. Regensburg 868. Manz. 16. Jedes Bdchn. cart. 7½ ngr.

5. Bdchn. Die beiden Wagen. Eine Erzählung aus der Gegenwart von Frz. Erven. Mit 4 Stahlst. (90 S.)
6. Bdchn. Nicht Rast, nicht Ruhe. Eine Erzählung aus dem Leben von Frz. Erven. Mit 4 Stahlst. (107 S.)

—— —— dass. — 2. Reihe. 5 Bdchn. 16. Mit je 4 Stahlst. Ebendas. cart. à Bdn.

Inhalt:

Bdchn. 1. Erven, Frz., Nicht Rast, nicht Ruhe. Eine Erzählung aus dem Leben. (107 S.) 868.
„ 2. Pleban, H., das Meisterstück. Die geheimnißvolle Scheibe. Der brave Sohn. 870.

Volks- und Jugendbibliothek, neue ꝛc.

Bdchn. 3. Saint-Marie, getäuschte Hoffnungen. Erzählung für Volk und Jugend. Nach dem Französ. 871.
„ 4. —— Christine, die edle Dulderin. Erzählung für Volk und Jugend. Nach dem Französ. 871.
„ 5. Horst, J. J. v. d., Vater Bruno, der Klausner von Overveen. Autoris. Uebersetzung von A. Steinbach. 872.

—— —— dass. — 3. Reihe. 1. und 2. Bdchn. 16. Mit je 4 Stahlst. Regensburg 872, Manz. à Bdchn. — 75

Inhalt:

Bdchn. 1. Anzac, F. v., die Waldkapelle. Das Kreuz von Redmond. Zwei Erzählungen für Volk und Jugend. Nach dem Französ.
„ 2. Atala, oder die Liebe zweier Wilden. Erzählung für die reifere Jugend. Frei nach dem Französ. des Chateaubriand von A. J. Cüppers.

— neue katholische. Hrsg. von A. Hungari. 1.—12. Bd. 8. Regensburg, Manz. à Bd.

Inhalt:

Bd. 1. Heilswege. Erzählungen zur lehrreichen Unterhaltung für kathol. Christen. Gesammelt und bearb. von A. Hungari. (176 S. mit 1 Stahlst.) 870.
- 2. Frommer Wandel. Erzählungen zur lehrreichen Unterhaltung für kathol. Christen. Gesammelt und bearb. von A. Hungari. (176 S. mit 1 Stahlst.) 870.
- 3. Herz-Erquickung. Erzählungen zur lehrreichen Unterhaltung für kathol. Christen. Gesammelt und bearb. von A. Hungari. (176 S. mit 1 Stahlst.) 870.
- 4. In ehrbarer Gesellschaft. Erzählungen zur lehrreichen Unterhaltung. Gesammelt und bearb. von A. Hungari. (176 S. mit 1 Stahlst.) 870.
- 5. Vorzeit und Gegenwart. Erzählungen zur lehrreichen Unterhaltung für kathol. Christen. Gesammelt und bearb. von A. Hungari. (176 S. mit 1 Stahlst.) 871.
- 6. Fern dem Weltgeräusch. Erzählungen zur lehrreichen Unterhaltung für kathol. Christen. Gesammelt und bearb. von A. Hungari. (176 S. mit 1 Stahlst.) 871.
- 7. Erbauliches und Beschauliches. Erzählungen zur lehrreichen Unterhaltung für kathol. Christen. Gesammelt und bearb. von A. Hungari. (176 S. mit 1 Stahlst.) 873.
- 8. Brosamen für die Seele. Erzählungen zur lehrreichen Unterhaltung für kathol. Christen. (175 S. mit 1 Stahlst.) 874.
- 9. Im stillen Kämmerlein. Erzählungen zur lehrreichen Unterhaltung für kathol. Christen. (176 S. mit 1 Stahlst.) 874.
- 10. Anmuthige Erheiterungen. Erzählungen zur lehrreichen Unterhaltung für kathol. Christen. (176 S. mit 1 Stahlst.) 874.
- 11. Zum Vorlesen. Erzählungen zur lehrreichen Unterhaltung für kathol. Christen. Gesammelt und bearb. von A. Hungari. (176 S. mit 1 Stahlst.) 874.
- 12. Bunte Gestalten. Erzählungen zur lehrreichen Unterhaltung für kathol. Christen. Gesammelt und bearb. von A. Hungari. (176 S. mit 1 Stahlst.) 874.

Volksbibliothek, neue lehrreiche u. anmuthige. 1s bis 3s Heft. 8. Leipz. 817. Joachim. 1 Rthlr 8 gl 4s Heft a. u. d. T.: Zeitvertreib für Bürger u. Landleute, die Spaß verstehen u. Kurzweil lieben. Neue Aufl. 8. Ebd. 817. 12 gl 5s Heft. 8. Ebd. 818. 8 gl, 6s Heft. ... 7s Heft a. u. d. T.: neues Arzneibüchlein. Ebd. ...

— — 4s Heft auch unter dem Titel: Zeitvertreib für Bürger und Landleute, die Spaß verstehen und Kurzweil lieben. Neue Aufl. 8. Leipzig, Central-Expr. 817. — 12

— neue mecklenburgische. 4. Jahrg. oder Neue Folge 1. Jahrg. Hrsg. von Dav. Assur (Dav. Russa). 6. Heft. 8. (72 S.) Schwerin 847, [Hildebrand.]

1—3. Jahrg. und 4. Jahrg. 1—5. Heft. Ebendas. 1844—47. 3 Thlr. 7 1/2 Ngr.

Volksbibliothek, neue, zur Unterhaltung u. Belehr. f. d. Bürger u. Landmann. I. 8. (10 1/8 B. u. 65 eingedr. Holzschn.) Wesel 841, Bagel. *

— neue, zur Unterhaltung u. Belehrung f. den Bürger u. Landm. II.—V. Mit viel. Stein-Zeichn. 8. (35 3/4 B., 51 Stnt. u. 1 Karte.) Wesel 844—46, Bagel. à * 5 Ngr. *

— neue, zur Unterhaltung und Belehrung für den Bürger und Landmann. 6—11. (Bdchn.) Mit Steinzeichnungen in Ton- und Farbendr. 8. Wesel 847—52, Bagel. [6. und 7. (288 S.) 8. (144 S.) 9. und 10. (288 S.) 11. (144 S.) à Bdchn. 5 Ngr.]

Aus: Niederrhein. Volkskalender Jahrg. 1847—52., besonders abgedruckt.

— neue wohlfeilste, für alle im bürgerl. Leben vorkomm. Fälle im Gebiete der Haus- u. Landwirthschaft, Technologie, Arznei- u. Thierarzneikunde, so wie ein Wegweiser in gerichtl., außergerichtl. u. polizeil. Angelegenheiten; ein Briefsteller mit e. Anhange: Stammbuch-Aufsätze. Im Vereine Mehrerer herausgeg. von F. Beyer u. A. P. de Brey. 1. Bdchn. — A. u. d. T.: Neuer wohlfeiler Volks- u. Muster-Briefsteller. Nebst: Stammbuch-Aufsätzen. 8. Wesel 842, Prinz. Subscr.-Pr. n. 1/3 Rthlr

— dies. 2. Bdchn. — A. u. d. T.: Handbuch der im gewöhnl. Leben am meisten vorkomm. gerichtl. u. polizeil. Bestimmungen, sowohl nach dem allgem. Landrecht als nach dem Code Napoleon. 8. Ebend. 842. n. 1/3 Rthlr

Vgl.: Volks- u. Jugendbibliothek.

— neueste. In Verbindung mit einigen Freunden hrsg. von Wilh. Redenbacher. Jahrg. 1847. 3 Hefte, 1848. 2 Hefte und Jahrg. 1849—51. à 3 Hefte. gr. 16. Dresden, Naumann. [1847. (368 S. und 4 Stnt.) * 16 Ngr., 1848. (296 S. und 2 Stnt.) * 16 Ngr., 1849. (II und 340 S. mit 2 Stnt.) * 14 Ngr., 1850. (333 S. und 3 Stnt.) * 15 Ngr., 1851. (391 S. und 4 Stnt.) * 18 Ngr.] *

— dies. Jahrg. 1848. 2 Hfte. gr. 16. 1. Hft.: Die Bettelmannsküche od. Gottes Gericht üb. einen undankbaren Sohn. Eine Erzählung aus den Zeiten des 30jähr. Krieges von Karl Wild. (176 S. m. 1 Lith.) 2. Hft.: Das Auswandern. Eine Erzählung von Chr. Rpp. (120 S. m. 1 Lith.) Ebd. 848. (à n. 8 ngl) n. 16 ngl

— dies. Jahrg. 1849. 3 Hfte. 16. 1. Hft.: Die Rugenheimer. Ein Bild aus der Gegenwart von Karl Wild. (100 S.) 2. Hft.: Klösterlein Grab. Eine Erzählung von Wilh. Redenbacher. (114 S. m. 1 Lith.) 3. Hft.: Eichen, Cedern u. anderes Gewächs (von W. Redenbacher). (96 S. m. 1 Lith.) Ebd. 849. (1: n. 4 ngl 2 u. 3: à n. 1/6 Rthlr) n. 14 ngl

— dies. Jahrg. 1850. 3 Hfte. gr. 16. 1. Hft.: Der Veits-Uller von Roth. Eine alte Geschichte, die doch neu ist, von Heinr. Bomhard. (119 S. m. 1 Lith.) 2. Hft.: Adam Neuser, oder Leben u. Ende eines Lichtfreundes aus früherer Zeit. Von Karl Wild. (104 S. m. 1 Lith.) 3. Hft.: Der Burggrafenmord. Von Wilh. Redenbacher. (110 S. m. 1 Lith.) Ebd. 850. (à n. 1/6 Rthlr) n. 1/2 Rthlr

— dies. Jahrg. 1851. 3 Bdchn. gr. 16. 1. Bdchn.: Edle Fürsten. (133 S. m. 2 Lith.) 2. Bdchn.: Der Schwurpaulus. Eine Dorfgeschichte v. K. Wild. (140 S. m. 1 Lith.) 3. Bdchn.: Der Smaragd. Eine Erzählung v. Wilh. Redenbacher. (118 S. m. 1 Lith.) Ebd. 851. (à n. 6 ngl) n. 18 ngl

— neueste. In Verbindung mit einigen Freunden hrsg. von Wilh. Redenbacher. Jahrg. 1852. 1. Bdchn. A. u. d. T.: Treue. 8. (116 S. mit 1 Stnt.) Dresden, Naumann. *

— dass. — Jahrg. 1852. 2. Bdchn. A. u. d. T.: Die Raubmörderin. Eine neue Geschichte von Chrn. Rppg. 8. (181 S. mit 2 Stnt.) Ebds. *

— dass. — Jahrg. 1853. 1. Bdchn. A. u. d. T.: Parzival, Gedicht von Wolfram v. Eschenbach, als Erzählung für das deutsche Volk bearb. von C. Wild. 8. (110 S. mit 1 Stnt.) Dresden, Naumann. Thlr. *

Volks-Bibliothek, neueste. In Verbindung mit einigen Freunden hrsg. von Wilh. Redenbacher. Jahrg. 1853. 2. Bdchn. A. u. d. T.: Die Salzburgerinn. Eine Erzählung auf geschichtl. Grunde von Wilh. Redenbacher. 8. (VI und 190 S. mit 2 Stnt.) Ebds. *

Jahrg. 1847—51. Ebendas. * 2 Thlr. 19 Ngr.

— dass. — 2. Aufl. 1—16. Lfg. (1—5. Bdchn.) 8. Ebds. 854—55. à Lfg. * 2 Ngr. *

Inhalt:

Lfg. 1., 2. [1. Bdchn.] Der Dreiecker. Eine Erzählung von Wilh. Redenbacher. 2. Aufl. (94 S. mit 1 lithogr. Bilde nach Ludw. Richter.)
- 3—5. [2. Bdchn.] Die Thalmühle, oder Mittheilungen aus dem Wanderbüchlein eines deutschen Handwerkers. Eine Erzählung von Carl Wild. 2. Aufl. (152 S. mit 1 lithogr. Bilde nach Ludw. Richter.)
- 6—8. [3. Bdchn.] Bilder aus der Reformationszeit. Von Wilh. Redenbacher u. A. (122 S. mit 2 lithogr. Bildern von Ludw. Richter.)
- 9—12. [4. Bdchn.] Die Bettelmannsküche oder Gottes Gericht über einen undankbaren Sohn. Eine Erzählung aus den Zeiten des 30jähr. Krieges von Carl Wild. (176 S. mit 1 lithogr. Bilde nach Ludw. Richter.)
- 13—16. [5. Bdchn.] Das Auswandern. Eine Erzählung von Chr. Rppg. (VI und 120 S. mit 1 lithogr. Bilde nach Ludw. Richter.)

— norddeutsche. Redakt.: W. Christern. (2. Bd.) (Jahrg. 1856.) 52 Nrn. (à 3/4 Bog.) Mit dem Beiblatt: Der Dorfbarbier. Wochenblatt für Gesundheitspflege. Jahrg. 1856. 52 Nrn. (1/4 Bog.) gr. 8. Hamburg. (Altona, Verlags-Büreau.) *

—— allgem. deutsche, hrsg. v. e. Gesellschaft v. Gelehrten, Volks- u. Jugendschriftstellern. 1. Sect. Religion. (4 Thle.) 4. Thl. A. u. d. Ttl.: Universal-Symbolik oder sowohl einfache als vergleichende Darstellung der Haupt-Glaubens- u. Lehrbegriffe sämmtl. bestehender Religionen, Kirchengemeinschaften u. Confessionen. Ein Buch zur Orientirung u. Aussöhnung des Volkes in allen Glaubens-, Religions- u. Kirchensachen v. G. Schilling. gr. 8. (19½ B.) Stuttgart 846, Verlags-Bureau.

—— dass. 2. Sect. Naturwissenschaften. (6 Thle.) 2. u. 4. Thl. gr. 8. Ebds.

A. u. d. Ttln.:

Thl. 2. Die drei Reiche d. Natur. Eine gemeinverständl. übersichtl. Darstellung d. Naturgeschichte. Von Heinr. Rebau. (31½ B.) 846. 1 Thlr. 5 Ngr.

„ 4. Grundlinien der physikal. Erdbeschreibung. Enthaltend in 6 Hauptstücken eine kurze u. allgemein faßl. Darstellung von der Geologie, Hydrographie, Klimalehre, dem Erdmagnetismus u. der Geographie d. Pflanzen u. Thiere. Von Heinr. Berghaus. (28 B.) 847. 1 Thlr. 15 Ngr.

— dies. 2. Sektion: Naturwissenschaften. 6. Thl. A u. d. T.: Akustik oder die Lehre vom Klange. Ein Versuch zu ihrer Einführung ins Leben durch allgemein faßliche, theoretisch-prakt. Darstellung ihrer Wissenschaft für alle Freunde der Natur u. Kunst, insbesondere Musiker, Instrumentenmacher u. Architekten, v. G. Schilling. br. 8. (VIII u. 224 S.) Ebd. 848. 18 ngl

—— dass. 3. Sect. Länder- u. Völkerkunde. (3 Thle. 1. u. 3. Thl. gr. 8. Ebds.

A. u. d. Ttln.:

Thl. 1. Allgemeine Geographie. Mit besond. Rücksicht auf Deutschland. Von Heinr. Rebau. (29 B.) 847. 1 Thlr. 10 Ngr.

„ 3. Allgem. Staatenkunde. Als Lehr- u. Lesebuch f. die reifere Jugend u. den gebildeten deutschen Bürger, entworfen v. Heinr. Berghaus. (31 B.) 846. 1 Thlr. 5 Thlr.

—— dass. 4. Sect. Oekonomische Wissenschaften. (4 Thle.) 1., 2. u. 4. Thl. gr. 8. Ebds. 846. à 1 Thlr.

A. u. d. Ttln.:

Thl. 1. Oekonomische Naturproduktenkunde m. besond. Rücksicht auf Erziehung u. Pflege d. Hausthiere, v. F. M. Duttenhofer. (22 B.)

„ 2. Die Technologie, od. Anleitung z. Kenntniß d. technischen Gewerbe, v. J. H. M. v. Poppe. (22 B.)

„ 4. Die Lehre v. d. Hauswirthschaft m. besond. Rücksicht auf techn. u. chem. Grundsätze v. F. M. Duttenhofer. (26 B.)

—— dass. 5. Sect. Geschichte. (4 Thle.) 3. Thl. A. u. d. Ttl.: Mythologie oder die Götterlehre der Alten, dargestellt v. G. Schilling. gr. 8. (29 B.) Ebds. 846.

—— dass. 7. Sect. Politik. (4 Thle.) A. u. d. Ttl.: Der Mensch in der Gesellschaft, oder die Kunst des Umgangs mit Menschen, von dem heut. Standpunkte der Cultur u. Civilisation als Lehr- u. Lesebuch dargestellt von Christ. Birch. gr. 8. (20½ B.) Ebds. 847.

— dies. 7. Sektion. Politik. 4. Thl. Der Mensch in der Gesellschaft, oder die Kunst des Umgangs mit Menschen, von dem heutigen Standpunkte der Cultur u. Civilisation dargestellt v. Chr. Birch. gr. 8. (VIII u. 320 S.) Ebd. 847. 1 ℛ

— dies. 8. Sektion. Kunst. 3. Thl. A. u. d. T.: Die schöne Kunst der Töne oder heutige Musikkunst zur Orientirung über ihr gesammtes inneres u. äußeres Wesen für Jedermann, alle ihre Freunde, Laien, Dilettanten u. wirkliche Künstler, histor., theoretisch-prakt. dargestellt von G. Schilling. 2 Halbbde. gr. 8. (1: XII u. 528 S. 2: VIII u. 448 S.) Ebd. 847. (1: 1½ ℛ 2: 1⅓ ℛ) 2⅚ ℛ

— dies. 8. Sektion. Kunst. 5. Thl. A. u. d. T.: Dramatik oder Darstellung der Bühnenkunst, historisch, theoretisch-praktisch für Künstler u. alle gebildete Theaterliebhaber. Von Chrn. Birch. gr. 8. (VIII u. 344 S.) Ebd. 847. 1 ℛ

— dies. 8. Sect. Kunst. (6 Thle.) 6. Thl. A. u. d. T.: Theoret.-prakt. Anweisung zur Ausbildung unsers Körpers durch Leibesübungen, oder Lehrbuch der gymnast. Künste. Nach J. C. F. Guts-Muths Gymnastik für die Jugend bearb. gr. 8. Ebend. 846. 1 ℛ

— dies. 9. Sektion. Literatur. 1. Thl. A. u. d. T.: Geschichte der alten Literatur f. die Leser aller Stände von K. Fr. Borbera. br. 8. (VI u. 344 S.) Ebd. 848. 1 ℛ

—— dass. 9. Sect. Literatur. 3. Thl. (2 Halbbde.) gr. 8. Ebds. à 1 Thlr.

(Hlbbd.) 1. Geschichte d. prosaischen u. poet. deutsch. Nationalliteratur. Von Wilh. Zimmermann. (25 B.) 846.

„ 2. Geschichte der Poesie aller Völker. Für die Leser aller Stände. Von Wilh. Zimmermann. (21 B.) 847.

—— dass. 10. Sect. Militairisches. Einziger Theil. A. u. d. Ttl.: Der Soldat, sein Leben, Sein u. Wirken. Ein Buch z. Orientirung über das gesammte Militärwesen u. Militärleben. Von B. v. Herzog. gr. 8. (25 B.) Ebds. 846.

Volksbibliothek, allgem., in Verbindung mit Mehren hrsg. v. P. Kaatzer. 1. u. 2. Bdchn. 8. Aachen, Mayer. [1. (5 B.) 832. 2 Gr., 2. (6 B.) 833. 4 Gr.]

Volksbibliothek, apologetische. Nr. 1—38. (à 16 S.) 8. M. Gladbach, Volksvereins-Verlag. à p nn — 05

1. Gibt es e. Gott? 906. — 2. Hat Gott die Welt geschaffen? 906. — 3. Bibel u. Naturwissenschaft. 906. — 4. Stammt der Mensch vom Affen ab? 906. — 5. Hat der Mensch e. Seele? 906. — 6. Vom Jenseits. 906. — 7. Wunder, das. 906. — 8. Freidenkertum, das, u. sein Glaubensbekenntnis. 906. — 9. Ist die kathol. Kirche intolerant? 906. — 10. Beichte, die, 907. — 11. Gibt es e. Moral ohne Gott? 907. — 12. Moral, die religionslose, e. Ersatz der religiösen Moral? 907. — 13. Sittenlehre, die christliche, e. Feindin der Kulturarbeit? (907.) — 14. Hat Christus jemals gelebt? (907.) — 15. Entstehung, die angebliche, des Christentums. (907.) — 16. Ist Christus auferstanden v. den Toten? (907.) — 17. Ist Christus der Sohn Gottes? (907.) — 18. Maria, die Gottesmutter u. Jungfrau. (907.) — 19. Papsttum, das, v. Christus gestiftet? (907.) — 20. Papsttum u. Kultur. (907.) — 21. Päpste, schlechte. (907.) — 22. Papsttum u. Inquisition. (907.) — 23. Papsttum u. Hexen-Unwesen. (907.) — 24. Kirche, katholische, u. moderne Kultur. (907.) — 25. Niedergang, der wirtschaftliche, der katholischen Völker. (907.) — 26. Leichenbeerdigung — Leichenverbrennung. 907. — 27. Geisterseherei, moderne (Spiritismus). 907. — 28. Religion u. Offenbarung. 907. — 29. Bibel, die, Menschenwerk od. Gotteswerk? 907. — 30. Schrift, die hl., dem Katholiken verboten? 907. — 31. Was ist Gott? (909.) — 32. Was ist der Mensch? (909.) — 33. Sinn, welchen, hat das Menschenleben? (909.) — 34. Heiligen- u. Reliquienverehrung. (909.) — 35. Sittlichkeit, die christliche. (910.) — 36. Volksschule, die christliche. (910.) — 37. Simultanschule, die. (910.) — 38. Was haben wir an der Volksschule? (910.)

Apologetische **Volksbibliothek**. No 1. M.-Gladbach: Zentralstelle d. Volksver. f. d. kath. Deutschland 1907. 8° [F.] 07. 10473

Auerbach's Hauswirtschaftliche **Volksbibliothek**. H. 1–6. [Meh. nicht erschienen.] *Berlin-Steglitz: R. Auerbach [1896–97].* 6 Bde 8°

1 = Kinderpflege in d. ersten Lebensjahren. [1896.]
2 = Die prakt. Hausfrau. [1896.]
3 = Koche billig u. nahrhaft. [1896.]
4 = Das tüchtige Dienstmädchen. [1896.]
5 = Die Hygiene d. Krankenstube. [1896.]
6 = Raschke, J. G.: Die Pflege d. Zimmerpflanzen. [1897.] 00. 6346

Volks-, Dorf- u. Wander-Bibliothek, ausgewählte, bestehend in 230 verschied. gemeinnützigen Schriften. Nebst Rathschlägen üb. zweckmäßige Anschaffung, Benutzung, Verwaltung u. Vermehrung von Dorf- u. Wanderbibliotheken von Carl Preusker zu Großenhayn. gr. 8. Weimar 842, Voigt. ⅙ ℛ

—— bayerische. 12 Bde. gr. 12. Augsburg 860, Schmid'sche Verlagsbuchh. à Bd. * 8 Ngr.

Inhalt:

Bd. 1. Brug, Frz. Maria, das christliche Bayern. Geschichtliche Uebersicht der Einführung des Christenthums in Bayern. Mit 4 Illustr. Zeichnung von J. A. Engelhart. (176 S. mit Holzschn.)

„ 2. Lang, Ludw., Bayerns Heldenzeit. Geschichtliche Darstellung. Mit 4 Illustr. Zeichnung von Toni Muttenthaler. (VIII und 184 S. mit Holzschn.)

„ 3. Brug, Frz. Maria, Heinrich der Löwe, Herzog von Bayern und Sachsen. Historische Darstellung. (228 S.)

„ 4. —— Konrad v. der Eiche, oder: Der treue Ritter. Eine histor. Erzählung aus der Zeit der Besteigung des bayer. Thrones durch die Wittelsbacher. (VII und 180 S.)

„ 5. —— Burg Falkenstein. Eine Geschichte aus der Zeit der Theilung Bayerns unter die Herzoge Ludwig dem Strengen und Heinrich XIII. (VIII und 248 S.)

„ 6. Lang, Ludw., Ludwig der Bayer. Historische Darstellung. (VI und 272 S.)

„ 7. Brug, Frz. Maria, die Familienkriege der Wittelsbacher. Geschichtliche Darstellung. (IV und 234 S.)

„ 8. Lang, Ludw., Pater Timotheus. Eine histor. Erzählung aus der Zeit der Reformation (1508—1579). (VI und 272 S.)

" 9. —— Jockel vom Thal. Eine Geschichte aus der Zeit des Churfürsten Maximilian I. von Bayern. (VI und 228 S.)

Bd. 10. Brug, Frz. Maria, Konrad Tribler, der Büchsenmacher von Friedberg. Eine Erzählung aus der Zeit der Regierung des Kurfürsten Maximilian Emanuel von Bayern. (208 S.)

" 11. Lang, Ludw., die Brüder Hämmerlein. Erzählung aus der Zeit der Churfürsten Karl Albert VII., Maximilian III. und Karl Theodor. (VII und 248 S.)

" 12. —— die Zeit König Max Joseph's I. Geschichtliche Darstellung. (VI und 242 S.)

Volks- und Jugendbibliothek, belehrende und unterhaltende. 1—3. Bdchn. 8. Leipzig 855(56,) H. Fritzsche. *

Inhalt:

Bdchn. 1. Elisabeth, ein weiblicher Robinson. Oder: Die Auswanderer nach Amerika. Eine Erzählung für Jung und Alt von J. Neumann (Satori). (130 S.) * 8 Ngr.

" 2. Der Lebensabend des Columbus. Eine histor. Erzählung für Jung und Alt. Von H. Göring. (68 S.) * 5 Ngr.

" 3. Winckelmann. Ein Lebensbild von Ed. Köller. Der brave Kesselflicker. Erzählt von S. (99 S.) * 5 Ngr.

Volks- und Jugendbibliothek, belehrende und unterhaltende. 4—6. Bdchn. 8. Leipzig, H. Fritzsche.

Inhalt:

Bdchn. 4. Ebersberg, J., Friedrich Schwerdtner. Eine österreich. Soldatengeschichte. (116 S.) 857. $7^1/_2$ Ngr.

" 5. Petermann, C. G., Valentin Jamerai Düval. Für die Jugend und das Volk. (V und 153 S.) 858. 10 Ngr.

" 6. Pilz, Carl, das Röschen von Lindenau. Oder: Die belohnte Treue. Eine Erzählung aus der Zeit des 30jährigen Krieges für die Jugend und das Volk. (150 S.) 859. 8 Ngr.

1—3. Bdchn. Ebendas. 1855. * 18 Ngr.

— des Lahrer Hinkenden Boten. Nr. 1—300. 8. (Mit eingedr. Holzschn. u. chromolith. Umschlag.) Lahr 884. Schauenburg. cart. à n. — 5

1—5. Die Brüder. Ein Stück aus dem Volksleben. Preiserzählung v. Alb. Bürklin. (44 S.)

6. Der Verschollene. Eine Geschichte v. Ludw. Anzengruber. (29 S.)

7—9. Fürst u. Leiermann. Eine Episode aus dem Leben d. „alten Dessauer". Von Karl May. (36 S.)

10—13. Das Schwedenstübchen. Eine Erzählg. aus der Zeit d. 30jähr. Krieges. Von M. Barat. (45 S.)

14. Die Geschichte v. der abgehauenen Hand. Von Wilh. Hauff. (21 S.)

15—19. Doktor u. Apotheker. Erzählung v. Alb. Bürklin. (45 S.)

20—22. Treff-Aß. Eine Geschichte. Pfahlbaute m. Nutzanwendung. Skizze v. Ludw. Anzengruber. (25 S.)

23. Der zerbrochene Krug. Humoristische Novelle v. Heinr. Zschokke. (24 S.)

24—28. Diem perdidi. Eine wahre Geschichte v. Alb. Bürklin. (47 S.)

29. Das Wünschelmännchen. Ein Märchen v. Mises [G. Th. Fechner]. (25 S.)

30—33. Die Pocken. Erzählung v. Alb. Bürklin. (56 S.)

34—37. Zu fromm. Eine Geschichte v. Ludw. Anzengruber. (35 S.)

38—42. Der Meierfritz u. der Müllerhans. Eine Erzählg., aus der man etwas lernen kann. Von Rob. Hase. (62 S.)

43. Wie m. dem Herrgott umgegangen wird. Eine Geschichte m. einigen „Merks" v. L. Anzengruber. (14 S.)

44—48. Das Konzert in Rübenthal. Eine merkwürd. Geschichte v. Alb. Bürklin. (66 S.)

49—53. Der Bahnwärter Martin od. e. Weihnachts-Abend. Von Alb. Bürklin. (50 S.)

54—56. Der Hoisel-Loisel. Eine Räubergeschichte v. Ludw. Anzengruber. (32 S.)

57. Das Lied v. der Glocke. Von Frdr. Schiller. (16 S.)

58. 59. Die Errettung Fatmes. Von Wilh. Hauff. (22 S.)

60. Der 70. Geburtstag. Von J. H. Voß. (12 S.)

61—64. Das stählerne Herz od. e. Tag aus dem Leben e. Lokomotivführers. Von Alb. Bürklin. (40 S.)

65. Blutrache. Nordische Sage. — Das Mahl zu Heidelberg. — Das Gewitter. Von Gust. Schwab. (16 S.)

66—70. Blätter aus dem Tagebuch d. armen Pfarrvikars v. Wiltshire. Novelle v. H. Zschokke. (44 S.)

71. Der Kampf m. dem Drachen. Die Bürgschaft. Von Frdr. Schiller. (17 S.)

72—75. Die drei Prinzen. Ein Märchen. — Das Wünschen. Eine nachdenkl. Geschichte. Der Weib-Fromme. — Über die Freiheit d. menschlichen Willens. Gespräch zweier Spitzbuben. Von Ludw. Anzengruber. (44 S.)

76. 77. Die Geschichte v. dem kleinen Muck. Von W. Hauff. (23 S.)

78. Der Kaiser u. der Abt. Lenore. 2 Gedichte v. G. Bürger. (17 S.)

79—82. Wie der liebe Gott heutzutage Wunder macht. Eine einfache Geschichte v. Alb. Bürklin. (52 S.)

83—85. Der Hackelbernd. Eine Hexengeschichte aus dem 19. Jahrh. Von Karl Weitbrecht. (32 S.)

86. Graf Eberhard der Rauschebart. Des Sängers Fluch. Von L. Uhland. (17 S.)

87—92. Das Abenteuer der Neujahrsnacht. Humoristische Novelle. Von Heinr. Zschokke. (61 S.)

93. Der Gang nach dem Eisenhammer. Der Taucher. Von Fr. Schiller. (16 S.)

94—98. Die Märchen d. Steinklopferhans v. Ludw. Anzengruber. (63 S.)

99. 100. Auf u. nieder. Eine Wäldergeschichte v. C. Geres. (28 S.)

101. Der wilde Jäger. Das Lied vom braven Manne. Von G. A. Bürger. (15 S.)

102—106. Othello. Novelle v. Wilh. Hauff. (52 S.)

107—112. Der Kanzleirat. Erzählung v. Alb. Bürklin. (82 S.)

113. 114. Numero Dreizehn. Erzählung v. Alb. Bürklin. (35 S.)

114—121. Jonathan Frock. Novelle v. Heinr. Zschokke. (79 S.)

122—125. Der Täuferhof od. Eure Rede sei ja, ja — nein, nein. Erzählung v. E. Diethoff. (40 S.)

126—128. Ein braver Mann. Erzählung v. Alb. Bürklin. (31 S.)

129—135. Das Bild d. Kaisers. Novelle v. Wilh. Hauff. (103 S.)

136—139. Der Löwe d. Dorfes. Erzählung v. E. Diethoff. (43 S.)

140—143. Verurteilt. Erzählung v. Alb. Bürklin. (42 S.)

144—146. Das blaue Wunder. Humoristische Novelle v. Heinr. Zschokke. (31 S.)

147—150. Rot, Schwarz u. Gold. Eine Dorfgeschichte v. E. Diethoff. (48 S.)

151—154. Walpurgisnacht. Novelle v. Heinr. Zschokke. (40 S.)

155. 156. Das Märchen vom falschen Prinzen. 6. Erzählg. aus „Die Karawane" v. W. Hauff. (29 S.)

157—162. Hermann u. Dorothea. Von Wolfg. v. Goethe. (71 S.)

163. Die Geschichte vom Kalif Storch. 1. Erzählg. aus „Die Karawane" v. W. Hauff. (18 S.)

164. Die Geschichte v. dem Gespensterschiff. Erzählg. v. W. Hauff. (15 S.)

165. 166. Weshalb Fritz Hedrich nicht umkehrte. Von Vict. Blüthgen. (15 S.)

167—170. Des hinkenden Boten Standrede üb. die Erde. Von Alb. Bürklin. (86 S.)

171. 172. Tapfer u. treu bis ans Ende. Schulprüfung. Lehre u. Beispiel v. A. Bürklin. Der Vater. Eine Erzählg. aus Norwegen. (20 S.)

173—182. Aus wilder Zeit. Nach geschichtl. Quellen v. C. Geres. (94 S.)

183—189. Der zerbrochene Krug. Ein Lustspiel von Heinr. v. Kleist. (79 S.)

190—194. Der Winkel- u. der Wunderdoktor. Ein Bildchen aus dem Volke der Alpen. „Auf der Alm giebt's ka Sünd". Der letzte Schuß. Eine Geschichte aus dem Gebirge. Von P. K. Rosegger. (26 S.)

195—199. Hedwig, die Banditenbraut. Drama in 3 Aufzügen v. Thdr. Körner. (58 S.)

200. Ein amerikanisches Duell. Von A. Bürklin. (14 S.)

Volksbibliothek, schweizerische. Ausg. für Deutschland. 85.—94. (Schluß-)Lfg. gr. 16. Zürich 862, Schultheß. — Aarau, Sauerländer's Verlag. à Lfg. * 4 Ngr. *

Inhalt:

Lfg. 85. 86. 91. Vögelin, J. Konr., Geschichte der schweizerischen Eidgenossenschaft. 3., nach dem Hinscheiden des Verf. ganz umgearb. Aufl. von Heinr. Escher. (4. Bd. S. 145—616.)
„ 87—90. Meyer, J., Land, Volk und Staat der schweizerischen Eidgenossenschaft. (1. Bd. S. 145—384 und 2. Bd. 274 S.)
„ 92. Kurzes Orts- und Bevölkerungs-Lexikon der Schweiz, enth. ein alphabet., bezirks- und kantonsweise geordnetes Verzeichniß der Gemeinden, ihrer konfessionellen Bevölkerung mit Bezeichnung der Bezirks- und Kantonshauptorte und der Pfarrdörfer, nach der amtl. Bevölkerungsaufnahme vom 10. Dezbr. 1860 bearb. (209 S.)
„ 93. 94. Meier, J. H., Biographieen berühmter Schweizer. (255 S.)

1.—84. Lfg. Ebendas. 1859—61. * 11 Thlr. 6 Ngr.

Volks-Bibliothek, schweizerische. Hrsg. von Alf. Brennwald. I. Schatzkästlein. Sittengeschichten, Märchen und Fabeln. Leitfaden für Geistliche und Lehrer zum Unterricht der Jugend und für Erwachsene aller Stände, gesammelt vom Waldbruder Machari. gr. 8. (IV, 140 S.) Thalweil 884, Brennwald. *

— schweizerische. 1. Bd., 2 Tle., u. 2. Bd. 2 Abtlgn. gr. 8. Bern 894. A. Siebert. à Bd. geb. in Leinw. n. 2. —; kart. à Abtlg. n.n. — 75

1. Wie Uli, der Knecht, glücklich wird. Eine Gabe v. Jerem. Gotthelf. III. Aufl. Nach der 1. Orig.-Ausg. 2 Tle. (412 S.)
2. Uli, der Pächter. Eine Erzählg. v. Jerem. Gotthelf. III. Aufl. 2 Abtlgn. (346 S.)

— soziale. Nr. 1—18. 20—24 u. 26—28. 8. M. Gladbach, Volksvereins-Verlag. Jede Nr. p nn — 05

1. Zentrumsgedanke, der soziale. (16 S.) 906. — 2. Steuerpolitik, die, des Zentrums. Ein 25jähr. Kampf gegen den wirtschaftl. Liberalismus. (16 S.) 908. — 3. Steuerprogramm, das sozialdemokrat. (16 S.) 908. — 4. Seite, die soziale, der Reichsfinanzen. (16 S.) 908. — 5. Fleischteuerungen, die, ihre Ursachen u. Mittel zur Abhilfe. (16 S.) 907. — 6. Gesicht, das wahre, der freien (sozialdemokrat.) Gewerkschaften. (16 S.) 907. — 7. Selbstbeleuchtung, sozialdemokrat. Ein Spiegelbild der sozialdemokrat. Partei. (16 S.) 907. — 8. Freiheit, Gleichheit, Brüderlichkeit in der Sozialdemokratie. (16 S.) 907. — 9. Finanz- u. Steuergeschichte, deutsche. (16 S.) 908. — 10. Reichsfinanzen, die deutschen. (16 S.) 908. — 11. Arbeiterpolitik, kommunale. (16 S.) 910. — 12. Handwerkerpolitik, kommunale, unter besond. Berücksicht. der bayerischen Verhältnisse. (16 S.) 910. — 13. Meistertitel u. Meisterprüfung. Fragen u. Antworten üb. das Recht, e. Handwerk auszuüben, den Meistertitel zu führen u. Lehrlinge anzuleiten. (8 S.) (909.) — 14. Wohnungsfrage u. Wohnungspolitik. (16 S.) (909.) — 15. Bekämpfung, die, des unlaut. Wettbewerbs. (16 S.) 910. — 16. Unterschied, der, der Stände. (16 S.) 910. — 17. Zusammenlegung, die, der Grundstücke. (16 S.) 910. — 18. „Fleischnot", die gemeingefährliche. Eine Beleuchtg. der sozialdemokrat. Taktik. (16 S.) (910.) — 20. Bauernvereine u. Genossenschaften in Bayern. (16 S.) 910. — 21. Wie bekämpfen wir die Landflucht? Unter besonderer Berücksicht. der bayer. Verhältnisse. (16 S.) (910.) — 22. Berufsbildung, die, des Landwirts. (16 S.) 910. — 23. Landwirte, führt Buch! (16 S.) (910.) — 24. Beteiligung, die, des Handwerks an Staats- u. Kommunallieferungen. (16 S.) (910.) — 26. Wie hält es die Sozialdemokratie m. dem Bauernstand? (16 S.) (910.) — 27. Landprogramm, das, sozialdemokratische. (16 S.) (910.) — 28. Wie gewinnt d. Mittelstand Einfluß auf die Gesetzgebung? (16 S.) (910.)
Nr. 19 u. 25 sind vergriffen.

Volksbibliothek (Socialwissenschaftliche). Hrsg. von Pfarrer Pflüger. 1.—9. Heft. 8⁰. Zürich, Grütliverein, 1897 ff.

Volksbibliothek, socialwissenschaftliche. Hrsg. v. *P. Pflüger*. 13. u. 14. Heft. (Zürich, Buchh. des schweizer. Grütlivereins.) 1899. — 30

13 *Pflüger, P.*, Der schweizer. Sozialstaat. Eine Umschau im J 1950. 16 S — 10. — 14 *Pflüger, P.*, Die Wohnungsfrage m. besond Berücksicht der Stadt Zürich. 32 S. — 20.

Volksbibliothek. Sozialwissenschaftliche V'. Hrg. von Pfarrer Paul Pflüger in Zürich. Heft 17. [Neu-Ausg.] 8 Zürich, Komm. Buchh. des Schweiz. Grütlivereins, 1907. (fr. —. 20)

s. Pflüger, Paul.

— für Stadt u. Land. Nr. 7. 8. Berlin, Deutsche ev. Buch- u. Traktat-Gesellschaft, Sep.-Cto. Geb. in Leinw. — 75 (1.—7.: 5. 50)

Kleine Erzählungen. (Die Schatzgräber. Muttertreue. Bei Gott ist kein Ding unmöglich.) Von G. H. v. Schubert. (180 S.) 897.

Städtische Musikalische **Volksbibliothek** zu München. (München 1910: Gotteswinter.) 7 S. 8° [11. 1905]

— unterhaltende. Geschichten für das Volk und die erwachsene Jugend. Herausg. von Im. Traug. Wöller. 1—4. Thl. Leipzig (854, 55.) Wöller. 8. Jeder Thl. n. 12 ngr.

1. Thl.: Stadt- und Dorfgeschichten aus alter und neuer Zeit. Für Alt und Jung erzählt von Louis Würdig. (2 Bl., 179 S.)
2. Thl.: Die Buschmühle, oder: Aelternsegen — Gottessegen. Erzählung zur Unterhaltung und Belehrung für Jung und Alt. Von Ottobald Bischoff. (153 S.)
3. Thl.: Spiegelbilder aus dem Leben für das Leben in Geschichten für das Volk und die erwachsene Jugend. Von L. Würdig. (2 Bl., 147 S.)
4. Thl.: Die Pilgerreise nach dem heiligen Lande, und Erlebnisse und Schicksale im Orient. Unterhaltende und belehrende Erzählung für Jung und Alt. Von Fr. Schwed. 2. neu bearb. Aufl. (2 Bl., 156 S.)

Volks-Bibliothek, Wiener, in Lieferungen. 1.–9. Lfg. Wien, Dirnböck's B. (Georg Draudt.) 1869. kl 8⁰
Inhalt: Langer, Anton, Die Geheimnisse des Adels oder Herzogin und Harfenist. Roman aus dem Wiener Volksleben. 9 Bände. (427 S.)

Volks-Bibliothek, Wiener. 1. Jahrgang. 1870. 1.–3. Heft. Wien, Hönigsfeld 1870. 16⁰
Inhalt: Schwarz, Carl. Die Verschwörer auf dem Thron. Zeitgeschichtlicher Roman in 3 Theilen nach den Papieren eines geheimen Agenten. 1. Theil. Prinz und Carbonari. (S. 1–192.)

Volksbibliothek (Wiener politische), hrsg. von L. A. Bretschneider und A. Heiman. 5 Hefte. gr. 8⁰. Wien, L. A. Bretschneider, 1891—94.

Volks-Bibliothek, Wiener politische. Hrsg. v. A. L. Bretschneider u. Ad. Heimann. 1.—5. Hft. 8. Wien, (1. Wiener Volksbuchh., J. Brand). n. 1. 30

1. Nutzen u. Bedeutung der Gewerkschaften. Von Emil Kralik. (23 S.) 891. n. — 20
2. Der Paragraph 23 des österr. Preßgesetzes. Von Vikt. Adler. (38 S.) 891. n. — 20
3. Die Lebensmittelvertheuerung. Von Karl Höger. (52 S.) 892. n. — 30
4. Das allgemeine, gleiche u. direkte Wahlrecht u. das Wahlunrecht in Oesterreich. Von Vikt. Adler. (68 S.) 893. n. — 40
5. Herr Alfred Ebenhoch auf der Bauernjagd. Von W. Ellenbogen. (64 S.) 894. n. — 20

—— des gesammten menschlichen Wissens, unter Mitwirkung von W. Hasenclever, W. Liebknecht, H. Lux ꝛc. hrsg. von Bruno Geiser. 1.—16. Lfg. (à Lfg. 1 Bog.) 8. Breslau 887, Geiser. à Lfg. — 10

Inhalt:

Lfg. 1. 3. 6. 10. Geschichte der neuesten Zeit, bearb. von Manfr. Wittich. 1.—4. Lfg.
„ 2. 4. 8. 11. 13. 15. Volksernährung, bearb. von Eman. Wurm. 1.—6. Lfg.
„ 5. 7. 9. 12. 14. 16. Astronomie, Astrophysik und Meteorologie, bearb. von R. Steinmetz. 1.—6. Lfg.

—— dass. — Begründet von Bruno Geiser, unter Mitwirkung von R. Bommeli, Leop. Jacoby, M. Klencke ꝛc. hrsg. von Wilh. Liebknecht. 17.—50. Lfg. (à Lfg. 1 Bog.) 8. Dresden 888, (R. Schnabel.) à Lfg. — 10

Inhalt:

Botanik, bearb. von R. Bommeli. 1. und 2. Lfg. — Geschichte der neusten Zeit fortgeführt von Bruno Geiser. 5.—16. Lfg. — Elektrotechnik, bearb. von Heinr. Lux. 1. und 2. Lfg. — Astronomie, Astrophysik und Kosmogonie, bearb. von R. Steinmetz. 7.—15. Lfg. — Geschichte der älteren deutschen Literatur, bearb. von Manfr. Wittich. 1. und 2. Lfg. — Volksernährung, bearb. von Eman. Wurm. 7.—13. Lfg.

—— des menschlichen Wissens. Begründet u. redig. v. Bruno Geiser. Hrsg. v. Wilh. Liebknecht. 51.—104. Lfg. 8. (à Lfg. 1 Bog.) Dresd. 888—90, (Schnabel). à Lfg. — 10
Geiser, Bruno. Geschichte der besitzlosen Klassen. 1.—4. Lfg. (64 S.)
Liebknecht, Wilh. Geschichte der französischen Revolution. 1.—7. Lfg. (106 S.)
Lux, Heinr.. Mechanische Technologie. 1.—4. Lfg. (64 S.)
—— Elektrotechnik. 3.—14. (Schluß-)Lfg. (VIII, S. 33—208 m. Abbildgn.)
Schlesinger, Max. Die soziale Frage. 1.—7. Lfg. (112 S.)
Vogler, Max. Ferdinand Lassalle. Sein Leben u. Wirken. 1. u. 2. Lfg. (32 S.)
Wittich, Manfr. Geschichte der älteren deutschen Literatur. 3.—18. (Schluß-) Lfg. (VIII, S. 33—280.)
Wurm, Eman. Die Volksernährung, wie sie ist, und wie sie sein soll. 14. u. 15. (Schluß-)Lfg. (S. 209—236.)

— wissenschaftliche. Nr. 1—28. gr. 16. Leipzig, S. Schnurpfeil. à n. — 20
1. 2. Volkswirtschaftslehre. Von Frdr. Streißler. (110 S.) 891. Geb. n. — 80
3. Der Staat u. seine Formen. Von F. Hellerbeck. (47 S.) 891.
4. Die Religionen, ihre Entstehung u. Entwicklung. Von H. Berga. (48 S.) 891.
5. Die Konstitution, ihr Wesen u. ihre Bedeutung. Von Karl v. Rotteck. (32 S.) 891.
6—8. Allgemeine Kulturgeschichte. Von Frdr. Streißler. (192 S.) 892. Geb. n. 1. —
9. Die Wunder der Elektricität. Von Thdr. Schwartze. (72 S.) 892.
10. 11. Geschichte der französischen Revolution 1789. Von D. Binzer. (124 S.) 892. Geb. n. — 80
12. Erdkunde. Von Heinr. Hertzberg. I. Die Erde als Himmelskörper. (68 S.) 892.
13. — dasselbe. II. Die Lufthülle. (64 S.) 892.
14. Aus dem Leben der deutschen Sprache. Von Ernst Wasserzieher. (65 S.) 892.
15. Christoph Kolumbus. Von Jules Verne. Übers. v. Frdr. Streißler. (75 S.) 892.
16. Das Leben der Pflanze. Von Heinr. Wahl. (68 S.) 893.
17. Darwin. Sein Leben, seine Lehre u. seine Bedeutg. Nach Alph. de Candolle's Schrift erweitert u. deutsch hrsg. v. Alb. Südekum. (59 S.) 893.
18—20. Das Leben Jesu. Von Ernst Renan. Nach der 40. Aufl., der vom Verf. bearb. Volksausg., aus dem Franz. übers. v. Frdr. Streißler. (219 S.) 893. Geb. n. 1. —
21—25. Experimentalphysik. Leicht ausführbare Experimente ohne Apparate. Belehrende Unterhaltg. im häusl. Kreise. Von James Cary. (XV, 272 S. m. 100 Abbildgn.) 894. Geb. n. 1. 40
26. 27. Allgemeines üb. Naturheilkunde. Von Rob. Walther. (126 S.) 894. Geb. n. — 80
28. Erdkunde. Von Heinr. Hertzberg. III. Das Meer. (64 S.) 894.

— wissenschaftliche. Nr. 6—8 u. 29—77. gr. 16. Leipzig, S. Schnurpfeil. à Nr. n. — 20
6—8. Allgem. Kulturgeschichte. Von Frdr. Streißler. 2. Aufl. 4. u. 5. Taus. (192 S.) 897.
29. 30. Psychologie im Umriß. E. Darstellg. d. Grundgesetze d. Seelenlebens v. Rud. Eisler. (VII, 104 S.) 895.
31—38. Atlantis, die vorsintflutl. Welt. Von Ignatius Donnelly. Deutsch v. Wolfg. Schaumburg. (469 S.) 895.
39—42. Briefe d. Grafen v. Chesterfield an s. Sohn. Grundsätze d. Lebensweisheit. Hrsg. v. Frdr. Streißler. (205 S.) 895. Geb. n. 1. 20
43—47. Geschichte der Reformation von ihrem Ursprunge bis auf uns. Zeiten. Von J. Sophronizon. (282 S.) 895. Geb. n. 1. 40
48. 49. Die Philosophie d. Krieges. Von Michel Revon. Von der französ. Akademie preisgekrönt. Autor. Uebersetzg. v. Frdr. Streißler. (96 S.) 896. Geb. n. — 80
50. Geschichte d. Kreuzzüge. Von Karl Thdr. Fockt. (58 S.) 893.
51. 52. Grundzüge d. Ethik. Von Herm. Schwarz. (136 S.) 896.
53—55. Einführg. in d. Philosophie. E. Uebersicht d. Grundprobleme der Philosophie u. ihrer wichtigsten Lösungsversuche. Von Rud. Eisler. (160 S.) 897. Geb. n. 1. —
56. 57. Hygiene. Von A. Grotjahn. (109 S.) 897. Geb. n. — 80
58—61. Geschichte d. Deutschen bis z. Gegenwart. Von Gust. Höcker. (239 S.) 897. Geb. n. 1. 20
62. Die Sternenwelt u. ihre mytholog. Deutung. Von G. W. Geßmann. (72 S.) 897.
63. 64. Die Elemente der Logik. Von Rud. Eisler. (102 S.) 898. Geb. n. — 80
65. 66. Geld u. Währung. Von E. Tschierschky. (102 S.) 898. Geb. n. — 80
67. 68. Die Anwendgn. d. Elektricität in d. Praxis. Von W. Goldhahn. I. Die Haustelegraphie. M. 40 Abb. (62 S.) 898. Geb. n. — 80
69—72. Eine Sittenlehre f. d. deutsche Volk. Eltern u. Lehrern gewidmet. Von J. K. Schott. (234 S.) 898. Geb. n. 1. 20
73. Ursprung u. Entwickelung d. Wissenschaften u. Künste. Von D'Alembert. [Aus dem „Discours préliminaire de l'encyclopédie".] (44 S.) 898.
74—77. Grundriß d. Kunstgeschichte. Von Johs. Gaulke. (208 S.) 898.

Volksbibliothek, wissenschaftliche. Nr. 4, 9—12, 14, 17—25, 29, 30, 53—55 u. 78—96. 16. Leipzig, S Schnurpfeil. à Nr. n. — 20
4. Die Religionen, ihre Entstehg. u. Entwicklg. Von H. Berga. 2. Aufl. (48 S.) 899.
9. Die Wunder der Elektricität. Von Thdr. Schwartze. 3. Aufl. (72 S.) 899.
10. 11. Geschichte der französischen Revolution 1789. Von D. Binzer. 2. Aufl. (124 S.) 899.
12. Erdkunde. I. Die Erde als Himmelskörper. Von Heinr. Hertzberg. 2. [Umschlag-]Aufl. (68 S.) 899.
14. Aus dem Leben der deutschen Sprache. Von Ernst Wasserzieher. 3. Aufl. (64 S.) (899).
17. Darwin. Sein Leben, seine Lehre u. seine Bedeutung. Von Alph. de Candolle. Nach C.'s Schrift erweitert u. deutsch hrsg. v. Alb. Südekum. 3. Aufl. (59 S.) 899.
18—20. Das Leben Jesu. Von Ernst Renan. Nach der 40. Aufl. der vom Verf. bearb. Volksausg. aus dem Franz. übers. v. Frdr. Streißler. 2. Aufl. (219 S.) (902)
21—25. Experimentalphysik. Leicht ausführbare Experimente ohne Apparate. Belehrende Unterhaltg. im häusl. Kreise. Von James Cary. Mit 100 Abbildungen. 2. [Umschlag-]Aufl. (272 S.) 899.
29. 30. Psychologie im Umriß. Eine Darstellg. der Grundgesetze des Seelenlebens. Von Rud. Eisler. 2. Aufl. (104 S.) 899.
53—55. Einführung in die Philosophie. Eine Uebersicht der Grundprobleme der Philosophie u. ihrer wichtigsten Lösungsversuche. Von Rud. Eisler. 2. Aufl. (160 S.) (900.)
78. Aus dem Leben der deutschen Sprache. Von Ernst Wasserzieher. 2. Bdchn. (62 S.) (900.)
79—82. Grundlagen der Erkenntnistheorie. Von Rud. Eisler. (VIII, 173 S.) (900.)
83. 84. Die Anwendungen der Elektricität in der Praxis. Von William Goldhahn. II. Die Telephonie, m. 36 Abb. (79 S.) (900.)
85. 86. Meteorologie. Von Paul Kaegbein. (124 S.) (900.)
87. 88. Der menschliche Körper. Anatomisch-physiologische Beschreibg. des Menschen. Von B. Langkavel. (III, 111 S.) (900.)
89—93. Die Chemie als Wissenschaft u. in ihrer praktischen Anwendung. Von W. Baringer. (314 S.) (901.)
94—96. Der Ursprung der Sprache. Von Zaborowski. Aus dem Französ. übers. (III, 206 S.) (902.)

— wissenschaftliche. Nr. 17, 29 u. 30. 16. Leipzig, S. Schnurpfeil. à Nr. n. — 20
17. Candolle's, Alph. de, Darwin. Sein Leben, seine Lehre u. seine Bedeutg. Nach Candolles Schrift erweitert u. deutsch hrsg. v. Alb. Südekum. 4. Aufl. (60 S.) (905.)
29. 30. Psychologie im Umriß. Eine Darstellg der Grundgesetze des Seelenlebens. Von Rud. Eisler. 3. Aufl. (VII, 104 S.) (903.)

— wissenschaftliche. Nr. 53—55. kl. 8. Leipzig, [S. Schnurpfeil]. Eßlingen, F. Gutzmann. à Nr. — 20
55.—56. Einführung in die Philosophie. Eine Uebersicht der Grundprobleme der Philosophie u. ihrer wichtigsten Lösungsversuche. Von Rud. Eisler. 3. Aufl. (160 S.) (907.)

Volksbibliothek, wissenschaftliche. 1. u. 2. Bd. kl. 8. Eßlingen, F. Gutzmann. à Bd. — 50; geb. in Leinw. à — 75
Eisler, Rud., Elemente der Logik. 2. verb. Aufl. 4.—8. Taus. (85 S.) 910. (Bd. 2.)
Streißler, Frdr., Volkswirtschaftslehre. 9.—11. Taus. (109 S.) 909. (Bd. 1.)

—— wohlfeile. 1. Jahrg. 1.—8. Heft. 8. Essen, Fredebeul und Koenen. à Heft * — 20
Inhalt:
Heft 1. Die heilige Pfalzgräfin Genovefa. Für Jung und Alt wiedererzählt von Joh. Pfeiffer. (36 S.) 886.
" 2. 3. Fortunat und seine Söhne. Für Jung und Alt wiedererzählt von Joh. Pfeiffer. 2 Hefte. (112 S.) 886.
" 4. Der gehörnte Siegfried. Für Jung und Alt wiedererzählt von Joh. Pfeiffer. (36 S.) 887.
" 5. Die geduldige Griseldis. Für Jung und Alt wiedererzählt von Joh. Pfeiffer. (20 S.) 887.
" 6. Die wunderbaren Abenteuer und Fahrten des Herzogs Ernst von Bayern und Oesterreich. Für Jung und Alt wiedererzählt von Joh. Pfeiffer. (51 S.) 887.
" 7. Die unschuldige Hirlanda. Für Jung und Alt wiedererzählt von Joh. Pfeiffer. (36 S.) 887.
" 8. Die schöne Magelone. Für Jung und Alt wiedererzählt von Joh. Pfeiffer. (51 S.) 887.

— wohlfeilste, herausgeg. von deutschen Schriftstellern. 18 Bdchn. A. u. d. T.: Leben Dr. Martin Luther's. Bearbeitet von Fr. Clemens. 16. Hamburg 840. Berendsohn. n. 1/12 ₰

— dass. 26 Bdchn. A. u. d. T.: Napoleons Feldzug nach Rußland im Jahre 1812. Nach Segur bearbeitet von J. W. Christern. 16. Ebd. 840. n. 1/12 ₰

Zschokke, Heinr., das Goldmacherdorf. Eine anmut. u. wahrhafte Geschichte f. Schule u. Haus. (112 S.) (908.) (Nr. 1154—1160.)
— Hans Dampf in allen Gassen. Erzählung. (70 S.) (908.) (Nr. 1181—1185.)

Volks-Bibliothek, christliche. Hrsg. und verlegt von dem Haupt-Verein für christliche Erbauungsschriften. 1.—12. Bd. gr. 16. Berlin, (Beck — W. Schultze.) * 11 80

Inhalt:

Bd. 1. Stein, Armin, der Leiermann und sein Kind. Eine Dorfgeschichte. (87 S. mit 1 Chromolithogr.) 873. *M. 1.
» 2. Aulich, W., die Badereise. Eine Erzählung für das Volk. (51 S. mit 1 Chromolithogr.) 873. * 90 Pf.
» 3. Quednow, M., Blumenkäthchen. Eine Erzählung. (54 S.) 873. * 90 Pf.
» 4. Claudius, Martin, der Bettler, oder wer den Armen giebt, der leihet dem Herrn. (48 S.) 873. * 90 Pf.
» 5. Brennekam, Otto, der Heidereiter von Grimnitz. Dem deutschen Volke erzählt. (120 S.) 873. *M. 1,20.
» 6. Höchstetter, Wilh. Christ., die Feuertaufe. Erzählung aus dem Volke und für das Volk. (137 S.) 873. *M. 1,50.
» 7. Gumpert, Thecla v., Mutter Treuen und ihre Töchter. Erzählung aus der Gegenwart. (74 S. mit 1 color. Stnt.) 874. 75 Pf.
» 8. —— Mutter Treuen und ihre Söhne. Erzählung aus der Gegenwart. (73 S. mit 1 color. Stnt.) 874. 75 Pf.
» 9. Mors, Rudf., die alte Linde. (140 S. mit 1 color. Stnt.) 874. M. 1,35.
» 10. Claudius, Mart., die Fahrt nach der Robbeninsel. Eine Volksgeschichte. (75 S. mit 1 color. Stnt.) 874. 75 Pf.
» 11. —— der beste Dienst. Eine Erzählung. (107 S. mit 1 Chromolithogr.) 874. *M. 1,5.
» 12. Steinbrück, Herm., Sonntagsbilder. Zwei Erzählungen aus der Kirche und aus dem Leben. (76 S. mit 1 Chromolithogr.) 874. * 75 Pf.

—— christliche. 13.—30. Bd. gr. 16. Berlin, Haupt-Verein für christl. Erbauungsschriften. cart.

Inhalt:

Bd. 13. Brennekam, Otto, Werbelow. Eine Erzählung aus des Vaterlandes Vorzeit. (116 S.) 876. 90 Pf.
» 14. Quednow, M., Heinrich und Gertrud, oder Gottes Wege sind wunderbar. Eine Erzählung. (88 S.) 75 Pf.
» 15. Martin Hübner. Eine Erzählung aus der letzten Hälfte des 16. Jahrh. von O. G. (217 S.) 876. M. 1,80.
» 16. Kinderlieb, Auguste, die Familie Reels. Eine Dorfgeschichte für das Volk erzählt. (167 S.) 876. M. 1,50.
» 17. Die Schatten der Vergangenheit. Eine Erzählung aus dem Leben von H...... (56 S.) 876. 60 Pf.
» 18. Reichstadt, A., Leben im Lichte. Zwei Erzählungen. I. An einem Krankenbette. II. Die blinde Marie. (52 S.) 877. 60 Pf.
» 19. Friedrich, Joh., verschiedene Wege. Erzählung für das Volk. (76 S.) 877. 75 Pf.
» 20. Aus Braunschweigs Vorzeit. Erzählung von H. H. (73 S.) 877. 75 Pf.
» 21. Friedrich, Joh., in der elften Stunde. Erzählung für das Volk. (92 S.) 878. 90 Pf.
» 22. Claudius, Mart., ein Samenkorn. Eine Erzählung. (67 S.) 878. 60 Pf.
» 23. Constanz, A., vier Erzählungen eines Großvaters. (63 S.) 878. 60 Pf.
» 24. Waldern, M., ein Mädchenleben. Eine Erzählung. (86 S.) 878. 75 Pf.
» 25. Brennekam, Otto, Weihnachten. Eine Erzählung. (144 S.) 879. M. 1,20.
» 26. —— Nicolaus v. Buch, oder das märkische Chillon. Erzählung aus des Vaterlandes Vorzeit. (157 S.) 879. M. 1,20.
» 27. Eigener Wille und Gottes Wege. Josephe. Zwei Erzählungen für das Volk von der Verf. der „Vier Erzählungen eines Großvaters". (87 S.) 879. 75 Pf.
» 28. Fischer, H. A., das Waisenkind. Ein Bild aus dem Arbeiterstande, dargestellt für Alt und Jung im deutschen Volke. (147 S.) 879. M. 1,20.
» 29. Reichstadt, A., die Sklavin vom Kaukasus oder ein Amulet von Gottes Gnaden. Erzählung aus dem letzten russisch-chiwes. Kriege. (88 S.) 879. 75 Pf.
» 30. Friedrich, Joh., mit Harren und Hoffen. Eine Erzählung für das Volk. (100 S.) 90 Pf.

Volks-Bibliothek, christliche. 31.—40. Bd. gr. 16. Berlin, Hauptverein für christl. Erbauungsschriften. cart.

Inhalt:

Bd. 31. Kinderlieb, Auguste, der Kindertausch oder die treuen Geschwister. Erzählung für das Volk. (218 S.) 880. M. 1,80.
» 32. Hochkirch, J., im Lande Kubanze. Eine Erzählung aus alter Zeit. (84 S.) 880. 75 Pf.
» 33. Uhlmann, A., Ungetraut. Eine Geschichte zum Civilstands-Gesetze. (156 S.) 880. M. 1,20.
» 34. Gnade um Gnade. (200 S.) 880. M. 1,50.
» 35. Brennekam, Otto, ein leichtes Herz. Volkserzählung. (142 S.) 882. M. 1,20.
» 36. In Freud und Leid Gott allezeit. Erzählungen von O. v. G. (143 S.) 883. M. 1,20.
» 37. Kinderlieb, Auguste, die See-Rose oder eine Mutter, die ihre Kinder sucht. Volkserzählung. (132 S.) 884. M. 1,20.
» 38. Norden, Erich, verloren und wiedergefunden. Volkserzählung. (65 S.) 884. 60 Pf.
» 39. Wedig, Annette, Treue im Kleinen. Volkserzählung. (96 S.) 881. 90 Pf.
» 40. Zu Gott den Sinn durch Alles hin. Aufzeichnungen aus dem Leben von O. v. G. (107 S.) 884. *M. 1.

» 44. Friesen, Mathilde Freifrau v., geb. Gräfin Kanitz, geläutert wie Gold. Eine Erzählung aus dem Leben. (56 S.) 887. * 40 Pf.
» 45. Brennekam, Otto, Christrosen. Fünf Weihnachtserzählungen. (100 S.) 888. * 60 Pf.
» 46. —— wirre Pfade, Gottes Gnade. Fünf Erzählungen. (165 S.) 888. *M. 1.

Volksbibliothek, christliche. 41.—46. Bd. 12. Berlin, Hauptverein für christl. Erbauungsschriften. cart. **

Inhalt:

Bd. 41. Meisner, M., der Sonne entgegen. Eine Erzählung. (96 S.) 885. ** 60 Pf.
» 42. Grüß Gott alle lieben Leser. Aufzeichnungen aus dem Leben von O. v. G. (224 S.) 885. **M. 1.20.
» 43. Meisner, M., durch Blut und Thränen. Eine Erzählung. (79 S.) 886. 75 Pf.

Volksbibliothek, christliche. 47. u. 48. Bd. 12. Berl. 889, Hauptverein f. christl. Erbauungsschriften. cart. * 1 40
47. Von Weihnachten bis Ostern. Aufzeichngn. aus dem Leben v. O. v. G. (154 S.) * — 80.
48. Brennekam, Otto. Aus einer Dorfchronik. Erzählg. (86 S.) * — 60.

— christliche. 49.—56. Bd. 12. Berlin, Hauptverein f. christl. Erbauungsschriften. Kart. n. 5. 90
49. Aus vergangenen Tagen. Vaterländische Erzählg. aus dem 16. Jahrh. v. Helene Berthold. (115 S.) 890. n. — 70
50. Aus Stadt u. Land. 4 Erzählgn. v. Otto Brennekam (119 S.) 890. n. 7
51. Durchs rote Meer. Eine Erzählg. v. M. Meisner. (95 S.) 890. n. — 60
52. Durch Sturm zur Stille. 5 Erzählgn. v. Otto Brennekam. (112 S.) 893. n. — 70
53. Mutter Ursel u. ihre Kinder od. Gott führt wunderbar. Volkserzählung v. Auguste Kinderlieb. (IV, 182 S.) 893. n. 1. —
54. Um des Glaubens willen. Historische Erzählg. aus dem 17. Jahrh. v. Helene Berthold. (130 S.) 894. n. — 70
55. Der wilde Peter. Eine Erzählg. v. M. Eltner. (68 S.) 894. n. — 50
56. Ein reicher Lazarus u. e. armer Reicher. Volkserzählg. v. Auguste Kinderlieb. (168 S.) 894. n. 1. —

Volksbibliothek, christliche. 57.—61. Bd. 12. Berlin, Hauptverein f. christl. Erbauungsschriften. Kart. n. 2. 60
57. Lebensbilder aus Palästina. E. Erzählung v. Elischeba. (93 S.) 896. n. — 60
58. Die Enkelin. Eine Erzählg. v. Jutta Ihlenfeld. (126 S.) 896. n. — 70
59. Nettelbeck. Ein Lebensbild v. Ad. Gründler. (IV, 52 S.) 896. n. — 40
60. Warum? E. Lebensbild v. M. Hoehne. (10 S.) 898. n. — 40
61. D. Größte unter ihnen. Erzählg. aus d. Zeit v. Deutschlands Schmach u. Befreig. v. Ad. Gründler. (91 S.) 897. n. — 50

-- christliche. 62. u. 63. Bd. 12. Berlin, Hauptverein f. christl. Erbauungsschriften. Kart. n. 1. 20
62. Im fremden Lande. Erinnerungen e. deutschen Ansiedlers in Brasilien. Von W. Herren. (V, 88 S.) 899. n. — 50
63. Wetterleuchten. 4 Erzählgn. Von Martha Eltner. (IV, 110 S.) (899.) n. — 70

Volks-Bibliothek, christliche. IV. 8. Gotha 877. Schloeßmann. n. — 50 (1—4.: n. 2. 70)
Verloren u. Wiedergefunden. Eine Erzählung aus dem Volk u. für das Volk. Aus dem Franz. (46 S.)
I—III. s.: Geschichts- u. Missions-Bibliothek, christliche.

Volks- u. Jugend-Bibliothek, christliche. Eine ausgewählte Sammlung sittlich-religiöser Unterhaltungsschriften des Auslandes. Bearb. u. hrsg. von e. Vereine f. Verbreitung guter u. wohlf. Bücher. 1. u. 2. Bdchn. A. u. d. Ttl.: Abendunterhaltungen eines Familienvaters, oder die christl. Sittenlehre in Beispielen f. die heranwachsende Jugend. Aus dem Franz. des J. B. J. Champagnac. 2 Bdchn. 16. (12½ B. u. 1 Stahlst.) Augsburg 844, Schlosser's Buchh.

CHRISTLICHE Volksbibliothek zur Wehr und Lehr. Redigiert von Stefan Auer. Budapest 1897: Skt.-Gerhards-Druckerei. - 180 mm
Jg. 1. H. 1. Peter Zundl: Zwei neue Heilige. Eine Reise von Budapest nach Rom und zurück. 32 S.
H. 3-4. Ignaz Resch: Es gibt einen Gott. 16, 15 S.
H. 7. Stefan Auer: Gründet katholische Volksbibliotheken. 15, 1 S.
H. 8-9. Stefan Auer: Der Sozialismus in Ungarn. 32 S.
H. 10-11. Ludwig Fiedler: Marien-Legenden. 16, 16 S.

[J.] Cordiers illustrierte Volks-Bibliothek. Bd 1. *Heiligenstadt: F. W. Cordier 1897.* 8. [97. 198]

— Cotta'sche. 52 Bde. 12. Stuttg. 889—92, Cotta Nachf. geb. à Bd. * — 50

Nr. 3, 13, 23, 25, 27, 29, 31, 33, 35, 36, 38, 41:
Goethe's ausgewählte Werke in 12 Bdn. (208; 208; 260; 200; 298; 236; 203; 220; 267; 268; 192; 268 S.)
Nr. 9, 19, 28, 37, 43, 47:
Hauff's sämtliche Werke in 6 Bdn. (224; 211; 294; 232; 256; 280 S.)
Nr. 7, 17, 26, 34:
Körner's sämtliche Werke in 4 Bdn (211; 211; 252; 191 S.)
Nr. 5, 15, 24, 36, 40, 45:
Lessing's, G. E., ausgewählte Werke in 6 Bdn. (232; 255; 194; 192; 262; 244 S.)
Nr. 1, 2, 4, 6, 8, 10, 12, 14, 16, 18, 20, 22:
Schiller's sämtliche Werke in 12 Bdn. (280; 292; 252; 216; 228; 252; 223; 298; 328; 316; 264; 332 S.)
Nr. 11, 21, 30, 39, 42, 44. 46, 48, 49, 50, 51, 52:
Shakespeare's sämtliche dramatische Werke in 12 Bdn. Uebers. v. Schlegel u. Tieck. (178; 208; 215; 304; 240; 256; 280; 194; 226; 194; 228; 236 S.)

— Cotta'sche. (In 52 Bdn.) 1.—28. Bd. 12. Stuttgart 889. 890. Cotta Nachf. geb. à Bd. n. — 50

Goethe's ausgewählte Werke in 12 Bdn. 1.—5. Bd. (208, 208, 260, 200, 298 S.)
Hauff's sämtliche Werke in 6 Bdn. 1—3. Bd. (224 S. m. Bild, 211, 294 S.)
Körner's sämtliche Werke in 4 Bdn. 1.—3. Bd. (211 S. m. Bild, 211, 252 S.)
Lessing's, G. E., ausgewählte Werke in 6 Bdn. 1.—3. Bd. (232 S. m. Bild, 255, 194 S.)
Schiller's sämtliche Werke. 12 Bde. (280, 292, 252 S. m. 1 Bild, 216, 228, 252, 223, 298, 328, 316, 261, 332 S.)
Shakespeare's sämtliche Werke in 12 Bdn. Übers. v. Schlegel u. Tieck. 1. u. 2. Bd. (178 S. m. Bild, 208 S.)

Volks=Bibliothek, Cotta'sche. 29.—52 (Schluß=)Bd. 12. Stuttgart, J. G. Cotta Nachf. Geb. in Leinw. à n. — 50

29. 31. 33. 35. 36. 38. 41. Goethe's ausgewählte Werke in 12 Bdn. 6.—12. Bd. (236, 203, 220, 267, 268, 192 u. 268 S.) 891.
30. 39. 42. 44. 46. 48—52. Shakespeare's sämtliche dramatische Werke in 12 Bdn. Uebers. v. Schlegel u. Tieck. 3.—12. Bd. (215, 304, 240, 256, 280, 194, 226, 194, 228, 236 S.) 891. 892.
32. 40. 45. Lessing's, G. E., ausgewählte Werke in 6 Bdn. 4.—6. Bd. (192, 262, 244 S.) 891. 892.
34. Körner's sämtl. Werke in 4 Bdn. 4. Bd. (191 S.) 891.
37. 43. 47. Hauff's, Wilh., sämtliche Werke in 6 Bdn. 4.—6. Bd. (232, 256, 280 S.) 891. 892.

— dasselbe. 2. Reihe. 48 Bde. 12. Ebd. Geb. in Leinw. à n. — 50

1. 2. Uhland's Gedichte u. Dramen in 2 Bdn. (287 u. 276 S. m. Bildnis.) 892.
3—6. Chamisso's gesammelte Werke in 4 Bdn. (279, 319, 251 u. 282 S. m. Bildnis.) 892.
7—10. H. v. Kleist's sämtliche Werke in 4 Bdn. (195, 232, 228 u. 228 S. m. Bildnis.) 893.
11—14. Lenau's sämtliche Werke in 4 Bdn. (216, 200, 227 u. 196 S. m. Bildnis.) 893.
15—26. Heinr. Heine's sämtliche Werke in 12 Bdn. (228, 307, 246, 191, 220, 252, 228, 247, 246, 240, 284 u. 276 S. m. Bildnis.) 893.
27—30. Jeremias Gotthelf's ausgewählte Werke in 4 Bdn. (286, 315, 255 u. 204 S. m. Bildnis.) 893.
31. 32. J. v. Eichendorff's ausgewählte Werke in 2 Bdn. (251 u. 168 S. m. Bildnis.) 894.
33—38. E. T. A. Hoffmann's ausgewählte Werke in 6 Bdn. (218, 206, 204, 324, 247 u. 263 S. m. Bildnis.) 894.
39—42. Heinr. Zschokke's ausgewählte Werke in 4 Bdn. (188, 227, 240 u. 224 S. m. Bildnis.) 894.
43. 44. Ferd. Raimund's sämtliche Werke in 2 Bdn. (224 u. 236 S. m. Bildnis.) 894.
45. Der Oberhof. Von Karl Immermann. (296 S. m. Bildnis.) 894.
46. Luise u. Idyllen. Von Joh. Heinr. Voß. (197 S. m. Bildnis.) 894.
47. Oberon. Von Ch. M. Wieland. (209 S. m. Bildnis.) 894.
48. Die Frithjofssage u. Gedichte in Auswahl. Von Esaias Tegnér. (178 S. m. Bildnis.) 894.

Deutsch-Anische Volks-Bibl. Volks-schriften d Dt-Anischen Vereins. Hamburg, 1854.

Deutsch-Amerikanische Volksbibliothek: 1872- -t New York, NY
Founded by S. Zickel as a weekly.

Deutsch-Amerikanische Volksbibliothek: See GANAP vol 1 New York, NY
KyLcxKe Vol 5, 1877; vol 16, zweite Hälfte, 1889

— deutsche. Neue Folge. 100 Lfgn. gr. 16. Stuttgart 858—60, Cotta'sche Buchh. — Leipzig, Göschen'sche Verlagsh. à Lfg. * 4 Ngr. Thlr. *

Inhalt:

Gudrun. Deutsches Heldenlied übers. von Carl Simrock. (460 S.) (Lfg. 36. 37.)
Hebbel, J. P., Schatzkästlein des rheinischen Hausfreundes. (VIII und 285 S. mit 60 eingedr. Holzschn.) (Lfg. 52. 53.)
Heldenbuch, das kleine. (725 S.) (Lfg. 45. 56. 57.)
Hippel, Th. G. v., Kreuz- und Querzüge des Ritters A bis Z. 2 Thle. (669 S.) (Lfg. 79. 82. 83. 86.)
— Lebensläufe nach aufsteigender Linie nebst Beilagen A. B. C. 1. 2. Thl. und 3. Thl. 2 Bde. (1367 S.) (Lfg. 38. 39. 42. 43. 46. 47. 50. 51.)
Homer's Werke, von Joh. Heinr. Voß. 2 Bde. [1. Bd.: Ilias. (XI und 682 S.) 2. Bd.: Odyssee. (540 S.)] (Lfg. 3. 11. 13. 72. 73. 76.)
Houwald, Chrph. Ernst Frhr. v., sämmtliche Werke. 5 Bde. [1. Bd. (III und 524 S.) 2. und 3. Bd. (VI und 903 S.) 4. Bd. (III und 453 S.) 5. Bd. (VI und 664 S.)] (Lfg. 2. 6. 10. 14. 15. 18. 19. 22. 23. 54. 55. 58. 59. 87. 90. 91.)
Humboldt, Alex. v., Ansichten der Natur, mit wissenschaftlichen Erläuterungen. 2 Bde. [1. Bd. (X und 262 S.) 2. Bd. (294 S.) (Lfg. 48. 49. 80. 81.)
— Kosmos. Entwurf einer physischen Weltbeschreibung. 4 Bde. [1. Bd. (XVI und 507 S.) 2. Bd. (535 S.) 3. Bd. (645 S. mit 1 Tab. in 4.) 4. Bd. (690 S.)] (Lfg. 1. 7. 9. 24. 25. 28. 29. 60. 61. 64. 65. 84. 85. 88. 89. 94. 95. 98—100.)
Iffland's, A. W., theatralische Werke in einer Auswahl. 10 Bde. [1. Bd. (III und 256 S.) 2. Bd. (III und 269 S.) 3—5. Bd. (874 S.) 6—10. Bd. (XV und 1547 S.)] (Lfg. 4. 8. 12. 26. 27. 30. 31. 34. 35. 62. 63. 66. 67. 70. 71. 74. 75. 78.)
Lenau, Nicol., die Albigenser. Freie Dichtungen. (IV und 170 S.) (Lfg. 77.)
— Faust. Ein Gedicht. (IV und 192 S.) (Lfg. 5.)
— Savonarola. Ein Gedicht. (IV und 268 S.) (Lfg. 32. 33.)
Nibelungenlied, das. Uebersetzt von Carl Simrock. (525 S.) (Lfg. 40. 41. 44.)
Zedlitz, (J. Ch. Frhr. v.), altnordische Bilder. (V und 154 S.) (Lfg. 69.)
— dramatische Werke. 4 Thle. (XII und 684 S.) (Lfg. 92. 93. 96. 97.)
— Gedichte. (VII und 545 S.) (Lfg. 16. 17. 20.)
— Soldatenbüchlein. (IV und 144 S.) (Lfg. 68.)
— Waldfräulein. Ein Mährchen in 18 Abentheuern. (XII und 156 S.) (Lfg. 21.)

— dass. — Dritte Reihe. 118 Lfgn. gr. 16. Ebendas. 861,62. à Lfg. * 4 Ngr. *

Inhalt:

Herder's, Joh. Gfried. v., sämmtliche Werke zur schönen Literatur und Kunst. 13 Bde. [1. Bd. (375 S.) 2. und 3. Bd. (XII und 675 S.) 4. Bd. (XII und 436 S.) 5—7. Bd. (XLIV und 909 S.) 8—12. Bd. (LII und 1730 S.) 13. Bd. (VI und 540 S.)] (Lfg. 1. 5. 13. 17. 25. 35. 51. 55. 63. 71. 75. 79. 83. 87. 91. 95. 99. 101. 103. 105. 107. 109. 111. 113. 115. 117.)
Auerbach, Berthold, Schwarzwälder Dorfgeschichten. 6 Bde. [1. Bd. (VII und 386 S.) 2. Bd. (III und 296 S.) 3. Bd. (386 S.) 4. Bd. (282 S.) 5. und 6. Bd. (714 S.)] (Lfg. 2. 7. 10. 26. 36. 42. 52. 67. 76. 80. 84. 88.)
Riehl, W. H., Land und Leute. (XVI und 464 S.) (Lfg. 3. 6.)
Humboldt, Alex. v., Reisen in die Aequinoctialgegenden des neuen Continents. In deutscher Bearbeitung von H. Hauff. Nach der Anordnung und unter Mitwirkung des Verf. 6 Bde. [1. Bd. (XVI und 216 S.) 2. Bd. (300 S.) 3. Bd. (242 S.) 4. Bd. (293 S.) 5. Bd. (267 S.) 6. Bd. (396 S. mit 1 lithogr. Karte in qu. Fol.)] (Lfg. 4. 8. 21. 31. 59. 69. 77. 81. 85. 89. 93. 97.)
Müller, Johs. v., 24 Bücher allgemeiner Geschichten besonders der europäischen Menschheit. 4 Bde. [1. Bd. (XXIV und 294 S.) 2. Bd. (VIII und 299 S.) 3. Bd. (VIII und 298 S.) 4. Bd. (VI und 395 S.)] (Lfg. 9. 14. 18. 29. 41. 48. 56. 64.)
Tegnér, Esaias, die Frithiofs-Sage. Aus dem Schwed. übers. von Amalie v. Helwig. (XII und 194 S.) (Lfg. 11. 15.)
Riehl, W. H., die bürgerliche Gesellschaft. (X und 486 S.) (Lfg. 12. 16. 22. 39.)
Ossian's Gedichte. Aus dem Gälischen von Chrn. Wilh. Ahlwardt. 3 Bde. [1. und 2. Bd. (645 S.) 3. Bd. (414 S.)] (Lfg. 19. 23. 27. 33. 58. 62.)
Jünger, J. F., komisches Theater. 2 Bde. [1. Bd. (331 S.) 2. Bd. (III und 351 S.)] (Lfg. 20. 24. 28. 43.)
Pfeffel, Gottl. Conr., Fabeln und poetische Erzählungen in Auswahl hrsg. von H. Hauff. 2 Bde. [1. Bd. (XXII und 442 S.) 2. Bd. (VII und 308 S.)] (Lfg. 30. 47. 68. 72.)
Wolfram v. Eschenbach, Parzival und Titurel. Rittergedichte. Uebersetzt und erläutert von C. Simrock. 2 Bde. [1. Bd. (668 S.) 2. Bd. (606 S.)] (Lfg. 32. 40. 46. 60. 66. 70. 74. 78.)
Steigentesch, A. v., Lustspiele. 2 Thle. [1. Thl. (III und 288 S.) 2. Thl. (S. 1—274.)] (Lfg. 34. 37. 44. 50.)
Alxinger, J. v., Bliomberis, ein Rittergedicht. 2 Bde. (595 S.) (Lfg. 38. 49. 53. 54.)
Riehl, W. H., die Familie. (XI und 361 S.) (Lfg. 45. 65.)
Alxinger, J. v., Doolin von Mainz. Ein Rittergedicht in zehn Gesängen. (322 S.) (Lfg. 57. 61.)
Riehl, W. H., culturgeschichtliche Novellen. (XI und 444 S.) (Lfg. 73. 82. 86. 90.)
Auerbach, Berthold, Barfüßele. (257 S.) (Lfg. 92. 96.)
Riehl, W. H., Culturstudien aus drei Jahrhunderten. (VI und 408 S.) (Lfg. 94. 98.)
Auerbach, Berthold, Schatzkästlein des Gevattersmanns. 2 Bde. (XIII und 518 S.) (Lfg. 100. 102. 104. 106.)
— neues Leben. Eine Lehrgeschichte in fünf Büchern. 3 Bde. [1. und 2. Bd. (VI und 445 S.) 3. Bd. (246 S.)] (Lfg. 108. 110. 112. 114. 116. 118.)

Vgl.: Classiker, deutsche.

— dass. — Supplement, s. Klencke, H., Alexander v. Humboldt.

Volks-Bildergallerie, wohlfeilste, enthaltend Bildnisse ausgezeichneter Personen u. Darstellungen nach vorzügl. Gemälden in Holzschn. von F. W. Gubitz u. unter dessen Leitung. 21—28. Lfg. gr. 8. (à 8 Bl.) Berlin 847—51, Vereins-Buchhandlung. à n. 1/6 ℛ (1—28: n. 4 2/3 ℛ)

Volksbilderkalender, Schwäbischer. (1, 2. Jahrg.) 1845 u. 1846. 4. (Mit Holzschnitten.) Stuttgart 845, 46, Krabbe. 1. J. n. 1/2 ℛ 2. J. 1/3 ℛ

Volksbildung, über. 8. Winterth. 805. Steiner. 6 K

Volksbildung, die. Herausg. von einem Verein wissenschaftlich gebildeter Volksfreunde. 1. Liefg. Mit 1 Stahlst. Weimar 853. Rauschke u. Schmidt. 4. (S. 1—16.) 2½ ngr

Volksbildung (früher „Der Bildungs-Verein"). Zeitschrift für öffentl. Vortragswesen, Volksleseanstalten u. freies Fortbildungswesen in Deutschland. Organ der Gesellschaft f. Verbreitg. v. Volksbildg. u. ihrer Verbände u. Zweigvereine. 35. Jahrg. 2.—4. Viertelj. April—Dezbr. 1905. 18 Nrn. (362 S.) Lex.-8. Berlin, Gesellschaft für Verbreitg. v. Volksbildg. n. 3. —

— dasselbe. Red.: J. Tews. 36. Jahrg. 1906. 24 Nrn. (400 S.) Lex.-8. Ebd. n. 4. 80

Volksbildung. Zeitschrift f. öffentl. Vortragswesen, Volksleseanstalten u. freies Fortbildungswesen in Deutschland. Organ der Gesellschaft f. Verbreitg. v. Volksbildung u. ihrer Verbände u. Zweigvereine. Red.: J. Tews. 37.—40. Jahrg. 1907—10. à 26 Nrn. (39. u. 40. Jahrg. VI, 538 u. VIII, 532 S.) Lex. 8. Berlin, Gesellschaft f. Verbreitung v. Volksbildg. à Jahrg. 4. 80

Volksbildung und Schulwesen. Hrsg. von Alois Egger. 1.—4. Heft. gr. 8. Wien 874, Hölder. *

Inhalt:

Heft 1. Egger, Alois, Industrie und Schule in Oesterreich. Eine culturpolit. Studie. (52 S.) * 90 Pf.
» 2. Lindner, G. A., die paedagogische Hochschule. (44 S.) * 80 Pf.
» 3. Egger, Alois, ein oesterreichisches Schul-Museum. (30 S.) * 60 Pf.
» 4. Röok, Heinr., religiöse Uebungen in der Schule. (55 S.) * 90 Pf.

Volksbildung und Schulwesen. Hrsg. von Alois Egger. 5. und 6. Heft. gr. 8. Wien 875, Hölder. *

Inhalt:

Heft 5. Wretschko, Math., die Fachbildung und Prüfung der Lehramtscandidaten für Mittelschulen. (48 S.) * 90 Pf.
» 6. Zur Geschichte der oesterreichischen Schulreform. (68 S.) * ℳ 1,20.
1.—4. Heft. Ebendas. 1874. * ℳ 3,20.

— **Wissenschaft, Kunst u. Sozialdemokratie,** s.a. Flugschriften, sozialdemokratische. II.

Volksbildung, Wissenschaft, Kunst und Sozialdemokratie. Berlin: Vorwärts 1907. (16 S.) 8° [F.]
= **Flugschriften,** Sozialdemokratische. 2. [07. 16714

Volksbildungsarchiv. Beiträge zur wissenschaftl. Vertiefg. der Volksbildungsbestrebgn. Im Auftrage der Zentralstelle f. Volkswohlfahrt hrsg. v. Rob. v. Erdberg. 1. Bd. Oktbr. 1909 – Septbr. 1910. 4 Hefte. (XXXII, 624 S.) gr. 8. Berlin, C. Heymann. 12. —

Volks-Bildungs-Blätter. Hrsg. v. „Allg. n.-ö. Volksbildungsvereine". Schriftleiter: Jos. Wichner. 10.—13. Jahrg. 1895—1898. à 12 Nrn. (Bog. m. Abb.) gr. 4. Krems. (Leipzig, Literar. Anstalt, A. Schulze.) à Jahrg. n. 1. 40

Volks-Bildungs-Blätter. Hrsg. vom „Allg. n.-ö. Volksbildungsvereine". Schriftleiter: Jos. Wichner. 14. Jahrg. 1899. 12 Nrn. gr. 4. (à ca. 16 S. m. Abbildgn.) Krems. (Leipzig, Literar. Anstalt, A. Schulze.) n. 1. 40

Volks-Bildungs-Blätter. Hrsg. vom „Allg. n.-ö. Volksbildungsvereine". Schriftleiter: Jos. Wichner. 19.—21. Jahrg. 1904—1906. à 12 Nrn. (à 16 S. m. Abbildgn.) hoch 4. Krems (F. Oesterreicher). Postfrei à Jhrg. n.n. 2. 60

Volks-Bildungs-Blätter. Hrsg. vom „Allg. n.-ö. Volksbildungsvereine". Schriftleiter: Jos. Wichner. 22.—25. Jahrg. 1907—1910. à 12 Nrn. (à Jahrg. IV, 192 S. m. Abbildgn.) Lex. 8. Krems, (F. Oesterreicher). à Jahrg. 2. 60

Volksbildungsblätter, Niederösterr. Herausg. vom nederösterr. Volksbildungs-Verein. 1886. Krems, Löhner 1886.

Volksbildungs-Kalender. Jahrbuch f. 1910. Hrsg. v. Wiener Volksbildungs-Verein. Mit Beiträgen v. J. Himmelbaur, E. M. Kronfeld, A. Till u. a. (224 S. m. Abbild., 1 eingedr. Plan u. 1 farb. Taf.) gr. 8. Wien, Wiener Volksbuchh. 1. —

Volks-Bildungs-Kalender, illustrierter ober-österreichischer für das J. 1885. Mit Orig.-Beiträgen von Ludw. Anzengruber, Andre Bittinger, Ed. Fink ꝛc. Hrsg. von der Freien Vereinigung zur Hebung der Volks-Bildung in Ober-Oesterreich. 1. Jahrg. 8. (152 S. mit Illustr. und Holzschn. Portr. des Kaisers.) Ried. (Wien, Szelinski.)

Volks-Bildungs-Kalender, illustrierter, österreichischer, für das J. 1886. Mit Orig.-Beiträgen von G. Belleville, A. Bittinger, A. Eberharz ꝛc. 2. Jahrg. 8. (154 S.) Wien, (Szelinski.) *

—— dass. — für das J. 1887. Mit Orig.-Beiträgen von L. Eberharz, Ludw. Aug. Frankl, Ernst Freimund ꝛc. 3. Jahrg. 8. (116 S.) (Ebendas.) *

—— dass. — für das J. 1888. Mit Orig.-Beiträgen von Rud. Ackermann, Ed. v. Bauernfeld, F. Dawidowsky ꝛc. 4. Jahrg. 8. (XXXI, 108 S.) (Ebendas.)

—— dass. — für das J. 1889. Mit Orig.-Beiträgen von Andre Bittinger, Thdr. Bock, Ewald Hauffe ꝛc. 5. Jahrg. 8. (139 S.) Ried. (Ebendas.) *

Volks-Bildungs-Kalender, illustrierter, f. d. J. 1890—1892. Mit Orig.-Beiträgen der hervorragendsten Schriftsteller Oesterreichs. 5.—8. Jahrg. 8. (à Jahrg. XXXII, 108 S.) Wien, (Szelinski). à Jahrg. * — 50

Volksbildungs-Kalender, Illustrirter, für das Jahr 1893. Mit Originalbeiträgen der hervorragendsten Schriftsteller Oesterreichs. IX. Jahrg. 8. (101 S.) Wien: Szelinski 1892. —,25

Volksbildungstag, VII. deutsch-österr. (VII. ordentl. Delegiertentag des Zentralverbandes der deutsch-österreich. Volksbildungsvereine, abgeh. am 29. u. 30. III. 1908 in Wien.) (52 S.) 32,5×21,5 cm. Wien (I. Tegetthoffstr. 4) 908. Zentralverband d. deutsch-österreich. Volksbildungsvereine. — 50

Volksblatt. Das V., offizielles Organ der helvetischen Einheitsregierung. [SA.] s.a. A[bt], S[iegfried].

Volksblatt (Gr)
s.a. Bündnerisches **Monatsblatt.**

Volksblatt : 1838-? Cincinnati, OH

Volksblatt. –
Insterburg. – 2.X.1839 – 1849(?).

Volksblatt. –
Halle. – 3.I.1844 – 27.XII.1878.

Volksblatt. –
Remscheid. – 3.V.1848 – 30.VI.1865.
Fortges. u.d.T.: Remscheider Volksblatt.

Volksblatt. –
Trier. – 7.V.1848 – 29.XII.1848.

Volksblatt von W. Seelhoff und P. C. Sternberg. Trier, seit 1848, wöchentl. 4 mal.

Volksblatt. Red. Fr. Crüger. Danzig 1849.

Volksblatt : 1849-? Indianapolis, IN

Volks-Blatt. Hrsg. vom Verein zur Wahrung der Volksrechte in Magdeburg. 1. Serie. 12 Nrn. (½ Bog.) Imp.-4. Magdeburg 849, (Baensch.) *

—— dass. — (2.) Jahrg. 1850. 52 Nrn. (à ½ — 1 Bog.) Fol. Ebds.
Die Fortsetzung erschien unter dem Titel:
Volksblatt des Vereins zur Wahrung des Volksrechts.

Volksblatt. –
Neuwied. – 1849 – 1851(?)
Fortges. u.d.T.: Neuwieder Zeitung.

Volksblatt. –
Stralsund. – 3.I.1849 – 26.VI.1850.

Das Volksblatt : 1852–1855.
Weekly. Democratic, Abolitionist, and Anti-Temperance, successively, according to Macy. Continued as DIE FREIE PRESSE. Edited by Adalbert Lohr, & published by Metz, 1852; edited by Hermann C. Ohrt, & published by Metz, 1853; edited & published by F. Goll, 1854?; by Weber & Wolf, 1855, F. C. Hertzer also one of editors.
Burlington, IA

Das Volksblatt : 1853–1862? Peoria, IL

Volksblatt. Hrsg. von Treichler. Zürich 1853.

Das Volksblatt : 1856–? Rock Island, IL
Edited & published by Francesco Ciolina.

Volksblatt : 1859–1860. Milwaukee, WI
Weekly. Edited by Ernst F. Herzog

Das Volksblatt : 1859–1942.
Daily, morning except Sunday. Independent, 1880–1916; Republican, 1917–33; Non-partisan & Independent, 1934–42; supported Tilden. Title varies: VOLKSBLATT UND FREIHEITS-FREUND, Feb. 1901–1942; other slight variations. Absorbed FREIHEITS-FREUND. For weekly edition, see PITTSBURGER VOLKSBLATT. For Sunday editions, see SONNTAGSBLATT DES PITTSBURGER VOLKSBLATT. Circulation: 1870, 2400 (est.); 1890, 12,034; 1900, 10,000; 1910, 12,500; 1915, 12,000; 1918, 19,000; 1921, 13,604; 1925, 11,248; 1929, 8880; 1933, 38,857; 1935, 38,269; 1940, 10,759. Subscription held by Harmony Society, 1862–67. Edited & published by Carl Friedrich Bauer, 1859–72; edited by Carl Friedrich Bauer, 1873–85; by Max Schamberg, 1885; by Isaac E. & Louis Hirsch, 1886?–1901; by Isaac E. Hirsch, 1902–16; by George Seibel, 1917–19; by F. Sommer, 1920–28; by Paul Vogt, 1929; by K. Kende, 1930–33; by Erich F. Pohl, 1934–35; by Hans Stockmann, 1936–42; published by Pittsburgh Volksblatt Co., 1873–1901; by Neeb-Hirsch Publishing Co., 1902–29; by Volksblatt Publishing Co., 1930–42.
Pittsburgh, PA

Das Volksblatt : 1860?- Evansville, IL
Republican campaign paper. Edited & published by Robert S. Sproule.

Volksblatt (Be)
① Mittheilungen aus Kirche und Schule ④ Volksblatt für die reformierte Kirche der Schweiz (nicht aufgenommen) ⑤ Prospekt: März 1869; 8. 5. 1869 —30. 12. 1871 ⑥ 4° ⑦ Wochenblatt ⑧ Burgdorf: C. Langlois ⑩ ein Garantieverein ⑪ Pfr. E. Nil, Kirchberg ⑫ populäres Organ der Berner «Vermittlungstheologie»; Besprechung von Zeitfragen auf dem Gebiete von Kirche und Schule ⑭ Be: L.

Volks-Blatt. –
Recklinghausen. – 4.VII.1874 – 1902.
Fortges. u.d.T.: Recklinghäuser Volkszeitung.

Volks-Blatt. –
Bremen. – 6.IV.1875 – 23.IX.1878.
Vorh. u.d.T.: Bremer Volks-Blatt.

Volksblatt. Hrsg. von Chr. G. Hottinger. 1. Jahrg. 1878. 52 Nrn. (½ B. m. eingedr. Holzschn.) 4. Straßburg, Strohmeyer in Comm. n. 2. 20

—— dass. — 2. Jahrg. 1879. 52 Nrn. (Bog. mit eingedr. Holzschn.) 4. Straßburg, Volksblatt-Verlag. *

Volksblatt. Hrsg. von Chr. G. Hottinger. 3.—5. Jahrg. 1880—1882. à Jahrg. 52 Nrn. (à Nr. 1—2 Bog. mit eingedr. Holzschn.) 4. Straßburg, Volksblatt-Verlag. à Jahrg. *

—— dass. — 6. Jahrg. 1883. 52 Nrn. (à Nr. 1—2 Bog. mit eingedr. Holzschn.) 4. Straßburg, (Strohmeyer.) *

—— Die Welt in Wort und Bild. Hrsg. von Chr. G. Hottinger. 7. Jahrg. 1884. 52 Nrn. (à Nr. 1—2 Bog. mit eingedr. Holzschn.) 4. (Ebendas.) *

Volksblatt. Die Welt in Wort und Bild. Hrsg. von Chr. G. Hottinger. 8. Jahrg. 1885. 52 Nrn. (à Nr. 1—2 Bog. mit eingedr. Holzschn.) 4. Straßburg, (Strohmeyer.) *

Das Volksblatt : 1882?–1896?
Independent weekly. Merged with DER BEOBACHTER (Chicago, Ill.). Place of publication varies: Beecher, Ill., 1882–89. Circulation: 1889, 869; 1895, 1500. Edited & published by Louis Metterhausen, 1882–96.
Joliet, IL

Das Volksblatt : 1888–? Baltimore, MD
Weekly. Circulation: 300.

Das Volksblatt : 1888?–1890? Newark, NJ
Weekly. Published by Volksblatt Publishing Co.

Das Volksblatt : 1888?–? Seattle, WA
Independent daily, evening except Sunday. Edited & published by Erdman & Gach.

Volksblatt. –
Halle. – 1.IV.1890 – 24.II.1933.
6.IX.1945 – 15.IV.1946.

Das Volksblatt : 1891?
Weekly. Published by Dayton Publishing Co.
Dayton, OH

Volksblatt. –
Kassel. – 1.I.1891 – 27.II.1933.

Volksblatt. –
Gotha. – 1.V.1894 – 30.VI.1896.
Vorh. u. fortges. u.d.T.: Gothaisches Volksblatt.

Volksblatt. –
Hamburg-Harburg. – 1.XI.1894 – 25.II.1933.

Volksblatt. –
Bochum. – 1.X.1898 – 27.II.1933.
[NA von: Rheinisch-Westfälische Arbeiter-Zeitung Dortmund 1875.]

Das Volksblatt: 1903 Streator, IL
Weekly edition of VOLKSBLATT UND BEOBACHTER. Circulation: 1903, 750.

Volksblatt. – Aalener Volksblatt. – 1884 – 1894.
Fortges. u.d.T.: Schwäbische Volkszeitung.

Aargauer Volksblatt (J)
⑤ 1878—1880 ⑦ wöchentlich 2 × ⑧ Lenzburg ⑬ BGSZ: 12. p. 35.

Volksblatt: Aargauisches Volksblatt
⑤ 1. 8. 1833—? ⑦ Wochenblatt ⑧ Baden ⑩ Politischer Verein ⑫ radikal ⑬ Inserat in der »Appenzeller-Zeitung« v. 28. 7. 1832.

Volksblatt aus dem Bezirk Affoltern a. A.
① Obligatorisches Publikationsmittel für sämtliche Gemeinden des Bezirkes. Offizielles Organ des Handwerks- und Gewerbeverbandes des Bezirks Affoltern und des Gewerbevereins Affoltern a. A. ⑤ 1898—29. 12. 1914 ⑥ 2° ⑦ wöchentlich 3× ⑧ Affoltern a. A.: H. Hagenbuchli, A. Schönbächler & Co. ⑨ Illustriertes Sonntagsblatt ⑩ die Drucker ⑪ die Drucker ⑫ freisinnig-demokratisch ⑭ Zh: Z; Be: L (1915—1918, 1932—1944).

Akroner Volksblatt: 1883 – 1885
Independent weekly. Edited & published by Louis Seybold, 1883–85.
Akron, OH

Volksblatt, allgemeines. Populärer Monatsbericht über die wichtigsten Zeitfragen. (1. Jahrg.) 1845. 12 Numm. (Bog.) gr. 4. Köln. (J. u. W. Boisserée.) n. 2/3 ℛ

Volksblatt: Allgemeines Volksblatt
⑤ 1881 ⑦ wöchentlich 2× ⑧ Baden ⑮ Lt. postamtlicher Verfügung vom 29. 1. 1881 wieder gestrichen.

— allgemeines, der Deutschen. Eine belehrend unterhaltende Zeitschrift für den Bürger u. Landmann. Herausgeg. von Carl v. Pfaffenrath u. Hnr. Schwerdt. (1.—3. Jahrg.) 1844—1846. à 52 Numm. (Bog.) 4. Saalfeld, Niese. à n. 1 ℛ

Volksblatt, allgemeines deutsches, für 1795. 12 Stück. 8. Weißenf., Severin. 2 ℛ 8 gr

Volks- u. Gewerbe-Blatt, allgemeines, für Sachsen u. die angränz. Länder. Zur Belehrung u. Unterhaltung für den Bürger u. Landmann. Herausg. vom Prof. Dr A. G. Schweitzer u. Hnr. Schubarth. 1r—3r Jahrg. 1832—1834. ... 4r Jahrg. 1835, 52 Numm. gr. 4. Dresden u. Leipzig, Arnold. 1 1/3 ℛ

Volksblatt. – Allgemeines pommersches Volksblatt.
Köslin. 12.III.1825 – 1851.
Fortges. u.d.T.: Kösliner Zeitung.

— allgemeines Pommersches, 1r—10r Jahrg. 1825—1834. ... 11r Jahrg. 1835. 52 Numm. Mit 4 lithogr. Ansichten u. Titelvign. 4. Cöslin 835. Hendeß. n. 1 5/6 ℛ

—— allgem. pommersches, 11—18. Jahrg. 1835—42. à 52 (u. 104) Nrn. Mit lith. Ansichten. 4. Cöslin, Hendeß. à J. *
1—10. Jahrg. 1825—34. Ebendas. ... ?

Volksblatt, allgem., f. Sachsen u. d. angränz. Länder, zur Belehr. u. Unterhaltung f. d. Bürger u. Landmann, hrsg. v. A. G. Schweitzer u. H. Schubarth. 1—4. Jahrg. 1832—35. à 52 Nrn. (Bog.) 4. Dresden, Arnold. à J.
Der 4. J. unt. d. T.: Volks- u. Gewerbe-Blatt rc.

Volksblatt, allgemeines, f. Stadt u. Land. Red. u. Hrsg.: W. Faber. 1. Jahrg. Apr.—Dezbr. 1892. 39 Nrn. (Bog. m. Abbildgn.) gr. 4. Leipzig, Verl. der Akadem. Buchh. (W. Faber). n. 1. 20
Auch in Ausgaben f. Altenburg, Reuß ä. L., Reuß j. L., Sachsen u. Westfalen.

— dasselbe. 2. Jahrg. 1893. 52 Nrn. (Bog. m. Abbildgn.) gr. 4. Ebd. n. 1. 60

— dasselbe. 3. Jahrg. 1894. 52 Nrn. (Bog. m. Abbildgn.) gr. 4. Ebd. n. 2. —
Auch in Ausgaben f. Altenburg, Hannover, Mansfeld, Reuß ä. L., Reuß j. L., Sachsen, Schwarzburg u. Westfalen.

Volksblatt, allgemeines, f. Stadt u. Land. Red.: W. Faber. 4.—7. Jahrg. 1895—1898. à 52 Nrn. (Bog. m. Abb.) gr. 4. Leipzig. Berlin-Westend, Verlag der Akadem. Buchhandlg. (W. Faber & Co.) à Jahrg. n. 2. —
Erscheint auch in Ausgaben f. Altenburg, Hannover, Neumark, Reuß ä. L., Reuß j. L., Sachsen, Schlesien, Stettin u. Westfalen u. außerdem auch u. d. T.: „Auferstehungsbote", der, der „Simonsbote" u. der „Sophienbote".
Kann auch vierteljährlich bezogen werden.

Volksblatt, allgemeines, f. Stadt u. Land. Red.: W. Faber. 8.—10. Jahrg. 1899—1901. à 52 Nrn. gr. 4. (à ca. 8 S. m. Abbildgn.) Berlin-Westend, Verlag der Akadem. Buchh. W. Faber & Co. à Jahrg. n. 2. —
Erscheint nicht mehr.

Volksblatt. – Altenburger Volksblatt.
7.IV.1848 – 31.XII.1853.

Volksblatt aus dem Bezirk Andelfingen
① Publikationsmittel für den Bezirk Andelfingen, sowie die angrenzenden Gemeinden des Bezirkes Winterthur und der Kantone Thurgau und Schaffhausen (um 1885—1896). Anzeiger des Bezirkes Andelfingen, der angrenzenden Gemeinden des Bezirkes Winterthur und des Kantons Thurgau (um 1915—1939). Publikationsorgan des Bezirkes Andelfingen, der angrenzenden Gemeinden des Bezirkes Winterthur und des Kts. Thurgau (um 1950 cont.) ⑤ April 1877 (cont.) ⑥ 2° ⑦ Wochenblatt; wöchentlich 2× (seit 1881—1909? und 1916? cont.); wöchentlich 3× (1912?—1915?) ⑧ Ober-Stammheim: Ed. Schmid (April 1877—1880); Winterthur: Gemsberg (um 1880); Andelfingen: Ed. Schmid (1881), Wilhelm Hepting (1881 cont.) ⑨ Der Hausfreund (um 1895—1918). Unterhaltungsblatt (1919 cont., 4°; Wochenbeilage) ⑩ Ed. Schmid, Stammheim (Gründer, April 1877—1881), Wilhelm Hepting (1881—1939), W. Hepting-Roth ⑪ Pfarrer Albert Locher, Altikon, Advokat Albert Jucker (um 1885), Lehrer J. G. Merkli, Guntalingen (bis 1892), Wilhelm Hepting (1893—23. 7. 1939), Willi Hepting-Roth, jun. (August 1939 cont.) Mitarbeiter: der spätere Bundesrat Ludwig Forrer, Pfr. A. Farner, Lehrer Alexander Farner ⑫ demokratisch ⑬ BGSZ: 111 (p. 527), 449; A. H. Wilhelm Hepting: »Volksblatt aus dem Bezirk Andelfingen« Nr. 60 vom 28. 7. 1939 ⑭ Wi: S (1915 cont.); Zh: Z (1885, 24. 8. 1930); Be: L (1915 cont.).

Andelfinger-Winterthurer Volksblatt
① Obligatorisches Publikationsmittel der Gemeinden Altikon, Brütten, Dägerlen, Dättlikon, Dynhard, Dorf, Dorliken, Flaach, Gunt- und Waltalingen, Humlikon, Hettlingen, Pfungen, Rickenbach, Seen, Toss und Wulflingen ④ Winterthurer Volksblatt ⑤ 1851—5. 10. 1867 ⑥ 4° ⑦ wöchentlich 2×, auch 3× ⑧ Winterthur: J. J. Heer; Elgg: Bleuler, Hausheer & Cie., A. Büche (5. 10. 1867) ⑩ die Drucker ⑫ fortschrittlich ⑭ Zh: Z.

Volksblatt für Anhalt.
Dessau. 10.IX.1890 – 21.XI.1891.
3.XII.1891 – 1.III.1933.

Volksblatt und Anzeiger. Newton, KS
See Der Herold.

Volksblatt für den Kanton Appenzell
⑤ 1868—1869 ⑥ 8° ⑦ wöchentlich 2× ⑧ Teufen: Theurer ⑫ freisinnig ⑬ BGSZ: 943, 944.

Appenzeller Volksblatt
① Demokratisches Organ für Appenzell beider Rhoden ⑤ Oktober 1903—Ende Dezember 1903 ⑥ 2° ⑦ monatlich 2× ⑧ Teufen: G. Theurer ⑫ Erstes Organ der Sozialdemokratischen Partei von Appenzell A.-Rh. ⑬ BGSZ: 943, 944.

Volksblatt: Appenzellisches Volksblatt (SG)
⑤ Januar 1831—Dezember 1833 ⑥ 8° ⑦ Monatsblatt ⑧ St. Gallen: Zollikofer & Züblin ⑩ Pfarrer Adrian Schieß, Herisau ⑪ Pfarrer Schieß ⑬ BGSZ: 943, 941 ⑭ Tr: K; He: G; Lu: Z; Be: L (1831—1832 Nr. 4).

Volksblatt: Appenzellisches Volksblatt (AR)
① Demokratisches Organ für Appenzell beider Rhoden ⑤ 18. 7. 1903—30. 12. 1903 ⑥ 2° ⑦ wöchentlich 2× ⑧ Teufen: G. Theurer ⑩ J. Sprenger, Speicher ⑫ sozialistisch (Appenzell. Arbeiterpartei) ⑭ Be: L.

Volksblatt vom Bachtel
v. Schweizerisches Volksblatt vom Bachtel.

Badener Volksblatt
① Anzeiger für Stadt und Land ④ Aargauer Volksblatt ⑤ 1895—1911; nach 1911 noch einige Zeit als Kopfblatt des »Aargauer Volksblattes« ⑥ 2° ⑦ wöchentlich 3× ⑧ Baden: Josef Leonz Umbricht, Aug. Heller ⑨ Heimatland ⑩ der Drucker ⑪ Nationalrat Dr. Wyrsch ⑫ katholisch-konservativ ⑬ BGSZ: 941; Haberbosch: Badener Zeitungen (1950) ⑭ Be: L.

Volksblatt, Badisches. Monatschrift zur Unterhaltung, Belehrung u. Verbreitung gemeinnütziger Kenntnisse. Hrsg. v. Emil Otto. 1. Jahrg. 1847. 6 Hfte. gr. 8. (à 3 Bog.) Mannheim, Bensheimer. (à n. 4 ngr) n. 24 ngr

Volksblatt. – Bamberger Volksblatt. –
1.II.1849 – 5.IX.1939.
Fortges. u.d.T.: Neues Volksblatt.

Volksblatt aus Baselland
① »Dem freien Mann das freie Wort« (2. 7. 1862—16. 12. 1865) ② Basellandschaftliches Volksblatt (II) (10. 4. 1865—16. 12. 1865) ④ Der Demokrat aus Baselland ⑤ April (?) 1861—16. 12. 1865 ⑥ 4° ⑦ wöchentlich 3× ⑧ Liestal: F. Kochlin & Hochstraßer (April? 1861—30. 4. 1862), J. F. Köchlin 2. 5. 1862—30. 12. 1864), Hermann Georg Kleiber, Sohn (2. 1. 1865–3. 6. 1865); Muttenz: Hermann Georg Kleiber, Sohn (7. 6. 1865—16. 12. 1865) ⑩ die Drucker ⑪ I. Breitenstein (April? 1861—30. 4. 1862), Christoph Rolle (2. 5. 1862—1. 10. 1862), F. J. Köchlin (3. 10. 1862—30. 12. 1864), Hermann Georg Köchlin, Sohn (2. 1. 1865 — 16. 12. 1865); ständiger Mitarbeiter: Christoph Rolle ⑫ Organ der Revisionspartei des Christoph Rolle (der »Revi«) ⑬ Albert Oeri: Der Revisionsgeneral Rolle (Basel 1905; 2. Aufl. 1936) ⑭ Be: L. 1862—1865, Probenummer); Bs: U (1862—1865).

Volksblatt: Basellandschaftliches Volksblatt (I)
③ Der freie Baselbieter ④ Fusion mit »Der Bundesfreund« ⑤ 6. 11. 1835—30. 6. 1853 ⑥ 4° ⑦ Wochenblatt ⑧ Liestal: Banga & Honegger (6. 11. 1835—11. 3. 1836 und 6. 1. 1837—12. 1. 1838); Sissach: ? (18. 3.—17. 6. 1836); Liestal: Johann Adam Stohier (24. 6. bis Ende 1836), J. U. Walser (?) (19. 1.—27. 12. 1838); Reinach (Bl.): J. U. Walser (3. 1.—Mitte Mai 1839, 21. 5. 1840—1843); Arlesheim: J. U. Walser (16. 5. 1839—Mai 1840); Birsfelden: J. U. Walser (15. 6. 1843—30. 6. 1853) ⑨ Aktiengesellschaft des Basellandschaftlichen Volksblattes (anfänglich 60 Aktionäre, die »theils mit ihrem Geld, theils mit ihrem geistigen Talent« das Unternehmen sicherten, z. B. Dr. Emil Frey, Prof. Wilhelm Snell, Christoph Rolle); — Seit 3. 1. 1839: J. U. Walser ⑪ Johann Ulrich Walser (dem das Blatt seinen eigentümlichen Charakter verdankt, 6. 11. 1835—16. 6. 1837, 5. 1. 1838—27. 12. 1839, 30. 5. 1850 — 30. 6. 1853), Johann Rebmann (23. 6.—29. 12. 1837), Dr. Johannes Gihr (1. 1.—23. 5. 1850); Mitarbeiter: Rudolf Kolner (»der Sauter«) ⑫ radikal ⑬ BGSZ: 954 (p. 67—68, 80—81) 1178 (p. 124—125); Jouch: Zur Geschichte des Basellandschaftlichen Zeitungswesens (Der Rauracher 18, 1946, p. 1—6) ⑭ Bs: U; Lu: Z (unvollständig); Be: L ⑮ »Eine der volkstümlichsten und gelesensten radikalen Zeitungen der Schweiz« (H. G. Keller). In Birsfelden an der Stadtgrenze erscheinend, enthält das Blatt Angriffe auf stadtbaslerische Personen und Zustände. Über die Folgen des behördlichen Einschreitens gegen die Zeitung in Basel v. Schweizerischer Bilderkalender (Distelikalender) für das Jahr 1844, p. 31—33; Carl Meyer: Basel zur Zeit der Freischarenzüge und des Sonderbunds (Basler Jahrbuch 1902, p. 45—105, bes. p. 49 s.).

Volksblatt: Basellandschaftliches Volksblatt (II)
v. Volksblatt aus Baselland.

Basler Volksblatt
① Für Stadt und Landschaft, das Frickthal und Basel's weitere Umgebung (1873—1880), Organ der Katholiken Basels und Umgebung (1. 7. 1898—28. 11. 1918), Katholische Tageszeitung (seit 3. 4. 1929) ⑤ 20. 9. 1873 (Probeblatt) (cont.) ⑥ 2° ⑦ Wochenblatt, wochentlich 3× (seit 1881), wochentlich 6× (seit 1. 4. 1890) ⑧ Basel: Chr. Kresi (20. 9. 1873—31. 1. 1874), M. Oberlin (7. 2. 1874—26. 12. 1874), Druckerei des »Basler Volksblatt« (P. Leuthardt) (1875—29. 9. 1885), Druckerei des »Basler Volksblatt« (1. 10. 1885—19. 1. 1886), Druckerei des »Basler Volksblatt« (F. J. Berther) (21. 1. 1886—1887), Gesellschaft des Basler Volksblattes (1888—17. 9. 1929), Cratander AG (18. 9. 1929); Zürich: Buchdruckerei der Neuen Zürcher Nachrichten (seit 1. 12. 1941) ⑨ Sterne und Blumen (18. 5. 1907—1908), Sonntagsbote (1909—1918), Neues Leben (monatlich, 1927—1942), Christliche Kultur (6. 12. 1941 cont.) (seit 1935 schon Beilage der Neuen Zürcher Nachrichten), Vom Leben und Wirken der Frau (seit 1941) ⑩ P. Leuthardt (bis 29. 9. 1885), Florin Berther und Dr. Ernst Feigenwinter (1. 10. 1885—1887), Gesellschaft des Basler Volksblattes (1888—1929), Cratander AG (seit 18. 9. 1929) ⑪ Caspar Alois Bruhin (1873—1879), Dr. Ernst Feigenwinter (1879—1883), Florentin Berther (1885), Alphons Lauter (1886), C. Fäh (1882—1900), Reinheimer (1900—1903), Franz von Matt (1903), Anton Auf der Maur (1908—1925), Dr. Siegfried Streicher (2. 4. 1929—31. 3. 1944), Dr. Alois Scheuring (8. 5. 1933—9. 3. 1940), Dr. Walter Hänggi (seit 1. 4. 1944), Heinz Löhrer (seit 1. 7. 1947), Hermann Odermatt, Zürich ⑫ katholisch-konservativ ⑬ BGSZ: 186; dazu Basler Volksblatt 25. 1. 1936, 1. 10. 1942, 11. 12. 1947 ⑭ Bs: U (unvollständig) ⑮ Seit 1. 12. 1941 Kopfblatt der Neuen Zürcher Nachrichten. Der Lokalteil wird heute in Basel gesetzt, aber in Zürich (Matrizen) gedruckt.

Volksblatt. – Bayerisches Volksblatt. –
Regensburg. 1.III.1849 – 31.XII.1860.
Fortges. u.d.T.: Regensburger Morgenblatt.

Belleviller Volksblatt : Jan. 20, 1856 - Mar. 13, 1858.

Abolitionist weekly. Merged with Belleviller Zeitung. Edited & published by F. Wenzel & Louis Didier; 1856 - 57; edited by Franz Grimm, Sept. 1875 - Mar. 11, 1858, & published by J. Pinzel & Franz Grimm.
Belleville, IL

Volksblatt und Beobachter : 1883? - 1909?
Weekly, 1883 - 1902; daily, evening except Sunday, 1903?; weekly, 1904 - 09. Democratic 1886 - 94; Independent, 1895 - 1909. Circulation: 1890, 850; 1900, 750; 1903, 750, 1909, 600. Absorbed Illinois Beobachter. Title varies: Das Volksblatt, 1883 - 85, 1897 - 1909. For weekly edition, see Das Volksblatt. Edited & published by William Ackermann, 1883 - 96, 1898 - 1909; by F. A. Hoebel, 1897.
Streator, IL

Volksblatt. – Bergisches Volksblatt. –
Solingen. 1.VII.1849 – 30.VI.1868.
Fortges. u.d.T.: Solinger Zeitung.

Volksblatt für Bodensee-, Rhein- und Thurgegend
v. Der Gränzbote.

—— **braunschweigisches.** Hrsgbr.: Gust. Stutzer. 11. Jahrg. 1877. 52 Nrn. (à 1/2 Bog.) gr. 8. Neu-Erkerode, Buchh. der Idioten-Anstalt. *
Erschien früher u. d. T.: Christliches Volks-Blatt.

—— dass. — 12. und 13. Jahrg. 1878 und 1879. à Jahrg. 52 Nrn. (à 1/2—1 Bog.) Lex.-8. Braunschweig, Buchh. der Idioten-Anstalt. à Jahrg. *

Volksblatt, braunschweigisches. Hrsgbr.: Gust. Stutzer. 14. Jahrg. 1880. 52 Nrn. (à Nr. 1/2—1 Bog. mit eingedr. Holzschn.) gr. 4. Braunschweig, Buchh. für evangel. Theologie. * 3 —

—— dass. — Hrsgbr.: K. Palmer. 15. und 16. Jahrg. 1881 und 1882. à Jahrg. 52 Nrn. (à Nr. 1/2—1 Bog. mit eingedr. Holzschn.) gr. 4. Braunschweig, Grüneberg's Buchh. à Jahrg. * 3 —

—— dass. — Für den Feierabend. Hrsgbr.: K. Palmer. 17. und 18. Jahrg. 1883 und 1884. à Jahrg. 52 Nrn. (à Nr. 1/2—1 Bog. mit eingedr. Holzschn.) gr. 4. Braunschweig, Wollermann. à Jahrg. * 3 —

—— **braunschweigisches.** Hrsgbr.: K. Palmer. 19.—22. Jahrg. 1885—1888. à Jahrg. 52 Nrn. (à Nr. 1/2—1 Bog.) gr. 4. Braunschweig, [Wollermann.] Grüneberg's Buchh. à Jahrg. *

—— **braunschweigisches.** Hrsgbr.: K. Palmer. Redact.: J. Kühne. 23. u. 24. Jahrg. 1889 u. 1890. à Jahrg. 52 Nrn. (à Nr. 1/2—1 Bog.) gr. 4. Braunschw., Grüneberg. à Jahrg. * 3 —

—— dass. — 25. u. 26. Jahrg. 1891 u. 1892. à Jahrg. 52 Nrn. (à Nr. 1/2—1 Bog.) Nebst: Braunschweiger Arbeiter-Freund. Wochenblatt f. Stadt u. Land. 1. u. 2. Jahrg. à Jahrg. 52 Nrn. (Bog. m. Bildern.) gr. 4. Ebd. à Jahrg. * 3 —

— braunschweigisches. Hrsg.: K. Palmer u. J. Kühne. 25.—27. Jahrg. 1891—1893. à 52 Nrn. (Bog.) Nebst: Ländlicher Arbeiter-Freund. Wochenblatt f. Stadt u. Land. 2.—4. Jahrg. à 52 Nrn. (Bog. m. Bildern.) gr. 4. Braunschweig, Grüneberg. à Jahrg. n. 3. —

— dasselbe. Hrsg.: K. Palmer. 28. Jahrg. 1894. 52 Nrn. (Bog.) Nebst: Ländlicher Arbeiter-Freund. 5. Jahrg. 52 Nrn. (Bog. m. Bildern.) gr. 4. Ebd. n. 3. —

— **braunschweigisches.** Hrsg.: K. Palmer. 29.—31. Jahrg. 1895—1897. à 52 Nrn. (Bog.) Nebst: Ländl. Arbeiter-Freund. Wochenblatt f. Stadt u. Land. 5.—7. Jahrg. à 52 Nrn. (Bog. m. Abb.) gr. 4. Braunschweig, Grüneberg. à Jahrg. n. 3. —

— dasselbe. Hrsg.: R. Knopf. 32. Jahrg. 1898. 52 Nrn. (Bog.) Nebst: Braunschweiger Arbeiter-Freund. Wochenblatt f. Stadt u. Land. 8. Jahrg. 52 Nrn. (Bog. m. Abb.) gr. 4. Ebd. n. 4. —

— **braunschweigisches. Hrsg.: R. Knopf. 33.—36. Jahrg. 1899—1902. à 52 Nrn. gr. 4. (à ca. 8 S.) Nebst: Braunschweiger Arbeiter-Freund. Wochenblatt f. Stadt u. Land. Red.: H. Pankow. 9.—12. Jahrg. à 52 Nrn. gr. 4. (à ca. 8 S. m. Abbildgn.) Braunschweig, Grüneberg. à Jahrg. n. 4. —**

Volksblatt, braunschweigisches. Hrsg.: R. Knopf. 37.—40. Jahrg. 1903—1906. à 52 Nrn. 4. Nebst: Braunschweiger Arbeiter-Freund. Wochenblatt f. Stadt u. Land. Red.: H. Pankow. 13.—16. Jahrg. à 52 Nrn. (IV, 442; IV, 430; IV, 450 u. IV, 442 S. m. Abbildgn.) gr. 4. Braunschweig, Grüneberg. à Jhrg. n. 4. —

Volksblatt, braunschweigisches. Hrsg.: R. Knopf. 41.—44. Jahrg. 1907—1910. à 52 Nrn. (428, 426, 424 u. 426 S. m. Abb.) Nebst: Illustrierter Familien-Freund. Für Haus u. Werkstatt. Red.: H. Pankow. (52 Nrn.) (à 8 S.) Lex. 8. Braunschweig, Grüneberg. à Jahrg. 4.—

Volks-Blatt. – B r e m e r Volks-Blatt. –
1.I.1875 – 5.IV.1875.
Fortges. u.d.T.: Volks-Blatt.

Bremgartner Volksblatt
⑤ 1. 5. 1895—1908 (?) ⑦ wöchentlich 2× ⑧ Bremgarten (Ag): Siegfried Stöckli ⑩ der Drucker ⑪ der Drucker.

Bündner Volksblatt (I)
v. Bündnerisches **Volksblatt** (III).

Volksblatt: Bündnerisches Volksblatt (I)
⑤ ?—1833 ⑬ BGSZ: 1023 ⑮ Wahrscheinlich identisch mit dem Bündnerischen Volksblatt zur Belehrung und Unterhaltung (I).

Volksblatt: Bündnerisches Volksblatt (II)
⑤ 1. 7. 1845—Ende 1845 ⑧ Chur: Buchdruckerei Benedikt ⑬ BGSZ: 1023 ⑮ Wahrscheinlich identisch mit dem «Bündnerischen Volksblatt für Landbau und Gewerbe».

Volksblatt: Bündnerisches Volksblatt (III)
② Bündner Volksblatt (I) ④ Davoser Zeitung und Bündner Volksblatt ⑤ 1877—1889 ⑥ 2° ⑦ Wochenblatt (1877—1881); wöchentlich 3× (1882); wöchentlich 2× (1883—1889) ⑧ Chur: Chr. Senti (1877—1878), Gebr. Casanova (1879—1881), J. Casanova (1882—1889) ⑩ Fritz Manatschal (1877—1882), G. Fient (1882—1889) ⑪ G. Fient ⑬ BGSZ: 214 ⑭ Ch: K.

Volksblatt: Bündnerisches Volksblatt zur Belehrung und Unterhaltung (I)
⑤ 5. 1. 1829—23. 12. 1832 ⑥ 8° ⑦ alle 14 Tage ⑧ Chur: A. T. Otto (bis 14. 9. 1829), Otto'sche Buchdruckerei (28. 9. 1829—21. 12. 1829), A. T. Otto's sel. Witwe (1830—1831), Otto's sel. Erben auf der Rebleutenzunft (1831—1832) ⑩ wahrscheinlich die Drucker ⑫ literarisch ⑭ Lu: Z (1829/31); Be: L (1829/32) ⑮ Wahrscheinlich bezieht sich die von Pieth (BGSZ: 1023, p. 24) mitgeteilte Notiz aus der «Churer Zeitung» auf dieses Blatt.

Volksblatt: Bündnerisches Volksblatt zur Belehrung und Unterhaltung (II)
v. Bündnerisches **Volksblatt** für Landbau und Gewerbe.

Volksblatt: Bündnerisches Volksblatt für Landbau und Gewerbe
② Bündnerisches Volksblatt zur Belehrung und Unterhaltung (II) (6. 1. 1846—6. 12. 1846—?) ⑤ Mai (?) 1845 (Nr. 1 undatiert, Nr. 2 vom 8. 7. 1845)—1846—? ⑥ 8° (1845); 4° (1846) ⑦ monatlich 2× (1845); Wochenblatt (1846) ⑧ Chur: S. Benedict (1845), Friedrich Wassali (1846) ⑫ Landwirtschaftlicher Verein ⑭ Be: L.

Das Christliche Volks-Blatt: Jahrgang 1–10, July 30, 1856–Dec. 1866.
Fortnightly. Also as "ganze Nummer" 1–246. Sub-title: Für Religion, geistige Erzählungen, Aufrechthaltung guter Sitten, Geschichtliches und allgemeinen bürgerlichen Nutzen.
Organ of Die Allgemeine Conferenz der Mennoniten von Nord-Amerika. Continued from DER RELIGIÖSE BOTSCHAFTER. Continued by DER MENNONITISCHE FRIEDENSBOTE.
Edited by Publikations-Comittee [John B. Schelly, Jacob G. Stauffer & J. H. Oberholzer], 1856?–1866. Published by Der Mennonitische Druck-Verein, 1856–66.
Milford Square, PA

Volks-Blatt, das christliche. Für Religion, Aufrechthaltung guter Sitten, geistige Erziehung, Landwirthschaft und allgemeinen bürgerl. Nutzen. Hrsg. von dem Mennoniten Druck-Verein. 1. Jahrg. Aug. 1856 bis Juli 1857. 26 Nrn. (Bog.) Imp.-Fol. Milford Squär. (Philadelphia, Schäfer und Koradi.) Thlr. *

—— dass. — Für Religion, geistige Erziehung, Aufrechthaltung guter Sitten, Geschichtliches und allgemeinen bürgerl. Nutzen. Hrsg. von dem Mennoniten Druck-Verein. 2. und 3. Jahrg. Aug. 1857 bis Juli 1859. à Jahrg. 26 Nrn. (Bog.) Imp.-Fol. Ebendas. à Jahrg. *

Volks-Blatt, das christliche. Für Religion, geistige Erziehung, Aufrechthaltung guter Sitten, Geschichtliches und allgemeinen bürgerlichen Nutzen. Hrsg. von dem Mennoniten Druck-Verein. 4.—7. Jahrg. Aug. 1859 bis Juli 1863. à Jahrg. 26 Nrn. (Bog.) Imp.-Fol. Milford Squär. (Philadelphia, Schäfer und Koradi.) à Jahrg. *

— **christliches.** I. I—XII. u. II. Jahrg. I—III. (Schluß.) gr. 8. Königsberg 844—46, Theile. à 3 n*gl*

—— **christliches.** Zur Erbauung und Belehrung. Hrsg. von G. Stutzer. 1. Jahrg. 1867. 24 Nrn. (Bog.) gr. 8. Braunschweig, Bruhn. *

Volksblatt, christliches. Zur Erbauung und Belehrung. Hrsgbr.: G. Stutzer. 2. Jahrg. 1868. 24 Nrn. (Bog.) gr. 8. Braunschweig, Bruhn's Sortiment. ** 2 50

—— dass. — Redact.: Arndt und Stutzer. 3. Jahrg. 1869. 52 Nrn. (à ½ Bog.) gr. 8. Ebendas. ** 2 50

—— dass. — Unter Mitredact. von Arndt hrsg. von G. Stutzer. 4. Jahrg. 1870. 52 Nrn. (à ½ Bog.) gr. 8. Halle, (Barthel.) ** 2 50

—— dass. — Hrsg. von Gust. Stutzer. 5.—8. Jahrg. 1871—1874. à Jahrg. 52 Nrn. (Bog.) gr. 8. Ebendas.
1871 und 1872 à * 3 —
1873 und 1874 à * 4 —

—— dass. — 9. Jahrg. 1875. 52 Nrn. (à ½—1 Bog.) gr. 8. Braunschweig, (Bruhn's Sortiment.) * 3 —

—— **christliches.** Zur Erbauung und Belehrung. Redact.: Gust. Stutzer. 10. Jahrg. 1876. 52 Nrn. (à ½—1 Bog.) gr. 8. Leipzig, (Böhme und Drescher.) *
Die Fortsetzung erschien u. d. T.: Braunschweigisches Volksblatt.

CHRISTLICHES Volksblatt. Organ für die Interessen des christlichen Volkes. Wbl. Schriftl. Anton Notter, Stephan Auer, Alexander Ernst, Johann Huber. Herausgeber: Prälat Johannes Molnár. Budapest 1896(-1919): »St. Gerards«-Buchdruckerei.

Cincinnati Volksblatt. Jahrg. 1836-50.

Cincinnatier Volks-Blatt. Prämien-Ausgabe. Familien Kalender, 1896-1914. Cincinnati, 1896-1914.

Volksblatt. – D a c h a u e r Volksblatt. –
1899 – 29.III.1943.

Denver Volksblatt: 1887?–1888. Denver, CO
Daily. Published by Volksblatt Publishing Co.

—— **deutsches.** Eine Monatschrift f. das Volk u. seine Freunde. Hrsg. v. Rob. Haas. 1. u. 2. Jahrg. 1845 u. 1846. à 12 Hfte. gr. 8. (à 36 B.) Leipzig, Brockhaus. à J.

—— dass. 3. Jahrg. 1847. Hrsg. unter Verantwortlichkeit der Verlagshandlung. 12 Hfte. (36 B.) gr. 8. Ebds.
Vgl.: Centralblatt.

— **Deutsches.** Zeitschrift für Leser aller Stände! Red.: F. Leistner u. F. Littfas. 1. Jahrg. 1848. Mai—Decbr. 150 Nrn. gr. 4. (½ B.) Naumburg, Littfas. n. 1⅓ *rf*

Volksblatt. – D e u t s c h e s Volksblatt. –
Stuttgart. – 1.V.1848 – 31.X.1935.
1.VII.1953 – 31.VII.1965.

Deutsches Volksblatt: Jahrgang 1, March 10, 1871–1941?
Started bi-weekly at Sao Leopoldo. Weekly, later as supplement to A Nacao. Circulation: 10,000. After Brazil entered the war, the paper became A Gazette Popular, printed in Portuguese, and was revived at the end of the war as Neues Deutsches Volksblatt. For daily edition see: Deutsches Volksblatt: Tägliche Ausgabe. For Sunday edition see: Deutsches Volksblatt: Sonntags-Ausgabe. Sub-title: 1) Wochen-Ausgabe (in 1920 and perhaps later); 2) Für Wahrheit, Freiheit und Recht (in 1920 to at least 1959); 3) Suplemento em lengua alema do Jornal A Nacao (in 1959). Title varies: Neues Deutsches Volksblatt, July? 1960. Editors: Joseph König (in 1920); Hugo Hammes (editor of A Nacao, in 1959); Rodolfo Metzler (in 1959–1960). Publisher: Verlag, Hugo Metzler (in 1920, perhaps through 1960).
Porto Alegre

Deutsches Volksblatt: Jahrgang 1, 1871–?
Semi-weekly, since 1899 tri-weekly. After 1891 published in Porto Alegre. Editor: P. Müsch.
Sao Leopoldo

Deutsches Volksblatt: 1877–1902.
Weekly. An edition of GERMANIA. Until 1889 as DEUTSCHES VOLKSBLATT FÜR STADT UND LAND. Dated also at Buffalo, N.Y. Circulation: 1882, 7680; 1886, 10,000; 1898, *9068*; 1900, *8960*; 1905, 8180; 1910, 8000; 1914, 8000 [1898–1914 figures given under GERMANIA]. Edited & published by George Brumder, 1887–88.
Milwaukee, WI

Deutsches Volksblatt : 1878–1915?

Weekly, 1878–96; daily, evening except Sunday, 1897–?; weekly, ?–1915. Non-partisan. Probably same as DEUTSCHES VOLKSBLATT FÜR STADT UND LAND founded by G. Köppen as a weekly in 1878 and then an edition of DEUTSCHES VOLKSBLATT (Milwaukee, Wis.), 1881–1915. For weekly edition, see WÖCHENTLICHES DEUTSCHES VOLKSBLATT. Published by Volksblatt Publishing Co., 1878–80. Edited by the Rev. C. Schild & G. Berner, 1878–?; by Franz Arnold Hoffmann. Printed in Milwaukee by Germania Publ. Co.
Buffalo, NY

Deutsches Volksblatt : June 1878–1916?

Democratic weekly. Printed in Milwaukee, Wis., 1878–Oct. 1882. Title varies: EFFINGHAM VOLKSBLATT. Circulation: 1880, 650; 1890, 768; 1900, 840; 1910, 809; 1915, 900. Edited & published by Albert Gravenhorst, 1878–1904; by Albert Gravenhorst & Albert H. Gravenhorst, 1905–13; by Albert H. Gravenhorst, 1913–16.
Effingham, IL

Deutsches Volksblatt : 1904–1905?

Republican weekly. Edited and published by M. Oppenheim.
Birmingham, AL

Dt. **Volksblatt** für Galizien. Jg 1907—1918. Lemberg: „Dt. Volksblatt" 1907 bis 1918. 4°
Forts. s.: Ost-Dt. Volksblatt.

— **Deutsches**, aus Schwaben. Hrsg. von Frz. Kapff u. Ed. Süskind. 1. Jahrg. 1847. 2 Bde. à 6 Hfte. gr. 8. (1: 576 S. m. Abbild. 2: 576 S. m. 2 lith. Taf. u. 2 Karten in Fol.) Stuttgart, Becher. (à Hft. 6 ngr) 2 ℛ 12 ngr

— **deutsches**, f. Stadt u. Land. 1.—4. Jahrg. Oktbr. 1903 bis Septbr. 1907. à 52 Nrn. (624, 624, 624 u. 636 S. m. Abb.) gr. 4. Berlin, R. Hobbing. à Jhrg. n. 2. 20
Vergl.: Volksblatt, pommerisches, f. Stadt u. Land.

— **deutsches**, f. Stadt u. Land. 5.—7. Jahrg. Oktbr. 1907—Septbr. 1910. à 52 Nrn. (622, 622 u. 828 S. m. Abbildgn.) 31×22,5 cm. Berlin, R. Hobbing. à Jahrg. 2. 60

— **Deutsch-Nassauisches**. Red.: Rob. Haas. 1. Jahrg. 1848. März—Juni. 17 Nrn. gr. 4. (1/2 Bog.) Dillenburg, Pagenstecher. n. 1/3 ℛ

Volksblatt von Dielsdorf
① Obligatorisches Publikationsmittel der Bezirke Regensberg und Bülach (mit Nr. 3 v. 8. 1. 1870 fällt das Wort «Obligatorisches» weg) ④ Der Wehnthaler ⑤ 1. 1. 1870—31. 12. 1870 ⑥ 2° ⑦ wöchentlich 2× ⑧ Dielsdorf: E. Abel (1. 1. 1870—4. 6. 1870), J. Hirs (7. 6. 1870—31. 12. 1870) ⑩ der Drukker ⑪ der Drucker ⑫ fortschrittlich ⑭ Zh: Z.

Volksblatt. – Düsseldorfer Volksblatt. –
2.VII.1871 – 14.VI.1904.
Vorh. u.d.T.: Düsseldorfer Sonntagsblatt.
Fortges. u.d.T.: Düsseldorfer Tageblatt.

— **Eilenburger**. 1. Jahrg. 1848. Mai — Decbr. 66 Nrn. hoch 4. (1/2 B.) Eilenburg, Schreiber. — Schreck. 2/3 ℛ

Volksblatt. – Emder Volksblatt. –
15.V.1848 – 27.IX.(?) 1849.

Emmenthaler Volksblatt (I)
⑤ 1867 (evtl. länger) ⑥ 2° ⑦ wöchentlich 3× ⑧ Sumiswald: J. Aebi Sohn ⑩ der Drucker ⑪ Ch. Batter ⑬ 973 ⑭ Be: S.

Emmenthaler Volksblatt (II)
⑤ 1879 ⑦ Wochenblatt ⑧ Burgdorf ⑬ BGSZ: 12, 973.

Emmenthaler Volksblatt (III)
① Organ für das Amt Trachselwald ④ Echo vom Emmenthal (1901) ⑤ 1895 ⑥ vermutlich 2° ⑦ Wochenblatt ⑧ Sumiswald: Alex. Gelzer ⑩ der Drucker (?) ⑫ freisinnig ⑬ BGSZ: 973; Echo vom Emmenthal Nr. 1 v. 21. 9. 1901.

Volksblatt. – Erfurter Volksblatt. –
1893 – 1897.

—— **evangelisches**, für das Großherzogth. Baden, s. Kirchen- und Volksblatt.

Volks- und Kirchenblatt, evangelisches, s. Kirchen- und Volksblatt.

Volksblatt, evangelisches, f. Posen. Red. v. J. Schlecht. 1. Jahrg. 1876. 12 Nrn. (B.) gr. 4. Posen, Rehfeldt in Comm. n. 1. 50

Volksblatt. – Frankfurter Volksblatt. –
Frankfurt a.M. – 12.XII.1848 – 30.VI.1852.

Volksblatt. – Frankfurter Volksblatt. –
Frankfurt a.M. – 1.X.1871 – 31.III.1913.
[1.VII.1880 – 28.II.1882 Beil. der „Frankfurter Volkszeitung"]
Fortges. u.d.T.: Frankfurter Volkszeitung.

Volks-Blatt. – Fränkisches Volks-Blatt. –
Würzburg. – 1.VII.1868 – 31.III.1943.
2.IV.1952ff.

Volksblatt. – Freies Deutsches Volksblatt. –
Hildburghausen. – 31.III.1848 – 5.I.1850.

Volksblatt. – Freies Hessisches Volksblatt. –
Darmstadt. – 12.III.1848 – 22.IX.1849.

— **freies Hessisches**. 1. Jahrg. 1848. April — December. 78 Nrn. gr. 4. (1/2 B.) Darmstadt, Lange. n. 1 ℛ

— **gemeinnütziges**, herausg. von d. Märkischen ökonom. Gesellschaft zu Potsdam für d. J. 1798—1803. gr. 8. Potsd., Horvath. (Der Jahrg. v. 12 Stück. à 1 ℛ 12 gr) 9 ℛ

„Gemeinnütziges Volksblatt für Stadt- und Landwirthe", herausgegeben von der Märkischen ökonomischen Gesellschaft zu Potsdam, 4 Jahrgänge (je 12 Hefte), Potsdam 1798—1800.

GV Genossenschaftliches Volksblatt
v. Genossenschaftliches Volksblatt (I).

Volksblatt: Genossenschaftliches Volksblatt (I)
① 1. Untertitel: Offizielles Organ der Schweizer. Konsumvereine (18. 1. 1902—1911). (Besondere Untertitel für die regionalen Sonderausgaben: z. B.: Offizielles Organ des Allgemeinen Consumvereins Basel, Offizielles Organ des Allg. Konsumvereins Luzern usw.). ② GV Genossenschaftliches Volksblatt (1942—1943), Genossenschaft (25. 6. 1949 cont.) ⑤ 18. 1. 1902 (cont.) ⑥ 2° (Verkleinerung seit 1920) ⑦ alle 14 Tage (1902—1927); Wochenblatt (1912 cont.) (1912—1927 beide Ausgaben nebeneinander) ⑧ Basel: Buchdruckerei des Schweizerischen Typographenbundes (18. 1. 1902—6. 12. 1902), A. Hagmann (20. 12. 1902—2. 9. 1905), H. Müller-Bopp (16. 9. 1905 — 28. 10. 1905), R. Akermann (4. 11. 1905 — 10. 7. 1909), Buchdruckerei des Schweizerischen Typographenbundes (R. Akermann) (24. 7. 1909 — 28. 3. 1913), Genossenschaft-Buchdruckerei (4. 4. 1913—27. 6. 1919). Buchdruckerei des Verbandes Schweizerischer Konsumvereine (VSK) (4. 7. 1919 cont.)
⑨ Frauen-Seite (1927—14. 12. 1928; 2°; Wochenbeilage), Die Seite der Frau (22. 12. 1928—21. 9. 1934; 2°; Wochenbeilage). Beilage CO-OP - La Coopération - La Cooperazione (15. 1. 1930—28. 12. 1932; 4°; alle 14 Tage; dreisprachige illustrierte Beilage). CO-OP-Beilage - Genossenschaftliches Volksblatt (11. 1. 1933—23. 12. 1938; 4°; alle 14 Tage), Die CO-OP-Familie (Januar 1939—August 1939; 2°; Monatsblatt), Z'Basel an mim Rhy ... (4. 7. 1942 cont.; 2°; Wochenbeilage für die Basler Lokalausgabe). Die bessere Hälfte (19. 2. 1944—28. 5. 1949; 2°; Monatsbeilage), Allerlei für groß und klein (18. 3. 1944—28. 4. 1945; 2°; Monatsbeilage). Im Fluge durch die Welt (9. 7. 1949 cont.; 2°; Wochenbeilage; Illustrationsseite). Vor allem für die Frau (5. 11. 1949—Ende 1950; 2°; Wochenbeilage). Frau und Familie (6. 1. 1951 cont.; 2°; Wochenbeilage). Rund um den Alltag (6. 1. 1951 cont.; 2°; Wochenbeilage), Pro und Contra (6. 1. 1951 cont.; 2°; alle 2 bis 3 Wochen). Kunterbuntes Leben (13. 1. 1951 cont.; 2°; alle 2 bis 3 Wochen), dr Ueli - Jugendzeitung der Genossenschaft (27. 1. 1951 cont.; 2°; alle 14 Tage) ⑩ Verband schweizerischer Konsumvereine (VSK) ⑪ Dr. Hans Müller (1902—Ende 1907), Ulrich Meyer (1908—Ende 1934). Hermann Schlatter (1935—30. 10. 1943), Dr. Hans E. Mühlemann (6. 11. 1943—18. 6. 1949). Dr. Walter Ruf (25. 6. 1949 cont.) ⑫ Genossenschaftsbewegung ⑬ BGSZ: 60, p. 7—9; Genossenschaft 1949. Nr. 26 ⑭ Bs: WA (Verbandsausgabe und Basler Lokalausgabe); Be: L ⑮ Für Genossenschafter gratis (Lokalausgaben nur für Genossenschafter). Verbandsausgabe, an die sich die verschiedenen Lokalseiten anschließen. Im Jahre 1950 werden 130 verschiedene Lokalausgaben herausgegeben. Druck in Antiqua seit 1942. Reichhaltigere Illustration seit 1944. Reproduktionen in 4-Farbendruck seit 25. 6. 1949.

Volksblatt: Genossenschaftliches Volksblatt (II)
① Offizielles Organ des Allgemeinen Konsumvereins in Basel. - Unser Leitsatz: Die genossenschaftliche Organisation der Konsumkraft des Schweizervolkes ist seine nationale Aufgabe im 20. Jahrhundert ③ Genossenschaftliches Volksblatt (I) ④ Genossenschaftliches Volksblatt (I) ⑤ 5. 1. 1906—Ende 1911 ⑥ 4° ⑦ Wochenblatt ⑧ Basel: Emil Birkhäuser ⑩ Verband schweizerischer Konsumvereine ⑪ Dr. Hans Müller (1906—1907), Ulrich Meyer (1908—1911) ⑫ Genossenschaftsbewegung ⑬ BGSZ: 60, p. 7—9 ⑭ Bs: WA ⑮ Spezialausgabe des Genossenschaftlichen Volksblattes, wöchentlich erscheinend, mit eigenem Text, Format und Drucker.

Volks- u. Gewerbe-Blatt, hrsg. v. A. G. Schweitzer u. H. Schubarth, s. Volksblatt.

Giddings Deutsches Volksblatt: Oct. 8, 1899 – Sept. 15, 1949

Weekly. Independent, 1899–1926, Democratic, 1927–42. Circulation: 1905, 515; 1910, 500; 1920, 800; 1930, 950; 1940, 600; 1941, 475.
Edited & published by J. A. Proske, 1899–1940; edited by Theo. A. Preuser & Albert B. Mieitschun, & published by Giddings Printing Co., 1941–49. Associate editors: W. C. Vogel, 1899–1916?; Zikes Pruck; Max Liebing; Gotthilf Rapp, Oct. 18–Dec. 6, 1917. This paper included a section in Wendish which chronicled the activities of the Wendish reader.
Giddings, TX

Glarner Volksblatt
① Tagblatt des Kantons Glarus und der angrenzenden Gemeinden der Kantone St. Gallen und Schwyz von 1895–1920. Organ für Wahrheit, Recht und Vaterland, allgemeines Publikationsmittel für Glarus und die Bezirke March, Gaster, See und Sargans. 1921 Publikationsorgan der konservativen und christlichsozialen Partei des Kantons Glarus ⑤ 15. 12. 1895 (cont.) ⑥ 2° ⑦ wöchentlich 3×, wöchentlich 6× (seit 27. 6. 1925) ⑧ Näfels. Engelbert Kung und Johannes Müller, beide von Oberurnen. Glarner Volksblatt AG (seit 1898, Zürich: Neue Zürcher Nachrichten ⑨ Amtsblatt des Kantons Glarus (seit 1921) ⑩ Engelbert Kung und Johannes Müller. Preßverein Glarner Volksblatt (seit 1895) ⑪ Josef Bauhofer von Glarus, Advokat (1895), Fridolin Hauser, Staatsanwalt von Näfels (1898), Redaktionskommission (Oktober 1898–1925), Dr. jur. Louis Berta (1925), Dr. phil. et jur. F. E. Müller von Näfels (1926–1929), Walter Keßler (1931–1935), Dr. jur. Georg Gahwiler (1935 cont.) ⑫ katholisch-konservativ, christlichsozial ⑬ BGSZ 997; Glarner Volksblatt 1945 Nr. 226 ⑭ Gl. L. (Je 1895–1934) ⑮ Seit 1935 Kopfblatt der Neuen Zürcher Nachrichten mit besonderem kantonalen Teil für Text und Inserate.

Volksblatt. – Gothaisches Volksblatt.
1.I.1891 30.IV.1894.
Fortges. u.d.T.: Volksblatt.

Volksblatt. – Gothaisches Volksblatt.
1.VII.1896 1.X.1898.
Vorh. u. fortges. u.d.T.: Volksblatt.

Grenchener Volksblatt
① Einziges offizielles Publikationsorgan von Grenchen und Umgebung und Allgemeiner Anzeiger für den Leberberg [illegible] Untertitel: Offizielles Publikationsorgan für Grenchen und die benachbarten Gemeinden (ab 17. 11. 1913, mit kleiner Änderung) ② Grenchener Tagblatt (ab 17. 11. 1913), Grenchner Tagblatt (ab 2. 1. 1934) ⑤ 15. 12. 1889 (cont.) ⑥ 2° ⑦ wöchentlich 2× (1899 – März 1893), wöchentlich 3× (März 1893 [illegible] 1912), wöchentlich 6× (ab 1. 7. 1912) ⑧ Grenchen: Arnold Niederhauser [illegible] A. Niederhauser AG ⑨ Illustriertes Schweizerheim [illegible] Schweizerland (ab 25. 12. 1937). Beilage zum Grenchener Tagblatt (ab [illegible]) ⑩ Arnold Niederhäuser, A. Niederhauser AG ⑪ [illegible] Theodor Geiser (ab 12. 1. 1896), Emil Fenz [illegible] 1913), Anton Hambach (ab 29. 12. 1921), Paul Lerch (ab 19. 12. 1925), Willi Marti (ab 26. 12. 1935), J. Trachsler ⑫ Organ der demokratischen Arbeiterpartei im Leberberg (bis 17. 11. 1913); Anzeigeblatt und freisinniges Organ (als Nachrichtenblatt ab 17. 11. 1913) ⑬ BGSZ [illegible] Streit, W.: [illegible] Grenchen (Solothurn 1949), p. 34 ⑭ So. Z. St. Bc. L. ⑮ Ab 1951 Antiquadruck.

Volksblatt. – Hamburg-Altonaer Volksblatt.
19.IX.1875 9.XI.1878.
Fortges. u.d.T.: Gerichtszeitung.

Volksblatt, hannoversches, vaterländ. Mittheilungen z. Unterhalt. u. Belehr. f. Leser aller Stände. Hrsgeb. u. Redact.: Schröder. 1–3. Jahrg. 1840–42. à 208 Nrn. (¼ Bog.) Mit artist. Beiln. gr. Lex.-8. Hannover, Helwing'sche Hofbuchh. à J. *

—— hannoversches. Vaterländ. Mittheilungen zur Unterhaltung u. Belehrung f. Leser aller Stände. Hrsgbr. u. Redact.: Schröder. 4–6. Jahrg. 1843–45. à 208 Nrn. (¼ Bog.) Mit artist. Beilagen. gr. Lex.-8. Hannover, Helwingsche Hofbuchh. [4. u. 5. J. à 2 Thlr. 20 Ngr., 6. * 3 Thlr.] *
1–3. Jahrg. 1840–42. Ebendas. à J. * 2 Thlr. 20 Ngr.

—— hannoversches. Redact.: E. Voges. Neue Folge. 1. Jahrg. Octbr. 1879–Septbr. 1880. 52 Nrn. (à 2 Bog.) Fol. Hannover, (Cruse's Buchh.) **

—— hannoversches, für Leser aller Stände. Hrsg. und redig. von W. Schröder. 7–12. Jahrg. 1846–51. à Jahrg. 52 Nrn. (Bog. zum Theil mit Holzschn.) Imp.-4. Hannover, (Helwingsche Hofbuchh. [6–9. Jahrg. à * 2 Thlr., 10–12. Jahrg. à * 3 Thlr.] *

Volksblatt, Das helvetische.

O. O. 1798—99. H: *Schweizer, Jac.* (Tübz I, 18)

Volksblatt: Das helvetische Volksblatt
④ Helvetische Zeitung ⑤ 8. 9. 1798 – 28. 2. 1799 (19 Nummern) ⑥ 8° ⑧ Zürich: Heinrich Gessner, Luzern: Nationalbuchdruckerei Gruner & Gessner ⑨ mit Unterstützung der Helvetischen Behörden ⑩ Johann Heinrich Pestalozzi ⑫ unitarisch ⑬ BGSZ 157, 436 ⑭ Lu. Z. ⑮ Alle Nummern erschienen ohne Datum. Am 25. 11. 1798 beschloß die Regierung auch eine französische und italienische Ausgabe. Am 27. 12. 1798 wurde eine Kommission zur Popularisierung der Zeitung eingesetzt. Am 27. 2. 1799 wurde die Unterdrückung der Zeitung [illegible] und am 28. 2. 1799 vom Senat genehmigt. Erster vorgesehener Titel: Helvetisches Volksblatt. In Nr. 257 der »Neuen Zürcher Zeitung« 1852 Mitarbeiterverzeichnis.

Hermanner Volksblatt: Oct. 20, 1854 – Apr. 18, 1928

Republican weekly, and consistently Republican after 1866. Title varies: HERMANNER VOLKSBLATT UND GASCONADE ZEITUNG, 1874. Absorbed GASCONADE ZEITUNG.
Circulation: 1856, 200; 1858, 400; 1870, 500; 1880, 785; 1890, 1000; 1900, 1137; 1910, 1260; 1920, 1000; 1925, 700.
Edited & published by Jacob Graf (with Ernst Kaempf as editor, Mar. 19 – Oct. 13, 1860), Oct. 20, 1854–1870; edited by Rudolph Hazel, 1870–73, published by Mrs. Jacob Graf (Christine Graf), 1873–1882; edited & published by Carl Eberhardt & Hermann Lindemann, 1873; edited by Joseph Leonne, 1873–81; by Gen. Goebel, 1881–82; edited & published by Gebrüder Graf (Theodor & Julius, sons of Jacob Graf), 1882–1905; edited by Theodor Graf, 1905–27; by Leander G. Graf, 1927. Published by Graf Printing Co., 1887–28 (Julius & Theodor, 1905–11, Mrs. Julius Graf [Charlotte Graf] & son Alfred, & Theodor Graf & his son Leander G. Graf, Jan. 1915–1928).
Hermann, MO

Volksblatt. – Hildesheimer Volksblatt.
1.I.1895 15.XII.1897.
Vorh. u.d.T.: General-Anzeiger.

Volksblatt des Bezirkes Höfe
① heute: Amtliches Publikationsmittel des Bezirkes Höfe, der Gemeinden Wollerau, Freienbach und Feusisberg, sowie Anzeigeblatt für den Kanton Schwyz und die angrenzenden Bezirke ② Höfner Volksblatt (1911) ③ Wochenblatt für den Bezirk Höfe ⑤ 21. 12. 1891 (cont.) ⑥ 2° ⑦ wöchentlich 2× ⑧ Wollerau: M. Keßler (1891), M. Theiler-Helbling (1895), Bernhard Theiler & Co. (1952) ⑨ Monatsbeilage ⑩ die Drucker ⑪ die Drucker ⑫ katholisch-konservativ ⑬ BGSZ 1055; Höfner Volksblatt 194[illegible] Nr. 125 ⑭ Sz. E. A.

Volksblatt. – Hofer Volksblatt.
22.VI.1893 30.XI.1893.
Fortges. u.d.T.: Oberfränkische Volkszeitung.

Höfner Volksblatt
v. Volksblatt des Bezirks Höfe

Volksblatt vom Hörnli
① Obligatorisches Publikationsmittel für die Gemeinden Aadorf [illegible] (ca. 22 Gemeindenamen) [illegible] und Allgemeiner Anzeiger für den Hinterthurgau. Letzter Untertitel: Hinterthurgauer Zeitung ③ Wochenblatt für den Hinterthurgau ⑤ 1. 7. 1863 (cont.) ⑥ 4°, dann 2° (1879) ⑦ wöchentlich 2×, wöchentlich 3× (ab 1. 7. 1926), wöchentlich 2× (ab 1. 1. 1933) ⑧ Eschlikon: J. J. Wehrli-Peter (bis 12. 11. 1875 und Dezember 1877–1921), J. Möckli (1875–1877), J. Wehrli-Bosch (1922–25. 9. 1923), O. Zimmermann (ab 1. 1. 1925), Rich. Frei & Co. (1932), Frei Wehrli & Truh (ab 1. 1. 1933); Sirnach: Frei, Wehrli & Truh (seit September 1935) ⑨ Das Schweizerhaus. Hinterthurgauer Heimatblätter (monatlich 1935–1952; seither unregelmäßig) ⑩ die Drucker ⑬ BGSZ 1194. Volksblatt vom Hörnli 1914, Nr. 2; Hagen: Buchdruck und Zeitungswesen im Thurgau ⑭ Ff. K. Bc. L. (7. 7. 1897, 1915–1918, 1954 cont.).

Hygienisches Volksblatt ([1.] 2, No 2. 3. 5: Blätter z. Bekämpfung d. Kurpfuscherthums). Organ z. Bekämpfung d. Kurpfuscherthums ... mit besond. Abtheilung f. Tuberkulose u. Gewerbekrankheiten. Red.: Dr. O. Echtermeyer u. Dr. Georg Flatau (2, 18ff.: Dr. Georg Flatau [&] Dr. Th[eodor] Sommerfeld). Jg. 1–5. Berlin: C. Ringer & Sohn (2, 18ff.: Berlin-Südende & Leipzig: Vogel & Kreienbrink) 1900–04. 5 Bde 4° (03. 8343

Volksblatt, hygienisches. Organ zur Bekämpfg. des Kurpfuscherthums. Unter Mitwirkg. v. Becher, Eulenburg, Fischer u. A. Mit besond. Abteilg. f. Tuberkulose u. Gewerbekrankheiten. Unter Mitwirkg. v. W. Becher, Friedeberg, Wilh. Friedrich u. A. red. v. Th. Sommerfeld. 2. u. 3. Jahrg. 1901 u. 1902. à 24 Nrn. gr. 4. (à ca. 8 S.) Berlin, Vogel & Kreienbrink. à Jahrg. n. 4. —

— hygienisches. Organ zur Bekämpfg. des Kurpfuschertums. Unter Mitwirkg. v. Carl Alexander, Aufrecht, W. Becher u. a. red. v. Geo. Flatau. Mit besond. Abteilg. f. Tuberkulose u. Gewerbekrankheiten, red. v. Th. Sommerfeld u. f. Geschlechtskrankheiten, red. v. R. Ledermann. 4. Jahrg. 1903. 24 Nrn. (IV, 276 S.) gr. 4. Berlin, Vogel & Kreienbrink. n. 4. —

— dasselbe. Offizielles Organ der deutschen Gesellschaft zur Bekämpfg. des Kurpfuschertums. Unter Mitwirkg. von Carl Alexander, Aufrecht, Becher u. a. red. von Geo. Flatau. Besondere Abteilg. f. Tuberkulose u. Gewerbekrankheiten, red. v. Th. Sommerfeld. 5. Jahrg. Jan. bis Juni 1904. 12 Nrn. (à ca. 12 S.) gr. 4. Ebd. n. 2. —
Erscheint nicht mehr.

Volksblatt. – Jenaer Volksblatt.
15.IV.1890 31.V.1941.

— illustrirtes, s.a. Zeitschrift, neue illustrirte.

— illustrirtes. (1. Jahrg.) 1845. 52 Numm. (Bog.) Mit circa 300 Holzschn. u. Beilagen. gr. 4. Stuttgart 845, Dittmarsch. n. 2 2/3 ℳ

— dass. 2. Jahrg., s. Zeitschrift, illustrirte.

— politischen, unterhaltenden u gemeinnützigen Inhalts. Hrsg.: C. H. Beck. 1. Jahrg. 1848. Juli—Dec. 26 Nrn. 4. (1/2 B.) Nördlingen, Beck. n. 8 ngr

—— unterhaltenden und gemeinnützigen Inhaltes. Hrsgbr.: C. H. Beck. Jahrg. 1852—54. à Jahrg. 26 Nrn. (1/2 Bog.) 4. Nördlingen, Beck. à Jahrg. *

Volksblatt, jüdisches. Zur Belehrung und Unterhaltung auf jüd. Gebiete. Hrsg. von Ludw. Philippson. Redakt.: G. Wienhold. 1—3. Jahrg. October 1853 — Septbr. 1856. à Jahrg. 52 Nrn. (1/2 Bog.) gr. 4. Leipzig, Baumgärtners Buchh. à Jahrg. Thlr.

—— jüdisches. Zur Belehrung und Unterhaltung auf jüd. Gebiete. Hrsg. von Ludw. Philippson. Redig. von E. Näbe. 4—8. Jahrg. 1857—61. à Jahrg. 52 Nrn. (1/2 Bog.) gr. 4. Leipzig, Baumgärtner's Verlagsbuchh. à Jahrg.

—— jüdisches. Zur Belehrung und Unterhaltung auf jüdischem Gebiete. Hrsg. von Ludw. Philippson. 9.—13. Jahrg. 1862—66. à Jahrg. 52 Nrn. (1/2 Bog.) gr. 4. Leipzig, Baumgärtner's Buchh. à Jahrg.

Der 9. Jahrg. wurde von E. Näbe, der 10. von J. H. Lüder, der 11. und 12. von G. Fritzsche und der 13. von H. Lotze redigirt.

Judisches Volksblatt : 18?? – 18?? Philadelphia, PA

Weekly.

— jüdisches. Unabhäng. Organ f. d. Interessen d. Gemeinde, Schule u. Haus. Hrsg. v. Louis Neustadt. 1. Jahrg. April—Dezbr. 1896. 19 Nrn. gr. 4. (146 S.) Breslau (Sonnen-Str. 17), Expedition. n. 3. 75

— dasselbe 2. u. 3. Jahrg. 1897 u. 1898. à 52 Nrn. (à ca. 1 Bog.) gr. 4. Ebd. à Jahrg. n. 5. —

— jüdisches. Unabhängiges Organ f. die Interessen d. Gemeinde, Schule u. Haus. Hrsg. v. Louis Neustadt 5.—8. Jahrg. 1899—1902. à 52 Nrn. gr. 4. (à ca 10 S.) Breslau (I, Schweidnitzerstr. 31), Expedition. à Jahrg. n.n. 5. —

— jüdisches. Unabhängiges Organ f. die Interessen von Gemeinde, Schule u. Haus. Hrsg. von Louis Neustadt. 9.—12. Jahrg. 1903—1906. à 52 Nrn. (506, 510, 532 u. 566 S.) gr. 4. Breslau (III, Neue Graupenstr. 2), Expedition. à Jhrg. n.n. 5. —

Volksblatt vom Jura

① Anzeiger für Olten und Umgebung. Anzeiger für den Kanton Solothurn und benachbarte Kantone [illegible] ③ Oltner Tagblatt ⑤ Probe-Nr. [illegible] ⑥ Ende 1951 ⑥ 2° ⑦ wöchentlich 3× ⑧ Olten Buchdruckerei des Volksblattes vom Jura zur Krone. Eigentümer war der Verleger Peter Dietschi. ⑩ Unterhaltungsblätter: Schweizerhaus [illegible]; Die drei Tannen ⑪ Peter Dietschi, Professor und Politiker, auch Gründer des Blattes ⑫ Peter Dietschi ⑬ freisinnig, ursprünglich Organ der Grünen Partei ⑭ BOSZ 1565. WyB. Politische Presse Solothurn (1955) ⑮ St. Z. St. O. S. B. L. (1871—1921).

Canadisches Volksblatt : 1864 – 1909

Conservative weekly. Circulation: 1881, 1,000; 1892, 1,276. Absorbed Neu Hamburger Neutrale. Editor: Georg Ritz, Sr.; Otto Pregger; Jacob Ritz; Daniel Ritz. Publishers: Jacob Ritz & Co.; Pregger & Ritz; Ritz & Ramer; Hamburg Printing Co.

New Hamburg, Ont.

Volksblatt, Kärntner. Klgft., St. Hermagora-Druck., 1884—92. Folio. 9 Jgg.

katholisches, s.a. Kirchenblatt, Katholisches.

Katholisches Volksblatt : 1878 – 1899

Roman Catholic, bi-weekly, 1878; weekly, 1879 – 99. Title varies: 1) New Yorker Katholisches Volksblatt; Katholisches Volksblatt und Vereinsbote, 1878. Circulation: 1880, 20,381; 1890, 44,250; 1899, 43,000. Edited & published by the Rev. A. Schwenninger, 1878; edited by the Rev. A. Schwenninger, & published by Herman Ridder, 1879 – 81; edited & published by Herman Ridder, 1882 – 86; edited by Victor Dworzak, & published by Herman Ridder, 1887 – 96; published by Catholic News Publishing Co., 1897 – 99.

New York, NY

Katholisches Volksblatt : 1884 – 1885 Albany, NY

Roman Catholic weekly.

—— für die reformirte Kirche d. Schweiz, s.a. Kirchenblatt f. die reformirte Schweiz.

-- für die reformirte Kirche der Schweiz. 1873—1886. 4.

—— für die reformirte Kirche der Schweiz. Redact.: G. Joß und Heinr. Tanner. 7.—10. Jahrg. 1875—1878. à Jahrg. 52 Nrn. (à 1/2 Bog.) gr. 4. Bern, (Huber und Comp.) à Jahrg. *

—— dass. — Redact.: Heinr. Tanner und G. Joß. 11. Jahrg. 1879. 52 Nrn. (à 1/2 Bog.) gr. 4. (Ebendas.) *

—— für die reformirte Kirche der Schweiz. Redact.: Heinr. Tanner und R. Rüetschi. 12.—14. Jahrg. 1880—1882. à Jahrg. 52 Nrn. (à Nr. 1/2 Bog.) gr. 4. Bern, (Huber und Comp.) à Jahrg. * 4 —

—— für die reformirte Kirche der Schweiz. Redact.: R. Rüetschi, H. Tanner und E. Müller. 15.—17. Jahrg. 1883—1885. à Jahrg. 52 Nrn. (à Nr. 1/2 Bog.) gr. 4. Bern, (Huber und Comp.) à Jahrg. *

Fortsetzung, s. Kirchenblatt für die reformirte Schweiz.

—— kirchliches. Redig. von J. M. Nürnberger. (1.) Jahrg. Octbr. 1850 — Septbr. 1851. 52 Nrn. (1/2 Bog.) 4. Ronneburg, Hofmeister. *

Konsumgenossenschaftliches Volksblatt u. genossenschaftliche Mitteilungen d. Konsum-, Bau- u. Sparvereins „Produktion". Jahrg. 8—17. Hamb. 1908—17. 4°.

[8, 13, 16—17 defekt. — 16—17 sammensat delvis af Numre af Jahrg. 9—10 af Konsumgenossenschaftliches Volksblatt … deutscher Konsumvereine, se ovenfor]

Konsumgenossenschaftliches Volksblatt d. Zentralverbandes deutscher Konsumvereine. 1—8. Hamb. 1908—15. 4°.

[3—5 og 8 defekt — 9—10 se nedenfor: Konsumgenossenschaftliches Volksblatt u. genossenschaftliche Mitteilungen …]

Küßnachter Volksblatt

v. Freier Schweizer.

Volksblatt: Landwirthschaftliches Volksblatt

① Wochenschrift für Land- und Gartenbau, Viehzucht und Milchwirthschaft ③ Beiträge zur Verbreitung nützlicher Kenntnisse aus dem Gebiete der Haus-, Forst- und Landwirthschaft (als erster Jahrgang gezählt, nicht in die Bibliographie aufgenommen) ④ Bernische Blätter für Landwirthschaft (Fusion) ⑤ 1861—1863, 4. 1. 1874—27. 12. 1884 ⑥ 4° ⑦ alle 14 Tage (1861—1863); Wochenblatt (1874—1884) ⑧ Solothurn: F. A. Weimar (1861—1863), Zepfel (1874—1884) ⑨ Solothurn landwirthschaftlicher Verein ⑩ Fritz Rödiger (1861—1863); Rev. E. Bonaventura Baumgartner (1874—1.5.1884) ⑫ Bauerninteressen ⑬ Br. L. (1874—1884).

Liechtensteiner Volksblatt

① Obligatorisches Organ für alle Publikationen. Organ für amtliche Kundmachungen (1898). Amtliches Publikationsorgan des Fürstentums Liechtenstein (21. Mai 1949—?) ⑤ 1878 (cont.) ⑥ zuerst 4°, dann 2° ⑦ Wochenblatt, wöchentlich 2× (1919); wöchentlich 3× (ab Nr. 49. 1927) ⑧ Buchs (SG): J. Kuhn, J. Kuhn's Erben; Au (SG): Buchdruckerei Au ⑨ Schloß Vaduz. Sprechsaal für Belehrung und Unterhaltung (1879—1881); Die Biene (3 Nummern, 1882). Sonntagsblatt (1899—1914?, Druck Karlsruhe). Für Familie, Haus und Hof (1926), später Für Familie und Hof. Am Feierabend (später Feierabend) ⑩ Johann Franz Fetz, Hofkaplan (1878—1883), Theodor Rheinberger, Meinrad Ospelt; heute: Presseverein Liechtensteiner Volksblatt, Vaduz ⑪ zuerst die Herausgeber, dann Dr. Eugen Nipp (1918—1921), Alfons Kranz, Ruggell (1922, Nrn 1—43), Bernhard Risch (1922, Nrn 44—1927, Nr. 11), Dr. L. Marxer, Vaduz (1927, Nr 12—1928, Nr 94), Alfons Kranz (1928, Nr 95—1939, Nr 51), Bernhard Risch (1939, Nr 52—1945), Walter Ospelt (1946 ff.) ⑫ monarchistisch-konservativ ⑬ Bohatta: Liechtensteinische Bibliographie ⑭ Z.: B. Matt.

Volksblatt. — Lippisches Volksblatt. Detmold. 28.IX.1848 — 24.VI.1852. 21.I.1876 — 30.IX.1902.

— für Litteratur u. Kunst. Schriftleitung: Dietr. v. Oertzen. 1. Jahrg. April—Dezbr. 1899. 39 Nrn. gr. 4. (à ca. 8 S. m. Abbildgn.) Hilchenbach (L. Wiegand) n. 3. —

Louisville Volksbl Der Helvetia-Verein u d Einwandg. Eine Erklärung des Helvetia-Vereins. Louisville, 1881.

Lutherisches Volksblatt. Jahrgang 1, 1871-
Fortnightly. Half-folio, issues vary from 4 to 8 pages, paged continuously. Sub-title: Herausgegeben von den Pastoren der Missouri-Synode in Canada. Redigirt von einem Committee. Lutheran. Circulation: 1883, 950; 1892, 1,100. Editor and publishers: the Rev. Andres, Andres & Frosch, the Rev. W. Hembach (with Voosberg). Published in 1884 by Welland Printing & Publishing Co., Ltd. Place of publication varies: Humberstone, Ontario; Berlin, Ontario; Elmira, Ontario; Sebringville, Ontario, in 1892.
Kitchener, Ont.

—— lutherisches. Hrsg. von Pastoren der Missouri-Synode von Canada. Redig. von einem Committee. 5.—9. Jahrg. 1875—1879. à Jahrg. 24 Nrn. (Bog.) Imp.-4. Elmira, Ontario. (Dresden, H. J. Naumann.) à Jahrg. *

Volks-Blatt, lützener. Redig. von C. F. Schumann. 1. Jahrg. 1848. 21. April — Decbr. 33 Nrn. (½ Bog.) gr. 4. Lützen. (Leipzig, Joachim's Separat-Conto.) Thlr. -

Luzerner Volksblatt (I)
⑤ 16. 9. 1844 (Probeblatt)—6. 12. 1844 ⑥ 4° ⑦ wöchentlich 2× ⑧ Luzern: Xaver Meyer ⑪ Franz Fellmann ⑫ freisinnig ⑬ BGSZ: 1028, 1032; Wochen-Zeitung (Zürich) 1844, Nr. 41 ⑭ Lu: Z ⑮ Am 8. 12. 1844 wurden die Pressen der Buchdruckerei Meyer versiegelt und erst wieder freigegeben, als der Drucker versprach, das «Luzerner Volksblatt» nicht mehr herauszugeben.

Luzerner Volksblatt (II)
⑤ 31. 12. 1849—29. 12. 1851 ⑥ 4° ⑦ wöchentlich 2× ⑧ Luzern: Xaver Meyer ⑪ Franz Fellmann (bis 31. 3. 1851) ⑫ freisinnig ⑬ BGSZ: 1028, 1032 ⑭ Lu: Z.

Luzerner Volksblatt (III)
③ Die Urschweiz (?) ④ Luzerner Wochen-Zeitung (I) ⑤ 1. 7. 1853—30. 12. 1853 ⑥ 4° ⑦ wöchentlich 2× ⑧ Luzern: Kaspar Hübscher ⑩ Kaspar Hübscher ⑪ Felix Herzog (bis 16. 9. 1853), Kaspar Hübscher ⑫ konservativ ⑬ BGSZ: 1028, 1032 ⑭ Lu: Z.

Luzerner Volksblatt (IV)
⑮ Auf Neujahr 1878 sollte in der Buchdruckerei Conrad Brack in Willisau unter diesem Titel ein konservatives Organ erscheinen. v. Der Eidgenosse (Lu) 1877, Nr. 89.

Luzerner Volksblatt (V)
⑤ 27. 12. 1883—? ⑥ 4° ⑦ wöchentlich 2× ⑧ Wolhusen: Josef Steffen ⑩ Josef Steffen ⑬ BGSZ: 1028, 1032 ⑭ Lu: Z ⑮ Bekannt sind nur eine Probenummer v. 27. 12. 1883 und eine Nr. 1 v. 2. 1. 1884.

Luzerner Volksblatt (VI)
① Christlich-Soziales Organ für Luzern und die übrige Zentralschweiz (1913—1919) ④ Zentralschweizerisches Volksblatt ⑤ 19. 12. 1885—27. 9. 1919 ⑥ 2°, dann 4°, dann wieder 2° ⑦ Wochenblatt (19. 12. 1885—26. 6. 1886); wöchentlich 3× (1. 7. 1886—30. 12. 1912); Wochenblatt (3. 1. 1913—27. 9. 1919) ⑧ Luzern: Schill (1885—1893), Sproli (1894—1901); Sursee: Huber (1902—1911); Luzern: Bucher-Räber (1912—1914); dann zeichnet kein Drucker mehr ⑨ Sonntagsblatt (1885—1894 u. 1897—1901). Heimatland (1895—1896). Feierabend (1905—1912). Praktische Mitteilungen (1910) ⑩ die Herausgeber ⑪ erster Redaktor: Vinzenz Kreienbühl ⑫ zuerst katholisch-konservativ, dann christlich-sozial ⑬ BGSZ: 448, 1028, 1032 ⑭ Lu: Z ⑮ Ende 1901 wurde der «Luzerner Landbote» (II) mit dem «Luzerner Volksblatt» vereinigt.

Volksblatt. – Magdeburger Volksblatt. –
22.IV.1848 – 30.XII.1848(?).
Vorh. u.d.T.: Der Magdeburger Erzähler.

Volksblatt. – Märkisches Volksblatt. –
Brandenburg. – 1.I.1891 – 1897.
Fortges. u.d.T.: Brandenburger Zeitung.

Volksblatt. – Mecklenburgisches Volksblatt. –
Schwerin. – 30.XII.1848 – 29.IX.1849.

— Mecklenburgisches. Red.: Dethloff, Faull, v. Liebeherr, Rohde. Jahrg. 1849. 52 Nrn. 4. (B.) Schwerin, Stiller. n. 1⅓ ₰

Volksblatt. – Mecklenburgisches Volksblatt. –
Rostock. – 2.IV.1851 – 28.IX.1868.
Vorh. u.d.T.:Mecklenburgische Zeitung.

Volksblatt: Medizinisches Volksblatt
v. Schweizer Familienheim.

Volksblatt des Bezirkes Meilen
① 1. Untertitel: Publikationsmittel sämtlicher Gemeinden des Bezirkes; letzter Untertitel: Insertionsorgan vom rechten Zürichseeufer. Amtliches, obligatorisches Publikationsmittel der Bezirksbehörden, sowie der Gemeinden Meilen und Uetikon ② Volksblatt vom Zürichsee (30. 6. 1869—29. 12. 1869) ③ Bote vom Zürichsee ④ Meilener Anzeiger ⑤ 1866—29. 12. 1934 ⑥ 2° ⑦ wöchentlich 2× ⑧ Meilen: Jakob Wirz (bis 24. 4. 1869), Buchdruckerei Meilen (28. 4. 1869), Diethelm Großmann (1. 5. 1869—29. 12. 1869), J. C. Hirzel, Hermann Ebner, Gebrüder Ebner ⑨ Seerosen ⑩ die Drucker ⑪ die Drucker, in Zusammenarbeit mit Mitarbeitern ⑫ demokratisch, später neutral ⑭ Zh: Z (unvollständig); Be: L (einzelne Nummern von 1889, 1897 und 1898; 1916—1918, 1928—1934).

Volksblatt. – Memminger Volksblatt. –
1890 – 30.XII.1935.
Vorh. u.d.T.: Memminger Stadt- und Landbote.

Michigan Volksbl. 1853-1900. Goldenes Jub. Detroit, 1903.

— für innere Mission, s.: Blätter, fliegende, aus dem Rauhen Hause zu Horn bei Hamburg.

Volksblatt: Mittelländisches Volksblatt
① Organ für die Interssen der Ämter Seftigen, Schwarzenburg und Bern-Land; ab 14. 12. 1912: Organ für die Interessen der Ämter (ab 12. 1. 1915: der Amtsbezirke) Seftigen, Schwarzenburg und des bernischen Mittellandes ④ Berner Nachrichten (III) ⑤ 1898—30. 12. 1919 ⑥ 2° ⑦ halbwöchentlich; ab 12. 1. 1915: wöchentlich 3× ⑧ Belp: Jordi & Co. (1898—11. 12. 1912); Thun: F. Stämpfli & Co. (14. 12. 1912—27. 5. 1914), W. Stämpfli (30. 5. 1914—30. 12. 1919) ⑨ 's Vreneli ab em Guggisberg (bis 1900). Illustriertes Sonntagsblatt (1901—1912; gedruckt Belp: Jordi & Co. Inhaltlich identisch mit dem Sonntagsblatt, Beilage zum Obwaldner Volksfreund 1901—1903; mit dem Feierabend, Gratisbeilage der Schweizer Metzger-Zeitung 1904—1911); Illustriertes Unterhaltungsblatt (1913—1918). Anzeiger für den Amtsbezirk Seftigen, Amtliches obligatorisches Publikations-Organ für die Gemeinden des Amtsbezirkes Seftigen (1910—1912). Bim gmüetliche Aabesitz (auch Beilage der nachfolgenden Berner Nachrichten und des Geschäftsblattes, 1915—1919). Für Haus, Hof und Landwirtschaft (ebenfalls Beilage der Berner Nachrichten und des Geschäftsblattes, 1915—1919) ⑪ Jordi, F. Stämpfli, W. Stämpfli, E. Huggenberger ⑫ freisinnig ⑬ BGSZ: 973 ⑭ Be: L, St.

Volksblatt. – Mühlhauser Volksblatt. –
Mühlhausen/Thür. – 26.IX.1898 – 1902.
Fortges. u.d.T.: General-Anzeiger.

Volksblatt. – Mühlhauser Volksblatt. –
Mühlhausen/Thür. – 1.I.1907 – 28.II.1933.
[NA ab 1.II.1929 von: Tribüne, Erfurt (1889)]
Vorh. u.d.T.: General-Anzeiger.

— närrisches, aus Sachsen. Alleinige officielle Fortsetzg. d. kathol. Kirchenblattes zunächst f. Sachsen. Red. Rochus v. Jocus. 1. Jahrg. 1874. Nr. 1—4. Fol. (à 1 B.) Leipzig, Mosse. à n.n. — 25

—— neues. Hrsg. von Fr. Th. Frantz. 1. Jahrg. 1851. 52 Nrn. (½ Bog.) 4. Landau, (Kaußler.) *

Volksblatt. – Neues Allgemeines Volksblatt. –
Berlin. – 1.IV.1863 – 30.XII.1874(?).
Vorh. u.d.T.: Preußisches Volksblatt.

— neues allgem. deutsches, für 1797. 6 Hefte. 8. Leipz. Günther in Pegau. 2 ₰ 6 ℛ

Volksblatt. – Neues Bayerisches Volksblatt. –
Regensburg. – 1.I.1863 – 31.X.1877.

Volksblatt: Neues Volksblatt für Graubünden
⑤ 1849—1850 ⑥ 4° ⑦ Wochenblatt ⑧ Chur: G. Hitz ⑪ Botaniker Alexander Moritzi ⑫ mit einer Wochenchronik aus Graubünden ⑬ BGSZ: 1001 ⑭ Ch: K.

Volksblatt, Neues Helvetisches. O. O. 1800. H: *Schweizer, Jac.* (AarK)

Volksblatt: Neues helvetisches Volksblatt
① Zur Belehrung und Unterhaltung der Bürger. Von einer Gesellschaft vaterländischer Männer bearbeitet (Untertitel der alle zwei Monate erscheinenden Sammelhefte) (12. 7. 1800—Ende 1800) ③ Gemeinnütziges Wochenblatt zur Belehrung und Unterhaltung (Ende 1800—Ende Februar 1801) ④ Blätter zur angenehmen und nützlichen Unterhaltung ⑤ Mitte (?) Mai 1800—Ende Februar 1801 ⑥ 8° ⑦ Wochenblatt ⑧ Winterthur: Johannes Ziegler ⑩ Johann Jakob Schweizer, Pfarrer in Embrach ⑪ Johann Jakob Schweizer, Pfarrer in Embrach ⑫ Opposition gegen die helvetische Regierung ⑬ BGSZ: 107 (p. 65—69, 206—208), 836; Paul Wernle: Der schweizerische Protestantismus in der Zeit der Helvetik, Bd. II, p. 154—175, Reno Klages (Zeitschriften) Nr. 12 ⑭ Bs: U; Zh: Z; Lu: Z (unvollst.); Be: L.

Volksblatt: Neues schweizerisches Volksblatt
③ Schweizerischer Republikaner ④ Neue Thurgauer Zeitung (II) ⑤ 25. 1. 1851—28. 12. 1854 ⑥ 2° ⑦ Wochenblatt ⑧ Zürich: E. Kieslig ⑩ J. J. Treichler ⑪ J. J. Treichler. R. Zangger (1853—Juli 1854); Dr. German Mäurer (1854); Mitarbeiter: Karl Bürkli, Prof. Dr. Ludwig Snell, Dr. Büchi ⑫ radikal-demokratisch ⑬ Der Bund 1854. Nr. 352; Klinke & Keller: J. J. Treichler (1947), p. 222 ff. ⑭ Zh: Z; Be: L (1853—1854).

New Yorker Deutsches Volksblatt : Dec. 1870 –1891?
Independent weekly; supported Hayes. Title varies: New Yorker Deutsches Volksblatt und Bürger-Zeitung, 1884 - 91. Printed an edition for Mount Vernon, 1877? -- 1883, entitled Westchester County Deutsches Volksblatt, and in 1878 the Deutsches Volksblatt für Stadt und Land. Absorbed New Yorker Bürgerzeitung. Circulation: 1875, 1950; 1880, 1200; 1890, 2000. Edited & published by William Hermanspann, 1870 - 81; by Franz Sigel, 1882 - 84; by Edward Ludwig & Co., 1884 - 89; by Harlem Publishing Co., 1890 – 91.
New York, NY

Nidwaldner Volks-Blatt
② Nidwaldner Volksblatt (seit 4. 1. 1896) ⑤ 1. 12. 1866 (Probe-Nummer) (cont.) ⑥ 4° (bis 28. 12. 1895); 2° (seit 4. 1. 1896 ⑦ Wochenblatt (bis 5. 12. 1923); wöchentlich 2× (seit 12. 12. 1923) ⑧ Stans: Caspar von Matt (und Rechtsnachfolgerin); heute: v. Matt & Cie. ⑨ Schweizer Monatsblatt für katholische Litteratur (1878; 4°). Litterarische Blätter für die katholische Schweiz (nach Brandstetter: 1879 — 1880). Sonntagsblatt (1906—?). Nidwaldner Stubli. Schweizerland (1938—1939) ⑩ Caspar v. Matt (1817—1884), Hans von Matt (1842—1900), Hans von Matt (1869—1932). Gesellschaft des Nidwaldner Volksblatt (seit 1924) ⑪ Caspar von Matt. Hans von Matt, Vater und Sohn. Joseph Ignaz von Ah (der Weltüberblicker). Konstantin Vokinger. Anton Muller: Mitarbeiter: Ph. Anton Segesser, Luzern, Regierungsrat Josef Düring, Luzern ⑫ katholisch-konservativ ⑬ BGSZ: 337. 502. 738. 740—743; Jahresbericht der Kant. Lehranstalt Sarnen 1941/42, Beilage ⑭ Lu: Z ⑮ Nach BGSZ 12 hieß die 1. Beilage »Schweiz. Monatsblatt . . .).

Volksblatt. – N o r d d e u t s c h e s Volksblatt. –
Wilhelmshaven. – 3.VI.1887 – 19.XI.1918.
Vorh. u.d.T.: Norddeutsches Wochenblatt (Bremen).
Fortges. u.d.T.: Republik.

Volksblatt: Oberländisches Volksblatt
① Anzeiger von Interlaken ③ Anzeiger von Interlaken ⑤ Probe-Nummer: 21. 12. 1874, 30. 12. 1874; 6. 1. 1875 (cont.) ⑥ 2° ⑦ wöchentlich 3× (6. 1. 1875—30. 7. 1907 und 27. 6. 1916—31. 12. 1925); wöchentlich 4× (1. 8. 1907—25. 6. 1916 und ab 2. 1. 1926) ⑧ Interlaken. K. J. Wyß (1874—29. 4. 1917). K. J. Wyß, Erben (1. 5. 1917—31. 12. 1931). Otto Schläfli AG und vormals K. J. Wyß Erben (später: Otto Schläfli, Buch- und Kunstdruckerei AG; ab 4. 1. 1932) ⑨ Die Freistunde (1878—16. 1. 1922). Das Hardermannli (ab 18. 1. 1922). Fuře Wärchtig. Blatter fur Volkswirtschaft (Monatsblatt). Der Bergbauer (Blätter fur Alpwirtschaft, Kleintierzucht und Gartenbau. Organ des Vereins ehemaliger Alpwirtschaftsschüler. Monatliche Beilage) ⑪ S. S. Bieri, K. J. Wyß, Hans Zopfi, I. R. Wyß. A. Rubin, Redaktor des Bergbauers; Mitarbeiter: Gottfr. Straßer, der »Gletscherpfarrer«, Johannes Jegerlehner ⑫ unabhängig ⑭ Be. L. S. St ⑮ Zählung der Jahrgänge seit der Gründung des »Anzeigers von Interlaken« (1862).

— **ostdeutsche, vereinigt m. der deutschen Landwacht. 3. u. 4. Jahrg. Oktbr. 1906—Septbr. 1907. à 52 Nrn. (à 12 S. m. Abbildgn.) gr. 4. Berlin, R. Hobbing.** à Jhrg. n. 2. 40

-- ostdeutsches. Illustrierte Wochenschrift f. Posen u. Westpreußen. Organ f. die deutschen Ansiedlgn. 5.—7. Jahrg. Oktbr. 1907—Septbr. 1910. à 52 Nrn. (622, 622 u. 828 S.) 31×22,5 cm. Ebd. à Jahrg. 2. 60

Volksblatt. – P f ä l z e r Volksblatt. –
Heidelberg. – 1.I.1897 – 31.III.1907.

Volksblatt. – P f ä l z e r Volksblatt. –
Ludwigshafen. – 2.I.1907(?) -- 30.IX.1913.

Pittsburger Volksblatt : 1859 - 1918?
Weekly edition of Das Volksblatt. Title varies: Wöchentliches Volksblatt und Freiheits-Freund, Feb. 1901 - 1918. Circulation: 1870, 1500 (est.), 1890, 4500; 1900, 4000. Subscription held by Harmony Society, 7 years.
Pittsburgh, PA

— pommersches, f. Stadt u. Land. 3. u. 4. Jahrg. Oktbr. 1906—Septbr. 1907. à 52 Nrn. (à 12 S. m. Abbildgn.) gr. 4. Ebd. à Jhrg. n. 2. 20
Vergl.: Volksblatt, deutsches, f. Stadt u. Land.

— pommersches, f. Stadt u. Land. 5.—7. Jahrg. Oktbr. 1907—Septbr. 1910. à 52 Nrn. (622, 622 u. 828 S. m. Abb.) 31×22,5 cm. Ebd. à Jahrg. 2. 60

— praktisches gemeinnütziges. Hrsg. von A. M. Coldiß. 6. Jahrg. 1848. 52 Nrn. 4. (B.) Ebd. 1 ℔

Volksblatt. – P r e u ß i s c h e s Volksblatt. –
Berlin. – 1.VII.1859 – 31.III.1863.
Fortges. u.d.T.: Neues Allgemeines Volksblatt.

—— preußisches gemeinnütziges. Hrsg. im Vereine mit Mehreren v. A. M. Coldiß. 1—5. Jahrg. 1843—47. à 52 Nrn. (Bog.) 4. Jüterbog, Coldiß. à J.

—— preußisches gemeinnütziges. Hrsg. von A. M. Coldiß. 6. Jahrg. 1848. 52 Nrn. (Bog.) Jüterbog, Coldiß.
1—5. Jahrg. 1843—47. Ebendas. à Jahrg. 1 Thlr.

—— für Religion und Gesetz. Eine kathol. Zeitschrift zur Belehrung, Beherzigung und Warnung. Hrsg. von Albert v. Pflügl. Jahrg. 1848. Juli—Decbr. 52 Nrn. (½ Bog.) gr. 4. Linz, (Ebenhöch.) **

Volksblatt: Religiöses Volksblatt
① Organ für kirchlichen Fortschritt ④ Schweizerisches Reformiertes Volksblatt (Fusion) ⑤ 2. 7. 1870—1. 7. 1939 ⑥ 8° ⑦ Wochenblatt ③ St. Gallen: Zollikofer'sche Buchdruckerei (1870—1905), Zollikofer & Co. (1906—1939) ⑩ Religiös-liberaler Verein des Kantons St. Gallen ⑪ erster Redaktor: Alfred Altherr (1870—1876) ⑫ freisinnig; Organ des Schweizer Reformvereins ⑭ Be: L.

—— religiöses. Organ für kirchlichen Fortschritt. Redact.: H. Albrecht. 6.—10. Jahrg. 1875—1879. à Jahrg. 52 Nrn. (à ½ Bog.) gr. 8. St. Gallen. (Bern, Huber und Comp.) à Jahrg. **

—— religiöses. Organ für kirchl. Fortschritt. Redact.: H. Albrecht. 11.—15. Jahrg. 1880—1884. à Jahrg. 52 Nrn. (à Nr. ½ Bog.) gr. 8. St. Gallen. (Bern, Huber und Comp.) à Jahrg. ** 4 —

—— religiöses. Organ für kirchl. Fortschritt. Redact.: H. Albrecht. 16.—19. Jahrg. 1885—1888. à Jahrg. 52 Nrn. (à Nr. ½ Bog.) gr. 8. St. Gallen. (Bern. Huber und Comp.) à Jahrg. **

—— religiöses. Redact.: H. Albrecht. 20.—23. Jahrg. 1889—1892. à Jahrg. 52 Nrn. (à Nr. ½ Bog.) gr. 8. St. Gallen. (Bern, Körber.) à Jahrg. * 4 70

— dasselbe. Red.: E. Brändli u. W. Kambli. 24. Jahrg. 1893. 52 Nrn. (½ Bog.) gr. 8. Ebd. n. 4. 70

— dasselbe. 25. Jahrg. 1894. 52 Nrn. (½ Bog.) gr. 8. St. Gallen, (Scheitlin's Sort.). n. 4. —

— religiöses. Red.: E. Brändli u. W. Kambli. 26.—29. Jahrg. 1895—1898. à 52 Nrn. (à ca. 8 S.) gr. 8. St. Gallen. (Bern, H. Körber.) à Jahrg. n. 4. 80

— religiöses. Red.: E. Brändli u. W. Kambli. 30.—33. Jahrg. 1899—1902. à 52 Nrn. gr. 8. (à ca. 8 S.) St. Gallen. (Bern, H. Körber.) à Jahrg. n. 4. 80

— religiöses. Red.: A. Dieth u. Ch. Tester. 34.—37. Jahrg. 1903—1906. à 52 Nrn. (à ca. 8 S.) gr. 8. St. Gallen. (Bern, H. Körber.) à Jhrg. n. 4. 80
1903 u. 1904 v. Brändli u. Kambli; 1905 v. Kambli allein red.

— religiöses. Red.: E. Altwegg u. Chr. Tester. 39.—41. Jahrg. 1907—1910. à 52 Nrn. (à ca. 8 S.) gr. 8. St. Gallen. (Bern, Raillard & Co.). à Jahrg. 4. 80

Volksblatt. – R e m s c h e i d e r Volksblatt. –
1.VII.1865 – 30.VI.1869.
Vorh. u.d.T.: Volksblatt.
Fortges. u.d.T.: Remscheider Zeitung.

Republikanisches Volksblatt : 1869? -? Cincinnati, OH

Volksblatt. – R h e i n i s c h e s Volksblatt. –
Speyer. – 1877 – 30.XII.1933.
[NA seit 1920(?) von: Pfälzer Zeitung, Speyer (1849)]

Volksblatt Rundschau (Lincoln, Neb). Zum 25 jhr Jub. 1874-99. 26 1 (May 25, 1899) 1-24.

Volksblatt von Ruswil
⑤ 1858 ⑬ BGSZ: 1026, 1031; Luzerner Tagblatt v. 30. 11. u. 30. 12. 1858.

Volksblatt für S a c h s e n - A l t e n b u r g und Reuß, s. B o t e , Osterländischer.

Volksblatt. – S ä c h s i s c h e s Volksblatt. –
Zwickau. – 1.X.1892 – 4.III.(?)1933.

— sächsisches, f. Angelegenheiten des Staates u. der Kirche. Unter Verantwortlichkeit der Verlagshandlg. 1. u. 2. Jahrg. 1846 u. 1847. à 104 Nrn. (Bog.) 4. Grimma, Gebhardt. à Th.*

— Sächsisches, für die Angelegenheiten des Staates u. der Kirche. 3 u. 4. Jahrg. 1847 u. 1848. 104 Nrn. 4. (1/2 B.) Grimma, Gebhardt. 1847: n. 2 Th 12 ngr 1848: n. 1 Th 18 ngr

Volksblatt, St. Galler, s. S t . G a l l e r - V o l k s b l a t t .

Volksblatt: St. Gallisches Volksblatt
v. **Volksblatt,** zunächst für Sargans, Gaster und Seebezirk.

St. Louiser Volksblatt : Apr 24, 1855 – Dec 1857 •
Daily, evenings except Sunday. General news, but [illegible] states that it was established by a stock company, so that St. Louis might have a daily paper published in a Christian vein. Edited by the Rev. C. Dichmann, Apr 1855 – Aug 1857, and published by the stock company; edited by Christian Friedrich Hochstetter, and printed by A. Wiebusch & Co., edited & published by Heinrich Börnstein, Sept – Dec 1857.
St. Louis, MO

Volksblatt, zunächst für Sargans, Gaster und Seebezirk
① Turmwart von Rapperswil. Publikations-Organ der Bezirke See und Gaster. Amtliches Organ für Uznach, Gommiswald, Ernetschwil, Schmerikon, Rapperswil, Jona, Eschenbach, Goldingen und St Gallenkappel (1. 1. 1952) ② St Gallisches Volksblatt (1862 -Frühjahr 1862); St. Galler Volksblatt (zeitweise auch St Galler-Volksblatt, (Frühjahr 1862 cont.) ⑤ 5. 1. 1856 (cont.) ⑥ 4°, dann 2° (seit Juni 1859, anfänglich aber noch unregelmäßig) ⑦ Wochenblatt; wöchentlich 2× (ab 20. 6. 1882); wöchentlich 3× (ab 3. 1. 1910) ⑧ Uznach: M. Theiler (5. 1. 1856–1. 10. 1856); Wattwil: J. J. Keller (7. 11. 1856–24. 12. 1858); Glarus: J. Vogel (1. 1. 1859–Ende 1861 ?); Uznach: J. Mettler (Anfang 1862 ?–17. 1. 1863); R. Bodmer (24. 1. 1863–4. 4. 1863); L. Gegenbauer (11. 4. 1863–27. 6. 1885); K. Oberholzer (1. 7. 1885––September 1926); K. Oberholzers Erben (September 1926–31. 12. 1940), Gebr. Oberholzer (seit 1. 1. 1941) ⑨ Linth-Blätter. Der religiöse Hausfreund. Heimatkunde vom Linthgebiet ⑩ zuerst eine AG, dann die Drucker (seit 1862) ⑪ Kantonsrat Christian Hezer (bis 1859), Anwalt Kaspar Dormann (1859), Dr. med. Anton Müller Leiter (1865–1875), heute Dr. jur. Paul Oberholzer, Mitarbeiter u. a. Heinrich Federer (in den Jahren 1900–1903) ⑫ katholisch-konservativ ⑬ BGSZ: 1027, 1035–1037. Heimatkunde vom Linthgebiet 1917, Nr. 5, 6. St Galler Volksblatt Jubiläums-Ausgabe 1856–1956 (Neujahr 1956). Oberholzer, Paul: 100 Jahre »St. Galler Volksblatt« (Uznach 1956) ⑭ SG: Va (1874–1919 u. 1932 ff.); Uznach: Buchdruckerei Oberholzer (unvollständig); Be: L. (1912 cont.) ⑮ Im Jahre 1865 ging die »St. Gallische Volkszeitung« (II) im »Volksblatt« auf.

Schaffhauser Volksblatt
① Christlich-soziales Organ für die Vereinigung der Kleinbauern, der Kleinhandwerker, aller kleinern Geschäftsleute sowie der Arbeiter und Arbeiterinnen gegenüber dem alles verschlingenden Großkapitalismus. Vereinigt euch, mit dem Stimmzeddel in der Hand reformieren wir die Welt. Die Wahrheit sei unser Panier (1. 4. 1895–17. 5. 1895). Christlich-soziales Organ für alle unter dem Druck des Großkapitals notleidenden Gesellschaftskreise (18. 5. 1895–31. 3. 1896) ⑤ 29. 7. 1883–30. 12. 1883 und 1. 4. 1895–31. 3. 1896 ⑥ 2° ⑦ wöchentlich 6× ⑧ Schaffhausen: Friedrich Rothermel (29. 7. 1883–30. 12. 1883); Bolli & Bocherer (1. 4. 1895–31. 3. 1896) ⑨ Das Alphorn (seit 10. 7. 1895) ⑩ C. Siegerist-Schelling ⑫ linksorientiertes Oppositionsblatt ⑬ BGSZ: 1052, 1053 ⑭ Sh. St ⑮ Das »Schaffhauser Volksblatt« wurde 1884 mit dem Intelligenzblatt fusioniert, da der Redaktor beim Intelligenzblatt als Mitarbeiter aufgenommen wurde. 1895 trennten sich die beiden Blätter wieder. Das Volksblatt ging 1896 wegen Abonnenten- und Inseratenmangel ein.

— Schaumburger. 1832. No. 1 — 28. 4. Rinteln, Osterwald. 12 gr

Volksblatt. – S c h w e i n f u r t e r Volksblatt.
1903 – 28.II.1943.
2.IV.1952 – 30.IX.1959.
[NA von: Fränkisches Volksblatt, Würzburg, (1868)]
Fortges. u.d.T.: Schweinfurter Volkszeitung.

Volksblatt: Schweizerisches Volksblatt (SG)
v. **Wochenblatt** für den östlichen Zürichsee.

Volksblatt: Schweizerisches Volksblatt (Zh I)
① Die ersten Nummern tragen Mottos ⑤ 20. 7. 1821–16. 11. 1821 ⑥ 4° ⑦ Wochenblatt ⑧ Zürich: Geßnersche Buchhandlung ⑨ die Drucker ⑪ Hptm. L. Christ aus Chur (Nr. 1) ⑫ demokratisch ⑭ Zh: Z ⑮ Auf Befehl des Staatsrates durfte das Blatt am 23. 11. 1821 nicht erscheinen. Das Erscheinen wurde daraufhin eingestellt. — Viele geschichtliche Miszellen.

Volksblatt: Schweizerisches Volksblatt (Zh II)
⑤ Probenummer 27. 12. 1856; 2. 1. 1857–25. 12. 1857 ⑥ 2° (bis 27. 2. 1857), dann 4° ⑦ Wochenblatt ⑧ Zürich: H. Mahler ⑩ C. Honegger-Schmid, Buchhändler, Zürich ⑫ freisinnig ⑭ Zh: Z.

Volksblatt: Schweizerisches Volksblatt (Sz)
⑧ Arth 1887 ⑬ BGSZ: 12, p 80 ⑮ Angabe in BGSZ 12: Laut Verfügung vom 4. Juli 1887 gestrichen.

Volksblatt: Schweizerisches Volksblatt vom Bachtel
① Obligatorisches Publikationsmittel der Gemeinden Wald, Bäretswil, Bubikon, Dürnten, Fischenthal, Hinwil, Rüti, Wetzikon und Goldingen (letzter Untertitel) ② Volksblatt vom Bachtel (3. 1. 1947 cont.) ⑤ 5. 7. 1860 (cont.) ⑥ 2° ⑦ wöchentlich 2×, wöchentlich 3× (seit 1887), dann 4× ⑧ Grüningen: Hermann Utzinger (1860); Wald: Hermann Utzinger († 1874), Hermann Utzinger jun. (1874–1884), Heinrich Heß, R. & W. Heß, W. Heß ⑨ Sonntagsblatt vom Bachtel (1892), Illustriertes Sonntagsblatt (1922), Unterhaltungsblatt, Schweizer Pflanzenfreund (1913), Vo euserer Walder Heimet, Unterhaltungsbeilage ⑩ die Drucker ⑪ die Drucker ⑫ zuerst gemäßigt fortschrittlich, dann im Gegensatz zur stadtzürcherischen Vorherrschaft demokratisch-freiheitlich ⑬ Vo euserer Walder Heimet v. 20. 2. 1946 ⑭ Zh: Z; Be: L (1898 cont.).

Volksblatt: Schweizerisches katholisches Volksblatt
① Organ für die katholischen Familien und Vereine (25. 12. 1897). Wochenschrift für das katholische Volk, mit monatlicher Beilage »Frauenland«. Offizielles Organ der deutschschweizerischen Lourdeswallfahrten (31. 12. 1952) ⑤ 1896 (cont.) ⑥ 2°, dann 4° ⑦ Wochenblatt ⑧ St. Gallen: Nigg & Zehnder (1896–?), J. K. Zehnder (?–19. 1. 1918), J. K. Zehnder's Erben (26. 1. 1918–1. 7. 1922), J. Zehnder (8. 7. 1922–Juni 1940), Jos. Zehnder's Erben (seit Juni 1940) ⑨ Frauenland (Monatsblatt) ⑩ die Drucker ⑪ J. Büchel, Gähwil ⑫ katholisch-konservativ ⑬ BGSZ: 1045, 1047 ⑭ SG: Va (unvollst.); Be: L (1897 Nr. 52, 1915 cont.).

Volksblatt: Schweizerisches Reformiertes Volksblatt
v. **Reformblätter** aus der bernischen Kirche.

Volksblatt: Schweizerisches wirtschaftliches Volksblatt
v. Wirtschaftliches **Volksblatt.**

Schwyzer Volksblatt
v. Schwyzerisches **Volksblatt** (II).

Volksblatt: Schwyzerisches Volksblatt (I)
③ Schwyzerisches (resp. Schwyzer) Wochenblatt ④ Schwyzerisches Intelligenzblatt ⑤ 3. 1. 1829–25. 12. 1830 ⑥ 8° ⑦ Wochenblatt ⑧ Schwyz: Brönnersche Buchdruckerei ⑨ Gemeinnützige Gesellschaft Schwyz ⑫ liberal ⑬ BGSZ: 1058 ⑭ Zh: Z; Be: L.

Volksblatt: Schwyzerisches Volksblatt (II)
② Schwyzer Volksblatt (ab 1. 9. 1847) ④ Schwyzer Zeitung (I) (Es handelt sich eigentlich nur um eine Titeländerung) ⑤ Juli 1846–30. 12. 1848 ⑥ 8° ⑦ wöchentlich 2× (1846); Wochenblatt (1847 bis September), wöchentlich 3× (ab Oktober 1847); wöchentlich 6× (ab Juli 1848) ⑧ Schwyz: A. Eberle ⑫ konservativ ⑬ BGSZ: 1063, Festschrift der Studentenverbindung Suitia 1843–1943, p 12–16 ⑭ Ei: SA (unvollständig); Zh: Z

Volksblatt vom Seebezirk, Gaster und Sargans
v. **Volksblatt,** zunächst für Sargans, Gaster und Seebezirk

Volksblatt: Seeländisches Volksblatt
① Publikationsmittel für das Seeland, Bucheggberg und Amt Fraubrunnen ③ Das Seeland (II) (?) ⑤ 1893–1896 (?) ⑥ 2° ⑦ wöchentlich 3× ⑧ Büren a. A.: J. Sutter & Cie. ⑨ Illustriertes Sonntagsblatt ⑩ der Buchdrucker ⑫ freisinnig ⑬ BGSZ: 973 ⑭ Be: St.

Siebenbürgisch-Amerikanisches Volksblatt : Jahrgang 1 – ?, Nov 1905 – 1953 •
Weekly. Independent [Ayer, 1900–15 calls it "Republican"]. Title given in English also: [illegible] American Peoples Journal; Sub-title: 1) Eine Siebenbürgisch-amerikanische Wochenzeitung [in 1911]; 2) Offizielles Organ des Zentral-Verbandes der Siebenbürger Sachsen in America [1919]; 3) Offizielles Organ des Zentral-Verbandes und des Sängerbundes der Siebenbürger Sachsen in Amerika [in 1930]; 4) Offizielles Organ des Zentral-Verbandes und des Sängerbundes der Siebenbürger Sachsen von Amerika und U.S.I.A. [Transylvania Saxon Benefit Association of the U.S. of America], [in 1939–44]. Title varies: 1) [illegible], Nov 1905–1914; 2) [illegible] Volksblatt, 1914–June 11, 1917. Circulation: 1910, 6000; 1913, 8500; 1915, 8000; 1918, 8000; 1925, 9300; 1930, 9000; 1940, 9065; 1944, 9276; 1950, 1954, 1954, 4728. Edited & published by Moritz Weinberger, 1905–14, by Joseph Kandtz, 1914–16, by John Porch, 1916–17, by George Schneider & John Porch, 1917–20, by George Schneider, 1920–26, edited by George Schneider & published by The Saxon Publishing & Printing Co., 1937–72, edited by Walter Fekem, & published by The Print & Press Co., 1953–54.
Cleveland, OH

Volksblatt. – S i e g e n e r Volksblatt.
1866 – 5.VIII.1912.

Solothurner Volksblatt (I)
v. **Wochenblatt** für die Städte Solothurn und Olten.

Solothurner Volksblatt (II)

④ Solothurner Volksfreund (I) ⑤ 2 Probenummern v. 12. und 23. 12. 1846 1. 1. 1847—30. 12. 1848 ⑥ 4° ⑦ wöchentlich 2× ⑧ Solothurn: Franz Xaver Zepfel ⑨ vom 1. 7. 1848 an: Amtsblatt des Kantons Solothurn ⑩ ein Verein freisinniger Bürger des Kantons Solothurn ⑪ Christian Biberstein, Geschäftsmann in Solothurn; Mitarbeiter: Landammann Wilhelm Vigier ⑫ radikal-freisinnig ⑬ BGSZ. 427. 1259. 1262 ⑮ So Z. Be L.

Volksblatt für Stadt und Land (BS)

v. Der **Pilger** aus Bern.

Volksblatt für Stadt und Land: 1877 – Jan. 1880.

Daily. Continued from Evangelische Gemeindezeitung. Financially very successful. Edited & published by Berner & Messner.

Buffalo, NY

—— f. Stadt u. Land zur Belehrung u. Unterhaltung. Redact.: Fr. v. Tippelskirch. 1—4. Jahrg. 1844—47. à 104 Nrn. (½ Bog.) gr. 4. Halle, Mühlmann. à J. *

—— für Stadt und Land zur Belehrung und Unterhaltung. 5—9. Jahrg. 1848—52. à Jahrg. 104 Nrn. (½ Bog.) gr. 4. Halle, Mühlmann. à Jahrg. *

5. Jahrg. 1. Sem. redig. von Fr. v. Tippelskirch, 2. Sem. und 6. Jahrg. von Frz. v. Florencourt und 7—9. Jahrg. von Phil. Nathusius. 1—4. Jahrg. 1844—47. Ebendas. à Jahrg. * 1 Thlr. 10 Ngr.

—— für Stadt und Land zur Belehrung und Unterhaltung. Redakt.: Phil. Nathusius. 10—13. Jahrg. 1853—56. à Jahrg. 104 Nrn. (Bog.) gr. 4. Halle, Mühlmann. à Jahrg. *

—— für Stadt und Land zur Belehrung und Unterhaltung. Hrsg. von Ph. Nathusius. 14—17. Jahrg. 1857—60. à Jahrg. 104 Nrn. (Bog.) gr. 4. Halle, (Mühlmann.) à Jahrg. *

—— dass. — 18. Jahrg. 1861. 104 Nrn. (Bog.) gr. 4. Quedlinburg, (Franke.) *

—— für Stadt und Land zur Belehrung und Unterhaltung. Hrsgbr.: Ph. v. Nathusius. 19.—24. Jahrg. 1862—67. à Jahrg. 104 Nrn. (Bog.) gr. 4. Quedlinburg, (Franke.) à Jahrg. *

—— für Stadt und Land zur Belehrung und Unterhaltung. Hrsgbr.: Ph. v. Nathusius. 25.—27. Jahrg. 1868—1870. à Jahrg. 104 Nrn. (Bog.) gr. 4. Quedlinburg, (Franke.) à Jahrg. * 9 —

—— dass. — 28. Jahrg. 1871. 1. Semester. 52 Nrn. gr. 4. Ebendas. * 4 50

—— dass. — Hrsgbr.: Martin v. Nathusius. 28. Jahrg. 1871. 2. Semester 26 Nrn. (Bog.) gr. 4. Wernigerode, (Finkbein.) * 2 25

—— dass. — 29. und 30. Jahrg. 1872 und 1873. à Jahrg. 52 Nrn. (Bog.) Ebendas.
1872 * 4 50
1873 * 5 —

—— dass. — 31. und 32. Jahrg. 1874 und 1875. à Jahrg. 52 Nrn. (Bog.) gr. 4. Quedlinburg, (Franke.) à Jahrg. * 5 —

—— für Stadt und Land zur Belehrung und Unterhaltung. Hrsgbr.: v. Nathusius. 33.—35. Jahrg. 1876—1878. à Jahrg. 52 Nrn. (Bog.) gr. 4. Quedlinburg, (Franke.) à Jahrg. *

Fortsetzung vgl.: Allgem. conservative Monatsschrift.

— Süddeutsches, für Freunde des Vaterlandes. Unter Mitwirkung von Berthold Auerbach, Denzel rc. herausg. von Ed. Süskind. 1 u. 2. Hft. 8. (262 S. m. 2 lith. Taf.) Pforzheim 848, Flammer & Hoffmann. (à 8 ngl) n. 16 ngl

—— süddeutsches, für Freunde des Vaterlandes. Unter Mitwirkung von Berthold Auerbach, Denzel rc. hrsg. von Ed. Süskind. 1. und 2. Heft. 8. (262 S. und 2 Stnt.) Pforzheim 848. [Stuttgart, Scheitlin's Vrlgsh.] à Heft 8 Ngr.

Tägliches Cincinnatier Volksblatt: Jahrgang 1–83, May 7, 1836 – Dec. 5, 1919.

Weekly, May 7, 1836 – Nov. [6th to 8th, not precisely known], 1838; daily, morning except Sunday, Nov. 1838 – Dec. 5, 1919. The 75th anniversary edition gives a full history of this important newspaper, so rich in local history. Klauprecht, a former editor and Rümelin also have published full accounts. Democratic, 1836 – 1871?; Republican, 1871? – 1875; Independent, 1876 – 85; Independent Republican, 1886 – 1919. Title varies slightly: Das Volksblatt, May 7, 1836 – Nov. 1839; Volksblatt, Nov. 1839 – ?; other slight variations when published daily. For weekly edition, see Wöchentliches Cincinnatier Volksblatt. For Sunday edition, see Westliche Blätter.

Circulation: no. 1, May 7, 1836, 300 copies printed & sold; 1840, 1000; 1870, 8500 (est.); 1880, 13,200; 1890, 11,950; 1900, 12,500; 1905, 13,000; 1910, 17,600; 1911, 23,250. Edited by Johann Georg Walker, 1837 – 1838; by Stephan Molitor, 1838 – 42; by Eduard Mühl, 1842; by Heinrich Rödter, Apr. 1842 – Mar. 21, 1843; by Friedrich Fieser, Apr. – Aug. 2, 1843; by Johann Georg Reiz, Aug. 1843 – Feb. 1844; by Viktor Wilhelm Fröhlich, 1844 – June 6, 1847; by Richard von Meysenbug, May 1847 – Sept. 1850; by Karl Resch [Roesch], Sept. 5, 1850 – May 19, 1851; by Dr. Carl Friedrich Hennisch, Oct. 2, 1851 – July 29, 1852; by Karl Resch [Roesch], May 31, 1853 – Mar. 1854; by Emil Klauprecht, 1856 [or, 1854?] – 1864; by August Becker, 1864; by Moritz Jacobi, 1864 – 65; by Friedrich Hassaurek, 1865 – 85 [in Europe, 1875 – Summer 1877]; by Leopold Markbreit, 1885 – 1909; by Wolfgang Schönle, 1876 – 77; by Henry Danziger, 1909 – 19. Other editors: August Ligowsky, Wilhelm Kauffmann [in 1892]; Charles F. Johnson, Otto Rothmann, Emil Paetow. Associate editors: Carl Albrecht, 1885 – 87; Karl Rümelin, Georg Walker, Karl von Schmidt Burgeler [1865 – ?]. City editor: Gustav Tafel. Published by Volksblatt Aktien Gesellschaft, May 7, 1836 – 1837; by Heinrich Rödter, 1837 – 40; by Stephan Molitor, 1840 – June 1863; by Gustav Hof & Moritz Jacobi, 1863 – 65; by Gustav Hof & Friedrich Hassaurek, 1865 – Mar. 1875; by Cincinnati Volksblatt Co., Mar. 1875 – 1919 [President: Fr. Hassaurek, 1875 – 85; Leopold Markbreit, 1885 – 1909; Charles Krippendorf, 1909 – 19]. Jubiläums-Ausgabe, Sept. 3, 1911.

Cincinnati, OH

—— Tecklenburgisches. Hrsgbr.: Heuschkel. 2. Jahrg. 1881. 52 Nrn. (Bog.) gr. 4. Braunschweig, Grüneberg's Buchh. * 3 —

Nicht weiter erschienen.

— Tecklenburgisches. Hrsg.: Heuschkel. 2. Jahrg. 1881. 52 Nrn. (B.) gr. 4. Braunschweig Wollermann. n. 3. —

— theoretisch-praktisches, für die Größenlehre. 1s Heft. 1—20 Stück, enthaltend die sogenannten vier Species, arithmetisch u. algebraisch dargestellt. 8. Ulm 831. (Augsb., Kranzfelder). 5 gl

Volksblatt für Tirol und Vorarlberg. Red. Dr. Staffler. Verl. u. Druck Felic. Rauch. 6. Jahrg. 4. 2spaltig. Wöchentl. 2mal. 1 fl. 15 kr. halbjährig. 1853.

*Volksblatt für Tirol und Vorarlberg. VIII. Jahrgang. Verantwortlicher Redakteur: Dr. Staffler. Verlegt und gedruckt von Felician Rauch. 4. 2spaltig. Wochentlich zweimal. 1 fl. 15 kr. und 1 fl. 40 kr. halbjährig. Innsbruck 1855.

Volksblatt für Tirol und Vorarlberg. (IX. Jahrg.) Verantw. Redakteur: Dr. Staffler. Verlegt und gedr. von Felician Rauch. 4. 2spaltig. Erscheint Dienstag und Samstag. Innsbruck 1856.

Volksblatt für Tirol und Vorarlberg. XI. Jahrgang. Verantw. Red. Dr. *Staffler.* Verl. u. gedr. von *Felician Rauch.*

Erscheint in **Innsbruck**, jeden Dinstag, 1 Bog. in 4°. 2-spalt. Pränumerations-Pr. ½-jähr. 1 fl. 20 kr.; pr. Post 1 fl. 45 kr. Insertionsgeb.: 2 kr. pr. Spaltzeile.

Volksblatt für Tirol u. Vorarlberg. 15. Jahrg. 1862. Verantw. Redacteur: Felician Rauch. 52 Nrn. 4. Innsbruck, F. Rauch. 2 fl. 80 kr.

Toggenburger Volksblatt

v. Der Alttoggenburger (sub 15).

—— unterhaltendes u. belehr., e. Zeitschr. f. Stadt u. Land. 1—8. Jahrg. 1835—42. à 52 Nrn. (½ Bog.) (J. 1840—42. mit Extra-Beilagen.) gr. 4. Meiningen, Keyßner'sche Hofbuchh. à J. *

—— unterhaltendes u. gemeinnütziges. Eine Zeitschrift für Stadt u. Land. Hrsg. v. Fr. Keyßner. 9. u. 10. Jahrg. 1843 u. 1844. à 104 Nrn. (½ B.) 4. Meiningen, Keyßner. à J. *

1—8. Jahrg. 1838—42. Ebendas. à J. * 1 Thlr.

— dass. 10. Jahrg. 1844. 4. Meiningen, Blum. n. 1 ℔

Volksblatt vom Untersee
⑤ 1875 ⑧ Steckborn ⑬ BGSZ: 12, p. 87.

Urner Volksblatt
③ Urner Volksfreund ⑤ 10. 10. 1885—27. 12. 1890 ⑥ 2° ⑦ Wochenblatt ⑧ Altdorf: Höggersche Buchdruckerei ⑨ Unterhaltungsblatt (seit 1886) ⑪ J. M. Walker, Fürsprech ⑫ konservativ ⑬ BGSZ: 1072 ⑭ Lu: Z (unvollständig).

Volksblatt: Vaterländisches Volksblatt für gemeinnützige Belehrung und Unterhaltung
① Allen Eltern, Lehrern, Volks- und Jugendfreunden geweiht von einer Gesellschaft gemeinnütziger Freunde ⑤ Januar 1825—Dezember 1825 ⑥ 4° ⑦ Monatsblatt ⑧ Wattwil (Bundt): N. Kappler ⑩ N. Kappler ⑫ gemeinnützig ⑬ BGSZ: 1046. 1047 ⑭ SG: Va; Be: L.

— des Vereins zur Wahrung der Volksrechte. (3.) Jahrg. 1851. — Red.: Costenoble. (4.) Jahrg. 1852. à 52 Nrn. Fol. (Bog.) Ebd. à 1 ℔
s.a. Volksblatt.

Wanger Volksblatt
① Geschäftsblatt von Wangen und Allgemeiner Anzeiger für den Amtsbezirk Wangen ⑤ ?—1902—? ⑥ 2° ⑧ Wangen a. A.: G. Reinmann ⑬ BGSZ: 973.

Volksblatt. – Weimarisches Volksblatt. –
26.IV.1848 – 3.X.1849.

Volksblatt des Westens: Jahrgang 1–21, no. 38, Nov. 23, 1899–July 23, 1920.
Independent weekly. For supplement, see FAMILIEN JOURNAL. Followed by DER WESTEN. Circulation: 1905, 30,045; 1910, 34,701. Edited by Joseph Leicht, and published by Volksblatt des Westens Publishing Co., 1899–1920.
Winona, MN

—— westfälisches, s.a. Kirchenblatt, westfälisches.

Volksblatt. – Westfälisches Volksblatt. –
Paderborn. – ? – 29.III.1945.
1.XI.1949ff.
[Zuerst Beilage des „Westfälischen Kirchenblatts", ab 1855 selbständig. NA seit II.1958 von: Westfalen-Blatt, Bielefeld (1946)]
Vorh. u.d.T.: Westphälisches Volksblatt.

Volksblatt. – Westphälisches Volksblatt. –
Paderborn. – 1.I.1849 – ?
Fortges. u.d.T.: Westfälisches Volksblatt.

— Westfälisches. Red.: Ferd. Schöningh. 5—10. Jahrg. 1853—58. à 52 Nrn. (à ½ Bgn.). Paderborn, Schöningh. Lex.-8. Jeder Jahrg. n. 16 ngr.

—— westfälisches. Redig. von Ferd. Schöningh. 9—11. Jahrg. 1857—59. à Jahrg. 52 Nrn. (½ Bog.) Lex.-8. Paderborn, Schöningh. à Jahrg. **

—— dass. — Redig. von J. Honcamp. 12. und 13. Jahrg. 1860 und 1861. à Jahrg. 52 Nrn. (½ Bog.) Lex.-8. Ebendas. à Jahrg. **

—— westfälisches. Redact.: J. Honcamp. 14. und 15. Jahrg. 1862 und 1863. à Jahrg. 52 Nrn. (à ¾ Bog.) gr. 4. Paderborn, Schöningh. à Jahrg. **

—— dass. — Redig. von Demselben. 16.—19. Jahrg. 1864—67. à Jahrg. 104 Nrn. (½ Bog.) gr. 4. Ebendas. à Jahrg. **

—— westfälisches. Redact.: J. Honcamp. 20. und 21. Jahrg. 1868 und 1869. à Jahrg. 104 Nrn. (à ½ Bog.) gr. 4. Paderborn, Schöningh. à Jahrg ** 2 60

—— dass. — 22.—27. Jahrg. 1870—1875. à Jahrg. 156 Nrn. (à ½ Bog.) gr. 4. Ebendas. 1870—1874. à * 4 20
1875 * 4 40

— Westphälisch-Märkisches, für 1800. Januar bis Juni. 8. Düsseld., Dänzer. (Barth in Leipz.) 20 gr

Westliches Volksblatt: 1859?–? **St.Joseph, MO**
Edited by H. W. Kastor. Published by C. Fischer & Co.

Volksblatt. – Westpreußisches Volksblatt. –
Danzig. – 11.I.1873 – 1.II.1920.
Vorh. u.d.T.: Danziger Katholisches Wochenblatt.
Fortges. u.d.T.: Danziger Volksblatt.

WESTUNGARISCHES VOLKSBLATT, wöchentl. 3 Nummern (Dienstag, Donnerstag und Samstag). Verleger Hermann Reininger. Begründet 1893 als Oedenburger Volksblatt, seit 18. 3. 1894 u. d. T.: Westung. Volksblatt. Preßburg-Oedenburg 1893-1918.

Wheelinger Volksblatt: 1880–1887?
Semi weekly, 1880–81; daily, morning except Sunday, 1881–87. Independent. For weekly edition, see WÖCHENTLICHE WHEELINGER VOLKSBLATT. Circulation: 1880, 800 (est.), 1885, 2100. Edited & published by L. F. Thoma & Co., 1880–82; by Louis Lepper, 1883–87.
Whheling, WV

Volksblatt. – Wiesbadener Volksblatt. –
2.XII.1888 – 1.VII.1903.
Fortges. u.d.T.: Rheinische Volkszeitung.

Winterthurer Volksblatt
① Publikationsmittel für den Bezirk Winterthur und den angrenzenden Thurgau (seit 1882) ③ Wochenzeitung für den Bezirk Winterthur und den angrenzenden Thurgau ⑤ 19. 10. 1867 (cont.) ⑥ 2° ⑦ Wochenblatt, dann wöchentlich 2×, 3× ⑧ Elgg: A. Büche, W. Buche (seit 1881), Hch. Büche, W. Büchi ⑩ der Drucker ⑪ der Drucker ⑫ bürgerlich, freisinnig, demokratisch ⑬ BGSZ: 473 ⑭ Zh: Z (1868—1913); Be: L (1915—1918, 1951 cont.) ⑮ Die «Aadorfer Zeitung» ist ein Kopfblatt des «Winterthurer Volksblattes».

Volksblatt: Wirtschaftliches Volksblatt
① Organ des Detaillistenverbandes von Biel. Organ des Verbandes schweizerischer Rabattvereine (ab 1915/1916), jüngere Jahrgänge: Halbmonatsschrift für Haus und Familie (einige Zeit ergänzend) und Organ für die Interessen frei erwerbenden Bürgertums) ② Schweizerisches wirtschaftliches Volksblatt (ab 1914) ④ Pro ⑤ 1906–16. 12. 1951 ⑥ 4°; 2° (ab 31. 1. 1915) ⑦ halbmonatlich ⑧ Biel: A. Moser, Schüler AG ⑨ Für die Frauen ⑩ Detaillistenverband von Biel; später: Verband schweizerischer Rabattvereine (mit einigen Änderungen in der Bezeichnung) ⑪ C. Olivier, Neily Sater ⑫ vertritt die Grundsätze mittelständischer Politik ⑬ BGSZ: 447; Schweizerisches wirtschaftliches Volksblatt Nr. 1, 26. 1. 1934 ⑭ Be: L (1915–1951) ⑮ Das Blatt behandelt vorwiegend volkswirtschaftliche Fragen, besonders Fragen der mittelständischen Geschäfts- und Gesellschaftsordnung. Hauswirtschaftlicher Teil.

Das Wöchentliche Volksblatt: 1888?–? **Seattle, WA**
Weekly edition of DAS VOLKSBLATT.

Wöchentliche Wheelinger Volksblatt: 1881?–1885?
Weekly edition of WHEELINGER VOLKSBLATT. Circulation: 1883, 1400.
Wheeling, WV

Wöchentliches Cincinnatier Volksblatt: Nov. 1839–Dec. 1919.
Weekly edition of TÄGLICHES CINCINNATIER VOLKSBLATT. Circulation: 1841, 1400; 1870, 7000 (est.); 1880, 12,500; 1890, 12,150; 1900, 13,500; 1910, 18,200.
Cincinnati, OH

Wöchentliches Deutsches Volksblatt: 1879? **Buffalo, NY**
Weekly edition of DEUTSCHES VOLKSBLATT.

Volksblatt. – Wupperthaler Volksblatt. –
2.VII.1894 – 19.VII.1903.
Vorh. u.d.T.: Wupperthaler Volksblätter.
Fortges. u.d.T.: Wuppertaler Volksblatt.

Volksblatt. – Wuppertaler Volksblatt. –
20.VII.1903 – 1.I.1914.
Vorh. u.d.T.: Wupperthaler Volksblatt.
Fortges. u.d.T.: Bergische Tageszeitung.

Zofinger Volksblatt
① Landanzeiger für das Wigger- und Suhrental ⑤ 1846—Dezember 1953 ⑥ 2° (anfangs 8°) ⑦ wöchentlich 2× ⑧ Zofingen: Joh. Rudolf Steinegger (1846), Emil Remigius Siebenmann (1869), Johann Fehlmann (1885), Zofinger Tagblatt AG ⑨ Der Feierabend, Der Hausfreund (1923), Aus dem Wiggerthal (1863/1864) ⑩ die jeweiligen Drucker ⑪ Ott (z. Z. des Sonderbundes); seit 1885 die gleichen wie am Zofinger Tagblatt ⑫ freisinnig-demokratisch, folgte den Grundsätzen Augustin Kellers ⑬ BGSZ: 939. 941; Sondernummer des Zofinger Tagblatts 18. 4. 1947 Nr. 89 ⑭ Be: L; Zo: St ⑮ Spezialisierte sich auf gute Nachrichtenübermittlung. Redaktor Ott verfolgte den Sonderbundskrieg als eine Art Kriegsberichterstatter. 1885 ging die Zeitung an den Eigentümer des Zofinger Tagblattes über und wurde in der Folge als Kopfblatt des Zofinger Tagblattes herausgegeben. Am 1. 1. 1925 wurden der Suhrentaler Anzeiger und das Zofinger Wochenblatt mit dem Zofinger Volksblatt verschmolzen.

Zuger Volksblatt
v. Zugerisches **Volksblatt.**

Volksblatt: Zugerisches Volksblatt
(1) Freisinniges Organ des Kantons Zug (ab 1890) (2) Zuger Volksblatt (ab 1861) (5) 1861 (cont.) (6) 4°; 2° (ab 1871) (7) wöchentlich 2×; wöchentlich 3× (ab 1892); wöchentlich 4× (ab 1. 11. 1946) (8) Zug: Joh. Michael Alois Blunschi (bis 1864), Johann Zürcher (1865—1876), Josef Bernhard Keller (1877—1891), Alfred Schibli-Keller (1892—1895), Josef Kündig-Müller (1896—1920), Josef Kündig-Stutz (1921—1922), Josef Kalt-Bucher (1923 cont.) (9) Wöchentliche Unterhaltungsbeilage (1877); Unterhaltungsblatt (1878); Wöchentliches Unterhaltungsblatt (1890—1891); Illustriertes Sonntagsblatt (1892—1917), Der Volksfreund (Monatsbeilage, 1923 cont.) (10) eine Gesellschaft (1861), Mittwochgesellschaft Zug (seit 1891) (11) Dr. Klemens Iten, Nationalrat (1882—1883), Stadtpräsident Dr. Silvan Stadlin (1892—1902), Nationalrat Dr. Hermann Stadlin-Graf (1902—1920), Dr. Manfred Stadlin (12) freisinnig (13) BGSZ: 492, 493; Stadlin: Festschrift Mittwochgesellschaft Zug (1937) (14) Zg: S.

Zürcher Volksblatt
(1) Vereinigt mit den «Freien Stimmen vom Uto». Obligatorisches Publikationsmittel der Gemeinden Außersihl, Riesbach, Hirslanden, Schwamendingen, Oerlikon, Seebach, Höngg, Dietikon, Schlieren, Altstetten, Albisrieden, Zollikon (1. Untertitel) (3) Volksblatt des Bezirkes Zürich (4) Schweizerische Burgerzeitung (5) 27. 12. 1873—29. 6. 1907 (6) 2° (7) wöchentlich 3× (8) Zürich: Genossenschaftsbuchdruckerei, Fritsche-Zinggeler (1881), A. Coradi-Stahl (1893), G. Stettler (1899), Buchdruckerei des «Zürcher Volksblatt», H. Hagenbuchli (1901), K. Dannenhauer (1903), Walter Hintermann (1903—1907) (9) Illustriertes Sonntagsblatt, Illustrierte Unterhaltungsbeilage, Zürcher Börsen-Courier, Der Familienfreund (10) die Drucker (11) wahrscheinlich die Drucker (12) bürgerlich, demokratisch (13) BGSZ: 497 (14) Zh: Z; Be: L (1888 cont.)

Volksblatt des Bezirkes Zürich
(1) des Neumünster-Boten ....ter Jahrgang (bis Dezember 1873) (3) Neumünster-Bote (4) Zürcher Volksblatt (5) 5. 1. 1869—27. 12. 1873 (letzte Nummer schon mit dem neuen Titel) (6) 2° (Fomatvergrößerung Dezember 1869) (7) wöchentlich 3× (8) Zürich: F. Lohbauer am Kreuzplatz (bis Dezember 1871), Genossenschafts-Buchdruckerei (9) die Drucker (12) demokratisch (14) Zh: Z (15) Neumünster-Bote, Volksblatt des Bezirkes Zürich und Zürcher Volksblatt sind eigentlich eine Zeitung. Die Begründung der Titeländerung in der Abonnements-Einladung für 1874 lautet: «Die immer zunehmende Verbreitung des ‚Volksblattes des Bezirkes Zürich' auch über die Grenzen unseres Bezirkes hinaus, veranlaßt uns, von nun an die dasselbe auf diesen kleinen Kreis beschränkende Bezeichnung im Titel wegzulassen, und es in Zukunft einfach als ‚Zürcher Volksblatt' erscheinen zu lassen.»

Volksblatt vom Zürichsee
v. **Volksblatt** des Bezirkes Meilen.

Volksblatt für den Bezirk Zurzach
(1) Allgemeiner Anzeiger für den Bezirk Zurzach und Umgebung (3) Der Rheinbote (Ag); Der Surbthaler (4) Zurzacher Volksblatt (5) 1900—1907 (6) 2° (7) wöchentlich 2× (bis 1904), dann Wochenblatt (8) Zurzach: Buchdruckerei Zurzach, Schaufelbühl (11) F. Bugmann.

Zurzacher Volksblatt
(1) Freisinnig-demokratisches Organ des Bezirks Zurzach und Umgebung, dann: Fortschrittlich bürgerliches Publikationsorgan des Bezirks Zurzach und Umgebung (3) Volksblatt für den Bezirk Zurzach (5) 16. 11. 1907 (cont.) (6) 2° (7) wöchentlich 3× (8) Zurzach: Siegfried Stöckli-Egloff (1909—1919), Siegfried Stöckli, Sohn (1919), Karl Wolbold (1920—1935), J. Jucker-Graf (1936), Leo Furrer (1937—1948), Josef Schmid (seit 1948) (9) Schweizerhaus, dann Grenzheimat (10) die Drucker (11) die Drucker (12) freisinnig-demokratisch, heute bürgerlich (13) BGSZ: 931; Zurzacher Volksblatt v. 30. 11. 1957 (14) Aa: K; Be: L (1915—1918, 1953 cont.).

Volksblätter, über,. 8. Tübingen, Heerbrand. 799.

Volksblätter, über, (v. G. H. Scholl.) 8. Tübing. 799. (Osiander.) 4 gr

Volks-Blätter. Zeitschrift zur Erörterung politischer und gesellschaftlicher Tagesfragen. Redigirt von J. Schönemann u. Heinrich Benary. Berlin 1848. Vom 20. Juli ab. 46 Nummern. 4.

Volksblätter. –
Dresden. – 26.VIII.1848 – 22.V.1849.
Fortges. u.d.T.: Vereinigte Volksblätter (Leipzig).

Volksblätter von A. Röckel. Dresden, 26. Aug. 1848 — 29. April 1849.

Deutsche Volks-Blätter: Band 1–7, no. 11, Feb. 1858–Aug.? 1867?
Monthly. Sub title [on title-page]: Deutsch-amerikanische Zeitschrift für Belletristik, Wissenschaft, Geschichte, Reisen und Memoiren. Octavo, each issue 60–64 pages, paged continuously; title-page and contents, 4 pages, printed for each volume. Band 7, contains no. 1–11, pages 1–504, plus two separately paged sections, not claimed in contents of volume. Edited by Henry Cordier; by Karl Rose. Published by Ch. Kohlmann und Bruder, 1860–67.
Oshkosh, WI

Volksblätter, deutsche. Illustrirte Zeitschrift zur Unterhaltung und Belehrung. 1. und 2. Bd. à Bd. 25 Hefte. 4. (à Heft 16 S. mit color. Stnt.) Ebersbach i. S. 881—83, Görner's Nachf. à Heft 20 Pf.; à Bd. 5 —

Volksblätter, ermländische. Red.: A. Kolberg u. Jul. Pohl. Jahrg. 1872 u. 1873 à 104 Nrn. (½ B.) hoch 4. Braunsberg, Expedition. à Jahrg. n.n. 1. 20

Volksblätter. – Freie Volksblätter. –
Köln. – 12.IV.1848 – 28.X.1848.
Fortges. u.d.T.: Freie Blätter.

— Hanseatische, zur Uebung, Belehrung u. Besserung des lesenden Publikums. 2 Bde. 8. Hamb. 804. Vollmer. (Herold jun.) 1 ℛ 8 gr

Volksblätter f. homöopath. Heilverfahren, s.a. Wahrhold, C. E.

Volksblätter für homöopathisches Heilverfahren. Deutschlands Nichtärzten gewidmet von C. E. Wahrhold. In zwanglosen Heften. 1r u. 2r Bd. à 4 Hfte. gr. 8. Leipzig 835—37. L. Schumannn. 3¼ ℛ — 3r u. 4r Bd. gr. 8. Ebd. 837, 38. à 1½ ℛ — 1r—4r Bd. jetzt nur 3 ℛ — 5r Bd. (4 Lfrgg.) gr. 8. Ebd. 839. 1½ ℛ

Volksblätter. – Hessische Volksblätter. –
Darmstadt. – 1.IX.1863 – 30.X.1876.
Fortges. u.d.T.: Hessische Landeszeitung.

— illustrirte, zur Unterhaltung u. Belehrung f. die Familie. 1. Jahrg. 1877. 26 Hfte. (2 B. m. eingedr. Holzschn.) hoch 4. Stuttgart, Schönlein. à Hft. — 10

Volksblätter. – Crefelder Volksblätter. –
1.I.1854(?) – 11.IX.1865.
Vorh. u.d.T.: Neue Crefelder Volksblätter.
Fortges. u.d.T.: Crefelder Journal.

—— für natürliche Lebens- und Heilweise. Hrsg. von J. M. Kühn. 1. Jahrg. 1868 5 Nrn., und 2. Jahrg. 1869 12 Nrn. (Bog.) gr. 8. Aarau, (Christen.) à Jahrg. * 2 —

Volksblätter. – Neue Volksblätter. –
Hildesheim, sp. [ab 1.IV.1870] Osnabrück.
12.IX.1868 – 31.XII.1873.
Fortges. u.d.T.: Osnabrücker Volkszeitung.

Volksblätter. – Neue Hessische Volksblätter. –
Darmstadt. – 1.VII.1874 – 30.VI.1913.
Fortges. u.d.T.: Hessische Landeszeitung.

Volksblätter. – Neue Crefelder Volksblätter. –
1.II.1849 – 31.XII.1853(?).
Fortges. u.d.T.: Crefelder Volskblätter.

Volksblätter, rheinische, für Haus, Familie und Handwerk. Herausg. und redig. von Adph. Kolping. 1. Jahrg. April—Decbr. 1854. 39 Nrn. (à ½ Bgn.). Köln, DuMont-Schauberg in Comm. gr. 8. n. 1 ℛ. 3 ngr.

Volksblätter, rheinische, für Haus, Familie und Handwerk. Herausg. und redig. von Adlph. Kolping. 2. Jahrg. 1855. 52 Nrn. (à ½—1 Bgn.). Köln, DuMont-Schauberg. gr. 8. n. 1 ℛ. 14 ngr.

— schlesische, herausg. v. .. Hertel u. Gräve, s. Volksfreund, schlesischer.

Volksblätter. – Vereinigte Volksblätter. –
Leipzig. – 23.V.1849 – 24.(?)VII.1852.
Vorh. u.d.T.: Volksblätter (Dresden).

Volksblätter, vereinigte, für Sachsen u. Thüringen. Red.: G. Liebert. Jahrg. 1850. 104 Nrn. 4. (Bog.) — Red.: H. Weigel. Jahrg. 1851 u. 1852. à 52 Nrn. gr. 4. (à 2 Bog.) Leipzig, Expedition. 1850: n. 1 ℛ 1851 u. 1852: à n. 1 ℛ 18 ngr.

Volksblätter. – Wupperthaler Volksblätter. –
3.IV.1872 – 1.VII.1894.
Fortges. u.d.T.: Wupperthaler Volksblatt.

Volksblatt-Rundschau: Jan. ?, 1874 – Apr. 24, 1918.
Weekly. Independent Democratic, 1874–98, Democratic, 1899–1918. Absorbed DAS ILLINOIS JOURNAL. Formed by union of LINCOLN VOLKSBLATT, and DEUTSCHE RUNDSCHAU. Merged with ELGIN HEROLD (Elgin, Ill.). Title varies: ILLINOIS VOLKSFREUND, Jan. – Sept. 1874; NEUER ILLINOIS VOLKSFREUND, Oct. 1874–1876; LOGAN COUNTY VOLKSBLATT, 1876 – May 1888; LINCOLN VOLKSBLATT, June 1, 1888 – Mar. 1898; VOLKSBLATT-RUNDSCHAU, Apr. 1, 1898 – Apr. 24, 1918. Circulation: 1875, 400; 1880, 720; 1890, 960; 1900, 2800; 1910, 3150; 1918, 2500. Edited & published by T. J. Sharp, Feb. – May, 1874; by L. Ph. Wolf & Charles E. Knorr, Mar. – Oct. 1874; by L. Ph. Wolf, Oct. 1874 – 1876; by Wallace Nall & Bro. & Theo. Fischer, 1876–77; by Charles F. Knorr, Dec. 1, 1877 – 1898; by Paul F. Müller, 1898–1905; by Sexauer Bros. (Emil & B. F.), 1905–08, by Emil Sexauer, 1908–18 (edited by Carl Gehre, 1906–18).
Lincoln, IL

Volksboeken, uitgegeven door J. F. Willems en F. A. Snellaert. 12. (Mit Holzschnitten u. Steindrücken.) Gent 846, 47. Bonn, Marcus. n. 1 Thlr 9 Ngr — 1. Heft: De heerlyke en vrolyke daden van Keizer Karel. n. 12 Ngr — 2. Heft: Reinaert de Vos. Eerste boek. n. 12 Ngr — 3. Heft: De Geschiedenis van den Ridder met de zwane. n. 6 Ngr — 4. Heft: De Geschiedenis van Fortunatus, zyne borze en zyn wenschhoedeken. n. 9 Ngr

Hamborger **Volksbööker**. Nr. 1. Hamburg: Steudel & Hartkopf 1902. 8° [F.] [07. 6511 B]

Volksbööker, Hamburger. Nr. 1 u. 2. Hamburg (G. Kramer Verl.) — 75
1. Plattdütsche Rimels ut ohlen Tieden för plattdütsche Lüüd. Van Hans Dusendschön. 8. (41 S.) 902. — 50
2. De plattdütsche Pulterobend. För vergneugte Lüüd. Van Schacht-Krüger. 12. (40 S.) 902. — 25

Volksbööker, Hamborger. Nr. 8. 12. Hamburg (G. Kramer Verl.). — 30
Plattdütsche Schipperleeder. För vergneugte Seelüd. Von Hein Schacht. (40 S.)

Volksbote: Der Volksbote (Zh)
v. Zürcherischer Freitagsbote.

Volksbote
v. Aargauer Volks-Bote, Aargauer Volksbote von Zurzach, Berner Volksbote.

Volksbote (Lu)
v. Katholischer Volksbote.

Der Volksbote: 1777 – 1883?
Democratic weekly. Merged with APPLETON VOLKSFREUND (Appleton, Wis.). Roman Catholic. Circulation: 1880, 1513. Edited & published by George Schleyer, 1877–83.
Chilton, WI

Volksbote: 1827? – ? Cincinnati, OH

Der **Volksbote**. Ein gemeinnütziges Volksbuch für den Bürger und Landmann, insonderheit der Herzogtümer Schleswig, Holstein und Lauenburg [hrgg. v. Karl Baurmeister]. 3. Wanderung oder H. 2. Kiel. 1841. 8°.

Volksbote, der, f. d. J. 1844—46. 8. Stuttgart, Hoffmann'sche Vrlgsb. [1844 (17½ B., 18 schwarze u. 6 ill. Bild.) 45. (18¼ B. m. Abbild.) à * 15 Ngr., 46. (14¾ B. u. 16 Abbild.) * 12½ Ngr.] * 1
Fortsetzung s. Volksfreund.

Volksbote, der. Ein Unterhaltungsblatt f. Jedermann. Red.: Ed. Jenicke. 1847. Oct. — Dec. 13 Nrn. Jahrg. 1848. 52 Nrn. 4. (Bog.) Leipzig, J. F. Fischer. (Vierteljährlich n. ¼ Thlr) n. 1¼ Thlr

— der. Gemeinnützige unterhaltende Wochenschrift für Stadt u. Land. Red.: A. Peterßen. (1. Jahrg.) 1848. 52 Nrn. (Bog.) Mit monatl. Beilage: Für Landwirthschaft u. Industrie. 4. Hannover. (Helwing.) n. 2 Thlr

Volksbote. – Der Volksbote.
München. 1.IV.1848 – 31.XII.1872(?).

Volksbote: Der Volksbote (Fr)
(3) Der Wächter (Fr) (4) Das Echo vom Moléson (5) Dezember 1848—1850 (6) 4° (7) wöchentlich 2× (8) Murten Karl Delosea (9) Blätter zur Unterhaltung (11) Johann Kaspar Sieber, Bern (12) freisinnig (13) BGSZ 462, p. 81 (15) Be: L (Kq 4000) besitzt ein Exemplar der »Blätter zur Unterhaltung«, mit der Zeitungsbezeichnung »Volksbote von Murten«.

Volksbote: 1849 – ? Cumberland, MD

Volksbote, der. Redig. von J. Breyer. 1. Bd. 1849. 12 Nrn. (à 1½ Bog. und 2 Stnt.) 4. Löbau, Breyer. à Nr. 2 Ngr. Für Sachsen à Nr. 1½ Ngr.

Volksbote. – Der Volksbote. –
Lübeck. 4.VII.1849 – 30.XII.1865.
Vorh. u.d.T.: Lübecker Volksfreund.

—— Redig. von J. P. Hesse. 1. Jahrg. Juli — Decbr. 1849. 26 Nrn. (½ Bog.) gr. 4. Soest, Nasse'sche Buchh. *

Der Volksbote: 1851? – 1854?
Roman Catholic weekly. Edited & published by Joseph Fredewest & Anton Donnersberger.
Cincinnati, OH

—— der. Für Politik, Belehrung und Unterhaltung. Jahrg. 1851. 104 Nrn. (½ Bog.) 4. Pegau. (Leipzig, Joachim's Separat-Conto.) *

—— der. Gemeinnützige unterhalt. Wochenschrift für Stadt und Land. Redig. von A. Peterßen. (1. Jahrg.) 1852. 52 Nrn. (Bog.) Mit monatl. Beilage: Für Landwirthschaft und Industrie. 4. Hannover, (Helwing'sche Hofbuchh.) *

Volksbote (Ag)
(4) Die freie Presse (5) Juli 1857 (evtl. 1858)—1859 (6) 2° (7) wöchentlich 2× (8) Reinach (Ag), J. Konrad (10) J. Konrad (12) radikal (13) Sondernummer »Wynentaler-Blatt« Dezember 1933.

Volksbote: Der Volksbote (Sz)
(4) Marchbote (5) 6. 12. 1862—1865 (6) 4° (8) Lachen (13) BGSZ, 12 (p. 79). 1058.

Der Volksbote: 1870 – ? Appleton, WI
Published by F. Stummer weekly.

Volks-Bote: 1870? – ? Baltimore, MD
Democratic weekly.

Volksbote, der. Monatsblatt zur Aufklärung und Belehrung des christl. Volkes. 1. und 2. Jahrg. 1871 und 1872. à Jahrg. 12 Nrn. (Bog.) gr. 8. Wien, Kirsch. à Jahrg. * — 80

—— dass. — Illustrirtes Monatsblatt zur Aufklärung und Belehrung des christl. Volkes. 3. Jahrg. 1873. 12 Nrn. (Bog.) gr. 8. Ebendas. * 1 —

Volksbote, der. Illustrirtes Monatsblatt zur Aufklärung und Belehrung des christlichen Volkes. 4.—9. Jahrg. 1874—1879. à Jahrg. 12 Nrn. (à 1¼ Bog. mit eingedr. Holzschn.) 8. Wien, Kirsch. à Jahrg. * — 60

—— der. Illustrirtes Monatsblatt zur Aufklärung und Belehrung des christlichen Volkes. 10.—14. Jahrg. 1880—1884. à Jahrg. 12 Nrn. (à Nr. 1¼ Bog. mit eingedr. Holzschn.) 8. Wien, Kirsch. Jahrg. 1880 und 1881 à * — 60
Jahrg. 1882—1884 à * 1 —

—— dass. — Beilage zu Jahrg. 1882: Der Lichtenhofer. Ein Lebensbild aus den steyr. Alpen. Von Jos. Scheicher. 8. (48 S.) Ebendas. * 1 —

—— der. Monatsblatt zur Aufklärung und Belehrung des christl. Volkes. 15.—18. Jahrg. 1885—1888. à Jahrg. 12 Nrn. (Bog.) 8. Wien, Kirsch. à Jahrg. *

—— der. Monatsblatt zur Aufkläг. u. Belehrung d. christl. Volkes. 19.—22. Jahrg. 1889—1892. à Jahrg. 12 Nrn. (Bog.) 8. Wien, Kirsch. à Jahrg. * — 50

— der. Monatsblatt zur Aufklärg. u. Belehrg. d. christl. Volkes. 21.—23. Jahrg. 1891—1893. à 12 Nrn. (Bog.) 8. Wien, H. Kirsch. à Jahrg. n. — 60

— der. Monatsblatt zur Aufklärg. u. Belehrg. d. christl. Volkes. Mit Beilage: Der Bauer. 25. Jahrg. 1895. 12 Nrn. (Bog.) 8. Wien, H. Kirsch. n. — 60

— dasselbe. M. Beilage: D. Bauer. Organ d. patr.-kathol. Volksvereines f. Nieder-Oesterreich. 26.—28. Jahrg. 1896—1898. à 12 Nrn. (à ca. 1 Bog.) 8. Ebd. à Jahrg. n. 1. —

—— der. Blätter zur Unterhaltung in Feierstunden. Eine Sammlung von Original-Erzählungen, Novellen, Gedichten etc. 1. Lfg. gr. 4. (16 S.) Löbau 874, Walde. — 25

Volksbote. Oldenburg. 1874 ff., s.a. Volksbote, Der oldenburgische.

—— Ein gemeinnütz. Volks-Kalender auf die J. 1874 und 1875. 37. und 38. Jahrg. Mit vielen Illustr. und Initialen von Burger, A. Fitger, A. Schröder u. A. 8. (XLVI, 160 S.) Ebendas. à Jahrg. — 75

Volksbote. Ein gemeinnütziger Volks-Kalender auf die J. 1876—1878. 39.—41. Jahrg. mit vielen Illustr. und Initialen (in eingedr. Holzschn.). 8. (XLVIII, 207; LXIV, 215; 269 S.) Oldenburg, Schulze'sche Hofbuchh. Jahrg. 1876 Jahrg. 1877 und 1878 à *

—— dass. — auf die J. 1879 und 1880. Mit einem Notizkalender und Oldenburg. Residenz-Kalender. 42. und 43. reich illustr. Jahrg. 8. (258; 270 S. mit eingedr. Holzschn.) Ebendas. à Jahrg. *

Volksbote. Ein gemeinnütziger Volks-Kalender auf die J. 1881—1885. Mit einem Notizkalender als Gratis-Zugabe. 44.—48. reich illustr. Jahrg. 8. (à Jahrg. ca. 250 S. mit eingedr. Holzschn.) Oldenburg, Schulze'sche Hofbuchh. à Jahrg. * — 50

Volksbote. Ein gemeinnütziger Volks-Kalender auf die J. 1886—1889. Mit einem Notizkalender. 49.—52. reich illustrierter Jahrg. 8. (256; 274; XXXII, 216; 56, 216 S.) Oldenburg, Schulze'sche Hofbuchh. à Jahrg. *

Volksbote. Ein gemeinnütz. Volks-Kalender auf d. J. 1890—1893. Mit je e. Notizkalender als Zugabe. 53.—56. reich illustr. Jahrg. 8. (258; 32, 224; 32, 224; 32, 224 S.) Oldenb., Schulze. à Jahrg. * — 50

Volksbote. Ein gemeinnütz. Volks-Kalender auf d. J. 1895. Mit e. Notizkalender als Zugabe. 58. reich illustr. Jahrg. 8. (32, 224 u. Notizkalender 16 S.) Oldenburg, Schulze. n. — 50

Volksbote. E. gemeinnütz. Volks-Kalender auf d. J. 1899. M. e. Notizkalender als Zugabe. 62, reich illustr. Jahrg. 8. (32, 224 u. Notizkalender 16 S.) Oldenburg, Schulze. n. — 50

Volksbote. Ein gemeinnütz. Volks-Kalender auf d. J. 1903. Mit e. Notizkalender als Zugabe. 66. reichillustr. Jahrg. 8. (32, 224 u. Notizkalender 16 S.) Oldenburg, Schulze. n. — 50

Volksbote. Ein gemeinnütz. Volkskalender auf d. J. 1907. Mit e. Notizkalender als Zugabe. 70. reich illustr. Jahrg. (32, 224 u. Notizkal. 16 S.) 8. Oldenburg, Schulze. n. — 50

Volksbote. Ein gemeinnütziger Volks-Kalender auf d. J. 1911. Mit e. Notizkalender als Zugabe. 74. reich illustr. Jahrg. (32, 224 u. Notizkalender 16 S.) 8. Oldenburg, Schulze. — 50

Der Volksbote: 1875–1905)
Independent weekly. Circulation: 1900, 750; 1905, 900. Edited & published by O. W. Benz, 1893–96; by J. C. Leonhard, 1897–1905.
Juneau, WI

Der **Volksbote**. Zeitschrift des oberoesterreichischen Volksbildungsvereins. Linz: Wimmer 1885–(1900). 8°

Volksbote: 1886–1888)
Roman Catholic weekly. Edited by A. J. Gless, & published by Brooklyn Publishing Co.
Brooklyn, NY

Volksbote. –
Zeitz. – 1.X.1890 – 21.II.1933.
[NA von: Volksblatt, Halle/S. (1890),
ab 1.VIII.1911 selbständig]

Volksbote. –
Stettin. 1.VII.1892 – 28.II.1933.
Vorh. u.d.T.: Stettiner Volksbote.

Der Volksbote: 1893–1895) Theresa, WI
Independent weekly. Edited & published by O. W. Benz.

Volksbote. 1901–1909 Sao Bento
Biweekly.

Der Volksbote. no. 1, 1902– ?
Annual almanac. Subtitle: Kalender für die Deutschen im Staate Santa Catharina. Edited and published by Hermann Lexter. Printed by Verlag von C. W. Boehm.
Joinville

Der Volksbote: 1910–1912)
Weekly. Circulation: 1912, 5098. Edited & published by Fred. W. Becker, 1910–11; edited by M. Seidel, & published by Volksbote & Journal Publishing Co., 1912.
Paterson, NJ

Aargauer Volks-Bote
③ Unterhaltungsfreund ⑤ 1840—1842 (ev. nur bis 2. 1. 1841) ⑥ 2° ⑦ wöchentlich 2 × ⑧ Zurzach J. G. Birrcher & Cie. ⑪ Johann Bercher, Gerichtsaktuar. Mitarbeiter: Sebastian Seiler, Verfasser des Buches »Kaspar Hauser, der Thronerbe von Baden« (1840, Zurzach, mit falschem Druckort »Paris«) ⑬ BGSZ: 941, 1128 ⑭ Be: L (Nr. 79 v. 31. 12. 1840) ⑮ Vgl. auch das Stichwort »Die Post«.

Aargauer Volksbote von Zurzach
⑤ 1841—1842 ⑦ wöchentlich 2 × ⑧ Zurzach ⑮ Diese von BGSZ 12 (p. 33) erwähnte Zeitung ist sehr wahrscheinlich identisch mit dem »Aargauer Volks-Boten«.

Volksbote: Aargauischer Volksbote
⑤ 1874 ⑦ Wochenblatt ⑧ Zurzach ⑬ BGSZ: 12, p. 35.

Volksbote, der ärztliche. Ein Archiv zur Förderung der Gesundheitspflege durch Verbreitung volksthümlich-medizin. und naturwissenschaftl. Kenntnisse, mit Einschluß der Thierpflege und Thierheilkunde. Unter Mitwirkung von Aerzten und gebildeten Nichtärzten hrsg. von Thdr. Riedel. 1. Bd. oder Jahrg. 1855. 8 Hefte. 4. (1. Heft 56 S.) Berlin, Sacco. à Heft

— der, aus Baden. Ein Kalender für Stadt u. Land auf d. J. 1851—1853. 4. (1851: 64 S. m. 2 Holzschnitttaf. 1852: 48 S. m. eingedr. Holzschn. u. 1 Holzschnitttaf. 1853: 48 S. m. eingedr. Holzschn.) Frankfurt a. M., Zimmersche Sort.-Buchh. (Völcker.) à baar n. n. 1/12 ß

—— der, aus Baden. Kalender für Stadt und Land. 28.—33. Jahrg. 1880—1885. 4. (à Jahrg. ca. 56 S. mit eingedr. Holzschn.) Karlsruhe, Reiff. à Jahrg. * — 20

—— der, aus Baden. Kalender für Stadt und Land. 34.—37. Jahrg. 1886—1889. 4. (à Jahrg. 56 S. mit Bildern.) Karlsruhe, Reiff. à Jahrg. *

— der, aus Baden. Kalender f. Stadt u. Land. 47. Jahrg. 1899. Hrsg. v. ev. Verein f. inn. Mission A. B. in Karlsruhe. gr. 8. (58 S. m. Bild.) Karlsruhe (J. J. Reiff). n. — 20

— der, aus Baden. Kalender f. Stadt u. Land. 51. Jahrg. 1908. Hrsg. vom ev. Verein f. innere Mission A. B. in Karlsruhe. gr. 8. (62 S. m. Abbildgn.) Karlsruhe (J. J. Reiff). n. — 20

Volksbote für Baden u. die Pfalz. Kalender f. Stadt u. Land. 54. Jahrg. 1906. Hrsg. vom ev. Verein f. innere Mission A. B. in Karlsruhe. (62 S. m. Abbildgn. u. 1 Farbdr.) gr. 8. Karlsruhe (J. J. Reiff). n. — 20
Erschien bisher u. d. T.: Volksbote, der, aus Baden.

— für Baden u. die Pfalz. Kalender f. Stadt u. Land. 58. Jahrg. 1910. Hrsg. v. ev. Verein f. innere Mission A. B. in Karlsruhe. (62 S. m. Abbild. u. 1 Taf.) gr. 8. Karlsruhe, (J. J. Reiff). — 20

Volksbote. – B a d i s c h e r Volksbote. –
Heidelberg. – 1889 – 30.VII.1897.
Fortges. u.d.T.: Deutscher Volksbote.

Volksbote: Der Volksbote aus Basel
⑮ Diese in BGSZ 12 mit * bezeichnete Zeitung ist sicher identisch mit dem «Christlichen Volksboten aus Basel».

Volksbote. – B a y e r i s c h e r Volksbote. –
München, sp. [ab 17.II.1891] Regensburg. –
1.IV.1890 – 7.IX.1904.
Fortges. u.d.T.: Bayerischer Volks-Bote.

Volks-Bote. – B a y e r i s c h e r Volks-Bote. –
Regensburg. – 8.IX.1904 – 31.I.1911.
Vorh. u.d.T.: Bayerischer Volksbote (München).
Fortges. u.d.T.: Regensburger Neueste Nachrichten.

Berner Volksbote (I)
⑤ 1869—1870 ⑦ wöchentlich 2× ⑧ Bern: J. Allemann ⑨ Feuilleton (unter Verwendung der populären Feuilletonartikel der Sonntagspost) ⑫ freisinnig ⑬ BGSZ: 973 ⑮ Erschien unter Verantwortlichkeit der «Berner Tagespost». Auf einen ländlichen Leserkreis abgestimmt.

Berner Volksbote (II)
⑤ 1899—1902 ⑦ wöchentlich 3× ⑧ Bern: (1899—1900); Interlaken: (1901—1902) ⑬ BGSZ: 973.

Volksbote: Christlicher Volksbote aus Basel
⑤ 2. 5. 1833—31. 12. 1941 ⑥ 4° ⑦ Wochenblatt ⑧ Basel: Felix Schneider (2. 5. 1833—1852), Felix Schneider (Adolf Geering) (1853—1889), Adolf Geering (1899—1898), Friedrich Reinhardt (1899—1941) ⑨ Schweizer Sonntagsfreund (Herausgegeben von Freunden des Sonntags; 1882—1910; 8°; jährlich 6×; Zürich: Zürcher & Furrer; Red.: Pfr. Karl Stockmeyer), Korrespondenzblatt der deutsch-schweizerischen Sonntagsvereine (Beiblatt zum Schweizer Sonntagsfreund; 1904—1910; 8°; jährlich 2×; Zürich: Zürcher & Furrer; Red.: Pfr. Karl Stockmeyer), Nachrichten von dem Hülfswerk in Armenien (Herausgegeben von dem Central-Bureau der Schweizerischen Hülfsvereine in Neuenburg; März 1898—März 1904; 4°; jährlich 1—2×; Neuenburg: P. Attinger; Hg.: Gebrüder Attinger, Verleger), Nachrichten aus Armenien (Herausgegeben vom Ausschuß des schweizerischen Hilfsbundes für Armenien; 23. 3. 1910—1911; 4°; jährlich 1—3×), Basler Bote für die christlichen Jünglingsvereine (Januar 1895—Juli 1898; 4°; jährlich 6×; Basel: Emil Birkhäuser), Beilage zum Christlichen Volksboten (1836—1863; 4°; wöchentlich 1×; Anzeigeblatt), Anzeigeblatt zum Christlichen Volksboten (1864—1899 ?; 4°; wöchentlich 1×), Beilage zum christlichen Volksboten aus Basel (1900—1918, 29. 8. 1923—1928, 1931—1934; 4°; wöchentlich 1×), Nachrichten aus der Basler Mission (Juni 1908—November/Dezember 1939) ⑩ Felix Schneider Verlag (1833—1852), Felix Schneider (Adolf Geering) (1853—1875), Theodor Sarasin-Bischoff (1876—16. 3. 1910), Prof. Dr. Daniel Burckhardt-Werthemann (23. 3. 1910—31. 1. 1934), Pfr. Georg Vischer (7. 2. 1934—1941) ⑪ Pfr. Adolf Sarasin-Forcart (1833—1875), Theodor Sarasin-Bischoff (1876—16. 3. 1910), Prof. Dr. Daniel Burckhardt-Werthemann (23. 3. 1910—31. 1. 1934), Pfr. Georg Vischer (7. 2. 1934—1941) ⑫ konservativ ⑬ Daniel Burckhardt-Werthemann: Ein Wort an die lieben Leser unseres Blattes. Christ. Volksbote 1934, p. 42; Ein paar Bilder aus der Geschichte des Volksboten. Christl. Volksbote 1933; Heinrich Gelzer: «Christlicher Volksbote» 1833—1941. Christ. Volksbote 1941 ⑭ Bs: U (Beilagen unvollständig), SA (Beilagen unvollständig); Be: L ⑮ Der Volksbote ist als ein «Denkmal des Exils» von Pfarrern gegründet worden, die aus Baselland vertrieben worden waren (Adolf Sarasin-Forcart, der als «Volksbote» bezeichnet wurde, Johannes Linder, Eduard Bernoulli, Samuel Preiswerk und J. R. Lukas Burckhardt). Gemäß dem Programm der ersten Nummer war er bestrebt, «alle Zeitereignisse vom Standpunkt des Reiches Gottes aus zu betrachten». Er galt den Radikalen der Eidgenossenschaft als ein Symbol des konservativen Basel (v. den Disteli-Kalender).

Volksbote, christlicher, aus Basel. 1. Jahrg. 1833. Mai—Dec. 26 Nrn. (½ Bog.), 2. u. 3. J. 1834 u. 35. à 52 Nrn. (Bog.) Mit Titvign. gr. 4. Basel, Schneider. [1. 1 Thlr. 3 Gr., 2. u. 3. à 2 Thlr. 4 Gr.]

Volksbote, christlicher, aus Basel. 4—9. Jahrg. 1836—42. à 52 Nrn. (Bog.) gr. 4. Basel, Schneider. à J. *

—— christlicher, aus Basel. Redact.: A. Savarin. Jahrg. 1843—47. à 52 Nrn. (Bog.) gr. 4. Basel, Schneider. à J. *

—— christlicher, aus Basel. (Redig. von A. Sarasin. 16—20. Jahrg.) 1848—52. à Jahrg. 52 Nrn. (Bog.) gr. 4. Basel, Schneider. [16—19. Jahrg. à * 2 Thlr. 5 Ngr., 20. Jahrg. * 1 Thlr. 26 Ngr.] *

—— christlicher, aus Basel. (Redakt.: A. Sarasin.) 21—24. Jahrg. 1853—56. à Jahrg. 52 Nrn. (Bog.) gr. 4. Basel, Schneider. à Jahrg. *

Volksbote, christlicher, aus Basel. 25—29. Jahrg. 1857—61. à Jahrg. 52 Nrn. (Bog.) gr. 4. Basel, Schneider. à Jahrg. *
Beim 25—27. Jahrg. ist A. Sarasin als Redacteur genannt.

Volksbote, christlicher, aus Basel. 30.—35. Jahrg. 1862—67. à Jahrg. 52 Nrn. (Bog.) gr. 4. Basel, Schneider.
1862 und 1863. à * 1 Thlr. 26 Ngr.; 1864—67. à *

Volksbote, christlicher, aus Basel. 36.—43. Jahrg. 1868—1875. à Jahrg. 52 Nrn. (Bog.) gr. 4. Basel, Schneider. à Jahrg. * 4 40

—— christlicher, aus Basel. Jahrg. 1876. 52 Nrn. (Bog.) gr. 4. Basel, Schneider. * 4 40

—— dass. — Hrsgbr.: Th. Sarasin-Bischoff. Jahrg. 1877—1879. à Jahrg. 52 Nrn. (Bog.) gr. 4. Ebendas. à Jahrg. * 4 40

—— christlicher, aus Basel. Hrsgbr.: Th. Sarasin-Bischoff. Jahrg. 1880—1884. à Jahrg. 52 Nrn. (Bog.) gr. 4. Basel, Schneider. à Jahrg. * 4 40

—— christlicher, aus Basel. Hrsgbr.: Th. Sarasin-Bischoff. 53.—56. Jahrg. 1885—1888. à Jahrg. 52 Nrn. (Bog.) gr. 4. Basel, Schneider. à Jahrg. *

—— christlicher, aus Basel. Hrsgbr.: Th. Sarasin-Bischoff. 57.—60. Jahrg. 1889—1892. à Jahrg. 52 Nrn. (Bog.) gr. 4. Basel, Geering. à Jahrg. * 4 40

Volksbote, christlicher, aus Basel. Hrsg.: Th. Sarasin-Bischoff. 59.—62. Jahrg. 1891—1894. à 52 Nrn. (Bog.) gr. 4. Basel, A. Geering. à Jahrg. n. 4.40

— christlicher, aus Basel. Hrsg.: Th. Sarasin-Bischoff. 63.—66. Jahrg. 1895—1898. à 52 Nrn. (Bog.) gr. 4. Basel, A. Geering. à Jahrg. n. 4.40

— christlicher, aus Basel. Red.: Th. Sarasin-Bischoff. 67.—70. Jahrg. 1899—1902. à 52 Nrn. gr. 4. (à ca. 8 S.) Basel, F. Reinhardt. à Jahrg. n. 4.40

— christlicher, aus Basel. Red.: Th. Sarasin-Bischoff. 71.—74. Jahrg. 1903—1906. à 52 Nrn. (à ca. 8 u. 4 S.) gr. 4. Basel, F. Reinhard. à Jhrg. n. 4.40

— christlicher, aus Basel. Verantwortlich: D. Burckhardt-Werthemann. Nebst Beilage: Schweizer Sonntagsfreund. Hrsg. v. Freunden des Sonntags. 75.—78. Jahrg. 1907—1910. à 52 Nrn. (à ca. 8 u. 2 S.) Lex. 8. Basel, F. Reinhardt. à Jahrg. 4.40

Christlicher Volksbote für die evang.-luth. Gemeinden in Süd-Rußland. Odessa seit 1868 (Monatsschrift). Hrsg. v. Pastor Gustav Becker, Probst Alber, Schriftl. Pastor Daniel Steinwand

Volksbote, der deutsche, eine Wochenschrift für den Bürger und Landmann. (1r Jahrg.) 1832. 52 Num. gr. 8. Fürth, Beck u. Comp. 3 fl

Volksbote, der deutsche. Eine Zeitschrift für vaterländ. Interessen zur Belehrung u. Unterhaltung. Redact.: Ludw. Köhler. Verantwortl. Hrsgbr.: Ludw. Storch. 1844. 52 Nrn. (Bog.) gr. 4. Gotha, Verlags-Comptoir. Thlr. *
Bildet die Fortsetzung des „Thüringer Boten".

Volksbote, Der deutsche.
Monatsschrift zur Beförderung deutscher Volksthümlichkeit und Bildung. Stollberg 1845. Red.: *Schneitler, Carl.* (Ky)

— der deutsche. Monatsschrift zur Beförderung deutscher Volksthümlichkeit u. Bildung. (Redacteur: C. Schneitler. 1845.) 6 Hfte (Juli—Decbr.) 4. Stolberg 845, Kleinecke. 2/3 ℛ︀

⊙ Der deutsche **Volksbote.** Ein christlicher Kalender auf das Jahr 1889. Hrgg. v. Ernst Evers. Berlin. o. J. 8°.
(Umschlag:) Der deutsche Volksbote für Schleswig-Holstein. Ein christlicher Kalender auf das Jahr 1889. Hrgg. v. Ernst Evers und [Heinrich] Birckenstädt.

—— der deutsche. Ein christl. Kalender auf d. J. 1890—1893. Hrsg. v. Ernst Evers. 8. (à Jahrg. 112 S. m. Beigaben.) Berl., Buchh. der Berliner Stadtmission. à Jahrg. * — 50

— der deutsche. Ein christl. Kalender auf d. J. 1894. Hrsg. v. Ernst Evers. 8. (72 u. 112 S. m. Abbildgn., 1 Farbendr. u. 1 Wandkalender.) Berlin, Buchh. der Berliner Stadtmission. n. — 50

— der deutsche. C. Kalender auf d. J. 1899. Hrsg. v. Ernst Evers. 8. (35, 29 u. 112 S. m. Abbildgn., 5 Farbdr. u. 1 Wandkal.) Berlin, Buchh. d. Berliner Stadtmission. n. — 50

— der deutsche. Ein Kalender auf d. J. 1903. Hrsg. v. Ernst Evers. 8. (35, 29 u. 113 S. m. Abbildgn., 1 Farbdr. u. 1 Wandkalender.) Berlin, Vaterländ. Verlags- u. Kunstanstalt. n. — 50

— der deutsche. Ein Kalender auf d. J. 1907. Hrsg. v. Curt Nicklas. (19. Jahrg.) (XXXV, 29 u. 115 S. m. Abbildgn., 1 Farbdr. u. 1 Wandkalender.) 8. Berlin, Vaterländische Verlags- u. Kunstanstalt. — 50

— dasselbe. (Ausg. f. Ostpreußen.) (XXXV, 13, XVI u. 115 S. m. Abbildgn., 1 Farbdr. u. 1 Wandkalender.) 8. Ebd. — 50

Volksbote, der deutsche. Ein Kalender auf d. J. 1911. Hrsg. v. d. Berliner Stadtmission. (23. Jahrg.) (XXXV, 29 u. 108 S. m. Abbild., 6 [1 farb.] Vollbildern u. Wandkalender.) 8. Berlin, Vaterländische Verlags- u. Kunstanstalt. — 50

— der deutsche. Deutschvölkische Wochenschrift. Mit den Beilagen: „Das illustr. Blatt der Erfindgn. u. Entdeckgn." u. „Praktische Mitteilgn. f. Gewerbe u. Handel, Land- u. Hauswirtschaft". Hrsg.: A. Kießlich. Schriftleit.: Adf. Fritsche. 13.—15. Jahrg. 1903—1905. à 52 Nrn. (à ca. 10 u. 4 S.) Fol. Prag (II, Krakauerg. 11), Verwaltung. à Jhrg. n.n. 10. —

— der deutsche. 1903. 4. (64 u. 16 S. m. Abbildgn.) Stuttgart, K. Daser. — 20

— der deutsche. 1907. (45 u. 7 S. m. Abbildgn.) gr. 8. Stuttgart, K. Daser. — 20

— der deutsche. 1911. (56 S. m. Abb.) gr. 8. Stuttgart, K. Daser. — 20

—— der deutsche, für Brandenburg. Ein christl. Kalender auf das J. 1889. Hrsg. von Ernst Evers. 8. (64, 99 S. mit Bildern.) Berlin, Buchh. der Berliner Stadtmission. *

Volksbote, der deutsche, für Hessen. Ein christl. Kalender auf das J. 1889. Hrsg. von Ernst Evers und Naumann. 8. (64, 92 S.) Berlin, Buchh. der Berliner Stadtmission. *

—— dass. — 1889 für Ostpreußen. Hrsg. von Ernst Evers und Abramowski. 8. (64, 92 S.) Ebendas. *

— der deutsche, f. Ost-Preußen. Ein Kalender auf d. J. 1909. Hrsg. v. Curt Nicklas. (21. Jahrg.) (XXXV, 29 u. 112 S. m. Abb., 1 Farbdr. u. Wandkalender.) 8. Berlin, Vaterländ. Verlags- u. Kunstanstalt. — 50

—— dass. — 1889 für Pommern. Hrsg. von Ernst Evers und Kypke. 8. (64, 99 S.) Ebendas. *

—— dass. — 1889 für die Rheinprovinz und Westfalen. Hrsg. von Ernst Evers und Dammann. 8. (64, 107 S.) Ebendas. *

—— dass. — 1889 für Sachsen. Hrsg. von Ernst Evers und Schütze. 8. (64, 99 S.) Ebendas. *

—— dass. — 1889 für Schlesien. Hrsg. von Ernst Evers und Albertz. 8. (64, 99 S.) Ebendas. *

—— dass. — 1889 für Schleswig-Holstein. Hrsg. von Ernst Evers und Birckenstädt. 8. (64, 99 S.) Ebendas. *

—— dass. — 1889 für Thüringen. Hrsg. von Ernst Evers und R. Bürckner. 8. (64, 99 S.) Ebendas. *

—— dass. — 1889 für Westpreußen. Hrsg. von Ernst Evers und Köhler. 8. (64, 99 S.) Ebendas. *

Volksbote. – Deutscher Volksbote. –
Heidelberg, sp. [ab 1.XII.1897] Mannheim. –
31.VII.1897 – 31.XII.1898(?).
Vorh. u.d.T. Badischer Volksbote.

Volks-Bote für Dornach, Arlesheim, Reinach (etc.)
v. Volks-Bote für Dornach, Arlesheim, Dorneckberg und Leimental

Volksbote: Eidgenössischer Volksbote
① Inteligenz- und Regierungsblatt für den Canton Schaffhausen ③ Erneuerte Schaffhauser Zeitung ⑤ 1839 ⑥ 4° ⑦ wöchentlich 2× ⑧ Schaffhausen: Wilhelm Ruh, Buchdrucker ⑮ Projektierte Zeitung, die im August 1839 hätte erscheinen sollen. Am 3. 8. 1839 bittet Wilhelm Ruh, Buchdrucker, den kl. Rat der Stadt Schaffhausen schriftlich, die Herausgabe zu gestatten. v. Staatsarchiv Sh: Zeitungswesen. Brief vom 3. 8. 1839.

Volksbote. – Elbinger Volksbote. –
1848.
Fortges. u.d.T.: Neuer Elbinger Anzeiger.

—— der, von Elsaß-Lothringen. Illustrirter Kalender für das J. 1874. 4. (72 S.) Nancy 873, Berger-Levrault und Comp. — 50

— evangelischer. Kalender d. Evang. Bundes. Hrsg. im Auftr. d. Centralvorstandes. 10. Jahrg. 1899. 4. (70 u. 6 S. m. Abb., 1 Farbdr. u. Wandkal.) Leipzig, Buchh. d. Ev. Bundes v. C. Braun. n. — 25
In Ausgaben für Norddeutschland, Rheinland, Süddeutschland u. Württemberg.

— evangelischer. Kalender des Evang. Bundes. Hrsg. im Auftrage des Centralvorstandes. 14. Jahrg. 1903. 4. (72 u. 9 S. m. Abbildgn., 1 Taf. u. Wandkalender.) Leipzig, Buchh. des ev. Bundes v. C. Braun. n. — 25
In Ausg. f. Norddeutschland, f. Süddeutschland u. f. Württemberg.

— **evangelischer.** Kalender des Evang. Bundes. Hrsg. im Auftrage des Zentralvorstandes. 17. Jahrg. 1906. (71 u. 9 S. m. Abbildgn., 1 Taf. u. Wandkalender.) gr. 8. Leipzig (C. Braun). n. — 25
In Ausgaben f. Norddeutschland u. f. Süddeutschland.

— **evangelischer.** Kalender des Evang. Bundes. (Hrsg. im Auftrage des Zentralvorstandes.) 22. Jahrg. 1911. (79 u. 9 S. m. Abbild., 1 Taf. u. Wandkalender.) gr. 8. Halle, Verlag des ev. Bundes. — 25
In Ausgaben f. Norddeutschland u. f. Süddeutschland.

Volksbote. – Frankfurter Volksbote. – Frankfurt a.M. – 4.IV.1849 – 31.XII.(?) 1856.

Volksbote: Geistlicher Volksbote von Basel
⑮ Die in der Zeitung »Der Hochwächter vom Säntis« (Nr. 21 v. 25. 5. 1833) unter diesem Titel zitierte Zeitung heißt »Christlicher Volksbote aus Basel« (gegründet 1833).

— **der Gustav-Adolf-Stiftung aus Thüringen.** Herausg.: Schmid. 4. Jahrg. 1851. 12 Nrn. gr. 8. (½ B.) Rudolstadt, Fröbel in Comm. 6 ngl — 5. Jahrg. 1852. 12 Nrn. gr. 8. (½ B.) Apolda. Leipzig, Mittler. n. 6 ngl (1–3. Jahrg. siehe: Gustav-Adolf-Vereinsbote.)

—— **der Gustav-Adolf-Stiftung aus Thüringen.** Organ des Hauptvereins für die Provinz Sachsen. Hrsg. von Ed. Schmid. 6. Jahrg. 1853. 12 Nrn. (½ Bog.) gr. 8. Apolda. (Leipzig, Mittler.) *

— **illustrierter.** Kalender f. Stadt u. Land. 1903. 4. (80 u. 8 S. m. 1 Farbdr. u. Wandkalender.) Stuttgart, C. Weber & Co. — 25

— **illustrierter.** Kalender f. Stadt u. Land. 1907. (74 S. m. Wandkalender.) gr. 8. Stuttgart, C. Weber & Co. — 20

— **illustrierter.** Kalender f. Stadt u. Land. 1911. (57 S.) gr. 8. Stuttgart, K. Daser. — 20

Volksbote. – Der Katholische Volksbote. – Trier. – 25.VIII.1848 – 31.V.1849. Fortges. u.d.T.: Trier'scher Volksbote.

Katholischer Volksbote: 1881–1883
Roman Catholic weekly. Continued as [illegible]. Circulation: 1881, 3000. Edited & published by [illegible], 1881–83.
Chicago, IL

Volksbote: Katholischer Volksbote
① 1. Untertitel Wochenblatt für das katholische Schweizervolk; heute: Lokalblatt und kirchenamtlicher Anzeiger für das Amt Luzern-Land ② Volksbote (1925) ⑤ 16. 12. 1893 (1. Probe-Nummer) (cont.) ⑥ 2° ⑦ Wochenblatt ⑧ Luzern: J. Schill, J. Schills Erben (seit 1906), Schill & Cie. (1925); Sempach-Station: Schnarwiler (seit 1926) ⑩ die Drucker ⑪ heute: Joh. M. Buholzer, röm.-kath. Pfarr-Rektor, Langnau (Be) ⑫ katholisch-konservativ ⑬ BGSZ. 1028, 1032 ⑭ Lu. Z (unvollständig); Be: L (1894–1923, 20. 2. 1925, 1953 cont.) ⑮ Am 8. 10. 1942 erschien eine Sonder-Nummer zum 50-jährigen Bestehen (1892–1942); diese Bezeichnung ist irreführend, da die beiden Probe-Nummern im Dezember 1893 und Nr. 1 am 6. 1. 1894 erschienen sind.

Volksbote, Der kleine schlesische. Kalender für das Jahr 1890. Kl.-4. (126 S.) — 25
Teschen: Feitzinger 1889.

Volksbote, Der kleine schlesische. Kalender für das Jahr 1891. 4. (80 S.) –.25
Teschen: Feitzinger 1890.

Volksbote, Der kleine schlesische. Kalender für das Schaltjahr 1892. 4. (80 S.) —.25
Teschen: Feitzinger 1891.

— **der kleine schlesische.** Kalender f. das J. 1895. 4. (80 S. m. Abb.) Teschen, E. Feitzinger. n. — 40

—— **lausitzer.** (Fortsetzung des „Constitutionellen.") Redig. von J. Breyer. 1. Jahrg. Aug. — Decbr. 1849. 44 Nrn. (½ Bog.) gr. 4. Mit Stnt. Löbau, Breyer.

—— dass. — 2. Jahrg. 1850. Redig. von Dems. 104 Nrn. (½ Bog.) Mit Stnt. hoch 4. Ebds.

—— dass. — 3. und 4. Jahrg. 1851 und 1852. 104 und 52 Nrn. (à ½ und 1 Bog.) Mit Stnt. hoch 4. Ebds. à Jahrg.

— **Lausitzer.** (Fortsetzung des „Constitutionellen.") Red.: J. Breyer. 1. Jahrg. Aug. — Decbr. 1849. 44 Nrn. 3 u. 4. Jahrg. 1850 u. 1851. à 104 Nrn. 4. (½ Bog. m. Lith.) 5. Jahrg. 1852. 52 Nrn. 4. (Bog. m. Lith.) Löbau, Breyer. 1849: 14 ngl 1850: 24 ngl 1851 u. 1852: à n. 1⅓ ℛ

Volksbote. – Lübecker Volksbote. 1.IV.1894 – 29.III.1942. Fortges. u.d.T.: Lübecker Freie Presse.

Volksbote: Der Volksbote aus den Lütschinen-Thälern
① Anzeigeblatt der Gemeinden Grindelwald, Lauterbrunnen, Gündlischwand, Lütschenthal und Isenfluh ④ Echo von Grindelwald ⑤ 6. 7. 1895—April 1896 ⑥ 2° ⑦ halbwöchentlich ⑧ Grindelwald: M. Keßler (Juli 1895—Dezember 1895), J. Jakober-Peter (ab 1. 1. 1896) ⑨ Der Gletschermann ⑬ BGSZ. 973 ⑭ Be: St ⑮ Anregung zur Gründung des Blattes gab Pfarrer G. Straßer in Grindelwald.

—— **lützener.** Wochenblatt für die Stadt Lützen und Umgegend. Redig. von C. A. Linsel. 1. Jahrg. 1848. April — Decbr. 37 Nrn. (½ Bog.) 4. Lützen. (Leipzig, Joachim's Separat-Conto.)

—— dass. — Redig. von Dems. (2—4.) Jahrg. 1849—51. à Jahrg. 52 Nrn. (½ Bog.) 4. Ebds. [2. Jahrg. * 24 Ngr., 3. 1 Thlr., 4. * 1 Thlr. 10 Ngr.] *

Luzerner Volksbote
⑮ Die Zeitung »Die Stimme von der Limmat« brachte in der Nummer vom 21. 9. 1844 die folgende Notiz: »In Luzern ist die Probenummer eines der angekündigten Blätter, **»Luzerner Volksbote«**, erschienen. — Vielleicht bezieht sich jene Korrespondenz der »Staatszeitung« (Nr. 70, 1844) ebenfalls auf dieses Blatt. Dort wird berichtet, die freisinnige Partei habe zu einer Sitzung nach Lippenrüte (Neuenkirch) eingeladen und über eine »nagelneue« Zeitung, herausgegeben aus dem Bureau zu Büron (gemeint ist Dr. med. Heller) verhandelt. — Beide Meldungen beziehen sich wahrscheinlich auf das »Luzerner Volksblatt« (I), das am 16. 9. 1844 zum erstenmal erschien. Der Drucker der »Stimme von der Limmat« war im allgemeinen über luzernische Verhältnisse immer sehr gut informiert, da er selber in den dreißiger Jahren in Luzern als Verleger tätig gewesen war.

Volksbote von Murten
v. Der Volksbote (Fr) (sub 15).

— **der nordische.** Eine Vierteljahrschrift hrsg. von Zander. 1846. u. 1847. 1—3. Hft. 8. (1846: 128 S. 1847: 384 S.) Malchin 846. 47, Piper. 1846: n. ¼ ℛ 1847, 1—3: (à n. 6 ngl) n. 18 ngl

Volksbote, Der oldenburgische, s.a. Volksbote. 1874ff.

— **der Oldenburgische,** ein gemeinnütziger Volkskalender für den Bürger u. Landmann des Großherzogthums Oldenburg auf die Jahre 1838–1841. 1r–4r Jahrg. 8. Oldenburg 837–40. Schulze. (Berndt.) 1r–3r Jahrg. à n. ¼ ℛ 4r Jahrg. n. 5 ngl

—— **der oldenburgische,** e. gemeinnütz. Volkskalender f. d. Bürger u. Landmann d. Großhrzgth. Oldenburg a. d. J. 1838—42. 1—5. Jahrg. 8. Oldenburg, Schulzesche Buchh. [838. (12½ B.), 39. (12¼ B.), 40. (13¼ B.), 41. (13½ B.), 42. (14¾ B.) à * ¼ Thlr.] *

—— **der oldenburgische.** Ein gemeinnütziger Volkskalender f. den Bürger u. Landmann des Großherz. Oldenburg auf d. J. 1843—47. 6—10. Jahrg. 8. Oldenburg, Schulze'sche Buchh. [6. (...B.) 7. (16¾ B.) 8. (17¼ B.) 9. (13¾ B.) 10. (13¼ B.) à 7½ Ngr.]
1—5. Jahrg. 1838—42. Ebendas. à J. 7½ Ngr.

Volksbote, der oldenburgische. Ein gemeinnütziger Volks-Kalender für den Bürger und Landmann des Großherzogth. Oldenburg auf die J. 1848—52. 11—15. Jahrg. 8. Oldenburg, Schulze'sche Buchh. [11. (LVI und 248 S.) 12. (LII und 257 S.) 13. (LII und 282 S.) 14. (LX und 254 S.) 15. (LXXVI und 250 S.) à Jahrg. 7½ Ngr.] Thlr.
1—10. Jahrg. 1838—47. Ebendas. a Jahrg. 7½ Ngr.

—— der oldenburgische. Ein gemeinnütziger Volks-Kalender für den Bürger und Landmann des Großherzogth. Oldenburg auf die J. 1853—57. 16—20. Jahrg. gr. 12. Oldenburg 852—56, Schulze'sche Buchh. à Jahrg.

—— der oldenburgische. Ein gemeinnütziger Volkskalender für den Bürger und Landmann des Großherzogth. Oldenburg auf die Jahre 1858—62. 21—25. Jahrg. gr. 12. (à Jahrg. ca. LXXVI und 235 S. mit 1 Holzschnt.) Oldenburg, Schulze'sche Buchh. à Jahrg.

—— der Oldenburgische. Ein gemeinnütziger Volkskalender für den Bürger und Landmann des Großherzogth. Oldenburg auf die J. 1863—68. 26.—31. Jahrg. 8. (à Jahrg. ca. LXXVI und 240 S. mit eingedr. Holzschn.) Oldenburg, Schulze'sche Buchh. à Jahrg.

—— der Oldenburgische. Ein gemeinnütz. Volkskalender für den Bürger und Landmann des Großherzogth. Oldenburg auf die J. 1869 und 1870. 32. und 33. Jahrg. 8. (LXIV, 239 S. mit 1 lithogr. Karte in 8.; LXIV, 215 S. mit eingedr. Holzschn.) Oldenburg, Schulze'sche Buchh. à Jahrg. — 75

—— dass. — für den Bürger und Landmann auf das J. 1871. mit einem Notizkalender und einer Kriegskarte (in Holzschn., in Fol.) 34. Jahrg., illustr. von A. Schröder u. A. (in Holzschn.) 8. (LXIV, 233 und Notizkalender 15 S.) Ebendas. — 75

—— dass. — auf die J. 1872 und 1873. 35. und 36. Jahrg. 8. (LXII, 209 S.; LVI, 207 S., mit eingedr. Holzschn.) Ebendas. à Jahrg. — 75

Volksbote, Der österreichische. Wien 1848—53. H (27. XII. 1848 bis 31. XII. 1850): *Schrittwieser, Joseph.* H (1. I. 1851 bis 29. VI. 1853): *Ziegler, Constantin.* Red. (1849 [1848] bis 29. Juni 1853): *Bäuerle, Adolph Johann.* (GGr IX, 84)

Volksbote, der Oesterreichische — Red. Ad. Bäuerle. Herausgeber C. Ziegler. Druck. Keck und Pierer. 5. Jahrg. Folio, 3spaltig. Tägl. excl. Montag 8 fl. jährlich. 1853.

Volksbote, der österreichische —. Ein gemeinnütziger Kalender für das Schaltjahr 1856. Enthaltend: den astronomischen Theil des Kalenders, nebst allen dazu gehörigen Notizen über Zeitrechnung, Gerichtsferien, Normatage, Fest- und Fasttage u. s. f. ferner: Genealogie, Postwesen, Eisenbahn- und Dampfschiff-Tarife, Verzeichniß der vorzüglichsten Jahr- und Wochenmärkte, Interessen-Tabellen, endlich viele Aufsätze belehrenden und unterhaltenden Inhalts und mehrere Biographien. Die fünf Bilder enthalten: Laxenburg, das Porträt Louis Napoleons, Kaisers der Franzosen, die Ruine Liechtenstein, die k. k. Hofburg in Wien, Winterreisen in Rußland. Vierter Jahrgang. Wien. Druck und Verlag von A. Pichler's Wtw. und Sohn. (4 S. XLVI, S. 50—127, 8 Bl. 8.)

Volks-Bote, österr.-ung., Kalender f. 1882. 4. (64 S.) geh. 24 kr.
Neutitschein: L. V. Enders 1881.

Volksbote, österr.-ungar., Kalender für das Jahr 1883 mit einem Titelbilde. 4. (64 S.) geh. 24 kr.
Neutitschein: Enders 1882.

Volksbote, Oesterreichisch-ungarischer. Kalender für das Jahr 1891. 4. (80 S.) —.24
Neutitschein: Enders 1890.

Volksbote, Oesterreichisch-ungarischer. Kalender für das Schaltjahr 1892. Kl.-4. (80 S.) —.45
Neutitschein: Enders 1891.

Volksbote. – Ostfriesischer Volksbote.
Emden. – 1.IV.1850 – 29.VI.1854.
Vorh. u.d.T.: Neue Ostfriesische Zeitung.

Volksbote. – Pfälzer Volksbote. –
Ludwigshafen, sp. Kaiserslautern. – 1.VII.1888 – 31.VIII.1925.
Fortges. u.d.T.:Pfälzer Tagblatt.

Volksbote: Rhätischer Volksbote
⑤ 3. 5. 1878 – 29. 12. 1879 ⑥ 8° ⑦ Wochenblatt ⑧ Chur: Gebr. Casanova ⑩ F. Lechner, Thusis ⑪ F. Lechner ⑭ Ch. K.

Volksbote 1874—1884 in Saratow. Hrsg. v. H. Günther

—— Schaumburger. Ein Kalender auf die J. 1886—1889 für den Bürger und Landmann. Mit unterhaltenden uud nützl. Erzählungen, nebst einem Verzeichniß der Jahrmärkte und Messen. 37.—40. Jahrg. 8. (à Jahrg. ca. 80 S.) Rinteln, Bösendahl. à Jahrg.

Volksbote, Schweizer, s. Entlebucher, Der freie.

Volksbote: Schweizerischer Volksbote aus dem Oberaargau
⑤ 1. 7. 1842—Ende 1854 ⑦ wöchentlich 2× ⑧ Langenthal: Kaspar Hübscher (bis August 1842), Simeon Irmel, Karl Hablützel (spätere Drucker und evtl. Druckorte unbekannt) ⑫ konservativ ⑬ Oberaargauer Tagblatt 1898, Nr. 161 ⑮ Die »Schwyzer Zeitung« vom 22. 12. 1854 berichtet, daß der Volksbote aus dem Oberaargau auf Neujahr eingehe, ein Opfer der Fusion, da die konservativen Freunde müde geworden, Opfer zu bringen. — Über eine allfällige Redaktionstätigkeit Weitlings am Volksboten schreibt Brugger (BGSZ: 1124, p. 165): »Nicht viel besser ging es ihm [Weitling] in Langenthal, wo seit Anfang des Jahres 1843 ... der Buchdrucker und Verleger Irmel Weitlings Monatsschrift »Die junge Generation« druckte. Es scheint, daß einige Zeit vorher zwischen Irmel und Weitling abgemacht worden war, daß Weitling von einem beliebigen oder festen Zeitpunkt an, die Redaktion des von Irmel herausgegebenen »Schweizerischen Volksboten«, wenn nicht vollständig, so doch z. T. hätte übernehmen sollen. Doch daraus wurde nichts.«

—— der, für Stadt und Land. 1. Jahrg. 1850. 47 Nrn. (½ Bog.) gr. 4. Kassel, Hotop.

Volksbote: Der Volksbote für Stadt und Land
⑤ 1926—1927 (?) ⑥ 2° ⑦ monatlich 3× ⑧ Winterthur (?) ⑩ H. Maag, Versandhaus, Töß ⑮ Die Zeitung wurde von der Firma Maag-Kläui in Töß (heute Winterthur) gratis abgegeben. Sie brachte Nachrichten aus aller Welt, ein Feuilleton und im Inseratenteil Annoncen der Verlegerfirma.

Volksbote. – Stettiner Volksbote. –
5.VII.1885 – 30.VI.1892.
Fortges. u.d.T.: Volksbote.

— Thüringer. Zeitung für Stadt und Land. 1. Jahrg. 1856. 104 Nrn. (à 1 Bgn.). Naumburg, Garcke. gr. 4. un. 1 $\mathcal{R}$. 10 ngr.

Volksbote. – Trier'scher Volksbote. –
1.VI.1849 – 29.VI.1850.
Vorh. u.d.T.: Der Katholische Volksbote.

Volksbote. – Ulmer Volksbote. –
17.XII.1898 – 31.III.1913.
Fortges. u.d.T.: Schwäbischer Volksbote.

—— der waldeck'sche. Unter Mitwirkung vieler Volksfreunde hrsg. von R. Varnhagen. 1. Jahrg. 1848. Mai — Decbr. 35 Nrn. (Bog.) 4. Arolsen, Speyer. •

—— dass. — Hrsg. von Demf. (2. und 3.) Jahrg. 1849 und 1850. à 52 Nrn. (Bog.) 4. Ebds. à Jahrg. *

—— der, aus Württemberg. Illustrirter Kalender für Stadt Land auf die J. 1870 und 1871. 4. (49; 45 S., mit eingedr. Holzschn.) Stuttgart, Koch. à Jahrg. — 20

—— der, aus Württemberg. Illustrirter Kalender für Stadt und Land auf die J. 1872—1880. 4. (à ca. 50 S. mit eingedr. Holzschn.) Stuttgart, Koch. à Jahrg. — 20

—— der, aus Württemberg. Illustrirter Kalender für Stadt und Land auf die J. 1881—1885. 4. (à Jahrg. 48 S. mit eingedr. Holzschn.) Stuttgart, Rupfer. à Jahrg. * — 20

— der, aus Württemberg. Illustr. Kalender f. Stadt u. Land auf d. J. 1895. 4. (51 S. m. Wandkalender.) Stuttgart, H. Zeller. n. — 20

— der, aus Württemberg. Illustr. Kalender f. Stadt u. Land auf d. J. 1898. 4. (65 u. 5 S.) Stuttgart, Zeller & Schmidt. — 20

— der, aus Württemberg. Illustrierter Kalender für Stadt u. Land auf d. J. 1903. 4. (76 S.) Stuttgart, K. Daser. — 20

— der, aus Württemberg. Illustr. Kalender f. Stadt u. Land auf d. J. 1907. (46 u. 8 S.) gr. 8. Stuttgart, K. Daser. — 20

— der, aus Württemberg. Illustrierter Kalender f. Stadt u. Land auf d. J. 1911. (61 S.) gr. 8. Stuttgart, K. Daser. — 20

Volks-Boten, des, Schweizer-Kalender. 1843—1847. 1.—5. Jahrg. 4. Basel 842—46. Schneider. à 3 ngl

Volksboten, des, Schweizer Kalender auf die J. 1848—1852. 4. (à 88 S. m. eingedr. Holzschn.) Basel, Schneider. à 3 ngl

Volksboten, des, schweizer Kalender auf die J. 1853—57. 11—15. Jahrg. Mit eingedr. Holzschn. 4. Basel, Schneider. à Jahrg.

Volksboten, des, Schweizer-Kalender auf die J. 1858—62. 16—20. Jahrg. 4. (à Jahrg. 80 S. mit eingedr. Holzschn.) Basel, Schneider. à Jahrg. *

Volksboten, des, Schweizer-Kalender auf die J. 1863 u. 1864. 21. u. 22. Jahrg. Basel, Schneider. 4. Jeder Jahrg. (80 S. mit eingedr. Holzschn.) n. 3 ngr

Des Volksboten Schweizer-Kalender auf d. Jahr 1871. 29. Jahrg. Mit Holzschnitten. 80 Seiten. 4. Basel, Felix Schneider. —. 30

Volksboten, des, Schweizer-Kalender auf die J. 1875—1880. 33.—38. Jahrg. 4. (à ca. 70—80 S. mit eingedr. Holzschn.) Basel, Schneider. à Jahrg. — 30

Volksboten, des, Schweizer-Kalender auf die J. 1881—1885. 39.—43. Jahrg. 4. (à Jahrg. ca. 80 S. mit eingedr. Holzschn.) Basel, Schneider. à Jahrg. — 30

Volksboten, des, Schweizer-Kalender auf die J. 1886—1889. 44.—47. Jahrg. 4. (à Jahrg. 80 S. mit Illustr.) Basel, Schneider. à Jahrg. *

Volksboten, des, Schweizer-Kalender auf d. J. 1890—1893. 48.—51. Jahrg. 4. (76; 80; 88; 80 S. m. Bildern.) Basel, Geering. à Jahrg. * — 30

Volksboten, des, Schweizer Kalender auf d. J. 1894. 52. Jahrg. m. Bild. In-4⁰. 80 S. Basel, A. Geering. — 30

Volksboten, des, Schweizer-Kalender auf d. J. 1895. 53. Jahrg. 4. (80 S. m. Bildern.) Basel, A. Geering. n. — 30

des **Volksboten** Schweizer-Kalender auf das Jahr 1896. 54. Jahrg. Mit Abb. In-4⁰. 80 S. Basel, A. Geering. — 30

Des **Volksboten Schweizerkalender** auf d. Jahr 1897. 55. Jahrg. Mit Bildern. In-4⁰. 80 S. Basel, Adolf. Geering. — 30

Volksboten, des Schweizer-Kalender auf d. J. 1899. 57. Jahrg. 4. (80 S. m. Bildn.) Basel, A. Geering. — 30

Volksboten, des, Schweizer-Kalender auf d. J. 1900. 58. Jahrg. 4⁰. 80 S. m. Abbildgn. Basel. Fr. Reinhardt. — 30

Volksboten, des, Schweizer Kalender auf das Jahr 1901. 59. Jahrg. 4⁰. 80 S. mit Abbildgn. Basel, Fr. Reinhardt. 30

Volksboten, des, Schweizer-Kalender auf d. J. 1903. 61. Jahrg. 4. (80 S. m. Abbildgn.) Basel, F. Reinhardt. n.n. — 25

Volksboten, des, Schweizer-Kalender auf das J. 1905. 63. Jahrg. (80 S. m. Abbildgn.) 8. Basel, F. Reinhardt. — 30

Volksboten, des, Schweizer-Kalender auf d. J. 1911. 69. Jahrg. (80 S. m. Abbildgn.) 8. Basel, F. Reinhardt. nn — 35

(F) **Volksboten-Kalender** für das Gemeinjahr 1902. Herausgegeben vom Pressverein in Brixen. Brixen. Pressverein. Gr.-8⁰. 128 S. K—.40

Volksboten-Kalender f. d. J. 1903. Hrsg. vom Preßverein. gr. 8. (110 S. m. Abbildgn.) Brixen, Buchh. des kath.-polit. Preßvereins. n. — 50

Volksboten-Kalender f. d. J. 1904. 3. Jahrg. Hrsg. vom Preßverein. (112 S. m. Abbildgn. u. 1 Farbdr.) gr. 8. Brixen, Preßvereins-Buchh. n. — 50
Erscheint nicht mehr.

Volksboten-Kalender, bayerischer. 1898. 3. Jahrg. 8. (48 S. m. Abb.) Regensburg, Verlagsanstalt, vorm. G. J. Manz. n. — 10

— bayerischer. 1902. 7. Jahrg. 8. (48 S.) Regensburg, Verlagsanstalt vorm. G. J. Manz. n. — 10

— bayerischer, 1903. 8. Jahrg. (48 S.) 8. Regensburg, Verlagsanstalt vorm. G. J. Manz. n. — 10
Erscheint nicht mehr.

Volksbote-Wochenblatt : Jahrgang 1—50, no. 1, Nov. 12, 1897–Jan. 3, 1935.

Independent Republican weekly. Title varies: SHAWANO VOLKSBOTE, 1897–June 1, 1901. Formed by union of SHAWANO VOLKSBOTE, and SHAWANO COUNTY WOCHENBLATT. Circulation: 1905, 1500; 1910, 1450; 1915, *1600*; 1920, *1525*; 1930, 1312. Edited & published by John Esser, 1897; edited by Heinrich von Eichholz, & published by Wiegand & Esser, 1898–1900; edited & published by Heinrich von Eichholz, 1901; edited by E. A. Jaeckel, 1902–05; by James L. Alexander, 1905–May 1910; by Arthur Mathwig, 1910–20; published by Volksbote Publishing Co., 1902–20; edited & published by Arthur Mathwig, 1921–35.
Shawano, WI

Volksbötin. – Die Volksbötin. –
München. 4.V.1849–30.X.(?)1852.

Volksbriefe, katholische. Nr. 1—4. (à 8 S.) kl. 8. M.Gladbach (910). Volksvereins-Verlag. à p — 05
1. An die Eltern unserer Kommunionkinder.
2. An die Eltern aller, die in die Fremde gehen.
3. An alle Männer u. Jünglinge, die bei uns zugezogen sind.
4. An alle Mädchen, die bei uns zugezogen sind.

Volks-Briefsteller, allgemeiner, oder prakt. Anleitung zur Abfassung von Briefen, Contrakten, Vergleichen, Testamenten rc. nebst einem Titularbuche und einer kurzen Anweisung zur einfachen Buchhaltung so wie einer Verdeutschung und Erklärung vieler im Geschäfts- und geselligen Verkehr vorkommenden Fremdwörter. 8. (XX und 480 S.) Schaffhausen 847, Brodtmann'sche Buchh.

Volks- u. Familien-Briefsteller, allgemeiner. Ein Handbuch u. Rathgeber f. das tägl. Leben. Mit Angaben üb. Briefstil, Briefgattgn. u. Rechtschreibg., sowie e. vollständ. Zusammenstellg. v. Titulaturen. 16. (21 S.) Berlin 891. Gebr. Radetzki. — 10

Volksbriefsteller, großer, f. alle im Leben vorkommenden Fälle. 8. (154 u. VI S.) Wien 893. (Leipzig, Literar. Anstalt A. Schulze.) n. 1. —

Volksbroschüre, katholische. Nr. 1—12. 16. Linz-Urfahr, Verlag des kathol. Preßvereines. n. 1.37
1. Ich glaube an die hl. katholische Kirche, od.: welch e. Glück, e. Katholik zu sein. Eine Erwägg. zur Stärkg. des hl. kathol. Glaubens von e. Ordenspriester. 16.—18. Tausf. (29 S.) (901.) — 06
2. Ja od. Nein? Eine Antwort auf 12 Gewissensfragen e. Abfallpredigers. (48 S.) 901. n. — 10
3. Katholisch od. protestantisch? Von Jos. Pfeneberger. [Aus: „Ave Maria".] (19 S.) 902. n. — 10
4. Rede üb. die Orden, geh. bei der Congregations-Debatte im österr. Abgeordnetenhause (Novbr. 1901. Von Frhr. v. Morsey. [Aus: „Linzer Volksbl."] (46 S.) 901. n. — 20
5. 6. Wem sollen wir glauben, dem Lehramte der kath. Kirche od. der Bibel allein? od.: Das „reine Evangelium" der Abfallsprediger kritisch beleuchtet von zwei Cooperatoren. (39 S.) 902. n. — 20
7. 8. Schlagworte, moderne gegen die kath. Priester. Von Catholicus Laicus. (43 S.) 902. n. — 20
9. Wahrheit, Freiheit, Bildung od.: Der größte Ehrenname. Von Jos. Pfeneberger. (20 S.) 902. n. — 10
10. Ist die katholische Kirche heilig? Eine statist. Betrachtg. Von Balth. Scherndl. (12 S.) 902. n. — 08
11. Ein unglückseliger Tausch od. warum ein denkender Katholik nicht protestantisch wird. Von Frz. Stingeder. [Aus: „Ave Maria".] (20 S.) 902. n. — 15
12. Ist die Marienverehrung der Katholiken verwerflich? Von Max Karl. (47 S.) 902. n. — 20

Volksbuch. Erzählungen, Novellen u. andere Kleinigkeiten. 8. ($8^{1}/_{8}$ B. u. 6 Holzschnitttaf.) Magdeburg 841, Baensch. *

Volksbuch f. d. J. 1844 u. 1845. 1. u. 2. Jahrg. mit besond. Rücksicht auf die Herzogthümer Schleswig, Holstein u. Lauenburg. Hrsg. von K. L. Biernatzki. 16. Kiel, Schwers'sche Bh. [1. (15 B. u. 2 Radirungen.) 2. ($13^{5}/_{8}$ B. u. 4 Stnt.) à * 15 Ngr.* 1 —

—— dass. f. d. J. 1846 u. 1847. mit besond. Rücksicht auf die Herzogthümer Schleswig, Holstein u. Lauenburg. Mit Beiträgen v. H. Biernatzki, H. Burgwardt, J. F. Burmester, C. E. Carstens u. Anderen. Hrsg. v. C. L. Biernatzki. 3. u. 4. Jahrg. 8. Altona, (Lehmkuhl.) [3. ($10^{1}/_{8}$ B., 6 Abbild., 2 Tab. u. 1 Karte.) 4. (10 B., 8 Stnt. u. eingedr. Holzschn.) à * 15 Ngr.] *

Volksbuch für das J. 1848 für Schleswig, Holstein und Lauenburg. Mit Beiträgen von Herm. Biernatzki, J. F. Burmester u. A. Hrsg. von Carl Biernatzki. 5. Jahrg. br. 8. (127 S. mit 6 Stnt. und mit eingedr. Holzschn.) Altona, (Lehmkuhl.) *

—— dass. — Nebst Kalender. 8. (XXX und 128 S. mit 6 Stnt. und eingedr. Holzschn.) (Ebds.) 848. *

—— dass. — auf d. J. 1849—51., nebst Kalender. Mit Beiträgen von Mehreren. Hrsg. von Carl Biernatzki. (6—8.) Jahrg. br. 8. Mit eingedr. Holzschn. Altona, (Lehmkuhl.) [6. (XXII und 141 S. mit 8 Stnt.) 7. (XXXII und 156 S. mit 8 Stnt.) 8. (XXXII und 144 S. mit 10 Stnt.) à Jahrg. * 18 Ngr.] *
Letztere 3 Jahrg. mit dem Umschlagsttl.: Schleswig-holstein. Volkskalender.

—— Luther's Leben, Sterben u. vollständ. Geschichte d. Reformation. Nebst noch gar Vielem, was zu wissen jetzt jedem noth, v. welcher Confession er sei. zusammengest. v. Mehreren u. hrsg. v. G. Gentzel. 2. Aufl. 8. ($9^{1}/_{4}$ B., 10 Bildnisse u. Handschrift Luthers.) Berlin 846, Vereinsbuchh.

— allgemeines deutsches, herausg. von mehrern Volksfreunden. In 2 Bdn. 1r Bd. (1e Liefer.) gr. 8. Hechingen 832. Hofbuchh. 4 K

— allgem. deutsches. In Verbindung mit mehreren Volksfreunden ausgewählt u. herausgeg. v. Hnr. Rebau. 2. verb. Aufl. gr. 8. Stuttgart 841, Etzel. n. $^{5}/_{6}$ ℛ

Volksbuch, allgemeines Mecklenburgisches, 1r—6r Jahrg.; auf die Jahre 1835—1840. 8. Wismar, Schmidt u. v. Cossel's Rathsbuchh. à $^{3}/_{8}$ ℛ Schreibpap. à $^{7}/_{12}$ ℛ

— allgemeines Meklenburgisches, 7. Jahrg. auf das Jahr 1841. Mit den Gratisbeigaben: Kalender, Schlacht am Montmartre vor Paris am 30. Mai 1814, und Lager der Kosaken in den eliseischen Feldern in Paris im April 1814. (Mit 2 Stahlst.) 8. Wismar 841, Schmidt u. v. Cossel's Rathsbuchh. n. $^{3}/_{8}$ ℛ

— dass. 8. u. 9. Jahrg. auf 1842 u. 1843. Mit den Gratisbeigaben: König Friedrich Wilhelm III. im Lazareth zu Bautzen, und die Schlacht bei Kulm. (Mit 4 Stahlst.) 8. Ebend. 843. à n. $^{3}/_{8}$ ℛ

— allgemeines plattdeutsches, s.a. Raabe.

Volksbuch, allgemeines plattdeutsches. Sammlung von Dichtungen, Sagen, Märchen, Schwänken, Volks- und Kinderreimen, Sprichwörtern, Räthseln rc. Hrsg. von H. F. W. Raabe. gr. 16. (XIV und 242 S.) Wismar 854, Hinstorff'sche Hofbuchh. Thlr. *

Das deutsche Volksbuch von den Heymonskindern. Nach dem Niederländischen bearb. von Paul von der Aelst. Mit einer Einl. über Geschichte und Verbreitung der Reinoltsage hrsg. von Fridrich Pfaff. — Freiburg i. Br.: Herder 1887. LXXII,208 S.
1:Yu 2171. 12:P. o. germ. 1527st. 300:183.664-B.
3. 5. 6. 7. 9 11.
8.12530

Volksbuch, deutsches. 1—4. Bdchn. 8. Halle 852, [Buchhandlung des Waisenhauses.]
Inhalt:
Bdchn. 1. Berlin und Potsdam. Eine brandenburg. Seenovelle von Heinr. Smidt. (92 S.) 9 Ngr.
„ 2. Enguerrand v. Lamalgue. Der letzte Troubadour der Provence. Von Geo. Hesekiel. (80 S.) 9 Ngr.
„ 3. Die innere Stimme. Ein Bauerngut auf See. Der Schiffsbauherr und sein Geselle. Drei Erzählungen von Heinr. Smidt. (104 S.) 10 Ngr.
„ 4. Aus dem Leben des Todes. Sieben Abenteuer von George Hesekiel. (115 S.) 12 Ngr.

—— dass. — Neue Ausg. in 1 Bd. 8. (V und 491 S.) Ebds. 853. *

— Deutsches. 1. Bdchn. A. u. d. T.: Berlin u. Potsdam. Eine Brandenburger Seenovelle von Heinr. Smidt. 8. (92 S.) Halle 852, Delbrück. 9 ngl

— dass. 2. Bdchn. A. u. d. T.: Enguerrand v. Lamalgue. Der letzte Troubadour der Provence. Von Geo. Hesekiel. 8. (80 S.) Ebd. 852. 9 ngl

— dass. 3. Bdchn. A. u. d. T.: Die innere Stimme. Ein Bauerngut auf See. Der Schiffsbauherr u. sein Geselle. Drei Erzählungen von Heinr. Smidt. 8. (104 S.) Ebd. 852. $^{1}/_{3}$ ℛ

— dass. 4. Bdchn. A. u. d. T.: Aus dem Leben des Todes. Sieben Abenteuer von George Hesekiel. 8. (115 S.) Ebd. 852. 12 ngl

Volksbuch, deutsches, zur Belehrung und Unterhaltung. Hrsg. von R. Mettler. 1. Jahrg. 8. (138 S. mit dem Portr. A. v. Humboldt's in Stahlst. und vielen eingedr. Holzschn.) Hamburg 860, Kittler. *

—— deutsches, für Jung und Alt von Th. Drobisch. 8. (123 S. und 12 Stahlst.) Stettin 847, [Müller'sche Buchh.]

Volksbuch in lehrreichen Erzählungen für alle Stände. 2 Thle. 8. Augsb. 792. M. Rieger. (Dannheimer in Kempt.) 14 Kr
Neue, nach Zerrenner bearbeitete Aufl. 2 Thle. (Leipz., Köhler.) 16 Kr

Volksbuch in lehrreichen Erzählungen für alle Stände. 2 Thle. Regensburg, Daisenberger. 792.

Volksbuch, das, von Till Eulenspiegel, s. Universal-Bibliothek Nr. 1687 und 1688.

— für evangelisch-christliches Familienleben auf das Jahr 1854—56. Wien, Wallishausser in Comm. 8. Jeder Jahrg. n. 12 ngr.

Vgl. Volks-Kalender, evangelischer.

Volksbuch, das, vom Doctor Faust, s. Neudrucke deutscher Literaturwerke des XVI. und XVII. Jahrh.

Das Volksbuch von Fulko Fitz Warin [Histoire de Foulques Fitz-Warin]. Deutsch von Leo Jordan. Leipzig: Deutsche Verlagsactienges. 1906. LV, 105 S. 8°
(Romanische Meistererzähler Bd 7.) (10. 5107

—— illustrirtes mecklenburgisches, auf das J. 1872. 8. (XXXII, 224 S.) Wismar, Hinstorff'sche Hofbuchh. * 1 —

Volksbuch für Israeliten. Von S. L. Liepmannssohn. 1. Jahrg. 8. (10½ B. u. Moses Mendelsohn's Portr.) Wesel 811, [Hamburg,] Prinz. *

Volksbuch, Mecklenburgisches, für das Jahr 1846. Hamb. 1846. H: *Raabe, H. F. W.* (Nd. Jahrb. 29, 57) (Zeitschr. f. Büch. N. F. 15, 1923, 126)

— **Mecklenburgisches** für d. J. 1846. 2. verm. Aufl. 16. Hamburg 846, Hoffmann u. Campe. 5/12 ß

—— mecklenburgisches, auf die J. 1858—62. 1—5. Jahrg. Hrsg. von dem Stifte Bethlehem zu Ludwigslust. 8. (à Jahrg. ca. XXXII und 96 S. mit 3 Stut.) Ludwigslust, (Hinstorff'sche Hofbuchh.) à Jahrg. *

Volksbuch, mecklenburgisches, auf die J. 1863 und 1864. Hrsg. von dem Stifte Bethlehem zu Ludwigslust. 6. und 7. Jahrg. 8. (à Jahrg. XXXII und 88 und 96 S. mit 2 lithogr. Abbild.) Ludwigslust, (Hinstorff'sche Hofbuchh.) à Jahrg. *

Volksbuch, mecklenburgisches, auf die J. 1869—1875. Hrsg. von dem Stifte Bethlehem zu Ludwigslust. 10.—16. Jahrg. 8. (à XXXVI, 96—136 S. mit 1 Lithogr. und mehr. eingedr. Holzschn.) Ludwigslust. (Dresden, Naumann.) à Jahrg. * — 75

— d. neue, oder Unterricht für den Landmann, wie er seine Aecker, Wiesen u. Gärten &c. anbauen soll. 8. Wien, Doll. 792. — 8

—— niedersächsisches. Unter Mitwirkung von L. W. Bode, A. Bruns, H. Cuno &c. hrsg. von K. Dorenwell. 2. Bd. 8. (192 S. mit 3 Holzschn.) Hannover 886, Meyer. *
geb. *

1. Bd. Ebendas. 1883. *M 1.60.; geb. *M 2.—.

Volksbuch, Ostfriesisches. Auf das Jahr 1831. Nebst einem Kalender. ... Leer 1831. H: *Begemann, H. C.* (Ky)

— ostfriesisches. 1r Jahrg. Auf d. Jahr 1831. Nebst e. Kalender (berechnet auf den Meridian von Greenwich durch H. C. Begemann.) Herausg. von e. Gesellschaft ostfries. Vaterlandsfreunde. Mit 1 Karte. 8. Leer 831. (Vogler). 8 Kr

—— römisch-katholisches, s. Kalender, neuer römisch-katholischer.

Volksbuch f. d. J. . . . . mit besonderer Rücksicht a. d. Herzogt. Schleswig, Holstein u. Lauenburg. Hg.: K. L. Biernatzki.
1844. M. 2 Rad. (Sonderland).
1845. M. 4 lith. Federz. (J. O. Speckter).
1846. M. 1 Karte.
1847. 160 S. M. 8 Lith. (5 W. Heuer) u. Holzschn.
1848. XXX, 127 S. M. 6 Lith. u. mehr. Holzschn.
1849. XXII, 141 S. M. 8 Lith. u. mehr. Holzschn.
1850. XXXII, 144 S. M. 10 Lith. u. mehr. Holzschn.
1851. XXXII, 144 S. M. 10 Lith. u. mehr. Holzschn.
Altona u. Kiel.

Volksbuch auf das Jahr ... für die Herzogthümer Schleswig, Holstein und Lauenburg ... Jg. 3—8. Altona [1845—50]. H: *Biernatzki, Carl Leonhard.* (schles) (CBH)

Volksbuch auf das Jahr ... für die Herzogthümer Schleswig, Holstein und Lauenburg, nebst Kalender. [Hrgg. v. Karl Leonhard Biernatzki.] (Auch mit dem Umschlagtitel: Schleswig-Holsteinischer Volkskalender. Mit vielen Vignetten, Holzschnitten etc.) (Jg. 3—8.) 1846—51. Altona (1845—50.) 8°

Volksbuch auf das ... Jahr ... für Schleswig, Holstein und Lauenburg. Mit Beitr. v. ... hrsg. v. Karl [Leonhard] Biernatzki. ([Mit Lith. v.] Wilh[elm] Heuer [u. Holzschn.])
Altona: Expedition d. Altonaer Mercur's; Ad. Lehmkuhl in Komm. [1848]. 8°

[Lith. Vort.]
[Umschlagt.:] Schleswig-Holsteinischer Volkskalender.
5/1848: XXXII, 127 S., 7 Taf.

—— schleswig-holsteinisches, s. Volks-Kalender.

— f. alle Stände &c. s. Zerrener.

Volksbücher, s. a.: Volksbööker.

Volksbücher Nr. 1, s. Schumann, Ernst, Johs. Faust.

VOLKSBÜCHER. Herausgegeben von G. O. MARBACH. Nr. 1—53. [nur Band 39, „Der märkische Eulenspiegel", fehlt, sonst alles Erschienene] 52 Bändchen gebunden in 5 Pappbände der Zeit und 14 Orig.-Lieferungen Leipzig, O. Wigand, 1838/49. Mit 130 Orig.-Holzschnitten von LUDWIG RICHTER und vielen Wiederholungen nach ihm, ferner Illustrationen v. Muttenthaler, Allanson u. a. 135.—
H.-B. S. 137 f. Rümann 2020/40. Berühmte Sammlung von Volksbüchern, von denen Reineke der Fuchs und Dr. Joh. Faust besonders erwähnt seien, von Liedern und Schnurren, Sprichwörtern und Sprüchreden. Mit bemerkenswert schönen Illustr. In solcher Vollständigkeit selten. Einz. unbed. Fleckchen.

Volksbücher. (Nr.) 1—34. Hrsg. v. G. O. Marbach. Mit vielen Holzschnn. 8. Leipzig, Otto Wigand. à *
(Nr.) 1. Geschichte von Griseldis u. d. Markgrafen Walther. Nebst einigen and. Beispielen treuer Liebe. (4½ B.) 838.

Volksbücher. (Nr.) 1—34. Hrsg. v. G. O. Marbach. 2c.
(Nr.) 2. Alte u. neue Lieder in Leid u. Luft. (6 B.) 838.
" 3. Geschichte von d. edlen u. schönen Melusina, welche e. Meerwunder u. d. Königes Helmas Tochter war. (4½ B.) 838.
" 4. Der Schildbürger wunderseltsame, abenteuerl., unerhörte u. bisher unbeschriebene Geschichten u. Thaten. (6 B.) 838.
" 5. Geschichte von d. schönen Magelone u. d. Ritter Peter mit d. silbernen Schlüsseln. (4½ B.) 838.
" 6. Geschichte vom Kaiser Octavianus, welcher sein Ehgemahl u. seine zwei Söhne in d. Elend geschickt u. endlich wieder gefunden hat. (6¾ B.) 838.
" 7. Geschichte von d. sieben Schwaben. Nebst einigen schwäb. Volksliedern. (3¾ B.) 838.
" 8. Geschichte von d. heil. Pfalzgräfin Genoveva. (3¾ B.) 838.
" 9., 10. Geschichte von d. vier Heymonskindern. — Geschichte von d. gehörnten Siegfried. (12 B.) 838.
" 11. Geschichte von d. drei Schwestern. — Geschichte v. d. drei Rolandsknappen. — Schneeweißchen. — Bruder Lustig. (5¼ B.) 838.
" 12. Der wiedererstandene Eulenspiegel. (6¾ B.) 839.
" 13., 14. Tristan u. Isalde. (11¼ B.) 839.
" 15—17. Reineke der Fuchs. (16½ B.) 840.
" 18. Wigolais vom Rade. (4½ B.) 841.
" 19., 20. Deutsche Lieder zu Schutz u. Trutz. (10½ B.) 841.
" 21. Hirlanda. (3 B.) 841.
" 22. Geschichte vom Fortunat, seinem Glücksseckel u. Wünschhütlein. (6 B.) 841.
" 23. Geschichte v. Fortunats Söhnen u. was sich weiter mit d. Glücksseckel u. mit d. Wünschhütlein zugetragen. (3¾ B.) 841.
" 24. Leben, Thaten u. Höllenfahrt d. berufenen Zauberers u. Schwarzkünstlers Dr. Johann Faust. (5¼ B.) 842.
" 25. Das unschätzbare Schloß in d. afrikan. Höhle Xa Xa. (3¾ B.) 842.
" 26. Robert der Teufel. (3¾ B.) 842.
" 27. Schnurren. (5¼ B.) 842.
" 28., 29. Sprichwörter u. Spruchreden d. Deutschen. (8¼ B.) 842.
" 30., 31. Die Geschichte v. d. sieben weisen Meistern. (7½ B.) 842.
" 32. Der arme Heinrich. Nach Hartmann von Aue. (3¾ B.) 842.
" 33. Geschichte vom König Eginhard in Böhmen, od. d. Riesengeschichte. (4½ B.) 842.
" 34. Herzog Ernst. (3½ B.) 842.

—— (Nr.) 36—45. Hrsg. v. G. O. Marbach. Mit Holzschn. 8. Leipzig 846, 47, Otto Wigand. à *
(Nr.) 36. Der Schwanenritter. (2¾ B.)
" 37. Geschichte von der geduldigen Helena, Tochter des Kaisers Antonius. Nebst der Geschichte von dem edlen Finkenritter Polycarpus von Clarissa. Von O. L. B. Wolff. (3 B.)
" 38. Der deutsche Fabelschatz. Hrsg. v. Otto Wigand. (3½ B.)
" 39. Der markische Eulenspiegel, das ist: Seltsame u. kurzweilige Geschichten von Hans Clauert in Trebbin. (3¼ B.)
" 40. Der wegen seiner kurzweil. Possen merkwürdige Schlesische Rübezahl, od.: der schalkhafte Berggeist. (4¼ B.)
" 41—43. Der weise Ritter. Merkwürdige u. anmuthige Geschichte des Herzogs Herpin v. Bourges u. seines in der Gefangenschaft gebornen Sohnes Löwe, welcher später durch Gottes Rathschluß König v. Sicilien wurde. (12 B.)
" 44. Anmuthige Geschichte von Prinz Gerbino u. Prinzessin Rosina. (2¼ B.)
1—35. Ebendas. 1838—42. à * 2¼ Ngr. Nr. 35. vgl. Senfkörner.

— dies. Nr. 45. Der lustige Kirmeßbruder. — Der lustige Cavalier Monsieur Hans Guck in die Welt mit seinen wohlgemeinten u. fleißig gesammelten Scherzreden. Von O. L. B. Wolff. 8. (60 S. m. eingedr. Holzschn.) Ebd. 847. n. 1/12 ℛ

— dies. Nr. 46. Die wunderbare u. merkwürdige Geschichte vom Zauberer Virgilius. Von O. L. B. Wolff. 8. (44 S. m. eingedr. Holzschn.) Ebd. 848. n. 1/12 ℛ

— dies. Nr. 47 u. 48. Joachim u. Anna, das sind: Die wahrhaften schönen u. frommen Geschichten v. der Geburt der heil. Jungfrau Marie, sowie von dem heil. Greise Joseph dem Zimmermann von Nazareth, u. endlich von der Kindheit unseres Herrn u. Heilandes. Aus d. Arab. verdeutscht von O. L. B. Wolff. gr. 12. (90 S. m. eingedr. Holzschn.) Ebd. 848. (à n. 1/12 ℛ) n. 1/6 ℛ

— dies. Nr. 49 u. 50. Höchst wichtige u. erbauliche Geschichte von dem Leben Jesu Christi, welches Nicodemus, ein Rabbiner u. Oberster der Juden, beschrieben hat 2c. Von O. L. B. Wolff. gr. 12. (93 S. m. eingedr. Holzschn.) Ebd. 849. (à n. 1/12 ℛ) n. 1/6 ℛ

— dies. Nr. 51 u. 52. Dorfgespräche. Nr. 1 u. 2. 8. (à 72 S. m. Holzschn.) Ebd. 849. (à n. 1/12 ℛ) n. 1/6 ℛ

—— Nr. 51—53. 8. Leipzig, O. Wigand. à Nr. * 2½ Ngr. *
Inhalt:
Nr. 51. Volksmärchen. (72 S. mit eingedr. Holzschn.) 857.
" 52. Heinrich der Löwe. — Ahasverus. — Flos und Blanceflos. — Peter Dimringer von Staufenberg in der Ortenau. — Bruder Rausch. (72 S. mit eingedr. Holzschn.) 860.
" 53. König Apollonius. — Die Zwergenburg. — Deutsches Räthselbuch. (72 S. mit eingedr. Holzschn.) 860.

Volksbücher. No. 1. Abenteuer der sieben Schwaben. 12. (2 B.) München 843. [Augsburg, Jaquet's Vrlgsh.]

Volksbücher. No. 2—5. 12. Augsburg, Jaquet's Vrlgsh.
Auch unter den Titeln:
No. 2. Sagen und Geschichten des Unterbergs, auch Wunderberg genannt, bei Salzburg. (60 S. mit eingedr. Holzschn.) 845. 4½ Ngr.
" 3. Wilhelm Tell und die Eidesgenossen auf dem Rütli. (60 S. mit eingedr. Holzschn.) 850. 3 Ngr.
" 4. Käthchen von Heilbronn und Ritter Wetter vom Strahl. Von C. Zimmermann. 2. Aufl. (87 S. mit eingedr. Holzschn.) 852. 4½ Ngr.
" 5. Geschichten und Sagen von der frommen Königstochter Bertha und deren Sohn Karl nachmal. röm. Kaiser gen. Karl der Große und dessen Helden. (56 S.) 852. 3 Ngr.

Volksbücher. Nr. 6—9. 12. Augsburg 854, Jaquet's Vrlgsh.
Inhalt:
Nr. 6. Münchhausen's Lügen-Abentheuer. Hrsg. von Heinr. Döring. 2. Aufl. (82 S. mit 9 Holzschn.) 6 Ngr.
" 7. Leben, Thaten und Höllenfahrt des Doktor Faust, von C. Zimmermann. 2. Aufl. (155 S. mit 5 neuen Holzschn.) 7½ Ngr.
" 8. Die heil. Genovefa, oder: Rettung der Unschuld durch den Schutz des Himmels. Eine erbauliche und lehrreiche Geschichte für das christl. Volk. (60 S. mit 7 Holzschn.) 3 Ngr.
" 9. Der neue Robinson, oder Seefahrten und Schicksale eines Deutschen. Eine angenehme und lehrreiche Erzählung. Mit 6 Vign. (in eingedr. Holzschn.) 6 Ngr.
Nr. 1—5. Ebendas. 1845—52. 15 Ngr.

— Herausgeg. vom Vereine z. Hebung u. Förderung der norddeutschen Volksliteratur. 1.—3. Liefg. — Ernsthafte und kurzweilige Geschichten, von O. Ruppius. 1. Bdchen. Mit Bildern. — Schuster Müller, von E. Mücke. — Der Kossäth Rüdeke, von Richard Schneider. gr. 8. Berlin 846, Rieß. pro Jahrg. 1846 n. 1⅓ ℛ (Einzeln die 1. Liefg.: n. 16 ngl; die 2. Liefg.: n. ⅔ ℛ)

— Herausgeg. vom Vereine zur Hebung u. Förderung der norddeutschen Volksliteratur. 1—4. Lfg. gr. 8. 1. Ernsthafte u. kurzweilige Geschichten von O. Ruppius. 1. Bdchn. Mit 6 Bildern. (179 S.) n. 16 ngl — 2. Schuster Müller von E. Mücke. (260 S.) n. ⅔ ℛ — 3. Der Kossäth Rüdecke. Von Rich. Schneider. (208 S.) n. 16 ngl — 4. Hausmannskost. Neuer Abdruck d. Schönsten u. Besten aus älteren Schriften zum Nutzen u. Vergnügen des Volks. 1. Bdchn. (206 S.) n. 16 ngl Berlin 847, Rieß. n. 1⅓ ℛ

—— Hrsg. vom norddeutschen Volksschriften-Vereine. 1. Jahrg. 4 Lfgn. gr. 8. Berlin, Rieß. *
A. u. d. Ttln.:
Lfg. 1. Ernsthafte u. kurzweilige Geschichten. Eine Gabe f. Bürger- u. Bauersleute v. Otto Ruppius. 1 Bdchn. (12¼ B. u. 6 Bild.) 846. * 16 Ngr.
" 2. Schuster Müller. Eine Geschichte f. Junge u. Alte v. E. Mücke. (16¼ B.) 846. * 20 Ngr.

Volksbücher. Hrsg. vom norddeutschen Volksschriften-Vereine. 1. Jahrg. 4 Lfgn.
Lfg. 3. Der Kossäth Rudecke. Eine Geschichte f. das Volk. Von Richard Schneider. (13¼ B.) 846. * 16 Ngr.
" 4. Hausmannskost. Neuer Abdruck des Schönsten u. Besten aus älteren Schriften z. Nutzen u. Vergnügen des Volks. 1. Bdchn. (12¾ B.) 847. * 16 Ngr.

—— dass. 5. u. 6. Lfg. oder 2. Jahrg. 1. u. 2. Lfg. gr. 8. Berlin 847, Rieß. pro Jahrg. Thlr. *
A. u. d. Ttln.:
Lfg. 5. Schlamm u. fester Boden. Eine Geschichte zu Ernst u. Kurzweil v. Otto Ruppius. (8¼ B.)
" 6. Des Schulzen Klemm u. seines Gevatters Reise in's Blaue. Eine merkwürd. Geschichte v. E. Mücke. (16¼ B.)

Volksbücher. Hrsg. vom norddeutschen Volksschriften-Vereine. 7. Lfg. (2. Jahrg. 3. Lfg.): Winterabende. Erzählungen am warmen Ofen. gr. 8. (156 S.) Berlin 848, Norddeutsche Volksbuchhandlung. Der Jahrg. Thlr. *

—— dass. — 8. (letzte) Lfg. (2. Jahrg. 4. Lfg.): Die Geschichte vom Hans Kohlhas. Erzählt von E. Mücke. gr. 8. (208 S.) Berlin 848, Ruppius. Der Jahrg. *

—— I—XI. (Bd.): Kalendergeschichten aus den J. 1850–61. 8. (à ca. 150 S. mit 4—6 Stahlst. und eingedr. Holzschn.) Köln und Neuß, Schwann'sche Verlagsh. à Bd. *

Volksbücher. XII.—XVII. (Bd.): Kalendergeschichten aus den J. 1850—1867. 8. [XII. (158 S. mit 6 Stahlst.) XIII. (166 S. mit 4 Stahlst. und 2 Holzschntaf.) XIV. (142 S. mit 6 Stahlst.) XV. (144 S. mit 6 Holzschntaf.) XVI. (142 S. mit 6 Holzschntaf.) XVII. (IV und 136 S. mit eingedr. Holzschn. und 5 Holzschntaf.) Köln und Neuß, Schwann's Verlag. à Bd. *

— Nr. 15—21. Regensburg 870. Pustet. gr. 16. 16 *ngr.*
- Nr. 15. Leben des Generals Tilly. Nach den bedeutendsten Geschichtswerken bearb. (32 S.) 2 *ngr.*
- Nr. 16. Leben der Fürstin Gallitzin. Nach ihren eigenen Papieren bearb. (31 S.) 2 *ngr.*
- Nr. 17. Leben der Gräfin Yolanda v. Vianden. Nach Alex. Willheim bearb. von J. Wampach. (32 S.) 2 *ngr.*
- Nr. 18. Gottfried v. Bouillon u. der erste Kreuzzug. (39 S.) 3 *ngr.*
- Nr. 19. Leben Rudolphs v. Habsburg. Nach den bedeutendsten Geschichtswerken bearb. (31 S.) 2 *ngr.*
- Nr. 20. Maximilian, der große Kurfürst von Bayern. Nach den bedeutendsten Geschichtswerken bearb. (31 S.) 2 *ngr.*
- Nr. 21. Das Leben des seligen P. Petrus Canisius, Priester der Gesellschaft Jesu. Nach den besten Quellen bearb. 3. Aufl. (69 S.) 3 *ngr.*

Volksbücher. I.—V. [Hrsg. vom Evangel. Verein Karlsruhe.] gr. 8. Karlsruhe, Evangel. Schriftenverein für Baden. *

Inhalt:
- I. Charles Gordon, ein Soldat und ein Christ (nach engl. Quellen bearb. von A. v. St.). (48 S.) 885; 2. verm. und verb. Aufl. (54 S.) 886. * 20 Pf.
- II. Hafner, G., der Zweifel. Vortrag, geh. im evangel. Vereinshaus zu Karlsruhe am 18. Jan. 1885. (14 S.) 885. * 10 Pf.; Ausg. auf Zeitungspapier * 8 Pf.
- III. Barth, Fritz, Augustinus, menschliche Verirrungen und göttliche Führungen in seinem Jugendleben. Vortrag. (16 S.) 886. * 10 Pf.
- IV. Hafner, G., der Glaube. Vortrag, geh. im evangel. Vereinshaus zu Karlsruhe am 7. Febr. 1886. (16 S.) 886. * 10 Pf.
- V. Eitner, Martha [Erich Norden], der Blaumüller. Eine Volkserzählung. (62 S.) 888. cart. * 50 Pf.

Volksbücher. Nr. 6—12. 8°. Karlsr., Evangel. Schriftenverein. * 2 50
- 6. Hafner, G. Das Wunder. Vortrag. (20 S.) 888. * — 10.
- 7. Pfarrer Alois Henhöfer. (24 S.) 889. * — 10.
- 8. Schubert, G. H. v. Vor 100 Jahren. Die Rettung d. Bertrand de Moleville aus den Gefahren der französ. Revolution. (60 S.) 889. cart. * — 50.
- 9. Eitner, Martha [Erich Norden]. Liebe ist stark. Eine Volkserzählg. (40 S.) 889. cart. * — 50.
- 10. Das Leben d. Oberst Gardiner. Bearb. von Ghilf. Heinr. v. Schubert. 3. Aufl. 889. (66 S.) cart. * — 20.
- 11. Hoffmann, Thdr. Von Weißenburg bis Sedan. Kriegserinnerungen eines freiwill. Sanitäters. (84 S.) 890. cart. * — 60.
- 12. Schubert, G. H. v. Geschichte d. Herrn v. Hochwarten. (67 S.) 892. cart. * — 50.

Volksbücher. Nr. 12 u. 13. 8. Karlsruhe, Evangel. Schriftenverein. Kart. à n. — 50
- 12. Geschichte d. Herrn v. Hochwarten, erzählt von G. H. v. Schubert. (67 S.) 892.
- 13. Auf festem Grunde. Eine Volkserzählg. v. Martha Eitner (Erich Norden). (60 S.) 893.

Volksbücher. Nr. 14—17. gr. 8. Karlsruhe, Evangel. Schriftenverein. Kart. à n. — 50
- 14. Das wahre Glück. 2 Erzählgn. v. A. Schaab u. A. Schmitz. (38 S.) 896.
- 15. Die Hand des Herrn. Der Invalide. 2 Erzählgn. v. Lucie Ideler (U. Derefli). (57 S.) 896.
- 16. Der Herr wird's versehn. 3 Erzählgn. von W. O. v. Horn u. a. (77 S.) 898.
- 17. Die Wege des Herrn sind eitel Güte. Erzählungen v. Otto Glaubrecht, Karl Stöber u. a. (III, 87 S.) 898.

Volksbücher. Nr. 1—9. gr. 8. Schwerin 898. F. Bahn. n.n. 1. 75
- 1. Wie die Saat, so die Ernte. Erzählung v. M. Rüdiger. (36 S.) n. — 25
- 2. Suchen u. Finden von M. Rüdiger. (24 S.) n.n. — 15
- 3. Von e. frommen u. getreuen Einhüterin. E. heilsame Kur. Zwei wahre Geschichten v. M. Rüdiger. (20 S.) n.n. — 15
- 4. Bis z. Frieden. Dem Leben nacherzählt von Hans v. Echtitz. (32 S.) n. — 20
- 5. Weihnachtsglocken. Erzählg. von Hans v. Echtitz. (32 S.) n. — 20
- 6. Liese. Dem Leben nacherzählt v. M. Frohmut. (40 S.) n. — 25
- 7. Aus Franz Gerhards Leben. Erzählg. von M. v. O. (48 S.) n. — 30
- 8. E. Weihnachtsopfer. Erzählg. v. Renata Pfannschmidt-Beutner. (16 S.) n.n. — 10
- 9. Nur ein Krüppel. Erzählung v. Renata Pfannschmidt-Beutner. (24 S.) n.n. — 15

Volksbücher. Nr. 10. gr. 8. Schwerin, F. Bahn. n. — 20
Die Jagd nach d. Glück. Erzählg. Von M. Rüdiger. (32 S.) (899.)

Volksbücher. 1. *Berlin: Tessaro-Verl. [1902].* 8° [F.] [03. 13685

Volksbücher, auserlesene deutsche. In ihrer ursprünglichen Echtheit wiederhergestellt von Karl Simrock. 2 Bde. 8. (III, 501 S.; III, 528 S.) Frankfurt a. M. 869, Winter. * 8 —

Bergische **Volksbücher**. Monatsschrift z. Pflege Bergischer Geschichte u. Erhaltung Bergischer Eigenart. [1.] Probe-Nummer Sept. 1910. Lindlar: Oedekoven (1910). 8° [10. 16911 5

Biblische **Volksbücher**. Ausgew. Teile d. alten Testamentes. H. 1. Fulda: Actiendr. 1907. 8° [F.] [07. 14840 4

— biographische. Nr. 1—63. 8. Leipzig 898. R. Voigtländer. à Nr. — 25; Einbde. à n.n. — 20
- 1—4. König Albert v. Sachsen. E. Lebensbild. Von Konr. Sturmhoefel. M. 14 urkundtreuen Abb. (126 S.)
- 5—7. Werner v. Siemens. Von Frz. Pahl. M. 1 Bildn. (91 S.)
- 8—10. Emile Zola. Von Benno Diederich. M. 1 Bildn. u. 1 Stammtaf. (der Rougon-Macquart). (98 S.)
- 11—16. Heinrich v. Treitschke. Von Hans Eckerlin. Mit 1 Bildn. (190 S.)
- 17—20. Louise Otto-Peters, d. Dichterin u. Vorkämpferin f. Frauenrecht. E. Lebensbild. Von Auguste Schmidt u. Hugo Rösch. M. 3 Bildn. (103 S.)
- 21. 22. Gerhart Hauptmann. E. Skizze. Von Adb. v. Hanstein. M. 1 Bildn. (64 S.)
- 23—27. Alfred Krupp. Von Fritz Blencke. M. 27 Abb. (128 S.)
- 28—31. Königin Elisabeth v. Rumänien (Carmen Sylva). E. Lebensbild. Von Benno Diederich. M. 18 Abb. (95 S.)
- 32—35. Charles Darwin. E. Lebensbild. Von Wilh. Bölsche. Mit 1 Bildn. (111 S.)
- 36—43. Kriegsfahrten von Jena bis Belle-Alliance. Erinnerungen e. Soldaten d. englisch-deutschen Legion in Deutschland, England, Portugal, Spanien, Frankreich u. den Niederlanden. Hrsg. u. illustr. v. H. Lüders. M. 125 Abb. (235 S.)
- 44—47. Graf Albrecht v. Roon. Preuß. Kriegs- u. Marine-Minister. Ein Lebens- u. Charakter-Bild. Von Otto Immelmann. M. 1 Bildn. (144 S.)
- 48—55. Gustav Freitag. Von Frdr. Seiler. M. 28 Abb (224 S.)
- 56—63. Fritz Reuter. Woans hei lewt un schrewen hett. Von Paul Warncke. Mit 9 Biller. (311 S.)

— biographische. Nr. 64—111. 8. Leipzig, R. Voigtländer. à — 25; Einbde. à n.n. — 25
- 64—69. Heinrich v. Stephan, General-Postmeister. Ein Lebensbild. Von Karl Techentin. Mit e. Bildnis. (188 S.) 899.
- 70—73. Prinzadmiral Adalbert, e. Vorkämpfer für Deutschlands Seemacht. Von Geo. Wislicenus. Mit 14 Abbildgn. (111 S.) 899.
- 74—77. Heinrich Schliemann u. seine homerische Welt. Von Jul. Nelson. Mit 20 Abbildgn. (125 S.) 900.
- 78—81. Thomas Alva Edison, der Erfinder. Von Frz. Pahl. (115 S. m. 1 Bildnis.) 900.
- 82—107. Otto v. Bismarck. Sein Leben u. sein Werk. Von Johs. Kreutzer. 2 Bde. m. 2 Bildnissen v. J. B. Elssarz. (427 u. 382 S.) 900. n. 6.50; geb. in Leinw. n. 8. —
- 108—111. Graf Leo Tolstoj. Von Erich Berneker. Mit 1 Bildnis. (115 S.) 901.

(B) **Volksbücher,** biographische. Nr. 36—43. (KBL. 30.) Ladenpreis aufgehoben.

— christliche. 1. 16. Kattowitz. Striegau, Th. Urban. — 20; geb. in Leinw. — 40
Ich helfe dir! spricht Jehova. Trost u. Rat aus der Hl. Schrift. (51 S.) 906.

— christliche, Fortsetzg., s.: Urban's christliche Volksbücher.

Volksbücher, deutsche, s. Beckmann, C. L., Reinke Fuchs.

Volksbücher, deutsche, s.: Bibliothek d. litterar. Vereins in Stuttgart. 185.

s. Ellen: Seltsamliche Geschichten des Bruder Lustig.

—— deutsche, s. Ellen, gar verwunderliche Geschichten rc. von Rübezahl.

– s. Eulenspiegel, Till: Auserlesene Schwänke.

s. Münchhausen, des Frhrn. von, einzig wahre Erlebnisse.

—— deutsche, neu gereimt v. K. Simrock. (I.) — A. u. d. T.: Salomon u. Morolf. Ein kurzweil. Heldengedicht. 8. (6½ B. u. 12 bildl. Darstellungen.) Berlin 839, Vereins-Buchh. *

—— deutsche, nach den ältesten Ausgaben hergestellt v. K. Simrock. Mit Holzschnn. v. F. W. Gubitz u. unt. dess. Leitung nach Zeichnn. v. Holbein. I—IV. 8. Berlin, Vereins-Buchh. Thlr. *
A. u. d. Ttln.:
I. Salomon u. Morolf. Eine gar anmuthige Historie. Zu Nutz u. Kurzweil geschrieben, daß man daraus abnehmen mag, was Liste ein kündiger Bauersmann gegen e. weisen König geübet hat. (3¼ B.) 839. * 4 Gr.
II. Eine schöne merkwürdige Historie d. heil. Bischofs Gregorius auf dem Stein genannt. (3¼ B.) 839. * 4 Gr.
III. Die sieben weisen Meister ꝛc. Sehr lustig u. nützlich wider der falschen Weiber Untreu zu lesen. (10¼ B.) 840. * 8 Gr.
IV. Seltsame u. wunderbarl. Historien Til Eulenspiegels, e. Bauern Sohn, bürtig aus d. Land zu Braunschweig. Neulich aus sächs. Sprach auf gut hochdeutsch verdollmetscht, sehr kurzweilig zu lesen. gr. 12. (7¾ B.) 842. * 8 Gr.

—— deutsche, nach den ächtesten Ausgaben hergestellt v. Carl Simrock. V. A. u. d. Ttl.: Wunderseltsame, abenteuerliche u. bisher unbeschriebene Geschichten u. Thaten der Schildbürger ꝛc. Mit Holzschn. von F. W. Gubitz ꝛc. 8. (8¼ B.) Berlin 843, Vereins-Buchhandl. *
I—IV. Ebendas. 1839—42. * 1 Thlr.

—— dass. Hergestellt von Dems. VI—XXVIII. 8. Frankfurt a. M., Brönner. *
A. u. d. Ttln.:
VI. Geschichte des großen Helden u. Herzogen Heinrich des Löwen u. seiner wunderbaren höchst gefährlichen Reise. (2¾ B.) 844. * 5 Ngr.
VII. Historie von der schönen Magelone, eines Königs Tochter von Neapel u. einem Ritter, genannt Peter mit den silbernen Schlüsseln, eines Grafen Sohn von Provence. Aus franz. Sprache übers. durch Veit Warbeck. (5½ B.) 844. * 7½ Ngr.
VIII. Eine schöne, anmuthige u. lesenswürdige Historie v. der unschuldig bedrängten heil. Pfalzgräfin Genovefa. (3¾ B.) 845. * 3¾ Ngr.
IX. Eine schöne Geschichte von den vier Heimonskindern, Adelhart, Richart, Wichart u. Reinold, mit ihrem Roß Baiart. Dem ist beigefügt: Das Leben des heil. Reinold. (13¼ B.) 845. * 10 Ngr.
X. Eine wahrhaftige Historie von Kaiser Friedrich dem ersten, Barbarossa. (1½ B.) 845. * 1¾ Ngr.
XI. Eine schöne u. kurzweilige Historie vom Kaiser Octavianus seinem Gemahl u. zwei Söhnen. (11¼ B.) 846. * 10 Ngr.
XII. Reinecke Fuchs. (16 B.) 846. * 15 Ngr.
XIII. Die Legende v. Ritter Hrn. Peter Dimringer v. Staufenberg in d. Ortenau. (3 B.) 846. * 3¾ Ngr.
XIV. Fortunatus mit seinem Seckel u. Wunschhütlein. Wie er dasselbe bekommen u. ihm damit ergangen ist ꝛc. (10 B. m. Holzschn.) 846. * 5½ Ngr.
XV. Eine schöne Historie vom König Appolonius, wie er von seinem Lande vertrieben, Schiffbruch u. mancherlei Unglück erlitten ꝛc. (3¼ B.) 846. * 2¾ Ngr.
XVI. Eine lesenswürdige Historie v. Herzog Ernst in Baiern u. Oesterreich, wie er durch wunderliche Zufälle sich auf gefährl. Reisen begeben ꝛc. (5½ B.) 846. * 3¾ Ngr.
XVII. Eine wunderschöne Historie v. d. gehörnten Siegfried, was für wunderliche Abenteuer dieser theure Ritter ausgestanden. Von neuem aufgelegt u. mit schönen Figuren geziert. (3¼ B.) 846. * 2½ Ngr.
XVIII. Geschichte des hochberühmten u. theuern Ritters, Hrn. Wigoleis v. Rade. Wie es ihm v. Jugend auf bis an sein Ende ergangen ist u. was für seltsal. u. erschreckl. Abenteuer u. Gefahren er ritterlich bestanden u. zum glückl. Ausg. gebracht hat. (5 B.) 846. 3¾ Ngr.
XIX. Historia von Dr. Johann Fausten, dem weitbeschrieenen Zauber- u. Schwarzkünstler. (9½ B.) 846. * 7½ Ngr.
XX. Die deutschen Sprichwörter. 3 Hfte. (37¼ B.) 846. * 1 Thlr. 10 Ngr.
XXI. Eine wunderbarliche u. sehr ergetzl. Historie von Herrn Tristan u. der schönen Isalde, eines Königs aus Irland Tochter. Welche große Freude sie mit einander gehabt haben, u. wie diese Freude ein gar trauriges Ende nahm. Sehr lieblich zu lesen. (12 B.) 847. * 7½ Ngr.
XXII. Geschichte der edeln u. schönen Melusina. (7⅞ B.) 847. * 5 Ngr.
XXIII. Historie von Markgraf Walthern. (3¼ B.) 847. * 2½ Ngr.
XXIV. Der arme Heinrich. (2 B.) 847. * 2 Ngr.
XXV. Der Schwanenritter. (4⅞ B.) 847. * 3¼ Ngr.
XXVI. Die Historie von Fleos u. Blankfleos. (2⅝ B.) 847. * 2¼ Ngr.
XXVII. Eine Historie v. dem Zauberer Virgilius. (4 B.) 847. * 5 Ngr.
XXVIII. Eine Historie von Bruder Rauschen. (1½ B.) 847. * 2 Ngr.

—— deutsche, nach den ältesten Ausgaben hergestellt von Carl Simrock. XXIX—XXXII. (Heft.) Mit Holzschn. 8. Frankfurt a. M., Brönner.
Auch unter den Titeln:
XXIX. Kurze Erzählung von einem Juden aus Jerusalem mit Namen Ahasverus, welcher bei der Kreuzigung Christi selbst persönlich gewesen ꝛc. (VIII und 37 S.) 849. 2½ Ngr.
XXX. Eine schöne und kurzweilige Historie von einem Riesen Fierabras genannt, und welche Kämpfe Kaiser Karl und seine Helden mit den Heiden stritten. (163 S.) 849. * 8 Ngr.
XXXI. Riesengeschichte oder kurzweilige Historie vom König Eginhard von Böhmen wie er des Kaisers Otto Tochter aus dem Kloster hat bringen laßen und hernach viel Unglück im Königr. Böhmen entstanden ist. Sehr nützlich und lehrreich beschrieben von Leop. Richter. (103 S.) 850. 6 Ngr.
XXXII. Das deutsche Räthselbuch. Gesammelt von Carl Simrock. (110 S.) 850. 7½ Ngr.

—— dass. — XXXIII—XXXV. (Heft.) 8. Ebds. 850.
Inhalt:
XXXIII. Büttner-Handwerksgewohnheiten, worin die Ordnung, welche bei dem Schleifen der Gesellen beobachtet wird, enthalten ist. (45 S.)
XXXIV. Der Huf- und Waffenschmiedegesellen Handwerks-Gewohnheit. (31 S.)
XXXV. Die Historie und Legende von dem trefflichen und weiterfahrenen Ritter Hrn. Policarpen v. Kirrlarissa, genannt der Finkenritter, wie der dritthalbhundert Jahr, ehe denn er geboren ward, viel Lande durchwandert und seltsame Dinge gesehen, und zuletzt von seiner Mutter für todt liegend gefunden, aufgehoben und erst von Neuem geboren ward. (19 S. mit eingedr. Holzschn.)

—— deutsche, nach den ältesten Ausg. hergestellt von Carl Simrock. Mit (eingedr.) Holzschn. 36—38. (Heft.) 8. Frankfurt a. M. 857, Brönner. Thlr.
Inhalt:
(Heft) 36. Der märkische Eulenspiegel. Hans Clauerts kurzweilige Geschichte. Sehr lustig zu lesen. Durch Bartholomeums Krüger, Stadtschreiber zu Trebbin. (72 S.)
" 37. Des edeln gestrengen weitberühmten und streitbaren Helden Thedel Unverfährt v. Walmoden tapfere männliche und ritterliche Thaten und wunderbarliche Geschichten, die vor manchen Jahren beim heil. Grabe, in Liefland, im Stift Halberstadt und im Lande zu Braunschweig wahrhaftig ergangen. (30 S.)
" 38. Eine schöne und wahrhafte Historie von dem theuern, geherzten und mannhaftigen Hugschapler, der seiner kühnen und ritterlichen Thaten wegen, obwohl er von seiner Mutter Metzgersgeschlechts gewesen, zuletzt in Frankreich zu einem König erwählt und gekrönt wird. (109 S.)

—— deutsche, nach den ältesten Ausgaben hergestellt von Karl Simrock. Mit (eingedr.) Holzschn. 39.—54. Heft. 8. Frankfurt a. M. 864—66, Winter. *
Inhalt:
Heft 39. Die sieben Schwaben. Was sie sich unterstanden haben. Von Ludw. Aurbacher weil. erdacht, nun aber von mehrern von seinen Verehrern in holprige Verse gebracht. (126 S.) * 6 Ngr.
" 40. Oberon oder Hug von Bordeaux. Niederländisches Volksbuch. (109 S.) * 6 Ngr.
" 41. Ein kurzweilig Lesen von Till Eulenspiegel, geboren aus dem Lande Braunschweig. Was er seltsamer Possen betrieben hat seine Tage, lustig zu lesen. Nach der Ausg. von 1519. (171 S.) * 8 Ngr.
" 42. Eine schöne anmuthige und lesenswürdige Historie von der geduldigen Helena, Tochter des Kaisers Antonius, welche in aller Geduld so viele Drangsale und Widerwärtigkeiten mit höchster Leidsamkeit und Stärke, sowohl bei Hof als in ihrer 22jährigen Wanderschaft ausgestanden. (47 S.) * 4 Ngr.
" 43. Pontus und Sidonia. Eine fürtreffliche, lustige und nützliche Historie. Von dem edeln, ehrenreichen und mannhaften Ritter Pontus, des Königs Sohn aus Gallizien und der schönen Sidonia, Königin von Britannien. (212 S.) * 12 Ngr.
" 44. Der weiße Ritter oder Geschichte von Herzog Herpin von Bourges und seinem Sohne Löw. (233 S.) * 12 Ngr.
" 45. Ritter Galmy. Eine schöne und liebliche Historie von dem schönen und edeln Ritter Galmy, der züchtigen Liebe so er zu einer Herzogin getragen hat, welche er in Mönchsgestalt von dem Feuertod erlöst hat und zuletzt zu einem gewaltigen Herzog in Britannien erwählt ward. (96 S.) * 6 Ngr.
" 46. Wahrhaftige Beschreibung des jüngsten Gerichts im Thal Josaphat. (26 S.) * 3 Ngr.
" 47. Die über die Bosheit triumphirende Unschuld, das ist: Hirlanda. (70 S.) * 4 Ngr.
" 48. Eine schöne merkwürdige Historie des heiligen Bischofs Gregorius auf dem Stein. (31 S.) * 3 Ngr.
" 49. Die sieben weisen Meister. (129 S.) * 8 Ngr.
" 50. Die schöne Historie von dem Ritter Malegis. (224 S.) * 12 Ngr.
" 51. Des engländischen Ritters Herrn Hansen von Montevilla Reise nach Palästina, Jerusalem, Egypten ꝛc. Von ihm selbst beschrieben. (XVI und 154 S.) * 8 Ngr.
" 52. Aesops Leben und Fabeln nebst den ihm zugeschriebenen alten Fabeln und den Fabeln des Rimicius und Avianus. (XV und 202 S.) * 12 Ngr.
" 53. Meister Lucidarius von den wunderbaren Dingen der Welt. (70 S.) * 6 Ngr.
" 54. 12 Sibyllen Weissagungen viel wunderbarer Zukunft vom Anfang bis Ende der Welt. Nebst der Königin von Saba, dem König Salomon gethaner, Prophezeiung. (62 S.) * 6 Ngr.

—— dass. (Ausg. in Bdn.) 1—6. Bd. 8. Ebendas. [1. (28½ B.) 845., 2. (26¾ B.) 3. (31¼ B.) 46., 4. u. 5. (67½ B.) 6. (28½ B.) 47. à * 1 Thlr. 10 Ngr.] *
Inhalt:
Bd. 1. Heinrich der Löwe. — Die schöne Magelone. — Reineke Fuchs. — Genovefa.
" 2. Die Heimonskinder. — Friedrich Barbarossa. — Kaiser Octavianus.
" 3. Peter Dimringer v. Stauffenberg. — Fortunatus. — König Apollonius v. Tyrus. — Herzog Ernst. — Der gehörnte Siegfried. — Wigoleis vom Rade.
" 4. Dr. Johannes Faust. — Dr. Johannes Faust Puppenspiel. — Tristan u. Isalde. — Die heil. drei Könige.
" 5. Deutsche Sprichwörter.
" 6. Melusina. — Markgraf Walther. — Giemunda. — Der arme Heinrich. — Der Schwanenritter. — Fleos u. Blankfleos. — Zauberer Virgilius. — Bruder Rausch. — Ahasverus.

—— dass. — (Ausg. in Bänden.) 7. und 8. Bd. Mit eingedr. Holzschn. 8. Ebds. [7. (477 S.) 850. * 1 Thlr. 10 Ngr., 8. (627 S.) 851. * 1 Thlr. 18 Ngr.] *
1—6. Bd. Ebendas. 1845—47. * 8 Thlr.

— deutsche. Erzählt von Roder. Benedix. I—VI. (Heft.) Mit 24 lithogr. Bildern. 8. Wesel 847, Bagel. à (Heft) * 2⅓ Ngr. *

Inhalt:

(Heft) I. Die Sage vom Drachenfels. Die Sage vom Rolandseck. Die Sage vom Lurlei. Die Teufelsleiter. Die Sagen vom Mäusethurm. (96 S.)
" II. Die Sage vom Schwanenritter zu Cleve. (96 S.)
" III. Die Glocken zu Speier. Die liederlichen Spieler. Der Dombau zu Cöln. Die sieben Jungfrauen. (95 S.)
" IV. Ritter Brömser von Rüdesheim. Stavoren. Adolphseck. (95 S.)
" V. Die buckligen Musikanten. Die solinger Klingen. Die Brüder. Der Rheinstein. (96 S.)
" VI. Der alte Kräutersammler. (96 S.)

— deutsche. Nach den ächtesten Ausg. hergestellt von K. Simrock. Mit mehr als 100 (eingedr.) Holzschn. Wohlfeilste Ausg. Berlin 862. Vereins-Buchhandlung. 12. (XII, 577 S.) 27 ngr.

— deutsche. 1. u. 3. Bdchn. Leipzig 867. Kunze. 8. Jedes Bdchn. n. 5 ngr.

1. Bdchn. Der Kampf um Deutschland 1866. (81 S. mit eingedr. Holzschn.)
3. Bdchn. Graf Bismarck. Charakterbild eines deutschen Staatsmannes. (IV, 74 S. mit 1 Holzschntaf.)
Das 2. Bdchn. erscheint später.

Volksbücher, deutsche. 1.—18. Bdchn. 8. Wolfenbüttel 877, Zwißler. geb. à Bdchn. 1 —

Inhalt:

Bdchn. 1. Trebitz, K., der Trutenbaum. Eine Geschichte aus dem 30jähr. Kriege. 2. Aufl. (144 S.)
" 2. Bilder aus dem Leben der Tante Charlotte von Th. St. 2. Aufl. (94 S.)
" 3. Elisabeth Baum. Eine Erzählung von Th. St. 2. Aufl. (84 S.)
" 4. Hoffmann, E. Th. A., Meister Martin der Küfner und seine Gesellen. Erzählung. 2. Aufl. (73 S.)
" 5. Kleist, Heinr. v., Michael Kohlhaas. Historische Erzählung. 2. Aufl. (124 S.)
" 6. Nordheim, Josias, die Revolution in Filzheim. Eine Erzählung. 2. Aufl. (120 S.)
" 7. 8. Stein, Armin, das Trudchen v. Politz. Eine Erzählung aus dem 30jähr. Kriege. 2. Aufl. (222 S.)
" 9. Francesco, Frieda, die Potsdamer Hanne. Eine Geschichte aus der guten alten Zeit des Wanderns. 2. Aufl. (71 S.)
" 10. Zschokke, Heinr., Meister Jordan oder Handwerk hat goldenen Boden. 2. Aufl. (148 S.)
" 11. Körtge, H., das Nibelungenlied nebst der Klage. Für die Jugend und das Volk erzählt. 2. Aufl. (113 S.)
" 12. Rullmann, W., die Heimkehr des Vermißten. Eine Erzählung aus dem deutschen Nationalkriege. 2. Aufl. (53 S.)
" 13. Schulrling, Fr., Jobst v. Hagen, der Barchenthändler von Meiningen. Ein Bild aus dem Leben des Bürgerstandes um 1600. 2. Aufl. (77 S.)
" 14. 15. Nordheim, Josias, drei Ehestandsgeschichten. 2. Aufl. (192 S.)
" 16. Stein, Armin, der alte Fritz und sein Adjutant. Eine Geschichte aus der Zeit des 7jähr. Krieges. (185 S.)
" 17. 18. Reinhard, Ernst, Graustädter Geschichten. (318 S.)

— deutsche. 19.—34. Bdchn. 8. Wolfenbüttel, Zwißler. geb. à Bdchn.

Inhalt:

Bdchn. 19. 20. Schaumberger, Heinr., gesammelte Werke. 1. Bd.: Im Hirtenhaus. Eine oberfränkische Dorfgeschichte. 5. Aufl. (VIII, 259 S.) 884.
" 21—24. — dass. — 2. und 3. Bd.: Bergheimer Musikanten-Geschichten. Heitere Bilder aus dem oberfränkischen Volksleben. 2. Bde. 3. Aufl. [1. Umsingen. Gesalzene Krapfen. — 2. Glückliches Unglück. Dorfkrieg.] (176; 243 S.) 881.
" 25. 26. — dass. — 4. Bd.: Zu spät. Ein Dorfroman. 3. Aufl. (309 S.) 882.
" 27. 28. — dass. — 8. Bd.: Vater und Sohn. Eine oberfränkische Dorfgeschichte. 3. Aufl. (214 S.) 885.
" 29. 30. Familien-Bibliothek. Unter Mitwirkung der bewährtesten Volksschriftsteller hrsg. von F. Schaubach. 1. Bd. (449 S.) 873.
" 31. 32. Aus der Zeit für die Zeit in Fabeln und Märchen für große und kleine Leute. Neue Ausg. des Thymian von K. Trebitz. (VII, 266 S. mit 7 Illustr. von Wold. Friedrich.) 880.
33. 34. Monsieur Velo. Herkules' Geheimnis. Doktor Job. Drei Novellen aus dem Jura v. T. Combe. Autoris. Übersetzg. aus dem Franz. v. E. Bagge. (200 S.) 888.

Volksbücher, Deutsche.

— — Aus einer Zürcher Handschrift des 15. Jahrhunderts herausgegeben von A. Bachmann und S. Singer. 1889. CXX, 509 S.

»Aus dem Züricher Codex C. 28 haben die Herausgeber das buch vom h. Karl, das buch vom h. Wilhelm, die parabel von Christus als kaufmann, die legende vom h. Georg, das buch von Hester kunigin, vom kung Albrecht von Hispanien, das evangelium von Nicodemus ausgewählt, die verschiedenen Lesarten, ausführliche Einleitung und ein Namen- und Wörterverzeichnis hinzugefügt.« (Bibl. des liter. Vereins Stuttgart, Nr. 185.)

Deutsche Volksbücher. Hrsg. v. Berl. Ausschuß f. Volksliteratur. Nr 1. Berlin-Friedenau: Mehler [1909]. 8° [U. 1357]

— deutsche. Hrsg. vom Berliner Ausschuß f. Volksliteratur. Nr. 1—10. (à ca. 32 S.) 8. Berlin-Friedenau (909). [Dr. Mehler.] Berlin, Astra, Verlagsdruckerei. (Urspr. Pr. à — 10)

— dasselbe. Asiatische Abenteuer. Hrsg. v. Berliner Ausschuß f. Volksliteratur. Nr. 1 u. 2. (à 32 S.) 8. Ebd. (910). (Urspr. Pr. à — 10)

— dasselbe. Exotische Abenteuer. Hrsg. vom Berliner Ausschuß f. Volksliteratur. Nr. 3 u. 4. (30 u. 31 S.) 8. Ebd. (910). (Urspr. Pr. à — 10)

Fortsetzg., s.: Abenteuer, exotische.

Volksbücher, deutsche, des XV. Jahrhunderts, s. Bibliothek des litterarischen Vereins in Stuttgart CLXXXV.

Volksbücher, Deutsche preußische, s. Volksbücher, Preußische.

— die deutschen, s.a. Simrock, K.

— die deutschen. Gesammelt u. in ihrer ursprüngl. Echtheit wiederhergestellt v. Karl Simrock. Mit Holzschn. 1. u. 2. Bd. 8. Ebend. 845, 46. à n. 1⅓ ℛ

— die deutschen. Gesammelt u. in ihrer ursprünglichen Echtheit wiederhergestellt v. Karl Simrock. Mit Holzschn. 3—8. Bd. 8. (3: IV u. 496 S. 4: IV u. 474 S. 5: VIII u. 591 S. 6: IV u. 451 S. 7: IV u. 480 S. 8: IV u. 627 S.) Frankfurt a. M. 846—51, Brönner. 3—7: à n. 1⅓ ℛ 8: 1 ℛ 8 ngr (1—8: n. 10 ℛ 28 ngr)

— die deutschen. Gesammelt und in ihrer ursprünglichen Echtheit wiederhergestellt von Carl Simrock. Mit (eingedr.) Holzschn. 9. Bd. 8. (III und 535 S.) Frankfurt a. M. 856, Brönner. *

— die deutschen. Gesammelt und in ihrer ursprüngl. Echtheit wiederhergestellt von Karl Simrock. 10.—13. Bd. 8. [10. Bd. (V und 547 S.) 11. Bd. (V und 544 S.) 12. Bd. (III und 486 S.) 13. Bd. (XVI und 524 S.) Frankfurt a. M. 864—67, Winter. à Bd. * 1 Thlr. 10 Ngr.

1.—9. Bd. Ebendas. 1844—57. * 12 Thlr. 8 Ngr.

Volksbücher, die deutschen. Für Jung u. Alt wieder erzählt v. Gust. Schwab. 3. Aufl. 2 Bde. A. u. d. Ttl.: Buch der schönsten Geschichten u. Sagen ꝛc. 2 Bde. gr. 8. (63 B. u. 4 Kpfr.) Stuttgart 846, 47, S. G. Liesching's Verl. Thlr. [Frankfurt a. M., Jos. Baer.] Hrbgef. Pr. *

Volksbücher, die deutschen. Gesammelt u. in ihre ursprüngl. Echtheit wiederhergestellt. v. Karl Simrock. 1. Bd. (Neue Aufl.) 8. (XII, 429 S.) Frankfurt a/M. 876. Winter. n. 4. —

— die deutschen. Gesammelt und in ihrer ursprüngl. Echtheit wiederhergestellt von Karl Simrock. 13 Bde. 2. Aufl. 8. (XII, 429; 441; 501; 484; V, 677; 451; 548; 627; III, 528; V, 547; 544; 486; 524 S. mit Bildern in Holzschn.) Frankfurt a. M. 876—80, Winter. à Bd. * ℳ 4. * 52 —

In 2. Aufl. sind folgende Einzelausg. erschienen:

Nr. 11. Eine schöne und kurzweilige Historie vom Kaiser Octavianus sammt Gemahl und zwei Söhnen, wie sie ins Elend geschickt, und nachmals in Frankreich bei dem frommen König Dagobert wunderbarlich wieder zusammen gekommen sind. (181 S. mit Holzschntaf.) 880. * ℳ 1,50.
" 13. Die wahre Legende von dem theuern und strengen Ritter Herrn Dimringer v. Staufenberg in der Ortenau. (46 S. mit Holzschntaf.) 878. * 60 Pf.
" 14. Fortunatus mit seinem Seckel und Wünschhütlein. Wie er dasselbe bekommen und ihm damit ergangen, in einer überaus lust. Lebensbeschreibung dargestellt. (161 S. mit Holzschntaf.) 878. * 80 Pf.
" 15. Eine schöne Historie vom König Apollonius, wie er von seinem Lande vertrieben, Schiffbruch und mancherlei Unglück erlitten und doch endlich glücklich wieder in sein Land gekommen ist. (60 S.) 878. * 60 Pf.

- 21. Die wunderbare und sehr ergötzliche Historie von Herrn Tristan und der schönen Isalde, eines König's aus Irland Tochter. Welche große Freude sie mit einander gehabt haben und wie diese Freude ein gar trauriges Ende nahm. Sehr lieblich zu lesen. (201 S. mit Holzschntaf.) 878. *M. 1,50.
- 23. Schöne anmuthige Historie vom Markgraf Walthern, darin dessen Leben und Wandel und was sich mit ihm zugetragen dem günstigen Leser kürzlich vor Augen gestellt wird. Angehängt ist eine schöne Historie von des Fürsten zu Salerno schöner Tochter Gismunda. (53 S. mit Holzschntaf.) 880. * 80 Pf.

Nr. 24. Der arme Heinrich. Eine schwäb. Geschichte aus alter Zeit. Sehr lieblich und rührend zu lesen. (30 S. mit Holzschntaf.) 879. * 50 Pf.

- 25. Eine schöne und wunderbare Geschichte des Ritters mit den Schwanen, der aus dem Lande Lillefort zu Schiffe nach Nymwegen in Gelderland kam. (74 S. mit Holzschntaf.) 879. * 80 Pf.
- 26. Die wahrhaftige Historie von Flos und Blankflos, welche nach langer Trennung und vielen Widerwärtigkeiten doch zuletzt noch vereinigt und ehelich verbunden wurden. Sehr lustig und vergnüglich zu lesen. (43 S. mit Holzschntaf.) 880. * 60 Pf.
- 27. Eine schöne Historie von dem Zauberer Virgilius, seinem Leben und Tod und den wunderbaren Dingen, die er durch Negromatie und mit Hülfe des Teufels vollbrachte. Sehr lustig und vergnüglich zu lesen. (64 S. mit Holzschntaf.) 879. * 80 Pf.
- 28. Eine Historie vom Bruder Rauschen und was Wunders er getrieben hat in einem Kloster, darin er sieben Jahre seine Zeit verbracht und gedienet hat in eines Kochs Gestalt. (25 S. mit Holzschntaf.) 879. * 50 Pf.
- 29. Kurze Erzählung von einem Juden aus Jerusalem mit Namen Ahasverus, welcher bei der Kreuzigung Christi selbst persönlich gewesen, auch das Crucifige über Christum hat helfen schreien und um Barnabam bitten. (35 S. mit 2 Holzschntaf.) 880. * 40 Pf.
- 30. Eine schöne kurzweilige Historie von einem Riesen, Fierabras genannt, und welche Kämpfe Kaiser Karl und seine Helden mit den Heiden stritten. (170 S. mit 6 Holzschntaf.) 880. *M. 1.
- 31. Riesengeschichte oder kurzweilige Historie von König Eginhard von Böhmen. Wie er des Kaisers Otto Tochter aus dem Kloster hat bringen lassen und hernach viel Unglück im Königr. Böhmen entstanden ist. Auch wie die großen Riesen das Königreich überfallen und welcher wundersame Streit mit ihnen ergangen ist. Sehr nützlich und lehrreich beschrieben. (104 S. mit 4 Holzschntaf.) 880. * 80 Pf.
- 35. Die Historie und Legende von dem trefflichen und weiterfahrenen Ritter Herrn Pollcarpen von Kirrlarissa, genannt der Finkenritter, wie der dritthalbhundert Jahr, ehe denn er geboren ward, viel Lande durchwandert und seltsame Dinge gesehen, und zuletzt von seiner Mutter für todt liegend gefunden, aufgehoben und erst von Neuem geboren worden. (16 S. mit 5 Holzschntaf.) 880. * 40 Pf.
- 36. Der Märkische Eulenspiegel oder Hans Clauerts kurzweilige Geschichte. Sehr lustig zu lesen. (74 S. mit 3 Holzschntaf.) 880. * 60 Pf.
- 37. Des edeln und gestrengen weitberühmten und streitbaren Helden Thedel Unverfährt von Walmoden tapfere männliche und ritterliche Thaten und wunderbarliche Geschichten, die vor manchen Jahren beim heil. Grabe, in Liefland, im Stift Halberstadt und im Lande Braunschweig wahrhaftig ergangen. Kurzweilig zu lesen. (30 S.) 879. * 40 Pf.
- 38. Eine schöne und wahrhafte Historie von dem theuern, geherzten und mannhaftigen Hugschapler, der seiner kühnen und ritterlichen Thaten wegen, obwohl er von seiner Mutter Metzgersgeschlechts gewesen, zuletzt in Frankreich zu einem König erwählt und gekrönt ward. Von Neuem gedruckt, sehr kurzweilig und lieblich zu lesen. (110 S.) 879. * 80 Pf.

— der deutschen Dichter-Gedächtnis-Stiftung. 1. bis 10. Heft. kl. 8. Hamburg. Großborstel, Deutsche Dichter-Gedächtnis-Stiftg. n.n. 2. 20; geb. 6. 10

Brentano, Clem., Geschichte vom braven Kasperl u. dem schönen Annerl. (Einleitung v. Max Morris.) (59 S. m. Bildnis.) 905. (Hft. 6.) n.n. — 15; geb. — 50

Eyth, Max, der blinde Passagier. (Einleitung v. Adf. Stern.) [Aus: „Hinter Pflug u. Schraubstock".] (68 S. m. Bildnis.) 905. (Hft. 10.) — 20; geb. — 60

Goethe, 50 Gedichte. (95 S. m. Bildnis.) 905. (Hft. 1.) — 20; geb. — 60

Halm, Frdr., die Marzipanliese. Die Freundinnen. (Einleitg. v. Mor. Necker.) (124 S. m. Bildnis.) 905. (Hft. 8.) — 20; geb. — 60

Hoffmann, E. Th. A., das Fräulein v. Scuderi. (Einleitung v. Rich. M. Meyer.) (113 S. m. Bildnis.) 905. (Hft. 7.) — 20; geb. — 60

Reuter, Fritz, woans ick tau 'ne Fru kamm. (61 S. m. Bildnis.) 905. (Hft. 9.) n.n. — 15; geb. — 50

Schiller's Balladen. (108 S. m. Bildnis.) 905. (Hft. 3.) — 20; geb. — 60

— Wilhelm Tell. (190 S. m. 1 Taf.) 905. (Hft. 2.) — 30; geb. — 70

— Wallensteins Lager. Die Piccolomini. (215 S. m. Bildnis.) 905. (Hft. 4.) — 30; geb. — 70

— Wallensteins Tod. (222 S. m. Bildnis.) 905. (Hft. 5.) — 30; geb. — 70

— der deutschen Dichter-Gedächtnis-Stiftung. 11.—29. Heft. kl. 8. Hamburg-Großborstel, Deutsche Dichter-Gedächtnis-Stiftg. 5.20; geb. in Leinw. 10. 90

Anzengruber, Ludw., der Erbonkel u. andere Geschichten. [Aus: „Allerhand Humore".] (86 S. m. Bildnis.) 907. (15. Heft.) — 25; geb. — 55

Böhlau, Helene, Kußwirkungen. [Aus: „Ratsmädel- u. altweimar. Geschichten".] (68 S. m. Bildnis.) 907. (16. Heft.) — 20; geb. — 50

Ebner-Eschenbach, Marie v., die Freiherren v. Gemperlein. (82 S. m. Bildnis.) 907. (11. Heft.) — 20; geb. — 50

Frapan-Akunian, Ilse, die Last. [Aus: „Zwischen Elbe u. Alster".] (87 S. m. Bildnis.) 907. (17. Heft.) — 25; geb. — 55

Freytag, Gust., Karl der Große. Friedrich Barbarossa. Minnesang u. Minnedienst zur Hohenstaufenzeit. [Aus: „Bilder a. d. deut. Vergangenh."] 1.—20. Taus. (80 S. m. Bildnis.) 908. (23. Heft.) — 25; geb. — 55

Groth, Ernst Joh., die Kuhhaut. [Aus: „Die 3 Kanoniere u. and. Gesch."] 1.—20. Taus. (39 S. m. Abbildgn. u. Bildnis.) 908. (21. Heft.) — 15; geb. — 40

Heyse, Paul, Andrea Delfin. (136 S. m. Bildnis.) 910. (26. Heft.) — 30; geb. in Leinw. — 60

Huldschiner, Rich., Fegefeuer. 1.—20. Taus. (251 S. m. Abbildgn. u. Bildnis.) (910.) (29. Heft.) — 70; geb. n 1. —

Jensen, Wilh., über der Heide. (125 S. m. Bildnis.) 907. (12. Heft.) — 25; geb. — 55

Kleist, Heinr. v., die Verlobung in St. Domingo. — Das Erdbeben in Chili. — Der Zweikampf. (142 S. m. Bildnis.) 907. (18. Heft.) — 30; geb. — 60

Kotze, Stef. v., Geschichten aus Australien. 1.—20. Taus. (88 S. m. Bildnis.) 909. (25. Heft.) — 25; geb. in Leinw. — 55

Ludwig, Otto, aus dem Regen in die Traufe. 1.—20. Taus. (Abbildungen v. Hans Schroedter.) (123 S. m. Bildnis.) (910.) (28. Heft.) — 25; geb. in Leinw. — 55

Rosegger, Pet., der Adlerwirt v. Kirchbrunn. [Aus: „Hoch vom Dachstein".] (139 S. m. Bildnis.) 907. (19. Heft.) — 30; geb. — 60

Schmitthenner, Adf., die Frühglocke. [Aus: „Gesch. u. Leben".] 1.—20. Taus. (64 S. m. Bildnis.) 908. (22. Heft.) — 20; geb. — 50

Schücking, Levin, die drei Großmächte. (96 S. m. Bildnis.) 907. (14. Heft.) — 25; geb. n — 55

Spielhagen, Frdr., Hans u. Grete. [Aus: „Kleine Romane II. Bd."] 1.—20. Taus. (Abbildungen von Thdr. Herrmann.) (174 S. m. Bildnis.) 909. (24. Heft.) — 40; geb. in Leinw. n — 75

Villinger, Hermine, Leodegar, der Hirtenschüler. [Aus: „Schwarzwaldgeschichten".] 1.—20. Taus. (72 S. m. Abbildgn. u. Bildnis.) (910.) (27. Heft.) — 20; geb. in Leinw. — 50

Wichert, Ernst, der Wilddieb. [Aus: „Litauische Geschichten".] (144 S. m. Bildnis.) 907. (13. Heft.) — 30; geb. n — 60

Zahn, Ernst, die Mutter. [Aus: „Firnwind".] (66 S. m. Bildnis.) 907. (20. Heft.) — 20; geb. — 50

Volksbuecher der Erdkunde. Bielefeld u. Leipzig.

No. 8. **Harder** (Agnes), Capri und der Golf von Neapel. o. J.
„ 11. **Bittrich** (Max), Der Schwarzwald. M. 29 Abb. o. J.
„ 21. **Uhl** (Gust.), Deutsch-Sudwestafrika. M. 37 Abb 1911.
„ 23. **Ottmann** (Victor), Die Riviera: Nervi und Rapallo. M. 30 z. T. farb. Abb. u. 1 Übersichtskt. 1911.
„ 30. **Kollbach** (Karl), Der Sudpol. M. 23 Abb. 1911.
„ 55. **Wien** (Alfred), Die Insel Rugen. M. 39 Abb. u. e. farb. Umschlagb. o. J.
„ 56. **Trentini** (Albert v.), Südtirol. M. 41 Abb. . . . u. 1 Kt. o. J.
„ 59. **Uhl** (Gust.), Der Nordpol. M. 31 Abb. u. e. farb. Umschlagb. o. J.
„ 70. **Ottmann** (Victor), Die Riviera: San Romo und Mentone. M. 32 Abb. . . . u. 1 Übersichtskt. o. J.

Genossenschaftliche Volksbücher. (Hrsg. von d. Großeinkaufs-Gesellsch. Deutscher Consumvereine m. b. H.) No 1. *Hamburg: H. Kaufmann 1902. 8°* [5.] [illegible]

— genossenschaftliche. Nr. 1—7. 8. Hamburg, Verlagsanstalt des Zentralverbandes deutscher Konsumvereine v. H. Kaufmann & Co. n. 1. 50

Englandreise, unsere! Bericht des Geschäftsführers u. der Aufsichtsratsmitglieder der Großeinkaufs-Gesellschaft deutscher Consumvereine m. b. H. üb. die Besichtigg. der „Co-operative Wholesale Society Limited" (engl. Großeinkaufs-Gesellschaft) u. der engl. Konsumvereine. 3. Aufl. (47 S. m. 6 Abbildgn. u. 1 Bildnistaf.) 904. (Nr. 1.) — 20

Fleißner, Herm., zur Geschichte der Umsatzsteuer in Sachsen. Nebst Urteilen u. Gutachten üb. die Umsatzsteuer. (48 S.) 904. (Nr. 7.) — 20

Genossenschaftsbewegung, die, in Nord- u. Ost-Europa im J. 1903. (47 S.) 904. (Nr. 3.) — 20

— dasselbe in West-Europa im J. 1903. (64 S.) 904. (Nr. 4.) — 20

Riehn, Rbold., die Umsatzsteuer im Herzogtum Braunschweig. Entwurf des braunschweig. Gesetzes, die Heranziehg. der Warenhäuser usw. zu e. besond. Gewerbesteuer (Umsatzsteuer) betr., nebst Besprechg. dieses Gesetzentwurfes. (48 S.) 904. (Nr. 6.) — 20

Staudinger, F., zur Abwehr! (40 S.) 904. (Nr. 5.) — 20

— von Schulze-Delitzsch bis Kreuznach. Eine Festgabe zur Errichtg. des Gesamtverbandes der deutschen Konsumvereine am 17. u. 18. V. 1903. (78 S.) 903. (Nr. 2.) — 30

Volksbücher, gesundheitliche. Hrsg. v. Bundesvorstand (früher: deutscher Bund) der Vereine f. naturgemäße Lebens- u. Heilweise. Nr. 1—4. 8. Berlin, Bundesvorstand der Vereine f. naturgemäße Lebens- u. Heilweise. nn 1. 55

Martin-Zschomler, G., Gesundheitspflege des Kindes während der Schulzeit. Ein Mahnwort an die Eltern. (72 S.) (Nr. 3.) — 50

Philo vom Walde, Vinzenz Prießnitz. Zur Feier seines 100. Geburtstages. Ein Wort an das deutsche Volk. Mit 17 Illustr. (31 S.) (Nr. 1.) nn — 25

Scholta, A., die Diphtherie u. das Heilserum. (65 S.) (Nr. 4.) — 50

Schönborn, E., die Pflege des Kindes vor u. nach der Geburt. 2. Aufl. (32 S.) (Nr. 2.) nn — 30

Gesundheitliche Volksbücher hrsg. vom Deutschen Bund d. Vereine f. Gesundheitspflege u. f. arzneilose Heilweise. [No 1.] *Berlin: Deutscher Bund [1903].* 8° [03. 7754

— der Gesundheitspflege, hrsg. von Hans Buchner. Auf wissenschaftl. Grundlage gemeinverständlich dargestellt. 3., 15. u. 16. Bd. 8. Stuttgart, E. H. Moritz. Geb. in Leinw. à n. 1.—

3. Gesundheitspflege im täglichen Leben. Von E. Grawitz (154 S.) (900.)
15. Gesundheitspflege im Kindesalter. Von Jos. Trumpp. Mit 5 Illustr. (119 S.) (900.)
16. Die Gesundheitspflege f. Mütter u. junge Frauen. Entstehg. u. Verhütung von Krankheiten vor, während u. nach dem Wochenbette. Von Osc. Schaeffer. (123 S.) (900.)

Fortsetzung s.: Bibliothek der Gesundheitspflege.

— Hamburger, s.: Volksbööker, Hamburger.

— hessische. Hrsg. v. Wilh. Diehl. 1—8. 8. Darmstadt, H. L. Schlapp. 6. —; geb. n 8. 50

Diehl, Wilh., Bilder aus der hess. Vergangenheit. 1. Reihe: Der vordere Odenwald in der Zeit vor u. in dem 30jähr. Kriege. (VII, 127 S.) 909. (Nr. 3.) —90; geb. 1. 20
— dasselbe. 2. Reihe: Aus der Zeit des Landgrafen Ernst Ludwig. (IV, 94 S.) 910. (Nr. 6.) —60; geb. —90
— Philipp, Landgraf von Hessen-Butzbach. Eine Festgabe zur Dreihundertjahrfeier der Begründg. der Landgrafschaft Hessen-Butzbach. (IV, 88 S. m. Titelbild.) 909. (Nr. 5.) 1.20; geb. n 1. 50

Lucius, Geo. Frdr., Drangsale des Dorfes Jugenheim bei Mainz im 1. Revolutionskriege. Bearb. von Eduard Anthes. (VI, 93 S.) 910. (Nr. 8.) —60; geb. —90

Luft, Joh., Leben u. Schicksale in meiner Schulmeister-Laufbahn, eingeleitet u. erläutert v. Karl Esselborn. (120 S. m. Bildnis.) 910. (Nr. 7.) —90; geb. 1. 20

Peppler, Frdr., Schilderung meiner Gefangenschaft in Rußland vom J. 1812 bis 1814. Bearb. v. Karl Esselborn. (XVI, 140 S. m. Bildnis.) 908. (Nr. 1.) —80; geb. 1. 20

Sagen, hessische. 1. Reihe: Auswahl aus J. W. Wolffs Sammlung, eingeleitet v. Karl Bader. (XVI, 80 S.) 908. (Nr. 2.) —50; geb. —80

Stelz, Johs., Selbstbiographie, nach der Aufzeichnung von Karl Göp, eingeleitet u. erläutert v. Karl Esselborn. (XVI, 176 S.) 909. (Nr. 4.) —50; geb. n —80

—— humoristische. 1. Bdchn. Mit vielen humorist. Erzählungen und Illustr. (eingedr. Holzschn.). gr. 16. (144 S.) Würzburg 879, Etlinger'sche Buchh. — 30

Volksbücher, humoristische. 2. Bdchn. Mit vielen humorist. Erzählungen und Illustr. (eingedr. Holzschn.). gr. 16. (112 S.) Würzburg 880, Etlinger'sche Buchh. — 30

—— illustrirte. Nr. 1—3, 5 und 6. 8. Regensburg 867, Pustet.

Inhalt:

Nr. 1. Leben der heiligen Kunigunde von Luxemburg, Kaiserin von Deutschland. Hrsg. von Jul. Müllendorff. (51 S.) 2 Ngr.
" 2. Die Legende vom lieben heiligen Marthyrer Sebastian, Patron wider die Pest und ansteckende Seuchen. Für unsere Zeit bearb. von einem kathol. Pfarrer der Diöcese Regensburg. (Ott.) (31 S.) 1 Ngr.
" 3. Lebensskizze der ehrwürdigen Dienerin Gottes Anna Maria Taigi, gest. zu Rom im J. 1837. Für unsere Zeit bearb. von einem kathol. Pfarrer der Diözese Regensburg. (Ott.) (20 S.) 1 Ngr.
" 5. Der heidnische Ungarn-Oberst Krako und der edle Hans Dollinger aus Regensburg. Eine Sage frei für das Volk bearb. von Gervinus. (28 S. mit 1 eingedr. Holzschn.) 2 Ngr.
" 6. Kurze Lebensgeschichte des heiligen Vincenz von Paula. (46 S. mit eingedr. Holzschn.) 2 Ngr.

—— illustrirte. Nr. 7—21. 8. Regensburg 868—70, Pustet. 3 40

Inhalt:

Nr. 7. Leben und Wirken der Diener Gottes, deren feierliche Heiligsprechung in Rom zu Pfingsten 1862 erfolgte. (48 S. mit 1 Holzschntaf.) 20 Pf.
" 8. Eine Pilgerfahrt in das heilige Land. Von Geo. Ott. (28 S. mit neuen Bildern auf 9 Holzschntaf., in 8. und qu. 4.) 30 Pf.
" 9. Devadatta. Scenen und Schilderungen aus dem Hinduleben. Aus dem Französ. übers. (63 S. mit 1 Holzschntaf.) 30 Pf.
" 10. Die beiden Brudermörder oder die Kapelle von Trochtelfingen. Eine Sage frei für das Volk bearb. von Gervinus. (40 S. mit 1 Holzschntaf.) 20 Pf.
" 11. Leben und Wirken des heil. Severinus, des Apostels der Donauländer, dargestellt von einem Kleriker der Diöcese Passau. (40 S. mit 1 Holzschntaf.) 20 Pf.
" 12. Alruna, die selige Gräfin von Vohburg. Ein Tugendvorbild für Frauen und Jungfrauen. (24 S.) 10 Pf.
" 13. Johann, der selige Bauer von Vohburg. Ein Tugendvorbild für Bürger und Bauern. (27 S.) 10 Pf.
" 14. Leben der heil. Elisabeth, Landgräfin von Thüringen. (104 S. mit 1 Holzschntaf.) 40 Pf.
" 15. Leben des Generals Tilly. Nach den bedeutendsten Geschichtswerken bearb. (32 S.) 20 Pf.
" 16. Leben der Fürstin Gallitzin. Nach ihren eigenen Papieren bearb. (31 S.) 20 Pf.
" 17. Leben der Gräfin Yolanda von Vianden. Nach Alex. Wiltheim bearb. von J. Wampach. (32 S.) 20 Pf.
" 18. Gottfried von Bouillon und der erste Kreuzzug. (39 S.) 30 Pf.
" 19. Leben Rudolphs von Habsburg. Nach den bedeutendsten Geschichtswerken bearb. (31 S.) 20 Pf.
" 20. Maximilian, der große Kurfürst von Bayern. Nach den bedeutendsten Geschichtswerken bearb. (31 S.) 20 Pf.
" 21. Das Leben des seligen P. Petrus Canisius, Priester der Gesellschaft Jesu. Nach den besten Quellen bearb. 3. Aufl. (69 S.) 30 Pf.

—— illustrirte. 1. Serie. 1.—4. Heft: Der Giftmischer von Adel oder: die Rache der Polen. Criminalgeschichte aus der Neuzeit. Mitgetheilt aus den hinterlass. Papieren eines Criminalbeamten. gr. 8. (S. 1—192.) Berlin 872, Freitag. à Heft — 30

—— illustrirte landwirthschaftliche. Nr. 1. und 2. 8. Wien 872, Faesy und Frick. * 1 80

Inhalt:

Nr. 1. Kodolányi, Ant., die Kultur und Zubereitung des Flachses. 3. vielfach verb. Aufl. (61 S. mit 9 eingedr. Holzschn.) *M. 1.
Nr. 2. Tschusi-Schmidhofen, Vict. Ritter v., Schützet und heget die Vögel! Ein Mahnruf an alle Land- und Forstwirthe, Jäger und Freunde der Vögel. (VII, 36 S. mit 7 eingedr. Holzschn.) * 80 Pf.

—— illustrirte landwirthschaftliche. Nr. 3—8. 8. Wien, [Faesy und Frick.] Faesy. *

Inhalt:

Nr. 3. Konnerth, Mich., der praktische Kaninchenzüchter. Aufzucht und Pflege des Kaninchens, Heilung der Krankheiten, Zubereitung des Fleisches, sowie Verwerthung des Felles leichtfaßlich dargestellt. (54 S. mit 2 photozinkogr. Taf.) 876. *M. 1.
" 4. Kurze Anleitung zur Bekämpfung des Fichtenborkenkäfers. Hrsg. vom k. k. Ackerbau-Ministerium. 1. und 2. Aufl. (15 S. mit 4 eingedr. Holzschn.) 875,76. * 40 Pf.
" 5. Müller, Friedr., der landwirthschaftliche Pflanzenbau. Kurze Anleitung zu Anbau, Bearbeitung, Ernte und Verwendung der landwirthschaftl. Culturpflanzen. (VIII, 122 S.) 879. *M. 2.
" 6. Pribyl, Leo E., Sollen wir Bauern versichern? Ein Dorfgeschichte. (IV, 63 S.) 879. * 80 Pf.
" 7. Belleville, Gabr., der Stalldünger und die Waldstreu. Nebst einer Anweisung zur Anlage von zweckmäßigen Düngerstätten und Jauchenbehältern. Mit 20 (eingedr. Holzschn.-)Abbild. 1. Aufl. (VII, 145 S.); 2. Aufl. (VIII, 148 S.) 878. *M. 2,40.
" 8. —— die Milch und deren Verwerthung. Die Erzeugung von Butter, Käse und sonst. Molkereiproducten, nebst Beschreibung der hiezu erforderl. Geräthschaften und Localitäten. (XII. 242 S. mit 48 eingedr. Holzschn.-Abbild.) 879. *M. 3,20.

Nr. 1 und 2. Ebendas. 1872. *M. 1,80.

—— illustrirte norddeutsche, für Unterhaltung und Belehrung. Nr. 1 und 2. 16. Berlin 869,71, Janke. [Nr. 1. (160 S. mit 28 Illustr.; Nr. 2. (160 S. mit 37 Illustr. in Holzschn.)] à Nr.

— f. Jung u. Alt, in Verbindg. m. B. Rogge, C. Rademacher, Th. Scheve u. a. hrsg. v. O. C. Wohlleben. 1. Bd. (1. Tl.) gr. 8. Köln 902. (C. Roemke & Co.) Geb. n. 1. —

Als ich klein war. Von C. Rademacher. (63 S. m. Abbildgn.)

Volksbücher für Jung u. Alt (hrsg. von O. C[arl] Wohlleben, Pastor). Bd 1, (T. 1). *Cöln: Westdeutsch. Verl. 1902.* 8° [F.] [01. 13167 5

— Kärntner. 1—10. Hft. 16. Klagenfurt 884. Leon sen. à — 30

1. Märchen aus Kärnten. Dem Volksmunde nacherzählt v. Frz. Franzisci. (64 S.)
2. Aus der kärntischen Alpenwelt. Von F. K. Keller. (52 S.)
3. Gräfin Salamanca. Eine oberkärnt. Sage. Nacherzählt v. Frz. Mauthner. (68 S.)
4. Ulrich v. Lichtenstein u. das Turnier zu Friesach. Von Frz. Frisch. (46 S.)
5. Sigmund, der Erblandstabelmeister v. Tanzenberg. Nacherzählt von C. v. Falkenau. (65 S.)
6. Sagen u. Märchen aus Kärnten. Dem Volksmunde nacherzählt v. Frz. Franzisci. (64 S.)
7. Aus dem Leben e. Flüchtlings. Eine Episode aus den Franzosenkriegen v. F. Carlmann. (67 S.)
8. Aus der Vogelwelt der kärntischen Alpen. Von F. K. Keller. (66 S.)
9. Heimatliche Dichter. Eine Sammlg. kärnt. Poesien m. biograf. Daten u. e. Vorworte v. Jul. Reinwald. (67 S.)
10. Die Helden vom Predil. Eine Episode aus den Franzosenkriegen. Dargestellt v. F. K. Keller. (64 S.)

—— **Kärntner.** Nr. 11—18. gr. 16. Klagenfurt 885, Leon sen. à Nr. — 30

Inhalt:

Nr. 11. Höhen-Verzeichnis von Kärnten in Metern. (61 S.)
" 12. Die Kornetkeuche von Waldenstein. Der Ring des Schärffenberg. (61 S.)
" 13. Mauthner, die Tartarenbraut und die Entstehung von St. Veit. Eine kärntn. Geschichtsnovelle. (65 S.)

—— **katholische.** 1. Bdchn.: Erzählungen und Belehrungen für das katholische Volk. gr. 16. (190 S.) Ebendas. 879. — 35

—— **katholische.** 2. Bdchn.: Erzählungen und Belehrungen für das kathol. Volk. gr. 16. (141 S. mit eingedr. Holzschn.) Würzburg 880, Etlinger'sche Buchh. — 35
Nicht weiter erschienen.

—— **katholische,** z. Belehrung u. Erbauung, s. a. Künzer, F. X. M. A.

— **katholische,** zur Belehrung und Erbauung von Fr. X. M. Künzer. (1. Jahrg. 1845. Octbr.—Decbr.) 3 Hefte. gr. 8. (Mit 1 Stahlstich.) Liegnitz. (Breslau, Fr. Aderholz.) n. 1/6 ℛ

— **landwirthschaftliche.** Herausg. von Fritz Rödiger. 1—4. Heft. Luzern 859—61. Straube. 8. Jedes Heft 4 ngr.
1. Heft: Sechs erprobte Heilmittel gegen die Fleckenkrankheit oder den Milzbrand der Schweine, den Milzbrand der Rinder, die Blähsucht der Wiederkäuer ꝛc. von Frdr. Rödiger, Vater. 1. u. 2. unveränd. Aufl. (31 S.)
2. Heft: Kurze Bewässerungslehre für den Landmann, oder Was ist Wässerung u. Wie soll man wässern? von A. v. Fellenberg Ziegler. (50 S.)
3. Heft: Die beste Mostbereitung, oder: Gründliche, auf Erfahrung beruhende Anleitung zur Bereitung der besten u. haltbarsten Obstweinsorten, nebst den Grundzügen des damit verbundenen Obstbaues von Cölestin Haas. (40 S. u. 2 lith. Taf. in 4.)
4. Heft: Die Engerlinge oder Inger, sowie deren Vertreibung, Verminderung u. Vertilgung. Rathschläge für Jedermann vom Herausg. der Volksbücher. 1. u. 2. Aufl. (34 S.)

—— **landwirthschaftliche.** Nr. 1—163. 8. Leipzig, H. Voigt. à Nr. * — 50

Inhalt:

Nr. 1. Eckert, Herm., die Feldmaus, ihre Lebensweise, ihre Feinde und ihre Vertilgung. (VIII, 62 S. mit 14 eingedr. Holzschn.-Abbild.) 877.
" 2. C. W. L. Gloger's Schriften über Vogelschutz und den Schutz nützlicher Thiere überhaupt. Neu hrsg. und bearb. von Karl Ruß und Bruno Dürigen. I. Kleine Ermahnung zum Schutz nützl. Thiere. 11. Aufl. (39 S. mit 66 Abbild. auf 3 Holzschntaf.) 877.
" 3. Murzel, P. J., die Feinde des Weinstockes, nebst Mittel zu deren Vertilgung für den deutschen Weinbergsbesitzer, Freunde des Weinbaues und Lehr-Anstalten. (IV, 30 S.) 877.
" 4. Richter, H., Anleitung zur Buchführung. Anweisung für kleine und mittle Landwirthschaften, mit geringer Mühe Ausgaben und Einnahmen der Wirthschaft zu verbuchen, um dadurch eine genaue Uebersicht des Reinertrages zu erlangen und für die Einkommensteuer-Feststellung die nöth. Anhaltspunkte zu gewinnen (23 S.) 876.
" 5—7. Löbe, Wil., die Unkräuter auf Feldern, Wiesen, Weiden, in Gärten und Weinbergen, ihre Abhaltung und Tilgung. 3 Hefte. (XI, 116 S.) 877.
" 8. 9. Weber, Rud., der Wald im Haushalt der Natur und des Menschen. 2 Hefte. (83 S.) 877.
" 10—12. Pinckert, Friedr. Aug., die Urbarmachungen, Umwandelungen und mechanischen Verbesserungen des Bodens. 3 Hefte. (V, 119 S.) 877.

Volksbücher, landwirthschaftliche ꝛc.

Nr. 13—15. Löbe, Will., die Geflügelzucht in ihrem ganzen Umfange: Die Zucht, Fütterung, Mastung, Krankheiten ꝛc. 3 Hefte. (124 S.) 877.
" 16—18. Heiden, Ed., die Düngerlehre in populär-wissenschaftlicher Darstellung. 3 Hefte. (VIII, 144 S. mit 4 Tab.) 877.
" 19—22. Demler, Paul, die Bodenkunde in populär-wissenschaftlicher Darstellung für Landwirthe. 4 Hefte. (214 S.) 877.
" 23—26. Giersberg, Fr., der Anbau der Futterkräuter und Futtergräser. 4 Hefte. (IV, 199 S.) 877.
" 27—29. Werner, Hugo, die landwirthschaftliche Buchführung. 3 Hefte. (VI, 131 S.) 877.
" 30. Löbe, Will., die Ziegenzucht. (IV, S. 1—44.) 877.
" 31. —— die Kaninchenzucht. (S. 45—80.) 877.
" 32—34. Goethe, Rud., Weinbau und Kellerwirthschaft in kurzer populärer Darstellung für Landwirthe. 3 Hefte. (VI, 144 S. mit 28 eingedr. Holzschn.-Abbild.) 877.
" 35—39. Rost, B., die Milchwirthschaft und die Bereitung der vorzüglichsten Molkereiprodukte ꝛc. 5 Hefte. (VIII, 227 S.) 877.
" 40—43. Zürn, Friedr. Ant., die Pflege der gesunden Haussäugethiere. 1. Thl.: Von der Ernährung der Haussäugethiere. 4 Hefte. (XII, 156 S. mit 2 Tab.) 877.
" 44—46. Rost, B., Anbau der Hülsenfrüchte und des Buchweizens, nebst einem Anhang: „Die Kultur der Hülsenfrüchte als Garten- oder Gemüsepflanzen. 3 Hefte. (IV, 133 S.) 877.
" 47—50. Jäger, H., der Blumengarten und die Blumenzucht auf dem Lande. Eine Anleitung zur Anlage und Erhaltung ländl. Blumengärten, sowie zur Anzucht und Behandlung der Blumen. 4 Hefte. (X, 160 S.) 877.
" 51—53. Rost, B., über Milchergiebigkeit des Rindviehes, Aufzucht der Kälber im Allgemeinen und Aufzucht der Kälber auf Milchergiebigkeit ꝛc. 3 Hefte. (130 S.) 877.
" 54—60. Balcke, Thdr., Bilder aus der Geschichte der deutschen Landwirthschaft. 1. Thl.: Von den ältesten Zeiten bis zum Ende des Bauernkrieges. 7 Hefte. (XII, 320 S.) 877.
" 61. Taschenberg, E. L., der Kartoffelkäfer und sein Auftreten in Deutschland. (16 S. mit 1 Abbild. des Käfers in Farbendr.) 877.
" 62—65. Pinckert, Friedr. Aug., die Lehre von der landwirthschaftlichen Saat und Pflanzung. 4 Hefte. (VIII, 149 S.) 877.
" 66—70. Taschenberg, E. L., das Ungeziefer der landwirthschaftlichen Kulturpflanzen. 5 Hefte. (VII, 230 S. mit 36 eingedr. Holzschn.-Abbild.) 877.
" 71—77. Goeschke, Frz., der Obstbau. Eine populäre Anleitung zur Erziehung und Pflege der Obstbäume in den verschiedenen Formen, wie auch zur Kenntniß empfehlenswerther Obstsorten. 7 Hefte. (850 S. mit 2 Stnt. in qu. 4.) 877.
" 78—81. Anacker, Herm., die Fütterungslehre der größeren Hausthiere in populärer Darstellung für Landwirthe. 4 Hefte. (II, 219 S.) 877.
" 82—84. Delius, Adf., die Teichwirthschaft. 3 Hefte. (VIII, 96 S. mit 5 lithogr. Taf. Abbild. und 6 Tab. in gr. Fol.) 877.
" 85—88. Hektor, J., Lehrbuch des rationellen Wiesenbaues und der Weidewirthschaft. 4 Hefte. (IX, 172 S. mit 2 Stnt. in gr. 4.) 877.
" 89—93. Vollmann, Aug., die Honigbiene und ihre Zucht. Nach den Grundsätzen der besten Meister und neuesten Forschungen. Theoretisch-prakt. Handbuch. Mit 155 in den Text eingedr. Holzschn. und 1 Abbild. (Photogr.), Vollmann's Bienenhaus in Bonn a. Rh. darstellend. 5 Hefte. (VIII, 229 S.) 877.
" 94—98. Zürn, Friedr. Ant., die Pflege der gesunden Haussäugethiere. 2. Thl.: Von dem üblen Einfluß verdorbener Nahrung. Die Ursachen der ansteckenden Krankheiten. Die Pflege und Abwartung der Arbeits-, Melk-, Mast-, Woll- und Zucht-Thiere. 5 Hefte. (IX, 249 S. mit 4 lithogr. Taf. Abbild. in qu. 4.) 877.
" 99—101. Weißweiler, Urban, die Zucht des Maulbeerbaumes und der Seidenraupe. 3 Hefte. (VIII, 145 S. mit 20 eingedr. Holzschn.) 877.
" 102—104. Perels, Emil, die Trockenlegung versumpfter Ländereien mit besond. Berücksicht. der Drainage. 3 Hefte. (VII, 160 S.) 877.
" 105—107. Anacker, Herm., die allgemeine Viehzucht in populärer Darstellung für Landwirthe. 3 Hefte. (III, 153 S.) 877.
" 108—111. Pinckert, Friedr. Aug., das Winter- und Sommer-Getreide, dessen Anbau und Benutzung. 4 Hefte. (VI, 180 S.) 877.
" 112. 113. Göschke, Frz., die rationelle Spargelzucht. Eine Anleitung zur erfolgreichen Cultur des Spargels nach L'Hérault'scher Methode. 2 Hefte. (94 S.) 877.
" 114—119. Balcke, Thdr., Bilder aus der Geschichte der deutschen Landwirthschaft. 2. Thl.: Von der kirchlichen bis zur wirthschaftlichen Reformation. 6 Hefte. (VIII, 287 S.) 877.
" 120. 121. Wiese, Ernst, Ansichten über die Bewirthschaftung der Privatforsten. 2 Hefte. (IX, 72 S.) 877.
" 122—133. Thomas, Frz., neuester allgemeiner deutscher Hausschatz. Enth. die neuesten, wichtigsten und bewährtesten Erfindungen, Verbesserungen und Erfahrungen in Hauswirthschaft, Baukunde, Jagd, Ackerbau, Viehzucht, Thierheilkunde, Obst-,

Volksbücher, landwirthschaftliche ꝛc.

Gemüse-, Wein- und Blumenbau, Bierbrauerei, Branntweinbrennerei, Zucker-, Hefen-, Stärke-, Essig-, Ziegelfabrikation, Flachsbereitung ꝛc. 5 Bdchn. in 12 Heften. (XVI, 109; XI, 87; XIV, 89; XV, 103; XIX, 150 S.) 877.

Nr. 134—137. May, Geo., Anleitung zum Betrieb der landwirthschaftlichen Pferdezucht. 4 Hefte. (XVI, 196 S.) 877.
" 138—140. } 143—146. } Goedde, Aug., die Jagd in ihrem ganzen Umfang mit besond. Berücksicht. Deutschlands. 7 Hefte. (IV, 314 S.) 877.
" 141. Sison, Rob., die Schafzucht und ihre Erträge im 19. Jahrh. Nach einem Vortrag in der Oekonom. Gesellschaft des Königr. Sachsen zu Dresden. Mit 1 Holzschn., darstellend einen Merinobock der Stammschäferei zu Lohmen. (54 S.) 877.
" 142. Wittmack, L., die Reblaus [Phylloxera vastatrix]. Im Auftrage des königl. preuß. Ministeriums für die landwirthschaftl. Angelegenheiten bearb. 2. verb. und verm. Aufl. Mit 9 (eingedr. Holzschn.-)Abbild. von Rösler. (30 S.) 877.
" 147—151. Giersberg, Fr. L., der rationelle Kartoffelbau. 5 Hefte. (V, 246 S.) 877.
" 152. Göschke, Frz., der Hausgarten auf dem Lande. Eine populäre Anleitung für Lehrer ꝛc. zur Anlage, Bepflanzung und Pflege desselben. Preisschrift. 1. und 2. Aufl. (68 S.) 878.
" 153. Michelsen, E., die Oelkuchen und ihre Verfälschung. Nach Dr. A. Völcker's Abhandlung in „The journal of the royal agricultural society of England" bearb. (55 S.) 878.
" 154. 155. Pinckert, Friedr. Aug., der praktische Baumzüchter in der Obstkultur. (IV, 96 S.) 878. geb. *ℳ 1,50.
" 156—159. Giersberg, Fr., und J. W., Krankheiten der landwirthschaftlichen Kulturpflanzen. 4 Hefte. (VIII, 181 S.) 878. geb. *ℳ 2,50.
" 160. Müller, Volkmar, deutsche Brennnesseln. Ihre Cultur und Verwerthung als Gespinnst- und Handelspflanzen. (22 S. mit 1 Holzschntaf.) 878.
" 161. Roll, die Obstkultur. Praktische Rathschläge zur Hebung derselben. Mit besond. Berücksicht. rauher Lagen für den Landmann bearb. 4. verb. Aufl. (45 S.) 878.
" 162. 163. Vollmann, A., Werth der verschiedenen Bienenracen und deren Varietäten, bestimmt durch Urtheile namhafter Bienenzüchter. (VIII, 70 S.) 879.

—— **lustige.** 1. Buch. Enthält: 1. Hans Ballhorns erste Erfahrungen in Amerika. 2. Miscellen und Anekdoten. gr. 12. (64 S.) New-York 852. (Philadelphia, Schäfer und Koradi.)

—— dass. — 2 Buch. Enthält: Wie Hans Ballhorn in Amerika sein Leben macht. 2. Ein beharrlicher Freier. 3. Miscellen und Anekdoten. gr. 12. (69 S.) Ebds. 852.

Volks- u. Jugendbücher, Mainzer. Hrsg.: Wilh. Kotzde. (Buchausstattung nach Entwürfen v. J. V. Cissarz.) 1.—12. Buch. 8. Mainz, J. Scholz. Geb. in Leinw. à 3. —

Falke, Gust., Klaus Bärlappe. Wie einer das Fürchten verlernte. (Bilder v. Otto Gebhardt.) (168 S.) (910.) (12. Buch.)
— Drei gute Kameraden. (Bilder v. Geo. A. Stroedel.) (167 S.) (908.) (5. Buch.)
Ferdinands, Carl, Normannensturm. Eine Eifelgeschichte aus alter Zeit. (Bilder v. Rob. Engels.) (201 S.) (908.) (6. Buch.)
— Die Pfahlburg. (Bilder v. Rob. Engels.) (155 S.) (908.) (1. Buch.)
Geißler, Max, der Douglas. Erzählg. (Bilder v. Frz. Müller.) (205 S.) (908.) (3. Buch.)
König, Eberh., ums hl. Grab. (Bilder v. Ernst Liebermann.) (201 S.) (908.) (4. Buch.)
Kotzde, Wilh., die Geschichte des Stabstrompeters Kostmann. Nach seinen Aufzeichngn. dargestellt. (Bilder v. Arth. Lehmann-Ajax.) (185 S.) (910.) (11. Buch.)
— Im Schillschen Zug. (Bilder v. Willib. Weingaertner.) (163 S.) (908.) (2. Buch.)
— Der Tag v. Rathenow. (Bilder v. Geo. Barlösius.) (213 S.) (908.) (7. Buch.)
Lauff, Jos., der Tucher v. Köln. Eine alte Stadtgeschichte. (Bilder v. O. Rich. Bossert.) (208 S.) (909.) (10. Buch.)
Lobsien, Wilh., Pidder Lyng, der Liekendeeler v. Sylt. (Bilder v. O. Rich. Bossert.) (222 S.) (910.) (9. Buch.)
Niese, Charlotte, was Michel Schneidewind als Junge erlebte. (201 S.) (909.) (8. Buch.)

Volksbücher

—— märkische. Hrsg. v. P. Kunzendorf. Nr. 1 u. 2. 8°. Berl. 892, Zieger Nachf. à Nr. * 2 —; * 4 —
1. Kunzendorf, P. Hervorragende Söhne u. Töchter der Mark. (175 S.)
2. Nordhausen, Rich. Im Sande der Mark. 1. Bd. (180 S.)

Volksbücher, medizinische, s. u. d. betr. Einzeltiteln.

— medizinische. 48.—50. Bd. kl. 8. Ulm, J. Ebner. Geb. à Bd. 1. 50

Gollner, die Arterienverkalkung. Wesen, Ursachen, Behandlg. u. Verhütung der Krankheit. Gemeinverständlich dargestellt. (83 S.) 909. (Bd. 49.)
— Die Schul-Gesundheitspflege. Gemeinverständlich dargestellt. (112 S.) 909. (Bd. 48.)
Lorenz, Gicht, Rheumatismus, Ischias. (IV, 77 S.) (910.) (Bd. 50.)

— Münchener. Nr. 1—34. 16. München 890. Münchener Verlags-Institut, F. Braunbeck. 3. 90

Inhaltsübersicht in alphabet. Ordnung:

Ali-ben-Sadi, s.: Traumbuch, neuestes.
Anekdotenjäger, der lustige. Heiteres Allerlei f. Jedermann. (32 S.) (Nr. 13.) — 10
Beck, J., Deutschland in Afrika. Die Kämpfe unserer Kolonial Truppen in Ost Afrika unter der Führg. d. kaiserl. deutschen Reichskommissärs Maj. Wißmann. (32 S.) (Nr. 22.) — 10
— unter wilden Völkern in Ostafrika. Nach Berichten d. Emin Pascha-Expedition unter H. M. Stanley's Führg. Illustrirt v. Edwin Heine. (32 S.) (Nr. 14.) — 10
Briefsteller f. Liebende. Ein treuer Rathgeber in Liebesangelegenheiten f. Jünglinge u. Jungfrauen v. Jovin. (32 S.) (Nr. 5.) — 15
Buch, das, zum Todtlachen. Ein unentbehrl. Handbuch f. lust. Leute v. Dr. Scherz. Mit Illustr. (32 S.) (Nr. 1.) — 15
Burkhard, W., der silberne Fuchs. Eine Erzählg. aus dem Indianer-Revier. (32 S.) (Nr. 30.) — 10
Denef, A., Kawal, der Piraten-Chef. Erzählg. aus d. Seeleben. (32 S.) (Nr. 24.) — 10
Ende, E. v., Tonegawa, der Neger-Häuptling. Erzählg. (32 S.) (Nr. 28.) — 10
Herbert, W., Buffalo Bill's wilder Westen. Sitten u. Gebräuche der Indianer u. amerikan. Hinterwäldler m. Anschluß an Buffalo Bill's Vorführgn. in Europa. (32 S.) (Nr. 23.) — 10
Humor in Wort u. Bild f. lachlustige Leute. (32 S.) (Nr. 8.) — 15
Jovin, s.: Briefsteller f. Liebende.
Lamberty, A., Mothaw od. der zum Sklaven gemachte Indianer. (32 S.) (Nr. 17.) — 10
Lieder u. Couplets, lustige, f. heitere Kreise. (32 S.) (Nr. 9.) — 15
Mord, der, in den Bergen. Eine Erzählg. aus dem Hochgebirge. (31 S.) (Nr. 15.) — 10
Morelli, S., 100 effectvolle leichtfaßliche Zaubereien. (32 S.) (Nr. 10.) — 15
Neef, D. E., die beiden Prairiejäger. Erzählg. (32 S.) (Nr. 29.) — 10
— unter Rothhäuten u. Verräthern. Erzählg. a. d. Engl. (32 S.) (Nr. 25.) — 10
Nève, A. de, Lieder der Liebe. Eine Reihe der besten Ergüsse aus der Sprache d. Herzens. (32 S.) (Nr. 2.) — 15
Paling, A., in der Höhle d. Leoparden. Eine Erzählg. aus dem Urwalde. (32 S.) (Nr. 31.) — 10
Petri, E., auf dem Piratenschiff. Eine Erzählg. aus den südl. Gewässern. (32 S.) (Nr. 32.) — 10
Pollack, T., der Komiker u. Coupletsänger. Erprobte Couplets u. Vorträge, passend f. Damen u. Herren. 1. Bdchn. (32 S.) (Nr. 4.) — 15
— die beliebtesten Soldaten-Lieder. Sammlung der meist gesungenen Vaterlands-, Marsch-, Trink- u. Reservelieder. (32 S.) (Nr. 6.) — 15
— komische Vorträge, zum Vortrag f. Herren u. Damen geeignet. (32 S.) (Nr. 7.) — 15
— im Waffenrock. Militärische Humoresken u. Schnurren. 1. Bdchn. (32 S.) (Nr. 12.) — 10
Rembrandt, K., der Sohn d. Verschollenen. Erzählg. (32 S.) (Nr. 21.) — 10
Salvator- u. Bocklieder, Münchener. (16 S.) (Nr. 11.) — 10
Scherz, s.: Buch, das, zum Todtlachen.
Sommer, Clara, praktisches Kochbuch f. die bürgerliche Küche, unt. Mitwirkg. mehrerer Fachleute bearb. (32 S.) (Nr. 33. 34.)
Traumbuch, neuestes. Erklärung der Träume v. Ali-ben-Sadi, ägypt. Traumdeuter. Übers. v. Maurus Effendi. (32 S.) (Nr. 3.) — 15
Treumann, E., lebendig begraben. Romantische Erzählg. (32 S.) (Nr. 27.) — 10
— das Geheimniß der Prairie. Eine Erzählg. aus dem Indianerleben. (32 S.) (Nr. 18.) — 10
— der Goldteufel v. Californien od. die Sucht nach Mammon. Erzählg. (32 S.) (Nr. 26.) — 10
— Mungo, der Sklavenkönig. Eine Erzählg. aus Südamerika. (32 S.) (Nr. 19.) — 10
— Tahita, die Häuptlingsbraut. Eine Erzählg. aus dem Indianerleben. (32 S.) (Nr. 20.) — 10
— der Zug ins Indianerrevier. Erzählg. (30 S.) (Nr. 16.) — 10

— Münchener. Neue Volks- u. Jugend-Bibliothek. Nr. 35—74. 12. (à ca. 32 S.) München, Münch. Verlags-Institut. à — 10

Inhaltsübersicht in alphabetischer Ordnung:

Denef, A., die Jagd nach Menschenfleisch. Erzählg. 891. (Nr. 38.)
— die Rache der blutigen Faust. Erzählg. 891. (Nr. 48.)
Ende, E. v., Ossido, der gefürchtete Häuptling. Erzählg. aus dem Engl. 891. (Nr. 37.)
— die Riffpiraten der Makassarstraße. Erzählg. aus dem Tagebuche e. jungen Seemannes. 891. (Nr. 46.)
Foehse, Ludw., der Adler der Berge. Eine Indianer-Erzählg. 892. (Nr. 54.)
— Ben Said, der Schrecken d. Nyanza-Sees. Eine Erzählg. aus Deutsch-Ostafrika. 891. (Nr. 47.)
— Buffalo Bill im Urwalde. Eine Indianer-Erzählg. 891. (Nr. 50.)
— Faroo, der Rächer. Eine deutsch-afrikan. Erzählg. 891. (Nr. 45.)
— der Gefangene der Sioux. Eine Indianer-Erzählg. 891. (Nr. 49.)
— die Geheimnisse der verfallenen Mühle am Minnesota-River. Eine Erzählg. 893. (Nr. 67.)
— der bayerische Hiesel. Eine Erzählg. 892. (Nr. 58.)
— die Indianerburg. Eine Erzählg. 892. (Nr. 63.)
— der weiße Kampfgenosse. Eine Indianer-Erzählg. 892. (Nr. 56.)
— Manibur, die Bärentatze, der letzte Mandanhäuptling. Eine Indianer-Erzählg. aus dem wunderbaren Yellowstonelande. 892. (Nr. 55.)
— Muanga, der Zauberer. Eine Erzählg. aus dem deutsch-ostafrikan. Lande der Massais u. Wasogos. 893. (Nr. 74.)
— vom Müllerssohn zum Kaiser. Eine vaterländ. Erzählg. 892. (Nr. 52.)
— der treue Narr. Eine Erzählg. 893. (Nr. 71.)
— der springende Panther. Eine Indianer-Erzählg. 892. (Nr. 64.)
— die Rächer der Nacht. Eine Erzählg. 892. (Nr. 65.)
— die Räuber des Bakonyer Waldes. Eine romant. Erzählg. 893. (Nr. 72.)
— die Räuberschenke im Walde. Eine vaterländ. Erzählg. 892. (Nr. 53.)
— der schwarze Ritter. Eine vaterländ. Erzählg. 892. (Nr. 51.)
— der Seekönig. Eine Indianer-Erzählg. 893. (Nr. 73.)
— der letzte Sitting Bull. Eine Erzählg. aus dem Indianer-Aufstande im J. 1890. 891. (Nr. 43.)
— der Spuk auf dem Schiffe. Eine merkwürd. Erzählg. 892. (Nr. 62.)
— Claus Störtebecker, der letzte deutsche Seeräuber. Eine romant. Erzählg. 893. (Nr. 69.)
— die Teufels-Plantage. Eine Erzählg. aus Deutsch-Ostafrika. 893. (Nr. 68.)
— das Urwald-Gespenst. Eine Indianer-Erzählg. 892. (Nr. 66.)
Hugo, André, das Scepter der Wambutti-Zwerge. Eine Erzählg. aus dem Leben d. letzten Stanley-Zuges. 891. (Nr. 41.)
Neef, D. E., in der Gewalt der Apachen. Erzählg. 891. (Nr. 36.)
— Tim, die „Bärenkralle". Erzählg. aus dem Indianerleben. 891. (Nr. 39.)
Nève, Paul de, Pinzone, der verrätherische Seefahrer. Eine histor. Seegeschichte. 891. (Nr. 44.)
Rinaldo Rinaldini. Eine romant. Orig.-Erzählg. v. E. Söf. 892. (Nr. 59.)
Schinderhannes. Eine Erzählg. aus d. 18. Jahrh. 892. (Nr. 57.)
Schmid, Chrph., Genovefa. Für die Münchener Volks- u. Jugendbibliothek frei bearb. v. Ludw. Foehse. 892. (Nr. 60.)
— Rosa v. Tannenburg. Erzählg. Für die Münchener Volks- u. Jugendbibliothek frei bearb. v. Ludw. Foehse. 892. (Nr. 61.)
Söf, E., das Mordnest im Böhmerwalde. Romantische Erzählg. 893. (Nr. 70.)
Wille, Rich., der Gefangene der Piraten. Den Memoiren e. Capitains entnommen u. wieder erzählt. 891. (Nr. 35.)
Williams, Lorenz, die feindlichen Brüder. Erzählg. aus dem Indianer-Territorium. 891. (Nr. 40.)
Zander, Alex., Bob-Lee, der Pfadfinder. Erzählg. 891. (Nr. 42.)

— Münchener. Neue Volks- u. Jugend-Bibliothek. Nr. 75—90. gr. 16. (à ca. 32 S.) München, Münchener Verlags-Institut. à — 10

75. D. Zerstörung v. Omaha. E. Erzählg. v. Ludw. Foehse. 895.
76. D. Verrath im Fort Union. E. Erzählg. v. Ludw. Foehse. 895.
77. Elho, d. „silberne Bell“. E. Erzählg. v. Ludw. Foehse. 895.
78. Von Alapachen verfolgt. E. Erzählg. v. Ludw. Foehse. 895.
79. D. Kriegspfeil. E. Indianer-Erzählg. v. Ludw. Foehse. 895.
80. Eine Nacht im Felsengebirge. Von F. X. K. 895.
81. Murituba, d. große Pawnee-Häuptling. E. Indianer-Erzählg. v. Ludw. Foehse. 895.
82. D. Totengräber v. Steinefeld. E. Erzählg v. Ludw. Foehse. 895.
83. Die Seeräuber v. Korea. E. Erzählg. aus d. Zeit d. japan.-chines. Krieges 1894/95 v. Ludw. Foehse. 895.
84. Der Sturm auf Fort Blint. E. Indianer-Erzählg. v. Ludw. Foehse. 895.
85. Der Schatz d. Indianer. E. Erzählg. v. Ludw. Foehse. 895.
86. Der Zigeuner-Hauptmann. Von Ludw. Foehse. 896.
87. Die Strandräuber auf Hiddensoe (Rügen). E. Erzählg. aus früherer Zeit v. Ludw. Foehse. 896.
88. D. wilde Jäger. E. amerikan. Erzählg. v. Ludw. Foehse. 896.
89. E. Indianerkönig. Amerikan. Erzählg. v. Ludw. Foehse. 896.
90. Die Blume der Prairie. Amerikan. Erzählung v. Ludw. Foehse. 896.

— für Naturkunde u. Technik. (Auf wissenschaftl. Grundlage gemeinverständlich dargestellt.) (Einbd: Bibliothek d. Naturkunde u. Technik.) 2.—4. Bd. 8. Stuttgart, E. H. Moritz. à n. — 80; geb. in Leinw. à n. 1.—

2. Die Entwickelung der Eisenindustrie u. des Maschinenbaues im 19. Jahrh. Eine populäre Darstellung f. weitere Kreise. Von A. Kleinstüber. (180 S.) 901.
3. Einführung in die praktische Chemie. Von Fel. B. Ahrens. Unorganischer Tl. Mit 24 Illustr. (160 S.) (901.)
4. Dasselbe. Organischer Tl. Mit 22 Illustr. (144 S.) (902.)
   Bd. 1 erscheint später.

— der Naturkunde u. Technik, Fortsetzg., s.: Bibliothek der Naturkunde u. Technik.

— naturwissenschaftliche, vgl. Bernstein, aus dem Reiche d. Naturwissenschaft, — Johnston, die Chemie des täglichen Lebens.

—— naturwissenschaftliche. 1—18. Bd. 8. Berlin 854—56, Besser's Verlag. *

Inhalt:

Bd. 1—3. Aus dem Reiche der Naturwissenschaft. Für Jedermann aus dem Volke von A. Bernstein. 1—3. Bd. (1. Bd. IV und 167 S., 2. und 3. Bd. XII und 357 S.) à Bd. * 10 Ngr. * 1 Thlr.
„ 4—9. Die Chemie des täglichen Lebens von James F. W. Johnston. Deutsch bearb. von Th. D. G. Wolff. 6 Hefte (oder 2 Bde.) (1. Bd. VI und 336 S. mit eingedr. Holzschn. und 2 Stnt., 2. Bd. VIII und 390 S. mit eingedr. Holzschn.) * 1 Thlr. 15 Ngr.
„ 10—18. Aus dem Reiche der Naturwissenschaft. Für Jedermann aus dem Volke von A. Bernstein. 4—12. Bd. (XVIII und 531 S.) à Bd. * 10 Ngr. * 3 Thlr.

—— naturwissenschaftliche. 1—3. Bd.: Aus dem Reiche der Naturwissenschaft. Für Jedermann aus dem Volke von A. Bernstein. 2. Aufl. 8. Berlin 858—61, [Franz Duncker.] [1. Bd. (IV und 160 S.) 2. und 3. Bd. (XII und 359 S.) à Bd. * 10 Ngr.] *

— naturwissenschaftliche. Hrsg. vom Kosmos, Gesellschaft der Naturfreunde. Nr. 1—23. 8. Stuttgart, Franckh. à Nr. — 25

Henseling, Rob., Sternbüchlein f. 1910. (91 S. m. Abbild.) (909.) (Nr. 11—13.)
Kalender f. Aquarien- u. Terrarienfreunde. 1909. 1. Jahrg. Unter Mitwirkg. hervorrag. Fachleute hrsg. v. Kurt Floericke. (64 S. m. 1 Bildnis.) (909.) (Nr. 2. 3.)
— dasselbe. 1910. 2. Jahrgang. Hrs. v. Kurt Floericke u. Rud. Mandée. (70 S. m. 1 Bildnistaf.) (909.) (Nr. 8—10.)
— dasselbe. 1911. 3. Jahrg. Hrsg. v. Kurt Floericke u. Rud. Mandée. (70 S. m. Fig.) (910.) (Nr. 17. 18.)
Koch, der Schulgarten. Eine prakt. Anleitg. f. Lehrer u. Erzieher. Mit zahlr. Abb. (32 S.) (909.) (Nr. 1.)
Reinhardt, Ludw., wie ernähren wir uns am zweckmäßigsten u. billigsten? (95 S.) (909.) (Nr. 4—6.)
Reitz, Adf., Nahrungsmittel u. Fälscherkünste. Ein Büchlein zur Untersuchg. unserer wichtigsten Nahrungs- u. Genußmittel. Mit Anh.: Untersuchg. v. Kleiderstoffen. 2. Aufl. (76 S. m. Abb.) 910. (Nr. 14—16.) Geb. 1.25.
Stoltz, erste Anleitung zum Mikroskopieren. Mit 12 Abbildgn. (31 S.) 909. (Nr. 7.)
— Die Elemente des Pflanzenbaues. Mit 149 Abbildgn. (meist nach Originalen). (132 S.) (910.) (Nr. 19—23.)

—— neue. Unter Mithülfe Mehrerer von C. Rienitz. 1—9. Heft. 8. Berlin, Vereins-Buchhandlung. à Heft 5 Ngr.

Inhalt:

Heft 1. Unglück kann Glück werden! Herr Thom. Brown und seine Nachbarn. Von R. Maria. — Die Wolfsschlucht. Von B. Wedekind. — Alphons und Rose Santerre. Von Ewald. (148 S.) 847.
„ 2. Robinson und dessen Kolonie. (142 S.) 847.
„ 3. Der Bergknabe oder: „Mir ist's nicht um's Geld, sondern um's Wort halten!“ Von A. v. Möller. — Anna Auglowsky. Von C. Lessing. — Die Jugendfreunde. Von H. Horst. — Eine Geister-Geschichte. (142 S.) 847.
„ 4. Der treue Neger. Von C. Rienitz. — Die Insel Felsenburg. — Das Geständniß. Eine wahre Kriminal-Geschichte. — Der Tyroler. (142 S.) 847.

Volksbücher, neue. 1—9. Heft. rc.

Heft 5. Glaubensmuth und jesuit. Verfolgung. Von C. Rienitz. — Das Vermächtniß. Von J. Pauli. — Die Gelübde. Von Ed. Müller. — Die Drachenbändiger. Von F. W. Gubitz. (141 S.) 849.
„ 6. Napoleon und Willy's Familie. Von C. C. Kreisnig. — Ein Schatzgräber. Von A. v. Möller. — Meister Kuken. Von Ehletas. — Schuldig oder nicht schuldig? Von A. Naumann. (139 S.) 849.
„ 7. Der Student Gerhardt Schwind. Von A. v. G. — Der Diebesfinger. Wahre Criminalgeschichte. Von Fr. Pitt. — Der Meister und sein Thurm. Von L. Tarnewski. (142 S.) 849.
„ 8. Eleonore Snitger. Von C. Karoll. — Der Spanier von Fr. Pitt. — Der Schornsteinfeger. Wahre Begebenheit aus der Mitte des vorigen Jahrhunderts. Von R. Maria. — Die Anklage. Begebenheit aus dem 17. Jahrh. (130 S.) 849.
„ 9. „Der ungerechte Groschen verzehrt den redlich erworbenen Thaler.“ Von R. Koch. — Johanna. Von A. v. Sartorius. (126 S.) 850.

— neue. Mit Holzschn. 1—6. 16. Die Erbbase. Erzählung v. Jerem. Gotthelf. (48 S.) 2. Der Galeerensklave. Erzählung v. Aug. Wildenhahn. (48 S.) 3. Des Kaisers Vorreiter. Erzählung v. Rob. Florey. (32 S.) 4. Der Feldmarschall Blücher. Dem Volke geschildert v. R. Schneider. (40 S.) 5. Der Schmied von Apolda. Eine thüring. Volkssage v. Johs. Falk. (51 S.) 6. Das große Loos. Von C. Weisflog. (64 S.) Leipzig 851, G. Wigand (jetzt: Schlicke). — 7—10. 16. 7 u. 8. Leben Friedrichs des Gr., erzählt v. C. Klaunig. (72 S.) 9. Drei Erfindungen des Teufels, Märchen v. L. U. Kanig. (32 S.) 10. Die Füchsin u. der graue Wolf. Nach d. Russ. v. K. Kind. (32 S.) Leipzig 852, Schlicke. (à 1½ ngl) ½ nß

—— neue. Mit Holzschn. 1—6. (Heft.) 16. Leipzig 851, [Schlicke.] à Heft 1½ Ngr.

Inhalt:

(Heft) 1. Die Erbbase. Erzählung von Jerem. Gotthelf. (48 S.)
„ 2. Der Galeerensklave. Erzählung von Aug. Wildenhahn. (48 S.)
„ 3. Des Kaisers Vorreiter. Erzählung von Rob. Florey. (32 S.)
„ 4. Der Feldmarschall Blücher. Dem Volke geschildert von R. Schneider. (40 S.)
„ 5. Der Schmied von Apolda. Eine thüring. Volkssage von Johs. Falk. (51 S.)
„ 6. Das große Loos. Von C. Weisflog. (64 S.)

— neue. Mit Holzschn. 7—39. (Heft.) 16. Leipzig 852—56, Schlicke. à Heft 1½ Ngr.

Inhalt:

Heft 7., 8. Leben Friedrichs des Großen, erzählt von C. Klaunig. (72 S.)
„ 9. Drei Erfindungen des Teufels, Märchen von L. U. Kanig. (32 S.)
„ 10. Die Füchsin und der graue Wolf. Nach dem Russ. von K. Kind. (32 S.)
„ 11. Johann Friedrich Oberlin, von 1767 bis 1826 Pfarrer im Steinthal. Geschildert von F. J. Bernhard. (48 S.)
„ 12., 13. Leben des Feldmarschall Grafen Radetzky. Von K. A. Karl. (80 S.)
„ 14., 15. Die Türken. Ihre Geschichte, Religions- und Staatsverfassung, ihre Sitten und Gebräuche. Von Ed. v. Mildenstein. (64 S.)
„ 16. Das deutsche Reich und Volk. (40 S.)
„ 17., 18. Erinnerungen eines alten Soldaten aus den J. 1812—1814. Von Ed. v. Mildenstein. (64 S.)

Volksbücher, neue. 7—30. (Heft.) rc.

Heft 19. Witz- und Märchen-Schatz aus den Schriften des P. Abraham a St. Clara. (32 S.)
„ 20., 21. Deutsches Bürgerleben alter Zeit. (64 S.)
„ 22. Der Prinzenraub. Historisches Zeitbild von Otto Moser. (32 S.)
„ 23., 24. August Herrmann Francke, der Stifter des Waisenhauses zu Halle. Geschildert von F. J. Bernhard. (64 S.)
„ 25. Der Sängerkrieg auf Wartburg. Von Ludw. Bechstein. (32 S.)
„ 26., 27. Dr. Philipp Jacob Spener. Geschildert von F. J. Bernhard. (63 S.)
„ 28., 29. Winfried, genannt Bonifacius. (57 S.)
„ 30., 31. Der dreißigjährige Krieg. Von Ludw. Bechstein. (64 S.)
„ 32. Der treue Eckhart. Von Ludw. Bechstein. (32 S.)
„ 33., 34. Die Mären vom Rübezal dem Geiste des Riesengebirges. Von Ludw. Bechstein. (64 S.)
„ 35., 36. Der Herzog Friedrich Wilhelm von Braunschweig-Oels. Von Max v. Eelking. (64 S.)
„ 37—39. Der Hexenthurm von Seeburg. Eine wahre Geschichte die sich vor 200 Jahren zugetragen, erzählt für Jung und Alt von Friedr. Norden. (83 S.)

1—6. Heft. Ebendas. 1851. 9 Ngr.

—— neue. Mit Holzschn. 40—45. Heft. 16. Leipzig 857. 58, Schlicke. à Heft 1½ Ngr.

Inhalt:

Heft 40. Norden, Fr., des Amerikaners Benjamin Franklin merkwürdiges Leben und Wirken. Für das Volk erzählt. (32 S.)
" 41., 42. Tutzschmann, M., die Lichtensteiner. Scenen aus dem deutschen Religionskriege des 17. Jahrhunderts. (64 S.)
" 43. —— die Zerstörung von Magdeburg durch Tilly am 10. Mai 1631. (32 S.)
" 44.45. —— Dithmarschen. Drei Tage aus der Geschichte Schleswig-Holsteins. (64 S.)

1—39. Heft. Ebendas. 1851—56. 1 Thlr. 28½ Ngr.

—— neue. Nr. 300—305, 308, 309, 311, 312. 12. (à Nr. 64 S.) Leipzig 885, Rasch und Comp. à Nr. — 25

Inhalt:

Nr. 300. Frey, W., in der Prairie. Eine Erzählung.
" 301. —— der Gefangene unter Indianern. Eine Erzählung nach wahrer Begebenheit. 2. Aufl.
" 302. —— der wilde Seekadett. Eine Erzählung.
" 303. —— der Piratenkapitän. Eine geschichtl. Erzählung aus den Zeiten der Flibustier.
" 304. Fricke, W., der Wolfsjäger. Eine Erzählung für das deutsche Volk.
" 305. Frey, W., der Straßenkehrer von Paris. Eine Erzählung.
" 308. —— das Blockhaus in der Wildnis. Eine Erzählung.
" 309. —— der Indianerhäuptling. Eine geschichtl. Erzählung.
" 311. —— im hohen Norden. Eine Erzählung.
" 312. —— der Zug durch die Wüste. Eine Erzählung aus den Kriegen des Mahdi.

—— neue. (Feine Ausg.) Nr. 398—406. 8. Reutlingen, Enßlin und Laiblin's Verlagsh. à Nr. — 25

Inhalt:

Nr. 398. Norden, Friedr., der Hexenthurm von Seeburg. Eine wahre Geschichte, die sich vor 200 Jahren zugetragen, erzählt für Jung und Alt. (64 S.)
" 399. Berger, O., Fürst Alex. Menschikow oder Schicksalswege eines Pastetenjungen. Eine lehrreiche Geschichte für Jung und Alt. (63 S.)
" 400. Horn, E., neueste und schönste Polterabend-Scenen. Reichhaltige Auswahl ernster und heiterer Vorträge zur Unterhaltung und Belustigung bei Polterabenden. (64 S.)
" 401. Brunner, Hans, der Prairie-Teufel oder Verloren und Wiedergefunden. Eine Indianergeschichte. (64 S.)
" 402. Degenfeld, Walter, der Schatz des Normannenfürsten oder Auge um Auge, Zahn um Zahn. Eine Geschichte aus den Urwäldern Amerika's, für das Volk erzählt. (64 S.)
" 403. Berger, O., der rothe Seeräuber. Nach Cooper für Jung und Alt wiedererzählt. (64 S.)
" 404. —— die Skalpjäger oder der Rachezug in's Indianergebiet. Nach Mayne Reid bearb. (60 S.)
" 405. —— um schnödes Geld oder zwei ungleiche Brüder. Eine Erzählung für Jung und Alt. (58 S.)
" 406. Fehleisen, Egmont, heitere Bilder aus dem Soldatenleben im Krieg und Frieden. 1. Bdchn.: In der Garnison. (64 S.)

—— neue. Nr. 343, 362, 364, 365, 406—408, 410—467. 12°. Reutl. 889—92, Enßlin u. Laiblin. à Nr. — 20; m. bunten Umschlägen à — 25

343. Wernick, Carl. Unter den Haida-Indianern. (57 S.)
362. Bredow, Alfr. Vom Goldfieber erfaßt! (64 S.)
364. Fehleisen, Egmont. Seeheld Du Quesne. (64 S.)
365. Gärtner, G. In verschollener Stadt! (60 S.)
406. Herold, Heinr. Der Kampf um die Venta. (64 S.)
407. —— Die Küstenschmuggler od. blut. Vergeltung. (64 S.)
408. —— Im Temporal u. Wüstensand d. del Nort. Ster.-Ausg. (64 S.)
410. Klaunig, C. Leben u. Thaten Friedrichs d. Großen. (64 S.)
411. Fehleisen, Egmont. Die Geschichte vom edlen Kaiser Joseph II. (63 S.)
412. Berger, O. Deutsche Auswanderer im Busch. (64 S.)
413. —— Jane Eyre, die Waise v. Lowood. (64 S.)
414. —— Lord Rudi, od. der Treue Lohn. (61 S.)
415. Ammer, Rob. Negerrache od. die Empörg. auf Hayti. (64 S.)
416. Waldheim, R. Das Blockhaus im Urwalde oder Red Grenwood, der Trapper. (64 S.)
417. Martius, Mor. Die Mormonen-Karawane od. der Kampf an der Felspyramide. (62 S.)
418. —— Oceola, der Häuptling der Seminolen-Indianer. (64 S.)
419. Ilm, E. Der Steuermann d. Piraten. (64 S.)
420. Martius, Mor. Der Halbmond vor Wien. (64 S.)
421. Berger, O. Walter Frühauf od. e. edles Fürstenpaar. (64 S.)
422. Martius, Mor. Arpucko, der weiße Häuptling der Osagen. (63 S.)
423. —— Bei den Schwarzfüßen od. im Lager d. grauen Bären. (62 S.)
424. Höcker, O. Ehrlich u. gerade durch. (63 S.)
425. —— Eine alte Firma od. die dunkle That. (61 S.)
426. Martius, Mor. Treuherz, der Trapper. (64 S.)

Volksbücher, neue &c.

427. Martius, Mor. Auf der Kriegsfährte oder das Fort am Champlain-See. (62 S.)
428. Höcker, Osk. Inmitten der Wildnis, od. Daniel Boone, der erste Ansiedler Kentucky's. (63 S.)
429. Schmid, Chph. v. Gottfried, der junge Einsiedler. (62 S.)
430. Martius, Mor. An der Indianergrenze. (61 S.)
431. Fogowitz, A. H. Die Kriegs-Korsaren v. St. Malo. (42, 16 S.)
432. Martius, Mor. Satan Gold od. in den Schluchten der Sierra-Nevada. (64 S.)
433. Berger, O. Kapitän Barmont. (64 S.)
434. —— Unter schwarzer Flagge od. Montbar der Vertilger. (64 S.)
435. —— Schnellwasser, der Comanchen-Häuptling. (62 S.)
436. —— Die Königin der Savannen. (64 S.)
437. Höcker, O. Im Felsengebirge od. in Indianerhänden. (61 S.)
438. Berger, O. In Kamerun! Erlebnisse e. jungen Deutschen an der Westküste v. Afrika. (64 S.)
439. Messerer, Th. Der Kampf um den Lieutenant. (64 S.)
440. Berger, O. Neham Outah, der Letzte der Inkas. (63 S.)
441. —— El Dorado od. nach den Diamantfeldern Brasiliens. (64 S.)
442. —— Zeno Cabral od. d. Verbrechens Sühne. (62 S.)
443. —— Unter den Puelchen. (63 S.)
444. —— Antinahuel, der Sonnentiger. (62 S.)
445. —— Der Fährtensucher od.: Ein Freund in der Not — e. Geschenk v. Gott. (62 S.)
446. —— Die rote Ceder, od. die Hyänen der Wildnis. (64 S.)
447. —— Das Lynchgesetz od. der Lohn d. Prairieräubers. (64 S.)
448. —— Das Vermächtnis d. Gambusino. (58 S.)
449. Wernick, Carl. Die Sklavenjäger od.: Auf d. Fluten d. Parana-Stromes. (60 S.)
450. Bredow, Ad. Auf deutscher Grenzwacht od. der Ueberfall der Mohawks. (64 S.)
451. Fehleisen, Egm. Aufs Riff geworfen! oder der Schiffbruch der Antilope unter Kapitain Wilson. (64 S.)
452. Busch, A. Die Flüchtlinge auf dem Mohawa. (64 S.)
453. Wernick, C. Die Goldmine in den Blackhills. (61 S.)
454. Herold, Heinr. Der Huilichenhäuptling od. Aug' um Aug', Zahn um Zahn. Ster.-Ausg. (62 S.)
455. Wernick, Carl. Fort William od. Zapata der Apachenhäuptling. (64 S.)
456. Berger, O. Die Ansiedler in Canada. (60 S.)
457. —— Auf blutiger Fährte od. e. Gottesgericht. (64 S.)
458. Bredow, Adf. Der Fall v. Fort Mackinaw. (62 S.)
459. Berger, O. Der fliegende Pfeil od. auf der Bärenjagd. (62 S.)
460. —— Treue um Treue od. e. Opfer der Pehuenchen. (64 S.)
461. —— Vom Ohio zum Huerfano. (61 S.)
462. Herold, Heinr. Der große Kuguar der Unitis-Indianer. (62 S.)
463. Bredow, Alfr. Der rote Wolf od. der Ueberfall der Goldsucher. (59 S.)
464. Busch, A. Die Pelzjäger od. von Mackinack bis Astoria. (60 S.)
465. Bredow, Alfr. Die Tigreros od. die Jagd auf die Apachen. (64 S.)
466. Herold, Heinr. Im Thale der Schlangen-Pawnees. (64 S.)
467. Bredow, Adf. Ponteac, der Ottawa-Häuptling. (59 S.)

Volksbücher, neue. (Feine Ausg.) Nr. 410—449 u. 455—467. Neue Ster.-Ausg. 12. Reutlingen 889. 890. Enßlin & Laiblin. à — 25

Inhaltsübersicht in alphabet. Ordnung:

Ammer, R., Negerrache od. die Empörung auf Hayti. Eine Erzählg. f. jung u. alt. (64 S.) (Nr. 415.)
Berger, O., Treue um Treue od. e. Opfer der Pehuenchen. Eine Indianergeschichte. (64 S.) (Nr. 460.)
Bredow, A., der Fall v. Fort Mackinaw. Eine Erzählg. aus der Zeit der Eroberg. Kanadas durch die Engländer. Nach Maj. Richardson frei bearb. (62 S.) (Nr. 458.)
— Ponteac, der Ottawa-Häuptling. Eine Erzählg. aus der Zeit der Eroberung Kanadas durch die Engländer. Nach Maj. Richardson frei bearb. (59 S.) (Nr. 467.)
— die Tigreros od. die Jagd auf die Apachen. Eine Erzählg. aus dem Waldleben Amerikas, frei nach G. Ferry erzählt. (64 S.) (Nr. 465.)
— der rote Wolf od. der Überfall der Goldsucher. Eine Indianergeschichte, frei nach Aimard erzählt. (59 S.) (Nr. 463.)
Busch, A., die Pelzjäger od. von Mackinack bis Astoria. Eine Erzählg. aus dem amerikan. Westen. (60 S.) (Nr. 464.)
Fehleisen, E., die Geschichte vom edlen Kaiser Joseph II., dem Liebling u. dem Stolze d. östreich. Volkes. Für das Volk geschrieben. (63 S.) (Nr. 411.)
Fogowitz, A. H., die Kriegs-Korsaren v. St. Malo. Abenteuer zu Wasser u. zu Land. (42 u. 16 S.) (Nr. 431.)
Herold, H., der große Kuguar der Unitis-Indianer. Eine Indianergeschichte aus den Pampas. (62 S.) (Nr. 462.)
— im Thale der Schlangen-Pawnees. Eine abenteuerl. Erzählg. v. Maj. Flesh's Kolonie. (64 S.) (Nr. 466.)
Höcker, O., ehrlich u. gerade durch. Eine Erzählg. f. Volk u. Jugend. (63 S.) (Nr. 424.)
— im Felsengebirge od. in Indianerhänden. Eine Geschichte aus dem Kriege der Apachen u. Pah-Utahs. (61 S.) (Nr. 437.)
— eine alte Firma od. die dunkle That. Eine Erzählg. aus der Gegenwart. (61 S.) (Nr. 425.)
— inmitten der Wildnis, od. Daniel Boone, der erste Ansiedler Kentuckys. Nach Henry C. Watson erzählt. (63 S.) (Nr. 428.)
Ilm, E., der Steuermann d. Piraten od. die Folgen d. Leichtsinns. Eine lehrreiche Erzählg. (64 S.) (Nr. 419.)
Klaunig, C., Leben u. Thaten Friedrich's d. Großen, Königs v. Preußen. Mit e. Auswahl der besten Anekdoten aus dessen Leben. (64 S.) (Nr. 410.)
Martius, M., Arpucko, der weiße Häuptling der Osagen, od. das Geheimnis d. Farmers. Eine Erzählg. aus dem Indianerleben. (63 S.) (Nr. 422.)
— der Halbmond vor Wien. Geschichtliche Erzählg. aus der Belagerg. Wiens durch die Türken im J. 1683. (64 S.) (Nr. 420.)
— an der Indianergrenze. Eine Geschichte aus dem vormal. Indianergebiete Michigans, frei nach Cooper bearb. (61 S.) (Nr. 430.)
— auf der Kriegsfährte od. das Fort am Champlain-See. Eine Indianergeschichte vom Hudson aus der Zeit d. nordamerikan. Freiheitskrieges. (62 S.) (Nr. 427.)
— die Mormonen-Karawane od. der Kampf an der Felspyramide. Eine Indianergeschichte. (62 S.) (Nr. 417.)
— Oceola, der Häuptling der Seminolen-Indianer. Eine Erzählung aus dem Verteidigungskampfe der Indianer Floridas gegen die Nordamerikaner. Frei nach Mayne-Reid. (64 S.) (Nr. 418.)
— Satan Gold od. in den Schluchten der Sierra-Nevada. Eine Erzählg. aus Kalifornien [frei nach Hendrick Conscience]. (64 S.) (Nr. 432.)
— bei den Schwarzfüßen od. im Lager d. grauen Bären. Eine Indianer- u. Jagdgeschichte. (62 S.) (Nr. 423.)
— Treuherz, der Trapper, od. die Wege d. Herrn sind wunderbar. Eine Erzählg. aus Mexiko u. dem Indianergebiet in Arkansas. Frei nach Aimard. (64 S.) (Nr. 426.)
Messerer, Th., der Kampf um den Lieutenant. Ein heiteres Bild aus ernster Zeit. (61 S.) (Nr. 439.)
Schmid, Chph. v., Gottfried, der junge Einsiedler. Eine Erzählg. f. alt u. jung. (62 S.) (Nr. 429.)
Waldheim, R., das Blockhaus im Urwalde der Red Grenwood, der Trapper. Eine Erzählg. aus dem Westen. (64 S.) (Nr. 416.)
Wernick, C., die Sklavenjäger, od.: Auf den Fluten d. Parana-Stromes. Eine Indianergeschichte. (60 S.) (Nr. 449.)
— Fort William od. Zapata, der Apachenhäuptling. Eine Indianergeschichte. (64 S.) (Nr. 455.)

Nr. 407—409 u. 450—454 erscheinen später.

— neue. (Ausg. m. Schwarztitel.) Nr. 21n—p, 49b, 61, 62, 68, 71, 72, 77, 80 u. 83. (Neue Ster.-Ausg.) 12. Reutlingen 891. Enßlin & Laiblin. n. 2. 11
21n. Der Wasserkrug. Eine Erzählg. f. jung u. alt von Chrph. v. Schmid. (31 S.) n. — 12
21o. Paul Arnold. Eine Erzählg. f. jung u. alt von Chrph. v. Schmid. (32 S.) n. — 12
21p. Die Himbeeren. Eine Erzählg. f. jung u. alt von Chrph. v. Schmid. (32 S.) n. — 12
49b. Waldomir. Eine Erzählg. aus der Ritterzeit f. jung u. alt von Chrph. v. Schmid. (48 S.) n. — 15
61. Auf deutscher Grenzwacht od. der Ueberfall der Mohawks. Eine Indianer-Erzählg. aus der Zeit d. englisch-französ. Krieges in Amerika von 1756—1763 v. Ad. Bredow. (64 S.) n. — 20
62. Auf's Riff geworfen! od. der Schiffbruch der Antilope unter Kapitän Wilson. Merkwürdige Schicksale e. Schiffsmannschaft unter den Wilden. Eine Erzählg. f. jung u. alt v. Egm. Fehleisen. (64 S.) n. — 20
68. Der Kampf um die Venta od. das Geheimnis d. Waldläufers. Eine Erzählg. aus den westlich-texan. Prairien v. Heinr. Herold. (64 S.) n. — 20
71. Die Flüchtlinge auf dem Mohawa. Eine Erzählg. aus dem Leben amerikan. Farmer v. A. Busch. (64 S.) n. — 20
72. Die Goldmine in den Blackhills. Eine Indianer-Erzählg. v. C. Wernick. (61 S.) n. — 20
77. Der Huilichenhäuptling od. Aug' um Aug', Zahn um Zahn. Eine Indianergeschichte aus Araukanien v. Heinr. Herold. (62 S.) n. — 20
80. Im Temporal u. Wüstensand d. del Nort. Eine Erzählg. aus dem nordmexikan. Indianergebiet v. Heinr. Herold. (64 S.) n. — 20
83. Die Küstenschmuggler od.: Blutige Vergeltung. Eine Seegeschichte nach G. Aimard v. Heinr. Herold. (64 S.) n. — 20

— dasselbe. Nr. 341, 343, 349, 353, 357, 362, 364, 365, 400, 406—409, 450—454. Ster.-Ausg. 12. Ebd. In farb. Umschlag. à — 25; in einfachem Umschlag à — 20
341. Der Überfall in der Prairie. Eine Indianergeschichte v. Alfr. Bredow. (63 S.) 894.
343. Unter den Haida-Indianern. Eine Indianergeschichte v. Carl Wernick. Neue Ster.-Ausg. (57 S.) 892.
349. Simon Kentons Abenteuer in Kentucky. Geschichtliche Erzählg. aus der Zeit d. Kentuckys Besiedlg. Nach alten Aufzeichngn. v. Heinr. Herold. (64 S.) 894.
353. Goldhaar, der weiße Waldläufer. Eine Indianergeschichte aus den Urwäldern u. Wildnissen Südamerikas. Der Jugend u. ihren Freunden erzählt v. Alex. Ortleb. (64 S.) 894.
357. Die Belagerung v. Oakwood. Eine Erzählg. aus dem letzten Indianeraufstande v. Geo. Gärtner. (56 S.) 894.
362. Vom Goldfieber erfaßt! Eine Indianer-Erzählg. aus Texas v. Alfr. Bredow. (64 S.) 892.
364. Seeheld Du Quesne. Sein Leben u. seine Thaten, f. die Jugend geschildert v. Egmont Fehleisen. (64 S.) 892.
365. In verschollener Stadt! Ein Streifzug durch Mittelasien. Für die Jugend bearb. v. Geo. Gärtner. (60 S.) 892.
400. Der Schatz Montezumas. Eine Indianergeschichte aus der Zeit der Revolution in Mexiko. Nach Aimard frei bearb. v. Alfr. Bredow. (63 S.) 893.
406. Der Kampf um die Venta, od. das Geheimnis d. Waldläufers. Eine Erzählg. aus den westlich-texan. Prairien v. Heinr. Herold. (64 S.) 891.
407. Die Küstenschmuggler od. blut. Vergeltg. Eine Seegeschichte nach G. Aimard v. Heinr. Herold. (64 S.) 891.
408. Im Temporal u. Wüstensand d. del Nort. Eine Erzählg. aus dem nordmexikan. Indianergebiet v. Heinr. Herold. (64 S.) 891.
409. Im Lande der Turkmenen. Eine Erzählg. f. jung u. alt v. Max Müller. (64 S.) 893.
450. Auf deutscher Grenzwacht od. der Überfall der Mohawks. Eine Indianer-Erzählg. aus der Zeit d. englisch-französ. Krieges in Amerika von 1756—1763 v. Ad. Bredow. (64 S.) 891.
451. Auf's Riff geworfen! od. der Schiffbruch der Antilope unter Kapitän Wilson. Wertwürdige Schicksale e. Schiffsmannschaft unter den Wilden. Eine Erzählg. f. jung u. alt v. Egm. Fehleisen. (64 S.) 891.
452. Die Flüchtlinge auf dem Mohawa. Eine Erzählg. aus dem Leben amerikan. Farmer v. A. Busch. (64 S.) 891.
453. Die Goldmine in den Blackhills. Eine Indianer-Erzählg. v. C. Wernick. (61 S.) 891.
454. Der Huilichenhäuptling od. Aug' um Aug', Zahn um Zahn. Eine Indianergeschichte aus Araukanien v. Heinr. Herold. (62 S.) 891.

Volksbücher, neue. Nr. 327, 330, 337 u. 376. 12. (à ca. 64 S.) Reutlingen 895. Enßlin & Laiblin. à — 25
327. Lenatewa, der junge Häuptling. Eine Indianer-Erzählg. v. Alfr. Bredow. Neue Ster.-Ausg.
330. Pokahontas, d. Häuptlingstochter, od. d. ersten Ansiedler in Nordamerika. E. Indianergeschichte v. A. Busch. Ster.-Ausg.
337. Die Regulatoren. Eine Erzählg. aus Texas v. A. Busch. Neue Ster.-Ausg.
376. Der schwarze Biber od. d. Kampf m. d. Apachen. E. Indianer-Erzählg. v. Alfr. Bredow. Neue Ster.-Ausg.

— dasselbe. (Ausg. m. Schwarztitel.) Nr. 8, 21q—v, 26 u. 27. Neue Ster.-Ausg. 12. Ebd. 895. 1. 12
8. Das beschädigte Gemälde. E. Erzählg. f. jung u. alt von Chrph. v. Schmid. (16 S.) — 10
21q. Der Eierdieb. E. Schauspiel. — Das Vergißmeinnicht. E. Erzählg. von Chrph. v. Schmid. Ster.-Ausg. (31 S.) — 12
21r. Die Erdbeeren. E. Schauspiel m. Gesang in e. Aufzug von Chrph. v. Schmid. Ster.-Ausg. (32 S.) — 12
21s. D. kleine Kaminfeger. E. Schauspiel m. Gesang von Chrph. v. Schmid. Ster.-Ausg. (31 S.) — 12
21t. Die roten u. die weißen Rosen. E. Erzählg. f. jung u. alt von Chrph. v. Schmid. Ster.-Ausg. (30 S. m. 1 Abb.) — 12
21u. Die Ährenleserin. E. Erzählg. f. jung u. alt von Chrph. v. Schmid. (32 S.) — 12
21v. Der Wunderarzt. E. Erzählg. f. jung u. alt von Chrph. v. Schmid. (32 S.) — 12
26. Die Nachtigall. E. Erzählg. f. jung u. alt von Chrph. v. Schmid. (47 S.) — 15
27. Die Edelsteine. E. Erzählg. f. jung u. alt von Chrph. v. Schmid. (48 S.) — 15

— neue. Nr. 478—481. Neue Ster.-Ausg. 12. Reutlingen (902). Enßlin & Laiblin. à — 25
478. In Transvaal. Eine Erzählg. aus dem Kriege m. England. Von Alfr. Bredow. (60 S.)
479. Unter dem Burenbanner. Eine Erzählg. aus dem Transvaalkriege. Von Alfr. Bredow. (64 S.)
480. Donna Inez, die Tochter des Haziendero. Eine Erzählg. aus den mexikan. Freiheitskämpfen. Von Emil Remschsteart. (64 S.)
481. Nathan, der Depeschenreiter v. Kalifornien. Historische Erzählg. aus dem Aufstande der Modoc-Indianer in Kalifornien u. Oregon. Von L. W. Graepp. (64 S.)

— neue. Nr. 482—493. Neue Ster.-Ausg. (à 64 S.) 12. Reutlingen (903—905). Enßlin & Laiblin. à Nr. — 25
Bredow, Alfr., unter Burenkämpfern. Eine Erzählg. aus dem Burenkriege. (Nr. 483.)
— der Burentrekk. Eine Erzählg. aus d. Burenkriegen. (Nr. 482.)
— die Helden vom Spionskop. Eine Erzählg. aus dem Transvaalkriege. (Nr. 484.)
— der Hondekraal. Eine Erzählung aus dem Transvaalkriege. (Nr. 485.)
— Kataumih. Eine Erzählg. aus dem westl. Amerika. (Nr. 491.)
— im Lande der Massai. Eine Erzählg. aus Deutsch-Ostafrika. (Nr. 488.)
— Wa-sish, der Soshonenhäuptling od. der Ueberfall des Eagle Kamp. Eine Erzählg. aus dem westl. Amerika. (Nr. 489.)
— der gefleckte Mustang. Eine Erzählg. aus dem westl. Amerika. (Nr. 487.)
— der falsche Sklavenhändler. Erlebnisse e. jungen Deutschen in der Sahara. (Nr. 486.)
— im Wahsatch-Gebirge. Eine Erzählg. aus dem westl. Amerika. (Nr. 492.)
Graepp, L. W., Ninah, die Gefangene unter den Pawnee-Indianern. Eine Erzählg. aus dem Kriege zwischen den Sioux- u. Pawnee-Indianern im wilden Westen (1868). Nach geschichtl. Quellen. (Nr. 490.)
— die weiße Taube od. Das geheimnisvolle weiße Mädchen in den Felsenbergen. Eine Erzählg. aus dem Kriege der Vereinigten Staaten gegen die Sioux-Indianer unter General Custer, im wilden Westen Nord-Amerikas. (Nr. 493.)

— neue. Nr. 494—499. (à 64 S.) kl. 8. Reutlingen (906. 07). Enßlin & Laiblin. à Nr. — 25

Volksbücher, neue. Hrsg. v. der Vereinigg. v. Freunden christl. Volks-Litteratur. 1.—16. Bd. 12. Berlin 894. Evangel. Vereins-Buchh. à n. — 30; kart. à n. — 40
1. Kaiser Wilhelm II. 25 Jahre Soldat. Von F. v. Stenglin. (93 S. m. Bildnis.)
2. Hanna. Erzählg. aus den Befreiungskriegen von C. v. Hellen. (70 S. m. 7 Abbildgn.)
3. Seegeschichten v. Rhold. Werner. (86 S. m. 1 Abbildg.)
4. Kaiserin Auguste Viktoria. Züge e. fürstl. Lebensbildes, gezeichnet v. F. Bornhak. (100 S. m. 6 Abbildgn.)
5. Im Strome der Großstadt. Erzählg. von C. v. Hellen. (92 S. m. 1 Abbildg.)
6. Auf fernen Meeren. Von Rhold. Werner. (77 S. m. 1 Abbildg.)
7. Der Grenadier. Erzählg. aus dem 18. Jahrh. von C. v. Hellen. (90 S. m. 8 Abbildgn.)
8. Meister Wieberts Tochter. Erzählg. von C. v. Hellen. (85 S. m. 7 Abbildgn.)
9. Der Kalandsturm. Historische Novelle von C. v. Hellen. (72 S. m. 4 Abbildgn.)
10. Friedrich, Großherzog v. Baden. Lebensbild von F. v. Stenglin. (86 S. m. 8 Abbildgn.)
11. Echtes Gold. Erzählg. von C. v. Hellen. (66 S. m. 9 Abbildgn.)
12. Gobolav. Erzählg. von C. v. Hellen. (96 S. m. 4 Abbildgn.)
13. Gustav Adolf, König v. Schweden. Zum 300jähr. Geburtstage des Königs von F. v. Stenglin. (119 S. m. 9 Illustr.)
14. Prinz Heinrich v. Preußen. Von Rhold. Werner. (87 S. m. 5 Illustr.)
15. Hittebarn. Erzählg. aus dem 17. Jahrh. von C. v. Hellen. (98 S. m. 4 Abbildgn.)
16. Luise, Großherzogin v. Baden, geb. Prinzessin v. Preußen. Züge e. fürstl. Lebensbildes, gezeichnet v. F. Bornhak. (109 S. m. 10 Abbildgn.)

— neue. Hrsg. v. d. Vereinigg. v. Freunden christl. Volks-Litteratur. 10., 17.—44., 51.—56. u. 59. Bdchn. 12. Berlin, Schriftenvertriebsanstalt. Kart. n. 15. 70

Inhaltsübersicht in alphabetischer Ordnung:

Blomberg, P. D. v., Lea Theodora. E. Geschichte aus Süd-Afrika. M. 6 Illustr. (132 S.) 898. (53. Bdchn.) — 40
Erbe, der. Erinnergn. e. Arztes v. J. W. (80 S. m. 4 Illustr.) 895. (24. Bdchn.) — 40 (geh. — 30)
Hellen, C. v. (H. v. Krause), Er kommt. Erzählung. Mit 4 Illustr. (112 S.) 898. (54. Bdchn.) — 40
— Freiheit. Erzählg. (84 S. m. 4 Abb.) 895. (19. Bdchn.) — 40 (geh. — 30)
— Zum Licht. Erzählg. aus der Zeit d. Reformation. (87 S. m. 3 Abb.) 895. (25. Bdchn.) — 40 (geh. — 30)
— Königin Luise von Preußen. (127 S. m. 16 Abb.) 895. (33. Bdchn.) — 40
Inger, M., in Villa Stern. Erzählg. (96 S. m. 4 Illustr.) 896. (18. Bdchn.) — 40 (geh. — 30)
Jung, J., am Scheidewege. Erzählg. (103 S. m. 4 Abb.) 895 (32. Bdchn.) — 40 (geh. — 30)
Kaiserfahrt, die, nach d. hl. Lande. Mit 40 Illustr. (177 S. m. 1 Karte.) 898. (59. Bdchn.) — 50
Krause, H. v., durch tiefe Wasser. Erzählg. aus d. Anfang d. vor. Jahrh. M. 4 Illustr. (108 S.) 898. (55. Bdchn.) — 40
— Weihnachtslicht. Erzählg. aus der Zeit d. 30jähr. Krieges. Mit 5 Illustr. (110 S.) 899. (56. Bdchn.) — 40
Kühn, E., Lotte. Der Rattenhof zu Sebenbach. Zwei Erzählgn. M. 3 Illustr. (133 S.) 898. (51. Bdchn.) — 40
Liliencron, A. v., Kaiser Wilhelm d. Große. E. Jubiläumsgabe zur Feier des 100jähr. Geburtstages des unvergeßl. Kaisers. (152 S. m. 40 Abb.) 897. (36. Bdchn.) Geb. — 50
Linden, M., die Schule des Lebens. Erzählg. M. 3 Illustr. (140 S.) 898. (52. Bdchn.) — 40
Melander, Dietr., Mariandel. Erzählg. (64 S. m. 3 Abb.) 896. (28. Bdchn.) — 40
Müllmann, v., der chinesisch-japan. Krieg 1894/95. 2., neubearb. u. bis zum Friedensschluß vervollständ. Aufl. (115 S. m. 24 Abb.) 895. (20. Bdchn.) — 40 (geh. — 30)
Nebinger, J. H., d. Geschwister. Erzählg. (78 S. m. 2 Illustr.) 897. (40. Bdchn.) — 40
— Ann v. der Glann. Erzählung. (94 S. m. 4 Illustr.) 897. (43. Bdchn.) — 40
— Nie zu spät. Erzählg. (96 S. m 3 Illustr.) 897. (41. Bdchn.) — 40
— Nur ein Schnurrantenkind. Erzählg. (Umschlag: J. H. N.) (94 S. m. 3 Illustr.) 897. (38. Bdchn) — 40
— Schuldbeladen. Erzählg. (96 S. m. 2 Illustr.) 897. (42. Bdchn.) — 40
— So war es. Erzählg. (80 S. m. 3 Illustr.) 897. (39. Bdchn.) — 40
— Im Vorbehalt. Erzählg. (88 S. m. 3 Illustr.) 897. (37. Bdchn.) — 40
Petri, M., die Nachbarn. (80 S. m. 4 Illustr.) 895. (29. Bdchn.) — 40 (geh. — 30)
Restorff, R. v., Sedan-Büchlein. Zur 25. Jubelfeier d. großen Siege uns. Volkes im J. 1870/71. (164 S. m. 24 Abb.) 895. (22. Bdchn.) In Leinw. geb. — 50
Reuß, Zoë v., deutsche Männer. Erzählg. aus schwerer Zeit. (104 S. m. 1 Farbendr.) 896. (34. Bdchn.) — 40
Schultes, C., Hanfried. Wanderburschenleben aus früh. Tagen. Orig.-Novelle. Mit 3 Illustr. (144 S.) 898. (44. Bdchn.) — 40
Starkowski, E., Kinder der Zeit. 3 Erzählgn. (118 S. m. 4 Abb.) 895. (27. Bdchn.) — 40 (geh. — 30)
Stenglin, F. v., Friedrich Großherzog v. Baden. Lebensbild. (Neue Aufl.) (110 S. m. 8 Illustr.) 896. (10. Bdchn.) — 40 (geb. — 50)
Titelius, M. v., der Geigenheiner vom Karwendel. E. Geschichte aus d. großen Kriegsjahr 1870. (120 S. m. 9 Abb.) 895. (30. Bdchn.) — 40
— e. liebe Last. E. wahrhafte Geschichte. (120 S. m. 11 Illustr.) 895. (31. Bdchn.) — 40 (geh. — 30)
Trenck, F. v. d., Fürst v. Bismarck. Lebensbeschreibg. (120 S. m. 16 Illustr.) 895. (17. Bdchn.) — 40 (geh. — 30)
Weitbrecht, Imman., Georg. Erzählg. (70 S. m. 3 Bild.) 896. (35. Bdchn.) — 40
Westphal, J., Dortchen. Erzählg. (86 S. m. 4 Illustr.) 895. (21. Bdchn.) — 40 (geh. — 30)
— d. Kapitän. Erzählg. (64 S. m. 3 Abb.) 896. (26. Bdchn.) — 40
— d. Teichmühle. Erzählg. (92 S. m. 4 Illustr.) 895. (23. Bdchn.) — 40 (geh. — 30)

— neue. Hrsg. von der Vereinigg. von Freunden christl. Volks-Litteratur. 60.—76. Bdchn. 12. Berlin, Schriftenvertriebsanstalt. Kart. 7. 40

60. Kriegs-Erinnerungen e. Lazarettgehilfen des 1. westpreuß. Grenadier-Regiments Nr. 6. Von B. Harhausen. Mit 12 Illustr. (60 S.) 899. — 40
61. Zwei deutsche Fürstinnen. Luise Henriette, Kurfürstin von Brandenburg. Elisabeth Christine, Königin v. Preußen. Dem deutschen Volke erzählt. Von M. Rousselle. Mit 8 Illustr. (116 S.) 900. — 40
62. Der Trotzkopf. Eine Küstengeschichte. Von Klara v. Dincklage. — Die Weberhütte. Erzählung. Von J. Westphal. Mit 4 Illustr. (90 S.) 900. — 40
63. Ellernbruch. Erzählung. Von Hans Warring. Mit 2 Illustr. (112 S.) 900. — 40
64. Die Könige von Preußen in ihrer Fürsorge für ihr Volk. Eine Festschrift zum 200jähr. Jubiläum des Königr. Preußen. Von Ernst Hülle. Mit 50 Illustr. (192 S.) 900. — 40
65. Unser Bismarck. Von Paul v. Schmidt. Mit 24 Illustr. (142 S.) 900. — 40
66. Ansiedlerleben in Amerika. Von Kristjan Oestergaard. Autoris. Uebersetzg. aus dem Dän. v. Fried. v. Känel. (112 S. m. 4 Abbildgn.) 900. — 40
67. Nikolaus Ludwig v. Zinzendorf, der Stifter der Herrnhuter Brüdergemeine. Ein Lebensbild zur 200. Wiederkehr seines Geburtstages. (26. V. 1900.) Von Johs. Pasig. Mit dem Portr. Zinzendorfs. (88 S.) 900. — 40
68. Krieg, der, in China u. unsere Ost-Asiaten v. G. P. v. S. Mit 24 Illustr. u. 4 Karten. (185 S.) 901. — 50
69. Es soll nicht sein. Von Fr. Roemer. — Manneswort. Von M. Rickmeyer. Mit 4 Illustr. (101 S.) 902. — 40
70. Im Moorgut. Bernsteinschnur, die. Aus dem Dän. v. Frdr. v. Känel. Mit 4 Illustr. (115 S.) 902. — 40
71. Pieter Lafras u. seine Familie. Eine Erzählung aus dem Freiheitskriege der Buren. Von A. v. Liliencron. (151 S. m. Abbildgn.) 903. — 50
72. Sohn, ein verlorener. Erzählung v. A. R. Mit 4 Illustr. (104 S.) 903. — 40
73. Ein Mutterherz. — Ehre Vater u. Mutter. — Unser erster Weihnachtsbaum. Erzählungen. Von Herb. Rivulet (G. v. Schlippenbach). Mit 4 Illustr. (95 S.) 903. — 40
74. Von Wellen umspült. Irrfahrten. Erzählungen. Von M. Dietrich-Melander. Mit 4 Illustr. (102 S.) 903. — 40
75. Das Burenvolk u. seine Freiheitskämpfe. Von M. Grabi. Mit 17 Illustr. (220 S.) 903. — 60
76. General-Feldmarschall Graf v. Roon. Ein Lebensbild. Zusammengestellt nach den bei E. Trewendt in Berlin erschienenen „Denkwürdigkeiten des General-Feldmarschalls Grafen v. Roon“, m. güt. Erlaubnis des Verf., Grafen W. v. Roon, u. des Verlegers. Von S. v. Lüttwitz (Fanni v. Ell). (189 S. m. 1 Bildnis.) 903. — 60

— neue. Hrsg. v. der Vereinigg. v. Freunden christl. Volks-Literatur. 77.—92. Bdchn. 12. Berlin, Schriftenvertriebsanstalt. Kart. 5. 80

Adelung, Sophie v., Mammon. — Monika. Erzählungen (107 S. m. Titelbild.) (904.) (81. Bdchn.) — 40
Bornhak, F., Elisabeth v. Ungarn (die Heilige). Landgräfin v. Thüringen u. Hessen. — Stein, Armin, in des Herrgotts Schule. St. Augustinus u. seine Mutter. (136 S.) 907. (91. 92. Bdchn.) — 60
Forst, Eberh., der Prozesser. Volkserzählung. (124 S.) (905.) (85. Bdchn.) — 40
Hahn, A. v., Herrgottswege. Bauernroman. (145 S.) 906. (87. 88. Bdchn.) — 60
Jónasson, Jónas, ein Eid. Erzählung. — Känel, Frdr. v., auf dem Edelhofe. Nach dem Dän. — Känel, Frdr. v., Gold unterm Heidekraut. Nach dem Dän. (90 S.) (903.) (79. Bdchn.) — 40
Känel, Frdr. v., auf d. Edelhofe. — Gold unterm Heidekraut, s.: Jónasson, J.
— Wind. — Alte u. Junge. Aus dem Dän. (79 S. m. 4 Vollbildern.) (903.) (78. Bdchn.) — 40
Krause, Helene (C. v. Hellen), der Schatz des Pfarrers von Poppenburg. Eine Erzählg. aus der Zeit des 30jähr. Krieges. — Heimat. Erzählung. (94 S.) 904. (82. Bdchn.) — 40
Liliencron, A. v., die Macht der Liebe. (85 S.) (905.) (84. Bdchn.) — 40
Schmidt, Paul v., 100 Jahre vaterländischer Vergangenheit. Schilderungen u. Charakterbilder f. Jugend u. Volk. 1. Tl. Mit 7 Illustr. (91 S.) 904. (80. Bdchn.) — 40
— dasselbe. 2. Tl. Mit 12 Illustr. (112 S.) 906. (86. Bdchn.) — 40
Stein, Armin, in d. Herrgotts Schule, s.: Bornhak, F.
Waldhoff, Armin, die stolze „Erste“. Erlebnisse e. Einjährig-Freiwilligen. (134 S.) 907. (89. 90. Bdchn.) — 60
Winter, C. (Marie Rickmeyer), der Anerbe vom Ellernhof. Erzählung. (80 S. m. Titelbild.) (903.) (77. Bdchn.) — 40
— Steffen Klüvers Nachfolger. Erzählg. (93 S.) 905. (83. Bdchn.) — 40

— neue. 93.—114. Bd. kl. 8. Berlin, Schriftenvertriebsanstalt. Kart. 8. 60

Barz, M., aus märkischer Vergangenheit. 3 Erzählgn. (Vom Sonnenwendfeuer zum Osterlicht. Treue um Treue. Von der Heimat verbannt.) (96 S.) 907. (Bd. 93.) — 40
— dasselbe. II. Ein verhängnisvolles Erbe. Das Geschlecht Derer v. Uchtenhagen im 16. Jahrh. (98 S.) 908. (Bd. 96.) — 40
— dasselbe. III. Fluch od. Segen? (100 S. m. 1 Abbildg.) 908. (Bd. 98.) — 40
Bienenstein, Karl, wenn die Berge wandern. Eine Geschichte v. Haß u. Liebe. (100 S.) 908. (Bd. 101.) — 40
— Wildwuchs. Sieben Erzählgn. (96 S.) 909. (Bd. 105.) — 40
Ideler, L., die Heimat. Roman. (210 S.) 910. (Bd. 110. 111.) — 60
Kaempfe, Paul, der erste Sieg im Freiheitskriege. Geschichtliche Erzählg. (80 S.) 908. (Bd. 97.) — 40
Känel, Frdr. v., der rote Hahn. Die Geschichte des Schmiedes v. Aarup. — Der Ausreißer. Nach dem Dän. (110 S.) 907. (Bd. 95.) — 40
Kohlweyer, C., Wendelin. Eine Erzählg. aus dem 14. Jahrh. (170 S.) 910. (Bd. 113. 114.) — 80
Liliencron, A. v., der Pflicht getreu. (224 S.) 909. (Bd. 103. 104.) — 80
— Sonnenschein u. Wetterstürme. Roman. (130 S.) 910. (Bd. 112.) — 40
Lörcher, Ulr., aus den Tagen des Gefechts v. Saarbrücken u. der Schlacht bei Spichern. Erzählg. (62 S.) 908. (Bd. 102.) — 40
Lüth, Heinz, in des Kaisers Rock durch Deutsch-Südwestafrika. 1. Tl.: Erzählungen aus meinem Tagebuch im Hererofeldzuge. (120 S.) 909. (Bd. 108.) — 40
Reuß, Zoë v., Christine. Flächsern Garn. Erzählgn. (99 S.) 908. (Bd. 99.) — 40
Skowronnek, Fritz, der Reformbauer. Im Schutze d. Sippe. 2 Geschichten aus der Ostmark. (101 S.) 910. (Bd. 109.) — 40
— Der Sonntagsjäger. Roman. (150 S.) 909. (Bd. 107.) — 40

Smidt, Heinr., die Deichschau. In Quarantäne. Erzählungen. (96 S.) 907. (Bd. 94.) —40
Trommershausen (Andrae), M., alte u. neue Schuld. Novelle. (104 S.) 909. (Bd. 106.) —40
Warring, Hans, eine Erbschaft. Novelle. (82 S.) 908. (Bd. 100.) —40

—— neue deutsche. Nr. 1—30. 8. (à Nr. 16 S.) [Oberhausen.] Styrum 887, Spaarmann. à Nr. — 10

Inhalt:

Nr. 1. Die Historie von der unschuldig mißhandelten Pfalzgräfin Genovefa.
" 2. Die weiße Frau und ihr verhängnisvolles Erscheinen in deutschen Fürstenschlössern. Ein Blick in das geheimnisvolle Leben der Geisterwelt.
" 3. Die wunderliche Historie von den Schildbürger und ihren seltsamen Thaten und Streichen. Zur Unterhaltung für Jedermann ergötzlich geschildert.
" 4. Robert der Teufel oder Fluch und Sühne. Eine Erzählung aus alter Zeit. Nach der Chronik erzählt.
" 5. Schinderhannes, oder Abenteuer, Leben und Thaten des Räuberhauptmanns Johannes Bückler. Nach den Kriminalakten erzählt.
" 6. Graf Hackelberg oder der Teufel in Eisen und seine wilde Jagd. Eine Geschichte aus den Zeiten der Räuber und Wegelagerer des Harzgebirges.
" 7. Der eiserne Sarg oder das Geheimnis des Schlosses Tolsi. Eine wahre Geschichte aus Italien.
" 8. Eine Schreckensnacht auf einem Auswandererschiffe, oder der Untergang der „Atlantis".
" 9. Die Wunderlampe oder Abenteuer eines armen Schneidersohnes. Eine Geschichte aus dem Morgenlande.
" 10. Lieder der Liebe. Neue Sammlung der schönsten Liebesgedichte.
" 11. Neues untrügliches Traumbuch. Neu bearb. nach dem großen egypt. Traumbuche.
" 12. Der lustige Hanswurst. Allerlei Schnurren und Witze.
" 13. Der Spaßvogel. Lustige Anekdoten und Kalauer.
" 14. Das Buch zum Todlachen. Spaßige Schnurren und Schwänke.
" 15. Einfaches bürgerliches Kochbuch. Nach sorfältig ausgewählten und selbstgeprüften Rezepten hrsg. von Martha Schaefer.
" 16. Stein, Frida, die Kartoffelküche. Kochbuch für Kartoffel-Speisen.
" 17. Neue Scherze und Vorträge zu Polterabend und Hochzeit.
" 18. Neues Rätselbuch. Zur Unterhaltung in geselligen Kreisen.
" 19. Beliebte Volkslieder für gesellige Kreise.
" 20. Der lustige Deklamator. Sammlung heiterer Gedichte und komischer Vorträge.
" 21. Rosa von Tannenburg, oder der Sieg der kindlichen Liebe. Eine Erzählung aus der Ritterzeit.
" 22. Des Herrn von Münchhausen Abenteuer und lustige Streiche. Von ihm selbst erzählt.
" 23. Rinaldo Rinaldini, der große Räuberhauptmann.
" 24. Die Historie vom Berggeist Rübezahl, dem Herrn des Riesengebirges. Nach der Überlieferung dem Volke erzählt.
" 25. Robinsons Abenteuer, oder die Erziehung durch das Schicksal. Eine lehrreiche und unterhaltende Historie.
" 26. Helias, der Schwanenritter. Eine Sage aus der Vorzeit.
" 27. Die Beatushöhle. Eine wahre Geschichte aus alter Zeit. Nach der Chronik männiglich zu Nutz und Frommen erzählt.
" 28. Preziosa, das spanische Zigeunermädchen, oder die Wege des Schicksals. Eine Erzählung für das Volk.
" 29. Ritter Blaubart, der Frauenmörder, oder das Geheimnis des Schlosses Tiefdaugen.
" 30. Dr. Johannes Faust, der Schwarzkünstler. Sein Leben, seine Thaten und seine Höllenfahrt. Dem Volke erzählt.

Volks- u. Jugendbücher, neue. 1.—10. Heft. (à ca. 48 S.) 8. Hamburg (909. 10). Verlag Neuer Volks- u. Jugendbücher. à —10

Volksbücher, neue katholische. Herausg. von Jos. Chowanetz. 1. u. 2. Bd. Coblenz 855. Hergt. 16. Jeder Bd. 5 ngr.
1. Bd.: Geschichte der römischen Päpste. Oder Petrus und seine Nachfolger bis zum heutigen Tage. Kurz und faßlich dargestellt von Jos. Chowanetz. (VIII, 160 S.)
2. Bd.: Neue Antworten auf alte und neue Einwendungen gegen die katholische Kirche, ihre Lehren und Gebräuche. Ein Seitenstück zu den „Kurzen und deutlichen Antworten desselben Verf. rc." und ein Doppelstück zu den „Antworten" des hochw. Herrn Abbé Segur. Von Jos. Chowanetz. (VIII, 120 S.)

— neue sächsische. gr. 8. Kronstadt, Gabony & Co. n. —85
Am heimischen Herd. Ernste u. heitere Geschichten aus dem sächs. Volksleben. Von Wilh. Morres. (V. 130 S.) 900.

Volksbücher, neuruppiner. Nr. 1 u. 2. kl. 8. Neuruppin, F. W. Bergemann. 1.—
Simoleit, F. W., altes u. neues üb. Glauben u. Zweifeln. Gesammelt u. dargeboten. (96 S.) (910.) (Nr. 2.) —50
— Am Familientisch. Ein Buch zur Unterhaltg. u. Belehrg. f. das christl. Haus. (96 S. m. Abb.) (909.) (Nr. 1.) —50

Volksbücher, Oesterr.-ungar. Nr. 11—15. 16. Wien: Szelinski 1890. à —.06

— Nr. 17. Inh.: Schwindler u. Aufschneiderin. 24. (64 S.) Ebd. 1890. —.06

Volksbücher, Oesterreichisch-ungarische. Nr. 21—30. 24. à —.06
Inhalt: Nr. 21. M. Jokai, Zweimal vergiftet. Nr. 22. Weibergeschichten. Nr. 23. H. H. Boyesen, Fiedelhans und seine Familie. Nr. 24. Moderne Märtyrerinnen. Nr. 25. George Kennan, In Sibirien! Nr. 26. Liebes-Leid. Erzählungen. Nr. 27. A. G. von Suttner, Der Pater Verwalter. Erzählung. Nr. 28. Frauenkünste. Nr. 29. Lohnreiche Geschichten. Nr. 30. L. Katscher und Ferd. Groß, Die lieben Kleinen.
Wien: Szelinski 1890.

— ostpreußische. 1.—4. Bdchn. kl. 8. Gumbinnen, C. Sterzel. Geb. in Leinw. à n. — 75
1. Maienregen, Gottessegen. Von Frieda Jung. (93 S.) 904.
2. Freud u. Leid. Von Frieda Jung. (127 S.) 905.
3. Zur rechten Zeit. 2 Erzählgn. aus der Heimat. 1. Helmkehr. 2. Der Bote. Von H. Brandstädter. (96 S.) 906.
4. Festgedichte u. Freundesgrüße. Von Frieda Jung. (92 S.) 906.

— ostpreußische. 5.—8. Bdchn. kl. 8. Gumbinnen, C. Sterzel. Geb. in Leinw. à —75
Braun, H., aus Masuren. Erzählgn. u. Schildergn. 1. Folge. (92 S.) 907. (5. Bdchn.)
— dasselbe. 2. Folge. (93 S. m. Abb.) 907. (6. Bdchn.)
— dasselbe. 3. Folge. (95 S. m. Abb. u. Bildnis.) 907. (7. Bdchn.)
Frost, Laura, ostpreußische Leute. I. Gustav Friedrich Dinter. (94 S. m. Abb.) 907. (8. Bdchn.)

— pommersche. Geschichten, Sagen, Novellen rc. aus Pommerns Gegenwart u. Vergangenheit. 1.—11. Heft. 8. Kolberg, Prange's Verl. à — 20
Droß, Otto, der Untergang des Heidekruges. Erzählung aus dem Anfange des 19. Jahrh. (19 S.) Stargard (908). (Heft 5.)
Hartwig, R. v., die Camera obscura bringt es an den Tag. Eine Kolberger Strandnovelle. (16 S.) (909.) (Heft 11.)
Johannsen, Otto Heinr., die Gefangenen v. Ihnamünde. Eine Stargarder Geschichte. (16 S.) Stargard (908). (Heft 4.)
— Der Kösliner „Mutwillen". Eine pommersche Geschichte. (20 S.) Stargard (908). (Heft 6.)
— Die Linde zu Schillersdorf. Eine pommersche Geschichte. (24 S.) Stargard (908). (Heft 3.)
Sacher, Karl, Seerosen. — Hans Lange. 2 Erzählgn. (20 S.) (909.) (Heft 9.)
Stern, Carla, die Mühlen-Friede. (24 S.) (909.) (Heft 10.)
Wesenberg, Auguste, geb. Neumann, das irdische Paradies. Humoreske. — Die Madü-Nixe, e. Märchen. (20 S.) (909.) (Heft 8.)
Winterfeld-Warnow, E. v., der Erbschlüssel. Eine pommersche Geschichte. (15 S.) Stargard (908). (Heft 1.)
— In der Pulvermühle. Buchheide-Märchen. (20 S.) Stargard (908). (Heft 2.)
Worm, Fritz, die Seemannsbraut. (14 S.) Stargard (909). (Heft 7.)

Preussische Volksbücher. Bd 1 u. 3. Mohrungen, C. L. Rautenberg [illegible]
2 Bde m Holzst. 8°
Bd. 1. Nr 10: Friedrich Wilhelm Preussens grosser Kurfürst [illegible] von O. Lettau 72 S
Nr. 34 Friedrich der Erste [illegible] von Gustav Jaquet 108 S
Nr 24 Konig Friedrich Wilhelm I [illegible] von J. F. Rohdmann [illegible]
Nr. 5 Friedrich der Grosse. Von O. Lettau 1. Bdchen 2. Aufl 112 S
Nr. 6 Friedrich der Grosse. Von O. Lettau 2. Bdchen 2. Aufl 168 S
Bd. 3. Nr. 1: Blucher, der Marschall Vorwärts [illegible] von O. Lettau. 2. verm. u. verb. Aufl 107 S
Nr. 23: Scharnhorst s Leben u. Wirken [illegible] von J. F. Rohdmann 96 S
Nr. 28: Graf August Wilhelm Anton Neidhard v. Gneisenau. Von O. Lettau. 34 S
Nr. 13: Graf Bulow von Dennewitz. Von O. Lettau. 2. Aufl 93 S
Nr. 14: Graf York v. Wartenburg, der Schlachtengeneral. Von O. Lettau 2. Aufl 96 S
Nr 25 Herzog Ferdinand von Braunschweig. Von O. Lettau. 64 S

— preußische. Nr. 1—30. (Mit eingedr. Holzschn.) Mohrungen 859, 60. Rautenberg. 12. Jede Nr. 3 ngr.
1. Blücher, der Marschall Vorwärts. Bearb. für das preußische Volk von O. Lettau. 2. verm. u. verb. Aufl. (107 S.)
2. Friedrich Wilhelm III. der Väterliche, König von Preußen. Dargestellt für sein dankbares Volk von J. F. Rohdmann. (120 S.)
3. Luise, die hochverehrte, frühverklärte Königin von Preußen. Im Gedenken der hohen Verewigten von J. F. Rohdmann. 2. Aufl. (96 S.)
4. Friedrich Wilhelm, Preußens großer Kurfürst. Bearb. für das preußische Volk von O. Lettau. (72 S.)
5. 6. Friedrich der Große. Von O. Lettau. 2 Bdchn. 2. Aufl. (280 S.)
7. Die Marienburg, das Haupthaus des deutschen Ordens. Von O. Lettau. 2. Aufl. (60 S.)
8. Fürst Leopold von Anhalt-Dessau. Von O. Lettau. 2. Aufl. (54 S.)
9. Der Staatsminister von Schön. Züge aus seinem

Leben, seinem Wirken u. seiner Zeit. Bearb. von Ernst Leyde. 2. Aufl. (96 S.)
10. Hans Joachim v. Zieten, der preußische Husarenkönig. Von O. Lettau. 2. Aufl. (96 S.)
11. Der Staatsminister Freiherr vom Stein. Sein Leben u. Wirken. Von Ernst Leyde. 2. Aufl. (72 S.)
12. Joachim Nettelbeck u. die Belagerung von Colberg. Eine Erzählung für das preußische Volk. Von Ernst Leyde. 2. Aufl. (96 S.)
13. Graf Bülow von Dennewitz. Von O. Lettau. 2. Aufl. (93 S.)
14. Graf York von Wartenburg, der Schlachtengeneral. Von O. Lettau. (96 S.)
15. Die Freiheitskriege in den Jahren 1813, 14 u. 15. Von O. Lettau. (156 S.)
16. Ferdinand v. Schill. Aus seinem Leben u. Wirken. Von Ernst Leyde, unter Mitwirkung von Aug. Frdr. Meske. (120 S.)
17. Freiherr Friedrich Wilhelm von Seydlitz, General der Cavallerie. Von O. Lettau. (80 S.)
18. Graf v. Schwerin, General-Feldmarschall. Von O. Lettau. (72 S.)
19. Hans v. Winterfeldt, General-Lieutenant. Von O. Lettau. (73 S.)
20. Der Feldzug Napoleons gegen Rußland im Jahre 1812. Nach den besten Quellen dargestellt von J. F. Rohdmann. (120 S.)
21. Prinz Friedrich Heinrich Ludwig, General der Infanterie. Von O. Lettau. (76 S.)
22. Andreas Hofer u. seine Tyroler im Kriege des Jahres 1809. Von J. F. Rohdmann. (112 S.)
23. Scharnhorst's Leben u. Wirken. Nach neuen Berichten dargestellt. Von J. F. Rohdmann. (96 S.)
24. König Friedrich Wilhelm I. des großen Friedrich's Vater. Nach den zuverlässigsten Quellen dargestellt. Von J. F. Rohdmann. (95 S.)
25. Herzog Ferdinand von Braunschweig, Preuß. General-Feldmarschall. Von O. Lettau. (64 S.)
26. Jakob v. Keith, General-Feldmarschall. Von O. Lettau. (67 S.)
27. Georg Derfflinger, General-Feldmarschall. Von J. G. Brankowsky. (64 S.)
28. Graf August Wilhelm Anton Neidhard v. Gneisenau, Königl. Preuß. Feldmarschall. Von O. Lettau. (84 S.)
29. Lützow's Freicorps. Von W. Gröning. (155 S.)
30. Friedrich Wilhelm IV. König von Preußen. Nach den besten zugänglichen Quellen. Verfaßt von J. F. Rohdmann. (156 S.)

Volksbücher, preußische. Nr. 31—60. (Mit eingedr. Holzschn.) 12. Mohrungen 864—67, Rautenberg. (Leipzig, Opetz.)

Inhalt:

Nr. 31. General-Feldmarschall Graf v. Wrangel und der Krieg in Schleswig-Holstein bis zur Erstürmung der Düppeler Schanzen. Nach zuverläss. Berichten zusammengestellt. (191 S.) 10 Ngr.
= 32. Lettau, O., was der Förster Martin Heudorf aus der Franzosenzeit und seinen Kriegsjahren erzählt hat. (96 S.) 4 Ngr.
= 33. Woisky, Bertha v., Friedrich der Große und das Mariechen mit dem Goldstück. Erzählung aus dem Volksleben. (96 S.) 4 Ngr.
= 34. Jaquet, Gust., Friedrich der Erste, letzter Kurfürst von Brandenburg und erster König in Preußen. Ein Geschichtsbild für das preußische Volk. (108 S.) 6 Ngr.
= 35. Roskowska, Marie v., General Rapp und die Belagerung von Danzig im J. 1813 und 14. Historische Novelle. (119 S. mit 10 Bildern in eingedr. Holzschn. und einem Anh.) 4 Ngr.
= 36. Allweg, Traugott, ein Vaterherz oder: Schulmeister und Müller. Orig.-Erzählung. (144 S. mit 6 Bildern in eingedr. Holzschn. und 1 Holzschntaf. in 4.) 6 Ngr.
= 37. Stadie, B., der Hohenzollern Staat „vom Fels zum Meer.“ (136 S. mit 7 Bildern in eingedr. Holzschn.) 6 Ngr.
= 38. Friedrich, Friedr., der Deichbauer. (132 S.) 6 Ngr.
= 39. Kleinsteuber, Herm., ein deutsches Frauenherz. Patriotische Erzählung. (160 S.) 6 Ngr.
= 40. Heinrich, A., Heinrich Monte, der tapfere Held der alten Preußen. Nebst Anh. (96 S. mit eingedr. Holzschn.) 4 Ngr.
= 41. Walter, J., die Schlacht bei Rudau und der heldenmüthige Schuhmachergeselle Hans von Sagan. (96 S. mit 2 Holzschntaf.) 4 Ngr.
= 42. Friedrich, Friedr., ein Mann des Volkes. Historische Erzählung. (216 S.) 6 Ngr.
= 43. Die beiden ersten schlesischen Rekruten. Eine Erzählung aus dem ersten schles. Kriege von O. L. (79 S.) 3 Ngr.
= 44. Jaquet, Gust., die Flüchtlinge, oder Wenn die Noth am größten, ist Hilfe am nächsten. (72 S.) 3 Ngr.
= 45. Bartholom. Blume, der Bürgermeister von Marienburg. Historische Erzählung von O. L. (111 S.) 4 Ngr.
= 46. Unsere Soldaten im letzten Kriege. Von O. L. (104 S. mit eingedr. Holzschn.) 6 Ngr.
= 47. Walter, J., die Schlacht bei Tannenberg, was ihr voranging und der deutsche Ritterorden. (107 S. mit eingedr. Holzschn. und 2 Holzschntaf.) 6 Ngr.
= 48. Friedrich, Friedr., der Dorfteufel. Novelle. (131 S.) 6 Ngr.
= 49. Matthias Kappel. Historische Erzählung aus den letzten Jahren des 7jähr. Krieges. Von H. A. (120 S.) 4 Ngr.
= 50. Allweg, Traugott, Schuld und Sühne. Eine Erzählung. (87 S.) 3 Ngr.
= 51. Simon Dach und Aennchen von Tharau. Von O. L. (71 S.) 3 Ngr.
= 52. Jaquet, Gust., kurzgefaßte Geschichte von Westpreußen und Danzig, von der frühesten Zeit bis zur Gegenwart. Ein Geschichtsbüchlein für das Volk. (108 S.) 5 Ngr.
= 53. Else. Eine Erzählung aus dem wirkl. Leben von O. L. (100 S.) 4 Ngr.
= 54. Nietzki, Carl, Lehrer Born oder: Des Schulmeisters Mission. Eine Dorfgeschichte. (216 S.) 10 Ngr.
= 55—57. Preußens Kämpfe mit Oesterreich und dem deutschen Bunde im J. 1866. (512 S. mit 24 Holzschntaf.) 24 Ngr.
= 58. Stadie, „zur Fahne einberufen.“ Ein Lebensbild aus der Gegenwart. Fürs Volk erzählt. (96 S.) 4 Ngr.
= 59. Jaquet, Gust., Preußens Ministerpraesident Graf Bismarck-Schönhausen, der unermüdliche Patriot. Sein Leben, Streben und Wirken dem preuß. Volke geschildert. (155 S. mit 10 Holzschntaf.) 7½ Ngr.; Ausg. in 8. (155 S. mit 20 Holzschntaf.) 15 Ngr.
= 60. Wilhelm I. König von Preußen. Sein Leben und Schaffen zum Heile des Vaterlandes allen Preußen und Deutschen zur dankbaren Erinnerung gewidmet. Aus zuverlässigen Quellen bearb. (144 S. mit 14 Holzschntaf.) 10 Ngr.; Ausg. in 8. (144 S. mit 33 Holzschntaf.) 24 Ngr.

Nr. 1—30. Ebendas. 1859,60. 3 Thlr.

—— preußische. Nr. 61—70. 12. Mohrungen, Rautenberg. (Leipzig, Opetz.)

Inhalt:

Nr. 61—66. Kampf mit Frankreich und dem deutschen Heere im J. 1870. Sorgsam nach authent. Quellen bearb., nebst Zugaben und Illustr. 6 Hefte. (768 S. mit Holzschntaf. und 2 Karten in Holzschn. in qu. 8. und qu. Fol.) 871. à Nr. 50 Pf.
= 67. Jaquet, Gust., die Heerführer und Helden des deutsch-französ. Krieges von 1870 und 1871. Dem deutschen Volke, und insbesondere seiner sieggekrönten tapferen Armee geschildert. (120 S. mit 11 Holzschntaf.) 871. 50 Pf.
= 68. 69. —— dass. — (144 S. mit 10 Bildern in Holzschn.) 872. 60 Pf.
= 70. Ernst Moritz Arndt. Deutschlands Dichter und Patriot. Von O. L. (96 S.) 872. 40 Pf.

Nr. 1—60. Ebendas. 1859—67. ℳ 25,85.

— **Prignitzer.** Hefte zur Heimatkunde der Prignitz. Hrsg.: J. Kopp. 1.—19. Heft. 8. Pritzwalk, Dr. A. Tienken. (Nur direkt.) à Heft — 10

Aue, Rich., aus der ältesten Zeit des Bist. Havelberg. (16 S.) (909.) (Heft 16.)
Berlin, Joh., Berlinchen. Seine Vergangenheit u. seine Umgebg. (15 S.) (909.) (Heft 17.)
Brell, Otto, die Kattenstiegsmühle. Ein Märchen nach e. Prignitzer Sage u. Wie das Dorf Herzsprung entstand. (16 S.) (909.) (Heft 12.)
— Das wehrhafte Kyritz. (16 S.) (908.) (Heft 6.)
Gilow, Mart., die Dallminer Fehde v. 1444. (16 S.) (909.) (Heft 13.)
Graebke, Herm., Prignitzer Platt. („Een Verlobungsdag“.) (23 S.) (909.) (Heft 11.)
Hintz, Heinr., Bilder aus der Elb-Karthane-Niederung. (18 S.) (908.) (Heft 8.)
Klahre, H., „es war einmal!“ od.: Was der Boden der nordöstl. Prignitz erzählt. (15 S.) (908.) (Heft 2.)
— „Es war einmal!“ od. Die ersten Menschen in der Prignitz. (16 S.) (908.) (Heft 5.)
Kopp, J., der letzte seines Hauses, August Heinrich v. Quitzow, † 1824. (16 S.) (908.) (Heft 1.)
— Die Wehrkirche v. Kuhsdorf. (19 S.) (908.) (Heft 10.)
Kuhnt, P., der Mönchshof zu Dranse u. die weitere Geschichte seiner Dörfer. (16 S.) (308.) (Heft 9.)
Malchow, F., Bauer u. Edelmann. Eine Erzählg. aus Wettin u. Krams vor 100 Jahren. (16 S.) (909.) (Heft 14.)
Ohle, Karl, der Wandel der Zeit auf dem Lande. (16 S.) (908.) (Heft 3.)
Rambohr, vor 100 Jahren, od.: Wie es nach e. alten „Hofbriefe“ auf e. prignitzer Bauernhofe unmittelbar vor u. nach Aufhebung der Gutsuntertänigkeit aussah. (20 S.) (908.) (Heft 7.)
Rudloff, R., Caspar Gans zu Putlitz. Ein Prignitzer Edelmann vor 500 Jahren. (16 S.) 909. (Heft 15.)
— Im Kampfe um die Prignitz. Bilder aus längstvergangener Zeit. (20 S.) (909.) (Heft 18.)
Seehaus, F., aus alten Mayenburger Kirchenbüchern. (16 S.) (909.) (Heft 19.)
Weitland, E., das Dorf Pirow in der Westprignitz. (16 S.) (908.) (Heft 4.)

Volksbücher der Rechts- u. Staatskunde. (Einbd.: Bibliothek der Rechts- u. Staatskunde.) 1.—3. u. 5. Bd. 8. Stuttgart, E. H. Moritz. Geb. in Leinw. n. 4.50

1. Der Arbeiterschutz. Der Schutz der gewerbl. Arbeiter Deutschlands, soweit er Aufgabe der Gewerbeinspektion ist. Von Karl Poellath. (166 S.) (901.) n. — 80; geb. n. 1.—
2. 3. Die Arbeiterwohnungsfrage. Von Ludw. Sinzheimer. (190 S.) 902. n. 1.60; geb. n 2.—
5. Das neue bürgerliche Recht in gemeinverständl. Darstellung m. Beispielen aus dem prakt. Leben. I. Einleitung u. allgemeiner Tl. Von Frz. Bernhöft. (204 S.) 902. n. 1.50

Der 4. Bd. ist noch nicht erschienen.

— **der Rechts- u. Staatskunde, Fortsetzg.,** s.: Bibliothek der Rechts- u. Staatskunde.

Volksbücher, religionsgeschichtliche, für die deutsche christliche Gegenwart. Hrsg. v. Frdr. Mich. Schiele. I. Reihe. Die Religion des Neuen Testaments. 1. Bd. 8. Halle. Tübingen, J. C. B. Mohr. Geb. in Leinw. n. 3. 60

Die Quellen des Lebens Jesu. — Jesus. — Das apostol. Zeitalter. — Die Paulusbriefe. — Paulus. (89; VI, 103; V, 72; 81 u. VI, 113 S.) 905.

— religionsgeschichtliche, f. die deutsche christliche Gegenwart. Hrsg. v. Frdr. Mich. Schiele. I. Reihe. Die Religion des Neuen Testaments. 1.—12. Heft. 8. Halle. Tübingen, J. C. B. Mohr. n. 5. 75

1. Die Quellen des Lebens Jesu. Von Paul Wernle. 1. u. 2. Aufl. (IV, 88 S.) 904. 905. — 40; erh. Pr. — 50; kart. — 75
2. 3. Jesus. Von W. Bousset. 3. Aufl. 21.—30 Taus. (VIII, 100 S.) 907. n. — 75; kart. n. 1. —; feine Ausg., auf Büttenpap., geb. n. 1. 75
4. Die Paulusbriefe. Von Eberh. Vischer. 1.—10. Taus. (81 S.) 904. n. — 40; erh. Pr. — 50
5. 6. Paulus. Von W. Wrede. 1.—10. Taus. (VIII, 113 S.) 904. n. — 70; erh. Pr. n. 1. —; feine Ausg. geb. n. 2. —
7. Welche Religion hatten die Juden als Jesus auftrat? Von G. Hollmann. 1.—10. Taus. (IV, 83 S.) Halle 905. n. — 40; kart. n. — 60; erh. Pr. n. — 50: kart. n. — 75
8. u. 10. Das vierte Evangelium gegenüber den drei ersten. Von Paul Wilh. Schmiedel. (Johannesschriften des Neuen Testaments. Heft I.) 1.—10. Taus. (VII, 132 S.) 906. — 80; erh. Pr. n. 1. —
9. Das apostolische Zeitalter. Von E. v. Dobschütz. 1. bis 10. Taus. (VII, 72 S.) 904. — 40; kart. — 60; erh. Pr. n. — 50; kart. n. — 75
11. Die Entstehung des Neuen Testaments. Von H. Holtzmann. 1.—10. Taus. (48 S.) Halle 904. — 35; kart. — 55; erh. Pr. n. — 50; kart. n. — 75
12. Evangelium, Briefe u. Offenbarung des Johannes nach ihrer Entstehung u. Bedeutung. Von Paul Wilh. Schmiedel. (Johannesschriften des Neuen Testaments. Heft. II.) 1. bis 10. Taus. (VII, 80 S.) Halle 906. — 40; kart. — 60; erh. Pr. n. 50; kart. n. — 75

Volksbücher, religionsgeschichtliche, f. die deutsche christliche Gegenwart. Hrsg. v. Frdr. Mich. Schiele. I. Reihe. (Die Religion des Neuen Testaments.) 7. u. 13.—21. Heft. 8. Tübingen, J. C. B. Mohr. 5.20; geb. 7. 80

Bauer, Walt., die katholischen Briefe des Neuen Testaments. 1.—6. Taus. (64 S.) 910. (Heft 20.) — 50; geb. — 80

Brückner, Mart., das 5. Evangelium. (Das hl. Land.) 1.—6. Taus. (43 S.) 910. (Heft 21.) — 50; geb. — 80

— Der sterbende u. auferstehende Gottheiland in den oriental. Religionen u. ihr Verhältnis zum Christentum. 1.—5. Taus. (48 S.) 908. (Heft 16.) — 50; geb. — 80

Geffcken, J., christliche Apokryphen. 1.—10. Taus. (56 S.) 908. (Heft 15.) Einzelpr. — 70; geb. 1. —

Hollmann, G., welche Religion hatten die Juden, als Jesus auftrat. 2. Aufl. 11.—20. Taus. (64 S.) 910. (Heft 7.) — 50; geb. — 80

Jülicher, Adf., Paulus u. Jesus. 1.—10. Taus. (72 S.) 907. (Heft 14.) Einzelpr. — 50; kart. — 75; feine Ausg. auf Büttenpap., geb. 1. 50

Knopf, Rud., die Zukunftshoffnungen des Urchristentums. 1.—10. Taus. (64 S.) 907. (Heft 13.) Einzelpr. — 50; kart. — 75; feine Ausg., auf Büttenpap., geb. 1. 50

Petersen, E., die wunderbare Geburt des Heilandes. 1.—5. Taus. (47 S.) 909. (Heft 17.) — 50; geb. — 80

Weiß, Johs., Christus. Die Anfänge des Dogmas. 1.—10. Taus. (88 S.) 909. (Heft 18. 19.) 1.—; geb. 1. 30

— dasselbe. II. Reihe. Die Religion des Alten Testaments, 2. 5. 7. 8. 14. Heft. 8. Ebd. n. 2. 50

2. Hebräische Volkskunde. Von Frdr. Küchler. 1.—10. Taus. (62 S.) 906. — 40; kart. — 60; erh. Pr. n. — 50; kart. n. — 75
5. Das prophetische Schrifttum. Von Karl Budde. (Quellenkunde der israelit. u. jüd. Religionsgeschichte II. Tl.) 1. bis 10. Taus. (68 S.) 906. — 40; kart. — 50; erh. Pr. n. — 50; kart. n. — 75
7. Saul, David, Salomo. Von Geo. Beer. 1.—10. Taus. (80 S.) 906. Subskr.-Pr. — 40; kart. n. — 65; erh. Pr. — 50; kart. — 75; Einzelpr. — 50; feine Ausg., auf Büttenpap., geb. 1. 50
8. Elias. Jahve u. Baal. Von H. Gunkel. 1.—10. Taus. (76 S.) 906. Subskr.-Pr. — 40; kart. — 60; erh. Pr. n. — 50; kart. n. — 75; Einzelpr. n. — 50; feine Ausg., auf Büttenpap., geb. n. 1. 50
14. Seelenkämpfe u. Glaubensnöte vor 2000 Jahren. Von Max Löhr. 1.—10. Taus. (48 S.) 904. — 35; erh. Pr. n. — 50

— dasselbe. II. Reihe. (Die Religion des Alten Testaments.) 3. 9.—11. 15. u. 17. Heft. 8. Ebd. 3.90; geb. 5. 55

Benzinger, J., wie wurden die Juden das Volk des Gesetzes? 1.—5. Taus. (48 S.) 908. (15. Heft.) — 70; geb. 1. —

Bertholet, Alfr., Daniel u. die griechische Gefahr. 1.—10 Taus. (64 S.) 907. (17. Heft.) — 50; kart. — 75; feine Ausg., geb. 1. 50

Guthe, H., Jesaia. 1.—10. Taus. (70 S.) 907. (10. Heft.) — 50; kart. — 75; feine Ausg. auf Büttenpap., geb. 1. 50

Liechtenhan, R., Jeremia. 1.—5. Taus. (48 S.) 909. (11. Heft.) — 50; geb. — 80

Merx, Adalb., die Bücher Moses u. Josua. Eine Einführg. f. Laien. 1.—10. Taus. (160 S.) 907. (3. Heft.) 1. —; kart. 1.25; feine Ausg. geb. 2. —

Nowack, W., Amos u. Hosea. (48 S.) 908. (9. Heft.) — 70; geb. 1. —

— dasselbe. III. Reihe. Allgemeine Religionsgeschichte. Religionsvergleichung. 1.—7. Heft. 8. Ebd. n. 3. 50

1. Vorbereitung des Christentums in der griechischen Philosophie. Von Pfleiderer. 1.—10. Taus. (IV, 82 S.) 904. — 40; erh. Pr. n. — 50
2. Seelen-Wanderung. Von Alfr. Bertholet. 1.—10. Taus. (63 S.) 904. — 40; erh. Pr. n. — 50
3. Die Religionen der Erde. Von Nath. Söderblom. 1. bis 10. Taus. (66 S.) 905. — 40; erh. Pr. n. — 50
4. Der Ursprung des Buddhismus u. die Geschichte seiner Ausbreitung. Von H. Hackmann. Der Buddhismus. 1. Tl. (74 S.) 905. — 40; erh. Pr. n. — 50
5. Der südliche Buddhismus u. der Lamaismus. Von H. Hackmann. Der Buddhismus II. Tl. 1.—10. Taus. (IV, 86 S.) 905. — 40; erh. Pr. n. — 50
6. Die Schöpfung der Welt. Von Joh. Wendland 1. bis 10. Taus. (52 S.) 905. — 40; erh. Pr. n. — 50
7. Der Buddhismus in China, Korea u. Japan. Von H. Hackmann. (Der Buddhismus III. Tl.) 1.—10. Taus. (IV, 80 S.) 906. — 40; erh. Pr. n. — 50

— dasselbe. III. Reihe. (Allgemeine Religionsgeschichte. Religionsvergleichung.) 8.—12. Heft. 8. Ebd. 2.70; geb. 4. 10

Becker, C. H., Christentum u. Islam. 1.—10. Taus. (56 S.) 907. (Heft 8.) — 50; kart — 75; feine Ausg. auf Büttenpap., geb. 1. 50

Bürkner, Rich., Altar u. Kanzel. Geschichte des Gotteshauses. 1.—5. Taus. (48 S.) 909. (Heft 11.) — 50; geb. — 80

Greßmann, Hugo, die Ausgrabungen in Palästina u. das Alte Testament. 1.—5. Taus. (48 S.) 908. (Heft 10.) — 70; geb. 1. —

Jacoby, Adf., die antiken Mysterienreligionen u. das Christentum. 1.—6. Taus. (44 S.) 910. (Heft 12.) — 50; geb. — 80

Vollmer, Hans, vom Lesen u. Deuten heiliger Schriften. Geschichtliche Betrachtgn. 1.—10. Taus. (64 S.) 907. (Heft 9.) — 50; kart. — 75

— dasselbe. IV. Reihe. Kirchengeschichte. 1. Heft. 8. Ebd. Subskr.-Pr. — 50; kart. — 75; Einzelpr. — 50; feinere Ausg. auf Büttenpap., geb. 1. 50

Pietisten. Von J. Jüngst. 1.—10. Taus. (IV, 80 S.) 906.

— dasselbe. IV. Reihe. (Kirchengeschichte.) 2.—14. Heft. 8. Ebd. 6.70; geb. 9. 80

Anrich, Gust., der moderne Ultramontanismus in seiner Entstehung u. Entwicklung. 1.—6. Taus. (48 S.) 909. (Heft 10.) — 50; geb. — 80

Baur, A., Johann Calvin. 1.—10. Taus. (Je 48 S.) 909. (Heft 9.) — 50; geb. in Leinw. — 80

Benser, Herm., das moderne Gemeinschaftschristentum. 1.—6. Taus. (48 S.) 910. (Heft 14.) — 50; geb. — 80

Holl, Karl, Modernismus. 1.—5. Taus. (48 S.) 908. (Heft 7.) — 70; geb. 1. —

Kattenbusch, Ferd., die Kirchen u. Sekten des Christentums in der Gegenwart. 1.—6. Taus. (96 S.) 909. (Heft 11. 12.) 1.—; geb. 1. 30

Krüger, Gust., das Papsttum. Seine Idee u. ihre Träger. 1.—10. Taus. (160 S.) 907. (Heft 3. 4.) Einzelpr. 1.—; kart. 1.25; feine Ausg. auf Büttenpap., geb. 2. —

Mehlhorn, Paul, die Blütezeit der deutschen Mystik. 1.—10. Taus. (64 S.) 907. (Heft 6.) — 50; kart. — 75

Ohle, R., der Hexenwahn. 1.—5. Taus. (48 S.) 908. (Heft 8.) Einzelpr. — 50; geb. — 80

Reichert, O., D. Martin Luthers deutsche Bibel. 1.—6. Taus. (44 S. m. 1 Faksm.-Taf.) 910. (Heft 13.) — 50; geb. — 80

Weinel, Heinr., die urchristliche u. die heutige Mission. Ein Vergleich. 1.—10. Taus. (64 S.) 907. (Heft 5.) — 50; kart. — 75; feine Ausg., geb. 1. 50

Wernle, Paul, Paulus Gerhardt. 1.—10. Taus. (IV, 68 S.) 907. (Heft 2.) Einzelpr. — 50; kart. — 75; feine Ausg. auf Büttenpap., geb. 1. 50

— dasselbe. V. Reihe. Weltanschauung u. Religionsphilosophie. 1.—3. Heft. 8. Ebd. n. 1. 50

1. Welches ist die beste Religion? Von Frdr. Niebergall. 1.—10. Taus. (78 S.) 905. — 40; erh. Pr. n. — 50
2. Die Wunder im neuen Testament. Von Traub. 1. bis 10. Taus. (74 S.) 905. — 40; erh. Pr. n. — 50
3. Naturforschung u. Glaube. Von Joh. Petersen. 1. bis 10. Taus. (42 S.) 905. — 35; erh. Pr. n. — 50

Volksbücher, religionsgeschichtliche, f. die deutsche christliche Gegenwart. Hrsg. v. Frdr. Mich. Schiele. V. Reihe. (Weltanschauung u. Religionsphilosophie.) 3.—8. Heft. 8. Tübingen, J. C. B. Mohr. 3.40; geb. 4.80

Bousset, W., unser Gottesglaube. 1.—10. Tauf. (64 S.) 908. (Heft 6.) —70; geb. 1.—; feine Ausg. in Geschenkbd. 1.50

Meyer, Arnold, was uns Jesus heute ist. 1.—10. Tauf. (IV, 56 S.) 907. (Heft 4.) —50; kart. —75; feine Ausg. auf Büttenpap., geb. 1.50

Petersen, Johs., Naturforschung u. Glaube. 2. Aufl. 11.—15. Tauf. (42 S.) 907. (Heft 3.) —50; kart. —75

Rade, Mart., die Stellung des Christentums zum Geschlechtsleben. 1.—6. Tauf. (92 S.) 910. (Heft 7. 8.) 1.—; geb. 1.30

Schmiedel, Otto, Richard Wagners religiöse Weltanschauung. 1.—10. Tauf. (64 S.) 907. (Heft 5.) —70; kart. 1.—; feine Ausgabe, geb. 1.50

— **Reutlinger.** Nr. 357—372, 378—385. 8. Reutlingen 883—85. Bardtenschlager. à —25

357. Die Station am Murray. Ein Lebensbild aus Australien. Für das Volk erzählt v. Ed. Günther. (64 S.)
358. Im Urwald. Eine Erzählg. aus dem Indianerleben v. W. Helm. (64 S.)
359. Metacom, der Indianer-Häuptling, od. die rothe Geißel Südamerikas. Erzählg. aus der Wildniß Connecticuts von Osk. v. Kellen. (64 S.)
360. Mianta, der blumige Schnee, od. die Beweinte v. Wischtonhill. Eine Indianergeschichte v. Ed. Günther. (64 S.)
361. Der letzte Häuptling der Seminolen. Eine Erzählg. aus den Kämpfen der Nordamerikaner gegen die Indianer Florida's. Von Gust. Höcker. (64 S.)
362. Die Quadronen. Eine Erzählg. aus dem Pflanzerleben v. W. Helm. (63 S.)
363. Die rothe Braut. Eine Erzählg. aus dem Westen Nordamerikas v. Carl Tran. (64 S.)
364. Das Paradies im Goldlande. Eine Geschichte aus Kalifornien. Erzählt v. Ed. Günther. (64 S.)
365. Der Aufstand der Chipeways. Eine Erzählg. v. D. Kalos. (64 S.)
366. Der Liebe Lohn. Novelle v. Hugo Straßburger. (64 S.)
367. Die Königin der Savannen od. der Schrecken der Komanchen. Eine Erzählg. aus dem Gebiet der freien Indianer. (64 S.)
368. Der Prairieteufel. Eine Erzählg. aus dem Indianergebiet d. Arkansas. (64 S.)
369. Olitipa, die Blume der Prairie. Eine Erzählg. aus den Indianergebieten d. Missouri. Von W. Helm. (64 S.)
370. Der letzte Miko-König der Oconees. Eine Indianer-Geschichte aus der texan. Wildniß. (64 S.)
371. Unter den Indianern d. Pampas. Erzählg. f. Volk u. Jugend v. W. Helm. (64 S.)
372. Der Kapitän der Grenzreiter od. die Jagd auf das wilde Roß der Prairie. Eine mexikan. Kriegs- u. Indianergeschichte. (64 S.)
378. Unter mexikanischen Banditen. Erzählg. v. R. Waldheim. (64 S.)
379. Die Braut d. Prairie-Räubers. Eine Indianer-Geschichte v. Wilh. Emil. (64 S.)
380. Diggborn, der Trapper u. Karawanenführer. Eine Geschichte aus der Prairie v. Wilh. Emil. (64 S.)
381. Verrat u. Rache. Erzählung aus dem Gebiete der Mississippi-Indianer v. Wilh. Emil. (64 S.)
382. Tom Floyd, der Halbindianer. Eine Geschichte aus Florida v. Wilh. Emil. (64 S.)
383. Ein Jahr an der Indianergrenze. Erzählung aus dem Leben der Hacienderos v. W. Helm. (64 S.)
384. Die Indianer von Neufundland. Eine Erzählg., frei nach Murray bearb. v. Wilh. Emil. (64 S.)
385. Otaitsa, die Tochter d. Häuptlings. Eine Erzählg. aus dem Westen v. R. Waldheim. (64 S.)

—— **rheinische,** Sagen u. Erzählungen aus d. Munde d. Volks u. deutscher Dichter. Hrsg. v. H. A. Kiehl. 1. Geschichte v. Siegfried u. Genoveva, u. Geschichte von d. unschätzbaren Schloß in d. Höhle Xaxa. gr. 12. (3⅚ B. u. 4 Bild.) Wesel 838, Bagel.

Schafsteins (auf d. Umschl.: Hermann & Friedrich Schaffsteins) **Volksbücher** für die Jugend. Bd 1. (Köln a. Rh.: Schafstein & Cie [1904].) 8° [F.] [06. 5784

Volksbücher, siebenbürgisch-deutsche. 1—3. Bd. 8. Wien 885. Graeser. n. 12.80; cart. n. 14.—; geb. n. 16.40

1. Siebenbürgische Sagen, gesammelt u. hrsg. v. Frdr. Müller. 2. Aufl. (XXXVII, 404 S.) n. 5.60; cart. n. 6.—; geb. n. 6.80
2. Deutsche Volksmärchen aus dem Sachsenlande in Siebenbürgen. Gesammelt v. Jos. Haltrich. Mit zahlreichen Illustr. nach Orig.-Zeichngn. v. Ernst Peßler. 4. Aufl. (VIII, 332 S.) n. 4.—; cart. n. 4.40; geb. n. 5.20
3. Bilder aus dem sächsischen Bauernleben in Siebenbürgen. Ein Beitrag zur deutschen Culturgeschichte v. Fr. Fronius. 3. Aufl. (XVI, 252 S.) n. 3.20; cart. n. 3.60; geb. n. 4.40

Volksbücher. Steiermärkische. Eine Sammlung von Erzählungen, Sagen, Balladen, Legenden und Miscellen aus der steiermärkischen Geschichte. Mit Illustrationen. 1. Lfg. (S. 1 32.) Graz: Pock. 1868. 4°

Inhalt: Proschko, Dr. Isidor, Andreas Baumkirchner.

Volksbücher, Tiroler. 1. Bd. 8. Innsbruck 893. Wagner. Kart. n. 1.60

Der Tharerwirt, e. Tiroler Held vom J. 1809. Geschichtliche Erzählg. v. Joh. Steck. (V, 270 S.)

— **Wiesbadener.** Hrsg. vom Volksbildungsverein zu Wiesbaden. Nr. 1—26. 12. Wiesbaden (H. Staadt). n. 3.80

Inhaltsübersicht in alphabetischer Ordnung:

Almquist, K. J. L., die Kolonisten auf Grimstahamn. (Grimstahamns Nybygge.) Eine Erzählung f. das Volk. Aus dem Schwed. übers. v. Geo. Simon. 1.—15. Tauf. (52 S.) 902. (Nr. 23.) n. —10

Dickens, Charles (Boz), ein Weihnachtsabend. Eine Geistergeschichte. Uebers. von J. E. Wessely, durchgesehen von K. Walther. (104 S.) 901. (Nr. 4.) n.n. —20

Droste-Hülshoff, Annette Freiin v., die Judenbuche. Ein Sittengemälde aus d. gebirg. Westfalen. 1.—15. Tauf. (62 S.) 902. (Nr. 26.) n. —15

Ebner-Eschenbach, Marie v., Krambambuli u. Der gute Mond. 2 Erzählgn. (63 S.) 901. (Nr. 12.) n. —10

Frapan, Ilse, altmodische Leute. Eine Erzählg. (46 S.) 902. (Nr. 20.) n. —10

François, Luise v., Fräulein Muthchen u. ihr Hausmaier. Eine Erzählg. (66 S.) 901. (Nr. 14.) n. —15

Gotthelf, Jerem., Elsi, die seltsame Magd. Eine Erzählung. 1.—15. Tauf. (40 S.) 902. (Nr. 24.) n. —10

Greinz, Rud., das fünfte Rad am Wagen. Eine lust. Geschichte aus Tirol. (51 S.) 901. (Nr. 7.) n. —10

Hansjakob, Heinr., Valentin, der Nagler. Erzählg. [Aus: „Wilde Kirschen".] (54 S.) 901. (Nr. 2.) n.n. —10

Hauff, Wilh., die Karawane. Märchen. (134 S.) 901. (Nr. 8.) n. —25

Heyse, Paul, der verlorene Sohn. Eine Erzählg. (60 S.) 901. (Nr. 10.) n. —15

Hoffmann, Hans, Spätglück; Sturmwolken. 2 Erzählungen. (60 S.) 901. (Nr. 9.) n.n. —15

Jensen, Wilh., Magister Timotheus. Novelle. (44 S.) 901. (Nr. 6.) n. —10

Keller, Gfr., das Fähnlein der sieben Aufrechten. Erzählung. (84 S.) 902. (Nr. 16.) n. —15

Kompert, Leop., Christian u. Lea. Eine Erzählg. (101 S.) 902. (Nr. 19.) n. —20

Meyr, Melch., der Sieg des Schwachen. (166 S.) 902. (Nr. 15.) n. —25

Raabe, Wilh., die schwarze Galeere. Eine Erzählg. (68 S.) 902. (Nr. 18.) n. —15

Riehl, W. H., der Stadtpfeiffer. [Aus: „Kulturgeschichtliche Novellen".] (58 S.) 901. (Nr. 1.) n.n. —10

Rosegger, Pet., das zu Grunde gegangene Dorf. Erzählung. [Aus: „Höhenfeuer".] (57 S.) 901. (Nr. 3.) n.n. —10

Starklof, L., Sirene. Eine Schlösser- u. Höhlen-Geschichte. (179 S.) 901. (Nr. 11.) n. —30

Stifter, Adalb., Granit. Eine Erzählg. 1.—15. Tauf. (47 S.) 902. (Nr. 22.) n. —10

— der Waldsteig. Erzählg. (81 S.) 901. (Nr. 5.) n.n. —15

Storm, Thdr., von Jenseit des Meeres. Eine Erzählg. (57 S.) 902. (Nr. 17.) n. —15

Viebig, Clara, am Todtenmaar. — Margrets Wallfahrt. — Das Miseräbelchen. — Der Osterquell. Erzählungen. [Aus: „V., Kinder der Eifel".] (62 S.) 901. (Nr. 13.) n. —15

Villinger, Hermine, Kubgsche. Uf Karlsruh! Er ka's Lebe nit lide. Der Sänger von Denkerbach. Erzählungen. [Aus: „Schulmädelgeschichten u. „Aus meiner Heimat".] 1.—15. Tauf. (46 S.) 902. (Nr. 25.) n. —10

Wilbrandt, Adf., der Lotsenkommandeur. Eine Erzählung. 1.—15. Tauf. (73 S.) 902. (Nr. 21.) n. —15

— **Wiesbadener.** Hrsg. vom Volksbildungsverein zu Wiesbaden. Nr. 24 u. 27—88. 12. Wiesbaden (H. Staadt). n. 11.15

Bartels, Adf., wilde Zelten. (Rolves Karsten.) Eine Erzählg. aus der Dithmarscher Geschichte. Mit 1 Karte. 1.—20. Taus. (204 S.) 906. (Nr. 78.) n. — 45
Björnson, Björnstjerne, ein fröhlicher Bursch. 1. Aufl. 1. bis 20. Taus. (120 S.) 904. (Nr. 57.) n. — 20
Deledda, Grazia, der Alte vom Berge. Autoris. Uebersetzg. aus dem Ital. v. E. Müller-Röder. 1.—20. Taus. (182 S.) 906. (Nr. 81.) n. — 40
Dreyer, Max, Vater u. Sohn. [Aus: „Lautes u. Leises".] 1. Aufl. 1.—20. Taus. (57 S.) 905. (Nr. 64.) n. — 15
Eichendorff, Jos. Frhr. v., Gedichte. 1.—20. Taus. (95 S.) 906. (Nr. 88.) n. — 20
Fischer, Wilh., das Licht im Elendhause. [Aus: „Grazer Novellen".] 1. Aufl. (1.—20. Taus.) (78 S.) 903. (Nr. 37.) n. — 15
Frey, Jak., der Alpenwald. Eine Erzählg. 1.—20. Taus. (91 S.) 906. (Nr. 73.) n. — 20
— die Tochter vom Oberbühl. Eine Erzählg. 1.—20. Taus. (112 S.) 906. (Nr. 77.) n. — 25
Gerstäcker, Frdr., Germelshausen. 1.—20. Taus. (45 S.) 906. (Nr. 71.) n.n. — 10
— der Schiffszimmermann. Das Wrack. 2 Erzählgn. (128 S.) 903. (Nr. 38.) n. — 25
Goethe, J. W. v., Hermann u. Dorothea. 1. Aufl. 1. bis 15. Taus. (80 S.) 905. (Nr. 59.) n. — 15
Gotthelf, Jeremias, wie Christen e. Frau gewinnt. 1. bis 20. Taus. (69 S.) 906. (Nr. 82.) n. — 15
— Elsi, die seltsame Magd. 36.—55. Taus. (40 S.) 906. (Nr. 24.) n. — 10
Grillparzer, Frz., der arme Spielmann. Erzählung. 1. bis 15. Taus. (62 S.) 903. (Nr. 32.) n.n. — 15
Grimm, Jac., Waltharl-Lied. Nacherzählt v. G.; **Grimm**, Wilh., der arme Heinrich. Nacherzählt v. G. 1.—20. Taus. (54 S.) 904. (Nr. 51.) n. — 15
Hauff, Wilh., Jud Süß. Erzählung. (1.—15. Taus.) (96 S.) (903.) (Nr. 34.) n. — 20
Hebbel, Frdr., meine Kindheit. — Mutter u. Kind. 1. bis 20. Taus. (113 S.) 904. (Nr. 42.) n. — 20
Heiberg, Herm., Peter Brede. — Jeg elsker Dig. 2 Erzählgn. (60 S.) 903. (Nr. 13.) n. — 15
Hoefer, Edmund, Rolof der Rekrut. [Aus: „Erzählgn. e. alten Tambours".] 1. Aufl. 1.—20. Taus. (54 S.) 905. (Nr. 67.) n. — 15
Horn, W. O. v. (W. Oertel), meine erste Braut. — Ein Stücklein v. der Mosel. 1. Aufl. (1.—20. Taus.) (64 S.) 905. (Nr. 66.) n. — 15
— Friedel. Eine Geschichte aus dem Volksleben. 1.—15. Taus. (192 S.) 903. (Nr. 28.) n. — 40
Jacobs, W. W., Keppen Ellerbohm. Des Bootsmanns Wache. Der Bückling. [Aus: Seemannshumor".] 1.—20. Taus. (48 S.) 906. (Nr. 84.) n. — 15
— ein voreiliges Experiment. Der schwarze Kater. 1. Aufl. 1. bis 20. Taus. (47 S.) 905. (Nr. 62.) n. — 10
Justus, Th. (Th. Zedelius), Geleite, die draußen sind! Erzählung. [Aus: „Am Küstensaum".] 1.—20. Taus. (57 S.) 906. (Nr. 72.) n. — 10
Kleist, Heinr. v., Michael Kohlhaas. Eine Erzählg. 1. Aufl. (1.—15. Taus.) (117 S.) 903. (Nr. 36.) n. — 20
Kompert, Leop., Gottes Annehmerin. Novelle. 1. Aufl. 1. bis 20. Taus. (53 S.) 904. (Nr. 45.) n. — 15
Kopisch, Aug., Entdeckung der Blauen Grotte auf der Insel Capri. 1.—20. Taus. (59 S.) 906. (Nr. 79.) n. — 15
Kröger, Timm, im Nebel. [Aus: „Leute eigener Art".] 1. bis 20. Taus. (47 S.) 906. (Nr. 87.) n. — 10
Lienhard, F., der Pandurenstein u. anderes. 1.—20. Taus. (45 S.) 906. (Nr. 86.) n. — 10
Liliencron, Detlef v., Gedichte. 1.—20. Taus. (45 S.) 904. (Nr. 54.) n. — 20
— Umzingelt. — Der Richtungspunkt. 2 Kriegsnovellen. [Aus: „Kriegsnovellen".] (1.—20. Taus.) (45 S.) 903. (Nr. 33.) n.n. — 10
Mathy, Karl, aus dem Leben e. Schullehrers. [Aus: „G. Freytag, Bilder a. d. deut. Vergangenh."] 1.—20. Taus. (41 S.) 904. (Nr. 49.) n. — 10
Mérimée, Prosper, Colomba. Aus dem Franz. v. Ludw. Schneegans. 1. u. 2. Aufl. 1.—35. Taus. (190 S.) 903. 905. (Nr. 40.) n. — 35
Meyr, Melch., Regine. Eine Erzählg. aus dem Ries. 1. bis 20. Taus. (94 S.) 904. (Nr. 48.) n. — 20
Mörike, Eduard, Mozart auf der Reise nach Prag. Novelle. 1.—20. Taus. (86 S.) 906. (Nr. 75.) n. — 20
Mosen, Jul., meines Großvaters Brautwerbung. Ismael. 1.—20. Taus. (69 S.) 904. (Nr. 55.) n. — 15
— das Heimweh. 1.—15. Taus. (72 S.) 903. (Nr. 30.) n. — 15
Muellenbach, Ernst, Franz Friedrich Ferdinand. Zwischenblätter aus der Chronik e. Kleinstaats. [Aus: „Franz Friedrich Ferdinand u. anderes".] 1. Aufl. (1.—20. Taus.) (72 S.) 904. (Nr. 44.) n. — 20
— Johannissegen. Die Silberdistel. 1.—15. Taus. (44 S.) 903. (Nr. 29.) n. — 15
Müller, Otto, Münchhausen im Vogelsberg. Eine Erzählg. 1.—20. Taus. (109 S.) 905. (Nr. 70.) n. — 30
Niese, Charlotte, um die Weihnachtszeit. [Aus: „Aus dän. Zeit".] 1.—20. Taus. (37 S.) 905. (Nr. 60.) n. — 10
Ompteda, Geo. Frhr. v., der Major. — Ein Weihnachtsabend — Das Schützenfest. [Aus: „Freilichtbilder" u. „Lust u. Leid".] 1.—20. Taus. 1. Aufl. (44 S.) 904. (Nr. 47.) n. — 10
Pasqué, Ernst, wer hat dich, du schöner Wald . . ? Eine Lieder-Erzählg. aus dem Leben Felix Mendelssohn-Bartholdys. (41 S.) (903.) (Nr. 35.) n.n. — 10
Pfarrius, Gust., das Ende des Hauses Thaun. Erzählung. [Aus: „Pf., Zwischen Soonwald u. Westrich".] 1.—20. Taus. (93 S.) 906. (Nr. 76.) n. — 20
Pichler, Adf., der Einsiedler. Eine Erzählg. aus den Tiroler Bergen. 1.—20. Taus. (70 S.) 904. (Nr. 52.) n. — 20
Reuter, Fritz, ut de Franzosentid. 1. Aufl. 1. bis 15. Taus. (198 S.) 905. (Nr. 61.) n. — 35
Rietschel, Ernst, Jugenderinnerungen. 1.—20. Taus. (98 S.) 904. (Nr. 53.) n. — 20
Rosegger, Pet., das Ereignis in der Schrun. 'S Guderl. Die Nottaufe. 1. Aufl. 1.—20. Taus. (74 S.) 905. (Nr. 60.) n. — 20
Saar, Ferd. v. Tambl. [Aus: „Novellen a. Oesterreich".] 1. Aufl. (1.—20. Taus.) (44 S.) 903. (Nr. 41.) n. — 10
Schiller, ausgewählte Gedichte. 1. Aufl. 1.—17. Taus. (159 S. m. Titelbild.) 905. (Nr. 63.) n. — 30
Schmidt, Max, der vergangene Auditor. Ein Geschwisterkind. Zwei lust. Geschichten. [Aus: „Humor".] 1.—20. Taus. (52 S.) 904. (Nr. 56.) n. — 15
Schmitthenner, Adf., der Ab'm. Friede auf Erden. Zwei Novellen. [Aus: „Novellen".] 1.—20. Taus. (41 S.) 904. (Nr. 50.) n. — 10
Silberstein, Aug., der Gerhab. 1. Aufl. (1.—20. Taus.) (89 S.) 904. (Nr. 58.) n. — 20
Sohnrey, Heinr., der Hunnenkönig. — Wie die Woldhäuser Kaisers Geburtstag feierten. [Aus: „Rosmarin u. Häckerling" u. „Die hinter den Bergen".] 1. Aufl. (1.—20. Taus.) (41 S.) 903. (Nr. 39.) n. — 10
Spindler, Karl, der Hofzwerg. Eine Erzählg. 1. Aufl. 1. bis 20. Taus. (64 S.) 904. (Nr. 46.) n. — 15
Stern, Adf., das Weihnachtsoratorium. Novelle. 1.—15. Taus. (79 S.) 903. (Nr. 31.) n. — 20
Stifter, Adalb., die drei Schmiede ihres Schicksals. 1. bis 20. Taus. (44 S.) 906. (Nr. 85.) n. — 10
Stinde, Jul., die Flaschenbrüder. [Aus: „Ut'n Knick".] 1. bis 20. Taus. (60 S.) 906. (Nr. 74.) n. — 20
Strauß-Torney, Lulu v., Bauernstolz. 1. Aufl. 1.—20. Taus. (75 S.) 905. (Nr. 68.) n. — 15
Sylva, Carmen, das Sonnenkind u. andere Märchen. 1. bis 20. Taus. (55 S.) 906. (Nr. 80.) n. — 15
Tolstoi, Graf Leo, auf Feuer habe acht! Zwei Greise. Deutsch von Ernst v. Glehn. 1.—15. Taus. (63 S.) 903. (Nr. 27.) n. — 15
Voigt-Diederichs, Helene, die Balsaminen. Mittagstunde. [Aus: „Schleswig-Holsteiner Landleute".] 1.—20. Taus. (45 S.) 906. (Nr. 83.) n. — 10
— zwischen Lipp' u. Kelchesrand. [Aus: Schleswig-Holsteiner Landleute".] 1. Aufl. 1.—20. Taus. (45 S.) 905. (Nr. 65.) n. — 10

— **Wiesbadener.** (Hrsg. vom Volksbildungsverein zu Wiesbaden.) Nr. 89—137. kl. 8. Wiesbaden, (H. Staadt). nn 11.15

Amicis, Edmondo de, von den Apenninen zu den Anden. Erzählung. 1.—20. Taus. (46 S.) 908. (Nr. 106.) nn — 10
Andersen, H. Chr., Märchen. 1.—20. Taus. (112 S.) 910. (Nr. 132.) — 25
Anzengruber, Ludw., der starke Pankraz u. die schwache Eva, nebst Anh. 1.—20. Taus. (58 S.) 909. (Nr. 127.) — 15
Arndt, Ernst Mor., meine Wanderungen u. Wandelungen m. dem Reichsfreiherrn Heinrich Karl Friedrich vom Stein. 1.—20. Taus. (125 S.) 908. (Nr. 119.) — 25
Bechtolsheimer, Heinr., das Hungerjahr. Erzählung. 1.—20. Taus. (291 S.) 907. (Nr. 97.) — 50; geb. — 80
Boßhart, Jak., vom Golde. Eine Erzählung. [Aus: „Im Nebel".] 1.—20. Taus. (100 S.) 907. (Nr. 94.) — 25
David, J. J., der Jubilar. Petri Hahn. Ruzena Capek, nebst Anh. „Gedichte". 1.—20. Taus. [Aus: „Stromabwärts" und „Hannu".] (92 S.) 908. (Nr. 120.) — 20
Döring, Fritz, zertretene Saat. Novelle. [Aus: „Das Licht am Berge".] 1.—20. Taus. (83 S.) 907. (Nr. 101.) — 20
Erlebnisse e. sächsischen Landpredigers in den Kriegsj. 1806—1815. 1.—20. Taus. (103 S.) 909. (Nr. 130.) — 25
Etlar, Carit, Fanö-Leute. Eine Seemanns-Erzählg. Aus dem Dän. v. J. Prinzeß Schoenaich-Carolath. 1.—20. Taus. (47 S.) 908. (Nr. 112.) — 10
Eyth, Max, Blut u. Eisen. [Aus: „Hinter Pflug u. Schraubstock".] 1.—20. Taus. (102 S.) 909. (Nr. 123.) — 25
Fouqué, Frdr. Baron de la Motte, Undine. Eine Erzählg. 1.—20. Taus. (119 S.) 908. (Nr. 113.) — 20
Goethe, Götz v. Berlichingen m. der eisernen Hand. Ein Schauspiel. 1.—20. Taus. (144 S.) 908. (Nr. 110.) — 25
Graßberger, Hans, Adam u. Eva. Eine Wiener Künstlergeschichte. 1.—20. Taus. (70 S.) 908. (Nr. 111.) — 20
Grimm, Brüder, Kinder u. Hausmärchen. Auswahl. 1.—20. Taus. (248 S.) 908. (Nr. 105.) — 45
— Deutsche Sagen. 1. Bdchn. Örtliche Sagen. 1.—20. Taus. (88 S.) 909. (Nr. 121.) — 20
— Dasselbe. 2. Bdchn. Geschichtliche Sagen. 1.—20. Taus. (96 S.) 909. (Nr. 122.) — 20
Heine, Heinr., Gedichte. 1.—20. Taus. (60 S.) 909. (Nr. 125.) — 15
Hoffmann, E. T. A., Doge u. Dogaresse. Des Vetters Eckfenster. 2 Erzählgn. 1.—20. Taus. (110 S.) 907. (Nr. 95.) — 25
Hoffmann, Hans, der Teufel vom Sande. [Aus: „Geschichten aus Hinterpommern".] 1.—20. Taus. (127 S.) 907. (Nr. 100.) — 25; geb. — 55
Irving, Washington, Rip van Winkle. Übers. v. R. Diehl. 1.—20. Taus. (35 S.) 909. (Nr. 124.) — 10
Junghans, Sophie, der geraubte Schleier. Märchen. Drama in 3 Aufzügen. 1.—15. Taus. (109 S.) 910. (Nr. 133.) — 25
Klöden, Karl Frdr. v., Jugenderinnerungen. [Aus: „K., Jugenderinnergn. Hrsg. v. Max Jähns".] 1.—20. Taus. (112 S.) 907. (Nr. 93.) — 25
Kniest, Philipp, die Husheersche u. andere Erzählungen. [Aus: „Von der Waterkante".] 1.—20. Taus. (118 S.) 907. (Nr. 102.) — 25; geb. — 50

Ludwig, Otto, zwischen Himmel u. Erde. Erzählung. 1.—15. Tauf. (288 S.) 910. (Nr. 137.) — 50
Mackay, John Henry, Hans, mein Freund u. Die Wasserratte. 1.—20. Tauf. (46 S.) 910. (Nr. 131.) — 10
Mörike, Eduard, Idylle vom Bodensee. [Aus: „Gedichte".] 1.—20. Tauf. (93 S.) 908. (Nr. 116.) — 20
Muellenbach, Ernst, Gebhard. [Aus: „Altrhein. Geschichten".] 1.—20. Tauf. (84 S.) 909. (Nr. 129.) — 25
Nieritz, Gust., der arme Geigenmacher u. sein Kind. Eine Erzählg. 1.—20. Tauf. (117 S.) 907. (Nr. 103.) — 25; geb. — 50
Niese Charlotte, der goldene Schmetterling. Lena Zuhrs Tassenschrank. 1.—20. Tauf. (56 S.) 907. (Nr. 96.) nn — 15

Pock, Wilh., lebendige Bütt. 2 Humoresken v. der Waterkant. [Aus: „De Herr Innehmer Barkenbusch u. and. Gesch."] 1.—20. Tauf. (46 S.) 907. (Nr. 89.) nn — 10
Raabe, Wilh., das letzte Recht. 1.—20. Tauf. (63 S.) 910. (Nr. 135.) — 15
Ratzel, Frdr., Bilder aus dem Kriege m. Frankreich. 1.—20. Tauf. [Aus: „Glücksinseln u. Träume".] (94 S.) 908. (Nr. 118.) — 25
Schoenaich-Carolath, Prinz Emil v., Regulus. [Aus: „3 Novellen."] 1.—20. Tauf. (38 S.) 908. (Nr. 115.) — 10
Schücking, Levin, der Nachrichter. Kulturhistorische Novelle. [Aus: „Kulturhistor. Novellen".] 1.—20. Tauf. (79 S.) 909. (Nr. 125.) — 20
Schwab, Gust., der gehörnte Siegfried. Die schöne Melusina. Wieder erzählt. [Aus: „Die deut. Volksbb."] 1.—20. Tauf. (183 S.) 907. (Nr. 91.) — 40

Sealsfield, Charles, die Prärie am Jacinto. 1.—20. Tauf. (123 S.) 909. (Nr. 128.) — 25
Seidel, Heinr., die silberne Verlobung. [Aus: „Norddeutsche Erzähler".] 1.—20. Tauf. (47 S.) 908. (Nr. 108.) — 20; geb. — 45

Simrock, Karl, ausgewählte Gedichte. [Aus: „S.'s ausgew. Werken".] 1.—20. Tauf. (63 S.) 908. (Nr. 107.) nn — 15
Söhle, Karl, Eroica. 1.—20. Tauf. (49 S. m. 1 Bildnis.) 907. (Nr. 90.) — 20; geb. — 45
Steinhausen, Heinr., Gevatter Tod. Ein Weihnachtsabenteuer, auch nach Neujahr zu lesen. 1.—20. Tauf. [Aus: „3 Novellen".] (92 S.) 907. (Nr. 90.) — 30
Stern, Adf., die Flut des Lebens. [Aus: „Ausgew. Novellen".] 1.—20. Tauf. (43 S.) 907. (Nr. 92.) nn — 15

Tolstoi, Leo N., wodurch leben die Menschen? u. Ein kleines Licht. 2 Erzählgn. Deutsch v. Adf. Heß. 1.—20. Tauf. (48 S.) 908. (Nr. 109.) — 10; geb. — 35
Trojan, Johs., aus Natur u. Haus. 1.—20. Tauf. (149 S.) 910. (Nr. 136.) — 35
Uhland, Ludw., Gedichte. 1.—10. Tauf. (204 S.) 910. (Nr. 134.) — 45

Vilmar, A. F. C., das Nibelungenlied, nacherzählt. [Aus: „Geschichte der deutschen National-Literatur".] 1.—20. Tauf. (77 S.) 907. (Nr. 101.) nn — 15; geb. nn — 40
Wichert, Ernst, der Schaktarp. 1.—20. Tauf. (141 S.) 908. (Nr. 114.) — 30
Zahn, Ernst, der Läuterer. [Aus: „Neue Bergnovellen".] (97 S.) 908. (Nr. 117.) — 25
Zschokke, Heinr., das Abenteuer der Neujahrsnacht. Eine Novelle. 1.—20. Tauf. (78 S.) 907. (Nr. 98.) nn — 15; geb. nn — 40

— wissenschaftliche. 1. Bd. 8. Berlin 892. H. Steinitz' Verl. n. 2. —
Naturwissenschaftliches im täglichen Leben. Von Max Weitz. (III, 191 S.)

Volksbücher, wissenschaftliche, f. Schule u. Haus. Hrsg. v. Fritz Gansberg. 8. Hamburg, A. Janssen. Geb. à Bd. p 1. 50
Darwin, Charles, eine Reise um die Welt. Auswahl v. Fritz Gansberg. (120 S. m. Abb. auf 6 Taf.) 910.
Gerlach, A., die Anfänge der Luftschiffahrt. Aus Berichten der Zeitgenossen ausgewählt. Mit 8 Abb. nach alten Kupfern. (114 u. 8 S.) 910.
Hedin, Sven, durch Asiens Wüsten. Auswahl v. Fritz Gansberg. (112 u. 8 S. m. Abb.) 910.
Kohl, J. G., alte Bilder aus e. alten Stadt. Episoden aus der brem. Kulturgeschichte. Ausgewählt v. F. Gansberg. (127 S. u. 8 S. Abb.) 910.
Maltzan, Heinr. v., meine Wallfahrt nach Mekka. Bearb. v. Fritz Gansberg. Mit 8 Bildern hervorrag. mohammedan. Tempelbauten. (154 u. 8 S.) 910.
Sybel, Heinr. v., der Ursprung des französischen Krieges. Aus H. v. Sybels „Begründg. des Deutschen Reichs durch Wilhelm I." (122 S.) 910.
Zimmermann, W., der große Bauernkrieg. Eine Auswahl aus seinen Erzählgn. v. Fritz Gansberg. Mit 8 Bildern alter Meister. (125 S.) 910.

Volksbücher, württembergische. Sagen u. Geschichten. I. u. II. Bd. Hrsg. vom württ. evangel. Lehrer-Unterstützungs-Verein. (à 192 S. m. 4 Vollbildern.) 8. Stuttgart 905. 906. Holland & Josenhans. Geb. in Leinw. à n. 1. —

— württembergische. (3.—6. Bd.) Stuttgart, Holland & Josenhans. Geb. in Leinw. à 1. —
3. Lustige Geschichten aus Schwaben. I. Tl. Hrsg. vom württ. evangel. Lehrer-Unterstützungs-Verein. 1. u. 2. Aufl. (192 S. m. 4 Vollbildern.) (907. 08.)
4. Lustige Geschichten aus Schwaben. II. Tl. Hrsg. vom württ. evangel. Lehrer-Unterstützungs-Verein. (174 S. m. 4 Vollbildern.) (908.)
5. Geschichten aus schweren Zeiten. Hrsg. vom württ. evangel. Lehrer-Unterstützungs-Verein. (174 S. m. 4 Vollbildern.) (909.)
6. — dasselbe. II. Tl. Hrsg. vom württ. evangel. Lehrer-Unterstützungs-Verein. (174 S. m 4 Vollbildern.) (910.)

— aus alter und neuer Zeit. Mit Illustr. (Holzschn. im Text). 1—11. u. 17—26. Heft. Wien 855—58. Wenedikt. 12. Jedes Heft 5 *ngr.*
1. Heft: Richard Löwenherz und Leopold der Tugendhafte. Mit der Geschichte der Kreuzzüge. Volksthümlich erzählt von Kohlmann. (68 S.)
2. Heft: Leben des russischen Kaisers Nikolaus I. Nach authentischen Quellen volksthümlich bearb. (96 S.)
3. Heft: Die Türken vor Wien. Historische Schilderung. Mit Benützung der gediegensten Quellen. Von Friedr. Steinebach. (82 S.)
4. Heft: Leben und Tod des Johann Hus. Nach Urkunden bearb. von Wenzel Jeřabek. (80 S.)
5. Heft: Leben und Tod des Joh. Žižka von Trocnov, Führer der böhm. Hussiten von 1419—1424. Von Wenzel Jeřabek. (79 S.)
6. Heft: Philippine Welser. Histor. Schilderung mit Benützung der besten Quellen. Von Friedr. Steinebach. (80 S.)
7. Heft: Andreas Hofer's Leben und Heldentod. Nach den besten Quellen geschildert von Friedr. Steinebach. (83 S.)
8 Heft: Geschichte Peters des Großen oder die Entstehung des russischen Reiches in seiner gegenwärtigen Gestalt. Nach den besten Quellen volksthümlich bearb. von J. Hesko. Mit 7 Illustr. (80. S.)
9. Heft: Samo, Svatopluk und Vlasta. Verfaßt von V. Parkas. Mit mehreren Illustr. (79 S.)
10. Heft: Leben des großen Königs von Böhmen, Přemysl Ottokar II. von W. Parkas. Mit 7 Original-Illustr. (75 S.)
11. Heft: Wunderbare Reisen zu Wasser und zu Lande, Jagd-, Kriegs- und sonstige lustige Abenteuer des Freih. v. Münchhausen, wie er dieselben bei einem Glase Wein seinen Freunden zu erzählen pflegte. Nach der englischen, deutschen und verschiedenen anderen Lügenausgaben herausg. von Hanns Lügenmaul. Mit mehreren Illustr. (79 S.)
17—19. Heft: Napoleon der Große. Eine Geschichte dieses Kaisers und seiner Zeit. Von der Geburt bis zur Beisetzung seiner Leiche im Dome der Invaliden. Nach neuen Quellen volksthümlich bearb. von J. Hesko. Mit 36 Illustr. (240 S.)
20. Heft: Kaiser Josef II. in seinem Leben und Wirken. Historische Schilderung von Friedr. Steinebach. Mit 9 Illustr. (95 S.)
21. Heft: Dr. Faust's, des berühmten Schwarzkünstlers und Teufelsbanners Kreuz- und Querfahrten, sowie lustige Abenteuer und schreckliche Höllenfahrt. Mit 6 Illustr. (91 S.)
22. u. 23. Heft: Wallenstein, Herzog zu Mecklenburg, Friedland und Sagan, als Feldherr und Landesfürst. Bearb. aus den besten Quellen und nach des Herzogs eigenhändigen Briefen, von Wenzel Holubar. Mit 13 Illustr. (159 S.)
24. Heft: Czerny Georg's und des Fürsten Milosch Obrenowitsch Leben und Heldenthaten. Nebst einer kurzen Geschichte des serbischen Aufstandes. Von G. Wuitsch. Mit mehreren Illustr. (120 S.)
25. Heft: Stefan Fadinger und der erste Bauernkrieg in Oberösterreich. Geschildert von Friedr. Steinebach. Mit 10 Illustr. (88 S.)
26. Heft: Johanna Gray. Historische Schilderung von Friedr. Steinebach. Mit mehreren Illustr. (117 S.)

—— aus alter und neuer Zeit. 22—32. Heft. 12. Wien 857 —59, Wenedikt. à Heft 5 Ngr. Thlr.

Inhalt:

Heft 22., 23. Holubar, Wenzel, Wallenstein, Herzog zu Meklenburg, Friedland und Sagan, als Feldherr und Landesfürst. Bearb. aus den besten Quellen und nach des Herzogs eigenhänd. Briefen. (159 S. mit 13 Illustr. in eingedr. Holzschn.)

„ 24. Wultsch, B., Czerny Georg's und des Fürsten Milosch Obrenowitsch Leben und Heldenthaten. Nebst einer kurzen Geschichte des serbischen Aufstandes. (120 S. mit mehreren Illustr. in eingedr. Holzschn.)

„ 25. Steinebach, Friedr., Stefan Fadinger und der erste Bauernkrieg in Oberösterreich. (58 S. mit 10 Illustr. in eingedr. Holzschn. und 1 Holzschnt.)

„ 26. —— Johanna Grav. Historische Schilderung. (117 S. mit mehreren Illustr. in eingedr. Holzschn.)

„ 27. Schdara, J., die Großthaten und die Heldenlaufbahn des Prinzen Eugen von Savoyen. Nach den besten geschichtlichen Quellen frei bearb. (64 S. mit mehreren Illustr. in eingedr. Holzschn.)

„ 28., 29. Parkasch, W., Polens Geschichte bis auf die Jetztzeit. Volksthümlich verfaßt. (173 S. mit vielen Illustr. in eingedr. Holzschn.)

„ 30. Kook's Reisen um die Welt. (76 S. mit mehreren Illustr. in eingedr. Holzschn.)

„ 31., 32. Schdara, J., Friedrich des Großen Leben und Thaten als Feldherr und Regent. (142 S. mit 15 Illustr. in eingedr. Holzschn.)

—— dass. — 11. Heft: Wunderbare Reisen zu Wasser und zu Lande, Jagd-, Kriegs- und sonstige lustige Abenteuer des Frhrn. v. Münchhausen, wie er dieselben bei einem Glase Wein seinen Freunden zu erzählen pflegte. Hrsg. von Hans Lügenmaul. 2. Aufl. 8. (76 S. mit vielen Illustr. in eingedr. Holzschn.) Ebendas. 861.

— — (Neue Aufl.) 7., 17—21 u. 33. Heft. Ebend. 864 —70. 8. Jedes Heft 5 *ngr.*

7. Heft. Steinebach, Friedr., Andreas Hofer's Leben u. Heldentod. Nach den besten Quellen geschildert. 2., verm. u. durchgeseh. Aufl. (80 S. mit 18 Illustr. in eingedr. Holzschn.)

17—19. Heft. Hecke, J., Napoleon der Große. Eine Geschichte dieses Kaisers u. seiner Zeit. Nach neuen Quellen volksthümlich bearb. 2. Aufl. (242 S. mit 10 Illustr. in Holzschn.)

20. Heft. Steinebach, Friedr., Kaiser Josef II. in seinem Leben u. Wirken. Historische Schilderung. 3. Aufl. (95 S. mit 13 Orig.-Illustr. in Holzschn.)

21. Heft. Dr. Faust's des berühmten Schwarzkünstler's u. Teufelsbanners Kreuz- u. Querfahrten sowie lustige Abenteuer u. schreckliche Höllenfahrt. 2. Aufl. (96 S. mit 8 Illustr. in Holzschn.)

33. Heft. Horvath, Frz., Rozsa Sandor. Schilderung seines Lebens u. verbrecherischen Wirkens u. Treibens von der Wiege bis in sein Greisenalter. Mit 8 Illustr. (in Holzschn.) 2. Aufl. (61 S.)

—— aus alter und neuer Zeit. 34.—44. Heft. 8. Wien 864 —67, Wenedikt. à Heft 5 Ngr.

Inhalt:

Heft 34. Steinebach, Friedr., Maria Stuart. Historische Schilderung. Nach den besten Quellen bearb. (80 S. mit mehreren Illustr. in eingedr. Holzschn.)

„ 35. 36. Laudon, der Soldatenvater, in seinem Leben und Wirken als Soldat, Feldherr und Mensch. Ein historisch-charakterist. Gemälde von W. E. v. J. (174 S. mit 9 Orig.-Illustr. in eingedr. Holzschn.)

Heft 37. Schönhuth, Ottmar F. H., Charakterzüge aus dem Leben des guten und frommen Königs Rudolf von Habsburg. Nach den Quellen zusammengestellt. (72 S. mit 7 Illustr. in eingedr. Holzschn.)

„ 38. Steinebach, Friedr., Meister Pilgram und die Erbauung des Domes zu St. Stephan. Friedrich mit der leeren Tasche, Herzog von Tirol. Vaterländische Schilderungen. (76 S. mit 6 Illustr. in eingedr. Holzschn.)

„ 39. —— die Jungfrau von Orleans. Nach älteren Quellen zusammengestellt. (112 S. mit 6 Illustr. in eingedr. Holzschn.)

„ 40. Schdara, A., Karl V. und seine Zeit. Historische Schilderung seines thatenreichen, ruhm- und dornenvollen Lebens. (88 S. mit 9 Illustr. in eingedr. Holzschn.)

„ 41. Möller, A., Leben des Herzogs Karl V. von Lothringen, kaiserl. Oberfeldherrn. (96 S. mit 6 Orig.-Illustr. in eingedr. Holzschn.)

„ 42. Das Verbrecher-Kleeblatt: Kühnapfel, Cartouche, Jaroszynski und Schinderhannes. (96 S. mit 7 neuen Illustr. in Holzschn.)

„ 43. 44. Geschichte des deutsch-italienischen Krieges von 1866. (166 S. mit 9 Illustr. in Holzschn.)

— aus alter u. neuer Zeit. 42—46. Heft. Wien 865—68. Wenedikt. 8. Jedes Heft 5 *ngr.*

42. Heft. Das Verbrecher-Kleeblatt: Kühnapfel, Cartouche, Jaroszynski u. Schinderhannes. (96 S. mit 7 neuen Illustr. in Holzschn.)

43. 44. Heft. Geschichte des deutsch-italienischen Krieges von 1866. (166 S. mit 9 Illustr. in Holzschn.)

45. 46. Heft. Leben, Wirken u. tragisches Ende Maximilian I., Kaisers von Mexiko. Nach verläßl. Quellen u. Mittheilungen dem Volke erzählt von Mich. Bürger. Mit 19 Illustr. (in Holzschn.) (128 S.)

Volksbücherei. Erzählgn. f. Jung u. Alt. 2. u. 3. Bd. 8. Kassel, E. Röttger. à n. 1. —; in Bibliotheksbd. à. n. 1. 40; eleg. geb. à n. 1. 50

2. Der Lumpenhannes u. andere Geschichten. Von M. Eitner. (III, 208 S.) 897.
3. Zum Sonntagabend. Von S. Keller (Ernst Schrill), 1. Bd. (1. Wer gewinnt; 2. Dennoch; 3. Stamm u. Apfel; 4. Wenne Pridik.) (III, 190 S.) 898.

Der 1. Bd. erschien nur u. d. Einzeltitel: Berthold, Helene, aus heidn. Vorzeit.

— Erzählungen f. Jung u. Alt. 3.—9. Bd. 8. Kassel, E. Röttger. à n. 1. —; geb. in Leinw. à n. 1. 50

3. Wenne Pridik. Von S. Keller (Ernst Schrill). 2. Aufl. v. „Zum Sonntagabend". 3.—5. Taus. (III, 190 S.) (902.)
4. 5. Der Heliandssänger. Erzählg. v. A. von der Elbe. Neue bill. [Titel-]Ausg. (296 S.) (898.)
6. Oberlicht. Von S. Keller (Ernst Schrill). 1. u. 2. Aufl. 1.—5. Taus. (à III, 186 S.) 899.
7. Heinrich od. das Kind v. Hessen. Eine geschichtl. Erzählung. Von Chrn. Röth. Mit 4 Abbildgn. (III, 138 S.) 899.
8. Richard Bruce. Von Sheldon. Autoris. Übersetzg. v. Emmy v. Feilitzsch. (220 S.) (899.)
9. Eine Woche aus Robert Hardy's Leben. (Ein Traum u. dessen Folgen) u. Für Christus u. die Kirche. Zwei Erzählgn. Von Charles M. Sheldon. Berechtigte deutsche Ausg. bearb. v. Garve. (176 S.) (900.)

Forts. s.: Röttger's Volksbücherei.

Volksbücherei. Erzählungen für Jung u. Alt. 6. Bd. 8. Kassel, E. Röttger. n. 1. —; in Geschenkbd. n. 1. 50

Oberlicht. Von S. Keller (Ernst Schrill). 3. Aufl. Mit neuer Einleitg. 5—10,000. (191 S.) (905.)

Volksbücherei. Nr. 1—11. 8. Graz, Styria. à — 20; 1 u. 5 in 1 Bd. geb. n.n. — 90; 2—4, 6 u. 10 in 1 Bd. geb. n.n. 1. 30

1. Der Lawinenpfarrer. Eine Tiroler Novelle. Von Arth. Achleitner. Mit Orig.-Illustr. von Mathias Schmid u. Adf. Schumann. 3. Aufl. (72 S.) 902.
2. Nach Amerika! Der glückliche Herd. 2 Geschichten aus dem Leben. Von C. Spindler. (79 S.) 902.
3. 4. Das Hochgericht in Birkachwald. Ein Lebens- u. Culturbild aus dem obersteir. Murthale, nach wahren alten Begebenheiten. Von Fridolin v. Freithal. (141 S.) 902.
5. Der wilde Galthirt. Eine tiroler Novelle. Von Arth. Achleitner. Mit Orig.-Illustr. von Mathias Schmid u. Adf. Schumann. (64 S.) 902.
6. Ritter u. Bürger. — Ein echter Edelmann. 2 Erzählgn. Von C. Spindler. (57 S.) 902.
7. 8. Der Hochwald. — Das Heidedorf. 2 Erzählgn. Von Adalb. Stifter. (182 S.) 902.
9. Meister Martin, der Küper, u. seine Gesellen. Erzählung. Von E. T. A. Hoffmann. (90 S.) 903.
10. Der Hofzwerg. Eine Erzählg. Von C. Spindler. (72 S.) 902.
11. Der Rademeister v. Vordernberg. Ein Gewerkschaftsbild aus der ehernen Mark. Von Arth. Achleitner. Mit 8 Illustr. v. A. Schumann. (112 S.) 902.

Volksbücherei. Nr. 1—4 u. 12—156. 8. Graz, Styria. à Nr. — 20

Achleitner, Arth., der Lawinenpfarrer. Mit Orig.-Illustr. v. Adf. Schumann. (Auf einsamer Höh'. Tiroler Novellen.) 4. Aufl. (18.—27. Taus.) (70 S.) 905. (Nr. 1.)

Beatushöhle, die. Eine Erzählg. insbesondere f. die reifere Jugend. (Von Wilh. Bauberger.) Mit Titelbild. (IV, 126 S.) 905. (Nr. 68. 69.) Geb. in Leinw. n. — 70

Conscience, Heinr., der Bahnwächter. Erzählung. Aus dem Fläm. (71 S.) 905. (Nr. 72.) Nr. 70—72 in 1 Leinw.-Bd. n. 1. 10

— der Löwe v. Flandern. Geschichtlicher Roman. Aus dem Fläm. Mit Titelbild. (VIII, 502 S.) 905. (Nr. 59—65.) Geb. in Leinw. n. 2. —

— der Rekrut. Erzählung aus dem fläm. Volksleben. Aus dem Fläm. Mit Titelbild. (76 S.) 905. (Nr. 70. 71.)

Droste-Hülshoff, Annette v., Gedichte. (Auswahl.) Mit Einleitg. u. m. Anmerkgn. sowie m. Bild der Dichterin. 1. bis 11. Taus. (XX, 96 S.) 905. (Nr. 84.)

— die Judenbuche. Ein Sittengemälde aus dem gebirg. Westfalen. (IV, 64 S.) 905. (Nr. 85.) Mit Nr. 84 in 1 Leinw.-Bd. n. — 90

Dyherrn, Geo. Frhr. v., am Alpsee. Eine Geschichte aus dem Hochland. Mit 8 Orig.-Illustr. 1.—11. Taus. (96 S.) 905. (Nr. 90. 91.)

— auf der Schwaige. Hochlandsnovelle. Mit Einleitg. u. mit 9 Orig.-Illustr. v. Adf. Schumann. (107 S.) 905. (Nr. 86. 87.)

— Stasi. Eine Geschichte aus dem bayr. Hochland. Mit 8 Orig.-Illustr. 1.—11. Taus. (79 S.) 905. (Nr. 104.) Mit Nr. 86. 87. 90. 91 in 1 Leinw.-Bd. 1. 50

Ebersberg, Jul., Geschichte e. alten Commißmantels. Von ihm selbst erzählt. — Die Sühne. Begebenheiten aus dem Soldatenleben vergangener Zeit. (150 S.) 902. (Nr. 35. 36.) Nr. 34—36 in 1 Leinw.-Bd. n. 1. 10

Eichendorff, Jos. Frhr. v., aus dem Leben e. Taugenichts. Novelle. Mit Bild des Dichters u. Einleitg. (XI, 128 S.) (906.) (Nr. 143. 144.) Geb. in Leinw. n. — 90

— das Schloß Dürande. Novelle. (60 S.) (906.) (Nr. 145.)

Fleuriot, Zenaide, eine unsichtbare Kette. Aus dem Franz. übers. v. H. u. L. Schwalke. Mit Titelbild. (203 S.) 904. (Nr. 31—33.) Geb. in Leinw. n. 1. 10

Flir, Alois, Bilder aus den Kriegszeiten Tirols. Geschichtliche u. poet. Erzählgn. Mit Einleitg. 1.—10. Taus. (XX, 192 S.) 906. (Nr. 100—103.) Geb. in Leinw. n. 1. 30

Freithal, Fridolin van, das Hochgericht im Birkachwald. Eine Erzählg. nach wahren Begebenheiten. 4. Aufl. 11.—17. Taus. (142 S.) 905. (Nr. 3. 4.)

Gerstäcker, Frdr., das sonderbare Duell. Humoristische Erzählg. (92 S.) 903. (Nr. 37.)

— Herrn Mahlhubers Reiseabenteuer. (Humoristische Erzählg.) (160 S.) 905. (Nr. 107. 108.) Nr. 105—108 in 1 Leinw.-Bd. n. 1. 30

— Verhängnisse. Erzählung. (163 S.) 904. (Nr. 38. 39.) Nr. 37—39 in 1 Leinw.-Bd. n. 1. 80

— der Wilddieb. Novelle. Mit Bild des Verf. u. Einleitung. (VIII, 128 S.) 905. (Nr. 105. 106.)

Gorki, Maxim., Novellen u. Skizzen. Mit dem Bilde des Verf. u. Einleitg. (VIII, 159 S.) (906.) (Nr. 130. 131.)

Grillparzer, Frz., die Ahnfrau. Trauerspiel in 5 Aufzügen. Mit e. Einleitg. v. Joh. Ranftl. (124 S. m. Titelbild.) 903. (Nr. 14. 15.)

Grillparzer, Frz., ein treuer Diener seines Herrn. Trauerspiel in 5 Aufzügen. (58 S.) 905. (Nr. 58.) Mit Nr. 57 in 1 Leinw.-Bd. n. — 90

— König Ottokars Glück u. Ende. Trauerspiel in 5 Aufzügen. Mit e. Einleitg. v. Joh. Ranftl. Mit Titelbild. (113 S.) 903. (Nr. 16. 17.) Mit Nr. 14. 15 in 1 Leinw.-Bd. n. 1. 30

— weh dem, der lügt! Lustspiel in 5 Aufzügen. (78 S.) 905. (Nr. 57.)

Kleist, Heinr. v., Michael Kohlhaas. Historische Erzählg. (140 S. m. Titelbild.) 903. (Nr. 20. 21.) Nr. 9. 20. 21 in 1 Leinw.-Bd. n. 1. 10

Körber, K. F. Paul, hie Teufel — hie Engel! Eine Schwarzwälder Weihnachtsgeschichte. (80 S.) 903. (Nr. 30.) Mit Nr. 29 in 1 Leinw.-Bd. n. — 90

Künstlergeschichten. Lebensgeschichte u. Charakteristiken berühmter Künstler. Mit Portraits u. Vollbildern. (108 S.) 906. (Nr. 98. 99.) Geb. in Leinw. n. — 90

Lentner, Jos. Frdr., zwischen Lech u. Inn. Geschichten, Sagen u. Schildereien. (VII, 106 S.) (906.) (Nr. 123. 124.) Geb. in Leinw. n. — 90

Ludwig, Otto, zwischen Himmel u. Erde. Novelle. Mit Bild des Dichters u. Einleitg. (230 S.) 905. (Nr. 92—95.)

— aus dem Regen in die Traufe. Novelle. (103 S.) 905. (Nr. 96. 97.) Nr. 92—97 in 1 Leinw.-Bd. n. 1. 80

Meßner, Jos., die Handwerksburschen. Bilder aus dem Wanderleben. (140 S.) 902. (Nr. 12. 13.) Nr. 11—13 in 1 Leinw.-Bd. n. 1. 10

Mörike, Eduard, Mozart auf der Reise nach Prag. Novelle. Mit Bild des Dichters. (64 S.) (906.) (Nr. 136. 137.) Geb. in Leinw. n. — 90

Mügge, Thdr., der Vogt v. Sylt. Erzählung. (257 S.) 906. (Nr. 132—135.) Geb. in Leinw. n. 1. 30

Oskonski, W., arme Menschen. Drei Zeitbilder. Deutsch von Theo Kroczek. (70 S.) (906.) (Nr. 139. 139.) Geb. in Leinw. n. — 90

Pauli, Johs., u. Jörg Wickram, aus „Schimpf u. Ernst" u. aus dem „Rollwagenbüchlein". Kurzweilige Geschichten. Neubearb. v. Ant. Plattner. Mit 10 Bildern v. Karl Schweitzer. (80 S.) 904. (Nr. 34.)

Proschko, Frz. J., Erasmus Tattenbach. Historischer Roman. Mit Einleitg. u. 6 Vollbildern. (VIII, 214 S.) (906.) (Nr. 126 bis 129.) Geb. in Leinw. n. 1. 30

Reimmichl, aus den Tiroler Bergen. Lustige u. leid. Geschichten. (114 S.) (904.) (Nr. 49. 50.) Geb. in Leinw. n. — 90

Rosegger, Pet., steirische Geschichten. 1.—10. Taus. (78 S.) 903. (Nr. 29.)

Schiller, Frdr. v., Wilhelm Tell. Ein Schauspiel. Für die Volksbücherei hrsg. v. Ant. Sattler. Mit Bild des Telldenkmals in Altdorf u. e. Karte. (XI, 115 S.) 905. (Nr. 88. 89.) Geb. in Leinw. n. — 90

Schmid, Christoph v., Hirlanda, Herzogin v. der Bretagne. Eine Geschichte aus älterer Zeit, neu erzählt. (63 S. m. Titelbild.) 905. (Nr. 67.) Geb. in Leinw. n. — 50

Schrott-Fiechtl, Hans, zwischen Joch u. Ach'n. Tiroler Bergbauerng'schichteln. Mit 18 Illustr. v. B. Konrad. (151 S.) (906.) (Nr. 152—154.) Geb. in Leinw. n. 1. 40

Schuppe, A., Laura Bassi. Emanuel Astorga. 2 geschichtl. Novellen. (93 S.) (904.) (Nr. 51.)

Schwab, Gust., die deutschen Volksbücher. I. Die Geschichte des Doktor Faustus. (112 S.) 905. (Nr. 82. 83.) Geb. in Leinw. n. — 90

— dasselbe. II. Die vier Haimonskinder. (126 S.) (906.) (Nr. 155. 156.) Geb. in Leinw. n. — 90

Sienkiewicz, Heinr., ums liebe Brot u. andere Novellen. Aus dem Poln. übertr. v. Theo Kroczek. Mit Titelbild. (VI, 96 S.) (904.) (Nr. 52. 53.)

— Janko der Musikant u. andere Novellen. (Orso. Die Komödie der Irrgn.) (S. 97—184.) (904.) (Nr. 54.)

— die Kreuzritter. Historischer Roman aus dem 15. Jahrh. Nach des Verf. Volksausg. aus dem Poln. übertr. v. Theophil Kroczek, m. e. Einleitg. v. Joh. Ranftl. Mit 6 Orig.-Bildern v. D. Pauluzzi. 2 Bde. (XXIII, 568 S.) 904. (Nr. 40—48.) Geb. in Leinw. n. 2. 50

— der Leuchtturmwächter. Lilian Moris. Novellen. (S. 165 bis 283.) (904.) (Nr. 55. 56.) Nr. 52—56 in 1 Leinw.-Bd. n. 1. 50

— Quo vadis? Historischer Roman aus der Zeit des Kaisers Nero. Aus dem Poln. übertr. v. Theophil Kroczek. Mit e. Einleitg. v. Joh. Ranftl. Mit 9 Vollbildern u. e. Plan-Skizze des alten Rom. (XV, 538 S.) 905. (Nr. 73—81.) Geb. in Leinw. n. 2. 50

Spindler, C., nach Amerika! Eine Geschichte aus dem Leben. 11.—17. Taus. (63 S.) 906. (Nr. 2.)

Stifter, Adalb., Feldblumen. Eine Erzählg. (151 S.) 903. (Nr. 18. 19.) Nr. 7, 8, 18 u. 19 in 1 Leinw.-Bd. n. 1. 30

— die Mappe meines Urgroßvaters. (278 S.) (906.) (Nr. 148 bis 151.) Nr. 146—151 in 1 Leinw.-Bd. n. 1. 70

— die Narrenburg. Historische Erzählg. (145 S. m. Bildnis.) (906.) (Nr. 146. 147.)

Tolstoi, Leo, die Kosaken. Kaukasische Novelle. Mit Bild des Dichters u. Einleitg. (VIII, 133 S.) (906.) (Nr. 140—142.) Geb. in Leinw. n. 1. 10

Trueba, Antonio de, baskische Volkserzählungen. Aus dem Span. Mit Einleitg. 1.—10. Taus. (72 S.) (906.) (Nr. 125.)

Wallace, Lewis, Ben Hur. Eine Erzählg. aus der Zeit Christi. Aus dem Amerikan. v. Matthäus Winter. Mit Einleitg., e. erklär. Wortregister, Bild des Verf. u. 12 Vollbildern. 2 Hälften. (XII, 672 S.) 906. (Nr. 113—122.) Geb. in Leinw. n. 2. 70

Widmayer, P. Bartholom., bunte Geschichten. Erzählungen aus dem Leben. (64 S.) 905. (Nr. 66.) Mit Nr. 51 in 1 Leinw.-Bd. n. — 90

Wiesing, Hans, Agnes vom Paltental. Eine geschichtl. Erzählg. Nach alten Urkunden bearb. 4. Aufl. Mit 6 Vollbildern. (289 S.) 906. (Nr. 109—112.) Geb. in Leinw. n. 1. 30

Wiseman, Nik., Fabiola od. die Kirche der Katakomben. Für die Volksbücherei neu übers. v. J. Okorn. Mit Bildern. (XII, 584 S.) 903. (Nr. 22—28.) Geb. in Leinw. n. 2. —

Volksbücherei. 7. Bd. 8. Graz 907. Styria. 1.40; geb. in Leinw. 2.—; in Geschenkbd. 3.60

Fabiola od. Die Kirche der Katakomben. Von Nikol. Wiseman. 2., verb. Aufl. Mit Bildern. (XII, 556 S.)

Volksbücherei. Nr. 157—266. 8. Graz, Styria. à Nr. — 20

Baccioco, F. A., Sonnenschein u. Vogelsang. Naturbilder u. Skizzen. (76 S.) (910.) (Nr. 266.)

Bazin, René, Frau Corentine. Roman. Deutsch v. E. Schertel. (179 S.) (909.) (Nr. 220—222.) Geb. in Leinw. (Bd. 63) 1. 10

Blümcke, Ludw., die Sühne des Fischers. Erzählung. (77 S.) 906. (Nr. 159.) Mit 163 u. 164 zus. in 1 Leinw.-Bd. (43) — 90

Blütengärtlein des hl. Franziskus v. Assisi u. einiger Gefährten. Aus dem Ital. übertr., eingeleitet u. m. Anmerkgn. versehen v. Geo. Muhr. (IV, 182 S.) (908.) (Nr. 202—204.) Geb. in Leinw. (Bd. 57) 1. 10

Brady, C. T., der kleine Ingenieur. Roman aus der Geschäftswelt New Yorks. (105 S.) (907.) (Nr. 187. 188.) Mit 183 zus. in 1 Leinw.-Bd. (53) 1. 10

Bulwer, E. L., der letzte Tribun. Eine Geschichte aus dem mittelalterl. Rom. Nach dem Engl. frei bearb. v. Egid v. Filek. Mit 11 Vollbildern. (187 S.) (907.) (Nr. 172—174.) Geb. in Leinw. (Bd. 47) 1. 10

Buol, M., aus Etschland u. Inntal. Erzählungen. (160 S.) (907.) (Nr. 178. 179.) Geb. in Leinw. (Bd. 50.) — 90

Carnot, Maurus, Geschichten aus dem Bündnerlande. 3. Aufl. (227 S.) (909.) (Nr. 235—237.) Geb. in Leinw. (Bd. 69) 1. 10

Coppée, François, die wahrhaft reich sind. Deutsch v. D. Stein. (135 S.) (910.) (Nr. 255. 256.) Geb. in Leinw. (Bd. 74) — 90

Daudet, Alphonse, erstaunliche Abenteuer des Tartarin v. Tarascon. Aus dem Franz. v. Demetr. Schrutz. (92 S.) (907.) (Nr. 175.) Geb. in Leinw. (Bd. 48.) — 70

Domanig, Maria, unsere Dichter. Eine Anthologie aus den neueren kathol. Dichtern. (XV, 160 S. m. 6 Bildnistaf.) (910.) (Nr. 257—259.) Geb. in Leinw. (Bd. 75) 1. 10

Elsenau, W., Abt Hartmann. Geschichtliche Erzählg. Illustriert v. B. Konrad. (114 S.) (910.) (Nr. 243. 244.) Mit 241. 242 u. 245 zus. in 1 Leinw.-Bd. (71) 1. 50

— Die Kreuzfahrer. Geschichtliche Erzählg. Illustr. v. B. Konrad. (131 S.) (910.) (Nr. 241. 242.) Mit 243. 244 u. 245 zus. in 1 Leinw.-Bd. (71) 1. 50

— Marienminne. Geschichtliche Erzählg. Illustr. v. B. Konrad. (61 S.) (910.) (Nr. 245.) Mit 241. 242. 243 u. 244 zus. in 1 Leinw.-Bd. (71) 1. 50

Feichtlbauer, Mart., Volkserzählgn. (70 S.) (909.) (Nr. 219.) Mit 217 u. 218 zus. in 1 Leinw.-Bd. (62) 1. 10

Forsner, Mina (Wilh. Richter), aus dem Waldviertel. Erzählungen u. Skizzen. (68 S.) (907.) (Nr. 184.) Mit 185 u. 186 zus. in 1 Leinw.-Bd. (52) 1. 10

Franziszi, Frz., über Volksleben, Sitten u. Bräuche in Kärnten. Nebst Kärntner Märchen im Anh. Kulturstudien. Mit e. Geleitwort v. Pet. Rosegger. 3., durchgeseh. Aufl. (VIII, 174 S.) (909.) (Nr. 238—240.) Geb. in Leinw. (Bd. 70) 1. 10

Friesen, Erich, im Goldfieber. Ein Roman aus d. Kapland. (118 S.) (909.) (Nr. 217. 218.) Mit 219 zus. in 1 Leinw.-Bd. (62) 1. 10

Gould, S. Baring, Domitia. Ein Sittenbild aus der röm. Kaiserzeit. Autoris. Bearbeitg. nach dem Engl. v. A. Scholz. Mit Titelbild. (VI, 251 S.) (907.) (Nr. 168—171.) Geb. in Leinw. (Bd. 46) 1. 30

Handel-Mazzetti, Enrica Freiin v., Novellen. Mit e. biograph. Einleitg. v. Joh. Ranftl. Mit Bild der Dichterin. (XXXVI, 152 S.) (907.) (Nr. 165—167.) Geb. in Leinw. (Bd. 45) 1. 10

Herbeck, Jos., weltferne Geschichten. (87 S.) (907.) (Nr. 163. 164.) Mit 159 zus. in 1 Leinw.-Bd. (43) — 90

Kaltenhauser, Fanni, der goldene Boden. Roman. (112 S.) (907.) (Nr. 185. 186.) Mit 184 in 1 Leinw.-Bd. (52) 1. 10

König-Liebthal, Otto, durchbrochene Schranken. Roman. (106 S.) (907.) (Nr. 183.) Mit 187 u. 188 zus. in 1 Leinw.-Bd. (53) 1. 10

Kümmel, Konr., d. Schreinermax. Eine Volkserzählg. 3. Aufl. (IV, 291 S.) (907.) (Nr. 197—201.) Geb. in Leinw. (Bd. 56) 1.50

Lagerlöf, Selma, unsichtbare Bande. Novellen. Aus dem Schwed. übertr. v. Philipp Morén. (208 S. m. Bildnis.) (910.) (Nr. 252—254.) Geb. in Leinw. (Bd. 73) 1. 10

May, Karl, der Dukatenhof. Erzgebirgische Dorfgeschichte. Mit 6 Illustr. (90 S.) (909.) (Nr. 215. 216.) Geb. in Leinw. (Bd 61.) — 90

May, Vinzenz, Volkserzählungen. Mit Bild des Verf. (155 S.) (907.) (Nr. 180—182.) Geb. in Leinw. (Bd 51) 1. 10

— dasselbe. 2. Folge. (119 S.) (909.) (Nr. 224. 225.) Geb. in Leinw. (Bd. 67) — 90

Metschke-Smith, W., chinesische Charakterzüge. Deutsche Übersetzg. v. F. Mayer. Mit Illustr. (136 S.) (909.) (Nr. 229. 230.) Geb. in Leinw. (Bd. 64) — 90

Melati v. Java, die Amerikanerin. Aus dem Holl. übertr. v. Leo van Heemsteede. (174 S.) (907.) (Nr. 194—196.) Geb. in Leinw. (Bd. 55) 1. 10

— Michael d. Sänger. Erzählung. Deutsch v. L. van Heemsteede. (117 S.) (910.) (Nr. 264. 265.) Geb. in Leinw. (Bd. 77) — 90

Pramberger, Romuald, die Lambertuszelle. Erzählung aus dem 8. Jahrh. Mit Illustr. (192 S.) (908.) (Nr. 209—211.) Geb. in Leinw. (Bd. 59) 1. 10

— Der Pfleger auf Stein. Eine Erzählg. aus den steir. Bergen, nach Sagen u. geschichtl. Quellen. Mit 2 Abb. (114 S.) (907.) (Nr. 176. 177.) Geb. in Leinw. (Bd. 49) — 90

Schrott-Fiechtl, Hans, moderne Bergbauern. Kulturgeschichtl. aus Tirol. Mit 33 Illustr. v. B. Konrad. 1.—9. Taus. (321 S.) (907.) (Nr. 189—193.) Geb. in Leinw. (Bd. 51.) 1. 70

— Aus'n Tiroler Landl. Tiroler Bergbauerng'schichteln. Neue Folge v.: Zwischen Joch u. Ach'n. Mit 18 Illustr. v. B. Konrad. (164 S.) (908.) (Nr. 212—214.) Geb. in Leinw. (Bd. 60) 1. 10

Sienkiewicz, Heinr., auf dem Felde der Ehre. Roman aus der Zeit des Königs Johann Sobieski. Mit 6 Vollbildern v. B. Konrad. (Neue Ausg.) (VII, 390 S. m. Bildnis.) (907.) (910.) (Nr. 246—251.) Geb. in Leinw. (Bd. 72) 1. 80

Smolle, Leo, der letzte Graf v. Cilli. Geschichtl. Erzählg. aus Steiermarks Vergangenheit. Mit Titelbild. (185 S.) (907.) (Nr. 160—162.) Geb. in Leinw. (Bd. 41) 1. 10

Tolstoi, Leo, Volkserzählungen u. Legenden. Mit Portr. des Dichters u. Einleitg. (VIII, 192 S.) (909.) (Nr. 226—228.) Geb. in Leinw. (Bd. 66) 1. 10

Trueba, Antonio de, Volkstümliche Erzählungen. Deutsch v. Karoline Schertel. (80 S.) (909.) (Nr. 223.) Mit 125, 231 u. 232 zus. in 1 Leinw.-Bd. (65) 1. 30

— dasselbe. 2. Folge. (103 S.) (909.) (Nr. 231. 232.) Mit 125 u. 223 zus. in 1 Leinw.-Bd. (65) 1. 30

Wichner, Jos., Tiergeschichten. (115 S.) (909.) (Nr. 233. 234.) Geb. in Leinw. (Bd. 68) — 90

Zeiler, Joh. Nep., lose Blätter. Gesammelte Skizzen u. kleinere Erzählgn. (128 S.) (907.) (Nr. 157. 158.) Geb. in Leinw. (Bd. 42) — 90

Zingeler, A., der Parteigänger d. Königin. Histor. Roman aus der Hugenottenzeit. Nach Th. Buet frei bearb. 2. Aufl. (VI, 258 S.) (908.) (Nr. 205—208.) Geb. in Leinw. (Bd. 58.) 1. 30

Zingeler, K. Th., die Bumiller. Kulturgeschichtlicher Roman. (242 S.) (910.) (Nr. 260—263.) Geb. in Leinw. (Bd. 76) 1. 30

Jüdische-Volksbücherei Bd 1. Frankfurt a. M.: Jüd. Volksschriften-verl. (1909). 8°

— medizinische. Laienverständliche Abhandlgn., hrsg. v. Kurt Witthauer. 1.—25. Heft. gr. 8. Halle, C. Marhold. n. 8 45

Ackermann, Oswald, Natur- u. Kunstheilung. (22 S.) 905. (Hft. 23.) n. — 30

Brüning, Herm., die Ernährung des Kindes. (18 S.) 904. (Hft. 8.) n. — 30

Christel, von der Blinddarm-Entzündung. Perityphlitis od. Appendizitis. (19 S.) (904.) (Hft. 14.) n. — 30

Fürbringer, medizinische Winke fürs Radfahren. (12 S.) 904. (Hft. 12.) n. — 20

Gellhorn, die Nervosität der Erwachsenen. (23 S.) 905. (Hft. 24.) n. — 30

Goldstücker, die tierischen Lebewesen im menschlichen Darme. (22 S.) (904.) (Hft. 18.) n. — 30

Gräfe, M., wie soll sich die Frau während der Schwangerschaft u. im Wochenbett verhalten? (16 S.) 904. (Hft. 10.) n — 25

Grunert, K., die Pflege des Ohres u. die Verhütung v. Ohrerkrankungen. (38 S.) 904. (Hft. 2.) n. — 50

Kaiski, F., erste Hilfeleistung bei Unglücksfällen. Ein Ratgeber f. Alle, die Samariterdienste üben wollen. Mit 10 Bildern. (19 S.) (904.) (Hft. 15.) n. — 30

Kittsteiner, über Gallensteinkrankheit. (27 S.) 905. (Hft. 20.) n. — 40

Krebs, Walt., die Wasserbehandlung u. ihre Grenzen. (24 S.) 904. (Hft. 13.) n. — 40

Levy-Dorn, Max, die Röntgenstrahlen, e. Mittel zur Erkennung u. Heilung v. Krankheiten. (18 S.) 904. (Hft. 3.) n. — 30

Lubarsch, O., über die sogenannte Vivisektion. (44 S.) 905. (Hft. 25.) n. — 50

Merzbach, Geo., das Zeugungsvermögen. (16 S.) (904.) (Hft. 19.) n. — 30

Mohr, Heinr., Allgemeines üb. den Krebs. (28 S.) 904. (Hft. 1.) n. — 30

Moll, Alb., Hypnotismus, tierischer Magnetismus, Spiritismus. (20 S.) (904.) (Hft. 16.) n. — 30

Oefele, Fel. Frhr. v., der Aberglaube in der Krankenstube, nach seinem Ursprunge betrachtet. (19 S. m. Abbildgn.) 904. (Hft. 5.) n. — 30

Pfeiffer, E., Pocken u. Impfung. (18 S.) 904. (Hft. 4.) n. — 30

Rehm, Paul, Schlaf u. Schlaflosigkeit. (28 S.) 905. (Hft. 22.) n. — 40

Ribbert, Vererbung. (16 S.) 904. (Hft. 7.) n. — 25

Saalfeld, Edm., über Haut- u. Haarpflege. (16 S.) 904. (Hft. 11.) n. — 25

Singer, E., über vegetarische Kost u. Lebensweise überhaupt. (25 S.) 904. (Hft. 6.) n. — 40

Weber, Hugo, die ansteckenden Krankheiten (Typhus, Cholera, Tuberkulose, Diphtheritis usw.) u. die Mittel zu ihrer Verhütung (19 S. m. 1 Abbildg.) (904.) (Hft. 17.) n. — 30

Witthauer, Kurt, etwas üb. Frauen-Krankheiten. (19 S.) 904. (Hft. 9.) n. — 30

Wolf, Kurt, die gesundheitsgemäße Einrichtung unserer Wohnung. (43 S.) 905. (Hft. 21.) n. — 60

— medizinische. Laienverständliche Abhandlgn., hrsg. v. Kurt Witthauer. 26.—28. Heft. gr. 8. Chemnitz, O. Wenck. — 85

Weißwange, über die Nervosität der Frauen u. ihre Verhütung. (16 S.) Halle 907. (26. Heft.) — 25

Witthauer, Kurt, Beziehungen zwischen Nerven- u. Unterleibskrankheiten. (18 S.) 911. (28. Heft.) — 30

— Moderne Frauenbildung (Studienanstalt — Frauenschule). (14 S.) 910. (27. Heft.) — 30

Heft 1—25 jetzt Ebd. 904—06. 8.45.

— die, in Oberschlesien. Zeitschrift des Verbandes oberschles. Volksbüchereien. Hrsg. im Auftrage des Verbandsvorstandes u. unter Aufsicht der königl. Regierg. v. Kaisig. 1. Jahrg. Nr. 1 u. 2. (31 S.) Lex.-8. Oppeln 906. H. Muschner. n. 1. —

— die, in Oberschlesien. Zeitschrift d. Verbandes oberschles. Volksbüchereien. Hrsg. v. Küster u. Kaisig. 1. Jahrg. Nr. 3—8. (S. 33—128 m. Abb.) Lex. 8. Oppeln 907. Breslau, Priebatsch. à — 50 (1. Jahrg. vollst.: 4.—; geb. 5. —)

— dasselbe. 2.—4. Jahrg. 1908—1910. à 8 Nrn. (1910. 128 S.) gr 8. Breslau, Priebatsch. à Jahrg. 4. —

Jahrg. 2 u. 3 erschienen noch in Oppeln.

— Rügensche. (Was uns die Heimat sagt! Erzählungen, Sagen u. Märchen aus Rügenschen Landen.) 1. u. 2. Heft. kl. 8. Bergen, H. Baethge. à — 15

Steurich, E., Ernst Moritz Arndt, der deutsche Mann. Zur Erinnerg. an seinen 50. Todestag, 29. 1. 1910. (32 S. m. Abb.) 910. (Heft 2.)

Worm, Fritz, der Landesverräter. (20 S.) 910. (Heft 1.)

— Salzburger. Nr. 1. 8. Salzburg (E. Höllrigl). — 30

Nervosität u. Lebensführung. Vortrag m. Lichtbildern. Geh. im Salzburger Volksbildungs-Verein 1908. Von Jos. Schweighofer. (36 S.) (908.)

Volks-Bücherschatz. Hrsg.: G. Wettermann. No 1. Jever: G. Wettermann (1905). 8° [F.] [07. 16137 D

Volks-Bücherschatz. Hrsg.: G. Wettermann. Nr. 1—7. kl. 8. Jever (C. L. Mettcker & Söhne). à — 15

Pleitner, Emil, Van use Slag. Plattdeutsche Geschichten. (111 S.) (906.) (Nr. 4. 5.)

Reuter, Fritz, Humoresken. (64 S.) (905.) (Nr. 1.)

— Stromtid I u. II. (63 u. 68 S.) (905. 906.) (Nr. 2. u. 6.)

Ruseler, Geo., die Macht des Gesanges. Ein Märchen- u. Liederspiel in 2 Aufzügen. Musik v. Gust. Götze. (31 S.) (906.) (Nr. 7.)

Zimmerli, G. W., ausgewählte Gedichte. [Aus: „Auf den Alpen u. am Meer".] (62 u. 11 S.) (905.) (Nr. 3.)

Volks-Bücherschatz. Hrsg.: G. Wettermann. Nr. 8—19. kl. 8. Jever (C. L. Mettcker & Söhne). à — 15

8—19. Erd-, Länder- u. Völkerkunde. Anh.: Tabellen u. Übersichten auf Grund der neuesten Statistiken. Von Heinr. Oepke. (VII, 520, 77 u. 2 S.) 907.

Volksbüchlein, ein, enthaltend: die Geschichte d. ewigen Juden, die Abenteuer d. 7 Schwaben, nebst vielen andern ergötzl. Historien. Mit 1 Abbild. 8. Münch. 827. Jaquet. 20 kr Neue Aufl. in 8. u. gr. 12. Mit 2 Abbild. Ebd. 832. 1 rß 12 kr 2r Thl. Enthaltend die Legende von St. Christoph, die Wanderungen d. Spiegelschwaben, nebst vielen andern Historien. Ausgabe für Volksfreunde. (A. u. d. T.: Ernst u. Scherz rc.) Mit 1 Abbild., den Schwäbischen Sonn- u. Mondfang vorstellend. gr. 12. Münch. 829. J. Lindauer. 18 kr

Volksbüchlein, ein, enthaltend: die Gesch. d. ewigen Juden. die Abenteuer d. 7 Schwaben, nebst vielen andern ergötzl. Historien. Mit 1 Abbild. 8. München 827, (Leipz., Wienbrack.)

Volksbüchlein, ein, enth.: die Geschichte d. ewigen Juden, die Abenteuer d. sieben Schwaben, die Legende v. St. Christoph, die Wanderungen d. Spiegelschwaben, nebst vielen and. erbaul. u. ergötzl. Historien. 2 Bdchn. Neue, wohlf. Ausg. f. Volksfreunde. (11½ B. 8. u. 8 B. gr. 12., u. 2 Abbild.) München 832, [Jaquet.]

Volksbüchlein, Ein. Enthaltend: Die Geschichte des ewigen Juden, die Abenteuer der sieben Schwaben, nebst vielen andern erbärmlichen und ergötzlichen Historien. 2. Ausgabe für Volksfreunde. München 1835. H: *Simrock, Carl.* (Kat. d. Thiliana von Kleinschmidt, Dessau 1901, S. 36)

Volksbüchlein, Ein, enthaltend die Geschichte des ewigen Juden, die Abenteuer der 7 Schwaben ... 2. Aufl. München 1835—39. H: *Aurbacher, Ludwig.* (Kn) (Ky) (BrMm)

Volksbüchlein, ein. (Hrsg. v. Ludw. Aurbacher.) 1. u. 2. Thl. 8. München, Literar.-artist. Anstalt. à 1 Thlr., hrbgs. Pr. à
Thl. 1. Die Geschichte d. ewigen Juden, die Abenteuer d. sieben Schwaben, nebst vielen and. erbaul. u. ergötzl. Historien. 2., verm. u. verb. Ausg. (19½ B.) 835.
" 2. Die Geschichte d. Doct. Faustus, die Abenteuer d. Spiegelschwaben, nebst vielen and. erbaul. u. ergötzl. Historien. 2., verm. u. verb. Ausg. (22 B.) 839.

— für den Bürger u. Landmann. Enthaltend: Mittheilungen üb. Astronomie u. Gesundheitspflege; Anekdoten zur Belehrung u. Erbauung rc. gr. 8. Frankfurt a/M. ... Küchler. 1/6 rß

Deutsches *Volksbüchlein* für Jung und Alt. Hrsg. v. Gustav Nieritz. Mit Beitr. v. [Ludwig] Bechstein [u. a.] u. ... Holzschnitten ... v. Ludwig Richter.
Jg. 1842. Leipzig: Wigand
1846. Berlin: Schultze
[Der Inh. ist gleichlautend mit d. f. dieses Jahr ersch. Volkskalender, ohne astronom. Kalender.]

Volksbüchlein, Deutsches, für Jung und Alt. Herausgegeben von Gust. Nieritz. Jahrg. 1842—1845. 8. (Mit Holzschnitttafeln.) Berlin, Klemann. à ¼ rß — dass. für 1846. 8. Berlin 846, Schultze. ¼ rß (Alle 5 Jahrg. zusammen 1 rß)
(Der Inhalt d. Jahrg. 1845 ist mit dem für 1845 erschienenen Volkskalender identisch.)

Volksbüchlein, deutsches, f. Jung u. Alt. Hrsg. v. Gust. Nieritz. Jahrg. 1845. Mit Holzschn. 8. (8¼ B. u. 4 Holzschnitttaf.) Berlin, Kleemann.
Hat gleichen Inhalt mit dem f. 1845 erschienenen Volkskalender, die früheren Jahrge. vgl. Nieritz, G.

Volksbüchlein, deutsches, f. Jung u. Alt, hrsg. v. Gust. Nieritz. Jahrg. 1846. Mit Beiträgen v. Bechstein, Duller, Geldern, Mises u. Anderen. Mit Holzschn. nach Originalzeichn. v. L. Richter. 8. (8⅛ B. u. 7 Holzschn.) Berlin, C. H. Schultze.
Jahrg. 1842—45. Ebendas. Alle 5 Jahrg. zusammengenommen. 1 Thlr. — Vgl.: Nieritz, G.

Volksbüchlein, Elsässisches. Kinderwelt u. Volksleben, in Liedern, Sprüchen, Räthseln, Spielen rc. mit Erläuterungen u. Zusammenstellungen, einem Sachregister u. einem Wörterbuche herausg. von Aug. Stöber. 2. stark verm. Aufl. 1. Bdchn. Müllhausen 859. (Basel, Bahnmaier.) gr. 8. (IX, 202 S.) n. 1 rß 5 ngr

—— gemeinnützig-christl., f. d. J. 1838. Nebst vorgedrucktem Kalender. gr. 8. (5¼ B.) Frankfurt a. M., Küchler.

Volks- u. Jahrbüchlein, gewerbswissenschaftliches, hrsg. v. M. v. Poppe. 1—4. Jahrg. 1838—41. 8. Glogau, Flemming. [838. gr. 12. (5½ B. u. 2 Stnt.), 39. (13⅛ B. u. 2 Stnt.) 40. (10¼ B. u. 1 Stnt.), 41. (13⅛ B.) à * ⅓ Thlr.] *
Unter: Poppe, M. v., ist der 1. Jahrg. zu streichen und hierher zu verweisen.

Volksbüchlein des ermländischen Kalendermanns. Nr. 1. Braunsberg 868. (Leipzig, Peter's Verl.) 8. (80 S. mit eingedr. Holzschn. u. 1 Holzschntaf.) 5 ngr

Volksbüchlein für Katholiken. 16. (90 S. und 1 Stahlst.) Gleiwitz 847. [Breslau,] Landsberger. Thlr.

— der Land- u. Hauswirthschaft s. a. F. Kirchhof.

— der Land- u. Hauswirthschaft, s. a. Rothe, A.

—— der Land- und Hauswirthschaft. 1—5. Jahrg. 1838—42. (3—5. Jahrg. a. u. d. T.:) Aehrenlese aus dem Gebiete der Land- u. Hauswirthschaft, dem prakt. Leben gewidmet. 1—3. Bd. 8. Glogau, Flemming. [838. (12½ B.), 39. (11 B.), 40. (9⅛ B. u. 1 Stnt.), 41. (8⅛ B.) à * ⅓ Thlr.] *
1. u. 2. Jahrg. Hrsgeber: F. Kirchhof, 3—5. J. Hrsgeber: A. Rothe

Volksbüchlein, **moralisches, f. die Jugend, von e. Frauenzimmer. 8. 802.**

—— norddeutsches, zur Lust u. Lehre. Verfaßt u. hrsg. v. Wandsbecker Boten. Jahrg. 1845. Mit viel. Holzschn. 8. (8¼ B.) Hamburg, Verlags-Comptoir.
Hat gleichen Inhalt mit dem f. 1845 erschienenen Volkskalender: Der Wandsbecker Bote.

Die Volks-Bühne: June? 1841 – 1845?
Irregular: weekly, semi-weekly, tri-weekly. Supported Van Buren. Place of publication varies. Louisville, Ky., 1841 – 42. [Was it ever published in Indianapolis?]. Edited & published by Johann Georg Walker [with August Renz, 1842 – 45], 1841 – 45; Friedrich Fieser was associate editor.
Cincinnati, OH

Die **Volksbühne**. Eine Monatsschrift von Franz Mehring. Jg. [1]–3, H. 1–9. [Mehr nicht erschienen.] Berlin: Maurer & Dimmick (2 f.: M. Bading) 1892–95. 3 Bde 8° [F.]
[1.] 1892–93. 2. 1893–94. 3. 1894–95.
Forts. s. u. d. T.: Freie Volksbühne. 1897 ff. 106. 4519

Volksbühne, die. Eine Monatsschrift v. Frz. Mehring. II. Jahrg. Septbr. 1893—Aug. 1894. 12 Hfte. (Bog.) 12. Berlin, (Buchh. des „Vorwärts"). n. 1. 20
Der 1. Jahrg. kam nicht in den Handel.

— die. E. Monatsschrift v. Frz. Mehring. III. Jahrg. Septbr. 1894—Aug. 1895. 12 Hfte. (à ca. 16 S.) 12. Berlin, M. Bading. n. 1. 20

— die. Theaterorgan f. d. Volkstheater. 1.—3. Jahrg. 1895—1897. à 12 Nrn. (Bog.) 8. Grüningen, J. Wirz. à Jahrg. n. 2. —

Volksbühne, die. Theaterorgan f. das Volkstheater. 4. u. 5. Jahrg. 1898 u. 1899. à 24 Nrn. Fol. (à ca. 8 S.) Grüningen, J. Wirz. à Jahrg. n. 4. —

— dasselbe. 6. u. 7. Jahrg. 1900 u. 1901. à 24 Nrn. Fol. (à ca. 8 S.) Ebd. à Jahrg. n.n. 5. —

— Theater-Zeitg. für das Volkstheater. 8. Jahrg. 1902. 22 Nrn. Fol. (à ca. 8 S.) Ebd. 5. —

Volksbühne. Theater-Zeitg. f. das Volkstheater. 9. bis 12. Jahrg. 1903—1906. à 22 Nrn. (à ca. 16 S.) Fol. Grüningen, J. Wirz. à Jhrg. n. 5. —

Volksbühne. Theater-Zeitung f. das Volkstheater. 14. Jahrg. 1908. 20 Nrn. (à ca. 8 S.) 38,5×25 cm. Grüningen, J. Wirz. 5. —

Volksbühne. Organ des Vereines „Arbeiterbühne". Im Auftr. d. Vereines hrsg. v. Hans Bernauer. 1. Jahrg. Nr. 1. gr. 8. (8 S.) Wien 897. (Leipzig, Literar. Anstalt, A. Schulze.) n. — 10

Volksbühne. Zeitschrift, hrsg. v. Verein „Arbeiterbühne". Red.: Décsey. 1. Jahrg. Nr. 2. gr. 8. (8 S.) Wien 897. (Leipzig, Literar. Anstalt, A. Schulze.) n. — 10

— die. Monatsschrift f. volkstüml. Literatur- u. Kunstpflege. Hrsg.: Herm. Dimmler u. Expeditus H. Schmidt, O. F. M. 1.—4. Jahrg. Oktbr. 1907—Septbr. 1911. à 12 Hefte m. zwanglosen Beilagen. (1.—3. Jahrg. IV, 208; XIV, 188 u. VI, 202 S. m. Abb. u. Beilagen.) 8. München, V. Höfling. nn 4.20
Vom 5. Jahrg. an: München, Verlag „Die Volksbühne".

— die. Eine Sammlg. v. Einführgn. in Dramen u. Opern. Hrsg. vom Bildungs-Ausschuß der sozialdemokrat. Partei Deutschlands. kl. 8. Berlin, Buchh. Vorwärts. à Heft — 10
Diederich, Frz., Egmont. Ein Trauerspiel in 5 Aufzügen v. Goethe. (7 S.) (909.)
— König Lear. Tragödie v. William Shakespeare. (7 S.) (909.)
— Des Meeres u. der Liebe Wellen. Ein Trauerspiel in 5 Aufzügen v. Franz Grillparzer. (7 S.) (909.)
— Die Weber. Schauspiel aus den vierziger Jahren v. Gerhart Hauptmann. (8 S.) (909.)
Eisner, Kurt, Faust. Der Tragödie 1. Tl. v. Goethe. (8 S.) (909.)
Franz, Rud., der zerbrochene Krug. Ein Lustspiel v. Heinrich v. Kleist. (8 S.) (909.)
— Ein Volksfeind. Drama in 5 Akten v. Henrik Ibsen. (7 S.) (909.)
Kestenberg, Leo, Fidelio. Oper in 2 Akten von Ludwig v. Beethoven. (8 S.) (909.)
Korn, K., Hamlet, Prinz v. Dänemark. Trauerspiel v. W. Shakespeare. (8 S.) (909.)
— Maria Magdalene. Ein bürgerl. Trauerspiel in 3 Aufzügen v. Friedrich Hebbel. (8 S.) (909.)
Kreowski, Ernst, Nachtasyl. Von Maxim Gorkij. (8 S.) (909.)
— Der Pfarrer v. Kirchfeld. Volksstück in 4 Akten v. Ludwig Anzengruber. (8 S.) (909.)
— Der Revisor. Komödie v. Nikolai Gogol. (8 S.) (909.)
Manke, Wilh., Tannhäuser u. Der Sängerkrieg auf der Wartburg. Oper in 3 Aufzügen v. Richard Wagner. (8 S.) (909.)
Mehring, Frz., Minna v. Barnhelm od.: Das Soldatenglück. Ein Lustspiel in 5 Aufzügen v. G. E. Lessing. (7 S.) (909.)
— Kabale u. Liebe. Ein bürgerl. Trauerspiel in 5 Aufzügen v. Friedrich Schiller. (8 S.) (909.)
— Nathan der Weise. Dramatisches Gedicht in 5 Aufzügen v. G. E. Lessing. (8 S.) (909.)
— Die Räuber. Ein Schauspiel v. Friedrich Schiller. (7 S.) (909.)
— Wilhelm Tell. Schauspiel in 5 Aufzügen v. Friedrich Schiller. (8 S.) (909.)
Schikowski, John, Bartel Turaser. Drama in 3 Akten v. Philipp Langmann. (8 S.) (909.)
Schmidt, Conr., Nora od. Ein Puppenheim. Schauspiel in 3 Aufzügen v. Henrik Ibsen. (7 S.) (909.)
Wendel, Herm., die Erziehung zur Ehe. Komödie in 3 Aufzügen v. Otto Erich Hartleben. (8 S.) (909.)
— Jugend. Ein Liebesdrama in 3 Aufzügen v. Max Halbe. (7 S.) (909.)
— Kater Lampe. Komödie in 4 Aufzügen v. Emil Rosenow. (8 S.) (909.)

Volksbühne. Nr. 1—7. 8. Leipzig, G. Richter. à Nr. 1. —
Marcellus, Herm., am Bärenkessel im Wildbachgrund. Volksstück in 1 Akt. (26 S.) (910.) (Nr. 7.)
— Aus dem Goldlande zurück. Volksstück m. Gesang in 1 Akt. (27 S.) (909.) (Nr. 5.)
— In der Hinterwaldshütte. Lebensbild m. Gesang in 1 Akt. (25 S.) (909.) (Nr. 2.)
— Mutterliebe. Schauspiel in 1 Akt. (21 S.) (909.) (Nr. 4.)
— Der alte Polier. Lebensbild in 1 Akt. (23 S.) (909.) (Nr. 1.) 1. —
Marcellus, Herm., der alte Schloßgärtner. Lebensbild in 1 Akt. (26 S.) (910.) (Nr. 6.)
Wrann, Emil, der elektrische Gutshof. Zeitbild in 1 Akt. (32 S.) (909.) (Nr. 3.)

— **Aachener.** Sammlung v. Theaterstücken in Aachener Mundart. 12. Heft. kl. 8. Aachen, A. Jacobi & Co. n. — 60
De Nobbesche. Hochzeitsschwank in Aachener Mundart in 1 Aufzuge. Von Heinr. Janssen. (18 S.) 907.
Die früh. Hefte erschienen ohne Sammeltitel.

— **Aachener.** Sammlg. v. Theaterstücken in Aachener Mundart. 13. u. 14. Heft. kl. 8. Aachen, A. Jacobi & Co. 1.10
Janssen, Heinr., Ocher Platt. Schwank in Aachener Mundart in 1 Akt. (36 S.) 909. (14. Heft.) — 60
— Verdragt üch! Hochzeitsschwank in Aachener Mundart in 1 Aufzuge. (20 S.) 907. (13. Heft.) — 50

(G.) Danner's deutsche **Volksbühne.** No 1. Mühlhausen i. Th.: G. Danner [1905]. 8° [J.] [05. 13684 3

Deutsche **Volksbühne.** (1901/2: Die Volksbühne.) Blätter f. deutsche Bühnenspiele. Zeitschrift f. dramat. Kunst u. Litt. 1900, H. 1–3. 1901/2, H. 1-3. [Mehr nicht erschienen.] Berlin: Fischer & Franke (1901/2: Gose & Tetzlaff) 1900–02. 2 Bde 8°

— **deutsche.** Blätter f. deutsche Bühnenspiele. Zeitschrift f. dramat. Kunst u. Litteratur. Schriftleitung: Wachler u. Vikt. Laverrenz. 1. Jahrg. Oktbr. 1900—Septbr. 1901. 12 Hfte. 8. (à ca. 16 S.) Berlin. Düsseldorf, Fischer & Franke. n. 6. —

— dasselbe. Hrsg.: Ernst Wachler. Schriftleitung: Hans Foerster. 2. Jahrg. Oktbr.—Dezbr. 1901. 8 Hfte. kl. 4. (à ca. 32 Sp.) Berlin, Gose & Tetzlaff. 1.50
Erscheint nicht mehr.

Freie **Volksbühne.** Eine Monatsschrift von Conrad Schmidt. Jg. 1, H. 1. *Charlottenburg-Berlin: (G. Winkler, Berlin-Rixdorf 1897).* 8° [J.] [04. 4711

Volksbühne, kleine. Nr. 1. 8. Münster 904. Essen, Fredebeul & Koenen. n. — 50
De graute Kumeet of Weg met'n Dreck! Begiäbenheit in 1 Akt. Nao een voll Döhnken torecht klamüsert. Von E. Marcus (Natzohme). 2. Aufl. (2.—4. Tauf.) (19 S.)

— die neue freie. Geschichte ihrer Entstehg. u. Entwicklg. Hrsg. vom Vorstande. (55 S.) kl. 8. Berlin (NW., Bremerstr. 59) 905. Verlag der „Neuen freien Volksbühne". n. — 20

Niederdeutsche **Volksbühne.** Graf Tucks und seine Nachkommen: Mester Tüntelpott. Söffken von Gievenbeck. Hoppmarjännken. Kirro de Buck. 5 plattdeutsche Volksstücke aufgeführt von d. Abendgesellsch. d. zool. Gartens zu Münster i/W., verf. von den Hausdichtern d. Gesellsch. E[li] Marcus, W[ilh.] Pollack, H[einr.] Schmitz, E[mil] Rade. Münster: H. Mittsdörffer [!] 1904. (274 S.) 8°

(G) — niederdeutsche. 904. (KVL 34.) Jetzt: Münster, G. W. Visarius. Erm. Pr. 1.20

— plattdeutsche. Nr. 1 u. 2. 8. Münster, J. Seiling. n. — 90
1. De graule Kumeet of Weg met'n Dreck. Begläbenheit in eenen Akt. Nao een aoll Döhnken torecht klamüsert. Von Natzohme (E. Marcus). (19 S.) 901. n. — 50
2. Härtens-Fennand off Buernsuohn un Küötterjunge. Kumedienspiel in 1 Akt. Von Natzohme (E. Marcus). (22 S.) 902. n. — 40

— platt-kölnische. Nr. 1—5. 8. Düsseldorf, Schmitz & Olbertz. à n. — 50
1. Heimath. Parodist. Herbergs-Posse m. Gesang in 2 Akten. Von Wilh. Millowitsch. — Mit Vorwort: Das Kölner Hänneschen u. s. Entwickelg. zur rhein. Volksbühne. Von H. K. (X, 61 S.) 897.
2. 3. Drei Tage aus dem Kölner Leben od. Ein weibl. Militärstaat. Kölner vaterländ. Posse m. Gesang in 8 Bildern. Von Wilh. Millowitsch. (126 S.) 898.
4. 5. Der Lieutenant vom Himmel. Große Posse m. Gesang u. Tanz in 5 Bildern. Von Wilh. Millowitsch. (116 S.) 898.

— platt-kölnische. Nr. 6 u. 7. 8. Düsseldorf, Schmitz & Olbertz. à n. — 50
6. Glückliche Flitterwochen. Schwank m. Geflöt u. Getriller in 1 Akt nach e. älteren Motiv. Von Wilh. Millowitsch. (39 S.) 899.
7. Madam sang schön. Parodistische Posse m. Gesang in 3 Akten. Von Wilh. Millowitsch. (72 S.) 899.

[Schwabische Volksbuhne H. 1] Stuttgart: Auer (1903) 8°

— schwäbische. 12.—17. Heft. kl. 8. Stuttgart, A. Auer's Verl. 8.50
Schwegelbaur, Gust., uf d'r Kürbe. Schwäbischer Schwank in 1 Aufzug. Mit eingelegten Männer- od. gemischten Chören, komponiert v. Jul. Wengert. (36 S.) (910.) (16. Heft.) 1.50
— En d'r Luftkur od.: D'r Kaiser v. Mexiko. Schwäbische Posse in 2 Aufzügen. (48 S.) (910.) (14. Heft.) 1.50
Späzle, Mich., d'Bettfläsch. Schwäbisches Lustspiel in 2 Aufzügen (ohne Dekorationswechsel). (20 S.) (910.) (17. Heft.) 1. —
Streich, Herm., Frau Wäckerle's Weihnachts-Obed. Schwäb. Volksstück in 1 Aufzug. (30 S.) (909.) (13. Heft.) 1.50
— Im Lichtlarz. Schwäbisches Spinnstubenstück m. Gesang in 1 Aufzug. Mit 1 Szenenbilde. (33 S.) (910.) (15. Heft.) 1.50
— Uf'm Röthaus z' Vierebach. Ländlicher Schwank in 1 Aufzug. (40 S.) (909.) (12. Heft.) 1.50

Volksbühne, Schweizer. Nr. 1.: Die neue Eva. Lustspiel in Zürcher Mundart in 2 Aufzügen von Jak. Stutz. Neue Ausg. (30 S.) 8. St. Gallen 888, F. B. Müller. * — 50

Volksbühne, Schweizer. Nr. 2. 8°. St. Gallen 891, F. B. Müller. * — 50
Stutz, Jak. Die Luftschlösser. Lustspiel in Zürcher Mundart in 1 Aufzug. Neue Ausg. (28 S.)

Schweizer Volksbühne. No 1. 2. *St. Gallen: F. B. Muller [1892].* 2 Bde 8° [Umschlagt. F.]
1 = Stutz, Jakob: Die neue Eva 2 = Stutz: Die Luftschlosser.

Volksbühne, wiener, Taschenbuch lokaler Spiele; hrsg. v. Wilh. Turteltaub. gr. 12. (9⅓ B.) Wien 839, Wallishausser.
Inh.: Eulenspiegel, v. J. Nestroy. — Der Waldbrand, v. J. E. Gulden. — Nur Eine lös't den Zauberspruch, v. Hrsgeber.

Volksbühnenwerke. 8. München, V. Höfling.
Bauer, Jos., die hl. Elisabeth. Festspiel zur 700. Wiederkehr des Geburtstages der hl. Elisabeth v. Thüringen in 4 Akten u. 7 Aufzügen. (24 S.) 907. (1. Bd.) — 80
Commer, Clara, Pilgertraum. Eine lyrisch-dramat. Spiel m. Bildern, Gesang u. Harmoniumbegleitg. (9 S.) 907. (2. Bd.) — 50
Deklamationsheft, 2. Uhland. Für den Vortrag bearb. v. Frz. Rothenfelder. (16 S.) 908. (7. Bd.) — 50
— 3. Fr. Schiller. Für den Vortrag bearb. v. Fr. Rothenfelder. (16 S.) (909.) — 50
Fels, M., Hansel u. Gretels Weihnachten. Weihnachts-Märchenspiel in 1 Akt. (8 S.) (909.) — 40
Gfall, Alois, die Junggesellensteuer. Schwank in 3 Akten. (32 u. Musikbeilage 2 S.) (908.) (10. Bd.) — 80
Harmlos, Innocenz, versalzen. Lustspiel in 3 Akten. (16 S.) (909.) — 50
Holnstein, Bruno Graf v., Festspiel zur Feier des 50jähr. Priester-Jubiläums Sr. Heil. Papst Pius X. Komp. v. P. Laufenberg. (Textbuch.) (20 S.) (908.) (5. Bd.) — 60
Kaiser, A., die Armenhäuslerin. Volksstück in 5 Akten. (34 S.) 908. (8. Bd.) — 90
Pocci, Frz., Kasperl als Porträtmaler. Ein maler. Lustspiel. Mit Regiebemerkgn. f. die Aufführg. auf der Volksbühne v. Nik. Fey. (16 S.) (908.) (9. Bd.) — 50
Ringseis, Emilie, Sebastian. Märtyrertragödie in 5 Aufzügen. 2. Aufl. (64 S.) 908. (6. Bd.) — 60
Rothenfelder, Frz., Brentano. — Chamisso. — Kerner. — Schwab. Für d. Vortrag bearb. (16 S.) 907. (4. Bd.) — 50
Sachs, Hans, der Roßdieb zu Fünsing m. d. tollen diebischen Bauern. Ein Fastnachtsspiel m. 4 Personen, anno salutis 1553 am 27 tag Decembris. 366 Vers. Für die „Volksbühne" bearb. (10 S.) 907. (3. Bd.) — 30

Volksbund, Der moralische, und die freie Schweizer Männerschule, oder der Grütli-Verein. Genf 1846. V: *Galeer, A.* [?]. (Cat. d. Stadtbibl. Zürich. Zürich 1864—97.)

Volksbund-Kalender, tiroler. 1911. (108 S. m. Abbildgn.) gr. 8. Innsbruck, Wagner. 30

Volksbureaus, christliche u. vaterländische, s. Hefte der freien kirchlich-sozialen Konferenz. 35.

Volks-Calender, s. Volks-Kalender.

Volksdespotismus (Ueber). Ein Versuch 8°. Leipzig 1793.

Volksdespotismus, über; ein Versuch. 8. Leipz. 794. Rein. 4 gr.

Volksdichter, Ein Danziger. Ausgewählte Lieder des weil. Klempner-Meisters Julius Herrmann. Mit einer Vorrede. Danzig 1902. V: *Domansky, Walther.* (Berl 1908, S. 537)

Volksdichter, die, Hans Sachs u. Grübel im Zusammenhange mit der geschichtl. Entwickelung der deutschen Poesie betrachtet. Zur Feier des 100jähr. Geburtstags Grübels, den 3. Juni 1836. 8. Nürnberg 836. Riegel u. Wießner. 1/6 ß

Volks-Dichtung. 12. (100 S.) Wien 852, Heubner in Comm. n. 13 ngr

Volksdichtung, neuarab., aus Egypten. Hrsg. v. Paul Kahle. 1. Heft. gr. 8. Leipzig, R. Haupt. 3. —
Zur Geschichte des arabischen Schattentheaters in Egypten. Von Paul Kahle. (49 S.) 909.

Volksdichtungen, bulgarische. Gesammelt u. ins Deutsche übertragen von Geo Rosen. 8. (XII, 254 S.) Leipzig 879. Brockhaus. n. 4. —; geb. n. 5. —

Volksdienst. Von e. Sozialaristokraten. gr. 8. (III, 397 S.) Berlin 893. Wiener. n. 3. —

Volkseisenbahn, Die, oder amerikanische Strassenbahnen in der Schweiz und zunächst am Zürichsee. Stäfa 1862. V: *Wille, Franz.* (zuwzür 12, 1908, I, S. 97)

Völksen, Konr. Hnr., († d. 19. Dec. 1754.) Betrachtt. über bibl. Historien. 4 Thle. 8. Hannov. 735—52. Helwing. 1 2 gr.

Volksentrechtung, Polizeiwillkür. Die Wahlparole d. schwarzblauen Blocks. Reden d. Abgeordneten [Eduard] David, Frank, Scheidemann u. d. Reichskanzlers bei d. Etats-Beratungen am 9 bis 14. Dez. 1910. Nach d. stenogr. Berichten. Berlin: Vorwärts 1910. 71 S. 8° [Umschlagt.] [11. 837

Volksernährung, s.: Schriften d. Centralstelle f. Arbeiter-Wohlfahrtseinrichtgn., Nr. 7.

Volkserzählungen, s. a. Jungbrunnen.

Volkserzählungen mit Bildern geschmückt von Joh[ann] Bossard. [IV + 36 S.] 8. Berlin, Fischer & Franke, [1902]. [M. 1.25]

Jungbrunnen. (Ein Schatzbehalter deutscher Kunst und Dichtung.... Bändchen [32].) (Im Abt. jedes Bändchen M. 1. —)

Volkserzählungen der Deutschen u. des Auslandes. 8. Halberst. 791. Groß. 10 K

VOLKSERZÄHLUNGEN, Erotische, und Schwänke aus Norddeutschland. O. O. (Wien, C. W. Stern?) 1908. 8°. 195 S. 425 Expl. Privatdruck.

VOLKSERZÄHLUNGEN, Erotische, und Schwänke aus Norddeutschland (Einiges auch aus Süddeutschland). (Herausgeber Hans Ostwald.) Privatdruck. O. O. u. J. (Berlin-Wilmersdorf, 1908. Willy Schindler). (1908.) 8°. (Br. Mk. 17.—; Ldrbd. m. Goldschn. Mk. 20.—.) (12 Mk. Adolf Weigel. 1908.)

Volks- und Jugend-Erzählungen. Nr. 49. 90. 130. 175—177. 184. 351. 358—446. 8. (à Nr. ca. 64 S.) Oberhausen 886—88, Spaarmann. à Nr. — 25

Inhalt:

Nr. 49. Stein, Ernst, die Pfalzgräfin Genovefa oder Sieg der Unschuld. Erzählung. 3. Aufl.
„ 90. Linden, Ernst, Till Eulenspiegel. Nach der Ueberlieferung erzählt. 2. Aufl.
„ 130. Brentano, Fritz, Reguin der Scalpjäger oder die Königin der Navajoes. Nach Capit. Reid frei bearb. für Volk und Jugend. 2. Aufl.
„ 175. Frey, W., der Pirat. Erzählung. 2. Aufl.
„ 176. —— das Geheimnis des Deportierten. Erzählung. 2. Aufl.
„ 177. —— unter den Sioux. Erzählung aus dem Indianerleben. 2. Aufl.
„ 184. —— unter falscher Flagge. Erzählung. 2. Aufl.
„ 351. Heinrich, Mart., die Goldquelle in der Sierra Nevada. Eine Erzählung.
„ 358. Höcker, Gust., des Komanchen-Häuptlings Dank und Hilfe. Erzählung aus dem Grenzleben der amerikan. Wildnis.
„ 359. Ilm, E., Mareipotama, die Tochter der Pampas. Erzählung aus dem Indianerleben.
„ 360. —— der Medizinmann der Komanchen. Erzählung.
„ 361. Höcker, Gust., die Würger Indiens oder die Geheimnisse der Mahrattenburg. Eine Erzählung aus dem Lande der Hindu's.
„ 362. —— der weiße Blitz oder auf der Kriegsfährte der Komanchen. Eine Erzählung aus dem mexikan. und indian. Grenzleben.
„ 363. —— ein Kriegsabenteuer in Persien. Eine Erzählung aus dem letzten russisch-pers. Kriege.
„ 364. —— die Trapper am Kanadian. Eine Erzählung aus dem Prairieleben.
„ 365. Ilm, E., der Gefangene der Chiquitos. Erzählung aus dem Indianerleben.
„ 366. Waldheim, R., der Squatter von Red Maple. Eine Erzählung aus dem Westen.
„ 367. Fogowitz, A. H., Adlerflügel, der Häuptling der Abenakis, oder die Tochter des Schwarzen Schakal. Eine Erzählung aus dem Leben der nordamerikan. Indianer.
Nr. 368. Frey, W., Kama, die Samojedin. Eine Erzählung.
„ 369. Ilm, E., der weiße Häuptling. Frei nach dem Engl. des Kapit. Mayne Reid.
„ 370. —— an der Indianergrenze oder die Hacienda del Toro. Mexikan. Erzählung.
„ 371. —— der Flüchtling von Angra Pequena oder im Lande der Namaquas. Erzählung.
„ 372. Frey, W., Melitta, die Negerfürstin am Gabun. Eine Erzählung aus den afrikan. Kolonien.
„ 373. —— die Tochter des Piraten. Eine Seegeschichte.
„ 374. —— dreimal gekapert. Eine Seegeschichte.
„ 375. Waldheim, A., die Rache des roten Mannes. Eine Geschichte aus dem Westen.
„ 376. Frey, W., die Goldsucher. Eine Erzählung aus den Minen Californiens.
„ 377. Ilm, E., Wyaconda, der Schrecken der Sioux. Erzählung aus dem Indianerleben.
„ 378. Fuhrmann, Max, der Rächer. Präriebilder aus Arizona. 2. Aufl.
„ 379. Cassau, Carl, das Goldthal. Eine Indianergeschichte.
„ 380. —— ein moderner Robinson. Erzählung. 2. Aufl.
„ 381. —— der letzte Sioux. Eine Indianergeschichte.
„ 382. —— Schmalspur, der Tallahassee-Häuptling. Eine Geschichte aus dem Indianer- und Ansiedlerleben. 2. Aufl.
„ 383. —— ein echter Trapper. Erzählung aus dem Indianerleben zur Zeit der nordamerikan. Freiheitskriege. 2. Aufl.
„ 384. Wirth, Max, die Kolonisten auf Neu-Guinea oder Abenteuer unter den Buschrändschern und Papuas auf Neu-Guinea. Eine transatlant. Geschichte. Nach einer Skizze.
„ 385. Cassau, Carl, die Mine der Inkas. Erzählung aus dem Leben der Indianer. 2. Aufl.
„ 386. Fogowitz, A. H., an den Ufern des Ganges, oder der Sohn des Hindu-Piraten. Gemälde aus dem Leben im engl. Indien.
„ 387. —— zur See aufgelauert oder in der Gewalt marokkanischer Seeräuber. Eine Geschichte aus der Aequatorgegend.
„ 388. —— Deutsch-Afrika oder die Vorgänge in Kamerun. Volkserzählung aus den neuesten deutschen Niederlassungen im Westen des „dunkeln Welttheils".
„ 389. —— eine edle Rache oder Nils Christenson schönste That. Eine Stockholmer Geschichte aus den bewegten Tagen der schwedisch-poln. Doppelherrschaft.
„ 390. Ilm, E., der Kuguar oder der Aufstand der Apachen. Erzählung aus dem Indianerleben.
„ 391. —— Uaktchno, der Steppenräuber. Frei nach dem Französ.
„ 392. Brentano, Fritz, der rote Wolf oder die Indianer in Mexiko. Eine Erzählung für das Volk.
„ 393. —— der Kriegs-Adler der Delawaren. Frei nach Murray für Volk und Jugend bearb.
„ 394. Waldheim, R., der Afghanenspion. Erzählung aus der Zeit des jüngsten russisch-afghan. Krieges.
„ 395. Frey, W., eine Wettreise um die Welt. Eine Erzählung.
„ 396. —— der Schatz am Wasserfall. Eine Erzählung aus den Urwäldern Amerika's.
„ 397. Reimann, Rob., die Mulattin. 2. Aufl.
„ 398. Brentano, Fritz, die Goldgräber oder kalifornische Abenteuer. 2. Aufl.
„ 399. —— Montbars, der Seeräuber, oder die Erstürmung von Panama. 2. Aufl.
„ 400. Frey, W., der nächtliche Kampf oder unter den Goldgräbern. Eine Erzählung aus der Minenwelt Californiens.
„ 401. Waldheim, R., in Indianerhänden oder Schicksal einer Auswandererfamilie. Eine Begebenheit aus dem amerikan. Westen, nach der Wirklichkeit erzählt.
„ 402. —— die Silberminen von Arizona. Szenen und Abenteuer aus dem fernen Westen. Nach einem Tagebuch erzählt.
„ 403. —— Abenteuer unter den Apachen. Erlebnisse des Grafen Raousset-Boulbon in Kalifornien. Nach Reiseberichten erzählt.
„ 404. Fogowitz, A. H., Michiel de Ruyter, der Schrecken des großen Ozeans. Histor. Erzählung aus dem Kampfzeitalter der Seemächte.
„ 405. —— Halbblut oder Aureng-Zeb, der Mahrattenfürst. Indische Erzählung.
„ 406. Weber, R., der zuckende Blitz. Eine Erzählung aus den Urwäldern Amerikas.
„ 407. Frey, W., die Flucht im Feindesland. Eine Erzählung.
„ 408. —— die entflohene Sklavin. Eine Erzählung.
„ 409. —— Toussaint, der Neger-General, oder der Aufstand von St. Domingo. Eine Erzählung.
„ 410. Waldheim, R., die Kinder des Kabylenscheiks. Erzählung aus den Vorbergen des Atlas.
„ 411. Fogowitz, A. H., der Wirbelsturm oder der Untergang des „Albatros". Erinnerung aus dem Leben eines Seemannes. 2. Aufl.
„ 412. Widhalm, R., die Schiffbrüchigen oder Gottes Fügungen sind wunderbar. Eine Erzählung. 2. Aufl.
„ 413. Fogowitz, A. H., das Geheimnis des Goldsuchers oder der Löwe der Wildnis. Eine Abenteuergeschichte. 2. Aufl.
„ 414. Baron, Carl, der Kampf am Marterpfahl. Eine Indianererzählung. 3. Aufl.
„ 415. Norden, Jul., die Meuterer. Eine geschichtl. Erzählung. 2. Aufl.

Volks- und Jugend-Erzählungen rc.

Nr. 416. Fogowitz, A. H., Abenteuer in Arkansas oder die Chakra Seguidilla. Erzählung aus den westl. Distrikten. 2. Aufl.
„ 417. Höcker, Osk., der Auswanderer und seine Familie. Erzählung aus dem Trapper- und Indianerleben. 2. Aufl.
„ 418. Norden, Jul., die Flüchtlinge. Eine Seegeschichte. 2. Aufl.
„ 419. Höcker, Hugo, auf der Fährte der Apachen. Erzählung aus dem Indianerleben.
„ 420. Fogowitz, A. H., die Flucht der Quadrone oder auf Duvonts Plantage. Eine Erzählung vom Louisiana-Bezirk.
„ 421. —— der Schiffsgeist. Die Sandbank von Bahama. Zwei See-Erzählungen.
„ 422. —— Gion Forastero oder an Kaliforniens Gestaden. Eine Erzählung aus der Gegend der kaliforn. Perlbänke.
„ 423. Frey, W., der Freibeuter. Eine Erzählung von der friesischen Küste. 2. Aufl.
„ 424. Fricke, W. der Rachegeist der Prairie. Eine Erzählung. 2. Aufl.
„ 425. Kruse, Ed., der Fährtensucher oder Abenteuer eines deutschen Knaben in der Wildniß. Für die Jugend erzählt. 2. Aufl.
„ 426. Ilm, E., Wakinyatawa, der Dacotahindianer. Erzählung aus dem Indianerleben. 2. Aufl.
„ 427. Warnbeck, Carl, die Rache des Chinesen. Eine Seegeschichte. 2. Aufl.
„ 428. Moest, Friedr., die Tochter des Pflanzers. Erzählung aus dem Negerleben. 2. Aufl.
„ 429. Fogowitz, A. H., das Gericht der heiligen Vehme oder Wolfram von der Eiche, genannt der „Erzteufel". Volkserzählung nach alten Aufzeichnungen.
„ 430. Baron, Carl, der skalpierte Häuptling oder der Todeskampf von White Wood. Indianererzählung. 3. Aufl.
„ 431. Warnbeck, Karl, die Strandräuber und wie man's treibt, so geht's.
„ 432. Cassau, Karl, der feurige Stern oder ein treuer Lenape. Eine Indianererzählung. 2. Aufl.
„ 433. Fogowitz, A. H., unter französischen Piraten. Erlebnisse zur See. 2. Aufl.
„ 434. Baron, Carl, die „beißende Schlange" oder der weiße Häuptling. Eine Indianererzählung. 3. Aufl.
„ 435. Das belagerte Fort. Eine Erzählung aus den ostindischen von einem Augenzeugen [W. Frey].
„ 436. Frey, W., Abenteuer in der Prärie. Eine Erzählung.

= 437. —— in die Falle gelockt. Eine Seegeschichte.
= 438. —— Chigara, der Cherokesen-Häuptling. Eine Erzählung.
= 439. —— der Plantageninspektor. Eine Erzählung aus dem Sklavenleben auf den Antillen.
= 440. —— der geheimnisvolle Passagier. Eine Seegeschichte.
= 441. —— der Ringaparo. Eine Erzählung aus den Urwäldern von Ohio.
= 442. Norden, Hans, indianische Piraten. Eine Erzählung von der Nordwestküste Amerikas.
= 443. Hansen, R., Cetawayo, der Zulukönig. Eine Erzählung.
= 444. —— unter den Hereros. Eine Erzählung aus den deutschen Kolonien Afrikas.
= 445. Frey, W., Minnetawa, der Mingo. Eine Erzählung.
= 446. —— die beiden Spione. Eine geschichtl. Erzählung aus den Tagen der Revolution.

Volks- und Jugend-Erzählungen. Nr. 186—196, 350, 352—357. 8. (à Nr. 64 S.) Oberhausen 884, Spaarmann. à Nr.

Inhalt:

Nr. 186. Höcker, Osk., der Afrika-Jäger. Eine Erzählung nach einer wahren Begebenheit.
= 187. Fogowitz, A. H., das Goldthal von San Pistachio. Neu-Mexikanische Bilder und Szenen.
= 188. —— unter französischen Piraten. Erlebnisse zur See.
= 189. Höcker, Osk., durch Feuer und Schwert. Eine Erzählung aus der Zeit von Straßburgs Fall. Für Volk und Jugend.
= 190. —— das geraubte Kind. Eine Erzählung aus der Türkei.
= 191. —— der Auswanderer und seine Familie. Erzählung aus dem Trapper- und Indianerleben.
= 192. Fogowitz, A. H., die Chakra Seguidilla oder Abenteuer in Arkansas. Erzählung aus den westl. Distrikten. Mit Zugrundelegung eines älteren Sujets.
= 193. Norden, Jul., die Meuterer auf Pitcairn. Eine geschichtl. Erzählung.
= 194. —— Hakiba-ben-Fatme. Eine arab. Erzählung.
= 195. —— der Freibeuter. Eine Erzählung von der fries. Küste.
= 196. —— der Untergang der Piraten. Eine Seegeschichte.
= 350. —— die Flüchtlinge. Eine Seegeschichte.
= 352. —— der letzte König der Inkas. Eine geschichtl. Erzählung.
= 353. Heinrich, Mart., der Pawneehäuptling. Eine Erzählung.
= 354. Walos, D., Tscharraomini, der Chipewayhäuptling. Erzählung.
= 355. Kästner, F., Graf Kunibert v. Rammelsburg oder ein deutsches Bauernmädchen. Erzählung aus der Zeit des Bauernkrieges.
= 356. —— die Schreckenstage von Hamburg oder ein zweiter Robespierre. Eine Erzählung aus der Zeit des deutschen Freiheitskrieges.
= 357. Höcker, Gust., Regulatoren und Pferdediebe. Eine Geschichte aus Arkansas.

Volks- u. Jugend-Erzählungen. Nr. 14, 29, 180, 358, 361, 373, 447—499, 670—737. 12°. (à Nr. 64 S.) Styrum 889—92, Spaarmann. à Nr. — 25

14. Hoffmann, Ferd. Der Zigeunerkönig od. die Geige v. Edelény. 3. Aufl.
29. Braun, Edgar. Die Ansiedler an den Quellen d. Susquehannah. Nach Cooper. 3. Aufl.
180. Fogowitz, A. H. Giacomo Rossi, der Abruzzenräuber. 2. Aufl.
358. Höcker, Gust. Des Komanchen-Häuptlings Dank u. Hilfe. 2. Aufl.
361. Ilm, E. Der Medizinmann der Komanchen. 2. Aufl.
373. Frey, W. Die Tochter des Piraten. 2. Aufl.
447. —— Graf Fersen od. e. Opfer d. Volkshasses.
448. —— Der Aufstand der Handwerker. Eine Rittergeschichte aus d. Vorzeit Kölns.
449. Biesenbach, Rob. Zweimal gerettet.
450. Waldheim, R. Das Blockhaus am Medina.
451. —— Die Rache d. Talequah.
452. —— Unter den Gambusinos.
453. —— Der Schatz in den Casas Grandes.
454. —— Die Prärie-Piraten.
455. Grundmann, P. Der Biberjäger.
456. —— Ottha-Wah, der große Häuptling der Delawaren.
457. —— Der Freitrapper.
458. Cassau, Karl. Der Sklavenhändler am Zambesi. 2. Aufl.
459. Hoffmann, Ferd. Der Findling.
460. —— Die Zerstörung v. Washita-Village. 2. Aufl.
461. Kästner, Ferd. Der Sklavenaufstand auf Cuba. 2. Aufl.
462. Frey, W. Die Tochter der Wüste od. Ben-Haisan, der Rumi.
463. Höcker, Gust. Die Fürstin v. Dschansi od. die Geheimnisse der Mahrattenburg. 2. Aufl.
464. Wirth, Max. Der „blaue Habicht" od. das Goldthal.
465. Kästner, Ferd. Der „weiße Bär". 2. Aufl.
466. Lange, Jul. Der Schreckenstag od. der Überfall der Siouxindianer. 2. Aufl.
467. Hoffmann, Ferd. Das rote Schwert od. der Räuberhauptmann v. Messina. 2. Aufl.
468. Grundmann, P. Sam-Jones, der letzte Häuptling der Seminolen.
469. —— Otsinka, die Blume der Wildnis.
470. Waldheim, R. Die Perle v. Terim.
471. —— Der Squatter v. Oaks Valley.
472. Höcker, Hugo. Rache u. List im Urwald.
473. Frey, W. Der wilde Seekadett.
474. —— Der Piratenkapitän.
475. —— Das vermeintliche Gespenst, od. der Straßenkehrer v. Paris.
476. —— Der Wolfsjäger.
477. —— In der Prärie.
478. —— Der Zug durch die Wüste.
479. —— Bei den Tupinambas od. der Gefangene unter Indianern.
480. Heinrich, Mart. Der rote Douglas, od. die Sergeantin v. Chicago.
481. Frey, W. Die Tochter des Waldläufers.
482. —— Die Flucht zum Nordkap.
483. Waldheim, R. Buffalo Bill der Scout.
484. Römer, Willib. Der Überfall der Pacific-Eisenbahn, od. Kaï-Bola, der Verräter.
485. —— Auf Banditenfang, od.: In den Red-River-Sümpfen.
486. Fogowitz, A. H. Der Erbe v. Humpry-Court.
487. Waldheim, R. Der Indianer-Agent.
488. —— Unter den Rangers.
489. —— Der Zug in das Goldland.
490. Römer, Willib. Das unheimliche Wrack.
491. Horn, A. Wapiti, der Indianerknabe, od.: Der verhängnisvolle Weihnachtsabend. 3. Aufl.
492. Fogowitz, A. H. Der Kapitän d. Leviathan.
493. Frey, W. Unter den Sioux. 2. Aufl.
494. Römer, Willib. Das Gespensterschiff od.: Kain, der Rächer.
495. Waldheim, R. Die Königin der Prairie.
496. —— Ha-meh, der Blackfeet Indianer.
497. —— In der Wildnis.

Volks- u. Jugend-Erzählungen rc.

498. Grundmann, P. Der Kundschafter.
499. Waldheim, R. Der Apachenwürger.
670. —— Die schwarze Maske.
671. Martin, Otto. Im Kampf m. Meuterern u. Piraten.
672. Grundmann, P. Die Pelzhändler od. die Handelsexpedition nach den Küsten d. stillen Ozeans.
673. Römer, Willib. Die ersten Weißen im Westen.
674. Walter, Karl. Abenteuer in Australien.
675. —— Tomba, der Negerfürst.
676. Grundmann, P. Eisenfaust.
677. Walter, Karl. Die Flibustier.
678. —— Rothand, der Kiowa-Häuptling.
679. Mittelstaedt, J. Tapferkeit u. Edelmut.
680. Gillwald, Alb. Der falsche Mingo-Häuptling.
681. Martin, Otto. Der Kommandant d. „Rächer".
682. Fogowitz, A. H. Tecumshe, der Indianerfürst.
683. —— Die Empörung der Sepoys.
684. Ilm, E. Der Aufstand der Apachen. 2. Aufl.
685. —— Am Marterpfahl.
686. Frey, W. Die Negerfürstin.
687. —— Der Sheriff v. Georgstown.
688. Norden, Jul. Der Seekönig od.: der Untergang der Piraten.
689. Frey, W. Der Waco-Häuptling.
690. Ilm, E. Die „sichere Hand" od.: das Geheimnis d. Senators.
691. Höcker, Gust. Treuherz, der Trapper.
692. Ilm, E. Im Lande der Namaquas.
693. Frey, W. Der Fluch d. Goldes.
694. Höcker, Gust. Auf der Kriegsfährte der Komanchen.
695. Römer, W. Abenteuer unter den Papuas auf Neu-Guinea.
696. Wirth, Max. Die Tochter d. „Schwarzen Schakal".
697. Grundmann, P. In Sibirien, od. durch Schnee u. Eis.
698. —— Chingaru, der Huronenhäuptling.
699. Gillwald, Alb. Sina, Häuptling d. Kiboscho.
700. Grundmann, J. Italuak, der Häuptling der Araukaner.
701. —— Eine Belagerung in der Prärie od. auf dem Wege nach der Silbermine.
702. —— Die Trapperburg in den Rocky-Mountains.
703. —— Zambo, der Negerfürst.
704. —— Der Schatz in den Wichita-Bergen.
705. Fogowitz, A. H. Unter marokkanischen Seeräubern. 2. Aufl.
706. —— Deutsch-Afrika od. die Vorgänge in Kamerun. 2. Aufl.
707. —— Der Sohn d. Hindu-Piraten. 2. Aufl.
708. Waldheim, R. Die Rache d. roten Mannes. 2. Aufl.
709. Ilm, E. Uaktehno, der Steppenräuber. 2. Aufl.
710. —— Mareipotama, die Tochter der Pampas. 2. Aufl.
711. Waldheim, R. Der Spion. 2. Aufl.
712. Frey, W. Auf der Flucht. 2. Aufl.
713. Höcker, Osk. Die Eroberung Straßburgs. 2. Aufl.
714. Fogowitz, A. H. Eine edle Rache od.: Nils Christensons schönste That. 2. Aufl.
715. Frey, W. Der wilde Jack. 3. Aufl.
716. —— Die Tochter d. Häuptlings. 2. Aufl.
717. —— Der Kampf zur See od. dreimal gekapert. 2. Aufl.
718. Cassau, Carl. Indianische Rache. 3. Aufl.
719. Höcker, Osk. Im Banne der Tuaregs. 2. Aufl.
720. —— Der Page d. Sultans. 2. Aufl.
721. Walos, D. Tuskaloosa, der Chipewayhäuptling. 2. Aufl.
722. Waldheim, R. Der Squatter v. Red Maple. 2. Aufl.
723. Brentano, Fritz. Die Königin der Navajoes. Nach Kapit. Reid frei bearb. 3. Aufl.
724. Fuhrmann, Max. Die Vergeltung. Präriebilder aus Arizona. 3. Aufl.
725. Ilm, E. Der Schrecken der Sioux.
726. Cassau, Carl. Wiawin, der Soschone. 2. Aufl.
727. —— Der Tallahassee-Häuptling. 3. Aufl.
728. Höcker, Hugo. Von Feinden umringt. 2. Aufl.
729. Fogowitz, A. H. Auf gefahrvoller Flucht. Frei nach dem Engl.
730. —— Der Sohn d. Freihändlers. — Der Despoblado.
731. Gärtner, Geo. Mohun-Lal, der heil. Fakir.
732. Unter Seeräubern od. Erlebnisse e. Schiffsjungen an Bord e. Raubschiffes.
733. Grundmann, J. Die Station auf den Tausend-Inseln.
734. Fuhrmann, Max. Die Vergeltung der Büffeljäger.
735. Gärtner, Geo. Unter den Buschnegern.
736. Cassau, Carl. Manuscha, der letzte Sioux. 2. Aufl.
737. Brentano, Fritz. Der Kriegs-Adler der Delawaren. Frei nach Murray. 2. Aufl.

Volks- u. Jugenderzählungen. Nr. 674—778. 12. (à 64 S.) Styrum, A. Spaarmann. à — 25

Inhaltsübersicht in alphabetischer Ordnung:

Brentano, Fritz, die Königin der Navajoes. Nach Kapit. Reid frei bearb. f. Volk u. Jugend. 3. Aufl. 892. (Nr. 723.)
— der Kriegs-Adler der Delawaren. Frei nach Murray f. Volk u. Jugend bearb. 2. Aufl. 892. (Nr. 737.)
Cassau, Carl, Manuscha, der letzte Sioux. Eine Indianergeschichte. 2. Aufl. 892. (Nr. 736.)
— indianische Rache. Erzählg. aus dem Leben der Indianer. 3. Aufl. 892. (Nr. 718.)
— ein moderner Robinson. Erzählg. 2. Aufl. 893. (Nr. 766.)
— der Tallahassee-Häuptling. Eine Geschichte aus dem Indianer- u. Ansiedlerleben. 3. Aufl. 892. (Nr. 727.)
— Wiawin, der Soschone. Eine Indianergeschichte. 2. Aufl. 892. (Nr. 726.)
Conanchet, der Häuptling der Narragansets. 893. (Nr. 771.)
Denef, Alex, Niama, die Häuptlingstochter. Eine Indianererzählg. 893. (Nr. 776.)
— das Piraten-Schloß. Eine Seegeschichte nach dem Engl. 893. (Nr. 778.)
Fogowitz, A. H., der Bukanier od. der Kapitän des „Leviathan". 2. Aufl. 893. (Nr. 752.)
— Deutsch-Afrika od. die Vorgänge in Kamerun. Erzählgn. aus den neuesten deutschen Niederlassgn. im Westen d. „dunkeln Weltteils". 2. Aufl. 892. (Nr. 706.)
— der Dschibbenönosch. Eine Erzählg. aus den amerikan. Urwäldern. 893. (Nr. 741.)
— die Empörung der Sepoys. Episode aus den Kämpfen in Britisch-Indien. 891. (Nr. 683.)
— auf gefahrvoller Flucht. Eine Erzählg. aus Mexiko. Frei nach dem Engl. 892. (Nr. 729.)
— die Flucht der Quadrone od.: Auf Duponts Plantage. Eine Erzählg. vom Louisiana-Bezirk. 2. Aufl. 893. (Nr. 744.)
— Gior. Forastero od. an Kaliforniens Gestaden. Eine Erzählg. aus der Gegend der kaliforn. Perlbänke. 2. Aufl. 893. (Nr. 746.)
— eine edle Rache od. Nils Christensons schönste That. Eine Erzählg. aus den bewegten Tagen der schwedisch-poln. Doppelherrschaft. 2. Aufl. 892. (Nr. 714.)
— die Sandbank v. Bahama. Der rätselhafte Matrose. (Der Schiffsgeist.) Zwei See-Erzählgn. 2. Aufl. 893. (Nr. 745.)
— unter marokkanischen Seeräubern. Eine Geschichte v. der Aequatorgegend. 2. Aufl. 892. (Nr. 705.)
— der Sohn d. Freihändlers. Der Despoblado. 2 See-Erzählgn. 892. (Nr. 730.)

— der Sohn d. Hindu-Piraten. Eine Erzählg. aus dem Leben in Ostindien. 2. Aufl. 892. (Nr. 707.)
— Tecumshe, der Indianerfürst. Geschichtl. Erzählg. aus der Zeit der großen indian. Bewegg. 891. (Nr. 682.)
Frey, W., im Banne des Goldes. Eine Erzählg. aus den Minen Californiens. 2. Aufl. 893. (Nr. 768.)
— der Fluch d. Goldes. Erzählg. 891. (Nr. 693.)
— auf der Flucht. Eine Erzählg. 2. Aufl. 892. (Nr. 712.)
— der Gambusino od. der Rachegeist der Prärie. Eine Erzählg. 3. Aufl. 893. (Nr. 754.)
— der Gefangene unter Indianern od. bei den Tupinambas. Eine Erzählg. nach wahrer Begebenheit. 2. Aufl. 893. (Nr. 758.)
— in den Goldminen. Eine Erzählg. aus der Minenwelt Californiens. 2. Aufl. 893. (Nr. 761.)
— der wilde Jack. Erzählg. 3. Aufl. 892. (Nr. 715.)

Frey, W., der Kampf zur See od. dreimal gekapert. 2. Aufl. 892. (Nr. 717.)
— der Kingaparo. Eine Erzählg. aus den Urwäldern v. Ohio. 2. Aufl. 893. (Nr. 777.)
— die Negerfürstin. Eine Erzählg. aus den afrikan. Kolonien. 891. (Nr. 686.)
— der Neger-General od. der Aufstand v. St. Domingo. Eine Erzählg. 2. Aufl. 893. (Nr. 743.)
— das schwarze Rebhuhn od. die Sergantin v. Chicago. Eine geschichtl. Erzählg. 2. Aufl. 893. (Nr. 742.)
— der „Seeteufel" od. in die Falle gelockt. Eine Seegeschichte. 2. Aufl. 893. (Nr. 757.)
— der Sheriff v. Georgstown. Eine Erzählg. aus den Urwäldern Amerikas. 891. (Nr. 687.)
— die entflohene Sklavin. Eine Erzählg. 2. Aufl. 893. (Nr. 747.)
— die Tochter d. Häuptlings. Eine Erzählg. aus den Urwäldern Amerikas. 2. Aufl. 892. (Nr. 716.)
— der Waco-Häuptling. Eine Erzählg. aus dem Indianerleben. 891. (Nr. 689.)
Fuhrmann, Max., die Vergeltung. Präriebilder aus Arizona. 3. Aufl. 892. (Nr. 724.)
— die Vergeltung der Büffeljäger. Eine Erzählg. 892. (Nr. 734.)
Gärtner, Geo., unter den Buschnegern. Abenteuer e. deutschen Jünglings zu Wasser u. zu Land. 892. (Nr. 735.)
— ein Drama an der Sklavenküste od. die Menschenjäger. Eine Erzählg. aus Ost-Afrika. 893. (Nr. 765.)
— im Lande d. Königstigers. Erzählg. 893. (Nr. 738.)
— Mohun-Lal, der heil. Fakir. Abenteuer in Ostindien. 892. (Nr. 731.)
— der tote Reiter. Eine Erzählg. aus dem fernen Westen. 893. (Nr. 763.)
— auf Tod u. Leben od. e. gefährl. Fahrt. 893. (Nr. 764.)
— im fernen Westen. Abenteuer zweier Matrosen. 893. (Nr. 762.)
Gillwald, Alb., der falsche Mingo-Häuptling. Eine Erzählg. aus dem kalifornischen Goldsucherleben. 891. (Nr. 680.)
— Sina, Häuptling v. Kiboscho. Eine Erzählg. aus den Kämpfen d. Reichskommissars v. Wissmann gegen die Neger-Häuptlinge in Deutsch-Ostafrika. 892. (Nr. 699.)
Grundmann, J., eine Belagerung in der Prärie od. auf dem Wege nach der Silbermine. Erzählg. aus Mexiko. 892. (Nr. 701.)
— der stammlose Häuptling. Eine Erzählg. aus Michigan. 893. (Nr. 775.)
— Italuak, der Häuptling der Araukaner. Eine Erzählg. aus Südamerika. 892. (Nr. 700.)
— der Schatz in den Wichita-Bergen. Eine Erzählg. aus dem wilden Westen. 892. (Nr. 704.)
— die Station auf den Tausend-Inseln. Eine Indianergeschichte aus dem vor. Jahrh. 892. (Nr. 733.)
— die Trapperburg in den Rocky-Mountains. Eine Erzählg. aus dem wilden Westen. 892. (Nr. 702.)
— Zambo, der Negerfürst. Eine Erzählg. aus dem Innern Afrikas. 892. (Nr. 703.)
Grundmann, P., der „schwarze Adler". Eine Indianer-Geschichte aus Neu-Mexiko. 893. (Nr. 770.)
— die Ansiedelung am Ontariosee. Eine Erzählg. aus Kanada. 893. (Nr. 766.)
— der Biberjäger. Eine Erzählg. 2. Aufl. 893. (Nr. 755.)
— Chingaru, der Huronenhäuptling. Eine Erzählg. aus Kanada. 891. (Nr. 698.)
— Eisenfaust. Eine Erzählg. aus der Prärie. 891. (Nr. 676.)
— im Hinterwalde. Eine Erzählg. aus dem vor. Jahrh. 893. (Nr. 773.)
— Otsinka, die Häuptlingstochter. Eine Erzählg. aus dem Stromgebiet des obern Missouri. 2. Aufl. 893. (Nr. 759.)
— in Sibirien od. durch Schnee u. Eis. Eine Erzählg. aus dem Leben e. Verbannten. 891. (Nr. 697.)
Höcker, Gust., auf der Kriegsfährte der Komanchen. Eine Erzählg. aus dem mexikan. u. indian. Grenzleben. 891. (Nr. 694.)
— Treuherz, der Trapper. Eine Erzählg. aus dem Prärieleben. 891. (Nr. 691.)
Höcker, Hugo, von Feinden umringt. Eine Erzählg. aus dem Indianerleben. 2. Aufl. 892. (Nr. 728.)
Höcker, Osk., im Banne der Tuaregs. Eine Erzählg. nach e. wahren Begebenheit. 2. Aufl. 892. (Nr. 719.)
— die Eroberung Straßburgs. Eine Erzählg. aus der Zeit v. Straßburgs Fall. Für Volk u. Jugend. 2. Aufl. 892. (Nr. 713.)
— der Page d. Sultans. Eine Erzählg. aus der Türkei. 2. Aufl. 892. (Nr. 720.)
Hoffmann, Frd., Enoch Arden, der Verschollene. Eine Erzählg. 4. Aufl. 893. (Nr. 751.)
Ilm, E., der Aufstand der Apachen. Erzählg. aus dem Indianerleben. 2. Aufl. 891. (Nr. 634.)
— die „sichere Hand" od.: das Geheimnis des Senators. Mexikanische Erzählg. 891. (Nr. 690.)
— im Lande der Namaquas. Erzählg. 891. (Nr. 692.)
— Mareipotama, die Tochter der Pampas. Erzählg. aus dem Indianerleben. 2. Aufl. 892. (Nr. 710.)
— am Marterpfahl. Erzählg. aus dem Indianerleben. 891. (Nr. 685.)
— der Schrecken der Sioux. Erzählg. aus dem Indianerleben. 892. (Nr. 725.)
— Uaktehno, der Steppenräuber. 2. Aufl. 892. (Nr. 709.)
Bill Karson, der Trapper. Eine Erzählg. aus dem fernen Westen. 893. (Nr. 772.)

Kruse, Ed., der Fährtensucher od. Abenteuer e. deutschen Knaben in der Wildnis. Für die Jugend erzählt. 3. Aufl. 893. (Nr. 750.)
Martin, Otto, der Kommandant d. „Rächer". 891. (Nr. 681.)
Mittelstaedt, J., Tapferkeit u. Edelmut. Eine Erzählg. aus Minnesotas Vergangenheit. 891. (Nr. 679.)
Norden, Hans, indianische Strandpiraten. Eine Erzählg. v. der Nordwestküste Amerikas. 2. Aufl. 893. (Nr. 748.)
Norden, Jul., die Meuterer auf Pitcairn. Eine geschichtl. Erzählg. 3. Aufl. 893. (Nr. 749.)
— der Seekönig od. der Untergang der Piraten. Eine Seegeschichte. 891. (Nr. 688.)
Ortleb, Alex., Bärenzahn, der weiße Indianer. Eine Erzählg. aus dem fernen Westen Amerikas. 893. (Nr. 767.)
— Ralph Eisenhut u. Häuptling Baribal od. der Kampf um die Felseninsel. Eine Indianer- u. Hinterwäldler-Geschichte aus dem Felsengebirge Nordamerikas. 893. (Nr. 774.)
Römer, W., Abenteuer unter den Papuas auf Neu-Guinea. Eine Erzählg. 891. (Nr. 695.)
— der Findling der Creek-Indianer. Eine Erzählg. aus dem kanad. Urwalde. 893. (Nr. 740.)
— auf unwirtlichem Strand. Abenteuer in den Wildnissen des nördl. Australiens. 893. (Nr. 739.)
Unter Seeräubern od. Erlebnisse e. Schiffsjungen an Bord e. Raubschiffes. 892. (Nr. 732.)
Waldheim, R., allein in der Wildnis od. die Silberminen v. Arizona. Nach e. Tagebuche erzählt. 2. Aufl. 893. (Nr. 769.)
— der Farmer v. Oaks-Valley. Eine Erzählg. aus dem nördl. Colorado. 2. Aufl. 893. (Nr. 760.)
— das Lynch-Gericht od. die Rache des Talequah. 2. Aufl. 893. (Nr. 753.)
— die Rache d. roten Mannes. Eine Geschichte aus dem Westen. 2. Aufl. 892. (Nr. 708.)
— der Spion. Erzählg. aus der Zeit d. jüngsten russisch-afghan. Krieges. 2. Aufl. 892. (Nr. 711.)
— der Squatter v. Red Maple. Eine Erzählg. aus dem Westen. 2. Aufl. 892. (Nr. 722.)
Walos, D., Tuskaloosa, der Chipewayhäuptling. Erzählg. 2. Aufl. 892. (Nr. 721.)
Walter, Karl, Abenteuer in Australien. 891. (Nr. 674.)
— die Flibustier. Eine Erzählg. aus dem Seeleben. 891. (Nr. 677.)
— Rothand, der Kiowa-Häuptling. Eine Erzählg. aus dem Westen. 891. (Nr. 678.)
— Tomba, der Negerfürst. 891. (Nr. 675.)
Wirth, Max, die Tochter d. „Schwarzen Schakal". Eine Erzählg. aus dem Leben der nord. Indianer. 891. (Nr. 696.)

Volks- u. Jugend-Erzählungen. Nr. 779—811. 12. (à ca. 64 S.) Styrum, A. Spaarmann. à — 25

Inhaltsübersicht in alphabetischer Ordnung:

Eckstein, Fritz, die Rache des Indianerhäuptlings, od. Der Ueberfall des Fort Saunders am Pate-See. E. Erzählg. aus d. Leben an d. Indianergrenze. 896. (Nr. 784.)
— der Schatz d. Maharattenschlosses. E. Erzählg. aus Ostindien. 896. (Nr. 785.)
Ferdinand, Karl, der Bärentöter. Erzählg. aus d. Indianerleben. 896. (Nr. 789.)
— die „starke Hand". E. Erzählg. aus d. Wildnissen v. Nordamerika. (894.) (Nr. 780.)
— der Kampf um Fort Hill. Erzählg. aus d. Indianerleben. 896. (Nr. 801.)
— im Kampfe m. Flußräubern. Erzählg. aus d. Trapperleben. 896. (Nr. 786.)
— eine dunkle That. Eine Erzählg. 895. (Nr. 782.)
— Tokolto, d. Häuptling d. Apachen. Erzählg. aus d. Indianerleben. 896. (Nr. 787.)
— Toleto, d. dankbare Häuptling d. Sioux. Erzählg. aus dem Leben e. Fallenstellers. (894.) (Nr. 781.)
— Utahu, der Meskalero. Erzählg. aus dem Indianerleben. 896. (Nr. 800.)
Frey, W., im Aufstande v. Kuba. Eine Zeitgeschichte. 896. (Nr. 806.)
— der Einsiedler in der Prärie. E. Erzählg. 896. (Nr. 804.)
— die unterird. Festung. Eine Erzählg. aus d. ersten Zeit d. Ansiedelg. in Amerika. 896. (Nr. 811.)
— der Flüchtling. Eine Erzählg. 896. (Nr. 809.)
— Pflanzer u. Farmer. Eine Erzählg. aus d. Zeiten d. Sklavenkrieges in Nordamerika. 896. (Nr. 808.)
— das verlassene Schiff. E. Erzählg. aus d. Norden Sibiriens. 896. (Nr. 807.)
— der Schmuggler. Eine Erzählg. 896. (Nr. 805.)
— die Tochter des Maroniten. E. Erzählg. aus dem Oriente. 896. (Nr. 810.)
— die Tochter d. Waldläufers. Eine Erzählg. 2. Aufl. 896. (Nr. 797.)
Grundmann, P., der Kundschafter. Eine Erzählg. aus dem Waldleben Amerikas. 2. Aufl. 896. (Nr. 792.)
Lennecke, H., Chocta, die mutige Indianerin. Erzählg. aus d. Wildnissen Nordamerikas. 896. (Nr. 793.)
Mohr, Geo., ein Wiedersehen. Erzählg. 895. (Nr. 783.)
Neumann, Ernst, der Elephantenjäger am Kamerun. Erzählg. 896. (Nr. 803.)
— Hendrick Jonker, d. Herrero-General. Erzählg. 896. (Nr. 788.)
— auf einsamem Korallenriff. Erzählg. 896. (Nr. 802.)
Reimann, Rob., der Negerhäuptling. Erzählg. 2. Aufl. 896. (Nr. 791.)

Römer, W., das Feuerroß der Weißen. E. indian. Erzählg. 896. (Nr. 794.)
— in den Red-River Sümpfen. Begebenheit aus dem letzten mexikan. Kriege. 2. Aufl. 896. (Nr. 798.)
Waldheim, R., der Apachenwürger. E. Erzählg. aus dem Westen. 2. Aufl. 896. (Nr. 799.)
— Buffalo-Bill, der Pfadfinder. E. Erzählg. aus dem Westen. 896. (Nr. 796.)
— bei den Ukapas. E. Indianer-Erzählg. 896. (Nr. 793.)
Wolff, W., das kalte Herz. Märchen. 896. (Nr. 790.)
Zander, Alex. unter d. Pelzhändlern. Erzählg. aus d. Norden Amerikas. (894.) (Nr. 779.)

Volkserzählungen, Keltische, deutsch v. M. Brusot, s. Bibliothek der Gesamtliteratur.

Volks-Erzählungen, kleine. Nr. 679—707. 8. Mülheim 879, Bagel's Verlagsh. à Nr. *

Inhalt:

Nr. 679. Frey, W., der Prinzenraub oder Kunz v. Kaufungen. Eine geschichtl. Erzählung. (61 S.)
= 680. Weber, R., der Aufstand der Mingo-Indianer. Eine Erzählung. (59 S.)
= 681. Kümmel, Max, ein Abenteuer mit Gorillas in Afrika. Eine Erzählung. (61 S.)
= 682. Weber, R., der zischende Pfeil. Eine indian. Erzählung. (59 S.)
= 683. —— der verrätherische Führer. Eine Erzählung aus den Felsenbergen. (59 S.)
= 684. Frey. W., Siegfried, der Nibelungenheld. Eine altdeutsche Erzählung. (59 S.)
= 685. Weber, R., der Signalwächter. Eine Seegeschichte. (62 S.)
= 686. Hoffmann, H., Im Grabgewölbe, oder Abenteuer mit chines. Freibeutern. Eine Erzählung. (60 S.)
= 687. Weber, R., Ataja, die Gefangene der Eskimos. Eine Erzählung. (59 S.)

Nr. 688. Weber, R., Gesprengte Fesseln oder der Untergang des Sklavenhändlers. Eine Erzählung. (59 S.)
= 689. Frey, W., die Kämpfe am Minnesotaflusse. Eine geschichtl. Erzählung aus den letzten Indianerkriegen. (63 S.)
= 690. —— Abdera, die Tochter der Wüste, oder Abenteuer zu Wasser und zu Lande. Eine Erzählung. (64 S.)
= 691. —— Tuscora, der Passamaquoddie-Häuptling. Eine Erzählung aus den Wildnissen am Chaplainsee. (59 S.)
= 692. —— die Tochter des Kerkermeisters oder die Flucht eines Unschuldigen aus dem Staatsgefängniß zu Venedig. Eine Erzählung. (63 S.)
= 693. —— das Heldenmädchen der Dithmarsen. Eine geschichtliche Erzählung. (63 S.)
= 694. Weber, R., Kanatucko, der letzte Sachem der Cherokesen. Eine indian. Erzählung. (62 S.)
= 695. Frey, W., der Spion des Kaisers Napoleon. Eine geschichtliche Erzählung. (64 S.)
= 696. Buchholz, R., ein Abenteuer in Feindesland. Der Schmuggler. Zwei Erzählungen. (64 S.)
= 697. Kümmel, Max, Alobi, der Perlenfischer oder die Rache des Südsee-Insulaners. (59 S.)
= 698. —— ein Wettlauf bei den Comanchen oder Attahiba, die Häuptlingstochter. (60 S.)
= 699. —— eine Nachtstunde auf dem Comptoir oder der gefährdete Geldschrank. Eine Criminalgeschichte. (64 S.)
= 700. Frey, W., Amakosi, der dankbare Zuluhäuptling. Eine Erzählung. (62 S.)
= 701. —— das Fort Oranien oder der Kampf mit Atchinesen. Eine Erzählung aus den holländ. Kämpfen mit Atchin. (60 S.)
= 702. Wilhelmi, H., die Sage von Rolandseck. Für Volk und Jugend erzählt. (64 S.)
= 703. Frey, W., der Klosterschatz. Eine Erzählung aus den texan. Wildnissen. (64 S.)
= 704. —— Pokahontas, die Blume des Waldes. Eine geschichtliche Erzählung aus den ersten Zeiten der Ansiedelung in Amerika. (64 S.)
= 705. —— die beiden Mateloten oder unter den Buccaniern. Eine Erzählung aus den Meeren Amerikas. (62 S.)
= 706. —— der letzte Seminolenhäuptling. Eine indian. Erzählung. (60 S.)
= 707. Lilla, Felix, Auf der Eisinsel. Die Heimkehr der Verschollenen. Zwei Erzählungen. (64 S.)

Volks-Erzählungen, kleine. Nr. 300, 307, 317, 341, 355, 358, 363, 372, 378, 386, 389—392, 395, 603, 613, 615, 618, 622—624, 626, 627, 631, 634, 641, 645, 651, 655, 656, 660, 661, 663, 667—669, 672, 675, 677, 678, 680, 682, 683, 688—691, 694, 695, 698, 700, 701, 703—706, 708—709 und 1601—1694. 12. Mülheim 880—84. Bagel's Verlagsh. à Nr. * — 25

Inhalt:

Nr. 300. Wilhelm, H., die Jagd auf den Sklavenhändler. Erzählung. 3. Aufl. (61 S.)
= 307. —— die Trapper unter den Indianern. Erzählung. 3. Aufl. (62 S.)
= 317. Wilhelmi, H., das geraubte Kind. Eine Erzählung. 3. Aufl. (64 S.)
= 341. Schill und Napoleon oder die gerettete Forstkasse. In Sturm und Not. Zwei Erzählungen. 2. Aufl. (63 S.)

Volks-Erzählungen, kleine 2c.

Nr. 355. Die überfallenen Ansiedler. Unter den Goldgräbern Californiens. Zwei Erzählungen. 3. Aufl. (64 S.)
= 358. Frey, W., die Gefahren der Wildnis. Eine Erzählung. 3. Aufl. (64 S.)
= 363. —— Kaiser Maximilian von Mexiko. Eine geschichtl. Erzählung aus der Gegenwart. 3. Aufl. (63 S.)
= 372. —— der Brand des Seeadlers. Eine Erzählung. 2. Aufl. (64 S.)
= 378. —— der Verrat des Indianers. Eine Erzählung. 3. Aufl. (62 S.)
= 386. —— die Rache des Negers. Eine Erzählung. 2. Aufl. (64 S.)
= 389. Der schwarze Dick. Unter malayischen Seeräubern. Zwei Erzählungen aus dem Seemannsleben. 2. Aufl. (64 S.)
= 390. Frey, W., Semilasso, der Senegambier. Eine Erzählung. 2. Aufl. (64 S.)
= 391. Nellenburg, Roderich, Mutterliebe oder der Kindesraub. Ein Seeabenteuer. 2. Aufl. (64 S.)
= 392. Frey, W., das Geheimnis der Felsenhöhle. Eine Seegeschichte. 2. Aufl. (62 S.)
= 395. —— das Posthaus in den Felsenbergen. Eine Erzählung. 2. Aufl. (62 S.)
= 603. Hellborn, H., die weiße Schwalbe. Eine Indianer-Geschichte. 3. Aufl. (63 S.)
= 613. Frey, W., die Wunderhöhle auf Hunga. Eine geschichtl. Robinsonade. 3. Aufl. (62 S.)
= 615. —— Maria Stuart, eine unglückl. Königin. Eine geschichtl. Erzählung. 2. Aufl. (63 S.)
= 618. —— Gerold, der Friesenheld. Eine geschichtl. Erzählung aus Bremens Vergangenheit. 2. Aufl. (63 S.)
= 622. —— die feindlichen Kapitäne. Eine Seegeschichte. 3. Aufl. (61 S.)
= 623. —— der dankbare Indianer. Eine Erzählung. 3. Aufl. (64 S.)
= 624. —— der letzte Held des Miamistammes. Eine Erzählung. 3. Aufl. (63 S.)
= 626. —— Quassi, der Neger-Häuptling. Eine Erzählung aus den nordamerikan. Kriegen der letzten Zeit. 2. Aufl. (64 S.)
= 627. —— der Tod eines Verräters. Eine Erzählung aus der Heldenzeit Frieslands. 2. Aufl. (64 S.)
= 631. —— das Blockhaus. Eine Erzählung aus dem Indianerleben. 3. Aufl. (64 S.)
= 634. —— in Indianerhänden. Eine Erzählung. 3. Aufl. (64 S.)
= 641. Hansen, B., die rote Ceder oder der Utah-Häuptling. Eine Erzählung aus dem Indianergebiet. 3. Aufl. (64 S.)
= 645. —— Daniel Boone, der erste Ansiedler in Kentucky. Eine geschichtl. Erzählung. 2. Aufl. (64 S.)
= 651. Kümmel, Max, die Goldmine am Gilaflusse. Eine Erzählung. 2. Aufl. (61 S.)
= 655. Weber, R., Pflanzer und Neger. Eine Erzählung aus dem letzten amerikan. Kriege. 2. Aufl. (64 S.)
= 656. Baum, Wilh., der Mohrenfürst. Eine Erzählung. 2. Aufl. (64 S.)
= 660. Weber, R., treue Schwesterliebe. Eine Erzählung aus dem Leben in der Prairie. 2. Aufl. (62 S.)
= 661. Zastrow, Karl, Rolands Schildknappen. Volks-Märchen, nach Musäus frei bearb. 2. Aufl. (62 S.)
= 663. Weber, R., Abenteuer in Texas. Eine Erzählung. 2. Aufl. (62 S.)
= 667. Ein irischer Robinson. Die Strandräuber. Eine kleine Meuterei. Drei Erzählungen. 2. Aufl. (64 S.)
= 668. Frey, W., die Geistergaleere oder die Rache des Verbannten. Eine venetian. Sage. 2. Aufl. (64 S.)
= 669. —— unter den Rothäuten. Eine geschichtl. Erzählung aus dem Grenzerleben. 2. Aufl. (64 S.)
= 672. Adolfi, B., das Fräulein v. Jever oder die Fehde um das Lehnserbe. Geschichtliche Erzählung aus dem 16. Jahrh. 2. Aufl. (63 S.)
= 675. Weber, R., der Indianerfeind. Eine Erzählung aus den Urwäldern. 2. Aufl. (64 S.)
= 677. Frey, W., die Macht des Gewissens. Eine Erzählung. 2. Aufl. (61 S.)
= 678. —— der Trapper und sein Schützling. Eine Erzählung aus dem Indianerleben. 2. Aufl. (60 S.)
= 680. Weber, R., der Aufstand der Mingo Indianer. Eine Erzählung. 2. Aufl. (64 S.)
= 682. —— der zischende Pfeil. Eine indian. Erzählung. 2. Aufl. (59 S.)
= 683. —— der verräterische Führer. Eine Erzählung aus den Felsenbergen. 2. Aufl. (62 S.)
= 688. —— gesprengte Fesseln oder der Untergang des Sklavenhändlers. Eine Erzählung. 2. Aufl. (64 S.)
= 689. Frey, W., die Kämpfe am Minnesotaflusse. Eine geschichtl. Erzählung aus den letzten Indianerkriegen. 2. Aufl. (63 S.)
= 690. —— Abdera, die Tochter der Wüste, oder Abenteuer zu Wasser und zu Lande. Eine Erzählung. 2. Aufl. (64 S.)
= 691. —— Tuscora, der Passamaquoddie-Häuptling. Eine Erzählung aus den Wildnissen am Champlainsee. 2. Aufl. (59 S.)
= 694. Weber, R., Kanatucko, der letzte Sachem der Cherokesen. Eine indian. Erzählung. 2. Aufl. (62 S.)
= 695. Frey, W., der Spion des Kaisers Napoleon. Eine geschichtl. Erzählung. 2. Aufl. (64 S.)
= 698. Kümmel, Max, ein Wettlauf bei den Kommanchen, oder Attahiba, die Häuptlingstochter. 2. Aufl. (61 S.)

Volks-Erzählungen, kleine 2c.

Nr. 700. Frey, W., Amakosi, der dankbare Zulu-Häuptling. Eine Erzählung. 2. Aufl. (64 S.)
= 701. —— das Fort Oranien oder der Kampf mit den Atchinesen. Eine Erzählung aus den holländ. Kämpfen mit Atchin. 2. Aufl. (64 S.)
= 703. —— der Klosterschatz. Eine Erzählung aus den texan. Wildnissen. 2. Aufl. (64 S.)
= 704. —— Pokahontas, die Blume des Waldes. Eine geschichtl. Erzählung aus den ersten Zeiten der Ansiedelung in Amerika. 2. Aufl. (64 S.)
= 705. —— die beiden Mateloten oder unter den Bukaniern. Eine Erzählung aus den Meeren Amerikas. 2. Aufl. (64 S.)
= 706. —— der letzte Seminolenhäuptling. Eine indian. Erzählung. 2. Aufl. (60 S.)
= 708. Günther, R., eine Kreuzfahrt auf Sulupiraten. Ein Außenposten in den Pampas. Deportirt nach den Philippinen. Die Ansiedler am Red River. Erzählungen. (64 S.);
= 709. Frey, W., der Gauchoführer. Eine Erzählung aus den Pampas. 1. und 2. Aufl. (62 S.)
= 710. —— der Schatz des Häuptlings. Eine Erzählung. 1. und 2. Aufl. (60 S.)
= 711. —— Weatherford, oder der Untergang der Creek-Indianer. Eine geschichtl. Erzählung. 1. und 2. Aufl. (64 S.)
= 712. —— das Afghanenmädchen. Eine geschichtl. Erzählung aus den Kämpfen der Engländer in Asien. 1. Aufl. (60 S.); 2. Aufl. (62 S.)

713. —— in der Prairie. Eine Erzählung aus den Prairien und Felsenbergen. 1. und 2. Aufl. (64 S.)
714. —— der Gefangene auf Schloß Thüngen. Eine geschichtl. Erzählung. (64 S.)
715. —— der Caroucawa-Häuptling. Eine Erzählung. 1. und 2. Aufl. (63 S.)
716. —— der alte Nettelbeck, oder: Die Belagerung von Kolberg. Eine geschichtl. Erzählung. (64 S.)
717. Weber, R., schwarzes Blut oder der Sohn des Pflanzers. Eine Erzählung aus dem Sklavenkriege Nordamerikas. 1. Aufl. (61 S.); 2. Aufl. (64 S.)
718. —— Bergadler, der edle Soschonen-Häuptling. Eine Erzählung aus dem Trapperleben in Texas. 1. und 2. Aufl. (64 S.)
719. Wilhelmi, W., Oberon, der Elfenkönig. Für Volk und Jugend erzählt. (64 S.)
720—723. Lehmann, Otto, die schönsten Sagen des Rheins. Gesammelt und hrsg. 4 Bdchn. (à 64 S.)
724. Frey, W., Abenteuer unter den Chippewa-Indianern. Eine wahre Erzählung. (62 S.); 2. und 3. Aufl. (63 S.)
725. —— die Sturmmöve, oder: Unter Piraten auf Sumatra. Eine Erzählung. 1. und 2. Aufl. (64 S.)
726. —— vom Throne auf's Schaffot oder: die unglückliche Königsfamilie. Eine geschichtl. Erzählung. (59 S.)
727. —— Trapperleben in der Prairie. Eine Erzählung. 1. und 2. Aufl. (60 S.)
728. Lilla, Fel., die Todtenbraut von Falun. Der Strandherr von Tagöe. Friesentreue. Drei Erzählungen. (63 S.)
729. —— Kriegsbeil oder Friedenspfeife oder der Fährmann von Devil Bayon. Prairiejustiz. Die Goldmine am Colorado. Drei Erzählungen aus der texan. Wildnis. (63 S.)
730. Frey, W., der Pflegesohn des Indianer-Häuptlings. Eine Erzählung aus dem Trapperleben. 1. Aufl. (61 S.); 2. Aufl. (63 S.)
731. Wilhelmi, W., Negertreue und Negerrache. Eine Erzählung aus Texas. 1. und 2. Aufl. (64 S.)
732. Frey, W., Amalunga, die Tochter der Wildnis. Eine Erzählung. 1. Aufl. (61 S.); 2. Aufl. (63 S.)
733. —— auf den Wogen der Südsee. Eine Erzählung. (62 S.)
734. Marquardt, P., Abenteuer auf Palawan. (64 S.)
735. Frey, W., Tarassee oder die Ansiedler in der Prairie. Eine Erzählung. 1. Aufl. (60 S.); 2. Aufl. (63 S.)
736. Weber, R., Mecum, der Ulmen von Arauca. Eine [illegible]lung aus den Cordilleren von Chile. 1. Aufl. (64 S.); 2. (63 S.)
737. —— Sandala, der Gefangene unter den Pilcoindianern. Eine Erzählung aus den Pampas von Südamerika. (64 S.)
738. Wilhelmi, H., Siegelinde, die verzauberte Königstochter. Eine Erzählung. (64 S.)
739. Frey, W., die Küstenbrüder. Eine Erzählung aus den Zeiten der Kämpfe im Antillenmeere. (61 S.)
740. —— unter dem Fluche des Gewissens. Eine Erzählung. (64 S.)
741. —— der sausende Speer. Eine Indianergeschichte. (63 S.)
742. —— der Schatz auf Caprera. Eine Erzählung. (62 S.)
743. —— der Pedlar. Eine Erzählung aus den Wäldern von Arkansas. 1. und 2. Aufl. (64 S.)
744. Kümmel, Max, die Inseln der Glücklichen. Eine histor. Erzählung. (59 S.)
745. —— der Sträfling von Botany-Bai. Eine Erzählung. (59 S.)
746. Frey, W., Abenteuer eines Schiffsjungen. Erzählung aus den Zonen des stillen Oceans. (64 S.)
747. —— Maconaqua, die weiße Indianerin. Eine Erzählung. (64 S.)
748. Kümmel, Max, die Wilddiebe. Eine Erzählung. (64 S.)
749. —— gefahrvolle Stunden, oder im verfallenen Schachte. Eine Erzählung aus dem Bergmannsleben. (59 S.)

Volks-Erzählungen, kleine 2c.

Nr. 750. Frey, W., Taubenfeder, die Tochter des Sioux-Häuptlings. Eine Erzählung. (64 S.)
751. —— edle Rache eines Kanadiers. Eine Erzählung aus der Zeit der Kolonisirung Kentuckys. 1. und 2. Aufl. (64 S.)
752. —— eine Reise um die Welt oder der Tugend Sieg. Eine Erzählung. (64 S.)
753. —— der Medizinmann der Pequod-Indianer. Eine indian. Erzählung. (63 S.)
754. —— die Blume des Ohio. Eine Erzählung aus den Urwäldern Amerikas. (64 S.)
755. —— die Tochter des Pflanzers. Eine Erzählung aus dem Leben der Südstaaten. (63 S.)
756. Waldheim, R., ein stummer Zeuge. Eine Kriminalgeschichte. Die Galeerensklaven. (64 S.)
757. —— Edward Warton, der dankbare Texaner. Eine Volks- und Jugenderzählung. (64 S.)
758. Frey, W., Murzuk, der Häuptling der Ostiaken. Eine Erzählung. (63 S.)
759. —— der Tigertöter. Eine Erzählung aus Ostindien. (61 S.)
760. Sonnenburg, Ferd., Burg Bentheim. Eine Erzählung. (64 S.)
761. Waldheim, R., die Ansiedlung am Rio Pardo. Erzählung. (61 S.)
762. Frey, W., der Händler von Santa Fé. Eine indian. Erzählung. (60 S.)
763. —— Kapitän Luck, der Piratenführer. Eine Erzählung aus den westind. Gewässern. (63 S.)
764. —— Chingarurn oder der wandelnde Schatten. Eine Erzählung aus den Zeiten der Gründung von Tennessee. (64 S.)
765. Wilhelmi, H., Bernhard v. Horstmar oder ein deutscher Ritter. Geschichtliche Erzählung. (64 S.)
766. —— Stella, die Sternen-Jungfrau. Erzählung. (59 S.)
767. —— Konstanze, die Inselbraut. Erzählung. (63 S.)
768. Das Zauberschloß. Die untergegangene Stadt. Friedrichstein oder das Teufelshaus. Volksmärchen. (64 S.)
769. Frey, W., Spartenico oder der Aufstand von Kreta. Eine Erzählung. (64 S.)
770. Marquardt, P., der Malaien-Prinz. Eine Erzählung. (64 S.)
771. Kurtius, Kurt, die Braut des Schwarzadler. Auf der Fährte des Mörders. Zwei Erzählungen. (63 S.)
772. 773. Lehmann, Otto, die schönsten Sagen des Rheins. V. VI. Gesammelt und hrsg. (63; 64 S.)
774. Frey, W., Tabatingo, der Seminolen-Häuptling. Eine Erzählung. (64 S.)
775. —— Manuela, die Tochter des Haciendero. Eine Erzählung aus den Prairieen. (59 S.)
776. —— im Sklavenbanden. Eine Erzählung. (64 S.)
777. —— die verbündeten Häuptlinge. Eine Erzählung. (59 S.)
778. —— die Auswanderer nach Brasilien, oder Bleibe im Lande und ernähre dich redlich. Eine Erzählung. (64 S.)
779. —— das Pulverschiff. Eine Erzählung aus den mexikan. Kriegen. (64 S.)
780. —— in der Wildnis des Nordens. Eine Erzählung. (64 S.)
781. —— das Kainszeichen. Eine Erzählung. (64 S.)
782. —— Alisma oder der Aufstand in Bombay. Eine Erzählung aus Indien. (64 S.)
783. —— Abenteuer im Goldlande. Eine Erzählung aus Kalifornien. (61 S.)
784. —— der Überfall in der Prairie. Eine Erzählung. (64 S.)
785. —— Winganoo, der Osagenhäuptling, oder das Blockhaus des Mennoniten. Eine Erzählung aus den Wildnissen der Prairie. (64 S.)
786. Fogowitz, A. H., Hermann v. Luegg, der Ritter Bär von Krain. Historische Skizze. (59 S.)
787. Lilla, Fel., das Bramahschloß. G. Washington als Erbschaftsrichter. Zwei Erzählungen. (63 S.)
788. Frey, W., Charly, der Waldläufer. Eine Erzählung aus den Urwäldern des Ohio. (64 S.)
789. Marquardt, P., Tiun-Ling, der chines. Piratenführer. Eine Erzählung. (64 S.)
790. Frey, W., Dschira, die Japanerin. Eine Erzählung. (59 S.)
791. —— Minnetaha oder das springende Wasser. Eine Erzählung. (64 S.)
792. Ilm, Ed., Zettina, die Negersklavin. Eine Geschichte aus dem amerikan. Pflanzerleben. Nach Füllborn erzählt. (64 S.)
793. Frey, W., Minnelari oder das springende Füllen. Eine Erzählung aus den Wildnissen von Wisconsin. (63 S.)
794. —— der Raub der Krondiamanten von England. Eine geschichtl. Erzählung. (63 S.)
795. —— an den Grenzen der Wildnis oder verloren und gefunden. Eine Erzählung. (63 S.)
796. —— die Apachen am Rio grande. Eine Erzählung aus dem Indianerleben. (63 S.)
797. —— der Negerfreund. Eine Erzählung aus den Südstaaten. (64 S.)
798. —— der blaue Habicht. Eine Erzählung aus dem Leben unter den Flachkopfindianern. (64 S.)
799. Marquardt, P., an den Ufern des Indus. Eine Erzählung. (64 S.)
1601. Frey, W., das Bekenntnis des Hinterwäldlers. Eine Erzählung aus den Urwäldern Kentuckys. (64 S.)

Nr. 1602. Frey, W., der geheimnisvolle Pedlar. Eine Erzählung aus den Wäldern von Tennessee. (64 S.)
1603. Fuhrmann, Max., Erlebnisse unter Sklavenjägern. Erzählung. (63 S.)
1604. Fogowitz, A. H., der Verrat der Wyandots oder die wilde Katze. Eine Erzählung zur Zeit des englisch-französ. Kolonieenkampfes in Nordamerika. (62 S.)
1605. Frey, W., Weatherfield, der Rangerkapitän. Eine Erzählung aus dem Buschleben Australiens. (64 S.)
1606. —— Wolatoola oder die Verteidigung des Blockhauses im Urwalde. Eine Erzählung. (64 S.)
1607. —— Surgul, der Häuptling des Nordens, oder die Kinder der Schiffbrüchigen. Eine Erzählung. (64 S.)
1608. —— Nahitschinehs Tod. Eine Erzählung aus den Wildnissen Afrikas. (64 S.)
1609. —— Venara, die Tochter des Inselkönigs. Geschichtliche Erzählung aus den Zeiten span. Eroberungen. (63 S.)
1610. Fuhrmann, Max., der Alkalde. Eine Erzählung aus Mexiko. (61 S.)
1611. Frey, W., Wani, das Hindumädchen. Eine ind. Erzählung. (63 S.)
1612. —— die vergessene Feste. Eine Erzählung aus Indien. (64 S.)
1613. —— bis in die Prairie verfolgt. Eine Erzählung. (64 S.)
1614. Konduira, die weiße Indianerin. Eine Erzählung aus den Zeiten der Gründung Tennessees. (64 S.)
1615. —— die Vergeltung oder in den Wildnissen Australiens. Eine Erzählung. (63 S.)
1616. Marquardt, P., Fort Buffalo. Eine Erzählung. (64 S.)
1617. Frey, W., Nigrello, der Häuptling der Berge. Abenteuer auf der Insel Cuba. Eine Erzählung. (63 S.)
1618. —— Halifax, der Schmuggler. Eine Erzählung. (63 S.)
1619. Nellenburg, Rod., an Bord der Cassiopeja. Geschichte aus dem chines. Meere, nach den Mittheilungen eines deutschen Seemannes erzählt. (64 S.)
1620. Kümmel, H., der Deserteur bei den Hayda-Indianern. Eine Erzählung. (60 S.)
1621. Fuhrmann, Max., auf dem Wrack. Eine Erzählung vom Meeresstrande. (64 S.)
1622. Frey, W., Waicos, der Keltenhäuptling. Eine Erzählung aus grauer Vorzeit. (64 S.)
1623. —— Wawanna, die Indianerbraut. Eine Erzählung aus der Prärie. (64 S.)
1624. Kümmel, Max, in den Goldminen von Oralbe oder die Stadt der Zunis. Eine Erzählung. (64 S.)
1625. Frey, W., das Blockhaus des Puritaners. Eine Erzählung aus den Wildnissen von Arkansas. (60 S.)
1626. —— Aschantipoo, der Letzte der Himassee-Indianer. Eine Erzählung. (64 S.)
1627. —— der lange Ephraim oder Abenteuer zu Wasser und zu Lande. Eine Erzählung. (64 S.)
1628. —— die Eisenbahn der Wildnis oder der entflohene Buchhalter. Eine Erzählung. (63 S.)
1629. Keil, Rob., Mibois Rache oder der Aufstand auf der Insel Neu-Kaledonien. Geschichtliche Erzählung aus dem J. 1878. (60 S.)
1630. —— der Bagnosträfling oder unschuldig verurtheilt. Eine Erzählung. (64 S.)
1631. Kümmel, Max, Luliba, die Indianerin, oder ein Spiel ums Leben. Eine Erzählung aus den Urwäldern Brasiliens. (59 S.)
1632. Fuhrmann, Max., der Pelzhändler oder der Überfall am Saskatschewan-See. Eine Erzählung aus dem Nordwest-Gebiet des brit. Nordamerika. (64 S.)
1633. Frey, W., Talascoola, der Häuptling der Wyandots. Eine Erzählung. (63 S.)
1634. —— auf eine Insel verschlagen oder des Superkargos Tod. Eine Erzählung. (62 S.)
1635. Keil, Rob., die mutige Farmerstochter oder die Verlobung auf der Missouri-Insel. Eine Erzählung aus dem Indianerleben. (64 S.)

„ 1636. —— mein verschollener Bruder oder das Wiedersehen im Indianergebiet. Eine Erzählung aus meinen Erlebnissen unter den Indianern. (64 S.)
„ 1637. Fogowitz, A. H., der stumme Jäger oder Kiën-Stoman, der Dreitöter. Szenen aus dem texan. Kriegsleben. (62 S.)
„ 1638. Marquardt, P., Seeabenteuer oder unter Piraten. Eine Erzählung. (64 S.)
„ 1639. Keil, Rob., der Arriero oder die geheimnisvolle Botschaft. Eine Erzählung aus dem Mexikanerleben. (64 S.)
„ 1640. Lilla, Fel., die Strandräuber von Hörnum. Erzählung. — Waldheim, R., die Tigerin. Ein Seeabenteuer. — Ein blinder Passagier. (61 S.)
„ 1641. Keil, Rob., die Pulvermine im Blockhaus. Eine Erzählung aus dem Indianerleben. (64 S.)
„ 1642. —— der Schutzgeist der Prärie. Eine Erzählung aus dem Indianerleben. (64 S.)
„ 1643. Fogowitz, A. H., im Dorfe des roten Pfeifenthons oder Palinque und Maschukta. Eine indian. Geschichte aus der Savannengegend. (64 S.)
„ 1644. Frey, W., das schwarze Rebhuhn, der große Pottawatomiehäuptling. Eine geschichtl. Erzählung. (64 S.)
„ 1645. Keil, Rob., in den Ruinen des Inkaspalastes. Eine Erzählung aus der Zeit der südamerikan. Revolution. (64 S.)

Volks-Erzählungen, kleine ꝛc.

Nr. 1646. Kümmel, H., Ottawa, der Sohn des Pawneehäuptlings. Eine Erzählung. (64 S.)
„ 1647. Frey, W., Charlilokoola, die weiße Indianerin. Eine Erzählung. (64 S.)
„ 1648. Fuhrmann, Max., verschollen und wiedergefunden oder eine Expedition nach den Salomons-Inseln. Eine Erzählung. (64 S.)
„ 1649. Fogowitz, A. H., die Wunder-Niederlassung am Mississippi oder wie St. Louis gegründet ward. Erzählung aus dem J. 1780. (64 S.)
„ 1650. Keil, Rob., die Braut des Goldgräbers. Eine Erzählung aus dem Goldgräberleben Kaliforniens. (64 S.)
„ 1651. Marquardt, P., Lorana, die indische Fürstentochter. Eine Erzählung. (64 S.)
„ 1652. Kümmel, Max, die geraubte Indianerin. Eine Erzählung. (64 S.)
„ 1653. Frey, W., Pacatari, die weiße Taube. Eine indian. Erzählung. (64 S.)
„ 1654. —— Büffelauge, der Sohn des Dakota-Häuptlings Sitting Bull. Eine Erzählung. (61 S.)
„ 1655. Keil, Rob., die Flucht aus dem Lepra-Hospitale. Eine Erzählung aus dem Leben in den südamerikan. Freistaaten. (63 S.)
„ 1656. Mylius, Otfried, die gestohlene Yacht oder Abenteuer unter chines. Seeräubern. Eine Seemannsgeschichte. (64 S.)
„ 1657. —— ein Ritt über die Grenze. — Verirrt in der Wildnis. Zwei Erzählungen. 3. Aufl. (63 S.)
„ 1658. Kümmel, H., das Opfer des Mandanenhäuptlings. Eine Erzählung. (61 S.)
„ 1659. Keil, Rob., Hawkins Farm oder ein Abenteuer am Missouri. Erzählung. (64 S.)
„ 1660. Fogowitz, A. H., der weiße Renner der Prairieen. Wunderbare mittelamerikan. Jagdtouren. (64 S.)
„ 1661. —— Opfermut und Treue bei den Soshones. Erlebnisse zweier Deutschen im Idaho-Distrikt und in den Felsenbergen. (64 S.)
„ 1662. Kümmel, H., die Gräber der Osagenhäuptlinge. Eine Erzählung. (60 S.)
„ 1663. Themar, Hans, Prärie und Niagarafall oder die Jagd nach dem Glücke. Eine Geschichte aus Stadt und Wildnis. (63 S.)
„ 1664. Frey, W., der kreisende Adler. Eine Erzählung aus den Wildnissen von Texas. (64 S.)
„ 1665. Keil, Rob., die Tochter des Sklavenhalters. Erzählung. (64 S.)
„ 1666. Kümmel, H., Attala, der Häuptling der Maronneger. Eine Erzählung. (61 S.)
„ 1667. Frey, W., Chinawaru, der Adler der Berge. Eine Erzählung aus den Wildnissen am Oregon. (60 S.)
„ 1668. Themar, Hans, der Reiter ohne Kopf. Eine Erzählung aus der texan. Wildnis. (59 S.)
1669. Frey, W., Doppelzahn, der Häuptling der Flatheads. Eine Erzählung. (63 S.)
„ 1670. Mylius, Otfried, das Indianergrab oder am Nicaragua-See. Abenteuer und Erlebnisse eines jungen Deutschen. (64 S.)
„ 1671. Fogowitz, A. H., Tanaquil, der Letzte seines Stammes. Aus der Skizzenmappe eines Reisenden. (60 S.)
„ 1672. Keil, Rob., der Urteilsspruch des Häuptlings. Eine Erzählung aus dem Indianerleben. (63 S.)
„ 1673. Frey, W., das Totem des Mohikaners. Eine Erzählung. (64 S.)
„ 1674. —— verschlungene Wege. Eine Erzählung. (64 S.)
„ 1675. Kümmel, H., auf verlorenem Posten. Eine Erzählung. (63 S.)
„ 1676. Lilla, Fel., Abenteuer im Busch. — Der Bündelmann. Zwei austral. Erzählungen. (62 S.)
„ 1677. —— durch eigene Schuld. — Der Eisgang. Zwei Erzählungen. (64 S.)
„ 1678. Nellenburg, R., der Postwagenraub. Eine Kriminalgeschichte. — Müldener, R., das brennende Schiff. (61 S.)
„ 1679. Kümmel, H., die Rache der Irokesen. — Der alte Boon. Zwei Erzählungen. (64 S.)
„ 1680. Fogowitz, A. H., der Waldmensch oder verirrt in der Urwildnis. Eine wahre Geschichte aus den Wäldern im Kanzaslande. (61 S.)
„ 1681. —— der Zug durch die Wüste del Nort. Eine Erzählung aus dem Leben an der Indianergrenze und in der Wüste. (64 S.)
„ 1682. Frey, W., Sakuntala. Eine Erzählung aus den Wildnissen Minnesotas. (62 S.)
„ 1683. Müller, Max, in den Händen der Thugs. Eine Erzählung aus dem Sepoys-Aufstande. (64 S.)
„ 1684. Fogowitz, A. H., unter den Antilopen-Comanchen oder eine indian. Brautwerbung und Heirat. Erzählung und Sittenschilderung. (64 S.)
„ 1685. Zastrow, Carl, der Pandurenoberst Trenck. Eine geschichtl. Erzählung. (63 S.)
„ 1686. Fogowitz, A. H., Seeleiden Isbrand Bontekoes und seiner Gefährten oder Irrfahrten auf dem ind. Ozean. Erzählung nach Bontekoes eigenen Aufzeichnungen. (62 S.)
„ 1687. —— Erlebnisse eines Nomaden-Jägers am Pecos-River. Prärie-, Wald- und Wüstenbilder. (63 S.)
„ 1688. Frey, W., die Meuterer. Eine Seegeschichte. (62 S.)
„ 1689. —— Dekannoh oder Indianertreue. Eine indian. Erzählung. (64 S.)
„ 1690. Seydel, C., Abenteuer in Kalifornien. Erzählung. (62 S.)

Volks-Erzählungen, kleine ꝛc.

Nr. 1691. Kümmel, H., der geraubte Saphir. Eine Erzählung aus Indien. (61 S.)
„ 1692. Fogowitz, A. H., das Jakutenmädchen oder die Reise nach der Elfenbeinmine des Nordpols. Nordische Abenteuer. (61 S.)
„ 1693. —— des Marabout Diamant oder die Tauschhändler am Senegal. Abenteurerfahrten im Lande der Dscholoffen und Bambaras. (61 S.)
„ 1694. Frey, W., Bramalo, der Kattawahäuptling. Eine Erzählung. (61 S.)

Volks-Erzählungen, kleine. Nr. 1695—1799. 2201—2250. 12. (à Nr. ca. 64 S.) Mülheim 885—88, Bagel's Verlag. à Nr. * — 25

Inhalt:

Nr. 1695. Frey, W., die weiße Sklavin. Eine Erzählung aus dem Pflanzerleben.
„ 1696. —— Ara, die Tochter des Mulatten. Eine Erzählung aus dem Sklavenleben.
„ 1697. —— Kriegsadler, der Winipeghäuptling. Eine Erzählung.
„ 1698. Ein Jahr am Meeresstrande oder der Leuchtturm-Wächter. Von ***. — Kümmel, H., Eine verhängnisvolle Jagd.
„ 1699. Fogowitz, A. H., Zaubervogel oder das weiße Mädchen der Mönnitarrisindianer. Episoden aus einem Sommeraufenthalt unter den Indianern des Rocky-Mountain-Territoriums.
„ 1700. Kümmel, H., der Deserteur auf Java. Eine Erzählung.
„ 1701. Albrecht, R., das Vermächtnis des Trappers. Eine Erzählung aus dem wilden Westen.
„ 1702. Seydler, Ant., auf falscher Fährte. Kriminal-Erzählung.
„ 1703. Fogowitz, A. H., der Raub der Faktors-Tochter oder aus dem Reich der Mitte. Abenteuerliche Scenen im Lande der Chinesen.
„ 1704. Frey, W., Ivanhu oder die Trapperstochter unter den Soschonen. Eine Erzählung.
„ 1705. —— die deutschen Kolonisten. Eine Erzählung aus dem Waldleben Nordamerikas. 3. Aufl.
„ 1706. Pistorius, Frz., das unheimliche Wrack. Erzählung.
„ 1707. Kümmel, H., im Königskraal oder aus dem Lande der Zulus. Erzählung.
„ 1708. Werner, Guido, die Schiffsmühle in der Donau. Erzählung aus dem Ungarlande. 2. Aufl.
„ 1709. Hoffmann, H., im Grabgewölbe oder unter chinesischen Freibeutern. Eine Erzählung. 2. Aufl.
„ 1710. Fogowitz, A. H., indianische Freundschaft oder die Rettung der Verurteilten. Erzählung aus Neu-Mexiko.
„ 1711. Kümmel, H., der Fakir oder Abenteuer in Indien. Erzählung.
„ 1712. Kümmel, M., im Felsenthale des Colorado. Erzählung.
„ 1713. Günther, R., die Ansiedler am Red-River. Ein Außenposten in den Pampas. Zwei Erzählungen. — Lilla, Felix, der Fährmann von Devil-Bayou.
„ 1714. Kümmel, M., Chiavoni oder das Gasthaus zu Terracina. Eine Erzählung.
„ 1715. Lilla, Felix, Prairie-Justiz. Die Goldmine am Colorado. Zwei Erzählungen aus der texan. Wildnis. — Günther, R., eine Kreuzfahrt auf Sulupiraten. Deportiert nach den Philippinen.
„ 1716. Frey, W., die Gefangene der Komanchen. Eine Erzählung aus dem Indianerleben. 3. Aufl.
„ 1717. —— Maconaqua, die weiße Indianerin. Eine Erzählung. 2. Aufl.
„ 1718. Kümmel, H., im Lande der Aschantis. Erzählung.
„ 1719. Fern, Valentin, die Goldschlucht. Der Millionär von St. Louis. Zwei Erzählungen.
„ 1720. Lilla, Felix, das Schiffermädchen von Caudebec. Erzählung. — Kurtius, Kurt, die Braut des Schwarzadler. Erzählung.
„ 1721. Pistorius, Frz., das Silberschiff. Erzählung.

Volks-Erzählungen, kleine ꝛc.

Nr. 1722. Fogowitz, A. H., Ulrich Hauser, der Gemsenjäger, oder bis zum Gletscher-Eis. Erzählung mit Zugrundelegung eines älteren Sujets.
„ 1723. —— das Truglicht oder an Norwegens Küste. Erzählung.
„ 1724. Müller, Friedr., die Rache des Indianers. Erzählung. 3. Aufl.
„ 1725. Hansen, Berth., Pontiac, der Ottawa-Häuptling. Eine geschichtl. Erzählung. 2. Aufl.
„ 1726. Keil, Rob., ein Jahr in Atschin. Erzählung.
„ 1727. Pistorius, Frz., unter den Australnegern. Erzählung.
„ 1728. Frey, W., der sausende Speer. Eine Indianergeschichte. 2. Aufl.
„ 1729. Kümmel, Max, der Sträfling von Botany-Bai. Eine Erzählung. 2. Aufl.
„ 1730. Frey, W., unter den Maron-Negern. Eine Erzählung aus dem Waldleben Brasiliens. 3. Aufl.
„ 1731. Waldheim, R., die Ansiedlung am Rio Pardo. Erzählung. 2. Aufl.
„ 1732. Frey, W., auf den Wogen dar Südsee. Eine Erzählung. 2. Aufl.
„ 1733. Marquardt, P., Abenteuer auf Palawan. 2. Aufl.
„ 1734. Fogowitz, A. H., Ben Hortons merkwürdige Schicksale oder zwei Jahre auf einsamen Inselriffen. Eine Robinsonade.
„ 1735. —— zwei Welten oder die ersten Ansiedler am Mohawksee. Geschichtl. Erzählung.
„ 1736. Keil, Rob., Ukukani oder die geraubte Boerntochter. Eine Erzählung aus der Zeit der Kaffernkriege.
„ 1737. Frey, W., Taubenfeder, die Tochter des Sioux-Häuptlings. Eine Erzählung. 2. Aufl.
„ 1738. Müller, Karl, in der Gefangenschaft der Shawnee-Indianer. Nach einer wirkl. Begebenheit. Unter Piraten und auf einer wüsten Insel. Abenteuer und Erlebnisse eines amerikanischen Seemanns.
„ 1739. Kümmel, H., im Herzen Südamerikas oder die Flucht aus dem Kerker zu Assuncion. Eine Erzählung.
„ 1740. Pistorius, Frz., der Negerkönig von Lunda. Eine Erzählung.
„ 1741. —— das Gasthaus am Redriver. Erzählung.
„ 1742. Seydel, C., eine Nacht im Urwalde. Eine Indianer-Geschichte.
„ 1743. Mylius, Ottfried [Karl Müller], unter den Wilden der Südsee. Erlebnisse und Abenteuer eines jungen Deutschen in Neubritannien und Neuguinea.

„ 1744. Frey, W., Murzuk, der Häuptling der Ostiaken. Eine Erzählung. (2. Aufl.)
„ 1745. Kümmel, Max, Alohi, der Perlenfischer, oder die Rache des Südsee-Insulaners. 2. Aufl.
„ 1746. Pistorius, Frz., die Poststation im Ocean. Erzählung.
„ 1747. Kümmel, H., Erlebnisse in Kamerun. Erzählung.
„ 1748. Kümmel, Max, die Inseln der Glücklichen. Eine histor. Erzählung. 2. Aufl.
„ 1749. Frey, W., Abenteuer eines Schiffsjungen. Erzählung aus den Zonen des stillen Oceans. 2. Aufl.
„ 1750. Kümmel, H., aus Angra-Pequena oder der Missionar im Namaqua-Lande. Erzählung.
„ 1751. Pistorius, Frz., das versunkene Schiff. Erzählung.
„ 1752. Die Hacienda im Grenzland. Episode aus den chilenisch-araukan. Feldzügen. Erzählt von P. F.
„ 1753. Frey, W., der Medizinmann der Pequod-Indianer. Eine indian. Erzählung. 2. Aufl.
„ 1754. Zimmermann, Friedr., die Erzählungen des Kundschafters. Eine Mutter.
„ 1755. Pistorius, Frz., die Rebellen. Eine Erzählung aus dem amerikan. Bürgerkriege.
„ 1756. Frey, W., die Tochter des Pflanzers. Eine Erzählung aus dem Leben der Südstaaten. 2. Aufl.
„ 1757. —— Mariette, die Blume des Ohio. Eine Erzählung aus den Urwäldern Amerikas. 2. Aufl.
„ 1758. Pistorius, F., der Fall von Soochow. Erzählung aus dem Kriegsleben des General Gordon in China.
„ 1759. Kümmel, H., die Missionsstation auf den Karolineninseln. Erzählung.
„ 1760. Frey, W., die Tochter des Kerkermeisters oder die Flucht eines Unschuldigen aus dem Gefängnis der Bleidächer zu Venedig. Eine Erzählung. 2. Aufl.
„ 1761. —— Chingaruru oder der wandelnde Schatten. Eine Erzählung aus den Zeiten der Gründung von Tenessee. 2. Aufl.
„ 1762. Pistorius, Frz., Gordon und Ben Nassar oder der Untergang des Sklavenhändlers. Erzählung.
„ 1763. Kümmel, H., die Rache der Pausias. Erzählung aus West-Afrika.
„ 1764. Waldheim, R., Edward Warton, der dankbare Texaner. Eine Volks- und Jugend-Erzählung. 2. Aufl.
„ 1765. Frey, W., Charly, der Waldläufer. Eine Erzählung aus den Urwäldern des Ohio. 2. Aufl.
„ 1766. Pistorius, Frz., der Held von Khartum oder Gordon's Tod. Erzählung.
„ 1767. Kümmel, H., die Goldstadt in den Cordilleren. Erzählung.
„ 1768. Frey, W., Singu, der Kaffernhäuptling. Eine Erzählung aus den Wildnissen Südafrikas. 2. Aufl.
„ 1769. Hansen, B., der Tod in der Wüste. Eine geschichtl. Erzählung aus dem Indianerleben. 3. Aufl.

Volks-Erzählungen, kleine ꝛc.

Nr. 1770. Fogowitz, A. H., Glutauge, der Pastanowa, oder nur ein Wilder. Eine Erzählung aus dem Leben der Kolonisten an der indian. Grenze.
„ 1771. —— am Grabe des Trappers oder die Frau des Biberjägers. Erzählung aus dem Biberfängerleben im Norden [am Bärensee]. — Der Schmuggler. Eine ostfries. Geschichte.
„ 1772. Rosenthal, Louis, der Charlottenschacht. Eine Bergwerksgeschichte. — Lilla, Felix, die Totenbraut von Falun.
„ 1773. Hansen, Berth., der treue Seekadett. Eine geschichtl. Erzählung. 3. Aufl.
„ 1774. Pistorius, Frz., Fatimah, die Tochter des Kirgisenhäuptlings. Erzählung.
„ 1775. Fogowitz, A. H., der Karawanenführer oder der Untergang der Blackfeet-Indianer. Holick, der Wolfsjäger. Zwei Erzählungen aus dem Westen.
„ 1776. Frey, W., der Händler von Santa Fé. Eine indian. Erzählung. 2. Aufl.
„ 1777. —— in Sklavenbanden. Eine Erzählung. 2. Aufl.
„ 1778. Müller, Karl, unter den Goldgräbern in Britisch-Columbia. Abenteuer eines jungen Deutschen, nacherzählt.
„ 1779. Pistorius, Frz., der Halbindianer. Erzählung.
„ 1780. Kümmel, Max, der Tod des Elfenbeinhändlers. Eine Erzählung. 2. Aufl.
„ 1781. Frey, W., Tabatingoo, der Seminolen-Häuptling. Eine Erzählung. 2. Aufl.
„ 1782. Pistorius, Frz., das Silberlager im Totenthal. Eine Erzählung.
„ 1783. Füllgrap, Paul, der Schonerbrand im stillen Meere. Eine Erzählung.
„ 1784. Frey, W., der Überfall in der Prärie. Eine Erzählung. 2. Aufl.
„ 1785. —— in der Wildnis des Nordens. Eine Erzählung. 2. Aufl.
„ 1786. Pistorius, Frz., im Sunda-Archipel. Erzählung.
„ 1787. Frey, W., die verbündeten Häuptlinge. Eine Erzählung.
„ 1788. —— der Tigertöter oder der Dolch des Javanen. Eine Erzählung aus Ostindien.
„ 1789. —— eine Goldader in Australien. Erzählung.
„ 1790. Kümmel, H., der weiße Elephant. Erzählung.
„ 1791. Füllgrap, P., an Bord der Libelle. Eine Seegeschichte.
„ 1792. Frey, W., die Auswanderer nach Brasilien oder bleibe im Lande und ernähre dich redlich. Eine Erzählung.
„ 1793. —— Winganoo, der Osagenhäuptling, oder das Blockhaus des Mennoniten. Eine Erzählung aus den Wildnissen der Prärie.
„ 1794. Pistorius, Frz., ein Pionier auf dem Rio negro. Erzählung.
„ 1795. —— eine Jagd im Haff oder die Flucht des Schmugglers. Erzählung.
„ 1796. Frey, W., unter dem Fluche des Gewissens. Eine Erzählung. 2. Aufl.
„ 1797. —— an den Grenzen der Wildnis oder verloren und gefunden. Eine Erzählung. 2. Aufl.
„ 1798. Pistorius, Frz., das Felseneiland im atlantischen Ocean. Erzählung.
„ 1799. Kümmel, H., der Diamantenhändler. Erzählung.
„ 2201. Frey, W., die Apachen am Rio grande. Eine Erzählung aus dem Indianerleben.
„ 2202. —— der blaue Habicht. Eine Erzählung aus dem Leben unter den Flachkopfindianern.
„ 2203. Füllgrap, Paul, auf feindlichem Boden. Episode aus dem nordamerikan. Secessionskriege.
„ 2204. Pistorius, Frz., die Telegraphenstation in der Wildnis. Erzählung.
„ 2205. Frey, W., Kahitschinehs Tod. Eine Erzählung aus den Wildnissen Afrikas. 2. Aufl.
„ 2206. Fuhrmann, Max., Erlebnisse unter Sklavenjägern. Erzählung.
„ 2207. Zastrow, Karl, der schwarze Sam. Eine Erzählung.
„ 2208. Marquardt, P., der Malaien-Prinz. Eine Erzählung. 2. Aufl.
„ 2209. Frey, W., Wolatoola oder die Verteidigung des Blockhauses im Urwalde. Eine Erzählung. 2. Aufl.
„ 2210. †Nellenburg, Rob. [Karl Müller], an Bord der Cassiopeja. Eine Geschichte aus dem chines. Meere, nach den Mitteilungen eines deutschen Seemanns erzählt. 2. Aufl.
„ 2211. Pistorius, Frz., die entflohenen Negersklaven. Erzählung.
„ 2212. Barfus, E. v., wohl biegen, aber nicht brechen. Der fliegende Holländer. Zwei Erzählungen.
„ 2213. —— dem Tode entronnen. Gefangen. Zwei Erzählungen.
„ 2214. Kümmel, H., der Schatz des Kosakenfürsten. Erzählung.
„ 2215. Pistorius, Frz., gestrandet oder bestrafte Untreue. Eine Erzählung.
„ 2216. —— Melitta, die Blume der Pampas. Erzählung.
„ 2217. Deutz, Fr., die „Vineta" im Kampf mit indischen Piraten. 2. Aufl.
„ 2218. Kümmel, H., der Deserteur bei den Hayda-Indianern. Eine Erzählung. 2. Aufl.
„ 2219. Lilla, Felix, das Floß auf dem St. Croixfluß. Ein Abenteuer auf dem Michigansee. Der letzte Wal. Drei Erzählungen.
„ 2220. Fern, Valentin, die Flüchtlinge in den Mississippisümpfen. Der nächtliche Überfall. Der Schiffbruch des „Kent". Flibustierleben. Erzählungen.
„ 2221. Deutz, Fr., getreu bis in den Tod. Eine Erzählung. 2. Aufl. Die Handschuhe der Prinzessin.

Volks-Erzählungen, kleine ꝛc.

Nr. 2222. Frey, W., das Kainszeichen oder im Indianerdorfe am Wiskonsinriver. Eine Erzählung. 2. Aufl.
„ 2223. Pistorius, Frz., im Banne des Kaziken. Eine Erzählung.
„ 2224. Zastrow, Karl, die Pascher. Erzählung. — Pistorius, Frz., der Leuchtturm von Garden-Island. Erzählung.
„ 2225. Frey, W., Minnetaha oder das springende Wasser. Eine Erzählung. 2. Aufl.
„ 2226. —— Pokahontas, die Indianer-Prinzessin. Eine geschichtl. Erzählung aus den ersten Zeiten der Ansiedelung in Amerika. 3. Aufl.
„ 2227. Pistorius, Frz., im Lande der Pescherähs. Erzählung.
„ 2228. Kümmel, H., die Tochter des Geächteten. Erzählung.
„ 2229. Frey, W., der Negerfreund oder der Erbe des Pedlars. Eine Erzählung aus den Südstaaten. 2. Aufl.
„ 2230. —— bis in die Prärie verfolgt. Eine Erzählung. 2. Aufl.
„ 2231. Pistorius, Frz., das Mädchen von Nukahiwa. Erzählung.
„ 2232. Müller, Max, in heißer Zone oder Fort Medine. In Sine. Zwei Erzählungen.
„ 2233. Frey, W., das Bekenntnis des Hinterwäldlers. Eine Erzählung aus den Urwäldern Kentuckys. 2. Aufl.
„ 2234. —— der geheimnisvolle Pedlar. Eine Erzählung aus den Wäldern von Tennessee. 2. Aufl.
„ 2235. Kümmel, H., im wilden Westen oder Schuld und Suhne. Erzählung.
„ 2236. Pistorius, Frz., die geraubte Sklavin. Erzählung.
„ 2237. Fogowitz, A. H., der Verrat der Wyandots oder die wilde Katze. Eine Erzählung zur Zeit des englisch-französ. Kolonieenkampfes in Nord-Amerika. 2. Aufl.
„ 2238. Sonnenburg, Ferd., Burg Bentheim. Eine Erzählung. 2. Aufl.
„ 2239. Füllgrap, Paul, der Guineafahrer. Eine Erzählung aus Westafrika.
„ 2240. Pistorius, Frz., das Fort im Simcoesee. Erzählung.
„ 2241. Lilla, Felix, das Bramahschloß. Eine Kriminalgeschichte. G. Washington als Erbschaftsrichter. Zwei Erzählungen. 2. Aufl.
„ 2242. Frey, W., Konbuira, das Cherokesenmädchen. Eine Erzählung aus den Zeiten der Gründung Tennessees. 2. Aufl.
„ 2243. Pistorius, Frz., der Diamantenraub. Erzählung.
„ 2244. —— Takondah, der Geächtete. Erzählung.
„ 2245. Frey, W., Surgul, der Häuptling des Nordens, oder die Kinder des Schiffbrüchigen. Eine Erzählung. 2. Aufl.
„ 2246. —— Benara, die Tochter des Inselkönigs. Geschichtl. Erzählung aus den Zeiten span. Eroberungen. 2. Aufl.
„ 2247. Barfus, E. v., Kota-Babi. Eine Episode aus den letzten Kriegen in Atchin. Die Deserteure. Eine Geschichte aus den indischen Gewässern.
„ 2248. Pistorius, Frz., in Feindeshand. Erzählung.
„ 2249. Frey, W., Abenteuer im Goldlande. Eine Erzählung aus Kalifornien. 2. Aufl.
„ 2250. —— der Ostindienfahrer oder Hülfe in der Not. Eine Erzählung. 2. Aufl.

Volks-Erzählungen, kleine. Nr. 2251—2442. 12. (à Nr. ca. 64 S.) Mülheim a. d. R. 889—92, Bagel. à Nr. — 25

2251. Pistorius, Frz. Der Indianerspion.
2252. Die Goldsucher in der Cocosprraschlucht. Der große Nugget. Zwei Erzählgn. v. Felix Lilla. Ein Eisenbahn-Abenteuer.
2253. Frey, W. Die Vergeltung od. in den Wildnissen Australiens. 2. Aufl.
2254. Hansen, Berth. Daniel Boone, der erste Ansiedler in Kentucky. Eine geschichtl. Erzählg. 3. Aufl.
2255. Pistorius, Frz. Der Sohn d. Häuptlings.
2256. —— Das Leuchtschiff.
2257. Frey, W. Das Goldlager am Sakramento. 2. Aufl.
2258. —— Nigrello, der Häuptling d. Berge. Abenteuer auf der Insel Cuba. 2. Aufl.
2259. Pistorius, Frz. Den Pawnees verkauft.
2260. —— Die feindlichen Häuptlinge.
2261. Lindenberg, Paul. Kurt Waldau. 2. Aufl.
2262. Frey, W. Der Pflegesohn d. Indianer-Häuptlings. 3. Aufl.
2263. Pistorius, Frz. Die Rache d. Insulaners.
2264. —— Die Totengruft der Kaziken.
2265. Frey, W. Der Trapper u. sein Schützling. 2. Aufl.
2266. —— Makanna, der Häuptling u. Prophet. Eine histor. Erzählg. aus den Kaffernkriegen. 3. Aufl.
2267. Pistorius, Frz. Zwischen den Klippen od. der Untergang d. Triton.
2268. —— Der Sklavenhändler auf Madagaskar.
2269. Kümmel, Max. Zu den Goldminen v. Draibe od. die Stadt der Zunis. 2. Aufl.
2270. Frey, W. Wawanna, die Indianerbraut. 2. Aufl.
2271. Pistorius, Frz. Der Hausierer.
2272. Marquardt, P. Tiun-Ling od. der chinesische Piratenführer. 2. Aufl.
2273. Frey, W. Das Posthaus in den Felsenbergen. 3. Aufl.
2274. Weber, R. Der Aufstand der Mingo-Indianer. 3. Aufl.
2275. Pistorius, Frz. Die Gefangenen der Omahas.
2276. —— Die Perle v. Celebes.

Volks-Erzählungen, kleine 2c.

2277. Frey, W. Aschantipoo, der letzte der Hiwassee-Indianer. 2. Aufl.
2278. —— Die Eisenbahn der Wildnis od. der entflohene Buchhalter. 2. Aufl.
2279. Pistorius, Frz. Die Inselfarm im Erie-See.
2280. Marquardt, P. Fort Buffalo. 2. Aufl.
2281. Moser, Friedr. Das Negerschiff. 3. Aufl.
2282. Kümmel, M. Luliba, die Indianerin, od. e. Spiel ums Leben. 2. Aufl.
2283. Pistorius, Frz. Die Strandräuber.
2284. Kümmel, H. Wenongah, der Schlangenhäuptling.
2285. Marquardt, P. Seeabenteuer od. unter Piraten. 2. Aufl.
2286. Weber, R. Bergadler, der edle Soschonen-Häuptling. 3. Aufl.
2287. Pistorius, Frz. Makalolo, die Geißel v. Sumatra.
2288. —— Pflanzer u. Indianer.
2289. Frey, W. Das Blockhaus d. Puritaners. 2. Aufl.
2290. Keil, Rob. Mibois Rache od. der Aufstand auf der Insel Neu-Kaledonien. Geschichtliche Erzählg. aus dem J. 1878. 2. Aufl.
2291. Pistorius, Frz. Tot od. gefangen?
2292. —— Die Braut d. Trappers.
2293. Frey, W. Amalunga, die Tochter der Wildnis. 3. Aufl.
2294. Kümmel, Max. Die Goldmine am Gilaflusse. 3. Aufl.
2295. Pistorius, Frz. Der Sklavenjäger v. Sansibar.
2296. —— Das Felsenfort.
2297. Frey, W. Der Schatz d. Häuptlings. 3. Aufl.
2298. —— Das schwarze Rebhuhn, der große Pottawatomiehäuptling. 2. Aufl.
2299. Pistorius, Frz. Das Indianerdorf am Ucayali.
2300. —— Jack Adams, der Meuterer.
2301. Frey, W. In der Prairie. 3. Aufl.
2302. Fogowitz, H. Im Dorfe d. roten Pfeifenthons od. Palinque u. Maschukka. 2. Aufl.
2303. Pistorius, Frz. Die Riff-Piraten.
2304. —— El Sol, der Rächer.
2305. Keil, Rob. Die mutige Farmerstochter od. die Verlobg. auf der Missouri-Insel. 2. Aufl.
2306. —— Der Schutzgeist der Prärie. 2. Aufl.
2307. Pistorius, Frz. Die Beute d. Tigers.
2308. —— Zwischen zwei Feinden.
2309. Frey, W. Trapperleben in der Prärie. 3. Aufl.
2310. —— Weatherford od. der Untergang der Creek-Indianer. 2. Aufl.
2311. Pistorius, Frz. Pekajah, der Wyandot-Häuptling.
2312. —— Verloren u. wiedergefunden.
2313. Lilla, Felix. Die Strandräuber v. Hörnum. — Waldheim, R. Die Tigerin. Ein Seeabenteuer. Ein blinder Passagier. 2. Aufl.
2314. Frey, W. Unter schwarzer Flagge. 3. Aufl.
2315. Pistorius, Frz. Die Küstenschmuggler am Kap Breton.
2316. Müller, Max. Emin, der getreue Pascha.
2317. Keil, Rob. Mein verschollener Bruder od.: Das Wiedersehen im Indianergebiet. 2. Aufl.
2318. Frey, W. Charilokoola, die weiße Indianerin. 2. Aufl.
2319. Pistorius, Frz. Die Tochter d. Fallenstellers.
2320. Frey, W. Talascoola, der Häuptling der Wyandots. 2. Aufl.
2321. Weber, R. Henry Morgan od. korsikanische Rache. 2. Aufl.
2322. Kümmel, Max. Ein Wettlauf bei den Kommanchen, od. Attahiba, die Häuptlingstochter. 2. Aufl.
2323. Albrecht, R. Der Schatz im Apachenlande. 2. Aufl.
2324. —— Der lange Daniel od. unter den Mingos. 2. Aufl.
2325. Hansen, B. Die Meuterei der Irländer. 2. Aufl.
2326. Frey, W. Chinawaru, der Adler der Berge. 2. Aufl.
2327. Pistorius, Frz. Leona, die Quadrone.
2328. Frey, W. Der Schatz auf Caprera. 2. Aufl.
2329. Keil, Rob. Die Pulvermine im Blockhaus. 2. Aufl.
2330. Kümmel, H. Ottawa, der Sohn d. Pawneehäuptlings. 2. Aufl.
2331. Pistorius, Frz. Der Gefangene v. Norfolk-Island.
2332. Gillwald, Alb. Im Lande der Hindu.
2333. Frey, W. Ein dreifaches Wiedersehen. 3. Aufl.
2334. —— Die Schiffbrüchigen auf der Chabrol-Insel. 2. Aufl.
2335. Pistorius, Frz. Die Apachin.
2336. Frey, W. Edle Rache e. Kanadiers. 3. Aufl.
2337. Hansen, B. Jules Gerard, der Löwentöter. 3. Aufl.
2338. Weber, R. Kanatucko, der letzte Sachem der Cherokesen. 3. Aufl.
2339. Zastrow, Carl. Tom Blackley, der Sohn d. Lotsen.
2340. Frey, W. Olaf, der Findling. 2. Aufl.
2341. —— Abenteuer in Texas. 3. Aufl.
2342. Kümmel, Max. Die geraubte Indianerin. 2. Aufl.
2343. Frey, W. Auf e. Insel verschlagen od. d. Superkargos Tod. 2. Aufl.
2344. —— Tuscora, der Passamaquoddie-Häuptling. 3. Aufl.
2345. —— Ein Zweikampf in der Steppe. 3. Aufl.
2346. Weber, R. Der zischende Pfeil. 3. Aufl.
2347. Pistorius, Frz. Palangi, die Pirateninsel.
2348. —— Verrat u. Treue.
2349. Keil, Rob. Der Bagnosträfling od.: Unschuldig verurteilt. 2. Aufl.
2350. Seydel, C. Abenteuer in Kalifornien.
2351. Kümmel, H. Attala, der Häuptling der Maronneger.
2352. Weber, R. Der Indianerfeind.
2353. Frey, W. Der letzte Seminolenhäuptling.
2354. Pistorius, Frz. Die Tochter d. Bahnwärters.
2355. Gillwald, Alb. Die Farm am Colorado.
2356. Pistorius, Frz. Die Insel der Buschneger.
2357. Themar, Hans. Prärie u. Niagarafall od.: Die Jagd nach dem Glücke.
2358. Weber, R. Der Signalwächter auf den Lofoten.
2359. Frey, W. Der kreisende Adler.
2360. Mylius, Otfr. Die gestohlene Yacht od.: Abenteuer unter chines. Seeräubern.
2361. Wilhelmi, H. Der Galeeren-Sklave.
2362. Pistorius, Frz. Der Überläufer.

Volks-Erzählungen, kleine 2c.

2363. Hansen, Berth. Der Sohn d. Gouverneurs.
2364. Waldheim, R. Die Ansiedlung am Rio Pardo.
2365. Frey, W. Auf den Wogen der Südsee.
2366. Rosenthal, Louis. Die Schatzkammer der Inkas.
2367. —— Der große Diamant.
2368. Grundmann, J. Yaha-Hajo, der große Häuptling der Seminolen.
2369. Pistorius, Frz. Der Paß v. Lydenburg.
2370. Frey, W. Doppelzahn, der Häuptling der Flatheads.
2371. Lackowitz, W. Die Rache d. Schwarzfuß-Indianers.
2372. Pistorius, Frz. Der Flibustierkapitän.
2373. Frey, W. Schwarzes Blut od. der Sohn d. Pflanzers.
2374. Mylius, Otfr. Das Indianergrab od.: Am Nicaragua-See.
2375. Weber, R. Jack Raskal, der irische Rebell.
2376. Frey, W. Amakosi, der dankbare Zulu-Häuptling. 3. Aufl.
2377. Kümmel, H. Die Gräber der Osagenhäuptlinge. 2. Aufl.
2378. Frey, W. Die Kämpfe am Minnesotaflusse. 3. Aufl.
2379. —— Der letzte Pirat der Nordsee. 2. Aufl.
2380. Keil, Rob. In den Ruinen d. Inkaspalastes. 2. Aufl.
2381. Frey, W. Der Verrat d. Indianers. 4. Aufl.
2382. —— Der Caroncawa-Häuptling. 3. Aufl.
2383. Marquardt, P. Abenteuer auf Palawan. 3. Aufl.
2384. Frey, W. Unter den Maron-Negern. 4. Aufl.
2385. —— Büffelauge, der Sohn d. Dakota-Häuptlings Sitting Bull. 2. Aufl.
2386. Weber, R. Treue Schwesterliebe od.: Befreit aus Indianerhänden. 3. Aufl.
2387. Foehse, Ludw. Mango, der Seekönig.
2388. Pistorius, Frz. Der Aufstand der Dakotahs.
2389. Kümmel, H. Auf verlorenem Posten. Die Strandräuber. 2. Aufl.
2390. Ein irischer Robinson. — Der Strandherr v. Dagöe. Zwei Erzählgn. 3. Aufl.
2391. Frey, W. Tarajsee, od.: Die Ansiedler in der Prärie. 3. Aufl.
2392. —— Die Rache d. Negers. 3. Aufl.
2393. Kümmel, H. Erlebnisse in Kamerun. 2. Aufl.
2394. Marquardt, P. Lorana, indische Fürstentochter. 2. Aufl.
2395. Foehse, Ludw. Die Sklavenhändler v. Saadani, od. Bana Heris Empörg.
2396. Hancke, Osw. Der Scheich der Khruiden.
2397. Frey, W. Abenteuer zu Wasser u. zu Lande od.: Der lange Ephraim. 2. Aufl.
2398. Keil, Rob. Der Urteilsspruch d. Häuptlings. 2. Aufl.
2399. Pistorius, Frz. Der Negerkönig v. Lunda. 2. Aufl.
2400. Frey, W. Pacatari, die weiße Taube. 2. Aufl.
2401. Fogowitz, A. H. Opfermut u. Treue bei den Soshones. 2. Aufl.
2402. Keil, Rob. Die Tochter d. Sklavenhalters. 2. Aufl.
2403. Gillwald, Alb. Der versunkene Millionen-Schatz d. ‚Admiral Ruyter'. In Not u. Gefahr.
2404. Foehse, Ludw. Minnehaha, die Blume der Prairie.
2405. Frey, W. Das Totem d. Mohikaners. 2. Aufl.
2406. Fogowitz, A. H. Tanaquil, der Letzte seines Stammes. 2. Aufl.
2407. Frey, W. Dekannoh od. Indianertreue. 2. Aufl.
2408. —— Abenteuer e. Schiffsjungen. 3. Aufl.
2409. An Bord der ‚Sternschnuppe'. — Ein Abenteuer unter den Rothäuten.
2410. Kümmel, H. Das Opfer d. Mandanenhäuptlings. 2. Aufl.
2411. Die Schreckensnacht auf e. Leuchtturm. — Am Strande. 2. Aufl.
2412. Hancke, Osw. An den Ufern d. Uruguay.
2413. Fuhrmann, Max. Der Gefangene auf den Salomons-Inseln od.: Verschollen u. Wiedergefunden. 2. Aufl.
2414. Frey, W. Der Klosterschatz. 3. Aufl.
2415. —— Das Blockhaus. 4. Aufl.
2416. Weber, R. Mecum, der Ulmen v. Arauca. 3. Aufl.
2417. Frey, W. Wani, das Hindumädchen. 2. Aufl.
2418. —— Der Brand d. Seeadlers. 3. Aufl.
2419. —— Das Pulverschiff. 2. Aufl.
2420. Fogowitz, A. H. Erlebnisse e. Nomaden-Jägers am Pecos-River. 2. Aufl.
2421. Pistorius, Frz. Das Gasthaus am Redriver. 2. Aufl.
2422. Frey, W. Der Polizei-Agent. 2. Aufl.
2423. Mylius, Otfr. Ein Ritt üb. die Indianer-Grenze.
2424. Lilla, Felix. Durch eigene Schuld. — Der Eisgang. 2. Aufl.
2425. Frey, W. Die Wunderhöhle auf Hunga. 4. Aufl.
2426. Unter Strandräubern. — Der alte Filzhut. 2. Aufl.
2427. Moser, Friedr. An der Goldküste. 3. Aufl.
2428. Fuhrmann, Max. Auf dem Wrack. 2. Aufl.
2429. Seydel, C. Eine Nacht im Urwalde. 2. Aufl.
2430. Frey, W. Verschlungene Wege. 2. Aufl.
2431. —— Sakuntala od. die wiedergefundene Schwester. 2. Aufl.
2432. —— Ataja, die Gefangene der Eskimos. 3. Aufl.
2433. Keil, Rob. Hawkins Farm od. e. Abenteuer am Missouri. 2. Aufl.
2434. Lilla, Fel. Abenteuer im Busch. — Der Bündelmann. 2. Aufl.
2435. Barfus, E. v. Im fernen Westen.
2436. Fuhrmann, Max. Unter den Papuas od. der Manager v. Small-Island.
2437. Müller, Max. In den Händen der Thugs. 2. Aufl.
2438. Frey, W. Die Meuterer. Eine Seegeschichte. 2. Aufl.
2439. —— In Indianerhänden. 4. Aufl.
2440. Kümmel, H. Aus Angra-Pequena od. der Missionar im Namaqua-Lande. 2. Aufl.
2441. —— Im Herzen Südamerikas od. die Flucht aus dem Kerker. 2. Aufl.
2442. Frey, W. Gesprengte Fesseln od. der Untergang d. Sklavenhändlers. 3. Aufl.

Volks-Erzählungen, kleine. Nr. 2363—2506. 12. (à ca. 64 S.) Mülheim a/R., J. Bagel. à — 25

Inhaltsübersicht in alphabetischer Ordnung:

Abenteuer, ein, unter den Rothäuten, s.: An Bord.

Albrecht, R., das Vermächtnis des Trappers. Eine Erzählg. aus dem wilden Westen. 894. (Nr. 2465.)

Alto, Ernst, Sadi, der Schmuggler v. Java. Eine Erzählg. aus Javas Gegenwart. 894. (Nr. 2506.)

— Said Man, der edle Deutsche. Eine Erzählg. aus dem 1. Feldzuge der Holländer gegen die Atchinesen. 894. (Nr. 2491.)

Am Strande, s.: Schreckensnacht, die.

An Bord der ‚Sternschnuppe'. Eine Seemannsgeschichte. — Ein Abenteuer unter den Rothäuten. 892. (Nr. 2409.)

Auf der Fährte d. Verbrechers, s.: Nellenburg, R.

Barfus, E. v., im fernen Westen. Erzählg. 892. (Nr. 2435.)

— deutsche Ansiedler am Cheyenne. Erzählg. aus den Territorien von E. v. Barfus. — Eine unheimliche Seefahrt. — Ein Ritt ums Leben. 893. (Nr. 2445.)

Becker, R., Abenteuer m. indischen Piraten. Erzählg. 894. (Nr. 2487.)

— ein Ritt auf Leben u. Tod. In den Wildnissen Südafrikas. Zwei Erzählgn. 894. (Nr. 2450.)

— der treue Sensis-Indianer. Erzählg. 894. (Nr. 2475.)

Eckstein, Fritz, ein Überfall durch Tramps. Eine Erzählg. 894. (Nr. 2492.)

Filzhut, der alte, s.: Unter Strandräubern.

Fischer, Paul, der Schwanenritter v. Cleve. Eine niederrhein. Volkssage. 894. (Nr. 2494.)

Fogowitz, A. H., Erlebnisse e. Nomaden-Jägers am Pecos-River. Prärie-, Wald- u. Wüstenbilder. 2. Aufl. 892. (Nr. 2420.)

— Glutauge, der Pastanowa od.: Nur e. Wilder. Eine Erzählg. aus dem Leben der Kolonisten an der indian. Grenze. 894. (Nr. 2486.)

— das Jakutenmädchen od.: Die Reise nach der Elfenbeinmine des Nordpols. Nordische Abenteuer. 894. (Nr. 2495.)

— des Marabout Diamant od.: Die Tauschhändler am Senegal. Abenteuerfahrten im Lande der Dscholoffen u. Bambaras. 894. (Nr. 2481.)

— Opfermut u. Treue bei den Soshones. Erlebnisse zweier Deutschen im Idaho-Distrikt u. in den Felsenbergen. 2. Aufl. 891. (Nr. 2401.)

— Tanaquil, der Letzte seines Stammes. Aus der Skizzenmappe e. Reisenden. 2. Aufl. 892. (Nr. 2406.)

— der Waldmensch od. verirrt in der Urwildnis. Eine wahre Geschichte aus den Wäldern im Kanzaslande. 893. (Nr. 2456.)

— Zaubervogel od.: Das weiße Mädchen der Mönnitarris-Indianer. Episoden aus e. Sommeraufenthalt unter den Indianern des Rocky-Mountain-Territoriums. 894. (Nr. 2471.)

— Am Grabe des Trappers od.: Die Frau des Biberjägers. Erzählg. aus dem Biberfängerleben im Norden (am Bärensee) v. A. H. Fogowitz. — Der Schmuggler. Eine ostfries. Geschichte. 894. (Nr. 2496.)

Foehse, Ludw., der Einsiedler v. Kisiwani. Eine vaterländ. Erzählg. aus Deutsch-Afrika. 894. (Nr. 2468.)

— die Faktorei im Makonda-Lande od.: Im Kampfe m. Wilden. Eine Erzählg. 894. (Nr. 2479.)

— Mango, der Seekönig. Eine Erzählg. vom Nyanza-See. 891. (Nr. 2387.)

— Minnehaha, die Blume der Prairie. Eine Indianer-Erzählg. 892. (Nr. 2404.)

— die Sklavenhändler v. Saadani, od.: Bana Heris Empörg. Eine Erzählg. aus Deutsch-Ostafrika. 891. (Nr. 2395.)

— Die feindlichen Ansiedler. Eine amerikan. Erzählg. v. Ludw. Joehse. — Unter Piraten u. auf e. wüsten Insel. Von R. Nellenburg. 894. (Nr. 2485.)

Frey, W., Abenteuer zu Wasser u. zu Lande od.: Der lange Ephraim. Eine Erzählg. 2. Aufl. 891. (Nr. 2397.)
— Abenteuer e. Schiffsjungen. Erzählg. aus den Zonen des Stillen Oceans. 3. Aufl. 892. (Nr. 2408.)
— Amakosi, der dankbare Zulu-Häuptling. Eine Erzählg. 3. Aufl. 891. (Nr. 2376.)
— die Apachen am Rio grande. Eine Erzählg. aus dem Indianerleben. 894. (Nr. 2498.)
— Ataja, die Gefangene der Eskimos. Eine Erzählg. 3. Aufl. 892. (Nr. 2432.)
— das Blockhaus. Eine Erzählg. aus dem Indianerleben. 4. Aufl. 892. (Nr. 2415.)
— schwarzes Blut od. der Sohn d. Pflanzers. Eine Erzählg. aus dem Sklavenkriege Nordamerikas. 891. (Nr. 2373.)
— Bramalo, der Kattawahäuptling. Eine Erzählg. 893. (Nr. 2457.)
— der Brand d. Seeadlers. Eine Erzählg. 3. Aufl. 892. (Nr. 2418.)
— Büffelauge, der Sohn d. Dakota-Häuptlings Sitting Bull. Eine Erzählg. 2. Aufl. 891. (Nr. 2385.)
— der Caroncawa-Häuptling. Eine Erzählg. 3. Aufl. 891. (Nr. 2382.)
— Charly, der Waldläufer. Eine Erzählg. aus den Urwäldern des Ohio. 894. (Nr. 2474.)
— Chingaruru od.: Der wandelnde Schatten. Eine Erzählg. aus den Zeiten der Gründg. v. Tennessee. 894. (Nr. 2504.)
— Dekannoh od. Indianertreue. Eine indian. Erzählg. 2. Aufl. 892. (Nr. 2407.)
— Doppelzahn, der Häuptling der Flatheads. Eine Erzählg. 891. (Nr. 2370.)
— gesprengte Fesseln od. der Untergang d. Sklavenhändlers. Eine Erzählg. 3. Aufl. 892. (Nr. 2442.)
— die Gefahren der Wildnis. Eine Erzählg. 894. (Nr. 2478.)
— der blaue Habicht. Eine Erzählg. aus dem Leben unter den Flachkopfindianern. 894. (Nr. 2499.)
— der letzte Held des Miamistammes. Eine Erzählg. 894. (Nr. 2493.)
— der dankbare Indianer. Eine Erzählg. 893. (Nr. 2451.)
— in Indianerhänden. Eine Erzählg. 4. Aufl. 892. (Nr. 2439.)
— das Indianermädchen v. Kap Breton. Eine geschichtl. Erzählg. 893. (Nr. 2453.)
— Ivan, der Robinson des Nordens, u. seine Gefährten. Eine Erzählg. 894. (Nr. 2500.)
— Ivanhu od.: Die Trapperstochter unter den Soschonen. Eine Erzählg. 894. (Nr. 2482.)
— die Kämpfe am Minnesotaflusse. Eine geschichtl. Erzählg. aus den letzten Indianerkriegen. 3. Aufl. 891. (Nr. 2378.)
— der Kapitän u. sein Schiffsjunge. Eine Seemannsgeschichte. 893. (Nr. 2452.)
— der Klosterschatz. Eine Erzählg. aus den texan. Wildnissen. 3. Aufl. 892. (Nr. 2414.)
— Kriegsadler, der Winipeghäuptling. Eine Erzählg. 893. (Nr. 2448.)
— unter den Maron-Negern. Eine Erzählg. aus dem Waldleben Brasiliens. 4. Aufl. 891. (Nr. 2384.)
— die beiden Mateloten od. unter den Bukaniern. Eine Erzählg. aus den Meeren Amerikas. 893. (Nr. 2447.)
— der Medizinmann der Pequod-Indianer. Eine indian. Erzählg. 893. (Nr. 2458.)
— die Meuterer. Eine Seegeschichte. 2. Aufl. 892. (Nr. 2438.)
— Murzuk, der Häuptling der Ostiaken. Eine Erzählg. 893. (Nr. 2450.)
— das Fort Oranien od.: Der Kampf m. Atchinesen. Eine Erzählg. aus den holländ. Kämpfen in Atchin. 894. (Nr. 2473.)
— Pacatari, die weiße Taube. Eine indian. Erzählg. 2. Aufl. 891. (Nr. 2400.)
— der letzte Pirat der Nordsee. Eine geschichtl. Erzählg. 2. Aufl. 891. (Nr. 2379.)
— der Polizei-Agent. Erzählg. aus dem amerikan. Gaunerleben. 2. Aufl. 892. (Nr. 2422.)
— das Pulverschiff. Eine Erzählg. aus den mexikan. Kriegen. 2. Aufl. 892. (Nr. 2419.)
— die Rache d. Negers. Eine Erzählg. 3. Aufl. 891. (Nr. 2392.)
— Sakuntala od. die wiedergefundene Schwester. Eine Erzählg. aus den Wildnissen Minnesotas. 2. Aufl. 892. (Nr. 2431.)
— die 11 Schill'schen Offiziere, od.: Verurteilt zu Pulver u. Blei. Eine Erzählg. 894. (Nr. 2490.)
— die Sturmmöve od.: Unter Piraten auf Sumatra. Eine Erzählg. 894. (Nr. 2472.)
— Tabatingoo, der Seminolen-Häuptling. Eine Erzählg. 894. (Nr. 2488.)
— Tarassee, od.: Die Ansiedler in der Prärie. Eine Erzählg. 3. Aufl. 891. (Nr. 2391.)
— Taubenfeder, die Tochter d. Sioux-Häuptling. Eine Erzählg. 893. (Nr. 2454.)
— das Totem des Mohikaners. Eine Erzählg. 2. Aufl. 892. (Nr. 2405.)
— der Überfall in der Prärie. Eine Erzählg. 894. (Nr. 2503.)
— der Verrat d. Indianers. Eine Erzählg. 4. Aufl. 891. (Nr. 2381.)

Frey, W., Wani, das Hindumädchen. Eine ind. Erzählg. 2. Aufl. 892. (Nr. 2417.)
— verschlungene Wege. Eine Erzählg. 2. Aufl. 892. (Nr. 2430.)
— Winganoo, der Osagenhäuptling, od.: Das Blockhaus des Mennoniten. Eine Erzählg. aus den Wildnissen der Prärie. 894. (Nr. 2497.)
— auf den Wogen der Südsee. Erzählg. 891. (Nr. 2365.)
— Wolatoola, od.: Die Verteidigg. des Blockhauses im Urwalde. Eine Erzählg. 894. (Nr. 2501.)
— die Wunderhöhle auf Hunga. Eine geschichtl. Robinsonade. 4. Aufl. 892. (Nr. 2425.)

Fuhrmann, Max., der Gefangene auf den Salomons-Inseln od. Verschollen u. Wiedergefunden. Eine Erzählg. 2. Aufl. 892. (Nr. 2413.)
— unter den Papuas od. der Manager v. Small-Island. 892. (Nr. 2436.)
— der Pelzhändler od. der Überfall am Saskatschewan-See. Eine Erzählg. aus dem Nordwest-Gebiet d. brit. Nordamerika. 893. (Nr. 2446.)
— auf dem Wrack. Eine Erzählg. vom Meeresstrande. 2. Aufl. 892. (Nr. 2428.)

Gillwald, Alb., der versunkene Millionen-Schatz d. ‚Admiral Ruyter'. In Not u. Gefahr. 2 Erzählgn. 892. (Nr. 2403.)

Groß, H., Mac Gregor, der Zigeunerfürst, od. der Schatz der Würger. Erzählg. 894. (Nr. 2476.)

Grundmann, J., Yaha-Hajo, der große Häuptling der Seminolen. Eine Erzählg. aus Florida. 891. (Nr. 2368.)

Hacienda, die, im Grenzland. Episode aus den chilenisch-araukan. Feldzügen. Erzählt v. P. F. 894. (Nr. 2470.)

Hancke, Osw., der Scheich der Khruiden. Eine Erzählg. aus den Kämpfen in Algier. 891. (Nr. 2396.)
— an den Ufern d. Uruguay. Eine Erzählg. aus den Kämpfen in Uruguay u. dem Leben Giuseppe Garibaldis. 892. (Nr. 2412.)

Hansen, Berth., der Sohn d. Gouverneurs. Eine Erzählg. 891. (Nr. 2363.)

Keil, Rob., die Flucht aus dem Lepra-Hospitale. Eine Erzählg. aus dem Leben in den südamerikan. Freistaaten. 893. (Nr. 2455.)
— Hawkins Farm od. e. Abenteuer am Missouri. Erzählg. 2. Aufl. 892. (Nr. 2433.)
— in den Ruinen d. Inkaspalastes. Eine Erzählg. aus der Zeit der südamerikan. Revolution. 2. Aufl. 891. (Nr. 2380.)
— die Tochter d. Sklavenhalters. Erzählg. 2. Aufl. 891. (Nr. 2402.)
— der Urteilsspruch d. Häuptlings. Eine Erzählg. aus dem Indianerleben. 2. Aufl. 891. (Nr. 2398.)

Kümmel, H., aus Angra-Pequena od. der Missionar im Namaqua-Lande. Erzählg. 2. Aufl. 892. (Nr. 2440.)
— der Deserteur auf Java. Eine Erzählg. 894. (Nr. 2477.)
— Erlebnisse in Kamerun. Erzählg. 2. Aufl. 891. (Nr. 2393.)
— die Gräber der Osagenhäuptlinge. Eine Erzählg. 2. Aufl. 891. (Nr. 2377.)
— im Herzen Südamerikas od. die Flucht aus dem Kerker. Eine Erzählg. 2. Aufl. 892. (Nr. 2441.)
— Nintsamöh, der Chartas-Indianer. Eine Erzählg. 893. (Nr. 2443.)
— das Opfer d. Mandanenhäuptlings. Eine Erzählg. 2. Aufl. 892. (Nr. 2410.)
— die Rache d. Irokesen. Der alte Boon. 2 Erzählgn. 893. (Nr. 2460.)
— die Rache des Pausias. Erzählg. aus West-Afrika. 894. (Nr. 2505.)
— auf verlorenem Posten. Eine Erzählg. v. H. Kümmel. — Die Strandräuber. 2. Aufl. 891. (Nr. 2389.)

Kümmel, Max, ein nächtliches Abenteuer od.: Der gefährdete Geldschrank. Eine Kriminalgeschichte. 894. (Nr. 2469.)
— Alohi, der Perlenfischer, od.: Die Rache des Südsee-Insulaners. 894. (Nr. 2484.)
— der Tod des Elfenbeinhändlers. Eine Erzählg. 894. (Nr. 2502.)

Lackowitz, W., die Rache d. Schwarzfuß-Indianers. Eine Erzählg. aus Montana. 891. (Nr. 2371.)
— Rosita, die Trappersfrau. Eine Erzählg. aus dem Felsengebirge. 894. (Nr. 2483.)

Lilla, Fel., Abenteuer im Busch. Der Bündelmann. 2 austral. Erzählgn. 2. Aufl. 892. (Nr. 2434.)
— auf der Eisinsel. Die Heimkehr d. Verschollenen. 2 Erzählgn. 893. (Nr. 2462.)
— durch eigene Schuld. Der Eisgang. 2 Erzählgn. 2. Aufl. 892. (Nr. 2424.)

Marquardt, P., Abenteuer auf Palawan. 3. Aufl. 891. (Nr. 2383.)
— Lucana, indische Fürstentochter. Eine Erzählg. 2. Aufl. 891. (Nr. 2394.)

Moser, Frdr., an der Goldküste. Nach e. wahren Begebenheit erzählt. 3. Aufl. 892. (Nr. 2427.)

Müller, Max, Atscha, das Türkenmädchen. Erzählg. aus der Belagerg. v. Plewna. 894. (Nr. 2467.)
— in den Händen der Thugs. Eine Erzählg. aus dem Sepoys-Aufstande. 2. Aufl. 892. (Nr. 2437.)

Mylius, Otfr., die überfallenen Ansiedler. Unter den Goldgräbern Californiens. 2 Erzählgn. 893. (Nr. 2459.)
— Auge um Auge. Zahn um Zahn! Eine Geschichte v. der Indianer-Grenze. 893. (Nr. 2444.)
— das Indianergrab, od.: Am Nicaragua-See. Abenteuer u. Erlebnisse e. jungen Deutschen. 891. (Nr. 2374.)
— ein Ritt üb. die Indianer-Grenze. Erzählg. 892. (Nr. 2423.)

Nellenburg, R., unter Piraten u. auf e. wüsten Insel, s.: Joehse, Ludw., die feindlichen Ansiedler.
— Die vertrocknete Cisterne. Ein mexikan. Abenteuer. Erzählt v. R. Nellenburg. — Verirrt in der Wildnis. Aus den Erinnergn. e. Pelzhändlers. 894. (Nr. 2466.)
— In der Gefangenschaft der Shawnee-Indianer. Nach e. wirkl. Begebenheit v. R. Nellenburg. — Auf der Fährte d. Verbrechers. 893. (Nr. 2461.)

Pistorius, Frz., der Aufstand der Dakotahs. Erzählg. 891. (Nr. 2388.)
— der Filibustierkapitän. Erzählg. 891. (Nr. 2372.)
— das Gasthaus am Redriver. Erzählg. 2. Aufl. 892. (Nr. 2421.)
— der Negerkönig v. Lunda. Eine Erzählg. 2. Aufl. 891. (Nr. 2399.)
— der Paß v. Lydenburg. Erzählg. 891. (Nr. 2369.)
— die Poststation im Ocean. Erzählg. 894. (Nr. 2464.)
— das versunkene Schiff. Erzählg. 893. (Nr. 2449.)

Ritt, ein, ums Leben, s.: Barfus, E. v.

Robinson, ein irischer. — Der Strandherr v. Dagöe. Zwei Erzählgn. 3. Aufl. 891. (Nr. 2390.)

Rosenthal, Louis, der große Diamant. Erzählg. aus der uruguit. Steppe. 891. (Nr. 2367.)
— die Schatzkammer der Inkas. Eine Geschichte aus den Kordilleren. 891. (Nr. 2366.)

Schmuggler, der, s.: Fogowitz, A. H., am Grabe des Trappers.

Schreckensnacht, die, auf e. Leuchtturm. — Am Strande 2 Erzählgn. 2. Aufl. 892. (Nr. 2411.)

Seefahrt, eine unheimliche, s.: Barfus, E. v.

Seydel, C., eine Nacht im Urwalde. Eine Indianer-Geschichte. 2. Aufl. 892. (Nr. 2429.)

Strandherr, der, von Dagöe, s.: Robinson, ein irischer.

Strandräuber, die, s.: Kümmel, H., auf verlorenem Posten.

Unter Strandräubern. — Der alte Filzhut. 2 Erzählgn. 2. Aufl. 892. (Nr. 2426.)

Verirrt in der Wildnis, s.: Nellenburg, R., die vertrocknete Cisterne.

Waldheim, R., die Ansiedlung am Rio Pardo. Erzählg. 891. (Nr. 2364.)

Weber, R., Mecum, der Ulmen v. Arauca. Eine Erzählg. aus den Kordilleren v. Chile. 3. Aufl. 892. (Nr. 2416.)

— Jack Raskal, der irische Rebell. Erzählg. 891. (Nr. 2375.)

— treue Schwesterliebe, od.: Befreit aus Indianerhänden. Eine Erzählg. aus dem Leben in der Prairie. 3. Aufl. 891. (Nr. 2386.)

Zastrow, Carl, Wenonda, das Mandanenmädchen. Eine Indianer-Geschichte. 894. (Nr. 2489.)

Zimmermann, Frdr., die Erzählgn. des Kundschafters. Eine Mutter. 894. (Nr. 2463.)

Volks-Erzählungen, kleine. Nr. 2507—2642. 12. (à ca. 64 S.) Mülheim a/R., J. Bagel. à — 25

Inhaltsübersicht in alphabetischer Ordnung:

Adolfi, B., Jan Svensson od. Bauerntreue u. Fürstendank. E. Erzählg. aus d. Zeit Karls XII. 896. (Nr. 2596.)

Alto, Ernst, d. Fluch des Schiffbrüchigen. E. Erzählg. aus d. Seemannsleben. 895. (Nr. 2524.)

— Ibrahim, d. dankbare Atchinese. Erlebnisse e. Deutschen in fremden Kriegsdiensten. D. Leben nacherzählt. 895. (Nr. 2520.)

— die Meuterei in Kamerun. Eine Erzählung aus Kameruns jüngster Vergangenheit. 895. (Nr. 2516.)

— Sidin-ben-Hamet, der Seeräuber. E. Erzählg. aus d. ind. Seemannsleben. 895. (Nr. 2510.)

— der schwarze Steuermann. E. Erzählung aus meinem Seemannsleben. 895. (Nr. 2514.)

— treu bis in d. Tod. E. Erzählg. aus Indiens jüngster Vergangenheit. 896. (Nr. 2579.)

Barfus, E. v., dem Tode entronnen. Gefangen. Zwei Erzählgn. 895. (Nr. 2554.)

Cassau, Karl, Rakenu, der weiße Adler. Erzählg. aus dem fernen Westen. 895. (Nr. 2519.)

Deutz, Fr., Arnold v. Bronkhorst. Nach e. wahren Begebenheit erzählt. 895. (Nr. 2527.)

— Treue Kindesliebe od. Zweimal zum Tode verurteilt. Eine Erzählg. 898. (Nr. 2608.)

— die Sarazenenbraut. Nach e. westfäl. Sage erzählt. 895. (Nr. 2523.)

— die ‚Vineta' im Kampf m. indischen Piraten. 896. (Nr. 2556.)

Eckstein, Fritz, Achilles Emery, der Kapitän des „Rapid". E. Erzählg. 896. (Nr. 2576.)

— „Lucy Seymour", die „Kapitänin der Islandmaid". Erzählung. 898. (Nr. 2603.)

Fern, Valent., die Goldschlucht. Der Millionär v. St. Louis. 2 Erzählgn. 896. (Nr. 2584.)

Fogowitz, A. H., in d. Eisregion oder Verloren u. wiedergefunden. E. Geschichte aus d. Polarwelt. 896. (Nr. 2588.)

— Indianische Freundschaft od. Die Rettung der Verurteilten. Erzählg. aus Neu-Mexiko. 895. (Nr. 2525.)

— D. Karawanenführer od. D. Untergang d. Blackfeet-Indianer. — Holick, der Wolfsjäger. Zwei Erzählgn. aus dem Westen. 895. (Nr. 2549.)

— im Land d. Schwarzfüße. E. Bild aus d. Leben d. Trapper u. Rothäute. 895. (Nr. 2507.)

— d. Verrat der Wyandots od. d. wilde Katze. E. Erzählg. zur Zeit d. englisch-französ. Kolonieen-Kampfes in Nord-Amerika. 896. (Nr. 2581.)

Frey, W., Abdero, die Tochter der Wüste, od. Abenteuer zu Wasser u. zu Lande. E. Erzählg. 896. (Nr. 2578.)

— Abenteuer unter d. Chippewa-Indianern. Eine wahre Erzählung. 898. (Nr. 2631.)

— Abenteuer im Goldlande. Eine Erzählung aus Kalifornien. 898. (Nr. 2616.)

— das Afghanenmädchen. E. geschichtl. Erzählg. aus d. Kämpfen d. Engländer in Asien. 898. (Nr. 2617.)

— Alisma od. Der Aufstand in Bombay. Eine Erzählung aus Indien. 895. (Nr. 2539.)

— die Auswanderer nach Brasilien od. Bleibe im Lande u. nähre dich redlich. E. Erzählg. 898. (Nr. 2614.)

— das Bekenntnis d. Hinterwäldlers. E. Erzählg. aus d. Urwäldern Kentuckys. 896. (Nr. 2586.)

— Faringa, der Freibeuter. E. Erzählg. 896. (Nr. 2591.)

— das Fischermädchen v. Blankenstein. Eine Erzählung. 898. (Nr. 2600.)

— die Flucht durch die Katakomben od. Meister Cardillac, der Goldschmied v. Paris. E. Erzählg. nach geschichtl. Thatsachen. 895. (Nr. 2521.)

— der Gauchoführer. Eine Erzählung aus den Pampas. 895. (Nr. 2544.)

— die Gefangene d. Komanchen. E. Erzählg. aus d. Indianerleben. 895. (Nr. 2552.)

— Die Geistergaleere od. Die Rache des Verbannten. E. venetian. Sage. 895. (Nr. 2550.)

— das Geheimnis der Felsenhöhle. Eine Seegeschichte. 896. (Nr. 2569.)

Frey, W., eine Goldader in Australien. Erzählung. 898. (Nr. 2602.)

— an d. Grenzen d. Wildnis od.: Verloren u. gefunden. E. Erzählg. 895. (Nr. 2528.)

— der Händler v. Santa Fé. Eine indian. Erzählung. 895. (Nr. 2511.)

— die verbünd. Häuptlinge. E. Erzählg. 895. (Nr. 2522.)

— Kahlschinehs Tod. E. Erzählg. aus d. Wildnissen Afrikas. 895. (Nr. 2512.)

— das Kainszeichen od. im Indianerdorfe am Wiskonsinriver. E. Erzählg. 896. (Nr. 2533.)

— die feindlichen Kapitäne. E. Seegeschichte. 896. (Nr. 2572.)

— die deutschen Kolonisten. Eine Erzählg. aus dem Waldleben Nordamerikas. 898. (Nr. 2604.)

— aus dem Leben e. Kriminalbeamten. Eine Erzählung. 898. (Nr. 2612.)

— Maconaqua, die weiße Indianerin. Eine Erzählung. 895. (Nr. 2540.)

— Mariette, die Blume des Ohio. Eine Erzählg. aus den Urwäldern Amerikas. 895. (Nr. 2518.)

— Minnetaha od.: Das spring. Wasser. Eine Erzählung. 895. (Nr. 2530.)

— der Negerfreund od. d. Erbe d. Pedlars. E. Erzählg. aus d. Südstaaten. 898. (Nr. 2606.)

— der Pedlar. E. Erzählg. aus d. Wäldern v. Arkansas. 896. (Nr. 2561.)

— der geheimnisvolle Pedlar. E. Erzählg. aus d. Wäldern v. Tennessee. 896. (Nr. 2577.)

— Pokahontas, d. Indianer-Prinzessin. E. geschichtl. Erzählg. aus den ersten Zeiten der Ansiedelung in Amerika. 895. (Nr. 2509.)

— Quassi, der Neger-Häuptling. Eine Erzählg. aus d. nordamerikan. Kriegen d. letzten Zeit. 896. (Nr. 2593.)

— d. treue Seekadett. Eine geschichtl. Erzählg. 895. (Nr. 2532.)

— Semilasso, der Senegambier. Eine Erzählg. 896. (Nr. 2555.)

— Singu der Kaffernhäuptling. Eine Erzählg. aus den Wildnissen Südafrikas. 896. (Nr. 2565.)

— in Sklavenbanden. Eine Erzählg. 895. (Nr. 2533.)

— der sausende Speer. Eine Indianergeschichte. 896. (Nr. 2574.)

— Surgul, d. Häuptling d. Nordens, od. D. Kinder des Schiffbrüchigen. Eine Erzählg. 898. (Nr. 2637.)

— die verhängnisvolle Taverne. Eine Erzählg. aus dem Leben New Yorks. 895. (Nr. 2545.)

— der Tigertöter od. d. Dolch d. Javanen. Eine Erzählg. aus Ostindien. 898. (Nr. 2605.)

— die Tochter des Kerkermeisters od. d. Flucht e. Unschuldigen aus d. Gefängnis der Bleidächer zu Venedig. Eine Erzählg. 896. (Nr. 2573.)

— die Tochter des Pflanzers. Eine Erzählg. aus dem Leben d. Südstaaten. 896. (Nr. 2566.)

— der Trapper u. s. Schützling. E. Erzählg. aus d. Indianerleben. 898. (Nr. 2639.)

— die Vergeltung od. In d. Wildnissen Australiens. E. Erzählg. 898. (Nr. 2629.)

— Wawanna, d. Indianerbraut. E. Erzählg. aus der Prärie. 898. (Nr. 2641.)

— in d. Wildnis des Nordens. E. Erzählg. 896. (Nr. 2568.)

Fuhrmann, M., eine Nacht in der Prairie. Erzählg. 895. (Nr. 2515.)

— der Sohn des Alkalden. Eine Erzählg. aus Mexiko. 895. (Nr. 2542.)

Graef, E., die Belagerung des Blockhauses. Erzählg. 896. (Nr. 2595.)

Günther, R., die Ansiedler am Red-River. Ein Außenposten in d. Pampas. 2 Erzählgn. Lilla, Fel., d. nächtl. Ueberfall. 898. (Nr. 2609.)

Hafner, Alfr., die Flucht aus der Fremdenlegion. Erzählg. nach eig. Erlebnissen. 898. (Nr. 2622.)

Hansen, Berth., Daniel Boone, d. erste Ansiedler in Kentucky. E. geschichtl. Erzählg. 896. (Nr. 2557.)

— die rote Ceder od. d. Utah-Häuptling. E. Erzählg. aus dem Indianergebiet. 896. (Nr. 2592.)

— Pontiac, der Ottawa-Häuptling. Eine geschichtl. Erzählung. 896. (Nr. 2570.)

— der befreite Sklave. E. Erzählg. 895. (Nr. 2551.)

— der Tod in d. Wüste. E. geschichtl. Erzählg. aus dem Indianerleben. 895. (Nr. 2537.)

Hansen, J. O., das Geheimnis d. Grabesbucht. Der Retter in d. Not. Zwei Erzählgn. 895. (Nr. 2548.)

Hellborn, H., die weiße Schwalbe. Eine Indianer-Geschichte. 898. (Nr. 2607.)

Jahr, ein, am Meeresstrande oder der Leuchtturm-Wächter. Von ***. Kümmel, H., e. verhängnisvolle Jagd. Erzählg. 896. (Nr. 2582.)

Kell, Rob., die mutige Farmerstochter od. D. Verlobg. auf d. Missouri-Insel. Eine Erzählg. aus d. Indianerleben. 898. (Nr. 2632.)

Kümmel, H., der Deserteur bei den Hayda-Indianern. Eine Erzählg. 896. (Nr. 2564.)

— der Diamantenhändler. Erzählg. 896. (Nr. 2575.)

— der weiße Elefant. Erzählg. 898. (Nr. 2626.)

— eine verhängnisvolle Jagd, s.: Jahr, ein, am Meeresstrande.

— im Lande der Aschantis. E. Erzählg. 898. (Nr. 2610.)

— der geraubte Saphir. Eine Erzählung aus Indien. 896. (Nr. 2558.)

— im wilden Westen od. Schuld u. Sühne. Erzählung. 896. (Nr. 2594.)

Kümmel, Max, das Grab d. Medizinmannes. E. Erzählg. aus d. Cordilleren. 898. (Nr. 2635.)

— der Häuptling d. Ricarees. E. Erzählg. 895. (Nr. 2553.)

— des Indianers Rache. E. Erzählg. 898. (Nr. 2627.)

Kümmel, Max, der 6. Schuß. E. Erzählg. aus dem amerikan. Urwalde. 895. (Nr. 2529.)
— das Sklavenschiff. Eine Erzählg. 898. (Nr. 2611.)
— die beiden Tigreros od. Gesühnte Schuld. Erzählung. 895. (Nr. 2531.)
Lilla, Fel., ein Abenteuer in d. Felsengebirgen. Lebensbild aus d. amerikan. Nordwesten. Der Freilandsucher in Minnesota. Zwei Erzählgn. 895. (Nr. 2534.)
— die Braut d. Shoshonenhäuptlings. Der Koffer vom Wrack. 2 Erzählgn. 898. (Nr. 2615.)
— die unheiml. Farm. Erzählg. aus Ohio. E. Abenteuer im Alligator-Swamp. Zwei Erzählgn. 895. (Nr. 2536.)
— das Floß auf dem St. Croixfluß. Ein Abenteuer auf dem Michigansee. Der letzte Wal. 3 Erzählgn. 896. (Nr. 2567.)
— die Goldsucher in der Cocosperaschlucht. Der große Nugget. 2 Erzählgn. — E. Eisenbahn-Abenteuer. 898. (Nr. 2621.)
— der Squatter in Arkansas. Erzählg. aus d. Westen Nordamerikas. 895. (Nr. 2541.)
— d. nächtl. Ueberfall, s.: Günther, R.
Moser, Frdr., der Goldschmied v. Amsterdam. E. Erzählg. 895. (Nr. 2535.)
Mylius, Otfr., Verschlagen auf dem Ozean. E. Schiffbruchs-Geschichte. 896. (Nr. 2597.)
Nellenburg, R., der schwarze Dick. Unt. malayischen Seeräubern. Zwei Erzählgn. aus dem Seemannsleben. 895. (Nr. 2517.)
Neumann, Ernst, unter d. Amazonen in Dahome. Erzählg. 896. (Nr. 2587.)
— der weiße Pascha des Mahdi. Erzählg. 896. (Nr. 2563.)
— „Ben Soliel", der Sklave v. Tanganjika. Eine Erzählung. 896. (Nr. 2571.)
— auf Transvaals Diamanten- u. Goldfeldern. Erzählg. 898. (Nr. 2599.)
Pistorius, Frz., im Banne des Kaziken. E. Erzählg. 896. (Nr. 2598.)
— der Diamantenraub. Erzählg. 898. (Nr. 2633.)
— in Feindeshand. Erzählg. 898. (Nr. 2623.)
— das Fort im Simcoesee. Erzählg. 898. (Nr. 2638.)
— gestrandet! od. Bestrafte Untreue. Eine Erzählung. 898. (Nr. 2625.)
— der Halbindianer. Erzählg. 896. (Nr. 2569.)
— e. Jagd im Haff od. D. Flucht des Schmugglers. Erzählg. 898. (Nr. 2640.)
— der Indianerspion. Erzählg. 896. (Nr. 2562.)
— im Lande der Pescherähs. Erzählg. 898. (Nr. 2613.)
— das Leuchtschiff. Erzählg. 898. (Nr. 2634.)
— Melitta, d. Blume d. Pampas. E. Erzählg. 896. (Nr. 2585.)
— die entflohenen Negersklaven. Erzählg. 898. (Nr. 2642.)
— den Pawnees verkauft. Erzählg. 898. (Nr. 2624.)
— Pflanzer u. Indianer. Erzählg. 898. (Nr. 2601.)
— ein Pionier auf dem Rio negro. Erzählg. 898. (Nr. 2618.)
— Die Rebellen. Eine Erzählg. aus d. amerikan. Bürgerkriege. 895. (Nr. 2543.)
— das Silberlager im Totenthal. E. Erzählg. 895. (Nr. 2513.)
— das Silberschiff. Erzählg. 898. (Nr. 2619.)
— d. Telegraphenstation in d. Wildnis. Erzählg. 895. (Nr. 2508.)
— im Sunda-Archipel. Erzählg. 896. (Nr. 2560.)
— Talondah, d. Geächtete. Erzählg. 896. (Nr. 2589.)
— das unheiml. Wrack. Erzählg. 898. (Nr. 2630.)
Seydler, Ant., auf falscher Fährte. Kriminal-Erzählg. 898. (Nr. 2636.)
Spiller, Volkmar, Schuld u. Sühne od. Die Begegng. im Urwalde. E. wahre Begebenheit aus d. Urwalde d. westl. Nordamerika. 895. (Nr. 2526.)
Waldheim, R., Edward Warton, der dankbare Texaner. E. Volks- u. Jugenderzählg. 895. (Nr. 2546.)
Weber, R., der Aufstand d. Mingo-Indianer. Eine Erzählg. 898. (Nr. 2620.)
— der letzte Erbe e. Grafenhauses. E. Erzählg. aus d. Zeiten d. französ. Revolution. 896. (Nr. 2580.)
— der Erbschleicher. E Kriminal-Erzählg. 896. (Nr. 2590.)
— Pflanzer u. Neger. E. Erzählg. aus dem letzten amerikan. Kriege. 898. (Nr. 2628.)
Wilhelm, H., die Jagd auf den Sklavenhändler. Erzählg. 895. (Nr. 2538.)
Wilhelmi, H., das geraubte Kind. E. Erzählg. 895. (Nr. 2547.)

— kleine. Nr. 2643—2770. 12. (à ca. 64 S.) Mülheim a/R., J. Bagel. à — 25; ermäß. à — 15

Inhaltsübersicht in alphabetischer Ordnung:

Becker, R., der treue Sensis-Indianer. Erzählung. (902.) (Nr. 2749.)
Bredow, Alfr., die Helden vom Modderfluß. Erzählung aus dem Transvaalkriege. (901.) (Nr. 2707.)
Deutz, Fr., die „Vineta" im Kampf m. indischen Piraten. (902.) (Nr. 2744.)
Eckstein, Fritz, Achilles Emery, der Kapitän des „Rapid". Eine Erzählg. (901.) (Nr. 2726.)
— „Lucy Seymour", die „Kapitänin der Islandmaid". Erzählung. (902.) (Nr. 2743.)
Fogowitz, A. H., im Dorfe des roten Pfeifenthons od.: Palinque u. Maschinka. Eine indian. Geschichte aus der Savannengegend. (901.) (Nr. 2678.)
— die Niederlassung am Mississippi. Erzählung. (901.) (Nr. 2693.)
— der Raub der Faktors-Tochter. Abenteuerliche Scenen im Lande der Chinesen. (901.) (Nr. 2698.)
Fogowitz, A. H., der weiße Renner der Prärieen. Wunderbare mittelamerikan. Jagdtouren. (901.) (Nr. 2706.)
— der Zug durch die Wüste del Nort. Eine Erzählg. aus dem Leben an der Indianergrenze u. in der Wüste. (901.) (Nr. 2687.)
Foehse, Ludw., Minnehaha, die Blume der Prairie. Eine Indianer-Erzählg. (901.) (Nr. 2708.)
Frey, Wilh., Abenteuer e. Schiffsjungen. Erzählung aus den Zonen des stillen Ozeans. (901.) (Nr. 2710.)
— Abenteuer in Texas. Eine Erzählung. (901.) (Nr. 2721.)
— der kreisende Adler. Eine Erzählung aus den Wildnissen v. Texas. (901.) (Nr. 2717.)
— Alisma od. Der Aufstand in Bombay. Eine Erzählg. aus Indien. (901.) Nr. 2732.)
— Amalunga, die Tochter der Wildnis. Eine Erzählg. (900.) (Nr. 2668.)
— Aschantipoo, die letzte der Hiwassee-Indianer. Eine Erzählg. (899.) (Nr. 2656.)
— das Blockhaus. Eine Erzählg. aus dem Indianerleben. (902.) (Nr. 2769.)
— das Blockhaus des Puritaners. Eine Erzählg. aus den Wildnissen v. Arkansas. (901.) (Nr. 2677.)
— schwarzes Blut. Eine Erzählg. aus dem Sklavenkriege Nordamerikas. (902.) (Nr. 2756.)
— der Brand des Seeadlers. Eine Erzählg. (902.) (Nr. 2745.)
— der Caroncawa-Häuptling. Eine Erzählg. (901.) (Nr. 2730.)
Chinawaru, der Adler der Berge. Eine Erzählg. aus den Wildnissen am Oregon. (901.) (Nr. 2686.)
— Chingaruru, der wandelnde Schatten. Eine Erzählg. aus den Zeiten der Gründg. v. Tennessee. (902.) (Nr. 2748.)
— Doppelzahn, der Häuptling der Flatheads. Eine Erzählung. (901.) (Nr. 2737.)
— die Eisenbahn der Wildnis od.: Der entflohene Buchhalter. Eine Erzählg. (898.) (Nr. 2651.)
— unter dem Fluche des Gewissens. Eine Erzählg. (901.) (Nr. 2691.)
— die Gefangene der Komanchen. Eine Erzählg. aus dem Indianerleben. (902.) (Nr. 2753.)
— das Goldlager am Sakramento. Eine Erzählg. (898.) (Nr. 2648.)
— die Kämpfe am Minnesota. Eine geschichtl. Erzählg. aus den letzten Indianerkriegen. (902.) (Nr. 2762.)
— Kondulra, die weiße Indianerin. Eine Erzählung aus den Zeiten der Gründg. Tennessees. (898.) (Nr. 2653.)
— die Macht des Gewissens. Eine Erzählg. (899.) (Nr. 2662.)
— Maconaqua, die weiße Indianerin. Eine Erzählg. (902.) (Nr. 2768.)
— Makanna, der Häuptling u. Prophet. Eine histor. Erzählg. aus den Kaffernkriegen. (902) (Nr. 2767.)
— unter den Maron-Negern. Eine Erzählg. aus dem Waldleben Brasiliens. (901.) (Nr. 2734.)
— Minnelari. Das spring. Füllen. Eine Erzählg. aus den Wildnissen v. Wisconsin. (901.) (Nr. 2680.)
— Nigrello, der Häuptling der Berge. Abenteuer auf der Insel Cuba. Eine Erzählg. (898.) (Nr. 2654.)
— Pacatari, die weiße Taube. Eine indian. Erzählg. (901.) (Nr. 2709.)
— der Pflegesohn des Indianer-Häuptlings. Eine Erzählg. aus dem Trapperleben. (898.) (Nr. 2646.)
— der letzte Pirat der Nordsee. Eine geschichtl. Erzählg. (901.) (Nr. 2711.)
— Pokahontas, die Indianer-Prinzessin. Eine geschichtl. Erzählg. aus d. ersten Zeiten der Ansiedlg. in Amerika. (902.) (Nr. 2760.)
— das Posthaus in den Felsenbergen. Eine Erzählg. (898.) (Nr. 2644.)
— in der Prairie. Eine Erzählg. aus den Prairien u. Felsenbergen. (901.) (Nr. 2689.)
— bis in die Prärie verfolgt. Eine Erzählg. (899.) (Nr. 2657.)
— die Rache des Negers. Eine Erzählg. (900.) (Nr. 2713.)
— das schwarze Rebhuhn, der große Pottawatomiehäuptling. Eine geschichtl. Erzählg. (899.) (Nr. 2665.)
— dasselbe. Neudruck. (902.) (Nr. 2757.)
— der Schatz des Häuptlings. Eine Erzählg. (898.) (Nr. 2650.)
— die elf Schill'schen Offiziere od.: Verurteilt zu Pulver u. Blei. Eine Erzählg. (901.) (Nr. 2675.)
— Semilasso, der Senegambier. Eine Erzählg. (902.) (Nr. 2759.)
— in Sklavenbanden. Eine Erzählg. (898.) (Nr. 2649.)
— Sobri, der Bétyarenführer. Eine Erzählg. aus dem Ungarlande. (899.) Nr. 2661.)
— Taubenfeder, die Tochter des Sioux-Häuptlings. Eine Erzählg. (902.) (Nr. 2746.)
— die verhängnisvolle Taverne. Eine Erzählg. aus dem Leben New Yorks. (902.) (Nr. 2741.)
— das Totem des Mohikaners. Eine Erzählg. (901.) (Nr. 2715.)
— ein dreifaches Wiedersehen. Erzählung. (899.) (Nr. 2667.)
— auf den Wogen der Südsee. Eine Erzählg. (901.) (Nr. 2695.)
Füllgrap, Paul, an Bord der Libelle. Eine Seegeschichte. (899.) (Nr. 2666.)
— der Guineafahrer. Eine Erzählg. aus Westafrika. (901.) (Nr. 2682.)
Gillwald, Alb., die Farm am Colorado. Eine Erzählg. aus den nordamerikan. Ansiedelgn. (900.) (Nr. 2725.)
Grundmann, J., Yaha-Hajo, der große Häuptling der Seminolen. Eine Erzählg. aus Florida. (901.) (Nr. 2723.)
Hafner, Alfr., die Flucht aus der Fremdenlegion. Erzählung nach eigenen Erlebnissen. (901.) (Nr. 2735.)
Hansen, Berth., Daniel Boone, der erste Ansiedler in Kentucky. Eine geschichtl. Erzählg. (901.) (Nr. 2681.)
— der Tod in der Wüste. Eine geschichtl. Erzählg. aus dem Indianerleben. (902.) (Nr. 2754.)
Hansen, J. O., das Geheimnis der Grabesbucht. Der Retter in der Not. 2 Erzählgn. (902.) (Nr. 2758.)
— ein weißer Sklave. — Des Pedlars Verhängnis. 2 Erzählgn. (898.) (Nr. 2643.)
Keil, Rob., der Bagnosträfling od.: Unschuldig verurtheilt. Eine Erzählg. (901.) (Nr. 2733.)
Keil, Rob., mein verschollener Bruder od.: Das Wiedersehen im Indianergebiet. Eine Erzählg. aus meinen Erlebnissen unter den Indianern. (901.) (Nr. 2683.)
— ein Jahr in Atschin. Erzählung. (901.) (Nr. 2694.)
— der Urteilsspruch des Häuptlings. Eine Erzählg. aus dem Indianerleben. (901.) (Nr. 2716.)
Kümmel, H., Erlebnisse in Kamerun. Erzählg. (902.) (Nr. 2755.)
— im Königskraal. Erzählung aus dem Lande der Zulus. (901.) (Nr. 2699.)
— Nintsamöh, der Chartas-Indianer. Eine Erzählung. (902.) (Nr. 2747.)
— das Opfer des Mandanenhäuptlings. Eine Erzählung. (902.) (Nr. 2761.)

— auf verlorenem Posten. Eine Erzählg. — Die Strandräuber. (901.) (Nr. 2722.)
— der geraubte Saphir. Eine Erzählg. aus Indien. (902.) (Nr. 2740.)
— der Schatz des Kosakenfürsten. Erzählung. (900.) (Nr. 2672.)
— die Tochter des Geächteten. Erzählung. (900.) (Nr. 2674.)
Kümmel, Max, ein Abenteuer m. Gorillas in Afrika. Eine Erzählg. (902.) (Nr. 2765.)
— in Cayennes Wildnissen. Erzählung. (900.) (Nr. 2670.)
— Lulida, die Indianerin od. Ein Spiel ums Leben. Eine Erzählg. aus den Urwäldern Brasiliens. (898.) (Nr. 2647.)
— der 6. Schuß. Eine Erzählg. aus dem amerikan. Urwalde. (902.) (Nr. 2750.)
— der Sträfling v. Botany-Bai. Eine Erzählg. (901.) (Nr. 2702.)
— die beiden Tigreros. Erzählung. (902.) (Nr. 2751.)
— der Tod des Elfenbeinhändlers. Eine Erzählg. (902.) (Nr. 2742.)
— ein Wettlauf bei den Kommanchen, od.: Attahiba, die Häuptlingstochter. (899.) (Nr. 2663.)
Lilla, Fel., Abenteuer im Busch. Der Bündelmann. Zwei austral. Erzählgn. (901.) (Nr. 2720.)
— das Bramahschloß. Eine Kriminalgeschichte. G. Washington als Erbschaftsrichter. Zwei Erzählgn. (901.) (Nr. 2692.)
— der Squatter in Arkansas. Erzählung aus dem Westen Nordamerikas. (901.) (Nr. 2738.)
Lindenberg, Paul, Kurt Waldau. Eine Erzählung. (901.) (Nr. 2696.)
Marquardt, P., Tiun-Ling, der chinesische Piratenführer. Eine Erzählg. (899.) (Nr. 2664.)
Moser, Frdr., der Goldschmied v. Amsterdam. Eine Erzählg. (902.) (Nr. 2739.)
Müller, Frdr., die Rache des Indianers. Erzählung. (901.) (Nr. 2485.)
Mylius, Otfr., das Indianergrab. Abenteuer u. Erlebnisse eines jungen Deutschen. (901.) (Nr. 2727.)
Nellenburg, Rob., an Bord der Cassiopeja. Eine Geschichte aus dem chines. Meere. (898.) (Nr. 2615.)
Pistorius, Frz., die Apachin. Erzählung. (902.) (Nr. 2766.)
— Fatimah, die Tochter des Kirgisenhäuptlings. Erzählg. (901.) (Nr. 2700.)
— das Felseneiland im atlant. Ocean. Erzählg. (898.) (Nr. 2652.)
— der Filibustierkapitän. Erzählung. (901.) (Nr. 2729.)
— die Gefangene der Omahas. Erzählung. (900.) (Nr. 2671.)
— die feindlichen Häuptlinge. Erzählung. (901.) (Nr. 2705.)
— der Hausierer. Erzählung. (901.) (Nr. 2704.)
— der Held v. Khartum. Erzählung. (902.) (Nr. 2770.)
— das Indianerdorf am Ucayali. Eine Erzählung aus Südamerika. (901.) (Nr. 2681.)
— die Insel der Buschneger. Erzählung. (901.) (Nr. 2714.)
— eine Inselfarm im Erie-See. Erzählung. (901.) (Nr. 2676.)
— Maja, das Mädchen v. Nukahiwa. Erzählg. (899.) (Nr. 2658.)
— Palangi, die Pirateninsel. Erzählung. (901.) (Nr. 2712.)
— die Perle v. Celebes. Erzählung. (900.) (Nr. 2669.)
— die Riff-Piraten. Erzählung. (901.) (Nr. 2688.)
— der Sklavenhändler auf Madagaskar. Erzählung. (901.) (Nr. 2703.)
— der Sohn des Häuptlings. Erzählung. (899.) (Nr. 2655.)
— Takondah, der Geächtete. Erzählung. (902.) (Nr. 2752.)
— tot od. gefangen? Erzählung. (901.) (Nr. 2690.)
— die Totengruft des Kaziken. Erzählung. (901.) (Nr. 2679.)
— der Ueberläufer. Erzählung. (901.) (Nr. 2719.)
— zwischen zwei Feinden. Erzählung. (902.) (Nr. 2763.)
— zwischen den Klippen. Erzählung. (901.) (Nr. 2697.)
Schreckensnacht, die, auf e. Leuchtturm. — Am Strande. Zwei Erzählgn. (901.) (Nr. 2736.)
Themar, Hans, Prärie u. Niagarafall. Eine Geschichte aus Stadt u. Wildnis. (901.) (Nr. 2731.)
Waldheim, R., das heimliche Gericht. Eine Erzählung aus Virginien. (899.) (Nr. 2659.)
Weber, R., Mecum, der Ulmen v. Arauca. Eine Erzählung. aus den Cordilleren v. Chile. (901.) (Nr. 2718.)
— der zischende Pfeil. Eine indian. Erzählg. (899.) (Nr. 2660.)
— Jack Raskal, der irische Rebell. Eine Erzählg. (901.) (Nr. 2728.)
— Sandala, der Gefangene unter den Picoindianern. Eine Erzählg. aus den Pampas v. Südamerika. (901.) (Nr. 2701.)
— der Signalwächter auf den Lofoten. Eine Seegeschichte. (901.) (Nr. 2724.)
Zastrow, Karl, Tom Blackley, der Sohn des Lotsen. Eine Erzählg. (902.) (Nr. 2764.)
— der schwarze Sam. Eine Erzählg. (900.) (Nr. 2673.)

Volks-Erzählungen, kleine. Nr. 2771—2818. (à ca. 64 S.) 12. Mülheim a/R., J. Bagel. à Nr. — 15

Alto, Ernst, Said Man, der edle Deutsche. Eine Erzählg. aus dem Feldzuge der Holländer gegen die Atchinesen. (905.) (Nr. 2805.)
Barfus, E. v., wohl biegen, aber nicht brechen. Der fliegende Holländer. Zwei Erzählgn. (903.) (Nr. 2785.)
Deutz, Fr., die Flucht durch den Urwald. Eine Erzählg. (903.) (Nr. 2793.)
Eckstein, Fritz, ein Ueberfall durch Tramps. Eine Erzählung. (905.) (Nr. 2808.)
Fogowitz, A. H., Ulrich Hauser, der Gemsenjäger. Erzählung (903.) (Nr. 2784.)
— der stumme Jäger. Scenen aus dem texan. Kriegsleben. (903.) (Nr. 2775.)
Frey, W., Benara, die Tochter des Inselkönigs. Geschichtliche Erzählg. aus den Zeiten span. Erobergn. (903.) (Nr. 2789.)
— Dschira, die Japanerin. Eine Erzählg. (903.) (Nr. 2781.)
— das Heldenmädchen der Dithmarsen. Eine geschichtl. Erzählg. (904.) (Nr. 2798.)
— Hülfe in der Not. Eine geschichtl. Erzählg. (904.) (Nr. 2801.)
— der Klosterschatz. Eine Erzählg. aus den texan. Wildnissen. (905.) (Nr. 2810.)
— Manuela, die Tochter des Haciendero. Eine Erzählung aus den Prairien. (903.) (Nr. 2780.)
— Kara Petrowitsch, der Befreier Serbiens. Eine geschichtliche Erzählg. (903.) (Nr. 2791.)
— die Piratenbraut. Eine Erzählg. (903.) (Nr. 2772.)
— edle Rache e. Kanadiers. Eine Erzählung aus der Zeit der Kolonisierg. Kentuckys. (904.) (Nr. 2796.)
— unter den Rothäuten. Eine geschichtl. Erzählung aus dem Grenzerleben. (903.) (Nr. 2782.)
— Spartenico oder Der Aufstand v. Kreta. Eine Erzählg. (903.) (Nr. 2779.)
— der Spion des Kaisers Napoleon. Eine geschichtl. Erzählung. (903.) (Nr. 2790.)
— Tabatingoo, der Seminolen-Häuptling. Eine Erzählg. (903.) (Nr. 2776.)
— dem Tode entrissen. Eine Erzählg. (903.) (Nr. 2794.)
— die Waffenschmuggler. Eine Erzählg. aus dem Polenaufstande. (905.) (Nr. 2806.)
— Waicos, der Keltenhäuptling. Eine Erzählg. aus grauer Vorzeit. (905.) (Nr. 2809.)
— Wallensteins Ermordung. Eine Erzählg. aus den Zeiten des 30jähr. Krieges. (905.) (Nr. 2803.)
Fuhrmann, Max, Erlebnisse unter Sklavenjägern. Eine Erzählung. (903.) (Nr. 2778.)
Hansen, B., Jules Gerard, der Löwentöter. Eine Erzählung. (904.) (Nr. 2795.)
— die rote Zeder. Eine Erzählg. aus dem Indianergebiet. (904.) (Nr. 2802.)
Herchenbach, Wilh., nach Spitzbergen verschlagen. Erzählg. (905.) (Nr. 2804.)
Hoffmann, J., im Grabgewölbe. Eine Erzählung. (903.) (Nr. 2787.)
Keil, Rob., der Arriero oder Die geheimnisvolle Botschaft. Eine Erzählg. aus dem Mexikanerleben. (903.) (Nr. 2786.)
— die Braut des Goldgräbers. Eine Erzählg. aus dem Goldgräberleben Kaliforniens. (905.) (Nr. 2815.)
— Ukakani oder Die geraubte Burentochter. Eine Erzählg. aus der Zeit der Kaffernkriege. (903.) (Nr. 2777.)
Kümmel, H., die Goldstadt in den Cordilleren. Erzählg. (903.) (Nr. 2788.)
— die Gräber der Osagenhäuptlinge. Eine Erzählung. (905.) (Nr. 2812.)
— die Rache der Pausias. Erzählung aus West-Afrika. (905.) (Nr. 2817.)
— die Missionsstation auf den Karolineninseln. Erzählg. (904.) (Nr. 2800.)
Lilla, Fel., Kriegsbeil u. Friedenspfeife. Prairiejustiz. Erzählungen aus der texan. Wildnis. (904.) (Nr. 2797.)
Marquardt, P., Lorana, die indische Fürstentochter. Eine Erzählg. (905.) (Nr. 2816.)
Müller, Max, in heißer Zone. Erzählg. (905.) (Nr. 2814.)
Pistorius, Frz., der Fall v. Soochow. Erzählung aus dem Kriegsleben des Generals Gordon in China. (904.) (Nr. 2799.)
— der Indianerspion. Erzählung. (905.) (Nr. 2813.)
Themar, Hans, der Reiter ohne Kopf. Eine Erzählg. aus der texan. Wildnis. (903.) (Nr. 2771.)
Weber, R., der verräterische Führer. Eine Erzählg. aus den Felsenbergen. (903.) (Nr. 2783.)
— die Schreckenstage v. Paris. Ein warnendes Zeitbild. (905.) (Nr. 2807.)
Wilhelmi, H., Konstanze, die Inselbraut. Erzählung. (903.) (Nr. 2773.)
Wilhelmi, H., Negertreue u. Negerrache. Eine Erzählung aus Texas. (905.) (Nr. 2811.)
— die Piraten. Eine Erzählung. (903.) (Nr. 2792.)
— die Trapper unter den Indianern. Erzählg. (903.) (Nr. 2774.)
Zastrow, Carl, Wenonda, das Mandanenmädchen. Eine Indianergeschichte. (905.) (Nr. 2818.)

— kleine. Nr. 2819—2834. (à ca. 64 S.) kl. 8. Mülheim-Ruhr (906). J. Bagel. à — 15

—— neue. Nr. 1—30. 8°. (à Nr. 48 S.) Styrum 890, Spaarmann. à Nr. — 20

1. Reimann, Rob. Der Jäger vom Roßkogel od. der Wilderer.
2. —— Der ermordete Fährmann.
3. —— Die Braut d. Leibeigenen od. Klotilde v. Rüsterhofen.
4. —— Die Rose v. Sonnino od.: Wer war der Mörder?
5. Das verlorene Testament od.: Der wilde Junker v. Dernburg.
6. Elsner, Karl. Die Hexe v. Pultawa.
7. Hoffmann, Ferd. Der Verschollene.
8. —— Hinter Schloß u. Riegel od.: Wer Andern e. Grube gräbt, fällt selbst hinein.
9. —— Eine Nacht im Grabe od.: Schuld u. Sühne.
10. —— Der Raubritter Schreckenwald od.: Der Fiedler v. Aggstein.
11. Stein, Gust. Der betrogene Betrüger od.: Die Verlobung im Walde.
12. Rohde, Emil. Die Grafentochter od.: Des Jähzorns Toben.
13. Hoffmann, Ferd. Die feindlichen Brüder.
14. Waldheim, R. Robinson Crusoe.
15. —— Rübezahl, der Berggeist d. Riesengebirges.
16. —— Die Beatus-Höhle od. Unrecht leiden ist besser, denn Unrecht thun.
17. Reimann, Rob. Das ungarische Blutweib od.: Die Mädchenmörderin Elisabeth Gräfin Nadasdi.
18. Brentano, Fritz. Im Wolfsgrund.
19. Stein, Rud. Paul u. Virginie.
20. Linden, Ernst. Die Schildbürger.
21. Horn, A. Der verhängnisvolle Weihnachtsabend.
22. Hoffmann, Ferd. Die Strandsee od.: Die Tochter der Gemordeten.
23. —— Der Kampf um e. halbe Million od.: Diesseits u. jenseits der Linie.
24. Linden, Ernst. Fortunat od.: Der Glückssäckel u. das Wünschhütlein.
25. —— Griseldis, die verstoßene Frau.
26. —— Violanda od.: Auf dem Scheiterhaufen.
27. —— Das geheimnisvolle Schloß in der Höhle Xa Xa.
28. Stein, Ernst. Die schöne Melusina.
29. —— Der unüberwindliche Ritter od.: Die schöne Magelone.
30. Linden, Ernst. Kaiser Oktavianus od.: Der Kampf m. dem Riesenkönig.

Volks-Erzählungen, neue. Nr. 31—45. 12. (à ca. 48 S.) Styrum, A. Spaarmann. à n. — 20

31. D. Doppelgänger. E. Kriminalgeschichte v. Karl Braun. (894.)
32. Der tote Gast, od. der Geist wider Willen. E. lustige Geschichte v. J. H. D. Zschokke. (894.)
33. Die verstümmelte Hand. Geschichtl. Erzählg. v. Rob. Biesenbach. (894.)
34. Die Strandräuber, od. wie man's treibt, so geht's. Von Karl Warnbeck. (894.)
35. Die Tochter d. Pflanzers. Erzählg. aus d. Negerleben von Frdr. Moest. 3. Aufl. (894.)
36. D. Schiffbrüchigen od: Gottes Fügng. sind wunderbar. Eine Erzählg. v. R. Widhalm. (894.)
37. Der Wolfsjäger. Eine Erzählg. v. W. Frey. (894.)
38. Treue Freundschaft. Erzählg. aus dem Türkenkriege v. R. Waldheim. (894.)
39. Liuba. E. Erzählg. aus d. Wendenzeit. Von Ernst Neumann. (894.)
40. Zwei feindliche Freunde. Erzählg. aus d. spanisch-französ. Kriege. Von R. Waldheim. (894.)
41. Der Pflegesohn des Henkers. Erzählg. aus Kölns Vorzeit. Von G. Kirchner.
42. Die Giftmischerin. Geschichtl. Erzählg. v. G. Kirchner.
43. Der Spielmann vom Drachenfels. Geschichtl. Erzählg. von G. Kirchner.
44. Der Kampf um d. Drachenfels. Erzählg. aus d. Ritterzeit v. G. Kirchner.
45. Ein entdeckter Betrug. Erzählg. aus der Ritterzeit von G. Kirchner. 896.

Volkserzählungen, neue. Nr. 46—49. 8. (à 48 S.) Styrum (899.) A. Spaarmann. à — 20

46. Wilhelm Brinkhoff, der letzte Räuber des Niederrheins. Eine wahre Erzählg. aus den J. 1859—60. Von Wern. Holm.
47. Eines Weibes Rache. Erzählung aus Kölns Vorzeit. Von G. Kirchner.
48. Feindliche Mächte. Erzählung aus Kölns Vergangenheit. Von G. Kirchner.
49. Gerechte Vergeltung. Erzählung aus Kölns Vorzeit. Von G. Kirchner.

Volkserzahlungen aus Schleswig-Holstein. 2 Bde. 8. Schleswig 864,66, Heiberg's Buchh.

Inhalt:

Hansen, C. P., die friesischen Uthlande vor 1000 Jahren. Ubbo, der Friese, oder: Die Friesen und Jüten der alten Zeit in ihren Kämpfen mit einander. Eine Erzählung nach fries. und dän. Sagen bearb. 2 Bde. (XV und 151 S., 121 S.)

Volkserzählungen aus Schleswig Holstein. 2. Bd. Hansen, C. P., die friesischen Uthlande vor 1000 Jahren. Ubbo, der Friese, oder: Die Friesen u. Jüten der alten Zeit in ihren Kämpfen mit einander. Eine Erzählung nach fries. u. dän. Sagen bearb. 2. Bd. Schleswig 866. Vergas. 8. (XV, 124 S.) 7½ ngr.

Volkserzieher, der. Organ d. „Bayr. Landesvereins f. Volkserziehg." Hrsg. vom Hauptausschuß desselben. Red.: L. Graßmüller. 1. Jahrg. Juli 1884—Juni 1885. 12 Nrn. (B.) hoch 4. Augsburg, Kuczynski. n. 1. 80

Volkserzieher, der. Organ für die Interessen der Volkserziehung. Redakt.: Karl Merker. 2.—5. Jahrg. 1885—1888. à Jahrg. 12 Nrn. (Bog.) hoch 4. Augsburg. (Leipzig, Friese.) à Jahrg. *

Volkserzieher, der. Organ f. die Interessen der Volkserziehung. Redact.: Karl Merker. 6. u. 7. Jahrg. 1889 u. 1890. à Jahrg. 12 Nrn. (à Nr. ¾—1 Bog. m. Abbildgn.) Lex.-8. Augsb. (Lpz., Friese.) à Jahrg. * 1 80
Nicht weiter erschienen.

Volkserzieher, der. Organ f. Familie, Schule u. öffentl. Leben. Red.: Wilh. Schwaner. 1. Jahrg. Juli—Dezbr. 1897. 13 Nrn. gr. 4. (à ca. 16 S.) Berlin, Volkserzieher-Verlag. n. 1. —

— dasselbe. Blatt für Familie, Schule u. öffentl. Leben. Begründer u. Red.: Wilh. Schwaner. 2.—4. Jahrg. 1898—1900. à 52 Nrn. gr. 4. (à ca. 8 S.) Ebd. à Jahrg. n. 4. —

— dasselbe. 5. u. 6. Jahrg. 1901 u. 1902. à 26 Nrn. gr. 4. (à ca. 8 S.) Ebd. à Jahrg. n. 4. —

Volkserzieher, der. Blatt f. Familie, Schule u. öffentl. Leben. Begründer u. Hrsg.: Wilh. Schwaner. Mit Beiblatt: Der Bücherfreund 7.—10. Jahrg. 1903—1906. à 26 Nrn. (1904—06. 206, 212 u. 208 S.) gr. 4. Berlin, Volkserzieher-Verlag. à Jhrg. n. 6. —

Volkserzieher, der. Blatt f. Familie, Schule u. öffentliches Leben. Begründer u. Hrsg.: Wilh. Schwaner. Mit Beiblatt: Der Selbsterzieher zu Weisheit, Schönheit u. Stärke. Der Bücherfreund f. Kunst, Religion u. Wissenschaft. 11.—14. Jahrg. 1907—1910. à 26 Nrn. (à Jahrg. 208 u. 156 S.) 32,5×24,5 cm. Schlachtensee, Volkserzieher-Verlag. à Jahrg. 6. —

Volkserziehung, die moderne, vor Gericht. Aktenmäßige Darstellg. d. gegen Autor u. Verleger der Schrift: „Der moderne Bildungsschwindel" vor dem Landesgericht zu Leipzig Strafkammer II geführten Kriminalprozesses, nebst der Entscheidg. d. Reichsgerichts. gr. 8. (41 S.) Leipzig 886. Elischer. n. 1. —

Volkserziehung, die, als Staatssache. Aus den Verhandlgn. der ersten sächs. Lehrerversammlung zu Leipzig nach stenograph. Nachschriften hrsg. v. Jul. Kell. gr. 16. (53 S.) Grimma 848, Verlags-Comptoir. 3 ngr.

Volks-Erziehungs-Schriften, Lebensheimer. 1.—8. Hft. gr. 8. Elberfeld (Baedeker). à n. — 50

1. Ein Tag in Lebensheim. Von Peter Johs. Thiel. 2. illustr. Aufl. (39 S.) 899.
2. Eltern, heilt hypnotisch die Gebrechen eurer Kinder! Lebensheimer Erziehungsbriefe. Von Pet. Johs. Thiel. (32 S.) (899.)
3. Maria in der deutschen Mutterschule. Lebensheimer Erziehungsbriefe an e. junge Mutter üb. Tochter-Erziehg. vom Mutterschoß bis zur Mutterschaft. Von Pet. Johs. Thiel. (84 S.) 900.

4. 5. Lebensheimer Aufsätze. Positive Vorschläge zum Heil des Staates. Von A. Meyer-Wellentrup. (IV, 112 S.) 902.

6—8. Der Krankheitsbefund (Diagnose) aus den Augen. 7 Briefe f. Ärzte, Heilbeflissene, Erzieher, Eltern, um die Krankheiten aus den Augen zu lesen. Von Pet. Johs. Thiel. Mit 3 Farbendr.-Taf. u. 4 Autotyp.-Taf. 1.—4. Taus. (48 S.) 902.

Volks-Erziehungs-Schriften, Lebensheimer. Nr. 5. gr. 8. Elberfeld 905. (A Martini & Grüttefien.) 2. 50

Der Krankheitsbefund (Diagnose) aus den Augen, f. Aerzte, Heilbeflissene, Erzieher, Eltern, um Krankheiten aus den Augen zu lesen. Von Pet. Johs. Thiel. Mit 2 farb. Augen-Taf., 3 weiteren Farben-Taf. u. 5 Autotypien-Bildern. (2., auf Grund v. üb. 1000 neuen Augenuntersuchgn. u. der Ergebnisse der neuesten Strahlenforschn. völlig umgearb. Aufl.) 5.—6. Taus. (70 S.)

— dasselbe. Nr. 9—11, s.: Thiel, Pet, Johs., deutsche Heil-Odung.

Volksfeinde, die freisinnig-liberalen. Eine Antwort auf die v. dem Wahlverein der Liberalen hrsg. Broschüre: Falsche Mittelstandsfreunde. (32 S.) 8. Hamburg (908). Deutschnat. Buch- u. Verlags-Anstalt. — 30

Volksfest, das, d. Baiern im Oct. gr. 8. Münch. 815. Fleischmann. 4 K

Volksfest, das, in Cannstadt, 8 Erinnerungsblätter für Jedermann in Stahlstichen von Oertinger, Bilder u. Scenen aus dem Volksleben darstellend. qu. gr. 4. (8 Stahlst. u. Text.) Stuttgart 844, Becher u. Müller. n. 7/12 ₰

Volksfest, das deutsche. Ein Flugblatt ausgegeben vom rheinisch-westfäl. Provinzial-Ausschuß f. innere Mission in Langenberg. gr. 8. 2. Aufl. (15 S.) Langenberg 871. (Barmen, Klein.) n. — 20

Volksfest, das Eilenburger, am 6. Aug. 1848. Ein Bild nach dem Leben gezeichnet. (Gedicht.) gr. 8. (16 S.) Eilenburg 848, Schreiber in Comm. n. 1 ngr.

Volksfest zur Feier des Deutschen Tages: no. 1–10, 1901–1910.
Annual Report and program of Der Unabhängige Burgerverein von Maryland. Title varies slightly. Published by Schneidereith & Söhne, 1901–10.
Baltimore, MD

— das, d. Brandisser Gerichtsunterthanen, gefeiert im November 1792. 8. Leipz., (Rauck). 4 Gr.

Volksfest, Auf das bei der böhmischen Krönung Kaiser Franz II. und Marien Theresiens am 12. August 1792 gefeyerte. Prag 1792. V: *Ratschky, Josef Franz von.* (GGr VI/537, Nr. 10/4) (WBL XXV/24) (BiblPort)

Volksfest. Das V in Nidwalden oder die feierliche Rückkehr der von den Franzosen am 9. Herbst 1798 geraubten Landes- und Gemeindsfahnen. 1850. (– Kanzelrede… bei der feierlichen Einbegleitung der… 1798 geraubten und nun wieder zurückkehrenden L- und G. Gehalten… den 20. Weinmonat 1850 von… Franz Joseph Gut….) 8. (Luzern.)

— Weimarisches, bei d. Wiederkehr ss. geliebt. Landesvaters aus d. gemeinschaftl. Kampfe für Deutschlands Errettung u. Freiheit, am 1. Sept. 1814. Mit 3 Kpf. gr. 8. Weim., Ind.-Compt. 12 Gr.

Volksfeste Alt-Wiens. [Wien 1878.] V: *Gleirscher, Matthias.* (EB)

Volksfeste, deutsche. Flugschriften f. Volks- u. Jugendspiele. Hrsg. von dem Ausschuß f. Volks- u. Jugendfeste im Zentral-Ausschuß f. Volks- u. Jugendspiele. 2.—6. Hft. gr. 8. Leipzig, R. Voigtländer. à n. —40

2. Der Knivsberg u. die deutschen Volksfeste im nördl. Schleswig. Ein Bericht aus der Nordmark, im Auftrage des Zentralausschusses f. Volks- u. Jugendspiele erstattet. Von R. A. Schröder. (13 S.) 899.
3. Das Sedanfest in Braunschweig. Von A. Hermann. (32 S. m. 1 Abbildg.) 899.
4. Die Veranstaltung v. Jugendfesten an städt. Knabenschulen. 2 preisgekrönte Arbeiten. Von W. Peters u. P. Hoffmann. (29 S.) 900.
5. Die Veranstaltung v. Jugendfesten im Freien an Landschulen. 2 preisgekrönte Arbeiten. Von H. Hinz u. Fr. Sange. (25 S.) 900.
6. Die Veranstaltung von Jugendfesten an höheren Schulen. Preisgekrönte Arbeit. Von R. A. Schröder. (14 S.) 900.
   Hft. 1 unter d. T.: Witte, E., wie sind die öffentlichen Feste des deutschen Volkes zeitgemäß zu reformieren. Ebd. 896. n. —80.

(B) **Volksfeste,** deutsche. 899. 900. (KBL 32.) Jetzt: Leipzig, B. G. Teubner.

Volksfeste im poet. Gewande, nebst histor. Bemerkungen, v. H. J. M—r. Mit 1 Holzschnitt. gr. 8. Ilmen. 822. Voigt. 10 Gr.

Volksfest-Liederbuch, deutsches. 1.—43. Aufl. 32. (64 S.) Potsdam 872—75, Rentel. *

Volksfest-Liederbuch, deutsches. 44.—63. Aufl. 32. (64 S.) Potsdam 876, Rentel's Buchh. — 10

Volksfest-Liederbuch, deutsches. 105. Aufl. 32. (64 S.) Potsdam 885. Rentel's Verl. n. — 10

Volksfest-Liederbuch, deutsches. 116. Aufl. 16. (64 S.) Potsdam 892. J. Rentel's Verl. n. — 10

Deutsches **Volksfest-Liederbuch.** 121. Aufl. *Berlin: J. Rentel [1896].* (64 S.) 8° [Umschlagt. F.] [91. 7761

Volksfest-Liederbuch, deutsches. 122. Aufl. (64 S.) Berlin 896. J. Rentel. n.n. — 10

Canstatter Volksfest-Zeitung: no. 1, 1853?–1940?
Annual. Sub-title: Herausgegeben für das Canstatter Volks Fest. Quarto, each 16–32 pages, including covers, illustrated. 1912: Goldenes Jubiläum. Swabian.
New York, NY

Volksfreund: Der Volksfreund
v. Amitg dil Pievel (I), (II). Zugerisches Volksblatt.

Volksfreund (Lu)
v. Der Volksfreund (Lu II).

Volksfreund: Der Volksfreund (SG)
v. Toggenburger Volksfreund (II).

Volksfreund, Der. v.: Volkskalender, Katholischer.

Volksfreund, Der, ein Lesebuch für den Bürger und Landmann. Schleswig 1791—95. V: *Panitz, Georg Heinrich.* (NN) (Ky) (MGT) (Kordes, Schlesw.-holst. u. eutin. Schriftst. Schleswig 1797.)

— der, ein Lesebuch für Bürger u. Landmann (v. G. H. Panitz.) 3 Jahrgg. 8. Schlesw. 791—95. (Hammerich in Alt.) (à 12 Gr.) 1 Thlr. 12 Gr. (3r Jahrg. A. u. d. T.: Aufsätze u. Geschichten, nützlich u. lehrreich fürs Volk. 1r Thl.)

— d., e. Lesebuch f. d. Bürger u. Landmann. 3 Jahrg. 8. Schleswig, Rdbd. 792. 93. u. 95. (à 12 gr.) 1 12

Volksfreund, Der. Constanz 1793 bis 1799. H: *Armbruster, Joh. Mich.* (Jahrbuch der Grillparzer-Gesellschaft XXV. Jg., S. 288) (BiblPort)

Volksfreund. – Der Volksfreund. –
Konstanz. – 22.II.1793 – 4.X.1799.
18.VIII.1800 – 1810(?).
Vorh. u.d.T.: Konstanzisch-Montags-Wochenblat.
Fortges. u.d.T.: Konstanzisches Intelligenzblatt.

Volksfreund. Wien 1793. V: *Richter, Joseph.* (WBL)

Volksfreund, Der. Erstes bis dreizehntes Heft. Wien. Gedruckt und verlegt bey Franz Seizer, kk. priv. Buchdrucker auf dem Hohenmarkt Nr. 488. 1793. V: *Richter, Joseph.* (Hans Viktor Pisk: Josef Richter, Diss. Wien 1927, S. 131)

Volksfreund, Der, eine Zeitschrift für den Handwerks- und Landmann. Gera 1794. H: *Armbruster, Joh. Mich.* (Ky)

— d., eine Zeitschrift für d. Handwerks- u. Landmann (? v. J. M. Armbruster.) Mit Kpf. 4. Gera 794. Heinsius. 1 Thlr. 12 Gr.

— der, ein Lesebuch für jeden braven Bürger u. Landmann. 2 Thle. 8. Görlitz 794. Anton in Halle. 10 Gr.

— der, eine Monatsschrift, zur angenehmen u. nützlichen Unterhaltung. 2 Jahrgg. 8. Leipz. 797, 98. Grieshammer. 1r J. 1 Thlr. 8 Gr. 2r J. …

— der, ein Lesebuch für alle Stände, besonders für den Bürger u. Landmann, auch in ihren Schulen zu gebrauchen. 8. Gera 798. (Haller). 1 Thlr.

Anonym: „Der Volksfreund. Ein Lesebuch für alle Stände, besonders für den Bürger und Landmann, auch in Schulen zu gebrauchen", Gera, Halle und Leipzig 1798 (Linke).

—ein Lesebuch für alle Stände (Haller), hat jetzt Joachim in Leipzig.

Volksfreund, Der, eine Monatsschrift zur Unterhaltung auf 1799. Leipzig 1799. V (Heft 7—12): *Küchelbecker, Frdr. Christian Heinrich.* (Ky)

Der Volksfreund: Aug. 9, 1808 - 1910.

Weekly. Established as a Federalist paper; Native-Whig in 1848; Anti-Masonic, 1828--30; Republican with advent of that party, and continued strongly Republican; supported Hayes. Title varies: DER VOLKSFREUND UND LANCASTER BEOBACHTER, 1834 - ?. Absorbed LANCASTER BEOBACHTER. Circulation: 1870, 3000; 1880, 2000; 1890, 2000; 1900, 2000; 1910, 1250. Subscription held by Harmony Society, 1857--58. Edited & published by William H. Hamilton & Joseph Ehrenfried [editor], 1808; by William H. Hamilton, Peter Albrecht & Jos. Ehrenfried, Jan. 15, 1809 - Jan. 22, 1810; by Hamilton & Ehrenfried, Jan. 29 - Mar. 1810; by Hamilton und Comp., Apr. 7, 1810 - 1917; by Samuel Kling, 1817; by Samuel Kling & Johann Bär, Nov. 25, 1817 - Mar. 1818; by Johann Bär, Apr. 7, 1818 - Oct. 1858; by Johann Bär's Söhne [Reuben A. & Christian R.], Nov. 1858 - 1906; by C. R. Bär & Son [firm name remains Johann Bär's Söhne], 1907 - 10.
Lancaster, PA

— der, oder wie können Religion, Sittlichkeit u. Wohlstand im Volke hervorgerufen, allgemein verbreitet u. auf d. Dauer begründet werden? gr. 8. Berl. 825. (Sander). 1 Thlr. 8 gGr.

Volksfreund oder Monatliche Mitteilungen für Kinder und Erwachsene, zum Nutzen und zur Unterhaltung
⑤ 1826 ⑦ Monatsblatt ⑧ Ebnat: Abraham Keller ⑩ Abraham Keller ⑬ BGSZ: 1047.

— der, auf d. J. 1826, 27 u. 30. Speyer ... Kolb. (à 2 gGr.) 6 gGr.

Volksfreund, ein Blatt z. Beförd. d. Gemeinwohls. 12 Hefte 1827. gr. 8. Elberf., Weise.

Volksfreund, der, 2. Jahrg. 1828. 12 Hfte. Redig. v. A. J. Becher. gr. 8. Elberfeld, Weise. (?)
1. Jahrg. 1827. Redig. v. Rauschnick. Ebendas. 1 Thlr.

— der, e. unterhaltendes u. belehrendes Zeitblatt f. alle Stände. Mit dem Beibl. Scherz u. Frohsinn. Herausg. von W. Neuhof. 1r u. 2r Jahrg. 1828 u. 29. 4. Arnstadt 829. Mirus. (à 10 gGr.) 20 gGr.

—— der, e. unterhalt. u. belehr. Zeitblatt f. alle Stände. Mit d. Beibl.: Scherz u. Frohsinn. Hrsg. v. W. Neuhof. 2. Jahrg. 1829. July—Decbr. 18 Nrn. 4. Arnstadt, [Ohlenroth.]
1. Jahrg. 1828. Ebendas. ... (?)

Volksfreund (AR)
⑤ 1838 ⑧ Trogen ⑬ BGSZ: 944.

Volksfreund: Der Volksfreund (Zh)
⑤ 1. 3. 1839—31. 5. 1839 ⑥ 4° ⑦ Wochenblatt ⑧ Zürich: Orell Füßli & Co. ⑩ die Drucker ⑫ für Glaubens- und Gewissensfreiheit und für David Friedr. Strauß ⑭ Zh: Z.

Der Volksfreund: July - Nov. 1840.

Weekly Whig campaign paper. Edited & published by Adolphus Meyer.
Buffalo, NY

— der. Ein gemeinnütz. u. unterhalt. Volksblatt für gebildete Leser. Red. v. Wilh. Müller. 12. Jahrg. 1847. 144 Nrn. Lex. 8. (1/4 B.) Mit Stahlst. Berlin. (Wolff.) n. 2 Thlr.

Der Volksfreund: Feb. 12, 1847 - Apr. 9?, 1855.

Weekly, Feb. 1847--Feb. 1850; daily, Feb. 11, 1850--Apr. 1855. Established as a mouthpiece for the Whigs, and in opposition to the BANNER; but, with no. 21, July 15, 1847, the editor states that it is Independent, with Democratic leanings. Sub-title: Ein unabhängiges deutsches Blatt, July 15, 1847 - 1855. For weekly edition, see DER WÖCHENTLICHE VOLKSFREUND. Merged with WISCONSIN BANNER, to form BANNER UND VOLKSFREUND. Edited by Friedrich Fratny, and published in the office of the SENTINEL; Feb. - July 1847; edited & published by Friedrich Fratny, July 1847 - Feb. 1850; by Friedrich Fratny & Ernst F. Herzberg, Mar. 1, 1850 - Mar. 1855; by Friedrich Fratny, Mar. - Apr. 1855.
Milwaukee, WI

Volksfreund. – Der Volksfreund. –
Altenburg. – 19.VII.1848 – 24.(?)XII.1851.

Volksfreund (Der). Tageblatt. Hrsg. von Ad. Schlöffel jr. Berlin 1848, 5. April — 30. Juni. 9 Nrn.

Volksfreund (Der), von G. A. Wolff. Lemgo, früher Rempel in Bielefeld, seit 10. Juni 1848 wöchentlich.

—— Deutsche vaterländ. Blätter. Redig. von Eug. v. Hammerstein. (6.) Jahrg. 1848. 104 Nrn. (Bog.) Mit 1 Kunstblatt. hoch 4. Hannover, (Pockwitz.) *

Volksfreund, Der. Leipzig 1848. H: *Weller, Emil Ottocar.* (BrMm)

— der. Red.: E. O. Weller. 1. Jahrg. 1848. Nr. 1—12. 8. (à 1/4—1/2 B.) Leipzig, Weller. 1/4 Thlr.

Volksfreund: Der Volksfreund (Lu I)
④ Der Volksmann von Luzern ⑤ 22. 12. 1848—30. 12. 1850 ⑥ 4° ⑦ Wochenblatt ⑧ Luzern: Anton Petermann (22. 12. 1848—28. 12. 1849). Druckerei des Volksfreundes (31. 12. 1849—Eingehen) ⑪ Andreas Weber (bis 11. 6. 1849), Lr. Fr. Amrhyn ⑫ freisinnig ⑬ BGSZ: 1028, 1032 ⑭ Lu: Z ⑮ Ende 1850 verband sich der »Volksfreund« mit dem »Gemeinen Mann« zum »Volksmann von Luzern«.

Volksfreund: Der Volksfreund (Ag)
① Redigiert von Dr. Hecker und andern anerkannten und bewährten Volksmännern ③ Volks-Zeitung (Ag) ⑤ 28. 5. 1848—31. 3. 1849 ⑥ 4° ⑦ wöchentlich 2× ⑧ Rheinfelden: Fidel Hollinger (1848), Schnauffer & Hollinger (1848), J. A. Bröchin (1848—1849) ⑪ Friedrich Hecker, Carl Heinrich Schnauffer, Fr. Doll, Josef Anton Bröchin ⑫ deutsch-republikanisch ⑬ BGSZ: 1128 ⑭ Be: L (1848) ⑮ Der »Volksfreund« ging auf den 1. 4. 1849 an G. G. Reuß in Lörrach über. — Nach BGSZ 1128, p. 115, schied Doll infolge Streitigkeiten mit Schnauffer aus der Schriftleitung aus. Er gründete seine eigene Zeitung »Der Volksfreund« (mit gleichem Untertitel) in Straßburg. 1. Nummer am 19. 10. 1848. Druck bei Ph. Alb. Dannbach. Doll zeichnet als Gerant.

Volksfreund, der. Red. v. (Frdr.) Hecker u. and. Volksmännern. 1. Jahrg. 1848. Juli—Decbr. 61 Nrn. Imp. 4. (1/2 B.) Rheinfelden. (Basel, Fischer.) n. 1 Thlr. 12 Ngr.

— der. Red.: Eberh. Hofmeister. 1. Jahrg. 1848. 14. Juli 31. Decbr. 48 Nrn. 2—4. Jahrg. 1849—1851 à 104 Nrn. gr. 4. (1/2 Bog.) Ronneburg, Hofmeister. 1848: n. 1/2 Thlr. 1849—1851: à n. 1 Thlr.

Der Volksfreund: 1851 - 1854. New Berlin, PA

Volksfreund, der. Bote des Breslauer Vereines gegen das Branntweintrinken. Herausg. von Kutta. 7—12. Jahrg. 1853—58 à 10 Nrn. (à 1/2 Bgn.). Breslau, Dülfer in Comm. 4. Jeder Jahrg. nn. 5 Ngr.

Volksfreund, der. Bote des breslauer Vereines gegen das Branntweintrinken. Hrsg. von Kutta. 11—14. Jahrg. 1857—60. à Jahrg. 10 Nrn. (1/2 Bog.) 4. Breslau, (Dülfer.) à Jahrg. **

—— dass. — 15. Jahrg. 1861. 10 Nrn. (1/2 Bog.) 4. (Ebendas.) *

Volksfreund, der. Bote des Breslauer Vereins gegen das Branntweintrinken. Hrsg. von Kutta. 16.—21. Jahrg. 1862—67. à Jahrg. 10 Nrn. (1/2 Bog.) 4. Breslau, (Dülfer.) à Jahrg. *

Volksfreund, der. Bote des Breslauer Vereins gegen das Branntweintrinken. Hrsg. von Kutta. 22.—29. Jahrg. 1868—1875. à Jahrg. 10 Nrn. (à 1/2 Bog.) 4. Breslau, (Dülfer's Verlag.) 1868—1871 à * 1872—1875 à *

Volksfreund, der. Bote des Breslauer Vereins gegen das Branntweintrinken. Hrsg. von Kutta. 30.—33. Jahrg. 1876—1879. à Jahrg. 10 Nrn. (à 1/2 Bog.) gr. 4. Breslau, (Dülfer's Verlag.) à Jahrg. * — 70

Volksfreund, der. Bote des Breslauer Vereins gegen das Branntweintrinken. Hrsg. von Kutta. 34.—38. Jahrg. 1880—1884. à Jahrg. 10 Nrn. (à Nr. ½ Bog.) gr. 4. Breslau, (Dülfer's Verlag.) Jahrg. 1880 und 1881 à ? Jahrg. 1882—1884 à *

Volksfreund, der. Bote des Breslauer Vereins gegen das Branntweintrinken. Hrsg. von Kutta. 39. Jahrg. 1885. 10 Nrn. (à Nr. ½ Bog.) gr. 4. Breslau, (Dülfer's Verlag.) *

Volksfreund: Der Volksfreund (Gl)
③ Volkstribun ④ Der schweizerische Eulenspiegel (?) ⑤ 1855—? ⑦ Wochenblatt ⑧ Glarus: Jakob Vogel ⑮ Inserat im «Grutlianer» v. 27. 12. 1854: Im Verlage des Unterzeichneten erscheint mit Neujahr, an der Stelle des bisherigen Volkstribun der Volksfreund, Zeitschrift für angenehme und belehrende Unterhaltung . . .»

Der Volksfreund: 1858–? **Peru, IL**

Volksfreund: Der Volksfreund (Lu II)
① Organ des Patrioten-Vereines (1. 1. 1859 — 29. 6. 1859) ② Volksfreund 14. 5. 1862—28. 12. 1866) ③ Der Hinterländer ④ Die Freiheit (Lu I) ⑤ 2. 7. 1858—12. 1866 ⑥ 4° ⑦ wöchentlich 2× ⑧ Willisau: Conrad Kneubühler ⑩ Conrad Kneubühler ⑪ Alois Huber, der spätere Herausgeber des «Luzerner Wahrheitsfreund» (2. 7. 1858—17. 11. 1858), Conrad Kneubühler ⑫ freisinnig ⑬ BGSZ: 290, 707, 1028, 1032; Willisauer Volksblatt, 1951, Nr. 94, Beilage ⑭ Lu: Z ⑮ Wegen eines Artikels in Nr. 95, 1859, wurde der Redaktor C. Kneubühler ins Gefängnis geführt. Bis Ende 1859 zeichnete Jost Kneubühler als Redaktor. — In den Kämpfen um die Verfassungsrevision, 1862 und 1863, hatte das Blatt große Bedeutung.

Volksfreund. –
Schwäbisch Gmünd. - 1862 - 31.XII.1883.
Fortges. u.d.T.: Gmünder Volkszeitung.

— der. Eine Wochenschrift für Stadt und Land. Unter Mitwirkung von Löwe [Calbe], C. Richter, M. Hirsch, M. Wiggers hrsg. von Ludf. Parisius [Gardelegen]. 1. und 2. Jahrg. 1868 und 1869. à Jahrg. 52 Nrn. (Bog.) 4. Berlin, Lemke. à Jahrg. *

— dass. — 3. Jahrg. 1870. 52 Nrn. (Bog.) 4. Berlin, Löwenstein. [Staude.] *

— der. Organ zur Verbreitung der Grundsätze naturgemäßer Lebens- und Heilweise. Redact.: Dr. C. Boruttau. 1. Jahrg. Novbr. 1868 — Oktbr. 1869. 12 Nrn. (Bog.) gr. 8. Leipzig, Priber. *

— dass. — [2. Jahrg.] 1870. 12 Nrn. (Bog.) Lex.-8. Ebendas. *
Mit wissenschaftl. Beilage, 4 Nrn. (Bog. mit eingedr. Holzschn.) *

Volksfreund: 1869–? **Houston, TX**
Daily. Established 1869 by "Derwener."

Der Volksfreund: 1869–1870 **New Berlin, PA**

Volksfreund. –
Essen. 1871 - 1918(?).

Der Volksfreund: 1873–? **Richmond, VA**
Roman Catholic weekly.

Der Volksfreund: 1873–? **Richmond, IN**
Roman Catholic weekly.

Volksfreund. Socialdemokratisches Organ für die Volksinteressen im Maingau. 8⁰. Frankfurt a. M., Heinr. Schäfer, 1877.

— der. Wochenblatt für Werkstatt, Zechen-, Spinnstube und häusl. Heerd. Hrsgbr. und Redact.: Adph. Schulz. 1. Jahrg. 1878. 52 Nrn. (Bog. mit eingedr. Chemigr.) gr. 4. Berlin, Adph. Schulz. *

Der Volksfreund: July 1, 1878–1880?
Liberal and independent daily, morning except Sunday. "Probe-Nummer" issued June 19, 1878. For Sunday edition, see SONNTAGSBLATT DES VOLKSFREUND. Edited by Edward Rummel & published by Volksfreund Publishing Co. Circulation: 1880, 4300.
Chicago, IL

Sonntagsblatt des Volksfreund: 1878–1880? **Chicago, IL**
Sunday edition of DER VOLKSFREUND.

Volksfreund: Der Volksfreund (Gr)
④ Bündner Nachrichten ⑤ 28. 12. 1878—1885 ⑥ 2° ⑦ wöchentlich 2×; wöchentlich 6× (1882) ⑧ Chur: C. Conzett, Conzett & Ebner (1883—1885) ⑩ C. Conzett ⑪ C. Conzett, Hs. Mettier ⑭ Ch: K.

Volksfreund. Zentralorgan der sozialdemokrat. Arbeiterpartei Oesterreichs, hrsg. von Wilh. Kissewetter und Genossen, redigirt v. L. Zápobocki. Jhrg. 1, Nr. 1, 5. Nov. 1879. Reichenberg, Böhmen.

— der. Kalender für 1881—1885. 8.—12. Jahrg. 8. (à Jahrg. ca. 128 S. mit eingedr. Holzschn.) Breslau, Goerlich's Verlag. à Jahrg.

— der. Kalender für 1886. 13. Jahrg. Nebst einem Wandkalender als Gratisprämie. 8. (192 S. mit Illustr.) Breslau, Goerlich's Verlag.
14. Jahrg., s. Volkskalender, Breslauer.

Volksfreund. – Der Volksfreund.
Frankfurt/Main, sp. [seit 1890] sowohl in Karlsruhe als auch in Offenburg, sp. [ab 1899] Karlsruhe. -
14.IV.1881 - 1887.
1.X.1890 - 30.IX.1907.
Fortges. u.d.T.: Volksfreund.

Der Volksfreund: 1889–? Beaver Dam, WI
Weekly.

Der Volksfreund: 1890–1924
Weekly.
Dickinson, ND

Volksfreund. –
Meissen. - 1.X.1890 - 26.III.1908.
Fortges. u.d.T.: Volkszeitung.

Der Volksfreund: 1891? **Elgin, IL**
Democratic weekly. Edited & published by Armin Vogel.

Volksfreund. – Der Volksfreund. –
Aachen. 1.(?)III.1894 - 31.V.1941.

Der Volksfreund: Mar 14, 1894–1899
Semi-weekly in 1894; then "every other day until 1897" as reported by *Fese*. Independent. Circulation: 1898, 2371. Edited & published by Volksfreund Publishing Co. [Carl Lohmann, H. E. Lohmann, his brother, & William Lohmann, his son, 1894–99]
Burlington, IA

Volksfreund, der. Kalender 1894. 4. (71 S. m. Bildern, 3 Farbendr. u. 1 Wandkalender.) Lehe, J. Fischer jun. n. — 50

Der Volksfreund: 1895?–1896? **Minster, OH**
Democratic weekly. Edited & published by Henry Eickholt.

Der Volksfreund: 1897?–1932(?)
Independent daily, morning except Monday. Edited & published by Peoria Publishing Co.
Peoria, IL

Volksfreund. – Der Volksfreund. –
Dortmund. - 1.X.1903 - 31.III.(?)1913.

Der Volksfreund: Jg. 1–10, 1903?–1924.
Roman Catholic weekly, published in English and German, 1910–24. Place of publication varies: Dickinson, N. D., 1903–09. Circulation: 1910, 1500; 1920, 2500. Edited & published by August Vetterlein, 1903–05; by T. L. Rabsteinek, 1906–08; by Bernard Arnold, 1909—22; by Boniface Stutz, 1923–24.
Richardton, ND

Volksfreund. –
Braunschweig. 1.I.1907 - 1.III.1933.
Vorh. u.d.T.: Braunschweiger Volksfreund.

Volksfreund. –
Karlsruhe. – 1.X.1907 – 17.III.1933.
Vorh. u.d.T.: Der Volksfreund.

Volksfreund. Organ d. Kreuzbündnisses, Verein abstinenter Katholiken. Organ der kathol. Trinkerrettungsvereine u. -heilstätten f. Deutschland u. Österreich u. dient den Publikationen des Priesterabstinentenbundes. Red. v. Syring u. Kohler. 14. Jahrg. 1910. 12 Nrn. (à ca. 16 S.) Lex. 8. Essen, Fredebeul & Koenen. 1. 40
Erschien früher u. d. T.:
Volksfreund gegen den Alkoholismus und für Gesundheitspflege.

Aargauer Volksfreund
⑤ 1862 (cont.) ⑥ 2° ⑦ wöchentlich 3 × (1866: wöchentlich 6 ×) ⑧ Aarau: Friedrich Kappeler (1869), Karl Stierli (1881), Buchdruckerei Aargauer Tagblatt AG (1887 ff.) ⑨ Sonntagspost (mit Illustrationen; 1891 ff.) .Welt und Leben. In Haus und Hof (Blätter für Landwirtschaft, Gartenbau und Hauswirtschaft; 1916, monatlich 2 ×) ⑩ die jeweiligen Drucker; AG Buchdruckerei Aargauer Tagblatt (1887 ff.) ⑪ Friedrich Kappeler (1869), Karl Stierli, Gerichtspräsident Schoder (1887), Dr. Leupold (1891), Dr. Weder (1913), Fürsprech Karl Zimmerlin (1929), Dr. Eduard Lauchenauer (1942), Dr. Helmut Suter, Dr. W. Gisiger (1942 ff.) ⑫ liberal, besonders für bäuerliche Kreise bestimmt ⑬ BGSZ: 941; 100 Jahre Aargauer Tagblatt: Sondernummer des Aargauer Tagblatts 1947 ⑭ Be: L ⑮ Kopfblatt des Aargauer Tagblatts — 1918 gingen folgende Zeitungen durch Ankauf im Aargauer Volksfreund auf: Aargauischer Anzeiger, Der Suhrentaler Bote, Aargauer Post.

Volksfreund gegen den Alkoholismus u. f. Gesundheitspflege. Monatliches Organ des Kreuzbündnisses usw. Hrsg.: Jos. Neumann. 7.—10. Jahrg. 1903—1906. à 12 Nrn. (100, 144, 188 u. 188 S.) hoch 4. Werden-Heidhausen a/R., St. Kamillushaus. (Nur direkt.)
à Jhrg. n. — 80

— gegen den Alkoholismus u. f. Gesundheitspflege. Monatlich erschein. Vereinsorgan des Kreuzbündnisses m. seinen Unterabteilgn. Annabund u. Schutzengelbund usw. Red. v. Syring u. Kohler. 11.—13. Jahrg. 1907—1909. à 12 Nrn. (à 16 S.) Lex. 8. Heidhausen b. Werden a. d. R., St. Kamillus-Haus. (Essen, Fredebeul & Koenen.)
à Jahrg. 1. 40

—— der anhalt., e. Wochenschr. f. Stadt u. Land. 2. Jahrg. 1832. 52 Nrn. (Bog.) gr. 4. Dessau, Fritsche u. Sohn.
1 Thlr. 12 Gr., Schrbp. 2 Thlr. 8 Gr., Vlnp.
1. Jahrg. 1831. Ebendas. 1 Thlr. 12 Gr., Schrbp. 2 Thlr. 8 Gr., Vlnp. 3 Thlr.

Appenzeller Volksfreund — Appenzeller Bur
v. De Appezöller-Bur.

Appenzeller Volksfreund (I)
⑤ 1862 ⑬ BGSZ: 944.

Appenzeller Volksfreund (II)
① Organ für Wahrheit und Recht. Amtliches Publikationsorgan für den Kanton Appenzell I.-Rh. — Innerrhoder Zeitung — Amtliches Publikationsorgan ⑤ 1. 1. 1876 (cont.) ⑥ 2° ⑦ wöchentlich 2× (1876—1908), wöchentlich 3× (seit 1908) ⑧ Appenzell: Genossenschaftsdruckerei ⑨ Der Hausfreund (1888—1893, Druckort: Mainz); Der Hausfreund (1894—1902, Druckort: Appenzell); Illustriertes Sonntagsblatt (1903—1913, Druckort: Zürich); Illustriertes Familienblatt (1914—1916, Druckort: Stuttgart); Sonntagsblatt (1917); Appenzeller Bur (1911, seit 1921 Sonderseite); Heimat und Kirche im Appenzellerland (1936—1945 und seit 1951); Appenzellische Geschichtsblätter (seit 1939, Monatsblatt); Das Gewerbeblatt (seit 1939, Sonderseite) ⑩ Gesellschaft für Herausgabe eines konservativen Blattes ⑪ Johann Baptist Emil Rusch (bis 1890), Kaplan Joh. Sebastian Bischofberger, Prof. Josef Üsch (1890—1891), Josef Winkler, von Richensee (1891—1893), Otto Dommann (1894—1908), Dr. Carl Rusch (1909—1919), Dr. Albert Rechsteiner (1919—1947) ⑫ katholisch-konservativ ⑬ BGSZ: 175, 176, 942—945; Appenzeller Volksfreund 1951, Jubiläumsnummer ⑭ Appenzell: Druckerei ⑮ Seit 1948 ist der «Oberegger Anzeiger» Kopfblatt des Volksfreundes.

Argentinischer Volksfreund: Jahrgang I, 1894 – to date
Roman Catholic weekly. Large quarto, each issue 48 pages, with slight variations, illustrated. Sub-title: Wochenblatt für Stadt und Land. Title varies: Der Volksfreund, with sub-title: Amigo del Pueblo. Published by the Gesellschaft der Väter vom Göttlichen Wort
Buenos Aires

Argentinischer Volksfreund. Wochenblatt für Stadt und Land. Jg 1 ff. – Buenos Aires: „Argentinischer Volksfreund" 1895 ff. 4°

Volksfreund, der ärztliche, od. d. Arzt in Dir. Eine Zeitschr. f. d. Gesundheitspflege. In Verbind. mit mehr. Aerzten u. Freunden d. Hygiocomie hrsg. v. Friedr. Wilh. G. Kranichfeld. 1. u. 2. Jahrg. 1840—41. à 26 Nrn. (½ Bog.) gr. 8. Berlin, (J. A. Wohlgemuth.) à J. *

Volksfreund, der ärztliche, od. der Arzt in Dir. Eine Zeitschrift f. die Gesundheitspflege. Hrsg. v. Friedr. Wilh. G. Kranichfeld. 3—6. Jahrg. 1843—46. 24 Nrn. (½ B.) gr. 8. Berlin, (J. A. Wohlgemuth, Berl.) à J. *
1. u. 2. Jahrg. 1840, 41. Ebendas. à J. * 1 Thlr.

Basellandschaftlicher Volksfreund
① Vormals «Wochenblatt». Allgemeiner Anzeiger für Baselland udn Baselstadt (1. 1. 1889—26. 12. 1889). Organ für volkswirtschaftliche Reform (28. 12. 1889—1912) ③ Wochenblatt ④ Tagblatt für das Birseck, Birsig- und Leimental ⑤ 1. 1. 1889—1912 ⑥ 2° (Vergrößerungen 28. 12. 1889 und Anfangs 1900) ⑦ wöchentlich 3× ⑧ Binnigen: Jakob Lüdin (1889—1908), Genossenschaftsdruckerei Binningen (1909—1911), Buchdruckerei Binningen (Bertram Wirz) (1912) ⑨ Das Plauderstübchen (1889—1893 ?, 4°, illustriertes Wochenblatt, Fortsetzung der gleichnamigen Beilage des Wochenblattes). Zur Unterhaltung am häuslichen Herd (Beilage zum Binninger Volksfreund 1894 ?—1907 ?, 4°, Druck u. Hg. Stuttgart, Greiner und Pfeiffer, Red. Ernst Pfeiffer) ⑩ Jakob Lüdin (1889—1908), Bertram Wirz (1909—1912) ⑪ Jakob Lüdin (1889—1908), Redaktionskomitee vom 28. 12. 1889: Landrat Stephan Gutzwiller, Bezirksrichter F. Brunner, Landrat Stephan Gschwind, T. Levy-Iliker, K. A. Brodbeck; Bertram Wirz (1909—1912) ⑫ freisinnig-demokratisch. Für Sozialreform, Genossenschaftswesen und Verstaatlichung des Hypothekarwesens ⑭ Binningen: Buchdruckerei Lüdin.

Volksfreund. – Der B a i e r i s c h e Volksfreund. –
München. – 3.VII.1824 – 26.X.1825.
Fortges. u.d.T.: Der Bayerische Volksfreund.

Volksfreund. – Der B a y e r i s c h e Volksfreund. –
München. – 27.X.1825 – 30.XII.1849.
Vorh. u.d.T.: Der Baierische Volksfreund.

—Baierischer, redigirt von Fr. Regle. Jahrg. 1831. 104 Numm. gr. 4. Münch., (Jaquet.) 2 ß 6 g Jahrg. 1832. 208 Numm. Redigirt v. M. G. Saphir. gr. 4. Ebd. 2 ß 6 g Hbg. Pr. à J. 1 ß 16 g 3 ß 8 g

Volksfreund. – B a y e r i s c h e r Volksfreund. –
Augsburg. – 1.X.1904 – 30.IX.1919.
Vorh. u.d.T.: Süddeutsche Land-Post.
Fortges. u.d.T.: Bayerische Tageszeitung.

— zur Beförderung der Mäßigkeit u. Gesundheitspflege. Monatliches Organ der Mäßigkeits- u. Trinkerrettungsvereine f. Deutschland u. Oesterreich, Hrsg.: Jos. Neumann. 4.—6. Jahrg. 1900—1902. à 12 Nrn. hoch 4. (à ca. 8 S.) Werden-Heidhausen a/R., St. Kamillushaus.
à Jahrg. — 50
Früher unter dem Titel:
Volksfreund zur Beförderung der Mäßigkeitsbestrebungen.

— zur Beförderung der Mäßigkeit, Fortsetzg. f.: Volksfreund gegen den Alkoholismus.

Volksfreund zur Beförderg. d. Mäßigkeitsbestrebgn. Allgemeine Ausg. d. kath. Korrespondenz zur Beförderg. d. Mäßigkeitsbestrebungen. Hrsg.: Jos. Neumann. Mai 1897—April 1898. 6 Nrn. (à ca. 4 S.) 4. Gelsenkirchen. (Essen, H. Vos.) Postfrei n.n.n. — 50;
einz. Nrn. n.n. — 05

— zur Beförderung der Mäßigkeitsbestrebungen. Organ der kath. Mäßigkeits- u. Trinkerrettungsvereine. Allgemeine Ausg. der kath. Korrespondenz zur Beförderg. der Mäßigkeitsbestrebgn. Hrsg.: Jos. Neumann. April—Decbr. 1898. 6 Nrn. hoch 4. (S. 25—48.) Gelsenkirchen. Werden-Heidthausen, St. Kamillushaus. n. — 50

— dasselbe. Allgemeine Ausg. Jahrg. 1899. 12 Nrn. hoch 4. (à ca. 4 S.) Ebd. n. — 50

— d. belehrende, aus d. Länder- u. Völkerkunde u. Geschichte. 1r—3r Jahrg. (Volkskalender 1823—25.) 2e unveränd. Ausg. Mit 1 Steindr. gr. 4. Schmalkald. 825. Varnhagen. 1 ß 4 g
4r Jahrg. A. u. d. T.: allgem. deutsch. Volkskalender für d. J. 1826. 4. Ebd. 10 g

Volksfreund, Belehrender, a. d. Länder- u. Völkerkunde u. Geschichte f. d. Bürger u. Landmann. s. u.: Volkskalender, Allgem. Deutscher . . . .

— Berner. Politische Zeitung. Jahrg. 1831. ... Burgdorf, Langlois. à Jahrg. 3⅔ ß

Berner Volksfreund (So—Be)

④ Berner Volkszeitung (I) ⑤ 24. 2. 1831—28. 12. 1845 ⑥ 4°, später 2° ⑦ als Halbwochenblatt geplant, erschien vorerst als Wochenblatt, halbwöchentlich (ab 7. 4. 1831) ⑧ Solothurn: L. Vogelsang; Burgdorf: Carl Langlois (ab 27. 10. 1831) ⑩ Carl Langlois ⑪ Joh. Ludwig Schnell, Stadtschreiber von Burgdorf, Karl Schnell, Dr. jur., Notar und Anwalt, Hans Schnell, Prof. der Naturwissenschaften, Gottl. Friedr. Stähli, J. J Reithard, Schriftsteller, Carl Langlois; Mitarbeiter: Jeremias Gotthelf, Dr. Vital Troxler (Pseudonym: «Pertinax», «Severus Pertinax», «Novalis»), Ed. Blösch, Pfr. Romang, Stettler (später Prof. des Staatsrechts) ⑫ führendes Organ der bernischen Liberalen ⑬ BGSZ: 197. 215. 795a. 826. 973. 981: Münch: Studien zur Bernischen Presse 1830—1840; Huber-Renfer im «Burgdorfer Jahrbuch» 1944, 1951 ⑭ Be: L.

Berner Volksfreund (So—Be)

Ergänzen: ⑬ Huber-Renfer, Fritz, in der Jubiläums-Nummer des Burgdorfer Tagblattes vom Oktober 1956 und im Archiv des Historischen Vereins des Kantons Bern, 44. 1957. Heft 1.

Berner Volksfreund (Be)

① Mit einer wöchentlichen Beilage belletristischer und literarischer Mittheilungen (ab 1890). Mit zwei Gratisbeilagen, den Wöchentlichen Mittheilungen und dem illustrierten «Sonntagsblatt» (ab 1894) ③ Der Emmenthaler Bote ④ Burgdorfer Tagblatt (II) ⑤ Juni 1875—Dezember 1910 ⑥ 2° ⑦ wöchentlich 3×, wöchentlich 6× (ab 1. 7. 1879) ⑧ Burgdorf: Wilhelm Langlois, Peter Eggenweiler (ab 1888) ⑨ Wöchentliche Mittheilungen; Illustriertes Sonntagsblatt (1898 inhaltlich identisch mit dem Illustrierten Sonntagsblatt, Gratisbeilage zum Zuger Volksblatt) ⑩ Carl Langlois, Peter Eggenweiler ⑪ S. Schmidlin, Wilhelm Langlois, Peter Eggenweiler: Mitarbeiter: J. F. Stalder, Schulvorsteher, C. Küenzi, Dr. H. Stickelberger, H. Merz, E. Scheurer ⑫ freisinnig ⑬ BGSZ: 215, 824, 973; Burgdorfer Jahrbuch 1944 ⑭ Be: L.

Volksfreund. – Braunschweiger Volksfreund. –
15.V.1871 – 29.X.1878.
30.XI.1890 – 31.XII.1906.
Fortges. u.d.T.: Volksfreund.

— Braunschweigischer. Redact. E. Heusinger. (1. Jahrg.) 1846. 52 Numm. (Bog.) mit Beilagen. gr. 4. Braunschweig. (Rademacher.) n. 2 ℛ

Bremgarter Volksfreund
v. **Bremgarter** Wochenblatt.

Brooklyner Volksfreund : 1882?—1883?

Democratic weekly. Edited & published by William Wolff & Co., 1882—83.
Brooklyn, NY

Bülach-Dielsdorfer Volksfreund

① heute: Fortschrittliches Volksblatt für das Zürcher Unterland ③ Bülach-Regensberger Volksfreund ⑤ 15. 6. 1872 (cont.) ⑥ 2° ⑦ wöchentlich 2×, wöchentlich 3× ⑧ Bülach: Heinrich Hager, Heinrich Graf (1. 7. 1882), Karl Graf (1913), K. Grafs Erben (31. 3. 1951) ⑨ Ährenlese; Heimatklänge von Bülach; Der Hausfreund ⑩ die Drucker ⑪ die Drucker, H. Muggli, Dr. H. U. Graf ⑫ freisinnig ⑭ Zh: Z.

Bülacher Volksfreund

① Publikationsmittel für den Bezirk Bülach und dessen Umgebung. Publikationsmittel in den Bezirken Bülach und Regensberg (20. 6. 1868) ④ Bülach-Regensberger Volksfreund ⑤ Probenummern 20. 6. 1866 und 23. 6. 1866; 27. 6. 1866—15. 6. 1870 ⑥ 2° ⑦ wöchentlich 2× ⑧ Bülach: H. Hager ⑩ der Drucker ⑪ der Drucker ⑫ bäuerlich-demokratisch, freisinnig ⑭ Zh: Z.

Bülach-Regensberger Volksfreund

① Publikationsmittel in den Bezirken Bülach und Regensberg ③ Bülacher Volksfreund ④ Bülach-Dielsdorfer Volksfreund ⑤ 17. 7. 1870 — 12. 6. 1872 ⑥ 2° ⑦ wöchentlich 2× ⑧ Bülach: H. Hager ⑩ der Drucker ⑪ der Drucker ⑫ bäuerlich-demokratisch, liberal ⑭ Zh: Z.

Der Volksfreund und Baltimorer Calender : no. 1—5, 1817—1821? Baltimore, MD

Published by Schäffer & Maund.

Der Californische Volksfreund : 1884?—1906?

Weekly. Official organ of the German Roman Catholics of San Francisco. Title varies: CALIFORNIA VOLKSFREUND. Circulation: 1887, 2500; 1895, 5310; 1900, 4820; 1906, 1800 [probably ceased publication after the earthquake, 1906]. Established by Carl August Doeing & Franz Joseph Diepenbrock. Edited by Melch. Diepenbrock, 1884—87; by August Erz, 1888; by George Schleyer, 1889—92; by Carl Schäfer, 1893—95; by Henry L. Budde, 1896—1906; published by Diepenbrock Bros. & Carl August Doeing, 1884—88?, by C. A. Diepenbrock & Co., 1889; by German Catholic Printing Society of the Pacific Coast [also as: German Catholic Printing Assoc.], 1890—94; by California Volksfreund Publishing Co., 1895—1906.
San Francisco, CA

Chicagoer Volksfreund : Nov. 26, 1846—1848?

Democratic weekly. Published by Robert B. Höffgen & Müller, Nov. 26, 1845—1846?; edited by Franz A. Hoffmann, Nov.? 1845—Feb.? 1846; edited & published by Robert B. Höffgen & Joseph Becker, 1846?—1847; by J. J. Wahlburger, 1847—48. The editor in issue of Feb. 12, 1848, reports "200 Abonnenten." Small folio, 4 pages. Laid in the issue of Feb. 12, 1848: "Adresse an das deutsche Volk," one leaf, 9 × 12, issued as "Beilage"? Also laid in: "An die deutschen Demokraten in St. Clair und Monroe Counties, July 28, 1848, one leaf (Belleville, Ill.)."
Chicago, IL

—— der christliche, hrsg. v. E. Süskind. 1. u. 2. Jahrg. 1842 u. 1843 à 52 Nrn. (½ Bog.) gr. 4. Blaubeuren, Mangold'sche Buchh. à *

Volksfreund, christl., ein Lesebuch zur erbaul. Unterhaltung für christl. Familien. 8. Halle 817. Waisenh.-B. 6 gr

Christlicher **Volksfreund**. Blätter zur Förderung christlichen Glaubens und Lebens. Zürich: Zürcher u. Furrer 1879–(1900). 8°
Hrsg.: Miescher und Schuster.

Cincinnati Volksfreund. Abriß der Geschichte der VS Amerika's ... Bearbeitet für das deutsche Volk. Cinci, 1859.

Cincinnati Volksfreund [weekly]. 7v. Jahrg 1859-60. Cinci, 1859-60.

Clevelander Volksfreund : Jahrgang 1—33, no. 4, 1886—Jan. 26, 1918?

Tri-weekly, 1886—89; weekly, 1890—94; daily, 1895; weekly, 1896—1918. Socialistic; stock owned by German labor unions & individuals; upon merger with ARBEITER-ZEITUNG, the paper became property and organ of S.L.P. Sub-title: Den Interessen des arbeitenden Volkes gewidmet. Herausgegeben von der Volksfreund Publication-Association. Offizielles Organ der Sektion Cleveland, S.A.P.; 2) Den Interessen der Arbeiterklasse gewidmet. Offizielles deutsches Organ der Socialistischen Arbeiter-Partei, July 25, 1908—1918. Title varies: a) CLEVELANDER VOLKSFREUND, 1886—July 1908; 2) VOLKSFREUND UND ARBEITER ZEITUNG, July 25, 1908—Jan. 26, 1918. Absorbed SOCIALISTISCHE ARBEITER-ZEITUNG. For weekly edition, see WOCHENBLATT DES CLEVELANDER VOLKSFREUND. Circulation: 1890, 3200; 1895, 3200; 1900, 2800; 1908, 2850; 1910, 4867; 1915, 8500; 1918, 8500. Edited by Richard Koeppel, 1908?—Jan. 1918. Published by Volksfreund Publishing-Association, 1886—July 1908; by Sozialistische Arbeiter-Partei, July 25, 1908—Jan. 1918.
Cleveland, OH

Wochenblatt des Clevelander Volksfreund : 1886?—1889?

Weekly edition of CLEVELANDER VOLKSFREUND.
Cleveland, OH

Demokratischer Volks-Freund : vol. 1, no. 1, May 8, 1841—?

Democratic weekly. Published in English and German: page one in German, and pages 2—4 in English with heading NEW YORK EXPRESS.
DLC: vol. 1, no. 1, May 8, 1841.
New York, NY

Deutsch-Amerikanischer Volks-Freund : 1880?—1884?

Republican weekly. Continued from LUZERNE COUNTY VOLKS-FREUND. Circulation: 1880, 1400. Edited by A. Baumann, & published by Luzerne Publishing Co., 1880; edited & published by H. Baring, 1881—82; by T. R. Bat, 1883—84.
Wilkes-Barre, PA

—— der deutsche. Blätter zur Unterhaltung und Belehrung. Hrsg. von Wilh. Neuhof. 1. Bd. (12 Hefte.) (à 3 Bog. nebst 1 Stnt.) 4. Suhl 847. (Erfurt, Müller'sche Buchh.)

—— dass. — 1. Bd. 1. Heft. 2. Aufl. 1847. und 3., verb. Aufl. 4. (24 S. und 1 Stnt.) Ebds. 848.

—— dass. — 1. Bd. 3. und 4. Heft. 3., verb. Aufl. 4. (48 S.) Ebds. 849.

—— dass. — Redig. von Dems. 2. Bd. (12 Hefte.) (à 3 Bog. und 1 Stnt.) 4. Ebds. 848.

— der deutsche. Hrsg. v. Fr. Haupt, K. Eichhorn u. Joh. Schiller. 1. Jahrg. 1849. 52 Nrn. hoch 4. (Bog.) Frankfurt a. M., Brönner. n. 1 ℛ 2 ngr — (2.) Jahrg. 1850. 104 Nrn. hoch 4. (½ Bog.) Darmstadt. (v. Auw.) n. 1⅓ ℛ

Volksfreund. – Deutscher Volksfreund. –
Dresden. – 4.IV.1848 – 30.IX.1848.
Vorh. u.d.T.: Dresdner Correspondent.
Fortges. u.d.T.: Dresdner Zeitung.

—— deutscher. Illustrirte Monatsschrift zur Unterhaltung und Belehrung für Jedermann. 1. Bd. 12 Lfgn. (à 6 Bog. mit eingedr. Holzschn.) gr. 4. Berlin 861, van Severen. à Lfg. 5 Ngr. à Bd.

—— deutscher, zur Unterhaltung und Belehrung für Jedermann. 2. und 3. Bd. à 12 Lfgn. und 4. Bd. 16 Lfgn. (à Lfg. 6 Bog. mit eingedr. Holzschn.) gr. 4. Berlin 862—66, Kroschel. à Lfg. 5 Ngr.

Deutscher Volksfreund: Band 1–36, Jan. 7, 1871 – Dec. 29, 1907.

Weekly. Sub-title: Ein Wochenblatt für deutsche Familien in Amerika, Jan. 7, 1871 – ?; 2) Ein illustriertes deutsches Familienblatt, ? – Dec. 29, 1907. Folio, 1871–80, large quarto, 1881–1907; each issue 8–16 pages; illustrated. Place of publication varies: Cincinnati, Ohio. Edited by George Carl Seibert, 1871? – Oct. 1902, by Ferdinand O. Zesch, Oct. 25, 1902 – Dec. 29, 1907. Published by Amerikanische Traktat-Gesellschaft, 1871–1907. United with AMERIKANISCHER BOTSCHAFTER. Circulation: 1873, 2700; 1896, 3850; 1907, 4200. Subscription by Harmony Society
New York, NY

—— **deutscher.** Ein Wochenblatt für deutsche Familien in Amerika. 1.—4. Bd. 1871—1874. à Jahrg. 52 Nrn. (Bog. mit eingedr. Holzschn.) Fol. New-York. (Hamburg, Oncken.)
1871 und 1872 à *
1873 und 1874 à *

—— **deutscher.** Ein Wochenblatt für deutsche Familien in Amerika. 1875—1879. à Jahrg. 52 Nrn. (à 1—2 Bog. mit eingedr. Holzschn.) Fol. New-York. (Hamburg, Oncken.) à Jahrg. * 10 20

—— deutscher. Ein Wochenblatt für deutsche Familien in Amerika. 1880—1884. à Jahrg. 52 Nrn. (à Nr. 1—2 Bog. mit eingedr. Holzschn.) Fol. New-York. (Hamburg, Oncken.) à Jahrg. *

—— **deutscher.** Ein Wochenblatt für deutsche Familien in Amerika. 1885—1888. à Jahrg. 52 Nrn. (à Nr. 1—2 Bog. mit eingedr. Holzsch.) Fol. New-York. (Hamburg, Oncken.) à Jahrg. *

Volksfreund, deutscher. Ein Wochenblatt für deutsche Familien in Amerika. Jahrg. 1886—1889. à 52 Nrn. (à Nr. 1—2 B. mit eingedr. Holzschn.) Fol. New-York. (Hamburg, Oncken.) à Jahrg. n. 15. —

—— deutscher. 1. Jahrg. 1878. 8. (16 S.) Leipzig, Wölfert's Buchh. * — 20
Nicht weiter erschienen.

Deutscher Volksfreund: Mar. 11, 1886 – 1925?

Independent Republican weekly. Published in English and German, June 1918 – 1921. Sub-title: Eine Zeitung für die Counties Cape Girardeau, Perry und Scott. Title varies: CAPE COUNTY POST, 1918–21. Circulation: 1890, 625; 1900, 805; 1905, 936; 1910, 900; 1920, 1170. Edited & published by Friedrich Kies (as Friedrich Kies & Son 1895–1905), 1886–1904, by Frederick L. Kies & Bro., 1905–18, by Frederick L. Kies, 1918–21.
Jackson, MO

Volksfreund. – Deutscher Volksfreund.
Berlin. 1.X.(?)1907 30.VI.1921(?)
Vorh. u.d.T.: Katholische Volkszeitung.

Der ditmarsische **Volksfreund** oder Zeugnisse gegen die gebrannten Wasser oder den Alcohol. Nr. 1—12. (Friedrichstadt. 1845.) 8°

— d. Erzgebirgische, eine Monatsschrift z. Belehrung u. Unterhaltung f. d. Bürger- u. Landmann. 1r—8r Jahrgg. 1820—27, Zwickau, (Leipz., Mag. f. Ind.) à 18 gr.

—— der erzgebirg., e. Monatsschr. zur Belehr. u. Unterhalt. f. d. Bürger u. Landmann. 9—12. Jahrg. 1828—31. à 12 Hfte. Mit Vign. 4. Zwickau. (Leipzig, Magazin f. Indust.) à J.
1–8. Jahrg. 1820–27. Ebendas. à 18 Gr.

—— **erzgebirgischer.** Wochenschrift für Stadt und Land. Zugleich Amtsblatt für den Bezirk des königl. Landgerichts Kirchberg. Redig. von Otto Dehnel unter Mitwirkung von Fr. Roloff, Gg. A. Winter und Jm. Tr. Wöller. 1. Jahrg. 1848. Juli—Decbr. 25 Nrn. (Bog.) 4. Leipzig, Wöller. *

—— dass. — Verbunden mit einem allgem. Anzeiger. Zugleich amtl. Bekanntmachungsblatt für den Bezirk des k. Landgerichts Kirchberg. Redig. von W. Meißner und Jm. Tr. Wöller unter Mitwirkung von Gg. A. Winter. 2. Jahrg. 1849. 52 Nrn. (Bog.) Mit 4 Stahlst. gr. 4. Ebds. *

Der Fränkische **Volksfreund,** besonders für den Bürger, ohne Unterschied des Standes und der Religion. Qu. 1. 2.
Schwabach: Mizler 1793. 8°
Hrsg.: Joh. Christoph Wilh. Rehm.

Volksfreund. – Fränkischer Volksfreund. –
Würzburg. – 1.X.1908 – 14.III.1933.
5.II.1949 – 31.XII.1963.
[NA seit 1953 von: Fränkische Tagespost, Nürnberg (1871)]

Freimuth Volksfreund. Die eidgenössische Schulfrage oder zur pädagogischen Union der Schweiz. Zur Jubiläumsfeier Pestalozzis. In-8°. 44 S. Biel, Ernst Kuhn. 1896. — 60

— **Fürstenwalder.** Red.: E. Uttech. Jahrg. 1850. 104 Nrn. gr. 4. (1/2 Bog.) Fürstenwalde, Uttech. n. 1 1/3 ₰

Greensburger Volksfreund: 1832? – ? Greensburg, PA

—— hannoverscher, f. gebildete Leser aller Stände. Hrsgbr. u. Redakt.: Eugen v. Hammerstein. 1—3. Jahrg. 1842—44. (1. u. 2. J. à 104 Nrn. (1/2 Bog.), 3. 52 Lfgn.) gr. Lex.-8. Hannover, (Hahn'sche Hofbuchh.) à J. *

—— dass. 4. u. 5. Jahrg. 1845 u. 1846. à 52 Nrn. Redig. v. Dems. gr. 4. Hannover, Pockwitz. à J. *

Volksfreund: Der helvetische Volksfreund (Gr)
⑤ Januar 1797—Oktober 1797 ⑥ 4° ⑦ Wochenblatt ⑧ Chur: Bernhard Otto (Druckort und Drucker nur in der letzten April-Nummer genannt) ⑬ BGSZ: 1023 ⑭ Ch: K; Lu: Z; Be: L ⑮ Aus der Einladung zum Abonnement (der helvetische Volksfreund kündigt seinen wöchentlichen Besuch aufs Jahr 1797 an), ist ersichtlich, daß es sich um ein Churer Blatt handelt, denn der Volksfreund will «theils in Gesellschaft mit der Ottoischen Churer Zeitung» erscheinen. v. auch Nachschrift in der 3. September-Nummer.

Volksfreund: Der helvetische Volksfreund (Tg)
⑤ 1799—30. 12. 1801 ⑥ 4° ⑦ Wochenblatt ⑧ Bischofszell: L. Dieth ⑩ Johann Jacob Hausknecht, Buchhändler, St. Gallen ⑪ Mitarbeiter: Leonhard Meister ⑫ gegen die Aristokraten ⑬ BGSZ. 107; Hagen: Buchdruck- und Zeitungswesen im Thurgau; Klages (Zeitschriften) Nr. 3 ⑭ Fl: K; Lu: Z; Be: L.

Volksfreund. – Der Hessische Volksfreund.
Marburg. 22.III.1848 29.VI.1853.

— der **hessische.** Red.: A. Vilmar. 3. Jahrg. 1850. 104 Nrn. hoch 4. (1/2 Bog.) Marburg, Koch. n. 1 ₰ 8 ngr

Volksfreund. – Hessischer Volksfreund.
Darmstadt. – 27.IX.1907 – 3.V.1933.

Humoristischer Volksfreund: Oct. 1853 – ?

Weekly. Edited & published by Friedrich Reinecke. Success of this paper resulted in establishment of BUFFALO ALLGEMEINE ZEITUNG. Reinecke built press himself
Buffalo, NY

— **der, f. unser Jahrhundert.** Deutsches Volksblatt ernsten u. heiteren Inhalts. Red.: Herm. Grimm. Jahrg. 1848. 52 Nrn. gr. 4. (30 Bog.) Mit 12 Lith. u. 1 Prämie in Fol. Dresden, Grimm. Für Sachsen n. 1 ₰ (außerhalb Sachsen n. 1 ₰ 8 ngr) (Bildet die Fortsetzung v. „Unser Jahrhundert", siehe: Jahrhundert.)

—— illustrirter. Bibliothek zur Unterhaltung und Belehrung für Jedermann. 1. Bd. 16 Lfgn. (à Lfg. 6 Bog. mit eingedr. Holzschn.) Fol. Berlin 862, Röhring. à Lfg. 5 Ngr.

Schweizer Volksfreund: Illustrierter Schweizer Volksfreund
Schweizer Volksfreund: Illustrierter Schweizer Volksfreund und Friedensförderer
v. In Sturm und Not (Der wahre Kamerad).

Der Israelitische Volksfreund: vol. 1, no. 1–8, Dec. 1858 – July 1859?

Monthly Jewish paper, printed in German. Sub-title: Eine Monatsschrift. Edited & published by G. M. Coen.
Cincinnati, OH

— **israelitischer,** für das Großherzogthum Posen. Eine Monatsschrift zur angenehmen u. nützlichen Unterhaltung im häuslichen Kreise. Jahrg. 1846. 12 Hfte. 4. Trzmeszno, Olawski. 1 1/3 ₰

— der katholische, Wochenschrift für häusliche Erbauung u. Belehrung des kathol. Volkes. Hrsg. unter Mitwirkung sämmtl. H. H. Prediger an den hiesigen Hauptkirchen v. Ant. Westermayer. 1 u. 2. Jahrg. 1851 u. 1852 à 52 Nrn. Imp. 4. (à 1—2 Bog.) Mit 12 Literatur-Blättern. München, Rieger. à n. 2 rß 4 ngl

—— der katholische, Wochenschrift für häusl. Erbauung und Belehrung des kathol. Volkes. Hrsg. unter Mitwirkung mehrerer Priester von Ant. Westermayer. 3—6. Jahrg. 1853—56. à Jahrg. 52 Nrn. (Bog.) oder 24 Hefte. (Nebst: Sonn- und Festtagspredigten auf das ganze Jahr.) hoch 4. München, Rieger'sche Buchh. à Jahrg. *

1. und 2. Jahrg. 1851 und 1852. Ebendas. à Jahrg. * 2 Thlr. 4 Ngr.

Volksfreund: Der katholische Volksfreund
⑤ 1907 ⑧ Laufen ⑬ BGSZ: 973

—— der katholische, von Regensburg. Mit einer Gratis-Beilage: „Der Erzähler". Redact.: Jac. Gratzmeier. 13.—17. Jahrg. 1880—1884. à Jahrg. 52 Nrn. (à Nr. 3/4 Bog. mit eingedr. Holzschn.) gr. 8. Regensburg, Pustet. à Jahrg. **

— katholischer. Eine illustrirte Zeitschrift für das kathol. Deutschland. 1. Jahrg. 1846. 12 Hefte. Mit Holzschn. u. art. Beilagen. gr. 4. Düsseldorf, Arnz u. Co. 2 rß 12 ngl

Katholischer Volksfreund: 1890? – 1982. Buffalo, NY
Publisher H. Lederer had an office in Rochester and also published KATHOLISCHE VOLKSZEITUNG there.

— katholischer, v. Regensburg. Red.: J. Gratzmeier. Mit e. Gratis-Beilage „Der Erzähler". 20.—23. Jahrg. 1887—1890. à 52 Nrn. (B. m. Illustr.) gr. 8. Regensburg, Habbel. à Jahrg. 2. 40

— katholischer, v. Regensburg. Illustr. Wochenblatt f. christl. Familien. Red.: Jac. Gratzmeier. Mit e. Gratisbeilage „Der Erzähler". 24.—27. Jahrg. 1891—1894. à 52 Nrn. (Bog. m. Abbildg.) gr. 4. Regensburg, J. Habbel. à Jahrg. 2. 40

— katholischer, v. Regensburg. Illustr. Wochenblatt f. christl. Familien. Red.: Jac. Gratzmeier. Mit e. Gratis-Beilage „Der Erzähler". 28.—31. Jahrg. 1895—1898. à 52 Nrn. (Bog. m. Abb.) gr. 4. Regensburg J. Habbel. à Jahrg. 2. 40
Kann auch vierteljährlich bezogen werden.

Volksfreund, katholischer, v. Regensburg. Wochenblatt f. christl. Familien. Red.: Jos. Beer. 32.—35. Jahrg. 1899—1902. à 52 Nrn. Imp.-4. (à ca. 8 S. m. Abb.) Regensburg, J. Habbel. à Jahrg. 2. 40

— katholischer, v. Regensburg, Fortsetzg., s.: Sonntagsblatt, katholisches bayerisches.

Volksfreund. – C l e v i s c h e r Volksfreund
18.V.1872 – 1923.
Fortges. u.d.T.: Der Volksfreund.

Der K ö l n i s c h e Volksfreund, eine Dekadenschrift.
Köln 1795.
Hrsg.: Ferdinand Stanf.

Volksfreund. – C o n s e r v a t i v e r Volksfreund.
Minden, sp. [ab 1865] Bielefeld.
4.I.1862 – 25.XII.1869

Lenzburger Volksfreund
⑤ April 1875—Dezember 1875 ⑦ wöchentlich 6× ⑧ Lenzburg: Gottfried Müller ⑪ 100 Jahre Lenzburger Tagblatt (September 1949).

Volksfreund. – L ü b e c k e r Volksfreund.
6.VIII.1848 – 3.VII.1849.
Vorh. u.d.T.: Lübecker Correspondent.
Fortges. u.d.T.: Der Volksbote.

Der L ü b e c k e r Volksfreund. Lübeck: Meyer (vor 1850).

Volksfreund. – M ä r k i s c h e r Volksfreund.
Berlin. – 1.X.1876 – 31.(?)X.1878.

Volksfreund, Naturhistorischer. Ein Büchlein für Jeden, der im Buche der Natur zu lesen Lust hat . . . Zwickau 1846. V: *Becker, Gfr. Wilhelm.* (Ky)

—— naturhistorischer. Ein Büchlein für Jeden, der im Buche der Natur zu lesen Lust hat. Von *r. 1. Bdchn. 8. (120 S.) Zwickau 846, [Verlags-Buchhandlung des Volksschriften-Vereins.] *

— neuer deutscher. Ein Kalender voll Lust u. Lehre für Jedermann. Jahrg. 1847. Mit Beiträgen von Carl Spindler, Duttenhofer, Braun, L. Storch, Pfyffer, Ed. Schmidlin, herausgeg. von Frz. Hoffmann. gr. 8. (Mit vielen eingedr. Holzschn.) Stuttgart 846, Hoffmann's Verlag. 1/3 rß

Volksfreund, neuer deutscher. Ein Kalender voll Lust u. Lehre f. Jedermann. Jahrg. 1848. gr. 8. (XVI u. 138 S. m. eingedr. Holzschn.) Stuttgart, Hoffmann. 1/3 rß

Volksfreund, der neueste. Vaterländ. Zeitschrift, herausgeg. von F. A. T. Pabst, Ph. v. Buttner u. J. P. Hofmann. Jahrg. 1812. 8. Prag, Enders.

— d. neueste Prager, e. vaterländ. Zeitschrift. 24 Hfte. 8. Prag, Enders. 810.

Volksfreund, Der neueste Prager, eine vaterländische Zeitschrift. Prag 1812. H: *Büttner, Philipp von, Franz Anton Pabst & Joh. Pet. Hoffmann.* (Ky)

—der neueste Prager, eine vaterländische Zeitschrift, (v. Ph. v. Büttner, F. A. Pabst u. J. P. Hoffmann.) Jahrg. 1812. 8. Prag 812. Enders. 6 rß

Der Volksfreund, und Allgemeine Neuigkeits-Bote: Jan.? 1852 – 1874?
Republican weekly. Title varies: SNYDER COUNTY VOLKSFREUND, 1870? – 74. Circulation: 1870, 700 (est.); 1873, 650 (est.). Edited & published by Andrew J. Peters, 1852? – ?; by John B. Stoll, ? – 1866?; by Daniel Bolender & H. S. Boyer, 1867 – Mar. 1868; by Samuel B. Schnck, Apr. 1868 – 1870?; by the Rev. P. Lazarus, July 1870 – 1871; by William H. Beaver, 1871 – 73; edited by Conrad Gehring, & published by D. Miller, 1874.
Middleburg, PA

Volksfreund, Oberdeutscher. Passau (später Regensburg) 1800—1803. H: *Durach, Joh. Bapt.* (GGr VI/622, Nr. 8/2) (BiblPort)

Oberländer Volksfreund
① Organ der freisinnig-demokratischen Partei. Publikationsorgan für den unteren Teil des Berneroberlandes; Unabhängiges fortschrittliches Organ. Publikationsorgan für den unteren Teil des Berneroberlandes (ab 15. 12. 1906) ⑤ 3. 1. 1906—28. 3. 1907 ⑥ 2° ⑦ wöchentlich 3× ⑧ Steffisburg: S. Rey ⑨ Echo vom Hohgant ⑪ S. Rey (3. 1. 1906—2. 10. 1906), Karl Burkhalter (ab 1. 10. 1906) ⑫ freisinnig ⑬ BGSZ: 973 ⑭ Be: L.

Obwaldner Volksfreund

(1) Katholisch-konservatives Organ. Konservatives Organ von Obwalden. **Katholisch-konservative Zeitung** (5) 24. 12. 1870 (Nr. 1, zugleich Probe-Nummer) (cont.) (6) 2° (7) Wochenblatt (1870—1900); wöchentlich 2× (seit 1901) (8) Sarnen J. Imfeld, Landschreiber (24. 12. 1870—20. 4. 1872). J. Imfeldsche Buchdruckerei (Josef Nigg) (27. 9. 1872—29. 12. 1872). J. Imfeld, Landschreiber (1873). Mullersche Buchdruckerei (1878—1. 12. 1906). Louis Ehrli (5. 12. 1906—16. 3. 1940). Louis Ehrli & Cie. (seit 20. 3. 1940) (9) Blätter des Obwaldnerischen Bauernvereins (ab 1882, mehrere Jahre). Illustriertes Sonntagsblatt (1901—1915). Landwirtschaftliche Mitteilungen (1914—1916). Obwaldner Pfarrblatt (seit 1931). Familien-Beilage (seit 1933). Schweizerland (1938—September 1939) (10) die Drucker (11) Landammann Dr. Simon Etlin († 1871). Regierungsrat Dr. Eduard Etlin († 1919). Pfarrhelfer Anton Küchler († 1905), mit historischen Arbeiten uber Obwalden. Nationalrat Franz Wirz († 1884). Nationalrat Theodor Wirz († 1901). Ständerat Adalbert Wirz († 1925). Nationalrat P. A. Ming († 1924). Landammann Walter Amstalden, Dr. Caspar Diethelm. Ludwig von Moos, Dr. August Wirz, Dr. Ignaz Britschgi (seit 1948) (12) katholisch-konservativ (13) BGSZ. 348. 599a, 608, 760, 769. 916. 1071: Obwaldner Volksfreund 1945. Nr. 102 (15) Seit 1951 in Antiqua.

Volksfreund. – Der oldenburgische Volksfreund. –
3.I.1849 – 30.VI.1852.

—— der oldenburgische. Mittheilungen aus allen Gebieten des öffentl. Lebens. 1—4. Jahrg. 1849—52. à Jahrg. 104 Nrn. (½ Bog.) hoch 4. Oldenburg, Schulze'sche Buchh. à Jahrg. *
1. Jahrg. redig. von H. Lambrecht, 2. und 3. Jahrg. von Lübben, 4. Jahrg. von W. Müller.

— d. österreichische, herausg. von J. B. Weis. 1s—3s Heft. 8. Wien 830. Wimmer. à 8 gr 1 ß

— Oesterreichischer. Hrsg. vom Katholikenvereine in Wien. Red.: L. Donin. J. F. v. Patruban u. Alb. An der Matt. Jahrg. 1851. 104 Nrn. Lex. 8. (½ Bog.) Mit Beilage: Bücherschau. 12 Nrn. (¼ Bog.) — Hrsg. vom Severinusvereine in Wien. Red.: F. Setzer u. F. v. Patruban. Jahrg. 1852. 156 Nrn. Lex. 8. (½ Bog.) Wien, Mayer & Co. 1851: n. 1⅓ ß 1852: n. 2 ß

—— österreichischer. Hrsg. vom Severinusvereine in Wien. Redakt.: M. Poppenberger. 5—7. Jahrg. 1853—55. à Jahrg. 104 Nrn. (à ½ — 1 Bog.) Lex.-8. Wien, (Mayer und Comp.) à Jahrg. Thlr. *

— der pädagogische, eine Monatsschrift für Volksbildung u. Erziehung, herausgeg. von F. W. Er. Mende. 1.—3. Jahrg. 1844—1846. à 12 Hfte. gr. 8. Görlitz. (Heinze u. Comp.) à n. 1 ß

Perther Volksfreund: July 1878 – 1882
Place of publication varies, e.g. Stratford, Ont. Conservative weekly. Circulation 1881: 1,290.
Publisher: Michael Scherer. Continued as Listowel Volksblatt
Perth-Listowel, Ont.

— d. Preußische, e. Nationalmonatsschrift für den Preußischen Staat, für die J. 1798—1800. Mit Kpf. Der Jahrg. à 12 Stücke. 8. Gera, Heinsius. (à 3 ß) 9 ß

Volksfreund, Preussischer. Berlin. H (Jahrg. 1795—1796): *Heun, Carl Gottlieb Samuel.* (HITZIG) (GGR X, 49)

—— preußischer, ein gemeinnütz. u. unterhalt. Volksblatt f. gebild. Leser. Redakt.: C. G. v. Puttkammer. 1—7. Jahrg. 1836—42. à 180 Nrn. (¼ Bog.) Mit artist. Beiln. Lex.-8. Berlin, [C. A. Wolff.?] à J. *

— Preußischer, ein gemeinnütziges u. unterhaltendes Volksblatt für gebildete Leser. Redakteur: C. G. v. Puttkammer. 6.—11. Jahrg. 1841—1846. à 180 Numm. (¼ Bog.) Mit 4 artist. Beilagen. Lex.-8. Berlin, v. Puttkammer. à n. 2 ß

Volksfreund, preußischer. Ein gemeinnütziges u. unterhaltendes Volksblatt f. gebildete Leser. Redakt.: C. G. v. Puttkammer. 8—10. Jahrg. 1843—45. à 180 Nrn. (½ Bog.) Mit 4 artist. Beil. Lex.-8. Berlin. (C. H. Schultze.) à J. Thlr. *

—— dass. 11. u. 12. Jahrg. 1846 u. 1847. à 144 Nrn. (½ B.) mit Stahlst. hoch-4. u. Lex.-8. Ebds. à J. *
11. Jahrg. Redig. v. C. G. v. Puttkammer, 12. J. redig. v. Wilh. Müller.

— Preußischer. Ein gemeinnütz. u. unterhalt. Volksblatt f. gebildete Leser. Red. v. Wilh. Müller. 13. Jahrg. 1848. 144 Nrn. Lex. 8. (¼ Bog.) Mit Stahlst. Berlin, Wilhelmi. n. 2 ß

Volksfreund: Der rhätische Volksfreund

(5) 15. 3. 1876—23. 11. 1876 (6) 2° (7) Wochenblatt (8) Samaden: J. Vaterlaus (10) J. Vaterlaus (11) J. Vaterlaus (14) Ch: K.

Volksfreund. – Regensburger Volksfreund. –
6.IX.1908 – 15.IX.1909.
Fortges. u.d.T.: Donau-Post.

— rheinischer. Neuer Mainzer Kalender für Stadt u. Land für das Jahr 1868. Mainz, (Giani.) 4. (64 S. mit eingedr. Holzschn.) n. 2½ ngr

— römisch-katholischer. Unter Mitwirkung mehrer kathol. Geistlichen und Laien herausgeg. von J. J. Redner. 1845. 1. Bd. 1. Hft. 4. Birnbaum 845. (Marienburg, Dormann.) pro 6 Hefte n. 24 ngr

— Römisch-katholischer. Zur Belehrung u. Erbauung f. alle Stände. Unter Mitwirkung mehrerer kathol. Geistlichen u. Laien hrsg. von J. Maniurka u. J. J. Redner. 3. Jahrg. 1847. 12 Hfte. 4. (à 3—4 Bog.) Posen, Gebr. Scherk in Comm. n. 1 ß 18 ngr

Volksfreund, Der Russische, ein Blatt zur Beförderung des Gewerbfleisses . . . des Russischen Reiches . . . Dorpat 1807. H (St. 1—8): *Hezel, Johann Wilhelm Friedrich von.* (KY) (MGT)

— der Russische, e. Blatt zur Beförderung des Gewerbfleißes, des Wohlstandes ꝛc. (Herausg. v. J. W. F. Hezel.) 1s—8s Stück. 8. Dorpat 807.

— der Sächsische, s. Volksschulfreund.

Volksfreund. – Sächsischer Volksfreund.
Dresden. 5.VII.1879 – 29.III.1884.

Volksfreund: St. Gallischer Volksfreund

(3) Rheinthaler Zeitung (5) 28. 6. 1863 (Probenummer)—1866 (?) (6) 4° (7) Wochenblatt (8) Altstätten (?) (10) Dr. K. Schneider (13) BGSZ. 1046—1047 (14) SG: Va (Nr. v. 25. u. 28. 5. 1861).

— der Schlesische, herausg. v. Chr. Gli. Härtel u. Gräve. 1r—3r Jahrg. 1821—24. 8. Bresl., Graß, B. u. C. 2 ß 20 gr

Volksfreund, Schlesischer. Redakt.: Fr. Aug. Ruhmer. 2. Jahrg. 1888. 52 Nrn. (à Nr. ½ Bog.) gr. 4. Altschau bei Neusatz a. d. O., Selbstverlag der Redaktion. *
1. Jahrg. nicht im Handel.

Der Schleswig-Holsteinische Volksfreund auf 1837. Redig. von Eduard von Gruhl. Mit 1 Charte (fehlt!) Flensburg. o. J. 8°.

— der, aus Schwaben. Jahrg. 1818 u. 19. Jeder Jahrg. in 12 Heften. gr. 4. Stuttg. 818—19. (Osiander in Tübing.) à 2 ß 12 gr 5 ß

Volksfreund, Der, aus Schwaben. Nr. 8 vom 26. Jan. 1820. Ein Gespräch . . . Stuttg. 1820. V: *Lindner, Frdr. Georg Ludwig.* (NN) (R-N) (KY) (MGT)

— der, aus Schwaben. No. 8. vom 26. Jan. 1820. Ein Gespräch zwischen Severus u. Hilarius. (Von F. L. Lindner.) gr. 8. Stuttg. 820. Metzler. 4 gr

—— der, aus Schwaben. Ein Sonntagsblatt für Leser aus allen Ständen. 1. und 2. Jahrg. 1865. Hrsgbr.: R. Wagner, O. Schott, P. Gottheil. 1866. Hrsgbr.: E. R. Wagner. à Jahrg. 52 Nrn. (Bog.) gr. 4. Stuttgart, Belser's Verlag. à Jahrg.

—— dass. — Eine Wochenschrift für Leser aus allen Ständen. Redact.: Staudenmeyer. 3. Jahrg. 1867. 52 Nrn. (Bog.) gr. 4. Ebendas.

Schweizer Volksfreund
① Wochenschrift für ethische Jugenderziehung, Volksbildung und Volkswohlfahrt (1. 10. 1904—15. 10. 1904). Illustrierte Wochenschrift für ethische... (wie oben) ... Offizielles Organ des Schweiz. Verbandes der Jugend- und Volksfreunde (22. 10. 1904—30. 3. 1907) ⑤ 1. 10. 1904—30. 3. 1907 ⑥ 4° (1904—9. 9. 1905—?, 1906—30. 3. 1907); 2° (?—5. 11. 1905—28. 1. 1906—?) ⑦ Wochenblatt ⑧ Zürich-Oerlikon. Max Dommeyer & Cie. (1. 10. 1904—31. 12. 1904); St. Gallen. A. Löhrer (7. 1. 1905—25. 5. 1905); Lichtensteig: A. Maeder ?—5. 8. 1905—9. 9. 1905—?); Grenchen: A. Niederhäuser (?—5. 11. 1905—28. 1. 1906—?); Basel: W. Werner-Riehm (?—9. 6. 1906—16. 6. 1906). Hermann Krüsi (22. 9. 1906—30. 3. 1907) ⑩ E. Schmid & Cie., St. Gallen ⑪ Lehrer G. Schmid, St. Gallen ⑫ Organ für Schul- und Lebensreform, pazifistisch ⑭ Zh: Z (1904—16. 3. 1905); Be: L (unvollständig).

Schweizer Volksfreund und Anzeigeblatt der Stadt Basel
v. Schweizerischer **Volksfreund** aus Basel.

Volksfreund: Schweizerischer Volksfreund
v. Schweizerischer **Volksfreund** aus Basel.

Volksfreund: Schweizerischer Volksfreund aus Basel
① Organ der Liberalen Basels (2. 1. 1871—5. 6. 1871, 27. 6. 1877—31. 12. 1879). Anzeigeblatt der Stadt Basel. Organ der Liberalen Basels (6. 6. 1871—26. 6. 1877). Organ der Liberalen Basels - Lokal- und Anzeigeblatt der Stadt Basel (1. 1. 1880—20. 9. 1885) ② Schweizerischer Volksfreund und Tagblatt der Stadt Basel (17. 6. 1862—31. 12. 1879). Schweizerischer Volksfreund (1. 1. 1880—20. 9. 1885). Schweizer Volksfreund und Anzeigeblatt der Stadt Basel (22. 9. 1885—23. 6. 1888) ③ kann seiner politischen Haltung wegen als Nachfolger der Schweizerischen Nationalzeitung angesehen werden ④ National-Zeitung ⑤ 10. 3. 1860—23. 6. 1888 ⑥ 4° (10. 3. 1860—29. 12. 1860); 2° (2. 1. 1861—17. 6. 1888, Vergrößerungen: 1. 12. 1861, 8. 12. 1861, seit 15. 12. 1861, seit 13. 12. 1862, seit 6. 6. 1871, seit 18. 12. 1871, seit 2. 1. 1873, seit 2. 1. 1874, 22. 9. 1885; Verkleinerungen: seit 1. 7. 1873, seit 2. 1. 1875, seit 27. 6. 1877) ⑦ Wochenblatt (10. 3. 1860—29. 9. 1860); wöchentlich 2× (3. 10. 1860—29. 12. 1860); Tageszeitung (ab 2. 1. 1861—17. 6. 1888 und zwar wöchentlich 7× bis 16. 6. 1862, wöchentlich 6× seit 17. 6. 1862) ⑧ Basel: Christian Krüsi (10. 3. 1860—16. 6. 1862). J. G. Baur (17. 6. 1862—31. 12. 1870). J. J. Mast (Franz Wittmer (2. 1. 1871—31. 3. 1873). Franz Wittmer (1. 4. 1873—23. 6. 1888) ⑨ Blätter zur Unterhaltung (Wöchentliche Beilage zum Schweizerischen Volksfreund aus Basel; 6. 1. 1861—15. 6. 1862; 4°. Wochenblatt). Mittheilungen (Beilage zum Schweizerischen Volksfreund und Tagblatt der Stadt Basel; 17. 6. 1862—1871: Beilage zum Schweiz. Volksfreund in Basel: 1872—24. 6. 1877; Titel des Jahrganges: Mittheilungen aus dem Gebiete der neuesten Literatur. Ernsten und Scherzhaften Inhalts. - Fortsetzung der Beilage zum Tagblatt der Stadt Basel: Mittheilungen; 17. 6. 1862—24. 6. 1877; 4°; wöchentlich 3× = 17. 6. 1862—16. 12. 1871 und Wochenblatt = 27. 12. 1871—24. 6. 1877); Sonntagsblatt (1878—?; 4°; Wochenblatt; illustriert). Feierabend (Belletristische Beilage zum »Schweizer Volksfreund« - Fortsetzung als Beilage zur National-Zeitung: Feierabend; 23. 6. 1881—23. 6. 1888; 4°; Wochenblatt) ⑩ Gründer: Gesellschaft der Freunde und Aktionäre des Schweizerischen Volksfreunds (ca. 100 Teilnehmer). Dr. Peter Feddersen (10. 3. 1860—29. 12. 1860). Wilhelm Klein (2. 1. 1861—31. 12. 1875). »Gesellschaft freisinniger Männer« (60 Aktionäre); Gründer: Louis Maring, Samuel Weber-Müller u. a. Leiter der Kommission der Aktien-Gesellschaft des »Schweiz. Volksfreund«: Th. Hoffmann-Merian (3. 1. 1876—24. 6. 1877). Hugo Schwabe (26. 6. 1877—23. 6. 1888) ⑪ Dr. Peter Feddersen (10. 3. 1860—16. 6. 1862). Wilhelm Klein (2. 1. 1861—31. 12. 1875). Fritz Göttisheim (17. 6. 1862—1863). M. Mosheim (3. 1. 1876—5. 3. 1876). D. Mäder (3. 1. 1876—4. 4. 1876). S. Schmidlin (5. 4. 1876—24. 6. 1877). Hugo Schwabe (26. 6. 1877—8. 12. 1878). Robert Weber (26. 6. 1877—29. 6. 1878). Fritz Amstein (10. 12. 1878—23. 6. 1888) (schon seit Mai 1877 Feuilletonredaktor); Mitarbeiter der Anfangszeit: Franz Hörler, A. Brenner-Fisch, Th. Hoffmann-Merian, W. Rumpf, Dr. Daniel Ecklein; Fritz Brändlin (1883—23. 6. 1888) ⑫ freisinnig; Organ der »evangelischen Gesellschaft« und Centralorgan der Helvetia. Unter der Redaktion Wilhelm Brenners besondere Berücksichtigung kirchlicher Auseinandersetzungen im Sinne der freisinnigen Positionen ⑬ BGSZ: 135. 70 (p. 427/8); Zum 25. Jahrgang des »Schweiz. Volksfreundes«. »Schweizerischer Volksfreund« v. 1. 1. 1885, Nr. 1; Fritz Brändlin: Wilhelm Klein (Basel 1907), p. 17—19; Nationalzeitung 1842—1942. »National-Zeitung« - Sondernummer: »Nach 100 Jahren im Neuen Haus«, 18. 4. 1943, p. 17; F. L. Knuchel: Tradition im Sonntagsblatt - »Festschrift Albert Oeri« (Basel 1945), p. 131—132 ⑭ Bs: U (Beilagen unvollständig). SA (1861, seit 1868, ohne Beilagen); Be: L.

Volksfreund: Schweizerischer Volksfreund und Tagblatt der Stadt Basel
v. Schweizerischer **Volksfreund** aus Basel

Schwyzer Volksfreund: Der Schwyzer Volksfreund
① Fortschrittliches Organ für den Kanton Schwyz ⑤ 27. 2. 1897—Dezember 1904 ⑥ 2° ⑦ wöchentlich 2× ⑧ Lachen: J. Gabarell, N. Bühler, Rommele & Salzmann ⑩ Gründer: Kantonsrat Ben. Gyr-Benziger, Einsiedeln; Dr. Diethelm (Redaktor), Dr. F. Schreiber, Arth ⑫ liberales Organ der Verfassungsrevisionisten 1897/98 ⑭ Ei: Sb (1. und 2. Jg.); Sz: KA.

Seeländer Volksfreund
① Anzeigeblatt für die Ämter Erlach, Laupen und weiteres Seeland ④ Das Seeland (III) ⑤ mehrere Probe-Nummern Ende 1901; 1902—1904 oder 1905 ⑥ 2° ⑦ halbwöchentlich, später wöchentlich 3× ⑧ Biel: E. Andres; Erlach: F. Dätwiler ⑨ Sonntags-Blatt ⑩ die Buchdrucker ⑪ die Buchdrucker ⑬ BGSZ: 973 ⑭ Be: St.

— der siebenbürgische. Ein Sonntagsblatt f. Stadt u. Land. Hrsg. v. Frz. Herfurth. 3. Jahrg. 1888. 52 Nrn. (B. m. Illustr.) gr. 4. Kronstadt, Albrecht & Zillich. n.n. 4. 80

— dasselbe. 4. Jahrg. 1889. 52 Nrn. (B. m. Illustr.) gr. 4. Ebd. n. 5. 60

—— der siebenbürgische. Sonntagsblatt f. Stadt u. Land. Redact.: Eug. Filtsch. Hrsgbr.: Fr. Herfurth. 5.—7. Jahrg. 1890—1892. à Jahrg. 52 Nrn. (Bog. m. Illustr.) gr. 4. Hermannst., Krafft. à Jahrg. * * 6 [illegible]
Frühere Jahrgg. erschienen bei Albrecht u. Zillich in Kronstadt.

— der siebenbürgische. Sonntagsblatt f. Stadt u. Land. Hrsg.: Fr. Herfurth. 6.—8. Jahrg. 1891—1893. à 52 Nrn. (Bog.) gr. 4. Hermannstadt, W. Krafft. à Jahrg. n.n. 6. —

— dasselbe. Red.: C. W. Krafft. 9. Jahrg. 1894. 52 Nrn. (Bog.) gr. 4. Ebd. n.n. 6. —

— der siebenbürgische. Sonntagsblatt f. Stadt u. Land. Red.: C. W. Krafft. 10. Jahrg. 1895. 52 Nrn. (Bog.) gr. 4. Hermannstadt, W. Krafft. n.n. 6. —

Volksfreund. – Siegerländer Volksfreund.
Siegen, sp. [ab 1885] Haardt/Sieg, sp. [ab 1888] Weidenau. – 1882(?) – 30.IX.1893.
Vorh. u.d.T.: Siegener Anzeiger.
Fortges. u.d.T.: Siegerländer Tageblatt.

Volksfreund vom Simplon
⑤ 1. 6. 1884—28. 3. 1885 ⑥ 4°; 2° (ab Oktober 1884) ⑦ wöchentlich 2× ⑧ Glis-Brig. J. A. Duby ⑩ J. A. Düby ⑫ liberal ⑭ Si: C (unvollständig)

Solothurner Volksfreund (I)
③ Solothurner Volksblatt (II) ⑤ Probenummer vom 27. 12. 1849; 1. 1. 1850—28. 3. 1851 ⑥ 4° ⑦ wöchentlich 2×; Wochenblatt (1851) ⑧ Solothurn Franz Xaver Zepfel ⑩ Xaver Amiet-Lüthy (1819—1869) ⑪ Xaver Amiet ⑫ fortschrittlich-liberal ⑬ BGSZ: 1060; Historische Mitteilungen (Oltner Tagblatt) 1953, Nr. 3; Wyß: Politische Presse Solothurn (1955) ⑭ So: Z. Be: L ⑮ Der »Solothurner Volksfreund« sollte lt. Mitteilung vom 13. 12. 1848 schon am 16. 12. 1848 erscheinen. Es fand dann eine Verständigung statt zwischen der Redaktion der »Neuen Solothurner Zeitung« und den Aktionären des angekündigten »Volksfreundes«. Diese verzichteten dann vorläufig auf die Herausgabe des geplanten Blattes, um »nicht unsern politischen Gegnern ein Mittel an die Hand zu geben, die Partei des Volkes kurz vor der bevorstehenden Verfassungsrevision zu zersplittern.« (Solothurner Volksblatt 1848, p. 398 und 409)

Solothurner Volksfreund (II)
① Organ der freisinnigen Jungmannschaft, Organ der freisinnigen Partei (ab 1891) ④ Der Fortschritt ⑤ 23. 10. 1887—30. 12. 1892 ⑥ 2° ⑦ wöchentlich 3× ⑧ Solothurn. Gaßmann, Sohn ⑩ der Drucker ⑪ Wilhelm Fürholz, Fürsprecher; Anton von Arx (1856—1912), Gerichtspräsident ⑫ freisinnig ⑬ BGSZ: 1062; Wyß: Politische Presse Solothurn (1955) ⑭ So: Z, St, O; S

Volksfreund, Der, von Stäfa.
O. O. 1798—99. H: *Studer*. (MGT)

Volksfreund: Der Volksfreund von Stäfa
① Freyheit - Gleichheit - Eintracht macht uns stark ⑤ 1. 11. 1798—9. 5. 1799 ⑥ 4° ⑦ Wochenblatt ⑧ Stäfa: Studer & Brentano ⑩ Ignaz Aloys Fidel Studer ⑪ Ignaz Aloys Fidel Studer ⑫ für die Helvetik ⑬ BGSZ: 454; Fretz: Zeitungsgründer am See (1942); Leemann-van Elck: Druck, Verlag, Buchhandel im Kt. Zürich von den Anfängen bis um 1850 ⑭ Zh: Z; Lu: Z ⑮ Die Nrn. 16 und 17 v. 14. und 21. 2. 1799 sind auf blaues Papier gedruckt.

Stäfener Volksfreund: Der Stäfener Volksfreund
⑮ Markus (BGSZ: 127, p. 66) führt eine Zeitung unter diesem Titel auf. Sie heißt »Der Volksfreund von Stäfa«.

Der Volksfreund in den Sudeten. Eine Wochenschrift zum Nutzen, zur Belehrung und zur Unterhaltung aller Stände.
Jg. 1827–35. Hirschberg: J. S. Landolt 1827–35.

Thurgauer Volksfreund — Kreuzlinger Zeitung
v. Thurgauer Volksfreund (II).

Volks-Freund, Der Thurgauer, a. d. J. . . . .
1831. M. Holzschn.
Frauenfeld.

Thurgauer Volksfreund (I)
④ Thurgauer Volkszeitung (I) ⑤ 17. 12. 1864—28. 2. 1867 ⑥ 4° ⑦ wöchentlich 2× ⑧ Amriswil: R. Bodmer ⑪ Eduard Häberlin ⑬ Hagen: Buchdruck u. Zeitungswesen im Thurgau ⑭ Ff: K.

Thurgauer Volksfreund (II)
(1) des Anzeigers vom Untersee 4. Jahrgang. Publikationsorgan des Bezirkes Steckborn und Kreuzlingen (1885). Ältestes Publikationsorgan der Bezirke Kreuzlingen und Steckborn (heute) (2) Thurgauer Volksfreund - Kreuzlinger Zeitung (1911) (3) Anzeiger vom Untersee (5) 15.6.1885 (cont.) (6) 2° (7) wöchentlich 3× (bis 1.3.1912), wöchentlich 4×; wöchentlich 6× (1959) (8) Kreuzlingen: G. Hauser (bis 31.12.1887), J. H. Welti (bis 31.6.1911), Buchdruckerei des Thurgauer Volksfreundes (bis 24.11.1933). Verlag vormals A. Honer & Thurg. Volksfreund (bis 27.12.1926), Bücherfabrik Bodan AG (cont.) (9) Feierstunden (ab 1885) (10) die Drucker (11) Hans Müller-Bertelmann (16.6.1911 — 15.1.1912), Emil Oettli (1.2.1912 — 31.12.1913), N. Gotti (3.11.1913 — 30.9.1914), Otto Hüsy (2.11.1914 — 25.9.1915), Heinrich Burkhart (25.9.1915 — 20.12.1942), Dr. Kurt Fluckiger (1.2.1940 — 31.12.1945) (12) freisinnig-demokratisch (13) BGSZ 426. 1968; Gedenkschrift der Bücherfabrik Bodan Kreuzlingen (1943); Hagen: Buchdruck und Zeitungswesen im Thurgau (14) H. K. (15) 1911 wurde die »Kreuzlinger Zeitung« mit dem »Thurgauer Volksfreund« vereinigt

— d. Thüringer, eine Wochenschrift zunächst für Thüringen, das Osterland u. Voigtland. Herausg. von K. Herzog. 1r u. 2r J. 1829, 30. gr. 4. Jena, Frommann. (à 2 Thlr. 16 Gr.) 5 Thlr. 8 Gr. Hbg. Pr. 1 Thlr. 12 Gr.

— der thüringer, ein belehr. u. unterhalt. Volksblatt f. Jedermann. Mit Abbildn. 2. Jahrg. 1838. 12 Hfte. 8. Rudolstadt, Hof-Buchhandl. (?) *

— der thüringische, für 1835 u. 1838. 1r u. 2r Jahrg. Ein belehrendes u. unterhaltendes Volksbüchlein für den Bürger u. Landmann, u. eine nützl. Zugabe zu jedem Kalender. Mit Kupferstich u. Lithographien. 8. Rudolstadt 834, 38. Hofbuchh. (1r Jahrg. n. 1/3 Thlr. 2r Jahrg. n. 5/6 Thlr.) 1 1/6 Thlr.

Toggenburger Volksfreund (I)
(5) 1838—? (7) Wochenblatt (8) Flawil: Johann Caspar Steiger (10) der Drucker (12) freisinnig (13) BGSZ 1045—1047.

Toggenburger Volksfreund (II)
(1) Publikationsmittel für sämtliche Gemeinden des Bezirks Untertoggenburg und amtliches Publikationsorgan für die Gemeinden Flawyl und Degersheim (1.1.1879), Toggenburger Tagblatt. Nachrichtenblatt für das Toggenburg und Fürstenland (1.1.1952) (2) Der Volksfreund (20.1.1894—29.11.1941). Toggenburger Tagblatt (1.12.1941—31.12.1947). Der Volksfreund (1.1.1948 cont.) (3) Samstagsblatt (5) April 1878 (cont.) (6) 4°, dann 2° (ab 1880) (7) wöchentlich 2×; ab 1892 Wochenblatt, ab 17.1.1894 wöchentlich 2×; ab 28.11.1899 wöchentlich 3×; ab 1921 wöchentlich 4×; ab 1.12.1941 Tagblatt (8) Flawil: J. C. Steiger's sel. Erben (April 1878—12.6.1885), J. C. Steiger's Buchdruckerei (12.6.1885—21.8.1886), A. Koppelstätter (25.8.1886—30.6.1897), Buchdruckerei Flawil AG (ab 3.7.1897) (9) Illustrierte Unterhaltungsbeilage, Sonntagsgrüße (1924—1935), Unterhaltungs-Beilage (1941—1945) (10) die Drucker (11) E. Denzler, Dr. Viktor Hardung, E. Zublin, H. Siegrist, Dr. Erich Tenger (12) freisinnig (13) BGSZ 1045—1047; Der Volksfreund v. 9.3.1949 und 1.4.1953 (14) Flawil: Buchdruckerei Flawil AG; SG: Va (unvollständig)

Volksfreund. — Trierischer Volksfreund.
25.IX.1878 30.IV.1938.
Vorh. u.d.T.: Trierisches Anzeigenblatt.
Fortges. u.d.T.: Trierische Volkszeitung.

— der, zur angenehmen und nützl. Unterhaltung, f. C. F. Lucius.

Urner Volksfreund
(3) Urner Volksblatt (5) 1.12.1884 — 7.12.1885 (6) 2° (7) wöchentlich 1× (8) Altdorf: Ed. Stadlin (9) Eduard Stadlin (11) Landammann Jos. Arnold, A. Muller, Fürsprech (12) [illegible] (13) BGSZ 1072 (14) La. Z. (15) Der Nr. 1 v. 1.12.1884 muß noch eine Probe-Nummer vorausgegangen sein.

— der, aus Voigtland. Für Menschenglück. 4 Jahrgg. 8. Greiz 788—91. Henning. (à 15 Gr.) 2 Thlr. 12 Gr.

Volksfreund. — Westfälischer Volksfreund.
Hamm. 22.IX.1898 5.XII.1924.
Vorh. u.d.T.: Hamm-Soester Volkszeitung.
Fortges. u.d.T.: Westfälischer Kurier.

Der Wöchentliche Volksfreund: Feb. 1856 – Apr. 1857 Milwaukee, WI
Weekly edition of Der Volksfreund; merged with Wisconsin Banner

Der Wöchentliche Volks-Freund: 1879 – 1883
Weekly, as a Sunday paper
Troy, NY

— der Würtembergische, ein Wochenblatt für Recht u. bürgerliche Freiheit. Jahrg. 1818. 4 Quartalhefte. gr. 4. Stuttg. 818. Sattler. 2 Thlr. 16 Gr.

Wyler Volksfreund
(1) Konservatives Organ und Anzeigeblatt für den Bezirk Wyl und Umgebung (5) Sommer 1887—Sommer 1888 (7) wöchentlich 2× (8) Wil (12) katholisch-konservativ (13) BGSZ 1045. 1047; C. Denzler: Zusammenstellung der periodisch erscheinenden Presse der Schweiz. (Zürich 1887).

Volksfreund-Kalender, der, auf d. J. 1906. 2 Jahrg. (108 S. m. Abbildgn.) 8. Ung.-Weißkirchen, P. Kuhn. (Nur direkt) n. — 33

Volksfreund-Kalender, deutscher, für 1874 und 1875. 1. und 2. Jahrg. 16. (136; 160 S., mit eingedr. Holzschn.) Breslau, Görlich. à Jahrg. *

Volksfreund-Kalender, deutscher, für 1876—1880. 3.—7. Jahrg. gr. 16. (à ca. 130—200 S. mit eingedr. Holzschn. und 1 Holzschntaf.) Breslau, Görlich's Verlag. à Jahrg. * — 50

Volksfreund-Kalender, deutscher, f. Stadt u. Land im Kreise Querfurt auf d. J. 1911. 1. Jahrg. (64 S. m. Abb. u. Wandkalender.) gr. 8. Querfurt, R. Jaeckel. — 30

Deutscher **Volksfreund-Kalender** für Stadt und Land im Kreise Querfurt. Jg. 1. Querfurt: Jaeckel (1910). 8°

„Volksfreund"-Kalender der deutschen Wolgakolonien. Saratow 1910. 1912 **IfA**

Volksfreund-Tribüne: 1899 – Dec. 1918
Independent Democratic daily, evening except Sunday. Formed by union of Der Volksfreund and Die Iowa Tribüne. For weekly edition, see Wöchentliche Volksfreund-Tribüne. Circulation: 1900, 950; 1910, 1250; 1915, 1000; 1918, 800. Edited & published by Volksfreund Publishing Co. [Conrad Lohmann, H. F. Lohmann, his brother, and William Lohmann, his son, 1899 – 1918].
Burlington, IA

Wöchentliche Volksfreund-Tribüne: 1899 – Dec. 1919
Weekly edition of Volksfreund-Tribüne, until it ceased publication, then weekly. Circulation 1900, 2400; 1910, 1500
Burlington, IA

Volksführer. — Der Volksführer.
Heidelberg. 13.XII.1848 22.VI.(?)1849.

Deutscher Volksführer: [illegible] – May 1942
Independent weekly. Circulation [illegible]. Edited & published by [illegible] by Louis C. Lasade, [illegible] by Albo Welsch, edited by Louis C. Lasade [except 1931] & published by Volksführer Publishing Co., [illegible] – 42.
Altoona, PA

Volksgarten, der. Original-Novellen u. Erzählungen aus dem Leben u. Treiben aller Völker zur Erholung aller Stände. 1. Bd. 18 Hefte u. Supplem.-Heft. (à 6 Bgn.) Berlin 859. Genrich. (Lüderitz.) 4. Jedes Heft 5 Ngr.

— dass. — 2. Bd. Hrsg. von Bernh. Heßlein. 20 Hefte. 4. (à Heft ca. 48 S.) Ebendas. 859. à Heft * 4 Ngr. *

— dass. — 3. Bd. 18 Hefte. 4. Ebendas. 860. à Heft * 4 Ngr. *

Volksgarten, der. Illustrirtes Haus- u. Familienblatt. Redact.: Max Ring. Jahrg. 1865. 52 Nrn. (à 1½—2 Bgn. mit eingedr. Holzschn.) Berlin, Exped. gr. 4. 2 Thlr.

— der. Unterhaltung. — Belehrung. 1. Bd. 11 Hefte. Dresden 867. Tittel. gr. 4. (280 S. mit eingedr. Holzschn. u. 14 Chromolith.) Jedes Heft. 3 Ngr.

Volksgarten, der. Illustrirte Blätter zur Unterhaltung und Belehrung. Redact.: Hugo Schramm. 2. Bd. [Jahrg. 1869.] (26 Bog. mit eingedr. Holzschn. und 13 Chromolithogr.) gr. 4. Dresden, Tittel. (M. 6.)

Volksgarten. Neues ill. Wochenblatt f. jedermann. Jg. 1. Dortmund: Westdeutsche Verl.-Anst. 1907. 2°

Volksgarten: Schweizerischer Volksgarten
① Illustrierte Familien-Blätter zur Unterhaltung und Belehrung für alle Stände ③ Illustrirter Volks-Novellist ⑤ 1870—Mitte 1871 ⑥ 4° ⑦ Monatsblatt ⑧ Basel: Chr. Krusi ⑨ der Drucker ⑪ Mitarbeiter: Dr. Jakob Frey, Prof. Eduard Osenbruggen, J. J. Romang ⑫ radikale Tendenzen; will gegenüber fremden illustrierten Zeitschriften, »die den politischen Anschauungen und republikanischen Sitten des Schweizervolkes wenig entsprechen«, eine schweizerische Haltung vertreten ⑭ Be: L; Lu: Z (1870) ⑮ Französische Ausgabe »Le Magasin illustré«.

—— schweizerischer. Illustr. Familienblätter zur Unterhaltung und Belehrung für alle Stände. 1870. 12 Hefte. 4. Mit Holzschn. und Stahlst. Basel, Krüsi. à Heft 50 Pf.
Vgl.: Volks-Novellist.

Volks-Gartenlaube, neue. Deutsches Familienbuch zur Unterhaltung und Belehrung für Jedermann. 1.—4. Bd. gr. 4. Ebersbach, Görner. [1. Bd. 24 Lfgn. (384 S. mit 24 color. Stnt.) 874; 2. Bd. 26 Lfgn. (416 S. mit 26 color. Stnt.) 875; 3. Bd. 30 Lfgn. (478 S. mit 30 color. Stnt.) 877; 4. Bd. 26 Lfgn. (416 S. mit 26 color. Stnt.) 879.] à Lfg. — 30

Volksgebetbuch, katholisches, nach den Zeitbedürfnissen. Mit 1 Kpf. 8. Prag 804. Diesbach. 6 ℊ Schreibp. 8 ℊ

Volks-Gedichte im schwäbischen Dialekte ... Tübingen 1824. V: *Wagner*, *Gottlieb Friedrich*. (GGr)

Volks-Gedichte im schwäbischen Dialekte, vom Verfasser der Schulmeister-Wahl zu Blindheim. 8. Tüb. 824. (Leipz., Kummer.)

Volksgedichte im schwäbischen Dialekte, vom Verfasser der Schulmeisterwahl zu Windheim. 8. Tüb. 825. (Leipz., Kummer.) 3 ℊ

Volks-Gericht, das. Redakt.: Ritter v. Kreith. 8. Jahrg. 1888. 12 Nrn. (Bog.) 8. Tachau, Holub. *
1. und 2. Jahrg. nicht im Handel.

Volksgericht: Das Volksgericht
⑤ Juli 1891—Mai 1892 ⑦ Wochenblatt ⑧ St. Gallen ⑨ BGSZ: 1045, 1047.

Volksgericht in bürgerlichen Rechtsstreiten. Eine Lebensfrage für's Volk, gemeinfaßlich beantwortet von einem erfahrenen prakt. Juristen. 8. (IV und 115 S.) Darmstadt 851. (Frankfurt a. M., Meidinger, Sohn und Comp.) *

Volksgesang. Melodie: Eine feste Burg ist unser Gott. „Eine feste Burg ist unser Bund, Wie ihn Lassall geschaffen." 8°. Leipzig, Druck von Osw. Kollmann, s. a.

Volksgesang, der. Organ des schweizer. Gesang- u. Musiklehrer-Vereins zur Pflege der Musik in Schule, Haus, Kirche u. Verein. Red.: F. Schneeberger. 1. Jahrg. Novbr. 1893—Oktbr. 1894. 24 Nrn. (Bog.) gr. 4. Bern. Lack, Scheim & Co. n. 4.—

Volksgesang, der. Organ des schweizer. Gesang- u. Musiklehrer-Vereins zur Pflege d. Musik in Schule, Haus, Kirche u. Verein. Red.: F. Schneeberger. 2. Jahrg. Novbr. 1894—Oktbr. 1895. 24 Nrn. (Bog.) gr. 4. St. Gallen, Zweifel-Weber. n. 4.—

— dasselbe. 3. Jahrg. Dezbr. 1895—Novbr. 1896. 24 Nrn. (Bog. m. Abb.) gr. 4. Ebd. n. 4.—

— dasselbe. Red.: Karl Nef. 4. Jahrg. Dezbr 1896—Novbr. 1897. 24 Nrn. (à ca. 10 S.) gr. 4. Ebd. n. 4.—

Volksgesang, der, Fortsetzg., s.: Zeitschrift, schweiz., f. Gesang u. Musik.

Volksgesang. Der Volksgesang. Neue Lieder für Männer- Frauen- u. Gemischten Chor. № 11. gr.-8. St. Gallen, Zweifel-Weber, [1902]. Part fr. 1. 35, [4] Stimmen à fr. —. 20
s. Decker, W(ilhelm).

Volksgesang. Der Volksgesang. Neue Lieder für Männer- Frauen- u. Gemischten Chor. № 12. gr.-8. St. Gallen, Zweifel-Weber. [1902]. Part fr. 1. 35, [4] Stimmen à fr. —. 15
s. Decker, W(ilhelm).

Volksgesang. Der V'. Neue Lieder für Männer- Frauen- u. Gemischten Chor. № 13—17. gr.-8. St. Gallen, Zweifel-Weber, [1904]. *je* Part. fr. 1. —, Stimmen à —. 15
s. Krenger, J[ohann] Rud[olf].

Volksgesang, Oesterreichischer, am Neujahrsfeste ... Linz 1796. V: *Reiter*, *Joseph*. (Guppenberger, Bibliogr. des Clerus d. Diöcese Linz. Linz 1894. S. 171.)

Volksgesangbuch, Deutsches, von H. v. F. Leipzig 1848. H: *Hoffmann gen. von Fallersleben*, *August Heinrich*. (GGr)

Volksgesangbuch, deutsches, von Hoffmann von Fallersleben. Mit 175 eingedr. Singweisen, und Nachrichten über die Dichter und Tonsetzer. gr. 16. (IV und 188 S.) Leipzig 848, W. Engelmann.

Volksgesangbuch, deutsches, s. a. Erk.

Volksgesangbuch, deutsches. Hrsg. von Ludw. Erk. 32. (IV und 254 S.) Berlin 855, Janke.

Volksgesänge zum Arbeiterfest am Sonntag den 27. Aug. 1876 in Pinneberg. Druck von W. G. Nagel.

Volksgesänge, deutsche katholische, während des vor- und nachmittägigen Gottesdienstes für das ganze Kirchenjahr. 12. Ulm 844, Wohler'sche Buchh. n. $^1/_{12}$ ℊ

Volksgesänge (Fünf). Flugblatt. Volksgesang I beginnend: „Arbeiter all' erwacht!" 8°. Hanau, Waisenhausbuchdr., s. a.

Volksgesänge, liturgische, s. a. Mettenleiter, Bern.

Volksgesänge, liturgische. 1. und 2. Heft. gr. 4. Kempten, Kösel'sche Buchh.
Inhalt:
Heft 1. Mettenleiter, Bernard, Orgelbegleitung zur Vesper für die Sonntage und Marienfeste. (12 S.) 874. ℳ 2.
" 2. —— Orgelbegleitung zu: Lauretanische Litanei, Veni sancte Spiritus, Te Deum laudamus, Asperges me — Vidi aquam. (12 S.) 875. ℳ 2,10.

—— dass. — 1.—3. Heft. gr. 16. (à Heft 24 lithogr. S.) Ebendas. à Heft * 25 Pf. *
Inhalt:
Heft 1. Mettenleiter, Bernard, Vesper für die Sonntage und Marienfeste zum allgemeinen Gebrauch für das kathol. Volk leicht und faßlich eingerichtet. 874.
" 2. —— Lauretanische Litanei, Veni sancte Spiritus, Te Deum laudamus, Asperges me — Vidi aquam zum allgemeinen Gebrauch für das kathol. Volk, mit deutscher Uebersetzung. 875.
" 3. —— Einstimmige lateinische Messe, Requiem mit Libera, die Responsorien des Hochamtes und des Seelengottesdienstes zum allgemeinen Gebrauch für das kathol. Volk, mit deutscher Uebersetzung. 875.

Volksgesänge, liturgische. 1. und 3. Heft. gr. 16. Kempten, Kösel'sche Buchh. * 2 60

Inhalt:

Heft 1. Vesper für die Sonntage und Marienfeste zum allgemeinen Gebrauch für das katholische Volk leicht und faßlich eingerichtet von Bern. Mettenleiter. 3. Aufl. (24 lithogr. S.) 879. * 25 Pf.

" 3. Einstimmige lateinische Messe, Requiem mit Libera. Die Responsorien des Hochamtes und des Seelengottesdienstes zum allgemeinen Gebrauch für das kathol. Volk, mit deutscher Uebersetzung von Bern. Mettenleiter. 2. Aufl. (24 lithogr. S.) 878. * 25 Pf. — Orgelbegleitung dazu. gr. 4. (12 lithogr. S.) 875. *M. 2,10.

Volksgeschichten, Teutsche, aus dem I. Jahrh. vor u. nach Christi . . . Geburt. Heidelberg 1821. V: *Hoffmann, Heinrich Carl Georg.* (HThPP)

Volksgeschichten, deutsche, aus dem ersten Jahrhundert vor u. nach Christi unsers Heilands Geburt. Mit 10 Bildern u. 1 Landkarte. gr. 8. Heidelb. 821. Winter. 1 Rthl. 10 gr.

Volksgeschichten der Deutschen, eine Sammlung wahrer Familienbegebenheiten, 3 Theile, 8. Leipzig, 778. Sommer. 2 Rthl. 18 ggl.
Der 3te Theil auch unter dem Titel:
Archiv menschlicher Gesinnungen und Schicksale, 1ster Theil.

Volksgeschichten der Teutschen; eine Sammlung wahrer Familienbegebenheiten . . . Leipzig 1786—87. V: *Seidel, Carl August (Carl Gottlieb).* (OL) (MGT) »1786—88« (Ky)

Volksgeschichten der Deutschen, (von Karl Aug. Seidel). 3 Thle. 8. Leipz. 786—88. Sommer. (Rauck). 2 Rthl. 12 gr. (3r Thl. A. u. d. T.: Archiv menschl. Handlungen rc. 1r Thl. 21 gr.)

Volksgeschichten, überzeugende, als eine Aneiferung, um fleißigen Anbau, Wirthschaft u. Zufriedenheit des Landmannes u. Städters zu befördern rc. 8. Grätz 795. Kienreich. 1/6 Rthl.

Volksgeselligkeit. s. a. Monatsblatt des Vereins Volkswohl.

Volksgeselligkeit. Blätter f. Volksbildg. u. edle Volkserholg. Monatsblatt d. Vereins „Volkswohl" zu Dresden. Hrsg. v. Vikt. Böhmert. 9. u. 10. Jahrg. 1897 u. 1898. à 12 Nrn. (à ca. 1 Bog.) gr. 4. Dresden, O. V. Böhmert. à Jahrg. n. 2. —

Volksgeselligkeit. Blätter f. Volksbildg. u. edle Volkserholg. Monatsblatt des Vereins „Volkswohl" zu Dresden. Hrsg. v. Vikt. Böhmert u. Paul Scheven. 11. Jahrg. 1899. 12 Nrn. gr. 4. (à ca. 6 S.) Dresden, O. V. Böhmert. n. 2. —

— **dasselbe.** Monatsblatt des Vereins „Volkswohl" zu Dresden. Vom Vorstand des Vereins in Verbindg. m. der Wochenschrift „Volkswohl" hrsg. Red.: V. Böhmert. 12.—14. Jahrg. 1899—1902. à 12 Nrn. gr. 4. (à ca. 6 S.) Ebd. à Jahrg. n. 2. —

Volksgeselligkeit. Blätter f. Volksbildg. u. edle Volkserholg. Monatsblatt des Vereins „Volkswohl" zu Dresden. Vom Vorstand des Vereins in Verbindg. m. der Wochenschrift „Volkswohl" hrsg. Red.: V. Böhmert. 15.—18. Jahrg. 1903—1906. à 12 Nrn. (72, 72, 72 u. 74 S.) gr. 4. Dresden, O. V. Böhmert. à Jhrg. n. 2. —

Volksgeselligkeit. Blätter f. Volksbildg. u. edle Volkserholg. Monatsblatt d. Vereins „Volkswohl" zu Dresden. Vom Vorstand des Vereins in Verbindg. m. der Wochenschrift „Volkswohl" hrsg. Red.: V. Böhmert. 19.—22. Jahrg. 1907—1910. à 12 Nrn. (à ca. 6 S.) 30,5×23,5 cm. Dresden, O. V. Böhmert. à Jahrg. 2. —

Volks-Gesellschafter. Zeitung der Gegenwart und Blicke in die Zukunft. Hrsg. von F. W. Gubitz. 1. Jahrg. 1849. 1. Halbjahr. 78 Nrn. (½ Bog.) Imp.-4. Berlin, Vereins-Buchhandlung.

—— dass. — 1—8. (Heft.) Juli 1849 — Februar 1850. 8. (821 S.) Ebds. à (Heft) 7½ Ngr.

—— dass. — Hrsg. von Dems. 9—11. (Heft.) 8. (311 S.) Ebds. 850—52. à (Heft) 7½ Ngr. —

Volks-Gesellschafter. Hrsg. von F. W. Gubitz. XII. (Heft.) 8. (II und 107 S.) Berlin 853, Vereins-Buchh.
1—11. Heft. Ebendas. 1849—52. 2 Thlr. 22½ Ngr.

Volksgesundheit. Blätter für Mässigkeit und gemeinnützige Gesundheitspflege. Monatsblatt der sächsischen Vereine gegen den Missbrauch geistiger Getränke und des österreichischen Vereins gegen Trunksucht. Herausgegeben von Prof. Dr. V. Böhmert. Seit 1883. Dresden. Mk. 2.—.

Volksgesundheit. Blätter f. Mäßigkeit u. gemeinnütz. Gesundheitspflege. Monatsblatt der sächs. Vereine gegen den Mißbrauch geist. Getränke u. d. österr. Vereins gegen Trunksucht. Hrsg. v. Vict. Böhmert. 10. u. 11. Jahrg. 1893. 1894. à 12 Nrn. (Bog.) gr. 4. Dresden. Leipzig, Duncker & Humblot. à Jahrg. n. 2. —
s.: Mittheilungen zur Bekämpfung der Trunksucht.

Volksgesundheit. Blätter f. Mäßigkeit u. gemeinnütz. Gesundheitspflege. Monatsblatt d. sächs. Vereine gegen d. Mißbrauch geist. Getränke u. d. österr. Vereins gegen Trunksucht. Hrsg. v. Vict. Böhmert. 12.—15. Jahrg. 1895—1898. à 12 Nrn. (à ca. 4 S.) gr. 4. Ebd. à Jahrg. n. 2. —

Volksgesundheit. Blätter f. Mäßigkeit u. gemeinnütz. Gesundheitspflege. Monatsblatt der sächs. Vereine gegen den Mißbrauch geist. Getränke u. des österr. Vereins gegen Trunksucht. Hrsg. v. Vict. Böhmert u. Paul Scheven. Red.: V. Böhmert. 16.—19. Jahrg. 1899—1902. à 12 Nrn. gr. 4. (à ca. 4 S.) Ebd. à Jahrg. n. 2. —

Volksgesundheit. Blätter f. Mäßigkeit u. gemeinnütz. Gesundheitspflege. Monatsblatt der sächs. Vereine gegen den Mißbrauch geist. Getränke u. des österr. Vereins gegen Trunksucht. Hrsg. v. Vict. Böhmert u. Paul Scheven. Red.: V. Böhmert. 20.—23. Jahrg. 1903 bis 1906. à 12 Nrn. (66, 100, 94 u. 48 S.) gr. 4. O. V. Böhmert. à Jhrg. n. 2. —

Volksgesundheit. Blätter f. Mäßigkeit u. gemeinnützige Gesundheitspflege. Monatsblatt d. Dresdner-Bez.-Vereins gegen den Mißbrauch geist. Getränke. Hrsg. von Vict. Böhmert u. Paul Scheven. Red.: V. Böhmert. 24.—27. Jahrg. 1907—1910. à 12 Nrn. (à 4 S.) 30,5×23,5 cm. Ebd. à Jahrg. 2. —

Volks-Gesundheitsbücher. 1. u. 2. Hft. 8. Berlin 893. Verlag der Naturheilkunde. à — 75
1. Magenkrankheiten u. Verdauungsstörungen, ihre Ursachen, Verhütg. u. naturgemäße Heilg. v. M. Canitz. Mit anatom. Abbildgn. (88 S.)
2. Nervosität u. Nervenkrankheiten, ihre Ursachen, Verhütg. u. sichere Heilg. durch das Naturheilverfahren v. M. Canitz. (64 S.)

Volks-Gesundheitsbücher, schweizer. 1. u. 2. Hft. gr. 8. Wytikon-Zürich 898. G. Schilde. à — 15
1. Honig u. Wachs als Volks-Arzneimittel v. Alten vom Berge. 116 bewährte Rezepte. (8. Aufl.) (15 S.)
2. Wie heile ich meine chronisch kalten Füße? E. untrügl. Ratgeber f. alle, die an kalten Füßen leiden, vom Alten vom Berge. (14 S.)

Volks-Gesundheitslehre. Ein Hausschatz für jede Familie. Von einem prakt. Arzte und Menschenfreunde. 5. Aufl. 8. (VI und 262 S.) Wien 866, Dirnböck's Buchh. geb. *

Volks-Gesundheitslehre. Ein Hausschatz für jede Familie. Von einem prakt. Arzte u. Menschenfreunde. 5. Aufl. Wien 868. Dirnböck's Buchh. 8. (VI, 262 S.) geb. n. 20 ngr.

Volksglaube, deutscher, in Sang und Sage, s.a. Hocker.

Volksglaube, deutscher, in Sang und Sage. Hrsg. von N. Hocker. hoch 4. (XIV und 238 S.) Göttingen 853, Dieterichsche Buchh. *

Volks-Gruß an den Prinzen von Preußen bei seiner Rückkehr von der englischen Mission. (Sie grüßen Dich! obgleich mit bangem Herzen.) Berlin, Zähns. 1 Bl. 8.
Flugblatt. Berlin. 1848/49.

Volks-Halle, die, oder Zeitgemälde aus dem Volks-, Natur- u. Kunstleben in Schrift u. Bild. 1. Bd. (In 12 Liefg.) 4. (Mit 12 Lithogr.) Nordhausen 845, 46, Müller. 2 rf

Volkshalle: May 27, 1851 – Jan 1852

Tri-weekly, then daily, then irregularly. Considered itself Independent, but Koss describes it as Independent Democratic. Edited by J. Bauer, May 27 – Oct.? 1851, by Gustav Adolph Rösler von Oels, Oct.? – Dec. 1851; published by Koldmann & Brog, May 27 – Oct.? 1851; by an Aktiengesellschaft (H. Kemper, Th. Lorenzen, W. Finkler, Dr. Wunderly, & Dr. Löning), Oct.? – Dec. 1851; edited & published by Gustav Adolph Rösler von Oels, Dec. 1851 – ?; by F. W. Orgin, ? – Jan. 1852
Milwaukee, WI

Deutsche Volkshalle
③ Leuchtthurm (1838—1839 Konstanz) ⑤ 1. 9. 1839—30. 3. 1841 ⑧ Konstanz, Emmishofen: I. Stephani (1. 12. 1839); Kreuzlingen: Ulrich Weiler in Belle-Vue (1. 2. 1840), Buchdruckerei der »Deutschen Volkshalle« (ab 24. 5. 1840) ⑩ Ignaz Vanotti, Konstanz (bis Ende Februar 1840) Ⓔ I. Stephani, Hofgerichtsanwalt, P. Schlumpf, Joh. Georg Aug. Wirth; Mitarbeiter: Georg Herwegh Ⓣ für freiheitliche deutsche Ideen Ⓠ BGSZ. 1128.

Volkshalle. – D e u t s c h e Volkshalle. –
Konstanz. 1.IX.1839 – 30.III.1841.
Vorh. u.d.T.: Der Leuchtthurm.

Volkshalle. – D e u t s c h e Volkshalle. –
Köln. 2.X.1849 – 10.VII.1855.
Vorh. u.d.T.: Rheinische Volks-Halle.

Volks-Halle. – E s s e n e r Volks-Halle. –
15.IV.1849 – 30.VI.1850.

Volks-Halle. – R h e i n i s c h e Volks-Halle. –
Köln. 1.X.1848 – 1.X.1849.
Fortges. u.d.T.: Deutsche Volkshalle.

Volkshalle (Westphälische), von F. Marquardt, früher von O. Mirbach. Münster, seit 1. Jänner 1849 täglich.

W i e n e r Volkshalle. Politisches Tagblatt, geschrieben für das Volk von Trozhy. Wien: Schmidbauer u. Holzwarth 1849.

Volksharfe, die, 2c., s.a. **Bibliothek des Frohsinns**, VIII. Serie.

Volksharfe, die, eine Sammlung der schönsten Volkslieder aller Nationen. 16—66 Bdchn. (Bibliothek des Frohsinns. 8e Section. 16—66 Bdchn.) 16. Stuttgart 838. Köhler. (à n. 1/4 rf) 1 1/2 rf Velinp. (à n. 1/3 rf) 2 rf

Volksharfe, deutsche. Eine Sammlung zweistimmiger Lieder für Jung u. Alt des deutschen Volkes. Mit besond. Rücksicht auf Volkslieder u. ihre Weisen, gesammelt u. herausgeg. von einem Lehrerverein in beiden Hessen. Mit einem Vorwort v. Chr. Koch. 1. Hft. Vorzugsweise den Volksschulen gewidmet. gr. 8. Cassel 843. (Hotop.) 1/6 rf

Volkshaus, Das rätische, in Chur. Chur 1901. V: *Ragaz, Leonhard.* (BBull schw 2, S. 482)

Volks-Hauskalender, kathol., auf d. J. 1848. Unter Mitwirkung v. kathol. Geistlichen hrsg. Mit vielen Vignetten (eingedr. Holzschn.) 8. (164 S.) Crefeld, Klein. n. 6 ngr

Volks-Hausschatz, neuer praktischer. (64 S.) 8. Neuweißensee (905). E. Bartels. — 75

Volkshefte, deutsche litterarische. Gemeinverständl. Aufsätze üb. litterar. u. künstler. Fragen der Gegenwart. Hrsg. unter Mitwirkg. v. Ferd. Avenarius, Heinr. Bulthaupt, M. G. Conrad 2c. v. Leo Berg. 1. Serie. (In 10 Heften.) 1.—3. Heft. gr. 8. Berl. 889, Brachvogel u. Ranft. f. 1. Serie * 4 50; Einzelpr. à Heft * — 50
1. Ernst, Paul. Leo Tolstoi u. der slavische Roman. (32 S.)
2. Berg, Leo. Gottfried Keller od. Humor u. Realismus. (32 S.)
3. Brandes, Geo. F. M. Dostojewski. Ein Essay. Autoris. Übersetzg. v. Paul Herrmann. (30 S.)
Nicht weiter erschienen.

Volkshefte, litterarische. Gemeinverständliche Aufsätze über litterar. Fragen der Gegenwart. Hrsg. unter Mitwirkung von Geo. Brandes, Heinr. Bulthaupt, Mor. Carrière 2c. von Eug. Wolff und Leo Berg. Nr. 1—10. gr. 8. Berlin 887,88, Eckstein Nachf. Subscr. pro Serie von 10 Heften Einzeln à Heft *

Inhalt:
Heft 1. Wolff, Eug., Oscar Blumenthal, der Dichter des deutschen Theaters und der deutschen Presse. 1. und 2. Tausend. (38 S.)
" 2. Berg, Leo, Henrik Ibsen und das Germanenthum in der modernen Litteratur. (48 S.)
" 3. Hart, Jul., Julius Wolff und die „moderne" Minnepoesie. (47 S.)
" 4. Bulthaupt, Heinr., Dumas, Sardou und die jetzige Franzosenherrschaft auf der deutschen Bühne. (42 S.)
" 5. Wolff, Eug., die jüngste deutsche Litteraturströmung und das Princip der Moderne. (48 S.)
" 6. Kirchbach, Wolfg., was kann die Dichtung für die moderne Welt noch bedeuten?! (42 S.)
" 7. Berg, Leo, Ernst v. Wildenbruch und das Preußenthum in der modernen Litteratur. (48 S.)
" 8. Koch, Max, was kann das deutsche Volk von Richard Wagner lernen? (45 S.)
" 9. Biese, Alfr., Theodor Storm und der moderne Realismus. (44 S.)
" 10. Brandes, Geo., Emile Zola. (30 S.)

Volkshefte, neue litterarische. Litteraturbriefe an e. deutschen Marine-Offizier in Ost-Afrika. Nr. 1—10. gr. 8. Berlin 889. 890. Eckstein Nachf. Für 1 Serie v. 10 Hftn. n. 4. 50; einzeln à n. — 50
1. Der Offizier in der Dichtung. (27 S.)
2. Die preußische Ader in der deutschen Litteratur. (31 S.)
3. Die sozialen Kämpfe im Spiegel der Poesie. (28 S.)
4. Kritik der Kritik. (29 S.)
5. Goethe u. noch immer kein Ende! Bedeutung Goethe's f. d. Gegenwart. (36 S.)
6. Geschichte d. Naturalismus. (30 S.)
7. Die französische Revolution im Spiegel deutscher Dichtung. (28 S.)
8. Eine Berliner Theaterreise. (32 S.)
9. Eine litterarische Reise durch Deutschland. (32 S.)
10. Die Herrschaft der Spekulation in der Litteratur. (30 S.)

Volks-Heilmittellehre. Erfahrn. d. berühmten Aerzte Boerhave, Hufeland, Hahnemann in d. Kunst, das Leben u. d. Gesundheit d. Menschen zu erhalten u. ihre Krankheiten zu heilen. Von e. prakt. Arzte. 3 Bde. 16. (63 1/2 B. u. 3 Bildn.) Stuttgart 840, [Scheible, Rieger u. Sattler.]

Volksheilstätte, die, d. Kreises Altena. Bericht d. Kreisausschusses d. Kreises Altena an d. Kreistag. Zugleich Vorschlag gemäß § 63 d. Kreisordng. f. d. Prov. Westfalen. Fol. (8 S.) Altena (896). (P. A. Santz.) — 75

Volksheilstätte, Die, des Kreises Altena bei Lüdenscheid . . . Lüdenscheid [1899]. V: *Heidweiller*, *Frz.* (EB)

Volksheilstätte, die, des Kreises Altena bei Lüdenscheid. Mitteilungen des Vorsitzenden des Kreisausschusses. 4. (VIII, 112 S. m. Plänen u. 2 Taf.) Lüdenscheid 899. (P. Dalichow.) n. 4. —

Volksheilstätte, die, vom Rothen Kreuz Grabowsee. Festschrift, dem Kongress zur Bekämpfung der Tuberkulose als Volkskrankheit zu Berlin gewidmet v. dem Volksheilstätten-Verein vom Rothen Kreuz in Berlin. gr. 8. (217 S. m. Abbildgn., Kurven u. 11 Plänen.) Berlin 899. Das Rothe Kreuz. n. 3. —

Die **Volksheilstätte** bei Waldbreitbach, errichtet von d. Verband z. Errichtung von Volksheilstätten f. Lungenkranke in d. Reg.Bez. Coblenz. *Coblenz-Lützel: Verl. d. Verbandes 1903.* (62 S.) 8°

Der **Volksheilstätten-Verein** für die Provinz Schlesien und sein Wirken von der Gründung – 6. Juli 1898 – bis auf den heutigen Tag 6. Juli 1904. Breslau (1904): W. G. Korn. (36 S.) 8°(4°) [F.]

Volksheim, das, in Hamburg. Bericht üb. das 2. Geschäftsj 1902/1903. (65 S.) gr. 8. Hamburg (903). (H. Seippel.) n. — 60

Volks-Hochschulblätter. Hrsg. v. Osk. Stillich. 1. Jahrg. Novbr. 1908—Oktbr. 1909. 12 Hefte. (à ca. 32 S.) Lex. 8. Stuttgart, [F. Lehmann]. J. E. G. Wegner. 4.—

Volkshochschule, die. Zeitschrift f. das gesamte deutsche Volksbildungswesen. Hrsg. u. red. v. Osk. Stillich. April 1909—März 1911. à 12 Hefte. (à ca. 16 S.) Lex. 8. Berlin, F. Nethe. à Jahrg. 4. —

Volkshochschule, die ländliche. Zeitschrift f. Volksbildg. auf d. Lande. Hrsg. v. Fr. Lembke. 2. Jahrg. Mai 1908—April 1909. 12 Hefte. (à ca. 16 S.) gr. 8. Leipzig, Quelle & Meyer. 2. —
Der erste Jahrg. erschien u. d. T.:
Die schleswig-holsteinische ländliche Volkshochschule.

— die schleswig-holsteinische ländliche. Zeitschrift f. Volksbildg. auf dem Lande. Organ des Vereins f. ländl. Volkshochschulen in Schleswig-Holstein. Hrsg. v. Fr. Lembke. 1. Jahrg. April 1907—März 1908. 12 Nrn. (à ca. 16 S.) gr. 8. Heide. Leipzig, Quelle & Meyer. 2. —

Schleswig-Holsteinische Ländliche **Volkshochschul-Korrespondenz.** Im Auftrage des Ausschusses für Volkshochschulen hrgg. v. Fr. Lembke. Nr. 1 ff. Heide. 1905 ff. Fol.
Angeschlossen sind Vorträge, Versammlungsberichte etc. etc., die denselben Gegenstand betreffen, meist von dem Herausgeber der Volkshochschul-Korrespondenz.

Volks-Humor, Deutscher, in Schwänken, Schelmenliedern ꝛc., s. a. Leih-Bibliothek, kleine. 13 u. 14. Bdchn.

VOLKS-HUMOR, Deutscher, in Schwänken, Schelmenliedern, Gassenhauern u. Jahrmarktsdichtungen aller Zeiten u. Gegenden. 2 Bdchn. Mit vielen Holzschnitten (wobei einige freie). Stuttgart, J. Scheible, 1850. 16°. (2 Mk. 50 Pfg. W. H. Kühl, Berlin, c. 1882; 1 Mk. 20 Pfg. Scheible, vor 1885; jetzt höher!)

Volkshumor, der Wiener, in Lied und Wort. Hrsgbr. und Redact.: Carl Metzenhofer. 1. Jahrg. 1882. 12 Nrn. (à Nr. ½ Bog. mit Musikbeilage.) Wien. (Leipzig, C. A. Koch's Verlagsb.)

Volkshymne. Wien [1840]. V: *Zedlitz*, *Joseph Chn Freih. von.* (WBL) (ADB)

Volkshymne. Nach der Melodie von Haydn. Wien 1854. V: *Seidl*, *Johann Gabriel.* (EB)

Volkshymne, die. Zur Erinnerg. an den 2. Decbr. 1888. Illustrirt v. österreich. Künstlern. Fol. (10 Bl. in farb. Phototypie.) Wien u. Prag 888. Tempsky. — Leipzig, Freytag. n. 1. 40

Oesterreichs **Volkshymne,** kalligraphisch-symbolographisch (sämmtliche Kronlands-Wappen, Ordenszeichen etc. in ornamentaler Verzierung) ausgeführt von Peter Altenburger und nach dessen Original-Zeichnung in der k. k. Hof- und Staatsdruckerei photogr. Quer-Fol. Wien. Jos. Bermann in Comm. 1863. auf Carton 2 fl.

Russische **Volkshymne.** [Geschichtliche Nachrichten.] St. Petersburg 1833.

Volks-Journal : 1907- 1912-
Independent weekly. Formed by union of DAS JOURNAL and DAS HAZLETON VOLKSBLATT. Circulation: 1907, 700; 1910, 1200; 1912, 1100. Edited & published by Curt Meinitz, 1907-12.
Hazleton, PA

Volks- oder Salonjudenthum? Von † † †. Berlin 1893. V: *Schach*, *Fabius.* (Berl)

Volks- od. Salonjudenthum? Von †††. 2. Aufl. u. 3. Taus. gr. 8. (22 u. 23 S.) Berlin 893. H. Schildberger. à n. — 50

Volks-Justiz. Der unterzeichnete Verein ... Der Preußen-Verein für constitutionelles Königthum. Druck von Brandes und Schultze. 1 Bl. Fol.
Flugblatt. Berlin, 8. Juni 1848.

Volkskalender

Volkscalender. Hermannstadt 1790. 1791. 1793. 1796. 1798. 1799. 1800. 1803. 1804. H: *Hochmeister*, *Martin.* (szinnyei 4/928, Nr. 1) (BIBLPORT)

Volkskalender, od. buntes Allerlei ꝛc., merkwürd. u. unterhalt. Geschichten ꝛc. 1r — 5r Bd. auf d. J. 1824—28. 8. Magdeb., Rubach.

Volkskalender. 1825—1831
s. Buntes Allerlei in merkwürdigen und unterhaltenden Geschichten; biographischen Skizzen; . . .

— für das Jahr 1833. Bearbeitet u. herausg. von der ökonom. Societät z. Leipzig. Mit 1 Meilenzeiger v. Sachsen. (lithogr.) 1 Karte von Sachsen, gestochen von H. Leutemann, u. illum. (in qu. Fol.) 1 Ansicht des Denksteins bei Lützen (in Kupferstich) u. 1 Ansicht von Tzschirners Grabmahl (in Holzschnitt). gr. 4. Leipz. 832. Hirschfeld. 4 ɣ(

Volks-Kalender f. d. J. 1833—35. Bearb. u. hrsg. von d. öconom. Societät zu Leipzig. (1—3. Jahrg.) gr. 4. Leipzig, Hirschfeld. [833. (9 B., 1 lith. Meilenzeiger u. 1 gest. Karte v. Sachsen, 1 Ansicht d. Denksteins b. Lützen u. 1 Holzschn.), 34. (10 B., 1 lith. Karte d. leipz. Kreises u. 1 lith. Bl. m. 3 Ansichten), 35. (10 B., 1 lith. Karte d. meißn. Kreises, 1 Tab. u. Holzschn.) à 4 Gr.]

—— f. d. J. 1836—42. Bearb. u. hrsg. v. d. ökonom. Societät zu Leipzig. (4—10. Jahrg.) gr. 4. M. Karten, Stntaf. u. Holzschnn. Leipzig, Hirschfeld. à J. *

Volks-Kalender für d. J. 1842—1847. gr. 4. (Mit Holzschnitten.) Leipzig 841—46, Hirschfeld. à n. 1/6 ℛ

Volks-Kalender für d. J. 1848—52. gr. 4. (à Jahrg. 52—56 S. mit eingedr. Holzschn.) Leipzig 847—51, Hirschfeld. à Jahrg. *

Volks-Kalender für die J. 1853—55. 21—23. Jahrg. gr. 4. (à Jahrg. 50 S. mit eingedr. Holzschn.) Leipzig 852—54, Hirschfeld. à Jahrg. *
Schrbp. à Jahrg. *

Volkskalender. 1836—1855
s. Deutscher **Volkskalender.** Hrsg. v. F. W. Gubitz. Leipzig, Berlin.

Volks-Kalender: 1840–1880
Edited by Karl Steffens [1867]. Illustrated with steel engravings & wood-cuts. Published by Magnus & Bach; then, by L.W. Schmidt.
New York, NY

Volks-Kalender für ... Mit Stahlstichen u. Holzschnitten. Hrsg. v. Karl Steffens. [Berlin:] Simion; Frankfurt a. M.: Varrentrapp
[Zitiert: Steffens Volks-Kalender.]
Jg. 1. 1841 – 17. 1857. 21. 1861 – 26. 1866. 28. 1868 – 31. 1871.

Volks-Kalender f. d. J. . . . . Hg.: K. Steffens.
1841. M. 8 Stahlst. u. 9 Holzschn. (2 Hosemann). Br. 58.
1842. M. 8 Stahlst. u. 11 Holzschn. (1 Hosemann) Br. 72.
1843. M. 7 Stahlst. u. 8 Holzschn. (2 Hosemann). Br. 81.
1844. M. 7 Stahlst. u. 8 Holzschn. (5 Hosemann). Br. 95.
1846. M. 7 Stahlst. u. 8 Holzschn. (1 Hosemann). Br. 122.
1847. M. 7 Stahlst. u. 8 Holzschn. (9 Hosemann). Br. 134.
1848. M. 7 Stahlst. u. 8 Holzschn. (4 Hosemann). Br. 152.
1849. M. Stahlst. u. Holzschn. (21 Hosemann). Br. 166.
1850. M. 7 Stahlst., 6 Holzschn. (9 Hosemann) Br. 177 u. 1 Eisenbahntab.
1851. M. 8 Stahlst. (1 Hosemann) u. 5 Holzschn. (4 Hosemann). Br. 190.
1852. M. 8 Stahlst. u. Holzschn. (4 Hosemann) Br. 204.
1853. M. 8 Stahlst. u. Holzschn. (4 Hosemann) Br. 212.
1854. M. 8 Stahlst. u. 7 Holzschn. (4 Hosemann). Br. 224.
1855. M. 8 Stahlst. u. 6 Holzschn. (5 Hosemann) Br. 235.
1856. M. 8 Stahlst. u. 6 Holzschn. (5 Hosemann). Br. 243.
1857. M. 8 Stahlst. u. 5 Holzschn. (6 Hosemann). Br. 248.
1858. M. 8 Stahlst. u. Holzschn. (4 Hosemann). Br. 252.
1859. M. 8 Stahlst. u. 6 Holzschn. (5 Hosemann). Br. 262.
1860. M. 8 Stahlst. u. 6 Holzschn. (5 Hosemann). Br. 268.
1861. M. 8 Stahlst. u. 6 Holzschn. (5 Hosemann). Br. 280.
1862. M. 8 Stahlst. u. 6 Holzschn.
1863. M. 8 Stahlst. u. 6 Holzschn.
1864. M. 8 Stahlst. u. 6 Holzschn.
1865. M. 8 Stahlst. u. 6 Holzschn.
1866. M. 8 Stahlst. u. 4 Holzschn.
1867. M. 8 Stahlst. u. 4 Holzschn.
1868. M. 8 Stahlst. u. 4 Holzschn.
1869. M. 8 Stahlst. u. 4 Holzschn.
1870. M. 8 Stahlst. u. 4 Holzschn.
1871. M. 8 Stahlst. u. 4 Holzschn.
1872. M. 8 Stahlst. u. 4 Holzschn.
1873. M. 8 Stahlst. u. 4 Holzschn.
1874. M. 8 Stahlst. u. 4 Holzschn.
1875. M. 8 Stahlst. u. 4 Holzschn.
1876. M. 8 Stahlst. u. 4 Holzschn.
1877. M. 6 Stahlst. u. Textill.
1878—1882. M. Stahlst. bzw. Holzschn.
Berlin u. Frankfurt/M.

Volks-Kalender f. 1841 u. 42. Mit Stahlstn. u. Holzschn. Hrsg. v. Karl Steffens. 8. (à 12 B.) Berlin, (Simion.) à *

— für 1841. Mit Stahlstichen u. Holzschnitten. Herausgeg. von Karl Steffens. 8. (Berlin) 840. Verlag des Athenäum. (M. Simion.) n. 5/12 ℛ

— für 1842—1847. Mit Stahlst. u. Holzschn. Herausgeg. von Karl Steffens. 8. (Berlin,) 841—46. Athenaeum. (Simion.) à n. 5/12 ℛ

— ders. Ausg. für Sachsen unter d. T.: Volkskalender, Sächsischer, für 1843—1847, herausgeg. von Karl Steffens. Mit Stahlst., Holzschn. u. Kart. 8. Leipzig 842—46, R. Hartmann. à n. 5/12 ℛ

Volks-Kalender f. 1848—1852. Hrsg. v. Karl Steffens. 8. (1848: 220 S. m. 7 Stahlst. u. 8 Holzschn. 1849: 188 S. m. eingedr. Holzschn. u. 7 Stahlst. 1850: XXXVI u. 138 S. m. eingedr. Holzschn., 7 Stahlst. u. 1 Tab. in gr. Fol. 1851: XXXVI u. 154 S. m. eingedr. Holzschn., 8 Stahlst. u. 5 Holzschntaf. 1852: XVIII u. 161 S. m. eingedr. Holzschn., 8 Stahlst. u. 6 Holzschntaf.) Berlin, Simion. à n. 5/12 ℛ

— ders. f. 1853. 8. (XXXVI u. 156 S. m. 8 Stahlst. u. 6 Holzschntaf.) Berlin, Gärtner. n. 5/12 ℛ

— für 1853—55. Hrsg. von Carl Steffens. 8. (à Jahrg. mit 8 Stahlst. und Holzschnt.) Berlin 852—55, Expedition. à Jahrg. * –

— für 1854—59. Herausg. von Karl Steffens. Leipzig, Voigt u. Günther. 8. Jeder Jahrg. mit 8 Stahlst. und Holzschn. im Text n. 12½ ngr.

Volks-Kalender für 1858—62. Hrsg. von Carl Steffens. 8. (à Jahrg. XXXVIII und 158 — 196 S. mit 8 Stahlst. und 6 Holzschnt.) Leipzig, Voigt und Günther. à Jahrg. * –

— — für 1863—65. 23—25. Jahrg. Berlin, Expedition. 8. Jeder Jahrg. mit 8 Stahlst. u. 6 Holzschntaf. n. 12½ ngr.

Volkskalender für 1863—68. Hrsg. von Karl Steffens. 23.—28. Jahrg. 8. (à Jahrg. ca. XXXIII und 200 S. mit 8 Stahlst. und 4 Holzschn.-Illustr.) Berlin, Gerschel's Verlagsh. à Jahrg. * –

— für 1869—1875. Hrsg. von Karl Steffens. 29.—35. Jahrg. Mit je 8 Stahlst. und 4 Holzschn.-Illustr. 8. (à Jahrg. XXXIII und 196; 204; 259; 237; 255; 252; 247 S.) Berlin, Gerschel. 1869—1874 à *
1875 *

— für 1876. Hrsg. von Karl Steffens. 36. Jahrg. 8. (XXXI, 298 S. mit 8 Stahlst. und 4 Holzschn.-Illustr.) Berlin, Gerschel. * 1 20

— dass. — für 1877—1880. Hrsg. von Karl Steffens. 37.—40. Jahrg. Mit Stahlst. und zahlreichen (eingedr.) Holzschn.-Illustr. 8. (214; 196; 196, 148; 285 S.) Ebendas. à Jahrg. * 1 20

— für 1881 und 1882. Hrsg. von Karl Steffens. 41. und 42. Jahrg. 8. (à Jahrg. ca. 280 S. mit 6 großen und vielen in den Text gedr. Holzschn.-Illustr.) Berlin, Gerschel. à Jahrg. *

Der Volks Calender [illegible]
[illegible]
Easton, PA

— für 1845. Herausgeg. von Jul. Lasker. Mit 12 Kupf. 8. Berlin 844, Lewent. n. 1/3 ℛ

— f. d. Jahr 1846. Hrsg. v. großh. bad. landwirthsch. Verein. 4. (10½ B. m. Holzschn.) Heidelberg, C. F. Winter.

Volkskalender [Trewendt]
s. Der *Feierabend*.
Jg. 5. 1850.

—— für 1852. Mit der von der k. Regierung angeordneten Ausgabe der Zeitrechnung und Marktverzeichnisse unter Mitwirkung seiner Freunde hrsg. von E. Süskind. 4. (XXIV und 30 S. mit eingedr. Holzschn.) Reutlingen 851, [Mäcken.]

Volks-Kalender für 1854—57. Von Willibald Alexis (W. Häring). Mit Holzschn. u. Stahlst. Berlin, Barthol. 8. Jeder Jahrg. n. 12½ ngr.

– (Der Stammgast.) für 1854 u. 55. 10. u. 11. Jahrg. Berlin, Moeser u. Kühn. 8. Jeder Jahrg. mit 6 Stahlst. n. 10 ngr.

—— (der Stammgast) für 1854. 11. Jahrg. 8. (XXX S. und Jahrbuch zur Unterhaltung und Belehrung für Jedermann 174 S.) Berlin 853, [Moeser.] *

—— dass. — für 1855. 12. Jahrg. 1. und 2. Aufl. 8. (XXXI S. und Jahrbuch zur Unterhaltung und Belehrung für Jedermann 174 S. mit eingedr. Holzschn. und 6 Stahlst.) Ebds. 854. *
Vgl.: Stammgast, der.

—— für das J. 1856. Mit der amtlich ausgegebenen Zeitrechnung und dem monatl. und alphabet. Marktverzeichnisse. Unter Mitwirkung seiner Freunde hrsg. von E. Süßkind. 4. (52 S. mit eingedr. Holzschn.) Ulm 856, Gebr. Nübling. *

Volkskalender von B. Auerbach, auf 1861, 64, 67, 68. Leipzig und Berlin.

— für das Jahr 1867. Cöln u. Neuß, Schwann's Verl. 8. (158 S. mit mehreren [6] Illustr. in Holzschntaff.) n. 5 ngr.

Volkskalender auf d. Jahr 1871. 38 Seiten. 4. Solothurn, Damian Tschan. 20

Volkskalender für 1873. 38 Stn. 4. Solothurn, D. Tschan. —. 20

Volkskalender auf d. J. 1874. 38 Stn. 4. Solothurn, D. Tschan. —. 30

Volks-Kalender 1875. 1.—3. Aufl. 4. (116 S.) Braunschweig, Bracke jr. 50 Pf.; geb.

—— dass. — Nachtrag zur 1. Aufl. 4. (24 S.) Ebendas.

—— für 1876—1878. 4. (à ca. 100 S.) Braunschweig, Bracke jun. à Jahrg. * — 50
geb. und durchschossen à Jahrg. * — 75

Volks-Kalender. 1879. Mit vielen Holzschnitten im Text. Braunschweig, W. Bracke jr. 4°. [illegible] Cart.
100 S. — Verboten von d. herzogl. [illegible] Oct 1878

Volks-Kalender auf die J. 1876—1880. 8. (à ca. 36—40 S. mit eingedr. Holzschn.) Sulzbach, v. Seidel'sche Buchh. à Jahrg. — 15
Erschien früher u. d. T.: Sechs-Kreuzer-Kalender.

Volks-Kalender auf die J. 1881—1885. 18.—22. Jahrg. 8. (à Jahrg. 48 S. mit 16 Abbild. und 1 Karte.) Sulzbach, v. Seidel'sche Buchh. à Jahrg.

Volks-Kalender auf die J. 1886—1889. 23.—26. Jahrg. 8. (47; 48; 48; 47 S. mit Illustr.) Sulzbach, v. Seidel'sche Buchh. à Jahrg

Volks-Kalender auf d. J. 1890—1893. 27.—30. Jahrg. 8. (à Jahrg. 48 S. m. Bildern u. Karten.) Sulzbach, v. Seidel. à Jahrg. — 15

Volks-Kalender auf d. J. 1895. 32. Jahrg. 8. (48 S. m. 16 Bildern.) Sulzbach, J. E. v. Seidel. — 15

Volks-Kalender auf d. J. 1899. 36. Jahrg. 8. (48 S. m. Abb.) Sulzbach, J. E. v. Seidel. — 15

Volks-Kalender auf d. J. 1902. 39. Jahrg. 8. (48 S. m. Abbildgn.) Sulzbach, J. E. v. Seidel. — 15
Erscheint nicht mehr.

Volks-Kalender 1883. 4. (64 S. m. eingedr. Illustr., 1 Chromolith. u. 1 Wandkalender.) Berlin, Bartels. — 50

Volks-Kalender für die J. 1884 und 1885. Mit der amtlich ausgegebenen Zeitrechnung, dem monatl. und alphabet. Marktverzeichnisse. Gegründet von E. Süskind. 4. (44; 46 S. mit eingedr. Holzschn.) Ulm, Gebr. Nübling. à Jahrg. * — 20

Volkskalender für das Jahr 1897. Im Auftrage von Deutschlands Grofsloge II d. I. O. G. T. hrgg. v. Georg Asmussen. Flensburg. 1896. 8°.

Auf! Frisch ans Werk! **Volkskalender** für das Jahr . . . Hrgg. v. G. Asmußen. Hamburg. o. J. 8°
1903—1909.
Fortges. u. d. T.:
Kieler Kalender. Hrg.: G. Asmußen. Kiel. o. J. 8°
1910—1913.
Fortges. u. d. T.:
Auf! Frisch ans Werk! **Volkskalender** 1914 ff. Hamburg. o. J. 8°

Volks-Kalender 1907. 27. Jahrg. (XVI, 48 S. m. Abb. u. 2 farb. Taf.) gr. 8. Weißensee, E. Bartels. — 50

Volks-Kalender f. d. J. 1911. 31. Jahrg. (XIV, 16 u. 16 S. m. Abb., 1 farb. Taf. u. Wandkalender.) gr. 8. Weißensee, E. Bartels. — 25

Volkskalender, allgemeiner, Magdeb., Rubach., s. Allerlei 2c., buntes.

—— allgemeiner, 6—11. Jahrg. auf d. J. 1829—34. 8. Magdeburg, [Berlin,] Rubach. [6. (15 B.), 7. (11 B., Titlpfr. u. 1 Karte), 8. (13 B., Titkpfr. u. 1 Karte), 9. (11 B.), 10. (12 B. u. 1 Stnt.), 11. (12 B.) à 8 Gr.]
1—5. Jahrg. 1824—28. Ebendas. à 8 Gr.

Volkskalender, Allgemeiner, a. d. J. . . . .
1829. M. 1 lith. Ans.
Frankfurt u. Leipzig.

— allgemeiner, auf das Jahr 1831. Mit 1 lithogr. Zeichnung. 8. Frankf. a. d. O. 830. Trowitzsch u. Sohn. 12 ℊ/

— allgemeiner, auf das Gemein-Jahr 1845. Mit einem Stahlstich: Friedrich d. Große an dem geöffneten Sarge des Churfürsten Friedrich Wilhelm d. Großen. 8. Frankfurt a/O. 844, Trowitzsch u. Sohn. n. ⅓ ℛ

—— allgemeiner, auf d. J. 1848, 1850—52. à Jahrg. mit 6 Stahlst. 8. Frankfurt a. O., Trowitzsch und Sohn. [1848. (223 S.) 1850. (228 S.) 1851. (LXVIII und 156 S.) 1852. (LXVIII und 158 S.) 847. und 849—51.] à Jahrg. *

—— allgemeiner, auf die J. 1853—56. à Jahrg. mit 6 Stahlst. 8. Berlin 852—55, Trowitzsch und Sohn. à Jahrg. *

— allgemeiner, auf das Jahr 1854—59. Berlin, Trowitzsch. 8. Jeder Jahrg. mit 6 Stahlst. n. 10 ngr.

—— allgemeiner, auf die J. 1858—62. 8. (à Jahrg. XXXII und 190 S. mit 6 Stahlst. und lithogr. Titel.) Berlin, Trowitzsch und Sohn. à Jahrg. *

—— allgemeiner, auf die J. 1863 und 1864. 8. (à Jahrg. XXXII und 191 und 196 S. mit 6 Stahlst. und lithogr. Titel.) Berlin, Trowitzsch und Sohn. à Jahrg. *
Vgl.: Trowitzsch.

—— allgemeiner, für das J. 1855. (13. Jahrg.) 8. (XXX und 82 S. mit eingedr. Holzschn.) Saarbrücken, Hintz. *

— allgem. deutscher, oder geograph.-histor. Volksfreund für den Bürger u. Landmann, auf d. J. 1823—26. 4. Meiningen ... Keyßner. 1 ₰ 15 ₰

Volks-Kalender, Allgem. Deutscher, z. nützl. Belehrung u. Unterhaltung f. Jedermann.
1823—1826. (1.—4. Jg.)
Schmalkalden.

Volks- u. Familien-Kalender, allgemeiner erzählender, s. Volkskalender, westfäl.

Volkskalender, Allg. Preussischer, f. . . . . . Hg.: G. Nieritz.
1845. M. Holzschn. u. 6 Stahlst. (1 Hosemann). Br. 104.
Berlin.

— allgemeiner preußischer, auf das Gemeinjahr 1845. Nebst dem Anhange: Jahrbuch zur Unterhaltung u. Belehrung für Jedermann. 8. (Mit Holzschn. u. 6 Stahlst.) Berlin 844, Hübenthal u. Comp. n. 1/3 ₰

Volks-Kalender, allgemeiner, für die Saar-Gegenden auf d. J. 1843—1845. 1.—3. Jahrg. gr. 8. Saarbrücken 843—45. (Arnold.) 1. J. 1/6 ₰ 2. J. n. 6 2/3 ngl 3. J. n. 6 3/4 ngl

— allgem. Schlesischer, auf d. J. 1831—33. 1r—3r Jahrg. Mit Steintaf. 8. Bresl. 830—32. Leuckart. 1 ₰ (Vergl. auch Raritäten.)

— allgemeiner Schlesischer, auf das Jahr 1834—1840. 4r—10r Jahrg. Mit mehrern Abbildd. (auf 1 Steintaf.) 8. Breslau 833—839. Leuckart. à n. 1/3 ₰

Volkskalender, allgem. schweizer., f. 1872. 48 Stn. Mit Portr. des General Herzog. 4. Zürich, J. Weber. —. 35

—— althannoverscher, auf die J. 1875—1880, hrsg. von Ludw. Grote. 1.—6. Jahrg. 4. (à ca. 70 S. mit eingedr. Holzschn.) Leipzig. (Hannover, Schulbuchh.) à Jahrg. ** — 50

—— althannoverscher. Hrsg. von Ludw. Grote. 1881—1885. 7.—11. Jahrg. 4. (à Jahrg. ca. 70 S. mit eingedr. Holzschn.) Hannover, (Schulbuchhandlung.) à Jahrg. * — 50

—— althannoverscher, für das J. 1885. Hrsg. von Ludw. Grote. 12. Jahrg. 1886. 4. (72 S. mit eingedr. Holzschn.) Leipzig, (Wollenweber.) *

—— dass. — 13. und 14. Jahrg. 1887 und 1888. 4. (à Jahrg. 72 S. mit Holzschn.) Leipzig. (Hannover und Celle, Schulbuchhandlung.) à Jahrg. **

—— dass. — für das J. 1889. 15. Jahrg. Hrsgbr.: W. Kanne. 4. (73 S. mit Bildern.) Bremen. (Ebendas.) **

—— althannoverscher, für Hannover u. die Braunschweig-Lüneburgischen Lande f. d. J. 1890—1893. Hrsg. v. W. Kanne. 16.—19. Jahrg. gr. 4. (à Jahrg. 72—76 S. m. Abbildgn.) Bremen. (Celle, Schulbuchh.) à Jahrg. — 50

— althannoverscher, f. Hannover u. die Braunschweig-Lüneburgschen Lande f. d. J. 1895. Hrsg. v. W. Kaune (vorm. Ludw. Grote). 21. Jahrg. gr. 4. (74 S. m. Abbildgn. u. 1 Wandkalender.) Wunstorf. (Hannover & Celle, Schulbuchh.) — 50

— althannoverscher, f. Hannover u. d. Braunschweig-Lüneburgschen Lande f. d. J. 1897. Von W. Kaune (vorm. Ludw. Grote). 23. Jahrg. gr. 4. (78 S. m. Abb. u. 2 Taf.) Wunstorf. (Hannover u. Celle, Schulbuchh.) — 50

— dasselbe, Fortsetzg., s.: Volkskalender, deutsch-hannoverscher.

—— althessischer, auf die J. des Heils 1876—1880. 1.—5. Jahrg. 4. (à ca. 50 S.) Melsungen. (Hannover, Schulbuchh.)
Jahrg. 1876 * 50 Pf.; Jahrg. 1877 ** — 60
Jahrg. 1878 * 40 Pf.; Jahrg. 1879 ** — 50
Jahrg. 1880 ** — 35

—— althessischer, auf die J. 1881—1885. 6.—10. Jahrg. 4. (à Jahrg. ca. 64 S. mit Illustr.) Melsungen, (Schulbuchhandlung.) à Jahrg. — 35

—— althessischer, auf die J. 1886—1889. 11.—14. Jahrg. 4. (55; 52; 55; 56 S. mit Holzschn. und je 1 Wandkalender.) Melsungen. (Hannover und Celle, Schulbuchhandlung.) à Jahrg. **

—— althessischer, auf d. J. 1890—1893. 15.—18. Jahrg. Hrsg. v. W. Hopf. 4. (à Jahrg. ca. 55 S. m. 1 Lichtdr.) Melsungen. (Celle, Schulbuchh.) à Jahrg. ** — 35

Volks-Kalender, althessischer, auf d. J. 1895. Hrsg. v. W. Hopf. 20. Jahrg. 4. (59 S. m. Abbildgn.) Melsungen. (Hannover u. Celle, Schulbuchh.) n. — 40

— althessischer, auf d. J. 1899. Hrsg. v. W. Hopf. 24. Jahrg. 4. (46 S. m. Bild. u. 1 Wandkal.) Melsungen. (Hannover u. Celle, Schulbuchh.) — 40

— althessischer, auf d. J. 1902. Hrsg. v. W. Hopf. 27. Jahrg. 4. (52 S. m. Abbildgn.) Melsungen, W. Hopf. n. — 40; durchsch. n. — 50

— althessischer, auf d. J. 1905. Hrsg. v. W. Hopf. 30. Jahrg. (49 S. m. Abbildgn. u. Wandkalender) gr. 8. Melsungen, W. Hopf. n. — 40

—— altkatholischer, f. d. J. 1891—1893, hrsg. v. H. Bommer u. W. C. Schirmer. 1.—3. Jahrg. 4. (96; 96; 54 S. m. Abbildgn.) Baden Baden, Sommermeyer. à Jahrg. * — 40
Vgl.: Volkskalender, christkatholischer.

— altkatholischer, f. d. J. 1895, hrsg. v. H. Bommer u. X. Stocker. 5. Jahrg. 4. (72 S. m. Abbildgn.) Baden-Baden, E. Sommermeyer. n. — 40
A. u. d. T.: Volkskalender, christkatholischer.

— altkatholischer, f. d. J. 1899. 9. Jahrg. 4. (68 S. m. Abb. u. Titelbild.) Baden-Baden, E. Sommermeyer, Verl. n. — 40

Volkskalender. Altkatholischer Volks-Kalender für das Jahr 1903. Jahrg. 13. [Mit Illustrationen und 1 Porträt-Tafel.] IV + 76 S. 4. Baden-Baden, Emil Sommermeyer. (M. —.40 = fr. —.50)
Darin S. 21 f. 37—39. 58—63. 65. 69 f. die Schweiz *betr.*

— altkatholischer, f. d. J. 1907. Hrsg. v. Max Rachel. 17. Jahrg. (78 S. m. Abbildgn. u. 1 Taf.) gr. 8. Baden-Baden, E. Sommermeyer. n. — 50

— altkatholischer, f. d. J. 1909. Hrsg. v. Max Rachel. 19. Jahrg. (82 S. m. Abb. u. 1 Bildnis.) gr. 8. Baden-Baden, E. Sommermeyer. — 50

— Amberger, s. a. Volks-Kalender, Regensburger.

—— Amberger, für die J. 1873—1875. 4. (à Jahrg. 32 S. mit eingedr. Holzschn.) Amberg, Habbel. 1873 und 1874 à *
1875 *

—— Amberger, für die J. 1876—1880. 4. (à 32 S. mit eingedr. Holzschn.) Amberg, Habbel. à Jahrg. * — 20

—— Amberger, für die J. 1881—1885. 4. (à Jahrg. ca. 30 S. mit eingedr. Holzschn.) Amberg, Habbel. à Jahrg. * — 20

—— Amberger, für die J. 1886—1889. 4. (à Jahrg. ca. 32 S. mit Illustr.) Amberg, Habbel. à Jahrg. *

—— Amberger, f. die J. 1890—1892 m. Amberger Adreß-Kalender. 4. (à Jahrg. 32 u. XVI S. m. Bildern.) Amberg, Pustet. * — 50

— dasselbe, s. a.: Adreßkalender, Amberger.

— Amberger, f. d. J. 1899. 4. (88 S. m. Abb.) Regensburg, J. Habbel. n. — 20

— Amberger, f. d. J. 1903. 4. (86 S. m. Abbildgn.) Regensburg, J. Habbel. n. — 20

— Amberger, f. d. J. 1907. (112 S. m. Abbildgn.) gr. 8. Regensburg (J. Habbel). n. — 20

—— Anhaltischer, s. a. Würdig, L.

— anhaltischer, f. d. J. 1898. Fortsetzung d. chemal. Würdig'schen Volks-Kalenders. 4. (VIII, 62 S. m. Abb., 5 Taf. u. 1 Wandkal.) Dessau, Anhaltische Verlagsanstalt. n. — 50

Volkskalender für die deutschen Ansiedler in Süd-Rußland. 1906

—— antisemitischer, für die J. 1888 und 1889. 8. (158 S. mit eingedr. Illustr. und 1 Taf.; 160 S. mit eingedr. Illustr.) Leipzig, Th. Fritsch. à Jahrg. *

—— Bamberger illustrierter, f. d. J. 1893. 4. (54 S.) Bamb., (Schmidt). * — 50

— Bamberger illustrierter, f. d. J. 1899. (Bamberger Kalender.) M. vielem Wissenswürdigen u. Unterhalt. f. Jedermann. 4. (64 S. m. Wandkalender.) Bamberg, Handels-Druckerei u. Verlagsh. n. — 35

— Bamberger illustrierter, f. d. J. 1903. (Bamberger Kalender.) Mit vielem Wissenswürdigen u. Unterhaltenden f. Jedermann. 4. (75 S. m. Wandkalender.) Bamberg, Handels-Druckerei u. Verlagsh. n. — 35

— Bamberger illustrierter, f. d. J. 1904. (Bamberger Kalender.) Mit vielem Wissenswürdigen u. Unterhaltenden f. Jedermann. (80 S. m. Wandkalender.) 4. Bamberg, Handels-Druckerei u. Verlagsh. n. — 35
Erscheint nicht mehr.

— bayerischer, s. a. Volks-Kalender, Regensburger.

— bayerischer, f. d. J. 1891. 4. (32 S. m. Abbildgn.) Regensburg, Habbel. n. — 20

— bayerischer, f. d. J. 1899. 4. (88 S. m. Abb.) Regensburg, J. Habbel. n. — 20

— bayerischer, f. d. J. 1903. 4. (86 S. m. Abbildgn.) Regensburg, J. Habbel. n. — 20

— bayerischer, f. d. J. 1907. (112 S. m. Abbildgn.) gr. 8. Regensburg, (J. Habbel). n. — 20

—— bayerischer neuer, f. d. Bürger u. Bauersmann auf d gem. J. 1803—42. Worin die wichtigsten landesherrl. Verordnn. z. Besten d. Bürger u. Landleute, nebst noch vielen and gemeinnütz. u. zweckmäß. Aufsätzen enth. sind. M. Holzschnn 4. München, Fleischmann. à J. *

—— bayerischer neuer, für den Bürger und Bauersmann auf d. J. 1847—52. worin zum Besten der Bürger und Landleute viele gemeinnützige und zweckmäßige Aufsätze enthalten sind. 45—50. Jahrg. gr. 4. (à Jahrg. 72 S.) München 846—51, Fleischmann. à Jahrg. *

Volks-Kalender, bayerischer neuer, für den Bürger und Bauersmann auf die J. 1853—57, worin zum Besten der Bürger und Landleute viele gemeinnützige und zweckmäßige Aufsätze enthalten sind. (51—55. Jahrg.) gr. 4. (à Jahrg. 72 S.) München, Fleischmann. [51—53. Jahrg. à 7½ Ngr., 54. und 55. Jahrg. à Jahrg. 8 Ngr.] Thlr.

—— bayerischer verbesserter neuer, für den Bürger und Bauersmann auf die J. 1858—62, worin zum Besten der Bürger und Landleute viele gemeinnützige und zweckmäßige Aufsätze enthalten sind. 56—60. Jahrg. gr. 4. (à Jahrg. 72—80 S.) München, Fleischmann's Separat-Conto. à Jahrg.

— bayerischer verbesserter neuer, für den Bürger- u. Bauersmann für die Jahre 1863—69, worin zum Besten der Bürger u. Landleute viel gemeinnütz. u. zweckmäß. Aufsätze enthalten sind. 61—67. Jahrg. München, Fleischmann's Buchh. 4. Jeder Jahrg. (ca. 75 S.) n. 6 ngr.

—— berliner, f. Israeliten auf das J. 5622, vom 5. Septbr. 1861 bis zum 24. Septbr. 1862. Hrsg. von M. Poppelauer. 32. (52 S.) Berlin 861, Poppelauer. *

—— Berliner, für Israeliten auf die J. 5623—5627. (Vom 25. Septbr. 1862 bis zum 29. Septbr. 1867.) Bearb. von M. Poppelauer. 16. (à Jahrg. ca. 55 S.) Berlin, Poppelauer. à Jahrg. * 5 Ngr.; Velinp. und durchschossen à Jahrg. * *

— Berliner, für Israeliten auf die Jahre 5626—5631. (Vom 25. Septbr. 1865 bis zum 29. Septbr. 1871.) Bearb. von M. Poppelauer. Berlin, Poppelauer. 16. Jeder Jahrg. (ca. 55 S.) n. 5 ngr.;
Velinp. u. durchschossen n.n. 7½ ngr.

—— Berliner, für Israeliten auf die J. 5629—5633. [Vom 17. Septbr. 1868 bis zum 21. Septbr. 1873.] Bearb. von M. Poppelauer. 16. (à Jahrg. 52—56 S.) Berlin, Poppelauer. à Jahrg. — 50
Velinpap. durchschossen — 75

—— dass. — auf die J. 5634 und 5635 [1874 und 1875]. Vom 22. Septbr. 1873 bis zum 29. Septbr. 1875. Bearb. und hrsg. von M. Poppelauer. 16. (à Jahrg. 58 S.) Ebendas. à Jahrg. * — 50
Velinpap. durchschossen * — 75

—— Berliner, für Israeliten auf die J. 5636—5640 [1876—1880] n. E. d. W. [Vom 30. Septbr. 1875 bis zum 15. Septbr. 1880.] Bearb. von M. Poppelauer. 16. (à ca. 54—58 S.) Berlin, Poppelauer. à Jahrg. *
Mit Velinpap. durchschossen à Jahrg. *

—— Berliner, für Israeliten auf das J. 5641—5645 [1881—1885. Bearb. und hrsg. von M. Poppelauer. 16. (à Jahrg. ca. 60 S.) Berlin, Poppelauer. à Jahrg. * — 50
Ausg. auf Velinpap. durchsch. à Jahrg. * — 75

—— **Berliner, für Israeliten auf die J. 5646—5649 [1886—1889]. Bearb. und hrsg. von M. Poppelauer. 16. (à Jahrg. ca. 60 S.) Berlin, Poppelauer. à Jahrg. * — 50**

—— **für Böhmen. Besondere Ausg. des „Regensburger Marienkalenders." Hrsg. vom katholisch-polit. Verein für das Königr. Böhmen. 4. (159 S.) Regensburg 874. Prag, (Steinhauser.) ***

— **für Böhmen** für d. J. 1877. Besondere Ausg. des „Regensburger Marienkalenders". Hrsg. im Auftrage d. katholisch-polit. Vereins d. Königr. Böhmen. 4. (232 S. m. eingedr. Holzschn. u. Holzschntaf.) Prag, Mourek in Comm. n. — 76

—— bozner, für das gemeine J. 1862. 4. (... S.) Bozen, Eberle.

—— braunschweigischer, für 1876—1878. Hrsgbr.: G. Stutzer. 6.—8. Jahrg. 4. (80 S. mit eingedr. Holzschn.) Neu-Erkerode, Buchh. der Idioten-Anstalt. à Jahrg. * — 50

—— dass. — 9. und 10. Jahrg. 1879 und 1880. 4. (95; 87 S. mit eingedr. Holzschn.) Braunschweig, Buchh. der Idioten-Anstalt. à Jahrg. * — 50

—— Braunschweigischer, für 1881—1883. 11.—13. Jahrg. Hrsgbr.: G. Eißfeldt. 4. (à Jahrg. ca. 86 S. mit eingedr. Holzschn.) Braunschweig, Grüneberg's Buchh. à Jahrg. * — 50

—— dass. — für 1884 und 1885. 14. und 15. Jahrg. 4. (à Jahrg. ca. 86 S. mit Holzschn.) Braunschweig, Wollermann. à Jahrg. * — 50

—— **braunschweigischer, 1886—1888. 16.—18. Jahrg. Hrsgbr.: G. Eißfeld. 4. (à Jahrg. 88 S. mit Holzschn. und 1 Wandkalender.) Braunschweig, [Wollermann.] Grüneberg's Buchh. à Jahrg. ***
geb. und durchsch. à Jahrg. **

—— **dass. — Hrsg. von J. Kühne. 19. Jahrg. 1889. 4. (82 S. mit Illustr., 2 Taf. und 1 Wandkalender.) Braunschweig, Grüneberg's Buchh. ***
geb. und durchsch. *

—— Braunschweigischer. Hrsg. v. J. Kühne. 20.—23. Jahrg. 1890—1893. 4. (à Jahrg. 83—94 S. m. Bildern, u. je 1 Wandkal.) Braunschw., Grüneberg. à Jahrg. — 50; geb. u. durchsch. — 75

— **Braunschweigischer. Hrsg. v. J. Kühne. 25. Jahrg. 1895. 4. (76 S. m. Text-Bildern, 1 Farbendr. u. 1 Wandkalender.) Braunschweig, Grüneberg. — 50; geb. u. durchsch. — 75**

— Braunschweigischer. Hrsg.: R. Knopf. 29. Jahrg. 1899. 4. (75 S. m. Abb., Titelbild u. 1 Wandkal.) Braunschweig, Grüneberg. n. — 40; geb. n.n. — 65

— **braunschweigischer. Hrsg.: R. Knopf. 33. Jahrg. 1903. 4. (68 S. m. Abb. u. Wandkalender.) Braunschweig, Grüneberg. — 40; geb. n. — 65**

— **braunschweigischer. Hrsg.: Joh. Schwartz. 37. Jahrg. 1907. (85 S. m. Abbildgn, 2 Taf. u. Wandkalender.) Lex.-8. Braunschweig, Grüneberg. — 40; geb. — 65**

— braunschweigischer. Hrsg.: Joh. Schwartz. 41. Jahrg. 1911. (87 S. m. Abb., 6 Taf. u. Wandkalender.) gr. 8. Braunschweig, Grüneberg. — 40; geb. in Halbleinw. — 75; Prachtausg. 1. —

— Breslauer, für 1845. Herausgeg. von Leop. Schweitzer. Mit (2) Stahlst., (eingedr.) Holzschn. u. 1 Eisenbahnkarte von Deutschland. 8. Breslau 844, Schuhmann. n. 5/12 ℛ

— ders. für 1846. Herausgeg. v. Leop. Schweitzer u. J. Stein. Mit 12 Bildern u. d. Anh.: Der Feierabend. Jahrbuch für Ernst u. Scherz. 1. Jahrg. 8. Ebend. 846. n. 5/12 ℛ

—— **Breslauer, für 1887. 14. Jahrg. 4. (78 S. mit Illustr., Titelbild in Lichtdr.: Raphaels Sixtinische Madonna und 1 Wandkalender.) Breslau, Goerlich.**
Nicht weiter erschienen. — 13. Jahrg., s. Volksfreund, der. Kalender für 1886.

Volkskalender, Chemnitzer. 1870. Chemnitz 869. May. 4. (64 S. mit eingedr. Holzschn. u. 2 Holzschntaff.) n. 4 ngr; kleine Ausg. (31 S. mit eingedr. Holzschn.) 2½ ngr

—— christkatholischer, f. d. J. 1891 u. 1892, hrsg. v. H. Bommer, W. E. Schirmer, S. Burkart. 1. u. 2. Jahrg. Ausg. f. die Schweiz. 4. (à Jahrg. 96 S. m. Bildern.) Baden-Baden, Sommermeyer. à Jahrg. * — 40
Vgl.: Volkskalender, altkatholischer.

— christkatholicher. 1905. 15. Jahrg. (Ausg. f. die Schweiz.) (82 S. m. Abbildgn. u. 1 Taf.) gr. 8. Baden-Baden, E. Sommermeyer. — 40

Volks-Kalender, christlicher. Ausg. f. die evangel. Gemeinden Köln, Bayenthal, Deutz, Ehrenfeld, Lindenthal, Nippes, Kalk u. Porz. (95 u. Jahrbuch 112 S. m. Wandkalender.) kl. 8. Köln, (C. Roemke & Co.). n. — 50

— dasselbe. Ausg. f. die evang. Gemeinden Cöln, Bayenthal, Deutz, Ehrenfeld, Lindenthal, Nippes, Kalk u. Porz. (86 u. Jahrb. 112 S. m. 1 Farbdr. u. Wandkalender.) 8. Cöln, C. Roemke & Co. — 50

— dasselbe auf d. J. 1902. Ausg. f. die evang. Gemeinden zu Köln. 8. (74 u. Jahrbuch 112 S. m. 1 Farbdr. u. Wandkalender.) Köln, C. Roemke & Co. n.n. — 50

— christlicher, für d. J. 1829—31. 1r—3r Jahrg. 8. Barmen. (Elberf., Hassel). 828—30. (à 6 K) 18 K

—— christlicher, f. d. J. 1832—40. 4—12. Jahrg. 8. (à ca 6½ B.) Elberfeld, Hassel. à J. '

Volks-Kalender, christlicher, auf 1841—1847. Mit tägl. Bibelsprüchen, als Loosungen für das ganze Jahr u. mit mehreren Abbild. Mit dem Anh.: Jahrbuch für christl. Unterhaltung, herausg. von der Diakonissen-Anstalt zu Kaiserswerth. 8. Kaiserswerth 840—46. (Berlin, Grobe.) 1.—5. Jahrg. à n. ¼ ℛ 6. J. n. 8½ ngl geb. n. 7/12 ℛ

— christlicher, ein freundlicher Erzähler u. Rathgeber für die liebe Christenheit. 8. Crefeld 842, Funcke. n. ¼ ℛ — ders. für 1843. 2. Jahrg. 2. Aufl. 8. Ebend. 843. n. ¼ ℛ

—— christlicher, auf 1845—47. Mit tägl. Biblsprüchen, als Loosungen f. das ganze Jahr u. mit mehr. Abbild. Mit dem Anh.: Jahrbuch f. christl. Unterhaltung, hrsg. von der Diakonissen-Anstalt zu Kaiserswerth f. d. J. 1845—47. 8. (à 10—10½ B.) Kaiserswerth. (Berlin, Grobe.) à *

—— christlicher, auf d. J. 1848—52. Mit tägl. Bibelsprüchen, als Loosungen für das ganze Jahr, und mit vielen (eingedr.) Abbild. Hrsg. von der Diakonissen-Anstalt zu Kaiserswerth. 7—11. Jahrg. Mit Anhang: Jahrbuch für christl. Unterhaltung. 8. Kaiserswerth 847—51. (Berlin, Grobe. — J. A. Wohlgemuth.) [7. Jahrg. (LXVI und 112 S.) 8. (LXXIV und 112 S.) 9. (LXXVII und 106 S.) 10. (LXXVI und 112 S.) 11. (184 S.)] à Jahrg. *
Durchschossen à Jahrg. *

—— christlicher, ein freundlicher Erzähler und Rathgeber für die liebe Christenheit, auf die J. 1853—57. Mit tägl. Bibelsprüchen, als Loosungen für das ganze Jahr und mit vielen Abbildungen (in eingedr. Holzschn.) 12—16. Jahrg. Mit dem Anhang: Jahrbuch für christliche Unterhaltung, hrsg. von der Diakonissen-Anstalt zu Kaiserswerth. 8. (à Jahrg. ca. 190 S.) Kaiserswerth 852—56. (Berlin, Wohlgemuth.) à Jahrg. **
durchschossen à Jahrg. **

—— christlicher, ein freundl. Erzähler und Rathgeber für die liebe Christenheit auf die J. 1858—61. Mit tägl. Bibelsprüchen, als Loosungen, und einer Psalmen-Lesetafel für das ganze Jahr, sowie mit vielen Abbildungen (in eingedr. Holzschn.) 17—20. Jahrg. Mit: Jahrbuch für christl. Unterhaltung, hrsg. von der Diakonissen-Anstalt zu Kaiserswerth. 8. (à Jahrg. ca. 68 S. und Jahrbuch 120 S.) Kaiserswerth. (Berlin, Beck. — W. Schultze.) à Jahrg. ** 8 Ngr.; durchschossen à Jahrg. **
Feine Ausg. à Jahrg. **
Das Jahrbuch apart à Jahrg. **

—— dass. — Für das J. 1862. 21. Jahrg. 8. (67 und Jahrbuch 124 S.) Ebendas. ** 8½ Ngr.; durchschossen **
Feine Ausg. ** —

—— christlicher, ein freundlicher Erzähler und Rathgeber für die liebe Christenheit auf die J. 1863—68. Mit tägl. Bibelsprüchen als Loosungen, und einer Psalmen-Lesetafel für das ganze Jahr, sowie mit vielen Abbild. (in eingedr. Holzschn.) 27. Jahrg. Mit: Jahrbuch für christl. Unterhaltung. Hrsg. von der Diakonissen-Anstalt zu Kaiserswerth. 8. (à Jahrg. ca. 68 S. und Jahrb. 112 S.) Kaiserswerth. (Berlin, Beck — W. Schultze.) à Jahrg. ** 8½ Ngr.; durchschossen à Jahrg. *
Feine Ausg. à Jahrg. cart. *
Das Jahrbuch apart à Jahrg. *

—— christlicher, ein freundlicher Erzähler und Rathgeber für die liebe Christenheit auf die J. 1869—1875. Mit tägl. Bibelsprüchen, als Loosungen und einer Psalmen-Lesetafel für das ganze Jahr, sowie mit vielen Abbild. (in eingedr. Holzschn.). 28.—34. Jahrg. Mit Jahrbuch für christl. Unterhaltung. Hrsg. von der Diakonissen-Anstalt zu Kaiserswerth für die J. 1869—1875. 8. (à Jahrg. 68 und Jahrb. 112 S.) Kaiserswerth. (Barmen, Klein. — Berlin, Beck — W. Schultze.) à Jahrg. *
Durchschossen *
Durchschossen und geb. *
Jahrbuch apart **

—— christlicher. Ein freundlicher Erzähler und Rathgeber für die liebe Christenheit, auf die J. 1876 und 1877. Mit tägl. Bibelsprüchen, als Loosungen und einer Psalmen-Lesetafel für das ganze Jahr, sowie mit vielen Abbild. (in eingedr. Holzschn.). 35. und 36. Jahrg. Mit Jahrbuch für christl. Unterhaltung. 8. (72 S. und Jahrb. 128 S.; 72 S. und Jahrb. 120 S.) Kaiserswerth. (Barmen, Klein. — Berlin, Beck's Verlag. — W. Schulze.) à Jahrg. * — 75
durchschossen à Jahrg. * — 90
durchschossen und geb. à Jahrg * 1 50
Jahrbuch allein à Jahrg. ** — 40

—— dass. — für die J. 1878—1880. 37.—39. Jahrg. Mit Jahrbuch für christl. Unterhaltung. 8. (à 72 S. und Jahrb. 120 S.) Kaiserswerth, Diakonissen-Anstalt. à Jahrg — 75
durchschossen à Jahrg. * — 80
cart. und durchschossen à Jahrg. * 1 35

—— christlicher, ein freundlicher Erzähler und Rathgeber für die liebe Christenheit, auf die J. 1881—1885. Mit tägl. Bibelsprüchen als Losungen und einer Psalmen-Lesetafel für das ganze Jahr, sowie mit vielen Abbild. (in eingedr. Holzschn.). 40.—44. Jahrg. Mit Jahrbuch für christl. Unterhaltung. 8. (à Jahrg. ca. 70 S.; Jahrbuch à Jahrg. ca. 120 S.) Kaiserswerth, Diakonissen-Anstalt. à Jahrg. — 75
durchsch. à Jahrg. * — 80
cart. und durchsch. à Jahrg. * 1 35

—— christlicher, ein freundlicher Erzähler und Ratgeber für die liebe Christenheit, auf die J. 1886—1889. Mit tägl. Bibelsprüchen als Losungen, und einer Psalmenlesetafel für das ganze Jahr, sowie mit vielen Abbild. (in eingedr. Holzschn.). 45.—48. Jahrg. Mit Jahrbuch für christl. Unterhaltung. 8. (à Jahrg. 76 S.; Jahrb. à Jahrg. ca. 121 S. mit 2 Karten.) Kaiserswerth, Buchh. der Diakonissen-Anstalt. à Jahrg. * — 50
durchsch. à Jahrg. * — 60
Feine Ausg. cart. und durchsch. à Jahrg. * — 90

—— christlicher, e. freundlicher Erzähler u. Ratgeber für die liebe Christenheit, auf d. J. 1890—1893. 49.—52. Jahrg. 8. (à Jahrg. ca. 80 u. 120 S. m. Illustr. u. 1 Wandkal.) Kaiserswerth, Buchh. der Diakonissen-Anstalt. à Jahrg. * — 50; durchsch. * — 60
Feine Ausg., cart. u. durchsch. * — 90

— christlicher, e. freundlicher Erzähler u. Ratgeber f. die liebe Christenheit, auf d. J. 1895. Mit tägl. Bibelsprüchen als Losgn. u. e. Psalmen-Lesetafel f. das ganze Jahr, sowie m. vielen Abbildgn. 54. Jahrg. 8. (56 u. Jahrbuch 112 S. m. 1 Wandkalender u. 1 farb. Taf.) Kaiserswerth, Buchh. der Diakonissen-Anstalt. n. — 40; durchsch. n. — 50; feine Ausg., kart. u. durchsch. n. — 80

— christlicher, e. freundl. Erzähler u. Ratgeber für d. liebe Christenheit, auf d. J. 1899. M. tägl. Bibelsprüchen, als Losgn., u. e. Psalmen-Lesetafel f. d. ganze Jahr, sow. m. vielen Abb. 58. Jahrg. 8. (56 u. Jahrbuch 118 S. m. 1 Wandkal. u. 1 Farbdr.) Kaiserswerth, Buchh. d. Diakonissen-Anstalt. n. — 40; durchsch. n. — 50; feine Ausg., kart. u. durchsch. n. — 80

(F) Christlicher Volks-Kalender, ein freundlicher Erzähler und Rathgeber für die liebe Christenheit, auf das Gemein-Jahr 1902. Mit täglichen Bibelsprüchen, als Losungen, und einer Psalmen-Lesetafel für das ganze Jahr, sowie mit vielen Abbildungen. Der astronomische Kalender ist für den 48. Parallelkreis aufgestellt. LXI. Jahrgang. Ausgabe für Oesterreich-Ungarn. Kaiserswerth a. Rh. Verlag der Diakonissen-Anstalt. In Comm. Stähelin & Lauenstein, Wien. 8°. 56, 12 S. K — 60

— christlicher, e. freundl. Erzähler u. Ratgeber f. die liebe Christenheit, auf d. J. 1903. Mit tägl. Bibelsprüchen, als Losgn., u. e. Psalmen-Lesetafel f. das ganze Jahr, sowie m. vielen Abbildgn. 62. Jahrg. 8. (56 u. Jahrbuch 112 S. m. 1 Farbdr. u. Wandkalender.) Kaiserswerth, Buchh. d. Diakonissen-Anstalt. n. — 40; durchsch. n. — 50; feine Ausg., kart. u. durchsch. n. — 80

— christlicher, e. freundlicher Erzähler u. Ratgeber f. die liebe Christenheit, auf d. J. 1907. Mit tägl. Bibelsprüchen, als Losgn., u. e. Psalmen-Lesetafel f. das ganze Jahr, sowie m. vielen Abbildgn. 66. Jahrg. (57 u. Jahrbuch 112 S. m. 1 Farbdr. u. Wandkalender.) kl. 8. Kaiserswerth, Buchh. der Diakonissen-Anstalt. n. — 40; durchsch. n. — 50; feine Ausg., kart. u. durchsch. n. — 80
In 5 Ausg. f.: Brandenburg, Pommern u. Sachsen; mittleres Deutschland; Ost- u. Westpreußen; westl. Provinzen des Königr. Preußen u. Schlesien.

— christlicher, e. freundlicher Erzähler u. Ratgeber f. die liebe Christenheit, auf d. J. 1911. Mit tägl. Bibelsprüchen, als Losgn., u. e. Psalmen-Lesetafel f. das ganze Jahr, sowie m. vielen Abb. 70. Jahrg. (56 u. Jahrbuch 112 S. m. 1 Farbdr. u. Wandkalender.) 8. Kaiserswerth, Buchh. der Diakonissen-Anstalt. — 50; durchsch. — 60; feine Ausg., kart. u. durchsch. — 90
In 6 Ausg. f.: Brandenburg, Mittel-Deutschland, Ostpreußen; Rheinland Westfalen, Süddeutschland; Schlesien.

— christlicher, für d. J. 1841—1843. Herausgeg. von dem Pilger aus Sachsen. 4. Dresden 841—43, Naumann. à 1/8 Thlr. — dass. für das Jahr 1844. Herausgeber: Pastor Meurer in Callenberg. 4. Ebend. n. 1/8 Thlr.

—— christlicher, f. d. J. 1842. 12. (4 B.) Berlin, Wohlgemuth's Buchh. *

—— christlicher, auf d. Schaltjahr 1844. 8. (8¾ B. u. 1 Stnt.) Danzig, Anhuth. *

—— ders. auf das Jahr 1845. 2. Jahrg. Nebst dem Anhange: Mancherlei f. mancherlei christl. Leser. 8. (9 B. u. 1 Stahlst.) Ebds. *

Volks-Kalender, christlicher, auf d. J. 1875, welches e. gemeines J. v. 365 Tagen ist. Mit besond. Rücksicht auf die Großherzogthümer Mecklenburg-Schwerin und Mecklenburg-Strelitz. gr. 8. (40 S.) Schwerin, Schmiedekampf. — 12

Christlicher Volkskalender. 1877? : Reading, PA

—— christlicher, auf das J. 1879 nach der Geburt unsers Herrn Jesu Christi. 8. (XXVII, 116 S. mit eingedr. Holzschn. und 1 Chromolithogr.) New-York. (Philadelphia, Schäfer und Koradi.) * 1 —

CHRISTLICHER Volkskalender für das Jahr 1898-. Budapest 1897-: St. Gerhards-Buchdruckerei. - 260 mm

— dasselbe auf d. J. 1902. Ausg. f. Österreich-Ungarn. 8. (56 u. Jahrbuch 111 S. m. 1 Farbdr. u. Wandkalender.) Kaiserswerth. (Wien, Stähelin & Lauenstein.) n. — 50

CHRISTLICHER Volkskalender. Neujahrsbote zur Belehrung und Unterhaltung auf das Jahr 1909. Budapest 1909: Pazmaneum-Anstalt. - 210 mm

—— christlicher, für die Deutschen in den Vereinigten Staaten auf die J. 1852—55. mit (eingedr.) Holzschn., geschichtl. Erzählungen und nützl. Lektüre von allerlei Art ausgestattet. 8. (à Jahrg. 48 S.) New-York. (Philadelphia, Schäfer und Koradi. — Bremen, Heyse.) [Jahrg. 1852 und 1855. * à 6 Ngr., Jahrg. 1853 und 1854. à * 3 Ngr.] *

—— christlicher, für die Deutschen in den Vereinigten Staaten auf die J. 1856—59. Genau berechnet für die Breite von Boston Mass. und Baltimore Md., aber auch für alle prakt. Zwecke in andern Gegenden der Union hinreichend, mit (eingedr.) Holzschn., geschichtl. Erzählungen und nützl. Lektüre von allerlei Art ausgestattet. Hrsg. von der amerikan. Traktat-Gesellschaft. gr. 12. (à Jahrg. 48 S.) New-York. (Philadelphia, Schäfer und Koradi. [1856. und 1857. à 6 Ngr., 1858. und 1859. à 8 Ngr.]

—— christlicher, für die Deutschen in den Vereinigten Staaten auf das J. 1862. Mit (eingedr.) Holzschn., geschichtl. Erzählungen und nützl. Lektüre von allerlei Art ausgestattet. gr. 12. (48 S.) New-York. (Hamburg, J. G. Oncken.) *

Christlicher **Volks-Kalender** f. d. evangel. Gemeinden d. Synode Bochum ... Mit d. Jahrbuch f. christl. Unterhaltung d. Diakonissenanstalt Kaiserswerth. Hrsg. von d. Evang. Presskommission d. Synode Bochum. [1.] 1911. Annen i. W.: Krampen in Komm. (1910). 8° A 12.125w8

—— christlicher, für das Königr. Hannover auf die J. des Herrn 1853 und 1854. Berechnet von F. E. Schuback. 8. (à Jahrg. 100 S.) Stade 852—53, Schaumburg. à Jahrg. *

—— christlicher, aus Minden-Ravensberg auf die J. 1859—62. 1—4. Jahrg. Mit vielen Bildern (in eingedr. Holzschn.) 16. (1859 und 1860. à LXIV und 108 S., 1861. 186 S., 1862. 210 S.) Gütersloh, Bertelsmann. à Jahrg. **

—— christlicher, aus Minden-Ravensberg auf die J. 1863—67. 5.—8. Jahrg. 16. (à Jahrg. ca. 184 S. mit vielen Bildern in eingedr. Holzschn.) Gütersloh, Bertelsmann. à Jahrg. **

—— christlicher, für Minden-Ravensberg auf die J. 1869—1875. 11.—17. Jahrg. 8. (à Jahrg. ca. 180 S. mit Holzschn.) Gütersloh, Bertelsmann's Verlag. à Jahrg.

—— christlicher, für Minden-Ravensberg auf die J. 1876—1880. 18.—22. Jahrg. 8. (à ca. 180—224 S. mit eingedr. Holzschn. und 1 Holzschntaf.) Gütersloh, Bertelsmann.
Jahrg. 1876 — 75
Jahrg. 1877—1880 à — 60

—— christlicher, aus Minden-Ravensberg auf die J. 1881—1885. 22.—26. Jahrg. 8. (à Jahrg. ca. 180 S. mit vielen eingedr. Holzschn.-Bildern.) Gütersloh, Bertelsmann.
à Jahrg. — 75

**Volks-Kalender, christlicher, aus Minden-Ravensberg auf die J. 1886—1889. 28.—31. Jahrg. Mit vielen Bildern. 8. (à Jahrg. ca. 216 S.) Gütersloh, Bertelsmann.
à Jahrg. ** — 60**

—— christlicher, aus Minden-Ravensberg auf d. J. 1890—1893. 32.—35. Jahrg. 8. (à Jahrg. 80 u. 120 S. m. Abbildgn. u. 1 Wandkal.) Gütersloh, (Bertelsmann). à Jahrg. ** — 60

— christlicher, aus Minden-Ravensberg auf d. J. 1895. 37. Jahrg. 8. (88 u. 128 S.) m. Abbildgn. u. Wandkalender.) Gütersloh, C. Bertelsmann. n.n. — 50

— christlicher, aus Minden-Ravensberg auf d. J. 1899. 40. Jahrg. 8. (86 u. 120 S. m. Abb. u. Wandkal.) Gütersloh, C. Bertelsmann. — 75

— christlicher, aus Minden-Ravensberg auf d. J. 1903. 44. Jahrg. 8. (88 u. 120 S. m. Abb. u. Wandkalender.) Gütersloh, C. Bertelsmann. — 75

— christlicher, aus Minden-Ravensberg auf d. J. 1907. 48. Jahrg. (88 u. 128 S. m. Abb. u. Wandkalender.) kl. 8. Gütersloh, C. Bertelsmann. — 75

— christlicher, aus Minden-Ravensberg auf d. J. 1911. 52. Jahrg. (88 u. 128 S. m. Abbild. u. Wandkalender.) kl. 8. Gütersloh, C. Bertelsmann. — 75

(F) **Christlicher Volks-Kalender** für Oesterreich-Ungarn **auf das Jahr 1903.** 8°. (112 S.) † K —.60
Wien: Stähelin & Lauenstein 1902.

Volks-Kalender, christlicher, f. Ostfriesland a. d. J. 1841. u. 42. 1. u. 2. Jahrg. 8. (à 7 B.) Leer, (Prätorius u. Seide.) à J. Thlr. *

— christl., für Stadt u. Land, auf d. J. unsers Herrn u. Heilandes Jesu Christi 1832. 4. Altd. 831. (Nürnb., Raw). 3 Gr. Ders. auf d. J. 1833. Ebd. 832. 3 Gr.

— christlicher, für Stadt und Land auf die Jahre 1832—1840. 4. Altdorf, (Nürnberg, Raw.) à Jahrg. 1/8 Thlr.

—— christlicher, f. Stadt u. Land auf das J. 1845—47. 4. (à 5 B.) Altdorf. (Nürnberg, Raw'sche Buchh.) [1845 u. 1846. à 3¾ Ngr., 1847. à 2½ Ngr.]

Volks-Kalender, christlicher, für Stadt und Land auf d. J. 1848 und 1849. 4. (à Jahrg. 40 S.) Altdorf 847—48. Nürnberg, (Raw'sche Buchh.) à Jahrg. Thlr. -

—— christlicher, für Stadt und Land auf das J. 1855. Besorgt von dem nürnberger evangel. Verein für innere Mission. 4. (40 S.) Altdorf. (Nürnberg, Raw'sche Buchh.) **

CHRISTLICHER Volkskalender für die Verehrer des heiligen Antonius von Padua. Redigiert v. Alfred Buday. Budapest 1903: Sanct-Antonius-Blätter. - 260 mm

Christlich-sozialer **Volks-Kalender.** [Jg. 1.] Auf d. J. Christi 1904. *Siegen i. W.: Westdeutsche Verlagsbuchh. [1904].* 8° [F.] [0; 12756

— **christlich-sozialer, f. d. J. 1907. 4. Jahrg.** (91 S. m. Abbildgn. u. Wandkalender.) kl. 8. Siegen, Westdeutsche Verlagsanstalt. n. — 25

— christlich-sozialer, auf d. J. 1909. 6. Jahrg. (88 S. m. Abbildgn. u. Wandkalender.) kl. 8. Siegen, Westdeutsche Verlagsanstalt. (Nur direkt.) — 25

Curitibaner Deutscher Volkskalender: 1895 - ? Curitiba
Published by Anton Schroeder, Curitiba

Volkskalender, Danziger, s.a. Volkskalender, Kleiner danziger.

—— **danziger, auf das J. 1857.** 8. (161 S. mit 8 Holzschnt.) Danzig 856, Bertling. *

—— danziger, für 1858. 8. (216 S. mit eingedr. Holzschn. und 1 Holzschnt.) Danzig 857, Bertling.

—— dass. — Für 1859. 8. (LX und 158 S. mit dem Portr. des Oberbürgermeisters J. H. v. Weickhmann, gez. von Huhn. Holzschn. von E. Kretschmar.) Ebendas. 858. *

—— dass. — Auf das J. 1860. 4. Jahrg. Mit einer (lithogr.) Abbild. des berühmten Gemäldes aus der St. Marien-Oberpfarrkirche in Danzig: Das jüngste Gericht (in qu. Fol.) 8. (LX und 159 S.) Ebendas. 859. *

—— dass. — Für 1861. 5. Jahrg. 16. (LX und 164 S. mit 1 Holzschn. und 1 Stnt. in qu. 4.) Ebendas. 860. *
Ist nicht fortgesetzt worden.

Deutsch-Amerikanischer Volks-Kalender: no. 1, 1877 - ? Chicago, IL
Published by Anton Caspar Hesing.
Advertised in Illinois Staats-Zeitung, Feb. 26, 1877.

Deutsch-Anischer illustrierter Volks-Kalender für das Jahr 1902. Beilage z Baltimore Wecker. Baltimore, 1902.

Deutsch-Brasilianischer Volkskalender: no. 1, 1864 - ?
Title varies: Laemmert's Deutsch-Brasilianischer Volks-Kalender. Annual almanac. Published by Eduard & Heinrich Laemmert
Rio de Janeiro

— **Deutscher,** s.a. **F. W. Gubitz.**

Deutscher **Volks-Kalender** für das ... Jahr ... Hrsg. v. F[riedrich] W[ilhelm] Gubitz. Mit ... Holzschn.
(Leipzig,) Berlin: Vereins-Buchh. (1836—1855). 8°
[Nebent.:] Jahrbuch des Nützlischen u. Unterhaltenden.
[Spät. Umschlagt.:] Gubitz' Volks-Kalender
[u. Rückent.] Volks-Kalender.

[2/] 1836: 24 Bl., 190 S., 1 Bl.
21/1855: 19 Bl., 186 S., 3 Bl.

—— deutscher, f. d. J. 1835. Hrsg. v. F. W. Gubitz. M. 100 Holzschn., theils v. dems., theils unt. dess. Leitung gefertigt. (1. Jahrg.) — A. u. d. T.: Jahrbuch d. Nützlichen u. Unterhaltenden. 8. (15 B.) Berlin (834), Vereins-Buchh.

—— **deutscher, f. d. J. 1836 – 42.** Hrsg. v. F. W. Gubitz. Jeder m. 120 Holzschnn., theils v. dems., theils unt. dess. Leitung gefertigt.— (1836—39 auch u. d. T.: Jahrbuch d. Nützlichen u. Unterhaltenden. 8. Berlin, Vereins-Buchh. [836. (15 B.), 37. (15½ B.), 38. (24 B.), 39. (15½ B.), 40. (14½ B.) 41. (14½ B.), 42. (14½ B.) à * 10 Gr.] *

—— **deutscher, 1843—47.** Hrsg. v. F. W. Gubitz. à Jahrg. m. 120 Holzschn., theils von demselben, theils unter dessen Leitung gefertigt. 9—13. Jahrg. A. u. d. Ttl.: Jahrb. des Nützl. u. Unterhaltenden. 8. Berlin, Vereins-Buchh. [1843 (15 B.) 44. (15 B.) 45. u. 46. (à 14⅛ B.) 47. (15⅛ B.)] à J. *
Das Jahrbuch besonders à * 10 Ngr.

—— **deutscher. 1848—52.** Hrsg. von F. W. Gubitz. à Jahrg. mit 120 (eingedr.) Holzschn. 14—18. Jahrg. Mit Anhang: Jahrbuch des Nützlichen und Unterhaltenden. 8. Berlin, Vereins-Buchhandlung. [14. (224 S.) 15. (236 S.) 16. (XXXVI und 186 S.) 17. (L und 187 S.) 18. (XXXVIII und 186 S.)] à Jahrg. * -
Vgl. Inhalts-Verzeichniß zu Gubitz's Volkskalender.

—— **deutscher, 1853—56.** Hrsg. von F. W. Gubitz. à Jahrg. mit 120 Holzschn. 19—22. Jahrg. Mit dem Anhang: Jahrbuch des Nützlichen und Unterhaltenden. 8. (à Jahrg. XXXVIII und 186 S.) Berlin 852—55, Vereins-Buchh. à Jahrg. * -

Volks-Kalender, deutscher. 1858. Hrsg. von F. W. Gubitz. Mit vielen, zum Theil in Farbendr. umrahmten (eingedr.) Holzschn. 24. Jahrg. Mit: Jahrbuch des Nützlichen und Unterhaltenden. 8. (XXXVIII und 183 S.) Berlin 857, Vereinsbuchh. Thlr. * -

—— dass. — 1859—62. Hrsg. von Demselben. Mit vielen (eingedr.) Holzschn. von demselben und unter dessen Leitung nach Zeichnungen von L. Burger, Holbein, L. Löffler u. A. 25—28. Jahrg. Mit: Jahrbuch des Nützlichen und Unterhaltenden. 8. (à Jahrg. XXXVIII und ca. 184 S.) Ebendas. à Jahrg. * -
Das Jahrbuch apart *

—— **deutscher, 1863—68.** Hrsg. von F. W. Gubitz. Mit vielen (eingedr.) Holzschn. von demselben und unter dessen Leitung nach Zeichnungen von L. Burger, Holbein, L. Löffler u. A. 29.—34. Jahrg. Mit: Jahrbuch des Nützlichen und Unterhaltenden. 8. (à Jahrg. ca. XXXVIII und 180 S.) Berlin, Vereinsbuchh. à Jahrg. * —
Das Jahrbuch apart à Jahrg. *

Volks-Kalender, deutscher, 1869. Hrsg. von F. W. Gubitz. Mit vielen (eingedr.) Holzschn. von demselben und unter dessen Leitung. 35. Jahrg. Mit Jahrbuch des Nützlichen und Unterhaltenden. 8. (XLII, 177 S.) Berlin, Vereinsbuchh. * 1 25
Jahrbuch apart * 1 —

Volkskalender, Deutscher. Hg.: O. Nieritz. (Teilw. ersch. u. d. Titel: „Sächsischer Volkskalender" u. „Deutsches Volksbüchlein f. Jung u. Alt".) 1845—1850 a. u. d. Tit.: Preuss. Volkskalender, ohne Kalender. Die Monatsbilder v. Ludw. Richter wiederholen sich von 1843—1877. Die Angaben über Illustr. von L. Richter beziehen sich nur auf Erstdrucke.

1842. M. 14 Holzschn. v. L. Richter. H.-B. 1050/63.
1843. M. 4 Lith. u. zahlr. Holzschn.
1844. M. 1 Kpf. (L. Richter) u. zahlr. Holzschn. H.-B. 3123.
1845. M. 4 Holzschn. v. L. Richter. H.-B. 1172/75.
1846. M. Titelk. u. 7 Holzschn. v. L. Richter. H.-B. 1224/31.
1847. M. 10 Holzschn. v. L. Richter. H.-B. 1327/36.
1848. M. zahlr. Holzschn. (6 v. Th. Hosemann). Br. 151.
1849. M. 3 Kpf. (2 v. L. Richter) u. 20 Holzschn. (3 v. L. Richter). H.-B. 1549/51, 3152/53.
1850. M. 4 Stahlst. u. 3 Holzschn. v. L. Richter. H.-B. 1683/85., 3161/64.
1851. (Neue Folge I. Jg.) M. 2 Stahlst. u. zahlr. Holzschn.
1852. M. 1 Stahlst. u. zahlr. Holzschn. (9 v. L. Richter). H.-B. 1957/65.

1853. Enth. 2 Holzschn. v. L. Richter. H.-B. 2255/56.
1854. M. Holzschn. (6 v. L. Richter).
1855. M. 4 Kpf. u. 3 Holzschn. v. L. Richter. H.-B. 2450/52, 3191/94.
1856. M. 4 Stahlst. u. 4 Holzschn. v. L. Richter. H.-B. 2516/19.
1857. M. 4 Stahlst. u. zahlr. Holzschn.
1858. M. 1 Stahlst. u. 15 Holzschn. (6 L. Richter). H.-B. 2678/83.
1859. M. 1 Stahlst. u. 15 Holzschn.
1860. M. 1 Stahlst. u. zahlr. Holzschn.
1861 M. 1 Stahlst. u. zahlr. Holzschn.
1862. M. 1 Stahlst. u. zahlr. Holzschn.
1863. M. 1 Stahlst. u. zahlr. Holzschn.
1864. M. 1 Stahlst. u. zahlr. Holzschn.
1865. M. 1 Stahlst. u. zahlr. Holzschn.
1866. M. 1 Stahlst. u. zahlr. Holzschn.
1867. M. 1 Stahlst. u. 39 Holzschn.
1868. M. 1 Stahlst. u. 28 Holzschn.
1869. M. 1 Stahlst. u. zahlr. Holzschn.
1870. M. 1 Stahlst. u. zahlr. Holzschn.
1871. M. 1 Stahlst. u. zahlr. Holzschn.
1872. M. 1 Stahlst. u. zahlr. Holzschn.
1873. M. 1 Stahlst. u. zahlr. Holzschn.
1874. M. Stahlst. u. zahlr. Holzschn.
1875. M. Holzschn.
1876. M. Holzschn.
1877. M. Holzschn.
Leipzig.

—— deutscher, f. d. J. 1843. Hrsg. v. Gust. Nieritz. Mit viel. eingedr. Holzschn. 8. (9 3/4 B. u. 4 Stnt.) Halle, Heynemann. *
Hat gleichen Inhalt mit dem von G. Nieritz hrsg. sächsischen Volkskalender.

—— deutscher, auf das J. 1850. Hrsg. von Gust. Nieritz. 8. (168 S. mit 4 Stahlst. nach Originalzeichnungen von Ludw. Richter und eingedr. Holzschn.) Leipzig, G. Wigand. *

—— dass. — auf d. J. 1851—53. Hrsg. von Dems. Neue Folge 1—3. Jahrg. Mit (eingedr.) Holzschn. br. 8. Leipzig, G. Wigand. [(à Jahrg. XXIV und 104 S.) 1. Jahrg. mit 2 Stahlst., 2. mit 1 Stahlst., 3. mit 6 Holzschnt. à Jahrg. * 10 Ngr.] *
Vgl.: Volkskalender, sächsischer.

—— deutscher, auf die J. 1854—57. Hrsg. von Gust. Nieritz. Neue Folge. 4—7. Jahrg. br. 8. Leipzig, G. Wigand. à Jahrg. *

—— deutscher, auf die J. 1858—62. Hrsg. von Gust. Nieritz. Neue Folge. 8—12. Jahrg. br. 8. (à Jahrg. ca. XXVIII und 76—96 S. mit eingedr. Holzschn., 16 Holzschnt. und 1 Stahlst.) Leipzig, G. Wigand. à Jahrg. *

—— deutscher, auf die J. 1863—68. Hrsg. von Gust. Nieritz. Neue Folge. 13.—18. Jahrg. br. 8. (à Jahrg. ca. XXIV und 96 S. mit 16 Holzschntaf. und 1 Stahlst.) Leipzig, G. Wigand. à Jahrg. *

—— deutscher, auf die J. 1869—1872. Hrsg. von Gust. Nieritz. Neue Folge. 19.—22. Jahrg. br. 8. (à Jahrg. XXIV und 111; 120; 119; 96 S. mit je 1 Stahlst. und Illustr. in Holzschn.) Leipzig, G. Wigand. à Jahrg. * 1 —

Deutscher Volkskalender. Hrsg. v. Leop. Schweitzer u. Jul. Stein. [*Ohne Astronomischen Kalender.*] Breslau 1847—1854
s. Der Feierabend.

— deutscher, für 1847. Herausgeg. von Leop. Schweitzer u. J. Stein. Mit 8 Stahlstichen. 8. Breslau 846, Schuhmann. n. 5/12 ℛ

— Deutscher, f. 1848—1853. 8. f. 1848. Hrsg. v. Leop. Schweitzer u. J. Stein. 4. Jahrg. Mit 8 Stahlst. (194 S.) — f. 1849. Mit Beiträgen v. Fr. Gerstäcker, Frz. Hoffmann, C. v. Holtei u. A. 5. Jahrg. Mit 8 Stahlst. (196 S.) — f. 1850. Mit Beiträgen von Frz. Hoffmann, Karl v. Holtei, A. Kattner u. A. 6. Jahrg. Mit 8 Stahlst. (XXXII u. 172 S.) — f. 1851. Mit Beiträgen v. Thdr. Drobisch, Frz. Hoffmann, Carl v. Holtei u. A. 7. Jahrg. Mit 8 Stahlst. (XXXII u. 156 S.) — f. 1852. Mit Beiträgen v. Frdr. Albrecht, Auguste Bernhard, Th. Drobisch u. A. 8. Jahrg. Mit 8 Stahlst. (XXXII u. 200 S.) — f. 1853. Mit Beiträgen v. Auguste Bernhard, Th. Drobisch, Ida v. Düringsfeld u. A. 9. Jahrg. Mit 8 Stahlst. (XXXII u. 184 S.) Breslau, Trewendt & Granier. à n. 5/12 ℛ

—— deutscher, für 1853—57. Mit Beiträgen von Auguste Bernhard, Th. Drobisch u. A. 9—13. Jahrg. à Jahrg. mit 8 Stahlst. 8. Breslau, [Trewendt.] [9. Jahrg. (XXXII und 184 S.) 10. (XXXII und 171 S.) 11. (XXXII und 168 S.) 12. (XXXII und 164 S.) 13. (XXXII und 168 S. mit 8 Stahlst.) 852—56.] à Jahrg. * -

—— deutscher, für 1858—61. Mit Beiträgen von W. Groſser, Edm. Hoefer, Frz. Hoffmann, Carl v. Holtei u. A. 14—17. Jahrg. à Jahrg. mit 8 Stahlst. 8. (à Jahrg. ca. XXXII und 170—180 S.) Breslau, E. Trewendt. à Jahrg. * -
geb. und durchschossen à Jahrg. *

—— dass. — Für 1862, s. Trewendt's Volkskalender.

— (Trewendts), deutscher, auf die Jahre 1860—65. 16—21. Jahrg. Breslau, Trewendt. 8. Jeder Jahrg. mit 8 Stahlst. n. 12 1/2 ngr.

Deutscher Volks-Kalender: 1850? ? Philadelphia, PA
Published by Walz Ketterlinus

—— deutscher, für d. J. 1851 und 1852. Hrsg. von C. F. August. Mit einer Bildergallerie aus der deutschen Geschichte. 1. und 2. Jahrg. 8. Berlin, Klemm. [1. LIV und 128 S. mit Holzschn.) 2. (LIV und 128 S., 2 Holzschn. und 1 Stahlst.) à Jahrg. * 10 Ngr.] *
Vgl.: Hausbuch, deutsches.

—— deutscher, für 1853. 3. Jahrg. 8. (162 S. und 4 Stahlst.) Berlin 852, Klemann. *

—— deutscher. Insbesondere zum Gebrauch für Israeliten auf die J. 1862—68. Mit literar. Beiträgen. Hrsg. von H. Liebermann. 10.—15. Jahrg. 8. (à Jahrg. ca. 194 S.) Brieg. (Breslau, Maruschke und Berendt.) à Jahrg. * —

—— deutscher. Insbesondere zum Gebrauch für Israeliten auf die J. 1869—1875. Hrsg. von H. Liebermann. Mit literar. Beiträgen. 16.—22. Jahrg. 8. (à Jahrg. ca. 120—190 S.) Brieg. Breslau, Kern's Sortiment. à Jahrg. ** 1 25

—— deutscher. Insbesondere zum Gebrauch für Israeliten auf die J. 1876—1880. Mit literar. Beiträgen. Hrsg. von H. Liebermann. 23.—27. Jahrg. 8. (181; 192; 222; 176; 180 S.) Brieg. (Breslau, Kern's Sortiment.) à Jahrg. ** 1 25

—— deutscher. Insbesondere zum Gebrauch für Israeliten auf die J. 1881—1884. Mit literar. Beiträgen. Hrsg. von H. Liebermann. 28.—31. Jahrg. 8. (à Jahrg. ca. 150 S.) Breslau, (Kern's Sortiment.) à Jahrg. ** 1 25

—— dass. — auf das J. 1885. 32. Jahrg. 8. (126 S.) Brieg. (Breslau, Baumann.) ** 1 25

—— deutscher. Insbesondere zum Gebrauch für Israeliten auf die J. 1886—1888. Mit literar. Beiträgen. Hrsg. von H. Liebermann. 33.—36. Jahrg. 8. (à Jahrg. ca. 175 S.) Brieg. (Breslau, Baumann.) à Jahrg. ** 1 25

— deutscher. Insbesondere zum Gebrauch f. Israeliten auf d. J. 1889. Mit literar. Beiträgen. Hrsg. v. H. Liebermann. 36. Jahrg. 8. (76 u. 99 S.) Brieg. (Breslau, Baumann.) n.n. 1. 25

— deutscher, für 1863. Hrsg. von J. B. Cornelius. 8. (XVIII und 186 S. mit 20 Bildern in eingedr. Holzschn.) Hamburg, Kittler. * —

Deutscher Volks Kalender: 1868? ? Baltimore, MD
Published by A. Schlitt

— deutscher, für das J. 1871 zur Unterhaltung und Belehrung für Jedermann. Mit Beiträgen von Jenny Hirsch, Karl Ruß, Rich. Andree rc. Mit 4 Orig.-Stahlst., vielen (eingedr. Holzschn.). 1.—5. Aufl. 8. (LXII, 158 S. mit 1 lithogr. Karte in qu. Fol.) Berlin, Boettcher. * 1 —

— dass. — für das Schaltj. 1872. Mit Beiträgen von Geo. Hiltl, H. Beta, Ferd. Schmidt rc. Mit 4 Orig.-Stahlst., vielen (eingedr.) Holzschn., als Titelbild: Wilhelm, deutscher Kaiser, gezeichnet von Burger (Holzschntaf.), 1. und 2. Aufl. gr. 8. (200 S.) Ebendas. * 1 —

— dass. — für das Gemeinj. 1873. Mit Beiträgen von F. J. Proschka, M. v. Roskowska, Jenny Hirsch rc. Mit 4 Orig.-Stahlst. und vielen (eingedr.) Holzschn., als Titelbild: Friedrich Wilhelm, Kronprinz des deutschen Reiches und Kronprinz von Preußen (auf einer Holzschntaf.). 8. (LXVI, 128 S.) Ebendas. * 1 —

— dass. — für das Gemeinj. 1874. Mit Beiträgen von F. Pflug, E. v. Dincklage, Jenny Hirsch rc. Mit 4 Orig.-Holzschn. und vielen in den Text gedr. Bildern, als Titelbild: Kaiser-Königin Augusta und die Kronprinzessin des deutschen Reiches Victoria (auf einer Holzschntaf.). 8. (LXXII, 112 S.) Berlin, Haack. — 80 —

— deutscher, für 1871. Hersg. vom Verein zur Verbreitung gemeinnütz. Kenntnisse in Prag. Red. von Jul. Lippert. Prag, (Hunger.) Lex.-8. (LVI, 136 S. mit eingedr. Holzschn. u. 1 Portr. in Holzschn.) n. 9 ngr.

— deutscher, für 1871—1875. Hrsg. vom deutschen Verein zur Verbreitung gemeinnütz. Kenntnisse in Prag. Redig. von Jul. Lippert. 4. (à Jahrg. LXII und 136; 136; 104; 118; 132 S.) Prag, Deutscher Verein zur Verbreitung gemeinnütz. Kenntnisse. 1871 und 1872 à * — 90
1873—1875 à * 1 —

— deutscher, für 1876—1879. Hrsg. vom deutschen Verein zur Verbreitung gemeinnütz. Kenntnisse in Prag. Redig. von Jul. Lippert. 6.—9. Jahrg. 4. (LXV, 128; LXVI, 118; LXVIII, 108; LXVIII, 117 S., mit eingedr. Holzschn. und Holzschntaf.) Prag, deutscher Verein zur Verbreitung gemeinnütziger Kenntnisse. cart. à Jahrg. *

— deutscher, für 1880—1885. Hrsg. vom „Deutschen Verein zur Verbreitung gemeinnütz. Kenntnisse" in Prag. Redig. von Jul. Lippert. 10.—15. Jahrg. gr. 8. (à Jahrg. ca. LXVIII, 120 S.) Prag, Deutscher Verein. cart. à Jahrg. * 1 —

Deutscher Volkskalender: no 1, 1873? ? Sao Leopoldo
Title varies: Der Volkskalender. Annual almanac. Publisher: Sesami & Irmao

Volks-Kalender, deutscher, für die J. 1878 und 1879. gr. 16. (120 S. mit eingedr. Holzschn. und 2 Holzschntaf. und Karg. Führer auf dem russisch-türk. Kriegsschauplatze (VIII, 66 S.) mit 2 lithogr. Kärtchen; 160 S. mit eingedr. Holzschn.) Stuttgart, Rupfer. à Jahrg.
Nicht weiter erschienen.

— deutscher, (oberösterreichisches Jahrbuch) f. d. J. 1895. 24. Jahrg. Hrsg. vom „Deutschen Verein f. Oberösterreich in Linz". 174. Publication des Vereins. gr. 8. (XXXII, 144 u. 60 S. m. Abbildgn.) Linz, (E. Mareis). n.n. 1. —; geb. n.n. 1. 25

— deutscher, (oberösterreichisches Jahrbuch) f. d. J. 1896. 25. Jahrg. Hrsg. v. „Deutschen Verein f. Oberösterreich in Linz". 176. Publication d. Vereins. gr. 8. (XXXII, 139 u. 68 S. m. Abb.) Linz (E. Mareis). n.n. 1. —; geb. n.n. 1. 20

— deutscher, f. d. J. 1898. M. Chromobild u. Wand-Almanach. 4. (23 u. 7 S. m. Abb.) Dresden, M. Fischer. — 25

— deutscher, f. d. J. 1903. 4. (25 u. 4 S. m. Abb., 1 Farbdr. u. Wandkalender.) Dresden, H. Grünberg. — 20

— deutscher, f. d. J. 1904. (25 u. 4 S. m. Abbildgn., 1 Farbdr. u. Wandkalender.) 4. Dresden, H. Grünberg. — 20

(F) Deutscher Volkskalender für 1905. 1. Jahrg. 8°. (244 S.) Kronstadt: H. Zeidner 1904. K —.40

(F) Deutscher Volkskalender für 1906. 2. Jahrg. Kleine Ausgabe. 8°. (249, CVIII S.) K — 30
Kronstadt: H. Zeidner 1905.

(F) Deutscher Volkskalender für 1906. 2. Jahrg. Große Ausgabe. 8°. (249, CVIII S.) K —.40
Kronstadt: H. Zeidner 1905.

— deutscher, f. 1907. Red. v. Aug. Jekelius. 3. Jahrg. Feine Ausg. (253 S. m. Abb. u. 2 Taf.) kl. 8. Kronstadt, H. Zeidner. — 60; kl. Ausg. (220 S. m. 1 Taf.) — 25; Frauenvereinsausg. (253 S. m. 1 Taf.) — 45

(F) Deutscher Volkskalender für das Schaltjahr 1908. IV. Jahrg. Große Ausgabe. 8°. (202, CXII S.) K —.70
Kronstadt: H. Zeidner 1907.

(F) Deutscher Volkskalender für das Jahr 1909. V. Jahrg. 8°. (204, XCVI S.) Kronstadt: H. Zeidner 1908. K —.40

— deutscher, f. d. J. 1910. Red. v. Johs. Reichart. Für den Kalender- u. Jahrmarktteil verantwortl.: Jos. Peter. 6. Jahrg. (240 S. m. Abb.. u. 1 Bildnis.) kl. 8. Kronstadt, H. Zeidner. — 35

Deutscher Volkskalender für Brasilien: 1872 ? Porto Alegre
Almanac. With 1880 sub-title: Speciell für die Provinz Rio Grande do Sul

— deutscher evangelischer, f. Oesterreich 1907. Hrsg.: Der Hauptvorstand des Luthervereins zur Erhaltg. der deutschen evangel. Schulen in Oesterreich (Sitz Aussig). Schriftleitung u. Verwaltg.: Hans Müller. (82 S.) gr. 8 Aussig. (Leipzig, P. Eger.) — 50

— deutscher evangelischer, f. Österreich 1911. Hrsg. v. Hans Müller. (88 S. m. Abbildgn. u. 2 [1 farb.] Taf.) gr. 8. Röcknitz, Bez. Leipzig. (Leipzig, P. Eger.) — 50

— deutscher, und Jahrbuch. Insbesondere zum Gebrauch für Israeliten auf das Schaltjahr 5611, 1851. Mit literar. Beiträgen. Hrsg. von M. Breslauer. 1. Jahrg. gr. 12. (IV und 188 S.) Rosenberg. Breslau, Gosohorsky's Buchh.

— dass. — auf d. J. 5612, 1852. Hrsg. von Dems. 2. Jahrg. 8. (224 S.) Breslau 851, Leuckart.

— **deutscher**, f. die Länder der ungarischen Krone 1904. Hrsg. v. Greg. Brenner u. Frz. Gerster. 1. Jahrg. (103 S.) gr. 8. Ung. Weißkirchen, Administration des Ung.-Weißkirchner Volksblatt. n. — 40

Deutscher Volkskalender für die Provinz Rio Grande do Sul: 1858 ? Porto Alegre
Almanac

Deutscher Volks-Kalender für den Staat Santa Catharina: Jahrgang 1, 1899 ?
Annual almanac. Published by Druck & Verlag, Eduard Schwartz. Important source for historical material on Germans of area
Joinville

Deutscher Volkskalender für die Provinz Sao Pedro do Rio Grande do Sul:
nos. 1–70, 1861–1936?
Almanac, published as late as 1936, possibly to 1937. Editor: Otto Stieher. Publisher: Gundlach & Co.
Porto Alegre

Deutscher Volkskalender für Stadt und Land. Odessa. Verlag v. Böhm und Heller, 1909—1915, Jg. I—VII. Michael Hilfer und G. Tauberger

—— **deutscher**, für Südafrika auf das J. 1887. Hrsg. von G. W. Wagener. 1. Jahrg. 8. (288 S. mit Bildern des Kaisers Wilhelm I., der deutschen Kirche, des Pfarrhauses und der Schule in Kapstadt und 1 Skizze des Gefechtes bei Montoire am 27. Dezbr. 1870.) Kapstadt, Michaelis. * 1 50

—— dass. — auf das J. 1888. 2. Jahrg. 8. (269 S. mit Bild der Königin Viktoria.) Ebendas. * 1 50
geb. * 2 —

—— dass. — auf das J. 1889. 3. Jahrg. 8. (172, 40 S. mit dem Bilde des Kaisers Wilhelm II.) Ebendas. cart. * 1 50

— **deutsch-hannoverscher**, f. d. J. 1899. Hrsg. v. d. deutsch-hannov. Partei. 2. Jahrg. Hrsg.: Bernh. Jacob. 4. (76 S. m. Abb.) Hannover. (Hannover u. Celle, Schulbuchh.) — 50

— **deutsch-hannoverscher**, f. d. J. 1902. Hrsg. v. der deutsch-hannov. Partei. 5. Jahrg. Hrsg.: Bernh. Jacob. 4. (70 S. m. Abbildgn.) Hannover. (Hannover u. Celle, Schulbuchh.) — 50

— **deutsch-hannoverscher**, f. d. J. 1907. Hrsg. v. der deutsch-hannov Partei. 10. Jahrg. Hrsg.: Bernh. Jacob. (80 S. m. Abbildgn., 1 Taf. u. Wandkalender.) gr. 8. Hannover, (H. Feesche). — 50

— **deutsch-hannoverscher**, f. d. J. 1911. Hrsg. v. d. deutsch-hannov. Partei. 14. Jahrg. Hrsg.: Bernh. Jacob. (87 S. m. Abb., 5 Taf. u. Wandkalender.) Lex. 8. Hannover, (H. Feesche). — 50

—— **deutsch-israelitischer**, und Jahrbuch auf das J. 1854. Mit literar. Beiträgen von C. Cohn. Gebhard. Geiger 2c. Hrsg. von A. Ruhemann. (1. Jahrg.) 8. (127 S. und Jahrbuch 88 S.) Johannisburg 853. (Marienwerder, Jacoby.) *

Volks-Kalender, Deutschkathol., f. d. J. 1848. Unter Mitwirkung der Hrn. Brugger, Ed. Duller, Hieronymi, Joh. Ronge u. Schell hrsg. v. Heribert Rau. 12. (IV u. 180 S. m. eingedr. Holzschn.) Heidelberg, Groos. n. 1/3 ₰

— für d. **katholische Deutschland**. Für d. J. 1897. Lex.-8. (77 u. 15 S. m. Abb., 1 Farbendr. u. Wandkal.) M.-Gladbach, A. Riffarth. n. — 50

—— **deutschnationaler**, auf d. J. 1892 u. 1893. 12. (à Jahrg. ca. 160 S. m. Abbildgn.) Lpz., Rust. à Jahrg. * — 50

— **deutsch-nationaler**, auf d. J. 1894. 8. (LXIV, 124 S. m. 1 Wandkalender.) Leipzig, E. Rust. n. — 50

Volks- und Haus-Kalender, Eichstätter, auf das gemeine Jahr von 365 Tagen 1875, worin die Sonnen- und Monds-Veränderungen, einige lehrreiche Geschichten, nebst anderen nützl. und unterhalt. Sachen 2c. enthalten sind. Für Stadt- und Landbewohner. 4. (32 S.) Eichstätt, Krüll'sche Buchh. *

Volks- und Haus-Kalender, Eichstätter, auf die J. 1876—1878, worin die Sonnen- und Monds-Veränderungen, einige lehrreiche Geschichten, nebst anderen nützl. und unterhaltenden Sachen 2c. enthalten sind. Für Stadt- und Landbewohner. 4. (à 32 S.) Eichstätt, Krüll'sche Buchh. à Jahrg. * — 20
Nicht weiter erschienen.

—— **evangelischer**, für das J. 1854. Redig. von Thdr. Ritz. 1—3. Aufl. 8. (XXVIII und 168 S.) Wien 853, [Wallishausser's Hoftheaterdruckerei.] *

—— dass. — Hrsg. von Dems. für das J. 1855. 2. Jahrg. 8. (XXXVI und 192 S. mit 4 Illustr. in eingedr. Holzschn. von Cajetan und 1 Kpfrst. von John.) Ebds. 854. *
Beide Jahrge. wurden ohne den astronom. Kalender u. d. T.: Volksbuch für evangelisch-christl. Familienleben zu gleichem Preise ausgegeben. — Vgl.: Volks-, Haus- und Schreibkalender, evangelischer.

—— **evangelischer**, für die J. 1860 und 1861. Von Thdr. Ritz. 7. und 8. Jahrg. Mit eingedr. Holzschn. und 1 Holzschnt. 8. Wien, Tendler und Comp. [1860. (XXX und 111 S.) 1861. (VI und 144 S.)] à Jahrg. *
Die frühern Jahrgänge sind im Selbstverlag des Herausgebers erschienen.

Ritz, Th., evangel. Volkskalender für das Jahr 1862. 9. Jahrgang. 8. (64 S.) Wien, Wallishausser's Hoftheater-Druckerei. 1861. 40 kr

—— **evangelischer**, für das J. 1864. Zur Beförderung evangel. Sinnes hrsg. von Carl Fischer. 8. (158 S. mit vielen eingedr. Holzschn.) Wien, Fromme. *

— **evangelischer**, für das Jahr 1868. Hersg. von der Red. des „Glaubensboten." Pest, (Gebr. Lauffer.) 8. (80 S.) n. 6 ngr

—— **evangelischer**, auf die J. 1874 und 1875. 14. und 15. Jahrg. [Der neuen Folge 1. und 2. Jahrg.] 8. (152; 160 S., mit eingedr. Holzschn.) Posen, (Heine.) 1874 * — 80
1875 * — 75

—— **evangelischer**, auf die J. 1876—1880. 16.—20. Jahrg. [Der neuen Folge 3.—7. Jahrg.] 8. (à ca. 100 S.) Posen, (Heine.) à Jahrg. **

—— **evangelischer**, auf die J. 1881—1885. 21.—25. Jahrg. 8. (à Jahrg. ca. 100 S.) Posen, (Heine.) à Jahrg. * * — 50

— **evangelischer**, auf d. J. 1894. Hrsg. v. E. Klar. 34. Jahrg. 8. (48 u. 79 S. m. Bildern.) Posen, Verlag der evangel. Diakonissen-Anstalt. n. — 50

Volks-Kalender, evangelischer, auf d. J. 1899. Hrsg. v. Kühn. 39. Jahrg. 8. (46 u. 88 S. m. Bild. u. Wandkal.) Posen, Evang. Diakonissen-Anstalt. n.n.n. — 40

—— **evangelischer**, aus Barmen für die J. 1886—1888. 4. (59; 66; 60 S. mit Illustr.) Rothenburg o. T., Peter. à Jahrg. * — 20

— **evangelischer**, aus Bayern f. d. J. 1886. 4. (59 S. m. Illustr.) Rothenburg o/T. 885. Peter. n. — 20

—— evangelischer, aus Bayern f. d. J. 1890—1893. 4. (à Jahrg. ca. 60 S. m. Abbildgn.) Rothenb. o. T., Peter. à Jahrg. * — 20

— evangelischer, aus Bayern f. d. J. 1895. 4. (62 S. m. Abbildgn.) Rothenburg o/T., J. P. Peter, Verl. n. — 20

— evangelischer, aus Bayern f. d. J. 1899. 4. (66 S. m. Abb.) Rothenburg o/T., J. P. Peter. n. — 20

— evangelischer, aus Bayern f. d. J. 1903. 4. (67 S. m. Abb.) Rothenburg o/T., J. P. Peter. n. — 20

— evangelischer, aus Bayern, f. d. J. 1907. (69 S. m. Abb.) gr. 8. Rothenburg o/T., J. P. Peter. n. — 20

— evangelischer, aus Bayern, f. d. J. 1911. (68 S. m. Abb.) gr. 8. Rothenburg o/T., J. P. Peter. — 20

Volks-, Haus- und Schreib-Kalender, evangelischer, auf das J. 1856. Unter Mitwirkung Vieler redig. von Thdr. Ritz. 3. Jahrg. des evangel. Volks-Kalenders. 4. (XIV und 116 S.) Wien 855, [Wallishausser's Hoftheater-Druckerei.] *
Vgl.: Volks-Kalender, evangelischer.

—— evangelisch-lutherischer, für das J. 1867. Hrsg. von L. Feldner. 8. (LXXXIV und 80 S.) Essen, (Radke.) *

—— evangelisch-lutherischer, für die J. 1868—1872. Hrsg. von L. Feldner. 8. (à Jahrg. ca. 160 S.) Essen, (Radke.) à Jahrg. * 1 —

—— des Figaro für 1858. gr. 16. (100 S. mit Illustr. von C. Reinhardt, H. König, G. Kühn rc. in Holzschn. ausgeführt.) Wien, v. Waldheim. *

—— dass. — Jahrg. 1859—61. s. Figaro-Kalender.

Fishers Volks Kalender : [illegible] Philadelphia, PA

—— Frankfurter, 1879 und 1880. (1. und 2. Jahrg.) 4. (à 61 S. mit eingedr. Holzschn.) Frankfurt a. M., Foesser. Jahrg. 1879 * Jahrg. 1880 *

—— Frankfurter, 1881—1885. 4. (à Jahrg. ca. 64 S. mit Illustr.) Frankfurt a. M., Foesser Nachf. à Jahrg. * — 35

—— Frankfurter, 1886. 4. (58 S. mit Illustr. und 1 Wandkalender.) Frankfurt a. M., Foesser Nachf. * — 50

—— dass. — 1887—1889. 4. (53; 51; 55 S. mit Illustr.) Ebendas. à Jahrg. * — 40

—— Frankfurter, f. d. J. 1890—1892. 12.—14. Jahrg. 4. (à Jahrg. 52—64 S. m. Bildern u. Wandkal.) Frankf. a. M., Foesser Nachf. à Jahrg. * — 40

— Frankfurter, f. d. J. 1895. 18. Jahrg. 4. (40 S. m. Abbildgn.) Frankfurt a/M., A. Foesser Nachf. — 10

—— Frankfurter israelitischer, f. d. J. 5650—5653. [Vom 26. Septbr. 1889 bis 10. Septbr. 1893.] Nebst jüd. Hotel-Adreßbuch. 7.—10. Jahrg. 16. (à Jahrg. 140—165 S.) Frankf. a. M., Kauffmann. Jahrg. 7. * — 35; 8. u. 9. à * — 40; 10. * — 25
Erschien früher u. d. T.: Volkskalender des „Israelit".

— Frankfurter israelitischer, nebst jüd. Hôtel-Adreßbuch f. d. J. 5655. 12. Jahrg. (Vom 1. Octbr. 1894 bis 18. Septbr. 1895.) 16. (160 S.) Frankfurt a/M., J. Kauffmann. — 25

— Frankfurter, israelitischer, nebst jüd. Hôtel-Adreßbuch f. d. J. 5659. 16. Jahrg. (Vom 17. IX. 1898 bis 4. IX. 1899.) 16. (176 S.) Frankfurt a/M., J. Kauffmann. — 25

— Frankfurter israelitischer, nebst jüd. Hôtel-Adreßbuch f. d. J. 5663. 20. Jahrg. (Vom 2. X. 1902 bis 21. IX. 1903.) 16. (126 u. 34 S.) Frankfurt a/M., J. Kauffmann. — 25

— Frankfurter israelitischer, nebst jüd. Hotel-Adreßbuch f. d. J. 5667. 24. Jahrg (Vom 20. IX. 1906 bis 8. IX. 1907.) (152, 5 u. 29 S.) 16. Frankfurt a/M., J. Kauffmann. n. — 40

— Frankfurter israelitischer, nebst jüd. Hotel-Adreßbuch f. d. J. 5669. 26. Jahrg. (Vom 26. IV. 1908 bis 15. IX. 1909.) (102, 5 u. 31 S.) 16. Frankfurt a/M., J. Kauffmann. — 40
Erscheint nicht mehr.

Volks-Kalender, freiberger. 1856 und 1857. gr. 4. Freiberg 855—56, Gerlach'sche Buchdr. Thlr.

—— freiberger. 1858—62. 4. (à Jahrg. ca. 62 S. mit eingedr. Holzschn. und 2 Holzschnt. in 4. und hoch 4) Freiberg, Gerlach'sche Buchdruckerei. à Jahrg.

—— Freiberger. 1874 und 1875. 4. (60; 64 S., mit Holzschn.) Freiberg, Gerlach'sche Buchdr. à Jahrg. * — 50

—— Freiberger. 1876—1880. 4. (à 64 S. mit eingedr. Holzschn.) Freiberg, Gerlach'sche Buchdruckerei. à Jahrg.

—— Freiberger, 1881—1884. 4. (à Jahrg. 61 S. mit eingedr. Holzschn. und 1 Holzschntaf.) Freiberg, Gerlach'sche Buchdruckerei. à Jahrg. — 50

Volkskalender für Freiburg & Wallis 1910 Jahrg. 1. Hrg. im Auftrage des Volksvereins ⟨deutscher Kreisverband Freiburg⟩. [Illustriert.] IV+128 S. 4. Freiburg, St. Paulusdruckerei. fr. — 60

— gemeinnütziger, f. d. J. 1827 u. 28, hauptsächlich f. d. Bewohner d. K. Preuß. Regierungsbezirks Merseburg rc. Mit 3 Kupfr. u. 1 Charte. 8. Halle, Kümmel. à 8 gr.

—— gemeinnütziger, f. d. J. 1829—35. Hauptsächlich f. d. Bewohner d. Kgl. Preuß. Regierungs-Bezirks Merseburg u. der angrenz. Gegenden. 3—9. Jahrg. 8. Halle, Kümmel. [829. (11½ B., 4 Ansichten u. 1 Karte), 30. (12 B., 5 Ans. u. 1 Karte), 31. (13¼ B., 6 Ans. u. 1 Karte), 32. (12¼ B., 6 Ans. u. 1 Karte), 33. (12½ B., 4 Ans. u. 1 Karte), 34. (12¼ B., 4 Ans. u. 1 Karte), 35. (7½ B., 3 Ans. u. 1 Karte) à 8 Gr., f. Pap. 16 Gr.] 2 Thlr. 8 Gr., f. Pap.
1. u. 2. Jahrg. 1827 u. 28. Ebendas. à 8 Gr., f. Pap. 16 Gr.

—— gemeinnütziger, f. d. J. 1836—41. Hauptsächl. f. d. Bewohner d. k. preuß. Regierungs-Bezirks Merseburg u. d. angrenzend. Gegenden. 10—15. Jahrg. Mit Ansichten u. Karte. 8. (à ca. 12—13 B.) Halle, [Knapp.] à J. * 8 Gr., f. Pap. *

— gemeinnütziger, auf d. J. 1840—1843. Jahrbuch zur Belehrung u. Unterhaltung für alle Stände. 1.—4. Jahrg. Mit vielen Abbild. 8. Jüterbog 839—42, Colditz. à ⅓ ₰

—— gemeinnütziger, a. d. J. 1841 u. 42. 1. u. 2. Jahrg. 8. Neuhaldensleben, Eyraud. [841. (11 B., 1 Stnt. u. 1 Karte), 42. (11½ B., 1 Stnt. u. 1 Karte.) à * ⅓ Thlr.] *

—— gemeinnütziger, f. d. J. 1843—47. 3—7. Jahrg. Mit dem Anhange: Das Buch der angenehmen Unterhaltung u. nützlichen Belehrung f. d. J. 1843—47. 8. Neuhaldensleben, Eyraud. [1843. (12 B., 2 Stnt. u. 1 Karte.) 44. (11½ B., 1 Stnt. u. 1 Karte.) 45. (11½ B., 5 Stnt. u. 1 Karte.) 46. (11⅝ B., 4 Abbild. u. 1 Karte.) 47. (12 B., 4 Abbild. u. 1 Karte.)] à *

1. u. 2. Jahrg. 1841 u. 1842. Ebendas. à * 10 Ngr.

—— gemeinnütziger, für d. J. 1848 und 1849. 8. und 9. Jahrg. Mit dem Anhange: Das Buch der angenehmen Unterhaltung und nützl. Belehrung. 8. Neuhaldensleben, Eyraud. [8. (177 S.) 9. (191 S. und 1 Stnt.) à Jahrg. * 10 Ngr.] *

—— dass. — für d. J. 1850—53. 10—13. Jahrg. 8. Ebds. [10. (LXIV und 80 S.) 11. (LXXXIV und 125 S. mit 2 Stnt. in Tondr.) 12. (LXXIV und 128 S. mit 4 Stnt. in Tondr. und eingedr. Holzschn.) 13. (LXXII und 128 S. mit 4 Stnt. in Tondr.)] à Jahrg. *

1—7. Jahrg. 1841—47. Ebendas. à Jahrg. * 10 Ngr.

—— gemeinnütziger, für die J. 1854—57. 14—17 Jahrg. à Jahrg. mit 5 Stnt. 8. Neuhaldensleben, Eyraud. [14. Jahrg. (LXXII und 125 S.) 15. (LVI, 124 und 16 lithogr. S.) 16. (LVI, 122 und 16 lithogr. S.) 17. (LVI, 115 und 16 lithogr. S. mit 5 Stnt.) 853—56.] à Jahrg. *

—— gemeinnütziger, für die J. 1858—62. 18—22. Jahrg. 8. (à Jahrg. ca. LXVIII, 121 und 16 lithogr. S. mit 4 Stnt. und lithogr. Titel.) Neuhaldensleben, Eyraud. à Jahrg. *

—— gemeinnütziger, für die J. 1863—68. 23.—28. Jahrg. 8. (à Jahrg. ca. LVIII, 123 und 16 lithogr. S. mit 4 Stnt. und lithogr. Titel.) Neuhaldensleben, Eyraud. à Jahrg. *

—— gemeinnütziger, für die J. 1869—1875. 29.—35. Jahrg. 8. (à Jahrg. LXXVI und 121—123 S., mit Stnt. und lithogr. Titel.) Neuhaldensleben, Eyraud. à Jahrg. * — 80

—— gemeinnütziger, für die J. 1876—1880. 36.—40. Jahrg. 8. (à ca. 150—160 S. mit eingedr. Holzschn. und Holzschntaf.) Neuhaldensleben, Eyraud. à Jahrg.

—— gemeinnütziger, für die J. 1881—1885. 41.—45. Jahrg. 8. (à Jahrg. 160 S. mit eingedr. Holzschn., lithogr. Titel und 1 Chromolithogr.) Neuhaldensleben, Eyraud. à Jahrg. — 60

—— gemeinnütziger, auf die J. 1886—1889. 46.—49. Jahrg. 8. (à Jahrg. ca. 160 S. mit eingedr. Illustr., 1 Chromolithogr. und 1 Wandkalender.) Neuhaldensleben, Eyraud. à Jahrg. — 60

—— gemeinnütziger, f. d. J. 1892 u. 1893. 52. u. 53. Jahrg. 12. (à Jahrg. ca. 200 S. m. Abbildgn. u. 1 Wandkal.) Neuhaldensleben, Eyraud. cart. à Jahrg. — 50

Frühere Jahrg. kosteten * — 60.

— gemeinnütziger, f. d. J. 1895. 55. Jahrg. 12. (64 u. 128 S. m. Abbildgn., 4 Holzschntaf. u. Wandkalender.) Neuhaldensleben, C. A. Eyraud. n. — 50

— gemeinnütziger, f. d. J. 1898. 58. Jahrg. 12. (80 u. 128 S. m. Abb., 4 Holzschntaf. u. Wandkalender.) Neuhaldensleben, C. A. Eyraud. n. — 50

– gemeinnütziger, f. d. J. 1903. 63. Jahrg. 12. (80 u. 112 S. m. Abb. u. 1 Farbdr.) Neuhaldensleben, C. A. Eyrand. — 50

Kalender, Gemeinnütziger, erheiternder Volks- und Haus- — für die serbische Woiwodschaft und das Temeser Banat auf das Gemeinjahr 1854. Zum Gebrauche für Katholiken, Evangelische, Griechen und Israeliten. 4. Temesvar. Druck und Verlag von Joseph Beichels Erben.

— gemeinnützig unterhalt., für d. königl. preuß. Monarchie, auf d. J. 1820—28. 1r—9r J. Mit 32 Steindr. gr. 12. Hamm, Wundermann. (à 12 gr) 4 ₰ 12 gr

— gemeinnütz-unterhalt., f. d. Kön. Preuß. Monarchie auf d. J. 1826 u. 27, 7r u. 8r Jahrg. Mit Abbildd. in Steindr. gr. 12. Hamm, Schulz. à 12 gr.

— gemeinnützig unterhaltender, f. das K. Preußen u. Hannover rc. 5r Jahrg. Mit Holzschn. 8. Hamm, Wundermann.

— gemeinnützig-unterhalt., für Rheinland-Westphalen, auf d. J. 1820—27. 8. Hamm, Wundermann. (à 10 gr) 3 ₰ 8 gr (Jahrg. 1827, 28. A. u. d. T.: gemeinnütz. u. unterhalt. Allerlei. 16, 26 Heft à 4 gr)

— großer, f. d. J. 1908. (432 u. 40 S. m. Abbild. u. 15 Taf.) gr. 8. Budweis, Verlagsanstalt „Moldavia". Kart. 2. —

—— großer, des Lahrer hinkenden Boten für 1882—1885. gr. 8. (à Jahrg. 100 S. mit eingedr. Holzschn. und 1 Taf.) Lahr, Schauenburg. cart. à Jahrg. * 1 —

—— großer, des Lahrer Hinkenden Boten für die J. 1886—1889. 4. (à Jahrg. ca. 130 S. mit Illustr.) Lahr, Schauenburg. cart. à Jahrg. * 1 —

—— großer, d. Lahrer hinkenden Boten f. d. J. 1890—1893. 4. (à Jahrg. ca. 150 S. m. Abbildgn. u. 1 farb. Wandkal.) Lahr, Schauenburg. cart. à Jahrg. * 1 —

— großer, des Lahrer hinkenden Boten f. d. J. 1895. 4. (148 S. m. Abbildgn. u. farb. Wandkalender.) Lahr, M. Schauenburg. Kart. n. 1. —

— großer, des Lahrer hinkenden Boten f. d. J. 1899. 4. (144 S. m. Abb. u. farb. Wandkal.) Lahr, M. Schauenburg. Kart. n. 1. —

Volkskalender, grosser, des Lahrer hinkenden Boten für das Jahr 1900. Ausgabe für die Schweiz. 4°. IV, 160 u. 4 S. m. Abbildgn., Titelbild u. 1 farb. Wandkal. Lahr. Moritz Schauenburg. Geb. 1 35

— großer, des Lahrer hinkenden Boten für d. J. 1903. 4. (IV, 160 S. m. Abbildgn., 1 Taf. u. farb. Wandkalender.) Lahr, M. Schauenburg. Geb. in Leinw. n. 1.—

Volkskalender. Grosser Volks-Kalender des Lahrer Hinkenden Boten für das Jahr 1904. IV + 160 [+ 18] 8. kl.-4. Lahr, J. H. Geiger. [geb. M. 1. —]

Darin am Schluss Verzeichnis der schweizerischen Märkte, *auch S. 44 f. u. 77—79 die* Schweiz *betr.*

Volkskalender. Grosser V.-K. des Lahrer Hinkenden Boten für das Jahr 1906. [Mit Illustrationen und 1 Tafel.] IV + 160 [+ 30] S. kl.-4. Lahr, J. H. Geiger. [geb. M. 1. —]

Darin am Schluss Verzeichnis der schweizerischen Märkte, *auch S. 44. 127 f. etc. die* Schweiz *betr.*

Volkskalender. Grosser V'-K' des Lahrer Hinkenden Boten für das Jahr 1907. [Mit Illustrationen und 1 Tafel.] IV+160[+44] S. kl.-4. Lahr, J. H. Geiger. [geb. M. 1. —]
Darin S. 113—118: Marroni. [Erzählung] Von Adolf Vögtlin; *auch S. 45 etc.* die Schweiz *betr. — Ausg. mit* Verzeichnis der schweizerischen Märkte 1907 [4 S.] *am Schluss.*

— großer, des Lahrer hinkenden Boten f. d. J. 1907. (III, 160 u. IV S. m. Abbildgn., 1 Taf. u. farb. Wandkalender.) gr. 8. Lahr, M. Schauenburg.
Geb. in Leinw. n. 1. —

— großer, des Lahrer hinkenden Boten f. d. J. 1911. (III, 161 u. IV S. m. Abb., 1 Taf. u. farb. Wandkldr.) gr. 8. Lahr, M. Schauenburg. Geb. in Leinw. 1. —

Volkskalender, Großer illustrirter deutscher, für das Jahr 1890. 8. (112 S.) —.50
Wien: Dittmarsch 1889.

Volkskalender, Grüninger, auf das Jahr 1881. In-4°, Grüningen, J. Wirz.

Gubitz' Volks-Kalender
s. Deutscher Volkskalender. Leipzig, Berlin.

— Hannoverscher. 1845. 8. (Mit Holzschn.) Hannover 845, Pockwitz. 1/3 ℛ

— ders. 1846. 8. (Mit Holzschn.) Ebend. 1/4 ℛ — Anhang dazu 8 ₰

— Hannoverscher, 1847. 8. (192 S. m. 8 Holzschntaf.) Hannover, Pockwitz. n. 1/3 ℛ Anhang (12 S.) 3/4 ngr

— Hannöverscher, f. das Schaltjahr 1848. Mit Beiträgen v. H. W. Bödeker, Ed. Crusius, Fr. Helms, Henrici ꝛc. 8. (168 S.) Ebd. 1/4 ℛ Mit Anhang (Zeitrechnung). 8 1/2 ngr

— hannoverscher, für 1870. Hersg.: J. Freytag. 6. Aufl. Hannover, Meyer. gr. 4. (61 S.) 3 ngr

— hannoverscher, für 1870—1875. 1.—6. Jahrg. Hrsg. von J. Freytag. 4. (à Jahrg. 64—80 S., mit eingedr. Holzschn.) Hannover, Meyer. 1870 — 30
1871—1874 à * — 40
1875 * — 50

— hannoverscher. 1876—1879. gr. 4. (à 84 S.) Hannover, Meyer. à Jahrg. *

— dass. — für 1880. Hrsgbr.: Freytag. gr. 4. (80 S.) Hannover, Feesche. *

— hannoverscher, für 1881—1885. 4. (à Jahrg. 80 S. mit eingedr. Holzschn.) Hannover, Feesche. à Jahrg. * — 50

— hannoverscher, 1886—1889. 17.—20. Jahrg. Hrsgbr.: Freytag. 4. (à Jahrg. ca. 80 S. mit eingedr. Bildern, 1 Farbendr. und 1 Wandkalender.) Hannover, Feesche. à Jahrg. * — 50

Volks-Kalender, hannoverscher, 1890—1893. 21.—24. Jahrg. Hrsgbr.: Freytag. 4. (à Jahrg. 78 S. m. Abbildgn., 1 Farbendr. u. 1 Wandkal.) Hannov., Feesche. à Jahrg. — 50

— hannoverscher, 1895. 26. Jahrg. Hrsg.: Freytag. 4. (80 S. m. Abbildgn., 1 Farbendr. u. 1 Wandkalender.) Hannover, H. Feesche. — 50

— hannoverscher, 1899. 30. Jahrg. Hrsg.: Freytag. 4. (80 S. m. Abb., 1 Farbdr. u. 1 Wandkal.) Hannover, H. Feesche. — 50

— hannoverscher, 1903. 34. Jahrg. Hrsg.: Freytag. 4. (97 S. m. Abb., 1 Farbdr. u. Wandkalender.) Hannover, H. Feesche. — 50

— hannoverscher, 1907. 38. Jahrg. Hrsg: Freytag. (88 S. m. Abbildgn., 1 Farbdr. u. Wandkalender. gr. 8. Hannover, H. Feesche. — 50

— hannoverscher, 1911. 42. Jahrg. Hrsg.: Freytag. (98 S. m. Abb., 1 Taf. u. Wandkalender.) gr. 8. Hannover, H. Feesche. — 50

— hannoverscher, für das liebe Christenvolk in Stadt und Land, auf die J. 1868—1870. 1.—3. Jahrg. 16. Mit: Jahrbüchlein, enth. Altes und Neues zur Erbauung, Belehrung und Unterhaltung. Jahrg. 1870. 8. (à Jahrg. 32; 104 S.) Harburg und Uelzen, (Elkan.) à Jahrg. ** — 60

Volks- u. Haus-Kalender f. d. J. 1891. 43. Jahrg. 4. (82 S. m. Abbildgn.) Stuttgart, Verlag d. „Deutschen Volksblatts". — 30

— Hermannsburger, für das J. 1888. 4. (53 S. mit Bildern.) Hermannsburg, Missionshausdruckerei. * — 40

— Hermannsburger, f. d. J. 1890—1898. 4. (à Jahrg. ca. 90 S. m. Abbildgn. u. 1 Wandkal.) Hermannsburg, Missionshandlung. à Jahrg. * — 50

— Hermannsburger, f. d. J. 1895. 4. (88 S. m. Abbildgn. u. Wandkalender.) Hermannsburg, Missionshandlg. n. — 50

— Hermannsburger, f. d. J. 1899. 4. (92 u. IV S. m. Abb. u. Wandkalender.) Hermannsburg, Missionshandlg. n. — 50

— Hermannsburger. 1903. 4. (88 u. XVI S. m. Abbildgn., 1 Farbdr. u. Wandkalender.) Hermannsburg, Missionshandlung. n. — 50

— Hermannsburger. 1907. (88 u. XVI S. m. Abbildgn., 1 Farbdr. u. Wandkalender.) gr. 8. Hermannsburg, Missionshandlg. n. — 50

— Hermannsburger. 1911. (85 u. 16 S. m. Abbild.) gr. 8. Hermannsburg, Missionshandlg. — 50

— hessischer, auf d. J. 1907. 24. Jahrg. (85 S. m. Abbildgn., 1 Taf. u. Wandkalender.) gr. 8. Cassel, F. Lometsch. n. — 40
Bisher u. d. T.: Hausfreund, der.

— hessischer, auf d. J. 1911. 28. Jahrg. Hrsg. v. Fr. Ellenberg. (112 S. m. Abb., 1 Taf. u. Wandkalender.) gr. 8. Cassel, F. Lometsch. — 40

— historischer, für die Herzogth. Schleswig-Holstein. 1852. gr. 16. (132 S. und 1 Stnt.) Altona 851, Lange. *

— humoristischer berliner, für das J. 1856. Unter Mitwirkung der vorzüglichsten Humoristen hrsg. von Jokosus dem jüngeren. Mit zahlreichen Illustr. (in eingedr. Holzschn.) (5. Jahrg.) 8. (XL und 80 S.) Ebdf. 855. *

—— humoristischer, Essener, für 1879. gr. 16. (196 S. mit eingedr. Holzschn. und 4 Holzschntaf.) Essen, Geck. *

Humoristischer-Satyrischer Volks-Calender : Für die Vereinigten Staaten.
Published by King & Baird.
Advertised in R. Wilson Desilver's Deutscher Illustrirter Calender, 1851.
Philadelphia, PA

—— humoristisch-gemüthlicher berliner, auf das Gemeinjahr 1855. Hrsg. von Brennecke. Mit Illustr. (in eingedr. Holzschn.) von G. Bartsch, de Baur, Tetzel u. A. (4. Jahrg.) 8. (128 S.) Berlin 854, Faudel. *

Die Fortsetzung erschien unter dem Titel:
Humoristischer berliner Volkskalender.

-- humoristisch-gemüthlicher Berliner, auf das Gemeinjahr 1855. Herausg. von Brennecke. Mit Illustrationen (Holzschn. im Text) von G. Bartsch, de Baur, Tetzel u. A. 4. Jahrg. Berlin 855. Faudel. (Verlagsmagazin.) 8. (128 S.) n. 7½ ngr.

Volks-Calender, Humoristisch-närrischer, der Narrhalla . . . Mainz 1861. H: *Hey'l Ferd.* (Ky)

— humoristisch-närrischer, der Narrhalla. Herausg. von der Red. der Mainzer Carnevalszeitung: „Narrhalla." [Hey'l.] Mainz 861. F. Schott. 8. (80 S. mit Holzschn.) n. 9 ngr.

—— humoristisch-satyrischer, für das J. 1858. 8. Jahrg. 8. (128 S. mit Illustr. in eingedr. Holzschn. von Carl Reinhard, Ed. Zampis rc.) Wien, Expedition. *

—— humoristisch-satyrischer, für 1860 und 1861. Fortges. und hrsg. von A. Brennglas. 12. und 13. Jahrg. Illustr. von R. de Baur. 8. (à Jahrg. ca. 128 S.) Wien 859. 60, [Markgraf] à Jahrg. *

—— dass. — Für 1862. Fortges. und hrsg. von Märzroth und Oettinger. 14. Jahrg. 8. (XII und 117 S. mit eingedr. Holzschn.) Ebendas. 861. *

[Humoristisch-satirischer] Volkskalender des Kladderadatsch ... v. D[avid] Kalisch, ill. v. (W[ilhelm] Scholz u. H[erbert] Koenig.
(Berlin: A. Hofmann) 1856. 8°
[Umschlagt.]
[Hauptt.:] Kladderadatsch-Kalender.
7/1856: 105 S., 3 Bl.

— humoristisch-satirischer, des Kladderadatsch f. 1850. Hrsg. von D. Kalisch. Illustrirt (m. Holzschn.) von Wilh. Scholz. gr. 16. (122 S.) Berlin 850, Hofmann & Co. — f. d. J. 1851. 2. Jahrg. Hrsg. v. D. Kalisch. Mit Beiträgen v. E. Dohm u. E. Kossak. Illustrirt v. W. Scholz. 8. (128 S. m. eingedr. Holzschn.) Ebd. 851. — f. 1852. 3. Jahrg. Hrsg. von D. Kalisch. Mit Beiträgen von E. Dohm, E. Kossak u. Rud. Löwenstein. Illustr. v. W. Scholz. 8. (131 S. m. eingedr. Holzschn.) Ebd. — f. 1853. 4. Jahrg. Hrsg. v. D. Kalisch. Mit Beiträgen v. E. Dohm, E. Kossak u. R. Löwenstein. Illustrirt v. Wilh. Scholz u. A. 8. (126 S. m. eingedr. Holzschn.) Ebd. 853. à n. ⅓ ℛℬ

—— humoristisch-satyrischer, des Kladderadatsch für 1854—57. Hrsg. von D. Kalisch. 5—8. Jahrg. Illustrirt von W. Scholz. 8. (139, 112, ... und 108 S. mit 1 Holzschnt.) Berlin, Hofmann und Comp. à Jahrg. *

1—4. Jahrg. 1850—53. Ebendas. à Jahrg. * 10 Ngr.

—— humoristisch-satyrischer, des Kladderadatsch, für 1858—62. 9—13. Jahrg. Illustr. von W. Scholz u. A. 8. (à Jahrg. ca. 109 S. mit eingedr. Holzschn.) Berlin, Hofmann und Comp. à Jahrg. *

—— humoristisch-satyrischer, des Kladderadatsch für 1863—68. Illustrirt von W. Scholz. 14.—19. Jahrg. br. 8. (à Jahrg. ca. 110 S. mit eingedr. Holzschn.) Berlin, Hofmann und Comp. à Jahrg. *

—— humoristisch-satyrischer, des Kladderadatsch für 1869—1875. Illustrirt von W. Scholz und L. Löffler. 20.—26. Jahrg. 8. (à Jahrg. 102—108 S. mit eingedr. Holzschn.) Berlin, Hofmann und Comp. à Jahrg. * 1 —

Volks-Kalender, humoristisch-satirischer, des Kladderadatsch für 1876—1880. Mit Beiträgen von E. Dohm, J. Trojan und J. Stettenheim. Illustrirt von W. Scholz, L. Löffler und E. v. Grimm. 27.—31. Jahrg. 8. (à 104 S.) Berlin, Hofmann und Comp. à Jahrg. *

—— humoristisch-satirischer, des Kladderadatsch für 1881—1884. Illustrirt von W. Scholz. 32.—35. Jahrg. 8. (à Jahrg. 108 S. mit eingedr. Holzschn.) Berlin, Hofmann und Comp. à Jahrg. * 1 —

—— dass. — für 1885. Hrsg. von Johs. Trojan. Illustrirt von Scholz, Wanjura, Roehling, Brand u. A. 36. Jahrg. 8. (104 S.) Ebendas. * 1 —

—— humoristisch-satirischer, des Kladderadatsch für 1886 und 1887. Hrsg. von J. Trojan. Illustr. von Scholz, Wanjura, Brand u. A. 37. und 38. Jahrg. 8. (à Jahrg. 112 S.) Berlin, Hofmann und Comp. à Jahrg. * 1 —

Nicht weiter erschienen.

—— humoristisch-satyrischer, für die vereinigten Staaten auf das J. 1851. Mit vielen Orig.-Illustr. gr. 8. (72 S. mit eingedr. Holzschn.) Philadelphia, (Schäfer und Koradi.) *

—— humoristisch-satyrischer, für die Vereinigten Staaten auf das J. 1852. Mit vielen Orig.-Illustr. (in eingedr. Holzschn.) gr. 8. (77 S.) Philadelphia, (Schäfer und Koradi.) *

Jahrg. 1851. Ebendas. * 12 Ngr.

— hygienischer, f. d. J. 1899. Hrsg. v. deutschen Bunde d. Vereine f. Gesundheitspflege u. f. arzneilose Heilweise. Bearb. v. Rhold. Gerling. 8. (96 S. m. Abb. u. 1 Bildn.) Berlin, W. Möller. n. — 60

— hygienischer, f. d. J. 1903. Hrsg. vom deutschen Bunde der Vereine f. naturgemäße Lebens- u. Heilweise. Bearb. v. Rhold. Gerling. gr. 8. (88 S. m. Abb. u. 1 Bildnis-Taf.) Berlin, W. Möller. n. — 60

Volkskalender. Hygienischer Volks-Kalender für das Jahr 1903. Bearb. von Reinhold Gerling.... [Illustriert.] IV + 88 [+ 24] S. 8. Bern, Verlag «Die Gesundheit». fr. —. 75

— hygienischer, f. d. J. 1907. Mit Unterstützg. bewährter Mitarbeiter hrsg. v. Wilh. Möller. (97 S. m. Abbildgn.) kl. 8. Oranienburg, W. Möller. n. — 20

— hygienischer, Fortsetzg., s.: Möller, Wilh.

—— hygienischer, für Anhänger der naturgemässen Gesundheitspflege und arzneilosen Heilkunde auf das J. 1889. Hrsg. unter Mitwirkung hervorragender Fachschriftsteller von Max Böhm. gr. 8. (112 S.) Chemnitz, (Kasten.) * — 60

—— hygieinischer, f. Anhänger der naturgemässen Gesundheitspflege u. arzneilosen Heilkunde auf d. J. 1890 u. 1891. 2. u. 3. Jahrg. Hrsg. v. Max Böhm. 8. (à Jahrg. ca. 130 S.) Chemn., Tetzner u. Zimmer. à Jahrg. * — 60

Volkskalender und Jahrbuch für Israeliten auf das J. 5613. (1853.) Mit Beiträgen von N. Adler, H. Bier, Brentano, E. Duller rc. Herausg. von K. Klein. 11. Jahrg. Stuttgart 853. Kneller. 8. (40 S., u. Jahrb. des Nützl. u. Unterhaltenden 144 S.) n. 14 ngr.

— — auf das J. 5614. (1854.) Mit Beiträgen von N. Adler, Aub, Arnheim, Jac. Auerbach, H. Bier rc. Herausg. von K. Klein. 12. Jahrg. Stuttgart 854. Rieger. 8. (36, 156 S.) n. 15 ngr.

— — auf das J. 5617. (1857.) 15. Jahrg. Frankfurt a. M. 857. Auffarth. 8. (24, 131 S.) n. 15 ngr.

—— und Jahrbuch für Israeliten auf die J. 5619—5621. (1859—1861.) Hrsg. von E. Klein. 17—19. Jahrg. gr. 8. Mainz, Le Roux'sche Hofbuchh. [1859. (XXIII und 129 S.) 1860. (XXIV und 144 S.) 1861. (164 S.)] à Jahrg. *

—— und Jahrbuch für Israeliten auf das J. 5625 = 1865. (Fortsetzung des K. Klein'schen Jahrbuches, 22. Jahrg.) (2. Folge.) Von J. K. Buchner. 8. (XVI und 151 S. mit 1 Tab. in Fol.) Leipzig, (C. L. Fritzsche.) **
Vgl.: Jahrbuch.

Dr. Jarisch' Volkskalender zur Förderung katholischen Lebens und Sinnes für das Jahr 1904. 53. Jahrg. Gr.-8°. (247 S.) Wien: St. Norbertus 1903.

(F) **Jarisch' Volkskalender** zur Förderung katholischen Lebens und Sinnes für das Jahr 1905. 54. Jahrg. 8°. (ill. 250 S.) Wien: St. Norbertus 1904. K —.60

(F) **Jarisch Volkskalender** für das Jahr 1908. 57. Jahrg. 8°. (ill. 236 S.) Wien: St. Norbertus 1907. K —.60

Der Illustrierte Volks Kalender: 1870?–? Philadelphia, PA
Published by Hoffmann & Morwitz

Volks-Kalender, illustrierter, s. a. Hauskalender, illustrierter.

Volkskalender, Illustrierter, f. . . . . . Ein Familienbuch f. Jung u. Alt . . . . in 12 Heften. Hg.: Fr. Hoffmann.
1853. 1 Bl., 300 S. M. 12 Rad. (6 Neureuther).
Stuttgart.

—— illustrirter, für das J. 1861. br. 8. (104 S. mit eingedr. Holzschn. und 8 Holzschnit.) New-York. (Philadelphia, Schäfer und Koradi.)

Illustrirter Volks-Kalender: 186?–? New York, NY

— illustrirter, f. d. J. 1902. 27. Jahrg. 4. (56 S. m. 1 Farbdr. u. Wandkalender.) Altona. (Hamburg, H. Carly.)
Fortsetzung, s.: Familienkalender, illustrirter.

— illustrierter, f. d. J. 1907. 32. Jahrg. (47 S. m. 1 Farbdr. u. Wandkalender.) gr. 8. Altona. (Hamburg, H. Carly.) n. — 20

— illustrierter. 1911. 36. Jahrg. (36 S. u. 8 S. m. 1 Farbdr. u. Wandkalender.) gr. 8. Altona. (Hamburg, H. Carly.) — 50

— illustr., 1907. (XVI, 48 S. m. 2 farb. Taf.) gr. 8. Weißensee, E. Bartels. — 50

— illustrierter. 1910. (XIV, 16 u. 16 S. m. 1 farb. Taf. u. Wandkldr.) gr. 8. Weißensee, E. Bartels. — 50

Illustrierter Volks-Kalender: 1910?–? Troy, NY
Published by the German Publishing & Printing Co.

— illustr. Bamberger, f. d. J. 1895. (Bamberger Kalender.) Mit vielem Wissenswürdigen u. Unterhaltenden f. Jedermann. 4. (57 S.) Bamberg, Handels-Druckerei. n. — 35

— illustrirter Berliner, auf das Jahr 1867. Novellen-Almanach für Preußen. Berlin, Lemke. 8. (XVIII, 240 S. mit eingedr. Holzschn.) n. 15 ngr.

—— illustrirter Chemnitzer, für die J. 1876—1880. 4. (à ca. 80 S.) Chemnitz, Winter. à Jahrg. — 50

Illustrirter Deutsch-Amerikanischer Volks Kalender: 1898?–1915?
Published by Cincinnati Freie Presse
Cincinnati, OH

Volks-Kalender, illustrirter deutscher, für das J. 1873. Mit unterhaltenden Erzählungen aus der Zeit Friedrich des Gr. und aus den J. 1870/71, nebst vielen Humoresken von L. Würdig, sowie zahlreich in den Text gedr. Holzschn. von den bekannten Düsseldorfer Künstlern C. Scheuren, P. Grot-Johann, P. Wichmann rc. 16. (CVI, 143 S.) Düsseldorf [Wiesbaden], Gestewitz. — 60

—— dass. — für das J. 1874. Mit unterhaltenden Original-Erzählungen aus alter und neuer Zeit, und Humoresken von L. Würdig, sowie zahlreichen (in den Text gedr. Illustr.) und Initialen in Holzschn., gezeichnet von den bekannten Düsseldorfer Künstlern P. Grot-Johann und Casp. Scheuren. 16. (120 S.) Ebendas. * — 60

—— illustrirter, für das christliche Haus auf die J. 1868—1875. 1.—8. Jahrg. 4. (à Jahrg. 64—70 S. mit eingedr. Holzschn.) Dresden, Naumann. à Jahrg. * — 50

Volkskalender, Illustrirter israelit. — für das Jahr der Welt 5615. Zum Gebrauch als Haus-, Reise-, Synagogen- und Wirthschaftskalender, versehen mit einem Verzeichnisse aller in- und ausländischen Märkte und Messen und nach Monaten geordnet, nebst Stämpeltarif, Fahrordnung und Fahrpreisen der Eisenbahnen und Dampfschifffahrten, ferner mit nützlichen und erheiternden Zugaben für Familie und Haus. Gesammelt und herausgegeben von Wolf Pascheles. III. Jahrgang. 8. (112 S.) Prag. Druck der k. k. Hofbuchdruckerei von Gottlieb Haase Söhne.

—— illustrirter israelitischer, für das J. der Welt 5616. Zum Gebrauch als Haus-, Reise-, Synagogen- und Wirthschaftskalender rc. Gesammelt und hrsg. von Wolf Pascheles. 4. Jahrg. 32. (146 S.) Prag 855. (Leipzig, C. L. Fritzsche.) **

—— illustrirter israelitischer, für die J. 5618—5622, vom Septbr. 1857 bis Septbr. 1862. Zum Gebrauch als Haus-, Reise-, Synagogen- und Wirthschaftskalender. Gesammelt, geordnet und hrsg. von Jak. Wolf Pascheles. 6—10. Jahrg. 32. (à Jahrg. ca. 186 S. mit eingedr. Holzschn.) Prag. (Leipzig, C. L. Fritzsche) à Jahrg. *

—— illustrirter israelitischer, für die J. 5623—5628. Zum Gebrauch als Haus-, Reise-, Synagogen- und Wirthschaftskalender rc. Gesammelt, geordnet und hrsg. von Jak. Wolf Pascheles. 11.—16. Jahrg. 32. (à Jahrg. ca. 186 S. mit eingedr. Holzschn.) Prag. (Wien, Herzfeld und Bauer.) à Jahrg. *

Volkskalender, illustrirter israelitischer, für das Jahr der Welt 5630. Zum Gebrauche als Haus-, Reise-, Synagogen- und Wirthschaftskalender. Versehen mit einem Verzeichnisse aller in- und ausländischen Märkte und Messen und nach Monaten geordnet nebst Stempel-Tarif, wichtigen und nützlichen Berechnungstabellen, Tarifen ꝛc., wie auch mit vielen andern nützlichen und erheiternden Zugaben. Gesammelt und herausgegeben von Jakob W. Pascheles. 18. Jahrgang. Mit dem Portrait Ignaz Kuranda's. 32. (196 S.) Wien, Herzfeld & Bauer. 36 kr. 1869.

—— illustrirter israelitischer, für die J. der Welt 5636—5640. Zum Gebrauche als Haus-, Reise-, Synagogen- und Wirthschaftskalender. Versehen mit einem Verzeichnisse aller in- und ausländ. Märkte und Messen und nach Monaten geordnet, nebst Stempel-Tarif, wicht. und nützl. Berechnungstabellen, Tarifen ꝛc., wie auch mit vielen anderen nützl. und erheit. Zugaben. Gesammelt und hrsg. von Jak. W. Pascheles. 24.—28. Jahrg. 16. (à ca. 200 S. mit Stnt.) Prag, Pascheles.
24.—26. Jahrg. à
27. und 28. Jahrg. à

—— illustrirter israelitischer, f. die J. der Welt 5641—5645. Gesammelt und hrsg. von Jak. W. Pascheles. 29.—33. Jahrg. 16. (à Jahrg. 180 S. mit 2 Stnt.) Prag, Pascheles. à Jahrg. — 70

Volks-Kalender, illustrirter israelitischer, für das J. der Welt 5646. Gesammelt und hrsg. von Jak. W. Pascheles. 34. Jahrg. 16. (178 S. mit 2 lithogr. Portr.) Prag, Pascheles. * — 70

—— dass. — für das J. der Welt 5647 vom 30. Septbr. 1886 bis 18. Septbr. 1887. Gesammelt, geordnet und hrsg. von Jak. W. Pascheles. 35. Jahrg. 16. (178 S. mit 1 lithogr. Portr.) Ebendas. * — 60

—— dass. — für das J. der Welt 5648. Zum Gebrauche als Haus-, Reise-, Synagogen- und Wirthschaftskalender. Versehen mit einem Verzeichnisse aller in- und ausländ. Märkte und Messen und nach Monaten geordnet, nebst Stempeltarif, wicht. und nützl. Berechnungstabellen, Tarifen ꝛc., wie auch mit vielen anderen nützl. und erheiternden Zugaben. Gesammelt und hrsg. von Jak. W. Pascheles. 36. Jahrg. 16. (178 S. mit 1 lithogr. Bild.) Ebendas. — 70

—— dass. — für das J. der Welt 5649 vom 6. Septbr. 1888 bis 25. Septbr. 1889. Zum Gebrauch als Haus-, Reise-, Synagogen- und Wirthschaftskalender. Versehen mit einem Verzeichnisse der Messen und Jahrmärkte und mit einem Stempeltarif ꝛc., wie auch mit vielen andern nützl. und erheiternden Zugaben. Gesammelt und hrsg. von Jak. W. Pascheles. 37. Jahrg. 16. (174 S. mit 1 Bild.) Ebendas. — 70

—— illustrirter israelitischer, f. d. J. der Welt 5650—5653. (1889/90—1893.) Zum Gebrauche als Haus-, Reise-, Synagogen- u. Wirthschaftskalender ꝛc. 38.—41. Jahrg. 16. (à Jahrg. 172—186 S. m. 1 Bildnis.) Prag, J. W. Pascheles. à Jahrg. * — 70

— illustr. israelitischer, f. d. J. der Welt 5655 vom 1. Oktbr. 1894 bis 18. Septbr. 1895. Zum Gebrauch als Haus-, Reise-, Synagogen- u. Wirthschaftskalender. Versehen m. e. Verzeichnisse der Messen u. Jahrmärkte u. m. e. Stempeltarif, wie auch m. vielen andern nützl. u. erheit. Zugaben. Gesammelt, geordnet u. hrsg. v. Jac. W. Pascheles. 43. Jahrg. 16. (182 S. m. 1 Bildnis.) Prag, J. W. Pascheles. n. — 70

— illustr. katholischer, s. a. Jarisch, H. A.

—— illustrirter katholischer, für die J. 1852—56. Zur Förderung kathol. Sinnes. Von H. A. Jarisch. 1—5. Jahrg. 8. (à Jahrg. 152—168 S. mit eingedr. Holzschn.) Wien 851—55. (Leipzig, Hübner.) à Jahrg. *

—— illustrirter katholischer, für die J. 1857—61. Zur Förderung kathol. Sinnes. Von H. A. Jarisch. 6—10. Jahrg. gr. 12. (à Jahrg. 131—150 S. mit eingedr. Holzschn. und Holzschnt.) Wien, Sommer. (F. Klemm.) à Jahrg. *
Von den Jahrg. 1857, 1859 und 1860 sind 2 Auflagen erschienen.

—— illustrirter katholischer, für die J. 1863—68. Zur Förderung des kathol. Sinnes. Von H. A. Jarisch. 12.—17. Jahrg. 8. (à Jahrg. ca. 144 S. mit eingedr. Holzschn. und 1 Holzschntaf.) Wien, Sommer. — F. Klemm. 1863—67. à Jahrg. *
1868. *

—— illustrirter katholischer, für die J. 1869—1875. Zur Förderung des kathol. Sinnes von H. A. Jarisch. 18.—24. Jahrg. 8. (à Jahrg. XVI und ca. 160 S. mit eingedr. Holzschn. und 1 Holzschntaf.) Wien, Klemm. [Sommer und Comp.] à Jahrg. * 1 10

—— illustrirter katholischer, für die J. 1876 und 1877. Zur Förderung des kathol. Sinnes. Von H. A. Jarisch. 25. und 26. Jahrg. 8. (à ca. XVI, 160 S. mit eingedr. Holzschn. und Holzschntaf.) Wien, Sommer und Comp. à Jahrg. *

—— dass. — für die J. 1878—1880. 27.—29. Jahrg. 8. (à ca. XVI, 180 S. mit eingedr. Holzschn. und Holzschntaf.) Wien, Perles. Jahrg. 1878 und 1879 à *
Jahrg. 1880 * ℳ 1,8.; geb. *

—— illustrirter katholischer, für die J. 1881—1885. Zur Förderung des kathol. Sinnes. Von H. A. Jarisch. 30.—31. Jahrg. 8. (à Jahrg. XVI, 160 S. mit eingedr. Holzschn. und 1 Holzschntaf.) Wien, Perles. à Jahrg. * 1 —
geb. à Jahrg. * 2 —

—— illustrirter katholischer, für die J. 1886—1888. Zur Förderung des kathol. Sinnes. Von H. A. Jarisch. 35.—37. Jahrg. 8. (XVI, 176; XVI, 174; XXX, 162 S.) Wien, Perles. à Jahrg. * 1 8
geb. à Jahrg. * 2 —

—— illustrirter katholischer, f. d. J. 1889—1893. Zur Förderg. d. kathol. Sinnes. 38.—42. Jahrg. 8. (à Jahrg. ca. 200 S.) Wien, Perles. à Jahrg. * 1 —; geb. * 2 —

Volks-Kalender, illustrirter katholischer, für Stadt und Land auf das J. 1861. Zur Belehrung und Erheiterung hrsg. von einem Katholiken. Mit vielen Illustr. (in eingedr. Holzschn.) und Orig.-Beiträgen von P. Büst, Gedeon v. der Heide, Huller ꝛc. 1. Jahrg. 4. (36 S.) Augsburg, Schlosser. Thlr. *

— illustrirter kleiner, f. d. J. 1888. 12. (48 S.) Wien, Perles. n. — 24; cart. n. — 40

Volks- und Kurzweil-Kalender, illustrirter, für die J. 1872 und 1873. Text von Crassus. 3. Folge. 5. und 6. Jahrg. 16. (à Jahrg. 64 S., mit eingedr. Holzschn.) Graz, Verlag Leykam-Josefsthal. à Jahrg. **

— illustrirter mitteldeutscher, für das J. 1883. Mit einem ausführl. Jahrmarkt-Verzeichniß. 4. (76 S. m. eingedr. Illustr. u. 1 Chromolith.) Halberstadt, Bange. n. — 50

Neutitscheiner, Illustr. Volkskalender f. d. J. 1885. Mit e Anh. Vollständ. Personal-Handb. d. Neutitscheiner Kreises. VI. Jahrg. 4. (120 u. XXIV S.) Neutitschein. R. Hosch. Cart. 50 kr. 1884.

Volkskalender, Illustr. Neutitscheiner, f. d. J. 1886. Mit einem Anh. Personal-Handbuch d. Neutitscheiner Kreises. VII. Jahrg. gr. 8. (120 S. u. Anh. XXV S.) Neutitschein, R. Hosch. Cart. 50 kr. 1885.

Volkskalender, Illustrirter Neutitscheiner, für das Jahr 1890. Mit einem Anhange. Vollständiges Personal-Handbuch des Neutitscheiner Kreises. XI. Jahrg. Gr.-4. (128 und XXVI S.) Cart.
Neutitschein: Hosch 1889. —.50

— illustr. Neutitscheiner, f. d. J. 1894. Mit e. Anh.: Vollständiges Personal-Handbuch des Neutitscheiner Kreises. 15. Jahrg. gr. 8. (32, 104, 2, 16, 22, 32, 2, 8 u. XXVIII S.) Neutitschein, R. Hosch. Kart. n. 1.—

— Illustrirter Neutitscheiner für das Jahr 1896. Mit einem Anhange: Vollständiges Personal-Handbuch des Neutitscheiner Kreises. XVII. Jahrg. Kl.-4. (144, XXV S.) Geb. —.50
Neutitschein: Hosch 1895.

— Illustrirter Neutitscheiner, für das Jahr 1897. Mit einem Anhange: Vollständiges Personal-Handbuch des Neutitscheiner Kreises. XVIII. Jahrg. Kl.-4. (144, XVI S.) Geb. —.50
Neutitschein: Hosch 1896.

— Illustrirter Neutitscheiner, für das Jahr 1898. Mit einem Anhange: Vollständiges Personal-Handbuch des Neutitscheiner Kreises. XIX. Jahrg. Kl.-4. (144, XXVI. S.) Geb. —.50
Neutitschein: Hosch 1897.

— illustr. Neutitscheiner, f. d. J. 1899. M. e. Anh.: Vollständ. Personal-Handbuch d. Neutitscheiner Kreises. 20. Jahrg. 4. (144 u. XXVIII S. m. 1 Bildn.) Neutitschein, R. Hosch. Kart. n. 1.—

(F) Illustrierter Neutitscheiner Volks-Kalender 1900 Mit einem Anhange: Vollständiges Personal-Handbuch des Neutitscheiner Kreises Neutitschein. Hosch. Gr.-8°. 144, XXVIII S. mit 1 Tafel Cart. fl. —.50

— illustr. Neutitscheiner, f. d. J. 1903. Mit e. Anh.: Vollständ. Personal-Handbuch des Neutitscheiner Kreises. 24. Jahrg. 4. (144 u. XXXI S.) Neutitschein, R. Hosch. Kart. n. 1.—

Illustrierter Neutitscheiner Volkskalender für das Jahr 1904. 25. Jahrg. Lex.-8°. (144, XXXI S.) kart. K —.90
Neutitschein: Hosch 1903.

(F) Illustrierter Neutitscheiner Volkskalender für das Jahr 1905. 26. Jahrg. Lex.-8°. (144, XXXII S.) K —.90
Neutitschein: Hosch 1904.

— illustrierter Neutitscheiner, f. d. J. 1907. Mit e. Anh.: Vollständiges Personal-Handbuch des Neutitscheiner Kreises. 28. Jahrg. (144 u. XXXIV S. m. 1 Bildnistaf.) gr. 8. Neutitschein, R. Hosch. Kart. —75

(F) Illustrierter Neutitscheiner Volkskalender 1908. 29. Jahrg. Lex.-8°. Neutitschein: Hosch 1907. K —.90

(F) Illustrierter Neutitscheiner Volkskalender. 1909. Lex.-8°. (136, LXVIII S.) Neutitschein: Hosch 1908. K —.90

(F) Illustrierter Neutitscheiner Volkskalender 1910. Mit einem Anhange: Vollständiges Personalhandbuch des Neutitscheiner Kreises. Gr.-8°. (156, XXXIV S.) geb. K —.90
Neutitschein: Hosch 1909.

— illustriert. Neutitscheiner, Jahrbuch des Museums-Vereins f. Neutitschein u. das deutsche Kuhländchen, f. d. J. 1911. Mit e. Anh.: Vollständ. Personal-Handbuch d. Neutitscheiner Kreises. 32. Jahrg. (188 u. XXXV S. m. 1 Taf.) Lex. 8. Neutitschein, R. Hosch. Geb. —85

—— illustrirter österreichischer, 1878. 34. Jahrg. Mit Gedichten, Novellen und Aufsätzen von Anast. Grün, Frz. Stelzhamer, M. A. Grandjean etc. Komische Bilder von A. Zampis. Musik von Einzenberger. 8. (XXXII, 188 S. mit eingedr. Holzschn., Holzschntaf. und 1 Chromolithogr.) Wien, Perles. *

—— dass. — 1879. 35. Jahrg. Mit Gedichten, Novellen und Aufsätzen von Anzengruber, Ada Christen, Kürnberger etc. Illustrationen von Stur, Ströhl, Frey u. A. Musikbeilage von Sucher. 8. (XXXII, 202 S. mit eingedr. Holzschn. und Holzschntaf.) Ebendas. *

—— dass. — 1880. 36. Jahrg. Redig. von Friedr. Petz. Mit literar. Beiträgen von Ludw. Anzengruber, Ada Christen, Josefine Gallmeyer etc. Illustr. von Juch, Stur u. A. Musikbeilage von Landskron. 8. (XXXII, 204 S. mit eingedr. Holzschn. und Holzschntaf.) Ebendas. *

—— illustrirter österreichischer, 1881. 37. Jahrg. Mit literar. Beiträgen von Ludw. Anzengruber, Ada Christen, Bret Harte etc. Illustr. von Ernst Juch u. A. Musikbeilage von Thom. Koschat. 8. (XXXII, 202 S.) Wien, Perles. * 1 20

—— dass. — 1882. 38. Jahrg. Redig. v. Friedr. Petz. Mit literar. Beiträgen von Ludw. Anzengruber, Ada Christen, Thom. Koschat etc. Bilder von Juch. Musik von Horn. 8. (XXXII, 192 S.) Ebendas. * 1 20

—— dass. — 1883. 39. Jahrg. Mit literar. Beiträgen von Ludw. Anzengruber, Ada Christen, Rud. Baumbach etc. Bilder von Juch. Musik von Landskron. 8. (XXXII, 208 S.) Ebendas. * ℳ 1,20.; cart. * ℳ 1,30.; geb. * 2 —

Volks-Kalender, illustrirter österreichischer, 1884. 40. Jahrg. Mit literar. Beiträgen von Rud. Baumbach, Friedr. Bodenstedt, Arth. Fitger etc. Bilder von Juch. Musik von Horn. 8. (XXXII, 210 S.) Wien, Perles.
* ℳ 1,20.; cart. * ℳ 1,30.; geb. *

—— dass. — 1885. 41. Jahrg. Mit literar. Beiträgen von Ludw. Anzengruber, Ada Christen, Rud. Baumbach etc. Bilder von Juch. Musik von Sucher. 8. (XXXII, 212 S.) Ebendas.
* ℳ 1,20.; cart. * ℳ 1,30.; geb. *

—— illustrirter österreichischer, 1886. 42. Jahrg. Redig. von Friedr. Petz. Mit literar. Beiträgen von Ludw. Anzengruber, Ada Christen, Friedr. Bodenstedt u. A. Bilder von Gust. Zafaurek. Musik von Jos. Mathans. 8. (XXXII, 206 S.) Wien, Perles. * ℳ 1.20.; cart. * 1 80
geb. * 2 —

Volks-Kalender, illustrirter österreichischer, 1887. 43. Jahrg. Redig. von Friedr. Petz. Mit literar. Beiträgen von Ludw. Anzengruber, Ada Christen, Joh. Geo. Fischer etc. Bilder von Alois Greil und Ernst Juch. Musik von Jos. Mathans. 8. (XXXII, 206 S.) Wien, Perles.
* ℳ 1.20.; cart. * ℳ 1.30.; geb. *

—— dass. — 1888. 44. Jahrg. Redig. von Friedr. Petz. Mit literar. Beiträgen von Ludw. Anzengruber, Ada Christen, Udo Brachvogel u. A. Bilder von Alois Greil und Ernst Juch. Musik von Leop. Landskron. 8. (XXXII, 206 S.) Ebendas.
* ℳ 1.20.; cart. * ℳ 1.30.; geb. *

—— dass. — 1889. 45. Jahrg. Redig. von Friedr. Petz. Mit literar. Beiträgen von Ludw. Anzengruber, Paul Heyse, Leop. Hörmann u. A. Bilder von Alois Greil und Ernst Juch. Musik von Karl Purkholzer. 8. (XXXII, 208 S.) Ebendas. *

—— illustrirter österreichischer, 1890—1893. 46.—49. Jahrg. 46.—48. Jahrg. redig. v. F. Pet, 49. Jahrg. von Baronin Bertha v. Suttner. Mit literar. Beiträgen v. L. Anzengruber u. A. gr. 8. (à Jahrg. ca. 220 S.) Wien, Perles. à Jahrg. * 1 20; cart. * 1 30; geb. * 2 —

Volkskalender, Illustrirter österreichischer. 1894. 50. Jahrgang. Redigirt von Baronin Bertha von Suttner. Mit literarischen Beiträgen von Friedr. Steinebach, Isidor Fuchs, Bertha von Suttner etc. u. Anderen. Bilder von Alois Greil. Musik von Gustav Schönrich. 8. (XXXII, 182 S.) —.60, cart. —.65 eleg. geb. Wien: Perles 1893. 1.—

— illustr. österreichischer, 1895. 51. Jahrg. Red. von Baronin Bertha v. Suttner. Mit literar. Beiträgen v. Frdr. Steinebach, Bertha v. Suttner, Rud. Graf Hoyos u. A. Bilder v. Alois Greil. 8. (IV, XXXII, 188 S.) Wien, M. Perles. n. 1. 20; kart. n. 1. 30; geb. n. 2. —

Volkskalender, Illusrirter österreichischer, für 1896. 52. Jahrgang. Redigirt von F. Armin. Mit literarischen Beiträgen von Ottokar Tann-Bergler, Ernst Z. M. Bergler etc. Mit Bildern von K. Etteber, C. Fischer-Koystrand etc. 8. (186 S.) Wien: Perles 1895. —.65

Volkskalender, Illustrirter österr., für 1897. 53 Jahrgang. Redigirt von F. Armin. Mit literarischen Beiträgen von Otto Erich, J. G. Frimberger, Alois Greil, M. Ledelli, J. Pfeiffer und Paul Windling. Mit Bildern von K. Elleder etc. 8. (186 S.) —.60
Derselbe cartonnirt —.65
Derselbe gebunden 1.—
Wien: Perles 1896.

Volkskalender, Illustrirter österr., für 1898. 54. Jahrgang. Redigirt von F. Armin. Mit literarischen Beiträgen von Otto Erich, J. G. Frimberger, Alois Greil, M. Ledelli, J. Pfeiffer und Paul Windling. Mit Bildern von K. Elleder etc. 8. (176 S.) —.60
Derselbe cartonnirt —.65
Derselbe gebunden 1. |
Wien: Perles 1897.

— illustr. österreichischer, 1899. 55. Jahrg. Red. v. F. Armin. M. literar. Beiträgen v. Hans Grasberger, Hieron. Lorm, Ludw. Hevesi u. A. Bilder v. Karl Elleder, E. Ranzenhofer u. Paul Wendling. 8. (IV, XXXII, 162 S.) Wien, M. Perles. n. 1. 20; kart. n. 1. 30; geb. n. 2. —

(F) Illustrirter österreichischer Volkskalender 1900. LVI. Jahrgang. Redigirt von F. Armin. Mit literarischen Beiträgen von Peter Rosegger, Ludwig Hevesi etc. Bilder von E. Ranzenhofer, Paul Wendling und Anderen. Wien. Perles. 8°. 154 S. fl. —.60

(F) Illustrirter österreichischer Volks-Kalender für das Jahr 1901. LVII. Jahrgang. Redigirt von F. Armin. Mit literarischen Beiträgen von Josef Wichner, Max Foges, etc. etc. Mit Zeichnungen von C. Ranzenhofer, Paul Wendling und M. Frimberger. Wien. Perles. Lex.-8°. XXXII, 132 S. mit 2 Tafeln. K 1.—, geb. K 1 80

(F) Illustrirter. österreichischer Volkskalender für das Jahr 1902. LVIII. Jahrgang. Redigirt von F. Armin. Mit literarischen Beiträgen von Armin Brunner, Max Foges etc. Mit Zeichnungen von E. Ranzenhofer, A. Greil und M. Frimberger. Wien. Perles. 8°. 152 S. K 1.—

— illustr. österreichischer, 1903. 59. Jahrg. Red. v. F. Armin. Mit literar. Beiträgen v. Thdr. Flamm, J. G. Frimberger, Rud. Kleinecke u. A. Mit Zeichngn. v. M. Frimberger, A. Hartmann u. B. Schufinsky. gr. 8. (III, XXXII, 136 S.) Wien, M. Perles. n. 1. —; geb. n. 1. 80

Illustrierter österreichischer Volks-Kalender. 60. Jahrg. Gr.-8°. (ill. 168 S.) Wien: Perles 1903. K 1.-

(F) Illustrierter österreichischer Volkskalender. 61. Jahrg. 1905. Gr.-8°. (186 S.) Wien: Perles 1904. K 1.—, geb. K 1.80

— illustrierter österreichischer, f. d. J. 1907. 63. Jahrg. Red. v. Rud. Holzer. Mit literar. Beiträgen v Eduard Mörike, J. J. David, R. Hawel u. a. Mit Zeichngn. v. Marianne Frimberger, A. Hartmann, R. Wosak, M. Ledeli. (III, XXXII, 177 S.) Lex.-8. Wien, M. Perles. n. 1. —; geb. n. 1. 80

(F) Illustrierter österreichischer Volkskalender. 64. Jahrg. Gr.-8°. (260 S.) Wien: Perles 1907. K 1.—

(F) Illustrierter österreichischer Volkskalender für das Jahr 1909. 65. Jahrg. Gr.-8°. (XXXII, 248 S.) K 1.—, geb. 1.60 Wien: Perles 1908.

Illustrierter österreichischer Volkskalender. 66. Jahrg. 1910. Gr.-8°. (248 S.) Wien: Perles 1909. K 1.—, geb. K 1.80

— illustrierter österreichischer, f. d. J. 1911. 67. Jahrg. Red. v. Rud. Holzer. Mit literar. Beiträgen v. Vincenz Chiavacci, R. Czerinak, Alex. Engel u. a. Mit Zeichngn. v. Marianne Frimberger, E. Ranzenhofer, M. Ledelli u. a. (III, 28, XVII—XXXII u. 207 S.) Lex. 8. Wien, M. Perles. 1.—; geb. in Leinw. n 1. 80

— illustrierter rheinischer, f. d. J. 1894. 10. Jahrg. Mit 1 Farbendr.-Bild, 1 Wandkalender, 1 Portemonnaiekalender, 1 Taschenkalender f. Deutschlands Jugend. 4. (75 S.) Wiesbaden, R. Bechtold & Co. — 50

— illustr., f. Stadt u. Land. Deutscher Bauernfreund f. d. J. 1897. 4. (59, 9 u. 8 S. m. 1 Farbendr. u. Wandkal.) Berlin, H. Schildberger. n. — 50

—— illustrirter Thüringer, für die J. 1873 und 1874. 1. und 2. Jahrg. 4. (à Jahrg. XVI, 54 S., mit eingedr. Holzschn.) Gera, Issleib und Rietzschel. à Jahrg. *

Volkskalender. Illustr., und Wetterprophet f. alle Stände auf das Schaltj. 1884. Wien: Karl Fritz 1883. 80 S. 8°

Volks-Kalender. illustr. u. Wetterprophet f. alle Stände auf das J. 1885. Wien: Carl Fritz 1884. 80 S. 8°

Volkskalender. Illustr. u. Wetterprophet. Für alle Stände auf d. J. 1886. Wien: Carl Fritz 1885. 78 S. 8°

Volkskalender. Illustr., u. Wetterprophet für alle Stände auf d. J. 1887. Wien: Fritz 1886. 64 S.

Volkskalender. Illustrirter, und Wetterprophet für alle Stände auf das Schaltjahr 1888. Wien: Frick 1887. 63 S. 12°

—— illustrirter, u. Wetterprophet f. alle Stände auf d. J. 1893. gr. 8. (86 S.) Wien. (Lpz., Literar. Anstalt.) * — 40

— illustrierter, u. Wetterprophet f. alle Stände auf d. J. 1895. 8. (64 u. 16 S.) Wien. (Leipzig, Literar. Anstalt A. Schulze.) n. — 40

— illustr., u. Wetterprophet f. alle Stände auf d. J. 1898. gr. 8. (64 u. 16 S.) Wien. (Leipzig, Literar. Anstalt, A. Schulze.) n. — 40

—— Joachimsthaler, f. d. J. 1891—1892. Zugleich e. Adreßbuch f. den polit. Bezirk Joachimsthal. 1. u. 2. Jahrg. gr. 8. (à Jahrg. 224 S. m. Bildern.) Joachimsthal, Friedrich. cart. à Jahrg. * 1 —

—— des „Israelit" für das J. 5644 n. E. d. W. [Vom 2. Octbr. 1883 bis 19. Septbr. 1884.] 16. (97 S.) Mainz. (Frankfurt a. M., Kauffmann.) * — 35

—— dass. — für das J. 5645 n. E. d. W. [Vom 20. Septbr. 1884 bis 9. Septbr. 1885.] 16. (93 S.) (Ebendas.) * — 35

—— des „Israelit" für das J. 5646 n. E. d. W. [Vom 10. Septbr. 1885 bis 29. Septbr. 1886.] 16. (93 S.) Mainz. (Frankfurt a. M., Kauffmann.) * — 35

—— dass. — für das J. 5647 n. E. d. W. [Vom 30. Septbr. 1886 bis 18. Septbr. 1887.] 4. Jahrg. 16. (92 S. mit 1 Bild.) (Ebendas.) * — 35

—— dass. — für das J. 5648 n. E. d. W. [Vom 19. Septbr. 1887 bis 5. Septbr. 1888.] 5. Jahrg. 16. (136 S.) (Ebendas.) * — 35

—— dass. — für das J. 5649 n. E. d. W. [Vom 6. Septbr. 1888 bis 25. Septbr. 1889.] 6. Jahrg. 16. (126 S.) (Ebendas.) * — 35

Fortsetzg. s.: Volkskalender, Frankfurter israelitischer.

— — f. Israeliten, s. a. Klein, K.

לוח משנת תר״ו לפ״ק. Volks-Kalender für Israeliten auf d. J. 5606 u. 5607 (1846 u. 1847). Herausgeg. von K. Klein. 5. u. 6. Jahrg. Mit dem Anh.: Jahrbuch des Nützlichen u. Unterhaltenden für Israeliten. 12. Breslau 845, 46, Kern. n. 5/12 ℛℬ — 6. Jahrg. Breslau, Scholz. n. 5/12 ℛℬ

לוח משנת תרז. Volkskalender für Israeliten auf d. J. 5607 (1847). Zur Belehrung u. Unterhaltung von M. Troplowitz. Mit Beiträgen von Dr. Piorkowsky. 1. Jahrg. 8. Creuzburg 846. (Leipzig, Kummer.) n. 1/3 ℛℬ

— f. Israeliten auf d. J. 5608. [1848.] Hrsg. v. K. Klein. 7. Jahrg. Mit 1 (lith.) Kunstbeilage. 12. (190 S.) Breslau, Kern. n. 5/12 ℛℬ

— ders. auf d. J. 5609. [1849.] Hrsg. v. Klein. 8. Jahrg. Mit Kunstbeilagen (in Holzschn.) 8. (208 S.) Königsberg, Samter in Comm. n. 5/12 ℛℬ

— ders. auf d. J. 5610. [1850.] Mit Beiträgen v. S. Cohn, Ludwig Aug. Frankl, Hirschfeld u. A. Hrsg. v. K. Klein. 9. Jahrg. Mit (1) Kunstbeilage (in Stahlst.) 8. (263 S.) Dresden, Adler & Dietze. baar n. 5/12 ℛℬ

— ders. auf d. J. 5611. [1851.] Mit Beiträgen v. H. Arnheim, N. Adler, Ed. Cohn u. A. Hrsg. v. K. Klein. Mit Kunstbeilage. (1 Stahlst.-Portr.) 10. Jahrg. 8. (50 S. mit Jahrbuch des Nützlichen u. Unterhaltenden rc. 160 S.) Stuttgart, Dittmarsch & Co. n. 14 ngl

— israelitischer, f. d. J. 1895 = 5655. gr. 16. (106 S. m. 1 Bildnis.) Berlin, H. Schildberger. n. — 50

— israelitischer, f. d. J. 1897—5657. gr. 16. (101 S.) Berlin, H. Schildberger. n. — 50

— jüdischer, f. d. J. 5659. (1898—99.) II. (VI.) Jahrg. 16. (224 u. 31 S. m. 1 Abb. u. 2 Bildn.) Köln. (Berlin, H. Schildberger.) n. — 50

— jüdischer, f. d. J. 5661 (1900—1901). Hrsg. im Auftrage der zionist. Vereinigung f. Deutschland. IV. Jahrg. 16. (VI, 168 u. 30 S. m. 1 Abb.) Leipzig, M. W. Kaufmann. n. — 50

Volks-Kalender, jüdischer, f. d. J. der Welt 5663 (1902/03.) gr. 8. (135 S. m. Abbildgn.) Brünn, Verlag der jüd. Volksstimme. n. — 70

— jüdischer, f. d. Jahr der Welt 5665 (1904—05). 3. Jahrg. (153 S. m. Abbildgn.) 8. Brünn, Verlag „Jüd. Volksstimme". — 70

Volks- und Haus-Kalender

—— —— jüdischer [früher Liebermann], f. d. J. 1890—1893. 37.—40. Jahrg. gr. 8. (à Jahrg. ca. 112 S.) Bresl., (Jacobsohn u. Comp.). à Jahrg. * 1 25

Die früheren Jahrge. erschienen im Selbstverlage d. Herausgebers.

Volks- u. Haus-Kalender, jüdischer, f. d. J. 1896. Mit e. Jahrbuch zur Belehrg. u. Unterhaltg. Hrsg. v. M. Brann. 42. Jahrg. 8. (94 u. II, 112 S. m. 1 Bildnis.) Breslau, (W. Jacobsohn & Co.). n. 1. 25

Volks- u. Haus-Kalender, jüdischer, f. d. J. 1899. Mit e. Jahrbuch zur Belehrg. u. Unterhaltg. Hrsg. v. M. Brann. 46. Jahrg. 8. (73 u. 126 S.) Breslau (W. Jacobsohn & Co.). n. 1. 25

Volks- u. Haus-Kalender, jüdischer f. d. J. 1901. Mit e. Jahrbuch zur Belehrg. u. Unterhaltg., hrsg. von M. Brann. 48. Jahrg. 8. (73 u. 87 S.) Breslau (W. Jacobson & Co.). n. 1. 25

Erscheint nicht mehr.

Californischer Volkskalender : 1858 San Francisco, CA

—— kärntner, für 1872 und 1873. 1. und 2. Jahrg. Hrsg. im Vereine mit anderen Freunden des Volkes von Karl Pröll. gr. 8. (à Jahrg. XXX, 248 S.) Klagenfurt, (Bertschinger und Heyn.) cart. à Jahrg. ** 1 —

—— dass. — für 1874. 3. Jahrg. Hrsg. im Vereine mit anderen Freunden des Volkes von Karl Pröll. gr. 8. (200 S.) Klagenfurt, Liegel's Buchh. cart. * — 60

—— dass. — für 1875. 4. Jahrg. Begründet von Karl Pröll, fortgesetzt von mehreren Freunden des Volkes. gr. 8. (206 S.) Ebendas. cart. 1 20

—— **Kärntner,** für 1876 und 1877. 5. und 6. Jahrg. Mit vielen (eingedr.) Illustr. in Holzschn. Begründet von Karl Pröll, fortgesetzt von mehreren Freunden des Volkes. gr. 8. (à ca. 170 S.) Klagenfurt, Liegel's Buchh. Jahrg. 1876 cart. * Jahrg. 1877 cart. *

Nicht weiter erschienen.

—— kärntnerischer, und Schematismus für das J. 1861, hrsg. von Pavissich. 1. Jahrg. gr. 8. (128 S.) Klagenfurt, Leon's Buchh.

—— katholischer, f. d. J. 1841 u. 42. (1. u. 2. Jahrg.) M. Bildern. gr. 12. Neuß. [Cöln, Schwann'sche Brlgh.] à J. *

—— katholischer, f. d. J. 1843—47. 3—7. Jahrg. Mit Steinzeichnungen von D. Levy-Elkan. gr. 12. Neuß, Schwann. [1843. (9 B. m. Stnt.) 44. (7 1/6 B. u. 12 Stnt.) 45. (7 B., 5 Kpfr. u. 4 Holzschnitttaf.) 46. (9 B. m. 2 Holzschnitttaf.) 47. (7 1/3 B. u. 9 Zeichnungen.)] à *

1843—45, hrsg. v. Wilh. Smets, 1846, hrsg. v. J. A. M. Brühl. 1. u. 2. Jahrg. 1841 u. 1842. Ebendas. à * 10 Ngr.

—— katholischer, für 1848—53. Mit Beiträgen von Mehreren. 8—13. Jahrg. 12. Cöln und Neuß, Schwann'sche Vrlgsh. [8. (178 S. mit eingedr. Holzschn.) 9. (XVI und 180 S. mit 4 Holzschn. in Tondr.) 10. (XXXII und 160 S. mit 4 Stahlst. und eingedr. Holzschn.) 11. (LV und 158 S. mit 6 Stahlst.) 12. (XXXII und 178 S. mit 5 Stnt. und lithogr. Titel.) 13. (XX und 160 S. mit 6 Stahlst.)] à Jahrg. *
Ohne astronom. Kalender à Jahrg.

—— katholischer, für die J. 1854—56. Mit Beiträgen von Mehreren. 14—16. Jahrg. à Jahrg. mit 5—6 Stahlst. 12. Köln und Neuß, Schwann'sche Vrlgsh. [14. Jahrg. (XXXII und 199 S.) 15. (XX und 187 S.) 16. (XX und 178 S.) 853—55.] à Jahrg.
ohne astronom. Kalender *

—— katholischer, für das Jahr des alten und neuen Heils 1858. Mit Beiträgen von Isabella Braun, Aug. Lewald, Ign. Zingerle, Frz. Grafen v. Pocci u. m. A. 18. Jahrg. 8. (XX und 186 S. mit 6 Stahlst.) Köln und Neuß, Schwann'sche Verlagsh. * 10 Ngr.; cart. * –
Ohne astronom. Kalender *

—— dass. — Für die Jahre des alten und neuen Heils 1859—62. Hrsg. von Jos. Hub. Clericus. 19—22. Jahrg. à Jahrg. mit 6 Stahlst. 8. (à Jahrg. XX und 160—180 S.) Ebendas. à Jahrg. * 10 Ngr.; cart. à Jahrg. * –
Ohne astronom. Kalender à Jahrg. *

—— katholischer, für die J. 1863—68. Hrsg. von Friedr. Wilh. Grimme. 23.—28. Jahrg. 8. (à Jahrg. ca. LII und 144 S. mit vielen Illustr. in Holzschn.) Cöln und Neuß, Schwann's Verlag. à Jahrg. * 10 Ngr.; cart. à Jahrg. * –
Ohne Kalendarium à Jahrg. *

—— katholischer, für 1851. Verfaßt und verlegt von Fl. Rieß. gr. 4. (48 S. mit eingedr. Holzschn.) Stuttgart, [Quack.] *

— katholischer, f. 1851. Verfaßt u. verlegt v. Fl. Rieß. gr. 4. (48 S. m. eingedr. Holzschn.) Stuttgart, Rümelin. n. 2 ngl

—— katholischer, f. d. J. 1890 u. 1891. 1. u. 2. Jahrg. Hrsg. vom kath. Erziehungs-Verein f. das Land Vorarlberg. 4. (93; 98 S. m. Illustr.) Bregenz, (Teutsch). à Jahrg. * — 60

Volkskalender, Katholischer, für das gemeine Jahr nach der gnadenreichen Geburt unseres Heilandes Jesu Christi 1893. Herausgegeben vom kathol. Erziehungsverein für das Land Vorarlberg. Gr.-8. (104 S.) —.30
Bregenz: Teutsch 1892.

Volkskalender, Katholischer, für das gemeine Jahr nach der gnadenreichen Geburt unseres Heilandes Jesu Christi 1894. Herausgegeben vom katholischen Erziehungs-Vereine für das Land Vorarlberg. 4. (124 S.) —.30
Bregenz: Teutsch 1893.

Volks-Kalender, katholischer, f. d. J. 1895, hrsg. vom christlich-socialen Volksverein f. das Land Vorarlberg. 4. (XXIV, 132 S. m. Abbildgn.) Bregenz, (J. N. Teutsch). n. — 70

—— katholischer, f. d. J. 1893. gr. 16. (159, 17 S. m. Abbildgn.) M.-Gladbach, Riffarth. * — 30

— katholischer. Für d. J. 1895. Mit Messen- u. Märkteverzeichnis. gr. 16. (160 u. 29 S. m. Abbildgn.) M.-Gladbach, A. Riffarth. -- 30

(F) Katholischer Volkskalender für das gemeine Jahr nach der gnadenreichen Geburt unseres Heilandes Jesu Christi 1902. Herausgegeben vom christlichsocialen Volksverein für das Land Vorarlberg. Feldkirch. In Comm. Unterberger. Gr.-8°. 136 S. mit 1 Tafel K —.70

— katholischer, für d. J. 1903. Hrsg. vom christlich-socialen Volksverein für das Land Vorarlberg. gr. 8. (XVI, XVI, 136 S. m. Abbildgn. u. Titelbild.) Feldkirch (F. Unterberger). n.n. — 60

Katholischer Volkskalender für das Schaltjahr 1904. 10. Jahrg. Gr.-8°. (136 S.) † Feldkirch: Unterberger 1903. K —.70

(F) Katholischer Volkskalender für das gemeine Jahr 1905. 11. Jahrg. Lex.-8°. (136 S.) * K —.70
Feldkirch: Unterberger 1904.

(F) Katholischer Volkskalender für das Jahr 1906. 12. Jahrg. Gr.-8°. (136 S.) Feldkirch: Unterberger 1905. K —.70

— katholischer, f. d. J. 1907. Hrsg. vom christlich-sozialen Volksverein f. das Land Vorarlberg. (XXXII, 136 S. m. Abbildgn., farb. Titelbild u. Wandkalender.) gr. 8. Feldkirch. (F. Unterberger). n.n. — 60

(F) Katholischer Volkskalender für das gemeine Jahr mit der gnadenreichen Geburt unseres Heilandes Jesu Christi. 1910. Gr.-8°. (ill. 136 S.) Feldkirch: Unterberger 1910. * K —.70

— katholischer, f. d. J. 1911. Hrsg. v. christl.-sozialen Volksverein f. d. Land Vorarlberg. (XXXII, 152 S. m. Abb., farb. Titelbild u. Wandkalender.) gr. 8. Feldkirch, F. Unterberger. nn — 60

— katholischer, zu Ehren U. L. Frau vom Berge Karmel f. Ungarn auf d. J. 1895. Hrsg. vom Karmeliten-Konvent in Raab (Györ). 3. Jahrg. 4. (96 u. 21 S. m. Abbildgn. u. 1 farb. Titelbild.) Raab. (Linz, F. J. Ebenhöch.) n.n. — 60

Volks- und Haus-Kalender, katholischer, für die J. 1880—1885. 4. (à Jahrg. 64 S. mit eingedr. Holzschn.) Stuttgart, Verlag des deutschen Volksblatt. à Jahrg. *

Volks- und Haus-Kalender, katholischer, für die J. 1886—1888. 4. (à Jahrg. 64 S.) Stuttgart, Verlag des deutschen Volksblatt. à Jahrg. *

Volks- und Haus-Kalender

—— katholischer, f. 1899. (Ausg. f. d. Reich.) 51. Jahrg. 4. (92 S. m. Abb.) Stuttgart, Deutsches Volksblatt. n. — 40

—— —— katholischer, für Württemberg. 41. Jahrg. 1889. 4. (72 S. mit Abbild.) Ebendas. *

Volks- u. Haus-Kalender, katholischer, f. Württemberg. Jahr 1890—1893. 42.—45. Jahrg. 4. (à Jahrg. ca. 90 S. m. Bildern.) Stuttg., Verlag d. „Deutschen Volksblatts". à Jahrg. * — 30

Volks- u. Haus-Kalender, katholischer, f. Württemberg. 47. Jahrg. 1895. 4. (78 S. m. Bildern.) Stuttgart, „Deutsches Volksblatt". n. — 30

— — katholischer, f. Württemberg. 50. Jahrg. Jubel-Jahrg. 1898. 4. (92 S. m. Abb., 1 Farbdr. u. 1 Bildnistaf.) Ebd. n. — 30; Ausg. f. d. Reich, Österreich u. d. Schweiz n. — 40

— — dasselbe, Fortsetzg., s.: Volks- u. Hauskalender, Stuttgarter katholischer.

Volks-Kalender, Katholischer, für Kärnten. Klgft., St. Hermagoras-Druck., 1874—(79).

Volks- und Kirchen-Kalender, katholischer, s. Kirchen- und Volks-Kalender, katholischer.

Volks-Kalender, katholischer, für die österreichische Monarchie. gr. 8. (128 S. mit eingedr. Holzschn.) Wien, (Woerl.) — 60

(F) Katholischer Volkskalender für die österr. Monarchie mit Berücksichtigung aller Königreiche und Länder. 1908. Gr.-8°. (160, 71 S.) Wien: St. Norbertus 1908. K —.50

— katholischer, für die alte und neue Welt. 1. Jahrg. 1868. 4. (33 S. mit eingedr. Holzschn.) Einsiedeln, Gebr. Benziger. *

Volks-Kalender, Kleiner, für das Schaltjahr 1896. Jahrgang XXXIX. 12. (88 S.) Wien: Moritz Perles 1895.

— (kleiner) danziger, für 1857. 8. (81 S. mit 1 Holzschn.) Danzig 856, Bertling. *

— (kleiner) danziger, für 1858 und 1859. 8. Danzig 857. 58, Bertling. [1858. (72 S. mit 1 Holzschnt.) 1859. (LX und 16 S. mit 1 Holzschnt.)] à Jahrg. * Ist nicht fortgesetzt worden.

Volkskalender, Kleiner Neutitscheiner, für das Jahr 1896. II. Jahrg. M. vielen Illustrationen Kl.-4. (88 S.) Neutitschein: Hosch 1895. —.25

Volkskalender, Kleiner Neutitscheiner, für das Jahr 1897. III. Jahrg. Mit vielen Illustrationen. Kl.-4. (88 S.) Neutitschein: Hosch 1896.—.25

Volkskalender, Kleiner Neutitscheiner, für das Jahr 1898. IV. Jahrgang. Mit vielen Illustrationen. Kl.-4. (88 S.) —.25 Neutitschein: Hosch 1897.

— kleiner Neutitscheiner, f. d. J. 1899. 5. Jahrg. 4. (88 S. m. Abb.) Ebd. n.n. — 50

(F) Kleiner Neutitscheiner Volks-Kalender für das Jahr 1900. VI. Jahrgang. Neutitschein. Hosch. Gr.-8°. VIII, 88 S. fl. —.25

— kleiner Neutitscheiner, f. d. J. 1903. 9. Jahrg. 4. (80 S. m. Abbildgn.) Ebd. n. — 50

Kleiner Neutitscheiner Volkskalender für das Jahr 1904 10. Jahrg. Lex.-8°. (80 S.) K —.40 Neutitschein: Hosch 1903.

(F) Kleiner Neutitscheiner Volkskalender für das Jahr 1905. 11. Jahrg. Lex.-8°. (80 S.) K —.40 Neutitschein: Hosch 1904.

— kleiner Neutitscheiner, f. d. J. 1907. 13. Jahrg. (80 S. m. Abbildgn. u. 1 Bildnistaf.) gr. 8. Ebd. — 35

(F) Kleiner Neutitscheiner Volkskalender für das Jahr 1908. 14. Jahrg. Lex.-8°. Neutitschein: Hosch 1907. K —.40

(F) Kleiner Neutitscheiner Volkskalender für das Jahr 1909. 15. Jahrg. Lex.-8°. (100 S.) K —.40 Neutitschein: Hosch 1908.

(F) Kleiner Neutitscheiner Volkskalender für das Jahr 1910. 16. Jahrg. Gr.-8°. (ill. 100 S.) K —.40 Neutitschein: Hosch 1909.

— kleiner Neutitscheiner, f. d. J. 1911. 17. Jahrg. (108 S. m. Abbildgn.) gr. 8. Ebd. — 35

— kleiner ost- und westpreußischer, auf das J. 1887. 12. (XXVIII, 52 S.) Ebendas. durchsch. Fortsetzung u. d. T.: Kalender, ost- und westpreußischer (s. d.).

— kleiner rheinischer, für 1865 und 1866. Hrsg. von V. Stürmer. 1. und 2. Jahrg. 8. (à Jahrg. XX und 97 S. mit eingedr. Holzschn.) Trier, Gall's Verlag. à Jahrg. *

Volkskalender, Komischer, s.a. Böhringer, J. F.

Volks-Kalender, Komischer, s. u.: Glasbrenner, A.

(Glasbrenner, A.) Komischer Volkskalender f. . . . . Hg.: A. Brennglas.

1846. M. Holzschn. (C. Reinhardt).
1847. M. Holzschn. (C. Reinhardt).
1848. M. Holzschn. (C. Reinhardt).
1849. M. Holzschn. (Hosemann) Br. 159.
1850. M. Holzschn. (Hosemann) Br. 173.
1851. M. Holzschn. (Hosemann u. Kretschmer) Br. 187.
1852. M. Holzschn. (Hosemann u. Peters) Br. 200.
1853. M. Holzschn. (J. Peters).
1854. M. Holzschn. (A. Schrödter)

Berlin u. Hamburg.

Komischer Volkskalender 1846 (für 1847, 1848, 1849) herausgegeben von Adolf Brennglas (Glaßbrenner). Mit vielen Illustrationen (von C. Reinhardt, Th. Hosemann u. A.) Hamburg, Verlags-Comtoir (1846—1848). Berlin (1849). 2 Bde. 8.

— komischer, für 1847—1853. Hrsg. von Ad. Brennglas (Glaßbrenner). Mit vielen Illustr. von C. Reinhardt, Th. Hosemann, Alb. Kretzschmer, Jul. Peters (in eingedr. Holzschn.) 2—8. Jahrg. 8. (1847: 122 S. 2. Aufl. 122 S. 1848: 124 S. 1849: 126 S. 1850: 134 S. 1851: 128 S. 1852: . . . S. 1853: 120 S.) Hamburg, Verlags-Comptoir. Berlin, Expedition (Simion). à n. 1/3 ℳ

— komischer, für 1853 und 1854. Hrsg. von A. Brennglas. Mit vielen Illustr. (in eingedr. Holzschn.) (8. und 9. Jahrg.) 8. (120 und 126 S.) Hamburg 852—53, Verlags-Comptoir. à Jahrg. *

Komischer Volks=Kalender v. A(dolf) Brennglas [d.i. Adolf Glaßbrenner]. Mit [Holzschn.-]Ill. v. A[dolf] Schrödter (,H[erbert] König [u. a.]). Hamburg: Verlags-Compt. (10/1858 ff.: Dresden: Rob. Schaefer) [1853—1858]. 8°

Fortges. u. d. T. Lustiger Volks-Kalender für 1858 ff.
[9/] 1854: [1853.] 126 S., 3 Bl.
11/ 1858: [1857.] 127 S.

— komischer, für 1866. Von Adf. Brennglas (Glaßbrenner). Mit Beiträgen von Cohnfeld, G. Heil, A. Löwenstein ꝛc. 22. Jahrg. Illustrirt von Gust. Heil. Wien, Sallmayer & Co. 8. (XXX, 128 S. mit eingedr. Holzschn.) n. 10 ngr

— — für 1867. Mit Beiträgen von Cohnfeld, A. Löwenstein, R. Schmidt ꝛc. 23. Jahrg. Illustrirt von Gust. Heil. Berlin, A. Jonas. 8. (144 S. mit eingedr. Holzschn.) n. 10 ngr.

Koseritz' Deutscher Volkskalender für die Provinz Rio Grande do Sul:
Jahrgang 1, 1874
Annual almanac, evidently preceded by an almanac published by Koseritz which appeared as early as 1862, but no further information. Variations in title: Deutscher Volkskalender für das Kaiserreich Brasiliens, 1889–1890; Deutscher Volkskalender für Brasilien, 1891–1938. Published by Verlag von Walther Kuhn, 1874–1877; Verlag von Carl Koseritz (also as: Karl von Koseritz), 1878–1879; In Commission bei Ter Bruggen & Comp., 1880–1881; In Commission bei Gundlach & Comp. (Adolf Heinrich Gundlach), 1882–1883; Druckerei von Gundlach & Comp. 1884–1901; Krahe & Comp., successors to Gundlach & Krahe, 1902–1938.
Porto Alegre

— landwirthschaftlicher, für 1841—1846. Herausgeg. unter Leitung der k. k. Landwirthschafts=Gesellschaft für Tirol u. Vorarlberg. 1.—6. Jahrg. 4. Innsbruck, Wagner. à n. 1/6 ꝑ

Volks-Kalender, landwirthschaftlicher f. das J. 1847. Hrsg. unter der Leitung der k. k. Landwirthschafs=Gesellschaft in Tirol u. Vorarlberg. 7. Jahrg. gr. 4. (56 S.) Innsbruck, Wagner. n. 4 ngl

Volks=Kalender, Landwirthschaftlicher — für das Schaltjahr nach der gnadenreichen Geburt unseres Heilandes Jesu Christi 1856. Herausgegeben unter der Leitung der k. k. Landwirthschafts=Gesellschaft für Tirol und Vorarlberg. Vierzehnter Jahrgang. Innsbruck, gedruckt und zu finden in der Wagner'schen Buchhandlung. (27 Bl. 4.)

—— landwirthschaftlicher, für das gemeine J. 1862. Hrsg. unter der Leitung des k. k. landwirthschaftl. Vereines für Tirol und Vorarlberg. 19. Jahrg. 4. (... S.) Innsbruck, Wagner'sche Universitäts=Buchh.

Landwirthschaftlicher, für das gemeine Jahr nach der gnadenreichen Geburt unsers Heilandes Jesu Christi 1867. Herausg. unter der Leitung des k. k. Landwirthschafts-Vereines für Tirol. 24. Jahrg. Innsbruck: Vereinsbuchhandlung 1866. 54 S. 4°

Volks- und Notizkalender, landwirthschaftlicher, für den deutschen Landwirth auf das J. 1879. Hrsg. von Gust. Jäger. 8. (108 S.) Nünderoth. (Leipzig, Giegler.) — 50

Volks- und Landwirthschafts-**Kalender** für Tirol und Vorarlberg, s.a. Volkskalender, Vereinigter, und Landwirthschaftskalender ...

Volks- und Landwirthschafts-Kalender für Tirol und Vorarlberg auf die J. 1881—1885. 61.—65. Jahrg. 4. (à Jahrg. ca. 94 S. mit eingedr. Holzschn.) Innsbruck, Wagner'sche Universitäts-Buchh. à Jahrg. **

Volks- und Landwirthschafts-Kalender für Tirol und Voralberg auf die J. 1886—1889. 66—69. Jahrg. 4. (à Jahrg. ca. 94 S. mit eingedr. Holzschn.) Innsbruck, Wagner'sche Universitäts-Buchh. à Jahrg. **

—— vereinigt mit dem Landwirthschafts-Kalender für Tirol und Vorarlberg auf die J. 1881—1885. 61.—65. Jahrg. 4. (à Jahrg. ca. 96 S. mit eingedr. Fig.) Innsbruck, Wagner'sche Universitäts=Buchh. à Jahrg. ** — 50

—— vereinigt mit dem Landwirthschafts-Kalender für Tirol und Vorarlberg auf die J. 1886—1888. 66.—68. Jahrg. 4. (86; IV, 88; IV, 88 S. mit Illustr.) Innsbruck, Wagner'sche Universitäts=Buchh. à Jahrg. ** — 50

—— vereinigt mit dem Landwirthschafts-Kalender f. Tirol u. Vorarlberg auf die J. 1889—1893. 69.—73. Jahrg. 4. (à Jahrg. ca. 72 S.) Innsbr., Wagner. à Jahrg. ** — 50

Volks=Kalender, Leipziger, 1876. Hrsg. vom Leipziger Zweigverein der Gesellschaft f. Verbreitg. v. Volksbildg. gr. 4. (72 S. m. eingedr. Holzschn.) Leipzig, Seemann in Comm. n. — 50

— Lichtenfelser, f. d. J. 1905. (48 S. m. Abbildgn.) gr. 8. Lichtenfels, (H. O. Schulze). n. — 20.
In katholischer u. protestantischer Ausg. erschienen.

— Lippischer, auf das Jahr 1867, worin zum Besten der Bürger u. Landleute viele gemeinnützige u. unterhaltende Aufsätze, die Lippische Gesinde=Ordnung vom 29. Febr. 1864, Anecdoten ꝛc. enthalten sind. Detmold, Meyer'sche Hofbuchh. 8. (64 S.) 3 ngr

MARIA Lourdes Volkskalender. Budapest 1898. - 220 mm

Volks-Kalender, Lustiger. s. u.: Glasbrenner, A.

Lustiger Volks-Kalender
s.a. Komischer Volks-Kalender.

—— lustiger, oder: Kein Tag ohne Witz! Ein humoristisch-satyr. Jahrbuch für 1855 und 1856. Mit vielen Illustr. (in eingedr. Holzschn.) 1. und 2. Jahrg. 8. (à Jahrg. XVI und 112 S.) Wien, Dirnböck. [1. Jahrg. * 10 Ngr., 2. Jahrg. * 9 Ngr.] Thlr. *

(Glasbrenner, A.) Lustiger Volks-Kalender.
1858. M. Holzschn. (C. Reinhardt.)
1859. M. Holzschn. (H. König.)
1860. M. Holzschn. (R. de Beaux.)
1861. M. Holzschn. (R. de Beaux.)
1862. M. Holzschn. (G. Heil.)
1863. M. Holzschn. (G. Heil).
1864. M. Holzschn.
1865. M. Holzschn.
1866. M. Holzschn. (G. Heil.)
1867. M. Holzschn. (G. Heil.)
Berlin, Leipzig, Dresden.

—— lustiger, für 1858—62 von Adf. Brennglas (Glasbrenner.) Mit Beiträgen von J. und E. Cohnfeld, G. Horn ꝛc. 10—14. Jahrg. Illustrirt (in eingedr. Holzschn.) von G. Heil. 8. (à Jahrg. ca. 128 S.) [Dresden.] Leipzig, G. J. Purfürst. à Jahrg. *
Vom Jahrg. 1859 sind 2 Auflagen erschienen.

— lustiger, für 1860 u. 61. von Adf. Brennglas [Glaßbrenner]. 12. u. 13. Jahrg. Illustrirt von R. de Baux. Leipzig, R. Schäfer. (Purfürst.) 8. Jeder Jahrg. n. 12 ngr

—— lustiger, für 1863 von Adf. Brennglas (Glasbrenner). Mit Beiträgen von J. und E. Cohnfeld, Heil, A. L. ꝛc. 15. Jahrg. 8. (120 S. mit eingedr. Holzschn.) Leipzig, Purfürst. *

—— dass. — für 1864 und 1865. 20. und 21. Jahrg. Illustrirt von Gust. Heil. 8. (à Jahrg. 137 S. mit eingedr. Holzschn.) Wien, Markgraf. à Jahrg. *

—— lustiger, für das lachende Deutschland auf das J. 1866. 4. (28 S. mit vielen kom. Bildern in eingedr. Holzschn.) München 865, (Büttner.)

—— lustiger wiener, für alle Stände auf das J. 1856. gr. 16. (64 S. mit 40 eingedr. Holzschn.) Wien 855, (Wenedikt.) *

Volkskalender, lustiger Wiener — für alle Stände auf das Jahr 1857. Mit 40 Holzschnitten. Wien. In Kommission bei Alb. A. Wenedikt. (52 S. 8.)

Volks-Kalender, lutherischer, ein freundl. Gehilfe und Rathgeber zur Erweckung und Beförderung des kirchl. und bürgerl. Lebens der lieben Christenheit auf die J. 1853—55. 8. und 4. Breslau, [Geisler.] [1853. (164 S. mit 1 Stahlst.) 1854. (174 S.) 1855. (86 S.) 852—54.] à Jahrg. *

—— dass. — auf das J. 1856. (5. Jahrg.) 8. (188 S.) Rogasen 855, Schulbuchhandlung. *

—— lutherischer, besonders für die deutsche Jugend Amerika's für das J. 1881. Hrsg. vom Kinderblattmann. 8. (XVI, 105 S. mit eingedr. Holzschn. und 1 color. Stnt.) New-York. (Dresden, H. J. Naumann.) * 1 20

—— magdeburger, f. d. J. 1842. Neue Folge, 1. Jahrg. 8. (11 B., 8 Stnt. u. ¼ B.: Gedenkbuch, Schrbp.) Magdeburg (841), E. Baensch. *

—— Magdeburger, für das J. 1869. Nebst einem richtigen Jahrmarkts-Verzeichniß. 1. Jahrg. 8. (LXII, 90 S. mit 4 Abbild. in Holzschn.) Magdeburg, Heinrichshofen'sche Buchh. * — 80

— Mecklenburgischer, für 1851. gr. 8. (XVI u. 144 S m. eingedr. Holzschn.) Schwerin, Kürschner (jetzt: Hildebrand). Ohne Stempel n. ½ ₰

Molotschnaer Volks-Kalender für die dt. Ansiedler in Süd-Rußland auf das Jahr 1881–1914. - Prischib, Taurien: Schaad [1880–1913].

— Molotschnaer, f. d. deutschen Ansiedler in Süd-Rußland auf d. J. 1899. 12. (112 S.) Prischib, G. Schaad. n. — 50

— Molotschnaer, f. die deutschen Ansiedler in Süd-Rußland auf d. J. 1905. (116 S.) 8. Prischib, G. Schaad. (Nur direkt.) n. — 50

— Molotschnaer, f. die deutschen Ansiedler in Süd-Rußland auf d. J. 1911. 31. Jahrg. (130 S.) 8. Prischib, G. Schaad. — 45

Volkskalender für die österreichische Monarchie für das Jahr 1883. 8 (128 S.) geh. 30 kr. Wien: Wörl 1882.

Der Neue Allgemeine Nützliche Volks-Calender: no. 1–2, 1801–1802?
Edited & published by Christian Jacob Hütter.
Lancaster, PA

— neuer, oder Beiträge zur angenehmen u. nützl. Unterhaltung f. den Bürger u. Landmann. 1r bis 15r Jahrg., für d. J. 1793—1807, von G. F. Palm, J. L. Ewald, Küster, Fröbing, J. C. Kühlmann, F. J. Kutscher, Stelzner u. Petri. Mit Kpf. 8. Hannov., Hahn. (à 9 ℊℊ) 5 ₰ 15 ℊℊ 16r—20r Jahrg., herausg. von J. G. C. Stelzner u. F. J. Kutscher. 8. Ebd. 808—12. (à 9 ℊℊ) 1 ₰ 21 ℊℊ

Neuer Volkskalender, oder Beiträge zur nützlichen und lehrreichen Unterhaltung... (1794. 1797. 1798.) Hannover: Hahn 1794-98. 8°
(1794:) 1794.

(1797:) 2. Aufl. 1797.
(1798:) 1798.

(1797 ff.) von G[eorg] F[riedrich] Palm

Volkscalender, Neuer, auf das Jahr 1795 [und 1796] oder Beyträge zur nützlichen ... Unterhaltung für allerley Leser ... Hannover 1794—97. H: *Palm, Georg Friedrich.* (ML)

— neuer, für 1839. 1r Jahrg. 8. Osterode, Sorge. n. ⅓ ₰

—— neuer, f. 1846. 8. (12½ B. u. 6 Stahlst.) Stettin, Müller u. Comp. *

—— neuer, für die J. nach der Geburt Jesu Christi 1876—1880. 16. (à ca. 48 S.) Wien, Perles. à Jahrg. * cart. à Jahrg. *

—— neuer, für das J. 1881—1885. 12. (à Jahrg. 48 S.) Wien, Perles. à Jahrg. * — 24

—— neuer, für die J. 1886—1889. 12. (à Jahrg. 48 S.) Wien, Perles. à Jahrg. * — 24 cart. à Jahrg. * — 40

—— neuer, f. d. J. 1890—1893. 46.—49. Jahrg. 16. (à Jahrg. ca. 50 S.) Wien, Perles. à Jahrg. * — 24; cart. * — 40

Volkskalender. Neuer, für das gemeine Jahr nach der Geburt Jesu Christi 1894. 12. (46 S.) — 12
Wien: Perles 1893.

— neuer, f. d. J. 1895. gr. 16. (48 S.) Wien, M. Perles. n. — 24; kart. n. — 40

Volks-Kalender, Neuer, pro 1897. XL. Jahrg. 12. (44 S.) —.12
Derselbe. Cartonnirt Wien: Perles 1896. —.20

— neuer, f. d. J. 1899. gr. 16. (49 S.) Wien, M. Perles. n. — 24; kart. n. — 40

— neuer, f. d. J. 1903. gr. 16. (51 S.) Wien, M. Perles. n. — 16; kart. n. — 30

(F) Neuer Volkskalender für das Schaltjahr nach der Geburt Jesu Christi 1904. 8°. (46 S.) K —.16
Wien: Perles 1903.

(F) Neuer Volkskalender für das gemeine Jahr nach der Geburt Jesu Christi 1905. 8°. (46 S.) K —.16
Wien: Perles 1904.

— neuer, f. d. J. 1907. (52 S.) 16. Wien, M. Perles. n. — 16; kart. — 30

(F) Neuer Volkskalender für das Jahr 1910. 8°.
Wien: Perles 1909. K —.16, kart. K —.30

— neuer, f. d. J. 1911. (52 S.) 16. Wien, M. Perles. — 16; geb. — 30

— neuer, f. d. J. 1889—1893. I.—IV. Jahrg. gr. 16. (à Jahrg. 144 S.) Hermannst., Krafft. à Jahrg. ** — 40

Volkskalender, Neuer, für das Jahr 1894. Fünfter Jahrgang. Mit einem Bildniß D. G. D. Teutsch's und anderen Abbildungen. 8. (130 S.) —.20
Hermannstadt: Krafft 1893.

— neuer, f. d. J. 1895. 6. Jahrg. gr. 16. (145 S. m. Abbildgn.) Hermannstadt, W. Krafft. n.n. — 40

Volkskalender, Neuer, für das Jahr 1896. Jahrgang VII. Mit einem Bilde Dr. Beden's von Scharberg, und anderen Abbildungen. 8. (158 S.)
Hermannstadt: Krafft 1895.

Volkskalender, Neuer, für das Jahr 1897. Jahrgang VIII. Mit den Bildnissen von Stephan Ludwig Roth und Dr. Carl Wolff und anderen Abbildungen.) 8. (168 S.) —.20
Hermannstadt: Krafft 1896.

Volkskalender, Neuer, für das Jahr 1898. IX. Jahrgang. Mit einem Bildnisse Wittstock's und anderen Abbildungen. 16. (165 S.) —.20
Hermannstadt: Krafft 1897.

— neuer, f. d. J. 1899. 10. Jahrg. gr. 16. (187 S. m. Abb. u. Titelbild.) Hermannstadt, W. Krafft. n.n. — 40

(F) Neuer Volkskalender für das Jahr 1900. XI. Jahrgang. Mit einem Bilde der Teutschdenkmal-Enthüllungsfeier und anderen Abbildungen. Hermannstadt. [1899.] Krafft. 8°. 214 S. fl. —.20

(F) Neuer Volkskalender für das Jahr 1901 XII. Jahrgang. Mit 37 Abbildungen. Hermannstadt. Krafft. 8°. 188 S. K —.30

(F) Neuer Volkskalender für das Jahr 1902. XIII. Jahrgang. Mit 35 Abbildungen. Hermannstadt. Krafft. 8°. 214 S. mit 2 Tafeln K. —.30

— neuer, f. d. J. 1903. 14. Jahrg. gr. 16. (210 S. m. Abbildgn.) Hermannstadt, W. Krafft. n. — 25; landwirtschaftl. Ausg. n. — 25

Neuer Volkskalender für das Schaltjahr 1904. 15. Jahrg. 8°. Ausgabe *A.* (ill. 168 S.) K —.30; Ausgabe *B.* (ill. 160 S.) Hermannstadt: Krafft 1903. K —.30

(F) Neuer Volkskalender für das Jahr 1905. 16. Jahrg. Ausgabe A. 8°. (ill. 176 S.) Hermannstadt: Krafft 1904. K —.30

(F) Neuer Volkskalender für das Jahr 1905. 16. Jahrg. Landwirtschaftliche Ausgabe B. 8°. (ill. 176 S.) K —.30 Hermannstadt: Krafft 1904.

Volks-Kalender, neuer, f. d. J. 1907. 18. Jahrg. (192 S. m. Abbildgn.) kl. 8. Hermannstadt, W. Krafft. n. — 25; landwirtschaftl. Ausg. (200 S. m. Abbildgn.) n. — 25

(F) **Neuer Volkskalender** für das Schaltjahr 1908. XIX. Jahrg. 8°. (224 S.) Hermannstadt: Krafft 1907. K —.40

— neuer, f. d. J. 1911. 22. Jahrg. (224 S. m. Abb. u. 1 Bildnis.) kl. 8. Hermannstadt, W. Krafft. — 40; Ausg. f. Landwirtsch. u. f. Raiffeisensche Genossenschaften. (224 S. m. Abb. u. 1 Bildnis.) — 40

Volks-Kalender, Neuer allgemeiner — auf das Jahr nach Christi Geburt 1855. IV. Jahrgang. 8. (144 S.) Bochnia. Druck und Verlag von Laurenz Pisch.

Volkskalender, neuer Baierscher, für den Bürger u. Landmann, für d. J. 1803—33. 30 Jahrgg. 8. Münch. 802—32. Fleischmann. (à 6 kr.) 7 fl. 12 kr.

— neuer bayerischer, für den Bürger u. Landmann auf die Jahre 1834—1841. 4. München 833—40 Fleischmann. 1/4 fl.

— neuer bayerischer illustrirter, für den Bürger- und Bauersmann auf das J. 1868, worin zum Besten der Bürger und Landleute viele gemeinnütz. und zweckmäß. Aufsätze enthalten sind. 57. Jahrg. 4. (80 S.) München, Fleischmann'sche Hofbuchh. *

— neuer Chemnitzer, herausg. v. Chr. Gf. Kretschmar. 4. Chemnitz 800—804.

— neuer gemeinnütziger, 1—7. Jahrg. Auf d. J. 1829—35. Mit Ansichten u. Karten. 8. ... Stettin, [Morin'sche Buchh.]

— neuer gemeinnütziger, 8. u. 9. Jahrg. Auf d. J. 1836 u. 37. 8. (17 3/4 u. 14 1/2 B.) Stettin, Saunier. à J. *

— neuer, gemeinnütziger, 1r—5r Jahrg. 1833-1837, zum Nutzen u. Vergnügen für alle Stände. Mit Stahlstichen u. Karte von Europa von L. v. Malinowski. 8. Burg, Otto. à n. 1/3 fl.

— neuer gemeinnütziger, auf d. J. 1838—44. 6—12. Jahrg. Mit viel. Abbild. u. Stnt. 8. Burg u. Berlin, Otto'sche Bh. à *

— dass. f. d. J. 1846 u. 1847. 8. (à 10 B. m. Holzschn.) Ebds. à 7 1/2 Ngr. Mit Anhang à J.

— neuer Hannoverscher. 1871—1875. 1.—5. Jahrg. 4. (à Jahrg. 64 S. mit eingedr. Holzschn.) Hannover. (Celle, Schulze'sche Buchh.) à Jahrg. * — 50

— neuer hannoverscher, 1876—1878. 6.—8. Jahrg. 4. (à ca. 80 S. mit eingedr. Holzschn.) Hannover. (Celle, Schulze'sche Buchh.) à Jahrg. *

— dass. — 1879 und 1880. 9. und 10. Jahrg. 4. (à ca. 70—80 S. mit eingedr. Holzschn.) Hannover, Klindworth. à Jahrg. *

— neuer hannoverscher, für 1881—1885. 11.—15. Jahrg. gr. 4. (à Jahrg. 80 S. mit eingedr. Holzschn. und 1 Stnt.) Hannover, Klindworth. à Jahrg. * — 50

— neuer hannoverscher, 1886—1889. 16.—19. Jahrg. 4. (à Jahrg. ca. 80—90 S. mit eingedr. Illustr., 1 Chromolithogr. und 1 Wandkalender.) Hannover, Klindworth's Verlag. à Jahrg. * — 50

— neuer hannoverscher, 1890—1893. 20.—23. Jahrg. 4. (à Jahrg. 70—80 S. m. Abbildgn. u. 1 Wandkal.) Hannov., Klindworth. à Jahrg. — 50

— neuer hannoverscher. 1895. 25. Jahrg. 4. (78 S. m. Abbildgn., 1 Farbendr. u. Wandkalender.) Hannover, Klindworth. — 50

— neuer illustrirter, für die J. 1876—1880. gr. 4. (à 80 S. mit eingedr. Holzschn. und Holzschntaf.) Dresden, Dietrich. à Jahrg.

Volks-Kalender, Neuer illustrierter, für das Jahr 1893. XXXVIII. Jahrg. 12. (46 S.) —.12
Derselbe cartonnirt. Wien: Perles 1892. —.20

—— neuer illustrirter deutscher, auf die J. 1857—62. Mit Originalbeiträgen von F. Nissel, M. Reich, Martin, Proschko u. A. m. Hrsg. von F. Menk-Dittmarsch. 8. (à Jahrg. ca. LIV S. und Jahrbuch des Unterhaltenden und Belehrenden 179 S. mit eingedr. Holzschn. und 4 Stahlst.) Wien, Typographisch-literarisch-artistische Anstalt. à Jahrg. *

Volkskalender, neuer, illustrirter — für alle Kronländer des österreichischen Kaiserstaates auf das Jahr 1856. Mit Originalbeiträgen von Dr. A. Dux, J. G. Seidl, L. Scheyrer, F. Tiller, Js. Proschko, R. Puff, J. Meßner, F. A. Behrnauer u. A. m. Herausgegeben von F. Menk-Dittmarsch. Zweiter Jahrgang. Dritte Auflage. Wien. Druck und Verlag von L. C. Zamarski. Titelbild: Der Frauenzwanzga. (XVIII. 253 S. 2 Bl. 8.)

—— neuer illustrirter, für alle deutschen Länder auf das J. 1857. Mit Originalbeiträgen von A. Dux, Martin, F. Nissel, J. Ohswaldt ꝛc. Hrsg. von F. Menk-Dittmarsch. 8. (62 S. und Jahrbuch des Unterhaltenden und Belehrenden 170 S. mit eingedr. Holzschn. und 4 Chromolith.) Stuttgart 856, Schaber. *

— Neuer illustrirter, für Stadt- und Landleute für das Jahr 1890. XV. Jahrg. 8. (96 S.)
Wien: Dittmarsch 1889. —.30

Volkskalender, Neuer illustrirter, für Stadt und Landleute, auf das Schaltjahr 1892. 8. (48 S.)
Wien: Dittmarsch' Selbstverlag 1891. —.30

—— neuer illustrirter, f. Stadt- u. Landleute auf d. J. 1893. Hrsg. v. F. Menk-Dittmarsch. gr. 8. (L, 32, 32, 20 S.) (Ebd.) * — 60

— neuer illustrirter, für Ungarn u. Siebenbürgen für 1867. Hersg. von Thdr. Oettinger. Redig. von Frz. Alb. v. Monte Dego. Pest, Heckenast's Verlag. hoch 4. (96 S. mit eingedr. Holzschn.) 12 ngr.

Neuer illustr., f. Ungarn u. Siebenbürgen auf d. Schaltj. 1884. Wien: G. Szelinski's U.-B. 1883. 80 S. gr.-8°

Neuer illustr. f. Ungarn und Siebenbürgen auf das Jahr 1885. XX. Jahrg. Wien: Georg Szelinski 1884. 80 S. gr. 8°

Neuer illustrirter, für Ungarn und Siebenbürgen. Auf das Schaltjahr 1888. Wien: Szelinski 1887. 80 S. gr. 8°

— neuer Niederrheinischer, für 1849. Hrsg. von Roderich Benedix. Mit Beiträgen von L. v. G., Kaufmann u. m. A. Mit (lith.) Originalzeichnungen von Osterwald. 8. (XXXII u. 163 S.) Köln, J. G. Schmitz in Comm. n. 1/3 Thlr.

Volkskalender, Neuer niedersächsischer,
s.a. Volkskalender, Niedersächsischer.

—— neuer niedersächsischer, f. d. J. 1892 u. 1893. 18. u. 19. Jahrg. hoch 4. (à Jahrg. ca. 70 S. m. Text-Bildern, 1 Farbendr. u. 1 Wandkal.) Hamb., Carly. à Jahrg. — 50
Frühere Jahrgg. erschienen bei Roussel in Bremen.

— neuer niedersächsischer, f. d. J. 1896. 4. (64 S. m. Abb., 1 Farbendr. u. 1 Wandkal.) Hamburg, H. Carly. — 50

—— neuer Oldenburger, auf die J. 1869—1875. 19.—23. Jahrg. 4. (à Jahrg. 28 S. mit eingedr. Holzschn.) Oldenburg, Schulze'sche Buchh. à Jahrg. * — 20

—— neuer Oldenburger, auf die J. 1876—1880. 24.—28. Jahrg. Mit vielen Illustr. (in eingedr. Holzschn.). 4. (à 28 S.) Oldenburg, Schulze'sche Hofbuchh. à Jahrg.

—— neuer Oldenburger, auf die J. 1881—1885. 29.—33. Jahrg. 4. (à Jahrg. 30 S. mit vielen eingedr. Holzschn.-Illustr.) Oldenburg, Schulze'sche Hofbuchh. à Jahrg. — 20

—— neuer Oldenburgischer, für den Bürger und Landmann auf die J. 1862—68. 10.—16. Jahrg. 4. (à Jahrg. 28 S.) Oldenburg, Schulze'sche Buchh. à Jahrg. *

— neuer Oldenburgischer, für den Bürger u. Landmann auf die Jahre 1862—71. 10—19. Jahrg. Oldenburg, Schulze'sche Buchh. 4. Jeder Jahrg. (28 S.) n. 2 ngr.

Volkskalender, Neuer österreichischer, auf das Jahr 1894. 8. (94 S.) —.30
Wien: Szelinski 1893.

Volkskalender, Neuer österreichischer, auf das Jahr 1895. 8. (118 S.) —.30
Wien: Szelinski 1894.

Volkskalender, Neuer österreichischer Illustrirter — für das Jahr 1855. 8. (192 S. u. Abbildungen.) Druck und Verlag von J. P. Sollinger's Buchdruckerei.

— neuer ost- u. westpreußischer, auf das Gemeinjahr 1875. Zur Unterhaltg. u. Belehrg. f. Alt u. Jung. 16. (94 S.) Tilsit, Reyländer & Sohn. — 30;
gr. 16. (120 S.) — 50; 8. (160 S.) — 90

—— dass. — gr. 16. (120 S.) Ebendas. 874.

—— dass. — 8. (160 S.) Ebendas. 874.

Volks-Kalender, neuer (pommerscher,) für 1847. Redig. von Th. Drobisch. 8. (40 und 156 S. mit 6 Stahlst.) Stettin, [Müller'sche Buchh.] Thlr. *

— neuer, für Tyrol u. Vorarlsberg, auf d. gemeine J. 1821. 1r Jahrg. 4. Insbr. 821. Wagner. 6 gr.

Volks-Kalender, Neuer — für Tirol und Vorarlberg auf das Schaltjahr nach der gnadenreichen Geburt unseres Heilandes Jesu Christi 1856. Mit mehrern Abbildungen. Sechs und dreißigster Jahrgang. Innsbruck, gedruckt und zu finden in der Wagner'schen Buchhandlung. (27 Bl. 4.)

—— neuer, für Tirol und Vorarlberg auf das gemeine J. 1862. 42. Jahrg. Mit Abbildungen. 4. (... S.) Innsbruck 861, Wagner'sche Universitäts-Buchh. 6 1/2 Ngr; geb.
geb. mit Goldschn.

—— neuer westfälischer, zur Unterhaltung und Belehrung für Jedermann. Jahrg. 1869 und 1870. 16. (III, 167; III, 152 S., mit eingedr. Holzschn. und Holzschntaf.) Münster, Russell's Verlag. à Jahrg. *

Volks- u. Hauskalender, neuester unterhaltender, historischer, auf d. J. 1827—33. 1r—7r Jahrg. 8. Quedlinb. 826—32. Ernst. 1r—6r J. à 6 gr. 7r J. 8 gr. 1 Thlr. 20 gr.

Volks- u. Haus-Kalender, neuester unterhalt. histor., zum Nutzen f. Jedermann auf d. J. 1829—35. 3—9. Jahrg. 8. Quedlinburg, Ernst. [3. u. 4. (à 11¼ B.), 5. (11 B.), 6. (12¼ B.), 7. (11¼ B.), 8. (12¼ B.), 9. (12½ B. u. 1 Ansicht.) à 8 Gr.] Thlr.
1. u. 2. Jahrg. 1827 u. 28. Ebendas. à 8 Gr. — 1—7. J. hrbgs. Pr. à 6 Gr.

— Neumarkter, s.a. Volks-Kalender, Regensburger.

— Neumarkter, f. d. J. 1903. 4. (86 S. m. Abbildgn.) Regensburg (J. Habbel). n. — 20

— Neumarkter, f. d. J. 1907. (112 S. m. Abbildgn.) gr. 8. Regensburg (J. Habbel). n. — 20

—— Neutitscheiner, 1880—1885. Mit einem Anhang: Vollständiges Personal-Handbuch des Neutitscheiner Kreises. 1.—6. Jahrg. 4. (à Jahrg. ca. 143 S. mit eingedr. Illustr. und 1 Chromolithogr.) Neutitschein, Hosch. cart. à Jahrg. * 1 —

—— Neutitscheiner, 1886—1889. Mit einem Anhang: Vollständiges Personal-Handbuch des Neutitscheiner Kreises. 4. (à Jahrg. ca. 140 S. mit Illustr. und 1 Chromolithogr.) Neutitschein, Hosch. cart. à Jahrg. * 1 —

—— Neutitscheiner, 1890—1893. Mit e. Anh.: Vollständiges Personal-Handbuch d. Neutitscheiner Kreises. Lex.-8. (XXVI, 128; XXVI, 132; XXVIII, 128; XXVIII, 178 S. m. Illustr. u. je 1 Farbendr.) Neutitschein, Hosch. cart. à Jahrg. * 1 —

Volks-, Haus- und Wirthschafts-Kalender, neuverbesserter und vervollständigter für die J. 1869—1875. 4. (à Jahrg. 86 S., mit eingedr. Holzschn.) Pirna, Verlags-Contor. à Jahrg. *

— Neuwieder f. d. J. 1874. 16. (104 S.) Neuwied, Heuser. n. — 40

—— Neuwieder, für die J. 1875—1880. 16. (à ca. 104 S.) Neuwied, Heuser'sche Verlagsh. à Jahrg. *

— niederbayerischer, auf d. J. 1899. 8. (75 S. m. Abb.) Passau (M. Waldbauer). n. — 20

— niederbayerischer, auf d. J. 1903. 7. Jahrg. 8. (76 S. m. Abbildgn. u. Wandkalender.) Passau (M. Waldbauer). n. — 20

— niederbayrischer, auf d. J 1906. 10. Jahrg. (74 S. m. Abbildgn.) gr. 8. Passau (M. Waldbauer). — 20

— niederbayerischer, auf d. J. 1911. 15. Jahrg. (88 u. 27 S. m. Abb.) gr. 8. Passau, M. Waldbauer. — 20

—— niederrheinischer, a. d. J. 1836—42. Zum nützl. u. angenehm. Gebr. f. Jedermann. 1—7. Jahrg. Mit Stntafn. 8. Wesel, Bagel. à J. * 8 Gr., hrbgs. Pr. à *

—— niederrheinischer, auf d. J. 1843—47. 8—12. Jahrg. Hrsg. v. Roder. Benedix. 8. Mit Stnt. u. Holzschn. Wesel, Bagel. à J. *
1—7. Jahrg. 1836—42. Ebendas. Hrbgef. Pr. à * 5 Ngr.

—— niederrheinischer, auf d. J. 1848—53. 13—18. Jahrg. Wesel, Bagel. [13. (XXXIV und 160 S. mit eingedr. Holzschn., 1 farbig. und 9 in Ton gedr. Stnt.) 14. (XXXIV und 160 S. mit 1 farb. und 16 in Ton gedr. Stnt.) 15. (XXXIV und 160 S. mit 1 farb. und 18 in Ton gedr. Stnt.) 16. (XLII und 160 S. mit eingedr. Holzschn., 2 farb. und 14 in Ton gedr. Stnt. und 1 ill. Karte.) 17. (XLII und 160 S. mit eingedr. Stnzeichn. und 2 farb. und 6 in Ton gedr. Stnt.) 18. (XLII und 160 S. mit eingedr. Stnzeichn., 4 Stahlst. und 4 Stnt.)] à Jahrg. *

—— niederrheinischer, auf die J. 1854—57. 19—22. Jahrg. Mit Stahlst. und Stnt. 8. (à Jahrg. ca. XLII und 160 S. mit eingedr. Lithogr.) Wesel 853—55, Bagel. à Jahrg. *

—— niederrheinischer, auf die J. 1858—62. 23—27. Jahrg. à Jahrg. mit (8) Stahlst. und Steinzeichnungen (woron 2 chromolithogr.) 8. (à Jahrg. XLII und 160 S. mit eingedr. Holzschn.) Wesel, Bagel. à Jahrg. *

— niederrheinischer, auf die Jahre 1859—64. 24—29. Jahrg. Mit schönen Steinzeichnungen. Wesel, Bagel. 8. Jeder Jahrg. n. 10 ngr.

—— niederrheinischer, auf das J. 1864. 29. Jahrg. 8. (XXXIV und 160 S. mit schönen Steinzeichnungen.) Wesel, Bagel. 10 Ngr.; cart. * —

—— niederrheinischer, auf die J. 1876—1880. 41.—45. Jahrg. Mit vielen Steinzeichnungen und Holzschn. 8. (à ca. XLII, 175 S.) [Wesel.] Düsseldorf, Bagel's Verlag. à Jahrg. * ℳ 1.; geb. à Jahrg. *

—— niederrheinischer, auf die J. 1881—1885. 46.—50. Jahrg. Illustrirt nach Orig.-Zeichnungen Düsseldorfer Künstler. 8. (à Jahrg. ca. XLII, 176 S.) Düsseldorf, F. Bagel. à Jahrg. * ℳ 1.; geb. * 1 25

—— niederrheinischer, auf die J. 1886—1889. 51.—54. Jahrg. Illustrirt nach Orig.-Zeichnungen Düsseldorfer Künstler. 8. (XLII, 176 S. mit 1 Wandkalender; XLII, 176; XLII, 176; XXXIV, 176 S.) Düsseldorf, F. Bagel. à Jahrg. * ℳ 1.—.; geb. à Jahrg. * 1 25

—— niederrheinischer, auf d. J. 1890—1893. 55.—58. Jahrg. 8. (à Jahrg. XXXIV, 176 S. m. Illustr. u. 1 Wandkal.) Düsseld., F. Bagel. à Jahrg. * 1 —

— Niederrheinischer, zur Beförderung d. Tugend, des Frohsinns, des Gewerbfleißes u. häusl. Glückseligkeit, für d. J. 1800—3. 8. Köln, Rommerskirchen. (à 8 gl.) 1 ß 8 gl.

Volkskalender, Niedersächsischer,
s.a. Volkskalender, Neuer niedersächsischer.

—— niedersächsischer, für 1875. 4. (76 S.) Bremen, Nordwestdeutscher Volksschriften-Verlag. * — 50

—— niedersächsischer, für 1876—1880. 4. (à ca. 80 S. mit eingedr. Holzschn. und 1 Holzschntaf.) Bremen, nordwestdeutscher Volksschriften-Verlag. à Jahrg. *

—— niedersächsischer, für 1881—1884. 6.—9. Jahrg. 4. (à Jahrg. ca. 75 S. mit eingedr. Holzschn., 1 Chromolithogr. und 1 Wandkalender.) Bremen, Nordwestdeutscher Volksschriften-Verlag. à Jahrg. * — 50
Ausg. für Hannover à Jahrg. * — 50

—— dass. — für 1885. hoch 4. (75 S. mit 1 Chromolithogr. und 1 Wandkalender.) Bremen, Roussell. * — 50
Erscheint auch u. d. T.: Familienkalender, Bremer.

—— niedersächsischer, für 1886—1888. 12.—14. Jahrg. Lex.-8. (75; 78; 78 S. mit eingedr. Illustr., 1 Chromolithogr. und 1 Wandkalender.) Bremen, Roussell. à Jahrg. * — 50

—— niedersächsischer illustrirter. 1880. (1. Jahrg.) 4. (72 S. mit eingedr. Holzschn. und 1 Chromolithogr.) Hannover, Meyer. *

—— niedersächsischer illustrirter, 1881 und 1882. (2. und 3. Jahrg.) 4. (à Jahrg. 72 S. mit eingedr. Holzschn. und 1 Chromolithogr.) Hannover, Meyer. à Jahrg. * — 50
Nicht weiter erschienen.

Nieritz' deutscher Volkskalender. 1851—1858
s. Deutscher Volkskalender. Leipzig.

— nordischer. (Ansgar-Kalender), f. d. J. 1911. 6. Jahrg. Kalender f. die Katholiken Schleswig-Holsteins, Mecklenburgs, der Hansastädte u. des Fürstent. Lübeck. (16, 126 u. 16 S. m. Abbildgn., 1 Farbdr. u. Wandkalender.) gr. 8. Essen, Fredebeul & Koenen. — 40

Der Northampton Volks Kalender. 1876? — 1875? Easton, PA
Edited & published by Joseph Cole & Eduard Morwitz

—— oberlausitzer, auf das J. 1848. Nebst einem Anhange: Oberlausitzer Jahrbuch des Nützlichen und Angenehmen. Mit vielen Abbild. 8. (32 und 72 S. mit 4 Stnt. und eingedr. Holzschn.) Neusalza, Oeser. * —

— Oldenburger, auf das Jahr 1883. 31. Jahrg. Mit vielen (eingedr. Holzschn.-)Illustr. 4. (28 S.) Oldenburg, Schulze. — 20

Volks-Kalender, Oldenburger, auf d. J. 1885. 33. Jahrg. Mit vielen Illustr. 4. (30 S.) Oldenburg, Schulze. — 20

—— Oldenburger, auf die J. 1886—1889. 34.—37. Jahrg. Mit Illustr. 4. (à Jahrg. 30 S.) Oldenburg, Schulze'sche Hofbuchh. à Jahrg. — 20

—— Oldenburger, auf d. J. 1890—1893. 38.—41. Jahrg. 4. (à Jahrg. 28—30 S. m. Illustr.) Oldenb., Schulze. à Jahrg. — 20

— oldenburger, auf d. J. 1897. 45. Jahrg. M. Illustr. 4. (II, 30 S.) Oldenburg, Schulze. — 15

— Oesterreichischer, für d. J. 1845—1847. Herausgeg. von J. N. Vogl. Mit vielen Illustrationen. 1.—3. Jahrg. 8. Wien 844—46, Strauß Wwe. u. Sommer. (Jasper's Buchh.) à 5/12 ℔

— Oesterreichischer, für die J. 1848—1853 v. Joh. Nep. Vogl. [4—9. Jahrg.] 8. (1848: XXVIII u. 218 S. m. Holzschn. 1849: XXX u. 210 S. m. eingedr. Holzschn. — 2 u. 3. Aufl. XXX u. 210 S. m. eingedr. Holzschn. 1850: XVIII u. 216 S. m. eingedr. Holzschn. 1850: 2 u. 3. Aufl. XVIII u. 216 S. m. eingedr. Holzschn. 1851: XXVIII u. 176 S. m. eingedr. Holzschn. u. 7 Holzschntaf. 2. Aufl. XXVIII u. 176 S. m. eingedr. Holzschn. u. 7 Holzschntaf. 1852: XXVIII u. 186 S. m. eingedr. Holzschn. u. 7 Holzschntaf. 2. Aufl. XXVIII u. 186 S. m. eingedr. Holzschn. u. 7 Holzschntaf. 1853: XXVI u. 174 S. m. eingedr. Holzschn. u. 5 Holzschntaf. 2. Aufl. XXVI u. 174 S. m. eingedr. Holzschn. u. 5 Holzschntaf.) Wien. (Leipzig, Hübner.) à n. 12 ngr.

—— österreichischer, für 1854—56. von Joh. Nep. Vogl. 10—12. Jahrg. Mit eingedr. Holzschn. 8. Wien. (Leipzig, Hübner. [10. Jahrg. (XXVI und 174 S. mit 6 Holzschnt.) 11. (XXVIII und 181 S. mit 7 Holzschnt.) 12. (201 S. mit 8 Holzschnt.) 853—55.] à Jahrg. *

— oesterreichischer, für das Jahr 1854—59. 10—15. Jahrg. Mit Holzschn. Wien, Sommer. (Klemm.) 8. Jeder Jahrg. n. 12 ngr.

—— oesterreichischer, für die J. 1858—62. 14—18. Jahrg. 8. Wien, (F. Klemm.) [1858. 1—4. Aufl. (254 S. mit eingedr. Holzschn. und 8 Holzschnt.) 1859. 1—3. Aufl. (208 S. mit eingedr. Holzschn. und 7 Holzschnt.) 1860. 1. und 2. Aufl. (XXX und 172 S. mit eingedr. Holzschn., 2 Holzschnt. und 1 Musikstück.) 1861. (XXXIII und 166 S. mit eingedr. Holzschn., 2 Holzschnt. und 1 Musikstück.) 1862. 2. Aufl. (XXXII und 171 S. mit eingedr. Holzschn., 5 Holzschnt. und 1 Musikstück.)] à Jahrg. *

— österreichischer, für die Jahre 1860—65. 16—21. Jahrg. Mit Holzschn. u. Musikbeilagen. Wien, Sommer. (F. Klemm.) 8. Jeder Jahrg. n. 12 ngr.

—— österreichischer, 1863—68. 19.—24. Jahrg. Beiträge von Aug. Silberstein, Mor. Bermann, K. A. Kaltbrunner 2c. und einer Komposition von Suppé. 8. (à Jahrg. XXXII und 163 S. mit eingedr. Holzschn. und Holzschntaf.) Wien 866, Klemm. à Jahrg. *

—— österreichischer, 1869—1875. 25.—31. Jahrg. Mit Beiträgen von Aug. Silberstein, M. A. Grandjean, K. Haselbach, Rud. Hinterhuber 2c. 8. (à Jahrg. XXXII und 158—162 S. mit eingedr. Holzschn. und Holzschntaf.) Wien, Klemm. [Sommer und Comp.] à Jahrg. * 1 20

—— österreichischer, 1876 und 1877. 32. und 33. Jahrg. Mit Beiträgen von Aug. Silberstein, J. C. Engl, W. Hamm 2c. Musik von A. Emil Titl. 8. (à ca. XXXII, 169 S. mit eingedr. Holzschn. und Holzschntaf.) Wien, Sommer und Comp. à Jahrg. *

—— österreichischer. Mit (Holzschn.-)Abbildungen. 1. und 2. Jahrg. 1879 und 1880. 4. (à ca. 117 S.) Graz, [Vereins-Buchdruckerei.] Verlagsbuchh. Styria. à Jahrg. *

— österreichischer katholischer, für das Jahr 1862. Herausg. von Frz. Isidor Proschko. 4. Jahrg. Linz, Danner. 8. (25 Bl., 128 S. u. 1 Lithogr.) n. 12½ ngr.

—— österreichischer katholischer, für das gemeine Jahr 1863, herausg. von Dr. Fr. Isidor Proschko. 5. Jahrg. Mit Beiträgen von Alb. Zuber, Adalbert Stifter, Franz Stelzhammer, K. A. Kaltenbrunner, Jul. Ebersberg u. A. Mit Athanasius Eduard Zuber's Portrait. 8. (XXXII. 124 S.) Linz, Danner in Comm. 1862 70 kr.

— — österreichischer katholischer, für das Jahr 1866. Herausg. von Dr. Franz Isidor Proschko. Mit Beiträgen von Prof. P. J. N. Hinteröcker, S. J. Dr. Joh. Bapt. Schiedermayr, Domdechant, und Franz Haslinger. 8. Jahrg. Mit 1 Stahlstiche. 8. (XLVIII u. 127 S.) Linz, Danner's Verlag. 1865 65 kr.

— österr., neuester u. feuerster 12 kr., für das Jahr 1865. 12. (LXXIX. S.) Wien, Kalender-Expedition. 1864. 12 kr.

Volks- und Wirthschafts-Kalender, österreichischer, für das Schaltjahr 1852. Hrsg. vom Vereine zur Verbreitung von Druckschriften für Volksbildung. Bearb. von J. B. Salfinger. 2. Aufl. Mit mehreren Illustr. hoch 4. (LXIV und 115 S. mit eingedr. Holzschn.) Wien 851, [Pichler's Witwe und Sohn.] *

Volks- und Wirthschafts-Kalender, österreichischer, für die J. 1853 und 1854. Hrsg. vom Vereine zur Verbreitung von Druckschriften für Volksbildung. (Redig. unter Leitung der Vereins-Direction von C. A. Kaltenbrunner.) 2. und 3. Jahrg. Mit mehreren Illustr. (in eingedr. Holzschn.) Lex.-8. (XLII und 172 S. und XLII und 156 S.) Wien 852—53, Sollinger's Wwe. à Jahrg.

Kalender, Oesterreichischer Volks- und Wirthschafts- — für das Gemeinjahr 1855. Herausgegeben vom Vereine zur Verbreitung von Druckschriften für Volksbildung. Vierter Jahrgang. Mit einem Titelbilde, einem lithograph. Plane und vielen Holzschnitten. gr. 8. (LIV. 152 S. und 6 Blatt.) Wien. Druck und Verlag von J. P. Sollinger.

Volks- und Wirthschafts-Kalender, Oesterreichischer — für das Schaltjahr 1856. Herausgegeben vom Vereine zur Verbreitung von Druckschriften für Volksbildung. Fünfter Jahrgang. Mit einem Titelbilde (Franz Karl), vielen Holzschnitten und einer Musikbeilage. Wien. Druck und Verlag von Karl Ueberreuter. (XLVIII. 154 S. 12 Bl. 8.)

Volks- und Wirthschaftskalender, österreichischer — für das Jahr 1858. Herausgegeben vom Vereine zur Verbreitung von Druckschriften für Volksbildung. 7. Jahrg. Mit vielen Holzschnitten und 2 Karten. Wien. Druck und Verlag von A. Pichlers Witwe und Sohn. (172 S. 5 Bl. kl. 4.)

Volks- und Wirthschafts-Kalender, österreichischer, für die J. 1860—62. Hrsg. vom Vereine zur Verbreitung von Druckschriften für Volksbildung. 9—11. Jahrg. Lex.-8. Wien, Brandel und Ewald. [9. Jahrg. (IV und 206 S. mit 1 lithogr. Titelbild in qu. gr. 4.) 10. (LIX und 160 S. mit 1 lithogr. Titelbild in qu. gr. 4.) 11. (LX und 164 S. mit 1 Titelbild in Holzschn. in qu. Fol. und 7 eingedr. Holzschn.)] à Jahrg. *

Volks- und Wirthschafts-Kalender, österreichischer, für das J. 1865. Hrsg. vom Vereine zur Verbreitung von Druckschriften für Volksbildung. 14. Jahrg. Lex.-8. (LVI und 167 S. mit 1 Titelkpfr. und 8 Holzschn.) Wien, Brandel. cart.

Volks- u. Wirthschafts-Kalender, österreichischer, für die Jahre 1865—71. Hersg. vom Vereine zur Verbreitung von Druckschriften für Volksbildung. 14—20. Jahrg. Wien, Fromme. Lex.-8. Jeder Jahrg. (LVI, 167 S. mit 1 Titelkpfr. in 8 Holzschn.) cart. 8 ngr.

—— dass. — auf die J. 1872—1875. Hrsg. vom oesterreich. Volksschriften-Verein. 21.—24. Jahrg. gr. 8. (à Jahrg. ca. 230 S., mit 1 Titelbild, Holzschntaf. in qu. 4.) Ebendas. geb. à Jahrg. *

Volks- und Wirthschafts-Kalender, österreichischer, auf das Schaltj. 1876. Hrsg. vom österreich. Volksschriften-Verein. 25. Jahrg. gr. 8. (CII, 102 S. mit eingedr. Holzschn. und lithogr. Ansicht von Laibach in qu. gr. 4.) Wien, Fromme. cart. * — 96

Nicht weiter erschienen.

Volks-Kalender, Oesterreichisch-katholischer — zur Verbreitung von Religiösität und Vaterlandskenntniß und zum Nutzen der Haus- und Landwirthschaft. Für das Jahr 1855 Von Dr. J. F. Castelli. 8 (220 S. und 1 Portrait des Verfassers) Wien. Druck und Verlag von Leopold Grund.

— österreichisch-ungarischer, f. d. J. 1904. Hrsg. u. red. v. F. A. Dorfmeister. (144 S. m. Abbildgn) gr. 8. Wien, Dorfmeister. Kart. — 45

—— für die Provinzen Ostpreußen, Westpreußen, Pommern, Posen und Schlesien auf die J. 1879 und 1880. 11. und 12. Jahrg. Mit vielen (eingedr.) Holzschn. 8. (à 200 S.) Ebendas. à Jahrg.

—— für die Provinzen Ostpreußen, Westpreußen, Pommern, Posen und Schlesien auf die J. 1881—1885. 13.—17. Jahrg. 8. (à Jahrg. ca. 200 S. mit eingedr. Holzschn. und 1 Chromolithogr.) Thorn, E. Lambeck. à Jahrg.

—— für die Provinzen Ostpreußen, Westpreußen, Pommern, Posen und Schlesien für die J. 1886—1889. 18.—21. Jahrg. Mit vielen Holzschn. 8. (168; 70, 120; 72, 113; 72; 112 S.) Thorn, E. Lambeck. à Jahrg.

— ost- u. westpreußischer, für das Jahr 1869. 1. Jahrg. Mit vielen (eingedr.) Holzschn. Thorn. Königsberg, (Theile.) 8. (XL, 142 S.) n. 10 ngr.

—— ost- und westpreußischer, auf die J. 1869—1875. Zur Unterhaltung und Belehrung für alle Stände. 8. (à Jahrg. 110—140 S., mit Illustr. in eingedr. Holzschn.) Königsberg, Hartung'sche Verlagsdr. 1869—1873 à * 1 —
1874 * — 90
1875 — 57

—— ost- und westpreußischer, auf die J. 1876—1880. Zur Unterhaltung und Belehrung für alle Stände. Mit (eingedr. Holzschn.-)Illustrationen. 8. (XXVIII, 103; 120; 128; 128; 130 S.) Königsberg, Hartung'sche Verlagsdruckerei. à Jahrg.

—— ost- und westpreußischer, auf die J. 1881—1885. Zur Unterhaltung und Belehrung für alle Stände. 8. (à Jahrg. ca. 140 S.) Königsberg, Hartung'sche Verlagsdruckerei. à Jahrg.

—— ost- und westpreußischer, auf das J. 1886. Zur Unterhaltung und Belehrung für alle Stände. 8. (XXVIII, 104 S.) Königsberg, Hartung'sche Verlagsdr.

—— dass. — auf das J. 1887. 12. (XXVI, 112 S.) Ebendas. durchsch.

Nicht weiter erschienen.

Ost- und Westpreußischer Volks-Kalender. [1.] 1905. Königsberg: Hartung [1904]. 8° [F.]
(Gratisprämie d. 'Königsberger Hartungschen Zeitung'.)
Forts. von Ost- u. Westpreuß. Kalender [illegible]10

— ost- u. westpreußischer, auf d. J. 1907. (24 u. 146 S. m. Abbildgn.) 8. Königsberg, Hartung. — 30; durchsch. — 40

— ost- u. westpreußischer, auf d. J. 1911. (XXVI, 161 S. m. Abbildgn.) kl. 8. Königsberg, Hartung. — 30; durchsch. — 40

— Pfälzer, auf d. J. 1896. 4. (61 S. m. Abb.) Kaiserslautern, Buchh. d. Ev. Vereins f. d. Pfalz. n. — 20

Plattdütscher Volks-Kalender. [illegible] Cincinnati, OH
[illegible]

Plattdütscher Volks-kalender. Cincinnati, 1882.

— plattdütscher, f. 1898. Hrsg. v. d. „New Yorker Plattdütschen Post". gr. 4. (58 S. m. Abb.) New York. (Leipzig, International News Company.) 1. —

— plattdütscher, f. 1899. Hrsg. v. der „New Yorker Plattdütschen Post". gr. 4. (55 S. m. Abbildgn.) New York. (Leipzig, International News Company.) 1. —

—— politischer, für das J. 1875. Ausg. für Oberösterreich. 5. Jahrg. 8. (XXXII, 80 S.) Linz, Danner. *

Pommerscher Volks-Kalender. [1.] 1901. Stettin (Appel & Co.) 1901. 8° [F.] [illegible]

—— practischer, für das J. 1871. 8. (88 S.) Hildesheim, Nolte und Schneidler. *

— praktischer, auf d. J. 1884 f. das Fürstenth. Osnabrück, Großherzogth. Oldenburg u. die angrenzenden Landestheile. 16. (128 S. m. Illustr.) Osnabrück, (Veith). n. — 20

—— des kathol. Preßvereins in Prag für das J. 1873. 2. Jahrg. gr. 4. (98 S. mit 1 Holzschntaf.) Prag, (Hunger.) *

— des kathol. Preßvereins in Prag f. d. J. 1873. 2. Jahrg. gr. 4. (98 S. m. 1 Holzschntaf.) Prag, (Kosmack & Neugebauer.) — 90

—— für die Provinzen Preußen, Pommern, Posen und Schlesien auf die J. 1869—1875. 1.—7. Jahrg. 8. (à Jahrg. 120—175 S., mit vielen eingedr. Holzschn.) Thorn, Lambeck. 1869—1874 à *
1875

—— für die Provinzen Preußen, Pommern, Posen und Schlesien auf die J. 1876—1878. 8.—10. Jahrg. Mit vielen (eingedr.) Holzschn. 8. (198; 196; 196 S.) Thorn, E. Lambeck. à Jahrg.

—— preußischer, a. d. J. 1842. Zur Unterhalt. u. Belehr. f. alle Stände. 8. (11 B. u. 5 Stahlst.) Königsberg 841, Bon's Buchh. *

—— preußischer f. die Jahre 1842—46. Von Gust. Nieritz. Mit Beiträgen von Mehreren. Mit Holzschn. 8. Berlin, Klemann. à *

Hat gleichlautenden Inhalt mit dem von G. Nieritz hrsg. sächs. Volkskalender.

—— preußischer, für d. J. 1847—50. 8. Mit eingedr. Holzschn. Berlin, Klemann. à Jahrg. *

Hat gleichen Inhalt mit dem von Gust. Nieritz hrsg.: Sächsischen Volks-Kalender.

— Preußischer, für das Schaltjahr 1848. Hrsg. von Gust. Nieritz. Mit Originalbeiträgen von Willib. Alexis, Frdr. Gerstäcker, Ludw. Kalisch, Gust. Nieritz, K. Simrock. Mit vielen Holzschn. 8. (188 S.) Berlin, Klemann. n. 1/3 ℛ︀

Volks-Kalender, prophetischer. Taschenbuch der nächsten Zukunft in Prophezeihungen, Vorgeschichten u. Verkündigungen aus alter u. neuer Zeit auf das Jahr 1862. Herausg. von A. Werner. 1. Jahrg. Münster, Wundermann in Comm. 32. (125 S.) n. 10 ngr.

Protestantischer Volks-Kalender. 1886 ?

Edited by the Rev. U. Haengaertner Pittsburgh. Published by the Verein der Prediger der Deutschen Evangelisch-Protestantischen Kirche von Nord-Amerika. Printed by Newport Printing Co., Newport, Ky.

Pittsburgh, PA

—— für alle Provinzen d. österreich. Monarchie, z. Einführ. u. Verbreit. heilsamer, gemeinnütz. Anstalten, insbesond. d. ersten österreich. Sparkasse u. d. damit vereinigten allgem. Versorgungsanstalt in Wien, u. ihrer Commanditen ꝛc. für alle Stände. 1—3. Jahrg. 1833—35. gr. 4. Wien, [Tendler u. Comp.] à J. *

Puck's Volkskalender : 1880 ?

Edited by Leopold Schenck, 1883. Published by Keppler & Schwarzmann. Title varies: NUR DIE WELT.

New York, NY

—— rhätischer, für die J. 1887 und 1888. 4. (à Jahrg. 80 S. mit Illustr. und 1 Wandkalender.) Chur, (Rich.) à Jahrg. *

Nicht weiter erschienen.

— reformirter, auf d. J. 1894. Hrsg. v. Eichhorn. gr. 8. (143 S. m. Bildern u. Wandkalender.) Hannover, (Kniep'sche Buchh.). n. — 50

— reformirter, auf d. J. 1895. Hrsg. im Auftrage des Reformirten Bundes vom Central-Bureau f. die reformirte Kirche Deutschlands. 8. (121 S.) Berlin, Verlag der Reformirten Kirchenzeitg. (K. J. Müller). n. — 50

— reformirter, auf d. J. 1896. Hrsg. v. Eichhorn. Geschrieben v. A. Heilmann. 8. (164 S. m. Abb. u. Wandkal.) Hannover, Geschäftsstelle d. Sonntagsblattes „D. einige Trost". n. — 50

Volks-Kalender, Regensburger, f. d. J. 1899. 4. (88 S. m. Abb.) Regensburg, J. Habbel. n. — 20

— Regensburger, f. d. J. 1903. 4. (86 S. m. Abb.) Regensburg, J. Habbel. n. — 20

— Regensburger, f. d. J. 1907. (128 S. m. Abbildgn.) gr. 8. Regensburg, (J. Habbel). n. — 20

— Regensburger, f. d. J. 1911. (111 S. m. Abb.) gr. 8. Regensburg, (J. Habbel). — 20

Auch u. d. T.: Amberger, bayerischer u. Neumarkter Volkskalender.

—— rheinischer, für 1865 und 1866. Hrsg. von P. Stürmer. 1. und 2. Jahrg. 8. (à Jahrg. ca. XX und 210 S. mit 1 Stahlst. und eingedr. Holzschn.) Trier, Gall's Verlag. à Jahrg. *

—— rheinischer, auf die J. 1885—1889. 4. (à Jahrg. ca. 80 S. mit eingedr. Illustr. und 1 Chromolithogr.) Wiesbaden, Bechtold und Comp. à Jahrg. *

—— rheinischer, f. 1890—1893. 4. (à Jahrg. 60—80 S. m. Bildern u. Beigaben.) Wiesb., Bechtold u. Comp. à Jahrg. * — 50

— rheinischer, 1899. 4. (72 u. 8 S. m. Abb., 1 Farbdr., 1 Wandkal. u. 1 Portemonnaie-Kal.) Wiesbaden, R. Bechtold & Co. — 50

— rheinischer, 1900. 4. (80 u. 3 S. m. Abb., 1 Farbdruck u. Wandkal.) Wiesbaden, R. Bechtold & Co. — 50

— rheinischer, m. Plauder-Stübchen der bad. Vetter f. d. J. 1907. 30. Jahrg. (79 u. 7 S. m. Abbildgn. u. 1 Taf.) gr. 8. Mainz, (Kirchheim & Co.). — 25

— rheinischer, m. Plauder-Stübchen der badischen Vetter f. d. J. 1911. 34. Jahrg. (89 u. 9 S. m. Abbildgn. u. 2 Farbdr.) gr. 8. Mainz (Kirchheim & Co.). — 25

—— rheinisch-westfälischer, für die J. 1875—1880. 1.—6. Jahrg. [Des Einsiedler-Kalenders 35.—40. Jahrg.] 4. (à ca. 56 S. mit eingedr. Holzschn. und Stnt.) Emmerich, Romen'sche Buchh. à Jahrg. *

Volks- u. Geschäfts-Kalender, Rheinisch-Westphälischer f. d. Gemeinjahr 1827. gr. 12. Hamm, Schulz.

Volks- u. Geschäftskalender, rheinisch-westphälischer, f. 1828—34. 2—8. Jahrg. 8. ... Hamm, Schulz. [2. u. 3. à 8 Gr., 4—7. à 10 Gr., 8. 8 Gr.]

1. Jahrg. 1827. Ebendas. 8 Gr. — 1—7. J. ungetrennt, hrbgs. Pr. 1 Thlr. 1 Gr.

Volks- u. Geschäftskalender, Rheinisch-Westphälischer, für 1834—1838. 8r—12r Jahrg. 8. Hamm u. Soest, Schulzische Buchh. à n. 1/3 ℛ︀ (Die ersten 11 Jahrgg. ungetrennt n. 1 1/3 ℛ︀, einzeln à n. 1/6 ℛ︀)

Volkskalender für Rio Grande do Sul: no. 1, 1865 ? Porto Alegre

— römisch-katholischer, f. d. J. d. Heils [Schaltj.] 1876. Hrsg. von Ludw. v. Essen. 16. (XLVIII, 158 S. m. eingedr. Holzschn.) M.-Gladbach, Blank. n. — 50

— Sächsischer, hrsg. von Karl Steffens. 8. (220 S. m. 7 Stahlst. u. 8 Holzschn.) Leipzig, Hartmann. n. 5/12 ℛ︀

—— sächsischer, f. d. J. 1845—47. Hrsg. v. Carl Steffens. 8. Leipzig, Hartmann. à J. *

Vgl.: Volkskalender. Hrsg. v. Carl Steffens.

—— sächsischer, f. d. J. 1842. Hrsg. v. Gust. Nieritz. Breit 16. (10 B., 1 Stahlst. u. viele Holzschn.) Leipzig, [Berlin, Klemann.] *

—— sächsischer, f. d. J. 1843—47. Hrsg. v. Gust. Nieritz. Mit viel. eingedr. Holzschn. Leipzig, Geo. Wigand. [1843. (10 B. u. 4 Stnt.) 44. (10 1/4 B. u. 1 Stahlst.) 45. (10 B. u. 4 Holzschnitttaf.) 46. (10 1/2 B. u. 8 Kunstbl.) 47. (9 3/8 B.)] à *

Wurde auch unt. d. Tit.: Preußischer Volkskalender ꝛc., ausgegeben. Jahrg. 1842. Ebendas. * 10 Ngr.

— Sächsischer, auf das J. 1848. Hrsg. v. Gust. Nieritz. Mit Beiträgen von Willib. Alexis, Frdr. Gerstäcker, K. Simrock, Ludw. Kalisch. Mit vielen Holzschn. 8. (188 S.) auf das J. 1849. Hrsg. von Gust. Nieritz. Mit 3 Kpfrst. u. 20 Holzschn. 8. (150 S.) Leipzig, G. Wigand. à n. 1/3 ℛ

—— sächsischer, auf d. J. 1848—50. Hrsg. von Gust. Nieritz. Mit Holzschn. und Kpfrt. 8. Leipzig, [Schlicke.] à Jahrg. *

Die Fortsetzung s. Volks-Kalender, deutscher. Hrsg. von G. Nieritz.

—— sächsischer, 1878. Hrsg. vom Sächs. Schriftenvereine. 4. (76 S. mit eingedr. Holzschn. und Lichtdr.-Portr. des Königs von Sachsen.) Dresden. (Leipzig, Buchh. des Vereinshauses.) * — 40

—— dass. — 1879. 4. (XXVI, 46 S. mit 1 Lichtdr.) Leipzig, Buchh. des Vereinshauses. * — 40

—— dass. — 1880. 4. (ca. 70 S.) Dresden. (Leipzig, Buchh. des Vereinshauses.) * — 40

—— sächsischer, 1881—1885. 4. (à Jahrg. ca. 76 S. mit Holzschn. und 1 Chromolithogr.) Dresden. (Leipzig, Buchh. des Vereinshauses.) à Jahrg. *

—— sächsischer, 1886—1888. Hrsg. von der Niederlage des Schriftenvereins zu Dresden. 4. (à Jahrg. 80 S. mit Illustr. und 1 Chromolithogr.) Dresden. (Leipzig, Buchh. des Vereinshauses.) à Jahrg. *

—— dass. — 1889. Hrsg. von der Niederlage des Schriftenvereins zu Dresden. 4. (88 S. mit Illustr., 1 Chromolithogr. und 1 Plan.) (Ebendas.) *

—— sächsischer. 1890—1893. 4. (à Jahrg. ca. 90 S. m. Bildern u. Beigaben.) Dresd., Niederlage d. Vereins zur Verbreitg. christl. Schriften. à Jahrg. * — 50

— sächsischer, 1895. 4. (86 S. m. Bildern, 1 Farbendr. u. Wandkalender.) Dresden, Niederlage d. Vereins zur Verbreitg. christl. Schriften. n. — 50

— sächsischer, 1899. 4. (80 S. m. Bild., 1 Farbdr. u. Wandkal.) Dresden, Niederlage zur Verbreitung christl. Schriften. n. — 50

— sächsischer, 1903. 4. (96 S. m. Abbildgn., 1 Farbdr. u. Wandkalender.) Dresden, Niederlage des Vereins zur Verbreitg. christl. Schriften. n. — 50

— sächsischer, 1907. 30. Jahrg. (97 S. m. Abbildgn., 1 Farbdr. u. Wandkalender.) gr. 8. Dresden, Niederlage des Vereins zur Verbreitg. christl. Schriften. n. — 50

— sächsischer, 1911. 34. Jahrg. (98 S. m. Abbildgn., 1 Farbdr. u. Wandkalender.) gr. 8. Dresden, Niederlage des Vereins zur Verbreitg. christl. Schriften. — 50

Volks- u. Geschichten-Kalender, königl. sächs. konzess. Dresdner, f. d. J. 1895. 161. Jahrg. Große Ausg. 4. (65 S. m. Bildern, 1 Farbendr. u. 1 Wandkalender.) Dresden, Gustav-Adolf-Verlag. — 50; mittlere Ausg. (49 S. m. Bildern u. 1 Farbendr.) — 40; kleine Ausg. (33 S. m. Bildern.) — 25

Volks- u. Geschichten-Kalender, königl. sächs. konzess. Dresdner, f. d. J. 1899. 165. Jahrg. Große Ausg. 4. (64 u. 2 S. m. Bildern u. Wandkalender.) Dresden-Blasewitz, Gustav-Adolf-Verlag. — 50

Volks- u. Geschichten-Kalender, königl. sächs. konzess., f. d. J. 1899. 165. Jahrg. Mittle Ausg. 4. (48 u. 2 S. m. Abbildgn.) Nebst Beilage: Dittrich, Max: König Albert-Festschrift. Eine volksthüml. Biographie. (16 S. m. Abbildgn.) Dresden-Blasewitz, Gustav Adolf-Verlag. — 40; kleine Ausg. (32 u. 2 S. m. Abbildgn.) — 25

— — königl. sächs. konzess. Dresdner, für das J. 1903. 169. Jahrg. Mit 4 Gratisbeilagen: 1 Buntdr.-Bild, 1 Wand- u. 1 Taschenkalender, 1 Markt-Verzeichnis. 4. (64 u. 2 S. m. Abbildgn.) Ebd. — 50

Erscheint nur noch in einer Ausgabe.

Volks- u. Geschichten-Kalender, königl. sächs. konzess. Dresdner f. d. J. 1907. 173. Jahrg. Mit 4 Gratisbeilagen: 1 Buntdr.-Bild, 1 Wand- u. 1 Taschenkalender, 1 Marktverzeichnis. (48 S. m. Abbildgn.) gr. 8. Dresden-Blasewitz, Gustav-Adolf-Verlag. — 50

Volks- u. Geschichten-Kalender, kgl. sächs. konzess. Dresdner, f. d. J. 1911. 177. Jahrg. Mit 4 Gratisbeilagen: 1 Buntdr.-Bild, 1 Wand- u. 1 Taschenkalender, 1 Markt-Verzeichnis. (81 u. 16 S. m. Abbildgn.) gr. 8. Dresden-Blasewitz, E. Leonhardi. — 50

—— königl. Sächs. concessionirter Erzgebirgischer. 1873. 4. (64 S. mit eingedr. Holzschn. und 2 Holzschntaf.) Schneeberg, Goedsche'sche Buchh. * — 38

— sächsischer, f. die Oberlausitz. 1911. 34. Jahrg. (98 u. VI S. m. Abbildgn., 1 Farbdr. u. Wandkalender.) gr. 8. Dresden, Niederlage des Vereins zur Verbreitg. christl. Schriften. — 50

Volks-Kalender, Satirisch-humoristisch., der Hamburger Wespen f. . . . 1864. 109 S. M. Ill. v. Chr. Förster. Wien u. Hamburg.

—— schlesischer, für 1879 und 1880. (1. und 2. Jahrg.) Hrsg. von dem schles. Provinzial-Verein für Innere Mission. 8. (à ca. 100 S. mit eingedr. Holzschn.) Breslau, (Max und Comp.) à Jahrg. * — 30

— schlesischer, f. 1891. Hrsg. v. dem schles. Provinzialverein f. innere Mission. 13. Jahrg. 8. (48 u. 79 S. m. Illustr. u. farb. Titelbild.) Liegnitz. (Leipzig, Böhme Nachf.) n. — 30

—— schlesischer, f. 1892 u. 1893. Hrsg. v. dem schles. Provinzialverein f. innere Mission. 14. u. 15. Jahrg. 8. (à Jahrg. ca. 110 S. m. Text-Bildern, 1 Farbendr. u. 1 Wandkal.) Liegnitz, Christl. Schriftenniederlage d. Vereins. à Jahrg. — 30

Den 12. u. 13. Jahrg. debitirte Böhme Nachf. in Leipzig.

— schlesischer, f. 1895. Hrsg. v. dem schles. Provinzialverein f. innere Mission. 17. Jahrg. 8. (72 S. m. 1 farb. u. Textabbildgn. u. 1 Wandkalender.) Liegnitz, Christliche Schriftenniederlage. n. — 30

— schlesischer, f. 1899. Hrsg. v. d. schles. Prov.-Verein f. inn. Mission. 21. Jahrg. 8. (48 u. 64 S. m. Abb., 1 Farbdr. u. 1 Wandkal.) Liegnitz (Christliche Schriftenniederlage). — 30

— schlesischer, f. 1903. Hrsg. v. dem schles. Prov.-Verein f. innere Mission. 25. Jahrg. 8. (48 u. 72 S. m. Abbildgn., 1 Farbdr. u. Wandkalender.) Liegnitz (Buchh. des schles. Prov.-Vereins f. innere Mission). — 30

— schlesischer, f. 1904. Hrsg. v. dem schles. Prov.-Verein f. innere Mission. 26. Jahrg. (48 u. 80 S. m. Abbildgn., 1 Farbdr. u. Wandkalender.) 8. Liegnitz, (Buchh. des schles. Prov.-Vereins f. innere Mission). — 30

— schlesischer, f. 1907. 29. Jahrg. (64 S. m. Abbildgn., 1 Farbdr. u. Wandkalender.) gr. 8. Berlin, Schriftenvertriebsanstalt. — 25

— schlesischer, f. 1911. 33. Jahrg. Hrsg. vom schles. Prov.-Verein f. innere Mission in Verbindg. m. der Schriftenvertriebsanstalt G. m. b. H., Berlin. (64 S. m. Abbildgn., 1 Farbdr. u. Wandkalender.) gr. 8. Berlin, Schriftenvertriebsanstalt. — 25

(F) **Schlesisch-mähr. Volkskalender** für Haus- und Landwirtschaft für das Jahr 1906. 16. Jahrg. Gr.-8. (96 S.) K —.30
Freudenthal: W. Krommer 1905.

— schlesisch-mährischer, f. Haus- u. Landwirtschaft auf d. J. 1907. 17. Jahrg. (80 S.) gr. 8. Freudenthal, W. Krommer. — 25

(F) **Schlesisch-mährischer Volkskalender** für Haus- und Landwirtschaft für 1908. 18. Jahrg. 8°. (104 S.) K —.30
Freudenthal: W. Krommer 1907.

— schlesisch-mährischer, f. Haus- u. Landwirtschaft auf d. J. 1910. 20. Jahrg. (91 S. m. Abbildgn.) 8. Freudenthal, W. Krommer. — 25

— für Schleswig, Holstein u. Lauenburg, s.: Volksbuch.

— für Schleswig-Holstein auf die J. 1886—1889. 8. (XL, 144; XL, 143; XXXII, 128; XXXII, 128 S. mit Illustr.) Breklum, Christl. Buchh. à Jahrg. *
Frühere Jahrgänge [von 1875 an] u. d. T.: Neuer Kalender.

Volks-Kalender für Schleswig-Holstein auf d. J. 1890—1893 12. (à Jahrg. XXXII, 128 S. m. Bildern.) Breklum, (Christl. Buchh.). à Jahrg. * — 40

— für Schleswig-Holstein auf d. J. 1895. Nebst Hausbuch. 8. (32 u. 128 S. m. Bildern.) Breklum, (Christl. Buchh.). n. — 40

— f. Schleswig-Holstein auf d. J. 1899. Hrsg. v. Chr. Jensen jun. 12. (XXXII, 176 S. m. Abb. u. 1 Farbdr.) Breklum (Christl. Buchh.). n. — 40

Volkskalender für Schleswig-Holstein auf das Jahr 1902. Breklum. 8°.

— f. Schleswig-Holstein auf d. J. 1903. 12. (XXXII, 176 S. m. Abbildgn. u. 1 Farbdr.) Breklum (Christl. Buchh.) n. — 40

Volks-Kalender für Schleswig-Holstein auf das Jahr . . . Breklum. o. J. 8°
1902. 1903. 1905. 1907 ff.

— für Schleswig-Holstein auf d. J. 1907. 33. Jahrg. (XXXII, 152 S. m. Abbildgn. u. Titelbild.) kl. 8. Breklum, Christl. Buchh. n. — 40

— für Schleswig-Holstein auf d. J. 1911. 37. Jahrg. (161 S. m. Abb.) 8. Breklum, Christl. Buchh. — 40

— schleswig-holsteinischer s. a. Volksbuch für Schleswig etc.

Volkscalender, Schleswig-Holsteinischer. Jg. 3—8. Altona [1845—50]. H: *Biernatzki, Carl Leonh.* (schles)

Volks-Kalender, Schlesw.-Holst., f. . . . . .
1846. M. Vign., 7 Lith. u. 1 Kte.
1847. M. Vign., 9 Lith. u. Holzschn.
S. a.: **Volksbuch f. d. J. . . . . m. bes. Rücks. . . .**
Altona.

— schleswig-holsteinischer, f. 1847. Mit Vign., Holzschn. u. Stnt. v. Wilh. Heuer. Nebst Anh.: Volksbuch f. d. J. 1847, m. besond. Rücksicht auf d. Herzogthümer Schleswig, Holstein u. Lauenburg. Mit Beiträgen v. C. J. Aschenfeldt, H. Biernatzki u. A. (4. Jahrg.) 8. (14 B. u. 9 Stnt.) Altona, (Lehmkuhl.) *

Schleswig-Holsteinischer **Volkskalender. 1848**
s. **Volksbuch** für Schleswig, Holstein und Lauenburg.

— Schleswig-holsteinischer illustr., für 1849. Mit Beiträgen v. H. Zeise, Schirges etc. Hrsg. v. Gust. Esch. 4. (60 S. m. eingedr. Holzschn.) Altona. Hamburg, Meißner & Schirges in Comm. n. 1/6 ₰

— schweizerischer, für 1851. Gesammelt aus Originalbeiträgen von Reithard, Stutz, Dößekel u. A. Mit 5 Bildern (in Stndr. und Stahlst.) nach Orig.-Zeichnungen von Frz. Hegi, J. J. Meyer, Mart. Usteri und Lud. Vogel. 1. Jahrg. 8. (XXX und 224 S.) Zürich 850, [Meyer.] *

Schweizerischer Volkskalender auf d. Jahr 1871. Mit Holzschn. 64 Seiten. 4. Schaffhausen, Al. Gelzer, Buchdrucker. —.30

Volkskalender, Schweizerischer, f. 1872. Mit Holzschnitten. 64 Stn. 4. Schaffhausen, Al. Gelzer. —. 30

Schweizer. Volkskalender auf d. J. 1873. 64 Stn. 4. Schaffhausen, A. Gelzer. —. 30

Schweiz. Volkskalender f. 1874. in-4. Schaffh., A. Gelzer. —. 30

— schweizerischer, von H. Hudibras für die J. 1877—1880. 4. (à ca. 60—70 S. mit eingedr. Holzschn.) Aarau, Sauerländer's Verlag.
Jahrg. 1877 * — 60
Jahrg. 1878—1880 à * — 50

— schweizerischer, 1885. 4. (62 S. m. Illustr. u. 1 Chromolith.) Schaffhausen. (Bern, Jenni.) n. — 40

Volkskalender. Schweizerischer Volkskalender 1901. Jahrg. 34. [Illustriert.] [IV + 88 S.] 4. Grüningen, J. Wirz. fr. —. 35

Volkskalender. Schweizerischer Volkskalender 1902. Jahrg. 40. [Illustriert.] [IV + 88 S.] 4. Grüningen, J. Wirz. fr. —. 35

Volkskalender. Schweizerischer Volkskalender 1903. Jahrg. 41. [Illustriert.] [IV + 88 S.] 4. Grüningen, J. Wirz. fr. —. 35

Volkskalender. Schweizerischer V'.... [Illustriert.] 4. Grüningen, J. Wirz.
1905 *u.* 1906. Jahrg. 43 *u.* 44. [*je* IV + 88 S.] [fr. —. 40] *u.* fr. —. 35
1907. Jahrg. 44 [*d. i.* 45]. [IV + 88 S.] fr. —. 35
Schaltjahr 1908. Jahrg. 46. [IV + 90 S.] Gr' ‹Zürich› .... fr. —. 35
1909—1912. Jahrg. 47—50. [*je* IV + 88 S.] *je* fr. —. 40

— Siebenbürgischer, mit Bildern für 1843—1845. Herausgeg. von J. H. Benigni Edlen von Mildenberg. 1.—3. Jahrg. gr. 8. (Mit 1 Lithogr.) Hermannstadt, v. Hochmeister. à n. 1/4 ₰

— siebenbürgischer, für das J. 1862, welches ein Gemeinjahr von 365 Tagen ist. Neue Folge. 11. Jahrg. 8. (XXII und 128 S. mit 4 Stnt.) Hermannstadt 861, Steinhaussen. — 12

—— dass. — Mit Landes-Schematismus für das Großfürstenthum Siebenbürgen im J. 1862. (135 S.) Ebendas. 861.

— Siebenbürgischer, für das Jahr 1864. Neue Folge. 13. Jahrg. Hermannstadt, Steinhaußen's Buchh. gr. 8. (XXXII, 148 S.) 10 ngr.

Sozialer Volkskalender für die Provinz Sachsen ([2]ff.: Sozialer Volkskalender für das Deutsche Reich). [1.] Auf d. J. 1900. Berlin: Vaterländ. Verl.- u. Kunstanst. (1906). 8° [08. 2375

Volks-, Geschäfts-, und Auskunfts-Kalender, steiermärkischer, auf das J. 1854. Ein allgem. Jahr- und Unterhaltungsbuch für die Bewohner Steiermarks, Kärnthens und Krains, mit einem illustr. humoristisch-satyr. Anhange. 1. Jahrg. 4. (120 S. mit eingedr. Holzschn.) Gratz 853, Ferstl'sche Buchh. *

—— steirischer, mit Abbildungen. 8.—10. Jahrg. 1878—1880. 4. (à ca. 115–126 S. mit eingedr. Holzschn. und Holzschntaf.) Graz, [Vereins-Buchdruckerei.] Verlagsh. Styria. à Jahrg. * — 80

—— steirischer, mit Abbildungen. 1881—1884. 4. (à Jahrg. ca. 115—126 S. mit eingedr. Holzschn. und Holzschntaf.) Graz, Verlagsh. „Styria". à Jahrg. *
Fortsetzung u. d. T.: St. Josephs-Kalender.

Volks- und Haus-Kalender

— — Stuttgarter katholischer. 51. Jahrg. Jahrg. 1899. 4. (92 S. m. Abb.) Ebd. n. — 40

— — Stuttgarter katholischer, f. Württemberg. 55. Jahrg. Jahrg. 1903. 4. (92 S. m. Abb.) Stuttgart, Deutsches Volksblatt. n. — 30

Volks- u. Hauskalender, Stuttgarter katholischer, f. Württemberg. 59. Jahrg. Jahrg. 1907. (93 S. m. Abbildgn.) gr. 8. Stuttgart, Deutsches Volksblatt. — 30
Umschlag: Volks- u. Hauskalender, katholischer.

Volks- u. Hauskalender, Stuttgarter, katholischer, f. Württemberg. 63. Jahrg. Jahrg. 1911. (92 S. m. Abbildgn.) gr. 8. Stuttgart, Deutsches Volksblatt. — 30

— Süddeutscher. Jahrg. 1847. Mit 1 astronom. Steintaf. 4. Stuttgart 846, J. F. Steinkopf. n. 6 ngr

— Süddeutscher, hrsg. v. L. W. Klemm. Jahrg. 1848. M. 2 astronom. lith. Taf. 4. (36 S.) Stuttgart, J. F. Steinkopf in Comm. n. 1/3 rf (siehe auch: Kalender auf das J. 1848.)

Volks- und Hauskalender, Temesvarer gemeinnütziger, erheiternder — für die serbische Woiwodschaft und das temescher Banat auf das Gemeinjahr 1857 von 365 Tagen. Zum Gebrauche für Katholiken, Evangelische, Griechen und Israeliten. 31. Jahrg. Temesvar. Druck und Verlag von Josef Beichel's Erben. (56 S. 6 Bl. 4.)

Volks- und Hauskalender, Temesvárer gemeinnütziger, erheiternder, belehrender — für die serbische Woiwodschaft und das Temeser Banat auf das gemeine Jahr nach Christi Geburt von 355 Tagen 1858. 32. Jahrg. Mit veelen in den Text eingedruckten Bildern. Temesvár. Dr. und Verlag von Förk und Komp. (60 S. 4.)

Temesvarer Volks- u. Hauskalender, gemeinnütziger, erheiternder, belehrender — für die serbische Wojwodschaft u. das Temeser Banat. Dreiunddreissigster Jahrgang. Mit vielen in den Text eingedruckten Bildern. *Temesvár.* Druck und Verlag von *Förk & C.* 72 S. 4°. 20 kr.
INHALT: Der Feldmarschall Graf Radetzky. — Ein Denkmal aus Ungarns Vorzeit. (Die Kirchenruine von Zsambek in Oberungarn). — Montenegro und die Montenegriner. — Die Einwanderungen in Ungarn und das Banat. — Vermischtes.

Thomas'scher Volks-Kalender: 1858? ? Milwaukee, WI
Published by J. B. Hoeger.

Thomas'scher Volkskalender: 1859? ?
Published by F. W. Thomas. Advertised in Missouri Post (Kansas City, Mo.), Nov. 26, 1859, a calender for 1860.
Philadelphia, PA

—— thüringer, auf das J. 1853. gr. 8. (48 S. und: Nützliches Allerlei rc. 64 S. mit 3 Stnt.) Arnstadt, Meinhardt. *

Thüringer Volks-Kalender für Heimath und Fremde. Begr. u. hrsg. v. Müller von der Werra [d. i. Friedrich Konrad Müller]. Mit Originalbeitr. v. ... Ludw[ig] Bechstein, ... Friedrich Gerstäcker, ... Friedrich Hofmann, ... Gustav v[on] Meyern-Hohenberg [u. a.]. Nebst Jll. in Holzschn. ... nach Zeichn. v. (Max Brückner u.) Herm[ann] Pansée.
Leipzig: Herm. Mendelssohn [1860—1862]. 8°
[Holzschn.-Vort.]
Neuaufl. d. Jgg. 1—3 u. d. T.: Der illustrirte Hausfreund zur Unterhaltung und Belehrung. Altona 1863.
1/1860: XXXVIII, 205 S., 2 Bl.
2/1861: XXXVIII, 214 S., 2 Bl.
3/1862: VIII, 162 S.

—— thüringer, für Heimath und Fremde. Begründet und hrsg. von Müller v. der Werra. Mit Originalbeiträgen von Aug. Aderholdt, Ludw. Bechstein, L. Brehm sen., A. E. Brehm jun. rc. 1—3. Jahrg. 1860—62. br. 8. Leipzig, Mendelssohn. [1. Jahrg. (XXXVIII und 205 S. nebst eingedr. Illustr. in Holzschn. und 1 Musikbeilage) 2. (XXXVIII und 214 S. mit 46 eingedr. Holzschn. und 1 Musikbeilage.) 3. (XXXVIII und 162 S. mit 42 eingedr. Holzschn. und 1 Musikbeilage.)] à Jahrg. * 12½ Ngr.; cart. à Jahrg. *

—— Thüringer, für Heimath und Fremde. Begründet und hrsg. von Müller v. der Werra. Mit Orig.-Beiträgen von H. Brückner, A. Bube, Jul. Eberwein rc. 4. Jahrg. 1863. br. 8. (XXXVIII und 176 S. mit 48 eingedr. Holzschn. nach Zeichnungen von Max Brückner und Herm. Pansée, und einer Musikbeilage von Fr. Rohr.) Leipzig, Fries. *

—Thüringischer, für d. J. 1830. 1r Jahrg. 8. Nordhausen 829. Landgraf. 8 gr

— Thüringischer, auf das J. 1846. Herausgeg. von Karl Rümpler. Mit Kupf. u. Holzschn. gr. 8. Arnstadt 846. (Meinhardt.) n. 1/6 rf

— Thüringischer, auf das Jahr 1847. Hrsg. von Karl Rümpler. Mit 4 Kpfrst. u. Holzschn. gr. 8. (96 S.) Arnstadt, Meinhardt in Comm. n. 1/6 rf

Volks-Kalender für Tirol und Vorarlberg auf das gemeine Jahr nach der gnadenreichen Geburt unsers Heilandes Jesu Christi 1854. Mit mehreren Abbildungen. 34. Jahrgang. 4. Innsbruck. Gedruckt und zu finden in der Wagner'schen Buchhandlung.

—— unterhaltender, histor., z. Nutzen f. Jedermann a. d. J. 1827—41. 1—15. Jahrg. Mit Stntafln. Quedlinburg, Ernst'sche Buchh. à J. *
1—14. Jahrg. Hrbgf. Pr. à 6 Gr., ungetrennt 2 Thlr. 8 Gr.

Volks-Kalender, Unterkärntnerischer. Wolfsberg, Ploetz, 1889—.

— unterkärntnerischer. Illustr. Kalender f. Stadt- u. Landleute auf d. J. 1897. M. e. Adreßbuch als Anh. (9. Jahrg.) gr. 8. (50, 96, XXIII, XVI S.) Wolfsberg, E. Plötz. Kart. n.n. — 70

— unterkärntnerischer. Illustr. Kalender f. Stadt- u. Landleute auf d. J. 1903. Mit e. Adreßbuch als Anh.: (15. Jahrg.) gr. 8. (50, 112, XVI u. 26 S.) Wolfsberg, E. Plötz. n.n. — 70

— unterkärntnerischer. Illustrierter Kalender für Stadt- u. Landleute auf d. J. 1910. Mit e. Adreßbuch als Anh. (22. Jahrg.) (50, XVI, 96 u. 34 S.) 8. Wolfsberg, E. Plötz. nn — 70

Volkskalender, Vereinigter, und Landwirthschaftskalender für Tirol und Vorarlberg, s.a. Volkskalender und Landwirthschaftskalender für Tirol und Vorarlberg.

Volks- und Landwirthschafts-Kalender, vereinigter, für Tirol und Vorarlberg auf das gemeine Jahr nach der gnadenreichen Geburt unsers Heilandes Jesu Christi 1869—1875. 49.—55. Jahrg. 4. (à Jahrg. 80 S., mit vielen Abbild. in eingedr. Holzschn.) Innsbruck, Wagner'sche Universitäts-Buchh. à Jahrg. *

Volks- und Landwirthschafts-Kalender, vereinigter, für Tirol und Vorarlberg auf das Jahr nach der gnadenreichen Geburt unsers Heilandes Jesu Christi 1876—1880. Mit vielen (eingedr. Holzschn.-)Abbildungen. 56.—60. Jahrg. 4. (à ca. 80—90 S.) Innsbruck, Wagner'sche Universitäts-Buchh. à Jahrg. ** — 50

—— Vierwaldstätter, auf das Schaltj. 1880. 1. Jahrg. 4. (31 S. mit eingedr. Holzschn.) Luzern, Prell. * — 20

—— Vierwaldstätter, 1881—1885. 2.—6. Jahrg. 4. (à Jahrg. 40 S. mit Illustr.) Luzern, Prell. à Jahrg. *

—— Vierwaldstätter. Jahrg. 1886, 1887 und 1888. 4. (à Jahrg. 5—7 Bog. mit Illustr.) Luzern, Prell. à Jahrg. *
1888 nicht erschienen.

Volkskalender, Vierwaldstätter. 9. Jahrgang. 1889. In-4°, 37 S., mit Illustr. Luzern, C. F. Prell's Buchhandlung. — 25

Volkskalender, Dr. Joh. Nep. Vogl's, für das Jahr 1883. Redigirt von Dr. August Silberstein. Mit Beiträgen von Dr. C. Haselbach, Anton Kleßheim, Heinrich Littrow, B. Pichler, F. J. Proschko, Herm. Rollett, August Silberstein, C. M. Vacano, J. V. Zingerle u. einer Composition von W. Gericke. 39. Jahrg. 8. (LIV, 176 S. u. Anhang) geh. 65 kr.
Wien: Fromme 1882.

(F) Dr. Joh. Nep. Vogl's Volks-Kalender für das Jahr 1900. Redigirt von Dr. August Silberstein. Mit Beiträgen von Amadei Rosty, Hans Frauengruber, J. G. Frimberger etc. und einer Composition von B. Randhartinger. LVI. Jahrgang. Wien. Fromme. Gr.-8°. IX, 119 S. fl. —.40, geb. * fl. —.80

(F) Dr. Joh. Nep. Vogl's Volks-Kalender für das Jahr 1902. Redigirt von Josef Wichner. Mit Beiträgen von: Therese Rak, Peter Rosegger, etc. Mit Illustrationen von: Anton v. Kenner, Berthold Löffler, Koloman Moser. LVIII. Jahrgang. Wien. Fromme. Gr.-8°. XLVII, 131 S. K—.70

Volks-Kalender, Vorarlberger — für das gemeine Jahr nach der gnadenreichen Geburt unsers Heilandes Jesu Christi 1854. 4. Jahrgang. 4. Bregenz. Druck und Verlag von J. N. Teutsch.

Volkskalender, Vorarlberger — für das gemeine Jahr nach der gnadenreichen Geburt unsers Heilandes Jesu Christi 1857. 7. Jahrg. Bregenz. Druck und Verlag von J. N. Teutsch. (14 Bl. 4.)

Volkskalender, vorarlberger, für das gemeine Jahr nach der gnadenreichen Geburt unseres Heilandes Jesu Christi 1862. 12. Jahrg. 4. (... S.) Bregenz, Teutsch. Thlr.

—— Vorarlberger, für die J. 1885—1889. 35.—39. Jahrg. 4. (à Jahrg. 48 S. mit 1 Holzschn.) Bregenz, Teutsch. à Jahrg. *

—— Vorarlberger, f. d. J. 1890 u. 1891. 40. u. 41. Jahrg. 4. (à Jahrg. 48 S.) Bregenz, Teutsch. à Jahrg. * — 44
Nicht weiter erschienen.

— Vorarlberger, für das gemeine Jahr nach der gnadenreichen Geburt unseres Heilandes Jesu Christi 1893. 43. Jahrg. Gr.-8. (48 S.) —.22
Bregenz: Teutsch 1892.

— Vorarlberger, für das gemeine Jahr nach der gnadenreichen Geburt unseres Heilandes Jesu Christi 1894. 44. Jahrg. 4. (48 S.) —.22
Bregenz: Teutsch 1893.

— Vorarlberger, f. d. J. 1895. 45. Jahrg. 4. (48 S.) Bregenz, J. N. Teutsch. n. — 44

Weber's illustrirter Volks-Kalender für das Jahr ... ([Hrsg.: Johann Jakob] Weber. [Mit eingedr. Holzschn.])
Leipzig: J. J. Weber [1850]. 8°
1850: VIII, 180 Bl. [*Das letzte Bl. fehlt*]

Westphälischer, s.a. Pothmann, M.C.

Westphälischer Volks=Calender. Auf das Jahr ... Hrsg. v. M[oritz] C[asimir] Pothmann.
Lemgo: Meyer 1807. 8°
1807: 6 Bl., 212 S., 1 Bl.

—— westfälischer, für den Bürger und Landmann auf das J. 1872. Zur Belehrung und Unterhaltung des christl. Volkes. gr. 8. (36 S.) Dülmen, Laumann'sche Verlagsh. *

— Westfälischer, für Katholiken auf das Schaltjahr 1852. 1. Jahrg. Hrsg. von mehreren Mitarbeitern des Kirchen- u. Volksblattes 8. (XLVI u. 112 S. m. 4 Lith. u. 1 Stahlst.) Paderborn 851, Schöningh. n. 8 ngl ohne astronom. Kalender n 6 ngl

(F) Wiener Volkskalender für das Jahr 1907. Gr.-8°. (111 S.) Wien: Hassenberger 1906. K —.60

(F) Wiener Volkskalender für das Jahr 1910. Gr.-8°. (112 S.) Wien: Hassenberger 1909. K —.60, geb. K —.80

— Wiener, f. d. J. 1911. 5. Jahrg. Red. v. Eduard Hassenberger. (112 S. m. Abbildgn.) 8. Wien, E. Hassenberger & Co. —60; geb. n — 80
143*

Volks- und Wirthschaftskalender für das J. 1889. 69. Jahrg. 4. (92 S.) Innsbruck, Wagner'sche Universitäts-Buchh. **

Volks- u. Wirthschafts-Kalender f. Tirol u. Vorarlberg. 1894. 75. Jahrg. 4. (91 S. m. Bildern.) Innsbruck, Wagner. n. — 50

Volks- und Wirthschafts-Kalender für Tirol und Vorarlberg für 1895. 4. —22
Innsbruck: Wagner 1894.

Volks- u. Wirtschafts-Kalender f. Tirol u. Vorarlberg. 1898. 79. Jahrg. 4. (IV, 92 S. m. Bild.) Innsbruck, Wagner. n. — 40

Volks- u. Wirthschafts-Kalender f. Tirol u. Vorarlberg. 1903. 83. Jahrg. 4. (92 S. m. Abbildgn.) Innsbruck, Wagner. n. — 40

Volks- und Wirtschaftskalender für Tirol und Vorarlberg. 84. Jahrg. 1904. Lex.-8°. K —.40
Innsbruck: Wagner 1903.

Volks- u. Wirthschafts-Kalender f. Tirol u. Vorarlberg. 1907. 87. Jahrg. (89 S. m. Abbildgn. u. 2 Taf.) gr. 8. Innsbruck, Wagner. n. — 40

Volks- u. Wirthschafts-Kalender f. Tirol u. Vorarlberg, Fortsetzung, s.: Volksbund-Kalender, tiroler.

Zürcherischer Volkskalender. In-4°. Zürich, J. G. Waser & Cie. 1879. — 35

Plattdütsche Volks=Kalenner für . . . Herutgebn vun Friedrich Dörr. Mit . . . Holtsnedn [v. Theodor Hosemann u. a.].
Leipzig: Voigt & Günther [1858].
1858: 18 Bl., 122 S., 8 Taf. [*Davon fehlt 1 Taf.*]

Volks=Kalenner, plattdütsche, für 1858—60. Herutgeben vun Friedr. Dörr. 8. Leipzig, Voigt und Günther. [1858. (XXXVIII und 122 S. mit 8 Holzschn.) 1859. (XXXVIII und 122 S. mit 6 Holzschn.) 1860. (XXXVIII und 128 S. mit 6 Holzschn.)] à Jahrg. *

Volkskampf, Berlin's, s. a. Berlin.

Volkskampf, Berlin's. Eine übersichtliche Darstellung der März-Ereignisse ... Berlin 1848. V: *Bahn, Adolph.* (Ky)

Berlins Volks-Kampf. Eine übersichtliche Darstellung der März-Ereignisse u. treue Schilderung des Kampfes in der Nacht vom 18. zum 19. nebst einer historischen Einleitung von L. B. Berlin 1848. 51 S.

Berliner Volks-Kampf. Eine übersichtliche Darstellung der März-Ereignisse und treue Schilderung des Kampfes in der Nacht vom 18 zum 19. nebst einer historischen Einleitung. Von L. B. Berlin, Springer 1848. 51 S. 8.

Fünf Volks- und Kinderkatechismen aus dem Mittelalter. Ins Deutsche übers. u. hrsg. von Franz Xaver Kunz. (Sep.-Ausg. d. Anh. zu: Katechismus d. hl. Thomas v. Aquin von Portmann u. Kunz.) *Luzern: Räber & Cie. 1900.* (S. 244–455.) 8° [Umschlagt. F.]

Volks- u. Kinderkatechismen, fünf, aus dem Mittelalter. Ins Deutsche übers. u. hrsg. v. Frz. Xav. Kunz. (Sep.-Ausg. des Anh. zu Thomas v. Aquin, hl., Katechismus.) 8. (S. 241—455.) Luzern 900. Räber & Co. n. 2.—

Volks-Katechismus oder Erklärung der 8 Punkte der Volksadresse vom 3. März (1848) an Se. M. den König (von Bayern). 24. (40 S.) München 848, (Henzel.) *
Das 2. Heft erschien u. d. Ttl.:
Politischer Volkskatechismus für Stadt und Land.

Volks-Katechismus oder Erklärung der acht Punkte der Volksadresse vom 3. März an Seine Majestät den König. Für das Volk geschrieben von einem Freunde des Volks. München, J. Rösl, 1848. 40 S. 8°.

— Mecklenburgischer, oder kurzgefaßte u. deutliche Erklärung üb. Staat, Staatsverfassung, Ständeversammlungen, Volkswahlen, directe u. indirecte Wahl, Census u. d. m. 12. (21 S.) Schwerin 848, Kürschner (jetzt: Hildebrand). n. 1/12 ℳ

—— politischer, für Stadt und Land. Für das Volk geschrieben von einem Freunde des Volkes. 2. Heft. 16. (48 S.) München 848, (Henzel.) *

— politischer, für Stadt u. Land. Für das Volk geschrieben von einem Freunde des Volkes. 2. Hft. 1. Vorrede. 2. Association. 3. Einkommensteuer. 4. Ueber Proletarier. 5. Ueber Schwarz, Roth, Gold. 6. Lola Montez. 7. Ueber den Nutzen des Zeitungslesens. 8. Allgemeine Volksbewaffnung. 9. Aufruf. 16. (48 S.) Ebd. 848. n. 2 ngl (3. Hft. siehe: Katechismus deutscher Wehrmänner.)

Volkskirche, die. Zeitstimmen aus der lutherischen Kirche in Deutschland, in Verbindung mit namhaften Laien und Geistlichen hrsg. von K. Knoke. 1.—3. Jahrg. 1877—1879. à Jahrg. 12 Nrn. (à 2 Bog.) gr. 4. Hannover, Schmorl und v. Seefeld. à Jahrg. * 2 —

Volkskirche, die. Zeitstimmen aus der luther. Kirche in Deutschland, in Verbindung mit namhaften Laien und Geistlichen hrsg. von K. Knoke. 4.—6. Jahrg. 1880—1882. à Jahrg. 12 Nrn. (à Nr. 2—3 Bog.) gr. 4. Hannover, Schmorl und v. Seefeld. à Jahrg. *
Nicht weiter erschienen.

Volks-Kirchenzeitung, evangelische. Redact.: Lehmann. Jahrg. 1875. 52 Nrn. (à ½ Bog.) Fol. Königsberg. Berlin, (Heinersdorff's Verlag.) [Leipzig, Böhme und Drescher.] *

Volks-Kirchenzeitung, evangelische. Redact. und Hrsgbr.: Lehmann. Jahrg. 1876—1879. à Jahrg. 52 Nrn. (à ½—1 Bog.) Imp.-4. Königsberg. (Leipzig, Böhme.) à Jahrg. * 5 —

Steffens *Volks-Klender* s. *Volks-Kalender.*

Volks-Conversations-Lexikon. Umfassendes Wörterbuch des sämmtl. Wissens. Vollständig in 1 Bde. Bearb. von Gelehrten, Künstlern, Gewerbe- u. Handeltreibenden, u. hrsg. von der „Gesellschaft zur Verbreit. guter u. wohlf. Bücher." (24 Lfgn.) gr. Lex.-8. (92½ B.) Stuttgart 844—46, [Rieger'sche Vrlgsb.] (à Lfg. 5 Ngr.)

—— dass. (Taschenausg.) 18 Bde. 16. (371¾ B.) Ebds. 844—46. (à Bd. 7½ Ngr.)

—— allgemeines deutsches, u. Fremdwörterbuch. Ein unentbehrl. Handbuch f. Jedermann. Hrsg. v. mehreren Gelehrten. 1—58. Lfg. (A—Knight.) gr. 8. (238¼ B.) Hamburg 845—47, Tramburg's Erben. à Lfg. 3 Ngr.

Volks-Conversations-Lexikon, allgemeines deutsches, und Fremdwörterbuch. 59—101. (letzte) Lfg. (Kniphausen—Schluß.) gr. 8. Hamburg 848—49, Tramburg's Erben. [Bd. 5. (S. 529—792.) 6. (798 S.) 7. (800 S.) 8. (857 S.) à Lfg. 3 Ngr.]

Volks-Kosmos. Himmel und Erde. Wissenschaften fürs Haus. Lex.-8. Hamburg 866—68, Vereinsbuchh. [B. S. Berendsohn.] à Lfg. 6 Ngr.

Inhalt:

Jäger, G., Skizzen aus dem Thiergarten. 1.—6. Heft. (S. 1—288 mit eingedr. Holzschn.)

Kohl, J. G., die Völker Europa's. 8 Hefte. (IV und 237 S. mit eingedr. Holzschn. und 4 Chromolithogr.) * 2 Thlr. 10 Ngr.

Schmidt, Ferd., Völkerbilder aus der alten Welt. 2 Bde. in 21 Lfgn. [1. Bd. Hellas. (VIII und 408 S. mit eingedr. Holzschn. und 26 Holzschntaf.) 2. Bd. Rom. (VII und 408 S. mit eingedr. Holzschn. und 16 Holzschntaf.) à Bd. 2 Thlr.; cart. 2 Thlr. 7½ Ngr; geb. 2 Thlr. 15 Ngr.

Jäger, G., das Leben im Wasser. 10 Hefte. (VIII und 384 S. mit eingedr. Holzschn. und 5 Chromolithogr.) * 2 Thlr. 5 Ngr.; geb. * 2 Thlr. 22½ Ngr.

Mädler, J. H., der Himmel. (IV und 255 S. mit eingedr. Holzschn. und 23 Holzschntaf. in Lex.-8. und 4.) cart. * 2 Thlr. 10 Ngr.; geb. * 2 Thlr. 20 Ngr.

Dornblüth, Friedr., Schule der Gesundheit. Aerztliche Belehrungen für Familie und Haus. 1.—9. Heft. (S. 1—360 mit eingedr. Holzschn.)

Volks-Kosmos. Himmel und Erde. Die Wissenschaften für's Haus. 61.—92. Lfg. Lex.-8. Hamburg, Vereinsbuchh. [Berendsohn.] à Lfg. 60 Pf.

Inhalt:

Lfg. 61. 65. 80. Dornblüth, Friedr., Schule der Gesundheit. Aerztliche Belehrungen für Familie und Haus. (S. 361—474, mit eingedr. Holzschn. und 1 chromolithogr. Karte in gr. 4.) 869.

" 62—64. 66. 67. 68. 72—75. 77—79. Hummel, A., das Leben der Erde. (VII, 424 S. mit eingedr. Holzschn. und 4 Holzschntaf.) 869.

" 69—71. Mädler, J. H., der Himmel. (XII, S. 177—255 mit 2 Stnt. in Buntdr.) 869.

Volks-Kosmos. Himmel und Erde 2c.

Lfg. 76. 81.—91. Ule, Otto, und A. Hummel, physikalische und chemische Untersuchungen. (VIII, 376 S. mit eingedr. Holzschn.) 870.

" 92. Jäger, G., Skizzen aus dem Thiergarten. 7. Heft. (S. 289—328 mit eingedr. Holzschn.) 871.

Volkskraft. Zeitschrift des internationalen Ordens f. Regeneration der Menschheit. Red.: L. Schwiers. 1. Jahrg. Oktbr. 1901—Septbr. 1902. 24 Nrn. hoch 4. (Nr. 1. 6 S.) Bremen (Hamburgerstr. 29 h), O Melchers. Vierteljährlich 2. —
1301.

Volkskraft. Deutsche Zeitschrift des Ordens f. Regeneration. Red.: Ludw. Schwiers. 2. Jahrg. 1902. 24 Nrn. hoch 4. (à 8 S.) Bremen, Verlag der Volkskraft. n. 2. 60

Volkskraft. Monatsschrift f. neue Kultur. Organ des deutschen Bundes f. Regeneration. Ständige Beilage: „Praktische Regeneration". Hrsg. u. Schriftleiter: Emil Peters. 5. Jahrg. 1906. 12 Nrn. (à ca. 12 S.) 4. Köln-Lindenthal, M. Hummel. n. 4. —

Vergl.: Regeneration.

Volkskraft. Monatsschrift zur Bekämpfg. der Volksentartg. Zeitschrift des deutschen Bundes f. Regeneration. Hrsg. u. Schriftleiter: Emil Peters. 6.—9. Jahrg. 1907—1910. à 12 Nrn. (à Jahrg. 240 S.) gr. 8. Berlin-Neuenhagen, Volkskraft-Verl. à Jahrg. 4. —

Volkskrankheiten, Die. Zürich 1877. V: *Spöndly*, *Heinrich*. (Cat. der Stadtbibl. Zürich. Zürich 1864—97.)

Der **Volkskrieg,** ein strategischer Versuch. Von J. v. Th(eobald). o. O. 1813. 42 S.

Volkskrieg, der deutsche, gegen die Franzosen im J. 1870. Ein Buch f. das Volk. 16. (IV, 476 S.) Berlin 871. Leipzig, Fest. 1. 50

Volkskrieg, der deutsche, gegen die Franzosen im J. 1870. Ein Buch für das Volk. 16. (IV, 476 S.) Berlin 871, Schlingmann.

Zur **Volksküche** in der Familie. Beitrag aus den 30jährigen Erfahrungen der Suppenanstalt zu Darmstadt. 9. Auflage. Darmstadt (1891)

Volkskultur, die. Veröffentlichungen zur Förderung der außerschulmäß. Bildungsbestrebgn. Hrsg. v. Geo. Volk. Nr. 1—11. gr. 8. Leipzig, Quelle & Meyer.
Subskr.-Pr. 1.95; nn 8.75; Einzelpr. nn 10. 30

Aßmus, Walt., die moderne Volksbühnenbewegung. (46 S.) 909. (Nr. 8.) Subskr.-Pr. —75; Einzelpr. — 90

Becker, Otto, zur Frage der Volksvorstellungen. Eine Enquête, veranstaltet vom Ausschuß f. Volksvorlesgn. zu Frankfurt a. M., bearb. in dessen Auftrag. (VI, 63 S.) 907. (Nr. 1.) Subskr.-Pr. 1.20; Einzelpr. 1. 40

Burger, Alex., die Rhein-Mainische Volksakademie. Eine Darstellg. zweier sozialpädagog. Versuche, zugleich Einführg. in die wichtigsten Fragen des Volksbildungswesens. Im Auftrage des Rhein-Mainischen Verbandes f. Volksbildg. bearb. (VIII, 120 S.) 907. (Nr. 3—5.) Subskr.-Pr. 2.—; Einzelpr. 2. 40

Eidmann, Heinr., Heimatmuseum, Schule u. Volksbildung. Mit 2 Taf. (48 S.) 909. (Nr. 11.) Subskr.-Pr. 1. 20; Einzelpr. 1. 40

Gombel, Karl, Volkstum, Kultur u. Volksbildung. Eine Abhandlg. üb. Volkswohlfahrt. (32 S.) 909. (Nr. 9.) Subskr.-Pr. —50; Einzelpr. — 60

Hauser, Fel., das rhein-mainische Verbandstheater, seine Vorgeschichte u. erste Tätigkeit im Frühj. 1907, sowie Vorschläge f. seine Weiterführg. Im Auftrage des rhein-main. Verbandes f. Volksbildg. bearb. (III, 44 S.) 907. (Nr. 2.) Subskr.-Pr. nn —85; Einzelpr. 1. —

Kahn, Rob., das volkstümliche Vortragswesen. Ein programmat. Versuch m. Vorschlägen f. die Praxis. (50 S.) 909. (Nr. 10.) Subskr.-Pr. —75; Einzelpr. nn — 90

Roßmäßler, E. A., das Gebirgsdörfchen. Eine Perspektive in die Naturgeschichte des Volkes. Mit e. Einleitg.: Über die Bedeutg. der naturwissenschaftl. Heimatkunde in Roßmäßlers Sinne f. die Volksbildg. Von W. Kobelt. (61 S.) 909. (Nr. 7.) Subskr.-Pr. 1.—; Einzelpr. nn 1. 10

Stein, Philipp, u. E. Fuchs, Volksbildung, Politik u. Religion. (36 S.) 908. (Nr. 6.) Subskr.-Pr. —50; Einzelpr. — 60

Volkskunde im Breisgau. Hrg. vom Badischen Verein für Volkskunde durch Professor Dr. Fridrich Pfaff. [Mit Melodien.] 192 S. 8. Freiburg im Breisgau, J. Bielefeld, 1906. [M. 3. —, geb. 4. —]

(Pfaff, Fridrich. Die Sage vom Ursprung der Herzoge von Zähringen; — Haffner, Oskar. Volksrätsel aus Baden; — Meisinger, Othmar. Volkslieder aus dem Wiesentale; — Kluge, Friedrich. Anheimeln, eine alemannische Wortgeschichte; — *etc.*)

Dt. **Volkskunde** aus dem östl. Böhmen. (Hrsg.) von Eduard Langer. Bd 1—13. — Braunau: Selbstverl. 1901/02—1913. 4°

Volks- und Heimatkunde des politischen Bezirks Hohenelbe und der dt. Gemeinden der im Westen angrenzenden Gerichtsbezirke Neupakau und Starkenbach. Hrsg. von dem Arnauer und dem Hohenelber Lehrervereine. — Hohenelbe: Verl. des Ausschusses der Heimatkunde 1907—1915.

Volkskunde für Karlsbad und die weitere Umgebung. Sonder-Ausg. von Nr 4/5 von 'Unser Egerland' . . veranst. von d. Volkskundeausschuss in Karlsbad, Sommer 1906. Karlsbad: Jakob 1906. S. 35—206. 4° 109. 6184

Sächsische **Volkskunde**. Unter Mitarb. von ... hrsg. von Dr. Robert Wuttke. Mit 260 Abb., 4 Taf. u. 1 Karte. *Dresden: G. Schonfeld 1900.* (VIII, 520 S.) 8° [F.] [illegible]

Sächsische **Volkskunde**. Unter Mitarb. von . . . hrsg. von Dr. Robert Wuttke. 2., umgearb. u. wesentl. verm. Aufl. Mit 285 Abb., 4 Taf. u. 1 Karte. Dresden: G. Schönfeld 1901. (VII, 578 S.) 8°

Volkskunde, sächsische. Unter Mitarbeit v. J. Deichmüller, H. Dunger, H. Ermisch u. a. hrsg. von Rob. Wuttke. 2., umgearb. u. wesentlich verm. Aufl. 2. unveränd. Abdr. Mit 285 zumeist nach Orig.-Zeichngn. angefertigten Abbildgn. in Holzschn., Zink- u. Kupferätzung, 4 Taf. in Farbendr. u. 1 Karte vom Königr. Sachsen. gr. 8. (VIII, 578 S.) Leipzig 903. F. Brandstetter. Geb. in Leinw. n. 10. —

1. Aufl. (VIII, 520 S.) Dresden 900. n. 10. —.

Volks-Kundgebung aus Süddeutschland. Die Mannheimer Volks-Versammlung am 4. Septbr. 1870 mit den Ansprachen des Abgeordneten Lamey, des Abgeordneten Kiefer u. Schellenberg. Mannheim 870. Schneider. gr. 8. (30 S.) 4 ngr.

VOLKSKUNST UND VOLKSKUNDE. Monatsschrift des Vereins für Volkskunst und Volkskunde (e. V.) in München.
Redaktions-Kommission: H. GRÄSSEL . . . FR. WEBER, sämtliche in München.
Vorsitzender der Redaktions-Kommission: Baurat H. GRÄSSEL.
Schriftleitung: FRANZ ZELL, Architekt.
Jahrg. 1. 1903. (Mit Tafeln und Abbildungen.) München. Verlag der Süddeutschen Verlagsanstalt G. m. b. H., München. Druck der G. Franz'schen h. b. Hofbuchdruckerei (G. Emil Mayer) in München. 4°.

VOLKSKUNST UND VOLKSKUNDE. Monatsschrift des Bayerischen Vereins für Volkskunst und Volkskunde (e. V.) in München.
Redaktions-Kommission: H. GRÄSSEL . . . FR. WEBER, sämtliche in München.
Vorsitzender der Redaktions-Kommission: Baurat H. GRÄSSEL.
Schriftleitung: FRANZ ZELL, Architekt.
Jahrg. 2. 1904. (Mit Tafeln.) (o. O. o. Dr.)
Jahrg. 3. 1905. (Mit Tafeln.) (o. O. o. Dr.)
Redaktions-Kommission: H. GRÄSSEL . . . FRANZ ZELL, sämmtliche in München.
Vorsitzender der Redaktions-Kommission: Kgl. Oberregierungsrat G. KAHR, München.
Schriftleitung: Regierungsbaumeister H. BUCHERT, Architekt, München.
Jahrg. 4. 1906. (Mit Tafeln.) (o. O. o. Dr.)

VOLKSKUNST UND VOLKSKUNDE. Monatsschrift des Vereins für Volkskunst und Volkskunde in München. Sonderheft Sept. 1908. (Mit Abbildungen.) München. Druck u. Verlag von Carl Aug. Seyfried & Comp. 4°.

Volkskunst u. Volkskunde. Monatsschrift, hrsg. vom bayer. Verein f. Volkskunst u. Volkskunde e. V. m. dem Sitze in München. Schriftleitung: Herm. Buchert. 7. u. 8. Jahrg. 1909 u. 1910. 12 Hefte. (à ca. 12 S. m. Abb.) Lex. 8. München, C. A. Seyfried & Co. à Jahrg. 5. 20

Volksleben, nordamerikanisches, s. **Bibliothek, amerikanische.**

Volksleben, wiener, in komischen Scenen geschildert. Neue Folge. 6. Bdchn.: Advokat und Klient oder Fiaker und Sesselträger und im Anhange aus dessen wiener Lokalgesängen: Tritsch-Tratsch-Polka-Text. — Schottische Polka aber deutsch. — Das Kartenspielen. 8. (50 S. mit 1 ill. Kpfr.) Wien 860, Dirnböck.

Volkslehrer, Der, eine Monatsschrift. Leipzig 1781—87. H (Jg. 1.—3.): *Jung, Johann Hnr.* (stri) (MGT) H (4.—6.): *Jung, Johann Heinrich & Gottlieb Christian Carl Link.* H (7. 8.): *Fröbing, Johann Christoph.* (Ky)

— der, e. Monatsschrift, (von J. H. Jung I.) 1r—3r Jahrg. à 9 Stücke oder April bis Dec. 1781. 8. Leipz., Weygand. 1 ℛ 3 gl 2r, 3r J. à 12 Stücke für 1782 u. 83. 8. Ebd. (à Jahrg. 1 ℛ 12 gl) 3 ℛ 4r, 5r, 6r Jahrg., (von J. H. Jung I. u. G. C. K. Link). à 12 Stücke, für d. J. 1784—86. 8. Nürnb., Grattenauer. (à Jahrg. 1 ℛ 12 gl) 4 ℛ 12 gl

Volkslehrer, Der; Ein Lesebuch für alle Stände. Nürnberg 1787—88. H: *Fröbing, Johann Christoph.* (Rotermund, Gel. Hannover. Bremen 1823.) (MGT)

Volkslehrer: Der Volkslehrer
(T) Rapperswiler Zeitung, evtl. Rapperswyler Zeitung (1834) (S) 1833—Sommer 1834 (T) Wochenblatt (G) Rapperswil (SG): Johann Baptist Curti (R) J. B. Curti (G) freisinnig (Q) BGSZ 1045—1047: Diethelm Fretz: Zeitungsgründer am See vor 1842 (1942).

Volkslehrer, der christliche, nach d. Geiste des Evangeliums. Ein Beitrag zu der neuesten Kirchenreformation in Deutschland. Nebst einem Anhang von 8 bibl. Tabellen. 8. 822. Zürich, Hanke. 1/4 ℛ

Volkslehrer: Helvetischer Volkslehrer
(G) Am 21. 7. 1798 richteten die Gesetzgebenden Räte der Helvetischen Republik an das Direktorium die Einladung, unverzüglich ein allgemein verständliches Volksblatt herauszugeben. Zschokke schlug als Titel den Namen »Helvetischer Volkslehrer« vor, doch nannte sich die Zeitung »Das helvetische Volksblatt«.

Volkslehrer, der israelitische. Eine Monatsschrift, erbaulichen und belehrenden Inhalts zur Kenntniß des Judenthums, sowie zur Läuterung und Förderung des religiösen Sinnes unter den Israeliten hrsg. von Leop. Stein. 1. und 2. Jahrg. 1851 und 1852. à Jahrg. 12 Hefte. gr. 8. Frankfurt a. M., [Keller.] à Jahrg. *

Volkslehrer, der israelitische. Eine Monatsschrift, erbaulichen u. belehrenden Inhalts zur Kenntniß des Judenthums, sowie zur Läuterung u. Förderung des religiösen Sinnes unter den Israeliten hrsg. von Leop. Stein. 1 u. 2. Jahrg. 1851 u. 1852. à 12 Hfte. gr. 8. (à 24 S.) Frankfurt a. M., Schmerber. à Jahrg. n. 24 ngr

Volkslehrer, der Israelitische. Eine Monatsschrift, erbaulichen u. belehrenden Inhalts zur Kenntniß d. Judenthums, sowie zur Läuterung und Förderung des religiösen Sinnes unter den Israeliten, in Verbindung mit gleichstrebenden Genossen, herausg. von Leop. Stein. 3. Jahrg. 1853. 12 Hefte (à 1½—2 Bgn.). Frankfurt a. M. 853. Schmerber. (Keller.) n. 24 ngr

Volkslehrer, der israelitische. Eine Monatsschrift, erbaulichen und belehrenden Inhalts zur Kenntniß des Judenthums ꝛc. hrsg. von Leop. Stein. 3. Jahrg. 1853. 12 Hefte. gr. 8. Frankfurt a. M., [Keller.] à Jahrg. *
Die Fortsetzung erschien unter den Titeln:

—— dass. — Ein Organ für Synagoge, Schule und Leben, zur Kenntniß des Judenthums, sowie zur Läuterung und Förderung des religiösen Sinnes unter den Israeliten ꝛc. hrsg. von Leop. Stein. 4. Jahrg. 1854. 12 Hefte. gr. 8. Ebds. *

—— dass. — Zur Läuterung der religiösen Erkenntniß, sowie zur Förderung des religiösen Sinnes, in Verbindung mit gleichstrebenden Genossen hrsg. von Leop. Stein. 5. und 6. Jahrg. 1855 und 1856. à Jahrg. 12 Hefte. gr. 8. Frankfurt a. M., Auffarth. à Jahrg. *

Volkslehrer, der israelitische. Ein Organ für Synagoge, Schule, Leben und Wissenschaft des Judenthums. Zur Läuterung der religiösen Erkenntniß, sowie zur Förderung des religiösen Sinnes, in Verbindung mit gleichstrebenden Genossen hrsg. von Leop. Stein und S. Süßkind. 7—10. Jahrg. 1857—60. à Jahrg. 12 Hefte. gr. 8. (à Heft ca. 40 S.) Frankfurt a. M., Auffarth. à Jahrg. *
Der 7. Jahrg. 1857 wurde von Leop. Stein allein redigirt.
Ist nicht fortgesetzt worden.

Volkslehrer, d. katholische, 4 St. 8. Nürnb. Grattenauer. 784.

Volkslehrer, Der katholische, eine periodische Schrift für das unstudierte Publikum. Nürnb. 1785. H: *Milbiller, Jos.* (GGR IV/65, Nr. 15/6; IV²/130, Nr. 14/6) (BiblPort)

— d. katholische, eine periodische Schrift für d. unstudirte Publikum, von J. Milbiller. 4 Stücke. 8. Nürnb. 785. Grattenauer. 12 gl

Volkslehrer, Neuer. Nürnberg 1787—88. H: *Fröbing, Johann Christoph.* (Ky)

— neuer, oder 7r, 8r Jahrg., (von Jh. Chr. Fröbing), für 1787. 12 Stücke. Für 1788, 6 Stücke. 8. Ebd. 2 ℛ 6 gl

Volkslehrer, Neuer, für alle Stände. Nürnberg 1785—86. H: *Link, Gottlieb Christian Carl.* (ML) (MGT) (Ky) (BB) (will)

— neuer, für alle Stände. 1r, 2r Jahrg., (von G. C. K. Link). 8. Nürnb. 785, 86. Grattenauer. 3 ℳ

— der, Unterhaltungen aus d. Religion, Natur, Kunst, Menschenkunde, für den Bürger u. Landmann. 6 Thle. 8. Zittau 798—800. (Schöps). à 8 gr 2 ℳ

Volkslehrer, der, wie er nach d. Umfange seines Wirkungskreises seyn soll. 1s Heft. 8. Coburg 804. (Riemann). 6 gr

Volkslehrer, Zween; ein Gespräch ... Winterthur 1789. V: *Lavater, Johann Caspar.* (MGT) (Cat. d. Stadtbibl. Zürich. Zürich 1864—97.)

Volkslehrerbenennung, Über die, s. Benennung. Volkslehrer.

Volks-Lexikon. Nachschlagebuch f. sämmtl. Wissenszweige m. besond. Berücksicht. der Arbeiter-Gesetzgebg., Gesundheitspflege, Handelswissenschaften, Sozial-Politik. Nebst General-Register. Unter Mitwirkg. v. Fachschriftstellern hrsg. v. Eman. Wurm. (In ca. 60 Hftn.) 1.—20. Hft. gr. 8. (1. Bd. S. 1—960 m. Abbildgn.) Nürnberg 894. Wörlein & Co. à — 20

Volks-Lexikon. Nachschlagebuch f. sämmtl. Wissenszweige m. bes. Berücksicht. d. Arbeiter-Gesetzgebg., Gesundheitspflege, Handelswissenschaften, Sozial-Politik. Nebst General-Register. Unt. Mitwirkg. v. Fachschriftstellern hrsg. v. Eman. Wurm. 21.—92. Hft. gr. 8. (2. u. 3. Bd. 1279 u. 1280 S., 4. Bd. S. 1—720 u. Reg. 61 u. 83 S.) Nürnberg 895—898. Wörlein & Co. à Hft. — 20

Volks-Lexikon. Nachschlagebuch f. sämmtl. Wissenszweige m. besond. Berücksicht. der Arbeiter-Gesetzgebg., Gesundheitspflege, Handelswissenschaften, Sozial-Politik. Nebst General-Register. Unter Mitwirkg. v. Fachschriftstellern hrsg. v. Eman. Wurm. 93.—95. Hft. u. Generalregister 6 Hfte. gr. 8. (4. Bd. S. 721—960, Reg. 385 u. Nachtr. 20 S.) Nürnberg 898. 899. Wörlein & Co. à — 20; (Bd. I. geb. in Leinw. n. 5. 40; in Halbfrz. n. 6. —; II. n. 6. 40 u. 7. —; III. 6. — u. 6. 50; IV. 4. 50 u. 5. —; Register 2. — u. 2. 50; kplt. geh. 20. 20; geb. n. 24. 30 u. n. 27. —)

Volks-Lexikon, deutsches. In Verbindung mit namhaften Gelehrten, Politikern und Volkswirthen hrsg. von Ludf. Parisius. (In 6 Bdn. oder 72—80 Lfgn.) 1. und 2. Lfg. gr. 8. (96 S.) Berlin 869, Gottschick. à Lfg. * 50 Pf. *

— **evangelisches,** zur Orientierung in den sozialen Fragen der Gegenwart, hrsg. vom evangelisch-sozialen Central-Ausschuß f. die Prov. Schlesien u. in Verbindg. m. Fachgelehrten red. v. Thdr. Schäfer. gr. 8. (XII, 834 S.) Bielefeld 899. 900. Velhagen & Klasing. n. 6. —; geb. in Halbfrz. n. 8. 50
Erschien auch in 12 Hftn. à n. — 50.

—— **neues.** Hand- und Nachschlagebuch des Wissenswerthen für Jedermann. Nebst Erklärung aller gebräuchlichen Fremdwörter. 1.—5. Heft. gr. 8. (S. 1—160.) Magdeburg 874, 75, Gebr. Stein. à Heft 40 Pf.

Volksliebe! oder ausführl. Beschreibung d. Einholung d. Prinzessin Elisabeth v. Baiern nach Berlin, nebst den Statt gefundenen Feierlichkeiten 2c. Rathenow, Flick. 4 gr

Volksliebe! oder ausführl. Beschreibung der Einholung Ihrer Königl. Hoheit der Durchl. Prinzessin Elisabeth von Baiern, vermählte Kronprinzessin von Preußen, 2c. 8. Rathenow 823. (H. Schultze in Berlin.) 1/6 ℳ

Volkslied. [Beginnend: Heil unserm Wilhelm Heil!] [Braunschweig 1830?]. V: *Römer, Jacob Ludwig.* (Mitth. Dr. H. Bäsecke.)

Volkslied zum Andenken Zwingli's . . . Zürich 1818. V: *Nägeli, Hans Conr.* (Zuwachsverz. d. Bibliotheken in Zürich 1898 ff.)

Volkslied, gesungen bei der Anwesenheit Sr. Majestät des Königs in Hadersleben von der Haderslebener Liedertafel den 2. August 1844. o. O. (1844.) 8°

Volkslied, Breslauisches, bey der Anwesenheit des Königs in den ersten Tagen des Novembers 1793. Breslau 1793. V: *Bürde, Samuel Glieb.* (MGT) (GGr)

Volkslied, das deutsche. Zeitschrift f. seine Kenntnis u. Pflege. Unter der Leitg. v. Jos. Pommer u. Hans Fraungruber. Für die Schriftleitg. verantwortlich: Hans Fraungruber. Hrsg. v. dem deutschen Volksgesang-Vereine in Wien. 1.—4. Jahrg. 1899—1902. à 10 Hfte. gr. 8. (à ca. 16 S.) Wien (A. Hölder). à Jahrg. n. 4. —

— dasselbe. Zeitschrift f. seine Kenntnis u. Pflege. Unter der Leitg. v. Jos. Pommer, Hans Fraungruber u. Karl Kronfuß. Für die Schriftleitg. verantwortlich: Karl Kronfuß. Hrsg. v. dem deutschen Volksgesang-Vereine in Wien. (Amtsblatt des Sängerbundes „Deutsches Volkslied".) 5.—8. Jahrg. 1903—1906. à 10 Hefte. (VII, 180; VIII, 176; VIII, 172 u. 172 S.) Lex.-8. Wien (A. Hölder). à Jhrg. n. 4. —

Volkslied, das deutsche. Zeitschrift f. seine Kenntnis u. Pflege. Unter der Leitg. v. Jos. Pommer, Hans Fraungruber, Karl Kronfuß. Hrsg. v. dem deutschen Volksgesang-Vereine in Wien. (Amtsblatt des Sängerbundes „Deutsches Volkslied".) Für die Schriftleitg. verantwortlich: Karl Kronfuß. 9.—12. Jahrg. 1907—1910. à 10 Hefte. (à ca. 16 S.) Lex. 8. Wien, A. Hölder.
9. Jahrg. 4. —; 10.—12. Jahrg. à 5. —

Volkslied, das deutsche. Ein Taschenliederbuch, enth. 166 der schönsten Volks-, Gesellschafts-, Vaterlands-, Studenten- u. Wanderlieder m. besond. Berücksicht. beliebter schwäb. Volkslieder. (120 S.) 16. Stuttgart (904). P. Mähler. In Leinw. kart. — 45

Volkslied nach der Eroberung Belgrads, gesungen am 14. Oct. 1789. Wien 1789. V: *Gruber, Wenzel von.* (GGr VI/550, Nr. 26e) (PK 3/806) (széchenyi 4/590) (Haydinger 1/1997) (Hütter 1090) (Janko Laudon im Lied S. 73) (GGr VI/591, Nr. 40, »Gruber, Werner von«) (BiblPort)

Volkslied von den Deutschen Farben. gr. 8. (4 S.) Berlin 848, L. Schlesinger. 1 ngr

Volkslied bei Gelegenheit der allgemeinen Jubelfeyer über die Eroberung Mantuas. Gesungen von den Klagenfurtsbewohnern am 11. August 1799. Klgft., ?, (1799). 3 S.

Volkslied auf die Melodie, der Heiland ist erstanden, verfaßt im Anfange des Aprilmonates dieses lauffenden Jahres 1799 von einem Patrioten . . . Linz 1799. V: *Reiter, Joseph.* (Cernik, Schriftst. d. Augustiner-Chorherrenstifte Öst. Wien 1905.)

Volkslied zur Namensfeier Max. Joseph IV. v. Baiern. gr. 8. Landsh. 803. Krüll. 1 gl

Thurn u. Taxis, Karl Alexander Fürst von: **Volkslied** auf das Namensfest unseres Fürsten Karl [Alexander von Thurn u. Taxis]. o. O. u. J. 1 Bl. 8°. [Kopftit.]
Ohne Noten: „Froh schall im Jubelklang" . . .

Volkslied am 15. October 1840. Breslau 1840. V: *Roland, Gustav.* (Kat. d. Druckschr. üb. Breslau. Breslau 1903. S. 34.)

(Vom Arbeitsausschuß f. d. Aufsammlung u. Herausgabe d. deutschen Volksliedes d. Steiermark.) 'Das **Volkslied** in Österreich'. Anleitung z. Sammlung u. Aufzeichnung. Fragebogen. (Wien 1906: Schneider & Lux). (24 S.) 8° [F.] [07. 5913]

(Vom Arbeitsausschuß f. d. Sammlung u. Herausgabe d. deutschen Volksliedes in Böhmen.) 'Das **Volkslied** in Österreich.' Anleitung z. Sammlung u. Aufzeichnung. Fragebogen. (Wien [1908]: Schneider & Lux.) 27 S. 8° [09. 12286 4]

Volkslied auf die Statue Josephs des Zweyten. Gesungen von dem Wiener Naturdichter. Wien 1807. (»Seht, Brüder, seht! da stehet Er«) V: *Schütz, Joseph.* (GGR VII/578, Nr. 20/4) (Biblport)

Volkslied in Tyrol, über die Regierung Bayerns. Brixen im Jahr 1809. (»Hn. Nochba Lenz beim Soggara«) V: *Zoller, Franz Carl.* (GGR VI/681, Nr. 6/6) (Hdschr. Mitth. von Gustav Gugitz, Wien) (Margr) (Biblport)

Volkslied den tapfern Tyroler-Schützen und Landleuten . . . von einem Gutgesinnten geweihet. Innsbruck 1796. V: *Hormayr zu Hortenburg, Joseph Freiherr von.* (Margr)

Volkslieder. Leipzig 1778—79. H: *Herder, Joh. Gottfried von.* (JL) (MGT) (Mn) (Ky) (Ba) (Grisebach, Weltlitteraturkat. Berlin 1898—1900. I, 219.)

Volkslieder, herausg. (von J. G. v. Herder). 2 Thle. 8. Leipz. 778, 79. Weygand. 1 rß 6 gl Schrbp. 1 rß 21 gl N. Aufl., eingeleitet von Jh. Falk. 2 Thle, mit Herders Bildn. 16. Ebd. 825. 2 rß

— — dieselben. 2 Thle. 8. Leipz. Sommer. 805.

— vom Verfass. des **Krämermichels.** 8. Carlsruhe, Braun. 811.

Volks- u. Soldatenlieder, altbraunschweigische. Mit Bildern v. H. F. Hartmann u. Noten f. Klavier u. mittlere Singstimme, bearb. v. A. Kurzrock, nebst e. geschichtl. Einleitg. v. G. Hassebrauk. (5 Bl. m. 1 Bl. Text.) 35,5×27,5 cm. Braunschweig (909). Ramdohr. 1. —

Volks- u. Meister-Lieder, altdeutsche, aus den Handschriften d. Heidelberger Bibliothek, s. a. J. J. Görres.

Volks- und Meister-Lieder, altdeutsche, aus den Handschriften der Heidelberger Bibliothek. Herausgegeben von J. Görres. gr. 8. Frankfurt a. M., H. Wilmanns. 816. 2 —

Altteutsche Volks- und Meisterlieder aus den Handschriften der Heidelberger Bibliothek. Herausg. von J. Görres. Frankf. a. M. 1817. gr. 8o.

Volkslieder, Alte deutsche, s. Meinert, J. G.

—— alte hoch- u. niederdeutsche, mit Abhandlung u. Anmerkungen hrsg. v. Ludw. Uhland. 1. Bd. Liedersammlung in 5 Büchern. (2 Abthlgn.) gr. 8. (66 7/8 B.) Stuttgart 844, 45, Cotta'sche Buchh.

Volks- und Kinderlieder, Alte. Illustr. von *L. Attinger*, Klavier-Begleitung von *J. Lauber*. Quer in-4°. 56 S. Neuchâtel, Attinger Frères. 1891. Gebd. 4 —

— alte und neue, für Männerstimmen gesetzt von Ldw. Erk. 1. Heft, 68 Lieder enthaltend. qu. Lex.-8. Essen 845, Bädeker. 18 ngl

— alte u. neue, für Männerstimmen gesetzt u. hrsg. v. Ludw. Erk. 2 Hfte. 1. Hft. 70 Lieder enth. 4 Stimmenhefte. br. 8. (à 39 S.) 2. Hft. 76 Lieder enth. Partitur. qu. Lex. 8. (79 S.) Essen 847, Bädeker. (1 : 2/3 rß 2 : 18 ngl) 1 rß 8 ngl

— alte u. neue, mit Bildern u. Singweisen, von L. Richter u. A. E. Marschner. 8. Leipzig 846, G. Mayer. 1/3 rß

Volks-Lieder, alte u. neue, mit Bildern u. Singweisen. Hrsg. von L. Richter u. A. E. Marschner. 8. (80 S.) Leipzig 847, G. Mayer. n. 1/3 rß

—— alte und neue, für heitere Gesellschaften. 32. (136 S.) Crefeld 851 (52,) Klein.

— altfranzösische, gesammelt, mit Sprach- u. Sacherklärenden Anmerkk. versehen, u. herausg. von O. L. B. Wolff. Nebst e. Anhange. gr. 12. Leipz. 831. Fr. Fleischer. 1 rß

—— arabische, aus Mesopotamien, s. Sachau, Ed.

— ausgew., f. d. Schulen d. Inspektions-Bez. Marienberg. 3. Aufl. 8. (20 S.) Ebd. 890. — 10

—— ausgewählte, für die Schulen d. Inspektions-Bezirkes Marienberg. 5. Aufl. 8. (20 S.) Freib. i. S. 890, Mauckisch. * — 10

—— ausgewählte ungarische. Uebersetzt und hrsg. durch Kertbeny. gr. 8. (XV und 352 S. mit Tilkpfr.) Darmstadt 851, Leske. *

—— beliebte, f. Landschulen u. das Leben. Die Melodien in Ziffernschrift. Hrsg. v. Heinr. Leuchter. 8. (2 1/4 B.) Darmstadt 845, Frommann.

Volks- u. Gesellschaftslieder, die beliebtesten. Eine ausgewählte Sammlg. v. Volks-, Gesellschafts- u. Tafelliedern. 16. (48 S.) Styrum 891. A. Spaarmann. – 20

Volkslieder aus dem Kanton Bern. Von M[ary] E[lizabeth] Marriage und John Meier [gesammelt und hrg.]. I. (Separat-Abdruck [aus:] Schweizerisches Archiv für Volkskunde.... Jahrg. 5. Heft 1. Ausgegeben März 1901.) II + 47 S. 8. (Zürich, Emil Cotti's Wwe., 1901.)

Volkslieder aus der Bretagne. Ins Deutsche übertr. v. A. Keller u. E. v. Seckendorff. Mit XVI Originalmelodieen. 8. (18 1/8 B. incl. Melodieen.) Tübingen 841, Fues, Vrlsh.

Volkslieder, Bretonische. Größtentheils nach der Sammlung des Herrn v. La Villemarque, übers. von Mor. Hartmann u. Ludw. Pfau. Köln 859. Du Mont-Schauberg. 16. (4 Bll., 479 S.) n. 1 Thlr 25 ngr.

Volkslieder, christliche. Zwei u. dreistimmig bearb. u. zur Förderg. religiösen Schulgesanges hrsg. 8. (36 S.) Hildburghausen 887. Gadow & Sohn. n. -- 20

Dänische Volkslieder, in's Deutsche übertragen v. Carl Christian Binzor. Schleswig und Flensburg. 1855. 8°.

—— dänische, der Vorzeit. Aus der Sammlung von Svend Grundtvig. Im Versmaß des Orig. übertragen von Rosa Warrens. Mit einer Einleitung vom Hrsgbr. des Orig. 8. (XXXVIII und 298 S.) Hamburg 858, Hoffmann und Campe.

Volkslieder, deutsche, mit Volksweisen für Volksschulen, nebst e. Abhandl. über d. Volkslied, s. Aug. Zarnack.

Volkslieder, deutsche. Eine Sammlg. der beliebt. Liebes-, Trink- u. Wanderlieder. (192 S.) 16. Neuweißensee, E. Bartels. 1. —; gr. Ausg. (384 S.) Geb. m. Nägeln 2. 50

—— deutsche, mit ihren Original-Weisen. Unter Mitwirk. d. Hrn. Dr. Maßmann, d. Hrn. v. Zuccalmaglio u. m. a. Freunde d. Volks-Poesie nach handschriftl. Quellen hrsg. u. mit Anmerkn. vers. v. A. Kretzschmer. 1—10. Hft. gr. 8. (44 1/4 B. u. verziert. Ttl.) Berlin 838—40, Vereins-Buchh. à *

—— dass. Hrsg. als Fortsetz. d. A. Kretzschmer'schen Werkes v. A. Wilh. v. Zuccalmaglio. 11—15. Hft. 8. (35 B.) Ebds. 840, 41. à *

— deutsche, mit ihren Original-Weisen. Nach handschriftl. Quellen herausgeg. als Fortsetzung des A. Kretzschmer'schen Werkes von A. Wlh. v. Zuccalmaglio. 13.—18. (letztes) Heft. Lex.-8. Berlin 841, Vereinsbuchh. à n. 1/3 Thlr

Volkslieder, deutsche. 8. (4 B.) Mengeringhausen 840. (Arolsen, Speyer.) Thlr. *

—— deutsche. 8. (VI und 136 S.) Zwickau 847, [Verlags-Buchhandlung des Volksschriften-Vereins.]

Volkslieder, deutsche, s. a. Scherer.

— Deutsche. Gesammelt von Geo. Scherer. 16. (VI u. 412 S. m. 1 Stahlst.) Leipzig 851, G. Mayer. 1 1/2 Thlr in Engl. Einbd. mit Goldschn. 2 Thlr — 2. (Titel-) Aufl. 16. (412 S. m. 1 Stahlst.) Ebd. (851) 852. 3/4 Thlr in Engl. Einbd. m. Goldschn. 1 Thlr

—— deutsche, mit ihren eigenthümlichen Singweisen. Gesammelt und hrsg. von Geo. Scherer. Mit Holzschn. nach Zeichnungen von Ludw. Richter und Radirungen nach Ferd. Rothbart. Die vierstimm. Bearbeitung der Melodien (für Sopran, Alt, Tenor und Baß oder Klavier) von K. M. Kunz. 1. und 2. Heft. gr. 4. (S. 1—40 mit eingedr. Holzschn. und 2 Radirungen.) Stuttgart 854. 55, Ed. Hallberger. à Heft * 10 Ngr. *

Volkslieder, Deutsche, s.a. Mittler

Volkslieder, deutsche. Sammlung von Frz. Ludw. Mittler. Lex.-8. (VII und 992 S.) Marburg 855, Elwert'sche Universitäts-Buchh.

Volkslieder, deutsche. Eine Sammlung der beliebtesten Liebes-, Trink- und Wanderlieder. Ausg. A. 1.—13. Tausend. 16. (96 S.) Leipzig 887,88, Werther. *
Ausg. B. (192 S.) cart. *
Ausg. C. (288 S.) cart. *
Ausg. D. (384 S.) cart.
Ausg. E. (384 S.) geb. *

— deutsche. E. Sammlg. d. beliebtesten Liebes-, Trink- u. Wanderlieder. Ausg. A. (3. Aufl.) 16. (96 S.) Leipzig (891). Hannov. Münden, R. Werther. n. -- 25

— dasselbe. Ausg. D. (2. Aufl.) 16. (384 S.) Ebd. (891). Geb. n. 1. —

— dasselbe. Ausg. E. (2. Aufl.) 16. (384 S.) Ebd. (891). Geb. m. Biernägeln n. 1. 40

Volkslieder. Deutsche V': «von rosen ein krentzelein». Hrg. von Hubert Stierling. 232 S. 8. Düsseldorf und Leipzig, Karl Robert Langewiesche, [1904]. [M. 1. 80, geb. 3. --]
(Lebende Worte und Werke. Eine Sammlung von Auswahlbänden. Band 5....)
Darin S. 33 f. 44/6. 58. 133 f. etc. schweizerische Volkslieder.

—— deutsche, aus Böhmen. Hrsg. vom Deutschen Vereine zur Verbreitung gemeinnütz. Kenntnisse in Prag. Redig. von Alois Hruschka und Wendelin Toischer. (In 3—4 Lfgn.) 1. und 2. Lfg. gr. 8. (224 S.) Prag 888, Deutscher Verein zur Verbreitung gemeinnütz. Kenntnisse. à Lfg. *

—— deutsche, aus Böhmen. Hrsg. vom deutschen Vereine zur Verbreitg. gemeinnütz. Kenntnisse in Prag. Redig. v. Alois Hruschka u. Wendelin Toischer. 3. u. 4. (Schluß-)Lfg. gr. 8. (S. 225—336; XVI, S. 337—542.) Prag 889,91, (Fr. Haerpfer).
3. Lfg. * 1 —; 4. Lfg. * 1 50; * 2 50
1. u. 2. Lfg. (Ebd.) 1888. * 2 —.

Volks-Lieder, deutsche, aus Kärnten. Gesammelt von Pogatschnigg und Em. Herrmann. 2 Bde. 16. Graz, Pock. [Verlag Leykam-Josefsthal.] à Bd. * M. 3. *
Inhalt:
Bd. 1. A. u. d. T.: Deutsche Liebeslieder des Volkes in Kärnten. (XXIII, 892 S.) 869.
" 2. A. u. d. T.: Lieder vermischten Inhaltes. (244 S.) 870.

Volks- u. Lieblings-Lieder, deutsche. In Photogr. nach Orig.-Cartons v. L. Hofmann, Ph. Sporrer u. Th. Pixis. Mit Orig.-Text. Neue Cabinet-Ausg. 8. (24 S. m. 9 Photogr.) München 872. Bruckmann. In Mappe. 9. —

— dasselbe. gr. 4. (25 S. m. 9 Photogr.) Ebend. 872. geb. m. Goldschn. 22. 50

VOLKSLIEDER, Deutsche, aus der Schweiz. Zürich 1842. 12°. (1 Mk. G. Fritzsche, Hamburg, 1892.)

Volkslieder d. Deutschen v. e. Kinderfreunde gesammelt. 8. Nürnb. Schneider u. W. 793. — 12

—— die, der Deutschen. Eine vollständ. Samml. d. vorzüglichsten deutschen Volkslieder von d. Mitte d. 15. bis in d. 1. Hälfte d. 19. Jahrh. Hrsg. u. mit d. nöthigen Bemerkn. u. Hinweisn. vers., wo d. verschied. Lieder aufgefunden werden können, durch Friedr. Karl Frh. v. Erlach. 4 Bde. (151½ B.) Mannheim 834, 35, Hoff.

—— die, der Deutschen. Eine vollständ. Samml. d. vorzüglichen deutschen Volkslieder von d. Mitte d. 15. bis in die erste Hälfte d. 19. Jahrh. Hrsg. u. mit d. nöthigen Bemerkn. u. Hinweisungen versehen, wo die verschied. Lieder aufgefunden werden können, durch Friedr. Karl v. Erlach. 5. (letzt.) Bd. gr. 8. (40⅓ B.) Mannheim 836, Hoff.

—— dass. — General-Register z. allen 5 Bdn. gr. 8. (2½ B.) Ebds. 837.
1—4. Bd. Ebendas. 1834, 35. 6 Thlr. 16 Gr. — Vollständ. 5 Bde. u. Register. (Frankfurt a. M., J. Baer.) Hrdgs. Pr. ** 3 Thlr. 4 Gr.

—— die deutschen, mit ihren Singweisen, gesammelt u. hrsg. v. Ludw. Erk u. Wilh. Irmer. 1—5. Hft. gr. 12. (15 B.) Berlin 838, 39, Plahnsche Buchh. à *
Nur neue Ausg. der bereits 1832—35 erschienenen Hefte. — 6. Hft., s. Erk, L.

— die deutschen, mit ihren Singweisen, gesammelt u. herausgeg. von Ludw. Erk u. Wilh. Irmer. 1s—5s Hft. Mit Melodieen. gr. 12. Berlin 838—40. Plahn'sche Buchh. (Nitze.) à n. ⅓ ₰

— die deutschen. Gesammelt v. Karl Simrock. 8. (627 S.) Frankfurt a. M. 851, Brönner. n. 1 ₰ 18 ngr

Volkslieder der Teutschen zur Gedächtniß- und Deklamirübung für die Jugend v. Bökh, Miller, Ekkard ... Claudius u. a. 3. Aufl. Nürnberg. 1823. 8°

— der Deutschen, zur Gedächtniß- u. Deklamirübung. 3e Aufl. gr. 8. Nürnb. 824, Schneider u. W.

— d. Deutschen, für Knaben u. Mädchen, von e. Kinderfreunde gesammelt. 8. Nürnb. 793. 3e A. 823. Schneider u. W. 12 gr

— für das freie Deutschland. 12. (72 S.) Erfurt 848, Hennings & Hopf. 1/12 ₰

— Egerländer. Hrsg. vom Verein f. Egerländer Volkskunde in Eger. 1. Hft. Mit e. literarhistor. Einleitg. v. Alois John. Musikalische Bearbeitg. v. Jos. Czorny. 8 (58 S.) Eger 898. Verein f. Egerländer Volkskunde. 1.50

—— ehstnische. Urschrift und Uebersetzung von H. Neus. (2 Abthlgn.) Hrsg. von der ehstländ. literär. Gesellschaft. gr. 8. (XX und 302 S.) Reval 851, (Kluge.) *

—— ehstnische. Urschrift und Uebersetzung von H. Neus. 3. Abthl. hrsg. von der esthländ. literär. Gesellschaft. gr. 8. (S. 303—477.) Reval 852, (Kluge's Verlag.) *
1. und 2. Abthl. Ebendas. 1851. * 2 Thlr.

— f. Familienabende. Hrsg. im Auftrage d. Pfarrvereins Bunzlau I. 16. (VII, 79 S.) Bunzlau 897. E. Muschket. n. — 20

— f. Familienabende. Hrsg. im Auftrage des Pfarrervereins Bunzlau I. 2. Aufl. 6.—10. Taus. (VII, 80 S.) 16. Bunzlau (908). E. Muschket. — 20

— nach den Fordergn. d. dreiklass. Volksschule geordn. u. im hohen Auftrage der kgl. Regierung zu Stralsund hrsg. (v. Sering). Ausg. 1897. 2 Hfte. (à 24 S.) 8. Gütersloh 897. C. Bertelsmann. à n. — 10

— fränkische, s. a. v. Ditfurth.

—— fränkische, mit ihren zweistimmigen Weisen, wie sie vom Volke gesungen werden, aus dem Munde des Volkes selbst gesammelt und hrsg. von Frz. Wilh. v. Ditfurth. 2 Thle. (Geistliche Lieder. — Weltliche Lieder.) Lex.-8. (V und 154, XLII und 310 S.) Leipzig 855, Breitkopf und Härtel. [1. Thl. 25 Ngr., 2. Thl. 1 Thlr. 25 Ngr.]

Volkslieder, französische, zusammengestellt von Mor. Haupt und aus seinem Nachlass hrsg. gr. 16. (VIII, 177 S.) Leipzig 877, Hirzel. * 4 —

Volkslieder, 85 ausgewählte, für Schule und Haus. Herausgegeben vom Odrauer Bezirks-Lehrervereine. 12. (51 S.) In Comm. —.12
Freiwaldau: Blazek 1896.

Volkslieder. 15 Volkslieder für die aargauischen Schulen. 2. Aufl. 16 S. 8. Aarau, H. R. Sauerländer & Co., [1902]. [fr. —. 20]

Volkslieder, 50 ausgewählte, für die Jugend. Herausgegeben vom Freiwaldauer Bezirks-Lehrer-Vereine. 8. (29 S.) In Comm. —.08
Freiwaldau: Blazek 1895.

Volkslieder, 50 ausgew., f. d. Jugend. Hrsg. vom Freiwaldauer Bez.-Lehrer-Verein. 2. Aufl. 12. (III, 32 S.) Freiwaldau 895. (A. Blažek.) n.n. — 13

— 60 geistliche, als Anhang zum Militärgesangbuch hrsg. vom evangel. Pädagogium Godesberg. gr. 16. (32 S.) Godesberg 901. Buchh. des ev. Pädagogiums. n. — 20

— geistliche, mit ihren ursprünglichen Weisen gesammelt aus mündlicher Tradition u. seltenen alten Gesangbüchern. qu. 4. (X u. 202 S. m. 1 Holzschn.) Paderborn 851, Schöningh n. 1½ ₰

Volks- u. Gesellschaftslieder des XV. u. XVI. Jahrh., s. a. Texte, deutsche, des Mittelalters, V.

Volks- und Gesellschaftslieder des XV. und XVI. Jahrhunderts. I. Berlin: Weidmann 1905. 8°
(Texte, Deutsche, d. Mittelalters. Bd 5.)

— griechische, in deutscher Nachbildung v. Gust. Meyer. 16. (103 S.) Stuttgart 890. Cotta Nachf. n. 2.50

— historische, aus dem 16ten u. 17ten Jahrhundert, nach den in der K. Hof- u. Staatsbibliothek zu München vorhandenen fliegenden Blättern gesammelt u. herausg. von Ph. Max. Körner. Mit e. Vorworte von J. A. Schmeller. 8. Stuttgart 840. Ebner u. Seubert. 1⅝ ₰

Volkslieder, histor. und volksthüml. des 7-jährigen Kriegs, der Freiheitskriege und des Kriegs von 1870 u. 1871. Herausgegeben von F. W. Ditfurth. 3 Bde. Berl. 1871. br. 8. Wie neu. 5.—

—— die historischen, s. Ditfurth, Frz. Wilh. Frhr. v.

—— s. Liliencron, R. v.

Volkslieder, Holländische.
Gesammelt und erläutert . . . Bresl. 1833.
H: *Hoffmann gen. von Fallersleben, August Heinrich.* (GGr)

—— 100, für den Schulgebrauch ausgewählt vom Seminar-Collegium in Ludwigslust. [38.—43. Taus. der neuen Bearbeitg.] 12. (71 S.) Rostock 890, 91, Werther. * — 30
Früher Verlag von Hinstorff in Ludwigslust.

—— 100, und 20 Choräle, zum Schulgebrauch ausgewählt vom Seminarlehrer-Collegium in Ludwigslust. [18. Tausend.] 8. (71 S.) Ludwigslust 881, Hinstorff'sche Buchh. *

—— ein hundert deutsche histor., gesammelt u. in urkundl. Texten chronolog. geord. hrsg. v. Fr. Leonard v. Soltau. gr. 8. (41 B.) Leipzig 836, [Schrey.] * 3 Thlr., hrbgs. Pr.

— Ein hundert Deutsche historische, gesammelt u. in urkundlichen Texten chronologisch geordnet herausg. von Fr. Leonard v. Soltau. gr. 8. Leipzig 836. Weber. n. 3 ℛ

— 100 deutsche historische. Gesammelt u. in urkundl. Texten historisch geordnet, herausgeg. von Fr. Leonard v. Soltau. 2. Ausg. 8. Leipzig 845, Schrey. $1^1/_2$ ℛ

— hundert deutsche, für Jung und Alt. kl. 16. Grünberg 842, Levysohn. $^1/_{12}$ ℛ — 2. Aufl. 16. Ebend. 844. $^1/_{12}$ ℛ

Volkslieder, 100 der schönsten deutschen. Eine Sammlung zweistimm. Lieder für die Hand der Schüler der Mittel- und Oberstufe deutscher Schulen. Hrsg. von der Lehrer-Konferenz Egeln. 1.—3. verb. Aufl. gr. 8. (71 S.) Leipzig 882,84, M. Hesse's Verlag. *

—— 100 der schönsten deutschen. Eine Sammlung zweistimm. Lieder für die Hand der Schüler der Mittel- und Oberstufe deutscher Schulen. Hrsg. von der Lehrer-Konferenz Egeln. 4. und 5. Aufl. gr. 8. (71 S.) Leipzig 885,87, M. Hesse's Verlag. *

— 100 der schönsten deutschen. E. Sammlung 2stimm. Lieder für d. Hand d. Schüler der Mittel- u. Oberstufe deutscher Schulen. Hrsg. v. d. Pestalozzi-Zweig-Verein Egeln u. Umgegend. 8., verb., m. Anh. verseh. Aufl. gr. 8. (84 S.) Leipzig 892. M. Hesse. n. — 35

— 100 der schönsten deutschen. Eine Sammlg. 2 stimm. Lieder f. die Hand der Schüler der Mittel- u. Oberstufe deutscher Schulen. Hrsg. v. dem Pestalozzi-Zweig-Verein Egeln u. Umgegend. 12. Aufl. (84 S.) 8. Leipzig (907). M. Hesse. — 35

— 130. Mit e. Anh. Verm. u. durchgeseh. Aufl. der vom Seminarlehrer-Kollegium in Ludwigslust ausgewählten 100 Volkslieder. 8. (96 S.) Rostock 894. W. Werther's Verl. n. — 30; geb. n. — 45

— 130. Mit e. Anh. Verm. u. durchgeseh. Aufl. der vom Seminarlehrer-Kollegium in Ludwigslust ausgewählten 100 Volkslieder. (Neue Aufl.) 8. (96 S.) Neubrandenburg 902. C. Brünslow. n. — 30

— 130. Mit e. Anh. Verm. u. durchgeseh. Aufl. der vom Seminarlehrer-Kollegium in Ludwigslust ausgewählten 100 Volkslieder. In neuer Rechtschreibg. (Neue Aufl.) (96 S.) 8. Neubrandenburg 906. C. Brünslow. n. — 30

Volkslieder, 130. Mit e. Anh. 22. verm. u. durchgeseh. Aufl. (115.—121. Tauf.) der vom Seminarlehrer-Kollegium in Ludwigslust ausgewählten 100 Volkslieder. (100 S.) kl. 8. Neubrandenburg 910. C. Brünslow. — 30

VOLKSLIEDER (179), Deutsche. (Von Arndt, Claudius, Hoffmann v. Fallersleben, Körner, Uhland, Hebel, Schiller, Langbein, Tiedge, Hardenberg, Zschokke, Holtei, Castelli, Hauff, Kerner, Rückert u. And.) Nebst den betreffenden Melodien. Zwickau 1847. 8⁰. 136 S. (80 Pfg., unaufgeschn., Carl Uebelen, München, 1892; 50 Pfg. Rich. Bertling, Dresden, 1891.)

— u. Couplets, 120, m. Noten. 8. (32 S.) München 891. Münchener Verlags-Institut, F. Braunbeck. — 10

— zur Jahresfeier d. großen Errettungsschlacht am 18. Oct. 1813 bei Leipzig, mit Nachtrag. 8. Frankf. 814. Körner. 6 𝒦 Velinp. 8 𝒦

—— illustrirte, mit humoristischen Orig.-Zeichnungen von Max Hügel. Nr. 1—4. gr. Fol. Dortmund 876, Grüwell. à Nr. 25 Pf. 1 —

Inhalt:
Nr. 1. Die Varus-Schlacht. 4. Aufl.
„ 2. Dat nigge Leid van'en Pastaur sine Kauh.
„ 3. Krok der Alemanne.
„ 4. Der Bierlala.

Volks- und Vaterlandslieder, illustrirte, s. a. Möwing.

Volks- und Vaterlandslieder, illustrirte. Gesammelt von J. H. Möwing. Mit vielen Bildern (in eingedr. Holzschn.) und Singweisen. 16. (IV und 316 S.) Leipzig 853, Schlicke. Thlr. *

—— für die deutsche Jugend, ausgewählt und hrsg. vom pädagog. Verein zu Freiberg. 2 Hefte. 3. Aufl. 8. (116 S.) Freiberg 886, (Mauckisch.) *

Inhalt:
Heft 1. I.—IV. Schuljahr. (S. 1—42.) 15 Pf.
„ 2. V.—VIII. Schuljahr. (S. 43—116.) * 20 Pf.

— dasselbe. 4.—6. Aufl. Ausg. in 1 Bd. 8. (116 S.) Ebd. 886—888. n. — 25

—— für d. deutsche Jugend, ausgewählt u. hrsg. vom pädagogischen Verein zu Freiberg. 8. (116 S.) 9. Aufl. Freiberg 891, Mauckisch. * — 25

— f. d. deutsche Jugend, ausgew. u. hrsg. v. pädagog. Verein zu Freiberg. 11. Aufl. 8. (116 S.) Freiberg 894. (E. Mauckisch.) n. — 25

Volks- u. Jugendlieder f. Schulen u. Singvereine. Hrsg. v. Ed. Müller. 8. ($1^1/_8$ B.) Hohnstein 845. [Crimmitschau, Seiffert?]

Jung-Deutschlands ausgewählte **Volkslieder**, d. Deutschen Jugendbund gewidmet. 2. Aufl. Berlin: Jung-Deutschland 1893. (32 S.) 8⁰ [G.] .05.4885

Volkslieder, Kärntner, für eine Singstimme mit Begleitung des Pianoforte. Gesammelt u. herausgegeben von Edmund Freih. v. Herbert. Fortgesetzt von Franz Decker. Klgft., Raunecker, (ca. 1870). Folio. 5 Hefte.

Volkslieder, Kärntnerische, gesammelt u. herausgegeben von Edmund Freih. v. Herbert. Klgft., Liegel, (lith. A. Grube in Wien), (1861). Folio. 2 Hefte.

—— aus Krain. Uebers. von Anastasius Grün. 8. (XXIV und 168 S.) Leipzig 850. [Berlin,] Weidmannsche Buchh.

—— littauische, gesammelt kritisch bearb. und metrisch übers. von G. H. F. Nesselmann. Mit einer Musikbeilage (von 10 S.) Lex.-8. (XV und 368 S.) Berlin 853, Dümmler's Verlag. *

— neue, oder Lieder d. Liebe, Freude u. des geselligen Vergnügens. 8. Ruppin 795. Kühn. 5 𝒦 Schrbp. 8 𝒦

* **VOLKSLIEDER**, Neue, oder Lieder der Liebe, der Freude, und des geselligen Vergnügens. Aus den besten Dichtern des XVIII. Jahrhunderts. Zweite, vermehrte . . . . Auflage. Neu-Ruppin, J. B. Kühn, 1795. 8⁰. (In Berlin: Yd 5352.) (2 Mk. Schweitzer & Mohr, Berlin, 1910.)

— neueste, Couplets, Bock- u. Salvatorlieder, Schnadahüpfeln. gr. 8. (32 S.) München 890. Münch. Verlags-Institut, F. Braunbeck. n. — 10

Volks- u. Fest-Lieder, die neuesten deutschen. gr. 16. (80 S.) Mülheim a/R. (899). J. Bagel. n. — 10

Die neuesten deutschen **Volks- und Fest-Lieder.** (Mülheim a. d. Ruhr: J. Bagel [1905].) (80 S.) 8° [Umschlagt.] [ck. 4510]

— **neugriechische; gesammelt u. herausg. von C. Fauriel. Uebersetzt u. mit Erläuter. versehen von Wlh. Müller. (Neugriech. u. deutsch). 2 Thle. gr. 8. Leipz. 825. Voß. 2 Thlr. Für eine Singstimme, mit Begleitung d. Pianoforte in Musik gesetzt von Bhrd. Klein. qu. 4. Berl. 826. Reimer. 12 Gr.**

—— **neugriechische,** in den Originalen und mit deutscher Uebersetzung. (Μνημόσυνον) Hrsg. von Theod. Kind. gr. 8. (VIII und 29 S.) Leipzig 849, H. Fritzsche. *.

Volks- und Freiheitslieder, Neugriechische. Grünberg u. Leipzig 1842. H: *Oppenheim, Heinrich Bernhard.* (JStBbH) (BrMm)

Volks- u. Freiheitslieder, neugriechische. 8. (9 B.) Grünberg 842, Levysohn. *

Volks- und Liebeslieder

— — 19 der beliebtesten. Ebend. 860. 32. (16 S.) 1¼ ngr.

NIEDERDEUTSCHE VOLKSLIEDER. Gesammelt und herausgegeben vom Vereine für niederdeutsche Sprachforschung.
Heft I. Die niederdeutschen Liederbücher von Uhland und de Bouck. Herausgegeben von der germanistischen Section des Vereins für Kunst und Wissenschaft in Hamburg. Hamburg. 1883. 8⁰.

—— **niederländische,** hrsg. von Hoffmann v. Fallersleben, s. a. **Horae Belgicae.**

Volkslieder, Niederländische. Gesammelt und erläutert ... 2. Ausg. Hannover 1856. H: *Hoffmann gen. von Fallersleben, August Heinrich.* (GGr)

—— **norwegische,** isländische, färöische, der Vorzeit. In den Versmaßen der Orig. übertragen von Rosa Warrens. Nebst Anh.: Niederländische und deutsche Volkslieder. 8. (XIII und 431 S.) Hamburg 866, Hoffmann und Campe.

— der **Nowaken** in Ungarn. Herausgeg. von Jana Kollara. 2 Bde. (In czechisch-slowakischer Mundart.) Mit illum Titelkupfer. gr. 8. Ofen 834. (Wien, Wenedikt.) 4 Thlr.

Volkslieder, Oberbayerische, mit ihren Singweisen ... München 1846. H: *Maximilian Herzog von Bayern.* (HThPP)

—— **oberbayerische,** mit ihren Singweisen. Gesammelt u. hrsg. v. H. M. 8. (2⅝ B.) München 846, Franz.

— **österreichische, mit ihren Singweisen, herausg. von Frz. Ziska u. J. M. Schottky. gr. 8. Pesth 819. Hartleben. 1 Thlr. 16 Gr.**

— **Oesterreichische,** mit ihren Singweisen, gesammelt u. herausgeg. durch F. Tschischka u. J. M. Schottky. 2. verb. u. verm. Aufl., besorgt von Frz. Tschischka. 8. Pesth 844, Hartleben. (Leipzig, Frohberger's Sep.-Conto.) 1 Thlr.

— **aus der badischen Pfalz.** Gesammelt u. m. Unterstützg. des großherzogl. bad. Ministeriums der Justiz, des Kultus u. Unterrichts hrsg. von M. Elizab. Marriage. (XIV, 404 S.) 8. Halle 902. M. Niemeyer. n. 8. —

— der **Polen.** Gesammelt u. übersetzt v. W. P. 8. Leipzig 833. Weidmannsche Buchh. ⅔ Thlr.

Volkslieder, Preussische, in den Jahren 1772—1800. Verm. Aufl. Halberstadt 1800. V: *Gleim, Johann Wilhelm Ludwig.* (Ky) (EE) (BrMm)

— **preußische, in den J. 1772 bis 1800, verm. Aufl. (von Gleim). 8. Halberst. 800. Vogler in Potsd. 8 Gr.**

Volkslieder und andre Reime ... Heidelberg 1810 [1811]. V: *Sauter (Sautter), Samuel Friedrich.* (Bz) (MGT) (Ky) (Kilian, Sauter. Heidelberg 1902. S. XV.) (Mitth. Prof. Dr. G. Witkowski.)

— **u. andere Reime, vom Verfass. des Krämer Michels, (Sam. Fr. Sautter). 8. Heidelb. 811. Braun in Kalsr. 8 Gr.**

— u. Romanzen der **Spanier** im Versmaße des Originals verdeutscht von Em. Geibel. gr. 12. Berlin 843, Al. Duncker. 1⅓ Thlr.

— **romänische,** s. a. Schuller, J. K.

—— **romänische.** Metrisch übers. und erläutert von Joh. Carl Schuller. 8. (XX und 113 S.) Hermannstadt 859, Steinhaussen.

—— **rumänische.** Übersetzt von W. Rudow. Nebst Einleitung: Der rumän. Volksgeist nach seinen dichter. Erzeugnissen. 2. Aufl. 8. (XXXII, 112 S. mit 1 Portr.) Leipzig 888, Barsdorf. * geb. **

Volks-Lieder, **Salzburgische,** mit ihren Singweisen. Gesammelt von Maria Vincenz Süß. Wohlfeile Ausgabe. 3 Bdchn. 1847. Salzburg: Taube. (372 u. XVI S.) kl. 8⁰

Volkslieder, Schlesische, mit Melodien. Aus dem Munde des Volks gesammelt ... Leipzig 1842. H: *Hoffmann gen. von Fallersleben, August Heinrich & Ernst Richter.* (GGr)

— **Schlesische,** mit Melodien. Aus dem Munde des Volks gesammelt u. herausgeg. von Hoffmann von Fallersleben u. Er. Richter. 4 Liefg. Lex.-8. Leipzig 842, Breitkopf u. Härtel. 2 Thlr.

— **Schleswig-Holsteinische.** 1. Heft. 8. Hamburg 846, Schleswig-Holstein'sche Buchh. n. 1/24 Thlr.

— **schottische,** der Vorzeit. Im Versmaß des Originals übertragen von **Rosa Warrens.** Hamburg 861. Hoffmann & Campe. 8. (XII, 212 S.) 1 Thlr. 7½ ngr.

—— für Schulen der Provinzen Ost- und Westpreußen. Zusammengestellt von den Schulräten des Provinzial-Schulkollegiums zu Königsberg i. Pr. (Im G- oder Violinschlüssel.) 20. Aufl. 8. (IV, 48 S.) [Königsberg 885, Gräfe.] Leipzig, Reichardt Verlag. *

— f. Schulen der Provinzen Ost- u. Westpreußen. Zusammengestellt v. den Schulräten des Provinzial-Schulkollegiums zu Königsberg in Preußen. [Im G- od. Violinschlüssel.] 21. Aufl. 8. (IV, 48 S.) Leipzig 889. Reichardt. n. — 20

— f. Schulen der Provv. Ost- u. Westpreußen. Zusammengestellt v. den Schulräten des Prov.-Schulkollegiums zu Königsberg in Preußen. (In G- od. Violinschlüssel.) 22. Aufl. 8. (IV, 48 S.) Leipzig 900. G. Reichardt. n. — 20

— für die Schulen der Provinz Preußen. Zusammengestellt von den Schulräthen des Provinzial-Schulkollegiums zu Königsberg in Preußen. (Im G- oder Violinschlüssel.) Königsberg 857. Gräfe u. Unzer. 8. (IV, 48 S.) n. 2 ngr.

— — (Ausgabe in Ziffern.) Ebend. 856. 8. (IV, 52 S.) n. 2 ngr.

— — (Ausg. im Einsschlüssel oder Thomaszik'scher Tonbezeichnung.) 2. Aufl. Ebend. 857. 8. (IV, 52 S.) n. 2 ngr.

— schwäbische, s. Meier, E.

— schwäbische, s. Volksbücher. 7.

—— schwäbische, mit ausgewählten Melodien. Aus mündl. Ueberlieferung gesammelt von Ernst Meier. 8. (XVI und 432 S.) Berlin 855, G. Reimer.

Volkslieder, Schwäbische.

Freiburg i. Br. 1864. H: *Birlinger, Anton.* (Tübz 12, 10)

—— schwäbische. Beitrag zur Sitte und Mundart des schwäb. Volkes. gr. 8. (IV und 172 S.) Freiburg im Br. 864, Herder'sche Verlagsh. *

—— der Schweden. A. der Samml. v. Geijer u. Afzelius. Von (G. Chr. F.) Mohnike. 1. Bd. gr. 8. (15¼ B.) Berlin 830, Reimer.

—— schwedische, der Vorzeit. Aus der Sammlung von Erik Gustaf Geijer und Arvid Aug. Afzelius. Im Versmaß des Orig. übertr. von R. Warrens. Mit einem Vorwort von Ferd. Wolf. Nebst 49 Melodien. 8. (XLII und 349 S.) Leipzig 856, Brockhaus. *

— schwedische, der Vorzeit. Aus der Sammlung von Erik Gust. Geijer u. Arvid Aug. Afzelius. Im Versmaß des Originals übertr. von R. Warrens. Mit einem Vorwort von Ferd. Wolf. Nebst 49 Melodien. Leipzig 857. Brockhaus. 16. (XLII, 349 S.) n. 2 ₰.

Volkslieder, schweizerische, f. 4 Männerstimmen. 2., durchges. u. verm. Aufl. qu. gr. 8. (3 B.) St. Gallen 844, Scheitlin u. Zollikofer. Thlr.

— Schweizerische, für 4 Männerstimmen. 1. Hft. 5. Aufl. 2 u. 3. Hft. qu. gr. 8. (à 48 S.) St. Gallen 850. 846. 49, Scheitlin & Zollikofer. (à ¼ ₰) ¾ ₰

Volkslieder, schweizerische, mit Einleitung und Anmerkungen herausgegeben von Dr. Ludwig Tobler. In-8⁰, CLI und 234 S. Frauenfeld, J. Huber, 1882. 6 —

Volkslieder, 56, zum Gebrauch in Mecklenburgischen Schulen ausgewählt vom Seminarlehrer-Collegium in Ludwigslust. (1.—3. Abdr.) 8. (36 S.) Ludwigslust 862,63, Hinstorff'sche Hofbuchh.

— 56, zum Gebrauch in mecklenburgischen Schulen ausgewählt vom Seminarlehrer-Collegium in Ludwigslust. (1—3. Abdr.) Ludwigslust 863, 64. Hinstorff. 8. (36 S.) 1¼ ngr.

—— 56, zum Gebrauch in mecklenburgischen Schulen, ausgewählt vom Seminarlehrer-Collegium in Ludwigslust. Neue Aufl. mit einem Anhang, enth. 44 Volkslieder und 20 Choräle. 8. (71 S.) Ludwigslust 878, Hinstorff'sche Hofbuchh. * — 25

Volks- und Jugendlieder,

Sechzig religiöse; Anhang zum Kirchengesangbuch. Zürich 1889. V: *Pflüger, Paul.* (Cat. d. Stadtbibl. Zürich. Zürich 1864—97.)

— d. Serben. Metrisch übersetzt u. histor. eingeleitet von Talvj, (Therese A. L. Robinson). 1e u. 2e Liefer. gr. 8. Halle 825 u. 26. Renger. à 1 ₰ 18 gr 3 ₰ 12 gr

—— der Serben. Metrisch übers. u. histor. eingeleitet v. Talvj. 2 Bde. 2. Ausg. gr. 8. (45 B.) Halle 835, [Leipzig,] Renger'sche Buchh.

— der Serben. Metrisch übers. u. histor. eingeleitet v. Talvj. 2 Bde. 2e Ausg. gr. 8. Halle 835. Renger. (Leipz., Volckmar.) 3 ₰

—— der Serben. Metrisch übers. und historisch eingeleitet von Talvj. Neue, umgearb. und verm. Aufl. 2 Thle. 8. (LX und 701 S.) Leipzig 853, Brockhaus. *

— der Montenegriner und Herzegowinaer Serben. Gesammelt von Cubrom Coikowic. Herausg. von Jos. Milowuk. 1e Heft. Mit dem Portrait von Simon Milutinowic. (In serbischer Sprache.) gr. 8. Wien 833. (Wenedikt.) ⅔ ₰

— Serbische, ins Deutsche übertragen von Pt. O. v. Götze. gr. 12. St. Petersb. 827. (Cnobloch in Leipz.) 1 ₰

Volkslieder, serbische, ins Deutsche übertragen v. P. v. Goetze. gr. 12. (10 B.) St. Petersburg 827. (Leipzig, Voss.)

— Serbische, s. Wuck Stephanowitsch.

—— serbische, hrsg. v. Wuk Stephanowitsch. (In serbischer Sprache.) 4. Thl. 8. (25¾ B.) Berlin 833, Reimer. 1—3. Thl. Ebendas. 1824. 6 Thlr. 16 Gr.

Volkslieder. 7 Volkslieder für den militärischen Vorunterricht des Kantons Aargau. 8 S. 8. Muri, A. Schibli-Keller, 1901. [fr. —. 15]

Volkslieder, slavische, Auswahl aus Wenzig's Uebertragung, s. Bibliothek slav. Poesien.

—— slawische, übers. v. Jos. Wenzig. gr. 16. (17 B.) Halle 830, Renger. [Leipzig, Volckmar.] 1 Thlr., hrbgs. Pr.

— für mancherlei Stände. 8. Mühlhausen 796. Danner. 8 gr

— aus der Toscana. In deutscher Uebertragg. v. Edg. Kurz. (VIII, 96 S.) 8. Tübingen 904. H. Laupp jr. n. 1. 60; geb. n. 2. 50

—— ungarische. Uebers. u. eingeleitet v. M. A. Greguß. 16. (6⅝ B.) Leipzig 846, Geo. Wigand. *

—— ungarische, in einer Auswahl gesammelt von Ant. Vilney. 1. Folge. 16. (VIII und 102 S.) Leipzig 848, Verlags-bureau. *

—— u. Balladen, ungarische. Deutsch v. B. Carneri. 12. (VIII, 40 S.) Wien 892, Braumüller. geb. m. Goldschn. * 2 —

Volks- u. Festlieder, vaterländische. 5. verb. Aufl. 16. (48 S.) (Barmen 872. Klein.) n.n. — 25

Volks- und Festlieder, vaterländische. 6.—15. Aufl. 16. (48 S.) Langenberg 874—79, Joost. — 15

Volks- und Festlieder, vaterländische. 21. und 22. verm. Aufl. 16. (64 S.) Langenberg 887, Joost.

—— für Vaterlands- und Familienfeste. 6. Aufl. 16. (64 S.) Godesberg 882, Langewiesche.

—— für Vaterlands-Feste, Familienkreise und Wanderlust. 1.—5. revid. Aufl. 32. (64 S.) Godesberg 877,79, Langewiesche. — 15

— 400 der beliebtesten deutschen. In alphabet. Ordnung. 32. (XVIII u. 550 S.) Berlin 847, L. Schlesinger. 1/4 ₰

Volks- u. Liebeslieder, 14 der beliebtesten. Speyer 860. Lang. 32. (16 S.) 1 1/4 ngr.

40 zweistimmige Volkslieder. Ges. u. hrgg. v. d. Lehrerverein der Wilster-Marsch. 2. Aufl. St. Margarethen. 1861. 8°

— für die Volksschule. Hersg. vom gothaischen Pestalozzi-Verein. 2. Aufl. Gotha 869. (Ziert.) gr. 16. (40 S.) n. 2 1/2 ngr.

Volkslieder und Volksschauspiele, weltliche u. geistliche s.a. Pröhle.

—— und Volksschauspiele, weltliche und geistliche. Mit einer Musikbeilage. Hrsg. von Heinr. Pröhle. 8. (XLIV und 324 S.) Aschersleben 855, Fokke. *

—— der Wenden in d. Ober- u. Nieder-Lausitz. Aus Volksmunde aufgezeichnet u. mit d. Sangweisen, deutscher Uebersetzung, den nöthigen Erläutern., ein. Abhandl. üb. d. Sitten u. Gebräuche d. Wenden u. e. Anhange ihrer Märchen, Legenden u. Sprichwörter hrsg. v. Leop. Haupt u. Joh. Ernst Schmaler. I. Thl. (5 Lfgn.) Volkslieder d. Wenden in d. Oberlausitz. — A. u. d. T.: Pjesnicki hornych a delnych Luziskich Serbow. Prjeni dziel. Pjesnicki hornych Luziskich Serbow. gr. 4. (51 B.) Grimma 841—43, Gebhardt. *

Ausg. auf Kupferdruckp. *

—— der Wenden in der Ober- u. Nieder-Lausitz. Aus Volksmunde aufgezeichnet u. mit den Sangweisen, deutscher Uebersetzung, Erläuterungen, einer Abhandlung über die Sitten u. Gebräuche der Wenden u. einem Anh. ihrer Märchen, Legenden u. Sprichwörter, hrsg. v. Leop. Haupt u. Joh. Ernst Schmaler. (Wendisch u. deutsch.) 2 Thle. gr. 4. Grimma 843, 44, Gebhardt. Carton. *

Thl. 1. Volkslieder der Wenden in der Oberlausitz. (51 B.) * 5 Thlr. 10 Ngr.
- 2. Volkslieder der Wenden in der Niederlausitz. (42 1/2 B., 6 Stnt. u. 1 ill. Karte.) * 5 Thlr. 27 1/2 Ngr.

— 20. Für den Schulgebrauch zusammengestellt u. hrsg. von dem schles. Provinzial-Lehrer- u. dem schles. Pestalozzi-Verein. 2. Aufl. 4.—6. Tausend. 8. (18 S.) Breslau 890. Priebatsch. n. — 15

— 20. Für den Schulgebrauch zusammengestellt u. hrsg. v. dem schles. Provinzial-Lehrer- u. dem schles. Pestalozzi-Verein. 3. Aufl. 7.—10. Taus. 8. (17 S.) Breslau 892. Priebatsch n. — 15

Volkslieder, 20. Für den Schulgebrauch zusammengestellt u. hrsg. v. dem schles. Prov.-Lehrer- u. dem schles. Pestalozzi-Verein. 4. Aufl. 11.—13. Taus. 8. (17 S.) Breslau 900. Priebatsch. n. — 15

— zwei preußische, nach alten Melodien. 8. Königsb. 799. (Leipz., Rein). 2 ℊ

—— 258 auserlesene. 16. (11 1/2 B.) Emmerich 844, Romen. (Leipzig, Hermann.) *

—— 250 der beliebtesten deutschen, 3., verb. u. verm. Aufl. der beliebten 214 Volkslieder. 18. (360 Seiten u. Titelvign.) Warendorf 842. (Münster, Deiters.) *

Volks-Lieder, 250 der beliebtesten deutschen. 7., verm. Aufl. 18. (IV und 284 S.) Münster 847, Deiters.) Thlr. *

Volks-Lieder, 250 der beliebtesten deutschen. 8. Aufl. verm. mit einem Anhang von 20 neuen Liedern. 24. (IV und 284 S.) Warendorf 859, Schnell.

—— 250 der beliebtesten deutschen. 9. Aufl., vermehrt mit 34 der neuesten Lieder. 32. (IV und 284 S.) Warendorf 867, Schnell.

—— 250 der beliebtesten deutschen. 10. veränd. und durch 58 neue Lieder verm. Aufl. 16. (XVI, 304 S.) Warendorf 880, Schnell'sche Buchh.

—— 270 d. beliebtesten deutschen. 4. Aufl. 16. (21 B.) Holzminden 846, [Müller'sche Buchh.]

Volkslieder, 12, gesammelt u. für 4 Männerstimmen gesetzt, von Fr. Silcher. 8 Hefte. 4. Tübingen 826 — 27, Laupp. Rthlr.

Volks- und Kriegslieder, 12, gedichtet im glorreichen J. 1866 vom Littauer Dorfboten. In Musik gesetzt und für die Volksschulen arrangirt von D. M. 8. (16 S.) Königsberg 867, Meyer und Comp. *

Volksliederbuch

—— s.a. Soldaten-, Jagd-, Turn- und Volks-Liederbuch.

Volksliederbuch, oder frohe Gesänge für Bürger u. Landleute im Frühling, Sommer ꝛc. 12. Gera 796. Haller. (Central-Compt. in Leipz.) 6 ℊ

Volksliederbuch. Neue verb. Aufl. 16. Barmen 840. Langewiesche. n. 1/12 ₰

Volks-Liederbuch, allgemeines. Eine Sammlung der bekanntesten u. beliebtesten Lieder älterer u. neuerer Zeit. 16. (IV u. 268 S.) Jüterbog 850, Colditz. n. 1/6 ₰

Volks-Liederbuch, allgemeines. Eine Sammlung der bekanntesten und beliebtesten Lieder älterer und neuerer Zeit. 16. (III und 268 S.) Jüterbog 850, [Krause.] *

— dasselbe. 356 Volks-, Studenten-, Jäger-, Krieger-, Kinder- u. Gesellschaftslieder m. genauer Angabe der Quellen, wo die Melodien zu finden sind. Eine aus d. Praxis hervorgeg. Sammlung, welche nur solche Lieder enthält, die auch wirklich gesungen werden. M. e. (nicht alphabetisierten) Anh.: Texte beliebter u. allgem. bekannter Männerchöre u. Sololieder. (Neue Ausg.) 16. (384 S.) Leipzig 895. C. Rühle. Kart. n. — 50

Volksliederbuch, allgemeines. E. Taschenliederbuch f. frohe Kreise. 8. (48 S.) Berlin 896. A. Weichert. — 25

— allgemeines deutsches. 2. verm. Aufl. 16. Heilbronn 845, Drechsler'sche Buchh. 1/6 ℛ

—— allgemeines deutsches. 2., verm. Aufl. 16. (9 B.) Heilbronn 845, [Stuttgart, Lubrecht u. Comp.]

—— allgemeines deutsches, bestehend aus 100 der beliebtesten Lieder in bekannten Melodien. 16. (IV und 100 S.) Magdeburg 851, (Quednow.)

Volks-Liederbuch, antisemitisches. 16. (183 S.) Marburg 888. Verlag d. „Reichsherold". cart. — 50

—— dass. (mit d. Zusatz:) deutsches, neueste Aufl. 16. (4 B.) Barmen 841, Langewiesche. *

Volksliederbuch, deutsches, (1. Hft.) 4. Aufl. 16. (4 B.) Barmen 842, Langewiesche. *

—— dass. 2. Hft. 16. (4 B.) Ebds. 844. *

—— teutsches. 16. (7 B.) Stuttgart 841, Krabbe.

— Deutsches. 16. (329 S.) Mannheim 847, Hoff. 1/2 ℛ

—— deutsches. 16. (329 S.) Mannheim 847. [Frankfurt a. M., St. Goar.]

— Deutsches. Eine Sammlung der beliebtesten alten u. neuen Volks-, Jagd-, Kriegs- etc. u. Gesellschafts-Lieder; nebst einer Auswahl von Stammbuchversen. 32. (112 S.) Teterow 850. (Schwerin, Kürschner; Hildebrand.) n. n. 1/12 ℛ

Volks-Liederbuch, deutsches. Eine Auswahl von mehr als 300 der beliebtesten Vaterlands-, Volks-, Studenten-Lieder etc. 18. (XI und 348 S.) Prüm 853. (Trier, Braun'sche Buchh.)

—— deutsches. Enthaltend mehr als 250 der beliebtesten und bekanntesten Volks-, Vaterlands-, Studenten-, Gesellschafts- etc. Lieder. Gesammelt von einem Verein junger Deutscher. 24. (252 S.) Lippstadt 854, [Staats.] *

Volkslieder-Buch, deutsches. Enth. die beliebtesten u. bekanntesten deutschen Volkslieder. 16. (96 S.) Chemnitz 884. Hager. — 20

Volks-Liederbuch, deutsches. 15. verm. Aufl. 16. (84 S.) Essen 887, Radke's Nachf. *

Volks-Liederbuch, deutsches. Eine reichhalt. Sammlg. der beliebtesten u. bekanntesten deutschen Volkslieder. 18. Aufl. 16. (336 S. m. Abbildgn.) Mülheim a/R. 892. J. Bagel. Kart. — 75

— deutsches. E. reichhalt. Sammlg. der beliebtesten u. bekanntesten deutschen Volkslieder. Mit vielen Bildern. 19., verm. Aufl. (Einband: Illustr. Taschen-Liederbuch.) 16. (336 S.) Mülheim a/R. 898. J. Bagel. Kart. — 75

Volks-Liederbuch. deutsches. 19., verm. Aufl. 69.—73. Taus. (84 S.) 16. Essen 901. O. Radke's Nachf. — 10

Volks- u. Kommers-Liederbuch, deutsches. 2. Sammlung. (88 S.) 16. Essen 902. O. Radke's Nachf. — 10

Volks-, Soldaten-, Jagd-, Turn-Liederbuch, deutsches, s. Soldaten-, Jagd-, Turn- und Volksliederbuch.

Volks-Liederbuch, deutsches, für alle Stände. Eine Sammlung ausgewählter Freiheits-, Vaterlands-, Gesellschafts- etc. Lieder. Bremerhaven (857.) v. Vangerow. 32. (271 S.) 5 ngr.

Volks- u. Gesellschafts-Liederbuch. Eine Sammlung der bekannt. u. beliebt., alten u. neuen vaterländ. Gesänge. In alphabet. Ordnung. In 4 Abtheil. 16. Crefeld 841, Klein. 1/6 ℛ (Auch einzeln unter folg. Titeln: 74 Vaterlands-, Kriegs- u. Soldatenlieder. — Kleines Liederbuch, enthalt. 86 Lieder im Freien, Jäger-, Schützen-, Bergmanns-, Wander- u. Abschiedslieder. — Der frohe Gesellschafter. Eine Sammlung von 81 Gesellschafts-, Neujahrs-, Trink-, Tisch- u. Burschenliedern. — Kleiner Liederkranz. Eine Sammlung von 86 Liedern verschied. Inhalts. à 2 ngr.)

Volks-Liederbuch, großes. Eine Sammlg. der bekanntesten u. beliebtesten Volks-, Vaterlands- u. Gesellschaftslieder f. alle Gelegenheiten. gr. 16. (544 S.) Reutlingen (902). R. Bardtenschlager. Geb. 1. 20

VOLKSLIEDERBUCH, illustr. Lahr o. J. (ca. 1840). 12°. (60 Pfg., Orig.-Cart., fleckig, M. Edelmann, Nürnb., c. 1901.)

Volksliederbuch, illustrirtes. Eine Sammlung der schönsten, beliebtesten u. bekanntesten Volks-, Jäger-, Liebes- etc. Lieder. Lahr 867. Schauenburg. 16. (VIII, 328 S.) cart. 7½ ngr.

Volksliederbuch, illustrirtes. Eine Sammlg. der schönsten, beliebtesten u. bekanntesten Volks-, Jäger-, Liebes-, Soldaten-, Studenten-, Trink-, Wander-, Opern- u. Gesellschaftslieder. 17. Aufl. 16. (350 S. m. eingedr. Holzschn.) Lahr 874. Schauenburg. — 75

Volksliederbuch, illustrirtes. Eine Sammlung der schönsten, beliebtesten und bekanntesten Volks-, Jäger-, Liebes- etc. Lieder. Mit zahlreichen (eingedr.) Orig.-Bildern (in Holzschn.) von A. v. Werner, Geo. Bleibtreu und Ludw. Burger. 18.—32. Aufl. gr. 16. (VIII, 352 S.) Lahr 875—79, Schauenburg. cart. ℳ 1.; geb. 1 25

—— illustrirtes. Eine Sammlung der schönsten, beliebtesten und bekanntesten Volks-, Jäger-, Liebes-, Soldaten-, Studenten-, Trink-, Wander-, Opern- und Gesellschaftslieder. Mit zahlreichen Orig.-Bildern (eingedr. Holzschn.) von A. v. Werner, Geo. Bleibtreu und Ludw. Burger. 35. Aufl. 16. (VIII, 352 S.) Lahr 881, Schauenburg. cart. ℳ 1.; geb. Kleine Ausg. (V, 136 S.) cart.

—— illustriertes. (In 3 Ausgaben.) 16. (VI, 122; VI, 282; VI, 410 S. m. Illustr.) Berl. 891, Gebr. Radetzki. — 30; — 75; 1 —

— illustrirtes. Eine Sammlg. der schönsten, beliebtesten u. bekanntesten Volks-, Jäger-, Liebes-, Soldaten-, Studenten-, Trink-, Wander-, Opern- u. Gesellschaftslieder. Mit zahlreichen Orig.-Bildern von A. v. Werner, Geo. Bleibtreu u. Ludw. Burger. 16. (X, 408 S.) Lahr (902). M. Schauenburg. Geb. 1. —

— kleines. Eine Auswahl von Trink-, Tisch-, Jäger- und andern Liedern, welche zur Erheiterung bei frohen Mahlen u. Festlichkeiten am liebsten gesungen werden. Crefeld (857.) Klein. 32. (80 S.) 2½ ngr.

Volksliederbuch für Männerchor. Hrg. auf Veranlassung Seiner Majestät des Deutschen Kaisers Wilhelm II. Partitur. 2 Bände. XVI + 818 *u.* IV + 794 S. 8. Leipzig, C. F. Peters, [1907]. [*je* geb. M. 3. —]

(*Mit einbezogen ist* die deutsche Schweiz; *die* schweizerischen und elsässischen Lieder *sind bearb. von* Dr. Friedrich Hegar, Zürich.)

— dasselbe. Stimmen. Tenor I u. II u. Bass I u. II. Je 2 Bde. (à 520 bezw. 504 S.) kl. 8. Ebd. (907). Kart. à Bd. 1. —

—— **neues.** 3 Thle. 6.—9. Aufl. 32. Reutlingen 872—75, Enßlin und Laiblin. à Thl. 20 Pf.

Inhalt:

Thl. 1. Ein Blumenstrauß der schönsten Freundschafts-, Liebes- und Volkslieder. (112 S.)

" 2. Trink- und Schelmenlieder ꝛc. für heitere Kreise. (112 S.)

" 3. Kriegs- und Vaterlands-, Soldaten-, Jagd- und Turn-Lieder. (96 S.)

—— **neues.** 3 Thle. 32. (à 96 S.) Reutlingen 875—79, Enßlin und Laiblin's Verlagsh. à Thl. 20 Pf. — 60

Inhalt:

Thl. 1. Ein Blumenstrauß der schönsten Freundschafts-, Liebes- und Volkslieder. 9.—12. Aufl.

" 2. Trink- und Schelmenlieder ꝛc. für heitere Kreise. 8. Aufl.

" 3. Kriegs- und Vaterlands-, Soldaten-, Jagd- und Turn-Lieder. 4. Aufl.

— **neues.** 3 Thle. 32. Reutlingen 873—76. Enßlin & Laiblin. à — 20

1. Ein Blumenstrauß der schönsten Freundschafts-, Liebes- u. Volkslieder. 10 Aufl. (112 S.)
2. Trink- u. Schelmenlieder u. s. w. f. heitere Kreise. 9. Aufl. (112 S.)
3. Kriegs- u. Vaterlands-, Soldaten-, Jagd- u. Turn-Lieder. (96 S.)

—— **neues.** Ausgewählte Sammlung der neuesten Lieder, von Commers-, Trink-, Jäger-, Volks-, Liebes-, Gesellschafts- und Vaterlandsliedern. 16. (192 S.) Mügeln 876. (Leipzig, G. Senf.) — 50

— **neues.** Eine reichhalt. Sammlg. der beliebtesten u. bekanntesten deutschen Volkslieder. Neue Aufl. 16. (96 S.) Hainichen 893. G. E. Hoffmann. — 25

— **neues illustriertes.** Eine reichhaltige Sammlung der beliebtesten u. bekanntesten Volks-, Gesellschafts- u. Tafellieder. 16. (103 S. m. eingedr. Holzschn.) Oberhausen 882. Spaarmann. cart. — 25

— **neues illustriertes.** Eine reichhalt. Sammlg. der beliebtesten u. bekanntesten Volks-, Gesellschafts- u. Tafellieder. 12. Aufl. 16. (96 S.) Oberhausen 884. Spaarmann. cart. — 25

—— **neues,** für gesellige Kreise. Sammlung der beliebtesten Gesänge aus alter und neuerer Zeit mit Einschluß der neuesten Alpen- und kom. Lieder. 3. Aufl. 32. (VIII und 152 S.) Weiden 864, Straub.

— **neues,** für gesellige Kreise. Eine Auswahl der schönsten u. beliebtesten Volkslieder. Reutlingen 869. Enßlin & Laiblin. 32. (160 S.) 3 ngr.

—— **neues,** für gesellige Kreise. Eine Auswahl der schönsten und beliebtesten Volkslieder. 2. Thl. des „Blumenstrauß für Sänger". 1869, und Neue Ausg. 16. (160 S.) Ebendas. 872.

— **neues Wiener,** f. alle geselligen Kreise. Gesammelt v. Freunden des Volksgesanges. (XV, 304 S.) kl. 8. Wien (910). A. Hartleben. Geb. in Leinw. 3. 60

—— **neuestes,** zur Erheiterung. I. (2. Aufl.) 16. (72 S.) Celle 879, (Schulze'sche Buchh.) — 20

— **neuestes,** für heitere Kreise. Sammlung der beliebtesten Gesänge aus älterer u. neuerer Zeit nebst Alpen- u. kom. Liedern. Rosenheim 867. Huber. 32. (IV, 124 S.) 2 ngr.

— **neuestes,** f. Sänger- u. Sangesfreunde. Eine Sammlg. der beliebtesten Volks-, Soldaten-, Jäger-, Turner- u. Gesellschaftslieder aus alter u. neuester Zeit. Ster.-Ausg. 12. (80 S) Reutlingen (902). R. Bardtenschlager. — 30

—— **für Deutschlands Sänger,** gesammelt v. F. Bartholomäus. qu. 16. (1¼ B.) Erfurt 841, Bartholomäus.

—— f. Deutschlands Sänger gesammelt v. F. Bartholomäus. 2., verm. Aufl. 16. (12 B.) Erfurt 843, Bartholomäus.

—— **vom J. 1848 für Turn-, Wehr- und Volksvereine.** gr. 16. (112 S. mit Melodieen.) Königsberg 849, Samter.

Volksliederkranz, siehe: Winter, G. A.

Volksliederkranz, neuer. Eine Sammlung der beliebtesten älteren und neueren Lieder. 2. verm. u. verb. Aufl. Reutlingen 858. Rupp u. Baur. 16. (VIII, 128 S.) 3 ngr.

Volksliederkranz, neuer. Eine Sammlung der beliebtesten älteren und neueren Lieder. 3., verm. und verb. Aufl. 32. (VIII und 160 S.) Reutlingen 862, Baur.

Volksliederkranz für Schule und Haus. Eine Sammlung der besten und beliebtesten deutschen Volkslieder und Volksweisen. Von Gg. A. Winter. A. Volkslieder. 4. Aufl. gr. 8. (29 S.) Leipzig 847, Wöller. *

Volkslieder-Melodien, geistliche, zum Anhang des Evangelischen Gesangbuches für die Prov. Brandenburg. 8. (24 S.) Berlin 886, Trowitzsch und Sohn.

—— s. Gesangbuch, evangelisches.

Volksliedertafel. Hrsg. von G. Döring. 1. Lfg. gr. 16. (S. 1 – 24 m. Melodien.) Leipzig 849, Leiner. 3 ngr.

Volksliedertexte, 100, f. Schule u. Haus. Neue Ausg. 3., gänzlich umgeänd. Aufl. (6.—10. Taus.) 8. (33 S.) Berlin 894. G. Wattenbach. n. — 10

Volksliedertexte, 100, f. Schule u. Haus. Neu bearb. Ausg. 4., gänzlich umgeänd. Aufl. (11.—15. Taus.) (29 S.) gr. 8. Berlin (904). G. Wattenbach. — 15

203 **Volks-, Gesellschafts- und Commerslieder-Texte.** *Berlin: A. Kunz [1901].* 8° [Umschlagt. F.]
= **Vereins- u. Vergnugungs-Bibliothek.** Adolf Kunz' Deutsche. Bd 3. [04. 12036

Volks-Magazin : 1855 – 1880
Sunday edition of Der Herold [illegible] Für Unterhaltung und Belehrung. Sonntags-Ausgabe des „Herold". For supplement, see [illegible]
Milwaukee, WI

Volksmährchen, s. Volksmärchen

Volksmann
v. Bündner Volksmann.

Volksmann: Der Volksmann (Tg)
(3) Der Wächter (Tg I) (Fusion) (5) 15. 7. 1847 – 24. 12. 1850 (6) 4° (7) wöchentlich 2×, 3×, 3× (1847); wöchentlich 2× (1848, 1850), Wochenblatt (1849) (8) Wil. Morbach und Gelzer (15. 7. 1847 – 5. 6. 1847); Heinrich Allgöwer (6. 6. 1847 – 5. 12. 1847); Bürglen (Tg) Heinrich Allgöwer (9. 12. 1847 – 28. 12. 1848 – ?), Georg Burkhardt (9) Georg Burkhardt (1847 – 18. 2. 1848), Pfarrer Wilhelm Friedrich Bion, Johann Jakob Bion (10) radikal (11) Hagen: Buchdruck- u. Zeitungswesen im Thurgau: Thurgauische Beiträge z. Vaterl. Geschichte 87 (Pfarrer Bion) (14) Ff. K; Be. L (1847 – 1848).

Volksmann: Der Volksmann (Gr)
(5) 20. 12. 1872 – 29. 12. 1877 (6) 2° (7) Wochenblatt (8) Chur. Senti & Casanova, Senti (seit 20. 6. 1874) (9) L. Michel, Sils i. D. (9) L. Michel (14) Ch. K

Volksmann: Der Volksmann von Luzern
(3) Der Volksfreund (Lu), Der gemeine Mann (Lu) (4) Der Eidgenosse (Lu) (5) 3. 1. 1851 – 30. 12. 1853 (6) 4° (7) Wochenblatt (8) Luzern: Ulrich Müller (9) Ulrich Müller (10) freisinnig (11) BGSZ 1028, 1032 (12) Lu. Z (15) »Der Volksmann von Luzern« ging aus der Fusion der unter (3) erwähnten Zeitungen hervor.

Volksmann, Chr., im neuen Staate eine neue Schule. 1. Hälfte. gr. 8. Gera 873. Crossen a. O., Mrose. * 1 —

Volksmann, Christ., im neuen Staate e. neue Schule. 1. Hälfte. Der neue Staat. gr. 8. (IV, 94 S.) Gera 873. Köhler's Verl. n. 1. —

Volksmann, Ernst, Vermächtnis eines armen Mädchens. Lebensroman e. Bergmannstochter. gr. 8. (IV, 449 S) Leipzig 895. C. Güttich. n. 3.—; geb. n.n. 3. 75

Volksmann, Ernst, warum besteuern wir den Luxus nicht?! Eine steuer- u. sozial-polit. Studie. gr. 8. (VI, 84 S.) Magdeburg 892. F. W. Lichtenberg. n. 1. 50

Volksmärchen, s. a. Volksbücher.

— herausgegeben von Peter Leberecht, 3 Theile, mit Kupf. 8. Berlin, 797. C. Nicolai. 3 Rtl. 15 sgl.

Volksmährchen v. Peter Lebrecht (Ludw. Tiek), m. K. 3 Bde. 8. Berl. (Sommer in Lpz.) 797. Rthlr.

— — dieselb. 2 Bde. 8. Wien, Aloys Doll. 799.

(U.-Titel:) Volksmärchen. | (Fig.: *Siebene auf einen Streich* [Ludwig Richter], 90 × 67) | Leipzig: | Verlag von Otto Wigand. (= *Volksbücher*, 51).
Kol.: Druck von Otto Wigand in Leipzig.
o. J. (1858), 72 S., 160 × 115, 5 Fig. im Text.
UBTü Dk XI. 241ª und andere Bibliotheken.

Volksmährchen der Böhmen, von W. A. Gerle. 2 Bde. 8. Prag, Calve. 819.

Volksmärchen aus der Bretagne, siehe: Bode, Heinr.

Volksmärchen, deutsche, in neuer Auswahl f. die Jugend m. 5 Farbdr.-Bildern u. zahlreichen Holzschn. 12. (79 S.) Stuttgart 891. G. Weise. Kart. n. — 50

Volksmärchen der Deutschen. 1.—5. Bd. Gotha 1782—86. 87—88. 1806. 26. 38. Halle 39. 6 Bde. Leipzig 1842—43. 45. H (Bd. 1—5): *Musäus, Johann Carl August.* (6): *Fülleborn, Georg Gustav.* (GGr) (Ba) (BrMm)

Volksmährchen der Deutschen, (von Prof. Musäus) 5 Theile, neue Aufl. 8. Gotha, 787/88. Ettinger. 3 Rthl. 10 sgl.
Desselben Buches, 6r Theil, (nicht von Musäus) 8. Görlitz, 789. Hermsdorf. 15 sgl.

Volksmährchen, die deutschen, v. Joh. K. Aug. Musäus, herausg. v. C. M. Wieland. 5 Bde. 8. Gotha, Ettinger. 804—5. 5 16
Schreibpap. 4 8
Velinpap. 5 12

— — derselben 6r Bd. (nicht v. Musäus.) 8. Halle, Franke. (Anton in Gorlitz.) 789. — 12

Volksmärchen, Musaeus Teutsche. Maskenzug im Königlichen Schlosse zu Berlin am 24sten Februar 1846. [Berlin 1846.] V: *Reumont, Alfred von* [?]. (BrMm)

Volksmärchen, Neue, der Deutschen. 5 Theile . . . Leipz. 1789—93. H: *Naubert, Christiane Benedicte Eugenie geb. Hebenstreit.* (EE) (Ba)

— neue, der Deutschen, (von Jh. Mt. Müller u. B. Naubert). 4 Bde. 8. Leipz. 789—92. Weygand. 5 ₰ 4 gr 5s Bdchen. A. u. d. T.: Wallfahrten od. Erzählungen d. Pilger. 8. Ebd. 775. 1 ₰

—— norwegische, s. Asbjörnsen.

Volksmärchen, Oesterreichische. Wien 1799 [1800]. H: *Schwaldopler, Joh.* (Mitth. Dr. Ign. Schwarz-Wien.)

— österreichische, m. K. v. Verf. d. österreich. Sagen. 2 Thle. 8. Wien, Anton Doll. (a. Pazowsky.) 802.

Volksmärchen, russische, in den Urschriften gesammelt u. ins Deutsche übers. v. Ant. Dietrich. Mit e. Verw. v. Jac. Grimm. 16. (18½ B.) Leipzig 831, Weidmann.

Volksmärchen, Sagen und denkwürdige Geschichten aus der Vorzeit Mährens. Brünn 1819. H: *Horky, Joseph Edmund.* (Mitth. Grolig.)

— Sagen u. denkwürd. Geschichten aus d. Vorzeit Mährens. Eine Samml. interessanter Erzählungen, als Beitrag zu Griem's u. Tiek's Volksmährchen. 8. Brünn 819. Gastl. 10 gr

— d. Schlesier, v. F. A. Schuster. 16. Breslau, Barth. 801. — 12

Volksmärchen der Serben. Gesammelt und hrsg. von Wuk Stephanowitsch Karadschitsch. Ins Deutsche übers. von dessen Tochter Wilhelmine. Mit einer Vorrede von Jac. Grimm. Nebst einem Anhang von mehr als tausend serb. Sprichwörtern. 8. (XII und 345 S.) Berlin 854, G. Reimer.

Volksmärchen aus Thüringen. [Cassel] 1794. H: *Möller, Friedrich Wilhelm.* (Ky) (GGr)

— aus Thüringen, (von Fr. Wlh. Möller). 8. o. O. (Cassel) 794. Griesbach. 12 gr

Volksmärchen, ungarische. Nach der aus Geo. Gauls Nachlaß herausgegebenen Urschrift übers. von G. Stier. gr. 8. (VIII und 207 S. mit 23 eingedr. Holzschn.) Pesth 857, Heckenast's Verlag.

— ungarische. Nach der aus G. Gaals Nachlaß herausgegebenen Urschrift übers. von G. Stier. Mit 23 Holzschn. (im Text.) Pesth (858.) Heckenast. gr. 8. (VIII, 207 S.) 1 ₰.

— vaterländische, von Gustav. 1s Bdch. m. K. 8. Lpz. Graff. 1 —

VOLKSMEDICIN, Vergleichende. Eine Darstellung volksmedizinischer Sitten und Gebräuche, Anschauungen und Heilfaktoren des Aberglaubens und der Zaubermedizin. Unter Mitwirkung von Fachgelehrten herausgegeben von Dr. O. v. Hovorka und Dr. A. Kornfeld. Mit einer Einleitung von Professor Dr. M. Neuburger. 2 Thle. Mit 28 Tafeln und 383 Textabbildungen, Lex.-8⁰. 1452 Seiten. (Eleg. Hldrbde. Kr. 33.60.) (24 Kr. L. Rosner. Wien, 1911, ohne Orts und Jahrsangabe.)

Volksmeinungen am Niederrhein, im Mai 1815. 8. Düsseld. 815. Schreiner. 2 K

Volksmenge des Königr. Belgien, s.: J a h r b u c h, geograph., II.

Volksmetaphysik für alle Stände. Leipzig 1797. V: *Wezel (Wötzel), Johann Carl.* (NN) (MGT) (Ky)

Volksmetaphysik für alle Stände, (von J. K. Wetzel). 8. Leipz. 797. Höfer. (Friese in Pirna). 1 Thlr. 10 K

Volksmund. –
Bonn. – 13.I.1906 – 7.IX.1906.
Fortges. u.d.T.: Godesberger Bürgerzeitung.

Der **Volksmund**. Alte u. neue Beiträge z. Volksforschung hrsg. von Dr. Friedrich S[alomo] K r a u s s. Bd 1. Leipzig: Deutsche Verlagsaktiengesellsch. 1906. 8° [F.] [06. 8170

Volksmund, der. Alte u. neue Beiträge zur Volksforschg., hrsg. von Frdr. S. Krauß. 1.—6. Bd. kl. 8. Leipzig, Deutsche Verlagsactiengesellschaft. à n. 1. —
1. Oesterreichische Volkslieder, m. ihren Singweisen gesammelt v. F. T s c h i s c h k a u. J. M. S c h o t t k y, nach der 2., verb. u. verm. Aufl. hrsg. v. Frdr. S. Krauß. (XXIII, 160 S.) 906.
2. Schwänke, deutsche, des 16. Jahrh. Hrsg. u. bearb. v. E. K. Blümml u. Jos. Latzenhofer. 1. Bd. M o n t a n u s, Mart., Der Wegkürtzer (1557). (XIII, 134 S.) 906.
3. Aussee u. Ischler Schnaderhüpfel. Als Anh.: Vierzeiler aus dem bayrisch-österreich. Sprachgebiet. Mit Singweisen gesammelt u. hrsg. von E. K. B l ü m m l u. Frdr. S. K r a u ß. (IX, 161 S.) 906.
4. Oesterreichische Volksmärchen. Als Anh.: Kinderlieder u. Kinderreime aus Niederösterreich. Von Frz. Z i s k a. Neu hrsg. u. eingeleitet v. E. K. Blümml. (138 S.) 906.
5. Schwänke, deutsche, das 16. Jahrh. Ausgewählt u. bearb. v. E. K. Blümml u. Jos. Latzenhofer. 2. Bd. F r e y 's, Jak., Gartengesellschaft (1556). (IX, 108 S.) 906.
6. Altägyptische Sagen u. Märchen. Deutsch v. Alfr. W i e d e m a n n. (VII, 153 S.) 906.

Volksmund, der. Alte u. neue Beiträge zur Volksforschg., hrsg. v. Frdr. S. Krauß. 7.—13. Bd. kl. 8. Leipzig, Deutsche Verlagsactiengesellschaft. à Bd. 1. —
F a u s t b u c h, das alte. Auf Grund der Ausgaben v. 1587, 1599 u. 1674 u. anderer Quellen jener Zeit in neuer (sachl.) Anordng. der Sagen bearb. u. hrsg. v. Aug. Holder. (160 S.) 907. (11. Bd.)
K r a u ß, Frdr. S., Zigeunerhumor. 250 Schnurren, Schwänke u. Märchen. (XVI, 235 S.) 907. (9. 10. Bd.)
O c h i n o, des Bernardino, Apologe. Eingeleitet u. hrsg. v. Karl Amrain. (XXXVI, 276 S.) 907. (7. 8. Bd.)
S c h e l l, O., bergischer Volkshumor. (148 S.) 907. (12. Bd.)
S c h w ä n k e, deutsche, des 16. Jahrh. 3. Bd. Schumanns Nachtbüchlein u. Montanus' anderer Tl. der Gartengesellschaft. Ausgewählt u. bearb. v. Jos. Latzenhofer. (XIV, 189 S.) 907. (13. Bd.)

Volksmund. –
Bonn. 1.X.1910 – 20.XII.1918.
Vorh. u.d.T.: Bürgerzeitung.
Fortges. u.d.T.: Deutsche Demokratische Zeitung.

Volksmusik der deutschen S t e i e r m a r k. Bd 1. Wien: Wiener Musik-Verlagshaus 19(01–)02. 8°

Volksmusik, Wiener. Musikalisch belletrist. Zeitschrift m. Musikbeilage, enth. Klavier- u. Gesangskompositionen. Hrsg. u. Red.: Leop. Sprowacker. 1. Jahrg. Jan.—Juni 1906. 11 Nrn. (à 4 u. Musikbeilage 4 S.) 4. Wien (R. Lechner & Sohn). à Hft. — 50
Erscheint nicht mehr.

Volksnachrichten, gemeinnützige, auf d. J. 1789, (v. Jos. Rehmann). 8. Donaueschingen.

Volksnachrichten, Gemeinnützliche, auf das Jahr 1789. Donaueschingen. V: *Rehmann, Joseph.* (Ky) (MGT)

Volksnarr, Der, s. B ö h r i n g e r, J. F.

Volks-Naturgeschichte

— oder getreue Darstellungen aus d. Thierreiche, nach den besten Quellen systematisch geordnet, auch als Wandtafeln, besonders in Schulen zu gebrauchen. 16—96 Hft., jedes mit 4 ill. Blättern. ... Nürnberg ... Renner u. Comp. à $\frac{3}{8}$ Thlr. — Ausg. No. 2. à $\frac{2}{3}$ Thlr.

Volks-Naturgeschichte u. Gewerbkunde f. Volksschulen. 8. (23 B. u. 225 Abbildn.) Grimma 838, Verlags-Comptoir. *

Volks-Naturgeschichte, illustrirte, d. Mineral-, Pflanzen- u. Thierreichs f. die Jugend. Mit 474 color. Abbildgn. auf 21 (lith.) Taf. Neu bearb. v. G. S e u f f e r. 16. (53 S.) Eßlingen 873. Schreiber. 1. 75

Volks-Naturgeschichte der drei Reiche für Schule u. Haus. Mit besonderer Rücksicht auf Technik, Gewerbe, Künste und praktisches Leben. Von L. A g a s s i z, H. G. B r o n n, K. C. v. L e o n h a r d, M. P e r t y, C. A. Q u i t z m a n n und M. S e u b e r t. 4 Bde. (in 21 Liefgn.) Stuttgart 853—55. J. B. Müller. (Leipzig, C. F. Winter.) 8. Jede Liefg. 9 ngr.
1—4. Liefg. (1. Bd.): Allgemeine Einleitung in die Naturgeschichte. Von H. G. B r o n n. Mit 1 Lithogr. u. 1 (lith. meteorologischen) Karte (in 4.). 853. (2 Bl., IV, 140 S.) — Naturgeschichte des Steinreichs. Volksfaßlich und in Beziehung auf bürgerliches Leben, Gewerbe und Künste bearb. von K. C. v. L e o n h a r d. Neue durchaus umgearb. u. verm. Aufl. 854. (XIV, 424 S. m. Holzschn. im Text.) 1 Thlr. 6 ngr.
5—10. Liefg. (2. Bd.): Naturgeschichte des Pflanzenreichs. Von M o r. S e u b e r t. (2. Abdruck.) 1. Thl.: Allgemeine Botanik. Mit 302 Holzschn. (im Text.) 853. (VIII, 294 S.); 2. Thl.: Specielle Botanik. Mit 2 (lith.) Taf. (wovon 1 col.) und vielen in den Text eingedr. Holzschn. 853. (IV, 358 S.) 1 Thlr. 24 ngr.
11—19. Liefg. (3. Bd.): Naturgeschichte des Thierreichs, mit besonderer Rücksicht auf Gewerbe rc. Von L. A g a s s i z, A. A. G o u l d und M a x P e r t y. Mit Holzschn. (im Text.) 1. Thl.: Allgemeine Zoologie. Von L. A g a s s i z und A. A. G o u l d. (1 Bl., 224 S.) — 2. Thl.: Specielle Zoologie. Von M a x P e r t y. 855. (715 S.) 2 Thlr. 21 ngr.
20. 21. Liefg. (4. Bd.): Naturgeschichte des Menschen als Individuum u. als Race. Von C. A. Q u i t z m a n n und M a x P e r t y. Mit Holzschn. (im Text.) 855. (VII, 292 S. u. 7 Holzschnitttaf.) 18 ngr.

Volks-Naturgeschichte der drei Reiche für Schule und Haus. Mit besond. Rücksicht auf Technik, Gewerbe, Künste und prakt. Leben. Von L. Agassiz, H. G. Bronn, C. C. v. Leonhard, M. Perty, C. A. Quitzmann und M. Seubert. 22—27. (Schluß-) Lfg. oder 4. Bd. 3—8. Lfg.: Grundzüge der Ethnographie. Von Max. Perty. 8. (X und 437 S. mit eingedr. Holzschn.) Leipzig 859, C. F. Winter'sche Verlagsh. à Lfg. * 9 Ngr. *
1—21. Lfg. oder 1—3. Bd. und 4. Bd. 1. und 2. Lfg. Stuttgart 1853—55. [[illegible]] * 6 Thlr. 9 Ngr.

Volksnaturlehre, mit Anmerkk. für Landschullehrer. 8. Leipz. 792. Schwickert. 8 K

Volks-Novellist, der. Original-Novellen aus dem Leben und der Geschichte aller Zeiten und Völker. 1. Bd. 12 Hefte. (à 3 Bog.) gr. Lex.-8. Mit 4 ill. Kunstblättern. Berlin 855, Preußisches Literatur-Comtoir.

Volks-Novellist, der. Original-Novellen aus dem Leben und der Geschichte aller Zeiten und Völker. 1. Bd. 12 Hefte. (à 3 Bgn.). Mit 4 color. Kunstblättern. Berlin (856.) Preußisches Literatur-Comptoir. Imp.-8. 2 Thlr. 10 ngr.

Volks-Novellist: Illustrirter Volks-Novellist
(1) Familien-Blätter zur Unterhaltung und Belehrung für alle Stände von Dr. Jacob Frey (1861–1862), Schweizerische Familien-Blätter zur Unterhaltung und Belehrung für alle Stände (1863–1870) (3) Schweizerische Illustrirte Zeitung [illegible] Anfang 1863. (4) Schweizerischer Volksgarten (5) 1861—1870 (?) (6) 4° (7) jährlich [illegible] (1861) (8) Basel Christian Krüsi (9) Christian Krüsi (10) Jakob Frey; Mitarbeiter Samuel Haberstich (Pseud. Arthur Bitter), J. J. Romang, Prof. Ernst Ludwig Rochholz (12) radikal (13) Bd. 1 (1867, 1869, Heft 3–6), Bd. 1 (1862–1869) (15) Reich illustriert mit Holzschnitten, französische Ausgabe Le Magasin illustré

Volks-Novellist, illustrirter. Familien-Blätter zur Unterhaltung u. Belehrung für alle Stände. 1. Bd. 18 Hefte. (à 4—5 Bgn. mit Holzschn.) Basel 861. Krüsi. gr. 4. Jedes Heft n. 5 ngr.

Volks-Novellist, illustrirter. Schweizerische Familien-Blätter zur Unterhaltung und Belehrung für alle Stände. 2.—7. Bd. à Bd. 12 Hefte. (à 4½—5 Bog. mit eingedr. Holzschn.) gr. 4. Basel 862—67. Krüsi's Verlagsb. à Bd. *

Volks-Novellist, illustrirter. Schweizerische Familien-Blätter zur Unterhaltung und Belehrung für alle Stände. 8. und 9. Bd. oder Jahrg. 1868 und 1869. à Jahrg. 12 Hefte. (à 4½—5 Bog. mit eingedr. Holzschn.) gr. 4. Basel, Krüsi. à Jahrg. *

Fortsetzung s. Volksgarten, schweizerischer.

[F.] **Volksparke** und Jugendspiele in der Stadt Kiel. Drei Vorträge. 1. (Heinrich) Lund, Rektor: Volksparke u. öffentl. Spielplätze, e. Forderung der Volkswohlfahrt. 2. [Wilhelm] Peters, Oberl.: Bisher. Erfolge u. weitere Ziele der Jugend- und Volksspielbewegung in der Stadt Kiel. 3. Dr. [Johannes] Bockendahl, Geheimr.: Die Frau des Trinkers. *Kiel: Dr. d. 'Kieler Neuesten Nachr.' 1896.* (28 S.) 1 Bd 8.
in: **Mässigkeitsarbeit**, Aus unserer. [97. 8095 K]

Die Freisinnige **Volkspartei** und die Barth-Demokraten. Berlin: Deutsche Presse 1908. (47 S.) 8° [F.] [08. 17737

Die Freisinnige **Volkspartei** im Kampfe für Handel und Industrie. Berlin: Deutsche Presse 1905. (96 S.) 8°

Volkspartei, die schwäbische, beleuchtet v. Rusticus. gr. 8. (30 S.) Berlin 899. H. Walther. n. — 50

Von der **Volkspoesie**. Nebst ausgewählten echten Volksliedern. Ein Supplement zu »Kleinpauls Poetik«. 2. Aufl. Barmen 1870. 8.

Volkspoesie, rumänische. Gesammelt und geordnet von V. Alexandri. Deutsch von W. v. Kotzebue. 16. (XVI und 178 S.) Berlin 857, Decker'sche geheime Ober-Hofbuchdruckerei. geb. *

Volkspolitik, Deutsche. Hamb. 1846. V: *Schuselka, Franz.* (Heidler, J. Čechy a Rakonsko. V. Praze 1920. S. 1846)

Volks-Post: Jahrgang 1–21, no. 30, Mar. 1901 – Sept. 21, 1921
Weekly. For supplement, see Volks-Post Magazin [illegible]. See also: Der Landrath; 2) Nationpost; 3) [illegible] Folio, each issue 8 pages. Circulation: 1905, 19,041; 1915, 15,000. Edited & published by Adolf [illegible], 1901–21. Merged with Wisconsin Wochenblatt (Wausau)
La Crosse

Volks-Post: Jahrgang 1–17, 1904 – Aug. 31, 1921
Supplement to Volks-Post. Subtitle [in 1911–15]: Magazin Abteilung für Haus- und Landwirthschaft. 2) [in 1921]: Magazin-Abteilung zur Förderung von Volksgesundheit und Menschenwohl. Large quarto, each issue 16 pages.
Variation in numbering "alter Jahrgang, ate Nr." also used in 1921.
La Crosse

Volksprater, der Wiener, genannt Wurstelprater. Situationsplan nebst vollständ. Verzeichniss aller Baulichkeiten nach seiner gänzl. Erneuerung 1873. gr. 4. Teschen 873, Prochaska. * — 20

Volksprediger, Der Marianische, nach dem Geiste des Christenthums . . . in Predigten für jeden Festtag der göttlichen Mutter. Augsburg 1802. V: *Wocher, Rupert.* (Ky) (MGT) *Wucherer, Rup.* (schmal)

Volksprediger, d. Marianische, nach d. Geiste des Christenthums u. d. reinen Sittenlehre Jesus u. seiner heil. Kirche, in 6 Predigten für jeden Festtag d. göttl. Mutter, (von R. Wocher). 2 Thle. gr. 8. Augsb. 802. Rieger. 2 fl 8 kr

Volksprediger, Moralisten u. frommer Unsinn, s. Scheible, J.

Volksprediger, Der praktische, nach dem Geiste des Christenthums . . . auf alle Sonn- und Festtage des Herrn . . . Augsburg 1797—4. V: *Wocher, Rupert.* (MGT) (Ky) *Wucherer, Rup.* (schmal)

— d. praktische, nach dem Geiste des Christenthums u. d. reinen Sittenlehre Jesus, auf alle Sonn- u. Festtage des Herrn, seiner göttl. Mutter u. mehrerer Heiligen Gottes, (von R. Wocher). 3 Jahrgg. oder 6 Thle. 8. Augsb. 797, 98. 804. Rieger. 9 fl

Volkspredigten über die Evangelien aller Sonn- und Festtage. Dinkelsbühl 1823. V: *Hassl, Joh. Alois.* (schmal)

Volkspredigten nach dem Geiste des praktischen Christenthums . . . Augsburg 1802. V: *Menne, Edilb.* (schmal)

Volkspredigten, nach dem Geiste des prakt. Christenthums, (von R. Wocher). 4 Thle. 8. Augsb. 802. Veith. 2 fl 18 kr

— und Gespräche . . ., s.a. Snell, Joh. Pet. L.

Volkspredigten und Gespräche über Gegenstände der reinen Sittenlehre . . . Giessen 1795. V: *Snell, Johann Peter Ludwig.* (Ky) (MGT)

— u. Gespräche über Gegenstände d. reinen Sittenlehre, (von Jh. Pt. L. Snell). 8. Giessen 795. Heyer. 10 kr

— Kurze, zur Beförd. der reinen Glaubens- und Sittenlehre, s.a. Kapler, L.

Volkspredigten, Kurze, zur Beförderung der reinen Glaubens- und Sittenlehre . . . Landshut 1806—7. V: *Paur, Joseph Valentin.* (Ky)

— kurze, zur Beförderung d. reinen Glaubens- u. Sittenlehre, (v. J. Val. Paur). Zum Druck befördert von L. Kapler. 6 Bdchen. 8. Landsh. 806, 7. Thomann. 3 fl 22 kr Dass., 2 Bde. 8. Linz 814. Haslinger. 2 fl (Kranzfelder in Augsb.) 16 kr

Volkspredigten, Populäre, auf Sonn- und Festtage, wie auf Fasten- und Gelegenheits-Predigten. Augsb. 1809. V: *Menne, Edilbert.* (Th) (schmal)

— nach dem wahren Sinn d. heiligen Evangeliums, auf alle Sonn- u. Festtage des Jahres. 2 Thle. gr. 8. Münch. 784. (Fleischmann). 2 fl

— nach d. wahren Sinn des heil. Evangeliums, auf alle Sonn- u. Festtage d. Jahrs. 2 Thle. gr. 8. Münch. Strobl. 784.

Volkspresse (Die). Organ für die Interessen des arbeitenden Volkes. Nr. 1, 25. Nov. 1889. Wien.

Die Freie Volks-Presse: 1878?–1880?
Greenback weekly. Circulation: 1880, 1207. Edited by F. F. Kuemlau, & published by Karl A. Brüderle, 1878–80.
Fond Du Lac, WI

Volksrath, der. Zeitschrift für Leben u. Fortschritt. Redacteur: J. Lasker. (1. Jahrg.) 1845. 12 Hfte. Mit 12 Lithogr. gr. 8. Berlin, Reichardt u. Co. 1 rf

Volksrath, der. Zeitschrift f. Leben u. Fortschritt. Redakt.: J. Lasker. (1. Jahrg.) 1845. 12 Hfte. (à 2 B. m. 12 Stnt.) gr. 8. Berlin, [Leop. Schlesinger.]

Volksrath: Jan. 1904?–?
Semi monthly. Sub-title: Das Magazin mit einer Mission von Gesundheit und Menschenwohl. Supplement to Volks-Post. Large quarto, each issue 16 pages; illustrated, including cartoons.
La Crosse

Volksrecht
① Sozialdemokratisches Tagblatt. Offizielles Publikationsorgan der sozialdemokratischen Partei der Schweiz, des Kantons Zürich und der Arbeiter-Union Zürich ③ Arbeiterstimme (Zh–Be) ⑤ 1. 5. 1898 (cont.) ⑥ 2° ⑦ wöchentlich 6× ⑧ Zürich: Kirsten & Zeisberg, Genossenschaftsdruckerei (1911) ⑨ Der Sonntag ⑩ Sozialdemokratische Presseunion des Kantons Zürich ⑪ Paul Brandt (1898, 1900–1902), Robert Seidel (1898), Dr. Graf (1898–1899), Emil Hauth (1899–1906, 1911–1915), Bernhard Kaufmann (1902–1903), Hans Juneli (1904), Dr. Max Tobler (1904–1910), Hermann Schlatter (1907), Johann Sigg (1907–1915), Dr. Friedrich Adler (1910–1911), Jacques Schmid (1910–1911), Hans Bickel (1911–1918), Ernst Nobs (1915–1935), Jakob Grau (1918–1942), Dr. Max Horwitz (1918), Eva Horwitz (1919), Dr. Christian Hitz-Bay (1919–1921), Friedrich Heeb (1921–1944), Robert Bolz (1933–1948), Dr. Paul Meierhans (1935–1950), Hans Ott (seit 1944), Paul R. Ackermann (seit 1947) ⑫ sozialdemokratisch ⑬ BGSZ 455; Aus der Geschichte der Zürcher Arbeiterbewegung 1898–1948; Volksrecht 1948, Nr. 107 ⑭ Zh: Z; Be: L

Die Volksrechte: 1849?–?
Organ für die Arbeiter Vereine der Vereinigten Staaten. Editor: V. W. Fröhlich. Publishers: G. Arnold & V. W. Frölich.
New York, NY

Volksrechte (Ueber erweiterte) und Vereinfachung des Staatshaushaltes. Zur Beleuchtung der Revisionsfrage. 8°. Aarau, Sauerländer, 1875.

Volksreden, Christliche, für Landleute, nach dem Geiste der Kirchenväter ... München 1794. V: *Michl, Benno.* (schmal)

Volksreden, christl., für Landleute, nach d. Geiste d. Kirchenväter über d. sonn- u. festtägl. Evangelien rc. 2 Bde. 8. Münch. 794. J. Lindauer. 1 rf 14 ngr

— auf d. Sonn- u. Feiertage eines ganzen Kirchenjahres, nebst e. Anh. von Gelegenheitspredigten. 2 Thle. gr. 8. Grätz 819. Ferstl. 1 rf 12 ngr

— zwei religiöse, zu Zeiten des Banners u. d. Landwehr-Errichtung in Sachsen. Im December 1813. Vom Verf. d. Revolutionspredigten 1793. gr. 8. (Leipz., Barth). 4 ngr

Volksredner, der schweizerische. Enthaltend: Anleitung zur Abfassung u. zum Vortrage öffentl. Reden rc. gr. 8. (18 B.) Zürich 845, Schultheß.

Volksreime u. Volkslieder in Anhalt-Dessau. Gesammelt u. herausgeg. v. Ed. Fiedler. 8. Dessau 846, Fritsche. n. 5/6 rf

Volksreime und Volkslieder in Anhalt-Dessau. Gesammelt und hrsg. von Ed. Fiedler. 8. (208 S.) Dessau 847, Fritsche. *

Volks-Repräsentation, Keine, in den deutschen Bundesstaaten ... Germanien [Köln] 1816. V: *Neugebauer (Neigebaur), Joh. Dan. Georg.* (Nowack, Schles. Schriftst.-Lex. Bresl. 1836–43. III, 97.) *Koppe, K. W.* (wr)

Volks-Repräsentation, keine, in den deutschen Bundesstaaten. Mit Bezug auf d. wohlerworbenen Rechte des Adels. 8. Köln 816. Bachem. 8 ngr

Volksromane. 1.–4. Bd. Friedrich mit der gebissenen Wange. Von Fr. Chr. Schlenkert. Neue Aufl. 4 Thle. 8. (Mit 1 Lithogr.) Leipzig 846, Berger's Buchh. pro 12 Bde. n. 4 rf — einzeln jeder Band n. 1/2 rf

[**Volksromane.** Hrsg. von O. L. B. Wolff. 1–6. Thl.] Der abenteuerliche Simplicius Simplicissimus. D. i.: Ausführliche unerdichtete u. sehr merkwürdige Lebensbeschreibung eines einfältigen, wunderbaren u. seltsamen Menschen, Melchior Sternfels v. Fuchsheim rc. 6 Thle. 8. (918 S.) Leipzig 848, O. Wigand. 1 1/6 rf

[— dies. 7. Thl.] Geschichte von dem edlen u. theuren Ritter Galmy u. von seiner züchtigen Liebe, die er zu einer Herzogin getragen, auch wie er dieselbe in eines Mönchs Gestalt von dem Feuer u. schändlichen Tode erlöst hat u. zuletzt zu einem gewaltigen Herzog in Britannien erwählt worden ist. 8. (194 S.) Ebd. 849. 1/2 rf

[— dies. 8. Thl. A. u. d. T.:] Der Ritter vom Thurn. Ein Spiegel der Tugend u. Ehrsamkeit der Weiber u. Jungfrauen, durch den hochberühmten Ritter vom Thurn mit schönen u. nützlichen biblischen u. weltlichen Geschichten zur Unterhaltung seiner Kinder geschrieben. 8. (171 S.) Ebd. 850. 1/2 rf

[— dies. 9. Thl.:] Geschichte von Camillo u. Emilie, von ihrer beiderseitigen herzlichen u. inbrünstigen Liebe, womit Eines gegen das Andere ist entzündet gewesen, u. was sich in solcher Liebe zwischen ihnen begeben u. zugetragen hat. 8. (60 S.) Ebd. 849. 1/6 rf

[— dies. 10. Thl.:] Gabriotto u. Reinhard, den sorglichen Anfang u. Ausgang der brennenden Liebe von vier Personen betreffend, nämlich von zwei edlen Jünglingen aus Paris, u. zwei schönen Junfrauen, von denen die eine eines Königs Schwester u. die andere eines Grafen Tochter war. 8. (198 S.) Ebd. 850. 1/2 rf (1–10.: 2 5/6 rf)

Volksruf. Schriftleitung: W. Flubrer. 6. Jahrg. 1901. 24 Nrn. hoch 4. (Nr. 1. 8 S.) München, Deutschvölkischer Verlag Odin. 4. –

Volksruf. (Orig.-Aufsätze zur Förderg. der Los v. Rom-Bewegg.) Schriftleitung: Wilh. Flübrer. 6. Jahrg. 1901. 24 Nrn. hoch 4. (à ca. 8 S.) München, J. Kutschera & Co. n. 4. —

Volksrundschau. – Pommersche Volksrundschau. – Stettin. 1.(?)IX.1894 – 30.VI.1896.
Fortges. u.d.T.: Stettiner Neueste Nachrichten.

Volkssage, die, von dem böhmischen Fürsten u. tapfern Ritter Stillfried u. seinem ebenbürtigen Sohne Brunswig. Aus dem Böhm. übers. von J. B. Z. Neuhaus 865 Landfraß & Sohn. 8. (77 S.) n. 3 1/2 ngr

Volkssage, Vaterländische, Vom Untersberge bei Salzburg. Salzburg 1837. V: *Radnitzky, August.* (Hr)

Volksage, vaterländische, vom Untersberge bei Salzburg. Mit der getreu nach der Natur aufgenomm. Ansicht des berühmten Untersberges. 12. Salzburg 837. Oberer. 1/12 ₰ Vgl. Sagen.

Volksagen. 4 Thle. 8. Eisenach 795—800. (Bärecke). 2 ₰ 16 gr.

Volks-Sagen, 2 Theile, 8. Eisenach, 795. Krumbhaar. 1 Rthl. 10 sgl.

Volkssagen. 4 Thle. 8. Eisenach, Wittekind. 795—800. (à 16 gr.) 2 16

— nacherzählt v. Ottmar, m. K. 8. Bremen, (Willmanns in Frankf.) 800. 1 8

Volkssagen, die, der Altmark. Gesammelt u. hrsg. v. Mehren. 1. Thl. Neue wohlf. Ausg. 8. (15¾ B.) Tangermünde 844, Doeger'sche Buchh. *

—— dass. 2. Thl. 8. (11⅜ B.) Ebds. 845.

[J.] Volkssagen, Bräuche und Meinungen aus Tirol. Gesamm. u. hrsg. v. Joh. Adolf Heyl. *Brixen: Buchh. d. Kath.-polit. Pressver. 1897.* (848 S.) 1 Bd 8. [98. 1702 Go

Volkssagen von Schloss Engelhaus. *Karlsbad,* Buchdr. der *Gebr. Franieck.* 16 S. mit einem Bilde. 8°.

Volkssagen der Jugend erzählt nach Gustav Schwab. Ein neues Bilder- u. Lesebuch mit 8 color. Lithogr. in Tondr. Nürnberg 860. Lotzbeck. qu. 4. (62 S.) 15 ngr.

Volkssagen und Kinderliedchen aus Prättigau und Umgegend. (Hans Müller, aus Davos und Umgebung.) 10 Stn. 8. 1875.

Volkssagen, Litthauische u. Preußische, nach zum Theil unbenutzten Quellen poetisch bearbeitet u. mit erläuternden Anmerkungen versehen von F. Becker, C. Roose u. J. G. Thiele. 8. (VI u. 146 S.) Königsberg 847, Samter. ½ ₰

Volkssagen und Mährchen der Deutschen und Ausländer . . . Leipz. 1820. V: *Graeven, Otto Carl von.* (BrVV) (GGr)

— u. Mährchen d. Deutschen u. Ausländer, herausgg. v. Lothar. 8. Leipz. 820. Brockhaus. 1 ₰ 16 gr.

— Mährchen u. Legenden, gesammelt von J. G. G. Büsching. 8. Leipz. 812. Reclam. 2 ₰ 4 gr.

— Mährchen und Legenden, von J. G. Busching. 2r bis 4r Theil. 8. Leipzig, Reclam. 818—819.

Volksagen, Nachrichten von Ortmar, mit Kpf. 8. Frankf. 800. Fr. Wilmans. 1 ₰ 8 gr.

Volkssagen, neue, der Böhmen, von Caroline Woltmann. 8. Halberstadt, Vogler. 821. Rthlr.

Volkssagen, Neue romantische, aus dem deutschen Ritterthume . . . Wien 1837—49. V: *Gleich, Joseph Alois.* (Engel, Bibliotheca Faustiana. 2. Aufl. Oldenb. 1885.)

—— neue romantische, aus d. deutschen Ritterthume. Eine interessante Samml. origin. Zauber- u. Gespenster-Märchen d. Mittelalters, mit Hinweis. auf d. moral. Tendenz ihrer Entstehung. 1. Bdchn. 12. (5½ B. u. Ttlkpfr.) Wien 837, [Dirnböck.]

Volkssagen, die, Preußens, Litthauens u. Westpreußens, s. Tettau, W. J. A. v.

Volkssagen, Regensburger, für Jung und Alt erzählt . . . Regensburg 1893. V: *Reichlin-Meldegg, Adolphine Freiin von.* (Berl) (Ky)

Volkssagen, Regensburger, f. Jung u. Alt erzählt v. A. R. (A. Reichlin v. Meldegg.) gr. 8. (110 S. m. Abbildgn. u. 4 Taf.) Regensburg 893. W. Wunderling. n. 2. 50

Volkssagen, Die, des Rheinlandes. In Romanzen und Balladen. 1. Bdch. Heidelberg 1828. V: *Göppinger, Carl.* (GGr)

Volkssagen aus Salzburg. Salzburg 1853—58. H: *Storch, Franz.* (Hr)

Volkssagen aus Salzburg. I—III. Bändchen. Salzburg, 1853. Gedr. in der Oberer'schen (Endl & Penker) Buchdruckerei. (1. Bd. 95 S. 2. Bd. 95 S. 3. Bd. 95 S. 8.)
Inhalt: 1. Band. Albrecht von Hieburg. — Fausts Rache. — Der Wildalpgeist. — Die Gnomen zu Hallein. — König Watzman. — Die Freimannshöhle. — 2. Band. Die Melkerlöcher. — Der Einsiedler am Falkenstein. — D' Untersberger-Mannl. — 3. Band. Das Männchen an der Zillerbrücken. — Der Harfner auf dem Velbertauern. — Sankt Virgils Dombau. — Die Schlapperebene. — Der Teufelsstein in der Gerlos. — Der Teufelsstein im Prinzgau. — Die Johannisnacht auf der Friedburg. — Rudolph der IV. auf dem Krimmlertauern.

Volkssagen aus Salzburg. Viertes bis fünftes Bändchen. Salzburg, 1854. Gedruckt in der Oberer'schen (Endl und Penker) Buchdruckerei. (95, 95 S. kl. 8.)

Volkssagen aus Salzburg. *Salzburg* 1858. *Oberer'sche (Endl & Penker)* Buchdr. 8. Bändchen. 95 S., 16°.
INHALT. Eine Untersbergsage (p. 1). — Das Brautpaar (p. 89). — Der nächtliche Heerzug (p. 91). — Der goldene Birkenzweig (p. 93). — Der goldene Zepter (p. 95).

—— und Märchen, schwedische. Nach mündl. Ueberlieferung gesammelt und hrsg. von Gunnar Olof Hyltén Cavallius und George Stephens. Mit Varianten und krit. Anmerk. Deutsch von Carl Oberleitner. 8. (VIII und 400 S.) Wien 848, [Haas Witwe und Campen.] *

—— steirische, od. von der Mur. Lustiges aus Ober- u. Freundliches aus Untersteier. 1—12. Floß. (2 Bde.) 16. (44½ B., 10 schw. u. 2 ill. Ttlbild.) Grätz 837—41, Ludwig's Verl.

— Steirische, oder von der Mur. Lustiges aus Ober- und Freundliches aus Untersteier. 1.—12. Floß. (2 Bde.) Mit 12 Titelbildern (wovon 2 illum. sind). 16. Grätz 841, Ludwig's Verlag. Leipzig. (Hunger.) 3 ₰

Volkssagen, die, vom Untersberge. (2. Aufl.) gr. 16. (65 S.) Bad Reichenhall (895). M. Zugschwerdt's Nachf. — 40

— aus Vorarlberg. Gesammelt u. hrsg. von J. Vonbun. 16. (VI u. 92 S.) Wien 847. (Innsbruck, Wagner.) 9 ngl — 2. verm. Aufl. 12. (XVIII u. 86 S.) Innsbruck 850. (Wagner.) 8 ngl

Volkssanatorium, Das Genfer, für Lungenkranke in Clairmont. Zürich 1906. V: *Baiter, Hans.* (zuwzür 1910)

Volkssanatorium, Das, für Lungenkranke in Leysin (Waadt). [Zürich 1905.] V: *Baiter, Hans.* (zuwzür 1910)

Volks-Sang, Tiroler, an Se. Excellenz ... Herrn Grafen von und zu Lehrbach zu seiner Abreise zum Reichsfriedens-congresse. Innsbruck den 3. Nov. 1797 von J. A. V: *Aperger, J. v.* (J. Feder, Ueber die türkischen Kriegslieder der Jahre 1796 und 1797, Teschen 1882, S. 44) (BiblPort)

Volkssänger, der. Eine Sammlung volksthümlicher Lieder. Mit besond. Berücksicht. der nationalen Festtage. Zunächst für den Schulgebrauch. Zusammengestellt von prakt. Schulmännern. 1. und 2. unveränd. Aufl. 16. (127 S.) Lippstadt 874,75, Rempel's Buchh. * — 40
Noten-Ausg. von W. Schrage. (VIII, 243 S.) geb. * 1 20

Volkssänger, der. Eine Sammlg. volkstüml. Lieder. Mit besond. Berücksicht. der nationalen Festtage. Zunächst f. den Schulgebrauch. Zusammengestellt v. prakt. Schulmännern. Ausg. m. Noten v. W. Schrage. Neue umgearb. Aufl. v. Knabe u. Schrick. 8. (III, 192 S.) Lippstadt 883. Rempel. cart. n. 1. —

Volks-Schaubühne. Nr. 65—72. gr. 8. Berlin 885—87, Kühling und Güttner. à Nr.
Inhalt:
Nr. 65. Brentano, Fritz, Durchlaucht haben geruht! Lustspiel in 4 Akten. (68 S.)
» 66. Volger, Ed., die Haussee. Lustspiel in 4 Akten. (72 S.)
» 67. Kneisel, Rud., sein einziges Gedicht. Orig.-Lustspiel in 3 Akten. (60 S.)
» 68. Ely, Leop., Papa Kiekebusch. Posse mit Gesang in 4 Akten. Musik von Rich. Thiele. (73 S.)
» 69. Bössel, Gust., Rabeaud's Wittwe. Schauspiel in 3 Akten. (65 S.)
» 70. Keller, Jul., und Fritz Brentano, ein Pensionskind. Lustspiel in 4 Aufzügen. (63 S.)
» 71. Ely, Leop., und Carl Wexel, goldener Boden. Posse mit Gesang in 4 Akten. Musik von Frz. Brandt. (73 S.)
» 72. Blum, Osw., Papa Windbeutel. Lustspiel in 4 Aufzügen. (90 S.)
Frühere Hefte s. Kühling's, A., Volks-Schaubühne.

Volks-Schaubühne. Nr. 73 u. 74. gr. 8. Berl. 889, Kühling u. Güttner. à Nr. 2 50
73. Kneisel, Rud. Papageno. Posse in 4 Akten. (63 S.)
74. Riedt, E., u. L. Ely. Von Schrot u. Korn. Volksstück m. Gesang in 3 Akten (4 Bildern). Musik v. Max Gabriel. (98 S.)

[F.] Volksschauspiele aus dem Böhmerwalde. Gesamm., wissenschaftl. unters. u. hrsg. v. J[oh.] J. Ammann, k. k. Prof. in Krummau. Tl 1. *Prag: J. G. Calve 1898.* 8.
= Beiträge z. deutsch-böhmischen Volkskunde. Bd u. H. 1. (98. 3268

(F) Volksschauspiele aus dem Böhmerwalde. Gesammelt, wissenschaftlich untersucht und herausgegeben von J. J. Ammann. II. Theil. Prag. 1899. Calve. Gr.-8°. X, 168 S. fl. 1 10

(F) Beiträge zur deutsch-böhmischen Volkskunde. Im Auftrage der Gesellschaft zur Förderung deutscher Wissenschaft, Kunst und Literatur in Böhmen geleitet von Prof. Dr. Adolf Hauffen. III. Bd. 1. Heft.

Enthält:

(F) Volksschauspiele aus dem Böhmerwalde. Gesammelt, wissenschaftlich untersucht und herausgegeben von J. J. Ammann. III. Theil. Prag. 1900. Calve. Gr.-8°. XXI, 160 S. K 2.—

Volksschauspiele, deutsche. In Steiermark gesammelt. Mit Anmerkgn. u. Erläutergn., nebst e. Anh.: das Leiden Christi-Spiel aus dem Gurkthale in Kärnten, hrsg. v. Ant. Schlossar. 2 Bde. gr. 8. (VII, 343 u. III, 404 S.) Halle a. S. 891. Niemeyer. n. 10. —

Der Volks-Schild : 1840 - ? Buffalo, NY
Weekly. Edited & published by E. H. Singer. See *Severance.*

Volksschrift zur Aufklärung in den. K. K. Staaten. St. 1—2 (?). Wien 1784.

Volksschrift auf die Sempacher Jubelfeier .... Luzern ... 1886 s.a. [Schneebeli, Johann Jacob].

Volksschrift auf die Sempacher Jubelfeier 1886. Zürich [1886]. V: *Schneebeli, Johann Jacob.* (Cat. d. Stadtbibl. Zürich. Zürich 1864—97.)

Volksschrift auf die Sempacher Jubelfeier am 5. Juli 1886. Mit ca. 50 Illustr. v. K. Jauslin. 8. (72 S.) Zürich 886. (Bern, Jenni.) n. 1. —

Volksschrift auf die Sempacher Jubelfeier am 5. Juli 1886. 8. (72 S. mit ca. 50 Illustr. von K. Jauslin.) Zürich 886. (Bern, Köhler'sche Buchh.) *

—— dass. — 2. Aufl. 8. (72 S.) Zürich 886. (St. Gallen, F. B. Müller.) *

Volksschriften Nro. 1. Die höchst wunderbare, erschreckliche u. lehrreiche Geschichte eines Hamburger-Knaben, welcher unter das Meer versank, u. auf eine einsame Insel verschlagen wurde, allwo er mit den Menschenfressern zu kämpfen hatte. gr. 12. Zürich 836. Orell, Füßli u. Comp. 5 gl

— dass. Nro. 2. Wahrhaft. Geschichten aus d. grausamen Kriege, der auf einen blutigen Kometen folgte. 12. Ebd. 838. 1/8 ₰

— dass. Nro. 3. Die Auswanderer, eine sehr unterhaltende u. belehrende Erzählung, welche berichtet, wie die Familie des Rudolf Meyer aus der Schweiz nach Amerika gezogen, u. nach vielen Gefahren u. schweren Leiden im Freistaate Illinois reich u. glücklich geworden. gr. 12. Ebd. 840. 5 gl

— dass. Herausg. von der Synode. No. 1. Leben u. Leiden eines italien. Grafen während seiner 10jähr. Gefangenschaft in den Kerkern zu Mailand, unter den Bleidächern zu Venedig u. auf der Festung Spielberg. 8. Ebd. 836. 1/4 ₰

— dass. Herausg. von der Synode. No. 2. Leben u. Leiden eines russischen Seebefehlshabers u. seiner sechs Gefährten während einer mehr als zweijähr. Gefangenschaft unter den Japanern auf der Insel Matsmai. Eine wahre Geschichte. Von dem Befehlshaber selbst beschrieben. 8. Ebd. 839. 1/3 ₰

Volksschriften. Neu hrsg., [gekürzt und zum Gebrauch in Fortbildungsschulen eingerichtet] von Fritz Jonas. 1.—8. Heft. 8. Berlin, Oehmigke's Verlag. *

Inhalt:

Heft 1. Schulz, Otto, zur Erinnerung an Friedrich den Großen. (48 S.) 886. * 20 Pf.

" 2. Zschokke, Heinr., das Goldmacherdorf. Eine anmut. und wahrhafte Geschichte für Schule und Haus. (123 S.) 886. * 40 Pf.

Heft 3. Geschichte eines patriotischen Kaufmanns. (64 S.) 886. * 30 Pf.

" 4. Salzmann, Chrn. Gtlf., auserlesene Gespräche und Boten aus Thüringen. (112 S.) 886. * 40 Pf.

" 5. Engel, J. J., Herr Lorenz Starck. Ein Charaktergemälde. (128 S.) 886. * 40 Pf.

" 6. Aus dem Leben Joachim Nettelbecks. (112 S.) 887. * 40 Pf.

" 7. Benjamin Franklin's Jugendjahre, von ihm selbst für seinen Sohn beschrieben. Nebst einem Anhang. (103 S.) 888. * 40 Pf.

" 8. Zschokke, Heinr., Meister Jordan oder Handwerk hat goldenen Boden. (120 S.) 888. * 40 Pf.

—— Neu hrsg. v. Fritz Jonas. 2. u. 9. Heft. 8°. Berl., L. Oehmigke's Verlag. à Heft * — 40; * — 80

2. Zschokke, Heinr. Das Goldmacherdorf. 2. Aufl. (112 S.) 890.

9. Jonas, Fritz. Erinnerungsblätter aus der Zeit der Erhebung Preußens. 1812.13. Zusammengestellt u. zum Gebrauch in Fortbildungsschulen eingerichtet. (112 S.) 889.

Volksschriften. Zum Gebrauch in Fortbildungsschulen neu hrsg. v. Fritz Jonas. 1., 10. u. 11. Hft. 8. Berlin, L. Oehmigke's Verl. n. 1. 10

1. Zur Erinnerung an Friedrich d. Großen. Von Otto Schulz. 2. Aufl. (48 S.) 895. n. — 30

10. Kleine Schriften v. Ernst Mor. Arndt. (64 S.) 895. n. — 40

11. Sam Wiebe. Ein Lebensbild aus d. Marschen. Von Thdr. Mügge. (50 S.) 896. n. — 40

Volksschriften. Neu hrsg. v. Fritz Jonas. 2. u. 12. Hft. 8. Berlin, L. Oehmigke's Verl. à n. — 40

2. Das Goldmacherdorf. Eine anmut. u. wahrhafte Geschichte f. Schule u. Haus. Von Heinr. Zschokke. Zum Gebrauch in Fortbildungsschulen eingerichtet v. Fritz Jonas. 3. Aufl. (112 S.) 901.

12. Das Bild des Kaisers. Von Wilh. Hauff. Zum Gebrauch in Fortbildungsschulen hrsg. v. Fritz Jonas. (107 S.) 899.

Volksschriften. 1.—30. Bd. 12°. Lpz. 890—92, Werther. à Bd. * — 25

1. Die Schildbürger. Nach Gust. Schwab erzählt v. Frz. Günther. (64 S.)
2. Rübezahl. Nach Musäus u. A. hrsg. von Frz. Günther. (64 S.)
3. Die drei Rolandsknappen. — Waldewuths Ring. Nach Musäus bearb. von Ernst Scherling. (63 S.)
4. Die schöne Melusine. Nach Gust. Schwab bearb. von Ernst Scherling. (64 S.)
5. 6. Till Eulenspiegel. Hrsg. von Konr. Walther. (128 S.)
7. Anna, die Blutegelhändlerin. Von O. Glaubrecht, bearb. v. Konr. Walther. (64 S.)
8. Die vier Heymonskinder. Neu erzählt von Konr. Walther. (64 S.)
9. Die schöne Magelone. Nach G. Schwab neu erzählt v. Paul Lindner. (64 S.)
10. Ludw. Bechstein's Märchenbuch. 1. Tl. (64 S.)
11. 12. Das Volk u. seine Treiber. Eine Erzählg. Von O. Glaubrecht, bearb. von Osc. Blober. (128 S.)
13. Fortunat und seine Söhne. Von Gust. Schwab, bearb. von Hans Erdmann. (64 S.)
14. 16. Ludw. Bechstein's Märchenbuch. 2. u. 3. Tl. (à 64 S.)
15. Der Bankerott. Von Marie Nathusius, bearb. von H. v. Wegern. (48 S.)
17. 18. Michael Kohlhaas. Von Heinr. v. Kleist, bearb. von Hans Erdmann. (128 S.)
19. Vater, Sohn u. Enkel. Eine Dorfgeschichte von Marie Nathusius. Bearb. von Adf. Martin. (63 S.)
20. Genovefa. Hirlanda. Gust. Schwab nacherzählt von Hugo v. Wegern. (64 S.)
21. Die Sonntagsschule. Eine Dienstmägde-Geschichte. Zwei Dorfgeschichten von Marie Nathusius. Bearb. v. Adf. Martin. (64 S.)
22. Märchen aus 1001 Nacht, bearb. von Bernh. Clemens. (64 S.)
23. 24. Jud Süß. Novelle v. Wilh. Hauff, bearb. v. Hans Erdmann. (120 S.)
25. Der gehörnte Siegfried. Nach Gust. Schwab erzählt v. Otto Winter. (64 S.)
26. Treuer Tod. Geschichtliche Erzählgn. für die reifere Jugend von Gust. v. der Eulecke. (61 S.)
27. Martha, die Stiefmutter. Marie. Zwei Dorfgeschichten von Marie Nathusius. Bearb. von Adf. Martin. (62 S.)
28. Das Schloß in der Höhle Xa Xa, nach Gust. Schwab erzählt v. Otto Winter. (63 S.)
29. 30. Märchen aus 1001 Nacht, bearb. von Bernh. Clemens. (128 S.)

—— dass. — Ausgabe in Serien. 1.—3. Serie. 12°. (à Serie 384 S.) Ebd. 890,91. geb. à Serie * 2 25

Volksschriften. Nr. 1—20. kl. 8. Berlin, Wiegandt & Grieben. à n. — 20

Frommel, Emil, moderne Faulenzer. Eine Erzählg. [Aus: „F., Schriften".] (32 S.) (904.) (Nr. 8.)

— das letzte Haus im Dorf. Wie Gott auch durch wenig helfen kann. Zwei Erzählgn. [Aus: „F., Schriften".] (39 S.) (904.) (Nr. 20.)

— eine gute preußische Klinge. Eine Erzählg. [Aus: „F., Schriften".] (56 S.) (904.) (Nr. 18. 19.)

— Leutnant u. Rekrut. Ein preußischer Standartenjunker. Zwei Erzähl gn. [Aus: „F., Schriften".] (32 S.) (904.) (Nr. 9.)

— Gottlieb Mayer, genannt der „Unglücksmayer". Eine Erzählg. [Aus: „F., Schriften".] (40 S.) (904.) (Nr. 15.)

— Sebaldus Notanker. Eine Erzählg. [Aus: „Nachtschmetterlinge".] (36 S.) (904.) (Nr. 4.)

— das fünfte Rad am Wagen. Eine Erzählg. [Aus: Allerlei Sang u. Klang".] (60 S.) (904.) (Nr. 2. 3.)

— bunte Reisegesellen u. e. Nacht im Tauernhause. Eine Erzählg. [Aus: „F., Schriften".] (63 S.) (904.) (Nr. 16. 17.)

— mein Schneider. Eine Erzählung. [Aus: „F., Schriften".] (56 S.) (904.) (Nr. 10. 11.)

— aus dem Skizzenbuch e. Malers. Eine Erzählg. [Aus: F., Schriften".] (32 S.) (904.) (Nr. 14.)

— Storchnester auf allerhand Häusern. Eine Erzählg. [Aus: „Aus allen 4 Wänden".] (32 S.) (904.) (Nr. 6.)

— aus der Tiefe. Eine Erzählg. [Aus: „F., Schriften".] (36 S.) (904.) (Nr. 13.)

— die Bötin aus dem Tobel. An der Mittagstafel im Kurhause. Zwei Erzählgn. [Aus: „F., Schriften".] (32 S.) (904.) (Nr. 12.)

— das Wahrzeichen von Ingolstadt od. Recht muß doch Recht bleiben. Eine Erzählung. [Aus: „Aus der Hausapotheke".] (32 S.) (904.) (Nr. 5.)

— wie zwei in e. Nacht kuriert wurden. Eine Erzählg. [Aus: „Blätter v. allerlei Bäumen".] (32 S.) (904.) (Nr. 1.)

Frommel, Emil, zwei in e. Mühle. Eine Erzählung. [Aus: „F., Schriften".] (36 S.) (904.) (Nr. 7.)

Fortsetzg., s.: Frommel, Emil, Erzählungen.

— des Arbeiterfreundes. Nr. 1—9. 12. Bern. Barmen, Elim, Buchh. des Blauen Kreuzes. à — 05

1. Drei Frauen-Lose od. Was der Mensch säet, das wird er ernten. (20 S. m. 3 Bildern.) (899.)
2. Der „wilde Mann". — Des Trinkers Weib (Gedicht). (16 S.) (900.)
3. Wie einem Blinden die Augen aufgingen. — Der Vorschuß. — Die Anklage aus Kindermund. — Das erste Glas. (16 S.) (901.)
4. Warum man bei Peter Holzer wieder singen lernte. — Es klebt Blut daran. — Oeffne die Hand. (15 S.) (901.)
5. Abschied u. Heimkehr. — Endlich gewonnen. (16 S.) (901.)
6. Saufhannes u. Meister Peterhans. — Die zerbrochene Flasche. — Moralischer Mut. (15 S.) (902.)
7. Ich will die Hand wieder abhauen. — Ja, ja, e. guter Mann. — Ein guter Gedanke. (16 S.) (902.)
8. Drei Gläschen Schnaps. — Paul Schurchs Zeitung. — Ein wirksames Plakat. (15 S.) (902.)
9. Ein Brand aus dem Feuer gerissen. — Geschichte e. Scheerenschleifers. (16 S.) (902.)

Volksschriften des Arbeiterfreundes. Nr. 10. 12. Bern. Barmen (903). Elim, Buchh. d. Blauen Kreuzes. n.n. — 05

Wo ist der Vater? (Gedicht.) — Die zwei Christbäume. (16 S.)

Volksschriften des Arbeiterfreundes. 11 u. 12. (à 16 S.) kl. 8. Bern (907). Barmen, Buchh. des Blauen Kreuzes. à — 05

Volksschriften des Arbeiterfreundes. (Nr.) 4—10. *je* 16 S. 8. Bern, Agentur des Blauen Kreuzes; Barmen, Elim. *je* 1 Ex. fr. —.05, 100 Ex. fr. 3.50

(Nr.) 4: Warum man bei Peter Holzer wieder singen lernte. — Es klebt Blut daran. — Oeffne die Hand. [1901.]
(Nr.) 5: Abschied und Heimkehr. — Endlich gewonnen. [1901.]
(Nr.) 6: Saufhannes und Meister Peterhans. — Die zerbrochene Flasche. — Moralischer Mut. [1901.]
(Nr.) 7: Ich will die Hand wieder abhauen. — Ja, ja, ein guter Mann. — Ein guter Gedanke. [1901.]
(Nr.) 8: Drei Gläschen Schnaps. — Paul Schurchs Zeitung. — Ein wirksames Plakat. [1901.]
(Nr.) 9: Ein Brand aus dem Feuer gerissen. — Geschichte eines Scheerenschleifers. [1902.]
(Nr.) 10: Wo ist der Vater? ⟨Gedicht.⟩ — Die zwei Christbäume. [1902.]

Volksschriften des Arbeiterfreundes. (Nr.) 11 u. 12. *je* 16 S. 8. Bern, Schweiz. Agentur des Blauen Kreuzes; Barmen, Elim, [1907]. *je* 1 Ex. fr. —. 05, 100 Ex. 3. 50

(Nr.) 11: Das Osterei — Was eine Frau aus ihrem Manne gemacht hat — Ein Glas, Sam! [1907.]
(Nr.) 12: Kaufen Sie sich Ihre Kirschen selbst! — Eine originelle Temperenzversammlung — Arbeit für einen Blaukreuzler. [1907.]

— ärztliche. Nr. 2. gr. 16. Berlin, W. Möller. n. — 20

Diät der stillenden Mutter. Von Edward L. Partridge. Mit Anmerkgn. v. Fehlauer. (16 S.) 897.

— zur Aufklärung üb. natürliche Lebensweise. Hrsg.: Rich. Blum. 1.—3. Heft. kl. 8. Stuttgart, Heimdall. à n. — 20

1. Die natürliche Haut- u. Haarpflege als einzig wirksames Mittel zur Erhaltung der Haare u. e. gesunden Haarbodens. Von Egbert Kempf. 1.—3. Tauf. (16 S.) 904.
2. Was ist's m. dem Alkohol? Von Hugo Wegener. 1.—3. Tauf. (14 S.) (904.)
3. Wieder nacktgewordene Menschen, e. Beitrag f. die Notwendigkeit des Lichtluft-Badens zum Zwecke der Volksgesundh. in körperl., geist. u. sittl. Beziehg. Von Rich. Ungewitter. (30 S.) 905.

Volks- und Jugendschriften, ausgewählte. Hrsg. mit Einleitungen und kurzen Erläuterungen von O. Hellinghaus. 1.—28. Bdchn. gr. 16. Münster, Aschendorff'sche Buchh.
à Bdchn. * 20 Pf.; cart. à Bdchn. * — 30
5 Bdchn. cart. in 1 Bd. ** 1 30

Inhalt:

Bdchn. 1. Schmid, Chrph. v., die Ostereier. — Heinr. v. Eichenfels. — Das Johanniskäferchen. — [Vorher: Das Leben Christophs v. Schmid.] (VIII, 110 S.) 885.
" 2. —— der Weihnachtsabend. — Das Vogelnestchen. — [Vorher: Christoph v. Schmid als Jugendschriftsteller.] (VIII, 88 S.) 885.
" 3. —— Genoveva. (VI, 120 S.) 885.
" 4. 5. —— Rosa v. Tannenburg. — Das Täubchen. (IV, 187 S.) 885.
" 6. Deutsche Volksbücher [nach G. Schwab]. Der gehörnte Siegfried. — Herzog Ernst. (VIII, 104 S.) 886.
" 7. —— dass. — Die vier Heimonskinder. (IV, 140 S.) 886.
" 8—10. Hauff, Wilh., Märchen für Söhne und Töchter gebildeter Stände. (440 S.) 886.
" 11. Schmid, Chrph. v., der junge Einsiedler. — Das Marienbild. — Die Margaretablümchen. (IV, 124 S. mit 1 Bild.) 886.
" 12. —— das Lämmchen. — Das Rotkehlchen. (IV, 92 S. mit 1 Bild.) 886.
" 13. 14. —— das Blumenkörbchen. — Das stumme Kind. — Die Wasserflut am Rhein. (IV, 220 S. mit 2 Bildern.) 886.
" 15. —— die Hopfenblüten. — Die Kapelle bei Wolfsbühel. (VI, 118 S. mit 1 Bild.) 886.
Bdchn. 16. Schmid, Chrph. v., Ludwig der kleine Auswanderer. (IV, 87 S. mit 1 Bild.) 887.
" 17. 18. —— der gute Fridolin und der böse Dietrich. (244 S. mit 2 Bildern.) 887.
" 19. —— der Kanarienvogel. — Anselmo. — Die Feuersbrunst. (VIII, 118 S.) 887.
" 20. —— die zwei Brüder. — Der Kuchen. (91 S.) 887.
" 21. 22. —— kurze Erzählungen. (IV, 220 S.) 888.
" 23. 24. —— kleine, lehrreiche Erzählungen. (III, 268 S.) 888.
" 25. —— Blüten, dem blühenden Alter gewidmet. (IV, 92 S.) 888.
" 26. —— Pauline. (VIII, 134 S.) 888.
" 27. 28. —— Josaphat. — Drei Parabeln Barlaams. — Titus und seine Familie. (VIII, 183 S.) 888.

Volks- u. Jugendschriften, ausgewählte. Mit Einleitgn. u. Erläutergn. von O. Hellinghaus. 29—54., 56.—59., 61.—64. Bdchn. 16. Münster i. W., Aschendorff. à Bdchn. * — 20; cart. à * — 30
Je 5 Bdchn. der Reihe nach cart. in 1 Bd. ** 1 30

29. Schmid, Chrph. von. Das hölzerne Kreuz. Das alte Raubschloß. Kupfermünzen u. Goldstücke. (Die roten Kreuzer.) (IV, 100 S. m. Titelbild.) 888.
30. —— Paul Arnold. Die Himbeeren. Der Diamantring. (IV, 113 S. m. Titelbild.) 888.
31. 32. Schwab, Gust. Die schönsten Sagen des klassischen Altertums. I. Die Sagen von Odysseus. (VIII, 239 S. m. Bildern.) 889.
33. Gellert, Chrn. Fürchtegott. Ausgewählte Fabeln u. Erzählungen. (VII, 88 S.) 889.

Volks- u. Jugendschriften, ausgewählte ꝛc.
34. Reinick, Rob. Erzählungen für die Jugend. (104 S.) 890.
35. Hey, Wilh. 100 Fabeln nebst Liedern und Sprüchen für Kinder. (XII, 116 S.) 889.
36.—39. Schwab, Gust. Die schönsten Sagen d. klassischen Altertums. II. Die Sagen vom trojan. Kriege. (VIII, 423 S.) 890.
40. Reinick, Rob. Märchen u. Fabeln für die Jugend. (VIII, 88 S.) 890.
41.—43. Campe's Robinson. Bearb. von O. Hellinghaus. (XIV, 288 S.) 890.
44. Pfeffel, G. K. Ausgewählte Fabeln u. Erzählungen. (V, 103 S.) 892.
45. Körner, Thdr. Leier u. Schwert u. andere Gedichte. (VIII, 87 S.) 892.
46.—50. Palmblätter. Erlesene morgenländische Märchen und Erzählungen für die Jugend. 5 Bdchn. (XVI, 79; 92; 96; 96; 94 S.) 891.
51.—54. Cooper, James Fenimore. Der letzte Mohikaner. Bearb. v. O. Heinrichs. (XI, 387 S.) 891.
56.—59. —— Die Ansiedler an den Quellen d. Susquehannah. Bearb. v. O. Heinrichs. (VIII, 376 S.) 892.
61.—64. Deutsche Märchen nach Ludw. Bechstein. Bearb. von O. Heinrichs. (XI, 372 S.) 892.

Volks- u. Jugendschriften, ausgewählte. Mit Einleitgn. u. Erläutergn. v. O. Hellinghaus. 55., 60. u. 65. Bdchn. gr. 16. Münster, Aschendorff. à n. — 20; kart. à n. — 30
55. Ausgew. Erzählungen des rheinischen Hausfreundes. Von Joh. Pet. Hebel. (128 S.) 899.
60. Das Jahr 1813. Für Schule u. Haus erzählt. Von Frdr. Kohlrausch. (128 S. m. 1 eingedr. Plan.) 899.
65. Die Jahre 1814 u. 1815. Für Schule u. Haus erzählt. Von Frdr. Kohlrausch. (96 S.) 899.

Volks-Schriften, bayerische. I. Wie man sich vor Gericht zu benehmen hat. Freundliche und einfache Unterweisung für den Bürger und Landmann und alle jene, welche für Erwerb und Schutz ihres Eigenthums besorgt sind. Von einem ehemal. Advokaten. 8. (54 S.) München 870, Fritsch. * — 60

Volksschriften, Berner. Nr. 1—14. 8. Bern, (Huber und Comp.) *

Inhalt:

Nr. 1. Langhans, Geo., Ost und West, daheim das Best'. (24 S.) 880. * 20 Pf.
" 2. Schuppli, M., Haus und Schule. Ein Wort über die Erziehung der Jugend. (63 S.) 880. * 50 Pf.
" 3. Langhans, Geo., der Freund um Mitternacht oder die Kraft des Gebetes. (20 S.) 881. * 15 Pf. [Aus: Christlicher Volksfreund, besonders abgedruckt.]
" 4. Müller, Ernst, Jakob der Krämer oder Wie man's treibt, so geht's. Eine Geschichte aus unserer Zeit. (54 S.) 881. * 40 Pf.
" 5. Nil, E., der neue Todtentanz oder die verbesserte Brandweinwaage. (31 S.) 883. * 25 Pf.
" 6. Koetsveld, C. E. van, Gottes Rath und Vorsehung. Jesaja 55, 8. 9. Aus dem Holländ. übers. von Ernst Müller. (22 S.) 883. * 25 Pf.
" 7. Müller, Ernst, aus armen Hütten. Eine Erzählung. (34 S.) 883. * 30 Pf.
" 8. Schädelin, E., Jeremia, der Prophet. Ein bibl. Lebensbild. (58 S.) 883. * 45 Pf.
" 9. Das rechte Zaubermittel. Eine Erzählung nach wahren Erlebnissen. Von L. S. (40 S.) 883. * 30 Pf.
" 10. Ochsenbein, G. F., Venner Manuel von Bern oder die Reformation im Leben eines Reformators. (58 S.) 883. * 50 Pf.
" 11. Langhans, Geo., Weine nicht! Christlicher Trost für Trauernde. (52 S.) 883. * 35 Pf.
" 12. Müller, Ernst, Ulrich Zwingli. Ein bernischer Beitrag zur Zwinglifeier. (60 S. mit Holzschn.-Portr.) 884. * 40 Pf.
" 13. Straßer, Gfr., für unsere Auswanderer. (80 S.) 884. * 40 Pf.
" 14. Langhans, Geo., die Nothstände des Volkslebens und die christliche Liebe. Ein Appell an die treuen Glieder der Landeskirche. (48 S.) 884. * 30 Pf.

—— **Berner.** Nr. 15—24. 8. Bern, (Huber und Comp.) * 3 35

Inhalt:

Nr. 15. Der Herr ist mein Hirte. Lebensbild eines Stillen im Lande. Von Elise B. Eingeleitet von Heinr. Rettig. (IV, 22 S.) 885. * 20 Pf.
" 16. Ringier, Hieron., menschliche und göttliche Erziehung. Zwei Predigten. (24 S.) 885. * 20 Pf.
" 17. Blösch, Emil, der Leutpriester Diebold Baselwind. Ein Lebensbild aus dem alten Bern. (32 S.) 885. * 25 Pf.
" 18. Straßer, Gfr., die Poesie des Sonntags. 2. Aufl. (III, 91 S.) 885. * 60 Pf.
" 19. Für stille Stunden. 20 bibl. Betrachtungen nebst Liedern aus dem „Säemann". (102 S.) 887. * 50 Pf.; geb. * 70 Pf.
" 20—22. Saatkörner für Herz und Haus. Aus dem „Säemann". 1.—3. Heft. (40; 40; 34 S.) 887. à Heft * 20 Pf.
" 23. Straßer, Gfr., der Uebergang des alten Bern im J. 1798. Erzählt. (62 S. mit 1 Bild.) 888. * 30 Pf.
" 24. Erinnerungen einer Großmutter an ihre Jugend- und Dienstjahre. Den Dienenden gewidmet von E. B. (130 S.) 888. * 70 Pf.

—— **Berner.** Nr. 25—27. 8. Bern 890, (Huber u. Comp.).
à Nr. * — 30
Saatkörner f. Herz u. Haus. Aus dem „Säemann". 4—6. Heft. (64, 64, 70 S.)

— **Berner.** Nr. 28 — 35. 12. Bern (W. Kaiser).
n. 1. 65
28. Erinnergn. e. Großmutter aus ihren Ehestandsjahren. Von E. B. (77 S.) 891. n. — 20
29. Das Gleichniß v. verlornen Sohn. E. Wort an d. Jugend uns. Zeit v. E. Müller. (80 S.) 893. n. — 20
30. Das Gebet d. Herrn. D. Volk erklärt v. E. Müller. (83 S.) 893. n. — 20
31. Auf der Egghalde. Bilder aus d. Volksleben des Simmenthals v. E. B. 1. bis 5. Tauf. (52 S.) 894. n. — 20
32. Versöhnt. Zwei Mal bestraft. 2 Erzählungen v. Marie Walden. (36 S.) 894. n.n. — 15
33. Die beiden Kollegen. E. Erzählg. v. Marie Walden. (88 S.) 894. n. — 30
34. Wie man sich bettet, so liegt man. 4 Lebensbilder. Nach d. Uebersetzg. aus d. Franz. v. D. Haas frei bearb. (48 S.) 894. n. — 20
35. Der Sonntag d. Großvaters. Eine Erzählg. v. Jerem. Gotthelf. (55 S.) 894. n. — 20

—— **christliche.** Nr. 348, 462 und 464. 16. Gernsbach 882, Christl. Kolportage-Verein. *

Inhalt:

Nr. 348. Der Mann auf der Arche. Ein menschl. Bild nach göttl. Gedanken. (16 S.) * 4 Pf.
" 462. Die erbrochene Geldkiste und das aufgefundene Testament. (12 S.) * 3 Pf.
" 464. Die eiserne Falle. (12 S.) * 3 Pf.

— **deutsche.** 1—7. Bd. gr. 16. Breslau 878—80. Koebner.
à n. — 50
1. Der Sozialismus von A. Lammers. (115 S.)
2. Die Gesundheitspflege. Von J. Jacobi. 2. Aufl. (127 S.)
3. Natur u. Mensch. Von Kurd Laßwitz. (124 S.)
4. Die Pflanze u. der Mensch in ihrer Wechselbeziehung geschildert von Ernst Hallier. (123 S.)
5. Die Gewerbefreiheit u. der Arbeitsvertrag. Von H. B. Oppenheim. 2. Aufl. (III, 185 S.)
6. 7. Die Habsburger u. die Hohenzollern in ihrer deutschen Reichspolitik. Von Frz. Heyer. (IV, 242 S.)

— deutsche. Hrsg. v. Rud. Heinr. Greinz. 5. u. 6. Hft. gr. 8. München 895. A. Schupp. à n. — 30
5. Christus u. d. Armen. E. geharnischte Streitschrift v. Rud. Heinr. Greinz. 2.—9. Aufl. (25 S.) Neuwied.
6. Moderne Erbsünden. E. Zeitspiegel v. Rud. Heinr. Greinz. (40 S.) Leipzig.

Volksschriften, deutsche. (Kultur- u. Litteraturbilder.) Hrsg. v. Rud. Heinr. Greinz. 4. u. 5. Hft. gr. 8. Neuwied 895. A. Schupp. n. — 50
4. Künstler, Kritik u. Publikum. Eine zeitgemäße Betrachtg. v. Schulte vom Brühl. (16 S.) n. — 20
5. Christus u. die Armen. Eine geharnischte Streitschrift v. Rud. Heinr. Greinz. (25 S.) n. — 30
Das 1.—3. Hft. s. u. d. T.: Kultur- u. Litteraturbilder.

Volks- und Jugendschriften, deutsche. Nr. 1—11. gr. 16. Nördlingen, Beck'sche Buchh. cart. 8 50

Inhalt:

Nr. 1. Wild, Karl, Martha. Eine Erzählung. (175 S.) 871. (ℳ 1,20.) ℳ 1.
„ 2. —— der Verbrecher und sein Freund. Eine Erzählung. 2. Aufl. (92 S.) 871. (75 Pf.) 80 Pf.
„ 3. Mittermaier, Ludw., die Söhne des Waffenschmiedes. Ein lehrreiches Lebensbild aus den Zeiten des Mittelalters. Jung und Alt erzählt. 2. Aufl. (138 S.) 871. 80 Pf.
„ 4. Reidenbach, J. A., Hans. Eine wahre Geschichte aus der jüngsten Zeit. (142 S.) 871. (ℳ 1,20.) ℳ 1.
„ 5. Lampert, Fr., Für's Vaterland. Aus dem Leben eines bayrischen Trompeters. (86 S.) 872. 70 Pf.
„ 6. Schricker, Aug., Deutsch und Welsch oder der Franctireur. Eine Erzählung aus dem Elsaß und dem Kriegsjahr. (59 S.) 872. 60 Pf.
„ 7. Stöber, W., Glück aus Leid. Eine Erzählung aus der Zeit des dreißigjähr. Krieges. (109 S. 872. (90 Pf.) 80 Pf.)
„ 8. —— Schuld und Gnade. Erzählung. (102 S.) 873. (90 Pf.) 80 Pf.
„ 9. Lampert, Fr., des Thürmers Töchterlein. Eine Erzählung aus dem J. 1631. (104 S.) 873. (90 Pf.) 80 Pf.
„ 10. Stöber, W., der Heimathlose. Erzählung. (106 S.) 871. (90 Pf.) 80 Pf.
„ 11. Münch, Thdr., vor dem großen Kriege. (37 S.) 874. 60 Pf.

Volks- und Jugendschriften, deutsche. Nr. 12—17. 8. Nördlingen, Beck'sche Buchh. 4 30

Inhalt:

Nr. 12. Willms, Agnes, geb. Wildermuth, des Marschbauern Tochter. Erzählung aus Holstein. (82 S.) 876. 60 Pf.
„ 13. Lampert, Friedr., die Mühlenhexe. Eine Erzählung. (117 S.) 876. 75 Pf.
„ 14. Stöber, W., die Schweden vor Ingolstadt. Erzählung. (116 S.) 877. 75 Pf.
„ 15. Wild, Karl, die Hoppeltsmühle im Karthäuserthal. Eine Erzählung aus dem 30jähr. Kriege. (155 S.) 877. ℳ 1.
„ 16. Stöber, Wilh., Aus einem Fürstenleben, Erzählung. (73 S.) 877. 60 Pf.
„ 17. Willms, Agnes, geb. Wildermuth, des Menschen Herz und Gottes Wege. Aus dem fries. Volksleben. (85 S.) 878. 60 Pf.

Volks- und Jugendschriften, deutsche. Nr. 2 und 18—21. 8. Nördlingen, Beck'sche Buchh.

Inhalt:

Nr. 2. Wild, Carl, der Verbrecher und sein Freund. Eine Erzählung. 3. Aufl. (94 S.) 879. 80 Pf.
„ 18. Willms, Agnes, die beiden Boie. Ein Blatt aus der Reformationsgeschichte. Historische Erzählung. (104 S.) 880. 80 Pf.
„ 19. —— von Heimath zu Heimath. Geschichtl. Erzählung aus dem 16. Jahrh. (113 S.) 880. 80 Pf.
„ 20. Lampert, Friedr., Anneken v. Mönchgut. Ein Erlebniß von der Ostsee. (51 S.) 881. 60 Pf.
„ 21. Titelius, M., der Burgbauer von Mühlen und andere Geschichten aus dem Frankenland. (IV, 192 S.) 881. 90 Pf.

— Dresdner. Nr. 1 u. 2. gr. 8. Dresden, O. V. Böhmert. à n. — 10
1. Ueber die Seele. Von Joh. Werther. (14 S.) 897.
2. Die häusliche Handarbeit. Von W. Götze. I. (18 S. m. Abb.) 898.

— Dresdner. Nr. 3—9. gr. 8. Dresden, O. V. Böhmert. n. — 40
3. Warum lassen wir unsere Kinder impfen? Von Flachs. (15 S.) 899. n. — 10
4. Die Reformkleidung in wissenschaftlicher u. gesundheitlicher Beziehung. Von Ella Law. (8 S.) 901. — 05
5. Wodurch entstehen Frauen-Krankheiten. Nach e. Vortrag. Von Kaiser. (S. 9—16.) 901. — 05
6. Rechte u. Pflichten der Ehefrau nach dem neuen bürgerlichen Recht. Vortrag am 17. I. 1901. Von Geo. Schubart. (8 S.) 901. — 05
7. Ueber die Pflichten u. Rechte der Eltern nach dem bürgerl. Gesetzbuche. Von Hofmann. (8 S.) 901. — 05
8. Wie errichtet man e. Testament? Von Schiebler. (12 S.) 901. — 05
9. Wie schütze ich mich vor Nachteilen bei Käufen? Von Doehn. (12 S.) 901. — 05

— Dresdner. Nr. 10 u. 11. gr. 8. Dresden, O. V. Böhmert. à n. — 10
10. Heidentum u. Christentum in China. Vortrag. Von Karl Kautzsch. (12 S.) 902.
11. Johanna Ambrosius, die Dichterin im bäuerlichen Gewande. Von Gbold. Schürer. (12 S.) 902.

— elsässische. 1.—18. Hft. 8. Straßburg 887—891. Heitz. n. 11. 30
1. Wie Schloß Lichtenberg zur Ruine wurde. Kriegserlebnisse v. Ed. Spach. Mit 1 Ansicht v. Lichtenberg. (V, 58 S.) n. 1. —; 2. Aufl. (51 S.) n. — 60
2. Berg auf u. Berg ab. Erzählung v. Maria Rebe. (48 S.) n. 1. —
3. Zwei Stephanstage. Eine Dorfgeschichte v. A. Sch..... (80 S.) n. — 80
4. Aus den Papieren e. alten Jungfer von L. Schaller-Fischer. (108 S.) n. 1. —
5. Wer der Sünde den Sonntag giebt, dem nimmt sie die Woche. Von Maria Rebe. 1. u. 2. Aufl. (54 S.) n. — 50
6. Bilder aus dem Leben. Von Ed. Spach. (55 S.) n. — 50
7. Märchen aus Lothringen. Dem Volke nacherzählt v. Fr. Peters. (52 S.) n. — 50
8. Um Freiheit u. Recht. Erzählung v. J. Westenhoeffer. (72 S.) n. — 70
9. An fremdem Herd. Von L. Schaller-Fischer. (60 S.) n. — 60
10. Wem der liebe Gott nicht bei der Erziehung hilft, dem hilft e. Anderer. Von Maria Rebe. (43 S.) n. — 50
11. Bilder aus dem Leben. Neue Folge. Von Ed. Spach. (52 S.) n. — 50
12. Elisabeth's Kleine. Eine Erzählg. v. A. Schaller. (60 S.) n. — 60
13. Es werde Licht! Altes u. Neues von Ed. Spach. (35 S.) n. — 40
14. Aus dem Bauernkriege. Tagebuch e. Reichenweirer Bürgers. 1525. (32 S.) n. — 30
15. Tröpflein im Meer. Von L. Schaller-Fischer. (80 S.) n. — 80
16. Wer den lieben Gott nicht zur Hochzeit einladet, bekommt e. bösen Gast. Von Maria Rebe. (44 S.) n. — 60
17. Bilder aus dem Leben. 3. Folge. Von Ed. Spach. (52 S.) n. — 60 (1—3.: n. 1. 60)
18. Der Pfingstmontag. Lustspiel in Straßburger Mundart v. J. G. D. Arnold. Mit Arnold's Leben u. Schriften v. Ernst Martin. (XXI, 182 S.) n. — 80

— elsässische. 19.—31. Hft. 12. Straßburg i/E., J. H. E. Heitz. n. 7. 90
19. Elsässische Pfarrhäuser. Erinnerungen aus meinem Vikarleben v. Ed. Spach. 1. u. 2. Aufl. (62 S.) 891. n. — 50
20. Des Lohnkutschers erste Fahrt. Von Alfr. Schaller. (39 S.) 892. n. — 40
21. Daheim. Von L. Schaller-Fischer. (68 S.) 892. n. — 60
22. Verwaist aber nicht verlassen v. L. Schaller-Fischer. 2. Aufl. (72 S.) 892. n. — 60
23. Elsässische Pfarrhäuser. Neue Folge. Erinnerungen aus meinem Kinderleben v. Ed. Spach. (91 S.) 892. n. — 80 (1 u. 2.: n. 1. 30)
24. Menschenpfade u. Gotteswege. Drei Erzählgn. v. D. E. Rehlig. (54 S.) 893. n. — 60
25. Elsässische Pfarrhäuser. Bei meinen Großeltern. Von Ed. Spach. 3. Folge. (48 S.) 893. n. — 50 (1—3.: n. 1. 80)
26. Osterprimel. Fünf Erzählgn. v. A. Schaller. (78 S.) 893. n. — 60
27. Zweierlei Wege. Von L. Schaller-Fischer. (76 S.) 893. n. — 60
28. Aus meinem Schülerleben in Buchsweiler. Von Ed. Spach. 4. Folge (v. „Aus elsässischen Pfarrhäusern"). (54 S.) 894. n. — 50
29. Salome od. die christl. Bäuerin. (80 S.) 894. n. — 80
30. Aus den Erinnerungen e. Elsässerin. Von E. Avari. (87 S.) 894. n. — 80
31. 4 Stroßburger Komedie. (I. Serie.) Von D. G. Ad. Horsch. (Der Hüsherr. Lustspiel in 1 Akt. — D'r Unkel. Comédie in 1 Akt. — E Mann fur mini Nièce. E Comédie-Bouffe in 1 Akt. — Neui Hosse. Comédie-Bouffe in 1 Akt. (64 S.) 895. n. — 60

— elsässische. Nr. 1 u. 32—41. 8. Straßburg, J. H. E. Heitz. n. 6. 10
1. Wie Schloß Lichtenberg zur Ruine wurde. Kriegserlebnisse v. Ed. Spach. 3. Aufl. (44 S. m. 1 Ansicht.) 892. n. — 60
32. Aus meinem Studentenleben. Von Ed. Spach. 5. Folge. (52 S.) 895. n. — 50
33. O du fröhliche, o du selige, gnadenbringende Weihnachtszeit! 3 Erzählgn. v. D. E. Rehlig. (106 S.) 896. n. 1. —
34. Wartburg u. Wittenberg. Reiseerinnergn. e. Elsässers. Von Ed. Spach. (40 S.) 896. n. — 50
35. Bilder aus d. Leben. Von Ed. Spach. 4. Folge. (44 S.) 895. n. — 60 (1.—4.: n. 2. 30)
36. Elsässische Pfarrhäuser. 4. Folge. Aus meinem Vikarleben. 2. Thl. Von Ed. Spach. (46 S.) 895. n. — 60 (1.—4.: n. 2. 40)
37. Aus Großmütterchen's Kinderjahren. Von L. Schaller-Fischer. (32 S.) 898. n. — 40
38. Hinaus in die Ferne! 4 Erzählgn. Von D. E. Rehlig. (50 S.) 898. n. — 50
39. Hänsel juchz'. Eine wahre Geschichte. Von C. Wickersheimer. (19 S.) 898. n. — 30

40. Bilder aus dem Leben. Von Ed. Spach. 6. Folge. (44 S.) 898. n. — 50 (1.—5.: n. 2. 80)
41. Weihnachtsklänge. Von T. E. Rehlig. 3 Erzähign. (56 S.) 898. n. — 60

— elsässische. Nr. 42—51. 12. Straßburg, J. H. E. Heitz. n. 6. 70
42. Erzählunge in Stroßburjer Mundart. Von Mathilde Weiß. (50 S. m. 1 Abbildg.) 899. n. — 60
43. Leiden u. Freuden der Weinbauern im Ober-Elsaß nach den Berichten früherer Jahrhunderte u. den Aufzeichnungen in der Barnwarthütte zu Thann im Oberelsaß. Von Bruno Stehle. Mit 2 Abbildgn. (47 S.) 899. n. — 60
44. Drei G'schichtlen üs de 60er Johr. (Unseri Schwowevetter. Unseri Pariser. 's End vom Stillewe.) Von Marie Hart. (32 S.) (900.) n. — 40
45. Kättele's Weihnachtsbaum. Die Champagnerflasche. Zwei Erzählgn. Von L. Schweitzer. (24 S.) (900.) n. — 30
46. Fallend' Laub. Von Maria Rebe. (V, 190 S.) (901.) n. 2. —
47. Bieje — awer nit breche! Charakterstück in eim Uffzug. Von Jean Riff. (32 S.) 902. n. — 40
48. Telegraphie ohni Droht. Orig.-Schwank in eim Uffzug. Von Jean Riff. (31 S.) 902. n. — 40
49. 2 Stroßburjer Komödie. (2. Serie.) E Surprise. E kleins Komödie in e. Akt. — E Startkerl Schwank in e. Akt frei noch e-me andere Stück. Von D. G. Ad. Horsch. (32 S.) 902. n. — 60
50. Herr Heinrich v. Müllenheim. (1233.) — In Angst u. Not. (1333.) Von Anna Lau. (32 S.) (902.) n. — 60
51. Im Frühlicht der Reformation. Aus Straßburgs Chronik 1529—1558. Von Anna Lau. (48 S.) (902.) n. — 80

— elsässische. 52.—62. Heft. kl. 8. Straßburg, J. H. E. Heitz. n. 7. 30
„Ditsch, Stroßburjer", in vier Jahrhunderten. 1687—1905. Mit 11 Illustr. (112 S.) (905.) (Hft. 59.) n. — 80
Geiler v. Kaysersberg, die helltönenden Wörtlein unseres Altvaters G. v. K. Was wir, seine Landsleute, v. ihm wissen sollten aus Heimatsstolz. Zusammengestellt v. Pet. Lang. Mit 2 Abbildgn. (VIII, 106 S.) 906. (Hft. 62.) n. 1. —
Jordan, Elsa, aus Straßburgs Vergangenheit. 4 kurze Erzählgn. (31 S.) (903.) (Hft. 55.) n. — 40
Lau, Anna, aus der Vippernanzgasse. Cordula. Zwei Erzählgn. (44 S.) (903.) (Hft. 54.) n. — 80
— und es war Nacht. (1681—1684.) (63 S.) 904. (Hft. 57.) n. — 80
— der junge Philipp Jakob Spener in Straßburg. (1650—1666.) (65 S.) 904. (Hft. 58.) n. — 80
— Straßburger Märe aus Barbarossas Zeit. 1184—1189. (36 S.) 904. (Hft. 56.) n. — 40
Rebe, Maria, Vogesengrün. Erzählungen aus dem Elsaß. Mit 4 Abbildgn. (95 S.) (902.) (Hft. 53.) n. 1. —
Riff, Jean, d'r Pfetter vum Land od'r e Kindtauf m. Hindernisse. Orig.-Komödie in eim Uffzug. (31 S.) (902.) (Hft. 52.) n. — 60
Schaller, A., unterm Weihnachtsstern. Weihnachtsaufführung f. junge Mädchen. (20 S.) (905.) (Hft. 60.) n. — 20
Spach, Ed., Bilder aus dem Leben. 6. Folge. (40 S.) (906.) (Hft. 61.) n. — 50 (1.—6.: 3. 30)

— elsässische. 31. u. 63.—73. Heft. kl. 8. Straßburg, J. H. E. Heitz. 9. 50
Hackenschmidt, vor 40 Jahren. Kriegserlebnisse. I. Jägerthal u. Fröschweiler. II. Straßburg, 27.—29. IX. (III, 50 S.) 910. (Heft 73.) — 50
Horsch, D. G. Ad., Neui Hosse. Comédie-Bouffe in eim Akt. 2. Aufl. (24 S.) (908.) (Heft 31.) — 50
— Der Hüsherr. Lustspiel in 1 Akt. 2. Aufl. (24 S.) (908.) (Heft 65.) — 50
— E Mann fur mini Nièce. Comédie-Bouffe in eim Akt. 2. Aufl. (64 S.) (908.) (Heft 66.) — 50
— D'r Unkel. Comédie-Bouffe in eim Akt. 2. Aufl. (32 S.) (908.) (Heft 64.) — 50
Levre, Jos., d'r Polizeygard od. 's trürig Dienschtjubiläum. E luschtigs Steckel en eim Akt. (IV, 27 S.) 910. (Heft 72.) — 60
Meyer, Ludw., d' g'stohlene Gäns. Lustspiel in 1 Aufzug in elsäss. Mundart. (31 S.) (909.) (Heft 70.) — 50
Mühl, Gust., die zwei Kinder m. dem goldenen Stern. Ein Märchen aus dem Munde des elsäss. Volkes, nacherzählt. (23 S.) (908.) (Heft 68.) — 30
Paasch, Mich., Sabine v. Steinbach. Eine Tragödie. (114 S.) (908.) (Heft 63.) 2. —
Rebe, Maria, am richtigen Heilquell. Preisschrift. (48 S.) (909.) (Heft 71.) — 80
Zorn, Edward, die kalte Wittib. Eine Straßburger Geschichte. (138 S.) (909.) (Heft 69.) 2. —
Walther, H. J., Wasgau-Sagen u. Mären. (63 S.) (908.) (Heft 67.) — 80

— der österreich. Gesellschaft f. Gesundheitspflege. Nr. 1—9. [Aus: „Monatsschr. f. Gesundheitspflege".] gr. 16. Wien (M. Perles). à n.n. — 20
1. Ueber Entstehg. u. Bekämpfg. d. Tuberculose. Vortrag, geh. in d. österreich. Gesellschaft f. Gesundheitspflege am 18. März 1896 v. A. Weichselbaum. (42 S. m. 1 graph. Taf.) 896.
2. Ueber Krankentransportwesen in Städten u. auf d. flachen Lande. Vortrag, geh. in d. österreich. Gesellschaft f. Gesundheitspflege am 1. Apr. 1896 v. H. Charas. (32 S.) 896.
3. Ueber d. hygien. Bedeutg. d. Kochkunst. Vortrag, geh. in der österreich. Gesellschaft f. Gesundheitspflege am 29. Apr. 1896 v. F. Kratschmer. (43 S.) 896.
4. Neuere Bestrebgn. auf d. Gebiete d. öffentl. Gesundheitspflege. Von W. Prausnitz. (31 S. m. 1 Tab.) 896.
5. Die Gefahr f. d. Gesundheit durch d. frühe Bewohnen v. Neubauten. Von A. Merta. (49 S.) 896.
6. Ueber Impfung, ihren Nutzen u. ihre Durchführg., insbes. in Oesterreich. Vortrag, geh. in der österreich. Gesellschaft f. Gesundheitspflege am 4. Novbr. 1896 v. Gust. Paul. (35 S.) 896.
7. Ueber d. Luft u. Luftverunreinigungen. Vortrag, geh. in d. österreich. Gesellschaft f. Gesundheitspflege am 27. I. 1897 v. Wiener. (58 S.) 897.
8. Gegen den Alcohol. E. Wort f. d. Totalabstinenz. Vortrag, geh. in d. österreich. Gesellschaft f. Gesundheitspflege am 10. II. 1897 v. Rud. Wlassak. (42 S.) 897.
9. Der Sanitätsdienst als gesundheitl. Einrichtg. Vortrag, geh. in der österreich. Gesellschaft f. Gesundheitspflege am 3. XI. 1897 von Eman. v. Kusý-Dúbrav. (31 S.) 897.

— der österreichischen Gesellschaft f. Gesundheitspflege. Nr. 10—15. [Aus: „Monatsschr. f. Gesundheitspflege."] 12. Wien (M. Perles). à n. — 20
10. Die Gesundheitsverhältnisse in den Gewerbebetrieben. Vortrag, geh. in der österreich. Gesellschaft f. Gesundheitspflege am 16. XI. 1898. Von Ludw. Jehle. (32 S. m. 2 Tab.) 899.
11. Ueber die antiseptische Wundbehandlung und ihre Beziehung zur öffentl. Gesundheitspflege. Vortrag, geh. in der österreich. Gesellschaft f. Gesundheitspflege am 29. XI. 1899. Von R. Gersuny. (19 S.) 900.
12. Ueber Säuglingsernährung m. Kuhmilch und Präparaten derselben. Vortrag, geh. in der österreich. Gesellschaft f. Gesundheitspflege am 20. XII. 1899. Von Carl Hochsinger. (68 S. m. 1 Taf.) 900.
13. Die Gefahren des elektrischen Betriebes. Vortrag, geh. in der österreich. Gesellschaft f. Gesundheitspflege am 19. XII. 1900. Von Jul. Kratter. (34 S. m. 1 Taf.) 901.
14. Zur Frage der Prophylaxe v. Tuberculose u. Nervosität. Vortrag, geh. in der österreich. Gesellschaft f. Gesundheitspflege am 17. IV. 1901. Von Ludw. Hofbauer. (39 S.) 901.
15. Die Malaria-Hygiene nach neuen Grundsätzen. Vortrag, geh. in der österreich. Gesellschaft f. Gesundheitspflege am 19. II. 1902. Von Joh. Krumpholz. (45 S.) 902.

— der österreichischen Gesellschaft f. Gesundheitspflege. Nr. 16—18. 12. Wien, M. Perles. à n.n. — 20
16. Ueber die Frauenkleidung vom Standpunkte der Hygiene. Vortrag, geh. in der österreich. Gesellschaft f. Gesundheitspflege am 20. V. 1903. Von Hugo Klein. [Aus: Monatsschr. f. Gesundheitspfl.] (40 S.) 903.
17. 18. Ueber Entstehung u. Bekämpfung der Tuberkulose. Nach e. in der österreich. Gesellschaft f. Gesundheitspflege am 18. III. 1896 geh. Vortrage Von A. Weichselbaum. 2., mehrfach ergänzte Aufl. (45 S. m. 1 Taf.) 904.

— der österreichischen Gesellschaft f. Gesundheitspflege. Nr. 19—21. kl. 8. Wien, M. Perles. nn — 90
Finger, Ernst, über Wesen u. Verhütung der Geschlechtskrankheiten. (34 S.) 906. (Nr. 19.) nn — 20
Neisser, dürfen Geschlechtskranke heiraten? Nach dem Stenogramm e. Vortrages, geh. in der „Österr. Gesellschaft zur Bekämpfg. d. Geschlechtskrankhtn." in Wien am 30. V. 1908. (36 S.) 908. (Nr. 21.) nn — 20
Stand, der, der Schularztfrage in Österreich. Verhandlungen der „Österreich. Gesellschaft f. Kinderforschg." in Wien unter Vorsitz v. Th. Escherich im Jänner 1908. Bericht der Schriftführer der Gesellschaft Th. Heller u. Frhr. v. Pitquet. (145 S.) 908. (Nr. 20.) nn — 50

— über Gesundheitswesen u. Sozialpolitik. Hrsg. üb. Auftrag des Verbandes der Genossenschafts-Krankenkassen u. der allgemeinen Arbeiter-Kranken- u. Unterstützungskasse in Wien. 1.—7. Bdchn. 8. Wien, Wiener Volksbuchh. n.n. 1. 10
Ehrmann, S., Belehrung üb. die Geschlechtskrankheiten. (12 S.) 905. (6. Bdchn.) n. — 10
Erben, S., Nervosität. Nach e. im Volksbildungsverein während des Febr. 1904 abgeh. Vortragszyklus, unter Verwertg. der einschläg. Arbeiten v. Arndt, Löwenfeld, Möbius, Krafft-Ebing. Hrsg. üb. Auftrag des Verbandes der Genossenschaftskranken- u. der allgemeinen Arbeiter-Kranken- u. Unterstützungskasse in Wien. (19 S.) 904. (4. Bdchn.) n.n. — 15
Fröhlich, Mich., Alkohol als Krankheitsursache. Mit e. Vorwort v. A. Weichselbaum. Hrsg. üb. Auftrag des Verbandes der Arbeiter-Kranken- u. Unterstützungskassen Oesterreichs infolge Beschlusses des Grazer Verbandstages, Septbr. 1903. Mit 10 Abbildgn. (23 S.) 904. (3. Bdchn.) n.n. — 15
Glattauer, B., erste Hilfe bei plötzlichen Erkrankungen u. Verletzungen. (22 S. m. 18 Abb.) 904. (5. Bdchn.) n.n. — 15
Sternberg, Max, der Kampf gegen die Tuberkulose. Nach e. am 27. IX. 1903 geh. Vortrage. (22 S.) 904. (1. Bdchn.) n.n. — 15

Verkauf, Leo, die Arbeiter u. die Bleierkrankungen. Als Denkschrift dem Ministerium des Innern u. dem Handelsministerium überreicht vom Verbande der Genossenschafts-Krankenkassen Wiens u. der allgem. Arbeiter-Kranken- u. Unterstützungskasse in Wien. (32 S.) 904. (2. Bdchn.) n. — 20

— die Regierung im Kampfe gegen die Selbstverwaltung der Kassen. Referat, geh. am III. Krankenkassentag zu Wien am 14. VIII. 1905. (29 S.) 906. (7. Bdchn.) n. — 20

— über Gesundheitswesen u. Sozialpolitik. Hrsg. iib. Auftrag der Reichskommission der Krankenkassen Oesterreichs. 8. Bdchn. 8. Wien, Wiener Volksbuchh. — 20

8. Nahrungsmittel u. Ernährung. Von Jul. Weiß. (26 S. m. Abb.) 907.

— homöopathische, volksverständlich dargestellt vom Verf. des Kleinen homöopath. Hausfreundes. Nr. 1—28. 8. Leipzig, A. Marggrafs homöopath. Officin. à — 10

1. Die Diphteritis. Deren Erkenng. u. richt. Behandlg. 7. Aufl. (27 S. m. 2 Bildnissen.) 893.
2. Der Brechdurchfall der Kinder. Dessen Verhütg. u. Behandlg. 3. Aufl. (8 S.) 891.
3. Der Keuchhusten. Dessen Verlauf, Behandlg. u. Heilg. 2. Aufl. (15 S.) 891.
4. Der Kehlkopfcroup (Bräune) u. der Husten. 2. Aufl. (15 S.) 893.
5. Der Scharlach. Dessen Erkenng., Verlauf u. Behandlg. 2. Aufl. (15 S.) 893.
6. Die Masern. Deren Erkenng., Verlauf u. richt. Behandlg. 2. Aufl. (13 S.) 894.
7. Die Cholera. Deren Verhütg. u. wirksamste Behandlg. 2. Aufl. (14 S.) 892.
8. Die Wurmplage. Deren beste u. sicherste Heilg. 2. Aufl. (13 S.)
9. Der Rheumatismus. Dessen Behandlg. u. Heilg. (14 S.) 890.
10. Die Skrophelkrankheit. Deren zweckmäßigste Behandlg. u. sicherste Heilg. (16 S.) 890.
11. Die Hämorrhoiden. Deren Erkenng. u. richt. Behandlg. (10 S.) 890.
12. Der Kopfschmerz. Dessen wirksamste Behandlg. (15 S.) 890.
13. Augenleiden. Deren Erkenng. u. Behandlg. (19 S.) 890.
14. Hautausschläge u. Flechten. Deren Behandlg. u. Heilg. (16 S.) 891.
15. Die Blutarmuth u. Bleichsucht. Deren beste Behandlg. u. schnellste Heilg. (12 S.) 891.
16. Die Ernährung u. Pflege kleiner Kinder in gesunden u. kranken Tagen. (14 S.) 891.
17. Die Krankheiten im Säuglingsalter. Deren leichteste u. sicherste Heilg. (22 S.) 891.
18. Die Influenza od. Epidemische Grippe. Deren Behandlg. (8 S.) 891.
19. Magenkrankheiten. Deren Behandlg. u. Heilg. (19 S.) 891.
20. Die Stuhlverstopfung. Deren Behandlg. u. Heilg. (13 S.) 891.
21. Hals- u. Rachenkrankheiten. Deren Behandlg. u. Heilg. (16 S.) 892.
22. Ohrenkrankheiten. Deren Behandlg. (20 S.) 892.
23. Nasenkrankheiten. Deren Behandlg. u. Heilg. (18 S.) 892.
24. Nervenkrankheiten. I. Nervenschwäche, Hysterie, nervöses Asthma, nervöser Gesichtsschmerz. Deren Behandlg. (16 S.) 892.
25. — dasselbe. II. Epilepsie, Veitstanz. Deren Behandlg. (14 S.) 892.
26. Die Schlaflosigkeit, Schlafsucht, das Alpdrücken u. nervöse Herzklopfen. Deren Verhütg., Behandlg. u. Heilg. (15 S.) 893.
27. Der Zahnschmerz. Dessen Vorbeugg., Behandlg. u. sicherste Heilg. (14 S.) 893.
28. Die Lungenschwindsucht. Deren Erkenng., Verhütg. u. wirksamste Behandlg. (24 S.) 894.

Volksschriften, homöopathische, volksverständl. dargest. vom Verf. d. Kleinen homöopath. Hausfreundes (Adf. Fauth). Nr. 1. 8. Leipzig 895. A. Marggraf. — 10 (1—28 in 1 Bde.: n. 3. 20)

Die Diphtheritis. Deren Erkenng. u. richt. Behandlg. 8. Aufl. (27 S. m. 2 Bildn.)

— homöopathische. Volksverständlich dargestellt vom Verf. des kleinen homöopath. Hausfreundes (Adf. Fauth). Nr. 29—46. kl. 8. Leipzig, Homöopathische Central-Apotheke von Täschner & Co. à Nr. — 10; erh. Pr. — 15

Adernverkalkung, die. Deren Erkenng. u. Behandlg. (11 S.) (905.) (Nr. 41.)
Blasenleiden, die. Deren Erkenng. u. Behandlg. (13 S.) (1900.) (Nr. 34.)
Blinddarmentzündung, die. Deren Erkenng., Verlauf u. Behandlg. (7 S.) (908.) (Nr. 45.)
Fettleibigkeit, die. Deren Verhütg. u. Behandlg. (8 S.) (906.) (Nr. 43.)
Gehirnkrankheiten, die. Deren Erkenng. u. Behandlg. (11 S.) (909.) (Nr. 46.)
Genickstarre, die epidemische. Deren Erkenng., Verlauf u. Behandlg. (7 S.) (905.) (Nr. 42.)
Geschlechtskrankheiten, die. I. Deren Erkenng., Verlauf u. Behandlg. Inhalt: Der Tripper, der Schanker. (13 S.) (901.) (Nr. 36.)
— dasselbe II. Die Lustseuche (Syphilis). (14 S.) (901.) (Nr. 37.)
Herzkrankheiten, die. Deren Erkenng. u. Behandlg. 2. Aufl. (11 S.) (1900.) (Nr. 35.)
Hilfe, die 1., bei Unglücksfällen. (26 S.) (896.) (Nr. 29.)
Leberkrankheiten, die. Deren Erkenng. u. Behandlg. (12 S.) (904.) (Nr. 39.)
Lungenentzündung, die. Deren Verlauf u. Behandlg. (8 S.) (902.) (Nr. 38.)
Nierenerkrankungen, die. Deren Erkenng., Verlauf u. Behandlg. (12 S.) (904.) (Nr. 40.)
Regelbeschwerden, die. Ein belehr. Wort f. das weibl. Geschlecht. 2. Aufl. (16 S.) (893.) (Nr. 31.)
Schwangerschaft, die. Ein belehr. Wort f. die Frauen. (12 S.) (898.) (Nr. 32.)
Wochenbett, das, u. die Wochenbettkrankheiten. Ein belehr. Wort f. die Frauen. (17 S.) (898.) (Nr. 33.)
Wundbehandlung, die. Deren Behandlg. u. Heilg. 3. Aufl. (16 S.) (897.) (Nr. 30.)
Zuckerkrankheit, die. Deren Erkenng., Verlauf u. Behandlg. (11 S.) (907.) (Nr. 44.)

Volksschriften, homöopathische. Volksverständlich dargestellt vom Verf. des kleinen homöopath. Hausfreundes (Adf. Fauth). Nr. 47—49. kl. 8. Leipzig, Homöopathische Central-Apotheke von Dr. W. Schwabe. à Nr. — 15

Durchfall, der (Diarrhöe). Dessen Entstehg. u. Behandlg. (10 S.) (910.) (Nr. 47.)
Gallensteinkrankheit, die. Deren Entstehg., Erkenng. u. Behandlg. (7 S.) (910.) (Nr. 49.)
Ruhr, die. Deren Erkenng., Verlauf u. Behandlg. (8 S.) (910.) (Nr. 48.)

Hygienische Volksschriften hrsg. von Prof. Dr. Th[eodor] Sommerfeld, Berlin. No 1. *Berlin: Vogel & Kreienbrink 1902.* 8° [F.]

Volksschriften, hygienische, hrsg. v. Th Sommerfeld. Nr. 1—6. 8. Berlin, Vogel & Kreienbrink. à — 20

1. Die Bedeutung der Wasser- u. Massage-Behandlung. Von L. Brieger. (15 S.) 902.
2. Schutz gegen Unfallgefahren in gewerblichen Betrieben. Von Hartmann. (16 S.) 902.
3. Der Alkohol. Von Zadek. (16 S.) 902.
4. Die Krankheiten des Halses u. der Nase u. ihre Verhütung. Von G. Lennhoff. (16 S.) 902.
5. Pflege u. Ernährung des Säuglings. Von R. Auerbach. (16 S.) 902.
6. Die Tuberkulose u. ihre Bekämpfung. Von Th. Sommerfeld. (14 S.) 902.

— hygienische, hrsg. v. Th. Sommerfeld. Nr. 7—14. 8. Berlin, Vogel & Kreienbrink. à — 20

Bruck, Alfr., Gesundheitspflege des Ohres. (16 S.) 902. (Nr. 10.)
Klein, G. A., welche Rechte gewährt die reichsgesetzliche Unfallversicherung den arbeit. Klassen? (19 S.) 902. (Nr. 9.)
Lipschitz, M., Zahn- u. Mundpflege. (16 S.) 904. (Nr. 13.)
Martin, A., Gesundheitspflege des Wochenbettes. (16 S.) 903. (Nr. 11.)
Richter, Paul, über Hautpflege. (16 S.) 902. (Nr. 8.)
Schlesinger, Herm., die Krankenkost. (20 S.) 903. (Nr. 12.)
Seeligsohn, W., Gesundheitspflege des Auges. (16 S.) 904. (Nr. 14.)
Steinthal, S., wie sollen wir uns ernähren? (14 S.) 902. (Nr. 7.)

— illustrirte. Nr. 1—3. 4. (à Nr. 4 S. mit eingedr. Holzschn.) Ebendas. 883. à Nr. -

Inhalt:
Nr. 1. Jupiter, der Hund des St. Bernhard.
" 2. Ein reicher Steinträger.
" 3. Wie wird man Soldat?

— illustrirte. Nr. 534 und 536—540. 4. (à Nr. 4 S. mit 1 Holzschn.) Gernsbach 885, Christl. Kolportage-Verein. à Nr. * — 2½

Volks- und Jugendschriften. Hrsg. von Carl Steiger, s. a. Scheitlin, P., Näbis Uli.

Volks- u. Jugendschriften. Hrsg. v. K. Steiger, s. a. Steiger.

Volks- u. Jugendschriften. Herausgeg. von Karl Steiger. 1. Bdchen. A. u. d. T.: Das Himmelbett. Oder: Sara Chüng ab Gais. Eine wahre Geschichte. 2. verb. Aufl. Mit 1 Stahlst. 16. St. Gallen 842, Scheitlin u. Z. 3/8 ℳ

— dies. 2. Bdchen. A. u. d. T.: Das Gutleutenhaus. Oder: Die grauen Schwestern. Eine Erzählung für die Jugend u. ihre Freunde. 2. verb. Aufl. Mit 1 Stahlst. 16. Ebend. 842. 3/8 ₰

— dies. 3. Bdchen.: A. u. d. T.: Pankraz Tobler, oder über Leben, Gesundheit, Krankheit, Alter u. Sterben. Eine Erzählung fürs Volk zu Stadt u. Land. Von P. Scheitlin. 2. gänzlich umgearb. u. verm. Aufl. (Mit Titelbild.) 16. Ebend. 842. 3/8 ₰

— dies. 4. Bdchen. A. u. d. T.: Das trunkene Elend. — Johann Michel. — Der Strolch auf dem Heustock. Von Steiger. Mit Titelkupf. 16. Ebend. 842. 3/8 ₰

— dies. 5. Bdchen. A. u. d. T.: Ferdinand Dulder, oder die Macht des Glaubens u. d. Liebe. Von J. G. Tobler. 3. gänzl. umgearb. Aufl. Mit Titelkupf. 16. Ebend. 842. 3/8 ₰

— dies. 6. Bdchen. A. u. d. T.: Rudolph der Branntweinsäufer. Von Adrian Scheuß. 2. verb. Aufl. Mit Titelkupf. 16. Ebend. 843. 3/8 ₰

— dies. 7. Bdchen. A. u. d. T.: Stephanus. Des Reichen u. des Armen Elend. — Der verborgene Retter. Von J. G. Tobler. Mit 1 Stahlst. gr. 16. Ebend. 843. 3/8 ₰

— dies. 8. Bdchen. A. u. d. T.: Meister James Clifford oder der Segen der Bibel. Eine Volksschrift. Von J. Scheitlin. Mit Stahlst. gr. 16. Ebend. 843. 3/8 ₰

— dies. 9. u. 10. Bdchen. A. u. d. T.: Lebensgeschichte des armen Mannes im Tokenburg, genannt Näbi's Uli. Ein Volks- u. Jugendbuch. Bearb. von P. Scheitlin. 2 Thle. Mit 1 Stahlst. gr. 16. Ebend. 844, 45. à 1/4 ₰

— dies. Neues Abonnement. In 12 Bdchen. Mit 12 Stahlst. 16. Ebend. 845. à 1/4 ₰

Volks- und Jugendschriften. Hrsg. von Carl Steiger. 3. Ausg. 12 Bdchn. Mit 12 Stahlst. gr. 16. St. Gallen 847—48, Scheitlin und Zollikofer. à Bdchn. 7½ Ngr.

Auch unter den Titeln:

Bdchn. 1. Pankraz Tobler oder über Leben, Gesundheit, Krankheit, Alter und Sterben. Erzählung für's Volk zu Stadt und Land. Von P. Scheitlin. 3., verb. und verm. Aufl. (160 S.)
" 2., 3. Lebensgeschichte des armen Mannes im Tokenburg, genannt Näbis Uli. Von P. Scheitlin. 3. Aufl. 2 Thle. (216 S.)
" 4. Das Gutleutenhaus oder: die grauen Schwestern. Eine Erzählung für die Jugend und ihre Freunde von Carl Steiger. 2., verb. Aufl. (167 S.)
" 5. Das Himmelbett oder: Sara Chüng ab Gais. Eine wahre Geschichte von Carl Steiger. 2., verb. Aufl. (160 S.)
" 6. Rudolph der Branntweinsäufer. Eine Geschichte aus dem Leben. Von Adrian Scheuß. 2., verb. Aufl. (VIII und 135 S.)
" 7. Meister James Clifford oder: Der Segen der Bibel. Eine Volksschrift. Von P. Scheitlin. (192 S.)
" 8. Das trunkene Elend. Johann Michel. Der Strolch auf dem Heustock. Von Carl Steiger. (128 S.)
" 9. Stephanus. Des Reichen und des Armen Elend. Der verborgene Retter. Von J. G. Tobler. (164 S.)
" 10. Ferdinand Dulder oder: Die Macht des Glaubens und der Liebe. Von J. G. Tobler. 3., gänzlich umgearb. Aufl. (144 S.)
" 11. Christian Gutmann, oder: Bleibe im Lande und nähre dich redlich! Undank ist der Welt Lohn. 2 Erzählungen von G. Leonhardi. (144 S.)
" 12. Bartholome Kelli, der Handwerker, geschildert in seinem Familien- und Berufsleben. Eine Volks- und Jugendschrift von P. Scheitlin. (140 S.)

Volks- und Jugendschriften. Herausg. von Karl Steiger. Neue Ausg. 1—7. Bdchn. St. Gallen 854, 56. Scheitlin u. Zollikofer. 16. Jedes Bdchn. 7½ ngr.

1. 2. Bdchn.: Näbis Uli oder Lebensgeschichte des armen Mannes in Tokenburg. Ein Volks- und Jugendbuch. Von P. Scheitlin. 2 Thle. 4. Aufl. Mit 2 (lith. u.) kolor. Titelkpfrn. 856. (XII, 144; 3 Bl., 156 S.)
3. Bdchn.: Ferdinand Dulder oder die Macht des Glaubens und der Liebe von J. G. Tobler. 4. Aufl. Mit (lith. u.) kolor. Titelkpfr. 856. (2 Bl., 140 S.)
4. Bdchn.: Pankraz Tobler oder über Leben, Gesundheit, Krankheit, Alter und Sterben. Eine Erzählung für's Volk zu Stadt u. Land. Von P. Scheitlin. 3. verb. rc. Aufl. Mit (lith. u.) kolor. Titelkpfr. 856. (3 Bl., 160 S.)
5. Bdchn.: Christian Gutmann oder Bleibe im Lande und nähre dich redlich. — Undank ist der Welt Lohn. Zwei Erzählungen von G. Leonhardi. Mit (lith. u.) kolor. Titelkpfr. 856. (2 Bl., 144 S.)
6. Bdchn.: Bartholome Kelli der Handwerker, geschildert in seinem Familien- und Berufsleben. Eine Volks- und Jugendschrift von P. Scheitlin. Mit (lith. u.) kolor. Titelkpfr. 856. (3 Bl., 140 S.)
7. Bdchn.: Meister James Clifford oder: Der Segen der Bibel. Eine Volksschrift. Von P. Scheitlin. 2. Aufl. 854. (3 Bl., 186 S.)

—— katholische. 1. Serie. 10 Hefte. gr. 16. (à Heft ca. 30—50 S.) Paderborn 868, Junfermann'sche Buchh. à Heft 25 Pf. 1 50

—— des blauen Kreuzes. Nr. 2 und 3. 8. Bern 884. (Leipzig, Buchh. des Vereinshauses.) **

Inhalt:

Nr. 2. Errettet! Ein Blick in amerikan. und engl. Mäßigkeitsverhältnisse. (34 S.) ** 10 Pf.
" 3. Der Branntwein ein Gift. Von einem alten Doktor. (12 S.) ** 5 Pf.

Volksschriften des Blauen Kreuzes.

N° 5. Kalender des Blauen Kreuzes, 1884. In-8°, 80 S. Basel, C. F. Spittler. — 20
N° 6. Jakob, du musst bremsen. Die kleinen Schuhe. Zwei Erzählungen. In-8°, 16 S. Ebenda. — 20

— für das evangelische Lothringen. 1. Heft. gr. 8. Metz 906. (G. Scriba.) n. — 25
Aus der Geschichte der Metzer evangel. Gemeinde. Von Otto Michaelis. Mit 14 Illustr. (72 S.)

— für das evangelische Lothringen. 2.—4. Heft. 8. Metz, G. Scriba. — 50
Hoffet, Fritz, Kaiser-Kurzel. Bilder aus der Geschichte der alten Hugenottengemeinde. Mit 6 Illustr. (28 S.) 907. (Heft 2.) — 20
Michaelis, Otto, die neueste päpstliche Enzyklika im Gerichte der Geschichte. Rede, geh. am 16. VI. 1910 in der v. Metzer Zweigverein des evang. Bundes einberufenen evangel. Protestversammlg. (16 S.) (910.) (Heft 4.) — 10
Ströle, Johannes Calvin. Festrede zum 400jähr. Geburtstag Calvins. Geh. am 31. X. 1909 bei der Calvinfeier in Metz. Mit 1 Bilde Calvins. (15 S.) 909. (Heft 3.) — 20

— des allgem. evang.-prot. Missionsvereins. Nr. 6—10. gr. 8. Heidelberg, Ev. Verlag. nn — 85
Kind, Aug., der Buddhismus u. seine Bedeutung. (24 S. m. Abb.) 910. (Nr. 8.) — 25
Manz, Frdr., aus der Enge in die Weite. Mit 4 Bildern. (16 S.) (908.) (Nr. 7.) — 10
Rohrbach, der chinesische Fuß. (16 S. m. 15 Abb.) 910. (Nr. 9.) — 20
— Der chinesische Zopf. (18 S. m. 12 Abb.) 910. (Nr. 10.) — 20
Wielandt, R., Schwierigkeiten u. Erfolge im Missionsfeld. Mit 10 Bildern. (27 S.) (908.) (Nr. 6.) nn — 10
Vergl.: Hirtenrufe.

Volksschriften, Münchener. Nr. 1—40. kl. 8. München. Kevelaer, Münchener Jugend- u. Volksschriften-Verlag. à — 15; je 5 in 1 Leinw.-Bd. n. 1. 35
Bern, W., die Zenz. — Wann der Kirschbaum blüht. 2 Erzählgn. (80 S.) (905.) (Nr. 23.)
Buol, M., der Bader v. Sankt Margrethen. Eine Tirolergeschichte aus neuester Zeit. (80 S.) (904.) (Nr. 8.)
Butscher, Aug., Krattenmachers v. Gernhausen. Erzählung. (96 S.) (905.) (Nr. 16. 17.)
— der Krautschneider. Kriminalgeschichte. (140 S.) (905.) (Nr. 21. 22.)
Cardauns, H., Gretchen vom Eigelstein. Der Berggraf v. Drachenfels. 2 Erzählgn. (74 S.) (904.) (Nr. 3.)
Dickens, Charles, eine gefährliche Reise. Das Wirtshaus „Zum schwarzen Kopf". Aus dem Leben e. polit. Gefangenen. 3 Erzählgn. Aus dem Engl. (78 S.) 906.) (Nr. 40.)

Fernwalder, Ludw., der Freigeist vom Winterberg. Eine Erzählg. aus dem Schwarzwalde. (128 S.) (904.) (Nr. 6. 7.)
— Lucian. Eine Schwarzwälder Geschichte. (64 S.) (906.) (Nr. 34.)
— düstere Wolken. Eine Erzählg. aus dem Bauernleben. (41 S.) (904.) (Nr. 10.)
Gawalewicz, Maryan, aus dem Tagebuche e. jungen Arztes. Erzählung. Aus dem Poln. übers. v. Margar. Cochet. (80 S.) (906.) (Nr. 39.)
Gerstäcker, Frdr., Herrn Mahlhubers Reiseabenteuer. Erzählung. (124 S.) (905.) (Nr. 12. 13.)
Gotthelf, Jerem., der Besenbinder v. Rychiswyl. Hans Berner u. seine Söhne. 2 Erzählgn. (64 S.) (906.) (Nr. 38.)
Handel-Mazzetti, Baronin Enrica v., 's Engerl. Wiener Erzählg. (58 S.) (906.) (Nr. 11.)
— fahrlässig getötet. Erzählung. (58 S.) (905.) (Nr. 25.)
Huch, Em., eines Gesellen Irrfahrten. Erzählung. (78 S.) (906.) (Nr. 29.)
Jacoby, Alinda, auf steiniger Erde. Die Großmutter. Erzählungen. (64 S.) (905.) (Nr. 20.)
Keiter, Heinr., von Stufe zu Stufe. Erzählung. (64 S.) (905.) (Nr. 14.)
Kolping, Adf., das Lindenkreuz. Erzählung. (79 S.) (904.) (Nr. 4.)
Kümmel, Konr., der Spitteljörg. Orig.-Erzählg. nach dem Leben. (80 S.) (905.) (Nr. 19.)
Lambrecht-Ruth, Nanny, die Franzmänner. Eine Erzählg. aus Revolutionszeiten. (96 S.) (906.) (Nr. 26. 27.)
Mutschlechner, Berta, Heimatlos. Blind. 2 Erzählgn. (64 S.) (906.) (Nr. 18.)
Oertel, W., das Jawort. Eine Erzählg. aus dem Hunsrücker Hochlande. (64 S.) (905.) (Nr. 24.)
Proschko, Hermine, du sollst nicht töten! — Als die Sonntagsglocken klangen. 2 Erzählgn. (62 S.) (906.) (Nr. 35.)
Reuter, Fritz, aus der Franzosenzeit. Erzählung. Aus dem Plattdeutschen. (216 S.) (906.) (Nr. 31—33.)
Rhenanus, die Erbschaft. Erzählung. (72 S.) (906.) (Nr. 30.)
Schmidt, Max., der Bettler v. Englmar. Erzählung. (62 S.) (904.) (Nr. 5.)
Schott, Ant., Landstreicher. Die Elmbauernleut'. Erzählungen. (59 S.) (904.) (Nr. 1.)
— ein Schwarzkünstler. — Der Koberl. 2 Erzählgn. aus dem Walde. (62 S.) (905.) (Nr. 15.)
Silesia, wie die Saat, so die Ernte. Erzählung. (58 S.) (904.) (Nr. 9.)
Tenckhoff, Alb., die Heideschenke. Eine westfäl. Geschichte. (96 S.) (906.) (Nr. 36. 37.)
Wildenhahn, Aug., der Rußbuttenmann. Erzählung aus dem Erzgebirge. (60 S.) (906.) (Nr. 28.)
Wörner, B., auf Leben u. Tod. Erzählg. (80 S.) (904.) (Nr. 2.)

— Münchener. Nr. 41—55. kl. 8. Kevelaer, Butzon & Bercker. à Nr. — 20;
je 5 Nrn. in 1 Bibliotheksbd. 1.60; in Salonbd. 1. 75
Diel, Johs. Bapt., S. J., der Steinmetz v. Köln. Kulturhistor. Erzählg. aus dem 15. Jahrh. (96 S.) (907.) (Nr. 41. 42.)
Ekensteen, M. v., die Hand des Herrn. — Hochwassersegen. 2 Erzählgn. (56 S.) (907.) (Nr. 50.)
Eyth, Max, der blinde Passagier. Erzählung. (48 S.) (907.) (Nr. 48.)
Fernwalder, L., das Glück in der Stadt. Halte an der Heimat fest. Der Andres vom Kapellenhof. 3 Erzählgn. (128 S.) (908.) (Nr. 51. 52.)
Frey, Jak., der Alpenwald. Erzählg. (72 S.) (907.) (Nr. 44.)
Gerstäcker, Frdr., das Wrack. Erzählg. (64 S.) (907.) (Nr. 49.)
Keiter, Heinr., ein Sträfling. Erzählg. (64 S.) (909.) (Nr. 55.)
Lingen, Ernst, Gott schickt noch immer Engel! Erzählung. (72 S.) (907.) (Nr. 45.)
Meyer v. Schauensee, Louise, der alte Soldat. — Ein Sturm auf dem Vierwaldstätter-See. 2 Erzählgn. (134 S.) (907.) (Nr. 46. 47.)
Nabor, Fel., gesühnt. (64 S.) (909.) (Nr. 54.)
Stifter, Adalb., Brigitta. Erzählung. (64 S.) (907.) (Nr. 43.)
Wolf, Joh. Wilh., altkölnisches Leben. Aus den Kindheitserinnergn. v. W., erneuert durch Leonard Korth. (64 S.) (909.) (Nr. 53.)

Volksschriften, Münchener. Erh. Pr. à Nr. — 20; je 5 Bdchn. in 1 Bibliotheksbd. n. 1. 60; in 1 Leinenbd. n. 1. 75.

— des Nationalvereins f. das liberale Deutschland. 1.—7. 9. 10. u. 12.—14. Heft. München, Buchh. Nationalverein. 2. 10
Erkelenz u. Kopp, die Arbeiterfrage. 10.—20. Taus. (33 S.) (908.) (Heft 1.) — 10
Fischer, Johs., die kulturelle Bedeutung der Arbeiterbewegung. (15 S.) 909. (Heft 6.) — 20
Freudenberg, Ika, u. Wilh. Ohr, die Frau u. die Politik. (20 S.) (908.) (Heft 3.) — 20
Grunsky, H., Preußen u. das Reichstagswahlrecht. (14 S.) (910.) (Heft 14.) — 20
Korell, Adf., Student u. Politik. (16 S.) 908. (Heft 4.) — 20
Lang, Paul, was soll man der Jugend zu lesen geben? (16 S.) 909. (Heft 13.) — 20
Ohr, Wilh., hat Deutschland e. liberale Zukunft? (16 S.) 909. (Heft 5.) — 20
— Politik u. Moral. (15 S.) 909. (Heft 10.) — 20
— Der Zweck des Staates u. andere Aufsätze. (16 S.) 909. (Heft 12.) — 20
Pappritz, Anna, die Frau im öffentlichen Leben. (11 S.) 909. (Heft 7.) — 10
Ritter, Herm., liberale Gedanken. (15 S.) 909. (Heft 9.) — 20
Thimm, Alfr., der Privatbeamte u. das öffentliche Leben. Nach e. Vortrage, geh. in e. vom Nationalverein veranstalteten Versammlg. in München. 1.—10. Taus. (20 S.) 908. (Heft 2.) — 10
Heft 8 u. 11 sind noch nicht erschienen.

Volksschriften, neudeutsche. Hrsg. vom „Neudeutschen Kulturbunde in Österreich". Nr. 2 u. 3. kl. 8. Reichenberg, Neudeutscher Kulturverlag. — 50
Hause, Ewald, das Wesen natürlichen Bildens. Unser Kind daheim. (38 S.) 910. (Nr. 3.) — 25
Rösler, Gust., Nationalismus u. Geschlechtsleben. Ein Vortrag. (31 S.) 910. (Nr. 2.) — 25
Nr. 1 u. d. T.: Rösler, Gust., deutsche Tüchtigkeitsbestrebgn. Jetzt Ebd. 906. — 25.

Volksschriften, oberösterreichische. 1—7. Bdchn. 8. Wels 857, Haas. [1. Bdchn. (34 S.) 3 Ngr., 2. (56 S.) 4 Ngr., 3. (58 S.) 4 Ngr., 4. (40 S.) 4 Ngr., 5. (62 S.) 4 Ngr., 6. (46 S.) 4 Ngr., 7. (58 S.) 4 Ngr.]
Ist nicht fortgesetzt worden.

Volks- und Jugendschriften

—— —— österreichische, zur Hebung der Vaterlandsliebe. Nr. 1—15. 8. Wien, Manz'sche Hofbuchh. cart. à Nr. * 1 20
Inhalt:
Nr. 1. Proschko, Isidor, Maria Theresia. (211 S.) 876.
" 2. —— das Franz-Josefs-Land, nebst einer kurzen Beschreibung früherer Nordpolfahrten. (115 S.) 876.
" 3. —— Feldmarschall Radetzky. Ein wahrheitsgetreues Lebensbild. (154 S.) 876.
" 4. —— der Türke vor Wien. Geschichtsbilder von 1529 und 1683. (162 S.) 877.
" 5. —— der Schwede vor Prag. Historisches Gemälde vom J. 1648 mit Bildern aus der alten Königsstadt Prag. (147 S.) 877.
" 6. —— der große Bauernkrieg in Oberösterreich mit Bildern aus dem Lande ob der Enns. (195 S.) 877.
" 7. —— Eugen von Savoyen. (188 S.) 877.
" 8. —— die Hochwarte der Steyermark mit Bildern aus der steyermärk. Geschichte. (152 S.) 878.
" 9. —— Geschichte und Sage aus Mähren. (173 S.) 878.
Nr. 10. Proschko, Isidor, Erzherzog Karl. Ein Heldenbild aus der österreich. Vaterlandsgeschichte. (186 S.) 878.
" 11. —— der Franzose in Wien. (144 S.) 878.
" 12. —— Aus dem treuen Tirol. (181 S.) 878.
" 13. —— Mein Oesterreich. Historische Erzählungen. (187 S.) 879.
" 14. —— Salzburg. Ein Gang durch die Geschichtshalle des Salzkammergutes und des Nachbarlandes ob der Enns. (171 S.) 879.
" 15. —— Geschichte und Sage aus Schlesien. (163 S.) 879.

—— —— österreichische, zur Hebung der Vaterlandsliebe. Nr. 16—24. 8. (Mit je 1 Illustr.) Wien, Manz'sche Hofverlagsh. cart. *
Inhalt:
Nr. 16. Proschko, Isidor, ein Gang durch die Geschichtshalle Kärntens. (131 S.) 880. * ℳ 1,20.
" 17. —— Bilder aus Krain. (194 S.) 880. * ℳ 1,20.
" 18. —— die Kaiserburg in Wien. Bilder aus der Geschichte derselben und Alt-Wiens. (184 S.) 880. * ℳ 1,20.

Volks- und Jugendschriften, österreichische ꝛc.
Nr. 19. Proschko, Isidor, Geschichtliches aus Ungarn. (160 S.) 881. * 80 Pf.
" 20. —— ein Gang durch Böhmen. (158 S.) 881. * 80 Pf.
" 21. —— aus Oberösterreich. (168 S.) 881. * 80 Pf.
" 22. —— aus Oesterreichs Seegebiete. Mit See- und Geschichtsbildern verschiedener Länder. (187 S.) 884. * 80 Pf.
" 23. —— ein Gang durch Alt-Wien und Neu-Wien. (177 S.) 884. * 80 Pf.
" 24. —— Haus Oesterreich, ein Gang durch seine innerste Kammer. (176 S.) 884. * 80 Pf.

—— österreichische, zur Hebung der Vaterlandsliebe. Nr. 1: Maria Theresia. Von Isidor Proschko. 3. Aufl. 8. (223 S. mit 1 Bild.) Wien 885, Manz'sche Hof- und Verlagsh. cart. * — 80

— — österreichische, zur Hebung der Vaterlandsliebe. Nr. V. 8. Wien 890. Manz. cart. n. — 80
Der Schwede vor Prag. Historisches Gemälde vom J. 1648 m. Bildern aus der alten Königsstadt Prag. Von J. J. Proschko. 3. Aufl. (III, 158 S. m. Titelbild.)

— Pforzheimer. Hrsg. v. Karl Brunner. Nr. 1—5. 8. Pforzheim, Volkstüml. Bücherei. à Nr. n — 30
Geiger, Alb., das Lebenswerk Hans Thomas. (26 S.) 908. (Nr. 3.)
Gothein, Eberh., Deutschland vor dem 30jähr. Krieg. (18 S.) 908. (Nr. 2.)
Hellpach, Willy, die Naturgesetze der menschlichen Arbeit. 1.—3. Taus. (24 S.) 908. (Nr. 1.)
Im Ringen nach e. Weltanschauung. Selbstbekenntnisse e. Arbeiters. Mit e. Vorwort hrsg. v. Karl Brunner. (24 S.) 909. (Nr. 4.)
Kähler, Wilh., die Anfänge v. Alfred Krupp. 2. Aufl. (5. u. 6. Taus.) (16 S.) 909. (Nr. 5.)

—— sächsische, Nr. 1., s. Zschaler, Gottfr.

Volksschriften zur Umwälzung der Geister. I—VIII. 16. Bamberg, Handels-Druckerei u. Verlagsh. à n. — 20
I. Was ist Krankheit? Oder Medizin ist wissenschaftl. Aberglaube. Ein Programm f. Naturheilvereine. (35 S.) 893.
II. Geldsack u. Gerechtigkeit! Von Ferd. Heigl. (39 S.) 893.
III. Die Herrschaft der Toten. Von Kuno Faust. (44 S.) 894.
IV. Die neue Weltanschauung. Von Kuno Faust. (58 S.) 894.
V. Der Fluch in der Religion der Liebe. Von Ludw. Frank. — Ehrensäulen u. Schandpfähle. Von Kuno Faust. (53 S.) 894.
VI. Zur Erlösung vom Wahn. Betrachtungen üb. Glaubensfragen. Von Ludw. Frank. (51 S.) 894.
VII. Der Hexenglaube. Ein Rückblick als Perspektive f. die Spiritisten unserer Zeit. Von Ferd. Heigl. (85 S.) 894.
VIII. Die Mathematik u. ihre Axiome. Von P. Lener. (38 S.) 894.

— zur Umwälzung der Geister. Nr. I, VIIa u. b u. IX—XXI. 16. Bamberg, Handelsdruckerei u. Verlagsh. à — 20
I. Was ist Krankheit? od. Medizin ist wissenschaftlicher Aberglaube. Ein Programm f. Naturheilvereine. 2. Aufl. (76 S.) 897.
VIIa. Der Hexenglaube. Ein Rückblick als Perspektive f. die Spiritisten uns. Zeit. Von Ferd. Heigl. 2. Aufl. 1. Tl.: Der Hexenglaube. (67 S.) 897.
VIIb. Dasselbe. II. Tl.: Der Spiritismus. (S. 69—132.) 897.
IX. Zur Geschichte d. Päpste. E. Spiegel f. d. röm. Zauberlehrlinge v. Ludw. Frank. (78 S.) 895.
X. Der Ursprung e. künstler. Thätigkeit. — Das Unbewusste. Von P. Lener. (48 S.) 895.
XI. Etwas weniger Musik! Von Herm. Ritter. (80 S.) 896.
XII. XIII. Lieder e. Kämpfers. Ferd. Heigl's freireligiöse Gedichte u. Verwandtes. Nr. 1 u. 2. (74 u. 72 S.) 896.
XIV. Volksgesang in alter u. neuer Zeit. Von Herm. Ritter. (48 S.) 896.
XV. Die heil. Knochen u. der Staatsanwalt. Von Marianus. (108 S.) 896.
XVI. Die Bibel nur Menschenwerk. Von G. Tschirn. (104 S.) 897.
XVII. Findlinge auf dem Wege des Lebens. Von J. Rosenbaum. (54 S.) 897.
XVIII. Der Mensch Jesus. Von G. Tschirn. (64 S.) 898.
XIX. Was kann uns Trost im Leide geben? Von W. Spurhen. (7? S.) 898.
XX. Haben wir Willensfreiheit? Ein Kapitel f. ernsthafte Leser. Von W. Spurhen. (103 S.) 898.
XXI. Schöpfung, die, nach biblischer Auffassung. (45 S.) 898.

— zur Umwälzung der Geister. 3.—6., 9. u. 22.—35. Hft. 16. Bamberg, Handels-Druckerei u. Verlagsh. à — 20
3. Die Herrschaft der Toten. Von Kuno Faust. 2. Aufl. (45 S.) (902.)
4. Die neue Weltanschauung. — Zukunftsgedanken. Von Kuno Faust. 2. Aufl. (62 S.) (902.)
5. Der Fluch in der Religion der Liebe. Von Ludw. Frank. — Ehrensäulen u. Schandpfähle. Von Kuno Faust. 2. Aufl. (58 S.) (902.)
6. Zur Erlösung vom Wahn. Betrachtungen üb. Glaubensfragen. Von Ludw. Frank. 2. Aufl. (55 S.) (902.)
9. Zur Geschichte der Päpste. Ein Spiegel f. die röm. Zauberlehrlinge. Von Ludw. Frank. 2. Aufl. (63 S.) (902.)
22. Ist die Welt geschaffen od. ewig? Von G. Tschirn. (64 S.) (899.)
23. Verbrennen od. Verwesen! Von O. Wüst. (72 S.) (900.)
24. Goethe u. seine Religion. Ein Vortrag, geh. in der freien relig. Gemeinde in Nürnberg. Von Ludw. Aub. (48 S.) (900.)
25. Was hat die Kirche f. Schule u. Wissenschaft geleistet? Eine auf streng histor. Daten beruh. Vergleichg. des Standes der Wissenschaft u. der Allgemeinbildg. in den Zeiten vor Christi Geburt u. einundeinhalb Jahrtausend nach Christi Geburt. Von Jul. M. Berger. (71 S.) (900.)
26. Von der Existenzberechtigung des Christentums. Brosamen v. dem Tisch des christl. Glaubens. Von Ernst C. Marré. (64 S.) (900.)
27. Die Herrschsucht der „Religion der Liebe". Beleuchtet v. der Lampe der Geschichte. Von Jul. M. Berger. [Aus: „Die katholische Kirche und deren Nutzen für die Menschheit".] (64 S.) (900.)
28. Gotteswort od. Menschenwerk. Von Eug. Wolfsdorf. (61 S.) (901.)
29. Freistaat u. Monarchie. Rede, geh. zu Nürnberg am 9. XI. 1890. Von Ferd. Heigl. 2. Aufl. (48 S.) (901.)
30. Klöster u. Möncherei. Ein Protest gegen Geistesknechtschaft u. Volksverdummg. Von P. A. Rüdt. (61 S.) (902.)
31. Auf der Grenze zweier Weltanschauungen. Eine Jahresschlußbetrachtg., geh. in der freireligiösen Gemeinde zu Liegnitz am 31. XII. 1901. Von Eug. Wolfsdorf. (60 S.) (902.)
32. Byzantinertum und Selbstachtung od. „Ihr sollt Euch keine Götzenbilder machen, die Ihr anbetet." Philosophisch-histor. Abhandlg. Von P. A. Rüdt. (63 S.) (902.)
33. Giordano Bruno's Leben, Wirken u. Weltanschauung. Rede, geh. bei der Giordano Bruno-Gedächtnisfeier in München am 19. II. 1900. Von P. A. Rüdt. (56 S.) (902.)
34. Von Gottes Gnaden. Von Emil Fischer. [Aus: „Das Bild v. Sais".] (47 S.) (902.)
35. Die Natur als Lehrmeisterin u. Erzieherin der Menschheit. Populär-wissenschaftliche Abhandlung. Von P. A. Rüdt. (48 S.) (902).

— zur Umwälzung der Geister. 1., 12., 13., 22. u. 36. bis 60. Heft. 16. Bamberg, Handels-Druckerei u. Verlagsh. à Heft — 20
Ankenbrand, Ludw., Tierschutz u. moderne Weltanschauung. (60 S.) (906.) (Hft. 59.)
Biesche-Stern, Glaubensbekenntnis eines Deutschen. In Denksprüchen. (64 S.) (906.) (Hft. 54.)
Dietze, M., Gott u. die Welt. (64 S.) (906.) (Hft. 56.)
— die Schulden der europäischen Staaten. (62 S.) (905.) (Hft. 52.)
Fischer, Emil, was ist Religion? [Aus: „Das Bild v. Sais".] (48 S.) (903.) (Hft. 36.)
Gelder, Karl, gibt es e. unsterbliche Seele? (62 S.) (906.) (Hft. 57.)
Geritz, C., Entstehen — Sein — Vergehen. Theorien u. Tatsachen aus dem ewigen Kreislauf. Ein Beitrag zur Aufklärg. im Sinne der natürl. Weltordng. (72 S.) (904.) (Hft. 46.)
Germann, Konr., die Klöster vor dem Volksgericht. (54 S.) (904.) (Hft. 44.)
Heigl, Ferd., Lieder e. Kämpfers. Nr. 1. H.'s freireligiöse Gedichte u. Verwandtes. 2. Aufl. (63 S.) (905.) (Hft. 12.)
— dasselbe. Nr. 2. H.'s polit. Gedichte. 2. Aufl. (64 S.) (905.) (Hft. 13.)
Jesuiten, die, u. deren Geheimnisse (Monita secreta). Nach dem Mskr. des Jesuitenpaters Brothier. (93 S.) (903.) (Hft. 37.)
Laner, S. P., Entwicklung u. Weltanschauung. (64 S.) (905.) (Hft. 50.)
Lipp, Sal., Handel u. Verkehr im 19. Jahrh. (60 S.) (904.) (Hft. 47.)
Réti, Filip, Weltanschauung e. Freidenkers, in populärer Sprache kurz u. bündig. (55 S.) (903.) (Hft. 41.)
Rüdt, P. A., unsere Schule u. unser Bildungswesen. Kritische Abhandlg. (61 S.) (903.) Hft. 38.)
Schoeler, Heinr. v., die höchste Wahrheit. Ein philosoph. Märchen. (62 S.) (905.) (Hft. 49.)
Spitzer, M., der Krieg u. die Moral. (59 S.) (904.) (Hft. 43.)
Tschirn, G., die Kirche als Gegnerin der Wissenschaft. Kulturgeschichtliche Skizze. (62 S.) (903.) (Hft. 40.)
— ist die Welt geschaffen od. ewig? 2. Aufl. (64 S.) (905.) (Hft. 22.)
Was ist Krankheit? od. Medizin ist wissenschaftl. Aberglaube. Ein Programm f. Naturheilvereine. 3. Aufl. (63 S.) (905.) (Hft. 1.)
Westphalen, E., gibt es e. Hölle? (60 S.) (905.) (Hft. 51.)
Wolfsdorf, Eug., die Auferstehung der Toten. (63 S.) (904.) (Hft. 45.)
— Friedens- od. Kriegsgott? (62 S.) (906.) (Hft. 60.)
— das Gebet. (52 S.) (904.) (Hft. 48.)
— das jüngste Gericht. (47 S.) 2. Aufl. (59 S.) (903. 905.) (Hft. 39.)
— Jesu Lehre. (55 S.) (903.) (Hft. 42.)
— Jesu Schicksal. (62 S.) (906.) (Hft. 58.)
— die Tiefen der Gottheit. (64 S.) (906.) (Hft. 53.)
— die Weisheit Israels. (61 S.) (906.) (Hft. 55.)

— zur Umwälzung der Geister. 61.—92. Heft. 16. Bamberg, Handels-Druckerei u. Verlagsh. à Heft — 20
Dietze, M., Ausblicke e. Atheisten ins Reich des Geistes. (64 S.) (907.) (Heft 63.)
— Kirche u. Kultur in soziologischer Beleuchtung m. Berücksicht. des Weltkongresses f. freies Christentum zu Berlin im Aug. 1910. (48 S.) (910.) (Heft 91.)
— Vulkane u. Weltsysteme. (63 S.) (907.) (Heft 68.)
Erber, Othmar, das Genie. Ein Beitrag zur Physiologie des Geistes. (59 S.) (908.) (Heft 69.)
Erdmann, A. L., die Alkoholfrage, im Zusammenhange m. der gesellschaftlichen Bedeutung der Genussmittel betrachtet. (64 S.) (908.) (Heft 74.)
Gutmann, M., Gläubige u. Freidenker. (60 S.) (910.) (Heft 92.)
Kühnel, A., Galilei u. die römische Kurie. (64 S.) (908.) (Heft 70.)
Langer, A., freie Gedanken üb. die zehn Gebote. (94 S.) (907.) (Heft 64.)
— Heiligenverehrung, Ablaß u. Heiligsprechung. (64 S.) (910.) (Heft 84.)
— Das „Jenseits". (78 S.) (910.) (Heft 80.)
— Religion u. Religiosität. (63 S.) (910.) (Heft 85.)
— Der Stuhl Petri. (63 S.) (910.) (Heft 81.)
— Das Vater Unser. — Fetischismus od. Christentum. (80 S.) (907.) (Heft 62.)
— Die Zweckmäßigkeit der Welt (u. Fälschungen unter den Augen „Unfehlbarer"). (64 S.) (907.) (Heft 67.)

— Mein Zweifeln v. „Einst" u. Denken „Jetzt". — Der Totenkult als Religionsborn. — Wahnbildungen. — Religion Indiens: Gautama Buddha. (Umschlag: Wahn u. Wahrheit.) (62 S.) (908.) (Heft 76.)

Leute, Jos., römische Priester u. die deutsche Frau. 3. Aufl. (60 S.) (910.) (Heft 86.)

— Wissenschaft u. katholische Kirche. (61 S.) (910.) (Heft 88.)

May, Pet., wer war Johannes der Täufer? (77 S.) (910.) (Heft 90.)

Riedel, P., war Christus e. Jude? (61 S.) (907.) (Heft 61.)

Rüdt, P. A., Charles Robert Darwin. Eine Gedächtnisrede, geh. zu dessen 100jähr. Geburtstags-Feier in München am 14. II. 1909, nebst Ernst Haeckels Abschiedsrede. (64 S.) (909.) (Heft 77.)

— Christliche u. sozialistische Weltanschauung. Vortrag, geh. zu München. (63 S.) (909.) (Heft 78.)

Schmitt, Vict., Streifzüge im Darwinismus. (62 S.) (910.) (Heft 87.)

Sladek, F., Religionsgeheimnisse. Nr. 1 u. 2. (128 S.) (910.) (Heft 82, 83.)

— Spaziergänge e. Freidenkers in das Reich der Mystik. Nr. 1 u. 2. (126 S.) (908.) (Heft 72, 73.)

Teschner, Karl, Freireligiös oder christlich? (62 S.) (907.) (Heft 66.)

Wolfsdorf, Eug., das Himmelreich. (64 S.) (907.) (Heft 65.)

— Konfessionsschule od. Simultanschule? (63 S.) (908.) (Heft 71.)

Wolfsdorf, Eug., Freie Religion. (63 S.) (910.) (Heft 89.)

— Die Todesstrafe. (62 S.) (908.) (Heft 75.)

— Zeppelin. (62 S.) (909.) (Heft 79.)

Volksschriften des deutsch-amerikanischen Vereins, s. Amerika. — Atlantis. — Welt, die, der Verbrechen.

— des Vereins f. Kirchengeschichte in der Prov. Sachsen. 1. Heft. gr. 8. Magdeburg (Ev. Buchh.) — 20

1. Die Wittenberger Hochschule. Ein Beitrag zur sächs. Kirchengeschichte. Von Armin Stein (Herm. Nietschmann). (32 S. m. Abb.) 906.

VOLKSSCHRIFTEN DES VEREINS FÜR KIRCHENGESCHICHTE IN DER PROVINZ SACHSEN.

Heft 1. Die Wittenberger Hochschule. Ein Beitrag zur sächsischen Kirchengeschichte von ARMIN STEIN (HERMANN NIETSCHMANN). (Mit Abbildungen.) Magdeburg 1906. Kommissionsverlag der Evangelischen Buchhandlung Ernst Holtermann. 8°.

Heft 2. Die Reformation in der Grafschaft Hohenstein von RUDOLF REICHHARDT, Pfarrer zu Rotta. Eb. 1912.

— des Württemberg. Volksschulen-Vereins No. 1., s. Schmidt, Leben Eberhards im Bart.

—— des württemberg. Volks-Schulen-Vereins. Nr. 1. u. 2. gr. 8. Stuttgart, Köhler. Thlr. à

X. u. d. Ttln.:

Nr. 1. Das Leben Eberhards im Bart, ersten Herzogs v. Württemberg, v. Schmidt. (4 B. u. Titbild.) 840.

" 2. Johannes Brenz. Eine Volksschrift v. Butterfack. ($4^1/_4$ B. u. Brenz's Bildn., Holzschn.) 841.

Volks- u. Jugend-Schriften-Anzeiger. Hrsg. vom Vorstande d. westfäl. Provinzial-Lehrervereins. Beilage zur Lehrer-Zeitung f. Westfalen, die Rheinprovinz u. die Nachbargebiete. Schriftleiter: H. Anders. 1.—4. Jahrg. 1887—1890. à 8 Nrn. gr. 4. ($^1/_2$ B.) Bielefeld, Helmich. à Jahrg. n. 1. —

Volks- u. Jugendschriften-Rundschau. Monatsblatt zur Förderg. u. Kritik der Jugend- u. Volksliteratur. Hrsg. v. Paul G. A. Sydow. Oktbr. 1904—Septbr. 1906. à Jahrg. 12 Nrn. (à Jahrg. 96 S.) 4. Stuttgart, Th. Benzinger. à Jhrg. n. 2. —

Fortsetzung, s.: Eckart.

Volksschriften-Verlag Hermannstadt. 1.—5. Hft. 8. Hermannstadt 893. W. Krafft. à n. — 20

1. Über Gewerbe u. Handel der Sachsen im XIV. u. XV. Jahrh. 1. Tl. Von Osk. v. Meltzl. (24 S.)
2. 3. Franz Gebbel. Ein Gedenkblatt v. Jos. u. Adf. Schullerus. (44 S.)
4. Was der Tierarzt unsern Bauern ans Herz legt. Von Jos. Fröhlich. (24 S.)
5. Über Gewerbe u. Handel der Sachsen im XIV. u. XV. Jahrh. 2. Tl. Von Osk. v. Meltzl. (23 S.)

Volksschriftenverlag Hermannstadt. 6.—16. Hft. gr. 8. Hermannstadt, W. Krafft. à Hft. n. — 20

6—13. Aus 7 Jahrhunderten. 8 Vorträge aus d. siebenbürgisch-sächs. Geschichte v. Fr. Schuller. 8 Hfte. (VII, 206 S.) 895. (in 1 Bd. n. 1.60; geb. n.n. 2.60)

14—16. Ein Wegweiser f. commassirte sächsische Bauernwirthschaften. Von Joh. Lander. (62 S.) 898.

Volksschriften-Verlag Hermannstadt. 17.—22. Hft. gr. 8. Hermannstadt, W. Krafft. n. 1.02

17.—19. Theodor Fabini. Ein sächs. Heldenjüngling aus großer Zeit. Von Rich. Schuller. (56 S. m. 1 Bildnis.) 900. n. — 51

20.—22. Heimkehr aus Amerika. Eine Geschichte aus dem Altland. Mit Bildern v. Mathilde Roth. (56 S.) 901. n. — 51

Volksschriften-Verlag Hermannstadt. 23.—27. Heft. 8. Hermannstadt, W. Krafft. n. — 85

23. Leseabend u. Volksbücherei. Vortrag, geh. in der Pfarrerversammlg. vom 3. X. 1902 zu Schäßburg. Von G. Lander. (21 S.) 903. n. — 17

24—26. Aus dem Leben der Gemeinde Groß-Alisch. Festschrift, hrsg. bei Gelegenheit der Abhaltung der Jahresversammlg. des Schäßburger Gustav Adolf-Zweig-Vereins u. d. Einweihg. der neuerbauten evang. Schule in Groß-Alisch. Von G. A. Schuller u. Rud. Kemenz. (63 S.) 903. n. — 51

27. Die Ausstattung unserer Wohnräume. Von Vict. Roth. (15 S.) (906.) n. — 17

Volksschularchiv, preußisches. Zeitschrift f. Rechtsprechg. u. Verwaltung auf dem Volksschulgebiete. Sammlung der ergeh. Gesetze u. Ausführungsbestimmgn., der gerichtl. u. verwaltungsgerichtlich. Entscheidgn., sowie der wichtigsten Ministerialerlasse u. Verfüggn. der Provinzialbehörden. Hrsg. v. Kurt v. Rohrscheidt. 1. Jahrg. 4 Hfte. gr. 8. (XII, 388 S.) Berlin 902. F. Vahlen. n. 5.—; geb. n. 6.—

Volksschularchiv, preußisches. Zeitschrift f. Rechtsprechg. u. Verwaltg. auf dem Volksschulgebiete unter Berücksicht. der mittleren Schulen u. der Fortbildungsschulen. Sammlung der ergeh. Gesetze u. Ausführungsbestimmgn., der gerichtl. u. verwaltungsgerichtl. Entscheidgn., sowie der Ministerialerlasse u. wichtigsten Verfüggn. d. Provinzialbehörden. Hrsg. von Kurt v. Rohrscheidt. 2.—5. Jahrg. 1903—1906. à 4 Hefte. (XII, 388; X, 398; X, 405 u. X, 390 S.) gr. 8. Berlin, F. Vahlen. à Jhrg. n. 5. —; geb. 6. —

Volksschularchiv, preußisches. Zeitschrift f. Rechtsprechg. u. Verwaltg. auf dem Volksschulgebiete unter Berücksicht. der mittleren Schulen u. Fortbildungsschulen. Sammlung der ergeh. Gesetze u. Ausführungsbestimmgn., der gerichtl. u. verwaltungsgerichtl. Entscheidgn., sowie der Ministerialerlasse u. der wichtigsten Verfüggn. der Provinzialbehörden. Hrsg. von Kurt v. Rohrscheidt. 6.—9. Jahrg. 1907—1910. à 4 Hefte. (X, 406; XII, 404; X, 390 u. XII, 388 S.) gr. 8. Berlin, F. Vahlen. à Jahrg. 5.—; geb. 6.—

Volks-Schulatlas in 12 (lithogr. und ill.) Karten. qu. gr. 4. Esslingen 849, Dannheimer. *

Volksschulatlas, kleiner. Mit 24 in Farbendr. ausgeführten Karten. 8. Leipzig 880, Peter's Verlag. — 50

Volks-Schul-Atlas, kleiner, für einfache Schulverhältnisse. 8 Karten in Farbendr. und 1 Heimatkarte. 1.—4. Aufl. gr. 4. [Berlin 885,86.] Gera, Th. Hofmann. * — 30

—— dass. — 5.—8. Aufl. gr. 4. Gera 887,88, Hofmann. * — 30

Volksschulatlas, kleiner, f. einfache Schulverhältnisse. 8 Karten in Farbendr. u. Heimatkarte. 11. Aufl. gr. 4. Gera 891, Hofmann. — 30

Volksschul-Bibliothek. 4. Bd. 8. Korneuburg 897. Kühkopf & Habel. Kart. n. 1.60 (1.—4.: n. 5.—)

Meine Schulzeit. Erinnerungen aus meinen Jugendjahren. Den Alten u. Jungen erzählt. Von Jos. Wurm. (111 S. m. 4 Vollbild.)

Bisher u. d. T.:

— österreichische. 1.—3. Bd. gr. 8. Ebd. 895. Kart. n. 3. 40
I. Hrsg. v. Bernh. Merth. (32 S. m. 1 Bld.) n. 1. —
II. Hrsg. v. Bernh. Merth. (48 S. m. 2 Bildern.) n. 1. —
III. Neuer Frühling. Märchen, Erzählgn. u. Fabeln f. d. Jugend. Von Wilh. Taschek. (III, 44 S. m. 2 Bildern.) n. 1. 40

Volks-Schul-Blatt, Kurhessisches. Hrsg. vom leitenden Central-Ausschuß der Kreis-Schulsynoden. Red.: A. M. Janson. 2. Jahrg. 1850. 52 Nrn. gr. 4. (1/2 Bog.) Kassel, Fischer. n. 1 ℳ

Volksschulblätter aus Thüringen. Hrsg. von Laukhard. 1. Jahrg. 1856. 24 Nrn. (1/2 Bog.) gr. 8. Weimar 856, Böhlau. *

Volksschulblätter aus Thüringen. Hrsg. von Laukhard. 2. und 3. Jahrg. 1857 und 1858. à Jahrg. 24 Nrn. (1/2 Bog.) gr. 8. Weimar, Böhlau. *
Ist nicht fortgesetzt worden.

Volksschulbote, Deutscher. Red.: E. Wrampelmeyer. 1. Jahrg. 1848. Aug.—Decbr. 21 Nrn. gr. 4. (1/2 Bog.) Siegen, Kogler. n. 5/12 ℳ (Fortsetzung siehe: Volksschule.)

Volksschulbote, hannoverscher. Redact. und Hrsgbr.: C. G. L. Leverkühn. 21.—23. Jahrg. 1876—1878. à Jahrg. 26 Nrn. (à 1/2—1 Bog.) gr. 8. Hannover, (Meyer.) à Jahrg. **

—— dass. — 24. Jahrg. 1879. 26 Nrn. (à 1/2—1 1/2 Bog.) gr. 8. Hannover, (Helwing'sche Verlagsh.) **

Volksschulbote, hannoverscher. Redact. und Hrsgbr.: C. G. C. Leverkühn. 25. Jahrg. 1880. 26 Nrn. (à Nr. 1/2—1 1/2 Bog.) gr. 8. Hannover, (Helwing'sche Verlagsh.) ** 2 80

—— dass. — 26.—29. Jahrg. 1881—1884. à Jahrg. 26 Nrn. (à Nr. 1/2—1 1/2 Bog.) gr. 8. Hannover, Hahn'sche Buchh. à Jahrg. ** 2 80

Volksschulbote, hannoverscher. Redact. und Hrsgbr.: C. G. C. Leverkühn. 30. Jahrg. 1885. 26 Nrn. (à Nr. 1/2—1 1/2 Bog.) gr. 8. Hannover, (Hahn'sche Buchh.) ** 2 80

—— dass. — 31.—33. Jahrg. 1886—1888. à Jahrg. 26 Nrn. (à Nr. 1/2—1 1/2 Bog.) gr. 8. Hildesheim, (Gerstenberg'sche Buchh.) à Jahrg. ** 2 80

Volksschulbote, hannoverscher. Hrsgbr.: C. G. C. Leverkühn. 34.—37. Jahrg. 1889—1892. à Jahrg. 26 Nrn. (à Nr. 1/2—1 1/2 Bog.) gr. 8. Hildesheim, (Gerstenberg). à Jahrg. ** 2 80

Volksschulbote, hannoverscher. Hrsg.: C. G. C. Leverkühn. 36.—39. Jahrg. 1891—1894. à 26 Nrn. (à ca. 1 Bog.) Nebst: Die Fortbildungsschule. Unter Mitwirkg. v. Ph. Schmidt hrsg. 3.—6. Jahrg. (1/2 Bog.) gr. 8. Hildesheim, (Gerstenberg). à Jahrg. n.n. 2. 80

Volksschulbote, hannoverscher. Hrsg.: C. G. C. Leverkühn. 40.—43. Jahrg. 1895—1898. à 26 Nrn. (à ca. 2 Bog.) Nebst: Die Fortbildungsschule. Unt. Mitwirkg. v. Ph. Schmidt hrsg. 7.—10. Jahrg. gr. 8. Hildesheim (Gerstenberg). à Jahrg. n.n. 2. 80

Volksschulbote, hannoverscher. Schriftleiter: A. Kreipe u. F. Kassebeer. 44. Jahrg. 1899. 26 Nrn. gr. 8. (à ca. 16 S.) Nebst: Die Fortbildungsschule. 11. Jahrg. (à ca. 8 S.) Hildesheim (Gerstenberg). n.n. 2.80

Volksschulbote, hannoverscher. Eigentum des Schulmuseums (Leverkühn-Stiftg.) in Hildesheim. Schriftleiter: A. Kreipe u. H. Lohmann. 45.—47. Jahrg. 1900—1902. à 26 Nrn. (à ca. 16 S.) Nebst: Hannoversche Fortbildungsschule. Jahrg. 1900—1902. gr. 8. (à ca. 8 S.) Hildesheim (Gerstenberg). à Jahrg. n.n. 2. 80

Volksschulbote, hannoverscher. Eigentum des Schulmuseums (Leverkühn-Stiftung) in Hildesheim. Schriftleitung: A. Kreipe u. H. Lohmann. 48.—51. Jahrg. 1903—1906. à 26 Nrn. (à ca. 16 S.) Nebst: Hannoversche Fortbildungsschule. Jahrg. 1906. (à ca. 8 S.) gr. 8. Hildesheim (Gerstenberg). à Jhrg. n.n. 2. 80

Volksschulbote, hannoverscher. Eigentum d. Schulmuseums (Leverkühn-Stiftg.) in Hildesheim. Schriftleitg.: A. Kreipe u. H. Lohmann. 52.—55. Jahrg. 1907—1910. à 26 Nrn. (à ca. 16 S.) Nebst: Hannoversche Fortbildungsschule. Jahrg. 1907—1910. (à ca. 8 S.) gr. 8. Hildesheim, (Gerstenberg). à Jahrg. nn 2. 80

Der **Volksschuldienst** in der Provinz Westfalen. Die wichtigsten Gesetze, Erlasse, Verfügungen u. Entscheidungen, betr. d. Volksschulwesen, im Ausz. zunächst f. westfäl. Lehrer u. Lehramtszöglinge dargest. Arnsberg: J. Stahl 1906. (VII, 230 S.) 8° [F.] [08. 7070

Volksschuldienst, der, in der Prov. Westfalen. Die wichtigsten Gesetze, Erlasse, Verfüggn. u. Entscheidgn., betr. das Volksschulwesen, im Auszuge zunächst f. westfäl. Lehrer u. Lehramtszöglinge zusammengestellt. 2., ergänzte und erweit. Aufl. (398 S.) 8. Arnsberg 910. J. Stahl. Geb. in Leinw 3. —
1. Aufl. (VIII, 230 S.) 906. Geb. 2. —.

Volksschule, die, eine pädagogische Monatsschrift des Württemberg. Volksschullehrervereines. Jahrg. 1841. 12 Hfte. gr. 8. Eßlingen, Dannheimer'sche Buchh. n. 1 2/3 ℳ

—— dass. Jahrg. 1842. 12 Hfte. gr. 8. Stuttgart, (F. H. Köhler's Verl.) *

Volksschule, die, eine pädagogische Monatsschrift des württemberg. Volksschullehrervereines. Redig. v. G. A. Riecke. 3—7. Jahrg. 1843—47. à J. 12 Hfte. gr. 8. Stuttgart, (Köhler, Vrlgsh.) [3—5. Jahrg. à * 1 Thlr. 15 Ngr., 6. u. 7. J. à 1 Thlr. 10 Ngr.] *
1. u. 2. Jahrg. 1841 u. 1842. Ebendas. * 2 Thlr. 10 Ngr.

—— die. Eine pädagog. Monatsschrift. Redig. im Auftrage des württemberg'schen Volksschullehrer-Vereines von Carl Fr. Hartmann. 8—12. Jahrg. 1848—1852. à 12 Hefte. gr. 8. Stuttgart, (F. Köhler.) à Jahrg. *

Volksschule, die. Eine pädagog. Monatsschrift. Redig. im Auftrage des württemberg'schen Volksschullehrer-Vereines von Carl Fr. Hartmann. 13—16. Jahrg. 1853—56. à Jahrg. 12 Hefte. gr. 8. Stuttgart, Frz. Köhler. à Jahrg. *

—— die, Eine pädagog. Monatsschrift. Redig. im Auftrage des württemberg. Volksschullehrer-Vereins von Carl Fr. Hartmann. 17—20. Jahrg. 1857—62. à Jahrg. 12 Hefte. gr. 8. (à Heft 48 S.) Stuttgart, Aue. à Jahrg. *

Volksschule, die. Eine pädagog. Monatsschrift. Redig. im Auftrage des Württembergischen Volksschullehrer-Vereins von Carl Fr. Hartmann. 21.—27. Jahrg. 1861—67. à Jahrg. 12 Hefte. gr. 8. (à Heft 48 S.) Stuttgart, Aue. à Jahrg. *

—— die. Eine pädagog. Monatsschrift. Redig. im Auftrage des Württemberg. Volksschullehrer-Vereins von Carl Fr. Hartmann. 28.—35. Jahrg. 1868—1875. à Jahrg. 12 Hefte. (à Heft 48 S.) gr. 8. Stuttgart, Aue. à Jahrg. * 4 80

—— die. Eine pädagogische Monatsschrift. Redig. im Auftrage des württemberg. Volksschullehrer-Vereins von Carl Fr. Hartmann. 36.—39. Jahrg. 1876—1879. à Jahrg. 12 Hefte. (à 3 Bog.) gr. 8. Stuttgart, Aue. à Jahrg. *

Volksschule, die. Eine pädagog. Monatsschrift. Redig. im Auftrage des württemberg. Volksschullehrer-Vereins von Carl Fr. Hartmann. 40.—44. Jahrg. 1880—1884. à Jahrg. 12 Hefte (à 3 Bog.). gr. 8. Stuttgart, Aue. à Jahrg. * 4 80

Volksschule, die. Eine pädagogische Monatsschrift. Redig. im Auftrage des württemberg. Volksschullehrer-Vereins von J. Ch. Laistner. 45.—48. Jahrg. 1885—1888. à Jahrg. 12 Hefte. (à Heft 3 Bog.) gr. 8. Stuttgart, [Aue.] Bonz und Comp. à Jahrg. * 4 80

Volksschule, die. Eine pädagog. Monatsschrift. Redig. im Auftrage des württemberg. Volksschullehrervereins von J. Ch. Laistner. 49.—52. Jahrg. 1889—1892. à Jahrg. 12 Hefte. (à Heft 3—4 Bog.) gr. 8. Stuttg., (Bonz u. Comp.). à Jahrg. * 4 80

Volksschule, die. Eine pädagog. Monatsschrift. Red. im Auftrage d. württemberg. Volksschullehrervereins v. J. Ch. Laistner. 51.—53. Jahrg. 1891—1893. à 12 Hfte. (à 3—4 Bog.) gr. 8. Stuttgart, (A. Bonz & Co.). n. 4. 80

— dasselbe. Red. im Auftrage des württemberg. Volksschullehrervereins v. G. Honold. 54. Jahrg. 1894. 12 Hfte. (à 3—4 Bog.) gr. 8. Ebd. n. 4. 80

Volksschule, die. E. pädagog. Monatsschrift. Red. im Auftr. d. württemberg. Volksschullehrervereins v. G. Honold. 55. Jahrg. 1895. 12 Hfte. (à ca. 3 Bog.) gr. 8. Stuttgart (A. Bonz & Co.). n. 4. 80

— dasselbe. Zeitschrift d. württ. Volksschullehrervereins. Red. im Auftr. d. württemberg. Volksschullehrervereins v. G. Honold. 56.—58. Jahrg 1896—1898. à 24 Nrn. (à ca. 2 Bog.) gr. 8. Ebd. à Jahrg. n. 5. —

Volksschule, die. Zeitschrift des württ. Volksschullehrervereins. Hrsg. im Auftrag des württemb. Volksschullehrervereins v. G. Honold. 59.—62. Jahrg. 1899—1902. à 24 Nrn. gr. 8. (à ca. 32 S.) Stuttgart, A. Bonz & Co. à Jahrg. n. 5—

— die. Zeitschrift des württ. Volksschullehrervereins. Hrsg. im Auftrag des württemberg. Volksschullehrervereins v. G. Honold. 63.—66. Jahrg. 1903—1906. à 24 Nrn. (à ca. 40 S.) gr. 8. Stuttgart, A. Bonz & Co. à Jhrg. n. 5. —

— die. Zeitschrift d. württ. Volksschullehrervereins. Hrsg. im Auftrag des württemberg. Volksschullehrervereins v. J. Löchner. 67.—70. Jahrg. 1907—1910. à 24 Nrn. (IV, 912; VIII, 968; VIII, 1056 u. VIII, 1152 S.) 8. Stuttgart, A. Bonz & Co. à Jahrg. 5. —

Volksschule, die. Monatsblätter für das Volksschulwesen, insbesond. des Königr. Hannover. Hrsg. von Friedr. Behre, Louis Münkel und Seinecke. 1. Jahrg. 1848. Juli—Decbr. 6 Hefte. (à 2 Bog.) 12. Hannover, Helwing'sche Hofbuchh. *

—— dass. — Hrsg. von Friedr. Behre und Louis Münkel. 2. und 3. Jahrg. 1849 und 1850. à 12 Hefte. (à ca. 2—3 Bog.) 8. Ebds. à Jahrg. *

Volksschule, die. Monatsblätter für das Volksschulwesen, insbesondere des Königr. Hannover. Herausg. von Friedr. Behre und Ludw. Münkel. 6—8. Jahrg. 1853—55. à 12 Hefte (à 2 Bgn.). Hannover, Grimpe (Helwing.) gr. 8. Jeder Jahrg. n. 1 ₰. 7½ ngr.

— die. [Deutscher Volksschulbote.] Politisch-pädagog. Wochenschrift. Red.: C. Wrampelmeyer. Jahrg. 1849. 52 Nrn. hoch 4. (½ B.) Ebd. n. 1⅓ ₰

—— die. Monatschrift für Erziehung und Unterricht. Hrsg. unter Mitwirkung der rhein. und westphäl. Provinzial-Lehrervereine von F. C. Honcamp und C. Wrampelmeyer. I. Jahrg. 1849. 12 Hefte. gr. 8. Siegen, (Kogler'sche Buchh.) *

Volksschule, Die. I. Grundprincipien. II. Beziehung zum Haus . . . Luzern 1859. V: *Estermann, B.* (Ky)

Volksschule, die. I. Grundprincipien. II. Beziehung zum Haus. III. Beziehung zur Kirche. Ein Beitrag zur Lösung der Schulfrage. (Von B. Estermann.) Luzern 859. Gebr. Räber. gr. 8. (26 S.) n. 4 ngr.

Volksschule, Die. Das Anrecht der Kirche auf die Schule, aus historischen und inneren Gründen dargelegt . . . Pest 1859. V: *Stanojovits, Lázár.* (KU) (Pk)

— die. Zeitschrift für den vaterländischen Lehrerstand. Red. unter Mitwirkung eines Vereins praktischer Schulmänner von Jos. Vogler. 1861. April—Dezbr. 27 Nrn. (à 1 Bgn.) Wien, Sallmayer & Co. Lex.-8. n. 2 ₰

—— die. Zeitschrift für den vaterländ. Lehrerstand. Redig. unter Mitwirkung eines Vereins prakt. Schulmänner von Jos. Vogler. Jahrg. 1862—67. à Jahrg. 36 Nrn. (Bog.) Lex.-8. Wien, Sallmayer und Comp. à Jahrg. *

—— Zeitschrift für den vaterländ. Lehrerstand. Redact.: Ign. Meßner. 8.—12. Jahrg. 1868—1872. à Jahrg. 36 Nrn. (Bog.) Lex.-8. Wien, Sallmayer und Comp. à Jahrg. * 7 —

—— dass. — Redact.: Adalb. Hein. 13. Jahrg. 1873. 36 Nrn. (Bog.) Lex.-8. Ebendas. * 7 50

—— dass. — 14. und 15. Jahrg. 1874 und 1875. à Jahrg. 36 Nrn. (Bog.) Lex.-8. Ebendas. à Jahrg. * 8 —
Halbjährlich * 4 20
Vierteljährlich * 2 20

—— die. Zeitschrift für den vaterländischen Lehrerstand. Nebst monatl. Beiblatt: Literaturblatt für Volksschullehrer und Schulfreunde. Redact.: Adalb. Hein. 16. Jahrg. 1876. 36 Nrn. (Bog.) Lex.-8. Wien, Graeser. *

Volksschule, die. Unter Mitwirkung von Fachmännern hrsg. von J. Alleker. 7 Lfgn. gr. 8. (VIII, 852 S.) Freiburg i. Br. 874, Herder'sche Verlagsh. à Lfg. *M.* 1,20. 8 40

—— die. Pädagogisch-literarische Wochenschrift für den vaterländ. Lehrerstand. Redact.: Adalb. Hein und Ant. Katschinka. 17. Jahrg. 1877. 52 Nrn. (Bog.) Lex.-8. Ebendas. *

—— dass. — Redact.: Ant. Katschinka. 18. und 19. Jahrg. 1878 und 1879. à Jahrg. 52 Nrn. (Bog.) Lex.-8. Ebendas. à Jahrg. *

—— die. Pädagogisch-literar. Wochenschrift für den vaterländ. Lehrerstand. Redact.: Ant. Katschinka. 20.—24. Jahrg. 1880—1884. à Jahrg. 52 Nrn. (à Nr. 1—1½ Bog.) Lex.-8. Wien, Graeser. à Jahrg. * 8 —

—— die. Pädagogisch-literarische Wochenschrift für den vaterländischen Lehrerstand. Redact.: Ant. Katschinka. 25.—28. Jahrg. 1885—1888. à Jahrg. 52 Nrn. (à Nr. 1—1½ Bog.) Lex.-8. Wien, Graeser. à Jahrg. * 8 —

—— die. Pädagogische Wochenschrift für den vaterländ. Lehrerstand. Geleitet v. Ant. Katschinka. 29. u. 30. Jahrg. 1889 u. 1890. à Jahrg. 52 Nrn. (à Nr. 1—1½ Bog.) Lex.-8. Wien, Graeser. à Jahrg. * 8 —

—— dass. — Pädagogische Zeitschrift f. den vaterländ. Lehrerstand. Schriftleiter: Ant. Katschinka. 31. u. 32. Jahrg. 1891 u. 1892. à Jahrg. 52 Nrn. (Bog.) gr. 8. Wien, V, Margarethenstr. 56, Verlag d. I. Wiener Lehrervereins „Die Volksschule". à Jahrg. * 8 — Halbjährlich * 4 20; vierteljährlich * 2 20

Volksschule, die. Pädagog. Zeitschrift f. d. vaterländ. Lehrerstand. Schriftleiter: Ant. Katschinka. 36. Jahrg. 1896. 52 Nrn. (à ca. 2 Bog.) gr. 8. Wien, Carl Graeser & Co. n. 8. —

— dasselbe. 37. Jahrg. 1897. 36 Nrn. (à ca. 24 S.) gr. 8. Ebd. n. 6. —
Weiter nicht erschienen.

Volksschule, die. Sammlung v. Verordnungen u. Bekanntmachungen der königl. Regierg., Abteilg. f. Kirchen- u. Schulwesen, zu Königsberg i. Pr., nebst Erlassen u. Entscheidgn. anderer Behörden, sowie den wichtigsten das Volksschulwesen betr. gesetzl. Bestimmgn. (XXXI, 701 S.) gr. 8. Königsberg 905. Hartung. n. 6. —; geb. n.n. 7. —

Volksschule, die. Halbmonatsschr. f. wissenschaftl. u. prakt. Volksschulpädagogik u. Jugendfürsorge. Unter Mitwirkg. namhafter Schulmänner hrsg. v. Hemprich. 5. u. 6. Jahrg. April 1909—März 1911. à 24 Hefte. (VIII, 964 u. XII, 1328 S.) gr. 8. Langensalza, J. Beltz. à Jahrg. 6. —

Allgemeine Volksschule oder Standesschulden? M. Rücks. auf d. in neuerer Zeit in Köln errichteten Vor- u. Mittelschulen. Von M. Volkmuth. Bielefeld: A. Helmich [1895]. (55 S.) 1 Bd 8°
(Abhandlungen, Pädagogische. H. 26.)

— die, nach den allgemeinen Bestimmungen d. königl. preuß. Ministers der geistl., Unterrichts- u. Medicinal-Angelegenheiten vom 15. Octob. 1872 v. e. prakt. Schulmann. gr. 8. (64 S.) Wriezen 873. Riemschneider. — 75

— die christliche, s.: Volksbibliothek, apologetische.

Volksschule: Die deutsche Volksschule
s. Pädagogische Revue.

Die deutsche Volksschule. Monatsschrift für Schule und Haus. Jg. 1—21 (zu je 12 Nrn). Linz: Eurich 1852—73. 8°
Red.: Jos. Vogl.

Volksschule, die Deutsche. — Redakteur Joh. Strigl. Verl. F. u. A. Eurich; Druck Fr. Eurich's Witwe. 2. Jahrg. 8. Monatblatt. 1853.

Volksschule, Die deutsche —. Monatblatt für Schule und Haus. (III. Jahrgang.) Redakteur Jos. Vogl. Verleger F. und A. Eurich. Druck von Fr. Eurich's Witwe. 8. Linz 1854.

Volksschule, die deutsche —. Monatblatt für Schule und Haus. IV. Jahrgang. Redakteur: Jos. Vogl. Verleger: F und A. Eurich. Druck von Fr. Eurich's Wwe. 8. Monatlich einmal. Linz 1855.

Volksschule, die deutsche —. Monatschrift für Schule und Haus. Redakteur: Josef Vogl. 5ter Jahrg. 1856. Nr. 1—7. Linz. Gedr. bei Fr. Eurich's Witwe. Verleger F und A. Eurich. (S. 1—168. 8.)

Volksschule, Die Deutsche —. Monatschrift für Schule und Haus. 6. Jahrg. 1857. Linz. Redakteur: Josef Vogl. Druck und Verlag von Huemers Witwe und Danner. 8. Erscheint monatlich 1½ Bogen. Nr. 1—4.

Volksschule, die deutsche — Monatschrift für Schule u. Haus. VII. Jahrg. Red. *Jos. Vogl.* Druck u. Verl. von *Huemer's Witw. & Danner.*
Erscheint in **Linz**, monatl. 1½ Bog. in 8°. Pränu.-Pr. jährl. 45 kr. — pr. Post 55 kr.

— die deutsche. Monatschrift für Schule u. Haus. Red.: Jos. Vogl. 9—11. Jahrg. 1860—1862. à 12 Nrn. (à 1½ Bgn.) Linz, Danner. gr. 8. Jeder Jahrg. n. 20 ngr.

— die deutsche. Monatschrift für Schule u. Haus. 12. u. 13. Jahrg. 1863 u. 1864. Redact.: Joseph Vogl. à Jahrg. 12 Nrn. (à 1½ Bgn.) Linz, Danner. Lex.-8. Jeder Jahrg n. 20 ngr.

—— die deutsche. Magazin für den prakt. Unterricht. Hrsg. unter Mitwirkung namhafter Pädagogen und Schulmänner. 1870. 24 Nrn. (Bog.) Fol. Minden, Volkening. * 3 20

—— dass. — Magazin für die Praxis der Erziehung und des Unterrichts. Hrsg. unter Mitwirkung namhafter Pädagogen und Schulmänner. 2. Jahrg. 1871. 24 Nrn. (Bog.) gr. 4. Ebendas. * 3 20

—— dass. — Hrsg. von Ernst Wunderlich. 3.—6. Jahrg. 1872—1875. à Jahrg. 24 Nrn. (Bog.) hoch 4. Leipzig, Siegismund und Volkening. 1872 und 1873 à * 3 20
1874 und 1875 à * 4 —

—— die deutsche. Magazin für Praxis und Literatur der Erziehung und des Unterrichts. Hrsg. von Ernst Wunderlich. 7.—9. Jahrg. 1876—1878. à Jahrg. 36 Nrn. (Bog.) hoch 4. Leipzig, Siegismund und Volkening. à Jahrg. *

—— dass. — Magazin für Praxis und Literatur der Erziehung und des Unterrichts. Hrsg. unter Mitwirkung vieler Schulmänner. 10. Jahrg. 1879. 36 Nrn. (Bog.) hoch 4. Ebendas. *

—— die deutsche. Magazin für Praxis und Literatur der Erziehung und des Unterrichts. Hrsg. unter Mitwirkung vieler Schulmänner. 11.—15. Jahrg. 1880—1884. à Jahrg. 36 Nrn. (Bog.) hoch 4. Leipzig, Siegismund und Volkening. à Jahrg. * 4 —

—— die deutsche. Magazin für Praxis und Literatur der Erziehung und des Unterrichts. Hrsg. unter Mitwirkung vieler Schulmänner. 16.—19. Jahrg. 1885—1888. à Jahrg. 36 Nrn. (Bog.) hoch 4. Leipzig, Siegismund und Volkening. à Jahrg. * 4 —

—— die deutsche. Freie deutsche Schulzeitg. Magazin für Praxis u. Litteratur der Erziehg. u. des Unterrichts. Hrsgbr.: Aug. Volkening. 20.—23. Jahrg. 1889—1892. à Jahrg. 36 Nrn. (Bog.) Nebst Gratisbeilage: Für Mußestunden. gr. 4. Lpz., Siegismund u. Volkening. à Jahrg. * 4 —
Vgl.: Schulzeitung, freie deutsche.

— dasselbe. 23.—25. Jahrg. 1892—1894. à 36 Nrn. (Bog.) Nebst Gratisbeilage: Für Mußestunden. 19.—21. Jahrg. à 12 Nrn. (Bog.) gr. 4. Ebd. à Jahrg. n. 4. —
s.: Schulzeitung, freie deutsche.

— die deutsche. Freie deutsche Schulzeitg. Magazin f. Praxis u. Litteratur d. Erziehg. u. d. Unterrichts. Hrsg.: Aug. Volkening. 26. u. 27. Jahrg. 1895 u. 1896. à 36 Nrn. (Bog.) gr. 4. Leipzig, Siegismund & Volkening. à Jahrg. n. 4. —

— dasselbe. 28. u. 29. Jahrg. 1897—1898. à 36 Nrn. (Bog. m. Bild.) gr. 4. Nebst Gratisbeilage: Für Mußestunden. 25. u. 26. Jahrg à 12 Nrn. (Bog.) Ebd. à Jahrg. n. 4. —
Kann auch vierteljährlich bezogen werden.

— die deutsche. Freie deutsche Schulzeitg. Magazin für Praxis u. Litteratur der Erziehung u. des Unterrichts. Hrsg.: Max Volkening. 30. Jahrg. 1899. 36 Nrn. gr. 8. (à ca. 8 S.) Leipzig, Siegismund & Volkening. n. 4.—

Volksschule, Die deutsche,

im constitutionellen Oesterreich. Salzburg 1849. V: *Mandl*, *Joseph*. (Hr)

—— die deutsche, im constitutionellen Oesterreich. Von einem Schulfreunde. gr. 8. (VI und 84 S.) Salzburg 849, Mayr'sche Buchh. **

—— Elsaß-Lothringische. Wochenschrift für Theorie und Praxis der Erziehung und des Unterrichts und für amtl. Schulnachrichten. Unter Mitwirkung von prakt. Schulmännern hrsg. von J. J. Alexandre. 1.—9. Jahrg. 1876—1884. à Jahrg. 52 Nrn. (Bog.) gr. 8. Straßburg, (Trübner.) à Jahrg. ** 6 50

—— Elsaß-Lothringische. Wochenschrift für Theorie und Praxis des Elementarschulwesens. Hrsg. von J. J. Alexandre. 10. Jahrg. 1885. 52 Nrn. (Bog.) gr. 8. Straßburg, (Trübner.) ** 6 50
Nicht weiter erschienen.

Volksschule und Erziehung zur

Sittlichkeit. Winterthur 1887. V: *Stambach*, *Jac*. (Zuwachsverz. d. Bibl. Zürich 1898 ff. 8.)

—— und Erziehung zur Sittlichkeit. Eltern und Erziehern gewidmet vom schweizer. Freimaurerverein Alpina. gr. 8. (V, 40 S.) Winterthur 887, Kieschke. * — 50

—— die evangelische. Practisch-theoretische, pädagogische Zeitschrift für das preuß. evangel. Volksschulwesen, insbesond. für die Provinz Sachsen. Hrsg. von Th. Ballien. 1. und 2. Bd. Jahrg. 1859. 6 Hefte. gr. 8. (1. Heft 111 S.) Erfurt, Körner's Verlag. *

—— dass. — 3. und 4. Bd. Jahrg. 1860. 6 Hefte. gr. 8. (1. Heft 120 S.) Brandenburg, (Wiesike.) à Bd. *

—— dass. — Praktisch-theoretisch pädagog. Zeitschrift für das evangel. Volksschulwesen. Hrsg. von Th. Ballien. Jahrg. 1861. 6 Hefte. gr. 8. (1. Heft 128 S.) Stuttgart, Belser'sche Verlagsh. *

—— die evangelische. Praktisch-theoretisch pädagog. Zeitschrift für das evangel. Volksschulwesen. Hrsg. von Th. Ballien. 6. und 7. Bd. Jahrg 1862 und 1863. à Jahrg. 6 Hefte. gr. 8. (à Heft ca. 144 S.) Stuttgart, Belser'sche Verlagsh. à Jahrg. *

—— dass. — Hrsg. von Demselben. 8.—11. Bd. Jahrg. 1864—67. à Jahrg. 6 Hefte. gr. 8. (à Heft ca. 112 S.) Brandenburg, Ballien's Selbstverlag. à Jahrg. *

— die evangelische. Praktisch-theoretisch pädagog. Zeitschrift für das evangel. Volksschulwesen. Hersg. von Th. Ballien. 9—12. Bd. Jahrg. 1865—68. à Jahrg. 6 Hefte (à ca. 112 S.). Brandenburg, Ballien's Selbstverlag. gr. 8. Jeder Jahrg. n. 2 ℛ

—— die evangelische. Praktisch-theoretisch-pädagogische Zeitschrift für das evangel. Volksschulwesen. Hrsg. von Th. Ballien. 13.—18. Bd. Jahrg. 1869—1874. à Jahrg. 6 Hefte. gr. 8. (à Heft ca. 100 S.) Brandenburg, Ballien. à Bd. * 7 20
Fortsetzung erschien u. d. T.: Volks- u. Mittelschule, die evangelische.

— evangelische. (Deutsche Lehrerzeitg.) Unt. Mitwirkg. v. Bang, Bennstein, Boeckh u. v. a. hrsg. v. d. Vorstand d. deutschen evang. Schulkongresses. Schriftleitung: Alb. Liepe. 11. Jahrg. Oktbr.—Dezbr. 1898. 26 Nrn. (Bog.) gr. 4. Berlin, Buchh. d. Deutschen Lehrerzeitg. n. 1. 50

— evangelische. (Deutsche Lehrerzeitg.) Unter Mitwirkg. v. Achinger, Bang, Bennstein u. v. a. hrsg. v. dem Vorstand des deutschen evangel. Schulkongresses. 12.—15. Jahrg. 1899—1902. à 104 Nrn. gr. 8. (à ca. 8 S.) Berlin, F. Zillessen. à Jahrg. n. 6.—

— evangelische. (Deutsche Lehrerzeitung.) Unter Mitwirkung v. Achinger, Bamberg, Bang u. v. a. hrsg. v. Aug. Grünweller u. Alb. Liepe. 16.—19. Jahrg. 1903 bis 1906. à 104 Nrn. (à ca. 8 S.) gr. 4. Berlin, F. Zillessen. à Jhrg. n. 6.—

— evangelische, Fortsetzg., s.: Lehrer-Zeitung, deutsche.

Volks- u. Mittelschule, die evangelische. Praktisch-theoretisch pädagog. Zeitschrift f. das evangel. Volksschulwesen. Hrsg. v. Th. Ballien. 19. Bd. 1875. 6 Hfte. gr. 8. (1. Hft. A. 48 S.) Berlin, Ballien. n. 7. 20
cf.: Volksschule, die evangelische.

—— die fortschrittliche, nach Antrag des Abgeordneten P. Gelbert in seinen Abänderungsvorschlägen zum Entwurfe eines Gesetzes über das Volksschulwesen in Bayern. gr. 8. (80 S.) Regensburg 868, Pustet. — 50

—— die, in ihrer wahren Gestalt nach den Zeichnungen der Randglossen und Rundschau in den „Tiroler Stimmen." (Separat-Abdr.) 8. (24 S.) Innsbruck 862, Vereinsbuchh. *

— die, am Kampfe um ihr Recht. Denkschrift d. hess. Volksschullehrer-Vereins. I. gr. 8. (62 S.) Kassel 871. Hühn in Comm. — 50

— die katholische. Fachblatt für Lehrer u. Katecheten. Hrsg. vom kathol. Tiroler Lehrerverein. Organ des kathol. Tiroler Lehrervereins, des kathol. Lehrervereins f. Vorarlberg u. des Diözesan-Cäcilien-Vereins Brixen. Schriftleiter: Jos. Bonell. 25. u. 26. Jahrg. 1909 und 1910. à 24 Nrn. (IV, 490 S. u. IV, 336 S. m. 12 Taf.) 32×24,5 cm. Brixen, Buchh. der Verlagsanst. Tyrolia. à Jahrg. 4.—; geb. 5. 50

Volksschule, Die katholische,

ihre Aufgabe, ihre gegenwärtige Leistung und ihre nothwendige Umgestaltung. Mainz 1859. V: *Rolfus*, *Hermann*. (Kn)

Volksschule, die katholische, ihre Aufgabe, ihre gegenwärtige Leistung und ihre nothwendige Umgestaltung. Von einem bad. Ortsschulinspector. gr. 8. (IV und 88 S.) Mainz 859, Kupferberg. Thlr.

Volksschule, die, und die Lage ihrer Lehrer in der Provinz Preußen. Eine Skizze von einem Ostpreußen. 8. (24 S.) Leipzig 875, Genossenschaftsbuchdruckerei.

—— die neue. gr. 8. (3 B.) Gotha 835, Becker'sche Buchh.

—— nicht Volksschulen! Ansichten u. Wünsche über u. für das preuß. Volksschulwesen mit besonderer Rücksicht auf Schlesien. Von Eucharistos. gr. 8. (3¼ B.) Glaz 843, Prager? *

Volksschule, Die, in Österreich. Ein Beitrag zu ihrer Neugestaltung. Wien 1864. V: *Stark, Franz.* (EB)

Volksschule, Die, in Österreich von Einst und Jetzt. Wien 1889. V: *Krones Ritter v. Marchland, Franz Xaver.* (Verz. d. Stud.-Bibl. Klagenfurt. X. Klagenf. 1907.)

— die österreichische. Beurtheilt nach dem Geiste der approb. u. an d. k. k. Lehrer- u. Lehrerinnen-Bildungsanstalten, allgem. Volks- u. Bürgerschulen, Fortbildungsschulen u. Kindergarten eingef. Lehr- u. Lesebücher. Unt. Mitwirkg. mehr. Fachmänner hrsg. v. Justus Verus. gr. 8. (XII, 192 S.) Freiburg i/B. 895. Herder. n. 3.—

—— die, Ostfrieslands in 1854. Ein Beitrag zur Geschichte des Volksschulwesens, mit einer ausführlichen Beleuchtung der Dr. Krüger'schen „Ansprache ꝛc.", für das deutsche Publikum, besonders für alle Ostfriesen, denen die Volksbildung wichtig ist. Von Friso. gr. 8. (IX und 58 S.) Emden 854. (Aurich, Seyde.) ⅓ Thlr. *

— die, in Ostpreußen. Neue Sammlg. der bezügl. Verordngn. der königl. Regierg. zu Königsberg, Gesetze u. wichtigsten Erlasse höherer Schulbehörden. Aus den Akten der königl. Regierg. gr. 8. (XVI, 431 S.) Königsberg i/Pr. 892. Hartung. Kart. n.n. 4. 50

Volksschule, die (pädagogische). 1859-1900. Stuttgart 1859-1900

— die pfälzische, u. ihr Zeichen-Unterricht. Bona fide. E. Notruf aus d. Praxis. gr. 8. (23 S.) Kaiserslautern 898. J. J. Tascher. n. — 50

Volksschule, d. preußische, oder geordnete Samml. d. königl. preuß. Gesetze u. Verordnungen über d. gesammte Volksschulwesen, zum Handgebrauch. gr. 8. Görlitz 825. Zobel. 1 ⅙

—— die, u. die Reformation, s. Schriften für das evangelische Volk, 4.

Schleswig-Holsteinische höhere **Volksschule** in Rendsburg. Enthält eine Aufforderung, Beiträge für diese Volksschule zu zeichnen und ist unterzeichnet v. M. H. Holler, J. Tiedemann und J. Rohwer jun. Rendsburg, Anfang März 1846. 2 Bl. Fol., in 8° gebunden.

Volksschule, Die, und der Soldat. Aus den Erinnerungen eines k. k. Stabs-Officiers. (Donation Liechtenstein.) 8. Wien 1867.

—— die, und der Wehrstand. Eine Stimme aus der Lehrerwelt. gr. 8. (16 S.) Breslau 870, Dülfer's Verlag. — 15

Volksschule, die zweisprachige. Pädagogische Monatsschrift. Mit der Beilage: Kindergärtchen. Hrsg. unter Mitwirkg. erfahrener Schulmänner v. A. Jelitto. 1. Jahrg. Apr.—Decbr. 1893. 1. Quartal. 3 Hfte. 4. (25, 24 u. 24 S.) Krappitz, O.-Schl. (Groß-Strehlitz, A. Wilpert.) n. 1. 20

— dasselbe. 2. u. 3. Quartal. 6 Hfte. (à ca. 3 Bog.) 4. Ebd. Vierteljährlich n. 1. —

— dasselbe. 2. Jahrg. 1894. 12 Hfte. (à ca. 3 Bog.) 4. Ebd. n. 4. —

— die zweisprachige. Pädagog. Monatsschrift. M. d. Beilage: Kindergärtchen. Hrsg. unt. Mitwirkg. erfahr. Schulmänner v. A. Jelitto. 3.—6. Jahrg. 1895—1898. à 12 Hfte. (à ca. 20 S. u. 16 S. in 12.) 4. Krappitz O.-Schl. Breslau, F. Hirt. à Jahrg. n. 4. —
Kann auch vierteljährlich bezogen werden.

— die zweisprachige. Pädagogische Monatsschrift. Im Verein m. A. Jelitto u. P. Odelga hrsg. v. F. Rzesnitzek. 7.—10. Jahrg. (1899—1902.) à 12 Hfte. gr. 8. (à ca 24 S.) Mit der Beilage: Kindergärtchen. 7.—10. Jahrg Red.: A. Jelitto. 12. (à ca. 16 S.) Breslau, F. Hirt à Jahrg. n. 4.—

— die zweisprachige. Pädagogische Monatsschrift. Im Verein m. P. Hinz u. P. Odelga hrsg. v. Rzesnitzek. 11.—14. Jahrg. 1903—1906. à 12 Hefte. (IV, 320; IV, 288; IV, 288 u. IV, 288 S.) 8. Breslau, F. Hirt. à Jhrg. n. 4.—

— die zweisprachige. Pädagogische Monatsschrift. Im Verein m. P. Hinz u. P. Odelga hrsg. v. F. Rzesnitzek. 15.—18. Jahrg. 1907—1910. à 12 Hefte. (IV, 288, 48 u. 6 S.; IV, 288, 48, 8 u. 40 S.; IV, 288, 44 u. 4 S. u. IV, 288, 38 u. 4 S.) gr. 8. Breslau, F. Hirt. à Jahrg. 4. —

Volksschulen, die katholischen, des Großherz. Baden, eingerichtet nach dem Gesetze vom 28. Aug. 1835 ꝛc. gr. 8. Freiburg 841, Herder. 1 ⅙

Volksschulen, Die, keine kirchliche, sondern allgemeine Staats-Institute . . . Duisburg u. Essen 1805. V: *Hoogen, P. Jacob H.* (MGT)

Volksschulen, die, keine kirchlichen, sondern allgemeine Staats-Institute. 8. Duisb. 805. Bädeker. 5 gr.

Volksschulen, die, des Reg.-Bez. Merseburg nach Besetzung, Einkommen, Schülerzahl ꝛc. Handbuch für Schulinspectoren [Pfarrer] und Lehrer. Auf die J. 1881 und 1882. 30. Jahrg. 8. (XLVI, 287 S.) Merseburg 881, (Steffenhagen.) 1 25

Volksschulen, die, des Regierungs-Bezirks Merseburg, nach Besetzung, Einkommen, Schülerzahl ꝛc. Handbuch für Schulinspektoren [Pfarrer] und Lehrer. 31.—33. Jahrg. 1883/84, 1885/86 und 1887/88. 8. Merseburg, (Steffenhagen.) à Jahrg. * 1 25

Volksschulen, die, d. Reg.-Bez. Merseburg nach Besetzung, Einkommen, Schülerzahl ꝛc. Handbuch f. Schulinspectoren (Pfarrer) u. Lehrer auf die J. 1893 u. 1894. 36. Jahrg. 8. (XXII, 340 S.) Magdeburg 892. (Merseburg, F. Stollberg.) n. 2. —

Volksschulen, die, des Reg.-Bez. Merseburg nach Besetzung Einkommen, Schülerzahl ꝛc. Handbuch f. Schulinspectoren (Pfarrer) u. Lehrer auf die J. 1902 u. 1903. Mit Genehmigg. der königl. Regierg. hrsg. v. Pohle. 40. Jahrg 8. (XIX, 412 S.) Merseburg (902). (F. Stollberg.) n.n. 2.—

Volksschulen, die, des Reg.-Bez. Merseburg nach Besetzg., Einkommen, Schülerzahl ꝛc. Handbuch f. Schulinspektoren (Pfarrer) u. Lehrer auf die J. 1906 u. 1907. Mit Genehmigg. der königl. Regierg. hrsg. v. Pohle. 42. Jahrg. (XXIII, 423 S.) 8. Merseburg (906). (F. Stollberg). n.n. 2. —

Volks- und Mittelschulen, die, Oesterreich-Ungarns. Geschichte, Organisation und Statistik. Oesterreich, mit Benutzung des Artikels der 1. Aufl. von Ad. Ficker bearb. von Erich Wolf, Ungarn von J. H. Schwicker. gr. 8. (141 S.) Leipzig 882, Fues's Verlag. 4 —
Aus: Encyklopädie des gesammten Erziehungs- und Unterrichtswesens, besonders abgedruckt.

Die öffentlichen **Volksschulen** im preussischen Staate. Bearb. im Auftrage des Ministers der geistlichen etc. Angelegenheiten.
Th. 1. Die Aufgabe der preussichen Volksschul-Verwaltung.
Th. 2. Tabellarische Nachweisungen über den Zustand der preussischen Volksschulen im Jahre 1882. Berlin 1883.
= Zeitschrift des Königlich Preussischen Statistischen Bureaus. Ergänzungsheft 13. 4°

Volksschulen. Die, der Stadt Salzburg in den J. 1869–1883. Für den Jahresbericht zusammengest. von A. Erben. Salzburg: Heinrich Dieter 1883. 16 S. 8°

Volksschulen-Kalender für das J. 1863. Verfaßt und redig. von Ant. Jarisch, nebst einem Schematismus des Lehrstandes der Leitmeritzer Diözese. 1. Jahrg. gr. 8. (180 S.) Wien, Mayer's Verlags-Expedition. cart.

Volksschulenkalender, kärntneri'scher, auf die J. 1860 und 1861. Hrsg. von Pavissich. 1. und 2. Jahrg. gr. 8. (à Jahrg. ca. 158 S.) Troppau, (Kolck.)

Volksschulen-Kalender, Kärntnerischer, und Schematismus. Hg. v. Alois Caesar Dr. Pavissich. Klgft., v. Kleinmayr, Leon, (1860—61). (2 Jgg.)

Volksschulenkalender, Schlesischer — für das Jahr 1857 von Vincenz Prausek. Troppau, 1857. Druck der Typograph. Anstalt. (A. Traßler Sohn.) (2 Bl. 126 S. 8.)
Inhalt: Ein flüchtiger Blick auf die Vergangenheit, Gegenwart und Zukunft unserer Volksschulen. — Einige Winke über den Anfang des Rechnens in der Volksschule. — Statistische Notizen. — Schematismus der schlesischen Volksschulen. — Beantwortung der Preisfrage über den gleichzeitigen Unterricht der verschiedenen Abtheilungen in der Volksschule.

—— schlesischer, für die J. 1857—61 von Vinz. Prausek. 1—5. Jahrg. gr. 8. (à Jahrg. ca. IV und 153 S.) Troppau, Kolck. à Jahrg. *

—— vom Vereine zur Verbreitung von Druckschriften für Volksbildung. 10. Jahrg. 8. (160 S. mit 1 Titelbilde.) Wien 860, Prandel und Ewald.

Volksschulen-Krebsbüchlein, allgem., das ist gemeinfaßl. Anweis., wie die Volksschulen allenthalben recht bald u. allgem. in d. gesegneten Krebsgang gebracht, u. zu der goldenen Zeit d. Mittelalters zurückgeführt werden können, mit besond. Berücksichtigung Bayerns. Von Hildebrand Nachtlieb, Frh. v. Eulenhorst, der Zeit Pfarrer u. Localschulinspector zu Dämmerhausen, bei Finsterwalde ꝛc. 8. (9 B.) Nürnberg 834, Campe.

Volksschüler, unsere, im Stadttheater. (Lehrer-Vereinigung f. die Pflege der künstler. Bildg., Hamburg.) (1. u. 2. Taus.) gr. 8. (à 48 S.) Hamburg 899. C. Boysen n. — 60

Volksschulfreund

—— der, e. Zeitschr. f. Lehrer an Bürger- u. Elementarschulen, zum Besten d. sächs. Lehrerwittwenkasse hrsg. v. Döhner, Otto u. Beyer. Der neuen Folge 1. Bd. 2 Hfte. 8. Freiberg 834, (Engelhardt.)

Volksschulfreund, der. Eine Zeitschr. f. Lehrer an Bürger- u. Elementarschulen ꝛc. Hrsg. v. Döhner, Otto u. Beyer. Der neuen Folge 2. u. 3. Bd. à 2 Hfte. 8. Freiberg (u. Zwickau) 835, 36, (Engelhardt.) à J. *

—— der. Eine Zeitschr. f. d. Volksschullehrer, zunächst d. Provinz Preußen. 1—6. Bd. à 4 Hfte. (1—3. hrsg. v. A. E. Preuß, 4—6. fortges. v. J. A. Steger.) 8. Königsberg 837—42, Bon, Brlsb. à Bd. *

Volksschulfreund, der, eine Zeitschrift f. die Volksschullehrer, zunächst der Prov. Preußen. Fortgesetzt v. J. A. Steger. 7—10. Bd. à 4 Hfte. 8. Königsberg 843—46, Bon, Brlgsh. à * 20 Ngr. *
1—6. Bd. Ebendas. 1837—42. à * 20 Ngr.

—— der, eine Zeitschrift f. die Volksschullehrer, zunächst der Prov. Preußen, begründet v. A. E. Preuß, unter Betheiligung sämmtl. Schulräthe der Provinz u. unter Mitwirkung von Elditt, Ohlert, Vetter hrsg. M. Gregor. Neue Folge. 1. Jahrg. Der ganzen Reihe 11. Jahrg. (1847.) 4 Hfte. 8. Königsberg, Bon, Brlgsh. *
Bildet die Fortsetzung zu Vorstehendem.

Volksschulfreund, der, eine Zeitschrift für die Volksschullehrer, zunächst der Provinz Preußen, begründet von A. E. Preuß, unter Betheiligung sämmtl. Schulräthe der Provinz und unter Mitwirkung Mehrerer hrsg. von M. Gregor. Neue Folge. 2—6. Jahrg. Der ganzen Reihe 12—16. Jahrg. 1848—52. 4 Hefte. 8. Königsberg, Bon, Brlgsh. *

Volksschulfreund, der, eine Zeitschrift für die Volksschullehrer, zunächst der Provinz Preußen, begründet von A. E. Preuß, und unter Mitwirkung von Elditt und Vetter, hrsg. von M. Gregor. Neue Folge. 7—9. Jahrg. Der ganzen Reihe 17—19. Jahrg. 1853—55. à Jahrg. 4 Hefte. 8. Königsberg, Bon. à Jahrg. *

Volksschulfreund, der, eine Zeitschrift für Volksschullehrer, zunächst der Provinz Preußen, begründet ꝛc. und herausg. von M. Gregor. Neue Folge. 7—12. Jahrg. Der ganzen Reihe 17—22. Jahrg. 1853—58. à 4 Hefte (à ca. 5 Bgn.). Königsberg, Bon's Verlag. 8. Jeder Jahrg. n. 20 ngr.

Volksschulfreund, der, eine Zeitschrift für Volksschullehrer, zunächst der Provinz Preußen, begründet ꝛc. u. herausg. von M. Gregor. Neue Folge. 13—16. Jahrg. Der ganzen Reihe 23—25. Jahrg. 1859—61. à 4 Hefte (à ca. 5 Bgn.). Königsberg, Bon's Verlag. 8. Jeder Jahrg. n. 20 ngr.

— — 26—28. Jahrg. 1862—64. à 6 Hefte (à ca. 5 Bgn.) Ebend. 8. Jeder Jahrg. n. 1 ℛ

Volksschulfreund, der. Eine Zeitschrift, begründet von A. E. Preuß, mit Unterstützung der evangel. Schulräthe und in Gemeinschaft der Directoren und Lehrer der evangel. Schullehrer-Seminare der Provinz Preußen hrsg. von Ed. Bock. 30. und 31. Jahrg. 1866 und 1867. à Jahrg. 26 Nrn. (Bog.) gr. 4. Königsberg, Bon's Verlag. à Jahrg. *

Volksschulfreund, der. Eine Zeitschrift, begründet von A. E. Preuß, mit Unterstützung der evangel. Schulräthe und in Gemeinschaft der Directoren und Lehrer der evangel. Schullehrer-Seminare der Prov. Preußen hrsg. von Ed. Bock. 32.—37. Jahrg. 1868—1873. à Jahrg. 26 Nrn. (Bog.) 4. Königsberg, Bon's Verlag. à Jahrg. * 3 —

—— dass. — hrsg. von M. Henning. 38. Jahrg. 1874. 26 Nrn. (Bog.) 4. Ebendas. * 3 —

Volksschulfreund, der. Eine Zeitschrift, begründet von A. E. Preuß, mit Unterstützung der evangel. Schulräthe und unter Mitwirkung von Schulmännern hrsg. von G. Müller. 39.—43. Jahrg. 1875—1879. à Jahrg. 26 Nrn. (Bog.) gr. 4. Königsberg, Bon's Verlag. à Jahrg. *

Volksschulfreund, der. Eine Zeitschrift, begründet von A. E. Preuß, mit Unterstützung der evangel. Schulräthe und unter Mitwirkung von Schulmännern hrsg. von G. Müller. 44.—48. Jahrg. 1880—1884. à Jahrg. 26 Nrn. (Bog.) gr. 4. Königsberg, Bon's Verlag. à Jahrg. * 3 —

Volksschulfreund, der. Eine Zeitschrift, begründet von A. E. Preuß, mit Unterstützung der evangel. Schulräte und unter Mitwirkung von Schulmännern hrsg. von G. Müller. 49.—52. Jahrg. 1885—1888. à Jahrg. 26 Nrn. (Bog.) gr. 4. Königsberg, Bon's Verlag. à Jahrg. * 3 —

Volksschulfreund, der. Begründet v. A. E. Preuß, m. Unterstützg. der evangel. Schulräte hrsg. von G. Müller. 53. u. 54. Jahrg. 1889 u. 1890. à Jahrg. 24 Nrn. (Bog.) gr. 4. Königsb. i. Pr., J. H. Bon's Verlag. à Jahrg. * 3 —

—— dass. — Hrsg. von E. Krantz. 55. u. 56. Jahrg. 1891 u. 1892. à Jahrg. 52 Nrn. (Bog.) gr. 4. Ebd. à Jahrg. * 5 —

Volksschulfreund, der. Eine Zeitschrift, begründet v. A. E. Preuß, m. Unterstützg. der evangel. Schulräte u. unter Mitwirkg. v. Schulmännern hrsg. v. E. Krantz. 55.—58. Jahrg. 1891—1894. à 52 Nrn. (Bog.) gr. 4. Königsberg i/Pr., J. H. Bon's Verl. à Jahrg. n. 5. —

Volksschulfreund, der. E. Zeitschrift, begr. von A. E. Preuß, m. Unterstützg. d. evang. Schulräte u. unt. Mitwirkg. v. Schulmännern hrsg. v. E. Krantz. 59.—62. Jahrg. 1895—1898. à 52 Nrn. (Bog.) gr. 4. Königsberg, J. H. Bon's Verl. à Jahrg. n. 5. —
Kann auch halbjährlich bezogen werden.

Volksschulfreund, der. Eine Zeitschrift, begründet v. A. E. Preuß, m. Unterstützg. der evangel. Schulräte u. unter Mitwirkg. v. Schulmännern hrsg. v. E. Krantz. 63.—66 Jahrg. 1899—1902. à 52 Nrn. gr. 4. (à ca. 8 S.) Königsberg, J. H. Bon's Verl. à Jahrg n. 5.—

Volksschulfreund, der. Eine Zeitschrift, begründet von A. E. Preuß, m. Unterstützg. der evangel. Schulräte u. unter Mitwirkg. v. Schulmännern hrsg. v. E. Krantz. 67. bis 70. Jahrg. 1903—1906. à 52 Nrn. (VI, 510; VIII, 568; VII, 576 u. VI, 534 S.) gr. 4. Königsberg, J. H. Bon's Verl. à Jhrg. n. 5. —

Volksschulfreund, der. Eine Zeitschrift, begründet v. A. E. Preuß, unter Mitwirkg. zahlreicher Schulmänner hrsg. v. G. Klein. Mit monatl. Beilagen: Fortbildungsschule. — Schulpraxis. — Literaturblatt. — Wöchentl. Beil.: Illustr. Sonntagsblatt. 71. u. 72. Jahrg. 1907 u. 1908. à 52 Nrn. (à ca. 12, 8 u. 8 S.) 32×24 cm. Königsberg, J. H. Bon's Verl. à Jahrg. 5. —
Fortsetzung u. d. T.: Der neue Volksschulfreund.

—— der. Eine prakt.-pädagog. Zeitschr. f. d. Volksschullehrer u. Schulfreunde zunächst d. Provinzen Westphalen u. Rheinland. In Verbind. mit mehr. Schullehrer-Vereinen hrsg. u. redig. v. Dav. Traug. Kopf. Jahrg. 1839 u. 40. à 4 Hfte. 8. Minden, Eßmann. à J. *

— der neue. Eine ostdeutsche pädagogische Wochenschrift, unter Mitwirkg. zahlreicher Lehrer u. and. Schulmänner hrsg. von G. Klein. Monatl. Beilagen: Aus der Fortbildungsschule. Der prakt. Schulmann. Bücherschau. Das Recht im tägl. Leben u. hygien. Ratgeber. Wöchentliche illustr. Beilage: Für Haus u. Herd. Jahrg. 1909. 52 Nrn. (à ca. 12, 4 u. 8 S.) 32×24 cm. Königsberg, Gräfe & Unzer. 5. —
Erscheint nicht mehr.

—— der rhein.-westphäl. Eine prakt.-pädagog. Zeitschr. f. Lehrer u. Erzieher. Hrsg. von e. Lehrer-Vereine. 1. Jahrg. 1837. 12 Hfte. 8. Minden, Eßmann. •

Volksschulfreund, Sächsischer, Zeitschrift für die, welche dem Volksschullehrerstande angehören, oder an dem Volksschulwesen Antheil nehmen. Herausgeg. von G. F. Döhner u. Ch. Tr. Otto. 1r — 3r Jahrg. à 3 Hefte. 8. Freiberg 825, Craz u. G. 1r J. 1 Rthl. 12 gr. 2r u. 3r J. à 1 Rthl. 18 gr.

Volksschulfreund, sächs., e. Zeitschr. f. die, welche d. Volksschullehrerstande angehören, od. überhaupt an d. Volksschulwesen Antheil nehmen. Im Vereine mit mehr. Freunden d. Volksschulwesens hrsg. v. Gtfr. Ferd. Döhner u. Chr. Traug. Otto. 4—8. Bd. (Jahrg. 1828—32.) à 3 Hfte. 8. Freiberg, (Craz u. Gerlach.)
1–3 Bd. od. Jahrg. 1825–27. Ebendas. à 1 Thlr. 12 Gr.
Hieran schließt sich:
Der Volksschulfreund. Freiberg 1834.

Volksschulgesetz, das, nach den Abänderungen durch das Gesetz vom 2. Mai 1883 u. m. der Durchführungsverordnung vom 8. Juni 1883, enth. ausführl. Bestimmgn. u. Uebersichten der Schulbesuchs-Erleichtergn. Nebst den einschläg. Gesetzen üb. die allgemeinen Rechte der Staatsbürger, das Verhältniß der Schule zur Kirche u. die Regelg. der interconfessionellen Verhältnisse der Staatsbürger. Mit e. alphabet. Sachregister. 2. Aufl. 8. (91 S.) Prag 883. Mercy. n. — 80

Volksschulgesetz, das, im Abgeordnetenhause d. österreichischen Reichsrathes während der Apriltage 1883. 8. (46 S.) Amberg 883. Habbel. — 45

Volksschulgesetz v. 17. VIII. 1909. Text- u. Ausführungsbestimmgn. (Amtsblatt des königl. württ. Ministeriums des Kirchen u. Schulwesens. Nr. 9 v. 1909 u. Nr. 3 von 1910.) (S. 83—108 u. 15—125.) 8. Stuttgart (910). C. Grüninger. nnn 1. 50;
Inhaltsverzeichnis. (6 S.) nnn — 20

Das Volksschulgesetz nebst einigen damit in Zusammenhang stehenden Bestimmungen 2 Aufl Darmstadt Staatsverlag 1910.

Volksschulgesetz, das, vom 5. Decbr. 1868. Ungarisch-deutsche Handausg. 16. (95 S.) Pest 869, Lampel. * — 50

Volksschulgesetz für das Herzogthum Gotha, s. a. **Schreiber, B.**

Volksschul-Gesetz, f. d. Herzogt. Gotha v. 13. V. 1892 unt. Berücksicht. d. Abändergn. laut Erlaß v. 6. VIII. 1892, nebst Gesetz üb. d. Fortbildungsschulen v. 24. VII. 1897, sow. Ordng. d. 2. Prüfg. d. Volksschullehrer laut Erlaß v. 31. V. 1892 u. d. Ordng. d. Prüfg. d. Rectoren an fünf- u. mehrklass. Volksschulen laut Erlaß v. 31. V. 1892. 8. (VII, 46 S.) Gotha 898. E. Glaeser. Geb. n. 1. 50

Volksschulgesetz f. das Herzogt. Gotha vom 4. V. 1906 m. den Ausführungsverordnungen zu § 35 u. § 86 u. dem Gesetz über die Fortbildungsschulen vom 24. VII. 1897. (48 S.) gr. 8. Gotha 906. F. A. Perthes. n.n. — 75

— dasselbe, nebst Gesetz über die Fortbildungsschulen vom 25. VII. 1897 sowie Ordnung der zweiten Prüfung der Volksschullehrer u. der Ordnung der Prüfung der Rektoren an fünf- u. mehrklassigen Volksschulen. (VI, 50 S.) 8. Gotha 906. [R. Schmidt.] R. Wöpke. Kart. n. — 90

Volksschulgesetz, Das neue. Gesetz vom 24. Mai 1869 mit d. durch d. Gesetz v. 2. Mai 1883 verfügten Aenderungen. 8. (11 S.) Wien, A. Pichler's Ww. u. Sohn. 20 kr. 1883.
— nebst Durchführungs-Verordn. Nachtrag z. Sammlg. d. Gesetze und Verordnungen betreff. die allgem. Volksschulen in Kärnten. kl. 8. (40 S.) Klagenfurt, Joh. Heyn. 20 kr. 1883.

[5.] Das neue **Volksschulgesetz** für das Fürstentum Lippe nebst d. wichtigsten sonst. Bestimmgn üb. d. Volksschulwesen in Lippe, insbes. d. Volksschul-Ordng u. e. alphabet. Sachreg. *Detmold: Hinrichs 1895.* (2 Bl., 64 S.) 1 Bd 8. [96. 249

—— für das Königr. Sachsen, nach den unter Zustimmung der königl. Regierung erfolgten Beschlüssen der ersten Kammer, nebst Angabe der abweichenden Bestimmungen der zweiten Kammer. 8. (39 S.) Leipzig 873, Schneider. — 30

Sachsen-Meiningen. Volksschulgesetz vom 3. Januar 1908. (Sammlung der landesherrlichen Verordnungen im Hzgt. S.-M. 1908 Nr. 5.)

—— das königl. sächsische, und die Kirchengesetze vom 15. und 16. April 1873 nebst der Kirchenvorstands- und Synodalordnung vom 30. März 1868. Mit Inhaltsverzeichniß und Sachregister. 8. (VIII, 101 S.) Leipzig 873, Roßberg'sche Buchh. — 75

Volksschulgesetze. Die Reichs- und Landesgesetze mit den einschlägigen Ministerialverordnungen und -erlässen, erläutert durch die Entscheidungen des k. k. Verwaltungsgerichtshofes und des k. k. Reichsgerichtes. Zusammengestellt von Dr. Burckhard. 3., vermehrte Auflage. Bearbeitet von Dr. Burckhard und Dr. Heidlmair. Wien 1904. Manz.

Preis der 1. Abteilung, broschiert 5 K 20 h, gebunden in Leinwand 6 K 20 h.

Preis der 2. Abteilung, broschiert 5 K 80 h, gebunden in Leinwand 6 K 80 h.

Preis der 3. Abteilung, broschiert 2 K 20 h, gebunden in Leinwand 2 K 80 h.

(F) **Volksschulgesetze.** Die Reichs- und Landesgesetze mit den einschlägigen Ministerialverordnungen und -erlassen erläutert durch die Entscheidung des k. k. Verwaltungsgerichtshofes und des k. k. Reichsgerichtes. 3. Aufl. IV. Abt. [Manz'sche Gesetzausgabe. 27. Bd. 4. Abt.] 8°. (XVI, 419 S.) K 4.—, geb K 5.—

Wien: Manz 1906.

Volksschulgesetze, die, für die Markgrafschaft Mähren mit Einbeziehung des Reichsvolksschulgesetzes und der neuen Lehrpläne für Volks- und Bürgerschulen erläutert, aus den Erlässen des Ministeriums für Cultus und Unterricht. Mit einem alphabet. nach Schlagwörtern abgefaßten Materien-Register. 8. (VIII, 260 S.) Prag 874, Mercy. 1 60

[5.] Die neuen Preussischen **Volksschulgesetze.** Zsgest. u. erläut. v. Pogge, Ober-Regiergsr. 2. Aufl. *Berlin: C. Heymanns 1897.* (VI S., 1 Bl., 416 S.) 1 Bd 8. [97 6218

—— die österreichischen. 1. Supplement: Organisations-Statut der Bildungs-Anstalten für Lehrer und Lehrerinnen an öffentl. Volksschulen in Oesterreich. gr. 8. (100 S.) Wien 874, Pichler's Wwe. und Sohn. 1 20

Volksschulgesetze, die österreichischen. Reichsgesetze und Ministerial-Erläße nebst einem alphabet. Materien-Register und den Landesgesetzen für das Erzherzogth. Nieder-Oesterreich. 8. (VI, 222, 34 S.) Wien 874, Pichler's Wwe. und Sohn. *

—— dass. — mit den Landesgesetzen für das Königr. Böhmen. 8. (VI, 222, 34 S.) Ebendas. 874. *

—— dass. — mit den Landesgesetzen für das Herzogth. Kärnten. 8. (VI, 222, 38 S.) Ebendas. 874. *

—— dass. — mit den Landesgesetzen für die Markgrafschaft Mähren. 8. (VI, 222, 28 S.) Ebendas. 874. *

—— dass. — mit den Landesgesetzen für das Erzherzogth. Ober-Oesterreich. 8. (VI, 222, 32 S.) Ebendas. 874.

—— dass. — mit den Landesgesetzen für das Herzogth. Salzburg. 8. (VI, 222, 32 S.) Ebendas. 874. *

1. Supplement. Ebendas. 1874. *M 1,20.

—— dass. — mit den Landesgesetzen für das Herzogth. Schlesien. 8. (VI, 222, 24 S.) Ebendas. 874. *

—— dass. — mit den Landesgesetzen für das Herzogth. Steiermark. 8. (VI, 222, 36 S.) Ebendas. 874. *

—— die österreichischen. Hrsg. von Ad. Ritter v. Obentraut. 1. Bd.: Reichsgesetze und Ministerial-Erläße nebst einem alphabet. Materien-Register. 2. Aufl. (VI, 264 S.) 1878; 3. Aufl. gr. 8. (VI, 288 S.) Ebendas. 879. *

Volksschulgesetze, die österreichischen. Hrsg. von Ad. Ritter v. Obentraut. 2. Bd.: Landesgesetze für Böhmen, nebst den wichtigsten Verordnungen des k. k. Landes-Schulraths für Böhmen und den Lehrplänen für die Volksschulen in Böhmen. gr. 8. (III, 136 S.) Wien 878, Pichler's Wwe. und Sohn.

—— dass. Landesgesetze für Kärnten, nebst den wichtigsten Verordnungen des k. k. Landes-Schulraths für Kärnten und den Lehrplänen für die Volksschulen in Kärnten. gr. 8. (98 S.) Ebendas. 878.

—— dass. — Landesgesetze für Mähren, nebst den wichtigsten Verordnungen des k. k. mähr. Landes-Schulraths und den Lehrplänen für die Volksschulen in Mähren. gr. 8. (III, 153 S.) Ebendas. 878.

—— dass. — Landesgesetze für Nieder-Oesterreich, nebst den wichtigsten Verordnungen des k. k. nieder-österreich. Landes-Schulraths und den Lehrplänen für die Volksschulen in Nieder-Oesterreich. gr. 8. (III, 119 S.) Ebendas. 878.

—— dass. — Landesgesetze für Ober-Oesterreich, nebst den wichtigsten Verordnungen des k. k. ober-österreich. Schulraths und den Lehrplänen für die Volksschulen in Ober-Oesterreich. gr. 8. (III, 111 S.) Ebendas. 878.

—— dass. — Landesgesetze für Salzburg, nebst den wichtigsten Verordnungen des k. k. Landes-Schulraths für Salzburg und Lehrplänen für die Volksschulen in Salzburg. gr. 8. (108 S.) Ebendas. 878. *

—— dass. — Landesgesetze für Schlesien, nebst den wichtigsten Verordnungen des k. k. schles. Landes-Schulraths und den Lehrplänen für die Volksschulen in Schlesien. gr. 8. (143 S.) Ebendas. 878.

—— dass. — Landesgesetze für Steiermark, nebst den wichtigsten Verordnungen des k. k. Landes-Schulraths und den Lehrplänen für die Volksschulen in Steiermark. gr. 8. (96 S.) Ebendas. 878. *

Volksschul-Gesetze, die österreichischen. 1. Bd.: Reichsgesetze und Ministerial-Erläße, nebst einem alphabet. Materien-Register. Hrsgbr.: Ad. Ritter v. Obentraut. 1. bis zum J. 1882 fortgeführte Aufl. gr. 8. (XVII, 321 S.) Wien 883, Pichler's Wwe. und Sohn. *M 2,20.; geb. * 2 60

Die wichtigsten Volksschulgesetze sammt den Lehrplänen für das Königreich Böhmen. Herausgegeben im Auftrage des k. k. Ministeriums für Cultus und Unterricht. Prag. K. k. Schulbücherverlag. 1896. In Lnwd. geb. —.90

— — für die Markgrafschaft Istrien und die gefürstete Grafschaft Görz-Gradisca. Herausgegeben im Auftrage des k. k. Ministeriums für Cultus und Unterricht. Wien 1892. K. k. Schulbücher-Verlag.

Diese Sammlung umfaßt:

1. Das Reichs-Volksschulgesetz mit der Durchführungs-Verordnung.
2. Die Schul- und Unterrichtsordnung.
3. Die Landesschulgesetze für die Markgrafschaft Istrien und die gefürstete Grafschaft Görz-Gradisca.

Die wichtigsten Volksschulgesetze sammt den Lehrplänen für das Herzogthum Kärnten. Herausgegeben im Auftrage des k. k. Ministeriums für Cultus und Unterricht. Wien 1892. K. k. Schulbücher-Verlag. Diese Sammlung umfaßt: 1. Das Reichs-Volksschulgesetz mit der Durchführungs-Verordnung. 2. Die Schul- und Unterrichts-Ordnung. 3. Die Landesschulgesetze für Kärnten. 4. Die Normal-Lehrpläne.

Die wichtigsten Volksschulgesetze sammt den Lehrplänen für die Markgrafschaft Mähren. Herausgegeben im Auftrage des k. k. Ministeriums für Cultus und Unterricht. Wien 1892. K. k. Schulbücher-Verlag.

Die wichtigsten Volksschulgesetze sammt den Lehrplänen für das Erzherzogthum Oesterreich ob der Enns. Herausgegeben im Auftrage des k. k. Ministeriums für Cultus und Unterricht. Wien 1892. K. k. Schulbücher-Verlag.

Diese Sammlung umfaßt:

1. Das Reichs-Volksschulgesetz mit der Durchführungs-Verordnung.
2. Die Schul- und Unterrichtsordnung.
3. Die Landesschulgesetze für Oberösterreich.
4. Die Normal-Lehrpläne.

Die wichtigsten Volksschulgesetze sammt den Lehrplänen für das Erzherzogthum Oesterreich unter der Enns. Herausgegeben im Auftrage des k. k. Ministeriums für Cultus und Unterricht. Wien 1892. K. k. Schulbücher-Verlag. Diese Sammlung umfaßt: 1. Das Reichs-Volksschulgesetz mit der Durchführungs-Verordnung. 2. Die Schul- und Unterrichtsordnung. 3. Die Landesschulgesetze für Niederösterreich. 4 Die Normal-Lehrpläne.

Die wichtigsten Volksschulgesetze sammt den Lehrplänen für das Herzogthum Salzburg. Im Auftrage des k. k. Ministeriums für Cultus und Unterricht. Wien 1892. K. k. Schulbücher-Verlag.

Die wichtigsten Volksschulgesetze sammt den Lehrplänen für das Herzogthum Steiermark. Herausgegeben im Auftrage des k. k. Ministeriums für Cultus und Unterricht. Wien 1892. K. k. Schulbücher-Verlag.

Diese Sammlung umfaßt:

1. Das Reichs-Volksschulgesetz mit der Durchführungs-Verordnung.
2. Die Schul- und Unterrichtsordnung.
3. Die Landesschulgesetze für Steiermark.
4. Die Normal-Lehrpläne.

Die wichtigsten Volksschulgesetze für das Herzogthum Ober- und Nieder-Schlesien. Herausgegeben im Auftrage des k. k. Ministeriums für Cultus und Unterricht. Wien 1892. K. k. Schulbücher-Verlag. Diese Sammlung umfaßt: 1. Das Reichs-Volksschulgesetz mit der Durchführungs-Verordnung. 2. Die Schul- und Unterrichts-Ordnung. 3. Die Landesschulgesetze für Schlesien. (Min.-Erl. v. 20. Sept. 1893, Z. 19847) —.36

Die w i c h t i g s t e n **Volksschulgesetze** für das Herzogtum Ober- und Nieder-Schlesien. Herausgegeben im Auftrage des k. k. Ministeriums für Kultur und Unterricht. 2., durchgesehene Auflage. Wien 1903. K. k. Schulbücher-Verlag.

Volksschul-Gesetze, die wichtigsten, f. das Herzogth. Salzburg. 8. (135 S.) Salzburg 889. Mayr. n. 1. 60

Volksschulgesetz-Entwurf, der, Sr. Exc. d. Kultusministers Grafen Zedlitz-Trützschler, s.: Zeit- u. Streitfragen, beleuchtet vom konservativen Standpunkte.

Der preußische **Volksschulgesetz-Entwurf**. Material zu s. Beurteilung. Berlin: Vorwärts 1906. (28 S.) 8° [F.] [06. 13087

Volksschulgesetzgebung, die, des Großherzogth. Sachsen. 4 Hefte. 8. (IV, 271 S.) Weimar 875—79, Böhlau. à Heft * 60 Pf. *

Volksschulgesetzgebung, die, des Großherzogth. Sachsen. 5. Heft. Nebst Register über Heft 1—5. 8. (IV, S. 273—350.) Weimar 882, Böhlau. * — 80

Volksschulgesetzgebung, die, des Großherzogt. Sachsen. 6. Hft. 8. (IV u. S. 351—429.) Weimar 893. H. Böhlau. n. — 70 (1—6.: n. 3. 20

Volksschulgesetzgebung, die württembergische, im 50. Jahre ihres Bestands. Eine Vergleichg. ihrer Bestimmgn. m. den Bedürfnissen der Zeit. Vom Ausschusse d. württemberg. Volksschullehrervereins. gr. 8. (162 S.) Stuttgart 886. Aue's Verl. n. 2. —

Volksschul-Kalender, für das gemeine Jahr 1869. Ein Jahrbuch für Lehrer und Schulfreunde. Herausgegeben von Jos. Ambros. Brünn: Winiker 1868. 189 S. 8°

E v a n g e l i s c h e **Volksschulkorrespondenz**. Berlin: Zillesen 1876-? 8°
Hrsg.: Zillesen u. Alfred Klug.

Die Volksschullast im Jahre 1909 im Vergleich zur Staatseinkommensteuer unt. bes. Berücks. Oberschlesiens. (Eigene Angaben d. einzeln. Städte.) [Nebst Kte.] Gleiwitz o. J. 8°

Volks-Schullehrer, der, e. Zeitschrift, herausg. von W. Harnisch. 1r—5r Bd. 8. Halle 824—28. Anton. à 1 ℛ 12 gr 7 ℛ 12 gr

Volksschullehrer, der, e. Zeitschr. für alle die, welche in Deutschland leitend u. lehrend im christl. Volksschulwesen arbeiten, hrsg. v. W. Harnisch. 5. Bd. 2 Hfte. 8. Halle 828, Anton.

1—4. Bd. à 2 Hfte. Ebendas. 1824—27. à 1 Thlr. 12 Gr. — 5 Bde. ungetrennt, hrbgs. Pr. 2 Thlr.

Volksschullehrer u. Ackerbauschulen. Zunächst der K. sächs. hohen Staatsregierung u. Ständeversammlung z. geneigten Berücksichtigung empfohlen. Von einem Mitgliede des landwirthschaftl. Vereins in der Umgegend v. Pirna. 8. Grimma 843, Verlags-Comptoir. n. 1/6 ℛ

Volksschullehrer, Der, vor Gericht. Langensalza 1893. 2. Aufl. 1896. V: *Wunderlich, Gottlob.* (centr XIX, 337.)

Volksschullehrer, der, vor Gericht. Eine Reihe v. Rechtsfällen aus dem Schul- u. Lehrerleben, zu Nutz u. Frommen der Lehrerwelt hrsg. 16. (V, 70 S.) Langensalza 893. Schulbuchh. n. — 40

Volksschullehrer, der, vor Gericht. E. Reihe v. Rechtsfällen aus d. Schul- u. Lehrerleben, zu Nutz u. Frommen der Lehrerwelt hrsg. 2. Aufl. 16. (III, 70 S.) Langensalza 896. Schulbuchh. n. — 40

Volksschullehrer, der, beim Lesen v. Dr. Strauß's Leben Jesu. Eine Schulschr. z. Beherzig. f. Volksschullehrer. gr. 12. (4 B.) Grimma 839, Verlags-Compt. *

Volksschullehrer, der, in der Mitte des neunzehnten Jahrhunderts. Organ des Central-Lehrer-Vereins für die Provinz Posen. Red.: Karl Hielscher. 1. Jahrg. 1850. 26 Nrn. gr. 8. (B.) Posen, Gebr. Scherk. n. 1 ℛ

Volksschullehrer, der praktische. Katechetische Vierteljahrsschrift. 1. Jahrg. 1891, 2 Hefte, u. 2. Jahrg. 1892 4 Hefte. gr. 8. (à Heft ca. 80 S.) Blotho, Thorein u. Sitte. à Heft * — 60; * 3 60

— der preussische, in seiner rechtlichen Stellung zum Staat u. zur Gemeinde. (Beilage zu Trowitzsch's Taschenkalender f. deutsche Volksschullehrer 1894.) gr. 16. (76 S.) Berlin 893. Trowitzsch & Sohn. n. — 80

Volksschullehrer, der, und die Volksschule als Erziehungs- und Unterrichtsanstalt. Lehrern, Eltern und Freunden der Volksbildung und Jugend gewidmet. Dargestellt in classischen Stellen tüchtiger Schulmänner. 8. (IV und 86 S.) Frankfurt a. M. 857, Sauerländer's Verlag.

[F.] Die Volksschullehrerbesoldungs-Frage im Lichte ihrer Konsequenzen. E. Wort an alle wahren Freunde der Volksbildg … *Naumburg a. S.: M. Schmidt 1895.* (15 S.) 1 Bd 8. [97. 736]

Volksschullehrer-Besoldungsgesetz, das neue preußische, vom 26. V. 1909 nebst dem Gesetz betr. Kommunalsteuerprivileg d. Beamten, Elementarlehrer u. älteren Kirchendiener u. Servisklassen-Einteilung. (45 S.) 16. Berlin (909). L. Schwarz & Co. — 75

Volksschullehrergesetze, drei preußische. (1. Das Lehrerbesoldungsgesetz v. 3. III. 1897, nebst den ministeriellen Ausführungsbestimmgn. 2. Das Gesetz, betr. die Pensionierung der Lehrer u. Lehrerinnen an den öffentl. Volksschulen, v. 6. VII. 1885. 3. Das Gesetz, betr. die Fürsorge f. die Witwen u. Waisen der Lehrer an öffentlichen Volksschulen vom 4. XII. 1899 nebst den ministeriellen Ausführungsbestimmungen.) gr. 16. (48, 13 u. 34 S.) Breslau (900). F. Goerlich. n. — 50

Volksschullehrergesetze, drei preußische. 1. Gesetz betr. das Dienst-Einkommen der Lehrer u. Lehrerinnen an den öffentl. Volksschulen v. 26. V. 1909 nebst Ausführungsanweisg. v. 21. VI. 1909. 2. Gesetz betr. d. Pensionierg. der Lehrer u. Lehrerinnen an den öffentl. Volksschulen v. 6. VII. 1885 nebst Abändergn. dazu v. 26. IV. 1890 u. v. 10. VI. 1907. 3. Gesetz betr. die Fürsorge für die Witwen u. Waisen der Lehrer an öffentl. Volksschulen v. 4. XII. 1899 nebst Abändergn. dazu v. 10. VI. 1907. (III, 137 S.) kl. 8. Breslau (909). F. Goerlich. — 75

Volksschul-Lehrer-Pensionsgesetz, Das neue preuß., v. 10. Juni 1907 s.a. Gesetz betr. d. Pensionierung d. Lehrer u. Lehrerinnen an d. öffentl. Volksschulen.

Volksschul-Lehrer-Pensionsgesetz, das neue preußische, nebst d. neuen Lehrer-Hinterbliebenen-Gesetz v. 10. VI. 1907. Auf Grund amtl. Materials bearb. (32 S.) kl. 8. Berlin (907). L. Schwarz & Co. — 60

Volks-Schullehrerverein, der, eine Zeitschrift in zwanglosen Heften. 1s—4s Heft. 8. Nürnb. 825—30. Riegel u. W. 2 ℛ

Volksschullehrerverein, der. Eine Zeitschrift in zwanglosen Heften. 5. Heft. gr. 8. Nürnberg 845, Bauer u. Raspe. n. 1/2 ℛ

Volksschul-Lesebuch. Unter Mitwirkung der Königl. evang. Schullehrer-Seminare zu Bunzlau und Steinau herausg. von dem Königl. evangel. Schullehrer-Seminar zu Münsterberg. 3 Thle. Breslau 855. Hirt. gr. 8. n. 18 ngr.

1. Thl. Für die untere Stufe. (2 Bl., 88 S.) 2½ ngr. — 2. Thl. Für die mittlere Stufe. (VIII, 176 S.) n. 5½ ngr. — 3. Thl. Für die obere Stufe. Mit in den Text gedr. Abbildgn. (Holzschn.) (XVI, 367 S.) n. 10 ngr.

—— dass. — 2., verm. und verb. Aufl. Mit in den Text gedr. Abbildungen (in Holzschn.) 1—3. Thl. gr. 8. Ebds. 856. — 19⅓

Inhalt:

Thl. 1. Erstes Lesebuch für den vereinigten Lese-, Schreib-, Sprach-, Sach- und Zeichen-Unterricht. (XII, 104 und 16 lithogr. S.) * 3 Ngr.

„ 2. Zweites Lesebuch als Grundlage für den vereinigten Sach- und Sprach-Unterricht. (XII und 184 S.) mit Anhang: Zur Geographie und Geschichte der heimathl. Provinz. (32 S.) * 6½ Ngr.

„ 3. Drittes Lesebuch als Grundlage für den vereinigten Sach- und Sprach-Unterricht. (Für die Hand des Lehrers mit einer Beigabe: „Einige Worte über die Aufgabe und den Gebrauch des Volksschul-Lesebuches.") (XVI und 399 S.) * 10 Ngr.

— — im Auszuge, für einfache Schulverhältnisse bearb. Unter Mitwirkung ꝛc. Vollständig in 1 Bde. Für die mittlere u. obere Stufe. Mit in den Text gedr. Abbildgn. (Holzschn.) A. u. d. T.: Zweites und drittes Lesebuch im Auszuge als Grundlage für den vereinigten Sach- und Sprach-Unterricht. Ebend. 856. gr. 8. (XVI, 352 S.) n. 10 ngr.

Volksschul-Lesebuch. Unter Mitwirkung der königl. evangel. Schullehrer-Seminare zu Bunzlau und Steinau hrsg. von dem königl. evangel. Schullehrer-Seminar zu Münsterberg. Mit in den Text gedr. Abbildungen (in Holzschn.) Nebst einer Sammlung von Melodien zu den singbaren Liedern. Für einfache Schulverhältnisse. 1. Thl.: Für die untere Stufe. Erstes Lesebuch für den vereinigten Lese-, Schreib-, Sprach-, Sach- und Zeichen-Unterricht. 6. (Ster.-)Aufl. gr. 8. (VIII und 120 S.) Breslau 858, Hirt's Verlag. *

—— dass. — 2. Thl.: Für die mittlere und obere Stufe: Zweites und drittes Lesebuch im Auszuge, als Grundlage für den vereinigten Sach- und Sprach-Unterricht. 3. (Ster.-)Aufl. gr. 8. (XVI und 352 S.) Ebendas. 858. *

—— dass. — Für mehrklassige Schulen. 1. Thl.: Für die untere Stufe. Erstes Lesebuch für den vereinigten Lese-, Schreib-, Sprach-, Sach- und Zeichen-Unterricht. 6. (Ster.-)Aufl. gr. 8. (VIII und 120 S.) Ebendas. 858. *.

—— dass. — 2. Thl.: Für die mittlere Stufe. Zweites Lesebuch als Grundlage für den vereinigten Sach- und Sprach-Unterricht. 4. (Ster.-)Aufl. gr. 8. (VIII und 184 S.) Ebendas. 858. *.

—— dass. — 3. Thl.: Für die obere Stufe. Drittes Lesebuch für den vereinigten Sach- und Sprach-Unterricht. 3. (Ster.-)Aufl. gr. 8. (XVI und 399 S.) Ebendas. 858. *

Beide Ausgaben mit Spezialtiteln und Anhängen (à 16—32 S.) für die Provinzen: Brandenburg — Hohenzollern — Pommern — Posen — Preußen — Rheinprovinz — Sachsen — Schlesien — Westphalen — zu gleichen Preisen.

Volksschul-Lesebuch. Unter Mitwirkung der Königl. evangelischen Schullehrer-Seminare zu Bunzlau u. Steinau herausg. von dem Königl. evangelischen Schullehrer-Seminar zu Münsterberg. Mit in den Text gedr. Abbildgn. (in Holzschn.) Ausg. für mehrklassige Schulen. 3 Theile. Breslau 859—64. Hirt. gr. 8. n. 21 *ngr.*

1. Thl.: Für die untere Stufe. 7—14. Aufl. (VIII, 120 S.) n. $3\frac{1}{2}$ *ngr.*

2. Thl.: Für die mittlere Stufe. 5—8. verb. Aufl. (VIII, 184 S.) n. $6\frac{1}{2}$ *ngr.*

3. Thl.: Für die obere Stufe. 4—6. verb. Aufl. (XVI, 407 S.) n. 11 *ngr.*

— — Ausg. für einfache Schulverhältnisse. 2 Theile. Ebend. 859—64. 8. n. $13\frac{1}{2}$ *ngr.*

1. Thl.: Für die untere Stufe. 7—14. Aufl. (VIII, 120 S.) n. $3\frac{1}{2}$ *ngr.*

2. Thl.: Für die mittlere u. obere Stufe. [1. u. 2. Lesebuch im Auszuge.] 4—7. verb. Aufl. (XVI, 360 S.) n. 10 *ngr.*

Volksschul-Lesebuch. Unter Mitwirkung der Königl. evangel. Schullehrer-Seminare zu Bunzlau und Steinau hrsg. von dem Königl. evangel. Schullehrer-Seminar zu Münsterberg. Mit in den Text gedr. Abbild. (in Holzschn.) Ausg. für mehrklass. Schulen. 3 Thle. gr. 8. Breslau 863—67, Hirt's Verlag. *

Inhalt:

Thl. 1. Für die untere Stufe. 11.—23. Aufl. (VIII und 120 S.) * $3\frac{1}{2}$ Ngr.
" 2. Für die mittlere Stufe. 7.—11. Aufl. (VIII und 184 S.) * $6\frac{1}{2}$ Ngr.
" 3. Für die obere Stufe. 5.—8., verb. Aufl. (XVI und 428 S.) * 11 Ngr.

—— dass. — Ausg. für einfache Schulverhältnisse. 2 Thle. gr. 8. Ebendas. 863—67. * —

Inhalt:

Thl. 1. Für die untere Stufe. 11.—23. Aufl. (VIII und 120 S.) * $3\frac{1}{2}$ Ngr.
" 2. Für die mittlere und obere Stufe. 6.—12., verb. Aufl. (XVI und 376 S.) * 10 Ngr.

Der 2. Thl. beider Ausg. ist mit Anh. und Sep.-Titel für die Provinzen: Brandenburg, Pommern, Schlesien, Sachsen, Westphalen, das Rheinland, Hohenzollern, Preußen und Posen zu gleichen Preisen erschienen.

Volksschul-Lesebuch. Unter Mitwirkung der Königl. evangel. Schullehrer-Seminare zu Bunzlau u. Steinau hersg. von dem Königl. evangel. Schullehrer-Seminar zu Münsterberg. Mit in den Text gedr. Abbild. (in Holzschn.) Ausg. für mehrklass. Schulen. 3 Thle. Breslau 865—70. Hirt's Verlag. gr. 8. n. 21 *ngr.*

1. Thl. Für die untere Stufe. 15—29. Aufl. (VIII, 120 S.) n. $3\frac{1}{2}$ *ngr.*

2. Thl. Für die mittlere Stufe. 9—14. Aufl. (VIII, 184 S.) n. $6\frac{1}{2}$ *ngr.*

3. Thl. Für die obere Stufe. 7—9., verb. Aufl. (XVI, 428 S.) n. 11 *ngr.*

— — Ausg. für einfache Schulverhältnisse. 2 Thle. Ebend. 865—70. gr. 8. n. $13\frac{1}{2}$ *ngr.*

1. Thl. Für die untere Stufe. 15—29. Aufl. (VIII, 120 S.) n. $3\frac{1}{2}$ *ngr.*

2. Thl. Für die mittlere u. obere Stufe. 9—13., verb. Aufl. (XVI, 376 S.) n. 10 *ngr.*, 13. u. 14. verb. Aufl. (XVI, 384 S.) n. 11 *ngr.*

Der 2. Thl. beider Ausg. ist mit Anh. u. Sep.-Titel für die Provinzen: Brandenburg, Pommern, Schlesien, Sachsen, Westphalen, das Rheinland, Hohenzollern, Preußen u. Posen zu gleichen Preisen erschienen.

Volksschul-Lesebuch. Unter Mitwirkung der evangel. Schullehrer-Seminare zu Bunzlau und Steinau, begründet von dem evangel. Schullehrer-Seminar zu Münsterberg. Mit in den Text gedr. Abbild. (in Holzschn.). Nebst einer Sammlung von Melodien zu den singbaren Liedern. 3 Thle. gr. 8. Breslau 870, Hirt's Verlag. * 2 10

Inhalt:

Thl. 1. Für die untere Stufe: Erstes Lesebuch für den vereinigten Lese-, Schreib-, Sprach-, Sach- und Zeichen-Unterricht. Im Anschluß an die in neuer Bearbeitung vorliegenden Lesetaf. 29. Aufl. (VIII, 120 S.) * 35 Pf.
" 2. Für die mittlere Stufe: Zweites Lesebuch als Grundlage für den vereinigten Sach- und Sprach-Unterricht. Als Provinzial-Lesebuch mit besond. Beigabe: Zur Geographie und Geschichte der heimathl. Provinz. 14., verb. Aufl. (VIII, 184 S.) * 65 Pf.
" 3. Für die obere Stufe: Drittes Lesebuch für den vereinigten Sach- und Sprach-Unterricht. Als Provinzial-Lesebuch mit besond. Beigabe zum 2. Thle.: Zur Geographie und Geschichte der heimathl. Provinz. 9., verb. Aufl. (XVI, 432 S.) cart. * *M.* 1,10.

—— dass. — 1. Thl.: Erstes Lesebuch. Für die Hand des Lehrers mit einer Beigabe: Der erste Lese- und Schreib-Unterricht nach der Münsterberger Lehrmethode. gr. 8. (XVI, 120 S.) Ebendas. 870. * — 35

—— dass. — Für die mittlere und obere Stufe: Zweites und drittes Lesebuch im Auszuge, als Grundlage für den vereinigten Sach- und Sprach-Unterricht. Als Provinzial-Lesebuch mit besond. Beigabe: Zur Geographie und Geschichte der heimathl. Provinz. 13. Aufl. 1869, und 14., verb. Aufl. gr. 8. (XVI, 384 S.) Ebendas. 870. * 1 10

Volksschul-Lesebuch. Unter Mitwirkung der evangel. Schullehrer-Seminare zu Bunzlau und Steinau, begründet von dem evangel. Schullehrer-Seminar zu Münsterberg. Mit in den Text gedr. Abbild. (in Holzschn.). Nebst einer Sammlung von Melodien zu den singbaren Liedern. 1. Ausg. Für mehrklassige Schulen. 1. und 3. Thl. gr. 8. Breslau, Hirt's Verlag. *

Inhalt:

Thl. 1. Für die untere Stufe: Erstes Lesebuch für den vereinigten Lese-, Schreib-, Sprach-, Sach- und Zeichen-Unterricht. Im Anschluß an die in neuer Bearbeitung vorliegenden Lesetaf. 30. und 31. Aufl. (VIII, 120 S.) 871. * 35 Pf.
" 3. Für die obere Stufe: Drittes Lesebuch für den vereinigten Sach- und Sprach-Unterricht. Als Provinzial-Lesebuch mit besond. Beigabe zum 2. Thle.: Zur Geographie und Geschichte der heimathl. Provinz. 10. verb. Aufl. (XVI, 447 S.) 872. * *M.* 1,10.
2. Thl. Ebendas. 1870. * 65 Pf.

—— dass. — 2. Ausg. Für einklassige Schulen. 2 Thle. gr. 8. Ebendas. *

Inhalt:

Thl. 1. Für die untere Stufe: Erstes Lesebuch für den vereinigten Lese-, Schreib-, Sprach-, Sach- und Zeichen-Unterricht. Im Anschluß an die in neuer Bearbeitung vorliegenden Lesetaf. 19. Aufl. (VIII, 60, 84 S.) 880. * 40 Pf.
" 2. Für die mittlere und obere Stufe: Zweites und drittes Lesebuch im Auszuge, als Grundlage für den vereinigten Sach- und Sprach-Unterricht. Als Provinzial-Lesebuch mit besond. Beigabe: Zur Geographie und Geschichte der heimathl. Provinz. 15. verb. Aufl. (XVI, 400 S.) 872. * *M.* 1,10.

Zur **Volksschullesebuchfrage**. Bericht u. Verhandlung. Verfügungen u. Gutachten. ⟨Zur 5. Generalversamml. in Elberfeld [!] am 29. April 1883.⟩ ... Bonn: E. Strauß 1883. (108 S.) 8° [F.]
= **Schriften** d. Liberalen Schulvereins Rheinlands u. Westf. No 6. 106. 3367

Volksschul-Lesetafeln. Unter Mitwirkung der königl. evangel. Schullehrer-Seminare zu Bunzlau und Steinau hrsg. von dem königl. evangel. Schullehrer-Seminar zu Münsterberg. 15 Bog. in Imp.-Fol. Breslau 855, Hirt's Verlag. *

Volksschul-Lesetafeln. Unter Mitwirkung der königl. evangel. Schullehrer-Seminare zu Bunzlau und Steinau hrsg. von dem Seminar zu Münsterberg. 2., aus 12 Taf. (in Imp.-Fol.) bestehende Bearbeitung. Breslau 858, Hirt's Verlag. *

Volksschul-Lieder. Hrsg. von dem königl. evangel. Schullehrer-Seminar zu Münsterberg. 3 Abthlgn. Für die untere, mittlere und obere Stufe. gr. 8. (IV und 76 S.) Breslau 855, Hirt's Verlag. [1. Abthl. 1½ Ngr., 2. Abthl. * 2½ Ngr., 3. Abthl. * 3½ Ngr.] *.

Volksschul-Lieder. Eine Beigabe zum Volksschul-Lesebuche, hrsg. von dem königl. evangel. Schullehrer-Seminar zu Münsterberg. 3 Abthlgn. Für die untere, mittlere und obere Stufe. Neue (Ster.-)Aufl. gr. 8. Breslau 858, Hirt's Verlag. [1. Abthl. (16 S.) 1½ Ngr., 2. (24 S.) * 2½ Ngr., 3. (IV und 36 S.) * 3½ Ngr.] cplt. * — 6½

Volksschul-Liederbuch, enthaltend die durch Verfügung der Königl. Regierung zu Düsseldorf vom 13. April 1887 zur Einübung vorgeschriebenen 58 Lieder. Hrsg. von einem Lehrervereine in Düsseldorf. 1.—5. Aufl. 8. (VI, 49 S.) Düsseldorf 887,88, Schwann. **

Volksschul-Liederbuch, enth. d. durch Verfügg. d. kgl. Regierg. zu Düsseldorf v. 13. Apr. 1887 zur Einübg. vorgeschrieb. 58 Lieder. Hrsg. v. e. Lehrervereine in Düsseldorf. 12. u. 13. Aufl. 8. (VI, 49 S.) Düsseldorf (893 u. 95). L. Schwann. Kart. n.n. — 25

Volksschul-Liederbuch, enth. die durch Verfügg. der königl. Regierg. zu Düsseldorf vom 13. IV. 1887 zur Einübg. vorgeschriebenen 58 Lieder. Hrsg. v. e. Lehrervereine in Düsseldorf. 19. Aufl. 8. (VI, 49 S.) Düsseldorf (902). L. Schwann. Kart. n.n. — 25

Volksschul-Liederbuch, enth. die durch Verfügg. der königl. Regierg. zu Düsseldorf vom 13. IV. 1887 zur Einübg. vorgeschriebenen 58 Lieder. Hrsg. v. e. Lehrervereine in Düsseldorf. 23. Aufl. (VI, 49 S.) 8. Düsseldorf (908). L. Schwann. Kart. nn — 25

Volksschulordnungen, kursächsische, s.: Neudrucke pädagogischer Schriften.

Zur Volksschulpädagogik. Eine Samml. von Abhandlungen u. Aufsätzen aus d. Gebiete d. wissenschaftl. u. prakt. Volksschulpädagogik, d. Jugendfürsorge u. d. Fortbildung d. Lehrers. Hrsg. von Rektor [Karl] Hemprich. H. 1. Langensalza: Beltz (1909). 8°

Volksschul-Praxis, die. Archiv für praktischen Unterricht. Sammlung von Lehrproben, Lehrplänen, pädagog. Aufsätzen rc., unter Mitwirkung namhafter Schulmänner hrsg. von M. Überschaer. Mit der Beilage: Pädagogischer Anzeiger für das deutsche Reich. 1.—4. Heft. gr. 8. (S. 1—244; S. 1—28.) Minden 886, Bruns' Verlag. à Heft *
Nicht weiter erschienen.

[F.] Das Königlich Sächsische Volksschulrecht. Gesetz, d. Volksschulwesen betr., v. 26. Apr. 1873 nebst der dazu gehör. Ausführgsverordng v. 25. Aug. 1874 u. den auf d. Seminar- u. Volksschulwesen bezügl. sonst. Gesetzen u. Verordngn. M. Erläut. u. ausführl. alphabet. Sachreg. hrsg. v. O. E. Walter, Stadtrat zu Leipzig ... 7. verm. Aufl. *Leipzig: A. Berger 1896.* (XI, 705 S.) 1 Bd 8.
— Handbibliothek, Meinholds Juristische. Bd 28.

Volksschulreform, die, e. Hauptmittel zur Bekämpfung der Socialdemokratie. Von e. Lehrer in Elsaß-Lothringen. gr. 8. (122 S.) Mainz 892. F. Kirchheim. 1. 20

Volksschulunterhaltungsgesetz, das preußische, vom 28. VII. 1906 nebst den Ausführungsbestimmgn. vom 25. II., 2. VII., 6. XI. 1907 u. 14. III. 1908. Text-Ausg. (XL, 39 S.) gr. 8. Berlin 908. C. Heymann. 1. —

Volksschulunterricht, der. Eine Sammlung methodischer Anweisungen zur Ertheilung des Unterrichts in den verschiedenen Lehrgebieten der Volksschule. Mit in den Text gedr. Illustr. In zwangloser Folge. 1. Thl. A. u. d. T.: Das Volkslied in der Volksschule. Eine Behandlung des sprachlichen Lernstoffes zur Uebung im mündlichen u. schriftlichen Gedankenausdruck für die mittlere u. obere Stufe der Volksschule von Ed. Förster. 2., größtentheils neu bearb. u. verm. Aufl. Mit einer Beigabe volksthümlicher Melodien der behandelten Lieder. Breslau 868. Hirt. gr. 8. (XII, 126 S.) 15 ngr.

Volksschulunterricht, der. Theoretisch-prakt. Handbuch der Methodik d. Volksschulunterrichts zur Fortbildg. des Lehrers im Amte u. zur Vorbereitg. auf d. Prüfgn. Unt. Mitwirkg. namhafter Schulmänner hrsg. v. Max Hübner. I. u. II. gr. 8. Breslau 898. F. Goerlich. n. 3. 40
I. Der Unterricht in d. Geschichte m. zahlr. Lehrproben u. Lektions-Entwürfen. Von Max Hübner. (IV, 147 S.) n. 1. 60
II. Der Rechenunterricht. Von Max Hübner. (IV, 179 S.) 898. n. 1. 80

Volksschulunterricht, der. Theoretisch-prakt. Handbuch der Methodik des Volksschulunterrichts zur Fortbildung des Lehrers im Amte u. zur Vorbereitung auf die Prüfgn. Unter Mitwirkg. namhafter Schulmänner hrsg. v. Max Hübner. I—IV. gr. 8. Breslau, F. Goerlich. n. 8. 20
I. Der Geschichtsunterricht in der Volksschule mit zahlreichen Lehrproben u. Lektionsentwürfen. Zur Fortbildg. des Lehrers im Amte u. zur Vorbereitg. auf die Prüfgn. Theoretisch u. praktisch bearb. Von Max Hübner. (Neue [Titel-]Ausg.) (VI, 147 S.) [898.] (900.) n. 1. 60; geb. n.n. 1. 80
II. Der Rechenunterricht in der Volksschule m. zahlreichen Lehrproben u. Lektionsentwürfen. Theoretisch u. praktisch bearb. Von Max Hübner. (VI, 182 S.) (900.) n. 1.80; geb. n.n. 2.—
III. Gesetze u. Verordnungen betr. das preußische Volksschulwesen (Schulverfassung, Schulverwaltung u. die persönlichen Verhältnisse des Lehrers), sowie das Wesentlichste üb. den schriftl. Verkehr des Lehrers m. den Behörden. Von Max Hübner. (VIII, 296 S.) (900.) n. 3.—
IV. Die Naturkunde in der Volksschule (Naturgeschichte, Physik u. Chemie). Mit zahlreichen Lehrproben u. Lektionsentwürfen. Von E. Richter. (VII, 182 S.) (900.) n. 1.80; geb. n.n. 2.—

Volksschulverwaltung, die, in der Provinz Hannover und der Organisationsplan der königl. Regierung in ihrem Verhältniß zum bestehenden Rechte und zu den Fragen der Decentralisation und Selbstverwaltung. gr. 8. (III, 67 S.) Hannover 868, Helwing's Verlag.

Volksschul-Verwaltung, die, in der Provinz Hannover u. ihr Verhältniß zur Staatsregierung mit Bezugnahme auf die zwei Schriften: „Die Volksschulverwaltung in der Provinz Hannover u. der Organisationsplan der k. Regierung rc." u. „Der Gesetzentwurf, betr. die Einrichtung u. Unterhaltung der öffentlichen Volksschulen, von L. A. Brüel," beleuchtet von einem alten preuß. Schulmanne. Hannover 869. Meyer. gr. 8. (86 S.) n. 10 ngr.

— die preußische u. ihre Gegner, besonders in der Provinz Hannover. Gütersloh 869. Bertelsmann's Verl. gr. 8. (54 S.) 7½ ngr.

Volksschulwesen, s. Statistik, Preußische.

Volksschulwesen, das badische. Eine Sammlung der hierüber geltenden Gesetze und Verordnungen. gr. 8. (XII und 196 S.) Karlsruhe 856, Braun'sche Hofbuchh. *

Volksschulwesen, das badische. Eine Sammlung der hierüber geltenden Gesetze u. Verordnungen. 2. Aufl. Karlsruhe 861. Braun. gr. 8. (XIV, 192 S.) n. 24 ngr.

Volks-Schulwesen, d. deutsche, oder d. missl. Verhältnisse d. Schullehrer, besonders auf d. Lande. Von L. H. gr. 12. München 827. (Michaelis). 5 gr

Volksschulwesen, Deutschlands gesammtes. nach seiner nothwendigen Reformation u. seinem künftigen Verhältnisse zum Staat, zur Kirche u. zum Leben. Von e. sächs. Schulmanne. Bautzen 1843. gr. 8.

Volksschulwesen, [1896:] Niedere Schulwesen. Das gesamte, im preussischen Staate . . . bearb. vom Kgl. Statistischen Bureau. Berlin 1889—1908. 4°.

im J. 1886. Mit e. einl. Denkschrift von K. *Schneider* u. A. *Petersilie*. 1889.
im J. 1891. Tl 1. 2. Mit e. einl. Denkschrift. 1893. 1892.
im J. 1896. Tl 1. 2. Mit e. einl. Denkschrift. 1898.
im J. 1901. Tl 1—3. 1902—1905.
im J. 1906. Tl 1—3. 1908.
(Preuss. Statistik. H. 101. 120. 151. 176. 209.)

Volksschulwesen u. Kirche in Bayern. Sammlung allgemeiner Actenstücke zur Darstellung des Verhältnisses zwischen Volksschule, Staat u. Kirche in den letzten 20 Jahren vom Jahre 1848 bis zum Schlusse des Jahres 1867. Regensburg 868. Pustet. gr. 8. (IV, 170 S.) 16 *ngr.*

Volksschulwesen, das, in d. Kgl. Sächs. Landen v. seiner mangelhaftesten u. hülfsbedürftigsten Seite dargest. u. den jetzt versammelt. Ständen d. Königr. zu ernster Berathung empfohlen v. e. aufricht. Schul= u. Volksfreunde. gr. 8. (11¼ B.) Leipzig 833, Herbig.

Das Volksschulwesen in den neuerworbenen katholischen Landesteilen. Neuwürttemberg. Bearb. u. hrsg. von Bernhard **Kaisser**. *Stuttgart: J. Roth 1897.* (XI, 388 S.) 8°
= **Kaisser**: Geschichte d. Volksschulwesens in Württemberg. Bd 2. [01.3627

Volksschulwesen, das, im Königr. Sachsen. Gesetz vom 26. April 1873 nebst der Ausführungsverordng. dazu vom 25. Aug. 1874 u. den neueren damit in Verbindg. steh. Gesetzen u. Verordngn. Mit e. Sachregister. 2. Aufl. 8. (VIII, 112 S.) Leipzig 876. Roßberg. n. 1. —

Volksschulwesen, das, im Königr. Sachsen in den J. 1874 u. 1884. Eine auf amtl. Quellen beruh. vergleich. Statistik. 8. (III, 58 S.) **Leipzig 885. Roßberg. n. 1. —**

Volksschulwesen, Das, Würtembergs. [Stuttgart 1894.] V: *Schmid, Chn.* (Heyd)

Volksschulwesen, das, in Württemberg und die Vorschläge zu seiner Verbesserung. Zur Orientirung von einem Schulmann. 8. (53 S.) Stuttgart 863, Nitzschke.

Volks=Schul=Zeitung, Preußische, redigirt von Drogan, herausg. von Kobitz. 1r—5r Jahrg. à 52 Numm. gr. 4. Berlin 833—37. (Wagenführ, auch Stackebrandt.) à n. 2⅓ ℛ

— dass. 6r — 8r Jahrg. 1838 — 1840. Redigirt von Kobitz. à J. 58 Numm. Mit Musik= u. a. Beilagen. gr. 4. Berlin, Expedition; Leipzig 838. (Polet.) à n. 2⅓ ℛ

Volks=Schul=Zeitung, Preuß., hrsg. v. J. G. Kobitz. 1. u. 2. Jahrg. 1833 u. 34. à 52 Nrn. (Bog.) u. Beilagen. (Literar. Anzeigen.) gr. 4. Berlin, Krause. à J.

Volks=Schul=Zeitung, preußische. Redig. v. J. G. Kobitz. 3—10. Jahrg. 1835—42. à 52 Nrn. (Bog. u. musikal. rc. Beiln.) (8—10. Jahrg. m. pädagog. Literaturblatt.) 4. Berlin, Expedition. (C. A. Wolff. f) à J. *
Das: Pädagog. Literaturblatt, Beilage z. preuß. Volkszeitung. Redig. v. Kobitz. 1839—42. apart à 8 Gr.

Volks=Schul=Zeitung, preußische, redig. von Kobitz. 11. u. 12. Jahrg. 1843 u. 1844. à 52 Nrn. (Bog.) Mit der Beilage: Pädagog. Literaturblatt. 12 Nrn. gr. 4. Berlin, Expedition. [11. Jahrg. * 2 Thlr. 10 Ngr., 12. J. * 2 Thlr. 15 Ngr.] Thlr. *
Das Literaturblatt besonders à J. * 10 Ngr.
Die Fortsetzung erschien u. d. Ttl.: Jahrbücher für Erziehung u. Unterricht.

— Vergl. Literaturblatt, pädagogisches.

—— schlesische. Kommunalschrift f. das gesammte schles. Volksschulwesen. Redakt.: Hinke. 1. u. 2. Jahrg. 1844 u. 1845. à 12 Nrn. (à 2 Bog.) gr. 4. Goldberg. (Liegnitz, Kuhlmey.) à J. *

—— dass. 3. u. 4. Jahrg. 1846. u. 1847. à 12 Nrn. (à 2 Bog.) Redig. von Dems. gr. 4. (Striegau, Hoffmann.) à J. *

Volksschul-Zeitung, schlesische. Organ für das gesammte schlesische Volksschulwesen. Redig. von Hinke. 5. Jahrg. 1848. 52 Nrn. (Bog.) gr. 8. Striegau, Hoffmann. *

—— **schleswig-holsteinische, hrsg. v. Gudenrath, Greve, Hennings. 1—3. Jahrg. 1836 — 38 à 12 Hfte. 8. Altona, [Dessau,] Aue. à J.** *

Volksschwänke, deutsche, des 16. Jahrh., hrsg. von Jos. Welgert, s.: Sammlung Kösel. 32. Bd.

Volks=Secretair, allgemeiner. Ein treuer, unentbehrlicher Rathgeber bei Abfassung aller nur denkbaren Arten von Briefen, Eingaben rc., nebst einer Anleitung, die Regeln der deutschen Sprache, Orthographie u. Interpunktion auf eine ganz leichte u. sichere Weise einzuüben. Mit 3 Kupfertaf. gr. 8. Hamburg 843—45, Böbecker. 1⅓ ℛ geb. 1$^{7}/_{12}$ ℛ

Volks=Secretair, allgemeiner. Ein treuer, unentbehrl. Rathgeber bei Abfassung aller nur denkbaren Arten von Briefen, Eingaben rc., nebst e. Anleitung, die Regeln der deutschen Sprache, Orthographie u. Interpunktion auf eine ganz leichte u. sichere Weise einzuüben. 1. u. 2. Lfg. gr. 8. (Bog. 1—12. u. 1 Kpfrt.) Hamburg 844, Böbecker. à * 5 Ngr.

Volkssecretär, der, für das Königr. Sachsen und die sächsischen Herzogthümer. Unentbehrlicher Rathgeber und Geschäftshandbuch in allen Verhältnissen für Jedermann, für Stadt und Land. 24 Lfgn. gr. 8. (III und 1135 S.) Leipzig 867,68, R. Schäfer. [Meerane, Send.] à Lfg. * 3 Ngr. *
Ermäßigter Preis * 1 Thlr.; geb. *

VOLKSSEUCHEN. Vierzehn Vorträge, gehalten von Geh. Med.-Rat Prof. Dr. W. DÖNITZ in Berlin, Geh. Ober-Med.-Rat Prof. Dr. M. KIRCHNER in Berlin, Prof. Dr. W. KOLLE in Bern, Prof. Dr. W. KRUSE in Bonn, Marine-Oberstabsarzt Prof. Dr. E. MARTINI in Wilhelmshaven, Prof. Dr. A. MOELLER in Berlin, Hafenarzt Prof. Dr. B. NOCHT in Hamburg, Oberstabsarzt Dr. SCHÜDER in Neustrelitz, Prof. Dr. G. STICKER in Giessen, Geh. Med.-Rat Prof. Dr. A. WASSERMANN in Berlin. Herausgegeben vom Zentralkomitee für das ärztliche Fortbildungswesen in Preussen, in dessen Auftrage redigiert von Prof. Dr. R. KUTNER. Mit 74 Abbildungen im Text. Jena 1909. Verlag von Gustav Fischer. 8°.

Volksseuchen. 14 Vorträge, geh. v. R. W. Dönitz, M. Kirchner, W. Kolle, W. Kruse, E. Martini, A. Moeller, B. Nocht, Schüder, G. Sticker u. A. Wassermann. Hrsg. vom Zentralkomitee f. das ärztl. Fortbildungswesen in Preussen, in dessen Auftrage red. v. R. Kutner. (III, 390 S. m. 74 Abbildgn.) gr. 8. Jena 909. G. Fischer. 6.—; geb. 7.—

Volkssieg. Der grosse V. Noch ein Paar Worte der 19 „Mannli“ des Döttinger Komite an ihre aargauischen „Mitmannli“ .... Hrg. den 9. August 1862. 8. *o. O.*

Volkssouverainität. Eine politische Controversschrift. gr. 8. (27 S.) Berlin 848, J. A. Wohlgemuth. n. ⅙ ℛ

— die, u. ihre prakt. Bedeutung für den einzelnen Bürger. gr. 8. (20 S.) Dresden 849, Adler & Dietze. n. 2 ngr

Volksspiegel. Monatsschrift für politisches und sociales Leben. Red. unter Verantwortlichkeit des Herausgebers Ferd. Behrend. 2.—3. Jahrg. 4⁰. Breslau, Trewendt, Jan. 1847 und 48 März. (Der 1. Jahrg. u. d. T.: Breslauer Volksspiegel, eine unterhaltende und belehrende Monatsschrift zur Beförderung der Volksbildung gr. - 4⁰. Breslau, Trewendt, 1846.)

Volksspiegel. Monatsschrift für politisches u. soziales Leben. Hrsg.: Ferd. Behrend. 2 u. 3. Jahrg. 1847 u. 1848. à 12 Hfte. 4. (à 4—6 B.) Breslau, Trewendt & Granier. à Jahrg. m. 4 Lfgn. des „Volkstaschenbuch" n. 2 Rf

Volksspiegel. Monatsschrift für polit. und soziales Leben. Hrsg. von Ferd. Behrend. 3. Jahrg. 1848. 12 Hefte. (à 4—6 Bog.) 4. Breslau, [Trewendt und Granier.] Thlr. *
1. und 2. Jahrg. 1846 und 1847. Ebendas. à Jahrg. * 2 Thlr.

Volks-Spiegel: 1888/ ? Decatur, IL
Weekly

Volksspiegel, breslauer, eine unterhaltende u. belehrende Monatsschrift zur Beförderung der Volksbildung, im Vereine mit hiesigen u. auswärt. Mitarbeitern. Hrsg. v. R. Micke, R. Kopisch u. Ferd. Behrend. 1. u. 2. Jahrg. 1846 u. 1847. à 12 Hfte. (à 4 Bog.) gr. 4. Breslau, (Trewendt.) à J. *
s.a. Volksspiegel. Breslau 1847 f.

Volksspiegel zu Lust und Lehre für Leser aller Stände. Eine Sammlung von gemeinnützigen und unterhaltenden Aufsätzen aus allen Gebieten des praktisch Wissenswürdigen. 1. Bdchn. 8. (III und 196 S. mit eingedr. Holzschn.) Stuttgart 853. [Leipzig, C. F. Winter'sche Vrlgsh.]

Volksspiegel zu Lust und Lehre für Leser aller Stände. Eine Sammlung von gemeinnützigen und unterhaltenden Aufsätzen aus allen Gebieten des praktisch Wissenswürdigen. 1. u. 2. Bdchn. Schw. Hall (856.) Haspel. (Fischhaber.) 8. (1. Bdchn.: 34, 48, 32, 34, 24, 22 S.; 2. Bdchn.: 32, 32, 32, 34, 36, 32 S.) 24 ngr
Collectivtitel zu einzeln gedruckten Heften der vom Evangel. Humanitäts-Verein in Stuttgart herausg. Volksbücher.

—— dass. — 1. und 2. Bdchn. 8. (394 S.) Schwäbisch Hall 856. [Stuttgart, Fischhaber.]

Unser Volks- und Jugendspiel. Offizielle Zeitschrift d. Oberschles. Spielverbandes. Jg. 1. Königshütte: Königshütter Tageblatt. 1908. 8⁰

Volks-Spiele, 100 ausgewählte, der Deutschen. Nebst Uebungen im Schnellsprechen, belustigenden Fragen, deren Antworten u. den amüsantesten, anständigsten Auslösungen der Pfänder. Für lebensfrohe Gesellschaften. 16. (7½ B.) Erfurt 841, Hennings u. Hopf.

Hundert ausgewählte Volks-Spiele der Deutschen. 2. Aufl. Erfurt 1850. 106 S.

Volksspiele, niedersächsische. 3. u. 4. Heft. 8. Göttingen, Verlag „Niedersächs. Volksspiele". (Nur direkt.) 1.50
Mütze, Wilh., Friedrich Ludwig Jahn. 12 Bilder aus d. Leben e. deutschen Mannes. (84 S.) 910. (4. Heft.) 1. —
— Ein Sachsenheld. Geschichtliche Vorgänge aus der letzten Lebenszeit Otto v. Nordheims. (36 S.) 907. (3. Heft.) — 60

Volksspiele bei dem Octoberfeste in München. gr. 8. Münch. 817. Fleischmann. 1½ Rf

Volksstaat. – Der Volksstaat. –
Leipzig. – 2.X.1869 – 30.IX.1876.
Vorh. u.d.T.: Demokratisches Wochenblatt.
Fortges. u.d.T.: Vorwärts.

Volksstaat, der. Organ der sozialdemokrat. Arbeiterpartei und der internationalen Gewerksgenossenschaften. Jahrg. 1875—76 (vom 6. Januar 1875—29. Sept. 1876, Schluss, weil *verboten*). (2 voll.) Leipzig. Gr. Fol. Saub. Ppbde. m. roth. Lwdruck.
Die Fortsetzung erhielt den folgenden Titel:
Vorwärts! Central-Organ d. Sozialdemokratie Deutschlands. Jahrg. 1—2 (vom 3. Jan. 1877—9. Juni 1878). (2 voll.) (Die vielen fehlend. Nrn. *confiscirt.*) Leipzig. Gr. Fol. Saub. Ppbde. m. roth. Lwdruck.
Weiteres Erscheinen verboten.

Volksstaat, der, od.: Was wollen die Sozialdemokraten? Ein Kirchweihgespräch. 12. (16 S.) Karlsruhe 890, (Reiff). — 05

Volksstaat. Jahrgang I, 1891 – 1895?
Weekly. Born of the Revolution. Gelse gives 1893 as founding date, but holdings in Aachen disprove this. First editor Albino Kohlbach, then Victor Müller, Francisco Schendl, Hermann Lexter. Printed by Sociedade „Fortschritt"
Joinville

Volksstaat, der sozialistische, wie er sein würde u. nicht wie ihn die Sozialdemokraten ausmalen, s. a. Volksaufklärung.

Volksstaat (Der socialistische), wie er sein würde und nicht wie ihn die Socialdemokraten ausmalen. (Kapitalistische Produktion.) (Aus: „Buffalo Volksfreund".) 8⁰. Warnsdorf, A. Opitz, 1904. (Volksaufklärung, Heft 74.)

Volksstaat-Fremdwörterbuch. Enth. mehr als 12,000 Fremdwörter m. zutreff. u. verständl. Erklärg. u. genauer Angabe der richt. Aussprache u. Betong. der Wörter. gr. 16. (IV, 228 S.) Leipzig 876. Genossenschaftsbuchdr. n.n. — 50; geb. n.n. — 65

Volksstaat-Kalender. Für das Jahr 1873. 8⁰. Leipzig, Genoss.-Buchdr. Jhrg. 2, 1874. Jhrg. 3, 1875.

Volksstamm, d. indianische, od. Eduard u. Stellina, a. d. Franz. d. Lucian Bonaparte. 2 Thle. 8. München, Scherer. (Fleischmann.) 802. 1 —

Volks-Statistik. I.—V. qu. 4. Wien, G. Freytag & Berndt. à n. — 50
I. Leben u. Sterben im Deutschen Reiche. (8 farb. Taf. m. Text auf der Rückseite) (903.)
II. Was das Deutsche Reich einnimmt u. braucht. (6 farb. Taf. m. Text auf der Rückseite u. 2 S. Text.) (903.)
III. Flügelrad u. Dampfschraube im Deutschen Reiche. (9 farb. Taf. m. Text auf der Rückseite u. 2 S. Text.) (903.)
IV. Kulturgeographischer Atlas des Deutschen Reichs. (10 farb. Taf. m. Text auf der Rückseite u. 2 S. Text.) (903.)
V. Des deutschen Bodens u. des deutschen Volkes Arbeit. (9 farb. Taf. m. Text auf der Rückseite u. 2 S. Text.) (903.)

Volks-Stenograph, der. Central-Organ f. Verbreitung d. phonet. Stenographie unter d. arbeit. Volke. Hrsg.: J. Gutsch. Red.: A. Sigl. 1. Jahrg. 1896. 12 Nrn. (à ca. 1 Bog.) gr. 8. Wien (Bermann & Altmann). n. 4 —

— **dasselbe.** 2. Jahrg. 1897. 12 Nrn. (Bog.) gr. 8. Ebd. n. 2 40
Weiter nicht erschienen.

Volksstickereien, russische, aus d. Slg v. W A Sollagub. (12 T) qu 4° Moskau 1872

Volksstimme
v. Luzerner Volksstimme.

Die Volks-Stimme. Blatt des Volksvereins für Arbeiter und Arbeitgeber, hrsg. von Max Emaßler. Einige Nummern vom 6. April (Nr. 1) 1848 an bis 25. Mai. 4.

Volksstimme. – Die Volksstimme. –
Düsseldorf. – 1.VI.1848 – 10.(?)V.1849.

Volksstimme, die. Ein freies Organ für Stadt und Land. Redig. von Mor. Geisenheimer. 1. Jahrg. 1848. Juni – Decbr. 61 Nrn. (½ Bog.) gr. 4. Düsseldorf, [Engels und Lensch.] *

—— für 1850. Mit Beiträgen von Eichholz, Moneke, Ruge, Walesrode, Wiesner, Zeise u. A., hrsg. von W. Lüders. gr. 12. (IV und 391 S.) Altona 850, Lehmkuhl. **

Volksstimme: Die Volksstimme
① Herausgegeben von einem freisinnigen Verein (1861). Rheinfelder Allgemeiner Anzeiger (heute) ② Volksstimme aus dem Fricktal ⑤ 5. 1. 1861 (cont.) ⑥ 4°, dann 2° ⑦ Wochenblatt (1861), dann wöchentlich 2×; wöchentlich 3× ⑧ Basel: Chr. Kirchdörfer (1861); Rheinfelden: Emil Baumer (1861—1878), Urban Herzog (1878—1919), U. Herzog Söhne, Adolf Herzog-Brogli (1954—15. 5. 1957) ⑨ Sonntagsblatt (1885—1892; 1927—1937), Albrechts-Bote (seit 1947) ⑩ die Drucker ⑪ die Drucker, W. Lutz (1929—1931), Dr. P. Stalder (1931—1933), dann wieder die Drucker ⑫ freisinnig-demokratisch ⑬ BGSZ. 457. 941 ⑭ Aa. K; Be: L (1953 cont.).

Volksstimme. –
Wuppertal. 8.IX.1889 – 6.IX.1892.

Volksstimme. –
Frankfurt/M. 1.I.1890 – 1.III.1933.
Fortges. u.d.T.: SPD-Mitteilungsblatt (31.V.1946).

Volksstimme. –
Magdeburg. – 1.VII.1890 – 15.III.1933.
1.VIII.1947ff.

Volksstimme. –
Mannheim. – 1.V.1890 – 17.III.1933.

Volksstimme. –
Burgstädt, sp. [ab VII.1899] Chemnitz. –
1.I.1891 – 2.III.1933.
20.V.1946 – 31.XII.1962 (Karl-Marx-Stadt).

Volks-Stimme: 1891–1897?
Independent Democratic weekly. Circulation: 1892, 650. Edited & published by Franz Hildebrandt, 1891–97.
Michigan City, IN

Volksstimme (I)
⑮ Bei der Gründung der Ostschweizerischen Arbeiterzeitung (1905) standen auch die folgenden Zeitungstitel zur Diskussion: Zukunft, Zeitgeist, Menschentum, Ostwacht, Volksstimme, Tagwacht, St. Galler Zeitung, St. Galler Post. v. Festschrift »50 Jahre Volksstimme« (St. Gallen, 1954), p. 22.

Volksstimme. –
Lüdenscheid. – 23.XI.1906 – 1.I.1919.
[NA von: Freie Presse, Elberfeld (1885)]
Fortges. u.d.T.: Neue Freie Presse. [ab 31.I.1920 in Hagen]

Die Volksstimme. Jahrgang 1, no. 1, May 28, 1907–?
Semi weekly, later weekly (1910). Sub title: Organ der Föderalistischen Partei, herausgegeben vom Exekutivkomitee der Föderalistischen Partei der deutschen Kolonien des Staates Rio Grande do Sul. Edited by Lydio Itaquy Filho, 1908 – Mar. 6, 1908; then by the Exekutivkomitee.
Porto Alegre

Volksstimme. –
Saarbrücken. – 30.IX.1908 – 15.I.1935.
[NA bis 1918 von: Volksstimme, Frankfurt/M. (1890)]
Fortges. u.d.T.: Saar-Volksstimme.

Volksstimme aus dem Aargau
⑤ Herbst 1851—1852 ⑧ Aarau: Salomon Landolt ⑩ Salomon Landolt ⑪ Salomon Landolt ⑫ Förderung der Verfassungsrevision im Aargau.

Volksstimme von Baselland
⑤ Probe-Nr. Oktober 1882; Anfang 1883 (cont.) ⑥ 2° (vergr. 1908) ⑦ wöchentlich 2× ⑧ Sissach: Buchdruckerei zur »Volksstimme von Baselland« (H. Schneider) (Oktober 1883—15. 6. 1895 ?), Jakob Schaub-Buser (15. 6. 1895 —28. 12. 1949), J. Schaub-Buser AG (28. 12. 1949 cont.) ⑩ eine Genossenschaft Basler Gründer, unter ihnen Dr. Emanuel Probst und Dr. Siegfried; Ortspolizist Matthias Bitterlin-Tschopp. Sissach: Jakob Schaub-Buser (15. 6. 1895—28. 12. 1949), J. Schaub-Buser AG (28. 12. 1949 cont.) ⑪ A. Wirz (1883 —1884 ?), Jakob Schaub-Buser (1885—3. 3. 1950), Hs. Schaub-Horand (7. 3. 1950 cont.) ⑫ liberal-konservativ ⑬ Umschau. »Volksstimme von Baselland« 6. 1. 1932. Nachruf auf Jakob Schaub-Buser. »Volksstimme von Baselland« 3. 3. 1950 ⑭ Be: L (April 1883—August 1883, 1904 cont., einzelne Nummern von 1897 und 1900); Li: K (seit 1924).

Basler Volksstimme
⑤ 1895—Anfangs Januar 1896 ⑦ Wochenblatt ⑧ Basel ⑬ BGSZ. 12, p. 286.

Volksstimme (Deutsche). Organ des deutschen Bundes für Bodenbesitzreform und des deutschen Volksbundes. Hrsg. u. Red.: Ad. Damaschke. Jhrg. 1, 1896. gr. 8°. Berlin, W. Möller. Jhrg. 2, 1897.

DEUTSCHE VOLKSSTIMME. Herausgeber: ADOLF DAMASCHKE. Publikations-Organ des „Deutschen Bundes für Bodenbesitz-Reform" und des „Deutschen Volksbundes".
Frei Lands Jahrg. 8. 1897. Berlin. Verlag von Wilhelm Möller. 8°.
DEUTSCHE VOLKSSTIMME.
Organ des Bundes der Deutschen Bodenreformer. Herausgeber: ADOLF DAMASCHKE.
Frei Lands Jahrg. 9. 1898. ib. —
Frei Lands Jahrg. 10. 1899. ib. Verlag von J. Harrwitz Nachfolger.
Frei Lands Jahrg. 11—17. 1900—1906. ib. —

Volksstimme, deutsche. Wochenschrift f. Jedermann im Volke. Zugl. Organ d. deutschen Volksbundes. Vereinigg. zur Förderung deutscher Volkserziehg., begründ. durch Lehmann-Hohenberg. Schriftleitung: Wilh. Schwaner. 1. Jahrg. Juni—Dezbr. 1896. 30 Nrn. (à ca. 12 S.) Fol. Kiel, Verl. d. Kieler Neuesten Nachrichten. n.n. 4. —

— dasselbe. Halbmonatsschrift f. Jedermann im Volke. Zugl. Organ d. deutschen Volks-Bundes. Begründer: Lehmann-Hohenberg. Schriftleitg.: Thomas Möllgaard. 2. Jahrg. 1. Quartal. Jan.—März 1897. 6 Nrn. (à ca. 12 S.) Fol. Ebd. n.n. 1. —

— dasselbe. Organ d. deutschen Bundes f. Bodenbesitz-Reform u. des deutschen Volksbundes. Hrsg. u. Red.: Adf. Damaschke. 2. (8.) Jahrg. 2.—4. Quartal. April —Dezbr. 1897. 18 Nrn. (à ca. 2 Bog.) gr. 8. Berlin, J. Harrwitz Nachf. 4. —

— dasselbe. Organ d. deutschen Bundes f. Bodenbesitz-Reform u. d. deutschen Volksbundes. (Frei Lands) 9. Jahrg. 1898. 24 Nrn. (à ca. 2 Bog.) gr. 8. Ebd. 4. —; einz. Nrn. — 30

Volksstimme, deutsche. — Frei Land. — 10.—13. Jahrg. 1899—1902. Hrsg.: Adf. Damaschke. Organ des Bundes der deutschen Bodenreformer. à 24 Nrn. gr. 8. (à ca. 32 S.) Berlin, J. Harrwitz Nachf. à Jahrg. n. 4. —

Volksstimme, deutsche. — Frei Lands 14.—17. Jahrg. 1903—1906. Organ der deutschen Bodenreformer. Hrsg.: Adf. Damaschke. à 24 Nrn. (à ca. 16 S.) gr. 8. Berlin, J. Harrwitz Nachf. à Jhrg. n. 6. —

Volksstimme, deutsche. — Frei Lands 18. Jahrg. — 1907. 1. Viertelj. Jan.—März. Organ der deutschen Bodenreformer. Hrsg.: Adf. Damaschke. 6 Nrn. (à ca. 16 S.) gr. 8. Berlin, J. Harrwitz Nachf. 1. 50
Fortsetzung, s.: Bodenreform.

Volksstimme. – Deutsche Volksstimme aus Hanau. –
5.IV.1848 – 3.VIII.1848.
Vorh. u.d.T.: Asträa.

Volksstimme aus dem Fricktal
v. Die Volksstimme.

Volksstimme Hannovers, unter Darstellung d. Lage d. Kurbraunschweigschen Lande. gr. 8. Hamb. 803. Schmidt. 6 gr

Volksstimme. – Harzer Volksstimme. –
Wernigerode. – 1909 – 28.II.1933.
[NA von: Halberstädter Tageblatt, Halberstadt (1905)]

Volksstimme: Die Volksstimme im Jura
⑤ 1867 ⑦ Wochenblatt ⑨ Delsberg ⑬ BGSZ: 1 (no. 6426). 973.

Volksstimme, Kärntner. Klgft., St. Hermagoras-Druck., 1876—83. Folio. 8 Jgg.

Volksstimme. – Märkische Volksstimme. – Frankfurt/Oder, sp. [ab 1897] Forst, sp. Cottbus. 1.IV.1890 – 30.VI.1919.
Fortges. u.d.T.: Volkszeitung.

Volks-Stimme und National-Zeitung: 1889? 1908?
Weekly Democratic, 1889 1904, Independent Democratic, 1905 06; Independent, 1907 08. Title varies: Volks-Stimme, 1889 90. Absorbed Die Hamilton National-Zeitung. Circulation: 1890, 900 (est.); 1895, 900; 1900, 750; 1905, 1230. Published by Herald Printing Co., 1889 90, by Germania Publishing Co., 1891 1908.
Hamilton, OH

Volksstimme. – Niederrheinische Volksstimme. – Oberhausen. – 1906 – 30.IX.1919.
Fortges. u.d.T.: Oberhausener Volksstimme.

Volksstimme. – Oberschlesische Volksstimme. – Gleiwitz. – 1.IV.1875 – 15.XI.1939.

Volksstimme. – Rheinische Volksstimme. Köln. – 1.X.1894 – 31.XII.1922.

Volksstimme des Westens: Sept. 3, 1877 June 19, 1880?
Daily, morning except Sunday. Socialistic [Ayer, 1880: Greenback]. "Probenummer" issued Sept. 1, 1877. Organ of Sozialistische Arbeiter-Partei. For weekly edition, see Wöchentliche Volksstimme des Westens. For Sunday edition, see Volksstimme des Westens: Sonntagsblatt. Circulation: 1880, 3800. Edited by Dr. A. Otto-Walster, published by Arbeiter-Press-Verein, 1877 80.
St.Louis, MO

Volksstimme des Westens: Sonntagsblatt: Sept. 1877 June 1880
Sunday edition of Volksstimme des Westens. Numbered with daily edition, but has separate subscription rate. "Sonntagsbeilage" issued. Circulation: 1880, 4500.
St.Louis, MO

Wöchentliche Volksstimme des Westens: 1879 1880 St.Louis, MO
Weekly edition of Volksstimme des Westens. Circulation: 1880, 5500.

Volksstimmen, deutsche, über d. neuesten Bundestags-Beschlüsse vom 28. Juni 1832. 1s Heft. gr. 8. o. O. 832. (Marb., Garthe). 2 gK

Volksstimmen, preußische, s. Cölln, Fr. v.

Volksscenen, Leipziger, lithographirt. 1s, 2s Heft. (12 ill. Bl.) 4. Berl. 831. Gropius. à Heft 1 ₰

Volks-Taschenbuch. 1841—1844. Herausgeg. von Karl Steffens. (Volks-Kalender 1841—1844 ohne Kalender. Mit vielen artist. Beilagen.) gr. 16. Berlin, Athenäum. (Simion.) à n. 1/3 ₰

Volks-Taschenbuch. 2—7. Jahrg. 1842—47. Hrsg. v. Carl Steffens. (Ausgabe des Volks-Kalenders ohne Kalender. Mit Stahlst. u. Holzschn.) 8. Berlin, Simion. à * 10 Ngr. *
1. Jahrg. 1841. Ebendas. * 10 Ngr.

Volks-Taschenbuch. (Für d. J.) 1847—52. Mit eingedr. Holzschn. Hrsg. von Carl Steffens. 8. Berlin, Simion. [1847. (160 S. und 7 Stahlst.) 48. (152 S. und 6 Stahlst.) 49. (138 S. und 7 Stahlst.) 50. (138 S. und 7 Stahlst.) 51. (154 S. und 8 Stahlst.) 52. (161 S. und 8 Stahlst.) à Jahrg. * 10 Ngr.] *

Volkstaschenbuch. 1847—1852. Hrsg. v. Karl Steffens. (Ausgabe von dessen Volkskalender ohne den astronom. Theil.) 8. (1847: 150 S. m. 7 Stahlst u. 8 Holzschn. 1848: 160 S. m. 7 Stahlst. u. 8 Holzschn. 1849: 152 S. m. eingedr. Holzschn. u. 6 Stahlst. 1850: 138 S. m. 7 Stahlst. u. 6 Holzschn. 1851: 154 S. m. 8. Stahlst. u. 1 Holzschn. 1852: 161 S. m. eingedr. Holzschn. u. 8 Stahlst.) Berlin, Simion (jetzt: Leipzig, Voigt & Günther). à n. 1/3 ₰

Volkstaschenbuch. Hrsg. von F. Behrend. 1847. 8⁰. Breslau, Trewendt,

— für 1850. Mit Beiträgen von Eichholz, Moneke, Ruge, Walesrode, Wiesner, Zeise u. A., hrsg. von W. Lüders. gr. 12. (IV u. 391 S.) Altona, Lehmkuhl. baar n. 1½ ₰

Volks-Taschenbuch. 1853 und 1854. Hrsg. von Carl Steffens. 8. Berlin. [Leipzig, Voigt und Günther.] [1853. (156 S. mit 8 Stahlst., 6 Holzschnt. und eingedr. Holzschn.) 1854. (160 S. mit 8 Stahlst. und 7 Holzschn.)] à Jahrg. *
Ausg. des Volkskalenders ohne Kalender.

Volks-Taschenbuch zur nützl. Belehrung u. Unterhaltung für d. Bürger u. Landmann 1823. Mit e. bewegl. Kalender u. 1 Karte von Preußen. 4. Schmalkalden. (Krappe in Leipz.) 12 gK

Volks-Taschenbuch zur nützl. Belehrung u. Unterhaltung f. d. Bürger u. Landmann 1823. Mit e. bewegl. Kalender u. 1 Karte v. Preußen. 4. Schmalk., Varnhagen.

Volkstaschenbuch, romantisches — Sammlung neuester Original-Novellen, Romane, Erzählungen und Begebenheiten aus dem lebensfrischen Wiener-Volksleben. Herausgegeben von T. R. Berger. Wien. 1856. Druck und Verlag von M. Lell. (296 S. 8.)

Volks-Taschen-Liederbuch, allerneuestes, für Jung und Alt. Eine ausgewählte Sammlung von 412 der beliebtesten und bekanntesten Volks-, Soldaten-, Jägerlieder ꝛc. älterer und neuerer Zeit. 1. Aufl. 1853. und 2., verm. und verb. Aufl. 32. (XII und 308 S.) Dahme 855. (Berlin, Stuhr'sche Buchh.)

Volks-Theater. Nr. 14, 24, 59 u. 61. 8. Berlin, E. Bloch. 12. —
Friedrich, W., Muttersegen od.: Die Perle von Savoyen. Schauspiel m. Gesang in 5 Akten. Nach dem Franz. 3. Aufl. (108 S.) (907.) (Nr. 24.) 3. —
Kneisel, Rud., Fingerhut. Dramatisches Märchen m. Gesang u. Tanz in 3 Abthlgn. od. 5 Bildern. Musik v. Louis Brandt. (71 S.) Hamburg. (Nr. 59.) 2. —
— Die Lieder des Musikanten. Volksstück m. Gesang in 5 Akten. Musik v. Rich. Thiele. 6. Aufl. (104 S.) (907.) (Nr. 14.) 4. —
Peschke, Jul., u. Fritz Lunzer, unter Verbrechern. Schwank in 3 Akten. (95 S.) (907.) (Nr. 61.) 3. —

— Nr. 1. 8. Leipzig (910). R. Gleißenberg. 2. —
1. Ein Sohn des Volkes oder Der Reichtum des Arbeiters. Volksstück m. Gesang in 2 Akten. 1. Akt: Unter'm Dach. 2. Akt: Ehre f. Liebe. Von Max Koch. Musik v. O. Rathke. (52 S.)

Volkstheater, Deutsches, in Manuscripten herausg. von Jos. Schickh, dramatischen Volksdichter in Wien. 1e Lfrg. A. u. d. T.: Die schöne Holländerinn. Locales Lustspiel mit Gesang in 3 Akten von Schickh. 12. Wien 836. (Kupffer u. Singer.) 5 gK

Volkstheater, deutsches, in Manuscripten hrsg. v. Jos. Schickh. (1. Lfg.) — A. u. d. T.: Die schöne Holländerin. Locales Lustsp. mit Gesang in 3 Akt. v. Schickh. 12. (3½ B.) Wien 836, (Singer u. Goering.)

Volks-Theater, deutsches. Nr. 1. gr. 8. Landsberg a/W. 884. Volger & Klein. 2. 50
Der wilde Jäger. Phantastisches Volksstück m. Gesang in 5 Akten u. 7 Bildern. Mit theilweiser Benutzg. der gleichnam. Jul. Wolff'schen Dichtg. v. F. A. Volger. Musik v. Leonh. Hartmann. (47 S.)

— österreichisches. Nr. 1 u. 8. 8. Wien, P. Knepler. 4. 80

Hausmann, Heinr., am Allerseelentag od.: Das Gebet auf dem Friedhofe. Orig.-Volksschauspiel in 4 Abtlgn., nebst e. Vorspiele: Ein gegebenes Wort. (99 S.) (907.) (Nr. 1.) 2. 40

Labeck, Karl, Peter Mayr, der Wirt in der Mahr. Geschichtliches Zeitbild aus den Tiroler Freiheitskämpfen im J. 1809, in 4 Aufzügen. (74 S.) (908.) (Nr. 8.) 2. 40

Die Nummern 2—7 erschienen unter Einzeltiteln.

Volkstheater, sächsisches. 1. u. 2. Hft. gr. 8. Zwickau 897. C. R. Moeckel. à n. 1. 50

1. Der Fritz v. Blasewitz. Schwank m. Gesang in 1 Akt. Von E. Wolter-Borbé. Musik v. O. Tettmann. (21 S.)
2. Der Räuber. Schwank in 1 Akt. Von E. Wolter-Borbé. (18 S.)

Volkstheater, schweizerisches. Hrsg. v. Arnold Lang. 1.—24. Bdchn. 8. Bern, Suter & Lierow. à n. — 80

Inhaltsübersicht in alphabetischer Ordnung:

Abschied u. Rückkehr. Anh. zu den Schweizer in Amerika. — Winkelrieds Abschied. Eine vaterländ. Scene. 4. Aufl. (61 S.) 878. (Bd. 7.)

Breckheyde, C. v., u. B. Waldow, vor dem Feste. Schwank in e. Akt. (37 S.) (889.) (Bd. 23.)

Erlach, Rudolph v., Deklamation m. leb. Bild. — Lang, A., ein Hausdrache od. die Liebe ist schlauer als Mütter u. Basen. Lustspiel in 2 Akten. — Malerstochter, die listige. Pantomime in e. Akt, sammt Anleitg. (75 S.) (875.) (Bd. 14.)

Faller, Emil, junge Helden, s.: Schauspiele f. Schüler.

— nun giebt's Krieg, s.: Schauspiele f. Schüler.

— 4 Schauspiele f. Schüler. I. Das Weihnachtskind (m. zwei Liedern). — II. Der bestrafte Roßtäuscher. — III. Die Renommisten. — IV. Werth u. Schein. (61 S.) 878. (Bd. 22.)

Feierabend, Aug., die Burgunderschlachten. Dramatische Dichtg. in 3 Volksschauspielen. (260 S.) 876. (Bd. 19—21.)

— das Gottesgericht. Schweizerisches Volksschauspiel in 4 Akten u. 7 Abtlgn. (60 S.) (884.) (Bd. 16.)

Frau, die eifersüchtige, od. Der list. Schweizersoldat an der Grenze. Posse aus e. wahren droll. Begebenheit während der Grenzbesetzg. des deutsch-französ. Krieges. — Lang, A., der Fabrikler od. die falsche Freundschaft. Volksdrama in 3 Akten. (64 S.) (876.) (Bd. 5.)

Fröhlich, Anna v. Fraubrunnen. Deklamation m. leb. Bild. — Lang, A., die Vereinsnarren od. zu viel ist ungesund. Ein Neujahrsscherz in 4 Bildern. — Liebhaber, die verhexten. Pantomime in e. Akt, sammt Anleitung. (54 S.) 875. (Bd. 15.)

Hubler, Frdr., Hansjoggeli der Erbvetter. 5 Bilder für die Volksbühne. Nach e. Erzählg. v. Jeremias Gotthelf bearb. (35 S.) (899.) (Bd. 24.)

Lang, Arnold, der Bauernkrieg od. Niklaus Leuenberger. Eine Episode aus den schweizer. Bauernfeldzügen im J. 1653. (Auf Grundlage v. „Schädeli's Leuenberger".) Trauerspiel in 6 Bildern. (58 S.) 874. (Bd. 11.)

— der Brandstifter od. Dunkle Thaten aus dem Volk. Volksschauspiel mit Gesang in 5 Akten, nach Santsch. Für das schweizer. Volkstheater frei bearb. (75 S.) 876. (Bd. 4.)

— der Deklamator u. der Volksschauspieler. Unentbehrliches Hülfsbuch für alle Schauspieler u. Deklamatoren. (62 S.) 876. (Bd. 1.)

— der Fabrikler, s.: Frau, die eifersüchtige.

— die Hauptprobe f. den Jubilar, s.: Schauspiele f. Schüler.

— ein Hausdrache, s.: Erlach, Rud. v.

— stumme Liebe od. Offizier u. Militärarzt. Posse in 1 Akt. — Neutral. Ein Schwank aus der letzten Grenzbesetzg. — III. Deklamationen. (67 S.) 876. (Bd. 6.)

— über'm Ocean od. „Das Schwyzer Alperösli". Vaterländ. Charaktergemälde m. Gesang in 2 Akten. (3. Aufl.) (59 S.) 901. (Bd. 3.)

— die Rose vom Oberland od. Vaterfluch u. Muttersegen. Vaterländisches Volksschauspiel m. Gesang in 4 Akten. Seitenstück zu der Perle v. Savoyen. (72 S.) (871.) (Bd. 8.)

— Schauspielertalente od. Vater, Bruder u. Bräutigam in e. Person. Lustspiel in e. Akte. Nach dem Kotzebue'schen „Helfenstein" f. das schweizer. Volkstheater umgearb. — Pfeffer d. jüngere, Hans, Junge u. Alte od. Krieg an der Grenze u. zu Hause. Ein Volkslustspiel m. Gesang in 2 Akten. (75 S.) 875. (Bd. 13.)

— der Schweizer in Amerika oder Sehnsucht nach der Heimat. Vaterländisches Schauspiel m. Gesang in 3 Akten. (56 S.) (871.) (Bd. 2.)

— die Schweizerstudenten od. der geprellte Geizhals. Ein Lustspiel m. Gesang in 2 Akten, nach Kotzebue. Für das schweizer. Volkstheater bearb. — Unfehlbare u. Ketzer im Jura. Ein Genrebild m. Gesang in 2 Akten. (72 S.) (874.) (Bd. 9.)

— Söhne der Berge od. zwei v. den Jesuiten Verfolgte. Vaterländisches Schauspiel in 5 Akten. (67 S.) 874. (Bd. 10.)

— Theater vor d. Theater, s.: Schauspiele f. Schüler.

— die Vereinsnarren, s.: Fröhlich.

Liebhaber, die verhexten, s.: Fröhlich.

Malerstochter, d. listige, s.: Erlach, Rud. v.

Müller, Joh., Uli Rotach. Schauspiel in 4 Aufzügen. Beitrag zur Appenzellergeschichte. (68 S.) 875. (Bd. 12.)

Pfeffer d. j., Hans, Junge u. Alte, s.: Lang, A.

Schauspiele f. Schüler. — Lang, A., die Hauptprobe für den Jubilar. Ein humoristisch-dramat. Gedicht in e. Akt. — Faller, Emil, nun gibt's Krieg. Komische Scene m. Gesang. (46 S.) 876. (Bd. 17.)

— Dasselbe. — Faller, E., junge Helden. Dramatische Scene m. Gesang. — Lang, A., Theater vor dem Theater. Tragikomische Scene. Einer Kotzebue'schen Episode entnommen u. f. das schweiz. Volkstheater bearb. (40 S.) 877. (Bd. 18.)

Winkelrieds Abschied, s.: Abschied u. Rückkehr.

Volkstheater, Wiener. Unter Mitwirkg. hervorrag. Dramatiker hrsg. von der Red. des „Wiener Humor". Nr. 1—20. gr. 8. Wien, Daberkow. à Nr. * 1 —

Je 5 Nrn. in 1 Bd. à Bd. * 3 —

1. Philippi, Jos. Auf Befehl der Kaiserin. Lebensbild in 2 Abthlgn. (53 S.) 891.
2. Spanner-Hansen, Chr. Der Urlauber. Ländliches Charakterbild m. Gesang in 1 Aufzuge [m. Benützg. einiger Lieder von Fanny Strobhal. (24 S.) Musikbeilage dazu v. Karl Brunhofer. gr. 4. (11 S.) 891. * 2 —.
3. Rotter, Friedr. Vierzehn Tage im Arrest. Posse mit Gesang in 1 Akt. (40 S.) 891.
4. Nesbeda, Jos. Eine resolute Frau. Schwank in 1 Akt. (24 S.) 891.
5. Schwarz, Emil. Die Preistulpe. Lustspiel in 1 Akt. (20 S.) 891.
6. Klesheim, Ant. Baron. Der Musikant u. sei' Liab. A Dorfg'schicht' in 1 Aufzuge. [Aus dessen literar. Nachlaß.] Musik von Fr. v. Suppée. (28 S.) 891.
7. Bermann, Mor. Ein Abenteuer in der Prater-Allee. Historisches Alt-Wiener-Genrebild in 1 Akt. (20 S.) 891.
8. Spanner-Hansen, Chrn. Uebereilt. Ländliches Charakterbild in 1 Aufzuge (20 S.) 891.
9. Schier, Benj. Zu lang! Schwank in 1 Akt. (24 S.) 891.
10. Just, A. Ein gefährlicher Patient. Orig.-Schwank in 1 Acte. (26 S.) 891.
11. Gründorf, Karl. Ueberall Protection! Wiener Zeitbild [m. Gesang] in 1 Akte. (42 S.) 891.
12. Ivčić, Frz. [J. F. Schütz]. In tausend Aengsten. Posse in 1 Akte. (36 S.) 891.
13. Wiesberg, Wilh. À la Klapphorn. Posse m. Gesang in 1 Akte. (30 S.) 891.
14. 15. Bauer, Ign. Logische Consequenzen. Schwank in 2 Akten. (60 S.) 891.
16. 17. Spanner-Hansen, Chr. Der Kampf um's Recht. Volksschauspiel mit Gesang in 4 Aufzügen. (103 S.) 891.
18. 19. Kracher, Ferd. Maria Theresia u. der Panduren-Obrist Trenck. Volksschauspiel in 4 Acten. (76 S.) 892.
20. —— Feldmarschall Laudon od. der Krämer von Hadersdorf. Historisches Zeitbild m. Gesang u. Tanz in 1 Act. (32 S.) 892.

Volksthum, s. Volkstum

Im **Volkston**. Moderne Volkslieder (2: moderne Preislieder; 3: 30 mod. Preislieder) komp. für Die Woche. (Vorr.: Joseph Joachim, E[ngelbert] Humperdinck, Carl Krebs.) Sammlung [1]–3. Berlin: A. Scherl 1903–04. 3 Bde 4°
1. 2. 1903. 3. 11.–20. Taus. 1904.
= **Woche**, Die. Sonderheft 3. 5. 6. [c8. 8375

Im **Volkston**. Moderne Volkslieder komp. für Die Woche. (Vorr.: Joseph Joachim, E[ngelbert] Humperdinck, Carl Krebs.) *Berlin: A. Scherl 1903.* (46 S.) 4°
= **Woche**, Die. Sonderheft 3. [c5. 1230

VOLKSTRACHT und Mode. Poetische Versuche. Zum Besten einer armen Familie. O. O. (Frankfurt a. M. bei Brönner) 1815. 8°. 23 SS. Selten! (7 Mk. Südd. Antiqu., München, 1905.)

Badische Volks-Trachten. [Freiburg i. Br. um 1870.]
Leporello-Album m. 16 farb. Darstellungen. 8°

— baierische, 6 Blatt in gr. qu. Real. Augsb. ... Schlosser. illum. (à 1½ K) 9 K

[Duller, Eduard.] Deutsche Volkstrachten. [Leipzig 1847.]
38 Taf. in kol. Lithogr. 4°
Unvollständig. 12 Taf. fehlen. Separatausg. der Taf. von Duller: Das deutsche Volk in seinen Mundarten, Sitten ... Trachten.

Volkstrachten d. Deutschen, gezeichnet von Opitz. 16—66 Blatt. gr. Fol. Leipz. 827. Breitkopf u. H. à 12 K ill. à 20 K

Volks- u. Rittertrachten, ostfriesische, um 1500, in getreuer Nachbildung der Originale des Häuptlings Unico Manninga in der gräfl. Knyphausenschen Hauschronik zu Lützburg. 16 color. Taf., 1 Taf. in Schwarzdruck nebst Portr. des Unico Manninga u. 4 Bl. Fcsm. der Orig.-Handschrift (in 4.), m. einleit. Text vom Grafen Edzard zu Innhausen u. Knyphausen u. Vorwort v. Rud. Virchow u. Ulr. Jahn, hrsg. v. der Gesellschaft f. bild. Kunst u. vaterländ. Altertümer zu Emden. [Aus: „Jahrb. d. Gesellsch. f. bild. Kunst etc."] gr. 8. (83 S.) Emden 893. W. Schwalbe. In Leinw.-Mappe n. 15. —

Volkstrachten u. Bauernhäuser, sächsische. Hrsg. v. d. Ausschuß f. d. sächs. Volkstrachtenfest zu Dresden 1896 Schmidt, O. Seyffert, Sponsel. gr. Fol. (40 Lichtdr.-Taf. m. 8 S. Text.) Dresden 897. W. Hoffmann. In Mappe 15. —

Volkstrachten, schwäbische. 5 Blatt (aus Kretschmer, deutsche Volkstrachten) 4° In Mappe. (Leipzig 1870)

Volkstrachten aus dem Schwarzwald. 26 Orig.-Aquarelle, nach der Natur gezeichnet v. Issel. Mit e. Vorwort v. Hansjakob. Hrsg. v. Johs. Elchlepp. qu. gr. 8. (VIII S. Text.) Freiburg i/B. (900). J. Elchlepp.
Geb. in Leinw. m. Goldschn. n. 10. —

— d. Schweizer. 24 Blatt. kl. 4. Ebd. (à 1 ℛ) 1 ℛß

[Siebenburgische Volkstrachten. O. O. um 1700.]
9 Bl. in Aquarellmalerei mit handschriftl. Text. 4°
S. auch **Historia** diplomatica de statu religionis evangelicae in Hungaria. 1710.

— d. Tyroler. 4 Blatt in 4. Ebd. (à 1 ℛ) 4 ℛ

Volks-Trachten, Würtembergische, 17 lithogr. u. illum. Blätter. 4. Stuttgart 833. Ebner'sche Kunsthandl. n. 2 1/2 ℛß

Der Volks-Tribun: Jahrgang 1, no. 1–52, Jan. 5–Dec. 31, 1846.
Weekly. Sub-title: Organ der deutschen Sozialreform-Association in New-York, no. 1–9; 2) Organ der Jugend Amerikas, no. 10–52. On title-page appears vignette of Neapolitan Masaniello "der grosse Fischer, der für eine zertretene Unschuld ein ganzes Reich in Flammen setzte." Motto: „Halt! Die Arbeit hoch! Nieder mit dem Kapital!", no. 1–25. Price quoted at 5 cents, delivered at the house. „Kapitalisten" could have it only with advance payment, $ 2.50. Small folio, each issue 4 pages, except no. 52, 2 pages. Edited & published by Hermann Kriege. Subscription by Harmony Society.
New York, NY

Der Volks-Tribun. Red. unter der Verantwortlichkeit der Verlagshandlung von S. Löwenherz. Nr. 1 vom 5. September 1848. 8.

Volkstribun
④ Der Volksfreund (Gl) ⑤ Januar 1854—Dezember 1854 ⑦ Wochenblatt ⑧ Glarus: Jakob Vogel ⑪ Fürsprech Karl Schneider ⑫ freisinnig ⑬ Der Grütlianer v. 25. 1. 1854 (Besprechung der Probe-Nummer).

Volks-Tribun: 1857–1858 Dubuque, IA
Daily, 1857–58, tri-weekly, 1858. Republican. Edited by Anton Eickhoff.

Der Volks-Tribun. July 1875–1902
Republican weekly, supported Hayes. Circulation: 1880, 1620; 1890, 1750; 1900, 3360. Edited by Carl Roser, & published by Emanuel Waldecker & Co., 1875–85; edited & published by Emanuel Waldecker & Co., 1886–1902.
Washinton, DC

Volkstribun, Thüringer. Organ der Demokratie. Red.: Lafaurie u. G. Rothe. 1. Jahrg. 1848. Juli—Decbr. 26 Nrn. gr. Fol. (B.) Jena, Schreiber. n. 1 ℛß

Volkstribune, die. Hrsg. von W. Messenhauser. Nr. 1—4. 8. (107 S.) Wien 848, Tendler und Comp. à Nr. 3¾ Ngr.

Die Volkstribune: 1869–1961 St. Louis, MO
Daily, evening except Sunday. Edited & published by Fr. Klunder.

Volkstribüne. –
Königsberg. – 1892 – 15.III.1901.
Fortges. u.d.T.: Königsberger Volkszeitung.

Volkstribüne. – Fränkische Volkstribüne. –
Würzburg. 1.IV.1897 – 31.XII.1900.
Vorh. u.d.T.: Unterfränkische Volkstribüne.

Volkstribüne. – Fränkische Volkstribüne. –
Bayreuth. – 1.I.1903 – 14.III.1933.

Volkstribüne. – Niederrheinische Volkstribüne. –
Krefeld. – 1890 – 31.(?)V.1926.
Fortges. u.d.T.: Freie Presse.

Volkstribüne. – Niederrheinische Volkstribüne. –
Düsseldorf. – 2.I.1892 – 31.III.1901.
[NA von: Freie Presse, Elberfeld (1885)]
Vorh. u.d.T.: Düsseldorfer Arbeiter-Zeitung.
Fortges. u.d.T.: Düsseldorfer Volkszeitung.

Volkstribüne. – Unterfränkische Volkstribüne. –
Würzburg. – 1.I.1892 – 31.III.1897.
Fortges. u.d.T.: Fränkische Volkstribüne.

Volkstribüne. – Westfälische Volkstribüne. –
Dortmund. – 1.IX.1893 – 30.VI.(?)1902.

Volkstum, das deutsche. Unt. Mitarbeit v. Hans Helmolt, Alfr. Kirchhoff, H. A. Köstlin, Adf. Lobe, Eug. Mogk, Karl Sell, Henry Thode, Osk. Weise, Jak. Wychgram hrsg. v. Hans Meyer. M. 30 Taf. in Farbendruck, Holzschn. u. Kupferätzg. Lex.-8. (VIII, 679 S.) Leipzig 898. Bibliograph. Institut.
Geb. in Halbfrz. n. 15. —
Erschien auch in 13 Lfgn. à n. 1. —.

(F) Das deutsche Volkstum. Unter Mitarbeit von Dr. Hans Helmolt, Prof. Dr. Alfred Kirchhoff etc., herausgegeben von Dr. Haus Meyer. Mit 30 Tafeln in Farbendruck, Holzschnitt und Kupferätzung. Neuer Abdruck. Leipzig und Wien. 1899. Bibliographisches Institut. Lex.-8°. VI, 679 S. fl. 7.80

Volkstum, das deutsche. Unter Mitarbeit v. Hans Helmolt, Alfr. Kirchhoff, H. A. Köstlin, Adf. Lobe, Eug. Mogk, Karl Sell, Henry Thode, Osk. Weise, Jak. Wychgram, Hans Zimmer hrsg. v. Hans Meyer. 2., neubearb. u. verm. Aufl. 2 Tle. (VIII, 402 S.)-Lex.-8. Leipzig 903. Bibliographisches Institut. Geb. in Leinw. à n. 9. 50; in 1 Halbfrz.-Bd. n. 18. —; auch in Lfgn. à n. 1. —
1. Mit 1 Karte u. 20 Taf. in Holzschn., Kupferätzg. u. Farbendruck. (VIII, 402 S.) — 2. Mit 23 Taf. in Holzschn., Kupferätzung u. Farbendr. (VIII, 438 S.)

Volksthum, deutsches, im Mittelalter, s. Bibliothek d. Frohsinns, IV. Serie.

VOLKSTHUM, Deutsches, im Mittelalter (= Bibliothek des Frohsinns, hrsg. von J. M. Braun. Sect. IV.). Stuttgart 1836—39. 8°. (Antiqu.-Pr. ca. Mk. 6—.)
A. d. Inh.: Merkwürdigste Sitten u. Gebräuche d. Ritterthums. (Trinker u. Trinkgeschirre, Aberglauben, Fastnachtsspiele, Vergnügen, Falknerei, Troubadours, Liebeshöfe, Minne).

Volksthümliches aus Graubünden, gesammelt und hsggb. von D. Jecklin. 1. Theil: Sagen mit Anhang: Märchen a. d. Bündner Oberlande, gesammelt u. nach d. Räto-Romanischen erzählt von C. Decurtins. IV u. 140 Stn. 8. Chur. (Zürich, Druck v. Orell, Füssli & Co.) 1874. 2. —

Volksthümliches aus Schwaben. Hrsg. von Ant. Birlinger. 2 Bde. oder 8 Lfgn. gr. 8. Freiburg im Br. 861. 62, Herder'sche Verlagsh. à Lfg. 12 Ngr.
Inhalt:
Lfg. 1—4. (1. Bd.) Sagen, Märchen, Volksaberglauben. Gesammelt und hrsg. von Ant. Birlinger und M. R. Buck. (VIII und 534 S.)
" 5—8. (2. Bd.) Sitten und Gebräuche. Gesammelt und hrsg. von Ant. Birlinger. (XXXVI und 482 S.)

Volks-Turnbücher, deutsche. Hrsg. von Rud. Gasch. 1.—26. Hft. 8. Leipzig, M. Hesse. n. 6. 65
1. 2. 33 Turntafeln f. das Keulenschwingen. Von R. Gasch. Mit 100 Bildern nach d. Leben gezeichnet v. M. Burger. (78 S.) (901.) n. —50
3. 4. Die Schwimmkunst. Ein Merkbüchlein. Von A. M. Seidel. Mit 113 Abbildgn. nach Entwürfen v. J. C. Lion gezeichnet v. M. Burger. (88 S.) (901.) n. —50
5. 6. 50 Turntafeln für das Geräteturnen der Männer. Von R. Gasch. (I. Riege.) Mit 161 Bildern nach dem Leben gezeichnet v. M. Burger. (74 S.) (901.) n. —50
7. 8. 50 Turntafeln für das Geräteturnen der Männer. Von R. Gasch. (II. Riege.) Mit 175 Bildern nach dem Leben gezeichnet v. M. Burger. (79 S.) (901.) n. —50
9. 10. Dasselbe. (III. Riege.) Mit 160 Bildern nach dem Leben gezeichnet v. M. Burger. (80 S.) (901.) n. —50
11. Wetturnerbüchlein. Handbuch f. Kampfrichter u. Wetturner. Von Rud. Gasch. Mit dem Bilde v. Michael Meller, Sieger auf 5 deutschen Turnfesten. (56 S.) (901.) n. —30
12—14. Gemeinübungen f. das Gerätturnen der Mädchen u. Frauen. Von Aug. Erbes. (128 S. m. Abbildgn.) (901.) n. —75
15. 16. 40 Gruppen von Eisenstabübungen. Von Wilh. Auerbach. Mit 74 Bildern v. M. Burger. (77 S.) (901.) n. —50
17. 18. Gemeinübungen an den Geräten. 25 Übungsgruppen in 3 Schwierigkeitsstufen, f. das Turnen der Knaben u. Männer zusammengestellt. Von Paul Hentschel. Mit 125 Bildern v. Max Burger. (67 S.) (901.) n. —50
19. 20. 40 Übungsgruppen f. die Männerriege an einfachen u. zusammengestellten Geräten. Von Fritz Graupner. Mit 113 Bildern nach dem Leben gezeichnet v. M. Burger. (72 S.) (901.) n. —50

21. 25 Übungsgruppen für Musterriegen. Von Paul Köhler. Mit 78 Bildern nach dem Leben gezeichnet von M. Burger. (45 S.) (901.) n. — 30
22. 23. Der Gauturnwart. 15 Beispiele f. Vorturnerstunden. Von R. Gasch. Mit 148 Bildern nach dem Leben gezeichnet von M. Burger. (81 S.) (901.) n. — 50
24. 12 Aufmärsche. Lieder, Noten u. Zeichngn., nebst 20 Liedern zu bekannten Marschweisen. Von R. Gasch u. Jul. Nestler. (41 S.) (902.) n. — 30
25. 26. 30 Freiübungsgruppen f. Schauturnen. Von Bernh. Striegler. Mit 60 Bildern, nach dem Leben gezeichnet von M. Burger. (72 S.) (902.) n. — 50

Volks-Turnbücher, deutsche. Hrsg. v. Rud. Gasch. 27.—39. Heft. 8. Leipzig, M. Hesse. n. 3. 25
27. 28. Stabübungen f. Frauen u. Mädchen in Verbindung m. Ordnungsübgn. als Einzelübungen, Gemeinübungen u. Reigen. Von A. Erbes. Mit 86 Bildern v. M. Burger. (61 S.) (905.) n. — 50
29. 30. Schrittarten, Tanzwechsel u. Reigen. Von A. Erbes. Mit 64 Abbildgn. (IV, 68 S.) (905.) n. — 50
31. 32. Anlage u. Ausstattung v. Turnplätzen u. Turnhallen f. das Schul- u. Vereinsturnen. Von Heinr. Meyer. (57 S. m. Abbildgn. u. 6 Taf.) (905.) n. — 50
33. 34. 50 Hantelübungsfolgen f. Altherrenriegen. Für den Betrieb m. Musik zusammengest. Von A. Rößner. Mit 60 Bildern v. M. Burger. (64 S.) (905.) n. — 50
35. 39. Freiübungen f. Frauen u. Mädchen in Verbindung m. Ordnungsübungen. 38 Gruppen in 4 Stufen u. 2 Reigen. Von A. Erbes. Mit 79 Bildern v. M. Burger. (92 S.) (906.) n. — 50
37.—39. Die volkstümlichen Wettübungen. Von R. Gasch. Mit 57 Bildern, nach dem Leben gezeichnet v. M. Burger. (134 S.) (906.) n. — 75

Volks-Turnbücher, deutsche. Hrsg. v. Rud. Gasch. 40.—45. Heft. kl. 8. Leipzig, M. Hesse. 1. 50
Fischer, Ernst, Kampfspielbuch f. Turnvereine. Mit 38 Bildern. (76 S.) (908.) (Heft 40, 41.) — 50
Striegler, Bernh., Bilderbuch zur Turnsprache. Als Nachschlagebuch hrsg. (134 S. m. 415 Abb.) (910.) (Heft 42—45.) 1. —

— **dasselbe. Neue Folge.** 1.—5. Bdchn. kl. 8. Ebd. Geb. in Leinw. 3. 60
Bormann, Geo., das Schlittschuhlaufen. (73 S. m. 43 Abb.) (910.) (5. Bdchn.) Geb. in Leinw. — 80
Gasch, Rud., Wetturnerbüchlein. Handbuch f. Kampfrichter u. Wetturner. 2., umgearb. u. verm. Aufl. (94 S. m. 1 Bildnistaf.) (910.) (4. Bdchn.) Geb. in Leinw. — 80
Kossag, G., Turnfahrten u. Turnerreisen. (61 S.) (910.) (1. Bdchn.) Geb. in Leinw. — 60
Raabe, Arth., Eilbotenlaufen. (52 S. m. 9 Fig.) (910.) (3. Bdchn.) Geb. in Leinw. — 60
Rossow, Carl, Turnfahrtsspiele. (90 S.) (910.) (2. Bdchn.) Geb. in Leinw. — 80

Das Volksturnfest zur Feier des 100. Geburtstages St. L. Roths, abgehalt. in Hermannstadt 20. 9. 1896, Hermannstadt 1896, 36 S., 8°.

Volks-Universal-Lexikon. E. Nachschlage- u. Belehrungsbuch f. alle Fälle u. Lagen d. tägl. Lebens. Unt. Mitwirkg. v. Fachgelehrten hrsg. von E. Dennert. (In 27 Lfgn.) 1. Lfg. gr. 8. (Sp. 1—96 m. Abb. u. 1 farb. Karte.) Berlin 898. U. Meyer. — 30

Volks-Universal-Lexikon. Ein Nachschlage- u. Belehrungsbuch f. alle Fälle u. Lagen des tägl. Lebens. Unter Mitwirkg. v. Fachgelehrten hrsg. v. E. Dennert. 2.—27. Lfg. gr. 8. (IV S., Sp. 97—2592 u. Beilagen 18 Sp., VI, XII, III S., XIV Sp. u. 4 S. m. Abb., 34 [4 farb.] Taf. u. 16 farb. Karten.) Berlin (899. 900.) U. Meyer. à Hft. — 30; (kplt. geb. in Halbfrz. 12. —; in reicherem Einbd. 15. —)

— **dasselbe.** Neue Lfgs.-Ausg. 13.—24. Taus. In 44 Lfgn. Lex.-8. (2592 Sp. m. Abbildgn., 30 [7 farb.] Taf. u. 23 farb. Karten.) Ebd. (902. 903.) à Hft. — 25

Volks-Universal-Lexikon. Ein Nachschlage- und Belehrungsbuch für alle Fälle und Lagen des täglichen Lebens. Unter Mitwirkung von Fachgelehrten hrg. von Dr. phil. E[berhard] Dennert. [Mit vielen Textfiguren und 36 u. 24 Tafeln, Karten u. Textbeilagen.] 2 Bände. 13.—24. Tausend. II S. + 1216 Spalten u. II S. + Spalten 1217—2592. gr.-8. Berlin, Ulrich Meyer, [1902—1903]. [44 Lfg. à M. —.25; *zus.* M. 8.10, geb. M. 12. — *u.* M. 15. —]
Darin u. a. Band (1), Sp. 55—61 u. s. w.: Alpen *etc.;* — *Band 2, Sp. 2221—2224, mit 1 Karte:* Schweiz; *nebst illustrierter Textbeilage:* Die Schweiz *von* Eugen *und* W[erner] Sutermeister-Bern, 32 *Sp.*

Volksunterhaltung, die. Vorträge u. Berichte von F. S. Archenhold, Alb. Dresdner, R. v. Erdberg u. a. Stenograph. Bericht üb. d. 1. Kongreß f. Volksunterhaltg. am 13. u. 14. XI. 1897 zu Berlin. Im Auftr. hrsg. von Raph. Löwenfeld. 8. (136 S.) Berlin 898. F. Dümmler's Verl. n. 1. 50

— die. Zeitschrift f. d. ges. Bestrebgn. auf d. Gebiete der Volksunterhaltg. Hrsg. v. Raph. Löwenfeld. 1. Jahrg. Oktbr. 1898—Septbr. 1899. 12 Hfte. (Bog.) gr. 8. 1. u. 2. Hft. Berlin, Herm. Walther. n. 2. —

Volksunterhaltung, die. Zeitschrift f. die gesamten Bestrebgn. auf dem Gebiete der Volksunterhaltung. Unter Mitwirkg. des Schiller-Theaters hrsg. v. Raph. Löwenfeld. 2.—4. Jahrg. 1900—1902. à 12 Nrn. gr. 8. (à ca. 10 S.) Berlin (Herm. Walther). à Jahrg. n. 2. —

Volksunterhaltung, die. Zeitschrift für die gesamten Bestrebungen auf dem Gebiete der Volksunterhaltung. Unter Mitwirkg. des Schiller-Theaters hrsg. v. Raph. Löwenfeld. 5.—8. Jahrg. 1903—1906. à 12 Nrn. (à ca. 12 S.) gr. 8. Berlin, Volksunterhaltungs-Verlag. à Jhrg. 3. —
Erscheint nicht mehr.

Volks-Unterhaltungsabende, die, nach Bedeutung, Entwicklung u. Einrichtung. Ein Weg zur geist. u. sittl. Einheit des deutschen Volkes. Hrsg. vom Vorstand der Gesellschaft f. Verbreitg. v. Volksbildg. Neue Ausg. gr. 8. (48 S.) Berlin 894. (Hannover-Linden, Manz & Lange.) n. — 30

Volks-Unterhaltungsabende, die, nach Bedeutg., Entwickelg. u. Einrichtung. Ein Weg zur geist. u. sittl. Einheit des deutschen Volkes. Hrsg. vom Vorstand der Gesellschaft f. Verbreitung v. Volksbildg. 3. Ausg. gr. 8. (59 S.) Berlin 898. (Th. Fröhlich.) — 50

Volksunterricht, kurzer praktischer, zur Erhaltung jugendl. Gesundheit, mit warnenden Beispielen, ein Handbuch für Eltern u. Erzieher. gr. 8. Berl. 806. Littfaß. 12 gr.

Volks-Unterricht für die Herzogthümer Schleswig, Holstein, Lauenburg über die vornehmsten Wohlthaten, welche die Kirchenverbesserung Luthers uns geschenkt hat. Schleswig. [1817.] 8°.

— über d. Wetterläuten, als d. einzige Mittel d. Hochgewitter unschädlich zu machen, für kathol. Christen. 8. Ulm 805. 2e Aufl. 808. Wohler. 4 gr.

Der Volksunterrichter. The People's Instructor: Theil 1—2, Aug. 8, 1810—May 26, 1813
Weekly, but there are slight variations in date of issue. Bilingual, parallel columns [two in English and two in German, to Aug. 21, 1811], to furnish assistance in the study of either language. Contains a variety of material, both prose and verse, but little of local interest. Sub-title: Eine Wochenschrift. A Weekly Publication. Large quarto, to Aug. 21, 1811; then slight decrease in size to quarto; each issue 4—8 pages; title-page and index, 4 pages. Title varies: The People's Instructor, Der Volksunterrichter, Aug. 8, 1810—Aug. 14, 1811. Edited & published by Christian Jacob Hütter
Easton, PA

Gegen **Volksverdummung**, Volksknebelung, Volksausbeutung. Materialien z. Beurteilung d. volksfeindl. Politik d. preuß. Dreiklassenparlaments. Berlin: Vorwärts 1906. (32 S.) 8° [F.] [06. 13088

Gegen **Volksverdummung**, Volksknebelung, Volksausbeutung. Flugschrift z. Beurteilung d. volksfeindl. Politik d. Preuß. Dreiklassen-Parlaments. 2. verm. Aufl. Berlin: Vorwärts 1908. (46 S.) 8° [F.] [08. 9688

Volksverein, der. Stimmen aus dem Volksverein f. das kath. Deutschland. Hrsg. vom Vorstand. Red. durch Aug. Pieper. Jahrg. 1893. 8 Hfte. (Bog.) gr. 8. M.-Gladbach, Volksverein. n.n. 1. 50

Volksverein, der. Stimmen aus d. Volksverein f. d. kathol. Deutschland. Hrsg. vom Vorstand. Red. durch Aug. Pieper. Jahrg. 1895. 8 Hfte. (Bog.) gr. 8. M.-Gladbach, Volksverein. n.n. 1. 50

— dasselbe. 6.—8. Jahrg. 1896—1898. à 8 Hfte. (Bog.) gr. 8. Ebd. à Jahrg. n.n.n. 1. —

Volksverein, der. Stimmen aus dem Volksverein für das kathol. Deutschland. Verein zur Förderung der Socialreform. Red. durch Aug. Pieper. 15. u. 16. Jahrg. 1905 u. 1906. à 8 Hefte. (à Jahrg. 128 S.) 8. M.-Gladbach, Zentralstelle des Volksvereins f. das kathol. Deutschland. à Jhrg. 1. 50

Volksverein, der. Zeitschrift des Volksvereins f. das kathol. Deutschland, gegründet 1890. Red.: Aug. Pieper. 17.—20. Jahrg. 1907—1910. à 8 Hefte. (à Jahrg. 96 S.) 8. M.-Gladbach, Volksvereins-Verlag. à 1. 50

KATHOLISCHER Volksverein. Monatschrift. Schriftl. Karl Szentiványi, Alexander Ernszt, Ludwig Ötvös u. a. Budapest 1907(-1944). Verlag Kath. Volksverein. Druck Stephaneum A. G.

Volksverein. Der Schweizerische Kathol. V'. Was er ist — Was er will — Was er bietet. Hrg. vom «Schweizer. kathol. V'». 2. Aufl. 10. bis 20. Tausend. [Mit Vignetten.] II + 56 S. 8. Luzern, Verlag der Zentralstelle (Buch- und Kunstdruckerei Union Solothurn), [1906]. [fr. —. 20]

Volksverein. Der schweizerische Kathol(ische) V' (am 22. November 1904 zu Luzern gegründet). Was er ist — Was er will — Was er bietet. Hrg. vom «Schweizer. kathol. V'». [Mit Vignetten.] II + 56 S. 8. Luzern, Verlag der Zentralstelle (Buch- & Kunstdr. Union, Solothurn), [1906]. [fr. —. 25]

KATHOLISCHER Volksvereins-Kalender. Hg. Katholischer Volksverein. Budapest 1905 (1909-1918): Stephaneum. - 250 mm

Volksvereins-Kalender, Tyroler. 1903. 4. (112 S. m. Abb. u. 1 Taf.) Innsbruck (Vereins-Buchh. u. Buchdr.). n. —50

Volksvereins-Kalender, Tyroler. 1904. (120 S. m. Abbildgn. u. 1 Taf.) 4. Innsbruck (Vereins-Buchh. u. Buchdr.). n. — 50

Volksvereins-Kalender, Tiroler, f. d. J. 1910. 21. Jahrg. Hrsg. v. kath.-polit. Volksverein f. Deutschtirol in Innsbruck. (104 S. m. Abbildgn. u. Titelbild.) gr. 8. Innsbruck, (Vereins-Buchh. u. Buchdr.) — 40

Volksverfassung, Die, im Königreiche Bayern. Würzburg 1818. V: *Kopp, Georg Ludwig Carl.* (MGT) (Ky)

Volksverfassung, die, im Königr. Baiern, (von G. L. K. Kopp). 8. Würzb. 818.

Volksverführer, über d. heutigen, an mein deutsches Vaterland. 8. Dresd. 795. Walther. 3 gr

Volksvergnügungen, russische, mit Gemälden, nebst Beschreib. von J. G. Gruber u. Chr. G. H. Geißler. 2 Hefte. Fol. Leipz. 801—4. Ind.-Compt. (à 3 Thlr) 6 Thlr Hbg. Pr. (à 1 Thlr) 2 Thlr

Die nächste **Volksversammlung.** (Itzehoe.) [1863.] 8°.

Volksversammlung, die neumünstersche, vor den Schranken des Gerichts. Anklage und Vertheidigung des Ob.-Ger.-Advoc. Beseler in Schleswig. gr. 8. (114 S.) Lübeck 847, v. Rohden'sche Buchh.

Volksversammlung, Die, in Schwamendingen 29. August 1841. [Zürich 1841.] V: *Grob, Heinrich.* (ZUWZÜR)

Volks-Versammlung für Soldaten und Volk (am 17. Sept.) — Der Bürgerwehr-Club. Friedländersche Buchdruckerei. 1 Bl. Fol. Flugblatt. Berlin, 16. Sept. 1848.

Zweite große Volksversammlung am Sonntag, den 9. April, Nachmittag um 2 Uhr, auf dem Exercierplatze vor dem Schönhauser Thore. — Die Deputation für die Abhülfe der Noth: Urban, Thierarzt u. a. Druck von E. Litfaß. 1 Bl. Fol. Flugblatt. Berlin, 9. April 1848.

Die Volksversicherung, ihr Wesen und ihre Nachteile für die Arbeiter Korresp.-Blatt d. Generalkommission d. Gewerksch. Berlin 1905.

Volksvertreter, Der, jambisch in zwölf Betrachtungen. Carlsruhe 1839. V: *Garve, Carl Bernhard.* (GGr)

Volksvertreter, der, jambisch in zwölf Betrachtungen. 8. (5¼ B.) Karlsruhe 839, Gh. Th. Groos.

Volksvertreter, der, von Held, s. Held, W.

Volksvertreter, der, von Held. Septbr. — Decbr. 1845. Mit 2 Stahlst. u. 1 Federzeichnung. 4. Berlin, Reichardt u. Co. Monatl. 4 ngr — ders. Jahrg. 1846. 12 Hfte. Ebend. Monatl. 4 ngr

Volksvertreter, der. 1847. Juli u. Aug. — Red.: Aug. Peters. 1847. Septbr. — Decbr. 1848. Jan. — Mai. — Red.: Beta. 4. (à Hft. 48 S.) Berlin, L. Schlesinger. (Monatlich n. 4 ngr) 1 Thlr 14 ngr — 1848. Juni—Decbr. 31 Nrn. 4. (B.) Ebd. (Monatl. n. 1/6 Thlr) n. 1 1/6 Thlr (siehe: Held, Fr. W. Alex.)

Der Volksvertreter : Mai 30, 1850 - ? Philadelphia, PA
Daily. Edited & published by August Glaser, Nikolaus Schmitt & J. M. Reichart.

— der, mit Gott, für Fürst u. Vaterland. Ein Blatt zur Besprechung des Allgemeinen u. Besondern inner- u. außerhalb Anhalt. Red.: A. Müller. 1—3. Jahrg. 1849—1851. à 52 Nrn. 4. (B.) Bernburg, Gröning. à Jahrg. n. 1⅔ Thlr

— der, des Judenthums. Red.: Gust. Liepmannssohn. (1. Jahrg. 1847.) März—Decbr. 10 Hfte. 4. (à 4 B.) Berlin, C. A. Wolff. (à n. 1/6 Thlr) n. 1⅔ Thlr

— die, auf Urlaub, s.: Theater, das, des Auslandes. 25. Lfg.

Volksvertreter, die, Würtembergs in ihren Verhandlungen über eine gemeinsame Verfassung. 1s u. 2s Heft. gr. 8. Stuttg. 817. v. Cotta. 1 Thlr 4 gr

Volksvertretung, die preußische, im J. 1863. 1. — 4. Aufl. gr. 8. (16 S.) Berlin 863, A. Jonas.

Volksvertretung und Centralgewalt, s. Centralgewalt.

Volkswacht
s.a. Appenzeller Volkswacht, Bündner Volkswacht.

Volkswacht. –
Bielefeld. – 1.VII.1890 – 27.II.1933.

Volkswacht. –
Breslau. – 8.IV.1891 – 27.II.1933.
Vorh. u.d.T.: Schlesische Volkswacht.

Volkswacht
⑮ Bei der Gründung der Zürcher Zeitung «Volksrecht» im Jahre 1898 standen auch die folgenden Zeitungstitel zur Diskussion: Neues Zürcher Tagblatt, Volkswohl, Volkswacht, Union, Freie Presse. In BGSZ 455 (Nobs, S. 5) wird berichtet: «Die Mehrheit von Vorstand und Kommission schlugen am 23. Januar 1898 den Namen «Freie Presse», die Minderheit «Volkswacht» vor. Da tritt im letzten Augenblick vor der Abstimmung Genosse Gerecke mit dem Vorschlag «Volksrecht» hervor. Eine erste Abstimmung ergibt sieben Stimmen für «Freie Presse», vier Stimmen für «Volksrecht», drei Stimmen für «Volkswohl». In der zweiten Abstimmung erhält die Bezeichnung «Volksrecht» mit neun gegen sieben Stimmen («Freie Presse») den Vorzug.»

Volkswacht. –
Danzig. – 24.IX.1910 – 31.XII.1918.
[NA seit IV.1914 von: Königsberger Volkszeitung, Königsberg (1892)]
Fortges. u.d.T.: Danziger Volksstimme.

Appenzeller Volkswacht (I)
① Organ für die Interessen des arbeitenden Volkes ④ Appenzeller Volkswacht (II). Kopfblatt der Zeitung »Volksstimme« SG ⑤ 6. 10. 1906—Dez. 1914 ⑥ 2° ⑦ monatlich 2× (1906—Juni 1910). Wochenblatt (Juli 1910—Jan. 1914). wöchentlich 2× (1914) ⑧ St. Gallen: Wilhlem Müller ⑩ Sozialdemokratische Partei Appenzell A. Rh. ⑪ Redaktionskommission in Herisau ⑫ sozialdemokratisch ⑬ BGSZ: 943. 944; 50 Jahre Volksstimme (Festschrift, St. Gallen 1954), p. 28.

Volkswacht am Bodensee
⑤ 1. 1. 1909—30. 6. 1934 ⑥ 2° ⑦ wöchentlich 4× ⑧ Romanshorn: Joh. Bircher, Genossenschaft Volkswacht am Bodensee ⑩ die Drucker ⑪ Enrico Tung (29. 3. 1912—1. 1. 1922), F. C. Moser (11. 6. 1929—30. 6. 1934) ⑫ demokratisch ⑬ BGSZ: 1068; Hagen: Buchdruck- u. Zeitungswesen im Thurgau ⑭ Ff: K; Be: L.

Volkswacht am Jura
① 1. Untertitel: Organ der sozialdemokratischen Partei des Kantons Solothurn ④ Neue Freie Zeitung ⑤ 2. 7. 1898—27. 6. 1914 ⑥ 2° ⑦ wöchentlich 2×; wöchentlich 3× (ab Nr. 25, 1912) ⑨ Grenchen: Guldimann & von Gunten, E. von Gunten (seit 1. 4. 1913) ⑩ Buchdr. Guldimann & von Gunten; Presseunion Grenchen und Umgebung (ab 1. 4. 1913) ⑪ Hermann Guldimann ⑫ sozialdemokratisch ⑬ BGSZ: 1065 ⑭ So: Z. St: Be: L. (1898—1905, Nr. 2).

Volkswacht. – Schlesische Volkswacht. –
Breslau. – 2.XI.1890 – 7.IV.1891.
Vorh. u.d.T.: Schlesische Nachrichten.
Fortges. u.d.T.: Volkswacht.

Volkswaffenlied, erstes Deutsches. 8. (4 S.) Leipzig 848, Arnold in Comm. 1 ngr

Volkswahl. Die V' der Regierung im Kanton Bern. Hrg. vom Freisinnigen Aktionskomitee. II + 31 S. 8. (Bern, Haller, [1906].)
Zur Volksabstimmung vom 4. März 1906.

Volkswart, der. Volksthümliche Wochenschrift f. Sachsen. Red.: H. Rösch. 1. Jahrg. April 1889—März 1890. 52 Nrn. (B.) gr. 4. Leipzig, Streller. n. 2. 40

Volkswart, der. Volksthümliche Wochenschrift f. Sachsen. Red.: Ad. Thiele. 3. Jahrg. 1891. 52 Nrn. (Bog.) gr. 4. Leipzig, Wurzen, A. Thiele. n. 2. 40

Volkswart. Organ d. Verbandes d. Männervereine z. Bekämpfung d. öffentl. Unsittlichkeit. Schriftleiter Jos. Pappers. Jg. 1. Coblenz: Görres-Dr. (1908). 4° [11. 17515

Volkswart. Organ des Verbandes der Männervereine zur Bekämpfg. der öffentl. Unsittlichkeit. Schriftleitung: J. Pappers. 1.—3. Jahrg. 1908—1910. à 12 Nrn. (à Jahrg. II, 192 S.) Lex. 8. Coblenz. Köln, Volkswart. à Jahrg. 2. —

Volkswart für Sachsen. Sächsische Sonderausg. des „Freidank". 4. Jahrg. 1892. 52 Nrn. (Bog.) gr. 4. Lpz., Rösch u. Rühmann. * 4 —
Jahrg. 1—3 erschienen bei Streller in Leipzig.

— für Sachsen. Sächs. Sonderausg. des Freidank. 4. u. 5. Jahrg. 1892. 1893. à 52 Nrn. (à 1¾ Bog.) gr. 4. Leipzig, Rösch & Rühmann. à Jahrg. n. 4. —

Im Jahre des Siegs. Geschichtl. Lustspiel in 5 Aufz. von Harro **Volkswart.** (Stargard i. Pom.: Prange) 1907. (105 S.) 8° [J.] [07. 3913 B

– Dass., s.a. Volkwart, Harro

Volkswarte, technische. Organ des „Techn. Vereins f. Maschinenbau u. Elektrotechnik Nürnberg" u. des „Alten Vereins der Heizer u. Maschinenwärter Nürnbergs u. Umgebung". Red.: Wilh. Mayer. 2. Jahrg. 1904. 24 Hefte. (à ca. 8 S. m. Abbildgn.) gr. 4. Nürnberg, Expedition. n.n. 3. 40

Volkswehr, deutsche. Demokratische Zeitung für polit. und sociale Interessen. Redig. von F. Röse. 1. Jahrg. April — Decbr. 1850. 234 Nrn. (½ Bog.) gr. 4. Stuttgart, Expedition. *

Volkswehrwesen, das, der Schweiz, in getreuem wahrhaftigen Bilde kurz u. bündig geschildert. Volksschrift dem Schweizervolke selbst u. den übrigen Völkern, insonderheit dem deutschen Volke gewidmet. Biel 864. Schüler. Lex.-8. (16 S.) 2 ngr.

Volksweisen, die österreichischen, dargestellt in einer Auswahl von Liedern, Tänzen u. Alpenmelodien, gesammelt, hrsg. u. allen Deutschen gewidmet v. Ant. v. Spaun. gr. 8. (8¼ B.) Wien 845, [Jasper, Hügel u. Manz.] * –

Volkswille (Der). Will das Volk eine Constitution? 8⁰. Leipzig, Weller, 1847.

Volkswille, der. Wissenschaftliche Prüfung einer modernen Streitfrage. 8. (24 S.) Leipzig 847, Weller. *

Volkswille. – Der Volkswille. –
Augsburg. – 6.II.1876 – 24.X.1878.
Fortges. u.d.T.: Augsburger Volkszeitung.

Volkswille. Zeitschr. Pest 1882—1883.

Volkswille. –
Hannover. – 1.X.1890 – 28.II.1933.

Volkswille. Organ der arbeitenden Bevölkerung Kärntens. Klgft., typ. Graz u. Linz, 1900–1905. Folio. 6 Jgg.

Volkswirth, der. Wochenblatt für den Geld-, Effecten- und Waaren-Verkehr, für Communicationswesen, Industrie, Landwirthschaft und Politik. Mit einer Beilage: „Der österreichische Actionär." 5. — 7. Jahrg. 1862 — 64. à Jahrg. 52 Nrn. (à 1½ Bog.) gr. 4. Wien, (Tendler und Comp.) à Jahrg. *

—— dass. — Wochenschrift für Handel und Finanzen, Industrie und Landwirthschaft. Redact.: Klun. 8. Jahrg. 1865. gr. 4. 52 Nrn. (à 1 Bog.) Nebst einer Beilage: „Allgemeine Versicherungs-Zeitung." Organ für das gesammte Versicherungswesen. Redact.: Klun. 1. Jahrg. 1865. 52 Nrn. (à ½ Bog.) gr. 4. Wien, Administration. (Braumüller.) *
Die Versicherungs-Zeitung allein *

Volkswirth, der. Zeitschrift für Finanz- und Verkehrswesen, Handel und Industrie, nebst einer Beilage: „Die Assecuranz". 23.—27. Jahrg. 1880—1884. à Jahrg. 52 Nrn. (Bog.) 4. Wien, Braumüller und Sohn. à Jahrg. ** 12 —

Volkswirth, der deutsche. Wochenschrift für alle Klassen der Gesellschaft. 1. Jahrg. 1849. 52 Nrn. (Bog. mit Beilagen.) Fol. Frankfurt a. M., Wilmans. *

—— dass. — Gemeinnütziges Organ für Handel, Gewerbe und Landwirthschaft, nebst Versicherungszeitung. (Letztere redig. von C. A. Masius.) Redig. von A. Altvater. (2.) Jahrg. 1850. 104 Nrn. (Bog.) Mit Beilagen. Fol. Frankfurt a. M., Expedition. *

Volkswirt, der internat., früher Neuer Mercator. Hrsg.: Just. Iohenhaeuser. 9.—13. Jahrg. Oktbr. 1898—Septbr. 1903. à 52 Nrn. gr. 4. (IV, 418; IV, 482; IV, 484; IV, 478 u. IV, 486 S.) Berlin (N.W. 23), Verlag d. International. Volkswirt. à Jahrg. n. 16.—

Volkswirt, internationaler. Internationaler Oeconomist. Red.: B. Dahlenburg. 21. Jahrg. Oktbr. 1910—Septbr. 1911. 52 Nrn. (à ca. 16 S.) 34,5×25,5 cm. Berlin (W. 30, Speyererstr. 14.), Internationaler Volkswirt. 16.—

Volkswirth, Kremsierer. Redigirt von Dr. August Benesch. 1 Jahrgang. 1868. 24 Nrn. (à 1 Bogen und Beilage.) (Die Mitglieder des Kremsierer volkswirthschaftlichen Vereines erhalten das Blatt unentgeltlich.) Kremsier: Gusek 1869. 8⁰

— der österreichische. Zeitschrift f. Industrie u. Finanzwesen. Hrsg. u. Red.: Walth. Federn. 1.—3. Jahrg. Oktbr. 1908—Septbr. 1911. à 52 Nrn. (IV, 868; IV, 892 u. IV, 524 S.) 81×23,5 cm. Wien, (J. Lenobel). à Jahrg. 21. 30

Volkswirth, österreichischer. Wochenblatt für Geld-, Effekten- und Waarenverkehr, Communicationswesen, Industrie, Landwirthschaft und Politik. 1858—61. 1—4. Jahrg. à Jahrg. 52 Nrn. Wien, Selbstverlag. à Jahrg. Thlr.

Volkswirth: Der Schweizerische Volkswirth — L'Economiste Suisse s.a. Centralblatt für Industrie, Handel und Verkehr.

Volkswirth, der schweizerische. (Des schweizerischen Centralblattes für Industrie, Gewerbe u. Verkehr IV. Jahrgang). Halbmonatsschrift für die materiellen Interessen der Schweiz. Herausgeg. unter Mitwirkung hervorragender Schriftsteller, von Aug. Ottiker. 1880, beginnend 1. März, N⁰ 1. Zürich, Administration. (Basel u. Genf, H. Georg). Per Quartal in der Schweiz 5 —

—— der schweizerische. [Des schweizer. Centralblattes für Industrie, Gewerbe und Verkehr 4. Jahrg.] Halbmonatsschrift für die materiellen Interessen der Schweiz. Hrsg. unter Mitwirkung hervorragender Schriftsteller von Aug. Ottiker. Jahrg. 1880. (à Nr. 2 Bog.) gr. 8. Zürich, Expedition. ** 12 —
Nur wenige Nrn. erschienen.

Volkswirth, der schweizerische. [Des schweizer. Centralblattes für Industrie, Gewerbe u. Verkehr 4. Jahrg.] Halbmonatschrift für die materiellen Interessen der Schweiz. Hrsg. unter Mitwirkung hervorrag. Schriftsteller v. Aug. Ottiker. Jahrg. 1880. März—Decbr. 20 Nrn. (2 B.) gr. 8. Zürich. Stuttgart, Metzler's Sort. in Comm. n.n. 12. —

Volkswirtschaft, die, in Heften. Hrsg. von Frz. Rohleder. 1. Heft. Stuart Mill: Production auf grosser und kleiner Stufenleiter, mit Bemerkungen von Tchernychewsky. 8. (35 S.) München 880, Rohleder's Volksbuchh. — 25

Volkswirtschaft, Die deutsche, am Schlusse des 19. Jahrhunderts. Auf Grund der Ergebnisse der Berufs- u. Gewerbezählung vom Jahre 1795 u. a. Quellen bearbeitet im Kais. Statistischen Amt. Berlin 1900. V: *Scheel, Hans v.* (Kat. der ständ. Bibl. Stuttgart 1907. S. VIII.) (Berl)

Volkswirthschaft, die deutsche, am Schlusse des 19. Jahrh. Auf Grund der Ergebnisse der Berufs- u. Gewerbezählg. v. 1895 u. nach anderen Quellen bearb. im kaiserl. statist. Amt. gr. 8. (VII, 209 S.) Berlin 900. Puttkammer & Mühlbrecht. Kart. n. 1. —

— die deutsche, u. der Weltmarkt, s.a. Flugschriften, handelspolitische. 1. Hft.

Die Deutsche Volkswirthschaft und der Weltmarkt. Mit 1 graph. Taf. 2. Aufl. *Berlin: J. Springer 1901.* (28 S.) 8°
= Flugschriften, Handelspolitische. H. 1. [01. 6936

Die deutsche Volkswirthschaft und der Weltmarkt. Mit 1 graph. Taf. 6. Aufl. Berlin: J. Springer 1901. (28 S.) 8⁰
(Flugschriften, Handelspolitische. H. 1.)

Die Deutsche Volkswirthschaft und der Weltmarkt. Mit 1 graph. Taf. 7. Aufl. *Berlin: J. Springer 1901.* (28 S.) 8°
= Flugschriften, Handelspolitische. H. 1. [03. 11371 3

Volkswirthschaft und Flotte. Hrsg. vom Deutschen Flottenverein. Blatt 1. 2. Braunschweig [1900?]: G. Westermann. (2 Bl.) gr. 2⁰
1. Seeausfuhr, Seeeinfuhr, d. beteiligten Industrieen u. Gewerbe.
2. Seehandelswege, Flottenstärken. Ausgabe f. d. Flotte, wichtige Vergleichszahlen, Blockadegafahr.

Volkswirthschaft f. Jedermann. Ein Volkslesebuch. Nach dem preisgekrönten französ. Werke: „Populäres Handbuch der Moral u. Volkswirthschaft" v. J. J. Rapet auf Veranlassg. der k. württemb. Centralstelle f. Handel u. Gewerbe frei bearb. v. F. Mayer. 6. Aufl. gr. 8. (VI, 250 S.) Berlin 879. L. Simion. n. 1. 50

Volkswirtschaftlicher Atlas [Schlagwort]

Volkswirtschaftlicher Atlas, s.: Industrie-Karten.

Volkswirtschaftslehre, die, s.a. Miniatur-Bibliothek.

Volkswirthschaftslehre. Eine populäre Darstellung dieser Wissenschaft. Hrsg. von dem schulwissenschaftl. Bildungsvereine zu Hamburg. 8. (XIV und 400 S.) Hamburg 855, Hoffmann und Campe.

[F.] Volkswirtschaftslehre. In 2 Bdn in Verbindg m. ... hrsg. v. Gustav v. Schönberg. 4. Aufl. Bd 1. *Tübingen: H. Laupp 1896.* 4.(8.)
= Handbuch der Politischen Oekonomie. Bd 1. [96. 1646

Volkswirthschafts-Lexikon der Schweiz, s. Furrer, A.

Volkswitz der Deutschen über den gestürzten Bonaparte, s.a. Leih-Bibliothek, kleine. 1—12. Bdchn.

Volkswitz der Deutschen über den gestürzten Bonaparte, seine Familie und seine Anhänger. Zusammengestellt aus den 1813 und 1814 erschienenen Flugschriften, und mit besonderer Bezugnahme auf die Napoleoniden der Gegenwart. Neu herausgegeben von J. Scheible. 12 Bdchn. Stuttgart, Scheible, 1849—50. 16⁰. (9 Mk. W. H. Kühl, Berlin, c. 1882.)

Volkswohl. Monatschrift für sociale und polit. Reform. Hrsg. von Gust. Höfken. 1. Jahrg. 1849. 12 Hefte. (à 4—5 Bog.) gr. 8. Frankfurt a. M., Literarische Anstalt. *

— dass. 1. Jahrg. 1849. Juli—Dec. 6 Hfte. gr. 8. (à 4 – 5 B.) Heidelberg, E. Mohr in Comm. n. 1 ℛ 24 ngl

Das **Volkswohl.** Wochenschrift für bildende und heitere Unterhaltung, Gesundheitspflege und soziale Frage. Jg. 1. 2. Frankfurt a. M.: Mühlbach 1885. 1886. 4⁰
Hrsg.: A. Fischer-Dückelmann.

—— das. Wochenschrift für bildende und heitere Unterhaltung, Gesundheitspflege und soziale Frage. Hrsgbr.: A. Fischer-Dückelmann und Arnold Fischer. 2. Jahrg. 1886. 52 Nrn. (Bog.) gr. 4. Frankfurt a. M., Berth. Mühlbach. *

Volkswohl. Allgemeine Ausgabe der „Social-Correspondenz". Organ des Centralvereins für das Wohl der arbeitenden Klassen. Hrsg. von Dr. Vict. Böhmert. (Jhrg. 1—8. Vide: Social-Correspondenz.) 9. Jhrg. 1885. 52 Nrn. gr. 4⁰. Dresden, Minden. 19. Jhrg. 1895. gr. 4⁰. Leipzig, Duncker u. H.

VOLKSWOHL. Allgemeine Ausgabe der „Social-Correspondenz". Organ des Centralvereins für das Wohl der arbeitenden Klassen.
Herausgegeben von VICTOR BÖHMERT:
Jahrg. 10—11. Dresden 1886—1887. Heinrich Minden. 4°.

VOLKSWOHL. Allgemeine Ausgabe der „Social-Correspondenz". Organ des Zentralvereins für das Wohl der arbeitenden Klassen.
Herausgegeben von VICTOR BÖHMERT und WILHELM BODE.
Jahrg. 12—15. 1888—1891. Dresden. Geschäftsstelle des „Volkswohl" und Leipzig. Duncker & Humblot.
Herausgegeben von VICTOR BÖHMERT.
Jahrg. 16—20. ib. 1892—1896. —
Jahrg. 21. Dresden 1897. O. V. Böhmert.
Herausgegeben von VICTOR BÖHMERT und PAUL SCHEVEN.
Jahrg. 22—27. ib. 1898—1903. —

VOLKSWOHL. Allgemeine Ausgabe der „Sozial-Korrespondenz". Organ des Zentralvereins für das Wohl der arbeitenden Klassen.
Herausgegeben von VICTOR BÖHMERT und PAUL SCHEVEN in Dresden.
Jahrg. 28—38. ib. 1904—1914. Verlag von O. V. Böhmert.

Volkswohl. Allgemeine Ausg. der „Social-Correspondenz". Organ des Centralvereins für das Wohl der arbeitenden Klassen. Hrsg. von Vict. Böhmert. 9.—12. Jahrg. 1885—1888. à Jahrg. 52 Nrn. (à Nr. 1/2 Bog.) gr. 4. [Dresden, Minden.] Leipzig, Duncker und Humblot. à Jahrg. *
Vgl.: Social-Correspondenz.

Volkswohl, m. der monatl. Beilage: „Mitteilungen zur Bekämpfung der Trunksucht". [Allgemeine Ausg. der „Sozial-Correspondenz".] Organ d. Zentralvereins f. das Wohl der arbeit. Klassen. Hrsg. v. Vict. Böhmert u. Wilh. Bode. 13.—16. Jahrg. 1889—1892. à Jahrg. 52 Nrn. (à Nr. 1/2—3/4 Bog.) gr. 4. Dresd. Lpz., Duncker u. Humblot. à Jahrg. * 6 40

— dasselbe, m. der monatl. Beilage: „Volksgesundheit". Allgemeine Ausg. der Sozial-Correspondenz. Hrsg. v. Vict. Böhmert. 17. Jahrg. 1893. 52 Nrn. (à 1/2—3/4 Bog.) gr. 4. Ebd. n. 6. 40

— Allgemeine Ausg. der Sozial-Correspondenz. Hrsg. v. Vict. Böhmert. 18. Jahrg. 1894. 52 Nrn. (à 1/2—3/4 Bog.) gr. 4. Ebd. n. 6. 40

Volkswohl. Allgem. Ausg. d. Sozial-Correspondenz. Organ d. Zentralvereins f. das Wohl der arbeit. Klassen. Hrsg. v. Vict. Böhmert. 19.—22. Jahrg. 1895—1898. à 52 Nrn. (à ca. 6 S.) gr. 4. Dresden, O. V. Böhmert. à Jahrg. n. 6. 40

Volkswohl. Allgemeine Ausg. der Sozial-Correspondenz. Organ des Zentralvereins f. das Wohl der arbeit. Klassen. Hrsg. von Vict. Böhmert u. Paul Scheven. Red.: V. Böhmert. 23.—26. Jahrg. 1899—1902. à 52 Nrn. gr. 4. (à ca. 4 S.) Dresden (O. V. Böhmert). à Jahrg. n. 6. 40

Volkswohl. Allgemeine Ausgabe der Sozial-Korrespondenz. Organ des Zentralvereins f. das Wohl der arbeit. Klassen. Hrsg. v. Vict. Böhmert u. Paul Scheven. Red.: Vict. Böhmert. 27.—30. Jahrg. 1903—1906. à 52 Nrn. (VIII, 304; VI, 294; VI, 278 u. IV, 278 S.) gr. 4. Dresden, O. V. Böhmert. à Jhrg. n. 6. 40

Volkswohl. Allgemeine Ausg. der Sozial-Korrespondenz. Organ des Zentralvereins f. das Wohl der arbeit. Klassen. Hrsg. v. Vict. Böhmert u. Paul Schepen. Red.: V. Böhmert. 31.—34. Jahrg. 1907—1910. à 52 Nrn. (à ca. 4 S.) 30,5×23,5 cm. Dresden, O. V. Böhmert. à Jahrg. 6. 40

— das. Organ f. naturgem. Gesundheitspflege u. arzneilose Heilmethode, sowie f. die gesamte Volkswirtschaft. 1. Jahrg. Apr.—Dezbr. 1895. 9 Nrn. (à ca. 2 Bog.) 4. Passau, Paradiesdruckerei. 1. 50

— dasselbe. Red.: Max Koenig. 2. Jahrg. 1896. 12 Nrn. (Bog. m. Abb.) 4. Ebd. 2. —

Volkswohl, das. Halbmonatsschrift f. naturgemäße Gesundheitspflege u. arzneilose Heilmethode, sow. f. d. ges. Volkswirtschaft. 3. Jahrg. 1897. 24 Nrn. (Bog.) 4. Passau, Paradiesdruckerei. n. 1. 60

— **das.** Halbmonatsschrift f. naturgemäße Gesundheitspflege u. f. die gesamte Volkswirtschaft, offizielles Organ der internationalen Gesellschaft „Weltbund". 4. Jahrg. 1898. 24 Nrn. 4. (à ca. 16 S.) Passau, Paradiesdruckerei u. Verlagsanstalt Passau. 3. 60

— **dasselbe.** Offizielles Organ des Welt-Bund u. dessen Sektionen. Halbmonatsschrift zur Förderg. des wahren Volkswohles in Hinsicht auf Gesundheitspflege, Wissenschaft u. Technik, Handel u. Gewerbe, Haus- u. Landwirtschaft. Offizielles Organ bezw. Propagandaschrift f. d. Weltbund u. die Sektionen, Verkehrsbund, Weltsprache- u. Friedensgesellschaften, den Realsch.-Absolv. Verband Passau, Sportvereine etc. etc. 5. Jahrg. 1899. 24 Nrn. gr. 8. (à ca. 16 S.) Passau, Paradiesdruckerei u. Verlagsanstalt Passau. 3. 60
Erscheint nicht mehr.

Volkswohl

Ⓢ Bei der Gründung der Zürcher Zeitung »Volksrecht« im Jahre 1898 standen auch die folgenden Zeitungstitel zur Diskussion: Neues Zürcher Tagblatt, Volkswohl, Volkswacht, Union, Freie Presse. In BGSZ 455 (Nobs, S. 5) wird berichtet: »Die Mehrheit von Vorstand und Kommission schlugen am 23. Januar 1898 den Namen »Freie Presse«, die Minderheit »Volkswacht« vor. Da tritt im letzten Augenblick vor der Abstimmung Genosse Gerecke mit dem Vorschlag »Volksrecht« hervor. Eine erste Abstimmung ergibt sieben Stimmen für »Freie Presse«, vier Stimmen für »Volksrecht«, drei Stimmen für »Volkswohl«. In der zweiten Abstimmung erhält die Bezeichnung »Volksrecht« mit neun gegen sieben Stimmen (»Freie Presse«) den Vorzug.«

Volkswohlfahrt. Praktisches Vermittlungsblatt f. Stellengesuche u. -Angebote aller Berufsarten. (Neue Folge der Frauen-Wohlfahrt.) Red.: Rob. Kleinert. 3. Jahrg. Juni-Dezbr. 1901. 31 Nrn. gr. 4. (à ca. 10 S.) Quakenbrück, R. Kleinert. n. 6. 30
Vergl.: Frauen-Wohlfahrt.

— Prakt. Vermittlungsblatt f. den gesamten Arbeitsmarkt. Publikationsorgan der „Frauen-Wohlfahrt", Stellenvermittlg. f. Frauen u. Mädchen aller Stände. Red.: Rob. Kleinert. 4. Jahrg. 1902. 52 Nrn. gr. 4. (à ca. 8 S.) Ebd. n. 10. 80

Volkswohlfahrt. Prakt. Vermittelungsblatt f. den gesamten Arbeitsmarkt. 5.—7. Jahrg. 1903—1905. à 52 Nrn. (à ca. 8 S.) gr. 4. Quakenbrück, R. Kleinert.
Erscheint nicht mehr. à Jhrg. 10. 80

— u. **Volksgeselligkeit** nach den Erfahrungen des Dresdner Vereins f. Volkswohl. Mit 26 Bildern (im Text u. auf 7 Taf.) u. 1 Plan. Hrsg. vom Verein Volkswohl. (127 S.) 8. Dresden 906. (O. V. Böhmert.) n. 2. —

Volkswohl-Schriften. Hrsg. v. V. Böhmert u. W. Bode. 1.—7. Hft. 8. Leipzig, Duncker & Humblot. n. 4. 20
1. Der Kampf gegen die Unsittlichkeit. Von V. Böhmert. (31 S.) 888. n. —40
2. Kaiser Friedrich als Freund d. Volkes. Mitteilungen von v. Bodelschwingh, G. Bunsen, Cronemeyer, Albertz, v. Gneist, Krokisius, Schenck, Frau Schepeler-Lette u. Schrader, hrsg. v. V. Böhmert. (48 S.) 888. n. —60
3. Dr. Barnardo's Liebeswerke in London. Von W. Bode. (32 S. m. 20 Bildern.) 889. n. —60
4. Wie erhalten wir unsere Lungen gesund? Ein Vortrag v. F. Meinert. (24 S.) 889. n. —40
5. Die Reform der Geselligkeit u. der Wirtshäuser. Von V. Böhmert. (24 S.) 890. n. —40
6. Modethorheiten. Ein Vortrag v. F. Meinert. (44 S. m. 14 Bildern.) 890. n. —80
7. Der Branntwein in Fabriken. Von V. Böhmert. Neue Bearbeitg. (68 S.) 889. n. 1. —

Volkswohl-Schriften. Hrsg. v. Vict. Böhmert. 8.—19. Hft. 8. Leipzig, Duncker & Humblot. n. 6. 65 (1—19.: n. 10. 85)

8. Wie nährt man sich gut u. billig? Von Fritz Kalle. 2., verm. Aufl. 1.–3. unveränd. Abdr. (42 S.) 891. n. — 40
9. Der Trunk auf dem Lande im Königr. Sachsen. Nach e. Enquete d. Prof. Dr. Vict. Böhmert bearb. von E. v. Gratsowsky. (49 S.) 891. n. — 80
10. Die gewerbliche Ausbildung der lohnarbeitenden Mädchen. Ein Beitrag zur berufl. Erziehg. d. weibl. Geschlechts v. Otto Kamp. (32 S.) 892. n. — 40
11. Die deutsche Alkoholfrage. Von Wilh. Bode. [Aus: „Christl. Welt".] (51 S.) 892. n. — 80
12. Die Bestrebungen zur Veredlung der Volkserholungen. Vortrag, geh. am 34. Dresdner Volksunterhaltungsabend am 6. Novbr. 1892 v. Vict. Böhmert. (15 S.) 893. n. — 40
13. Diphtherie. Zur Aufklärg. u. Beruhigg. f. Laien v. e. älteren prakt. Arzte. Unentbehrlich f. Mütter u. Krankenpfleger. (35 S.) 893. n. 1. —
14. Arbeitslosigkeit, Bettelei u. Wanderverpflegung. Unter besond. Berücksicht. sächs. Verhältnisse beleuchtet v. Otto Krause. (39 S.) 893. n. — 75
15. Die Dresdner Heide u. ihre Bedeutung f. die Volkserholung. Aus e. Vortrage, geh. im März 1893 am 40. Dresdner Volksunterhaltungsabende v. H. Heine. (7 S.) 893. n. — 10
16. Volksbildung u. Volkserholung. Von Vict. Böhmert. (18 S.) 894. n. — 40
17. Ein Lehrbuch üb. den Volkswohlstand aus d. J. 1723 v. e. ungenannten Deutschen. (40 S.) 894. n. — 80
18. Die Dauer u. die Erhaltung des menschlichen Lebens. Ein Vortrag v. Wilh. Bode. (24 S.) 894. n. — 40
19. Rechtsschutzvereine f. Frauen. Vortrag, geh. am 1. Juni 1894 im allgemeinen deutschen Frauenverein in Leipzig v. Frl. Cäcilie Dose. (20 S.) 894. n. — 40

Volkswohl-Schriften. Hrsg. v. Vict. Böhmert. 20.—27. Hft. gr. 8. Leipzig. Dresden, O. V. Böhmert. n. 3. 80 (1.—27.: n. 14. 65)

20. Die Dresdner Kinderfahrten. Ein Beitrag zur Organisation d. Volksgeselligkeit. Von Carl Böhmert. (48 S. m. Abb. u. 3 Taf.) 896. n. — 60
21. Das Spielzeug uns. Kinder. E. Mahnwort zur Weihnachtszeit v. E. O. Schreiber. (16 S.) 897. n. — 40
22. Volksparks, e. Lebensfrage f. große u. kleine Gemeinden. Von Vict. Böhmert. (20 S.) 897. n. — 40
23. Raffaels sixtin. Madonna u. die Holbeinsche Madonna des Bürgermeisters Meyer. E. Vortrag, geh. im Dresdner Verein „Volkswohl". Von H. Lücke. (18 S.) 897. n. — 40
24. Gesundheitsgem. Spazierengehen. Ein Mittel zur Verhütg. u. Heilg. d. Lungenschwindsucht in d. durch d. Rauch- u. Dunstplage betroff. Gebieten. Von Gust. Rau. (26 S.) 897. n. — 60
25. Die Verbindg. zwischen Schule u. Haus. Von K. Günther. (27 S.) 897. n. — 60
26. Die Wohlfahrtspflege auf dem Lande. Von Vict. Böhmert. (15 S.) 898. n. — 40
27. Volksgeselligkeit. Von Vict. Böhmert. M. e. Berichte v. Karl Böhmert üb. Kindergeselligkeit. (16 S.) 898. n. — 40

Volkswohl-Schriften. Hrsg. v. Vict. Böhmert. 28.—31. Hft. (Hrsg. v. der volkstüml. Ausstellg. f. Haus u. Herd in Dresden.) gr. 8. Dresden, O. V. Böhmert. n. 1.40

28. Wie wirtschaftet man gut u. billig bei e. jährl. Einkommen v. 800–1000 Mark? (5. [Umschlag-]Tauf.) (80 S.) 900. n. — 20
29. Wie wirtschaftet man gut u. billig bei e. jährl. Einkommen v. 1400—2000 Mark? (4. [Umschlag-]Tauf.) (38 S.) 900. n. — 20
30. Ratschläge f. die erste Einrichtg. e. jungen Haushalts. (72 S.) 900. n. — 20
31. Die rechte Lebenskunst. Wirtschaftliche u. sittl. Grundsätze e. welterfahrenen deutschen Mannes. Von Rud. Heine. (64 S.) 900. n. — 80

Volkswohl-Schriften. Hrsg. v. Vict. Böhmert. 28. u. 29. Heft. gr. 8. Dresden, O. V. Böhmert. à n. — 20

28. Wie wirtschaftet man gut u. billig bei e. jährl. Einkommen v. 800 bis 1000 Mark? (Hrsg. v. der volkstüml. Ausstellg. für Haus u. Herd in Dresden.) 2. Aufl. (5.—10. Tauf.) (63 S.) 904.
29. Wie wirtschaftet man gut u. billig bei e. jährl. Einkommen v. 1400 bis 2000 Mark? (Hrsg. v. der volkstüml. Ausstellg. für Haus u. Herd in Dresden.) 2. Aufl. (5.–40. Tauf.) (24 S.) 904.

Volkswohlstand, der, u. seine Feinde. 1. Heft. gr. 8. Leipzig, F. Luckhardt. n. 2. —

Vorwärts oder zurück? Beiträge zur Revision des Börsengesetzes. Von W. Giese. (VII, 120 S.) 904.

Volkswohlstand u. Landeswährung. [Aus: „Deutsches Adelsblatt".] gr. 8. (35 S.) Frankfurt a/O. 895. (G. Harnecker & Co.) n. — 50

Volkswohlthater, der,. Dramatisch. Gemälde in 1 Akt v. G. W. E. v. Fink. 8. Glogau, Günther. 798. — 4

Volkswünsche. Berlin, 26. März 1848. 1 Bl. in gr. 8. Berlin 848, (Lassar.) Thlr. *

Volkswünsche, bei Anlass der St. Gallischen Verfassungsverbesserung . . . St. Gallen 1830. H: *Sargans.* (Ky)

Volkswünsche, bei Anlaß d. St. Gallischen Verfassungsverbesserung, (beschlossen im großen Rath am 8. d. Wintermonats 1830.) Im Verein mit Freunden d. Freiheit u. d. Volks herausg. von (Dr. Henne v. Sargans). 8. St. Gallen 830. Büreau d. Freimüth. 5 K

Volkszahl der deutschen Staaten nach den Zählungen seit 1816. Bearb. vom Kais. Statist. Amt. (Sep.-Abdr. aus Monatshefte zur Stat. d. deut. Reichs 1879.) Berlin 1879. Imp.-4. . . . . (b.)

Volkszählung, die, im Großherzogth. Baden vom Dezbr. 1861, s. Beiträge zur Statistik der inneren Verwaltung des Großherzogth. Baden.

Die **Volkszählung** im Großherzogtum Baden vom 1. Dezember 1890. Hrsg. v. Statist. Bureau. Th. 1. 2. Karlsruhe: Ch. F. Müller 1893–[1907]. 2 Bde 4° [F.]
= **Beiträge** z. Statistik d. Großherzogt. Baden. N. F. H. 6. 7. [08. 1068 B

Die **Volkszählung** im Großherzogtum Baden vom 2. Dezember 1895. Hrsg. v. Statist. Landesamt. Karlsruhe: Ch. F. Müller [1907]. (XX, 121 S.) 4° [F.]
= **Beiträge** z. Statistik d. Großherzogt. Baden. N. F. H. 12. [08. 1069 B

Die **Volkszählung** im Großherzogtum Baden vom 1. Dezember 1900. Hrsg. v. Statist. Landesamt. T. 2. Karlsruhe: C. F. Müller 1905. 4° [F.]
= **Beiträge** z. Statistik d. Großherzogt. Baden. N. F. H. 14. [08. 6155

—— die, im Königr. Bayern vom Dezbr. 1864. Mit einer Abhandlung über die Ergebnisse der 11 Volkszählungen vom J. 1834 bis 1864, verglichen mit den Resultaten der Bewegung der Bevölkerung während derselben Jahre von F. B. W. v. Hermann. (13. Heft der Beiträge zur Statistik des Königr. Bayern.) Fol. (XX und 32 S.) München 865, (Fleischmann's Buchh.) *

Volkszählung, die, im Königr. Bayern vom 3. Dezbr. 1867. 1. Thl.: Aufnahme der Bevölkerung nach den Verabredungen des Zollvereins mit Hinweisung auf die Resultate der früheren Zählungen seit 1834 und der Bewegung der Bevölkerung von 1834 bis 1867, nebst einer (chromolithogr.) Darstellung der Dichtigkeit der Bevölkerung (in gr. 4.). Summarischer Ueberblick der Religionsangehörigkeit der Bevölkerung. Mit einer Einleitung von Geo. Mayr. [20. Heft der Beiträge zur Statistik des Königr. Bayern.] Hrsg. vom königl. statist. Bureau. Fol. (XXXII, 37 S.) München 868, (Fleischmann'sche Hofbuchh.) [A. Ackermann.] *

Volkszählung, d. Berliner, s. a. Bevölkerungs- u. Wohnungs-Aufnahme, die, in d. Stadt Berlin.

– Die Berliner, s. a. Böckh, R.

Volks-Zählung, Die Berliner, vom 3. December 1861. Bericht der städtischen Central-Commission für die Volks-Zählung über die Mitwirkung der Commune an der Zählungs-Ausführung und deren Resultate. 1. Th. Die Ausführung der Zählung sowie die Erläuterung der Zählungs-Resultate. 2. Th. Die communalen Zählungs-Resultate, zusammengestellt in 26 Tabellen, betreffend das Berliner Bevölkerungs- und Wohnungsverhältniss. Als Anhang: Die Resultate der polizeilichen Aufnahme für 1861. (2 Thle.) 4. Berlin 1863.

—— die Berliner, vom 3. Decbr. 1861. Bericht der städt. Central-Commission für die Volks-Zählung über die Mitwirkung der Commune an der Zählungs-Ausführung und deren Resultate. 2 Thle. Fol. (X und 214 S.) Berlin 863, (Springer's Verlag.) *

—— dass. — vom 3. Decbr. 1864. Bericht der städt. Volks-Zählungs-Commission über die Ausführung und die Resultate der Zählung. A. u. d. T.: Die Resultate der Berliner Volks-Zählung vom 3. Decbr. 1864. Im Auftrage der städt. Volks-zählungs-Commission tabellarisch zusammengestellt und erläutert von S. Neumann. Imp.-4. (CXII und 175 S.) (Ebendas.) 866. *

Volkszählung, die Berliner, von 1880. 1.—3. Heft. Fol. (VII, 160; IV, 194; IX, 119 S.) Berlin 883—88, Simion. à Heft *M 6.—. *

— dasselbe von 1885. 1. Hft. Fol. (VIII, 102 S.) Ebd. 890. n. 6. —

Volkszählung, die Berliner, v. 1900, s. a. Grundstücks-Aufnahme, die, Ende Oktbr. 1900.

Die Berliner **Volkszählung** von 1900. Abt. 1. *(Berlin: L. Simion in Comm. 1903.)* 4° [F.] [04. 880]

– Die, am 1. Decbr. 1890, s. Beiträge zur Statistik Mecklenburgs.

Die **Volkszählung** am 1. Dezember 1890 in der Stadt Köln a. Rh. Tabellen zur Statistik der Bevökerung, Wohngn, Haushaltgn, Wohngebäude u. Grundstücke nebst 16 Taf. Bearb. u. hrsg. v. Städt. statist. Bureau. (Vorr.: [Carl] Zimmermann.) (Köln): Kölner Verl.-Anst. [1895]. (VIII, 141 S., 16 Taf.) 1 Bd 2°

Volkszählung, Eidgenössische, s. Beiträge zur Statistik der schweizer. Eidgenossenschaft.

—— eidgenössische, s. Statistik, schweizerische.

Volkszählung, eidgenoss., des Jahres 1870. Vollziehungsverordnung. (Bern) 1870

Volkszählung, eidgenössische, im Jahre 1880. Vollziehungsverordnung vom 3. Juni 1880. In-8°, 10 S. Mit 6 Formularen. Bern, Eidgenössisches statistisches Bureau. 1880.

Volkszählung, eidgenössische, v. 1. December 1880. Erster Band (Schweiz. Statistik LI). Die Bevölkerung nach Geschlecht, Altersperioden, Civilstand, Heimath, Aufenthalt, Konfession und Sprache, nebst der Zahl der Haushaltungen u. der bewohnten Häuser etc. (Französisch und deutsch.) In-4°, 296 S., mit 4 Karten. Zürich, Orell Füssli & Cie. 1882.

Volkszählung, eidgenössische, vom 1. Decbr. 1880. III. Band: Die Bevölkerung nach den Berufsarten. Herausgeg. von dem statistischen Bureau des eidgenöss. Departements des Innern. In-4°, 47 u. 184 S. Zürich, Orell Füssli & Cie.

— eidgenössische, vom 1. XII. 1900. Gemeindeweise Uebersichten der Ergebnisse. Zahl der Häuser, der Haushaltgn., der Bevölkerg. Unterscheidung der Wohnbevölkerg. nach Heimat, Geburtsort, Geschlecht, Konfession u. Muttersprache. Die Schweizerbürger nach dem Heimatkanton. Auszug aus dem 1. Bd. (193 S.) Lex.-8. Bern 904. (A. Francke.) n. 4. —; franz. Ausg. n. 4. —

Volkszählung Eidgenössische V' vom 1. Dezember 1900. Gemeindeweise Uebersichten der Ergebnisse der V': Zahl der Häuser, der Haushaltungen, der Bevölkerung; Unterscheidung der Wohnbevölkerung nach Heimat, Geburtsort, Geschlecht, Konfession und Muttersprache; Die Schweizerbürger nach Heimatkanton und Heimatgemeinde. ([Herausgeber:] Eidg. statistisches Bureau.) Auszug aus dem 1. Band. IV + 193 S. 4. Bern, Lack Aeschlimann & Jost, März 1904.

—— die, im Kanton Luzern vom 1. Decbr. 1870. Auf Grundlage der Gemeindezusammenzüge und zufolge Anordnung des hohen Regierungsrathes bearb. vom Departement der Staatswirthschaft. Lex.-8. (104 S.) Luzern 873, Gebr. Räber. *

Die **Volkszählung** im Deutschen Reich am ... Hrgg. vom Kaiserlichen Statistischen Amt.
1. Dezember 1880. Berlin. 1883. 1. Dezember 1885. ebd. 1888.
1. Dezember 1890. ebd. 1894.
= Statistik des Deutschen Reichs, Bd. 57; Neue Folge, Bd 32 u. 68. 4°

— die, am 1. XII. 1900 im Deutschen Reich. Bearb. im kaiserl. statist. Amt. (VI, 204 S. m. 16 [14 farb.] Taf.) gr. 4. Berlin 903. Puttkammer & Mühlbrecht. Sonderabdruck aus: „Statistik d. Deutschen Reichs". n. 3. —

Die **Volkszählung** vom 1. Dezember 1900 im Bremischen Staate. Hrsg. vom Bremischen Statist. Amt. Bd 1. *Bremen: G. A. v. Halem in Komm. 1903.* 4° [03. 12357

— die, v. 1. XII. 1900 im Bremischen Staate. Hrsg. vom brem. statist. Amt. 1. u. 2. Bd. Lex.-8. Bremen (F. Leuwer). Kart. n. 15. —
1. Einleitung. I. Tl. (Bevölkerungsstatistik). (XII, 291 S. m Fig., 4 farb. Plänen u. 2 farb. Taf.) 903. n. 7.50
2. II. Tl. (Die Zählg. der Gebäude u. Wohngn. Sonderdarstellgn. zur allgemeinen Statistik u. zur Wohnungsstatistik.) Hrsg. vom brem. statist. Amt. (IV, 69, 90, 16, 23, 53, 20 u. 5 S. m. 5 farb. Plänen.) 905. Kart. n. 7.50

Volkszählung vom 1. XII. 1905 im bremischen Staate. Hrsg. vom brem. statist. Amte. (VIII, 151 S. m. Fig. u. 3 farb. Taf.) Lex. 8. Bremen 909. F. Leuwer. 3.—

Die **Volks- und Wohnungs - Zählung** vom 1. Dezember 1900 in München. T. 1. 2. *München: L. Lindauer 1901.* 2 Bde 4° [F.]
1. Die Volkszählung. 2. Die Wohnungszählung.
= **Mitteilungen** d. Statist. Amts d. Stadt München. Bd 17, H. 3. [01. 10937

Volkszählung, Die, des Kantons Zürich am 9. 10. und 11. Mai 1836. Zürich 1837. V: *Meyer von Knonau, Gerold.* (Cat. d. Stadtbibl. Zürich. Zürich 1864—97.)

Volkszählung, die, des Kantons Zürich am 9., 10. u. 11. Mai 1836. Ein Nachtr. zu Gerold Meyer's von Knonau Gemälde d. Kantons Zürich, und Friedrich Vogels Ortslexikon des Kantons Zürich. gr. 8. (3³/₄ B. u. 8 Tab.) Zürich 837, Orell, Füßli u. Comp.

—— die, im Kanton Zürich vom 1. Decbr. 1870 mit Berücksicht. der kantonalen Gemeindeverhältnisse und mit einem alphabet. Ortsverzeichniss. Bearb. von dem statist. Bureau der Direktion des Innern. Lex.-8. (V, 85 S.) Zürich 871, Herzog.

Volkszählungen der Stadt Krummauer Bevölkerung aus den Jahren 1653 und 1710 ... Von * * * und Dr. Franz Büchse. [Prag 1905.] V: *Mörath, Anton & Franz Büchse.* (EB)

Volks-Zeichen-Schule. Fol. (40 Taf.) Leipzig 887. J. J. Weber. n. 2. —

Volks-Zeichenschule, deutsche, s. a. Panorama d. Wissens.

Volkszeichenschule, deutsche, 216 Zeichen-Vorlagen. 20 Hefte. 4. Leipzig 873, Payne. In Carton.

Volks-Zeitung (Bl.—Ag)
v. Katholisches Sonntagsblatt.

Volkszeitung. Baireuth 1796.
H: *Kretschmann, Theodor Conrad von.* (Fiker)

Volkszeitung für 1796. Juli bis December, u. 1797, Januar bis Juni. 8. Bayr., Lübeck. 1 ✝ß 8 ✝K

Volkszeitung (Lu)
④ Der Eidgenosse (Lu) ⑤ 4. 10. 1833—29. 12. 1834 ⑥ 4° ⑦ wöchentlich 2× ⑧ Luzern: Joh. Baptist Scherer ⑩ Constantin Siegwart-Müller (bis 26. 9. 1834) ⑪ Constantin Siegwart-Müller (bis 26. 9. 1834) ⑫ freisinnig ⑬ BGSZ: 1028 ⑭ Lu Z; Be: L ⑮ Auf das Jahr 1835 vereinigte sich die Volkszeitung mit der Surseer Zeitung «Eidgenosse».

Volks-Zeitung (Ag)
③ Rhein-Bote (Laufenburg) ④ Der Volksfreund (AG) ⑤ September 1844 —1848 ⑧ Rheinfelden: Fidel Hollinger ⑪ Fürsprecher Günther, Rheinfelden ⑫ für die deutsch-katholische Kirche (Ronge) ⑬ BGSZ: 1128.

Volks-Zeitung. –
Berlin. – 9.IV.1853 30.VI.1904.
Fortges. u.d.T.: Berliner Volks-Zeitung.

Volks-Zeitung. Organ für Jedermann aus dem Volke. Vom 9. April 1853 bis 29. Sept. 1858. 4. Ferner Jahrgang 7, 8, 9 Berlin 1859—61. Fol.

Volks-Zeitung : 1874–1876
Socialistic weekly. Absorbed by Chicagoer Arbeiter-Zeitung. Edited by Joseph Brucker, & published by Social Democratic Printing Co., 1874–76.
Chicago, IL

Volkszeitung : 1878–1879 **Fond Du Lac, WI**
Weekly. Edited by Charles A. Bruederle

Die Volks-Zeitung : 1881–1882
Weekly. Merged with Seymourer Journal, to form Journal und Volks Zeitung. Edited & published by William G. Bauermeister, 1881–82; by W. T. Pfaffenberger, 1882.
Seymour, IN

Volkszeitung : 1886–1887 **Fond Du Lac, WI**
Weekly

Volks-Zeitung : 1888–1895 **McKeesprot, PA**
Democratic weekly. Circulation: 1892, 750; 1895, 590. Edited & published by P. Beyer

Volkszeitung : 1889 **San Antonio, TX**
Weekly. Edited & published by J. Holden.

Volkszeitung. –
Augsburg. [NA seit 26.IV.1895 von: Münchner Post, München (1887)]
30.IX.1891 – 24.IX.1896.
Fortges. u.d.T.: Augsburger Volkszeitung.

Die Volkszeitung : 1895–1898
Weekly. Circulation: 1897, 560. Edited & published by August Kiefer & Joseph Miller, Jr., 1895–98.
Scranton, PA

Die Volks-Zeitung : 1898–1902
Independent daily, evening except Sunday. For Sunday edition, see Sonntagsblatt der Volks Zeitung. Published by Volks-Zeitung Publishing Co.
St.Louis, MO

Sonntagsblatt der Volks-Zeitung : 1900–1902 **St.Louis, MO**
Sunday edition of Die Volks-Zeitung.

Volkszeitung : Apr. 29, 1899– **New York, NY**
Monthly.

Volkszeitung. –
Düsseldorf. – 6.VIII.1902 – 27.II.1933.
Vorh. u.d.T.: Düsseldorfer Volkszeitung.

Volkszeitung: 1902–1907?
Independent weekly. Circulation: 1000 in 1905. Publisher: Volkszeitung Publishing House, and printed by Printers' Publishing Co., Inc., of New York, in 1906.
Winkler, Man.

Volkszeitung. –
Wuppertal. – 24.I.1903 – 31.XII.1912.
Fortges. u.d.T.: Westdeutsche Rundschau.

Volkszeitung. –
Freiberg/Sachsen. – 1.IV.(?)1908 – 3.III.1933.
[NA von: Dresdner Volkszeitung, Dresden (1890)]
Vorh. u.d.T.: Freiberger Volkszeitung.

Volkszeitung. –
Meissen. – 27.III.1908 – 2.III.1933.
[NA von: Sächsische Arbeiter-Zeitung, sp. Dresdner Volkszeitung, Dresden (1890)]
Vorh. u.d.T.: Volksfreund.

Volks-Zeitung: Jahrgang 1, 1908–?
Weekly. Sub-title: Wochenblatt für Sao Bento, Staat S. Catharina. Circulation: 500. Editor: Wilhelm Bollmann. Publisher: Luiz Bollmann (1923–1938).
Sao Bento

Volkszeitung. – Aalener Volkszeitung. –
25.II.1909 – 31.VII.1935.
1.IX.1949 ff.
Vorh. u.d.T.: Schwäbische Volkszeitung.

Aargauer Volkszeitung
④ Aargauer Zeitung (II) ⑤ 1836— ca. Juni 1838 ⑦ Wochenblatt ⑧ Baden: Jos. Zehnder ⑩ Jos. Zehnder ⑪ Carl von Glümer, deutscher Flüchtling (bis Nov. 1836), dann Jos. Dominik Baldinger zum Löwen (18 Monate lang) ⑫ volkstümlich-freisinnig ⑬ Haberbosch: Badener Zeitungen (1950); Claire von Glümer: Aus einem Flüchtlingsleben 1833—1839 (Dresden 1904) ⑮ Beleg für Titel und Gründung: Aargauer Zeitung (II) 20. April 1839.

Volkszeitung. – Allgemeine Volkszeitung.
Leipzig, sp. Altenburg. 13.XII.1848 – 31.III.1849.

Volks-Zeitung, allgemeine, polit. geraer-reußische Vaterlands-Blätter, sowie geraisches Tage- und Nachrichts-Blatt, auch Anzeiger. Ein Organ für die Reußen- und Nachbar-Lande. Redig. von A. Hofmeister. Jahrg. 1850. 260 Nrn. (½ Bog.) 4. Gera, (Illgen's Erben.) *

—— dass. — Redig. von Dems. Jahrg. 1851 und 1852. à 520 Nrn. (à ½ Bog.) gr. 4. Ebds. à Jahrg. *

Allgemeine Volkszeitung : 1872–1873
Weekly. Circulation: 1873, 1920. Edited & published by John H. Orf, 1872–73.
Columbus, OH

Volkszeitung: Allgemeine Volkszeitung für die Schweiz
① zunächst zur Aufklärung über Verfassung und Gesetz ⑤ 4. 1. 1836—18. 2. 1836 ⑥ 4° ⑦ wöchentlich 2× ⑧ Zürich: Gessnersche Buchdruckerei ⑩ die Druckerei ⑫ parteilos ⑬ Zh: Z.

Volkszeitung: Allgemeine Schweizerische Volkszeitung
① Zofinger Zeitung (1922 ff.) ② Schweizerische Allgemeine Volks-Zeitung (1. 10. 1887) (später: Volkszeitung) ③ Schweizer Allgemeiner Anzeiger; Illustrierte Schweizerische Volkszeitung, Schweizerische Dorfzeitung, Schweizerischer Geschäftsanzeiger ⑤ 1885 (cont.) ⑥ 2° ⑦ Wochenblatt ⑧ Zofingen: Jean Frey (1885), Frey & Francke (11. 6. 1887), Francke & Co. (1893), Francke-Ringier & Co. (1902), Ringier & Co. AG (1926) ⑨ Schweizer Laienspiegel, Schweizerische Familien-Zeitung (1887, 4°), Kleine Gartenlaube (1889 cont.), Für Hausfrau und Heim, Leben im Bild (farbig; 1917 cont.), Der Götti (1886, 8°) ⑩ die jeweiligen Drucker ⑪ Ulrich Farner, Paul Ringier (1893—1912), Keßler (1912—1918), Dr. Zoller (1. 4. 1914—31. 7. 1914), Dr Brack (1. 4. 1918—31. 3. 1943), Emmel (1. 12. 1920—30. 4. 1927), P. Wirth (1. 8. 1924), J. Selig (1. 11. 1946), H Nauer (20. 1. 1947) ⑫ neutral ⑬ Be: I (1886—1891, 1900 cont.).

Volkszeitung. – Altenburger Volkszeitung. –
1.X.1898 – 31.XII.1919.

Volks-Zeitung. – Amberger Volks-Zeitung. –
4.VI.1868 – 31.XII.1938.

Volkszeitung (Anhaltische) von A. Behr und C. Stein. Wöchentl. 3 mal. Cöthen. 12. Dec. 1848 — Mai 1849.

Volkszeitung für Appenzell A.-Rh.
⑤ 1842 ⑬ BGSZ: 944.

-- A u f r i c h t i g d e u t s c h e, s.a. S t e i n b e c k, Ch. G.

Volks-Zeitung. – A u f r i c h t i g - D e u t s c h e Volks-Zeitung. –
Gera. - 3.I.1795 – 1.I.1796.
Fortges. u.d.T.: Aufrichtigdeutsche Volks-Zeitung.

Volks-Zeitung. – A u f r i c h t i g d e u t s c h e Volks-Zeitung. –
Gera. - 2.(?)I.1796 - 23.VI.(?)1800.
Vorh. u.d.T.: Aufrichtig-Deutsche Volkszeitung.
Fortges. u.d.T.: Neue privilegirte Geraische Zeitung.

— aufrichtige deutsche, ein Hand- u. Hausbuch für d. deutsche Volk. Mit Kpf. 4. Gera 795. Heinsius. 2 ℛ

Volkszeitung. – A u g s b u r g e r Volkszeitung. –
25.X.1878 – 30.IV.1879.
Vorh. u.d.T.: Der Volkswille.

Volkszeitung. – A u g s b u r g e r Volkszeitung. –
3.IV.1900 – 31.III.1905.
Vorh. u.d.T.: Volkszeitung.
Fortges. u.d.T.: Schwäbische Volkszeitung.

Volks-Zeitung. – B a d i s c h e Volks-Zeitung. –
Mannheim. - 20.VI.1885 – 31.III.1886.
Vorh. u.d.T.: Mannheimer Journal.
Fortges. u.d.T.: General-Anzeiger.

Volkszeitung. – B a d i s c h e Volkszeitung. –
1.I.1905 - 18.XI.(?)1931.
Vorh. u.d.T.: Echo von Baden-Baden.

Volks-Zeitung. – B e r l i n e r Volks-Zeitung. –
1.VII.1904 - 26.XI.1930.
Vorh. u.d.T.: Volks-Zeitung.
Fortges. u.d.T.: Berliner Volkszeitung.

Berner Volkszeitung (I)
① Für Wahrheit, Gesetz und Recht ③ Berner Volksfreund (So—Be) ④ Emmenthaler Bote; im Hinblick auf die politische Richtung: Oberländer Anzeiger ⑤ Einladung zur Begründung des Blattes am 31. 7. 1845; 2. 1. 1846—31. 12. 1847 ⑥ 4° ⑦ wöchentlich 3×, wöchentlich 6× (ab 1. 1. 1847) ⑧ Burgdorf: C. Langlois, Bern: Hallersche Buchdruckerei (ab 1. 1. 1847) ⑩ Carl Langlois ⑪ F. L. Haas, alt Gerichtspräsident, Dr. jur. Ed. Müller ⑫ konservativ ⑬ BGSZ: 189, 215, 826, 973 ⑭ Be: L, S, St; Zh: Z ⑮ Das Blatt bekämpft die von den Radikalen ausgehende Verfassungsrevision und später die vom Volk angenommene neue Verfassung, die das direkte Stimmrecht brachte.

Berner Volkszeitung (II)
Ergänzen: ② Berner Volkszeitung für Stadt und Land (schon 1863) ⑤ 1857 (nach der Jubiläums-Ausgabe v. 1. 7. 1957) ⑧ Herzogenbuchsee: Martin Müller (bis 1865), Joh. Ulrich Spahr (1866—1876), Lang & Cie. (1877) ⑬ Berner Volkszeitung – Jubiläums-Ausgabe v. 1. 7. 1957.

Berner Volkszeitung (II)
① Bisher Oberaargauerblatt — Redigiert von einigen Freisinnigen aus verschiedenen Landesteilen (bis 1870). Buchsi-Zeitung (in der Folge beigefügt: »Schweizer Chronik«, »Neue Berner Zeitung«) (ab 5. 11. 1884). Buchsi-Zeitung – Organ der Bauern-, Gewerbe- und Bürgerpartei (ab 2. 7. 1921). Buchsi-Zeitung. Tagblatt des Amtes Wangen (in der Folge mit kleiner Abweichung) (ab 18. 10. 1926). Buchsi-Zeitung und Anzeiger für den Oberaargau (ab 1. 7. 1931) ② Berner Volkszeitung für Stadt und Land (1870, vermutlich bis gegen Ende der 70er Jahre) ③ Oberaargauer Blatt ⑤ 1860 (cont.) ⑥ 2° ⑦ halbwöchentlich, wöchentlich 3× (3. 1. 1911—Dezember 1930 und erneut ab 1. 7. 1931), wöchentlich 6× (3. 12. 1930—Juni 1931) ⑧ Herzogenbuchsee: M. Müller (60er Jahre), Joh. Spahr (bis Mitte 70er Jahre), Hans Nydegger (1877—6. 7. 1881), Jak. Seiler (9. 7. 1881—1. 10. 1881), Ulr. Dürrenmatt (5. 10. 1881—27. 7. 1908), Oskar Dürrenmatt (9. 8. 1908—11. 5. 1921), Rosalie Dürrenmatt-Christen (19. 5. 1921—24. 1. 1923), Paul Lerch (24. 1. 1923—4. 12. 1929), Moser & Leuenberger (Februar 1929, aus technischen Gründen), Fritz Staub-Schärer (6. 12. 1929—31. 12. 1931). Buchdruckerei der Berner Volkszeitung (ab 20. 11. 1933 bei Gebr. Scheibli u. Stänz, 5. 1. 1932—29. 12. 1939). Hans Schelbli (ab 3. 1. 1940) ⑨ Der Unterhaltungsfreund; Sebastian der Schärmauser. Erzählungen und Anekdoten (1882—1883, 1885—1897); »Der Gotti«. Literar. Sonntagsblatt (1883—1885); Die Bauernstube. Wochenblatt zur Belehrung und Unterhaltung des Bauernstandes. Herausgeg. von einer freien Vereinigung bernischer Landwirte (Später: Unterhaltend-belehrendes Wochenblatt für Haus u. Heim, 1894—1922, 1929—1932); Kauf und Verkauf (1891—1895. - Auch unter dem Titel: Kauf und Lauf); Das Schweizerdorf. Illustrierte Sonntagsbeilage. »Für Nicht-Abonnenten der ‚Volkszeitung' erscheint das ‚Schweizerdorf' in besonderer, zweitiger Ausgabe, ausgestaltet mit weiterem Texte unpolitischer Natur (Welthandel, Gemeinnützige Aufsätze, Nachrichten usw.) . . .« (ab 1897); Oberaargauischer Witzbold (1925—1929); Sprechsaal für die Landwirtschaft (1925—1929); Illustrierte Wochenschau (1938—1939) ⑩ M. Müller, Ulrich Dürrenmatt ⑪ Joh. Spahr (später Redaktor des Freien Berners III), Hans Nydegger (1877—6. 7. 1881), Ulr. Dürrenmatt (1880—27. 7. 1908, Nekrolog in Nr. 61, 29. 7. 1908 ff.), Dr. jur. Hugo Dürrenmatt (9. 8. 1908—1. 6. 1920), Oskar Dürrenmatt (9. 8. 1908—11. 5. 1921), Rosalie Dürrenmatt-Christen (14. 5. 1921—30. 6. 1921), Traugott Christen (ab 1. 7. 1921), Paul Lerch (bis 4. 12. 1929), A. Kummli, Fritz Staub-Schärer (6. 12. 1929—18. 11. 1933), Stänz (ab 21. 11. 1933), Hans Schelbli (ab 21. 11. 1933) ⑫ unter der Redaktion Joh. Spahrs Organ der Aargauer Freisinnigen, seit den 80er Jahren Sprechsaal der konservativen bernischen Volkspartei, in den 20er Jahren Lokalblatt der Bauern-, Gewerbe- und Bürgerpartei ⑬ BGSZ: 194, 199, 596, 598, 973; Helvetische Typographia 1879, Nr. 5: Zur Geschichte des Blattes v. Berner Volkszeitung (II) Nr. 1, 1. 1. 1887 und Nr. 73, 30. 6. 1921 f. ⑭ Be: L, S, St ⑮ In Nr. 23, 21. 3. 1900 wird mitgeteilt, daß die Verlagsrechte der von Niklaus Dürrenmatt-Egger in Bern herausgegebenen »Schweizer Chronik« und »Neuen Berner Zeitung« (II) am 21. 3. 1900 in den Besitz Ulrich Dürrenmatts übergegangen sind. Die beiden Blätter werden zusammen mit der »Berner Volkszeitung« zu einem Blatte vereinigt.

Berner Oberländer Volks-Zeitung
v. Der Werktag

Berner Volkszeitung für Stadt und Land
v. Berner Volkszeitung (II).

Volkszeitung. – B i e l e f e l d e r Volkszeitung. –
2.I.1902 – 17.VII.1909.

Volkszeitung von der Birs
⑤ 1. 4. 1877—1880 ⑥ 2° ⑦ wöchentlich 2× ⑧ Birsfelden: Gebrüder Niggli ⑩ B. Baumann, Birsfelden ⑫ freisinnig ⑬ BGSZ: 12, p. 39: Schweizerischer Volksfreund Nr. 301 v. 21. 12. 1877 (Annonce) ⑭ Be: L (Nr. 3, 4 v. 4. 4. 1877 u. 7. 4. 1877).

Volkszeitung. – B o n n e r Volkszeitung. –
1.(?)IV.1882 – 22.I.(?)1906.

Volkszeitung. – B o t t r o p e r Volkszeitung. –
1.III.1881 – 30.VI.1940.
Fortges. u.d.T.: Ruhr-Nachrichten.

Volkszeitung: Bündnerische Volkszeitung
③ Bündnerische Wochenzeitung ① Der freie Rätier (II) ⑤ 30. 9. 1865—27. 6. 1868 ⑥ 2° ⑦ wöchentlich 6× ⑧ Chur: Braun & Jenny ⑨ Braun & Jenny ⑪ Prof. A. Gredig ⑬ BGSZ: 1001 ⑭ Ch: K; Be: L.

Volks- und Bürgerzeitung. Verlag von Egbert Bauer in Charlottenburg. 16 Nummern. April bis Juni 1848. 4.

Chicagoer Volks-Zeitung: Feb 18, 1877 - 1879?
Labor daily, morning except Sunday. Sub-title: Unabhängiges Organ für die Interessen des Volkes. For Sunday edition, see DIE NEUE ZEIT. For weekly edition, see WÖCHENTLICHE CHICAGOER VOLKS-ZEITUNG. Published by Chicago Press Society, Feb. 19 - Apr. 12, 1877; by Genossenschafts Druckerei der "Volks-Zeitung," Apr. 13, 1877 - 1879.
Chicago, IL

Clevelander Volkszeitung: 1900? – 1905? **Cleveland, OH**
Weekly.

Deutsche Volkszeitung: May 1, 1869? - ? **Vandalia, IL**
Publisher: Joseph Nehren.

Deutsche Volks-Zeitung: 1870. **Bloomington, IL**
Weekly. Edited & published by Karl Visofsky.

Deutsche Volkszeitung: 1871—1872?
Democratic weekly. Circulation: 1872, 1000 (est.). Edited & published by Dr. P. J. Royer & Co
Danville, IL

Volkszeitung. – D e u t s c h e Volkszeitung. –
Hannover. – 1.IV.1873 - 28.II.1921.
Fortges. u.d.T.: Hannoversche Landeszeitung.

Deutsche Volks-Zeitung: 1874 – 1882?
Weekly. Republican, 1874—79; Democratic, 1880—82. Circulation: 1880, 460. Edited & published by Johann Weidmann, 1874—76; by Theodore Danquard, 1877—83; by Frederick Lindner, 1879—82.
Waverley, IA

Deutsche Volkszeitung: 1886 - ? **Curitiba**
Weekly. Brief existence.

Deutsche Volks-Zeitung: 1886? - 1891?
Independent weekly. Edited & published by Deutsche Volks-Zeitung Co., 1886?—1889; by Julius Graessle, 1890—91.
Fond Du Lac, WI

Die Deutsche Volks-Zeitung: 1888 – 1905?
Weekly. Circulation: 1900, 750. Edited by Heinrich Krause, 1888—89; by Ernest Amiet, 1890—92; by Wilhelm Schuett, 1893—1903; published by German Publishing Co., 1888—1903; edited & published by Langer & Wiest, 1904—05.
Hammond, IN

Deutsche Volkszeitung: 1893—1894? **Dorchester, WI**
Independent Democratic weekly. Edited & published by William Evers.

Deutsche **Volkszeitung** für Stadt und Land. Red. Dr. Bernhardt.
2 Nummern. Mai und Juli 1848.

Volkszeitung. – Dortmunder Volkszeitung. –
1882 – 1885.
Vorh. u. fortges. u.d.T.: Dortmunder General-Anzeiger.

Volkszeitung. – Dortmunder Volkszeitung. –
13.VIII.1885 – 29.VI.1896.
[ab 1.VII.1886 in Barop]
Vorh. u.d.T.: Dortmunder General-Anzeiger.

Volkszeitung. – Dresdner Volkszeitung. –
22.IX.1854 – 28.III.1866.

Volkszeitung. – Dresdner Volkszeitung. –
1.V.1908 – 2.III.1933.
Vorh. u.d.T.: Sächsische Arbeiter-Zeitung.

Volkszeitung. – Duisburger Volkszeitung. –
17.III.1872 – 30.IX.1926.
Fortges. u.d.T.: Rheinischer Kurier.

Volkszeitung. – Düsseldorfer Volkszeitung. –
2.VII.1871 – 31.XII.1893.
Vorh. u.d.T.: Bürgermeistereiblatt.

Volkszeitung. – Düsseldorfer Volkszeitung. –
1.IV.1901 – 5.VIII.1902.
Vorh. u.d.T.: Niederrheinische Volkstribüne.
Fortges. u.d.T.: Volkszeitung.

Volkszeitung. – Essener Volkszeitung. Central-Organ für Rheinland und Westfalen. Essen.

Volkszeitung. – Freiberger Volkszeitung. –
1.X.(?)1890 – 31.III.(?)1908.
Fortges. u.d.T.: Volkszeitung.

Volks-Zeitung: Freie Volks-Zeitung (SG)
v. Schweizerische Freie Volks-Zeitung.

Volkszeitung. – Freie Volkszeitung. –
Göppingen. – 1.(?) X.1910 – 10.(?) III.1933.
[NA von: Schwäbische Tagwacht, Stuttgart (1873)]

Volkszeitung. – Fürther Volkszeitung. –
1883 – 20.IX.1895.
Fortges. u.d.T.: Nordbayerische Zeitung.

Volkszeitung, gemeinnützige, v. Handel, Gewerbe rc., redig. v. K. Günther, 1. Jahrg. 1833., s. Handels- u. Gewerbszeitung rc., 1. Jahrg.

Volkszeitung. – Gladbacher Volkszeitung. –
Mönchengladbach. – 1.IV.1872 – 29.I.1904.
Fortges. u.d.T.: Westdeutsche Landeszeitung.

Glarner Volkszeitung
③ Glarner Tagblatt ⑤ 1872—31. 1. 1873 ⑥ 4° ⑦ wöchentlich 2× ⑧ Glarus: Jakob Vogel ⑩ Jakob Vogel ⑪ Januar—Mai 1872: Johann Jakob Bäbler, Sekundarlehrer, von Matt. David Legler, Advokat (für den kantonalen Teil), Mitte Mai—Dezember 1872 Fridolin Schuler (1849—1922), Advokat, späterer Staatsanwalt und Regierungsrat, von Glarus ⑫ freisinnig ⑬ BGSZ: 997 ⑭ Gl: Glarner Nachrichten (einzelne Nummern).

Volkszeitung. – Gmünder Volkszeitung. –
Schwäbisch Gmünd. – 1.I.1884 – 30.IX.1885.
Vorh. u.d.T.: Volksfreund.
Fortges. u.d.T.: Gmünder Volks-Zeitung.

Volks-Zeitung. – Gmünder Volks-Zeitung. –
Schwäbisch Gmünd. – 1.X.1885 – 30.XII.1889.
Vorh. u.d.T.: Gmünder Volkszeitung.
Fortges. u.d.T.: Gmünder Zeitung.

Volkszeitung. – Görlitzer Volkszeitung. –
1.II.1899 – II.1933.

Volkszeitung. – Hagener Volkszeitung. –
30.VIII.1874 – 10.III.1881.
Vorh. u.d.T.: Märkische Zeitung.
Fortges. u.d.T.: Westfälische Post.

Volkszeitung. – Hammer Volkszeitung. –
12.VII.1873 – 31.XII.1873.
Fortges. u.d.T.: Hamm-Soester Volkszeitung.

Volkszeitung. – Hamm-Soester Volkszeitung. –
Hamm. – 1.I.1874 – 21.IX.1898.
Vorh. u.d.T.: Hammer Volkszeitung.
Fortges. u.d.T.: Westfälischer Volksfreund.

Volks-Zeitung. – Hannoversche Volks-Zeitung. –
1885 – 1.I.1934.
Fortges. u.d.T.: Landespost.

Volkszeitung. – Hohenzollerische Volkszeitung. –
Sigmaringen. – 7.II.1907 – 1.I.1934.
Vorh. u.d.T.: Hohenzollern'sche Volkszeitung.
Fortges. u.d.T.: Verbo.

Volkszeitung. – Hohenzollern'sche Volkszeitung. –
Sigmaringen. – 1.X.1874 – 6.II.1907.
Vorh. u.d.T.: Der Donaubote.
Fortges. u.d.T.: Hohenzollerische Volkszeitung.

Illinoiser Volkszeitung: Mar. 11, 1893 – ?
Labor weekly, published in English and German. Sub-title: Den Interessen des arbeitenden Volkes gewidmet. Title varies: Chicago Echo, Mar. 11 – Apr. 15? 1893. Published by Sozialistische Arbeiter Partei
Chicago, IL

Volks-Zeitung, illustrirte. 1. Jahrg. 1858. Oktbr. bis Decbr. 13 Nrn. (à 1½—2 Bog. mit eingedr. Holzschn.) gr. 4. Naumburg, Expedition. *

— **illustrirte.** 1. u. 2. Jahrg. 1874 u. 1875 à 20 Hfte. (à 3 B. m. eingedr. Holzschn.) Fol. Stuttgart, Hallberger. à Hft. — 30

—— **illustrirte bayerische.** 1.—4. Jahrg. 1871—1874. à Jahrg. 52 Nrn. (Bog. mit eingedr. Holzschn.) 4. Augsburg, Lüderitz. à Jahrg. *

Volkszeitung, illustrirte bayerische. 5.—9. Jahrg. 1875—1879. à Jahrg. 52 Nrn. (Bog. mit eingedr. Holzschn.) 4. Augsburg, Lüderitz. à Jahrg. * 2 —

Volkszeitung, illustrirte bayerische. 10.—14. Jahrg. 1880—1884. à Jahrg. 52 Nrn. (Bog. mit eingedr. Holzschn.) 4. Augsburg, Lüderitz. à Jahrg. * 2 —

— illustrirte deutsche. 9—11. Jahrg. 1879—1881. à 52 Nrn. (B. m. eingedr. Holzschn.) 4. Ebend. à Jahrg. n. 2. —

Volkszeitung: Illustrierte Schweizerische Volkszeitung
④ Allgemeine Schweizer. Volkszeitung (Zofingen) ⑤ ?—1885 ⑦ Wochenblatt ⑧ St. Gallen ⑬ BGSZ: 1046, 1047.

Volkszeitung, illustr., f. Unterhaltung, Belehrung u. häusliches Leben. Red.: J. G. Vogt. 1. Jahrg. 1. Quartal. April—Juni 1894. 13 Nrn. (à ca. 1½ Bog.) gr. 4. Leipzig, (E. Wiest Nachf.). n. 1. 20

— **dasselbe.** 1. Jahrg. Juli—Dezbr. 1894. (2 Sem.) 12 Nrn. (à ca. 1½ Bog.) gr. 4. Ebd. Vierteljährlich — 60

—— **jüdische.** Wochenschrift für Freunde des Fortschritts in Gemeinde und Schule, Synagoge und Leben. Hrsg. von J. Klingenstein. 1.—3. Jahrg. 1872—1874. à Jahrg. 52 Nrn. (Bog.) gr. 4. Leipzig, Hartknoch. à Jahrg. *

— jüdische. Wochenschrift für Freunde des Fortschritts in Gemeinde, Schule, Synagoge und Leben. Redact.: J. Klingenstein. 4. Jahrg. 1875. 52 Nrn. (Bog.) gr. 4. Frankfurt a. M. (Mainz, v. Zabern.) * 9 —
Nicht weiter erschienen.

Volkszeitung: Jüdische Volkszeitung und Zentralorgan für die Israeliten in der Schweiz
② Israelitisches Wochenblatt ⑤ Mai 1895—1898 ⑥ 4° ⑦ Wochenblatt ⑧ Zürich: Hans Fischer, Nachf. v. A. Diggelmann ⑩ H. Berliner, Zürich ⑬ Israelitisches Wochenblatt für die Schweiz, 1931, Nr. 1 ⑭ Be: L (unvollständig).

Canadische Volkszeitung: Nov. 1872–? Hamilton, Ont.
Weekly. Published by Charles Mack.

Volks-Zeitung, Kärntner Allgemeine. Villach, Harpf in Leoben, 1895—97. Folio. 3 Jgg.

Katholische Volkszeitung: Jahrgang 1–54, May 8, 1860–Oct. 1914.
Roman Catholic weekly. Sub-title: Ein Wochenblatt im Interesse der Kirche. Circulation: 1870, 18,000 (est.); 1890, 22,400; 1900, 22,000; 1910, 15,000. Edited by Christoph Kreuzer, & published by Gebrüder Kreuzer, 1860–79, edited by John Schmidt, 1880–94; by Dr. I. Jacobi, 1895–1914; published by Kreuzer Bros., 1880–1914.
Baltimore, MD

Volks-Zeitung, katholische. Ein Wochenblatt im Interesse der Kirche. 2. u. 3. Jahrg. Mai 1861 bis April 1863. à Jahrg. 52 Nrn. (à 2 Bgn.) Baltimore. (Philadelphia, Schäfer & Korabi.) Fol. Jeder Jahrg. n. 4 ngr.

Volkszeitung. – K a t h o l i s c h e Volkszeitung. –
Trier. – 1.IV.1875 – 30.IX.1875.
Fortges. u.d.T.: Trierische Landeszeitung.

Katholische Volkszeitung: 1878?–1896?
Roman Catholic weekly. Circulation: 1880, 1000; 1890, 1500. Edited & published by A. Piehler & Co., 1878–80; by Joseph A. Schneider, 1880–96; edited by E. Andries; by L. Lederer.
Rochester, NY

Katholische Volkszeitung: 1883?–1892?
Roman Catholic weekly.
Cincinnati, OH

Volkszeitung. – K a t h o l i s c h e Volkszeitung. –
Berlin. – 1.X.1891 – 30.IX.(?)1907.
[NA von: Germania, Berlin]
Fortges. u.d.T.: Deutscher Volksfreund.

Volkszeitung. – C o b l e n z e r Volkszeitung. –
1.I.1872 – 30.VI.1926.
Fortges. u.d.T.: Koblenzer Volkszeitung.

Volks-Zeitung. – K o l b e r g e r Volks-Zeitung. –
1882 – 31.III.1922.
Fortges. u.d.T.: Kolberger Tageblatt.

Volkszeitung. – K ö l n i s c h e Volkszeitung. –
1.I.1869 – 31.V.1941.
Vorh. u.d.T.: Kölnische Blätter.

Volkszeitung. – K ö n i g s b e r g e r Volkszeitung. –
16.III.1901 – 27.II.1933.
Vorh. u.d.T.: Volkstribüne.

— kurhessische, hrsg. von Henkel. 1. Jahrg. 1848. Juli—Decbr. 52 Nrn. und 2. Jahrg. 1849. 104 Nrn. (Bog.) gr. 4. Kassel, Hotop. [1. Jahrg. 1 Thlr., 2. 2 Thlr.]

Volkszeitung. – L e i p z i g e r Volkszeitung. –
1.X.1894 – 2.III.1933.

Volks-Zeitung. – L i n d a u e r Volks-Zeitung. –
4.I.1898 – 31.III.1934.
[NA ab 16.XII.1902 von: Allgäuer Zeitung, Kempten (1871)]

Volks-Zeitung. – M ä r k i s c h e Volks-Zeitung. –
Berlin. – 1.II.1889 – 31.III.1939.
[NA seit 15.XII.1900 von: Germania, Berlin (1871)]

Volkszeitung. – M e c k l e n b u r g i s c h e Volkszeitung. –
Wismar. – 7.I.1849 – 5.V.1849.
Fortges. u.d.T.: Mecklenburgische Dorfzeitung.

Volks-Zeitung. – M e c k l e n b u r g i s c h e Volks-Zeitung. –
Rostock. – 1.IV.1892 – 12.V.1933.

M o n a t h l i c h e **Volks-Zeitung**. Januar-Heft. Öttingen 1780. 8°
Hrsg.: Georg Jakob Schaeblen.

Volks-Zeitung. – M ü l h e i m e r Volks-Zeitung. –
1898 – 29.XII.1923(?).
[NA von: Duisburger Volkszeitung, Duisburg (1872)]

Volks-Zeitung. – M ü n c h e n e r Volks-Zeitung. –
1.XII.1872 – 31.XII.1878(?)
Fortges. u.d.T.: Neue freie Volks-Zeitung.

— neue, von (Albert Frhrn. v.) Selb. 1. Jahrg. 1848. 14. Juli—Decbr. 25 Nrn. (2) Jahrg. 1849. 52 Nrn. gr. 4. (½ B.) Berlin. (J. A. Wohlgemuth.) 1848: n. ⅔ ₰ 1849: n. 1 ⅓ ₰

Volkszeitung: Neue Volkszeitung
⑤ 1866 ⑦ wöchentlich 2× ⑧ Brugg ⑬ BCSZ: 12, p. 34.

Neue Volks-Zeitung: Aug. 30, 1875–1916?
Independent semi-weekly. Dated also at Moline, Ill., 1893?–1912. Also cited as ROCK-ISLAND-MOLINE VOLKS-ZEITUNG. Title varies: VOLKS-ZEITUNG, 1892–1916. Circulation: 1880, 2000; 1890, 1583; 1900, 1188; 1910, 2800; 1915, 4200. Edited & published by Karl Winter, 1875–Mar. 1882; by George S. Lechner, Mar.–June? 1882; by F. Protar, July? 1882–Apr. 1893; by Rock Island-Moline Volks-Zeitung Publishing Co. [Paul Kersch, August Hansgen, Walter Harms], Apr. 1893–July 1897; by John P. Kiefler, July 1897–July 1899; by Gustav Donald, July 1899–July 1901; by Val. J. Peter, July 1901–Apr. 1909; edited by P. A. Domann, 1909–12; by Werner Klostermann, 1913; by Jos. Katz, 1914–16; published by Volks-Zeitung Publishing Co., 1910–16.
Rock Island, IL

Volks-Zeitung. – N e u e freie Volks-Zeitung. –
München. – 1.I.1879(?) – 31.V.1941.
Vorh. u.d.T.: Münchener Volkszeitung.

Volkszeitung. – N e u e Mecklenburgische Volkszeitung. –
Neustrelitz. – 6.I.1849 – 30.IX.1849.
Vorh. u.d.T.: Wendischer Bote.
. Fortges. u.d.T.: Neustrelitzer Zeitung.

Volkszeitung. – N e u e Westfälische Volkszeitung. –
Bielefeld, ab 4.VI.1912 Herford. – 31.III.1877 – 31.III.1942.

Volkszeitung, Neueste Teutsche. Stuttgart 1798—99. H: *Bäuerlen, Johann Georg.* (MGT)

Volkszeitung. – N e u n k i r c h e r Volkszeitung. –
1885 – ?.
Fortges. u.d.T.: Neunkircher Tagespost.

New Yorker Volkszeitung: 1854–Oct. 15, 1932. New York, NY

Wochenblatt der New Yorker Volkszeitung: 1875–?
New York, NY

New Yorker Volkszeitung : Jahrgang 1–55, no. 245, Jan. 28, 1878—Oct. 12, 1932.
Socialist daily, morning except Sunday. Sub-title: Den Interessen des arbeitenden Volkes gewidmet, 1878–1932. Excluded from Germany by anti-socialist laws of 1880–90. Organ of Socialistische Arbeiter-Partei von Nord-Amerika, 1878–1932. In issue for Feb. 21, 1903, there is a list of 92 separate organizations, including trades union, etc., located in NYC, Brooklyn, Hoboken, etc., of which this paper was the official organ. Issues for Feb. 14, 25, 1918 confiscated: "unlawful to deliver to messenger." For weekly edition, see WOCHENBLATT DER NEW YORKER VOLKSZEITUNG. For Sunday edition, see SONNTAGSBLATT DER NEW YORKER VOLKSZEITUNG. Followed by NEUE VOLKS-ZEITUNG. At publication, there were 4000 subscribers, but publishers report that 5500 copies of no. 1 were sold. Circulation: 1879, 8000; 1880, 10,200; 1890, 19,680; 1900, 18,000; 1910, 17,000; 1915, 18,000; 1925, 20,942; 1932, 23,000.
Edited by Alexander Jonas (editor-in-chief), Jan. 28, 1878–?; during Jonas' absence in late Summer and Fall 1878, Schewitsch served as managing editor; by Sergius E. Schewitsch (editor-in-chief), Dec. 1880–June? 1881 [also during Jonas' absence in Europe, and as associate editor, especially for the Sunday edition, Mar. 1878–1880?]; by Hermann Schlüter; by Ludwig Lore; by S. Lipschitz.
Other editors: Adolf Douai [until his death, Jan. 21, 1888]. Leading socialist paper.
Published by Socialistic Co-operative Publishing Association, Jan. 28, 1878—1932.
New York, NY

Sonntagsblatt der New Yorker Volks-Zeitung.
Started in 1878 by Volks-Zeitung Publishing Co. New York, NY

New Yorker Yiddische Volkszeitung : June 25, 1886—Dec. 20, 1889.
Weekly. New York, NY

Volkszeitung. – N i e d e r b a y e r i s c h e Volkszeitung. –
Passau. – 1887 – 30.IX.1890.

Volks-Zeitung. – N i e d e r r h e i n i s c h e Volks-Zeitung. –
Düsseldorf. – 12.IX.1860 – 31.XII.1862.
Vorh. u.d.T.: Düsseldorfer Journal.
Fortges. u.d.T.: Rheinische Zeitung.

Volkszeitung. – N i e d e r r h e i n i s c h e Volkszeitung. –
Krefeld. – 1.I.1872 – 31.V.1941.
Vorh. u.d.T.: Crefelder Journal.

Volkszeitung. – N o r d d e u t s c h e Volkszeitung. –
Bremen. – 2.IV.1885 – 30.V.1941.
1.X.1949 – 1.I.1971.
Vorh. u.d.T.: Vegesacker Wochenschrift.
Fortges. u.d.T.: Die Norddeutsche.

Volkszeitung. – N o r d i s c h e Volkszeitung. –
Berlin. – 1895 – 1933 (?).
[NA von: Germania, Berlin (1871)]

Volkszeitung. – N ü r n b e r g e r Volkszeitung. –
1892 – 31.XII.1918.
Fortges. u.d.T.: Bayerische Volkszeitung.

Volkszeitung. – O b e r f r ä n k i s c h e Volkszeitung. –
Hof. – 1.XII.1893 – 27.III.1933.
20.XI.1948ff.
Vorh. u.d.T.: Hofer Volksblatt.

Volkszeitung. – O b e r h a u s e n e r Volkszeitung. –
X.1891 – 31.I.1919.
Fortges. u.d.T.: Ruhr-Wacht.

Volks-Zeitung für das zürcherische Oberland
① Allgemeiner Anzeiger für die Bezirke Pfäffikon, Uster und Winterthur ③ Der Oberländer (Zh) ④ Volks-Zeitung ⑤ Probenummern vom 4.–24. 12. 1869; 2. 1. 1870—30. 6. 1914 ⑥ 2° ⑦ wöchentlich 2× ⑧ Pfäffikon (Zh): Aktiengesellschaft, J. U. Zwingli (vorher Expediteur, ab 8. 12. 1869), Henri Kunz ⑨ Familienblatt ⑩ J. U. Zwingli (seit 8. 12. 1869) ⑪ die Drucker ⑫ demokratisch, fortschrittlich ⑬ BGSZ: 461 ⑭ Zh·Z.

Oberländer Volks-Zeitung
v. Der **Werktag.**

Volkszeitung. – O b e r s c h l e s i s c h e Volkszeitung. –
Ratibor. – 1872 – 1919(?).
Fortges. u.d.T.: Neue oberschlesische Volkszeitung.

Volkszeitung. – O f f e n b a c h e r Volkszeitung. –
1909 – 1935.
[NA von: Rhein-Mainische Volkszeitung, Frankfurt/M. (1871)]

Volkszeitung. – O f f e n b u r g e r Volkszeitung. –
1.(?)X.1890 – 4.I.1892.
Fortges. u.d.T.: Offenburger Zeitung.

Volkszeitung. – O s n a b r ü c k e r Volkszeitung. –
1.I.1874 – 15.III.1943.
Vorh. u.d.T.: Neue Volksblätter (Hildesheim).

Volkszeitung. – O s t d e u t s c h e Volkszeitung. –
Gumbinnen. – 1881 – 31.III.1943.
Vorh. u.d.T.: Bürger- und Bauernfreund.

Volkszeitung, Oesterreichische — Red. und Herausgeber J. B. Weis. Druck U. Klopf u. Alex. Eurich. 4. 2spaltig. Täglich excl. Sonntag. 4 fl. jährlich. 1853.

Volkszeitung. – O s t f r i e s i s c h e Volkszeitung. –
Emden. – 1.X.1849 – 31.XII.1849.
Fortges. u.d.T.: Neue Ostfriesische Zeitung.

Volks-Zeitung der Pacific Küste : 1891–1892? San Francisco, CA
Labor weekly. Published by Volks-Zeitung Publishing Co.

Pfälzische Volkszeitung : 1856? – ? St. Paul, MN
Edited & published by Philipp Rohr.

Volkszeitung. – P f ä l z i s c h e Volkszeitung. –
Kaiserslautern. – 1864 – 30.VI.1933.
16.X.1945 – 17.V.1947.
1.XI.1949ff.
Vorh. u.d.T.: Kaiserslauterer Wochenblatt.

Pittsburger Volkszeitung : July 1891–Jan. 6, 1893?
Weekly. Sub-title: Einzige deutsche Zeitung im südwestlichen Kansas. The issue for Nov. 11, 1892 is numbered "neue Folge, Jahrgang 1, no. 1; alte Folge, Jahrgang 2, no. 18;" with the issues available, it is difficult to determine whether there was a change of title; establishment of the paper is estimated from "alte Folge." Edited by Afte Höfge, & published by Benno Muhlen.
Pittsburg

Pittsburger Volkszeitung : 1891–1894?
Socialistic weekly. Sub-title: Den Interessen des arbeitenden Volkes gewidmet. Absorbed DER ARBEITER.
Pittsburgh, PA

Volkszeitung. – P o m m e r s c h e Volkszeitung. –
Stargard. – 1882 – 1907, Nr. 26.

Preußische Volks-Zeitung. Herausgeg. von Johannes de Marle. 52 Nummern, 2. Jan. bis 20. Juni. Berlin 1849. 4.

Protestantische Volkszeitung : 1873–? Baltimore, MD
Religious [non-sectarian] weekly family paper. Edited & published by F. Donner.

Volkszeitung. – R e c k l i n g h ä u s e r Volkszeitung. –
1902 – 22.VII.1907.
Vorh. u.d.T.: Volks-Blatt.
Fortges. u.d.T.: Recklinghäuser Morgenpost.

Volkszeitung. – R e c k l i n g h ä u s e r Volkszeitung. –
7.X.1909 – 30.VI.1940.
Vorh. u.d.T.: Recklinghäuser Morgenpost.

Volkszeitung. – R e u ß i s c h e Volkszeitung. –
Greiz. – 1.IV.1893 – 6.III.1933.
[NA von: Sächsisches Volksblatt, Zwickau (1892), sp. NA von: Reußische Tribüne, sp. Ostthüringer Tribüne, Gera (1890)]

Volkszeitung. – R h e i n i s c h e Volkszeitung. –
Wiesbaden. – 2.VII.1903 – 31.VII.1933.
Vorh. u.d.T.: Wiesbadener Volksblatt.

Volkszeitung: Rheintalische Volkszeitung
v. Allgemeiner **Anzeiger** für die Bezirke Unter- und Oberrheinthal, Werdenberg und Sargans.

Rock Island-Moline [Ill] Volks-Ztng. Festausgabe zur Feier des 30. Jubs. 30. Aug 1905. Rock Island, 1905.

Volkszeitung. – Saarbrücker Volkszeitung. –
1.IV.1909 – 30.VI.1920.
Vorh. u.d.T.: St. Johann - Saarbrücker Volkszeitung.
Fortges. u.d.T.: Saarbrücker Landeszeitung.

Volkszeitung. – Sächsische Volkszeitung. –
Dresden. – 2.VII.1902 – 31.V.1941.

Volkszeitung: St. Gallische Volkszeitung (I)
④ Das freie Wort für Frieden, Licht und Recht ⑤ 23. 4. 1844 (1. Probeblatt) —24. 12. 1844 ⑥ 4° ⑦ Wochenblatt ⑧ Wil: Joh. Hörnlimann ⑩ Joh. Josef Müller ⑪ Joh. Josef Müller ⑫ konservativ ⑬ BGSZ: 1045—1047 ⑭ SG: Kb ⑮ Anfang 1845 fusionierten die »St. Gallische Volkszeitung« und »Das freie Wort für Frieden, Licht und Recht«.

Volkszeitung: St. Gallische Volkszeitung (II)
③ Rorschacher-Zeitung (I) ⑤ 1. 7. 1864—30. 6. 1865 ⑦ Wochenblatt ⑧ Rorschach: Joh. Helfenberger ⑫ katholisch-konservativ ⑬ BGSZ. 1046. 1047.

Volkszeitung. – St. Johanner Volkszeitung. –
Saarbrücken. – 21.XI.1884 – 1900.
Fortges. u.d.T.: St. Johann - Saarbrücker Volkszeitung.

Volkszeitung. – St. Johann - Saarbrücker Volkszeitung. –
1900 – 31.III.1909.
Vorh. u.d.T.: St. Johanner Volkszeitung.
Fortges. u.d.T.: Saarbrücker Volkszeitung.

Saratowsche Deutsche Volkszeitung. Saratow, erschien v. 13. Okt. 1864—1866

Volkszeitung: Sarganserländische Volkszeitung
v. Bote am Wallensee.

Schaffhauser Volks-Zeitung
Schaffhauser Volkszeitung und Nordostschweizer Generalanzeiger
v. Echo vom Rheinfall.

v. Wedell, Reisel u. a. (Herausgeber): „Schlesische Volkszeitung", Band 1—10 (monatlich ungefähr 1 Stück), Breslau 1789 bis 1806 (Grass). — Vorh.: Majoratsbibl. Warmbrunn.

Volkszeitung (Schlesische). Wochenblatt, hrsg. von Herm. Brehmer. Breslau 1850.

Volkszeitung. – Schlesische Volkszeitung. –
Breslau. – 1.VII.1871 – 29.II.1944.
Vorh. u.d.T.: Breslauer Hausblätter.

Volkszeitung. – Schleswig-Holsteinische Volkszeitung. –
Kiel. – 2.IV.1893 – 26.II.1933.
3.IV.1946 – 1.I.1958.
Fortges. u.d.T.: VZ – Kieler Morgenzeitung.

Volks- und Schützen-Zeitung für Tirol und Vorarlberg. Redakt.: D. Schönherr. 8. Jahrg. 1853. 156 Nrn. (½ Bog.) gr. 4. Innsbruck 853, Wagner'sche Buchh. *

Volks- und Schützen-Zeitung für Tirol und Vorarlberg. Redakteur Dr. Schönherr. Druck und Verlag der Wagner'schen Buchhandlung. 4. 2spaltig. Wöchentlich 3mal. 42 kr. und 1 fl. 10 kr. vierteljährig. Innsbruck 1854.

***Volks- u. Schützen-Zeitung für Tirol und Vorarlberg. X. Jahrg. Redakteur: Dr. Schönherr. Druck und Verlag der Wagner'schen Buchhandlung. 4. 2spaltig. Wochentlich dreimal. 4 fl. 30 kr. jährlich.**
Innsbruck 1855.

Volks- und Schützen-Zeitung für Tirol und Vorarlberg. (11. Jahrg.) Redakteur: Dr. Schönherr. Druck und Verlag der Wagner'schen Buchdruckerei. 4. 2spaltig. Erscheint wöchentlich dreimal.
Innsbruck 1856.

Volks- und Schützen-Zeitung. XIII. Jahrg. Red. *D. Schönherr.* Druck und Verl. d. *Wagner'schen* Buchhandl.
Erscheint in **Innsbruck,** Montag, Mittwoch, Freitag, 1 Bog. in 4°. 2-spalt. Prän.-Pr. ¼-jähr. 1 fl. 21 kr.; pr. Post 1 fl. 50 kr. Inserate: pr. Zeile 3 kr. 1mal, 5 kr. 3mal.

Volkszeitung. – Schwäbische Volkszeitung. –
Stuttgart. – 1.IV.1848 – 30.IX.1871.
Fortges. u.d.T.: Stuttgarter Zeitung.

Volkszeitung. – Schwäbische Volkszeitung. –
Aalen. – 1894 – 24.II.1909.
Vorh. u.d.T.: Aalener Volksblatt.
Fortges. u.d.T.: Aalener Volkszeitung.

Volkszeitung. – Schwäbische Volkszeitung. –
Augsburg. – 1.IV.1905 – 9.III.1933.
8.I.1949 – 31.XII.1966.
Vorh. u.d.T.: Augsburger Volkszeitung.

Volkszeitung: Schweizerische Volkszeitung
③ Schweizerische Dorfzeitung ⑤ 1. 11. 1851—1928 (?) ⑥ 2° (1851 2× Formatvergrößerung) ⑦ Wochenblatt; später wöchentlich 2× ⑧ Baden: Jos. Zehnder (bis April 1896), Otto Wanner ⑨ Sonntagsblätter: Auserlesene Sammlung von Erzählungen, Novellen usw. (1852—ca. 1910; 4°; Be: L); Der Bauernfreund, Schweizer. Bauernzeitung (1903—1928) ⑩ die Drucker ⑪ die Drucker ⑫ freisinnig ⑬ Haberbosch: Badener Zeitungen (1950) ⑭ Aa: K (Nov.-Dez. 1851; 1852—1857); Baden: Archiv E. und O. Wanner (1856, 1857, 1860, 1862); Baden: Stadtarchiv (1851—1853) ⑮ Kopfblatt folgender Zeitungen: »Neue Eidgenossische Zeitung« (1851—1855), »Tagblatt der Stadt Baden« (1856—1869) und »Badener Tagblatt« (1870—1925). — In der »Stimme von der Limmat« (18. 12. 1852): »Die Schweiz. Volkszeitung, der sog. »Güselkübel« oder das »Blatt der Bauern«. 1862—ca. 1894 erschien als weiteres Kopfblatt die wöchentlich 3× erscheinende Zeitung »Das Freie Wort«.

Volks-Zeitung: Schweizerische Allgemeine Volks-Zeitung
v. Allgemeine Schweizerische Volks-Zeitung.

Volks-Zeitung: Schweizerische Freie Volks-Zeitung
① Schweizerische unabhängige Wochenpost (1. 1. 1952) ② Freie Volks-Zeitung (ab 5. 1. 1951) ④ Schweizerische Republikanische Blätter ⑤ 15. 3. 1883 —Ende 1955 ⑥ 2° ⑦ Wochenblatt ⑧ Rorschach: W. Koch (Probe-Nr.): Trogen: Schläpfer oder Kübler; St. Gallen: J. Buff (1. 10. 1883); Rorschach; St. Gallen: J. F. Moriell (?—6. 1. 1912), C. Thoma (13. 1. 1912—26. 6. 1947), E. Rohner (ab 27. 6. 1947) ⑨ Illustrierter humoristischer Postheiri, Blätter für Haus- und Landwirtschaft, Humoristischer Postheiri, Bilder aus Heimat und Fremde, Frauen-Zeitung, Haus- und Landwirtschaft, St. Galler Illustrierte, Der interessante Roman, Postheiri, Aktuelle Bilder ⑩ die Drucker ⑫ unpolitisch; unabhängig (seit 1949) ⑬ BGSZ: 1045—1047; für die Anfänge besonders noch »Helvetische Typographia« 1883, Nr. 14, 20, 39—42; 1884, Nr. 4 ⑭ SG: Va (unvollständig); Be: L (1930 cont.).

Solothurner Volkszeitung
① Organ der vereinigten Freisinnigen des Kantons ③ Solothurner Landbote ⑤ 2. 10. 1877—1887 ⑥ 2° ⑦ wöchentlich 3× ⑧ Solothurn: Josef Gaßmann Sohn, Gaßmann, Sohn (ab Nr. 130, 1886) ⑪ Oskar Munzinger, Fursprech und Regierungsrat; Julius Stampili, Oberrichter, ab 27. 7. 1883 Redaktionskollegium ⑫ freisinnig ⑬ BGSZ. 1062; Wyß: Politische Presse Solothurn (1955) ⑭ So: Z. St; O. S; Be: L.

Volkszeitung für Stadt u. Land. Red. Otto Ruppius. Nummer 1. 1. Juli 1848. 4.

Volkszeitung. – Süddeutsche Volkszeitung. –
Stuttgart. – 16.XI.1873 – 1.II.1879.
Fortges. u.d.T.: Das Vaterland.

Volkszeitung für Süddeutschland. –
Heidelberg. – 1.I.1861 – 1.VII.1862.

Tägliche Volkszeitung: 1865? 1869?
Republican daily, morning except Sunday. For weekly edition, see Wöchentliche Volkszeitung. Edited by W. von Schurach, 1865–?; by Karl J. Palmé; by H. Brukk, 1869–? Published by E. W. Heemann & Co., 1865–69.
St.Louis, MO

Tägliche Volkszeitung: Jahrgang 1—62, no. 93, Sept. 9, 1877 – Sept. 2, 1941.

Daily, morning except Sunday, 1877—79; daily, evening except Sunday, 1880—1941. Democratic, 1877–82; Independent, 1883–1941. Formed by union of MINNESOTA VOLKSBLATT, and MINNESOTA STAATS ZEITUNG. United with TÄGLICHE OMAHA TRIBÜNE, to form TÄGLICHE VOLKSZEITUNG-TRIBÜNE (Omaha, Nebr.). Dated last at Omaha, Sept. 1937– Sept. 1941. For weekly edition, see WÖCHENTLICHE VOLKSZEITUNG. For Sunday edition, see SAINT PAUL SUNDAY VOLKSZEITUNG, 2) MINNEHAHA.
Circulation 1880, 1105; 1905, 11,116, 1918, *22,912*; 1923, *17,300*, 1935, 16,500. Edited by Albert Wolff, 1877–9?; by Theodor A. Lienau, 1895 – Sept. 1897; by F. W. Bergmeier, Sept. 1897 – 1905, by Ad. Lallbisaner, ?, by Fritz Bergmeier, 1905? – 1917; by H. W. Kelsch; by Cornelius Sittart; by Conrad Kommann, Feb. 14?– Apr. 1924; by Arthur Lorenz, Apr. 30, 1924.
Published by German Printing Association, 1877—79; by Volkszeitung Printing & Publishing Association, 1880–1929; by Volkszeitung Publishing Co., 1930 – Sept. 1937; by Val. J. Peter, Sept. 1937– Sept. 1941. Jubiläums-Ausgabe: Nov. 30, 1938.
St. Paul, MN

Thurgauer Volkszeitung (I)
① 38. Jg. (etc.) des Wächter und der Neuen Thurgauer Zeitung. Tagblatt des Kantons Thurgau (1870) ③ Thurgauer Volksfreund (I) ④ Thurgauer Tagblatt (II) ⑤ 2. 3. 1867—4. 5. 1885 ⑥ 2° ⑦ wöchentlich 2×; wöchentlich 3× (1. 8. 1868); wöchentlich 6× (1. 1. 187?); wöchentlich 3× (1. 7. 1871) ⑧ Amriswil: R. Bodmer; Weinfelden: R. Bodmer, V. Wädenschwiler (11. 7. 1869), Genossenschaftsdruckerei (25. 1. 1874), AG Buchdruckerei Weinfelden 7. 10. 1874), C. A. Messel'sche Buchhandlung (2. 7. 1875), H. Gleditsch (18. 3. 1877) ⑨ Illustriertes Unterhaltungsblatt (1875–1876) ⑩ Eduard Häberlin (bis 1869), A. Memminger (bis 1874), J. Scherrer (bis 1877), Th. Wirth - G. Amstein (bis 1877) ⑪ BGSZ: 1068; Hagen, Buchdruck- u. Zeitungswesen im Thurgau; Thurgauer Tagblatt, Jubiläums-Nummer v. 30. 6. 1955 ⑭ Ff: K.

Volkszeitung. – Tilsiter Volkszeitung. –
1886 28.IV.1889(?).
Vorh. u.d.T.: Tilsiter Tageblatt.

Volkszeitung. – Vogtländische Volkszeitung. –
Plauen. – 27.IX.(?)1882 19.X.(?)1884.

Volks-Wehr- und Turn-Zeitung, s. Turn- und Volks-Wehr-Zeitung.

Volkszeitung. – Weimarische Volkszeitung.
Jena. – 30.IX.1906 – 31.III.1916.
[NA von: Reußische Tribüne Gera (1890),ab 1.I.1913 selbständig]
Fortges. u.d.T.: Volkszeitung.

Volkszeitung. – Westdeutsche Volkszeitung. –
Hagen. – 1.X.1893 – 1935(?).
Fortges. u.d.T.: Tremonia.

Volkszeitung. – Westfälische Volkszeitung.
Bochum. – 1.VII.1872 – 31.V.1941.

Westliche Volkszeitung: Oct. 11, 1871 – 1872.
Daily, morning except Sunday. Merged with POST UND TRIBÜNE. Edited & published by August Wurz & Heinrich C. Kumpf, later Mayor of Kansas City.
Kansas City, MO

Winterthurer Volkszeitung
v. **Winterthurer Volks-Anzeiger.**

Wöchentliche Volkszeitung: Sept. 1877– 1921?
Weekly edition of TÄGLICHE VOLKSZEITUNG. For Saturday edition, see SAMSTAG-VOLKSZEITUNG. Title varies: FARMERZEITUNG, 1907, with supplement entitled: MINNEHAHA. Circulation: 1878, 800 (est.); 1901, *26,200*, 1903, *29,242*; 1913, *14,706*, 1921, *13,464*.
St. Paul, MN

Wöchentliche Chicagoer Volks-Zeitung: 1877? – 1879? Chicago, IL
Weekly edition of CHICAGOER VOLKS-ZEITUNG.

Wöchentliche Illinoiser Volkszeitung: 1884 – 1889?
Weekly. Edited & published by H. Walther. Independent.
Chicago, IL

Volkszeitung. – Württembergische Volkszeitung.
Stuttgart. – 1.X.(?)1890 – 31.XII.1903.

Volkszeitung. – Zweibrücker Volkszeitung. –
1904 – 31.XII.1933(?).
[NA von: Pfälzer Volksbote, Ludwigshafen, sp. Kaiserslautern (1888)]

Daytoner Volkszeitung Kalender: 1907 – 1937? Dayton, OH

Volkszeitung-Tribüne: Aug. 1, 1883 – 1954 (. Omaha, NE
Daily, evening except Sunday, Aug. 1, 1883 – 1901, semi-weekly, 1902? – 1903, weekly, 1904? – 1912, daily, evening except Sunday, Mar. 14, 1912 – Aug. 1926; tri-weekly, Aug. 31, 1926 – Jan. 16, 1941; daily, evening except Sunday, Jan. 22, 1941 – Dec. 1949; semi-weekly, Jan. 1950 – 1954 Independent, 1883 – 1905; Republican, 1906 – 07; Independent, 1908; Republican, 1909 – 11; Independent, 1912 – 32; Independent Republican, 1933 – 37; Independent, 1938 – 51. Title varies: NEBRASKA TRIBÜNE, 1883 – 1892? TÄGLICHE OMAHA TRIBÜNE, 1892? – 1900; OMAHA POST-TRIBÜNE, 1898? – 1900; NEBRASKA TRIBÜNE, 1900 – 1906, OMAHA POST TRIBÜNE, 1907; NEBRASKA TRIBÜNE UND WESTLICHE PRESSE, 1908 – May 13, 1909, OMAHA TRIBÜNE, May 20, 1909 – Mar. 7, 1912, TÄGLICHE OMAHA TRIBÜNE, March 14, 1912 – Sept. 2, 1941; TÄGLICHE VOLKSZEITUNG-TRIBÜNE, Sept. 3, 1941 – Dec. 1949, VOLKSZEITUNG-TRIBÜNE, Jan. 1950 – 1954. Daily, tri-weekly, March 14, 1912; triweekly, August 31, 1926 – Jan. 15, 1928. For weekly edition, see FREIE PRESSE UND WÖCHENTLICHE TRIBÜNE. For Sunday edition, see SONNTAGSBLATT DER TÄGLICHEN OMAHA TRIBÜNE. For morning edition, see DIE OMAHA POST. Absorbed DIE WESTLICHE PRESSE. Absorbed TÄGLICHE VOLKSZEITUNG (St. Paul, Minn.), Sept. 3, 1941. Merged, Jan. 2, 1920, with COUNCIL BLUFFS FREE PRESS, to form COUNCIL BLUFFS FREIE PRESSE UND WÖCHENTLICHE OMAHA TRIBÜNE. Circulation: 1885, 650; 1890, 5000; 1898, *1216*, 1900, 2750, 1910, 2200; 1915, 8600; 1920, 22,610; 1930, 23,252; 1940, 26,265; 1954, 18,000. Edited & published by F. C. Festner & Friedrich Schnake, 1883 – 1890; Published by Julius Festner, 1890; Edited & published by Eduard Schneiser, 1891–92; Published by F. B. Festner & Co., 1893? – 1908, Published by Tribune Publishing Co. (Val. J. Peter), 1905 – 54.
Other editors: Oscar D. Baring, 1896—97; Conrad Schäfler, 1890?, Max Adler, 1891—92; Rud. Roack, 1900 – 02; Friedrich Martin, 1898 – 99, Ernst Bacully, 1906 – 07; Curt Thiersch, 1909, Val. J. Peter, 1910 – 33; Otto Kinder, 1934—43; 1887 – ?

Volks- und Festzug, der historische, ausgeführt bei Gelegenheit des großen Volksfestes zu Darmstadt am 2. Septbr. 1856. In Bildern erläutert. gr. 8. (32 S.) Darmstadt 856, (Küchler.) *

Volkwart, Harro, im Jahre des Siegs. Geschichtl. Lustspiel in 5 Aufzügen. (105 S.) 8. Stargard 907. Kolberg, Prange's Verl. 2.—

Dass., s.a. Volkswart, Harro

Volkwein, Victor [approb. Arzt]: Ueber Cataracta diabetica .... Vorgelegt 1883. Sigmaringen, Buchdr. v. C. Tappen, 1885; 24 S. 8°.
Freiburg i. B., Med. Fak., Inaug.-Diss. v. 1885.

Volkwein, Vict., über Cataracta diabetica. Inaugural-Dissertation. gr. 8. (24 S.) Sigmaringen 885, (Tappen.) *

Die Volk- und Wohnung-Zälung [I] vom 1. Dezember 1900 in Munchen. T. 1–3. Munchen: L. Lindauer 1901–02. 3 Bde 4° [ʒ.]
1. Die Volkzalung. 1901. 2. Die Wohnungzalung. 1901.
3. 1. Die Anwesen- u. Gebaudezalung. 2. Die Haushaltzalung. Anh.: Der Bestand an Vieh u. Obstbäumen. 1902
— Mitteilungen d. Statist. Amts d. Stadt Munchen. Bd 17, H. 3. (05 1 16

Voll, ..., Belino u. Rosaura. Oper in 3 A. 8. Wien 807. Wallishausser. 6 gr.

— die drei Hausherren; Lstspl. in 3 A. Wien 807. Wallishausser. 6 gr.

Voll, Adam

—— **Über die Entwickelung der Membrana vasculosa retinae. Fol. (S. 87—93 m. 1 Taf. u. 1 Blatt Erklärgn.) Lpz. 892, W. Engelmann.** * 4 —
Aus: Festschrift zum 50jähr. Doctorjubiläum A. v. Koelliker's, besonders abgedruckt.

Voll, A., Compendium der normalen Anatomie. Für **Studierende u. Aerzte.** 8. (XII, 416 S. m. 26 Abbildgn.) **Berlin** 893. S. Karger. Geb. in Leinw. n. 8.—

Voll, Adam [aus Würzburg]: Ueber eine seltene Missbildung. (Fehlen des Penis und des Afters, Communication zwischen Blase und Rectum.) ... (Aus: Verhandl. d. Phys. med. Ges. Würzburg. N. F. Bd. XXIII.) Würzburg, Verl. d. Stahel'schen k. Hof- & Univ.-Buch- & Kunsth., 1889; 1 Bl. + 19 S. u. 2 Taf. 8°
Würzburg, Med. Fak., Inaug.-Diss. v. 1889

Voll, Adam. Über e. seltene Missbildung. [Fehlen d. Penis u. d. Afters, Communication zwischen Blase u. Rectum.] gr. 8. (19 S. m. 2 Taf.) Würzb. 889, Stahel. * 2 —
Aus: Verhandlgn. der phys.-med. Gesellsch. zu Würzburg, besonders abgedruckt.

Voll, Adam, die Wünschelrute u. der siderische Pendel. Ein Versuch zu e. praktisch-wissenschaftl. Studie. 1. u. 2. Taus. (VII, 113 S. m. 17 Abb.) 8. Leipzig 910. M. Altmann. 1.60; geb. 2. 40

Voll, Eph., (†...) von dem Armenrechte d. Juden, besonders an d. Reichskammergerichte. 8. Wetzlar 788. Winkler. 6 gr.

— von dem Rechte d. geistl. Fürsten, ihre Klöster zum Unterrichte d. Schulen anzuhalten. 8. Wetzlar 788. Winkler. 3 gr.

Voll, Frz., 30 (lithogr.) Blatt Meubels in verschiedene Style für 6 Zimmer arangiert mit 8 Blatt zur Auswahl nach numerirter Maasgabe in bayr. Zoll. I. Heft. qu. 8. (2 Bl. Text in qu. Fol.) München 854, (Finsterlin.) *

Voll, Frz., der kleine Möbeltischler in verschiedenen Stylen für sechs Zimmer arrangirt. 30 (lith.) Blatt mit 67 diversen Möbelzeichnungen u. einem genauen Verzeichniß der Maaßangabe (4 S.). 2. verb. Aufl. Uttweil 861. Uhler. qu. 8. n. 1 ₰ 12 ngr.

— praktisch konstruirte Zeichnungen zum Arbeitsgebrauch mit Beschreibungen fur Bau- u. Mobel-Schreiner und Bildhauer. 6 Hefte (in 3 Abthlgn.). Ebend. (858.) gr. Fol. (26 lith. Bl.) Jede Abth. n. 1 ₰. 20 ngr.

Voll, (Frz.), praktisch konstruirte Zeichnungen zum Arbeitsgebrauch mit Beschreibungen für Bau- und Möbel-Schreiner und Bildhauer. 6 Hefte. Fol. (26 Stnt. in qu. Imp.-Fol.) Uttweil 859. [Stuttgart,] Uhler. *

Voll, Karl, Führer durch die alte Pinakothek. (271 S. m. 16 Taf.) 8. München 908. Süddeutsche Monatshefte. 3.50; geb. in Leinw. 4. 50

— s.: Gemälde-Galerie im Museum des Prado zu Madrid.

Voll, Karl, vergleich. Gemäldestudien. Mit 60 Bildertaf. (202 S.) Lex.-8. München 907. G. Müller. n. 7. 50; geb. n. 9. —

-- Vergleichende Gemäldestudien. Mit 50 Bildertaf. 2. Aufl. (202 S.) Lex. 8. München 908. G. Müller. 7.50; geb. 9. —

— dasselbe. Neue Folge. Mit 32 Bildertaf. (194 S.) Lex. 8. Ebd. 910. 7.50; geb. 9. —

— Heinz **Braune** u. Hans **Buchheit,** Katalog der Gemälde des bayerischen Nationalmuseums, s.a Kataloge des bayerischen Nationalmuseums in München.

Katalog der Gemälde des Bayerischen Nationalmuseums. Verf. von Karl Voll, Heinz Braunen, Hans Buchheit. (Mit 85 Abb. auf 75 Taf.) München: Bayer. National-Museum 1908. XX, 304 S. 8°
(Kataloge d. Bayer. Nationalmuseums in München. Bd 8.)

— die altniederländische Malerei von Jan van Eyck bis Memling. Ein entwickelungsgeschichtl. Versuch. Text- u. Tafelbd. (V, 328 S. m. 57 Taf. in Lex.-8.) 8. Leipzig 906. C. E. Poeschel. n. 13. —; in 2 Halbfrz.-Bdn. n. 16. —

Voll, Karl, s.a Meisterwerke, die der National Gallery zu London.

— s.: Meisterwerke, die, der königl. Gemälde-Galerie zu Cassel.

Die Meisterwerke der National Gallery zu London. 222 Kunstdrucke nach d. Originalgemälden. Mit einleit. Text von Dr. Karl Voll. London, München, New York: F. Hanfstaengl (1902). (XX, 210 S.) 4°

-- s.a Meisterwerke, die, des Rijks-Museums zu Amsterdam.

Die Meisterwerke des Rijks-Museum zu Amsterdam. 208 Kunstdrucke nach d. Originalgemälden. Mit einl. Text von Dr. Karl Voll. *München: F. Hanfstaengl (1903).* (XX, 208 S.) 4° [o. 7318

— s.: Memling, Gemälde.

Voll, Karl: Das Personal- und Relativpronomen in den Balades de Moralitez des Eustache Deschamps ... Freising, Buchdr. v. A. Fellerer, 1896; 3 Bl., IV, 50 S. 8.
München, Phil. Fak., Inaug.-Diss. v. 1896

— Velazquez. Ein Bilderatlas zur Geschichte seiner Kunst. Mit Text v. V. gr. 4. (48 Taf. m. 20 S. Text.) München (899). Verlagsanstalt F. Bruckmann. In Leinw.-Mappe 6. —; erm. Pr. n. 4. —

Voll, Karl, Dr.: Jan van Eycks Werke. Eine kritische Studie. *Strassburg: K. J. Trübner 1900.* (34 S.) 8°
München, Phil. Hab.-Schr. v. 1900

— die Werke des Jan van Eyck. Eine krit. Studie. gr. 8. (XV, 136 S.) Strassburg 900. K. J. Trübner. n. 3. —

Voll, Matth., chronolog. Verzeichniß aller Schauspiele, deutschen u. italien. Opern, welche seit 1794—1807 in Wien aufgeführt worden sind rc. 8. Wien 807. Wallishauser. 16 gr. Hbg. Pr. 8 gr.

Voll, P. J., gründlicher Lehrgang zur schnellen und leichten Erlernung der englischen Sprache nach der calculirenden Methode. Als Vorbereitung zu jeder englischen Grammatik. Mainz 854. Le Roux. 12. (IV, 136 S.) 10 ngr.

Voll, P. J., gründlicher Lehrgang zur schnellen u. leichten Erlernung der englischen Sprache nach der calculirenden Methode. Als Vorbereitung zu jeder englischen Grammatik. 2. Aufl. Mainz 863. Le Roux. 12. (V, 136 S.) 7½ ngr.

Voll, Wlh., Versuch, d. Länge eines Kreisbogens ohne Hülfe einer Sinus- oder Sehnentafel zu bestimmen. Mit 1 Kpft. gr. 8. Berl. 824. Rücker. 8 gr. VI S., S. 8-26

Volland, A. F. Chr., ABC- u. Lesebuch für Bürger- u. Landschulen, wie auch zum häusl. Gebrauch. 8. Sondersh. 822. Fleck. 3 gr.

Volland, Adolf

Volland, A., die Behandlung der Lungenschwindsucht im Hochgebirge u. üb. das Zustandekommen v. Ernährungsstörungen in den Lungenspitzen, welche die Disposition zur primären tuberkulösen Erkrankg. derselben darstellen. gr. 8. (68 S.) Leipzig 889. F. C. W. Vogel. n. 1. 50

Volland, [Adolf]. Die Behandlung der trockenen und verstopften Nase. Von Hofrat Dr. V' in Davos-Dorf. Sonderabdruck aus «Therapeutische Monatshefte» 1904. August. [2 S.] 4. ⟨Berlin, Julius Springer.⟩

Volland, [Adolf]. Nochmals die Behandlung der trockenen und verstopften Nase. Bemerkungen gegenüber [Wilhelm] Lublinski. Von Hofrat Dr. V'.... Sonderabdruck aus «Therapeutische Monatshefte» 1905. Januar. [2 S.] 4. ⟨Berlin, Julius Springer.⟩

Volland, [Adolf]. Bemerkung zu der Erwiderung [Dr. Emil] Feer's im Februarhefte ([betr.] Tuberculose im Kindesalter). Von Hofrath Dr. V' in Davos-Dorf. Sonderabdruck aus «Therapeutische Monatshefte» 1901. März. [2 S.] 4. ⟨Berlin, Julius Springer.⟩

(Volland, [Adolf].) Davos-Dorf in Bild und Wort. Ein Führer und Ratgeber für Kurgäste. Hrg. vom Kurverein Davos-Dorf. 8. (Samaden & St. Moritz 1898.)

(Volland, [Adolf].) Davos-Dorf als Hochgebirgsstation für Lungenkranke. Hrg. vom Kurverein Davos-Dorf. [Mit Illustrationen und 1 Tafel.] 8. Davos 1895.

Volland, [Adolf]. Die Entbehrlichkeit der Spritze zu subkutanen Injektionen von Heilserum und anderen Flüssigkeiten. Separatabdruck aus dem Correspondenz-Blatt für Schweizer Aerzte, 1902, Nr. 22. 1 S. gr.-8. [Basel, Schweighauser.]

Volland, A., die Entstehg., Verhütg., Behandlg. u. Heilg. d. Lungenschwindsucht. gr. 8. (VII, 141 S.) Tübingen 898. Osiander. n. 2. 80

Volland, [Adolf]. Zur Entstehungsweise der Tuberkulose. Von Hofrat Dr. V' in Davos-Dorf. Separat-Abdruck aus der Münchener medizinischen Wochenschrift, No. 20, 1904. II + 8 S. 8. ⟨München, J. F. Lehmann.⟩

Volland, [Adolf]. Ueber ein Hilfsmittel zur Beseitigung des chronischen tuberkulösen Fiebers und einige Bemerkungen zur Tuberkulinbehandlung. Von Hofrat Dr. V'-Davos-Dorf. Sonder-Abdruck aus Nr. 11, 1904, der «Neuen Therapie». II + 8 S. 8. (Wien, Buchdr. «Industrie».)

Volland, [Adolf]. Plätschergeräusch und Atonie. Von Hofrat Dr. V' in Davos-Dorf. ⟨Sonderabdruck aus der Berliner klin. Wochenschr(ift), 1901, No. 43.⟩ II + 4 S. 8. (Berlin, L. Schumacher.)

Volland, über Verdunstung und Insolation. gr. 8. Basel 879. Davos, Richter. (* ℳ 1,50.) *

Volland, über Verdunstung u. Insolation. Ein Beitrag zur besseren Kenntniss des Hochgebirgsklima's. Mit Tab. u. 2 lith. Taf. gr. 8. (34 S.) Basel 879. Schweighauser. n. 1. 60

Volland, [Adolf]. Zur Verhütung der Tuberculose im Kindesalter. Wahrung meiner Priorität. Von Hofrath Dr. V' in Davos-Dorf. Sonderabdruck aus «Therapeutische Monatshefte» 1901. Februar. 1 S. 4. ⟨Berlin, Julius Springer.⟩

Volland, C. E., die Fabrikation d. Wagenfette, Maschinenfette, Ledercrêmes, Pechsiederei etc., etc. gr. 8. (24 S.) Norrköping (Schweden) 902. Selbstverlag. n. 3. 60

Volland, Christian Wilhelm [Praes.], s. Fritschler, Jo. Georg: De historia Mulhusae literaria.

Volland, Christian Wilhelm [Praes.], s. Plathner, Gottfried Andreas: De sandali gerulis Ebraeorum ad illustrandum nonnulla scripturae s. loca.

Volland, Christoph (Nürnberg) Altd. Phs. 35/16

... sive de morte per osculum, Rabbinorum sententiam breviter evolvens, dissertatio philologica.
Präs. Johann Michael Doederlein.
Altdorf (Meyer) 16. XII. 1707. 20 S.

W. v.: Georg Michael Doederlein.

35421

Volland, Christoph (Nürnberg) A. S. 802/22

Disputatio inauguralis de privilegiis ingeniorum errantium. Präs. Georg Paul Roetenbeck.
Altdorf (Meyer) 18. VI. 1708. 24 S.

W. v.: G. C. Müller. 35422

Volland, Christoph (Nürnberg) A. S. 297a/28

De subsultu precantium in primitiva ecclesia.
Präs. Johann Michael Sonntag.
Altdorf (Meyer) 19. II. 1707. 20 S.

35420

Voll, Conrad, s. Voll, Konrad

Volland, Frdr., Balladen der Liebe. (159 S.) 8. Stuttgart (908). Berlin-Charlottenburg, A. Juncker. 2. —

— Aus alten Chroniken u. jungen Tagen. Balladen. (213 S.) 8. Berlin-Charlottenburg (910). A. Juncker Verl. 3. —

Volland, G. C., s. Volland, Konrad

Volland, Geo. Gf., († 1795.) Beiträge u. Erläuterungen zu K. Fr. Bahrdt's Lebensbeschreibung von ihm selbst. 8. Jena 791. Ettinger. (Hennings in Neisse). 16 ℊℊ.
Vgl. Volland, M. Geo. Frdr.

Volland, Gottfried, approb. Arzt aus Hasselbach, Kreis Witzenhausen, z. Z. Assistenzarzt am ständ. Landkrankenhause zu Fulda: Aus d. geburtshilflich-gynaekol. Klinik d. Universität Marburg. Tod des Kindes durch Zerreissung von Gefässen der velamentös inserierenden Nabelschnur. *Marburg 1900: J. Hamel.* (28 S.) 8°
Marburg, Med. Diss. v. 17. Jan. 1900

Volland, Gustav Bernhard (Greussen) A. S. 1292/3

Dissertatio inauguralis medica, de asthmate convulsivo. Präs. Michael Alberti.
Halle (Hendel) III. 1723. 20 S.

W. v.: Friedrich Hoffmann, Jo. Friedemann Schneider, Georg Daniel Coschwitz, Jo. Christian Deutschbein, H. E. Gotter, C. B. Beck.

35427

Volland, Gustav Bernhard (Greussen) A. S. 1166/32

Dissertatio medica, de febre miliari quae Der Friesel, dicitur.
Präs. Johann Christoph Deutschbein, Rec.
Halle (Hendel) 1723. 72 S.

Diss. IX. 1722. 35428

Volland, Hans, eigner Herd. Eine Sittengeschichte. (460 S.) kl. 8. Leipzig 906. Modernes Verlagsbureau. n. 5. —

Volland, Hans, aus Leipzig: Neue Synthesen von δ-Ketonsäuren, Hydroresorcinen und semicyklischen 1,5-Diketonen. *Leipzig 1903: Metzger & Wittig.* (48 S.) 8°
Leipzig, Phil. Diss. v. 1903

Volland, Johann A. S. 330/44

De praeoccupatione fati. Präs. Peter Müller.
Jena (Ehrich) 1713. 31 S.

35431

Diss. X. 1681.

Volland, Johann Ignaz (Poppenreuth) A. S. 1324/35

De aqua principio rerum ex mente Thaletis.
Präs. Johann Heinrich Müller.
Altdorf (Kohles) 21. VI. 1718. 28 S.

Gew.: Christoph Furer, Gustav Georg Tezel, Johann Christoph von Imhof, Leonhard Grundherr.
W. v.: Gustav Georg Zeltner, Johann Wilhelm Baier, Christian Gottlieb Schwartz, Johann Konrad Zeltner, Sig. Jakob Apinus (Opp.), Ge. Sebastian Herbst (Opp.), Christoph Karl Stoer (Opp.), Paul Wachau.

35435

Volland, Johann Ignaz (Poppenreuth) A. S. 350/28

Meletema theologicum quo typus polygamiae in Novo Testamento abolitus breviter delineatur.
Präs. Gustav Georg Zeltner.
(Altdorf) (Kohles) VIII. 1719. 24 S.

35437

Volland, Johann Ignaz (Poppenreuth) 4°Misc. 180f/4

Schedion philologikon de libris plicatilibus veterum.
Präs. Christian Gottlieb Schwarz.
Altdorf (Kohles) 18. XII. 1717. 12 Bl.

35436

Volland, Karl, approb. Arzt aus Ulrichshalben: Aus d. psychiatr. Klinik d. Universität Jena (Hofrath Prof. Dr. Binswanger). Apoplectischer Insult in Folge eines Erweichungsherdes in der Brücke und spätere Dementia paralytica. Mit 1 lithogr. Taf. *Berlin 1899: L. Schumacher.* (27 S.) 8° ¶ (Aus: Archiv f. Psychiatrie etc., Bd 32.)
Jena, Med. Diss. v. (23. Nov.) 1899

Volland, Konrad

Volland, Conr., Anleitg. zur Erlerng. d. vereinf. deutschen Stenographie System Schrey — Dr. Johnen — Dr. Socin. 3., verb. Aufl. gr. 8. (II, 8 u. 12 autogr. S.) Hildburghausen 895. (Kesselring.) n. — 60

— dasselbe. 4., verm. u. verb. Aufl. M. e. Beilage v. 8 Seiten in stenogr. zweifarb. Autogr. gr. 8. (II, 19 S.) Ebd. 896. n. — 75

— Anleitg. zur Schattenkonstruktion. Zum Gebrauch f. Schüler techn. Lehranst., Fortbildungsschulen u. dgl. u. z. Selbststudium bearb. M. 72 Fig. in Holzschn. u. 3 Taf. m. 176 Aufgaben. Lex.-8. (III, 24 S.) Leipzig 898. J. M. Gebhardt. n. 1. 20

Volland, Conr. Anleitg. zur vereinfachten deutschen Stenographie. gr. 8. (12 S.) Hildburghausen 891, (Kesselring). * — 50

Volland, C., Aufgabensammlung f. die architektonische Schattenlehre. Zum Gebrauch an techn. u. gewerbl. Lehr-Anstalten bearb. 6 Taf. m. 40 Aufgaben. gr. Fol. Leipzig 888. Gebhardt. n. 1. 50

— Dachkonstruktionen, s.: Lehrhefte, technische, Baufach, Hft. 4.

— die Dachschiftungen, s.: Schulze, G. C.

— Lehrbuch d. vereinfachten deutschen Stenographie, Einigungs-System Stolze-Schrey. Für den Vereins-, Schul- u. Selbstunterricht bearb. 6., verm. u. verb. Aufl. gr. 8. (II, 27 S.) Hildburghausen 898. (Leipzig, J. H. Robolsky.) n. — 60

Volland, Conr., Lehrbuch der vereinfachten deutschen Stenographie, Einigungs-System Stolze-Schrey. Für den Vereins-, Schul- u. Selbstunterricht bearb. 7. vollständig umgearb. Aufl. gr. 8. (24 S.) Kahla (902). Papiermühle b/Roda, Weller & Co. n. 1. —

(8) **Volland,** C., Lehrbuch d. Stenographie. 902. (KBL 82.) Jetzt: Leipzig, R. Wöpke.

— die Schattenkonstruktion. Eine Sammlung v. Aufgaben, nebst e. Anleitg. zur Schattenkonstruktion, zum Gebrauch an techn. u. gewerbl. Lehranstalten, Realschulen etc. bearb. 4 Taf. m. 63 Aufgaben. gr. Fol. Nebst Textheft m. 55 Holzschn. 8. (26 S.) Ebd. 888. n. 2. —

— d. Schattenkonstruktion. 2 Tle. gr. Fol. Leipzig 898. J. M. Gebhardt. n. 3. 50
1. Eine Sammlg. v. Aufgaben, nebst e. Anleitg. z. Schattenkonstruktion. Zum Gebrauch an techn. u. gewerbl. Lehranst., Realschulen etc. 4 Taf. m. 58 Aufgaben u. 1 Textheft (gr. 8. 24 S.) m. 72 Holzschn. 2., verm. Aufl. n. 2. —
2. Aufgabensammlg. f. d. architekton. Schattenlehre. Zum Gebrauch an techn. u. gewerbl. Lehranstalten. 6 Taf. m. 33 Aufgaben. 2. Aufl. n. 1. 50

Volland, Konr., technische Schattenkonstruktionen. Leitfaden f. den Unterricht an techn. und gewerbl. Lehranstalten, Fortbildungsschulen u. dgl. u. zum Selbststudium. Mit 72 Textfig. u. 3 Taf. m. 152 Aufgaben. (30 S.) Lex. 8. Leipzig 909. J. M. Gebhardt. 1. 80

-- Die Zimmerarbeiten. Leitfaden f. den Unterricht an baugewerbl. Fachschulen. I. Holzverbände, Hänge- u. Sprengwerke, Balkenlagen, Zwischendecken, Fussböden, Fachwerkswände, Gerüste u. Einfriediggn., bearb. v. F. A. Müller. II. Die Dachkonstruktionen, bearb. v. K. Volland. (VI, 67 S. m. 54 Fig.) Lex. 8. Leipzig 909. J. M. Gebhardt. 1.80; geb. n 2. 25

Volland, L., kurz gefaßte Fragen u. Antworten aus der deutschen Wechsel-Ordnung, nebst e. gewählt. Sammlg. v. Wechseln m. Erläutergn. f. die Schule u. d. Praxis. gr. 8. (22 S.) Heilbronn 897. E. Salzer. — 30

Volland, L., kurz gefaßte Fragen u. Antworten aus der deutschen Wechsel-Ordnung, nebst e. gewählten Sammlg. v. Wechseln u. Erläutergn. f. die Schule u. die Praxis. 6. verb. Aufl. (23 S.) 8. Heilbronn 905. E. Salzer. n. — 30

Volland, M. Geo. Frdr. (Pred. zu Ammera bei Muhlhausen in Thüringen), Beiträge u. Erläuterungen zu Hrn. D. Carl Friedr. Bahrdt's Lebensbeschreibung, die er selbst verfertiget. Jena, akadem. Buchhdlg., 1791. 8°. Beil.
XVI, 176 S.

Vgl. Volland, Georg Gottfried

Die Verwendung und Führung der Kavallerie. Eine taktisch-strateg. Studie, dargestellt an d. Ereignissen von Weißenburg u. Wörth von v. **Vollard** Bockelberg, Gen.Major z. D. Mit 9 Sekt. d. Generalstabskarte in 4 Bl. *Berlin: E. S. Mittler & Sohn 1903.* (IV, 138 S.) 8° [F.] (03. 1161)

Vollauf zu thun! Aus dem Engl. frei übers. Autoris. Übersetzg. von M. v. Dieskau. 8. (32 S.) Quedlinburg 887. (Vieweg.) n. — 50

Vollbahn, d. elektrische, Burgdorf-Thun. (Von E. Thomann.) Fol. (21 S. m. 43 Fig.) Zürich 900. E. Rascher's Erben. n. 1. 20
Sonderabdruck aus: „Schweiz. Bauzeitung".

Vollbaum, J., die Eigenthums-Ansprüche der Kirchengemeinde zur Königlichen Kapelle auf den Pfarrhof zu St. Marien in Danzig. Eine Antwort auf die Schrift des Pfr. Dr. Redner „Skizzen aus der Danziger Kirchengeschichte ꝛc." u. Nachtrag zu der rechtshistor. Studie „Der Pfarrhof von St. Marien zu Danzig u. seine Bewohner ꝛc." gr. 8. (23 S.) Danzig 877. Kafemann. n. — 50

Vollbaum, J., der Pfarrhof v. St. Martin in Danzig u. seine Bewohner. Eine rechtshistor. Studie. gr. 8. (VI, 69 S. m. 2 Steintaf. in qu. gr. 4.) Danzig 876. Kafemann. n. 2. —

Vollbaum, J., die Specialgemeinden der Stadt Erfurt. Im Auftrag des Magistrats bearb. gr. 8. (III, 129 S.) Erfurt 881. Stenger. 1. 50

Vollbeding, J. G. B., Versuch e. metrischen Psalmen-Uebersetzung. 8. Zerbst 806. Cramer. 9 ggr (NB. Soll nach Andern auch Jh. Cph. Vollbeding seyn.)

Vollbeding, J. S.

— Ermunterungen bei d. Größe Gottes u. d. Menschen im Gewitter. Eine Predigt. 8. Wittenb. 790. Zimmermann. 2 ggr

Vollbeding, J. S., Rede am 50jähr. Stiftungstage d. großen Erziehungs-Anstalt d. Soldatenknaben auf d. Schlosse Annaburg, nebst e. and. Predigt. 8. Wittenb. 790. Zimmermann. 3 ggr

Vollbeding, Jh. Cph., kleines ABC- u. Lesebuch. Eine Anleit. zum schnellen Buchstabir- u. Lesenlernen, nebst e. Auswahl kleiner Geschichten, Denksprüche, Naturdarstellungen u. Gebete, für Kinder aller Stände, mit 24 ill. Kpf. 12. Berl. 814. 2e A. 819. Amelang. 14 ggr

— kurze Anleitung zum Briefschreiben u. Bildung e. geläuterten Geschmacks. Neue Ausg. 8. Berl. 820. Stuhr. 12 ggr

— kurze Anleit. zur deutschen Rechtschreibung u. Sprachrichtigkeit, nebst e. alphabet. Verzeichniß von Wörtern nach e. Schreibart ꝛc. 8. Magdeb. 789. N. Aufl. 804. Creutz. 6 ggr

— bessere Anordnung des deutschen Alphabets u. Benutzung neuer Tonzeichen nach richtiger Aussprache. 1 Bogen in Fol. o. O. (804.)

— Antibarbarus, oder kritische Musterung d. Sprachfehler im Deutschen, als Rückweiser auf den Katechismus d. deutschen Sprache. 8. Köthen 802. Aue. 4 ggr

— Archiv nützl. Erfindungen u. wichtiger Entdeckungen in Künsten u. Wissenschaften, zur Erweiterung menschl. Kenntnisse in alphabet. Ordnung. gr. 8. Leipz. 792. Schwickert. 1 Rthlr 12 ggr
Supplement hierzu. gr. 8. Ebd. 795. 20 ggr

— Ariston, oder Schilderung menschl. Geistesgröße u. Herzensgüte zur Belebung d. Frömmigkeit u. Vaterlandsliebe in jugendl. Herzen, mit 9 ill. u. schw. Kpf. von Meno Haas. 8. Berl. 815. 2e Aufl. 817. 3e Aufl., mit 10 Kpf. u. 1 Vign. 826. Amelang. 1 Rthlr 4 ggr ill. 1 Rthlr 18 ggr

— sorgfältige Auswahl solcher Theile u. Abschnitte d. Bibel, welche sich vorzügl. zum Unterricht u. zur Belehrung d. Jugend eignen 8. Köthen 798. Aue. 2 ggr

— s. **Bedos de Celles, Geschichte.**

— Beschäftigungen d. Andacht zur Beförderung christl. Gesinnungen. 8. Leipz. 788. Schwickert. 9 ggr

— **Bildung** d. Bürgers, d. Bildung d. Menschen untergeordnet. 8. Leipzig, Sommer.

— Bildung des Bürgers, d. Bildung d. Menschen untergeordnet. 8. Leipz. 789. (W. Nauck). 5 ggr

— neuer gemeinnützl. Briefsteller für d. bürgerl. Geschäftsleben ꝛc. Mit 1 Kpf. 8. Berl. 816. 2e A. 816. 3e A. 819. 4e A. 822. 5e A. 825. 6e A. 829. Amelang. 20 ggr

Vollbeding, Joh. Chrstph., neuer gemeinnütz. Briefsteller f. d. bürgerl. Geschäftsleben ꝛc. Nebst e. Anh., die neueste Titular-Art d. Behörden ꝛc. in d. Kgl. Preuß. Staaten enthalt. 6. u. 7., verb. Aufl. (à 36 B. u. Titlpfr.) 8. Berlin 829, 33, Amelang. à

Vollbeding, Joh. Chrph., neuer gemeinnützlicher Briefsteller f. das bürgerliche Geschäftsleben. Nebst einem Anhange: über die neueste Titulaturart der Behörden. 7. verb. Aufl. 2. Ausg. 8. (X u. 564 S. m. 1 Kpfr.) Berlin 848, (Leipzig) Amelang. 1/2 Rthlr

— neuester allgem. Briefsteller f. den Selbstunterricht, sowohl in d. Rechtschreibung, als im Briefstyl. Mit einer sorgfält. Auswahl von Musterbriefen jeder Gattung, von Eingaben an Behörden ꝛc. Mit 1 Vign. 8. Berlin 826, Herbig.

— neuester allgem. Briefsteller für den Selbstunterricht, sowohl in d. Rechtschreibung, als im Briefstyl. Mit einer sorgfält. Auswahl von Musterbriefen jeder Gattung, von Eingaben an Behörden ꝛc. Mit 1 Vign. 8. Berl. 827. Herbig. 20 ggr

Vollbeding, J. C., neuester allgem. Briefsteller f. d. Selbstunterricht, sowohl in d. Rechtschreibung als im Briefstyl. Mit e. sorgfält. Auswahl v. Musterbriefen jeder Gattung, von Eingaben an Behörden, v. Formularen, v. Wechseln ꝛc. ꝛc. u. einem erklär. Verzeichniß der im Handel u. im Rechtsfache vorkomm. Wörter u. fremdart. Ausdrücke d. Geschäftslebens. Neue Ausg. 8. (27½ B.) Berlin 835, Herbig. Thlr.

Vollbeding, Joh. Ch., zuverlässiger Briefsteller und Rathgeber für den schriftlichen Verkehr in allen Geschäfts-Angelegenheiten, nebst Anleitung zur Anfertigung aller Arten von Contracten, Schuldverschreibungen u. s. w. 7. ganz umgearb. u. bedeutend verb. Aufl. Herausg. von A. Wildenhain. 1—7. Heft. Berlin (858.) Nelte. gr. 8. (1. Thl.: 303 S.; 2. Thl.: S. 1—17.) Jedes Heft 3 ngr

— Darstellung einiger gemeinnützl. Erfindungen u. wichtiger Entdeckungen in Künsten u. Wissenschaften, besond. in Betreff chymischer Operationen u. künstl. Bereitungsarten d. Naturerzeugnisse. 8. Zerbst 806. Cramer. 12 ggr

— Darstellung d. deutschen Orthophonie u. Tonologie, eine Anweisung zum Rechtlesen u. Rechtschreiben. 8. Camburg 806. Rößler. 6 ggr

— zweckmäßige Darstellung u. deutl. Erklärung d. veralteten, dunkeln u. fremdartigen Wörter u. Redensarten in Luthers Bibelübersetzung, für Lehrer in Volksschulen u. Ungelehrte. 8. Köthen 797. Aue. 4 ggr

— s. **l'Epreuve de l'amour filiale.**

— s. **Etwas über d. Ehsten.**

— s. **Francheville, Particularités.**

Vollbeding, Joh. Chph., kurzgef. Geschichte d. Orgel, s. a. Bedos de Celles.

Vollbeding, J. C., kurzgefasste Geschichte der Orgel. Berl. 1793. 4.

— kurzgefaßte Geschichte d. christl. Religion. 8. Köthen 799. 2e A. 803. 3e A. 806. Aue. 3 Gr.

— Grundriß einer Orientirung in d. Philosophie für Schulen. 8. Camburg 803. Rößler. (Centr.-Compt. in Leipz.) 5 Gr.

— deutsch-griechisches Handwörterbuch. gr. 8. Leipz. 790. Schwickert. 14 Gr.

– s.a. Handwörterbuch, griech.-deutsches.

— griechisch-deutsches Handwörterbuch z. Schulgebrauch. gr. 8. Ebend. 784.

— — Supplemente, Emendationen u. Berichtigungen dazu. gr. 8. Ebend. 788.

— medicin.-chirurg. Handwörterbuch zum Selbstunterricht u. für Lehranstalten. 8. Zerbst 806. (Arnold in Dresd.) 18 Gr.

— medicinisch-chirurgisches Handwörterbuch z. Selbstunterricht u. f. Lehranstalten. 8. Zerbst, Cramer. (Bruder in Leipz. a. Weigel.) 806.

— Handwörterbuch d. jüdisch-deutschen Sprache, nebst Erläuter. jüdischer Sitten, Gebräuche, Kleidungen, Fast- u. Festtage, Monate, Zählungsart u. dgl. 8. Leipz. 804. Schwickert. 12 Gr.

— Handwörterbuch zum Behuf einer geschickten Verbindung deutscher Wörter u. Redeformen, wodurch sie Schönheit, Schmuck, Anmuth u. Nachdruck erlangen. gr. 8. Berl. 795. (Reimer). 1 Rthlr.

— Hülfsbuch zur deutschen Buchstaben- u. Sylbenkunde, zur Lesekunst u. zu leichten Sprachübungen für Volksschulen, mit Kpf. gr. 8. Zerbst 803. Cramer. (Schwickert in Leipz.) 1 Rthlr.

— Katechismus d. deutschen Sprache für Volksschulen. 8. Köthen 798. Aue. (Centr.-Compt. in Leipz.) 9 Gr.

— Confirmationsreden. 8. Zerbst, Cramer. (Bruder in Leipz.) 806.

— Confirmationsreden. 8. Zerbst 806. Cramer. 6 Gr. (Leipz., Weigel). 5 Gr.

— neues Lehrbuch für Deutsche zur Erlernung d. französ. Sprache. 8. Hannov. 811. Hahn. 4 Gr.

— Lehrbuch d. theoret. Philosophie. 8. Berl. 792. Matzdorf. 1 Rthlr. 6 Gr. Schrbp. 1 Rthlr. 12 Gr.

Vollbeding, Jh. Chr., prakt. Lehrbuch zur Bildung eines richtigen mündl. u. schriftl. Ausdrucks d. Gedanken, zum Gebrauch für Schulen. 8. Berl. 794. 2e A. 806. 3e A. 8. Leipz. 809. (Wienbrack). 16 Gr.

— prakt. Lehrbuch d. ersten latein. Sprachunterrichts. 8. Berl. 804. Schöne. 6 Gr.

— prakt. Lehrbuch zur naturgemäßen Unterrichtskunst u. zur Gesammtbildung des Geistes u. Herzens d. Jugend in Volksschulen. 8. Berl. 813. Amelang. 16 Gr.

— liber compendiosus ad solidam et accuratam contrariorum, dissimilitudinum et affinitatum defin. in lingua latina. 8. Köthen 804. Aue. 4 Gr.

— über Mir u. Mich, Vor u. Für, oder prakt. Rathgeber in d. deutschen Sprache, Nachtrag zum Antibarbarus. 8. Camburg 802. Rößler. 6 Gr. 2e verb. u. mit e. grammatisch-krit. Wörterbuche verm. Aufl. 8. Hannov. 812. 3e A. 824. Hahn. 20 Gr. Das Wörterbuch apart 16 Gr.

— positiones ad illustrandam Anthropopathiam. 8. Halle 777.

— reflexions sur la vraie science des loix. 8. Leipz., (W. Nauck). 3 Gr.

— kleine Samml. einiger in Berlin gehaltenen Predigten. 8. Leipz. 787. Schwickert. 8 Gr.

— kleiner Schulbriefsteller für Knaben u. Mädchen, zum eigenen Gebrauch u. zum Diktiren d. Briefe. Nebst Belehrung über d. Rechtschreibung ꝛc. Mit 1 Vign. 8. Berl. 825. Gäbicke. 8 Gr.

—— kleiner Schul-Briefsteller f. Knaben u. Mädchen ꝛc. 2. Ausg. 8. (11¼ B.). Quedlinburg 835, Ernst'sche Buchh.

— d. deutsche Sprachforscher, in logischer, grammatischer u. ästhetischer Hinsicht. 8. Prenzl. 816. (Ragoczy). 12 Gr.

— deutsche Sprachlehre zum Schulgebrauch u. zur Berichtigung d. deutschen Sprachkenntniß. gr. 8. Leipz. 802. Schwickert. 1 Rthlr.

— neue kleine theoret.-prakt. Sprachlehre, zum Selbstunterricht u. für Schulen. Nebst e. kurzen Anleit. zu schriftl. Aufsätzen, Briefen u. Titulaturen. 8. Berl. 814. 2e A. 822. Amelang. 12 Gr.

— u. P. Grassi, neueste italien. Sprachlehre, oder Anweis., d. italien. Sprache in kurzer Zeit auch ohne Lehrer gründl. zu erlernen. 8. Naumb. 805. Rößler. 10 Gr. 2e verb. Aufl. (mit geänd. Titel). Grodno 807.

— kleiner deutscher Sprachschatz, oder klarer Ueberblick d. deutschen Sprach- u. Rechtschreibkunst. 8. Berl. 826. Enslin. 4 Gr.

— Stammtafel aller Sprachen. 8. Berl. 802. Matzdorf. 4 Gr.

— Tabelle über einige deutsche Wörter, mit e. dreifach mehrern oder doppelt vielfachen Zahl in verschied. Bedeutung. Fol. Berl. 792. Matzdorf. 2 Gr.

— Tabelle üb. einige deutsche Wörter in verschied. Bedeutung. Fol. Berl. Braunes. 811.

— Tabellen z. Erleicht. der Rechtschreibung, mit Hinweisung auf d. Ableitung, Umendung u. Geschlechtsbestimmung deutscher u. fremder, aber schon sehr gebräuchlicher Wörter. Fol. Wittenb. Kühne. 797.

Schreibp.

— Taschenbuch zur Kanzelbildung für Theologen. 8. Leipz. 796. Böttcher. 4 Gr. (A. u. d. T.: Gedanken über den Anstand d. Prediger.)

s. Testament, d. Neue.

s. Progymnasmata.

s. J. Chr. Siede, Journal.

s. Theophrast, Charaktere.

s. J. G. W. Vollbeding.

— kurze Uebersicht d. Lehre vom Accent u. Ton, überhaupt vom sinnreichen, malerischen u. harmonischen Ausdruck in vielfachen Künsten, für Redner, Vorleser u. Schauspieler. 8. Magdeb. 806. Hessenland. (Lauffer in Leipz.) 6 gr.

Vollbeding, Joh. Chr., übersichtlicher Universal-Briefsteller oder zuverlässiger Rathgeber beim Anfertigen aller im Geschäftsverkehr vorkommenden schriftlichen Arbeiten ꝛc. Nebst einer ausführlichen Anleitung zur Buchführung für Handwerker u. Gewerbetreibende, einem juridischen Rathgeber u. zuverlässigen Ausrechner. 7. ganz umgearb. u. bedeutend verm. Aufl. Herausg. von A. Wildenhain. 8—40. (letztes) Heft. Berlin 859, 60. Nelte. gr. 8. (2. Thl.: S. 33—173; 3. Thl.: 255 S.; 4. Thl.: 304 S.; 5. u. 6. Thl.: 592 S.) Jede Liefg. 3 ngr.

— — 8. ganz umgearb. u. bedeutend verb. Aufl. Herausg. von A. Wildenhain. 6 Thle. Ebend. 860. gr. 8. (1629 S.) 4 Thlr.

— Versuch e. nähern u. richtigen Bestimmung des Geschlechts einiger deutschen Wörter. Nebst Zusätzen von M. Kinderling. 8. Helmst. 790. Fleckeisen. 3 gr.

— Versuch in richt. Bestimmung d. Verhältnißbegriffe u. Gegensätze d. deutsch. Sprache. 8. Berlin, Felisch. (Gräff in Leipz.) 795. -

— Versuch in richtiger Bestimmung d. Verhältnißbegriffe u. Gegensätze d. deutschen Sprache. 8. Berl. 795. Felisch. (Wienbrack in Leipz.) 8 gr.

— Versuch ein. metrisch. Psalmenübersetzung. 8. Zerbst. Cramer. (Bruder in Leipz.) 806. -
Vgl. Vollbeding, J. G. V.

— alphabet. Verzeichnisse zur schnellen Auffindung vieler von einander verschied. Wörter ꝛc. 8. Berl. 798, 810. (Hahn in Hannov.) 12 gr.

— bibl. Wörterbuch zum Nachschlagen bei dogmat.-moral. schwierigen oder sonst dunkeln bibl. Wörtern u. Redensarten. 3 Thle. gr. 8. Berl. ... 2e A. 805. Schöne. 4 Thlr.

— Deutsch-griechisches Wörterbuch. Leipz. 790. 8. 14 gr.

— gemeinnützl. Wörterbuch zur richtigen Verdeutschung u. Verständlichung d. in unserer Sprache vorkomm. fremden Wörter. gr. 8. Berl. 816. 2e A. 819. 3e A. 827. Amelang. 1 Thlr. 16 gr.

— grammatisch-kritisches Wörterbuch, als Hülfsbuch z. richt. Sprechen u. Schreiben in d. deutschen Sprache. 8. Hannov. Gebr. Hahn. 812. -

Vollbeding's, J. C., Griechisch-deutsches Wörterbuch. Leipz. 784. 8. 2 rthlr. Supplemente. Eb. 788. 8. [illegible] rthlr.

— kurzgefaßtes Wörterbuch d. gedankenreichen sinnbildl. u. malerischen Darstell. in ältern u. neuern Zeiten. 8. Zerbst 806. Cramer. 8 gr.

— kurzgefaßtes Wörterbuch d. platt- oder niederdeutschen Mundart, woraus sich d. Niedersächsische gebildet hat, zum Verständniß d. niederdeutschen Schriftsteller u. Urkunden. 8. Zerbst 806. Cramer. 6 gr.

— kurzgefaßtes Wörterbuch zum Behuf d. richtigen Verbindung d. Zeitwörter mit d. Dativ u. Accusativ ꝛc., in Beispielen. 8. Berl. 792. 2e A. 798. Matzdorf. 4 gr. 3e verm. Aufl. 16. Ebd. 803. 12 gr.

Vollbeding, Jh. Cph., orthograph. Wörterbuch mit Hinweisung auf d. Ableitung u. Geschlechtsbestimmung d. Wörter. Ein Anhang zu allen deutschen Sprachlehren. 8. Hannov. 814. Hahn. 12 gr.

— Wörterbuch zu Vermeidung e. unricht. Verbindung d. Vor- u. Zeitwörter mit den verschied. Wortformen, besond. mit d. Dativ u. Accusativ oder mit Mir u. Mich, Dir u. Dich, Ihm u. Ihn, Ihr u. Sie, Ihnen u. Sie. 16. Berl. ... 4e verm. Aufl. 807. Matzdorf. 1 Thlr. (Duncker u. H.) Hbg. Pr. 18 gr. 5e verm. Aufl. 8. Ebd. 822. Ebd. 20 gr.

— vollständ. mythol. Wörterbuch, nach den neuesten Forschungen u. Betrachtungen für angehende Künstler, studirende Jünglinge u. gebild. Frauenzimmer. Mit Titelkpf. 8. Berl. 821. Amelang. 1 Thlr. 6 gr.

— Geographische Zusätze und Erläuterungen zum griechischen Wörterbuche. Leipz. 787. 8.

Vollbeding, Jh. Er., s. Volbeding

Vollbehr. Julius Cäsar von Shakespeare. Plön, G. 1863. Progr.

Vollbehr, Eduard

De Oedipi Euripideae fragmentis scripsit Eduard Vollbehr. Glückstadt. 1861. 4°. Gymn.-Progr.

Vollbehr, Ed., s. Hesiodi Opera.

De Oedipi regis Sophocleae oeconomia scenica scripsit Eduard Vollbehr. (Glückstadt. 1856.) 4°. Gymn.-Progr.

Ad M. Tullii Ciceronis oratorem symbolae criticae. Scripsit Eduardus Vollbehr. (Glückstadt. 1864.) 4°. Gymn.-Progr. 18 s.

— s. Terentii Afri Comoediae.

Alt-Ellerbeck (v.) Ernst **Vollbehr**. [Kiel. 1904.] Gr.-Fol.

Vollbehr, Ernst, Deutschlands Kolonien. Deutsch-Südwest-Afrika. (10 farb. Taf. m. 1 Bl. Text.) 33×51 cm. Karlsruhe, (Erbprinzenstr. 10) (910). Kunstdruckerei Künstlerbund. In Mappe 20. —

Skizzen und Gemälde aus den Deutschen Kolonien in Afrika von Maler Ernst **Vollbehr**. [München:] Verf. (um 1908). 40 S. 8°

Skizzen und Gemälde aus den deutschen Kolonien in Afrika von Maler Ernst **Vollbehr**. Privatdr. (Berlin [1910]: Borussia.) 40 S. 8°
[11. 12052 8

Vollberg, Hermann [aus Breslau]: Beiträge zur Kenntnis des meta- und ana-Methylchinolins ... Breslau, Druck v. Grass, Barth & C., 1897; 57 S., 1 Bl. 8.
Freiburg i. B., Phil. Fak., Inaug.-Diss. v. 1897

Vollberg, Walter: Der Lehrkörper (d. Kgl. Gymn. in Neustadt Wpr.) von Michaelis 1882 bis Michaelis 1907 mit kurzer Übersicht über die ersten 25 Jahre. (Neustadt Wpr. 1907: Brandenburg.) 25 S. 4°
Neustadt Wpr., k. G, Festschr. z. Feier d. 25j. Bestehens 1907, OP 1908 (44) [S 08. 501

Vollblut-Gestüt, das herzogl. braunschweigische, zu Harzburg. Hrsg. v. der Red. d. Sporn. gr. 8. (112 S. m. Abbildgn.) Berlin 893. Exped. d. „Sporn" (Reinh. Strauss). n. 2. —

Vollblutsfrage, über die, Ansicht, Kritik und Antikritik mit e. ausführl. Vorwort, herausg. von O. M. einem Freunde ruhig vorschreitender Cultur. 8. Berlin 838. Enslin. (Müller.) 1/2 ₰
103 S.

Vollborn, Alb., die Buchführung f. Vorschuß- u. Kreditvereine, s. a. Handbibliothek f. das deutsche Genossenschaftswesen. II.

Die Buchführung für Vorschuss- und Kreditvereine. Prakt. Anweisung von Albert Vollborn. *Berlin: J. Guttentag 1900.* (VIII, 276 S.) 8° [F.]
= Handbibliothek f. d. Deutsche Genossenschaftswesen. Bd 2.
[w. 6658

— s.: Genossenschafts-Kalender, deutscher.

Vollborn, Egb., der sächs. Armee u. d. Sachsen Theilnahme am deutsch-französ. Kriege d. J. 1870/71, s.: König, Bruno Emil.

Vollborth, Frz., s.: Gasthof-Gehilfen-Kalender.

Vollborth, Frz., neuester fertig englisch sprechender Kellner. Ein reichh. Wörterschatz aller in Gasthöfen u. auf Reisen vorkomm. Ausdrücke m. beigefügter genauer Aussprache u. geeigneten Gesprächen. Offizielles Lehrbuch mehrerer Fachschulen. 5. verb. Aufl. Im Anh.: Eine kurze u. leichtfaßl. Grammatik, Gasthofrechngn., Quittgn., Münztabellen ꝛc. gr. 16. (VIII, 154 S.) Nürnberg (901). F. Korn. n. 1. —

Vollborth, Frz., s. Kellner, neuester fertig französisch sprechender.

Vollborth, Frz., neuester fertig französisch sprechender Kellner, nebst vollständ. Pariser Hôtel-Service [S. 137], enth. eine reiche Wörtersammlung m. Aussprache, Reise- u. Hotelgespräche, kurze Grammatik m. Uebungsstücken. 5., vollständig umgearb. Aufl. nebst Wirths-Rechnungen u. Münz-Tab. 16. (VI, 168 S.) Nürnberg 878. Korn. n. 1. —

— neuester fertig französisch sprechender Kellner, nebst vollständ. Pariser Hôtel-Service, enth. e. reiche Wörtersammlg. m. Aussprache, Reise- u. Hôtelgespräche, kurze Grammatik m. Uebungsstücken. Offic. Lehrbuch d. k. k. österreich., d. k. sächs. u. and. Fachschulen. 7., verb. Aufl., nebst Wirts-Rechngn., Münz-Tabellen u. Briefsteller. 12. (X, 173 S.) Nürnberg 898. F. Korn. n. 1. —

Vollborth, Frz., die Rohproducte der Tafel. Ein Lehr- u. Lesebuch f. Kellner u. Kochlehrlinge. (79 S.) 8. Berlin (907). Mitscher & Röstell. 2. —

Vollbrecht, C., Dissonanzen. Zwei Novellen. [Fräulein Charlotte. — Tante Jutta.] 8. (220 S.) Weimar 887. Würzburg-Schenkenschloß, K. W. Krüger's Verl. n. 2. 50; geb. n. 3. 50

Vollbrecht, C., in Fesseln. Roman. 8. (160 S.) Dresden 894. C. Reißner. n. 2. —; geb. n. 3. —

Vollbrecht, C. (Ottilie Söllner), ein Schatten. — Vom Regiment „Rechten", s.: Goldschmidt's Bibliothek f. Haus u. Reise.

— Schicksal. Roman. 8. (253 S.) Breslau 898. Schles. Buchdruckerei ꝛc. n. 3. —; geb. n. 4. —

Vollbrecht, C. (Frl. Ottilie Söllner), nach dem Sturme. Der Supplent. Novellen. gr. 8. (256 S.) Breslau 902. Schles. Buchdruckerei usw. n. 2. 50; geb. n. 3. 50

Vollbrecht, C. Wolfseck. Roman. 8. (238 S.) Lpz. 892, Reißner. * 4 —

Vollbrecht, F., De antidosi apud Athenienses. Pr. 1846. 11 S. 4°.

Vollbrecht, F., de antidosi apud Athenienses dissertatio. 4. (11 S.) Clausthal 847, Schweiger. n. 1/3 ₰

Vollbrecht, Ferd., Wörterbuch zu Xenophons Anabasis. Für den Schulgebrauch bearb. Leipzig 866. Teubner. gr. 8. (VI, 228 S. mit 70 in den Text gedr. Holzschn., 3 Steintaff. u. mit 1 lith. u. color. Uebersichtskarte in qu. gr. 4.) 18 ngr.

Vollbrecht, Ferd., Wörterbuch zu Xenophons Anabasis. Für den Schulgebrauch bearb. 2. verb. und verm. Aufl. gr. 8. (VI, 237 S. mit 70 in den Text eingedr. Holzschn., 3 lithogr. Taf. und 1 lithogr. und color. Uebersichtskarte in 4.) Leipzig 872, Teubner.

Vollbrecht, Ferd., Wörterbuch zu Xenophons Anabasis. Für den Schulgebrauch bearb. 3. verb. u. verm. Aufl. Mit 75 in den Text eingedr. Holzschn., 3 lith. Taf. (in qu. gr. 4.) u. m. e. lith. Uebersichtskarte (in qu. gr. 4.) gr. 8. (VII, 240 S.) Leipzig 876. Teubner. 1. 80

Vollbrecht, Ferd., Wörterbuch zu Xenophons Anabasis. Für den Schulgebrauch bearb. Mit 75 in den Text eingedr. Holzschn., 3 (lithogr.) Taf. und 1 (lithogr. und color.) Uebersichtskarte. 4. verb. und verm. Aufl. (VIII, 248 S.) 1880; 5. verb. und verm. Aufl. gr. 8. (IV, 251 S.) Leipzig 883, Teubner.

Vollbrecht, Ferd., Wörterbuch zu Xenophons Anabasis. Für den Schulgebrauch bearb. 6. verb. Aufl., besorgt unter Mitwirkg. v. Wilh. Vollbrecht. Mit 78 in den Text eingedr. Holzschn., 3 lith. Taf. u. m. 1 Uebersichtskarte. gr. 8. (IV, 265 S.) Leipzig 886. Teubner. 1. 80

Vollbrecht, Ferd. Wörterbuch zu Xenophons Anabasis. Für den Schulgebrauch bearb. 7. verb. Aufl., besorgt unter Mitwirkg. von Wilh. Vollbrecht. gr. 8. (IV, 265 S. m. 78 Holzschn., 3 lithogr. Taf. u. 1 Karte.) Lpz. 891, Teubner. 1 80

Vollbrecht, Ferd., Wörterbuch zu Xenophons Anabasis. Für d. Schulgebrauch bearb. 8., verb. Aufl., besorgt unt. Mitwirkg. v. Wilh. Vollbrecht. gr. 8. (IV, 263 S. m. 80 Holzschn., 3 lith. Taf. u. 1 Karte.) Leipzig 895. B. G. Teubner. 1. 80

Vollbrecht, Ferd., Wörterbuch zu Xenophons Anabasis. Für den Schulgebrauch bearb. 9. verb. Aufl., besorgt von Wilh. Vollbrecht. Mit 68 Abbildgn. im Texte, 2 Taf. u. e. Übersichtskarte. gr. 8. (IV, 252 S.) Leipzig 899. B. G. Teubner. Geb. in Leinw. n. 2. 20

Vollbrecht, Ferd., Wörterbuch zu Xenophons Anabasis. Für den Schulgebrauch bearb. 10. verb. Aufl., besorgt von Wilh. Vollbrecht. Mit 67 Abbildgn. im Texte, 3 Taf. u. 1 Uebersichtskarte. (IV, 252 S.) gr. 8. Leipzig 905. B. G. Teubner. n. 1. 80; geb. in Leinw. n. 2. 20

Vollbrecht, Hans [pract. Arzt zu Ludwigslust]: Ein Beitrag zur Lehre von der Kochsalzinfusion . . . . Berlin, Buchdr. v. Gustav Schade (Otto Francke) (1887); 42 S. + 1 Bl. 8°
Berlin, Med. Fak., Inaug.-Diss. v. 19. Dez. 1887

Vollbrecht, Hans, im Reiche des Negus Negesti Menelik II. Eine Gesandtschaftsreise nach Abessinien. (VI, 239 S. m. 29 Abbildgn u. 1 Karte.) gr. 8. Stuttgart (906). Union. n. 5. —; geb. in Leinw. n. 6. —

Vollbrecht, Heinr., über Tribromamido- u. Tribrombenzoësäure u. zwei Sulfibenzoësäuren. Inaugural-Dissertation. gr. 8. (32 S.) Göttingen 877. (Vandenhoeck & Ruprecht.) n. — 60

Vollbrecht, J. A. F. Die Gedenkfeier des 25. Oktober 1878. (J. H. Voss.) 14 S. **Progr.** *Otterndorf* 1879.

Vollbrecht, Jo. Christoph (Goslar) A. S. 57/9

Dissertatio inauguralis. Differentiae iuris feudalis communis atque Porussici.
Präs. Johann Peter Ludewig.
Halle (Zeitler) 29. V. 1716. 46 S.

W. v.: Jo. Michael Heineccius. 35438

Vollbrecht, Richard, appr. Arzt a. Stolp in Pommern: Ueber jugendliche Arteriosklerose bis zum 36. Lebensjahre. Leipzig (1907): A. Edelmann. (34 S.) 8°
Leipzig, Med. Fak., Ref. Hoffmann, Diss. v. 31. Juli 1907
[Geb. 16. Dez. 72 Stolp; Wohnort: Leipzig; Staatsangeh.: Preußen; Vorbildung: Gymn. Belgard Reife O. 95; Studium: Greifswald 2, Berlin 6, Kiel 2 S.; Coll. 7. Aug. 07; Approb. 7. Juni 02.]

Vollbrecht, W., üb. das Färben der Strangseide. Aus den nachgelassenen Papieren. gr. 8. (26 S. m. 2 Taf. Muster.) München 890. Verlag der „Deutschen Färberzeitg." n. 6. --

— die Kleiderfärberei in ihrem ganzen Umfange. Hierzu e. Musterkarte in elegantester Ausstattg., nach den Vorschriften übersichtlich geordnet. gr. 8. (VI, 46 S.) Ebd. 889. n. 3. —; Musterkarte n. 6. --

— die Wäscherei in ihrem ganzen Umfange. 3., verb. Aufl. d. „Chemisch- u. Nasswäscher" von J. C. H. Geyer u. Carl Benedictus. Nach den neuesten Erfahrgn. auf dem Gebiete der chem. und Nasswäscherei vollständig umgearb. Mit mehreren Holzschn. gr. 8. (V, 35 S.) München 889. Verlag der „Deutschen Färberzeitg." n. 2. —

Vollbrecht, Wilh., Auswahl aus Livius XXI—XXX, f. den Schulgebrauch bearb. gr. 8. (VIII, 211 S.) Leipzig 893. O. R. Reisland. n. 1. 60

Vollbrecht, Guilelm., de Xenophontis Hellenicis in epitomen non coactis. Dissertatio. 4. (47 S.) Hannover 874. (Leipzig, Teubner.) n. 1. 60

Vollbrecht, Wilhelm, Prof. Dr.: Über eine neue **Hypothese** inbetreff der Herausgabe der Dichtungen des Horaz. *Altona (1902): P. Meyer.* (S. 3—19.) 4°
Altona, k. Christianeum, OP 1902 (306)

Vollbrecht, Wilh., über e. neue Hypothese inbetreff der Herausgabe der Dichtgn. des Horaz. Progr. gr. 4. (19 S.) Altona 902. (Leipzig, Buchh. G. Fock.) n. 1. —

Vollbrecht, Wilh., griechisches Lesebuch f. Untertertia, aus Xenophons Kyropädie u. Hellenika zusammengestellt u. bearb. Nebst e. Wörterverzeichnis u. e. grammatikalisch geordneten Vokabularium. gr. 8. (VI, 138 S.) Leipzig 883. Teubner. n. 1. 20

Vollbrecht, Wilh., Livius XXI—XXX. Auswahl, f. den Schulgebrauch bearb. 2., verb. u. verm. Aufl. gr. 8. (VIII, 237 S.) Leipzig 897. O. R. Reisland. Geb. n. 2. —

— **Mäcenas, s. a. Gymnasial-Bibliothek. 34.**

Mäcenas. Von Dr. Wilhelm **Vollbrecht**, Prof. in Altona. *Gütersloh: C. Bertelsmann 1901.* (59 S.) 8° [F.]
= **Gymnasial-Bibliothek.** H. 34. [01. 11776

— **das Säkularfest d. Augustus, s. a. Gymnasial-Biblioth.**

Das Säkularfest des Augustus. Von Dr. Wilhelm **Vollbrecht**, Prof. zu Altona. Mit 1 Abb. *Gütersloh: C. Bertelsmann 1900.* (45 S.) 8° [F.]
= **Gymnasial-Bibliothek.** H. 33. [00. 8354

Vollbrecht, Wilh. (I.). Griechische Schulgrammatik. gr. 8. (XVIII, 267 S.) Lpz. 892, Reisland. * 2 20

— Übungsstücke zum Übersetzen in d. Lateinische im Anschluss an ausgewählte Abschnitte aus Livius XXIII—XXX. gr. 8. (VII, 91 S.) Glogau (900). C. Flemming. Kart. n. 1. 80

Vollbrecht, Wilhelm: Über den Wert von Xenophons Anabasis als Geschichtsquelle. S. 55—72. 8.
In: Festschrift der 48. Versammlung deutscher Philologen u. Schulmänner in Hamburg dargebracht v. d. Lehrerkollegium des Kgl. Christianeums *Altona* 1905 (zu 1906, 340).
Progr

— Zur Würdigung u. Erklärung von Xenophons Anabasis. Pr. 1880. 34 S. 4°.

„Volldampf". Deutsche Monatsschrift f. Handel u. Industrie. Fachzeitg. f. d. Textil-Industrie u. f. die sämmtl. Bekleidungs- u. Putzbranchen. Orig.-Berichte üb. d. Mode, deren voraussichtl. Entwicklg. u. den Einfluss derselben auf alle v. ihr abhäng. Industriezweige. Chef-Red.: E. Valentin-Guskow, unter Mitwirkg. erster Fach-Autoritäten d. In- u. Auslandes. III. u. IV. Jahrg. 1895—1896. à 12 Nrn. (à ca 2 Bog.) gr. 4. Leipzig, E. Wartig's Verlag. à Jahrg. n. 6. --
Vorh. u. d. T.: Deutsche Monatsschrift für Handel und Industrie.

— dasselbe. Export-Journal f. Weltmarkt u. Welthandel. Mittheilgn. über Maschinenbau, Motore, chem. Technologie, Elektrotechnik, Beleuchtg., Spinnerei, Weberei, Färberei, Druckerei, Appretur. Chef-Red.: E. Volkening. 5. u. 6. Jahrg. 1897 u. 1898. 12 Nrn. (à ca. 40 S.) gr. 4. Ebd. à Jahrg. n. 8. —; einz. Nr. n. 1. —

„Volldampf". Deutsche Monatsschrift f. Handel u. Industrie. Export-Journal f. Weltmarkt u. Welthandel. Chef-Red.: E. Volkening. 7. Jahrg. 1899. 12 Nrn. gr. 4. (à ca. 36 S.) Leipzig [E. Wartig's Verl.] Charlottenburg, J. Volkening. n. 8. —

— Zeitschrift f. Handel u. Industrie, Weltmarkt u. Welthandel. Hrsg.: E. Volkening. 8.—10. Jahrg. 1900—1902. à 24 Nrn. Fol. (à ca. 32 S. m. Abbildgn.) Berlin-Charlottenburg, J. Volkening. à Jahrg. 10. —
Jahrg. 8 u. ein Tl. v. Jahrg. 9 erschienen noch in Leipzig.

„Volldampf". Zeitschrift f. Handel u. Industrie, Weltmarkt u. Welthandel. Hrsg.: E. Volkening. 11. Jahrg. 1903. 24 Nrn. (à ca. 24 S. m. Abbildgn.) Fol. Berlin, Volldampf-Verlag. n. 10. —
Erscheint nicht mehr. — Firma erloschen.

— voraus!" Deutschlands Handelsflotte u. Schiffsbau in Wort u. Bild. Unt. Beiträgen v. Neumayer, Goedel, Sartori u. A. hrsg. v. G. Lehmann-Felskowski. Mit 10 Kunstbeilagen u. zahlr. Illustr. im Text nach Gemälden u. Aquarellen v. H. Bohrdt u. Willy Stöwer, sow. nach photograph. Aufnahmen. Imp.-4. (VIII, 212 S.) Berlin 898. R. Boll. Geb. in Leinw. n. 10. —

Vollenbruck, August [aus Meiderich, Preussen]: Ueber Fluorindine der Naphtalinreihe. Basel 1904. 48 S. 8°.
Basel. Phil. Diss. 1903/1904.

Vollenbruck, August. Ueber Fluorindine der Naphtalinreihe. Diss. Phil. Basel. 48 S. 8. Basel, Gasser & Cie, 1904.

Vollendung, Die frühe, und Erinnerungen aus dem Leben des ... Wenzeslaus Grafen von Purgstall ... Grätz 1817. V: *Kreil, Benno.* (Scriptores ord. s. Benedicti. Vindob. 1881.)

Vollendung, die, d. göttlichen Geheimnisses, dargelegt in e. kurzgefaßten Auslegung der Offenbarung Johannis. Aus dem Nachlasse e. verstorbenen Geistlichen. 8. (143 S.) Basel 885. (Spittler.) n. 1. 20

Zur Vollendung der 5000sten Lokomotive u. d. ersten 50 Jahre des Lokomotivbaues in der Fabrik von Henschel & Sohn. — Cassel 1899. 88 S., 1 Bl., 11 Taf. quer-8° 1.

Vollendung, Die nothwendige, der geistlichen Reinigung und Heiligung entweder bey Leibes Leben oder nach dem Tode. O. O. 1704. V: *Schermer, Johann.* (Myl)

Zur Vollendung des 100 000. Webstuhles der Sächsischen Webstuhlfabrik (Louis Schönherr), Chemnitz. Juni 1908. [Mit Abb.] (Berlin 1908: Eckstein.) 48 S. quer-8°

Vollenhofen, Johan. Kreuztriumph oder besungener Sieg des gekreuzigten Erlösers. A. d. Holl. ... Amsterdam 1748. Ü: *Cuno, Joh. Chn.* (JL)

Vollenhoven, H., Emendationes aliquot locorum orationis Tullianae pro M. Caelio Rufo. Acced. variae lect. IV. cod. Leidensium et Ioh. Bakii in eamdem orationem emendationes. 8maj. (7 1/4 B.) Lugduni-Bat. 839, Hazenberg et Soc. (Lipsiae, T. O. Weigel.) *
Vgl. Vollenhoven J. U. D. H.

Vollenhoven, Hendrik van Beeck, aus Hilversum (Holland): Zur Kenntniss des Suberons. *Göttingen 1902: L. Hofer.* (82 S.) 8°
Göttingen, Phil. Diss. v. [25. Juni] 1902

Vollenhoven, Hendrick van Beeck, zur Kenntniss des Suberons. Diss. gr. 8. (82 S.) Göttingen 902. (Vandenhoeck & Ruprecht.) n. 2.—

Vollenhoven, J. U. D. H., Emendatt. aliquot locorum Orationis Tullianae pro M. Caelio Rufo. Acced. variae lect. IV codd. Leidensium et Joh. Bakii in eamdem orationem emendatt. 8maj. Lugduni-Batav. 839. Hazenberg et soc. (Lipsiae, T. O. Weigel.) n. 5/6 ℳ
Vgl. Vollenhoven, H.

Vollenweider, Carl, s. Vollenweider, Karl

Vollenweider, Hans Moritz

Vollenweider, H. M., aus Zürich: Beitrag zur Theorie der juristischen Person, insbesondere ihrer inneren Struktur. Dogmatischer Versuch. Männedorf 1908. 87 S. 8°. [24. VI. 08.]
Zürich. Staatswiss. Diss. 1907/08.

Vollenweider, H[ans] M[oritz]. Beitrag zur Theorie der juristischen Person, insbesondere ihrer innern Struktur. Dogmatischer Versuch. Diss. Jur. Univ. Zürich. 87 S. 8. Männedorf, E. Meyer, 1908.

Vollenweider, Karl

Vollenweider, C., Ueber eine Minimalfläche. Burgdorf 1884.
Progr.

— Jahresbericht über das Gymnasium in Burgdorf am Schlusse des Schuljahres 1883/84. Beigabe: Ueber eine Minimalfläche, von Carl Vollenweider. In-8°, 36 u. 35 S. Burgdorf, Buchdr. C. Langlois. 1884.

Vollenweider, Otto, aus Zürich: Die Schweiz. Kulturkampfperiode. Ein Stück Geschichte aus der schweiz. „Innern Politik". Männedorf 1909. 96 S. 8°. [14. IV. 09.]
Zürich Staatswiss. Diss. 1908/09

Vollenweider, Otto. Die Schweiz. Kulturkampfperiode. Ein Stück Geschichte aus der schweiz. «Innern Politik.» Diss. Jur. Univ. Zürich. 96 S. 8. Männedorf, E. Meyer, 1909.

Vollenweider, Wilhelm [von Zürich]: Die Zwangsliquidation der Eisenbahnen. (Art. 30, Ziff. 1 des Bundesgesetzes über Schuldbetreibung und Konkurs vom 11. April 1889). Zürich 1901. 141 S. 8°.
Zürich. Jur. Diss. 1900/1901.

Vollenweider, Wilh., die Zwangsliquidation der Eisenbahnen. (Art. 30, Ziff. 1 des Bundesgesetzes über Schuldbetreibg. u. Konkurs vom 11. IV. 1889.) gr. 8. (141 S.) Zürich 901. Schulthess & Co. n. 2. 40

Voller, Aug., Ueber die Anwendung von Dispersionslinsen bei photometr. Messungen, s. Abhandlungen aus dem Gebiete der Naturwissenschaften.

Voller, Aug. Baugeschichte und Beschreibung des neuen Schulhauses. 16 S. und 3 Taf. **Progr.** Joh. Rg. *Hamburg* 1877.

Voller, Aug., die Entwickelung der naturwissenschaftlichen Erkenntniß und die gegenwärtige Stellung der Naturwissenschaften. Zwei Vorträge, gehalten im allgemeinen Bildungsverein zu Elberfeld. 8. (62 S.) Elberfeld 876, Faßbender's Buchh.

Voller, Aug., üb. e. neue Form d. Differentialgalvanometers u. üb. die direkte Messung d. elektrischen Leitungs-Widerstandes glühender Kohlenfäden. gr. 4. (12 S. m. 1 Taf.) Hamburg 884. (Nolte.) n.n. 1. 50

Voller, A., Grundlagen u. Methoden der elektrischen Wellentelegraphie (sogen. drahtlosen Telegraphie). Vortrag, geh. vor der 74. Versammlg. deutscher Naturforscher u. Aerzte in Karlsbad am 22. IX. 1902. Erweiterter Abdr. m. 17 Fig. im Text. (52 S.) gr. 8. Hamburg 903. L. Voss. n. 1. 80

Voller, Aug., die Grundlehren der Electricität m. besond. Rücksicht auf die Praxis der electrischen Beleuchtung. Nach Vorträgen f. Mitglieder der Hamburger u. Altonaer Klempner-Inng. u. des Club „Laterne". Bearb. v. H. Benrath. Neuer unveränd. Abdr. der Ausg. 1888 m. Zusätzen. 8. (V, 95 u. 4 S.) Hamburg 893. Boysen & Maasch. Kart. n. 1. 25

— **das Grundwasser in Hamburg.** Mit Berücksicht. der Luftfeuchtigkeit, der Niederschlagsmengen u. der Flusswasserstände, der Luft u. Wassertemperaturen, sowie der Bodenbeschaffenheit, dargestellt. 1. u. 2. Hft. Hamburg, (L. Gräfe & Sillem). n. 7. 50
1. Beobachtgn. der Periode 1880—1892 u. weitere Beobachtgn. der J. 1891 u. 1892. (Beiheft zum Jahrbuch der Hamburg. wissenschaftl. Anstalten. X. 1892.) gr. 4. (18 S. m. Abbildgn., 1 Karte u. 7 graph. Taf.) 893. n. 5. —
2. Beobachtgn. des J. 1893. (Beiheft zum Jahrbuch der Hamburg. wissenschaftl. Anstalten. XI. 1893.) Imp.-4. (8 S. m. 3 Taf.) 894. n. 2. 50

Voller, A., das Grundwasser in Hamburg. Mit Berücksicht. d. Luftfeuchtigkeit, d. Niederschlagsmengen u. d. Flusswasserstände, d. Luft- u. Wassertemperaturen, sowie d. Bodenbeschaffenheit, dargest. 3.—6. Hft. Imp.-4. Hamburg (L. Gräfe & Sillem). n. 16. — (1.—6.: n. 23. 50)

3. Enth. Beobachtgn. aus d. J. 1893 u. 1894. [Beiheft zum Jahrbuch d. hamburg. wissenschaftl. Anstalten. XII. 1894.] (9 S. m. 9 Taf.) 895. n. 5. —
4. Enth. Beobachtgn. aus d. J. 1895. [Beiheft z. Jahrbuch der hamburg. wissenschaftl. Anstalten. XIII. 1895.] (6 S. m. 6 Taf.) 896. n. 4. —
5. Enth. Beobachtgn. aus d. J. 1896. [1. Beiheft z. Jahrbuch d. hamburg. wissenschaftl. Anstalten. XIV. 1896.] (6 S. m. 5 Taf.) 897. n. 3. 50
6. Enth. Beobachtgn. aus d. J. 1897. [1. Beiheft zum Jahrbuch d. hamburg. wissenschaftl. Anstalten. XV. 1897.] (6 S. m. 5 Taf.) 898. n. 3. 50

Voller, A., das Grundwasser in Hamburg. Mit Berücksicht. der Luftfeuchtigkeit, der Niederschlagsmengen u. der Flusswasserstände, der Luft- u. Wassertemperaturen, sowie der Bodenbeschaffenheit dargestellt. 7.—9. Hft. Imp.-4. Hamburg (L. Gräfe & Sillem). à n. 3. 50

7. Enth. Beobachtungen aus dem J. 1898. [1. Beiheft zum Jahrbuch der hamburg. wissenschaftl. Anstalten. XVI. 1898.] (6 S. m. 5 Taf.) 899.
8. Enth. Beobachtungen aus dem J. 1899. [1. Beiheft zum Jahrbuch der hamburg. wissenschaftl. Anstalten. XVII. 1899.] (6 S. m. 5 Taf.) 900.
9. Enth. Beobachtungen aus dem J. 1900. [1. Beiheft zum Jahrbuch der hamburg. wissenschaftl. Anstalten. XVIII. 1900.] (6 S. m. 5 Taf.) 901.

— das Grundwasser in Hamburg. Mit Berücksicht. der Luftfeuchtigkeit, der Niederschlagsmengen u. der Flusswasserstände, der Luft- u. Wassertemperaturen, sowie der Bodenbeschaffenheit dargestellt. Imp.-4. Hamburg (L. Gräfe & Sillem). n. 15. 50

10. Enth. Beobachtgn. aus dem J. 1901. [1. Beiheft zum Jahrbuch der hamburg. wissenschaftl. Anstalten. XIX. 1901.] (6 S. m. 5 Taf.) 902. n. 3. 50
11. Enth. Beobachtgn. aus dem J. 1902. [1. Beiheft zum Jahrbuch der hamburg. wissenschaftl. Anstalten. XX. 1902.] (7 S. m. 4 Taf.) 903. n. 3. —
12. Enth. Beobachtgn. aus dem J. 1903. [1. Beiheft zum Jahrbuch der hamburg. wissenschaftl. Anstalten. XXI. 1903.] (6 S. m. 4 Taf.) 904. n. 3. —
13. Enth. Beobachtgn. aus dem J. 1904. [1. Beiheft zum Jahrbuch der hamburg. wissenschaftl. Anstalten. XXII. 1904.] (7 S. m. 4 Taf.) 905. n. 3. —
14. Enth. Beobachtgn. aus dem J. 1905. [1. Beiheft zum Jahrbuch der hamburg. wissenschaftl. Anstalten. XXIII. 1905.] (7 S. m. 4 Taf.) 906. n. 3. —

Voller, A., das Grundwasser in Hamburg. Mit Berücksicht. der Luftfeuchtigkeit, der Lufttemperatur, der Niederschlagsmessungen u. der Flusswasserstände dargestellt. 15.—18. Heft, enth. Beobachtgn. aus d. J. 1906—1909. (1. Beiheft zum Jahrbuch der hamburg. wissenschaftl. Anstalten. XXIV—XXVII. 1906—1909.) (7 S. m. 4 Taf.; 7 S. m. 4 Taf.; 7 S. m. 4 Taf. u. 7 S. m. 3 Taf.) 34×26 cm. Hamburg 907—10. L. Gräfe & Sillem. à Heft 3. —

Voller, Aug., über Luftwechsel u. Beschaffenheit der Luft in den ventilirten Räumen der Realschule des Johanneums. 2 Hälften. 4. (38 u. 26 S.) Hamburg 878. 80. (Nolte.) à n.n. 1. 50

Voller, A., über die Messung hoher Potentiale mit einem Quadrant-Elektrometer. gr. 4. (26 S. mit 1 Taf.) Hamburg 887, Friederichsen und Comp. *
Aus: Abhandlungen aus dem Gebiete der Naturwissenschaften, Bd. 10, besonders abgedruckt.

— Mittheilungen über ein. im physikal. Staats-Laboratorium ausgef. Versuche m. Röntgenstrahlen. [Aus: „Jahrb. d. Hamburg. wissenschaftl. Anstalten".] Lex.-8. (17 S. m. 7 Lichtdr.-Taf.) Ebd. 896. n. 3. —

— photograph. Registrirung v. Störungen magnet. u. elektr. Messinstrumente durch elektr. Strassenbahnströme, u. deren Verhütg. [Aus: „Jahrb. d. Hamburg. wissenschaftl. Anstalten".] Lex.-8. (13 S. m. 1 Planskizze u. 2 Curventaf.) Ebd. 895. n. 1. 50

— Versuche üb. die Schutzwirkg. v. Holzleisten u. Stanniol-Sichergn. gegen den Eintritt hochgespannter Ströme in Schwachstrom-Leitgn. bei Berührung m. elektrischen Strassenbahn-Leitgn. [Aus: „Jahrb. d. Hamburg. wissenschaftl. Anstalten".] Lex.-8. (12 S.) Ebd. 895. n. 1. —

Voller, Friedrich: Über eine neue Methode zur direkten Bestimmung der spezifischen Wärme der Gase bei konstantem Volumen. [Hamburg] (1908: Lütcke & Wulff.) 29 S. 8°

Berlin, Phil. Diss. v. 9. Okt. 1908, Ref. Nernst

[Geb. 25. Mai 85 Hamburg; Wohnort: Berlin; Staatsangeh.: Hamburg; Vorbildung: Realgymn. d. Johanneums Hamburg Reife M. 03; Studium: Marburg 3, Straßburg 3, Berlin 2 S.; Rig. 20. Juli 08.] [U 09. 294

Voller, F., über e. neue Methode zur direkten Bestimmg. der spezifischen Wärme der Gase bei konstantem Volumen. (Diss.) (S. 65—87 m. 8 Abb.) Lex. 8. Ebd. 908. 1. —
Sonderabdr. aus: „Mittlgn. a. d. physikal. Staatslaborat."

Völler, Frz. Jos., s.: Natur u. Kultur.

Völler, Wilhelm [Oberl.]: Über den Zusammenhang der physikalischen Eigenschaften der Krystalle mit ihrer Krystallform. Cassel, Druck v. Lorenz, 1892; 23 S. 4.
Cassel, st. RG, OP 1892 (401)

Völlerndorff, Otto v. Die Papiergeld-Crisis und die Papiere auf jeden Inhaber nebst ihrem Eintrage in die Hypothekenbücher. Ein rechtl. Gutachten. gr. 8°. München, Kaiser, 1856.

Vollers, A. H. R.

— Anweisung für Vormünder, Nebenvormünder, Curatoren 2c. 8. Ebd. 811. 6 gr

Vollers, A. H. R., faßl. Darstellung d. sämmtl. Pflichten d. Maires, des Maireadjoints u. des Municipalraths 2c. 8. Oldenb. 811. Schulze. 18 gr

Vollers, B., die Bestimmg. d. Normalprofile eiserner I Träger f. gleichförmig u. ungleichförmig verteilte Belastgn. u. die d. Querschnittes v. Säulen mittels logarithmograph. Tabellen. gr. 8. (17 S. m. 3 graph. Taf. in gr. 4.) Gotha 896. C. Glaeser. In Mappe n. 3. —

VOLLERS, Eugen (Oettingen): Ein Fall von Pseudoleukämie mit Komplikationen. (Titel nach der Urkunde) 12.3.1895 – Urk; Chr 1894/95,21
Diss. Ingolst.-Landsh.-Mchn.

Vollers, Georg

Vollers, G., Anleitung zur Kerbschnitzerei. 12. (16 S. m. 1 Bl. Vorlagen.) Hamburg 890. Kloss. — 40

Vollers, G., Anleitung zur Kerbschnitzerei. 2. Aufl. 8. (16 S. m. 4 Fig.) Hamburg 895. C. Kloss. — 40

—— Kerbschnitt-Vorlagen der Hamburg-Hohenfelder Schülerwerkstatt. Entworfen u. systematisch geordnet. 1.—3. Aufl. (14 lithogr. Bl.) Fol. Ebd. 889—91. * 2 50

—— desgl. — Neue Folge. 12 Blatt, nebst e. Lichtdr.-Beilage, für Geübtere. Fol. Ebd. 891. * 2 50

— Kerbschnitt-Vorlagen der Hamburg-Hohenfelder Schülerwerkstatt. 3. Folge. Für Geübtere. Fol. (14 Taf.) Ebd. 895. n. 2. 50

Vollers, Geo., Schulbauprogr., s.: Meyer, H. Th. Matth.

Vollers, K., s. Vollers, Karl

Vollers, K. A., s. Vollers, Karl

Vollers, K(arl), Lic. theol.: Das Dodekapropheton der Alexandriner. Halle 1882: (Itzkowski in Berlin). 31 S. 8°
Halle-Wittenberg, Phil. Diss. v. [6. Apr. 1883]
Geb. Hooksiel (Amt Jever) 19. 3. 1857. V.
[Nebent.:] Einleitung in das Dodekapropheton der Alexandriner. Das gesonderte Ersch. des zugehörigen Kommentars unterblieb.

Vollers, K. A., das Dodekapropheton der Alexandriner. 1. Hälfte: Naûm, Ambakûm, Sophonias, Angaios, Zacharias, Malachias. gr. 8. (IV, 80 S.) Berlin 880. Mayer & Müller. n. 1. 50

Vollers, K., Fragmente aus dem Muġrib des Ibn Sa'îd. Bericht üb. die Handschrift u. das Leben des Ahmed ibn Ṭûlûn v. Ibn Sa'îd nach Ibn ed-Dâjâ, s.: Studien, semitistische.

Vollers, K., Katalog der islam., christl.-oriental., jüd. u. samaritan. Handschriften der Universitäts-Bibliothek zu Leipzig, s.a. Katalog der Handschriften der Universitäts-Bibliothek zu Leipzig.

Katalog der islamischen, christlich-orientalischen, jüdischen und samaritanischen Handschriften der Universitäts-Bibliothek zu Leipzig von K[arl] Vollers. Mit e. Beitrag von J(ohannes) Leipoldt. Leipzig: O. Harrassowitz 1906. (XI, 508 S.) 8°
= Katalog d. Handschriften d. Universitäts-Bibliothek zu Leipzig. 2. [16.10716]

— Lehrbuch der ägypto-arabischen Umgangssprache, m. Übungen u. e. Glossar. 8. (XI, 231 S.) Kairo 890. (Leipzig, K. F. Köhler's Antiquarium.) n. 6. —; geb. n.n. 6. 50

— s.: Mutalammis, des, Gedichte.

— Volkssprache u. Schriftsprache im alten Arabien. (VIII, 227 S.) gr. 8. Strassburg 906. K. J. Trübner. n. 9. —

Vollers, Karl, die Weltreligionen in ihrem geschichtlichen Zusammenhange. (IV, 199 S.) 8. Jena 907. E. Diederichs. 3.—; geb. 4. —

Vollers', R., „D"-Code. Vollständiger Depeschenschlüssel f. Handel u. Verkehr. (81 S.) kl. 8. Hamburg 907. (L. Friederichsen & Co.) Kart. 10. —

— 9 Figure-System. 1000 millions of pronounceable all of 10 letters in strict accordance with the decisions of the London telegraph conference of 1903. (1 Bl. auf Leinw.) 42><59 cm. Ebd. (907). In Leinw.-Decke 40. —

— 10 Figure-System compiled with the 2 letters minimum difference. (Mit Text in deutscher, engl., französ. u. span. Sprache.) (69 S. u. 1 Bl. auf Leinw.) 8. Ebd. 907. Geb. in Leinw. 50. —

— 12 figure-system. 1,000,000,000,000 pronounceable all of 10 letters in strict accordance with the decisions of the London telegraph conference of 1903. (In engl., deutscher, französ. u. span. Sprache.) (20 S.) 38><15,5 cm. Ebd. 907. Geb. in Leinw. 40. —

Vollert, Ant., die Domainenfrage im Großherzogthume Sachsen-Weimar-Eisenach. Weimar 854. Böhlau. gr. 8. (47 S.) n. 6 ngr.

— die Entstehung und die rechtliche Natur des Kammervermögens in Deutschland überhaupt und in den Sachsen-Ernestinischen Landen insbesondere. Jena 857. Frommann. gr. 8. (V, 72 S.) n. 10 ngr.

— der revidirte Entwurf eines Strafgesetzbuches für den norddeutschen Bund besprochen. gr. 8. (80 S.) Jena 870, Fr. Frommann. *

Vollert, A., die Erhebung Deutschlands gegen den Kaiser Napoleon. Ein Vortrag zur Erinnerung an die 50jähr. Jubelfeier. gr. 8. (26 S.) Jena 863, Fr. Frommann.

Vollert, A., Gutachten d. Appellationsgerichts zu Eisenach üb. den Entwurf e. deutschen Strafprozeßordnung. Schwurgericht od. Schöffengericht. [5. Beilageheft zu den Blättern f. Rechtspflege in Thüringen u. Anhalt.] gr. 8. (64 S.) Jena 873. F. Fromann. 1. 50

VOLLERT, A., Die Hexen und Hexenprocesse. Criminal-historische Skizze. (Leipzig 1871.) Gr. 8°. 20 S. (Ausschnitt, 2 Hefte.) (80 Pfg., B. Seligsberg. 1911.)

— J. Chr. Hotzel, Oberappellationsgerichtsrath und Doctor der Rechte in Jena. Ein Nekrolog. gr. 8. (30 S.) Jena 866, (Fr. Frommann.) *

— die französischen Institute im neuen deutschen Strafproceß. 1. Heft: Das Geschwornengericht. Ebend. 860. gr. 8. (VIII, 92 S.) 15 ngr.

Vollert, A., die interessantesten Criminalgeschichten, s. Criminalgeschichten.

— Kritik des Entwurfes eines Strafgesetzbuches für den norddeutschen Bund. [Aus den Blättern für Rechtspflege in Thüringen u. Anhalt.] Ebend. 870. gr. 8. (68 S.) n. 12 ngr.

Vollert, A., s. Pitaval, der neue.

— der Proceß wegen betrüglicher Anfertigung Schiller'scher Handschriften gegen den Architekten und Geometer Geo. Heinr. Karl Jakob Victor v. Gerstenbergk zu Weimar. (Beilageheft der Blätter für Rechtspflege in Thüringen und Anhalt.) Jena 856. Frommann. gr. 8. (42 S.) 10 ngr.

— Statistik der Rechtspflege in den J. 1863—66 für das Großherzogth. Sachsen-Weimar rc., s. Statistik.

— dass. — im J. 1868 und 1869, s. Statistik.

— s.: Statistik der Rechtspflege im J. 1869 f. Sachsen-Weimar.

— Statistik der Rechtspflege in den J. 1870—1873 für das Großherzogth. Sachsen-Weimar, das Herzogth. Sachsen-Coburg-Gotha, die Fürstenth. Schwarzburg-Rudolstadt, Schwarzburg-Sondershausen, Reuß ä. L., Reuß j. L. und die Herzogth. Sachsen-Meiningen-Hildburghausen, Sachsen-Altenburg und Anhalt, sowie die General-Geschäftstabellen des Gesammt-Oberappellationsgerichts zu Jena. gr. 8. (136; 124; 112; 119 S.) Ebendas. à Jahrg. *

Vollert, A., Statistik der Rechtspflege im Jahre 1875 für das Großherzogthum Sachsen-Weimar, das Herzogthum Sachsen-Coburg-Gotha, die Fürstenthümer Schwarzburg-Rudolstadt, Schwarzburg-Sondershausen, Reuß ä. L., Reuß j. L. u. die Herzogthümer Sachsen-Altenburg u. Anhalt, sowie die General-Geschäftstabelle des Gesammt-Oberapp.-Gerichts zu Jena. gr. 8. (124 S.) Jena 876. F. Frommann. 3. —

— dasselbe, im Jahre 1876. gr. 8. (126 S.) Ebend. 877. 3. —

— dasselbe, im Jahre 1877. gr. 8. (128 S.) Ebend. 878. n. 3. —

— dasselbe, im Jahre 1878. gr. 8. (129 S.) Ebend. 879. n. 3. —

Vollert, Burk., († d. 19. Juni 1808.), s. 1) Chr. Herzog, Versuch. 2) L. St. Rondet, Versuch. 3) le Maistre *de Sacy*, Erklärung d. heil. Schrift.

Vollert, Chr. W., die Geschichte meiner Enturlaubung. Ein Beitrag zur Frage von der christlichen Freiheit. Urkundlich mitgetheilt. Leipzig 862. Bredt. gr. 8. (IV, 116 S.) n. 10 *ngr.*

Vollert, Chr. W., s. Luther's, Dr. Mart., Lehren vom Schlüssel-Amt.

Vollert, C. W., Willst Du reich werden? Eine gekrönte Preisschrift. Herausg. von dem Bremer Verein zur Verbreitung kleiner christlichen Schriften. Bremen 858. Valett u. Co. gr. 8. (84 S.) n. 7½ *ngr.*

Vollert, Ernst, die Bestellanstalt f. den Berliner Buchhandel. Ein Beitrag zur Geschichte der Korporation der Berliner Buchhändler. Festschrift zur Einweihg. des Berliner Buchhändlerhauses. gr. 8. (62 S.) Berlin 893. Korporation der Berliner Buchhändler. n. 1. —

Vollert, Ernst, die Korporation der Berliner Buchhändler. Festschrift zur Feier ihres 50jähr. Bestehens am 1. XI. 1898. gr. 8. (VII, 200 S. m. 1 Bildnistaf.) Berlin 898. Korporation der Berliner Buchhändler. n. 3. —; geb. in Halbfrz. n. 5. —

Vollert, Frdr. Herm., Sammlung der kirchlichen Gesetze u. Verordnungen im Großherzogthum Sachsen-Weimar-Eisenach seit dem Jahre 1848. Dazu im Anh.: Gesetze u. Verordnungen des Reichs, kirchliche Verhältnisse betr. Auf Veranlassung des großherzogl. Staatsministeriums, Departement des Kultus hrsg. gr. 8. (XXI, 452 S.) Weimar 880. Böhlau. n.n. 7. 50

Vollert, Friedrich Wilhelm, s. Vollert, Wilhelm

Vollert, H. Lieder u. Sagen. 12. (59 S.) Garding 890, (Lühr u. Dircks.) * 1 20; cart. * 1 60

Vollert, Joh. Adnotationes criticae ad Isaei orationes I. II. III. S. 5—18. Progr. *Schleiz* 1885.

Über Homer als Dichter des epischen Cyklus und die angeblichen Homeridenschulen des Altertums. 24 S. *Jauer* 1884.
Progr.

Vollert, Johannes: Bemerkungen zum Nationalitätsgedanken. 8 (S. 57—75).
Begrüßungsschrift f. d. deutsche Philologen-Versammlung Bremen Progr. Rg. *Vegesack* 1899.
Nicht im Tauschverkehr.

Vollert, Johannes [prakt. Arzt, Assistent d. Augenklinik zu Strassburg]: Ueber Durchbohrung der Darmscheide bei Invaginationen .... Strassburg, Druck v. M. DuMont-Schauberg, 1887; 34 S. 8°.
Strassburg, Med. Fak., Inaug.-Diss. v. 1887.

Vollert, Johannes, über Durchbohrung der Darmscheide bei Invaginationen. Diss. Strassburg i. Els. 1887, Trübners Buchh. u. Antiqu. (E. d'Oleire). 8°. 34 S.

Vollert, Johs., Leitfaden f. das Gerätturnen an höheren Schulen. 16. (VIII, 60 S.) Halle 893. Buchh. d. Waisenhauses. Kart. n. — 60

Vollert, Johs. Periostitis albuminosa, s. Sammlung klinischer Vorträge.

Vollert, Kurt, a. Krojanke Westpr., Referendar am Kgl. Landgericht in Konitz: Sind in Preußen Kirchendiener Staatsbeamte? Dessau 1908: Anhaltische Buchdr. Gutenberg. (VIII, 70 S.) 8° [F.]
Erlangen, Jur. Fak., Ref. Sehling, Diss. v. 20. Juni 1908
[Geb. 10. Febr. 83 Krojanke; Wohnort: Konitz; Staatsangeh.: Preußen; Vorbildung: Gymn. Konitz Reife O. 02; Studium: München 1, Berlin 2, Königsberg 3 S.; Rig. 25. Febr. 08.]

Vollert, Kurt, sind in Preußen Kirchendiener Staatsbeamte? Eine staats- u. kirchenrechtl. Untersuchg. (Diss.) (VII, 70 S.) gr. 8. Berlin 908. F. Vahlen. 1. 80

Vollert, Max

Vollert, M., der Braunkohlenbergbau im Oberbergamts-Bez. Halle u. in den angrenzenden Staaten. Nebst e. Uebersichtskarte v. den Braunkohlen-Ablagergn. im Oberbergamts-Bez. Halle a/S. 8. (VIII, 402 S.) Halle a/S. 889. (Pfeffer.) n.n. 7. —

Vollert, M., das Jagdrecht d. Großherzogth. Sachsen. Systematische Zusammenstellg. der auf die Jagd bezügl. gesetzl. Bestimmgn. d. Großherzogthums f. Forstbeamte, Gemeindevorstände, Gendarmen, Jagdberechtigte, Jagdpächter u. Jagdliebhaber. gr. 8. (40 S.) Weimar 887. Böhlau. n. — 60

Vollert, Paul, deutsche Gedichte. Gesammelt f. die Mittel- u. Oberstufe höherer Mädchenschulen. (XI, 192 S.) 8. Nürnberg 908. F. Korn. Geb. 2. 60

Vollert, Paul, deutsches Lesebuch f. höhere Mädchenschulen u. verwandte Anstalten in Bayern. 2.—6. Schulj. gr. 8. Nürnberg, F. Korn. Geb. in Leinw. n.n. 8. 05
2. (XV, 181 S.) 900. n.n. 1. 25
3. (XIX, 287 S.) 900. n.n. 1. 40
4. (XX, 326 S.) 900. n.n. 1. 50
5. (XV, 282 S.) 901. n.n. 1. 50
6. (III, XVI, 397 S.) 901. n. 2. 40

Vollert, Paul, deutsches Lesebuch für höhere Mädchenschulen u. verwandte Anstalten in Bayern. 7. u. 8. Schulj. (XVIII, 377 u. III, XI, 337 S.) gr. 8. Nürnberg 902 903. F. Korn. Geb. in Leinw. à n. 2. 40

— dasselbe. 5. Schulj. 2. Aufl. (XIX, 270 S.) gr. 8. Ebd. 903. Geb. in Leinw. n. 1. 60

— deutsche Lesestücke, gesammelt f. die Mittelstufe höh. Mädchenschulen. (IX, 286 S.) gr. 8. Ebd. 904. Geb. in Leinw. n. 2. 50

Vollert, Richard [pr. Arzt aus Meerane i. S.]: Ueber Complication von Schwangerschaft mit Myomen ... Würzburg, Druck d. Stahel'schen k. Hofbuchdr., 1895; 37 S. 8.
Würzburg, Med. Fak., Inaug.-Diss. v. 1895

Vollert, Steph., Abendmahlsgemeinschaft u. Abendmahlszucht. (32 S.) 8. Greiz 908. (H. Bredt Nachf.) — 25

— Wert u. Wesen des Kirchenregiments, s.: Diedrich, S.

Vollert, W.

— Richard Wagners Stellung zur christlichen Religion. (29 S.) 8. Ebd. 906. n. — 50

Vollert, W., wie bestatten wir unsere Toten? (22 S.) 8. —Wismar 906. H. Bartholdi. n. — 40

*Vollert, Wilhelm: Entstehung und Inhalt der Artikel II, XVIII und XIX (de peccato originis; de libero arbitrio; de causa peccati) der Confessio Augustana und ihr Zusammenhang mit dem Artikel von der Rechtfertigung (Art. IV). S. 42—52. 4.
In: Festschrift zum 70. Geburtstage des reg. Fürsten Fürstl.
Progr. Gymn. Rutheneum *Gera* 1902.

Vollert, Wilh., Gedankengang des v. Frank'schen Systems der christlichen Wahrheit. gr. 8. (VI, 96 S.) Leipzig 895. A. Deichert Nachf. n. 1. 60

Vollert, W., der lutherische Gemeindegottesdienst, s.a. Für Gottes Wort u. Luthers Lehr! II, 3.

Der lutherische Gemeindegottesdienst nach seiner Idee und in seiner Vollendung von D. W[ilhelm] **Vollert**, Gymn.-Oberl. Gütersloh: Bertelsmann 1909. 21 S. 8°
(Für Gottes Wort u. Luthers Lehr! Reihe 2. H. 3.)

Vollert, Wilh., Tertullians dogmatische u. ethische Grundanschauungen, s.a. Beiträge zur Förderung christlicher Theologie. VII. 5.

Tertullians dogmatische und ethische Grundanschauungen. Von Dr. theol. Wilhelm **Vollert**, Gymn.-Oberl. in Gera. *Gütersloh: C. Bertelsmann 1903.* (S. 53–82.) 8° [F.]
— Beiträge z. Förderung christl. Theologie. Jg. 7, H. 5, [2.]

Vollert, Wilh., die Lehre Gregors v. Nyssa vom Guten u. Bösen u. v. d. schliessl. Ueberwindung des Bösen. gr. 8. (IV, 58 S.) Leipzig 897. A. Deichert Nachf. n. 1. 50

*Vollert, Wilhelm: Heinrich Posthumus als lutherischer Christ und seine Bedeutung für die Thüringische Kirchengeschichte. Gedenkschrift zum dreihundertjährigen Jubiläum des Fürstlichen Gymnasium Rutheneum in Gera. 63 S., 6 Taf. Abb. 8.
Progr. Fürstl. Gymn. Rutheneum *Gera* 1908.

— Tabellen zur neutestamentl. Zeitgeschichte. M. e. Uebersicht üb. d. Codices, in denen d. neutestamentl. Schriften bezeugt sind. gr. 8. (55 S. m. 1 Tab.) Ebd. 897. n. 1. 40

Vollert, Wilh., Kaiser Julians religiöse u. philosoph. Überzeugung, s.a. Beiträge zur Förderung christl. Theologie.

Kaiser Julians religiöse und philosophische Überzeugung. Von Lic. Wilhelm **Vollert**, Gymn.-Oberl. in Gera. Gütersloh: C. Bertelsmann 1899. (111 S.) 8°
(Beiträge z. Förderung christl. Theologie. Jg 3, H. 6.)

[F.] **Vollert**, Wilhelm [Lic. theol.]: Die wichtigsten Unterscheidungslehren der christlichen Konfessionen nach Schrift, Geschichte und Bekenntnis. Gera, Druck v. Th. Hofmann, 1897; 1 Bl., 24 S. 4.
Gera, fürstl. G Rutheneum u. VS, OP 1897 (742)

Vollerthen, C. F., die Schleswig-Holsteinischen Feldbefriedigungen. 8. Kiel 819. Bünsow. $^1/_6$ ℛ

Vollertsen C. F.: Die schleswig-holsteinischen Feld-Befriedigungen, od. Versuch einer Beurtheilung d. critisch-didact. Würdigung derselben, v. N. A. Binge. Augustenb. 1819. 71 S.

Vollertsen, Geo., quaestionum Catonianarum capita II sive de vita Catonis eiusque fontibus atque de originibus. Dissertatio. gr. 4. (49 S. m. 1 Steintaf.) Kiel 880. (v. Maack.) n. 2. 50

Vollführung, die, des Geheimnisses Gottes. Erklärung von Offenbarung Johannis Cap. 10—22. Von Johs. Eremita. gr. 8. (IV, 80 S.) Gütersloh 888, Bertelsmann. *

Vollführung, die, d. Geheimnisses Gottes v. Johs. Eremita, 2. Aufl., s.: Lindenmeyer, Jul.

Vollgold, Frdr., zum Schutze unserer Meisen. Freundliche Anregg. u. Ermahng. Im Interesse aller Vogelschutz-Vereine gewidmet. (22 S.) 8. Kaiserslautern 884. H. Kayser. nn — 30

Vollgraf, E., s. Vollgraff, Karl

Vollgraf, Jh. Konrad, Anweis., Kindern nach Regeln die Orthographie auf eine leichte, faßliche u. geschwinde Art beizubringen. 8. Hildburgh. 800. Hanisch. (Er. Fleischer; a. Krappe in Leipz.) 20 Kr.

— s. Betragen d. Großen u. Kleinen.

Vollgraf, Karl, s. Vollgraff

Vollgraff, Carl, s. Vollgraff, Karl

Vollgraff, J. C., greek writers of roman history. Some reflections upon authorities used by Plutarch and Appianus. gr. 8. (114 S.) Leyden 880. (Leipzig, Harrassowitz.) n.n. 2. 50

Vollgraff, Karl

Vollgraff, Carl: Vermischte Abhandlungen hauptsächlich in das Gebiet des Criminal- Staats- u. teutschen Privatrechts gehörig. Bd 1. 2. Marburg 1822. 23. 2 Bde

[Inhalt:]

Bd 1, 1. Versuch einer genauern Bezeichnung der Grenzen zwischen blosen Jagdfreveln u. eigentl. Jagdverbrechen.
2. Ueber die Veräußerlichkeit der Lehn- und die Unveräusserlichkeit altteutscher agnatischer Stamm-Güter.
3. Darf Dolus bei strafbar erscheinenden Thatsachen vermuthet werden?

Bd 2, 4. Das Begnadigungs-Recht aus dem Gesichtspunkte des Rechts u. der relativen Nothwendigkeit betrachtet.

Bd 2, 5. Die Verjährung der Verbrechen, aus ihrer einzigen rechtl. Grundlage u. in ihrer polit. Nothwendigkeit dargest.
6. Die Verjährung im Strafrechte wird durch die General-Untersuchung allerdings aufgehoben.

Vollgraf, (Prof. Dr.) Karl, vermischte Abhandll., hauptsächl. in d. Gebiet des Criminal-, Staats- u. deutschen Privatrechts gehörig. 2 Bde. gr. 8. Marb. 822—24. Krieger. 2 ℛ

Vollgraff, C., Des fürstlichen Hauses Löwenstein-Wertheim eheliche Abstammung. Halle 1838. 4. S.-A.

— über den heutigen Begriff, Umfang u. Gegenstand d. Staatswissenschaften. Programm. 8. Marb. 825. Garthe. 6 Kr.

Vollgraff, Karl, kritische Beleuchtung der Schrift des Herrn Prof. Zöpfl zu Heidelberg über das Verhältniß der Beschlüsse des teutschen Bundes zu Sachen der streitigen Gerichtsbarkeit u. gerichtl. Entscheidungen. (Archiv für civil. Praxis. XXVII. Bd. 3. Hft.) gr. 8. Frankfurt a/M. 845, Varrentrapp. $^1/_3$ ℛ

Vollgraff, K.: „Charakteristik oder Charakter- und Culturstatistik der germanisch-slavischen oder modernen Völker Europa's als Einleitung zur modernen Politik", Gießen 1828. — Vorh.: Preuß. Staatsbibliothek Berlin.

Vollgraff, Karl, Deutschland eine repräsentative Demokratie, eine constitutionelle Monarchie oder ein blos vollendeter, die Volksrechte u. Freiheiten garantirender Bundesstaat? Ein Versuch zum Verständniß u. zur Lösung der schwierigen Frage hauptsächlich mittelst Aufklärung über das wahre Verhältniß zwischen Staat u. Regierung, Staatsgewalt u. Regierungs-Gewalt. 8. (VIII u. 110 S.) Cassel 848, Hotop. 12 ngr

—— Geschichte, Revision, Kritik und Reform der constitutionell-monarch. Staats-Verfassungen, s. Geschichte.

— giebt es noch einem hohen deutschen Adel, in dem Sinne u. Begriffe, den man damit doctrinell bis zur Auflösung des deutschen Reichs verband? 8. Darmst. 823. Heyer. 8 gr

Vollgraff, Karl, die histor.-staatsrechtl. Grenzen moderner Gesetzgebungen, u.: was ist objectiv gesetzfähig u. dermalen noch gesetzunfähig? gr. 8. (9 B.) Marburg 830, Garthe.

Vollgraf, (Prof. Dr.) Karl, d. histor.-staatsrechtl. Grenzen moderner Gesetzgebungen, u. was ist objectiv gesetzfähig u. dermalen noch gesetzunfähig? gr. 8. Marb. 832. Garthe. 16 gr

Vollgraff, Carl, von der über und unter ihr naturnothwend. Maas erweiterten und herabgedrückten Concurrenz in allen Nahrungs- und Erwerbszweigen des bürgerl. Lebens, als der nächsten Ursache des allgem., alle Klassen mehr oder weniger drückenden Nothstandes in Deutschland, insonderh. des Getreidewucherers, so wie von den Mitteln zu ihrer Abstellung. gr. 8. (78 S.) Darmstadt 848, Leske.

Vollgraff, K.: „Antike Politik oder Politik der Griechen und Römer", Marburg 1828. — Vorh.: Preuß. Staatsbibliothek Berlin.

Vollgraf, (C.,) Revision verschied. deutsch-rechtl. Theorien rc., s. Archiv f. civilist. Praxis. 9r Bd. Beilageheft.

Vollgraff, Carl: Revision verschiedener teutsch-rechtlicher Theorien, namentl. über die Persönlichkeit fast aller teutschen Rechte, über die eigentl. Bedeutung der Gewehr, über Besitz, Eigen [usw.]. Heidelberg 1826.

(Archiv f. d. civilist. Praxis. Bd 9, Beil.H.)

Vollgraf, C., Revision verschied. deutsch-rechtl. Theorien rc. gr. 8. Heidelb. 827. Mohr. 20 gr (Auch als Beilageheft zum Archiv für civilist. Praxis.)

Vollgraff, Karl, Staats- und Rechtsphilosophie auf Grundlage einer wissenschaftlichen Menschen- und Völkerkunde. 2 Thle. Neue Ausg. des Werkes: Erster Versuch einer Begründung sowohl der allgemeinen Ethnologie durch die Anthropologie, wie auch der Staats- und Rechtsphilosophie durch die Ethnologie oder Nationalität der Völker. Mit neuer Eintheilung, neuem Titel und einem Vorworte von Jos. Held. gr. 8. (CVII und 2385 S. mit 1 Tab. in gr. 4.) Frankfurt a. M. (851—55)64, Völcker.

—— die irrige und die wahre Stellung der Könige von Dänemark zu den Herzogthümern Schleswig und Holstein seit der Erbgerechtigkeits-Acte von 1661 und dem Königsgesetz von 1665. Zur Versöhnung. gr. 8. (164 S.) Marburg 847, Elwert'sche Universitäts-Buchh.

Vollgraff, Karl, die irrige und die wahre Stellung der Könige von Dänemark zu den Herzogth. Schleswig und Holstein seit der Erbgerechtigkeits-Acte von 1661 und dem Königsgesetz von 1665. 2. (Titel-)Ausg. gr. 8. (164 S.) Frankfurt a. M. (847)64, Völcker.

— d. deutschen Standesherren. Ein histor.-publicist. Versuch. gr. 8. Gießen 824. Heyer. 4 Thlr 12 gr

— d. Systeme d. prakt. Politik im Abendlande. 1r Thl. A. u. d. T.: ökonom. Politik rc. 1 Thlr 6 gr 2r Thl. A. u. d. T.: antike Politik. 2 Thlr 8 gr 3r Thl. A. u. d. T.: Charakteristik, oder Charakter- u. Kultur-Statistik d. german.-slavischen rc. Völker Europas. 2 Thlr 20 gr 4r Bd. A. u. d. T.: moderne Politik. Mit 1 Flaggenkarte. 4 Thlr gr. 8. Gießen 828, 29. Ferber. 10 Thlr 10 gr

—— die Täuschungen d. Repräsentatif-Systems, od. Beweis: dass dieses System nicht d. geeignete, rechte u. zeitgemässe Mittel ist, den Bedürfnissen uns. Zeit zu begegnen, mit Andeutung d. geeigneten, rechten u. zeitgemässen Reformen. gr. 8. (6¼ B.) Marburg 832, Elwert. Thlr.

Vollgraff, C., erster Versuch einer wissenschaftlichen Begründung der Ethnologie, s. Versuch.

Vollgraff, Karl, erster Versuch einer wissenschaftlichen Begründung sowohl der allgemeinen Ethnologie durch die Anthropologie wie auch der Staats- u. Rechts-Philosophie durch die Ethnologie oder Nationalität der Völker. 2. u. 3. Thl. Marburg 853—55. Elwert. gr. 8. n. 8 Thlr. 27 ngr

2. Thl.: Ethnognosie und Ethnologie oder Herleitung, Classification und Schilderung der Nationen nach Maasgabe der Cultur- und Race-Stufen. In 2 Abthlgn. 853, 54. (XXVIII, 966 S.) n. 4 Thlr. 12 ngr

3. Thl.: Polignosie und Polilogie oder: Genetische und comparative Staats- und Rechts-Philosophie auf anthropognostischer, ethnologischer und historischer Grundlage. 855. (XV, 1013 S.) n. 4 Thlr. 15 ngr

—— Wie muss man forschen und dann schreiben? nachgewiesen durch die Analyse des Werkes: Erster Versuch einer wissenschaftl. Begründung sowohl der Ethnologie durch die Anthropologie etc. gr. 8. (47 S.) Marburg 855, Elwert'sche Universitäts-Buchh.

Vollgraff, Wilh., Nikander u. Ovid, 1. Tl. (VII, 143 S.) gr. 8. Groningen 909. J. B. Wolters. Geb. in Lw. 5. —

Vollgraff, Guilelmus, Batavus: De Ovidi mythopoeia quaestiones sex. *Berolini 1901: H. S. Hermann.* (96 S.) 8°
Berlin, Phil. Diss. v. 9. Febr. 1901

Vollgruber, Frz. Engelb., vom Essen u. vom Trinken, s. Sammlung gemeinnütziger Vorträge.

(F) Vollgruber, F. E., Vom Essen und vom Trinken. [Sammlung gemeinnütziger Vorträge. Nr. 335—336.] Gr.-8°. (Pag. 132—162) Prag: Calvé 1906. K —.40

Vollgültigkeit, die, des Opfers Christi. 2. Aufl. 8. (16 S.) Elberfeld 878. (Langewiesche.) n. — 20

Vollgültigkeit, die, d. Opfers Christi. 5. Aufl. 8. (16 S.) Elberfeld 889. (Faßbender.) n. — 8

Vollgültigkeit, die, des Opfers Christi. 6. Aufl. 12. (16 S.) Elberfeld 896. R. Brockhaus (durch J. Faßbender). n. — 06

Die Vollgültigkeit des Opfers Christi. 7. Aufl. *Elberfeld: R. Brockhaus 1902.* (15 S.) 8° [J.]
= [Schriften z. Erbauung d. Gläubigen.] No 220.

Vollhann, E., Beiträge zur neuern Geschichte des Eisenhüttenwesens. Mit 4 Steintaf. in Fol. gr. 8. Eichstädt 825. Beyer. (Leipz., Barth). 3 Thlr

— d. Capitulation d. St. Willibaldsburg im J. 1796, unter d. Kommando d. Lieut. Krach. Mit 3 Abbildd. 8. (Ebd. 826. (Barth in Leipz.) 9 gr

— Lebensbilder. 2 Bde, mit Kpf. 8. Eichstädt 827. Beyer. (Lpz., Barth). 2 Thlr

Vollhann, K., Nachrichten über die eisernen Brücken, welche im Jahre 1831 auf der Eisengiefserei bei Gleywitz in Oberschlesien gegossen worden. Eichstädt (Leipzig). 1823. ¼ Thlr.

— Nachrichten über d. eisernen Brücken, welche im J. 1821 auf d. Eisengießerei bei Gleywitz in Oberschlesien gegossen worden. Mit 2 lithogr. Tafeln. gr. 8. Eichstädt 824. Beyer. (Lpz., Barth). 12 gr.

Vollhard, Karl Ldw., († d. ... Nov. 1798.), s. *Louardi*.

Vollhardt, Georg [aus Gross-Gerau, Grossherzogth. Hessen]: Versuche über Speiskobalt .... München, Akad. Buchdr. v. F. Straub, 1886; 24 S. 8°.
München, Phil. Fak., Inaug.-Diss. v. 1886.

Vollhardt, Georg, Versuche über Speiskobalt. Diss. München 1886, A. Buchholz. 8°. 24 S.

Bibliographie der Musik-Werke in der Ratsschulbibliothek zu Zwickau bearb. ... v. Reinhard **Vollhardt.** *Leipzig: Breitkopf & Haertel 1893—96.* (VIII, 299 S.) 1 Bd 8.
— Monatshefte f. Musikgeschichte. Beilage. 1893—96. [96. 5631]

Vollhardt, Rhard., Geschichte der Cantoren u. Organisten v. den Städten im Königreich Sachsen. gr. 8. (XIII, 411 S.) Berlin 899. W. Issleib. n. 8.—

Vollhardt, William, Dr.: Die **Beziehungen** des Sommernachtstraums zum italienischen Schäferdrama. (T. 1.) *Leipzig (1899): B. Zechel.* (32 S.) 8° ¶ (Erscheint vollst. in einer Fachzeitschrift.)
Leipzig, Zweite st. R. OP 1899 (603)

Vollhardt, William: Einfluss der lateinischen geistlichen Litteratur auf einige kleinere Schöpfungen der englischen Übergangsperiode .... Leipzig, Druck v. Hesse & Becker, 1888; 69 S. 8°
Leipzig, Phil. Fak., Inaug.-Diss. v. 1. März 1888

Vollhardt, W., Einfluss der lateinischen geistlichen Litteratur auf einige kleinere Schöpfungen der englischen Übergangsperiode. gr. 8. (68 S.) Leipzig 888. Fock. n. 1. 50

Vollharm, E.: Beyträge zur neueren Geschichte des Eisenhüttenwesens, s. Vollhann, E.

Vollhart, C. L. Dissertatio sistens Hugonem, comitem Arelatensem, regem Italiae. 4. Lipsiae 1738.

Vollhase, Ernst, Apotheker ⟨Berlin⟩: Ueber einige Ketone und Säuren des Tetrahydrochinolins und seiner o- und p-Homologen. Rostock 1910: Hinstorff. 70 S. 8°
Rostock, Phil. Diss. v. 19. Mai 1910, Ref. Kunckell
[Geb. 23. Sept. 83 Wolgast; Wohnort: Rostock; Staatsangeh.: Preußen; Vorbildung: Realgymn. Tarnowitz bis O. 01; Studium: Rostock 11 S.; Rig. 11. Mai 10.] [U 11.4180

Vollheim, C., s. Vollheim, K.

Vollheim, [Friedrich], Prof.: Die Entwickelung des Turnunterrichts am Königl. Gymnasium zu Eisleben. Eisleben 1904: Ernst Schneider. (S. 1—16.) 4°
Eisleben, k. G OP 1904 (276)

Vollheim, *Johann* Friedrich: Geschichte des Königlichen Gymnasiums zu Eisleben von 1846—1896. Festschrift zur dreihundertfünfzigjährigen Jubelfeier. 8 (130 S.)
Progr. Kgl. G. *Eisleben* 1896.
Nicht im Tauschverkehr.

Vollheim, Frdr., Geschichte d. königl. Gymnasiums zu Eisleben v. 1846—1896. Festschrift zur 350jähr. Jubelfeier. gr. 8. (130 S.) Eisleben 896. (Kuhnt.) n. 2.50

[F.] Geschichte des Königlichen Gymnasiums zu Eisleben v. 1846—1896. Festschr. z. dreihundertfünfzigj. Jubelfeier v. Prof. **Friedrich Vollheim.** *Eisleben: Dr. v. E. Schneider 1896.* (130 S.) 1 Bd 8. [96. 6055

Vollheim, Fritz Zur Entstehungsgeschichte des thucydideischen Geschichtswerkes. 17 S. Progr. G. *Eisleben* 1878

Vollheim, Hermann, Assistenzarzt an d. Prov.-Irrenanst. zu Lauenburg i. P.: Zur **Kasuistik** der 'Bechterew'schen Wirbelsteifigkeit'. *Eisleben 1902: E. Schneider.* (35 S.) 8°
Jena, Med. Diss. v. (9. Aug.) 1902

Vollheim, Johann Friedrich, s. Vollheim, Friedrich

Vollheim, K.

Vollheim, C.: Le vaudeville comparé avec la comédie. 15 S. 4°.— Rostok G. R. u. Vors., Progr. 1872.

Vollhering, W.

Vollhering: Betrachtung der Bewegung eines der Schwere unterworfenen Punktes, der genötigt ist sich ohne Reibung auf einer Graden zu bewegen, die mit gegebener Winkelgeschwindigkeit sich um eine feste horizontale Axe dreht. 11 S. — Coeslin, Progr 1868.

Vollhering W. Betrachtung der Bewegung eines der Schwere unterworfenen Punktes, der genöthigt ist, sich ohne Reibung auf einer Geraden zu bewegen, die mit gegebener Winkelgeschwindigkeit sich um eine feste horizontale Axe dreht. Jena 1868. 4.

Vollhering, Wilhelm, Dir. Prof. Dr.: [**Bericht** über die Feier seines 25jährigen Amtsjubiläums als Direktor der Anstalt.] *Bautzen 1900: E. M. Monse.* (S. 18—19.) 4° ¶ (Aus d. Bautzener Nachrichten.)
Bautzen, R, OP 1900 (598)

Vollhering, Wilhelm: Einiges über die Schulordnung. 4 (S. 21). **Progr.** Rsch. *Bautzen* 1897 (580).

Vollhering, Wilh., Lehrbuch der Geometrie f. höhere Lehranstalten. 1. Tl.: Geometrie der Alten. gr. 8. (IV, 75 S. m. 2 Steintaf.) Bautzen 884. Rühl. n. 1. 50

Vollhering, Wilh. Zur Methodik des mathematischen Unterrichts. 18 S. **Progr.** Rsch. *Bautzen* 1877.

—— das höhere Schulwesen Deutschlands vom Gesichtspunkte des nationalen Bedürfnisses, für Behörden, Schulmänner und Familienväter. 1. und 2. nach dem heutigen Stande der Verhältnisse umgearb. Aufl. gr. 8. (46 S.) Leipzig 883, R. Lincke. *

— das höhere Schulwesen Deutschlands vom Gesichtspunkte d. nationalen Bedürfnisses, f. Behörden, Schulmänner u. Familienväter. 3. Aufl. gr. 8. (46 S.) Leipzig 885. Peterson. n. 1.—

Vollhering, (Wilhelm), Dir. a. D. Prof. Dr.: **Verzeichnis** aller früheren Schüler der Anstalt. *Bautzen 1901: E. M. Monse.* (S. 38—65.) 4°
Bautzen, R, Festschr. 1901 (1902 No 622)

Vollimhauß, David Andreas

— getreue Anweis. zu Felder- u. Landtheilungen. Mit Kpf. gr. 8. Hannov. 773. (Hahn). (Coppenrath in Münst.) 16 gr.

Getreue Anweisung zu Felder- und Landtheilungen, oder gründliche Methode alle Fälle, sowohl von gemeinen Landtheilungen als auch Land-Vertauschungen, Land- und Holz-Ausweisungen, Auseinandersetzungen und Landrepartirungen, nach den Regeln theoretisch und practisch auszuführen, zu bequemen und sichern Gebrauche der Rechtsgelehrten, Amtsbedienten, Verwalter und Haushalter, wie auch den Anfängern der Mathematik zur untrüglichen Richtschnur in dieser Verfassung zusammengetragen und mit gehörigen Figuren versehen von D. *A. Vollimhauss*, Lehr. d. Mathem. auch Zeichen- und Schreibmeist. bey dem Gymnas. d. Altstadt Hannover. Hannover u. Leipzig, bey Joh. Wilhelm Schmidt. 8. 134 S. mit 6 Kupft. 1773. *

— getreue Anweis. zu Felder- und Landtheilungen. gr. 8. Ebend. 777.

— gründl. Anweis. zum Landmessen mit Stäben u. d. Kette, nebst d. Gebrauch d. Boussole. 1r Thl., mit Kpf. 8. Lemgo 776. Meyer. 10 gl.

Gründliche Anweisung zum Landmessen, mit Stäben und Kette, nebst dem Gebrauch der Boussole .... von *D. A. Vollimhaus*. Hannover und Lemgo, in der Meyerischen Buchhandlung. 8. 175 S. 4 Kupf. 1778. *

VOLLIMHAUS, David Andreas: Gründliche Anweisung zur praktischen Landmesserkunst für Liebhaber und besonders für Leute auf dem Lande. - Hannover, Leipzig 1778. 12 1/2 Bg., 7 Taf.

— gründl. Anweis. zur prakt. Landmesserkunst, für Liebhaber u. besonders für Leute auf dem Lande, mit Kpf. gr. 8. Hannov. 778. (Hahn). 20 gl.

Gründliche Anweisung zur practischen Landmesserkunst für Liebhaber, und besonders für Leute auf dem Lande, von *Dav. Andr. Vollimhaus*, Privatlehrer d. Mathematik zu Hannover. Hannover u. Leipzig, bey Schmidt. 8. 176 S. 7 Kupf. 1778. *

Vollimhauß, Dav. Andr., prakt. Anweisung mit der Boussole zu messen u. solche Vermessungen aufzutragen, mit 2 Kpft. 8. Hannov. 803. (Hahn). 9 gl.

— s. J. Hemeling, arithmet. Trichter.

— geometrisch-arithmet. Lehrbuch für Anfänger u. Liebhaber in prakt. Ausrechnungen. 8. Hannov. 783. (Hahn). 12 gl.

— geometrisch-arithmetisch. Lesebuch für Anfänger u. Liebhaber. 8. Ebend. 787.

— s. A. G. Lüdemann,

Der Hannöverische Rechenschüler ... zum allgemeinen Gebrauch, besonders für Kaufleute herausgegeben von *D. A. Vollimhaus*. Hannover, im Helwingischen Verlage. 8. 320 S. 1777.

— Unterricht, wie man mit ganzen u. gebrochenen Zahlen im Rechnen umgehen kann, oder d. Hannöversche Rechenschüler. 8. Hannov. 777. Helwing. 8 gl.

— Versuch e. faßl. Unterrichts in den ersten Gründen d. Zahlenrechnung. 4. Hannov. 790. (Hahn). 16 gl.

Versuch eines faslichen Unterrichts in den ersten Gründen der Zahlenrechnung von D. *And. Vollimhaus*. Hannover, Pockwitz. 144 S. 4. 1790.

Völling, Arsenius. O. F. Min., Predigten f. die Tertiaren des hl. Franziskus an der Hand der Ordensregel. 1. u. 2. Tl. gr. 8. Paderborn 900. Junfermann. n. 5. —; geb. in Halbleinw. n. 6. 90
1. (VI, 300 S.) 900. n. 2. —; geb. n. 3. 30
2. (382 S.) 902. n. 3. —; geb. n. 3. 60

Völling, Arsenius, O. S. F., Predigten f. die Tertiaren des hl. Franziskus an der Hand der Ordensregel. I. u. II. Tl. 8. Paderborn, Junfermann. 6.40; geb. 7. 60
I. 2. Aufl. (VI, 294 S.) 909. 3. —; geb. 3. 60
II. 2. Aufl. (335 S.) 910. 3.40; geb. 4. —

Völlinger, C., Wandtafeln für den Unterricht im Ornamentzeichnen. 5 Lfgn. gr. Fol. (à 10 Stnt.) Regensburg 865—70, Coppenrath. à Lfg. M 1,50.

Völlinger, Jh. Adm., († d. 20. Febr. 1799.) von den Grenzen d. Rechts, d. Moral u. d. Klugheit, u. dem aus d. genauen Berichtigung u. Absonderung dieser Begriffe zu erwartenden Nutzen für d. Gesetzgeber u. d. ganze Gesellschaft. gr. 8. Manh. 809. Löffler. 6 gl.

— Grundriß e. allgemeinen krit.-philosoph. Wirthschaftslehre. 8. Heidelb. 796. (Braun in Karlsr.) 9 gl.

Völlinger, Johann Adam: „Grundriss einer allgemeinen kritisch-philosophischen Wirthschaftslehre", Heidelberg 1796 (in der Pfählerischen Universitätsbuchhandlung). — Vorh.: Bayerische Staatsbibliothek München (Signatur Oec. 1810); UB München (Signatur Polit. 1637).

— wirthschaftl. Lehrgebäude des Geld-, Bank- u. Wechselwesens. 8. Heidelb. 798. (Braun in Karlsr.) 8 gl. (Rein in Leipz.) 1 rß

Völlinger, Jh. Adm. Ueber Monopolismus und seinen Einfluss auf die Wirthschaft heutiger Staaten. 8°. Mannheim (ca. 179.).

Völlinger, Johann Adam: „Prolegomena zu einer angewandten Wirthschaftslehre", Heidelberg 1790. — Vorh.: UB München — Polit. 1637.

— über d. Stammgesetze u. Selbstgüter d. menschl. Geistes, zur Grundlegung e. Bildungspolitik. gr. 8. Manh. 809. Löffler. 8 gl.

— System d. angewandten Wirthschaftslehre überhaupt u. insbesondere auf d. Staatswirthschaft. 8. Heidelb. 797. (Braun in Karlsr.) 1 rß 16 gl.

Völlinger, Johann Adam: „System einer angewandten Wirthschaftslehre überhaupt und ins Besondere angewendet auf Staatswirthschaft", Heidelberg 1797 (bei Frdr. Ludwig Pfähler). — Vorh.: UB München — Polit. 1637.

Völlinger, Joseph. Grossherzoglich Badisches Militair. Nach der Natur und auf Stein gezeichnet von Joseph Völlinger. Herausgegeben ... von Johann Velten, Kunst- und Musikalien-Handler in Carlsruhe 1824.
Tit., 1 Bl., 30 Taf. in kol. Lithogr. 2°

Völlinger, Leopold (Historienmaler) „Ueber Glasmalerei überhaupt und die Glasfenster im Regensburger Dome insbesondere". pg. 3—6. 4°. Mit einer Tafel. Stadtamhof, Joseph Mayr.
Regensburg, Progr. 1859/60

Vollkommen, Franc. (geb. Coblenz 1805): De chorea St. Viti. Berolini (1834). (32 S.) 8°
Berlin, Med. Diss. v. 25. Okt. 1834

Vollkommenheit, die. Wo findet sie sich u. was ist sie? 8. (63 S.) Elberfeld 879. (Langewiesche.) n. — 60

Vollkommenheit, die. Wo findet sie sich u. was ist sie? 8. (63 S.) Elberfeld 890. (Faßbender.) n. — 25

Vollkommenheit, die. Wo findet sie sich u. was ist sie? 2. Aufl. 8. (63 S.) Elberfeld 891. R. Brockhaus (durch J. Faßbender). n. — 25

Die Vollkommenheit. Wo findet sie sich u. was ist sie? 3. Aufl. Elberfeld: R. Brockhaus 1904. (63 S.) 8° [F.]
= [Schriften z. Erbauung d. Gläubigen.] No 234. [04. 7.07]

Vollkommenheit durch Leiden. Eine Rede unter Kranken. (Von Harriet Eleanor Hamilton King.) Aus dem Engl. übertr. v. Geo. Behrmann. 8. (31 S.) Hamburg 894. L. Gräfe & Sillem. Mit Goldschn. n. 1. —

Vollkommenheit des Menschen Bestimmung und Gottes Werk. Eine Predigt, gehalten am 22. Junius 1783 zu Offenbach. Offenbach 1783. V: *Lavater, Johann Kaspar.* (schstr S. 120)

Vollkommer, aus der Verkehrswelt. 6 Erzählgn. 8. (III, 132 S.) Bamberg 900. (Schmidt.) Geb. in Leinw. n. 1. 60

Vollkommer, Max: Die Quellen Bourguignon d'Anvilles für seine kritische Karte von Afrika. München: Th. Ackermann 1904. 124 S. 8° ¶ Auch als: Münchener geogr. Studien. Stück 16.
München, Dr.-Ing.-Diss. v. 22. 2. 1904

Vollkommer, Max, die Quellen Bourguignon d'Anvilles f. seine kritische Karte von Afrika, s. a. Studien, Münchener geographische. 16.

Die Quellen Bourguignon d'Anvilles für seine kritische Karte von Afrika von Max Vollkommer. (Hauptlehrer in München). *München: Th. Ackermann 1904.* (124 S.) 8°
= Studien, Münchener geographische. Stück 16. [04. 11.04]

Vollmann, Adf., des Malers Handmappe. 24 Taf. farb. Orig.-Entwürfe neuester Richtung f. d. Alltagsbedarf. 38,5×26 cm. Wien (907). F. Wolfrum & Co. In Mappe 18. —

KATALOG der Bibliothek der Kgl. botanischen Gesellschaft in Regensburg.
Teil I.: Nichtperiodische Schriften. Zusammengestellt von FRANZ VOLLMANN. Regensburg 1895. Druck der F. Huberschen Buchdruckerei. 8°.
Teil II.: a) Nachtrag zu den nichtperiodischen Schriften. b) Periodische, bezw. Gesellschaftsschriften. Zusammengestellt von FRANZ VOLLMANN. ib. 1897. —

Vollmann, F., s.: Mitteilungen der bayer. botanischen Gesellschaft zur Erforschung der heimischen Flora.

Vollmann, Franz [Dr.]: Über das Verhältnis der späteren Stoa zur Sklaverei im römischen Reiche. Stadtamhof, Druck v. J. & K. Mayr, 1890; 98 S. 8°
Regensburg. k. altes G. P 1890 ·

Vollmann, Franz [k. Studienlehrer in Regensburg]: Über das Verhältnis der späteren Stoa zur Sklaverei im römischen Reiche.... Stadtamhof, Druck v. J. & K. Mayr, 1890; 98 S. 8°
Erlangen, Phil. Fak., Inaug.-Diss. v. 1890

Vollmann, Frz., üb. das Verhältnis der späteren Stoa zur Sklaverei im römischen Reiche. gr. 8. (98 S.) Stadtamhof 890. Regensburg, (Bauhof). n. 1. 50

Vollmann, J., burschicoses Wörterbuch, oder: Erklärung aller im Studentenleben vorkomm. Sitten, Ausdrücke, Wörter, Redensarten u. des Comments etc. 2 Thle. 16. (32½ B.) Ragaz 846, 47. (Schaffhausen, Brodtmann'sche Buchh.)

VOLLMANN, J. (ps.), Dr. rei cneip., Senior der Cnüllia, &cc., Burschicoses (oft sehr derb-pikantes) Wœrterbuch, oder: Erklärung aller im Studentenleben vorkommenden Sitten, Ausdrüke (!), Wörter, Redensarten und des Comments, nebst Angabe der auf allen Universitäten bestehenden Corps... Ein unentbehrliches Hand- und Hülfsbuch für Lyceisten, Gymnasiasten, Penäler (!), Polytechniker, Forstpolaken, Cantons- und Realschüler, Maulthiere, Füchse und Studenten, die forsche Häuser werden wollen .... 2 Thle. (in 1 Bde.). Ragaz. Druk (!) und Verlag von Rudolf Unteregger (St. Gallen) 1846. Breit-kl. 8°. (7 Mk., unbeschn., Max Jaeckel, 1903; 9 Mk., Hlwd., Adolf Weigel, 1905; 8 Mk., unbeschn., F. Waldau, 1908.)

Vollmann, Jh. Ldw., Handbuch d. Einleit. in sämmtl. Bücher d. N. Testam. 8. Götting. 800. Dieterich. 18 gr.

Vollmann, Otto, appr. Arzt a. Hannover-Linden: Über einen Fall von multiplen Zottengeschwülsten der Harnblase. Rostock 1906: C. Hinstorff. (25 S.) 8°
Rostock, Med. Fak., Ref. Müller, Diss. v. 15. Dez. 1906
[Geb. 2. Juli 76 Hannover; Wohnort: Hannover; Staatsangeh.: Preußen; Vorbildung: Kaiserin-Auguste-Victoria-Gymn. Linden Reife 96; Studium: Berlin 4, Göttingen 1, Kiel 2, Halle 1, Rostock 3 S.; Coll. 2. Aug. 04; Approb. 4. Febr. 07.]

Vollmann, Remig., Wortkunde in der Schule auf Grundlage des Sachunterrichtes. 1. Tl. Heimat- u. Erdkunde. gr. 8. (IX, 122 S.) München 903. M. Kellerer. n. 2. —

Vollmann, Remig., Wortkunde in der Schule als Grundlage des Sachunterrichtes. 2. u. 3. Tl. gr. 8. München, M. Kellerer. n. 5. 80; geb. in Leinw. n.n. 6. 80
2. Geschichte. (VIII, 199 S.) 903. n. 2. 80; geb. n.n. 3. 30
3. Naturkunde. (VIII, 209 S.) 906. n. 3. —; geb. n.n. 3. 50

Vollmann, Remig., Wortkunde in der Schule auf Grundlage des Sachunterrichtes. 1.—3. Tl. gr. 8. München, M. Kellerer. 9.10; geb. n 10. 50
1. Heimat- u. Erdkunde. 2. verb. u. verm. Aufl. (X, 174 S.) 908. 2.60; geb. n 3. —
2. Geschichte. 2., verb. u. verm. Aufl. (VIII, 271 S.) 908. 3.50; geb. 4. —
3. Naturkunde. 2., verb. u. verm. Aufl. (VIII, 222 S.) 911. 3.—; geb. n 3.50

Vollmann, Siegmund [aus Steinbach-Hallenberg]: Ueber einen Fall von geheiltem Myxoedem nach Kropfexstirpation ... Würzburg, Becker's Univ.-Buchdr., 1893; 44 S. 8.
Würzburg, Med. Fak., Inaug.-Diss. v. 1893

Vollmann, Th. Ableitung der trigonometr. Formeln aus Coordinatenbeziehungen, zunächst als Hülfsmittel beim Unterrichte bearbeitet. 23 S.
Dortmund, Progr. 1827

Vollmann, Th. Versuch, die Elemente der Rechnung mit einer einzigen unveränderlichen Größe durch Prinzipien der Buchstabenrechnung und Algebra zu erklären. I. II. Abth. 18 u. 20 S.
Dortmund, Progr. 1831, 1833

Vollmann, Th., Versuch, die Elemente der Rechnung mit einer einzigen veranderlichen Größe durch Principien der Buchstabenrechnung und Algebra zu erklaren. 2 Abthll. gr. 4. Dortmund 831. u. 833. Krüger. 1/3 ₰

Vollmar, ..., für Hebammen u. Mütter auf dem Lande, mit Anmerkk. von G. F. Hoffmann. 8. Frankf. a. M. 793. Andreä. 5 gr.

Vollmar, A., allgemeine Bemerkungen üb. die Aufgabe der Volksschule, s.: Vorträge, gemeinnützige.

Vollmar, Agnes

Vollmar, A., das Allerbeste. Erzählung f. alt u. jung. (12 S.) gr. 8. Schwerin (910). F. Bahn. nn — 10

Vollmar, A., unterm Apfelbaum. Erzählg. f. Jung u. Alt. gr. 8. (24 S. m. Abbildgn.) Berlin 894. Wiegandt & Grieben. n. — 20

— Arbeit bringt Glück. Eine Erzählg. gr. 8. (8 S. m. Abbildgn.) Ebd. 894. n.n. — 10

— schwere Arbeit. Eine Erzählg. f. Jung u. Alt. gr. 8. (16 S.) Ebd. 893. n.n. — 15

Vollmar, A., bei Licht besehen. Erzählungen. 8. (V, 179 S.) Berlin 883. Wiegandt & Grieben. n. 1. 80

— die Brüder in Amerika. Eine Erzählg. f. Alt u. Jung. 8. (24 S.) Berlin 873. Wiegandt & Grieben. n. — 15

—— die Brüder vor Straßburg. Eine Erzählung aus dem Kriege von 1870/71 für Jung und Alt. 1.—6. Aufl. gr. 16. (32 S. mit 1 Bilde in Holzschn.) Berlin 871,72, Buchh. des Missions- und Frauen-Kranken-Vereins.

Vollmar, A., die Brüder vor Straßburg. Eine Erzählung aus dem Kriege von 1870/71 für Jung und Alt. Mit 1 Bilde (in Holzschn.). 7. und 8. Aufl. 8. (32 S.) Berlin 873,77, Buchh. der Goßner'schen Mission. * 20 Pf.; cart. **

— die Brüder vor Straßburg. Eine Erzählg. aus dem Kriege v. 1870/71 f. Jung u. Alt. 9. Aufl. 12. (32 S. m. 1 Bild.) Friedenau-Berlin 883. Buchh. der Goßner'schen Mission. n. — 20

—— unter dem Christbaum. Erzählungen für Jung und Alt. 8. (VIII, 319 S. mit 14 Bildern in eingedr. Holzschn.) Berlin 876, Wiegandt und Grieben. *

Vollmar, A., Christblumen vom Sinai. Für Alt u. Jung gepflückt. gr. 8. (172 S. m. Abbildgn.) Berlin 890. Wiegandt & Grieben. n. 1. 50

— Ein unerwartetes Christgeschenk. Erzählung f. alt u. jung. (24 S. m. Abbildg.) gr. 8. Ebd. (911). — 20

— unter bestem Dach. Eine Erzählg. f. Alt u. Jung. gr. 8. (16 S.) Ebend. 886. n. — 15

Vollmar, A., eine Eisenbahnfahrt. Erzählung. (7 S.) gr. 8. Berlin (905). W. Schultze. n.n. — 10

Vollmar, A., glückliche Eltern. E. Erzählg. gr. 8. (8 S. m. Bildern.) Berlin 897. Wiegandt & Grieben. n.n. — 10

—— endlich. Erzählung für Alt und Jung. gr. 8. (32 S. mit Bildern.) Ebendas. 888. *

— Endlich. Erzählung f. alt u. jung. (40 S.) gr. 8. Ebd (911). — 25

— Erika. E. Erzählg. f. Alt u. Jung. gr. 8. (24 S. m. 1 Abb.) Ebd. 896. n. — 25

— es muß doch Frühling werden. Erzählg. f. Alt u. Jung. gr. 8. (32 S. m. Abbildgn.) Ebd. 894. n. — 25

— etwas f. Dich. Erzählungen f. Jung u. Alt. 2. Aufl. gr. 8. (48 S. m. Illustr.) Ebd. 889. n. — 35

— eine mutige Frau. Aus dem Leben erzählt. gr. 8. (8 S. m. Abbildgn.) Berlin 894. Wiegandt & Grieben. n.n. — 10

— Frithjof. Erzählung f. alt u. jung. (28 S.) gr. 8. Ebd. (911). — 20

Vollmar, A., Gefunden! Eine Erzählung für Jung und Alt. 2. und 3. Aufl. 8. (24 S.) Berlin 877,78, Wiegandt und Grieben. *

Eine Geschichte vom Glauben. Von A[gnes] Vollmar. 3. Aufl. *Berlin: Wiegandt & Grieben [1899].* (8 S.) 8° [Umschlagt. F.] [illegible]

Eine Geschichte vom Liebhaben. Eine Erzählung von A[gnes] Vollmar. *Berlin: Wiegand & Grieben [1899].* (16 S.) 8° [F.] [w. 4942

— eine Geschichte vom König Wilhelm. br. 8. (16 S.) Ebendas. 871. *

— um Gotteswillen. Eine Erzählung für Jung u. Alt. 8. (20 S.) Ebend. 880. n. — 20

— Um Gottes willen. Erzählung f. alt u. jung. (24 S.) gr. 8. Ebd. (911). — 20

— dasselbe u. andere Erzählungen f. alt u. jung. (III, 216 S. m. Abb.) gr. 8. Ebd. 911. Geb. in Leinw. 2. 50

— Großmutter. Eine Erzählg. f. Alt u. Jung. 2. Aufl. 8. (IV, 123 S. m. 1 Holzschn.) Ebend. 885. n. 1. —

— Großmutter. E. Erzählg. f. Alt u. Jung. 5. Aufl. 8. (IV, 123 S. m. 1 Abb.) Ebd. 895. n. 1. —

— Großmutter. Eine Erzählg. f. Alt u. Jung. 6. Aufl. 8. (112 S. m. 1 Abb.) Ebd. (901). n. 1. —; geb. n. 1. 80

— Habenl Habenl s.: Blüten u. Früchte. Nr. 11.

— zu Hause. Erzählg. f. Alt u. Jung. gr. 8. (16 S. m. Bild.) Ebd. 897. n.n. — 15

— s.: Heimatglocken.

— Zum Himmel. Erzählung f. alt u. jung. (12 S. m. 1 Abbildg.) gr. 8. Schwerin (911). F. Bahn. nn — 10

— dasselbe u. andere Erzählungen f. alt u. jung. (III, 200 S. m. Abb.) gr. 8. Ebd. 911. Geb. in Leinw. 2. 50

— zwischen Himmel u. Wasser. Eine Erzählg. f. Alt u. Jung. gr. 8. (24 S.) Ebend. 884. n. — 20

— ich dien'. Erzählg. f. Alt u. Jung. gr. 8. (24 S. m. Bild.) Berlin 897. Wiegand & Grieben. n. — 20

— ich möchte so gern einen Baum brennen sehen. Eine Erzählung. 8. (8 S.) Ebend. 880. n. — 8

— Ich möchte so gern e. Baum brennen sehen. Erzählg. f. alt u. jung. (12 S. m. 1 Abb.) gr. 8. Ebd. (911). nn — 10

— jenseit des Meeres. Erzählg. f. Alt u. Jung. gr. 8. (16 S.) Berlin (902). (Wiegandt & Grieben.) n.n. — 15

— drei Kaiser. Für Jung u. Alt erzählt. 4. Aufl. gr. 8. (24 S. m. 3 Bildern.) Ebd. 888. n. — 20

— Vom großen Kaiser u. kleinen Jungen. Erzählung nach Tatsachen f. alt u. jung. (24 S. m. 1 Abbildg.) gr. 8. Ebd. (911). — 20

[Umschlagt.:] Kaiserblumen, gesammelt v. A[gnes] H. Vollmar. 16. Aufl. Berlin: Wiegandt & Grieben (1897). (16 S.) 1 Bd 8°

— von e. Kaiserin u. v. e. Königin. Für Jung u. Alt erzählt. gr. 8. (8 S. m. 1 Abb.) Ebd. 896. n.n. — 10

— der Kaiser-Paß oder die Reise nach Amerika. Eine Erzählung auf Thatsachen beruhend für Jung u. Alt. gr. 8. (32 S.) Ebend. 882. n. — 24

— Der Kaiserpaß od. Die Reise nach Amerika. Erzählg., auf Tatsachen beruhend, f. alt u. jung. (40 S.) gr. 8. Ebd. (911). — 25

— der treue Kamerad. Eine Erzählg. f. Groß u. Klein. gr. 8. (16 S.) Ebend. 874. n. — 10

— der treue Kamerad u. der Lorbeerzweig, s.: Immergrün.

— das verschwundene Kind. Eine Erzählg. f. Jung u. Alt. 8. (32 S. m. e. Holzschntaf.) Ebend. 873. n. — 20

— Kinder — Engel. Eine Erzählg. f. Jung u. Alt. gr. 8. (12 S.) Ebd. 898. n. — 12

—— sechs Kinder im Schnee oder die alte Botenfrau. Eine Erzählung für Jung und Alt. 8. (16 S.) Ebendas. 880. *

— Sechs Kinder im Schnee od. Die alte Botenfrau. Erzählung f. alt u. jung. (24 S. m. 1 Abbildg.) gr. 8. Ebd. (911). — 20

— sieben Kinder. Erzählung f. Jung u. Alt. 2. Aufl. gr. 8. (24 S.) Berlin 889. Wiegandt & Grieben. n. — 20

—— zwei Kinder, die den Himmel suchen und zwei Erwachsene, die den Himmel gefunden haben. Eine Erzählung für Kinder und Erwachsene. 1.—7. Aufl. gr. 16. (32 S. mit 1 Holzschn.) Berlin 869—73, Buchh. des Missions- und Frauenkranken-Vereins.

—— zwei Kinder, die den Himmel suchen. Zwei Erwachsene, die den Himmel gefunden haben. Zwei Erzählungen. 8.—10. Aufl. 8. (32 S.) Berlin 874—78, Buchh. der Goßner'schen Mission. * 20 Pf.; cart. **

— o du Kindermund! Kinderworte, gesammelt. 16. (64 S.) Ebend. 881. n. — 75

Liebe ist That. Eine Erzählung von A[gnes] Vollmar. *Berlin: Wiegandt & Grieben [1899].* (24 S.) 8° [Umschlagt. F.] [00. 4943

— Liebe ist That. Eine Erzählg. 2. Aufl. gr. 8. (24 S.) Ebd. (899). n. — 25

— der Lokomotivführer. Eine Erzählg. f. Alt u. Jung. gr. 8. (24 S.) Ebend. 886. n. — 20

— Michel. E. Erzählg. f. Jung u. Alt. gr. 8. (8 S.) Ebd. 898. n.n. — 08

— die Mutter. Eine Erzählg. f. Jung u. Alt. 8. (32 S.) Ebd. 887. n. — 24

— Die Mutter. Erzählung f. alt u. jung. (40 S.) gr. 8. Ebd. (911). — 25

— eine Nacht. Eine Erzählg. f. Jung u. Alt. 8. (24 S.) Ebend. 883. n. — 20

— nicht allein, s. a. Blüten u. Früchte. Nr. 3.

Vollmar, A., nicht allein. Eine Erzählg. f. Jung u. Alt. gr. 8. (16 S.) Berlin 886. Wiegandt & Grieben. n. — 15

Nicht zu spät. Eine Erzählung f. Alt u. Jung von A[gnes] Vollmar. *Berlin: Wiegandt & Grieben [1901].* (23 S.) 8° [F.] [01. 12290

— Oben u. Unten. Eine Erzählg. f. Alt u. Jung. gr. 8. (24 S.) Ebd. 898. n. — 20

— s. Pfarrhaus, das.

—— das Pfarrhaus im Harz. Eine Erzählung. 4.—6. Aufl. 8. (IV, 328 S. mit 1 Titelbilde in Farbendr.) Berlin 869—74, Wiegandt und Grieben. *

—— dass. — 2. Thl.: Das Pfarrhaus in Indien. Eine Erzählung. 1.—3. Aufl. 8. (IV, 334 S.) Ebendas. 872—74. *

— das Pfarrhaus im Harz. 2. Thl.: Das Pfarrhaus in Indien. Eine Erzählg. 6. Aufl. 8. (IV, 328 S.) Berlin 874. Wiegandt & Grieben. n. 3. —

—— das Pfarrhaus im Harz. Eine Erzählung. 7. Aufl. 8. (IV, 328 S. mit 1 Titelbild in Farbendr.) Berlin 878, Wiegandt und Grieben. *

—— dass. — 2. Thl.: Das Pfarrhaus in Indien. Eine Erzählung. 8. (340 S.) Ebendas. 878. *

— das Pfarrhaus im Harz. Eine Erzählung. 8. Aufl. Mit einem Titelbilde in Farbendr. 8. (IV, 328 S.) Ebend. 883. n. 3. —

—— dass. — 2. Thl.: Das Pfarrhaus in Indien. Eine Erzählung. 5. Aufl. 8. (340 S.) Ebendas. 884. *

— dasselbe. 2. Thl.: Das Pfarrhaus in Indien. Eine Erzählg. 5. Aufl. 8. (340 S.) Ebend. 886. n. 3. —

— das Pfarrhaus im Harz. Eine Erzählg. 9. Aufl. Mit 1 Titelbilde in Farbendr. 8. (IV, 328 S.) Ebend. 886. 3. —

— das Pfarrhaus im Harz. Eine Erzählg. 10. Aufl. Mit e. Titelbilde in Farbendr. 8. (IV, 328 S.) Ebd. 889. 3. —

— das Pfarrhaus im Harz. Eine Erzählg. 10.—12. Aufl. Mit e. Titelbilde in Farbendr. 8. (IV, 328 S.) Ebd. 891—894. n. 3. —

— das Pfarrhaus im Harz. E. Erzählg. 15. Aufl. M. d. Bildniß der Verfasserin. 8. (IV, 328 S.) Berlin 898. Wiegandt & Grieben. n. 3. —

— das Pfarrhaus im Harz. Eine Erzählg. 16. u. 17. Aufl. Mit dem Bildniß der Verf. 8. (à IV, 328 S.) Ebd. 900. 902. n. 3. —; geb. n. 4. —

— das Pfarrhaus im Harz. Eine Erzählung. 18. Aufl. (IV, 328 S. m. Bildnis.) 8. Berlin 905. Wiegandt & Grieben. n. 3. —; geb. n. 4. —

— das Pfarrhaus in Indien. Eine Erzählg. Des Pfarrhauses im Harz 2. Thl. 6. Aufl. 8. (340 S.) Ebd. 889. n. 3. —

— das Pfarrhaus in Indien. Zugleich des Pfarrhauses im Harz 2. Thl. Eine Erzählg. 7. Aufl. 8. (340 S.) Ebd. 893. n. 3. —

— das Pfarrhaus in Indien. Zugleich d. Pfarrhauses im Harz 2. Thl. Eine Erzählg. 8. Aufl. 8. (340 S.) Ebd. 896. n. 3. —

— das Pfarrhaus in Indien. Eine Erzählg. 9. Aufl. 8. (IV, 350 S.) Ebd. 900. n. 3. —; geb. n. 4. —

— das Pfarrhaus in Indien. Eine Erzählg. 10. Aufl. (IV, 331 S.) 8. Ebd. 903. n. 3. —; geb. n. 4. —

— reich möcht' ich sein! Eine Erzählg. f. Jung u. Alt. 2. Aufl. gr. 8. (32 S. m. Illustr.) Ebd. 889. n. — 25

— Reich möcht' ich sein! Erzählung f. alt u. jung. (40 S. m. 1 Abb.) gr. 8. Schwerin (910). F. Bahn. — 25

— die Reise ins Blaue. Erzählg. gr. 8. (16 S. m. Abbildgn.) Ebd. 894. n.n. — 15

— Ruth. Erzählung nach e. wahren Begebenheit f. alt u. jung. (24 S.) gr. 8. Ebd. (911). — 20

Zum Segen. Eine Erzählung f. Alt u. Jung, nach e. wirkl. Begebenheit erz. von A[gnes] Vollmar. *Berlin: Wiegandt & Grieben [1901].* (20 S.) 8° [F.] [01. 1329]

—— Sibylle. Eine Erzählung. 8. (385 S.) Ebendas. 874. *

Sibylle. Eine Erzählung von A[gnes] Vollmar. 3. Aufl. *Berlin: Wiegandt & Grieben 1899.* (308 S.) 8° [F.] [00. 2346]

—— Sonntagskinder. Eine Erzählung nicht blos für Kinder. Mit einem Bilde (in Holzschn.) von O. Speckter. gr. 16. (32 S.) Berlin 870, Buchh. des Missions- und Frauen-Kranken-Vereins.

—— Sonntagskinder. Eine Erzählung nicht blos für Kinder. Mit 1 Bilde (in Holzschn.) von O. Speckter. 4. Aufl. 8. (32 S.) Berlin 876, Buchh. der Goßner'schen Mission. * cart. **

— Sonntagskinder. Eine Erzählg. nicht nur f. Kinder. Mit 1 Bilde v. O. Speckter. 6. Aufl. 12. (32 S.) Friedenau-Berlin 884. Buchh. der Goßner'schen Mission. n. — 20

— Sonntagskinder. Erzählung f. alt u. jung. (32 S.) gr. 8. Schwerin (910). F. Bahn. — 25

—— die Sperlinge sehen's. Eine Erzählung für Jung und Alt. 1.—4. Aufl. br. 8. (32 S. mit 1 Bilde, Holzschntaf.) Ebendas. 868—73.

—— die Sperlinge sehen's. Eine Erzählung für Jung und Alt. Mit 1 Bilde (in Holzschn.). 5. Aufl. 8. (32 S.) Ebendas. 877. * 20 Pf.; cart. **

— die Sperlinge sehen's. Eine Erzählg. f. Jung u. Alt. 6. Aufl. 12. (32 S. m. 1 Bild.) Ebd. 884. n. — 20

— Die Sperlinge sehen's. Erzählung f. alt u. jung. (28 S. m. 1 Abbildg.) gr. 8. Ebd. (911). — 20

Vollmar, A., im goldnen Stern. Eine Erzählg. f. Alt u. Jung. gr. 8. (16 S. m. 1 Abbildg.) Berlin (901). (Wiegandt & Grieben.) n.n. — 15

— zwei denkwürdige Tage. Erzählt f. Alt u. Jung. gr. 8. (8 S. m. Abb.) Ebd. 898. n.n. — 10

— Tannenreiser. Vier Erzählgn. br. 8. (65 S.) Berlin 871. Wiegandt & Grieben. n.n. — 50

— Tannenzweige. 5 Erzählgn. 2. Aufl. 8. (IV, 154 S.) Ebend. 887. n. 1. 50

—— Tannenzweige. Fünf Erzählgn. 3. Aufl. 8. (IV, 154 S. m. Abbildgn.) Ebd. 892. * 1 50

Das Testament. Eine Erzählung f. Alt u. Jung von A[gnes] Vollmar. *Berlin: Wiegandt & Grieben [1901].* (24 S.) 8° [F.] [01. 1329]

— der Thalhofbauer. Erzählg. f. Alt u. Jung. gr. 8. (16 S. m. 1 Abbildg.) Ebd. (902). n.n. — 15

— Treu bis in den Tod. Lebensbild des Dr. Friedr. Ribbentrop. br. 8. (32 S.) Berlin 869, Buchh. des Missions- und Frauen-Kranken-Vereins.
Aus: Volksblatt für Stadt und Land, besonders abgedruckt.

—— Treu bis in den Tod. Lebensbild des Missionars Dr. Friedr. Ribbentrop. 8. (32 S.) Ebendas. 875. * 20 Pf.; cart. **

— treu bis in den Tod. Lebensbild des Missionar Dr. Frdr. Ribbentrop. 5. Aufl. 8. (32 S.) Berlin 881. Buchh. der Goßner'schen Mission. n. — 20

— Unterwegs u. zu Hause. Erzählungen. 2. Aufl. 8. (371 S.) Berlin 880. Wiegandt & Grieben. n. 3. —; geb. n. 4. —

— unterwegs u. zu Hause. Erzählgn. 3. Aufl. 8. (III, 363 S.) Ebd. 894. n. 3. —

— vergieb. Eine Erzählg. f. Jung u. Alt. gr. 8. (32 S. m. 1 Abbildg.) Ebd. (901). n. — 20

— Vogelkinder — Menschenkinder. Eine Erzählung. gr. 8. (16 S. m. Abb.) Ebd. 898. n.n. — 15

Vollmar, A., von Einer, die gern reisen wollte. Eine Erzählung. gr. 8. (24 S.) Berlin (900). Wiegandt & Grieben. n. — 20

Von Einer, die gern reisen wollte. Eine Erzählung von A[gnes] Vollmar. 2. Aufl. *Berlin: Wiegandt & Grieben [1901].* (24 S.) 8° [Umschlagt. F.] [01. 1289]

— was wir sollen. (62 S. m. 1 Abbildg.) 8. Berlin (905). W. Schultze. Geb. n. 1. —
Die bisher von Wiegandt & Grieben debitierten kleinen Erzählgn. (sog. Grüne Hefte) u. Bunte Blätter ders. Verfass. liefert jetzt: Berlin, W. Schultze.

— Die Waschfrau u. ihr Kind. Erzählung f. alt u. jung. (12 S. m. 1 Abbildg.) gr. 8. Ebd. (911). nn — 10

— Weihnachten drüben — Weihnachten hüben. Eine Erzählg., auf Thatsachen beruhend. gr. 8. (32 S.) Ebend. 884. n. — 20

— ein wunderbarer Weihnachtsabend. Eine Erzählg. f. Jung u. Alt. 8. (32 S.) Ebend. 883. n. — 20

— 3 Weihnachtsabende. Eine Erzählg. [Mit e. Bilde (Holzschntaf.)] 3. Aufl. 8. (307 S.) Ebend. 874. n. 3. —

— drei Weihnachtsabende. Eine Erzählung. [Mit einem (Holzschn.-) Bilde.] 4. Aufl. 8. (307 S.) Ebend. 882. n. 3. —

— drei Weihnachtsabende. Eine Erzählg. [Mit 1 Bilde.] 5. Aufl. 8. (307 S.) Ebd. 889. n. 3. —

— drei Weihnachtsabende. E. Erzählg. 6. Aufl. 8. (306 S. m. 1 Bilde.) Ebd. 897. n. 3. —

— zwei frohe Weihnachtsfeste. Eine Erzählg. f. Jung u. Alt. 2. Aufl. gr. 8. (8 S.) Ebd. 893. n.n. — 10

— Weihnachtsgrün. 7 Geschichten 8. (223 S.) Ebend. 884. n. 2. —

— Weihnachtsgrün. Sechs Geschichten. 3. Aufl. 8. (232 S.) Ebd. 889. n. 2. —

— Weihnachtsgrün. 6 Geschichten. 5. Aufl. 8. (III, 231 S. m. Abb.) Ebd. 897. n. 2. —

—— ein Weihnachtskind. Erzählung für Jung und Alt. 8. (16 S.) Berlin 877, Wiegandt und Grieben. *

— der kleine Weltbeglücker. E. Erzählg. f. Jung u. Alt. gr. 8. (8 S.) Ebd. 896. n.n. — 10

— wie Kopf u. Herz gesund wurde. E. Erzählg. f. Alt u. Jung. gr. 8. (24 S. m. 1 Abb.) Ebd. 896. n. — 20

— wo ist das Glück? Eine Erzählg. gr. 8. (24 S. m. Abbildgn.) Ebd. 894. n. — 25

Vollmar, B., s. Vollmar, P.

Vollmar, Chr., der Kampf gegen Traubenwickler od. Heu- u. Sauerwurm (Tortrix ambiguella), sowie gegen den echten Mehltau (Oidium tuckeri). Ratschläge e. Winzers. Erfolgreiche Versuche u. Beobachtgn. aus dem prakt. Weinbau. gr. 8. (16 S.) Neuwied 902. Heuser's Verl. n. — 30

Vollmar, Chr. Fr., über d. Frage: Wie lernt ein Lehrer seine Schüler kennen, um e. jeden nach seiner individuellen Beschaffenheit im Unterricht u. in d. Zucht behandeln zu können? e. Preisschrift. 8. Tübing. 803. Heerbrand. 4 ℛ 2e Aufl., mit einer Preisschrift vermehrt: Welches sind die d. öffentl. Schulanstalten eigenthüml. Fehler etc.? 8. Ebd. 814. Osiander. 10 ℛ
Vgl. Vollmer, C. F.

Vollmar, Frz. Deutsche Fibel f. das erste Schuljahr. Nach analytisch-synthet. Schreiblesemethode bearb. gr. 8. (63 S. m. Abbildgn.) Fulda 891, (G. Nehrkorn). geb. ** — 45

Vollmar, Friedrich, s. Vollmer

VOLLMAR, G. Ueber Siedepuncte und specifische Volumina der Halogensubstitutionsproducte des Aethans. (Tübingen) Stuttgart, 1882.

***Vollmar*, G. B., de auditus fabrica ac soni theoria physica 8. (Cassel) 795. Krieger. 2 ℛ**
Vgl. Volmar, Ge. Bern.

Vollmar, Geo. v., üb. die nächsten Aufgaben der deutschen Sozialdemokratie. 2 Reden, geh. am 1. Juni u. 6. Juli 1891 im „Eldorado" zu München. gr. 8. (24 S.) München 891. M. Ernst. n. — 15

Vollmar, Geo. v., über die nächsten Aufgaben der deutschen Sozialdemokratie. 2. Aufl. gr. 8. (51 S.) München 899. M. Ernst. n. — 40

Vollmar, Geo. v., Zur Aufklärung für Mittel- und Klein-Bauern, Häusler und Gütler und die sonstige arbeitende Bevölkerung auf dem Lande. Rede des Reichst.-Abg. Vollmar zu dem Antrag d. Abgg. Graf v. Kanitz etc. wegen Ankaufs und Verkaufs von ausländischem Getreide nur für Rechnung des Reichs. (Sitzung des Reichstages vom 30. März 1895.) 8°. Nürnberg, Wörlein u. Co., 1895.

— Die Bauern und die Socialdemokratie. Rede des Abg. G. v. V. zu den Wirtschaftsreform-Anträgen der Abgg. Dr. Jäger u. Genossen in der Sitzung der bayer. Abg.-Kammer vom 24. Okt. 1893. 8°. Nürnberg, Wörlein u. Co., 1893.

— für die Freiheit der Kunst! Rede gegen die §§ 184a u. b der sogenannten Lex Heinze, geh. in der Sitzung des Reichstages vom 15. III. 1900. gr. 8. (16 S.) Ebd. 900. — 15

Vollmar, Geo. v., Lehren u. Folgen der letzten Reichstagswahlen. (27 S.) gr. 8. München (903). Buchdruckerei u. Verlagsanstalt G. Birk & Co. n. — 20:

— Der isolirte socialistische Staat. Eine socialökonomische Studie. 8°. Zürich, Volksbuchhdlg., 1878.

Vollmar, G. v.,

— Ueber Staatssocialismus. 8°. Nürnberg, Wörlein, 1892.

Vollmar, Geo., der gegenwärtige Stand der Waldschutzfrage. [Aus: „Staatswirthschaftl. Abhandlgn."] gr. 8. (22 S.) Heidelberg 880. Weiss' Verl. n. — 60

Vollmar, Geo., der gegenwärtige Stand der *Waldschutzfrage*. (Sep.-Abdr. aus den „Staatswirthschaftl. Abhandlungen".) Leipzig, Erich Koschny, 1880. Gr. 8°. 22 S. Cart.

Vollmar, Geo., Waldverwüstung u. Ueberschwemmung. E. Kapitel zur Grund- u. Bodenfrage. [Aus: „Volksstaat".] 8. (23 S.) Hottingen-Zürich 884. Berlin, Buchh. d. Vorwärts. n. — 10

Vollmar, H., u. G. Geltner, siehe: Magazin für Pflanzenliebhaber.

Vollmar, Heinr., katholische militärkirchliche Dienstordnung, s. Richter, Mart.

Heinrich [**Vollmar**], Titularbischof von Pergamon, Kath. Feldpropst d. preuß. Armee: [Fastenhirtenbrief. 1.] (Berlin 1904.) [Fing. T.] 4° [F.] [07. 7779

Vollmar, H., katholisches Gesangbuch f. Männerchöre. Eine Auswahl der schönsten deutschen Kirchenlieder alter u. neuerer Zeit nebst dem „Requiem" u. einigen anderen latein. Gesängen, dreistimmig u. vierstimmig. bearb. u. m. e. Anh. v. Ablaßgebeten versehen. gr. 16. (VIII, 271 S.) Trier 872. Groppe. n. 1. 35

Heinrich [**Vollmar**], Titularbischof von Pergamon, Kath. Feldpropst d. preuß. Armee: [Hirtenschreiben an die Militärseelsorger bei Antritt seines Amtes]. (Berlin 1904.) [Fing. T.] (29 S.) 4° [F.] [07. 7780

Vollmar, H., die Königs-Krone im Lichte d. Christentums. Predigten, geh. am Geburtsfeste Sr. Maj. des Kaisers u. 3 Eidesreden. 8. (III, 90 S.) Dülmen 895. A. Laumann. 1. —

— die Königskrone im Lichte des Christentums. Predigten, geh. am Geburtsfeste Sr. Maj. des Kaisers u. drei Eidesreden. 2. Aufl. (91 S.) 8. Dülmen 904. A. Laumann. n. 1. —

Vollmar, Heinr., der katholische Soldat ausgerüstet mit den Waffen des Glaubens. Ein Gebetbüchlein für Kriegs- und Friedenszeiten. 24. (254 S. mit 5 Tondr.-Bildern.) Einsiedeln 888, Benziger und Comp. geb. *

Der Katholische Soldat ausgerüstet mit den Waffen des Glaubens. Ein Gebetbüchlein f. Kriegs- u. Friedenszeiten. Von Heinrich Vollmar. Divisionspfarrer. *Einsiedeln, Köln: Benziger & Co. [um 1902].* (254 S.) 8° [F.] [03. 14171

Vollmar, Heinr., der katholische Soldat, ausgerüstet m. den Waffen des Glaubens. Ein Gebetbüchlein f. Kriegs- u. Friedenszeiten. 6. neubearb. Aufl. (271 S. m. 2 Vollbildern.) 16. Einsiedeln (910). Verlagsanstalt Benziger & Co. Geb. in Leinw. — 70; in Ldr. 1. 60

— Seelsorgliche Vorbereitung junger Männer auf den Soldatenstand. (47 S.) kl. 8. Paderborn 909. F. Schöningh. — 30
Erweit. Sep.-Abdr. aus: „Theol. u. Glaube".

Vollmar, Johann Konrad (Kassel) A. S. 578/60

Dissertatio juridica inauguralis ad l. nuptias 30. de reg. jur. verum sensum istius regulae et genuinam differentiam inter sponsalia et matrimonium exhibens.
Hermann Zoll.
Rinteln (Enax) IX. 1715. 38 S.
35442

VOLLMARUS, Joh. Ulr. (Serv. Anh. ss. Theol. stud.), auct. & resp., (praes. M. *Chrn. Weisius*, Cygneus, ss. Theol. cult. et alumn. elect.), Dissertatio de spuriis in ecclesia et re litteraria claris, Von Gelehrten Huren-Kindern. (Die Promotion fand zu Wittenberg 28. Apr. 1693 statt.) Recusa Vittembergae A. 1735. In offic. viduae Aug. Kobersteinii. 4°. (12 Sgr. Scheible, vor 1875; jetzt theurer!)

— — Dasselbe. Vittembergae 1748. 4°. 64 S. (2 Mk. 50 Pfg. Adolf Weigel, 1905.)

Vollmar, Karl Anton Joseph (Erbach) A. S. 9/26

Lustige, jedoch nützliche Sacraments=Gedancken de matrimonio dotato occasione Der . . . zu Berlin auffgerichteter Jungfern=Cassa.
Präs. Johann Friedrich Hertling.
Heidelberg (Mayer) IX. 1712. 48 S.

W. v.: Kaspar Bitzberger, J. Jakob Englert, J. V. Bender. 35443

Vollmar, Max, Knospen u. Blumen vom Pfade des Lebens. Ernste u. heitere Gedichte aus der Pfalz. (IV, 88 S.) kl. 8. Kaiserslautern 907. H. Kayser. nn 1.50; geb. 2. —

Vollmar, P., Aufgaben f. das Kopf- u. Tafelrechnen. Umgearb. v. J. G. Wanner. 13. Aufl. 2. Ausg. der neuen Bearbeitg. 4. u. 5. Hft. 8. (à 24 S.) Schaffhausen 897. P. Meili. à n. — 20

Vollmar, P., u. K. Keller, Aufgabensammlung für das Kopf- u. Tafelrechnen, s. Aufgabensammlung.

Vollmar, P., u. K. Keller, Aufgabensammlung f. das Kopf- u. Tafelrechnen, s. a.: Keller, K.

Vollmar, P., Aufgabensammlung für das Kopf- u. Tafelrechnen in den 2 ersten Schuljahren. 2 Hfte. u. Auflösungen. 8. (à 24 S.) Schaffhausen 877. Schalch. n. — 80
1. Das Rechnen im Zahlenraum bis 20. n. — 20
2. Das Rechnen im Zahlenraum bis 100. n. — 20
Auflösungen zu den 2 Hftn. n. — 40

Vollmar, P., Aufgabensammlung f. das Kopf- u. Tafelrechnen in schweizerischen Volksschulen. 10. Aufl. 2. Hft. 8. (24 S.) Schaffhausen 887. Kober. n. — 20

Vollmar, P., Aufgabensammlung f. das Kopf- u. Tafelrechnen. Neu bearb. v. J. G. Wanner. 12., umgearb. Aufl. 2.—5. Hft. 8. (à 24 S.) Schaffhausen 893. Th. Kober. à n. — 20

— dasselbe. Ausg. f. Lehrer. 3.—5. Hft. 8. (à 24 Doppels.) Ebd. 893. à n. — 50

— Aufgabensammlung f. das Kopf- u. Tafelrechnen. Neu bearb. v. J. G. Wanner. 12., umgearb. Aufl. 1., 7. u. 8. Hft. 8. (à 24 S.) Ebd. 894/95. à n. — 20

— dasselbe. Ausg. f. Lehrer. 6.—8. Hft. 8. (à 48 S.) Ebd. 894. 95. à n. — 50

Vollmar, P., Aufgabensammlung f. d. Kopf- u. Tafelrechnen. Neu bearb. v. J. G. Wanner. 13. Aufl. 2. u. 6. Heft. 2. Ausg. d. neuen Bearbeitg. 8. (à 24 S.) Schaffhausen 898. P. Meili. à n. — 20

Vollmar, P., Aufgabensammlung f. das Kopf- u. Tafelrechnen. Neu bearb. v. J. G. Wanner. 7. Hft. 13. Aufl. 2. Ausg. der neuen Bearbeitg. 8. (24 S.) Schaffhausen 899. P. Meili. n. — 20

Vollmar, Paul, und Ludw. Eckardt, die Schillerfeier, s. Eckardt, Ludw.

Vollmar, Wilhelm, Medizinalprakt.: Beitrag zur Casuistik und Aetiologie der Jacksonschen Epilepsie. ⟨Mit 2 [vielm. 1] Abb.⟩ München 1907: Kastner & Callwey. 32 S. 8°
München, Med. Diss. v. 17. Aug. 1908, Ref. v. Bollinger
[Geb. 14. Juni 81 Braunschweig; Wohnort: Braunschweig; Staatsangeh.: Braunschweig; Vorbildung: Neues Gymn. Braunschweig Reife O. 02; Studium: Göttingen 2, München 2, Göttingen 1, München 5 S.; Coll. 17. Aug. 08; Approb. 3'. Juli 08.] [U 09. 3418

Vollmayer, Dr. J., Versuch e. Geschichte d. österreich. Strafgesetzgebung. gr. 8. Wien 784. v. Mösle. 12 gr

VOLLMAYER, J.: Versuch einer Geschichte der österr. Strafgesetzgebung. Wien. 1804. 8. (8 Gr.)

VOLLMAYR, Joseph (Passau): Dr. Wilhelms's Behandlung der Knochenbrüche in den Extremitäten.- München: Deschler 1841. 16 S.
28.8.1839 - Urk (Titel: De fracturis extremitatum.); F 64 (: Wollmayr)
Diss. Ingolst.-Landsh.-Mchn.

Völlmecke Johann: Ueber die Antinomien des Platonischen Dualismus nach dem Prinzip der Heterogonie der Zwecke.
II. 1910 PN 2952 **Diss.** Wien, Univ. 147

Vollmeister, Geo., Anmerkk. über d. Zimmerkunst u. d. Zimmermaterialien zu derselben. 8. Kopenh. 798. Brummer. 2 gr

Vollmer, Dr. ..., Natur- u. Sittengemälde d. Tropenländer. Skizze e. Reise durch Süd-Amerika u. um d. Welt, in 14 Vorlesungen. Mit 1 Kpf, 8 Abbildd. u. 1 Karte. gr. Fol. Münch. 828. 2e A. 829. Ebd., (Jaquet). 3 rß Velinp. 3 rß 12 gr Imperialvelinp. 4 rß 8 gr (Brockhaus in Leipz.) Hbg. Pr. 1 rß 12 gr
Vgl. Vollmar

Vollmer, Adf., quaeritur unde belli Punici secundi scriptores sua hauserint. Dissertatio inauguralis. gr. 8. (68 S.) Göttingen 872. (Peppmüller.) n. 1. —

Vollmer, A. Die Quellen der dritten Dekade des Livius. 27 S. Progr. Rpg. *Düren* 1881.

Vollmer, A., die Quellen der 3. Dekade des Livius. 4. (27 S.) Berlin 881. (Mayer & Müller.) n. 1. 20

Vollmer, A., Die Quellen der dritten Dekade des Livius. Pr. 1887. 27 S. 4°.

Vollmer, Al. J., s. Beilhack, J. G., Uebersicht d. sprachl. u. literar. Denkmäler d. deutschen Volkes.

Vollmer, Al. J., neüentdeckte Beügarten d. hochbeütschen Sprache, ausgearb. v. Karl Roth. 8. (4¼ B.) Passau 833, Pustet.

— s. G. J. Caesar, Denkwürdigkeiten.

— s. Dichter des deutschen Mittelalters, 1. u. 5. Bd.

Vollmer, Aloys Philipp: Handwerk und Gewerbe, Handel und Verkehr in den ehemaligen Stiftsgebieten Essen und Werden, sowie in der Reichsstadt Essen zur Zeit der französischen Herrschaft 1806—1813. Ein Beitr. z. Wirtschaftsgeschichte d. Großherzogt. Berg. Essen-Ruhr 1909: Fredebeul & Koenen. 57 S. 8°
Münster, Phil. Diss. v. 30. Aug. 1909, Ref. Spannagel
[Geb. 24. Juni 86 Hörde; Wohnort: Essen a. R.; Staatsangeh.: Preußen; Vorbildung: Gymn. Essen Reife O. 05; Studium: Münster 3, Lüttich 1, Kiel 1, Münster 3 S.; Rig. 3. März 09.] [U 10. 3812

Vollmer, C., die Weibertreue v. Weinsberg, s.: Bibliothek, neue, f. das deutsche Theater.

Vollmer, C. F., üb. die Frage: Wie lernt ein Lehrer seine Schüler kennen, um einen jeden nach sein. individuellen Beschaffenheit ꝛc. Welches sind die den öffentlichen Schulanstalten eigenthümlichen Fehler ꝛc. zwei Preisschriften. 2te Aufl. 8. Tübing. Osiander. 814. -
Vgl. Vollmar, Chr. F.

Vollmer, Carl Gottfried Wilhelm, s. Vollmer, Karl Gottfried Wilhelm

Vollmer, E., über balneologische Behandlg. d. Lues, s.a. Archiv d. Balneotherapie u. Hydrotherapie, I, 1.

Über balneologische Behandlung der Lues v. Dr. E. Vollmer, Bad Kreuznach ... *Halle a. S.: C. Markold 1897.* (20 S.) 8.
= Archiv d. Balneotherapie u. Hydrotherapie. H. 1. [97. 4842

— Haut, Haare, Nägel, s.: Schultz, H.

Die Tuberkulose als Volkskrankheit und deren Bekämpfung. Eine kurze Belehrung für alle. Von Kreisarzt Dr. E. VOLLMER-SIMMERN. Berlin 1909. Herausgegeben vom Deutschen Zentral-Komitee zur Bekämpfung der Tuberkulose. (Druck von Trowitzsch & Sohn, Berlin.) 8°.

Vollmer, Ed., Berliner Theater-Kritiker. Eine Kritik der Kritik. [Karl Frenzel. F. Mauthner. Paul Lindau. Th. Fontane. Fr. Adami. O. Blumenthal. R. Elcho. A. Rosenberg. O. Brahm. Th. Zolling.] 2. Aufl. 8. (74 S.) Berlin 884. Internationale Buchh. n. 1. 25

Vollmer, Emil [aus Bonn]: Aus d. pharmacolog. Institute d. Univ. Bonn. Experimentelle Studien über die Behandlung des Schlangenbisses ... Düsseldorf, Buchdr. v. F. Richter, 1892; 28 S., 2 Bl. 8.
Bonn, Med. Fak., Inaug.-Diss. v. [7. März] 1892

Vollmer, Erich, s.a. **Gedicht**, das mittelenglische, The boke of cupide.

Vollmer, Erich: Das Mittelenglische Gedicht 'The Boke of Cupide' ⟨'The Cuckow and the Nyghtyngale'⟩. Ein textkritischer versuch nebst untersuchungen über versbau, sprache und verfasser des gedichts. *Berlin (1897): E. Ebering.* (55 S.) 8° ¶(Erscheint vollständig in: Berliner Beiträge zur germanischen und romanischen Philologie. (F. germ. Abt. Nr. 8.)
Berlin, Phil. Diss. v. 27. Okt. 1897

Vollmer, Ernst, Referendar, bacc. iur.: Ist das auf rechtswidrigem Grunde beruhende abstrakte Schuldversprechen nichtig? Borna-Leipzig 1910: Noske. VIII, 46 S. 8°
Leipzig, Jur. Diss. v. 10. Sept. 1910
[Geb. 18. April 82 Berlin; Wohnort: Frankfurt a. M.; Staatsangeh.: Preußen; Vorbildung: Lessing-Gymn. Frankfurt Reife O. 02; Studium: Marburg 6, Bonn 2 S.; Rig. 12. Dez. 08.] [U 11. 2972

Vollmer, F. G., Jenny Rochert. Schausp. in 4 Akten. 8. (120 S.) Berlin (Marienstr. 25 IV) (898). Selbstverlag. n.n. 1. 60

Vollmer, Ferdinand: Friedrich Wilhelm I. und die Volksschule. T. 1. Göttingen 1909: Dieterich. 40 S. 8° ¶(Ersch. vollst. als Buch b. Vandenhoeck & Ruprecht, Göttingen.) [Nachträglich geliefert.]
Göttingen, Phil. Diss. v. 12. Aug. 1909, Ref. M. Lehmann
[Geb. 15. Dez. 73 Steinkirchen, Kr. Jork; Wohnort: Steinkirchen; Staatsangeh.: Preußen; Vorbildung: Königstädt. Gymn. Berlin Reife M. 06; Studium: Berlin 2, Göttingen 5 S.; Rig. 12. Mai 09.] [U 10. 1478

Vgl. Vollmer, Frdr.

Friedrich Wilhelm I. und die Volksschule. Von Dr. phil. F[erdinand] Vollmer. Göttingen: Vandenhoeck & Ruprecht 1909. VI, 200 S. 8°
Erw. Göttinger phil. Diss. v. J. 1909.
Vgl. Vollmer, Frdr.

Vollmer, Friedrich

— Goethes Götz v. Berlichingen, s.: Klassiker, die deutschen, erläutert u. gewürdigt, f. höhere Lehranstalten. 14. Bdchn.

Vollmer, Frdr., Goethes Egmont s.: Klassiker, die deutschen, erläutert u. gewürdigt. 11. Bdchn.

Vollmer, Frdr., Friedrich Wilhelm I. u. die Volksschule. (VI, 200 S.) gr. 8. Göttingen 909. Vandenhoeck & Ruprecht. 3. 60
Vgl. Vollmer, Ferdinand

Vollmer, Fridericus *Carolus* [Rhenanus]: De funere publico Romanorum ... (Aus: Jahrb. f. class. Philol. Suppl.-Bd XIX. — Der Rest erscheint ebd.) Lipsiae, typ. B. G. Teubneri, 1892; 2 Bl., 321—345 S., 1 Bl. 8.
Bonn, Phil. Fak., Inaug.-Diss. v. 22. Juni 1892

Vollmer, F. De funere publico Romanorum. gr. 8. (S. 319—364.) Lpz. 892, Teubner. * 1 20

— Die kleineren Gedichte Vergils. (S. 335—374.) gr. 8. München 907. G. Franz' Verl. — 60
Sonderabdr. a.: „Sitzungsber. d. bayer. Akad. d. Wiss."

—— laudationum funebrium Romanorum historia et reliquiorum editio. Scripsit et recensuit F. V. gr. 8. (S. 445—528.) Ebd. 891. * 2 40
Vorstehende 2 Schriften sind aus: Jahrbb. f. class. Philologie, besonders abgedruckt.

— Lesungen u. Deutungen, s.a. Sitzungsberichte der kgl. bayer. Akademie der Wissenschaften. Philos.-philol. u. histor. Kl. 1909. IX.

Lesungen und Deutungen von Friedrich Vollmer. München: Kgl. Bayer. Akad. d. Wiss. 1909. 20 S. 8°
(Sitzungsberichte d. Kgl. Bayer. Akademie d. Wiss. Philos.-philol. u. hist. Kl. Jg. 1909, Abh. 9.)

— P. Virgilii Maronis iuvenalis ludi libellus, s.a. Sitzungsberichte der königl. bayer. Akademie der Wissenschaften. Philos.-philol. u. histor. Kl. 1908. XI.

P. Virgilii Maronis iuvenalis ludi libellus von Friedrich Vollmer. München: Akad. d. Wiss. 1908. 82 S. 8°
(Sitzungsberichte d. Kgl. Bayer. Akad. d. Wiss. Philos.-philol. u. hist. Kl. Jg. 1908, Abh. 11.) [09. 9393

— s.a. Merobaudes, Fl., reliquiae.

Vollmer, Frdr., das Nibelungenlied, s.: Klassiker, die deutschen, erläutert u. gewürdigt. 10.

Vollmar, Frdr., das Nibelungenlied, s.: Kuenen, E., u. M. Evers, die deutschen Klassiker.

— s.: Poetae latini minores.

— Goethes Torquato Tasso, s.: Klassiker, die deutschen, erläutert u. gewürdigt f. höhere Lehranstalten. 15. Bdchn.

— die Ueberlieferungsgeschichte des Horaz. (64 S.) gr. 8. Leipzig 905. Dieterich. n. 1. 60
Sonderabdruck aus: „Philologus. Suppl.-Bd."

Die Umdeutung eines Römersteines. Eine Fundgeschichte aus d. Zeit d. Gegenreformation. Von F[riedrich] Vollmer. [1.] 2. München: Akad. 1910–11. 8°
(Sitzungsberichte d. Kgl. Bayer. Akad. d. Wiss. Philos.-philol. u. hist. Kl. Jg. 1910, Abh. 14. Jg. 1911, Abh. 13.) A 12. 3375 8

Die Umdeutung eines Römersteines. Eine Fundgeschichte aus d. Zeit d. Gegenreformation. Von F[riedrich] Vollmer. München: Akad. 1910. 24 S. 8°
(Sitzungsberichte d. Kgl. Bayer. Akad. d. Wiss. Philos.-philol. u. hist. Kl. Jg. 1910, Abh. 14.) [11. 7744 3

Friedrich Wilhelm Vollmer

Frid[ericus] Guilielm[us] Vollmer: De Febre flava sporadica. Gryphiswaldae 1818. 41 S. 8°
Greifswald, Med. Diss. v. 1818

Vollmer, Fritz *Franz Andreas* [cand. med., aus Döllnitz i. Saalkr.]: Über die Konstanz der Kindeslagen bei wiederholten Geburten ... Halle a. d. S., Druck v. O. Hendel, 1895; 24 S., 3 Bl. 8.
Halle, Med. Fak., Inaug.-Diss. v. 7. Aug. 1895

Vollmer, G., u. A. Heinemann, Statistisches üb. das Volksschulwesen im Herzogt. Braunschweig. Zur Feier des 50jähr. Bestehens des braunschweig. Landeslehrervereins gesammelt u. übersichtlich dargestellt. gr. 8. (32 S.) Braunschweig 900. J. H. Meyer. n. — 75

Vollmer, Gf. Dietr. Lebr., (Buchhändler, † d. 30. April 1815.) Originalien zu einer aprioriſchen Conſtruktion des Dr. Rink, eine Gratulationsschrift an diesen Hochwürdigen bei seinem Einzuge in Danzig. 8. Hamb. 802. Vollmer. (Herold jun.) 5 gr

— fragmentirte Skizzen u. Skelette übers Theater u. d. Schuch'sche Schauspielergesellschaft. 8. Danzig 790. N. A. 792.

Vollmer, Gust. Adolph. (geb. Wernigerode 28. 7. 1834): De perinaei observatione inter partum. Berolini (1859). (32 S.) 8°
Berlin, Med. Diss. v. 3. Mai 1859

Vollmer, H., Anleitung zur Bedienung u. Instandhaltung v. Aufzügen jeglicher Art, m. e. Anh.: Vorschriften vom 19. I. 1900 betr. Einrichtg., Beaufsichtigg. u. Betrieb v. Aufzügen. 8. (32 S.) Frankfurt a/M.-Bockenheim 902. A. Kullmann. n. 1. 25

Vollmer, H., das neue Rathaus in Stuttgart, s.: Jassoy, H.

Vollmer, H. G., deutscher Universal-Briefsteller f. alle Stände. Enth. die Regeln d. Rechtschreib. u. Anweis., alle Arten v. Briefen u. schriftl. Aufsätzen richtig u. allgem. verständl. zu verfassen rc. 8., verb. u. verm. Aufl., bearb. v. Friedr. Bauer. 8. (27 B.) Quedlinburg 839, Basse.

Vollmer's, H. G., deutscher Universal-Briefsteller für alle Stände. Neu bearb. von Fr. Bauer. 9. verb. u. verm. Aufl. 8. Quedlinburg 844, Basse. 1/2 ℛ

Vollmer's, H. G., Deutscher Universal-Briefsteller für alle Stände. Enthaltend die Regeln der Rechtschreibung u. Anweisung, alle Arten von Briefen u. schriftlichen Aufsätzen rc. zu verfassen. Neu bearb. von Frdr. Bauer. 10. verb. u. verm. Aufl. 8. (VIII u. 325 S.) Quedlinburg 851, Basse. 1/2 ℛ

Vollmer's, H. G., deutscher Universal-Briefsteller für alle Stände. Enthaltend die Regeln der Rechtschreibung u. Anweisung, alle Arten von Briefen u. schriftlichen Aufsätzen, als: Eingaben, Bitt- u. Beschwerdeschriften, freundschaftliche, glückwünschende, tröstende rc. Briefe rc. richtig u. allgemein verständlich zu verfassen. Neu bearb. von Frdr. Bauer. 12., verb. u. verm. Aufl. Quedlinburg 861. Basse. 8. (VIII, 388 S.) 15 ngr

Vollmer, Hans, s.a. Adambuch, e. deutsches.

Vollmer, Hans: Ein deutsches Adambuch. Nach e. ungedr. Hs. d. Hamburger Stadtbibl. aus d. 15. Jh. Hrsg. u. untersucht. Mit 2 Ill. Hamburg 1908: Lütcke & Wulff. VI, 51 S. 4°(8°)
Hamburg, Gelehrten-S d. Johanneums P 1908 (951) [S 08. 502

— Jesus u. das Sacaeenopfer. Religionsgeschichtliche Streiflichter. (32 S.) 8. Giessen 905. A. Töpelmann. n. — 60

Vollmer, Hans *August* [app. Arzt aus Bielefeld]: Zur Kasuistik der angeborenen Genitalverschlüsse. '(4 Fälle aus d. Marburger gynaekolog. Klinik.)' ... Marburg, O. Ehrhardt, Univ.-Buchh., 1894; 38 S., 1 Bl. 8.
Marburg, Med. Fak., Inaug.-Diss. v. 8. Okt. 1894

Vollmer, Hans, zur Kasuistik der angeborenen Genitalverschlüsse. Diss. gr. 8. (38 S.) Marburg 894. O. Ehrhardt. — 75

Vollmer, Hans, der deutsch-französische Krieg 1870/71, s.: Sammlung belehrender Unterhaltungsschriften f. die deutsche Jugend. 3. Bd.

Vollmer, Hans, der deutsch-französische Krieg 1870/71, s.a. Sammlung belehrender Unterhaltungsschriften f. die deutsche Jugend. 4.

Der deutsch-französische Krieg 1870/71. Aus Urkunden, Briefen, Tagebüchern u. nachträgl. Aufzeichn. von Augenzeugen beider Parteien zsgest. durch Hans Vollmer. T. 1. 2. *Berlin: H. Paetel 1902–03.* 2 Bde 8° [F.]
1. Der Krieg mit d. Kaisertum. Mit 4 Karten. 1902.
2. Der Krieg mit d. Republik. Mit 6 Karten. 1903.
= Sammlung belehrender Unterhaltungsschriften f. d. deutsche Jugend. Bd 3. 4. [03. 1803

Vollmer, Hans, vom Lesen u. Deuten heiliger Schriften, s.a. Volksbücher, religionsgeschichtliche. III, 9.

Vom Lesen und Deuten heiliger Schriften. Geschichtl. Betrachtungen. Von Lic. Hans Vollmer-Hamburg. 1.–10. Taus. Tübingen: J. C. B. Mohr 1907. (64 S.) 8° [F.]
= Volksbücher, Religionsgeschichtliche, f. d. deutsche christl. Gegenwart. Reihe 3. H. 9. [07. 16578

— s.: Paetel's, Herm., Bücherei.

— vom evangel. Religionsunterricht an höh. Schulen. Unter Mitwirkg. v. Adf. Metz, Heinr. Rinn u. Frdr. Seyring hrsg. gr. 8. (VII, 52 S.) Tübingen 900. J. C. B. Mohr. n. 1.—

— s.: Sammlung belehrender Unterhaltungsschriften f. die deutsche Jugend.

— Franz Stuck, s.a. Männer, bedeutende, aus Vergangenheit u. Gegenwart. XI.

Franz Stuck. Bearb. von Hans Vollmor. *Berlin: H. Schildberger [1902].* (31 S.) 8° [F.]
— Männor, Bedeutende, aus Vergangenheit u. Gegenwart. 11.

Vollmer, Hans, vom Unterricht in d. Muttersprache Zum Gedächtn. Philipp Wackernagels. [Aus: „Evangel. Schulbl."] gr. 8. (27 S.) Gütersloh 897. C. Bertelsmann. n. —40

Vollmer, Hans, die alttestamentlichen Citate bei Paulus, textkritisch u. biblisch-theologisch gewürdigt, nebst e. Anh.: Ueber das Verhältnis des Apostels zu Philo. gr. 8. (VIII, 103 S.) Freiburg i/B. 895. J. C. B. Mohr. n. 2. 80

Stadt und Amt Rheine von Heinrich Vollmer. T. 1. Beiträge z. Entwickelungsgeschichte d. ehemaligen Pfarrbezirks Rheine von d. ältesten Zeiten bis z. Erhebung d. Ortes z. Stadt i. J. 1327. [Mehr nicht ersch.] M.Gladbach: Selbstverl. 1903. 93 S. 8°

Vollmer, Henry, Lehrbuch der Photographie. Mit besond. Berücksicht. der Filmphotographie u. e. Anh. üb. bildmäss. Photographie. (97 S. m. Abbildgn. u. 4 Taf.) kl. 8. Leipzig (905). W. Möschke. n. —60

Vollmer, J., s.a. Entwürfe in d. Formen d. Mittelalters m. bes. Berücksicht. d. Backsteinbaues.

Vollmer J und H Jassoy, Entwürfe in den Formen des Mittelalters mit besonderer Berücksichtigung des Backsteinbaues. 1. Abt. (22 T) fol Berlin 1895

Vollmer, Johann Jakob Wilhelm

Vollmer, J. J. W., die physische Geographie, s.a. J. Kant.

Vollmer, Joh Jak. Wilh., Director, erster Professor des akad. Gymnasiums, Prediger an der Hauptkirche zu Thorn etc. Physische Geographie nach Kant'schen Ideen. I. Bd. 1. Abth. Mathematische Vorkenntnisse und allgemeine Beschreibung des Meeres. I. Bd. 2. Abth, welche die Fortsetzung der allgemeinen Beschreibung der Meere enthält. II. Bd. 1. Abth., welcher die allgemeine Beschreibung des Landes enthält. II. Bd. 2. Abth, welche den Aufriss und Durchschnitt des Landes enthält. III Bd. 1. Abth, die Beschreibung der Flüsse, Seen und der Atmosphäre enthaltend. III. Bd. 2. Abth, den Beschluss der Atmosphäre und des ganzen Werkes enthaltend. IV. Bd., der die neuen Anmerkungen zur Erläuterung der Theorie der Winde, Zusätze, Berichtigungen und Register zum ganzen Werke enthalt. Einzig rechtmässige Auflage. (4 Bde. in 7 Bde. gebunden.)
4. Mainz und Hamburg **1801—1805.**

— Handbuch d. Geschichte, philosoph. krit. Untersuch. alles dessen, was wir mit Bestimmtheit aus d. Geschichte wissen. 8. Hamb. Vollmer. 805. Rthlr.

Vollmer, Jh. Jak. Wlh., krit. Handbuch d. Geschichte für d. Jugend; e. Revision alles dessen, was wir mit Bestimmtheit aus d. Geschichte wissen. 8. Hamb. 805. (Herold jun.) 1 ℔

— s. J. Kant, phys. Geographie.

— Predigten u. Reden über Schwur, Taufe u. Abendmahl. 8. Hamb. 789. Vollmer. 8 ɣ Neue unveränd. Ausg. 819. Herold jun. 8 ɣ

Vollmer, J. J. W., über Schwur, Taufe und Abendmahl, Predigten und Reden. Unveränd. Ausg. 8. Hamburg, Herold. 819.

Vollmer, Johann Martin

— Jubel- u. Dankpredigt nach geendigten 50 Amtsjahren. gr. 8. Berl. 796. Maurers B. 2 ɣ

— Leben, s. Leben.

— Lebensbeschreibung, von ihm selbst entworfen. 8. Berl. 798. Nauck. 8 ɣ

Vollmer, J. M., Samml. ein. Predigten üb. freye Texte. gr. 8. Berlin, Pauli. 792.

Vollmer, Jh. Mart., († d. 20. Nov. 1798.) Samml. einiger Predigten über freie Texte. gr. 8. Berl. 792. (Reimer). 12 ɣ

Vollmer, Johannes

— Schwäbische Monumentalbrunnen, s.a. Studien, kunstgeschichtliche. 1. Heft.

Vollmer, Johannes, a. Groß-Lichterfelde: Schwäbische Monumentalbrunnen. (Kap. 1 und Kap. 2, 1.) (Berlin 1906: E. Ebering.) (43 S.) 8° ¶ (Das Ganze erscheint demnächst im Verlage von E. Ebering.)
Berlin, Phil. Fak., Ref. Wölfflin, Diss. v. 28. Juli 1906
[Geb. 16. Nov. 78 Großlichterfelde; Wohnort: Berlin; Staatsangeh.: Preußen; Vorbildung: Augustagymn. Charlottenburg Reife O. 99; Studium: Berlin 1, München 1, Berlin 5 S.; Rig. 29. Jan. 06.]

Vollmer, Ioannes *Arthur* [Rhenanus]: Theses theologicae ... ad licentiati in theologia evangelica honores impetrandos ... Bonnae, typ. C. Georgi typogr. acad., 1895; 2 Bl. 8.
Bonn, Ev.-theol. Fak., Thes. v. 26. Jan. 1895

Vollmer, K., Modell-Mappe. 85 Modelle in natürl. Größe f. geschweifte Geschirrteile. Eine Sammlg. moderner u. bewährter Muster auf 7 Taf. (je 101 × 70 cm.), nebst erläut. Text. gr. 8. (7 S.) Berlin (902). Berg & Schoch. In Mappe n. 6.—

Vollmer, K., der praktische Sattler, Riemer u. Täschner. Ein Hand- u. Nachschlagebuch aus der Praxis f. die Praxis. Mit 1046 Illustr. u. e. reichhalt. Sammlg. v. Modellschnittmustern. (IV, VIII, 691 S. m. 8 Schnittmusterbog. in Mappe.) Lex.-8. Leipzig (904). J. J. Arnd. Geb. in Leinw. n. 18.—

Der Sattler als Wagengarnierer. Ein ill. Handbuch mit genauer Erl. d. Zuschneidens aller Arbeiten beim Garnieren von Wagen u. unter Berücks. d. deutschen, franz. u. engl. Arbeitsmethoden u. d. deutschen, franz. u. engl. Geschmacks. Von K. Vollmer, Sattler. *Berlin: Berg & Schoch [1902].* (78 S.) 8° [F.]

Vollmer, K[arl]: Über die Schwankungen der Frequenz und Intensität der Lichtbogenschwingungen. Leipzig: J. A. Barth 1910. 95 S. 8° ¶ Aus: Jahrbuch d. drahtlosen Telegraphie u. Telephonie. Bd 3.
Danzig, Dr.-Ing.-Diss. v. 4. 8. 1909

Vollmer, Karl Gottfried Wilhelm

Vollmer, Carl Gottfried Wilhelm. Californien u das Goldfieber; Reisen in dem wilden Westen N-As. Leben u Sitten d Goldgräber, Mormonen und Indianer ... Von Dr. W. F. A. Zimmermann (pseud.). Berlin, 1863.

Vollmer, D., das Manufakturwaarengeschäft, s. Bischoff.

— Theorie des Handels, s. Gellert, R.

Vollmer, Paul, appr. Arzt: Zur Behandlung der Schädelschüsse im Felde. Berlin: G. Schade 1909. 45 S. 8°
Berlin, Med. Diss. v. 17. Juni 1909, Ref. Hildebrand
[Geb. 1. Mai 82 Wunstorf; Wohnort: Minden; Staatsangeh.: Preußen; Vorbildung: Gymn. Verden Reife O. 03; Studium: Berlin K. W. A. 10 S.; Coll. 14. Juni 09; Approb. 15. Juni 09.] [U 09. 119

Vollmer, Paul, die Einkommensteuer in Württemberg u. die Beschwerde gegen ihre Veranlagung nach dem Gesetz vom 8. VIII. 1903. Mit Fassions-Beispielen sowie Mustern f. Anträge u. Beschwerden. (VII, 263 S.) 8. Tübingen (910). A. & S. Weil. 2.90; geb. in Leinw. 3.50

Vollmer, Paul [aus Braunschweig]: Ueber das Zustandekommen der Querbrüche der Patella ... Berlin, Druck v. B. Paul, 1895; 24 S., 3 Bl. 8.
Berlin, Med. Fak., Inaug.-Diss. v. 22. März 1895

Vollmer, Richard Fritz

Vollmer, R. F., die im Königr. Sachsen gültigen Bestimmungen f. Kraftfahrzeuge, s. Handbibliothek, juristische.

Die im Königreich Sachsen gültigen Bestimmungen für Kraftfahrzeuge. Textausg. mit Anm. f. Behörden u. Kraftfahrer, hrsg. von Dr. R[ich.] F[ritz] **Vollmer**, Reg.R. Leipzig: Roßberg 1907. (IV, 89 S.) 8° [F.]
= **Handbibliothek,** Juristische. Bd 191. [c7 37

Vollmer, R. F., Pensionsrecht der sächsischen Gemeindebeamten, s.: Handbibliothek, juristische.

Vollmer, Theodor, approb. Arzt aus Dingelbe (Hann.): **Aus** d. pathol. Institute zu Kiel. Ein **Fall** von Aneurysma des Arcus mit Durchbruch in den Herzbeutel. *Kiel 1902: H. Fiencke.* (18 S.) 8°
Kiel, Med. Diss. v. [4. Aug.] 1902

Vollmer, W. (I.), die Erkenntniß, Vorbauung u. Cur d. Krätze. Ein Noth- u. Hülfsbüchl. f. jeden Familienvater. gr. 8. (1 1/2 B.) Siegen 839. (Wiesbaden, Friedrich'sche Vrlsh.) *

Vollmer, W., kleine Heimatskunde f. die Schulen der Prov. Hannover, s.: Rustmann, W.

Vollmer, W., s.: Lesebuch.

—— u. K. Dorenwell. Lesebuch f. Fortbildungsschulen m. besond. Berücksicht. der Prov. Hannov. Unter Beobachtg. d. neuesten ministeriellen Verfüggn. bearb. Ausg. A. (f. größere städt. Fortbildungsschulen). gr. 8. (IV, 336 S. m. Bildern.) Hannov. 890, C. Meyer. * 1 60; geb. * 1 90; Ausg. B. (f. kleinere ländl. Fortbildungsschulen). (IV, 268 S. m. Bildern.) * 1 20; geb. * 1 50

— s.: Lesebuch, hannoversches.

Vollmer, W., hannoversches Lesebuch, s.: Schlepper, H.

Vollmer, W., s. Lesebuch für Volksschulen.

—— **s. Lesebuch für mehrklassige Volks- und Bürgerschulen.**

— **Merkbuch f. die „dritte Pädagogik-Stunde" in Lehrer- u. Lehrerinnen-Bildungsanstalten (Klasse I). Zum tägl. Unterrrichtsgebrauche in der Seminar-Übungsschule f. Seminarlehrer, Lehr-Seminaristen u. -Seminaristinnen. 12. (V, 272 S.) Hannover 899. C. Meyer.** Geb. in Leinw. **n. 1. 50**

Vollmer, W., der heimatkundliche Unterricht f. die Schulen der Prov. Hannover, s.: Rustmann, W.

Vollmer, W. (II.), mathemat. Wandtafeln z. Gebr. d. Elementar-, Real-, Gewerbs- u. höh. Schulen. 8 Blätt., Imp.-Fol. Stuttgart 839, [Stoppani.] *

Vollmer, W., Wörterbuch der Mythologie aller Völker. 3. Aufl. gr. 8. (LXX, 456 S. m. eingedr. Holzschn.) Stuttgart 874. Hoffmann. n. 11. —

—— vollständ. Wörterbuch d. Mythologie aller Nationen. Eine gedrängte Zusammenstell. d. Wissenswürdigsten aus d. Fabel- u. Götterlehre aller Völker d. alten u. neuen Welt. 10 Lfgn. Lex.-8. (98 1/8 B. u. 129 Stahlst.) Stuttgart 836, Hoffmann'sche Vrlsh.

Vollmer, W., vollständiges Wörterbuch der Mythologie aller Völker. Eine gedrängte Zusammenstellung des Wissenswürdigsten aus der Fabel- u. Götterlehre der Völker der alten u. neuen Welt. 2. Aufl. Völlig umgearb. von Kern. 12 Lfgn. Lex. 8. (VI u. 1091 S. m. 1 Kpfrtaf. u. 120 lith. Taf.) Stuttgart 850, Scheitlin & Krais. (à 1/3 ℛ) 4 ℛ; in Engl. Einb. 4 1/2 ℛ

Vollmer, Dr. W., vollständiges *Wörterbuch der Mythologie aller Völker.* 2. Aufl. *Mit 1 Stahlst. u. 120 Kupfertaf.* Völlig umgearb. von Prof. *Kern.* Stuttgart 1851. Gr. 8⁰. Gepresster Orig.-Lwdb.; gutes Expl. der vergriffenen *grossen* Ausgabe.
VI—1091 S. — Bereits selten!

Vollmer, (W. F. A.,) s.a. Morvell, C.

MORVELL, Dr. (d. i. *W. F. A. Vollmer*), Erzählungen und Phantasiestücke. 2 Bde. Stuttgart 1836. 8⁰. 342 u. 320 S. (3 Mk. 50 Pfg. Taussig, Prag, 1907.)

MORVELL, Dr. (d. i. *W. F. A. Vollmer*), Memoiren eines Berliner Nachtwächters. 6 Bdchn. Dantzig, Verlag u. Druck von Fr. Sam. Gerhard. 1845. 8⁰.
Voll verfänglicher Liebeshändel und interess. Berliner Lokalgeschichten seit 1810. Selten! (8 Mk. H. Streisand, Berlin, 1908.)

Vollmer, Dr. Wlh., d. Gas-Erleuchtung. Eine physikalisch-ökonom. Abhandl. **über den Nutzen u. d.** vermeinten Gefahren d. Gas-Erleuchtung; nebst Beschreibung des dazu erforderl. Apparats, mit besond. Rücksicht auf Preußens Hauptstadt. Nebst 5 Steintaf. 8. **Berl. 826. Maurers B. 10 K**

— **Gedichte. 8. Greifsw. 181..**

Vollmer, Wilh., Volks-Arzneimittellehre. Gemeinfaßl. Belehrung über den richtigen Gebrauch u. die Wirkung der besten Hausmittel. Nebst e. Anhang: enthalt. mehrere Vorschriften z. Bereitung von Speisen u. Getränken f. Kranke u. Genesende. gr. 8. (11 1/2 B.) Siegen 845. [Wiesbaden,] Friedrich'sche Vrlgsh.

Vollmer's, Wilh., Volks-Arzneimittellehre. Das ist eine gemeinfaßliche Belehrung über den richtigen Gebrauch und die Wirkung der besten Hausmittel. Nebst Vorschriften zur Bereitung von Speisen und Getränken für Kranke und Genesende, eine tabellar. Uebersicht der Arzneimittel und der Krankheiten, gegen welche sie angewendet werden und einem Krankheitsregister. Für Nichtärzte besonders auch für Auswanderer. 2. (Titel-) Ausg. 8. (III und 182 S.) Wiesbaden 855, Friedrich's Vrlgsh.

Vollmer, Wm., vollständiges deutsches Vereinigten Staaten-Kochbuch. Ein Hand- und Hülfsbuch für Hausfrauen und Mädchen, Köche und Köchinnen in jeder Küche, oder Anweisung zur besten und billigsten Bereitung aller Arten Speisen, Getränke, Bäckereien ꝛc. Mit besond. Berücksichtigung der klimat. Verhältnisse und Produkte Amerikas. 8. (XXI und 165 S.) Philadelphia 863, (Schäfer und Koradi.) cart. *

Vollmer, Wm., vollständiges deutsches Vereinigten-Staaten-Kochbuch. Ein Hand- u. Hülfsbuch f. Hausfrauen u. Mädchen, Köche u. Köchinnen in jeder Küche, od. Anweisg. zur besten u. billigsten Bereitg. aller Arten Speisen, Getränke, Bäckereien, Gelées, Gefrorenem ꝛc. u. faßl. Anleitg. im Spicken, Dressiren d. Geflügels, Tranchiren, Einfassen der Schüsseln, Serviren der verschiedenen Speisen u. Getränke, sowie im Einmachen verschiedener Früchte. Mit besond. Berücksicht. der klimat. Verhältnisse u. Produkte Amerikas. 8. (XXI, 165 S.) Philadelphia 874. Schäfer & Koradi. 1. 50

Völlmer, Bernhard

Völlmer, B., üb. d. Einwirkg. v. Salzsäure auf metall. Natrium bei niederen Temperaturen, s.: Dorn, E.

Völlmer, Bernhard [aus Halle a. S.]: Die molekulare elektrische Leitfähigkeit von einigen alkoholischen Lösungen ... Halle a. S., Hofbuchdr. v. C. A. Kaemmerer & C., 1892; 43 S., 1 Bl., 2 Taf. 8.
Halle, Phil. Fak., Inaug.-Diss. v. 13. Apr. 1892

Völlmer, Bernhard [Dr.]: Die innere Reibung von Wasser, Methylalkohol, Athylalkohol [!], Äther, Benzol in der Nähe der Siedetemperatur. (Aus d. Festschrift d. Anstalt z. 200jähr. Jubelfeier d. Univ. Halle.) Halle a. S., Druck d. Buchdr. d. Waisenhauses, 1895; 26 S. 4.
Halle a. S., RG u. R d. Franckeschen Stiftungen, OP 1895 (267)

Voellmer, Bernhard, Dr.: Das elektrolytische **Verhalten** einiger Lösungen von essigsaurem Kali in Essigsäure. *Halle a. S. 1898: Waisenhaus.* (S. 55—79.) 4°
Halle a. S., RG u. OR d. Franckeschen Stiftungen, Festschr. 1898**

VOLLMINGHOFF gen. SELLMANN, Bernhard (Braubauerschaft/Westf.): Zur Casuistik der Operationen mit glühenden Instrumenten.- München: Wolf 1885. 26 S.
30.4.1885 - Urk (Titel: De operationibus instrumentis candentibus faciendis.); Chr 1884/85,21
Diss. Ingolst.-Landsh.-Mchn.

Vollmoeller, ..., s. 1) Lehrbuch zum Unterricht d. Jugend. 2) Reise zu den Tempeln d. Christen.

Vollmoeller, Carl Gustav, s. Vollmoeller, Karl Gustav

Vollmoeller, Dora: Die Fürsorge für die Handlungsgehilfinnen. Ein Vortrag. — Dresden: Burdach 1903. 16 S. 8°

Vollmöller, Dora, himmelwärts! E. Erinnerungsblatt. gr. 16. (13 S.) Dresden 898. J. Naumann. n. —25

REISEN zu den Tempeln der Christen und ihren Priestern; Eine wahrhafte Geschichte (von *Johann Georg Vollmöller*). 4 Stücke (soviel ersch.). Offenbach, gedruckt und zu finden bey Ulrich Weiß, 1776, 76, 77, 78. (Mit Verlegers-Signet auf allen 4 Titeln.) 8°. (6 Mk. 50 Pfg. Adolf Weigel, 1906.)
Nirgends citirtes (vielleicht nach einem englischen Originale bearb.) theologisches Curiosum, welches wegen mehrfacher unverblümter Erörterungen über sexuelle Verhältnisse, freie Liebe, Ehebruch, Ehescheidungspraxis etc. hier eine Stelle finden konnte.
1: Tit., 3 Bll. („Der Herausgeber an den Verfasser statt gewöhnlicher Dedikation"), 151 S. 2: Tit., 1 Bl. Vorr. (des ungenannten Verfassers), 156 S. 3: Tit., 1 Bl. Vorr., 156 S. 4: Tit., 158 S. — Anon.-Lex. III. p. 367 (nach Kayser u. Mittheilg. des Herrn Prof. Dr. Karl Vollmöller).

Vollmöller, Karl (Hrsg.), s. Armand de Bourbon Prinz v. Conti: Traité de la comédie et des spectacles.

Beiträge zur Literatur der Cancioneros und Romanceros. Aus Handschriften u. seltenen alten Drucken. Mit unbekannten Stücken. Von Karl Vollmöller. (Abt.) 1. *Erlangen: F. Junge 1897.* 8. [97. 4565

Vollmöller, Karl (Hrsg.), s. Brut, Der Münchener.

Vollmöller, Karl, s.: Forschungen, romanische.

Vollmöller, Karl, spanische Funde. I—III [Aus: „Roman. Forschgn."] gr. 8. (53 S.) Erlangen 890. F. Junge. n. 1. 50

— s.: Hoffmann's, Konr., Briefe an Eduard v. Kausler.

— s.: Jahresbericht, kritischer, üb. die Fortschritte der romanischen Philologie.

Der Kampf um den Romanischen Jahresbericht. E. Beitr. z. Klärg d. Verhältnisses zwischen Autor u. Verleger ... Von Karl Vollmöller. *Erlangen: F. Junge 1896.* (v S., 1 Bl., 70 S.) 1 Bd 8. [97. 544

Vollmöller, Karl, Kürenberg u. die Nibelungen. Eine gekrönte Preisschrift. Nebst e. Anh.: Der v. Kürnberc. Hrsg. v. Karl Simrock. gr. 8. (48 S.) Stuttgart 874. Meyer & Zeller. n. 1. 20

-- laberinto amoroso. Ein altspan. Liederbuch. Mit Einleitg. u. Anmerkgn. hrsg. [Aus: „Roman. Forschgn."] gr. 8. (X, 95 S.) Erlangen 891. F. Junge. n. 2. —

Vollmöller, Karl [Hrsg.], s. Mirus, Karl Adolf: Mein Lebenslauf.

— Oresteia, s.: Aeschylus.

Über Plan und Einrichtung des Romanischen Jahresberichtes. Von Karl Vollmöller. *Erlangen: F. Junge 1896.* (107 S.) 1 Bd 8. [96. 5927

— über Plan u. Einrichtung des romanischen Jahresberichtes. 1. u. 2. Beiheft. gr. 8. Erlangen, F. Junge. n. 8. 50
1. (88 S.) 897. n. 2. 50. — 2. (XXII, 226 S.) 902. n. 6. —. Hauptwerk Ebd. 896. n. 3. —.

Das Rezensionsexemplar und die bezahlte Rezension. Zur Wahrung d. Unabhängigkeit literar. Kritik. Von Karl Vollmöller. *Erlangen: F. Junge 1902.* (16 S.) 8° [02. 10381

— das Rezensionsexemplar u. die bezahlte Rezension. Zur Wahrg. der Unabhängigkeit literar. Kritik. 2. verm. Aufl. gr. 8. (16 S.) Ebd. 902. —40

—— s. Sammlung französischer Neudrucke.

—— s. Sprach- und Litteraturdenkmale, englische.

Vollmöller, K., ein spanisches Steinbuch, m. Einleitung u. Anmerkungen zum erstenmal hrsg. 8. (VI, 84 S.) Heilbronn 880. Henninger. n. 1. —

[Karl Gustav] Vollmoeller: Assüs, Fitne und Sumurud. Ein Trauerspiel. *Berlin: S. Fischer 1904.* (165 S.) 8° [04. 13700 11

[Karl Gustav] **Vollmoeller.** Der Deutsche Graf. Comoedie. Berlin: S. Fischer 1906. (191 S.) 8°
= **Vollmoeller**: Theater in Prosa. 1. [06. 1906

Vollmoeller, Karl Gustav: Griechische **Kammergräber** mit Totenbetten. *Bonn 1901: C. Georgi.* (2 Bl.) 8° ¶ [Nur Titelblatt, Vita u. Thesen.]
Bonn, Phil. Diss. v. 5. Aug. 1901

Vollmoeller, Karl Gustav: Griechische **Kammergräber** mit Totenbetten. *Bonn 1901: C. Georgi.* (57 S.) 8° ¶[Vgl. 1900/1901 Bonn No 85.]
Bonn, Phil. Diss. v. 5. Aug. 1901

Vollmoeller. Catherina, Graefin von Armagnac, und ihre beiden Liebhaber. *Berlin: S. Fischer 1903.* (74 S.) 8° [03. 14378

[Karl Gustav] **Vollmoeller.** Comoedie. Berlin: S. Fischer 1900. (191 S.) 8° == **Vollmoeller**: Theater in Prosa. 1. [06. 7006

[Karl Gustav] **Vollmoeller.** Parcival. Die frühen Gaerten. Berlin: S. Fischer 1903. (95 S.) 8°(4°) [03. 6089

Die Sturm- und Drangperiode und der moderne deutsche Realismus. E. Vortr. v. Carl Gustav **Vollmoeller.** *Berlin: H. Walther 1897.* (52 S.) 1 Bd 8. [96 8677

[Karl Gustav] **Vollmoeller.** Theater in Prosa. 1. Berlin: S. Fischer 1906. 8° [06. 7005

Vollmoeller, R. C., s. V o l l m o e l l e r , Karl Gustav

Vollmond. Ein gemeinnütziges Volksblatt, für den Bürger und Landmann zur Erbauung, Unterhaltung, Belehrung, Erheiterung u. Nachricht. Herausg. von der Redaktion des redlichen Preußen, d. Preußenschule ꝛc. Unter Mitwirkung prakt. Landwirthe u. theilnehmender Vaterlandsfreunde. 1r Jahrg. 1834. 12 Hefte. (à 3—4 Bogen.) Mit Abbildd. 12. Mohrungen, Rautenberg. n. 1 ℛ — 2r Jahrg. unt. d. Tit.: Vollmond. Eine Bibliothek für alle Stände zur Erbauung, Unterhaltung, Belehrung, Erheiterung und Nachricht. Allen Lebensverhältnissen anpassend herausg. von d. Redaktion des redlichen Preußen u. der Preußenschule. 2r Jahrg. 1835. 12 Hefte. 12. Ebd. 835. 1¼ ℛ

— dass. 7r—10r Bd. Jahrg. 1836 u. 1837. Ebd. à 1 ℛ — (9r u. 10r Bd. A. u. d. T.: Der redliche Preuße ꝛc. 1r u. 2r Bd.)

Vollmund, Jochen. 10 Knobelbilder, s. Lewin, Arth.

Vollmut, A. K., die vollkommene Grazer Köchin. Ein prakt. Kochbüchlein für den kleinen Haushalt. Graz 868. Pock. 16. (96 S.) 6 ngr.

Vollmut, A. K., die vollkommene Grazer Köchin. Das beste und billigste Kochbüchlein für jeden Haushalt. 2.—4. verb. und verm. Aufl. gr. 16. (96 S.) Graz 875, Verlag Leykam-Josefsthal. *

Vollmut, A. K., die vollkommene Köchin. Das beste u. billigste Kochbüchlein für den kleineren Haushalt. 5., mit Rücksicht auf das neue Maß u. Gewicht verb. u. verm. Aufl. 16. (112 S.) Graz 880. Leykam. n. — 50

Vollmut, A. R., der Feinschmecker. Ein Kochbüchlein m. Verwendg. der neuesten Nährmittel-Fabrikate v. Knorr, Liebig u. Maggi. Mit e. Anh. v. Menues f. Frühstück, Gabelfrühstück, Dejeuners dinatoires, Jause u. Soupers. 8. (35 S.) Prag 891. H. Dominicus. n. — 60

Vollmuth, Peter. Am Ende wird er ein ganz andrer Mann . . . Berlin 1780. V: *Stutz, Joh. Ernst.* (ML) (Ky) (GGr)
Vgl. Volmuth

Vollmuth, Peter, am Ende wird er ein ganz anderer Mann, oder Geschichte des Herrn von F * * 2 Theile, mit 1 Kupf. 8. Berlin, 780-81. Wever. 1 Rthl. 25 sgl.

Vollmuth, Chr., wie könnte d. Militärconscription dem Volke beliebter u. dem Staate vortheilhafter gemacht werden? Mit e. Anhang über d. Wiederherstellung d. Mönchsorden. 8. o. O. (Münch.) 814. Weber. 4 𝒦

Völlmy, F., siehe: *Jugendthorheit.*

Voellmy, Fritz. Radirungen aus Basel u. Umgebung, s.: **Meyer,** C. Th.

Vollnhals, Ant., die biblische Geschichte, verwendet beim katechetischen Unterrichte. Für Katecheten, Lehrer u. Lehrer-Bildungsanstalten. 2., verb. Aufl. 8. (65 S.) München 893. R. Oldenbourg, Abteilg. f. Schulbücher. Kart. n. — 75

[if.] **Vollnhals,** Wilhelm [Assist.]: Über das Verhältnis der Rede des Isokrates περὶ ἀντιδόσεως zu Platos Apologie des Sokrates. Bamberg, W. Gärtners Buchdr., 1897; 28 S. 8.
Bamberg, k. altes G, P 1897*

Vollprecht, Ernst Hugo, s. V o l l p r e c h t , Hugo

Vollprecht, Hugo: [Bericht über seine Einführung als Rektor der Anstalt.] *Zwickau 1898: R. Zückler.* (4—5 S.) 4°
Zwickau, RG, OP 1898 (582)

Vollprecht, Hugo [Oberl. am Gymn. zu **Bautzen**]: Über die Herstellung von Faktorentafeln. . . . Bautzen, Druck v. E. M. Monse, 1891; 16, VII S. 4⁰
Leipzig, Phil. Fak., Inaug.-Diss. v. [17. Apr.] 1891

Vollprecht, *Ernst* Hugo Über die Begriffe „Pflanze" und „Tier". 8 (S. 3—11). Z. Gedächtnisfeier für Ph. F. A. Just G. *Zittau* 1886.
Nicht im Tauschverkehr
Progr.

Vollprecht, Hugo, das Rechnen e. Vorbereitung zur allgemeinen **Arithmetik.** Regeln u. Formen des Rechnens, Vergleiche m. der allgem. Arithmetik u. Hinweise auf Geometrie u. Physik, f. Lehrer u. Schüler der mittleren u. unteren Klassen der höh. Lehranstalten (Gymnasien, Realgymnasien, Oberrealschulen, Realschulen, Seminare, techn. Schulen u. s. w.), der Progymnasien u. Vorbereitungsschulen zusammengestellt. gr. 8. (IV, 44 S.) Leipzig 902. B. G. Teubner. n. — 50

Vollprecht, Hugo Untersuchungen an Flächen zweiten Grades 4 (30 S.). **Progr.** G. *Bautzen* 1888 (502).

Vollradt, Oskar Georg [Volontärarzt d. K. chirurg. Univ.-Klinik zu **Breslau**]: Aus d. K. chirurg. Univ.-Klinik zu Breslau. Zwei Fälle geheilter Magenfisteln. . . . Breslau, F. W. Jungfers Buchdr., 1890; 29 + 1 S. + 1 Bl. 8⁰
Breslau, Med. Fak., Inaug.-Diss. v. 19. Jul. 1890

Vollrath, über die Mängel der Altmärkischen, besonders bäuerlichen Landwirthschaft, u. wie denselben abzuhelfen ist. gr. 8. (36 S.) Salzwedel 847. (Schmidt.) n. 2 ngl

Vollrath, Ad. Ph. Karl Fr.

Vollrath, Vorschläge z. Beförderung d. Wohlstandes preussischer Provinzial-Städte. 8. Leipz. Gräff. 797.

Vollrath, Ad. Ph. Karl Fr., Vorschläge zur Beförderung des Wohlstandes preuß. Provinzialstädte. 8. Berl. 797. (Wienbrack in Leipz.) 8 𝒦

Vollrath Ant., die Fabrikation d. Allauns, nach d. neuesten Verbesserungen. 8. (2½ B. u. 1 Stnt. qu. Fol.) Quedlinburg 834, Basse.

Vollrath, C. Touristen- u. Radfahrer-Karte d. Nahethals, nebst den angrenzenden Teilen d. Hunsrückens, der Pfalz, d. Rheinhessens u. Rheingaues. Mit Angabe der Entferngn. nach Kilometern. Ausgeführt v. Phpp. Friedr. Schmitt. 1 : 120,000. Lichtdr. 43 × 40,5 cm. Kreuznach 891, F. Harrach. * 1 —

Vollrath, Eph. Fr., Handbuch zur Unterhaltung mit Gott in Morgen- u. Abendstunden. 8. Frankf. a. M. 790. Brönner. 4 K

Vollrath, Fr., zur Förderung d. Obstbaues. Vortrag, geh. im landwirthschaftl. Verein [Lokal-Abtheilg. Wesel]. Nebst Anh.: Kalendarium f. den Obstzüchter. 8. (43 S.) Wesel 885. Fincke & Mallinckrodt. n. — 40

Vollrath, Fr., Verzeichniß der Obstsorten, welche der Niederrheinische Obstbauverein zum Anbau im Vereinsgebiet empfiehlt. Nebst 3 Farbendr.-Taf. gr. 4. (20 S.) Wesel 887. (Fincke & Mallinckrodt.) n. 1. —
f.: Obstbauverein, niederrheinischer.

Vollrath, Frdr., das Geheimniß Knaben u. Mädchen nach Willkür zu erzeugen. Sondershausen 864. Neuse in Comm. 8. verklebt 15 ngr.

Vollrath, Hugo [aus Frankfurt a. O.]: '(Aus d. Univ.-Frauenklinik zu Berlin.)' Prolaps-Operationen ... Berlin, Buchdr. v. G. Schade, *1891;* 71 S. 8.
Berlin, Med. Fak., Inaug.-Diss. v. 5. Dez. 1891

Vollrath, (Lehrer) Jh. Fr. Chr., d. Sprechfreund, oder erstes Schulbuch für Taubstumme u. Vollsinnige, mit den nöthigen Bemerkk. 8. Weimar 833. (eigentl. 832.) Verfasser. (Industr.-Compt.) 1 ₰ (22 B.)

Vollrath, Otto: De metonymiae in Cl. Claudiani carminibus usu. Weida 1910: Thomas & Hubert. 83 S. 8°
Jena, Phil. Diss. v. 18. Mai 1910, Ref. Götz
[Geb. 30. März 85 Berka a. I.; Wohnort: Wenigenjena; Staatsangeh.: Sachsen-Weimar; Vorbildung: Gymn. Jena Reife O. 05; Studium: Jena 9 S.; Rig. 13. Nov. 09.] [U 10. 2384

Vollrath, Ph., alphabetische Zusammenstellung der Landwehr-Bezirks-Commandos u. der Landwehr-Bezirks-Compagnien auf Grund der Landwehr-Bezirks-Eintheilung f. das Deutsche Reich. 8. (43 S.) Berlin 876. Militaria. n. — 60

Vollrath, Wilhelm, cand. theol.: Die Frage nach der Herkunft des Prinzips der Anschauung in der Theologie Herders. Darmstadt 1909: Winter. 73 S. 8°
Gießen, Theol. Diss. v. 3. Juli 1909, Ref. Eck
[Geb. 9. Apr. 87 Darmstadt; Wohnort: Friedberg i. H.; Staatsangeh.: Hessen; Vorbildung: Ludwig-Georgs-Gymn. Darmstadt Reife O. 05; Studium: Halle 2, Gießen 4 S.; Rig. 22. Mai 09.] [U 09. 1085

Vollsack. — Zur Erinnerung an Herrn Dr. jur. Paul Robert ..... 1832—1902. (Mit 1 Porträt.) 8. (Leipzig 1902.)

Vollsack, Johann Gottlob [Praes.], s. Petschke, Christoph Gottlob: De nobilitatis nobiliumque privilegiis.

Vollsack, Johann Gottlob [Praes.], s. Schneider, Georg Michael: De fontium lapidescentium natura.

Vollschwitz, alphabetisches Sachregister zur Telegraphenbauordnung. (60 S.) 8. Cassel 904. G. Dufayel. n. 1. —

Vollschwitz, A., wider d. Monismus, f.: Allotria, ernste.

Vollschwitz, Fr. Wlh., Versuch eines Unterrichts in der Elementar-Geometrie, besonders für diejenigen, welche sich selbst in dieser Wissenschaft unterrichten wollen. 1r Cursus. Mit 6 Tafeln in Steindr. 8. Stettin 833. Nicolai. (Gutberlet.) 1/4 ₰

Vollversammlung, 27. u. 28. (ausserordentliche), des deutschen Handelstags in Berlin. Stenographischer Bericht. hoch 4. Berlin 901. Liebheit & Thiesen. à 1.50
27. Am 8. u. 9. I. 1901. (XV, 102 S.)
28. Am 30. IX. 1901. (XV, 70 S.)
Vergl.: Verhandlungen des deutschen Handelstages.

Vollversammlung, 29.—31., des deutschen Handelstags in Berlin. Stenographischer Bericht. Lex.-8. Berlin, Liebheit & Thiesen. à 1.50
29. Am 18. u. 19. III. 1903. (XV, 102 S.) 903.
30. Am 24. u. 25. III. 1904. (XV, 130 S.) 904.
31. Am 15. u. 16. II. 1905. (XVI, 148 S.) 905.

... VOLLVERSAMMLUNG DES DEUTSCHEN HANDELSTAGES IN BERLIN.
32. am 19. und 20. Februar 1906. Stenographischer Bericht. ib. 1906. —

Vollversammlung, 33.—36., des deutschen Handelstags. Stenographischer Bericht. Lex. 8. Berlin, Liebheit & Thiesen. à 1.50
33. In Berlin am 9. IV. 1907. (XVI, 100 S.) 907.
34. In Berlin am 20. u. 21. III. 1908. (XVI, 140 S.) 908.
35. In Berlin am 11. u. 12. I. 1909. (XVI, 172 S.) 909.
36. In Berlin am 13. u. 14. IV. 1910. (XVII, 156 S.) 910.

Vollweider, J., Aquarellschule. In fortschreitenden Studien. 1. Heft. Fol. (6 chromolithogr. Taf.) Carlsruhe 869, Veith. *
Vgl.: Doll, A.

Vollweider, J., Perspective. 1. Abth. Die Perspective der Umrisse. Nebst Atlas mit 30 (lith.) Taf. (in Fol.) Stuttgart 862. Mäcken. gr. 8. (X, 126 S.) n. 4 ₰

Vollziehung, die, der bürgerlichen Standesbeamtung u. Eheschließung in Baden nach dem Gesetze vom 21. Decbr. 1869. Unter Benützung amtl. Quellen u. unter Zugrundelegung der öffentl. Verhandlungen beider Kammern erläuternd u. belehrend dargestellt für Bürgermeister, Gemeinderäthe, Rathschreiber, Ortsgeistliche ꝛc. Mannheim 870. Schneider. gr. 8. (95 S.) 10 ngr.

Vollziehungsordnung über das Gesetz der neuen Forstordnung. Solothurn 1839.

Vollziehungsverordnung zum Bundesgesetz vom 28.6.93 über das Zollwesen (vom 12.2.95). (80 S) Bern 1895

Vollziehungsverordnung zum Erziehungsgesetze des Kantons Luzern vom 26. September 1879/29. November 1898 betreffend die höhere Lehranstalt in Luzern. (Vom 27. Februar 1901.) 26 S. 8. [Luzern.]

Vollziehungsverordnung zum Geseze vom 28. Juli 1866, betreffend Ausbezahlung von Nachtragsvergütungen. [Mit 1 Tabelle.] (Washington, den 11. Dezember 1866.) [S.A.] 8. [Bern 1867.]

Vollziehungs-Verordnung zum Gesetz über die Veredlung der Pferde- und Rindviehzucht. Entwurf. 15 Stn. 8. Bern 1872.

Vollziehungsverordnung des Regierungsrathes zum Bundesgesetz betr Feststellung und Beurkundung des Civilstandes und die Ehe. Vom 9. Nov. 1875. Zürich 1876.

Vollziehungsverordnung des Regierungsrathes betreffend das Bundesgesetz über Civilstand und Ehe. (Vom 7. Okt. 1875). Zug 1876.

Vollzug der Einführung des Reichsstrafgesetzbuches. Gesetz vom 26. Decbr. 1871, insoweit dasselbe nach Art. 2 Ziff. 6. des Ausführungs-Gesetzes zur Reichsstrafprozeß-Ordnung vom 18. Aug. 1879 noch in Gültigkeit bleibt. Vollzug der Festungshaft. Verordnung vom 19. Octbr. 1875. 8. (5 S.) Würzburg 879. Stahel. — 20

Vollzug des Gesetzes über die Wahl der Landtags-Abgeordneten. Ministerial-Entschließung vom 2. April 1881. 8. (24 S.) Würzburg 881, Stahel'sche Universitäts-Buchh.

Vollzug, der, der Gewerbe-Ordnung f. den norddeutschen Bund vom 21. Juni 1869 in Bayern. 8. (22 S.) Würzburg 878. Stahel. — 30

— des Impf=Gesetzes. Königl. Allerh. Verordnung vom 24., Febr. 1875. 8. (14 S.) Ebend. 879. n. — 25

Vollzugsanweisung zum Invalidenversicherungsgesetz vom 13. VII. 1899 f. die unteren Verwaltungsbehörden im Großh. Hessen. Vom 7. VI. 1900. gr. 8. (78 S.) Darmstadt 900. (G. Jonghaus.) n. 1. 50

Vollzugs=Bestimmungen z. Verordnung: Die Reise=Entschädigungen bei Beurlaubung u. Beabschiedung d. Mannsch. v. 1. Uffz. abwärts betr. München 1865.

Vollzugs=Verordnung u. Belehrungen zum Gesetze vom 20. Juni 1888 betr. die Brantwein=Besteuerung. Sammt allen Ergänzgn. u. Nachträgen, nebst Beschreibg., Zeichng. u. Verwendungs=Vorschrift der Controlmeßapparate. Mit Berücksicht. der älteren Gesetzgebg. Mit e. alphabet. Sachregister. 8. (VI, 577 S.) Prag 888. Mercy. n. 5. 20

Vollzugs=Verordnung zum Gesetz betr. die Branntwein=Besteuerung; — desgl. die Zucker=Besteuerung, s. Gesetze, Sep.=Ausg. der neuen österreichischen, Nr. 57b, 58b.

Vollzugs=Verordnung der Gewerbe=Ordnung f. das Königr. Hannover. gr. 8. (12 S.) Hannover 847, Pockwitz. n. 1/12 ℛ

Vollzugsverordnungen zu dem Gesetze vom 11. I. 1897 betr. den Schutz v. Erfindungen (Patentgesetz), s.a. Handausgabe d. österreich. Gesetze. 127.

Vollzugsverordnungen zu dem Gesetze vom 11. Jänner 1897, R.G. Bl. Nr. 30 betreffend den Schutz von Erfindungen '(Patentges.)' Wien: K. K. Hof- u. Staatsdr. 1899. (VIII, 161 S.) 1 Bd 8°
(Handausgabe der österr. Gesetze u. Verordngn. H. 127.)

Vollzugsverordnungen zu den Gesetzen über das staatliche Schankgefälle und über die Schankrechtentschädigung. Mit Formularien. 16. (104 S.) Budapest: Lampel 1889. —.40

Vollzugsvorschrift zur Anlegg. d. Grundbuches in Tirol. Verordng. d. Ministerien d. Justiz, d. Ackerbaues u. d. Finanzen v. 10. IV. 1898, auf Grund d. Gesetze vom 17. III. 1897, L.=G.=Bl. Nr. 9, u. v. 17. III. 1897, R.=G.=Bl. Nr. 77, dann d. Gesetzes v. 25. VII. 1871, R.=G.=Bl. Nr. 96. — Istruzione per l'impianto del libro fondiario in Tirolo etc. gr. 4. (230 S.) Innsbruck 898. Wagner. n. 2. —

Vollzugs=Vorschrift zu dem mit Allerhöchstem Patente vom 23. Mai 1854 erlassenen allgemeinen österreichischen Berggesetze. 8 (214 S.) Wien. Aus der k. k. Hof= und Staatsdruckerei.

Vollzugs=Vorschrift zum Gesetze vom 20. Juni 1888 betr. die Zucker=Besteuerung m. Einbeziehung der Ergänzungen aus dem Verordnungsblatte d. Finanzministeriums [ausgegeben u. versendet am 13. Juli 1888]. Mit sämmtl. Formularien, Tabellen u. Zeichngn. u. e. ausführl. alphabet. Sachregister. 8. (IV, 171 S.) Prag 888. Höfer & Klouček. n. 2. —

[U.] Vollzugsvorschrift z. Gesetze v. 25. October 1896, R. G. Bl. Nr. 220, betr. die directen Personalsteuern. IV. Hauptstück, betr. d. Personaleinkommensteuer u. Besoldgssteuer v. höheren Dienstbezügen. V. Hauptst. betr. Strafbestimmgn. VI. Hauptst. betr. allgem. Bestimmgn. Kundgemacht m. Erlass d. Finanzmin. v. 24. April 1897. '(Enthalten im R. G. Bl. Nr. 108, 109 u. 110)'. *Wien: K. k. Hof- u. Staatsdr. 1897.* (XIII, 336 S.) 1 Bd 8.
= Handausgabe d. oesterreichischen Gesetze u. Verordngn. H. 121.
[97. 4110

— z. Gesetze v. 25. X. 1896, R.G.Bl. Nr. 220, betr. d. directen Personalsteuern. 1.—5. Hft. 12. Wien 897. Manz. n. 5. 40
1. I. Hauptstück, betr. d. allgem. Erwerbsteuer. (Finanzministerialerlaß v. 23. I. 1897, R.G.Bl. Nr. 35.) Enth. d. Text u. sämmtl. Beilagen mit Ausnahme der Beilage J. (IX, 223 S.) n. 1. 40
2. Enth. die Classification der Unternehmgn. u. Beschäftiggn. behufs Herstellg. d. in § 34 vorgesch. Ordng. nach Erwerbsgruppen, nebst e. alphabet. Verzeichnisse. (Beilage J d. Vollzugsvorschrift z. I. Hauptstücke.) (159 S.) n. 1. —
3. IV. Hauptstück, betr. d. Personaleinkommensteuer u. Besoldungssteuer v. höheren Dienstbezügen. V. Hauptstück, betr. Strafbestimmgn. I. Hauptstück, betr. allgem. Bestimmgn. (Finanzministerialerlässe v. 24. IV. 1897, R.G.Bl. Nr. 108, 109 u. 110.) Enth. d. Text u. sämmtl. Beilagen d. obencitirten Finanzministerialerlässe. (XI, 232 S.) n. 1. 60
4. II. Hauptstück, betr. d. Erwerbsteuer v. d. der öffentl. Rechnungslegg. unterworf. Unternehmgn. (Kundgemacht m. Erlaß d. Finanzministers v. 18. V. 1897, R.G.Bl. Nr. 124.) Text und sämmtl. Beilagen des obencitirten Finanzministerialerlasses. (VIII, 108 S.) n. — 80
5. III. Hauptstück, betr. die Rentensteuer. (Finanzministerialerlaß v. 23. VII. 1897, R.G.Bl. Nr. 171.) Text u. sämmtl. Beilagen d. obencitirten Finanzministerialerlasses. (V, 72 S.) n. — 60

— dasselbe, s.a. Gesetze u. Verordnungen, österreich., 119., 120. u. 121. Hft.

— z. Schulordnung f. d. Volksunterricht im Umfange d. evang. Landeskirche A. B. in Siebenbürgen. gr. 8. (III, 41 S.) Hermannstadt 871. (L. Michaelis.) n. — 40

Vollzugsvorschriften, die bayer., zu dem bürgerl. Gesetzbuch u. seinen Nebengesetzen (einschließlich des Handelsgesetzbuchs u. der Civilprozeßordnung) sowie zu dem bayer. Ausführungsgesetz zum BGB. Textausg. m. alphabet Sachregister. 12. (XV, 588 S.) München 900. C. H. Beck. Geb. in Leinw. 3. 50

Vollzugsvorschriften zum Gesetze über die Einkommensteuer vom 19. Mai 1881, mit einem ausführlichen Register u. einer Tabelle zur Steuerberechnung. gr. 8. (72 S.) Augsburg 881. Schmid's Verl. n. 1. —

— zum Gesetze über die Gewerbsteuer vom 19. Mai 1881, mit einem ausführlichen Register. gr. 8. (36 S.) Ebend. 881. n. — 50

—— zum Gesetz über Heimath, Verehelichung und Aufenthalt. [Zugleich 2. Abthl. des Heimaths=Gesetzes.] Nebst der k. Verordnung über Verehelichungsbewilligung für Beamte und öffentl. Diener. 8. (20 S.) Würzburg 868, Stahel'sche Buchh.

Vollzugsvorschriften zum Gesetz über Heimath, Verehelichung u. Aufenthalt. Nebst der k. Verordnung über Verehelichungsbewilligung für Beamte u. öffentliche Diener. 2 Hefte. Würzburg 869. Stahel. 8. (33 S.) 5 ngr.

— zum Gesetze über die Kapitalrentensteuer vom 19. Mai 1881, mit einem ausführl. Register u. einer Tabelle zur Steuerberechnung. gr. 8. (27 S.) Ebend. 881. — 45

—— zum Gesetze über die Wehr=Verfassung vom 20. Jan. 1868. Enth. die allerh. Verordnung vom 14. Febr. 1868: über den Dienst der einjähr. Freiwilligen, dann die militär. Dienst=Verhältnisse derselben; sowie die Diensteverhältnisse der Landwehrmänner 2c., ferner die Eintheilung der Infanterie=Brigaden 2c. gr. 16. (100 S.) München 868, Franz'sche Buchh.

—— zu den Gesetzen über die Einkommen=, Kapitalrenten=, Gewerbe= und Grundsteuer. gr. 8. (64 S.) Ebendas. 882.

Vollzugsvorschriften zur Gewerbe=Ordnung u. dem Einführungsgesetze enth. die Verordng. vom 4. Dezbr. 1872, Formulare, Vorschriften üb. die Beschäftigg. jugendl. Arbeiter in Fabriken 2c. 8. (103 S.) München 873. Franz. — 30

—— zum Hausſteuergeſetze vom 15. Aug. 1828 und 19. Mai 1881. gr. 8. (34 S.) Ebendaſ. 882.

—— die, vom 29. Juni 1868 zum Geſetze über Heimath, Verehelichung und Aufenthalt vom 16. April 1868. gr. 16. (23 S.) München 868, Beck.

— vom 29. Juni 1869 zum Geſetze vom 16. April 1868 über Heimat, Verehelichung u. Aufenthalt nebſt einem Sachregiſter. Korrekte Ausg. München 868. Franz. gr. 16. (72 S.) 3 ngr.

— — München 868. Gummi. 16. (23 S.) 3 ngr.

Vollzugsvorschriften d. k. k. Ministerien d. Justiz u. d. Finanzen zum Gesetze üb. die Evidenzhaltung des Grundsteuerkatasters. II. Abthl. d. Manz'schen Gesetzausgabe: Gesetz v. 23. Mai 1883. 8. (73 S.) Wien, Manz'sche k. k. Hof-Verl.- und Univ.-Buchh. 1883. 30 kr.

— zu den ungariſchen Strafgeſetzbüchern. 37. Geſ.-Art. 1880. gr. 8. (16 S.) Budapeſt 880. Räth. n. — 80

Vollzugs-Vorſchriften zur Allerhöchſten Verordnung vom 16. Februar 1833, ſ. Verordnung ꝛc. über Gewerbe- und politech. Schulen.

Vollzugs-Vorſchriften z. allerhöchſten Verordn. v. 16. Febr. 1833 üb. d. techn. Unterrichts-Anſtalten d. Königr. Bayern, v. 4. April 1836. gr. 8. (0½ B. u. 1 col. Abbild.) München 836, Franz.

Vollzugsvorſchriften, die, zu den öſterreichiſchen Civilproceßgeſetzen. Mit e. Regiſter. 12. (X, 322 S.) Wien 898. Manz. n. 2.20; geb. n. 2.80

Volmar, das Steinbuch. Ein altdeutsches Gedicht. Mit Einleitung, Anmerkungen u. einem Anh. hrsg. von Hans Lambel. gr. 8. (XXXIII, 137 S.) Heilbronn 877. Henninger. n. 6. —

Volmar, E., Eintheilung der schweizerischen Armee. Achselklappen als Unterscheidungszeichen der einzelnen Corps. 8. (Chromolith.) Aarau 879. Sauerländer. n. 1. —

Volmar, Friedrich (Fritz)

Volmar, Fr(itz) [aus Ueberstorf, Freiburg]: Die Anfänge der Eisenbahngesetzgebung im schweizerischen Bundesstaate. Bern 1903. 151 S. 8°.
Bern. Jur. Diss. 1903/1904.

Volmar, Fr[iedrich]. Die Anfänge des Eisenbahnwesens (*Ausg. A:* der Eisenbahngesetzgebung) im schweizerischen Bundesstaate. IV + 151 S. 8. Bern, Ott & Bolliger.
Ausg. A: Diss. Jur. Bern ... von Fr. V'. 1903.
Ausg. B: von Dr. jur. Fr. V'.... 1904. [fr. 2. —]

Volmar, F. Beiträge zur Eisenbahnpolitik der europäischen Staaten. Gr. 8°. 45 S. Bern, Steiger & Cie. 1898. — 80

Volmar, Frdr., Beiträge zur Eiſenbahnpolitik der europ. Staaten. gr. 8. (45 S.) Bern 899. C. Sturzenegger. n. — 80

Volmar, Friedrich s. Bericht des Leitenden Ausschusses ... betreffend leichtsinnige Nachlassverträge. Bern 1910.

Volmar, F(r[iedrich]). Die Bundesräte der Schweizerischen Eidgenossenschaft in Wort und Bild. Redigiert von Dr jur. F. V', Bern. [Mit 37 Porträts und illustriertem Umschlag.] VI + 112 + *Tafeln* II + XXXVII S. gr.-8. Zürich, Hrg. vom Fachschriften-Verlag A. G. (Buchdr. A. Benteli, Bern), [1906]. [geb. Subscr. fr. 6. —, im Buchh. 7. —]

Volmar, Fr[iedrich]. Eisenbahnwesen: a) Geschichte; — b) Eisenbahnverstaatlichung. Sonderabdruck [aus] Handwörterbuch der Schweizerischen Volkswirtschaft, Socialpolitik und Verwaltung. Hrg. von Dr. jur. N[aum] Reichesberg.... Band 1. II + 19 S. 8. Bern, Verlag Encyklopädie, 1903.

Volmar, zur Frage der Schaffung v. Fähigkeitsausweiſen f. die Ausübung der Advokatur in der ganzen Eidgenoſſenſchaft. gr. 8. (32 S.) Bern 900. Scheitlin, Spring & Co. — 50
Sonderabdruck aus: „Schweiz. Blätter f. Wirtſchafts- u. Socialpolitik".

Volmar, Fr[iedrich]. Die Stellung des Bundes zu Gesuchen um Erteilung von Konzessionen für den Bau und Betrieb neuer Eisenbahnlinien. Separatabdruck aus der Monatsschrift für Bernisches Verwaltungsrecht und Notariatswesen, Heft Nr. 8/9, 1904.... II + 43 S. 8. Bern, Genossenschafts-Buchdr. fr. 1. —

[**Volmar, Gabriel.** [illegible] Berne, Lamy [illegible]]
12 Taf. in kol. Kupferst. [illegible]
[illegible] G. Volmar del.
[illegible] nach Vinet [illegible]

V[olmar], G[abriel]. Schweizer Volkstrachten [illegible] Nürnberg [illegible]
[illegible] Kupferst. nach G. Volmar [illegible]

Volmar, Ge. Bern., De auditus fabrica ac soni theoria phys. 35 pp. Marb. 1795. 8°.
Vgl. Vollmar, G. B.

Volmar, Heinrich [app. Arzt aus Herten in Westf.]: Aus d. patholog. Institute zu Kiel. Ueber Gummata des Herzens ... Kiel, Druck d. »Nord-Ostsee-Zeitg«, 1893; 23 S. 8.
Kiel, Med. Fak., Inaug.-Diss. v. [8. März] 1893

Volmar, Hnr. Otto, Plan von dem währendd. Krönung Kaiſer Leopolds bei Frankfurt angeſtellten Heſſ. Luſtlagers; nebſt e. Tagebuche. gr. Fol. Frankf. a. M. 791.

Volmer, J. G. Ch., s.: Monnher de Kempten, Valentin, practique brifue pour tenir liures de compte à la guise et maniere Italiana.

Volmar, Jos., Atlas des Pferdes, s.: Gerber, Er.

Volmar, Joseph. Us et coutumes d'Estavayer. [Avec 2 figures et exemples notés.] (Extrait [des] Archives Suisses des Traditions Populaires.... 6e année. 1re livr.) II + 21 p. 8. (Zurich, Ve Emile Cotti, 1902.)

Volmar, Ludwig Dieter (Kassel) A. S. 1374/31

Exercitatio academica, de morbo Pauli apostoli, ad II. Corinth. cap. XII. comm. VII.
Präs. Franz Ulrich Ries.
Marburg (Müller) 2. XI. 1724. 36 S.
35448

Volmarus LB. de Rieden, Is.: Diarium sive protocollum actorum publicorum instrumenti pacis generalis Westphalicae Monasteriensis et Osnabrugensis ab anno 1643—48 incl. o. O. 1710.

Volmer, Anton, Assistenzarzt am St. Hedwig-Krankenhaus, Berlin: Ein Adenomyofibrom in der Wand des Ductus choledochus. Berlin 1908: L. Schumacher. (19 S.) 8°
Leipzig, Med. Fak., Ref. Trendelenburg, Diss. v. 20. Febr. 1908
[Geb. 7. Nov. 79 Berlin; Wohnort: Berlin; Staatsangeh.: Preußen; Vorbildung: Kaiser-Wilhelms-Gymn. Montabaur Reife O. 00; Studium: Berlin 6, Bonn 3 S.; Coll. 28. Febr. 08; Approb. 1. Juni 06.]

Volmer, Bernard Alexius (geb. Oelde in Westf. 16. 1. 1833): De commotivitude diphtheritica. Berolini (1856). (29 S.) 8°
Berlin, Med. Diss. v. 8. Aug. 1856

Volmer, C. Zur Beurteilung Commynes'. Markirch, Rpg., 1884. 16 S. 4. Progr.

Volmer, Carl, s. Volmer, Karl

Volmer, Clemens August, s. Volmer, Klemens

Volmer, Hugo: Zur Aetiologie der habituellen Luxationen. *Marburg 1898: J. A. Koch.* (25 S.) 8°
Marburg, Med. Diss. v. 18. [vielm. 24.] März 1898

Volmer, Karl

Volmer, Carl, städt. Tierarzt in Oschersleben: Ueber die beste Keimfreimachung des Euters und deren Einfluss auf den Bakterien- und Schmutzgehalt der Milch. ⟨Arbeiten aus dem Hygienischen Institut der Königlich Tierärztlichen Hochschule zu Hannover. Professor Dammann.⟩ Oschersleben [1909.] 34 S. 8°. [14. I. 09.]
Bern. Vet.-med. Diss. 1909/10.

Volmer, Carl. Über die beste Keimfreimachung des Euters und deren Einfluss auf den Bakterien- und Schmutzgehalt der Milch. Diss. Vet.-Med. Bern. 36 S. 8. (Oschersleben, Walter Eichel, 1909.)

Arbeiten aus dem Hygienischen Institut der Königlich Tierärztlichen Hochschule zu Hannover...

Volmer, Karl: Cessibilität der Konventionalstrafen. *Berlin 1898: M. Driesner.* (44 S.) 8°
Erlangen, Jur. Diss. v. 23. Apr. 1898

Volmer, Klemens

Volmer, Clemens (Augustus) (geb. Oelde in Westf. [25.5.] 1839)
De regno Theodorici I^mi, Wisigothorum regis. P. I. Vratislaviae 1862. (44 S.) 8°
Breslau, Phil. Diss. v. 20. Sept. 1862

Volmer, Max: Photographische Umkehrungserscheinungen. Weida i. Th. 1910: Thomas & Hubert. 46 S. 8°
Leipzig, Phil. Diss. v. 27. Juli 1910, Ref. Le Blanc, Wiener
[Geb. 3. Mai 85 Hilden; Wohnort: Hilden; Staatsangeh.: Preußen; Vorbildung: Oberrealsch. Düsseldorf Reife O. 05; Studium: Marburg 2, München 1, Marburg 4, Leipzig 3 S.; Rig. 4. März 10.] [U 10. 3262

Volmer, Max [Gerichts-Ref.]: Über den Unterschied des kaufmännischen Retentionsrechtes von dem des gemeinen Rechtes ... Berlin, Druck v. M. Driesner, 1895; 59 S., 1 Bl. 8.
Erlangen, Jur. Fak., Inaug.-Diss. v. 1895

Volmey, Katechismus des aufgeklärten Mannes, aus dem Franz. 8. Wien, Gräffer. (Leipz. Gräff.) 811.

Volmuth, Peter, am Ende wieder ein ganz anderer Mann, (v. Jh. Er. Stutz). 2 Bde. 8. Berl. 780. Sander. 1 ₰ 20 ℊ
Vgl. Vollmuth, Peter ...

Volmuth, Peter, am Ende wieder ein ganz anderer Mann, od. die Gesch. des Hrn. F. 2 Bde. m. K. 8. Berlin, Wever. (Sander.) 781—87.
Vgl. Vollmuth, Peter ...

Volne Listy. Journ. Wien, 18. März 1893 ff.

Volney, C. F. de, s. Volney, Constantin François Comte de Chasseboeuf de

Volney, Constantin François Comte de Chasseboeuf de

de Volney, C. F. Bemerkungen über den jetzigen Türkenkrieg. A. d. Frz. 8. M. 1 Krte. Amsterdam 1788. — Ueber den gegenwärtigen Türkenkrieg. A. d. Frz. (242.) 12. Leipzig 1788.

Volney. Considérations sur la guerre actuelle des Turcs. 8. Londres 1788.

Volney, Constantin François Comte de Chasseboeuf de. Das natürliche Gesetz; a. d. Franz. ... Berlin 1794. Ü: *Huber, Ludwig Friedrich.* (MGT)

Volney, (C. F. Chasseboeuf), das natürl. Gesetz; aus d. Französ. (von L. F. Huber). 8. Berl. 794. Voß. 5 ℊ

Volney, C. F., Reise nach Syrien u. Aegypten. A. d. Franz. Jena. 8°. 1788.

Volney, C. F. C. de C. de. Reise nach Syrien und Aegypten in den Jahren 1783—85. A. d. Franz. ... Jena 1788—1800. Ü (Th. 1. 2.): *Schorcht, Sal.* Ü (3.): *Paulus, Heinrich Eberhard Gottlieb.* (BrMm) (Ky)

— Reise nach Syrien u. Aegypten in d. Jahren 1783—85. Aus d. Französ. (1r, 2r Thl. von Sal. Schorcht, 3r Thl. übersetzt von H. E. G. Paulus). 3 Thle, mit Kpf. u. Kart. gr. 8. Jena 800. Mauke. 3 ₰

— Reisen nach Aegypten im Auszuge, s. J. B. Rothe.

— Reisen durch Aegypten u. Syrien, im Ausz., ein franz. Lesebuch f. d. Jugend, mit Worterbuch v. J. B. Rothe. gr. 8. Dresden, Beaer. 810.

— Reisen durch d. vereinigten Staaten von Nordamerika, mit vorzügl. Rücksicht auf Kultur, Boden, Klima, nebst Bemerkk. über d. Florida's. 2 Bde, mit 1 Karte. 8. Hamb. 804. (Herold jun.) 2 ₰ 8 ℊ

— Reisen durch die vereinigten Staaten von Nordamerika, mit vorzügl. Rücksicht auf Cultur, Boden, Clima, nebst Bemerk. üb. d. Floridas, mit 1 Karte. 2 Bde. 8. Hamburg, Vollmer. 804. (1. 1 Thlr. 11. 1 Thlr. 8 gr.)

Volney, C. F. C. de C. de. Die Ruinen, oder Betrachtungen über die Revolutionen der Reiche ... a. d. Franz. Berlin 1792. Ü: *Liebeskind, Dorothea Margarethe vorm. Forkel geb. Wedekind.* (GGr) (MGT) (Schl) (ErschDL)

— d. Ruinen, oder Betrachtt. über d. Revolution d. Reiche. Aus d. Französ. (von D. M. Liebeskind). Mit e. Vorrede von Geo. Forster. Mit Kpf. gr. 8. Berl. 791. N. A. Braunschw. 808. 6e Aufl., mit e. Vorrede von G. Förster. Mit 3 Kpf. u. 1 Anh. 822. 7e Aufl., mit e. Vorwort über d. Leben d. Verf. vom Grafen Daru. Mit 1 Kpf. u. 2 Steintaf. 829. Vieweg. 1 ₰ 8 ℊ

Volney, C. F. Graf v., die Ruinen, od. Betrachtungen üb. d. Revolutionen d. Reiche; u. das natürl. Gesetz. A. d. Franz. mit e. Vorr. v. Geo. Forster. 7. Aufl. (21¼ B., 2 Stnt. u. V's. Bildn.) 829., 8. A., verm. mit e. Vorw. üb. d. Leben d. Verf., vom Grafen Daru. (20½ B., 2 Kpfrt. 4. u. qu. Fol. u. lith. Bildn. d. Verf.) Braunschweig 834, Vieweg. 1 ₰

Volney, C. F. v., die Ruinen, od. Betrachtn. üb. d. Revolutionen d. Reiche u. das natürl. Gesetz. A. d. Franz. mit e. Vorr. v. Geo. Forster. 9. Aufl., verm. mit e. Vorw. üb. d. Leben d. Verf., v. Grafen Daru. gr. 12. (13 B. u. 3 Stnt.) Braunschweig 839, Vieweg u. Sohn.

v. Volney, Graf C. F., († d. 25. April 1820), die Ruinen oder Betrachtungen über die Revolutionen der Reiche u. das natürliche Gesetz. Aus d. Franz., m. einer Vorrede v. Geo. Forster. 10. Aufl. verm. m. einem Vorwort über das Leben des Verfassers vom Grafen Daru. Mit (3) Kpfrn. (in 8., 4. u. qu. Fol.) 8. (XII u. 303 S.) Braunschweig 850, Vieweg & Sohn. n. ²/₃ ₰

Volney, C. F. v., die Ruinen oder Betrachtungen über die Revolutionen der Reiche u. das natürliche Gesetz. Aus dem Französischen u. mit einer Vorrede von Geo. Forster. 11. Aufl., verm. mit einem Vorwort über das Leben des Verf., vom Grafen Daru. Mit Kpfrn. (2 Karten in 4. u. Fol. u. 1 Holzschntaf.) Braunschweig 860. Vieweg & Sohn. 8. (XI, 247 S.) n. 20 ngr.

Volney, Graf C. F., die Ruinen. Betrachtungen über den Auf- und Niedergang der Reiche. Aus dem Französ. deutsch von Aug. W. Peters. 8. (XV, 371 S. mit 2 Stnt. in 4.) Bremen 871, Kühtmann und Comp. *

—— dass. — oder Betrachtungen über die Revolutionen der Reiche und das natürl. Gesetz. Aus dem Französ. und mit einer Vorrede von Geo. Forster. 12. Aufl. verm. mit einem Vorwort über das Leben des Verf. vom Grafen Daru. Mit Kpfrn. 8. (XI, 247 S. mit 1 Holzschntaf. und 2 Stnt. in 4. und qu. Fol.) Braunschweig 872, Vieweg und Sohn.

Volney, C. F., die Ruinen. Betrachtungen über den Auf- und Niedergang der Reiche. Aus dem Französ. deutsch von Aug. W. Peters. 2. und 3. (Titel-)Ausg. 8. (XI, 371 S. mit 2 Stnt. in qu. 4.) Bremen 876,79, [Kühtmann und Comp.] Fischer. *

Volney, C. F., die Ruinen. Betrachtungen üb. den Auf- u. Niedergang der Reiche. Aus dem Franz. deutsch von Aug. W. Peters. 4. (Titel-)Ausg. 8. (371 S. m. 2 Steintaf.) Norden (1879) 881. Fischer Nachf. n. 3. —

Volney, C. F. v., die Ruinen oder Betrachtungen über die Revolutionen der Reiche und das natürl. Gesetz. Aus dem Französ. und mit einer Vorrede von Geo. Forster. 13. Aufl., verm. mit einem Vorwort über das Leben des Verf. vom Grafen Daru. 8. (XII, 245 S. mit Kpfrn. und 3 Stnt.) Braunschweig 880, Vieweg und Sohn. *

Volney, C. F., die Ruinen, oder Betrachtungen über die Umwälzungen der Reiche u. das natürliche Gesetz. Aus d. Franz. v. A. Kühn. (Mit Volney's Biographie von Daru.) gr. 12. (17½ B.) Leipzig 842, [Renger'sche Buchh.]

Volney, Graf C. F., die Ruinen, oder Betrachtungen über die Umwälzungen der Reiche u. das natürliche Gesetz. Aus dem Französ. von A. Kühn. (Mit Volney's Biographie von Grafen Daru.) gr. 12. Leipzig 842, Volckmar. ¾ ₰

Volney, C. F. v., die Ruinen oder Betrachtung über den Umsturz der Reiche sowie das Gesetz der Natur. Neu übers. von Carl Gautsch. gr. 16. (VIII und 320 S. mit 1 Holzschn. in qu. 4.) Leipzig 851(52,) O. Wigand. *

— die Ruinen oder Betrachtungen über den Umsturz der Reiche. 2. Aufl. Leipzig 860. O. Wigand. 16. (VIII, 320 S. u. 1 Holzschntaf. in 4.) n. 20 ngr.

Volney, C. F., die Ruinen und das natürliche Gesetz, s. Universal-Bibliothek Nr. 2151—2153.

— Schilderung d. vereinigten Staaten von Nordamerika ꝛc., s. a. Bibliothek d. neuesten u. wicht. Reisebeschreibb. 15r Bd.

Volney, C. F.: Schilderung der vereinigten Staaten von Nordamerika, vorzüglich in Hinsicht ihrer Lage, Naturbeschaffenheit und ihrer Ureinwohner. Aus dem Französischen auszugsweise übersetzt. Herausgegeben von T. F. Ehrmann.
in: Bibliothek der neuesten und wichtigsten Reisebeschreibungen. Bd. 15. Weimar 1804. VIII, 283 S., 1 Krt. 8°.

— über gegenwärt. Türkenkrieg; aus d. Französ., mit einigen Anhängen ꝛc. 8. Leipz. 788. (Aue in Altona). 16 ₰

— üb. gegenwärt. Türkenkrieg, aus d. Franz. mit einig. Anhängen ꝛc. 8. Leipzig, Jacobäer. 788.

— voyage en Syrie et en Egypte pendant les années 1783—85. II Vols., avec fig. et chartes gr. 8. Paris 787. (Ettinger in Gotha). 4 ₰ 12 ₰

Volney, C. F., s. Volney, Constantin François Comte de Chasseboeuf de

Volnis, die Familie, s. Blumen.

VOLNY, Hauptmann von. Eine Begebenheit aus der französischen Revolution. 3. Aufl. Mit 2 Kpfrn. von Mettenleiter u. Schule. Leipzig 1803. 8°. 119 S.
Mart. Breslauer's Berliner Oct.-Auct. 1910, no. 462, Beibd. — (Ed. I. c. 1800.)

Hauptmann v. Volny, oder Aurorens unglücklicher Vermählungstag. Eine Scene aus der französ. Revolution. Mit Kpfrn. Leipzig 1806. 8°.

v. Volny, Hauptmann; e. Scene aus d. französ. Revolution. gr. 8. Leipz. 810. (Nauck). 16 ₰

Volny, Hauptmann von, e. Szene a. d. französ. Revolution, m. K. gr. 8. Lpz. Sommer. 810.

VOLNY und Rosaline, oder was sich liebt, das neckt sich. Ein kleiner Roman, abentheuerlich und doch wahr. Nebst einem *Anhange:* Der Mann mit 6 Weibern. Erfurt, bey Beyer und Maring, 1803. 8°. 116 + 124 S. (1 Mk. 30 Pfg., schadhaftes Expl., Kuhl, Berlin, vor 1885.)
Der erste Roman auch apart, ebd., o. J. (1803). 8°. Beides zahm. — (Kayser nennt p. 128 die Jahrzahl.)

Volny u. Rosalie, od. was sich liebt das neckt sich, nebst e. Anhang: Der Mann mit 6 Weibern. 8. Erf. 803. (Otto). 16 ₰

[Russ.] Za **věru**, carja i otečestvo. Razskaz. (Angebl. Verf.: Ivan Vol'nyj.) Berlin: G. Stejnic (1904). (93 S.) 8°
[Auf d. Umschl.:] Für Zar u. Glauben. Pour le tsar et la foi.
(Sobranie lučšich russkich proizvedenij. Č. 97.) [06. 610

Eine Untersuchung der höheren Geistesfähigkeiten bei Schulkindern. Von Nicolai Wolodkewitsch [Nikolaj **Volodkevič**] in Kiew. Aus d. Russ. ins Deutsche übertr. von Fr. Aldinger. Berlin: Walther 1907. 61 S. 8° [07. 11363

Volontär, Der; ein Lustspiel. Breslau 1775. V: *Plümicke, Carl Martin.* (Ky) (MGT)

Volontair, der; Lstspl. (v. K. M. Plümicke). 8. Bresl. 775. Löwe. 2 ₰

Volontaire, Der Holländische, eine periodische Schrift. O. O. [17??]. H: *Nast, Johann.* (MGT)

Volp, Eduardus [Freienseenensis]: De Usu Numeri Pluralis Aeschyleo et Sophocleo . . . . Marpurgi Cattorum, typ. Friderici typogr. acad., 1888; 43 + 1 S. 8°
Marburg, Phil. Fak., Inaug.-Diss. v. [21. Jul.] 1888

Volp, Eduardus, de Usu Numeri Pluralis Aeschyleo et Sophocleo. Diss. Marburg 1888, N. G. Elwertsche Univ.-Buchh. 8°. 83 S.

Volp, Wilhelm, aus Lich: Die Phaenomenalität der Materie bei Leibniz. *Gießen 1903: v. Münchow.* (49 S.) 8°
Erlangen, Phil. Diss. v. 15. Jan. 1903

Volpato, **J. et R. Morghen, principes du dessin d'après gravures qui ont été publiées sur les statues antiques. 36 Blätter. gr. Fol. Nürnb., Frauenholz. 7 fl 8 kr**

[2 Lieder. Unterz.:] **Vőlperling.** o. O. u. J. 1 Bl. 8°
Ohne Noten: 1. Gesang vor dem Anfange der Tafelloge: „Ehrfurcht sammle die Brüder!" 2. Beim Schlusse der Tafelloge: „Jetzt löse sich das frohe Mahl . . ."

Völperling, Hnr. Fd. Aug., Kinder d. Muse. Eine Samml. dichter. Erzeugnisse. 8. Wismar 818. 2e wohlf. Ausg. 8. Berl. 820. Sander. 12 gr

Volpers, Friedr(ich) Aug(ust): Die Psychologie im Dienste der romantischen Weltanschauung. Leipzig-Reudnitz 1909: Hoffmann. VI, 91 S. 8° ¶ (Ersch. vollst. als Buch ebd.)
Münster, Phil. Diss. v. 1. April 1909, Ref. Meumann
[Geb. 23. Mai 82 Giershagen; Wohnort: Münster i. W.; Staatsangeh.: Preußen; Vorbildung: Gymn. Brilon Reife O. 04; Studium: Münster 3, Berlin 3, Münster 2 S.; Rig. 13. März 08.] [U 09. 3624

Volpert, Ernst

Volpert, *Otto* Ernst [pr. Arzt]: Über die operative Behandlung der Retroflexio uteri ... Breslau, Druck d. Bresl. Gen.-Buchdr., 1894; 35 S., 1 Bl. 8.
Breslau, Med. Fak., Inaug.-Diss. v. 3. März 1893 [vielm. 1894]

Volpert, Ernst, üb. die operative Behandlung der Retroflexio uteri. Diss. gr. 8. (36 S.) Breslau 894. (L. Köhler.) n. 1. —

Volpert, Franz [aus Paderborn]: Ueber Gluconsäure .... Würzburg, Druck d. Stahel'schen Buchdr., 1888; 37 + 1 S. 8°
Rostock, Phil. Fak., Inaug.-Diss. v. 10. Febr. 1888

Volpert, Franz, über Gluconsäure. Diss. Rostock 1888, G. B. Leopolds Univ.-Buchh. 8°. 37 S.

Volpert, Franz Josef

Volpert, F. J.: Die Cultur der Assyrer. 29 S. 4°. Paderborn. Progr. 1870.

Volpert, F. J., De regno Pontico eiusque principibus ad regem usque Mithridatem VI. Diss. 1853. 53 S. 1.50

Volpert, Franc. Jos., de regno pontico ejusque principibus ad regem usque Mithridatem VI. Commentatio historica. Monasterii (853.) (Cazin.) 8. (2 Bl., 55 S.) 15 ngr.

Volpert, Otto Ernst, s. Volpert, Ernst

Volpi. Ueber ein bei Adelsberg neu entdecktes Paläotherium (Ursus spelaeus). Von einem Freunde der Natur. Triest. 1821. 8.

Volpi, A., über den Brenner nach Italien. Eine Skizze der Brenner-Bahn für Eisenbahnreisende. 1. Aufl. (48 S.) 1868. • 60 Pf., und 2. verm. Aufl. 16. (84 S. mit 3 lithogr. Karten in qu. 4. und 2 Tab.) Innsbruck 869, Wagner'sche Universitäts-Buchh. cart. *

—— Guida manuale pel visitatore del Brenner. Scritta in quattro lingue. 16. (63 S. mit 2 lithogr. Karten in qu. 4.) Ebendas. 868. *

—— Guide manuel pour les visiteurs du chemin de fer de Brenner. Avec 3 cartes géograph. (chromolithogr. in qu. 4). 16. (63 S.) Ebendas. 868. cart. *

Volpi, M., vita e nutrizione dei vegetali. Compilazione di M. V., estesa dietro i migliori scritti e con speciale riguardo ai concimi artificiali. gr. 16. (VIII, 130 S. m. 1 Tab.) Trento 892. (Bozen, F. X. Promperger.) n. — 60

Volpi, Th., medicin.-chirurg. Abhandlungen u. Versuche rc., s. chirurg. Handbibliothek. VIr Bd. 2e Abthl.

Volpicella, Scip., della vita e delle opere di Francesco Capecelatro discorso. 3. Edizione, corretta ed accresciuta. gr. 8. (104 S.) Monaco 854, Franz.

Volpini, J. B., Spasmologia s. clinica contracta, accedit de purgationis electricae nuncupatae vanitate, de fallaci urinarum et putrido sordium scrutinio, de bilis commentis et de criticorum dierum superstitione. In appendice *Erasistrati* vindicata nova editio. Astac. 4°. *Haller*, Bibl. med. pr. IV, 217. (Dolorem non esse a solutione continui. Anagallidem coeruleum adversus maniam, dolores, tum elixir Joh. *Michaelis*. In asthmate hypnotica. In dysuria vesicae sphincteris ostium ventricosum fuisse. Dolorem cineticum remisisse, relictam in vesica canulam plumbeam vitam reddidisse tolerabilem cum tamen ingens calculus inesset. Opiata urinam ciere.) 1710.

VOLPIS, Leo: E quibus Sallustii operum locis auctoris populare ingenium perluceat. — 1907. 64 Bl. Diss. Graz, Univ.

[Ansprache] Zum 20. Stiftungs-Feste des Frauen-Vereins Z[ur]. E[dlen]. A[ussicht]. am 28. November 1896. [Von Ernst **Volpp.**] [Freiburg i. B.] o. J. 2 Bl. 8°. [Kopftit.]

Volprecht, Formularbuch, enthaltend Vertragsmuster zum Gebrauch für Landwirthe. gr. 8. (60 S.) Löbau, Wpr. 888. Skrzeczek. n. 1. 50

Volprecht, Alfred *Linus* [pr. Arzt aus Lamstedt]: Die physiologischen Anschauungen des Aristoteles ... Greifswald, Druck v. J. Abel, 1895; 54 S. 8.
Greifswald, Med. Fak., Inaug.-Diss. v. 6. Sept. 1895

Volquardsen, C. R., s. Volquardsen, Karsten Redlef

Volquardsen, C[hristian] A[ugust]: Festrede zur Feier des funfzigjährigen Gedächtnisses der Erhebung Schleswig-Holsteins gehalten in der Aula der Universität Kiel am 24. März 1898. *Kiel: Univ.-Buchh. 1898.* (20 S.) 8°

Aus schleswig-holsteinischer Geschichte. Umrisse entworfen von Christian August **Volquardsen**. (Hrsg. von d. Gesellsch. f. schlesw.-holst. Geschichte.) Leipzig: E. Avenarius in Komm. 1907. (15 S.) 8° [07. 17434

Volquardsen, C. A., Jahresbericht f. griech. Geschichte f. 1875. S.-A. 1876. 80 S.
— f. 1876–1878. S.-A. 1879. 87 S.

Volquardsen, Christian: Rom im Übergange von der Republik zur Monarchie und Cicero als politischer Charakter. Kiel: Lipsius & Tischer in Komm. 1907. (26 S.) 8°
Kiel, Rede zum Geburtstage des Kaisers 1907

Volquardsen, Christian Aug., Rom im Übergange von der Republik zur Monarchie u. Cicero als politischer Charakter. Rede zur Feier des Geburtstages Sr. Maj. des deutschen Kaisers, Königs v. Preussen, Wilhelm II., geh. an der Christian-Albrechts-Universität am 27. I. 1907. (26 S.) gr. 8. Kiel 907. (Lipsius & Tischer.) — 60

Volquardsen, Chrn. Aug., Untersuchungen über die Quellen der griechischen u. sicilischen Geschichten bei Diodor, Buch XI bis XVI. Kiel 868. Schwers. gr. 8. (VIII, 133 S.) n. 24 ngr.

(Ueber die Verfassungsgeschichte Schleswig-Holsteins.) Festrede zur Feier des 50jährigen Gedächtnisses der Erhebung Schleswig-Holsteins gehalten in der Aula der Universität Kiel am 24. März 1898 v. Christian August **Volquardsen.** Kiel. 1898. 8°. Univ.-Rede.

Volquardsen, Karsten Redlef

Volquardsen, C. R., Das Dämonium des Sokrates u. seine Interpreten. 1862. 71 S.

Volquardsen, C. R., das Dämonium des Sokrates und seine Interpreten. gr. 8. (72 S.) Kiel 862, Schröder und Comp. * –

Volquardsen, C. R., Platon's Idee des persönlichen Geistes und seine Lehre über Erziehung, Schulunterricht und wissenschaftl. Bildung. gr. 8. (VIII und 192 S.) Berlin 860, (Hertz.) *

Volquardsen: Ueber den Mythus bei Plato. 21 S. 4° – Schleswig Dom-Sch., Progr. 1871.

—— Platon's Phädros. Erste Schrift Platon's. gr. 8. (VI und 322 S.) Kiel 862, Schröder und Comp. *

Volquardsen, C. R.: Telemachs Process. Kiel. 64 S. 1865. Schul-/Univ.-Schrift

Volquardsen, C. R., Telemachs Process. Kiel 865. Schröder & Co. gr. 8. (64 S.) n. 12 ngr.

Platon's Theorie vom Mythus und seine Mythen. Von [Carsten Redlef] **Volquardsen.** Schleswig. 1871. 4°. Gymn.-Progr.

VOLQUARDSEN, P[T.], Ehrenrettung des Lucius Annæus Seneca gegen die Anklagen Carl Hoffmeisters. 1—2. Abth. Hadersleben. 1838—39. 4. (Skoleprogr.).

Volquardsen, Peter Harald, Referendar bei d. Kgl. Staatsanwaltsch. Kiel: Wann beginnt die Anspruchsverjährung beim Leihvertrage, sowie beim regelmäßigen und unregelmäßigen Verwahrungsvertrage nach gemeinem Recht und nach dem Recht des BGB.? *Rostock 1904: C. Hinstorff.* (96 S.) 8°
Rostock, Jur. Diss. v. [28. Apr.] 1904

Verbesserte Erziehung; oder: Die Temperamente. Lustspiel in zwey Aufzügen v. Richard **Volquardsen.** Flensburg. 1826. 8°.

VOLQUARDSEN, RICH., Hans Ohm. Ein Gedicht in vier Gesängen; und Cholera morbus oder: Der Stadtbarbier. Sonderburg. 1831.

Volquardts, Georg

Volquardts, G., s.: Baukalender, norddeutscher.

—. s.: Baukalender, süddeutscher.

Volquardts, G., Feldmessen u. Nivellieren, s.a. Unterricht, der, an Baugewerkschulen. XIII.

Feldmessen und Nivellieren. Leitfaden f. d. Unterricht an d. Hochbauabteilungen bautechn. Fachschulen von Prof. G[eorg] **Volquardts.** Mit 35 Fig. Leipzig & Berlin: B. G. Teubner 1907. (34 S.) 8°
= **Unterricht,** Der, an Baugewerkschulen. 13. [07. 18273

Feldmessen und Nivellieren. Leitfaden f. d. Unterricht an d. Hochbauabteilungen bautechn. Fachschulen. Von Prof. G[eorg] **Volquardts.** Mit 35 Fig. 2. Aufl. Leipzig & Berlin: Teubner 1910. 34 S. 8°
(Der Unterricht an Baugewerkschulen. 13.) [10. 11723

Volquardts, Hans Andreas Friedrich Christian

Volquardts u. Aschenfeldt, kurzer Abriß dessen, was d. luther.-evangel. Christen von d. christl. Kirche zu wissen Noth thut. 8. Schleswig 826. Taubst.-Institut. 5 ngr.

Volquardts, H. A. F. C., luther. Kirchenbüchlein, s. a. Kirchenbüchlein.

Lutherisches Kirchenbüchlein. Mit steter Hinweisung auf das Wort Gottes ausgearb. v. Hans Andreas Friedrich Christian **Volquardts** und Christoph Carl Julius **Asschenfeldt.** 2. völlig umgearb. Ausg. Schleswig. 1841. 8°.

Volquarts, H. A. F. C., u. C. C. J. **Asschenfeldt,** lutherisches Kirchenbüchlein.. Mit steter Hinweisung auf das Wort Gottes ausgearb. 2. völlig umgearb. Aufl. Schleswig 861. (Heiberg.) 8. (92 S.) 7½ ngr.

Volquarts, H. A. F. C., s. Volquardts, Hans Andreas Friedrich Christian

(**Volquarts:**) An die S. T. Herrn Geistlichen in Holstein. (Aufforderung zum gemeinsamen Kampfe gegen den Alkoholgeist.) (Lunden. 1853.) 8° [Kopft.]

Volquarts, F. W., einige Worte über die ausschwitzende Bräune [Diphtheritis, Angina exsudativa] u. meine Heilung derselben. Altona 862. Wendeborn in Comm. gr. 8. (16 S.) n. 12 ngr.

VOLQUARTS, FR. GUIL. E. J., Membranæ tympani explicatio anatomico-physiologica. Diss. inaug. Kiliæ. 1839. 4. P.

Der Bauern-Kampf in Wedel gegen das Pastorat daselbst von 1732—1864. Dargestellt v. Georg Friedrich Christian **Volquarts.** Altona. 1864. 8°.

Ernest. Vols Soc. Jes. Institutionum Mathematicarum libri tres. 4. 1718.
— Viennae Austriae. 4. 1734.

Vols, Ern., institutionum mathematicarum lib. III. 4. Augsburg. 728.

Voelsch, Max [prakt. Arzt]: Beitrag zur Frage nach der Tenacität der Tuberkelbacillen . . . . Königsberg in Pr., Druck v. R. Leupold, 1887; 51 S. + 2 Bl. 8°.
Königsberg, Med. Fak., Inaug.-Diss. v. 2. Apr. 1887.

Voelsch, Max, Beitrag zur Frage nach der Tenacität der Tuberkelbacillen. Diss. Königsberg i. Pr. 1887, Graefe & Unzer. 8°. 51 S.

Voelsch, Max, Beitrag zur Frage nach der Tenacität der Tuberkelbacillen. Inaugural-Dissertation. gr. 8. (51 S.) Königsberg 887, (Koch und Reimer.) *

—— dass. — s.a. Beiträge zur pathologischen Anatomie und Physiologie.

[F.] Zur Frage der freien Arztwahl bei den Krankenkassen m. Berücks. d. Verhältnisse bei d. Königsberger Krankenkassen v. Dr. Max Völsch. *Königsberg: Hartungsche Verlagsh. 1896.* (31 S.) 1 Bd 8. 96.130

Geflügelzucht im Vereins- und Genossenschaftsrahmen. Von W. Völsch. Berlin: Pfenningstorff [1910]. 32 S. 8°
(Aus Theorie u. Praxis d. Geflügelzucht. Jg. 3, H. 4.) A 12. 773011

Völschau, illustrirtes Hühner-Buch. Enth. das Gesammte der Hühnerzucht, als: Anlage der Hühnerställe, Anschaffg. v. Hühnern, Behandlg. derselben, Krankheiten, 2c. Mit 40 naturgetreuen Abbildgn. in Farbendr. u. 36 (eingedr.) Holzschn. nach Orig.-Zeichngn. v. Ch. Förster. gr. 4. (IV, 282 S.) Hamburg 883. 84. J. F. Richter. n. 25. —; geb. n. 28. —

Völschau, J., Illustriertes Hühnerbuch. Anlage d. Hühnerställe, Anschaffg. von Hühnern, Behandlung derselben, Krankheiten etc. Mit 40 farbigen u. 58 schwarzen Abbildungen u. Zeichnungen von Chrn. Förster. gr. 4. Hamburg 83/84. Verlags-Anstalt. M. 28.—, geb. M. 28.

Völschau, Jul., die Hühnerzucht. Ein Leitfaden f. angehende Züchter. Anlage der Hühnerställe, Anschaffung von Hühnern, Fütterung derselben, das Brüten, das Aufziehen der Küchlein, nebst Beschreibung der bekanntesten Hühnerarten. 2., unveränd. Aufl. 8. (V, 57 S.) Hamburg 881. J. F. Richter. n. 1. 20; dänische Ausg. (V, 48 S.) 1883. n. 1. —

— die Hühnerzucht. Ein Leitfaden f. angeh. Züchter. Anlage der Hühnerställe, Anschaffg. v. Hühnern, Fütterg. derselben, das Brüten, das Aufziehen der Küchlein, die Behandlg. erkrankter Thiere nebst kurzgefaßter Beschreibg. der bekanntesten Hühnerarten. 3. Aufl. gr. 8. (VII, 54 S.) Ebend. 887. n. 1. 50

Die Hühnerzucht. Ein Leitfaden f. angehende Züchter. Anlage d. Hühnerställe. Anschaffung d. Hühner ... von Julius **Völschau**. 5. (verm. u. verb.) Aufl. Berlin: K. W. Mecklenburg [1906]. (60 S.) 8° [F.] 07. 12815

Voelschow, Arnold, die Zucht der Seidenspinner. Ausführliche Beschreibg. sämtl. in Europa eingeführten Seide erzeug. Schmetterlinge u. ihrer Zucht. Mit 46 Abbildgn. auf 3 farb. u. 4 schwarzen Taf. gr. 8. (83 S.) Schwerin i/M. 902. Selbstverlag. n.n. 3.50; geb. n.n. 4.50

Völsing, Chr., 60 Choräle aus dem evangelischen Choralbuche f. das Großherzogt. Hessen, dreistimmig f. 2 Sopran- u. 1 Altstimme gesetzt. 8. (III, 56 S.) Darmstadt 888. Waitz. n.n. — 40

Völsing, Chr., 60 Choräle aus d. evang. Choralbuche f. d. Großherzogt. Hessen, dreistimm. f. 2 Sopran- u. 1 Altstimme gesetzt, u. hrsg. v. d. evang. Kirchengesangverein f. Hessen. 2. Aufl. 8. (III, 56 S.) Darmstadt 898. J. Waitz. n.n. — 40

—— theoretisch-praktische Chorschule für den ersten Anfang. Mit besond. Rücksicht auf die Pflege des Chorals und des Volksliedes als Ergänzung der Vorschule zum Notensingen. 2. Heft: Weltliche Lieder. 8. (40 S.) Darmstadt 885, (Schlapp.) ' '
[1. Heft.] (Ebendas.) 1884. ** 30 Pf.

Völsing, Chr., Schullieder, gewählt aus deutschen Lesebüchern und poetischen Werken, insbesond. aus dem Lesebuch in Lebensbildern, aus den Lesebüchern von Lüben und Nacke, von Baldamus 2c., mit Noten in 3 Heften hrsg. 2. Aufl. gr. 8. Darmstadt 870, Zernin.

Inhalt:
Heft 1. [59 Melodien zu 58 Liedern.] (XII, 32 S.) * 40 Pf.
" 2. [74 Melodien zu 157 Liedern.] (XII, 48 S.) * 50 Pf.
" 3. [52 Melodien zu 52 Liedern.] (XII, 52 S.) * 60 Pf.

— **Vorschule zum Notensingen u. theoretisch-praktische Chorschule f. den ersten Anfang.** 2. Aufl. 8. (20 u. 17 S.) Ebend. 884. n.n. — 55; Vorschule ap. n.n. — 30; Chorschule ap. n.n. — 30

Völsing, Georgius: Plutarchus quid de pulchritudinis vi ac natura senserit. Marpurgi 1908: Bauer. 59 S. 8°
Marburg, Phil. Diss. v. 24. Sept. 1908, Ref. Birt.
[Geb. 10. Dez. 84 Frankfurt a. M.; Wohnort: Frankfurt; Staatsangeh.: Preußen; Vorbildung: Goethe-Gymn. Frankfurt Reife O. 02; Studium: Marburg 3, Königsberg 1, München 1, Marburg 5 S.; Rig. 13. Nov. 07.]

Völsing, Karl, Gerichtsaccessist in Giessen: Das Vereins- und Versammlungsrecht im Grossherzogtum Hessen. Seine geschichtl. Entwickelung u. gegenwärtige Gestaltung. Giessen 1902: Hof- u. Univ.-Druckerei. (104 S.) 8°
Giessen, Jur. Diss. v. 1902.

Volsunga-Saga, oder Sigurth der Fafnirstödter. Herausg. von v. d. Hagen. 8. Bresl. Max. 814.

Die Volsungasaga. Nach Bugges Text, mit Einl. u. Glossar hrsg. von Wilhelm Ranisch. 2. unveränd. Aufl. Berlin: Mayer & Müller 1908. XVIII, 216 S. 8°

Völsungensage, s. Schütt, J. K. G.

Volta, Alessandro

Volta, Alex., meteorolog. Beobachtungen, besonders über d. atmosphär. Elektricität; aus d. Italien., mit Anmerkk. u. Kpf. (A. u. d. T.: meteorolog. Briefe, nebst d. Beschreib. seines Eudiometers 2c. Aus d. Italien.) gr. 8. Leipz. 793. Müller. (Joachim). 18 gr.

— Beschreib. einer neuen elektrischen Geräthschaft, Elektrophor genannt; aus d. Italien. 8. Prag 777. Mangold. 6 gr.

Volta, Alessandro, Briefe üb. thierische Elektricität, s.a. Ostwald's, Wilh., Klassiker der exakten Wissensch.

Briefe über thierische Elektricitat von Alessandro Volta. (1792) Hrsg. von A[rthur] J[oachim] v. Oettingen. *Leipzig: W. Engelmann 1900.* (161 S.) 8°
= Klassiker Ostwald's, d. exakten Wissenschaften No 114. 00. 06, 2

Volta, Alessandro conte.
Briefe über die entzündbare Luft, die aus den Sümpfen entsteht; a. d. Ital. Strassburg 1778. Ü: *Köstlin, Carl Heinrich.* (Ky)

Alessandro Volta

(Lettere sull aria infiammabile nativa delle paludi. [Deutsch:]) Briefe über die entzündbare Luft der Sümpfe. Von Alexander Volta. Nebst 3 andern Briefen von dem nämlichen Verf. Aus d. Ital. übers. von Carl Heinrich Köstlin [1755 - 1783]. Straßburg: Stein 1778. 226 S. 8

Volta's, Alexander, Meteorologische Briefe nebst einer Beschreibung seines Eudiometers. Aus dem Italienischen (von Schaefer) mit Anmerkungen des Herausgebers. I. Bd (d. 1. 7. Brief enth.) m. Kupf. Leipzig 1793.

Volta's, Alexander, Meteorologische Beobachtungen besonders über die atmospharische Elektricitat. Aus dem Italienischen mit Anmerkungen des Herausgebers und Kupfern. Leipzig 1799.

Volta, Alessandro: Briefe über die natürlich entstehende entzündbare Sumpfluft. (Sulla Aria inflammabile nativa delle paludi. Sette lettere al Padre Campi. Dt.) 172 S., gbd., Abb.

Winterthur: Steiner 1778

JB 231

Volta, Al. Cont., Collezione dell' Opere. 5 Tomi. c. fig. Firenze. 8maj. (Lips., Weigel in Comm.) 816.

Volta, Alexander, Ueber die sogenannte galvanische Electricität. (Vorgelesen in der Sitz. der physik.-mathem. Kl. des Nat.-Instit. am 21. Nov. 1801.) (Aus dem Abdrucke dieser Vorlesung in den „Annales de Chimie", t. 40, zusammengezogen vom Herausgeber.) (Aus: Ann. der Physik, Bd. 10, St. 4, J. 1802, St. 4.)

— Dasselbe Werk. Zweite Abhandlung, welche die Phänomene seiner Säule erklärt. (Aus: Ann. der Physik, Bd. 12, St. 5, J. 1802, St. 13.)

Volta, Al., Schreiben an den Abt Ant. Maria Vassali üb. d. thier. Electricität, als eine Forts. der Schriften desselben üb. d. thier. Electr. Herausgeg. v. Jo. Mayer. Prag 1796. 8°.

— Schriften über Elektricität u. Galvanismus; herausg. von Eph. Fr. Nasse. 1r Thl., mit Kpf. 8. Halle 803. Schimmelpfennig. 18 gr

— Schriften über d. thier. Elektricität; aus d. Italien. von Jh. Mayer 1. 8. Prag 793. Calve. 16 gr Fortsetzung, od. Schreiben an J. M. Vasali, üb. d. thier. Elektricität; aus d. Italien. von Jh. Mayer 1. 8. Prag 796. Calve. 5 gr

— Untersuchungen üb. den Galvanismus, s.a. Ostwald's, Wilh., Klassiker der exakten Wissensch.

Untersuchungen über den Galvanismus 1796 bis 1800. Von Alessandro Volta. Hrsg. von A[rthur] J[oachim] v. Oettingen. *Leipzig: W. Engelmann 1900.* (99 S.) 8°
= Klassiker, Ostwald's, d. exakten Wissenschaften. No 118. (01. 7.) 6 2

— Fortgesetzte Versuche über die Elektricität. (Aus einem Briefe an den Herausgeber.) (Ann. der Physik, Bd. 14, St. 3, J. 1803, St. 7.) (S. 5137)

— Versuche über die Ladung electrischer Batterien durch den electro-motorischen Apparat. (Aus einem Briefe an den Herausgeber.) (Aus: Ann. der Physik, Bd. 13, St. 3, J. 1803, St. 3.)

— neueste Versuche üb. Galvanismus, Beschr. ein. neuen Galvanometers, und and. kleine Abhandl. üb. diesen Gegenstand, mit K. 8. Wien, Camesina. 803.

— neueste Versuche über Galvanismus, Beschreib. e. neuen Galvanometers u. andere kleine Abhandll. über diesen Gegenstand. Mit Kpf. 8. Wien 803. (Heubner). 12 gr

Volta, Jh. Seraph.

— Anfangsgründe d. analyt. u. systemat. Mineralogie; aus d. Italien., mit Anmerkk. von K. v. Meidinger. gr. 8. Wien 793. Al. Doll. 1 rth 16 gr

Volta, J. S., chem. mineralog. Versuch üb. die Bäder u. Gebirge v. Baaden, a. d. Ital. v. K. v. Meidinger. 8. Wien, Hörling. (Camesina) 792.

Volta, Jh. Seraph., chem.-mineralog. Versuche über d. Bäder u. Gebirge von Baaden; aus d. Italien. von K. v. Meidinger. 8. Wien 792. Hörling. (Heubner). 5 gr

Voltaire. Das Leben u. Ende e. Gotteshassers, s.: Volksaufklärung. Nr. 59.

Voltaire, die; Lstspl. 8. Bresl. 775. J. F. Korn. 2 gr

Voltaire am Abend seiner Apotheose. A. d. Franz. Frankf. u. Leipzig 1778. V: *Wagner, Heinrich Leopold.* (GGr) (Deutsche Litt.-Denkm. 12.)

Voltaire, am Abend seiner Apotheose. 8. Frankf. 778. Gebhardt u. K. (a. Hermann.) 2 gr

Voltaire's Charakterbild, s.: Kreiten, W.

Voltaire in der Geisterwelt. Dessen Mittheilungen von seinem irdischen und überirdischen Leben. Aus dem Engl. Hrsg. für die Freunde und Feinde Voltaire's, sowie für Jene, welche sich vom überird. Leben eine richtige Vorstellung machen wollen, von J. Ehrenberg. 8. (33 S.) Wien 865, (Ludwig.) * *

Voltaire, Der kleine. Eine deutsche Lebensgeschichte . . . Liegnitz u. Leipzig 1782. 2. Aufl. Leipzig 1785. V: *Schummel, Johann Gottlieb.* (Ky) (EE) (BGE)

— der kleine; e. deutsche Lebensgeschichte für unser freigeist. Jahrhundert (v. J. G. Schummel.) 8. Liegnitz u. Leipz. 782. 2e A. 785. (Heymann in Glogau.) 1 rth 16 gr

Voltaire, der kleine, eine deutsche Lebensgesch. für unser freygeistrisches Jahrhund. v. Schummel. 8. Liegnitz, Siegert. 785.

Voltaire's Leben; aus d. Französ. übers. (v. Mch. Truckenbrot.) 8. Nürnb. 797. (Leipz., Barth). 20 gr

— Leben u. Tod, eine Samml. besonderer Umstände. 8. Augsb. 785. Rieger. 6 gr

— Leben u. Werke, s.: Mahrenholtz, R.

— seine Persönlichkeit in seinen Werken. Bearb. v. Kaethe Schirmacher, s.: Aus der Gedankenwelt grosser Geister. 1.

Voltaire der Reformator. Bern 1772. V: *Gillet, Johann Friedrich.* (Adel) (Ky) (ML)

Voltaire und Trenck; ein Traumgesicht. 8. 787. (Vieweg in Braunschw.) 4 gr

Voltaire und Trenk. Ein Traumgesicht von *J. J. v. W.*, wenigstens eben so wahrscheinlich, als die letzte Unterredung des Königs mit dem Pater Pavian. O. O. 1787. 8°. 64 S. Selten! (2 Mk. 50 Pfg. Max Jaeckel, Potsdam, 1909.)

Voltaire und Young. [Dresden 1817.] V: *Nostitz und Jänkendorf, Gottlob Adolph Ernst.* (MGT)

Voltaire, François-Marie Arouet de

— — Abbitte an das schöne Geschlecht, und Reubekennung über seine in Religionssachen u. Sittenlehre eingreifende Schriften. Frkft., Garbe. 1771. 8°.

— Abbitte an d. schöne Geschlecht u. Reue über seine in Religions- u. Sittenlehre eingreifende Schriften. Aus d. Französ. 8. Frankf. a. M. 771. Gebhardt u. K. 3 ℊ

— Abhandlung über d. Religionsduldung. Mit Anmerk. 8. Leipz. 775. Fritsch. (Hahn). 8 ℊ

— abrégé de l'histoire universelle depuis Charlemagne jusqu'à Charles quint. II Vols. 8. Frankf. a. M. 754. Esslinger. 1 ß

— von allem ein Wenig, oder d. Vergnügungen d. Landes. 2 Thle. 8. Frankf. u. Leipz. 767—69. Wittekind. 8 ℊ

— s. auch Alzire.

Voltaire, F. M. A. de. Alzire oder die Americaner. A. d. Franz. . . . Hamb. 1739. Ü: *Stüven, Peter.* (Waniek, Gottsched. Leipzig 1897. S. 204.) (ADB)

— Alzire, oder die Amerikaner. Trspl. 8. Lübeck 785. (Gleditsch in Leipz.) 4 ℊ

— Alzire. Trspl. Metrisch übers. v. Frz. v. Maltitz. 8. Karlsr. 816. Marr. 9 ℊ

Voltaire, Alzire, oder: die Amerikaner. Ein Trauerspiel in 5 Aufzügen. Uebersetzt von K. Fuchs. 8. Braunschw. 827, (Halberst., Vogler.)

— Amalie, oder d. Herzog v. Foix; ein Trspl. in 5 A. Aus dem Französ. 8. Münch. 773. J. Lindauer. 4 ℊ

— Amélie, ou duc de foix. Tragédie. 8. Dresd. 753. ... 6 ℊ

— annales de l'empire, depuis Charlemagne. II Vols. 12. Dresd. 754. Walther. 1 ß 16 ℊ

— annales de l'empire depuis Charlemagne jusqu' à Charles VI. II Vols. 8. Frankf. a. M. 754. Andreä. 1 ß 8 ℊ

— s. a. Antimachiavell.

— Anti-Machiavel, ou essai de critique sur les princ. de Machiavel. gr. 8. Amsterd. ... (Varrentrapp in Frankf a. M.) 1 ß

Voltaire, les arts et les sciences dans le siècle de Louis XIV. (Dem Werke „Le siècle de Louis XIV" entnommen.) Für den Schulgebrauch hrsg. u. mit Anmerkungen versehen von Fr. Xav. Seidl. gr. 8. (VI, 40 S.) Leipzig 878. Teubner. — 60

Voltaire, philosophische Aufsätze, s.: Meyer's Volksbücher.

— s. **Bazin, Abt.**

— Bemerk. u. Beobacht. üb. Menschen, Regenten u. Regierung, e. aufgefund. Nachlaß, a. d. Frz. v. Memmie. 8. Hamb. Vollmer. 802.

Bibel, Die endlich einmal von vielen Almosenpflegern Sr. Majest. dem König von Preussen erklärte. (Aus d. Französ. des *Voltaire.*) 2 Thle. Mit Portrait u. Titelkpfr. London (Wien, Mösle) 1787. 8°.
Kayser II, 670; Weller, fing. Dr. I, 136; fehlt im Anon.-Lex.
— — Dasselbe. Ebd. 1788. 8°.
Citirt Karl Wallstein.
Orig.: La Bible enfin expliquée, par plusieurs aumôniers de S. M. L. R. D. P. (le roi de Prusse). Londres (Genève) 1776. 4° et 8°. — Ibid. 1777. 8°.

— freundschaftl. Briefe. Aus d. Französ. 8. Hamb. 770. Buchenröder. 4 ℊ

— — Geheime Briefe; aus d. Französ. (von Johann Friedr. Seyfart). Frankfurt und Leipzig 1765.
Anon.-Lex. IV. p. 336 (nach Kayser u. Meusel).

— geheime Briefe; herausg. von L. B**. 8. Hamb. 765. Buchenröder. 4 ℊ

— geheime freundschaftl. Briefe. 8. Ebend. 775.

Voltaire, Briefwechsel, s. a. Friedrich der Große als Kronprinz im Briefwechsel m. Voltaire.

— Briefwechsel. Ausgewählt u. übertr. v. Käthe Schirmacher. (294 S.) 8. Leipzig (908). Insel-Verlag. 4.—; geb. in Pappbd. 5.—; in Ldr. 7.—

— Brutus. — Merope. — s. a. Taschenbibl. ausländ. Classiker in wissenschaftl. Werken.

— Brutus. Trspl. in 5 Akt., übers. v. Jak. Wlh. Blaufuß. 8. Jena 754.

— dass., übers. 8. Frankf. 791. Herrmann. 8 ℊ

— übers. v. Crauer, s. a. Brutus.

Voltaire, F. M. A. de. Brutus, ein republikanisches Trauerspiel in fünf Aufz. A. d. Franz. . . . Luzern 1800. Ü: *Crauer, Franz Regis.* (Ky) (GGr)

— Brutus. Trspl. in 5 Handl.; metrisch übers. von A. Lembert. gr. 12. Neustadt a. d. Haardt 820. Christmann. 12 ℊ

— Brutus. Trspl. in 5 Aufz.; aus d. Französ. v. Hnr. König. Mit 1 Kpf. 16. Zwickau 827. Schumann. 8 ℊ geh. 9 ℊ ohne Kpf. 4 ℊ

——, Brutus, Trauersp. in 5 Handlungen; metr. übers. v. A. Lembert. gr. 12. (4½ B.) Neustadt a. d. Haardt 829, [Gettschick]

Voltaire, Candide od. die beste der Welten, s. a. Liebhaber-Bibliothek, kulturhistorische. 16. Bd.

— Candide, oder d. beste Welt; aus d. Französ. von Ralph. (Jh. Albr. Philippi). 8. Riga 776. Hartknoch in Leipz. 14 ℊ

Voltaire, F. M. A. de. Candide, oder die beste Welt; a. d. Franz. Berlin 1778. 3. rev. Aufl. Berlin 1785. Ü: *Mylius, Wilhelm Christhelf Siegmund.* (Ky) (BrMm) Riga 1776. Ü: *Philippi, Johann Albr.* (Ky)

— Dass.; aus d. Französ. (von W. C. S. Mylius). Mit 5 Kpf. 8. Berl. 778. 2e A. 782. 3e A. 785. 4e A. 793. (Reimer). (W. Nauck in Leipz.) 1 Thlr. 4 Gr.

— Candide, ou l'optimisme. II Vols., av 5 fig. 12. Berl. 778. Himburg. 1 Thlr. 4 Gr. (Levrault in Strassb.) 1 Thlr. 16 Gr.

— Candide, oder d. beste Welt. 2 Bde. 4e Aufl. 8. Wien 789. v. Mösle. 1 Thlr. 4 Gr.

— — dasselbe, a. d. Franz. v. Mylius, mit 5 Kpf. Berlin, Himburg. (a. Sommer in Leipz.) 795.

— Candide. II Tom.; avec fig. 16. Zwickau 818. (Gebr. Schumann). 16 Gr.

— Candide, oder d. beste Welt; übersetzt von K. Sigismund. 2 Bdchen, mit 2 Kpf. 16. Zwickau 821. Gebr. Schumann. 16 Gr.

Voltaire, Candide. Satir. Roman. In deutscher Bearbeitg. v. Osk. Linke. (Collection Victoria regia.) gr. 16. (IV, 192 S.) Großenhain 897. Baumert & Ronge. n. 1. —; geb. n. 2. —

Candide oder die Beste der Welten. Philos. Roman von [François Marie Arouet de] Voltaire. Aus d. Franz. übers. u. eingel. von Paul Seliger. 2. Aufl. Berlin & Leipzig: J. Hegner [1904]. (219 S.) 8° [F.] — Liebhaberbibliothek, Kulturhistorische Bd 15.

Voltaire, Charles XII., s.: Bibliothek gediegener u. interessanter französischer Werke.

—— dass. — s. Hausbibliothek ausländischer Classiker.

—— dass. — s. Universal-Bibliothek Nr. 714—716.

Voltaire, Franc. Marie Arouet, Charlot, ou la Comtesse de Givri. Comédie. 8. Dresd. 770. Walther. 4 Gr.

— Charlotte, od. die Gräfin v. Givri. Lstspl. 8. Prag 772. Widtmann. 3 Gr.

— conservation secrète, et testament olographe. 4. Augsb. ... 4e Ausg. 775. v. Jenisch u. St. 3 Gr.

— contes de Guillaume Vadé. 8. Berl. 765. Nicolai. 14 Gr.

— Conversion secrète, et Testament olographe. 4. Augsburg, Stage. 775.

— correspondance. XIX Vols. gr. 8. Basel 781. (Thurneysen). 18 Thlr.

— correspondance avec Frédéric le Grand, s.: Schulbibliothek, französische u. englische.

— — *Voltaire's* Denkwürdigkeiten der Natur. Aus d. Französ. Mit Titelvign. Berlin u. Leipzig 1786. 8°. Rar! (4 Mk. B. Seligsberg, Bayreuth 1911.)

— Denkwürdigkeiten d. Natur; aus d. Französ. 8. Münch. 786. Lindauer. 8 Gr.

— diatribe à l'auteur des éphémérides. 8. Génève 775 (Rottmann in Berl.) 4 Gr.

— Dieu, réponse au système de la nature. gr. 8. Génève 770. (Rottmann in Berl.) 6 Gr.

— ausgewählte Dramen. Erklärt von E. v. Sallwürk. 1—3. Bd. gr. 8. Berlin 881. 82. Weidmann. à 1. 20

1. Sémiramis. (VI, 120 S.)
2. Mérope. (VI, 110 S.)
3. Zaïre. (103 S.)

Voltaire's ausgewählte Dramen. Erklärt von E. v. Sallwürk. 4. Bd.: Alzire. gr. 8. (VI, 84 S.) Berlin 884. Weidmann. — 90 (1—4.: 4. 50)

— le Droit de Seigneur. Comédie. 8. Dresd. 770. Walther. 6 Gr.

— — Eingang des VII. Gesangs des Mädchens von Orleans. (In: *K. A. Schneider*, Gedichte. Prag 1800. 8°. S. 208.

Goedeke VII, 661, 4, d.

— élémens de la philosophie de Newton, av. fig. 12. Dresd. 752. Walther. 1 Thlr.

— l'Enriade, tradotta in ottava rima dal T. Medini. gr. 4. Salzb. Mayr. 774.

— l'Enriade, tradotta in ottava rima, dal T. Medini. Mit 2 Kpf. u. 10 Vign. 4. Augsb. 779. v. Jenisch u. St. 2 Thlr.

— l'Enriade, tradotta in ottava rima, dal T. Medini, mit 2 Kupf. u. 10 Vignetten. 4. Augsb. Stage. 779.

Voltaire. Erzählungen. Der Weiße u. d. Schwarze. Hans u. Klaas. Die Prinzessin von Babylon. Die beiden Getrösteten. Candid. Scarmentado. Zadig. Mikromegas. Der Harmlose. Übers. von Ernst Hardt. Berlin: Wiegandt & Grieben 1908. XXVII, 539 S. 8°

— — *Voltaire's* moralische Erzählungen. Frey nach d. Französ. bearbeitet von J. C. Hagen (d. i. Gottfr. Basse). Quedlinburg, Basse, 1810. 8°. (128 S. (3 Mk. A. Bielefeld, Carlsruhe, 1910.)

Goedeke VII, 662, 19.

— essai sur l'histoire universelle depuis Charlemagne. VI Vols. 8. Dresd. 754—58. Walther. 3 Thlr.

— la Femme qui a raison. Comédie. 8. Dresd. 770. Walther. 4 Gr.

Voltaire's Ferien, s. a. Theater, neuestes, d. Auslandes, 1. Bd. — Villeneuve, de.

— Ferien. Lustspiel in 2 Acten. Frei nach d. Franz. von W. A. Hermann. gr. 8. Hamburg 839. Berendsohn. 1/3 Thlr.

— d. Herzog von Foix, nach d. Französ. (von F. A. Courtin). 8. Münch. 774.

— fragmens sur l'Inde, sur le général Lally etc. 8. Lausanne 779. Pott. 20 Gr.

— die Frau welche Recht hat. Lstspl.; aus d. Französ. 8. Berl. 764. (Horvath in Potsd.) 3 Gr.

— — Freymüthige, Der, eine wahrhafte Geschichte aus dem Französischen des Hern. *von Voltaire*. Frankfurt und Leipzig 1768. 8°.

— — Dasselbe. Neu verbesserte Auflage. Helmstadt (so!) und Leipzig 1770. 8°.

Beides citirt der Wiener Catalog (1774) verbotener Bücher.

— Gedanken, Bemerkk. u. Beobachtungen. Aus d. Französ. übers. von S. F. C. Momme. A. u. d. T.: Arouet v. Voltaire, interessante Bemerkk. über Menschen, Regierungen, Regenten u. Unterthanen. Ein ächter, so eben erst aufgefundener Nachlaß dieses Weisen. 8. Hamb. u. Mainz 802. (Herold jun.) 14 gr

Voltaire, über den Geist und die Sitten der Nationen, s. Bibliothek der besten Werke des 18. und 19. Jahrh.

Geschichte Karls XII.

— dasselbe, s. a. Hausbibliothek ausländischer Classiker.

— dasselbe, s. a. Meyer's Volksbücher.

— Geschichte Carl XII., s. a. Miniaturbibliothek. 1—3. Bd.

—— Geschichte Carl XII., übers. v. Ludwig, s. a. Miniaturbibliothek.

— Die Geschichte Karls XII., Königs v. Schweden, s. a. Universal Bibliothek.

Voltaire, F. M. A. Geschichte Karls XII, Konigs von Schweden. A d. Französ. 8. Leipzig 1733 — M. Anm. 8 ib. 1734 — 8 Frankfurt 1756 8 ib. 1760. — Deutsch von M. A N. Stein. 16 Zwickau 1821 — von C. F. Kretzchmar. 2 Th. 16. Pest 1825. — von C. F. E Ludwig. 16. Hamburg 1847. — 3. Aufl (308) 16. Leipzig 1864. 1,20. — von L. Hartog. (227) 16 Danzig 1871. 1,50. — von W Rath. (250) 16. Leipzig 1875. 2,50.

— Geschichte Karls XII. Neu übersetzt von M. A. N. Stein. 3 Bdchen, mit Kpf. 16. Zwickau 821. (Gebr. Schumann). 1 ℛ

— Geschichte Karls XII., Königs v. Schweden. Aus d. Französ. von F. C. Kretzschmar. 2 Bdchen. 16. Pesth 825. Hartleben. 18 gr

— Geschichte Carl XII. Königs von Schweden. Aus dem Französ. übers. von C. F. E. Ludwig. 32. Hamburg 846, Schuberth u. Comp. n. 1/3 ℛ

Voltaire's Geschichte Carls XII. Königs von Schweden. Aus dem Französ. übers. von C. F. E. Ludwig. 2. Aufl. Hamburg 856. (Leipzig,) Schuberth u. Co. 16. (XV, 308 S.) n. 12 ngr.

Voltaire's Geschichte Carl's XII. Königs von Schweden. Aus dem Französ. übers. von C. F. E. Ludwig. 3. Aufl. Leipzig 864. Schuberth & Co. 16. (XI, 308 S.) n. 12 ngr.

—— Geschichte Karls XII. Königs von Schweden. Uebersetzt von L. Hartog. gr. 16. (III, 227 S.) Danzig 871, Kafemann.

—— Geschichte Karls XII., Königs von Schweden. Wortgetreu nach H. R. Mecklenburgs Grundsätzen aus dem Französischen übers. von R. T. 1. Buch und 2. Buch in 2 Heften. 32. (71; 125 S.) Berlin 887, H. R. Mecklenburg. à Heft * 25 Pf. *

—— Geschichte Karls XII., Königs v. Schweden. Buch III, 1. Heft, Buch IV, 1. Heft, u. 5. Buch, 1. Heft. 32°. (à Heft 64 S.) Berl. 889,91. H. R. Mecklenburg. à Heft * — 25; * — 75

v. Voltaire. Geschichte der Kreuzzüge. Aus dem Franz. Rostock 1752.

— Geschichte Peter d. Großen. Aus d. Französ. übers. von Fr. Gleich. 3 Bdchen. 16. Pesth 827. Hartleben. 1 ℛ 3 gr

Voltaire, F. M. A. de. Geschichte des Russischen Reichs unter der Regierung Peter des Grossen. A. d. Franz. Leipzig 1761. Ü: *Huber, Joh. Michael.* (MGT)

de Voltaire, F. M. A., Geschichte d. russ. Reichs unter d. Regierung Peter d. Großen, mit Zusätzen u. Verbess. v. A. F. Büsching. 2 Thle. 8. Götting. 761 u. 63. Brönner in Frankf. 1 ℛ 2 gr

— Gesch. d. russ. Reichs unter d. Regierung Peter d. Großen; aus d. Französ. von J. M. Hube. 8. Leipz. 761. Junius. 12 gr

— Geschichte des russ. Reichs unter Peter dem Großen. Uebers. von C. F. E. Ludwig. 32. Hamburg 846, Schuberth u. Comp. n. 1/3 ℛ

— Geschichte d. Völker, vorzügl. in den Zeiten von Karl d. Großen bis auf Ludwig XIV. Neu übers. von K. A. Schnitzer. 8 Bdchn. 16. Pesth 828. Hartleben. Pr.-Pr. 2 ℛ

de Voltaire. Geschichte des Zeitalters Ludwigs XIV. Aus dem Französ. von Dor. Honr. v. Runkel. 2 Bde. 8. Dresden 1752. — 2 Bde. 8. ib. 1770. — 2 Bde. 8. ib. 1778.

— — Zwey morgenländische Geschichten und eine portugiesische Erzählung. Aus d. Französ. d. Herrn *v. Voltaire* u. des Herrn *v. Vergier*. Mit 5 Kpfrn. (G. Eichler del., Barth. Hübner sc.). Stuttgart, bey Christoph Friedr. Cotta, 1792.

— philosoph. Gespräche u. Unterhaltungen. 2 Bdchen. 16. Pesth 827. Hartleben. 18 gr

— Glaubensbekenntniß. Aus d. Französ. 8. Frankf. u. Lpz. 769. Felssecker. 3 gr

— — Der Greis vom Berge Kaukasus (= *Nonnotte*, Exjesuit), vom (!) *Voltäre*. Mit 1 Kpfr. u. 1 Vignette. London, o. J. (17**). 8°. 206 S. (3 Mk. Taussig, Prag, 1903:)

— d. Greis vom Berge Caucasus, u. d. Preis d. Menschlichkeit u. Gerechtigkeit. 2 Bde. 8. London 787. (v. Mösle in Wien). 1 ℛ 8 gr

— les Guèbres, ou la Tolérance. Tragédie. 8. Dresd. 770. Walther. 5 gr

— guerre pour la succession d'Espagne 1701—1714, s. a. Bibliothek gediegener u. interessanter französischer Werke.

— guerre de la succession d'Espagne, s. a. Schulbibliothek, französische u. englische.

— guerre de la succession d'Espagne, s. a. Textausgaben französ. u. engl. Schriftsteller f. den Schulgebrauch.

Voltaire, Guerre de la succession d'Espagne (chap. XVII—XXIII du siècle de Louis XIV). Ed. précédée d'une notice biographique et suivie d'un commentaire, d'un répétiteur et d'une carte par J. Ellinger. Revue par J. Delâge. 2 Tle. 8. Wien 903. K. Graeser & Co. — Leipzig, B. G. Teubner. Geb. u. geh. n. 1. 80
I. Texte et vocabulaire. (VIII, 142 S.)
II. Notes et répétiteur. (42 S.)

— Les guerres de Louis XIV pour le rétablissement des Stuarts et la succession d'Espagne, hrsg. v. O. Glöde, s. a. Schriftsteller, englische u. französische, der neueren Zeit. 27. Bdchn.

— Heinrich IV. Französ. u. deutsch. 2 Thle. gr. 8. Wien 782. (W. G. Korn in Bresl.) 1 rß 4 gr (Kupferberg in Mainz). 16 gr

— Heinrich IV., ein Heldengedicht in 10 Gesängen, französ. u. deutsch, zum Behuf für Lernende dieser Sprachen. gr. 8. Manh. 796. Schwan u. G. 22 gr

— Heldengesang auf Heinrich IV., König v. Frankreich. Aus d. Französ. 8. Leipz. 752. ... 6 gr

— die Henriade, s. Bibliothek, ausgewählte, der Classiker des Auslandes, 17. Bd.

Voltaire, la Henriade, s. France, la, classique.

— Henriade, s. Universal-Bibliothek.

— la même. 4. Cassel, Thurneysen. 7 rß 12 gr

— la Henriade, édition de Kehl. 4. Strassb. ... Levrault. Velinp. 9 rß

— Henriade; übers. v. J. C. Schwarz, in franz. u. deutschen Versen. gr. 8. Mannh. Löffler. 761.

— Henriade; aus d. Französ. von Elias Kåp. Reichard (eigentl. von Jh. Cph. Schwarz I.) gr. 8. Magdeb. 767. Hechtel. (Manh., Löffler). 12 gr

Voltaire, François Marie Aronet de.
Deutsche Uebersetzung der Henriade von F. A. Sch—l. 1781. V: *Schlegel, Fz. Ant.* (??). (wrztg 1781, Nr. 95, Subscribt-Einladung)

— Henriade, avec la dissertation sur le mort de Henri IV, gr. 8. Mainz 788. Kupferberg. 9 gr

— la même. II Vols., ed. Gust. Bergmann. 8. Ruin et Livon. 788, 89. Bergmann.

— Henriade. 12. Hamb. 795. Fauche. 8 gr

— la Henriade, avec des notes historiques, à l'usage des premières Classes des Collèges et des Ecoles, publiée p. J. G. Müchler. 8. Berlin, Wilh. Oehmigke. 799.

— la Henriade, avec des notes historiques, à l'usage des premières classes des collèges et des ecoles, publiee par J. G. Müchler. 8. Berl. 799. Ed. II. ... Ed. III. 805. Ed. VII. 825. (Sander). 6 gr

— Henriade, en X chants. 12. Genf 811. (Hinrichs in Lpz.) 16 gr

— — la même, avec de notes historiques à l'usage des premières classes de colléges. Publ. par J. G. Müchler. IV edit. augm. 8. Berlin, Neue Societ. Buchhandl. 813.

— Henriade. In deutschen Hexametern, mit geschichtl. Anmerkungen von Karl Kleinschmidt. 12. Frankf. 817. Varrentrapp. 2 rß Velinp. 3 rß

Voltaire, F. Ma. A. de, la Henriade, avec des notes historiques, à l'usage des premières classes des Collèges. Cinq. édition corrigée et augmentée par J. G. Müchler. 8. Berlin, Flittner. 818.

— Henriade in 10 Gesängen. Metrisch übersetzt von J. Hoffbauer. gr. 8. Grätz 821. Ferstl. 16 gr Velinp. 1 rß

— la Henriade. Poëme. Avec les notes; suivi de l'essai sur la poesie épique. 18. Strassb. 822. Levrault. 10 gr

— d. Henriade, ein Heldengedicht in 10 Gesängen. Uebersetzt von Frz. A. W. Hermes. gr. 8. Berl. 824. (Stuhr). 1 rß 12 gr

— la Henriade, poeme. Mit grammat. u. histor. Erläuterungen u. e. Erklärung d. Wörter u. Redensarten zur Erleichterung d. Uebersetzung ins Deutsche, von J. F. Sanguin. 8. Leipz. 824. Er. Fleischer. 8 gr

— la Henriade, poëme. Avec des notes histor. à l'usage des Premieres class. des collèges publ. par J. G. Müchler. 7e Aufl. 8. Berl. 825, Eichhoff et Kr.

— la Henriade, poeme. Mit histor.-grammatikal. Anmerkk. v. C. W. Siemsen. 8. Hannov. 827. Hahn. 6 gr

— Henriade, nebst Noten d. Autors, frei übersetzt von Peregrinus Syntax, (F. F. Hempel). 2 Bdchen. 16. Pesth 828. Hartleben. 18 gr (s. auch Museum ausländ. Meisterwerke).

—— la Henriade. Poème. Mit grammat., histor. u. mytholog. Anmerkn. Einer kurzen Darstellung d. französ. Prosodie u. e. vollständ. Wörterbuche. Zum Schul- u. Privatgebr. v. C. W. Schiebler. gr. 12. (12 B.) Leipzig 833, Engelmann.
Das Wörterbuch apart, 4½ Gr.

—— la Henriade. Poème. Mit grammat., histor.-geograph. u. mytholog. Bemerkn. u. ein. Wörterbuche neu hrsg. v. Ed. Hoche. 2. Aufl. gr. 12. (9 B.) Leipzig 837, E. Fleischer.

Voltaire, (Franç. Marie Arouet de,) la Henriade. Poème. 16. (12 B.) Stuttgart 840, Erhard.

Voltaire, (Franç. Marie) Arouet de, la Henriade. Enrichi d'un vocabulaire et de notes historiques par E. J. Hauschild. 8. (11½ B. u. V's. Bildn.) Leipzig 846, Renger'sche Buchh.

—— dass. — Mit grammat. und sachlichen Anmerkungen zum Gebrauch in Gymnasien und Realschulen versehen von J. Hoffa. gr. 16. (VI und 279 S.) Frankfurt a. M. 850, Brönner. *

—— la Henriade. Poème. Mit grammat., historisch-geograph. und mytholog. Bemerkungen und einem Wörterbuche neu hrsg. von Ed. Hoche. 3. (Titel-)Aufl. 12. (211 S.) Leipzig 851, E. Fleischer.

—— dass. — Mit grammat. Erläuterungen und einer Erklärung von Wörtern und Redensarten zur Erleichterung des Uebersetzens ins Deutsche für den Schul- und Privatunterricht. 4. (Titel-)Aufl. 8. (352 S.) Leipzig 851, E. Fleischer.

—— le même. — Enrichie d'un vocabulaire et des notes historiques par E. I. Hauschild. (Nouvelle Édition.) 8. (173 S.) Leipsic 851, Renger'sche Buchh.

Voltaire, la Henriade. Poème. Mit grammat., historisch-geograph. und mytholog. Bemerkungen und einem Wörterbuche neu hrsg. von Ed. Hoche. 4. Aufl. gr. 16. (216 S.) Leipzig 860, E. Fleischer.

Voltaire, la Henriade. Poëme. Mit grammatischen, historisch-geographischen u. mythologischen Bemerkungen u. einem Wörterbuch hrsg. von Ed. Hoche. 5., neu bearb. Aufl. 8. (191 S.) Berlin 881. Friedborg & Mode. 1. 25

— Henriados lib. X latinis vers. et gallicis, adposito duplici poemate, quod semper ad versum respondet, a de Chaux. 8. Manh. 773. Schwan u. G. 1 ℔

Voltarii, F. M. A. de, Henrias, latinis versibus expressa cum Gallicis versibus. Manhem. 773. 8. 1 rthlr

Voltaire, F. M. A. de. Das Herrnrecht oder die Klippen des Weisen; ein Lustspiel. Breslau 1765. Ü: *Schmid (Schmidt), Johann Friedrich.* (Ky) (ML)

— das Herrenrecht, oder die Klippen der Weisen. Lstspl.; aus d. Französ. (v. Jh. Fr. Schmidt III.) 8. Bresl. 765. J. F. Korn. 3 ℊ

Voltaire, F. M. A. de. Histoire abregée de Charles XII. Roi de Suede. Augsburg 1769. H: *Mertens, Hieronymus Andreas.* (BB) (Ky) (ML)

— histoire abrégé de Charles XII. Roi de Suède, (par H. A. Mertens). 8. Augsb. 769. v. Jenisch u. St. 5 ℊ

Histoire de Charles XII.

— dasselbe, s.a. Bibliothek französ. Werke.

—— dass. — s.a Bibliothek gediegener und interessanter französischer Werke.

— — s.a Collection d'auteurs français.

Voltaire, (Franç. Marie,) Histoire de Charles XII., roi de Suède etc., s.a France.

— Histoire de Charles XII., hrsg. v. Otto Ritter, s.a. Prosateurs français.

— dasselbe, s.a. Schulausgaben ausgewählter klassischer Werke.

— Histoire de Charles XII., erkl. v. K. Mühlefeld. s.a. Schulbibliothek, französische u. englische.

— dasselbe, hrsg. v. Paul Gröbedinkel, s.a. Textausgaben franz. u. engl. Schriftsteller, Bd. 1.

— dasselbe, Wörterverzeichniss dazu, s.: Wiemann, A.

de Voltaire, M. F. A. Histoire de Charles XII., Roi de Suède. 8. Basle (Paris) 1731. — 8. Amsterdam 1733. — 2 v. 12. ib. 1739. — 12. Paris 1742 — 8. Dresde 1754. — 8. Paris 1756. — 8. Genève 1757. — 8. Augsbourg 1769. — 12. Dresde 1780. — 8. Leipzig 1790. — 8. Dresde 1803. — 8. Leipzig 1816. — 8. Paris 1818. — 8. Strasbourg 1821. — (20¼ f.) 16. Leipzig 1829. — (9½ f.) 8. Frankfort 1831. 1,15. — (26 f.) 8. Leipzig 1831. — 12. Berlin 1832. — (15¾ f.) 12. Cologne 1832. 1,25. — 16. Leipzig 1832. — (15 f.) 16. Stuttgart 1834. 0,90. — (23 f.) 8. Leipzig 1835. — (15¾ f.) 8. ib. 1836. — (15 f.) 16 Stuttgart 1838. — (5 f.) 8. Quedlinburg 1840. 0,75 — (10 f.) 12. Leipzig 1841. 2,00 — (9½ f.) 12. Francfort s. M. 1844. 1,00. — (15½ f.) Leipzig 1845. 1,00. — (11½ f.) 8. ib. 1846. 0,75. — (18¾ f.) 16. ib. 1847. 1,00. — (298) 8. ib. 1855. 0,75. — (240) 16. Berlin 1856. 1,00. — (246) 16 Leipzig 1859. 1,00. — nouv. éd. av. des notes historiques etc. par A. Geoffroy. (XXXVII. 308) 12. Paris 1861. — 2 p (383) 32. ib. 1863. 65.

—histoire de Charles XII. 8. Leipz. 790. (Wienbrack). 1 ℔ 4 ℊ

—histoire de Charles XII., roi de Suède etc. 8. Dresd. 803. Walther. 1 ℔ 8 ℊ

— histoire de Charles XII., roi de Suède. Mit grammat. Erläuter. u. e. Erklärung d. Wörter u. Redensarten. 8. Leipz. 816. 2e A. 826. 3e A. 830. Ern. Fleischer. 16 ℊ

de Voltaire, F. M. A., histoire de Charles XII. 2 Vols. avec estamp. 16. Zwickau 820. (Gebr. Schumann). 16 ℊ

— histoire de Charles XII., roi de Suède. Für Schulen. 18. Strassb. 821. Levrault. 9 ℊ

—— le même. (Avec un Vocabulaire.) 1. et 2. édit. 16. (à 20¼ B) Leipzig 829, 32, [Volckmar.] à

—— le même. Mit grammat. Erläutern. u. e. Erklärung v. Wörtern u. Redensarten zur Erleichterung d. Uebersetzens ins Deutsche, für d. Schul- u. Privatunterr. 3., verb. u. bericht. Ausg. 8. (22 B.) Leipzig 830, E. Fleischer.

—— le même. Bearb. u. mit e. Wörterbuche vers. v. Kissling. gr. 12. (20 B.) Stuttgart 830, Steinkopf.

—— le même. Edit. stéréotype. gr. in-12. (9½ B.) Francfort s. M. 831, Brönner.

—— le même. Mit erläut. Anmerkn., Hinweisungen auf d. franz. Sprachlehren v. Sanguin u. Hirzel u. e. Wörterbuche. Zum Schul- u. Privatgebr. v. K. W. Schiebler. 8. (25 B.) Leipzig (831), Müller.
Das Wörterbuch (5 B.) apart. 3 Gr.

— histoire de Charles XII., roi de Suède. 12. Berl. 832. Dümmler. 10 ℊ

—— Histoire de Charles XII., Roi de Suède. 12. (15¾ B.) Cologne 832, DuMont-Schauberg.

Voltaire, (Franç. Marie Arouet de,) Histoire de Charles XII, Roi de Suède. 16. (15 B.) Stuttgart 834, Erhard. 7 Gr., mit franz.-deutsch. Wörterverzeichniß. (21½ B.) Thlr.

Voltaire, (Franç. Marie Arouet de,) Histoire de Charles XII., roi de Suède. Mit erläut. Bemerkn., Hinweisungen auf d. französ. Sprachlehren v. Sanguin u. Hirzel, u. e. vollständ. Wörterbuche. Zum Schul- u. Privatgebr. v. Carl Wilh. Schiebler. 2., verb. Ausg. 8. (23 B.) Leipzig 835, Müller. Thlr.

—— Histoire de Charles XII, roi de Suède. Avec des notes grammat. et un vocabul. suffisant. A l'usage des écoles. 4. édit., revue et considérabl. enrichie p. M. A. Thibaut. 8. (15¾ B.) Leipzig 836, [Renger'sche Buchh.]

— le même. Avec des notes grammaticales et un vocabulaire suffisant. A l'usage des écoles. 4e édit., revue et considérabl. enrichie par M. A. Thibaut. 8. Leipzig 836. Volckmar. ⅓ ℔

—— Histoire de Charles XII., roi de Suède. Nouv. édit. 16. (15 B.) Stuttgart 838, Erhard.
Mit Wörterverzeichniß (21½ B.)

—— Histoire de Charles XII., roi de Suède.— Abrégé. A l'usage des jeunes personnes, qui s'adonnent à l'étude du français. Accomp. d'un vocabulaire. Par J. G. Fr. Renner. 8. (5 B.) Quedlinburg 840, Basse.

—— Histoire de Charles XII, roi de Suède. Mit histor. u. linguist. Anmerkn. u. e. Wörterbuche. gr. 12. (10 B.) Leipzig 841, Baumgärtners Buchh.

—— Histoire de Charles XII., Roi de Suède. Nouv. édit. stéréot. 12. (9½ B.) Francfort a. M. 844, Brönner.

—— Histoire de Charles XII, roi de Suède. Avec des notes grammaticales et un vocabulaire suffisant. A l'usage des écoles. 8. édit., revue et enrichie par A. Thibaut. 8. (15⅞ B.) Leipzig 845, [Renger'sche Buchh.]

de Voltaire, F. M. A., histoire de Charles XII, roi de Suède. 12. Leipzig 845, B. Tauchnitz jun. ¼ ₰

de Voltaire, F. M. A., histoire de Charles XII, roi de Suède. Avec des notes grammaticales et un vocabulaire suffisant. A l'usage des écoles. 8. édit., revue et considérablement enrichie par M. A. Thibaut. 8. Leipzig 845, Volckmar. ⅓ ₰

—— Histoire de Charles XII. Schulausg. m. Wörterbuch. 1. u. 2. Aufl. 16. (à 18⅝ B.) Leipzig 846, 47, Brauns. à

— histoire de Charles XII, roi de Suède. Mit grammat. u. sachlichen Anmerkungen zum Gebrauch in Gymnasien u. Realschulen versehen von J. Hoffa. gr. 16. (VI u. 279 S.) Frankfurt a. M. 850, Brönner. n. ⅓ ₰

— histoire de Charles XII, roi de Suède. Mit grammatischen Erläuterungen u. einer Erklärung von Wörtern u. Redensarten zur Erleichterung des Uebersetzens ins Deutsche für den Schul- u. Privatunterricht. 4. (Titel-)Aufl. 8. (352 S.) Leipzig (830) 851, E. Fleischer. ½ ₰

—— Histoire de Charles XII. Schulausgabe mit Wörterbuch von A. de Saules. 4. Aufl. 8. (VIII und 208 S.) Leipzig 855, Brauns.

— — Enrichie de notes grammaticales et d'un vocabulaire suffisant par A. Thibaut. A l'usage des écoles. 15. édit. Berlin 856. Renger. 8. (VI, 240 S.) 10 ngr.

Voltaire, histoire de Charles XII, roi de Suède. Avec des notes grammaticales et historiques et un vocabulaire par Ed. Hoche. A l'usage des écoles. 13. édit. Leipzig (858.) E. Fleischer. 16. (2 Bl., 196, 50 S.) 10 ngr.

—— Histoire de Charles XII., roi de Suède. Avec des notes grammaticales et historiques et un vocabulaire par Ed. Hoche. A l'usage des écoles. 13. édition. gr. 16. (IV und 216 S.) Leipzig 859, E. Fleischer. Thlr.

— — Enrichie de notes grammaticales et d'un vocabulaire suffisant par A. Thibaut. A l'usage des écoles. 16—18. édition. Berlin 860—63. Renger. 8. (VI, 240 S.) 10 ngr.

— histoire de Charles XII., roi de Suède. Avec des notes grammaticales et historiques et un vocabulaire par Ed. Hoche. A l'usage des écoles. 14. édition. Leipzig 863. E. Fleischer. 16. (2 Bl., 246 S.) 10 ngr.

— — Édition épurée à l'usage des élèves de l'un et de l'autre sexe par R. Jaeger et A. Th. Peucker. Breslau 864. Max & Co. gr. 8. (VI, 273 S.) n. 15 ngr.

— — Schulausgabe mit Worterbuch von A. de Saules. 6. Aufl. Leipzig 864. Brauns. 8. (VIII, 298 S.) 8 ngr.

—— Histoire de Charles XII roi de Suède. Nouvelle édit. gr. 16. (320 S.) Leipzig 866, Berndt.

— — Mit Wörterbuch. 3., verb. Aufl. Quedlinburg 866. Basse. 8. (IV, 267 S.) 15 ngr.

— — Enrichie de notes grammaticales et d'un vocabulaire suffisant. Par M. A. Thibaut. A l'usage des écoles. 19. et 20. édit. Berlin 868, 69. Renger'sche Buchh. gr. 16. (VII, 240 S.) 10 ngr.

— — Schulausg. mit Wörterbuch von A. de Saules. 7. Aufl. 1868 u. 8. Aufl. Leipzig 870. Brauns. gr. 16. (VIII, 298 S.) 8 ngr.

— — Avec des notes grammaticales et historiques et un vocabulaire par Ed. Hoche. A l'usage des écoles. 15. édit. 1867 et 16. édit. Leipzig 870. E. Fleischer. gr. 16. (IV, 246 S.) n. 10 ngr.

—— dass. — Schulausg. mit Wörterbuch von A. de Saules 8.—11. Aufl. gr. 16. (VIII, 298 S.) Leipzig 870—74 Brauns.

Voltaire, Histoire de Charles XII, roi de Suède. Avec des notes grammaticales et historiques et un vocabulaire par Ed. Hoche. A l'usage des écoles. 16e—19e édit gr. 16. (IV, 238 S.) Leipzig 870—73, E. Fleischer.

— le même. Schulausgabe m. Wörterbuch v. A. de Saules. 11. Aufl. 16. (VIII, 298 S.) Leipzig 874. Brauns. n. — 80

— le même. Ed. révue par J. Schuberth. 16. (188 S.) Leipzig 874. Schuberth & Co. — 60

— histoire de Charles XII., roi de Suède. Avec des notes grammaticales et historiques et un vocabulaire complet, par Ed. Hoche. A l'usage des écoles. 19. éd. gr. 16. (240 S.) Leipzig 875. E. Fleischer. 1. —

—— dass. — Hrsg. und mit Anmerkungen versehen von Alfr van der Velde. gr. 8. (VII, 200 S.) Liegnitz 875, Cohn.

Voltaire, Histoire de Charles XII, roi de Suède. Hrsg. und mit Anmerkungen versehen von Emil Pfundheller. gr. 8. (XX, 238 S.) Berlin 877, Weidmann'sche Buchh.

—— Histoire de Charles XII, roi de Suède. Avec des notes grammaticales et historiques et un vocabulaire par Ed. Hoche. A l'usage des écoles. 20e et 21e édit. gr. 16. (210 S.) [Leipzig 877,79, E. Fleischer.] Berlin, Friedberg und Mode. *

—— Histoire de Charles XII, roi de Suède. Avec des notes grammaticales et historiques et un vocabulaire par Ed. Hoche. A l'usage des écoles. 22. und 23. Aufl. 12. (240 S.) Berlin 880,82, Friedberg und Mode. *

-- dasselbe. Erklärt von Emil Pfundheller. 2. Aufl. Mit 2 (lith. u. color.) Karten von H. Kiepert. gr. 8. (XXIV, 260 S.) Berlin 882. Weidmann. 1. 80

— dasselbe. Enrichie de notes grammaticales et d'un vocabulaire suffisant par M. A. Thibaut. A l'usage des écoles. 33. éd. 8. (VI, 240 S.) Leipzig 882. Renger. n. 1. —

— dasselbe. Texte complet, revue avec soin, suivi de notes. 8. (256 S.) Bremen 884. Heinsius. n. 1. 20

— dasselbe. Enrichie de notes grammaticales et d'un vocabulaire suffisant par M. A. Thibaut. A l'usage des écoles. 34. éd. 8. (VI, 240 S.) Leipzig 884. Renger. n. 1. —

— dasselbe. Avec des notes grammaticales et historiques et un vocabulaire par Ed. Hoche. A l'usage des écoles. 24. Aufl. 12. (240 S.) Berlin 886. Friedberg & Mode. n. 1. —

— histoire de Charles XII, roi de Suède. Erklärt v. Emil Pfundheller. 3. Aufl. Mit 2 Karten v. H. Kiepert. gr. 8. (XXII, 260 S.) Ebend. 886. cart. 2. 10
Berlin: Weichmann.

— dasselbe. Mit Anmerkungen u. e. Wörterbuch v. M. A. Thibaut. 36. Aufl. 8. (VI, 192 S. u. 48 S. Wörterbuch.) Leipzig 888. Renger. n. 1. —

— histoire de Charles XII, roi de Suède. Avec des notes grammaticales et historiques et un vocabulaire. A l'usage des écoles. 25. Aufl. 12. (240 S.) Berlin 889. Friedberg & Mode. n. 1. —

— dasselbe. In gekürzter Fassg. f. den Schulgebrauch hrsg. v. P. Gröbedinkel. 8. (84 S.) Gera 889. Schlutter. geb. n. — 60; Wörterbuch (38 S.) n. — 25

— histoire de Charles XII, roi de Suède. Erklärt v. Emil Pfundheller. 4. Aufl. Mit 2 Karten v. H. Kiepert. 8. (288 S.) Berlin 893. Weidmann. Geb. in Leinw. n. 2. —

Histoire de Charles XII p. (François-Marie Arouet de) Voltaire. In zwei Tln. M. Anm. z. Schulgebr. hrsg. von Prof. Dr. Otto Ritter, Dir. d. Luisenschule in Berlin. Tl 1. Anh. 1. *Bielefeld & Leipzig: Velhagen & Klasing 1896.* 8.
= **Sammlung,** Velhagen & Klasings, französ. u. engl. Schulausgaben. Prosateurs franç. Lfg 2. Ausg. B. (98. 4cn

— histoire de l'empire de Russie sous Pièrre le Grand. II Vols. 8. Leipz. 764. (Brockhaus). 1 rthl 12 gr

— Histoire de l'empire de Russie sous Pierre le Grand. 2 Vol. 8. Leipz. Gleditsch. 764.

— le même. II Vols. 8. Lausanne 787. Pott. 1 rthl

— histoire de l'empire de Russie sous Pièrre le grand. Mit grammat. Erläuter. u. Erklär. d. Wörter u. Redensarten v. J. Fr. Sanguin. 8. Leipz. 825. Gr. Fleischer. 16 gr

—— Histoire de l'Empire de Russie sous Pierre le Grand. 16. (17½ B.) Stuttgart 840, Erhard.

— histoire de Jenni. Für die Oberklassen bearb. von E. v. Sallwürk. gr. 8. (IV, 74 S.) Berlin 878. Weidmann. — 75

— histoire littéraire, par Blomes Marq. de Luchesini. VI Vols. gr. 8. Cassel 781. Cramer. (Nauck in Leipz.) 5 rthl (Sommer à Leipz.)

— histoire de la maison et des états de Mecklenbourg. II Tomes. 4. Leipz. 795. Gräff. (Wienbrack). 2 rthl 16 gr

— Histoire de la maison et des états de Mecklenbourg. II Tom. 4. Leipz. Gräff. 796.

— histoire du parlement de Paris. 8. Lausanne 773. Pott. 20 gr

— histoire de Pierre le Grand. II Vols. 8. Leipz. 761—64. Laukisch. 1 rthl 12 gr

—— Histoire de Russie, s. a. France.

— histoire de Russie. 12. Leipz. 845, B. Tauchnitz jun. 9 ngr

— historia Caroli XII. 8. Wien 790. Kaulfuss. 1 rthl

Historia Caroli XII. Sueciae regis. Ex Gallica origine juxta novissimam editionem latine reddita ab A. G. Z. Viennae Austriae, Sumptibus Ign. Nob. à Kleinmayer. 1790. 467 S. (Verf.: Voltaire.)

— — Der Hurone, eine wahre Geschichte. Mit Titelvign. (Voltaire darstellend). Berlin u. Leipzig 1784. 159 S. (5 Mk., Lesesp., Gust. Fock, Lpz., 1911.)

— politische Ideen über Frei- u. Gleichheit, aus seinen Werken gezogen von Chr. A. Fischer. 8. Leipz. 793. Reinicke in Halle. 10 gr Schrbp. 12 gr

— politische Ideen üb. Frey- u. Gleichheit, aus s. Werken gezogen v. Fischer. 8. Leipz. Reinicke. (Hinrichs) 793.

— Jeannot und Colin. Schspl., s. Florian, kl. Schriften, im 2n Theile.

— de la jeunesse; ou choix des morceaux les plus propres à former le coeur et à orner l'esprit etc. avec le texte polonais à côté. 8. Bresl. 800. Ed. nova 819. W. G. Korn. 1 rthl 12 gr

— — Ihr Frauen seyd unterthan euren Männern! London (Berlin, Lange) 1774. 8°. 10 S. Rar!

— l'Ingénu, histoire veritable. 8. Lond. 767. (Walther in Dresd.) 8 gr

— l'Ingénu, hitoire véritable tirée des manuscripts du P. Quesnel. 8. Bresl. 768. J. F. Korn. 8 gr (Stettin in Ulm.) 8 gr

— le même. 8. Copenh. 768. Proft. 5 gr

— l'Ingénu, histoire veritable. 8. Ansb. 785. Haueisen. 6 gr

— Irene. Tragédie. 8. Lausanne 779. Pott. 4 gr

Voltaire. Istoria di Carlo XII., re di Svezia. 8. Venezia 1734. — 2a ed. tradotta dall' ultima di Olanda; con le note del signor della Motraye e le riposte del signor Voltaire. 2 v. 12. Venezia 1736. — 8. ib. 1751. — 8. ib. 1769. — 8. ib. 1800. — 8. ib. 1810. — 2 v. 12. Milano 1816. — tradotta da Fil. Zeh. (21 f.) 8. Norimberga 1831. 2,00. — 8. ib. 1840. — 8. ib. 1850.

— La Jungfrau, die, v. Orleans.

— — Die Jungfrau von Orleans. Uebers. von X. Rom 1787. 12°. Rar! (24 Sgr. Scheible, 1872; jetzt theurer!)

Die Jungfrau von Orleans [La Pucelle d'Orléans]. Ein heroisch-komisches Gedicht in 16 Gesängen nach [François Marie Arouet de] **Voltaire**. Berlin u. Leipzig 1809. (Neudr.) Mit e. Vorbemerkung versehen u. hrsg. von Fedor v. Zobeltitz. Berlin: E. Frensdorff [1905]. (XVII, IV, 434 S.) 8° [F.]
= **Neudrucke** literarhistorischer Seltenheiten. No 3. (07. 3371

Voltaire, F. M. A. de. Das Kaffeehaus oder die Schottlanderin ein neues Schauspiel a. d. Franz. Hamburg 1760. Ü: *Zinck, Sophia Maria geb. Grund.* (schr)

KANDIDE oder die beste Welt, aufs neue verdeutscht (von Wilh. Christhelf Sigm. Mylius) mit 5 chodowieckischen Kupfern und einer Titelvign. (Portrait) (in sehr scharfen Abdrücken). Berlin, Himburg, 1778. 8⁰. 2 Bll., 354 S., 1 Bl. (12 Mk. E. Frensdorff, Berlin, 1906; 11 Mk. Max Perl's Berliner März-Auct. 1909, no. 156.)
Bei demselben Verleger u. in demselben Jahre erschien eine Ausgabe des Originals mit den 5 hübschen (obigen) Kpfrn., die in derselben Auction mit Mk. 11— bez. wurde.

— — Dasselbe. Neue Auflage. Ebd. 1782. 8⁰.
Diese Ausgabe enth. als Titelvignette das Portrait Voltaire's von Chodowiecki. Dieses Kupfer, das Voltaire nicht, wie in den anderen Ausgaben, sitzend darstellt, sondern in ganzer Figur mit Allongeperücke in Pelzmantel u. -Mütze nach links schreitend zeigt, findet sich weder bei Engelmann noch bei Hirsch. Die übrigen Kupfer sind E. 209, 211, 212.

— — Dasselbe. 3 Aufl. Ebd. 1785. 8⁰. (10 Kr., mit 3 statt 5 Kpfrn., Gilhofer & Ranschburg, Wien, 1911.)

— — Dasselbe. 4. Aufl. Ebd. 1794. 8⁰. (Martin Breslauer's Oct.-Auct. 1910, no. 2091.)

— **Kandide od. es ist doch die beste Welt! Nach der 3., 1705 erschienenen Aufl. der ersten deutschen Uebersetzg. Illustrirt v. Chr. Wild. 2 Bde. 12. (187 u. 114 S.) München (901). A. Schupp. n. 1. 50; geb. in Leinw. n. 2.—; Luxusausg., geh. à Bd. n. 1. 50**

— Carl XII., König von Schweden. Klassische Ausg. Neueste deutsche Ausg. Uebertragen in's Deutsche von Herm. Kollmann. 8. (VII, 303 S.) Augsburg 878. Rieger. n. 3. —

— s. **Katharina II., Kaiserin von Rußland, Correspondenz.**

— Commentar über Montesquieu's Werk von den Gesetzen; aus d. Französ., mit Anmerkk. von Chr. L. Paalzow. gr. 8. Berl. 780. (Schöne). 18 gr

— Correspondenz mit König Theodor. Aus d. Französ. 8. Berl. 792. Weber. (Sander). 2 gr

— Leben, s. auch Leben.

Voltaire, F. M. A. de. Eigenes Leben, oder historischer Commentar über seine Werke; a. d. Franz. . . . Augsburg 1778. Ü: *Gradmann, Joh. Jac.* (Ky)

— **eigenes Leben, oder histor. Commentar über seine Werke; aus d. Französ. mit Anmerkk. (v. J. J. Gradmann). 8. Augsb. 778. (Kummer in Leipz). 6 gr**

— Leben Carls XII. Königs in Schweden. 8. Lpz. Junius. 734.

— **Leben Karls XII. Königs in Schweden. gr. 8. Frankf. a. M. 760. Garbe. 20 gr**

— **Leben d. Molière; aus d. Französ. 8. Leipz. 754. (Brockhaus). 6 gr**

— Leben d. Moliere, a. d. Frz. 8. Leipz. Gleditsch. 754.

— **lettres d'Amabed. 8. Dresd. 769. Walther. 8 gr**

— **lettres philosophiques. 8. London 757. (Esslinger in Frankf. a. M.) 16 gr**

— **le même livre. 8. London. (Rottmann in Berl.) 1 rthl 4 gr**

— **das Mädchen von Orleans in Blumauers Manier travestirt, s. Mädchen, das.**

— **dasselbe. 8. Berl. ... Litfaß. 1 rthl**

Das Mädgen von Orleans. Ein Heldengedicht in 18 Gesängen. Aus dem Französischen des Herrn *Voltaire* (in Prosa) übersetzt. Mit 8 obscönen Kpfrn. u. (roth gedr.) Titelvignette. London, im Verlag der Elzevirischen Erben. 1763. Kl. 8⁰. X + 238p. (In Wien, Stadtbibl.: Secr. A 222, wo nur Titelkpfr. vorhanden.)

VOLTAIRE. Das Mädgen von Orleans. Ein Heldengedicht in 18 Gesängen. Überfetzung in Profa. Rote Titelvignette. London. Im Verlage der Elzevier-Erben, 1763. 8⁰. 7 Bl., 238 S. Mit Frontifpiz und 9 halbfeitigen erotifchen Kupfern.
Seltenheit erften Ranges. Hayn VIII, 246, zitiert diefe Ausgabe als erfte deutfche, aber ungenau in Seitenzahl und Anzahl der Kupfer.

— **das Mädchen von Orleans, Heldengedicht; aus d. Französ. 8. (Leipz. 783. Linke). 10 gr**

— — Das Mädchen von Orleans. Ein heroisch-komisches Gedicht in sechszehn Gesängen nach *Voltaire.* Paris 1787. Bei Foisson u. Gaillard (Berlin, Francke). 8⁰. (In Wien, Stadtbibl.: Secr. A 223.) (15 Mk. S. Calvary & Co., Berlin, c. 1900; 40 Mk., Hldrbd. d. Zeit, Adolf Weigel, 1910.)

— **das Mädchen von Orleans, ein heroisch-komisches Gedicht in 16 Gesängen (v. Er. Cph. Lindemann.) 8. Paris 787. R. A. Rom 789. (Franke in Berl..) 1 rthl 4 gr**

Voltaire, F. M. A. de. Das Mädchen von Orleans. Ein heroisch komisches Gedicht. A. d. Franz. N. A. 1789. Berlin u. Leipzig 1809. B: *Bindemann, Ernst Christoph.* (Ky) (Wr)

de Voltaire, F. M. A., d. Mädchen v. Orleans, travestirt vom Ritter Faß. 1r Bd. 8. Rom 790. (Calve in Prag). 20 gr

— — Das Mädgen von Orleans travestirt von Ritter Fas. 1. (einziger) Bd. Mit Titelvignette. Rom (Prag, Calve) 1791. 8⁰. (8 Mk. Rich. Bertling, Dresden, 1897; 12 Mk. Adolf Weigel, 1910.)
X, 294 S., 1 Bl. Druckfehlerverzeichnis. Enth. Gesang 1—7. Erste seltene Ausgabe.

— — Das Mädchen von Orleans. Travestirt u. frei übersetzt. 3 Bde. Mit 1 Frontisp. Neugallien (Berlin. Himburg) 1793. 8⁰. (2 Bdchn. sind in Cassel.) (18 Mk. hübsches Expl. in 3 Pappbdn. d. Zeit, Paul Graupe, Berlin, 1908.)
Den wirklichen Druckort nennt Heinzius' B.-Lex. — 1: 224 S. 2: 190 S. 3: Tit. u. 204 S.

— — Dasselbe. Mit Titelvignette. Frankfurt und Leipzig. 1794. 8⁰. (31 Mk. Max Perl's Berliner Octob.-Auct. 1907, no. 902; 25 Mk. A. Buchholz, München, 1908.)
X, 294 S., 1 Bl. Druckfehler. Ohne die Bezeichnung „1. Bd."

§ — — Dasselbe. Neue Ausgabe. 3 Thle. Ebd. (Leipzig, Sommer) 1810. 8⁰. (In München: L. eleg. m. 516m.)

— — Dasselbe. Neue wohlf. Ausgabe. Ebd. 1813. 8⁰.

— — Dasselbe. Neue Ausgabe. 3 Thle. Mit 1 Kpfr. Ebd. 1821. 8⁰. (25 Mk. Emil Hirsch, München, 1909.)

— **Mahomet ou le fanatisme, s.a. Répertoire du Théâtre français. No. 214.**

— Mahomet, s.a. Theater-Bibliothek, classische.

—— dass. — s.a. Théâtre français.

—— **Mahomet ou le fanatisme, Tragédie en 5 actes. gr. in-8. (3⅛ B.) Berlin 840, libr. de Schlesinger.** *

— Mahomet. Erklärt v. K. Sachs. gr. 8. (99 S.) Berlin 884. Weidmann. n. 1. —; Zusätze (40 S.) n. — 60

— **Mahomet der Prophet, und die Scythen. Trspl. übers. v. Jh. Gr. Löwen. 8. Kopenh. 768. Faber. 5 gr.**

— **der Mann von vierzig Thalern. 8. Leipz. 768. Schwickert. 6 gr.**

Voltaire, F. M. A. de. Marianne. Trauerspiel. A. d. Franz. Dresden 1752 [1754]. Ü: *Weisse, Chn Fel.* [?]. (MGT) (Minor, Weisse. Innsbr. 1880. S. 9.)

— **mélanges de Litterature. IV Vols. 8. Lausanne 777. Pott. 3 Rthlr. 8 gr.**

— **mélanges de philosophie, de morale et de politique. VI Vols. 8. Lausanne 777. Pott. 5 Rthlr. 8 gr.**

— **mélanges de poésies et de pièces fugitives de divers genres en vers. II Vols. 8. Lausanne 772. Pott. 2 Rthlr. 8 gr.**

— mélanges tirés des oeuvres, conten. 1) Henriade. 2) Pièces de théâtre. 3) Lettres sur les Anglois. gr. 8. Bas. Flick. 737.

[Voltaire, François-Marie Arouet de.] Mémoire de Donat Calas pour son père, sa mère et son frère. (Chatelaine, 22. Juillet 1762.) ([Suivi de:] Déclaration de Pierre Calas. Chatelaine. 23. Juillet 1762.) 8. *s. l.*

— **mémoires pour servir à la Vie. 8. Leipz. 785. Lincke. (Rottmann in Berl.) 6 gr.**

— **la méprise d'Arras. 8. Lausanne 772. Pott. 2 gr.**

— Merope, s.a. Bibliothek der Gesamtliteratur.

—— **Mérope, s.a. Répertoire du Théâtre fr.**

— Mérope, s.a. Théâtre français.

— **Mérope, hrsg. v. S. Waetzoldt, s.a. Théâtre français.**

— Merope. Trspl. in 5 A.; aus d. Französ. 8. Hamb. 754. (Walther in Dresd.) 4 gr.

— **dass.; aus d. Französ. v. H. v. Montenglaut. Mit 1 Kpf. 16. Zwickau 827. Schumann. 8 gr. geh. 9 gr. ohne Kpf. 4 gr.**

— **Mérope, Tragédie en cinq actes. gr. in-8. Berlin 842, Schlesinger. ⅙ Rthlr.**

Merope. Trauerspiel in 5 Akten von (François Marie Arouet de) Voltaire. In deutscher Nachdichtung von Richard Rieß. Mit d. Bilde Voltaires u. e. Vorbemerkung d. Übers. Halle a. S.: Hendel (1910). VII, 53 S. 8⁰ (Bibliothek d. Gesamtliteratur d. In- u. Auslandes. Nr 2186.) [10. 17485

— Micromégas. 8. Gotha. 752.

Voltaire, F. M. A. de. Mikromegas a. d. Franz. . . . Dresden 1752. Ü: *Freiesleben, Gottfried Christian.* (ML)

— **Mikromegas; aus d. Französ. 8. Dresd. 752. Walther. 3 gr.**

— **Diderot, Rousseau, Morceaux choisis, hrsg. v. Paul Voelkel, s.: Prosateurs français.**

— Nanine, oder das besiegte Vorurtheil. Lstspl. 8. Leipz. 776. (Augsb., v. Jenisch u. St.) 3 gr.

Voltaire, F. M. A. de. Ode, und drey merkwürdige Briefe . . . Nürnberg 1752. Ü: *Will, Georg Andreas.* (BB)

Ode sur la guerre présente à Sa Majesté le Roi de Prusse par Mr. de Voltaire. Aus dem Französischen übersetzt. 1758. 8. 15 S. 13 Str.

Prince vaillant et magnanime,
Affaibli d'ennemis cruels.
Prinz! welchen Muth und Grosmuth schmücken;
Der mit erbossten Feinden ringt.

—. — Oeuvres. 54 Vol. in-18, détaillés ci-après. (Didot.) (Leips., Fr. Fleischer.) (La Henriade, avec les notes de Voltaire, suivie de l'Essai sur la Poésie épique. 1 vol. in-18. pap. ord. 9 Gr. pap. fin 12 Gr. — la Pucelle. 1 vol. in-18. pap. ord. 9 Gr. pap. fin 12 Gr. — Théâtre. 12 vol. in-18. pap. ord. 4 Rthlr. 12 Gr. pap. fin 6 Rthlr. — 43 estampes gravées sur acier, pour les 12 volumes du Théâtre pap. ord. 3 Rthlr. pap. fin 4 Rthlr. 12 Gr. — Poëmes et discours en vers. 1 vol. in-18. pap. ord. 9 Gr. pap fin 12 Gr. — Epîtres, Stances, et Odes. 1 vol. in-18. pap. ord. 9 Gr. pap. fin 12 Gr. — Contes en vers, Satires et Poésies mêlées. 1 vol. in-18. pap. ord. 9 Gr. pap. fin 12 Gr. — Romans. 3 vol. in-18. pap. ord. 1 Rthlr. 3 Gr. pap. fin 1 Rthlr. 12 Gr. — Hist. de Charles XII. 1 vol. in-18. pap. ord. 9 Gr. pap. fin 12 Gr. — Siècles de Louis XIV. et de Louis XV. 5 vol. in-18. pap. ord. 1 Rthlr. 21 Gr. pap. fin 2 Rthlr. 12 Gr. — Histoire de Russie sous Pierre-le-Grand. 2 vol. in-18. pap. ord. 18 Gr. pap. fin 1 Rthlr. — Essai sur les Moeurs et l'Esprit des Nations. 8 vol. in-18. 3 Rthlr. pap. fin 4 Rthlr. — Commentaire sur Corneille. 4 vol. pap. ord. 1 Rthlr. 12 Gr. pap. fin 2 Rthlr. — Dictionnaire philosophique. 14 vol. pap. ord. à 9 Gr. 5 Rthlr. 6 Gr. pap. fin 7 Rthlr.)

Voltaire, (Franç. Marie Arouet de,) Oeuvres complètes, s.a. Collection des auteurs.

— Oeuvres complètes. 100 Vol. 12. Deuxponts. (Herrmann à Ffrt.)

— **oeuvres complètes. LXXI Vols. gr. 8. Basel 784—91. Thurneysen. 71 Rthlr.**

— oeuvres complètes. LXXI Vols., édition de Beaumarchais. gr. 8. Gotha 785—88. Ettinger. 80 Thlr. Pap. s. fin. 100 Thlr.

— — Oeuvres complètes, augmentées de 38 lettres inédites de Voltaire à Mademoiselle Quinault. 60 Vol. avec 160 gravures in 8. Paris, Renouard. (Leips., Voss.) 820.

— oeuvres complètes, de 1—71. Livr. 12. Stuttg. 828—30. Schweitzerbart.... Hbg. Pr. 2 Thlr. 18 gr.

— — Offenherz, oder die beste Welt. Vom Herrn Doktor *Ralff*. (In: Kleine Natur- und Sitten-Gemälde [von *S. Schorcht* und *K. F. Kretschmann*]. Zittau, Schöps, 1792. II, S. 1—199.)

— — Dasselbe (übers. von Johann Albrecht Philippi). Riga 1776.
Anon.-Lex. IV. p. 336 (nach Keyser).

— — Dasselbe. Aus d. Englischen (so!). Ebd. 1794. 8⁰.

— Olimpie. Tragédie. gr. 8. Frankf. 763. (Schäfer). 8 gr.

de Voltaire, F. M. A., oeuvres mêlées imprimées sur le manuscrit de l'Auteur, conten. la Henriade, poëme; l'essai sur la poësie épique; mélanges de littérature, d'histoire et de philosophie; les pièces de théâtre; les Poësies, Romans, élémens de philosophie de Newton; Satyres; l'histoire de Charles XII., roi de Suède etc. Ornées de 30 estampes. X Vols. gr. 12. Dresd. 752—70. Walther. 5 Thlr. Les Vol. IX. et X. de cette édition à part qui renferment les nouvelles pièces de théâtre. 12. Dresd. 770. Walther. 1 Thlr. 16 gr.

— Pages choisies, s.: Littérature, la, par les textes.

— pensées. II Tom. gr. 12. Amsterd. 771. (Varrentrapp in Frankf.) 1 Thlr.

— — Der unwissende Philosoph. Aus d. Französ. Mit *Voltaire's* Portrait auf d. Titel. Berlin und Leipzig (Wien, Mösle) 1785. 8⁰. 176 S., 2 Bll. (6 Mk. L. Rosenthal, 1910.)

— le philosophe ignorant. 8. Augsb. 767. v. Jenisch n. St. 6 gr.

Bazin, Abt, (Voltaire), Philosophie der Geschichte. Aus d. Französ. übers. u. mit Anmerkk. versehen v. Jh. Jak. Harder. 8. Riga 768. (Hartknoch in Leipz.) 16 gr.

— pièces philosophiques, littéraires et historiques etc. II Vols. 8. Lausanne 785. Pott. 2 Thlr.

—— Pierre le Grand, s. Bibliothek gediegener und interessanter französischer Werke.

— Pierre le Grand, s.: Sammlung französischer u. englischer Textausgaben zum Schulgebrauch.

— Pierre le Grand, Wörterbuch, s.: Sammlung französ u. engl Textausgaben z. Schulgebrauch.

— poésies choisies, où l'on trouve ses meilleurs discours en vers, ses meilleures épitres et ses plus belles pièces fugitives. 16. Leipz. 797. Rabenhorst. 18 gr.

—— Poésies philosophiques. Erklärt von E. v. Sallwürk. gr. 8. (68 S.) Berlin 879, Weidmann'sche Buchh.

— précis de l'ecclésiaste et du Cantique des Cantiques en vers. 12. Frankf. a. M. 760. Esslinger. 3 gr.

de Voltaire, F.M.A., précis du siècle de Louis XV. II Tom. 8. Genève 771. (Esslinger in Frankf.; a. Chr. Fr. Günther in Glogau). 20 gr.

Voltaire, F. M. A. de. Preis der Gerechtigkeit; a. d. Franz. Frankfurt a. M. 1776. Ü: *Schmid, Christian Heinrich.* (ML)

— — Der schwarze Prinz. Mit Titelvign. Leipzig 1789. 8⁰. Selten! (4 Kr. 80 H. Josef Grünfeld, Wien, 1911.)

— die Prinzessin v. Babylon, s. a. Bücher-Schätze.

— dasselbe. 8. Götting. 769. Bossiegel. (Vandenhöck u. R.) 5 gr.

— d. Prinzessin v. Babylon, a. d. Frz. 8. Wien, Krauß. (Sommer in Lpz.) 785.

— das Privatleben d. Königs v. Preußen, oder Nachrichten zu seinem Leben; aus d. Französ. 8. Leipz. 784. Kummer. 9 gr.

— prix de la justice et de l'humanité. 8. Leipz. 778. Schneider. 8 gr. Dasselbe ins Deutsche übersetzt (von Chr. H. Schmid.) 8. Frankf. a. M. 776. (Leipz., Schneider). 6 gr.

— — Probe einer Uebersetzung der Pucelle d'Orleans von Abrah. Jacob Penzel, geb. 17. Novbr. 1749 zu Törten in Anhalt-Dessau, † als Prof. d. engl. Litt. zu Jena am 17. März 1819), in Wieland's Neuem Teutschen Merkur 1797. St. 4. S. 330—354.
Goedeke IV, 112, 43.

— Pucelle d'Orléans. gr. 8. London. (Rottmann in Berl.) 1 Thlr. 16 gr., in 18. 22 gr.

— la même. 12. Genf. (Leipz., Hinrichs). 1 Thlr.

— la même. Poëme héroique en XVIII chants av. fig. 12. Leipz., (Nauck). 20 gr.

— — la même. Poëme en XXI Chants avec les notes et Variantes. 12. Lpz. Sommer.

— la même, ed. de Kehl. gr. 8. Mainz ... Kupferberg. 1 Thlr. 4 gr.

— — la même. 12. Basel. Em. Thurneisen. 755.

— la même, ed. de Kehl. 4. Strassb., Levrault. Velinp. 9 Thlr. 4. Cassel 789. Thurneisen. 8 Thlr. 16 gr.

— Questions sur l'encyclopédie. VIII Vols. 8. Lausanne 799. Pott. 6 Thlr. 16 gr.

[François Marie Arouet de] Voltaires Rechtsstreit mit dem Königlichen Schutzjuden Hirschel 1751. Prozeßakten d. Kgl. Preuß. Hausarchivs. Mitgeteilt von Dr. Wilhelm Mangold, Prof. in Berlin. Mit e. Anh. ungedr. Voltaire-Briefe aus d. Bibliothek d. Verlegers u. mit 3 Faks. Berlin: E. Frensdorff 1905. (XXXVII, 138 S.) 8° [ħ.] 105. 1906 4

— récueil de pièces curieuses et intéressantes. 18. Lausanne 760. Pott. 4 gr.

— récueil de pièces curieuses, concern. la famille Calas. 4. et 12. Lausanne 768. Pott. 3 gr

— récueil de pièces fugitives. XII Toms. 8. Berl. 766. Nicolai. 3 rthl

— der Reformator. 8. Bremen 775. Fritzsche. 2 gr

— — Das Reich der Liebe (Ce qui plaît aux dames). (In: Erzählungen im traulichen Kreise. Erfurt 1798. 8°. Nr. 9.)
Goedeke VII, 662, 11. — Rar!

— rélation de la mort du chevalier de la Barre. 8. Lausanne 768. Pott. 3 gr

— la religion naturelle. Poeme. 8. (Leipz. 757. Nauck.) 2 gr (a. Walther in Dresd.) 3 gr

— natürliche Religion. 8. 761.

— rémarques historiques et critiques sur l'histoire de Charles XII, roi de Suède etc. 8. Frankf. a. M., Andreae. 4 gr

— — Ausgesuchte Romane, Erzählungen und Dialogen. 4 Thle. Wien 1790. (1 Mk., Hfz., Theod. Ackermann, 1883; jetzt theurer!)
Goedeke VII, 661, 5. — Selten vollständig!

Voltairs F. M. A. Romane, Erzählungen u. Dialogen, 3 Theile, mit seinem Porträt, 8. Berlin, 786. Wever. 4 Rthl.

— kom. Romane u. Erzähll. 1r—3r Thl., s. a. wissenschaftl. Werke.

— Komische Romane und Erzählungen. 5 Bde. Leipzig 1825. 12°. (80 Pfg. Th. Ackermann, 1883; jetzt theurer!)

— — Sämtliche Romane. Deutsch v. A. Ellissen. 2. Aufl. Leipzig 1851. 8°. (3 Kr. Halm & Goldmann, 1907.)

Voltaire's, sämmtl. Romane u. Erzähll., s. a. wissenschaftl. Werke.

—— sämmtl. Romane u. Erzähln. Neu übers. v. F. H. Ungewitter. 1—3. Bd. 8. (56 B.) Quedlinburg 830, Basse. à
Haben gleichen Inhalt mit dess. „sämmtl. Werke." 1—3. Bd.

—— satyrische Romane und Erzählungen, s. a. Volksbibliothek der Literatur des 18. Jahrh.

— — Satyrische Romane u. Erzählungen. Deutsch v. C. Moller. 2 Bde. Berlin 1866. 8°. (⅔ Rthl.) (1 Mk. L. Rosenthal, 1910.)

—— Romans. III Ts. 16. (40 B.) Stuttgart 835, Erhard.

— Romans et Contes. II Vols. Avec vign. et planches. 8. Basel 778. Flick. (Neukirch). 10 rthl 10 gr

— Sammlung verschied. Briefe. 8. Halle, Waisenh. Buchhandl. 747.

— — Sammlung verschiedener Briefe des Herrn *von Voltaire* die Engelländer und andere Sachen betreffend, aus d. Franzos. übers. und mit einigen Anmerkungen begleitet von N**. Jena, J. W. Hartung, 1747. 8°. 6 Bll., 354 S. u. 9 Bll. Reg. Höchst selten!

— sämmtliche Schauspiele, nebst den dazu gehörigen Schriften. 5 Thle. Aus d. Französ. gr. 8. Nürnb. 766—77. Bauer u. R. 3 rthl 16 gr

— Schreiben an d. König v. Dänemark, wegen der in seinen Staaten ertheilten Preßfreiheit. 8. Offenb. 777. Brede. 1 gr

Voltaire, F. M. A. de. Kleine Schriften; a. d. Franz. 4.—6. Bd. Dresden 1774—75. Ü: *Walther, Conrad Salomon.* (MGT) »Vermischte kleine Schriften . . .« (Kläbe, Neueste Gel. Dresden. Leipz. 1796.)

Des Herrn *von Voltaire* Kleinere Historische Schriften. [Zierstück.] Aus dem Französischen übersetzt (von Gotthold Ephraim Lessing). Rostock, verlegts Johann Christian Koppe, 1752. 8°. Titel, 3 Bll. Vorrede des Übersetzers, 366 SS. (50 Mk., Hfz., Speyer & Peters, Berlin, vor 1913.)
Goedeke IV³, 361, 39.

— sämmtl. Schriften; aus d. Französ. (von W. C. S. Mylius u. And.) 29 Bde. 8. Berl. 783—97. Wever. (Sander). à 1 rthl 8 gr 38 rthl 16 gr (Einzeln unt. d. T.: 1r—3r Bd. Romane, Erzählungen u. Dialogen. 3 Bde. 4 rthl 4r—10r Bd. Versuch e. Schilderung d. Sitten u. des Geistes d. Nationen von Karl d. Großen bis zu Ludwig XIII. 7 Bde. 9 rthl 8 gr 11r—16r Bd. theolog. Schriften. 6 Bde. 8 rthl 17r—20r Bd. Briefwechsel mit Friedrich II. 4 Bde. 5 rthl 8 gr 21r Bd. Briefwechsel mit Katharina II. 1 rthl 8 gr 22r u. 23r Bd. Briefwechsel mit d'Alembert. 2 Bde. 2 rthl 16 gr 24r—29r Bd. Correspondenz mit Staatsmännern, Militärpersonen, Gelehrten u. Künstlern. 6 Bde. 8 rthl)

— — Vermischte Schriften. Aus d. Franzos. übersetzt (v. K. F. Romanus). Bd. I. II. (soviel ersch.?). Frankfurt u. Leipzig 1768—69. 8°. (4 Mk., unbeschn., L. Rosenthal, 1910.)
Fehlt im Anon.-Lex.

— vermischte kleine philosoph. u. histor. Schriften. 6 Thle. Aus d. Französ. (von Karl Frz. Romanus). 8. Dresd. 768—75. Walther. 3 rthl

de Voltaire, F. M. A., vorzügl. Schriften in französ. u. deutscher Sprache. 36 Bde, mit Kpf. 12. Wien 810. Schrembliß. 36 rthl

— Semiramis. Trspl. in 5 A.; aus d. Französ. v. J. B. Schaul. 8. Karlsr. 808. (Braun). 16 gr

— Sendschreiben an d. académie française über Shakespeares aus d. Französ. mit Anmerkk. u. e. Vorrede von A. Wittenberg. 8. Hamb. 777. Herold. 4 gr

— les Scythes. Tragédie. 8. Dresd. 770. Walther. 5 gr

— le siècle de Louis XIV, s. a. Prosateurs français.

— le siècle de Louis XIV., hrsg. v. Osk. Schmagor, s. a. Prosateurs français.

— siècle de Louis XIV. II Vols. 8. Dresd. 777. Walther. 1 rthl 20 gr

—— Siècle de Louis XIV. Erklärt von Emil Pfundheller. 2 Thle. gr. 8. Berlin 878, Weidmann'sche Buchh.
Inhalt:
Thl. 1. Das Zeitalter Ludwigs XIV. bis zum spanischen Erbfolgekriege. (XXX, 208 S.) M 2,10.
„ 2. Der spanische Erbfolgekrieg. Die innern Zustände Frankreichs im Zeitalter Ludwigs XIV. (248 S.) M 2,25.

— siècle de Louis XV. XII Vols. 12. Dresd. 779. Walther. 1 ℛ 12 𝔤𝔩

— siècle de Louis XIV. et Louis XV. III Vols. 12. Bern 781. Typ. Soc. 2 ℛ 16 𝔤𝔩

—— siècle de Louis XIV. Erklärt von Emil Pfundheller. 1. Tl.: Das Zeitalter Ludwigs XIV. bis zum spanischen Erbfolgekriege. 2. Aufl. gr. 8. (XXVIII, 219 S.) Berlin 886, Weidmann'sche Buchh. [ℳ 2.40.]

— le siècle de Louis XIV. Im Auszuge hrsg. v. Adf. Mager. Das Zeitalter Ludwigs XIV. bis zur Eroberg. Hollands. 2 Tle. gr 8. (IX, 117 u. 20 S.) Leipzig 891. A. Neumann's Verl. n. 1. 80

— Le siècle de Louis XIV. Für den Schulgebrauch hrsg. v. O. Kähler. (142 S.) 8. Leipzig 909. G. Freytag. — Wien, F. Tempsky. Geb. 1. 40

— dasselbe. (Im Auszuge.) Erklärt v. H. Gade. (XXXI, 251 S.) 8. Berlin 910. Weidmann. Geb. in Leinw. 2. 40

— les singularités de la nature. 8. Lausanne 772. Pott. 5 𝔤𝔩

STIER, Der weiße. Aus dem Syrischen übersetzt. (Aus d. Französ. des *Voltaire* übers. von Wilh. Christhelf Sigm. Mylius?) Memphis (Berlin, Voß) 1774. 8⁰. 79 S. (25 Mk. [!] Adolf Weigel, 1908.)
Weller, fing. Dr. I. p. 108.

—— Storia di Carlo XII. Re di Svezia. Trad. dal Franc. sulle ultime ediz. di Parigi. Con note tedesche ed accenti che indicano la pronunzia. Da Fil. Zeh. 8. (21¼ B.) Norimberga 831, Zeh.

—— Storia di Carlo XII Re di Svezia. Trad. dal francese sulle ultime ediz. di Parigi. Con note tedesche ed accentiche indicano la pronunzia. Da Fil. Zeh. 2. ediz. 8. (21¼ B.) Norimberga 840, [Lotzbeck.]

—— Storia di Carlo XII re di Svezia. Tradotto dal francese sulle ultime edizioni di Parigi. Con note tedesche ed accenti che indicano la pronunzia. Da Giovanni Filippi. 3. Edizione. 8. (IV und 335 S.) Norimberga 850, Lotzbeck.

— auserlesene Stücke aus d. Fragen üb. d. Encyklopädie. 8. Bern 776. Typogr. Soc. 1 ℛ

— suite ou nouveau Volume du siècle de Louis XIV. 8. Frankf. 753. ... 20 𝔤𝔩

— supplément du siècle de Louis XIV. Catilina, trag. etc. 8. Dresd. 753. ... 8 𝔤𝔩

— tables de matières contenues dans la collection de ses oeuvres etc. 8. Gotha 780. Ettinger. 12 𝔤𝔩

s. Tamponet.

— Tancred, s.: Theater-Bibliothek, classische.

—— Tancrède, s. Chefs-d'oeuvre des classiques français.

— Tancrède, s. Schulbibliothek, französische u. englische.

— Tancred. Trspl. 8. Hamb. 762. Hertel. 3 𝔤𝔩

— dass. 8. Augsb. 771. Klett. 3 𝔤𝔩

— — Der Tempel der Liebe zu Gnidus (aus d. Französ. des *Montesquieu*, von *Carl* Frhrn. *Tauber v. Tauberfurt*,) und des Herrn von *Voltaire* der Tempel des guten Geschmacks und der Freundschaft. Aus d. Franzos. übersetzt. Gotha, Mevius, 1750. 8⁰. 9 Bogen..
Cat. Meissner II. (unter Romanen!). — Anon.-Lex. IV. p. 159 (nach Meusel u. Kayser).
Orig. der *Voltaire*'schen Schrift: Le Temple du Goût, poëme en vers et en prose. A l'enseigne de la vérité. 1733. 8.

VOLTAIRE, [FRANÇOIS], Der Tempel des Geschmacks. Altona, 1782.

— Testament politique nouv. et dernier. gr. 8. Berl. 771. Rottmann. 10 𝔤𝔩

— politisches Testament. 8. Frankf. a. M. 772. Varrentrapp. 3 𝔤𝔩

— Théâtre. XII Vols. in 18. Edit. stéréotype de Didot. Paris 801. (bei Armbruster in Wien). 6 ℛ 8 𝔤𝔩

— Théâtre complet. IX Vols. 8. Lausanne 772—79. Pott. 8 ℛ 16 𝔤𝔩

— der Tod Jul. Cäsars. Trspl.; aus d. Französ. v. J. F. L. Mentzel. 8. Bair. 792. Lübeck. 6 𝔤𝔩

— dass.; aus d. Französ. 8. Nürnb. 805. (Glogau, N. Güntersche B.) 6 𝔤𝔩

— über die Toleranz, den Bedürfnissen unserer Zeit gemäß neu übersetzt. 8. Berl. 790. Akad. Buchh. 12 𝔤𝔩

— Vers sur l'Essai général de Tactique de Mrs. Guibert. 8. Dresd. 774. Walther. 1 𝔤𝔩

— Versuch über d. epische Dichtkunst. Aus d. Französ. übersetzt. gr. 8. Augsb. 765. Veith. 4 𝔤𝔩

— le vieillard du mont Caucase, aux juifs Portugais, Allemands et Polonois. 12. Rotterd. 777. (Flick in Basel.) 14 𝔤𝔩

— le même. 8. Lausanne 785. Pott. 1 ℛ

Voltaire, hrsg. v. Walt. Schulte vom Brühl, s. a. Stimme, die, der Grossen. 4. Bd.

[François Marie Arouet de] Voltaire. [Ausz.] Hrsg. von Walter Schulte vom Brühl. Berlin: Concordia (1907). 145 S.
(Die Stimme der Großen. Bd. 4.)

Eine ungedruckte Voltaire-Correspondenz. Hrsg. m. e. Anh.: Voltaire u. d. Haus Württemberg v. Dr. Paul Sakmann, Prof. in Ulm. *Stuttgart: F. Frommann 1899.* (VIII S., 2 Bl., 163 S.) 1 Bd 8.

— allgemeine Weltgeschichte, worin zugleich d. Sitten u. das Eigene d. Völkerschaften von Karl d. Großen bis auf die Zeiten Ludwigs d. XIV. beschrieben worden. 4 Thle. Aus d. Französ. (von Karl Frz. Romanus.) 8. Dresd. 760—62. Walther. 2 ℛ 16 𝔤𝔩

Voltaire, F. M. A. de. Unwissender Weltweise; a. d. Franz. . . . Leipzig 1767. Ü: *Wilke, Christian Heinrich.* (ML)

Voltaire's Werke, s. Classiker, französische.

Voltaire, F. M. A. de. Werke; a. d. Franz. . . . Bd. 4—10, 12 und 27. Berlin 1784—93. Ü: *Trost, Carl Frdr.* (MGT)

— u. Rousseau's auserles. Werke. In Uebersetzungen. 1s—58s Bdchen. 16. Leipz. 825—31. Hartleben. 21 Rthlr 18 gr (1s—5s Bdchn. komische Romane u. Erzählungen. 6s u. 7s Bdchn. Geschichte Karls des XII., Königs von Schweden.; Aus d. Französ. v. F. C. Kretzmar. 2 Thle. 8s—15s B. Rousseau's Heloise. 16s—18s B. Voltaire's Peter d. Große. 19s u. 20s B. Voltaire's philosoph. Gespräche. 21s—28s B. Rousseau's Emil. 29s u. 30s B. Voltaire's Henriade. 31s—46s B. Voltaire's Gesch. d. Völker. 16 Bdchn. 47s B. Rousseau's Abhandl. über d. Bürgervertrag, übers. v. Heusinger. 48s B. Rousseau's Abhandl. über d. Grund d. Ungleichheit unter d. Menschen 49s—58s B. Rousseau's Bekenntnisse. 10 Bdchn.) NB. sind auch unter d. einzelnen Titeln nachzusehen.

— — Auserlesene Werke. Deutsch v. K. A. F. Schnitzer, Peregrinus Syntax (d. i. Hempel), Fr. Gleich, E. C. Kretzschmar u. a. 30 Bde. Leipzig 1833. 8⁰. (Max Perl's Berliner Febr.-Auction 1907, no. 3513.)

—— auserlesene **Werke.** In neuen Uebersetzungen. 47 Lfgn. od. 30 Bdchn. 2. Ausg. 16. (276¼ B.) Leipzig 833, [Hartleben's Vrls.-Expedit.]
Lfg. 1—22. Geschichte d. Völker, vorzügl. in den Zeiten v. Karl d. Gr. bis auf Ludwig XIII. Neu übers. v. K. A. Schnizzer. 16 Bdchn.
" 23., 24. Philosoph. Gespräche u. Unterhaltungen. Neu übers. v. † Per. Syntax. 2 Bdchn.
" 25—30. Geschichte Peter d. Gr. Neu übers. v. Fr. Gleich. 3 Bdchn.
" 31—33. Henriade. Nebst Noten d. Autors frei übers. v. † Per. Syntax. 2 Bdchn.
" 34—37. Geschichte Karl d. XII. Neu übers. v. J. C. Kretzschmar. 2 Bdchn.
" 38—47. Komische Romane u. Erzählungen. Neu übers. 5 Bdchn.

—— sämmtl. Werke. Neu übers. v. L. G. Förster u. F. H. Ungewitter. 1. Abthl. 1—3. Bd. 8. Quedlinburg, Basse. à
Bd. 1. Zadig. — Candide. — Scarmentado's Reisen. — Der Welt Lauf. — Memnon. (20 B.) 827.
" 2. Die beiden Getrösteten. — Geschichte eines braven Braminen. — Der Naturmensch. — Die Prinzessin v. Babylon. — Jeannot u. Colin. — Der weiße Stier. (21½ B.) 828.
" 3. Der Weiße u. d. Schwarze. — Der einäugige Lastträger. — Cosi-Sancta, od. ein kleines Uebel f. einen großen Gewinn. — Reise d. Vernunft. — Jenni, od. d. Atheist u. d. Weise. — Amabed's Briefe. (14½ B.) 830.

— Zadig ou la destinée, s. a. Bibliotheca romanica.

—— Zadig od. das Geschick, s. a. Universal-Bibliothek Nr. 3012.

ZADIG. Eine neue morgenländische Geschichte. (Aus d. Französ. des *Voltaire.*) Göttingen 1749. 8⁰. (3 Sgr. Ferd. Schmitz, Elberf., 1869; jetzt viel höher!)

— Zadig, eine morgenländ. Geschichte. 8. Frankf. u. Leipz. 762. (Vandenhöck u. R. in Götting.; auch Chr. Fr. Günther in Glogau). 4 gr.

v. *Voltaire*, F. M. A., Zadig, ou la destinée. 8. Berl. 792. (Reimer). 9 gr.

— — Zadig, oder das Verhängniß, und der Hurone. Zwey der interessantesten Romane von *Voltaire;* frey bearbeitet von H. Müller. Hamburg, Vollmer (1808). 8⁰.
Goedeke VII, 662, 18.

——, Zadig, od. das Schicksal, e. morgenländ. Geschichte v. Fl. Fr. Sigismund (übers.) 8. (10 B.) Zwickau 830, Gebr. Schumann.

— — Dasselbe, tit.: Zadig oder das Geschick. Morgenländische Geschichte. Uebersetzt von A. Ellissen. 2 Thle. Leipzig 1844. 8⁰. (2 Kr 40 H. Franz Malota, Wien, 1908.)

— Zadig. Nouvelle éd. 12. (140 S.) Berlin 890. Neufeld & Henius. n. 1. 20

—— Zaira, s. Emporeo drammatico.

—— le même, s. Répertoire du Théâtre fr.

— Zaïre, s. a. Chefs d'oeuvres des classiques français — Collection d'auteurs français.

— Zaïre, s. a. Schulbibliothek, französische u. englische.

— Zaïre, s. a. Théâtre français.

— Zaïre, hrsg. v. M. Abicht, s. a. Théâtre français.

— Zaïre, hrsg. v. Ch. Richard, s. a. Théâtre français, Friedberg & Mode.

— Zaïre, hrsg. v. S. Waetzoldt u. A. Benecke, s. a. Théâtre français.

— Zaire, s. a. Universal-Bibliothek.

—— Zaïre, Tragédie. (Mit e. franz.-deutsch. Wörterbuche. Zum Schulgebr.) gr. 8. (5¾ B.) Berlin 838, Schlesinger'sche Buchh.

— Zaire. Tragödie. Deutsch von Thdr. Ruoff. Frankfurt a. M. 856. Literarische Anstalt. 8. (102 S.) 15 ngr.

— dasselbe. Trauerspiel in 5 Aufzügen. Wortgetreu in deutsche Prosa übers. nach H. R. Mecklenburg's Grundsätzen von R. L. 2 Hfte. 32. (103 S.) Berlin 878. H. R. Mecklenburg. à n. — 25

— dasselbe, hrsg. v. S. Waetzoldt, s. a. Théâtre français, Velhagen & Klasing, Lfg. 33.

Zaïre, tragédie en 5 actes et en vers. Par (François-Marie Arouet [de]) **Voltaire**. Mit Anm. z. Schulgebr. neu hrsg. von M[aximilian] **Abicht**, Prof. Einl. von René Riegel. [Nebst] Anh. Bielefeld & Leipzig. Velhagen & Klasing 1906. 2 Bde 8°
= **Sammlung**, Velhagen & Klasings, französ. u. engl. Schulausgaben. Théâtre franç. Ausg. B. Lfg 33. ⟨Doppelausg.⟩ [06. 13333 6

— Zayre, Semiramis, Cäsar, s. a. Theater, class., der Franzosen.

— Zayre. Trspl. in 5 A. übers. v. J. J. Eschenburg. 8. Leipz. 776. Schwickert. 6 gr.

— Zayre; ein Trspl. in 5 Aufz. Neue Uebersetzung in Jamben. 8. Augsb. 778. v. Jenisch u. St. 4 gr.

— dass.; aus d. Französ. 8. Münch. 786. (Fleischmann). 4 gr.

— dass.; aus d. Französ. neu bearb. 8. Halle 797. Hendel. 6 gr.

— dass., deutsch, mit d. Original-Text zur Seite, von Ant. Mch. Wallenberg. 8. Köln 808. (Winter in Heidelb.) 20 gr.

— das Zeitalter Ludwig's XIV., s.: Universal-Bibliothek.

Voltaire, F. M. A. de. Die Zeiten Ludwigs des XV., a. d. Franz. . . . Frankf. u. Leipzig [Dresden] 1770—71. Ü: *Kunkel, Dorothee Henriette v. geb. Kother.* (ML) (Ky)

— Zeiten Ludwigs XV. als die weitere Fortsetzung d. allgemeinen Weltgeschichte; aus d. Französ. (v. Dor. Henr. v. Runkel.) 2 Thle. 8. Dresd. 770. Walther. 16 gr.

— Zeiten Ludwigs XIV. Königs von Frankreich, als e. Fortsetzung der allgem. Weltgeschichte. 3 Thle. 8. Dresd. 778. Walther. 1 rthl 8 gr.

— Zulime. Tragédie. 8. Dresd. 770. Walther. 5 gr.

Voltaire, Moritz, nouveau Dictionnaire françois. gr. 8. Vien. Ant. Doll. 800.

Voltairiana inedita, aus den königl. Archiven zu Berlin hrsg. v. Wilh. Mangold. 8. (VI, 91 S.) Berlin 901. Wiegandt & Grieben. n. 5. —

Voltairomanie, mit sattsamen Träumen, Schwänken rc. 8. Sorau 768. Hebold. 5 gr.

Voltaismus, Bekanntwerden und Verfolg dieser Entdeckungen in Paris. (Annal. d. Phys., B. 66, St. 3, J. 1820, St. 11.)

Volte, Jh. Gf., Abendunterhaltungen eines Vaters mit seinen Kindern über die Technologie. Ein Lesebuch für Kinder der gebildeten Stände. 2 Bde. 8. Leipz. 805. (W. Vogel). 1 rthl

— Anweisung, Kindern auf die leichteste, geschwindeste u. bewährteste Art das Lesen zu lernen, zum Schul- u. Privatgebrauch entworfen. 8. Pirna 3e durchaus umgearb. Ausg.... 4e A. 810. Friese. 6 gr. (Die beiden ersten Ausg. sind von einem andern Verfasser.)

Volte, Jh. Gf., Beschreib. d. menschl. Nahrungsmittel in natur-histor., ökonom., technolog. u. diätet. Hinsicht, ein Lesebuch für die obern Klassen der Bürger- u. Landschulen. 1s bis 3s Bdchn. 8. Leipz. 806. Weidmann. 1 rthl 12 gr. Schrbp. 2 rthl

— Erholungen für Kinder, ein Samml. kurzer Erzähll. u. Gespräche zur Belehrung über mancherlei Gegenstände des gemeinen Lebens. Mit 10 illum. Kpf. 8. Leipz. 806. Leo. 1 rthl 12 gr.

— Versuch einer neuen Anwendung d. cursor. Methode auf den Unterricht im Rechnen. 8. Merseb. 808. Böhme. 6 gr.

Voltelen, Floris Jacobus

***Voltelen,* F. J.,** diatribe, memorabilium septennis apositiae historiam exhibens, cum iconib. 8maj. Leyden 777. Luchtmans. 16 gr.

Floris Jacobus Voltelen

Floris Iacobi Voltelenii [Voltelen] De Lacte humano eiusque cum asinino et ovillo comparatione observationes chemicae. Acc. Henrici Doorschodti [Doorschoodt] De Lacte atque Ioh[annis] Georgii Greiselii [Greisel] De Cura lactis in arthritide (Tractatus medicus de cura lactis in arthritide). Curavit Ioh[annes] Georgius Franzius [Franz]. Lipsiae: Buesschel 1779. 304 S. 8

— Oratio de Chemiae hodiernae pretio rite constituendo. 4. Leyd. 784. Luchtmans....

— pharmacologia universalis. P. I. q. in usum auditorum suorum concionaverat. 8maj. Duisb. 797. (Bädeker). 2 rthl 6 gr.

Voltelini, Hans v.

— Die Entstehung der Landgerichte im bayrisch-österreichischen Rechtsgebiete. (Zugleich auch: Abhandlungen zum Historischen Atlas der österreichischen Alpenländer. I.) Ar. 94. 1 . . . .
Separatabdruck

Voltelini, Hans v., die Entstehung der Landgerichte im bayrisch-österreichischen Rechtsgebiete. (40 S.) gr. 8. Wien 905. (A. Hölder.) n. — 90
Sonderabdruck aus: „Archiv f. österr. Gesch."

Voltelini, Hans v., Forschungen u. Beiträge zur Geschichte des Tiroler Aufstandes im J. 1809. (XII, 456 S.) 8. Gotha 909. F. A. Perthes. 9. —

— Immunität, grund- und leibherrliche Gerichtsbarkeit in Südtirol. (Zugleich auch: Abhandlungen zum Historischen Atlas der österreichischen Alpenländer. V.) Ar. 94. 311 . . . .
Siehe auch III. Abt. Historischer Atlas der österreichischen Alpenländer. 2. Lieferung.
Separatabdruck

— Immunität, grund- u. leibherrliche Gerichtsbarkeit in Südtirol. (153 S.) gr. 8. Wien 907. (A. Hölder.) 3. —
Sonderabdruck aus: „Archiv f. österr. Gesch."

Voltelini Johann von: Das Notariat in Italien. II. 1886 PN 444 Diss Wien, Univ. 709

Voltelini, Hans v., die südtiroler Notariats-Imbreviaturen des 13. Jahrh., s.a. Acta Tirolensia. II.

v. Voltelini, die südtiroler Notariats-Imbreviaturen des 13. Jahrhund. 1. Thl. Innsbruck 899.

— die ältesten Pfandleihbanken u. Lombardenprivilegien Tirols. (70 S.) 8. Innsbruck 904. Wagner. n. — 50
Sonderabdr. aus: „Beiträge z. Rechtsgesch. Tirols".

Voltelini Hans von, Dr.: Die ältesten Statuten von Trient und ihre Überlieferung. Ar. 92. 83 . . . .
Separatabdruck

— die ältesten Statuten v. Trient u. ihre Überlieferung. gr. 8. (187 S.) Wien 902. (C. Gerold's Sohn.) n. 4. 10
Sonderabdruck aus: „Archiv f. österreich. Geschichte".

Voltelini, Johann v., s. Voltelini, Hans v.

Völter, Christoph: Kurtzer Bericht von der Hebammen Beruff und Standt, wie sie sich vor, in, und nach der Geburt gegen Frauen und Kinder verhalten sollen. 78 S.

s.: Völter, Ch.: Neueröffnete Hebammen-Schule oder nutzliche Unterweisung christlicher Hebammen und Wehmüttern... Anhang.

JB 3.793

Völter, Christoph: Neueröffnete Hebammen-Schule, oder nutzliche Unterweisung christlicher Hebammen und Wehmüttern, wie solche sich vor, in und nach der Geburt, bey Schwangern und Gebährenden, auch sonst gebrechlichen Frauen zu verhalten haben. Nebst einem ausführlichen Bericht, wie todte Kinder, so in Mutterleib abgestanden, ohne Gefahr auszuzeihen... 448 S., Anhang: 78 S., gbd., Abb.

Stuttgart: Metzler 1722

JB 3.793

Aegypten und die Bibel. Die Urgeschichte Israels im Licht d. ägypt. Mythologie. Von Dr. Daniel Völter, Prof. in Amsterdam. *Leiden: E. J. Brill 1903.* (112 S.) 8° [03. 1334]

Völter, Dan., Aegypten u. die Bibel. Die Urgeschichte Israels im Licht der ägypt. Mythologie. 2., neubearb. Aufl. (VII, 116 S.) gr. 8. Leiden 904. Buchh. u. Druckerei vorm. E. J. Brill. n.n. 2. 50
1. Aufl. (VII, 113 S.) 903. n. 2. 50.

Völter, Dan., Aegypten u. die Bibel. Die Urgeschichte Israels im Lichte der ägypt. Mythologie. 4., neubearb. Aufl. (VIII, 135 S.) gr. 8. Leiden 909. Buchh. u. Druckerei vorm. E. J. Brill. nn 2. 50
3. Aufl. (VII, 125 S.) 907. nn 2.50.

— historischer Atlas, s. Dittmar.

Völtor, Dan., historischer Atlas. (Suppl. zu Dittmar's Geschichte der Welt.) 4. Lfg. qu. Imp.-4. (2 lithogr. und ill. Karten und 1 Stahlst. in qu. gr. 8.) Heidelberg 857, K. Winter. *
Bildet eine Fortsetzung von: Frommann, M., historischer Atlas, vgl. diesen.

Völter, D., historischer Atlas nach Angaben v. Heinr. Dittmar rev. neu bearb. u. ergänzt. 7. Aufl. 2 Abthlgn. qu. 4. Heidelberg 873. C. Winter. n. 6. —
1. Atlas der alten Welt in 7 (chromolith.) Karten. n. 2. —
2. Atlas der mittleren u. neuen Geschichte in 12 (chromolith.) Karten. n. 4. —

— Das messianische Bewusstsein Jesu. (V, 47 S.) gr. 8. Strassburg 907. J. H. E. Heitz. 1. 50

Völter, Dan., die ignatianischen Briefe, auf ihren Ursprung untersucht. gr. 8. (IV, 127 S.) Tübingen 892. J. J. Heckenhauer. n. 3. —

Völter, Dan., Deutschland. Die Natur seines Landes, seine Bewohner und seine Staaten. Ein Lehrbuch für Gymnasien, für andere höhere Lehranstalten und zum Selbstunterrichte. 1. u. 2. Abthlg. Reutlingen 1840. 44. gr. 8.
1. Abtheil. Auch u. d. Titel: Die Natur des Deutschen Landes.
2. „ Auch u. d. Titel: Die geschichtliche Entwickelung des Deutschen Volks und der Deutschen Staaten. 1. Periode. Von dem ersten Auftreten der Germanisch-Deutschen Volker bis zur Mitte des 6. Jahrhunderts. . . . . (PGSt.)

Völter, Dan., Deutschland. Die Natur seines Landes, seine Bewohner u. seine Staaten. Ein Lehrb. f. Gymnasien, f. andere höhere Lehranstalten u. zum Selbstunterr. 1. Abthl. — A. u. d. T.: Die Natur d. deutschen Landes. **gr. 8. (14 B.)** Reutlingen 840, [Mäcken, Sohn.]

Völter, Dan., Deutschland. Die Natur seines Landes, seine Bewohner u. seine Staaten. Ein Lehrbuch für Gymnasien, für andere höhere Lehranstalten u. zum Selbstunterricht. In 3 Abtheil. 2. Abth. A. u. d. T.: Die geschichtl. Entwickelung des Deutschen Volks u. der Deutschen Staaten. 1. Periode. Von dem ersten Auftreten der Germanisch-Deutschen Völker bis zur Mitte des 6. Jahrhunderts. gr. 8. Reutlingen 844, Mäcken jun. 1 ℛ (I. II. 1: 2 ℛ)

Völter, Dan., Deutschland und die angrenzenden Länder. Eine orograph.-geognost. Skizze. Mit 1 geognost.-kolor. (lith.) Karte (in Fol.). 2. verm. u. verb. Aufl. Eßlingen 857. Weychardt. gr. 8. (3 Bl., 73 S.) n. 16 ngr

Völter, Dan., Elementar-Geographie für humanist. u. realist. Lehranstalten, sowie zum Selbstunterricht. Mit 2 lith. Taf. (in gr. 4.) gr. 8. (XXII u. 390 S.) Eßlingen 847, Dannheimer. n. 22 ngr

Völter, Dan., die Entstehung der Apokalypse. Ein Beitrag zur Geschichte des Urchristenthums. gr. 8. (VII, 72 S.) Freiburg i/Br. 882. Mohr. n. 2. —

Voelter, Dan., die Entstehung der Apokalypse. 2. Aufl. gr. 8. (VII, 192 S.) Freiburg i/Br. 885. Mohr. n. 4. —

Die Entstehung des Glaubens an die Auferstehung Jesu. Eine hist.-krit. Untersuchung. Von Dr. Daniel **Völter**, Prof. Strassburg: Heitz 1910. 60 S. 8° [st. 1464 3

Voelter, Dan., Die geschichtliche Entwickelung des Deutschen Volks und der Deutschen Staaten. Erste Periode. Von dem ersten Auftreten der Germanisch-Deutschen Völker bis zur Mitte des 6. Jahrhunderts. Reutlingen 1844. 8.
A. u. d. T.: D. Voelter, Deutschland. Abth. 2. . . . .

—— allgemeine Erdbeschreibung. 2 Bde. 1. Bd. Die math. Geographie, die Erläuterungen aus d. physik. Geographie, der Beschreibung des Weltmeers u. d. physik. Beschreibung v. Afrika, Asien u. Europa. 2. Bd. Die physik. Beschreibg. v. Amerika, v. d. Kontinente Australien, d. insularen Australien, dem indischen Archipelagus u. der nordost-asiatischen Inselkette. gr. 8. ($110\frac{3}{4}$ B.) Eßlingen 846, Dannheimersche Buchh.

—— allgemeine Erdbeschreibung. 1. und 2. Bd. A. u. d. T.: Physikalische Erdbeschreibung. 2 Bde. 2. (Titel-)Ausg. gr. 8. (XXXVII und 1730 S.) Eßlingen 848, [Weychardt.]
Inhalt:
Bd. 1. Die mathemat. Geographie, die Erläuterungen aus der physikal. Geographie, die Beschreibung des Weltmeeres und die physikal. Beschreibung von Afrika, Asien und Europa.
„ 2. Die physikal. Beschreibung von Amerika, von dem Kontinente Australien, dem insularen Australien, dem ind. Archipelagus und der nordost-asiat. Inselkette.

Völter, Dan., Grundriß der Geographie. 2. verm. u. umgearb. Aufl. der „Elementargeographie." Mit 13 in den Text eingedr. Fig. (Holzschn.) Eßlingen 859. Weychardt. gr. 8. (XII, 511 S.) n. 1 ℛ

—— Grundriß der Geographie. 2., verm. und umgearb. Aufl. Neue Ausg., mit den Ergänzungen bis zum J. 1865. gr. 8. (XII und 515 S. mit 13 in den Text eingedr. Fig. in Holzschn.) Eßlingen 865, Weychardt. *

Völter's, Dan., Hand-Atlas der Erd-, Völker- und Staatenkunde. 4., verm. und verb. Aufl. in 38 (lithogr. und) ill. Karten. Esslingen 854, Weychardt. Thlr. *

Völter, Dan., Hand-Atlas der Erd-, Völker- und Staatenkunde in 38 (chromolithogr.) Karten. 5., verm. und verb. Aufl. Fol. Esslingen 867, Weychardt. * 4 Thlr.; geb. *

Völter, Dan., die Komposition der paulinischen Hauptbriefe. I. Der Römer- u. Galaterbrief. gr. 8. (III, 175 S.) Tübingen 890. Heckenhauer. n. 2. 40

—— Lehrbuch der Geographie. 3 Thle. 8. Eßlingen, Dannheimersche Buchh. *
A. u. d. Ttln.:
Thl. 1., 2. Lehrbuch der mathemat. u. physikalischen Geographie. (20 B. u. 3 Stnt.) 844. * $17\frac{1}{2}$ Ngr.
„ 3. Lehrbuch der politischen Geographie. ($23\frac{1}{2}$ B.) 845. * 20 Ngr.

—— Lehrbuch der Geographie. I. Allgemeiner Theil. 2., verm. und verb. Aufl. gr. 8. (IV und 256 S. mit 3 Stnt. in qu. 4.) Eßlingen 852, Weychardt. *

— Lehrbuch der Geographie. II. besonderer Theil. 2. verm. u. verb. Aufl. Register. Eßlingen 853—56. Weychardt. gr. 8. (XII, 1056 S.) n. 2 ℛ. 24 ngr

—— Lehrbuch der Geographie. 2 Thle. 2., verm. und verb. Aufl. Neue Ausg., mit den Ergänzungen bis 1865. gr. 8. (XVIII und 1316 S. mit 3 Stnt. in 4.) Eßlingen 865, Weychardt. *

— Lehrbuch der Geographie für Gymnasien, für andere höhere Lehranstalten u. zum Selbstunterricht. 1. Hft. — A. u. d. T.: Die Grundlinien der mathemat. Geographie u. die physikalische Beschreibung von Afrika u. Asien. gr. 8. Ebend. 841. $\frac{3}{4}$ ℛ

—— Lehrbuch der Geographie f. Gymnasien, f. andere höh. Lehranstalten u. z. Selbstunterricht. 2. u. 3. Hft. Die physikal. Beschreibung von Europa. gr. 8. ($37\frac{1}{4}$ B.) Eßlingen 842, Dannheimersche Buchh. à —
1. Hft. Ebendas. 1841. $22\frac{1}{2}$ Ngr.

Mater dolorosa und der Lieblingsjünger des Johannesevangeliums. Mit e. Anh. über die Komposition dieses Evangeliums von Dr. Daniel Völter. Straßburg: Heitz 1907. 30 S. 8°

—— die Offenbarung Johannis keine ursprünglich jüdische Apokalypse. Eine Streitschrift gegen die Herren Harnack und Vischer. gr. 8. (49 S.) Tübingen 886, Heckenhauer'sche Buchh. *

— die Offenbarung Johannis, neu untersucht u. ererläutert. (VII, 171 S.) gr. 8. Strassburg 904. J. H. E. Heitz. n. 3. 50

Paulus und seine Briefe. Krit. Untersuchungen zu e. neuen Grundlegung d. Paulinischen Briefliteratur u. ihrer Theologie von Dr. Daniel **Völter**, Prof. Straßburg: J. H. E. Heitz 1905. (VI, 331 S.) 8° [05. 13680

Der erste Petrusbrief. Seine Entstehung u. Stellung in d. Geschichte d. Urchristentums von Dr. Daniel **Völter**, Prof. Strassburg: J. H. E. Heitz 1906. (58 S.) 8° [06. 5001

— Petrusevangelium od. Aegypterevangelium? Eine Frage bezügl. des neuentdeckten Evangelienfragments. gr. 8. (46 S.) Ebd. 893. n. 1. 20

Polykarp und Ignatius und die ihnen zugeschriebenen Briefe neu untersucht von Dr. Daniel **Völter**, Prof. Leiden: Brill 1910. 209 S. 8° (Völter: Die apostol. Väter neu untersucht. 2, 2.) [10. 6188

— das Problem der Apokalypse. gr. 8. (VIII, 528 S.) Freiburg i/B. 893. J. C. B. Mohr. n. 10. —

— das Kaiserthum Rußland in Europa, Asien und Amerika. Eine geograph.-statist. Skizze. Mit 1 (lith. u. in Farben gedr.) histor.-geogr. Karte des europ. Rußlands im J. 1854 (in Fol.). Eßlingen 855. Weychardt. gr. 8. (88 S.) n. 12 ngr.

—— Schul-Atlas in 36 Charten. 6 Lfgn. (à 6 lith. u. ill. Blätt.) Fol. Esslingen 841—43, Dannheimer. à * ⅔ Thlr. *

— Schul-Atlas in 22 Karten, mit besond. Rücksicht auf die physicalische Geographie. (Eine Auswahl aus Völter's „Schul-Atlas in 36 K.") Fol. Ebend. 846. n. 2½ ℛ

—— dass. — Ergänzungs-Karten. 1. Heft. Fol. (6 lithogr. und ill. Karten.) Esslingen 847, [Weychardt.] *

— Schul-Atlas in 36 (lith. u. col.) Karten. 3. umgearb. Aufl. 4 Lfgn. qu. Fol. Esslingen 849, Dannheimer. (1—3: n. 1 ℛ 4 ngr 4: n. 18 ngr) n. 4 ℛ Einzelne Karten à n. 4 ngr

—— Schul-Atlas in 36 (lithogr. und ill.) Karten. 3., umgearb. Aufl. (36 Bl.) qu. Fol. Esslingen 849, [Weychardt.] *

—— Schul-Atlas in 24 (lithogr. und ill.) Karten. Mit besond. Berücksichtigung der physikal. Geographie bearb. Neue, umgearb. Aufl. Fol. Esslingen 851, Weychardt. *

—— der Ursprung des Donatismus, nach den Quellen untersucht und dargestellt. gr. 8. (VII, 194 S.) Ebendas. 883. *

Völter, Dan., der Ursprung des Mönchtums, s. a. Sammlung gemeinverständl. Vorträge u. Schriften aus dem Gebiet der Theologie. 21.

Der Ursprung des Mönchtums. Ein Vortrag von Dr. Daniel **Völter**, Prof., Amsterdam. Tübingen & Leipzig: J. C. B. Mohr 1900. (53 S.) 8° = **Sammlung** gemeinverständl. Vorträge u. Schriften aus d. Geb. d. Theol. u. Religionsgeschichte. 21. [06. 9589

— die apostolischen Väter, neu untersucht. I. Tl. Clemens, Hermas, Barnabas. (VI, 472 S.) gr. 8. Leiden 904. Buchh. u. Druckerei vorm. E. J. Brill. n.n. 8. —

Völter, Dan., die apostolischen Väter, neu untersucht. II, 1 u. 2. gr. 8. Leiden, Buchh. u. Druckerei vorm. E. J. Brill. nn 5. 50
II. 1. Die älteste Predigt aus Rom (der sogen. 2. Clemensbrief). (VII, 71 S.) 908. nn 1. 50
II. 2. Polykarp u. Ignatius u. die ihnen zugeschriebenen Briefe. (XI, 209 S.) 910. nn 4. —
I. Tl. Ebd. 904. nn 8.—.

— die Visionen des Hermas, die Sibylle u. Clemens v. Rom. Ein Beitrag zur Geschichte der altchristl. Literatur. gr. 8. (54 S.) Berlin 900. C. A. Schwetschke & Sohn. n. 2. —

— geognostische Wandcharte von Deutschland und den angrenz. Ländern. 6 lith. Blätter in gr. Fol. Nebst Erläuterungen. gr. 8. Ebend. 842. n. 3 ℛ Auf Leinwand u. zum Aufhängen eingerichtet n. 4⅓ ℛ

Voelter, Dan., Geognostische Wandcharte von Deutschland und den angrenzenden Ländern. M. 1 : 1000000. Nebst Erläuterungen. gr. 8. Kempten, Dannheimer, 1842. 6 lith. Blätter gr. Fol. (3 ℛ.)

—— Werke in zeitgemäß. Auswahl. Deutsch v. A. Ellissen, s. Classiker, französische.

— s. Winckelmann, Ed., Wandkarte v. Palästina.

Völter, Immanuel Erhard

— Dein Wort ist meines Fußes Leuchte u. e. Licht auf meinem Wege! Abschiedsgruß an die Christgläubigen Basels u. der Schweiz, zugleich e. Ruf: Merke auf des Herrn Wort! Jer. 2, 31. 15. Aufl. (14 S.) 8. Besigheim 907. (Stuttgart, J. F. Steinkopf.) — 20

Völter, Imman., aus England. Bilder u. Skizzen aus d. kirchl., kulturellen u. sozialen Leben. 8. (VII, 169 S.) Heilbronn 896. E. Salzer. n. 1. 60; geb. n. 2. 20

Völter, Imman. Ehrh., Evangelien-Predigten d. ersten Jahrgangs. 4. Aufl. gr. 8. (411 S.) Besigheim 892. (Stuttgart, J. F. Steinkopf.) n.n. 3. —; geb. n.n. 4. —

— Kirchenbüchlein. Was hast du an deiner Kirche? Eine Frage an das evangel. Christenvolk zum 400. Geburtstag Dr. Martin Luthers am 10. XI. 1888. 50. Aufl. (14 S. m. 1 Bildnis.) 8. Ebd. 906. — 20

Völter, Imman. Erh., Wittenberger Concordie. Eine Jubelschrift zum 350jähr. Gedächtnis des 23. V. 1536. 200. Aufl. (32 S.) 8. Ludwigsburg 906. (Stuttgart, J. F. Steinkopf.) n.n. — 20

— Konkordien-Jubelbüchlein. 2 Tle. Dem luther. Christenvolk zur 300jähr. Feier der Glaubensschriften der evangelisch-luther. Kirche am 25. Juni 1880 dargeboten. gr. 8. Ludwigsburg, (Greiner & Ungeheuer, Buchdr.). à n. — 20
1. Geschichte der Konkordia. 50. Aufl. Jubel-Aufl. (15 S.) 892.
2. Die Lehre der Konkordia. 25. Aufl. (24 S.) 891.

— Konkordien-Jubelbüchlein. 1. Tl.: Geschichte der Konkordia. Dem luther. Christenvolk zur dreihundertjähr. Jubelfeier der Glaubensschriften der evangelisch-luther. Kirche 25. VI. 1880 dargeboten. 176. Aufl. (15 S.) 8. Ebd. 907. n.n. — 20

— Konkordien-Jubelbüchlein. 1. Tl.: Geschichte der Konkordia. Dem luther. Christenvolk zur 300jähr. Jubelfeier der Glaubensschriften der evangel.-luther. Kirche 25. VI. 1880 dargeboten. 200. Aufl. (15 S.) 8. Ebd. 907. — 20

— zur Konkordien=Jubelfeier 25. VI. 1880. Ein Beitrag zur Kirchengeschichte des 19. Jahrh. 8. (262 S.) Ludwigsburg 897. (Stuttgart, J. F. Steinkopf.) n. 2.50

[J.] Zur Konkordien-Jubelfeier. 25. Juni 1880. E. Beitr. z. Kirchengesch. des neunzehnten Jahrhunderts v. Immanuel Erhard Völter, ev.-luth. Pfarrer. *Ludwigsburg: Ungeheuer & Ulmer 1897.* (261 S.) 1 Bd 8.
[97. 4256

— zur Konkordien=Jubelfeier 25. VI. 1880. Ein Beitrag zur Kirchengeschichte des 19. Jahrh. 3. Aufl. (277 S.) gr. 8. Ebd. 903. n.n. 2.50

— Zur Konkordien-Jubelfeier 25. VI. 1880. Ein Beitrag zur Kirchengeschichte des 19. Jahrh. 4. Aufl. (284 S.) 8. Ebd. 906. 2.50

— Konkordien-Jubelpredigt. Geh. in der evang.-luther. St. Martinskirche in Neckargröningen bei der 300jähr. Jubelfeier der Glaubensschriften der evangel.-luther. Kirche am 25. VI. (Reformationsfest) 1880. 5. Aufl. (14 S.) 8. Ebd. 907. — 20

Völter, Imman. Erhard, Dr. Martin Luther. Ein Jubelbild zu seinem 400. Geburtstag am 10. Novbr. 1883. 15. Aufl. 8. (32 S. m. Holzschn.=Portr.) Frankfurt a/M. 883. Drescher. n. — 20

— Dr. Martin Luther. Ein Jubelbild zu seinem 400. Geburtstag am 10. XI. 1883. 200. Aufl. (32 S. m. 1 Bildnis.) 8. Ebd. 910. — 20

—— Was hast du an deiner Kirche? Eine Frage an das evang. Christenvolk zum 400. Geburtstag Dr. Martin Luthers am 10. Novbr. 1883. gr. 8. (16 S.) Ebendas. 883.

Völter, J. E., wünschet Jerusalem Glück. Psalm 122, 6. Eine Jubelschrift. Reden aus der Judenmission. 3. Aufl. 8. (68 S.) Stuttgart 888. (J. F. Steinkopf.) n. 1.

— wünschet Jerusalem Glück. Psalm 122, 6. Reden aus der Judenmission. 6. Aufl. 8. (95 S.) Leipzig 891. A. Deichert Nachf. n. 1. —

— wünschet Jerusalem Glück. Psalm 122,6. (1. Tl.) Reden aus der Judenmission. 22. Aufl. (III, 108 S.) 8. Ebd. (906). n.n. 1. —

Völter, Imman. Erhard, wünschet Jerusalem Glück. Psalm 122, 6. (1. Tl.) Reden aus der Judenmission. 27. Aufl. (III, 108 S.) 8. Ludwigsburg 907. (Stuttgart, J. F. Steinkopf.) 1. —

Völter, Ludwig

— Beiträge zu einer christl. Pädagogik. gr. 8. Heilbronn 845, Drechsler'sche Buchh. 1/2 ₰

Völter, Ludw., Beiträge zu einer christl. Pädagogik. gr. 8. (8 1/2 B.) Heilbronn 845. [Stuttgart, Lubrecht u. Comp.]

Völter, Ludw., Beiträge zur christlichen Pädagogik u. Didaktik. 8. (VIII u. 236 S.) Stuttgart 852, J. F. Steinkopf. 27 ngl.

Völter, Ludw., geograph. Beschreibung v. Württemberg, hinsichtl. d. Gestalt seiner Oberfläche, seiner Erzeugnisse u. Bewohner. Als Grundlage d. ersten geograph. Unterr., sowie z. Selbstbelehr. 8. (17 B.) Stuttgart 836, Metzler'sche Buchh.

— die kirchlichen Fragen der Gegenwart. 8. (VI u. 60 S.) Heilbronn 847, Drechsler. 1/4 ₰

Völter, Ludw., pädagogische Früchte. 2 Bde. gr. 8. (IV, 336 u. 342 S.) Stuttgart 872. J. F. Steinkopf. n. 7. —

— Geschichte u. Statistik der Rettungs=Anstalten für arme verwahrloste Kinder in Württemberg. Mit Erörterungen u. Vorschlägen. Ein Beitrag zur Lösung der Frage des Pauperismus. gr. 8. Stuttgart 845, J. F. Steinkopf. 1 ₰

—— Glas oder Diamant? Evangelisches Zeugniß wider das falsche Zeugniß des Hrn. Dr. Alban Stolz. gr. 8. (30 S.) Stuttgart 851(52,) J. F. Steinkopf.

— s. C. G. Kern, Predigten.

Völter, Ludw., das heilige Land und das Land der israelitischen Wanderung. Für Bibelfreunde geschildert. Mit 1 (lith.) Charte von Palästina u. vom Peträischen Arabien (in Fol.). Stuttgart 855. J. F. Steinkopf. gr. 8. (VIII, 304 S.) n. 1 ₰ 3 ngr.

Völter, Ludw., das heilige Land und das Land der israelitischen Wanderung. Für Bibelfreunde geschildert. Mit 1 (lith.) Charte von Palästina (in Fol.) nebst mehreren Cartons. 2., verm. Aufl. Stuttgart 864. J. F. Steinkopf. gr. 8. (VIII, 342 S.) n. 1 ₰ 6 ngr.

Völter, Ldw., Lichtenstern. Ein Gedenkbüchlein für die Kinder der dortigen Rettungs=Anstalten u. zum Besten der letzteren herausgeg. Mit einer lith. Abbild. des Klosters. 8. Stuttgart 846. (J. F. Steinkopf.) 3 ngl.

— s. Schulbote, süddeutscher.

—— der Unterricht in d. Erdkunde. Andeutungen z. organ. Gestaltung dess. auf christl.=wissenschaftl. Standpunkte. gr. 8. (5 1/2 B.) Reutlingen 839, [Mäcken, Sohn.]

— Was geht uns das Concordat an? Zur Belehrung des evangelischen Volks im Auftrage eines Vereins von Geistlichen verfaßt. Stuttgart 860. (Oetinger.) 8. (16 S.) n. 2 ngr.

— Württemberg. Das Land u. seine Geschichte. Ein Lese= u. Lehrbuch für Volk u. Jugend. 2. verb. u. verm. Ausg. gr. 8. (XVI u. 270 S.) Stuttgart 847, Metzler. 3/4 ₰ — Mit einer Handkarte von Württemberg (von Rud. Groß; in lith. Farbendr. in gr. 4.) 1 ₰

Völter's, O., Karte der Europäischen Türkei, Griechenlands, Montenegro's und der ionischen Inseln, nebst den angrenz. Landestheilen von Russland und Oesterreich, nach den neuesten Quellen bearb. und revid. 1 : 4,400,000. Lithogr. und color. gr. Fol. Esslingen 876, Weychardt.

Völter, Paul: Beiträge zur Kenntnis des Hämatins und seiner Oxydationsprodukte. Tübingen: F. Pietzcker 1897. (32 S.) 8°
Tübingen, Naturw. Diss. v. 1897.

Völter, Paul, Beiträge zur Kenntnis d. Hämatins u. s. Oxydationsprodukte. Diss. gr. 8. (32 S.) Tübingen 897. F. Pietzcker. n.n. — 80

Völter, Ph. Jak., die Alphabetsprüche des neuen Würtemberg. Spruchbuchs, in Fragen u. Antworten zergliedert, mit erbaul. Anwend. u. Gebeten. 8. Stuttg. 792.

Völter, P. J., prakt. Anleitung in die sämmtl. Amtsverrichtungen u. Verhältnisse eines deutschen Elementarschullehrers. gr. 8. Heilbronn, Claß. 811.

— prakt. Einleitung in d. sämmtl. Amtsverrichtungen u. Verhältnisse e. deutschen Elementarschullehrers, mit Hinsicht auf die Zwecke d. Pestalozzischen Lehrart, aus 34jährigen Bemerkungen u. Erfahrungen gesammelt u. dargestellt. gr. 8. Heilbronn 810. 2e verb. u. verm. Aufl. aus 42jähr. Bemerkk. 819. Claß. 1 ₰ 14 K

— theoret. prakt. Handbuch f. deutsche Schullehrer u. Erzieher. 1r u. 2r Bd. od. 4 Stck. u. 3r Bd. 18..8. Tubingen, Heerbrand. 808—10. (à 8 gr.)

— theoret.-prakt. Handbuch für deutsche Schullehrer u. Erzieher. 8 Bde. à 2 Stcke. 8. Tübing. 808—17. (Osiander). 5 ℛ 8 ℊ (6r—8r Bd. A. u. d. T.: Magazin für deutsche Elementarschullehrer, Eltern u. Erzieher. 1r—3r Bd. 3 ℛ)

— der neue Landschullehrer, eine Fortsetzung des Landschullehrer von Moser und Wittich. 5 Bde. oder 10 Stck. 8. Tübing. 802—7. (Osiander). 3 ℛ 8 ℊ

— Magazin f. deutsche Elementarschullehrer, Aeltern u. Erzieher. 1r u. 2r Bd. jed. 2 Stücke. 8. Ebend. 813—15. (à 8 gr. jed. Stck.)
Auch unter dem Titel:
Handbuch f. deutsche Schullehrer. 6r u. 7r Bd.

— s. v. Rochow, Kinderfreund.

VÖLTINDER, J. Ad.: Lehrgebäude üb. Geld-, Bank- u. Wechselwesen. *Heidelb.* 798. 8.

Voltmer, Ludwig [aus Hannover]: Über die Einwirkung des Hydroxylamins und einiger Derivate desselben auf die Senföle. . . . *Berlin, Druck v. J. Schlesinger* (1889); 35 S. 8°
Berlin, Phil. Fak., Inaug.-Diss. v. 30. Nov. 1889

Voltolini, August, prakt. Arzt in Naumburg a. Bober: Ueber einige der neueren Untersuchungsmethoden bei schwerem Diabetes und über Milchkuren bei demselben. *Leipzig 1902: B. Georgi.* (36 S.) 8°
Leipzig, Med. Diss. v. (24. Sept.) 1902

Voltolini, Frid. Eduard Rudolf, s. Voltolini, Rudolf

Voltolini, Rud., die Anwendung der Galvanokaustik im Innern des Kehlkopfes und Schlundkopfes nebst einer kurzen Anleitung zur Laryngoskopie und Rhinoskopie. gr. 8. (VI und 73 S. mit 19 dem Texte eingedr. Holzschn.) Wien 867, Braumüller. *

Voltolini, Rud., die Anwendung der Galvanokaustik im Innern d. Kehlkopfes u. Schlundkopfes, sowie in der Mund- u. Nasenhöhle u. den Ohren nebst e. kurzen Anleitg. zur Laryngoskopie u. Rhinoskopie. 2. vollständig umgearb. Aufl. Mit 24 (eingedr.) Holzschn. u. 3 chromolith. Taf. gr. 8. (XIV, 317 S.) Wien 871. Braumüller. n. 8. —

Voltolini, Rud., die acute Entzündung des häutigen Labyrinthes des Ohres [Otitis labyrinthica s. intima], irrthümlich für Meningitis cerebro-spinalis epidemica gehalten. Für prakt. Aerzte dargestellt. gr. 8. (IV, 80 S.) Breslau 882. Morgenstern. n. 1. 60

Voltolini, R., die Krankheiten der Nase u. d. Nasenrachenraumes, nebst e. Abhandlg. üb. Elektrolyse, f. Specialisten, Chirurgen u. prakt. Aerzte. Mit 48 Abbildgn. im Text u. 3 Taf. in Farbendr. gr. 8. (VII, 474 S.) Breslau 888. Morgenstern's Verl. n. 16. —

Voltolini, (Frid. Eduard.) Rud. (geb. Elsterwerda 17. 6. 1819): De motu respiratorio. Berolini (1842). (31 S.) 8°
Berlin, Med. Diss. v. 24. Okt. 1842

— über Nasenpolypen u. deren Operation. gr. 8. (31 S.) Wien 880. Perles. n. 1. —

Voltolini, Rud., die Rhinoskopie und Pharyngoskopie. gr. 4. (VIII und 44 S. mit 2 Stnt.) Breslau 861, (Gosohorsky's Buchh.) *

Voltolini, Rud., die Rhinoskopie und die Pharyngoskopie. Für Specialisten, Chirurgen und prakt. Aerzte dargestellt. 2. neu bearb. und bedeutend erweit. Aufl. der Festschrift zur Jubelfeier der königl. Universität zu Breslau am 3. Aug. 1871. 2 Hälften. gr. 8. Breslau 879, Morgenstern. [1. Hälfte. (S. 1—152 mit 15 eingedr. Holzschn. und 1 Taf. in Farbendr.) * *M.* 5.; 2. Hälfte. (VII, S. 153—292 mit 10 eingedr. Holzschn. und 3 Taf. in Lichtdr.) * *M.* 7.] *

Voltolini, [Rudolf]: Die Zerlegung und Untersuchung des Gehör-Organes an der Leiche nebst pathologisch-physiologischen Bemerkungen. Breslau [1862]. (27 S., 1 Taf.) 8°
[Im Buchhandel 1862 bei Morgenstern in Breslau.]
Breslau, Med. Fak., Hab.-Schr. v. [15. Nov. 1862]

—— die Zerlegung und Untersuchung des Gehör-Organes an der Leiche nebst pathologisch-physiolog. Bemerkungen. Habilitations-Schrift. gr. 8. (IV und 27 S. mit 1 Stnt.) Breslau 862, Morgenstern. *

Voltz, die Bedeutg. d. Donau-Oder-Kanalprojektes, s.: Gothein.

Voltz: Über construirende und skeptische historische Kritik. St. Wendel 1867. 10 S. 4°
Schul-/Univ.-Schrift

Voltz. Russisches Militär.
Augsburg, um 1808. 3 farb. Bl. 2°

Voltz, Topographische Uebersicht der Mineralogie der beiden Rheindepartements. (Sep.-Abdr. aus: **Aufschläger**, Beschreibung des Elsasses.) Strassburg 1828. 8. — in duplo.

Voltz, A., Darstellung der Malaga-, Muscat-, Madera-, Sherry- (Xeres), Bordeaux-, Port- und Burgunder-Weine in Frankreich und England. Mainz (858.) Le Roux. verklebt 10 S. 2 ngr.

VOLTZ, Albert (München): Ueber Eclampsia gravidarum et parturientium.- München: Wolf 1881. 46 S. 2.3.1881 - Urk (Titel: De eclampsia gravidarum et parturientium.); Chr 1880/81,15
Diss. Ingolst.-Landsh.-Mchn.

Voltz, W. L. Fr., s. Fr. Karl Weber, Verfassung, die, u. Verwaltung etc.

Voltz, Carl, s. Voltz, Karl

Voltz, Emil, appr. Arzt a. Langenbergheim: Aus d. chirurg. Klinik zu Gießen. Beitrag zur Frage der chirurgischen Behandlung der Wanderniere. Gießen 1908: O. Kindt. (25 S.) 8°
Gießen, Med. Fak., Ref. Poppert, Diss. v. 29. April 1908
[Geb. 7. April 81 Langenbergheim; Wohnort: Lebe (Hannover); Staatsangeh.: Hessen; Vorbildung: Gymn. Darmstadt Reife M. 01; Studium: Gießen 10 S.; Coll. 8. Aug. 07; Approb. 25. Nov. 06.]

VOLTZ, Franz (Trippstadt): Ueber das depositum irregulare.- München: Wolf 1858. 33 S. 27.3.1858 - Urk (De deposito irregulari.); F 49
Diss. Ingolst.-Landsh.-Mchn.

Voltz, Friedr., Abbildungen der bei dem landwirthschaftlichen Feste zu Canstadt im Septbr. 1852 aufgestellten Rindvieh-Stämme nach der Natur gezeichnet. Herausg. und mit erläuterndem Texte versehen von der K. württ. Centralstelle für die Landwirthschaft. Stuttgart 853. Ebner u. Seubert. gr. 4. (18 S., 16 lith. Taf. in Farbendr. u. lith. Titel.) n. 2 ℛ. 12 ngr.

Voltz, Frdr., Abbildungen der Rindviehstämme Württembergs. Nach der Natur gezeichnet. Herausg. u. mit erläuterndem Text versehen von der königl. württembergischen Centralstelle für die Landwirthschaft. 2. verb. u. verm. Aufl. Stuttgart 862. Ebner & Seubert. gr. 4. (22 S. u. 17 lith. Taf. in Farbendr.) n. 3 ℛ 10 ngr.

Voltz, Friedrich (Mainz)
Geologische Bilder aus dem Mainzer Becken.
Mainz: J.G. Wirth Sohn 1852.
[An Stelle einer Dissertation vorgelegt.]
Dr. phil. Giessen 18.3.1853. vorh. 30.

Volz, Frdr., geologische Bilder aus dem Mainzer Becken. Mit 4 lith. Taf. br. 8. (VIII u. 88 S.) Mainz 852, Wirth Sohn. 18 ngl

Volz, Fr., Radirungen. qu. Imp.-4. (6 Blätter.) München 845, Roller. In Carton. n. 1 1/3 rf

Volz, Friedr., Uebersicht der geologischen Verhältnisse des Großherzogth. Hessen. gr. 8. (VI und 170 S. mit 1 geognost. lithochrom. Uebersichtskarte in gr. Fol.) Mainz 851(52,) v. Zabern.

Volz, Geo., Chronik d. Stadt Weissenburg im Nordgau u. d. Klosters Wülzburg. 4. (36 B.) Weissenburg 835. [Regensburg, Manz.] * 1 Thlr. 18 Gr., m. Kpfrn. *

Die Bergwerks- und Hüttenverwaltungen des Oberschlesischen Industrie-Bezirks. Ein hist.-statist. Wegweiser den Theilnehmern am 5. Deutschen Bergmannstage gewidmet vom Oberschles. Berg- u. Hüttenmänn. Ver. Zsgest. u. bearb. von Dr. H. Voltz. Dazu 1 Karte . . . sowie e. 'Verzeichnis der Hütten'. [Nebst] Erg.H. Kattowitz: Selbstverl. d. Ver. 1892 1901. 3 Bde 8°, 1 Bl. gr. 2° [F. u. Ant.]
Bergwerksverwaltungen. 1892.
Karte [u.d.T.:] Der oberschles. Industriebezirk bearb. durch d. Markscheider Kuntzel. Massst. 1:60,000. (1 Kartenbl. 60x67 cm.) 1892.
Verzeichniss der im oberschles. Industriebezirk im J. 1891 in Betrieb gewesenen Gruben u. Hütten . . . 1892.
Erg.H. Aus Anl. d. 5. Verbandstages d. Deutsch-Oest.-Ung. Binnenschiff.-Vereine in Breslau hrsg. 1901.

Voltz, Hans: Die Ethik als Wissenschaft mit besonderer Berücksichtigung der neueren englischen Ethik . . . . Strassburg, Karl J. Trübner, 1886; 3 Bl. + 55 S. 8°.
Strassburg, Phil. Fak., Inaug.-Diss. v. 1886.

Voltz, Hans, die Ethik als Wissenschaft m. besond. Berücksicht. der neueren engl. Ethik. Ein philosoph. Abhandlg. gr. 8. (V, 55 S.) Strassburg 886. Trübner. n. 1. 80

Volz, Heinrich [Oberl.]: Ueber die historische Skepsis des 17. und 18. Jahrhunderts in Frankreich und über ihre Bedeutung für die fortschreitende Entwickelung der historischen Kritik. Köln, Druck, J. A. Brocker, 1890; S. 3—10; 4°
Köln, OR sowie Fortbildungs-S, P 1890 (467)

Volz, J., das Alphabet in Bildern, zum Zwecke, den Kindern die Buchstaben spielend ins Gedächtniß zu bringen. Mit umfassendem Texte. gr. 4. (Mit 12 col. Kupf. u. lith. Titelbl.) Reutlingen 843, Fleischhauer u. Spohn. geb. 1 5/8 rf

Volz, (J.), Alphabet in Bildern. qu. gr. 8. (24 lith. u. color. Taf.) Reutlingen 852, Fleischhauer & Spohn. 2/3 rf

Voltz, J., Bilder-Lust f. artige Kinder. (25 Ill. Stntaf.) qu. 1/2 Fol. Reutlingen 835, Fleischhauer u. Spohn. *

(Voltz, J.) Zwoelf Blaetter. Kinder-Bilder zur Unterhaltung und mundlicher Belehrung Augsburg, in der Herzberg'schen Kunsthandlung [1823].
2 Hefte. 8°.
1. Heft für Knaben. Tit., 11 Bl. in Kupferst., z. T. kol.
1. Heft fur Madchen. Tit., 12 Bl. in Kupferst., z. T. kol.
Gez. u. gest. von J. Voltz Nördlingen 1823

Volz, J., s. gemüthl. Erzähll. u. Geschichten zur Veredlung des jugendl. Herzens gesitteter Mädchen von 9 bis 12 Jahren, und setze hinzu: (v. J. Volz.)

Volz, J.; gemüthl. Erzählungen u. Geschichten zur Veredlung des jugendlichen Herzens f. gesittete Mädchen von 9 bis 12 Jahren. Mit 6 Kupfert. gr. 12. Nürnberg, Zeh. 821. Rthlr.

Voltz, J. N., Cours élémentaire de calcul pour les écoles primaires, } s. Nigetiet, H.
—— Rechenbuch für Volksschulen, } s. Nigetiet, H.

— der Rechenunterricht in der Volksschule. Handbuch für den Lehrer. I. Die Unterstufe. 8. (IV, 91 S.) Metz 879. Even. n. — 80

Voltz, Karl

Voltz, Carl., stigmographische Aufgaben f. den fortschreitenden Zeichnungsunterricht in Volks- u. gewerbl. Fortbildungsschulen. Neue Folge 1—5. Hft. 4. Kaiserslautern 872. Tascher. n. 4. 30
1. (4 S. m. 7 Steintaf.) n. — 70.
2—5. (à 3 S. m. 10 Steintaf.) à n. — 90.

Volz, Carl, stigmographische Aufgaben für den fortschreitenden Zeichnungsunterricht in Volks- und gewerbl. Fortbildungsschulen. Neue Folge. 1.—5. Heft. 4. Kaiserslautern 874, Tascher. [1. Heft. (4 S. mit 7 Stnt.) * 70 Pf.; 2.—5. Heft. (à 3 S. mit 10 Stnt.) à * 90 Pf.] *

Volz, Carl, stigmographische Aufgaben für den fortschreitenden Zeichnungsunterricht in Volks- und gewerbl. Fortbildungsschulen. Neue Folge. 6. (Schluß-)Heft. 8. (9 Stnt.) Kaiserslautern 875, Tascher.
1.—5. Heft. Ebendas. 1874. M 4,30.

— Beiträge zur Holzornamentik. 1. Hft. Fol. (12 Chromolith.) Nördlingen 874. Beck. n. 3. —

Voltz, Carl „Die Kunst in der Technik oder: Wie weit darf sich die Kunst in der Technik mit Erfolg erstrecken?" pg. 36–40. 4°. J. Kayser. Kaiserslautern, Progr. 1859/60

—— Leitfaden für das elementare Linearzeichnen. Zum Gebrauch für Gewerb- und Fortbildungs-Schulen. qu. Fol. (19 S. und 16 Steindrucktaf.) Ebendas. 873. In Enveloppe. *

— Leitfaden f. das elementare Linearzeichnen. Zum Gebrauch f. Gewerb- u. Fortbildungsschulen. Mit 16 lith. Taf. (in qu. Fol.) 2. rev. Aufl. gr. 8. (40 S.) Ebend. 876. In Mappe. n. 2. 60

— geometrisch-perspectivische Projection, auf die Regeln der einfach schiefen Projectionsmethode basirt. Mit 12 (lith.) Figuren-Taf. qu. Fol. (2 S. Text.) Ebend. 871. n. 3. —

Voltz, Carl, methodischer Stufengang für das elementare Zeichnen an den Schulen. I. Stufe: Geometrische Anschauungskreise. II. Stufe: Geometrische Linien-Ornamente. Imp.-Fol. (12 Steintaf. m. 4 S. Text in gr. 4.) Nürnberg 878. Korn. n. 12. —

—— Uebungen für den ersten Anfang im Zeichnen in stigmographischer Anwendung. 4 Hefte. Lithogr. qu. 16. Ebendas. 871. *
Inhalt:
Heft 1. Linien-Uebungen. (10 Bl. und 4 S. Text.) * 50 Pf.
» 2. Linien-Uebungen. (12 Bl. und 2 S. Text.) * 50 Pf.
» 3. Flächen-Uebungen. (20 Bl.) * 80 Pf.
» 4. Krumme Linien-Uebungen. (14 Bl.) * 60 Pf.

Voltz, C., kleine Vorlagen für das geometrische Zeichnen, zum Gebrauch des Schülers zusammengestellt. 5 Hefte. qu. 16. (à Heft 12 Stnt.) Nürnberg 881, Korn'sche Buchh. à Heft * 40 Pf. *

Voltz, Carl, 34 Blatt Vorlagen für den ersten Linearzeichen-Unterricht. gr. 4. (34 Chromolithogr. mit 1 Blatt Text.) Nördlingen 867, Beck'sche Buchh. *

— 34 Blatt Vorlagen f. den ersten Linearzeichen-Unterricht. 2. neubearb. Aufl. Lith. u. chromolith. Nebst 1 Bl. Text. qu. gr. 4. Ebend. 876. In Mappe. n. 4. —

—— 52 Blatt **Wandtafeln**. Die ersten Elemente des Zeichnens in systematisch geordneten geometrischen Figuren bearb. und zusammengestellt für Lehranstalten. gr. Fol. (52 Stnt. mit 1 Bl. Text.) Ebendas. 868. In Mappe. (*ℳ 4,80.) *

—— **Zeichenhefte** für die Hand des Schülers. qu. Fol. Ebendas. 871. *

—— Zeichenschule in Wandtafeln, die ersten Anfänge des Ornamentenzeichnen umfassend. Zum Gebrauch für Volks- und techn. Schulen. gr. Fol. (22 Stnt. und 1 Blatt Text.) Nördlingen 867, Beck'sche Buchh. In Mappe. *

—— **Zeichen-Schule** in Wandtafeln. Die ersten Anfänge des Ornamentenzeichnens umfassend, zum Gebrauch für Volks- und techn. Schulen bearb. 22 Bl. Fol. Ebendas. 871. *

— 35 Blatt **Zeichnungsvorlagen** in Wandtafeln, Pflanzengebilde f. techn. u. landwirthschaftl. Lehranstalten sowie f. Fortbildungsschulen bearb. u. zusammengestellt. Imp.-Fol. (35 Steintaf. m. 1 Bl. Text.) Ebend. 871. In Mappe. n. 4. —

Voltz L. u. **Volckers E.**: Die Pferdezucht Württembergs. Abbildungen ausgezeichneter Zucht-Pferde aus den Privat-Gestüten S. Maj. d. Königs u. dem königl. Land-Gestüte. Stuttg. 1857. 15 Tvl. (10 kol.). 8 S. 1 Kt. Tv.-Fol.
(Sml. Jäger og 426 Hügel u. Schmidt).

Voltz, Ludwig

Voltz, L., s.: Berlioz, Hector.

Hektor Berlioz, Romeo und Julie. Dramat. Symphonie m. Chören, Gesang-Soli u. Chor-Recit. nach d. Trauersp. v. Shakespeare; Op. 17. Erl. v. Dr. Ludwig **Voltz** u. Adolph Pochhammer. *Frankfurt a. M.: H. Bechhold [1896]*. (28 S.) 1 Bd 8.
= Musikführer, Der. No 92. [97. 1374

Voltz, Ludovicus [Darmstadensis]: De Helia Monacho Isaaco Monacho Pseudo-Dracone sriptoribus metricis byzantinis .... Argentorati, apud C. J. Truebner, 1886; 52 S. 8°.
Strassburg, Phil. Fak., Inaug.-Diss. v. 1886.

Voltz, Ludw. Die Tractate περὶ παθῶν τοῦ ἡρωϊκοῦ μέτρου, s.a. Commentationes in honorem Gullelmi Studemund.

— Die Tractate *περὶ παθῶν τοῦ ἡρωικοῦ μέτρου*. S.-A. 1889. 11 S.

Voltz, Ludw., u. Adph. **Pochhammer**, Hektor Berlioz' Romeo u. Julie, s. Musikführer, der.

Voltz, Wilhelm, Dr. med., approb. Arzt aus Metz i. Lothr.: **Beitrag zur Kenntnis der Colloiddegeneration in Hornhautnarben.** Mit 1 Farbentaf. *Wiesbaden 1901: R. Bechtold & Co.* (26 S.) 8°
Freiburg i. B., Med. Diss. v. 1901

Völtz, Wilhelm, aus Völtzendorf: Zur Kenntnis des Futterwertes der Abdeckereiprodukte ‹Kadavermehle›. Berlin 1899: Gebr. Unger. (27 S.) 8°
Heidelberg, Naturw.-math. Diss. v. [24. Febr.] 1899.

Voeltzel, L. W., Kirchhoffkandale in Lothringen od.: Selbstmördereien u. römische Bannflüche auf lothringischen Friedhöfen, s.: Streitschriften, freundschaftliche.

Voltzenlogel, Emil [approb. Apotheker und Veterinär-Arzt, Mülhausen i. E.]: Untersuchungen über den anatomischen und histologischen Bau des Hinterendes von Ascaris megalocephala und Ascaris lumbricoides. Mit 3 Tafeln. (S.-A. aus den Zoolog. Jahrbüchern. Abtheilung für Anatomie. XIV. Bd. 3. Heft. 1902.) Jena 1902. 32 S. 8°.
Bern. Vet.-med. Diss. 1901/1902.

Voltzenlogel, Emil. Untersuchungen über den anatomischen und histologischen Bau des Hinterendes von Ascaris megalocephala und Ascaris lumbricoides. Diss. Vet.-Med. Bern. Mit 3 Tafeln. (Abdruck aus den Zoologischen Jahrbüchern. Abtheilung für Anatomie und Ontogenie der Thiere. Hrg. von Professor Dr. J[ohann] W[ilhelm] Spengel in Giessen. Band 16, Heft 3, 1902.) 32 S. 8. Jena, Gustav Fischer, 1902.

Voeltzkow, Alfred [aus Berlin]: Aspidogaster conchicola. Wiesbaden, C. W. Kreidel's Verl., 1888; 2 Bl. + 36 S. 8°
Freiburg i. B., Phil. Fak., Inaug.-Diss. v. 1888.

Völtzkow, Alfr., Aspidogaster conchicola. Inaugural-Dissertation. gr. 8. (36 S. mit 6 Taf.) Wiesbaden 888, Kreidel's Verlag. *
Aus: Arbeiten aus dem zoologisch-zootom. Institut zu Würzburg, besonders abgedruckt.

Beiträge zur Entwicklungsgeschichte der Reptilien. Biologie u. Entwicklung d. äusseren Körperform von Crocodilus madagascariensis Grand. Von Dr. A(lfred) **Voeltzkow**. Mit 17 Taf. u. 18 Textfig. *(Frankfurt a. M.: M. Diesterweg in Komm. 1899.)* (150 S.) 4°
= **Ergebnisse**, Wiss., der Reisen in Madagascar u. Ostafrika von Dr. A. Voeltzkow. Bd 2, H. 1, [1.]
= **Abhandlungen** hrsg. v. d. Senckenbergischen Naturforsch. Gesellschaft. Bd 26, H. 1. [00. 2265

Voeltzkow, Alfr., Beiträge zur Entwicklungsgeschichte der Reptilien. I—IV. gr. 4. Frankfurt a/M. (M. Diesterweg). n. 48. —
I. Biologie u. Entwicklg. der äusseren Körperform v. Crocodilus madagascariensis Grand. (150 S. m. 18 Fig., 17 Taf. u. 17 Bl. Erklärgn.) 899. n. 30. —
II. Die Bildung der Keimblätter von Podocnemis madagascariensis Grand. Mit 4 Taf. u. 8 Abbildgn. im Text. (S. 278—310 m. 4 Bl. Erklärgn.) 901. n. 6. —
III. Zur Frage nach der Bildung der Bauchrippen. Mit L. Döderlein. Mit 2 Taf. u. 1 Textfig. (S. 313—336 m. 2 Bl. Erklärgn.) 901. n. 3. —
IV. Keimblätter, Dottersack u. erste Anlage des Blutes u. der Gefässe bei Crocodilus madagascariensis Grand. Mit 7 Taf. u. 5 Textfig. (S. 337—418 m. 7 Bl. Erklärgn.) 901. n. 9. —

Voeltzkow, Alfr., Beiträge zur Entwicklungsgeschichte der Reptilien. V u. VI. gr. 4. Frankfurt a/M. (Viktoria-Allee 7) Senckenberg. naturforsch. Gesellsch. n. 6. —
V. Epiphyse u. Paraphyse bei Krokodilen u. Schildkröten. Mit 2 Taf. (S. 165—177 m. 2 Bl. Erklärgn.) 903. n. 3. —
VI. Gesichtsbildung u. Entwicklung der äusseren Körperform bei Chelone imbricata Schweigg. Mit 2 Taf. (S. 181—190 m. 2 Bl. Erklärgn.) 903. n. 3. —
Sonderabdr. a.: „Abhandlgn. der Senckenberg. naturforsch. Gesellsch." — I—IV jetzt Ebd. 899—901. n.n. 33. —

— dasselbe, s.a. **Abhandlungen**, hrsg. v. d. Senckenberg. naturforsch. Gesellschaft, 21. Bd.

Voeltzkow, Alfr., über Coccolithen u. Rhabdolithen, nebst Bemerkungen üb. den Aufbau u. die Entstehung der Aldabra-Inseln. gr. 4. (S. 465—537 m. 3 Abbildgn.) Frankfurt a/M. 901. (M. Diesterweg). n. 3. —
5 Sonderabdrucke aus: „Abhandlgn. d. Senckenberg. naturforsch. Gesellschaft".

Epiphyse und Paraphyse bei Krokodilen und Schildkröten von Dr. Alfred **Voeltzkow** in Straßburg i. E. Mit 2 Taf. *(Frankfurt a. M.: M. Diesterweg in Komm. 1903.)* (S. 165–177.) 4°
= Beiträge z. Entwicklungsgeschichte d. Reptilien. 5.
= **Abhandlungen** hrsg. von d. Senckenbergischen naturforschenden Gesellschaft. Bd 27, H. 2, [1.] [04. 2.67

— wissenschaftl. Ergebnisse der Reisen in Madagaskar u. Ostafrika, s.a. **Abhandlungen**, hrsg. v. der Senckenberg. naturforsch. Gesellschaft.

Voeltzkow, Alfr., wissenschaftl. Ergebnisse d. Reisen in Madagaskar u. Ostafrika in d. J. 1889—1895. Einleitg. v. Alfr. Voeltzkow. [Aus: „Abhandlgn. d. Senckenberg. naturforsch. Gesellsch., 21. Bd."] gr. 4. (76 S. m. 8 Taf. u. 3 Karten.) Frankfurt a/M. 897. (M. Diesterweg.) n. 10. —

— **die v. Aldabra bis jetzt bekannte Flora u. Fauna.** gr. 4. (S. 539—566.) Frankfurt a/M. 902. (M. Diesterweg.) n. 1. —
Sonderabdruck aus: „Abhandlgn. d. Senckenberg. naturforsch. Gesellschaft".

Gesichtsbildung und Entwicklung der äußeren Körperform bei Chelone imbricata Schweigg. von Dr. Alfred **Voeltzkow** in Straßburg i. E. Mit 2 Taf. *(Frankfurt a. M.: M. Diesterweg in Komm. 1903.)* (S. 181-190.) 4°
= Beiträge z. Entwicklungsgeschichte d. Reptilien. 6.
= **Abhandlungen** hrsg. von d. Senckenbergischen naturforschenden Gesellschaft. Bd 27, H. 2, [2.] [04. 2.68

Voeltzkow, Alfr., s.a. Reise in Ostafrika.

Reise in Ostafrika in den Jahren 1903-1905 ... ausgeführt von Prof. Dr. Alfred **Voeltzkow**. Wissenschaftliche Ergebnisse. Bd 2. Stuttgart: Schweizerbart 1906-1910. 4° [10. 10370 10

— **Verzeichnis der v. Dr. Voeltzkow in West-Madagaskar gesammelten Vogelarten,** s.: **Reichenow.**

Die Familien Voelschow oder Voeltzkow mit Einschluss der von Voltzkow auf Völtzkow. Ein Beitrag z. pommerschen Kulturgeschichte u. Genealogie. Auf Grund amtl. Quellen beschrieben von Alfred **Voeltzkow**. Berlin, u. Karl Adam, Greifswald. Stettin [1906]: Herrcke & Lebeling. (IV, 102 S.) 8° [Umschlagt. F.]
[Aus: Baltische Studien. N. F. Bd 10.] [07. 8688 9

VOELTZKOW, MAX. Ueber Senfoelglycolide. Freiburg im Breisgau, 1881.

Das **Volumgesetz** gasförmiger **Verbindungen**. Abhandlungen von Alex. v. Humboldt und J[oseph] F. [vielm. Louis] Gay-Lussac. ⟨1805-1808.⟩ Hrsg. v. W[ilhelm] Ostwald. *Leipzig: W. Engelmann 1893.* (42 S.) 8°
= **Klassiker,** Ostwald's, d. exakten Wissenschaften. No 42. [04. 8544

Volumina Aegyptiaca ordinis IV. Grammaticorum P. 1. *Lipsiae: B. G. Teubner 1904.* 8°
(Bibliotheca scriptorum graec. et rom. Teubneriana.) [04. 1 373

Volumina aegyptiaca ordinis IV. grammaticorum pars I. kl. 8. Leipzig, B. G. Teubner. n. 1. 20; geb. n. 1. 50
Didymi de Demosthene commenta cum anonymi in Aristocrateam lexico post editionem Berolinensem recognoverunt H. Diels et W. Schubart. (VIII, 56 S.) 904.

Volumina, quinque. Canticum canticorum. Ruth. Threni. Ecclesiastes. Esther. Textum masoreticum accuratissime expressit, e fontibus masorae vario illustravit, notis criticis confirmavit S. Baer. Praefatus est edendi operis adjutor Franc. Delitzsch. gr. 8. (VIII, 100 S.) Leipzig 886. B. Tauchnitz. 1. 20

Voluntas, Bona, optimae consentiens, seu De sequendo in omnibus ductu Divinae Providentiae . . . Monachii 1762. V: *Pemble, Joseph.* (AarK) (Jes) (SO)

***Voluseni,* Flor., de animae tranquillitate dialogus.** 8maj. Edinb. 751. Bamb. 760. (Wesché in Frankf. a. M.) 1 ₰

Volusius Maecianus, s. Maecianus.

Die **Völuspa**. Herausgegeben und erklärt von Dr. Ferdinand Detter. Wien. 1899. In Comm. Gerold's Sohn. Gr.-8°. 56 S.
Sitzungsberichte der kais. Akademie der Wissenschaften in Wien. Philosophisch-historische Classe. Bd. CXL. V.

'Das Buch vom großen Zorn' [Kniga velikago gnëva] von A. L. Wolynski [**Volynskij** d. i. Akim L'vovič Flekser]. Autor. Übers. nach d. vollständ. russ. Ms. von Josef Melnik. Frankfurt a. M.: Rütten & Loening 1905. (VII, 301 S.) 8° [05. 364

Die russische Litteratur der Gegenwart von A. L. Wolynski [**Volynskij** d. i. Akim L'vovič Flekser]. Autor. Uebers. von Josef Melnik. Berlin: Gose & Tetzlaff 1902. (43 S.) 8° [F.]
[Nach mündl. Angabe d. Verf. nicht vorher russisch im Druck erschienen.]
= **Essays,** Moderne, z. Kunst u. Litteratur. H. 20. [08. 4605

Volz. Dr. Walter Volz (Schweizer Forschungsreisender, 1875-1907). [Nekrolog. Mit Porträt.] 8.
In: Deutsche Rundschau für Geographie und Statistik. ... hrg. von Professor Dr. Friedrich Umlauft, Wien. Jahrg. 29. Heft 10. Juli 1907. (Wien. A. Hartleben.) S. 472—473.

Volz, Wilhelm Ludwig, Professor der Technologie an der Universität Tübingen. Tübingen 1855. V: *Hoffmann, C. H. L.* (Hauptkat. d. Univ.-Bibl. Tübingen. K. Nachtr. 20.)

Volz, ..., Religionsvorträge, nach den Grundsätzen d. Christenthums u. e. reinen Sittenlehre. 8. Karlsr. 802. Müller. 12 kr

Volz, ... Pfarrer, s. **Unterschied zwischen Enthusiasmus** rc.

Volz, Ad., die durch Kothsteine bedingte Durchbohrung des Wurmfortsatzes, die häufig verkannte Ursache einer gefährlichen Peritonitis, u. deren Behandlung mit Opium. Mit 1 Abbild. gr. 8. Carlsruhe 846, Müller'sche Hofb. n. 2/3 ₰

Volz, Berthold

Volz, B., die Anfänge d. Christentums im Rahmen ihrer Zeit. 8. (120 S.) Leipzig 888. Spamer. n. 1. 20; geb. n. 2. —

Volz, Berth., s.: **Anleitung** zur Schreibung u. Aussprache der geographischen Fremdnamen.

Volz, Berth., **Beiträge zur Geschichte des Pietismus.** Aus ungedruckten Materialien. gr. 8. (V, 43 S.) Gotha 872, F. A. Perthes. *
Aus: Zeitschrift für historische Theologie, besonders abgedruckt.

— geographische **Charakterbilder,** s.a. **Daniel,** H. A.

—— geographische **Charakterbilder.** Aus den Original-Berichten der Reisenden gesammelt. 2.—5. Tl. gr. 8. Leipzig, Fues' Verlag. geb. *
Inhalt:
Tl. 2. Europa. (IX, 314 S. mit 87 Illustr.) 888. *M 3.60.; geb. *M 4.—.
" 3. Asien. (X, 394 S. mit 87 Illustr.) 887. geb. *M 5.—.
" 4. Afrika. (VIII, 424 S. mit 80 Illustr. und 1 Karte.) 886. geb. *M 5.—.
" 5. Amerika und Australien. (X, 451 S. mit 122 Illustr.) 888. *M 5.50.; geb. *M 6.—.
Den 1. Tl. bildet: **Daniel,** H. A., geographische Charakterbilder aus Deutschland (s. d.).
—— dass. — 43 Lfgn. gr. 8. (Afrika VIII, 424 S.; Deutschland XII, 410 S.; Asien X, 394 S.; Amerika und Australien X, 451 S.; Europa IX, 314 S.) Ebendas. 886. à Lfg. * 50 Pf. *

Volz, B. De Vesegotharum cum Romanis conflictionibus post mortem Theodosii I. Gryphiswald. 1861. 1.00

— **Deutschland,** s.: **Daniel,** Herm.
Adb.

Volz, B. Die Einweihung des Viktoria-Gymnasiums nebst einer kurzen Beschreibung des Gebäudes. 19 S. **Progr.** G. *Potsdam* 1879.

—— **die römische Elegie.** Auswahl aus den Dichtern der class. Zeit. Mit Erläuterungen. gr. 8. (XI, 161 S.) Leipzig 870, Teubner.

— die römische Elegie. Auswahl aus den Dichtern der klass. Zeit. Mit Erläutergn. 2. Aufl. gr. 8. (VIII, 168 S.) Leipzig 876. Teubner. 1. 80

—— die geographischen Entdeckungen und Entdecker der neuesten Zeit in orientirender Uebersicht. Fünf Vorträge. 8. (XIV, 158 S.) Mühlhausen 868, Heinrichshofen'sche Buchh. *

— Emin Pascha's Entsatz u. Stanley's Zug durch das „dunkelste Afrika". Nach Stanley's Berichten u. Emin's Briefen f. weitere Kreise dargestellt. gr. 8. (XII, 324 S. m. 61 Abbildgn. u. 1 Karte.) Leipzig 891. F. A. Brockhaus. n. 5. —; geb. n. 6. 50

— Großherzog Friedrich Franz II. v. Mecklenburg-Schwerin. Ein deutsches Fürstenleben, nach Aufzeichngn. u. Erinnergn. dargestellt. Mit 1 Photograv. u. 8 Phototypien. gr. 8. (VII, 302 S.) Wismar 893. Hinstorff's Verl. n. 4. —; geb. in Leinw. n. 5. —; in Halbfrz. n. 6. —

— Geschichte Deutschlands im 19. Jahrh. 6 Abthlgn. gr. 8. (VIII, 622 S.) Leipzig 890. Spamer. à n. 1. — (cplt.: n. 6 —; Einbd. n.n. 1. 50)

— Geschichte Deutschlands im 19. Jahrh. vom Luneviller Frieden bis zum Tode Kaiser Wilhelms I. 2. (Titel-) Aufl. Mit 24 Vollbildern. gr. 8. (VIII, 622 S.) Leipzig 895. O. Spamer. n. 6. —; geb. in Halbfrz. n.n. 7. 50

Volz, *Berthold* [Dir. Prof. Dr.]: Zur Geschichte des Königlichen Friedrichs-Gymnasiums. Breslau, Druck v. O. Gutsmann, 1897; 3—10 S., 2 Taf. 4.
Breslau, k. Friedrichs-G, OP 1897 (181)

— J. Petersmann u. K. Sturmhoefel, illustrierte Geschichte d. Altertums, s.: Spamer's illustrierte Weltgeschichte.

— illustr. Geschichte der neuesten Zeit, s.: Spamer's illustr. Weltgeschichte, 8. u. 9. Bd.

— Grundlinien der Weltgeschichte. Hilfsbuch f. d. geschichtl. Unterricht d. Oberstufe höh. Lehranst. gr. 8. (X, 392 S.) Leipzig 897. O. R. Reisland. n. 2. 80

— Grundriss der alten Geographie [Griechenland, Italien, Palästina] f. die mittlere u. die obere Lehrstufe höherer Schulen, vornehmlich der Gymnasien. 2. Aufl. Mit 5 Holzschn. gr. 8. (V, 144 S.) Berlin 889. H. Spamer. n. 1. 40; geb. n. 1. 60

Volz, B., Grundrisse für den ersten Geschichts-Unterricht auf Gymnasien — Sagen und sagenhafte Geschichten aus dem Alterthum. gr. 8. (15 S.) Schwerin 865, Schmale.

— Handbuch der Geographie, s.: Daniel, Herm. Adb.

Volz: Ueber das Jahr der Schlacht von Pollentia. 33 S.
Cöslin, Progr. 1864

— unsere Kolonien! Land u. Leute, geschildert. gr. 8. (X, 369 S. m. Abbildgn. u. 2 Karten.) Leipzig 891. Brockhaus. n. 5. —; geb. n. 6. 50

—— und H. Stier, Lectionarium für tägliche Schulandachten im Anschluß an das Kirchen- und an das Schuljahr entworfen. 8. (11 S.) Berlin 870, W. Schultze. *

—— —— dass. — 2. verb. Aufl. gr. 16. (12 S.) Halle 870, Buchh. des Waisenhauses. *

— u. H. Stier, Lectionarium f. tägliche Schulandachten im Anschluss an das Kirchen- u. an das Schuljahr. 2. verb. Aufl. gr. 16. (12 S.) Halle 873. Buchh. d. Waisenh. n. — 50

—— Lehrbuch der Erdkunde, vornehmlich für Gymnasien. 2 Abthlgn. Mit 114 (eingedr.) Holzschn. gr. 8. Ebendas. 876. *
Inhalt:
Abthl. 1. [Für Sexta und Quinta.] (S. 1—201.) *M 2.
2. [Für Quarta und Tertia.] (S. 202—566.) *M 3.

— Lehrbuch der Geographie, s.: Daniel, Herm. Adb.

— Leitfaden f. den Unterricht in der Geographie, s.: Daniel, H. A.

Volz, Berthold, Henry M. Stanleys Reise durch den dunklen Weltteil. Nach Stanleys Berichten für weitere Kreise bearbeitet. 5. Auflage. Leipzig 1890.

—— s. Spamer's illustrierte Weltgeschichte.

— s.: Stanley's, H. M., Reise durch den dunklen Weltteil.

— Vorschule der Erdkunde. Lehrstoff der ersten Vorklasse u. der Sexta. 2. Aufl. Mit 50 Abbildgn. 8. (VI, 74 S.) Berlin 888. H. Spamer. n. — 80; geb. n. 1. —

[F.] Wilhelm der Grosse, Deutscher Kaiser und König von Preussen. Sein Leben u. Wirken, z. Gedächtn. s. hundertj. Geburtst. dargest. v. Berthold Volz. M. 107 Text-Abb. u. 9 Beil. *Leipzig: O. Spamer 1897.* (VIII, 585 S., 6 Taf. m. 1 Erl.-Bl., 3 Facs.) 1 Bd 8. [96. 8678

Volz, C., s.a. Volz, Karl

Volz, [C.]: Beiträge zur Geschichte des Weinbaues in Württemberg, von den ältesten bis auf die neuesten Zeiten, aus zum Theil noch ungedruckten urkundlichen Quellen. o.O. u. J. [um 1850]. 195 S. — 17*

Volz, C., Karte der alten Welt. Fol. Stuttgart 847, Schweizerbart. 1/2 ϐ

Volz, C. F., s. Volz, Karl Fr.

Volz, C. W., s. Volz, K. W.

Volz, Chr. Dn., s. Nothwendigkeit rc. einer verbess. Gesetzgebung.

Volz, Ed., Eisenbahn-Karte von Deutschland und Frankreich. Entworfen u. gez. von Herm. Boettger. M. 1 : 2722600. Berlin, Th. Grieben, 1864. Imp.-Fol. Lith. u. kol. (3/4 Thlr.) . . . . (Br. Mus.)
——, —— Neue Ausg. Ebenda 1865.

—— General-Karte der Eisenbahnen Deutschlands. M. 1 : 2722600. Berlin, Th. Grieben, 1864. gr. Fol. Lith. u. kolor. Mit 1 Tab. in Fol. (1/3 Thlr.)
——, —— 2. Aufl. Ebenda 1864.
——, —— Neue Ausg. Ebenda 1865.

—— Special-Karte der Eisenbahnen Deutschlands. M. 1 : 2722600. Ebd. 1861. gr. Fol. In Carton. (12 Sgr.)
——, —— Neue Ausg. Ebenda 1865.

Volz, Frdr., die Pfandbrieffrage de lege ferenda. Beitrag zu einer brennenden Tagesfrage. gr. 8. (48 S.) München 878. Rieger. n. — 80

— das Pfandbriefsystem der Bayer. Hypotheken- u. Wechselbank. Eine kritische Studie. Als Antwort auf die Schrift: „Ueber die concursrechtliche Realsicherheit fundirter Goldpapiere" von Adf. Stroell. München, Th. Ackermann 1877. gr. 8. (40 S.) München 877. Rieger. n. — 80

Volz, Gust. Berth., s.: Akten, preuss. u. österreich., zur Vorgeschichte des siebenjähr. Krieges.

Volz, Gustav B. und Georg **Küntzel.** Preussische und österreichische Acten zur Vorgeschichte des siebenjährigen Krieges. (Aus:) „Publicationen aus den k. preussischen Staatsarchiven." 74. Bd. — Leipzig 1899.

Volz, Gust. Berth., s.: Aus der Zeit des siebenjährigen Krieges.

Volz, Gust. Berth., die Erinnerungen der Prinzessin Wilhelmine v. Oranien an den Hof Friedrichs des Großen (1751–1767), s.a. Quellen u. Untersuchungen zur Geschichte des Hauses Hohenzollern. VII.

Die Erinnerungen der Prinzessin Wilhelmine von Oranien an den Hof Friedrichs des Großen ⟨1751–1767⟩. Von Dr. Gustav Berthold Volz. *Berlin: A. Duncker 1903.* (93 S.) 8° [F.]
= Quellen u. Untersuchungen z. Geschichte d. Hauses Hohenzollern. Bd 7. [04. 2689 B

Volz, Gustav Berthold (in d. Vita: Berthold Gustav) [aus Halle a/S.]: Kriegführung und Politik König Friedrichs des Grossen in den ersten Jahren des siebenjährigen Krieges ... [Erschien vollst. 1896 im gl. Verl.] Berlin, S. Cronbach, 1895; 1 Bl., 42 S., 1 Bl. 8.
Berlin, Phil. Fak., Inaug.-Diss. v. 7. Dez. 1895

Volz, Gust. Berth., Kriegführung u. Politik König Friedrichs des Grossen in d. ersten Jahren d. 7jähr. Krieges. 8. (III, 218 S.) Berlin 896. S. Cronbach. n. 3.—

— Aus der Zeit Friedrichs des Großen. (VII, 270 S. m. 5 Taf.) 8. Gotha 908. F. A. Perthes. 4.50; geb. 6.—

Volz, G.B.: Aus der Zeit des siebenjährigen Krieges, s. Berner, E.

Volz, Gustav Berthold, s. Zeit. Aus der Zeit des Siebenjährigen Krieges.

Volz, Johann Christian

Volz, Jh. Chr., († d. 27. Mai 1783.) Grundr. der Erdbeschreibung als ein Anhang zu Essigs Einleitung in die Welthistorie. 8. Stuttg. 765. Metzler. 16 Kr (Verbesserte u. setzte fort die 4 letzten Ausg. v. Jh. Geo. Essig kurzer Einleitung zu d. allgemeinen Historie &c. Die 7e Aufl. erschien 1758. und die 10e Aufl. 1773.)

VOLZ, Johann Christian 1721 - 1783
Grundriß der Erdbeschreibung, als ein Anhang zu J. G. Essichs Einleitung in die Welt-Historie, ausgefertigt von M. Johann Christian Volz ...
Zweyte vermehrte und verbesserte Ausgabe.
Stuttgart: Mezler. 1773. 62, 336, 47 S. 8°.
Pfälzische Landesbibliothek Speyer
1. Aufl. 1765
Vgl. Nr. 45.
Frankfurt-Leipziger Meßkatalog, Ostermesse 1774, S. 713.
Johann Georg Essich, 1645–1705

Volz, Johann Daniel (Nördlingen) A. S. 1322/23

Dissertatio philosophica de gloria Dei absoluta sive essentiali Oder: Von der wesentlichen Ehre Gottes.
Präs. Gerhard Gottfried Ranis.
Jena (Ritter) 18. V. 1729. 28 S.
35452

Volz, K. W., Beiträge zur Kulturgeschichte. Der Einfluß des Menschen auf die Verbreitung der Hausthiere u. Kulturpflanzen. Mit 3 (lith.) Taf. Abbildungen. gr. 8. (XIV u. 523 S.) Leipzig 852, Teubner. 3 ₰

Volz KW, Geschäftsaufsätze über Baugegenstände. 4° Stuttgart 1853

Volz, Karl Fr.

Volz, C. F., Thierbilder u. Jagd-Scenen in Wort u. Bild, zur Belehrg. u. Unterhaltg. f. die liebe Jugend. 4. Aufl. 8. (96 S. m. 4 Farbendr.) Reutlingen 889. Bardtenschlager. geb. n.n. — 60

Volz, Carl Fr., Tierbilder u. Jagdszenen in Wort u. Bild zur Belehrung u. Unterhaltung f. die Jugend. 6. Aufl. (80 S. m. farb. Titelbild.) kl. 8. Reutlingen (906). R. Bardtenschlager. Kart. — 50

Volz, Lothar [aus Elm]: Die Erkenntnisstheorien bei Leibniz und Kant. E. vergleich. Studie auf Grund d. Quellen ... (Theil e. gröss. Arb.) Rostock, Univ.-Buchdr. v. Adler's Erben, 1895; 70 S., 1 Bl. 8.
Rostock, Phil. Fak., Inaug.-Diss. v. [1. Mai] 1895

Volz, Ludw., Beitrag zur chirurgischen Anatomie der Extremitäten. 10 (lithogr.) Taf. in Farbendr. mit Durchschnitten der gefrorenen Leiche. Für Studirende und Ärzte, insbesond. für das Bedürfniss der Militärärzte bearb. gr. 4. (VI und 43 S.) Berlin 865, G. Reimer. In Mappe. *

Volz, Max Herm., Siume, s.: Bibliothek Saturn.

Volz, Mich. Johs., Bilder-Geschichtchen für kleine Kinder. Mit 48 Bildern (auf 12 color. Steintaff.), nebst sinnigen kindl. Reimen. 4. Aufl. Eßlingen 867. Schreiber. qu. 4. (4 S. Text.) cart. 11¼ ngr.

— das liebe Büchlein für kleine Kinder mit 9 (lith.) in Tondr. color. Bildern u. hübschen Verschen. 2. Aufl. Ebend. 867. 4. (6 S.) cart. 9 ngr.

—— wie das Kind sein soll. Ein Bilderbuch für kleine Kinder. 8 (lithogr.) in Ton color. Bilder mit Reimen und ein Anh. von Räthseln und Geschichten. 2., verm. Aufl. qu. 4. (8 S. Text.) Eßlingen 867, Schreiber. cart.

Volz, Otto. Beiträge zur Kenntniss der β-Naphtol-β-Monosulfonsäure. (Freiburg im Breisgau) Görlitz, 1884.

Volz, Paul, jüdische Eschatologie v. Daniel bis Akiba. (XVI, 412 S.) gr. 8. Tübingen 903. J. C. B. Mohr. n. 7. —; geb. n. 8. 20

Volz, Paul, der Geist Gottes u. die verwandten Erscheinungen im Alten Testament u. im anschliessenden Judentum. (XII, 217 S.) gr. 8. Tübingen 910. J. C. B. Mohr. 6.—

Volz, Paul, die vorexilische Jahwoprophetie u. der Messias. In ihrem Verhältnis dargest. gr. 8. (VIII, 93 S.) Göttingen 897. Vandenhoeck & Ruprecht. n. 2. 80

Volz, Paul, Lic. theol., Stadtpfarrer in Leonberg: Mose. Ein Beitrag zur Untersuchung über die Ursprünge der israelitischen Religion. Tübingen: J. B. C. Mohr 1907. (VII, 115 S.) 8°
Tübingen, Evang.-theol. Fak., Hab.-Schr. v. 1907

Mose. Ein Beitrag z. Untersuchung über d. Ursprünge d. israelit. Religion von Paul **Volz**, Stadtpfarrer. Tübingen: J. C. B. Mohr 1907. (VII, 115 S.) 8° [07. 14170

— s.: Schriften, die, des Alten Testaments.

Volz, R., Ueber Armen- und Krankenpflege in ihrer geschichtlichen Entwickelung. Mit besonderer Beziehung auf Baden. 8°. Hamburg 1890.

Volz, Rich., das Foramen „interventriculare" (Monroi). Entwicklungsgeschichtlich-anatom. Studie. (19 S. m. 6 Abb.) gr. 8. Tübingen 907. H. Laupp. — 60

Volz, Robert

Volz, R., der ärztliche Beruf, s. a. Sammlung gemeinverständlicher wissenschaftlicher Vorträge.

Volz R, der ärztliche Beruf. (Sammlung wissenschaftl. Vortr. 100) Berlin 1870

—— aerztliche Briefe. Besprechungen über die Stellung der Aerzte im Staate. gr. 8. (51 S.) Karlsruhe 869, Macklot. *

— die Cholera auf dem badischen Kriegsschauplatze im Sommer 1866. Amtlicher Bericht. Mit einem Beilagenhefte, enthltd. 3 (chromolith.) Ortspläne, 1 (lith.) topograph. Karte u. 1 Tab. (in Fol. u. gr. Fol.) Karlsruhe 867. Müller'sche Hofbuchh. gr. 8. (III, 80 S.) n. 1 ℛ︎ 4 ngr.

Volz, R., die Cholera-Epidemie des J. 1873 im Königr. Württemberg, hauptsächlich in der Stadt Heilbronn, im Grossherzogth. Baden u. Grossherzogth. Hessen, s.: Berichte der Cholera-Kommission für das Deutsche Reich.

Volz, Rob., das rothe Kreuz im weißen Feld, s. a. Sammlung gemeinverständlicher wissenschaftl. Vorträge. 47. Heft.

Volz R, das rote Kreuz im weissen Felde. (Samml. wiss. Vortr. 47) Berlin 1867

Volz, Rob., das Spitalwesen und die Spitäler des Großherzogthums Baden. Nach ihrem jetzigen Bestande u. ihrer geschichtlichen Entwickelung geschildert. Karlsruhe 861. Malsch & Vogel. gr. 8. (X, 500 S.) n. 2 ℛ︎

Volz, Rob., medizinische Zustände und Forschungen im Reiche der Krankheiten. gr. 8. Pforzheim 839. Dennig, Finck u. C. $1^1/_2$ ℛ︎

Volz, Rob., medizin. Zustände u. Forschungen im Reiche d. Krankheiten. gr. 8. ($16^3/_4$ B.) Pforzheim 839. [Stuttgart, Scheible, Rieger u. Sattler.]

Volz, Theod. Fr. u. Gokels, Reden, gehalt. zu Karlsruhe rc. 8. Karlsr. ... (Müller). 3 K

Volz, W., s.: Völkerkunde, illustrierte.

Volz, **Walter** [von Bern]: Beitrag zur Kenntnis einiger Vogelcestoden. Berlin 1900. 62 S., 3 Taf. 8°. (S.-A. aus Archiv für Naturgeschichte 1900.)
Basel. Phil. Diss. 1899/1900.

Zoologische Ergebnisse einer Reise in Ost-Asien und auf den Sandwich-Inseln. Von Dr. Walter **Volz** in Bern. Mit 24 Taf., 1 Karte u. 32 Textfig. Jena: G. Fischer 1906. (x, 370 S.) 8°
Aus: Zoolog. Jahrbücher. Systematik, Bd 21, 22, 23, 24. Anat., Bd 22, 23. [06. 14893

Volz, Walter. Zur Kenntnis des Auges von Periophthalmus und Boleophthalmus. ⟨Reise von Dr. W' V'.⟩ Mit 1 Tafel. Abdruck aus den Zoologischen Jahrbüchern..., Abteilung für Anatomie und Ontogenie der Tiere. Band 22. Heft 2. II S. + S. 331—346. 8. Jena. Gustav Fischer, 1905.

Volz, Walt., Reiseerinnerungen aus Ostasien, Polynesien, Westafrika. Mit e. biograph. Einleitg. v. Fritz Lotmar. (165 S. m. Bildnis u. 2 Taf.) gr. 8. Bern 909. A. Francke. 3. 20

Volz, Walter. Reiseerinnerungen an die Sandwich-Inseln (= Eine Reise auf den S'-J'. Vortrag, gehalten am 29. Januar 1904). ⟨Separatabdruck aus dem Jahresbericht der Berner Geographischen Gesellschaft, [Band] 19.⟩ II + 21 S. 8. Bern, Haller, 1905.

Volz, Wilhelm: Beiträge zur Anthropologie der Südsee. [o. O. 1894.] 73 S. 8°

Volz, Wilhelm, Dr. phil., Assist. am Geol.-palaeontol. Institut d. Univ.: **Beiträge zur geologischen Kenntniss von Nord-Sumatra.** *Berlin 1899: J. F. Starcke.* (61 S.) 8° ¶(Aus: Zeitschr. d. D. geol. Ges., 51, 1.)
Breslau, Phil. Hab.-Schr. v. 27. Febr. 1899

Volz, Wilh., vorläufiger Bericht üb. e. Forschungsreise zur Untersuchung des Gebirgsbaues u. der Vulkane v. Sumatra in den J. 1904—1906. (14 S.) Lex. 8. Berlin 907. G. Reimer. — 50
Sonderabdr. aus: „Sitzungsber. d. preuss. Akad. d. Wiss."

Volz, Wilh., d. mittelschles. Erdbeben v. 11. Juni 1895, s.: Leonhard, Rich.

Volz, Wilh., zur Geologie v. Sumatra, s. a. Abhandlungen, geologische u. paläontologische. N. F. VI. 2.

Zur Geologie von Sumatra. Beobachtungen u. Studien. Von Wilhelm Volz aus Breslau. Mit 12 Taf., 3 Karten u. 45 Abb. *Jena: G. Fischer 1904.* (112 S.) 4°
= Abhandlungen, Geologische u. palaeontologische. N. F. Bd 6, H. 2. [04. 3336

— die Korallen der Schichten v. St. Cassian in Süd-Tirol, s.: Frech, Fritz, u. Wilh. Volz, d. Korallenfauna d. Trias.

Volz, Wilhelm *Theodor August Hermann* [aus Halle a. S. Assist. am palaeontol. Inst. d. Kgl. Univ. Breslau]: Die Korallenfauna der Schichten von St. Cassian in Süd-Tirol ... (Bildet d. Einleitg zu: Die Korallenfauna der Trias. II. Die Korallen d. Schichten v. St. Cassian, in: Palaeontographica, Bd XLIII.) Stuttgart, E. Schweizerbart, 1895; 2 Bl., 15 S., 1 Bl. 4.
Breslau, Phil. Fak., Inaug.-Diss. v. 1. Febr. 1895

— Nord-Sumatra. Bericht üb. e. im Auftrage der Humboldt-Stiftg. der königl. preuss. Akademie der Wissenschaften zu Berlin in den J. 1904—1906 ausgeführte Forschungsreise. I. Bd. Die Batakländer. Mit 3 (farb.) Orig.-Karten, 12 Taf., 123 Textfig. u. 1 Notenbeilage. (XXI, 396 S.) Lex. 8. Berlin 909. D. Reimer. Geb. in Leinw. 18. —

Volz, W[ilhelm]: Proneusticosaurus, eine neue Sauropterygier-Gattung aus d. unteren Muschelkalk Oberschlesiens. Stuttgart: E. Schweizerbart 1902. (S. 121–161.) 4° (Palaeontographica. Bd 49, Lfg 3.)

Volz, Wilhelm Ludwig

Volz, W. L., Entwurf eines Gesetzes über die Benutzung der Gewässer für Landwirthschaft u. Gewerbe mit Beurtheilung des Entwurfes eines Gesetzes über Bewässerungs- u. Entwässerungs-Anlagen für Württemberg 1843 rc. 8. Tübingen 843, Fues. n. $^3/_8$ ℛ︎

Volz WL, Grossbrit. u Deutschl. auf d. Ind.-Ausst. z. London i. J. 1851. Tübingen 1851

Volz, W. L. Die Brittische Landmacht; milit.-krit. Bemerkungen während eines zweimaligen Aufenthalts in England 1820 u. 1823. ($46^1/_2$ B.) 8. M. 9 Taf. Stuttgart 1826. 9,00.

Volz, W. L. Militärische Reisen. Bd 1. England. Stuttgart 1826. 8°.

— s. a. Gewerbskalender.

Volz, Gewerbskalender für 1833, 34, 35. Karlsruhe. kl. 8°.

Volz, W. L., die Holzbesoldungen der sogenannten Hardtpfarreien. Ein Beitrag zur Charakteristik Badischer Rechtszustände u. Verwaltungsgrundsätze. Heidelberg 863. K. Winter. gr. 8. (36 S.) n. 5 *ngr.*

Volz, **W. L.**, üb. d. brittische Landmacht, militär.-krit. Bemerkk., während e. zweimaligen Aufenthalts in England in d. J. 1820 u. 23. 1r Thl. Mit 30 Zeichn. gr. 8. Stuttg. 826. v. Cotta. 3 ₰ 12 *K* 705 S.

Volz, W, L., u. Carl Karmarsch, polytechnische Mittheilungen, s. Mittheilungen.

Volz u. **Karmarsch**, Polytechnische Mittheilungen. Jahrg. 1844, 45 u. 46. Tübingen. 3 Bde. 4°.

Volz, Wilh. Ludw., das heilige Vater-Unser. 7 der letzten Predigten. gr. 8. (64 S.) Augsburg 879. Preuß. n. — 80

Volz, **W. L.**, die Wahrheit wird euch frei machen! Predigt am Reformations-Fest, gehalten zu Freiburg i. Br. im Militair-Gottesdienst den 30. Juni 1872. gr. 8. (8 S.) Darmstadt 872. (Heidelberg, C. Winter's Universitäts-Buchh.) *

Volze, Andr., das Schwingen mit der Keule. 8. (X, 146 S. m. Abbildgn.) Frankfurt a/M. (901). Kesselring. Geb. in Leinw. n. 2. 50

Völze, Andreas, Turnordnung und Kampfrichterbuch f. d. 27., 28., 30. Mittelrhein. Kreisturnfest, 8°. 3 Bde.

Volzer, Friederike, Kinderpflege u. Ernährung. Ein Leitfaden f. junge Mütter u. Pflegerinnen. (56 S.) gr. 16. Lorch 904. Stuttgart, J. F. Steinkopf. n. — 50

Volzer, **Friederike**, Kinderpflege u. -Ernährung. Ein Leitfaden f. junge Mütter u. Pflegerinnen. (Umschlag: 2. verb. Aufl.) (64 S.) kl. 8. Stuttgart 909. J. F. Steinkopf. — 50

— des Kindes erste Lebenperiode, seine Pflege u. Ernährung. Ein Leitfaden f. junge Mütter u. Pflegerinnen. (56 S.) kl. 8. Ascona 905. C. v. Schmidtz. — 60

Völzing, Karl Christian, a. Offenbach a. M.: Der Traß des Brohltales. Berlin 1907: A. W. Schade. (56 S. u. 1 Taf.) 8° ¶(Aus: Jahrbuch der Königl. Preuss. Geologischen Landesanstalt u. Bergakademie f. 1907. Bd 28 H. 1.)

Gießen, Phil. Fak., Ref. Kaiser, Diss. v. 17. Mai 1907

[Geb. 30. Apr. 79 Offenbach a. M.; Wohnort: Gießen; Staatsangeh.: Hessen: Vorbildung: Oberrealsch. Offenbach a. M. Reife O. 02; Studium: Gießen 8 S.; Rig. 6. Nov. 06.]

Vom

— christlichen abschied aus diesem tödlichen leben des Ehrwirdigen Herrn D. Martini Lutheri /bericht/ durch D. Justum Jonam, M. Michaelem Celium vnd ander, die dabey gewesen /kurtz zusamen gezogen. Gedruckt zu Wittemberg durch Georgen Rhaw. Anno M. D. XLVI. (Fksm.-Ausg.) (32 S.) 8. Berlin (905). E. Frensdorff. n. 1. 50

Vom Christlichen abschied aus diesem tödlichen leben des Ehrwirdigen Herrn D. Martini Lutheri / bericht / durch D. Justum Jonam M. Michaelem Celium / vnd ander die dabey gewesen / kurtz zusamen gezogen. Gedruckt zu Wittemberg durch Georgen Rhaw. Anno M. D. XLVI. (Fksm.-Ausg.) 2. Aufl. (30 S. m. 1 Bildnis.) 8. Leipzig (909). F. Jansa. p — 50

Vom Abschiedt des Colloquij zu Wormbs M.D.LVII. O. O. u. J. V: *Canisius*, *Peter* (= *Pieter Hondt*). (Ztschr. f. Kathol. Theologie. XIV, 1890. S. 737—38.)

Vom 8. Septbr. bis 18. Novbr. 1863. Ein Rückblick. Nach der 2. Aufl. des Dän. übers. Berlin 866. Mittler & Sohn. gr. 8. (21 S.) n. 4 *ngr.*

Vom Ackerbaue u. von dem Zustande der den Ackerbau treibenden Klassen in Irland u. in Großbritannien. Auszüge aus d. amtl. Untersuchungen u. Akten, welche das Parlament v. J. 1833 bis auf d. heutigen Tag öffentl. bekannt gemacht hat. Sammt einigen Bemerkn. d. Hrsgeber. 2 Bde. gr. 8. (55¾ B.) Wien 840, [Gerold's Vrlsh.]

Vom Aderlassen. [Cassel 1751.] V: *Huber*, *Johann Jacob.* (Stri)

Vom Alter der Oelmalerey ... Braunschw. 1774. V: *Lessing*, *Gotth. Ephr.* (Syst. Verz. d. Less.-Litt. Wolfenb. 1889.) (Mn)

Vom wahren Alter, so wohl der Welt, als auch unsers Heylandes. 1721. V: *Rivinus*, *Aug. Quirinus.* (Jöch 3, 2126) (Gk)

Vom Anbau der vorzüglichsten in- und ausländischen Holzarten ... Giessen 1789. [Marb. 1790.] V: *Walther*, *Friedrich Ludwig.* (MGT) (Stri) (HS) (EngOec) (Ky)

Vom Anbau und Commerce des Krapps oder Färberröthe in Deutschland. Leipzig 1779. V: *Reuss*, *Chn Frdr.* (Ky)

Vom Angenehmen im Unbekannten. Coburg 1784. V: *Köcher*, *C. C.* (ML) (Ky)

Vom Ärger. Ein Büchlein für Jedermann. Leipzig 1838. V: *Heinroth*, *Johann Christian August.* (EngM)

— Aerger. Ein Büchlein f. Jedermann. Mit e. Vorr. v. J. C. A. Heinroth. 8. (4 B.) Leipzig 838, Fr. Fleischer.

Vom Könige Artus und dem bildschönen Ritter Wieduwilt. Leipz. 1786. V: *Roth*, *Joh. Ferd.* (Ky)

Vom blau-weiß-goldenen Banner, eine österreichische Antwort auf römische Angriffe. Wien 1877. V: *Friedrichsfeld*, *Erwin von.* (EB)

Vom blau-weiss-goldenen Banner. Eine österreich. Antwort auf römische Angriffe. Ein Versuch zur Erklärung des Wesens der Freimaurerei u. der Thätigkeit der Freimaurer-Logen mit besonderer Rücksicht auf die Länder der österr.-ungar. Monarchie. Gegeben in 7 Freihand-Zeichnungen zur Abwehr gegen die Angriffe der ultramontanen Brochüren „Der Hammer der Freimaurer am Throne der Habsburger" u. „Der stille Krieg gegen Thron u. Altäre" [beide erschienen bei J. Habbel in Amberg]. gr. 8. (XVI, 127 S.) Wien 877. Brüder Winter. n. 2. —

Vom Baume der Erkenntniß. Erfahrungen und Ideen eines Ungenannten, herausg. vom Verleger. Leipzig 1887—88. V: *Backhaus, Wilhelm Emanuel.* (Russell XVI, II, 2, 2702)

Vom Baume der Erkenntniß. Erfahrungen u. Ideen e. Ungenannten, hrsg. vom Verleger. 1. u. 2. Thl. 8. (IV, 160; 156 S.) Bremen 887. 888. Leipzig, Rauert & Rocco. à n. 2. —; geb. à n. 3. —

Vom Baume der Erkenntnis. Verbotene Früchte e. freien Geistes. gr. 16. (VIII, 471 S.) Basel 894. (Schweiz. Verlags-Druckerei.) Geb. in Leinw. 4. 50

Vom Baume d. Erkenntniß. E. Thema f. d. stärkere Geschlecht. (Von A. Lutz.) 8. (16 S.) Weimar 894. A. Lutz. — 75

Vom Beichten. Zwei Gespräche eines Beichtvaters mit seinem Beichtkinde. 2. Aufl. 8. Nördlingen 843. (Beck.) 2 n*gl*

— Beichten. Zwei Gespräche eines Beichtvaters mit seinem Beichtkinde. 8. (32 S.) St. Louis, Mo. 876. (Dresden, H. J. Naumann.) n. — 40

— literarischen Blocksberg. Zahme Xenien aus der Gegenwart. Gesammelt u. hrsg. v. Mephisto dem Jüngeren u. A. 2. Aufl. 8. (IV, 84 S.) Leipzig 885. Lindig. n. 1. 50

— literarischen Blocksberg. Zahme Xenien aus der Gegenwart. Gesammelt u. hrsg. v. Mephisto dem Jüngeren u. A. 3. Aufl. 8. (84 u. IV S.) Leipzig 885. F. Lindig. n. 1. 50

Bodensee. Vom Bodensee zum Rheinfall. 37 See- und Landschaftsbilder nach künstlerischen Original-Aufnahmen. ([Mit Geleitwort von] K[onrad] von Arx [und illustriertem Umschlag].) [22 S.] quer-4. Köln am Rhein, Hoursch & Bechstedt, [1903]. [M. 2. —]

Bodensee. Vom B' bis zum Rheinfall (* *Umschlag:* B' und Rhein). [Illustrierter Führer, mit 1 Karte.] 1907. Hrg. ... von dem Verband der Gasthofbesitzer am Bodensee und Rhein. 68 + 31 S. 8. St. Gallen, Zollikofer & Cie. [fr. —. 60]

Vom Wandsbecker Boten. Bilder zu Mathias Claudius v. Rud. Schäfer. (144 S.) gr. 8. Hamburg (910). G. Schloeßmann. Geb. in Leinw. 5. —

Vom Brauen, Brennen, Essig- und Potaschsieden . . . Frankf. a. M. 1818. V: *Becker, Hans.* (MGT)

Vom täglichen Brot für die Jugenderziehung. Erfahrungen und Grundsätze eines erfahrenen Lehrmeisters. Gütersloh 1903. V: ***Flattich, Johann Friedrich.*** (Berl)

Vom Bücherkaufen und von Bücherpreisen in Deutschland . . . Leipzig 1903. V: *Grunow, Johs.* (BBullSchw 3, 1903)

Schweizerische Eidgenossenschaft.) Vom Bunde an die Kantone für die Ausrüstung der Rekruten..., sowie für die Reserven zu leistende Entschädigungen. 8. [Bern, Stämpfli & Cie.]

...pro 1901. [Bern] 1900: [1.] Botschaft des Bundesrates. (Vom 9. Juni 1900.) [Mit 2 Tabellen.] 7 S. — [2.] Bundesbeschluss. (Vom 29. Juni 1900.) 2 S.

...pro 1902. [Bern] 1901: [1.] Botschaft des Bundesrates.... (Vom 24. Mai 1901.) ([Mit 3 Tabellen und] Grundtarif von 1901.) 18 S. — [2.] Bundesbeschluss.... (Vom 28. Juni 1901.) 3 S.

...pro 1903. [Bern] 1902: [1.] Botschaft des Bundesrates. (Vom 17. Mai 1902.) [Mit 2 Tabellen.] 7 S. — [2.] Bundesbeschluss. (Vom 27. Juni 1902.) 3 S.

Vom Charlottenbrunn; nebst einer chemischen Prüfung des dasigen mineralischen Wassers [von Klaproth] und einem Schreiben über dessen medicinischen Werth [von Selle]. Berlin 1790. V: *Zedlitz, Carl Abraham Freih. von.* (Call) (ML)

Vom Cheder zur Werkstätte. Eine Erzählung aus dem Leben der Juden in Galizien von F. v. St. G. Wien 1885. V: *Friedländer, Moritz.* (EB)

Vom Cheder zur Werkstätte. Eine Erzählg. aus dem Leben der Juden in Galizien von F. v. St. G. 8. (40 S.) Wien 885. (Hölder.) n. — 60

– elsässischen Choralboden. E. freundschaftl. Streit üb. d. Vortrag d. Chorals nach Dom Pothier's Methode, nebst off. Brief an d. Vorstand d. elsäss. Cäcilienvereines gr. 8. (116 S.) Straßburg 897. (Agentur v. B. Herder.) n. 1. 20

Vom elsässischen Choralboden. Ein freundschaftl. Streit üb. den Vortrag des Chorals nach Dom Pothier's Methode, nebst offenem Brief an den Vorstand des elsäss. Cäcilienvereins. gr. 8. (116 S.) Straßburg 897. (F. X. Le Roux & Co.) n. 1. 20

VOM Dämon der Unzucht gepackt. Das traurige Schickfal einer deutfchen Lehrerstochter. Von ihr felbft erzählt. Leipzig, Hans Hedewig's Nachf. Curt Ronniger. Gr. 8°. 72 S. o. J. [Muß nach 1904 fein, da in der Einleitung ein Artikel des Berl. Tagebl. vom 17. Oktober 1904 angeführt wird.]

Vom Dienst der leichten Kavallerie im Felde. Dresden 1784. V: *Seidl, Carl von.* (Ky) (MGT)

— Dienst in der Sonntagsschule. 8 Vorträge, geh. beim Verbandskurs der württemb. Sonntagsschulen im Jan. 1908, hrsg. v. Landesausschuß. (96 S.) 8. Stuttgart (908). Holland & Josenhans. — 60

— **Dilettantismus in der Stenographie. Kritische Praeambeln zum neu'sten, aller-neu'sten System derer v. Kunowski. 12. (8 S.) Naunhof-Leipzig 902. K. Scheithauer.** n. — 10

Vom Duell, Point d'Honneur und dergleichen . . . Frankfurt 1787. V: *Weickard, Melchior Adam.* (Call) (MGT) (Ky)

— geistlichen Durste. Klostergeschichten, in zierliche Reime gebracht durch den Pater Profundus. 8. (111 S.) Leipzig 877. Thomas. n. 1. 50

Vom **Einfall** des Passauer Kriegsvolks bis zum Nürnberger Kurfürstentag. Bearb. von Anton Chroust. München: M. Rieger 1903. (XXIV, 912 S.) 8°

— **Briefe** u. Akten z. Geschichte d. 30jähr. Krieges. Bd 9. [05. -089

Vom gefährlichen Einfluss der schönen Wissenschaften in Religion und Sitten. Altdorf 1766. V: *Will, Georg Andreas.* (ML) (Ky) (BB)

Vom Einfluss der Religion auf das Staatssystem der Völker. Berlin 1778. V: *Riem, Andreas.* (MGT)

Vom Einfluss, welchen das Lesen des Terenz auf die Moralität habe. Freyberg 1789—91. V: *Hübler, Daniel Gotthold Joseph.* (MGT)

— Einflusse d. Wundereifers (Mysticismus) auf die Gesetzgebung u. Gerechtigkeitspflege. gr. 8. (Altona 827, Hammerich.)

— klugen Elefanten. qu. 4. (24 S. m. farb. Abbildgn.) München (902). Braun & Schneider. n. 1. —

— Ems- u. Weserland zum Elbestrand in Lied, Spruch u. Prosa Schilderung, s.: Land u. Volk, deutsches. 4.

Vom Entstehen der Braunkohle . . . Halle 1826. V: *Schulze, Franz.* (Ky)

Vom Entstehen, Nutzen und Bestand der Landwehr. O. O. 1820. V: *Spauer, Johann Nepomuk Graf von.* (MGT)

Vom Entstehen und Untergange der polnischen Constitution vom 3. Mai 1791. Warschau [Leipzig] 1792. N. A. 1793. Ü: *Linde, Samuel Gottlieb.* (AarK) (Schles) (Wr) V: *Potocki, Jan, Hugo Kollataj & Franciszek Ksawery Dinochowski.* (BrMm)

Vom Erfinden und Bilden. Frankfurt a. M. 1791. V: *Dalberg, Johann Friedrich Hugo Freih. von.* (Ky) (GGr)

Vom Erkennen und Bilden. Frankfurt am Mayn 1791. V: *Dalberg, Joh. Friedrich Hugo von.* (Eitner, Biogr.-Bibl. Quellen-Lex. d. Musiker. III (1900), 123)

Vom Erkennen und Empfinden der menschlichen Seele. Bemerkungen und Träume. Riga 1778. V: *Herder, Johann Gottfried von.* (MGT) (GGr) (JL)

— Erkennen zum Schauen. Spekulative Gedanken e. deutschen Zimmergesellen. (VI, 100 S.) 8. Gr. Lichterfelde-Berlin 907. E. Runge. 1.75

— Ewig-Weiblichen, s.: Schreiber's humor. Bibl. 4.

Vom Familientisch. 1. Bdchn.: Geschichten und Unterhaltungen für Kinder zur Belehrung und Kurzweil. Von Ernst Lausch. Mit 4 (chromolithogr.) Illustr. nach Aquarellen von Th. Hosemann. 8. (64 S.) Dresden 873, Meinhold und Söhne. cart. *

Vom russischen Feldzug 1812. [Stuttg. 1887—92.] V: *Jeitter, E.* (Heyd)

— **Fels** zum Meer. Genealogie der Hohenzollern von Burggraf Eriedrich v. Nürnberg bis Kaiser Wilhelm v. Deutschland. [1192—1871.] Imp.-Fol. Bremen 871. Kühtmann & Co. n. 1. —

Vom **Fels** zum Meer. Spemann's illustr. Zeitschrift für das deutsche Haus. 1. Jahrg. Oktbr. 1881—Septbr. 1882. 12 Hefte. (à Heft 8 Bog. mit Holzschn.) gr. 8. Stuttgart, Spemann. *
—— dass. — Redact.: Jos. Kürschner. 2.—4. Jahrg. Oktbr. 1882—Septbr. 1885. à Jahrg. 12 Hefte. (à Heft 7½ Bog. mit Holzschn.) gr. 8. Ebendas. à Jahrg. *

— **Fels** zum Meer. Spemann's illustr. Zeitschrift f. das deutsche Haus. Red.: Jos. Kürschner. 3—6. Jahrg. Oktbr. 1883—Septbr. 1887. à 12 Hfte. (7½ B. m. Holzschn.) gr. 8. Stuttgart, Spemann. à Hft. n. 1. —

— **Fels** zum Meer. Spemann's illustr. Zeitschrift f. das deutsche Haus. Red.: J. Kürschner. 7.—10. Jahrg. Aug. 1887 — Juli 1891. à 13 Hfte. (6 B. m. Holzschn.) Lex.-8. Stuttgart, Union. à Hft. n. 1. —

— **Fels** zum Meer. Illustr. Zeitschrift f. das deutsche Haus. Hrsg.: Wilh. Spemann. Red.: Johs. Proelß. 11.—13. Jahrg. Septbr. 1891—Aug. 1894. à 13 Hfte. (à ca. 6 Bog. m. Textbildern u. Taf.) Lex.-8. Stuttgart, Union. à Hft. n. 1. —; auch in 26 Halbhftn. à n. — 50

— dasselbe. Hrsg.: Wilh Spemann. Red.: Paul Dobert. 14. Jahrg. Septbr. 1894—Aug. 1895. 26 Hfte. gr. 4. (1. Hft. 40 u. 8 S.) Ebd. à Hft. n. — 75

— **Fels** zum Meer. Illustr. Zeitschrift f. das deutsche Haus. Hrsg.: Wilh. Spemann. Red.: Paul Dobert. 15.—18. Jahrg. Septbr. 1895—Aug. 1899. à 26 Hfte. (à ca. 7 Bog.) gr. 4. Stuttgart, Union. à Hft. n. — 75

— **Fels** zum Meer. Illustrierte Zeitschrift f. das deutsche Haus. Red.: Paul Dobert. 19. Jahrg. Septbr. 1899—Aug. 1900. 26 Hfte. gr. 4. (à ca. 48 u. 8 S.) Stuttgart, Union. à Hft. n. — 75

— dasselbe. Red.: Paul Dobert. 20. Jahrg. Septbr. 1900—Aug. 1901. 1.—22. Hft. gr. 4. (à ca. 72 S.) Ebd. à Hft. — 50

— dasselbe. Die weite Welt. Red.: Paul Dobert, f. Oesterreich-Ungarn: B. Wirth. 20. Jahrg. Septbr. 1900—Aug. 1901. 23.—26. Hft. gr. 4. (à ca. 72 S. m. z. Tl. farb. Abbildgn.) Berlin, A. Scherl. à Hft. — 50

— dasselbe. Red.: Paul von Szczepanski, f. Oesterreich-Ungarn: B. Wirth. 21. u. 22. Jahrg. Septbr. 1901—Aug. 1903. à 26 Hfte. gr. 4. (à ca. 72 S. m. Abb.) Ebd. à Hft. — 50
Wochenausgabe, s.: Welt, die weite.

— **Fels** zum Meer. Red.: Paul v. Szczepanski, f. Oesterreich-Ungarn: B. Wirth. 23. u. 24. Jahrg. Septbr. 1903 bis Aug. 1905. à 26 Hefte. (1810 u. 1794 S. m. Abbildgn.) gr. 4. Berlin, A. Scherl. à Jhrg. 13. —

— dasselbe, vereinigt m. Gartenlaube. Red.: Herm. Tischler. In Oesterreich-Ungarn verantwortlich: Ant. Bettelheim. 24. Jahrg. (3. Bd.) Septbr.—Dezbr. 1906. 9 Nrn. (à ca. 48 u. 20 S. m. Abbildgn. u. farb. Taf.) gr. 4. Leipzig, E. Keil's Nachf. à Nr. — 50
Fortsetzung mit „Gartenlaube" vereinigt.

Vom Festungskrieg, Art und Weise feste Plätze zu berennen . . . Berlin 1801. V: *Menu von Minutoli, Carl.* (KY) (MGT)

Vom Fleische zum Geiste! Sendpredigten an die Evangelischen. Geschrieben von jenseits der Alpen. Zürich 1856. V: *Kitt, Joh. Hnr.* (zu) (Cat. d. Stadtbibl. Zürich. Zürich 1864—97.)

Vom Fleische zum Geiste! Sendpredigten an die Evangelischen. Geschrieben von jenseits der Alpen. Zürich 856. Orell, Füßli u. Co. gr. 8. (2 Bl., 171 S.) 24 ngr.

— Friedensreich! 12. (4 S.) Basel 894. Jaeger & Kober. 10 Stück n. — 15

— alten Fritz, s.: Geschichten u. Bilder fürs deutsche Volk, Nr. 1.

Vom Gebete. Aus dem Französ. Vom Verf. der Schrift: Der reine u. unbefleckte Gottesdienst. Schaffhausen 860. Schalch. 16. (61 S.) 3 ngr.

Vom Christlichen Gebrauch der Lieder und des Singens. Ephrata 1792. V: *Tersteegen, Gerhard.* (Seidensticker, German Printing in America. Philad. 1893.)

— Gebrauch des neuen württembergischen Gesangbuchs, besonders in Hinsicht des Singens der Lieder. Ein Aufruf an alle christliche Familienväter, an Mitglieder der Erbauungsstunden u. an Schulmänner. Nebst einer Nachweisung, wo die richtigen Melodien zu finden sind. 4. Stuttgart 842, J. Fr. Steinkopf. 1/6 Thlr.

Vom Gefecht. Studien und Kriegserfahrungen, Befehlsführung über gemischte Truppen betreffend . . . Breslau 1872. V: *Cardinal v. Widdern, Georg.* (KA) (Zuwachsverz. d. Bibl. Zürich 1898 ff.)

Vom Gefecht. Studien und Kriegserfahrungen. Befehlsführung über gemischte Truppen betr. von Gg. C. v. W. gr. 8. (VI, 130 S.) Breslau 872, Mälzer. [Gera, Reisewitz' Verlag.] *

Vom Gegenbuche; ein Beytrag zur Sächsischen Bergwerksgeschichte. Leipzig 1780. V: *Klotzsch, Johann Friedrich.* (KY) (ML) (Kat. d. stat. Bureaus. Dresden 1890.)

Vom Gehorsam gegen die Obrigkeit. Leipzig 1875. V: *Schröder, Franz Wilhelm Ferdinand.* (ADB)

— Gehorsam gegen die Obrigkeit. Ein Capitel der Ethik. Der Gegenwart zur Beherzigg. v. e. ehemal. Staatsbeamten. gr. 8. (60 S.) Leipzig 875. Dörffling & Franke. n. 1. —

Vom Geist des Christenthums. Riga 1798. V: *Herder, Johann Gottfried von.* (GGr)

— deutschen Geiste. Eine Kulturgeschichte in Liedern und Sagen deutscher Dichter. Hrsg. von Nicol. Hocker. Lex.-8. (VIII und 463 S.) Köln 858, W. Greven.

Vom Geiste der Kriminalgesetze. Bremen 1777. 1790. V: *Rathleff, Ernst Lorenz Michael.* (ML)

Vom freien Geistes-Verkehr . . . Weimar 1814. V: *Luden, Heinrich.* (cb)

Vom Gelde. 8. (44 S.) Berlin 850. Leipzig, Hübner. 1/6 Thlr.

— Münchener Gelehrten-Kongresse; biblische Vorträge, hrsg. v. O. Bardenhewer, s.: Studien, bibl.

Vom Genius des Sokrates, eine philosophische Untersuchung. [Leipz. 1777.] V: *Mauvillon, Jacob.* (ML)

— alten neuen Glauben, s.: Hefte zur „Christlichen Welt".

Vom historischen Glauben. Berlin 1772—73. V: *Damm, Christian Tob.* (Mitth. Grolig.)

— Gleichgewicht der Kräfte im deutschen Bunde. München 861. Lentner. gr. 8. (2 Bl., 56 S.) 7½ ngr.

Vom künftigen Gott und seinen Kult. Ein ernstes Wort. Leipzig 1904. V: *Moltmann, Johann.* (wolfstieg II, 110)

— künftigen Gott u. seinem Kult. Ein erstes Wort. (Von Johs. Moltmann.) (83 S.) 8. Leipzig 904. O. Wigand. n. — 90

— dasselbe od. Psychotheismus statt Kosmotheismus. Ein erstes Wort. (Von Johs. Moltmann.) 2., durchgesch. Aufl. (83 S.) 8. Ebd. 905. n. 1. 20

— dasselbe, weitere Ausführgn., s.: Lessing's Sehnsucht.

— Grabe erstanden od. Alle Schuld rächt sich auf Erden. Volksroman aus dem Berliner Leben. 100 Hfte. gr. 8. (1. Bd. 558 S., 2. Bd. 542 S., 3. Bd. 654 S., 4. Bd. 638 S., m. 100 Bildern.) Neusalza 893. 894. H. Oeser. à Hft. — 10

Großvater zum Enkel, s. Gabelsberger-Bibliothek.

— Guten das Beste. Illustrierte Weltvereins-Zeitg. Illustriertes Weltblatt.—Welt-Vereins-Organ. Hauptausg. u. Propaganda-Ausg. Hrsg. u. Chefred.: Joh. Winkler. 21. Jahrg. 1910. 12 Nrn. (Jan.-Febr. u. Propagandaausg. Jan. (ca. 8 S.) 33×23 cm. München, J. Winkler. nn 5.—; f. das Ausland nn 6.50

Vom Handlohn der Erbgüter, besonders nach Nürnbergischen Rechten . . . Nürnb. 1798. V: *Siebenkees*, *Johann Christian*. (Ky) (EngJ) (schz) (will) (Schletter, Handb. d. jurist. Litt. Grimma 1843. S. 237.)

— Häschen, manch Späßchen. (Ausgestanzt.) hoch 4. (15 S. m. z. Tl. farb. Bildern.) Nürnberg 895. Th. Stroefer. — 75

— christlichen Hausgottesdienste. 8. Ansbach 841. (Nürnberg, Raw'sche Buchh.) 1/12 ℳ

— christlichen Hausgottesdienste. Neue Ueberarbeitung, besorgt von Abth. II. der Gesellschaft f. innere Mission nach dem Sinne der luther. Kirche. Nr. 1. 8. (28 S.) Nürnberg 850, Raw. 2 ngr

— christlichen Hausstand, s.: Schriften, kleine.

— Heiland. Ein Buch deutscher Kunst. Hrsg. v. der Freien Lehrervereinigg. f. Kunstpflege. (18 Bl. m. 1 Bl. Text.) Lex. 8. Mainz 907. J. Scholz. 1.—

— Heiligthum der Ehe u. der Bedeutung der kirchlichen Trauformel. Ein Zeugniß, gerichtet an die evangelische Christenheit, insonderheit an die Mitglieder der preuß. Synoden. gr. 8. (62 S.) Halle 878. Fricke's Verl. n. 1.—

— Herzen. Bilder des Lebens von Ida. 12. Berlin 845, Bethge. 1 ℳ

— Herzen zum Herzen. Neuester vollständ. Liebesbriefsteller für Liebende beiderlei Geschlechts. Ein Herzensbote in Briefen u. Gedichten auf alle Verhältnisse des Lebens. 2. bedeutend verm. Aufl. 8. (146 S.) Crefeld 851, Klein. 1/3 ℳ

— Herzen zum Herzen. Neuester vollständiger Liebes-Briefsteller für Liebende beiderlei Geschlechts. Ein Herzensbote in Briefen und Gedichten auf alle Verhältnisse des Lebens. 3. bedeutend verm. Aufl. (856.) — 4. verm. Aufl. Crefeld (858.) Klein. 8. (144 S.) 10 ngr.

Vom Himmel hoch, da komm' ich her! Erzählungen von der gewinnenden und beseligenden Macht des Weihnachtsevangeliums von ... (**Umschlag:* Weihnachts-Erzählungen). [Mit illustriertem Umschlag.] Band 1–4. 8. Konstanz, Carl Hirsch; (*Bd. 4:* Für die Schweiz: Evangelische Buchh., Emmishofen,) [1903—1906]. [*je* geb. M. 1.20]

Bd. 1: ... von N[icolaus] Fries, E[mma] Schöne, Dora Schlatter, [Frau] A[nna] Bachofner[-Buxtorf], E(F[riedrich]) Oldenberg u. a. Band 1. 144 S. [1903.]

Bd. 2: ... von N[icolaus] Fries, E[mma] Schöne, Dora Schlatter, [Frau] A[nna] Bachofner[-Buxtorf], Charlotte Niese, E[Friedrich] Oldenberg u. a. Band 2. 141 S. [1904.]

Bd. 3: .. von N[icolaus] Fries, E[mma] Schöne, Ottilie Bayer, Marie Gerner, M v. O , C[aroline] Werner, C(harlotte) Niese u. a. Band 3. 160 S. [1905.]

Bd. 4: .. von Käthe Dorn, Elisabeth Rohn, Frida von Kronoff, Ada Linden, C[aroline] Werner, A Karina, Ad[ele] Gründler u. a. Band 4. 152 S. [1906.]

— dasselbe. Erzählungen v. der gewinn. u. beselig. Macht des Weihnachtsevangeliums. 5.—8. Bd. 8. Ebd. 907—10. Geb. in Leinw. à 1.20

5. B. Käthe Dorn, Elisab. Rohn, Frida v. Kronoff u. a. (150 S.)
6. B. Elisab. Rohn, Ada Linden, Ad. Gründler u. a. (151 S.)
7. B. Elisab. Rohn, Käthe Dorn, Frida v. Kronoff u. a. (151 S.)
8. 20 Erzählgn. (158 S.)

Vergl.: O du fröhliche, o du selige gnadenbringende Weihnachtszeit.

— Himmel hoch, da komm' ich her! Ein bibl. Bilderbuch f. die Jugend m. Dichtgn. v. W. Hey u. a. Hrsg. v. Joh. Blanke. (32 S.) 8. Konstanz (909). Christl. Buch- u. Kunstverlag C. Hirsch. — 15

— Hochzeits-Fest u. anderen Geschmacklosigkeiten. Bilder aus dem Leben der Mittelstadt, v. „Friedel". (47 S.) gr. 8. Worms (910). H. Kräuter. 1.50

— bodenlosen Höllenschlund! Eine Abhandlg. über die menschl. Qual diesseits u. jenseits des Grabes. Von Saladin (W. Stewart Ross). Verdeutscht v. Wolfg. Schaumburg. (216 S.) gr. 8. Zürich (904.) W. Schaumburg. 3.—

— Holzballe. Ein Roman aus dem balt. Leben. Von ***. 8. (308 S.) Leipzig 900. [R. Wöpke.] Berlin, L. W. Siedenburg. n. 3.50; geb. n. 4.50

— Holzballe, 2. Aufl., s.: Korff, Iwan.

— Hunde u. der Hundswuth. Von einem Mitgliede des Thierschutzvereines für Kärnten. gr. 8. (20 S.) Klagenfurt 882. (v. Kleinmayr.) n.n. — 30

— Jagen, Trinken u. Lieben. Erinnerungen aus meinem Jägerleben, vom „Wilden Jäger". Mit Abb. v. W. Arnold, E. Knöller, Axel Ericksson u. Photographien. (IV, 256 S.) gr. 8. Cöthen 909. Leipzig, R. Hartmann. Geb. in Leinw. 6.50

—— Jahrmarkt d. Lebens. 1.—26. Bd. 8°. Wolfenb. 891, J. Zwißler. cart. Einzelbände à * — 50; Doppelbände à — 75

1. Schuirling, Fr. Jobst v. Hagen, der Barchenthändler v. Meiningen. 2. Aufl. (77 S.)
2. Ehrhardt, A. Helene u. andere Erzählungen. (II, 149 S.)
3. 4. Stein, Armin. (H. Nietschmann.) Der alte Fritz und sein Adjutant. 2. Aufl. (178 S.)
5. Schaffer, H. Lichtbilder. Bd. 1. (160 S.)
6. —— dass. — Bd. 2. (189 S.)
7. 8. Stein, Armin. (H. Nietschmann.) Das Trudchen v. Potlitz. (222 S.)
9. 10. Nordheim, Josias. Drei Ehestandsgeschichten. (192 S.)
11. Trebitz, K. Der Trutenbaum. (144 S.)
12. Hoffmann, E. Th. A. Meister Martin der Küfer u. seine Gesellen. (IV, 73 S.)
13. Kleist, H. v. Michael Kohlhaas. (124 S.)
14. Nordheim, Jos. Die Revolution in Filzheim. (120 S.)
15. Francesco, F. Die Potsdamer Hanne. (71 S.)
16. Zschokke, Heinr. Meister Jordan od. Handwerk hat goldenen Boden. (148 S.)
17. Mullmann, Wilh. Die Heimkehr des Vermißten. (53 S.)
18. 19. Lechleitner, Frz. Tiroler Bauernspiele. (217 S.)
20. Das Nibelungenlied nebst der Klage. Für die Jugend und das Volk erzählt von H. Körtge. (113 S.)
21. 22. Reinhard, Ernst. Graustädter Geschichten. (V, 318 S.)
23. 24. Trebitz, K. Aus der Zeit f. die Zeit in Fabeln u. Märchen. (VII, 266 S. m. Bildern.)
25. 26. Combe, T. Drei Novellen aus dem Jura, übertr. v. E. Bagge. (200 S.)

— Jahrmarkt des Lebens. 27. u. 28. Bd. 8. Wolfenbüttel 896. J. Zwißler. Geh. od. kart. à n. — 50

27. Durch Nacht zum Licht! Erzählung v. M. Pleßmann. (58 S.)
28. Wohr is't. Lustige Stückchen v. Marie Petri. (III, 110 S.)

— Jenseits, s.: Volksbibliothek, apologetische.

— Inn zur Adda. Album der Landschaften d. Bernina-Bahn. (54 S. m. Abb.) 23,5×32,5 cm. Chur (909). (J. Rich.) Geb. in Leinw. 3.60

Vom österreichischen archäologischen Institute. Brünn 1903. V: *Benndorf*, *Otto*. (EB)

Vom Johannisschiessen. Budiss. 1739. V: *Leupold*, *Joh. Chn.* (OL) (ML)

— Irrtum zur Wahrheit. Geschichten vom Uebertritt röm. Katholiken zum Protestantismus, s.: Gustav-Adolf-Hefte, sächsische. Nr. 3.

Vom „jungen Deutschland" bis zur Gegenwart, s.: Bibliothek deutscher Klassiker f. Schule u. Haus.

— Jura zum Schwarzwald. Geschichte, Sage, Land u. Leute. Hrsg. unter Mitwirkg. e. Anzahl Schriftsteller u. Volksfreunde v. F. A. Stocker. 1–3. Bd. à 4 Hfte. gr. 8. (à Hft. ca. IV, 80 S.) Aarau 884–86. Sauerländer. à Bd. n. 5. —

— Jura zum Schwarzwald. Geschichte, Sage, Land u. Leute. Hrsg. unter Mitwirkg. e. Anzahl Schriftsteller u. Volksfreunde v. F. A. Stocker. 4.–7. Bd. à 4 Hfte. gr. 8. (à Hft. ca. 80 S.) Aarau 887–890. Sauerländer. à Bd. n. 5. —

Vom Jura zum Schwarzwald. Geschichte, Sage, Land u. Leute. Hrsg. unter Mitwirkg. e. Anzahl Schriftsteller u. Volksfreunde v. F. A. Stocker. 8. u. 9. Bd. à 4 Hfte. (à ca. 80 S.) gr. 8. Aarau 891. 892. H. R. Sauerländer & Co. n. 5. —

Vom Justizmorde, ein Votum der Kirche. Untersuchung üb. Zulässigkeit d. Todesstrafe aus dem christl. Standpunkte. gr. 8. Leipz. 826, Sühring.

Vom österreichischen Kampfplatz gegen den Alkoholismus. Raimann, Emil, Alkohol u. Geisteskrankheiten. Vortrag. — Pilcz, Alex., Alkohol u. Entartung. — Jahr, e., katholischer Mäßigkeitsarbeit in Oesterreich. Literaturverzeichnis. — Oesterr. Verein gegen Trunksucht. (56 S.) 8. Wien 903. (Buchh. „Reichspost".) n. 1. —

— Binger Carneval. Vorträge u. Humoresken. Hrsg. von Mehreren. 3 Lfgn. in 1 Hft. gr. 8. (73 S. m. eingedr. Holzschn.) Bingen 877. (Feist.) n. 1. 50

— Mannheimer Katholikentag. Auszug aus den Reden der öffentl. Versammlgn. u. der General-Versammlung des Volksvereins. Mit 7 Portr. u. e. Vorwort v. Frz. Winterroth. 8. (97 S.) Mannheim 902. J. Gremm. n. — 25

— dasselbe. (Die Reden der hochw. Herren Schädler u. Bonaventura im stenograph. Wortlaut.) Mit 7 Portr. u. e. Vorwort v. Frz. Winterroth. 5.–11. Taus. (XIV, 115 S.) Ebd. 902. n. — 25

— Katholicismus u. Socialismus gegen Johannes Ronge, mit besonderer Berücksichtigung seines „Aufrufs an die niedere kathol. Geistlichkeit", von einem niederen kathol. Geistlichen Würtembergs. Herausg. von Jh. Scherr. 8. Stuttgart 845, Franckh'sche Verlagsb. 1/3 ₰

— Katholizismus zum Protestantismus. Briefe eines Katholiken an e. kathol. Geistlichen. Von ***. gr. 8. (61 S.) Berlin 902. Herm. Walther. n. 1. —

— deutschen Kirchenlied, wie's uns're Väter dichteten u. sangen u. vom musikal. Theil des protestant. Kultus überhaupt. Nebst einem Anhang alter Singweisen. gr. 8. Meurs 844, Rhein. Schulbuchh. n. 1/3 ₰

Vom Kirchenregiment; ein Wort zu seiner Zeit. Altona [Gmünd] 1807. V: *Bröm, Guido Franz Xaver.* (MGT) (Ky) »[Landshut]« (Wr)

— Kleinen kommt man zum Großen, s.: Zehnpfennig-Bibliothek, Regensburger, f. Volk u. Jugend.

Vom Costume an Denkmälern. Leipzig 1776. V: *Becker, Wilh. Glieb.* (EB)

Vom Krampffische. [Hannover 1768.] V: *Velthausen, Joh. Peter.* (MGT)

— Kreuz auf Golgatha. (In poln. Sprache.) 2. Aufl. (32 S. m. Abb.) 16. Striegau (904). Th. Urban. n. — 10

Vom heil. Kreuze. Heilsame Worte . . . Salzburg 1818. V: *Köfler.* (Wiener Jahrb. d. Litt. 1818. Bd. 2. Anz. 43.)

Vom Kriege. Ein Fragment . . . Frankf. a. M. 1814. V: *Rühle von Lilienstern, Johann Jacob August Otto.* (Koner) (Hitzig)

— Kriegsschauplatze. Illustrirte Kriegszeitung für Volk und Heer. Nr. 1–15. Fol. Mit eingedr. Holzschn. Stuttgart 870, Hallberger. *

— dass. — Volks-Ausg. hoch 4. (IV, 556 S. mit eingedr. Holzschn. und 2 lithogr. Karten in Imp.-Fol.) Ebendas. 871. geb.

— sprachlichen Kunstgewerbe. Monatshefte f. neuzeitl. Kundenwerbg. Hrsg. v. Hans Weidenmüller. Jahrg. 1909 u. 1910. à 12 Hefte. (à 6 S. m. Abb.) Lex. 8. Leipzig, Verlag der Werkstatt f. neue deutsche Wortkunst. à Jahrg. 2. 40

— Kurhut zur Kaiserkrone. Bilder aus der Geschichte der Hohenzollern. Eine Festgabe für das deutsche Volk. gr. 8. (31 S. m. eingedr. Holzschn.) Hannover 880. Meyer. n. — 25

— missionswissenschaftlichen Kursus, geh. vom 29. Septbr. bis 1. Oktbr. 1896 im Kurhaus Palmenwald Freudenstadt. (Nach Referaten v. E. u. J.) gr. 8. (63 S.) Basel 896. Missionsbuchh. n. — 80

— christlichen Leben u. seligen Sterben. Aus d. Vorrede v. Mart. Mollers „Sterbekunst". (20 S.) kl. 8. Zwickau 910. J. Herrmann. p — 10

Vom Leben der Erde. Tübingen 1807. V: *Löwis, Andreas von.* (Ky) (R-N)

Vom Leben der Erde. Tübingen 1807. V: *Meivers, F. M.* (Tübz 17, 1)

— Leben u. Sterben eines jungen Pfarrers. 12. (IV, 122 S.) Eisleben 880. Christl. Verein im nördl. Deutschland. geb. — 53

— tätigen Leben. Goethe's Briefe aus der 2. Hälfte seines Lebens, s.: Bücher, die, der Rose.

— Leben u. Wirken, von der Gefangennehmung, Verurtheilung u. Verbrennung des Martyrers Johannes Huß. Eine aus Urkunden entnommene Darstellung. (Auszug aus „Johannes Huß vom Verf. des Armin.") 8. Schaffhausen 845, Brodtmann. 6 ngl

Vom walzenden Leben. [Ansb. 1769.] V: *Rossmann, Andreas Elias.* (Ml.)

—— Wiener Lehrertage 1870. gr. 8. (18 S.) Berlin 870, Plahn'sche Buchh. *
Aus: Protestantische Kirchenzeitung, besonders abgedruckt.

— Leiden des Herrn. Soest 861. Nasse's Verlag. 8. (24 S.) n. 2 ngr.

— Lesen u. v. guten Büchern. Eine Rundfrage, veranst., v. der Red. der „Neuen Blätter f. Literatur u. Kunst". 32 Orig.-Briefe v. Pet. Altenberg, Herm. Bahr, J. J. David u. a. Eingeleitet durch e. Brief von Hugo v. Hofmannsthal. (XVI S.) gr. 8. Wien 907. H. Heller & Co. —50

— Lesen der heil. Schrift. Eine ältere Vertheidigung der Grundsätze der kath. Kirche gegen die protestant. Betrachtungsweise. Nach dem Holländ. frei bearb. gr. 8. Mainz 846, Kirchheim, Schott u. Thielmann. 7 ngl

— Liturgierechte ꝛc., s. Rosenauer.

Vom Lottorecht. Coburg 1781. V: *Eckardt*, *Georg Ludwig*. (Pütter, Litt. d. Teutsch. Staatsr. Gött. 1773—91. IV, 318.)

— Doktor Martin Luther, s.: Wartburghefte. Nr. 7.

Vom Rychen Mann vnd armen Lazaro ... Ein ander Geistlich Lied, Von den Siben wortten. Das drit Lied, Bist jung vnd wurdest Gern ouch alt ... Bernn 1792. V (Lied 2): *Böschenstein*, *Joh.* (WA)

Vom Meer zum Ortler. Tiroler Höhenangaben. Gesammelt von J. St. R. Innsbruck 1895. V: *Stapf-Ruedl*, *Josef.* (margr)

— Messias. Kulturphilosophische Essays v. R. Kroner, N. v. Bubnoff, G. Mehlis, S. Hessen, F. Steppuhn. (VII, 77 S.) gr. 8. Leipzig 909. W. Engelmann. —80

Vom Missbrauch der Jagd. [Göttingen 1787.] V: *Schmettow*, *Woldem. Frdr. Graf von.* (ML)

Vom Basler Münzkabinett; ein vorläufiges Wort der Aufklärung. Basel 1908. V: *Feigenwinter*, *Ernst.* (zuwzür 12, 1908, III, S. 36)

— lieben Nächsten, v. Jocosa! Illustriert v. Paul Haase. (80 S.) 18,5×18,5 cm. Berlin (908). Harmonie. 2. —; geb. in Leinw. 3. —

Vom Namen der Hallerwiese. O. O. 1768. V: *Will*, *Georg Andreas.* (ML)

Vom Natürlichen in Schäfergedichten wider die Verfasser der Bremischen neuen Beiträge ... 2. Aufl. ... Zürich 1746. V: *Schlegel*, *Joh. Adolph.* (Waniek, Gottsched. Leipzig 1897. S. 524.) (GGr) (VLBS II, 31) (Bibl. d. Litt. Vereines Stuttgart. 218, 465.) H: *Bodmer*, *Joh. Jac.* [?]. (Bächtold, Litt. d. Schweiz. Frauenf. 1892. S. 180.) (ML)

— Osterhäschen u. andern Kindergeschichten für unsere lieben Kleinen. Enth. 8 feine farb. Bilders. u. 82 S. Text in Versen u. Prosa m. zahlreichen Illustr. gr. 4. (40 S.) Eßlingen (901). J. F. Schreiber. Geb. n. 2. —

Vom Ostseestrand. Belletristisches Jahrbuch aus Mecklenburg mit Beiträgen von Henriette v. Bissing, John Brinckmann, Karl Eggers ꝛc. hrsg. von Ed. Hobein. 8. (VIII und 224 S.) Schwerin 866, Stiller'sche Hofbuchh. *

— — Mit Beiträgen von K. Bartsch, J. Brinckmann, K. Eggers u. A. hrsg. von Ed. Hobein. Ebend. 868. gr. 8. (VI, 253 S.) n. 1 ℳ

— Palast zur Hütte. Orginal-Roman von Ch. Baronin Graven..... 2 Bde. Wien 860, 61. Typograf.-literar.-artist. Anstalt. gr. 8. (528 S.) n. 1 ℳ 10 ngr.

Vom Patriotismus in der teutschen Gelehrtenrepublik. Dessau u. Leipzig 1782. V: *Beseke*, *Johann Melchior Gottlieb.* (Ky) (GGr) (Schr)

—— Pflug zum Schwert. Kriegs-Erinnerungen der landwirthschaftl. Lehranstalt in Hildesheim an das J. 1870/71. Für die Schule und ihre Freunde veröffentlicht durch E. Michelsen. 2. durchgeseh. und verm. Aufl. gr. 8. (108 S.) Berlin 879, [Wiegandt, Hempel und Parey.] Parey. *
Die 1. Aufl. erschien im Selbstverlag.

Vom Plusmachen und von Finanzprojekten. [Nürnberg 1798.] V: *Siebenkees*, *Johann Christian.* (MGT) (will)

Vom Predigen. Danzig 1768. V: *Walz*, *Hnr. Carl* & *Gottlieb Walz.* (ML)

— grünen Rasen. Skizzen u. Plaudereien v. der Rennbahn v. W. M. 1.—3. Aufl. gr. 8. (205 S.) Bremen 887. Leipzig, Rauert & Rocco. n. 3. —; geb. n. 4. 50

— Rattenfänger, u. Heimathsklänge. Festschrift zu der 600jähr. Erinnerungsfeier an den Ausgang der Hamelschen Kinder. 16. (46 S.) Hameln 884. Brecht. — Fuendeling. — 75

Vom Reformationsgeiste in der Evangelischen Kirche, nebst einer Sammlung von Themen ... Schneeberg [1818]. V: *Müller*, *Georg Christian.* (Ky) (MGT) (Leipz. Litt.-Zeitg. 1818. Nr. 97.)

Vom Regenbogenachat ... Hamb. 1780. V: *Schultz*, *Ernst Christoph.* (MGT) (Ky) (BrMm)

Vom teutschen Reichsadel. Wiesbaden 1790. V: *Botzheim, Friedrich Ludwig von.* (Ky) (MGT)

Vom Reichthume des Armen. A. d. Franz. übers. v. Gr. L. M. gr. 8. (2 B. u. Titvign.) Wien 832, (Beck.)

— Reißbrett der Johannis-Loge „Lessing" Or.: Valparaiso. Auswahl v. Reden u. Vorträgen Johanni 1879 bis 1882. Zusammengestellt vom Schriftführer der Loge. 8. (V, 72 S.) Leipzig 883. Findel. n. 1. —

— braven Reitersmann. (Gedicht.) Lex. 8. (4 S.) Berlin 851, A. Duncker. 1 1/2 ngr

Vom falschen Religionseifer. Berlin 1767. V: *Lüdke, Frdr. German.* (ML)

— Rhein. Leben, Kunst u. Dichtung. (1.) Jahrg. 1847. Mit dem Bilde Karl Simrocks u. 4 Kunstblättern. Herausgeg. von Gtfr. Kinkel. gr. 8. Essen 846, Bädeker. In Leinw. geb. mit Goldschn. n. 2 5/6 ℛ

— Rhein I. Erzählungen aus dem Mittelalter. 8. (49 S.) Leipzig 880. Lesimple. n. — 50

Vom Rhein. qu. Fol. (20 Kupferätzgn. m. Titelblatt.) Berlin (899). R. Schuster. In Leinw.-Mappe 20. —; einzelne Blatt n. 1. —

Vom Rhein bis zum Montblanc . . . Mainz 1850—51. V: *Dael, geb. Faber.* (EngG)

— Rhein zum Montblanc. 2 Thle. 8. (1: VI u. 310 S. 2: IV u. 248 S.) Mainz 850. 51, (Kirchheim &) Schott. (à 1 ℛ) 2 ℛ

—— Rhein zur Loire. Reime aus dem Tagebuche eines preuß. Husaren, den Kameraden gewidmet. gr. 8. (III, 135 S.) Berlin 872, Voßische Buchh. *

— Sacramente der Buße. Anleitung zur Generalbeichte u. vollständ. Beichtspiegel. Zum Gebrauche während der Missionen vorzüglich anwendbar. [Aus dem Cöthener Gebet- u. Erbauungsbuche abgedr.] 8. (32 S.) Münster 851, Coppenrath. 1/24 ℛ

Vom Satz. [Leipzig 1889.] V: *Waldow, Alex.* (Kat. des stat. Bureaus. Dresden 1890.)

— Schutzengeldienst des Priesterthums. Rede bei der Feier des ersten heil. Meßopfers des Priesters Jos. Kluespies, am Feste der hh. Schutzengel, Sonnt. d. 29. Aug. 1847, zu Würzburg. gr. 8. (10 S.) Würzburg 847, L. Stahel. 3 ngr

— Schwören. Nr. 1-3. 8. (à 8 S.) Stuttgart 896. Buchh. d. Evang. Gesellschaft. à n. — 02
1. Das Schwören u. Falsch-Schwören.
2. Wie es d. Meineidigen geht.
3. Schwöre nicht falsch.

Vom **Senfkorn** zum Baume. Geschichte d. ersten 25 Jahre d. Christl. Zeitschriftenvereins in Berlin. Berlin: Zeitschriftenverein 1905. (118 S.) 8° [F.] [08. 137c]

Vom Sernfthal, Ct Glarus nach dem Rheine & der Linth. Reliefkarte hrsg. vom Verkehrsverein Senfthal (Engi-Matt-Elm) . . . Glarus: Bäschlin in Comm. [1899?]. (1 Kartenbl. 36 x 45 cm.) 8°

— Sozialisten zum Christen. Hrsg. v. C. C. H. R. (23 S.) 8. Gotha 905. Missionsbuchh. P. Ott. n.n. — 15

—— Spielwaarenland. (Ausgestanzt.) qu. gr. 4. (14 S. m. z. Tl. farb. Bildern.) Stuttg. 892, Loewe. 1 20

Vom Staar und dessen Heilverfahren . . . A. d. Lat. . . . Strassburg 1788. V: *Brunner, Emanuel Alexander Ludwig.* (Ky)

— Kölner Stadt-Theater. 2. offener Brief an alle, die es angeht, v. Lupus. gr. 8. (30 S.) Köln 888. Püttmann. n. — 40 (1. u. 2.: n. — 70)
s.: Brief, offener, an Hrn. Theater-Direktor Jul. Hofmann.

— jungfräulichen Stande. Vortrefflichkeit desselben; Kennzeichen des Berufes dazu; Regeln u. Mittel ihn zu halten. gr. 16. (8 S.) Dülmen 879. Laumann. n. — 1

— Standpunkte des Rechtes u. der Ehre. Von einem hannoverschen Officier. Wien 867. (Fasy & Frick.) gr. 8. (14 S.) n. 2 ngr

Vom Standrechte. Hamburg 1767—81. Ü (Th. 1): *Wodarch, Matthias Arnold.* (ML) (CBII)

Vom Stapelrechte der Stadt Magdeburg . . . O. O. 1741. V: *Cellarius, Chph.* (Pütter, Litt. d. Teutsch. Staatsr. Gött. 1773—91. III, 592.)

Vom Stapelrecht der alten Stadt Magdeburg . . . Leipzig 1742. V: *Born, Jacob Heinrich.* (Pütter, Litt. d. Teutsch. Staatsr. Gött. 1773—91. III, 592.)

— Steckenbleiben, s.: Flugschrift, 36., des Dürer-Bundes zur ästhetischen Kultur.

— militärischen Stil. Von M. v. U. 8. (53 S.) Berlin 899. E. S. Mittler & Sohn. n. — 90

— Stillestehen des Verstandes. Bremen 868. Tannen. gr. 16. (20 S.) 3 ngr

Vom evangelischen Strafamt. [Nürnberg 1782.] V: *Junge, Christian Gottfried.* (Will)

Vom Streite der Kirche. An den christlichen Adel deutscher Nation. Leipzig 1827. V: *Hase, Carl August.* (GGr)

— Streite der Kirche. Eine Schrift an d. christl. Adel deutscher Nation. 16 Heft. gr. 8. Leipz. 827, Herbig.

— Studium u. vom Studenten. Ein Almanach. Hrsg. vom akadem. Verband f. Literatur u. Musik in Wien. (XI, 309 S.) 8. Berlin 910. B. Cassirer. 2.50; geb. 3.—

Vom Surrogat der Hand- und Spanndienste. Cassel 1775. V: *Paulus, Joh. Conr.* & *Joh. Pet. Wagner.* (EB)

Vom Tanz . . . Eperies 1795. V: *Szontágh, Daniel.* (Pk) (MGT) »1797« (Ky) (GGr)

Vom Tanz. Ein Beitrag zur Berichtigung der Urtheile über denselben mit Rücksicht auf die von Jos. Fornet darüber herausgegebene Broschüre. Eperies 1797 (1795?). V: *Szontagh, Daniel.* (WBL XLII, 249)

— dummen Teufel, s.: Jungbrunnen.

— Teufel im Leben u. auf d. Brettern; Item: wie er aussicht u. bedürftige Zeitgenossen ihn verlangen können, mit naher Beziehung auf den „Freischütz" rc., humorist. Phantasmen von A. Mit 2 ill. Steindr. 8. Bresl. 822, Schöne.

— Theater. Ein Halbjahrsbuch. 1904 I. (222 S. m. Abbildgn.) gr. 8. Berlin (904). Harmonie. Erhöht. Preis 3. —

— dasselbe. Neue Folge. (260 S. m. Abbildgn.) gr. 8. Ebd. (905). n. 1. 50

— — christlichen Tode. Aus d. dreytäg. Geistesübungen, welche d. hochwürd. Bischof v. Regensburg, J. M. v. Sailer mit seiner Geistlichkeit am 16., 17., 18., 19. Febr. 1831 gehalten hat, u. wobey zwischen d. Vorträgen desselben d. hochwürd. Weihbischof G. M. Wittmann Vorträge üb. d. vier letzten Dinge gehalten hat. 12. (5 B.) Regensburg 832, (Manz.)

— guten Tode, s. Crasset.

Vom Tode für das Vaterland. Berlin 1761. V: *Abbt, Thomas.* (MN) (Cat. d. Stadtbibl. Zürich. Zürich 1864—97.)

Vom Todtensonntag. [Bayr. 1766.] V: *Künneth, Johann Theodor.* (ML) (Fiker)

— Troste des Gebetes. Predigt am 5. Sonntag nach Ostern. Ein Versuch, den Attischen Rednerstyl auf Kanzelvorträge anzuwenden. Von A. N. 8. Lindau 844. Augsburg, M. Rieger'sche Buchh. 1/12 rf

Vom Gau Tullifeld. [Augsburg 1780.] V: *Fritz, Joh. Gottfried.* (ML) (MGT)

— — Ueber-Weiblichen. Heitere Glossen zur Frauenfrage. Unter Mitwirkung namhafter Schriftsteller u. Künstler hrsg. v. Georg Bötticher. Mit vielen Abbildgn. O. O. u. J. (1906). 8°. (Mk. 2,50.) (1 Mk. Rich. Härtel, Dresden, 1907.)

— vom andern Ufer (von Alexander Herzen, pseud. Iscander). Aus dem Russischen Manuscript. Lex. 8. (191 S.) Hamburg 850, Hoffmann & Campe. 1 1/2 rf

Vom Ursprung und Wachsthum des Handels. Leipzig 1762. V: *Lacombe de Prezel, Honoré.* (CBH)

— gehörigen äußern Verhalten an der Communionbank. [Belehrungen e. betagten Geistlichen an Erstcommunicanten.] 24. (8 S.) Dülmen 884. Laumann. n. — 3

Vom Verhältniss des Idealismus zur Religion . . . Erlangen 1799. V: *Seiler, Georg Friedrich.* (Ky)

Vom Verhältnisse der Magistrate und Bürgerlichen in Reichsstädten . . . Leipzig 1780. V: *Abele, Johann Mart. von.* (Schletter, Handb. d. jurist. Litt. Grimma 1843. S. 157.)

— Waldvögelein. Allen guten und braven Kindern erzählt von einer Freundin. Bayreuth 853. Grau. 8. (94 S.) n. 8 ngr

Vom Wandeln Jesu auf dem Meere . . . [Freiburg 1834.] V: *Hug, Joh. Leonhard.* (Gl)

Vom Wandern der Handwerksgesellen . . . Nürnberg 1800. V: *Siebenkees, Johann Christian.* (will)

— Weg zur Wiedergeburt, s.: Sammlung neutheosophischer Schriften.

— Weibe, das den verlornen Groschen sucht. Eine Auslegung von Luk. 15, 8. 9. und eine Anweisung für christliche Hausväter, wie sie sammt ihrem Hause dem Herrn dienen sollen rc. Zur Erinnerung an die Tage der General-Kirchenvisitation. Berlin (854.) (Wohlgemuth.) 8. (28 S.) n. 2 ngr

— Wesen des Geldes. Von einem russischen Schriftsteller. Leipzig 842, Otto Wigand. n. 1/3 rf

Vom Weyerberg. I. Folge. 1895. Orig.-Radirgn. v. Hans am Ende, Fritz Mackensen, Fritz Overbeck, Heinr. Vogeler. gr. Fol. (12 Bl.) Berlin 895. (Fischer & Franke.) In Mappe n. 30. —

— dasselbe, II. Folge, s.: Aus Worpswede.

Vom Wissen und Glauben oder der Erkenntniß und dem Wandel; ein Fragment von dem Verfasser der Bruchstücke. Frankfurt a. M. 1819. V: *Willemer, Johann Jacob.* (CLZür Forts. III)

Vom Zehnten. Bei Gelegenheit der über diesen Gegenstand in der Schweitz vorkommenden öffentlichen Verhandlungen. [Bayr. 1798.] V: *Wipprecht, Georg Friedrich.* (Fiker)

Vom beständigen Cölibate; eine vollständige historisch-moralische Abhandlung . . . Rom u. Paris [Straubing] 1805. V: *Scheiffele, Hieron.* (KY) (MGT) (WR)

Vom sogenannten epidemischen Zungenkrebs . . . Göttingen 1787. V: *Wedemeyer, Georg H. Ludwig C.* (BrMm) (Ky) (MGT)

Vom Zustande der Bauern in Livland und Estland . . . Dorpat 1806. V: *Ewers, Johann Philipp Gustav.* (MGT)

Vom Zustand und dem Verhalten der Katholiken in Engelland . . . Tübingen 1783. V: *Berington, Joseph.* (EB)

Vom Zweck des Sokrates und seiner Schüler . . . Dessau 1785. V: *Kruse, Christian.* (EE) (MGT) (Ky)

Vomáčka, Adf., österreichische Apotheker- u. einschlägige andere Gesetze. Zusammengestellt u. m. Erläutergn. versehen. 2., verm. Aufl. 8. (VIII, 423 S.) Wien 890. Hartleben. geb. n. 6. —

— die Geschäftspraxis d. Apothekers u. seine Nebengeschäfte. Aus der Praxis f. die Praxis. gr. 8. (73 S.) Prag 887. Selbstverl. d. Verfassers. geb. n. 3. 50

Vomáčka, Adf., des Frisiersalons Nebenerwerb: Haarpflegemittel. (IV, 97 S.) 8. Wien (904). A. Hartleben. n. 2. —

Vomáčka, Adf., Handbuch der Receptur. Enthält nebst einem Inventar, eine Recepturtaxe officineller u. nicht officineller Präparate, eine Thierarznei- u. Handverkaufs-Taxe, alle gebräuchlichen Provincialismen, alle Synonyma, chem. Formeln bei jedem chem. Präparate, die botanische Abstammung bei jeder Pflanze, Löslichkeitsverhältnisse der vorkommenden Chemikalien, Maximaldosen, Antidota, Saturationen, Tropfenzahl, Receptformeln für die häufiger vorkommenden, nicht officinellen, bei der Receptur leicht herstellbaren Composita etc. etc. gr. 8. (IV, 218 S.) Wien 883. Perles. n. 3. 60; geb. n. 4. 60

— Haus-Specialitäten. Mit 12 Abbildgn. 8. (VII, 203 S.) Wien 888. Hartleben. n. 3. —; geb. n. 3. 80

— **Haus-Spezialitäten. 2. Aufl. (VII, 196 S. m. 10 Abbildgn.) 8. Ebd. 904. n. 3. —; geb. n. 3. 80**

Vomácka, Adolf(Red.), s. Rundschau für die Interessen der Pharmacie, Chemie, Hygiene und der verwandten Fächer.

Vomáčka, Adf., Sammlung u. Commentar der österr. Apotheker-, einschlägiger Sanitäts- u. anderer Gesetze. In übersichtl. Zusammenhang gebracht, eingeh. erläut. u. zu e. prakt. Handbuch f. d. Apotheker u. amtier. Arzt ausgestaltet. 3., völlig umgearb. u. bedeut. verm. Aufl. 8. (VIII, 647 u. 14 S.) Wien 897. A. Hartleben. Geb. in Leinw. n. 12. —

— Taschenbuch bestbewährter Vorschriften f. die gangbarsten Handverkaufsartikel der Apotheken u. Drogenhandlungen. Unter Mitarbeiterschaft Th. Kindermann's verf. 8. (XIV, 94 S. m. 1 Farbendr.-Taf.) Ebd. 890. n. 1. 50; geb. n. 2. 30

— **Taschenbuch bestbewährter Vorschriften f. die gangbarsten Handverkaufs-Artikel der Apotheken u. Drogenhandlgn. 2., verb. Aufl. 8. (IV, 122 S.) Ebd. 897. n. 1. 50; geb. n. 2. 30**

— **Taschenbuch bestbewährter Vorschriften f. die gangbarsten Handverkaufs-Artikel der Apotheken u. Drogenhandlungen. 3. verb. Aufl. (VIII, 102 S.) 8. Ebd. 904. n. 1. 50; geb. n. 2. 30**

Vomáčka, Adf., was der Nervöse, der Neurastheniker v. seiner Krankheit wissen u. wie er leben muss, um gesund zu werden. Aus eigener Erfahrg. zur eignen Hilfe. (VIII, 168 S.) 8. Leipzig 907. Prag, Th. Mc. Adf. Vomáčka. 2. 50

Moderne Raeuber. Soziales Drama in 4 Akten aus d. goldenen Mittelstand. Von Joerg **vom Bach**. Buchausg. Berlin: G. Kempchen 1906. (167 S.) 8° 07. 9644

Vomberg, (Gustav): Antritts-Rede, gehalten am 2. Juli 1907 in der Aula des Königl. Gymnasiums zu Dillenburg. Dillenburg 1908: Weidenbach. 14 S. 8°
Dillenburg, k. G P 1908 (507)** [S 08. 503

Vom Berg, Johann Christoph Altd. Thl. 22/26

Dissertatio theologica. Crux Christi in V. T. praesignificata. Präs. Gustav Georg Zeltner.
Altdorf (Kohles) 5. V. 1714. 32 S.

Gew.: Johann Heinrich von Anethan, Johann Kaspar von Mohrim, Johann Melchior Brand.
W. v.: Präs., Friedrich Stör, Johann Christoph Romig (Opp.). 35455

Vom Berg, Just, s. Berg, Just.

Vom Berg, Karl: Chronik der Bürgermeisterei Leichlingen. Bearb. von Carl vom Berg. Bd 1. Düsseldorf 1909: Lintz. 8°

Vom Berg, Carl, s. Mittheilungen aus den Akten-Resten der Bergischen Obergerichte.

Vom Berg, Maria, s.a. Berg, Maria

Vom Berg, Maria. Der Burgunderzug. Ein Idyll aus St. Gallens Vergangenheit. 4. Aufl. Mit zwölf Vollbildern von Victor Tobler. VIII + 206 S. 8. Frauenfeld, J. Huber. 1901. [geb. fr. 4. —]

Vom-Berg, R., Gedichte. 8. (VII, 206 S.) Dresden 897. E. Pierson. n. 3. —; geb. n. 4. —

Vom Berg, W., s. Berg, W.

vom Berge, A. Das Leben Napoleons. 2 Bde. 8. Berlin 1841. — Supplement. 8. ib. 1842.

Vom Berge, Amalie, s.a. Berge, Amalie vom

Vom Berge, Ernst, s.a. Berge, Ernst vom

Vom Berge, Felicitas, s.a. Berge, Felicitas vom

[F.] Die heilige Elisabeth, Landgräfin von Thüringen. Drama in 3 Akten u. 1 lebenden Bilde v. Felicitas vom Berge ... *Paderborn: F. Schöningh 1898.* (72 S.) 1 Bd 8.
= Theater f. d. weibliche Jugend. [H.] 13. [98. 1691

Die heilige Elisabeth, Landgräfin von Thüringen. Drama in 3 Akten u. 1 lebenden Bilde von Schwester Maria Gabriela, O. S. D. [Felicitas **vom Berge**]. 2. Aufl. Paderborn: F. Schöningh [1907]. (72 S.) 8° [F.]
= **Theater** f. d. weibliche Jugend. 13. [07. 14148

Friedrich v. Helferstein oder Deutsche Treue. Trauerspiel in 5 Aufz. von Felicitas **vom Berge** [Schw. Maria Gabriela O. S. D.]. Kempen (Rhein): Klöckner & Mausberg [1904]. (99 S.) 8° [F.]
= **Theater-Bibliothek**. II. 32. [06. 3408

[F.] Die Macht des Gebetes. Drama in 3 Akten v. Felicitas vom Berge ... *Paderborn: F. Schöningh 1898.* (86 S.) 1 Bd 8.
= Theater f. d. weibliche Jugend. [H.] 14. [98. 1692

Die Macht des Gebetes. Drama in 3 Akten von Schwester Maria Gabriela, O. S. D. [Felicitas **vom Berge**]. 2. Aufl. Paderborn: F. Schöningh [1907]. (86 S.) 8° [F.]
= **Theater** f. d. weibliche Jugend. 14. [07. 14149

[F.] Die Seele am Scheidewege. Jephtas Tochter. Von Felicitas vom Berge ... *Paderborn: F. Schöningh 1898.* (48 S.) 1 Bd 8.
= Theater f. d. weibliche Jugend. [H.] 12. [98. 1690

Aus Welt und Kloster. Gedichte von Felicitas **vom Berge** (Schw. Maria Gabriela O. S. D.). 2. Aufl. Mit 1 Titelbilde. (Vorr.: Leo van Heemstede.) Paderborn: F. Schöningh (1904). (XII, 312 S.) 8° [F.] [06. 3733

Vom Berge, Hans, 1897 [Pseud.]
s. Dinckelberg, Hugo. [09. 16890

Vom Berge, Heinz, s. Berge, Heinz

Vom Berge, Heinz, [Pseud.], s. Seyfarth, Heinrich

Vom Berge, Hermann, s. Berge, Hermann

Vom Berge, Karl, s. Berge, Karl

Vombey, A. de, wie muss man in Monte-Carlo spielen? (15 S. m. Abb.) gr. 16. Nizza 904. (L. Gross.) n. — 80

Vombey, Baron A. de, wie muss man in Monte Carlo spielen. Letzte Aufl. (42 S. m. Abb. u. 3 farb. Taf.) kl. 8. Genua 910. 11. (Nizza, G. Hohberg.) 1. 60

Vom Bruch, Erich, Referendar: Bürgschaft und Pfandrecht bei der naturalis obligatio des römischen Rechts. o. O. [1908]. 98 S. 8°
Tübingen, Jur. Diss. v. 31. Aug. 1908, Ref. Geib
[Geb. 29. Okt. 85 Solingen; Wohnort: Lennep; Staatsangeh.: Preußen; Vorbildung: Gymn. Solingen Reife 04; Studium: Marburg 4, Bonn 2 S.; Rig. 23. Mai 08.] [U 09. 3918

Vom Busche, Hermann [Pseud.], s. Baumstark, Anton

vom Dorp, Arthur, aus Düsseldorf: Über die Semicarbazone und Acetylhydrazone von 1,2-Diketonen. Ein Beitrag zur Konstitutionsfrage dieser Verbindungen. *Berlin (1903): G. Schade.* (30 S.) 8°
Berlin, Phil. Diss. v. 27. Mai 1903

Vömel, Alex., Dennoch! Ein Trostwort f. Leidende. 12 (16 S. m. Titelbild.) Barmen 898. Wupperthaler Traktat-Gesellschaft. n. — 10

Vömel, A[lexander]. Errettet vom Grabesrand. Was mir ein geretteter Trinker aus seinem Leben erzählt hat. 24 S. 8. Basel, Friedrich Reinhardt, 1904. (1 Ex. fr. —. 20, 10 Ex. 1. 50, 100 Ex. 12. 50)

Vömel, A[lexander]. Errettet vom Grabesrand. Was mir ein geretteter Trinker aus seinem Leben erzählt hat. 2. Aufl. 24 S. 8. Basel, Friedrich Reinhardt, 1904. (1 Ex. fr. —. 20, 10 Ex. 1. 50, 100 Ex. 12. 50)

Vömel, A[lexander]. Errettet vom Grabesrand. Was mir ein geretteter Trinker aus seinem Leben erzählt hat. 4. Aufl. 16 S. 8. Bern, Agentur des Blauen Kreuzes; Barmen ..., [1909]. [fr. —. 10]

Vömel, A., folge mir nach! Worte der Liebe f. d. Lebensweg junger Christen. 8 (V, 198 S. m. 12 Farbdr.) Konstanz (901). C. Hirsch. Geb. in Leinw m. Goldschn. n. 3. —

— **folge mir nach! Worte der Liebe f. den Lebensweg junger Christen.** 3. [Titel-]Aufl. (VI, 198 S. m. Titelbild.) 8. Konstanz [904] (906). Zürich, Christl. Buch- u. Kunstverlag C. Hirsch. Geb. in Leinw. n. 1. 20

Vömel, A., Himmelwärts. Allerlei f. Herz u. Leben. 8. (VIII, 164 S.) Konstanz 898. C. Hirsch. Geb. in Leinw. m. Goldschn. n. 2. —

[F.] 'Ein kostbares Kleinod.' E. Beitr. z. Sonntagsfrage. Von Alex Vömel, Pfarrer d. ev. Gemeinde Emmishofen (Schweiz)'. *Barmen: Wupperth. Trakt. Ges. 1898.* (30 S.) 1 Bd 8. [98. 12509 II.

— **„Ein kostbares Kleinod". Ein Beitrag zur Sonntagsfrage.** 12. (30 S.) Barmen 899. Wupperthaler Traktat-Gesellschaft. n. — 15

— **Leben u. Liebe. Blicke in Zeit u. Ewigkeit. Mit Vorwort v. E. Schrenk.** 8. (IV, 108 S.) Frankfurt a/M. 900. Bonn, J. Schergens. n. — 80; geb. n. 1. 60

— **ein Schlangenbiß. Nach e. wahren Begebenheit.** (16 S.) 8. Barmen (904). Elim, Buchh. des Blauen Kreuzes. n. — 10

Vömel, A[lexander]. Ein Schlangenbiss. Nach einer wahren Begebenheit von A. V. II + 16 S. 8. Bern, Agentur des Blauen Kreuzes; Barmen, Elim ..., [1905]. [fr. —. 10]

Vömel, A[lexander]. Ein Schlangenbiss. Nach einer wahren Begebenheit von A. V. 2. Aufl. 16 S. 8. Bern, Agentur des Blauen Kreuzes; Barmen ..., [1909]. [fr. —. 10]

[F.] Sei getreu! E. Mahnwort an d. erwachsene Jugend. Von A. Vömel, Pfr. 2. Aufl. *Barmen: Wupperth. Traktat-Ges. [1898].* (16 S.) 1 Bd 8. [98 12509 II.

— **sei getreu! Ein Mahnwort an die erwachsene Jugend.** 3. verm. Aufl. 12. (28 S. m. 1 Abb.) Barmen 899. Wupperthaler Traktat-Gesellschaft. n. — 15

Voemel, Alex., sei getreu! Ein Geleitwort f. den Lebensweg. 4. Aufl. (12.—21. Taus.) Mit 1 Bilde „Der horchende Christus" v. W. Steinhausen. (32 S.) 8. Barmen (907). Wuppertaler Traktat-Gesellschaft. — 20

— **sei getrost! Ein Wort der Liebe f. betrübte Seelen.** 12. (16 S. m. 1 Abbildg.) Ebd. 899. n. — 10

— **Sündenfall u. Erlösung. Predigt üb. Römer 5, 17 bis 19 (vergl. V. 12—21) am Samstag den 19. III. 1905.** (15 S.) kl. 8. Emmishofen (905). Ev. Buchh. n. — 15

— u. Dora Schlatter, unsere Vorbilder. Zwölf Biographien, f. die reifere Jugend zusammengestellt. 1. u. 2. Taus. 8. Basel (910). F. Reinhardt. à — 12; in 1 Bd. geb. 1.60
Schlatter, Dora, Marie Nathusius; Jane Welsch-Carlyle, e. tapfere Frau; Amalie Jung; Schwester Dora; Marie Henriette Rüetschi, geb. Bitzius; Lea Mendelssohn, e. reiche Mutter. (à 16 S.)
Voemel, Alex., Ernst Moritz Arndt, e. deutscher Patriot u. Dichter; Jung-Stilling's Leben od.: Wie aus e. Schneiderburschen e. Geheimer Hofrat wurde; Ludwig Richter, der Lieblingsmaler der Jugend; Arnold Bovet, der Freund der Trinker; Dr. Thomas Barnardo, der Freund der Gassenbuben; Friedrich v. Bodelschwingh od.: Was die Liebe vermag. (à 16 S.)

— Wegweiser. 100 zweiseit. Traktate. 8. Striegau (902). R. Urban. n. — 30

— M. Urban u. F. Paul, Wegweiser. 100 zweiseit. Traktate. 8. Ebd. (900). — 30

— Wegweiser. (II.) 100 zweiseit. Traktate. 8. Striegau (904). Th. Urban. n. — 30

Vömel, A[lexander]. Graf Ferdinand von Zeppelin, Ein Mann der Tat. Mit 16 Kunstdruck-Beilagen [Tafeln, und illustriertem Umschlag]. 96 S. 8. Emmishofen ⟨Schweiz⟩ *und* Konstanz ⟨Baden⟩, Johannes Blanke, 1908. [fr. 1.50]

Vömel, A[lexander]. Graf Ferdinand von Zeppelin, Ein Mann der Tat. Mit 20 Kunstdruck-Beilagen [Tafeln, und illustriertem Umschlag]. 3. vermehrte Aufl. 35. bis 40. Tausend. 112 S. 8. Emmishofen ⟨Schweiz⟩, Konstanz ⟨Baden⟩, Johannes Blanke, 1909. [geb. fr. 3.—]

Vömel, Fr. Al. Ernst, unsere Glocken ein Hallelujah auf den Auferstandenen. Glockenpredigt, gehalten am 2. Ostertage, den 28. März 1869 in der Kirche seiner Filialgemeinde Wölferlingen nebst einer Geschichte der christlichen Glocken. Stuttgart 869. (Belser'S Verl.) 8. (32 S.) 3 ngr.

—— eine Tochter des Friedens. Seelenleben einer Frühvollendeten. 2. Aufl. 8. (66 S.) Ebendas. 871.

Vömel, Fr. Al. Ernst, eine Tochter des Friedens. Seelenleben einer Frühvollendeten. 3. Aufl. 12. (67 S.) Herborn 899. Buchh. des nass. Colportagevereins. n. — 25

Voemel, J. F., Quo anno Thurii conditi sint? Pr. 1838. 10 S. 4°. 1.—

Vömel, Joh. Thdr., über die Bedingung einer bessern Zukunft. Eine Schulrede gehalten bei der Progressionsfeierlichkeit zu Frankfurt a. M. gr. 8. (31 S.) Leipzig 849, Rittler. n. 1/6 ₰

Vömel, Joan. Thdr., Σ codicis Demosthenici conditio describitur. (Programma gymnasii Francofurtensis.) 4. (18 S.) Francofurti ad M. 853, Brönner.

— Demosth. Cor. § 169. Pr. 1849. 8 S. 4°.

— Critica ad Demosthenis Leptineam. Pr. 1861. 12 S. 4°.

Voemel, critica ad Demosthenis Leptineam. Frankfurt a. M. 861. (Sauerländer's Verlag.) gr. 4. (12 S.) 6 ngr.

— De quo anni tempore in Attica ἀκμάζοντος τοῦ σίτου dicatur. Pr. 1846. 10 S. 4°. 1.20

— s. Demosthenis Opera.

— s. Demosthenis Philippica II.

— Demosthenis Philippicam tertiam habitam esse ante Chersonesiticam. Pr. 1887. 8 S. 4°. 1.—

Vömel, J. T., De discrimine vocabulorum Κληροῦχος, Ἄποικος, Ἔποικος. Pr. 1889. 7 S. 4°. 1.—

Vömel, Jh. Thdr., die Aechtheit der Urkunden in des Demosthenes Rede vom Kranze vertheidigt gegen Hrn. Prof. Droysen. Programm. gr. 4. Frankf. a/M. 841, Brönner. n. 1/6 ₰ — Fortsetzung. 4. Ebend. 842. n. 1/6 ₰ — Schluß. 4. Ebend. 844. n. 1/6 ₰

Voemel, J. T., Ueb. d. Gebrauch von μάλιστα bei Zahlen. Pr. 1852. 9 S. 4°.

— über den Gehorsam. Ein Vortrag gehalten bei der Progressionsfeierlichkeit des Frankfurter Gymnasiums. gr. 8. Ebend. 845. 1/8 ₰

— die christliche Gymnasialbildung. Ein Vortrag gehalten bei der Progressionsfeierlichkeit des Frankfurter Gymnasiums. gr. 8. Frankfurt a/M. 843, Zimmer. 1/8 ₰

Vömel, Jh. Thdr., Progr. examina solemnia Gymnasii Francof. etc. disseritur de Heliaea. 4. Frankf. 822. Brönner. 12 gr.

Vömel, Joh. Theod., die unregelmäß. Casus u. die Genusregeln d. latein. Sprache, nach sorgfält. Untersuchungen f. Schulen bearb. 2. Aufl. Lex.-8. (2 B.) Frankfurt a. M. 831, Schmerber.

—— die unregelmäß. Casus u. die Genusregeln d. latein. Sprache, nach sorgfält. Untersuchn. f. Schulen bearbeitet. 3. Aufl. Lex.-8. (2 B.) Frankfurt a. M. 840, Brönner.

Vömel, J. T., Casus- u. Genusregeln der latein. Sprache. Pr. 1828. 35 S. 4°. 1.

Voemel, J. T., Die Classensphären des lateinischen und des griechischen Unterrichts. Pr. 1847. 6 S. 4°. —.

Voemel, J. T., De loco Ptolemaei Geogr. III. 2. 12. emendando, ubi de Philippopulis Cabyles situ agitur. Pr. 1845. 5 S. 4°. —.

—— Programma. (De locutione ἐπὶ ξένια καλεῖν.) 4. (3½ B.) Francofurti ad M. 831, (Schmerber.)

— s. Luther's, Dr. M., großer Katechismus.

— De modis coniunctivo et optativo verborum μι secundum codices Demosthenicos scribendis. Specimen prolegomenorum apparatus critici. Pr. 1849. 9 S. 4°. —.80

— De ν et ς adductis literis. Pr. 1853. 11 S. 4°.

Voemel, Joann. Theod., de *N* et Σ adductis literis. — *Πρόσθεν. Ἔμπροσθεν.* — *Εἴκοσι. Εἴκοσιν.* Francofurti ad M. 853. Broenner. 4. (12 S.) 7½ ngr.

— Notitia codicum Demosthenicorum I.—VI. Pr. 1838–38. 22, 28, 18, 12, 24, 38 S. 4°. à 1.—

—— Programma. (Ostenditur Hegesippi esse orationem de Halonneso.) 4. (5 B.) Francofurti ad M. 830, (Schmerber.)

Vömel, J. Th., Progr. in quo distinguuntur quaedam graeca vocabula. Francof. 819. 4. (16 S.)

—— Programma. (Quaeritur, num duo loci Demosthenici de Decatarchia et Tetrarchiis a Philippo in Thessalia constitutis sibi repugnent?) 4. (3 B.) Francofurti ad M. 830, (Schmerber.)

Voemel, J. T., Quo tempore apud Aegospotamos Athenienses a Peloponnesiis victi sint definitur. Pr. 1818. 5 S. 4°. —

Voemel, J. T., Quo tempore bellum Peloponnesium finitum sit. Pr. 1851. 8 S. 4°. 1.—

— Sitne restituendum κιττοφόρος pro κισσοφόρος nunc recepto in Dem. Cor. § 260 p 313 extr.? Pr. 1840. 5 S. 4°. —.7[illegible]

Vömel, J. T. De Olynthi situ, civitate, potentia et eversione. 4. Francofurti 1827.

Voomel, J. T., Ueb. des Atheniensers Klisthenes Staatsveränderung. Pr. 1838. 8 S. 4°. 1.20

Vömel, Jh. Thdr., griech. Synonymik zu dessen Uebungsbuch im Griechischschreiben, nebst einem dialektologischen Anhange. 8. Frankf. a. M. 819. Brönner. 1 fl 8 xr N. A., s. Ph. K. Heß, Uebungsbuch. 3s Bdchen.

— **Uebungsbuch zum Uebersetzen a. d. Deutschen in d. Griechische, s.a. Heß, Ph. K.**

—**Uebungsbuch zum Uebersetzen aus dem Deutschen ins Griechische. 8. Frankf. a. M. 817. Brönner. 6 xr 2e Aufl., s. Ph. K. Heß.**

Vömel, J. T., Uebungsbuch zum Uebersetzen aus dem Deutschen ins Griechische. 2te Aufl. 8. Frankfurt a. M., Brönner. 819.

Vömel. Johann Theodor: Verzeichniss der Frankfurter Gymnasialprogramme von 1737–1837. Ein Beitrag zur Literaturgeschichte. Frankfurt a.M. 1837: Brönner. 19 S. 8°
(Programm Frankfurt a.M., Gymnasium. 1837. Beil.)

—**deutsch-griech. synonymisches Wörterbuch,** s.a. **Ph. K. Heß, Uebungsbuch. 3s Bdchn.**

— deutsch-griechisches synonymisches Wörberbuch. Zunächst f. sein Uebungsbuch, nebst einen dialectolog. Anhange dazu. Wohlf. Ausg. 8. Frankf. 823, Brönner.

Vömel, Karl, Formenlehre einer prakt. allgem. Grammatik für Schulen. 8. Frankf. 824. Hermann. 8 xr

—**Gedächtnißbuch der latein. Grammatik. 8. Frankf. 825. Hermann. 14 xr**

Vömel, Konrad Heinrich, Assistenzarzt an d. städt. **Frauenklinik:** Vereinfachte Nahtmethode zur Vereinigung **frischer** Dammrisse. Marburg a. L. 1909: Bauer. 33 S. 8°
Marburg, Med. Diss. v. 28. April 1909, Ref. Stöckel
[Geb. 4. Jan. 83 Frankfurt a. M.; Wohnort: Frankfurt; Staatsangeh.: **Preußen;** Vorbildung: Lessing-Gymn. Frankfurt Reife O. 02; Studium: **Marburg** 5, Würzburg 1, München 1, Marburg 2 S.; Coll. 27. März 09; Approb. 31. Dez. 08.]
[U 09. 3152

Vömel, Rud., die **Bedeutung** der Gnade f. unser Leben auf Grund des Neuen Testamentes. Mit Vorwort v. E. Schrenk. (37 S.) 8. Gütersloh 905. C. Bertelsmann. n. — 50

— der Begriff der Gnade im Neuen Testament, s.a. **Beiträge** zur Förderung christlicher Theologie VII. 5.

Der Begriff der Gnade im Neuen Testament. Eine biblisch-theol. Untersuchung von R. **Vömel**. Pfarrer in Gruiten. *Gütersloh: C. Bertelsmann 1903.* (49 S.) 8° [F.]
= Beiträge z. Förderung christl. Theologie. Jg. 7, H. 5. [1.] [03. 8798

Vömel, Rud., wer ist e. Kind Gottes? Mit Vorwort v. E. Schrenk. (69 S.) 8. Kassel (910). E. Röttger. Geb. 1.—

Ende, H. vom- Dynamik des Klavierspiels. (Universal-Bibliothek für Musiklitteratur. No. 21–22.) Köln (1899).

Vom Ende, Heinrich

Heimgang aus dem Walde, Hoffmann v. Fallersleben, f. Männerchor von Heinrich **vom Ende**. Op. 14. *Köln a. Rh.: H. vom Ende [1901?].* (5 S.) 4° [01. 9419 5

Vom Endt: Der Rheinische Provinzial-Ausschuss für innere Mission 1840–1899. Eine Festschrift, im Auftrage des Ausschusses zur Feier seines 50jähr. Bestehens ⟨29. und 30. Juni 1899⟩ verf. von seinem Vereinsgeistl. Pastor vom Endt. (Mit Taf.) Langenberg: J. Joest 1899. (110 S.) 8°

Der Verein für christliche Volksbildung in Rheinland und Westfalen. Zum 25jähr. Bestehen. Von Pastor **vom Endt** in Langenberg ⟨Rhld⟩. (Köln 1907: Winz.) 63 S. 8° [09. 16605 5

Vom Endt, Rudi: In des Bacchus Schatzkammern. [Mit Abb.] Essen o.J.: Industriedr. 20 S. -- GGW*

Vom Graben zum Stein, Otto: Das itzt-blühende Potsdam, s. a. Belitz, Georg

Bellamintes (d. i. *Otto vom Graben zum Stein*), Das itzt-blühende Potsdam mit poetischer Feder entworfen. Potsdam 1727. (In Rostock, Landesbibl.) Rar!

UNTERREDUNGEN Von dem Reiche der Geister (verfasst von *Otto v. Graben zum Stein*), worin gehandelt wird: I. Von den Geistern überhaupt. II. Von den geheimen Hauss-Geistern. III. Von den Erscheinungen der Verstorbenen. IV. Von den Erd- und Wasser-Geistern. V. Von den Luft- und Feuer-Geistern. VI. Von den Geistern gewisser Landschaften, Städte u. Schlösser, Zwischen Andrenio und Pneumatophilo. Nebst e. Register der vornehmsten Materien. Leipzig 1730. 8°. (4°?) 744 S. u. Register.
Interessantes und seltenes Werk! Aus dem überaus umfangreichen Register seien erwähnt: Alchymisten, Astral-Geist, Beelzebub, Besessene, Capuziner, Christen-Mägdlein von Juden ermordet, Exorcismus, Faust, Fege-Feuer, Furien. Nixen, Nymphen, Rübezahl, Hexen, Jesuiten, Irrwisch, Meer-Fräulein u. Weib, Mönche, Oldenburgisches Horn, Paracelsus, Poltergeist, Ratten-Fänger, Sack-Pfeiffer, Schatzgräber, Todten-Tantz, Weyh-Wasser, Zauberer, Zwerge usw. usw. Anon.-Lex. IV, 260 hat no. 8182: „1729 ff." u. no. 8193: „Monatliche Unterredungen" . . . . 1729–31" (Eigenbericht, u. Mylius.)

vom **Hagen**, C. H. Die Franzosen in Halle 1806–1808. 8. Halle 1871.

vom **Hagen**, C. H. Die Stadt Halle, histor.-topogr.-statist. dargestellt. Fortsetzung der Dreyhaupt'schen Chronik. (XI. 518) 8. M. 1 Pl. Halle a./S. 1865. 67 10.80

Wichtige Glaubenswahrheiten u. Zeitfragen aus d. Fastenhirtenbriefen d. deutschen Episkopats für d. J. 1906. Die katholische Kirche die Kirche Christi ein Fels in der Brandung unserer Zeit. Von Friedrich **vom Hochwald**. Mit 2 Gruppenbildern d. deutschen Bischöfe. Merzig: P. Graewe 1906. (104 S.) 8° [F.] [06. 13397

Wichtige Glaubenswahrheiten u. Zeitfragen aus d. Fastenhirtenbriefen d. deutschen Episkopats f. d. Jahr 1906. Die katholische Kirche die Kirche Christi ein Fels in der Brandung unserer Zeit. Von Friedrich **vom Hochwald**. Mit 2 Gruppenbildern d. deutschen Bischöfe. (2. Aufl.) Merzig: P. Graewe 1906 (1907). (108 S.) 8° [F.] [08. 9056 5

[F.] Ehre, wem Ehre gebührt! E. Wort z. Steuer d. Wahrheit v. Peter vom **Hochwalde**. *St. Johann-Zweibrücken: J. P. Moser 1897.* (7 S.) 1 Bd 8. [97. 6621 Bo

[F.] 'Wer ist denn nun Kurpfuscher?' Allopathische Lamentationen, z. Lesen tiefer gehängt v. Peter vom **Hochwalde** ... (M. e. Anh.: Elektrische Kuren in St. Johann ... v. J. P. Moser.) *St. Johann-Saarbrücken: J. P. Moser 1897.* (120 S., 1 Portr.) 1 Bd 8. [97. 8574 B

Vom Hofe, G. [aus Westfalen]: Aus d. physikal. Institute d. Univ. Greifswald. Untersuchungen über die Magnetisierungsfunktion von Eisenringen ... Greifswald, Druck v. Julius Abel, 1889; 31 S. u. 1 Taf. 8°
Greifswald, Phil. Fak., Inaug.-Diss. v. 16. März 1889.

Vom Hofe, L.: D. städt. Besteuerung u. Belastung d. Grundeigenthums in Deutschland. Leipzig 1892. 8°

vom Hövel, Otto, Referendar in Köln: Der **Artikel** 376 des H.-G.-B. und die Änderung desselben durch die neue **Gesetzgebung.** *Köln a. Rh. 1899 [vielm. 1901/02]: Kölner Verl.-Anst. u. Druckerei.* (82 S.) 8°
Erlangen, Jur. Diss. v. [25. Febr.] 1899

vom Kolke, Henricvs (geb. am 29 [nicht 28] Sept. 1821 in Steele Rgbz. Düsseldorf): De nova magnetismi intensitatem metiendi methodo ac de rebvs qvibvsdam hac methodo inventis ... Bonnae, form. F. P. Lechneri 1848. VIII, 9–37 S., 1 Bl., 1 Taf. 8. ¶ In deutscher Übers. in Poggendorffs Annalen d. Phys. u. Chem. LXXXI 1850 S. 321 ff.: Ueber eine neue Methode, die Intensität des Magnetismus zu bestimmen.
Bonn, Phil. Fak., Diss. v. 24 März 1848

Vom Lande, Anna. 1898 [Pseud.]
s. **Fechner**, Anna. [11. 17283

Vomrath, C. M. Tuberkulose heilbar! Gemeinverständliche Mittheilg. der Heilmethode d. Prof. R. Koch, nebst Angabe v. Vorbeugungsmaßregeln u. Erkennungszeichen dieser Krankheit. 12. (30 S.) Potsdam 890, Rentel. * — 50

Vom Rath, Gerhard

Rath (G. vom), Der Aetna. Vortrag. Bonn 1872. 8.

vom Rath, Gerhard: Arizona. Studien und Wahrnehmungen. Nach Vorträgen, gehalten in Freundeskreisen. (Sammlung von Vorträgen. Bd. 14. No 7/8.) Heidelberg 1885. 112 S. 8°.

vom Rath, Gerhard: Arizona, das alte Land der Indianer. Studien und Wahrnehmungen. Nach Vorträgen, gehalten in Freundeskreisen. Zweite Ausgabe. (Sammlung von Vorträgen. Bd. 14. No 7/8.) Heidelberg 1888. 112 S. 8°.

Rath, G. v. Beitrag zur Kenntniss der fossilen Fische des Plattenberges im Canton Glarus. 1859.

Rath (G. vom), Ein Beitrag zur Kenntniss der Trachyte des Siebengebirges. Bonn 1861. 8. — Angebunden: v. **Rath**, Skizzen aus dem vulkanischen Gebiete des Niederrheins, erste Fortsetzung. — v. **Rath**, Mineralogische Mittheilungen, erste Fortsetzung.

Rath, G. v. Beiträge zur Kenntniss der eruptiven Gesteine der Alpen. 1864.

vom Rath, Gerhard: Bericht über eine geologische Reise nach Ungarn im Herbst 1876. Nach Vorträgen, gehalten in der Herbstversammlung des Naturhistorischen Vereins der preussischen Rheinlande und Westfalens am 2. October 1876 und in der Sitzung der Niederrheinischen Gesellschaft für Natur- und Heilkunde am 6. November 1876. Bonn 1877. (II), 83 S. 8°.

Rath (G. vom), Geologische Blicke auf Italien. (Niederrhein. Ges. f. Natur- u. Heilkunde. 1878.) (Ohne Druckort.) 8.

vom Rath, Gerardus (geb. Duisburg 20. 8. 1830): De compositione et destructione Werneritis fossilis. Berolini (1853). (57 S.) 8°
Berlin, Phil. Diss. v. 9. Juni 1853

——— Ueber das Erdbeben von Chios. (Sep.-Abdr. a. d. Sitz.-Ber. d. niederrhein. Ges. f. Natur- u. Heilkunde. 1882.) (Ohne Druckort.) 8.

Rath, G. vom: Ueber das Gold. Berlin 1879

vom Rath, Gerhard: Ueber den Granit. Nach Vorträgen, gehalten in Köln zum Besten der Nothleidenden an der Nogat und zu Bonn für den Gustav-Adolph-Verein. Mit 2 lithographirten Tafeln. (Sammlung gemeinverständlicher wissenschaftlicher Vorträge. Serie 13. Heft 300/301.) Berlin 1878. 60 S. 8°.

— Ueber die Krystallform des Bucklandits (Orthits) vom Laacher See. (Aus Poggend. Ann.) Leipzig. 1861. 8.

Rath, G. v. Die Lagorai-Kette und das Cima d' Asta Gebirge. (Aus d. Jahrb. d. geol. Reichsanst.) Wien. 1860. 4.

Rath. G. v. Neue Mineralvorkommnisse. 1880.

Rath, G. v. Mittheilungen aus der Mineralien-Sammlung des Hrn. Dr. Krantz. (Aus Poggend. Ann.) Leipzig. 1860. 8.

— Mineralogische Mittheilungen. (Aus Poggend. Annalen.) 1. Fortsetzung. Leipzig. 1863. 8.

vom Rath (G.), Der Monzoni im südöstlichen Tyrol. (Vortrag, geh. in der niederrheinischen Ges. f. Natur- u. Heilkunde. 1875.) (Ohne Druckort.) 8.

Rath, G. vom, Palaestina und Libanon. Geologische Reiseskizze. (SA. aus dem Correspondenzblatt Nr. 2. der Verhandlungen des naturh. Vereins der preuss. Rheinl. u. Westfalens 1881.) Bonn 1881.

vom Rath, Gerhard: Pennsylvanien. Geschichtliche, naturwissenschaftliche und soziale Skizzen. Nach einem Vortrage in Freundeskreisen. Heidelberg 1888. IV, 155 S. 8°.

[F.] Reisebilder aus Kalabrien. '(1871.)' Von † Dr. Gerhard vom **Rath**, o. Prof. an d. Univ. Bonn. *Barmen: H. Klein [1898].* (32 S.) 1 Bd 8.
= **Feste**, Für die, u. Freunde d. Gustav-Adolf-Vereins. No 186. [98. 8184

vom Rath, Gerhard: Siebenburgen. Reisebeobachtungen und Studien. Nach Vorträgen. Heidelberg 1880. 152 S. 8°.

— Skizzen aus dem vulkanischen Gebiete des Niederrheins. 1. u. 2. Fortsetz. 1862, 1864.

Vom Rath, G: Naturwissenschaftliche Studien. (Erinnerungen an die Pariser Weltausstellung 1878) Bonn 1879

— Chemische Untersuchung einiger Grünsteins aus Schlesien. — (Aus Poggendorff's Ann.) Leipzig. 1855. 8.

— Ueber die Quecksilber-Grube Vallalta in den Venetianischen Alpen. 1864.

Rath G vom, der Vesuv. Eine geologische Skizze. (Samml. wissschaftl. Vorträge. 185) Berlin 1873

vom Rath, Gerhard: Vorträge und Mittheilungen. ([S.-A.] Sitzungsberichte der Niederrheinischen Gesellschaft für Natur- und Heilkunde in Bonn.) Bonn 1877 —1886. 8°.

Worte der Erinnerung an Professor Dr. A. von Lasaulx († 25. Januar 1886), gesprochen in der Sitzung der niederrheinischen Gesellschaft für Natur- und Heilkunde am 8. Februar 1886 von G. vom RATH. Bonn (1886). Universitäts-Buchdruckerei von Carl Georgi. 8°.

vom Rath, Otto [aus Köln]: Beiträge zur Kenntniss der Chilognathen .... Bonn, Verl. v. Max Cohen & Sohn (Fr. Cohen), 1886; 38 S. u. 3 Taf. 8°.

Daran: Die Sinnesorgane der Antenne und der Unterlippe der Chilognathen. [Aus d. zoolog. Institut d. Univ. Strassburg.] (Separatabdr. a. d. Archiv f. mikroskop. Anatomie Band XXVII.) S. 419—437 u. 1 Taf. 8°.
Strassburg, Math.-Naturw. Fak., Inaug.-Diss. v. 1886.

vom Rhein, Alfons, Das Buch vom Pfarrer Kneipp. Sein Leben und Wirken als Seelsorger und Arzt. Mit einer Schilderung der Wörishofener Verhältnisse und einem Verzeichnisse einiger interessanter Heilerfolge. Mit dem Bildnisse des Herrn Pfarrer Kneipp in Stahlstich. Zweite Auflage. 1891; 8 (77 S.) 1 Mk. 50 Pf. Gebunden Kempten; Kösel (Urbanek, Prag) 2 Mk.

Vom Rothenstein, Herbert, s.a. Rothenstein

Vom See, Gustav, s. Gustav vom See. — See, Gustav vom. — Struensee, Gustav vom

Vom See, Henricus. Gedichte. Milwaukee, 1866. UC

Der Freiherr [Heinrich Friedrich Karl] **vom Stein** an Fritz Schlosser auf Stift Neuburg bei Heidelberg. 29 Briefe u. e. Skizze. Nebst e. Anh. Von Otto Gradenwitz. Mit 3 Faks. Heidelberg: Winter 1910. 53 S. 8°
(Sitzungsberichte d. Heidelberger Akad. d. Wiss. Philos.-hist. Kl. Jg. 1910. Abh. 12.) [10. 12634

vom Thurm, Frz. Dios no quiso. Spanische Kriegs- u. Friedensscenen. 5 Th. (1585) 8. Leipzig 1861. 22.50.

Die Madonna von Liesse. Hist. Schauspiel in 5 Aufz. von Paul **vom Walde**. Mit 5 Musikbeilagen. Paderborn: F. Schöningh [1904]. (50, 4 S.) 8° [F.]
= **Dilettanten-Theater.** H. 70. [05. 2060

Von. s.a. unter dem Hauptworte.

Von A bis Z. 2 Sorten. qu. 16. (à 12 farb. Taf. m. Text.) Leipzig 889. Fr. Pfau. à n. — 15

Von A bis Z. qu. Fol. (14 S. m. z. Tl. farb. Bildern.) Leipzig 895. Wezel & Naumann. 2. —; auf Leinw., unzerreißbar 3. —

Von dem Abendmahl der Apostel . . . Hamb. [176?]. V: *Kohl, Johann Peter.* (ML)

Von dem durch das Brodbrechen angedeuteten Abendmal der Apostel. Hamb. [176?]. V: *Kohl, Johann Peter.* (Schr)

Von den Abendmahlsworten Jesu. O. O. [1771]. V: *Kellinghusen, Hnr.* (Schr)

Von der Abfindung der Stadt Nürnberg mit dem abgesetzten Kaiser Wenzel. [Nürnberg 1786.] V: *Will, Georg Andreas.* (ML)

Von Achten der Letzte. Amerikanische Kriegsbilder aus der Südarmee d. Generals Robert E. Lee, v. e. ehemal. königl. preuß. Einjährig-Freiwilligen. br. 8. (X, 276 S.) Wiesbaden 871. Niedner. n. 2. 40

Von 1846 bis 1853. Darmstadt 1875. V: ***Fendt, Rudolf.*** (Hessische Biographien, hgbn. von Herman Haupt. Darmstadt 1918. I, 148)

Von 1846 bis 1853. Erinnerungen aus Verlauf und Folgen einer akademischen und politischen Revolution . . . Darmstadt 1875. V: *Fendt, Rudolph.* (Erman & Horn, Bibliographie d. dtsch. Univ. I. Leipz. u. Berl. 1904. S. 87.)

Von den Ahndungen der Thiere. Leipzig 1783. V: *Hennings, Justus Christian.* (Mp)

Von den Ahndungen und Visionen. Leipzig 1777—83. V: *Hennings, Justus Christian.* (Mp) (Ky) (MGT) (BrMm)

Von allem Etwas, oder der Schlesische Schriftsteller nach der Mode. Liegnitz 1753—54. Bresslau 1756. H: *Schröer, Chph. Franz.* (Nent)

Von Allem etwas; ein sehr unterhalt. Bilderbuch f. kleine Kinder, enth.: auf 12 Blättern 300 verschied. illum. Gegenstände. qu. gr. 8. Berlin 835, Winckelmann u. Söhne. Thlr.

Von Allem Etwas! Ein unzerreißbares Bilder-Allerlei für artige Kinder. qu. 4. (16 color. Steintaf. auf Pappe mit eingedr. Texte.) Stuttgart 877. Neugebauer. cart. 1. 80

Von allem Etwas. Freundliche Bilder für das zarte Kindesalter. 4. (15 Chromolithogr. auf Carton mit 2 S. Text.) Leipzig 883, Cavael. geb. *

Von allem Etwas. Freundliche Bilder f. das zarte Kindesalter, entworfen v. Heinr. Dibbern, m. Reimen v. Herm. Pilz. 2. Aufl. 4. (7 Chromolith. m. 7 Bl. Text.) Görlitz 886. Foerster's Verl. geb. 2. 50

— Allem Etwas. qu. 4. (9 color. Taf. m. Verschen.) Stuttgart 887. Loewe. cart. 1. 20

Von allem Etwas. Freundliche Bilder f. das zarte Kindesalter, entworfen v. Heinr. Dibbern, m. Reimen v. Herm. Pilz. 2. Aufl. (Neue Ausg. auf Leinw.) gr. 8. (7 farb. Taf. m. 7 Bl. Text.) Leipzig 895. A. Foerster. Geb. n. 3. —

— Allem Etwas. Zum Anschauungsunterricht f. kleine Kinder. 4. (8 farb. Taf. m. eingedr. Text.) Stuttgart 895. G. Weise. n. — 60

Von deutschen Hochschulen Allerlei was da ist und was da sein sollte ... Berlin 1869. V: *Bekker, Ernst Immanuel.* (Erman & Horn, Bibliographie d. dtsch. Univ. I. Leipz. u. Berl. 1904 S. 123.) (Hinrichsen, D. liter. Deutschl. 2. Aufl. Berl. 1891. S. 93.)

— deutschen Hochschulen Allerlei, was da ist u. was da sein sollte von einem deutschen Professor. Berlin 869. G. Reimer. 8. (V, 290 S.) 1 ₰

Von der Allgewalt und dem Einfluss der öffentlichen Meinung. A. d. Franz. Germanien [Heilbronn] 1796. V: *Simon, Ernst Heinrich.* (MGT) (Wr)

Von dem für das Messlesen abgereichten Almosen. Wien 1781. V: *Hiltenbrand, Anton.* (MGT)

Von den Alpen. Zwei Liedersträusse . . . Innsbruck [1850]. V: *Ehrhart Edl. v. Ehrhartstein, Vinc. & Ignaz Vincenz Zingerle.* (WBL)

Von den Alpen. Zwei Liedersträuße. Zeitgedichte aus den Jahren 1848—1849. 8. (91 S.) Innsbruck 850. (Pfaundler.) n. 1/3 ₰

Von Alsen bis zum Frieden. Eine Skizze vom Kriegstheater. Schluß des Von der Eider etc. Von einem Offizier. Hamburg 1865. V: *Knorr, Emil.* (Pr) (Hdschr. Mitth. Fr. Müller-Kiel. »Hamb. 1866«. (Ky)

Von Alsen bis zum Frieden. Eine Skizze vom Kriegstheater. Schluß des „Von der Eider bis Düppel" u. „Von Düppel bis zur Waffenruhe." Von einem Officier (Knorr). Hamburg 866. Mauke Söhne. gr. 8. (III, 225 S.) n. 1 ₰

Von Nordischen Alterthümern . . . hrsg. von Büsching. Breslau 1827. V: *Bruzelius, Magnus.* (Gk)

Von nordischen Alterthümern. Aus d. Lateln. v. F. S. Hromatka. Mit Vorr. u. Anmerkk. v. Büsching. Mit 11 Abbildd. gr. 8. Bresl. 827, Grüson u. C.

Von Amortisirung der Urkunden. Klagenfurt 1811. V: *Födransperg, Anton Edler von.* (EB)

Von der Stete Ampten und der Fürsten Ratgeben. 1835. V: *Rothe, Joh.* (GGr I, 291) (Gk)

—— der stete ampten u. von der fursten ratgeben, e. deutsches Lehr- u. Spruchgedicht aus d. Anfange d. XV. Jahrh., z. ersten male hrsg. als Einladungsschrift v. Aug. Friedr. Chr. Vilmar. gr. 4. (3½ B.) Marburg 835, Elwert'sche Univ.-Buchh.

Von den geistlichen Angelegenheiten des Zeitalters. [Aarau] 1817. V: *Zschokke, Joh. Hnr. Dan.* (Zuwachsverz. d. Bibliotheken in Zürich 1898 ff.)

Von Anschlag der Güter in Sachsen. Leipzig 1758—71. V: *Bennigsen, Rudolph Christian von.* (ML)

Von richtigen Anschlägen der Landgüter oder Nachweisung, wie man im Verkauf- und Verpachtfalle . . . den Werth der Güter . . . bestimmen kann. Neubrandenburg 1794. V: *Ferber, Christian Carl Friedrich von.* (NN)

— dem Antheile des Presbyteriums am Kirchenregiment. gr. 8. (85 S.) Regensburg 850, Manz. ¼ ₰

—— den Arbeiten der Kunstgewerke des Mittelalters zu Hamburg. 11 Blatt (lithogr.) Abbild. nebst Erläuterung. Hrsg. vom Verein für hamburg. Geschichte. gr. 4. (V und 37 S.) Hamburg 865, Mauke Söhne. cart. *

— den Aristokraten, den Geschlechts-, Geld-, Geistes- und Beamtenaristokratien und der Ministerverantwortlichkeit in reinen Monarchien; ein staatswissenschaftlicher Vortrag mit Belegen aus der Zeitgeschichte, v. e. Ungenannten. gr. 8. Leipzig 834. Hinrichs. ¾ ₰

Von den Aristokratien, den Geschlechts-, Geld-, Geistes- und Beamten-Aristokratien und der Minister-Verantwortlichkeit in reinen Monarchien . . . Leipzig 1834. V: *Benedict, Frdr. August.* (Priv.-Bibl. König v. Hannover. Hann. 1858.)

Von den Aristokratien, den Geschlechts-, Geld-, Geistes- u. Beamtenaristokratien u. der Ministerverantwortlichkeit in reinen Monarchien; e. staatswissenschaftl. Vortrag mit Belegen aus d. Zeitgeschichte, v. e. Ungenannten. gr. 8. (9¼ B.) Leipzig 834, Hinrichs. Thlr.

Von der besten Art, mit Leidenden umzugehn . . . [Halle ca. 1775.] V: *Niemeyer, Aug. Herm.* (MGT)

— deutscher Art u. Kunst einige fliegende Blätter, s. a. Litteraturdenkmale, deutsche, d. 18. u. 19. Jahrh.

Von deutscher Art und Kunst. Einige fliegende Blätter. Hamburg 1773. V: *Herder, Johann Gottfried von.* (GGr) (Ky) (EE) (JL) (BrMm) (Grisebach, Weltlitteraturkat. Berlin 1898—1900. I, 219.)

Von der Art und Weise zusammengesetzter Staaten . . . Leipzig 1830. V: *Tidemann, Nicolai.* Ü: *Treschow Hanson, P.* (Pettersen, Anon. op Pseudonymer. Kristiania 1890.)

—— der Art u. Weise der Vereinigung zusammengesetzter Staaten, nebst e. polit. Ansicht d. Regierungsform. Von e. Normanne. 8. (11 B.) Leipzig 830, (Kummer.)

Von ächter hermetischer Arzenei. An Herrn Leopold Baron Hirschen in Dresden . . . Leipzig 1786. V: *Semler, Johann Salomon.* (SJL)

Von Asdod nach Ninive im J. 711 v. Chr. Von O. z. E. 8. (82 S.) Leipzig 901. O. Wigand. 1.50

Von Asdod nach Ninive im J. 711 v. Chr. Von O. z. E. 1. Folge. (170 S.) 8. Leipzig 904. O. Wigand. n. 2.50

Von Asdod nach Ninive im Jahre 711 v. Chr. von O. z. E. Leipzig 1905. V: *Eulenburg, Olga zu.* (Berlzu 1926, I, 982)

— dasselbe. 2. Folge. Eridu, der babylon. Gottesgarten. (48 S.) 8. Ebd. 905. n. 1.—

— dasselbe, Fortsetzg., s.: Eulenburg, Olga zu.

Von rechtlichen Ausführungen oder Deduktionen. [Nürnberg 1778.] V: *Plottner, Lebrecht Peter.* (MGT)

Von der kurländischen, culturhistorischen Ausstellung zu Mitau im Juni 1886. O. O. V: *Buchholtz, Alexander.* (Gk)

Von Bach zu Wagner. Ein Gedenkblatt zum 21. März 1885, als zur 200jähr. Gedenkfeier der Geburt Johann Sebastian Bach's [1685—1750], in wörtl. Anführgn. aus den Schriften Wagner's zusammengestellt u. vom Wagner-Verein zu Riga hrsg. gr. 8. (32 S.) Riga 885. (Nollin & Meldner.) n.n. — 70

Vom blau-weiss-goldenen Banner. Eine österreichische Antwort auf römische Angriffe. Wien 1877. 2. Aufl. Wien [1881]. V: *Friedrichsfeld, Erwin von* (= *Georg Treu*). (TT 1578) (WOLFSTIEG I, 661) Vgl. V, 9657.

Von den Barden. Nebst etlichen Bardenliedern a. d. Engl. Leipzig 1770. V (von d. Barden): *Cramer, Carl Friedrich.* Ü (Bardenlieder): *Weisse, Chn Felix.* (BRMM) (MGT) Ü: *Jünger, Christian Friedrich.* (ML)

Von deutscher Baukunst. D. M. Erwini a Steinbach. [Frankfurt a. M.] 1773. V: *Goethe, Johann Wolfgang von.* (GGR) (Doubletten-Anz. 1903. Nr. 7.) (Grisebach, Weltlitteraturkat. Berlin 1898—1900. I, 221.) (KY) (MGT)

Vom Baume der Erkenntnis. Verbotene Früchte eines freien Geistes. Basel 1894. V: *Spielberg, Otto.* (Franz Brümmer, Lexikon der deutschen Dichter des 19. Jahrh. 6. Aufl. Leipzig 1913 ff. VI/477) (Hdschr. Mitth. von Friedrich Müller, München)

Von Pastor Baurschmidt, vom großen Schenkel und was dazu gehört. Für Alle, welche gern helle Augen haben. Von einem hannoverschen Volksfreunde. Verden 862. Steinhöfel in Comm. 8. (8 S.) ⅓ ngr.

Von der Bedeutung der Kenntnisse ... Altenburg 1799. V: *Abicht, Joh. Hnr.* (EB)

Von den mancherley Begriffen des Wortes Herrlichkeit in vorigen Jahrhunderten ... [Nürnberg 1783.] V: *Häslein, Johann Heinrich.* (ML) (WILL)

— der **Beichte.** Gedanken u. Erfahrgn. e. Beichtkindes. 8. (22 S.) Gotha (902). Verlagsbureau. n. — 20

— **Berg** u. **Thal.** Ausgewählte Erzählgn. f. jüngere Knaben u. Mädchen. 8. (72 S. m. farb. Titelbild.) Düsseldorf 894. A. Bagel. Kart. — 60

— Bergeshöhen. 6 (chromolith.) Alpenblumenkarten mit Gedichten von Hans Tharau. 16. Leipzig 882. Böhme. 1. —

Von Berlin nach Danzig. Eine Künstlerfahrt im Jahre 1773. 108 Facsimiledrucke nach den in der Königl. Akademie der Künste zu Berlin aufbewahrten Originalzeichnungen Chodowiecki's nebst kurzen erläuternden Notizen nach seinen eigenen Aufzeichnungen. 1. und 2. Auflage. Berlin 1883. 4°.

— Berlin nach dem Marmara Meer. Reiseskizzen von A. v. Z. 8. (136 S.) Berlin 882. Rogge & Fritze. n. 2. —

Von der Beschaffenheit des Appellationswesens in der Stadt Riga ... [Riga 1781.] V: *Schwarz, Johann Christoph.* (R-N)

Von der natürlichen Beschaffenheit des Grossherzogthums Toskana. [Leipz. 1784.] V: *Jagemann, Christian Jos.* (MS)

Von der brüderlichen Bestrafung. Flensburg 1792. V: *Johansen, Friedrich.* (Kordes, Schlesw.-holst. u. eutin. Schrifstst. Schleswig 1797.)

Von Bethlehem nach Golgatha. Das Leben unseres Herrn u. Heilandes Jesu Christi, nach den vier Evangelisten. Mit Bildern von Bernh. Plockhorst — Vignetten u. Ornamenten von E. Keppler u. F. Wanderer — u. Gedichten von Karl Gerok. 14 Lfgn. gr. 4. (VI, 135 S. m. eingedr. Holzschn. u. Holzschntaf.) Stuttgart 880. 81. Kröner. à n. — 50; cplt. geb. n. 10. —

— Bethlehem nach Golgatha. Das Leben unseres Herrn u. Heilandes Jesu Christi nach den 4 Evangelisten. Mit Bildern v. Bernh. Plockhorst — Vignetten u. Ornamenten v. E. Keppler u. F. Wanderer — u. Gedichten v. Karl Gerok. 2. Aufl. 14 Lfgn. gr. 4. (VIII, 135 S.) Stuttgart 890. Union. à n. — 50 (cplt. geb. m. Goldschn.: n. 10. —)

— **Bethlehem** nach Golgatha. Das Leben Jesu in Bildern u. Geschichten. Nr. 1—4. gr. 8. (à 18 S. m. z. Tl. farb. Abbildgn.) Konstanz (902). C. Hirsch. à — 40

Von der Bevölkerung Russlands überhaupt und von der Unschädlichkeit der Kindsblattern daselbst. ... München 1769. Ü: *Wolter, Johann Anton von.* (KY)

Von dem Bevölkerungsstand in Churpfalz, vorzüglich in Mannheim. Frankf. u. Leipz. 1769. V: *Medicus, Friedrich Casimir.* (MS) (KY) (MGT)

Von dem Bewusstseyn als allgemeinem Grunde der Weltweisheit. Erfurt 1793. V: *Dalberg, Karl Thdr. Ant. Mar. Freih. von.* (ERGR) (JI.) (MGT) (KY) (ERSCHDL)

Von der Bienenzucht in der Kurpfalz. Mannheim 1769. V: *Riem, Joh.* (KY)

Von Bildung des moralischen Charakters in Schulen. [Weimar 1774.] V: *Dalberg, Carl Theodor Anton Maria Freih. von.* (MGT)

Von Bildung deutscher Gesellschaften. Deutschland [Heidelberg] 1814. V: *Voss, Jul. von.* (WR)

— **Blatt zu Blatt.** Kalender 1892. (Ausgestanzt.) 8. (12 farb. Blatt.) [München] Nürnberg, Th. Stroefer. n. 2. 60

—— Blume zu Blume. Lieder e. Verliebten. 12. (132 S.) Dresd. 892, Pierson. * 1 50; geb. m. Goldschn. * 2 50.

— **Blume zu Blume**. Flora-Kalender f. 1893. schmal 12. (12 Blatt in Farbendr.) Ebd. n. — 75

— der häutigen Bräune. Bericht an den Minister des Innern üb. die eingesandten Preisschriften, abgestattet von der z. Prüfung u. Beurtheilung derselben, aufgestellten Commission. Aus dem Französ. Neue Ausg. 8. Wien 824, Mörschner u. Jasper.

Von Breslau; dokumentirte Geschichte und Beschreibung in Briefen. Breslau 1781—83. V: *Klose, Samuel Benjamin.* (BrMm) (MS) (ML) V: *Klose, W. F. W.* (Nent)

Von Breslau. Dokumentirte Geschichte und Beschreibung. In Briefen. Breslau 1860. V: *Klose, Samuel Benjamin.* (Kat. der Druckschr. üb. Breslau. Breslau 1903. S. 71.)

Von Buch zu Buch, von Blatt zu Blatt. Eine Haus-Bücherei, enth. Erzählgn., Lebensbilder, Dichtgn. u. belehr. Bücher älterer u. neuerer Schriftsteller. Hrsg. v. Thdr. Rehtwisch. 1.—86. Bdchn. kl. 8. Leipzig, Turm-Verlag. à — 30

Alexis, Willib. (W. Häring), die Hosen des Herrn v. Bredow. Vaterländischer Roman. I u. II. (159 u. 180 S.) (909.) (46.—49. Bdchn.)

— Die Schlacht bei Torgau. Novelle. (80 S.) 908. (27. Bdchn.)

Balzac, Honoré, aus dem Grabe zurück. Erlebnisse e. französ. Obersten des 1. Kaiserreichs. Nach dem Franz. bearb. v. Susanna Rehtwisch. (80 S.) (910.) (77. Bdchn.)

Biernatzki, J. C., die Hallig od. Die Schiffbrüchigen auf dem Eiland in der Nordsee. Novelle. (240 S.) (910.) (78.—80. Bdchn.)

Chamisso, Adelb. v., Peter Schlemihls wundersame Geschichte. Mitgeteilt v. Ch. (80 S.) (909.) (62. Bdchn.)

Cooper, James Fenimore, der rote Freibeuter. Ein Seeroman. I. u. II. (164—170 S.) (910.) (73.—76. Bdchn.)

Dickens, Charles, das Heimchen am Herde. Eine Elfenmär aus unsern vier Wänden. (142 S.) (909.) (67. 68. Bdchn.)

— Ein Weihnachtslied in Prosa. Eine Geistergeschichte. (104 S.) (908.) (30. Bdchn.)

Droste-Hülshoff, Annette Freiin v., die Judenbuche. Ein Sittengemälde aus d. gebirg. Westfalen. (63 S.) (909.) (51. Bdchn.)

Gerstäcker, Frdr., das sonderbare Duell. Eine Erzählg. (80 S.) (909.) (44. Bdchn.)

— Die Flucht üb. die Kordilleren. Der tote Zimmermann. 2 Erzählgn. (79 S.) (909.) (53. Bdchn.)

Glaubrecht, O., die Schreckensjahre v. Lindheim. Ein Beitrag zur Sittengeschichte des 17. Jahrh. Für das Volk erzählt. (77 S.) (910.) (86. Bdchn.)

Grillparzer, Frz., das Kloster bei Sendomir. Der arme Spielmann. Zwei Novellen. (79 S.) (909.) (61. Bdchn.)

Hackländer, F. W., das Soldatenleben im Frieden. (292 S.) 908. (19.—21. Bdchn.)

Harte, Francis Bret, kalifornische Erzählungen. (87 S.) (909.) (43. Bdchn.)

Hauff, Wilh., das Bild des Kaisers. Eine Erzählg. (108 S.) 908. (28. Bdchn.)

Jacdicke, Octavia, Königin Luise. Ein Lebensbild. Mit e. Portr. der Königin. (71 S.) (909.) (40. Bdchn.)

Jürgens, Jul., das Rätsel der Hasenheide. Kriminalroman. (158 S.) (909.) (59. 60. Bdchn.)

Kleist, Heinr. v., die Herrmannsschlacht. Ein Drama. (111 S.) 908. (29. Bdchn.)

— Michael Kohlhaas. Eine Erzählg. Mit e. Portr. (120 S.) (909.) (41. 42. Bdchn.)

Körner, Thdr., Leier u. Schwert. Joseph Heyderich. Kriegsbriefe 1813. (104 S.) 908. (4. Bdchn.)

— Zriny. Ein Trauerspiel in 5 Aufzügen. (107 S.) 908. (31. Bdchn.)

Lang, Heinr., aus den Erinnerungen e. Schlachtenbummlers im Feldzuge 1870/71. 2 Tle. (184 u. 166 S.) (910.) (69.—72. Bdchn.)

Lessing, Gthold. Ephr., Minna v. Barnhelm od. Das Soldatenglück. Ein Lustspiel in 5 Aufzügen. (140 S.) 908. (13. Bdchn.)

Lohmann, Friederike, die Entscheidung bei Hochkirch. Eine Erzählg. a. d. siebenjähr. Kriege. (72 S.) 908. (5. Bdchn.)

Ludwig, Otto, die Heiterethei. Erzählung. (259 S.) (908.) (14.—16. Bdchn.)

— Zwischen Himmel u. Erde. Roman. (210 S.) 908. (2. 3. Bdchn.)

Marryat, Frederick, die Ansiedler in Kanada. Eine Erzählg. 2 Tle. (168 u. 160 S.) (909.) (63. 66. Bdchn.)

Mörike, Eduard, Mozart auf der Reise nach Prag. Novelle. (77 S.) (910.) (85. Bdchn.)

Mügge, Thdr., der Vogt v. Sylt. 2 Bde. (150 u. 159 S.) (908.) (8.—11. Bdchn.)

Rehtwisch, Thdr., Otto v. Bismarck. Aus dem Leben e. großen Deutschen. I. u. II. (160 u. 176 S.) (910.) (81.—84. Bdchn.)

— Blüchers Rückzug auf Lübeck. Ein Ehrenblatt aus der Geschichte des Unglücksjahres 1806. Mit 1 Titelbild. (78 S.) 908. (18. Bdchn.)

— Das ganze Deutschland soll es sein! Eine Sammlung v. Kriegsliedern u. Balladen. (80 S.) (909.) (15. Bdchn.)

— Um Deutschlands Freiheit. Bilder aus dem J. 1813. Mit 1 Karte. I u. II. (161 u. 171 S.) (909.) (36.—39. Bdchn.)

— Gneisenau in Kolberg. Mit 1 Titelbild. (76 S.) (908.) (12. Bdchn.)

— Der schwarze Herzog. Der Zug Herzog Friedrich Wilhelms v. Braunschweig durch Norddeutschland im J. 1809. Mit 1 Titelbild. (92 S.) (908.) (1. Bdchn.)

— Andreas Hofer, der Sandwirt von Passeyer. Bilder aus Tirols Erhebung im J. 1809. Mit 1 Titelbild. (80 S.) (908.) (26. Bdchn.)

— Unser Kaiser. Gedenkblätter zum 27. I. 1909, dem 50. Geburtstage Kaiser Wilhelms II. Mit 14 Abbildgn. (88 S.) (909.) (50. Bdchn.)

— Napoleon in Rußland. Bilder aus dem Feldzuge v. 1812. I. Vom Njemen bis Moskau. Mit 1 Titelbild u. 1 (eingedr.) Karte. (168 S.) (908.) (32. 33. Bdchn.)

— dasselbe. II. Der Untergang der großen Armee. Mit 1 (eingedr.) Karte. (143 S.) (908.) (34. 35. Bdchn.)

Reuter, Fritz, ut de Franzosentid. (Aus der Franzosenzeit.) (292 S.) 908. (23.—25. Bdchn.)

Ruppius, Otto, der Pedlar. Ein Roman aus d. amerikan. Leben. (232 S.) (909.) (54.—56. Bdchn.)

Schaumberger, Heinr., d. Dorfkrieg. (96 S.) 908. (17. Bdchn.)

— Glückliches Unglück. (96 S.) 908. (7. Bdchn.)

Schiller, Frdr. v., Wallensteins Lager. Ein dramat. Gedicht. (64 S.) 908. (22. Bdchn.)

Zschokke, Heinr., kriegerische Abenteuer e. Friedfertigen. Das Bein. 2 Erzählgn. (64 S.) (909.) (52. Bdchn.)

— Der tote Gast. Erzählg. (126 S.) (909.) (57. 58. Bdchn.)

Züge aus dem Leben Kaiser Wilhelms des Großen. Erinnerungsblätter zu seinem 20jähr. Todestage 9. III. 1908. (Von Thdr. Rehtwisch.) (77 S. m. 1 Bildnis.) 908. (6. Bdchn.)

—— schönen Büchern. gr. 8. (30 S. mit vielen eingedr. Illustr.) Bremen 883, Nordwestdeutscher Volksschriften-Verlag.

Von Bücher-Privilegien, und ob und wie weit ohne dieselbe Bücher nachzudrucken erlaubt sey. O. O. 1777. V: *Pütter, Joh. Steph.* (Holz)

— drei Buddhistenpriestern, die Christen geworden, s. a. Missions-Traktate, kleine.

— drei Buddhistenpriestern, die Christen geworden. 16. (16 S.) Basel 881. Missionsbuchh. n. — 4

Vom Ceresio an die Lagunen. Frohe Journalisten-Fahrten. Erinnerungen an die Festtage der Schweizerischen Journalisten in Lugano und Venedig (vom 25. Mai bis 2. Juni 1907). [Luzern] 1907. V: *Schnyder, Michael.* (BBullschw 17, S. 173)

Von dem rechtlichen Character der sogenannten Ungehorsamsfolgen. Freiburg i. B. 1859. V: *Lamey, August.* (Cat. d. Stadtbibl. Zürich. Zürich 1864—97.)

Von den Cherubinen und der in der biblischen Poesie angenommenen Bilderlehre der alten Hebräer. Braunschweig 1764. V: *Velthusen, Joh. Caspar.* (Mitth. Dr. H. Bäsecke.)

Von den Damen an die Damen. Rosen-Epistel . . . Hamb. 1825. V: *Schöne, Carl Friedrich.* (GGr)

Von der Darstellung der Rede durch die Schrift . . . Berlin 1797. V: *Richter, Johann Gottfried.* (MGT) (Ky)

Von Davos nach dem Unter-Engadin. Eine Reiseschilderung . . . Davos 1904. V: *Widmer, Otto.* (BBullSchw 4, 1904)

Von der musikalischen Declamation. Göttingen 1775. V: *Schuback, Jacques.* (Forkel, Bibliographie universelle des musiciens. 439.) (Fétis, Biograph. univ. des musiciens 2 éd. Paris 1864. VII, 512.)

Von dem was die Menschen Humor nennen. Freib. 1768/9. V: *Bob, Franz Josef.* (Bibl. Weisstein 1/332) (Ky 3/215; 1/296) (BiblPort)

Von dem, was die Menschen Humor nennen . . . 2. Aufl. Freyburg 1779. V: *Bob, Franz Jos.* (EB)

Von dem was man Proselytenmachen heisst. Augsburg 1787. V: *Jann, Franz Xaver.* (MGT) (Kn)

Von der Elbe bis zur Tauber. Der Feldzug der preussischen Main-Armee im Sommer 1866 vom Berichterstatter des Daheim. 1—3. Aufl. Bielefeld 1867. V: *Mels, A. (= Martin Cohn).* (Klüpfel) V: *H ltl.* (KA)

—— der Elbe bis zur Tauber. Der Feldzug der preußischen Main-Armee im Sommer 1866 vom Berichterstatter des Daheim. 3 Abthlgn. 1.—3., unveränd. Aufl. Illustrirt von Emil Hünten, O. Fikentscher u. A. Mit 1 (chromolithogr.) Uebersichtskarte des Kriegsschauplatzes und (3 chromolithogr.) Specialkarten der Schlacht von Langensalza, der Gefechte an der Saale, an der Tauber und bei Würzburg. gr. 8. (284 S. mit eingedr. Holzschn. und 7 Holzschntaf.) Bielefeld 867, Velhagen und Klasing. *
geb. *

Von der Peitsche zum gelben Billet. Neue Taten der Regierg. u. alte Erinnerungen e. Arbeitsmannes. (In russ. Sprache.) (43 S.) 8. Berlin (903). H. Steinitz. n. 1.20

Von der protestantischen Theologie zum kath. Priestertum. Von einem Priester der Diöcese Würzburg. Erfurt, Brodmann, 1896, 8°, 56 S., 60 Pf.
Stimmen a. M.-Laach Bd. 53, S. 96—7.

— der Schule ins Leben. Lesebuch f. die Sonntagschulen der Reg.-Bezz. Oberbayern, Niederbayern u. Schwaben u. Neuburg. Bearb. v. mehreren Schulmännern. 2. Aufl. (379 u. VIII S. m. Abbildgn.) 8. München (906.) C. A. Seyfried & Co. n. — 80; geb. n. 1. —

— der Weichsel zum Dnjepr. Geographische, kriegsgeschichtl. u. operative Studie v. Sarmaticus. Mit 1 Uebersichtskarte u. 14 Skizzen. gr. 8. (XI, 328 S.) Hannover 886. Helwing's Verl. n. 7. —

— der Wiege bis zum Grab. Sittenbild aus den Missionsgebieten der Brüdergemeine. Hrsg. v. Th. Bechler. 1. u. 2. Heft. 8. Herrnhut 903. Missionsbuchh. à n. — 20
1. Leben, das, des Grönländers. (30 S. m. Abbildgn.)
2. Leben, das des Labrador-Eskimo. (Von A. Martin.) (39 S. m. Abbildgn.)

— der Wiege bis zum Grab. Sittenbilder aus den Missionsgebieten der Brüdergemeine. Hrsg. v. Th. Bechler. 1. u. 2. Heft. 8. Herrnhut 909. Missionsbuchh. à — 20
1. Leben, das, des Grönländers. 2. Aufl. (36 S. m. Abb.)
2. Leben, das, des Labrador Eskimo. (Von A. Martin.) 2. Aufl. (39 S. m. Abb.)

— der Wiege in's frühe Grab. Das Lebensbild eines frommen Kindes von Emmy G. 2., verm. Aufl. 16. (61 S. m. eingedr. Holzschn.) Donauwörth 879. Buchh. des kathol. Erziehungsvereins. n. — 20

Von Veronesischen und Vicentinischen Deutschen im Deutschen Sprachforscher. O. O. 1778. V: *Fulda, Friedrich Carl.* (Ba)

Von den Decimationsrechten einiger Städte im Herzogthume Schleswig. [Schlesw. 1789.] V: *Brockdorff, Cai Lorenz Freih. von.* (Kordes, Schlesw.-holst. u. eutin. Schriftst. Schleswig 1797.)

Von der drammatischen Dichtkunst. Solothurn 1773. V: *Schmid, Joseph.* (AarK) *Zimmermann, Jos. Ign.* Def: *Jos. Schid.* (Jes)

Von dem Dick-Burgunder-Rübenbau. O. O. [ca. 1795]. V: *Hillesheim, Alois Friedrich Wilhelm von.*

Von den letzten Dingen des Menschen. Augsburg 1764. V: *Pallu, Martin.* Ü: *Jäger, Anton.* (Jes)

Von Dir und Für Dich. Ein lyrischer Kranz. Mitau 854. Reyher. 16. (83 S.) 16 ngr.

Von der Direction der Hamburgischen allgemeinen Versorgungsanstalt . . . Hamb. 1825. V: *Schmidt, Joh. Meinhard.* (schr)

Von den Westindischen Inseln Dominika, St. Lucie . . . [Braunschw. 1779.] V: *Heise, Johann Christoph Friedr.* (MGT)

—— Dresden nach Paris oder Sachsens Verhängniß. gr. 8. (15 S.) Gera 866, Griesbach.

—— der Dressur d. Vorstehhundes. gr. 8. (1 B.) Düsseldorf 837. [Leipzig, Fr. Fleischer.]

— der Dressur des Vorstehhundes. gr. 8. Düsseldorf 837. Schreiner. 1 6 ¼ ß

— der Dressur des Vorstehhundes. Nach einem Mscr. des Herrn Frhrn. Max. von Loë vom Jahre 1837 unverändert abgedr. Schwerin 861. (Stiller.) gr. 8. (15 S.) n. 2½ ngr.

Von Düppel bis zur Waffenruhe... Hamb. 1864. V: *Knorr, Emil.* (Pr)

— Düppel bis zur Waffenruhe. Eine Skizze vom Kriegstheater. Fortsetzung des „Von der Eider bis Düppel." Von einem Officier. Hamburg 864. (Perthes-Besser & Mauke. gr. 8. (V, 152 S.) n. 18 ngr.

— Ebersbach nach Ziegenbach od. Die Ziege v. Ebersbach. Von C. L. gr. 8. (4 S.) Wurzen 898. C. Kiesler. — 20

Von der Eider bis Düppel. Eine Skizze vom Kriegstheater. Hamburg 1864. V: *Knorr, Emil.* (Hdschr. Mitth. Fr. Müller-Kiel.) (Kat. d. Bibl. d. k. Preuss. gr. Generalstabes. Berlin 1878.) (Pr)

Von den gesetzlichen persönlichen Eigenschaften eines reichsständischen Visitators des Kais. und Reichs-Cammergerichts. O. O. 1774. V: *Balemann, Georg Gottlieb.* (Pütter, Litt. d. Teutsch. Staatsr. Gött. 1773—91. II, 68.)

Von den nothwendigen Eigenschaften eines tüchtigen Schulzen oder Ortsvorstehers. Halberstadt 1832. V: *König, Carl Bernhard.* (Ky)

— den nothwend. Eigenschaften e. tüchtigen Schulzen od. ersten Ortsvorstehers. 8. (2½ B.) Halberstadt 832, Helm.

— Einem, der auszog das Fürchten zu lernen, s. Bilderbücher, münchener.

Von dem Einfluss und Gebrauche der Einbildungskrafft ... Frankf. u. Leipz. 1727. V: *Bodmer, Johann Jacob & Johann Jacob Breitinger.* (GGr) (JL) (Cat. d. Stadtbibl. Zürich. Zürich 1864—97.)

Von dem Einfluss des guten Geschmacks auf die Religion. Leipzig 1768. V: *Reichard, Heinrich Gottfried.* (Adel)

Von dem Einflusse des Mönchswesens auf Staat und Religion. O. O. 1782. V: *Winkopp, Peter Anton.* (Der deutsche Zuschauer. O. O. 1785/1789. Bd. 9, S. 94) (BGE VIII²/262) (BiblPort)

Von dem Einflusse der Münz-Erhöhungen im Preise der vornehmsten Bedürfnisse. Einbeck Okt. 1752. V: *Unger, Joh. Friedr.* (Kat. d. ständ. Bibl. Stuttg. 1907. S. 347.)

Von dem Einfluss der Musik in die Gesundheit der Menschen. Leipz. 1770. V: *Franz, Johann Georg Friedrich.* (ML) (Ky)

Von dem schädlichen Einfluss der unumschränkten Handelsfreyheit der Juden auf den Staat und den Ruin der Bürger. Wien 1782. V: *Cobult.* (wrztg 1782, Beil. bei Nr. 77) (Geissau, Verzeichniss S. 75) ([Hch. Wolfg. Behrisch], Die Wiener Autoren. Pressburg. S. 47) (BiblPort)

Von dem Einflusse des Studiums der Naturgeschichte auf Staatskenntniß und bürgerliche Glückseligkeit. Leipzig 1793. V: *Igelstroem, Jos.* (EB)

Von dem Einflusse des Umlaufs des Geldes auf das Steigen und Fallen der Preise ... a. d. Engl. [Hannover 1767.] Ü: *Velthausen, Joh. Peter.* (MGT)

Von dem wechselseitigen Einflusse der Erkenntniss und der Gottseligkeit. ... Hamb. [1769]. V: *Fidler, Ferdinand Ambrosius.* (Schr)

Von dem Einflusse der Wissenschaften und schönen Künste in Beziehung auf öffentliche Ruhe. Erfurt 1793. V: *Dalberg, Carl Theodor Anton Maria Freih. von.* (MGT) (JL)

— deutscher Einheit und Uneinheit. Sieben Artikel des Volksblattes für Stadt u. Land, Septbr. 1863. Quedlinburg, Franke in Comm. 8. (56 S.) n. 5 ngr.

Von der Einnahme des Fürstenthums Wallachei. Wien 1789. V: *Schweighofer, Johann Michael.* (EB)

Von Einquartirungen überhaupt, insbesondere aber von der Einquartirungsfreyheit reichsständischer Residenzen. O. O. 1793. V: *Hartleben, Theodor Carl.* (MGT)

Von der Eintheilung des Teutschen Reichs in Franken und Sachsen. [Bayreuth 1785.] V: *Günderode gen. von Kellner, Hector Wilhelm Freih. von.* (ML) (Pütter, Litt. d. Teutsch. Staatsr. Gött. 1773—91. IV, 695.)

Von der landesherrlichen Einwilligung in die Errichtung und Stiftung eines Fideicommisses ... O. O. 1776. V: *Steck, Joh. Chph Wilh.* (Holz)

Von den Eisenwerken und Stahlfabriken in Steyermark. [Freiberg 1788.] V: *Klinghammer, Christian.* (MS)

—— Elba nach St. Helena, s. Förster, Friedr., Preußens Helden im Krieg und Frieden.

— der Emme. Gedichte eines Ungenannten. Langnau 857. (Bern, Blom.) 24. (269 S.) n. 20 *ngr.*

— der Emme. Gedichte eines Ungenannten. Ganz neue Ausg. Bern 859. Huber & Co. in Comm. 24. (269 S.) n. 20 *ngr.*

Von Entrichtung der Handlohne bey Erbzinnsslehen, nach den Nürnbergischen ... Rechten ... Nürnberg 1790. V: *Köllmer, Christoph Carl.* (MGT) (Will) (Ky)

Von der Erfindung des Schiesspulvers. [Braunschweig] 1749. V: *Reichard, Elias Casper.* (ML)

Von der Erfüllung der Pflichten der höheren Stände eines Volks ... Leipzig 1794. V: *Pfeil, Johann Gottlob Benjamin.* (MGT) (ML)

— der rechten Erhebung Bennonis e. Sendbrief (1524), hrsg. von Alfr. Götze, s.: Flugschriften aus den ersten Jahren der Reformation.

Von der Erinnerung an die vergangenen Handlungen meines Lebens. ... Götting. 1773. V: *Cramer, Carl Frdr.* (GGr)

Von warer Erkantnus dess wetters, Also, das ain yeder ... die änderung des wetters ... wissen vn erkennen mag. Augspurg o. J. V: *Rynman, Leonh.* (Haydinger)

Von der ehemaligen Wallfahrtei Erlach bey Emtmannsberg. [Baireuth 1768.] V: *Künneth, Joh. Theodor.* (Fiker) (ML)

Von der ästhetischen Erziehung. [Marburg 1778.] V: *Köster, Heinrich Martin Gottfried.* (MGT)

Von der öffentlichen Erziehung oder dem Unterrichte und der Zucht der Jugend ... Ulm 1764. Ü: *Schultes, Jacob.* (ML) (Ky)

Von der physischen Erziehung der Kinder. 179 . V: *Ehrlich, Mathias Carl.* (GGr VI/753, Nr. 78/1) (BiblPort)

— Eulenburg zu Zeppelin. Ein Zeitroman v. ***. Aus dem ungedr. französ. Orig.-Mskr. übers. v. Otto Fuhrmann. (171 S.) 8. Berlin 909. Herm. Walther. 2. —

— deutschen Familiennamen u. Namenbüchlein. Ein Vortrag. 8. (19 S.) Erfurt 871. Körner'sche Buchh. n. — 40

Von der Fasten und von der Tugend der Mässigkeit ... O. O. [17??]. V: *Kraus, Joh. Bapt.* (Lindner) (ML)

Von einigen unerkannten Fehlern bey der Erziehung. Wismar 1782. V: *Neumann, Carl Gustav Friedrich.* (ML)

— Fehlsprüchen der Geschworenen. Von e. Richter. gr. 8. (52 S.) Hannover 886. Helwing's Verl. n. 1. —

Von Feldsteusslern und Felduntergängern in Würtemberg. Tübingen 1781. V: *Schwarz, Chn Ernst.* (MGT) (ML)

Von benahmten merkwürdigen Felsen bey und um Kirchenlamitz. [Baireuth 1797.] V: *Scherber, Johann Heinrich.* (Fiker) (MGT)

Von der Ferienreise unserer Kantonsschüler, 7.—11. Juli 1910. Schaffhausen 1910. V: *Schwarz, Gottlieb.* (BBullschw 11, S. 67)

— der heiligen Jungfrau und Martirinn Filomena. Historischer Bericht, neuntagige Andacht u. Lied. Mit Titelbild. 16. Wien 834. Mechitaristen-Congregat.-Buchh. 5 *gl*

— Fiume durch Dalmatien bis Cettinjo. (24 S. Abb.) qu. 8. Zürich (906). (Leipzig, C. Güttich). n. 1. 60

Von Fiume nach St. Peter. (Als Fortsetzung von Wien nach Triest.) Wien 1877. V: *Littrow, Hnr. Edler von.* (Verlags-Catalog von L. Rosner, Wien 1880.)

Von Flensburg bis Alsen. O. O 1890. V: *Strackerjan, Carl.* (Kürschner, Dtsch. Litt. Kal. 26, 1325.)

—— heimatlicher Flur, s. Hoeppner, Jul.

Von der deutschen Föderation. Berlin 1851. V: *Frantz, Constantin.* (wen S. 291)

— der deutschen Föderation. 8. (123 S.) Berlin 851, Schneider & Co. n. 12 *ngr.*

Von den Formen der Eheschliessung im Mittelalter. Homburg 1874. V: *Medem, Frdr. Ldw. Carl von.* (Schz)

Von der Freyheit zu denken. [Hann. 1775.] V: *Göckingk, Leopold Friedrich Günther von.* (MGT)

Von der Freiheit und den Rechten der Kantone Bern, Aargau und Waadt. Vorlesung. O. O. 1814. V: *Zschokke, Joh. Hnr. Daniel.* (Zuwachsverz. d. Bibliotheken in Zürich 1898ff.)

Von Friedrichscron bis Friedrichsruh. Zeitroman . . . Leipzig [1896]. V: *Crome-Schwiening, C. Gg Hnr.* (Berl) (Ky)

— Friedrichscron bis Friedrichsruh. Zeitroman in 2 Bdn. v. d. Verf. d. Romans „Und Bebel sprach" (C. Crome-Schwiening). 8. (à 328 S.) Leipzig 896. Berlin, J. Gnadenfeld & Co. n. 9. —; geb. 12. —

Von der Gabe eines Lehrers, bey seinem Unterrichte klüglich an sich oder zurück zu halten . . . [Laub. u. Leipz. 1748.] V: *Meisner, Christian Gottfried.* (ML) (OL)

Von Eppelein von Gailingen; eine Plackergeschichte . . . [Nürnb. 1786.] V: *Will, Georg Andreas.* (ML)

Von Gastein über die Tauernbahn nach Tirol. Herausgegeben vom Landesverbande für Fremdenverkehr in Tirol. Innsbruck [1910]. V: *Lechner, Narziss.* (Margr)

Von einem Gebrauche, der sich von den in der Teutschen Sprache befindlichen alten Lateinischen Wörtern machen liesse. [Braunschweig 1785.] V: *Ress, Joh. Heinrich.* (MGT)

Von dem Gebrauche der Spanischen Fliegen oder Blasenpflaster. Leipzig 1793. V: *Gebhard, Jacob Ludwig.* (ML) (Ky)

Von der Geduld, besonders des Arztes am Krankenbette. Frankfurt a. M. 1791. V: *Nose, Carl Wilh.* (Call)

Von der Gefahr für den protestantischen Geistlichen unserer Tage, seine Berufsfreudigkeit zu verlieren. . . . Leipzig 1839. V: *Klotzsch, Carl Glob.* (Haan) (Zu)

—— der Gefahr f. d. protestant. Geistlichen uns. Tage, seine Berufsfähigkeit zu verlieren. Keine Klagelieder. In Briefen an e. befreundeten Amtsbruder von e. Landprediger d. Königr. Sachsen. gr. 8. (6 B.) Leipzig 839, Barth.

—— der Gefahr, welche unserer evangelischen Volksschule droht. Ein Wort an alle protestant. Aeltern in Baiern von einem alten Magister. br. 8. (27 S.) Nürnberg 873, Löhe. *

Von der Gefahr, welche unserer evangelischen Volksschule droht. gr. 8. Nürnberg 874. Gütersloh, Bertelsmann. * 1 —

Von den bösen Geistern und der Zauberey . . . Sorau 1783. V: *Hempel, Christian Gottlob.* (GGr) (MGT) (Call)

Von Geistern und Geistersehern . . . Leipzig 1780. V: *Hennings, Justus Christian.* (Call) (Ky) (MGT)

Von der Gemeinheits-Aufhebung und Verkoppelung in den Churbraunschw.-Lüneburgischen Ländern. Göttingen 1784. V: *Meyer, Joh. Frdr.* (JStBbH) (Stam) (Ky)

Von der Republik Genua. [Leipzig 1782.] V: *Jagemann, Chn Joseph.* (MS)

Von der Gerichtsbarkeit der höchsten Reichsgerichte in Kreis-Sachen. O. O. 1763. V: *Nettelbladt, Dan.* (Holz)

Von der Gerichtsbarkeit der höchsten Reichsgerichte in geistlichen Sachen . . . O. O. 1779. V: *Spittler, Heinrich Aaron.* (MGT) (Ky) (Pütter, Litt. d. Teutsch. Staatsr. Gött. 1773—91. IV, 586.)

Von der evangelischen Geistlichkeit Gerichtsstand in zeitlichen Sachen . . . Tübingen 1781. V: *Majer, Johann Christoph.* (Ky) (MGT) (Pütter, Litt. d. Teutsch. Staatsr. Gött. 1773—91. IV, 588.)

Von dem Gerichtszwang der Westphälischen heimlichen Freygerichte . . . Görlitz 1772. V: *Crudelius, Johann Christian Karl.* (ML) (OL)

Von einer vorhabenden Geschichte des Klosters Gnadenberg . . . Altdorf 1778. V: *Will, Georg Andreas.* (Will)

Von dem Geschlechtsadel, und der Erneuerung des Adels. Leipzig 1778. V: *Steck, Johann Christoph Wilhelm von.* (ML) (Ky) (EngJ) (Pütter, Litt. d. Teutsch. Staatsr. Gött. 1773—91. IV, 264.)

Von der Teutschliebenden Gesellschaft, einem Project des vorigen Jahrhundert. [Baireuth 1786.] V: *Siebenkees, Johann Christian.* (Will)

Von dem Gesetze der Arbeit. Pastoral-Anweisung von dem hochw. Erzbischofe von Cambrai. 1845. Aus dem Französ. 12. Aachen 846, Kneuertz. 1/6 ₰

— der Gesundheit und Schönheit des Menschen. Erfahrungen einer achtzigjährigen Frau. Pesth 854. Heckenast. 16. (VIII, 255 S.) 1 ℛ.

Von Getraidemagazinen, von Lebensmitteln . . . Frankf. a. M. 1771. V: *Bergius, Joh. Hnr. Ludw. & Joh. Hnr. Glob von Justi.* (CBH)

Von der vollziehenden Gewalt in grossen Staaten, nach d. Franz. des Herrn Neckers. Nürnb. 1793. V: *Pez von Lichtenhof, Georg Gustav Wilhelm.* (will) (MGT)

— der Gewissensfreiheit. Ein Censurflüchtling vor der „cisleithan. Preßfreiheit". 8. (62 S.) Wien 873. Gronemeyer in Comm. 1. —

Von der Gewohnheit der Alten, dem Vieh Salz zu geben. [Hannover 1776.] V: *Klügel, Georg Simon.* (MGT)

— Gibraltar nach der Oase Biskra. Reiseskizzen von A. v. S. 8. (59 S.) Bonn 884. Strauß. n. 1. —

— dem allein seligmachenden Glauben u. der allein seligmachenden Kirche. Abgedruckt aus dem kathol. Missionsbüchlein. gr. 12. Regensburg 842, Manz. 1/24 ℛ

Von dem allein seligmachenden Glauben und der allein seligmachenden Kirche . . . Einsiedeln 1843. V: *Sintzel, Michael.* (Ky)

— dem allein seligmachenden Glauben u. der allein seligmachenden Kirche u. von den wichtigsten Glaubensstreitigkeiten rc. (Von M. Sintzel.) 18. (Mit 1 Lithogr.) Einsiedeln 843, Gebr. Benziger. 6¼ ngr

— dass. u. von den wichtigsten Glaubensstreitigkeiten rc. Mit 1 Kupf. 12. Regensburg 843, Pustet. 6¼ ngr

Von dem Glück des häuslichen Lebens . . . 1776. [Hamburg.] V: *Hudtwalcker, Johann Michael.* (schr) (GGr)

Von der Glückseligkeit der Heiligen, wie der heilige Bernhard sie vorstellt. Linz 1862. V: *Riepl, Robert.* (Xenia)

Von der Glückseligkeit des Krieges und Friedens. Weimar 1759. V: *Riedel, Friedr. Just.* (KY 4/510) ([Hch. Wolfgang Behrisch] Die Wiener Autoren. Pressburg 1784) (BiblPort)

Von der Reichstadt Gmünd. [Nürnberg 1794.] V: *Haid, Johann Hercules.* (ML)

—— Gottes Gnaden: Ein Beitrag zur nähern Bestimmung d. Begriffes d. Legitimität; v. Chrstn. Maaßlieb. gr. 8. (2½ B.) Jena 831, Cröker.

— Gottes Gnaden oder: die Majestät des Volkes. Ein Zeitgemälde der Gegenwart aus den Papieren eines Verbannten. 1—15. Heft. Berlin 863. Nöhring. gr. 8. (1. Bd.: 432 S.; 2. Bd.: S. 1—288.) Jedes Heft 3 ngr

— Gottes Gnaden oder: die Majestät des Volkes. Ein Zeitgemälde der Gegenwart aus den Papieren eines Verbannten. 16—22. Heft. Berlin 864. Nöhring. gr. 8. (S. 720—1050.) Jedes Heft 3 ngr

— Gottes Gnaden bis zur Octroyirung, siehe: Preußen, Berlin u. die Revolution.

Von der Gnaden Gottes, jrem ordentlichen gang, vnd schnellen lauff . . . O. O. u. J. V: *Landsperger, Joh.*[?]. (Cat. d. Stadtbibl. Zürich. Zürich 1864—97.)

Von Gottes und des heil. Apostolischen Stuhls Gnaden . . . Halle 1748. V: *Lenz, Samuel.* (ML) (Pütter, Litt. d. Teutsch. Staatsr. Gött. 1773—91. IV, 223.)

Von Gott geführt . . . Barmen [1899]. V: *Dohna, M. Gräfin zu.* (Berl)

Von der Jesuiten Gott und ihrer Geistlichkeit. O. O. u. J. V: *Dromna, Leo de.* (Carayon, Bibliogr. de la Comp. de Jés. S. 537.)

Von dem vernünftigen Gottesdienst. Amsterdam [Celle] 1750. V: *Bielcke, Johann Achat Felix.* (Wr)

Von der wahren Gottseligkeit. Neue Aufl. Nürnberg 1829. V: *Terstegen, Gottfried.* (Ky)

—— der wahren Gottseligkeit (, v. Terstegen). Neue Aufl. 8. . . . Nürnberg 829, Raw.

Von den Grazien des Kleinen. In der Schweitz [Biel] 1769. V: *Bodmer, Johann Jacob.* (ML) (Ky) (Mn) (JL) (GGr) (Bächtold, Litt. d. Schweiz. Frauenf. 1892. S. 193.) (Cat. d. Stadtbibl. Zürich. Zürich 1864—97.)

Von den wahren Grenzen der Wirksamkeit des Staates . . . Leipzig 1793. V: *Dalberg, Carl Theod. Ant. Maria Reichsfreih. v.* (Schletter, Handb. d. jurist. Litt. Grimma 1843. S. 327.)

—— Sant Gregorio auf dem Stain und von Sant Gerdraut. Aus dem Winter-Theile des Lebens der Heiligen. Hrsg. von J. V. Zingerle. 16. (VIII, 40 S. mit 1 Holzsohntaf.) Innsbruck 873, Wagner'sche Universitäts-Buchh. *

Von dem Gross-Panetier . . . von Frankreich. [Braunschw. 1782.] V: *Heise, Johann Christoph Friedr.* (MGT)

Von der Grundursache des Verfalls der reichsstädtischen Finanzen . . . Frankf. u. Leipzig 1798. V: *Neu, Martin Wilhelm von.* (will)

Von Hamburg durch den Nord-Ostsee-Kanal nach Kiel. Karte des Kanals und Ansichten. Lithogr. 1 Bl. Quer.-Fol. 18,8/55 cm. Zusammengefaltet in Buchdeckel. 8°.

— Hamburg nach Cuxhaven u. Helgoland. (4 farb. Flaggentaf. u. 1 farb. Elbkarte 79×17,5 cm.) 8. Cuxhaven (906). A. Rauschenplat. n. — 30

Von **Hamburg** nach Cuxhaven und Helgoland. Cuxhaven, Helgoland. [1907.] 8°

— Handlungs-Gesellschaften, ihrer Auseinandersetzung, Gesellschafts- u. d. Gesellschafter Particular-Gläubigern. Nebst einem correcten Abdrucke d. Frankf. Wechsel-Ordnung. gr. 8. Frankf. 824, Varrentrapp.

Von Handlungs-Gesellschaften, ihrer Auseinandersetzung . . . Frankfurt 1825. V: *Meyer, Nicolaus.* (CBH) (Ky) (BrMm) »1824« (EngJ) (Schletter, Handb. d. jurist. Litt. Grimma 1843. S. 299.)

Von Haus zu Haus. Illustrirte Blätter für geistige Erholung und Anregung. Redig. von J. L. Kober. Jahrg. 1860. April bis Decbr. 27 Nrn. (à 1½ Bog. mit eingedr. Holzschn.) Mit 9 Stahlst. gr. 4. Prag, [Kober.] Vierteljährlich Thlr. *

—— dass. — Jahrg. 1861. Jan. bis März. 9 Nrn. (à ½—2 Bog. mit eingedr. Holzschn.) Mit Stahlst. gr. 4. Ebendas.
Ist nicht fortgesetzt worden.

—— Haus zu Haus. Wochenschrift für die deutsche Frauenwelt, hrsg. von Anny Wothe. 1. und 2. Jahrg. 1887/88 und 1888/89. à Jahrg. 52 Nrn. (à Nr. 2 Bog.) 4. Leipzig, Mahn's Verlag. à Jahrg.

—— Haus zu Haus. Wochenschrift f. die deutsche Frauenwelt, hrsg. v. Anny Wothe. 3.—6. Jahrg. 1890—Septbr. 1893. à Jahrg. 52 Nrn. (à Nr. 2 Bog. m. Abbildgn.) gr. 4. Lpz., Von Haus zu Haus, A. Mahn. à Jahrg. 6 —

— Haus zu Haus. Wochenschrift f. die deutsche Frauenwelt, hrsg. v. Anny Wothe. 5.—8. Jahrg. Oktbr. 1891—Septbr. 1895. à 52 Nrn. (à ca. 2 Bog. m. Abbildgn.) gr. 4. Leipzig, Von Haus zu Haus, A. Mahn. à Jahrg. n. 6. —

Von Haus zu Haus. Wochenschrift f. d. deutsche Frauenwelt, hrsg. v. Anny Wothe. 9.—12. Jahrg. Oktbr. 1895—Septbr. 1899. à 52 Nrn. (à ca. 4 Bog. m. Abb.) gr. 4. Leipzig, Von Haus zu Haus, A. Mahn. à Jahrg. 6. —
Kann auch vierteljährlich bezogen werden.

— Haus zu Haus. Wochenschrift f. die deutsche Frauenwelt, hrsg. v. Anny Wothe. 13.—16. Jahrg. Oktbr. 1899 bis Septbr. 1903. à 52 Nrn. gr. 8. (à ca. 44 S. m. Abb.) Leipzig, Von Haus zu Haus, A. Mahn. à Jahrg. 6. —

— Haus zu Haus. Wochenschrift f. die deutsche Frauenwelt, hrsg. v. Anny Wothe. 17.—19. Jahrg. Oktbr. 1903 bis Sept. 1906. à 52 Nrn. (VIII, 1732; VIII, 1684 u. VIII, 1628 S. m. Abbildgn.) gr. 4. Leipzig, [Von Haus zu Haus, A. Mahn]. Vereinigte Verlags- u. Reisebuchhandlungen. à Jhrg. 6. —

— Haus zu Haus. Wochenschrift f. die deutsche Frau u. Familie. Begründet v. Anny Wothe im J. 1887. Red.: Günther Haase. 21. u. 22. Jahrg. Oktbr. 1907—Septbr. 1909. à 52 Nrn. (à ca. 28 S. m. Abb. u. Schnittbogen.) 31,5×23,5 cm. Leipzig, [Vereinigte Verlags- u. Reisebuchhandlgn.]. Berlin, Verlag von Haus zu Haus.
Erscheint nicht mehr. à Jahrg. 6. —

— Haus u. Herd. 16. (6 Farbendr. u. 6 S. Text.) Leipzig 890. Baldamus, Sep.-Cto. cart. m. Goldschn. — 60

Von Haus zu Hof. Wochenschrift für die deutsche Frauenwelt. Jg. 1. 2. Leipzig: Nahn 1887/88. 1888/89. 8°
Hrsg.: Anny Wothe.

— fremden Heeren u. Marinen, s.: Unteroffizier-Bibliothek.

— der Heide. Monatsschrift f. Kultur u. Leben. Hrsg. v. Vikt. Orendi-Hommenau. 1. u. 2. Jahrg. 1909 u. 1910. à 12 Hefte. (à ca. 16 S. m. Abbildgn.) Lex. 8. Temesvar (Bischofsstr. 21), V. Orendi-Hommenau. Postfrei à Jahrg. 4. —

Von gewissen Heilsgütern der Christlichen Kirche. Zum Unterricht der unsichtbaren Kirche. Offenbach 1775. V: *Goué, August Siegfried von.* (Euph 5, 326) (GGr IV, I, 762, 15) (Zeitschr. f. Büch. N. F. 15, 1923, 126) (schstr S. 153)

— evangelischer Heilung u. evangelischer Liebe. Eine Stimme aus der Gemeine. gr. 12. Oldenburg 846, Schulze'sche Buchh. n. ⅓ Thlr

Von dem ritterlichen Heldensänger Hartmann von Owe . . . [Leipz. 1787.] V: *Schliessen, Martin Ernst Freih. von.* (stri) (MGT)

— Herzen. Lieder vom Verf. des Hölty. Augsburg 860. v. Jenisch & Stage. 16. (2 Bl., 96 S.) n. 9 ngr.

Von viel und mancherley Historien in viel Landen und Gegenden . . . O. O. u. J. V: *Peutinger, Conrad.* (Plas)

Von der Hochzeitsfeyer bey den alten Griechen und Römern . . . Dresden 1794. V: *Taubner, Joh. Carl Frdr.* (MGT)

Von den ehemaligen Hofmarken. Schwab. 1767. V: *Neydecker (Neudecker).* (Fiker)

Von der bittersüssen Hoheit, insonderheit der Prediger . . . Görlitz 1753. V: *Knauth, Christian.* (ML) (OL)

—— der Holzart zum Präsidentenstuhl oder Lebensgeschichte des Volksmannes Abraham Lincoln, Präsidenten der Vereinigten Staaten von Nordamerika. 8. (32 S. mit den Portr. von Lincoln und Seward in Holzschn.) Berlin 865, Conrad.

Von dem Hopfen ... Nürnberg 1759. V: *Tresenreuter, Joh. Ulr. Chph.* (TübZ 26, 18)

Von den guten und übeln Jahren und Zeiten der Staaten und Kirche ... vom Cooperator in der Pfarrkirche der ... Stadt Klausen. O. O. 1793. V: *Eisenstecken, Anton.* (margr) (biblPort)

Von der Idee des Staates. Dresd. 1809. V: *Müller von Nittersdorf, Adam Hnr.* (GGr)

— jenseits der Leitha. Ein Novellenkranz nach ungar. Autoren. Deutsch v. Ign. Kugel. 8. (165 S.) Wien 872. Perles. n. 3. —

Von Jerusalem nach Bethlehem. Offenes Sendschreiben an die Hochgeb. Frau Ida Gräfin Hahn-Hahn zu Nutz u. Frommen aller neubekehrten Katholiken hrsg. von Irenäus Monasticus. 8. (96 S.) Berlin 851, Decker. 1/2 Thlr.

Von dem Neuen Jerusalem und seiner himmlischen Lehre, nach Gehörtem aus dem Himmel ... Übersetzt v. J. F. Immanuel Tafel. Tübingen 1860. V: *Swedenborg, Immanuel.* (Cat. Tüb. G. Nachtr. 5) (Ky) (Zu) (Cat. d. Stadtbibl. Zürich. Zürich 1864—97.)

— dem Neuen Jerusalem und seiner himmlischen Lehre, nach Gehörtem aus dem Himmel. Welchem etwas voraus geschickt wird über den Neuen Himmel u. die Neue Erde. (Von Imman. Swedenborg.) Aus der 1758 zu London gedr. lateinischen Urschrift erstmahls übersetzt von J. F. Imman. Tafel. Tübingen 860. Verlags-Expedition. gr. 8. (278 S.) n. 1 Thlr.

— der Ilmenau. Ein Flugblatt. gr. 4. (4 S.) Hamburg 849, Meißner & Schirges. 1 Ngr.

Von dem Inbegriff der Reichsvikariatsgerechtsame überhaupt ... O. O. 1791. V: *Tröltsch, Johann Friedrich Reichsfr. von.* (ML) (BB)

— der Isar. Jahrbuch des Vereins für deutsche Dichtkunst in München für das Jahr 1851. Mit 5 Stahlst. nach Originalzeichnungen von Bonavent. Genelli, Carl Piloty, Aug. Bräutigam u. Frdr. Mayer. 8. (XIV u. 408 S.) München 851, Kaiser. In Engl. Einb. m. Goldschn. n. 2 Thlr.

— dem 350jährigen Jubelfeste der königl. sächsischen Fürsten- u. Landesschule zu Grimma am 23. u. 24. IX. 1900. gr. 8. (IV, 96 S.) Grimma 900. (F. Hering.) n.n. 1. —; m. 3 Taf. n.n. 1. 25

Von Juda, dem ungerechten Haushalter ... Hamb. [176?]. V: *Kohl, Johann Peter.* (ML)

Von der heiligen Jungfrau und Märtyrin Philomena. ... 2. Aufl. Bonn 1839. V: *Passy, Anton.* (Th)

Von J. C.tis pseudonymis. [Leipzig 1797.] V: *Siebenkees, Joh. Chn.* (MGT)

— Kaiser u. Reich, s.: Schriften, kleine.

Von der Kaiserin zu Rom. O. O. u. J. V: *Rosenplüt, Hans.* (BGE VII², 543)

Von dem Kalchhandel in Nürnberg. [Nürnberg 1794.] V: *Siebenkees, Johann Christian.* (MGT) »1799« (Will)

Von der Kenntniss und den Heilungsmitteln aller venerischen Zufälle. Leipz. 1792. V: *Hochheimer, Carl Frdr. Aug.* (Call)

— den Kennzeichen eines gesunden u. kranken Pferdes, u. der allgem. Hülfsmitteln bei vorkomm. Krankheitszufällen desselben. Nebst e. Abhandlung. Vom Alter eines Pferdes u. dessen Kennzeichen. Mit 1 lithogr. Tafel. .. Darmstadt ... Dingeldey. 1/4 Thlr.

— schwarzen, braunen u. gelben Kindern, s.: Missions-Traktate, kleine. Nr. 37.

—— der Kindertaufe, s. Sartorius, E.

Von der Kindertaufe. A. d. Engl. ... Nürnb. 1716. Ü: *Negelein, Joachim.* (Adel)

— der kathol. Kirche. 1s u. 2s Heft. Herausgg. v. Pfarrer v. Dittersdorf in Goldberg. 8. Bresl. 827, Max u. C. 1s 14 gr. 2s 12 gr.

—— der kathol. Kirche. Eine theolog. Zeitschr., zunächst f. d. Bisthum Breslau. (Mit Beiträgen v. Becherer, Hauber, Herber, Hübner, Knoblich, Oberthür, J. P. Silbert u. a. m.) Hrsg. v. K. v. Dittersdorf. 3—9. Hft. 8. (61 B.) Breslau 829, Max u. Komp. à

—— dass. Hrsg. v. K. v. Dittersdorf u. Knoblich. Jahrg. 1830. 6 Doppelhfte. 8. Ebds.
1. u. 2. Hft. Ebendas. 1827. 1 Thlr. 2 Gr. — 1—9. Hft. ungetrennt, herabges. Pr. 2 Thlr. 12 Gr.

Von der wahren Kirche. O. O. 1709. V: *Metternich, von.* (Myl)

Von der Kirche in dieser Zeit. ... Münster 1819. V: *Sommer, Johann Frdr. Joseph.* (Schmal) (MGT)

— der Kirche in dieser Zeit. Betrachtungen von Westphalus Eremita (J. F. J. Sommer.) 2. verm. Aufl. 8. Münster 845, Aschendorff. 1/3 Thlr.

— der allgemeinen **Kirchenversammlung** zu Rom u. von dem unfehlbaren Lehramte des Papstes. Ein Wort an das kathol. Volk von einem Priester des Bisthums Regensburg. Regensburg 870. Pustet. gr. 16. (40 S.) 1 ngr.

Von den Würtembergischen Klöstern. [Mannheim 1775.] V: *Schmidlin, Joh. Chph.* (Heyd)

— der rechten **Klugheit**, s.: Schriften, kleine.

— einem **Knaben** in Thüringen, s. Schillings-Bücher.

Von Knochen einer Frucht, so durch den Hintern abgegangen. [Nürnberg 1787.] V: *Voigt, Joh. Peter.* (Fiker)

Von Colberg nach Sebastopol. Erlebnisse eines Preussischen Veteranen. Berlin 1859. V: *Griebenow, Chr. W.* (Priv.-Bibl. König v. Hannover. Hann. 1863.)

Von Commun- und Privatwäldern . . . Frankf. 1789. V: *Müllenkampf, Frz. Damian Fr.* (EngOec) (Ky)

—— den heyligen drey **künigen**. Nach einer alten Handschrift hrsg. von Ign. Vinz. Zingerle. gr. 8. (VIII und 16 S.) Innsbruck 855, F. Rauch.

Von Königgrätz bis an die Donau. Darstellung der Operationen des österreichisch-preussischen Feldzuges 1866 nach der Schlacht bei Königgrätz. Wien 1903 bis 1907. V: *Steinitz, Eduard Ritter von.* (EB) (Charmatz Weg 88)

Von **Königgrätz** bis an die Donau. Darstellung d. Operationen d. österr.-preuß. Feldzuges 1866 nach d. Schlacht bei Königgrätz. [1–5.] Wien: L. W. Seidel & Sohn 1903–07. 5 Bde 4°(8°)
[1] = Rückzug, Der, d. Nordarmee v. Schlachtfeld d. 3. Juli. 1907.
[2] = Holstein, Das österr. Kavalleriekorps, u. d. Vordringen d. Preuß. Hauptkraft gegen Wien. 1907.
[3] = Donauverteidigung, Die. 1907.
[4] = Tage, Die kritischen, von Olmütz im Juli 1866. 1903.
[5] = Operation, Die letzte, der Nordarmee 1866. 1905. [07. 3717]

—— **Königsgrätz** bis zur Parlamentswahl im Aug. 1867. Betrachtungen eines Königsberger Nationalliberalen. 8. (16 S.) Elbing 867, Meißner. *

Von einer verschollenen Königsstadt . . . Wien 1850. V: *Wurzbach Ritter von Tannenberg, Constantin.* (Ky) (WBL)

— einer verschollenen **Königsstadt**. Ein romantisches Gedicht. Vom Verf. der „Parallelen" (Const. Wurzbach). 16. (XVI u. 300 S.) Wien 850, Pfautsch & Voß. 1⅓ ₰; in Engl. Einb. m. Goldschn. n. 1¾ ₰

Von Copulationen und Hochzeitmahlen, vornehmlich nach den Rechten der Reichsstadt Nürnberg . . . Frankf. u. Leipzig 1783. V: *Mayer, Christoph Daniel.* (Will)

Von der eigentlichen Kraft, wodurch Vegetation und Nahrung geschieht. Frankf. a. M. 1786. V: *Weickard, Melch. Adam.* (Call) (Ky)

— **Kraft** zu Kraft. Zur Belehrg. u. Erbaug. f. Schule u. Haus. (Von v. Rothschild.) 8. (XIII, 170 S.) Offenbach 892. (Frankfurt a/M., J. Kauffmann.) n. 1. 50

Von der faulen und pestartigen Krankheit des Viehes . . . A. d. Franz. . . . Berl. u. Leipz. 1776. V: *Mignot de Mortigny, Etienne.* (BV) (Ky)

Von der Krankheit und Heilart der Pollutionen . . . Hamb. u. Altona [1808]. V: *Albrecht, Joh. Frdr. Ernst.* (Call)

Von der letzten Krankheit des Hrn. Grafen von Bernstorf. 1772. O. O. V: *Hensler, Phil. Gabr.* (Bruun, Bibl. Danica III, 996.)

— der deutschen **Kriegs-Marine**. 1. Hft. Der „Vigilante"-Fall, völkerrechtlich u. praktisch beleuchtet v. H. Tecklenborg. gr. 8. (59 S.) Kiel 873. v. Wechmar. 1. 50

Von Keyserlichen Kriegsrechten, Malefitz und Schulhändeln. Frankf. a. M. 1571—73. V: *Fronsperger, Leonh.* (Verz. d. von Meusebachschen Bibl. Berlin 1855. S. 171.)

Von den gegenwärtigen Kriegsvorfällen. Wien 1788. V: *Schweighofer, Johann Michael.* (EB)

Von der zu strengen Kritik über den Priesterstand. [Dresden 1782.] V: *Hasche, Johann Christian.* (MGT)

Von der Kunst der Menschen Gemüther zu erkennen. O. O. [17??]. V: *Bilderbeck, Christoph Lorenz von.* (Adel)

Von einer Künstlerfamilie zu Schweinfurt, Hrn. Konrad Geiger, und seinen Töchtern. [Dresd. 1808.] V: *Ernesti, Johann Heinrich Martin.* (MGT)

Von einigen Künstlern in Ansbach. [Erfurt 1783.] V: *Köppel, Johann Gottfried.* (ML)

Von den Kunstrichtern. Von F. J. B. Wien o. J. V: *Bob, Franz Josef.* (Bespr. WRDiar 1763, Nr. 44 Anhang) (BiblPort)

Von den Curatoren der Frauenspersonen oder deren Geschlechtsvormündern. [Leipzig 1775.] V: *Hohenthal, Peter Carl Wilhelm Graf von.* (NN)

— den Küsten u. aus See. Flugblatt. Hrsg. u. red. v. H. A. Schumacher. 1. Jahrg. 1871—72. 10 Nrn. (½ B.) gr. 8. Bremen 871. Heinsius. n. 1. —; einzelne Nrn. à n. — 25

— dasselbe. 2—5. Jahrg. 1873—1875 à 4 Hfte. gr. 8. (à Hft. ca. 20 S.) Ebend. à Jahrg. n. 1. 50; einzelne Hfte. n. — 50

— den Küsten u. aus See. Organ der deutschen Gesellschaft zur Rettung Schiffbrüchiger. Hrsg. u. red. vom Bureau der Gesellschaft. 6—11. Jahrg. 1877—1882. à 4 Hfte. gr. 8. (à Hft. ca. 22 S.) Bremen, Heinsius. à Jahrg. n. 1. 50

— den Küsten u. aus See. Organ der deutschen Gesellschaft zur Rettg. Schiffbrüchiger. Hrsg. u. red. vom Bureau der Gesellschaft. 12. Jahrg. 1883. 4 Hfte. gr. 8. (1. Hft. 20 S.) Bremen, Heinsius. n. 1. 50

— dasselbe. 13—15. Jahrg. 1884—1886. à 4 Hfte. gr. 8. (à Hft. ca. 20 S.) Bremen, Dierckson & Wichlein. à Jahrg. n. 1. 25

— den Küsten u. aus See. Organ der deutschen Gesellschaft zur Rettg. Schiffbrüchiger. Hrsg. u. red. vom Vorstande der Gesellschaft. 16.—19. Jahrg. 1887—1890. à 4 Hfte. gr. 8. (à Hft. ca. 20 S.) Bremen, Dierckson & Wichlein. à Jahrg. n. 1. 25

— den Küsten u. aus See. Organ der deutschen Gesellschaft zur Rettg. Schiffbrüchiger. Hrsg. u. red. vom Vorstande der Gesellschaft. 20.—23. Jahrg. 1891—1894. à 4 Hfte. (à ca. 1 Bog.) gr. 8. Bremen, Dierckson u. Wichlein. à Jahrg. n. 1. 25

— den Küsten u. aus See. Organ der deutschen Gesellschaft zur Rettg. Schiffbrüchiger. Hrsg. u. red. v. Vorstande d. Gesellschaft. Jahrg. 1895—1898. à 4 Hfte. (à ca. 1 Bog.) gr. 8. Bremen, Dierckson & Wichlein. à Jahrg. n. 1. 25

— den Küsten u. aus See. Organ der deutschen Gesellschaft zur Rettg. Schiffbrüchiger. Hrsg. u. red. vom Vorstande der Gesellschaft. Jahrg. 1899—1902. à 4 Hfte. gr. 8. (II, 64; II, 64; II, 64 u. II, 60 S. m. 1 bezw. 1, 1 u. 2 Taf.) Bremen, Dierckson & Wichlein. à Jahrg. n. 1. 25

— den Küsten u. aus See. Organ der deutschen Gesellschaft zur Rettg. Schiffbrüchiger. Hrsg. u. red. vom Vorstand der Gesellschaft. Jahrg. 1903—1906. à 4 Hefte. (64, 52, 60 u. 68 S.) gr. 8. Bremen, Dierckson & Wichlein. à Jhrg. n. 1. 25

Von den Küsten u. aus See. Organ der deutschen Gesellschaft zur Rettg. Schiffbrüchiger. Hrsg. u. red. vom Vorstande der Gesellschaft. Jahrg. 1907—1910. à 4 Hefte. (54, 56, 60 u. 60 S.) gr. 8. Bremen, Diercksen & Wichlein. à Jahrg. 1. 25

Von der Lage und den Erweiterungen der Stadt Riga. [Riga 1808.] V: *Brotze, Johann Christoph.* (R-N)

— Land zu Land. Illustriertes Familienblatt f. Unterhaltg. u. geist. Anregg. Verantwortlich f. den unterhalt. Teil: S. Hochstein. Ausg. ohne Mode. Jahrg. 1906. 52 Hefte. (1082 S. m. Taf.) 4. Berlin, W. Vobach & Co. à Hft. — 15

— Land zu Land. Unabhängige Zeitschrift m. der Beilage: Illustr. Chronik der Zeit. Redaktionell vereinigt m. der „Sonntags-Zeitung fürs deutsche Haus". Verantwortlich f. den unterhalt. Tl.: S. Hochstein, f. Österreich-Ungarn: Kunigunde Ausion-Hasatty. Jahrgang 1908/9. Oktbr. 1908—Septbr. 1909. 52 Hefte. (à ca. 24 S. m. farb. Taf.) 31×23 cm. Berlin, W. Vobach & Co. à Nr. — 15; große Ausg. m. Mode à Nr. — 20
Fortsetzg., s.: Sonntags-Zeitung fürs deutsche Haus.

— Land u. Leuten im Odenwald. (Hrsg. v. Fr. Maurer.) (25 Bl. m. 1 Bl. Text.) 32×23 cm. Darmstadt (907). A. Bergsträßer. In Mappe 6. —

Von der Landesadministration bei Gemüthsunfähigkeit des Regenten . . . Stuttgard 1789. V: *Wächter, Carl Eberh.* (Pütter, Litt. d. Teutsch. Staatsr. Gött. 1773—91. IV, 638.)

Von der Landtagsverfassung im Hochstift Merseburg . . . [Leipzig 1796.] V: *Göbel, Joh. Samuel.* (MGT) (MS) (Ky) (ML)

Von dem Leben und den Heldenthaten Napoleons des Grossen. Ulm 1810. V: *Plersch, Robert.* (Pr) (Ky) (BB)

— dem Leben und Sterben vier seliger Kinder. 8. (36 S.) Basel 869. (Barmen, Buchh. der evangel. Gesellschaft.) *

— dem Leben u. Sterben vier seliger Kinder. Ducherow 870. Buchh. des Lehrerwaisenhauses. 8. (36 S. mit 1 Holzschntaf.) 3 ngr.

— — 2. Aufl. Stettin 870. Braudner. 8. (36 S. mit 1 Holzschntaf.) 3 ngr.

Von dem Leben und Sterben vier seliger Kinder. 4. Aufl. Gütersloh 1892. V: *Bodelschwingh, von.* (Ky) (Berl)

— d. Leben u. Sterben vier seliger Kinder. (Von v. Bodelschwingh.) 4. Aufl. 12. (30 S.) Gütersloh 892. C. Bertelsmann. — 15

— dem Leben u. Sterben vier seliger Kinder. 5. Aufl. 12. (30 S.) Bethel bei Bielefeld 901. Buchh. der Anst. Bethel. n. — 10

— dem Leben u. Sterben vier seliger Kinder. (Von v. Bodelschwingh.) 5. Aufl. (30 S.) kl. 8. Bethel bei Bielefeld 901. Verlagshdlg. der Anstalt Bethel. — 10

Von dem Leben und den vorzüglichsten Werken des berühmten Meisters Albrecht Dürer von Nürnberg. Neujahrsgabe für die Besucher des Handwerksaales zu Safran. Basel 855. (Leipzig, R. Weigel.) gr. 4. (8 S. mit Holzschn. im Text u. 2 lith. Taf.) n. 15 *ngr.*

— der Leber weg. Ein Gespräch m. dem jungen Truppenarzt, s.: Publikationen, militärärztliche. Nr. 89.

— Leoben bis Hieflau. Leykam's kleiner illustr. Führer der Erzbergbahn. Mit Benützg. d. Ferd. Krauss'schen Werkes „Die eherne Mark". Illustr. v. A. Gerasch, G. Weineiss u. K. O'Lynch. gr. 16. (112 S.) Graz 892. Leykam. n. — 60

Vom Lesen der heiligen Schrift ... Nach dem Holländischen frei bearb. Mainz 1846. B: *Volk, Wilhelm Gustav Werner.* (KN II, 226) (Zeitschr. f. Büch. N. F. 15, 1923, 126)

— der Liebe. Eine Sammlg. v. Altem u. Neuem, hrsg. v. M. 1.—6. Taus. 8. (153 S.) Konstanz (901). C. Hirsch. Kart. 1. 50

Von der Liebe des Vaterlandes ... Wien 1793. V: *Genersich, Chn.* (GGr)

Von der Liebe des Vaterlandes. Ein philosophisch historischer Versuch. Wien 1793. V: *Genersich, Johann.* (szinnyei 3/1120) (GGr VII/70, Nr. 104/2 »*Genersich, Chn.*«) (WBL 5/34) (KY 2/336; 3/547) (BIBLPORT)

Von dem geistlichen Liede, besonders den ältern Kirchenliedern. ... Heidelb. 1824. H: *Wilhelmi, Carl.* (MGT) (Ky) (EE)

— dem geistl. Liede, besond. d. ält. Kirchenliedern. Vom Verf. von „Wahl u. Führung." gr. 8. Heidelb. 824, Oswald.

Von der Linderburg im Amte Calvörde. [Braunschweig 1785.] V: *Ress, Johann Heinrich.* (MGT)

Von der Luft in Campagna di Roma, und dem Einfluss den sie auf den Feldbau hat. [Leipzig 1789.] V: *Jagemann, Christian Joseph.* (MS)

— Lüneburg bis Langensalza. Erinnerungen e. hannov. Infanteristen. gr. 8. (VIII, 152 S.) Bremen 894. C. Schünemann. 2. —

— Lüneburg bis Langensalza. Erinnergn. e. hannoverschen Infanteristen. 2., ergänzte u. verm. Aufl. M. d. Bildn. d. bei Langensalza gefallenen hannoverschen Offiziere u. Unteroffiziere. gr. 8. (VII, 168 S. m. 2 Taf.) Bremen 895. C. Schünemann. n. 2. —; geb. in Leinw. n. 3. —

Luzern. Von L' an die Oberitalienischen Seen und nach Mailand. Praktischer Reiseführer für Luzern u. Umgebung, den Vierwaldstätter See, die Gotthardbahn, Locarno und Umgebung, den Lago Maggiore, Lugano und den Luganer See, den Comer See, Como, Mailand, Pavia und Monza (**Umschlag:* Oberitalien. Seen — Luzern — Mailand). Mit zahlreichen Ansichten, vier Karten [Tafeln] und drei Stadtplänen [wovon 1 Tafel]. IV + 144 S. 8. Darmstadt und Leipzig, Karl P. Geuter, 1904. (M. 1. 50)

Geuters Führer. Neue Folge der »Städtebilder und Landschaften aus aller Welt«. (Nr. 214-216.)

Luzern. Von L' an die Oberitalienischen Seen und nach Mailand. Praktischer Reiseführer für Luzern u. Umgebung, den Vierwaldstätter See, die Gotthardbahn, Locarno und U', den Lago Maggiore, Lugano und den Luganer See, den Comer See, Como, Mailand, Pavia und Monza (**Umschlag:* Oberitalien. Seen). Mit zahlreichen Ansichten, vier Karten [Tafeln] und drei Stadtplänen [wovon 1 Tafel]. IV + 144 [+ *Anzeigen-Anhang* 16] S. 8. Darmstadt und Leipzig, Karl P. Geuter, (1904—1907). (M. 1. 50)

Geuters Führer. Neue Folge der »Städtebilder und Landschaften aus aller Welt«. (Nr. 214-216.)

(*Titel-Ausg. der* 1904 *ersch. 1. Aufl., mit Anzeigen-Anhang* 1907.)

Von Luzern an die oberitalienischen Seen und nach Mailand. Praktischer Reiseführer ... Darmstadt und Leipzig [1909]. V: *Geuter, Karl P.* (stadtbibl. Berlin XVI)

Von einer eignen Art Lymphgeschwulst ... Wien 1801. V: *Beinl Edl. v. Bienenburg, Anton.* (Call)

Von der Macht des römischen Stuhls in Aufhebung der Regularorden ... München 1774. 2. Aufl. 1775. V: *Braun, Heinrich.* (ML)

— Mainz bis Köln auf Rheines Well'n. Ein Führer in der Westentasche, verfasst bei e. Rheinweinflasche. 12. (16 S.) Coblenz 886. Groos. — 30

— Mainz bis Köln auf Rheines Welln! — Von Köln bis Mainz auf Welln des Rheins! (In Versen.) 8. (68 u. 68 S.) Kreuznach 894. F. Harrach. n. 1. —

der Manège bis zur Hofburg. (Auch m. d. Tit.: Pikantissima. Th. 2.) Cincinnati (187*). Kl. 8⁰. Zahm. (½ Rthl. Fischhaber vor 1875.)

VON der Manège bis zur Hofburg. (Auch tit.: Pikantissima II.) Cincinnati, George Brown, o. J. (c. 1875). 8⁰. Ziemlich zahm. (3 Mk. Scheible, vor 1885.)

— den Mann, de sick wat maken kann. (Lammerstraat-Lied.) 25. Oplag. Jubiläums-Oplag. 4. (4 S. m. farb. Abb.) Hamburg 895. F. Schlotke. 12 Stück n. 1. —

— Mara nach Elim. Dichtungen zum Katechismus. 12. (X, 168 S.) Frankfurt a/M. 886. Drescher. geb. m. Goldschn. n. 3. —

Von Mara nach Elim! Des Herrn Gnadenwerk im Blauen Kreuz. Barmen 1897. 24 S.

— Mara nach Elim, 2. Aufl., s.: Schumacher, Karl.

Von dem möglich rechtlichen und national-ökonomischen Maassstabe zur Repartition der Grundsteuer ... München 1814. V: *Dätzl (Däzl), Georg Anton.* (Ky) (MGT) (Wa)

— sant Menrat ein hüpsch lieplich lesen, was ellend vnn armut er litten hat. Getrückt zu Basel by Michel furter 1496. Facsm.-Neudr. 8. (48 S. m. Abbildgn.) Berlin 890. Stargardt. n. 10. —

Von den Menschen, von ihren Arten und von ihrer Zucht ... Wien 1785. 1814. V: *Wolstein, Joh. Glieb von.* (Ky)

— dem inwendigen Menschen. Nebst einem Anhange alter Kirchenlieder. Aus dem Lateinischen übertr. von de Marées. Berlin 857. Wohlgemuth. 32. (VII, 141 S.) 6 ngr.

Von magern und fetten Menschen in Rücksicht auf die Kunst. [Mannheim 1792.] V: *Junker, Carl Ludw.* (MGT) (ML)

— Metternich bis Thun. 50 Jahre Oesterreich! 1848 bis 1898. Von H. M. gr. 8. (59 S.) Zürich 899. C. Schmidt. n. — 60

Von Metternich bis Thun. Von H. M. Zürich 1901. V: *Herbatschek, Heinrich.* (Kü 31)

Von den Mitteln, die Gesundheit zu erhalten. Grätz 1792. V: *Gabriel, Joh. Jac.* (Call)

Von den Mitteln in Grunden sein Glück zu machen. Leipz. 1797 [1798]. V: *Fikenscher, Georg Wolfgang Augustin.* (Fiker) (MGT) (Wr) (Ky)

Von einigen Mitteln, die katholische Religion erbaulicher ... zu machen ... Salzburg 1790. V: *Waltl, Joseph.* (MGT)

Von den Mitteln, den Zustand der Arbeiter gründlich ... zu verbessern ... Berlin 1849. V: *Crelle, Aug. Leop.* [?] (Stam)

— den Mitteln, den Zustand der Arbeiter gründlich und auf die Dauer zu verbessern. Mit Bemerkungen über darauf Bezügliches: Steuern, Wahlen der Volksvertreter, Volks-Unterricht, freie Presse, Volksversammlungen und allgem. Bewaffnung. gr. 8. (III und 172 S.) Berlin 849, G. Reimer. —

Von der Mode. Bern 1769. V: *Meister, Leonhard.* (Cat. d. Stadtbibl. Zürich. Zürich 1864—97.)

— der Monarchie, ihrer Nothwendigkeit u. Gefahr. Ein wissenschaftl. Capitel v. Vict. Hartogensis. gr. 8. (51 S.) Berlin 889. Stilke. n. 1.

Von einem seltenen Monarchomacho. [Leipzig 1797.] V: *Siebenkees, Joh. Christian.* (MGT)

Von dem geschwornen Montage oder den Rüge-Gerichten an der Lahn. Marburg 1768. V: *Eberhard, Johann Friedrich.* (zuwzür 19, 1915, I, S. 25)

Von der natürlichen Moral. A. d. Franz. ... Leipzig 1789. V: *Meister, Jacob Hnr.* (ErGr) (ErschDL) Ü: *Schultess, Georg.* (MGT) (Ky) (GGr) (Cat. d. Stadtbibl. Zürich. Zürich 1864—97.)

Von dem uralten Möttelischloss ob Rorschach. [St. Gallen 1870.] V: *Götzinger, Ernst.* (Cat. der Stadtbibl. Zürich. Zürich 1864—97.)

Von christlichen arabischen Münzen. O. O. [179?]. V: *Tychsen, Oluff Gerhard.* (MGT) (Ky)

Von dem liefländischen Münzwesen des 15ten Jahrhunderts ... [Riga 1797.] V: *Brotze, Johann Christoph.* (R-N)

—— der Mur. Lustiges aus Ober- u. Freundliches aus Untersteier, s.a. Volkssagen, steirische.

— der Mur. Lustiges aus Ober- und Freundliches aus Untersteier. 16 u. 26 Floß. (Heft.) Jedes mit 1 gemalten Titelbild. 16. Grätz 837. Ludewig; Leipzig, Hunger. à 1/4 ℛ

— Nah u. Fern. Illustrirte Wochenschrift f. die deutsche Familie. Red.: Edm. Veckenstedt. 1. Jahrg. Octbr. 1884—Septbr. 1885. 52 Nrn. (2 B.) gr. 4. Leipzig, Denicke. n. 6. 40; in 26 Hftn. à n. — 30

— dasselbe. 2. u. 3. Jahrg. Octbr. 1885—Septbr. 1887. à 52 Nrn. (2 B.) gr. 4. Ebend. à Jahrg n. 6. —; in 26 Hftn. à n. — 25; in Nrn. à n. — 10

— Nah u. Fern. Illustrirte Wochenschrift f. die deutsche Familie. Red.: O. Wilda. 6. u. 7. Jahrg. Oktbr. 1889—Septbr. 1891. à 52 Nrn. (2 B.) gr. 4. Breslau, Schlesische Verlags-Anstalt. n. 6. —

— Nah u. Fern. Illustrirte Wochenschrift f. die deutsche Familie. Red.: Osk. Wilda. 8. u. 9. Jahrg. Octbr. 1891—Septbr. 1893. à 52 Nrn. (2 Bog.) gr. 4. Breslau, Schlesische Verlags-Anstalt. à Jahrg. n. 6. —

— der Nahrung der Vögel. 2 Abhandlgn. I. Herman, Otto: Nahrung der Vögel. — II. Csiki, E.: Positive Daten üb. die Nahrung uns. Vögel. (Deutsch u. ung.) (61 S.) Lex.-8. Budapest 904. (F. Kilián's Nachf.)

Von den Namen der Monate und Wochentage. [Hann. 1776.] V: *Heise, Johann Christoph Friedrich.* (MGT)

Von dem Teutschen Nationalgeist. Frankf. 1765. V: *Moser, Friedrich Carl Freih. von.* (ML) (Ky) (Stri) (BrMm) (ADB 22, 770) (Cat. d. Stadtbibl. Zürich. Zürich 1864—97.)

Von den Nationallastern. Wien u. Pressburg 1789. V: *Zimmermann, Joh. Georg.* (Karajan)

Von den verschiedenen Nationen und Religionspartheyen im Türkischen Reiche. (Leipz. 1784.] V: *Niebuhr, Karsten.* (MS)

Von der Natur der Beredsamkeit. Zürich 1725. V: *Bodmer, Joh. Jac.* (GGr)

Von der Natur, Eigenschaft und Fortpflanzung der wilden Bäume. Wolfenbüttel 1754. V: *Brocke, Hnr. Chn von.* (ML)

Von der Natur des Torfes und von Zubereitung morastiger Gegenden zum Ackerbau. Bern 1782. V (Natur...): *Hagen, Joh. Hnr.* V (Zubereitung ...): *Hilsing, Carl.* (BrMm)

—— der Naturnothwendigkeit der Unterschiede menschlichen Handelns. Eine Untersuchg. der Ursache v. Verbrechen u. abnormen Geisteszuständen. Von ***. gr. 8. (46 S.) Berl. 892, Bibliogr. Bureau. * — 50

Von Neukirch vor und seit dem Jahre 1743 ... Liegnitz 1793. V: *Bergmann, Carl Gottlieb.* (Nent) (MGT)

Von der Neutralität des Wohnorts des kaiserlichen und Reichskammergerichts in Kriegszeiten. Wetzlar 1796. V: *Hofmann, Caspar Friedrich.* (Oa) (MGT)

Von den Niederlassungen der Engländer auf der Abendküste von Afrika ... [Braunschw. 1782.] V: *Heise, Johann Christoph Friedrich.* (MGT)

Von Nicolaus I zu Alexander III. St. Petersburger Beiträge zur neuesten Geschichte. 2. Aufl. Leipz. 1881. V: *Eckardt, Julius Wilh. Alb.* (Hauptkat. d. Univ.-Bibl. Tüb. F. Nachtr. 13.) (Kat. d. ständ. Bibl. Stuttg. 1907. S. 558.) (Doubletten Anzeiger 1903. Nr. 16.)

— Nicolaus I. zu Aloxandor III. St. Potersburger Boiträgo zur nouosten russischon Geschichto. 1. u. 2. Aufl. gr. 8. (VI, 426 S.) Loipzig 881. Dunckor & Humblot. n. 8. —

Von der Nominal-Professur des Teutschen Staatsrecht. [Leipzig 1797.] V: *Siebenkees, Johann Christian.* (MGT)

Von Nöthigung der Unterthanen zu regulären Kriegsdiensten. O. O. 1765. V: *Moser, Johann Jacob.* (Pütter, Litt. d. Teutsch. Staatsr. Gött. 1773—91. IV, 309.)

Von der Nothwendigkeit einer theologischen Grundlage der gesammten Staatswissenschaften ... Leipz. 1819. V: *Müller von Nittersdorf, Adam Hnr.* (GGr)

Von Nothwendigkeit und Nutzen der Geographie ... Berlin 1727. V: *Hering, Georg Carl.* (ML) (Adel)

Von der Nutzbarkeit und dem Schaden der Schaafzucht ... Hersfeld 1783. 1790. V: *Schwarz, Johann George Gottlob.* (ML) (Stri) (Ky)

Von dem ausgebreiteten Nutzen der vaterländischen Geschichte ... O. O. 1773. V: *Mertens, Hieronymus Andreas.* (MGT) (BB)

— dem Nutzen und den Wirkungen eines öftern würdigen Empfanges der heiligen Sacramente der Beicht und des Altars. Bestättiget durch Zeugnisse der Kirchenväter und Beispiele der Heiligen aus allen christl. Jahrhunderten. Mit Titelbild. 8. Landshut 837. Thomann. 3/8 ₰

Von der Objektivität, Wahrheit und Begründung der Kenntnisse. Altenburg 1799. V: *Abicht, Joh. Hnr.* (EB)

Von der Obliegenheit der Landesregenten und der Landstände, den Druck des gemeinen Mannes zu erleichtern ... O. O. 17?? V: *Horix, Joh. Bapt. von.* (ADB)

Von der Obliegenheit der Landesregenten und der Landesstände den Druck des gemeinen Mannes zu erleichtern. Wien 1791. V: *Horix, Joh. Bapt. Freih. von.* (Brünner Zeitung 1790, Nr. 102, S. 888) (Feil 3285) (Ky 4/257) (Auct. Kutschera 8008) (wrztg 1790, S. 2834; 1791, S. 335) (BiblPort)

Von den geistlichen Ordensgelübden. Wien 1782. V: *Hiltenbrand, Anton.* (MGT)

Von dem Kloster Padis. [Riga 1808.] V: *Brotze, Johann Christoph.* (R-N)

Von denen Palatiis regiis, Kaiserlichen Pfalzen oder Residenzen . . . Cölln 1766. V: *Neydecker (Neudecker).* (Holz)

Von der Perlenfischerey der Holländisch-Ostindischen Compagnie . . . [Braunschweig 1775.] V: *Heise, Johann Christoph Friedrich.* (MGT)

— der Person des Königs in der repräsentativen Monarchie Preußen. Von K... L...... gr. 8. (42 S.) Berlin 851, Brandis. n. 1/6 ℛ

Von der Pest, die Livland ehemals ausgestanden hat. [Riga 1808.] V: *Brotze, Johann Christoph.* (R-N)

Von der Pest, ihren Ursachen, Zufällen . . . A. d. Franz. . . . Leipzig u. Stendal 1783—90. V: *Chicoyneau, Franç. & Jean Baptiste Senac.* (EB)

Von der livländischen Pferdezucht und einigen bewährten Pferdekuren. [Leipzig] 1774. V: *Wilde, Peter Ernst.* (Ky)

Von der Pflege des kindlichen Sinnes bey unseren Töchtern . . . [Riga 1815.] V: *Bourrig, Johann Samuel Friedrich.* (R-N)

Von den Pflichten gegen Gott; ein moralischer Aufsatz . . . München 1791. V: *Gaill, Gelasius.* (MGT)

Von den Pflichten eines angehenden Staatsbeamten. Brünn 1777. V: *Schulz, Leop. Ludw.* (KY 5/179) (WBL 32/198) (Boehm. Litterat. 1779) (BiblPort)

Von den Pflichten christlicher Unterthanen gegen die bürgerliche Verfassung ihres Vaterlandes . . . Leipz. 1795. V: *Pfeil, Johann Gottlob Benjamin.* (MGT) (ML)

Von den Pflichten, welche aus der Verderbniss eines Staates fliessen. Wien 1774. V: *Sonnenfels, Jos. von.* (System. Verzeichniss . . . Bücher . . . bei Aug. Graeffer . . . Wien 1780. S. 535, S. 103) (BiblPort)

Von der Pimpernuss oder Pistazien. [Braunschweig 1777.] V: *Heise, Joh. Christoph Friedrich.* (MGT)

Von Pinzgau. Salzburg 1866. V: *Dürlinger, Joseph.* (Mitth. Dr. Ign. Schwarz) (EB)

Von der musikalischen Poesie. Berlin 1752. V: *Krause, Christian Gottfried.* (Antiqu.-Kat. Rich. Härtel-Dresden. Nr. 59 sub 745. Aukt.-Kat. 27. 28. V. 1909.) (Bernsdorf, Neues Universal-Lexikon der Tonkunst. II. Dresden 1857. S. 652.)

— Pol zu Pol. Internationale Revue f. das geist. Leben aller Nationen. Hrsg. v. A. Brehmer. Neue Folge. 1. Jahrg. 12 Hfte. (6 B.) gr. 8. Laibach 884. (Kleinmayr & Bamberg.) à Hft. n. 1. —

— der Polsenz. I. Same u. Frucht. Ein Mahnwort an's Christenvolk. II. Reißt doch die Schule von der Kirche los! Linz 868. Danner's Verl. 8. (III, 96 S.) 10 ngr.

Von der aurorafärbigen Porzellanschnecke. [Erlangen 1789.] V: *Esper, Eugen Johann Christoph.* (Fiker)

Von einer Predigt, so gehalten wurde am 24. Juli 1887 in der Pfarrkirche Meiningen. Salzburg 1888. V: *Schöpf, Joseph Anton.* (Hr)

Von Proselyten und Neophyten, oder Neubekehrten. O. O. 1776. V: *Steck, Joh. Chph Wilh. von.* (Holz)

Von einigen Provinzialfehlern der Oberteutschen. [Nürnberg 1798.] V: *Siebenkees, Joh. Chn.* (Will) (MGT)

— d. 8. Provinzialversammlung d. rhein. Hauptvereins d. Evangelischen Bundes. gr. 8. Trarbach 895. G. Balmer. n. — 20
Festpredigt v. Sell. Ansprache v. Giesecke. Ansprache v. Kremers. (20 S.)

— dem Prozesse und der Geschäftsbehandlung bei den zur Zuständigkeit der k. bayer. Stadt- und Landgerichte in den Landestheilen diesseits des Rheins gehörigen Uebertretungssachen. 8. (X und 150 S.) Würzburg 863, Goldstein'sche Buchh.

Von der Puzzolane und deren nüzlichem Gebrauche . . . A. d. Franz. . . . Dresden 1784. V: *Faujas de Saint Fond, Barthélemy.* (Gatterer, Repert. d. mineral. Litt. Giessen 1798—99. II, 41.) (Kat. d. Bibl. d. Techn. Hochsch. Berlin 1900.)

— von Quellen, s. a. (Schulze, Frz.)

Von Quellen, mit Rücksicht auf das Harzgebirge und den Brocken . . . Halle 1829. V: *Schulze, Franz.* (Ky)

Von Bruoder Rauschen, und was wunders er getrieben hat in einem Closter ... Wien 1835. H: *Wolf, Ferd. Jos.* & *Steph. Frdr. Ladisl. Endlicher.* (BrMm)

Von dem anmasslichen Rechte eines Reichsverwesers, Reichsvicariatskommissaren zu den teutschen Bischofswahlen zu schicken. Mainz 1790. V: *Roth, Johann Richard von.* (HS) (MGT) (EngJ) (Ky) (Pütter, Litt. d. Teutsch. Staatsr. Gött. 1773—91. IV, 706.)

Von dem Recht der geistlichen Fürsten in Teutschland, ihre Klöster ... zu dem erforderlichen Unterhalt der Schulen ... anzuhalten. Frankf. u. Leipzig 1786. V: *Cotta, Christoph Friedrich.* (MGT) (Ky) (Pütter, Litt. d. Teutsch. Staatsr. Gött. 1773—91. IV, 551.) (Schletter, Handb. d. jurist. Litt. Grimma 1843. S. 113.)

Von dem bis ins 5. Jahrhundert in Oberlausitz gewöhnlich gewesenen Rechte. [Görlitz 1739.] V: *Meissner, Christian Gottfried.* (OL)

Von dem Rechte des Landesfürsten, die geistlichen Personen und Güter zu besteuern ... Anderte Ausg. Augsburg u. Freyburg i. Br. 1770. V: *Riegger, Jos. Ant. von.* (Cl.Zür Forts. III)

Von dem Rechte des Theilschillings und Vorfanges. [Laub. u. Leipz. 1756.] V: *Meissner (Meisner), Christian Gottfried.* (OL) »1748« (ML)

— dem Rechte der Verleihung der Kirchenämter und dem Patronate in besonderer Berücksichtigung der Verhältnisse in dem Großherzogth. Baden. Abdr. aus dem „Magazin fur Bad. Rechtspflege rc.“ Mannheim 857. Löffler. gr. 8. (24 S.) n. 6 ngr.

Von den Rechten der Nürnbergischen Eigenherrschaften. Nürnberg 1798. V: *Siebenkees, Johann Christian.* (EngJ) (Ky) (MGT) **(Schletter, Handb. d. jurist. Litt. Grimma 1843. S. 237.)**

Von einer Reformation in Italien. O. O. 1775. V: *Pilati di Tassulo, Carlo Antonio.* (FB)

Von der Regierung der Welt. Coburg 1749. V: *Sucro, Chph Jos.* (ML)

Von Kaiser Karls des Großen und Josephs des II. Regierungen vom Jahr S11 und 1781. Fragmente. O. O. 1780. V: *Maier, Johann Christian.* (Kat. d. ständ. Bibl. Stuttg. 1907. S. 97.)

Von K. Karls des Grossen und Josephs II. Regierungen ... O. O. 1781. V: *Majer, Joh. Chn.* (Weber)

Von dem Markt und der Vogthey Rehau. [Bayr. 1769.] V: *Wunderlich, Johann Georg.* (Fiker)

Von dem Reiche Gottes ... Zürich 1774. V: *Hess, Joh. Jac.* (AarK)

Von Kaiser Rudolf des ersten Reichsgesetz, den Gebrauch der Teutschen Sprache betreffend. [Leipzig 1797.] V: *Siebenkees, Johann Christian.* (MGT)

Von den Herzogl. Sächsischen Reichs-Tag Stimmen und der Frage: Ob der Grund der ietzigen Stimmen ... in der Observanz des Reichs-Tags vom Jahr 1582 zu suchen sey? Hildburgh. 1779. V: *Röder, Joh. Ulr.* (Holz)

Von der Reichsvermittelung. O.O. 1757. V: *Flörke, Joh. Ernst.* (Schletter, Handbuch der jurist. Litt. Grimma 1843. S. 298.)

— der Reinhaltung und Reinigung der heiligen Geräthe und Gewänder. München 860. Lentner. 16. (32 S.) n. 2 ngr.

Von der Reinigkeit und Richtigkeit des lateinischen und deutschen Ausdrucks. Gera 1784. V: *Schütze.* (Rüdiger, Neuester Zuwachs. Liegnitz 1782—93. IV, 185.)

Von Reinigung der Gassen und Strassen in grossen und volckreichen Städten ... Dresden [1730?]. V: *Marperger, Paul Jacob.* (BrMm)

Von der Reinlichkeit, ihrem Einfluss auf die Gesundheit und ihren Wirkungen ... Darmstadt 1828. Ü: *Amelung, Franz & Georg Schatzmann.* (HS) (Ky) (NN)

—— der Reinlichkeit, ihrem Einflusse auf d. Gesundheit u. ihren Wirkungen auf Erhaltung d. körperl. Schönheit, auf d. Wohlseyn u. die Dauer d. Lebens. A. d. Franz. 12. (7 B.) Darmstadt 829, Leske.

Von einer Reise nach Italien; in Briefen. Basel 1867. V: *Sarasin, Carl.* (Cat. d. Stadtbibl. Zürich. Zürich 1864—97.)

Von einer Reise nach Italien. In Briefen (von K. Sarasin). 8. (IV und 196 S.) Basel 867, (Schneider.) *

Von der Religion. Königsberg, Leipzig u. Mietau 1764. V: *Schmidt, Jac. Friedrich.* (JL) (Ky)

Von der Religion der alten Teutschen und Nordischen Völker ... Alt. 1781. V: *Siebenkees, Johann Philipp.* (BB) (ML) (Ky)

Von der Religion des Landes, und dem Kirchenwesen überhaupt. [Altenburg? 1794?] V: *Gruner, Glob Lebrecht.* (BrMm)

— der Renaissance zu Jesus. Bekenntnisse e. modernen Studenten. (Von Frz. Spemann.) 8. (80 S.) Stuttgart 903. J. F. Steinkopf. Kart. n. 1. —

— der Renaissance zu Jesus. Bekenntnisse e. modernen Studenten. (Von Frz. Spemann). 1.—5. Aufl. (à 80 S.) 8. Stuttgart 903. 904. J. F. Steinkopf. Kart. n. 1. —

Von der grossen Revolution in dem Handel von Europa ... [Braunschw. 1776.] V: *Heise, Joh. C.ph Frdr.* (MGT)

Von Recesswidrigen oder doch unbewilligten Land-Steuern ... O. O. 1765. V: *Moser, Joh. Jac.* (Pütter, Litt. d. Teutsch. Staatsr. Gött. 1773—91. IV, 316.)

Von Riga bis Rom. Reisebriefe eines Rigensers 1857—58. Berlin-Lichterfelde 1913. V: *Grass, Karl Johann Salomo.* (Stadtbibl. Berlin XVI)

— der Riviera zum Bosporus u. zu den Nilfällen. Nörgelnde Reiseskizzen e. Weltbummlers. (VII, 198 S. m. Abbild.) gr. 8. Leipzig (907). Woerl's Reisebücher-Verl. 2. 50

—— Rom nach Jerusalem. Eine Lösung der italien. Frage. gr. 8. (15 S.) Frankfurt a. M. 860, Auffarth. *

— dem glänzenden Ruhme Jesu Christi unsers Herrn, während seiner irdischen Wanderzeit; nebst einigen seine äußerl. Lebensweise betreffenden Umständen. Aus den Latein. übersetzt von L. A. Mayer. 8. Bresl. 826, Max u. C.

— gelehrten Sachen, s.: Neudrucke, Berliner.

Von dem Sakrament der Firmung und von der Art, dasselbe würdig zu empfangen. Prag 1791. V: *Kindermann Ritter von Schulstein, Ferd.* (Eduard Winter: Ferdinand Kindermann Ritter von Schulstein. Augsburg 1926) (BiblPort)

Von Salzburg nach Passau. Salzburg 1884. V: *Emmer, Johannes.* (Hr)

Von der ehemaligen St. Christoph-Gesellschaft ... wider das Zutrinken. [Braunschweig 1774.] V: *Heise, Johann Christoph Friedrich.* (MGT)

— Savoyen f. die Schweiz. Eine militär-polit. Studie v. e. schweizer. Offizier. gr. 8. (47 S.) Zürich 885. Schulthess. n. 1. -

Von dem Schaden und Missbrauch der Klystiere für Ärzte und Kranke ... Leipzig 1798. V: *Michaelis, Christian Friedrich.* (Ky)

Von der Schädlichkeit der allzugrossen Reichthümer der Geistlichen in Absicht auf den Neapolitanischen Staat ... O. O. 1769. V: *Albano, Sebastiano.* (MS)

Von der Schädlichkeit des Systems der Ehe. O. O. 1792. V: *Lawrence, Joh.* (MGT)

Von der Schauspielkunst. Wien 1780. V: *Heinze, Wenzel Siegm.* (Bespr. Realzeitung 18/IV, 1780, S. 251) (Auct. Eckl 1/121) (Auct. Perl April 1900, Nr. 1109) (Auct. Kürschner 2650) (Liepmannsohn 199/299) (Levi 168/640) (A. Schiffmann, Drama 154) (BiblPort)

Von der Scheidung der vier Elemente aus dem ersten Chaos. Berlin 1744. V: *Jugel, Joh. Gfr.* (EB)

— der Schiller-Feier 1905 in der Kreisstadt Plauen. Günther, Ernst: Spanischer Prolog bei der vom königl. Gymnasium am 8. V. im Stadttheater veranstalt. Vorstellg. — Rödiger, Karl: Festrede bei der am 9. V. auf Veranlassg. des Stadtgemeinderates stattgefund. öffentl. Feier im Pratersaale. (28 S.) 8. Plauen (905). A. Kell. n. — 40

Von Schlesien vor und nach dem Jahre 1740. Freyberg [Breslau] 1785. V: *Klöber u. Hellscheborn, Carl Ludwig.* (ML) (Ky) (Nent) (CBH) (LVS) (MS) (BrMm)

Von vorsichtiger Schliessung der Contracten. [A. d. Lat.] . . . Frankf. 1705. V: *Stryk, Samuel.* (CBH)

— Schmerling bis Glasor-Ungor. Curriculum vitae des Centralismus in Oesterreich. 8. (24 S.) Leipzig 879. O. Wigand. — 50

Von Schreibtisch und Werkstatt. Handel, Gewerbe und Industrie im Geiste des schaffenden Berlin. Berlin 1896. V: *Stein, Philipp & Wolfg. v. Metzsch.* (Berl)

— Schreibtisch u. Werkstatt. Handel, Gewerbe u. Industrie im Geiste d. schaff. Berlin. (Ausstellungsgedenkbuch.) gr. 8. (158 S. m. Abb. u. Fksms.) Berlin 896. K. Siegismund. n. 1. 50;
seine Ausg., geb. in Leinw. n. 3. —

Von den öffentlichen Schulen in Zürich. Zürich 1816. V: *Wirz, Aug. Hnr.* (Cat. d. Stadtbibl. Zürich. Zürich 1864—97.)

Von Schwärmerey und Aufklärung. Frankf. u. Leipz. 1788. V: *Weickard, Melchior Adam.* (MGT)

Von der verliebten Schwärmerei der Alten. Bei Gelegenheit der ohne sonderbare Schwärmerei am ersten November 1773 glücklich vollzogenen Schlosser und Goetheischen Vermählung von H. P. S. b. R. D. Frankfurt a. M. V: *Schlosser, Hieronymus Peter.* (BGE II³, 368)

— der See, s.: Jugend-Bibliothek, stenographische. 7. Bd.

Von dem ohnfern der Residenzstadt Bayreuth gelegenen See der Brandenburger Weiher genannt. [Nürnberg 1752.] V: *Zehelein, Michael Gottlieb.* (ML) (Fiker)

— See nach Lübeck. Ein Wegweiser f. Seeschiffer u. Steuerleute, m. e. Entfernungstabelle u. 3 Kartenblättern. Hrsg. auf Veranlassg. d. Handelskammer. gr. 8. (V, 80 S.) Lübeck 895. (C. Schmersahl Nachf.) n. 1. 80

— ganzer Seele. Gedichte. 8. (61 S.) Dresden 899. E. Pierson. n. 1. —; geb. n. 2. —

Von der Seeligkeit des Empfangens und Gebens. Steuereinladungs-Predigt. Zürich 1796. V: *Lavater, Johann Kaspar.* (schstr S. 131)

Von den Seezöllen der Stadt Danzig. Frankf. u. Leipz. 1783. V: *Wernike, Joh. Chn Ludw.* (Hauptkat. d. Univ.-Bibl. Tübingen. F. Nachtr. 8.)

Von der Selbsterkenntniss. Eine Rede, am Schlusse des Jahres 1788 in der Loge F[erdinand] z. G[lückseligkeit in Magdeburg] gehalten vom Br. G. Magdeburg 1789. V: *Gerken, V. F.* (?). (wolfstieg II, 357)

Von Schlesischen Siegeln. Breslau 1824. V: *Büsching, Joh. Gust. Glieb.* (Sent)

Von der Simplonbahn. (Eröffnung April oder Mai 1906.) [Wien] 1906. V: *Doblhoff, Joseph von.* (BBullschw 11, S. 393)

Von den sonderbahren Sitten und Gebräuchen am türkischen Hofe. Wien 1788. V: *Schweighofer, Joh. Michael.* (EB)

Von Siz und Stimme der Krone Böheim auf den Reichstägen. O. O. 1769. V: *Schrötter, Franz Ferdinand Edler von.* (Schrötters Leben von Dischendorf. Wien 1784. S. 32.) (Pütter, Litt. d. Teutsch. Staatsr. Gött. 1773—91. IV, 170.)

—— den siben Slafaeren, s. Karajan, v.

— einem deutschen Soldaten (Graf St. Quintin). 12. (XVI u. 375 S.) Leipzig 847, Brockhaus. — 2. Aufl. 12. (XVIII u. 375 S.) Ebd. 848. 1 ℛ 18 ngl

—— einem deutschen Soldaten. [General der Cavallerie Carl Graf St. Quentin.] 3. Aufl. 12. (XII, 329 S.) Wien 891, Seidel u. Sohn. * 3 —

Soldaten. Von Soldaten Für Soldaten. Zum Andenken an den Truppenzusammenzug Herbst 1902. (Dargereicht von den Schweizerischen Christlichen Jünglings- und Männervereinen.) [Illustriert.] 23 S. 8. Basel, Emil Birkhäuser, 1902.

Von dem Solon und seinen Gesetzen. [Hannover 1773.] V: *Göckingk, Leopold Friedrich Günther von.* (MGT)

Von deutscher Sprache u. Art. 2. Bd. 8. Leipzig, Leipziger Verlags- u. Kommissions-Buchh. 1.80; geb. 2. 50
Gefahr im Verzuge! Ein Wort zur Erhaltg. d. Plattdeutschen. Der heut. Stand der niederdeutschen Dichtung. Moderne Bestrebgn. zur Pflege der niederdeutschen Sprache u. Literatur. Von R. Dohse. (66 S.) 911.

Von Staat und Kirche. Ein Beitrag zum Besserwerden in beiden . . . Neustadt a. d. O. 1831. V: *Kind, Theodor.* (Zu) (ErGr)

—— Staat u. Kirche. Ein Beitrag zum Besserwerden in beiden. Allen Regierungen u. deren Organen in Staat u. Kirche, wie nicht minder den Völkern, wohlmeinend zugeeignet beim Beginne d. J. 1831. (Von Theod. Kind.) 8. (7½ B.) Neustadt a. d. O., Wagner.

Von den Königlichen Staatskunstsammlungen. [Stuttgart 1894.] V: *Bach, Max.* (Heyd)

Von der neuesten Staatsveränderung in Dänemark. O. O. 1772. V: *Seyfart, Johann Friedrich.* (Holz) (ML)

Von der Staatsverfassung in Frankreich. Mainz 1792. V: *Cotta, Frdr.* (Serap XXVIII, 5)

Von Stadtschultheissen- und Stadtrichteramt in Nürnberg. **1768.** V: *Schnizlein, Carl Wilh.* (Holz)

— Stammbüchern und Rebus. Festschrift zum 17. Febr. 1855. Berlin 855. Hertz. (16 S.) n. 6 *ngr.*

Von der Stellung der Naturwissenschaften . . . an unseren Universitäten. Kiel 1849. V: ***Karsten, Gustav.*** (Ky)

— der Stellung der Naturwissenschaften, besonders der physikalischen, an unseren Universitäten (von G. Karsten). gr. 8. (14 S.) Kiel 849, Akademische Buchhandlung. n. 3 *ngl*

Von dem gegenwärtigen Steuersystem des Mayländischen Staats. [Leipz. 1792.] V: *Jagemann, Christian Joseph.* (MS) (MGT)

Von den Stiergefechten in Spanien. [Göttingen 1781.] V: *Schmettow, Woldem. Friedr. Graf von.* (ML)

Von der wohlthätigen Stiftung des . . . Hrn. Wilh. Ge. Marschall. Dresden 1789. V: *Olpe, Christian Friedrich.* (Adel) (MGT) (Kläbe, Neuest. Gel. Dresden. Leipzig 1796.)

Von den Frankischen neuerlichen Stiftungen. [Laub. u. Leipzig 1748.] V: *Meisner, Christian Gottfried.* (ML) (OL)

Vom militärischen Stil. Von W. v. U. 2. Auflage. Berlin 1900. V: *Unger, Wolfgang v.* (Berlzu 1915, I, 208)

— Stöcker zu Naumann. E. Wort zur Germanisierg. d. Christentums. 8. (III, 84 S.) Heilbronn 896. E. Salzer. n.n. — 90

—— Strafen und Strafanstalten, s. a. Oscar, Kronprinz v. Schweden.

Von Strafen und Strafanstalten. A. d. Schwed. . . . Stockholm u. Leipzig 1841. V: *Oscar I. König von Schweden.* (EngJ) (BrMm)

Von den Strafgerichten Gottes über Frankreich. Die Ursachen, welche sie herausfordern, und die Mittel, dieselben abzuwenden. Aus d. Franz. übers. von B. J. Schär. Luzern 1835. V: *Bonald, Heinrich von.* (BSchwLk V, 5, 1/2)

Von dem Streite der Jesuiten mit den Missionarien andrer Orden über die Chinesischen Gebräuche . . . [Hannover 1774.] V: *Heise, Joh. Chph Frdr.* (MGT)

— Stufe zu Stufe. Aus dem Englischen von Elise Oehler. 16. (51 S.) Köln 880. Schergens. n. — 60; geb. n. 1. 25

Von dem zweyten Brandenburgischen Superintendenten, Erasmo Albero. [Halle 1755.] V: *Fincke, Daniel.* (ML)

Von der protestantischen Theologie zum katholischen Priesterthum . . . Erfurt 1896. V: *Ludwig, Aug. Maria.* (Berl)

— d. protestantischen Theologie z. kathol. Priesterthum. Von e. Priester d. Diözese Würzburg. 8. (III, 56 S.) Erfurt 896. G. A. Brodmann. n. — 60

— der protestantischen Theologie zum katholischen Priesterthum. Von e. Priester der Diözese Würzburg. 2. Aufl. 12. (52 S.) Erfurt 896. [G. A. Brodmann.] Dillingen, Prof. Dr. Ludwig. n. — 60

Von der neuesten Thronfolgeordnung in Portugal . . . O. O. 1778. V: *Heise, Johann Christoph Friedrich.* (MGT)

Von **Thun** nach Interlaken, Thunerseestrasse auf dem rechtseitigen Ufer. Touristenpfade abseits der Heeresstrasse. In-8°, 106 S. Bern, Schmid Francke & Cie. 1885. 1 20

Von den Redenden Thieren, über menschliche Fehler und Laster. Nürnb. 1745—61. V: *Richter, Christian Gottlieb & Andere.* (ML)

Von den eigenen und vorzüglichen Titeln einiger Europäischen Könige. Frankf. u. Leipz. 1759. V: *Joachim, Johann Friedrich.* (ML) (Ky)

— der Treue. Dem deutschen Heere gewidmet von v. L. W. 16. (8 S.) Berlin 893. R. Eisenschmidt. n. — 3

— Triest nach Konstantinopel. Aus dem Tagebuch eines k. k. Offiziers. Abdr. aus der Militär-Zeitung. Wien 863. (Geitler.) gr. 8. (67 S.) n. 12 *ngr.*

Von Triest nach Konstantinopel. Aus dem Tagebuche eines k. k. Offiziers. (Separat-Abdruck a. d. Militär-Zeitung). gr. 8. (67 S.) Wien, Geitler. 1863. 60 kr.

—— den Tropen und Figuren, s. Günther, F. J.

— den Tröstungen des Christen in den heil. Sakramenten der Buße und des Altars. Eine Stimme aus dem Volke. Freiburg im Br. 855. Wangler. 16. (XVI, 40 S.) 3 *ngr.*

— unseren Truppen im Felde. Der 17. Division gewidmet v. e. Reservisten d. 90. Füsilier-Reg. gr. 16. (182 S.) Rostock 871. Werther. 1. 80

Von dem Übernatürlichen in den Gnadenwirkungen. Erlangen 1775. V: *Junckheim, Joh. Zach. Ch.* (Hauptkat. d. Univ.-Bibl. Tübingen. G. S. 216.)

Von der Ueberzeugung nach ihren verschiedenen Arten und Graden. Jena 1797. V: *Krug, Wilhelm Traugott.* (MGT) (ErGr) (ErschDL) (Ky)

Von der Ueberzeugung insbesondere der religiösen. Eine Rede. gr. 8. (67 S.) Leipzig 872. O. Wigand. n. 1. —

Von der Prager Uhr auf dem Altstädter Rathhause ... [Prag u. Leipzig] 1787. V: *Strnadt, Anton.* (MGT)

Von dem Umfang der Oberlandesherrschaft ... gegen die von der Stadt Fürstenau ... geführten Religionsbeschwerden. O. O. 1788. V: *Rothammer, Franz Wilhelm.* (ML) (MGT) (BB)

Von der Unbussfertigkeit und wahren Busse ... [Nürnberg] 1761. V: *Witschel, Gustav Johann Jacob.* (will)

— der Unfehlbarkeit. Briefe eines französischen Prälaten an Papst Leo XIII. Aus dem französischen Orig.-Mscr. übersetzt von G. Mit einleitenden Worten von Paulus Cassel. gr. 8. (29 S.) Berlin 879. Strassburg, Schultz & Co. n — 50

Von dem Unfug des täglich überhand nehmenden Brand-Betteln ... Dresden [1715?]. V: *Marperger, Paul Jacob.* (BrMm)

— dem Unkraut, das nicht verdirbt, aber verderbt. [Aus: „Der Volksbote".] 12. (8 S.) Basel 893. Jaeger & Kober. 10 Stück n. — 40

Von der Unmässigkeit in den Liebeslüsten ... St. Petersburg 1775. V: *Bacheracht, Heinrich.* (Ky) (MGT)

— uns. Lyrische Monatsschrift. Hrsg. v. Ed. Diener, Ant. Eckert, Gust. Geyer u. Arth. Heßlein. 1. Jahrg. Juni 1900—Mai 1901. 12 Hfte. 8. (à ca. 16 S.) Dresden, E. Pierson. à Hft. n. — 50

Von der Unschädlichkeit der Pocken in Russland ... Göttingen u. Gotha 1768. V: *Schlözer, August Ludwig.* (Ky) (MS) (BrMm)

Von der Unterhaltung zahlreicher Truppen und den daraus entspringenden Folgen ... O. O. [17??]. V: *Mauvillon, Jacob.* (ML)

Von den Ursachen der einseitigen Aufregung des Wollusttriebes ... 2. Aufl. Berlin 1847. V: *Andresse, Wilhelm.* (BrMm)

— den Ursachen der einseitigen Aufregung des Wollusttriebes u. der Selbstbefleckung. Mit Angabe ꝛc., die Onanie bei der Jugend zu verhüten ꝛc. gr. 8. (88 S.) Berlin 847, Reichardt & Co. n. 1/3 *rß*

— den Ursachen der einseitigen Aufregung des Wollusttriebes und der Selbstbefleckung; mit Angabe der zweckmäßigen Art und Weise, die Onanie bei der Jugend zu verhüten, und sie, wenn sie bereits vorhanden ist, bald und sicher zu erkennen. Ein Wort zur Beherzigung für gebildete Eltern und Erzieher. Vom Verf. des Werkes: Gesundheit und Leben des schönen Geschlechts. 2. Aufl. Speyer (853.) Lang. 8. (103 S.) 10 *ngr.*

Von denen aus dem Privatinteresse entspringenden Ursachen ... für oder gegen die fränkische Konstitution sich zu erklären. [Mainz 1792.] V: *Hartmann, Caspar.* (serap)

— den Ursachen unseres landwirthschaftlichen Mißstandes sammt etlichen Vorschlägen zur Abhülfe. [Aus: Tageblatt für den Canton Schaffhausen.] Schaffhausen 866. Brodtmann'sche Buchh. 8. (16 S.) n. 2 *ngr.*

Von dem Ursprunge und den Absichten des Übels. Leipzig 1784—87. V: *Villaume, Peter.* (winer)

Von dem Ursprung und Fortgang e. neuen Wissenschaft. 1770. (IV, 10668.) V: *Dupont, Pierre Sam.* Vgl. ERSCH II (1823), 2. Abschn., Nr. 490a. (DARP)

Von dem Ursprung und Fortgang einer neuen Wissenschaft; a. d. Franz. ... Carlsruhe 1770. Ü: *Vierordt, Friedrich Matthäus.* (MGT) »Frankfurt 1772« (Ky)

Von dem freventlichen Urtheil. Regensb. [17??]. V: *Kraus (Krauss), Joh. Bapt.* (Lindner) (ML)

— der Verachtung des göttlichen Wortes. Ein ernstes Wort in einer bösen Zeit zur Beherzigung für alle Gutgesinnten im hohen u. niedern Stande. 12. (24 S.) Schreiberhau 851. (Breslau, Dülfer & Geiser.) 1½ ngl

Von der durch Erlöschung des Wilhelminischen Mannsstamms in Ansehung der Kurpfälzischen Präsentation . . . vorgegangenen Veränderung . . . 1781. V: *Reuss, Johann August.* (MGT)

Von Verbrechen und Strafen; a. d. Ital. von Joseph J. Butscheck. Prag 1765. V: *Beccaria-Bonesana, Cesare Marchese di.* (Ky)

Von den Verbrechen und Strafen; a. d. Ital. . . . Ulm 1767. V: *Beccaria-Bonesana, Cesare Marchese di.* Ü: *Schultes, Jacob.* (ML)

Von den Verbrechen und Strafen Nebst angehängten Fragen und Lehrsätzen . . . Tyrnau 1776. V: *Beccaria-Bonesana, Cesare Marchese di.* (Pk)

Von Lutheri Verdiensten und seiner Gehülfen um den Katechismus. Görlitz 1782—89. V: *Giese, Gottlieb Christian.* (ML) (OL)

Von der gottesdienstlichen Verehrung des Feuers bey den Heiden . . . Quedlinburg 1761. V: *Nürnberg, Johann Christoph.* (ML) (Ky) (Adel)

Von dem Verfahren, den süssen Saft der Maisstängel . . . auf Syrup- und Zucker-Erzeugung zu benutzen. Ofen 1812. V: *Neuhold, Johann Nepomuk.* (Pk)

Von dem Verfall der Weltpriester . . . München 1782. V: *Westenrieder, Lorenz.* (ADB 13, 460)

Von und Mit dem ungenannten Verfasser der . . . Bemerkungen über des H. O. C. R. und G. S. Callisen Versuch . . . Hamburg [1796]. V: *Claudius, Matthi.* (GGr)

Von der Verfertigung der im gemeinen Leben vorkommenden Aufsätze . . . und vorzüglich der Briefe. Tübingen 1783. V: *Eyth.* (Ky)

Von dem Vergnügen aus dem Umgange mit Armen und Elenden . . . Rostock 1754. V: *Simonis, Enoch Christoph.* (ML)

Von der Verlassenschaftsabhandlung bei der k. k. Armee . . . Wien 1802. V: *Rosbierski, Anton von.* (WBL) (Stur)

Von den Verpflegungen der Armen. Breslau 1779. V: *Korge, Joh. Erdm.* (BrMm) (Ky) (Stam)

Von Versailles nach Damaskus. Gedanken eines Laien . . . Zürich 1903. V: *Meier, Otto.* (BBullschw 3, 1903)

— Versailles nach Damaskus. Gedanken e. Laien. Mit e. Vorwort von G. Meyer v. Knonau u. A. Ritter. (135 S.) gr. 8. Zürich 903. Schulthess & Co. n. 3. 40

Von der Vertheilung des Beytrags zu der französischen Kriegs-Kontribution in Würtemberg. Stuttgart 1796. V: *Spittler, Heinrich Aaron.* (MGT)

Von der allgemeinen Viehseuche und von dem Arzneimittel . . . Pest 1787. V: *Fekéshazy, Georg.* (Pk)

— nordischer Volkskunst. Beiträge zur Erforschung der volkstüml. Kunst in Skandinavien, Schleswig-Holstein, in den Küstengebieten der Ost- u. Nordsee, sowie in Holland. Gesammelte Aufsätze, hrsg. v. Karl Mühlke. (VI, 252 S. m. 336 Abbildgn.) Lex.-8. Berlin 906. W. Ernst & Sohn. n. 5. —

— der Volkspoesie. Nebst ausgewählten echten Volksliedern u. Umdichtungen derselben. 2., verb. Aufl. Zugleich ein Suppl. zu „Kleinpaul's Poetik." Vom Ausarbeiter der letzteren. Barmen 870. Langewiesche's Verl. 8. (XV, 187 S.) 22½ ngr

Von der Vollenkommenheit. O. O. [17??]. V: *Francke, Aug. Herm.* (Plas)

Von dem Vorgebürge der guten Hoffnung . . . [Braunschweig 1782.] V: *Heise, Johann Christoph Friedr.* (MGT)

Von dem Vorhaben, die Universität von Ingolstadt nach Landshut zu versetzen. O. O. 1800. V: *Hübner, Ignaz.* (MGT) (Kn)

Von den Vorkehrungen des kais. Reichskammergerichts zu seiner Sicherheit in Kriegszeiten. Wetzlar 1792. V: *Hofmann, Friedrich Wilhelm von.* (MGT)

— der göttlichen Vorsehung. Nach dem Französ. 860. — 2. Aufl. Köln 863. Bachem. 18. (VI, 180 S.) 7½ ngr.

— der göttlichen Vorsehung. Nach dem Franz. 3. Aufl. Köln 869. Bachem. gr. 16. (VI, 180 S.) 7½ ngr.

— der göttlichen Vorsehung. Von P. Ben. O. Cap. 16 (46 S.) Augsburg (902). Literar. Institut von Dr. M. Huttler. n. — 1(

— der nöthigen Vorsicht bei d. Theilnahme an abgesonderten Religionsversammlungen; eine Predigt, welche am Kirchweihfeste e. Stadt- u. Landgemeinde gehalten worden ist. 8. Annab. 822, (Leipz., Leich.)

Von dem Vorurtheile wider die Neuerung in den Wissenschaften. Freib. 1779. V: *Bob, Franz Josef.* (wrztg 1781, Beil. bei Nr. 12, Bücherverzeichnis Kurzböck Nr. 21) (BiblPort)

Von dem Vorzuge und Alterthum der Kolben von Wartenberg. Cölln [Halle] 1704. V: *Ludewig, Joh. Peter von.* (wr)

Von den Vorzügen der Erziehung und des Unterrichts in Schnepfenthal. . . . Dresden 1799. V: *Zeis, Christian August Valentin.* (Ky) (MGT)

Von den Vorzügen gelehrter Gesellschaften vor allen andern Gesellschaften. [Laub. und Leipzig 1748.] V: *Meisner, Christian Gottfried.* (ML) (OL)

VON DEN VORZÜGEN einer Nationaltracht. Ein Wort an Deutschlands Frauen. Frankfurt a. M. 1814. 8⁰. (In Dresden.)
P. E. Richter, Bibl. geogr. Germaniae. Lpz. 1896. S. 483.

Von einigen Vorzügen des reichshofrathlichen Prozesses vor dem reichskammergerichtlichen. [Leipzig 1789.] V: *Hommel, Rudolf.* (KGBerlin I, 838)

Von dem Wachsthume und Ursprung der Handlung. gr. 8⁰. V: *Sonnenfels, Josef von.* (wrDiar 1771, Nr. 17, Beil. Bücherverzeichniss Trattner) (BiblPort)

Von obristbrüdlicher Wahl, Macht und Gewalt, bestätigter Eingang zur ersten Classe des preisswürdigen Ordens vom goldenen Rosenkreuze. Wien [Leipzig] 1788. V: *Bode, Joh. Joachim Chph.* (wr 140) (BiblPort)

—— Wahrsagungen u. Weissagungen, beurkundend das seelische, hell u. umständl. Seh-Vermögen in die Ferne, ins Verborgene, u. in d. Zukunft. Ein Auszug aus Cicero's Büchern v. d. Divination, mit e. Anh. v. Wahrsagungen u. Weissagungen aus den 3 letztvergang. u. d. jetzigen Jahrh. 8. (5¼ B.) Sulzbach 832, v. Seidel.

Wald u. Welt, s.: Bücher, die, der Rose.

Von dem Wandel in Gottes Gegenwart und den verschiedenen Arten und Zeiten der Gottesverehrung. Nach dem Opuscul. XI des . . . Nicolaus Lancisius deutsch herausgegeben . . . Regensburg 1861. B: *Lierheimer, Bernhard Maria.* (Jes)

Von dem Wappen der Pfalzgrafen von Wittelsbach. Frankf. u. Leipz. 1776. V: *Schmolliner, Herm.* (Hauptkat. d. Univ.-Bibl. Tübingen. F. Nachtr. 9.)

Von Warschau bis Olmütz. Ein preussisches Geschichtsblatt. 27. Februar 1851. Berlin 1851. V: *Cassel, Paulus.* (Kat. der ständ. Bibl. Stuttgart 1907. S. 471.) (Mitth. Dr. H. Bäsecke.)

Von Warschau bis Olmütz. Ein preußisches Geschichtsblatt. Berlin, Adolf u. Co. 1851. 82 S. 8. (Inhalt: 1. Eintracht und Zwietracht zwischen Preußen und Oesterreich. 2. Der deutsche Bundesstaat. 3. Der Novembermann. 4. Die Großmacht Preußens. 5. Die Schuld des 2. November. 6. Hessen und die Mobilmachung. 7. Warschauer und olmützer Konferenzen.)

— Warschau bis Olmütz. Ein preuß. Geschichtsblatt. Den 27. Februar 1851. gr. 8. (82 S.) Berlin 851, Adolf & Co. — 2—5. Aufl. gr. 8. (82 S.) Ebd. 851. n. 12 ngr.

— des Reiches Warte, s.: Briefe, politische.

Von der berühmten Wasserkunst in Budissin. O. O. 1749. V: *Leupold, Johann Christian.* (OL) (ML)

— de Waterkant. Volkskalender f. d. J. 1907. Hrsg. v. Hans Satow. (61 S. m. 1 Vollbild.) kl. 8. Lübeck, Lübcke & Nöhring. — 20
Erscheint nicht weiter.

— einem Weberknaben, aus welchem ein berühmter Mann wurde. Leben u. Wirken von David Livingstone. Frei nach dem Englischen. 8. (212 S. m. Portr. in Holzschn.) Bern 874. Spittler. cart. n. — 80

— Weg u. Steg. Skizzen v. J., Verfasserin der „Geschichte e. jungen Mädchens". Aus dem Dän. v. E. Karstens. 8. (139 S.) Norden 888. Soltau. n. 1. 80; geb. n. 2. 60

— dem übelen Weibe. Eine altdeutsche Erzählg. Mit Anmerkgn. v. Mor. Haupt. 8. (78 S.) Leipzig 871. Hirzel. n. 2. —

— Weihnachten bis Ostern. Aufzeichnungen aus dem Leben von D. v. G., s.: Volksbibliothek, christliche.

Von den Weisen aus Morgenland. [Braunschweig 1773.] H: *Heise, Johann Christoph Friedr.* (MGT)

— Weißenburg bis Metz. Ein Beitrag zur Kriegsgeschichte des J. 1870 von einem preuß. Stabsoffizier. [Mit 5 Beilagen und 7 (lithogr.) Karten (in 4.).] gr. 8. (442 S.) Berlin 873, Janke. *

Grundsätzen (Von welchen) muss man ausgehen, wenn man über die neu errichtete General-Tabacks-Administration nicht unbesonnen und unüberlegt urtheilen will? Von einem Freunde der Wahrheit. gr. 8°. Berlin 1797.

Von den Weltkörpern . . . Hannover 1766. 2. Ausg. Leipzig 1772. V: *Schmid, Nicolaus Ehrenreich Anton.* (ML) (Ky)

Von dem Werth der Gebauerischen Ausgabe der Institutionen und Pandekten. Gött. 1779. V: *Meurer, Hnr.* (ML)

Von dem Wesen der Contagien, Ansteckungsstoffe. [Leipzig 1820.] V: *Göden, Hans Adolph.* (NN)

— dem Wesen u. der Nothwendigkeit der Buße; von der Rechtfertigung durch den Glauben, und: Ist es wahr, daß wir die göttlichen Gebote nicht halten können? Frei nach d. Engl. gr. 8. (81 S.) Tübingen 847, Verlagsexpedition. n. 1/3 ₰

Von dem Wesentlichen der Religion und von dem Unterscheidenden des Christenthums. Helmstädt 1793. V: *Spalding, Johann Joachim.* (MGT) (JL)

— Wien nach Linz, s.a. Lloyd's illustrirte Reisebibliothek.

Wien, Von, nach Linz. Reisehandbuch für alle Stationen der Kaiserin Elisabeth Westbahn. Nebst der Donaufahrt von Linz nach Wien. Herausgegeben vom österreichischen Lloyd in Triest. Mit 15 Holzschnitten und einer Karte der Westbahn. 8. Triest 1859.

— Wien nach München, s. Lloyd's illustrirte Reisebibliothek.

— Wien nach Triest, s.a. Lloyd's illustrirte Reisebibliothek.

Von Wien nach Triest. Reisehandbuch für alle Stationen der k.k. Südbahn. Nebst den Fahrten von Bodenbach, Linz, Pest nach Wien und von Triest nach Venedig. Herausg. vom *österr. Lloyd* in Triest. Mit 13 Stahlst. 22 Holzschn. und einer Karte der Südbahn. *Triest* 1858. Lit.-art. Abth. d. *österr. Lloyd.* XVII, 214 S., kl. 8°. 2 Thlr.
Auch u. d. T.: Lloyd's illustrirte Reisebibliothek. IV.

Von Wien nach Triest. Reisebilder als Eisenbahnlektüre in gemüthlichen Reimen. Wien 1863. 3. Aufl. 1874. V: *Littrow, Heinrich Edler von.* (EB)

— Wien nach Triest. Reisebilder als Eisenbahnlektüre in gemüthl. Reimen von H. L. 8. (287 S.) Wien 863, Typographisch-literarisch-artistische Anstalt. cart. *

— Wien nach Triest. Reisebilder in gemüthl. Reimen v. Heinr. L. 3. Aufl. 16. (281 S.) Zengg 874. Wien, Rosner. n. 4. —

Von dem Losungsamtmann J. F. v. Wimpfen und dessen Familie. [Nürnberg 1786.] V: *Will, Georg Andreas.* (ML)

Von der Wohlfeilheit des Studiums im 16. Jahrhundert. [Nürnb. 1798.] V: *Siebenkees, Joh. Christian.* (MGT) (will)

Von der Wohlthat Christi. Das hochberühmte Römische Zeugniss aus dem Zeitalter der Reformation für die Rechtfertigung aus dem Glauben ins Deutsche übertr. Leipzig 1855. V: *Paleario Aonio.* (Tübz 3, 50) (Ky)

— der Wohlthat Christi. Das hochberühmte römische Zeugniss aus dem Zeitalter der Reformation für die Rechtfertigung aus dem Glauben. Nach vermeintl. gänzl. Vernichtung neulichst zu Cambridge wieder aufgefunden, unter Anfügung des italien. Originaltextes ins Deutsche übertr. und bevorwortet von einem evangel. Doktor der Theologie. 8. (XXXII und 75 S.) Leipzig 855, Dörffling und Franke. *

— der Wohlthat Christi. Das hochberühmte römische Zeugniß aus dem Zeitalter der Reformation für die Rechtfertigung aus dem Glauben (von Aonenio Paleario). Nach vermeintl. gänzl. Vernichtung neulichst zu Cambridge wieder aufgefunden, ins Deutsche übertr. und bevorwortet von einem evangel. Doktor der Theologie. Neue Ausg. 8. (VIII und 88 S.) Leipzig 856, Dörffling und Franke. *

— dem göttlichen Worte, als dem Lichte, welches zum Frieden führt. (Manuscript.) 4. (Nürnberg 836. Raw.) 1/8 ₰

Von dem göttl. Worte, als dem Lichte, welches zum Frieden führt. 2. Aufl. 8. Nürnberg 842. (Raw'sche Buchh.) 1/8 ₰

Von dem Wort und dem Kirchenliede . . . Bonn 1819. V: *Arndt, Ernst Moritz.* (GGr)

Von der Würde des christlichen Glaubens . . . O. O. 1778. V: *Röhm, Joh. Conrad.* (Adel) (MGT)

Von der Zärtlichkeit; nebst Seips Gedanken von der Zärtlichkeit in der Religion. Erfurt 1753. H: *Naumann, Georg Christian Nicolaus.* (Ky) (OL) (ML)

Von der Zärtlichkeit. Breslau u. Leipzig 1765. V: *Ringeltaube, Mich.* (BGE) (Ky) (BrMm)

Von der Zärtlichkeit. Leipzig 1767. V: *Bertheramb, Jacob Edmund.* (BGE VIII³, 261/2)

— **Zeit zu Zeit.** Kalender f. 1892. (Ausgestanzt.) 16. (12 farb. Blatt m. Seidenbändern.) Nürnberg, Th. Stroefer. n. — 75

Von Jerusalems Zerstörung und dem Weltende . . . [München] 1806. H: *Docen, Bernhard Joseph.* (BrMm)

Von den Zimmern der Frauen im Serail des Grossherrn . . . [Erfurt 1775.] V: *Habesci, El.* (MS)

Von dem sogenannten epidemischen Zungenkrebs . . . Göttingen 1787. V: *Wedemeyer, Gg H. Ldw. C.* (Call)

Von dem ehemaligen Zustande und von der heutigen Beschaffenheit der alten kaiserlichen Hofmarken . . . Schwabach 1767. V: *Neydecker (Neudecker).* (Holz)

Von dem Zustande der Socinianer in dem heutigen Grossfürstenthum Siebenbürgen. [Lemgo 1782.] V: *Schwarz, Gottfried.* (ML)

Von dem Zwecke Jesu und seiner Jünger. . . . Braunschw. 1778. V: *Reimarus, Herm. Sam.* (Syst. Verz. d. Less.-Litt. Wolf. 1889.) (MD)

Von der Zweckmässigkeit . . . gemeinschaftlicher Glaubensbekenntnisse. Bützow 1788. V: *Döderlein, Christian Albert.* (ML)

Von 1276 bis zur Schlacht am Morgarten.... (Njbl.) s. [Keiser. Carl Caspar].

Vonach, A., die Berichte des Photios über die 5 älteren attischen Redner, analysiert, s.: Commentationes Aenipontanae. V.

Vonachten, Bernhard [Referendar in Burtscheid]: Die Verjährung im Strafrecht ... Aachen, Druck v. C. H. Georgi, 1895; 47 S. 8.
Erlangen, Jur. Fak., Inaug.-Diss. v. 1895

Vonbank: Kirchliche Architektur in Zara. 22 S. 8°
–Zara, Progr. 1857

Vonbank: Lessing's Laokoon und seine Bedeutung für die Aesthetik und für die deutsche Literatur. 37 S.
–Feldkirch, Progr. 1856

Vonbank, Johann Georg. Durch Nacht zum Licht. Gedichte. 2. verm. Aufl. Klgft., v. Kleinmayr, 1892. 287 S.

Vonbank, J. G., Alois Meßmer, Professor der Theologie zu Brixen rc. Ein Lebensbild, gezeichnet nach dessen Tagebuch, Briefen rc. Herausg. von J. C. Mitterrutzner. 1. Bdchn. Brixen 860. (Innsbruck, F. Rauch.) gr. 8. (VIII, 299 S. u. 1 lith. Portr.) n. 1 ₰

Vonbank, J. G., Sonette. Innsbruck 862. (F. Rauch.) 16. (X, 77 S.) 12 ngr.

Vonbun, F[ranz] J[oseph]. Alpenmärchen. Gesammelt von F. J. V'. Hochdeutsch nacherzählt von E[lse] Junghans. Mit Zeichnungen von Wilhelm Stumpf. II + 82 S. 8. Stuttgart-Cannstatt, Holbein-Verlag, [1910]. [geb. M. 1.20]

Vonbun, F. J., Beiträge zur deutschen mythologie. Gesammelt in Churrhaetien. 8. (V und 137 S.) Chur 862, Hitz. *

Vonbun, F. J., die Sagen Vorarlbergs. Nach schriftlichen und mündlichen Ueberlieferungen gesammelt u. erläutert. Innsbruck 858. Wagner. gr. 8. (VIII, 152 S.) n. 24 ngr.

Vonbun, F. J., die Sagen Vorarlbergs. Nach schriftl. u. mündl. Überliefergn. gesammelt u. erläutert. 2., verm. Ausg. Nach der hinterlassenen Handschrift d. Verf. u. anderen Quellen erweitert u. m. e. Lebensabrisse Vonbun's versehen v. H. Sander. gr. 8. (XCVI, 314 S.) Innsbruck 890. Wagner. n. 5. 60

Vonbun, J. F., Feldkirch u. seine Umgebung. Historisch-topographische Skizze, ein Führer für Einheim. u. Fremde. Innsbruck 868. Wagner. 16. (IV, 171 S.) n. 16 ngr.

Vonbun, J. F., Volkssagen aus Vorarlberg. 16. (VI und 92 S.) Wien 847. (Innsbruck, Wagner'sche Buchh.)

Vonbun, J. J., siehe: Volkssagen aus Vorarlberg.

***Vonča,** Ferdinand o. Tri Pridge sa sveto leto. V' Ljublani, Licht. (typ. v. Kleinmayr in Klgft.). 1827. Duodez. 156 S.

Vončina, Leon. Friderik Baraga. 2. natisek. V Celovcu, St. Hermagoras-Druck., 1896. 168 S. (1. Aufl. in Laibach.)

v. Vonck, **Corn. Valerius, († d. 17. Jan. 1769.) Sylloge observationum criticarum et etymologicarum. gr. 4. Münch. 765. (G. Franz). 5 ₰**

Vondel, Joost van den, sein Leben und seine Werke, s. Baumgartner, Alex.

Vondel, Joost van den, Gysbrecht van Aemstel. Trauerspiel aus dem J. 1637. Aus dem Holländ. übertragen durch G. H. de Wilde. 8. (XVI und 96 S.) Leipzig 867, Brockhaus.

Vondel, Joost van den, Gedichte. Deutsch von Ferd. Grimmelt und Andr. Jansen. gr. 16. (VIII, 140 S.) Münster 873, Russell's Verlag.

— Jephta. Trauerspiel in 5 Acten. Aus dem Holländ. bearb. von Ferd. Grimmelt. Münster 869. Russell. gr. 16. (107 S.) 12 ngr.

Vondel, Joost van den, Jephtha. Trauerspiel. Ins Deutsche übertr. m. e. kritisch-litterar. Vorwort v. Lina Schneider. Bühnenbearbeitg. zur 300jähr. Geburtstagsfeier d. Dichters. 8. (60 S.) Köln 887. A. Ahn. n. — 60

—— Lucifer. Trauerspiel in 5 Acten. Aus dem Holländ. übers. von Ferd. Grimmelt. 16. (133 S. mit lithogr. Portr. und lithogr. Abbild. des Vondel-Denkmals zu Amsterdam in Tondr.) Ebendas. 868.

— Lucifer. Ein Trauerspiel. Uebers. von Max Werner Quadt. Nebst Portr. (in Holzschn.) Aachen 868. Jacobi & Co. gr. 8. (98 S.) 15 ngr.

— — Trauerspiel in 5 Acten. Aus dem Holländ. übersetzt von Ferd. Grimmelt. Mit (lith.) Portr. u. (lith.) Abbildung des Vondel-Denkmals zu Amsterdam (in Tondr.). Münster 868. Russell. 16. (133 S.) 12 ngr.

— — Trauerspiel aus dem Jahre 1654. Aus dem Holländ. übertragen durch G. H. de Wilde. Leipzig 869. Brockhaus. 8. (VIII, 126 S.) n. 20 ngr.

— Peter u. Paul, s.: Unterhaltungs-Bibliothek, katholische.

Vondels Tragödie Maria Stuart, s. Fockens, Pieter.

Vonderau, Joseph: Das Gräberfeld bei dem Lanneshof im Kreis Fulda. Hrsg. von Prof. Joseph Vonderau. Mit 1 Pl., 2 Skizzen u. 8 Taf. Fulda 1909: Fuldaer Actiendr. 23 S. 4°
(Veröffentlichung d. Fuldaer Geschichts-Vereins. 7.)

Vonderau, Jos., steinzeitliche Hockergräber u. Wohnstätten auf d. Schulzenberge bei Fulda, s.a. Veröffentlichung, 6., des Fuldaer Geschichts-Vereins.

Steinzeitliche Hockergräber und Wohnstätten auf dem Schulzenberge bei Fulda. Hrsg. von Joseph Vonderau, Hauptlehrer. Mit 1 Pl., 5 Skizzen u. 8 Taf. Fulda 1907: Fuldaer Actiendr. (25 S.) 4°
= Veröffentlichung d. Fuldaer Geschichts-Vereins. 6. [07. 4700

Vonderau, Jos., Pfahlbauten im Fuldathale, s.a. Veröffentlichung des Fuldaer Geschichts-Vereins. I.

Pfahlbauten im Fuldathale. Hrsg. von Joseph Vonderau, Lehrer in Fulda. Mit 2 Pl. u. 7 Taf. *Fulda 1899: Fuldaer Actiendr.* (35 S.) 4°
Aus: Veröffentlichungen d. Fuldaer Geschichts-Vereins.
= Ergänzungsheft d. Vereins f. Naturkunde zu Fulda. 1. [03. 5158

Vonderau, Joseph: Pfahlbauten im Fuldathale. Hrsg. von Joseph Vonderau, Lehrer in Fulda. Mit 2 Pl. u. 7 Taf. Fulda 1899: Fuldaer Actiendr. (35 S.) 4°
(Veröffentlichung d. Fuldaer Geschichts-Vereins. 1.)

- Der Ringwall am nördlichen Heidenküppel bei Unterbimbach im Kreise Fulda, s.a. Veröffentlichung, 5., des Fuldaer Geschichts-Vereins.

Vonderau, Joseph: Der Ringwall am nördlichen Heidenküppel bei Unterbimbach im Kreise Fulda. Hrsg. von —. Mit 2 Pl., 1 Karte, 2 Taf. u. 1 Beil. Fulda 1905: Actiendr. (10 S.) 4°
(Veröffentlichung d. Fuldaer Geschichts-Vereins. 5.)

— zwei vorgeschichtliche „Schlackenwälle" im Fuldaer Lande, s.a. Veröffentlichung, 3., des Fuldaer Geschichtsvereins.

Vonderau, Joseph: Zwei vorgeschichtliche 'Schlackenwälle' im Fuldaer Lande. Hrsg. von Joseph Vonderau, Hauptl. in Fulda. Mit 2 Pl., 1 Beil. u. 2 Taf. Fulda 1901: Fuldaer Actiendr. (17 S.) 4°
Aus: Veröffentlichungen d. Fuldaer Geschichts-Vereins.
(Ergänzungsheft d. Vereins f. Naturkunde zu Fulda. 2.)

Vonderbank, Joseph. (geb. Merzenich bei Düren 20. 10. 1840): De febri scarlatina. Berolini (1864). (30 S.) 8°
Berlin, Med. Diss. v. 12. Aug. 1864

Von der Flüe, Niclaus s. Flüe, Niclaus von.

Vonderhalde, Ed. Die Göttlichkeit Jesu Christi u. der Kampf um die Geistigkeit der Religion. 8. (108 S.) Lpz. 891, O. Wigand. * 1 —

—— Katholischer Sinn u. protestantischer Geist. Ein krit. Vergleich. 8. (56 S.) Ebd. 891. — 60

Vonderhalde, Ed., s.a. Soldatenleben, französisches, vor Ausbruch u. währ. d. Krieges 1870/71.

* SOLDATENLEBEN, Französisches, vor Ausbruch und während des Krieges 1870—71.... (von *Eduard Vonderhalde*). Leipzig 1895.
Anon.-Lex. V. p. 272 (nach Kayser).

Vonderhude, s. Hude.

Vonderlinn, Jak., geometrische Beleuchtungs-Constructionen. Vorlagen für den Unterricht im technischen Zeichnen. 1. Thl.: Die Selbst- u. Schlagschattengrenzen an gesetzmässig gestalteten Oberflächen. 12 (chromolith.) Taf. Fol. Nebst einem erläut. Text. gr. 8. (VI, 58 S.) München 882. Th. Ackermann. n. 7. —

Vonderlinn, J., darstellende Geometrie f. Bauhandwerker. Zum Gebrauch an Baugewerkschulen u. ähnl. techn. Lehranstalten, sowie zum Selbstunterricht f. Bauhandwerker. 1. u. 2. Tl. gr. 8. Stuttgart, J. Maier. à n. 3. —
1. Geometrische Konstruktionen, Elemente der Projektionslehre, Konstruktion der Durchdringgn. zwischen Ebenen u. Körpern, rechtwinkl. u. schiefwinkl. Axonometrie, einfache Dachausmittelgn. (VIII, 166 S. m. 268 Fig.) 893.
2. Schattenlehre, Verteilung des Lichtes auf der Oberfläche e. Körpers, Schiftung bei Dächern, windschiefe Dächer, Darstellung d. Treppenkrümmlings, Steinschnitt, Centralperspektive. Anh.: Bildliche Darstellg. der Beleuchtg. auf Körpern. (VIII, 161 S. m. 217 Fig.) 894.

Vonderlinn, J., darstellende Geometrie f. Bauhandwerker. Zum Gebrauche an Baugewerkschulen u. ähnl. techn. Lehranstalten, sowie zum Selbstunterricht. 1. Tl. Geometrische Konstruktionen, Elemente der Projektionslehre, Konstruktion der Durchdringgn. zwischen Ebenen u. Körpern, rechtwinkl. u. schiefwinkl. Axonometrie, einfache Dachausmittelgn. 2. verm. Aufl. (VIII, 228 S. m. 345 Fig.) gr. 8. Bremerhaven (904). L. v. Vangerow. n. 3. —

Vonderlinn, J., darstell. Geometrie f. Bauhandwerker. Zum Gebrauche an Baugewerkschulen u. ähnl. techn. Lehranstalten, sowie zum Selbstunterricht. 2. Tl.: Schattenlehre, Schiftg. bei Dächern, windschiefe Dächer, Darstellg. e. Treppenkrümmlings, Steinschnitt, Zentralperspektive. Anh.: Verteilung des Lichtes auf der Oberfläche e. Körpers. 2., verm. Aufl. (VIII, 224 S. m. 354 Fig.) gr. 8. Bremerhaven (907). L. v. Vangerow. 3. —

—— Ueber die Konstruktion der Selbst- u. Schlagschattengrenzen, sowie der Linien gleicher Beleuchtungsstärke an Rotationsflächen. gr. 8. (55 S. m. 39 Fig.) Stade 891, (Pockwitz). * 1 20
Aus: Zeitschr. d. Ver. deutscher Zeichenlehrer, besonders abgedruckt.

Vonderlinn, J., Lehrbuch der darstellenden Geometrie. Bearb. nach System Kleyer. [Aus: „Kleyer's mathemat.-techn.-naturwissenschaftl. Encyklopädie" u. „Aufgabensammlg."] gr. 8. (VIII, 182 S. m. Fig.) Stuttgart 888. Maier. n. 3. —

— Lehrbuch d. Projektionszeichnens. Für den Schulunterricht u. das Selbststudium bearb. nach System Kleyer. 1. u. 2. Tl. gr. 8. Ebd. 889. à n. 3. 50
1. Die rechtwinklige Projektion auf e. u. mehrere Projektionsebenen. Mit 271 Erklärgn. u. 226 in den Text gedr. Fig. (VIII, 182 S.)
2. Ueber die rechtwinklige Projektion ebenflächiger Körper. Mit 130 Erklärgn. (VIII, 172 S. m. 99 Fig.)

— dasselbe. 3. Tl. 1. Hälfte. gr. 8. Ebd. 890. n. 3. 50
Schiefe Parallelprojektion, Centralprojektion, einschliesslich der Elemente der projektivischen Geometrie. Mit 195 Erklärgn. u. 159 in den Text gedr. Fig. (VIII, 165 S.)

— Lehrbuch d. Projektionszeichnens. Für den Schulunterricht u. das Selbststudium bearb. nach System Kleyer. 3. Tl. 2. Hälfte. gr. 8. Stuttgart 892. J. Maier. n. 5. — (I—III.: n. 16. 50)
Centralcollineation ebener u. räumlicher Systeme, Kegelschnitte, rechtwinklige u. schiefwinklige Axonometrie. Mit 218 Erklärgn. u. 210 in den Text gedr. Fig. (VIII, 235 S.)

— Lehrbuch des Projektionszeichnens. IV. Tl. 1. Hälfte: Ebene u. Raumkurven. Abwickelbare Flächen. Die Kugelfläche. Mit 389 Erklärgn. u. 284 in den Text gedr. Fig. bearb. nach System Kleyer. (Kleyers Encyklopädie der gesamten mathemat., techn. u. exakten Naturwissenschaften.) (XI, 252 S.) gr. 8. Ebd. 903. n. 6. —; geb. n. n. 7. —

— Parallelperspektive, s.a. Sammlung Göschen.

Vonderlinn, J.: Parallelperspektive. Rechtwinklige u. schiefwinkl. Axonometrie. Von Prof. —. Mit 121 Fig. Unveränd. Neudr. Leipzig: Göschen 1910. 112 S. 8°
(Sammlung Göschen. 260.)

— Schattenkonstruktionen, s.a. Sammlung Göschen.

Vonderlinn J, Schattenkonstruktionen. (118 S) (Samml. Göschen 236) 16° Leipzig 1904

Schattenkonstruktionen von Prof. J. Vonderlinn. Mit 114 Fig. Neudr. Leipzig: Göschen 1907. 118 S. 8°
(Sammlung Göschen. 236.) A 12.1195 11

Vonderlinn, J., Statik f. Bauhandwerker. E. Lehrbuch f. d. Unterricht an Baugewerkschulen, sow. z. Selbstunterr. M. 141 Uebungsaufgaben u. 324 Fig., nebst e. Anh. v. Tabellen. gr. 8. (VIII, 211 S.) Stuttgart 896. J. Maier. n. 3. —

Vonderlin, J., Statik f. Hoch- u. Tiefbautechniker. Ein Lehrbuch f. den Unterricht an bautechn. Lehranstalten, sowie zum Selbstunterricht u. Nachschlagen m. 178 Uebungsaufgaben u. 462 Fig., nebst e. Anh. v. Tab. 2. erweit. Aufl. der Statik für Bauhandwerker. gr. 8. (XII, 283 S.) Stuttgart 902. [J. Maier.] Bremerhaven, L. v. Vangarow. n. 4. —

— Statik f. Hoch- u. Tiefbautechniker. Ein Lehrbuch f. den Unterricht an bautechn. Lehranstalten, sowie zum Selbstunterricht u. Nachschlagen m. 194 Uebungsaufgaben u. 486 Fig., nebst e. Anh. v. Tab. 3. Aufl. (XI, 377 S.) gr. 8. Bremerhaven (905). L. v. Vangerow. n. 5. —; geb. n. 5. 50

—— Vorlegeblätter f. den Unterricht im Linear- u. Projektionszeichnen. Zum Gebrauche an Realschulen, höheren Bürgerschulen, gewerbl. Fortbildungsschulen, Gewerbe- u. Handwerkerschulen etc. 12 Taf. in qu.-Fol. Mit erläut. Text. gr. 4. (13 Bl.) Stuttg. 892, Maier. In Mappe * 5 50

— geometrisches Zeichnen, s.: Becker, H.

— Geometr. Zeichnen, s.: Sammlung Göschen. (Becker, H.)

— Zentral-Perspektive, s.: Sammlung Göschen. (Freyberger, Hans.)

Von der Mühll, Friedrich, s. Mühll, Friedrich von der

Vondermühll, Karl. Von der Abbildung von Ebenen auf Ebenen. Berlin 1868. 4.

Vondermühll, Karl. Über die Bewegung tropfbarer Flüssigkeiten in Gefässen. Nach Joh. Rud. Merian bearbeitet. Leipzig 1886.

Vondermühll, Karl. Ex ipsis praeceptis mechanicis ducantur leges, quibus lucis undae in plano, quod finis sit duorum pellucidorum mediorum, reflexae et refractae pareant. Regimonti 1866. 4.

Vondermühll, C., Ueber ein Problem der Kartenprojection. Leipzig 1868. 4°. brosch. (18 S.)

Vondermühll, Karl. Über die Reflexion und Brechung des Lichtes an der Grenze in krystallinischen Medien. Leipzig 1872.

Vondermühll, Karl. Über Greens Theorie der Reflexion und Brechung des Lichtes. Leipzig 1886.

Von der Mühll, Paul, s.: Medizinal-Kalender, schweiz.

Vonderpleis, J., das Siegtal. Eine Wanderung von der Mündg. der Sieg bei Mondorf bis Siegen. Mit vielen, schönen Ansichten u. e. ausführl. Karte des Siegtales. (51 S.) 8. Siegburg 903. C. Dietzgen. n. 1. —

***Vonderthon*, A. B. G.**, **selecta latini sermonis exemplaria ex auctoribus probatissimis collecta et notis illustrata usui Rhetorices studiosorum. 8maj. Salzb. 796. Duyle. 1 fl**

Vonderweid, J[oseph]-C[harles]. Les poissons de la Sarine et de ses affluents. [Illustré. E.] 8. Fribourg 1889.

Vonderwied, L. Gertrud. Trauerspiel in 5 Aufzügen. 8. (146 S.) Frankf. a. M. 892, Koenitzer's Verlag. * 1 50

Vondráček, I. Sprachvergleichendes zu dem bestimmten Artikel. Braunau, O. G., 1883. 83 S. Progr.

Vondrák Wenzel: Die Analogie in der Formenlehre der tschechischen Sprache.
II. 1883 PN 325 Diss.Wien, Univ. 2661

Vondrák, Wenzel, kirchenslavische Chrestomathie. (IV, 232 S.) gr. 8. Göttingen 910. Vandenhoeck & Ruprecht. 7.—; geb. 7. 80

Über einige orthographische und lexikalische Eigenschaften des *Cod. Suprasliensis* im Verhältnis zu den anderen altslovenischen Denkmälern. S. 121 2 . . . . . . —90
Separatabdruck

Vondrák, W. Über einige orthographische u. lexicalische Eigenthümlichkeiten d. Codex Suprasliensis im Verhältniss zu den anderen altslovenischen Denkmälern. Lex.-8. (44 S.) Wien 891, (Tempsky). * — 90

Vondrák, W., altkirchenslavische Grammatik. gr. 8. (XI, 395 S.) Berlin 900. Weidmann. n. 9.—

Vondrák, Wenzel, vergleichende slavische Grammatik. I. Bd. Lautlehre u. Stammbildungslehre. (Göttinger Sammlg. indogerman. Grammatiken.) (X, 532 S.) gr. 8. Göttingen 906. Vandenhoeck & Ruprecht. n. 12. —; geb. n. 13. 20

— Vergleich. slavische Grammatik. II. Bd. Formenlehre u. Syntax. (Göttinger Sammlg. indogerman. Grammatiken.) (XV, 548 S.) gr. 8. Ebd. 908. 14.—;
I. Bd. Ebd. 906. 12.—; geb. 13.20. geb. 15. 20

Vondrák Wenzel, Dr. Zur Kritik der altslovenischen Denkmale. S. 112 [illegible] . . . vgr
Separatabdruck

Vondrák, W., zur Kritik der altslovenischen Denkmale. Lex.-8. (44 S.) Wien 886. (Gerold's Sohn.) n.n. — 70

Vondrák, W., zur Kritik der altslovenischen Denkmale. Lex.-8. (44 S.) Wien 886, (Tempsky.) **
Aus: Sitzungsberichte der k. Akademie der Wissenschaften, besonders abgedruckt.

Frisinské památky, jich vznik a význam v slovanském písemnictví. Podává Dr Václav Vondrák. (S 9 tabulk.) *V Praze: Nákl. České Akad. 1896.* [Freisinger Denkwürdigkeiten, ihr Ursprung u. ihre Bedeutung für das slavische Schriftthum . . .] (1 Bl., 82 S., 9 Facs.) 1 Bd 4. Česká Akad. císaře Františka Josefa pro vědy, slovesnost a umění v Praze. Třída III.) [96. 5633

Die Spuren der altkirchenslavischen Evangelienübersetzung in der altböhmischen Literatur. S. 129 10 . . . . —80
Separatabdruck

— die Spuren der altkirchenslavischen Evangelienübersetzung in der altböhmischen Literatur. [Aus: „Sitzungsber. d. k. Akad. d. Wiss."] Lex.-8. (38 S.) Ebd. 893. n. — 80

— Altslovenische Studien. S 122 7 . . . . *. 1.80
Separatabdruck

Vondrák, W., altslovenische Studien. [Aus: „Sitzungsber. d. k. Akad. d. Wiss."] Lex.-8. (30 S.) Wien 890. (Tempsky.) n. 1. 80

— Zur Würdigung der altslovenischen Wenzelslegende und der Legende vom heiligen Prokop. S. 127 13 . . . . „ 1.40
Separatabdruck

—— Zur Würdigung der altslovenischen Wenzelslegende u. der Legende vom heil. Prokop. Lex.-8. (68 S.) (Ebd.) 892. * 1 40
Vorstehende 3 Schriften sind aus: Sitzungsber. d. k. Akad. d. Wiss., besonders abgedruckt.

— zur Würdigung der altslovenischen Wenzelslegende u. der Legende vom heil. Prokop. [Aus: „Sitzungsber. d. k. Akad. d. Wiss."] Lex.-8. (68 S.) Ebd. 893. n. 1.40

Vondran, Frid. (geb. Altendorf in Westf. 1812): De febre nervosa abdominali. Berolini (1840). (26 S.) 8°
Berlin, Med. Diss. v. 29. Juni 1840

Vondran, J. C., Unterricht zur Kenntniß, Heilung u. Verhütung der allgemeinen u. gangbarsten Krankheiten der Hausthiere. 8. Sondersh. 806. (Central Compt. in Leipz.) 20 gr

Voneisen, Frz., s.: Franz-Voneisen.

Vonend, J. Ph., Reden auf d. allgemeinen Feste im kathol. Kirchenjahre. 8. Wien 826. Al. Doll. (Müller in Mainz.) 20 gr

— Reden bei verschied. Gelegenheiten auf die besond. Feste im kathol. Kirchenjahre. 8. Wien 826. Al. Doll. (Müller in Mainz.) 1 ₰

— Reden auf d. Sonntage im kathol. Kirchenjahre. 2 Bde. 8. Wien 826. Al. Doll. 2 ₰

Vonend, Philipp. Die Herrschaften des vormaligen Hochstiftes Bamberg in Oberkärnthen. Villach, Hoffmann, 1858. Duodez. 263 S.

Voneschen, J. P., il Peregrin. Ina collecziuns de canzuns a 2 e 3 vuschs per las classas superiuras. 3. fasc. 8. (80 S.) Chur 887. Rich. n. — 80

Vonessen, Joseph, approb. Arzt aus Rellinghausen: Über Contracturen und Ankylosen im Kniegelenk. *Halle a. S. 1903: Wischan & Wettengel.* (35 S.) 8°
Halle, Med. Diss. v. 13. Febr. 1903

Vonficht, Georg, a. Ingolstadt, Rechtsprakt. am kgl. Bezirksamte zu Ingolstadt: Das Aufsichtsrecht der Reichsgewalt über die Einzelstaaten. Ingolstadt 1907: A. Ganghofer. (VII, 75 S.) 8° [F.]
Erlangen, Jur. Fak., Ref. Rieker, Diss. v. 2. Dez. 1907
[Geb. 21. März 82 Ingolstadt; Wohnort: Ingolstadt; Staatsangeh.: Bayern; Vorbildung: Gymn. Ingolstadt Reife M. 01; Studium: München 4, Berlin 1, München 1, Erlangen 2 S.; Rig. 12. Okt. 07.]

Vonhausen, Ant., Abhandlungen üb. den kaufmännischen Brauereibetrieb. (96 S.) 8. Dortmund (Nikolaistr. 21 a) 904. Jaeger & Co. n. 2. —

Vonhausen, Wilh., die Raubwirthschaft in den Waldungen. gr. 8. (55 S.) Frankfurt a. M. 867, Sauerländer's Verlag.

Vonhausen, W., Zurückweisung der Angriffe des Herrn Medicinalraths Mohr in Coblenz auf das forstwissenschaftliche Gutachten über die durch Hydrometeore u. Wind verursachte Waldbeschädigung im Forste Winterhauch a. d. Nahe im Novbr. 1858. Bonn 863. Cohen & Sohn in Comm. gr. 8. (40 S.) n. 5 ngr.

Vonhof, Karl, Anleitung zum Singen nach Noten, für Mittel- u. Oberklassen bearb. 1. u. 2. Hft. 12. Potsdam 890. Rentel. à n. — 30
1. Singfibel. (84 S.) — 2. Singschule. (S. 85 185.)

—— Vier Wandtafeln f. den Gesang-Unterricht (2. u. 3. Schulj.). à 50×73,5 cm. Ebd. 892. * 2 —

Vonhof, Otto, Abschied an die Parthenogenesis. (Parthenogenesis u. Herkunft der Bienen. Die Formen des Wachsbaues u. ihre Ursachen. Metaphysische Speculation u. Beweis.) gr. 8. (27 S.) Bremen 893. (M. Nössler.) n. — 60

Vonhof, Otto. Beiträge zu e. Theorie der Bienenzucht. gr. 8. (XII, 68 S. m. 1 Taf.) Brem. 892, Nößler. * 1 50

—— Bienenmass od.: Die Descendenzlehre ist e. falscher Schluss. Auszug aus e. Studie.. gr. 8. (43 S.) Ebd. 891. * — 75

Vonhof, Richard, a. Sachsenburg: Zur Entwicklung der germanischen echten Verbalcomposita im altwestnordischen. Bremen 1905: M. Nössler. (62 S.) 8°
Leipzig, Phil. Fak., Ref. Siervers u. Mogk, Diss. v. 1. Mai 1905
[Geb. 12. Juni 80 Sachsenburg, Reg.-Bez. Merseburg; Wohnort: Leipzig; Staatsangeh.: Preußen; Vorbildung: Gymn. Bremen Reife M. 01; Studium: Leipzig 6 S.; Rig. 1. Febr. 05.]

Vonhoff: De lacunis, quae exstant in Euripidis Heraclidis. 29 S. – Cottbus, Progr. 1872.

Vonhoegen, Mathias (geb. am 7 Nov. 1840 in Walden Landkr. Aachen): Ueber Pericarditis ... Bonn, Druck v. F. Krüger 1868. 29 S., 1 Bl. 8.
Bonn, Med. Fak., Diss. v. [24 März] 1868

Vonhöne, (Gerhard) H(einr.) (geb. Hastrup in Hann. 5. 1. 1857): Ueber das Hervorbrechen endogener Organe aus dem Mutterorgane. Regensburg 1880. (31 S.) 8° ¶ Aus: Flora Jg 1880.
Berlin, Phil. Diss. v. [10. Juni 1880]

Festgabe zur Elfhundertjahr-Feier des Gymnasiums Carolinum zu Osnabrück. 1. Verzeichnis d. Lehrer. 2. Verzeichnis d. Abiturienten seit 1830. Zsgest. von Prof. Dr. (Heinrich) **Vonhöne**. *Osnabrück: F. Schöningh 1904.* (47 S.) 8° [F.] [04. 15029

Vonhoeselt, Theodor Joseph (Aachen) A. S. 165/32

Regnum Germaniae ante auream bullam electivum dissertatio historica inauguralis novissimis anonymi cujusdam adsertis opposita.
Präs. Georg Joseph Wedekind.
Heidelberg (Wiesen) 2. X. 1776. 71 S.
35470

Vonier, Ig.: Über Zweck des philologischen Studiums und ob eine Ersetzung der Originalwerke durch Versionen möglich sei. 39 S.– Feldkirch, Progr. 1851.

Vonkirch, Reinhold (ps.). Die grosse Rauberbank in München oder Adele Spitzeder und ihre schwarzen Cumpane. 1872.
Weller, Lex. Pseud. p. 597.

Vonkirch, die große Räuberbank. 8. Frankfurt a. M. 872, Scholz.

Vonklausner, Jos., Unterricht in der deutschen Sprache nach Becker u. Wurst, für Lehramts-Kandidaten u. Schüler höherer Bildungsanstalten. 1 u. 2. Hft. gr. 8. (144 S.) Innsbruck 852, Witting. 12 ngl

Jahres-Bericht, Erster — der k. k. Unterrealschule in Innsbruck für das Schuljahr 18⁵³/₅₄. 4. (24 S.) Innsbruck. Gedruckt in der Wagner'schen Buchdruckerei. 1854.
Inhalt: Ein Wort über den Unterricht in der deutschen Sprache an Realschulen, von J. Vonklausner. — Schulnachrichten.

Vonlanthen, B.: Kreditreform u. Zahlungsfristen, s.a. Zeitfragen, gewerbliche.

Vonlanten B, Kreditreform u Zahlungsfristen. (Zeitfr. gewerbl. 9) 4° Zürich 1893

Vonleer, Hnr., († ...) christl. republikanischer Katechismus, oder Grundsätze christl. Moral für d. republikanische Jugend. 8. Zürich 800.

Vonnegut, Franz [app. Arzt aus Münster i. W.]: Ein Beitrag zur Casuistik der Ovarialsarcome ... München, Buchdr. Kastner & Lossen, 1896; 24 S. 8.
München, Med. Fak., Inaug.-Diss. v. 1896

Vonnegut, Clemens. Versuch eines Leitfadens zum Unterricht in der Sittenlehre im freidenkerischen Sinne. Milwaukee, 1890. UC

Vonneilich, F., De Phaedri Platonici aetate argumentoque. Diss. 1872. 31 S.

Vonneilich, F., die Burg der Hohenzollern, die Wiege unseres Kaiserhauses. 8. (20 S.) Görlitz 881. Richter. — 40

Vonnoh, Arthur, bacc. iur. a. Wurzen: Die Prinzipien des sächsischen Patronatgesetzes vom 28. April 1898 in ihrer Entwicklung und ihrem Verhältnis zum geltenden Recht. Leipzig 1905: W. Wigand. (93 S.) 8°
Leipzig, Jur. Fak., Diss. v. 20. Febr. 1905
[Geb. 13. Nov. 74 Wurzen; Wohnort: Wurzen; Staatsangeh.: Sachsen, Schwarzburg-R. u. Baden; Vorbildung: Gymn. Freiburg i. B. Reife Juli 93; Studium: Freiburg i. B. (Medizin) 2, Heidelberg (Theologie, Jurisprud.) 10, Leipzig (Jura) 10 S.; Rig. 29. Jan. 04.]

Vonrath, J. G., die heiligen römischkathol. Evangelien, in gereimten Versen, mit Sittenlehren u. Anmuthungen. Ein sehr nützliches Lehr- u. Erbauungsbuch für die liebe fromme Jugend in den Schulen, sowie für alle gemüthlich fromme Christen. Getreu und möglichst gleichlautend, nach dem Schrifttexte verfaßt. 1. oder sonntägl. Theil. 8. Straubing 844, Schorner. 1/3 ß

— Gesang-Opfer der frommen kathol. Jugend, oder kindliche Gebetlieder bei allen kirchl. Anlässen u. Feierlichkeiten. Ein Prüfungsgeschenk, als Scherflein zum Beitrage einer frommen, christl. Kindererziehung. 8. Passau 844, Pustet'sche Buchh. 1/6 ß

Vonrath, J. G., Gesang-Opfer der frommen katholischen Jugend, oder kindliche Gebetlieder bei allen kirchlichen Anlässen und Feierlichkeiten. Ein Prüfungsgeschenk, als Scherflein zum Beitrage einer frommen christlichen Kindererziehung. Neue (Titel-)Ausg. Passau (844.) 853. Pleuger. 8. (3 Bl., 104 S.) 3 ngr.

— 108 neue, kurze u. längere versifizirte Glücks-Wünsche in die Hände der Kinder, zum Gebrauch an Eltern, Großeltern, Pathen, Wohlthäter, Lehrer u. Schulvorsteher, bei Neujahrs-, Geburts- u. Namens-Festen. 12. Landshut 846, Thomann'sche Buchh. 6 ngl

Vonrath, J. G., prakt. Schule, oder method. Unterrichtsanzeiger durch alle Lehrgegenstände der Volksschulen, in einer genauen stufenweisen Fortschreitung vom Leichten zum Schwerern rc. 8. Passau 828. Ambrosi. 5 gl

Vonschott, Karl, Gerichtsref. aus Bielefeld: **Beiträge** zur Lehre vom Blancoaccept. *Bielefeld 1902: E. Gundlach.* (61 S.) 8°
Erlangen, Jur. Diss. v. 18. Febr. 1902

Vonschott, Rob., zur Reform des deutschen Strafprozesses, s. a. Broschüren, Frankfurter zeitgemäße. XXIV. 8.

Zur Reform des deutschen Strafprozesses. Von Robert **Vonschott**. Hamm i. W.: Breer & Thiemann 1905. (35 S.) 8°
= **Broschüren**, Frankfurter Zeitgemäße. N. F. Bd 24, H. 8. [05. 6813

Vontade, Mme. Jacques, der Roman e. anständigen Frau. Einzig berecht. Uebertragg. aus dem Franz. v. H. Dellwig. 8. (315 S.) Berlin (902). Vita. n.n. 3. 50; geb. n. 4. 50

Vontobel, Hans, von Otelfingen, Ct. Zürich: Ueber Cholera, nach Beobachtungen aus der letztjährigen Züricher-Epidemie. Zür. Schiller & Cie. Dr. 1868. 45 S., 1 Bl., 1 Bl. Thesen. 8°
Zürich, Med. Diss. v. 9. Mai 1868.

Vontobel, Ioannes, Otelfingensi-Tigurinus: De fungo medullari ac haematodi. Tur. typ. Or. Fuessl. et soc. 1837. 11 S., 1 Taf. 4°.
Zürich, Med. Diss. v. 24. Juni 1837.

Vontobel, Max. Über die Reklination des Staares. Diss. Med. Univ. Zürich. [Mit 1 Figur.] *Kopftitel:* Aus der Züricher Universitäts-Augenklinik. 50 S. 8. Zürich, Gebrüder Fretz, 1904.

Vonwiller, Geschichte des St. Gallischen Geschäftshauses Ulr. de Gasp. Vonwiller-St. Gall. 1579—1892, Hoffmann, Huber & Co. Successors. Ein Rückblick. qu. gr. 4. (72 S. m. Abbildgn. u. 24 Taf.) Einsiedeln 893. (St. Gallen, Huber & Co.) Geb. in Leinw. n.n. 20.—

Von-Wisin, D., der Landjunker, s.: Meyer's Volksbücher.

Vonwyl, J[akob]. Arzt in Kriens [von Grosswangen, Kt. Luzern]: Aus der medizinischen Klinik des Herrn Prof. Eichhorst, Zürich. Ueber das Ulcus perforans duodeni auf Grund von Beobachtungen an der Zürcher medizin. Klinik. Luzern H. Keller Dr. 1893. 42 S., 1 Bl. 8°.
Zürich, Med. Diss. [v. 11. Nov. 1893].

Voorbeld der jeugd. 32 (93 S. m. Abbildgn.) Kevelaer 894. J. Thum. In Pappbd. —20

Voorbeelden en Regeln op Zee den waaren Tyd en Zon's Azimuth te vinden, om hierdoor de Mifwyzing der Magneet-Nadel en ook het Mifwyzend Horologie te verbeeteren. En meede de Middagsbreedte buiten de Middagshoogte der Zon, als men geene andere Tafeln dan Sinus Tafeln heeft, en ook door Verkorting van Logarithmen te vinden etc., met Figuren van J. J. Fruchtnicht. Hamb. 125 S. 1 Kupferpl. 8. 1790.

Voorda, **Bav., oratio inaug., qua docetur plus esse praesidii civitatibus in bonis ICtis quam in ipsis legibus. 4. Leyd. 765.**

— oratio de sapientia regis Salomonis juridica. 4. Leyd. 782.

— Papinianus, sive optimi ICti et veri forma in Aemilio Papiniano spectata. 4. Leyd. 770.

— thesium controversarum juxta seriem digestorum decades XXVIII. 8. Leyd. 796. Luchtmans. 20 gr.

Voorda, **Jak., Differentiae juris Romani et Belgici. 8. Leyd. 769. Luchtmans. 16 gr.**

— de notabili correctionum Masorethicarum genere. 8. Leyd. 778.

— Interpretationes et emendationes juris Romani. 8. Leyd. 768. Luchtmans. 16 gr.

Voorda, Jakob A. S. 107/26

De legato partitionis dissertatio. Ed. nova. Leipzig (Langenheim) 1756. 24 S.

35471

Voorhelm, Geo., (sonst v. Zaupel, G.,) Abhandl. von Hyacynthen; aus d. Französ. v. G. L. Huth. Mit Kpf. 8. Nürnb. 753. (Bauer) u. R. 4 gr.

— s. Icones plantar. rarior. etc.

Voorhoeve, J., Arzneiwirkungslehre neuerer homöopathischer Heilmittel. Ergänzungsbd. zu Dr. Heinigkes Handbuch d. homöopath. Arzneiwirkungslehre. (VIII, 243 S.) gr. 8. Leipzig 910. Dr. W. Schwabe. 6.—; geb. n 7. 50

— Homöopathischer Hausarzt, s.: Vogel.

Voorhoeve, J., der homöopathische Haus- u. Familienarzt, s.: Müller, Clotar.

— Homöopathie in der Praxis. Einzige in Deutschland autoris. Ausg. (XV, 379 S. m. 1 Bildnis.) 8. Zwolle 907. 08. La Rivière u. Voorhoeve. 4.80; geb. in Leinw. 5. 50

— Mutterpflichten u. Mutterfreuden, s.: Vogel, Carl Gust.

Voormann, Albert (geb. am 12 Juni 1848 in Breckerfeld Westf.): Die neuesten Fiebertheorien ... Bonn, Druck v. C. Georgi 1872. 35 S. 8.
Bonn, Med. Fak., Diss. v. 12 März 1872

Voornveld, H. J. A. van [aus Harlem (Holland), pract Arzt in Davos-Platz]: Über die Resultate von Sputumuntersuchungen bei Lungentuberkulose. Amsterdam 1900. 2 Bl. 60 S. 8°.
Zürich. Med. Diss. 1899/1900.

van Voorst, **Jo., animadversionum de usu verborum cum praepositionibus compositorum in Novo Testamento Specimen I. et II. 8maj. Lngd. Bat. 818—21. (Leipz., Weigel.) 1 Thlr 16 gr.**

— s. Annales acad. Lugd.-B.

— Annotationes in loca sel. nov. foed. Spec. I. et II. 8maj. Leyd. 810 u. 11. (Leipz., Weigel). 16 gr.

— de Joanne Augusto Ernesto optimo post Hugonem Grotium duce et magistro interpretum novi foederis. 4. Leyd. 805. (Jülicher in Ling.) 21 gr.

— oratio de populi religionis christ. discipl. ex legib. sacr. libror. interp., fonte praecip., haurienda. 4maj. Leyd. 809. (Leipz., Weigel.) 13 gr.

— oratio de scriptorum veterum Christianorum studio prudenter ac liberaliter excolendo. 8. Leyd. 799.

Voorthuis, Johannes Abram [aus Amsterdam]: Beitrag zur Lehre der Geschwulstembolie .... Halle a. S., Druck v. Ehrhardt Karras, 1885; 57 S. 8°.
Strassburg, Med. Fak., Inaug.-Diss. v. 1885.

Voorthuis, Johannes Abram, Beitrag zur Lehre der Geschwulstembolie. Diss. Strassburg i. Els. 1885. Trübners Buchh. u. Antiqu. (E. d'Oleire). 8°. 57 S.

Voos, Paul, französische Gedichte u. Lieder, s.: Paßmann, W.

Voos, Paul, die mündlichen Übungen im neusprachlichen Unterricht. Ein Beitrag zur Methodik d. Französischen u. Englischen. (80 S.) gr. 6. Hannover 909. C. Meyer. 1. —

Vooys, Is. P. de, Bericht üb. Bleivergiftungen in den polygraph. Gewerben in den Niederlanden. (Hrsg. v. der Nederlandschen vereeniging voor wettelijke bescherming van arbeiders, Section der internationalen Vereinigg. f. gesetzl. Arbeiterschutz.) (27 S.) gr. 8. Amsterdam 908. (J. Müller.) — 20

— Bleivergiftungen in der niederländ. keramischen Industrie. (Hrsg. v. der Nederlandschen vereeniging voor wettelijke bescherming van arbeiders, Section der internat. Vereinigg. f. gesetzl. Arbeiterschutz.) (84 S.) gr. 8. Ebd. 908. — 40

Vopadeva's Mugdhabodha hrsg. und erklärt von Otto Böhtlingk. gr. 8. (XIII und 465 S.) St. Petersburg 847. (Leipzig, Voss.) **

Vopel, Carl, s. Vopel, Karl

Vopel, Herm., die altchristl. Goldgläser, s. a. Studien, archäolog., zum christl. Altertum u. Mittelalter. 5.

Vopel, Hermann, aus Eisleben: Die Altchristlichen Goldgläser. Ein Beitrag zur Altchristl. Kunst- u. Kulturgeschichte. *Stuttgart 1898: Union.* (40 S.) 8° ¶(Erscheint vollst. in Fickers Archäol. Studien zum christl. Altertum u. Mittelalter.)
Strassburg, Phil. Diss. v. 1898

Vopel, Hermann: Die altchristlichen Goldgläser. Ein Beitrag z. altchristl. Kunst- u. Kulturgesch. von Dr. Hermann Vopel. Mit 9 Abb. im Text. Freiburg i. B.: J. C. B. Mohr 1899. (X, 116 S.) 8°
(Studien. Archäolog., z. christl. Altertum u. Mittelalter. H. 5.)

Vopel, Karl

Vopel, C. The English Poet William Cowper. Wurzen, G., 1883. 32 S. 4. Progr.

Vopel, Carl, (von Quenstedt, Preussen): John Webster. Researches on his life and plays. [Beilage z. Progr. der Realsch. beim Doventhor Bremen 1888]. Bremen A. Guthe Dr. 1887. 31 S., 1 Bl. 4°.
Zürich, Phil. Diss. [v. 31. Juli 1886].

Vopel, C. John Webster. His life and his dramas. Bremen, R. b. Doventhor, 1888. 31 S. 4. Progr.

Vopel, *Karl Albert Ludwig* Woldemar [aus Bernburg]: Über Sarcome des Penis ... Halle a. S., Hofbuchdr. v. C. A. Kaemmerer & C., 1896; 24 S., 2 Bl. 8.
Halle, Med. Fak., Inaug.-Diss. v. 14. März 1896

Vopelius, innere Antisepsis. [Aus: „Aerztl. Praktiker".] gr. 8. (60 S.) München 895. Seitz & Schauer. n. 1. 50

Vopelius, innere Antisepsis. gr. 8. (60 S.) München 895. [Seitz & Schauer.] Verl. der Aerztl. Rundschau. n. 1. 50

Vopelius, Carcinosis, e. neues Krankheitsbild. Ihre Diagnose u. Therapie nach den Grundsätzen meiner „inneren Antisepsis". gr. 8. (37 S.) München 895. Seitz & Schauer. n. 1. 50

— Carcinosis, e. neues Krankheitsbild. Ihre Diagnose u. Therapie. n. d. Grundsätzen m. „inneren Antisepsis". gr. 8. (37 S.) Ebd. 895. n. 1.50

Vopelius, d. mechan. Störungen d. körperl. Maschine u. deren Berücksicht. bei Diagnose u. Therapie. gr. 8. (54 S.) München 895. Seitz & Schauer. n. 2. —

— die mechan. Störungen der körperl. Maschine u. deren Berücksicht. bei Diagnose u. Therapie. gr. 8. (54 S.) Ebd. 895. n. 2. —

Vopelius, Ed., Entwickelungsgeschichte d. Glasindustrie Bayerns (nach s. heut. Umfang) bis 1806, s. a. Studien, Münchener volkswirtschaftl.

Vopelius, E: Entwickelungsgeschichte der Glasindustrie Bayerns (nach seinem heutigen Umfang) bis 1806. Stuttgart 1895

Vopelius, Eduard [aus Sulzbach '(bei Saarbr.)']: Die Glasindustrie Nürnbergs und seiner Umgebung im siebzehnten und achtzehnten Jahrhundert ... [Erschien vollst. u. d. T.: Entwickelungsgeschichte d. Glasindustrie Bayerns '(nach seinem heutigen Umfang)' bis 1806, als Stück 11 von: Münch. volkswirtsch. Stud.] Stuttgart, Druck d. Union Deutsche Verlagsges., 1895; 36 S. 8.
München, Staatswirtsch. Fak., Inaug.-Diss. v. 1895

Vopelius, Hugo, ein Beitrag zur Therapie des Typhus abdominalis. Inaugural-Dissertation. gr. 8. (23 S.) Jena 873, Neuenhahn. *

Vopelius, Max [aus Sulzbach]: Die Tafelglasindustrie im Saarthale ... Halle a. S., Hofbuchdr. v. C. A. Kaemmerer & C., 1895; 84 S., 1 Bl., 3 Tab. 8.
Halle, Phil. Fak., Inaug.-Diss. v. [28. Sept.] 1895

Vopiscus, Th., perfectissima juris publici civilis et ecclesiastici notitia. V Ptes. 4. Ulm. Stettin. 754. Rthlr. 2 8

[Russ.] Očerednoj vopros revoljucionnago dela. Berlin: G. Štejnic (1903). (59 S.) 8°
[Auf d. Umschl.:] Eine aktuelle Frage d. Revolution ...
(Sobranie lučšich russkich proizvedenij. Č. 52.)

Vor der Abfahrt. Erzählungen, Gedanken und Empfindungen in Verse gebracht ... Hermannstadt 1888. V: *Moeckesch, Martin Samuel.* (TRAUSCH IV, 295)

Vor allem ein festes Lager in Baiern. o. O. (1816 ?) 8°.

Vor allem ein festes Lager in Bayern ... O. O. 1820. V: *Seiboltsdorf, Ludwig Graf von.* (MGT)

Vor Beginn der Schule. Dramatische Szene. [Zürich 1904.] V: *Muralt, Lily von.* (BBullschw 11, S. 54)

Vor u. auf den Bretern. Schauspieler-Memoiren nach F. Barrières Bibliothèque des Mémoires teutsch bearb. von Ida Frick. 2 Thle. 8. 1. Thl. Memoiren der Mlle Clairon, Lekain's, Molé's, Préville's u. Dazincourts. (VIII u. 337 S.) 2. Thl. Goldoni's u. Garrick's Memoiren. (IV u. 306 S.) Leipzig 848. 49, Arnold. (1 : 1 1/2 ℛ 2 : 1 ℛ 9 ngl) 2 ℛ 24 ngl

Vor und nach Custozza und Königgrätz. Historisch-romantische Enthüllungen aus Oesterreichs neuester Geschichte. 6 Bde. in 2 Abthlgn. in 37 Lfgn. 1.—3. Aufl. gr. 8. (324; 320; 320; 255; 252; VIII, 240 S., mit 37 Holzschntaf.) Wien 868—70, Hartleben's Verlag. à Lfg. (40 Pf.) 50 Pf.
Inhalt:
Abthl. 1. (1.—21. Lfg.) 1866 oder Custozza und Königgrätz.
„ 2. (22.—37. Lfg.) Zwischen Krieg und Frieden oder nach Custozza und Königgrätz.

Vor den wirtschaftlichen Kampf gestellt ...! Ein Preisausschreiben d. 'Gartenlaube'. Leipzig: E. Keil's Nachf. 1905. (238 S.) 8° [F.] 06. 10717

— den wirtschaftlichen Kampf gestellt . . .! Ein Preisausschreiben der „Gartenlaube". (238 S.) 8. Leipzig 906. E. Keil's Nachf. n. 1. —

Vor der Ehe! In der Ehe! Auch einmal die Wahrheit! (31 S.) 8. Stuttgart (910). (H. Clausnitzer.) — 50

— der Entscheidung! 16 Gutachten z. Frage d. Pensions-Versicherg. der Privatangestellten, s. a. Schriften des deutschen Werkmeister-Verbandes. 5. Heft.

Vor d. Entscheidung. Offenes Schreiben an Se. Durchl. d. Fürsten Chlodwig zu Hohenlohe, Kanzler d. Deutschen Reichs. 1. u. 2. Aufl. gr. 8. (23 S.) Berlin 895. H. Walther. n. — 50

Vor und nach dem Frieden von Villafranca, s. a. Ergänzungsbände des Leipziger Journals.

Vor und nach dem Frieden von Villafranca. Studien ... Leipzig 1860. V: *Marggraff, Rudolf.* (Bll. f. liter. Unterh. 1861, 383) (Zeitschr. f. Büch. N. F. 15, 1923, 126)

Vor und Für. Ein Beytrag zur deutschen Sprachkunde . . . Berlin 1788. V: *Löwe, Joel.* (Ba)

Vor und für, e. Beytrag z. deutschen Sprachkunde, v. e. Dilettanten. 8. Berlin, Hesse. (Müller.) 788. — 3

Vor und Für, ein Beitrag zur deutschen Sprachkunde von e. Dilettanten. 8. Berl. 788. (Stuhr). 2 gl

Vor der Hochzeit. Ein Liebesleben aus Dichtermund. 8. (XX, 130 S. und Anhang 66 S. mit 1 Holzschntaf.) Hannover 875, [Cohen und Risch.] Cohen's Verlag. * M. 2,75.; cart. *
geb. *

Vor 30 Jahren. Erinnerung an das Kriegsjahr 1870/71. gr. 4. (22 [7 Doppel-]Taf. m. 1 Bl. Text.) Breslau (900). Schles. Buchdruckerei ꝛc. n. 2. —

— 65 Jahren in u. um Torgau. Dargestellt von K. H. P. gr. 8. (29 S.) Torgau 879. (Jacob.) n. — 50

— 25 Jahren! Depeschen v. Kriegsschauplatz 1870—71. Eine Erinnerungsgabe zur Feier d. Sedantages 1895. 1.—10. Aufl. qu. gr. 16. (79 S.) Dresden 895. Lehmann'sche Buchdr. — 15

— dasselbe. 11., verm. Aufl. M. d. Festrede d. Hrn. Ritter-Dresden zur Sedanfeier 1895. qu. gr. 16. (79 u. 16 S.) Ebd. 895.

Vor fünfzehn Jahren. 150 Tage vor Paris. Erinnerungen aus dem Großen Hauptquartier v. H. R. Mit e. Plan v. Paris u. Umgebg. 8. (III, 204 S.) Leipzig 886. Renger. n. 3. —; Einbd. n.n. — 80

— funfzig Jahren. Eine Episode aus dem ersten Revolutionskriege. Herausgeg. von Wilhelm von Frankfurt. kl. 8. Dresden u. Leipzig 842, Arnoldische Buchh. 1/3 ℛ

Vor fünfzig Jahren oder der Letzte seines Hauses. Historische Novelle von F. B. Leipzig 860. Kollmann. 8. (236 S.) n. 25 ngr.

Vor fünfzig Jahren; Erinnerungsblätter an den 7. Mai 1832, den Theilnehmern am Jubiläum des Seminars Küsnacht gewidmet . . . Zürich 1882. V: *Hunziker, Otto.* (Zuwachsverz. d. Bibl. Zürich 1898 ff. 8.)

Vor 50 Jahren. Aus den Erinnergn. e. alten Dresdners (Mor. Heger). [Aus: „Dresdner Nachrichten".] Mit e. Lebensbilde des Verf. 1. Hft. gr. 8. (IV, 115 S.) Dresden 894. C. Höckner. n. 1. —

Vor fünfzig Jahren. Erinnerungen von E. B. [Biel 1906.] V: *Bähler, Eduard.* (Bibliogr. Bull. d. Schweiz 1907.)

— 100 Jahren, s. a. Nimm u. lies.

Vor hundert Jahren. Erinnerung an Olmütz und seine ruhmvollen Vertheidiger . . . Wien 1858. V: *Hirtenfeld, Jaromir.* (WFM) (Pr) (KA)) (Ky)

Vor hundert Jahren! Erinnerungen an Olmütz und seine ruhmvollen Vertheidiger. Ein Beitrag zur vaterländischen Kriegsgeschichte. (Von Hirtenfeld.) Wien 858. (Gerold.) 8. (2 Bl., 106 S. u. 1 Holzschn. in 4.) n. 20 ngr.

Vor hundert Jahren. Winterthur [1867]. V: *Morf, Hnr.* (Cat. d. Stadtbibl. Zürich. Zürich 1864—97.)

— 100 Jahren. Rudolstädtische wöchentliche Anzeige und Nachrichten von hochfürstl. Verordnungen, Edictal-Citationen, Subhastationen ꝛc. Jubiläums-Ausg. des Jahrg. 1769. gr. 4. (VIII, 112 S.) Rudolstadt 868, Fröbel. geb. *

— hundert Jahren. Wie Münsterpfarrer Müslin üb. d. Uebergang predigte. 8. (31 S.) Bern 898. K. J. Wyß. n. — 40

Vor hundert Jahren! Zur Hundertjahrfeier der Mariä Namenfest-Procession in Schlanders. Schlanders 1899. V: *Gamper, Peter.* (Margr)

Vor 100 Jahren. (I.) 1. Hft. gr. 8. Zürich, F. Schultheß. n. 1.80
Die Schweiz in d. J. 1798 u. 1799. Von Wilh. Oechsli. Mit e. Karte in Farbendr.: D. helvet. Republik. 1. Hft. (80 S.) 899.

— 100 Jahren. Eine Denkschrift an die ereignisvollen Jahre 1798 u. 1799. (I, 2 u. II–IV.) gr. 8. Zürich, Schultheß & Co. n. 10.40; (kplt. n. 12.20; geb. n. 12.80)
I. 2. Die Schweiz in den J. 1798 u. 1799. Von Wilh. Oechsli. 2. Hft. (S. 81—188.) 899. n. 1.80
II. Die erste Schlacht bei Zürich, den 4. VI. 1799. Von F. Becker. Mit e. Planskizze der Schlacht. (118 S.) 899. n. 3.—
III. Die zweite Schlacht bei Zürich am 25. u. 26. IX. 1799. Von Wilh. Meyer. Mit e. Vorwort v. G. Meyer v. Knonau. Mit e. Planskizze. (XXVIII, 40 S.) 899. n. 2.—
IV. Aus zeitgenössischen Aufzeichnungen u. Briefen. Von H. Keller-Werdmüller. (159 S. m. Abbildgn.) 899. n. 3.60

Vor vierzig Jahren. Erinnerungen eines alten Kriegsmannes. Wien 1906. V: *Holtz, Georg v.* (EB)

Vor 40 Jahren. Erinnerungen e. alten Kriegsmannes (G. V. H . . . z). (VI, 106 S.) gr. 8. Wien 906. C. W. Stern. n. 2.—; geb. n. 3.—

Vor 40 Jahren. Erinnerung an die Grenzbesetzung 1870/71. Bern [1910]. V: *Gaudard, Friedrich.* (BBullschw 11, S. 323)

— acht Jahrhunderten. Drei Bilder aus der Zeit der Meißner Mark, zusammengestellt f. die Feier d. Wettiner Jubiläums 1889. 12. (IV, 44 S.) Plauen 889. Neupert's Verl. n. — 40

— dem Kampfe. Drohende Stimmen aus Osten u. Westen. Von e. deutschen Kassandra. 2. Aufl. 8. (48 S.) Leipzig 886. Greßner & Schramm. n. — 60

Vor den Coulissen. Originalblätter von Celebritäten des deutschen Theaters. Mit einer Einleitung von Heinr. Laube, einer Orig.-Composition von Wilh. Taubert u. 44 Portraits (2 Bl. in Lichtdr.) u. Facsms. Hrsg. von Jos. Lewinsky [Berlin]. 8. (VIII, 318 u. Musikbeilage 4 S.) Berlin 881. Hofmann & Co. n. 6.—; geb. n. 7.—

Vor den Coulissen. Hrsg. von Jos. Lewinsky. 2 Bde. 8. Berlin 881. Hamburg, Verlagsanstalt und Druckerei, A.-G. à Bd. *ℳ 6.—.; geb. à Bd. *

— dasselbe. Orig.-Blätter von Celebritäten des Theaters u. der Musik. Mit 40 Portraits (2 Lichtdr.-Taf.) u. Facsms. Hrsg. von Jos. Lewinsky [Berlin]. 2. Bd. 8. (VIII, 368 S.) Ebend. 882. n. 6.—; geb. n. 7.—

Vor u. hinter den Coulissen. Almanach erprobter Bühnenspiele, humorist. Polterabend-Masken, Theater-Mysterien, Schauspieler-Novellen u. Anekdoten. Für 1844. Herausg. von Fr. Adami. 1. Jahrg. Mit 1 Costumbilde. 8. Berlin 843, Förstner. n. 1 1/3 ℛ

Vor u. hinter den Coulissen. Plaudereien aus der Bühnenwelt v. e. Nichtgeschminkten. 8. (73 S.) Guben 889. Sallis. n. 1.—

Vor und nach halber Neune! Nach bekannter Melodie des von Girardi gesungenen Liedes aus der Operette. »Die sieben Schwaben«. Wien [1890]. V: *Herzog, Engelbert.* (EB)

— Paris. Vorposten-Skizzen. Von Prem.-Lieutn. B. v. F. qu. 4. (23 chromolithogr. Blatt.) Hannover 872, Helwing's Verlag. In Mappe. *

— Plevna. [Praxis des Tranchée-Krieges.] Aus dem Russischen [Vojennyi Sboraik]. Mit 2 (lith.) Taf. [Umgebungsplan von Plevna u. Skizze des Angriffs auf die grünen Berge.] [Aus: „Mittheilungen über Gegenstände des Artillerie- u. Genie-Wesens".] gr. 8. (24 S.) Wien 879. (Seidel & Sohn.) n. 1.—

— auf u. nach der Reise. Passagier-Rechte u. Eisenbahn-Vorschriften. Auszüge aus den f. den Personen- u. Gepäck-Verkehr bestch. Bestimmgn. 12. (32 S.) Elberfeld 885. Lucas. n. — 50

Vor, auf u. nach der Reise. Passagier-Rechte u. Eisenbahn-Vorschriften. Mit Benutzg. amtl. Materials. 4., verb. Aufl. 12. (86 S.) Elberfeld 887. Lucas. n. — 60

— Saarbrücken od. er hat Courage. Von A. v. L. 8. (16 S.) Berlin 896. Schriftenvertriebsanstalt. n. — 20

— dasselbe, s. a. Fest-Aufführungen f. Kriegervereine ꝛc.

— d. Kaisers Schloss. Beim Beginn d. Allerhöchsten Geburtstages Sr. Maj. Kaiser Wilhelm's II. E. Prolog. gr. 8. (4 S.) Berlin 895. M. Böhm. — 50

Vor dem Schwurgerichte! Ein Beitrag zur bayerischen Königstragödie . . . Bamberg 1893. V: *Heigl, Ferd.* (Ky)

— dem Schwurgerichte! Ein Beitrag zur bayer. Königstragödie u. zur Illustration unserer konstitutionellen Zustände. (Von Ferd. Heigl.) 12. (35 S.) Bamberg 893. Handels-Druckerei u. Verlagsh. — 25

— dem Schwurgerichte! Ein Beitrag zur bayer. Königstragödie u. zur Illustration unserer konstitutionellen Zustände. (Von Heigl.) 2. Aufl. (37 S.) 8. Bamberg (903). Handels-Druckerei u. Verlagsh. — 30

Vor Sebastopol, s. Depeschen, illustrirte.

— Sonnenaufgang. Gesammelte revolutionäre Lieder u. Gedichte. (In russ. Sprache.) (174 S.) 8. Berlin (906). H. Steinitz. n. 3.—

Vor der zwölften Stunde. I. Handelsbund oder Zollverein. II. Deutschlands Lage . . . Frankf. a. M. 1852. V: *Fischer.* (CBH)

— der zwölften Stunde. I–IV. gr. 8. I. Handelsbund oder Zollverein? (35 S.) II. Deutschlands Lage. (65 S.) III. Gefahren u. Ziele. (66 S.) IV. Deutschland u. Oestreich. (109 S.) Frankfurt a. M. 852, Auffarth. (I: n. 4 ngl II u. III: à n. 6 ngl IV: n. 14 ngl) n. 1 ℛ

—— dem Tabernakel. Gruß an das allerheiligste Sacrament des Altars. 16. (16 S.) Dülmen 880, Laumann'sche Verlagsh. *

Vor der eigenen Tür. Deutsche Sorgen und Gedanken. Freiburg (Baden) 1906. V: *Oertzen, Georg von.* (Berl 1919, S. 209)

— der eigenen Tür. Deutsche Sorgen u. Gedanken. (198 S.) 8. Freiburg i/B. 906. J. Bielefeld. n. 3. 50; geb. in Leinw. n. 4. 50

— der eigenen Tür, neue Ausg., s.: Oertzen, Geo. v.

— u. **hinter** dem Vorhang. Theater- u. Konzert-Scherze. Hrsg. v. den Regisseuren u. Kapellmeistern der „Flieg. Blätter". (184 S. m. Abbildgn.) gr. 8. München (905) Braun & Schneider. Kart. n. 3. —

— den Wahlen. Mahnung eines Deutschen in den Kleinstaaten an seine Genossen im Groß-Staate Preußen. Gotha 861. Stollberg. 8. (15 S.) n. 2 ngr

Vor den Wahlen. Ein Mahnruf an das christlich-conservative Deutschland. 1.—8. Aufl. 8. (112 S.) Köln 878, Bachem. *

—— den Wahlen. Von einem Nichtpolitiker. gr. 8. (31 S.) Berlin 881, Springer. *

— dem Zapfenstreich. Freiheits- u. Vaterlandslieder für deutsches Militär. Ein Patrontaschenliederbuch. 32. Eisenberg 844, Schöne. n. 1/12 ₰ — 2. Aufl. kl. 16. Ebend. 845. 1/12 ₰

Vorabend, der, großer Ereignisse. 8. Leipz. 831. Berger. 4 gr

Am Vorabende des Konzils. Münster, Brunn, 1869. 8°. 36 S., 50 Pf.

Hält die Dogmatisierung der päpstl. Unfehlbarkeit für unsinnig u. die Folgen davon für äußerst verderblich. Litt. Handw. 1869, S. 487.

Vorabend, der, des großen Tages, s.: Propaganda-Schriften, katholische.

Voráczeck, ..., Vorschriften in ungarischer Sprache; gestoch. von Gustav Pföhl. In 13 kl. qu. Fol. Blättern. Wien ... Tendler. 20 gr

Voragine, Jacobi a, legenda aurea, s.a. **Jacobi a Voragine, legenda aurea.**

a Voragine, Jacobi, legenda aurea vulgo historia lombardica dicta. Ad optim. libror. fidem recensuit, emendavit, supplevit, potiorem lectionis varietatem adspersit, interpunxit, notas historicas, prolegomena et catalogum sanctorum bibliographicum adjecit J. G. Th. Graesse. V Fasc. 8 maj. Lipsiae 843—46, Arnold. (à 1 ₰) 5 ₰

a Voragine, Jac., († d. 14. Juli 1298), legenda aurea, vulgo historia Lombardica dicta. Ad optimor. libror. fidem recensuit Th. Grässe. Editio II. gr. 8. (X u. 958 S.) Lipsiae 850, Arnold. 1 ₰

de Voragine, **Jak., sermones aurei in omnes anni Dominicas etc. II Tomi. Fol. Augsb. 760. Bartl. 2 ₰**

Voralpenkette [Schlagwort]

Voralpenkette, s.: Alpen, Wegmarkierungs-Karte.

Voran. Fachzeitung für das deutsche Gewerbe der Blecharbeiter. Cannstadt: Henking 1897–(1902). 8°

Voran! Fachzeitung f. d. deutsche Gewerbe d. Blecharbeiter, Installateure, Elektriker u. Kupferschmiede, die deutsche Lampen- u. Metallwarenindustrie, d. Maschinen- u. Werkzeugfabriken, sowie d. ges. Beleuchtungs-, Lüftungs- u. Heizungsbranche. Deutsche Acetylen-Fachzeitg. Unternehmerin d. Cannstatter Prüfungstage für Maschinen, Werkzeuge, Material u. Erzeugnisse obengen. Gewerbe u. Industrieen. Hrsg. unt. Mitwirkg. bewährter Fachmänner v. Voran-Verlag, Henking. 2. u. 3. Jahrg. 1898 u. 1899. à 52 Nrn. (à ca. 8 S.) Fol. Cannstatt, Voran-Verlag, Henking. à Jahrg. n.n. 5. —

— dasselbe, s. a.: Flaschner-Zeitung.

Voran! Fachzeitung für das deutsche Gewerbe der Blecharbeiter, Installateure, Elektriker u. Kupferschmiede, die deutsche Lampen- u. Metallwarenindustrie, die Maschinen- u. Werkzeugfabriken, sowie die gesamte Beleuchtungs-, Lüftungs- u. Heizungsbranche. Organ der freien Vereinigg. deutscher Installateure. Erste deutsche Acetylen-Fachzeitg. 4. u. 5. Jahrg. 1900 u. 1901. à 52 Nrn. Fol. (à ca. 8 S.) Cannstatt, Voran-Verlag Henking. à Jahrg. n.n.n. 5. —

Nicht durch den Buchhandel zu beziehen.

Voran! Installateurzeitung und Acetylenfachzeitung 1908. fol Stuttgart 1908

Städtisches Elektrizitätswerk Aarau. Voranschlag für 1901. (1900 Dezember 14.) 4 S. 4. Aarau, A. Villiger-Amsler.

Städtisches Elektrizitätswerk Aarau. Voranschlag....

... für 1902. (1901 Dezember 10/1902 Februar 10.) 4 S. Aarau, G. Keller.
... für 1903 ([nebst] Bericht. – 1902 November 21/Dezember 19). 4 + 2 S. Aarau, H. R. Sauerländer & Co.

Voranschlag der Ausgaben u. Einnahmen des Fürstenth. Lübeck für 1849. [Amtlicher Abdr.] gr. 4. (15 S.) Oldenburg 849, Stalling. 2 ngr

Einwohnergemeinde Schaffhausen. Voranschlag und Bericht über die mutmasslichen Einnahmen und Ausgaben der Stadtkasse und sämtlicher Fonds, sowie der städtischen Licht- und Wasserwerke 1901. Vom Grossen Stadtrat durchberathen den 7. & 14. Dezember 1900. 20 + 37 S. 4. Schaffhausen, H. Meier & Cie., 1900.

Einwohnergemeinde Schaffhausen. Voranschlag und Berichtüber die mutmasslichen Einnahmen und Ausgaben der Stadtkasse und sämtlicher Fonds, sowie der städtischen Licht- und Wasserwerke und der Strassenbahn 1902. Vom Stadtrat durchberaten den 25., 26., 31. Oktober und 12. November 1901. 20 + 38 S. 4. Schaffhausen, H. Meier & Cie., 1901.

Einwohnergemeinde Schaffhausen. Voranschlag und Bericht über die mutmasslichen Einnahmen und Ausgaben der Stadtkasse und sämtlicher Fonds, sowie der städtischen Licht- und Wasserwerke und der Strassenbahn 1902. Vom Grossen Stadtrat durchberaten den 7. und 13. Dezember 1901. 21 + 38 S. 4. Schaffhausen, H. Meier & Cie., 1901.

Bürger-Gemeinde der Stadt Solothurn. Voranschlag... für das Jahr 1901, verglichen mit den Voranschlägen von 1900 und den Rechnungen von 1899. Vorschlag des Bürgerraths an die Bürger-Gemeinde. (1900 Dezember 11.) 20 S. 4. Solothurn, Buch- und Kunstdruckerei « Union », 1900.

Voranschlag der Gemeinde Dockenhuden im Kreise Pinneberg für das Rechnungsjahr 1907. Dockenhuden. 1907. Fol.
Abschrift.
Fortges. u. d. T.:
Haushaltungs-Plan (Haushalts-Plan) der Gemeinde Dockenhuden im Kreise Pinneberg für das Rechnungsjahr . . . Blankenese. Fol.
1908–09 ff.

Voranschlag der schweizerischen Eidgenossenschaft für 1849—96. Bern. fol. u. 4.

Voranschlag der schweizer. Eidgenossenschaft für das Jahr 1865 u. 1866. Bern 1864. 1865. 2°

Voranschlag d. schweizer. Eidgenossenschaft für das Jahr 1871. 16 Stn. in-fol.

Voranschlag der schweizerischen Eidgenossenschaft für das Jahr 1872. 16 Stn. fol.

Voranschlag der schweizerischen Eidgenossenschaft für das Jahr 1873. (Angenommen vom Ständerath am 19. December 1872, vom Nationalrath am 21. December 1872.)
Fol. Bern 1872.

Voranschlag der schweizer. Eidgenossenschaft für d. J. 1874. 18 Stn. fol.

Voranschlag der schweiz. Eidgenossenschaft f. 1875. 20 Stn. fol.

Voranschlag der schweiz. Eidgenossenschaft f. das Jahr 1877. (Angenommen vom Nationalrath und Ständerath am 23. Dec. 1876). 22 Stn. Fol. Bundesbl. 1877 Nr. 2.

Voranschlag der schweiz. Eidgenossenschaft f. das Jahr 1878. 22 S. Fol. Bern, Expedit. des Bundesbl.

Voranschlag d. schweiz. Eidgenossenschaft für das Jahr 1880. In-Folio, 24 S.

Schweizerische Eidgenossenschaft. Voranschlag für das Jahr 1901. Vom Nationalrate durchberaten am 20. Dezember 1900. Vom Ständerate durchberaten am 21. Dezember 1900. 54 S. 4. [Bern, Stämpfli & Cie.]

Schweizerische Eidgenossenschaft. Voranschlag für das Jahr 1902. 4. [Bern, Stämpfli & Cie.]
Ausg. A: Vom Bundesrate durchberaten am 21. Oktober 1901. 53 S.
Ausg. B: Vom Ständerate durchberaten am 18. Dezember 1901. Vom Nationalrate durchberaten am 20. Dezember 1901. 54 S.

Schweizerische Eidgenossenschaft. Voranschlag für das Jahr 1903. 4. [Bern, Stämpfli & Cie.]
Ausg. A: Vom Bundesrate durchberaten am 18. Oktober 1902. 59 S.
Ausg. B: Vom Nationalrate durchberaten am 17. Dezember 1902. Vom Ständerate durchberaten am 19. Dezember 1902. 60 S.

Einwohnergemeinde der Stadt Biel. Voranschlag der Einnahmen und Ausgaben für das Jahr 1902. — Commune municipale de la ville de Bienne. Budget pour l'année 1902. 38 S. 4. Biel, W. Gassmann, 1902.

— der Einnahmen u. Ausgaben des Fürstenth. Birkenfeld für 1849. [Amtl. Abdr.] gr. 4. (13 S.) Oldenburg 849, Stalling. 2 ngl

Voranschlag der Einnahmen u. Ausgaben des Fürstenth. Birkenfeld f. 1850. Amtl. Abdr. gr. 4. (13 S.) Oldenburg 850, Schulze. 1/12 ₰

Einwohnergemeinde Burgdorf. Voranschlag über Einnahmen und Ausgaben. 4.
... pro 1901. (1900 Dezember 12.) 27 S. Burgdorf, (S. Haller), 1900.
... pro 1902. (1901 Dezember 18.) 26 S. Burgdorf, P. Eggenweiler, 1901.

Einwohnergemeinde Burgdorf. Voranschlag über Einnahmen und Ausgaben pro 1903. (1902 Dezember 10.) 26 S. 4. Burgdorf, (S. Haller), 1902.

Voranschlag der Einnahmen u. Ausgaben der schweiz. Eidgenossenschaft f. d. J. 1873. 16 Stn. fol.

* **Voranschlag** über die Einnahmen und Ausgaben der Stadtgemeinde Friedrichstadt
für 1892/93. Friedrichstadt 1892; 1894/95, 95/96. o. O. 1894–95; 1897/98 ff. o. O. (1897 ff.) 4°.

Voranschlag über Einnahmen und Ausgaben der Gemeinde Gaarden für das Etatsjahr 1901 für den Fall der Eingemeindung. Kiel 1901: Vollbehr & Riepen. (67 S.) 8° [A.] [illegible] 8

[C]Kanton Schaffhausen. Voranschlag über die Einnahmen und Ausgaben der Kantonskasse und der fundierten Aemter 1901. Bereinigt ... 29. Dezember 1900. II + 36 S. 4. Schaffhausen, H. Meier & Cie., 1901.

Voranschlag für die Einnahmen und Ausgaben der Stadtgemeinde Kiel *[Wird fortges.]*

Einwohner-Gemeinde Lenzburg. Voranschlag der Einnahmen etc. 1875. Lenzburg, Buchdruckerei von Hegner, 1875. (8 Stn. in-4.)

Voranschlag der Einnahmen und Ausgaben des Kant. Luzern f. 1877. Amtsbl. 1876 Nr. 50.

[C]Kanton Luzern. Voranschlag der Einnahmen und Ausgaben vom Jahre 1901. (1900 November 27. — [Mit] Bericht zum Staatsbudget für das Jahr 1901.) 39 S. 4.

[C]Kanton Luzern. Voranschlag der Einnahmen und Ausgaben für das Jahr 1902. (1901 November 27.) 18 S. 4.

Voranschlag der Einnahmen und Ausgaben der Stadtkommüne Neumünster. Neumünster. 4° u. Fol., geb. in Fol.
1878/79—1880/81. 1882/83. 1884/85—1894/95.
Fortges. u. d. T.:
Haushaltsplan der Stadt Neumünster für das Rechnungsjahr 1895/96 ff. ebd. (1895 ff.) 4°

Voranschlag der Einnahmen und Ausgaben des Kreises Norderdithmarschen für 1907 ff. Heide i. H. 1907 ff. Fol.

— der Einnahmen u. Ausgaben des Herzogth. Oldenburg für d. J. 1849. gr. 4. (35 S.) Oldenburg 849, Stalling. 1/8 ₰

— ders. f. 1850. Amtl. Abdr. gr. 4. (42 S.) Oldenburg 850, Schulze. 1/4 ₰

Voranschlag für die Einnahmen und Ausgaben der Stadtgemeinde Posen.

Voranschlag der Einnahmen und Ausgaben der Stadtgemeinde Rixdorf f. d. Rechnungsj. 1900—1904. Rixdorf-Berlin 1900—1904. 2°.
[Fortges. u. d. Tit.:]
Haushaltspläne der Stadt Rixdorf. 1905 ff. Rixdorf-Berlin 1905 ff. 2°.
1905. 1906.

Bürgergemeinde Schaffhausen. Voranschlag über die mutmasslichen Einnahmen und Ausgaben sämtlicher unter der Aufsicht des Bürgerrates stehenden Fonds und Verwaltungen. *je* 15 S. 4.

1901. Vorlage an die Bürgergemeinde. (1900 Oktober 15.) Schaffhausen, Paul Schoch. 1900.
1902. Vorlage an die Bürgergemeinde. (1901 Oktober 15.) Schaffhausen, Kühn & Comp., 1901.
1903: [1.] Vorlage an den Bürgerausschuss; — [2.] Vorlage an die Bürgergemeinde. (1902 Oktober 12.) Schaffhausen, H. Meier & Cie., 1902.

Einwohnergemeinde [der] Stadt Schaffhausen. Voranschlag über Einnahmen und Ausgaben für das Jahr 1903. (Entwurf, [nebst] Bericht, des Grossen Stadtrates. 1902 November 28.) 29 + 44 S. 4. Schaffhausen, Kühn & Comp., 1902.

Voranschlag über die Einnahmen und Ausgaben der Stadtgemeinde Schleswig f. d. Rechnungsj. 1900–1904. O. O. u. J. 4°.
(Fortges. u. d. Tit.:)
Haushaltungsplan der Stadtgemeinde Schleswig f. d. Rechnungsj. 1905 ff. nebst Anh. betr. d. Fonds f. verkaufte Grundstücke. O. O. u. J. 4°.
1905–190-.

Voranschlag der Einnahmen und Ausgaben der Stadtgemeinde Sonderburg für das Rechnungsjahr . . . Sonderburg. Fol.
1885/86. 1887/88. 1891/92 ff.

Voranschlag der Einnahmen und Ausgaben des Staates für 1872. 12 Stn. fol. Luzern 1872.

Voranschlag der Einnahmen u. Ausgaben des Staates für 1873. 12 Stn. fol. Luzern 1873.

Voranschlag der Einnahmen und Ausgaben des Staates für 1874. 12 Stn. fol. Luzern 1874.

Voranschlag d. Einnahmen u. Ausgaben des Staates für 1875. 14 pp. Fol. Luzern 1875.

Voranschlag für die Einnahmen und Ausgaben der Sonderburger Stadtgemeinde für das Jahr 1875, 76, 77, 78, 79/80, 81/82, 85/86. (Sonderburg. 1875—77, 1879, 1881, 1885.) Fol., in 4° gebunden.

Voranschlag für die Einnahmen und Ausgaben der Kieler Stadtkasse in dem Jahre
1874—76, 1. Quartal 1877. Kiel. 1874—77. 8°.
—— für die Zeit v. 1. April . . . bis 31. März . . .
1877/78—99/1900. ebd. 1877—99. 8°.
Fortges. u. d. T.:
* **Voranschlag** für die Einnahmen und Ausgaben der Stadtgemeinde Kiel für die Zeit v. 1. April . . . bis 31. März . . .
1900/01 ff. ebd. 1900 ff. 8°.

Voranschlag für die Einnahmen und Ausgaben der Kieler Stadt-Kasse für die Zeit vom 1. April . . . bis 31. März . . .
1882/83. Kiel. 1882. 1893/94. ebd. 1893. 1896/97. ebd. 1896. 8°.

Voranschlag der Einnahmen und Ausgaben der Stadt Tondern für das Rechnungsjahr . . . Tondern. 8°
1899. 1905 ff.

Kanton Uri. Voranschlag der Einnahmen und Ausgaben.... [*je* 8 S., 4. = 16 S.] 8.
...für das Jahr 1901. — ...für das Jahr 1902.

Voranschlag der Einnahmen und Ausgaben des Kantons Zug für das Verwaltungsjahr 1876 und Bericht des Regierungsrathes darüber. 20 S. 8. Zug 1876.

Voranschlag der Einnahmen und Ausgaben des Kantons Zürich auf 1833–50, 57, 59, 64, 66–95. Zürich. 4. u. 8.

Voranschlag der Einnahmen und Ausgaben des Kantons Zürich auf das Jahr 1871. 35 Stn. 8.

Voranschlag der Einnahmen und Ausgaben des Kts. Zürich auf d. J. 1873. 65 Stn. 8.

Voranschlag der Einnahmen u. Ausgaben des Kantons Zürich pro 1874. 71 Stn. 8.

Voranschlag der Einnahmen und Ausgaben des Kant. Zürich auf d. J. 1875. 74 Stn. gr. 8. Zürich, Druck der Genossenschafts-Buchdruckerei.

Voranschlag der Einnahmen und Ausgaben des Kantons Zürich auf das Jahr 1876. 70 Stn. 8. Zürich, Genossenschaftsdruckerei.

Zürich. Voranschlag der Einnahmen und Ausgaben des Kant. Zürich auf das Jahr 1877. 70 S. 8. Zürich, Genossenschafts-Buchdruckerei.

[C]Kanton Zürich. Voranschlag der Einnahmen und Ausgaben auf das Jahr 1901. Antrag an den h. Kantonsrat. (1900 Oktober 8/18.) 266 S. 8. Zürich, J. Rüegg, 1900.

Stadt Zürich. Voranschlag über die Einnahmen und Ausgaben für das Jahr 1901. Gemäss den Beschlüssen des Grossen Stadtrates vom 16. ... Februar ... [bis] 20. März 1901. 181 S. 8. Zürich, Müller, Werder & Cie.

[C]Kanton Zürich. Voranschlag der Einnahmen und Ausgaben auf das Jahr 1901. (1901 Januar 14/15.) 197 S. 8. Zürich, J. Rüegg, 1901.

Stadt Zürich. Voranschlag über die Einnahmen und Ausgaben für das Jahr 1902. Gemäss den Beschlüssen des Grossen Stadtrates vom 15. ... Februar ... [bis] 22. März 1902. 181 S. 8. Zürich, Müller, Werder & Cie.

Stadt Zürich. Voranschlag über die Einnahmen und Ausgaben für das Jahr 1902, Ausserordentlicher Verkehr. *je* S. 169—180. 8. Zürich, Müller, Werder & Cie.
[1.] Antrag des Stadtrates. (1902 Januar 15.)
[2.] Antrag der Rechnungsprüfungskommission. 1. II. 1902.

Kanton Zürich. Voranschlag der Einnahmen und Ausgaben auf das Jahr 1902. (1902 Februar 10.) 199 S. 8. Zürich, J. Rüegg, 1902.

Kanton Zürich. Voranschlag der Einnahmen und Ausgaben auf das Jahr.... 8. Zürich, J. Rüegg.
...1902. *Ausg. A:* Antrag an den h. Kantonsrat. (1901 Oktober 8/17.) 270 S. 1901; — *Ausg. B:* (1902 Februar 10.) 199 S. 1902.
...1903. *Ausg. A:* Antrag an den h. Kantonsrat. (1902 Oktober 2/20.) 280 S. 1902; — *Ausg. B:* (1903 Januar 19/26.) 203 S. 1903.

Kanton Luzern. Voranschlag der Einnahmen und Ausgaben für das Jahr 1903. (1902 November 27.) 18 S. 4.

Voranschlag über die muthmassl. Einnahmen und Ausgaben der Spital-Verwaltung der Stadt Schaffhausen pro 1876. 6 Stn. 4. Schaffhausen, Druck von H. Meier.

Voranschlag der wahrscheinlichen Einnahmen und Ausgaben des Kantons Aargau für 1882. Gr. in-Fol., 24 S. Aarau, H. R. Sauerländer.

Voranschlag der wahrscheinlichen Einnahmen und Ausgaben des Kantons Aargau pro 1883. Gr. in-fol, 24 S. Aarau, Sauerländer.

Voranschlag d. wahrscheinlichen Einnahmen u. Ausgaben des Kant. Aargau pro 1884. Gr. in-fol. 24 S. Aarau, Sauerländer.

Voranschlag der wahrscheinlichen Einnahmen und Ausgaben des Kant. Aargau für das Jahr 1885. Gr. in-fol., 24 S. Aarau, Sauerländer.

Voranschlag der wahrscheinlichen Einnahmen und Ausgaben des Kantons Aargau pro 1886. Vorschlag d. Regierungsrathes. In-4⁰, 18 S. Aarau, H. R. Sauerländer.

Voranschlag der wahrscheinlichen Einnahmen und Ausgaben des Kantons Aargau pro 1886. Beschluss des Grossen Rathes vom 28. April 1886. Gr. in-fol., 18 S. Aarau, H. R. Sauerländer.

[C]Kanton Aargau. Voranschlag der wahrscheinlichen Einnahmen und Ausgaben für das Jahr 1901. Beschlossen vom Grossen Rate am 27. November 1900. 48 S. 4. Aarau, H. R. Sauerländer & Co.

[C]Kanton Aargau. Voranschlag der wahrscheinlichen Einnahmen und Ausgaben für das Jahr 1902. Beschlossen vom Grossen Rate am 27. November 1901. 48 S. 4. Aarau, H. R. Sauerländer & Co.

Kanton Aargau. Voranschlag der wahrscheinlichen Einnahmen und Ausgaben für das Jahr 1903. Beschlossen vom Grossen Rate am 15. Dezember 1902. II + 47 S. 4. Aarau, H. R. Sauerländer & Co.

Voranschlag der wahrscheinlichen Einnahmen und Ausgaben der Gemeinde Wohlen pro 1876. 12 S. 8. Wohlen, Druck von Keller.
Aargau 1876.

Einwohnergemeinde Rheinfelden. Voranschlag der Einwohnergemeinde-Verwaltung pro 1902. (1902 Februar.) 20 S. 4.

Voranschlag der Gemeinde Ellerbek im Kreise Ploen für das Rechnungsjahr . . . Ellerbek. 8° u. Fol., geb. in Fol.
1901—06. 1908 ff.

Voranschlag der Forst- und Landverwaltung der Stadt Aarau pro 1884, mit Tabellen. In-8⁰, 10 S. Aarau, H. R. Sauerländer.

Voranschlag der Forst- u. Landverwaltung der Stadt Aarau pro 1885, mit Tabelle. Gr. in-8⁰, 10 S. Aarau, Sauerländer.

Voranschlag der Forst- und Landverwaltung der Stadt Aarau pro 1885. Gr. in-8⁰, 8 S., mit Tabellen. Aarau, Sauerländer.

Voranschlag d. Forst- u. Landverwaltung der Stadt Aarau pro 1886. Gr. in-8⁰, 10 S. Aarau, H. R. Sauerländer.

Voranschlag d. Forst- und Landverwaltung d. Stadt Aarau für 1887, mit Tabelle. Gr. in-4⁰, 12 S. Aarau, H. R. Sauerländer.

Gemeinde Bern. Voranschlag über den Gemeindehaushalt für das Jahr 1901. Entwurf... vom Gemeinderate am 3./5. November 1900... festgestellt... 21 S. 4. Bern, Genossenschafts-Buchdr., 1900.

Gemeinde Bern. Voranschlag über den Gemeindehaushalt für das Jahr 1902. Vom Stadtrate... angenommen am 22. November 1901. Vorlage an die Gemeinde. 21 S. 4. Bern, Genossenschafts-Buchdr., 1901.

Voranschlag der Gemeinde-Verwaltung der Stadt Aarau pro 1884. Gr. in-8⁰, 24 S. Aarau, Sauerländer.

Aarau. Voranschlag der Gemeinde-Verwaltung der Stadt Aarau pro 1886. In-4⁰, 26 S. Aarau, H. R. Sauerländer.
Decennial-Bericht der alten Section Aarau (Turnverein) 1875—85. Gr. in-8⁰, 18 S. Aarau, Sauerländer.
Verhandlungen d. aargauischen Grossen Rathes, Sitzung vom August 1885. Gr. in-4⁰, 66 S. Aarau, Sauerländer.

— der Gemeinde-Verwaltung der Stadt Aarau pro 1887. Gr. in-4⁰, 24 S. Aarau, H. R. Sauerländer.

Voranschlag der Gemeindeverwaltung der Stadt Aarau für 1888. Gr. in-4⁰, 26 S. Aarau, H. R. Sauerländer.

Gemeinde Aarau. Voranschlag der Gemeinde-Verwaltung Aarau für 1901. (1900 Dezember 14.) II + 23 S. 4. Aarau, H. R. Sauerländer & Co.

Gemeinde Aarau. Voranschlag der Gemeinde-Verwaltung Aarau für 1902. (1901 Dezember 14.) II + 23 S. 4. Aarau, Emil Wirz.

Gemeinde Aarau. Voranschlag der Gemeinde-Verwaltung Aarau für 1903. (1902 November 28.) II + 24 S. 4. Aarau, H. R. Sauerländer & Co.

Voranschlag der Gewerbekammer für die Provinz Schleswig-Holstein für das Rechnungsjahr 1. April 1888/89—91/92. Fol.

Voranschlag der Gemeinde Hassee im Kreise Bordesholm (früher Kiel Land) für das Rechnungsjahr 1906 ff. Hassee (1906 ff.) Fol.

Voranschlag der Kämmereikasse der Stadt Osnabrück. *[Wird fortg.]*

Voranschlag der Stadtgemeinde Klgft. Klgft., Gutenberghaus, Leon, 1905—. Folio.

Voranschlag über die Kosten der Amts-Verwaltung im Kreise Randow f. d. Rechnungsjahr 1901—04. Stettin 1901—04. 4 Bde 4°(2°) [F.] (06. 88.4 9

Voranschlag über die jährlichen Kosten der staatlichen Krankenpflege in der Schweiz . . . Bern 1893. V: *Moser, Christ.* & *Frdr. Schmid.* (BSchwLk V 9 f)

Voranschlag der Gemeinde Lägerdorf im Kreise Steinburg für das Rechnungsjahr . . . Lägerdorf. Fol.
1908—09 ff.

Bürgergemeinde Liestal. Voranschlag für das Jahr 1901. 10 S. 4. Liestal, Brodbeck & Cie., 1900.

Bürgergemeinde Liestal. Voranschlag für das Jahr 1902. (1901 Oktober 20.) 11 S. kl.-4. Liestal, L. Brodbeck, 1901.

Einwohnergemeinde Liestal. Voranschlag für das Jahr 1902. 8. Liestal, Gebr. Lüdin.
... für das Jahr 1901. (1900 Dezember 20.) 24 S. 1900.
... für das Jahr 1902. (1902 Januar 3/5.) 26 S. 1902.

Einwohnergemeinde Rheinfelden. Voranschlag der Einwohnergemeinde-Verwaltung Rheinfelden pro 1901. (1901 Januar.) 19 S. 4.

Voranschlag der Gemeinde Schiffbek im Kreise Stormarn für das Rechnungsjahr 1902 ff. Schiffbek. (1901 ff.) 4°

Voranschlag der Gemeinde Schwesing im Kreise Husum für das Rechnungsjahr 1907 ff. Wester-Ohrstedt. (1907 ff.) Fol.

Voranschlag über den Staatshaushalt des Kantons Bern vom 1. Jänner 1871 bis 31. Dezbr. 1874. 4 Stn. 4.

Voranschlag über den Staatshaushalt des Kts. Bern für 1872. 33 Stn. fol.

[C]Kanton Solothurn. Voranschlag zur Staats-Rechnung über die Erträge und Ausgaben 1901. Definitiver Beschluss des Kantonsrates. (1900 November 28.) (46 S.) fol. Solothurn, Gassmann, Sohn.

[C]Kanton Solothurn. Voranschlag zur Staats-Rechnung über die Erträge und Ausgaben 1902. Definitiver Beschluss des Kantonsrates. (1901 November 27.) 40 S. fol. Solothurn, Gassmann, Sohn.

Kanton Solothurn. Voranschlag zur Staats-Rechnung über die Erträge und Ausgaben 1903. Beschluss des Kantonsrates vom 26. November 1902. 40 S. fol. Solothurn, C. Gassmann.

Voranschlag, Summarischer — des Lemberger Stadtfondes für das Verwaltungsjahr 1857. Druck von Kornel Piller in Lemberg. 1857. (12 S. 4.)

Einwohnergemeinde Rheinfelden. Voranschlag der Verwaltung pro 1903. (1902 Dezember.) 19 S. 4.

Ortsbürgergemeinde Rheinfelden. Voranschlag der Verwaltung.... 4.
... pro 1901. (1900 Dezember.) 10 S. — ... pro 1902. (1902 Februar.) 10 S. — ... pro 1903. (1902 Dezember.) 11 S.

Voranschlag über die Verwaltung und Unterhaltung der Provinzial- und Kreis-Chausseen des Kreises Randow. [1.] Für 1901. (Stettin 1901.) 4°(2°) [Z.] [06. 8815 B

Voranschlag zu den Verwaltungskosten der Sparkasse des Kreises Randow. [1.] Für 1901. (Stettin 1901.) 4°(2°) [Z.] [06. 88.. B

Voranschlag der Gemeinde Wellingdorf im Kreise Bordesholm für das Rechnungsjahr 1909 ff. (Wellingdorf. 1908 ff.) Fol.

— der Centralausgaben des Großherzogth. Oldenburg f. d. J. 1849. Amtlicher Abdr. gr. 4. (6 S.) Oldenburg 849, Stalling. 2 ngl

— ders. f. d. J. 1850 u. 1851. Amtl. Abdr. gr. 4. (17 u. 20 S.) Oldenburg 850. 51, Schulze. (à 1/8 ₰) 1/4 ₰

Kanton Zürich. Voranschlag für das Jahr 1902. Bericht und Anträge der Staatsrechnungsprüfungskommission. (1902 Januar 17.) 20 S. 8.

Vorarbeit zu den neuesten Fassionen d. kathol. Geistlichkeit im Königreich Baiern. 8. Münch. 812. Lentner. 6 K

Vorarbeiten zur Einrichtung von Unterstützungscassen für den landwirtschaftlichen Arbeiter im Königr. Sachsen. Lex.-8⁰. Dresden 1867.

— **Erd-, Grund-, Strassen- u. Tunnelbau, s.: Handbuch der Ingenieurwissenschaften.**

Vorarbeiten zu einer Flora des mährischen Gouvernements, s. R. Rohrer.

Vorarbeiten zu e. pflanzengeogr. Karte Österreichs, s.a Abhandlungen der k. k. zool.-botan. Gesellschaft in Wien.

Vorarbeiten zu einer pflanzengeographischen Karte Österreichs. 1. *Wien: A. Hölder 1904.* 4°(8°)
~ **Abhandlungen** d. k. k. zool.-botan. Gesellschaft in Wien. Bd 2, H. 3. [04. 5420

Vorarbeiten für Lehrer in Bürger- und Landschulen. s. Dinter, G. F.

Vorarbeiten zum Ostpreußischen Provinzial-Recht. Königsberg (1829).
1. **Entwurf** des OLG. zu Insterburg.
2. [**Meier**, OLGR.]: **Bericht** des OLG. zu Königsberg vom 18. 6. 1827.
3. [**Meier**, OLGR.]: **Entwurf** des OLG. zu Königsberg.

Vorarbeiten zu einer schweizerischen Schulgeschichte des 19. Jahrhunderts. [Zürich 1903.] V: *Hunziker*, *Jacob.* (Zuwachsverz. d. Bibl. Zürich 1898 ff. 7.)

Vorarbeiten für die Wasserversorgung Darmstadts (mit 5 Plänen) Darmstadt 1873

Vorarbeiten f. die Wasserversorgung Darmstadt's. Aus den Akten der Großherzogl. Bürgermeisterei der Haupt- u. Residenzstadt Darmstadt mitgetheilt zufolge Gemeinderathsbeschlusses vom 21. August 1873. Mit 5 (lith.) Plänen (in qu. gr. 4.) gr. 8. (94 S.) Darmstadt 874. Jonghaus. n. 1. 60

Vorarlberg [Schlagwort]

s.a. Allgäu.

s.a. Alpen. Michel, Chr.

— s. a.: Bruckmann's Reiseführer (im Alphabet d. Bücher). — Tirol.

s.a. Eisenbahnkarten.

s.a. Hand- u. Reisekarten. 30.

Vorarlberg. Leupreoht, Alfons, Karte des Landes Vorarlberg. Auf Veranlassg. des „Lehrervereins" für den Schulgebrauch bearb. 1 : 300,000. 31×21,5 cm. Farbdr. Wien (903). G. Freytag & Berndt. — 15

– s.a. O e s t e r r e i c h - U n g a r n . Artaria.

— s. a. Reichsratswahlkarten. – Tirol.

– s.a. T i r o l . Freytag, G.

– s.a. T i r o l . Meurer, J.

V o r a r l b e r g — Carte topographique du — reduite d'apres la grande Carte de Bl. Huber. Publiee par Chr. de M e c h e l, Graveur à Bâsle en Suisse. 1: 210,000. 1 Bl.

V o r a r l b e r g — Karte von — 1806. (Von Rheinwald) Gebhard sculps. 1 : 220,000. 1 Bl.

Vorarlberg. Leuprecht, Alf., Karte des Landes Vorarlberg. Auf Veranlassg. des „Lehrervereins" des Landes Vorarlberg f. den Schulgebrauch bearb. 1 : 300,000. (Neue Aufl.) 31×21,5 cm. Farbdr. Wien (909). G. Freytag & Berndt. nn — 15

Vorarlberg. Sohindler, Distanzenkarte von Vorarlberg. 16. Aufl. Bregenz 888. Teutsch. n. — 60

— — Höhenkarte von Vorarlberg. 8. Aufl. Ebd. 888. n. — 60

Vorarlberg, Höhenkarte von, nach den Bestimmungen des k. k. Quartiermeisterstabes und den Messungen des Hrn. Schmidt zusammengestellt u. gezeichnet von F. Burgartz. Quer-Folio. Innsbruck, Wagner'sche Universitäts-Buchhandlung 1863. carton. 56 kr.

— W a n d k a r t e v. Vorarlberg (in Reliefmanier). Hrsg. v. dem k. k. Landesschulrate f. Vorarlberg. 1 : 75,000. 135,5×105,5 cm. Farbdr. Nebst: Begleitwort. Von Ant. Ender. (18 S.) 8. Feldkirch (910). F. Unterberger. 17.—; auf Leinw. m. Stäben 20.50; Begleitwort allein — 20

Vorarlberg [Sachliches OW]

V o r a r l b e r g im dreissigjährigen Kriege. Die S c h w e d e n streifen 1647 bis zur Veste G u t e n b e r g und zum Frauenkloster S t. P e t e r bei Bludenz. (Aus dem IV. Bde. der Denkschriften der philos.-histor. Classe der k. Akad. der Wissenschaften.) Fol. Wien 1853.

Vorarlberger, der junge. Vereins- u. Jugend-Liederbuch. (Hrsg. v. G. Beck.) (130 S.) 16. Bregenz (908). (J. N. Teutsch.) — 60; geb. — 80

Vorarlberger Alpen [Schlagwort]

Vorarlberger Alpen, s.: Geologische Karten. Blaas.

V o r a u s s a g u n g. Eine merkwürdige V' ... s.a. [S e g e s s e r, Friedrich].

Voraussagung, Eine merkwürdige. Basel [1904]. V: *Segesser, Friedrich.* (BBull schw 5, S. 100) Vgl. V, 9713.

Voraussagung, Eine merkwürdige, oder die Prophezeihung vom Antichrist. [Basel 1907.] V: *Segesser, Friedrich.* (Bibliogr. Bull. d. Schweiz 1907.)

Voraussagung, die, über den Untergang der Türkei im J. 1855. Eine höchst interessante Mittheilung für Jedermann über die jetzigen Zeitumstände. Suhl 854. (Sölleda,) Gebhardi. 12. (23 S.) 2½ ngr.

Über die gesetzl. Voraussetzungen der Strafbarkeit körperl. Züchtigungen bei Ausübung der Schulzucht in den Volksschulen. Von e. Justizbeamten. Jena 1891

[J. u. Ant.] **Vorbach,** Friedrich [aus Schwetzingen]: Eosinophile Zellen bei Gonorrhoe ... Würzburg, Buchdr. d. „Neuen Bayer. Landeszeitg", 1895; 59 S. 8.
Würzburg, Med. Fak., Inaug.-Diss. v. 1895

Vorbach, H., u. J. J. Hoffmann, badische Schul-Statistik. Ein Auskunftsbuch über die Schul- u. Ortsverhältnisse sämtl. Schulorte des Großherzogt. Baden. Nach Angaben der Lehrer bearb. gr. 8. (VIII, 492 u. XVI S.) Bühl 898. Konkordia. n. 4.—

V o r b a u u n g s m i t t e l, die sichersten, gegen d. Brech-Ruhr (Cholera). Ein Hülfsbüchl. f. Jedermann, v. e. prakt. Arzte. gr. 8. (1¼ B.) Elberfeld 831, (Weise.?)

Vorbeck, Frdr. v, ruhig, Philister! Lustige Geschichten. (V, 280 S.) 8. Berlin 903. Freund & Jeckel. n. 3. — ; geb. n. 4. —

Vorbeck, Frdr. v., lyrische Versuche. Allerlei Subjektives. 8. (VIII, 126 S.) Wiesbaden 894. (R. Bechtold & Co.) n. 1. 50

Vorbeck, F. v., aus der Zeit der Stockprügel u. Gavotten. gr. 8. (III, 156 S.) Wiesbaden (901). R. Bechtold & Co. n. 2. 25

Vorbeck, F(riedrich) W(ilhelm), approb. Arzt aus Berlin: Über Cervixmyome unter besonderer Berücksichtigung der Portiomyome. *Berlin (1904): G. Schade.* (27 S.) 8°
Berlin, Med. Diss. v. 5. Aug. 1904

Vorbeck, Johann Matthias, Referendar in Grevesmühlen: Das Vermächtnis des Nießbrauchs an einem Erwerbsgeschäfte. *Rostock 1903: C. Boldt.* (IV, 38 S.) 8°
Rostock, Jur. Diss. v. [17. Sept.] 1903

Vorbegriffe zu einer Theorie der Ornamente ... Berl. 1793. V: *Bremer, Johann Gottfried.* (BrMm)

Vorbemerkungen zum Entwurfe der revidirten Gefahrenclassen-Eintheilung. 4. (35 S) —.45
Wien: Hof- u. Staatsdruckerei 1893.

Vorbemerkungen für die praktischen Übungs-Arbeiten und ihre Behandlung im mathematisch-physikalischen Laboratorium der Universität Königsberg i. Pr. Königsberg i. Pr. 1900. V: *Volkmann, Paul.* (Berl)

Vorberathung, die, des Senats mit den Collegien in Hamburg. Ein Neujahrswunsch. gr. 8. (34 S.) Bremen 848, Heyse. n. 1/6 ₰

Vorbereiter, Der, zum juristischen Examen ... Berlin 1858. V(Anhang): *Adler, A.* (EngJ)

Vorbereiter, der, zum juristischen Examen sowohl für Jünger der Rechtswissenschaft als auch für jeden Grundbesitzer von wesentlichem Interesse. Von einem Referendar. Berlin 858. Th. Grieben. gr. 8. (56 S. und: Rechtsgrundsätze des Kgl. Ober-Tribunals über Grundgerechtigkeiten und Eigenthumsbeschränkungen ꝛc. Von A. Adler. VII, 125 S.) n. 25 ngr.

Vorbereitung zu einer populären Algebra, s. C. V. Andersch.

VORBEREITUNG zur Heiligen Beicht und zur Heiligen Kommunion (für Erwachsene). Aus dem Ungarischen eines Priesters der Gesellschaft Jesu übersetzt und mit einigen Zugaben vermehrt von einem Priester der Erzdiözese Kalocsa (Kalotscha). Budapest 1899: Sanct-Gerhards-Buchdruckerei. 32 S. - 180 mm

— christliche, auf d. selige Ewigkeit. 8. Nürnb. 752. Monath u. K. 3 gr.

Vorbereitung zur einer glücklichen Ehe für Jünglinge und Jungfrauen von einem Pfarrer der Erzdiözese Köln. Aachen 864. (Hensen.) 16. (80 S.) 3 ngr.

Vorbereitung zu einer glücklichen Ehe für Jünglinge und Jungfrauen von einem Pfarrer der Erzdiözese Köln. 1. Aufl. 1864. 3 Ngr. und 2. Aufl. 12. (90 S.) Aachen 868, Jacobi und Comp.

Vorbereitung, die, der Eleven für den Staatsforstdienst. 8. (17 S.) Wien 878. (Frick.) n. — 60

Vorbereitung zu weiterer Erkenntniss des allgemeinen Staatsrechtes ... Germanien 1800. V: *Leuthier, Ernst Valentin.* (MGT)

— z. weit. Erkenntn. d. allgem. Staatsrechts. gr. 8. Lpz. Hilscher. (Compt. f. Liter.) 800. — 18

Vorbereitung zur Erlernung der nützlichen Wissenschaften ... O. O. 1771. V: *Mertens, Hieronymus Andreas.* (BB) (Ky)

Vorbereitung zur Erlernung der nützl. Wissenschaften, zum Gebrauch der mittlern Klassen des Gymnasiums (v. H. A. Mertens). 8. 771.

Vorbereitung zur Feier d. heil. Abendmahls. 8. (15 S.) Stuttgart 889. (Buchhandlg. d. Evang. Gesellschaft.) n. — 6

— zur Feier d. Konfirmation u. Kommunion in den letzten Tagen vor den beiden Festtagen. Neue Aufl. 12. (23 S.) Stuttgart 890. Fink. n.n. — 10

Vorbereitung, die, der Frau f. den kaufmännischen Beruf, s. a. Veröffentlichungen des deutschen Verbandes f. das kaufmännische Unterrichtswesen. 33. Bd.

Die **Vorbereitung** der Frau für den kaufmännischen Beruf. Berichte, erstattet i. d. Konferenz d. Dtsch. Verbandes f. d. kaufm. Unterrichtswesen i. Braunschweig. — Leipzig: Teubner (1905). 19 S. 8°

Vorbereitung, die, des Heils in Israel und in der Heidenwelt. Mit einem Vorwort von C. E. Luthardt. gr. 16. (IV, 85 S.) Leipzig 868, Dörffling und Franke. *

Vorbereitung, Eine Heilige, Zu der ... Huldigung ... Breslau 1741. V: *Jachmann, Gottlieb.* (Kat. d. Druckschr. üb. Breslau. Breslau 1903. S. 14.)

Vorbereitung, die, zur juristischen Carriere in Bayern. Sammlung aller diesbezügl. Allerh. Verordngn. u. Ministerial-Entschließgn. 8. (42 S.) München 886. Schweitzer. — 50

— zu den Kenntnissen u. Wissenschaften die jedem zu wissen nöthig sind, wenn er gebildet heißen will. 1r Thl. 8. Braunschw. 792. Schröder. 12 gr.

— d. Kinder zur ersten heil. Kommunion. 12. Köln 830. Schmitz. 1 gr.

Vorbereitung der Kinder auf die heil. Kommunion. 16. (24 S.) Aachen 847, Cremer. 1 ngr.

— der Kinder zur ersten heiligen Kommunion. Neue Aufl. Paderborn 861. Junfermann. 8. (32 S.) 1½ ngr.

— der Kinder zur ersten heiligen Kommunion. 16. (32 S.) Arnsberg 873, Stein.

— der Kinder zur ersten heil. Communion, nebst Betrachtungen für die letzten Tage. 18. Aufl. 12. (24 S.) Aachen 888, Jacobi und Comp. *

— der Kinder zur ersten heil. Kommunion. 16. (36 S.) Arnsberg 889. Stein. n. — 30

Vorbereitung, die, zur ersten heiligen Communion, so wie der Empfang derselben. Der christl. Jugend zur Nachahmung dargestellt in dem Leben des frommen Jünglings J. L. Décalogne de la Perrie, von e. kathol. Priester. 12. Braunsberg 837. Rautenberg. 1/12 ₰

Vorbereitung zur ersten heiligen Communion. Hamm 856. Grote. 8. (31 S.) nn. 1½ ngr.

Vorbereitung zum Latein-Lesen und Schreiben. Zum Gebrauche der deutschen Normal- und Hauptschulen in den k. k. Staaten. 8. (72 S.) **Wien. Gedruckt bei Leopold Grund. 1848. Ungebunden 5 kr. C. M. Gebunden in steifen Deckel. 7 kr. C. M.** Verlag der Schulbücher-Verschleiß-Administration.

— lehrreiche, f. d. Jugend zu ihren vornehmst. Lehrstunden zugleich e. Lesebuch f. Schelungel. hrte u. Ungelehrte. 8. Lpz. Hilscher. (Compt. f. Lit.) 786. — 10

Militärische Vorbereitung der Jugend und Reichs-Jugendwehrgesetz, Denkschrift der D. T., Leipzig, 16 S., 8°.

— zur Moral u. Religion für Kinder von 9—12 Jahren. 8. Leipz. 802. Barth. 8 gr.

— z. Naturgeschichte, f. Liebhaber d. Pflanzenreichs, mit 1 K. 8. Berlin, Schöne. 790.

Vorbereitung u. Prüfung der preußischen Staatsbahn-Beamten. 8. (71 S.) Berlin 894. Evangel. Vereins-Buchh. n. — 40

Vorbereitung zur Sächsischen Rechtsgelahrtheit. Wittenberg 1744. V: *Hanaccius, Christian.* (Adel)

— a. d. Sabbath, od. Betracht. z. Verherrlich. Gottes u. Erbauung d. Seele. 3 Thle. gr. 8. Nrnb. Bieling. 767-68.

Vorbereitung, die, zum Schießen. Ein Beitrag zu den Schieß-Uebungen der Fuß-Artillerie. [Aus: „Militär-Zeitung für die Reserve- u. Landwehroffiziere des deutschen Heeres".] gr. 8. (18 S.) Berlin 882. Fricht, Adlerstraße 5. n.n. — 75

—— für Sonntagsschul-Lehrer und Lehrerinnen über Abschnitte des alten Testaments, mit prakt. Anleitung zum Unterricht der Kinder in Frage und Antwort. 4 Lfgn. 8. (468 S.) Berlin 874, (Prochnow's Selbstverlag.) à Lfg. * M. 1. -

— zu einer glückseligen Sterbestunde. 12. Münch. ... Jaquet. d. Dutzend 3 gr.

Zur Vorbereitung der ersten evangelischen Synode in den deutsch-slavischen Kronländern Oesterreichs. Denkschrift. veröffentlicht von dem Presbyterium der Wiener evangel. Gemeinde Helvetischer Confession. gr. 8. (51 S.) Wien, Gerold. 1863. 40 kr.

— auf den Tod. 16. (64 S.) Fulda 888. Fuldaer Actiendruckerei. n. — 25

Vorbereitung zu einem guten Tode, oder Bußtagzeiten u. Gebete, einen guten Tod zu erlangen rc. 12. Augsb. 821, Doll. (Landsh., Krüll.)

— zu einem guten Tode, oder Bußtagzeiten u. Gebete, einen guten Tod zu erlangen. Mit freier Uebersetzung d. 7 Bußpsalmen rc. 12. Augsb. 821. 2e A. 831. Doll. (Landsh., Krüll). 3 gr.

— auf den Tod f. Ordensfrauen. 2. Aufl. 16. (64 S.) Ebd. 887. n. — 50

— eines Unglücklichen zum freywilligen Tode. 8. Königsb. Nicolovius. 800.

— unsere, auf das Schützengefecht in der Schlacht. gr. 8. (48 S.) Berlin 875. Oppenheim. — 60

Vorbereitung zum Unterrichte in der Religion ... Heidelb. 1792. N. Aufl. 1795. V: *Pflaum, Johann Christoph.* (ML) (Ky)

— zum Unterricht in d. Religion; nach Anleit. d. Fragen an Kinder (v. Jh. Cph. Pflaum.) 8. Heidelb. 792. N. Aufl. 795. u. 803. Frankf. Simon. 8 gr.

— zum Unterrichte in der Religion, nach Anleitung d. Fragen an Kinder. 8. Wien 805. Rehm. 12 gr.

Vorbereitung zur Vernunftwissenschaft. Mainz 1789—90. V: *Dietler, Wilhelm.* (ML) (MGT) (Ky)

— zur Vernunftwissenschaft (v. W. Dietler.) 2 Thle. gr. 8. Mainz 789. (Andreä in Frankf.) 1 rthl. 16 gr.

Vorbereitung des christlichen Volkes zur Feier der Geburt unseres Herrn Jesu Christi. Das ist: Übung des Geistes, zunächst im Advente und dann auch in jeder Andachtsstunde. 2. Aufl. Regensburg 1816. V: *Sailer, Johann Michael.* (Russell IV, 792)

— d. christl. Volkes zur Feier der Geburt Christi. 8. Münch. 819. Giel. 8 gr.

— zu Gall's Vorlesungen über d. Cranioscopie von einem seiner Schüler. Mit Kpf. 8. Leipz. 804. Kühn. 8 gr.

Vorbereitung zu Gall's Vorlesungen üb. die Cranioscopie von einem seiner Schüler. Mit Kupf. 8. Leipzig, Kuhn. 805. — 8

Vorbereitung, Die, auf den Weiheact d. h. den Act der Hingabe seiner selbst an Jesus Christus ... Dülmen i. W. 1897. V: *Lehmkuhl, August.* (Berl)

Vorbereitung, die, auf d. Weiheact d. h. d. Act d. Hingabe seiner selbst an Jesus Christus, d. menschgeword. Weisheit, durch d. Hände Mariens. 16. (32 S.) Dülmen 897. A. Laumann. n. — 10

— z. Weltgeschichte f. Kinder, s. A. L. Schlözer.

Vorbereitung zur Weltgeschichte für Kinder. Göttingen 1779. 3. A. 1790. 4. A. 1797. 5. A. 1800. 6. A. 1806. V: *Schlözer, August Ludwig von.* (GGr) (Ky) (MGT)

Vorbereitungen f. Deutsch, hrsg. v. A. Falcke. 1. Hft., bearb. v. Alb. Gieseler. gr. 8. (69 S.) Leipzig 897. Dürr'sche Buchh. n.n. — 50

— dasselbe. 2. Hft., bearb. v. Heinr. Kühn. gr. 8. (82 S.) Ebd. 898. n. — 50

Vorbereitungen f. Deutsch, in ausgeführten Lektionen, hrsg. v. A. Falcke. 3. Heft, bearb. v. A. Großmann. (80 S.) gr. 8. Leipzig 899. Dürr'sche Buchh. — 50

Vorbereitungen u. Entwürfe aus dem gesammten Unterrichtsgebiete der deutschen Volksschule, in Gemeinschaft m. J. Baumann, F. W. Bürgel, L. Diesner rc. hrsg. von A. Sprockhoff. 27. u. 28. (Doppel-)Hft. gr. 8. Breslau 882. F. Hirt. à n. — 50
Geschichte auf Grund d. kaiserl. Erlasses v. L. Hoffmeyer. (92 S.)

Vorbereitungen und Entwürfe aus dem gesamten Unterrichtsgebiete der deutschen Volksschule, in Gemeinschaft mit J. Baumann, F. W. Bürgel, L. Diesner rc. hrsg. von A. Sprockhoff. 1.—15. Heft. gr. 8. Breslau 888, F. Hirt. à Heft * 50 Pf. *

Inhalt:

Heft 1. Hoffmeyer, L., Geschichte. (80 S.)
" 2. Költzsch, A., Rechnen. (92 S.)
" 3. Wiese, B., Raumlehre. (80 S. mit eingedr. Fig.)
" 4. 5. Keil, W., und A. K. van der Laan, Geographie. Heimat-, Länder-, Völker- und Himmelskunde. (135 S. mit Abbild.)
" 6. Sprockhoff, A., P. Vogler und R. Waeber, Botanik. (76 S.)
" 7. Zeglin, J. G., Perikopen. (76 S.)
" 8. Köckert, C., Gesang. — Ritter, H., Turnen. (72 S.)
" 9. 10. Tesch, P., F. Steinweller und F. Polack, Deutsch. Leseunterricht, Anschauungsunterricht, Gedichte und Lesestücke. (160 S.)
" 11. Genau, A., A. Kleinschmidt und P. Tesch, Deutsch II. Grammatik, Orthographie, Stilübung. (72 S.)
" 12. Freundgen, J., Geschichte für katholische Schulen. (88 S.)
" 13. Klose, R., Katechismus für katholische Schulen. (72 S.)
" 14. 15. Bürgel, Fr. W., biblische Geschichten, Perikopen und Kirchenlied für katholische Schulen. (143 S.)

—— u. Entwürfe aus dem gesamten Unterrichtsgebiete der deutschen Volksschule, in Gemeinschaft m. J. Baumann, F. W. Bürgel, L. Diesner rc. hrsg. v. A. Sprockhoff. 16.—28. (Schluß-)Heft. gr. 8. Bresl. 889—892, Hirt. à Heft * — 50

16. Sprockhoff, A., u. J. G. Paust. Anthropologie u. Zoologie. (79 S.)
17. 18. Baumann, J., B. Presting u. F. Schultz. Biblische Geschichte, Katechismus u. Kirchenlied f. evangelische Schulen. (143 S.)
19. 20. Kienast, E., W. Lichtblau, A. Sprockhoff, u. R. Waeber. Physik, Chemie, Mineralogie u. Technologie. (144 S.)
21—23. Diesner, L., W. Höchstetter u. H. van Senden. Bibellesen, Gleichnisse u. Psalmen f. evangelische Schulen. (208 S.)
24. Fleischmann, C. Turnen f. Mädchenschulen. (79 S.)
25. Künzel, G., u. Th. Willig. Schreiben u. Zeichnen. (80 S.)
26. Stobbe, U. Weibliche Handarbeiten. (83 S. m. 5 Taf.)
27. 28. Hoffmeyer, L. Geschichte auf Grund d. kaiserl. Erlasses. (92 S.)
1.—15. Heft. Ebd. 1888. à * — 50.

— u. Entwürfe aus d. ges. Unterrichtsgebiete d. deutschen Volksschule, in Gemeinschaft m. J. Baumann, F. W. Bürgel, L. Diesner rc. hrsg. v. A. Sprockhoff. 2., 4., 5., 9., 10. u. 11. Hft. gr. 8. Breslau 897. F. Hirt. n. 3. 60

2. Das Rechnen. Von A. Költzsch. 2., verb. Aufl. (94 S.) n. — 75
4. 5. Geographie. Heimat-, Länder-, Völker- u. Himmelskunde. Von W. Keil u. A. K. van der Laan. M. 17 Abb. im Text u. e. Bilderanh. 2., verb. Aufl. (135 S.) n. 1. —
9. 10. Deutsch I. Lese-Unterricht, Anschauungs-Unterricht, Gedichte u. Lesestücke. Von P. Tesch, F. Steinweller, F. Polack. 2., verb. Aufl. (160 S.) n. 1. 25
11. Deutsch II. Sprachlehre, Rechtschreibg., Stilübungen. Von A. Genau, A. Kleinschmidt, P. Tesch. 2., durchgesch. Aufl. (72 S.) n. — 60

Vorbereitungen u. Entwürfe aus dem gesamten Unterrichtsgebiete der deutschen Volksschule, in Gemeinschaft m. J. Baumann, F. W. Bürgel, L. Diesner rc. hrsg. v. A. Sprockhoff. 3. Hft. gr. 8. Breslau, F. Hirt. n. — 80
Raumlehre. Von B. Wiese. Mit 21 Abbildgn. 2., verb. u. verm. Aufl. (88 S.) 899.

Vorbereitungen zur weitern Erkenntniß d. allgemeinen Staatsrechts (v. C. B. Leuthier.) gr. 8. Leipz. 800. Hilscher. 18 gr.

— lehrreiche, für die Jugend zu ihren vornehmsten Lehrstunden, zugleich ein Lesebuch für Scheingelehrte u. Ungelehrte. 8. Leipz. 786. Hilscher. 10 gr.

— zur Naturgeschichte, für Liebhaber des Pflanzenreichs. Mit 1 Kpf. 8. Berl. 790. Schöne. 6 gr.

— eines Unglücklichen zum freiwilligen Tode. 8. Königsb. 800. (Rein in Leipz.) 8 gr.

— zur Weltgeschichte für Kinder, s. A. L. Schlözer.

Vorbereitungen und Danksagungen, zwölf, bei der heiligen Communion. Aus den Schriften des heil. Frz. v. Sales, des P. Udalricus Probst u. A. gesammelt von einem Priester des Cistercienserordens. Neue Ausg., mit einem Anh., der nothwendigsten Gebete. 1. Aufl. 1862. und 2. Aufl. 16. (IV und 200 S.) Mainz 868, Kirchheim.

Vorbereitungen, zwölf, und Danksagungen bei der heiligen Communion. Aus den Schriften des heil. Frz. v. Sales, des P. Udalricus Probst u. A. gesammelt von einem Priester des Cistercienserordens. Neue Ausg. mit einem Anh. der nothwendigsten Gebete. 2. Aufl. 1868, und 3. Aufl. 16. (IV, 200 S.) Mainz 871, Kirchheim.

Vorbereitungen und Danksagungen, zwölf, bei der heil. Communion. Aus den Schriften des heil. Franz von Sales, des ehrwürd. P. Udalricus Probst aus der Gesellschaft Jesu u. A. gesammelt von einem Priester des Cistercienserordens. Neue Ausg., mit einem Anhang der nothwendigsten Gebete. 4. Aufl. 16. (IV, 200 S.) Mainz 876, Kirchheim.

Vorbereitungen und Danksagungen, zwölf, bei der heil. Communion. Aus den Schriften des heil. Franz von Sales, des ehrwürd. P. Udalricus Probst, S. J., u. A. gesammelt von einem Priester des Cistercienserordens. Neue Ausg. mit einem Anhang der nothwendigsten Gebete. 5. Aufl. 16. (236 S.) Mainz 881, Kirchheim. 75 Pf.; geb. *

Vorbereitungen, zwölf, u. Danksagungen bei der heiligen Communion. Aus den Schriften d. hl. Frz. v. Sales, d. ehrwürd. P. Udalricus Probst aus der Gesellschaft Jesu u. A. gesammelt von e. Priester d. Cistercienserordens. Neue Ausg., m. e. Anh. der nothwendigsten Gebete. 6. Aufl. 16. (236 S.) Mainz 890. Kirchheim. — 75; geb. n. 1. 20

Vorbereitungsandachten.

Ein Erbauungsbuch für gebildete Kommunikanten. Danzig 1817. V: *Duisburg, Friedrich Carl Glieb von.* (Ky)

Vorbereitungsandachten. Ein Erbauungsbuch für gebildete Kommunikanten (v. F. K. G. v. Duisburg.) 8. Danz. 817. (Ewert; a. Kummer in Leipz.) 16 gr.

Vorbereitungsandachten zu d. fünf Hauptfesten d. allerseligsten Jungfrau u. Gottesmutter Maria. Mit Ablässen begnadigt v. hl. Vater Pius VII. gr. 16. (39 S.) Limburg 895. (Limburger Vereinsdruckerei.) n. — 20

Vorbereitungs-Behelfe f. die Aufnahmsprüfung in den k. u. k. Cadetenschulen von E. R. 8. (171 S.) Budapest 894. C. Grill. n.n. 5. —

Vorbereitungs-Behelfe f. die Aufnahmsprüfung in die k. u. k. Cadettenschulen. Als Mskr. gedruckt. 12. (193 S.) Budapest (900). C. Grill. n. 5. —

Vorbereitungsbuch, Erstes,

der Lateinischen Sprache, in kurzen Sätzen nach der Stufenfolge der Syntax ... Leipzig 1801. V: *Morgenroth, Ernst Christian Friedrich.* (MGT) »1805« (Ky)

Vorbereitungsbuch, erstes, der lateinischen Sprache, in kurzen Sätzen nach der Stufenfolge der Syntax zur Beförderung eines zweckmäßigen Gebrauchs d. Gedick'schen Lesebuchs (von Er. Chr. Fr. Morgenroth.) 8. Leipz. 805. N. A. 810. Linke. (Hinrichs). 4 gr.

Heymannsche juristische Vorbereitungsbücher. 1, Bdchn 1. *Berlin: C. Heymann 1900.* 8° [F.] [∞. 4944

Vorbereitungsdienst, der, in der preußischen Staats- u. deutschen Reichs-Verwaltung, namentlich für Subaltern-Aemter. [Aus: „Monatschrift für deutsche Beamte".] gr. 8. (V, 53 S.) Grünberg 879. Weiß Nachf. n. 1. —

Vorbereitungsheft f. das Sekretärexamen in den Gemeindeverwaltungen. (Hrsg. vom Verein der Supernumerare u. Diätare beim Magistrat zu Berlin.) 3. verm. u. verb. Aufl. (In 2 Tln.) 1. Tl.: Kalkulaturaufgaben usw. (80 S.) Lex. 8. Berlin (N. O. 18, Elbingerstr. 30) 910. (Magistr.-Sekr. J. Kleinau.) 3. —

Vorbereitungsideen, kurze homilet.-prakt., f. Meditationes.

Vorbereitungslehren, chemische, des deutschen Ackerbaues. 8. Marb. 791. Krieger. 8 gr

Vorbereitungslectionen zur Naturgeschichte in sokratischen Gesprächen. 8. Schlesw. 800. Röhß. (Hammerich in Altona.) 3 gr

Vorbereitungs-Schule, die, für den Eintritt in die Subaltern- u. Unterbeamtenstellen bei den Reichs- u. Staatsbehörden. Ein Handbuch für Militair-Anwärter bezw. Civilversorgungsberechtigte der deutschen Armee, welche ihre zukünftige Lebensstellung vor Verlassen der militairischen Laufbahn in ernstliche Erwägung ziehen wollen. Auf Grund der neuesten vom Bundesrath beschlossenen u. für die Besetzung der Subaltern- u. Unterbeamtenstellen bei den Reichs- u. Staatsbehörden mit Militairanwärtern maßgebende Grundsätze, zusammengestellt von mehreren früheren Avancirten u. Invaliden, späteren Staatsbeamten. Lex.-8. (IV, 144 S.) Aachen 882. Mayer. n. 2. —

Vorbereitungs-Schule, die, f. den Eintritt in die Subaltern- u. Unterbeamtenstellen bei den Reichs- u. Staatsbehörden. Ein Handbuch f. Militair-Anwärter bezw. Civilversorgungsberechtigte der deutschen Armee, welche ihre zukünft. Lebensstellg. vor Verlassen der militair. Laufbahn in ernstl. Erwägg. ziehen wollen. Auf Grund der neuesten vom Bundesrath beschlossenen u. f. die Besetzg. der Subaltern- u. Unterbeamtenstellen bei den Reichs- u. Staatsbehörden m. Militairanwärtern maßgeb. Grundsätze, zusammengestellt v. mehreren früheren Avancirten u. Invaliden, späteren Staatsbeamten. 2. Aufl. Lex.-8. (IV, 178 S.) Aachen 884. Mayer. n. 2. 50

Vorbereitungsstunden, Selige, auf die Sonn-, Fest- und Busstage des ganzen Jahrs ... Dresden u. Leipzig 1759. V: *Ludwig, Joh. Christoph.* (Ky)

Vorberg, Max, weiland Kgl. Superint. u. Kreisschulinsp. a. D. Pfarrer zu Schönberg bei Berlin. Ein Gedenkblatt seiner Familie f. s. Freunde. Berlin 1901. V: *Vorberg, Georg.* (Berlzu 1926, I, 804)

Vorberg, (Prediger,) Gedächtnißrede über den verstorbenen Superint. Pastor Dr. Aßmann. gr. 8. Magdeburg 845, Baensch. 3 ngr

Vorberg, Axel, d. Einführg. d. Reformation in Rostock, s. a. Schriften d. Vereins f. Reformationsgeschichte, Nr. 58.

Die Einführung der Reformation in Rostock. Von Dr. Axel Vorberg, Hülfsarb. an d. Bibl. ... zu Rostock. *Halle: Ver. f. Reformationsgesch.; (Commiss. M. Niemeyer) 1897.* (IX, 56 S.) 1 Bd 8.
= Schriften d. Vereins f. Reformationsgeschichte. No 58. (97. 6301 Bo

Vorberg, Axel [aus Wittenberg]: **Die Einziehung der Producte und Werkzeuge eines Delicts, ohne Unterschied, ob sie dem Verurtheilten gehören oder nicht** ... Rostock, Univ.-Buchdr. v. Adler's Erben, 1895; 4 Bl., 125 S. 8.
Rostock, Jur. Fak., Inaug.-Diss. v. [14. Sept.] 1895

Vorberg, Axel. der Zweikampf in Frankreich. gr. 8. (VI, 64 S.) Leipzig 899. C. L. Hirschfeld. n. 1. 50

— der Zweikampf in dem Strafgesetzbuch für das deutsche Reich. gr. 8. (56 S.) Berlin 902. Schall & Rentel. n. — 60

Vorberg, Gaston

Vorberg, G. (Hrsg.), s. a. Antiquitates eroticae.

VORBERG, G. Antiquitates eroticae. Ergänzungsband zu dem Werke Museum eroticum Napolitanum. Mit Frontispiz und 34 Tafeln. 4°. O. O. u. J. (ca. 1910).
— — Dasselbe. Luxusausgabe auf Büttenpapier gedruckt. Mit Frontispiz und 34 handkolorierten Tafeln. O. O. u. J. (ca. 1910). In Halblederband.
Dieses Werk erschien unter Ausschluß der Öffentlichkeit für einen kleinen Kreis von Subskribenten. Es bietet eine reiche Fülle von Material zur Kenntnis der phallischen und Bacchus-Kulte des Altertums in Wiedergaben alter Bronzen, Amulette, Statuen, Gemmen, Wandgemälde, Geräte usw., denen wissenschaftliche Erläuterungen beigegeben sind.

Vorberg, Gaston, Briefe e. Arztes. Gift od. Heilmittel im Unglück? (29 S.) 8. München 907. Verlag der ärztl. Rundschau. — 60

Vorberg, Gaston, Dementia paralytica u. Syphilis. (V, 26 S.) 8. Wien 906. F. Deuticke. n. 1. —

Vorberg, Gaston, approb. Arzt aus Köln a. Rh.. Zur klinischen Differentialdiagnose der Sklerosis multiplex cerebrospinalis. *Freiburg i. B.: Speyer & Kaerner 1903.* (30 S.) 8°
Freiburg i. B., Med. Diss. v. 1903

— zur klinischen Differentialdiagnose der Sklerosis multiplex cerebrospinalis. Diss. (28 S.) gr. 8. Freiburg i/B. 903. Speyer & Kaerner. n. — 80

Vorberg, Gaston: Freiheit oder gesundheitliche Überwachung der Gewerbsunzucht? Eine zeitgemäße Betrachtung. — München: Ärztl. Rundschau [1907]. 59 S. 8°

— Guy de Maupassants Krankheit, s. a. Grenzfragen d. Nerven- u. Seelenlebens. 60. Heft.

Vorberg, Gaston: Guy de Maupassants Krankheit. Von Dr. Gaston Vorberg in Hannover. Wiesbaden: J. F. Bergmann 1908. (27 S.) 8°
(Grenzfragen d. Nerven- u. Seelenlebens. H. 60.)

Vorberg, Gaston. Kurpfuscher! Eine zeitgemässe Betrachtung. Mit einem Vorwort von Prof. Dr. H(ermann) Sahli (Bern). VIII + 88 S. 8. Leipzig und Wien, Franz Deuticke, 1905. [M. 2. 50]

Vorberg. G., Kurpfuscher. Volksausgabe. Eine zeitgemäße Betrachtung. Gr.-8°. (VIII. 88 S.) Wien: Deuticke 1908. K 1.20

Vorberg, Dr. med. Gaston (ps. Montanus, Arzt in Baden-Baden, geb. zu Cöln a/Rh. 23. Jan. 1875), Museum eroticum Neapolitanum. Privatdruck. 48 Tafeln mit 77 theils farbigen Abbildgn., mit kulturgeschichtl. Einleitung und erläuterndem Text. 1910. 4°. (Br. Mk. 20—, Ganzldr. 25—, von Künstlerhand color. Ausgabe 40—, gebd. [Luxusausgabe] 50—.)

— Ratschläge f. Nervenleidende. Ein Katechismus f. Neurastheniker. (40 S.) kl. 8. Stuttgart 905. E. H. Moritz. n. — 60

— Ratschläge f. Nervenleidende. Ein Katechismus f. Neurastheniker. 3.—5. Taus. (40 S.) kl. 8. Stuttgart 907. E. H. Moritz. — 60

Vorberg, Georg, aus Hannover: Die Sächsischen Grenadiere in der Schlacht bei Hohenfriedeberg am 4. Juni 1745. Mit 1 Karte u. 1 Übersichtsskizze. *Dresden: W. Baensch in Komm. 1900.* (89 S.) 8° ¶ (Aus: Neues Archiv f. Sächs. Geschichte u. Altertumskunde, Bd 21.)
Leipzig, Phil. Diss. v. [24. Apr.] 1900

Vorberg, Geo., die sächs. Grenadiere in der Schlacht bei Hohenfriedeberg am 4. VI. 1745. Mit e. Karte u. e. Übersichtsskizze. gr. 8. (89 S.) Dresden 900. (W. Baensch.) n. 2. —

Vorberg, Geo., s.: Kirchenbücher, die, usw. der General-Superintendentur Berlin.

Die Kirchenbücher der vor 1874 aufgenommenen und konzessionierten Kirchengemeinschaften im Bezirke der General-Superintendentur Berlin ... u. in den Kreisen Lebus u. Stadt Frankfurt a. O. ⟨General-Superintendentur d. Neumark⟩, bearb. von Georg **Vorberg**, Dr. phil. Leipzig: Duncker & Humblot 1905. (VII, 272 S.) 8° [F.]
(Veröffentlichungen d. Vereins f. Gesch. d. Mark Brandenburg.) [05. 16009

Vorberg, J., Communionbuch. 8. Magdeburg. 730.

Vorberg, Karl

— die Emigranten. Novelle. Emsdetten 862. v. Sobbe. 8. (99 S.) n. 10 ngr.

Vorberg, Carl, das Heldenthum d. Dampfes. Eisenbahn-Roman aus den Jahren 1870 bis 1871. 1. Hft. gr. 8. (40 S.) Saarbrücken 873. Siebert in Comm. n. — 40

— Maria Gloriosa. Historischer Roman. 2 Bde. Ebend. 860. 16. (296 S.) 1 ℛ 10 ngr.

—— Preußens Ruhmestage. Lieder für Preußens Volk und Heer. 12. (48 S.) Trier 866, (Lintz' Verlag.) *

Vorberg, Carl, Sonette aus Rheinland u. Westfalen. Nebst Anh.: Sonette im Helm u. Sonette aus dem Jahre 1866. gr. 16. (IV, 65 S.) Trier 878. Lintz. — 75

Vorberg, Carl, Auf Vorposten. Lebens- u. Campagne-bilder aus Schleswig-Holstein. Kreuznach 859. Voigtländer. 16. (VI, 94 S.) n. 10 ngr.

Vorberg, Max (Hrsg.), s. A n s i e d l e r , Der, im Westen. Jg. 6 (1868) - 14 (1876).

Vorberg, Max, s.: Christoterpe, neue.

Vorberg, Max. Oliver Cromwell, s.a. Für die Feste u. Freunde d. Gustav-Adolf-Vereins.

Vorberg, M., Oliver Cromwell u. die Stuarts. gr. 8. (62 S.) Gotha 888. F. A. Perthes. n. 1. —

— des Volkes Dank. Eine geschichtlich-psycholog. Studie. gr. 8. (20 S.) Wittenberg 887. Wunschmann. n. — 60

Vorberg, M., Einführungspredigt d. Pastors an der Bartholomäi-Kirche üb. Evang. Joh. 10, 12—16, am Sonntage Misericordias Domini, den 15. April 1871. gr. 8. (13 S.) Berlin 871. Schultze. n. — 20

— ein Gang um Zions gebrochene Mauern. Festpredigt für die Gustav-Adolphs-Sache. gr. 8. (16 S.) Berlin 880. Wiegandt & Grieben. — 30

Vorberg, M., den Gefangenen eine Erledigung! Ein Wort an die Gemeinden. Cöln 868. (Roemke & Co.) 8. (69 S.) n. 2 ngr.

Vorberg. Max, Geschichten aus alter u. neuer Zeit. 1. u. 2. Folge. 8. (III, 221 u. III, 209 S.) Halle 902. 903 C. E. Müller. à n. 2. 70; geb. à n. 3. 50

Vorberg, Max, Geschichten aus alter u. neuer Zeit. 1. u. 2. Folge. 2. [Titel-]Aufl. (III, 221 u. III, 209 S.) 8. Halle [902. 903] 906. C. E. Müller. à n. 2. 70; geb. à n. 3. 50

Vorberg, Max, Johann Wolfgang v. Goethe, s.: Schülerkalender, deutscher.

Vorberg, Max, Irrgangs Heimfahrt. Eine Geschichte in 24 Abenteuern. 2. Aufl. gr. 8. (VI, 117 S.) Gotha 886. F. A. Perthes. n. 2. —; geb. n. 3. —

— heimwärts! Eine Geschichte aus vergangenen Tagen. 2. Aufl. gr. 8. (VII, 223 S.) Ebd. 887. n. 4. —; geb. n. 5. —

— der letzte Judenkönig. Ein Lebensbild aus dem apostol. Zeitalter. gr. 8. (20 S.) Wittenberg 887. Wunschmann. n. — 60

Vorberg, Max, der Confirmanden-Unterricht. 2., umgearb. Aufl. 8. (IV, 47 S.) Berlin 880. (W. Schultze.) n. — 30

— der Konfirmanden-Unterricht. 5. Aufl. 8. (IV, 47 S.) Berlin 888. (W. Schultze.) cart. n. — 30

— der Konfirmanden-Unterricht. 7. Aufl. (13.—15. Taus.) 8. (IV, 48 S.) Berlin 894. (W. Schultze's Verl.) n — 30

— der Konfirmanden-Unterricht. 8. Aufl. (16.—19. Taus.) gr. 8. (IV, 48 S.) Berlin 897. (W. Schultze.) n.n. — 30

— das Licht der Welt. Ein Jahrgang Evangelien-Predigten. 3 Tle. gr. 8. Berlin 893. Buchh. der Berliner Stadtmission. n. 7. 80; geb. n. 10. 60
1. Die frohe Botschaft u. die Erscheing. (VI, 241 S.) n. 2. 40; geb. n.n. 3. 30
2. Der Weg des Leidens u. der Sieg. (Von Invokavit bis Trinitatisfest.) (232 S.) n. 2. 40; geb. n. 3. 30
3. Das Leben im Licht. (Vom 1. Sonntag nach Trinitatis bis zum Schluß des Kirchenjahres.) (VII, 356 S.) n. 3. —; geb. n. 4. —

—— der Lutherhof von Gastein. gr. 8. (VIII, 167 S.) Gotha 884, F. A. Perthes. *

— der Lutherhof v. Gastein. 2. Aufl. gr. 8. (VIII, 167 S. m. 1 Autotypie.) Ebend. 886. n. 3. —; geb. n. 4. —

—— Der Lutherhof v. Gastein. 3. Aufl. gr. 8. (VI, 167 S. mit 2 Bildern.) Gotha 892, F. A. Perthes. geb. * 4 —

— der Lutherhof v. Gastein. 4. durchgeseh. Aufl. m. dem Bildnis Martin Lodingers u. der Ansicht des Lutherhofs. (VI, 178 S.) 8. Gotha 903. F. A. Perthes. n. 3. — ; geb. in Leinw. n. 4. —

— die deutsche Nationallitteratur d. Neuzeit, s.: Barthel, Karl.

— Pontius Pilatus in Bibel, Geschichte u. Sage. Ein Vortrag. gr. 8. (16 S.) Berlin 881. (Deutsche evangel. Buch- u. Tractat-Gesellschaft.) n. — 20

— Rede zur Enthüllung d. Denkmals Sr. Maj. d. hochsel. Kaisers Friedrich III. im Kurgarten Seebad Deutsch-Wilmersdorf am 6. Aug. 1888 geh. gr. 8. (7 S.) Berlin 888. Schaeffer. — 20

—— Die Reformation u. die deutsche klassische Litteratur. 8. (30 S.) Ebd. 892. * — 60

— **die Stimme des Bußtags, s. a. Predigt-Hausschatz, evangelischer.**

Vorberg, Max: Die Stimme des Busstags. 1. Mose 41,9. Busstags-Pred. in d. Apostel-Paulus-Kirche geh. v. Max Vorberg, Superint. zu Schöneberg. Halle a. S.: E. Strien [1899]. (21 S.) 1 Bd 8°
(Predigt-Hausschatz, Evangelischer. No 20.)

— e. Streifzug durch die moderne Belletristik. 8. (54 S.) Gotha 890. F. A. Perthes. n. — 80

— der Trost der Stadt Gottes. Festpredigt für die Gustav-Adolphs-Sache. gr. 8. (16 S.) Berlin 881. Wiegandt & Grieben. — 80

— **Vater Unser! 9 Predigten. (Nach Stenogrammen der 1898 in der Apostel Paulus-Kirche zu Schöneberg geh. Predigten.) gr. 8. (90 S.) Berlin 903. W. Schultze. n. — 80; geb. n. 1. 25; m. Goldschn. n. 1. 60**

— **was wir hoffen u. geloben. Predigt üb. Josua 3, 5. Gehalten am 27. Juli 1870 als am Buß- u. Bettage in der Marktkirche zu Hannover vor dem Ausmarsch unserer Truppen. gr. 8. (13 S.) Hannover 871. Schmorl & v. Seefeld. — 30**

— **die Weckstimmen des Advents, s. a. Predigt-Hausschatz, evang.**

Vorberg, Max: Die Weckstimmen des Advents. Römer 13, 11 14. Advents-Predigt v. M[ax] Vorberg, Superint. in Schöneberg-Berlin. Halle a. S.: E. Strien [1899]. (14 S.) 1 Bd 8°
(Predigt-Hausschatz, Evangelischer. No 2.)

—— **Bis Weihnachten! Blätter aus dem Leben zweier Schwestern. gr. 8. (III, 141 S.) Gotha 885, F. A. Perthes. ***

—— **Wie erhalten wir die Jugend unseres Volkes rein u. stark gegen die Unzucht? Vortrag. gr. 8. (17 S.) Berl. 892, (Evangel. Vereins-Buchh.). ** — 10**

Wie erhalten wir die Jugend unseres Volkes rein und stark gegen die Unzucht? Vortrag von MAX VORBERG, Superintendent. Durchgesehene 2. Auflage. Berlin 1899. Selbstverlag der deutschen Sittlichkeits-vereine (A. Dartsch). 8°.

— **die Worte Jesu. Systematische Zusammenstellung aus dem neuen Testamente, vollendet u. hrsg. v. Geo. Vorberg. gr. 8. (VIII, 194 S.) Gr.-Lichterfelde-Berlin (901). E. Runge. Geb. in Leinw. n. 2. 50**

— **dasselbe. Geschenk-Ausg. gr. 8. (VIII, 181 S.) Ebd. (901). Geb. in Leinw. n. 3. 50**

— die sieben **Worte am Kreuz. 7 Predigten. (66 S.) gr. 8. Berlin 904. W. Schultze's Verl. n. — 80; geb. n n. 1. 25; m. Goldschn. 1. 60**

Vorbergck, Christian (Weissenfels) A. S. 6/34

Jura generi Rechte eines Eydams.
Präs. Johann Christian Hedler.
Wittenberg (Scheffler) III. 1736. 30 S.

35472

Vorbericht zur Ankündigung einer neuen ... Uebersetzung der Odyssee von J. J. Bodmer. Nürnb. 1783. V: *Welser von und zu Neuhof, Hans Carl.* (ML) (Ky)

Vorbericht zur Ankündigung e. neuen u. nicht d. letzten Uebersetzung d. Odyssee v. J. J. Bodmer (v. H. K. Welser.) gr. 8. Nürnb. 783.

Vorbericht und Anmerkungen zu den Beyträgen zur philosophischen Geschichte der heutigen geheimen Freimaurer und Anti-Freimaurer. Leipzig 1786. V: ***Bretschneider, Hch. Gottfried von.*** **(Denkwürdigkeiten aus dem Leben des kk. Hofrathes Heinrich Gottfried von Bretschneider, hg. von Karl Friedrich Linger (= Jaques Eisenstein). Wien u. Leipzig 1892. S. 365) (L. F. Göckingh, Reise des Herrn v. Bretschneider. Berlin u. Stettin 1817. S. 49/50) (BIBLPORT)**

Vorbericht und Anmerkungen des Französischen Uebersetzers zu den geheimen Briefen über die Preussische Staatsverfassung seit der Thronbesteigung Friedrich Wilhelms des Zweyten. Aus d. Französ. übers. Utrecht (Ulm) 1788. 8°. (5 Mk. der Vorige.)

Vorbericht. – Internat. Assoziation d. Akademien. Vorbericht. [1.] 2. Wien 1906 07: Hof- & Staatsdr. 4°
[1.] Für d. am 30. Mai 1906 zu Wien beginnende Zusammentretung d. Ausschusses. 1906.
2. Enth. d. Darstellung d. Standes d. Verhandlungen d. Internat. Assoziation v. 1. Juni 1906 15. April 1907.

Vorbericht zu Blumauer's Schrift: Mein Dank an Stoll. O. O. 1781. V: *Wittwer, Philipp Ludwig.* (ML) (BB)

Vorbericht zum Denkmahl Herzogs Max. Jul. Leop. von Braunschweig. Berlin 1787. V: *Zöllner, Joh. Frdr.* (MGT)

Vorbericht | Ueber die neue Form der Rollen und anderer Beyla-|gen, dienend zur Erleichterung der Lage der | gemeinen Lasten der Provinz Lützemburg. | ... (Zum Schluß:) ..., als werden die Gerichtsschreiber hiedurch benachrichtiget, daß die | Schevalierischen Erben zu Lützemburg um einen geringen Preis [1/2 Stüber] ohn | eingeschriebene in Befolgung der verordneten Form verfertigte Erklä-|rungen stehtshin verkaufen werden. | ... | Actum Lutzemburg den 27. Januarii 1773. ... [Luxemburg: Erben des Andreas Chevalier 1773]
6 S. (davon letzte S. leer), 1 Faltblatt (410 × 330 mm, mit dem Impressum: Lützemburg bey den Schevalierischen Erben. 1772.), 4° (330 × 205 mm).

Vorbericht, genereller, über das Meliorationsproject im mittleren Vechtegebiet. Hrsg. vom landwirthschaftlichen Verein Emsbüren. 8. (32 S.) Lingen 882. van Acken. — 30

— dasselbe. Ergänzungsbericht. Gedruckt als Erwiederung auf den Bescheid kgl. Landdrostei vom 5. Juni 1882. Nr. 4245. 8. (21 S.) Ebend. 882. n. — 25

Vorbericht für die Individuen des löbl. k. k. österreichischen Artillerie-Corps. (Manuscript.) 4. (1820?)

Vorbericht der Redaction über die Stiftung und bisherige Wirksamkeit der Schleswig-Holstein-Lauenburgischen Gesellschaft für vaterländische Geschichte. (Aus dem 1. Bande des Archiv's der Gesellschaft besonders abgedruckt.) (Kiel. 1833.) 8°.

Vorbericht zu der Schrift der Frau Elisa von der Recke: Nachricht von des berüchtigten Cagliostros Aufenthalt in Mitau und von dessen dortigen magischen Operationen. Berlin u. Stettin 1787. V: *Nicolai, Chph. Fch.* (GGr IV/503, Nr. 14/25) (BiblPort)

Lesegesellschaft in Bern. Vorbericht u. Statuten. 25 Stn. 8. Bern, Druck v. Stämpfli. 1874.

Vorbericht u. **Verhandlungen** d. **Konferenz** d. Verbandes deutscher Wohlfahrtsvereine, s.a. Schriften d. Centralstelle f. Arbeiter-Wohlfahrtseinrichtgn., Nr. 15.

Vorbericht und Verhandlung der Konferenz des Verbandes deutscher Wohlfahrtsvereine zu Berlin 1898. (Schriften d. Zentralst. für Arbeiterwohlfahrt 15) Berlin 1898

Vorberichte zur 2. Tagung deutscher Berufsvormünder in Eisenach am 17. u. 18. IX. 1907, hrsg. im Auftrage des ständ. Ausschusses v. Klumker. (IV, 75 S.) Lex. 8. Dresden 907. O. V. Böhmert. 3. 20

– dasselbe z. 3. u. 4. Tagg., s.: Zur Frage d. Berufsvormundschaft.

Vorberichte f. die 4. Verbandsversammlung u. Arbeitsnachweiskonferenz, s.a. Schriften des Verbandes deutscher Arbeitsnachweise.

Vorberichte für die vierte Verbandsversammlung und Arbeitsnachweiskonferenz vom 9. bis 11. Nov. 1905 in Wiesbaden. Berlin: C. Heymann 1905. (58 S.) 8° [B.]
= Schriften d. Verbandes Deutscher Arbeitsnachweise. No 5. 105. 15666

Vorbetbuch zum kirchlichen und häuslichen Gebrauche. 8. (132 S.) Innsbruck 870, (Wagner'sche Universitäts-Buchh.) *

Vorbetbuch zum kirchlichen Gebrauche. (140 S.) 8. Brixen 908. A. Weger. 1. —

Vorbeugen, vollständiges, der Seekrankheit, dargestellt v. e. Arzte. 8. (39 S.) Kopenhagen 888. Hoest & Sohn. n. — 75

Vorbeugung der sexuellen Genusssucht. Ein Gebot der Moral, Gesundheit u. Menschenliebe. Auf Grundlage wissenschaftl. Erfahrgn. v. e. 80jähr. Forscher. gr. 8. (268 S.) Leipzig 900. Literar. Anstalt A. Schulze. n. 3. —

Vorbild, das, wahrer Geistlichkeit, oder Leben Orleans de la Motte. 8. Augsb. 800. (Andrä in Leipz.) 18 K

(Vignette: *Mann mit orientalischer Kulisse, 100 × 58*) | Josephs | Vorbild | für | unsere Jünglinge. | Nr. 110. | Hamburg 1882. | Verlag der Evangelischen Buchhandlung der Niedersächsischen | Gesellschaft. Brennerstraße 51.
Kol.: Druck von Ad. Kircher in Braunschweig.
16 S., 164 × 100.
Priv.-Bes.

Vorbilder. I. Franklin. Stephenson. Piepenstock. 8. (32 S.) Elberfeld 865, Bädeker'sche Buchh.

Vorbilder für die Bautischlerei aus „Der deutsche Tischlermeister 1898-1901". (52 T) 4° Berlin (1904)

Vorbilder, dekorative. Eine Sammlg. v. figürl. Darstellgn., kunstgewerbl. Verziergn., dekorativen Tier- u. Pflanzen-Typen, plast. Ornamenten, Allegorien, Trophäen, herald. Motiven, Vereinszeichen, Innungswappen, festl. Ausschmückgn. etc. 1. Jahrg. 1889/90. 12 Hfte. gr. 4. (60 Taf. m. 2 Bl. Text.) Stuttgart, Jul. Hoffmann. à Hft. n. 1. —

Vorbilder, dekorative. Eine Sammlg. v. figürl. Darstellgn., kunstgewerbl. Verziergn., dekorativen Tier- u. Pflanzen-Typen, plast. Ornamenten, Allegorien, Trophäen, herald. Motiven, Vereinszeichen, Innungswappen, festl. Ausschmückgn. etc. 2. Jahrg. 1890/91. 1.—7. Hft. gr. 4. (à 5 Taf.) Stuttgart, Jul. Hoffmann. à Hft. n. 1. —

Vorbilder, dekorative. Eine Sammlg. v. figürl. Darstellgn., kunstgewerbl. Verziergn., plast. Ornamenten, dekorativen Tier- u. Pflanzen-Typen, Allegorien, Trophäen, herald. Motiven, Vereinszeichen, Innungswappen, festl. Ausschmückgn. Für Zeichner, Maler, graph. Künstler, Dekoratöre, Bildhauer, Architekten. 2. Jahrg. 1890/91. 8.—12. (Schluss-)Hft. gr. 4. (2 Bl. Text m. je 5 farb. Taf.) Stuttgart, Jul. Hoffmann. à Hft. n. 1. —

— dasselbe. 3.—6. Jahrg. 1891/92, 1892/93, 1893/94, 1894/95. à 12 Hfte. (à 5 Taf.) Ebd. à Hft. n. 1. —

Vorbilder, dekorative. E. Sammlg. v. figürl. Darstellgn. u. kunstgewerbl. Verziergn. Dekorative Tier- u. Pflanzen-Typen, plast. Ornamente, Allegorien, Trophäen, herald. Motive, Vereinszeichen, Innungswappen, festl. Ausschmückgn. etc. Für Zeichner, Maler, graph. Künstler, Dekoratöre, Bildhauer, Architekten. 7.—10. Jahrg. 1895/96—1898/99. à 12 Hfte. (à 5 Taf.) gr. 4. Stuttgart, Jul. Hoffmann. à Hft. n. 1. —

Vorbilder, dekorative. Eine Sammlg. v. figürl. Darstellgn., kunstgewerbl. Verziergn., plast. Ornamenten, dekorativen Tier- u. Pflanzen-Typen, herald. Motiven, Allegorien etc. f. Zeichner, Maler, graph. Künstler, Dekorateure, Bildhauer, Architekten u. s. w. 11.—14. Jahrg. 1899/1900—1902/1903. à 12 Hfte. gr. 4 (à 5 Taf.) Stuttgart, J. Hoffmann. à Hft. n. 1. —

Vorbilder, dekorative. Eine Sammlg. v. figürl. Darstellgn., kunstgewerbl. Verziergn., modernen Ornamenten, dekorativen Tier- u. Pflanzentypen, herald. Motiven, Allegorien etc. f. Zeichner, Maler, graph. Künstler, Dekorateure, Bildhauer, Architekten u. s. w. 15.—18. Jahrg. 1903/1904—1906/1907 à 12 Hefte. (à 5 farb. Taf.) gr. 4. Stuttgart, J. Hoffmann. à Hft. n. 1.—; à Jhrg. in Mappe n. 15. —

Vorbilder, dekorative. Eine Sammlg. v. figürl. Darstellgn., kunstgewerbl. Verziergn., plast. Ornamenten, dekorativen Tier- u. Pflanzentypen, Allegorien, herald. Motiven, Trophäen etc. f. Zeichner, Maler, graph. Künstler, Dekorateure, Bildhauer, Architekten. 19.—22. Jahrg. 1907/1908—1910/1911. à 12 Hefte. (à 5 farb. Taf. m. 4 S. Text.) 35,5×25,5 cm. Stuttgart, J. Hoffmann. Subskr.-Pr. à Jahrg. 12.—; in Mappe 15. —

Vorbilder für Fabrikanten und Handwerker . . . Berlin 1821—37. H: *Beuth, Peter Christoph Wilhelm.* (BrMm)

Vorbilder für Fabrikanten und Handwerker. Herausgegeben von der Königl. technischen Deputation für Gewerbe. Mit Kupfertafeln, Steinzeichnungen und Farbendrucken. Berlin 1821 - 1837. 4°.

— für Glaser, Maler, Parquet- u. Linoleum-Fabriken, Gärtner, Stuckateure, f. Zeichner v. Thonfliesen u. s. w. gr. 8. (112 Taf. m. 2 Bl. Text.) Berlin 896. E. Wasmuth. Kart. n. 16. —

— heilige, aus alten Tagen. I. Die Geschichte des heil. Sebastian u. seiner Genossen. Nach den Bollandisten erzählt von einem seiner Verehrer. Aachen 869. Jacobi & Co. 8. (127 S.) 7½ ngr.

— f. Holzbrandmalerei. 20 Blatt nach alten Meistern. Fol. Berlin 898. Fischer & Franke. n. 3. —

Vorbilder der christlichen Kirche aller Jahrhunderte. 1. und 2. Bd. 8. Regensburg 888, Verlags-Anstalt. *
Inhalt:
Bd. 1. Monbrun, Alfr., Leben des heil. Simon v. Stock, sechsten Generals der Karmeliten und Begründers der Bruderschaft vom heil. Skapulier. Autoris. Übersetzung von P. Bernhard vom heiligsten Sakramente. (XXXII, 192 S.) ℳ 1.50.
„ 2. Wiggermann, Gebh., der ehrwürdige Diener Gottes P. Januarius Maria Sarnelli, Priester der Kongregation des allerheiligsten Erlösers und Gefährte des heil. Alfonsus, dargestellt in seinem Leben und Wirken. (XII, 579 S. mit 1 Stahlst.) *ℳ 4.—.

— der christlichen Kirche aller Jahrhunderte. 3. u. 4. Bd. 8°. Regensb. 890, Verlags-Anstalt. 3 50
3. Lechner, Peter. Das mystische Leben der heiligen Margareta v. Cortona. 2. verb. Aufl. (XVI, 234 S. m. 1 Stahlst.) 1 50.
4. Leben d. heiligen Aloisius Gonzaga, aus der Gesellschaft Jesu. Nach Virgil Cepari neu hrsg. 5. verb. u. verm. Aufl. (XXIV, 405 S. m. 1 Stahlst.) 2 —.
1. u. 2 Bd. Ebd. 1888. * 5 50.

Vorbilder für die Kleinkunst in Bronce. 20 (photolithogr.) Taf. Abbild. verschiedener Objecte aus der Antike, dem Mittelalter und der Renaissance. Zum Gebrauch für kunstindustrielle und gewerbl. Lehranstalten. Unter Leitung von H. Herdtle aufgenommen von Schülern der Kunstgewerbeschule des k. k. österreich. Museums. Fol. (1 Bl. Text.) Wien 884, Hölder. *
In Mappe *

— für häusliche Kunstarbeiten. Orig.-Entwürfe, unter Mitwirkg. v. Fachgenossen hrsg. v. Frz. Sales Meyer. Veröffentlicht im Anschluss an F. S. Meyer's Handbuch d. Liebhaberkünste. 1.—5. Lfg. 4. (à 12 Taf.) Leipzig 889. 890. E. A. Seemann. Einzelpr. à n. 1. 50; Subscr.-Pr. f. 6 Hfte. n. 6. —

Vorbilder für häusliche Kunstarbeiten. Orig.-Entwürfe. Unt. Mitwirkg. v. Fachgenossen hrsg. v. Frz. Sales Meyer. Einzelausg. 7 Hfte. 4. Leipzig 889. 90. Seemann & Co. n. 6. 25
Holzbrand. (10 Taf.) n. 1. —. — Holzmalerei. (10 Taf.) n. 1. —
Kerbschnitt. (7 Taf.) n. — 75
Kleineisenarbeit. (4 Taf.) n. — 50
Lederplastik u. Lederbrand. (10 Taf.) n. 1. —
Lederschnitt. (10 Taf.) n. 1. —
Porzellan-, Majolika-, Fayencemalerei. (10 Taf.) n. 1. —

— der Kunsttischlerei im Style d. Rococo v. F. X. Habermann, F. de Cuvilliés u. A. Fol. (16 Taf.) Berlin 888. Hessling & Spielmeyer [vormals Claesen & Co.]. In Mappe. n. 12. 50

— dasselbe. 2. Serie. 32 Taf. gr. Fol. Ebd. 891. In Mappe. n. 25. —

— dasselbe, im Style d. XVIII. Jahrh. v. F. X. Habermann, F. de Cuvilliés, J. A. Meissonnier, Th. Chippendale, J. C. de la Fosse, M. Liard, C. E. Brisoux, Th. Johnson u. A. 2 Serien. (Neue Ausg. m. je 4 Suppl.-Taf. [Chippendale].) gr. Fol. (à 32 Taf.) Ebd. 895. In Mappe à n. 28. —; Ergänzungshft. (Chippendale, 8 Taf.) allein n. 6. —

— dasselbe. 3., verm. [Titel-] Aufl. 1. Serie. gr. Fol. (36 photolith. Taf.) Ebd. (891) 896. In Mappe n. 28. —

— d. Kunsttischlerei. III. Serie. Englische Kunstmöbel. Styl Ausgang d. XVIII. Jahrh. Von Thom. Sheraton, J. Hepplowhite u. a. III. Serie. 32 Taf. 4 Lfgn. Fol. (III S. Text.) Berlin 896. B. Hessling. à n. 7. 50 (kplt. in Mappe: n. 30 —)

Vorbilder, Liberale. Salzb. 1871. V: *Schwer, Joseph Alexander.* (Hr)

Vorbilder u. Muster für Liebhaberinnen d. feinen Strickkunst. Enthält: verschiedene geschmackvolle Diademe von Blumen u. Blättern, Kränze von Blumen, Aehren, Epheublättern ꝛc. qu. Fol. Pirna 812. Friese. color. 4 ₰

— f. die Praxis. Moderne Skizzen f. Decken u. Wände. 8.—11. Serie. à 12 Lfgn. (à ca. 5 z. Tl. farb. Taf.) 37×25,5 cm. Stuttgart 906—09. G. Vorndran. à Lfg. 1. —

Vorbilder für alle Stände ꝛc., s. a. Ideale.

Vorbilder für alle Stände. I. A. u. d. T.: Lebensbeschreibungen für Gewerbtreibende. Insbesondere für Sonntags-, Real- und Gewerbschulen, gewerbliche Lese-Vereine, Bibliotheken und alle Freunde der Gewerbs- u. Volksbildung. I. Schmid. — Gottlob Nathusius. — Jacquard. — John Cockerill. 8. Leipzig 836. Schmidt. n. 1/3 ₰ — II. Lfrg. Enth.: v. Fraunhofer vom Herrn v. Utzschneider, Peter Vischer, Arkwright u. A. 8. Ebd. … n. 1/3 ₰

— dass. II. A. u. d. T.: Lebensbeschreibung u. Bilder der ber. Kaufleute u. Banquiers. 3 Bde. — II. 1. unt. d. Tit.: Ideale für alle Stände. A. u. d. T.: Die Familie Rothschild und die Fugger. Lebensgeschichte der Gründer u. der vorzügl. Glieder dieser Häuser. 8. Ebd. 837. n. 5/12 ₰ — II. 2. A. u. d. T.: Die Familie Frege in Leipzig, und J. E. Gotzkowsky in Berlin. Herausg. von C. Schmaltz. 8. Ebd. 838. (Ebd. u. Verlags-Verein.) n. 5/12 ₰ — II. 3. A. u. d. T.: J. E. Gotzkowsky in Berlin (der deutsche Lafitte). — J. Lorenz v. Schätzler in Augsburg. — Pery u. Pourtalès aus u. in Neuchatel. — Gruit van Steen in Hamburg. Herausg. v. C. Schmaltz. 8. Ebd. 838. (Ebd.) n. 5/12 ₰ — III. Für junge Geistliche und Lehrer. 8. Ebd. 1/6 ₰ — Für Ackerbautreibende. 8. Ebd. 1/12 ₰

Vorbilder u. Studienblätter. [illegible] unter Leitung der Lehrer [illegible] zu Berlin. Gr. Fol. (In Mappe.)

Vorbilder zum Zeichnen für Schule und Haus in 24 (lith.) Blättern. Stuttgart (857.) Nitzschke. 4. 15 ngr.

Vorbilder-Hefte aus dem kgl. Kunstgewerbe-Museum, hrsg. u. m. Text v. Jul. Lessing. 1.—10. Hft. Fol. Berlin 888. 889. Wasmuth. cart. à Hft. n. 10. —
1. Rahmen. 1. Lfg. Italienische Renaissance. (13 Taf. m. 1 Bl. Text.)
2. — dasselbe. 2. Lfg. Italien u. Deutschland, XVI. Jahrh. (13 Taf. m. 1 Bl. Text.)
3. — dasselbe. 3. Lfg. XVII. Jahrh. (12 Taf. m. 1 Bl. Text.)
4. — dasselbe. 4. Lfg. Anfang XVIII. Jahrh. (12 Taf. m. 1 Bl. Text.)
5. Stühle. 1. Lfg. XVI.—XVII. Jahrh. (15 Lichtdr.-Taf. m. 2 Bl. Text.)
6. — dasselbe. 2. Lfg. XVII.—XIX. Jahrh. (15 Lichtdr.-Taf. m. 2 Bl. Text.)
7. Kandelaber. XVI. XVIII. Jahrh. (15 Lichtdr.-Taf. m. 4 S. Text.)
8. Gothische Möbel. (15 Lichtdr.-Taf. m. 4 S. Text.)
9. Gitter aus Schmiedeeisen. XVI.—XVIII. Jahrh. (15 Lichtdruck-Taf. m. 2 S. Text.)
10. Oberlichtgitter aus Schmiedeeisen u. Verwandtes. XVI.—XVIII. Jahrh. (15 Lichtdr.-Taf. m. 4 S. Text.)

— dasselbe. 11. Hft. hrsg. u. m. Text v. Jul. Lessing. gr. Fol. Ebd. 890. n. 36. —
Persisch-türkische Fayencen-Teller. (15 farb. Taf. m. 4 S. Text.)

Vorbilder-Hefte aus dem kgl. Kunstgewerbe-Museum zu Berlin, hrsg. v. Jul. Lessing. 12.—16. Hft. gr. Fol. Berlin, E. Wasmuth. n. 104. — (1—16.: n. 240. —)
12. Italienische Truhen. XV.—XVI. Jahrg. Text v. Jul. Lessing. (14 Lichtdr.- u. 1 lith. Taf. m. 2 Bl. Text.) 891. n. 10. —
13. Orientalische Teppiche. Text v. Jul. Lessing. (16 Farbendruck-Taf. m. 7 S. Text.) 891. n. 50. —
14. Italienische Möbel. XVI. Jahrh. Text v. Jul. Lessing. (15 [13 Lichtdr.- u. 2 lith.] Taf. m. 3 S. Text.) 893. n. 10. —
15. Thüren. Text v. Jul. Lessing. (15 Taf. in Lith., Farben- u. Lichtdr. m. 2 S. Text.) 893. n. 10. —
16. Italienische Barock- u. Rococo-Decken. Text v. P. Jessen. (12 farb. Taf. m. 2 S. Text.) 893. Kart. n. 24. —

Vorbilder-Hefte aus d. kgl. Kunstgewerbe-Museum zu Berlin, hrsg. v. Jul. Lessing. 17.—22. Hft. gr. Fol. Berlin, E. Wasmuth. n. 90. —; (1.—22.: n. 330. —)
17. Möbel d. XVII. Jahrh. Text v. Jul. Lessing. (15 Taf. m. 4 S. Text.) 895. n. 10. —
18. 19. Berliner Porzellan d. XVIII. Jahrh. Text v. Jul. Lessing. (20 Taf. in Farben- u. Lichtdr. m. 4 S. Text.) 895. n. 50. —
20. Rahmen. 5. Lfg. XVIII. Jahrh. Text v. Jul. Lessing. (15 Lichtdr.-Taf. m. 4 S. Text.) 895. n. 10. —
21. Moebel aus d. Zeit Louis XVI. (Zopfstil.) Text. v. Jul. Lessing. (15 Lichtdr. m. 4 S. illustr. Text.) 898. n. 10. —
22. Bronzen des XVIII. Jahrh. Text v. Jul. Lessing. (15 Lichtdr. m. 2 S. Text.) 898. n. 10. —

Vorbilder-Hefte aus dem kgl. Kunstgewerbe-Museum zu Berlin, hrsg. v. Jul. Lessing. 23.—29. Hft. gr. Fol. Berlin, E. Wasmuth. à n. 10.—
23. Thürgriffe u. Brunnenmasken. Text v. Adf. Bruening (15 Lichtdr.-Taf. m. 3 S. Text.) 900.
24. Italienische Thürklopfer. Text von Adf. Bruening. (15 Lichtdr.-Taf. m. 3 S. Text) 900.
25. Die Wandteppiche aus dem Leben des Erzvaters Jacob. Von Jul. Lessing. (15 Taf. m. 4 S. Text) 900.
26. Geräthe aus Edelmetall. XVIII. Jahrh. Von Jul. Lessing. (15 Lichtdr.-Taf. m. 2 S. Text) 900.
27. Geschnittene Gläser des 17. u. 18. Jahrh. Von Rich. Borrmann. (15 Taf. m. 8 S. illustr. Text.) 901.
28. Mittelalterliches Bronzegeräth. Von Geo. Swarzenski (15 Lichtdr.-Taf. m. IV S. Text.) 902.
29. Chinesische Bronzegefässe. Von Jul. Lessing. (15 Lichtdr.-Taf. m. IV S. Text.) 902.

Vorbilder-Hefte aus dem kgl. Kunstgewerbe-Museum zu Berlin, hrsg. v. Jul. Lessing. 30.—33. Heft. gr. Fol. Berlin, E. Wasmuth. à Hft. n. 10.—
30. 31. Kronleuchter u. Laternen. Von Herm. Lüer. (Je 15 Lichtdr.-Taf. m. 4 bezw. 3 S. Text.) 903.
32. Stühle. 3. Lfg. XVI.—XVIII. Jahrh. Text v. Geo. Swarzenski. (15 Lichtdr.-Taf. m. IV S. Text.) 905.
33. Dasselbe. 4. Lfg. Vornehmlich XIX Jahrh. Text v. Geo. Swarzenski. (15 Lichtdr.-Taf. m. IV S. Text.) 905.

Vorbildersammlung f. Entwürfe einfacher Bauern- u. Bürgerhäuser im Reg.-Bez. Trier als Ergebnis e. vom Regierungs-Präsidenten zu Trier ausgeschriebenen öffentlichen Wettbewerbs. (60 Taf. m. V S. Text.) gr. Fol. Leipzig 904. Seemann & Co. In Mappe 25.—

Vorbilderschatz f. Modelleure. Eine Sammlg. v. mehr als 1000 Motiven f. Architekten, Modelleure, Bildhauer, Stuckateure, Graveure, Holzbildhauer, Möbelzeichner u. a. zur Verwerthg. f. Arbeiten in Bronce, Silber, Zinkguss, Marmor, Gyps, Porzellan, Holz etc. 81 Lichtdr.-Taf. gr. 4. Berlin 892. Hessling & Spielmeyer. In Mappe. n. 35.—

Vorbildung

— u. **Arbeitslohn** — e. Mittelstandsproblem!, s.: Werbeschrift Nr. 1 des Zentral-Verbandes d. Einjährig Berechtigten in Bayern.

Bund deutscher techn. Zoll- u. Steuerbeamten (E.V.). Die Vor- und Ausbildung und die Besoldungsverhältnisse der technischen Zollbeamten in den deutschen Bundesstaaten. o. O. [1909]. 11 S. 4°

Vorbildung und Ausbildung, die, des Technikers und seine Stellung in Staat und Gesellschaft. gr. 8. Aachen 879. Leipzig, Baumgärtner's Buchh. *

Vorbildung u. Ausbildung, die, des Technikers u. seine Stellung in Staat u. Gesellschaft. Von einem Eisenbahntechniker u. Docenten an einer technischen Hochschule. gr. 8. (44 S.) Aachen 879. Mayer. n. 1.—

Vorbildung und Ausbildung, Die, des Technikers und seine Stellung in Staat und Gesellschaft. Von einem Eisenbahntechniker und Docenten an einer technischen Hochschule. Dresden 1879. V: *Kaven, A. von, Geh. Reg.-R.* (Russell XVI, I, 3, 4355)

Vorbildung, die, f. den Beruf der volkswirtschaftl. Fachbeamten, s. a. Schriften des deutschen volkswirtschaftl. Verbandes. II.

Die **Vorbildung** für den Beruf der volkswirtschaftlichen Fachbeamten. Materialien u. Gutachten. Berlin: C. Heymann 1907. (VI, 362 S.) 8°
— Schriften d. Deutschen Volkswirtschaftl. Verbandes. Bd 2. [07. 17456 10

Vorbildung, die juristische, in Württemberg, m. besond. Berücksicht. d. Tübinger Universitätsverhältnisse krit. beleuchtet nebst Reformvorschlägen v. e. Juristen. gr. 8. (28 S.) Stuttgart 895. R. Lutz. n. —80

Vorbildung, die taktische, der Infanterie zum Kampfe u. deren Stellung u. Bewegung im Kampfe; nach den heutigen rationellen Forderungen. Eine Ansicht mit deren nächsten Consequenzen v. C. F. gr. 8. (56 S.) Darmstadt 850, Jonghaus. n. 1/3 ℛ

Vorbildung, die, zum höheren Verwaltungsdienst in den deutschen Staaten, Österreich und Frankreich. (Schriften des Vereins fur Sozialpolitik 34) Leipzig 1887

Vorbildungs- u. Prüfungs-Ordnung f. die Gewerbeaufsichtsbeamten. Amtl. Ausg. gr. 8. (13 S.) Berlin 897. C. Heymann's Verl. —30

Vorbildungs- u. Prüfungs-Ordnung f. die Gewerbeaufsichtsbeamten. Amtliche Ausg. 2. Aufl. (24 S.) 8. Berlin 908. C. Heymann. —30

Vorblick d. Blicks d. unbekannten Gloria, od. d. allerneuesten Leipziger Buchs lautere Anzeige. 4. Lpz. u. Hof, Vierling. 735. — 5

Vorbote, der. Nicht ein Prediger, sondern eine Stimme. [Jes. 40, 3—11.] Oder: Das Evangelium der Liebe u. des vollendeten Heils. Ein göttliches Zeugniß dem jetzt lebenden Geschlechte, eine göttliche Verkündigung den, Wahrheit u. Erlösung suchenden Seelen. 8. (VIII u. 104 S.) Stuttgart 852, Lindemann. 9 ngl

Vorbote: Der Vorbote (Ge)
① Organ der Internationalen Arbeiter-Association (1866). Politische und sozial-ökonomische Monatsschrift (1867—1871) ⑤ Januar 1866—Dezember 1871 ⑥ 8° ⑦ Monatsblatt ⑧ Genf: Ducommun & Oettinger (1866—August 1868), Witwe Oettinger & Cie. (September 1868—Februar 1869), Vaney (März 1869—Dezember 1869), Cooperativ-Buchdruckerei (1870—1871) ⑩ Sektionsgruppe deutscher Sprache der internationalen Arbeiterassoziation ⑪ Johann-Philipp Becker ⑫ links-sozialistisch ⑬ BGSZ 52, p 23; Der Vorbote 1871, Nr. 12 ⑭ Be: L; Ge: P (unvollständig); Zh: SSA.

Vorbote: Jahrgang 1–50, no. 17, Feb. 14, 1874–Apr. 30, 1924.

Weekly [is weekly edition of Chicagoer Arbeiter-Zeitung, May 1, 1879–Oct. 13, 1919] Radically socialistic, with Anarchistic "Tendenz," 1880–86. Excluded from Europe, by anti-socialist laws, 1881. Suspended May 5–8, 1886, during Haymarket Riot affair. Sub-titles: Organ der Arbeiterpartei für Stadt und Land, Feb. 14, 1874–Aug. 12, 1876; Organ und Eigenthum der Arbeiter Partei der Vereinigten Staaten, Aug. 19, 1876–Feb. 9, 1878; Unabhängiges Organ für die wahren Interessen des Proletariats, Feb. 16, 1878–May 15, 1880; Wochen Ausgabe der "Chicagoer Arbeiter Zeitung." Owners of the paper in 1924: Zeitung Publishing Co.; Central Committee of the Socialist Party, Brewery Workers Union, no. 18; Beerbottlers Union, no. 248; Bakers' & Confectionery Union, no. 2. Circulation: 1876, 3333; 1885, 8000; 1890, 3150; 1900, 5000; 1915, 3500; 1920, 8000. Edited by Conrad Conzett, Feb. 14, 1874–July 13, 1878; by Paul Grottkau, July 1878–June 1882; by August Spies & Michel Schwab, July 1, 1882–May 4, 1886; by Joseph Dietzgen, May 8, 1886–?; by Adolph Dreifuss, ?–Apr. 30, 1924. Published by Das Presse-Comite der Buchdruckerei des Vorbote, Feb. 14, 1874–July 1878; by Deutsch sprechende Sektion des S.A.P. [Socialistic Publishing Society], July 13, 1878–1892; by Chicagoer Arbeiter Zeitung Publishing Co., 1892–1924.
Chicago, IL

Vorbote: Der Vorbote (Zh—Tg)
① Organ der sozialdemokratischen Partei der Stadt St Gallen und Umgebung (7. 1. 1905) und der Arbeiterunion Wil (4. 2. 1905). Organ der sozialdemokratischen Partei der Stadt St. Gallen und Umgebung, sowie der Arbeiter-Unionen St. Gallen und Wil (4. 3. 1905) ④ Ostschweizerische Arbeiter-Zeitung ⑤ 3. 12. 1904—23. 9. 1905 ⑥ 4° ⑦ Wochenblatt ⑧ Zürich: Buchdruckerei des »Volksrecht« (Kirsten & Zeisberg) (3. 12. 1904—21. 1. 1905); Horn: Klein & Kast (28. 1. 1905—23. 9. 1905 ?) ⑩ Sozialdemokratische Partei St. Gallen ⑪ Hans Boeschenstein, St. Gallen (bis 2. 9. 1905), Redaktionskommission der Arbeiter Union St. Gallen (ab 9. 9. 1905) ⑫ sozialdemokratisch ⑬ 50 Jahre Volksstimme (Festschrift; St. Gallen 1954) ⑭ Be: L; Zh: SSA.

Vorbote, Der, zum jüngsten Gericht. Praktische Erfahrungen aus dem Gebiete der Geographie und Astronomie verbunden mit den Truppenaufstellungen auf den Kriegsschauplätzen nach den Himmelsgegenden! [Luzern 1884.] V: *Wey, Michael.* (BSchwLk V, 5, 1/1)

Vorbote, Der letzte, des neuen Heidenthums Horus' oder das Endurtheil, das man diess Jahr übers Evangelium abgesprochen, und zum Handbuch der Freymaurer gemacht hat. In einem Briefe vom Verf. der Vorbothen des neuen Heidenthums. Mit Genehmhaltung der Obern. Basel 1784. 2. Aufl. 1786. V: *Weissenbach.* (wolfstieg I, 242) S. a. VII, 11026.

Vorboten, die, des letzten Gerichts, oder jüngsten Tages. Prophezeihung aus d. heil. Schriften, Propheten, d. h. Evangelisten u. A. Nebst e. Anh. von den Kennzeichen, an welchen d. Kinder Gottes erkannt werden, nach dem Zeugnisse des heil. Evangel. Johannes. 8. Landsh. 831. (Krüll). 1½ gr

Vorbothen, die, d. letzten Gerichtes, od. jüngsten Tages. Prophezeihungen aus d. heil. Schriften, Propheten, h. h. Evangelisten u. A. Nebst e. Anh. von d. Kennzeichen, an welchen d. Kinder Gottes erkannt werden, nach d. Zeugnissen d. heil. Evangl. Johannes. 8. (1 B.) Landshut 831. (Regensburg, Manz.)

— die, des neuen Heidenthums, u. die Anstalten, d. dazu vorgekehrt worden. 2 Thle. 8. Basel 779. Serini. 1 ℞ 8 gr

Vorboten, Die, des Neuen Heidenthums . . . O. O. 1779—82. V: *Weissenbach, Joseph Anton.* (jes) (so) (Cat. d. Stadtbibl. Zürich. Zürich 1864—97.)

Vorboth, Der letzte, des Neuen Heidenthums Horus oder das Endurtheil das man diess Jahr übers Evangelium abgesprochen und zum Handbuch der Freymaurer gemacht hat. Basel [Augsburg] 1784. V: ***Weissenbach, Joseph Anton.*** (Wienerblättchen 31/8 1784, S. 289) (biblPort) S. a. IV, 10974 u. VII, 11025.

Vorbringer, Joach. Vinz., etwas über die Wichtigkeit des ersten Jugend-Unterrichts. Ein Wort an gebildete Eltern, die ihren kleinsten Lieblingen Beschäftigung, Unterhaltung u. Unterricht zugleich gewähren wollen. 12. Prag 844, Haase Söhne. n. 1/4 ℞

Vorbrodt, Chr. Ludw. Ireland's forgeries. 13 S. Rsch. *Meissen* 1885
Progr.

Vorbrodt, E., und M. Fink, das Kirchenjahr in der Schule, s. Fink.

Vorbrodt, F., Lehr- u. Lesebuch für allgemeine u. gewerbliche Fortbildungsschulen, s.: Jütting, W.

Vorbrodt, F. Erfurter orthographische Schönschreibeschule, s. Jütting, W.

Vorbrodt, Ferdinand August

Vorbrodt, F. A., en bettchen wat Spaßiges ut de Wartetid 1876. Böre-plattdütsch vortellt. 8. (16 S.) Schönebeck 876. Schmidt. n. — 25

Vorbrodt, Ferd. Aug., Gedichte. gr. 8. (132 S.) Klein-Santersleben 866. Magdeburg, Streiber. *

— obberswemmt! En swartes Blatt. Oder: En paar Bilder ut ne sware Tid. Wie et de letzten Fewerwarsdage un Anfang März 1876 in Schönebeck utseihn hat. Böre-plattdütsch vortellt. gr. 8. (13 S.) Ebend. 876. n. — 25

Vorbrodt, *Franz* (Stadtschulrat) *Ansprache bei der Einführung des Direktors Dr. Edmund Waldemar Venediger.* 4 (S. 14—16)
Progr. Städt. Rsch. *Erfurt* 1893 (273).

Vorbrodt, F[ranciscus]: • De Doriensium Tragoedia et Comoedia. 56 S. 2°
Halle-Wittenberg, Phil. Diss. v. 5. Apr. 1864
Geb. [Pechau b. Magdeburg 15. 2. 1838]

Vorbrodt, Friedrich, appr. Arzt a. Groß-Rodensleben: Zur Casuistik der Sarkome des vorderen Mediastinums. Gießen 1908: v. Münchow. (31 S.) 8°
Gießen, Med. Fak., Ref. Bostroem, Diss. v. 6. Juni 1908
[Geb. 30. Sept. 79 Groß-Rodensleben; Wohnort: Kassel; Staatsangeh.: Preußen; Vorbildung: Gymn. Neuhaldensleben Reife O. 99; Studium: Freiburg i. B. 1, Leipzig 5, Kiel 3 S.; Coll. 30. Nov. 05; Approb. 1. Juli 05.]

Vorbrodt, Gustav

Vorbrodt, G., Beiträge zur religiösen Psychologie: Psychobiologie u. Gefühl. (V, 173 S.) gr. 8. Leipzig 904. A. Deichert Nachf. n. 3. 60

Vorbrodt, G. Principien der Ethik u. Religionsphilosophie Lotzes. 1. Aufl. 891; 2. (Titel-) Aufl. gr. 8. (VII, 186 S.) Dessau 892, Kahle's Verlag. * 6 —

Vorbrodt, Gust., Psychologie d. Glaubens. Zugl. e. Appell an d. Verächter d. Christentums unter den wissenschaftl. interessirten Gebildeten. gr. 8. (XXX, 257 S.) Göttingen 895. Vandenhoeck & Ruprecht. n. 7. —

— Psychologie in Theologie u. Kirche? gr. 8. (40 S.) Ebd. 893. n. 1. —

— Psychologie in Theologie u. Kirche? 2. (Titel-) Ausg. gr. 8. (40 S.) Dessau (893). Anhalt. Verlagsanstalt. n. 1. —

Vorbrodt, Gust., s.: Zeitschrift f. Religionspsychologie.

Vorbrodt, Walter

Vorbrodt, W., Deutsch f. die Mittelschullehrerprüfung, s. a. Mittelschullehrer- u. Rektoratsprüfung, die. I. 3.

Deutsch von **W. Vorbrodt**, Kgl. Sem. Oberl. in Eisleben. *Breslau: F. Hirt 1903.* (80 S.) 8° [F.]
= **Mittelschullehrer**- u. d. Rektoratsprüfung. Reihe 1. H. 3. (03. [illegible] 2

Deutsch von W[alter] **Vorbrodt**, Wetzlar. Breslau: F. Hirt 1904. (93 S.) 8° [F.]
= **Mittelschullehrer**- u. Rektoratsprüfung, Die. Reihe 2. H. 3. (06. [illegible]

Vorbrodt, Walter: Deutsch. Von W[alter] Vorbrodt, Sem.-Dir. 2., durchges. Aufl. Breslau: Hirt 1907. 80 S. 8°
(Die Mittelschullehrer- u. d. Rektoratsprüfung. Reihe 1. H. 3.)

— Dispositionen u. Themen zu deutschen Aufsätzen u. Vorträgen f. Lehrer- u. Lehrerinnen-Bildungsanstalten u. Volksschullehrer-Prüfungen. gr. 8. (VIII, 186 S.) Halle 902. H. Schroedel. n. 2. —; geb. n. 2. 50

— Dispositionen u. Themen zu deutschen Aufsätzen u. Vorträgen f. Lehrer- u. Lehrerinnen-Bildungsanstalten u. Volksschullehrer-Prüfungen. 2. Aufl. (VIII, 188 S.) 8. Halle 910. H. Schroedel. 2. —; geb. 2. 50

— Erläuterungen deutscher Lesestücke, s.: Hotop, G.

— Kirchengeschichte. Ein Hilfsbuch f. den evangel. Religionsunterricht, zunächst in Seminaren. Nach den neuen Lehrplänen bearb. (IV, 160 S.) gr. 8. Breslau 905. C. Dülfer. n. 1. 80; geb. n. 2. 20

Kirchengeschichte. Ein Hilfsbuch f. d. evang. Religionsunterricht, zunächst in Lehrer- u. Lehrerinnenbildungsanst. Nach d. neuen Lehrplänen bearb. von W[alter] **Vorbrodt**, Sem. Dir. 2. verb. Aufl. Breslau: C. Dülfer 1907. (IV, 170 S.) 8° [F.] (c8. 7071 2

— Kirchengeschichte. Ein Hand- u. Hilfsbuch f. den evangel. Religionsunterricht. Nach d. neuen Lehrplänen bearb. 4. Aufl. Ausg. A. Für Seminare u. Präparandenanstalten. (IV, 167 S.) gr. 8. Breslau 910. C. Dülfer. 2. —; geb. in Halbleinw. 2. 40

— dasselbe. Ausg. B. Für Lyzeen u. Studienanstalten. Nach den neuen Lehrplänen bearb. v. W. Kannegießer. (IV, 172 S.) gr. 8. Ebd. 910. 2.—; geb. in Halblw. 2. 40

— dasselbe. Ausg. C. Für höhere Mädchenschulen. Nach d. (neuen) Lehrplänen v. 1908 bearb. v. W. Kannegießer. (93 S.) gr. 8. Ebd. 910. 1.—; geb. in Halbleinw. 1. 25

— dasselbe. Ausg. D. Für Präparandenanstalten u. Mittelschulen. 2 Hefte. 8. Ebd. 910. Geb. in 1 od. in 2 Bdn. 1.50
1. Bilder aus der Kirchengeschichte. (IV, 68 S.) Geb. — 80
2. Quellenstücke zur Kirchengeschichte. (IV, 60 S.) Geb. — 70

Kirchengeschichte d. Rheinprovinz, s.: Sammlung v. Provinzial-Kirchengeschichten. 4. Heft.

— Quellenbuch f. den evangelischen Religionsunterricht in Seminaren wie auch f. Lehrer u. Lehrerinnen. (IV, 169 S.) gr. 8. Ebd. 905. n. 1. 60; geb. n. 2. —

Quellenbuch für den evangelischen Religionsunterricht, zunächst in Lehrer- u. Lehrerinnenbildungsanst. Von W[alter] **Vorbrodt**, Sem.Dir. 2. verb. u. verm. Aufl. Breslau: C. Dülfer 1907. (IV, 207 S.) 8° [S.] 08.7072

— Quellenbuch f. d. evangelischen Religionsunterricht, zunächst in Lehrer- u. Lehrerinnenbildungsanstalten. 3. Aufl. (IV, 207 S.) 8. Breslau 910. C. Dülfer. 2.—; geb. 2. 40

— dasselbe. 3. Aufl. Ausg. B. Für höh. Mädchenschulen, Lyzeen u. Studienanstalten. Mit e. Anh. v. Quellenstücken üb. die christl. Liebestätigkeit der Frauen, zusammengestellt v. W. Kannegießer. (III, 236 S.) 8. Ebd. 910. 2.20; geb. 2. 60

— dasselbe. 3. Aufl. Ausg. C. Für höh. Mädchenschulen. Hrsg. v. W. Kannegießer. (102 S.) gr. 8. Ebd. 910. 1.—; geb. n 1. 25

— Christian Gotthilf Salzmann. (245 S.) gr. 8. Leipzig 909. [Dürr'sche Buchh.] Berlin, Union, Zweigniederlassg. 2. 80

— Schulgrammatik der deutschen Sprache, s.: Martin, Frdr.

Vorbrugg, Heinrich, appr. Arzt u. Assistenzart [!] der chirurgischen Universitäts-Kinderklinik zu München: Aus der chirurgischen Universitäts-Kinderklinik zu München. Prof. Dr. Herzog. Ueber multiple Enchondrome der kurzen Röhrenknochen. ⟨Mit 3 Abb.⟩ München 1906: C. Wolf & Sohn. (31 S.) 8°
München, Med. Fak., Ref. v. Angerer, Diss. v. 21. Dez. 1906
[Geb. 19. Okt. 79 München; Wohnort: München; Staatsangeh.: Bayern; Vorbildung: Theresien-Gymn. München Reife Juli 99; Studium: München 10 S.; Coll. 21. Dez. 06; Approb. 1. Sept. 06.]

Vorbrugg, M., Liederkranz f. gottesfürchtige Brautleute. 5. Aufl. gr. 16. (7 S.) Nürnberg 893. J. Ph. Raw. — 5

Vorbrugg, Michael, Rede am Grabe des Prof. Dr. Jh. Gttfr. Scheibel. Gehalten zu Nürnberg am 24. März 1843. 8. Nürnberg 843, Raw'sche Buchh. 1/12 Rthlr

Vorbrugg, Wilhelm, appr. Arzt aus München: Ueber blutige Reposition veralteter Luxationen. *München 1901: Kastner & Lossen.* (27 S.) 8°
München, Med. Diss. v. 1901

Vorburg, I. E., historia rerum germanicarum sub imperatoribus Ottone I. II. et III. fol. Frcft. 709. — 16

VORBUSCH, E. König Eduards Liebesgarten. Gesellschaftsroman aus der englischen Hochariſtokratie. Mit Abbildung. Leipzig (191*). 8°.

Voerckel, *Paul Gustav* Georg [app. Zahnarzt in Leipzig]: Untersuchungen über den Bau und die Entwickelung der Giftzähne von Pelias berus ... Leipzig, Druck v. Gebr. Junghanss, 1895; 31 S., 4 Taf. 8.
Leipzig, Phil. Fak., Inaug.-Diss. v. [9. Apr.] 1895

Vörckel, Johann Daniel

Vörckel, J. D., Ehrengedächtniß evangel. Glaubenshelden u. Sänger, e. Kranz histor. Dichtungen, nebst e. Zugabe v. geistl. Liedern f. d. Jahres- u. Tageszeiten; der evangel. Kirche zur 3. Jubelfeier d. Augsb. Bekenntnisses gewidmet. 2 Abthln. gr. 8. (18½ B. u. 2 Stnt. m. 9 Bildn.) Leipzig 830, (Fst.)

Vörckel, Joh. Dan., Ehrengedächtniß Gustav Adolph's d. Gr., des siegreichen Helden d. evangel. Freiheit. Eine histor. Dichtung, nebst e. Anh., welcher, außer geschichtl. Anmerkn., übersetzte Stellen aus Ev. Jollivet's 1630 zu Paris erschien. Heldengedichte, Weckherlin's Lieder auf Gustav Adolph u. seine Mitkämpfer, so wie Nachrichten üb. d. 2. Secularfeier seines Todes, üb. das neue Denkmal bei Lützen, üb. d. leipzig-dresdener Gustav-Adolph's-Stiftung u. üb. einige Münzen enthält. gr. 8. (23½ B. u. 4 Stnt.) Leipzig 839, Serig'sche Buchh.

Vörckel, J. D., Martin Rinkart. Ein evangel. Lebensbild aus der Zeit des 30jähr. Krieges, in Lied und geschichtl. Abriß nebst Auszügen aus einigen seiner Schriften dargestellt. gr. 8. (47 S.) Eilenburg 857, Offenhauer. Thlr.

vorda vealhstód Engla and Seaxna, siehe: Bibliothek der deutschen Nationalliteratur. I. Abth. 28. Bd.

Vordack, des Generals Grafen von, Begebenheiten, a. dem Franz. 8. Jena. 755. 1 14

Vordemann, Fr., stufenweise fortschreitende Anleitung zu den Lesenlernen, nebst vielem nützl. u. angenehm. Stoffe zu den ersten Leseübungen. 8. Hannov. 825. Hahn. 4 gr.

Vordemann, Heinr., die neuesten Erfindungen in der Soda- u. Glaubersalz-Fabrikation. Ein Nachtrag zu dessen „Handbuche d. Sodafabrikation." 8. (39 S.) Quedlinburg 849, Basse. 1/6 Rthlr

Vordemann, Hnr., ausführl. Handbuch der Sodafabrikation, nach den neuesten Erfindungen u. Verbesserungen. Oder: Vollständige Darstellung aller älteren u. neueren Methoden zur Fabrikation der Soda oder des Natrons. Mit 2 Taf. Abbild. gr. 8. Quedlinburg 846. Basse. 5/6 Rthlr

Vordemfelde, H., Lehrbuch der vereinfachten deutschen Stenographie, s.: Räderscheidt, W.

Vorderasien [Schlagwort]

Vorderasien, s.: Hand- u. Reisekarten. 52.

Vorderbrügge, Paul, approb. Arzt aus Barmen: Casuistischer Beitrag zur traumatischen Meningealapoplexie. *München 1898: M. Ernst.* (28 S.) 8°
München, Med. Diss. v. 1899

Vorderfuss, der rechte, im Naturzustande vor dem Beschlage, u. dessen stufenweise Veränderung durch fehlerhaften Beschlag. Lith. Imp.-Fol. Bautzen 877. Rühl in Comm. n. 1. —

Vorder-Indien [Schlagwort]

Vorder-Indien, s. a Afghanistan.

Vorder-Indien, s. a Hand- u. Reisekarten 53.

Vorder-Indien — Generalkarte von —. 4,000,000. Aus dem Atlasse der ausser-europ. Welth. von Berghaus. Gotha bei J. Perthes. 2. Ausgabe. 1858. 1 Bl.

Vorder-Indien, geologische Karte nach Greenough. 14,000,000. G. M. 1855.

Vorderländer: Der Vorderländer v. Der Rhein.

Vordermeyer ([vielm.:] **Vordermayer**), Matth[äus], approb. Arzt in Zorneding: **Beiträge** zur Kenntnis der multiplen Alkoholneuritis. *München 1902 [vielm. 1904]: C. Wolf & Sohn.* (22 S.) 8°
München, Med. Diss. v. 1902

Vordermayer, Peter. Das Ehrendenkmal im Pass Strub. Mit einem kurzen Berichte über die Kriegsereignisse, welche an der nordöstlichen Grenze Tirols in den Jahren 1800, 1805 und 1809 stattgefunden und über die tapferen Anführer und Landesvertheidiger, welche sich in jenen Kämpfen besonders ausgezeichnet haben. kl. 8. Kitzbühel 1887.

Vordermayr, Pet., **Hager**, **Wintersteller** u. **Oppacher**, 3 tapfere Schützenanführer d. Bez. Kitzbühel. Charakterbilder aus d. Freiheitskämpfen d. Tiroler. 12. (51 S. m. 3 Bildn.) Innsbruck 898. (Wagner.) n. — 60

Vordermayr, Pet., Kitzbühel und seine Umgebung. Beigabe: Zwei Tiroler Lieder. 12. (IV, 76 S. mit 2 Holzschn.) Going (Tirol) 886. (Salzburg, Pustet.) **
Nicht mehr im Buchhandel.

Vorderstädte, Mecklenburgs, nach Begriff und Befugniss . . . [Schwerin] 1787. V: *Hartwig, Friedrich Wilhelm.* (BrMm) (MGT) (ML)

Vordieck, August: Parallelismus zwischen Shakespeares Macbeth und seiner epischen Dichtung Lucrece. *Neisse (1901): F. Bär.* (36 S.) 8° [F.]
Neisse, RG, OP 1901 (232)

Vordringen, Das, des wälschen Elements in Deutsch-Süd-Tirol. [Gotha 1866.] V: *Schneller, Chn.* (Mz)

Vordtriede, Wilhelm: Aus d. chir. Klinik zu Kiel. Über Operationserfolge bei Atresia ani. Kiel 1909: Fiencke. 18 S. 8°
Kiel, Med. Diss. v. 28. Aug. 1909, Ref. Anschütz
[Geb. 21. Dez. 80 Herford; Wohnort: Herford; Staatsangeh.: Preußen; Vorbildung: Gymn. Herford Reife M. 02; Studium: München 3, Erlangen 2, Berlin 3, Kiel 2 S.; Coll. 11. Juni 09; Approb. 10. Aug. 09.] [U 10. 2484

Voregger, Fr.: Philipp II. König von Mazedonien, wird Herr der Griechen. 30 S. 8°. – Marburg i/St. OG., Progr. 1872.

Vorell, G., Hülfsbüchlein zu dem deutschen Lesebuch m. Bildern [Ausg. A, B u. C] v. Gabriel u. Supprian. Verzeichnis der Lesestoffe u. Nachweis derjenigen Lesestücke, welche e. Bearbeitg. gefunden haben. gr. 8. (56 S.) Bielefeld 884. Velhagen & Klasing. n. — 60

Voreltern, Unsere, und Unsere Eltern. Zum 15. Mai 1895 . . . Wernigerode 1895. V: *Götze, M. & H. Götze.* (Berl)

Vorentwurf eines Gesetzes über die Ausübung der Handelsgewerbe im Kanton Bern. ⟨Abschliessender Kammerentwurf vom 26. Sept. 1903⟩ Zuhanden der Direktion des Innern des Kantons Bern. 43 S. 8. Bern, Neukomm & Zimmermann, 1903.
Kantonale bernische Handels- und Gewerbekammer.... Serie der Berichte und Entwürfe: Nr. 9.

Vorentwurf eines Gesetzes über den Erlass einer Handelsgerichtsordnung für den Kanton Bern. ⟨Entwurf zu Handen der Verbände und Vereine.⟩ 21 S. 8. Bern, Gebrüder Fischer, 1903.
Kantonale Bernische Handels- und Gewerbekammer.... Serie der Berichte und Entwürfe: Nr 6.

Vorentwurf eines Gesetzes über den Erlass einer Handelsgerichtsordnung für den Kanton Bern. Kammerentwurf zu Handen der Direktion des Innern des Kt. Bern vom 21. September 1904. 20 S. 8. Bern, Gebr. Fischer, 1904.
Kantonale Bernische Handels- und Gewerbekammer.... Serie der Berichte und Entwürfe: Nr. 11.

Vorentwurf zu e. deutschen Strafgesetzbuch nebst Begründung. Bearb. v. der hierzu bestellten Sachverständigen-Kommission. Veröffentlicht auf Anordng. des Reichs-Justizamts. 3 Tle. Lex. 8. Berlin 909. J. Guttentag. 6. —
1. Vorentwurf. (IV, 66 S.) 1. —
2. 3. Begründung. 2 Tle. (XIII, III, 869 S.) 5. —

— **dasselbe, s. a. Zeitfragen, gewerbliche. XXI.**

Vorentwurf zu einem Österreichischen Strafgesetzbuch. ⟨September 1909.⟩ Berlin: Guttentag 1909. 121 S. 8°
(Sammlung außerdeutscher Strafgesetzbücher in dtsch. Übers. Nr 29.) [09. 18051

— zu e. österreichischen Strafgesetzbuch u. zu dem Einführungsgesetze Septbr. 1909. (VII, 173 S.) Lex. 8. Wien 909. Hof- u. Staatsdruckerei. — 70

dasselbe, s. a. Sammlung ausserdeutscher Strafgesetzbücher in deutscher Übersetzung. Nr. 29.

Vorentwurf zu e. Strafgesetzbuch f. das kaiserl. japanische Reich, übers. v. Assataro Okada, s. a. Sammlung ausserdeutscher Strafgesetzbücher. XIV.

Vorentwurf zu einem Strafgesetzbuch für das kaiserlich japanische Reich. Übers. von Assataro Okada, Assist. an d. Univ. Tokyo. Berlin: J. Guttentag 1899. (53 S.) 8°
(Sammlung Ausserdeutscher Strafgesetzbücher in Deutscher Übers. 14)
(Mitteilungen d. Internat. Kriminalist. Vereinigung. Bd 8°)
(Zeitschrift f. d. gesamte Strafrechtswissenschaft. Bd 20. Beilage [2.])

— **zu e. schweizerischen Strafgesetzbuch nach den Beschlüssen der Expertenkommission. — Avant-projet de code pénal suisse.** gr. 8. (IX u. S. 2—181.) Bern 896. (A. Francke.) n. 2. —

– dasselbe, s. a. Sammlung ausserdeutscher Strafgesetzbücher in deutscher Übersetzung. Nr. 28.

Vorentwurf zu einem Schweizerischen Strafgesetzbuch nach den Beschlüssen der Expertenkommission. – Avant-projet de Code pénal suisse modifié d'après les décisions de la commission d'experts. *(Berlin: J. Guttentag 1896.)* (IX, 132 S.) 8°
= [Sammlung Ausserdeutsch. Strafgesetzbücher in deutsch. Übers. No 10.]
= Mitteilungen d. Internationalen kriminalist. Vereinigung. Bd 6. Beil. [03. 4160

Vorentwurf. Der Vorentwurf zu einem Schweizerischen Strafgesetzbuch ⟨Ausgabe vom Juni 1903⟩. Eingabe des Zentralvorstandes des Schweizerischen Gewerbevereins an das Schweizerische Justizdepartement. IV + 20 S. kl.-4. Bern, Verlag des Schweizerischen Gewerbevereins ⟨Komm. Büchler & Co., Bern⟩, 1903. [fr. 1. —]
Gewerbliche Zeitfragen. Heft 21.

Vorentwurf zu einem Schweizerischen Strafgesetzbuch und zu einem Bundesgesetz betreffend Einführung des schweizerischen Strafgesetzbuches. Nach den Beschlüssen der von dem eidgenössischen Justizdepartement mit der Durchsicht des Vorentwurfes von 1896 beauftragten Expertenkommission. Juni 1903. VIII + 106 + 14 S. 8. Bern, Buchdr. Stämpfli & Cie. [A. Francke, Verlags-Cto.], 1903. [fr. 1. 50]

Vorentwurf zu einem Schweizerischen Strafgesetzbuch. ⟨April 1908.⟩ 62 S. 8. Berlin, J. Guttentag, 1909. [M. 1. 50]
Sammlung Ausserdeutscher Strafgesetzbücher in deutscher Übersetzung.... (No.) 28....

— zu e. schweizerischen Strafgesetzbuch. Neue Fassg. der Expertenkommission. April 1908. (94 S.) gr. 8. Bern 909. (A. Francke.) 1. 50; französ. Ausg. (81 S.) 1. 50

Vorentwurf zu einem schweizerischen Strafgesetzbuch. Neue Fassung d. Expertenkommission. April 1908. Bern 1909: Stämpfli. 94 S. 8°

Vorentwurf einer gemeinschaftlichen Civilprocessordnung für das Gebiet des Norddeutschen Bundes. Berlin 1867. V: *Daniels, Alexander von.* (KGBerlin 869)

Vorentwürfe zu den Gesetzen, welche das Strafprozeßrecht abändern. Novbr. 1909. (V, 90 S.) Lex. 8. Wien 909. (Hof- u. Staatsdruckerei.) — 50

Vorerinnerung zu den Arbeiten der literarisch-praktischen Bürger-Verbindung zu Riga. Riga 1805. V: *Albanus, August.* (Ky) (R-N)

Vorerinnerung an meine Confirmanden beim Beginn des Confirmanden-Unterrichts. 5. Aufl. (Ster.-Ausg.) Barmen 866. (Berlin, E. Beck.) 8. (8 S.) ½ ngr.

Voretzsch, Carl, s. Voretzsch, Karl

Voretzsch, H.: Über kretische Staatsverträge. 18 S. Posen Friedr. W. G., Progr. 1870.

Voretzsch, Henricus Bernhardus: De inscriptione Cretensi, qua continetur Lyttiorum et Boloentiorum foedus. Halis Saxonum (1862): Ploetz. 32 S. 8°
Halle-Wittenberg, Phil. Diss. v. 14. Juni 1862
Geb. Altenburg 30. 5. 1837. V.
[Teildr.] Der Kand. hatte „eine sehr ausführliche" Diss. De dialecto Cretica vorgelegt. Ms. fehlt. Vielleicht ist ein Stück aus dem ungedruckten Rest der Diss. des Verf. Schrift: Ueber kretische Staatsverträge. Posen 1870. 18 S. 4° Friedrich-Wilhelms-Gymn., Progr.

Voretzsch, I. D. Ludov., disseritur de loco Ioann. X., 1—18. 4maj. (3½ B.) Altenburgi 838, Helbig.

Voretzsch, Karl

Voretzsch, Carl, die Anfänge der romanischen Philologie an den deutschen Universitäten u. ihre Entwicklung an der Universität Tübingen. Akademische Antrittsrede, geh. am 19. XI. 1903 bei Uebernahme der ordentl. Professur f. roman. Philologie an der Universität Tübingen. (III, 32 S.) gr. 8. Tübingen 904. H Laupp. n. — 75

Voretzsch. Carl, Einführung in das Studium der altfranzös. Sprache, s. a. Sammlung kurzer Lehrbücher der roman. Sprachen u. Literaturen. I.

Einführung in das Studium der altfranzösischen Sprache. Zum Selbstunterr. f. d. Anfänger von Dr. Carl **Voretzsch**, Prof., Tübingen. *Halle a. S.: M. Niemeyer 1901.* (XIV, 258 S.) 8°
= Sammlung kurzer Lehrbücher d. roman. Sprachen u. Lit. 1. [01. 1002 6

Einführung in das Studium der altfranzösischen Sprache. Zum Selbstunterr. f. d. Anfänger von Dr. Carl **Voretzsch**, Prof., Tübingen. 2. Aufl. *Halle a. S.: M. Niemeyer 1903.* (XVI, 278 S.) 8°
= Sammlung kurzer Lehrbücher d. roman. Sprachen u. Literaturen. 1. [03. 14380 3

Einführung in das Studium der altfranzösischen Literatur im Anschluß an d. Einführung in d. Studium d. altfranz. Sprache von Dr. Carl **Voretzsch**, Prof. Halle a. S.: M. Niemeyer 1905. (XVII, 573 S.) 8°
= Sammlung kurzer Lehrbücher d. roman. Sprachen u. Lit. 2. [05. 13281 6

Voretzsch, Carl *Oscar Rudolf* [aus Altenburg i. S.-A.]: Der Reinhart Fuchs Heinrichs des Glichezâre und der Roman de Renart. . . . (Ersch. vollst. in: Gröbers Zeitschr. f. roman. Philol. XV. Bd.) Halle a. S., Druck v. E. Karras, 1890; 1 Bl., 39 S., 1 Bl. 8°
Halle, Phil. Fak., Inaug.-Diss. v. 26. Nov. 1890

— zur Geschichte der Diphthongierung im Altprovenzalischen. gr. 8. (VI, 79 S.) Halle 900. M. Niemeyer. n. 2. 40
Sonderabdruck aus: „Forschungen z. roman. Philologie".

Voretzsch, Carl, die französische Heldensage. Akademische Antrittsvorlesg., geh. am 25. Jan. 1894. gr. 8. (32 S.) Heidelberg 894. C. Winter. n. — 80

Voretzsch, Karl: Die Composition des Huon von Bordeaux nebst krit. Bemerkungen über Begriff u. Bedeutung d. Sage von Carl Voretzsch. Halle a. S.: M. Niemeyer 1900. (XII, 420 S.) 8°
(Voretzsch: Epische Studien. H. 1.)

Voretzsch, Carl: Das Merowingerepos u. d. fränk. heldensage. *Halle 1896.* in: Studien, Philologische. Festgabe f. E. Sievers z. 1. Okt. 1896. [96 9171

Voretzsch, Carl [Dr. phil.]: Über die Sage von Ogier dem Dänen . . . [Erschien vollst. 1892 u. d. T.: Üb. d. Sage v. Ogier d. D. u. d. Entstehg d. Chevalerie Ogier.] Halle a. S., Buchdr. d. Waisenhauses, 1891; 1 Bl., 41 S. 8.
Halle, Phil. Fak., Hab.-Schr. v. 26. Okt. 1891

— üb. die Sage v. Ogier dem Dänen u. die Entstehung der Chevalerie Ogier. Ein Beitrag zur Entwicklg. d. altfranzös. Heldenepos. gr. 8. (127 S.) Halle a/S. 891. M. Niemeyer. n. 3. —

— epische Studien. Beiträge zur Geschichte der französ. Heldensage u. Heldendichtg. 1. Hft. Die Compositionen des Huon von Bordeaux, nebst krit. Bemerkgn. üb. Begriff u. Bedeutg. der Sage. gr. 8. (XIII 420 S.) Ebd. 900. n. 10. —

Voretzsch, Carl, Balduins Tod. Episode aus dem altfranzös. Ogier-Epos, nach den Handschriften u. Bearbeitgn. mitgeteilt. (66 S. m. Abb.) Lex. 8. Tübingen 910. (G. Schnürlen.) 2. 80

— Ernst W. G. Wachsmuth u. Ludwig G. Blanc, die Begründer der romanistischen Professur an der Universität Halle. Ein Beitrag zur Geschichte der deutschen Wissenschaft. (40 S.) gr. 8. Halle 905. M. Niemeyer. n. 1. 20

Voretzsch, Ldw., die thätige Theilnahme der evangel. Gemeindeglieder an kirchl. Angelegenheiten. gr. 8. Altenburg 845, Helbig. n. 1/6 ₰

Voretzsch, Max [Dr.]: Altenburg zur Zeit des Kaisers Friedrich Barbarossa. Festrede z. Feier d. Geburtstages Sr. Maj. Kaiser Wilhelm II . . . 1890 . . . Beigegeben sind 7 Urkunden. Altenburg i. S.-A., Pierer'sche Hofbuchdr., 1891; 27 S. 4°
Altenburg, herz. RPG, OP 1891 (678)

Voretzsch, Max, Altenburg zur Zeit d. Kaisers Friedrich Barbarossa. Festrede, zur Feier d. Geburtstages Sr. Maj. Kaiser Wilhelm II. am 27. Jan. 1890 im Saale d. herzogl. Realprogymnasiums geh. Beigegeben sind 7 Urkunden. gr. 4. (27 S.) Altenburg 891. (Schnuphase.) n. 1. —

Voretzsch, Max, Bericht üb. die Feier d. 75jähr. Bestehens der Naturforschenden Gesellschaft d. Osterlandes am 8. u. 9. Oktbr. 1892. [Aus: „Mitteilungen aus d. Osterlande".] gr. 8. (19 S.) Altenburg (894). Selbstverlag. — 30

— Bericht üb. d. Thätigkeit der Naturforschenden Gesellschaft des Osterlandes, d. Zeit v. 1. Oktbr. 1888 bis 30. Juni 1892 umfass. [Aus: „Mitteilungen aus dem Osterlande".] gr. 8. (68 S.) Ebd. 892. 1. 20

— dasselbe, die Zeit vom 1. Juli 1892 bis 30. Juni 1894 umfass. gr. 8. (42 S.) Ebd. 894. — 75

— dasselbe, die Zeit vom 1. VII. 1894 bis 30. VI. 1896 umfass. [Aus: „Mitteilungen aus dem Osterlande".] gr. 8. (48 S.) Ebd. 896. n. — 80

Voretzsch, Max, die Beziehungen der Kurfürsten Ernst u. des Herzogs Albrecht v. Sachsen zur Stadt Altenburg. Ein Gedenkblatt nach vier Jahrhunderten. gr. 8. (VI, 88 S.) Altenburg, S.-A. (Gartenstr. 6) 901. Prof. Dr. Voretzsch. n.n. 2. 50

Zur Einführung der Kontinentalsperre in Altenburg im Dezember 1806. Nach d. Altenburger Orig.-Drucke mitgeteilt von Prof. Dr. Max **Voretzsch**, Oberl. Altenburg i. S.-A. 1907: O. Bonde. (8 S.) 8° [F.] (08. 13180

Voretzsch, Max, zur Einführung der Kontinentalsperre in Altenburg im Dezbr. 1806. Nach dem Altenburger Orig.-Drucke mitgeteilt. (8 S.) 8. Altenburg (S.-A., Querstr. 5) 907. Prof. Dr. Voretzsch. — 30

— zur Erinnerung an Prof. Dr. Karl Eduard Zotzsche († 18. Apr. 1894). Vorgetragen in der Sitzg. der naturforsch. Gesellschaft des Osterlandes am 9. Mai 1894. [Aus: „Mitteilgn. aus d. Osterlande".] gr. 8. (24 S.) Altenburg 894. Dr. Max Voretzsch, Selbstverlag. — 60

Voretzsch, Max, Prof. Dr.: Herzog Ernst II. von Sachsen-Gotha-Altenburg. Festrede zur öffentlichen Feier des Geburtstages Sr. M. Kaiser Wilhelm II. am 27. Januar 1904 im Saale des Herz. Ernst-Realgymnasiums gehalten. M. zwei Kunstbeilagen. Altenburg 1904: Pierer. (35 S.) 8°
Altenburg, herz. Ernst-RG OP 1904 (800)

Voretzsch, Max, Herzog Ernst II. v. Sachsen-Gotha-Altenburg. Festrede, zur öffentl. Feier des Geburtstages Sr. Maj. Kaiser Wilhelm II. am 27. I. 1904 im Saale des herzogl. Ernst-Realgymnasiums geh. (Progr.) (35 S. m. 2 Taf.) gr. 8. Altenburg 904. (Schnuphase.) n. 1. —

MAX VORETZSCH. Festrede zur Feier des achtzigjährigen Bestehens der Naturforschenden Gesellschaft des Osterlandes. Gehalten in der Fest-Sitzung am 15. Januar 1898. Mit 1 Abbildung. Altenburg i. S.-A. 1899. Piererische Hofbuchdruckerei Stephan Geibel & Co. 8°.

— Festrede zur Feier des 70. Geburtstages Sr. Hoh. d. Herzogs Ernst v. Altenburg in d. naturforsch. Gesellschaft d. Osterlandes. Geh. in d. Fest-Sitzg. am 16. IX. 1896. [Aus: „Mitteilungen aus dem Osterlande".] gr. 8. (32 S.) Ebd. 896. n. — 60

Voretzsch, Max, das Eisenberger Gregoriusfest vor 200 Jahren. Ein Blatt zur Erinnerung an seine Abschaffg. im J. 1698. gr. 8. (8 S.) Altenburg, S.-A. (Gartenstr. 6) 898. Prof. Dr. Voretzsch. — 40

Voretzsch, Max, den Manen Galileo Galilei's. Zum Gedächtnisse s. 250jähr. Todestages. Vortrag, geh. in der Naturforsch. Gesellschaft d. Osterlandes am 14. Dezbr. 1892. [Aus: „Mitteilungen aus dem Osterlande".] gr. 8. (27 S.) Altenburg (894). Selbstverlag. — 60

— **der sächsische Prinzenraub in Altenburg. Ein urkundl. Gedenkblatt nach 450 Jahren. Erweit. Abdr. des am 18. X. 1905 in der Geschichts- u. altertumsforsch. Gesellschaft des Osterlandes geh. Vortrages. (55 S.) 8. Altenburg 906. (O. Bonde.) n. — 80; geb. n. 1. —**

Voretzsch, Max *Karl Paul Ludwig*: Regesten der Originalurkunden des Altenburger Ratsarchivs vom Jahre 1256 bis zum Schlusse des 14. Jahrhunderts. 8 (36 S.).
Festschrift z. 25jähr. Jubelfeier d. herz. Ernst-Rg. *Altenburg* 1898.
Nicht im Tauschverkehr.
Progr.

Voretzsch, Max *Karl Paul Ludwig*: Die Stätte des herzogl. Ernst-Realgymnasiums in Altenburg. Blicke in frühere Zeit. Mit 5 Bildern in Lichtdruck. 8 (28 S.).
Festschrift z. 25j. Jubelfeier herz. Ernst-Rg. *Altenburg* 1898.
Nicht im Tauschverkehr.
Progr.

Voretzsch, Max, Untersuchung e. speciellen Fläche constanter mittlerer Krümmung, bei welcher die eine der beiden Schaaren der Krümmungslinien v. ebenen Curven gebildet wird. gr. 8. (67 S.) Göttingen 883. Vandenhoeck & Ruprecht's Verl. n. 1. 80

— Aus der Vergangenheit der Mühle in Rotteritz. (32 S.) gr. 8. Ebd. 908. — 60

Voretzsch, Oscar, approb. Arzt aus Altenburg: Aus d. kgl. chirurg. Klinik zu Kiel. Beitrag zur Statistik der Oesophagusdivertikel. *Kiel 1901: Schmidt & Klaunig.* (23 S.) 8°
Kiel, Med. Diss. v. [30. Aug.] 1901

Voretzsch, Otto, Friedrich Ludwig Theodor Doell, Professor d. Malerkunst weil. in Altenburg. Nach e. Vortrag, geh. im Kunstverein am 18. Febr. 1895. gr. 8. (35 S.) Altenburg 895. (O. Bonde.) n. — 30

Vorfall, Einen sonderbaren, der sich am 12. Aug. 1785 ereignete, nachdem Cabale und Liebe von der Schröderschen Gesellschaft aufgeführt war . . . Altona. V: *Kühl, Glob Timotheus Michael.* (Schr) (Arch. f. Litt. VIII, 212.)

Vorfälle

— die, in Krähwinkel, ... Nürnb. ... Schneider u. W. 3 ℔

Vorfälle, curiöse, eines seit 40 Jahren im Amte stehenden Organisten, sowie auch besonders über die Kennzeichen, wonach ein Orgelspiel auch von Unkundigen beurtheilt werden sollte. Mit dem Umschlagstitel: Musikalischer Staarstecher. Von C. F. K. 12. (30 S.) Oederan 847. (Leipzig, C. L. Fritzsche.) n. 1/6 ℔

Vorfälle, Merkwürdige, in Hamburg . . . 2. Aufl. Bremen 1840. V: *Mallet, Friedrich.* (zu) (Ky)

Vorfälle, merkwürdige, in Hamburg. (Von Fr. Mallet.) 2. Aufl. gr. 8. (1 B.) Bremen 840, Kaiser.
Aus: Bremer Kirchenbote, besond. abgedruckt.

Vorfälle, über die neuesten, in Göttingen. Ein Wort an die Unpartheiischen. 8. Leipz. 818. Voß. 2 ℔

— der Neu-Zeit. Politischer, ernster u. launiger Farbe. 1. Hft. Mit 1 (lith.) Titelkupfer. 32. (31 S.) Leipzig 848, Buch- u. Kunst-Verlag. 3 ngr

Vorfälle, tägliche, e. Wochenschrift z. Zierde d. Menschheit. 18 Quart. 8. Lpz. Gräff. — 12

Vorfälle, Tägliche, eine Wochenschrift zur Zierde der Menschheit. Hamburg 1791. H: *Ehrlich, Joh. Glieb.* (Ky)

— tägliche, e. Wochenschrift zur Zierde der Menschheit (v. Jh. Gli. Ehrlich.) 12 Stcke. 8. Hamb. 791. (Wienbrack in Leipz.)

Vorfälle des Teutschen Theaters für Schauspieler. Leipzig 1780. V: *Koch, Friedrich.* (ML) (Ky) (MGT)

— des deutschen Theaters für Schauspieler (v. Fr. Koch.) 1r Thl. 8. Leipz. 780. Hilscher. (Compt. f. Litt.) 10 gr

Neueste Vorfallenheiten, aus Schlesien und Sachssen, besonders die Haupt-Victoria, welche der K. K. General-Feldmarschal-lieutenant von Laudon erfochten, Nebst einem Berichte, des von der ganzen Welt verabscheuten, vom König von Preussen aber zu hoher Würde erhobenen sogenannten Käsebiers. (Dressden) 1760. 4. (2 Bl.)

Vorfallenheiten, Die täglichen, auf dem Graben, denen eine interessante Rede ... wegen diesem periodischen Journal vorgehet. Wien 1781. V: *Louis Boisson comte de Quency.* ([Hch. Wolfgang Behrisch] Die Wiener Autoren. Pressb. 1784) (Feil 4559) (Stadtbibliothek Wien, S. 58) (BiblPort)

Vorfallenheiten. – Die täglichen Vorfallenheiten auf dem Graben. Bl. 1–13. Wien: Trattner 1781. 8⁰ Hrsg.: Comte de Quency.

Vorfeier zum 75jährigen Jubelfeste der Vereinigung der Posener Logen zum Tempel der Eintracht im Or. Posen am Abende des 27. April 1895. Posen [1895]: Neumeyer. 6 Bl. 8⁰ [Umschlagtit.]
7 Lieder ohne Noten.

Vorfeyer, die, des 3ten Jubiläums d. Kirchenverbesserung. 8. Schwelm. (Essen, Bädecker in Comm.) 819.

Vorfeier, die, des dritten Jubiläums d. Kirchenverbesserung. 8. Schwelm 819. Scherz. 16 gr

Vorfeier der fünfzigjährigen Regierung ... des Königs von Sachsen am 19. September 1818 in der Frauenkirche zu Dresden. [Dresden 1818.] V: *Kuhn, Friedrich.* (Bem I, 1, S. 486)

Vorfeier zum 125jähr. Stiftungsfest der Loge Janus im Or. Bromberg am Abende des 11. Dez. 1909. Bromberg 1909: Gruenauer. 4 Bl. 8⁰ [Umschlagtit.]
Gebet von L. Fensch u. 4 Lieder ohne Noten, 1 ged. von O. Neumann.

Vorfeier zum 150jährigen Stiftungs-Fest der Loge zu den drei Degen im Or. von Halle a. S. am Abend des 9. Dez. 1893. Gesang und Instrumental-Vorträge. [Halle 1893.] 2 Bl. 8⁰ [Umschlagtit.]

Vorfibel, dritte, (mit 12 illum. Vignetten). 12. Berlin 842, Hasselberg. geb. (à) 1/6 ₰

Vor-Fibel, erste u. zweite, z. Belustigung u. Belehrung f. kaum sprechende Kinder. 16. (à 1 1/8 B. u. 13 ill. Bild.) Berlin, 840, Hasselberg'sche Vrlsb. à

Vorfibel, kleine, zum Vergnügen u. zur Belustigung für kaum sprechende Kinder. Mit Bildern. 8. Berl. 814. u. 817. Hasselberg. 6 gr

Vorfriede, der, v. Leoben. Gedenk-Blatt, im 100. Jahre nach d. Friedensschlusse hrsg. m. Unterstützg. d. Stadtgemeinde Leoben v. Comité für das Local-Museum in Leoben. M. 1 photo-lith. Nachbildg. d. Schlußabsätze d. geheimen Vertrages. Lex.-8. (35 S.) Leoben 897. L. Nüßler. n. 2.—

Vorgang beim Studium unserer taktischen Reglements. Wien 1893. V: *Conrad v. Hötzendorf, Franz Freih.* (KA)

Vorgang beim Studium unserer taktischen Reglements. Von F. C. v. H. gr. 8. (55 S. m. 8 Taf.) Wien 893. (L. W. Seidel & Sohn.) n. 3.—

Systematischer Vorgang bei der Ausbildung der Eskadron im Nachrichten- u. Sicherungsdienste, vom Beginne der Ausbildung des einzelnen Kavalleristen bis zur Beendigung der Eskadrons-Übungen. 2 Lösungen einer vom milit.-wissenschaftl. Vereine in Wien gestellten Preis-Aufgabe:
I. Von Oberst J. Rott.
II. Von Rittmeister W. Bar. Kotz v. Dobr.
Mit Taf. Wien 1880. 87 S.

— — Vorgang bei der technischen Ausbildung einer Genie- (Pionier-) Kompagnie (theoret. u. prakt.) in der Zeit vom 1. Oktober bis 15. September des folgenden Jahres. 2 Lösungen der vom milit.-wissenschaftl. Vereine in Wien gestellten Preis-Aufgabe pro 1883:
I. Von Hauptm. V. Beranek.
II. Von Major V. Teltscher.
Mit Taf. rc. Wien 1886. 138 S.

Vorgang, systematischer, zur Ausbildung des Cavalleristen im Felddienst bei einer Escadron. Von einem österreich. Cavallerie-Officier. 8. (57 S.) Wien 884, Seidel und Sohn.

Vorgang in die Taktik aller Zeiten und Völker ... [Pesth] 1778. V: *Hohenhausen und Hochhaus, Silvester Jos. Freih. von.* (MGT) (Ky)

Vorgang in d. Taktik aller Zeiten u. Völker, von e. Officier. (S. J. Frhr. v. Hohenhausen u. Hochhaus). Mit 1 Kpf. 8. (Pesth) 778. Eggenberger. 4 gr Fortsetzung ohne Titel mit d. Aufschrift: das 1ste Stück aus d. Taten des Zirus (sic) f. d. Kriegskunst. Mit 12 ill. Plan.

[Vorgang. Ein V' in Zug 1522.] (Njbl.) s. [Stolz, Johann Jacob].

Vorgänge, die, in Altenburg am 18. u. 19. Juni 1848. Nebst den einschlagenden Aktenstücken. gr. 8. (16 S.) Leipzig 848, Naumburg. n. 1/12 ₰

Vorgänge, die, in Berlin bei dem Lutherfestspiel im Juni 1888. Denkschrift des student. Komites. 1. und 2. Aufl., verm. durch den Abdruck sämmtl. gestrichener Stellen des Festspiels „Luther und seine Zeit" von Aug. Trümpelmann. gr. 8. (31 S.) Berlin 888, Walther und Apolant. *

Die Vorgänge in Chile. Berlin [1892]: Reichsdr. (XXVIII, 230 S.) 4⁰ [5.]

Vorgänge, die, in der jüngsten Diät der Schleswigschen Ständeversammlung. Nebst einem Rechtsgutachten des Spruchcolleg's der Universität Kiel. Hamburg 863. O. Meißner. gr. 8. (76 S.) n. 10 ngr.

Vorgänge in Holstein in Beziehung auf ständische Verfassung. (Aus d. Staatsverfassungs-Archiv. II. Bd. 2s St.) gr. 8. Weim. 816. L. Ind.-Compt. 1 ß

Vorgänge, die, im menschlichen Körper auf elektrochemischer Grundlage od. Gesundheit, Krankheit, Heilung. (27 S.) 8. Rümelingen. 910. (Leipzig, F. Schneider.) 1. —

Vorgänge, Die, der inneren Politik seit der Thronbesteigung Kaiser Wilhelms II. Berlin 1888. V: *Rössler, Constantin.* (Rössler, Ausg. Aufsätze. Berlin 1902. S. X.)

— die der inneren Politik seit der Thronbesteigung Kaiser Wilhelm's II. 8. (45 S.) Berlin 888. G. Reimer. — 60

Die Vorgänge am Schauspielhause am 31. v. Mts. haben ein Plakat hervorgerufen. — Die Kommission im Auftrage des 8. Bataillons der Bürgerwehr. Druck von W. Fähndrich 1 Bl. Fol.
Flugblatt. Berlin, 3. Nov. 1848.

Schul- und kirchenpolitische **Vorgänge** im Reich und in Preußen. Nebst e. Erl. d. Schulantrags Hackenberg u. G. Berlin: W. Baensch [1904]. (60 S.) 8° [F.] [illegible]

Vorgänge, schul- u. kirchenpolitische, im Reich u. in Preußen. Nebst e. Erläuterg. des Schulantrags Hackenberg u. G. (60 S.) 8. Berlin (904). A. Duncker. n. — 50

Vorgänge, Die, der letzten Tage auf hiesiger ... Universität ... Kiel 1844. V: *Ingwersen, Paul.* (A)

Vorgänge, die, der letzten Tage auf hiesiger Universität, nebst dahingehörigen Aktenstücken. Mit Einstimmung der hiesigen Studentenschaft veröffentlicht. Zugleich ein Wort über das heutige deutsche Studentenleben. Anfang December 1844. Lex.-8. Kiel 845. (Bünsow.) n. 1/3 ß

Die Vorgänge im ruthenischen Volkstum. Czernowitz 1892.

Vorgehen, das, d. Herrn Erzbischofs v. Köln gegen Bonner Professoren gewürdigt v. e. kath. Juristen. 8. (24 S.) Bonn 871. Cohen & Sohn. n. — 50

Vorgehen der Landwirtschaftskammer für die Provinz Schleswig-Holstein zwecks Förderung der inneren Kolonisation und Gründung einer gemeinnützigen Siedlungsgenossenschaft für Schleswig-Holstein. Süderbrarup. (1908.) 8°

Vorgesang. Florenz 1903. V: *Hoffmann, Carl Emil.* (Franz Brümmer, Lexikon der deutschen Dichter des 19. Jhdt. 6. Aufl. Leipz. 1913 ff. III, 248) (Laut privater Mitth. des Verf.) (Hdschr. Mitth. von Friedrich Müller, München)

Vorgeschichte, Die, von 1866 und 19?? Von einem alten kaiserlichen Soldaten. Wien u. Leipzig 1909. V: *Kerchnawe* (?), *Hugo.* (EB)

Vorgeschichte, die, v. 1866 u. 19?? Von e. alten kaiserl. Soldaten. (VII, 178 S. u. VI Doppels.) gr. 8. Wien 909. C. W. Stern. 3.—; geb. 4. 50

Vorgeschichte, Die, der Ethnologie. Deutschlands Denkfreunden gewidmet für eine Mussestunde. Berlin 1881. V: *Bastian, Adolph.* (CBH) (Ky)

Vorgeschichte, die, der Ethnologie. Deutschland's Denkfreunden gewidmet für eine Mussestunde. (Von A. Bastian.) gr. 8. (III, 132 S.) Berlin 881. Dümmler's Verl. n. 2. —

Zur **Vorgeschichte** des Orleans'schen Krieges. Nuntiaturberichte aus Wien und Paris 1685—1688 nebst ergänzenden Aktenstücken. Hrsg. v. d. Badischen Historischen Kommission, bearb. v. Max Immich. M. e. Vorw. v. F[riedr.] v. Weech. M. 2 Portr. in Lichtdr. *Heidelberg: C. Winter 1898.* (XXIV, 388 S., 2 Portr.) 1 Bd 8. [illegible]

Vorgeschichte. — Aus Pommerns Vorgeschichte. Herrn Geh. Medizinalrath Prof. Dr. Rudolf Virchow am 13. Okt. 1901 dargebr. von d. Ges. f. Pommersche Gesch. u. Alterthumskunde in Stettin. Stettin 1901: Herrcke & Lebeling. (28 S.) 8°

Zur Vorgeschichte des Präsidentenwahlkampfes in d. Verein. Staaten. Stuttgart 897.

Vorgeschichten, Zwei. Vom Verfasser der »Osteuropäischen Gefahr«. Trier 1854. V: *Grün, Carl Theodor Ferdinand.* (Russell XI, 128)

Vorgeschichten, zwei. 1582—1825. Vom Verf. der „Osteuropäischen Gefahr". Trier 854. Lintz. 8. (32 S.) 5 ngr.

Vorgrund-Studien von G—zr. I. Heft. Imp.-Fol. (4 lithogr. Bl. in Tondr.) Cassel 852, Fischer. *

Vorhaltungen, die, bei Ableistung von Eiden und die dabei vorgeschrieb. Formen und Normen. — Die Verordnung über die Einführung des mündl. und öffentl. Verfahrens mit Geschwornen in Untersuchungssachen. — Eine Anleitung zur Ausübung des Geschwornendienstes. — Die allgem. deutsche Wechsel-Ordnung nach dem preuss. Einführungsgesetze. — Namens-Verzeichniss sämmtl. Rechts-Anwälte, Advocat-Anwälte, Advokaten und Notarien. Nach den einzelnen Central-Spruch-Behörden und Obergerichts-Departements geordnet, mit Angabe der Gerichte, bei welchen dieselben zur Praxis befugt sind. — Ein brauchbares Hand- und Hülfsbüchlein für Polizei- und Magistratsbehörden, Verwaltungs-Beamte, Geschworne, Banquiers, Kaufleute und Geschäftsmänner jeder Art. 12. (100 S.) Berlin 850, C. Heymann. Thlr.

Vorhang, Der aufgezogene, der Freymäurerey ... Frankf. a. M. 1790. V: *Wierz, Johann Jacob.* (Tt) (SJL)

Der aufgezogne **Vorhang** der Freymaurerey vermittelst der einzig wahren Geschichte derselben. [Von Joh. Jak. Wierz.] Frankfurt a. M.: Gebhard & Körber 1790. 354 S. 8° [Kupfertit.]
cf. D. neuesten Religionsbegebenheiten. (1790) S. 361—377.
Kl. 2824, Tt. 359. Richtet sich gegen Nicolais Meinung von der Entstehung der Frmrei.

Vorhänge. 10 (lithogr.) Blatt moderner Vorlagen für Tapezierer. Fol. Berlin 863, A. Jonas. *

Vorhänge, moderne, für Tapezierer. gr. 4. (12 lithogr. Bl.) Darmstadt 847, Frommann. *

Vorhänge und Sitze. 15 (lith.) Blatt moderner Vorlagen für Tapezierer. Ebend. 863. Fol. n. 20 ngr.

Vorhauer, K. Aug., die Bedeutung des lutherischen Bekenntnisses für das kirchliche Leben. Vortrag gehalten in der Versammlung des lutherischen Vereins der Provinz Sachsen zu Halle den 26. Aug. 1868. Mühlhausen 869. Rode's Buchdr. gr. 8. (30 S.) 2½ ngr.

Vorhauer, Phpp., Register, s.: Publikationen des Börsenvereins der deutschen Buchhändler.

Vorhauer, W., Rede bei der Leichenfeier des Reichskanzlers Generals Grafen v. Caprivi zu Skyren am 9. II. 1899. gr. 8. (7 S.) Crossen 899. F. Appun. — 25

Vorhauser, J., und L. Liebener, die Mineralien Tirols, s. Liebener, L.

Vorhauser, Jh. Nep., prima artis metricae elementa ad componendos praecipue elegiacos versus, quibus carmina elegiaca tum sacra, tum profana accedunt. In us. scholarum. 8. Brixen 795.

Vorhauser, Otto, Die religiös-sittliche Weltanschauung des ältern Plinius. Innsbruck 1860, 32 S., Progr. d. Gymn.

Nach Voranschickung einer kurzen Lebensbeschreibung des ältern Plinius behandelt der Verf. in sorgfältiger u. wohlgeordneter Zusammenstellung alles einschlägige Material, welches die naturalis historia bietet: 1. Die relig. Ansichten des Plinius. 2. Dessen Ansichten über d. politisch socialen Zustände seiner Zeit. 3. Seine Stellung zur Litt. u. Kunst. Kathol. Littzig 1861, S. 8.

Vorher, Charles (Hrsg.). s. Arion

Vorherr, Jh. Mch. Chr. Gust., Abhandl. über Verschönerung deutscher Dörfer rc. 8. Fulda 808.... 1 ₰

— Aufruf an die Einwohner der Herrschaft u. Stadt Schlitz zur zweckmäß. u. vortheilhaften Verbesserung ihrer Feuerungen, besonders ihrer Stubenöfen. 8. Lauterbach 803.

Vorherr, J. M. C. G., 12 Blätter Entwürfe zu Schul- u. Pfarrhäusern nach d. Sonnenbaulehre. Zur näheren Ausarbeitung f. d. Schüler d. kgl. Baugewerksschule in München hrsg. Fol. (7 lith. B.) München (834), Fleischmann. Thlr.

Vorherr, J. M. C. G., 12 Blätter Entwürfe zu Schul- und Pfarrhäusern nach der Sonnenbaulehre. Zur näheren Ausarbeitung für die Schüler der königl. Baugewerksschule in München herausg. Fol. München 836. Fleischmann. n. 5/6 ₰

— Gedanken zu e. Institut d. Wohlthätigkeit für bedürftige Einwohner der Stadt Schlitz. 8. Lauterbach 802.

— s. 1) Geist d. Lehre Jman. Swedenborg's. 2) Kunst- u. Gewerbe-Blatt rc.

—— Monatsblatt f. Bauwesen rc., s. a. Monatsblatt.

Vorherr, J. M. C. G. Monatsblatt für Bauwesen und Landesverschönerung. Jahrg. 1–4. München 1821–1824. 4°.

Vorhersagung, merkwürdige, die französische Schreckensrevolution betreffend; aus Laharpe's hinterlass. Werken. 8. Lpz. 805. (Kummer). 2 ₰

Vorhersagungen, Hundert merkwürdige, Preussens ältere und neuere Geschichte betreffend. Deutschland [Leipzig] 1819. V: *Lehnin, Herm. von.* (WR)

Vorhersagungen, merkwürdige, Preußens ältere u. neuere Geschichte betreffend. 8. Deutschland. (Leipzig, Engelmann in Comm.) 819.

Vorhersagungen, merkwürdige, Preußens ältere u. neuere Geschichte betreffend. 8. Deutschland. (Leipz. 819. Mag. f. Ind.) 20 ₰

Vorhof der esoterischen od. Geheimschule, s.: Sammlung neutheosophischer Schriften.

Vorhof der ganzen Jurisprudenz, oder vollständ. Einleitung z. juri civili feudali canonico und publico. 36 Theile. 8. Brschw. Runge. 727–41. 3 —

Der Themis eröffneter **Vorhoff**, Oder: Anleitung zur Vertretung der Gerichte auff dem Lande. Nordhausen 1704.

Vorhoff, Christoph Heinrich (Insterburg)
Diss. Halle 1717/7

Dissertatio iuridica, de aequitate cerebrina et exiguo usu practico legis Anastasianae, occasione iuris provincialis Prutenici, lib. IV. tit. VI. art. V. $.III.
Präs. Christian Thomasius.
Halle (Grunert) 7. V. 1717. 28 Bl.

Gew.: Johann Andreas von Kraut.

35473

Vorhof-Klänge. 1. Aufl. 1857. 2. Aufl. Barmen 1858. V: *Langewiesche, Wilhelm.* (EB)

Vorhof-Klänge. Von einem Wahrheitsucher. 857. (192 S.) 18 ngr. — Verbesserte u. verm. Aufl. Barmen 858. Langewiesche. 16. (VII, 224 S.) 22½ ngr.

Vorhof-Klänge. 3. Aufl. Barmen 1869. V: *Langewiesche, Wilh.* (Zuwachsverz. d. Bibl. Zürich 1898 ff.)

Vorhof-Klänge. Von einem Wahrheitsucher. 3. gesichtete und auf's Doppelte verm. Aufl. 8. (XVI, 302 S.) Barmen 869, Langewiesche.

Vorhofklänge. Von e. Wahrheitsucher. 3. Aufl. Nebst e. neuen Folge. 8. (XIX, 302 S. u. Neue Folge XI, 112 S.) Leipzig 873. Langewiesche. 4. 50; Neue Folge apart. 1. 50

Vorholz, Christoph

Zur Erinnerung an die Festarbeit in der Loge Leopold zur Treue im Or.·. Carlsruhe am 20. Sept. 1858. Zu Ehren der anwesenden Naturforscher. [Unterz.:] **Vorholz.** [Karlsruhe 1858.] 1 Bl. 8⁰ [Kopftit.]
Tt. 2228. 4 Sprüche u. 1 Toast.

(**Vorholz, Chrstph.**,) Lyraklänge, ernste u. heitere, aus d. Leben e. Handwerksmannes. 8. (14 B. u. V's. Bildn.) Karlsruhe 840, (Holtzmann.) •

— s. Lyraklänge.

(——) Rückkunft ein. alten Karlsruhers, s. Rückkunft.

Vorholz, Rückkunft eines alten Karlsruhers im Jahr 1840. Versuch zur Darstellung d. Karlsruher Volkssprache im vorigen Jahrhundert. 8. Karlsruhe 840. Macklot. 1/4 ℳ

Vorhoelzer, **Franz Ludwig** „Coup d'œil sur la Langue et la Littérature françaises". pg. 3—11 und 1 Bl. Errata. 4°. J. Bucher.
Passau, Progr. 1863/64

Vorkamp, G., mathematische Formelsammlung. Zusammengestellt u. hrsg. f. Schule u. Praxis. (48 S. m. 67 Fig.) kl. 8. Leipzig (910). Fritzsche & Schmidt. — 80

Berühmte deutsche Vorkämpfer für Fortschritt, Freiheit, und Frieden in Nord-Amerika von 1626 bis 1888; 150 Biographien. Cleve, 1888. 753

Vorkämpfer, die, für Bildung einer Nationalkirche. 2. Bdchn. A. u. d. T.: Dalberg. Die letzten Lebenstage u. Betrachtungen eines Bischofs von H. M. E. 8. Carlsruhe 846, Macklot. 24 ngl (Das 1. Bdchn. erschien u. d. T.: Ganganelli, der Kampf gegen den Jesuitismus.)

Der deutsche **Vorkämpfer**. Organ d. deutschsprechenden Gruppen d. 'New Immigrants' Protective League'. Jg. 1, No 1. (New York: H. Alexander) 1907. 2° [J.] [07. 17894

Der deutsche **Vorkämpfer.** Org. d. deutschsprechenden Gruppen d. 'New Immigrants' Protective League'. (5. 6.: Rundschau zweier Welten. Bd 5. 6. N. S. 1. 2. Schriftl.: G. S. Viereck.) Jg. 1—6. 1907—12. (NY; 5 f.: Bln.) 2°, 4° u. 8°

Vorkämpfer, der deutsche. Monatsschrift f. deutsche Kultur in Amerika. Hrsg. v. L. Viereck. 1. u. 2. Jahrg. 1907 u. 1908. à 12 Nrn. (à ca. 20 S. m. Abb.) Lex. 8. Berlin, C. A. Schwetschke & Sohn. à Jahrg. 4. —

— **deutscher Freiheit**. Dokumente liberaler Vergangenheit. Hrsg. vom akadem. Freibund München. 1.—15. u. 17.—19. Heft. 8. München, Buchh. Nationalverein. 8. 60

- **Arnim**, Bettina v., „dies Buch gehört dem König!" 1842. (Auszüge.) (44 S.) 910. (14. Heft.) — 50
- **Barth**, Thdr., die politische Phrase u. anderes. 9 polit. Aufsätze aus der Nation. (55 S.) 910. (15. Heft.) — 50
- **Bennigsen**, Rud. v., Nationalverein, Niedergang der Parlamente u. anderes. (22 S.) 910. (6. Heft.) — 30
- **Duttlinger**, Joh. Geo., Ministerverantwortlichkeit. Rede, geh. in der 2. bad. Kammer 11. IV. 1831. (28 S.) 910. (10. Heft.) — 30
- **Fries**, J. F., zwei politische Flugschriften aus 1814 u. 1817. (31 S.) 910. (2. Heft.) — 30
- **Grimm**, Jak., über seine Entlassung. 1838. (45 S.) 910. (11. Heft.) — 50
- **Grundrechte**, die, des deutschen Volkes. Aus den Verhandlgn. der deutschen Nationalversammlg. zu Frankfurt a. Main 1848/1849. (116 S.) 910. (5. Heft.) 1. 25
- **Heine**, Heinr., ich klage sie an! Politische Kampfrufe. 1831—32. (40 S.) 911. (19. Heft.) — 30
- **Humboldt**, Wilh. v., Grenzen der Wirksamkeit des Staates. (Im Auszug.) (48 S.) 910. (13. Heft.) — 50
- **Kant**, Imman., was ist Aufklärung? (16 S.) 910. (1. Heft.) — 20
- — Staat, Religion u. Erziehung. (48 S.) 910. (17. Heft.) — 50
- **Lasker**, Eduard, gegen das Sozialistengesetz. 1878. (38 S.) 910. (12. Heft.) — 30
- **Lieder**, politische, aus alter u. neuer Zeit. (70 S.) 910. (8. Heft.) — 75
- **List**, Frdr., die Bedeutung der Industrie. (28 S.) 910. (9. Heft.) — 30
- **Rotteck**, Carl v., Freiheit. 1838. (29 S.) 910. (18. Heft.) — 30
- **Schulze-Delitzsch**, der Notstand der arbeitenden Klassen. Das Genossenschaftswesen. (37 S.) 910. (7. Heft.) — 30
- **Siebenpfeiffer**, Rede vom Hambacher Fest 1832. (22 S.) 910. (3. Heft.) — 30
- **Staat u. Kirche** in den Debatten der Frankfurter Paulskirche 1848. (119 S.) 910. (4. Heft.) 1. 20

Heft 16 ist noch nicht erschienen.

Vorkämpfer des Jahrhunderts. Eine Sammlung v. Biographien. 1.—3. Bd. gr. 8. Berlin, G. Bondi. à n. 2. 50; geb. à n. 3. 50

1. Friedrich Nietzsche. Von Theob. Ziegler. 1.—3. Tauf. (XII, 202 S.) 900.
2. Franz Liszt. Von Rud. Louis. 1. u. 2. Tauf. (VIII, 173 S.) 900.
3. Napoleon I. Von Gust. Roloff. 1. u. 2. Tauf. (VIII, 215 S.) 900.

Vorkämpfer des Jahrhunderts. Eine Sammlg. v. Biographien. 4. Bd. gr. 8. Berlin, G. Bondi. n. 2. 50; geb. n. 3. 50

Moltke. Von F. Frhr. v. der Goltz. Mit 10 Kartenskizzen. (VIII, 213 S.) 903.

Vorkämpfer, die, der Gabelsbergerschen Redezeichenkunst. Eine historische Skizze zur Belehrung u. zur Abwehr ungerechtfertigter Angriffe gegen das Stolzesche System. Herausg. vom stenographischen Verein zu Magdeburg. Magdeburg 864. Schaefer in Comm. gr. 8. (27 S.) n. 2½ ngr

Vorkämpferin: Die Vorkämpferin

(1) Offizielles Organ des schweizerischen Arbeiterinnen-Verbandes, verficht die Interessen aller arbeitenden Frauen (1. 5. 1906—1. 12. 1914). Sozialdemokratische Arbeiterinnen-Zeitung der Schweiz (1. 1. 1915—1. 1. 1916). Verficht die Interessen der arbeitenden Frauen. Herausgeber Schweizer. Arbeiterinnenverband (1. 2. 1916—1. 4. 1918). Verficht die Interessen der arbeitenden Frauen (1. 5. 1918—1. 12. 1920). (2) Die arbeitende Frau (5) 1. 5. 1906—1. 12. 1920 (4) 4° (7) Monatsblatt (3) Zürich. Conzett & Cie (1. 5. 1906—1. 12. 1920). Genossenschaftsdruckerei (1. 1. 1915—1. 12. 1920) (6) Schweizer. Arbeiterinnenverband (1. 5. 1906—1. 4. 1918); Frauenkommission der Sozialdemokratischen Partei der Schweiz (1. 5. 1918—1. 12. 1920) (6) Frau Margarethe Faas-Hardegger, Bern (1. 5. 1906—1. 4. 1909). Frau Marie Walter, später Marie Huni, Winterthur, später Zürich (1. 5. 1909—1. 5. 1918), Rosa Bloch, Zürich (1. 6. 1918—1. 12. 1920); Mitarbeiterin Clara Zetkin (um 1913) (12) sozialdemokratisch, kommunistische Tendenz (seit 1. 2. 1918) (13) Be L., Zh: SSA.

Vorkämpferinnen d. Frauenstudiums in Oesterreich-Ungarn, s. a. Jahresbericht des Vereines f. erweit. Frauenbildg. in Wien, 8. Vereinsj.

Vorkämpferinnen des Frauenstudiums in Österreich-Ungarn in: Jahresbericht d. Vereines f. erweiterte Frauenbildung in Wien. 8. 1895/96. Beil. [3.]; 9. 1896/97. Beil. [3.]; 12. 1899/1900. Beil. [2.]

Vorkampff-Laue, Alice, a. Mitau ⟨Kurland⟩: Zum Leben und Vergehen einiger mittelhochdeutscher Wörter. Halle a. S. 1906: E. Karras. (16 S.) 8° (4°) ¶(Erscheint vollst. bei M. Niemeyer in Halle a. S.)
Halle, Phil. Fak., Ref. Strauch, Diss. v. 26. Febr. 1906
[Geb. 5. Mai/23. April 79 Mitau, Kurland; Wohnort: Halle a. S.; Staatsangeh.: Rußland; Vorbildung: Gymn. Mühlhausen i. Th. Reife als Extranea M. 01; Studium: Halle 2, Heidelberg 1, Halle 4 S.; Rig. 29. Juli 05.]

Vorkampff-Laue, Alice, zum Leben u. Vergehen einiger mittelhochdeutscher Wörter. (III, 16 u. 71 S.) Lex.-8. Halle 906. M. Niemeyer. n. 4. —

Vorkampff-Laue, Arth. v., Beiträge zur Kenntnis d. Methämoglobins u. seiner Derivate. Diss. gr. 8. (61 S.) Jurjew (Dorpat) 892. (E. J. Karow.) n. 1. 50

Vorkampff-Laue, Gust., Vergleichung der kurländischen Rechtsbestimmungen über die Bürgschaft mit den einschlägigen gemeinrechtlichen. Eine zur Erlangung der Würde eines Magisters der Rechte verfaßte Abhandlung. Mitau 856. (Reyher.) gr. 8. (96 S.) n. 1 ℳ.

Vorkampff-Laue, Walther, aus Halle a. Saale, z. Z. Assist. am Forstinstitut Gießen: **Versuch einer Aufstellung von Kiefernertragstafeln für das Großherzogtum Hessen gemäß den Bestimmungen des Vereins deutscher forstlicher Versuchsanstalten.** *Gießen 1904: Heppeler & Meyer.* (46 S.) 8°
Gießen, Phil. Diss. v. 1904

Vorkastner, Willy, approb. Arzt aus Potsdam: **Beitrag zur Frage der Operabilität der Hirntumoren.** *Halle a. S. 1903: Plötz.* (44 S.) 8°
Halle, Med. Diss. v. 4. Aug. 1903

Vor-Katechismus, der biblische, der Leipziger Bürgerschule. 1. Abth.: für die 6. Classe bestimmt. 8. Leipzig 844, Barth. 1/12 ℳ — 2. Abthl. für die 5. Classe bestimmt. 8. Ebend. 846. 3 ngl

Vor-Katechismus, der biblische, der Leipziger Bürgerschule. 2. Abth., f. die 5. Classe bestimmt. 2. Aufl. 8. (36 S.) Leipzig 850, Barth. 3 ngr

Vor-Katechismus, der biblische, der Leipziger Bürgerschule. 1. Abth., für die 6. Classe bestimmt. 3. Aufl. Leipzig 859. J. A. Barth. 8. (24 S.) n. 2½ ngr.

— — 2. Abth., für die 5. u. 4. Classe bestimmt. 3. Aufl. Ebend. 859. 8. (36 S.) 3 ngr.

Vor-Katechismus, kleiner, oder Lehre des Edlen u. Guten für Kinder. 8. Lübeck 810. Niemann. 4 gr

Die veterinären *Vorkehrungen* auf dem Borstenviehmarkt in Steinbruch bei Budapest. — Die Geschichte d. Marktes nebst einen [!] Rückblick auf die Schweinezucht u. den Borstenviehhandel in Ungarn. Budapest 1882. 18 S. P.

Voerkel [k. Kreisbauinsp.]: Beschreibung des neuen städtischen Progymnasial-Gebäudes zu Lötzen. . . . Lötzen, Druck v. J. van Riesen, *1891;* S. III—VIII, 2 Taf. 4°
Lötzen, st. PG, OP 1891 (12)

Voerkelius, G[ustav] A[dolf]: Über die Entstehung der Blausäure aus Ammoniak und Holzkohle, und aus Di- und Trimethylamin. 1909. 32 S., 2 Taf. 8° ¶ Ausz. in: Chemiker-Zeitung. Jg. 33.
Hannover, Dr.-Ing.-Diss. v. 24. 3. 1909

Vörkelius, Louise, Bilder ohne Rahmen. Eine Sammlung Erzählungen f. Kinder. Mit 9 (lith. u.) col. Bildern. gr. 16. (VIII u. 152 S.) Berlin 852, Winckelmann & Söhne. 7/12 ₰

— Flatterröschen. Eine Sammlung Erzählungen f. Kinder von 5 bis 8 Jahren. Mit 9 (lith. u.) color. Bildern. gr. 16. (VIII u. 160 S.) Ebd. 852. 7/12 ₰

— Flatterröschen. Eine Sammlung Erzählungen für Kinder von 5 bis 8 Jahren. Mit Bildern. gr. 16. (VII und 160 S. mit 9 ill. Stnt. in Tondr.) Berlin 853, Winckelmann und Söhne. —

— Gedichte zum Auswendiglernen f. Kinder. 16. (IV u. 120 S.) Leipzig 850, Baumgärtner. 1/4 ₰

— Polterabendscherze für Kinder oder poetische Sammlung von Glückwünschen, die an Polterabenden in passendem Kostüme von Kindern gesprochen werden können. Nebst 6 col. Stahlst., welche die Bekleidungen zu den Gedichten darstellen. gr. 16. VIII u. 110 S.) Ebd. 850. 2/3 ₰

— Weihnachts- u. Neujahrs-Gedichte zum Auswendiglernen f. Kinder. 16. (IV u. 69 S.) Ebd. 850. 6 ngr

Vorkenntnisse. – Allgemeine Vorkenntnisse. Überschlagsberechnungen und Veranschlagen von Hochbauten . . . Bearb. von G[eorg] Klinner, Reg.-Baumeister a. D. [u.a.]. Mit 53 Textabb. (4. umgarb. u. erw. Aufl.) Berlin: Ernst 1909. XVI, 306 S. 8°
(Tolkmitt, Gustav: Bauaufsicht u. Bauführung. T. 1.)

Vorkenntnisse zur Erlernung der Geographie und Statistik. St. Petersburg 1804. V: *Hinrichs, J. C.* (MS)

Vorkenntnisse der Kochkunst für junge Frauenzimmer . . . Leipzig 1798. V: *Gürnth, Christine Dorothea geb. Hentschel.* (MGT) (Engoec) (Schl) (Ky)

Vorkenntnisse d. Kochkunst, f. junge Frauenzimmer. 8. Lpz. Junius. (Gleditsch.) 798.

Vorkenntnisse, der Kochkunst, für junge Frauenzimmer, die sich d. Anordnung oder ausübenden Kocherei widmen rc., (v. Christ. Doroth. Gürnth). 8. Leipz. 798. Junius. 1 ₰

— zum Kopf- u. Tafelrechnen für angehende Rechner, (von Jh. Glo. Roth). 8. Leipz. 820. Neuer Abdruck 822. Dürr. 6 gr

— kurze u. unentbehrliche, zur deutschen Rechtschreibung, od. Anfangsgründe der deutschen Sprache, herausg. z. Gebrauch der Feiertagsschüler. 8. Landsh. 808. Weber in München. 16 gr Hbg. Pr. 8 gr

Vorkenntnisse, nöthige, zum Kopf- u. Tafelrechnen. Von e. Schüler Dinters. 1—3. Aufl. (à 2 B.) 8. Grimma 833, J. M. Gebhardt. à

Vorkenntnisse, nöthige, zum Kopf- u. Tafelrechnen f. Kinder. 8. (1¾ B.) Eisenberg 837, (Schöne'sche Buchh.) -

— die nöthigsten, zum Kopf- u. Tafelrechnen, für den Gebrauch in Schulen und im gemeinen Leben. 8. Schneeberg 831. (Schumann); (a. Gebhard in Grimma). 1 gr

— d. Rechenkunst f. Breisgau u. die angrenzenden Landschaften. 8. Freiberg ... Wagner. 1 gr

Vorkommen, über das, der Braunkohlen nahe bei Leipzig u. in verschied. Gegenden des Leipziger Kreises. Von einem alten Bergmanne. (Besonders aus dem Bergwerksfreunde abgedruckt.) gr. 8. Eisleben 842. (Berlin, Hermes.) n. 1/6 ₰

— das, der Braunkohlen nahe bei Leipzig u. einem Theile des Leipziger Kreises. Von einem alten, im Ruhestand sich befindenden Bergmann. 8. Grimma 846, Verlags-Compt. u. 1/6 ₰

Vorladung, Sr. Churfürstl. Durchlaucht zu Pfalz, des von Göler und Cons. nach Zwingenberg . . . O. O. 1728. V: *Horneck, Wilh. Frdr., Pleickard Dietr. von Gemmingen & Eberh. Friedrich Göhler.* (Holz)

Vorlage betreffend den Ankauf des Hauses Nr. 31 in der Dänischen Strasse zum Behuf des Neubaus der Anatomie und des Zoologischen Museums sowie die dem Professor Behn für die Vergangenheit zu gewährende Miethentschädigung. Kiel den 12. May 1866. Hektographirt! Fol.

Vorlage z. Bekämpfung d. Rinderpest im Kaiser-Reiche Russland (187* ?). 23 S. 4°.

Vorlage zur Beratung im Ministerium für Handel, Gewerbe und Öffentliche Arbeiten über das Preußische Berggesetz. Berlin, 1848. 31 S.

Vorlage des k. b. Bundes-Kontingents; 7. Bundes-Armeekorps, zur Musterung i. J. 1858. Mit Beil. rc. München 1858. 57 S. 4°

Vorlage d. bayer. Bundes-Contingents <7. Bundes-A.-C.> zur Musterung i. J. 1858 u. 1863. München 1858. 1863. 4°

Vorlage an den Bundesrath vom 28. Mai 1877, betr. die reichsgesetzliche Regelung des Apothekenwesens. gr. 8. (66 S.) Berlin 877. C. Heymann's Verl. n. 1. 20

Vorlage betreffend die Erhöhung des Budgetcontos zur Förderung von Wissenschaft und Kunst. Kiel, den 19. März 1866. Hektographirt! Fol.

Vorlage betreffend die Errichtung mehrerer Realschulen in dem Herzogthum Holstein. Kiel den 14. März 1866. Hektographirt Fol.

Vorlage zu der a. o. Generalversammlung der sächsisch-schlesischen Eisenbahngesellschaft. 1850. Dresden. 4.

Vorlage betreffend ein Gesuch der Mathilde von Levetzau in Itzehoe, Namens der Direction des Julienstiftes daselbst um Beihülfe aus den Ueberschüssen der Staatscasse an die gedachte Stiftung. Kiel den 19. März 1866. Hektographiert. Fol.

Vorlage für den deutschen Grossmeistertag die projectirte Errichtung des deutschen Zirkelbundes der Freimaurer betreffend. Dresden 1871. V: *Sperber*, *Carl Julius.* (Tt) (SJL)

Elektr. Strassenbahn von Schaffhausen nach Schleitheim-Oberwiesen. Vorlage an das Initiativ-Komite vom 27. März 1901. II + 43 S. 4. [Schaffhausen, H. Meier & Cie.]

Vorlage für die vom geschäftsführenden Grossmstr des Grosslogenbundes anberaumte Conferenz der Grossmeister zu Leipzig am 1. Sept. 1901. Die Regelung der sog. Settegast-Frage. [Hamburg 1901.] 3 Bl. 4⁰ [Kopftit.]
Betr. die Auflösung der Grloge Kaiser Friedrich z. Bundestreue u. die Gründung einer Prov.-Grloge von Hamburg in Berlin.

Vorlage für die vom geschäftsführenden Grossmeister des Grosslogenbundes anberaumte Conferenz der Grossmeister zu Leipzig am 1. Sept. 1901. o. O. [1901]. 3 Bl. 4⁰ [Kopftit.]
Betr. den Zwist Berlin-Hamburg.

Vorlage des Landes-Eisenbahnrates betreffend Frachtermäßigung für Sand und ähnliche Stoffe zum Spülversatzverfahren in Kohlenbergwerken. Berlin, 1904. 39 S.

Vorlage für die zweite Lesung der Grundrechte des deutschen Volkes. Berichterstatter: Deiters. Beilage Nr. 1. zum Protokoll der 126. öffentlichen Sitzung vom 30. November 1848. o. O. (1848.) 4⁰.

Vorlage eines Minimums von religiösem Gedächtnis- und Lehrstoff... Zürich 1894. V: *Furrer*, *Conr.* (Cat. der Stadtbibl. Zürich. Zürich 1864—97.)

(Vorlage für die preußische National-Versammlung das Bürgerwehrgesetz betreffend.) Für sämmtliche Compagnien der Bürgerwehr — Die Vertrauensmänner der Berliner Wehrmannschaften. Druck von Harth u. Schultze. 1 Bl. Fol.
Flugblatt. Berlin, 24. Juli 1848.

Vorlage des Regierungsrates (des Kantons Schaffhausen) ⟨vom 16. November 1904⟩ betr. 1. Erhebung eines Staatsanleihens, 2. Finanzierung des Strassenbahnunternehmens Schaffhausen-Schleitheim. 14 S. 8. Schaffhausen, H. Meier & Cie., 1904.

Vorlage des Stadtrates der Stadt Freiburg i. Br. ... über die Erbauung von Waldstraßen. - Freiburg 1905. 22 S.

Schweizerische Nordostbahn. Vorlage des Verwaltungsrates betreffend den Vertrag vom 1. Juni 1901 über freihändige Abtretung der Unternehmung an den Bund. [Mit 1 Karte.] (1901 September 14.) IV + *zus.* 261 S. 4.
Innentitel: Aktenstücke betreffend den Vertrag — — Abtretung der Schweiz. Nordostbahn an den Bund. Zürich, Art. Institut Orell Füssli.

Vorlage zur aargauischen Volksabstimmung am 28. April 1901. IV + 92 S. 8. [Brugg, »Effingerhof«.]
s. Civilprozessordnung.

Vorlage-, allgemeiner **Bericht** u. **Bericht** üb. den I.—XV. Aufsichtsbezirk aus dem Berichte der k. k. Gewerbe-Inspectoren üb. ihre Amtsthätigkeit im J. 1891. Lex.-8. Wien 892. Hof- u. Staatsdruckerei. à n. — 80
Amtsbezirke: 1. Wien. (72 S.) — 2. Wiener-Neustadt. (61 S.) 3. Linz. (50 S.) — 4. Graz. (55 S.) — 5. Klagenfurt. (61 S.) — 6. Triest. (40 S.) — 7. Innsbruck. (53 S.) — 8. Prag. (52 S.) — 9. Reichenberg. (44 S.) — 10. Pilsen. (46 S.) — 11. Budweis. (51 S.) — 12. Brünn. (56 S.) — 13. Olmütz. (53 S.) — 14. Troppau. (70 S.) — 15. Lemberg. (54 S.)

— — — dasselbe üb. ihre Amtsthätigkeit im J. 1893. Lex.-8. Ebd. 894. à n. — 80
Amtsbezirke: 1. Wien. (68 S.) — 2. Wiener-Neustadt. (66 S.) — 3. Linz. (50 S.) — 4. Graz. (53 S.) — 5. Klagenfurt. (61 S.) — 6. Triest. (40 S.) — 7. Innsbruck. (48 S.) — 8. Prag. (57 S.) — 9. Reichenberg. (59 S.) — 10. Pilsen. (47 S.) — 11. Budweis. (45 S.) — 12. Brünn. (61 S.) — 13. Olmütz. (51 S.) — 14. Troppau. (56 S.) 15. Lemberg. (52 S.)

— — — des k. k. Gewerbeinspectors f. öffentliche Verkehrsanlagen in Wien (Amtssitz: Wien) aus dem Berichte der k. k. Gewerbe-Inspectoren üb. ihre Amtsthätigkeit im J. 1893. Lex.-8. (53 S.) Ebd. 894. n. — 80

— — — des Schifffahrts-Gewerbeinspectors (Amtssitz: Wien) aus dem Berichte der k. k. Gewerbe-Inspectoren üb. ihre Amtsthätigkeit im J. 1890, 1891, 1892 u. 1893. Lex.-8. (59, 67, 68 u. 70 S.) Wien 891—894. Hof- u. Staatsdruckerei. à n. — 80
s. in Bd. XXV des Bücherlexikons: Einleitung, Vorlage-, allgemeiner Bericht u. Bericht etc.

Vorlage-, allgem. **Bericht** u. **Bericht** üb. d. I.—XVI. Aufsichtsbezirk aus dem Berichte d. k. k. Gewerbe-Inspectoren üb. ihre Amtsthätigkeit im J. 1894. Lex.-8. Wien 895. Hof- u. Staatsdruckerei. à n. — 80
Amtsbezirke: 1. Wien. (63 S.) — 2. Wiener-Neustadt. (55 S.) — 3. Linz. (48 S.) — 4. Graz. (53 S.) — 5. Klagenfurt. (57 S.) — 6. Triest. (40 S.) — 7. Innsbruck. (46 S.) — 8. Prag. (45 S.) — 9. Reichenberg. (63 S.) — 10. Pilsen. (48 S.) — 11. Budweis. (48 S.) — 12. Königgrätz. (51 S.) — 13. Brünn. (61 S.) — 14. Olmütz. (56 S.) — 15. Troppau. (56 S.) — 16. Lemberg. (51 S.)

— dasselbe f. 1895, s.: Bericht, allgemeiner, u. Bericht etc.

— — — üb. d. I.—XVII. Aufsichtsbezirk u. d. Schiffahrt aus d. Berichte d. k. k. Gewerbeinspectoren üb. ihre Amtsthätigkeit im J. 1896. Lex.-8. Wien 897. Hof- u. Staatsdruckerei. à n. — 40
Aufsichtsbezirke: 1. Wien. (XXXVI, 27 S.) — 2. Wiener-Neustadt. (XXXVI, 25 S.) — 3. Linz. (XXXVI, 17 S.) — 4. Graz. (XXXVI, 21 S.) — 5. Klagenfurt. (XXXVI, 28 S.) — 6. Triest. (XXXVI, 19 S.) — 7. Innsbruck. (XXXVI, 12 S.) — 8. Prag. (XXXVI, 21 S.) — 9. Reichenberg (XXXVI, 29 S.) — 10. Pilsen. (XXXVI, 22 S.) — 11. Budweis. (XXXVI, 19 S.) — 12. Königgrätz. (XXXVI, 21 S.) — 13. Tetschen. (XXXVI, 26 S.) — 14. Brünn. (XXXVI, 26 S.) — 15. Olmütz. (XXXVI, 25 S.) — 16. Troppau (XXXVI, 23 S.) — 17. Lemberg. (XXXVI, 16 S.) — Schifffahrt (Amtssitz Wien). (XXXVI, 26 S.)

— — — üb. d. I.—XVII. Aufsichtsbezirk u. d. Binnenschiffahrt aus d. Berichte d. k. k. Gewerbeinspectoren üb. ihre Amtsthätigkeit im J. 1897. Lex. 8. Ebd. 898 à n. — 40
Aufsichtsbezirke: 1. Wien. (LIX, 29 S.) — 2. Wiener-Neustadt. (LIX, 24 S.) — 3. Linz. (LIX, 18 S.) — 4. Graz (LIX, 23 S.) — 5. Klagenfurt. (LIX, 31 S.) — 6. Triest (LIX, 22 S.) — 7. Innsbruck. (LIX, 12 S.) — 8. Prag (LIX, 16 S.) — 9. Reichenberg. (LIX, 20 S.) — 10. Pilsen (LIX, 17 S.) — 11. Budweis. (LIX, 16 S.) — 12. Königgrätz. (LIX, 24 S.) — 13. Tetschen. (LIX, 28 S.) — 14 Brünn. (LIX, 20 S.) — 15. Olmütz. (LIX, 22 S.) — 16. Troppau. (LIX, 26 S.) — 17. Lemberg. (LIX, 18 S.) — Binnenschiffahrt (Amtssitz Wien). (LIX, 8 S.)

— — — d. k. k. Gewerbeinspectors f. öffentl. Verkehrsanlagen in Wien, s.a. Bericht.

Vorlage-, allgemeiner **Bericht** u. **Bericht** üb. den I.—XVII. Aufsichtsbezirk u. die Binnenschiffahrt aus dem Berichte der k. k. Gewerbeinspectoren üb. ihre Amtsthätigkeit im J. 1898. Lex.-8. Wien 899. Hof- u. Staatsdruckerei. à n. — 40
Aufsichtsbezirke: 1. Wien. (XLVII, 29 S.) — 2. Wiener-Neustadt. (XLVII. 25 S.) — 3. Linz. (XLVII, 19 S.) — 4. Graz. (XLVII, 25 S.) — 5. Klagenfurt. (XLVII. 26 S.) — 6. Triest. (XLVII, 16 S.) — 7. Innsbruck. (XLVII, 22 S.) — 8. Prag. (XLVII. 16 S.) — 9. Reichenberg. (XLVII, 24 S.) — 10. Pilsen. (XLVII. 18 S.) — 11. Budweis. (XLVII, 18 S.) — 12. Königgrätz. (XLVII, 27 S.) — 13. Tetschen. (XLVII, 23 S.) — 14. Brünn. (XLVII, 16 S.) — 15. Olmütz. (XLVII, 22 S.) — 16. Troppau. (XLVII, 22 S.) — 17. Lemberg. (XLVII, 30 S.) — Binnenschiffahrt (Amtssitz Wien). (XLVII, 8 S.)

— — — dasselbe üb. den I.—XIX. Aufsichtsbezirk aus dem Berichte der k. k. Gewerbeinspectoren üb. ihre Amtsthätigkeit im J. 1899. Lex.-8. Ebd. 900. à n. — 40
Aufsichtsbezirke: 1. Wien. (XLIX, 22 S.) — 2 Wien. (XLIX u. S. 23—42.) — 3. Linz. (XLIX u. S. 43—60.) — 4. Graz. (XLIX u. S. 61—82.) — 5. Klagenfurt (XLIX u. S. 83—100.) — 6. Triest. (XLIX u. S. 101—113.) — 7. Innsbruck (XLIX u. S. 115—136.) — 8. Prag. (XLIX u. S. 137—155.) — 9. Reichenberg. (XLIX u. S. 157—177.) — 10. Tetschen. (XLIX u. S. 179—198.) — 11. Komotau. (XLIX u. S. 199—214.) — 12. Pilsen. (XLIX u. S. 215—233.) — 13. Budweis. (XLIX u. S. 235—252.) — 14. Königgrätz. (XLIX u. S. 253—276.) — 15. Brünn. (XLIX u. S. 277—300.) — 16. Olmütz. (XLIX u. S. 301—325.) — 17. Troppau. (XLIX u. S. 327—345.) — 18. Lemberg. (XLIX u. S. 347—362.) — 19. Krakau. (XLIX u. S. 363—376.)

— — — dasselbe üb. den I.—XXI. Aufsichtsbezirk aus dem Berichte der k. k. Gewerbe-Inspectoren üb. ihre Amtsthätigkeit im J. 1900. Lex.-8. Ebd. 901. à n. — 40
Aufsichtsbezirke: 1. Wien. (XLVII, 16 S.) — 2. Wien. (XLVII u. S. 17—33.) — 3. Linz. (XLVII u. S. 35—49.) — 4. Graz. (XLVII u. S. 51—70.) — 5. Leoben. (XLVII u. S. 71—88.) — 6. Klagenfurt. (XLVII u. S. 90—102.) — 7. Triest. (XLVII u. S. 103—118.) — 8. Innsbruck. (XLVII u. S. 119—134.) — 9. Prag. (XLVII u. S. 135—151.) — 10. Reichenberg. (XLVII u. S. 153—172.) — 11. Tetschen. (XLVII u. S. 173—187.) — 12. Komotau. (XLVII u. S. 189—203.) — 13. Pilsen. (XLVII u. S. 205—221.) — 14. Budweis. (XLVII u. S. 223—239.) — 15. Königgrätz. (XLVII u. S. 241—257.) — 16. Brünn. (XLVII u. S. 259—275.) — 17. Olmütz. (XLVII u. S. 277—303.) — 18. Troppau. (XLVII u. S. 305—320.) — 19. Lemberg. (XLVII u. S. 321—334.) — 20. Krakau. (XLVII u. S. 335—349.) — 21. Czernowitz. (XLVII u. S. 351—368.)
Fortsetzung s.: Bericht der k. k. Gewerbe-Inspectoren.

Vorlage-Bericht und Bericht des Schiffahrts - Gewerbeinspektors (Amtssitz: Wien) aus dem Berichte der K. K. Gewerbe-Inspektoren über ihre Amtsthätigkeit im Jahre 1893. Lex.-8⁰. Wien, Hof- u. Staatsdr., 1894.

— — — d. Schiffahrtsgewerbeinspectors, Fortsetzg., s.: Bericht, allgem., u. Bericht.

— — — des Special-Gewerbe-Inspectors f. das Schiffergewerbe auf Binnengewässern (Amtssitz: Wien) aus dem Berichte der k. k. Gewerbe-Inspectoren üb. ihre Amtsthätigkeit im J. 1900. Lex.-8. (XLVII u. S. 369—380.) Ebd. 901. n. — 40

Vorlageblätter

— für keramische Arbeiten, vorwiegend nach Entwürfen der hervorragendsten Meister der Neuzeit, insbesondere v. Brausewetter, Dollischek, Copeland and Sons etc. Fol. (38 z. Thl. farb. Taf. m. 1 Bl. Text.) Wien 884. v. Waldheim. In Mappe. n. 12. —

Vorlageblätter, architektonische, zum Zeichnen u. Kolorieren. 1—10. 12—17. Serie. 16. Leipzig 884. 85. Leipziger Lehrmittelanstalt v. Dr. Osk. Schneider. 8. 20
1. 2. (à 24 z. Thl. color. Steintaf.) à — 25
3. 4. (à 24 z. Thl. color. Steintaf.) à — 30
5. (32 z. Thl. color. Steintaf.) n. — 40
6. (32 Steintaf., wovon 16 color.) n. — 35
7. (32 Steintaf., wovon 16 color.) n. — 40
8. (32 Steintaf., wovon 16 color.) n. — 45
9. u. 10. (à 32 zur Hälfte color. Steintaf.) à n. — 60
12. (64 Steintaf., wovon 32 color.) n. — 75
14. (32 Steintaf., wovon 16 color.) n. — 50
15. (32 Steintaf., wovon 16 color.) n. — 60
16. (32 Steintaf., wovon 16 color.) n. 1. —
17. (32 Steintaf., wovon 16 color.) n. 1. 45

— dasselbe. 5. Serie, 2. Hft.; 7. Serie, 2. Hft.; 9. Serie, 2. Hft.; 15. Serie, 1. Hft.; 16. Serie u. 17. Serie, 1. Hft. qu. 8. u. qu. gr. 8. (à 32 zur Hälfte color. Taf.) Ebend. 885. 4. 50
V, 2. — 35. — VII, 2. — 50. — IX, 2. — 60. — XV, 1. — 60. — XVI, 1. —. — XVII, 1. 1. 45

Vorlageblätter, architektonische, (zu den Steinbaukasten). Entworfen u. ausgeführt v. Richter's Kunstanstalt in Rudolstadt. IV. Serie, 1. Hft. u. Ergänzungsheft; VI. Serie, 1. Hft.; VII. Serie, 1. Hft.; VIII. Serie, 1. Hft.; IX. Serie, 1. Hft.; X. Serie, 1. Hft.; XI. Serie, 1. Hft.; XIII. Serie, 1. Hft.; XV. Serie, 1. Hft.; XX. Serie, 1. Hft.; XXIII. Serie, 1. Hft. nebst Suppl. qu. 8. u. qu. 4. Leipzig 887. 888. Leipziger Lehrmittelanstalt v. Dr. O. Schneider. 15. 30
IV, 1. (16 Chromolith.) — 25; Ergänzungsheft (16 Chromolith.) — 25. — VI, 1. (16 Chromolith.) — 35. — VII, 1. (16 Chromolith.) — 40. — VIII, 1. (32 Chromolith.) — 45. — IX, 1. (32 Chromolith.) — 60. — X, 1. (32 Chromolith.) — 60. — XI, 1. (32 Chromolith.) — 70. — XIII, 1. (16 Chromolith.) — 50. — XV, 1. (16 Chromolith.) — 60. — XX, 1. (16 Chromolith.) — 60. — XXIII, 1. qu. Fol. (16 Chromolith.) 5. —; der geschickte Baumeister (dazu gehörig) (27 Chromolith.) 5. —.

Vorlageblätter, architektonische, (zu den Steinbaukasten). Entworfen u. ausgeführt in Dr. Richters Kunst-Anstalt in Rudolstadt. Hft. 6, II; 12a; 18, II u. 18, A, I, m. Baumeister; 22, I u. II m. Baumeister. 24, I m. Baumeister. qu. 4. Leipzig 891. 892. Leipziger Lehrmittel-Anstalt v. Dr. Osk. Schneider. 8. 35
6, II. 2. Aufl. (16 farb. S.) — 35. — 12a. (16 farb. S.) — 75. — 18. II. (16 farb. S. m. „Baumeister" 18 farb. S.) 1. 75. — 18, A, I. (16 farb. S. m. „Baumeister" 19 farb. S.) 1. 25. — 22, I. 2. Aufl. (16 farb. S. m. „Baumeister" 19 farb. S.) 1. 25. — 22, II. (16 farb. S. m. „Baumeister" 22 farb. S.) 1. 75. — 24, I. (16 farb. S. m. „Baumeister" 16 farb. S.) 1. 25.

— **dasselbe**. 18. Stufe. 1. Hft. m. Baumeister. 2. Aufl. qu. 4. (16 u. 18 farb. S.) Ebd. 891. 1. 15

— für Buchbinder-Arbeiten, vorwiegend nach Entwürfen der hervorragendsten Meister der Neuzeit, insbesondere v. Groner, Laufberger, Macht etc. Fol. (17 Taf. in Holzschn. u. Chromolith. m. 1 Bl. Text.) Wien 883. v. Waldheim. In Mappe. n. 8. —

— für den Handfertigkeits-Unterricht. Hrsg. auf Veranlassg d. deutschen Centralkomitees f. Handfertigkeits-Unterricht u. Hausfleiss. 1. Abtlg. Fol. Leipzig 884. Seemann. In Mappe. n. 8. —
Kerbschnitt-Vorlagen v. C. Grunow. 12 Taf. in Lichtdr. v. H. Rückwardt in Berlin. (2 Bl. Text.)

— für Holzbrandzeichnungen, Niello, Aetzen, Intarsia u. Lederpressung. gr. 4. (6 Bl.) Leipzig 886. Heitmann. n. 2. —; einzelne Bl. à n. — 50

— für Holzmalerei. Eingeführt v. A. u. G. Ortleb. 3. Serie. qu. 4. (8 Chromolith. m. 1 Bl. Text.) Leipzig 883. Ruhl. n. 2. 25

— für Holzmalerei nach Orig.-Entwürfen hervorragender Künstler, wie E. Döpler, H. Ehrentraut u. A. [Collection Mancke.] 1—3. Lfg. Leipzig 886. Zehl. 20. 15
1. kl. 4. (12 Bl.) n. 7. 20
2. schmal Fol. (8 Bl.) n. 5. 75
3. hoch 4. (8 Bl.) n. 7. 20

Vorlageblätter f. Kartenschriften. Unt. Berücksicht. d. im Grossherzogth. Hessen f. Kataster-Arbeiten eingef. Schriftarten hrsg. v. d. Verein grossh. hess. Geometer I. Cl. unt. Mitwirkg. v. H. Göbel. qu. Fol. (9 lith. Taf.) Darmstadt 897. A. Borgsträsser. In Mappe n. 2. 50

Kunstgewerbliche Vorlageblätter für Real-, gewerbliche Fach- und Fortbildungs-Schulen. Herausgegeben im Auftrage des k. k. Ministeriums für Cultus und Unterricht von J. Storck, k. k. Hofrath etc. Kleine Ausgabe. (5 Hefte à 10 Blatt.) Heft 1, 10 Tafeln in Lithographie, einige polychrom. Folio. In Mappe Wien: v. Waldheim 1896. 4.50

— für Malerei auf Porzellan, Holz, Seide, Pergament ꝛc. gr. 4. (15 Chromolith. m. 3 S. Text.) Leipzig 886. Heitmann. n. 5. —; einzelne Bl. à n. — 50

— moderne kalligraphische, zum Schul- u. Selbstgebrauch. qu. 16. (7 Steintaf.) Zittau 883. (Löbau i/S., Oliva.) — 20

— f. Photographen. Hrsg. v. A. Mieth . (I. Jahrg.) 4 Hfte. hoch 4. Halle, W. Knapp. à n. 4. —; f. Abnehmer d. „Atelier des Photographen“ à n. 3. —
1. Porträt-Studien m. eingezeichn. Vignetten. Von Charles Scolik. (16 Lichtdr. m. 8 S. Text.) 897.
2. Damen-Kniestücke. (16 Taf. in Autotypie m. 2 S. Text.) 897.
3. Gruppen zu zwei Personen. (16 Taf. in Autotypie m. 2 S. Text.) 897.
4. Beleuchtungs-Studien. Von Gebr. Lützel. (16 Taf. in Autotypie m. 2 S. Text.) 898.

— dasselbe. (II. Jahrg.) 1.—3. Hft. hoch 4. (à 16 Taf. in Autotypie m. Text.) Ebd. 898. à n. 4. —; f. Abnehmer d. „Atelier d. Photographen“ à n. 3. —
1. Kinderporträts. (2 S. Text.)
2. Porträts mit eingezeichnetem Hintergrunde. Von Ch. Scolik. (2 S. Text.)
3. Gruppen-Aufnahmen. (4 S. Text.)

Vorlage-Blätter f. Photographen. Hrsg. v. A. Miethe. II. Jahrg. 4. Hft. hoch 4. (16 Taf. in Autotypie m. Text.) Halle, W. Knapp. n. 4. —; f. Abnehmer des „Atelier des Photographen“ n. 3. —
Kostümstudien. Von H. Brandseph. (3 S. Text.) 898.

— dasselbe. III. Jahrg. 4 Hfte. hoch 4. (à 16 Taf. in Autotypie m. Text.) Ebd. à n. 4. —; f. Abnehmer des „Atelier des Photographen“ à n. 3. —
1. Porträt-Tableaus. Von Ch. Scolik. (3 S. Text.) 899.
2. Ganze Figuren. (2 S. Text.) 899.
3. Brustbilder. (2 S. Text.) 899.
4. Kinderbilder. (2 S. Text.) 900.

— dasselbe. IV. Jahrg. 1.—3. Hft. hoch 4. (à 16 Taf. in Autotypie m. 2 S. Text.) Ebd. à n. 4. —; f. Abnehmer des „Atelier des Photographen“ à n. 3. —
1. Blitzlicht-Aufnahmen. 900. — 2. Damen-Kniestücke. 900. — 3. Gruppen-Aufnahmen. 901.

Vorlage-Blätter f. Photographen. Hrsg.: F. Matthies-Masuren. 5. Bd. 1. Hft. hoch 4. (16 Taf. m. IV S. Text.) Halle 902. W. Knapp. n. 4. —; f. Abnehmr des „Atelier des Photographen“ n. 3. —

Vorlage-Blätter f. Photographen. Hrsg.: F. Matthies-Masuren. 5. Bd. 2.—4. Heft. (à 16 Taf. m. IV S. Text.) hoch 4. Halle 903. W. Knapp. à n. 4. —; f. Abnehmer des „Atelier des Photographen“ à n. 3. —
Erscheinen nicht mehr.

Vorlageblätter zum Zeichnenv. Gartenplänen. Zunächst f. die Zöglinge d. Pomolog. Instituts in Reutlingen, u. ähnl. Lehranstalten, wie auch f. den Selbstunterricht. 2., um mehr als die Hälfte verm. Aufl. 20 lith. Taf., worunter 2 kolor. Fol. Mit Text. 8. (8 S.) Stuttgart 886. Ulmer. cart. n. 2. —

Vorlage-Muster f. Chaisen-Fabrikanten, Stellmacher, Schmiede, Lackirer, Sattler u. Riemer, zum Vorlegen f. die Kundschaft bei Wagen-Bestellungen. 1. u. 3. Heft. qu. gr. 8. (34; 32 lithogr. Taf.) Münch. 890,92, Geo. Meitinger. à Heft * 10 —; * 20 —
Mit farb. Taf. auf stärkerem Papier à Heft ** 20 —; ** 40 —
2. Heft, s. Schlitten, 43 schöne.

— 30, (z. Tl. farb.) ausgewählte, f. Chaisen-Fabrikanten, Stellmacher, Schmiede, Lackirer, Sattler u. Riemer, zum Vorlegen f. die Kundschaft bei Wagen-Bestellgn. qu. Lex.-8. Ebd. 894. n. 10. —

Vorlage-Muster, 34 ausgewählte, f. Chaisen-Fabrikanten, Stellmacher, Schmiede, Lackirer, Sattler u. Riemer, zum Vorlegen f. d. Kundschaft bei Wagen-Bestellgn. Nebst Angabe der Preise f. die Wagner- u. f. die Schmiede-Arbeiten. 1. Hft.: 33 Taf. Wagen u. 1 Plan-Zeichng. m. Maassstab. qu. gr. 8. (34 lith. Taf.) München 890. Geo. Meitinger. n. 10. —; m. farb. Taf. auf stärkerem Papier n.n. 20. —

Vorlage-Muster, 32 ausgewählte, f. Chaisen-Fabrikanten, Stellmacher, Schmiede, Lackirer, Sattler u. Riemer, zum Vorlegen f. die Kundschaft bei Wagen-Bestellgn. 3. Hft. qu. Lex.-8. (Mit Bildnis.) München 892. G. Meitinger. n. 10. —; in Farbendr. auf stärkerem Pap. n.n. 20. —
Das 2. Hft. s.: Schlitten, 43 schöne.

Vorlagen

VORLAGEN DER LANDWIRTHSCHAFTLICHEN ABTHEILUNG DES 3. KONGRESSES DEUTSCHER VOLKSWIRTHE. Herausgegeben im Auftrage desselben von dessen ständiger Deputation. Berlin, 1860. Druck von Franz Duncker's Buchdruckerei in Berlin. 8⁰.

VORLAGEN FÜR DEN IX. DEUTSCHEN ANWALTSTAG betreffend die Berufung im Deutschen Strafprozesse.
I. Die Berufungsfrage im Deutschen Strafverfahren von LEONARD JACOBI etc.
II. A. Bericht des Rechtsanwalt JACOBI zu Berlin über die Einführung und Gestaltung der Berufung gegen die Urtheile der Strafkammern.
B. Gesetzentwurf und Bericht des Rechtsanwalt HAENLE zu Ansbach, betreffend die Abänderung des Gerichtsverfassungsgesetzes und der Strafprozessordnung.
Anhang. a. Text des Gesetzentwurfs von MUNCKEL.
b. Text des Gesetzentwurfs von REICHENSPERGER.
Berlin, 1884. W. Moeser Hofbuchhandlung 4⁰.

— für Arbeiten aus Eisen. Ausgeführt vorwiegend nach Entwürfen der hervorragendsten Meister der Neuzeit, insbesondere von Abel, Doderer, Ferstel etc. [Aus: „Blätter f. Kunstgewerbe“.] gr. 4. (4 S. m. 19 Holzschntaf.) Ebend. 878. n. 6. —

—— für keramische Arbeiten, vorwiegend nach Entwürfen der hervorragendsten Meister der Neuzeit, insbesondere von Brausewetter, Dollischek, Copeland and Sons etc. Fol. (38 zum Theil farb. Taf. mit 1 Bl. Text.) Wien 884, v. Waldheim. In Mappe *
Aus: Blätter für Kunstgewerbe, besonders abgedruckt.

Vorlagen der patentirten Aufplättmuster. gr. 8. (104 lith. S. m. 8 S. Text.) Berlin 882. Ebhardt. geb. n. 1. —

Vorlagen zum Ausmalen. Allerlei Tiere. 3 Sorten. 8. (à 5 schwarze u. 5 color. Steintaf. m. 1 Bl. Text.) Wesel 888. Düms. à — 20

Vorlagen zum Ausmalen. 3 Sorten. 8. (à 10 [5 farb.] Taf. m. 1 Bl Text.) Wesel 898. W. Düms. à — 20

Vorlagen zum Baumschlagzeichnen nach guten Mustern und eigenen Naturstudien zusammengestellt. 3. Heft. 4. (8 lithogr. Blatt.) Langensalza 864, Schulbuchh. von Greßler.
1. und 2. Heft, s. Preußker, H.

— zu den Fröbel'schen Beschäftigungen in Kindergärten, Kinderbewahranstalten, Schule u. Haus. Hrsg. v. dem Verein f. Kindergärten u. Kinderbewahranstalten in Oesterreich. 1—7. qu. gr. 8. Wien, A. Pichler's Wwe. & Sohn. n. 5. 70
1. Das Bauen. (25 Taf. m. II, 4 S. Text.) (895.) n. — 90
2. Das Legen m. rundlichen Körpern. (16 Taf. m. 2 S. Text.) (895.) n. — 90
3. Das Ringelegen. (30 Taf. m. 2 S. Text.) (895.) n. 1. —
4. Das Stäbchenlegen. (16 Taf. m. II, 3 S. Text.) (896.) n. — 90
5. Das Täfelchenlegen. (18 Taf. m. 2 S. Text.) (895.) n. — 80
6. Das Flechten. (10 Taf. m. 2 S. Text.) (896.) n. — 60
7. Das Formen m. Sand u. Thon. (10 Taf. m. 2 S. Text.) (901.) n. — 60

Vorlagen f. Brandmalerei. 26.—34. Lfg. Leipzig 894. E. Haberland. n. 44. —
26. Neue Vorlagen f. Brandmalerei auf Holz, Pappe, Leder u. dergl. v. Minna Laudien. Fol. (12 Bl.) n. 6. —; einzelne Blätter n. — 75
27. Figürliche Füllungen, Trachten des Mittelalters. Fol. (12 Bl.) n. 6. —; einzelne Blätter n. — 75
28. Kleinere Füllungen. Figürliche Entwürfe. gr. 4. (6 Bl.) n. 3. —; einzelne Blätter n. — 60
29. Wäsche-Truhe. Neue Gnomen-Kompositionen v. Konr. Wiederhold. gr. 4. (4 Bl.) n. 2. —
30. Wandsprüche. Entwürfe f. Tischplatten, Wandteller u. andere Muster. gr. Fol. (4 Bog.) n. 4. —; einzelne Bog. n. 1. 25
31. Neue Möbel-Entwürfe f. Brandmalerei, Bänke, Stühle, Tische, Schrankfüllgn. u. Anderes. gr. Fol. (14 Bl.) n. 10. —; 7 Blatt einzeln à n. 1. —; 7 Blatt à n. —,75
32. Möbel-Entwürfe zu e. Herren-Zimmer unter Benutzung heraldischer Motive. Von G. v. Bellersheim. gr. Fol. (9 Bog.) n. 5. —; 2 Bog. einzeln à n. 1. —; 7 Bog. à n. — 75
33. Füllungen f. Holzbrand, figürl. Entwürfe, ausgeführt in dem Speisezimmer der Villa Heukel-Wilhelmshöhe v. A. Leibrock. Fol. (6 Bl.) n. 4. —; einzelne Blätter n. — 75
34. Jagd- u. Hausthiere. Vorlagen f. Brandmalerei auf Holz u. Leder v. Fed. Flinzer. Fol. (8 Bl.) n. 4. —; einzelne Blätter n. 1. —
Lfg. 1—25 erschienen u. d. T.: Vorlagen-Mappe Nr. 42 a—z.

— f. Brandmalerei. 35.—76. Lfg. gr. Fol. Leipzig, E. Haberland. n. 228. 30

Inhaltsübersicht in alphabetischer Ordnung:

Becker-Emmerling, Luise, Puppenmöbel. qu. Fol. (4 Farbdr.) 897. (63. Lfg.) n. 2. —
— farb. Vorlagen f. Möbel-Dekoration. 1. Hft. (2 Schrankfüllgn.) Fol. (4 Farbdr.) 897. (60. Lfg.) n. 5. —; einz. Bl. n. 1. 25
— Dasselbe. 2. Hft. (Büffettfüllgn.) gr. Fol. (4 Farbdr.) 897. (61. Lfg.) n. 8. —; einz. Bl. n. 2. —
— Dasselbe. 3. Hft. (Füllgn. für Flügelthüren.) gr. Fol. (6 Farbdr.) 897. (62. Lfg.) n. 10. —; Bl. 1 u. 2 einz. à n. 2. —; Bl. 3—6 à n. 3. —
Bellersheim, G. v., Möbel-Dekoration für e. Herrenzimmer, unt. Benutzg. herald. Motive entworfen. II. Folge. (13 Bl.) 898. (72. Lfg.) n. 9. —; einz. Bl. n. — 75; Nr. 486 u. 487 à 1. 50
Bernhardi, E. v., u. L. Rampacher, Vorlagen. gr. Fol. (8 Bl.) 896. (51. Lfg.) n. 6. —; einz. Bl. n. — 80
Bilderrahmen m. Blumenschmuck f. Kabinettbilder. gr. 4. (4 Lith.) 897. (64. Lfg.) n. 1. 80; einz. Bl. n. — 50
Brauchitsch, M. v., Truhen. (6 Bl.) 898. (67. Lfg.) n. 5. —; einz. Bl. n. 1. —; in Farbdr. n. 7. 50; einz. Bl. n. 1. 50
— Vorlagen f. Brandmalerei. (Möbeldekorationen.) (7 Farbdr.) 898. (70. Lfg.) n. 8. —; einz. Bl. n. 1. 25
Büchner, E., Burgen u. Schlösser. Landschaftlich-dekorative Vorbilder. qu. gr. Fol. (7 Bl.) 896. (50. Lfg.) n. 6. —; einz. Bl. n. 1. —
Dittrich, V., u. M. Dittrich, neue Entwürfe. gr. Fol. (5 Bl.) 895. (36. Lfg.) n. 5. —; einz. Bl. n. 1. —
Flinzer, F., u. Konr. Wiederhold, Waidmanns Heil! 4 Jagdstücke in naturalist. Umrahmg. Fol. (4 Lith.) 897. (66. Lfg.) n. 4. —; einz. Bl. n. 1. —
Gerspacher, Gebr., Vorlagen f. Brandmalerei. (6 Bl.) 898. (69. Lfg.) n. 4. 50; einz. Bl. n. — 80
Hindorf, Clara, 4 Orig.-Skizzen zu e. Papierkorb. gr. Fol. 895. (42. Lfg.) n. 4. —
Kumpa, Luise, Vorlagen. qu. gr. Fol. (8 Bl.) 896. (49. Lfg.) n. 5. —; einz. Bl. n. — 75
— neue Vorlagen. gr. Fol. (4 Bl.) 895. (35. Lfg.) n. 4. —; einz. Bl. n. 1. —
Laudien, Minna, Kinder- u. Puppenmöbel. gr. Fol. (6 Bl.) 895. (43. Lfg.) n. 4. —; einz. Bl. n. — 75
— Möbel. gr. Fol. (7 Taf.) 895. (44. Lfg.) n. 7. —; einz. Bl. n. 1. 20
— farb. Vorlagen f. Möbel-Dekoration in Brandmalerei. 1. Hft. Vierteiliger Wandschirm m. Sessel. gr. Fol. (5 Taf.) 897. (54. Lfg.) n. 10. —; einz. Bl. n. 2. —
— Dasselbe. 2. Hft. Tischplatte, Stuhlsitz, Hocker, Wandschränkchen. gr. Fol. (4 Taf.) 897. (55. Lfg.) n. 8. —; einz. Bl. n. 2. —
Loescher, Herm., Wandsprüche. qu. gr. Fol. (5 Lith.) 897. (58. Lfg.) n. 3. —; einz. Bl. n. — 75
Nernst, Herm., Allerlei zum Brennen u. Aetzen. Kunstgewerbl. Vorlagen. gr. 4. (8 Bl.) 896. (52. Lfg.) n. 3. —; einz. Bl. n. — 50
— Marine- u. Landschaftsbilder. qu. Fol. (4 Bl.) 895. (39. Lfg.) n. 2. 50; einz. Bl. n. — 75
— Möbeldekorationen. Fol. (8 Lith.) 897. (59. Lfg.) n. 6. —; einz. Bl. n. 1. —
— Vorlagen. gr. Fol. (11 Bl.) 895. (40. Lfg.) n. 7. 50; einz. Bl n. — 80
— Vorlagen. gr. Fol. (7 Bl.) 896. (53. Lfg.) n. 4. —; einz. Bl. n. — 60
Remy, M., J. Höppner u. a., kleine Blumen u. Ranken. Leichte Vorlagen nach Aquarellen. gr. 4. (6 Lith.) 897. (65. Lfg.) n. 1. 50; einz. Bl. n. — 30
Specht, Frdr., jagdbare Tiere. Brand- u. Zeichenvorlagen nach Originalen. (6 Bl.) 898. (76. Lfg.) n. 9. —; einz. Bl. n. 1. —; Nr. 520 u. 521 à 1. 50
Spindler, Erwin, neue Buchstaben-Vorlagen. qu. gr. Fol. (5 Bl.) 895. (38. Lfg.) n. 4. 50; einz. Bl. n. 1. —
— Wandsprüche u. Alphabete. Fol. (8 Tondr.) 897. (57. Lfg.) n. 6. —; einz. Bl. n. 1. —
Sturm, G., naturalist. u. stilisierte Pflanzen mit Vögeln. Vorlagen f. Brandmalerei, Holz- u. Glasmalerei. 1. Hft. gr. Fol. (6 Farbdr.) 897. (56. Lfg.) n. 10. —; einz. Bl. n. 2. —
Vorlagen f. Brandmalerei. (6 Bl.) 898. (71. Lfg.) n. 4. 50; einz. Bl. n. — 75; Nr. 476 n. 1. —
— f. Brandmalerei auf Holz u. Leder. (10 Bl.) 898. (73. Lfg.) n. 5. —; einz. Bl. n. — 50
— nordische, f. Holz- u. Lederbrand, Flachschnitt, Ausgründe-Arbeit u. Ätzung. 2 Hfte. (à 8 Bl.) 898. (74. 75. Lfg.) à n. 5. —; einz. Bl. n. — 75
Weber, Th., Studien, Blumen m. Landschaft. (6 Bl.) 895. (37. Lfg.) n. 4. 50; einz. Bl. n. — 80
Wendland, Marg., u. Blanka v. Wobeser, Vorlagen f. Brandmalerei, Einlegearbeit, Aquarell- u. Emaille-Malerei. (Möbeldekorationen.) (5 Blatt.) 898. (68. Lfg.) n. 4. —; einz. Bl. n. 1. —
Wiederhold, Konr., Älpler u. and. Charakterköpfe. Nach berühmten Mustern. gr. Fol. (12 Bl.) 896. (48. Lfg.) n. 7. —; einz. Bl. n. — 75
Wiederhold, Konr., aus meiner Skizzenmappe. gr. Fol. (6 Bl.) 896. (45. Lfg.) n. 4. 50; einz. Bl. n. 1. —
— Dasselbe. gr. Fol. (6 Bl.) 896. (46. Lfg.) n. 3. 50; einz. Bl. n. — 60
— Dasselbe. Fol. (7 Bl.) 896. (47. Lfg.) n. 5. —; einz. Bl. n. — 80
— Vorlagen. gr. Fol. (10 Bl.) 895. (41. Lfg.) n. 7. —; einz. Bl. n. — 75

— dasselbe. Sprüche für's Haus. 1.—5. Hft. gr. Fol. (à 5 Taf.) Zwickau 899. E. Bär. à n. 2. —

Vorlagen f. Brandmalerei. 77.—99. Lfg. Leipzig, E. Haberland. n. 98. 25
77. Vorlagen f. einen Bücherschrank. Von M. v. Brauchitsch. gr. Fol. (3 Bl.) (900.) n. 3. —
78. Vorlagen f. Lederschnitt, Ausgründe-Arbeit u. Brandmalerei. Von A. v. Schoenbeck. gr. Fol. (9 Bl.) (900.) n. 5. —; 1.—8. Bl. einzeln à n. — 50; 9. Bl. n. 1. —
79. Vorlagen f. Brandmalerei u. Ausgründearbeit. Von Gebr. Gerspacher u. L. Erichsen. gr. Fol. (7 Bl.) (900.) n. 4. —; 1.—6. Bl. einzeln à n. — 50; 7. Bl. n. 1. —
80. Ludwig van Beethoven. Wolfgang Amadeus Mozart. Richard Wagner. 3 Charakterköpfe als kunstgewerbl. Vorlagen. Von Konr. Wiederhold. Imp.-Fol. (3 Bl.) (900.) n. 3. —
81. 4 Landschaften. Von Clarita Beyer. schmal gr. Fol. (4 Bl.) (900.) n. 3. —; auf Pappe schmal Fol. n. 5. —
82. Möbelfüllungen. Von Klara Hoppenrath. schmal gr. Fol. (5 Bl.) (900.) n. 4. —; farbig n. 6. —
83. Moderne Vorlagen im Jugendstil. Von Konr. Wiederhold. gr. Fol. (6 Bl.) (900.) n. 4. 50; farbig n. 7. —
84. Hochstehende, stilisierte Blumen. Von L. Erichsen. gr. Fol. (5 Bl.) (900.) n. 3. 50; farbig n. 6. —
85. Moderne Vorlagen f. Brandmalerei u. Tiefbrand zu e. Truhe. Von Minna Laudien. gr. Fol. (4 Taf.) (900.) n. 4. —; farbig n. 6. —
86. Dreiteiliger Wandschirm. Von Minna Laudien. gr. Fol. (6 Bl.) (900.) n. 5. —; farbig n. 8. —
87. Moderne Möbel. Von E. M. Gubsch. gr. Fol. (6 Bl.) (900.) n. 4. —
88. Bilderrahmen. Von E. M. Gubsch. gr. 4. (6 Bl.) (900.) n. 2. —
89. Neue Vorlagen f. Brandmalerei u. Tiefbrand. Von E. M. Gubsch. gr. 4. (6 Bl.) (900.) n. 4 —
90. Vorlagen f. nordischen Flachschnitt, Ausgründe-Arbeit u. Tiefbrand. Von Klara Roth. gr. Fol. (6 Bl.) (900.) n. 4. 50
91. Neue Vorlagen f. Brandmalerei u. Tiefbrand. Von E. M. Gubsch. gr. Fol. (9 Bl.) (900.) n. 6. —
92. Neue Vorlagen f. Brandmalerei u. Tiefbrand. Von E. M. Gubsch. Fol. (7 Bl.) (900.) n. 3. —
93. Neue Vorlagen f. Brandmalerei u. Tiefbrand. Von E. M. Gubsch. gr. 4. (10 Bl.) (900.) n. 2. 75
94. Möbel. Von E. M. Gubsch. schmal gr. Fol. (4 Bl.) (900.) n. 4. 50
95. Neue Vorlagen f. Brandmalerei. Von Rosa Gerlach. gr. Fol. (6 Bl.) (900.) n. 5. —
96. Vorlagen, farbige, f. Brandmalerei u. Tiefbrand, Aquarell- u. Glasmalerei. gr. Fol. (6 Bl.) (901.) n. 7. —
97. Dasselbe. qu. gr. Fol. (4 Bl.) (901.) n. 5. —
98. Dasselbe. gr. Fol. (6 Bl.) (901.) n. 6. 50
99. Dasselbe. gr. Fol. (4 Bl.) (901.) n. 5. —

— dasselbe, f. flachen u. plastischen Tiefbrand, f. Pyroskulptur nach Professor Dr. v. Weißenbach, f. Pinselbrand, Brandmalerei in Verbindung m. Kerbschnitt, f. Kerbschnitt u. Flachschnitt, Lederschnitt, f. Laubsägearbeiten, Intarsia u. Metallätzung, f. Holzmalerei, Glas- u. Aquarellmalerei, Zeichenvorlagen. Aus dem Verlage v. E. Haberland in Leipzig-R. qu. gr. 4. (90 S. m. Abbildgn.) Leipzig (902). E. Haberland. n. — 75

Vorlagen f. Brandmalerei. 100.–103. Lfg. Leipzig, E. Haberland. n. 30. —
100. 101. Entwürfe, farbige, f. Brand- u. Holzmalerei. 2 Hefte. (à 6 Bl. m. je 6 Pausen.) 43,5×34,5 cm. (903.) à n. 5.50
102. Entwürfe, 30 farbige, f. Brand- u. Holzmalerei, Tiefbrand. (30 farb. Taf.) gr. 4. (904.) n. 10. —
103. Entwürfe, farbige, f. Brand- u. Holzmalerei. (6 Bl.) à ca. 52×71 cm. (904.) n. 9. —

— f. **Brandmalerei**, Holz- u. Glasmalerei, s.: Vorlagen-Mappe.

Vorlagen für Bronze-Arbeiten. (52 T) 4° Wien (1875)

– für Bronce-Arbeiten, vorwiegend nach Entwürfen der hervorragendsten Meister der Neuzeit, insbesondere von Hansen, Hauser, Teirich etc. [Aus: „Blätter f. Kunstgewerbe".] (In 14 Lfgn.) 1—13. Lfg. Fol. (à 4 Taf. in Holzschn. u. Lith.) Wien 881. 82. v. Waldheim. à 1. —

—— für Buchbinder-Arbeiten, vorwiegend nach Entwürfen der hervorragendsten Meister der Neuzeit, insbesondere von Groner, Laufberger, Macht etc. Fol. (17 Taf. in Holzschn. und Chromolithogr. mit 1 Bl. Text.) Ebendas. 883. In Mappe *

— f. **Buchbinder-Lehrlinge.** Anfangsgründe. qu. gr. 4. (12 Bl.) Dresden (902). (A. Müller-Fröbelhaus.) n.n. 3. 50

— für Buchbinder-Lehrlinge. Anfangsgründe. Hrsg. von der Buchbinder-Inng. zu Dresden. 3. Aufl. (14 Taf.) Fol. Dresden (903). (A. Müller-Fröbelhaus.) n.n. 3. 50

Vorlagen enthaltend 1. Dekret-Entwurf betr. Schiessübungen der Infanterie. 2. Beschluss-Entwurf betr. Revision des Gesetzes über die Schützengesellschaften. 3. Gesetz-Entwurf betr. Beförderung und Versetzung der Infanterie-Offiziere. 11 Stn. 4. Bern 1871.

— zur Einübung der **griechischen Schrift.** 4. (24 S.) Leipzig (902). B. G. Teubner. n. — 40

Vorlagen zur Einübung der griechischen Schrift. 5. Aufl. (24 S.) gr. 8. Leipzig (910). B. G. Teubner. — 40

— f. **Emailmalerei.** qu. Fol. (10 farb. Taf.) Wien 893. A. Pichler's Wwe. & Sohn. In Mappe. n. 3. 50

— für den maschinentechnischen Fachzeichenunterricht an Gewerbeschulen. 2.—4. Heft. Hrsg. v. großh. bad. Gewerbeschulrat. Karlsruhe (A. Bielefeld). n. 34. —
2. (12 Bl.) 77×53,5 cm Mit Anleitg. (2 S.) 4. (904.) 12. —. — 3. (5 z. Tl. farb. Bl.) 61×44,5 cm. Mit Anleitg. (2 S.) 4. (904.) 10. —. — 4. (6 z. Tl. farb. Bl.) 61×44,5 cm. Mit Anleitg. (2 S.) 4. (904.) 12. —.

— für den Fachzeichen- u. Modellier-Unterricht der **Wagner** an den Gewerbeschulen. Hrsg. v. großh. bad. Gewerbeschulrat. (18 z. Tl. farb. Taf.) 61×45 cm. Mit Anleitg. (6 S. m. Fig. u. 4 farb. Taf.) 4. Karlsruhe 904. (A. Bielefeld.) n. 20. —

— für den Fachzeichen- u. Modellier-Unterricht der **Zimmerleute** an den Gewerbeschulen. Hrsg. v. großh. bad. Gewerbeschulrat. (17 z. Tl. farb. Bl.) 61×44,5 cm. Mit Anleitg. (5 S. m. Fig.) 4. Ebd. (903). n. 18. —

— für den Fachzeichenunterricht der **Tiefbautechniker** (auch Maurer, Steinhauer, Pflasterer u. s. w.) an den Gewerbeschulen. Hrsg. vom grossh. Landesgewerbeamt, Abt. II in Karlsruhe unter Mitwirkg. v. Paul Nestle. (20 farb. Taf.) 61×43,5 cm. Mit erläut. Text. (7 S.) 33×21 cm. Karlsruhe 909. (A. Bielefeld.) 18. —

Vorlagen f. das Fachzeichnen der Elektrotechniker nach Modellen an Gewerbeschulen. Hrsg. vom großh. bad. Gewerbeschulrat m. Benützg. v. Zeichngn. der großh. Uhrmacherschule in Furtwangen. (20 z. Tl. farb. Taf.) gr. Fol. Mit Anleitg. (12 S.) 4. Karlsruhe 901. (A. Bielefeld.) n. 22. —

Vorlagen fur elementares Fachzeichnen an bad. Gewerbeschulen. (12 T) fol Karlsruhe

– für das Fachzeichnen an gewerblichen Fortbildungsschulen. Herausgegeben vom Grossherzoglich badischen Gewerbeschulrat. I. und II. fol Karlsruhe 1892

Vorlagen für das Fachzeichnen der Goldschmiede in den Gewerbeschulen in Baden. Herausgegeben vom Grossherzoglichen Gewerbeschulrat. Heft 1. (12 T) fol Karlsruhe

Vorlagen für das Fachzeichnen der Schuhmacher. Herausgegeben vom Badischen Landesgewerbeamt unter Mitwirkung von J G Fluck. (50 T) fol mit Erläuterungen. (36 S) 4° Karlsruhe 1912

— farbige, zur Ausschmückung keramischer Gegenstände. Nach Orig.-Werkzeichngn. gr. Fol. (15 Farbenlichtdr.) Berlin 889. P. Bette. n. 25. —

— farbige, f. **Brandmalerei u. Tiefbrand**, Aquarell- u. Glasmalerei, s.: Vorlagen f. Brandmalerei. 96—99.

— farbige, f. moderne **Decken- u. Wandmalereien.** Hrsg. vom Heidelberger Mal- u. Zeichen-Institut. 1. Heft. (10 Taf.) Fol. Berlin (903). M. Spielmeyer. n. 9. —

— farbige, f. **Handarbeiten** in modernem Geschmack. 1. Hft. Muster f. Gobelin u. Canovas-Häkelei. Fol. (6 Bl. m. 2 S. illustr. Text.) Berlin 894. F. Ebhardt & Co. n. 3. —

— farbige, f. Handarbeiten in modernem Geschmack. 2. u. 3. (Schluss-) Hft. Fol. Berlin 895. F. Ebhardt & Co. à n. 3. — (kplt in Mappe 7. 50)
2. Muster f. Blumenstickerei (Bl. 7–12 m. 1 S. Text).
3. Neue Muster f. Smyrna, Kreuzstich u. Gobelin. (Bl. 13–18 m. 1 Bl. Text.)

Vorlagen fur modernen Flachenschmuck nach Entwurfen von R Kuhnel, M Starke und H Sachs. (24 T) fol Stuttgart (1902)

Vorlagen für Flaschner. Herausgegeben vom Bayer. Gewerbemuseum. (12 T) fol Nurnberg (1910)

Vorlagen zum Freihandzeichnen. 4 Hfte. 1. Geometr. Figuren. — 2. Baumstudien. — 3. Vordergrundstudien. — 4. Landschaften. gr. Fol. Karlsruhe. (G. Braun.) herabges. Pr. n. 1¼ ₰

— stufenmäß geordnete, zur gründlichen Erlernung der Schönschreibekunst, nach den neuesten kalligraph. Mustern für Elementarschulen. 2 Thle. 2. Aufl. Trier 853. (Braun.) qu. 8. (1.: 12 S. u. 8 lith. Bl. 2 ngr.; 2.: 24 S. u. 8 lith. Bl. 2½ ngr.) 4½ ngr.

— gewerbliche. I. Für Schlosser u. Schmiede. 10 (photolith.) Blätter. Entworfen von Thdr. v. Kramer. gr. 4. Nürnberg 890. Verlagsanstalt d. bayer. Gewerbemuseums (C. Schrag). In Mappe. n. 1. —

— gewerbliche. II. Für Bau- u. Möbelschreiner. 10 Bl. in Mappe. Hrsg. vom bayer. Gewerbemuseum in Nürnberg. gr. 4. Nürnberg 893. Verlagsanstalt des bayer. Gewerbemuseums. n. 1. 50 (I u. II.: n. 2. 50)

Vorlagen für Glas-Arbeiten, vorwiegend nach Entwürfen der hervorragendsten Meister der Neuzeit, insbesondere von Valentin Teirich, Fr. Sturm, J. Storck etc. [Aus: „Blätter f. Kunstgewerbe".] Fol. (22 Holzschntaf. m. 1 Bl. Text.) Wien 880. v. Waldheim. In Mappe. n. 10. —

— für Gold- u. Silber-Arbeiten. Vorwiegend nach Entwürfen der hervorragendsten Meister der Neuzeit, insbesondere von C. Cörper, Girardi, Hansen etc. [Aus: „Blätter f. Kunstgewerbe".] (In ca. 15 Lfgn.) 1—11. Lfg. Fol. (à 3 Holzschntaf.) Ebend. 878—79. à n. 1. —

—— für den Häkelunterricht. Zusammengestellt von den Handarbeitlehrerinnen der Viktoriaschule zu Darmstadt. 4. (20 Taf.) Darmstadt 885, (Bergsträßer.) *

— f. den Häkelunterricht, II. Aufl., s.: Diehl, Sophie, u. Elisab. Fuchs, Vorlagen f. den Handarbeitsunterricht.

Vorlagen für Handarbeiten von Häkelspitzen und Mignardisen [illegible]
2 Hefte 8°
I. Umschlagtit. u. 14 Taf. in 1 Bogen
II. Umschlagtit. u. 16 Taf. in Lithogr.

— f. den Handarbeits-Unterricht an den städtischen Volksschulen zu Strassburg. Modellierkurs. qu. gr. Fol. (5 lith. Bl.) Strassburg i/E. 890. Schmidt. cart. n. 2. —

— dasselbe. Schlossereikurs. qu. gr. Fol. (3 lith. Bl.) Ebd. 890. cart. n. 1. 20

— dasselbe. Schreinereikurs. qu. gr. Fol. (12 lith. Bl.) Ebd. 890. cart. n. 3. —

— f. den Handarbeits-Unterricht an den städtischen Volksschulen zu Strassburg. Drechslerarbeiten. qu. Fol. (4 Bl.) Strassburg 892. F. Bull. n. 1. 50

—— dass. — Holzschnitzerei. qu. Fol. (7 lithogr. Bl.) Ebd. 892. cart. * 5 —

—— für den Handfertigkeits-Unterricht. Hrsg. auf Veranlassung des deutschen Centralkomitees für Handfertigkeits-Unterricht und Hausfleiss. 1. Abthl.: Kerbschnitt-Vorlagen von C. Grunow. 12 Taf. in Lichtdr. von H. Rückwardt in Berlin. Fol. (2 Bl. Text.) Leipzig 881, Seemann. In Mappe *

— f. d. Handfertigkeits-Unterricht, hrsg. auf Veranlassg. des deutschen Centralkomitees f. Handfertigkeits-Unterricht u. Hausfleiss. 1. Abtlg. Fol. Leipzig 890. Seemann & Co. n. 8. —
Kerbschnitt-Vorlagen. Von C. Grunow. 12 Taf. in Lichtdr. 2., unveränd. Abdr. (4 S. Text.)

— f. den Handfertigkeits-Unterricht. 2 Tle. Imp.-4. Strassburg 903. L. Beust. Geb. in Leinw. à n. 6. —
1. **Schlosserei — Kunstschlosserei — Modellieren. Ausgeführte Arbeiten der Strassburger Kunstgewerbeschule. (Kunstschlosserei, Modellieren, Keramik.) (20 Taf. m. 5 Bl. Text.)**
2. **Schreinerei — Drechslerei — Holzschnitzerei. Ausgeführte Schreiner-Arbeiten der Strassburger Kunstgewerbeschule. (20 Taf. m. 5 Bl. Text.)**

— für Handwerkerschulen. Herausg. von der Grossh. hess. Zentralstelle für Gewerbe. Anwend. d. darstellenden Geometrie a. d. Fachzeichnen. (10 Bl) qufol Darmstadt 1897

— f. Handwerkerschulen. Hrsg. v. der großherzogl. Zentralstelle f. die Gewerbe in Darmstadt. Die Arbeiten des Maurers. (22 z. Tl. farb. Bl.) 41,5×53,5 cm. Bensheim (904). (Lehrmittelanstalt, J. Ehrhard & Co.) n.n. 14. —

— dasselbe. Lehrgang der darstell. Geometrie. (22 z. Tl. farb. Bl.) 32,5×47,5 cm. Nebst: Anweisung f. die Erteilung des Unterrichts in der darstell. Geometrie (Projektionslehre) an den Handwerker-Sonntagszeichenschulen. (3 S. m. Fig. u. 6 Taf.) Lex.-8. Darmstadt 901. Bensheim, Lehrmittelanstalt J. Ehrhard & Co.) n.n. 10. —

— dasselbe. Vorlagen f. das geometr. Zeichnen. (18 z. Tl. farb. Bl. m. 1 Bl. Text.) 30,5×46 cm. Bensheim (904). (Lehrmittelanstalt J. Ehrhard & Co.). n.n. 10. —

Vorlagen für Handwerker- und Gewerbeschulen. Die Arbeiten des Zimmermanns. II. (Grossh. Zentralstelle f. d. Gewerbe in Darmstadt). (22 T) fol Bensheim (1907)

— für kirchliche Holz- u. Stein-Arbeiten. Sep.-Ausg. aus d. „Kirchenschmuck" v. Geo. Dengler. 2 Hfte. Fol. Regensburg 898. J. Habbel. à n. 8. —
1. 21 Taf. m. 14 S. Text in hoch 4. — 2. 10 Taf. m. 7 S. Text in hoch 4.

— f. Holzbrandtechnik [Brandmalerei], Holz- u. Glasmalerei, s. a. Vorlagen-Mappe.

— für Holzbrandtechnik [Brandmalerei], Holz- u. Glasmalerei. 6 Taf. Fol. Leipzig 888. [Zehl.] Haberland. n. 3. 40; Taf. 1—4 ap. à n. — 50; Taf. 5 u. 6 ap. à n. — 70

—— für Holzbrandzeichnungen, Niello, Aetzen, Intarsia und Lederpressung. gr. 4. (6 Bl.) Leipzig 886, Heitmann. * Einzeln à Bl. *

—— für Holzmalerei. Eingeführt von A. und G. Ortleb. 3. Serie. qu. 4. (8 Chromolithogr. mit 1 Bl. Text.) Leipzig 883, Ruhl. *
1. und 2. Serie, vgl.: Ortleb, A., und G. Ortleb.

—— für Holzmalerei nach Orig.-Entwürfen hervorragender Künstler, wie E. Döpler, H. Ehrentraut u. A. [Collection Mancke.] (160 Bl.) 8., 4. und Fol. Leipzig 886, Zehl's Verlag à Bl. von 30 Pf. bis

— japanische, f. Kunstgewerbe u. häusliche Kunstarbeit. 3 Lfgn. 8. (à 6 chromolith. Bl.) Ebd. 889. à n. 2. 50

— für den modernen Kerbschnitt. 1. Heft. (8 Doppel-Taf.) 48×32 cm. Hamburg (910). (F. W. Thaden.) 3. 50

Vorlagen zu Kunst-Arbeiten für häusliche Beschäftigung. 1. Lfg. Fol. (10 Taf. in gr. Fol. mit 2 S. Text.) Leipzig 873, M. Schäfer.

— f. Landschaftsmalerei, s.: Vorlagen-Mappe.

Vorlagen für Laubsägearbeiten. 7 Hefte. 2., neuumgearb. und verb. Aufl. Fol. (à Heft 12 lithogr. Blatt.) München 865, Zeller. à Heft 28 Ngr.
Einzelne Blatt *

—— für Malerei auf Porzellan, Holz, Seide, Pergament ꝛc. gr. 4. (15 Chromolithogr. mit 3 S. Text.) Leipzig 886, Heitmann. *
Einzeln à Bl. *

Vorlagen für Möbel und Dekoration. (Aus Teirich's Blätter für Kunstgewerbe) (120 T) in 3 Bdn fol Wien (1872-78)

— für Möbel u. Decoration. Ausgeführte Arbeiten, vorwiegend nach Entwürfen der hervorragendsten Meister der Neuzeit, insbesondere von Claus, Day, Du Cerceau etc. [Aus: „Blätter f. Kunstgewerbe"] 30 Lfgn. Fol. (à 4 Holzschntaf.) Ebend. 878. 79. à n. 1. —

— moderne, f. Tischler, Tapezierer u. Dekorateure. 77 Blatt m. 175 Entwürfen v. Möbeln aller Art, Polster-Arbeiten u. Dekorationen. Aus den Zeitschriften: Das Möbel-Magazin, der moderne Tapezierer, der moderne Tischler. (77 z. Tl. farb. Taf. m. Titelbl. u. 1 Bl. Text.) 25×36 cm. Berlin (909). M. Ledermann & Co. In Mappe 4. —

— moderne, f. Tonplattenschnitt. Farbige Motive aus dem Pflanzen- u. Tierreich etc. in der ornamentalen u. dekorativen Anwendg. im Buchdruck. Zum Durchpausen auf Mäser's Tonplatten f. direkte prakt. Verwendg. 1. u. 2. Hft. gr. 4. (20 Taf. m. 2 S. Text.) Leipzig 900. J. Mäser. à n.n. 1. 50

— moderne, f. Tonplattenschnitt. 1.—5. Heft. (à 10 Taf.) gr. 4. Leipzig-R., J. Mäser. à 1. —
1. Naturalistische Zweige, Blätter u. Blumen. (903) — 2. Naturalistische Zweige, Blätter u. Blumen. — Kuvert-Aufdrucke. (903.) — 3. Moderne Umrahmungen f. Speisen-, Wein- u. Tanzkarten, Menus, Zirkulare u. Programme. (904.) — 4. Moderne Karten, Brief- u. Prospektköpfe u. Schmutztitel. (904.) — 5. Moderne Umschläge aller Art u. Tütenaufdruck. (904.)

— u. Motive zur Porzellan-, Majolika- u. Fayence-Malerei. Neue Ausg. in 3 Hftn. Fol. (M. je 1 Bl. Text.) München 895. F. Bassermann. n. 14. 50; einz. Blätter 1. —
1. Figürliches v. F. Hein. (6 farb. Taf.) n. 4. 50
2. Landschaften u. Thiere v. G. Kampmann u. O. Fikentscher. (7 farb. Taf.) n. 5. —
3. Blumen u. Ornamente v. f. Braun, G. Kampmann u. O. Fikentscher. (7 farb. Taf.) n. 5. —

— Münchener, f. Laubsägerei, Schnitzerei, Holzbrand-, Einlege- u. Metall-Arbeiten. 31. u. 32. Serie. (à 50 Bl.) 57,5×46,5 cm. München (905. 906). Mey & Widmayer. à 7. 50; einzelne Blatt — 15

— Münchener, f. Laubsägerei in Holz u. Metall, Kerb-, Flach- u. Reliefschnitzerei, Holz- u. Metall-Einlegearbeit, Holzmalerei u. Tarso-Technik (imit. Intarsia) ꝛc., Flach- u. Tiefbrand-Malerei, Kleineisen- u. Nagelarbeiten, Astholz-, Dreh- u. Leder-Arbeiten ꝛc. ꝛc. 33.—35. Serie. (à 50 Bl.) 57,5×46 cm. München (908—10). Mey & Widmayer. à Ser. 7. 50; einz. Blatt — 15

— neue. 9.—12. Hft. gr. Fol. (à 6 Taf. u. 6 Pausen.) Ebd. 896. à n. 6. —; einz. Bl. n. — 75; einz. Pausen n. — 50
9. Brandmalerei. — 10. Kerbschnitzerei. — 11. 12. Brandmalerei.

Vorlagen, neue, f. Delft-, Porzellan- u. Brandmalerei, s.: Brandmalerei-Vorlagen, 7. 8. Hft.

— neue farbige, f. die Textil-Industrie. I. u. II. Serie. (à 24 Lichtdr.-Taf.) 32,5×49 cm. Plauen (907. 09). Ch. Stoll. In Mappe à Ser. 36. —

Vorlagen, neue, f. Kerbschnitzerei u. nordischen Flachschnitt. 1. u. 2. Lfg. Fol. (à 12 Taf.) Leipzig 893. 894. E. Haberland. à n. 3. —

— neue, f. Malerei, sow. f. Brand-, Kerb- u. Lederschnitt-Arbeiten. Hft. 7, 13—15, 15b. u. 16—18. gr. Fol. Halle 897. G. A. Noll. (Leipzig, E. Volkening.) n. 46. 50
7. Delft-Porzellan- u. Brandmalerei. (4 blaue Taf. m. 4 Pausen.) n. 6. —
13. 14. Brandmalerei-Vorlagen. (6 braune u. 4 farb. Taf. m. 10 Pausen.) à n. 6. —
15. Moderne Vorlagen f. Brand- u. Gobelin-Malerei. Von Marg. v. Brauchitsch. (4 braune Doppeltaf.) n. 4. 50
15b. Dasselbe. (4 farb. Doppeltaf.) n. 6. —
16. Vorlagen, neue, f. Kerbschnitzerei. (6 braune Taf. m. Pausen.) n. 6. —
17. 18. Brandmalereivorlagen. (à 6 Taf. m. 6 Pausen.) à n. 6. —

— neue, zum Nachzeichnen. 2 Hfte. qu. gr. 4. (à 6 Taf.) Wesel 894. W. Düms. à — 50
1. Landschaften. — 2. Ausgeführte Landschaften.

— neue, aus der Leipziger Schülerwerkstatt. I. 30,5×20,5 cm. Leipzig 910. A. Hahn. 1. 25
Holzarbeiten f. den Werkunterricht der Mittelstufe. Von Paul Bergmann. Mit 3 Abb. u. 8 Taf. Zeichngn. (16 S.)

— nordische, f. Holz- u. Lederbrand, Flachschnitt, Ausgründe-Arbeit u. Aetzg., s.: Vorlagen f. Brandmalerei.

Vorlagen zum Pflanzen-Zeichnen, in 30 lithogr. Abbildb. (mit latein. u. deutschen Benennungen). qu. 4. Basel 835. Spittler. n. 5 gl

— f. Schaufenster-Decorationen der Tabakbranche. (88 S. m. Abbildgn.) 4. Berlin (905). Berliner Union. Geb. n. 1. 50

Vorlagen zu Schiefertafel-Zeichnungen. 1—3. Hft. qu. gr. 4. (à 6 lith. Bl.) Stuttgart 852, Ed. Hallberger. (à 1/4 ℳ) 3/4 ℳ

Vorlagen für Schlosser. Herausgegeben vom Bayer. Gewerbemuseum. (12 T) fol Nürnberg (1910)

Vorlagen für Schmiede. Zum Gebrauche an gewerblichen Fortbildungsschulen, Handwerker-, Bürger- und Fachschulen für Eisenbearbeitung. Fol. 36 Tafeln mit Text in Umschlag K 18.— Wien: Graeser 1902.

— f. Schreib- u. Zierschriften jeder Art aus alter u. neuer Zeit. (20 Bl. u. 1 Bl. Text.) 16×25 cm. Leipzig (907). (R. Bauer.) 1. 25

Vorlagen für den Schreibunterricht. München o. J. 8 Bl.

— zum Schriften-Zeichnen. Eine Sammlg. v. Alphabeten aus ein- u. doppelfarb. Buchdruckschriften zum Gebrauche f. Dekorationsmaler, Firmenschreiber, Bildhauer, Kalligraphen u. Schüler. 3., verm. Aufl. 4. (33 Taf.) Borna 888. Reiche. n. 2. —

—— zum Schriften-Zeichnen. Eine Sammlg. v. Alphabeten aus mehr als 100 verschiedenen Buchdruckschriften zum Gebrauche f. Dekorationsmaler ꝛc. 4. Aufl. 4. (40 Bl.) Borna 891, Reiche. * 2 50

—— zum Spiele an der russischen Rechenmaschine. 64. (16 S.) Glauchau 873. (Leipzig, Siegismund und Volkening.) *

Vorlagen für Stickereien. 2. Serie. Quer-8°. (32 Tafeln) Wien: Gerold 1903. K 1.40

— für Textil-Arbeiten, vorwiegend nach Entwürfen der hervorragendsten Meister der Neuzeit, insbesondere von Hansen, Hatzinger, Laufberger etc. [Aus: „Blätter f. Kunstgewerbe".] 14 Lfgn. Fol. (à 3 zum Thl. farb. Holzschntaf.) Ebend. 879. 80. à n. 1. —

— für den farbigen u. plastischen Tiefbrand nach der Richter-Methode. Neue Serie. 4 Hfte. à 5 Pausen à 75×100 cm. u. 1 farb. Taf. 30×39 cm. Leipzig (901). E. Haberland. à n. 4. —

Vorlagen für den flachen u. plastischen Tiefbrand, sowie f. Flachschnitt u. Lederschnitt. III. Werk. 1. u. 2. Hft. à 5 Pausen à 75×100 cm. u. 1 farb. Taf. 30×39 cm. Leipzig (902). E. Haberland. à n. 4. 50

— für den flachen u. plastischen Tiefbrand, f. Brandmalerei u. Flachschnitt. III. Serie. 3. u. 4. Heft. à 5 Pausen à 75×100 cm. u. 1 farb. Taf. 30×39 cm. Leipzig (903). E. Haberland. à n. 4. 50

Vorlagen zum Tuschen und Sepiren. 1. Heft. Landschaften von L. Steinbach. Carlsruhe (853.) Veith. gr. 4. (6 lith. Bl.) n. 25 *ngr.*

— f. **gewerbliche** Unterrichtsanstalten. I. II. Imp.-Fol. Wien 894. A. Schroll & Co. In Mappe. n. 22. —
I. Chorgestühl in der Certosa bei Pavia. Mit Unterstützg. des hohen k. k. Ministeriums f. Cultus u. Unterricht aufgenommen u. hrsg. v. Joh. Beer. (12 Taf.) n. 12. —
II. Vorlagen f. Drechsler-Arbeiten aus dem Gebiete der Möbel- u. Bautischlerei. Eine Sammlg. mustergilt. Objecte in verschiedenen Stylarten der Renaissance u. der neueren Zeit. Zusammengestellt u. naturgross gezeichnet v. Karl Dobner. (28 lith. Taf.) n. 10. —

—— u. Motive, 24, f. Schriftenmaler aus früheren Jahrgängen der Maler-Zeitg. Fol. (24 lithogr. Taf.) Lpz. 889, Jüstel u. Göttel. * 2 —

Vorlagen, 24 (lithogr.), für jugendliche Zeichner und Ausmaler. 4. Neuhaldensleben 851, Eyraud. *

Vorlagen an die Volksabstimmung vom 26. Mai 1872. XVII u. 46 Stn. 8.
Inhalt: Erläuterungen des Regierungsrathes. I. Konkordat betreffend gegenseitige Zulassung evang.-reform. Geistlicher in den Kirchendienst. II. Forstgesetz. III. Gesetz über die Wahl der Geistlichen. IV. Konzession zum Bau und Betrieb einer Eisenbahn von Basel bis zur Kantonsgrenze bei Aesch. Basel-Landschaft 1872.

Vorlagen für die Volksabstimmung vom 11. Mai 1873, Mittags 12 Uhr. XVIII u. 107 Stn. 8.
Inhalt: Erläuternder Bericht des Regierungsrathes. — Landrathsbeschlüsse vom 7. Mai 1872 betreffend den Bau einer neuen Strafanstalt. — Konzession zum Bau und Betrieb einer Eisenbahn von Liestal nach Reigoldswil (Wasserfallenbahn) nebst Annexvertrag betr. die Waldenburgerbahn, vom 15. Juli 1872. — Strafgesetz vom 3. Febr. 1873 nebst Einführungsgesetz vom 10. März 1873. — Gesetz betr. die Erhöhung der Besoldungen der Beamten und Angestellten vom 24. Febr. 1873. Basel-Landschaft 1873.

Vorlagen für die Volksabstimmung (des Kantons Basellandschaft) vom 29. September 1901. II + 42 S. 8. Liestal, Gebrüder Lüdin, 1901.

Vorlagen für die Volksabstimmung (des Kantons Basellandschaft).... 8.

1902 u. d. T.: Vorlage für die V' vom 11. Mai 1902 über das Gesetz betr. das Bauwesen vom 17. März 1902. 15 S. Liestal, Gebr. Lüdin, 1902.
... vom 27. September 1903. IV + XV + 25 S. Liestal, Suter & Cie., 1903.
... vom 5. Juni 1904. IV + XII + 13 S. Liestal, L. Brodbeck, 1904.

Vorlagen. Die neuesten Londoner und Pariser Wagen und Pferdegeschirre etc. Nebst den nöthigen Erklärungen und Angabe der Maasse. Weimar 1853. 4°.

— f. Weberei, Druckerei u. andere Zweige der Textilindustrie. 10 Lfgn. gr. 4. (à 12 Taf.) Plauen 893. Ch. Stoll. Subskr.-Pr. à n. 3. —; Einzelpr. à n. 3. 60 (kplt. in Mappe: n. 30. —)

— f. **Weberei**, Druckerei u. and. Zweige d. Textilindustrie. II. Serie. gr. 4. (30 Bl. in Photogr.) Plauen 895. Ch. Stoll. In Karton-Mappe n. 20. —

— zum Zeichenunterricht für Schuhmacherfachschulen (von der Deutschen Schuhindustriezeitung). (8 T mit Text) fol Berlin (1884?)

Vorlagen zum Zeichnen. 8 Tafeln für Volks- und Landschulen. 3. A. Berlin 1874

Vorlagen zum Zeichnen von Gartenplänen. Zunächst für die Zöglinge des Pomolog. Institutes in Reutlingen und ähnl. Lehranstalten, sowie auch für den Selbstunterricht. 12 lithogr. Taf., worunter 2 color. Mit Text. 8. (4 S.) Stuttgart 881, Ulmer. *

—— zum Zeichnen von Gartenplänen. Zunächst für die Zöglinge des Pomolog. Instituts in Reutlingen und ähnliche Lehranstalten, wie auch für den Selbstunterricht. 2. um mehr als die Hälfte verm. Aufl. 20 lithogr. Taf., worunter 2 kolor. Fol. Mit Text. 8. (8 S.) Stuttgart 886, Ulmer. cart. *

— zum Zeichnen von Gartenplänen. Für Lehranstalten, Gärtner u. Gartenbauzöglinge. Hrsg. vom pomolog. Institut in Reutlingen. Mit erläut. Text v. Fr. Lucas. 3., stark verm. Aufl. gr. 8. (24 z. Tl. farb. Taf. m. 11 S. Text.) Stuttgart 896. E. Ulmer. Geb. n. 3. —

— für das constructive Zeichnen mit Rücksicht auf das praktische Bedürfniss der Gewerbe- u. Sonntags-Zeichenschulen zusammengestellt von den Inspektoren der Wiener Sonntags-Zeichenschulen. 1—3. Heft. Wien 863. (Leipzig, A. Hoffmann.) 4. Jedes Heft (à 6 lith. Bl.) n. 5 *ngr.*

Wiener Vorlagen zum Zeichnen und Malen in allen Kunstfächern und Darstellungsarten, herausgegeben von A. Schönn, J. Selleny, C. Pischinger, J. Nopokacky, C. Grefe und G. Seelos. Selbstverlag der Herausgeber. Wien, Commissionsdebit von Jos. Bermann. 1861.
1. bis 7. Heft, jedes à 6 Blätter und à 1 fl. 50 kr.

Vorlagen zum Zeichnen f. Volks- u. Landschulen. 3. Aufl. Lith. Imp.-Fol. (8 Steintaf.) Berlin 873. R. Kühn. 1. 20

Vorlagen für geübtere Zeichner, enthaltend Darstellungen der Jahreszeiten u. Kriegsscenen. 4. Bresl. 828. (Henze). 8 ℊ

— zwei, 1) Otto V., Pfalzgraf v. Wittelsbach von F. P. Wund. 2) v. Nachahmung der Vaterlandsliebe von J. H. Jung. 4. Mannh. 779. Löffler. 6 ℊ

Vorlagen-Mappe. Nr. 22, 24h—m, 42a, g—z, 44a. b, 61. Leipzig, E. Haberland. n. 143. 90
22. Blumen u. Insekten. 2. Reihe. Vorlagen f. Aquarell- u. Porzellan-Malerei v. Jul. Höppner. Neue wohlf. Ausg. 4. (11 farb. Blatt auf Karton.) 893. n. 8. —; à Blatt n. — 80
24 h. Vorlagen f. Landschaftsmalerei. Musterblätter f. Aquarell-, Gouache- u. Porzellanmalerei. 7. Lfg. 4. (14 Farbendr.) 892. n. 4. 20; à Blatt n. — 30
24 i. — dasselbe. 8. Lfg. qu. 4. (10 Farbendr.) 892. n. 4. 50; à Blatt n. — 50
24 k. — dasselbe. 9. Lfg. qu. gr. 4. (4 Farbendr.) 892. n. 2. 40; à Blatt n. — 60
24 l. — dasselbe. 10. Lfg. 8. (6 farb. Taf.) 894. n. 1. 80; à Blatt n. — 30
24 m. — dasselbe. 11. Lfg. 4. (10 farb. Taf.) 894. n. 4. —; à Blatt n. — 45
42 a. Vorlagen f. Brandmalerei, Holz- u. Glasmalerei. Männer- u. Frauengestalten in ganzer Figur in mittelalterl. Tracht. Fol. (8 Bl.) 894. n. 2. 50; à Blatt n. — 40
42 g. Vorlagen f. Holzbrandtechnik (Brandmalerei), Holz- u. Glasmalerei. 7. Lfg. gr. Fol. (14 Blatt.) 891. n. 14. —
42 h. — dasselbe v. Minna Laudien u. A. 8. Lfg. gr. Fol. (8 Blatt.) 891. n. 8. —
42 i. — dasselbe. 9. Lfg. Haus- u. Küchengerät, entworfen v. Minna Laudien. 2. Aufl. gr. Fol. (6 Bl.) 894. n. 6. —; à Blatt n. 1. —
42 k. — dasselbe. 10. Lfg. Gnomen. Entworfen v. Konr. Wiederhold. Fol. (6 Blatt.) 892. n. 4. 50; à Blatt n. — 80
42 l. — dasselbe. 11. Lfg. Tische u. Stühle. Entworfen v. Minna Laudien. gr. Fol. (6 Blatt.) 892. n. 7. 50; à Blatt n. 1. 25
42 m. — dasselbe. 12. Lfg. Gnomen u. Amoretten. Entworfen v. Jul. Höppner. gr. Fol. (4 Blatt.) 892. n. 4. —; à Blatt n. 1. —
42 n. — dasselbe. 13. Lfg. Entworfen v. Minna Laudien, H. Mützel u. Konr. Wiederhold. gr. Fol. (6 Blatt.) 892. n. 7. 50; à Blatt n. 1. 25
42 o. — dasselbe. 14. Lfg. Fol. (6 Blatt.) 892. n. 4. 50; à Blatt n. — 75
42 p. — dasselbe. 15. Lfg. gr. 4. (6 Blatt.) 892. n. 2. 40; à Blatt n. — 40
42 q. — dasselbe. 16. Lfg. Fol. (12 Blatt.) 892. n. 4. 80; à Blatt n. — 40
42 r. — dasselbe. 17. Lfg. Amoretten. Gruppen u. Einzelfiguren nach L. Penet. gr. Fol. (4 Blatt.) 892. n. 2. 50; à Blatt n. — 75
42 s. — dasselbe. 18. Lfg. Ornamentale Füllgn. u. Einfassgn., Zierschriften. Entworfen v. M. Dittrich. gr. Fol. (6 Blatt.) 892. n. 6. —; à Blatt n. 1. —
42 t. — dasselbe. 19. Lfg. Figürliche Füllgn. (Gnomen etc.) Entworfen v. Konr. Wiederhold. Fol. (8 Blatt.) 893. n. 6. —; à Blatt n. — 80
42 u. — dasselbe. 20. Lfg. Entworfen v. Minna Laudien. Fol. (8 Blatt.) 893. n. 6. —; à Blatt n. 1. —
42 v. — dasselbe. 21. Lfg. Entworfen v. M. Dittrich. Fol. (6 Blatt.) 893. n. 5. —; à Blatt n. 1. —
42 w. — dasselbe. 22. Lfg. Figürliche Füllgn., entworfen v. Konr. Wiederhold. 3. Reihe. gr. Fol. (6 Blatt.) 893. n. 4. 50; à Blatt n. — 80

42 x. — dasselbe. 23. Lfg. Vögel u. Blumen nach japan. Mustern gezeichnet v. Konr. Wiederhold. Fol. (4 Blatt.) 893. n. 3. —; à Blatt n. — 80
42 y. — dasselbe. 24. Lfg. Kleine Muster f. Brandmalerei v. verschiedenen Künstlern. gr. 4. (9 Blatt.) 893. n. 3. —; à Blatt n. — 40
42 z. — dasselbe. 25. Lfg. Grössere Füllgn. f. Brandmalerei v. verschiedenen Künstlern. gr. Fol. (5 Blatt.) 893. n. 5. —; à Blatt n. 1. —
44 a. Vorlagen f. Brandmalerei in Verbindung m. Kerbschnitzerei v. Magda Schweizer. gr. Fol. (6 Blatt.) 893. n. 4. 50; à Blatt n. 1. —
44 b. Vorlagen f. Brandmalerei in Verbindung m. Kerbschnitzerei v. Magda Schweizer. 2. Reihe. gr. Fol. (8 Blatt.) 894. n. 6. —; à Blatt n. 1. — (1 u. 2.: n. 10. 50)
61. Amoretten. Musterblätter f. Aquarell- u. Porzellanmalerei. gr. 8. (6 Farbendr.) 892. n. 1 80; à Blatt n. — 30
s. in Bd. XXVI des Bücherlexikons: Zehl's Vorlagen-Mappen.

Vorlagen-Mappen, s. a. Zehl's Vorlagen-Mappen.

Vorlagen-Mappen für Aquarell- und Porzellanmalerei. Nr. 19—21, 23, 25—28 und 31—41. 4. und kl. 4. Leipzig, Zehl's Verlag. *

Inhalt:

Nr. 19. Tierstudien. 4 Hundeköpfe. Nach Orig. von H. Maguire. 887. *ℳ 1.20.; einzeln à Bl. * 30 Pf.
» 20. Tierköpfe. Affen, Hunde, Kaninchen und Katzen. 4 Bl. à 7 Köpfe. 887. *ℳ 2.—.; einzeln à Bl. * 50 Pf.
» 21. Motive für Holzmalerei, ausgewählt aus den Vorlagen für Ornament-Malerei von A. v. Zahn und E. Müller. kl. Fol. 12 chromolithogr. Taf. 885. *ℳ 14.40.; einzeln à Taf. *ℳ 1.20.
» 23. Figuren und Köpfe. 4 Engel, 4 Kinderköpfe nach engl. Orig. 887. *ℳ 2.40.; einzeln à Bl. * 60 Pf.
» 25. Kleine Studien für Landschaftsmalerei. Vorlagen für Aquarell- und Porzellanmalerei. 4 Bl. in Farbendr. 8. 888. *ℳ 3.—.; einzeln à Bl. * 80 Pf.
» 26. Unsere Lieblinge. Kinderköpfe als Vorlagen für Aquarell- und Porzellanmalerei. 4 Bl. in Farbendr. 887. *ℳ 1.20.; einzeln à Bl. * 30 Pf.
» 27. Amoretten. Nach Boucher und W. Friedrich. Vorlageblätter für Aquarell- und Porzellanmalerei, für Malerei auf Holz etc. 8 Bl. in Farbendr. 887. *ℳ 2.40.; einzeln à Bl. *ℳ 30 Pf.
» 28. Oehme, E., Jahreszeiten. 4 Figuren-Kompositionen in Farbendr. als Vorlageblätter für Aquarell-, Gouache- und Porzellanmalerei. 887. *ℳ 1.50.
» 31. Allerlei. Kleine Vorlageblätter für Aquarell- und Porzellanmalerei, für Malerei auf Holz, Glas, Terracotta etc. 8 Chromolithogr. 888. *ℳ 2.40.; einzeln à Bl. * 30 Pf.
» 32. Aquarell-Vorlagen. Allerlei Kleinigkeiten für Aquarell- und Porzellanmalerei [Landschaften]. 8 Chromolithogr. 888. *ℳ 2.40.; einzeln à Bl. * 30 Pf.
» 33. Stillleben. Geflügel und Wild. Vorlageblätter für Aquarell- und Holzmalerei. 5 Chromolithogr. 888. *ℳ 1.50.; einzeln à Bl. * 30 Pf.
» 34. Katzen und Hunde. 8 Tierköpfe als Vorlagen für Aquarell- und Porzellanmalerei. 8 Chromolithogr. 888. *ℳ 2.40.; einzeln à Bl. * 30 Pf.
Nr. 35. Frauentrachten. 4 weibl. Figuren in ägypt., ind. und chines. Tracht. Vorlagen für Aquarell- und Porzellanmalerei. 4 Chromolithogr. 888. *ℳ 1.20.; einzeln à Bl. * 30 Pf.
» 36. Schweizer Landschaften. 6 Vorlageblätter für Aquarellmalerei. 888. *ℳ 1.20.; einzeln à Bl. * 20 Pf.
» 37. Amoretten. 3 Engelsköpfchen. Vorlagen für Aquarell- und Porzellanmalerei. 888. * 90 Pf.; einzeln à Bl. * 30 Pf.
» 38. Am Strande. 4 Küstenlandschaften. Vorlageblätter für Aquarell- und Porzellanmalerei. 888. *ℳ 1.20.; einzeln à Bl. * 30 Pf.
» 39. Waldstudien. 4 Stimmungslandschaften. Jahreszeiten. Vorlagen für Aquarell- und Porzellanmalerei. 888. *ℳ 1.20., einzeln à Bl. * 30 Pf.
» 40. Steenbock, S., Vögel. Musterblätter für Aquarell-, Porzellan- und Glasmalerei. Neue Ausg. 8 Bl. 888. *ℳ 3.20.; einzeln à Bl. * 40 Pf.
» 41. Amoretten-Gruppen. (4 Elemente nach Boucher.) Vorlageblätter für kunstgewerbl. Zwecke und für häusl. Kunstarbeit. 4 Bl. in Farbendr. 888. *ℳ 2.40.; einzeln à Bl. * 75 Pf.

Nr. 22. 24. 24 b, 29 und 30 erschienen u. d. T.: Zehl's Vorlagen-Mappe. (s. d.)

Vorlagenwerke. Behufs Erleichterung der aus dem bedingungsweise approbirten Vorlagenwerke: „Barque et Gérôme. Cours de dessin. Paris, Goupil" im Sinne des Lehrplanes zu treffenden Auswahl wird bemerkt, daß aus dem I. Theile die Blätter 32—39, 41—50 und 52—54, zusammen 21 Blatt, à 1 fl., und aus dem II. Theile die Blätter Nr. III—VI, VIII, IX, XII—XIV, XVI—XIX, XXI, XXIII, XXVII, XXVIII, XXXII, XXXIV—XXXVI, XXXVIII, XLIV, XLVI, LII, LVI, LVII, LXII und LXIV bis LXVI, zusammen 31 Blatt, à 1 fl. 50 kr., für den Gebrauch an Mittelschulen geeignet sind.
1894.

Vorlagewerk und Musterbuch. Heft 1. 2. *Potsdam & Leipzig: Bonness & Hachfeld [1897].* gr. 2.
— Baugewerbe, Das gesamte. Vorlagewerk. H. 1. 2. [98. 2837

Vorlagewerk, neues, f. Tiefbrand, Brandmalerei, Flachschnitt u. Lederschnitt. 1. u. 2. Heft. (à 4 Taf. u. 1 farb. Taf. in 22,5×31,5 cm.) 48,5×32,5 cm. Hamburg (910). (F. W. Thaden.) à Heft 4. —

Vorländer, Daniel

u. H. **Hauswaldt,** Achsenbilder flüssiger Krystalle, s. a. Acta, nova, academiae usw. naturae curiosorum. 90, II.

Vorländer, Daniel und Hans Hauswaldt: Achsenbilder flüssiger Krystalle. Von . Mit 19 Taf. Halle: W. Engelmann in Leipzig in Komm. 1909. S. 108 117. 4°
(Nova Acta. Abhandlungen d. Kais. Leop.-Carol. Deutschen Akad. d. Naturforscher. Bd 90. Nr. 2.)

Vorländer, Daniel [aus Eupen]: Über Amidine der Oxalsäure. . .
Halle, *Druck v. A. Haack, Berlin,* 1890; 3 Bl., 36 S., 1 Bl. 8°
Halle, Phil. Fak., Inaug.-Diss. v. 12. Dez. 1890

Vorländer, D., über den Einfluss des Carbonyls auf benachbarte Gruppen. — Herrmann, P., u. D. Vorländer, Über d. Verhalten ungesättigter Verbindungen gegen Malonsäureester. gr. 8. (17 u. 20 S.) Halle 899. [M. Niemeyer.] Stuttgart, E. Schweizerbart. n. 1. 20
Sonderabdruck aus: „Abhandlgn. d. naturforsch. Gesellsch."

Vorländer, D., kristallinisch-flüssige Substanzen. (IV, 82 S. m. 28 Abb.) Lex. 8. Stuttgart 908. F. Enke. 2. 40
Sonderabdr. aus: „Samml. chem. u. chem.-techn. Vortr."

Vorländer, Daniel [Dr. phil.]: Synthese hydrirter Abkömmlinge des Resorcins . . . Halle a. S., Buchdr. O. Thiele, 1896; 1 Bl., 55 S. 8.
Halle, Phil. Fak., Hab.-Schr. v. [29. Juni] 1896

Vorländer, D.: Die Titration des Indigos mit Hydrosulfit, s. Wangerin, A.

Vorlaender, Fr., Elementa doctrinae de casibus comparatione graecae latinae et sanscritae linguae illustrata. 8 maj. (4¾ B.) Berolinae 834, (Besser.)

Vorländer, Frz., die gegenwärtige politische Bewegung oder was das deutsche Volk will, soll, kann u. muß. Ein Wort zur Verständigung. gr. 12. (40 S.) Marburg 848, Elwert. 4 ngl

Vorländer, Frz., Geschichte der philosophischen Moral, Rechts- und Staats-Lehre der Engländer und Franzosen mit Einschluss Machiavell's und einer kurzen Uebersicht der moral. und socialen Lehren der neueren Zeit überhaupt. gr. 8. (XVI und 701 S.) Marburg 855, Elwert'sche Universitäts-Buchh.

Vorländer, Franz

Fr. Vorländer's Grundlinien e. organ. Wissensch. d. menschl. Seele. *Berl.*, Enslin. B. (Fd. Müller.) 841. gr 8° 2 ß 8 gl

—— Schleiermachers Sittenlehre ausführlich dargestellt und beurtheilt mit einer einleitenden Exposition des histor. Entwicklungsganges der Sittenlehre überhaupt. Eine von der k. dänischen Gesellschaft zu Kopenhagen gekrönte Preisschrift. gr. 8. (X und 348 S.) Marburg 851, Elwert'sche Universitäts-Buchh.

—— Wissenschaft der Erkenntniss. Im Abriss systemat. entworfen. gr. 8. (XVI und 335 S.) Marburg 847, Elwert'sche Universitäts-Buchh.

VORLÄNDER, Friedrich: Der Siegener Haubergs-Katechismus. - Siegen 1867. 31 S.

Vorländer, Fr., die Siegenische Kunst-Wiese. Eine praktische Anleitung zu deren Anlegung und Pflege. Nebst e. Anhange von der Wiesen-Ueberstauungs-Methode und von der Behandlung der natürlichen Wiesen. Mit 2 Steintaf. gr. 8. Siegen 837. (Friedrich's Buchh.) n. 1/2 ℛ

Vorländer, Friedr., die siegenische Kunst-Wiese. Eine pract. Anleit. zu deren Anlegung u. Pflege. Nebst e. Anh. v. d. Wiesen-Ueberstauungs-Methode u. von d. Behandl. d. natürl. Wiesen. gr. 8. (4¾ B. u. 2 Stnt.) Siegen 837, (Schulz; Frankfurt a. M., Hermann.) *

Vorländer, Fr., die Siegen'sche Kunst-Wiese. Eine pract. Anleitung zu deren Anlegung u. Pflege. Nebst einem Anhang von der Wiesen-Ueberstauungs-Methode u. von der Behandlung der natürlichen Wiesen. Mit 2 Steindrucktaf. 2. unveränd., mit der Herzogl. Nassauischen Wiesen-Ordnung u. dem Gesetze über die Benutzung der Privatflüsse, vom 28. Febr. 1843 verm. Aufl. gr. 8. Siegen 844. (Frankfurt a/M., Hermann'sche Buchh.) n. 1/2 ℛ

Vorländer, J. J., Anleitung zum Feldmessen m. besond. Rücksicht auf die Anwendg. d. metr. Maasses nebst e. Anh. üb. die Flächenbestimmg. m. Hülfe d. Amsler'schen Polarplanimeters. gr. 8. (IV, 173 S. m. eingedr. Holzschn.) Berlin 871. Weidmann. n. 3. —

Vorlaender, J. J., Ausgleichung der Fehler polygonometrischer Messungen. Lex.-8. (56 S.) Leipzig 858, Teubner.

—— über die Berechnung der Flächen-Inhalte ganz oder überwiegend aus Original-Maassen. Lex.-8. (42 S. mit eingedr. Holzschn.) Leipzig 858, (Teubner.) *

– geographische Bestimmungen im Königlich Preußischen Regierungsbezirke Minden vermittelst des trigonometrischen Netzes zur Aufnahme des Grundsteuer-Katasters. Minden 853. Korber u. Freytag in Comm. gr. 4. (VI, 132 S. u. 1 lith. Taf.) n. 2 ℛ

Vorlaender, J. J., Höhen-Bestimmungen im königl. preußischen Regierungsbezirke Minden und den benachbarten Grenzländern. Minden 863. Volkening in Comm. 4. (20 S.) n. 10 ngr.

Vorländer, J. J., Karte von den Kreisen Bielefeld und Halle im Reg.-Bez. Minden. Nach den Kataster-Karten bearb. 2. Aufl. 1:80,000. Fol. Minden 871, Volkening. [Leipzig, Siegismund und Volkening.] * 1 20
color. *ℳ 1,50.; aufgez. und color. * 2 25

Vorländer, J. J., Karte von den Kreisen Bielefeld und Halle im Reg.-Bez. Minden. Nach den Katasterkarten bearb. 1:80,000. 3. Aufl. Lithogr. und color. qu. gr. Fol. Leipzig 881, Siegismund und Volkening. * 1 50

—— Karte vom Kreise Büren im Reg.-Bez. Minden. Nach den Katasterkarten bearb. 1:80,000. 2. Aufl. Lithogr. und color. Imp.-Fol. Ebendas. 881. * 1 50

—— Karte des Kreises Herford im Reg.-Bez. Minden. 1:80,000. 2. Aufl. Fol. Ebendas. 874. * 1 20
color. *ℳ 1,50.; aufgez. und color. * 2 25

—— Karte vom Kreise Höxter im Regierungsbez. Minden. Nach den Kataster-Karten bearb. 1:80,000. 2. Aufl. Fol. Ebendas. 868. * 1 20
color. *ℳ 1,50.; aufgez. und color. * 2 25

Vorländer, J. J., Karte vom Kreise Minden im Reg.-Bez. Minden. Nach den Kataster-Karten bearb. 4. Aufl. 1:80,000. Minden 871, Volkening. [Leipzig, Siegismund und Volkening.] * 1 20
color. *ℳ 1,50.; aufgez. und color. * 2 25

Vorländer, J. J., Karte vom Kreise Minden im Reg.-Bez. Minden, nach den Katasterkarten bearb. 1:80,000. 5.—7. Aufl. Lithogr. Imp.-Fol. Leipzig 875—79, Siegismund und Volkening. * 1 20
color. *ℳ 1,50.; auf Leinw. und color. * 2 25

Vorländer, J. J. Karte vom Königlich Preussischen Regierungs-Bezirk Minden 1:200 000. Berlin 1848. 1 Bl. c. L. Ff.

—— Karte des Reg.-Bez. Minden. 4.—6. Aufl. 1:200,000. Fol. Ebendas. 874,75. * 2 —
color. *ℳ 2,25.; aufgez. und color. * 3 25

—— Karte des Reg.-Bez. Minden. 1:200,000. 6. Aufl. Lithogr. gr. Fol. Ebendas. 875. * 2 —
color. *ℳ 2,25.; auf Leinw. und color. * 3 25

—— Karte vom königl. preussischen Reg.-Bez. Minden. 1:200,000. 6. bericht. Aufl. Lithogr. Imp.-Fol. Ebendas. 883. *ℳ 2.; color. * 2 25
Auf Leinw. * 3 25

—— Karte des Kreises Warburg im Reg.-Bez. Minden. 2. Aufl. 1:80,000. Fol. Ebendas. 875. * 1 20
color. *ℳ 1,50.; aufgez. und color. * 2 25

—— Karte vom Kreise Wiedenbrück im Reg.-Bez. Minden. Nach den Katasterkarten bearb. 1:80,000. 2. Aufl. Lithogr. und color. qu. gr. Fol. Ebendas. 881. * 1 50

—— die Waldwirthschaft im Wiehen-Gebirge nebst Vorschlägen zu deren Verbesserung. gr. 8. (27 S.) Minden 863, (Volkening.) *

Vorlaender, Joh. Daniel (geb. 1799 in Röttgen bei Homburg a. d. M. Kr. Gummersbach): De morbo nigro Hippocratis . . . Bonnae, typ. Bueschlerianis (1823). 2 Bl., 48 S. 8.
Bonn, Med. Fak., Diss. v. [27] Mai 1823

Vorländer, K., Bilder aus Altena's Vorzeit, dargestellt in e. Reihenfolge v. Vorträgen. gr. 8. (VII, 144 S.) Altena 871. Santz in Comm. n. 1. 50

Vorländer, K., Bilder aus Altena's Vorzeit, dargestellt in e. Reihenfolge v. Vorträgen. (VII, 158 S.) 8. Altena (906). P. A. Santz. n. 2. —

Vorländer, Karl

Vorländer, Karl Die Kantische Begründung des Moralprinzips. 4 (S. 3—12). Rprg. u. Vorsch. *Solingen* 1889.
Nicht im Tauschverkehr.

Progr.

– die neukantische Bewegung im Sozialismus. gr. 8 (62 S) Ebd. 902 n. 1. 50
2 Sonderabdrucke aus: „Kantstudien".

Vorländer, Carl, tabellar.-übersichtl. Darstellung d. Dogmengeschichte. Nach Neanders dogmengeschichtl. Vorlesungen u. mit durchgeh. Beziehung auf dess. Werk: Allgem. Geschichte d. christl. Religion u. Kirche entworfen. 1. u. 2. Periode. gr. Fol. Hamburg 835, Fr. Perthes. à
1. od. apologet. Periode. Vom apostol. Zeitalter bis z. Entstehung d. Arianismus. (c. 100. p. Chr. bis 318.) (5 B.) 835.
2. od. polemische Periode. Von d. Entstehung d. Arianismus bis z. Tode Gregors d. Gr. (318—604 p. Chr.) (4 B.) 837.

Vorländer, Karl, tabellarisch-übersichtliche Darstellung der Dogmengeschichte. Nach Dr. Neander's dogmengeschichtlichen Vorlesungen und mit durchgehender Beziehung auf dessen Werk: Allgemeine Geschichte der christl. Religion und Kirche entworfen. 3. oder Uebergangs-Periode. Von Gregor dem Großen bis auf Anselmus von Canterbury. (604—1100 p. Ch.) — 4. oder scholastische Periode. Von Anselmus von Canterbury bis zur Reformation. (1100—1517 p. Ch.) Gotha 855. Fr. A. Perthes. gr. Fol. (31 S.) Jede Periode n. 10 ngr.
1. u. 2. Periode. Ebend. 1835, 38.

Vorländer, Karl [Oberl. zu Solingen]: Der Formalismus der Kantischen Ethik in seiner Notwendigkeit und Fruchtbarkeit ... Marburg, Univ.-Buchdr. (R. Friedrich)', 1893; 83 S. 8.
Marburg, Phil. Fak., Inaug.-Diss. v. [26. Aug.] 1893

Vorländer, Karl, Geschichte der Philosophie, s. a. Bibliothek, philosophische. 105. 106.

Vorländer, Karl: Geschichte der Philosophie von –. 2. Aufl. Bd 1. 2. Leipzig: Dürr 1908. 8°
1. Altertum, Mittelalter u. Übergang z. Neuzeit.
2. Philosophie d. Neuzeit.
(Philosophische Bibliothek. Bd 105. 106.)

Vorländer, Karl, Kant. Schiller. Goethe. Gesammelte Aufsätze. (XIV, 294 S.) gr. 8. Leipzig 907. Dürr'sche Buchh. n. 5. —; geb. 6. —

— Kant u. der Sozialismus unter besond. Berücksicht. d. neuesten theoret. Bewegung innerhalb d. Marxismus. gr. 8. (69 S.) Berlin 900. Reuther & Reichard. n. 1. 20

— Marx u. Kant. Vortrag, geh. in Wien am 8. IV. 1904. (28 S.) Lex.-8. Wien 904. E. Pernerstorfer. n.n. 1. —
Sonderabdruck aus: „Deut. Worte."

Vorlaender, Max C., mathematisches Modellieren, in seiner Anwendung auf die Konstruktion v. Seeschiffskörpern behandelt. (102 S. m. Fig., 1 Tab. u. 1 Taf.) gr. 8. Obernbeck bei Löhne i/W. 904. Schiffsbaumeister Vorlaender. n.n. 6. —

Vorlaender, O., Aufnahmen mittelalterl. Wand- u. Deckenmalereien in Deutschland, s.: Borrmann, Rich.

Vorländer, Otto, Bilder aus dem Lennethal, nach Skizzen und Zeichnungen. 10 Bl. in Lichtdr. qu. Fol. Mit Text. gr. 8. (4 S.) Frankfurt a. M. 881, Keller.
In Leinw.-Mappe ⁎

Vorlaender, Gvilelmvs (geb. am 30 Dez. 1841 in Minden): De Catvlli ad Lesbiam carminibvs (Pars prior [un.]) ... Bonnae, typ. C. Georgi (1864). 1 Bl., 46 S., 1 Bl. 8.
Bonn, Phil. Fak., Diss. v. 6 Aug. 1864

Vorläufer: Der Vorläufer
① Eine Zeitschrift zur Beförderung größerer Mündigkeit im häuslichen und öffentlichen Leben (1841—1843). Eine Monatsschrift für öffentliches Leben (1844) ⑤ 6. 1. 1841—Juni 1844 ⑥ 4° (1841—1843); 8° (1844) ⑦ wöchentlich 2× (1841—1843); Monatsschrift (1844) ⑧ Schaffhausen: C. J. Brodtmann (6. 1. 1841—30. 6. 1841. 2. 7. 1842—Juni 1844); Freiburg i. Br.: A. Emmerling (3. 7. 1841—1. 1. 1842); Glarus: Friedr. Schmid (1. 1. 1842—29. 6. 1842) ⑩ der Herausgeber ⑪ Christ. Friedr. Stötzner. Dr. Robert Haas (1842); Mitarbeiter: Kasimir Pfyffer. J. P. V. Troxler ⑫ liberal ⑬ BGSZ: 1052. 1053. 1128 (p. 75—79) ⑭ Be: L (1841—1842. März 1844); Sh: S; Zh: SSA (1841—1844) ⑮ Der »Vorläufer« wollte zwischen Deutschland und der Schweiz vermitteln, ging daher ein, als die deutschen Zensurvorschriften den Verlauf in Deutschland verunmöglichten. Die Nummer vom 1. 1. 1842 erschien an zwei Druckorten (Freiburg und Glarus) mit verschiedenem Text

Vorläufer, die, des polnischen Aufstandes. Beiträge zur Geschichte des Königr. Polen von 1855—1863. gr. 8. (IV und 220 S.) Leipzig 864, O. Wigand. *

Vorläufer, die, von Joh. Sebastian Bach, s. Neujahrsblatt, 79., der allgemeinen Musik-Gesellschaft in Zürich.

(Vorläufer. Die V. von Joh[ann] Sebastian Bach.) Njbl. s. [Weber, Heinrich].

Vorläufer d. Geographie, mit Abbild. v. Kindern aus allen Erdtheilen u. vielen illum. Kpf. 8. Halle 810. Dreyßig. 8 ggr

Vorläufer, der humoristische, zur 100jährigen Geburtstags-Feier J. P. Hebel, auf den 10. Mai 1860. In alleman. Mundart von K.....d. Freiburg im Br. 860. Wangler. gr. 8. (12 S.) 3 ngr.

Vorläufer zum Bündner Landboten
v. Der Bündner Landbote (I).

— der Naturgeschichte, mit 8 ill. Kpf. 8. Halle 805. Dreyßig. 16 ggr

Vorläufer, ein, zur Schul-Fibel. Zusammengetragen von einem prakt. Schulmanne. 7. Aufl. 16. (16 S.) Gmunden 861, Habacher.

[**Vorläufer** zum Ersten Theresienvolksfeste in Bamberg oder] Die öffentliche Maskerade in Bamberg am Fastnachts-Montage 1833. In Kolorirten Abbildungen dargestellt von G. D. v. W. . . Bamberg, Verlag der Drausnick'sche Buch- und Kunsthandlung o. J. [Umschlagtit.]
27 Taf. in kol. Lithogr. 4°

Vorläufer, Der, vom Verfasser der Briefe eines Verstorbenen. Stuttgart 1838. V: *Pückler-Muskau, Hermann Fürst zu.* (EE) (Ky) (BrMm)

Vorläufer, der, vom Verfasser d. „Briefe e. Verstorbenen." gr. 8. (34½ B.) Stuttgart 838, Hallberger'sche Vrlsh.

— der Weltgeschichte, mit Kpf. 8. Halle 807. Dreyßig. 12 ggr

Vorläufiges, Etwas, von den gesetzlichen persönlichen Eigenschaften eines Reichsständischen Visitators ... O. O. 1774. V: *Balemann, Georg Gottlieb.* (MGT) (Kordes, Schlesw.-holst. u. eutin. Schriftst. Schleswig 1797.)

Vorlegeblatt, Arithmetisches. Wettin 1829. V: *Voigt, G. L.* (Ky)

Vorlegeblatt, arithmetisches, (v. G. L. Voigt). Lithogr. 4. (¼ Bog.) Wettin 829. (Kümmel in Halle). ¼ ggr — Facit-Buch hierzu. Nebst e. Anleit. zum Gebrauch dieses Vorlegeblattes. 8. Ebd. 829. 8 ggr

— z. Nachzeichnen mit 4 Thierstücken in ½ Fol. Götting. 829. Gebr. Rocca. 3 ggr

Vorlegeblatt z. Selbstübung im Plan-Zeichnen. 1 Bl. gr. Fol. München 840. Rey u. Widmayer. n. 1/12 ℛ

Vorlegeblätter

— 8, für geübtere Figuren-Landschaften- u. Thierzeichner. gr. 4. Bresl. 831. (Henne). 12 ggr

— 18 deutsche u. engl., z. Erlernung d. Schönschreibekunst. gr. 4. Pirna 815. Friese. 8 ggr

Vorlegeblätter verschiedener Alphabete u. Verziergn. f. Maler u. Lackirer. [3. Aufl.] qu. Fol. (24 Taf.) Bremen 887. Leipzig, Rauert & Rocco. n. 3. —

— für Anfänger im Schönschreiben, entnommen d. Handfibel v. J. Kielmann. gr. 8. (10 Seit., wovon 8 lith.) Meurs 840. (Wesel, [Hamburg,] Prinz.)

Vorlegeblätter f. Anfänger z. Uebung in d. deutschen Current-Schrift. qu. ½ gr. 8. (15 lith. Blätter.) Guben 839, (Berger.) •

— f. Anfänger z. Uebung in d. latein. Schrift. qu. ½ gr. 8. (15 lith. Blätter.) Guben 839, (Berger.) •

Vorlegeblätter, zum Ausmalen f. Kinder. Leipzig, Bchl. 811.

Vorlegeblätter der Baugewerkschule zu Holzminden. 1. und 2. Heft. Imp.-Fol. Holzminden 855. 56, (Müller'sche Buchh.) à Heft * * 2 Thlr. 15 Ngr. * *

Inhalt:

Heft 1. Maurer-Constructionen. (18 Stnt.)
» 2. Zimmer-Constructionen. (15 Stnt.)

—— dass. — Nachtrag zum 2. Hefte: 8 Blätter Zimmer-Constructionen. Lithogr. Imp.-Fol. (Ebendas.) 858. * *

Vorlege-Blätter der Baugewerkschule zu Holzminden. Mauer-Constructionen. gr. Fol. (32 Stnt.) Leipzig 879, Knapp. In Mappe *
—— dass. — Zimmer-Constructionen. gr. Fol. (31 Stnt.) Ebendas. 875. In Mappe *

Vorlegeblätter für Baumeister. Mit Atlas. Berlin 1844. Atl. Fol.

Vorlegeblätter für Baumeister. Hrsg. von der Königl. Techn. Deputation für Gewerbe in Berlin. 35 Taf. (wovon 28 in Kpfrst. u. 7 lithochrom.) m. (8 S.) erläut. Text. Erste für den Handel bestimmte Aufl. Imp. Fol. Potsdam 851, Riegel's Verlag. n. 18 ℛ

— z. Blumenzeichnen. 2 Hfte. gr. 4. Magdeb. 826. (Creuz) 1 ℛ 20 gr

— z. Blumenzeichnen, 16 Blatt. Bresl. 827, Grüson u. C.

— z. Blumenzeichnen. 32 Bl. 1s u. 2s Heft. gr. 8. Berl. 831. Winkelmann u. S. In Etui (à 11 gr) 22 gr

— zum Blumenzeichnen. 3s u. 4s Heft. Roy.-4 Berlin 833. u. 838. Winckelmann u. Söhne. In Etuis à 1 ℛ

Vorlegeblätter zum Blumenzeichnen, enthaltend 12 Blumen- u. Fruchtstücke. gr. 4. (12 Steindrucktaf.) Annaberg 844, Rudolph u. Dieterici. 3/4 ℛ

— z. Blumenzeichnen für Elementar-Mädchenschulen. 4. Carlsr. 832. (Heidelb., Winter). 12 gr

— zum Blumenzeichnen für Elementar-Mädchenschulen. 4. Karlsruhe, (G. Braun.) herabges. Pr. n. 3/8 ℛ

—— zum Blumenzeichnen. 1. und 2. Heft. Neu-Ruppin 860, (Oehmigke's Verlag.) [1. Heft. qu. 16. (16 lithogr. Bl.) 2. Heft. qu. 4. (8 lithogr. Bl.) à Heft * 5 Ngr.] *

Labram, D., Vorlegeblätter zum Blumenzeichnen. Getreu nach der Natur. Basel, Schweighauser'sche Verlagshandlung. In Etui: schwarz 1. 20
1871. colorirt 2. 40

— z. Blumenzeichnen, in fortschreitender Ordnung. 1s Heft. qu. Fol. Eisenach 827. Bärecke. 8 gr

— für geübtere Blumen- u. Früchte-Zeichner. gr. 4. Bresl. 828. Grüson. (Hentze). 8 gr

— zum Briefschreiben f. Kinder. 8. Leipzig, (Melzer.) 1/8 ℛ

Vorlegeblätter, zum Briefschreiben, f. Kinder. 8. Dresd. 822. (Reimann in Leipz.) 6 gr

— deutsche. .. Halle 808. Dietlein. 8 gr

Vorlegeblätter, deutsche, zur Erlernung e. deutl. Handschrift f. Soldaten. Geschr. v. G. Z. 1. Hft. 4. (9 lith. Blätt. Mit Tlvign.) Berlin 830, [Lüderitz'sche Vrlsbuchh.]

—— deutsche, z. Schönschreiben, f. d. Schul- u. Privat-Gebr. bestimmt. 1/2 qu. 4. (8 lith. Blätter.) Rostock 836, Tiedemann.

— Deutsche, zum Schönschreiben, für den Schul- u. Privat-Gebrauch bestimmt. (8 sauber lithogr. Blätter.) 1/2 qu. 4. Rostock 836. (Leipzig, Wunder.) 1/4 ℛ

—— deutsche, z. Schönschreiben, f. d. Schul- u. Privatgebrauch. 1. Hft. 1/2 qu. gr. 4. (18 lith. Blätt.) Annaberg 837, Rudolph u. Dieterici.

— (325), zur Uebung d. Kopfrechnens in Elementarschulen, mit Berücksichtigung d. Silbergroschen; von einem prakt. Schulmanne. 8. Rathenow 825. Flick. 10 gr

Vorlegeblätter, 30, enthaltend 40 Stammbuchverse zum Schönschreiben. 2. Aufl. In-8⁰. Zürich, Koch's Verlag. 1879. 2 —

—— 30 in Steindruck enthaltend: Briefe f. Kinder, zum Nachschreiben, Nachbilden u. Beantworten, f. Elementarschulen u. zum Selbstunterr. In Verbindung m. mehr. Lehrern hrsg. v. J. W. Schmachtenberg. 4. Elberfeld 845, Schmachtenberg.

— z. ersten Elementar-Unterricht im freien Handzeichnen. 4. Bresl., Grüson u. C.

— z. ersten Elementar-Unterricht im freien Handzeichnen. 4. Bresl. ... (Hentze). 10 gr

—— für den Elementar-Zeichnen-Unterricht gesammelt von einigen Lehrern in Breslau. 2 Hefte. qu. 8. (75 lithogr. Bl.) Breslau 848, Scholz. à Heft 7 1/2 Ngr.

—— englische, z. Schönschreiben f. d. Schul- u. Privat-Gebr. bestimmt. 1/2 qu. 4. (8 lith. Blätter.) Rostock 836, Tiedemann.

Vorlegeblätter, englische, z. Schönschreiben, f. d. Schul- u. Privat-Gebr. 1. Hft. 1/2 qu. gr. 4. (18 lith. Blätt.) Annaberg 837, Rudolph u. Dieterici. Thlr.

— zur leichten Erlernung des Schönschreibens. 8. Leipz. ... Leo. 8 gr In Futteral. 16 gr

— — dieselben f. Schullehrer a. d. Lande. Ebend.

— z. leichteren Erlernung d. französ. Sprache, zum Schul- u. Privatunterricht, mit Rücks. auf Sanguins Methode. Von F. A. P. qu. 8. u. Verzeichniß d. ähnlich lautenden Wörter d. französ. Sprache. 8. Leipz. 826. Barth. 1 ℛ 3 gr

Vorlegeblätter zum Figurenzeichnen. 1s u. 2s Heft. qu. gr. 8 Berl. 830. Winkelmann u. S. In Etuis à 11 gr — 22 gr Dass. 9 Bl. in gr. Fol. Ebd. 12 gr

— zum Figuren-Zeichnen. 1s - 5s Heft. qu. gr. 8. Berlin 833—39. Winckelmann u. Söhne. In Etuis (1s u. 2s H. à 2/3 ℛ 3s u. 4s H. à 5/6 ℛ 5s H. 1 1/4 ℛ) 4 1/4 ℛ

— zum Figuren-Zeichnen. (II. Heft, 14 Blatt.) qu. 1/2 Fol. Berlin 841, Winckelmann u. Söhne. In Mappe mit Bändern 5/6 ℛ — III. Heft. 10 Blätter ganze Figuren. qu. Fol. Ebend. 844. 5/6 ℛ

—— zum Figurenzeichnen. 1. und 2. Heft. Neu-Ruppin 860, Oehmigke's Verlag. [1. Heft. qu. 16. (16 lithogr. Bl.) 2. Heft. qu. 4. (8 lithogr. Bl.) à Heft * 5 Ngr.] *

— zum Freien-Handzeichnen. 3s Hft. (20 Blatt.) Lithogr. qu. gr. 4. Guben 839. Berger. In Etui 2/3 ℛ (1—3. 2 ℛ)

Vorlegeblätter für technisches Freihand-Zeichnen an gewerblichen Fortbildungsschulen. Arbeiten der Schlosser, Schmiede u. Kupferschmiede. Hrsg. im Auftrage der königl. Kommission für gewerbliche Fortbildungsschulen Württembergs von Osc. Hölder. 22 Farbendr.-Taf. in 2 Abtheilungen, darstellend: Gitter, Beschläge, Beschlagtheile, Nägel etc. u. zwar 11 Taf. mit Mustern aus dem 13—18. Jahrh. u. 11 Taf. Orig.-Entwürfe mit Zugrundelegung verschiedener Pflanzenformen. (2. Aufl.) gr. Fol. Stuttgart 881. Nitzschke. In Mappe. n. 14. 50

— XXXV, zum Gebrauch beim Unterricht im Situations-Zeichnen an der Forst-Academie zu Dreißigacker, so wie auch zum Selbstunterricht angehender Forstmänner, Cammeralisten u. Oeconomen ꝛc. entworfen von J. H(ausen.) qu. 4. (35 zum Theil col. Bl.) Meiningen 845, Blum. baar 5 ℛ

—— 75, für den Elementar-Zeichnen-Unterricht. Entworfen u. hrsg. von einigen Lehrern in Breslau. qu. gr. 8. (1 Blatt Text.) Breslau 839, G. P. Aderholz.

— 25, zum Unterricht im Schönschreiben, von E. Benz u. A. (12 lithogr. Blätter.) qu. 8. Würzburg 834. Etlinger'sche Verlagsbuchh. In Umschlag 5/12 ℛ

— für Gold- u. Silberarbeiter. Separat-Ausg. der „Gold- u. Silberarbeiten" aus der „Kunst im Gewerbe", red. von Edwin Oppler. Fol. (12 lith. u. chromolith. u. photolith. Taf.) Leipzig 878. Knapp. In Mappe. n. 3. —

—— 100 (lithogr.), zum ersten und fortschreitenden Unterricht im freien Handzeichnen für Volks- und Gewerbsschulen. br. 8. Chur 851, Grubenmann'sche Buchh.

Vorlegeblätter, 100, zum Zeichnen für den Schul- u. Privatgebrauch. gr. 16. St. Gallen 844, Scheitlin u. Zollikofer. u. 5/6 ℛ

— 106, zum Zeichnen, für den Schul- u. Privatgebrauch, in 3 Abthll. 30 gerad., 40 krumml. u. 36 gemischtl. Figuren. Lithogr. 12. (St. Gallen 838. Scheitlin u. Zollikofer.) n. 5/6 ℛ

—— calligraphische, s. a. Guhra.

Vorlegeblätter, kalligraphische. 1.—4. Heft. 4. Langensalza 862, Verlags-Comptoir.

Inhalt:

Heft 1. Die elementar. Schreibanfänge in deutscher Schrift. (12 lithogr Blatt.) 9 Ngr.
- 2. Ein- und zweizeilige deutsche und engl. Vorschriften in Sprichwörtern, sowie kleine Kinderbriefe und Adressen. (Beger, Schönschreiber. 1. Heft. 2. Aufl.) (20 lithogr. Blatt.) 9 Ngr.
- 3. Kleine Aufsätze, Briefe, Quittungen, Atteste ꝛc. in Currentschrift. (Beger, Schönschreiber. 2. Heft.) (20 lithogr. Blatt.) 9 Ngr.
- 4. Zierschriften. (20 lithogr. Blatt.) 7½ Ngr.

Vorlegeblätter, kalligraphische. 5. Heft: die elementarischen Schreibanfänge in latein. Schrift. Langensalza 869. Verlags-Comptoir. 4. (12 Steintaff.) 6 *ngr.*

—— kalligraphische, mit ein. nützl. Inhalte, hrsg. v. ein. Lehrervereine. 10 Abthln. 1., u. 2., umgearb., m. ein. veränd. Inhalte vers. Aufl. 4. Langensalza 838, 42, Schulbuchh. d. Thüring. Lehrervereins. à

Abthl. 1. Die elementar. Uebungen in Currentschrift. (20 Bl.) 8 Gr.
- 2. Kleine Aufsätze, Briefe, Quittungen etc. in Currentschr. auf ½ Quartseiten. (20 Bl.) 8 Gr.
- 3. Die elementar. Uebungen in englischer Schrift, enth. Geschichtliches. (20 Bl.) 8 Gr.
- 4. Kleine Aufsätze, Briefe, Quittungen etc. in Currentschr., auf ganzen Quartseiten. (20 Bl.) 8 Gr.
- 5., 6. Uebungen in d. Currentschr., enth. eine kleine Erdbeschreibung. (48 Bl.) 12 Gr.
- 7., 8. Uebungen in d. engl. Schrift, enth. Naturgeschichte u. Naturlehre. (48 Bl.) 12 Gr.
- 9. Canzley-, Fractur-, Gothisch u. a. dgl. Schriftarten. (12 Bl.) 5 Gr.
- 10. Wandvorschriften, enth. d. latein. u. engl. grosse u. kleine Alphabet, genetisch geordnet. gr. Fol. (4 Bl.) 8 Gr.

— kalligraphische, mit einem nützlichen Inhalte. Herausg. von einem Lehrervereine. 1e Abthl., enthaltend die elementar. Uebungen in Currentschrift. 2e umgearb., mit einem veränd. Inhalte verseh. Aufl. 4. Sondershausen 838. Eupel. n. 1/3 ℛ

Vorlegeblätter, kalligraphische, mit e. nützlichen Inhalte. Herausg. von e. Lehrervereine. 2e Abthl., enthalt. kleine Aufsätze, Briefe, Quittungen, Atteste u. dgl. in Currentschrift. 2e umgearb., mit e. veränd. Inhalte versch. Aufl. 4. Sondershausen 838. Eupel. n 1/3 ℛ

— kalligraphische, mit einem nützlichen Inhalte. Herausgeg. von einem Lehrervereine. 1.—4. Abthl. 3., 5. u. 6. Abthl. 2. Aufl. 7. Abthl. 3. Aufl. (1. Abthl. 4. Aufl. 846.) Lithogr. gr. 4. Langensalza 842, 43, Schulbuchh. des Thüringer Lehrervereins. à 1/3 ℛ

— ders. 9. Abthl. Lithogr. gr. 4. (12 Bl.) Ebend. 842. 6¼ *ngr.*

— ders. 10. Abthl. Wandvorschriften. 2. verb. Aufl. gr. Fol. (4 lith. Blätter.) Ebend. 842. 1/3 ℛ

—— kalligraphische, mit einem nützl. Inhalte, unter Beachtung der Grundsätze der Taktschreibemethode, bearb. u. hrsg. v. e. Lehrervereine. 1. Abthlg. enth.: die element. Uebungen in Currentschrift. 4. u. 5., umgearb. Aufl. 4. (à 20 Stnt.) Langensalza 846, 47, (Wesel, Bagel.) à *

—— dass. 2. Abthl., enth. kleine Aufsätze, Briefe, Quittungen, Atteste u. dergl. in Currentschrift. 4. Aufl. gr. 4. (20 Stnt.) Ebds. 847. *

—— dass. 7. Abthl., enth. eine kleine Naturgeschichte in engl. Schrift. 3. Aufl. 4. (24 Stnt.) Ebds. 843.

— kalligraphische, mit einem nützlichen Inhalte, unter Beachtung der Grundsätze der Taktschreibmethode, bearb. u. hrsg. von einem Lehrervereine. 2 Abthlgn. 4. 1. Abth., enthaltend die elementar. Uebungen in Currentschrift. 5. Aufl. (20 Bl.) 2. Abth., enthaltend kleine Aufsätze, Briefe, Quittungen ꝛc. in Currentschrift. 4. Aufl. (20 Bl.) Langensalza 847. Wesel, Bagel. (à n. 1/3 ℛ) n. 2/3 ℛ

— kalligraphische, mit einem nützlichen Inhalte unter Beachtung der Grundsätze der Taktschreibmethode bearb. u. herausg. von einem Lehrervereine. Langensalza (853—58.) Schulbuchhandlung. 4.

Abth. 1. Die elementar. Uebungen in Currentschrift. 8—13. Aufl. (20 lith. Taf.) 10 *ngr.*
- 2. Kleine Aufsätze, Briefe, Quittungen, Atteste u. dgl. in Currentschrift auf halben Quartseiten. 8—13. gänzlich erneuerte Aufl. (20 lith. Aufl.) 10 *ngr.*
- 3. Die elementar. Uebungen in engl. Schrift. Inhalt: Geschichtliches. 8—12. Aufl. (20 lith. Taf.) 10 *ngr.*
- 4. Kleine Aufsätze, Briefe ꝛc. auf ganzen Quartseiten. 8—10. gänzlich erneuerte Aufl. (20 lith. Taf.) 10 *ngr.*
- 5. u. 6. Eine kleine Geographie in Currentschrift. 6—8. verb. Aufl. (44 lith. Taf.) 20 *ngr.*
- 7. Zierschriften. 2—6. Aufl. (16 lith. Taf.) 10 *ngr.*
- 8. Wandvorschriften. 4. u. 5. verb. Aufl. (4 lith. Taf.) 10 *ngr.*
- 9. Eine kleine Naturgeschichte in englischer Schrift. 3—5. Aufl. (24 lith. Taf.) 12 *ngr.*
- 10. Wandvorschriften für den Schreib-Lese-Unterricht. (4 Bgn. in gr. Fol.) 10 *ngr.*

— — mit einem nützlichen Inhalte. Herausg. von einem Lehrervereine. 4—7. u. 9. Abth. Langensalza 859. Greßler. 4. 1 ℛ 22 *ngr.*

Inhalt: 4. Kleine Aufsätze, Briefe, Quittungen, Atteste u. dergl. in Currentschrift auf ganzen Quartseiten. 12. Aufl. (20 Bl.) 10 *ngr.* — 5. 6. Eine kleine Geographie in Currentschrift. 10. Aufl. (44 S.) 20 *ngr.* — 7. Zierschriften. 7. Aufl. (16 S.) 10 *ngr.* — 9. Eine kleine Naturgeschichte in englischer Schrift auf ganzen Quartseiten. 6. Aufl. (24 S.) 12 *ngr.*

—— kalligraphische, mit einem nützlichen Inhalte. Hrsg. von einem Lehrervereine. Mit einem veränd. Inhalte versehene Aufl. 13 Abthlgn. 4. Langensalza 863—68, Schulbuchh. von Greßler.

Inhalt:

Abthl. 1. Enth. die elementarischen Uebungen in Currentschrift. 17. Aufl. (20 lithogr. Blatt.) 10 Ngr.
" 2. Enth. kleine Aufsätze, Briefe, Quittungen, Atteste u. dgl. in Currentschrift auf halben Quartseiten. 19. Aufl. (20 lithogr. Blatt.) 10 Ngr.
" 3. Enth. die elementarischen Uebungen in englischer Schrift. Inhalt: Geschichtliches. 16. Aufl. (20 lithogr. Blatt.) 10 Ngr.
" 4. Enth. kleine Aufsätze, Briefe, Quittungen, Atteste u. dgl. in Currentschrift auf ganzen Quartseiten. 16. Aufl. (20 lithogr. Blatt.) 10 Ngr.
" 5. 6. Enth. eine kleine Geographie in Currentschrift. 14. Aufl. (40 lithogr. Blatt.) 20 Ngr.
" 7. Zierschriften. 11. Aufl. (16 lithogr. Blatt.) 10 Ngr.
" 8. Wandvorschriften. 5. Aufl. gr. Fol. (4 Bog.) 10 Ngr.
" 9. Enth. eine kleine Naturgeschichte in englischer Schrift. 8. Aufl. (24 lithogr. Blatt.) 12 Ngr.
" 10. Wandvorschriften für den Schreibleseunterricht. 2. Aufl. gr. Fol. (4 Bog.) 10 Ngr.
" 11. Einzeilige Vorschriften mit biblischem Inhalte in Currentschrift. 2. Aufl. (12 lithogr. Blatt.) 6 Ngr.
" 12. Ein- und zweizeilige Vorschriften, enth. Sprichwörter in englischer Schrift. 2. Aufl. (16 lithogr. Blatt.) 7½ Ngr.
" 13. Enth. das neue metrische Maß- und Gewichtsystem in Currentschrift. (12 lithogr. Blatt.) 5 Ngr.

Vorlegeblätter, kalligraphische; mit einem nützlichen Inhalte. Hrsg. von einem Lehrervereine. Mit einem veränd. Inhalte versehene Aufl. 1.—14. Abthl. Langensalza 869—74, Schulbuchh. von Greßler.

Inhalt:

Abthl. 1. Enthaltend die elementarischen Uebungen in Currentschrift. 17. Aufl. 4. (20 Bl.) ℳ 1.
" 2. Enthaltend kleine Aufsätze, Briefe, Quittungen, Atteste u. dgl. in Currentschrift auf halben Quartseiten. 19. Aufl. 4. (20 Bl.) ℳ 1.
" 3. Enthaltend die elementarischen Uebungen in englischer Schrift. Geschichtliches. 16. Aufl. 4. (20 Bl.) ℳ 1.
" 4. Enthaltend kleine Aufsätze, Briefe, Quittungen, Atteste u. dgl. in Currentschrift auf ganzen Quartseiten. 16. Aufl. 4. (20 Bl.) ℳ 1.
" 5. 6. Enthaltend eine kleine Geographie in Currentschrift (mit Berucksicht. der in den J. 1870 und 1871 stattgehabten Veränderungen). 14. Aufl. 4. (20 Bl.) ℳ 2.
" 7. Zierschriften. 11. Aufl. 4. (16 Bl.) ℳ 1.
" 8. Wandvorschriften. 5. Aufl. gr. Fol. (4 Bog.) ℳ 1.
" 9. Enthaltend eine kleine Naturgeschichte. 8. Aufl. 4. (24 Bl.) ℳ 1,20.
" 10. Wandvorschriften für den Schreibleseunterricht. 2. Aufl. gr. Fol. (4 Bog.) ℳ 1.
" 11. Einzeilige Vorschriften mit biblischem Inhalte in Currentschrift. 2. Aufl. 4. (12 Bl.) 60 Pf.
" 12. Ein- und Zweizeilige Vorschriften, enth. Sprichwörter in englischer Schrift. 2. Aufl. 4. (16 Bl.) 75 Pf.
" 13. Enthaltend das neue metrische Maß- und Gewichtsystem in Currentschrift. 4. (12 Bl.) 50 Pf.
" 14. Enthaltend Preußens Regenten vom großen Kurfürsten bis zum deutschen Kaiser Wilhelm I., genannt der Siegreiche — in Currentschrift. 4. (20 Bl.) ℳ 1.

—— kalligraphische, mit einem nützlichen Inhalte. Hrsg. von einem Lehrervereine. 1.—6., 9., 11. und 12. Abthl. (Mit neuer Orthographie.) 4. Langensalza 881, Schulbuchh. von Greßler.

Inhalt:

Abthl. 1. Die elementarischen Übungen in Kurrentschrift. 18. Aufl. (20 Stnt.) ℳ 1.
" 2. 4. Kleine Aufsätze, Briefe, Quittungen, Atteste u. dgl. in Kurrentschrift auf halben Quartseiten. 20., resp. 17. Aufl. (à 20 Stnt.) à ℳ 1.
" 3. Die elementarischen Übungen in englischer Schrift, enthaltend Geschichtliches. 17. und 18. Aufl. (à 20 Stnt.) ℳ 1.
" 5. 6. Eine kleine Geographie in Kurrentschrift. 15. Aufl. (41 Stnt.) ℳ 2.
" 9. Eine kleine Naturgeschichte in englischer Schrift auf ganzen Quartseiten. 9. Aufl. (24 Stnt.) ℳ 1,20.
" 11. Einzeilige Vorschriften mit biblischem Inhalte. 3. Aufl. (12 Stnt.) 60 Pf.
" 12. Ein- und zweizeilige Vorschriften, enthaltend Sprichwörter in englischer Schrift. 3. Aufl. (16 Stnt.) 75 Pf.

7. Abthl. ℳ 1.; 13. Abthl. 50 Pf.; 8., 10. und 14. Abthl. sind vergriffen.

—— kalligraphische, religiösen Inhalts. Mit Rücksicht auf das christl. Kirchenjahr hrsg. 2. und 3. Heft. 4. Langensalza 858, Verlags-Comptoir. à Heft 6 Ngr.

Inhalt:

Heft 2. Kaiser, H., englische Schrift. (8 lithogr. Bl.)
" 3. Kohlmann, Carl, Zierschriften in Sprüchen und Alphabeten. Entworfen und dargeboten zur Benutzung für strebsame, im Schreiben und Zeichnen vorgerücktere Schüler, sowie zu sonstigem Gebrauche. (8 lithogr. Bl.)

1. Heft, vgl.: Kaiser, H., Vorlegeblätter.

— kalligraphische, für Lithographen, Kupferstecher, Schriftschneider, Steinmetzer, Schildermaler rc., auf Stein gezeichnet und herausg. von Ant. Pelz. 1ste Tafel. Das Alt-Englische (Gothische) Alphabet. Fol. Bresl. 832. Pelz. Prän.-Pr. für diese und die letzte Tafel. 8 gGr.

—— kalligraph., f. Lithographen, Kupferstecher, Schriftschneider rc. auf Stein gez. u. hrsg. v. Ant. Pelz. 1—8. Taf. Fol. Breslau (833), Pelz. à Taf.
(Enth.: I. Das Alt-Englische (Gothische) Alphabet. II. Deutsches Canzlei-Alphabet. III. Römisch. (Knochenschrift.) IV. Römisch. (Lapidar u. Cursiv.) V. Alphabete d. Mönchs- u. d. alten Kirchenschrift. VI. Deutsches Fractur-, Druck- u. Griechisches Alphabet. VII. Englisches Alphabet. VIII. Franz. Ronde-, Batarde- u. Coulée-Schrift u. das Armenische Alphabet.

— kalligraphische, für Volksschulen. 1e—24e Lfrg. (22 lithogr. Blätter.) 4. Erfurt 833, 34. (Otto.) à 1½ gGr.

— dies. 3e Abthl., enthaltend d. elementar. Uebungen in englischer Schrift. Inhalt: Geschichtliches. 2e umgearb., mit einem veränd. Inhalte versehene Aufl. 4. Ebd. 839. n. ⅓ Thlr.

— dies. 4e Abthl., enthaltend kleine Aufsätze, Briefe, Quittungen, Atteste u. dgl. in Currentschrift auf ganzen Quartseiten. 2e umgearb. u. mit einem veränd. Inhalte verseh. Aufl. 4. Ebd. 839. n. ⅓ Thlr.

— dies. 5e Abthl. Uebungen in der Currentschrift. Enthaltend: Allerlei Aufsätze. — Des ganzen Werkes 25e—30e Lfrg. (36 lithogr. Blätter.) 4. Ebd. 835. 5/12 Thlr.

— dies. 6e Abthl. od. 31e u. 32e Lfrg. Uebungen in einigen andern gebräuchlichen Schriftzeichen. 4. Ebd. 837. n. 5 gGr. (1e—32e Lfrg. n. 2 1/12 Thlr. — Auch 1e—24e Lfrg. sind jetzt von Eupel zu beziehen.)

— kleine französische, s. A. Bergmann.

— für die Kunst-Tischlerei. Separat-Ausg. der „Tischler-Arbeiten" aus der „Kunst im Gewerbe", red von Edwin Oppler. Fol. (12 Steintaf.) Leipzig 878. Knapp. In Mappe. n. 3. —

— z. Landschaftszeichnen. 3 Hefte. 4. Bresl., Grüson u. C. à 8 gr.

— z. Landschaftszeichnen. 4 Hefte. 4. Bresl. ... (Hentze). (à 8 gGr.) 1 Thlr. 8 gGr.

— z. Landschaftszeichnen. 1s—3s Heft. gr. 8. Berl. 831. Winkelmann u. S. 1 Thlr. 10 gGr.

—— zum Landschaftzeichnen. 1. und 3. Heft. Neu-Ruppin 860, Oehmigke's Verlag. [1. Heft. qu. 16. (16 lithogr. Bl.) 3. Heft. qu. 4. (8 lithogr. Bl.) à Heft * 5 Ngr.] *

— für angehende Landschaftszeichner. 4. Nürnb. 812. Zeh. 12 gGr.

— für Maurer, siehe a. Grundlage der praktischen Baukunst. 1. Thl.

Vorlegeblätter für Maurer, in 42 Kupfertafeln, herausgegeben von der Königl. technischen Deputation für Gewerbe. Berlin 1830. 1°.

Vorlegeblätter für Maurer, in 24 Tafeln nebst Erläuterungen. Nach der Original-Ausgabe der Königl. technischen Deputation für Gewerbe herausg. 3te Aufl. Berlin. 1840. Fol. 4½ Thlr.

— für Maurer, in 42 lithogr. Tafeln mit Erläuterungen (auf 9 Blättern). Nach der Originalausgabe d. Königl. technischen Deputation für Gewerbe mit deren Bewilligung herausg. 3e Aufl. ½ Imp.-Fol. Berlin 841. Schenk u. Gerstäcker. (Leipzig, Voß.) n. 4½ Thlr.

Vorlegeblätter für Maurer und Zimmerleute. Nachträge von G. Stier. Berlin 1841. Fol.

Vorlegeblätter für Maurer und Zimmerleute. Nachträge von Gust. Stier. Nach der Original-Ausgabe der Königl. technischen Deputation für Gewerbe herausgegeben. Berlin. 1844. Fol.

—— moderne kalligraphische, zum Schul- und Selbstgebrauch. qu. 16. (7 Stnt.) Zittau 883. (Löbau i. S., Oliva's Buchh.)

— z. Nachzeichnen. (6 sauber lithogr. Blätt. — Fruchtstücke enthaltend). gr. Fol. Hannov. 832. Hornemann'sche Hofkunsth. à Blatt 8 gr

— zum Nachzeichnen. 1s Heft oder Nr. VII—XII. (sauber lithogr. Blumenstücke enthaltend). gr. Fol. Hannover 833. Hornemann'sche Hof-Kunsth. à Blatt n. 1/3 Thlr

— zum Nachzeichnen. — Blumen. Heft 1—4. (à 12 lithogr. Blätter.) gr. 4. Hannover 835, 36. Hornemann. à H. n. 1/3 Thlr

— ders. Landschaften. Heft 3. (12 lithogr. Bl.) gr. 4. Ebd. 836. n. 1/2 Thlr

— zum Nachzeichnen. Zum Gebrauch für Lehrer und Anfänger, auch zum Selbstunterricht. Heft 1 u. 2. Früchte. (à 12 lithogr. Blätter.) qu. gr. 4. Ebd. 835. à Heft n. 1/2 Thlr

— zum Nachzeichnen. Pferdestudien nach Zeichnungen von Victor Adam. Roy.-Fol. (6 lith. Blätter in Thondruck.) Düsseldorf 843, Arnz u. Comp. n. 1 Thlr

—— zum Nachzeichnen. 10 Hefte. qu. gr. 8. (à Heft 8 Stnt.) Wesel 886, Düms. à Heft

Inhalt:

Heft 1. Geradlinige und krummlinige Figuren.
» 2. Teile des menschlichen Körpers.
» 3. Leicht ausgeführte Landschaften.
» 4. Verzierungen und verzierte Gegenstände.
» 5. Geräte.
» 6. Tiere.
» 7. Ausgeführte Landschaften.
» 8. Figuren.
» 9. Blumen und Früchte.
» 10. Ausgeführte Köpfe.

— z. Nachzeichnen u. Ausmalen, f. d. Jugend. Ein Heft von 12 Blatt. Naumb. ... Wild. schwarz 6 gr ill. 12 gr schwarz u. illum. 16 gr

— neue, zum Unterricht im Schönschreiben für Landschulen. Mit Bezug auf Beförderung des Denkvermögens u. einen, dem Geschäftsleben zugewendeten, sittlich-religiösen, geschichtl. u. landwirthschaftl. Inhalt. Durchgesehen von J. Ch. Hochhuth. 2. Aufl. qu. Fol. Eschwege 843; Leipzig, Weygand'sche Buchh. 1/2 Thlr

—— neue, zum Unterricht im Schönschreiben f. Landschulen. Mit Bezug auf Beförderung des Denkvermögens u. einen. dem Geschäftsleben zugewendeten, sittlich-religiösen, geschichtl. u. landwirthschaftl. Inhalt. Durchgesehen v. J. Ch. Hochhuth. 2. Aufl. qu. Fol. (17 B.) Eschwege 843. (Leipzig, Geo. Wigand)

— neue, zum ersten Unterricht im Schön- u. Rechtschreiben, in genetischer Stufenfolge des Current- u. Druck-Alphabets für Unterklassenschüler. (1 lith. Bl. in 4.) Grimma 844, Verlags-Comptoir. 100 Exempl. n. 1/3 Thlr

— neue, zum Zeichnen, nach den besten Meistern der Düsseldorfer Schule. 1.—4. Liefg. Lithogr. 1/2 Fol. (à 12 Blätt.) Düsseldorf 841, 42, Arnz u. Comp. à 1 Thlr

—— neue, z. Zeichnen, nach Originalzeichnungen hiesiger u. französischer Künstler. 4 Lfgn. 1/2 Fol. (à 12 Stnt.) Düsseldorf 842, Arnz u. Comp. à 1 Thlr.

— orthographische, f. J. C. F. Baumgarten.

— zu Rechenübungen, in fortschreitende Ordnung vom Leichtern zum Schweren, für Land- u. Bürgerschulen rc. 8. Leipz. 808. Barth. 20 gr

Vorlegeblätter für Schiffbauer. Für die Königl. Schiffbauschulen entworfen von Klawitter, herausgegeben von der Königl. Preuss. technischen Deputation für Gewerbe. Berlin 1835. Fol.

Vorlegeblätter für Schlosser. Gitterwerke. Herausgegeben von der Grossherzogl. Zentralstelle f. d. Gewerbe u d. Landesgewerbever. in Darmstadt. (12 T) fol Darmstadt

— zum Schönschreiben. Magdeb. 823. Rubach. 6 gr

—— zum Schönschreiben hrsg. vom Lehrpersonale der k. k. Diözesan- und Kreishauptschule zu Leitmeritz. qu. gr. 4. (15 lithogr. Bl.) (Leitmeritz 851, Pohlig.) **

—— zum Schönschreiben. qu. 4. (20 lithogr. Bl. mit chromolithogr. Titel.) Leipzig 857. (E. H. Mayer.) *

— zum Schönschreiben. Aachen (858.) (Leipzig, E. H. Mayer.) qu. 8. (21 lith. Bl.) n. 15 ngr

— zum Schönschreiben, für Volksschulen. 1e u. 2e Samml., enthalt. 24 Bl. deutsche u. 6 Bl. englische Schrift. Lithogr. qu. 4. Marktbreit a. M. 834. (Erlangen, Bläsing.) 1/4 Thlr

—— zum Schreibunterricht in d. Bayer. Volksschulen. 1. Abthl. Deutsche Schrift. gr. 4. (14 lith. Blätt. u. 1 Bl. Text.) Kempten 851, Dannheimer.

—— ders. II. Abthl. Englische Schrift. gr. 4. (12 lith. Blätt. u. 1 Bl. Text.) Ebds. 851.

— deutscher u. engl. Schrift, nach J. Heinrig's lithogr. 8. Götting. 826. Vandenhöck u. R. 6 gr

— deutscher u. engl. Schrift, z. Unterr. in d. Schönschreibekunst f. Schulen. qu. 4. Hadamar 826, Neue Gelehrten-Buchhandl.

—— deutscher u. engl. Schrift zum Unterr. in d. Schönschreibekunst f. Schulen. Schmal qu. gr. 8. (17 lith. Blätt.) Hadamar (829). [Weilburg, Lanz.]

— 36, für den Unterricht im Schönschreiben nach bayer. Normal-Schulschrift. (12 Blatt für I. Stufe, 12 Blatt für II. Stufe u. 12 Blatt für III. Stufe.) qu. 4. Würzburg 844, Voigt u. Mocker. n. 1/3 Thlr

— XVI, für den Schreibunterricht in Elementarschulen. Zunächst zum Gebrauche der im Schullehrer-Seminar zu Friedberg gebildeten Zöglinge. (Von ... Roth.) qu. Fol. Gießen 830. Heyer. 16 gr

—— 16 (in Kpfr. gest.,) für den Schreibunterricht in Elementarschulen. Neuer Abdr. qu. Fol. Darmstadt 852, Beyerle. *

— 60, zum Selbstunterricht im Zeichnen. Lithogr. Neuhaus 866. Landfrass & Sohn. qu. 8. In Couvert. n. 10 1/2 ngr

— zum Selbstunterricht im Situations-Planzeichnen für Militair-Schulen, Geometer, Forstmänner u. Oekonomen. 12 Blatt, herausgeg. in der lithogr. Anstalt von H. C. Bellguth. qu. gr. 4. Braunschweig 844. (Ramdohr); (Leipzig, J. B. Klein.) 1/2 Thlr

Vorlegeblätter zum Selbstunterricht im Zeichnen. gr. 8. Neuhaus. A. Landfrass & Sohn. 1864. In Umschlag 30 kr.

— 70, deutscher Schrift für Elementarschüler. qu. 8. (12 lith. Taf.) Emmerich 845, Romen. 1/12 Thlr

— beim Stricken u. Nähen d. Schrift u. Ziffern. 2 Thle. (1r Thl. engl. Schrift. 2r Thl. latein. Schrift.) 14 Blätter. Cassel u. Marb. 814. Krieger. 1 Thlr 8 gr

— z. Thierzeichnen. 4. Bresl. ... Grüson u. C. 12 𝒦

— zum Thier-Zeichnen. 1s u. 2s Heft. (à 16 Blätt.) gr. 4. Berlin 838. Winckelmann u. Söhne. In Etui à 3/4 ꝛß

— zum Thier-Zeichnen. III. Hft. (12 Bl.) qu. 1/2 gr. Fol. Berlin 841, Winckelmann u. Söhne. In Mappe mit Bändern (à) 3/4 ꝛß

— zum Thier-Zeichnen. IV. Hft. qu. gr. 4. (12 lith. Bl.) Berlin 847, Winckelmann & Söhne. 5/6 ꝛß

—— zum Thierzeichnen. 1. und 2. Heft. Neu-Ruppin 860, Oehmigke's Verlag. [1. Heft. qu. 16. (16 lithogr. Bl.) 2. Heft. qu. 4. (8 lithogr. Bl.) à Heft * 5 Ngr.] *

— zur Uebung des Kopfrechnens in Elementarschulen, mit Berücksichtigung der Silbergroschen. 8. Berlin 825. (H. (Schulze.) 5/12 ꝛß

— z. Uebung in d. geometr. Planzeichnung, in 14 Tafeln. 4. München ... (Leipz., Fr. Fleischer). 1 ꝛß

—— zu kalligraph. Uebungen im Kgl. Bayer. Schullehrer-Seminar zu Altdorf. qu. 8. (14 lith. Blätt.) Nürnberg 830, Riegel u. Wiessner.

— für die Uebungen im Schönschreiben. Hrsg. v. dem Lehrkörper der Prager k. k. Musterhauptschule 1860. 1. u. 2. Hft. qu. 4. (à Hft. 8 lith. Bl.) Prag 871. (Dominicus.) à n. — 60

Vorlegeblätter zum Unterricht im Blumenzeichnen. 1s, 2s Heft. Fol. Düsseldorf, Arnz. 820.

— — für den ersten Unterricht im Zeichnen. 24 Blätter. 8. Glogau, neue Günthersche Buchh. 820. —

— f. d. ersten Unterricht im Zeichnen, vom Leichtern z. Schwerern fortgehend. 2e Aufl. 24 Bl. u. Anweis. z. Gebrauch derselben. qu. 8. Glogau 824. Neue Güntersche Buchh. 12 𝒦

— z. Gebrauch beim ersten Unterr. im Zeichnen. (Anfangsgründe). 3 Hefte. gr. 8. Düsseld. 826. Arnz u. C. 1 ꝛß 12 𝒦

— z. Unterricht im Figurenzeichnen. 1s — 3s Heft. gr. Fol. Düsseld., Arnz u. C.

— — zum Unterricht im Figuren-Zeichnen. 1s Heft. 12 Blatt. gr. 4. Ebend. 820. —

— zum Unterricht im freien Handzeichnen. 1s u. 2s Heft. gr. 8. (à 32 lith. Blätt.) Berl. 832. Winkelmann u. S. In Etuis (à 8 𝒦) 16 𝒦

— — zum Unterricht im Landschaftszeichnen. 1s u. 2s Heft. Fol. Ebend. 820. 1s 12 Gr. 2s 1 Thlr. beyde Hfte

— oder methodischer Unterricht im Schönschreiben, s. A. Bergmann.

—— zum Unterr. im Schönschreiben. Nach d. allgem. Grundsätzen d. Methodik u. mit Rücksicht auf d. Verhältniss d. Schreibunterr. zu andern Lehrgegenständen bearb. u. hrsg. v. H. Blossfeld, G. Herrmann, C. Kloss, A. Märker, G. Pippel, F. Schütze u. G. Frisch. Mit e. Vorw. v. Weiss. 1. Abthl. — I—III. Hft. qu. 4. (81 lith. Blätt. u. 1/2 B. Text.) Leipzig 834, Weber.

—— zum Unterricht im Schönschreiben. Nach d. allgem. Grundsätzen d. Methodik u. mit Rücksicht auf d. Verhältniss d. Schreibeunterrichts zu andern Lehrgegenständen. Unter Leitung Ch. Weiss bearb. u. hrsg. v. H. Blossfeld, G. Herrmann, C. Kloss, A. Märker, G. Pippel, F. Schütze u. G. Frisch. 3 Curs. in 10 Hftn. (2. Aufl.) qu. 4. Leipzig 838, [Lorck.]

Curs. I. od. 1—3. Hft. Ein- u. zweizeilige Vorschriften. (81 lith. Bl. u. 1/2 B. Text.) 1 Thlr., einzeln à Hft. 9 Gr.
- II. - 4—6. - Drei- bis fünfzeilige Vorschriften, (81 lith. Bl.) 1 Thlr. 8 Gr., } einzeln à Hft. 12 Gr.
- III. - 7—10. - Acht- bis zehnzeilige Vorschriften. (117 lith. Bl.) 1 Thlr. 16 Gr., }

Vorlegeblätter zum Unterricht im Schönschreiben. Nach den allgemeinen Grundsätzen der Methodik rc. rc. 2r Cursus. 3 Hefte. (Neue Ausg. 81 lithogr. Blätter.) qu. 4. Leipzig 838. Weber. 1 1/3 ꝛß

— ders. 3r Cursus. 4 Hfte. (Neue Ausg. 117 lithogr. Blätter.) qu. 4. Ebd. 838. 1 2/3 ꝛß

— zum Unterricht im Schönschreiben. Unter Leitung von Dr. Ch. Weiß herausgeg. von H. Bloßfeld, G. Herrmann, C. Kloß, A. Märker, G. Pippel, F. Schütze u. G. Frisch. I. Curs à 3 Hfte. qu. 4. (80 lith. Blätter u. Text.) Leipzig 846. (Lorck.) 1 ꝛß — dies. II. Curs. à 3 Hfte. qu. 4. (84 lith. Bl.) Ebend. 846. 1 1/3 ꝛß — dies. III. Curs. à 4 Hfte. qu. 4. (116 lith. Bl.) Ebend. 846. 1 2/3 ꝛß

— z. Unterr. im Zeichnen. Der kleine Zeichner. 32 Bl. 1s u. 2s Heft. kl. Form. in Etui. Berl. 831. Winkelmann u. S. à 4 𝒦 8 𝒦 Dass. die kleine Zeichnerin. 32 Bl. kl. Form. in Etui. 1s Heft. Ebd. 4 𝒦

— zum Unterricht im Zeichnen. 8s u. 9s Hft. Figuren-Zeichnen. (à 32 lithogr. Blätter.) qu. gr. 8. Düsseldorf 833. Arnz u. Comp. In Etuis à 2/3 ꝛß

— dass. 10s Hft. Frucht-Zeichnen. (32 lithogr. Bl.) qu. gr. 8. Ebd. 833. In Etuis 3/4 ꝛß

— für den Unterricht im Zeichnen. 1—10. Hft. qu. 8. (à 6 Steintaf.) Leipzig 882. Bauer. à — 45

Vorlegeblätter, 4 (lithogr.), zum Schönschreiben der griechischen Schrift. (2. Aufl.) 4. Erlangen 854, Blaesing. Thlr.

Vorlegeblätter, 24, im Blumen-Zeichnen, herausg. von Pet. Wilh. Kreft, Inhaber einer Steindruckerei. qu. gr. 8. Elberfeld 836. (Barmen, Falkenberg.) n. 2/3 ꝛß

— 24, zum Blumen- u. Fruchtzeichnen. Mit den Anfangsgründen des Blumen- u. Fruchtzeichnens. (Steindruck.) 4. Eisleben 834. (Hermes in Berlin.) 1/3 ꝛß

—— 24 deutsche, zur Uebung im Schönschreiben. Für Schulen, welche den für Anfänger höchst zweckmäss. Rossbergschen Ductus lehren. 4. (6 Blätt.) Dresden (832), [Leipzig,] Friese.

— 24, zum Thier- u. Landschaftszeichnen. Mit d. Anfangsgründen des Thier- u. Landschaftzeichnens. (Steindruck.) 4. Eisleben 834. Hermes in Berlin. 1/3 ꝛß

— 24, zur Uebung im Schönschreiben für Schulen. 4. Pirna 810. a. 832. Friese. 6 𝒦

— 24 (lithogr.), zum Zeichnen, enthaltend Geräthschaften. Für Anfänger im Zeichnen. 1e Lfrg. qu. 8. Quedlinburg 834. Basse. 1/3 ꝛß

— 24, zum Zeichnen u. Coloriren. Für Anfänger in d. Zeichnen- u. Malerkunst. Lithogr. 4. Ebd. 834. (Ebd.) 1/3 ꝛß

Vorlegeblätter zum Zeichenunterricht. Karlsruhe, 1856.

— z. Zeichnen. 1s — 10s Heft. (1s. Baumstudien. 2s. Landschaftszeichnen. 3s u. 4s. Blumen. 5s u. 6s. Thier-Studien. 7s. Handwerke u. Geräthschaften. 8s. Früchte. 9s u. 10s. Theile d. menschl. Körpers.) qu. gr. 8. Düsseld. 820—32. Arnz u. C. (à 16 gr) 6 Thlr 16 gr

— z. Zeichnen. 16 Blätter in Kreide-Manier. qu. gr. 8. Schmalkalden 829. Varnhagen. 8 gr

—— zum Zeichnen. Blumenstudien. Blatt I—8. (Lithogr.) qu. 4. Berlin 852, Boehden.

—— dass. — Landschaften. Blatt I—8. (Lithogr.) qu. gr. 4. Ebds. 852.

— zum Zeichnen für Anfänger. 1.—6. Hft. qu. 4. (72 lith. Bl.) Ulm 846, Heerbrandt u. Thämel. 24 ngr

— zum Zeichnen für Geübtere, e. Samml. von Köpfen nach Gemälden alter Meister. 1s u. 2s Heft. gr. 4. Berl. 828. (Boike). 18 gr

— zum Zeichnen und Illuminiren für die Jugend. (Zinkstich.) (12 illum. u. 12 schwarze Blätter.) gr. 4. Nürnberg 835. Lechner. $^{3}/_{4}$ Thlr

—— zum Zeichnen und Malen. I. Heft.: Fruchtstudien. br. 8. (7 lithochrom. und 7 lithogr. Bl.) Leipzig 852, E. H. Mayer. *

Vorlegeblätter zum Zeichnen von Ornamenten. 1. und 2. Heft. Neu-Ruppin 860, Oehmigke's Verlag. [1. Heft. qu. 16. (16 lithogr. Bl.) 2. Heft. qu. 4. (8 lithogr. Bl.) à Heft * 5 Ngr.] Thlr. *

— für Zeichnen-Unterricht an gewerblichen Fortbildungsschulen. Hersg. im Auftrage der königl. Commission für gewerbliche Fortbildungsschulen in Württemberg. Arbeiten der Bau- u. Möbelschreiner. 48 (lith.) Taff. (wovon 44 color.) u. 1 Bl. Text. 2. unveränd. Aufl. Stuttgart 870. Nitzschke. Imp.-Fol. n. 6 Thlr

— — Arbeiten der Schlosser u. Mechaniker. I. Abthl. 50 (lith.) Taff., (wovon 47 color.) u. 1 Bl. Text. 2. unveränd. Aufl. Ebend. 870. Imp.-Fol. n. 6 Thlr 10 ngr

— — Arbeiten der Schlosser u. Mechaniker. II. Abthl. Gründliche Anleitung im Zeichnen u. Construiren von Schlössern mit vielen selbstständ. Aufgaben von Heinr. Herrenberger. 21 (lith.) Taff. (wovon 22 color.) u. 1 Blatt Text. Ebend. 870. Imp.-Fol. n. 3 Thlr 10 ngr

— für Zeichnen-Unterricht an gewerblichen Fortbildungsschulen. Arbeiten der Bau- u. Möbel-Tischler. Hrsg. im Auftrage der königl. Kommission für die gewerblichen Fortbildungsanstalten Württembergs von F. J. Halmhuber. 3. Aufl. gr. Fol. (48 zum Thl. farb. Steintaf. m. 1 Bl. Text.) Stuttgart 877. Nitzschke. In Mappe. n. 18. 50

— dasselbe. Arbeiten der Schlosser u. Mechaniker. Hrsg. im Auftrage der königl. Commission für die gewerblichen Fortbildungsschulen in Württemberg. 1. Abth. 3. Aufl. gr. Fol. (50 zum Thl. farb. Steintaf. m. 1 Bl. Text.) Stuttgart 877. Nitzschke. In Mappe. n. 19. 50

—— für Zeichnen-Unterricht an gewerblichen Fortbildungsschulen. Arbeiten der Schlosser und Mechaniker. 2. Abthl.: Gründliche Anleitung zum Zeichnen und Konstruiren von Schlössern mit vielen selbstständ. Aufgaben von Heinr. Herrenberger. 2. Aufl. Imp.-Fol. (24 lithogr. und color. Taf. und 1 Bl. Text.) Stuttgart 878, Nitzschke. In Mappe *

1. Abthl. Ebendas. 1877. In Mappe * M 19,50.

— zum Zeichnenunterricht in Verzierungen für Volks- u. Gewerbsschulen. I. u. II. Heft. qu. gr. 4. (16 Steindrucktaf.) Dresden 844, Naumann. à n. $^{1}/_{3}$ Thlr

— für Zimmerleute, siehe a. Grundlage der praktischen Baukunst. 2. Thl.

Vorlegeblätter für Zimmerleute, in 37 Kupfertafeln, herausgegeben von der Königl. technischen Deputation für Gewerbe. Berlin 1827. Fol.

Vorlegeblätter für Zimmerleute. Mit Atlas. Berlin 1834. Atl. Fol.

Vorlegeblätter, für Zimmerleute in 37 lith. Tafeln u. Erläuterungen. Nach der Originalausgabe der k. techn. Deputation für Gewerbe. 2. Aufl. Berlin 1835. Fol.

— für Zimmerleute, in 37 lithogr. Tafeln mit Erläuterungen (auf 14 Blättern). Nach der Originalausgabe der Königl. technischen Deputation f. Gewerbe mit deren Bewilligung herausg. 3e Aufl. $^{1}/_{2}$ Imp.-Fol. Ebd. 841. n. $4^{1}/_{2}$ Thlr (Beide Werke auch u. d. T.: Grundlage der praktischen Baukunst. 1r u. 2r Thl. 3e Aufl.)

Vorlege-Blätter, 32, für Deutsch, Englisch, Gotisch und Fraktur-Schrift zum Gebrauch für Schulen und auf Bureaux. (32 Bl) Stuttgart

—— 52, enthaltend: die nöthigsten Geschäftsaufsätze, wie sie im bürgerl. Leben vorkommen. Hrsg. v. J. W. Schmachtenberg. 4., verb. Aufl. 4. (34 Stnt.) Elberfeld 845, Schmachtenberg.

— 42 neue, zum Schönschreiben, als Grundbildung zur Rechtschreibung u. Wortbildung für Elementarschulen bearb. qu. 4. St. Gallen ... Scheitlin u. Zollikofer. 1 Thlr

— 12, zum Schönschreiben, nach den besten bekannten Mustern für Schulen, auch für den Selbstunterricht. gr. 4. Offenb. 809. Brede. 1 Thlr

— 12, zum Schönschreiben, enthaltend die Hauptmomente d. Erdbeschreibung und Naturgeschichte. 1s Heft. Nach den neuesten Königl. Verordnungen für die deutschen Schulen bearbeitet. (13 lithogr. Blätter.) 4. Hof u. Wunsiedel 838. Grau. $^{1}/_{8}$ Thlr

—— 12, zum Schönschreiben. Deutsche und englische Currentschrift. (Neue Titel-Ausg.) qu. 8. (12 lithogr. Bl.) Leipzig 849, [Baensch.]

— 12, zum Thier-Zeichnen. (Sauber lithogr.) qu. 8. Aachen 834. Cremersche Buchh. n. $^{5}/_{12}$ Thlr

— 12, zur Uebung im Zeichnen der Früchte. 2 Hefte. 12. Bresl. 820. Förster. 16 gr

— 12, für geübtere Zeichner. Lithogr. qu. gr. Fol. Berl. 832. Gropius. 1 Thlr

Vorlegung, Beurkundete, des uralten Reichsherkommens und der reichsgesetzlichen Verordnungen ... O. O. 1786. V: *Kotberg.* (MGT)

Vorlegung der Gründe, aus welchen die ... Grafen zu Leiningen-Dachsburg in Guntersblum ihre ... Familien- und Successions-Rechte behaupten. O. O. 1775. V: *Tröltsch, Johann Friedrich von.* (Holz) (Pütter, Litt. d. Teutsch. Staatsr. Gött. 1773—91. III, 772.)

Vorlegung d. anwachsend. reichsritterschaftl. Irrungen, u. daher entstehenden Nothdurft eines gerechtmäßigen Reichsregulativs. Fol. Frankf. 750. Hechtel. 20 Kr

Vorlegung, Kurze, doch actenmässige, der Hochfürstl. Löwensteinischen Restitutions-Gründe ... Wertheim 1776. V: *Kissling, Joh. Sigm.* (Holz)

Vorlegung eines Plans zu einem allgemeinen Vergleiche aller bei der Central-Casse Betheiligten ... Hamb. 1832. V: *Schädtler, Heinrich David.* (Schr)

Vorlegung der Rechte und Ansprüche des schwäbischen Reichskreises auf seinen ursprünglichen Kreismitstand ... O. O. 1779. V: *Seckendorf, Johann Carl Christoph Freih. von.* (MGT)

Vorlegung der fideicommissarischen Rechte des Chur- und Fürstl. Hauses Pfalz ... Zweybrücken 1778. V: *Bachmann, Johann Heinrich.* (Ky) (ML)

Vorlegung der *fideicommissarischen Rechte des Kur- u. Fürstl. Hauses Pfalz* überhaupt, u. des regierenden Herrn *Herzogs zu Pfalz-Zweibrücken*, als dermaligen nächsten Agnaten u. Kurfolgers, insonderheit, auf die von dem am 30. Dec. 1777 Höchstseelig verstorb. Herrn Kurfürsten *Maximilian Joseph* in Baiern, als dem Lezten (!) aus der Wilhelminischen Linie, verlassene samtliche Lande u. Leute, samt Zugehörde (!). Mit 64 Urkunden u. 1 Geschlechts-Taf. Zweibrücken, bei Peter Hallanzy, herzogl. Hofbuchdr., 1778. 4⁰. Tit. gestemp. Eleg. falb. Hsaffianbd.
6 Bll. Vorst., 206 S., 1 Bl. Err. – Urkunden: 4 Bll. (incl. Specialtit.), 222 S., 1 gefalt. genealog. Taf.

— d. fideicommissarischen Rechte des Kur- u. Fürstl. Hauses Pfalz überhaupt, u. des regier. Herzogs zu Pfalzzweibrücken rc. insonderheit auf die rc. baier. Lande rc., (von J. H. Bachmann). Mit 64 Urkunden. 4. Zweibrücken 778. (Mannh., Löffler). 1 Rthl 14 Kr Dass. im Auszuge. Ebd. 778. 20 Kr

— d. fideicommissarischen Rechte d. chur- u. fürstl. Hauses Pfalz überhaupt rc. gr. 4. Zweybrücken, Brönner. 779. — 20

— der Regredient-Erb-Rechte des herzogl. Hauses Wirtemberg rc. 4. Augsb. 779. v. Jenisch u. Stage. 6 Kr

Vorlegung der Regredient-Erb-Rechte des Herzogl. Hauses Wirtemberg an einige Theile der Baierischen Allodial-Verlassenschaft. Stuttgart 1779. 4. 65 S.

Vorlegung der Fideicommissarischen und Familienpactenmässigen Reluitionsrechte der Freyherren von Künsberg ... Coburg 1782. V: *Schmalz, Christian Lorenz.* (MGT)

Vorlegung derer Wild- und Rheingräflichen Successionsfälle ... Carlsruhe 1763. V: *Kremer, Joh. Martin.* (ML)

Vorlegung, Summarische, der dem Fürsten zu Nassau-Weilburg ... zugefügten Vergewaltigungen und Schäden. O. O. 1793. V: *Medicus, Frdr. Casimir.* (MGT)

Vorlegung des bisherigen Verhältnisses der freyen Reichsritterschaft im Elsass ihrer Beschwerden gegen die Beeinträchtigungen der französischen Regierung ... Wien 1797. V: *Jan, Ludwig Ernst Friedrich Reichsfrh. von.* (MGT) (Stri) (Will)

Vorlegung, Wahrhafte und aktenmässige, des entschiedenen Schraidtischen Testaments-Prozesses ... O. O. 1783. V: *Schneider, Ernst Christian Gottlieb.* (MGT)

Vorleser, der, eine Sammlung interessanter Kriminalgeschichten, Novellen, Erzählungen, Charakter-Züge rc. zur Erheiterung für Jedermann. (Mit Titelbild.) gr. 12. Wien 842, Stöckholzer v. Hirschfeld. 1/8 Rthl

Vorleser, der, an der Toilette d. Damen, (v. H. G. Hoff). 2 Thle. 8. Wien 781, 82. (Barth in Leipz.) 1 Rthl 16 Kr

Vorleser, Der, am Toilette der Frauenzimmer. Wien 1781—82. V: *Hoff, Heinrich Georg.* (Ky) (MGT)

Vorleser, der, am Tollette der Frauenzimmer, 2 Theile, mit Kupf. gr. 8. Wien, 781-82. Gerold. 1 Rthl. 10 sgl.

Vorlese-Stellen, statt d. Evangelien, aus Jesaias u. Jeremias, mit Rücksicht auf d. Inhalt d. Evangelien gewählt, f. d. Kirchenjahr v. 1. Advents-Sonnt. 1829 bis dahin 1830. gr. 8. (½ B.) Leipzig, Andrä.

Vorlesung, Academische, über die zu Schemnitz in Niederhungarn errichteten Pferdegöpel. Dresden 1773. V: *Poda, Nicolaus.* H: *Breitenheim, Dan.* (EB)

Vorlesung über die Bestandtheile einer Festung. (Manuskript.) 8. (ohne Ort zirka 1790.)

Vorlesung bey Gelegenheit der Incorporation der Loge zur Redlichkeit gehalten von dem zweiten Br. Grossoberaufseher u. Mstr. d. Loge St. George in der Versammlung der beiden alten und vereinigten Logen Absalom und St. George zu Hamburg, unter dem Vorsitze des S. T. Grossmeisters [Gottfr. Jak.] J[a]enisch im Jahre 1773 den 19ten Aug. [Hamb. 1773.] V: *Dresser, Johann Philipp.* (Wolfstieg I, 181)

Vorlesung über die Kennzeichen der Freyheit . . . Leipzig 1793. V: *Dyk, Johann Gottfried.* (MGT)

Vorlesung d. Professors Confusius üb. das Turnen, 8°.

Vorlesung gehalten in den Logen zu Dr[esden] den 28. Oct. 1773. O. O. 1773. V: *Ferber, Friedrich Wilhelm Freih. von.* (wolfstieg II, 696)

Vorlesung gehalten in den beyden vereinigten Logen zu Dresden den 3ten März 1773. [Dresden 1773.] V: *Ferber, Friedrich Wilhelm Freiherr von.* (wolfstieg II, 695)

⊙ Vorlesung über die Pflichten des Soldaten für den Kanonier. Rendsburg. 1849. 8°.

Vorlesung über den besonderen Teil des Strafrechts. System der Einzeldelikte. 4. Gruppe: Verbrechen gegen den Staat und die Staatsverwaltung. Marburg [1904]. V: *Merkel, Paul.* (Berl)

Die Vorlesungen [der] Akademie für Sozial- und Handelswissenschaften zu Frankfurt am Main d. S. S. 1903 ff. Frankfurt a. M. 1903 ff. 8°.
S.-S. 1903 – W.-S. 1910/11.

— akadem., üb. d. zu Schemnitz in Niederhungarn errichteten Pferdeabvel, m. K. gr. 8. Dresd. Walther. 773.

Vorlesungen, akademische, über den Gebrauch des kalten Wassers im gesunden und kranken Zustande. Gehalten auf der Universität B. vom wirkl. geh. Ober-Medicinal-Rath, Ritter, Prof. Dr. H. Für das gebildete Publikum bearbeitet u. herausg. von F. Helmenstreit. 16 Heft. 1e–8e Vorlesung. gr. 12. Cassel 839. Krieger's Verlagsh. 5/12 ℛ

⊙ Vorlesungen über Artilleriewesen für den Schleswigholsteinischen Kanonier. Rendsburg. 1849. 8°.

Vorlesungen d. berühmtesten jetzt lebend. Aerzte, Wundärzte u. Geburtshelfer d. Auslandes. Deutsch bearb. v. Friedr. J. Behrend. 1–3. Bd. — A. u. d. T.: Will. Lawrence's Vorlesn. üb. Chirurgie u. chirurg. Therapeutik. 3 Thle. (od. 6 Lfgn.) gr. 8. (81¼ B.) Leipzig 832–35, Kollmann.

— der berühmtesten jetzt lebenden Aerzte, Wundärzte u. Geburtshelfer des Auslandes. Deutsch bearbeitet von Friedr. J. Behrend. I. A. u. d. T.: Will. Lawrence's Vorlesungen üb. Chirurgie u. chirurg. Therapeutik. 1r Thl. 2e u. 3e Lfrg. u. 2r u. 3r Thl. à 2 Lfrgg. gr. 8. Leipzig 833–35. Kollmann. 2⅔ ℛ — Alle 6 Lfrgg. 4 ℛ (Vgl. Thl. III. S. 491.

Vorlesungen an der Universität Bern im Sommer-Semester 1877. Bern, Buchdruckerei Körber. 24 S. 4.

Vorlesungen der Universität Bern im Wintersemester 1886–87. In-4°, 26 S. Bern, Rud. Jennis Buchhandlung (H. Koehler). — 40

Universität Bern. Vorlesungen im Winter-Semester 1897/98. 40 S. 4°.
Bern. Univ.-Schr. 1897.

Universität Bern. Vorlesungen für das Sommer-Semester 1898. 38 S. 4°.
Bern. Univ.-Schr. 1898.

Universität Bern. Vorlesungen im Wintersemester 1898/99. 39 S. 4°.
Bern. Univ.-Schr. 1898/99.

Universität Bern. Vorlesungen im Sommersemester 1899. 39 S. 4°.
Bern. Univ.-Schr. 1898/99.

[Hochschule] Universitæt Bern. Vorlesungen. kl.-4. Bern, Körber.
Winter-Semester 1900/1901. 39 S. 1900. — Sommer-Semester 1901. 41 S. 1901. — Winter-Semester 1901/1902. 41 S. 1901. — Sommer-Semester 1902. 44 S. 1902. — Winter-Semester 1902-1903. 44 S. 1902. — Sommer-Semester 1903. 43 S. 1903. — Winter-Semester 1903/1904. 43 S. 1903.

Universität Bern. Vorlesungen im Sommer-Semester 1910. Dauer der Immatrikulation: 15. April bis 15. Mai. Dauer der Vorlesungen: 19. April bis 23. Juli. Bern 1910. 24 S. 8°.
Bern. Univ.-Schr. 1909/10.

Universität Bern. Vorlesungen im Winter-Semester 1910/11. Dauer der Immatrikulation: 20. Oktober bis 15. November. Dauer der Vorlesungen: 25. Oktober 1910 bis 4. März 1911. Bern 1910. 24 S. 8°.
Bern. Univ.-Schr. 1909/10.

Vorlesungen, biblische, aus dem alten u. neuen Testamente für den Sonn- u. Festtagsgottesdienst der Evangel. Kirche nach der von der Rhein. Provinzialsynode genehmigten ergänzenden Auswahl nebst Erläuterungen der letztern herausgeg. v. Carl Imman. Nitzsch. 4. Bonn 846, Marcus. n. 1½ ℛ

Vorlesungen, Biblisch-exegetische, über die Dogmatik, nach Döderlein . . . Lemgo 1795–98. V: *Gebhardt, Georg Ludwig.* (Ky) (MGT)

— biblisch-exeget., über die Dogmatik nach Döderlein, mit vorzügl. Hinsicht auf das Hegelsche Bibelwerk. (Von G. L. Gebhardt). 2 Bde. à 2 Stücke. gr. 8. Lemgo 795–98. Meyer. 3 ℛ

Vorlesungen über Bildung und Spaltung von Doppelsalzen v. J[akobus] H. van't Hoff, . . . Prof. an d. Univ. Berlin. Deutsch bearb. v. Dr. Theodor Paul, Privatd. an d. Univ. Leipzig. M. 54 Fig. im Text. *Leipzig: W. Engelmann 1897.* (IV, 95 S.) 1 Bd 8. [97. 414

Vorlesungen über d. Chemie rc. v. Fr. Wolff, s. Wolff.

Vorlesungen über theoretische und physikalische Chemie von J[acobus] H[enricus] **van't Hoff**. 2. Aufl. Mit Abb. H. 1–3. Braunschweig: F. Vieweg & Sohn 1901–03. 3 Bde 8°
1. Die chem. Dynamik. 1901. 2. Die chem. Statik. 1903.
3. Beziehungen zwischen Eigenschaften u. Zusammensetzung. 1903. [07. 1304 2

— über Chirurgie u. Wundarzneykunde nach Brownischen Grundsätzen, v. W*** 3 Thle. 8. Wien, Pichler. 801.

Vorlesungen über den Propheten Daniel. In 9 Abenden. Aus d. Franz. übers. gr. 8. (159 S.) Düsseldorf 849, Buddeus'sche Buchh. [Schulte] in Comm. ⅓ ℛ

Vorlesungen, Drey, über Liebe, Geschlechter und Eheglück . . . Gotha 1783. V: *Drais von Sauerbronn, Franz Heinrich Georg Freih.* (Ky) (BGG) (BGE) (MGT)

— 3, dreien Damen gehalten, über Liebe, Geschlechter u. Eheglück, (v. K. W. v. Drais). 8. Gotha 783. Ettinger. 8 gr.

Vorlesungen über Eßkunst . . . Leipzig 1881. V: *Blumroeder, Gustav.* (Mitth. Dr. Georg Herzfeld-Wien.)

Vorlesungen für den Fasching. Wien 1775—82. V: *Kautenstrauch, Johann.* (Fiker) (Ky) (MGT) (Adel)

— für den Fasching, (v. J. Rautenstrauch). 8. Wien 775 u. 82.

[f.] **Vorlesungen** auf der Rheinischen Friedrich-Wilhelms-Universität Bonn im Winterhalbj. 1828—29. Bonn, gedr. bei C. F. Thormann (1828). 8 S. 4.

[f.] **Vorlesungen** auf der Rheinischen Friedrich-Wilhelms-Universität Bonn im Sommerhalbj. 1829. Bonn, gedr. bei C. F. Thormann (1829). 8 S. 4.

[f.] **Vorlesungen** auf der Rheinischen Friedrich-Wilhelms-Universität Bonn im Winterhalbj. 1829—30. Bonn, gedr. bei C. F. Thormann (1829). 8 S. 4.

[f.] **Vorlesungen** auf der Rheinischen Friedrich-Wilhelms-Universität Bonn im Sommerhalbj. 1830. Bonn, gedr. bei C. F. Thormann (1830). 8 S. 4.

[f.] **Vorlesungen** auf der Rheinischen Friedrich-Wilhelms-Universität Bonn im Winterhalbj. 1830—31. Bonn, gedr. bei C. F. Thormann (1830). 8 S. 4.

[f.] **Vorlesungen** auf der Rheinischen Friedrich-Wilhelms-Universität Bonn im Sommerhalbj. 1831. Bonn, gedr. bei C. F. Thormann (1831). 8 S. 4.

[f.] **Vorlesungen** auf der Rheinischen Friedrich-Wilhelms-Universität Bonn im Winterhalbj. 1831—32. Bonn, gedr. bei C. Georgi (1831). 8 S. 4.

[f.] **Vorlesungen** auf der Rheinischen Friedrich-Wilhelms-Universität Bonn im Sommerhalbj. 1832. Bonn, gedr. bei C. Georgi (1832). 8 S. 4.

[f.] **Vorlesungen** auf der Rheinischen Friedrich-Wilhelms-Universität Bonn im Winterhalbj. 1832—33. Bonn, gedr. bei C. Georgi (1832). 8 S. 4.

[f.] **Vorlesungen** auf der Rheinischen Friedrich-Wilhelms-Universität Bonn im Sommerhalbj. 1833. Bonn, gedr. bei C. Georgi (1833). 8 S. 4.

[f.] **Vorlesungen** auf der Rheinischen Friedrich-Wilhelms-Universität Bonn im Winterhalbj. 1833—34. Bonn, gedr. bei C. Georgi (1833). 8 S. 4.

[f.] **Vorlesungen** auf der Rheinischen Friedrich-Wilhelms-Universität Bonn im Sommerhalbj. 1834. Bonn, gedr. bei C. Georgi (1834). 8 S. 4.

[f.] **Vorlesungen** auf der Rheinischen Friedrich-Wilhelms-Universität Bonn im Winterhalbj. 1834—35. Bonn, gedr. bei C. Georgi (1834). 8 S. 4.

[f.] **Vorlesungen** auf der Rheinischen Friedrich-Wilhelms-Universität Bonn im Sommerhalbj. 1835. Bonn, gedr. bei C. Georgi (1835). 8 S. 4.

[f.] **Vorlesungen** auf der Rheinischen Friedrich-Wilhelms-Universität Bonn im Winterhalbj. 1835—36. Bonn, gedr. bei C. Georgi (1835). 8 S. 4.

[f.] **Vorlesungen** auf der Rheinischen Friedrich-Wilhelms-Universität Bonn im Sommerhalbj. 1836. Bonn, gedr. bei C. Georgi (1836). 8 S. 4.

[f.] **Vorlesungen** auf der Rheinischen Friedrich-Wilhelms-Universität Bonn im Winterhalbj. 1836—37. Bonn, gedr. bei C. Georgi (1836). 8 S. 4.

[f.] **Vorlesungen** auf der Rheinischen Friedrich-Wilhelms-Universität Bonn im Sommerhalbj. 1837. Bonn, gedr. bei C. Georgi (1837). 8 S. 4.

[f.] **Vorlesungen** auf der Rheinischen Friedrich-Wilhelms-Universität Bonn im Winterhalbj. 1837—38. Bonn, gedr. bei C. Georgi (1837). 8 S. 4.

[f.] **Vorlesungen** auf der Rheinischen Friedrich-Wilhelms-Universität Bonn im Sommerhalbj. 1838. Bonn, gedr. bei C. Georgi (1838). 8 S. 4.

[f.] **Vorlesungen** auf der Rheinischen Friedrich-Wilhelms-Universität Bonn im Winterhalbj. 1838—39. Bonn, gedr. bei C. Georgi (1838). 8 S. 4.

[f.] **Vorlesungen** auf der Rheinischen Friedrich-Wilhelms-Universität Bonn im Sommerhalbj. 1839. Bonn, gedr. bei C. Georgi (1839). 8 S. 4.

[f.] **Vorlesungen** auf der Rheinischen Friedrich-Wilhelms-Universität Bonn im Winterhalbj. 1839—40. Bonn, gedr. bei C. Georgi (1839). 8 S. 4.

[f.] **Vorlesungen** auf der Rheinischen Friedrich-Wilhelms-Universität zu Bonn im Sommerhalbj. 1840. Bonn, gedr. bei C. Georgi (1840). 8 S. 4.

[f.] **Vorlesungen** auf der Rheinischen Friedrich-Wilhelms-Universität zu Bonn im Winterhalbj. 1840—41. Bonn, gedr. bei C. Georgi (1840). 8 S. 4.

[f.] **Vorlesungen** auf der Rheinischen Friedrich-Wilhelms-Universität Bonn im Sommerhalbj. 1841. Bonn, gedr. bei C. Georgi (1841). 8 S. 4.

[f.] **Vorlesungen** auf der Rheinischen Friedrich-Wilhelms-Universität Bonn im Winterhalbj. 1841—42. Bonn, gedr. bei C. Georgi (1841). 8 S. 4.

[f.] **Vorlesungen** auf der Rheinischen Friedrich-Wilhelms-Universität zu Bonn im Sommerhalbj. 1842. Bonn, gedr. bei C. Georgi (1842). 8 Bl. 4.

[f.] **Vorlesungen** auf der Rheinischen Friedrich-Wilhelms-Universität zu Bonn im Winterhalbj. 1842—43. Bonn, gedr. bei C. Georgi (1842). 8 S. 4.

[f.] **Vorlesungen** auf der Rheinischen Friedrich-Wilhelms-Universität zu Bonn im Sommerhalbj. 1843. Bonn, gedr. bei C. Georgi (1843). 8 S. 4.

[*f.*] **Vorlesungen** auf der Rheinischen Friedrich-Wilhelms-Universität zu Bonn im Winterhalbj. 1843—44. Bonn, gedr. bei C. Georgi (1843). 8 S. 4.

[*f.*] **Vorlesungen** auf der Rheinischen Friedrich-Wilhelms-Universität zu Bonn im Sommerhalbj. 1844. Bonn, gedr. bei C. Georgi (1844). 8 S. 4.

[*f.*] **Vorlesungen** auf der Rheinischen Friedrich-Wilhelms-Universität zu Bonn im Winterhalbj. 1844—45. Bonn, gedr. bei C. Georgi (1844). 8 S. 4.

[*f.*] **Vorlesungen** auf der Rheinischen Friedrich-Wilhelms-Universität zu Bonn im Sommerhalbj. 1845. Bonn, gedr. bei C. Georgi (1845). 8 S. 4.

[*f.*] **Vorlesungen** auf der Rheinischen Friedrich-Wilhelms-Universität zu Bonn im Winterhalbj. 1845—46. Bonn, gedr. bei C. Georgi (1845). 8 S. 4.

[*f.*] **Vorlesungen** auf der Rheinischen Friedrich-Wilhelms-Universität zu Bonn im Sommerhalbj. 1846. Bonn, gedr. bei C. Georgi (1846). 8 S. 4.

[*f.*] **Vorlesungen** auf der Rheinischen Friedrich-Wilhelms-Universität zu Bonn im Winterhalbj. 1846—47. Bonn, gedr. bei C. Georgi (1846). 8 S. 4.

[*f.*] **Vorlesungen** auf der Rheinischen Friedrich-Wilhelms-Universität zu Bonn im Sommerhalbj. 1847. Bonn, gedr. bei C. Georgi (1847). 8 S. 4.

[*f.*] **Vorlesungen** auf der Rheinischen Friedrich-Wilhelms-Universität zu Bonn im Winterhalbj. 1847—48. Bonn, gedr. bei C. Georgi (1847). 8 S. 4.

[*f.*] **Vorlesungen** auf der Rheinischen Friedrich-Wilhelms-Universität zu Bonn im Sommerhalbj. 1848. Bonn, gedr. bei C. Georgi (1848). 8 S. 4.

[*f.*] **Vorlesungen** auf der Rheinischen Friedrich-Wilhelms-Universität zu Bonn im Winterhalbj. 1848—49. Bonn, gedr. bei C. Georgi (1848). 8 S. 4.

[*f.*] **Vorlesungen** auf der Rheinischen Friedrich-Wilhelms-Universität zu Bonn im Sommerhalbj. 1849. Bonn, gedr. bei C. Georgi (1849). 8 S. 4.

[*f.*] **Vorlesungen** auf der Rheinischen Friedrich-Wilhelms-Universität zu Bonn im Winterhalbj. 1849—50. Bonn, gedr. bei C. Georgi (1849). 8 S. 4.

[*f.*] **Vorlesungen** auf der Rheinischen Friedrich-Wilhelms-Universität zu Bonn im Sommerhalbj. 1850. Bonn, gedr. bei C. Georgi (1850). 8 S. 4.

[*f.*] **Vorlesungen** auf der Rheinischen Friedrich-Wilhelms-Universität zu Bonn im Winterhalbj. 1850—51. Bonn, gedr. bei C. Georgi (1850). 8 S. 4.

[*f.*] **Vorlesungen** auf der Rheinischen Friedrich-Wilhelms-Universität zu Bonn im Sommerhalbj. 1851. Bonn, gedr. bei C. Georgi (1851). 7 S. 4.

[*f.*] **Vorlesungen** auf der Rheinischen Friedrich-Wilhelms-Universität zu Bonn im Winterhalbj. 1851—52. Bonn, gedr. bei C. Georgi (1851). 7 S. 4.

[*f.*] **Vorlesungen** auf der Rheinischen Friedrich-Wilhelms-Universität zu Bonn im Sommerhalbj. 1852. Bonn, gedr. bei C. Georgi (1852). 7 S. 4.

[*f.*] **Vorlesungen** auf der Rheinischen Friedrich-Wilhelms-Universität zu Bonn im Winterhalbj. 1852—1853. Bonn, gedr. bei C. Georgi (1852). 7 S. 4.

[*f.*] **Vorlesungen** auf der Rheinischen Friedrich-Wilhelms-Universität zu Bonn im Sommerhalbj. 1853. Bonn, gedr. bei C. Georgi (1853). 7 S. 4.

[*f.*] **Vorlesungen** auf der Rheinischen Friedrich-Wilhelms-Universität zu Bonn im Winterhalbj. 1853—54. Bonn, gedr. bei C. Georgi (1853). 7 S. 4.

[*f.*] **Vorlesungen** auf der Rheinischen Friedrich-Wilhelms-Universität zu Bonn im Sommerhalbj. 1854. Bonn, gedr. bei C. Georgi (1854). 7 S. 4.

[*f.*] **Vorlesungen** auf der Rheinischen Friedrich-Wilhelms-Universität zu Bonn im Winterhalbj. 1854—1855. Bonn, gedr. bei C. Georgi (1854). 7 S. 4.

[*f.*] **Vorlesungen** auf der Rheinischen Friedrich-Wilhelms-Universität zu Bonn im Sommerhalbj. 1855. Bonn, gedr. bei C. Georgi (1855). 7 S. 4.

[*f.*] **Vorlesungen** auf der Rheinischen Friedrich-Wilhelms-Universität zu Bonn im Winterhalbj. 1855—1856. Bonn, gedr. bei C. Georgi (1855). 7 S. 4.

[*f.*] **Vorlesungen** auf der Rheinischen Friedrich-Wilhelms-Universität zu Bonn im Sommerhalbj. 1856. Bonn, gedr. bei C. Georgi (1856). 7 S. 4.

[*f.*] **Vorlesungen** auf der Rheinischen Friedrich-Wilhelms-Universität zu Bonn im Winterhalbj. 1856—57. Bonn, gedr. bei C. Georgi (1856). 7 S. 4.

[*f.*] **Vorlesungen** auf der Rheinischen Friedrich-Wilhelms-Universität zu Bonn im Sommerhalbj. 1857. Bonn, gedr. bei C. Georgi (1857). 7 S. 4.

[*f.*] **Vorlesungen** auf der Rheinischen Friedrich-Wilhelms-Universität zu Bonn im Winterhalbj. 1857—58. Bonn, gedr. bei C. Georgi (1857). 7 S. 4.

[*f.*] **Vorlesungen** auf der Rheinischen Friedrich-Wilhelms-Universität zu Bonn im Sommerhalbj. 1858. Bonn, gedr. bei C. Georgi (1858). 7 S. 4.

[*f.*] **Vorlesungen** auf der Rheinischen Friedrich-Wilhelms-Universität zu Bonn im Winterhalbj. 1858—59. Bonn, Druck v. C. Georgi (1858). 7 S. 4.

[*f.*] **Vorlesungen** auf der Rheinischen Friedrich-Wilhelms-Universität zu Bonn im Sommerhalbj. 1859. Bonn, Druck v. C. Georgi (1859). 7 S. 4.

[*f.*] **Vorlesungen** auf der Rheinischen Friedrich-Wilhelms-Universität zu Bonn im Winterhalbj. 1859—60. Bonn, Druck v. C. Georgi (1859). 7 S. 4.

[*f.*] **Vorlesungen** auf der Rheinischen Friedrich-Wilhelms-Universität zu Bonn im Sommerhalbj. 1860. Bonn, Druck v. C. Georgi (1860). 7 S. 4.

[ʃ.] **Vorlesungen** auf der Rheinischen Friedrich-Wilhelms-Universität zu Bonn im Winterhalbj. 1860—61. Bonn, Druck v. C. Georgi (1860). 7 S. 4.

[ʃ.] **Vorlesungen** auf der Rheinischen Friedrich-Wilhelms-Universität zu Bonn im Sommerhalbj. 1861. Bonn, Druck v. C. Georgi (1861). 7 S. 4.

[ʃ.] **Vorlesungen** auf der Rheinischen Friedrich-Wilhelms-Universität zu Bonn im Winterhalbj. 1861—62. Bonn, Druck v. C. Georgi (1861). 7 S. 4.

[ʃ.] **Vorlesungen** auf der Rheinischen Friedrich-Wilhelms-Universität zu Bonn im Sommerhalbj. 1862. Bonn, Druck v. C. Georgi (1862). 7 S. 4.

[ʃ.] **Vorlesungen** auf der Rheinischen Friedrich-Wilhelms-Universität zu Bonn im Winterhalbj. 1862—63. Bonn, Druck v. C. Georgi (1862). 7 S. 4.

[ʃ.] **Vorlesungen** auf der Rheinischen Friedrich-Wilhelms-Universität zu Bonn im Sommerhalbj. 1863. Bonn, Druck v. C. Georgi (1863). 7 S. 4.

[ʃ.] **Vorlesungen** auf der Rheinischen Friedrich-Wilhelms-Universität zu Bonn im Winterhalbj. 1863—64. Bonn, Druck v. C. Georgi (1863). 7 S. 4.

[ʃ.] **Vorlesungen** auf der Rheinischen Friedrich-Wilhelms-Universität zu Bonn im Sommerhalbj. 1864. Bonn, Druck v. C. Georgi (1864). 7 S. 4.

[ʃ.] **Vorlesungen** auf der Rheinischen Friedrich-Wilhelms-Universität zu Bonn im Winterhalbj. 1864—65. Bonn, Druck v. C. Georgi (1864). 7 S. 4.

[ʃ.] **Vorlesungen** auf der Rheinischen Friedrich-Wilhelms-Universität zu Bonn im Sommerhalbj. 1865. Bonn, Druck v. C. Georgi (1865). 7 S. 4.

[ʃ.] **Vorlesungen** auf der Rheinischen Friedrich-Wilhelms-Universität zu Bonn im Winterhalbj. 1865—66. Bonn, Druck v. C. Georgi (1865). 7 S. 4.

[ʃ.] **Vorlesungen** auf der Rheinischen Friedrich-Wilhelms-Universität zu Bonn im Sommerhalbj. 1866. Bonn, Druck v. C. Georgi (1866). 7 S. 4.

[ʃ.] **Vorlesungen** auf der Rheinischen Friedrich-Wilhelms-Universität zu Bonn im Winterhalbj. 1866—67. Bonn, Druck v. C. Georgi (1866). 7 S. 4.

[ʃ.] **Vorlesungen** auf der Rheinischen Friedrich-Wilhelms-Universität zu Bonn im W.-Halbj. 1867—68. Bonn, Druck v. C. Georgi (1867). 7 S. 4.

[ʃ.] **Vorlesungen** auf der Rheinischen Friedrich-Wilhelms-Universität zu Bonn im Sommerhalbj. 1868. Bonn, Druck v. C. Georgi (1868). 7 S. 4.

[ʃ.] **Vorlesungen** auf der Rheinischen Friedrich-Wilhelms-Universität zu Bonn im Winterhalbj. 1868—69. Bonn, Druck v. C. Georgi (1868). 7 S. 4.

[ʃ.] **Vorlesungen** auf der Rheinischen Friedrich-Wilhelms-Universität zu Bonn im Sommerhalbj. 1869. Bonn, Druck v. C. Georgi (1869). 7 S. 4.

Fünf populär-philosophische, über die Küsse. Ein Beitrag zur Aesthetik. Berlin 1843. 8°.
Citirt Carl Wallstein ohne Quellenangabe.

Vorlesungen, über die wichtigen Gegenstände der Moralpolitik, mit besonderer Hinsicht auf die deutsche Constitution, und die jetzige große Völkergährung in Europa. 8. Altona 795. Hammerich. 1 ₰ 6 ℊ

Vorlesungen über die ältere Geschichte der Frauenzimmer. Leipzig 1783—87. V: *Wilmsen, Friedrich Ernst.* (ML) (Ky) (BrMm)

— über die ältere Geschichte für Frauenzimmer, (v. Fr. Er. Wilmsen). 8 Bde. mit Kpf. 8. Berl. 783—87. (Stuhr). 6 ₰ 16 ℊ

— üb. d. Geschichte f. Frauenzimmer, m. K. 8 Bände. 8. Berlin, Hesse. (Müller.) 783-87. 5 8
Schreibp. 8 —

Vorlesungen zur **Geschichte der Kunst.** III. Bd. gr. 8. Berlin, Dr. F. Stoedtner. Geb. in Leinw. 9. —
III. Die Kunst in Italien. Eine Einführg. in das Wesen u. Werden der Renaissance. Von Fritz Knapp. (256 S. m. 221 Abbildgn. auf Taf.) 908.
Bd. I u. II sind noch nicht erschienen.

— üb. **Geschichte der Mathematik.** Hrsg. von Mor. Cantor. Unter Mitwirkg. v. V. Bobynin, A. v. Braunmühl, F. Cajori u. a. IV. Bd. Von 1759 bis 1799. 5 Lfgn. Lex. 8. Leipzig, B. G. Teubner. 32.—; geb. in Halbfrz. 35. —
1. XIX. Abschn. Geschichte der Mathematik. Von L. Günther. XX. Abschn. Arithmetik. Gleichungslehre. Zahlentheorie. Von F. Cajori. (S. 1—200.) 907. 5. 60
2. XXI. Abschn. Kombinatorik. Wahrscheinlichkeitsrechnung. Reihen. Imaginäres. Von E. Netto. XXII. Abschn. Elementare Geometrie. Von V. Bobynin. (S. 201—402 m. Fig.) 907. 5. 60
3. Abschn. XXIII. Trigonometrie. Polygonometrie u. Tafeln. Von A. v. Braunmühl. Abschn. XXIV. Analytische Geometrie der Ebene u. des Raumes. Von V. Kommerell. Abschn. XXV. Perspektive u. darstellende Geometrie. Von Gino Loria. (S. 403—642 m. Fig.) 907. 7. —
4. Abschn. XXVI. Infinitesimalrechng. Von G. Vivanti. (S. 643—882.) 907. 7. —
5. Abschn. XXVII. Totale u. partielle Differentialgleichungen. Differenzen- u. Summenrechnung. Variationsrechnung. Von C. B. Wallner. — Abschn. XXVIII. Überblick üb. die Zeit von 1758 bis 1799. Von M. Cantor. (VI u. S. 883—1113.) 908. 6. 80

Vorlesungen über die neuere Geschichte für Frauenzimmer. Leipzig 1787—90. V: *Wilmsen, Friedrich Ernst.* (ML)

Vorlesungen d. churpfälzischen physikalisch-ökonomischen Gesellschaft (3-5 in Heidelberg.). Bd. 1-5: 1784/85-89/90, Bd. 4-5 à 2 Th. (5 Vol.). Mannh. 1785-91.
(Fortsættelse af Bemerkungen d. do.).
— (forts. m. Tit.): Staatswirthschaftliche Vorlesungen d. churpfälz. physikal.-ökonom. Gesellschaft zu Heidelberg. Bd. 1, Bd. 2 Abth. 1: 1790/91-91/92. Mannh. 1791-92.

— der kurfürstlich physikal.-ökonom. Gesellschaft. 4 Bde. u. 5r Bd. 1e u. 2e Abth. mit Kpf. gr. 8. Mannh. 786—91. Schwan u. Götz; (a. Löffler). 8 ₰ 16 ℊ

Vorlesungen für die mittlere Jugend über den menschlichen Körper ... Lübeck 1784—86. V: *Uden, Conrad Friedrich.* (MGT) »1785—86« (Ky)

Vorlesungen, f. d. mittlere Jugend, über den menschl. Körper u. d. Mittel, sich gesund zu erhalten. 4 Thle. gr. 8. Lübeck, Donatius. (Niemand.) 785. 86. 2 4

— für die mittlere Jugend, über den menschl. Körper u. die Mittel, sich gesund zu erhalten, (von Konr. Frdr. Uden). 4 Thle. mit 7 Kpf. u. e. Anh. gr. 8. Lübeck 785, 86. (Leipz., Hinrichs). 2 ℛ 4 ℊ

Vorlesungen über das öffentliche Kirchenrecht, aus dem Lateinischen I—IV. Wien 1803. V: *Pehem, Jos. Joh. Nep.* (Strakosch-Grassmann, Bibliogr. z. Gesch. d. österr. Unterrichtsw. Wien 1902. II, 13.)

Vorlesungen, Kleine, für verheyrathete und unverheyrathete Frauenzimmer . . . Kopenhagen 1787. V: *Krögen, Carl Heinrich.* V (Vorrede): *Ekkard, Frdr.* (Ky) (Bruun, Bibl. Danica. I, 979.) (Collin, Anonymer. Kiobenh. 1869.)

— kleine, für verheirathete u. unverheirathete Frauenzimmer, zum Unterricht u. Vergnügen, (v. K. H. Krögen). Mit e. Vorrede (v. Fr. Ekkard). 8. Kopenh. 787. Proft. 1 ℛ

[Vorlesungen.] Korporation der Kaufmannschaft von Berlin. Handelshochschule Berlin. Vorlesungen und Übungen 1907 ff. Berlin (1907 ff.). 8°.
W.-S. 1907. — W.-S. 1910/11.

— über die Kraftlehre, zum Unterricht der Jugend. 8. Basel 794. Schweighäuser. 5 ℊ

— über die vorzügl. Krankheiten der Harnausführungsorgane u. des Mastdarms (mit Ausschluß der Syphilis) nämlich: 1) J. J. Guthrie, über die Krankheiten d. Harnröhre, der Prostata und des Blasenhalses. 2) B. C. Brodie, über die Lithiasis des Urins oder über die Bildung von Sand u. Steinen im Urine. 3) Dessen, üb. die chirurg. Krankheiten d. Mastdarms. Deutsch bearb. unter d. Redaktion von Fr. J. Behrend. Nebst Kupferheft. gr. 8. Leipzig 836. Kollmann. 2 ℛ

Vorlesungen über Kriegsgeschichte . . . 3. Theile. Stuttg. 1851—62. V: *Hardegg, Julius Moritz Carl von.* (Pr) (Ky) (ADB 8, 145) 1852—56. (Klüpfel)

Vorlesungen über Kriegsgeschichte von J. v. H(ardegg). 1. Thl.: Einleitung und 1. Hauptabschnitt, von 550 v. Chr. bis 1350 n. Chr. 3. Lfg. gr. 8. (VIII und S. 217—352 mit 4 Plänen.) Stuttgart 852, Frz. Köhler. *

— dass. — 2. Thl.: 2. Hauptabschnitt, von der Einführung der Feuerwaffen bis zur Gegenwart. IV. Periode, von 1350 bis 1650 n. Chr. 1—3. Lfg. (des ganzen Werkes 4—6. Lfg.) gr. 8. (S. 1—320 mit eingedr. Holzschn. und 3 lithogr. Karten in gr. 8. und 4.) Ebds. 854—55. *

— dass. — 2. Thl. 2. Hauptabschnitt, 4. und 5. Periode, von 1350 bis 1790 n. Chr. Mit 43 in den Text eingedr. Fig. und Holzschn. und 7 angehängten Stnt. 4. Lfg. (des ganzen Werkes 7. Lfg.) gr. 8. (VIII und S. 321—422 mit 4 Stnt. in gr. 4. und Imp.-4.) Ebds. 856. *

Vorlesungen über Kriegsgeschichte von J. v. H(ardegg). Fortgesetzt mit Einwilligung des Verf. von M. B. 3. Thl. 2. Hauptabschnitt, 6. Periode. Von 1790—1860. Mit 30 in den Text gedr. Fig. und Holzschn. und 9 angehängten Lithogr. (in gr. 4. und Fol.). 2 Hälften. gr. 8. Darmstadt 862, Zernin. [1. Hälfte. (IV und S. 1—256.) * 2 Thlr., 2. Hälfte. (S. V—VIII und 257—656.) * 3 Thlr. 10 Ngr.] *

Vorlesungen aus dem Gebiete der Kriegskunst. Ein Handbuch für Officiere. Wien 1823. V: *Clam-Martinitz, Carl Graf, FML.* (KA)

— literarisch-philologische, zum Gebrauch des k. k. Cadettencorps in Wienerisch-Neustadt. 4 Thle. N. Aufl. (Auch u. d. T.: Entwurf literarisch-bibliographischer Vorlesungen). 8. Wien 796. (Walther in Dresd.) 1 ℛ 16 ℊ

— — dieselben. 3 Theile. 8. Wien, Camesina. 792.

Vorlesungen üb. die Liturgie u. die anderen Gottesdienste der Kirche. 1. Bd. Ueber die Eucharistie. Aus dem Engl. übersetzt von Bolko v. Richthofen. gr. 8. (XXVI, 336 S.) Breslau 873. Stuttgart, Heitz. n. n. 3. —

Vorlesungen über die Liturgie u. die anderen Gottesdienste der Kirche. 1. Bd.: Die Eucharistie od. das Abendmahl des HErrn. Aus dem Engl. übers. von Bolko Frhr. v. Richthofen. 2. Aufl. gr. 8. (XX, 286 S.) Augsburg 882. Preuß. n. 4. —

Vorlesungen über die Federsche Logik und Metaphysik für Anfänger auf Schulen und Universitäten. Lemgo 1793—94. V: *Hezel, Johann Wilhelm Friedrich.* (HS) (MGT) (stri) (NN) (R-N) (Ky)

— über die Feder'sche Logik u. Metaphysik. (Von J. W. F. Hezel.) 2 Thle. 8. Lemgo 793, 94. Meyer. 1 ℛ 8 ℊ

Vorlesungen über einige politischen Materien mit Hinsicht auf unsere Revolution
① Von J. H. Brämi, Professer in Zürich ⑤ August 1798—Dezember 1798 (3 Nummern) ⑥ 8° ⑦ «zwanglose Hefte» ⑧ Zürich: Ziegler & Söhne ⑩ der Verfasser ⑪ Johann Heinrich Bremi (Brämi), Professor (der Verfasser ⑫ Im Sinne der gemäßigten Reformer. Polemik gegen das Programm der Revolutionäre, das von F. X. Bronner vertreten wird ⑭ Zh: Z.

— mathematische, an der Universität Göttingen. I, 1 u. II—IV. gr. 8. Leipzig, B. G. Teubner. Geb. in Leinw. 29. 40
Klein, F., Vorträge üb. den mathematischen Unterricht an den höheren Schulen. Bearb. v. Rud. Schimmack. 1. Tl. Von der Organisation des mathemat. Unterrichts. Mit 8 zum Tl. farb. Textfig. (IX, 236 S.) 907. (I.) Geb. 5. —
Minkowski, Herm., diophantische Approximationen. Eine Einführg. in die Zahlentheorie. Mit 82 in den Text gedr. Fig. (VIII, 236 S.) 907. (II.) Geb. 8. —
Poincaré, Henri, 6 Vorträge üb. ausgewählte Gegenstände aus der reinen Mathematik u. mathematischen Physik, auf Einladg. der Wohlfskehl-Kommission der königl. Gesellschaft der Wissenschaften geh. zu Göttingen vom 22.—28. IV. 1909. Mit 6 in den Text gedr. Fig. (IV, 60 S. m. Fig.) 910. (IV.) 1.80; geb. 2. 40
Voigt, Woldem., Magneto- u. Elektrooptik. Mit 75 Fig. im Text. (XIV, 396 S.) 908. (III.) Geb. in Leinw. 14. —
I, 2 ist noch nicht erschienen.

Vorlesungen über die Meisterwerke der griechischen Poesie. Berlin 1803. V: *Jenisch, Dan.* (Mitth. M. Grolig.)

Vorlesungen, Oeffentliche — an der k. k. Carl-Franzens-Universität zu Gratz im Winter-Semester 1853/54. 4. (16 S.) Aus der C. Tanzer'schen Buchdruckerei.

Vorlesungen öffentliche, an der k. k. Universität zu Wien im Sommer-Semester 1853. 4. (32 S.) Wien, A. Pichlers Witwe u. S., 1853.

Vorlesungen eines Patrioten, über die jetzige bedenkliche Lage in Europa . . . Teutschland 1793. V: *Sörgel, Ernst August.* (Ky) (MGT)

— e. Patrioten, über die jetzige bedenkliche Lage von Europa, v. e. Weltbürger (E. A. Sörgel). 8. ..793. (Leipz., Köhler). 10 gr.

Vorlesungen, Patriotische, über die bedenkliche Lage der europäischen Staaten. Deutschland [Pilsen] 1793. V: *Sörgel, Ernst August.* (Wr)

— patriot., üb. d. jetzige bedenkl. Lage v. Europa, v. e. Weltbürger. 8. (Lpz. Köhler.) 793. — 10.

Vorlesungen für Personen beyderley Geschlechts; eine Wochenschrift. Dresden 1774—76. H: *Klausing, Anton Ernst.* (Adel) (Ky) (MGT)

— für Personen beiderlei Geschlechts, oder vermischte Aufsätze, (v. A. E. Klausing). 4 Bde. 8. Dresd. 774—76. Hilscher. 3 Thlr 8 gr.

Vorlesungen über die Philosophie des Lebens. Wien 1791. V: *Hoffmann, Leopold Alois.* (WBL IX, 163) (BiblPort)

— philosophische, für empfindsame Seelen. 8. Basel 780. Serini. 4 gr.

Vorlesungen, Philosophische, über das sogenannte Neue Testament. Leipzig 1785—89. V: *Pfenninger, Johann Conrad.* (ML) (Ky) (Cat. d. Stadtbibl. Zürich. Zürich 1864—97.)

— philosophische, über das sogenannten Neue Testament, für Gelehrte, Nichtgelehrte etc. (Von Jh. Konr. Pfenninger). 6 Thle. gr. 8. Leipz. 785—89. (Brockhaus). 7 Thlr 4 gr.

— philosoph. üb. d. sogen. Neue Testament. f. Gelehrte, Nichtg.lehrte etc. v. Pfenninger. 6 Thle. gr. 8. Lpz. Junius. (Glediтsch.) 785—89. (1r 1 Rthlr. 2r 20 gr. 3r 1 Rthlr. 4 gr. 4r 1 Rthlr. 12 gr. 5r 1 Rthlr. 6r 1 Rthlr. 16 gr.)

[S.] [Umschlagt.:] Die privaten und sonstigen entgeltlichen **Vorlesungen** an den preussischen Universitäten (m. Einschluss d. Akad. zu Münster, jedoch m. Ausschl. d. Lyceum Hosianum zu Braunsberg) im Sommersemester 1896 und im Wintersemester 1896/97. Unter besond. Berücks. d. Honorarverhältnisse. Im Auftr. d. Ministers d. geistl., Unterr.- u. Medicinalangelegenheiten zsgest. S.-A. aus d. Hefte 150 d. amtl. Quellenwerkes 'Preuss. Statistik'. *Berlin: Buchdr. W. Koebke 1897.* (VIII, 151 S.) 1 Bd 4. [98. 3669]

— der deutschen Rechtschreibung u. d. Kunst, deutsche Briefe zu verfertigen etc. 8. Glogau 763. C. F. Günther. 8 gr.

[*Kopft.*] [S.] **Vorlesungen** auf der Königl. Preussischen Rhein-Universität im Sommerhalbj. 1819. [Bonn, gedr. bei F. Kupferberg in Mainz] (1819). 2 Bl. 4.

[*Kopft.*] [S.] **Vorlesungen** auf der Königl. Preussischen Rhein-Universität im Winterhalbj. 1819—20. [Bonn, gedr. mit Kupferbergischen Schriften] (1819). 2 Bl 4.

[S.] **Vorlesungen** auf der Königl. Preussischen Rhein-Universität im Sommerhalbj. 1820. Bonn, A. Marcus u. E. Weber (1820). 8 S. 4.

[S.] **Vorlesungen** auf der Königl. Preussischen Rhein-Universität im Winterhalbj. 1820—21. Bonn, gedr. mit Kupferberg'schen Schriften (1820). 8 S. 4.

[S.] **Vorlesungen** auf der Königl. Preussischen Rhein-Universität Bonn im Sommerhalbj. 1821. Bonn, gedr. mit Bohres'schen Schriften (1821). 8 S. 4.

[S.] **Vorlesungen** auf der Königl. Preussischen Rhein-Universität Bonn im Winterhalbj. 1821—1822. Bonn, gedr. mit Bohres'schen Schriften (1821). 8 S. 4.

[S.] **Vorlesungen** auf der Königl. Preussischen Rhein-Universität Bonn im Sommerhalbj. 1822. Bonn, gedr. mit Bohres'schen Schriften (1822). 8 S. 4.

[S.] **Vorlesungen** auf der Königl. Preussischen Rhein-Universität Bonn im Winterhalbj. 1822—1823. Bonn, gedr. bei C. F. Thormann (1822). 8 S. 4.

[S.] **Vorlesungen** auf der Königl. Preussischen Rhein-Universität Bonn im Sommerhalbj. 1823. Bonn, gedr. bei C. F. Thormann (1823). 8 S. 4.

[S.] **Vorlesungen** auf der Königl. Preussischen Rhein-Universität Bonn im Winterhalbj. 1823—1824. Bonn, gedr. bei C. F. Thormann (1823). 8 S. 4.

[S.] **Vorlesungen** auf der Königl. Preussischen Rhein-Universität Bonn im Sommerhalbj. 1824. Bonn, gedr. bei C. F. Thormann (1824). 8 S. 4.

[S.] **Vorlesungen** auf der Königl. Preussischen Rhein-Universität Bonn im Winterhalbj. 1824—1825. Bonn, gedr. bei C. F. Thormann (1824). 8 S. 4.

[S.] **Vorlesungen** auf der Königl. Preussischen Rhein-Universität Bonn im Sommerhalbj. 1825. Bonn, gedr. bei C. F. Thormann (1825). 8 S. 4.

[S.] **Vorlesungen** auf der Königl. Preussischen Rhein-Universität Bonn im Winterhalbj. 1825—1826. Bonn, gedr. bei C. F. Thormann (1825). 8 S. 4.

[S.] **Vorlesungen** auf der Königl. Preussischen Rhein-Universität Bonn im Sommerhalbj. 1826. Bonn, gedr. bei C. F. Thormann (1826). 8 S. 4.

[S.] **Vorlesungen** auf der Königl. Preussischen Rhein-Universität Bonn im Winterhalbj. 1826—27. Bonn, gedr. bei C. F. Thormann (1826). 8 S. 4.

[S.] **Vorlesungen** auf der Königl. Preussischen Rhein-Universität Bonn im Sommerhalbj. 1827. Bonn, gedr. bei C. F. Thormann (1827). 8 S. 4.

[S.] **Vorlesungen** auf der Königl. Preussischen Rhein-Universität Bonn im Winterhalbj. 1827—28. Bonn, gedr. bei C. F. Thormann (1827). 8 S. 4.

[S.] **Vorlesungen** auf der Königl. Preussischen Rhein-Universität Bonn im Sommerhalbj. 1828. Bonn, gedr. bei C. F. Thormann (1828). 8 S. 4.

Vorlesungen, Sechs humoristische, von Eduard. 2. Aufl. Leipzig 1855. V: *Wengler, Eduard.* (cb)

Die Vorlesungen für Sozial- und Handelswissenschaften zu Frankfurt am Main. *[Wird fortges.]*

Vorlesungen über die österreichische Staatsverfassung. Wien 1792. V: *Lucca, Ign. de.* (WRZTG 1792, S. 2991) (KY 3/595) (ENGG 726) (Fideicomissbibliothek Wien 2/524, Nr. 3874) (WBL 16/121) (BIBLPORT)

— staatswirthschaftliche rc. v. Winter. 1790, 91. 1n Bds. 1e u. 2e u. 2n Bds. 1e Abth. mit Kpf. gr. 8. Mannh. 791, 92. Schwan u. G. (a. Löffler). 3 Rthlr 10 gr

Staatswirthschaftliche Vorlesungen der Churpfälzischen physikalisch-ökonomischen Gesellschaft zu Heidelberg.
Erster [- Zweiter] Band.
Mannheim: Schwan und Götz. 1791 [- 1792]. 8°.
Universitätsbibliothek Tübingen
Darin enthalten:
Friedrich Kasimir MEDICUS, Ueber nordamerikanische Bäume und Sträucher als Gegenstände der deutschen Forstwirthschaft, und der schönen Gartenkunst ... Vorgelesen den 9. November 1791 [in Bd. 2, S. 1-96].
2. Ausg. als Separatdruck 1792, s. Nr. 589.
Friedrich Kasimir Medicus, 1736-1808

Vorlesungen am Sylvester-Abend in einem geselligen Kreise gehalten. [Leipzig 1806.] V: *Nostitz und Jänkendorf, Gottlob Adolph Ernst von.* (MGT)

Vorlesungen über die Taktik bearbeitet von einem Generalstabsoffizier ... Berlin 1820. V: *Tiedemann, Carl Ludw. Hn. von.* (Kat. d. Bibl. d. k. Preuss. gr. Generalstabes. Berlin 1878.)

Vorlesungen über die Taktik der Reuterey ... Carlsruhe 1818. V: *Bismark, Friedrich Wilhelm Graf von.* (MGT) (PT) (KY) (Zuwachsverz. d. Bibliotheken in Zürich. Zürich 1898 ff.) (Gött. Gel. Anz. 1818. Nr. 136.)

— über die Taktik der Reiterei, von einem Obristen der Reiterei (Graf v. Bismarck). Mit 3 Plan. gr. 8. Karlsr. 818. Müller. 1 Rthlr

— theoret. prakt., uber Chirurgie, oder Wundarzneykunst, nach Brown'schen Grundsätzen. 8. Wien, Schalbacher. 801. — 22

— theoret.-pract., über d. allgemeine, in den k. k. Erblanden bestehende Criminalgerichtsordnung. 3 Bde. 8. Wien 789—91. Hörling. 1 Rthlr 12 gr

Vorlesungen und Übungen für Interessenten staats- und handelswissenschaftlicher Fächer an der Kgl. Technischen Hochschule zu Danzig. 1905. 1906/07—1909-1910. 19[05]—09.

Vorlesungen und Übungen für Studierende der Mathematik und der Naturwissenschaften an der Kgl. Technischen Hochschule zu Danzig 1907-1908—1909-1910. 1908—09.

[Kopft.] [*f.*] **Vorlesungen** auf der Königl. Preussisch-Rheinischen Universität im Winterhalbj. 1818=1819 [!]. [Bonn, gedr. bei P. Neusser] (1818). 2 Bl. 4.

Vorlesungen über die Viehseuche. St. Gallen 795.

Vorlesungen, Vier und zwanzig kurze, über die Geschichte Josephs des Sohnes Israels. Zürich 1794. V: *Lavater, Johann Kaspar.* (SCHSTR S. 130)

Vorlesungen, die vorzügl., welche in der schwed. Akad. d. Wissenschaften zu Stockholm gehalten worden; a. d. Schwed. übers. u. herausg. von K. G. Gröning. 2 Bde. gr. 8. Leipz. 794, 95. Wienbrack. 2 Rthlr (Daraus apart: Rosenstein, Abhandl. üb. Aufklärung. 15 gr Wilke, üb. d. Magneten. 3 gr Bergius, von Obstgärten. 8 gr Rosenstein, Lobrede auf Stockenström. 3 gr Schönberg, Lobrede auf Scheffer. 6 gr Modeer, von gewissen Dingen. 1 gr Nordenankers, Strömungen d. Ostsee. 2 gr Triewald, von dem Grundstoffe der Metalle rc. 2 gr Tila, Geschichte des Steinreichs. 2 gr Melanderhjelm, Nothwendigkeiten d. beständ. Fortsetz. astronom. Beobachtungen. 5 gr Thunberg, üb. d. japan. Nation. 4 gr)

Vorlesungen, welche in der Schwedischen Akademie der Wissenschaften zu Stockholm gehalten worden, a. d. Schwed. übers. u. herausg. v. Gröning. 2 Bde. gr. 8. Leipz. Gräff. 794. 95. (à 1 Rthlr. 2 —
(Hieraus ist einzeln zu haben: Rosenstein, Abhandl. über Aufklärung. 15 gr. Wilke, üb. d. Magneten. 3 gr. Bergius, v. Obstgärten. 8 gr. Rosenstein, Lobrede auf Stockenstrom. 3 gr. Schönberg, Lobrede auf Scheffer. 6 gr. Modeer, v. gewissen Dingen. 1 gr. Nordenankers Strömungen d. Ostsee. 2 gr. Triewald, v. d. Grundstoffe d. Metalle rc. 2 gr. Tila, Gesch. d. Steinreichs. 2 gr. Melanderhjelm, Nothwendigkeiten d. beständ. Forts. astronom. Beobacht. 5 gr. Thunberg, üb. d. Japan. Nation. 4 gr.)

Zwey **Vorlesungen** 1) Wie wird die Freymaurerey ein Mittel zur Aufrechthaltung der Religion? 2) Wie verhalten sich Freymaurerey und bürgerliches Leben? gehalten in der Loge zum Füllhorn in Lübeck von S. Lübeck 1807: Römhild. 47 S. 8°

Vorlesungen, Zwei, über die Tendenz und das Ziel der Hermesschen Schule in Ansehung des heranzubildenden Klerus. Breslau 1833. V: *Baltzer, Johann Bapt.* (Nowack, Schles. Schriftst.-Lex. Breslau 1836—43. I, 5.)

Vorlesungsandachten. Ein Erbauungsbuch für gebildete Communicanten ... Danzig 1817. V: *Duisburg, Friedrich Carl Gottlieb von.* (MGT)

Vorlesungs-Verzeichnis [der] Humboldt-Akademie. Studienjahr 33. 1910/11. 1. Viertelj. 1911. Jan.-März.

Vorlesungs-Verzeichnis [der] Stadt. Handels-Hochschule Cöln für d. W.-S. 1904/05 ff. Cöln 1904 ff. 8°.
W.-S. 1904/05. 1904. — W.-S. 1910/11. 1910

[Vorlesungsverzeichnis der] Handelshochschule zu Leipzig. W.-S. 1910/11. (Leipzig 1910.) 4°.

Vorlesungsverzeichnisse der Universitäten. Technischen- und Fach-Hochschulen von Deutschland, Österreich und der Schweiz. W-S. 1896-97. 4° München 1896

Vorlesungs-Verzeichnisse d. Universitäten, techn. u. Fach-Hochschulen v. Deutschland, Oesterreich u. d. Schweiz. XI. u. XII. Ausg. Winter-Sem. 1897/98 u. Sommer-Sem. 1898. Im amtl. Auftr. hrsg. v. d. Red. d. „Hochschul-Nachrichten". gr. 4. (92 u. 80 S.) München 897. 98. Academ. Verlag München. à n. — 60

Vorlesungsverzeichnisse. Vorlesungs-Verzeichnisse der Universitäten, Technischen und Fach-Hochschulen von Deutschland, Deutsch-Oesterreich und der Schweiz. Im amtlichen Auftrag hrg. von der Redaktion der «Hochschul-Nachrichten». Nebst einem Anzeigenteil für empfohlene Bücher. 18. Ausg. Sommer-Semester 1901. IV + 88 [+ 16] S. 4. München, Academischer Verlag, 1901. M. —. 60

Vorlesungsverzeichnisse. Vorlesungs-Verzeichnisse der Universitäten, Technischen und Fach-Hochschulen von Deutschland, Deutsch-Oesterreich und der Schweiz. Im amtlichen Auftrag hrg. von der Redaktion der «Hochschul-Nachrichten». Nebst einem Anzeigenteil für empfohlene Bücher. 19. Ausg. Winter-Semester 1901/02. IV + 106 [+ 16] S. 4. München, Academischer Verlag, 1901. M. —. 60

Vorlesungs-Verzeichnisse der Universitäten, Technischen und Fach-Hochschulen von Deutschland, Deutsch-Oesterreich und der Schweiz. Im amtlichen Auftrag hrg. von der Redaktion der «Hochschul-Nachrichten». Nebst einem Anzeigenteil für empfohlene Bücher. 20. Ausg. Sommer-Semester 1902. IV + 96 [+ 12] S. 4. München, Academischer Verlag, 1902. M. —. 60

Vorlesungs-Verzeichnisse der Universitäten, Technischen und Fach-Hochschulen von Deutschland, Deutsch-Oesterreich und der Schweiz. Im amtlichen Auftrag hrg. von der Redaktion der «Hochschul-Nachrichten». Nebst einem Anzeigenteil für empfohlene Bücher. 21. Ausg. Winter-Semester 1902/03. IV + 108 [+ 12] S. 4. München, Academischer Verlag, 1902. M. —. 60

Vorlesungs-Verzeichnisse der Universitäten, Technischen und Fach-Hochschulen von Deutschland, Deutsch-Oesterreich und der Schweiz. Im amtlichen Auftrag hrg. von der Redaktion der «Hochschul-Nachrichten». Nebst einem Anzeigenteil für empfohlene Bücher etc. 22. Ausg. Sommer-Semester 1903. IV + 99 [+ 12] S. 4. München, Academischer Verlag, 1903. M. —. 60

Vorlesungs-Verzeichnisse der Universitäten, Technischen und Fach-Hochschulen von Deutschland, Deutsch-Oesterreich und der Schweiz. Im amtlichen Auftrag hrg. von der Redaktion der «Hochschul-Nachrichten». Nebst einem Anzeigenteil für empfohlene Bücher etc. 23. Ausg. Winter-Semester 1903/04. IV + 111 [+ 16] S. 4. München, Academischer Verlag, 1903. M. —. 60

Vorlesungs-Verzeichnisse der Universitäten, Technischen und Fach-Hochschulen von Deutschland, Deutsch-Oesterreich und der Schweiz. Im amtlichen Auftrag hrg. von der Redaktion der «Hochschul-Nachrichten». Nebst einem Anzeigenteil für empfohlene Bücher etc. 24. Ausg. Sommer-Semester 1904. IV + 102 [+ 8] S. 4. München, Academischer Verlag, 1904. M. —. 60

Vorlesungs-Verzeichnisse der Universitäten, Technischen und Fach-Hochschulen von Deutschland, Deutsch-Oesterreich und der Schweiz. Im amtlichen Auftrag hrg. von der Redaktion der «Hochschul-Nachrichten». Nebst einem Anzeigenteil für empfohlene Bücher etc. 25. Ausgabe. Winter-Semester 1904/05. IV + 120 [+ 12] S. 4. München, Academischer Verlag, 1904. M. —. 60

Vorlesungs-Verzeichnisse der Universitäten, Technischen und Fach-Hochschulen von Deutschland, Deutsch-Oesterreich und der Schweiz. Im amtlichen Auftrag hrg. von der Redaktion der «Hochschul-Nachrichten». Nebst einem Anzeigenteil für empfohlene Bücher etc. 4. München, Academischer Verlag, 1905. *je* M. —

26. Ausgabe. Sommer-Semester 1905. IV + 108 [+ 12] S.
27. Ausgabe. Winter-Semester 1905/06. IV + 124 [+ 12] S.

Vorlesungs-Verzeichnisse der Universitäten, Technischen und Fach-Hochschulen von Deutschland, Deutsch-Oesterreich und der Schweiz. Im amtlichen Auftrag hrg. von der Redaktion der «Hochschul-Nachrichten». Nebst einem Anzeigenteil für empfohlene Bücher etc. 28. Ausgabe. Sommer-Semester 1906. IV + 112 [+ 12] S. 4. München, Academischer Verlag, 1906. M. —. 60

Vorlesungs-Verzeichnisse der Universitäten, Technischen und Fach-Hochschulen von Deutschland, Deutsch-Oesterreich und der Schweiz. Im amtlichen Auftrag hrg. von der Redaktion der «Hochschul-Nachrichten». Nebst einem Anzeigenteil für empfohlene Bücher etc. 29. Ausgabe. Winter-Semester 1906/07. IV + 128 [+ 14] S. 4. München, Academischer Verlag, [1906]. M. —. 60

Vorlesungs-Verzeichnisse der Universitäten, Technischen und Fach-Hochschulen von Deutschland, Deutsch-Oesterreich und der Schweiz. Im amtlichen Auftrag hrg. von der Redaktion der «Hochschul-Nachrichten». 30. Ausgabe. Sommer-Semester 1907. IV + 118 [+ 16] S. 4. München, Academischer Verlag, [1907]. M. —. 60

Vorlesungs-Verzeichnisse der Universitäten, Technischen und Fach-Hochschulen von Deutschland, Deutsch-Oesterreich und der Schweiz. Im amtlichen Auftrag hrg. von der Redaktion der «Hochschul-Nachrichten». 31. Ausgabe. Winter-Semester 1907/08. IV + 128 [+ 16] S. 4. München, Academischer Verlag, [1907]. M. —. 60

Vorlesungs-Verzeichnisse der Universitäten, Technischen und Fach-Hochschulen von Deutschland, Deutsch-Oesterreich und der Schweiz. Im amtlichen Auftrag hrg. von der Redaktion der «Hochschul-Nachrichten». 4. München, Academischer Verlag. M. —. 60

32. Ausgabe. Sommer-Semester 1908. IV + 118 [+ 14] S. [1908.]
33. Ausgabe. Winter-S' 1908/09. IV + 132 [+ 14] S. [1908.]

Vorlesungs-Verzeichnisse der Universitäten, Technischen und Fach-Hochschulen von Deutschland, Deutsch-Oesterreich und der Schweiz. Im amtlichen Auftrag hrg. von der Redaktion der «Hochschul-Nachrichten». 34. Ausgabe. Sommer-Semester 1909. IV + 124 [+ 16] S. 4. München, Academischer Verlag, [1909]. M. —. 60

Vorlesungs-Verzeichnisse der Universitäten, Technischen und Fach-Hochschulen von Deutschland, Deutsch-Oesterreich und der Schweiz. Im amtlichen Auftrag hrg. von der Redaktion der «Hochschul-Nachrichten». 35. Ausgabe. Winter-Semester 1909/10. IV + 132 [+ 12] S. 4. München, Academischer Verlag. M. —. 60

Vorlesungs-Verzeichnisse der Universitäten, Technischen und Fach-Hochschulen von Deutschland, Deutsch-Oesterreich und der Schweiz. Im amtlichen Auftrag hrg. von der Redaktion der «Hochschul-Nachrichten». 36. Ausgabe. Sommer-Semester 1910. IV + 128 S. + *Anzeigen.* 4. München, Academischer Verlag. M. —. 60

Vorlesungs-Verzeichnisse der Universitäten, Technischen und Fach-Hochschulen von Deutschland, Deutsch-Oesterreich und der Schweiz. Im amtlichen Auftrag hrg. von der Redaktion der «Hochschul-Nachrichten». 37. Ausgabe. Winter-Semester 1910/11. IV + 136 S. + *Anzeigen.* 4. München, Academischer Verlag. M. —. 60

Vorlesungs-Verzeichnisse der Universitäten, technischen u. Fach-Hochschulen v. Deutschland, Deutsch-Oesterreich u. der Schweiz. XXXVII. Ausg. Winter-Sem. 1910/11. Im amtl. Auftrag hrsg. v. der Red. der „Hochschul-Nachrichten". (133 S.) Lex. 8. München, Academ. Verlag München. — 60

Vorlesungs-Verzeichnisse der Universitäten, technischen, landwirthschaftlichen u. thierärzlichen Hochschulen, Forst- u. Berg-Academien Deutschlands, Oesterreichs u. der Schweiz. I. Ausg. Winter-Semester 1892/93. gr. 4. (20 S.) Münch. 892, Verlag der Academ. Monatshefte. — 30
Aus: Hochschul-Nachrichten, besonders abgedruckt.

Vorlesungs-Verzeichnisse der Universitäten, technischen, landwirthschaftlichen u. thierärztlichen Hochschulen, Forst- u. Berg-Academien Deutschlands u. der Schweiz. V. Ausg. Winter-Sem. 1894/95. Hrsg. nach amtl. Angaben v. der Red. der „Hochschul-Nachrichten". gr. 4. (72 S.) München 894. Akadem. Verlag. n. — 50

Vorlesungs-Verzeichnisse der Universitäten, techn., landwirtsch. u. tierärztl. Hochschulen, Forst- u. Bergakademien Deutschlands, Oesterreichs u. d. Schweiz. VIII. Ausg. Sommer-Semester 1896. In-4°. 80 S. München, Akademischer Verlag. 1896. 1 10

Vorlesungsverzeichnis sämtlicher Universitäten und Hochschulen des deutschen Sprachgebietes, nebst e. vollständ. Namenregister. Herausg. vom Verlage des Litterar. Centralblattes für Deutschland. Ausgabe für das Sommersemester 1897. Beilage zu N° 13 des Litterar. Centralblattes. In-4°. 120 Sp. Leipzig, E. Avenarius. — 70
1897.

Vorlesungsverzeichniß sämmtlicher Universitäten u. Hochschulen d. deutschen Sprachgebietes, nebst e. vollst. Namenregister. Hrsg. v. Verlage d. Literar. Centralblattes f. Deutschland. Ausg. f. d. Sommersem. 1898. Beilage zu Nr. 15/16 d. Literar. Centralblattes. gr. 4. (138 Sp.) Leipzig 898. E. Avenarius. — 50

Vorlesungsverzeichniß sämmtlicher Universitäten u. Hochschulen des deutschen Sprachgebietes, nebst e. vollständ. Namenregister. Hrsg. vom Verlage des Literar. Centralblattes f. Deutschland. Ausg. f. das Wintersem. 1898/99. Beilage zu Nr. 35 des Literar. Centralblattes. gr. 4. (120 Sp.) Leipzig, E. Avenarius. — 50

Voerman, G. L., Untersuchungen üb. die Bildungsverhältnisse der ozeanischen Salzablagerungen, s.: Hoff, J. H. van't.

Ringelstein im Kreise Büren. Von Joh. **Voermanek**. Büren: Esser (1910). 182 S. 8° (II. 16078 6

Vormann: Geschichte des Märkischen Turngaues, s. Pott

Vormann, G., Erzählungen f. d. Blüthenalter. 1—4. Bdchn. Barmen, Langewiesche. [1. u. 2. (à 9 B.) 838. à 5 Gr., 3. (9 B.) 6 Gr., 4. (6 B.) 839. 4 Gr.]
A. u. d. Ttln.:
Bdchn. 3. Die reisenden Handwerksburschen. Ein Mährchen f. Jung u. Alt.
" 4. Neue Erzählungen f. d. Blüthenalter.

— **die Sonn- u. Festtags-Evangelien durch das ganze Jahr, mit erklär. Einleitungen, Lehren, Bibelsprüchen, Liederversen und Fragen. Nebst einer kurzen Einleitung über Palästina zur Zeit Jesu und das christl. Kirchenjahr.** Ein Lehr- u. Lesebuch für Schule u. Haus. gr. 8. Hagen 835. (Iserlohn u. Barmen, Langewiesche.) 1/2 ₰

Vormann, G., Weihaltar, s. **Weihaltar.**

Vormann, Johannes [aus Swinemünde]: Luetische Erkrankungen der Vulva ... Berlin, C. Vogts Buchdr., *1896*; 29 S., 1 Bl. 8.
Berlin, Med. Fak., Inaug.-Diss. v. 1. Dez. 1896

Vormann, Johan Anton Bernh. (geb. Münster in Westf. 15. 8. [illegible]): De intoxicatione saturnina. Berolini (1866). (32 S.) 8°
Berlin, Med. Diss. v. 8. Juni 1866

Vormann, Constantin (geb. [illegible]): Num cephalotripsia repetenda et quaenam ratio inter eam et perforationem intercedat. Berolini 186[illegible]. (32 S.) 8°
Berlin, Med. Diss. v. 15. Aug. 1864

Vormann, Constantinus (geb. Roggenberg [illegible]): De [illegible] galvanismi in arte medica. Berolini (1829). (24 S.) 8°
Berlin, Med. Diss. v. 16. Okt. 1829

Vormann, W. H., Davos im Schnee. Fliegende Blätter aus dem Kurleben. gr. 8. (VIII, 175 S.) Zürich 883. Schmidt. n. 2. —

—— aus den Fremdenbüchern von Rigi-Kulm. Eine Sammlung der interessantesten Einzeichnungen. Nach den Orig.-Bänden zusammengestellt und durch eine Geschichte der Kulmhäuser eingeleitet. 8. (VI, 106 S. mit 6 Holzschn.-Illustr.) Bern 883, Haller.

Vormann, W. H., aus den Fremdenbüchern v. Rigi-Kulm. Eine Sammlg. der interessantesten Einzeichngn. Nach den Orig.-Bänden zusammengestellt u. durch e. Geschichte der Kulmhäuser eingeleitet. Mit 6 (Holzschn.-)Illustr. 8. (VI, 106 S.) Bern 883. Nydegger & Baumgart. n. 1. —

— von den Ufern der Passer. Meraner Federzeichngn. 8. (IX, 216 S.) Meran 884. Pötzelberger. n. 3. —

Vormbaum, Friedrich

— **kurze Darstellung der brandenb.-preuß. Geschichte. Für die Schüler in den mittleren Schulen bearbeitet. 8. Leipzig 840,** Graşen. 3/8 ₰

Vormbaum, Friedr., **kurze Darstellung d. brandenburg.-preuß. Geschichte. Für d. Schüler in d. mittl. Schulen bearbeitet. 8. (10½ B.) Leipzig 840, [Frieblein u. Hirsch.]**

Vormbaum, Fr., lehrr. u. anmuth. Erzählungen aus d. brandenburg.-preuß. Geschichte. Ein Büchlein f. christl. Volksschulen. 8. (8½ B.) Minden 834, Eßmann. Thlr.

—— lehrr. u. anmuth. **Erzählungen aus d. brandenburg.-preuß. Geschichte. Ein Büchl., f. christl. Volksschulen geschrieben. 2—5., verb. u. verm. Aufl. 8. (à 8½ B.) (2. u. 3. Aufl.) Minden 836, 37, Eßmann; (4. u. 5. Aufl.) Leipzig 840, 42,** Frieblein u. Hirsch. à *

Vormbaum, Fr., lehrreiche u. anmuthige Erzählungen aus der brandenburgisch-preuß. Geschichte. Ein Büchlein für christl. Volksschulen. 5. verb. u. verm. Aufl. 8. Leipzig 842, Frieblein u. Hirsch. 1/6 ₰ — 6. Aufl. 845. n. 1/6 ₰

Vormbaum, Frdr., lehrreiche u. anmuthige Erzählungen aus der brandenburgisch-preußischen Geschichte. Ein Büchlein für christliche Volksschulen. 7. verb. u. verm. Aufl. 8. (124 S.) Leipzig 848, Frieblein & Hirsch. — 8. verm. u. verb. Aufl. 8. (IV u. 124 S.) Ebd. 852. n. 1/6 ₰

Vormbaum, Friedr., lehrreiche und anmuthige Erzählungen aus der brandenburgisch-preußischen Geschichte. Ein Büchlein für christliche Volksschulen. 9. Aufl. 853. — 10. Aufl. 855. — 11. Aufl. Leipzig 858. Frieblein. 12. (2 Bl., 124 S.) n. 5 ngr.

Vormbaum, Friedr., lehrreiche und anmuthige Erzählungen aus der brandenburgisch-preußischen Geschichte. Ein Büchlein für christl. Volksschulen. 11. Aufl. 1858 und 12. Aufl. 12. (IV und 124 S.) Leipzig 860, [A. Hoffmann.] *

Vormbaum, Frdr., lehrreiche und anmuthige **Erzählungen aus der brandenburgisch-preußischen Geschichte. Ein Büchlein für christliche Volksschulen. 12. Aufl. 860.** n. 5 ngr. — 13. verb. u. verm. Aufl. Leipzig 862. Schrag's Verlag. (Zürich, Ernst.) gr. 8. (2 Bl., 112 S.) n. 6 ngr.

Vormbaum, Fr., Erzählungen aus der brandenburgisch-preußischen Geschichte. Ein Büchlein für Volksschulen. 17., verb. u. verm. Aufl. 8. (IV, 140 S.) Wesel 878. Bagel. n. — 60

— Friedrich Wilhelm der Dritte, König von Preußen, der Gerechte u. Weise. Ein Erinnerungsbuch für alle Preußen, insbesond. für den preuß. Bürger u. Landmann. 8. Leipzig 841, Graşen. 3/8 ₰

—— Friedrich Wilhelm III., König v. Preußen, der Gerechte u. Weise. Ein Erinnerungsb. f. alle Preußen, insbesond. f. d. preuß. Bürger u. Landmann. 8. (9 B.) Leipzig 841, Frieblein u. Hirsch.

— Friedrich Wilhelm III. König von Preußen, der Gerechte und Weise. Ein Erinnerungsbuch für alle Preußen, insbesondere für den preußischen Bürger u. Landmann. 2. Ausg. Leipzig 863. A. Hoffmann. (Zürich, Ernst.) 8. (141 S. u. lith. Portr.) 11¼ ngr.

— die biblische Geschichte in der evangel. Elementarschule. Ein Beitrag zur Führung eines christl. Volksunterrichts. 8. Elberfeld 846, Büschler'sche Verlagsh. $^{5}/_{12}$ ₰

Vormbaum, Fr., d. brandenburgisch=preußische Geschichte. Für Lehrer an Land= u. Stadtschulen, für die Schuljugend rc. gr. 8. Elberfeld 831. Büschler. 16 ₰

Vormbaum, Fr., die brandenburgisch=preußische Geschichte. Für Lehrer an Land= u. Stadtschulen, für die Schuljugend aller Religionsverwandten und auch für Vaterlandsfreunde bearb. 2e Aufl. gr. 8. Elberfeld 832. Büschler. $^{2}/_{3}$ ₰ — 3e verb. u. verm. Aufl. gr. 8. Ebd. 835. $^{2}/_{3}$ ₰ — 4e sehr verb. u. verm. Aufl. gr. 8. Leipzig 837. Crayen. $^{2}/_{3}$ ₰ — 5e verb. Aufl. gr. 8. Ebd. 840. $^{2}/_{3}$ ₰

—— die brandenburg.=preuß. Geschichte. Für Lehrer an Stadt= u. Landschulen, f. d. Schuljugend aller Religionsverwandten u. auch f. Vaterlandsfreunde bearbeitet. 4. u. 5., sehr verb. u. verm. Aufl. gr. 8. (17½ u. 18 B.) Leipzig 837, 40, [Friedlein u. Hirsch.] à

— die brandenburgisch=preuß. Geschichte. 6. verb. u. verm. Aufl. gr. 8. Leipzig 845. Friedlein u. Hirsch. 21 n ℊ

—— die brandenburgisch=preußische Geschichte. Für Lehrer an Stadt= und Landschulen, für die Jugend aller Religionsverwandten und auch für Vaterlandsfreunde bearb. 7., verb. und verm. Aufl. gr. 8. (VIII und 254 S.) Leipzig 853, [Friedlein.]

—— die brandenburgisch=preußische Geschichte. Für Lehrer an Stadt= und Landschulen, für die Jugend aller Religionsverwandten und auch für Vaterlandsfreunde bearb. 8., mit Berücksicht. der neuesten preuß. Regulative umgearb. und verm. Aufl. gr. 8. (VIII und 287 S.) Leipzig 857, [A. Hoffmann.]

Vormbaum, Friedr., die brandenburgisch=preußische Geschichte. Für Lehrer an Stadt= und Landschulen, für die Jugend aller Religionsverwandten und auch für Vaterlandsfreunde bearb. 9., mit Berücksichtigung der preuß. Regulative umgearb. und verm. Aufl. gr. 8. (VIII und 312 S.) Leipzig 865, A. Hoffmann. *

– die Grafschaft Ravensberg und die Stadt und vormalige Abtei Herford in ihren alten Aemtern, in ihren jetzigen landräthlichen Kreisen u. in ihren Geschichten u. Sagen. Für Schule u. Haus dargestellt. Mit in den Text eingedr. Holzschn. Ebend. 864. (Ebend.) gr. 8. (IV, 120 S.) n. 5 ngr.; mit lith. Karte in Fol. n. 6 ngr.

—— Sagen aus d. Vaterlande. Eine Gabe z. lehrr. u. angenehmen Unterhalt. f. christl. u. fromme Familien u. deren Kinder. gr. 8. (13 B.) Elberfeld 838, Büschler'sche Vrlg.=Buchh.

Vormbaum, Frdr., die Schlacht bei Minden u. das Gefecht bei Gohfeld am 1. VIII. 1759. Eine schlichte Darstellg. 9. u. 10. Aufl. (47 S. m. 1 Taf. u. 1 Plan.) kl. 8. Minden (909). J. C. C. Bruns. — 30

—— das königl. evangelische Schullehrer=Seminarium zu Petershagen in Westphalen. Bericht über das 25jähr. Bestehen der Anstalt am 6. April 1856. 4. (44 S.) Gütersloh 856, Bertelsmann. *

Vormbaum, Fr., das Wissenswertheste aus d. Brandenburgisch=Preuß. Geschichte für d. Preuß. Landmann u. die ersten Classen d. Landschulen. .. Minden ... Eßmann. 1½ ℛ

— das Wissenswertheste aus der Brandenburgisch=Preuß. Geschichte für den preuß. Landmann u. die ersten Classen der Landschulen aller Religionsverwandten. 3. verm. u. verb. Aufl. 8. Minden 842, Eßmann. 1¾ ngl — 4. verm. Aufl. 8. Bielefeld 845, Velhagen u. Klasing. 2 ngl

— das Wissenswertheste aus der Brandenburgisch=Preußischen Geschichte. Für den preußischen Landmann und die ersten Classen der Landschulen aller Religionsverwandten dargestellt. 5. verm. u. verb. Aufl. Bielefeld 854. Velhagen u. Klasing. 8. (72 S.) 2½ ngr.

— das Wissenswertheste aus der Brandenburgisch=Preußischen Geschichte. Für den preußischen Landmann u. die ersten Classen der Landschulen aller Religionsverwandten dargestellt. 6. verm. u. verb. Aufl. Bielefeld 862. Velhagen & Klasing. 8. (76 S.) n. 2½ ngr.

Vormbaum, Oskar

Vormbaum, (Osk.): Bericht über die Rechtsentwickelung in Deutschland und Oesterreich in den letzten beiden Jahren. (Berlin 1906.)
(S.-A. a.: Verhandl. d. 28. Dt. Juristentages. Bd 2.)

Vormbaum, Osk., das Handels-, Wechsel-, Konkurs- u. Seerecht Italiens, s. a. Handelsgesetze, die, des Erdballs. (Sommati di Mombello, Graf Luigi.)

Vormbaum, Osk., das Handels- usw. Recht Italiens, s. a. Sommati di Mombello, Graf Luigi.

Le droit commercial, le droit de change, le droit des faillites et le droit maritime de Monaco. Das Handelsrecht, Wechselrecht, Konkursrecht und Seerecht von Monaco. Mit Einl. von Bn Hector de Rolland, übers. u. mit Anm. versehen von Oskar Vormbaum, Amtsrichter. Berlin: R. v. Decker 1906. (84, 84 S.) 4°(8°)
= **Handelsgesetze,** Die, d. Erdballs. Ausg. D. Monaco. [07. 11989

Vormbaum, Reinhold, Hermann zu Cappenberg. Ein rheinisch=westfäl. Lebensbild aus dem 12. Jahrh. 8. (46 S.) Gütersloh 848, Bertelsmann. 6 ngl

Vormbaum, Reinhold, Joachim Neander's Leben und Lieder. Elberfeld 860. Bädeker. 16. (VII, 168 S.) n. 12 ngr.

— evangelische Missionsgeschichte in Biographieen. 1 u. 2. Bd. à 6 Hfte. 8. 1. Bd. 1. Hft. John Eliot, der Apostel der Indianer Nordamerikas. Nach seinem Leben u. Wirken dargestellt. (VIII u. 88 S.) 1. Bd. 2 u. 3. Hft. Bartholomäus Ziegenbalg u. Joh. Ernst Gründler, die deutschen Heidenboten in Südindien. Nach ihrem Leben u. Wirken dargestellt. (143 S.) 1. Bd. 4. Hft. Benjamin Schultze, evangelischer Missionar in Trankebar u. Madras, u. seine Mitarbeiter. (64 S.) 1. Bd. 5. Hft. Thomas von Westen, der Apostel der norweg. Lappen. Nach seinem Leben u. Wirken dargestellt. Nebst einem Anhang über die neueste Missions=Thätigkeit in Lappland. (71 S.) 1. Bd. 6. Hft. Hans Egede, der Prediger des Evangeliums in Grönland. Nach seinem Leben u. Wirken dargestellt. (64 S.) 2. Bd. 1. Hft. David Brainerd, der Apostel der Indianer in Pennsylvanien u. New=Jersey. (72 S.) 2. Bd. 2. Hft. Eingeborene Lehrer d. Evangeliums in Ostindien. (72 S.) 2. Bd. 3 u. 4. Hft. Christian Friedrich Schwartz, evangelischer Missionar in Trankebar, Tirutschinapalli u. Tanjour in Ostindien. Nach seinem Leben u. Wirken dargestellt. (199 S.) 2. Bd. 5 u. 6. Hft. Christian Wilhelm Gericke, evangelischer Missionar in Cudelur u. Madras, Christoph Samuel John, evangelischer Missionar in Trankebar, Joseph Daniel Jänicke, evangelischer Missionar in Tanjour. (152 S.) Düsseldorf 850—52, (Schaub) Scheller. (1, 1: 6 ngl 2 u. 3: $^{1}/_{3}$ ₰ 4—6 u. 11, 1 u. 2: à $^{1}/_{6}$ ₰ 3 u. 4: $^{1}/_{2}$ ₰ 5 u. 6: à $^{1}/_{6}$ ₰) 2 ₰ 6 ngl

Vormbaum, Reinhld., evangelische Missionsgeschichte in Biographien. 3. Bd. 6 Hefte u. 4. Bd. 1. u. 2. Heft. Düsseldorf 853—58. Scheller. 8. Jedes Heft 5 ngr.

3. Bd. 1. 2. Heft: Friedrich Martin, Missionar der Brüdergemeinde in Westindien, und seine Mitarbeiter. (163 S.)

3. 4. Heft: Matthäus Stach und Johann Beck, Missionare der Brüdergemeinde in Grönland, und ihre Mitarbeiter. (201 S.)

5. 6. Heft: David Zeisberger, Missionar der Brüdergemeinde unter den Indianern Nordamerika's, und seine Mitarbeiter. (187 S.)

4. Bd. 1. 2. Heft: Georg Schmidt, Missionar der Brüdergemeinde unter den Hottentotten Süd-Afrika's, und seine nächsten Nachfolger. — Theoph. Sal. Schumann, Missionar der Brüdergemeinde unter den Indianern Süd-Amerika's, und seine Mitarbeiter. (VIII, 197 S.)

Vormbaum, Reinhold, evangelische Missionsgeschichte in Biographieen. 4. Bd. 3—6. Heft. Elberfeld 860. Bädeker. 8. Jedes Heft 5 ngr.

4. Bd. 3. 4. Heft: Dr. Johann Theodor van der Kemp, Missionar der Londoner Missions-Gesellschaft in Süd-Afrika u. seine Mitarbeiter. (159 S.)

5. 6. Heft: Dr. Thomas Coke, der Begründer der Methodisten-Missionen. Dr. William Carey, Missionar der englischen Baptisten-Missionsgesellschaft in Bengalen. (185 S.)

— — 2. verb. u. verm. Aufl. Ebend. 859—63. 8. Jedes Heft 5 ngr.

1. Bd. 1. Heft: John Eliot, der Apostel der Indianer Nordamerikas. Nach seinem Leben u. Wirken dargestellt. 859. (IV, 100 S.)

2. 3. Heft: Bartholomäus Ziegenbalg u. Johann Ernst Gründler, die deutschen Heidenboten in Trankebar. Nach ihrem Leben u. Wirken dargestellt. 859. (176 S.)

4. Heft: Benjamin Schultze, evangelischer Missionar in Trankebar u. Madras, u. seine Mitarbeiter. 861. (68 S.)

5. Heft: Thomas von Westen, der Apostel der norwegischen Lappen. Nach seinem Leben u. Wirken dargestellt. Nebst einem Anhang über die neueste Missions-Thätigkeit in Lappland. 861. (60 S.)

6. Heft: Hans Egede, der Prediger des Evangeliums in Grönland. Nach seinem Leben u. Wirken dargestellt. 861. (81 S.)

2. Bd. 1. Heft: David Brainerd, der Apostel der Indianer in Pennsylvanien u. New-Jersey. 863. (88 S.)

Vormbaum, Rhold., evangelische Missionsgeschichte in Biographieen. 5. Bd. 1. Hälfte: H. Martyn, D. Brown u. Cl. Buchanan, Kaplane der ostindischen Compagnie in Bengalen, u. ihre Mitarbeiter. Elberfeld 865. Bädeker'sche Buchh. 8. (VIII, 204 S.) n. 15 ngr.

Vormbaum, Reinhold, Missions-Segen. Lebensbilder aus der Geschichte der evangelischen Heidenmission. 8. (VI u. 225 S.) Bielefeld 852, Velhagen & Klasing. n. ½ ₰

— evangelische Schulordnungen, s. Schulordnungen.

Vormbrock, Heinrich

Vormbrock, H., die Unterstützung v. Familien der zu Friedensübungen einberufenen Mannschaften. Reichsgesetz v. 10. V. 1892, nebst den Ausführungsvorschriften des Bundesrats vom 2. VI. 1892/24. XI. 1898. Auf Grund amtl. Materials bearb. u. m. 20 Tab. zur Berechng. der Unterstützgn. versehen. gr. 8. (56 S.) Bielefeld-Gadderbaum 901. W. Bertelsmann. n. 1. —

Vormbrock, H., die Unterstützung v. Familien der zu Friedensübungen einberufenen Mannschaften. Reichsgesetz vom 10. V. 1892 nebst den Ausführungsvorschriften des Bundesrats vom 2. VI. 1892./24. XI. 1898./15. XI. 1902. Auf Grund amtl. Materials bearb. u. m. 32 Tab. zur Berechng. der Unterstützungsbeträge versehen. 2. Aufl. (68 S.) 8. Bielefeld-Gadderbaum 910. W. Bertelsmann. Geb. in Leinw. 1. 60

Vormeng, Frz., Enthüllungen auf dem Gebiet der Eisenbahn- u. allgemeinen Verwaltung sowie der Justiz od. noch einmal: „Preußen in Deutschland voran!" (VII, 72 S.) 8. Köslin 908. (C. G. Hendeß Nachf.) nn 1. 50

Enthüllungen auf dem Gebiet der Eisenbahn- u. allgemeinen Verwaltung, sowie der Justiz, oder noch einmal: 'Preußen in Deutschland voran!' ... Von Franz **Vormeng**. Köslin: P. Perrin in Komm. 1908. (72 S.) 8° [F.] 08.6618

Vormeng, Karl

Vormeng, K., auch dabei! 70 Lieder aus der französ. Kriegs- u. Occupations-Zeit 1870—1873. 12. (163 S.) Berlin 892. Borstell & Reimarus. n. 1. 50

[F.] Zur 25j. Gedenkfeier d. Wiederaufrichtg d. Deutschen Reiches. Auch dabei! Lieder aus d. französ. Kriegs- u. Occupations-Zeit 1870—1873 v. Dr. Karl **Vormeng**. 2. verm. Aufl. *Berlin: Borstell & Reimarus 1896.* (177 S., 3 Bl.) 1 Bd 8. 96. 1544

Vormeng, Carl (geb. Butow in Pomm. 16. 9. 1843): Die Bandwürmer des Menschen nach den neuesten Forschungen. Berlin (1867). (32 S.) 8°

Berlin, Med. Diss. v. 15. Aug. 1867

— ernste u. heitere Bilder aus der französischen Occupationszeit 1871—1873. 8. (IV, 293 S.) Ebd. 893. n. 3. —; geb. in Leinw. n. 4. —

— Erlebnisse e. Arztes aus der französischen Kriegs- u. Occupations-Zeit 1870—1871. 8. (IV, 311 S.) Ebd. 892. n. 3. —

Dr. Fritz. Leiden u. Freuden eines Arztes von Dr. Karl **Vormeng**. *Berlin: Borstell & Reimarus 1905.* (404 S.) 8° [F.] 04. 14714

Geschichte des Allgemeinen Deutschen Schulvereins zur Erhaltung d. Deutschtums im Auslande von Dr. Karl **Vormeng**. *Berlin: G. Reimer 1900.* (52 S.) 8° [F.]
= Schriften d. Allgemeinen Deutschen Schulvereins. H. 2. 00. 6220

Vormeng, Karl: Lehr- und Wander-jahre eines jungen Arztes. Berlin: Borstell & Reimarus 1898. (2 Bl., 411 S.) 8°

— deutsche Lieder. 12. (223 S.) Berlin 900. Borstell & Reimarus. n. 2. —; geb. n. 3. —

Vormeng, Karl, Lieder aus Deutschlands Vergangenheit. (191 S.) kl. 8. Berlin 908. B. Paul. 1.50; geb. 2. 25

Aus der Mappe eines alten Arztes. Berliner Skizzen von Dr. Karl **Vormeng**. *Berlin: Borstell & Reimarus 1902.* (307 S.) 8° [F.] 01. 11303

— Dr. Ferdinand Ranke. Ein Gedenkblatt zu seinem 100jähr. Geburtstage (26. V. 1902). [Beilage zu: „Annalen u. Historien, Mittlgn. d. Ver. ehemal. Schüler d. kgl. Friedrich-Wilhelms-Gymn. zu Berlin" 21. Jahrg.] gr. 8. (26 S. m. 4 Taf.) Ebd. 902. n. — 75

[F.] Wie Fritz Mediziner ward. Gedenkblätter f. d. Besucher u. Freunde des Friedrich Wilhelms-Gymnasiums u. der militärärztl. Bildgsanstalten v. Dr. Karl **Vormeng**. *Berlin: Borstell & Reimarus 1895.* (2 Bl., 359 S.) 1 Bd 8. 96. 1545

Vormerkblätter f. d. J. 1903 u. kleiner Auskunfts-Kalender f. k. k. Staatsbeamte u. Staats-Lehrpersonen. gr. 8. (112 S.) Wien, M. Perles. Kart. n. — 80

Vormerk-Blätter für das Jahr 1904. Lex.-8°. Ebda.

Vormerkblätter für das Jahr 1905. Gr.-8°. Ebda.

Vormerk-Blätter f. d. J. 1907. (54 Bl.) gr. 8. Wien, M. Perles. Kart. — 80

Vormerkblätter für das Jahr 1908. Gr.-8°. Ebda.

Vormerkblätter für das Jahr 1909. Lex.-8°. Ebda.

Vormerkblätter für das Jahr 1910. IX. Jahrg. Gr.-8°.
Ebda. K —.80

Vormerk-Blätter f. d. J. 1911. (54 Bl.) gr. 8. Wien, M. Perles. Geb. — 80

Vormerk-Kalender für das Jahr 1891. Schmal-Folio. (246 S.) In Lwd. geb. * 1.40 netto. Wien: „Helios" 1890.

Vormerk- und Schreibkalender für alle Tage des Jahres, auf das Schaltjahr 1892. Gr. 8. (96 S.) Wien: Dittmarsch' Selbstvlg. 1891. —.30

Berichmde Gedichte von Geehde'n, Schiller'n, Uhland'n usw. in's reenste Deitsch iwerdragen un Eegenes von Max **Vormeyer**. [Neue Ausg.] Leipzig: H. Vormeyer sen. [1898]. (52 S.) 8°
= **Boesien**, Säk'schel [Abt. 1.] [05. 5375

Vormeyer, Max, Säk'sche Boesien! Beriehmde Gedichde v. Goehde'n, Schiller'n, Uhland'n usw. in's reenste Deitsch iwerdragen u. Eegenes. (Neue Aufl.) (III, 52 S.) gr. 8. Leipzig (904). (O. Weber.) n. 1. 50

Vormeyer, Max, säk'sche Boesien. I. Abt. Nr. 12/13. gr. 8. Leipzig, M. Vormeyer. — 50
12/13. 7 neie Gedichte in säk'scher Mundart. (7 S.) 909.

Vormfelde, Karl

Vormfelde, Hauptprüfung v. Kleinmotoren, s.: Arbeiten der deutschen Landwirtschafts-Gesellschaft. (Schiffmann.)

Vormfelde, Karl: Über Milchschleudern, insbesondere über die Lagerung ihrer Trommeln. 1908. 50 S. 4° ¶ Aus: Landwirtschaftl. Jahrbücher. Bd 38. 1909.
Hannover, Dr.-Ing.-Diss. v. 3. 4. 1908

VORMITTAG, Der lustige, auf Herrn v. Freudenlebens Landgute Vollauf. Polkwitz (Oehmigke in Berlin). 1798.
Weller, fing. Dr. — Sehr selten!

Vormittag im Königlichen Odeon zu München. Berlin [1893]. H: *Hildebrandt, Martin.* (Berl)

Vormittag im königl. Odeon zu München. Allgemeiner deutscher Journalisten- u. Schriftstellertag München 1893. Lex.-8. (55 S.) Berlin 893. Deutsche Schriftsteller-Genossenschaft. 2. —

Vormittag im Königlichen Odeon zu München (hrsg. von Martin Hildebrandt). Berlin. o. J. (1893).
Anon.-Lex. V. p. 318.

Vormittags-Predigt. 1. Decbr. 1773. Kopenhagen. V: *Münter, Balth.* (Collin, Anonymer. Kiobenh. 1869.)

Vormoor, Joseph, a. Hagen in Oldenburg: Ein Beitrag zur Geschichte der sozialen Gliederung des Volkes im Frankenreich. Leipzig: Quelle & Meyer 1907. (50 S.) 8° ¶ (Erscheint vollst. als: „Leipziger hist. Abhandlungen" H. 6.)
Leipzig, Phil. Fak., Ref. Seeliger-Brandenburg, Diss. v. 11. Nov. 1907
[Geb. 30. Sept. 79 Hagen; Wohnort: Hagen; Staatsangeh.: Oldenburg; Vorbildung: Gymn. Vechta Reife M. 00; Studium: Münster 2, Berlin 1, Freiburg i. B. 1, Leipzig 7 S.]

Soziale Gliederung im Frankenreich von Joseph **Vormoor**, Dr. phil. Leipzig: Quelle & Meyer 1907. (105 S.) 8°
= **Abhandlungen**, Leipziger historische. H. 6. [08. 1902

Vormund, der, od. die Geschichte d. Familie v. Winzor. 8. Berl. 783. Rottmann. 16 gl.

Vormund, der,. Schausp. v. Iffland. 8. Lpz. Göschen. 795.

Vormund, der. Eine Erzählung von der Verf. des „Tagebuchs eines armen Fräuleins." (Von Marie Nathusius.) Halle 858. Mühlmann. 8. (184 S.) 12 ngr.

Vormund, Ein. Eine Erzählung von der Verfasserin des »Tagebuches« eines armen Fräuleins. Halle 1858. V: *Nathusius, Marie von.* (Brü) (Hdschr. Mitth. Fr. Müller-Kiel.) (Pr)

— der Irländische, eine rührende Geschichte, von einem Frauenzimmer verfaßt, aus dem Engl. 2 Theile, 8. Leipzig, 776. Schwickert. 1 Rtl. 10 sgl.

Vormund, Der Irlaendische, ein Roman; a. d. Engl. Leipzig 1776. Ü: *Gellius, Joh. Gfr.* (Ky) (ML)

Vormund, der Kurhessische. Eine Anleitung für sein praktisches rechts- u. gesetzmäßiges Handeln vom Anfange bis zum Aufhören d. Vormundschaft, zunächst für den Bürger u. Landmann. gr. 8. Marburg 839. Garthe. 5/12 rh

— der, der Rechtschaffenheit, aus dem Engl. des Melmoth, 8. Daselbst, 781. Derselbe. 25 sgl.

Vormünder, Die; Lustspiel nach Goldoni. Frankf. 1781. V: *Schletter, Salomon Friedrich.* (Ky) (GGr)

Vormünder, die,. Lustsp. nach Goldoni. 8. Frankf. Eichenberg. 781. — 5

Vormünder, an die, der Menschheit, od. 1) wird durch öffentl. Duldung d. äußerl. Geschlechtsgenusses einem großen Uebel vorgebeugt? 2) wohin gehört d. Streit üb. d. Sache, vor den Gerichtshof d. Politik od. den der Moral? (Von Freudenberg: C. G. Flitter.) 8. Berl. 799. (Sander). 20 gl.

Vormünder, Die vier, in vier Akten; nach der Centlivre bold stroke for a wise. [Schwerin 1791.] V: *Meyer, Friedrich Ludwig Wilhelm.* (MGT)

Vormünder, Die Vier. Ein Lustspiel in drey Aufzügen. Nach d. Engl. der Mrs Centlivre. Schwerin u. Wismar 1791. V: *Schröder, Friedrich Ludwig.* (GGr) (BrMm)

— die vier,. Lustsp. v. Schröder. 8. Wismar, Bödner. 791.

Vormünder-Instruction, neueste, oder Dienstweisung für Vormünder. Zum Gebrauch der Vormünder unter Beifügung der darin angeführten Landrechtsätze, Gesetzesstellen und Verordnungen hrsg. gr. 16. (32 S.) Mannheim 864, Bensheimer.

Vormundschaft, die, oder der Strich durch die Rechnung. Lstspl. (von Jh. Rautenstrauch). 8. Augsb. 775. v. Jenisch u. St. 3 ɣ

Vormundschaft, die; oder der Strich durch die Rechnung. Lustsp. 8. Augsb. Stage. 775.

Vormundschaft, Die, oder der Strich durch die Rechnung. Ein Lustspiel in einem Aufzuge. Augsburg 1775. Augsburg 1776. V (nicht): *Rautenstrauch, Joh.* (Wienertheater, Neues 1775; 4. Bd. Vorrede) (BiblPort) S. a. GGr IV²/198, Nr. 13/9)

Die **Vormundschaft** nach dem Bürgerlichen Gesetzbuch. Anm. Text-Abdr. aus d. BGB. *Berlin: Pass & Garleb [1900].* (56 S.) 8° [F.]
= Recht, Unser neues. H. 12/13. [01. 4017

Vormundschaft, über, Curatelen, Eidesleistungen u. Compensationen. 8. Hamb. 814. (Campe).

Vormundschafts-Formular, s. Rechnungslegung.

Vormundschafts-Gesetz, das neue preußische, mit besond. Berücksicht. der einschlagenden in Nassau geltenden Gesetzgebung dargestellt. Ein Hülfsmittel für die Vormünder, Gegenvormünder und Pfleger, sowie für die Mitglieder eines Familienraths und die Waisenräthe im Bereiche des vormal. Herzogth. Nassau. Von einem nassauischen Richter. 8. (VIII, 84 S.) Wiesbaden 876, Limbarth. cart. *

Vormundschafts-Gesetze, die preußischen. Mit ausführl. Sachregister. 1.—3. Aufl. gr. 16. (68 S.) Breslau 875—78, Kern's Verlag. *

—— dass. — Vormundschafts-Ordnung vom 5. Juli 1875. — Gesetz, betr. die Kosten, Stempel und Gebühren in Vormundschaftssachen, vom 21. Juli 1875. — Gesetz, betr. die Geschäftsfähigkeit Minderjähriger und die Aufhebung der Wiedereinsetzung in den vorigen Stand wegen Minderjährigkeit, vom 12. Juli 1875. — Gesetz, betr. das Hinterlegungswesen, vom 19. Juli 1875. Mit ausführl. Sachregister. 1.—3. Abdr. gr. 16. (68 S.) [Brandenburg 876—78, Müller.] Berlin, Eisenschmidt. *

Vormundschafts-Gesetze, die preußischen, vom Juli 1875. Mit ausführl. Sachregister. 2. Aufl. gr. 16. (68 S.) Breslau 876. Kern's Verl. n. — 50

Vormundschafts-Gesetze, die preußischen. Vormundschafts-Ordnung vom 5. Juli 1875. Gesetz, betr. die Kosten, Stempel und Gebühren in Vormundschaftssachen, vom 21. Juli 1875. Gesetz, betr. die Geschäftsfähigkeit Minderjähriger und die Aufhebung der Wiedereinsetzung in den vor. Stand wegen Minderjährigkeit, vom 12. Juli 1875. Auszug aus der Hinterlegungsordnung vom 14. März 1879. 4. Aufl. 12. (71 S. mit ausführl. Sachregister.) Breslau 886, Kern's Verlag. *

Vormundschafts-Ordnung. Auszug aus den Bestimmungen des Preußischen Landrechts. Thl. II. Titel 18. Brandenburg 854. Müller. 16. (44 S.) 3 ngr.

Vormundschaftsordnung. Neuer Abdr. auf Befehl E. H. Senats der freien und Hansestadt Hamburg mit den zum Gesetz vom 5. Juli 1844 beliebten gesetzl. Abänderungen. 4. (64 S.) Hamburg 867, (J. A. Meißner.) *

Vormundschafts-Ordnung. Vom 5. Juli 1875. gr. 8. (40 S.) Berlin 875, v. Decker's Verlag.

—— dass. — 1.—4. Aufl. gr. 8. (20 S.) Berlin 875,76, (C. Heymann's Verlag.) *

— **dasselbe.** 3. Aufl. gr. 8. (20 S.) Berlin 875. C. Heymann's Verl. in Comm. n. — 20

— **dasselbe.** 8. (62 S.) Breslau 875. Maruschke & Berendt — 30

Vormundschaftsordnung. Vom 5. Juli 1875. 5. Aufl. gr. 8. (30 S.) Berlin 879. C. Heymann's Verl. in Comm. n. — 35

Vormundschaftsordnung, die, vom 5. Juli 1875, nebst I. Gesetz, betr. die Geschäftsfähigkeit Minderjähriger und die Aufhebung der Wiedereinsetzung in den vorigen Stand. Vom 12. Juli 1875. II. Hinterlegungsordnung vom 14. März 1879. Text-Ausg. mit Anmerkungen und vollständ. Sachregister. 12. (74 S.) Neuwied 882, Heuser's Verlag. cart.

Vormundschaftsordnung, Die, vom 5. Juli 1875 nebst Gesetz betreffend die Geschäftsfähigkeit Minderjähriger und die Aufhebung der Wiedereinsetzung in den vorigen Stand. Vom 12. Juli 1875. 2. Hinterlegungsordnung. Vom 14. März 1879. Text-Ausg. mit erläuterndem Vorwort und vollständigem Sachregister 26. Aufl. Berl. 1885. 30. Aufl. 1890. 31. Aufl. 1893. H: *Kurlbaum, Carl.* (Schz) (Ky) (Berl)

Vormundschaftsordnung, die, vom 5. Juli 1875, nebst I. Gesetz betr. die Geschäftsfähigkeit Minderjähriger und die Aufhebung der Wiedereinsetzung in den vor. Stand wegen Minderjährigkeit. Vom 12. Juli 1875. II. Hinterlegungsordnung vom 14. März 1879. III. Gesetz, betr. die Unterbringung verwahrloster Kinder vom 13. März 1878. Text-Ausg. mit Anmerkungen und vollständ. Sachregister. 2. vielfach verb. und verm. Aufl. 12. (98 S.) [Neuwied 887, Heuser's Verlag.] Berlin, Siemenroth und Worms. cart.

Vormundschaftsordnung, die, vom 5. Juli 1875, nebst I. Gesetz, betr. die Geschäftsfähigkeit Minderjähriger u. die Aufhebg. der Wiedereinsetzg. in den vor. Stand. Vom 12. Juli 1875. II. Hinterlegungsordnung. Vom 14. März 1879. Text-Ausg. m. erläut. Vorwort u. vollständ. Sachregister. Von K. Kurlbaum. 29. Aufl. 889; 30. Aufl. 16. (87 S.) Berl. 891, F. Vahlen. cart. * — 50

Vormundschaftsordnung, die, vom 5. Juli 1875, nebst I. Gesetz, betr. die Geschäftsfähigkeit Minderjähriger u. die Aufhebg. der Wiedereinsetzg. in den vor. Stand. Vom 12. Juli 1875. II. Hinterlegungsordnung. Vom 14. März 1879. Text-Ausg. m. erläut. Vorwort u. vollständ. Sachregister. (Von K. Kurlbaum.) 31. Aufl. 16. (87 S.) Berlin 893. F. Vahlen. Kart. n. — 50

[F.] Die **Vormundschaftsordnung** v. 5. Juli 1875 nebst I. Gesetz, betr. d. Geschäftsfähigkt Minderjähriger u. d. Aufhebg der Wiedereinsetzg in d. vorigen Stand. Vom 12. Juli 1875. II. Hinterleggsordng. Vom 14. März 1879. III. Gesetz, betr. d. Ergänzg des § 98 der Hinterleggsordng v. 14. März 1879. Vom 14. Juli 1895. Text-Ausg. m. erläut. Vorw. u. vollst. Sachregister. (Hrsg.: K[arl] Kurlbaum.) 32. Aufl. *Berlin: F. Vahlen 1896.* (2 Bl., 92 S.) 1 Bd 8. [97. 3043

Vormundschaftsordnung, allgemeine, f. d. Fürstenthum Altenburg. 4. Altenburg. (Akadem. Buchhandlung in Jena.) 786.

Allgem. Vormundschaftsordn. für d. Fürstenth. Altenburg. *Altenb.* 786. (Hennings in *Neisse.*) 4. (6 Gr.)

— die neue, u. der Entwurf e. Gesetzes üb. die Geschäftsfähigkeit Minderjähriger. gr. 8. (73 S.) Bonn 874. Cohen & Sohn. n. 1. 20

— neue preußische, von 1875, sowie Gesetz, betr. die Kosten, Stempel u. Gebühren in Vormundschaftssachen; Gesetz, betr. die Geschäftsfähigkeit Minderjähriger u. die Aufhebung der Wiedereinsetzung in den vorigen Stand wegen Minderjährigkeit; Gesetz, betr. das Hinterlegungswesen. gr. 16. (46 S.) Landsberg a/W. 879. Volger & Klein. — 50

— neue preußische, v. 1875, betr. die Kosten, Stempel u. Gebühren in Vormundschaftssachen; ferner Gesetz, betr. die Geschäftsfähigkeit Minderjähriger u. die Aufhebg. der Wiedereinsetzg. in den vor. Stand wegen Minderjährigkeit; u. Gesetz, betr. die Belegg. v. Geldern der gerichtl. Depositorien, der Kirchen u. s. w. bei der Reichsbank; endlich Gesetz, betr. das Hinterlegungswesen. gr. 8. (47 S.) Hannover 875. Helwing's Verl. — 50

— die preußische, vom 5. Juli 1875, nebst Gesetz, betr. die Geschäftsfähigkeit Minderjähriger u. die Aufhebg. der Wiedereinsetzg. in den vor. Stand, vom 12. Juli 1875 u. Gesetz, betr. das Hinterlegungswesen. vom 19. Juli 1875. Mit ausführl. Sachregister. 16. (48 S.) Moers 876. Spaarmann. — 30

Vormundschaftsordnung, preußische, nebst dem Gesetz, betr. die Geschäftsfähigkeit Minderjähriger 2c. Hrsg. v. der Redaction d. Reichs-Gesetzbuches. gr. 8. (III, 16 S.) Berlin 886. Bruer & Co. geb. — 50

— die, in Verbindg. m. den Gesetzen, betr. a) Geschäftsfähigkeit Minderjähriger u. die Aufhebg. der Wiedereinsetzg. in den vor. Stand wegen Minderjährigkeit, b) das Hinterlegungswesen. Mit Sachregister. gr. 8. (34 S.) Berlin 875. Nauck & Co. — 30

— dasselbe u. c) die Kosten, Stempel u. Gebühren in Vormundschaftssachen. Mit Tabellen u. Sachregister. 2. verm. Ausg. gr. 8. (42 S.) Ebend. 875. — 40

— die zürcherische, mit Erläuterungen herausg. von Bluntschli. 3., mit Rücksicht auf die Aufnahme derselben in das Privatrechtl. Gesetzbuch des Kant. Zürich verb. Aufl. Zürich 854. Schultheß. 8. (2 Bl., 112 S.) n. 12 ngr.

Vormundschaftsrechnung, enth. 3 Tabellen über Einnahme, Ausgabe n. d. stat. bon. d. Curanden. gr. Fol. Berl. 799. Braun. 12 K

[F.] Das deutsche Vormundschaftsrecht und preuss. Ges., betr. d. Unterbringg verwahrloster Kinder, v. 13. März 1878 nebst den dazu gehörigen preuss. Nebenges. u. allgem. Verfüggn. Textausg. m. Erläut. u. Sachreg. v. Max Schultzenstein, Oberverwaltgsgerichtsr., u. Dr. Paul Köhne, Amtsgerichtsr. *Berlin: J. Guttentag 1898.* (424 S.) 1 Bd 8.
= Sammlung, Guttentag'sche, Deutscher Reichsgesetze. No 47.
[98. 10491

Vormundschaftsrecht, das, des bürgerlichen Gesetzbuches. 32. (48 S.) Leipzig, Verlag f. Kunst u. Wissenschaft. 1900. —. 10
Miniatur-Bibliothek No. 216.

— dasselbe, s. a. Miniatur-Bibliothek.

Das Vormundschaftsrecht nach dem Bürgerlichen Gesetzbuch und dem Preussischen Ausführungsgesetze. Mit ausführl. Sachreg. *Breslau: J. U. Kern 1900.* (80 S.) 8° [F.]
(Deutsche Reichsgesetze.) fol. 660

Vormundschaftsrecht, das preußische, seit dem 1. Jan. 1876, in kurzer, allgemein verständl. Fassung zum Gebrauch für Vormünder und Gegenvormünder zusammengestellt von einem prakt. Juristen. gr. 8. (32 S.) Berlin 881, Liebau. *

[Einwohnergemeinde] der Stadt Schaffhausen. Das Vormundschafts-, Inventur- und Teilungswesen im Jahr 1900. [Separat-Abdruck aus dem Geschäftsbericht des Stadtrates über die Verwaltung der Stadtgemeinde Schaffhausen im Jahre 1900.] II + 31 S. 8. Schaffhausen, Meier & Cie., 1901.

[Einwohnergemeinde] der Stadt Schaffhausen. Das Vormundschafts-, Inventur- und Teilungswesen im Jahre 1901. [Separat-Abdruck aus dem Geschäftsbericht des Stadtrates über die Verwaltung der Stadtgemeinde Schaffhausen im Jahre 1901.] II + 15 S. 8. Schaffhausen, H. Meier & Cie., 1902.

Vormung, Frdr., die reducirten Quer-Summen u. ihre Anwendung zur Controle v. Rechnungs-Ergebnissen, in leichtfaßl. Anweisg. f. Bau- u. Rechnungs-Beamte, Kaufleute u. Landwirthe, sowie statist. u. sonstige wissenschaftl. Rechner. Mit e. Vorworte v. Förster. 2. Aufl. 8. (17 S.) Eberswalde 886. (Wolfram.) n. — 50

vorm Walde. De Sallustii genere dicendi. Pars prior. Pr. 1873. 9 S. 4°. 2.- -

VORN und Hinten, oder weibliche Passionen. Vermehrt durch den Briefwechsel des weiblichen Päderastenclubs. Berlin 1892. (4 Mk., eine böhmsche Firma, 1901.)
Verboten v. L.-G. Wien, 21. IV. 1896. § 516.

VORN und Hinten, oder Weibliche Passionen. (Coitus- u. Flagellations-Scenen.) Berlin, 1892. 8°. 54 S. Lat. Lett. (Mk. 4—.)

VORN und hinten oder Weibliche Passionen. Fünfte Auflage. Berlin 1906. Kl. 8°. 40 S.
Verb. d. Ldg. Köln II Ul. 48/95.

(F) Über die Vornahme der Fleischbeschau auf dem Lande. 8°. (21 S.) Linz: Feichtlinger's Erben 1908. K --.40

Vornamen, die, sprachlich erklärt u. die altdeutschen Personennamen nach ihren Stammwörtern zusammengestellt. gr. 8. (56 S.) Rothenburg O/L. 871. Ender. n. — 50

Vornberger, F. V., geistl. Reden v. d. heilsam. Wirkungen d. Religion 2c. 8. Würzb. (Gobhard in Bamb.) 781.

Vornberger, F. V., geistl. Reden von den heilsamen Wirkungen der Religion 2c. 8. Würzb. 781. (Wesché in Frankf.) 8 K

Vornberger, Franz Joseph (Darmstadt)
U. S. Göttingen 1746/3

De natura et indole expectativae feudalis exercitatio.
Präs. Georg Ludwig Boehmer.
Göttingen (Schmid) 26. VIII. 1746. 56 S.

Gew.: Johann Jakob Joseph von Bentzel.
35474

Vorndran Gebrüder, Vorbilder für die Praxis. Eine Sammlung von Decken und Wandzeichnungen. 1. Heft. (12 T) fol Stuttgart (1898)

— GP, neueste Zeichnungen f. Plafond- u. Wandmalereien. (12 T) 4° Stuttgart (1896)

Vorndran, Rudolf: Ein Fall von operiertem Solitärtuberkel des Gehirns mit Bildung eines postoperativen Hirnprolapses. Erlangen 1909: Jacob. 48 S. 8°
Erlangen, Med. Diss. v. 29. Mai 1909, Ref. Graser
[Geb. 15. Juni 83 Römershag; Wohnort: Tennenlohe; Staatsangeh.: Bayern; Vorbildung: Gymn. Erlangen Reife Juli 02; Studium: Erlangen 10 S.; Coll. 21. Febr. 08; Approb. 24. Dez. 07.] [U 09. 793

Vornefeld, Guilelmus, Guestfalus: De scriptorum Latinorum locis a Plutarcho citatis. *Monasterii Guestf. 1901: I. Bredt.* (71 S.) 8°
Münster, Phil. Diss. v. (18. Apr.) 1901

Vornehm, Jos., militärisches Lesebuch. Zunächst für Militärschulen bearbeitet. 8. Passau 820. (Augsb., Kollmann.) 5 [illegible]

Vornehm, Jos., militärisches Lesebuch, zunächst für Militärschulen. gr. 8. Passau 820. Pustet. 20 K

Vornehm, J. Militärisches Lesebuch.
Passau 1820. 351 S.

— kurzer Unterricht in der Naturlehre. 8. Münch. 814. 3e A. 819. Jos. Lindauer. 12 K

Vornehmheit, Moderne. Wien 1888. V: *Ilg, Albert.* (F.B)

Vornehmste, das, aus d. Kirchengeschichte, von d. Geburt Christi bis auf Luther, nebst d. Augsburg. Confession, nebst einer Nachr. v. Reformat.-Fest u. Luthers kl. Katechismus z. Gebrauch f. d. Jugend in niedern Schulen, (v. G. S. Gürnth). 8. Zittau 790. Schöps. 2 K

Vornehmste, Das, aus der Kirchengeschichte von der Geburt Christi bis auf Luther . . . Zittau 1790. V: *Gürnth, Georg Sam.* (Ky)

Vörner, Hans

Vörner, H., Bakteriologie u. Sterilisation im Apothekenbetrieb, s.: Stich, C.

Vörner, Hans *Hermann* [app. Arzt]: Über akute Chromintoxication . . . Leipzig, G. Fock, *1895;* 58 S., 1 Bl. 8.
Leipzig, Med. Fak., Inaug.-Diss. v. [24. Mai] 1895

Vornhecke, Bernh.: Dichter u. Dichtung des Musikdramas Kunihild, s. Beck, Geo.

Vornhecke, *Bernhard* [aus Laer, Bez. Osnabr.]: Histologisches zur Frage der Carcinomeinschlüsse . . . Würzburg, kgl. Universitätsdr. v. H. Stürtz, 1892; 32 S., 1 Bl., 1 Taf. 8.
Würzburg, Med. Fak., Inaug.-Diss. v. 1892

Vornholt, Friedrich: Die Initialen und Grossbuchstaben der lateinischen Buchschrift in ihrer Entwickelung bis zur Frakturschrift. Greifswald 1907: J. Abel. (66 S.) 8°
Greifswald, Phil. Fak., Ref. Bernheim, Diss. v. 10. April 1907
[Geb. 25. Juli 79 Wallenhorst; Wohnort: Greifswald; Staatsangeh.: Preußen; Vorbildung: Gymn. Osnabrück Reife O. 02; Studium: Freiburg i. B. 1, Münster 3, Greifswald 5 S.; Rig. 9. März 07.]

Vornholz, Wern., trifolium mystico-floridum, oder Sinn- u. lehrreiche Land- Stadt- u. Dorfprediger. Fol. München. (Stein in Nrnb.) 735.

Vorskeller, s. Blätter f. d. bayerische Finanzwesen.

Vornsand, H. H., kurzer Abriß der Geschichte Jeverlands. Gedenkblatt an die vor 300 Jahren erfolgte Vereinigg. m. Oldenburg. 8. (50 S. m. 1 lith. u. color. Karte in 4.) Oldenburg 875. Bültmann & Gerriets. — 60

Vorort, Der — des kathol. Vereines Deutschlands an die sämmtlichen Central- und Einzeln-Vereine. Linz, 1857. Feichtinger'sche Buchdruckerei. (2 Bl. 4.)

Vorort-Adreßbücher, Berliner. 1. u. 2. Bd. gr. 8. Berlin 908. [Baedeker & Moeller.] Ed. Riesen. Kart. (urspr. Pr. à nn 2. —)
1. Adreßbuch v. Bernau sowie Buch, Zepernick u. Röntgental 1908. Auf Grund amtl. Materials hrsg. v. Alfr. Piper. (117 S.)
2. Adreßbuch der Kreishauptstadt Nauen 1908. Zusammengestellt auf Grund amtl. Materials. (IV, 94 S.)

Vorort-Bibliothek. Eine Sammlg. v. Einzeldarstellgn. aller wicht. Fragen des Vorortlebens. 1.—3. u. 5.—7. Bd. kl. 8. Ebd. Kart. 13. 50
Amelung, Heinr., rationeller Gemüsebau des Privatmannes im Vorort. (117 S.) 908. (Bd. 7.) Kart. 2. —
Blancke, Geflügelzucht in den Vororten. Mit 5 Rassetaf. v. W. Schröder, 1 Taf. nach Photographien u. 25 Abbildgn. im Text. (134 S.) 908. (Bd. 3.) Kart. 3. —
Fischer, Alfons, Gartenstadt u. Gesundheit. Mit 4 Einschalttaf. u. e. Lageplan. (45 S.) 908. (Bd. 1.) Kart. 1. 50
Hoeniger, Frz., Ratgeber f. Grundbesitz u. Hypothekenverkehr in den Vororten. (100 S.) 908. (Bd. 5.) Kart. 2. —
Hübner, Otto, Obstbau im Hausgarten. Mit 13 Taf. u. 6 Textbildern nach Orig.-Zeichngn. des Verf. u. 31 weiteren Textbildern. (117 S.) 908. (Bd. 6.) Kart. 2. —
Lux, Licht, Luft u. Wärme im eigenen Heim. Mit 16 Abbildgn. (150 S.) 908. (Bd. 2.) Kart. 3. —
Bd. 4 ist noch nicht erschienen.

Die Berliner **Vororte.** Ein Handbuch f. Haus- u. Grundstückkäufer, Baulustige, Wohnungsuchende ... Mit 1 Übersichtskarte u. 100 kleinen Plänen. Berlin: Baedeker & Moeller 1908. (XXXIX, 308 S.) 8° [F.] 108. 1003

Die Berliner Vororte-Bauordnung vom 5. Dez. 1892 und die Lex Adickes. Gesamm. Aufsätze u. Aeusserungen d. Presse (Vorr.: Otto Clément.) Berlin 1894: Funcke & Naeter. (VI, 140 S.) 8°

Vorort-Zeitung, Berliner. Wochenblatt f. Haus-, Grund- u. Villenbesitzer u. Wohnungs-Anzeiger f. die Vororte. Officielles Organ des Vereins der Vororte Berlins zur Wahrg. gemeinsamer Interessen. Hrsg. v. G. Hildebrandt. 1.—3. Jahrg. 1892—1894. à 52 Nrn. (à ca. 1 Bog.) gr. Fol. Berlin, M. Pasch. à Jahrg. n. 4. —

Vorort-Zeitung, Berliner, u. Wohnungs-Anzeiger f. d. Vororte. Offic. Organ d. Vereins d. Vororte Berlins zur Wahrg. gemeinsf. Interessen. Red.: A. Heinrich. 4. Jahrg. 1895. (52 Nrn. (à ca. 6 S.) gr. Fol. Berlin, R. Exner & Co. n. 4. —

— dasselbe. Red. i. V.: Hans Sartorius. 5. Jahrg. 1896. 52 Nrn. (à ca. 1 Bog.) gr. Fol. Mit d. illustr. Unterhaltungsbeilage: „Der Zeitspiegel". Red.: Hans Sartorius. gr. 4. Ebd. n. 4. —

— dasselbe. Organ zur Wahrg. gemeinsamer Interessen Berliner Vororte. M. d. illustr. Unterhaltungs-Beilage: „Der Zeitspiegel". Red.: P. Kunzendorf. 6. Jahrg. 1897. 52 Nrn. (à ca. 1 Bog.) gr. 4. Ebd. n. 6. —

Vöros, Adb., der Zigeunerkönig u. Räuberhauptmann Farkas Mór, genannt: Die Geißel der schwarzen Berge. Seine Irrfahrten, sein abenteuerl. vielbewegtes Leben, sein Lieben u. Leiden, seine Gefahren u. seltsamen Schicksale. Sensations-Roman. 100 Hfte. gr. 8. (2398 S. m. je 1 Vollbild.) Berlin (900. 901). A. Weichert. à — 10

VÖRÖS, Ferdinandus: An jure affirmari possit cantum ecclesiasticum Gregorianum cohaerere cum cantu templi Judaici. — (1894) XIX, 92 S. 4°
(Handschr.) Diss. 499
Diss. Wien, Univ.

Vörösmarty, Michael: Cserhalom. Epische Dichtung. Im Versmasse des Originals übersetzt von G. Stier. SA. aus den „Literarischen Berichten aus Ungarn" III. Bd. I. Heft. Budapest 1879.

Vörösmarty, Mich., Csongor u. Tündo. Schauspiel in 5 Aufzügen. Aus dem Ung. übertr. v. Heinr. Gärtner. Autoris. deutsche Ausg. (IX, 143 S.) kl. 8. Strassburg 904. J. Singor. n. 2. —

Zalans Flucht von Michael **Vörösmarty**. In deutscher Übertr. hrsg. von Georg Kosztka, Prof. in Pécs. Mit e. Einl. d. Übers. u. d. Bilde d. Dichters. *Halle a. S.: O. Hendel (1900).* (212 S.) 8° [F.]
(Bibliothek d. Gesammtlitteratur d. In- u. Auslandes. No 1419–21.) [01. 12094

— Zalans Flucht, s. a. Bibliothek der Gesamtlitteratur.

Vörösmarty, Mich., Gedichte. Aus dem Ungrischen in eigenen und fremden metrischen Uebersetzungen herausg. durch K. M. Kertbeny. Pest 857. Lampel. 16. (XLVII, 157 S.) n. 24 ngr.

Vörösmarty's, Mich., ausgewählte Gedichte. Deutsch v. Paul Hoffmann. 12. (XVI, 139 S. m. 2 Bildnissen.) Wien 895. A. Hartleben. n. 2. 25; geb. n. 3. 25

— **ausgewählte Gedichte.** Aus dem Ung. übertr. v. Pet. Jekel. Hrsg. unter der Petöfi-Gesellschaft. (XVI, 95 S. m. Bildnis.) kl. 8. Leipzig 901. P. Schimmelwitz. n. 1. 50; geb. n. 2. —

Vörösmarty, M., ausgewählte Gedichte. Aus dem Ung. übertr. v. Pet. Jekel. Hrsg. unter der Aegide der Petöfi-Gesellschaft. 12. (XVI, 95 S. m. Bildnis.) Leipzig (902). Blumberg & Co. n. 1. 50

Szep Honka. Gedicht v. Vörösmarty. Mit 8 Photographien nach Zeichnungen v. Orlay Arna. Pest, Moriz Rath. Visitkarten Ausgabe 5 fl.; grossere Ausgabe 8. in Prachteinband. 186?. 10 fl.

Vörösmarty, siehe: **Lieder u. Gedichte, 36 Ungarische.**

Vörösmarty, M., Ban Marot, s.: Meisterwerke, dramatische, der Ungarn.

Vörösmarty, Mich., Ban Marót. Tragödie in 5 Aufzügen. Aus dem Ungar. übers. von Mich. Ring. 2. (Titel-)Aufl. 8. (120 S.) Budapest (1872) 879. Aigner. n. 2. —

Vörösmarty, Mich., kurzgef. ungrische Sprachlehre f. Deutsche. Nebst e. Auswahl deutsch-ungr. Uebungsstücke. A. d. ungr. Handschrift d. Verf. gr. 8. (11 B.) Pesth 832. [Leipzig, Hartleben's Vrls.-Expedit.]

Borovka, Karl, böhmisch leichtfaßlich und gründlich, s. Schulz, Ferd.

Borovka, Karl, deutsch-böhm. Conversations-Buch, s.: Schulz, Ferd.

Borovka, Karl, Německo-český slovníček k Německé čitance pro vyšší třidy škol obecných. Revidirte Ausgabe. Wien und Prag. K. k. Schulbücher Verlag. 1898.

Vorpahl, A., Zeichenschule, s.: Vietz, H.

Vorpahl, Friedrich, appr. Arzt: Gleichzeitiges Vorkommen von Myom und Carcinom am Uterus. Stettin (1909): Prüfer. 31 S. 8°
Greifswald, Med. Diss. v. 19. Juli 1909, Ref. Henkel
[Geb. 19. Juli 83 Stettin; Wohnort: Stettin; Staatsangeh.: Preußen; Vorbildung: König-Wilhelms-Gymn. Stettin Reife O. 03; Studium: Berlin 1, München 1, Greifswald 8 S.; Coll. 17. Juni 08; Approb. 21. Juni 09.] [U 09. 1509

Vorpahl, Karl Ludwig

Vorpahl, Karl Ldw., das Christenthum nach seinem bleibenden Inhalt u. seiner veränderl. Form mit freiem Geiste betrachtet u. für den gesunden Verstand dargestellt. gr. 8. Frankfurt a/O. 843. Harnecker u. Comp. n. 11/12 ₰

Vorpahl, Karl Ludw., die Gesetze des menschlichen Wirkens. Halle 858. Lippert. 12. (61 S.) 6 ngr.

(Vorpahl, Karl Ludw.,) Materialien zu e. festen Lehrgebäude d. Philosophie, s. Materialien.

Vorpahl, Karl Ldw., Philosophie u. heil. Schrift; zum Einklange beider. 2 Thle. (1r Thl. Auch u. d. T.: Philosophie, oder Grundriß e. dynam. Lehrgebäudes derselben. 8 gr. 2r Thl. Auch u. d. T.: die heil. Schrift, oder philosoph. Erklärung d. Hauptstücke derselben. ... 8. Berl. 818. Maurersche Buchh.

— Versuche f. die Vervollkommnung d. Philosophie. 1r—3r Versuch, die Metaphysik, Poesie u. Mathematik betreffend. 8. Berl. 811. Maurersche Buchh. 12 gr.

Vorpahl, Karl Ldw., Versuche über die Vervollkommnung der Philosophie. 1r—3r Versuch, d. Metaphysik, Poesie u. Mathematik betreffend. 8. Berlin 811. jetzt Heymann. 1/2 ₰

Vorpahl, Karl Ludwig, s. Was ist eigentlich Metaphysik?

— Was thut der Menschheit hauptsächlich Noth und fehlt ihr noch am meisten? Eine aus allgemein nothwendigen Naturgesetzen hergeleitete Beantwortung dieser Frage. Halle 854. Lippert. 16. (78 S.) 7½ ngr.

Vorpahl, Kurt, Assistenzarzt der Chirurgischen Universitätsklinik zu Greifswald: Über ein primäres Carcinom des Ureters. Greifswald 1905: F. W. Kunike. (31 S.) 8°
Greifswald, Med. Fak., Ref. Grawitz, Diss. v. 15. Sept. 1905
[Geb. 25. Aug. 81 Zeitlitz, Kr. Regenwalde; Wohnort: Stettin; Staatsangeh.: Preußen; Vorbildung: Wilh.-Gymn. Stettin Reife O. 00; Studium: Greifswald 5, Berlin 2, Greifswald 2 S.; Coll. 10. Juli 05; Approb. 7. April 05.]

Vorpahl, Otto [pr. Arzt in Grabow a./O.]: Ueber die Behandlung der pleuritischen Exsudate ... Stettin, Druck v. H. Lentz, *1891;* 52 S. 8.
Würzburg, Med. Fak., Inaug.-Diss. v. 1891

Das deutsche Volkslied zur Guitarre. Von R[einhold] **Vorpahl**. Samml. 1. Berlin-Pankow: Koester [um 1910]. 87 S. 8° [11. 1902

Vorpommern [Schlagwort]

Vorpommern, s.: Radfahrerkarten. Junghans.

Vorpommern. Karte von Vorpommern u. Rügen. 1: 200,000, 66,5×66 cm Farbdr. Greifswald 910. Bruncken & Co. 1.—; auf Leinw. 2. —

Vorposten, die, von H. Clauren, Schauspiel in 5 Aufz. 8. Dresden, Arnold. 821. — 16

Vorposten: Der Vorposten
① Organ der antimilitaristischen Liga Zürich ⑤ Anfang 1906—Dezember 1907 (1. Nummer undatiert, Nr. 2 vom 1. 5. 1906) ⑥ 2° ⑦ Monatsblatt ⑧ Zürich: Kirsten & Zeisberg (Anfang 1906—August 1906). F. Hinnen (September 1906—Dezember 1907) ⑩ Antimilitaristische Liga der Schweiz in Zürich ⑪ Ed. Meyer, Dr. Fritz Brupbacher, J. J. Weber ⑫ antimilitaristisch, sozialistisch ⑬ BGSZ: 52, p. 29 ⑭ Be: L; Zh: SSA (1906), Z.

Vorposten. Auszug aus der Felddienstordng. vom 22. III. 1908. Für Mannschaften. (4 S.) 14,5×7,9 cm. Berlin (908). Zuckschwerdt & Co. — 10

Vorposten, Drei, der französischen Aufklärung: St. Evremond - Bayle - Fontenelle. Berlin 1891. V: *Morf, Hnr.* (Cat. d. Stadtbibl. Zürich. Zürich 1864—97.)

Durch die Vorposten der Engländer. Erlebnisse d. Burenmädchens Dortje Molissen im jetzigen Kriege von H. K. Berlin: Litter. Agentur [1900]. (16 S.) 8°

Vorposten, Ueber, Patrullen und den Sicherheitsdienst im Marsche (Lithographiert.) 8. (Wien zirka 1830.)

Der Vorpostendienst bei dem I. bayer. Armee-Korps und den dem Kommando des General der Infanterie Frhrn von und zu der Tann-Rathsamhausen unterstellten preuß. Truppentheilen in der Zeit von der ersten Einnahme von Orleans bis zum Treffen von Coulmiers 12. Oktober — 8. November 1870. Berlin 1889. 8°.

Vorpostendienst, Der, und der Dienst in Bivouaks und Cantonnements, mit Rücksicht auf die neuesten reglementarischen Bestimmungen, erläutert durch praktische Beispiele . . . Potsdam 1873. V: *Krokisius (Hauptmann).* (Russell IX, 303)

Vorpostendienst, der, u. der Dienst in Bivouaks u. Cantonnements, m. Rücksicht auf die neuesten reglementar. Bestimmgn. erläutert durch prakt. Beispiele. Mit 6 lith. Plänen (in gr. 8. u. qu. 4.) gr. 8. (105 S.) Potsdam 873. Stein. n. 2. —

Vorpostendienst zum Gebrauch der Mecklenburg-Schwerinschen Division. Schwerin 1855. 40 S.

Vorposten- u. Marschsicherungsdienst, der. Nach dem 4. Thl. der Dienst-Vorschriften für die königl. bayer. Truppen aller Waffen-Gattungen. Passau 864. (Waldbauer'sche Buchh.) 16. (71 S.) n. 6 ngr.

Vorposten- und Patrouillen-Dienst für alle Waffengattungen. Mit Beziehung auf die dießfälligen Bestimmungen des k. k. Dienst-Reglements. Von einem k. k. Hauptmann. 8. (29 S. mit 1 Stnt.) Wien 861, Dirnböck.

Vorposten- und Patroullen-Dienst für alle Waffengattungen. Mit Beziehung auf die diesfälligen Bestimmungen des k. k. Dienst-Reglements. Von einem k. k. Hauptmann. Mit 1 lith. Taf. (in Fol.) Wien 862. Dirnböck. 16. (31 S.) 6 ngr.

Vorpostendienst, der, nach dem 4. Thle. der Dienstvorschriften kurzgefaßt für die Unteroffiziere u. Soldaten der königl. bayer. Infanterie u. Kavalerie. 2. Aufl. 16. Straubing 845, Schorner'sche Buchh. $1^3/_4$ ngl

Vorpostengefechte, die, bei Saarbrücken vom 18. Juli bis 5. August 1870 u. die Schlacht bei Spichern am 6. August 1870. Nebst (chromolith.) Karte d. Schlachtfeldes m. Angabe der Truppenstellgn. (in gr. 4.) 2. erweit. Aufl. gr. 8. (31 S.) Saarbrücken 873. Siebert. n. 1. —

Vorposten-Stellung der 1. Garde-Infanterie-Division vor Paris befestigt durch die 3. Garde-Pionier-Compagnie unter Benutzung einiger schon vorhand. Arbeiten. Fol. (2 Bl.) Berlin 871, Schropp'sche Landkartenh. * 2 50

Vorpostensystem, e. neues. gr. 8. (30 S. m. 1 Kärtchen.) Zürich 897. Art. Institut Orell Füssli. n. 1. —

Vorposten-Vademecum aus dem Dienst-Reglement f. das k. k. Heer. 2. u. 3. Aufl. [II. Thl., 2. Aufl. d. Reglements vom J. 1874, Wien 1887.] 12. (29 S.) Klagenfurt 888. (Raunecker.) n. — 20

Vorproject für die Grundwasserversorgung der Stadt Breslau. O. O. 1899. V: ***Thiem**, A.* (Kat. der Druckschr. über Breslau. Breslau 1903. S. 124.)

Vorproject zu einer Wasserversorgung von Straßburg. Straßburg 1876

Vorrat. —

— **allerneuester, von auserlesenen Briefen, nebst Rechtschreibekunst** rc. 8. Langensalza 765. Schneider. 16 gr

Vorrath kleiner Anmerkungen über mancherley gelehrte Gegenstände . . . Leipzig 1795. V: *Beckmann von Hoya, Joh.* (MGT) (BrMm) »1795—1806« (Ky) »1795—1803« (ErschDL)

Vorrath kleiner Anmerkungen über mancherley gelehrte Gegenstände von B. v. H. Leipzig: Fleischer 1795. 194 S. 8°

Selten. Abschnitt 9, S. 61ff. handelt von dem Ursprung der Frmr. 193.

— **kleiner Anmerkk. über mancherlei gelehrte Gegenstände.** 3 Stcke. (v. J. Beckmann). 8. Götting. 795—806. Römer. 1 rf 18 gr

— **ansehnlicher, von Thalern u. Schaustücken des Landgräfl. Hess. Gesammthauses, nebst e. Aufzeichn. von Hauptrar. theils noch nicht beschrieb. Cabinets-Münzen,** (v. J. L. v. Schwarzenau), mit Kpf. gr. 8. Regensb. 775. Montag u. W. 1 rf

Vorrath, Anschnlicher, von Thalern und Schaustücken des landgräfl. Hessischen Gesammthauses . . . Regensb. 1775. V: *Schwarzenau, Joachim Ludwig von.* (ML) (Ky)

Ansehnlicher Vorrath von Thalern und Schaustücken des landgräfl. Hessischen Gesammthauses, u. s. w. Regensburg, 1776..

Vorrath, Ein, übriger Brocken zur Nahrung gläubiger Seelen. O. O. 1746. V: *König, Christian Gottlieb.* (BB) (ML)

Vorrath, gemeinnütziger, auserlesener Aufsätze, zur Beförderung der Haushaltungswissenschaft, Künste u. Manufakturen, (v. J. G. Krünitz). 3 Thle. 8. Leipz. 767, 68. Hilscher. (Compt. für Lit.) 1 rf

Vorrath, gemeinnütziger, auserlesener Aufsätze . . . Leipzig 1767—68. V: *Krünitz, Johann Georg.* (Ky)

„Gemeinnütziger Vorrath auserlesener Aufsätze zur Beförderung der Haushaltungswissenschaft, Künste und Manufacturen", 3 Teile, Leipzig 1768 (Comptoir für Literatur).

VORRATH, Neuer, recht curieuser Gedichte vor alle Menschen . . . . von *J. E. M.* 3 Parthien. Leipzig, b. Joh. Herbord Klossen. 1718. 8°. 19 Bogen. Rar!
M. M. V. 1718 E 4 b; Bibl. Voswinckelii, III. Berol. (1732) p. 41; Cat. Meissner III. p. 561.

Vorrath --- , Neuer Vorrath // allerhand recht curiösen // auch// in beliebten Schertze die sonst bitter ein= //gehende Warheit vorstellender // Gedichte /// zum Nutz und Lust // der curiösen Welt // mit // besondern Fleiß in unterschiedne Par= //thien gebracht. // Siebende Parthie. - 96 Seiten.
Vgl.: Etwas vor alle Menschen.

Angebunden:
Neuer Vorrath - - - - - Achte Parthie.
Seite (97)-192

Neuer Vorrath - - - - - Zehende Parthie.
Seite (289)-376. Am Schluß noch 3 Blatt (nicht paginiert) Register.

Vorrath, Nützlicher und brauchbarer, von allerhand Poetischen Redensarten, Beywörtern, Beschreibungen, scharfsinnigen Gedancken u. Ausdrückungen . . . Leipzig 1725. V: *Hamann, Johann Georg.* (RHMBF I, 5)

Ein Reicher VORRATH Artlicher und Anmuthiger Ergötzlichkeiten, bestehend In Lustigen Begebenheiten, Possirlichen Historien, Schimpfflichen Reden, Freud-bringende Spruch und Scharffsinnige Schertzfrage mit denen nachdencklichen Auflösungen . . . [O. O. u. Dr.] Getruckt im Jahr 1702. 12°. 283 S. Pbd. mit Goldpapier-Bezug.
H-G. VIII 265 (fragmentarische Titel-Angabe: [illegible] „Sehr selten")

Vorrath, Unerschöpflicher, in der Natur. [Dresden 1797.] V: *Faselius, Johann Adolph Leopold.* (MGT)

Vorrath nützl. Wahrheiten aus d. Natur u. d. gemeinen Menschenleben, um Betrüger zu entlarven, Geld zu sparen u. allerlei Verbesserungen anzubringen. Anhang zum Noth- und Hülfsbüchlein rc. zum Kalendermann rc. 8. Leipz. ... Joachim. 16 gr (NB. Hat wahrscheinlich auch noch einige andere Titel.)

Vorrathskammer, die, oder Anweisung zur Bereitung einer großen Anzahl Speisen aus den Kartoffeln, nebst anderer vielfältigen Verwendung dieses kostbaren Naturgeschenks in der Haushaltung. 8. Wien 819. Kupffer. 12 gr

Vorrathskammer, Neu eröffnete, allerhand raren und nützlichen auch lustigen Kunststücke, Experimenten und schönen Wissenschaften . . . 1. Sammlung. Frankfurt und Leipzig 1756

— rarer, nützl. u. lustiger Kunststücke, Experimente u. Wissenschaften. 3 Thle. mit Kpf. 8. Nürnb. 758 a. 783. Riegel u. W. 1 ß

Vorrathskammer, Homiletische, oder Sammlung von Predigten . . . Langensalza 1748—51. H: *Saalfeld, Adam Friedrich Wilhelm.* (ML) H (Th. 10 u. 11): *Schmersahl, Elias Friedrich.* (ML) (Ky)

— homiletische, oder Sammlung von Predigten berühmter Gottesgelehrten. 50 Thle. u. Register. (10r u. 11r von E. F. Schmersahl). 8. Langensalza 748—73. Schneider. 8 ß 15 gr

— pharmaceutische, für den Hausbedarf, eine Auswahl einheimischer u. wohlfeiler Arzneimittel, die durch lange Erfahrung bewährt u. erprobt u. durch deren Gebrauch d. theuern ausländischen entbehrlich werden; nebst einer Anweisung Zucker wohlfeil zu bereiten. 8. Leipz. 805. Joachim. 16 gr

Ueber das **Vorrecht** in lezter Instanz zu entscheiden: oder von den Privilegiis illimitatis de non appellando, nach Anleitung der Geschichte und Reichsverfassung. Stralsund 1785.

GV152
29

Ueb. das Vorrecht d. Wechselbriefe in Concursfällen d. Handelsleute, als ein Beitrag z. Gesetzgebung bei Verfassung ein. neuen Fallitenordnung in den österreich. Staaten. *Wien*, v. Ghelen's Erben. 802. 8.

Vorrechte, Behauptete, derer alten königlichen Bann-Forste . . . Büdingen 1742. V: *Buri, Friedrich Carl von.* (ADB) (Stri) (ML) (Adel) (Holz) (Rotermund, Gel. Hannover. Bremen 1823.)

Vorrechte und Herrlichkeiten, Die, der Kindern Gottes, ausgezogen aus den Namen, welche ihnen in der heiligen Schrift gegeben werden. Zürich 1751. V: *Füssli, Joh. Caspar.* (Cat. d. Stadtbibl. Zürich. Zürich 1864—97.)

Vorrechte, Die, der Offiziere im Staate und in der Gesellschaft. 2. Tausend. Berlin 1883. V: *Kauffmann, A.* (BMarsch 303)

Vorrechte, die, der Offiziere im Staate und in der Gesellschaft. 1.—6. Tausend. gr. 8. (34 S.) Berlin 883, Walther und Apolant. *
—— dass. — Ein Wort zur Abwehr und Verständigung von einem preuß. Offizier. 1.—4. Abdr. gr. 8. (48 S.) Berlin 883, Liebel'sche Buchh. *

Vorrechte, üb. einige, der Schleswig-Holstein. Ritterschaft. gr. 8. Kiel 777. Akadem. Buchh. 12 gr

Vorrede zu den in Tonziffern übersetzten Choralmelodien z. Heroldschen Gesangbuche. 8. Essen 827. Bädeker. 2 gr

Vorrede, Geistliche, Dr. Martin Luthers zu der Epistel St. Pauli an die Römer. St. Petersburg 1823. H: *Pomian Pesarovius, Paul Wilhelm von.* (R-N)

Vorrede, Gottscheds Seltsame, zu seinem eignen dreymahl wiederholten Versuche Einer Critischen Dichtkunst . . . Zürich 1742. V: *Bodmer, Joh. Jac.* (GCr)

Eine Vorrede über [Jos. Aloisius] Maier's Jesuiten, F. M. und deutsche Rosenkreuzer. 1782. 8°
Kl. 431.

Vorrede, Oberhirtliche, zu der bevorstehenden Errichtung einer Gemeinde-Ordnung . . . 2. Aufl. Wien 1850. V: *Hille, Augustin Bartholomaeus.* (EB)

Vorrede, oberhirtliche, zu der bevorstehenden Errichtung einer Gemeinde-Ordnung aus christl. Standpunkte betrachtet. Ein Neujahrswunsch an alle gläubige Gemeinden. 2. Aufl. 12. (28 S.) Wien 851, Greß. n. 1/6 ß

Vorrede zum Responsum einer theologischen Facultät, ob es verboten sei, Geschenke anzubieten. Berlin 1722. V: *Henckel von Donnersmark, Erdmann Heinrich Graf.* (ADB)

Vorrede eines ungenannten Verfassers von dem Wertheimischen Buche . . . Schwabach u. Leipzig 1736. V: *Oeder, Georg Ludwig.* (MI.) (BB)

Vorrede zur Zukunft. Berlin 854. Herbig. 8. (15 S.) 3 ngr.

Vorrede, Zusätze und Veränderungen der 2. Ausgabe des Buches Hiob; für die Besitzer der 1. Ausgabe besonders gedruckt. [Göttingen 1773.] V: *Michaelis, Johann David.* (CLZür Forts. II)

Vorreden und Einleitungen zu klassischen Werken der Mechanik: Galilei, Newton, D'Alembert, Lagrange, Kirchhoff, Hertz, Helmholtz. Übers. u. hrsg. von Mitgliedern d. Philos. Gesellsch. ... (Vorr.: Alois Höfler.) *Leipzig: C. E. M. Pfeffer 1899.* (VII, 257 S.) 8°
— Veröffentlichungen d. Philos. Gesellschaft an d. Univ. zu Wien. Bd 2. [oo. 4930

Vorreden meines Vetters, s. Raph. Hanno.

Vorreiter, Ansbert, s.: Jahrbuch üb. die Fortschritte auf allen Gebieten der Luftschiffahrt.

Vorreiter, Ansbert: Kritik der Drachenflieger. Mit 101 Abb. u. Zeichn. Berlin: R. C. Schmidt 1909. 120 S. 8°
(Bibliothek f. Luftschiffahrt u. Flugtechnik. Bd 1.)

Kritik der Drachenflieger. Von Ansbert **Vorreiter**, Ing. Mit 121 Abb. u. Zeichn., sowie e. vergl. Zusammenstellung d. wichtigsten Drachenfliegertypen. 2. durchges. u. verm. Aufl. Berlin: R. C. Schmidt 1910. 131 S. 8°
(Bibliothek f. Luftschiffahrt u. Flugtechnik. Bd 1.) [10. 1318

Motoren für Luftschiffe und Flugapparate. Von Ansbert **Vorreiter**, Ing. Mit 162 Abb. u. Zeichn. Berlin: R. C. Schmidt 1910. 225 S. 8°
(Bibliothek f. Luftschiffahrt u. Flugtechnik. Bd 3.) [10. 13619

Vorreiter, Ansbert: Motor-Flugapparate (Drachen-, Schrauben- und Schwingenflieger). Im Auftr. d. Mitteleurop. Motorwagenvereins bearb. Mit 40 Abb. Berlin: R. C. Schmidt 1909. 134 S. 8°
(Autotechnische Bibliothek. Bd 36.)

Motor-Flugapparate. (Drachen-, Schrauben- u. Schwingenflieger.) Im Auftr. d. Mitteleurop. Motorwagenvereins bearb. von Ansbert **Vorreiter**. Mit 107 Abb. u. Zeichn. 2. beträchtl. verm. u. verb. Aufl. Berlin: R. C. Schmidt [usw.] 1910. 195 S. 8°
(Autotechnische Bibliothek. Bd 36.)

Motor-Luftschiffe von Ansbert **Vorreiter**, Ing. Mit 43 Abb. u. 4 Taf. Berlin: R. C. Schmidt 1909. 146 S. 8°
(Autotechnische Bibliothek. Bd 37.)

— Motor-Luftschiffe, s. a. Bibliothek, autotechnische. 37. Bd.

Vorreiter, Ansbert E., was der Radler wissen muss. M. 35 Zeichngn. u. Illustr. 12. (IV, 74 S.) Berlin 898. Willkommen-Verlag. n. 1. —

Was der Radler wissen muss. Von Ansbert E. **Vorreiter**, mit 35 Zeichn. u. Ill. Ausg. 1901. *Berlin: Victoria-Dr. 1901.* (74 S.) 8° [F.] [oo. 11368

Vorreiter, Helhr., Luther's Ringen mit den antichristlichen Principien der Revolution. Halle 860. Mühlmann. gr. 8. (V, 418 S.) 1 ℛ 24 ngr.

Vorrichtung zur Verhinderung von Frostbildungen in einziehenden Schächten. Essen-Ruhr, 1905. 2 S. mit 2 Abb.

Vorrichtung zur Verhütung von Unglücksfällen beim Schießen mit Manöverpatronen u. zum Unschädlichmachen des sträflichen Scharfschusses. Essen 1902. 12 S.

Vorsätze d. sel. Leonardus v. Porto Maurizio, aus dem Orden der reformirten Minderbrüder d. heil. Franziskus. Aus dem Ital. v. e. Priester desselben Ordens. 4. Aufl. 16. (96 S.) Münster 876. Nasse. n. — 50

Vorsätze des sel. Leonardus von Porto Maurizio, aus dem Orden der reformirten Minderbrüder des heil. Franziskus. Aus dem Ital. übers. von einem Priester desselben Ordens. 5. und 6. Aufl. 16. (96 S.) Münster 878,80, [Nasse'sche Verlagsh.] F. Schöningh. *

Vorsätze, Meine, Folgen meiner Ueberzeugungen. Mietau 1772. V: *Töllner, Johann Gottlieb.* (MI.) »1775« (Ky)

Vorsätze, meine, Folgen meiner Ueberzeugung, s. J. G. Töllner.

Vorsatzen, J. G.

— Gedanken v. d. harmonischen Lehrart d. latein. Sprache. 2 Thle. 8. Ebend. 748.

Vorsatzen, J. G., initia encyclia, oder latein. u. deutscher Donat, u. Anweis. z. deutschen Rechtschreib. in welchem die Anfangsgr. beyder Sprachen. 8. Hildburghausen, Hanisch. 745.

Vorschau über die in der Provinz Schleswig-Holstein für die Erste Allgemeine Deutsche Pferde-Ausstellung in Berlin ausgewählten Pferde in Elmshorn am Sonntag, den 8. Juni 1890, nachmittags von 3 Uhr an. Verzeichnis der ausgewählten Pferde. Glückstadt. (1890.) 8°

Vorschau über die vom Verband der Pferdezuchtvereine in den holsteinischen Marschen für die 8. Wanderausstellung der Deutschen Landwirtschafts-Gesellschaft zu Berlin ausgewählten Pferde in Elmshorn am Sonntag, d. 3. Juni 1894, nachmittags von 2½ Uhr an . . . Verzeichnis der ausgewählten Pferde. Glückstadt. (1894.) 8°

Vorschilderung, Versuchte kurze fassliche, der Allwissenschaftslehre, oder die alleinige sogenannte Philosophie . . . [Leipzig] 1060 [1800]. V: *Werneburg, Joh. Frdr. Chn.* (Ky)

Vorschlag, vgl. Vorschläge. –

Vorschlag, der; od. hier wird Versteckens gespielt. Lustsp. v. Bock. 8. Lpz. Compt. f. Lit. 781. — 5

Vorschlag zur Abänderung der helvetischen Staatsverfassung, von der Revisionskommission vorgelegt. 1799

Vorschlag, ein, zur Abwendung großer Schwankungen der Getreidepreise. Von einem Kaufmanne. München 857. Franz in Comm. gr. 8. (19 S.) n. 4 ngr.

Vorschlag, den Gebrauch der sogenannten Pergel . . . abzuschaffen. [Mitau 1806.] V: *Zimmermann, Ulrich Ernst.* (R-N)

Vorschlag zu einer Ackerbau-Gesellschaft für das Grossh. Hessen. O. O. [18??]. V: *Du Bos du Thil*, *Carl Wilh. Heinr. von*. (HS)

Vorschlag eines Amnestiegesetzes. E. E. und W. W. Grossen Rath (des Kantons Basel) eingegeben den 7. Hornung 1831. 8. *o. O.*

Vorschlag für Anlage neuer Baulinien in Aarau. Liestal 1874. V: *Zschokke*, *Oliv.*, *Carl Aug. Rothpletz* & *A. Bosshardt*. (Cat. d. Stadtbibl. Zürich. Zürich 1864—97.)

Vorschlag zur Anlage e. Eisenbahn zwischen Breslau u. Freiburg, z. Verbind. dieser Hauptstadt u. d. Oder mit dem Gebirge. Nebst e. Nachweis., daß die Actien d. Unternehmens außer 4 Proz. Zinsen noch eine Dividende v. ca. 3 Proz. abwerfen werden. 8. (2 B.) Glogau 836, Flemming.

Vorschlag und Anleitung zur Errichtung einer Tuchfabric in Bündten. Chur 1782. V: *Bavier*, *Jakob*. (BSCHWL V, 9g, S. 213)

— u. Anweisung, wie die Stallfütterung ohne künstliche Futterkräuter bloß auf einen guten natürlichen Graswuchs zu gründen u. einzuführen sei. gr. 8. Dresd. 793. Walther. 3 ℛ

Vorschlag zu einer Ausnahmen zulassenden Magdeburgischen Association... [Magdeburg 1790.] V: *Rötger*, *Gotthilf Sebastian*. (MGT)

— u. Aufmunterung an die Bewohner der größeren Städte, sich von dem durch Krankheit erfolgten Scheintodt auf die zuverlässigste u. sicherste Art zu retten. 8. Wien 789. (Schaumburg u. Cp.) 2 ℛ

Vorschlag zur Ausführung der Gotthardbahn . . . Basel 1868. V: *Koller*, *Glieb*. (BSCHWLK V, 9 h) (Zuwachsverz. d. Bibl. Zürich 1898 ff.)

— zu e. zwischen d. Ostsee u. d. Niederelbe anzulegenden Barkenkanal, u. kurze Erörterung d. wesentl. Vortheile, welche aus e. solchen Kanale f. d. Land u. d. handelnde Publikum entstehen würden, (v. A. K. Gudme). 8. Kiel 818.

Vorschlag zu einem zwischen der Ostsee und der Niederelbe anzulegenden Barkenkanal ... Kiel 1818. V: *Gudme*, *Andr. Chph.* (MGT) (LS) (KY) (Bruun, Bibl. Danica III, 726.) (Collin, Anonymer. Kiobenh. 1869.)

Vorschlag, ein, zur *Beilegung des Culturkampfs*. Von einem freisinnigen Katholiken (unterz. *F. K.* Bonn, im Novbr. 1881). Leipzig, Otto Wigand, 1881. 8°. 93 S. Cart.

— auch ein, zur bessern Benutzung des Riebs; v. e. Bürgerfreunde (J. M. Affsprung). 8. Ulm 791. Wohler. 1 ℛ

— u. Beschreib. einer neuen innern Einrichtung d. Getreidespeicher, welche d. Vortheile gewähren, daß d. Getreide mit Ersparung d. Raums luftig bewahrt ist, u. sich nie erhitzen kann rc. Mit 1 lithogr. Tab. 8. Brünn 827. Traßler. 4 ℛ

Vorschlag (Auch ein) zur Beseitigung eines Credit-Vereines. Veranlasst durch die Idee über Baiern und Baierns Staats-Interessen. gr. 8°. Passau, Ambrosi, 1825.

Vorschlag für das gemeine Beste der Herrschaften und Dienstboten. 8°. Leipzig, Jacobi, 1754.

Anonym: „Vorschlag für das Beste der Herrschaften und Dienstboten", Leipzig 1744 (Hilscher).

Vorschlag zu einer durchaus gleichmässigen und allein möglichst gerechten Besteuerung. Altenburg 1832. V: *Petersen*, *Friedr.* (WFM)

Vorschlag zu einer durchaus gleichmässigen und allein möglichst gerechten Besteuerung. gr. 8°. Altenburg, Lit. Compt., 1832.

Vorschlag zu e. durchaus gleichmäß. u. allein möglichst gerechten Besteuerung. gr. 8. (1 B.) Altenburg 832, [Pierer.]

Vorschlag zur Bildung der ersten Kammer. (unterschrieben: Der constitutionelle Verein. Königsberg, 6. Julius 1848). o. O. (1848.) 8°

Vorschlag zu einer Brandversicherungskasse in Reichsstädten. O. O. 1786. V: *Hörlen*, *Johann Gottfried Benjamin*. (MGT)

— noch ein, zu einem bleibenden Denkmale d. Völkerschlacht, nach bibl. Begriffen. gr. 8. Leipz. 815. Hinrichs. 3 ℛ

— über den, des Prof. ... Ehler, zu e. neuen Religions-Edict. 8. Königsb. 800. (W. Härtel in Leipz.) 2 ℛ

Vorschlag zu sofortiger Einführung des französischen Münzfusses im Kanton Zürich. Zürich [1850]. V: *Fäsi*, *Gg Hnr.* (Cat. d. Stadtbibl. Zürich. Zürich 1864—97.)

— zur Einführung der Telemetrie in der Kriegskunst, mit besonderer Berücksichtigung des Telemeters Paschwitz Modell 1877. gr. 8. (16 S. m. 1 Steintaf.) Kissingen 877. (Würzburg, Stuber's Verl.) n. 1. —

Vorschlag zu einer besseren Einrichtung der teutschen Schulen . . . Lemgo 1797. V: *Gebhardt*, *Georg Ludwig*. (MGT) (HS) (KY)

— zu e. bessern Einrichtung der deutschen Schulen. (Von G. L. Gebhardt.) 8. Lemgo 797. Meyer. 2 ℛ

Anonym: „Vorschlag zur Einrichtung der Hinterpommerschen Landgüther nach aufgehobener Gemeinheit in 4 Schlägen", Berlin 1782. — Vorh.: Preuß. Staatsbibliothek Berlin.

— zur Einrichtung der hinterpommerschen Landgüter, mit Kpf. gr. 8. Berl. 782. (Reimer). 8 ℛ

Vorschlag zur gründlichen Entscheidung der Begebenheiten zu Ellwangen. Augsb. 775. 8.

— u. Entwurf e. allgem. Büchermanufaktur für Deutschland, (v. Geo. Dtr. v. d. Gröben). 8. Bresl. 764. Horn. 6 ℛ

Vorschlag zum Erbau einer viergängigen Hand- oder Rossmühle . . . Jena 1808. V: *Griesheim, Ludw. Wilh. von.* (MGT)

Vorschlag, durch Versorgung der Armen eine ansehnliche Rente zu erlangen . . . O. O. 1785. V: *Friedrich Carl Fürst von Neuwied.* (MGT) (Adel) »[Neuwied] 1791« (Ky) (Stam)

Vorschlag, durch Versorgung der Armen eine ansehnliche Rente zu erlangen; nebst Vorschlägen zu vortheilhafter Einrichtung eines Waisenhauses, der Schulen des Ackerbaues etc. — 1785. und mit Kupf. 8. *Neuwied, (Gehra, Ehrenbreitst.)* 1791.

VORSCHLAG –, das Studium der Sprachen, besonders der lateinischen zu erleichtern. Trattner, Wien 1781/82.

Vorschlag, ein, zur Erleichterung des Hypothekar-Credits auf Grund der gesetzlichen Bestimmungen über das Hypothekenwesen im Königreich Sachsen, zunächst für Städte. Zwickau 863. Richter in Comm. gr. 8. (VI, 29 S. u. 2 Tab. in 8. u. 4.) n. 8 *ngr.*

Vorschlag, betreffend die Errichtung einer grossen Bade-Anstalt zu Burtscheid für Preussens invalide Krieger, gemacht vom ärztlichen Vereine zu Aachen. Aachen [1866]. V: *Lersch, Bernard Max.* (Müller M., Lit. üb. d. Thermen v. Aachen. Aachen 1903.)

Vorschlag zur Errichtung eines Hospitals für gebrechliche und elende Aufsätze der schlechten Schriftsteller. [Hannov. 1773.] V: *Göckingk, Leop. Frdr. Günther von.* (MGT)

Vorschlag zur Errichtung einer Kreis-, Wittwen- und Waisen-Verpflegungsanstalt und einer Sterbekasse für die protestantischen Geistlichen im Königreiche Baiern. 8°. Anspach, Gassert, 1809.

VORSCHLAG die Errichtung eines Schulmeisterseminariums in der Oberlausiz betreffend. Dem Vaterlande übergeben von der O. L. Gesellschaft der Wissenschaften. Görliz 1795. Gedrukt bei Johann Rudolph Unger. 8°.

VORSCHLAG zur Errichtung eines Versorgungshauses für Dienstlose in Wien sich befindende Mädchen. Wien, Hartl, 1781.
Citirt Gugitz p. 149 (nach Geissau).

VORSCHLAG. – zur Errichtung eines Versorgungshauses f. Dienstlose in Wien sich befindende Mädchen. Hartl, Wien 1781/82.

Vorschlag über die Errichtung einer Witwen- und Waisenkasse der akademischen Lehrerschaft der Universität Bern. Bericht erstattet von Prof. Dr. Graf, im Namen der eingesetzten Spezialkommission des Senats. Bern, März/April 1906. 18 S. 8°.
Bern. Univ.-Schr. 1905/1906.
Nicht zur Versendung bestimmt.

Vorschlag zur Errichtung einer Central-Raffinerie in Prag, für jene Zuckerfabriken in Böhmen, welche es nicht in ihrer Convenienz finden, ihre Produkte selbst zu raffiniren. *Prag* 1858. *Friedr. Rohlíček.* 19 S. 8°.

Vorschlag zur Feier des Andenkens an das fünfzigjährige Regierungsjubiläum . . . des Königs von Sachsen. 1818. V: *Einsiedel, H. Graf von.* (Bem I, 1, S. 484)

Vorschlag zu einer neuen Fundirungsweise der Regierungsschulden in Deutschland. 8°. Nürnberg, Campe, 1815.

Vorschlag, Patriotisch gemeynter, wie dem gehemmten Ausfuhrhandel aus den Hungarischen und Deutschen Provinzen des Hauses Oesterreich aufgeholfen werden könnten von J. W. Wien 1781. V: *Weinbrenner, J.* (Bespr. Realzeitung 1782, Nr. 14, S. 209/212) (BiblPort)

VORSCHLAG. Patriotisch gemeinter –, wie dem gehemmten Ausfuhrhandel . . . des Hauses Österreich abgeholfen werden konnte. Gräffer, Wien 1781/82.

— wie dem Ausfuhrhandel &c. abzuhelfen, s. J. v. Weinbrenner.

Vorschlag zu einem revidirten Gesetz über die Niederlassung von Schweizerbürgern. 6 Stn. 8. 1874.

Der grosmüthige Vorschlag des Wiener Hofes durch ein Schreiben an meinen Freund * * in ein helleres Licht gesetzt. 1778. 8. 30 S.

Vorschlag zur Gründung eines landwirthschaftlichen Vereins. [Riga 1825.] V: *Bruiningk, Carl Frh. von.* (R-N)

Vorschlag zur Güte bey der Wiederherstellung Deutschlands, von F. M. Germanien [Weimar] 1814. V: *Majer, Friedrich.* (Jen. Allg. Lit.-Ztg. 1815, Intbl. 480) (GGR VII, 783) (Zeitschr. f. Büch. N. F. 15, 1923, 126)

Vorschlag, Höchstnöthig- und nützlicher, zur Errichtung einer neuen Profeßion Hodegetica seu Instructoria auf denen gesammten Deutschen Universitäten . . . Helmstädt 1753. V: *Schade, Nic. Zach.* (Erman & Horn, Bibliogr. d. dtsch. Universitäten. 1. Leipz. u. Berl. 1904.)

— zu Erricht. e. neuen Professſion hodegetica s. instructoria, a. d. gesammten deutschen Universitäten. 8. Helmstädt 753. (Weygand in Leipz.) 2 K

Vorschlag zu Holzspar-Öfen und Kochheerden. Nürnberg 1799. V: *Romer, Johann Ludwig.* (MGT) (Ky)

Vgl. V o r s c h l a g zu holzsparenden Öfen...

Vorschlag des konstitutionellen Klubbs in Betreff der Wahlen. Gedruckt bei J. Zittenfeld. 1 Bl. Fol.
Flugblatt. Berlin, 11. April 1848.

Anonym: „Vorschlag zu einer Kunst-, Handwerks-, Manufaktur-, Fabriken-, Landwirthschafts-, Kriegs- und Staatsschule", Tübingen 1777 (Cotta).

Vorschlag eines L a n d b e a m t e n zur allgemeinen Emporbringung der Obstbaumzucht. Schillingsfürst 1811.

— eines Landbeamten z. allgemeinen Emporbringung d. Obstbaumzucht. 8. Bartenstein 812. Fixdorff u. K. (a. Körner in Frankf. a. M.) 4 K

Anonym: „Vorschlag zu einer wohleingerichteten Landesregierung", Nordhausen 1723 (Gross).

Vorschlag eines Landmannes zur Steuerperäquation in Baiern. 8°. Landshut, Thomann, 1808.

Vorschlag zu einer Lesebibliothek für junge Frauenzimmer . . . Borna 1889. V: *Wegener, Carl Frdr.* (Kat. der Bibl. Dr. Franz Schnitzer-München 1902. S. 80.)

Vorschlag, Literarischer, für junge Rechtsgelehrte. [Leipz. 1798.] V: *Schmid, Christian Heinrich.* (ML) (MGT)

Vorschlag. Ein V' zur Lösung der Kongofrage durch die Schweiz. 32 S. 8. Bern, W. Wälchli, 1909. (fr. 1. —)

Vorschlag, Ein, zur Lösung der Silberfrage bei Aufrechthaltung der bestehenden Währungen . . . Wien 1881. V: *Müller.* (WFM)

— ein, zur Lösung der Silberfrage bei Aufrechthaltung der bestehenden Währungen. Mit Rücksicht auf die bevorstehenden Pariser Münzconferenzen verfasst von M. gr. 8. (16 S.) Wien 881. Manz. n. — 60

Vorschlag, Ein, zur Lösung der Sprachen- und Nationalitätenfrage in Österr. [Liesing 1898.] V: *Kanitsár, Franz.* (EB)

Vorschlag, die dürftige Volksklasse in Provinzialstädten durch zweckmässige Arbeitsschulen thätiger zu machen. gr. 8°. Leipzig, Joachim, 1803.

Medicinischer Vorschlag heilsamer Mittel, bey gegenwärtig grassirend- und ansteckender Rind-Vieh-Seuch, verabfasset vom Collegio Medico zu Bayreuth. 10 S.(weitere fehlen!), gbd.

Bayreuth: typ.Schirmer (1743)
an: Medizinalordnung, Des...Herrn Friedrichs, Marggrafen zu Brandenburg... 1742

JB 5.774

Vorschlag nebst Mittel, z. Verhütung des Kindermords, (v. J. B. Müller). 8. Frankf. a. M. 783. (Joachim in Leipz.) 4 K
Vgl. V o r s c h l ä g e , Einige, zur Verhütung des Kindermords.

— zu einem neuen allgemeinen M ü n z s y s t e m e für Deutschland zugleich zur Orientirung über den dermaligen Bestand des deutschen Münz- und Rechnungswesens von einem praktischen Kaufmanne. Buchholz 853. Adler. (Annaberg, Ronne.) gr. 8. (26 S.) n. 3 ngr.

Vorschlag eines Nationalkalenders. O. O. 1786. V: *Rengger, Albrecht.* (ADB)

Vorschlag. Neuer, nach welchem man die Festungen durch eine leichtere und e i n f a c h e r e A n o r d n u n g der W e r k e, und insbesondere der G l a c i e n, zu einer besseren Vertheidigung einrichten könnte. (Mit 5 Taf.) 8. Berlin 1772.

— neuer, nach welchen man d. F e s t u n g e n auf e. leichtere u. einfachere Art einrichten könne, m. K. gr. 8. Berlin, Himburg. 772.

Vorschlag, neuer, F e s t u n g e n einzurichten. Mit Kupf. gr. 8. Berlin, 772. Ist jetzt Verlag v. Reimer. —

— zu holzsparenden Oefen u. Kochheerden, (v. J. L. Romer), mit (8) Kpf. 8. Nürnb. 799. Schneider u. W. 6 K Hbg. Pr. 3 K
Vgl. V o r s c h l a g zu Holzsparöfen...

Vorschlag, Ohnzielsezlicher, eine gelehrte Privat-Societät zur Erläuterung . . . des Kaiserl. Reichs-Kammergerichts-Justitzwesens und Prozesses . . . einzurichten . . . Hofnungsburg 1755. V: *Bürgel von Fleckenbühl, Joh. Phil. Franz von, Johann Ulrich Freih. von Cramer, Johann Heinrich Freih. von Harpprecht, Christian Freih. von Nettelbla & Just. Christ. von Schellwitz.* (Fahnenberg auf Burgheim, Litteratur d. Kais. Reichskammergerichts. Wezl. 1792. S. 156.) »Vortrag« (ML)

— ein, zur O r g a n i s a t i o n des Land-Armen-Wesens. Separat-Abdr. aus der „Freimüthigen Sachsenzeitung" vom J. 1854. Dresden. (Adler u. Dietze.) gr. 8. (14 S.) 2½ ngr.

Vorschlag zu zweckmässiger Organisation der landschaftlichen Ausschüsse in Würtemberg. O. O. 1797. V: *Danz, Wilhelm August Friedrich.* (MGT) (HS)

Vorschlag eines patriotischen Oesterreichers für Joseph den II. seine Befehle zuverlässig in Erfüllung zu bringen und sein Volk glücklich zu machen. 1784. V: *Cremeri, Bened. Domin. Ant.* (wieser 1/1366) (BiblPort)

Vorschlag, Patriotischer, zur Beförderung der nützlichen Lektüre in Wien. 1782. V: *Widmer, Freiherr.* (wrztg 1782, Beil. bei Nr. 91 u. Nr. 93, Bücherverz. Trattner) ([Hch. Wolfgang Behrisch] Die Wiener Autoren. Pressb. 1784. S. 250) (BiblPort)

Vorschlag, Patriotischer, zu einem Frieden zwischen Bayern und Oesterreich . . . Göttingen 1743. V: *Schmauss, Johann Jacob.* (ML)

— patriot., wie dem Verfalle der sächs. Manufakturen nicht nur vorzubeugen, sondern sie auch höher zu bringen; auch u. d. T.: kosmopolit. Vorschlag, wie d. Handel Oesterreichs u. Sachsens rc. höher zu bringen. 8. Wittenb. 802. Kühne. 9 gGr

Vorschlag und Plan einer Actiengesellschaft zur Unterstützung der k. k. priv. Gather Wollerzeug und seine Tuchfabrique im Jahr 1799. [Pest.] V: *Liedemann, G.* (PK 2/593) (BiblPort)

Vorschlag und Plan zur Errichtung einer Nationalbank in Kurland. [Mitau 1785.] V: *Manteufel-Szöge, Carl von.* (R-N)

Vorschlag und Plan eines historischen Museums für Bayern und angränzende Gegenden . . . O. O. 1784. V: *Drexl, Anton.* (MGT)

Vorschlag und Plan einer äusseren und inneren Vervollständigung, die classischen Sprachen zu lehren. O. O. 1839. V: *Ruthardt, Ernst Ferdinand.* (ADB)

Vorschlag zu einer Preisaufgabe über eine byzantinische Chronographie. gr. 8. (21 S.) St. Petersburg 849. (Leipzig, Voss.)

VORSCHLAG Und Probe [illegible] Schertz, bey Gesprächen auch in den [illegible] wohl [illegible] in Frantzösische und jetzo in die [illegible] Sprache übersetzt. [illegible] Dom. von Sand. 1.10. 12°. *Zuordnung Titelkupfer*, [illegible] Broschiert (altes Papier). [illegible]

Vorschlag an das geneigte Publikum, wie die Monatlichen Nachrichten könnten gebessert werden 1778. [Zürich 1778.] V: *Ziegler, Johann Caspar.* (Cat. d. Stadtbibl. Zürich. Zürich 1864—97.)

Vorschlag, ein, zur Reform der schweiz. handelsstatistischen Aufzeichnungen. Gutachten erstattet an das Tit. schweiz. Finanz- u. Zolldepartement vom schweiz. Handels- und Industrieverein. Vorort Zürich. In-8⁰, 38 p. Zürich, Orell Füssli & Cie. 1884.

Ein **Vorschlag** zur Reform der Konfirmationspraxis. Ein Wort gegen Unwahrhaftigkeit u. z. Förderung d. Wahrhaftigkeit in d. ev. Landeskirche. Von e. Schuler Jesu. Halle a. S.: Gebauer-Schwetschke 1908. (22 S.) 8° [ℳ —] [08, 8370 3]

— ein, zur Reform des Wehr-Systems, wodurch die Kosten der Armee vermindert, die Wehrkraft erhöht u. die Verpflegung der Mannschaft verbessert werden soll. Den Offizieren der k. k. Armee gewidmet. gr. 8. (26 S.) Wien 880. Braumüller in Comm. n. — 60

Vorschlag zur Regulirung der österreichischen Valutafrage . . . [Wien 1892.] V: *Neupauer, Jos. Ritter v.* (EB)

Vorschlag zu einer Katholischen Schulverbesserung . . . Leipz. u. Wolfenb. 1752. V: *Rothfischer, Franz.* (Jes)

Vorschlag an die Selbstdenker . . . zum Frieden zwischen dem wohlverstandenen Urchristenthume und der wohlgesinnten Vernunft. Irenopel [Leipzig] 1780. V: *Basedow, Joh. Bernhard.* (BrMm)

Vorschlag zur zweckmässigen Staatsunterstützung der Auswanderung. (Unterschr.: Deutschland, im Juli 1848.) o. O. (1848.) 8⁰

Vorschlag zu einem Steuergesetz. 24 Stn. 8. Graubünden 1 [illegible].

— zu einem Strafgesetzbuche für d. Königr. Norwegen, verfaßt v. der durch Kgl. gnädigste Resolution v. 22. Nov. 1828 ernannten Commission, u. von Derselb. unt. 28. August d. Kgl. norweg. Regierung abgegeben. Auf Veranstaltung d. Gesetzcommission in Gemäßheit d. Kgl. gnäd. Resolution v. 5. April 1834, aus d. Norweg. übers. v. F. Thaulow. 1. Aufl. (10 B.) 834., 2., veränd. Ausg. (11 B.) gr. 8. Christiania 835. (Leipzig, Brockhaus.)

Vorschlag zu einem zweckentsprechenden System des Feldbaues auf Hermannstädter Gebiet. . . . Hermannstadt 1848. V: *Czeckelius, Joseph & Daniel Czeckelius.* (Trausch)

Vorschlag zur Theilnahme an den in Österreich . . . zu errichtenden Brandschaden - Versicherungs - Privat - Anstalten. Wien 1822. V: *Högelmüller, Georg Ritter von.* (EB)

Vorschlag, Der, der »Ersten Theilung« Deutschlands. [London] 1860. V: *Blind, Carl.* (Cat. d. Stadtbibl. Zürich. Zürich 1864—97.)

Vorschlag zur schnelleren Tilgung der Staats- und Communalschulden, verbunden mit einer allgemeinen Sparkasse. (Auch zur Beherzigung für Capitalisten.) Berlin, Posen u. Bromberg, Mittler, 1832.

Vorschlag zur schnellern Tilgung der Staats- und Communalschulden . . . Berlin, Posen u. Bromberg 1832. V: *Prittwitz*, *Moritz Carl Ernst.* (Nowack, Schles. Schriftst.-Lex. Bresl. 1836—43. VI, 135.)

Vorschlag zur Tilgung der Mecklenburg-Schwerinschen Schulden auf eine sichere . . . Art. Kopenh. 1812. V: *Schuckmann*, *Mor. v.* (Bruun, Bibl. Danica II, 504.) (Collin, Anonymer. Kiobenh. 1869.)

Vorschlag über die Umgestaltung des Abgabenwesens im Königreiche Sachsen. Von einem Staatsbeamten. 8°. Leipzig, Schumann, 1831.

VORSCHLAG. Ohnmaßgeblicher, der Theuerung standhaft abzuhelfen. Trattner, Wien 1791.

Vorschlag, Ohnmassgeblicher, zum Besten des Armuths, wie dem gegenwärtigen Brodmangel . . . abzuhelfen sey . . . [Erfurt] 1771. V: *Riedel*, *Friedrich Just.* (ML)

Ohnmasgeblicher Vorschlag zu einer bei gegenwärtigem Kriege gemeinschaftlichen Einigkeit des heil. röm. Reichs, wie solche zwischen den Catholischen und Protestanten leicht zu befördern. 1758. 4 (12 S.)

Vorschlag, Unmassgeblicher, veranlasst durch Nr. 261 der Jenaischen Allg. Litteratur-Zeitung vom J. 1792. [Schleswig 1792.] V: *Schmettow*, *Woldemar Frdr. Graf von.* (ML)

Vorschlag, unmaßgeblicher, zur Reformation des niedern Klerus, nebst Materialien zur Reformation d. höhern, (v. B. M. v. Werkmeister). gr. 8. Münch. 782. Grattenauer in Nürnb. 10 kr

Vorschlag, Unmassgeblicher, zur Reformation des niedern Klerus . . . München 1782. V: *Werkmeister*, *Bened. Maria Leonhard von.* (Ky)

Unmassgeblicher **Vorschlag** [der Grossloge von Hamburg] zu einer Vereinigung der deutschen Logen über die künftige Anwendung des sogenannten Sprengelrechts. [Hamburg 1848.] 2 S. 2° [Kopftit.]
Abgedr. in: HZC. 126 (1848) S. 118—120.
cf. Ebendas. S. 121—123 (J. F. Siemers).
Entwurf eines allgem. Sprengelrechtes. 193.

Ohnmassgeblicher Vorschlag Wie bey dermahligen weit aussehenden Zeiten Eine zahlreiche Armee Von dem Heil. Vater Papst In das Feld gestellt . . . werden könne. Berlin 1759. 4. (2 Bl.)

Vorschlag, Ohnmassgeblicher, wie dem allgemein einreissenden Holzmangel . . . abzuhelfen sey. Darmstadt 1788. V: *Reuling*, *Ludwig Wilhelm.* (Ky) (MGT)

— unmaßgeblicher, wie die Staatsschulden, ein Grundübel unserer Zeit, sicher und ohne besondere Lasten der Völker getilgt werden können. München 855. Franz. gr. 8. (30 S.) 2 ngr.

Vorschlag, Unmassgeblicher, wie eine Bibliothec der deutschen Geschicht-Bücher verfertiget werden solle . . . O. O. 1705. V: *Eccard*, *Joh. Gg.* (Myl)

Vorschlag zu einem vollständigen Unterricht in der Schiffahrt . . . Hamburg 1786. V: *Müller*, *Chn Glieb Dan.* (Schedel, Handb. d. Litt. f. Kaufleute. Leipz. 1796. S. 128.) (CBH)

Vorschlag zu gründlicher Untersuchung der Gassnerischen Begebenheiten zu Ellwangen. O. O. 1774. V: *Ehlen*, *Johann Peter.* (Ky) (ML)

Vorschlag zur Verbesserung der Armenanstalten in der Stadt und auf dem Lande (vom Geh. Rath v. Bode). 8°. Marburg, Krieger, 1776.

Vorschlag zu einer Verbesserung in Friedrich Schillers vortrefflichem Liede: Von der Glocke. [Gotha 1801.] V: *Schmid*, *Joh. Chph.* (MGT)

Vorschlag, Ein, zur Verbesserung des Strassenpflasters in Magdeburg. [Magdeburg 1789.] V: *Rötger*, *Gotthilf Sebastian.* (MGT)

— zur Vereinigung luther. Christen für apostol. Leben. Sammt Entwurf eines Katechismus d. apostol. Lebens. [Manuscript.] 8. (111 S.) Stuttgart 848. (S. G. Liesching.) 6 ngr

Vorschlag zum Vergleich der politischen Partheien. Eine Rede an das deutsche Volk und dessen Vertreter in Frankfurt. Am 29. Juni 1848. 8 S. 8°.

Vorschlag zu einer wohlberechneten Versorgungs-Anstalt. Hamburg 1777.

Vorschlag zur Verständigung über gemischte Ehen. Stuttg. 1841—42. V: *Ströbele.* (Th)

Vorschlag zur Verständigung in Sachen der gemischten Ehen, mit besond. Rücksicht auf Württemberg. gr. 8. Stuttgart 842, Metzler. 1/4 ß

— über den, die ehemals bestandenen 4 würtemberg. niedern Seminarien in eines zu verwandeln. (Von Jak. Fr. Abel.) 8. Stuttg. 818. Metzler. 8 K

(Vorschlag zu einem Volks-Ministerium.) An die Bürger Berlins! — Einige Gesinnungstüchtige. Vereins-Buchdruckerei. 1 Bl. Fol. Flugblatt. Berlin, 30. Juni 1848.

Vorschlag zu einer nach Berufsklassen gegliederten Volksvertretung f. Mecklenburg. 8. (VIII u. 39 S.) Rostock 849, Stiller. n. 1/6 ß

Vorschlag einer nützlichen Wegverbesserung m. zerschiedenen Anhängen die neuerfundene Einrichtung d. Zimmer u. Anflug d. jungen Holtzes betreffend. 2. Aufl. Ulm u. Memmingen 1753. 16, 156 S. 3 Tvl.

— e. nützl. Weg- u. Zimmerverbesserung, mit Anhängen. 8. Ulm 753. Stettin. 5 K

— zur Güte, weiterer, in Sachen der gemischten Ehen, mit besond. Rücksicht auf Württemberg. gr. 8.
Stuttgart: Metzler 1842.

Vorschlag wie durch eine öffentliche Kunst-Ausstellung den Künsten und der Industrie in der Schweiz . . . wieder könnte emporgeholfen werden. Neue Aufl. Bern 1804. V: *Wagner*, *Sigm.* (AarK)

Vorschlag wie in der Teutschen katholischen Kirche die Priesterehe allmählich eingeführt werden könnte . . . Ulm 1803. V: *Werkmeister*, *Benedict Maria Leonhard von.* (MGT) (Schmal) (Ky) (Th)

— wie in der deutschen katholischen Kirche die Priesterehe allmählig eingeführt werden könne, (v. B. M. Werkmeister). 8. Ulm 803. Wohler. 4 K

Vorschlag, wie mancher Teutsche Staat ohne neue Steuern sich leicht ein beträchtliches Capital . . . verschaffen könne. Frankf. u. Leipzig 1796. V: *Siebenkees*, *Johann Christian.* (MGT) »Nürnberg« (Ky)

— wie mancher deutsche Staat ohne neue Steuern sich ein beträchtl. Kapital zur Abzahlung seiner Schulden verschaffen kann, (v. J. C. Siebenkees). 8. (Nürnb.) 796. Monath u. K. 1 K

Vorschlag, wie sich gegen den Professor Schlözer in Göttingen zu benehmen seyn möchte. O. O. 1785. V: *Vacchiery*, *Carl Albrecht von.* (MGT)

Vorschlag zur Wiederherstellung des preuss. Staatskredits und Vermehrung des umlaufenden Kapitals. 8°. Leipzig, Rein, 1812.

Vorschlag, Wohlgemeinter, für Kapitalienbegeber in Riga. [Riga 1821.] V: *Bulmerincq*, *Johann Valentin von.* (R-N)

Vorschlag, Wohlgemeinter, zu einer Verfassung richtiger Genealogien der hochadelichen Geschlechter in Curland . . . O. O. 1723. V: *Rhanaeus*, *Samuel.* (R-N)

— wohlgemeinter, z. zweckmäßigen Zusammenstellung d. Fränkischen Kreis-Contingente. 4. Frankf. a. M. 794. Gebhardt u. K. 6 K

Vorschlag und Wünsche. An die Herren des Königl. Dänischen Hofes . . . Frankf., Leipz. u. Kopenh. 1773 V: *Koch*, *Detl.* (Bruun, Bibl. Danica III, 749.) (Collin, Anonymer. Kiobenh. 1869.)

Vorschlag zu einer schicklichern und allgemein annehmbaren Zeitrechnung. Tübingen 1800. V: *Ploucquet*, *Wilhelm Gottfried.* (Ky) (MGT)

— zu e. schicklichern u. allgemein annehmbaren Zeitrechnung, (v. W. G. Plouquet). 8. Tübing. 800. Osiander. 2 K

Vorschlag zu einer numismatischen Zeitung . . . [Nürnb. 1765.] V: *Will*, *Georg Andreas.* (ML)

Vorschlag zu einer nützlichen Zimmeranlage, wie solche bequem zu bauen, gut zu heizen und dadurch viel Holz ersparet werden könne, nebst einigen Anhängen, wie man bey den Waldungen den Holzverkauf pflegen, den baldigen Anflug des jungen Holzes zuwege bringen und dem Holzmangel abhelfen könne. - Ulm 1752. 9 Bg., m. Holzschn.

— einige, nützliche Zimmer anzulegen, wie solche bequem zu bauen, gut zu heitzen u. Holz zu ersparen. 8. Ulm 752. Stettin. 5 K

Ein Vorschlag zur Zusammensetzung der deutschen Kriegsmacht. Von einem norddeutschen Offizier. Wesel, Bagel 1849. 32 S. 8.

Vorschlag, — Vorschläge.

— zur Beförderung wissenschaftl. Kenntnisse vorzügl. unter Landgeistlichen. 8. Münch. 803. Fleischmann. 2 K

— z. Bekehrung d. Juden. 4. Frankf. Andreä. 718.

— zu einer vollständigen u. vernünftigen Erziehung der Kinder; aus d. französ. Encyklopädie gezogen. 8. Leipz. 771. (Aue in Altona). 8 K

— zu e. vollständ. u. vernünft. Erziehung d. Kinder, a. d. franz. Encyclopädie gezogen. 8. Lpz. Jacobäer. 771.

— zu einem städtischen Getreidemagazin. 8. Münch. 795. Strobl. 8 K

— zu einer neuen Lehrart in der freien Handzeichnungskunst. gr. 8. Bresl. 774. (J. F. Korn). 4 K

— die Dächer feuerfest zu machen. 8. Leipz. ... Andrä. 3 K

— patriot., zur Umschaffung aller öden u. unfruchtbar gewordenen Waldreviere in nutzbar. Holzbestand. 8. Cassel 802. Griesbach. 6 K

— zu e. neuen Regimentsverfassung f. Nürnberg. gr. 8. Stuttg. 797. ... 8 K

— ohnmaßgebl., zum allgem. litter. Frieden, als Beförderungsmittel zur Dauer u. Sicherheit des bevorstehenden politischen Friedens. 8. Erfurt 796. Keyser. 4 K

— z. Verbesserung des Ackerbaues. 8. Prag 796. Herrl. 4 K

— zu Verbesserung d. Prozesse. 8. 735.

— zu einer neuen Verfassung Tyrols, von e. Patrioten. 8. Münch. 810. Fleischmann. 3 K

— z. Ziehung u. Bildung brauchbarer Lehrer in öffentl. Schulen. gr. 8. Braunschw. 780. Schulbuchh. 8 K

Vorschläge. vgl. Vorschlag. —

Vorschläge zur Abänderung der ersten Ausgabe der Pharmacopoea Germanica. Th. 1. 2. Berlin 1880. Fol.

Vorschläge für die Abfassung eines vereinfachten Infanterie-Reglements verbunden mit der zweigliedrigen Stellung. gr. 8. (IV und 54 S. mit 3 Stnt. in 4. und Imp.-Fol.) Carlsruhe 860, Bielefeld's Hofbuchh. *

Vorschläge zur Abhülfe des Nothstandes der Arbeiterklasse. gr. 8. (8 S.) Bockenheim 848, Strauß. n. 2 ngr

— zu Abkürzungen der Prozesse, in Briefen von e. vieljähr. Beamten, (v. Jh. H. Gli. Hermann). 8. Eisen. 787. (Bärecke). 8 K

— zu Abkürzung d. Prozesse, in Briefen v. e. vieljährigen Beamten. 8. Eisenach, Wittekind. 787. — 8

Vorschläge zur Abwehr der Syphilis und zur Milderung ihrer Folgen. Leipzig 1872. V: *Germann, F.* (Kat. der ständ. Bibl. Stuttgart 1907. S. 610.)

Vorschläge, Allerneueste, zur Verbesserung des deutschen Schulwesens ... Frankf. u. Leipzig o. J. V: *Max, Joh. Maria.* (Reichard, Versuch e. Hist. d. deutsch. Sprachk. Hamb. 1747. S. 400.)

Vorschläge, Allerunterthänigste, einen Staat zu vergrösern. Heilbronn 1766. V: *Zech, Sigm. Chn v.* (Hauptkat. d. Univ.-Bibl. Tübingen. F. Nachtr. 9.)

— zur Anderung der deutschen medicinischen Examina v. X Y. gr. 8. (15 S.) Stuttgart 893. F. Enke. n. — 80

Vorschläge zur Aenderung des neuen hannoverschen Gesangbuchsentwurfs. Hrsg. vom geschäftsführenden Ausschuß. 8. (64 S.) Osnabrück 881. (Lückerdt.) n. — 40

Vorschläge zur Aenderung der 'Règles de la Nomenclature des êtres organisés' (Paris, 1889; Moscou, 1892). Proposed amendments to the 'Règles de la nomenclature des êtres organisés'. Propositions tendant à modifier les 'Règles de la Nomenclature des êtres organisés'. *Berlin: [1901]: W. Moeser.* (1 Bl.) 4° [Kopft.]

Vorschläge zur Aenderung d. deutschen Strafrechts v. ? gr. 8. (21 S.) Berlin 884. Ißleib. n. — 50

— u. nähere Ansichten zur Hebung einiger Hindernisse, welche bei Bereitung d. allgem. Gypsirens noch im Wege stehen sollen. (Aus d. ökonom. Neuigkeiten besond. abgedr.), mit Anmerkk. v. Chr. Karl André. Nebst e. Anh. 8. Prag 818. Calve. 7 K

— u. Anträge zur Medizinal-Reform. Königsberg 868. Theile. gr. 4. (8 S.) 2 ngr.

— u. Anweisungen, zweckmäßige u. dauerhafte Blockhäuser aus rohen Materialien mit den zugehörigen Werken zu bauen. Zunächst bearb. für Auswandernde nach Amerika, vom Verf. des Bauprofessionisten (G. Fink). Mit 1 lithogr. Figurentaf. gr. 8. Hanau 844, König. 1/4 ß

Vorschläge und Anweisungen, zweckmässige und dauerhafte Plockhäuser ... zu bauen ... Hanau 1844. V: *Fink, Gottlob.* (Ky)

(Vorschläge einer Anzahl schweizerischer Techniker über Modifikationen am Bundesgesetz über elektrische Anlagen, wie dasselbe aus den bisherigen Beschlüssen der h. eidg. Räte hervorgegangen ist.) An die hohe Bundesversammlung der Schweiz. Eidgenossenschaft, Bern. (1902 Februar 22.) 7 S. 8.

— zur Aufstellung v. Orts- [Kreis-, Provinzial-] Statuten f. Gewerbe-Gerichte auf Grund d. Reichs-Gesetzes vom 29. Juli 1890. Nebst Erläutergn. Veröffentlicht auf Anordng. d. Hrn. Ministers f. Handel u. Gewerbe. hoch 4. (IV, 24 S.) Berl.-Charlottenb. 891, Kortkampf. ** 1 —

— zur Aufstellung v. Orts-(Kreis-)Statuten f. Gewerbe-Gerichte auf Grund des Gewerbegerichts-Gesetzes vom 30. VI. 1901 (R. G. Bl. S. 353). Nebst Erläutergn. Fol. (18 Bl.) Berlin 902. C. Heymann. n. — 50
Sonderabdruck aus: „Ministerialbl. der Handels- u. Gewerbe-Verwaltung".

— dasselbe. Veröffentlicht auf Anordng. des Hrn. Ministers f. Handel u. Gewerbe. Fol. (22 S.) Berlin 902. F. Kortkampf. n. 1. —

— zur Aufstellung v. Statuten f. die zur Durchführung der Invaliditäts- u. Altersversicherung errichteten Versicherungsanstalten. Veröffentlicht im Reichsanzeiger vom 3. Juni 1890. gr. 8. (32 S.) Berlin 890. C. Heymann's Verl. n. — 60

Vorschläge der Aushilfe der ungarischen Handlung. O. O. 1790. V: *Liedemann.* (Pk)

Vorschläge zu einer zweckmässigen Bearbeitung der Französischen Grammatik für Teutsche. [Leipzig 1797.] V: *Siebenkees, Joh. Chn.* (MGT)

— z. Beförd. des bürgerl. Wohlstandes, s. Erziehung, eine gute.

Vorschläge zur Behebung des unter einem beträchtlichen Theile der Bewohner Prags dermal um sich greifenden Nothstandes. Prag 1847. V: *Bolzano, Bernhard.* (EB)

Vorschläge zu gütlicher Beylegung des über die Religionseigenschaft der Grafenkollegien in Franken und Westphalen entstandenen Streits, den 8. August 1783. O. O. V: *Reuss, Joh. Aug.* (MGT)

Vorschläge für die Berechnung der Materialstärken neuer Dampfkessel (Hamburger Normen 1891.) Hamburg 1891. 35 S.

Vorschläge f. die Berechnung der Materialstärken neuer Dampfkessel [Hamburger Normen 1891]. Angenommen v. der Delegirten- u. Ingenieur-Versammlg. d. internationalen Verbandes der Dampfkessel-Ueberwachungs-Vereine am 18. u. 19. Juni 1891 zu Danzig. 2. Aufl. gr. 8. (26 u. 9 S.) Hamburg 892. Boysen & Maasch. n. — 35

— dasselbe. 3. Aufl., s.: Grundsätze f. die Berechnung etc.

Vorschläge zur Beschaffung v. Büchern f. Kreislehrer-Bibliotheken, ausgearb. von dem Redakteur-Verband pädagog. Zeitschriften. gr. 4. (11 S.) Leipzig 901. E Wunderlich. n. — 40

— bescheidene, e. Nichtphilologen zur Gestaltung unseres höheren Unterrichtswesens. 8. (18 S.) Straßburg i/E. 890. Straßburger Druckerei u. Verlagsanstalt. n. — 40

Vorschläge zur Beschränkung der Parcellirungen in Preußen. Berlin 857. Decker. gr. 8. (43 S.) 7½ ngr.

— **zur Beseitigung der Massen-Auswanderung** von H. v. H. gr. 8. (85 S.) Berlin 873. Kortkampf. n. 2. 40

— zur möglichsten Beseitigung der Nachtheile der Patrimonialgerichtsbarkeit im Preußischen Staate. gr. 8. Berlin 842, Nauck'sche Buchh. ¼ ₰

Vorschläge zum allgemeinen Besten. [Nördlingen 1801—2.] V: *König, Johann Zacharias.* (MGT)

— zu gesetzlichen Bestimmungen üb. elektrische Maasseinheiten, entworfen durch das Curatorium der physikalisch-techn. Reichsanstalt. Nebst krit. Bericht: Ueber den wahrscheinl. Werth d. Ohm nach den bisherigen Messgn., verf. v. E. Dorn. gr. Lex.-8. (86 S. m. Fig.) Berlin 893. J. Springer. n. 2. 40

Vorschläge zu gesetzlichen Bestimmungen über elektrische Maasseinheiten ... Berlin 1893. H: *Helmholtz, Herm. v.* (Berl)

Vorschläge zu den Bestimmungen im Reichsgrundgesetz über die Zoll- und Handels-Einigung . . . 1848. Frankf. a. M. V: *Thielau, Heinrich Erdmann August von.* (Wochenschrift f. polit. Oekonomie. Hamb. 1850. I. S. 56.)

Vorschläge über die Bildung der protestantischen Geistlichen in der deutschen Schweiz. Von einem schweizer. Geistlichen. gr. 8. (29 S.) Bern 866, Huber und Comp. *

Vorschläge zur Bildung brauchbarer Lehrer in öffentlichen Schulen . . . Braunschweig 1781. V: *Richter, Friedrich Wilhelm.* (ML)

Vorschläge des K. Obergeb. Colleg. med., welche bei der unter dem Rindvieh verbreiteten Seuche zu beobachten ist. 8. Bayreuth 796.

Vorschläge der für Revision des Grundvertrags niedergesetzten Deputation [der Grossen Landesloge von Sachsen). [Dat.:] Dresden August 1874. [Dresden 1874:] Heinrich. 12 S 8°. [Kopftit.] **430.**

Deutsche **Vorschläge** zur praktischen Lösung der Währungsfrage. Text u. Kritik d. Denkschrift d. Nordd. Allgem. Zeitung. 2. Aufl. Berlin: Walther & Apolant 1882. (15 S.) 8° [F.]
Aus: Der Kampf um d. Währung.
= **Schriften** d. Deutschen Vereins f. internat. Doppelwährung. H. 6. [06. 491]

Vorschläge zur praktischen Durchführung des in der Flugschrift: „Der Realbesitz" entwickelten finanziellen Projektes. Von einem Reichsraths-Abgeordneten für Böhmen. gr. 8. (15 S.) Prag 861, Tempsky. Thlr. *

Vorschläge zur systematischen Durchführung des Geschützplacirens. gr. 8. (32 S. mit lithogr. Karte in gr. Fol.) Teschen 874, Prochaska. *
Aus: Oesterreich.-ungar. Militair. Blätter, besonders abgedruckt.

Anonym. „Vorschläge zu Einführung gemessener Bauerndienste, eine in der schlesischen patriotischen Gesellschaft gehaltene Vorlesung, mit einer Beylage vermehrt", Breslau 1785 (Korn)

Vorschläge zur Einführung einer amtlich-systematischen Strassen-Reinigung . . . Berlin 1847. V: *Kahn, G.* (EngMt)

— zur Einführung des allgemeinen Volksturnens für Stadt u. Land. Von v. F. T. Bonn 861. Cohen & Sohn. gr. 8. (20 S.) n. 4 ngr.

Deutscher Verein f. d. Schutz d. gewerbl. Eigentums. **Vorschläge** über die Einrichtung einer Sondergerichtsbarkeit in Patentsachen sowie z. Reform d. Patentrechts, d. Warenzeichenrechts u. d. Bekämpfung d. unlauteren Wettbewerbs. Denkschrift über d. bisherigen Arbeiten d. Deutschen Vereins f. d. Schutz d. gewerbl. Eigentums 1891–1903. *Berlin: C. Heymann 1903.* (XII, 37 S.) 4° [04. 48]

Vorschläge, Waisenhäuser vortheilhaft einzurichten und mit geringen Kosten anzulegen und ohne Kosten zu unterhalten. *Frankfurt* und *Leipzig.* 1787

— Waisenhäuser vortheilhaft zum Glücke vieler Menschen einzurichten rc. 8. Frankfurt. (Benj. Fleischer in Leipzig). 787.

— **Waisenhäuser vortheilhaft zum Glücke vieler Menschen einzurichten rc. 8. Frankf. a. M. 787. (Fr. Fleischer in Leipz.) 6 K**

— zur Erbauung eines neuen Haftgefängnisses u. einer Zwangsarbeitsanstalt für die Landschaft Norderditmarschen. gr. 8. (Mit 4 Tabellen.) Heide 843, Dithmarscher Buchh. n. 1 ₰ 6 ngl

Vorschläge zur Erbauung eines neuen Haftgefängnisses . . . Heide 1843. V: *Boysen, Paul Johann Friedrich.* (A)

Vorschläge zur Erhaltung der Selbstständigkeit Sachsens. Dresden 869. (Gärtner.) gr. 8. (23 S.) n. 5 ngr.

Vorschläge zur Erhaltung und Verbesserung der Bremischen Wittwenpflegeschaft von Aufseher und Verwaltern der Casse, nebst der Prüfung und Beantwortung derselben und Darlegung zuverlässigerer Vorschläge von den Göttingischen Mitgenossen dieser Casse. Göttingen gedruckt bey Friedr. Andr. Rosenbusch. 4. 24 S. 1780.

Vorschläge zur Erleichterung und Erweiterung der inländischen Schifffahrt und des Handels im Erbkaiserthum Oesterreich . . . Wien und Triest 1810. V: *Schemerl, Joseph v.* Vgl. Ersch II (1823), 2. Abschn., Nr. 1280; Meusel, Gel. T. 20, 85 ohne Anonymitätszeichen. (DARP) (Allg. Litt.-Ztg. 1811, Nr. 58) (BiblPort)

— zur Erleichterung u. Erweiterung der inländischen Schifffahrt und des Handels in dem Erbkaiserthum Oesterreich, od. welche Maßregeln hat Oesterreich zu ergreifen, um sich durch Abtretung des Küstenlandes zu entschädigen? mit 4 Kpf. gr. 8. Wien 811. Geistinger. 1 ℛ 8 gr

Vorschläge zur Errichtung eines allgemeinen Jungfrauen Stifts in Preussen. Köln 1816. V: *Neugebauer (Neigebaur), Johann Daniel Ferdinand.* (Nowack, Schles. Schriftst.-Lex. Breslau 1836—43. III, 96.)

Vorschläge zur Errichtung eines allgemeinen Jungfrauen-Stiftes in Preußen. 16. Köln 816. Bachem. 6 gr

— zur Errichtung e. Kreis-, Wittwen- u. Waisen-Verpflegungsanstalt u. e. Sterbekasse f. d. protestant. Geistlichen im Königreiche Baiern. 8. Ansbach, Gassert. 809.

Vorschläge zur Errichtung einer Leichenhalle in Hamburg . . . Hamb. 1841. V: *Kauffmann, Joh. Vinc.* (Call) (Schr)

— zur Errichtung einer Leichenhalle in Hamburg, als dem zuverlässigsten Mittel zur Verhütung des Lebendig-Begrabenwerdens u. möglichen Wiedererwachens im Grabe. gr. 8. Hamburg 841, Herold'sche Buchh. 1/6 ℛ

Anonym: „Vorschläge zur Errichtung einer Oekonomen-Societät in der Provinz Schlesien", Breslau 1825 (Grass & Barth).

Anonym: „Vorschläge über die Errichtung einer Spar- und Unterstützungskasse für brodlose und invalid werdende Oekonomen in Schlesien", Breslau 1827 (Grass & Barth).

Vorschläge zur Errichtung eines Studentengerichts. Nürnberg 1792. V: *Mayer, Joh. Georg Wilhelm.* (Will)

[Kopft.:] [.] Vorschläge zur Errichtung eines internationalen Systems von Erdbeben-Stationen (1895). *[o. O.]* (13 S.) 1 Bd 8. (96. 5476

Vorschläge zur Feststellung des literarischen Rechtszustandes in den Staaten des deutschen Bundes. (Nebst Motiven.) (Ohne bes. Titelblatt. 1834.) fol.

—— zur Förderung des Ausbaues der österreichischen Eisenbahnen. Lex.-8. (16 S.) Wien 866, (Gerold's Sohn.) *

VORSCHLÄGE ZUR FÖRDERUNG DES VEREINES FÜR ALTERTHUMSKUNDE UND GESCHICHTSFORSCHUNG DES HERZOGTHUMES NASSAU. Abgefasst und veröffentlicht von aktiven Mitgliedern des Vereines. Besonderer Abdruck aus den Beiblättern der Nass. Allg. Zeitung. Wiesbaden, 1849. Druck der L. Schellenberg'schen Hof-Buchdruckerei. 8°.

Vorschläge zur Förderung der Versicherungs-Wissenschaft. Materialien z. Besteuerung d. Versicherung. *Berlin: E. S. Mittler & Sohn 1904.* (110 S.) 8°
– Veröffentlichungen d. Deutschen Vereins f. Versicherungs-Wissenschaft. H. 3. (04. 1503)

— zum ewigen Frieden, als Fortsetzung d. Kantischen. 8. Hamb. ... Vollmer. (Herold jun.) 10 gr

— friedliebende, nach den Grundwahrheiten der Reformirten. 8. Frankf. 750. Hechtel. 2 gr

Vorschläge des Ober-österr.-salzburgischen Gauverbandes zur schnellsten und zweckentsprechendsten Durchführung des obligatorischen Turnunterrichtes an den Volks- und Mittelschulen, Salzburg 1868, 16 S., 8°.

Vorschläge und Gedanken zu einer Umschaffung der deutschen Armee, diesmal nicht von einem Oberst oder General a. D. sondern von einem Füsilier a. D. Prag 1891. V: *Knauer, Bernhard.* (Berlzu 1917, I, 1127)

— u. Gedanken zu e. Umschaffung der deutschen Armee, diesmal nicht v. e. Oberst od. General a. D., sondern v. e. Füsilier a. D. 8. (37 S.) Prag 892. F. Ehrlich. n. — 60

Vorschläge, Patriotisch gemeynte, wie dem gehemmten Ausfuhr-Handel aus den . . . Provinzen des Hauses Oesterreich aufgeholfen werden könnte. 2. Ausg. Wien 1790. V: *Weinbrenner, Jos. Paul Freih. von.* (CBII) (Ky) (Weber)

Deutscher Verein f. d. Schutz d. gewerbl. Eigentums. Leipziger Kongress 1908. Vorschläge betreffend die Gerichtsbarkeit in Sachen des gewerblichen Rechtsschutzes und die Reform des Patentrechts und des Warenzeichenrechts. Denkschrift d. Patentkommission u. d. Warenzeichenkommission. (Berlin 1908: Sittenfeld.) 51 S. 4° (08. 5,6, 5

Vorschläge zu einem organischen Gesetz über die Justizverfassung in Preußen, auf der Grundlage des Bestehenden. Von einem Preuß. Richter. gr. 8. Marienwerder 843, Baumann. 1/2 ℛ

— zu e. organischen Gesetzgebung f. den europäischen Staatenverein etc. gr. 8. Leipz., 814. (Brockhaus). 9 gr

Vorschläge zu e. organischen Gesetzgebung f. den europäischen Staatenverein etc. gr. 8. Leipzig, Gleditsch. 814.

Vorschläge zur Gestaltung der Arbeitskammern in Deutschland. 10 Gutachten, dem Ausschuss d. Gesellsch. f. Soz. Reform erstattet. Jena: G. Fischer 1906. (68 S.) 8° [F.]
= **Schriften** d. Gesellschaft f. Soziale Reform. H. 21. [06. 13089 θ

Vorschläge für eine neue Gestaltung des mecklenburgischen Ansiedelungswesens. Berlin: Parey 1910. S. 181–201. 8°
(Landarbeit u. Kleinbesitz. H. 9.) [10. 3611

Vorschläge (der Gewerbekammer zu Zittau) für die Organisation des Handwerks und Regelung des Lehrlingswesens im Handwerk. gr. 8°. Zittau, 7. Febr. 1894.

Vorschläge zur Gründung einer Grundbesitzbank für den Grundbesitz durch Selbsthilfe, durch Verbesserung des Grundbesitzes. (Klgft., v. Kleinmayr, 1868.) 47 S. (Verf.: F. v. Launer.)

— gutachtliche, wie dem dermaligen Kriegselende auf d. leichteste u. thunlichste Art abgeholfen werden könne, und dringende Bitte der Verunglückten Deutschlands an die dermalen verbünd. hohen Mächte. gr. 8. Leipz. 814. Baumgärtner. 8 gr.

— zur Güte bei d. Wiederherstellung Deutschlands, von F. M. gr. 4. Germanien 814. (Weim., Landes Ind.-Compt.) 12 gr.

Gutgemeinte Vorschläge zu Reformen in der Armee. Berlin 1880. 23 S.

Heilsame **Vorschlaege** wie der grassierenden Seuche unter dem Horn-Vieh vorzubauen u. was vor Mittel dazu dienlich. Halle 1716. 16 S.

Vorschläge, Homannische, von den nöthigen Verbesserungen der Weltbeschreibungs-Wissenschaft . . . Nürnberg 1747. V: *Frantz, Johann Michael.* (Cat. d. Stadtbibl. Zürich. Zürich 1864—97.)

— homannische, zu Verbess. der Weltbeschreibung. Fol. Nürnb. Homann. 747.

Vorschläge zur Invaliden-Versicherung der Arbeiter. Hrsg. von der Handelskammer zu Bielefeld. 8°. Bielefeld 1888.

Vorschläge des Deutschen Juristentags für die Art der Anführung von Rechtsquellen, Entscheidungen und wissenschaftlichen Werken. Beschlossen von d. 27. Deutschen Juristentag 1904. 1. Ausg. Berlin: J. Guttentag 1905. (48 S.) 8° [F.] [05. 7679

— des deutschen Juristentags f. die Art der Anführung v. Rechtsquellen, Entscheidungen u. wissenschaftlichen Werken. 2. Ausg. (54 S.) gr. 8. Berlin 910. J. Guttentag. — 60

— einige, zum Kochen unter Benutzg. der Kochkiste. Hrsg. vom vaterländ. Frauenverein, Unterwesterwaldkreis. 3. Aufl. (40 S.) kl. 8. Montabaur 904. (W. Kalb.) n. — 20

Vorschläge der auf a. h. Befehl zur Durchsuchung der bäuerlichen Verhältnisse in Livland niedergesetzten Commission. 4°. Riga 1847.

Vorschläge der Kommission des westfälischen Stadtetages zur gesetzlichen Neuordnung des Schankgewerbes. 22 S. Soest. 1890.

Vorschläge zur Konsolidation der zum Dortmunder Kohlenverkaufsvereine gehörigen sowie der benachbarten Steinkohlenzechen zu einer Aktiengesellschaft. Dortmund, 1892. 44 S. mit 3 Karten.

Anonym: „Vorschläge über die Constituirung eines Vereins der Oekonomen der Provinz Schlesien behufs der Unterstützung ihrer hinterlassenen Wittwen und Waisen", Breslau 1827 (Grass & Barth).

— zur Curart d. Blattern, der epidem. Dysenterie u. and. Krankheiten. gr. 8. Dresd. 787. Walther. 2 gr.

— landwirthschaftliche, nach prakt. Erfahr. u. theoret. Grundsätzen, wie die Wintersaat zu behandeln ꝛc. 8. Coburg, Ahl. 804.

— landwirthschaftl., nach prakt. Erfahrungen u. theoret. Grundsätzen, wie die Wintersaat zu behandeln ꝛc. 8. Coburg 804. (Riemann). 8 gr.

Vorschläge, das Lesen leicht und richtig zu lehren. Ulm 1799. V: *Schmid, Johann Christoph.* (Ky) (MGT)

Vorschläge für den Berliner Localverein zur Beförderung des Wohles der arbeitenden Klassen. 8°. Berlin 1845.

Vorschläge zur einfachsten Lösung der Unfallversicherungs-Frage. Köln 1883. V: *Öchelhäuser, Wilh.* (Kat. d. stat. Bureaus. Dresden 1890.)

Vorschläge, Des patriotischen Medicus patriotische, wie den allgemeinen Klagen über die sogenannten schlechten Zeiten . . . abgeholfen . . . werden können . . . Hamb. 1772. V: *Heins, Anton.* (Schr)

[Autogr.] Revision der Local Gesetze. [der vereinigten Logen in Hamburg]. **Vorschläge** der 5 vorsitzenden Meister. [Hamburg 1865.] 36 S. 2° [Kopftit.]
193.

— zu e. deutschen Militär-Strafproceß-Gesetz-Entwurfe. gr. 8. (20 S.) Würzburg 871. Stahel. n. — 40

Vorschläge der Göttingischen, Nienburgischen und Oldenburgischen Herrn Mitgenossen der Bremischen Witwenpflegeschaft zur Aufrechthaltung u. Verbesserung ihrer Kasse. Auf Befehl königl. hohen Regierung in Stade zur Vorlegung an sämmtliche Mitgenossen zum Druck befördert. Göttingen gedruckt bey Friedrich Andreas Rosenbusch 1782. 4. 58 S.

-- u. **Mittel** zur Abhülfe der gegenwärtigen drückenden Geschäftslage. Eine Denkschrift zur Förderung der heimischen Industrie u. zur Lösung der socialen Frage von B. W. gr. 8. (40 S.) Bremen 878. Valett & Co. in Comm. n. 1. —

VORSCHLAEGE. – der Mittel zu leichter und für das gemeine Wesen unschadlicher Tilgung der Staats-Schulden. o. V. o. O. 1783. 1 vol. 3 Bl. Inh. + 5 Bl. + 133 S.

Vorschläge einiger Mittel zu Verhütung des Kindermords als Beantwortung der ... vorgelegten Preisfrage. Leipzig 1783. V: *Müller, Joh. Valentin.* (BrMm) (Ky)

— e. Mittel, z. Verhüt. d. Kindermords. 8. Lpz. Müller, 783.

— zur Mittelschulreform. Erstattet v. dem Verein f. Schulreform. (57 S.) gr. 8. Wien 908. Manz. — 85

— u. **Motive zur Reform des Medizinalwesens in Meklenburg-Schwerin. Entworfen von der dazu bestimmten Commission des Vereins f. Aerzte u. Apotheker Meklenburgs. 4. (50 S.) Schwerin 849. (Stiller.) n. 1/4 ₰**

— nach welchen d. Transport d. Bäume, Landgewächse, Saamen u. verschied. anderer Naturalien über die See zu veranstalten ist. 8. Kopenh. 756. Proft. 4 gr (s. auch Duhamel).

Vorschläge. Neue V' zur Eidg. Kranken- und Unfallversicherung. Referat für die Delegiertenversammlung des Schweizerischen Gewerbevereins am 26. Juni 1904 in Solothurn. Vom Zentralvorstand genehmigt. Mit einer vergleichenden Übersicht der in europäischen Industriestaaten geltenden wichtigsten Bestimmungen samt den Grundsätzen der 1900 verworfenen schweizerischen Referendumsvorlage. IV + 48 + XIX S. kl.-4. Bern, Verlag des Sch' Gew' ⟨Komm. Büchler & Co.⟩, 1904. [fr. 1. 50] N 3700²²—⁷
Gewerbliche Zeitfragen. Heft 22.

Vorschläge, Neueste allgemeine anwendbare, zur Verbesserung der Pferdezucht und Thierarzneikunde. A. d. Franz. ... Leipzig 1794. V: *Flandrin, Pierre & Esprit Paul de la Font-Poulotti.* (BV)

Vorschläge, Neueste, allgemeine anwendbare, zur Verbesserung der Pferdezucht u. Tierarzneikunde (von Flandrin u. de Lafont-Poulotti). Aus dem Franz. ins Deutsche übersetzt. 8. Leipzig 794. Wienbrack. M. 1.50

Neueste allgemein anwendbare **Vorschläge** zur Verbesserung der Pferdezucht und Thierarzneykunde. Ins Deutsche übers. Leipzig 1794. XLIV, 132 S.

— zur Neugestaltung Deutschlands oder die deutsche Frage u. ihre Lösung von S. [Aus: Chronik der Gegenwart.] München 865. L. Finsterlin. gr. 8. (48 S.) n. 8 ngr.

Vorschläge zu e. Neugestaltung d. Zeichenunterrichtes an Mittelschulen. I. Thl. Allgemeine Grundsätze. Lehrplan f. Realschulen. Erläuterungen zu demselben. gr. 8. (XI, 55 S.) Wien 890. Manz. n. 1. 80

Vorschläge zu e. Neugestaltung des Zeichenunterrichtes an Mittelschulen. Hrsg. vom Verein österreich. Zeichenlehrer in Wien. II. Thl. Skizzen der Lehrgänge f. die 4 unteren Classen der Realschule, nebst Unterrichtsproben. gr. 8. (64 S. m. 108 Textabbildgn.) Graz 894. Leykam. n. 1. —
Der I. Thl. ist durch die Leitg. der „Zeitschrift f. Zeichen- u. Kunstunterricht" in Wien, III, Hauptstrasse 34 zu beziehen. Ermäss. Preis n. — 60

— nützl. u. prakt., d. Landescultur in Bayern zu befördern. 8. München, Strobl. (Fleischmann.) 791. — 6

Vorschläge zur Ohle-Regulirung. Breslau 1866. V: *Stetter, Carl Gustav.* (Kat. d. Druckschr. über Breslau. Breslau 1903. S. 88.)

Anonym: „Oekonomisch-medicinische Vorschläge, wie die Menschen bey Theurung und Mangel des Getreides sich sättigen und gesund erhalten können", Leipzig 1772.

— ökonom. praktische, zur Verbesserung u. Glückseligkeit der Länder, mit Kpf. 4. Nürnb. 769. Zeh. 6 gr

— für die Ordnung d. Hauptgottesdienstes auf Grundlage d. Entwurfs e. Gottesdienstordnung f. die evangelisch-lutherische Kirche der Provinz Schleswig-Holstein. Von e. Mitgliede der schlesw.-holst. Gesammtsynode. gr. 8. (16 S.) Kiel 884. Lipsius u. Tischer. n. — 30

—— zur Organisation der k. k. Armee. Von M. V. gr. 8. (57 S.) München 862, Franz'sche Buchh.

Vorschläge zur Organisation der höheren Mädchenschule. Leipzig 1909: Bär & Hermann. S. 3—130. 8°
Leipzig, 2. HM u. Lehrerinnen-Sm OP 1909 [171] [S 09. 485

Vorschläge zur Organisation einer Eidgenössischen Rechtsschule in Verbindung mit der Hochschule für Staatswissenschaft. Zürich [188?]. V: *Wolf, Julius.* (BSchwLk V, 10 c)

Vorschläge, zu zweckmäßiger Organisirung der landschaftlichen Ausschüsse in Württemberg. [Stuttg. März] 1797. V: *Danz, Wilh. Aug. Ferd.* (Kat. der ständ. Bibl. Stuttg. 1907. S. 254.)

— zu e. Ortsstatut f. Kaufmannsgerichte. (8. Denkschrift des Verbandes deutscher Handlungsgehülfen zu Leipzig.) (16 S.) 8. Leipzig (904). Verband deutscher Handlungsgehülfen. n. — 10

— dasselbe, s.: Denkschrift, 8., des Verbandes deutscher Handlungsgehülfen.

Vorschläge, Patriotische, zu einer allgemeinen Erziehung oder Bildung rechtschaffener Bürger. Wien 1783. V: *Heeger, Wenzel Bernh.* (KY 3/76) (WBL VIII/197) (BiblPort)

Vorschläge, Patriotische, die Früchte des künftigen Friedens noch allgemeiner als die schädlichen Wirkungen des . . . Krieges zu machen. Leipzig 1760. V: *Griesheim*, *Chn Ludw. von.* (ML) (Schr)

Patriotische Vorschläge die Früchte des künftigen Friedens noch allgemeiner als die schädl. Wirkungen des bisher allgem Krieges zu machen. Leipzig 1760. 8.
— Dasselbe. Franckfurth u. Leipzig 1761. 4. (40 S.)

— patriotische, zu vernunftmäßigen Mitteln, wodurch dem in Verfall gerath. deutschen Adel aufgeholfen werden kann. 8. Berl. 755. Haude u. Sp. 6 ℛ

Vorschläge, Patriotische, zur Verbesserung der Kinderzucht des Landvolks . . . Augsburg 1777. V: *Böcklin von und zu Böcklins-Au*, *Franz Friedrich Siegmund August Freih.* (Ky) (GGr)

— patriotische, z. Verbesserung der Kinderzucht des Landvolks, ein Versuch von v. B. (Frhr. v. Böcklin, Frz. Fr. S. A.) 8. Augsb. 777. v. Jenisch u. Stage. 3 ℛ

— patriotische, zur Verminderung der Consumption des Zuckers in Deutschland. 8. Götting. 792. Dieterich. 5 ℛ

Vorschläge, Patriotische, wie die Stadt und Landwirthschaft in bessern Flor zu bringen. Brünn 1778. V: ***Hoff*, *Hch.* *Gg.*** (KY 3/161) (BiblPort)

— patriotische, wie die Stadt- u. Landwirthschaft in bessern Flor zu bringen. 2r Abschn. 8. Leipz. 778. Hilscher. 2 ℛ

Vorschläge, Praktische, zur Abkürzung des gemeinen Reichsprocesses . . . Frankfurt u. Leipzig 1749. V: *Eberhard*, *Jacob Friedrich.* (ML) (Pütter, Litt. d. Teutsch. Staatsr. Gött. 1773—91. III, 387.)

— prakt., z. Verbesserung u. Abkürzung d. gemeinen und Reichsprozesses, von E. J. F. 4. Frankf. 749.

Vorschläge und Bemerkungen, Praktische, auch Untersuchungen von Klagen über verschiedene Gegenstände aus der Forstwirthschaft und dem Jagdwesen. O. O. 1797. V: *Jeutter*, *J. M.* (Ky) (MGT)

— prakt., Bemerkk. u. Untersuch. v. Klagen über verschiedene Gegenstände aus d. Forstwirthschaft u. aus d. Jagdwesen, (v. J. M. Jeitter). 8. Stuttg. 797. (Hofmann). 4 ℛ

Praktische Vorschläge und Bemerkungen auch Untersuchungen von Klagen über verschiedene Gegenstände aus der Forstwirthschaft und dem Jagdwesen. - Stuttgart 1797. 38 S.

— prakt., u. Bemerk. a. Untersuch. v. Klagen über verschiedene Gegenstände a. d. Forstwirthschaft u. a. d. Jagdwesen. 8. Stuttgart. Erhard. 798.

— praktische, zur Reform d. preuß. Unterrichtsministeriums als Grundlage aller Schulreformbestrebgn. 8. (66 S.) Hagen i/W. 889. Risel & Co. n. — 75

— einige praktische, zu e. einheitlichen plattdeutschen Schreibweise f. plattdeutsche Schriftsteller v. G. K. Als Mscr. gedr. 8. (16 S.) Leipzig 876. C. A. Koch. n. — 40

Vorschläge, Practische, welchergestalt Steuer und Contribution zum Nutzen eines Landesherrn . . . einzurichten sey. O. O. 1721. V: *Lau*, *Died. Ludwig.* (Pütter, Litt. d. Teutsch. Staatsr. Gött. 1773—91. III, 365.)

— protestantische, für die allgemeine Kirchen-Versammlung oder: Consilium abeundi concilio! Mannheim 870. Schneider. gr. 8. (32 S.) 6 ngr.

Vorschläge an das kundige Publicum zu einer Pädagogischen Privat-Academie in Dessau. Dessau 1774. V: *Basedow*, *Joh. Bernhard.* (Erman & Horn, Bibliogr. d. dtsch. Universitäten. 1. Leipz. u. Berl. 1904. S. 135.)

Vorschläge zur Realisierung der Centralbankfrage. (Aus Kantonalbankkreisen) . . . Bern 1902. V: *Riemensberger*, *Emil.* (BBullSchw 3, 1903)

Vorschläge zur Reform des Baufluchtliniengesetzes. Aus d. Verhandlungen d. 10. ordentl. Verbandstages d. Preuß. Landesverbandes d. Haus- u. Grundbesitzer-Vereine. Berlin-Spandau: R. Graßmann in Stettin 1908. (50 S.) 8° [℞.]
— **Mitteilungen** d. Preuß. Landesverbandes d. Haus- u. Grundbesitzer-Vereine. H. 35. (08. 6156

Deutscher Verein für den Schutz des gewerblichen Eigentums. — VORSCHLÄGE zur Reform des Gesetzes, betreffend die Bekämpfung des unlauteren Wettbewerbes.
Teil I.: Berichte. Berlin 1908. Carl Heymanns Verlag. 4°.
Teil II.: Denkschrift der Kommission für die Bekämpfung des unlauteren Wettbewerbes. ib. 1908. —

Vorschläge zur Reform des Gesetzes, betr. die Bekämpfung des unlauteren Wettbewerbes. (Hrsg. vom deutschen Verein f. den Schutz des gewerbl. Eigentums.) 2 Tle. (III, 102 u. 30 S.) Lex. 8. Berlin 908. C. Heymann. 4. —

— zur innern Reform der Mittelschulen [Gymnasien, Bürger- u. Militärschulen], von einem pract. Schulmanne. gr. 8. (30 S.) Cleve 849, Knipping. Berlin, Schneider & Co. n. 3 1/2 ngl

— zur Reform der Medicinal-Verfassung Preußens insbesond. die Pharmacie u. die Visitation der Apotheken betreff. von einem Rheinpreuß. Apotheker. gr. 8. Darmstadt 846, Pabst. 1/12 ℛ

VORSCHLÄGE ZUR REFORM DES PREUSSISCHEN MEDIZINALWESENS, entworfen von der II. General-Versammlung schlesischer Aerste und Wundärzte am 1. und 2. April 1849. Breslau, 1849. Druck von Heinrich Richter. 8°.

— zur Reform des Patentrechtes. Das Erfinderrecht u. die Rechtsverhältnisse an den aus Anlass e. Vertragsverhältnisses gemachten Erfindgn. (Angestelltenerfindg.) — Vorschläge zur Reform der Z.P.O. u. der Str. P.O. Denkschrift der Patentkommission de. deutschen Vereins f. den Schutz des gewerbl. Eigentums. Stettiner Kongress: 17.—20. V. 1909. (35 S.) Lex. 8. Berlin 909. C. Heymann. 1. —

Deutscher Verein f. d. Schutz d. gewerbl. Eigentums. Dusseldorfer Kongress: 1907. **Vorschläge** zur Reform des Patentrechts und des Warenzeichenrechts. T. 1. 2. (Berlin 1907: Sittenfeld.) 4°
1 Denkschrift d. Patentkommission u. d. Warenzeichenkommission
2 Berichte z. Denkschrift d. Patentkomm. u. d. Warenzeichenkomm. [10. 1763 5

Vorschläge zur Reform d. Religionsunterrichts in d. evangelisch-lutherischen Volksschulen des Königr. Sachsen. Hsg. v. der Chemnitzer Konferenz. (51 S.) gr. 8. Dresden 910. E. Weise. — 50

Vorshläge zur Reform des Schankwesens in Deutschland. Bremen. 3 S. 8°

— zur Reform der badischen Steuergesetzgebung v. e. Ständemitglied. gr. 8. (14 S.) Karlsruhe 876. Braun in Comm. n.n. — 50

Vorschläge, Einige, zur Reform derStrafgesetzgebung. Von einem Schöffengerchts-Vorsitzenden. Leipzig 1892. V: *Roenheld, Alexander.* (Berl)

— einige, zur Reform der Strafgesetzgebung. Von e. Schöffengerichts-Vorsitzenden. gr. 8. (55 S.) Leipzig 892. O. Wigand. 1. —

Vorschläge, Einige, zur Reform der Strafrechtspflege. Leipzig 1892. V: *Römheld, Alexander.* (Centr. XIX, 337.)

—— zur Reform des medicinischen Unterrichts in Wien. Le:.-8. (41 S.) Wien 870, (Manz.) *

Vorsclläge zur Reform der Volksversicherung in Deutschland. Berlin: J. Guttentag 1906. (40 S.) 8° [07. 7236

VORSCHLÄGE ZUR REFORM DER ZOLLVEREINS-VERFASSUNG. (Zu Nr. V. der Verhndlungen der ständigen Deputation des Congresses Deutscher Volkswirthe vom 1. und 2. Mrz 1862 und Nr. IX. des Promemoria des Vorsitzenden vom 18. December v. J.) Als Manuscript für die Mitglieder der betreffenden Commission und der ständigen Deputation des volkswirthschaftlichen Congresses. (Ohne bes. Titelblatt. — Berlin, Druck von Gustav Schade.) 8°.

Vorshläge zur Regelung des Wahlverfahrens bei den Gewerbegerichten nach den Grundsätzen der Verhältnisswahl. *Berlin: F. Kortkampf 1902.* (5 S.) 4° [Kopft. ?] [02. 15.67

Revison des Kantonalbankgesetzes. Vorschläge (des) zürcher. Regieungsrat an den h. Kantonsrat. (1901 September 26.) 8 S. 8.

—— zur deutschen Reichsverfassung. Deutschlands Staatslenkern und Volksvertretern so wie allen Freunden des Vaterlanes zur weitern Prüfung übergeben von einem höhern deutschen Staatsdiener. gr. 8. (15 S.) Lemgo und Detmold 863, Moer'sche Hofbuchh.

Vorschlge betreffend die Reorganisation des meteorologischen Beobachtungssystemes in Russland. Bericht einer Commission der Akademie. (Mélanges physiques et chimiques tirés du Bulletin de l'Académie Impériale des Sciences de St-Pétersborg. T. 8. p. 117—140.) (St. Petersburg 1869.) 24 S. 8°.

—— zu e. Reorganisation d. Trains. Im Anschluß an die Broschüre: „Der preuß. Train". Studie v. e. Offizier a. D. Von M. K. gr. 8. (14 S.) Cassel 892. Hühn. * — 40

— zu einer den alten u. neuen Zwiespalt der Stände versöhnenden Reorganisation des Adels. 2. Aufl. 12. Berlin 843. (Gropius'sche Buchh.) n. 1/3 ₰

— zur Revision von Dr. Mart. Luthers Bibelübersetzung. 2. Heft. Halle 863. Buchhdlg. des Waisenhauses in Comm. gr. 8. (IV, 87 S.) n. 10 ngr.
Inhalt: Corrigenda des Canstein'schen Textes. Sprachlicher Theil, 1. Abth. Von Karl Frommann.
1. Heft, s. Mönckeberg, C.

— zur Revision der provisorischen Kirchen-Ordnung vom 9. April 1861. Denkschrift, veröffentlicht im Auftrage der vom 22. bis 26. April 1863 gehaltenen Wiener Superintendential-Versammlung H. B. Wien 863. Gerold. gr. 8. (VI, 72 S.) n. 12 ngr.

Vorschläge zu einer umfassenden und soliden finanziellen Selbsthilfe für den Staat und für die Völker Österreichs... Wien 1866. V: *Bastler, Anton Dominik.* (EB)

Vorschläge zu einer nothwendigen Sprachlehre. O. O. 1811. V: *Trede, Ludwig Bendix.* (LS)

Vorschläge eines deutschen Staatsbürgers zu einer allgemeinen Gerechtigkeitspflege und Gesetz-Verfassung. Frankfurt u. Leipzig 1801.

— e. deutschen Staatsbürgers zu e. allgem. Gesetzverfassung und Gerechtigkeitspflege. 8. Roslau 802. Verlagsbüreau. 16 Kr.

Anonym: „Votum eines Freien. Vorschläge zu einer vernunftgemässen und gerechten und folglich auch gemeinnützlichen Steuer- und Zollgesetzgebung", Bremen 1849. — Vorh.: Com. Bibl. Hamburg.

Vorschläge der Subkommission IV des Aargauischen Verfassungsrathes betreffend Organisation, Staatsbürgerrechte und Justizwesen. Gr. in-Fol., 28 S. Aarau: H. R. Sauerländer. 1884.

Vorschläge der in Cambridge gewählten Terminologie-Kommission in betreff der Abbildungen. Proposals, relative to illustrations, submitted by the Committee on Terminology ... Propositions du comité de terminologie, pour la question des illustrations. *Berlin [1901]: W. Moeser* (1 Bl.) 1° [Kopft.] [01. 1154

Vorschläge über die Umgestaltung des Abgabenwesens im Königreiche Sachsen. Von e. Staatsbeamten. .. Leipzig 831. (Künzel.) 1/8 ₰

— ohnmaßgebliche, d. Theurung rc. standhaft abzuhelfen. 8. Wien, Trattner. (Tendler). 791.

Vorschläge, Unmassgebliche, zur Errichtung einer öffentlichen Krankenpflege für Arme jeden Orts ... Wittenberg u. Zerbst 1789. V: *Garn, Joh. Andreas.* (Ky) (MGT)

— unmaßgebl., zur Errichtung einer Krankenpflege für Arme jedes Orts, (v. J. A. Garn). 8. Wittenb. 789. Zimmermann. 3 Kr.

Vorschläge, Unmassgebliche, zur Reformation des niedrigen katholischen Klerus. München 1782. V: *Werkmeister, Bened. Maria* [*Leonhard*]. (KY 6/114) (wienerblättchen 16/3 1784, S. 30) (BIBL PORT)

— unmaßgebl., z. Reformation d. niedrigen Clerus. gr. 8. München, Grattenauer. 782.

Vorschläge, Einige ohnmassgebliche, zu Verbesserung der Sitten . . . [Lauban u. Leipzig 1748.] V: *Meissner, Christian Gottfried.* (OL) (ML)

— ohnmaßgebliche, die Visitation des Justizwesens betreffende, an das kaiserl. Reichskammergericht (v. A. V. E. v. Borie). Fol. Würzb. 772. Stahel. 19 gr. Nachtrag dazu. Ebd. 773.

Vorschläge, Ohnmassgebliche, die Visitation und die Beförderung des Justizwesens . . . betreffend. O. O. 1772—73. V: *Borie, Aegidius Valentin Felix Freih. von.* (Holz) (Ky) (ML) (EngG) (Pütter, Litt. d. Teutsch. Staatsr. Gött. 1773—91. II, 185.)

Einige ohnmasgebl. u. wohlgemeinte Vorschl. z. e. Verbesser. d. Medizinalwesens i. Sachsen. Jena 1791.

— zu einer höchst nöthigen Verbesserung des Medicinalwesens in Sachsen rc. 8. Jena 791. Akad. Buchh. 12 gr.

— z. glücklichen Unterricht e. Knaben bis in d. 16te Jahr. 1r Thl. 8. Leipz. 764. Gollner. 4 gr. 2r Thl. od. Vorschlag z. glücklichen Unterricht eines Frauenzimmers. 8. Ebd. 764. 4 gr.

Vorschläge, Unterthaenige, den Krieg der Protestanten mit den Verbesserern ihres Lehrbegrifs zu endigen . . . Teutschland [Giessen] 1776. V: *Köster, Heinrich Martin Gfr.* (MGT) (stri) (Adel) (BrMm) (GGr) ›1778‹ (Ky) (Wr)

— den Krieg der Protestanten mit ihr. Verbesserern beizulegen u. eine heterodoxe Universität zu stiften, (v. H. M. G. Köster). 8. Deutschland 778. (Krieger in Marb.) 3 gr.

L., C. B. von: „Ohnverfängliche Vorschläge zur Einrichtung guter Polizey", Frankfurt a. M. 1739.

— z. Einricht. e. guten Polizey. 8. Frankf. Fleischer. 740.

Vorschläge, Unverfaengliche, zur Errichtung eines dauerhaften Münzwesens in Teutschland . . . Frankfurt u. Leipzig 1765. V: *Neufville, Joh. Noë von.* (ML) ›[Hanau] 1766‹ (Ky)

— unverfängliche, zu Errichtung eines Münzwesens in Deutschland, (v. J. N. v. Neufville). 8. (Hanau) 766. Schulz. 12 gr.

Unvorgreifliche Vorschläge von Verbesserung des Justiz-Wesens, s. Vogt, Franc. Ern. 1740.

— z. Verbesserung der Armenanstalten in der Stadt u. auf dem Lande, (v. Geh. Rath ... v. Bode). 8. Marburg 776. Krieger. 3 gr.

Vorschlaege zur Verbesserung d. Frauenzimmer-Unterrichts. Wien: Wappler 1781/82.

Vorschläge zur Verbesserung der Gemeindhuten . . . Bayr. 1786. V: *Braun, Hnr. Chph.* (Ky) (Fiker) (MGT)

— z. Verbesserung der Gemeindehuten, (v. H. Cph. Braun). 4. Hof 786. Vierling. 1 gr.

Vorschläge zur Verbesserung der Gesetzgebung über das Einquartierungswesen in den preuss. Staaten . . . Halle 1819. V: *Jakob, Ldw. Heinr. v.* Vgl. Ersch II (1823), 2. Abschn., Nr. 680. Meusel, Gel. T. 23, 22, ohne Anonymitätszeichen. (DARP)

Vorschläge zur Verbesserung d. Gesetzgebung über das Einquartirungswesen in den Preuß. Staaten, hauptsächlich in Beziehung auf Städte. gr. 8. Halle, Hemmerde und Schw. 1819. Rthlr.

Vorschläge zur Verbesserung der Kiefern-Holzsaat. Berlin 1785. V: *Beyer, Johann Markus.* (Russell XVI, I, 2, 1869)

— zu Verbesserung d. Kiefern-Holzsaat. gr. 8. Berl. 785. Nicolai. 5 gr.

Vorschläge zur Verbesserung der Kiefern-Holzsaat zum Unterricht für Forstleute. - Berlin, Stettin 1785. 92 S. Von B. P.

Vorschläge zur Verbesserung der Liturgie bey den öffentlichen Andachten. [Fulda u. Nürnberg 1789.] V: *Robert, Carl Wilhelm.* (stri)

Vorschläge zur nötigen und möglichen Verbesserung der Gesetze und Verfassung der in dem Fürstenthum Weimar im Jahre 1757 aufgerichteten und höchsten Orts bestätigten Wittwen- u. Waisen-Societät. Weimar: Hoffmann 1776.

Vorschläge zur Verbesserung und definitiven Ordnung des badischen Strafverfahrens. Karlsruhe 1859. V: *Ammann, Carl.* (schz)

Vorschlage zur Verbesserung der Polizeyanstalten der Reichsstadt Nürnberg . . . Nürnberg 1798. V: *Veillodter, Ludwig Christoph Carl.* (Ky) (MGT)

Vorschläge zur Verbesserung der Referirmethode am kaiserl. und Reichskammergericht . . . [Regensburg 1788.] V: *Siegfried, Gottlob.* (Pütter, Litt. d. Teutsch. Staatsr. Gött. 1773—91. IV, 447.) (MGT) (Ky) *Siegfrieden, N.* (Hoscher, Jahrb. d. K. Reichskammerger. Lemgo 1789—91. I, 2, 23.)

— z. Verbesserung der Referirmethode, am K. u. Reichskammergerichte, (v. Glo. Siegfried). 4. (Regensb.) 788. Montag u. W. 6 gr

Vorschläge zur Verbesserung der Reichskriegsverfassung in Deutschland. (39) 8. s. l. 1794.

— zur Verbesserung des Religionsunterrichts in der Volksschule. Herausgeg. v. Voigtländischen Volksschullehrer-Verein. gr. 8. Plauen 845, Neupert. 4 ngr

Vorschläge zur Verbesserung der ehstnischen Schrift. Dorpat 1820. V: *Masing, Otto Wilhelm.* (R-N)

— zur Verbesserung der Preuß. Steuergesetzgebung v. J. 1820. Abdruck aus Rau u. Hanssen's Archiv der polit. Oekonomie. gr. 8. (28 S.) Heidelberg 847, C. F. Winter. n. $^1/_6$ ß

— f. die Verbesserung der Verkehrseinrichtungen in Wien durch Einführung des elektrischen Betriebes. Hrsg. vom elektrotechn. Verein in Wien Lex.-8. (15 S. m. 1 farb. Uebersichtskarte.) Wien 894. (C. Helf's Sort.) n. 1. 20

Vorschläge für Verbesserung des Deutschen Wasserrechts. Aufgestellt v. d. Deutschen Landwirthschafts-Gesellschaft Sonderausschuß für Wasserrecht. Berlin 1891.

(S.-A. a.: Jahrbuch d. Dt. Landwirthschafts-Gesellschaft. Bd 6, Teil 2.)

—— f. Verbesserung d. deutschen Wasserrechts. Aufgestellt vom Sonderausschuß f. Wasserrecht. gr. 8. (66 S.) Berl. 892, Puttkammer u. Mühlbrecht. * 2 —
Aus: Jahrb. der deutschen Landwirtschafts-Gesellschaft, besonders abgedruckt.

Vorschläge zur Verbesserung des Weinbaues. Von einem Mitglied der Dresdner Flora. Dresden 1830. 24 S. -- [Zit. nach dem Realkatalog der DSB; 1: Kriegsverlust]
-- Weber 1829.

— z. Verbesserung d. Weinbaues. Von e. Mitgliede d. Dresdener Flora. 8. Dresden, 1830. (Kuntze.)

—— zur Verbesserung d. Weinbaues. Von einem Mitgliede d. Dresdner Flora. 8. ... Dresden 830, Walther.

Vorschläge zur Verbesserung der Zuchtstierhaltung in Elsass-Lothringen. Altkirch 1887. V: *Hagmaier.* (ELBibl)

— z. Verbreit. d. Gemüse- u. Obstbaues auf d. Lande (v. F. J. v. Günderode). 8. Darmstadt, 1801. — 2½

— zu einer freien Verfassung der evangelischen Kirche im Königr. Sachsen, von einem Feinde der Hierarchie allen Freunden dieser Kirche vorgelegt. gr. 8. (14 S.) Plauen 848, Neupert. 2 ngr

— zu einer Verfassung für die evangel. Landeskirche Preußens. Hrsg. im Auftrage der Unionsvereine von Jonas. Krause. Lisco. Müller. Pischon. Schweder. Sydow. 8. (32 S.) Potsdam 850, Riegel'sche Buchhandlung in Comm. n. n. $^1/_{12}$ ß

—— zu e. Verfassungs-Urkunde f. d. Königr. Hannover. 2. Aufl. gr. 8. (2 B.) Rinteln 831, Osterwald.

Vorschläge z. Verhütung d. Hornviehseuche u. denen zu mehrerer Ausbreitung dienlichsten Verwarungsmitteln. Frankf. a. M. 1777. 24 S. P.

— zur Verhütung der Hornviehseuche. 8. Frankf. a. M. 778. Eßlinger. 2 gr

Vorschläge, Einige, zur Verhütung des Kindermords; Eltern und Erziehern der Jugend gewidmet. Frankf. a. M. 1784. V: *Müller, Johann Valentin.* (MGT) »Vorschlag eines Mittels« 1783 (Call)

Vorschläge zur Verstärkung des Elbsteindeichs der Wilstermarsch, ausgearb. im Winter 1851–52 v. d. Holsteinischen Deichinspectorate. (Mit 1 Taf. Hamburg. 1852.) 4°

Vorschläge zur Vertreibung der dem Landmann schädlichen Feldmäuse. Würzburg 1801. V: *Neun, Joh. Caspar.* (EngOec)

— z. Vertreib. d. Feldmäuse. gr. 8. Würzburg, Rienner. 801.

— zur Vertreibung der Feldmäuse. gr. 8. Würzb. 801. Jetzt Göbhardt in Bamberg.

— zur Vertreibung der dem Landmanne schädlichen Feldmäuse, (v. J. K. Neun). gr. 8. Würzb. 817. (Wesché in Frankf.) 3 gr

— zur Vervollkommnung d. Schifffahrt, (v. Eph. Gttli. Berger). 8. Berl. 787. (Brockhaus in Leipz.) 1 ß

— z. Vervollkomm. d. Schifffahrt, s. a. E. Gtld. Berger.

Deutscher Juristentag. Vorläufige Vorschläge zu Leitsätzen über eine allgemeine Zitierweise für Rechtsquellen, Entscheidungen und wissenschaftliche Werke nebst Begründung und Anlagen. Berlin 1903: Sittenfeld. 16 S. 4° [09. 6743 8]

Vorschläge des Vorstandes des Vereins für das Notariat in Rheinpreußen zur künftigen Gestaltung des Notariates im Deutschen Reiche. Köln 1871.

Vorschläge, welchergestalt Steuer und Contribution zum Nutzen eines Landesherren und ohne Nachtheil der Unterthanen einzurichten seye. 4°. s. l. 1721. 2. Aufl. 4°. Marburg 1741 (mit Nennung d. Autors: J. D. Eulner).

— u. Bemerkk., wichtige u. gemeinnützige ökonom., von e. Gesellschaft gelehrt. u. prakt. Oekonomen z. allgem. Beherzigung herausg. Ein Handbuch f. alle denkende Oekonomen u. Landwirthe. Mit Kpf. gr. 8. Posen 809. (Leipz., Central-Compt.) 14 gr Schrbp. 18 gr

„Wichtige gemeinnützig-ökonomische Vorschläge und Bemerkungen von einer Gesellschaft gelehrter praktischer Oekonomen". Posen 1809 (Kühn).

Vorschläge, Wünsche und Bitten, Wichtige, eines deutschen Patrioten in Hinsicht auf Militairconscriptionen. Nördlingen 1800. V: *Drüsslein, Johann Albrecht.* (Ky)

— wichtige, Wünsche u. Bitten eines deutschen Patrioten in Hinsicht auf Militairconscriptionen, (v. J. A. Drüsslein). 8. Nördlingen 800. Beck. 3 K

VORSCHLÄGE wie dem auf dem Lande um sich greifenden Uebel der Unzucht könnten Schranken gesetzt werden. Von einem Weltmanne bearbeitet. O. O. (München ?) 1814. 8°. 40 S. (In München: Bav. 2751.)

Vorschläge, wie dem Nothstand der Reichs-Kammergerichts-Kanzley abzuhelfen. Regensburg 1797. V: *Fahnenberg, Egyd. Jos. Carl von.* (MGT)

Vorschläge wie der Fruchttheuerung im schwäbischen Kraise abzuhelfen sein möchte. [Isny] 1790. V: *Faulhaber, Wilhelm Fch.* (Kat. der ständ. Bibl. Stuttg. 1907. S. 314.)

Vorschläge, Einige, wie die aus Advokaten und Schreibern bestehende grosse Anzahl von Candidaten . . . versorgt werden können. O. O. 1797. V: *Hehl Christian.* (MGT)

Vorschläge wie Gelehrsamkeit und Wissenschaften in den lateinischen Schulen im Königreich Dännemark . . . können aufgeholfen werden. Hamb. 1775. V: *Krohne, Joh. Wilhelm Franz.* (Collin, Anonymer. Kiobenh. 1869.) (Bruun, Bibl. Danica II, 945.)

— z. Wiederherstellung des preuß. Staatskredits u. Vermehrung des umlaufenden Capitals. 8. Leipz. 812. Rein. 4 K

— zur Wiedervereinigung der Protestanten mit der katholischen Kirche, siehe: Gfrörer.

Vorschläge, wohlgemeinte, zur Aufbesserung d. Actienwesens f. alle Actionäre. Ein freies Wort zur rechten Zeit. Mitgliedern der Schutzvereine besonders empfohlen. gr. 8. (36 S.) Plauen 875. Hohmann. n. — 50

Vorschläge, Wohlgemeinte, eines Fremdlings an die dänische Nation zur Aufnahme u. Verbesserung des Landes, s. Krohne, Joh. Wilh. Frz. Frh. v.

Wohlgemeynte Vorschläge eines die jetzigen unglücklichen Zeiten beseufzenden Menschenfreundes auf was vor Bedingungen die in Krieg befangenen Mächte zu einem dauerhaftigen . . . Frieden gelangen können. Friedensnah 1759. 4. (54 S.)

Vorschläge, Wohlgemeynte, auf was vor Bedingungen die . . . Mächte zu einem dauerhafften Frieden gelangen können. Friedensnach 1759. V: *Justi, Johann Heinrich Gottlob von.* (WR)

— wohlgemeinte, zu einem dauerhaften Frieden. 4. Berl. 759. Himburg. 4 K

Einige wohlgemeinte Vorschläge, wie ein medicinisches Collegium auf die zweckmässigste und vollkommenste Weise einzurichten sey. Eine Rede, gehalten in einer Versammlung rechtgläubiger Aerzte, von einem rechtgläubigen Arzt. Hrsg...von Johann Karl Osterhausen. 62 S., gbd., Abb.

(Nürnberg: Pech)
(Sulzbach: Seidel) } (1798)

— wohlgemeinte, wie ein medicin. Collegium auf die zweckmäßigste Weise anzulegen sey &c.; e. Rede, zum Druck befördert u. herausg. v. Sim. Ratzenberger d. Jün. (J. K. Osterhausen). 8. (Sulzbach) 798. (v. Seidel). 5 K

Vorschläge eines Würtembergers aus der Wüste, wie sämtliche . . . Landesangelegenheiten auf das kürzeste behandelt werden können. O. O. 1797. V: *Hehl, Christian.* (MGT)

Vorschläge des eidg. Centralhülfskomite über die Vertheilung der Liebessteuer für die Wasserbeschädigten (vom Jahr 1868) s. Schriftstücke. Schriftstüke betreffend die Wasserverheerungen vom Herbste 1868 . . . . (Bern 1869.)

Vorschläge des Centralvorstandes des Schweizer. Gewerbevereins an das Schweizer. Zolldepartement betr. Revision des Schweizer. Zolltarifs. 4. (72 S. u. 1 Tab.) Zürich 887. S. Höhr. n. 2. —

Vorschläge über die Zwangsvers. des Rindviehs. Karlsruhe 1862.

Vorschläge, Zwei, zur Beschäftigung von Gewerbetreibenden und Tagearbeitern. Breslau 1848. V: *Günther, Ludwig.* (Kat. d. Druckschr. üb. Breslau. Breslau 1903. S. 42.)

— zwei, an die Jagdliebhaber u. Grundbesitzer des Kantons Zürich zur Anstrebung einer Abänderung der Jagdverordnung. Von einigen Jagdfreunden. Zürich 869. Orell, Füßli & Co. gr. 8. (17 S.) n.n. $2^1/_2$ ngr.

Anonym: „Zwey Vorschläge, das deutsche Gesindewesen im allgemeinen und besonderen zu verbessern", Leipzig 1798 (Rein).

Vorschlagsliste, die. Für Glieder der Provinzial-Synoden. Vom Verf. der Rundschauen (von v. Gerlach). [Aus der evangel. Kirchenzeitung.] Berlin 869. Schlawitz. gr. 8. (15 S.) $1^1/_2$ ngr.

— u. die Provinzial-Synode. Ein Wort zur Verständigung. von einem Unparteiischen. Berlin 869. Rauh. gr. 8. (16 S.) n. $2^1/_2$ ngr.

Vorschmack, der, der Hölle und des Himmels. Vom Prediger C. B. Schneidemühl 857. Eichstädt. 12. (29 S.) n. 1 ngr.

Vorschmack von der Weltweisheit für die, welche die Schriften Herrn Wolf'ens zu Marpurg lesen wollen . . . Schwabach 1736. H: *Öder, Georg Ludwig.* (ML)

Vorschrift, vgl. Vorschriften.

Vorschrift

— üb. die Abhaltung der ökonomischen Musterungen in der Marine. (Musterungsvorschrift.) (M. V.) gr. 8. (VI, 44 S.) Berlin 893. E. S. Mittler & Sohn. n. — 75

Vorschrift f. d. Ablegung d. letzten Berufs-Prüfung f. d. Offiz. d. Art. Berlin 1874.

Vorschrift üb. die Ablegung der Cadettenprüfung ohne vorhergegangene Absolvierung e. Cadettenschule vom J. 1894, s.: Militär-Vorschriften.

(F) F 10. Vorschrift über die Ablegung der Cadettenprüfung ohne vorhergegangene Absolvierung einer Cadettenschule. (Zu Abth. 6, Nr. 3973 vom Jahre 1899. — Normal-Verordnungsblatt für das k. u. k. Heer. 31. Stück.) [Wien. 1899. Hof- und Staatsdruckerei.] Gr.-8°. 12 S. fl. —.08

Vorschrift (A -51 a.) über die Ablegung der Prüfungen im k. k. Auditoriate. (Berichtigt bis Ende Dezember 1882.) — Wien 1889.

Vorschrift f. die Ablegung d. wissenschaftlichen Theils der letzten Berufsprüfung f. die Offiziere der Feld Artillerie. 8. (8 S.) Berlin 887. Mittler & Sohn. n.n. — 10

— dasselbe f. die Offiziere der Fuß-Artillerie. 8. (8 S.) Ebd. 887. n.n. — 10

— für d. topograph. Abtheilg. d. Landes-Aufnahme. 2 Hfte. Ebd. 898. Geb. in Leinw. n.n. 2.25
1. Das topographische Aufnehmen. 8. (III, VII, 132 S.)
2. Figuren-Tafeln. gr. 8 (26 Blatt.)

(G 61 107.) für das Adjustieren und Verpacken der M. 93, M. 95 und M 96 Brandel. (Mit 3 Tafeln.) (Zu Abt 7, Nr 6648 v. J. 1904.) (Lithographiert.) Fol Wien 1904.

(G 61 - 108.) für das Adjustieren und Verpacken der M. 94, M 97 und 99 Hülsen-Zündschrauben. (Mit Tafel I) (Zu Abt. 7, Nr. 6648 v. 1904.) (Lithographiert) Fol. Wien 1904.

Vorschrift zur Adjustirung der Mannschaft, vom Feldwebel und Wachtmeister abwärts, der k. k. Armee. In Folge Seiner Majestät allerhöchster Entschliessung vom 16. Juli 1828. Aenderungen der Adjustirung der Infanterie und Jäger. R. 4574. Aenderungen in der Adjustirung der Cavallerie. R. 4573. (Lithogr.) Fol. Wien 1828 – 1836.

— — Vom Jahre 1840. In Folge Seiner Majestät allerhöchster Entschliessung vom 22. Mai 1840.

(F) O—14. Vorschrift über die Actenscartirung bei den Rechnungs-Abtheilungen der anweisenden Militär-Behörden und bei der Fachrechnungs-Abtheilung des k. und k. Reichs-Kriegs-Ministeriums. (Zu Abth. 15, Nr. 495 von 1900. — Normal-Verordnungsblatt für das k. und k. Heer, 25. Stück.) Wien. 1900. Hof- und Staatsdruckerei. Lex.-8°. III, 29 S. K 1.—

Allgemeine **Vorschrift** für die k. k. Finanzbehörden, Ämter und Cassen, dann die k. k. Rechnungs- u. Controlorgane, betr. d. Einführung d. Kronenwährung als Landeswährung. Mit erl. Anm. vers. von Dr. Josef Raudnitz, Minist.-Vice-Secr. *Wien: K. K. Hof- u. Staatsdr. 1899.* (VII, 135 S.) 8° [F.]

— **Handausgabe** d. österr. Gesetze u. Verordn. H. 100 a.

Allgemeine Vorschrift | Der Subdivisional-Repartition und Schatzungs-Rollen, wornach die Oberbeamte der | Hohen-Gebiether, die Deputierte der Gerichten | und die Lagleute sich gegen einander, in Voll-|ziehung Ihro Majestät Verordnung vom 21ten | März 1771, betreffend die gemeine Lasten der | Provinz Lutzemburg, zu verhalten haben. | (Am Ende:) Gedruckt zu Lutzemburg bey den Schevalierischen Erben. | 1772. | ...
18 S., 4° (325 × 205 mm).

Amtliche Vorschrift für die Behandlung und Untersuchung der Fernrohre Berlin 1893.

— für die Anfertigung, Abnahme u. Aufbewahrung rc. der Infanterie-Kochgeschirre. 8. (8 S.)
Bln.: Mittler 1887.

Vorschrift f. Anfertigung ... d. Inf.-Kochgeschirre. München 1887.

Vorschrift z. Anfertigung u. Anwendung d. Zünder f. Feld-Granaten, Bomben-Kanonen u. schwere Haubitzen. Berlin 1855.

Vorschrift ü. Anfertigung, Untersuchung u. Verpackung d. Platzpatronen M 71.84 i. d. Art.-Depots. (Mit Zeichn.) Entw. Berlin 1887. 4°

Vorschrift z. Anfertigung u. Verpackung d. Patronen f. d. nach d. System der Inf.-Gewehre M 1858 abgeänd. Wallbüchsen. München 1861. 4°

— f. d. Anlage u. den Betrieb v. Feld- u. Reservebäckereien. 8. (X, 116 S. m. 9 Taf.) Wien 895. Hof- u. Staatsdruckerei. n. 2.40

(F) L–5. 1. Nachtrag zu der „Vorschrift für die Anlage und den Betrieb von Feld- und Reserve-Bäckereien". (Zu Abth. 12, Nr. 1218 vom Jahre 1899 — Normal-Verordnungsblatt für das k. u. k. Heer 15. Stück.) [Wien. 1899. Hof- & Staatsdruckerei.] 8°. Paginirt 1—2; 82—82 h mit 2 Tafeln. fl. —.10

Vorschrift für d. Anlage u. d. Betrieb von Gebirgsbäckereien. 8. (VI, 28 S. m. 1 Taf.) Wien 895. Hof- u. Staatsdruckerei. n. — 40

Vorschrift f. Anlage u. Betrieb d. Kriegs-Verpflegungsanstalten. München 1889.

— üb. die Anlage v. Friedens-Pulvermagazinen. 8. (11 S. m. 2 Bl. Zeichngn.) Ebd. 891. — 15; kart. n.n. — 35

Vorschrift ü. Anlage v. Friedens-Pulvermagazinen. Mit Zeichn. München 1892 1898. 8° u. 4°

Vorschrift über Anlage und Prüfung von Blitzableitern an Militär-Hochbauten (Bl. V.) vom 1. Dez. 1909. 6 Bl. Zeichn. u. 2 Beil. Berlin: Mittler 1909. IV, 79 S. 8°
(D.V.E. Nr 188.)

Vorschrift für die Annahme, Ausbildung und Prüfung von Anwärtern für den höheren Militärverwaltungsdienst (v. 3. Okt. 1903). *Berlin: E. S. Mittler & Sohn 1903.* (23 S.) 8° [F.]
(D. V. E. No 10.)

Vorschrift ü. d. allgem. Anordnungen d. Schießübungen d. 8. Art. Brig. Koblenz 1829.

— **über die Anstellung der Volksschullehrer.** gr. 8. (8 S.) Hermannstadt 870. (L. Michaelis.) n. — 12

Vorschrift über den Anstrich des Artilleriematerials. 8. (23 S.) Berlin 880, (v. Decker's Verlag.) *
Aus: Anleitung zur guten Erhaltung der Artillerie-Depot-Bestände, besonders abgedruckt.

— f. den Anstrich der Boote nebst Zubehör S. M. Schiffe u. Fahrzeuge. [Anlage zum Marineverordnungsblatt Nr. 11 f. 1890.] gr. 8. (6 S.) Ebd. 890. n. — 20

Vorschrift für die Anwendung des metrischen Masses und Gewichtes im oesterreich. Staatsforstdienste. gr. 8. (32 S.) Wien 874, k. k. Hof- und Staatsdruckerei. *

Vorschrift zur Approvisionirung fester Plätze. Fol. Wien 1808.

Vorschrift für das metallene Armeekreuz. 4. Wien 1815.

Vorschrift zu einer neuen überaus vortheilhaften Art Schwarz zu färben; ohne Eisen und Eisenverbindungen, daher ohne Benachtheiligung der Wolle, Garne, Zeuge. Schneller, wohlfeiler u. ächter als auf die bisher bekannten Arten. Nebst Vorschrift zu einem ächten Braun, Braunroth, Grau, Violet und Nachricht über eine neue Art die Indigoküpe zu führen rc. gr. 8. Nürnberg 838. Leuchs u. Comp. Geh. u. verklebt n. 10 2/3 ngr

Vorschrift für Artilleriedepot-Direktionen mit Dienstanweisung für die Artillerie-Offiziere der Plätze. (V. f. Ad. D.) vom 21. März 1905. Berlin: E. S. Mittler & Sohn 1905. (21 S.) 8° [S.]
(D. V. E. No 30.)

Vorschrift über die Aufbewahrung und Behandlung der Handfeuerwaffen in den Magazinen der Truppen. Mit 2 lithogr. Tafeln. kl. 8. Wien 1869.
— — Anhang I. Mit 1 lithogr. Tafel. kl. 8. Wien 1872.
— — Anhang II. Mit 2 Tafeln. kl. 8. Wien 1877.

— über die Aufbewahrung u. die Behandlung der f. den Kriegsfall benöthigten Handwaffen, welche nicht in Artilleriedepots, sondern in den Formationsorten der Truppen aufbewahrt werden. gr. 8. (18 S. m. 3 Taf. Abbildgn.) — 15; cart. n. — 35
Berlin: Mittler 1890.

Vorschrift ü. Aufbewahrung u. Behandlung d. f. d. Kriegsfall benötigten Handwaffen, welche . . . i. d. Formationsorten d. Truppen aufbewahrt w. München 1891.

Vorschrift über die Aufbewahrung und Scartirung der Acten bei den k. u. k. Militär Gerichten. 4. (7 S.) Wien: Hof- u. Staatsdruckerei 1897. .06

(F) F—5, a. Vorschrift über die Aufnahme von Aspiranten in die k. u. k. Cadettenschulen. (Zu Abth. 6, Nr. 355 vom Jahre 1900 — Normal-Verordnungsblatt für das k. u. k. Heer 8. Stück.) Wien. 1900. Hof- und Staatsdruckerei. Lex.-8°. IV, 16 S. K —.20

(F) F—5. a. Vorschrift über die Aufnahme von Aspiranten für die k. u. k. Cadettenschulen. [Taschen-Ausgabe für die Militär-Vorschriften. Heft 85.] Wien. 1900. Hof- und Staatsdruckerei. 8°. IV, 20 S. K —.40

Vorschrift über die Aufnahme von Aspiranten in die k. u. k. Cadettenschule. I. Nachtrag. Gr.-8°. (1 S.) K —.02
Wien: Hof- u. Staatsdruckerei 1903.

Vorschrift über die Aufnahme von Aspiranten in die k. u. Landwehr-Erziehungs- und Bildungs-Anstalten. 4. Wien 1898.

— über die Aufnahme v. Aspiranten in die k. k. Landwehrkadettenschule, s. a. Taschenausgabe der Vorschriften der k. k. Landwehr. 26. Heft.

Vorschrift über die Aufnahme von Aspiranten in die k. k. Landwehr-Cadettenschule. 4. (20 S.) .40
Wien: Hof- u. Staatsdruckerei 1895.

(F) **Vorschrift** über die Aufnahme von Aspiranten in die k. k. Landwehrkadettenschule. [Taschenausgabe der Vorschriften der k. k. Landwehr, Heft 26.] 8°. (III, 18 S.) K —.40
Wien: Hof- u. Staatsdruckerei 1907.

(F) F—5. Vorschrift über die Aufnahme von Aspiranten in die k. u. k. Militär-Akademien, -Realschulen und das Erziehungs-Institut für verwaiste Officierssöhne. (Zu Abth. 6, Nr. 254 vom Jahre 1900 — Normal-Verordnungsblatt für das k. u. k. Heer 6. Stück.) Wien. 1900. Hof- und Staatsdruckerei. Lex.-8°. III, 43 S. K —.52

—— über die Aufnahme von Aspiranten aus der Privat-Erziehung in die k. k. Militär-Erziehungs- und Bildungs-Anstalten. hoch 4. (45 S.) Wien 888, Hof- und Staatsdruckerei. *

Vorschrift über die Aufnahme von Aspiranten aus der Privat-Erziehung in die k. u. k. Militär-Erziehungs- und Bildungs-Anstalten ausschließlich der Cadettenschulen vom Jahre 1888. Berichtigt bis Ende Juni 1898. (Taschenausgabe der Militär-Vorschriften, Heft 84.) 8. (V, 44 S.) —.40
Wien: Hof-u.Staatsdruck.1898.

— über d. Aufnahme v. Aspiranten aus d. Privat-Erziehg. in die k. u. k. Militär-Erziehungs- u. Bildungs-Anstalten, s. a. Militär-Vorschriften, 84. Hft.

— über die Aufnahme u. Behandlung der Reiteleven bei den Militärabteilungen der k. k. Staatsgestüte. (7 S.) Lex. 8. Wien 909. (Hof- u. Staatsdruckerei.) — 15

—— für die Aufnahme und den Dienst der Marketender bei der Armee im Felde. 8. (15 S.) Wien 881, Hof- und Staatsdruckerei. *

Vorschrift für die Aufnahme u. den Dienst der Marketender bei der Armee im Felde. 8. (15 S.) Wien 882. k. k. Hof- u. Staatsdruckerei. n. — 20

— 2. Aufl. (N. V. Bl. für das k. k. Heer, 15. Stück ex 1888.) kl. 8. Wien 1888.

Vorschrift f. Aufsicht u. Dienst i. d. Zeughauswerkstätten. Darmstadt 1859.

— für die Aufstellung u. Bewegung der Feldsanitätsanstalten. (Zu Abt. 14, Nr. 3011 vom J. 1906. — Normalverordnungsblatt f. das k. u. k. Heer, 3. Stück v. 1907.) (VII, 91 S.) 8. Wien 907. (Hof- u. Staatsdruckerei.) — 90

— f. die Ausbildung der zu den technischen Instituten der Artillerie kommandirten Artillerie-Offiziere. 8. (16 S.) Berlin 888. Mittler & Sohn. — 15

Vorschrift f. d. Ausbildung d. fahrenden Artilleristen. Coblenz 1828.

— üb. d. Ausbildg. d. Bottelierpersonals, sowie d. Schiffsköche. [Aus: „Organisator. Bestimmgn. f. das Personal d. Soldatenstandes d. kais. Marine".] gr. 8. (4 S.) Berlin 898. E. S. Mittler & Sohn. — 15

— üb. die Ausbildung des Bottelierpersonals sowie der Schiffsköche. gr. 8. (4 S.) Ebd. (899). — 15

— über d. Ausbildg. d. Büchsenmacherpersonals d. Werftdivisionen. [Aus: „Organisator. Bestimmgn. f. d. Personal d. Soldatenstandes d. kais. Marine".] gr. 8. (6 S.) Ebd. 898. n. — 20

— über die Ausbildung des Büchsenmacherpersonals der Werftdivisionen. gr. 8. (7 S.) Ebd. (899). n. — 20
2 Sonderabdrucke aus: „Organisator. Bestimmgn. f. d. Personal des Soldatenstandes der kaiserl. Marine".

Vorschr. f. d. Ausbildg

u. d. Dienst derjenigen Soldaten, welche i. Felde z. d. Transporte d. Verwundeten aus d. Gefechte verwendet werden. Karlsr. 1854.

[F.] **Vorschrift** für die Ausbildung der zu den Technischen Instituten der Artillerie kommandirten Feldartillerieoffiziere. *Berlin: E.S Mittler & Sohn 1896.* (16 S.) 1 Bd 8. [96. 5928

— über d. Ausbildg. d. Lazarethgehülfenpersonals. [Aus: „Organisator. Bestimmgn. f. das Personal des Soldatenstandes d. kais. Marine".] gr. 8. (9 S.) Berlin 898. E. S. Mittler & Sohn. n.n. — 25

— über d. Ausbildg. d. Marinekrankenwärter. [Aus: „Organisator. Bestimmgn. üb. d. Personal d. Soldatenstandes d. kais. Marine".] gr. 8. (3 S.) Ebd. 898. — 15

— über die Ausbildung der Marinekrankenwärter. gr. 8. (3 S.) Ebd. (899). — 15

Vorschrift f. d. Ausbildung a. Maschinengewehr.
Berlin 1900.

— über d. Ausbildung des Maschinisten- u. Heizerpersonals d. Werftdivision [Aus: „Organisator. Bestimmgn. f. d. Personal d. Soldatenstandes d. kais. Marine".] gr. 8. (8 S.) Ebd. 898. n. — 20

— über die Ausbildung des Maschinisten- u. Heizerpersonals der Werftdivisionen. gr. 8. (8 S.) Ebd. (899). n. — 20

— über d. Ausbildg. d. aktiven Materialienverwalter- u. des Reservematerialienverwalterpersonals. [Aus: „Organisator. Bestimmgn. f. d. Personal d. Soldatenstandes d. kais. Marine".] gr. 8. (8 S.) Ebd. 898. n. — 20

— über die Ausbildung des aktiven Materialienverwalter- u. des Reservematerialienverwalterpersonals. gr. 8. (8 S.) Ebd. (899). n. — 20
3 Sonderabdrucke aus: „Organisator. Bestimmgn. f. d. Personal des Soldatenstandes der kaiserl. Marine".

— über d. Ausbildg. d. Personals der Torpedoabtheilungen. [Aus: „Organisator. Bestimmgn. f. d. Personal d. Soldatenstandes d. kais. Marine".] gr. 8. (17 S.) Berlin 898. E. S. Mittler & Sohn. n. — 40

— über die Ausbildung des Personals der Torpedoabtheilungen. gr. 8. (18 S.) Berlin (899). E. S. Mittler & Sohn. n. — 40
Sonderabdruck aus: „Organisator. Bestimmgn. f. das Personal des Soldatenstandes der kaiserl. Marine".

Vorschrift für die Ausbildung und Prüfung derjenigen, welche sich dem Baufache widmen (v. 1. 8. 1849). [Folgt:] **Vorschriften** für die Kgl. Bau-Academie zu Berlin v. 1. 8. 1849. ¶ Abgedr. in: Zeitschrift f. prakt. Baukunst. Jg. 9.

— über die Ausbildung des Sanitätsunterpersonals. gr. 8. (9 S.) Ebd. (899). n. — 25
Sonderabdruck aus: „Organisator. Bestimmgn. f. das Personal des Soldatenstandes der kaiserl. Marine".

— über d. Ausbildg. d. Schiffsbäckerpersonals. [Aus: „Organisator. Bestimmgn. f. d. Personal des Soldatenstandes d. kais. Marine".] gr. 8. (2 S.) Ebd. 898. — 10

— über die Ausbildung des Schiffsbäckerpersonals. gr. 8. (2 S.) Ebd. (899). — 10

— über d. Ausbildg. d. Schreiberpersonals. [Aus: „Organisator. Bestimmgn. f. d. Personal des Soldatenstandes d. kais. Marine".] gr. 8. (4 S.) Ebd 898. — 15

— über die Ausbildung des Schreiberpersonals. gr. 8. (4 S.) Ebd. (899). — 15
2 Sonderabdrucke aus: „Organisator. Bestimmgn. f. d. Personal des Soldatenstandes der kaiserl. Marine".

— über d. Ausbildg. des Signal- u. Steuermannspersonals d. Matrosendivisionen. [Aus: „Organisator. Bestimmgn. f. d. Personal d. Soldatenstandes der kais. Marine".] gr. 8. (7 S.) Berlin 898. E. S. Mittler & Sohn. n. — 20

— über die Ausbildung des Signal- u. Steuermannspersonals der Matrosendivisionen. gr. 8. (7 S.) Berlin (899). E. S. Mittler & Sohn. n. — 20
Sonderabdruck aus: „Organisator. Bestimmgn. f. das Personal des Soldatenstandes der kaiserl. Marine".

Vorschrift für die taktische Ausbildung der Großh. Hess. Artillerie am Geschütz. Darmstadt 1857. 8°.

Vorschrift f. taktische Ausbildung d. Art. a. Geschütz.
Darmstadt 1857.
1859: Desgl. z. Fuß.
1859. 1860: Handhabungsarbeiten m. Feld-, Belagerungs- u. Festungsgeschützen.

Vorschrift für die taktische Ausbildung der grossherzoglich hessischen Infanterie. 1. Abth. Soldaten, Zug und Kompagnieschule. 2. Abth. Bataillonsschule. Bewegungen mit vereinigten Bataillonen. Paradeaufstellungen, etc. 3. Abth. Verwendung der Scharfschützen. Leibesübungen. Bajonnetfechten, etc.
8. Darmstadt 1857 1858.

Vorschrift über die theoretisch-praktische Ausbildung und die Prüfungen der Einjährig-Freiwilligen-Aerzte und Pharmazeuten des k. u. k. Heeres. 4. (14 S.) —.15

Wien: Hof-u. Staatsdruck. 1890.

Vorschr. f. d. Ausbildg d. Verwundetenträger d. kgl. württemb. Truppenkorps. Stuttgart 1866.

— über d. Ausbildg. d. Vicefeldwebel u. Feldwebel d. Marinetheile am Lande. [Aus: „Organisator. Bestimmgn. f. das Personal d. Soldatenstandes der kais. Marine".] gr. 8. (3 S.) Berlin 898. E. S. Mittler & Sohn. — 15

— über d. Ausbildg. d. Zimmermannspersonals der Werftdivisionen. [Aus: „Organisator. Bestimmgn. f. d. Personal d. Soldatenstandes d. kais. Marine".] gr. 8. (3 S.) Ebd. 898. — 15

— über die Ausbildung des Zimmermannspersonals der Werftdivisionen. gr. 8. (3 S.) Berlin (899). E. S. Mittler & Sohn. — 15
Sonderabdruck aus: „Organisator. Bestimmgn. f. das Personal des Soldatenstandes der kaiserl. Marine".

Vorschrift (E—54.) für die Ausrüstung der Feldkanzleien und Feldarchive der höheren Kommanden. (Mit 5 Beilagen.) (Zu Abt. 5, Nr 1418 vom Jahre 1904. — N. V. Bl. f. d. k. u. k. Heer, 32 Stück.) 8. Wien 1904.

Vorschrift z. feldm. Ausrüstung d. i. d. Inf. bestimmten Fahrzeuge. Stuttgart 1864.

Vorschrift über die Ausrüstung der mit Repetirwaffen versehenen Infanterie- und Scharfschützen-Bataillone mit Büchsenmacherwerkzeug und Gewehrbestandtheilen. Beschluss des schweizerischen Bundesrathes vom 17. Januar 1872. (Mit 2 Taf.) 4. Bern 1872.

Vorschrift (E–55) für die Ausrüstung der Kanzleien der Militär-Eisenbahnbehörden im Kriege. (Mit 4 Beilagen.) (Zu Abth. 5, Nr. 3979 E. B, vom Jahre 1898 — N. V. Bl. f. d. k. u. k. Heer 37. Stück.) 8. Wien 1898.

— für die Auswahl u. Eintheilung der Rekruten u. Ersatz-Reservisten d. stehenden Heeres u. der Kriegsmarine zu den verschiedenen Waffen-Gattungen u. Anstalten. gr. 8. (18 S.) Ebend. 883. n. — 20

— für die Auswahl der Größennummern der wichtigsten Groß-Bekleidungsstücke, s.: Dienstanweisung f. die Bekleidungsämter.

Vorschrift f. d. Bau u. Batt. u. Geschützeinschnitten i. Angriffs- u. Vertheidigungskriege. Berlin 1875.

Vorschrift f. d. Bau v. Batt. u. Geschützeinschnitten i. Angriffs- u. Vertheidigungskriege. Mit Zeichn. München 1876.

Vorschrift f. d. Bauausführung schmalspuriger Feldbahnen m. Maschinenbetrieb. Entw. Berlin 1895.

Vorschrift über die Behandlung der mit Stipendien betheilten Aspiranten für den Activstand des militär-ärztlichen Officiers-Corps. (A—51, C.) 8. (30 S.) —.20
Wien: Hof-u.Staatsdruck.1890.

Vorschrift über die Behandlung der mit Stipendien betheilten Aspiranten für den Activstand des militärärztlichen Officiers Corps. 8. (30 S.)
Ebda.1894.

Vorschrift f. Behandlung u. Beaufsichtigung d. Gasbeleuchtung i. d. Kasernen. Darmstadt 1890.

— f. die Behandlung, Dressur u. Verwendung der Kriegshunde bei den Jäger-(Schützen-)Bataillonen. gr. 16. (34 S.) n. — 20. —; kart. n — 35
Bln.: Mittler 1893.

Vorschrift f. Behandlung . . . d. Kriegshunde b. d. Jäg.- Schützen-Batl. Berlin 1893. 1902. Durchges. bearb. v. . . . von der Leyen.

Vorschrift ü. Behandlung d. Einnahmen d. Militärverwaltung f. Rechnung d. Zentralstaatskasse nebst 1 Anh. München 1896.

Vorschrift für die Behandlung der Infanterie-Waffen. 1856. (Mit 1 Taf.) 8. Wien 1856.

— über Behandlung u. Instandhaltung der Schiffs- u. Küstengeschütze u. der Munition. 8. (IV, 80 S.) Berlin 881. Mittler & Sohn. n. — 80

(F) Vorschrift für die Behandlung besonderer Personal-Angelegenheiten der Officiere des Soldatenstandes des k. k. Heeres, vom Jahre 1879. (A—49. Taschen-Ausgabe der Militär-Vorschriften. (Zusammengestellt für den Feld-Gebrauch.) Heft 16.) Wien. 1901. Hof- und Staatsdruckerei. 8°. 31 S. K —.40

Vorschrift für die Behandlung besonderer Personal-Angelegenheiten der Officiere des Soldatenstandes des k. k. Heeres. [Taschen-Ausgabe der Militär-Vorschriften. Heft 16.] 8°. (VI, 29 S.) K —.40
Wien: Hof-u.Staatsdruck.1903.

Vorschrift für die Behandlung besonderer Personal-Angelegenheiten der Officiere des Soldatenstandes des k. k. Heeres vom Jahre 1879. [Taschenausgabe der Militärvorschriften. Heft 16.] 11. Aufl. 8°. (31 S.) K —.40
Ebda.1903.

— für die Behandlung besonderer Personalangelegenheiten der Offiziere des Soldatenstandes der k. k. Landwehr, s. Taschenausgabe der Vorschriften der k. k. Landwehr. 21. Hft.

— für die Behandlung besonderer Personalangelegenheiten der Offiziere des Soldatenstandes der k. k. Landwehr. 8. (40 S.) Ebend. 881. n. — 40

(F) Vorschrift für die Behandlung besonderer Personalangelegenheiten der Offiziere des Soldatenstandes der k. k. Landwehr. [Taschenausgabe der Vorschriften der k. k. Landwehr. Heft 21.] 8°. (VII, 42 S.) Ebda.190.. K —.70

Vorschrift f. Behandlung u. Reparatur d. Fallsäbel, Kav.- u. Art.-Säbel. München 1880.

— für die Behandlung der Sanitätsausrüstung (B. B. S. A.) vom 6. XII. 1908. (D. V. E. Nr. 5.) (IV, 77 S.) 8. Berlin 909. E. S. Mittler & Sohn. — 40; kart. — 60

Vorschrift für die Behandlung der Sanitätsausrüstung (B. V. S. A.) Vom 21. 7. 1909. München 1909.

Vorschrift für die Behandlung der Sperrfahrzeuge. *Berlin: E. S. Mittler & Sohn 1901.* (IX, 63 S.) 8° [F.]
(D. V. 544.)

I. Nachtrag

— vom Jahre 1894 zu der Vorschrift über die Behandlung der gerichtlichen und administrativen Vormerkungen, der Abzüge und Rücklässe von den aus militärischen Cassen (Militär-Zahlstellen) zu leistenden Zahlungen vom Jahre 1887. 8. (4 Bl.) —.04
Wien: Hof-u. Staatsdruck.1895.

(F) Vorschrift über die Behandlung der gerichtlichen und administrativen Vormerkungen der Abzüge und Rücklässe von den aus militärischen Cassen zu leistenden Zahlungen vom Jahre 1885 [Taschen-Ausgabe der Militär-Vorschriften. Heft 57.] 8°. (IX, 43 S.) K —.70
Wien: Hof-u.Staatsdruck.1912.

Vorschrift zum Belage der Zelte für Standläger. (Mit 1 Beilage.) 8. (ohne Druckort.) 1838.

Vorschrift für die Benutzung des Truppenübungsplatzes Alten-Grabow. (A. Gr. V.) Magdeburg 1905: E. Baensch jun. (17 S.) 8° [F.]

Vorschrift für die Benutzung der schwimmenden Betriebsmittel, schwimmenden, fahrbaren und festen Dampf-, elektrischen und Handkrane der Kaiserlichen Werften. Berlin: Reichs-Marine-Amt 1906. (25 S.) 5° [F.]
(D. E. No 302.)

Vorschrift für die militärische Benutzung der Wasserstraßen im Kriege (M. B. d. W.) vom 5. Sept. 1906. Berlin: E. S. Mittler & Sohn 1906. (33 S.) 8° [F.]
(D. V. E. No 310.)

Vorschrift für die Benutzung der Munitionswagen zum Transport der Bedienungs-Mannschaften einer leichten Fuss-Batterie bei dem neuen Feld-Material. Zur versuchsweisen Ausführung. Nebst 4 Blatt Zeichnungen. 8. Berlin 1850.

Hochschule Bern. Vorschrift über die Benützung der Hörsäle und Seminarien. Bern 1904. 2 S. 8°.
Bern. Univ.-Schr. 1903/1904.

Vorschrift für die Benützung des Truppen-Übungsplatzes Lechfeld. Mit Anl.
Augsburg 1899. 49 S.

Vorschrift über die Benützung der Locofuhren. 4. (14 S.) —.10
Wien: Hof-u.Staatsdruck.1893.

Vorschrift über Benützung der Militär-Bibliothek. Darmstadt o. J. 5 S.

Vorschrift für die Berechnung und Zahlung von Honoraren bei den Bildungsanstalten am Lande und auf den Schulschiffen. (H. V.) *Berlin: Reichs-Marine-Amt; E. S. Mittler & Sohn [in Komm.] 1902.* (IV, 18 S.) 8° [F.] [02. 8304

Vorschrift über den Bereitschafts Zustand und die Instandhaltung der ausser Dienst stehenden k. und k. Schiffe und Torpedoboote und den Vorgang bei Aus und Abrüstungen, nebst Anhang 1: Vorschrift für das Ueberwachungs-Schiff und die demselben fallweise unterstellten Bequartierungs Hulks und Arsenals-Tender. Anhang 2: Vorschrift für das Personale der Schiffe im Arsenals-Stande oder Zurüstung. (Genehmigt mit Allerhöchster Entschliessung vom 16. Oktober 1892; P. K/M. S. Nr. 2542.) Beigeb.: 1.–4. Nachtrag. 4. Wien 1892–1895

Vorschrift für die Berufs-Prüfung der außeretatsmäßigen Seconde-Lieutenants der Artillerie und des Ingenieur-Corps. Berlin 854. Mittler's Sorthdlg. gr. 8. (23 S. u. 5 Bl. Tab. in 4.) 7½ ngr.

—— üb. die Besichtigung d. Feldgeräths der Feld-Artillerie. 8. (21 S.) Ebd. 892. * — 20

[F.] Vorschrift für die Besichtigung des Feldgeräths der Feldartillerie. *Berlin: E. S. Mittler & Sohn 1898.* (19 S.) 1 Bd 8. [98. 9435

Vorschrift f. Besichtigung d. Feldgerätes d. Feld-Art. u. d. Fuß-Art.-Gerätes.
München 1892 189*.

— f. die Besichtigung d. Fuß-Artillerie-Geräths. 8. (22 S.) Ebd. 892. n. — 20

Vorschrift (E—60) über die Betheilung mit Karten. (Zu Abth. 5, Nr. 1468 vom Jahre 1897 — N. V. Bl. f. d. k. u. k. Heer, 38. Stück.) Beigeb. Nachtrag 1. (1902). 8. Wien 1897—1902.

[Umschlagt.:] [F.] Vorschrift über den Betrieb des Schwimmens und den Schwimmunterricht bei den Truppen. M. e. Anh.: Anweisg z. Rettg Ertrunkener. *Wesel: Dr. v. C. Kühler 1896.* (15 S.) 1 Bd 8. [96. 6334

Entwurf. Vorschrift für den Betrieb der Torpedoschießplatzanlage in Murwik. *Berlin: Reichs-Marine-Amt 1903.* (8 S.) 8° [F.]
(D. E. No 363.) [03. 11734

Vorschrift f. d. Betrieb u. d. Verwaltung d. Truppenküchen. (Kch. V.) [Aus: „Entwurf zu e. Verpflegungsvorschrift f. d. preuß. Heer im Frieden". (Friedens-Verpflegungsvorschrift.)] 8. (III u. S. 169—233.) Berlin 898. E. S. Mittler & Sohn. n. — 50; kart. n. — 60

— f. den Betrieb u. die Verwaltung der Truppenküchen. (Kch. V.) 8. (S. 177—243.) Ebd. 902. n. — 35; kart. n. — 50
Sonderabdruck aus: „Verpflegungsvorschrift f. das preuß. Heer im Frieden. (Friedens-Verpflegungsvorschrift.)"

Vorschrift (L-4.) für das Bettenwesen im k.k. Heere. (Mit 3 Taf. im Text.) Beigeb.: 1. Nachtrag 1885. 2. Nachtrag 1893. kl. 8. Wien 1883–1893.

—— für das Bettenwesen im k. k. Heere. 8. (XII, 271 S.) Ebendas. 883.

Vorschrift über die Beurlaubung in der k. k. Gendarmerie. 8. (36 S.) Geh.
Wien: Hof-u.Staatsdruck.1895.

Vorschrift über die Beurlaubung der k. k. Generale, Stabs- und Ober-Officiere, der Militär-Parteien und Beamten, dann der Militär-Unter-Parteien und Armee-Diener (einschließig der Gensdarmerie und der Militär-Polizeiwache.) 4. (II und 15 S.) Wien 861, Hof- und Staatsdruckerei.

Nachtrag I. z. Vorschrift über die gerichtliche Beurlaubung der Personen des Mannschaftsstandes des k. u. k Heeres. 8. (3 S.) —.01
Wien: Hof- u. Staatsdruckerei 1893.

— über d. Beurlaubung der im Gagebezuge steh. activen Personen des k. u. k. Heeres, s.a. Militär-Vorschriften, 3. Hft.

Vorschrift (A—31) über die Beurlaubung der im Gagebezuge stehenden activen Personen des k. und k. Heeres vom Jahre 1894. (Taschen Ausgabe der Militär-Vorschriften.) 8. Wien 1895.

(F) A—31. Vorschrift über die Beurlaubung der im Gagebezuge stehenden activen Personen des k. und k. Heeres. Vom Jahre 1894. (Taschen-Ausgabe der Militär-Vorschriften. Zusammengestellt für den Feld-Gebrauch, Heft 3) Wien. 1900. Hof- und Staatsdruckerei. 8°. 19 S. K —.40

— über die Beurlaubung der im Gage-Bezuge stehenden Personen des k. k. Heeres, vom Jahre 1872. [Berichtigt bis Ende Mai 1879.] 8. (V, 63 S.) Ebend. 879. n. — 50

— über die Beurlaubung der im Gage-Bezuge stehenden Personen des k. k. Heeres. N.-V.-Bl. für das k. k. Heer 17. Stück ex 1885. 4. Wien 1885.

— üb. die Beurlaubung der im Gagebezuge stehenden Personen der k. k. Landwehr, s.a. Taschen-Ausgabe der Vorschriften der k. k. Landwehr. 7. Hft.

Vorschrift über die Beurlaubung der im Gagebezuge stehenden Personen der k. k. Landwehr. [Taschen-Ausgabe der Vorschriften der k. k. Landwehr. Heft 7.] 8°. (19 S.)
Wien: Hof- u. Staatsdruckerei 1903.

—— über die zeitliche Beurlaubung der Personen des Mannschaftsstandes des k. k. Heeres. 8. (III, 25 S.) Wien 887, Hof- und Staatsdruckerei. *

Vorschrift (A.—32.) über die zeitliche Beurlaubung der Personen des Mannschaftsstandes des k. k. Heeres. (N.-V.-Bl. 2. Stück ex 1887.) Beigeb.: 1. Nachtrag. 8. Wien 1887–1893.

Vorschrift (A—XLIa.) über die zeitliche Beurlaubung der Personen des Mannschaftsstandes der k. k. Landwehr. 8. Wien 1897.

(F) A—31, a. 2. Nachtrag zu der Vorschrift über die Beurlaubung der Zöglinge der k. u. k. Militär-Erziehungs- und Bildungs-Anstalten. (Zu Praes.-Nr. 246 vom Jahre 1900. — Normal-Verordnungsblatt für das k. u. k. Heer 3. Stück.) [Wien. 1900. Hof- und Staatsdruckerei.] Lex.-8°. K —.02

Vorschrift über das Bezeichnen und Nummeriren der kleinen Hand- resp. Feuerwaffen, nebst einem Anhange betreffend das Anschleifen und Abstumpfen der blanken Waffen. München 1872. 8°

Vorschrift für den Bootsdienst in der Marine. Berlin: E. S. Mittler & Sohn 1899. (56 S.) 8°

— über die Deponierung, Conservierung, den Umsatz u. Transport der Spreng- u. Zündmittel des k. u. k. Heeres. (VI, 43 S. m. 10 Taf.) 8. Wien 903. (Hof- u. Staatsdruckerei.) n. 1. 60

— für d. Depotverwaltung d. Artillerie-Prüfungs-Kommission. 8. (IV, 19 S.) Ebd. 895. — 15; kart. — 30

Vorschrift für die Depot-Verwaltung der Artillerie-Prüfungs-Kommission (V. f. Dp. V.) vom 21. März 1907. Berlin: E. S. Mittler & Sohn 1905. (VII, 47 S.) 8° [F.]
(D. V. E. No 282.) [08. 12155

Vorschrift für den Dienst des Gendarmerie-Kriegsflügels. 8. Wien 1861.

Vorschrift für den innern Dienst der Königlich Württembergischen Artillerie. Ludwigsburg 861. (Balmer & Riehm.) gr. 8. (277 S. u. 7 lith. Taf.) n. 1 ₰ 6 ngr.

Vorschrift für den inneren Dienst der Infanterie. (1 Bd. Text und 1 Bd. mit 36 Schemas.) 8. Stuttgart 1818.

— für den Dienst bei den Monturverwaltungsanstalten des k. u. k. Heeres. II. Tl. Lex. 8. Wien 907. (Hof- u. Staatsdruckerei.) 2. —
II. Qualitäts-, Übernahms- u. Konservierungsbestimmungen f. Bekleidungs- u. Ausrüstungsgegenstände, dann Materialien. (Zu Abt. 13, Nr. 2481 vom J. 1906 -- Normalverordnungsblatt f. das k. u. k. Heer, 1. Stück v. 1907.) (VII, 64 S.)

– dasselbe. II. Tl. Technologische Erläutergn. Lehr- u. Lernbehelf f. die Offiziere u. das techn. Hilfspersonal der Monturverwaltungsbranche, bearb. vom techn. Militärkomitee. (VII, 107 S. m. Fig.) Lex. 8. Ebd. 907. 4. —
Der 1. Tl. ist noch nicht erschienen.

— (O – 15.) für den ökonomisch administrativen Dienst im k. u. k. militär geographischen Institute. (Zu Abth. 15, Nr. 55 vom Jahre 1902. – N. V. Bl. für das k. u. k. Heer, 5. Stück.) Beigeb.: Nachtrag 1. (1902.) 4. Wien 1902.

—— f. den ökonomisch-administrativen Dienst bei den Militär-Gefangenhäusern. gr. 4. (V, 68 S.) Wien 892, (Hof- u. Staatsdruckerei). * 1 60

—— dass. — Anh. Bestimmungen f. den ökonomisch-administrativen Dienst bei den Feldarresten. gr. 4. (12 S.) Ebd. 892. * — 24

— f. d. ökonomisch-administrativen Dienst bei den Unterabthlgn. d. k. u. k. Heeres v. J. 1887, s.a. Militär-Vorschriften, 32. Hft.

—— für den ökonomisch-administrativen Dienst bei den Unterabtheilungen des k. k. Heeres. 4. (VI, 132 S.) Wien 887, Hof- und Staatsdruckerei. *

Nachtrag, I, vom Jahre 1892. Zur Vorschrift für den ökonomisch-administrativen Dienst bei den Unterabtheilungen des k. u. k. Heeres vom Jahre 1887. [O. 1.] (Heft 32 der Taschen-Ausgabe.) 8. (186 S.) Ebda. —.30

Nachtrag 1 zur Vorschrift für den ökonomisch-administrativen Dienst bei den Unterabtheilungen des k. u. k. Heeres. 4 (131 S)
Wien: Hof- u. Staatsdruckerei 1893.

(F) O—1. Vorschrift für den ökonomisch-administrativen Dienst bei den Unterabtheilungen des k. u. k. Heeres, vom Jahre 1887. [Taschen-Ausgabe der Militär-Vorschriften. (Zusammengestellt für den Feldgebrauch.) Heft 32. (4. Auflage.)] Wien. 1901. Hof- und Staatsdruckerei. 8°. K 3.60

(F) Vorschrift für den ökonomisch-administrativen Dienst bei den Unterabtheilungen des k. u. k. Heeres. 2. Nachtrag. Lex.-8°. (3 S.) Wien: Hof- u. Staatsdruckerei 1903. K —.05

Vorschrift für den ökonomisch-administrativen Dienst bei den Unterabtheilungen des k. u. k. Heeres. 2. Nachtrag. 8°. (7 S.) Wien: Hof- u. Staatsdruckerei 1903. K —.08

(F) Vorschrift für den ökonomisch-administrativen Dienst bei den Unterabteilungen des k. u. k. Heeres vom Jahre 1887. [Taschenausgabe der Militärvorschriften. Heft 32.] 8°. (VIII, 222 S.) Wien: Hof- u. Staatsdruckerei 1904. K 2 50

— für den ökonomisch-administrativen Dienst der Verwaltungs-Commissionen des k. u. k. Heeres, s.a. Militär-Vorschriften. 101.

Vorschrift für den ökonomisch-administrativen Dienst der Verwaltungs-Commissionen des k. k. Heeres. 4. (VII, 212 S.)
Wien: Hof-u. Staatsdruck. 1889.

Vorschrift (O.– 2.) für den ökonomisch-administrativen Dienst der Verwaltungs-Commissionen des k. und k. Heeres. N.-V.-Bl. für das k. und k. Heer 40. Stück ex 1889. Beigeb.: 1. Nachtrag. 4. Wien 1889–1892.

(F) [O.—2.] Vorschrift für den ökonomisch-administrativen Dienst der Verwaltungs-Commissionen des k. u. k. Heeres. I.—V. Abschnitt. Vom Jahre 1887. (Nachdruckauflage mit Einbeziehung des 1. Nachtrages in den Text.) [Taschen-Ausgabe der Militär-Vorschriften Heft 101.] Wien. 1899. Hof- und Staatsdruckerei. 8°. XIII, 220 S. fl. 1.20
7 Tabellen auf eigenen Blättern sind in die Paginirung einbezogen.

(F) [O—2.] Vorschrift für den ökonomisch-administrativen Dienst der Verwaltungs-Commissionen des k. u. k. Heeres. VI. Abschnitt. Vom Jahre 1887. (Nachdruckauflage mit Einbeziehung des 1. Nachtrages in den Text.) [Taschen-Ausgabe der Militär-Vorschriften Heft 102.] Wien. 1899. Hof- und Staatsdruckerei. 8°. V, 62 S. fl. —.60
5 Tabellen auf eigenen Blättern sind in die Paginirung einbezogen.

Vorschrift für den ökonomisch-administrativen Dienst der Verwaltungs-Commissionen des k. u. k Heeres. 2. Nachtrag. 8°. (13 S.) Wien: Hof- u. Staatsdruckerei 1903. K —.15

(F) Vorschrift für den ökonomisch-administrativen Dienst der Verwaltungs-Commissionen des k. u. k. Heeres. 2. Nachtrag. Lex.-8°. (7 S.) Wien: Hof- u. Staatsdruckerei 1903. K —.05

Vorschrift für den ökonomisch-administrativen Dienst der Verwaltungskommissionen d. k. u. k. Heeres. 2. Nachtrag. 8°. (3 S.) Wien: Hof- u. Staatsdruckerei 1903. K —.05

Vorschrift für den ökonomisch administrativen Dienst der Verwaltungskommissionen des k. u. k. Heeres. I.—V. Abschnitt. [Taschenausgabe der Militärvorschriften. Heft 101.] 8°. (220 S.) Ebda. 1905 K 3.—

Vorschrift für den ökonomisch-administrativen Dienst der Verwaltungskommissionen des k. u. k. Heeres. VI. Abschnitt. [Taschenausgabe der Militärvorschriften. Heft 102.] 8°. (66 S.) Ebda. 1905. K 1.40

Vorschrift für den Dienst und die Verrechnung bei den Cassen der k. und k. Kriegs-Marine. Genehmigt mit Allerhöchster Entschliessung vom 3. Juli 1890, P. K./M. S. Nr. 1297. Beilage zum M.-N.-V.-Bl. XXVIII. Stück vom 22. August 1890. 4. Wien 1890

— für den Dienstbetrieb bei der Feldartillerie-Schießschule. Jüterbog 1896. 50 S.

— über den Dienstbetrieb in der k. b. Kriegsschule. T. 1. Fähnriche u. Fahnenjunker. München 1905. 60 S.

Vorschrift ü. d. bes. Dienstverhältnisse d. Art. München 1882.
1889. 1893: Desgl. f. d. Inspektion d. Fußart.
1901: Desgl. f. d. Fußart.-Brigade, Art.- u. Train-Depot-Direktion u. Inspektion d. Technischen Institute. Entw.

Vorschrift (Grundzüge) ü. d. besonderen Dienstverhältnisse d. Ingenieurcorps. München 1889. 1893. 4⁰ u. 8⁰

Vorschrift wegen der Dilationen, in Ansehung der zur Entscheidung des Plönischen Landgerichts und Consistorii gehörigen Sachen. Kopenhagen, d. 14. Mai 1796. Glückstadt. o. J. 4⁰

Vorschrift f. d. Distanzmeß-Abtheilung d. Feldbatt. m. Anleitung f. d. Einübung u. d. Anwendung d. Distanzmeß-Verfahrens. München 1868.

Vorschrift über die Dockung und das Aufschleppen von Schiffen und Torpedobooten. Hinausgegeben mit N.-V.-Bl. für die k. und k. Kriegs-Marine, XXVIII. Stück, vom 5. November 1892, P. K./M. S. Nr. 2542. Beigeb.: Nachtrag I. 4. Wien 1892—1895.

— über die sanitäts-statistischen Eingaben im k. u. k. Heere. 8. (VIII, 104 S. m. Tab.) Ebd. 894. n. — 80

Vorschrift (N-6) für die sanitätsstatistischen Eingaben im k. u. k. Heere. (Zu Abt. 14, Nr. 2287 v. J. 1904. — N. V. Bl. f. d. k. u. k. Heer, 34. Stück.) 8. Wien 1904.

— f. die Einlieferung, Untersuchung u. Verwendung der Garne, Gewebe u. Seilerwaren f. die k. u. k. Artillerie. (Evident geführt bis Ende März 1907.) (Zu Erlass Abt. 7, Nr. 3. 753 vom J. 1907, Normalverordnungsblatt f. das k. u. k. Heer, 14. Stück vom J. 1907.) G—60. (IV, 86 S. m. 6 Taf.) 8. Wien 907. (Hof- u. Staatsdruckerei.) 5. —

— f. die Einlieferung, Untersuchung u. Verwendung der Holzsorten f. die k. u. k. Artillerie. (Evident geführt bis Ende Jänner 1909.) (G—59.) (V, 40 S. m. 2 Taf.) 8. Wien 909. (Hof- u. Staatsdruckerei.) 1. 20

— für die Einlieferung, Untersuchung u. Verwendung der Ledersorten f. die k. u. k. Artillerie. (III, 32 S. m. 1 Taf.) 8. Wien 906. Hof- u. Staatsdruckerei. n. 1. 20

(F) Vorschrift für die Einlieferung, Untersuchung und Verwendung der Ledersorten für die k. u. k. Artillerie. 8⁰. (32 S.) K 1.20
Wien: Urban & Schwarzenberg 1906.

Vorschrift über Einrichtung und Ausstattung der Militär-Pferdeställe, bedeckten Reitbahnen und Beschlagschmieden. Mit Tekturen bis September 1888. 8. Berlin 1887—1888.

—— über Einrichtung und Ausstattung der Militär-Pferdeställe, bedeckten Reitbahnen und Beschlagschmieden. 8. (44 S. mit 9 Tekturen von 1888 und 1889.) Berlin 887—89, Mittler und Sohn. **

Vorschrift ü. Einrichtung . . . d. Milit.-Pferdeställe, bedeckten Reitbahnen u. Beschlagschmieden. München 1889.

—— über die Einrichtung, den Gebrauch, die Verwaltung und Verrechnung der Zelte. 8. (IV, 47 S. mit 22 zinkogr. Fig. im Texte.) Ebendas. 880. *

— über die Einrichtung, den Gebrauch, die Verwaltung u. Verrechnung der Zelte. Mit 22 zinkogr. Fig. im Texte. 8. (IV, 47 S.) Ebend. 881. n. — 40

Vorschrift (M.—6.) über die Einrichtung, den Gebrauch, die Verwaltung und Verrechnung der Zelte. Mit 22 zinkografirten Fig. im Texte. Beigeb.: 1. Nachtrag. kl. 8. Wien 1880—1891.

Vorschrift f. Einrichtung u. Geschäfts-Betrieb d. Festungs-Art.-Werkstätten. Berlin 1883.

Vorschrift über die Einrichtung, Handhabung und Untersuchung der Feldschmieden der k. u. k. Artillerie. 8⁰. (69 S.)
Wien: Hof-u.Staatsdruck.1905.

— über Eintheilung, Bekleidung u. Ausrüstung des auf dem Kriegsschauplatz zur Verwendung kommenden männlichen Personals der freiwilligen Krankenpflege. 8. (9 S.) — 15
Bln.: Mittler & Sohn 1898.

Vorschrift über die Eintheilung und Instandhaltung der ausser Dienst stehenden Kriegsschiffe und über den Vorgang bei Aus- und Abrüstungen. Genehmigt mit Allerhöchster Entschliessung vom 14. März 1876. (Mit 1 Taf.) 4. (Wien 1876.)

Vorschrift zum Einüben der Hiebe bei der reitenden Artillerie und den fahrenden Artilleristen der Fuss-Artillerie, so wie des Gebrauches des Pistols. Vorschrift zur Ausführung derjenigen Bewegungen, welche die ohne Geschütz formirten reitenden Batterien ausüben sollen. 16. Berlin 1858.

— betr. d. zeitl. Enthebg. v. Landsturmdienste. (Ausg. v. königl. ungar. Landesvertheidigungs-Minister.) Uebersetzung. 8. (III, 48 S.) Wien 895. Hof- u. Staatsdruckerei. n. — 70

Nachtrag, 1., zu der mit der Circular-Verordnung vom 10. Juli 1895, Abth. 2, Nr. 4501 (Normal-V.-Bl., 24. Stück), ausgegebenen, vom k. k. Landesvertheidigungs-Minister erlassenen „Vorschrift, betreffend die zeitliche Enthebung vom Landsturmdienste". 8. (3 S.) —.06
Ebd. 1898.

— üb. die Erfüllung der Dienstpflicht in der k. k. Landwehr, s.: Wehr-Vorschriften.

— über Ergänzung, Ausbildung u. Beförderung d. Bottelierpersonals der kaiserl. Marine. [Auszug aus den Organisator. Bestimmgn. f. d. kaiserl. Marine] gr. 8. (4 S.) Berlin 885. Mittler & Sohn. — 15

— dasselbe d. Büchsenmacherpersonals der kaiserl. Marine. gr. 8. (6 S.) Ebend. 885. n. — 20

— dasselbe d. Lazarethgehülfen-Personals der kaiserl. Marine. gr. 8. (9 S.) Ebend. 885. n. — 33

— dasselbe d. Maschinen- u. Heizerpersonals der kaiserl. Marine. gr. 8. (29 S.) Ebend. 885. n. — 65

— dasselbe d. aktiven u. d. Reserve-Materialienverwalter-Personals der kaiserl. Marine. gr. 8. (7 S.) Ebend. 885. — 30

Vorschrift über Ergänzung, Ausbildung u. Beförderung d. Schiffsbäckerpersonals der kaiserl. Marine. gr. 8. (2 S.) Berlin 885. Mittler & Sohn. n. — 8

— dasselbe d. Schreiberpersonals der kaiserl. Marine. gr. 8. (4 S.) Ebend. 885. — 15

— dasselbe d. Steuermannspersonals der kaiserl. Marine. gr. 8. (3 S.) Ebend. 885. — 15

— dasselbe d. Zahlmeisterpersonals d. kaiserl. Marine. gr. 8. (12 S.) Ebend. 886. — 40

(F) **Vorschrift** für die Ergänzung und Ausbildung des Officiers-Corps der Montur-Verwaltungsbranche, dann für die Beförderung der zugehörigen Personen. Lex.-8°. (8 S.) K —.10 no.
Wien: Hof- u. Staatsdruckerei 1902.

Vorschrift für die Ergänzung und Beförderung des Beamten und des technischen Hilfspersonals der Militär-medikamentenanstalten. Lex.-8°. (IV, 55 S.) K —.60
Wien: Gerold's Sohn 1903.

Vorschrift über die Ergänzung der Offiziere des Friedensstandes (Offizier-Ergänzungs-Vorschrift) (O. E. V.) nebst Dienstordnung f. d. Ober-Militär-Prüfungskommission v. 18. März 1905. Berlin: E. S. Mittler & Sohn 1905. (VII, 66 S.) 8° [F.]
(D. V. E. No 29.) [05. 12652]

Vorschrift über die Ergänzung der Sekretariats- und Registraturbeamten bei den Militär-Intendanturen vom 16. Okt. 1903. Berlin: E. S. Mittler & Sohn 1903. (19 S.) 8° [F.]
(D. V. E. No 2.) [05. 8491]

— üb. die Ermiethung, Ausrüstung u. Verwaltung e. Privatdampfers zur Verwendung als Geschwadertender. gr. 8. (IV, 108 S.) Berlin 890. Mittler & Sohn. n. 2. —

Vorschrift für die Ernennung und Beförderung der zum Stande des ärztlichen Officiers-Corps der königlich ungarischen Honvédschaft gehörigen Individuen. (Lithogr.) 4. (Budapest 1879.)

(F) Vorschrift für die Ernennungen und Beförderungen, dann für die Verfassung der Qualifications-Listen im k. u. k. militär-ärztlichen Officiers-Corps. Vom Jahre 1899. [Taschen-Ausgabe der Militär-Vorschriften. (Zusammengestellt für den Feldgebrauch.) Heft 26.] Wien. 1899. Hof- und Staatsdruckerei 8°. VII, 55 S. fl. —.40

(F) 1. Nachtrag zur Vorschrift für die Ernennungen und Beförderungen, dann für die Verfassung der Qualifications-Listen im k. u. k. militär-ärztlichen Officier-Corps vom Jahre 1899. (A—51, b, Heft 26 der Taschenausgabe.) Wien. 1900. Hof- und Staatsdruckerei. 8°. K —.30

— f. die Erweisung v. Ehrenbezeigungen. (Ehrenbezeigungs-Vorschrift.) 8. (VIII, 70 S.) München 894. (Literar.-artist. Anstalt.) n. — 65

Vorschrift (G—61, 34) für die Erzeugung, Untersuchung und Uebernahme der extrafeinen Jagd- und Scheiben-Pulver-Sorten. Beigeb.: I. Nachtrag 1894 (Lithogr.) Fol. (Wien) 1890—1894.

Vorschrift (G—61, 34) für die Erzeugung, Untersuchung und Uebernahme der extrafeinen Jagd- und Scheiben-Pulver-Sorten. (1890.) — (Ergänzung.) Beigeb.: Nachtrag 2. (1902.) 3. (1904.) Fol. Wien 1902—1904.

Vorschrift für die Erzeugung, Untersuchung, Übernahme und Verpackung von Dynamit der k. u. k. Pulverfabrik in Blumau (Zu Abthlg. 7, Nr. 8600 von 1900.) (Mit 6 Beilagen.) (Lithographiert.) Fol. Wien 1900.

— (E—57) für den Etapendienst. (Zu Abth. 5, Nr. 616 vom Jahre 1891 N.-V.-Bl. für das k. u. k. Heer, 8. Stück.) kl. 8. Wien 1891.

Vorschrift für den Etapendienst. 8. (52 S.) —.25
Wien: Hof-u.Staatsdruck.1893.

— für den Etappen-Dienst bei der k. k. Armee im Felde. 8. (IX, 69 S.) Ebend. 881. n. — 60

Vorschrift für den Etapen-Dienst bei der k. k. Armee im Felde. Praes. Nr. 924 vom 25. Februar 1881, N.-V.-Bl. 6 Stück. 1. Nachtrag 1888. kl. 8. Wien 1881—1888.

— f. die Etappen-Telegraphendirecktionen (E. Tel. D.) vom 19. XI. 1908. D. V. E. Nr. 394. (71 S.) kl. 8. Berlin 908. E. S. Mittler & Sohn. — 40; kart. — 60

Vorschrift über das Exerzitium mit dem Perkussionsgewehr für die Truppen des Kanton Zürich, vom 13. Wintermonat 1843. kl. 8. Zürich 843, Orell, Füßli u. Comp. 1/8 ♂︎

Vorschrift für das Fechten auf Hieb und Stoss. *Berlin: E. S. Mittler & Sohn 1901.* (46 S.) 8° [F.]
(D. V. E. Nr. 365.) [01. 10417]

— üb. das Fechten mit dem Kavallerie-Degen Modell 86. (Entwurf.) 8. (38 S. mit 3 Taf.) Ebd. 887. n.n — 30; cart. n.n. — 45

Vorschrift zur Fertigung ungegohrnen Brotes, mit Beobachtungen über die medicin. u. öconom. Eigenschaften desselben von einem (Londoner) Arzte. Aus d. 4. engl. Ausg. in's Deutsche übertr. von Jul. Münter. gr. 8. (23 S.) Berlin 847, Veit & Co. 3 ngr

Vorschrift (der zerstreuten Fechtordnung der Cavallerie) für den Flanqueur-Dienst. St. Petersburg 1833.

Vorschrift (E—36) für Flussbeschreibungen, welche durch Officiere des k. k. Pionnier-Reg. auszuführen sind. (Mit 2 Taf.) 8. Wien 1876.

— — welche durch Officiere der k. und k. Pionnier-Truppe auszuführen sind. (Zu Abth. 5, Nr. 515 vom Jahre 1895. N.-V.-Bl. für das k. u. k. Heer, 10. Stück.) kl. 8. Wien 1895.

Vorschrift für Friedensablösungstransporte der Kaiserlichen Marine über See. *Berlin: Reichs-Marine-Amt 1903.* (V, 53 S.) 8° [F.]
(D. E. No 364.) [03. 3890]

Vorschrift über die Führung der Büchse und des Carabiners. 8. Dresden 1853.

— üb. die Führung der Militär-Matrikeln. 8. (IV, 31 S.) Wien 887. Hof- u. Staatsdruckerei. n. — 20

Vorschrift (I 1.) über die Führung der Militärmatrikeln. (Zu Präs.-Nr. 3401 vom Jahre 1887. — N. V. Bl. für das k. k. Heer 23. Stück.) — (Ergänzung.) Beigebunden: 1. Nachtrag. (Zu Abthlg. 9, Nr. 4127 vom Jahre 1893. — N. V. Bl. für das k. u. k. Heer, 25 Stück. 8. Wien 1893.

Nachtrag I zur Vorschrift über die Führung der Militär-Matrikeln vom Jahre 1887. I. 1. Heft. 70. Heft der Taschen-Ausgabe. 8. (4 S.) —.02
Ebda. 1895.

— über die Führung der Militärmatrikeln. (IV, 34 S.) 8. Wien 904. Hof- u. Staatsdruckerei. n. — 30

— zur Führung der Truppen-Kassen, vom J. 1888, s. a. Militär-Vorschriften.

(F) Vorschrift zur Führung der Truppen-Kassen vom Jahre 1888 [0—3, Taschen-Ausgabe der Militär-Vorschriften. Zusammengestellt für den Feld-Gebrauch. Heft 72. 5. Auflage.] Wien. 1901. Hof- und Staatsdruckerei. 8°. IV, 49 S. K —.70

— über den Gebrauch der Infanterieausrüstung M/95. (Inf. A.) 12. (24 S.) Berlin 899. E. S. Mittler & Sohn. — 15; kart. — 30

Vorschrift für den Gebrauch der Signalflaggen (Fl. V.) vom 29. März 1906. Berlin: E. S. Mittler & Sohn 1906. (31 S.) 8° [F.]
(D. V. E. No 405.) (a8. 12159

Vorschrift für den Gebrauch der Winkerflaggen. (W. V.) v. 27. Jan. 1903. *Berlin: E. S. Mittler & Sohn 1903.* (21 S.) 8° [F.]
(D. V. E. No 379.)

Vorschrift über die Gebühren des k. k. Heeres im Frieden, in der Kriegsbereitschaft und im Kriege. N. V. Bl. für das k. k. Heer, 12. Stück ex 1871. 4. Wien 1871.

— f. den Geldanweisungs- u. Rechnungscontroldienst im k. u. k. Heere. Mit Beilagen. hoch 4. (X, 209 u. VIII, 332 S.) Wien 891. (Hof- u. Staatsdruckerei.) n. 6. 80

— dasselbe. Anh. Bestimmungen f. die Contierg. der in der Gebarg. der Heeresverwaltg. vorkomm. Einnahmen u. Ausgaben. hoch 4. (82 S.) Ebd. 894. n. 1. 60

Vorschrift (O. 7.) für den Geldanweisungs Rechnungscontrolldienst im k. u. k. Heere. (Ergänzung.) Beigeb.: Nachtrag 1 (1902). Anhang (zu O. 7.) (Ergänzung.) Beigeb.: Nachtrag 1 (1902). 4. Wien 1902.

Vorschrift für die Geldverrechnung auf den Schiffen der k. und k. Kriegs-Marine. (Genehmigt mit Allerhöchster Entschliessung vom 8. December 1892.) Beilage zum M. N. V. Bl. XXXV. Stück vom 15. December 1892. P. K./M. S. Nr. 2965. 4. Wien 1892.

Vorschrift zur Gepäckordnung und zum Anlegen des Feldgeräths bei den Truppen zu Fuss. 8. Dresden 1851.

Vorschrift für die Geschäftsführung der Depot-Verwaltung der Artillerie-Prüfungs-Kommission. 8. (35 S.) Berlin 880. (v. Decker's Verlag.) cart. **

— über das Geschäftsverfahren bei den technischen Revisionen im Bereiche der Artillerie-Depots. 8. (48 S.) Ebend. 880. cart. — 60

Vorschrift f. d. Geschäftsverfahren b. d. techn. Revisionen i. Bereiche d. Art.-Depots. München 1882. 1891.

Vorschrift für die Gewährung freier Fahrt und von Fahrpreisermäßigungen sowie für die Beförderung von Militärgut auf der Militär-Eisenbahn. [Nebst] Anlagen: 1. 2. Berlin 1907: Reichsdr. (24 S.) 8° [F.]
= Armee-Verordnungs-Blatt für 1907. Beil. zu No 18.

für das Gewehrfechten der Infanterie (vom 15. X. 1908). (D. V. E. Nr. 166.) (20 S.) kl. 8. Berlin 908. E. S. Mittler & Sohn. — 10; kart. — 20

— für die Größe u. Gebrauch der Scalen oder verjüngten Maaßstäbe für geometr. Plane, Baurisse, Fluß- u. Straßenbau-Profile. Amtl. Ausgabe. Karlsruhe 841, Artist. Institut. 1/6 ℔

— f. die Handhabung d. Dienstes auf Feld-Telephonstationen. gr. 16. (27 S. m. Abbildgn.) Ebd. 891. n. — 35

Vorschrift zur Handhabung der Disciplin über die Zöglinge und Instituts-Ordnung der Kunst-Akademie zu Prag. Prag. 1855. Druck der k. k. Hofbuchdruckerei von Gottl. Haase Söhne. (12 S. 8.)

— (A — 36) über die Heiraten im k. k. Heere. 4. Wien 1887.

— über die Heiraten im k. u. k. Heere vom J. 1907. (Ungarisch u. deutsch.) (II, 82 S.) 8. Budapest 908. (C. Grill.) — 90

— über die Heiraten in der k. k. Kriegs-Marine. (Separat-Abdruck aus dem Marine-Normal-Verordnungsblatt XXV. Stück vom 1. October 1887.) 4°. (30 S.) Ebd. fl. —.25. 1887.

Vorschrift über die Heirathen in der k. k. Land-Armee mit Inbegriff der Verwaltungsbranchen in der Militär-Grenze. (Central Kanzlei Nr. 3851.) 4. Wien 1861.

— über die Heiraten in der k. k. Landwehr, s.: Taschenausgabe der Vorschriften der k. k. Landwehr. 28. Heft.

—— über die Hinausgabe von Dienstpferden der k. k. Cavallerie in die Privat-Benützung. Giltig für die Cavallerie-Regimenter, welche in den Ländern der ungar. Krone garnisoniren. [4., 5., 6., 7., 12. und 13. Corps-Bereich.] 8. (IV, 119 S. mit Tab.) Ebendas. 888. *

— f. Hufeisen- u. Schraubstollenbeschlag der Pferde schweren Schlages. 8. (11 S.) Berlin 893. E. S. Mittler & Sohn. — 15;
Atlas hierzu, qu. gr. 4. (12 Taf.) n. 1. 35

— für Hufeisen- u. Schraubstollenbeschlag f. Pferde schweren Schlages. 8. (15 S.) Berlin 898. E. S. Mittler & Sohn. — 15; kart. — 30;
Atlas qu. Fol. (12 Taf. u. Deckblätter 2 Bl. in 8. m. 2 Taf.) n. 1. 60

Vorschrift f. Hufeisen- u. Schraubstollenbeschlag d. Pferde schweren Schlages. Mit 1 Atlas. München 1893. 1899.

Vorschrift f. Instandsetzung d. Art.-Materials b. d. Truppen u. Art.-Depots, dann d. Truppen- u. Train-Fahrzeuge. München 1877. 1881.

Vorschrift f. die Instandhaltung u. Benutzg. der Armee-Fahrräder. (Fahrrad-Vorschrift.) Entwurf. 16. (31 S.) Berlin 895. E. S. Mittler & Sohn. — 15; kart. — 30

— dasselbe. (Nach der gleichnam. preuß. Vorschrift.) 12. (36 S.) München 896. (Th. Ackermann.) n. — 40

Vorschrift für die Instandhaltung von eisernen, stählernen und Composit-Schiffen und Torpedobooten. Hinausgegeben mit N. V. Bl. für die k. u. k. Kriegs-Marine, Stück XXVIII vom 5. November 1892. P. K. M. S. Nr. 2542. Beigeb.: 1 — 3. Nachtrag.
4. Wien 1892 — 1895.

— für die Instandhaltung der Waffen bei den Truppen. gr. 8. (VIII, 106 S. m. 1 Tab. u. 4 color. Steintaf.) Berlin 877. Voß. cart. n. 2. —

Vorschrift für die Instandhaltung der Waffen bei den Truppen. gr. 8. (VIII, 106 S. mit 1 Tab. und 4 color. Stnt.) Berlin 879, Vossische Buchh. cart. *

Vorschrift für die Instandhaltung der Waffen bei den Truppen. (Mit 4 Taf. und 1 Tabelle.) (Beigebunden: Nachtrag 1 — 4. 1879 — 1883.) 8. Berlin 1878 — 1883.

— für die Instandhaltung der Waffen bei den Truppen. 8. (VI, 104 S. m. 1 Tab. u. 4 Taf.) Ebend. 885. cart. n. 1. 35

— für d. Instandhaltg. d. Waffen bei d. Truppen. gr. 8. (VI, 111 S. m. 1 Tab. u. 3 Taf.) Berlin 895. E. S. Mittler & Sohn. n. 1. 20; kart. n. 1. 40

— für die Instandhaltung der Waffen bei den Truppen m. Gewehren u. Seitengewehren 98 vom 10. VII. 1900. (D. V. E. Nr. 298a.) (115 S. m. 2 Taf. u. 1 Tab. u. Deckblätter 12 Bl.) 8. Ebd. 905. n. 1. 10; kart. n. 1. 30

Vorschrift f. Zustandhaltung d. Waffen b. d. Truppen. München 1879—1903.

Vorschrift f. d. Zustandsetzung d. Inf.-Schießplätze. Mit 1 Bl. München 1860.

— f. den Kapitulanten- u. Militäranwärter-Unterricht (vom 26. IV. 1909). Entwurf. (D. V. E. Nr. 327.) (23 S.) 8. Berlin 909. E. S. Mittler & Sohn. — 15; kart. — 30

Vorschrift für die grossherzoglich hessischen Kaserne-Verwaltungen. 8. Darmstadt 1860.

— über die Klassifikation der Zöglinge u. Militärakademiker. Entwurf. (Zu Abt. 6, Nr. 2148 vom J. 1906. Normalverordnungsblatt f. das k. u. k. Heer, 24. Stück.) (68 S.) Lex.8. Wien 906. (Hof- u. Staatsdruckerei.) 1.20

Vorschrift (F—8.) über die Classification der Zöglinge in den k. u. k. Militär-Erziehungs- und Bildungs-Anstalten. 1889. (Zu Abthg. 6, Nr. 4026 vom Jahre 1889, N.-V.-Bl. für das k. u. k. Heer. 43. Stück.) 4. Wien 1889.

(F) F—8. Vorschrift über die Classification der Zöglinge in den k. u. k. Militär-Erziehungs- und Bildungs-Anstalten. 1900. (Zu Abth. 6, Nr. 1245 vom Jahre 1900 — Normal-Verordnungsblatt für das k. u. k. Heer 26 Stück.) Wien. 1900. Hof- und Staatsdruckerei. Lex.-8°. 72 S. K 1.20

Vorschrift zur Conservation des Percussions-Feuergewehres. 4. Wien 1841.

Vorschrift für die Controle der Militär-Verpflegs-Anstalten und Betten-Magazine. 4. Wien 1864.

Vorschrift über die Kontrole des schweizerischen Repetirgewehres. (Beschluss des Bundesrathes vom 21. Februar 1870.) 8. Bern 1870.

Vorschrift über Controle u. Uebernahme von grobkörnigem Pulver für Feldgeschütze. In-8°, 4 S. Aarau, H. R. Sauerländer. 1893.

Vorschrift über die Kuhpocken-Impfung in den kaiserl.königl.Staaten vom 9.Julius 1836. 20 S., gbd.

Wien: kaiserl.königl.Hof- und Staats-Aerarial-Druckerey 1836

Vorschrift, Kurze, vor die königl. französische Armee. [Wien, Prag, Triest 1758.] V: *Swieten, Gerhard Freiherr von.* (ML)

Vorschrift (A—44.) betreffend den Landsturm in den Ländern der ungarischen Krone. (Amtliche Uebersetzung.) (Mit abändernden Bestimmungen vom Jahre 1889 und Neu-Aufl. der Beilage 8 vom Jahre 1892.) kl. 8. Budapest 1887—1892.

— (A—XVIII a.) für die k. k. Landsturmbezirks-Commanden. (Verordnungsblatt für die k. k. Landwehr Nr. 29 ex 1894.) 4. (Wien 1894.)

Vorschrift betreffend die Landverpflegung der Marine im Kriege. (Kriegs-Verpflegungs-Vorschrift.) Berlin 1891.

— (A—V.) für die k. k. Landwehr- (Landesschützen-) Ergänzungsbezirks-Commanden. (Verordnungsblatt für die k. k. Landwehr Nr. 29 ex 1894.) 4. (Wien 1894.)

— (A—VI a.) für den k. k. Landwehr-Cavalerie-Inspector. (Verordnungsblatt für die k. k. Landwehr Nr. 29 ex 1894.) 4. (Wien 1894.)

Vorschrift über die Lehrbefähigungs-Prüfungen für allgemeine Volks- und Bürgerschulen und Statut der Bürgerschul-Lehrercurse. 2. Aufl. 8. (25 S.) Wien: Pichler's Witwe u. Sohn 1891. —.10

— über die Lehrbefähigungsprüfungen f. allgemeine Volks- u. Bürgerschulen. Verordnung des k. k. Ministeriums f. Kultus u. Unterricht vom 31. VII. 1886, Z. 6033. Statut der Bürgerschullehrerkurse. Verordnung d. k. k. Ministeriums f. Kultus u. Unterricht vom 31. VII. 1886, Z. 6032. 3. Aufl. (25 S.) Wien 910. A. Pichler's Wwe. & Sohn. — 20

Vorschrift für die gerichtliche Leichen-Untersuchung in dem k. k. Heere und in der Militär-Grenze. 4. Wien 1856.

Vorschrift über die Manipulation hinsichtlich der von Hof-, Staats- und öffentlichen Fonds-Cassen, sowie Cassen der k. u. k. Privat- und Familien-Fonds auszuzahlenden Dienstbezüge in Absicht auf die Personal-Einkommensteuer u. Besoldungssteuer. Lex.-8. (16 S.) —.08

Wien: Hof- u. Staatsdruckerei 1897.

Vorschrift für das k. u. k. Marine-Gefangenhaus in Pola. (Genehmigt mit Allerhöchster Entschliessung vom 18. März 1901.) Hinausgegeben mit Normal-Verordnungsblatt für die k. u. k. Kriegs-Marine IX. Stück vom Jahre 1901. Beigebunden: I. u. II. Nachtrag ex 1902. 4. Wien 1901—1902.

Vorschrift für das Marine-Controls-Amt. Genehmigt mit Allerhöchster Entschliessung vom 10. August 1889, P. K./M. S. Nr. 1552. Beilage zum M.-N.-V.-Bl. XXIII. Stück vom 15. August 1889. 4. Wien 1889.

— über die Methode, den Umfang und die Eintheilung des Unterrichts auf den Königl. Kriegsschulen. Berlin 859. v. Decker. gr. 8. (66 S.) 7½ ngr.

— über die Methode, den Umfang u. die Eintheilung d. Unterrichts auf den königl. Kriegsschulen. 2., auf Grund der gelt. Bestimmgn. abgeänd. Aufl. gr. 8. (III, 35 S.) Berlin 884. v. Decker. n. — 40

Vorschrift für die Militär-Arrestanstalten zu Berlin. Berlin 1900. 8°.

Vorschrift über das Militär-Dienstzeichen der k. k. Armee. 8. Wien 1849.

Vorschrift für die Militär-Ehren-Gerichte. 16. 1867. (32 S.) Wien, k. k. Hof- u. Staats-Druckerei. 20 kr. Auch unter dem Titel: Handausgabe der österreichischen Gesetze und Verordnungen. 2. Heft.

— für die Militär-Gefangenhäuser. gr.4. (IV, 54 S.) Wien 877. k. k. Hof- u. Staatsdruckerei. n. 1. 20

Vorschrift für die Militär-Gefangenhäuser. (Ad Praes. Nr. 3769, N. V. Bl. 53. Stück ex 1877.) 4. Wien 1877. Beigebunden: I. Hausordnung für die Kerkersträflinge erster Kategorie mit einem Anhange über die Behandlung der zu Profossen-Arrest Verurtheilten und der Untersuchungs-Gefangenen, welche nicht zum Mannschaftsstande gehören. II. Hausordnung für die in den Militär-Gefängnissen verwahrten Kerkersträflinge zweiter Kategorie, dann für Arrest-Sträflinge und Untersuchungs-Gefangene, welche zum Mannschaftsstande gehören. III. Hausordnung für die Kerkersträflinge zweiter Kategorie in den Militär-Strafanstalten. Wien 1878. Anhang A. und B. Wien 1879. I. Nachtrag Wien 1887. 1. Nachtrag zum Anhang. Wien 1887. 4.

Vorschrift für die grossherzogl. hessische Militärschule. 8. Darmstadt 1826.

Vorschrift f. d. großh. hess. Militär-Schule. Darmstadt 1835. 30 S.

Vorschrift für den Militär-Transport auf österreichischen Eisenbahnen. gr. 8. (77 S. und 29 Beilagen.) Wien 862, Hof- und Staatsdruckerei. *

Vorschrift für den Militär-Transport auf österreichischen Eisenbahnen. 1862. Anhang. 1866. I., II. und III. Th. (2 Bde.) 8. Wien 1862—1866.

Vorschrift für den Militär-Transport auf Eisenbahnen. (3. Aufl.) Wien 1878. 8°. (1. Aufl. 1870.)

— für den Militär-Transport auf Eisenbahnen. 2. Aufl. gr. 8. (VII, 162 S.) Ebend. 878. n. 1. 40

—— f. den Militärtransport auf Eisenbahnen. (4. Aufl.) 8. (X, 265 S. m. 25 lithogr. Beilagen.) Ebd. 892. * 2 —

Vorschrift (E—10) für den Militär-Transport auf Eisenbahnen 4 Auflage 1892 — (Ergänzung.) Beigeb: Nachtrag 1. 1896 2. 1900 3. 1902 Beilage 9 zu § 26. 1896 1898. 8. Wien 1896—1902

(F) E—10. 2. Nachtrag zur Vorschrift für den Militärtransport auf Eisenbahnen. (Zu Abth. 5/E. B. Nr. 2983 vom Jahre 1900. — Normal-Verordnungsblatt für das k. u. k. Heer, 41. Stück.) [Wien. 1901.] Hof- und Staatsdruckerei. 8°. 78 S. K —.40

— für den Militärtransport explosiver Gegenstände auf Straßenfuhrwerken u. Tragtieren. (VI, 20 S.) kl. 8. Ebd. 905. n. — 20

Vorschrift (E—11) für den Militär-Transport zu Wasser. 8. Wien 1873.

(F) E—11, Vorschrift für den Militärtransport zu Wasser. (2. Auflage.) (Zu Abth. 5, Nr. 252 E. B. vom Jahre 1901—Normal-Verordnungsblatt für das k. u. k. Heer, 10. Stück.) Wien. 1901. Hof- und Staatsdruckerei. 8°. X, 188 S. K 1.—

— für die Militär-Transport-Häuser. 4. (55 S.) Wien: Hof- und Staatsdruckerei 1892. —.40

— über den Militärvorspann in den im Reichsrate vertretenen Königreichen u. Ländern. (53 S.) Lex.-8. Ebd. 905. n. — 30

— f. d. Offizier-Darlehnskasse u. d. Offizier-Unterstützungsfonds. (O. U. V.) 8. (51 S.) Berlin 897. E. S. Mittler & Sohn. n. — 35; kart. n. — 50

Vorschrift (E—56) für die zu Eisenbahnprojects-Commissionen als Vertreter des Reichs-Kriegs-Ministeriums bestimmten Officiere. Beigeb.: 1. Nachtrag 1888. 2. Nachtrag 1892. 8. Wien 1886—1892.

Vorschrift über die Organisation der k. k. Gerichte des stehenden Heeres und der Kriegs-Marine, vom Jahre 1881. (Ausgegeben im August 1881.) Wien 1881.

—— betr. die Organisation d. Landsturmes, s. Gesetze, Sep.-Ausg. der neuen oesterreichischen Nr. 63. Vgl. auch: Vorschriften.

— betr. die Organisation des Landsturmes f. die im Reichsrathe vertretenen Königreiche u. Länder. Nach der Verordng. d. Ministeriums f. Landesvertheidigg. vom 20. Decbr. 1889. Mit zahlreichen Formularien u. e. alphabet. Sachregister. 8. (179 S.) Prag 890. Höfer & Klouček. n. 1. 68

Vorschrift (A—XVIII.) betreffend die Organisation des Landsturmes für die im Reichsrathe vertretenen Königreiche und Länder, mit Ausnahme von Tirol und Vorarlberg (nach dem Gesetze vom 6. Juni 1886. R. G. Bl. Nr. 90). Beigeb.: Nachtrag I. v. J. 1892. 4. Wien 1889 und 1892.

— (A—XX.) betreffend die Organisation des Landsturmes für die gefürstete Grafschaft Tirol und das Land Vorarlberg, nach dem Gesetze vom 23. Jänner 1887, betreffend das Institut der Landesvertheidigung. Beigeb.: Nachtrag I. vom Jahre 1892. 4. Innsbruck 1891 und 1892.

Vorschrift, Organische, für das Personale der k. u. k. Kriegs-Marine. I. Hauptst. Rang- und Dienst-Verhältnisse 1890. II. Haupst. Standes-Verhältnisse. 1890. III. Hauptst. Adjustirung und Ausrüstung. 1891. IV. Hauptst. Ergänzung 1890. V. Hauptst. Prufung. 1891 VI. Hauptst. Ausbildung. 1. Abschn. Allgemeine Bestimmungen. 2. Abschn. Ausbildung des Stabes. 3. Abschn. Ausbildung der Mannschaft am Lande. 4. Abschn. 1. Ausbildung auf den Schul- und Hafen-Schiffen und 2. Ausbildung auf in Dienst gestellten Schiffen. 1896. VIII. Hauptst. Hauptberichte, National- und Dienstbeschreibung, Qualifications- und Conduite-Listen. 1890. IX. Hauptst. Beförderung. 1890. X. Hauptst. Rang-Bestimmungen. 1891. XIII. Hauptst. Beurlaubung. 1892. (13 Bde.) 4. Wien 1890—1896.

— organische, f. das Personale der k. u. k. Kriegs-Marine. 3. Hauptstück. Adjustierung u. Ausrüstg. gr. 4. (XIX, 314 u. 24 S. m. Abbildgn. im Text u. auf 6 Taf.) Wien 891. Hof- u. Staatsdruckerei. n. 6. —

I. Nachtrag

zur organischen Vorschrift für das Personale der k. u. k. Kriegsmarine. III. Hauptstück: Adjustirung und Ausrüstung. 4. (3 S.) Wien: Hof-u.Staatsdruck.1892. —.02

Nachtrag, II., zur organischen Vorschrift für das Personale der k. u. k. Kriegs-Marine, III. Hauptstück, Adjustirung und Ausrüstung. 4. (8 S.) —.04

— III., zur organischen Vorschrift für das Personal d. k. u. k. Kriegs-Marine, III. Hauptstück, Adjustirung und Ausrüstung. 4. (3 S.) Ebda.1894. —.02

Organische, für das Personal der k. und k. Kriegs-Marine (Hinausgegeben mit Marine-Normal-Verordnungsblatt III. Stück vom 15. Februar 1897, P. K./M. S. Nr. 209.) XV. Hauptstück. Standesführung. Genehmigt mit der Allerhöchsten Entschliessung vom 16. Jänner 1897. Beigeb.: Nachtrag 1 u. 2 vom J. 1900. 4. Wien 1897—1900.

(F) VII. Nachtrag zur organischen Vorschrift für das Personale der k. u. k. Kriegs-Marine, III. Hauptstück, Adjustirung und Ausrüstung. (M. N. V. Bl. XVII. Stück vom 2. Juni 1897.) Wien. 1899. Hof- und Staatsdruckerei. 4°. 5 S. fl. —.08

VIII. Nachtrag zu den organischen Vorschriften für das Personale der k. u. k. Kriegs-Marine, III. Hauptstück, Adjustierung und Ausrüstung [Wien. 1901. Hof- und Staatsdruckerei.] Lex.-8°. 4 S. K —.08

IX. Nachtrag zur organischen Vorschrift für das Personale der k. u. k. Kriegs-Marine, III. Hauptstück, „Adjustierung und Ausrüstung". [Wien. 1901. Hof- und Staatsdruckerei.] Lex.-8°. 12 S. K —.26

— organische, f. das Personal d. k. u. k. Kriegsmarine. III. Hauptstück. Adjustierung u. Ausrüstg. I. Tl. Adjustierung u. Ausrüstg. des Stabes. II. Tl. Adjustierung u. Ausrüstg. der zum Stabe nicht gehör. Gagisten u. der Mannschaft. III. Tl. Feldausrüstung u. sonstige Inventargegenstände. (66 S. m. 13 Taf.) Lex. 8. Wien 910. (Hof- u. Staatsdruckerei.) 3. —

Vorschrift, Ortspolizeiliche, über die Ausübung der gewerbsmässigen Unzucht in der Residenzstadt. Karlsruhe 1874. (In Dresden, Bibl. d. Gehestiftg.)

Vorschrift zur Packung auf die Tragpferde; die Infanterie-Kochgeschirre sammt den Compagnie-Erfordernissen, dann die Zelte und Gewehrmäntel betreffend. 4. Wien den 5. März 1829.

Vorschrift zur Parade-Aufstellung und für den Vorbeimarsch der mobilen Batterien mit allen ihren Wagen. 16. Berlin 1854.

— über das Pferdewesen des k. u. k. Heeres. II. Tl. Tierärztliche Vorschriften u. Hufbeschlag. (2 Bde.) (X, 182 S. m. 18 Taf.) kl. 8. Wien 910. (Hof- u. Staatsdruckerei.) 4. —
I ist noch nicht erschienen.

— für d. Pflege d. in Dienst befindl. Schiffe d. kaiserl. Marine. 8. (26 S.) Berlin 895. E. S. Mittler & Sohn. n. — 50

Vorschrift für die Pflege der im Dienst befindlichen Schiffe der Kaiserlichen Marine. *Berlin: E. S. Mittler & Sohn 1900.* (VI, 45 S.) 8° [F.]

Vorschrift über die allgemeinen Pflichten und besonderen Obliegenheiten des Hof-Kriegsraths und der bey demselben angestellten Beamten, dann über die wechselseitigen Befugnisse und Verbindlichkeiten der Oberen und Untergebenen. Von Se. Kais. Hoheit dem Generalissimus in Folge Allerhöchsten Befehls vom 19. Januar 1807.
Fol. Wien 1807.

Vorschrift f. d. Pionnierdienst i. VIII. deutsch. A. C. T. 1—7. Ludwigsburg, Darmstadt, Karlsruhe 1845—1856.

Vorschrift für den Pionnier-Dienst im achten deutschen Armee-Corps. 1. Th. Vorarbeiten und Vorkenntnisse. (Mit 13 Taf.) 2. Th. Wegarbeiten. (Mit 6 Taf.) 3. Th. Brücken-Arbeiten. (Mit 50 Taf.) 4. Th. Lagerarbeiten. (Mit 5 Taf.) 5. Th. Befestigungs-Arbeiten. (Mit 21 Taf.) 6. Th. Sappen-Arbeiten. (Mit 12 Taf.) 7. Th. Minen-Arbeiten. (Mit 22 Taf.)
8. Darmstadt, Ludwigsburg und Carlsruhe 1853.

Vorschrift f. Plänkeln. Stuttgart 1846.

Provisorische Vorschrift f. d. artilleristische Armirung d. Festungen. München 1864.

— provisorische, üb. die Aufnahme v. Aspiranten in die k. u. k. tierärztliche Hochschule in Wien, dann in die k. u. k. tierärztliche Hochschule in Budapest behufs Heranbildung zu militärtierärztlichen Berufsbeamten. (32 S.) 8.
Wien: Hof- u. Staatsdruck. 1905.

— provisorische, f. die Ausspeisung in den k. k. Militär-Spitälern. 8. (81 S. m. 1 Holzschntaf. u. 6 Tab. in qu. gr. 4. u. u. Fol.) Ebend. 875. n. 1. —

— provisorische, f. die Beschaffung der Naturalverpflegsartikel f. die k. k. Landwehr im Frieden, s.: Taschenausgabe der Vorschriften der k. k. Landwehr. 29.

— provisorische, üb. die Beurlaubung der Militärveterinärakademiker der k. u. k. tierärztlichen Hochschule in Wien u. der k. u. tierärztlichen Hochschule in Budapest. (V, 7 S.) Lex.-8. Wien 905. (Hof- u. Staatsdruckerei.) n. — 30

Vorschrift, Provisorische, für den Dienst des General-Quartiermeisterstabes im Felde. 8. Wien 1854.

Vorschrift, Provisorische (XX — b) 15, für den ökonomisch administrativen Dienst beim k. und k. Matrosen-Corps und bei den Marine-Detachements. (Herausgegeben mit dem M. N. V. Bl. V. Stück vom 3. April 1902.) 4. Wien 1902.

Vorschrift (B—14), Provisorische, über Dienstprämien und Abfertigungen der Unterofficiere des k. u. k. Heeres. (Zu Praes. Nr. 5954 v. J. 1897 — N. V. Bl. f. d. k. u. k. Heer, 1. St. v. 1898.) 4. Wien 1898.

— (B—VIII), Provisorische, über Dienstprämien und Abfertigungen der Unterofficiere der k. k. Landwehr. (Zu Praes. Nr. 3119 v. J. 1897 — V. Bl. f. d. k. k. Landwehr Nr. 3 v. J. 1898.) 4. Wien 1898.

— provisorische, üb. die Disziplinarbehandlung der Militärveterinärakademiker der k. u. k. tierärztlichen Hochschule in Wien u. der k. u. tierärztl. Hochschule in Budapest, m. e. Anh. (V, 8 S.) Lex.-8. Ebd (905). n. — 40

— provisorische, f. die Fortbildung des k. k. landwehrärztlichen Offizierskorps, s.: Taschenausgabe der Vorschriften der k. k. Landwehr. 25. Heft.

Vorschrift, provisorische, über die Führung der Militär-Verpflegs-Controle. 4. Wien 1856.

Vorschrift, Provisorische, für die Gebarung mit dem Tafel- und Cabinen-Service und dessen Verrechnung. Anhang I zur Vorschrift für die Verwaltung und Verrechnung des Materials auf den Schiffen der k. und k. Kriegs-Marine. Genehmigt mit der Allerhöchsten Entschliessung vom 15. Juli 1893. (Beilage zum M.-N.-V.-Bl. XXIX. Stück vom 26. Juli 1893, P. K./M. S. Nr. 1844.)
4. Wien 1893.

Provisorische Vorschrift für d. Gebrauch d. neuen Gewehre. Wien 1856.

Provisorische Vorschrift zur Handhabung der Gewehre (Handgriffe, Ladung u. Feuer) für die Großherzogl. Hessische Infanterie, Darmstadt 1846, 39 S., 8°.

— provisorische, üb. die Klassifikation der Militärveterinärakademiker der k. u. k. tierärztlichen Hochschule in Wien u. der k. u. tierärztlichen Hochschule in Budapest. (V, 15 S.) Lex.-8. Ebd. 905. n. — 60

— Provisorische, (XX — d) 4, für das Montur-Depot beim k. und k. Matrosen-Corps. (Herausgegeben mit dem M. N. V. Bl. V. Stück vom 3. April 1902.) 4. Wien 1902.

Vorschrift, Provisorische, für die Packung der Tornister und des Brotsackes. 4. (5 S.) —.02
Wien: Hof-u.Staatsdruck.1893.

—— provisorische, f. die Regiments-Officiersschulen der k. u. k. Train-Truppe. 8. (14 S.) Ebd. 891. * — 20

Vorschrift, Provisorische, für die Regiments-Officiersschulen der k. u. k. Train-Truppe. 2. Auflage der provisorischen Vorschrift vom Jahre 1891. 8. (14 S.) —.10
Wien: Hof-u.Staatsdruck.1892.

Provisorische Vorschrift über die Sanitäts-Ausrüstg der Großherzogl. Feld-Hospitäler.

Vorschrift, Provisorische, für die Schiessübungen der Feld-Artillerie. Zu Abth. 7, Nr. 857 von 1893. kl. 8. (Wien 1893.)

Vorschrift, Provisorische. für die Schiessübungen der Festungs-Artillerie. (N.-V.-Bl. für das k. u. k. Heer. 8. Stück ex 1894.) kl. 8. Wien 1894.

Provisorische Vorschrift ü. d. Schieß-Unterricht m. d. gezogenen Gewehr kleinen Calibers f. d. Inf. Karlsruhe 1861.

—— provisorische, zur Superarbitrirung der Mannschaft. 4. Wien 864, Hof- und Staatsdruckerei. *

Provisorische Vorschrift f. d. Übungen m. d. gezogenen Feld-12 Pfünder. München 1866. 4°

Provisorische Vorschrift f. d. Unterricht d. Scharfschützen d. Inf. Darmstadt 1846.
— 1846: Desgl. f. d. Plänkeln d. Inf.

Vorschrift, provisorische — über den Wirkungskreis und die Zuständigkeit der Gerichte in bürgl. Rechtssachen f. d. Großfürst. Siebenbürgen und die damit vereinigten Theile. 8. (33 S.) Wien, k. k. Hof- u. Staatsdruck. 1852.

— für die durch § 22 der Allerhöchsten Verordnung vom 6. Febr. 1873 befohlene militärärztliche Prüfung. 4. (2 S.) Berlin 881. Mittler & Sohn. — 10

— über die Prüfung f. den Jagd- u. Jagdschutz-Dienst. Verordnung d. Ackerbauministeriums vom 14. Juni 1889, R. G. Bl. Nr. 100. (Redactionelle Beilage d. kärnt. Gemeindeblattes v. Anfang Juni 1890.) gr. 8. (4 S.) Klagenfurt 890. (v. Kleinmayr.) n. — 12

Vorschrift über die Prüfung der Kandidaten des Lehramtes an vollständigen Realschulen. 4. (26 S.) Wien. Aus der k. k. Hof- und Staatsdruckerei. 1853.

Vorschrift f. d. Prüfung v. Milit.-Büchsenmachern u. Waffenrevisoren. München 1877. 1888.
— 1887—1897: Desgl. f. d. Prüfung v. Waffenmeistern.

— für die Prüfung v. Militär-Büchsenmachern u. Waffenrevisoren. 8. (15 S.) Berlin 888. Mittler & Sohn. n.n. — 10; cart. n.n. — 20

— für die Prüfung v. Waffenmeistern. Entwurf. 8. (16 S.) Ebd. 887. n.n. — 10; cart. n.n. — 20

Vorschrift für die Prüfung von Waffenmeistern. Entwurf. (Beigeb.: Tekturen Nr. 1—4, Dezember 1887 bis April 1889.) 8. Berlin 1887—1889.

— für die Prüfung v. Waffenmeistern. gr. 8. (19 S.) Berlin 894. E. S. Mittler & Sohn. n. — 20; kart. n. — 35

Vorschrift für die Prüfungen der Büchsenmacher des Heeres vom 27. April 1904. *Berlin: E. S. Mittler & Sohn 1904.* (25 S.) 8° [F.]
(D. V. E. No 99.) [04. 13783

Vorschrift (G-70) für den Pulver- und Munitions-Transport auf Strassen und Fahrwegen. 8. Wien 1880.

— zur Rangbestimmung f. die Personen des Soldatenstandes in der k. k. Landwehr s.: Taschen-Ausgabe der Vorschriften der k. k. Landwehr. 11. Hft.

Vorschrift für die Rathsversammlung der Österreichisch-Kaiserlichen Akademie der vereinigten bildenden Künste. Wien 1812. 4°.

Vorschrift für die Rechnungs-Abtheilungen der anweisenden Marine-Behörden. Genehmigt mit Allerhöchster Entschliessung vom 10. August 1889, P. K./M.S Nr. 1552. Beilage zum M.-N.-V.-Bl. XXIII. Stück vom 15. August 1889. 4. Wien 1889.

Vorschrift zu Regiments- und Corps-Commando-Uebergaben für die k. k. Armee. Fol. Wien 1808.

Vorschrift, in Betreff der Reisepartikularien, näml. von d. Vergütung d. Vorspann- u. Postpferde, bedung. Fuhren u. Wasserfahrten rc. Fol. Brünn... Gastl. 3 Kr

— über das Reitzeug u. die Beschirrung f. die k. u. k. Artillerie. 1. Heft. (Feld-Batterien.) 2 Tle. (VIII, 222 S. m. 15 Fig.-Taf.) 8. Wien 902. Hof- u. Staatsdruckerei. Kart. n. 3. —

Vorschrift (G-58) über das Reitzeug und die Beschirrung für die k. u. k. Artillerie (Zu Abth. 7, Nr. 6554 v. J. 1902. — N. V. Bl. f. d. k. u. k. Heer 39. Stück) 1. Heft. (Feld-Batterien.) Hiezu ein Band mit (15) Figurentafeln. Beigeb.: je Nachtrag 1. (1904) (2 Bde.) 8. Wien 1902—1904.

— über das Reitzeug u. die Beschirrung f. die k. u. k. Artillerie. 2. Heft. (Gebirgsbatterien.) 2 Tle. (VIII, 135 u. VI S. m. 10 Taf.) kl. 8. Wien 907. Hof- u. Staatsdruckerei. Kart. 3. —

Vorschrift, betreffend das Rettungswesen bei Eisenbahnen. Amtliche Ausgabe. 8. (29 S.)
Wien: Hof-u.Staatsdruck.1889. —.10

Vorschrift f. Revision, Abnahme u. Verpackung d. Geschosse M/71. München 1876. 4°

Die russische Vorschrift für Winterübungen. Übersetzt von V. Grzesicki. Separat-Abdruck aus dem „Organ der militärwissenschaftlichen Vereine". Wien. 1900. Seidel & Sohn. Gr.-8°. 16 S. K —.80

— über das Säbel- u. Bajonettfechten f. die Gendarmerie der im Reichsrate vertretenen Königreiche u. Länder. (14 S.) kl. 8. n.n. — 10
Wien: Hof-u.Staatsdruck.1905.

Vorschr. f. d. Sanitätsdienst d. Kgl. württemb. Truppen i. Felde. Stuttg. 1866.

— für Sanitätszüge des k. u. k. Heeres. N—23. (VI, 197 S. m. 9 Beilagen.) 8. Wien 909. (Hof- u. Staatsdruckerei.) 2. —

Vorschrift über das Schärfen und Stumpfmachen der blanken Waffen und der Bajonnette, über die hiezu gehörigen Mittel, sowie über das Brauchbarmachen abgenützter Schleifsteine. Mit 1 Figuren-Tafel. kl. 8. Wien 1884.

Vorschrift für die Scheiben der Handfeuerwaffen und Anleitung zum Notiren und Eintragen der Schiessresultate. 16. Bern 1872.

(F) Vorschrift für das Schiessen aus Belagerungs- und Festungsgeschützen. (Zu Abthg. Nr. 740 vom Jahre 1899.) Wien. 1899. Hof- und Staatsdruckerei. 8°. 50 S. fl. - .30

Vorschrift ü. Schießen u. Werfen m. 7pfd. excentr. Granaten d. Art. Darmstadt 1860.

— über die Schiessübungen der k. u. k. Festungsartillerie. G—40,b. 2 Hefte. gr. 8. Ebd. à 2. 40
1. Mit 16 Beilagen. (IV, 81 S.) 909.
2. Mit 13 Fig.-Taf. u. 1 Anlage. (V, 44 S.) 909

Vorschrift für d. Schriftverkehr d. kgl. sächsischen Armee. (Nr. 9 des S. D. V. E.) Ausg. 1899. 12. (73 S.) Dresden, C. Heinrich. Geb. in Leinw. n. — 80

— für den Schriftverkehr der königl. sächsischen Armee. Deckblätter Nr. 1—22 u. handschriftlich auszuführ. Berichtiggn. Nr. XIII—XIX. Nr. 9 des S. D. V. E. kl. 8. Dresden 903. 906. (C. Heinrich.) n. — 35
1—18. (6 Bl.) n. — 15. — 19. (4 S.) n. — 10. — 20—22 bzw. XIII–XIX. Vom 1. VIII. 1906, Nr. 2591 I. A. (2 Bl.) n. — 10.

— f. den Schriftverkehr der königl. sächsischen Armee. Deckblätter Nr. 23—36. Nr. 9 des S. D. V. E. Vom 2. II. 1908, Nr. 386 I. A. (6 Bl. u. 12 S.) kl. 8. Dresden 908. (C. Heinrich.) — 20

Vorschrift f. d. Schwimmen. Entw. München 1891.

— f. das Schwimmen der Kavallerie. Entwurf. 8. (8 S.) Berl. 891, Mittler u. Sohn. — 10

Vorschrift für den Schwimmunterricht in der grossherzoglich hessischen Armeedivision. 8. Darmstadt 1860.

— für die Sicherstellung u. Verwertung der Militär-Unterkünfte. 4. (IV, 92 S.) Wien 885. Hof- u. Staatsdruckerei. n. 1. —

(F) K—5. Vorschrift für die Sicherstellung und Verwertung der Militär-Unterkünfte. (Zu Abth. II Nr. 2734 vom Jahre 1899 — Normal-Verordnungsblatt für das k. u. k. Heer 17. Stück.) Wien. 1899. Hof- & Staatsdruckerei. 4°. VII, 183 S. fl. —.70

Vorschrift (K–5.) für die Sicherstellung und Verwertung der Militär-Unterkünfte. (Zu Abth. 11, Nr. 2734 v. J. 1899 – N. V. Bl. f. d. k. u. k. Heer 17. Stück.) Beigeb.: Anhang (1902). 4. Wien 1899–1902.

Vorschrift für das Signalisiren mit dem Deckswinker, Winkflaggen u. d. Nachtwinker. *Berlin: Reichs-Marine-Amt 1902.* (9 S.) 8° [F.] (o). 1891

— über die Standesführung im k. k. Heere. 4. (VIII, 167 S.) Wien 887. Hof- u. Staatsdruckerei. n. 1. 20

Nachtrag I zur Vorschrift über die Standesführung im k. u. k. Heer. Gr.-8. —.06
Wien: Hof- u. Staatsdruckerei 1891.

Nachtrag II zur Vorschrift für die Standesführung im k. u. k. Heere. 4. (5 S.) 2.—
Wien: Hof- u. Staatsdruckerei 1892.

Vorschrift über die Standesführung im k. k. Heere, sammt Nachtrag 1887/91. Nachdruck-Ausgabe. 4. (VIII, 167 und Nachtrag 8 S.)
Wien: Hof- u. Staatsdruckerei 1892.

Vorschrift ü. Stempeln d. Handwaffen. München 1872–1898.

Vorschrift ü. Stempeln d. Handwaffen. Berlin 1877–1897.

— für die Stubendiensthabenden. gr. 16. (7 S.) Wesel 897. C. Kühler. n. — 20

— zur Superarbitrirung der Personen d. k. k. Heeres vom 10. Jan. 1876. Erläutert durch die einschläg. Stellen d. Militärversorgungsgesetzes u. der Instruction zum Wehrgesetze. Mit e. ausführl. alphabet., nach Schlagwörtern abgefaßtem Sach-Register. 8. (118 S.) Prag 876. Mercy. n. 1. 20

Vorschrift zur Superarbitrirung der Personen der k. k. Kriegs-Marine. Genehmigt mit Allerhöchster Entschliessung vom 10. Juni 1878, P. K./M. S. Nr. 1016. 4. Wien 1878.

— zur Superarbitrirung der Personen der k. k. Landwehr. Verlautbart m. Circular-Verordnung vom 2. Oktbr 1880, Nr. 1399 Praes. [Lw. V. Bl. Nro. 30 ex 1880.] 4. (69 S.) Wien 880. k. k. Hof- u. Staatsdruckerei. n. — 80

Vorschrift über die militairische Tapferkeits-Medaille Fol. Wien (1809).

— üb. die militairische Tapferkeits-Medaille. Fol. (14 S.) Wien 891, Hof- u. Staatsdruckerei. * — 20

Vorschrift f. d. optische Telegraphieren. F. d. Gebrauch d. Fußart. München 1885.

— für die k. und k. Torpedoboots-Direktion mit Anhang: Vorschrift für den Dienstbetrieb am Bequartierungsschiffe der Torpedoboots-Direktion und zugehörigen Beilagen. Herausgegeben mit N. V. Bl. für die k. und k. Kriegsmarine XV. Stück, vom Juli 1903 P. K. M. S. Nr. 1454 vom 26. Juni 1903. (Statut und Dienstvorschriften für das k. k. See-Arsenal. II. B.) 4. Laibach 1903.

Vorschrift für die Truppenübungen d. k. u. k. Heeres. Entwurf. E—23. (VIII, 187 S. m. Tab. u. 1 farb. Taf.) 16. Wien 909. (Hof- u. Staatsdruckerei.) 2. 50

Vorschrift für das Turnen der grossherzoglich hessischen Infanterie. 8. Darmstadt 1861.

— f. das Turnen in der Marine. gr. 16. (VII, 82 S. m. 30 Fig. u. 2 Steintaf.) Berl. 890, Mittler u. Sohn. cart. * — 70

Vorschrift ü. Turnen u. Voltigiren d. Feld-Art. Entw. München 1878.

Vorschrift, betreffend den Uebertritt k. k. Officiere in die Reserve, in die Landwehr oder in das Verhältniß „außer Dienst"; die Ablegung des Officiers-Charakters; den Austritt und die Entlassung von Officieren aus dem k. k. Heere; die Betreibung von Privat-Geschäften durch Officiere, und den Uebertritt derselben in Civil-Staatsdienste. Rückstellung der Heirats-Cautionen aller Officiere und (bisherigen) Militär-Parteien des — nicht bloß zeitlichen — Ruhestandes, der Reserve, „außer Dienst" und der Landwehr; ferner aller Witwen von Officieren und Militär-Parteien. 4. (15 S.) Wien, k. k. Hof- & Staatsdruckerei. 1869.

Vorschrift f. überweisung d. Bedürfnisse z. d. Armierungs-Übungen d. Fuß-Art. . . München 1885.

— für die Ueberweisung der Bedürfnisse zu den Schießübungen u. den Instruktions-Laboratorien-Arbeiten der Artillerie u. f. die Verwaltung der Schießübungsgelder. [Schießplatz-Verwaltungs-Vorschrift.] gr. 8. (IV, 55 S.) Berlin 883. (v. Decker.) n. — 80

Vorschrift (Schiessplatz-Verwaltungs-Vorschrift) für die Ueberweisung der Bedürfnisse zu den Schiessübungen und den Instruktions-Laboratorien-Arbeiten der Artillerie und für die Verwaltung der Schiessübungsgelder. Beigeb.: Nachtrag I. und Tekturen Nr. 2, 3 u. 4., 1886. 8. Berlin 1883--1886.

Vorschrift f. d. überweisung d. Bedürfnisse z. d. Schießübungen u. d. Unterrichts-Laboratorien-Arbeiten d. Art. u. f. d. Verwaltung d. Schießübungsgelder. <Schießplatz-Verwaltungs-Vorschrift.> München 1876—1889.

Vorschrift zur Übung der Landwehrmänner zu Fuß. Breslau 1813. 8°.

— zur Uebung d. Landwehrmänner zu Fuß, oder das Exercitium auf eine leichte Art zu erlernen. 8. (Cassel) 813. Krieger. 2 gr Voigt in Ilmenau 814. 2 gr

— zu den Uebungen im Bataillon für die Communalgarden. 8. Dresden 844. (Leipzig, Teubner.) n. 1/6 ℳ

Vorschrift für die von Sr. k. k. Majestät sämmtlichen Staatsbeamten und dem Hofkriegsrath bewilligte Uniform. (Mit 4 Taf.) Beigeb.: Copia eines allerhöchsten Kabinetsschreibens an den Staatsminister der auswärtigen Angelegenheiten Fürsten Metternich. Paris am 25. April 1814. (Manuscript) Fol. Wien 1814.

Vorschrift (G—41) für die Unterbringung und Erhaltung der Artillerie-Vorräthe. (Mit 8 Taf.) 4. Wien 1873.

— f. die Unterbringung u. Erhaltung der Artillerievorräte m. Beilagenheft. (Evident geführt bis Ende Dezbr. 1908.) G—41. 2 Tle. (VI, 150 u. IV, 165 S. m. 8 Taf.) Il. 8. Wien 909. (Hof- u. Staatsdruckerei.) Kart. 5. 60

— f. die Unterbringung u. Erhaltung der Train-Vorräthe. 8. (82 S. m. 3 Taf.) (Ebd.) 891. * 1 —

Vorschrift (C—19) für die Unterbringung und Erhaltung der Train-Vorräthe. (Zu Abth. 3, Nr. 455 vom Jahre 1891. N.-V.-Bl. für das k. k. Heer, 10. Stück.) (Mit 3 Tafeln.) 8. Wien 1891.

— — 2. Auflage. 8. Wien 1892.

— für die Unterbringung u. Erhaltung der Trainvorräte. (IV, 80 S. m. 3 Taf.) 8. Wien 907. (Hof- u. Staatsdruckerei.) 1. —

Vorschrift f. d. Unterstützungsfonds bei Kap. 30 Tit. 7. München 1905.

Vorschrift f. d. Untersuchung u. Abnahme neu gefertigter Zündhütchen d. 3,7 cm Patronen. T. 4. Mit 1 Taf. (Mehr nicht vorhanden.) Berlin 1888.

Vorschrift (N—26) zur ärztlichen Untersuchung der Aspiranten bei der Aufnahme in Militär-Erziehungs- und Bildungs-Anstalten. (Zu Abth. 14, Nr. 3671 [vom Jahre 1890] vom Jahre 1891, N.-V.-Bl. f. d. k. u. k. Heer, 7. Stück.) 8. Wien 1891.

— üb. die ärztliche Untersuchung der Aspiranten f. die Aufnahme in Militär-Erziehungs- u. Bildungsanstalten. (23 S.) gr. 8. Wien 904. (Hof- u. Staatsdruckerei.) n. — 20

— f. die ärztliche Untersuchung der Wehrpflichtigen. gr. 8. (39 S.) Wien 889. Hof- u. Staatsdruckerei. n. — 20

Vorschrift f. Untersuchung gebrauchter Geschützrohre. München 1877. 1887.

Vorschrift f. d. Untersuchung gebrauchter Geschützrohre. Berlin 1885.
— 1897: Ergänzungen betr. Feldkanonenrohr C/96 4°

— (G—61—80.) für die Untersuchung, Classification, Übernahme und Verpackung des in der k. u. k. Pulverfabrik in Stein erzeugten Jagd- und (mit Glanz) runden Scheibenpulvers. (Zu Abth. 7, Nr. 700 vom Jahre 1900.) Fol. Wien 1900.

Vorschrift (G—61—106.) für die Untersuchung, Klassifikation, Übernahme und Verpackung des Zündschnurpulvers aus Privatpulverwerken. (Zu Abt. 7, Nr. 1500 von 1904.) (Lithographiert.) Fol. Wien 1904.

Vorschrift (G—61, 56) für die periodische Untersuchung des grobkörnigen Geschützpulvers (Würfelpulver). (Mit 1 Taf.) (Lithogr.) Fol. (Wien) 1888.

— zur Untersuchung des Großherzogl. Badischen Schießpulvers, so wie des Pulverprobiermörsers u. der zugehörigen Metallkugeln. Fol. Karlsruhe 839. Wagner. (Braun.) 1 1/6 ℳ

Vorschrift zur Untersuchung d. grosshrzgl. badischen Schiess-Pulvers, sowie d. Pulverprobirmoersers u. d. zugehoer. Metallkugeln. 1839. Nebst e. kurzgef. Uebersicht d. Bereitungsart d. grosshrzgl. Militair-Pulvers. Lithogr. Fol. (13 B. incl. 4 Taf. Abbildn.) Carlsruhe 841, (Braun'sche Hofbuchh.) •

Vorschrift (G—61, 60) für Untersuchung und Uebernahme der Pulver-Tonnen M. 1893 und der rohseidenen Pulver-Säcke M. 1893, ferner der Pulver-Tonnen M. 1890, 1891 und 1892 und rohseidenen Pulver-Säcke M. 1890. (Lithogr.) Fol. Wien 1893.

Vorschrift betreffend die Untersuchung und Übernahme der für den Ärarialverlag bestimmten Sprengkapseln. (Sprengzündhütchen.) (Zu Abth. 7, Nr. 3600 von 1901.) (Lithographiert.) Fol. Wien 1901.

— üb. die Verabfolgung v. Seekarten u. nautischen Büchern seitens der Kartendepots u. deren Verwaltung an Bord S. M. Schiffe u. Fahrzeuge. gr. 8. (8 S.) Ebd. 892. * — 20

Vorschrift für die Verdingung von Leistungen (Arbeiten und Lieferungen) bei den Artilleriedepots u. bei d. Depot-Verwaltung d. Artillerie-Prüfungskommission. Vom 2. Dez. 1910. Berlin: Mittler 1910. V, 62 S. 8°
D. V. E. Nr 22.) [11. 5026

[F.] **Vorschrift** für die Verdingung von Lieferungen und Leistungen bei den Artillerie-Depots, Artillerie-Werkstätten, Gewehr-, Munitions- u. Pulverfabriken, der Geschossfabrik, der Geschützgiesserei, dem Feuerwerks-Laboratorium u. der Depot-Verwaltg d. Artill.-Prüfgskommission. Neuabdr. [nebst] Nachtrag. *Berlin: E. S. Mittler & Sohn 1896.* (2 Bl., 34 S.; 2 Bl.) 1 Bd 8. [96. 6379

Vorschrift ü. Verdingung v. Lieferungen u. Leistungen b. d. Truppen i. Hinsicht a. d. Bekleidungs-Wirthschaft. Entw. Berlin 1883.

— für die Verdingung v. Lieferungen u. Leistungen bei den Truppen in Hinsicht auf die Bekleidungs-Wirthschaft. Nachtrag. gr. 8. (1 Bl.) Berlin 886. Mittler & Sohn. n.n. — 5

Vorschrift f. Verdingung v. Lieferungen u. Leistungen b. d. Truppen i. Hinsicht a. d. Bekleidungswirtschaft. Entw. München 1884.
— — 1891: Verdingungsvorschrift.

Vorschrift zur Vereinfachung d. Exerc.-Regl. Wien 1805.

Vorschrift zur Vereinfachung der Fortifications-Bauanträge . . . Wien 1838. 4°

Vorschrift über das Verfahren bei Aufrechnungs- und Ausgabs-Bedeckungen, dann Passirungen und Ersatz-Verhandlungen für die k. k. Kriegs-Marine. Genehmigt mit Allerhöchster Entschliessung vom 31. August 1889 P. K./M. S. Nr. 1661. Beilage zum M.-N.-V.-Bl. XXVI. Stuck vom 9. September 1889. 8. Wien 1889.

—— über das Verfahren bei Aufrechnungs-Bedeckungen, Passirungen und Ersatz-Verhandlungen. hoch 4. (VI, 31 S.) Wien 884, Hof- und Staatsdruckerei. *

— üb. d. Verfahren bei Aufrechnungs-Bedeckungen, Passirgn. u. Ersatz-Verhandlgn. 4. (X, 39 S.) Wien 887. (Hof- u. Staatsdruckerei.) n. — 60

Vorschrift über das Verfahren bei Aufrechnungsbedeckungen, Passirungen und Ersatz-Verhandlungen. Lex.-8. (39 S.) Ebda. 1895. —.30

(F) [A.—46.] Vorschrift für das ehrenräthliche Verfahren vom Jahre 1884. [Taschen-Ausgabe der Militär-Vorschriften Heft 53.] Wien. 1899. Hof- und Staatsdruckerei. 8°. 41 S. fl. —.30

Vorschrift für das ehrenräthliche Verfahren vom Jahre 1884. [Taschenausgabe der Militärvorschriften. Heft 53.] 10. Aufl. 8°. (41 S.) Ebda. 1903 K —.60

— f. das ehrenrätliche Verfahren im k. u. k. Heere. (VIII, 50 S.) Lex. 8. Wien 908. (Hof- u. Staatsdruckerei.) — 60

—— für das ehrenräthliche Verfahren in der k. k. Landwehr. 8. (34 S.) Ebendas. 882. *

Vorschrift (A.—LI.) für das ehrenräthliche Verfahren in der k. k. Landwehr, sammt Anhang, betreffend die Anwendung auf die k. k. Gendarmerie. 4. Wien 1901.

(F) Vorschrift für das ehrenräthliche Verfahren in der k. k. Landwehr. 4°. (89 S.) Wien: Hof- u. Staatsdruckerei 1902. K —.80

Vorschrift für das ehrenräthliche Verfahren in der k. k. Landwehr. [Taschen-Ausgabe der Vorschriften der k. k. Landwehr. Heft 1.] Gr.-8°. (VII, 38 S.) K —.60 Wien: Hof- u. Staatsdruckerei 1903.

(F) Vorschrift für das ehrenrätliche Verfahren in der k. k. Landwehr samt Ergänzungen betreffend die Anwendung derselben auf die k. k. Gendarmerie (vom Jahre 1908). [Taschenausgabe der Vorschriften der k. k. Landwehr. Heft 1.] 8°. (VIII, 60 S.) Wien: Hof- u. Staatsdruckerei 1908. K —.80

Vorschrift für das ehrenrätliche Verfahren in der k. k. Landwehr, sammt Anh., betr. die Anwendung derselben auf die k. k. Gendarmerie, s. a. Taschen-Ausgabe der Vorschriften der k. k. Landwehr. 1. Hft.

— f. das Verfahren bei unnatürlichen u. gewaltsamen Todesfällen im k. u. k. Heere. (Zu Abt. 14, Nr. 2163 vom J. 1906 — Normalverordnungsblatt f. das k. u. k. Heer, 27. Stück, N—4. (VI, 111 S.) 8. Ebd. 906. n. — 60

— dasselbe, s.: Taschenausgabe der Militärvorschriften. H. 7.

Vorschrift zur Verfassung des monatlichen Arbeits-Rechnungs-Extraktes der Werkstätten-Abtheilungen der a. p. Kaiser Ferdinands Nordbahn. Wien, 1856. Gedr. bei Josef Stöckholzer v. Hirschfeld. (24 S. 4 Bl. 158 S. 4.)

Vorschrift über die Verfassung und Einsendung der jährlichen Monturs-Erfordernissaufsätze. (Beigebunden Formulare A—P.) Lithograph. Fol. Wien am 14. Juni 1839.

Vorschrift zur Verfassung der Monturs-Musterungs- und Revisions-Berichte. 4. Wien, am 11. Mai 1840.

Vorschrift (A.—24.) zur Verfassung der National- und Dienstbeschreibungen, dann der Hauptberichte. N.-V.-Bl. für das k. u. k. Heer 24. Stück ex 1894. (Mit 4 Beilagen.) 4. Wien 1894.

Vorschrift für die Verfassung des alphabetischen Nominal-Zettelkatalogs der Druckwerke der k. k. Hofbibliothek. Hrsg. von d. Direction. Mit 2 Beil., e. Sachreg. u. 500 Beispielen. (Vorr.: Dr. Rudolf Geyer.) *Wien: Selbstverl. d. Hofbibl. 1901.* (XLIV, 96 S., 500 gez. Bl.) 8°

— Vorschriften f. d. Katalogsarbeiten d. k. k. Hofbibliothek. Abt. 1, Bd 1. [Ks. 219]

— zur Verfassung der Qualifications-Listen üb. die k. k. Landwehr-Auditore, s. a. Taschen-Ausgabe der Vorschriften der k. k. Landwehr. 5. Hft.

Vorschrift (A. XXXI) zur Verfassung der Qualifications-Listen über die k. k. Landwehr-Auditore. (Zu Praes. Nr. 3540 v. J. 1902 — V. Bl. f. d. k. k. Landwehr Nr. 55.) 4. Wien 1902.

Vorschrift (A.—16, d) zur Verfassung der Qualifications-Listen über Militär-Geistliche. (N.-V.-Bl. 23. Stück ex 1887.) 4. Wien 1887.

—— zur Verfassung der Qualifications-Listen über Stabs- und Oberofficiere des Soldatenstandes, dann Cadetten im k. k. Heere vom J. 1883. 1. und 2. Nachtrag vom J. 1884, resp. 1885. 8. (à Nachtrag 3 S.) Wien 885, Hof- und Staatsdruckerei. à Nachtrag

— zur Verfassung der Qualifikationslisten üb. Stabs- u. Oberoffiziere des Soldatenstandes, dann Kadetten im k. u. k. Heere. (43 S.) Lex. 8. Wien 908. (Hof- u. Staatsdruckerei.) — 60

dasselbe, s. a. Taschenausgabe der Militärvorschriften. H. 47.

— (A.—XXX.) zur Verfassung der Qualifications-Listen über Stabs- und Oberofficiere des Soldatenstandes, dann Cadetten in der k. k. Landwehr. (Verordnungsblatt für die k. k. Landwehr Nr. 29 ex 1894.) 4. (Wien 1894.)

— über d. Verfassg., Sammlg. u. Evidenzhaltg. v. Situations-, Längenprofils- u. Querprofils-Plänen d. Binnengewässer. Hrsg. m. Genehmigg. d. k. k. Ministeriums d. Innern vom k. k. hydrograph. Centralbureau. gr. 8. (III, 10 S. m. 9 z. Tl. farb. Beilagen.) Wien 896. (W. Braumüller.) n.n. 2.—

Vorschrift über die Verfertigung und Verpackung der Munition für das neue Infanterie- und das Jägergewehr, sowie für die Stutzer. (Beschluss des schweizerischen Bundesrathes vom 20. Mai 1864.) (Mit 2 Taf.) kl. 8. Bern 1864.

Vorschrift f. Verhalten d. Garn. (München) beim Schlagen d. Generalmarsches. München 1889. 4°

Vorschrift über das Verhalten der Kranken im Lazareth. Dat. Stralsund 23. Juni 1784. 17 S. 8

— für das Verhalten der Soldaten der königl. würtemberg. Infanterie. 8. Ludwigsb. 828. Rast. 6 K

Vorschrift für das Verhalten der Soldaten der württ. Infanterie. Ludwigsburg 1828. 176 S.

— für das Verhalten der Unteroffiziere. Mit Genehmigung des Königl. Kriegsministeriums. (Vom Ober-Lieut. von Starckloff.) 3 Bde. Mit 1 1/2 B. Tabellen. 16. Ulm 836. Nübling. n. 1 3/4 ℳ

— üb. die persönlichen Verhältnisse des Feuerwerkspersonals (Feuerwerkspersonal-Vorschrift), Fwp. V., von 13. VIII. 1910. (D. V. E. Nr. 7.) (IX, 97 S.) 8. Berlin 910. E. S. Mittler & Sohn. — 60; geb. — 75

Vorschrift über die persönlichen Verhältnisse der Schirrmeister und Zeughauswaffenmeister im Bereiche des Artillerie- und Waffenwesens. (Schrm. u. Zgw.V.) Vom 3. Nov. 1910. Berlin: Mittler 1910. VII, 47 S. 8°
(D. V E. Nr 300.) [11. 5029

— über die persönlichen Verhältnisse des Zahlmeisterpersonals in der königl. sächsischen Armee. (Nr. 59 der S. D. V. E.) 8. (15 S.) Dresden 899. C. Heinrich. n. — 20

[5.] Vorschrift über die persönlichen Verhältnisse des Zeugpersonals. (Zeugpersonal-Vorschr.) Zgp.V. *Berlin: E. S. Mittler & Sohn 1895.* (VII, 7 S.) 1 Bd 8. [96 618

—— für den schriftlichen Verkehr des XII. (königl. sächs.) Armee-Korps. Ausg. 1892. gr. 8. (49 S.) Dresd., (Heinrich). geb. * — 80

— f. d. schriftlichen Verkehr des XII. (Königl. Sächs.) Armee-Korps. Ausg. 1897. gr. 8. (46 S.) Dresden 897. (C. Heinrich.) Kart. n. — 80

(F) I—2. Vorschrift über die Verleihung militär-ärztlicher Stipendien. (Zu Abth. 14, Nr. 232 von 1901. — Normal-Verordnungsblatt für das k. u. k. Heer. 5. Stück.) Wien. 1901. Hof- und Staatsdruckerei. 8°. VIII, 50 S. K —.40

Vorschrift f. Verpacken d. m. scharfen Patronen M 71 gefüllten Packschachteln . . . München 1887.

—— für die Verpflegung des k. k. Heeres. 1. Thl.: Verpflegung im Frieden. I.—XII. Hauptstück. Nebst Beilagenbd. 8. (XXIV, 453 S.; Beilagen VI, 381 S. mit Tab. und Tf.) Ebendas. 884. *

—— dass. — 1. Thl. [Auszug für die Unterabtheilungen des k. k. Heeres.] 8. (X, 121 S.) Ebendas. 884. *

—— dass. — 2. Thl.: Verpflegung im Kriege. Nebst Beilagen. 8. (VIII, 224; VIII, 293 S. mit 2 Stnt.) Ebendas. 883. *

— (L—2) für die Verpflegung des k. k. Heeres.
I. T. Verpflegung im Frieden. I.—XII. Hauptstück 1884.
(1 B. Text, 1 Bd. Beilagen) Beigeb.: 1. Nachtrag zu Text und Beilagen. 1888.
II. Th. Verpflegung im Kriege. (1 Bd. Text, 1 Bd. Beilagen.) Beigb.: 1. Nachtrag zu Text und Beilagen. 1885. 2. Nachtrag zu Text und Beilagen. 1888. kl. 8. Wien.

——f. die Verpflegung d. k. u. k. Heeres. 2. Thl.: Verpflegg. im Kriege. 2. u. 3. Heft. (Neue Ausg.) 8. Wien 892, Hof- u. Staatsdruckerei. * 1 20
2. Verpflegsdienst bei d. Truppen u. Anstalten. (VIII, 154 S. m. 3 lith. Taf.) * — 40.
3. Dienst der Verpflegs-Anstalten. (VIII, 188 S.) * — 80.

Nachtrag 2 zur Vorschrift für die Verpflegung des k. u. k. Heeres, I. Theil, Verpflegung im Frieden. (Auszug für die Unterabtheilungen des k. u. k. Heeres.) 8. (115 f. S.) —.10
Wien: Hof- u. Staatsdruckerei 1894.

Nachtrag II zur Vorschrift für die Verpflegung des k. u. k. Heeres. I. Theil: Verpflegung im Frieden. 8. (64 S.) —.20
— — II zu den Beilagen zum I. Theile der Vorschrift für die Verpflegung des k. u. k. Heeres, Verpflegung im Frieden. 8. (309 S.) —.20
Wien: Hof- u. Staatsdruckerei 1894.

Nachtrag, 1., zur Vorschrift für Verpflegung des k. u. k. Heeres. II. Theil. Verpflegung im Kriege. 2. Heft. Kl.-8. —.10
— — II. Theil. 3. Heft. Kl.-8. —.08
Wien: Hof- u. Staatsdruckerei 1895.

Vorschrift für die Verpflegung des k. u. k. Heeres. I. Theil. Verpflegung im Frieden. XIII. und XIV. Hauptstück. 8. (S. XXIII—XXV und S. 455—524) Wien: Hof- u. Staatsdruckerei 1896. —.80

Beilagen zum I. Theile (XIII. u. XIV. Hauptstück) der Vorschrift für die Verpflegung des k. u. k. Heeres, betreffend die Verpflegung im Frieden. 8. (VIII. S. 383—516) —.80
Wien: Hof- u. Staatsdruckerei 1896.

Vorschrift für die Verpflegung des k. u. k. Heeres. II. Theil. Verpflegung im Kriege. 3. Heft. Dienst der Verpflegs-Anstalten. 8. (VIII. 186 S.) Wien: Hof- u. Staatsdruckerei 1898.

(F) L—2. Vorschrift für die Verpflegung des k. u. k. Heeres. I. Theil. Verpflegung im Frieden. I. XII. Hauptstück. 2 Bde. (Ausgegeben mit Circular-Verordnung. Praes. Nr. 2144 von 1884.) Wien. 1884. Nachdruck-Ausgabe vom Jahre 1899, mit Berücksichtigung der Nachträge 1 bis 3. Hof- und Staatsdruckerei. 8°. XXIII, 483 S.; VII, 395 S. Mit 10 Tafeln. fl. 2.—

Der zweite Band enthält die „Beilagen zum I. Theile (I. bis XII. Hauptstück) der Vorschrift für die Verpflegung des k. und k. Heeres, betreffend die Verpflegung im Frieden."

(F) L—2. 3. Nachtrag zu der Vorschrift für die Verpflegung des k. u. k. Heeres, I. Theil. Verpflegung im Frieden. I.—XII. Hauptstück. (Zu Abth. 12, Nr. 323 vom Jahre 1899 — Normal-Verordnungsblatt für das k. u. k. Heer 9. Stück.) Wien. 1899. Hof- und Staatsdruckerei. 8° fl. —.30

(F) L—2a. 3. Nachtrag zu der Vorschrift für die Verpflegung des k. u. k. Heeres, I. Theil. Verpflegung im Frieden. (Auszug für die Unterabtheilungen des k. u. k. Heeres.) (Zu Abth. 12, Nr. 323 vom Jahre 1899 — Normal-Verordnungsblatt für das k. u. k. Heer 9. Stück.) Wien. 1899. Hof- und Staatsdruckerei. 8°. fl. —.10

(F) L—2. Vorschrift für die Verpflegung des k. und k. Heeres. II. Theil. Verpflegung im Kriege. 2. Heft. Verpflegsdienst bei den Truppen und Anstalten. (Zu Praes. Nr. 172 vom Jahre 1892 — Normal-Verordnungsblatt für das k. und k. Heer 3. Stück.) Wien. 1899. Nachdruck-Ausgabe vom Jahre 1899 mit Berücksichtigung des 1. Nachtrages. Hof- und Staatsdruckerei 8°. VIII, 158 S. Mit 3 Tafeln. fl. —.40

Vorschrift (L—2) für die Verpflegung des k. u. k. Heeres. I. Th. Verpflegung im Frieden. (Fortsetzung) XIII. und XIV. Hauptstück. 1896. (1 Bd. Text. 1 Bd. Beilagen.) Beigeb. Nachtrag 3 (1899) und 4 (1902) zu Text und Beilagen. — II. Th. Verpflegung im Kriege. (Neuauflage 1892) (Ergänzung.) Beigeb. dem 1, 2. und 3. Heft je ein 2. Nachtrag (1902). 8. Wien 1896 1902.

(F) Vorschrift für die Verpflegung des k. u. k. Heeres. 1. Nachtrag. 8°. Ebda. 1905. K —.10

— für den Verpflegungsbetrieb der Marineteile am Lande in der Heimat. (L. V.) (33 S.) gr. 8. Berlin 905. (E. S. Mittler & Sohn.) n. — 60

Vorschrift betr. Verpflegungsgebühren d. Heeres i. Kriege. München 1888.

— über das Verpflegungsgeld bei den Marineteilen am Lande in der Heimat. (L. V. G.) (D. E. Nr. 431.) (25 S.) gr. 8. Berlin 909. E. S. Mittler & Sohn. — 40

Vorschrift über die Verrichtungen und den Dienst der Wagenmeister der Infanterie. (Mit 3 Anlagen.) 16. Bern 1858.

Vorschrift für die Verschleißer von Tabakspezialitäten. ⟨Finanzministerialverordnung v. 26. Nov. 1906, Z. 36047.⟩ Wien: Hof- u. Staatsdr. 1906. (67 S.) 8° [F.]
= Handausgabe österreichischer Gesetze u. Verordnungen. II. 123, e. [07. 3089

—— üb. die Versendung v. Sprengstoffen u. Munitionsgegenständen der Militär- u. Marineverwaltung auf Landwegen u. auf Schiffen [Sprengstoff-Versendungsvorschrift], nebst militär. Ausführungsbestimmgn. 8. (38 S.) Berl. 889, Mittler u. Sohn. * — 35

— über die Versendung v. Sprengstoffen u. Munitionsgegenständen der Militär- u. Marineverwaltung auf Land- u. Wasserwegen (Sprengstoffversendungsvorschrift), nebst militär. Ausführungsbestimmgn. 8. (46 S.) Ebd. 894. n. — 40; kart. n. — 60

Vorschrift ü. Versendung v. Sprengstoffen u. Munitionsgegenständen . . . a. Landwegen u. a. Schiffen. München 1889.

Vorschrift z. Verwaltung d. Art.-Depots. Berlin 1865.

— für die Verwaltung der Artillerie-Depots. gr. 8. (XIV, 354 S.) Berlin 880. v. Decker. cart. n. 2. 50

Vorschrift für die Verwaltung der Artillerie-Depots. Beigeb.: Tekturen. 8. Berlin 1880—1888.

Vorschrift f. d. Verwaltung d. Art.-Depots. München 1882.

Vorschrift z. Verwaltung d. Art.-Werkstätten. Berlin 1826.

Vorschrift f. Verwaltung d. techn. Ausrüstung d. Pion.-Batl. u. d. Eisenbahn-Comp. u. d. hiezu gewährten Fonds. München 1879.

Vorschrift für die Verwaltung und Benutzung der Hauptbücherei der Marinestation der Nordsee. Genehmigt Berlin, den 10. Okt. 1006. Berlin: Reichs-Marine-Amt 1906. (7 S.) 8° [F.]
(D. E. No 365.) [07. 375

— für die Verwaltung d. Feldgeräths der Infanterie- u. Kavallerie-Truppentheile. Beilage Nr. 11 zu den Dienstvorschriften f. den Train im Frieden. gr. 8. (S. 297—319.) Ebd. 887. n.n. — 20

Vorschrift f. Verwaltung d. Feld- u. Übungs-Materials d. Art. u. der d. Art.-Truppe hiezu gewährten Fonds. Vom 12. 12. 1869. Berlin 1870.

Vorschrift f. Verwaltung d. Feld- u. Übungs-Materials d. Art. u. d. . . . gewährten Fonds. München 1874.

—— für die Verwaltung der königl. technischen Institute der Artillerie excl. Pulverfabriken vom 26. Novbr. 1874. Nachtrag I. gr. 8. (21 Bl.) Ebendas. 887.

Vorschrift zur Verwaltung der Cassen, zur Controle der Gesammt Gebarung und zur Rechnungslegung bei der k. k. Monturs-Commission. Fol. Wien 1852.

—— für die Verwaltung der Laboratorien bei den Artillerie-Depots. 8. (54 S.) Berlin: v. Decker 1880. cart. *

Vorschrift für die Verwaltung der Laboratorien bei den Artillerie-Depots. Beigeb.: Tektur Nr. 1. 8. Berlin 1880—1886

Vorschrift f. d. Verwaltung der Laboratorien bei den Artillerie-Depots. München 1882.

— für die Verwaltung d. Materials der Feld-Artillerie u. der der Truppe hierzu gewährten Fonds. gr. 8. (64 S.) Berlin 876. Voß. n. 1. —

—— für die Verwaltung des Materials der Feldartillerie und der der Truppe hierzu gewährten Gelder. 8. (IV, 65 S.) Berlin 887. Mittler und Sohn. ** 45 Pf.: cart.

— — (Neuauflage.) Mit Tekturen bis November 1888. 8. Berlin 1887—1888

— für die Verwaltung der Militär-Veterinär-Anstalten. (V. V. Mil. Vet. Anst.) 8. (IV, 75 S.) Berlin 899. E. S. Mittler & Sohn. n. — 70; kart. n. — 80

Vorschrift für die Verwaltung der Militär-Veterinär-Anstalten ⟨V. V. Mil. Vet. Anst.⟩ vom 4. Nov. 1907. Berlin: E. S. Mittler & Sohn 1907. (64 S.) 8° [F.]
(D. V. E. No 38.) [08. 12148

— für die Verwaltung der Offizier-Unterstützungsfonds, der Deckoffizier-Unterstützungsfonds, sowie der Fonds zur Unterstützung hülfsbedürftiger Familien der Mannschaften vom Feldwebel abwärts. Entwurf. gr. 8. (31 S.) Ebd. 899. n.n. — 50

— für die Verwaltung der Pionier-Uebungsgelder. V. V. d. Pion. Ueb. 8. (III, 25 S.) Ebd. 893. n. — 20; kart. n. — 35

— für die Verwaltung der Pionier-Übungsgelder (V. V. d. Pion. Üb.) vom 1. VII. 1908. (D. V. E. Nr. 221.) (57 S.) 8. Berlin 908. E. S. Mittler & Sohn. — 35; kart. — 50

Vorschrift über die Verwaltung des Proviantwesens in den Gouvernements der inneren Direction, welche nicht in die Rayons der Proviantcommissionen gehören. Als Beilage zum Kriegsministerial Erlass vom 16. Juni 1857. 8. Petersburg 1857.

— für die Verwaltung der Provinzial-Bibliotheken der Artillerie. 8. (10 S.) Ebd. 887. n.n. — 5

Vorschrift z. Verwaltung d. Pulverfabriken. Berlin 1861.

— zur Verwaltung der königl. Pulverfabriken vom 13. März 1879. Nachtrag I. gr. 8. (7 Bl.) Ebend. 886. n.n. — 10

Vorschrift z. Verwaltung d. Train-Depots. München 1875.

Vorschrift für die Verwaltung der Übungsgelder der Inspektion der Küstenartillerie und des Minenwesens. Berlin: Reichs-Marine-Amt 1905. (41 S.) 8° [F.]
(D. E. No 237.) [06. 7366

Vorschrift für die Verwaltung der Übungsgelder der Inspektion des Torpedowesens. Berlin: Reichs-Marine-Amt 1905. (27 S.) 8° [F.]
(D. E. No 213.) [06. 7365

Vorschrift für die Verwaltung der Übungsgelder der Matrosendivisionen. Berlin: Reichs-Marine-Amt 1905. (27 S.) 8° [F.]
(D. E. No 238.) [06. 7367

Vorschrift für die Verwaltung der Übungsgelder der Schiffsjungendivision. Berlin: Reichs-Marine-Amt 1905. (25 S.) 8° [F.]
(D. E. No 368.) [o6. 7370

Vorschrift für die Verwaltung der Übungsgelder der Seebataillone. Berlin: Reichs-Marine-Amt 1905. (27 S.) 8° [F.]
(D. E No 240.) [o6. 7369

Vorschrift für die Verwaltung der den Pionier-Bataillonen . . . überwiesenen Übungsgelder. München 1872. 8°
Dass. Ebda. 1893.

Vorschrift f. d. Verwaltung der d. Pion.-Batl. überwiesenen Übungsgelder. Berlin 1884.

Vorschrift für die Verwaltung der Übungsgelder der Werftdivisionen. Berlin: Reichs-Marine-Amt 1905. (33 S.) 8° [F.]
(D. E. No 239.) [o6. 7368

Vorschrift f. Verwaltung d. Übungsgeräts d. Fuß-Art. . . München 1883. 1889.

— für die Verwaltung d. Uebungs-Materials der Fuß-Artillerie u. der hierzu gewährten Gelder. 8. (IV, 51 S.) Berlin 883. (v. Decker.) cart. n. — 75

Vorschrift für die Verwaltung des Uebungs-Materials der Fuss-Artillerie und der hierzu gewahrten Gelder. Beigeb.: Nachtrag I und Tekturen. 8. Berlin 1883—1888.

—— für die Verwaltung des Übungsgeräths der Fuß-Artillerie und der hierzu gewährten Gelder. 8. (81 S.) Ebendas. 888. * 80 Pf.: cart.

Vorschrift ü. Verwaltung d. übungs-Munit. d. Truppen i. Frieden. Berlin 1867.

Vorschrift f. die Verwaltung u. Verrechnung der Armatur u. Gewehrmunition. (IX, 174 S.) 8. Wien 907. (Hof- u. Staatsdruckerei.) 1. —

— für d. Verwaltg. u. Verrechng. d. Feld-Artillerie-Ausrüstungsmaterials. 3. Aufl. 8. (VI, 115 S.) Wien 898. (Hof- u. Staatsdruckerei.) n. 1. 60

Vorschrift (O—8a) für die Verwaltung und Verrechnung bei den k. und k. Cadettenschulen. 8. Wien 1893.

— (O—8a) für die Verwaltung und Verrechnung bei den k. und k. Cadettenschulen. — (Ergänzung.) Beigeb.: Nachtrag I (1899). 2 (1902). 8. Wien 1899—1902.

— f. die Verwaltung u. Verrechnung des Materials f. Maschinengewehrabteilungen. G—62. Entwurf. (IV, 57 S.) kl. 8. Wien 909. (Hof- u. Staatsdruckerei.) — 30

— für die Verwaltung und Verrechnung des Materials auf den Schiffen der k. u. k. Kriegs-Marine. (Genehmigt mit Allerhöchster Entschliessung vom 1. November 1895. Beilage zum M.-N.-V.-Bl. XXVIII. Stück ex 1895.) 4. Wien 1895.

— üb. d. Verwaltung u. Verrechng. bei d. k. u. k. Militär-Bildungs-Anstalten. 4. (III, 115 S.) Wien 890. (Hof- u. Staatsdruckerei) n. 1. 60

Vorschrift über die Verwaltung und Verrechnung bei den k. u. k. Militär-Bildungs-Anstalten. 4. (III, 115 S.) Wien: Hof- u. Staatsdruckerei 1897

Vorschrift (O—8.) über die Verwaltung und Verrechnung bei den k. und k. Militär-Bildungs-Anstalten. (Zu Abth. 6, Nr. 306 v. J. 1890 — N. V. Bl. f. d. k. u. k. Heer, 5. St.) Beigeb. Nachtrag 1 und 2. (1898). 3 (1902). 4. Wien 1890—1902.

Vorschrift für die Verwaltung und Verrechnung des Proviants auf den Schiffen der k. und k. Kriegs-Marine. (Genehmigt mit Allerhöchster Entschliessung vom 5. Juni 1891.) (Beilage zum M.-N.-V.-Bl. XXII. Stück vom 15. Juli 1891 P. K./M. S. Nr. 1192.) 4. Wien 1891.

Vorschrift (V—6) für die Verwaltung und Verrechnung des Sanitatsmateriales auf den Schiffen. Genehmigt mit Allerhöchster Entschliessung vom 24. Februar 1904. (Herausgegeben mit Mar. Norm. V. Bl. V. Stück vom 5. März 1904. P. K./M. S. Nr. 417 ex 1904.) 4. Wien 1904.

Vorschrift für die Verwaltung der Veterinär-Anstalten. ⟨V. V. Mil. Vet. Anst.⟩ *Berlin: E. S. Mittler & Sohn 1899.* (IV, 75 S.) 8° [F.] [oo. 735

— Stärkmehl und Kartoffeln ohne Schwefelsäure und ohne Sieden binnen drei Stunden in den wolschmeckendsten Zuckersyrup zu verwandeln. Auch als Nachtr. zu J. C. Leuchs Stärkzucker-Bereitung. 8. Nürnberg 834. Leuchs u. Comp. 1/3 ℳ

(Schweizerisches Militärdepartement.) Vorschrift für die Verwendung der Bataillonsfahnen (der Infanterie). An die Kommandanten des III. und IV. Armeekorps ... (für die diesjährigen Wiederholungskurse). (1902 August 9.) 7 S. 8. [Bern,] O[tt] & B[olliger,] VIII. (1902.

Vorschrift f. Verwendung v. Kanonenschlägen z. Markiren d. Krepirens d. eigenen Granaten . . . München 1875. 1878.

Vorschrift des französischen Volks an seine Stellvertreter im Jahre 1789 . . . Leipzig 1792. V: *Dyk, Johann Gottfried.* (Ky) »der französischen Nation« (MGT)

— des französ. Volks an seine Stellvertreter im Jahre 1789; nebst d. Geschichte ihrer Befolgung. Ein Auszug von Calonne's Werk: „de l'état de France présent et à venit," (v. J.G. Dyck). 8. Leipz. 792. Dyck. 12 gr.

Vorschrift für den Vorgang beim Schießen aus Belagerungs- und Festungsgeschützen. 8. (56 S.) Wien: Hof- u. Staatsdruckerei 1892. — 20

Vorschrift für die Vornahme von Erprobungen der in der k. und k. Kriegs-Marine verwendeten Dampfkessel nebst Anhang: Vorschrift für das Personale der k. und k. Kriegs-Marine, welches zur Vornahme der Erprobung und Untersuchung der Dampfkessel der k. und k. Kriegs-Marine und jener der befestigten Objecte des k. und k. Heeres, zur Prüfung des bezüglichen Wartepersonales der k. und k. Kriegs-Marine und zur Ausstellung von Zeugnissen an dasselbe berufen ist. (Herausgegeben mit Marine-Normal-Verordnungsblatt XIX. Stück; P. K./M. S. Nr. 2401 ex 1897. Statut und Dienstvorschriften für das k. und k. See-Arsenal. VI. P.) Beigeb.: Nachtrag 1 1903. 4. Wien 1897—1903.

Vorschrift für die Vornahme von Erprobungen und Untersuchungen von Rohrleitungen der Maschinen-Complexe. (Herausgegeben mit M. N. V. Bl. XXIII. Stück P. K./M. S. Nr. 2058 ex 1900.) 4. Wien 1900.

Vorschrift für die Vornahme von Maschinenproben und Probefahrten der k. und k. Kriegsschiffe mit Anhang 1. Bestimmung der Schiffsgeschwindigkeit an der Drei-Seemeilen-Strecke. Anhang 2. Bestimmung der Schiffgeschwindigkeit an der Siebzehn- und Zehn-Seemeilen-Strecke. Anhang 3. Bestimmung der Steuerfähigkeit von Schiffen und der hiebei einzuhaltende Vorgang. Anhang 4. Bestimmungen über die bei Maschinenproben und Probefahrten zu verwendenden Indicatoren, ihre Installierung und die Abnahme von Indicator-Diagrammen. Anhang 5. Bestimmungen über die, bei den Progressiv-Fahrten der k. und k. Schiffe und Torpedoboote gewonnenen Resultate. Anhang 6. Bestimmungen für die Vornahme von Uebungsfahrten der in Ausrüstung befindlichen k. und k. Schiffe, Torpedofahrzeuge und Torpedoboote der operativen Flotte. Herausgegeben mit N.-V.-Bl. für die k. und k. Kriegs-Marine, XI. Stück, vom 7. April 1893, P. K. M. S. Nr. 620. (Mit 4 Beilagen.)
4. Wien 1893.

Vorschrift für die Vornahme von Maschinenproben und Probefahrten der k. und k. Kriegsschiffe mit Anhang I–VI. Herausgegeben mit N. V. Bl. f. d. k. u. k. Kriegsmarine, XXVIII. Stück, v. 3. December 1901. P. K. M. S. Nr. 3128.
4. Laibach 1901.

Vorschrift zur Vornahme der Prüfung der auf die Beförderung zum Landwehrrechnungsrat aspirierenden Rechnungsoffiziale u. Hauptmannrechnungsführer 1. Klasse d. k. k. Landwehr, s.: Taschenausgabe der Vorschriften der k. k. Landwehr.

Vorschrift f. d. Waffen-Herstellung.
Darmstadt 1859.

Vorschrift (Instruktion) f. d. Waffenübungen
Berlin 1873. 1891.

Vorschrift (Instruktion) f. d. Waffenübungen.
München 1874. 1891.

—— f. die Waffenübungen der Kavallerie. gr. 8. (VI, 53 S. m. Abbildgn.) Ebd. 891. * — 50; cart. * — 70

– über die Waffenübungen der Kavallerie. 1891. Neuabdruck m. Einfügung der bis Juni 1899 ergangenen Aendergn. 8. (VI, 53 S. m. Abbildgn.) Berlin 899. E. S. Mittler & Sohn. n. — 50; kart. n. — 60

Vorschrift für das Wart-Personale in den k.k.Oesterreichischen Militär-Spitälern.
44 S., gbd.

Wien: kaiserl.königl.Hof- und Staats-Aerarial-Druckerey 1838

Vorschrift, welche Gegenstände des Exercitiums und der Evolutionen der Infanterie abzuschaffen, oder zu vereinfachen sind.
4 Wien 1805.

Vorschrift, wie's mit den Begräbniss-Stellen in dem Leichen-Garten ... gehalten werden soll. [Kronstadt] 1791.
V: *Preidt, Georg.* (Pk) (Trausch)

VORSCHRIFT wie sich die von der ungarischen Landes-Stelle abgeordnete Commissarien bey Aufhebung eines Klosters in Geld- und Rechnungs-Sachen zu verhalten haben, sammt Ausweis, Rechnungs-Tabellen und Inventario. o. O. o. J. o. Dr. 26 S. - 2°

Württembergische Vorschrift f. d. Militärtransport a. Eisenbahnen. Stuttgart 1866.

— über die Zahlmeisterlaufbahn in der preußischen Armee. (Zahlm. V.) Vom 4. X. 1910. Entwurf! (D. V. E. Nr. 295.) (23 S.) 8. Ebd. 910. — 20; geb. — 35

Vorschrift zur Zeichnung der Kataster-Pläne und Schrift. (2 Folio Blatt in einem Schuber.) (Lithographiert.)
Fol. (ohne Ort) 1833.

—— betr. die tragbare Zeltausrüstung. [Z. V.] gr. 8. (21 S. m. 2 Taf.) Berlin: Mittler u. Sohn 1892. * — 20; cart. * — 40

Vorschrift für die Zerstörung und Wiederherstellung von Eisenbahnen (Grossherzoglich hessische Kriegsdienst-Vorschriften. Dritte Hauptabtheilung. Ausbildung. Erster Haupttheil. Ausbildung der Pionniere. Anhang.) 8. Darmstadt 1861.

Vorschrift f. Zielschießen d. Inf.
Darmstadt 1836.
1858: Für Art. m. Gewehr u. Pistole.

—— für das Zielschiessen der grossherzogl. hessischen Infanterie. (Mit 2 Tafeln.) 8. Darmstadt 1857.

—— für das Zielschiessen der grossherzogl. hessischen Reiterei mit dem Karabiner und der Pistole. (Mit 1 Taf.)
8. Darmstadt 1860.

Vorschrift über den Zulass und die Behandlung der Kriegsschiffe befreundeter Nationen an den österreichischen und an den ungarischen Küsten. (Genehmigt mit Allerhöchster Entschliessung vom 16. Juni 1893.) Hinausgegeben mit M.-N.-V.-Bl. XXV. Stück ex 1893, P. K./M. S. Nr. 1558. 4. Wien 1893.

Vorschrift ü. Zusammensetzung u. Verwaltung d. Übungs-Materials d. Train-Batl. . . .
München 1876.

Vorschrift über die Zusammenstellung und Evidenthaltung des Genie- und Plan-Archives. kl. 8. Wien 1872.

Vorschriften, vgl. Vorschrift.

Vorschriften. –

—(zum Schreibunterricht). 6 Blatt in Querfolio. Bresl. J. F. Korn. 9 gr

— 20 Blätter, in Kpf. gestoch., zu Erlernung d. deutschen, engl. u. französ. Schönschreibens. Leipz. ... (W. Rauck). 20 gr

Vorschriften. Erlangen 1788.
V: *Löhr, Johann Friedrich.* (Fiker)

Vorschriften. (10 lithograph. Blätter.) Koesfeld 834. (Literar. Kommissions-Komtoir.) 1/8 rf

Vorschriften. (10 lith. Blätt., 3¾" hoch u. 8½" lang.) Coesfeld (834), (Riese.)

Vorschriften (Vorlegeblätter). 2 Hfte. qu. gr. 8. Bonn 837, Henry u. Cohen. à 6 Gr. Thlr.
Hft. 1. Engl. Schrift. (12 lith. Bl.)
- 2. Deutsche Schrift. (12 lith. Bl.)

Vorschriften. 1—6. Heft. (à 6 lithogr. Bl.) qu. 4. Friedrichshafen 854. [Ulm, Höchel's Verlag.] à Heft * 6 Ngr. *
Inhalt:
Heft 1. Deutsch.
" 2. Englisch.
" 3., 6. Fraktur und Gothisch.
" 4., 5. Römisch.

Vorschriften. Hrsg. v. dem Vorstande der Schürenstiftg. 1.—4. Heft. Osnabr. 892, Nackhorst. [1. u. 2. Heft. schmal qu. gr. 8. (à 12 lithogr. S.) à ** — 10; 3. Heft. schmal qu. gr. 8. (24 lithogr. S.) ** — 20; 4. Heft. 4. (28 lithogr. S.) ** — 30.] ** — 70

Vorschriften ü. Abfertigung v. Militärtransporten
a. d. bayer. Staatseisenbahnen.
München 1872.

—— betr. die Abgabe stark wirkender Arzneimittel, sowie die Beschaffenheit u. Bezeichnung der Arzneigläser u. Standgefässe in den Apotheken vom 4. Decbr. 1891. gr. 8. (8 S.) Berl. 892, Hirschwald. * — 20

—— dass. — 12. (4 S.) Lpz. 892, G. Thieme. ** — 25
Aus: Börner's Reichs-Medicinal-Kalender, besonders abgedruckt.

Vorschriften f. die Abhaltung der Reifeprüfungen an Gymnasien u. Realschulen der im Reichsrate vertretenen Königreiche u. Länder. Laut Verordng. des Ministers f. Kultus u. Unterricht vom 29. II 1908, Z 10051, nebst Erlässen betr. den Unterricht in der Physik in der VIII. Klasse der Gymnasien u. die Wiederholgn. aus der Physik in der VII. Klasse der Realschulen. (34 S.) 8. Wien, A. Pichler's Wwe. & Sohn. 1908. —. 90.

Vorschriften für die Abschätzung u. Einrichtung der Staatsforste in Württemberg. [Aus der Monatschrift für das württemberg. Forstwesen abgedr.] gr. 8. (48 S. m. 21 Tab. in Fol.) Stuttgart 850, Neff in Comm. n. 1 ℳ

Vorschriften in Adels-Angelegenheiten. Berichtigt bis Ende August 1888. kl. 8. Wien 1888.

Vorschriften, akademische, für die Gr. Bad. hohen Schulen zu Heidelberg und Freiburg. Karlsruhe 1886. 8°. 20 S.

Akademische **Vorschriften** für die Grossh. badischen hohen Schulen zu Heidelberg und Freiburg. [Mit Anhang: Vorschriften über die Benützung der Universitätsbibliothek durch die Studierenden]. Karlsruhe, bei Ch. Th. Groos, 1889; 22 S. 8°

Akademische **Vorschriften** für die Großh. badischen Universitäten zu Heidelberg u. Freiburg. Karlsruhe 1908: C. F. Müller. 22 S. 8°

Allgemeine Vorschriften f. Anlage u. bauliche Einrichtung v. Kasernen. München 1865.

— allgemeine, zur Ausbildung einer schönen Handschrift. qu. $^{1}/_{2}$ Fol. Rostock 836. (Leipzig, Wunder.) $^{5}/_{6}$ ℳ

—— allgem., zur Ausbildung e. schönen Handschrift. qu. $^{1}/_{2}$ Fol. (8 lith. Bl.) Rostock 836, Tiedemann.

— allgemeine, f. die Ausführung elektrischer Starkstromanlagen bei Kreuzungen u. Näherungen v. Bahnanlagen. — Allgemeine Vorschriften f. die Ausführg. u. den Betrieb neuer elektr. Starkstromanlagen (ausschliesslich der elektr. Bahnen) bei Kreuzungen u. Nähergn. v. Telegraphen- u. Fernsprechleitungen. Festgesetzt nach den Beschlüssen des Verbandes deutscher Elektrotechniker auf der Jahresversammlg. in Erfurt, den 11.—14. VI. 1908. (13 S.) 8. Berlin 908. J. Springer. nn — 30

Vorschriften, Allgemeine, und Befehle für die Truppen Sr. k. grossbrittanischen Majestät. Aus dem Englischen. 8. Hannover 1786.

— allgemeine, u. Befehle f. d. großbrittannischen Truppen. 8. Hannov. 786. Helwing. 4 ℛ

Vorschriften, Allgemeine und besondere, zur Beförderung eines besondern Unterrichts in den Landschulen. Königsberg 1797. V: *Scheffner, Joh. Georg.* (MGT) ›1798‹ (Ky)

— allgem., u. besond. z. Beförd. e. bess. Unterrichts in den Landschulen. 8. Königsb. Nicolovius. 797.

— allgemeine, besonders zur Verbesserung einer bessern Unterrichts in d. Landschulen, (v. J. G. Scheffner). 8. Königsb. 798. (Rein in Leipz.) 8 ℛ

—— allgemeine, wegen Einrichtung des Kassen- und Rechnungs-Wesens bei der Bergwerks-, Hütten- und Salinen-Verwaltung vom 9. Septbr. 1866. Nebst Formularen. Amtliche Ausg. gr. 8. (III und 107 S.) Berlin 866, v. Decker'sche geheime Ober-Hofbuchdruckerei. *

Allgemeine Vorschriften für die Kassen- u. Natural-Verwaltung bei den Königl. Berg-, Hütten- und Salzwerken vom 25. März 1868. Amtl. Ausgabe. Berlin. Staatsdruckerei. gr. 8. (96 S.)

Allgemeine Vorschriften u. Commandos b. Fechten u. Voltigiren. Braunschweig 1846

Vorschriften, Allgemeine, für die Markscheider im Preußischen Staate. Bonn, 1872. 14 S.

Allgemeine **Vorschriften** und **Pflichten** der Brüder des Bundes der alten freien und angenommenen Maurer. Bern 5820: Haller. 20 S. 8°.
Selten. 358.

Allgemeine Vorschriften und Pflichten der Brüder des Bundes der alten freien und angenommenen Maurer. Bern 1820: Haller. 20 S. 8° [Umschlagtit.] 193. 358.

— allgemeine, üb. die Postversendung v. Päckereien aller Art hinsichtlich ihrer Zulässigkeit, Verpackung, Zollvorschriften, Frankirungsweise, Vorschüssen 2c. nach allen Ländern. Zum Handgebrauch f. das Publikum nach amtl. Quellen bearb. Mit e. Anh.: Tabelle zur Tarifirg. der Telegramme. gr. 16. (67 S.) Stuttgart 876. Maier. — 60

—— allgemeine, für die höheren Schulen in Elsaß-Lothringen vom 20. Juni 1883. Lex.-8. (III, 61 S.) Straßburg 883, Schultz und Comp. *

[F.] Allgemeine **Vorschriften** für die höheren Schulen in Elsass-Lothringen, nach den bis Januar 1895 ergangenen Bestimmungen. *Strassburg: Strassb. Dr. u. Verlagsanst. 1895.* (116 S., 5 Bl.) 1 Bd 8. i48. 4629 Bc

—— allgemeine, für das Staatsrechnungswesen im Königr. Sachsen. gr. 8. (VI, 104 S.) Dresden 880, Baensch. *

— d. allgem., f. d. Staatsrechnungswesen d. Königr. Sachsen in ihrer gegenwärt. gilt. Fassg. gr. 8. (VI, 92 S.) Leipzig 896. C. L. Hirschfeld. Kart. n. 2. —

— allgemeine, f. das Staatsrechnungswesen d. Königr. Sachsen. (A. R. V.) Lex.-8. (VI, 122 S.) Dresden 900. (W. Baensch.) Kart. n. 1. 25

— allgemeine f. das Staatsrechnungswesen des Königr. Sachsen. (A. R. V.) Nebst e. Anh., enth. das Gesetz, den Staatshaushalt betr., u. die Ausführungsverordng. dazu. (VI, 174 S.) Lex. 8. Dresden 909. (W. Baensch.) Kart. 1. 50

— allgemeine, für den ersten Unterricht im Schönschreiben. (18 lithogr. Bl.) 4. Siegen 835. Friedrichs Buchh. $^{3}/_{8}$ ℳ

— allgemeine, besonders zur Verbesserung einer bessern Unterrichts in d. Landschulen, (v. J. G. Scheffner). 8. Königsb. 798. (Rein in Leipz.) 8 gr.
Vgl. Vorschriften, Allgemeine u. besondere, . . .

Vorschriften, allgemeine, welche beim Versehen v. Kranken die dabei Anwesenden zu beobachten haben. 2. Aufl. 16. (2 S.) Freiburg i/Br. 874. Herder. 12 Expl. n. — 20

—— allgemeine, welche beim Versehen von Kranken die dabei Anwesenden zu beobachten haben. 3. Aufl. 16. (2 S.) Freiburg i. Br. 881, Herder'sche Verlagsh. Preis für 12 Exempl. *

— allgemeine, welche beim Versehen v. Kranken die dabei Anwesenden zu beobachten haben. 5. Aufl. 32. (2 S.) Freiburg i/Br. 889. Herder. 6 Explre. n. — 12

— allgem., welche beim Versehen v. Kranken die dabei Anwesenden zu beobachten haben. 6 Aufl. 16. (2 S) Freiburg i/B. 895. Herder. 6 Stück n. — 12

— allgemeine, welche beim Versehen von Kranken die dabei Anwesenden zu beobachten haben. 7. Aufl. gr. 16. (2 S.) Freiburg i/B. 901. Herder. 6 Stück n. — 12

Landwirthschaftskammer f. d. Prov. Schleswig-Holstein. Provinzialausstellung Altona 24 bis 29. Mai 1905. Vorschriften für die Provinzialausstellung Altona. Abt. Tiere. (Hamburg) 1905: (Rothschild, Behrens & Co.). (37 S.) 8° [F.] 5: 1605, 3

Die amtlichen Vorschriften betreffend die Prostitution in Wien. Wien 1899. 8⁰. (2 Kr. 40 H. Halm & Goldmann, 1904.)

Vorschriften betr. die Aenderung u. Ergänzung d. Regulativs f. Gewerbsanstalten, in denen unter steuerlicher Kontrole stehender Branntwein gereinigt werden darf. [Aus: „Central-Blatt f. das Deutsche Reich".] gr. 4. (16 S.) Berlin 890. C. Heymann's Verl. n. — 50

Vorschriften über einige Aenderungen des österreichischen Zollverfahrens. 8. (54 S.) Wien. Aus der k. k. Hof- und Staatsdruckerei. 1853.

— zu d. ersten Anfängen im deutschen Currentschreiben f. Elementarschulen, nach d. Grundregeln d. Rechlitzer'schen Methode d. Lesens, Rechnens u. Schreibens. 24 Bl. 4. u. Fol. Freiberg 823. Graz u. G. 16 gr.

—— für Anfaenger zur Erlernung u. Uebung d. deutschen Kurrent-Schrift, Buchstaben, Wörter u. Sätze. Steindr. 24 Blätt. v. 9" Länge u. 3½" Höhe. Glogau (833). [Berlin,] Heymann.

Vorschriften für Anfänger zur Erlernung und Uebung der deutschen Kurrent-Schrift, Buchstaben, Wörter und Sätze. Mit latein. Schrift. 18 Steindr.-Blätter. Glogau 833. Heymann in Berlin. ¼ Thlr.

— für Anfänger in d. griech. Sprache. Fol. Nördl. 827. Beck. 8 gr.

Vorschriften f. Anlage u. Einrichtung d. Abtritte i. Militärgebäuden. Mit Tf. München 1861.

—– betr. die Anlegung, Beaufsichtigung u. den Betrieb v. Dampfkesseln, einschließlich Anweisg. vom 16. März 1892. gr. 16. (40 S.) Hagen i. W. 892, Hammerschmidt. * — 50

— betr. d. Anlegg., Beaufsichtigg. u. d. Betrieb v. Dampfkesseln u. Dampffässern m. e. Anweisg. zur Vorbereitg. d. Kessel f. d. inn. Untersuchg. u. zur Wasserdruckprobe. 2., verm. Aufl. 12. (51 S.) Hagen 895. O. Hammerschmidt. n. — 60

[F.] Vorschriften betreffend die Anlegung, Beaufsichtigung und den Betrieb von Dampfkesseln und Dampffässern m. e. Anweisg z. Vorbereitg d. Kessel f. d. innere Untersuchg u. z. Wasserdruckprobe. 3., verm. Aufl. *Hagen i. W.: O. Hammerschmidt 1897.* (63 S.) 1 Bd 8. 97. 7602

Vorschriften betreffend die Anlegung, Beaufsichtigung und den Betrieb von Dampfkesseln und Dampffässern. Mit e. Anleit. z. Herstellung d. Antrages um Genehmigung. z. Inbetriebsetzung e. Dampfkesselanlage u. z. Vorbereitung d. Kessel f. d. innere Untersuchung u. z. Wasser-Druckprobe. 4., verm. Aufl. *Hagen i. W.: O. Hammerschmidt 1900.* (86 S.) 8° [F.] 01. 8064

Vorschriften betreffend die Anlegung. Beaufsichtigung und den Betrieb von Dampfkesseln und Dampffässern. 4., verm. Aufl. [Nebst] Nachtr. Hagen i. W.: O. Hammerschmidt 1900. 8⁰
Nachtr. = Anleitung z. Entwerfen u. z. stat. Berechnung d. Fabrikschornsteine u. Dachkonstruktionen. 2. verb. u. verm. Aufl. 1900.

— betr. die Anlegung, Beaufsichtigung u. den Betrieb v. Dampfkesseln u. Dampffässern, m. e. Anleitg. zur Anfertigg. des Antrages um Genehmigg. zur Inbetriebsetzg. e. Dampfkesselanlage u. zur Herrichtg. der Kessel zur Abnahme, zur Wasserdruckprobe u. inneren Untersuchg., nach den Vereinbargn. des Verbandes der Dampfkessel-Ueberwachungs-Vereine. 5., verb. Aufl. (99 S.) 12. Hagen 903. O. Hammerschmidt. Kart. n. 1. —

Vorschriften betr. die Anlegung, Untersuchung und den Betrieb von Land- und Schiffsdampfkesseln m. Bau- u. Materialvorschriften u. Polizeiverordnung betreff. bewegl. Kraftmaschinen (bewegl. Dampfkessel u. Motoren) ... 6, verm. Aufl. Hagen i. W.: Hammerschmidt 1910. 150 S. 8° 11. 1301

Vorschriften über Anlegung der Pferde-Equipage u. des Gepäcks für die Königl. sächs. Cavallerie. 1867. Dresden Meinhold & Söhne. 8. (19 S.) 2½ ngr.

— über die Annahme u. Anstellung v. Anwärtern als Beamte im Post- u. Telegraphendienst vom 1. Oktbr. 1882. Mit den bis Anfang 1894 erfolgten Abändergn. 2. Aufl. gr. 8. (IV, 90 S.) Berlin 894. C. Heymanns Verl. n. 1. 20

— über die Annahme u. Anstellung v. Civil- u. Militair-Anwärtern als Beamte im Postdienste. Vom 1. Jan. 1876. gr. 8. (18 S.) Berlin 876. v. Decker. — 25

— über die Annahme, Ausbildung u. Prüfung der bei den staatlichen Bergwerken, Hütten u. Salzwerken anzustellenden Bureauassistenten. (19 S.) kl. 8. Berlin 910. C. Heymann. — 20

— über d. Annahme, Ausbildg. u. Prüfg. des technischen Sekretariats- u. Zeichnerpersonals der kaiserl. Marine. Anlage zu Nr. 19 d. Marineverordnungsblattes f. 1897. gr. 8. (X S.) Berlin 897. (E. S. Mittler & Sohn.) n. — 20

— über die Annahme, Ausbildung u. Prüfung des technischen Sekretariatspersonals der kaiserl. Marine. gr. 8. (14 S.) Berlin (900.) E. S. Mittler & Sohn. n. n. — 25
Sonderabdruck aus: „Werftdienstordnung".

— über die Annahme, Ausbildung u. Prüfung des techn. Sekretariatspersonals d. kaiserl. Marine. Neudr. vom Novbr. 1904. (16 S.) 8. Berlin (908). E. S. Mittler & Sohn. — 40

— od. Anweisung zierlich zu schreiben. Fol. Nürnb. ... Bauer u. Raspe. 8 gr.

Vorschriften über die Anwendung des metrischen Maasses auf die bei der Forstverwaltung vorkommenden Gegenstände, mit Tafeln zur Umwandlung der Verkaufsmaasse verschiedener Holzsortimente in den Festgehalt des Cubikmeters. Vom 30. Decbr. 1871. Amtliche Ausg. - Carlsruhe 1872. 34 S.

Vorschriften z. Anwendg u. Vollziehg d. Konskriptions-Gesetzes. (M. 37 Formularen.) München 1812. 4.

Vorschriften für die russischen Armee-Behörden im Felde. 8. St. Petersburg 1868.

Vorschriften über das Assekuranzwesen, s. c. Gesetze, Separat-Ausg. der neuen österreichischen.

— üb. das Assecuranzwesen. Enth.: Das Versicherungs-Regulativ, die Gesetze u. Verordngn. betr. die Zulassg. u. staatl. Ueberwachg. der in- u. ausländ. Versicherungs-Gesellschaften, das Gesetz betr. die Unfall-Versicherg., Bestimmgn. materiellrechtl. Inhaltes, sowie betr. die Gebühren- u. Steuerpflicht. Mit Entscheidgn. der obersten Gerichtshöfe, d. deutschen Reichs-Oberhandelsgerichtes u. erläut. Anmerkgn. hrsg. v. L. Derblich. Mit e. chronolog. u. alphabet. Register. 8. (IX, 222 S.) Prag 888. Höfer & Kloucek. n. 3. —

Vorschriften (C—22) über die Aufbringung des Pferdebedarfes für das k. und k. Heer und die Landwehr im Mobilisirungsfalle. (Als Manuscript gedruckt.) (Zu Abth. 3, Nr. 650 vom Jahre 1891, N.-V.-Bl. für das k. und k. Heer, 13 Stück.) kl. 8. Wien 1891.

Vorschriften (C—22.) über die Aufbringung des Pferdebedarfes für das k. u. k. Heer und die Landwehr im Mobilisierungsfalle 1891. — (Ergänzung.) Beigeb.: Nachtrag 1. 1902 und Erlass des R. K. M. Präs. Nr. 4481 vom 9. August 1902. (Anhang C des Dienstbuches zum reservierten Amtsgebrauche der Militär-Territorial-Commanden [bei Reservatdienstbücher].) 8. Wien 1902.

Vorschriften f. d. Aufstellung, Abtragung, Verpackung u. Verladung des eisern. Normal-Feld-Backofens. Mit Bl. München 1859.

— über die Aufstellung u. Anwendung der Etats, die Kassen- u. Naturalverwaltung u. die Anfertigung der Vermögens- u. Ertragsberechnungen im Bereiche der Berg-, Hütten- u. Salinenverwaltung vom 2. XI. 1905. Nebst den f. die Buch- u. Rechnungsführg. erforderl. Mustern. Amtliche Ausg. (IV, 339 S.) 8. Berlin 904. J. Springer. Kart. n.n. 1. —

Vorschriften über die Aufstellung und Anwendung der Etats, die Kassen- und Naturalverwaltung und die Anfertigung der Vermögens- und Ertragsberechnungen im Bereiche der Berg-, Hütten- und Salinenverwaltung vom 2. Nov. 1905. Nebst den f. d. Buch- u. Rechnungsführung erforderl. Mustern. Amtl. Ausg. Berlin: J. Springer 1905. (IV, 339 S.) 8° [F.] [06. 10569

—— für die Aufstellung von Fluchtlinien und Bebauungs-Plänen vom 28. Mai 1876, nebst dem Gesetze vom 2. Juli 1875 betr. die Anlegung von Strassen und Plätzen in Städten und ländl. Ortschaften. Hierzu 1 Situations- und Nivellements-Plan in Farbendr. als Musterblatt für die Fluchtlinien-Pläne. gr. 4. (8 S.) Berlin 877, Ernst und Korn. *

— für die Aufstellung v. Fluchtlinien- u. Bebauungs-Plänen vom 28. V. 1876, nebst dem Gesetze vom 2. VII. 1875, betr. die Anlegg. u. Veränderg. v. Strassen u. Plätzen in Städten u. ländl. Ortschaften. Hierzu e. farb., in der Plankammer des Ministeriums der öffentl. Arbeiten bearb. Musterblatt (66,5 : 52 cm). 3. durchgesch. Aufl. (10 S.) 33 : 21,5 cm. Berlin 908. W. Ernst & Sohn. In Mappe 4. 50

Vorschriften für die Aufstellung und die Revision der Forstbetriebseinrichtungswerke für Elsaß-Lothringen. - Straßburg 1904. 52 S.

Vorschriften für die Ausbildung der Fähnriche zur See auf den Spezialkursen und im praktischen Dienst an Bord der Schiffe. *Berlin: E. S. Mittler & Sohn 1900.* (34 S.) 8° [F.] [00. 6549

Vorschriften, die, üb. die Ausbildung der Juristen in Hamburg. Hrsg. v. der Senatskommission f. die Justizverwaltg. (V, 39 S.) kl. 8. Hamburg, O. Meissner's Verl. 1910. Geb. in Leinw. 1. —

—— die, üb. die Ausbildung der Juristen in Preußen. Zusammengestellt in der vom 1. April 1891 an gelt. Fassg. Mit Anmerkgn. 16. (36 S.) Berl. 891, Vahlen. cart. * — 50

— die, üb. die Ausbildg. d. Juristen in Preußen. Mit Anmerkgn. 2. Aufl. (Unt. Berücksicht. d. allgem. Verfügg. v. 18. I. 1897) 16. (56 S.) Berlin 897. F. Vahlen. Kart. n. — 60

— die, üb. die Ausbildung der Juristen in Preußen. Mit Anmerkgn. 3. Aufl. (Unter Berücksicht. der Allgemeinen Verfügg. vom 12. VII. 1904.) (64 S.) 16. Berlin 904. F. Vahlen. Kart. n. — 80

— die, üb. die Ausbildung der Juristen in Preußen. Mit Anmerkgn., unter Benutzg. amtl. Quellen u. e. Anh., enth. das Gesetz üb. die Befähigg. z. höh. Verwaltungsdienst vom 10. VIII. 1906 nebst Ausführungsanweisg. 4. Aufl. (Unter Berücksicht. der Allgemeinen Verfügg. v. 30. III. 1908.) (69 S.) kl. 8. Berlin 908. F. Vahlen. Kart. 1. 20

—— üb. die Ausbildung, Prüfung u. Anstellung im Schiffbau- u. Maschinenbau-Fache der kaiserl. Marine. gr. 8. (XVI S.) Berl. 890, Mittler u. Sohn. * — 40

—— dass. — gr. 8. (III, 27 S.) Berl. 890, Ernst u. Sohn. * 1 —

— über die Ausbildung, Prüfg. u. Anstellg. im Schiffbaufache u. im Maschinenbaufache der kaiserl. Marine. gr. 8. (28 S.) Berlin 902. E. S. Mittler & Sohn. n. — 40
Sonderabdruck aus: „Werftdienstordnung".

— üb. die Ausbildung, Prüfung u. Anstellung im Schiffbaufache u. im Maschinenbaufache der kaiserlichen Marine. Neudr. vom Septbr. 1903. (Beilage 201 zu § 202.) (S. 39—61 u. Deckblatt Nr. 32.) gr. 8. Berlin (903). (E. S. Mittler & Sohn.) n. — 40
Sonderabdruck aus: „Werftdienstordnung".

—— über Ausbildung, Prüfung und Anstellung für die untern Stellen des Forstdienstes, in Verbindung mit dem Militärdienste im Jäger-Corps. [Ministerial-Erlaß vom 9. April 1880.] 8. (10 S.) Neuwied 880, Strüder'sche Buchh.

Vorschriften über die Ausbildung und Prüfung der Bewerber um Königliche Forstkassen-Rendanten-Stellen. Vom 12. Febr. 1904. Neudamm J. Neumann 1904. (7 S.) 8° [F.] [05. 7060

Vorschriften f. die Ausbildung u. Prüfung derjenigen, welche sich dem Baufache widmen, u. f. die Königl. Bau-Akademie zu Berlin, vom 1. Aug. 1849, nebst Bemerkungen u. Motiven. gr. 8. (16 S.) Berlin 849, Decker. 1/12 rf

Vorschriften für die Ausbildung und Prüfung derjenigen, welche sich dem Baufache widmen (v. 18. 3. 1855). [Folgt:] Vorschriften für die Kgl. Bau-Akademie zu Berlin (v. 18. 3. 1855).

Vorschriften für die Ausbildung und Prüfung derjenigen, welche sich dem Baufache im Staatsdienste widmen (v. 3. 9. 1868). [Folgt:] Vorschriften für die Kgl. Bau-Akademie zu Berlin v. 3. Sept. 1868. ¶ Auch u. d. T.: Reglement f. d. Ausbildung, Prüfung u. Anstellung derjenigen ... bei Heymann in Berlin 1872; 2. Aufl. 1877.

— — Berlin 868. (v. Decker.) gr. 4. (24 S.) n. 5 ngr.

— für die Ausbildung u. Prüfung derjenigen, welche sich dem Baufache im Staatsdienste widmen. Bekanntmachung des königl. preuß. Ministeriums für Handel rc. vom 23. Septbr. 1868. Hannover 868. Schmorl & v. Seefeld. gr. 8. (16 S.) 3 ngr.

Vorschriften üb. die Ausbildung und Prüfung f. den Forstverwaltungs- u. Forstschutzdienst in Preußen. 3. Aufl. gr. 8. (118 S.) Berlin 894. C. Heymanns Verl. n. 1. 50

— über die Ausbildung u. Prüfung der Landmesser, Katasterlandmesser u. Vermessungsbeamten der landwirthschaftlichen Verwaltung in Preußen. 3. Aufl. gr. 8. (91 S.) Berlin 894. C. Heymanns Verl. n. 1. 50

Vorschriften für die Ausbildung und Prüfung der Landwirtschaftslehrer in Preußen. (Dat. Berlin 29. Febr. 1908.) 15 S. 8° [Kopft.]

Vorschriften für die Ausbildung und Prüfung von Schiffbau- und Maschinenbau-Ingenieuren, welche sich der Ingenieur-Karriere in der kaiserl. Marine widmen wollen. gr. 8. (3 S.) Berlin 879, Mittler und Sohn. *

—— über die Ausbildung und Prüfung für den Staatsdienst im Baufache. Revid. Abdr. aus dem Deutschen Reichs- und Königl. Preuß. Staatsanzeiger Nr. 171, 1886. 12. (40 S.) Berlin 886, Polytechn. Buchh.
— dass. — [2. Aufl.] gr. 16. (80 S.) Ebendas. 887. *
—— dass. — Nebst Anhang: Die Erhöhung der Rangstellung der Königl. Regierungs-Bauführer und Regierungs-Baumeister. gr. 8. (34 S.) Berlin 886, Ernst und Korn. *

— üb. die Ausbildung u. Prüfung f. den Staatsdienst im Baufache. [Aus: „Centralbl. d. Bauverwaltg."] gr. 8. (55 S.) Berlin 886. Ernst & Korn. n. 1. 40; hieraus einzeln: Circular-Erlass, betr. die prakt. Ausbildg. der Regierungs-Bauführer d. Hoch- u. d. Ingenieurbaufachs, vom 15. Novbr. 1886. (21 S.) n. — 60

— dasselbe, nebst ergänz. Bestimmgn. 3. Aufl gr. 8. (44 S.) Berlin 886. C Heymann's Verl. n. 1. —

— dasselbe. Nebst Ausführungsbestimmgn. u. den Vorschriften üb. Titel, Rang, Ernenng., Anstellg., Bezüge u. Beurlaubg. der Regierungs-Bauführer u. Regierungs-Baumeister. 4. Aufl. gr. 8. (80 S.) Berlin 887. C. Heymann's Verl. n. 1. 20

— dasselbe. 2. Aufl. gr. 8. (75 S.)
Berlin: Ernst u. Korn 1888.

— üb. die Ausbildung u. Prüfung f. den Staatsdienst im Baufache. Nebst Inhaltsverzeichniss u. Sachinhalt, sowie kurzen Erläutergn. u. Hinweisen auf einschläg. Ministerial-Erlasse. 3. Aufl. gr. 8. (X, 74 S.) Berlin 891. Ernst & Sohn. n. 1. 60; geb. n. 2. 60

— über d. Ausbildung u. Prüfg. f. d. Staatsdienst im Baufache v. 15. Apr. 1895. [Aus: „Centralbl. der Bauverwaltg."] gr. 8. (31 S.) Berlin 895. W. Ernst & Sohn. n. — 60

Vorschriften über die Ausbildung und Prüfung für den Staatsdienst im Baufache. Nebst Anweisg. f. d. prakt. Ausbildg d. Regiergs-Bauführer d. Eisenbahnbaufaches, d. Eleven u. d. Regiergs-Bauführer d. Maschinenbaufaches. 5. Aufl. *Berlin: C. Heymanns 1895.* (60 S.) 1 Bd 8.
= Sammlung, Heymannsche, v. Prüfungs-Bestimmungen. No 3.
[96. 2303]

— dasselbe. Nebst Anweisg. f. d. prakt. Ausbildg. d. Regierungs-Bauführer d. Eisenbahnbaufaches, d. Eleven u. d. Regierungs-Bauführer des Maschinenbaufaches, s. a. Heymann's Sammlg. v. Prüfungs-Bestimmgn.

— üb. die Ausbildung u. Prüfung f. den Staatsdienst im Baufache vom 15. IV. 1895. gr. 8. (32 S.) Berlin 899. W. Ernst & Sohn. n. — 60

Vorschriften über die Ausbildung und Prüfung für den Staatsdienst im Baufache vom 1. Juli 1900. 2. mit Erg. vers. Aufl. *Berlin: W. Ernst & Sohn 1902.* (32 S.) 8°
Aus: Centralblatt d. Bauverwaltung. [03. 7761]

— üb. die Ausbildung u. Prüfung f. den Staatsdienst im Baufache vom 1. IV. 1906. (19 S.) gr. 8. Berlin 906. W. Ernst & Sohn. n. — 60
Sonderabdruck aus: „Zentralbl. der Bauverwaltg."

Vorschriften über die Ausbildung und Prüfung für den Staatsdienst im Baufache. Nebst Anweisung f. d. prakt. Ausbildung d. Regierungsbauführer d. Eisenbahnbaufaches u. d. Maschinenbaufaches. 6. Aufl. Berlin: C. Heymann 1906. (40 S.) 4°
= Sammlung, Heymannsche, von Prüfungs-Bestimmungen. No 3. [07. 371]

— üb. die Ausbildung u. Prüfung f. den Staatsdienst im Baufache im Grossherzogth. Hessen. Amtliche Handausg. gr. 8. (IV, 68 S.) Darmstadt 893 (G. Jonghaus.) n. 1. 60

— üb. die Ausbildung u. Prüfung f. den Staatsdienst im Baufache im Grossherzogth. Hessen. Amtliche Handausg. gr. 8. (XI, 115 S.) Darmstadt 900. (G. Jonghaus.) n. 2. 40

—— über die Ausbildung und Prüfung für den Staatsdienst im Bau- und Maschinenfach. 4. (16 S.) Berlin 881, Springer.

— üb. die Ausbildung u. Prüfung f. den höheren Staatsdienst im Baufach, s. a. Bauwesen.

— üb. die Ausbildung u. Prüfung f. den höheren Staatsdienst im Baufache. (47 S.) gr. 8. Dresden 904. C. Heinrich. n. — 40
Sonderabdr. a.: „Gesetz- u. Verordnungsbl. f. d. Kgr. Sachsen".

— über d. Ausbildg. u. Prüfg. f. d. höh. Staatsdienst in d. Berg-, Hütten- u. Salinen-Verwaltung vom 18. IX. 1897. gr. 16. (III, 24 S.) Berlin 897. R. v. Decker. — 30

— dasselbe. [Aus: „Zeitschr. f. Berg-, Hütten- u. Salinenwesen".] gr. 4. (12 S.) Berlin 897. W. Ernst & Sohn. n. — 60

[5.] Vorschriften über die Ausbildung und Prüfung für den höheren Staatsdienst in der Berg-, Hütten- u. Salinenverwaltung. Vom 18. Sept. 1897. Amtl. Ausg. *Berlin: C. Heymanns 1897.* (32 S.) 1 Bd 8.
= Sammlung, Heymannsche, v. Prüfungs-Bestimmungen. No 4.
[98. 6973]

Vorschriften über die Ausbildung und Prüfung für den höheren Staatsdienst in der Berg-, Hütten- und Salinen-Verwaltung. Vom 18. Sept. 1897. Amtl. Ausg. 2. Aufl. Berlin: C. Heymann 1900. (32 S.) 8°
(Sammlung, Heymannsche, v. Prüfungsbestimmungen. No 4.)

— dasselbe, s. a. Heymann's Sammlung v. Prüfungsbestimmungen, Nr. 4.

— üb. die Ausbildung u. Prüfung f. den höheren technischen Staatsdienst im Baufache. [Aus: „Gesetz- u. Verordnungsbl. f. das Königr. Sachsen".] gr. 8. (55 S.) Dresden 888. (Warnatz & Lehmann.) n. 1. 35

Vorschriften über Ausbildung, Prüfungen und Anstellung im Försterdienst und im Forstverwaltungsdienst. - Berlin 1886. 72 S. 2. Aufl. - 3. Aufl. u. d. T.: Vorschriften über die Ausbildung und Prüfung für den Forstverwaltungs- und Forstschutzdienst in Preußen. ebd. 1894. 118 S.

— für die Ausbildg. der Schiffsjungen. (Vom 26. VI. 1899.) gr. 8. (VI, 58 S.) Ebd. 899. n. 1. —

Vorschriften für die Ausbildung der Schiffsjungen. (Schj.V.) *Berlin: E. S. Mittler & Sohn 1901.* (VI, 61 S.) 8° [F.] [01. 375]

— für die Ausbildung der Seekadetten auf den Schulschiffen. (Vom 26. VI. 1899.) gr. 8. (VI, 130 S.) Ebd. 899. n. 2. 25

— für die Ausbildg. der Seekadetten auf den Schulschiffen. (Seek. A. V.) Hrsg. vom Reichs-Marine-Amt. (D. E. Nr. 68.) (VII, 95 S.) gr. 8. Ebd. 910. 1.75; geb. 2. 15

Vorschriften zur Ausbildung und Verwendung mehrerer Batterien. (Aus: „Provisorisches Exercier-Reglement für die k. k. Artillerie". III. Abtheilung.) 8. Wien 1856.

—— wegen Ausführung der Forst Vermessungs- u. Abschätzungs-Arbeiten. hoch 4. (15 S.) Berl. 891, Springer. ** — 30

Vorschriften für die Ausführung der Forstvermessungs- und Abschatzungs-Arbeiten. 2., verm. Aufl. *Berlin: J. Springer 1899.* (22 S.) 8° [F.] [01. 2622]

—— über die Ausführung des Unfallversicherungsgesetzes vom 6. Juli 1884 und des Gesetzes über die Ausdehnung der Unfall- und Krankenversicherung vom 28. Mai 1885 im Ressort der kaiserl. Marine. 8. (18 S.) Berlin 885, Mittler und Sohn.

-- üb. die Ausführung der Unfallversicherungsgesetze vom 30. VI. 1900 im Ressort der kaiserl. Marine. gr. 8. (15 S.) Berlin 900. E. S. Mittler & Sohn. n. — 20; kart. n. — 35

Vorschriften für die ärztliche Ausrüstung S. M. Schiffe u. Fahrzeuge. gr. 8. (42 S.) Berlin 886. Mittler & Sohn. n. 1. —

Vorschriften zur feldmäßigen Ausrüstung der für die k. württemb. Infanterie bestimmten Fahrzeuge. Stuttgart 1864. 8°

—— für die Ausrüstung S. M. Schiffe und Fahrzeuge mit Hülfsmitteln zur Krankenpflege, sowie für deren Behandlung an Bord. gr. 8. (37 S.) Berlin 880, Mittler und Sohn. *

Vorschriften über die Aussonderung u. Vernichtung der Akten bei den Justizbehörden. — Allgemeine Verfüggn. des Justizministers vom 6. IX. 1900 üb. die Vernichtg. der Akten, Register u. Urkunden (Justiz-Ministerial-Blatt S. 569), die Aussonderung u. den Verkauf der Akten rc. sowie üb. die Verwendung des Erlöses (Justiz-Ministerial-Blatt S. 575) u. die Ablieferg. der Akten an die Staatsarchive (Justiz-Ministerial-Blatt S. 577). Amtliche Ausg. gr. 8. (15 S.) Berlin 900. R. v. Decker. n. — 20

Vorschriften über Ausübung der Wohltätigkeits-Pflege in der Johannis-Loge zum Widder in Berlin. [Berlin 1898.] 7 S. 8°. 21.

Vorschriften über Badekuren und sonstige außergewöhnliche Heilverfahren für Militärpersonen. (Kurvorschriften. K. V.) vom 10. Mai 1905. Berlin: E. S. Mittler & Sohn 1905. (97 S.) 8° [F.]
(D. V. E. No. 60.) [05. 1009]

— über das Bajonettfechten der Infanterie. gr. 8. (32 S. m. eingedr. Holzschn.) Berlin 876. Mittler & Sohn. n. — 40

Vorschriften über das Bajonettfechten der Infanterie. Berlin 1876. 8°.
Dass. u. d. T.: Bajonettir-Vorschrift für die Infanterie. 1889.
Dass. 1901.

—— für das Bajonettfechten der Infanterie. gr. 8. (18 S. mit eingedr. Holzschn.) Ebendas. 882. **

Vorschriften für den Bau und die Einrichtung von Motorfahrzeugen und deren Motoren. (Paris) 1906

Vorschrift für die Ausbildung und Prüfung derjenigen, welche sich dem Baufache widmen (v. 1. 8. 1849). [Folgt:] **Vorschriften für die Kgl. Bau-Academie zu Berlin v. 1. 8. 1849.** ¶ Abgedr. in: Zeitschrift f. prakt. Baukunst. Jg. 9.

Vorschriften für die Ausbildung und Prüfung derjenigen, welche sich dem Baufache widmen (v. 18. 3. 1855). [Folgt:] **Vorschriften** für die Kgl. Bau-Akademie zu Berlin (v. 18. 3. 1855).

Vorschriften für die Ausbildung und Prüfung derjenigen, welche sich dem Baufache im Staatsdienste widmen (v. 3. 9. 1868). [Folgt:] **Vorschriften** für die Kgl. Bau-Akademie zu Berlin v. 3. Sept. 1868. ¶ Auch u. d. T.: Reglement f. d. Ausbildung, Prüfung u. Anstellung derjenigen ... bei Heymann in Berlin 1872; 2. Aufl. 1877.

— über Bau- u. Feuerpolizei im Großherzogth. Baden. Die Anlage u. den Betrieb der Dampfkessel. Die Sicherung der öffentl. Gesundheit u. Reinlichkeit. gr. 8. (IV, 77 S.) Tauberbischofsheim 876. Lang. n. — 60

Vorschriften. Baupolizeiliche V' über Ausführung von Bauarbeiten in armiertem Beton (System Hennebique etc.) in den Städten 1. Dresden, 2. Düsseldorf, 3. Frankfurt a/M., 4. Hamburg, 5. Karlsruhe. Zusammengestellt vom Baudepartement des Kantons Basel-Stadt. Februar 1902. [Mit Figuren.] II + 36 S. 8. Basel, G. Krebs, 1902.

Vorschriften, Bau- u. feuer polizeiliche. f. d. Reg. Bez. Osnabrück, s. Baupolizeiliche u. feuerpolizeiliche Vorschriften ...

Vorschriften, baupolizeiliche, für die königl. Residenzstadt Hannover, die Vorstadt Glocksee und den Vorort Linden. Hannover 863. Meyer. gr. 8. (VIII, 63 S.) n. 10 ngr.

— baupolizeiliche, f. den Reg.-Bez. Posen. Nachtrag, enth. 1. die Baupolizeiverordng. f. die Städte des Reg.-Bez. Posen, vom 28. IV. 1904, 2. die Baupolizeiverordng. f. das platte Land des Reg.-Bez. Posen, vom 28. IV. 1904. (48 S.) gr. 8. Berlin 904. A. W. Hayn's Erben. n. — 70
Vergl.: Kotze, Otto, baupolizeiliche Vorschriften f. den Reg.-Bez. u. die Prov.-Hauptstadt Posen.

Vorschriften über Bauten in armiertem Beton, aufgestellt von der Schweizerischen Kommission des armierten B', nebst Erläuterungen von Prof. F[rançois] Schüle.... [Mit Figuren.] Juni 1909. 39 S. 8. Zürich, Verlag der eidg. Materialprüfungsanstalt am schweizerischen Polytechnikum ([Druck:] Aschmann & Scheller). [fr. —. 80]

Die beamtengesetzlichen Vorschriften für die badischen Volksschullehrer nebst Ergänzungsvorschriften. *Karlsruhe: J. Lang 1902.* (190 S.) 8° [F.]

— betr. die Beaufsichtigung u. den Betrieb von Dampffässern, gültig vom 1. IV. 1899 ab. Nachtrag zur 8. Aufl. der Vorschriften, betr. die Anlegg., Beaufsichtigg. u. den Betrieb v. Dampfkesseln u. Dampffässern. gr. 16. (15 S.) Hagen 899. O. Hammerschmidt. n. — 25

—— über die Befähigung zu den technischen Aemtern bei den preußischen Bergbehörden und über die Prüfung der Markscheider. 2. Aufl. gr. 8. (42 S.) Berlin 886, C. Heymanns Verlag. *

— über die Befähigung zu den technischen Aemtern bei den Bergbehörden d. Staates. Vom 21. Dezbr. 1871. gr. 8. (16 S.) Berlin 872. v. Decker. — 15

— über die Befähigung zu den technischen Aemtern bei den Bergbehörden d. Staates. Vom 12. Septbr. 1883. gr. 8. (26 S.) Berlin 883. v. Decker. n. — 35

—— üb. die Befähigung zu den technischen Aemtern bei den Bergbehörden d. Staates. Vom 12. Septbr. 1883. Unveränderter Abdr. gr. 8. (26 S.) Berl. 890, v. Decker. * — 50

Vorschriften über die Befähigung zu den technischen Aemtern der Berg-, Hütten- und Salinen-Verwaltung. Vom 21. Dezember 1863. Berlin, Decker. 1863. 4. (1¾ B.)

— die, über die Befähigung für den württembergischen Staats-Forstdienst. (27 S.) 8. Tübingen 904. G. Schnürlen. n. — 45

— üb. den Befähigungsnachweis u. die Prüfung der Maschinisten auf Seedampfschiffen d. deutschen Handelsflotte. (Gesetz vom 7. I. 1908.) (46 S.) 8. Bremerhaven (909). L. v. Vangerow. — 50

— für die Befahrung der unteren Hunte. Eine amtliche Zusammenstellg. der gelt. Bestimmgn. aus dem J. 1899. gr. 8. (32 S.) Oldenburg 899. Schulze. n.n. — 75

Vorschriften für die Beförderung der Personen des Soldatenstandes, ferner zur Verfassung der Qualificationslisten über Stabs- und Oberofficiere, dann Cadetten des Soldatenstandes, ferner zur Rangsbestimmung für die Personen des Soldatenstandes, endlich: Organische Bestimmungen für die Standesgruppe der in Local-Anstellungen befindlichen Officiere der königlich ungarischen Landwehr. (Lithogr.) 4. Budapest 1884.

Vorschriften über die Beförderung von Personen, Thieren, Gütern etc. auf deutschen Eisenbahnen. Unt. Berücks. der Bestimmungen für Oesterreich-Ungarn und das Gebiet des Vereins Deutscher Eisenbahn-Verwaltungen sowie der einschlagenden Reichs- und Landes-Gesetzgebung bearb. von einem Fachmann. Berlin (1882)

(Reichsgesetze.: Kortkampf'sche Ausg. Tit. 8, H. 7.)

—— über die Beförderung von Personen, Thieren, Gütern rc. auf deutschen Eisenbahnen. Unter Berücksicht. der Bestimmungen für Oesterreich-Ungarn und das Gebiet des Vereins deutscher Eisenbahn-Verwaltungen, sowie der einschlagenden Reichs- und Landes-Gesetzgebung bearb. von einem Fachmann. Text des Betriebs-Reglements für die Eisenbahnen Deutschlands durchgesehen im Reichs-Eisenbahn-Amt. 8. (XXIX, 266 S.) Berlin 883, Kortkampf. geb. *

—— betr. die Begleitung von Gefangenen durch bürgerliche Gefangenenbegleiter im Königreich Württemberg. 16. (16 S.) Stuttgart 886, Kohlhammer. *

Vorschriften über die Behandlung und den Betrieb der Lokomobilen mit Angabe der Polizeilichen Vorschriften der Königl. Regierungen zu Posen und Bromberg, betreffend den Betrieb der Lokomobilen. Posen 1885

—— über Behandlung und Instandhaltung der Schiffs- und Küstengeschütze und der Munition. 8. (IV, 80 S.) Berlin 881, Mittler und Sohn. *

—— f. die Behandlung u. Instandhaltung der Schiffsgeschütze [ausschl. der Schnelllade-Kanonen, der 8 cm Boots-Kanone L/20, sowie der 3,7 cm Revolver-Kanonen] u. ihrer Munition an Bord in Dienst befindlicher Schiffe. 8. (IX, 214 S.) Berl. 891, Mittler u. Sohn. * 2 20

Vorschriften f. d. Behandlung, Reinigung u. Erhaltung des Gendarm. Zündhütchen Gewehres München 1845.

—— vom 7. Aug. 1867 für die Behandlung der Zu- und Abgänge und der Reklamationen bei der Klassensteuer in den Herzogth. Schleswig und Holstein. gr. 8. (40 S.) Berlin 867, v. Decker'sche geheime Ober-Hofbuchdruckerei. *

— über die Beitreibung der Gerichtskosten u. Geldstrafen, nebst Anh. [Gerichtsvollzieherordng. rc.] u. Sachregister, zusammengestellt im Bureau d. Justizministeriums. gr. 8. (90 S.) Berlin 885. v. Decker. — 75

— für die Bekleidung und Ausrüstung der Mannschaften sowie der Reit- und Zugpferde der Brandenburgischen Artillerie-Brigade [Nr. 3]. Nach den Bestimmungen der Dienstvorschrift für die Unteroffiziere der Königl. Preußischen Artillerie u. den hierauf bezüglichen anderweitigen höheren Verfügungen zusammengestellt im Juli 1860. Mit 3 Abbildgn. (Holzschn.) [Als Mscr. gedr.] Magdeburg 860. Baensch. 16. (48 S.) n. 5 ngr.

Vorschriften über die Bekleidung des Mannes und über Anlegung der Pferde-Equipage und des Gepäckes für die Reiterei 8. Dresden 1829.

Vorschriften f. die Bemessung der Gehälter der etatsmässigen unmittelbaren Staatsbeamten nach Dienstaltersstufen. (Gehaltsvorschriften.) Gültig vom 1. VII. 1905 ab. [Aus: „Justiz-Ministerial-Blatt"] (12 S.) gr. 8. Berlin '05. R. v. Decker. —. 30.

Vorschriften für die Bemessung der Gehälter der etatsmäßigen unmittelbaren Staatsbeamten nach Dienstaltersstufen. (Gehaltsvorschriften.. Gültig v. 1. Juli 1905 ab. Berlin 1905: Reichsdr. 24 S. 8° [Umschlagt] A 12.10678

Vorschriften f. die Bemessung der Gehälter der etatsmässigen unmittelbaren preussischen Staatsbeamten nach Dienstaltersstufen. Gültig vom 1. VII. 1905 ab. (14 S.) gr. 8. Berlin '05, Kaiser-Wilhelm-Dank. —. 20.
Sonderabdruck aus: „Der Gendarm".

Vorschriften über die Benutzung der Anschlagstafeln und Säulen in den Gebäuden der Technischen Hochschule zu Berlin ⟨v. 17. 7. 1903⟩.

[Kopft.:] [F.] **Vorschriften** für die **Benutzung** der Universitäts-Bibliothek zu Marburg. [Aus: Vorschriften f. d. Studirenden ... Marburg 1897; s. d. vorherg. No.] [o. O.], *1897;* 3 S. 8.

— üb. die Benutzung u. bauliche Unterhaltung der Dienstgehöfte der Staats-Forstverwaltung. gr. 8. (12 S.) Berlin 893. J. Springer. n.n. — 50

[Kopft.:] [F.] Vorschriften für die Benutzung d. Städtischen Volksbibliothek zu Charlottenburg. *Charlottenburg: A. Gertz [1897].* 2 Bl. 8. [98. 956

(Gemeinderat [der Stadt] Bern.) Vorschriften über die Benützung der Schulgebäude, Turnhallen und Turnplätze ausserhalb des ordentlichen Schulbetriebs. (1902 Juli 2.) 7 S. 8. ([Bern,] Gebrüder Fischer.)

Wien, K. K. Hydrographisches Centralbureau. Vorschriften für die Beobachtung der Schneedecke und der wichtigsten Begleiterscheinungen. Wien 1895.

— — Vorschriften für ombrometrische Beobachtungen nebst Anleitung zur Beobachtung der Lufttemperatur. Wien 1895.

— bequeme, und zum allgemeinen Gebrauch eingerichtete. .. Altona ... Bechtold. 4 ℛ

— für d. Berechng. d. eisernen Brücken. Fol. (7 S. m. Fig.) Berlin 895. W. Ernst & Sohn. n. — 60

— für die Berechnung der eisernen Brücken d. preuss. Staatseisenbahn-Verwaltung. Hierzu 4 Textabbildgn. u. 1 Taf. in Steinst. Mit e. Anh. v. John Labes üb. die Bestimmung grösster Momente u. Querkräfte für Eisenbahn-Balkenbrücken u. die Berechng. der Querträger v. Eisenbahnbrücken. Hierzu 14 Textabbildgn. (Neue Ausg.) Fol. (7 u. 4 S.) Berlin 899. W. Ernst & Sohn. n. 1. —

— für die Berechnung u. das Entwerfen eiserner Brücken u. Hochbauten. Mit e. Anh., enth. Hilfswerte zur Vereinfachg. u. Erleichterg. der Berechngn., sowie Angabe üb. Aufstellg. derselben. (Königl. württemberg. Staatseisenbahnen.) (33, 16, 11, 8, 4, 5, 2, 8, 1 u. 7 S. m. Fig. u. 12 Taf.) 33×22 cm. Stuttgart 909. (K. Wittwer.) Geb. 12. —

Vorschriften für die Königl. Berg-Akademie zu Berlin. Vom 28. September 1863. Berlin, Decker. 1863. 4. (½ B.)

Vorschriften für die Besatzung der Festung Königstein, den Wachdienst betreffend. 8. Dresden 1829.

— für d. Beschaffg. v. Betriebsmitteln u. Materialien, nebst d. Geschäftsanweisg. f. d. kgl. Eisenbahn-Abnahmeamt u. d. kgl. Eisenbahn-Wagenamt in Essen a/R. Amtl. Ausg. [Aus: „Vorschriften f. d. Verwaltg. der preuß. Staatseisenbahnen".] 4. (III, 63 S.) Berlin 895. C. Heymann's Verl. n. 1. 50; geb. n. 2. 50

— betr. die Besetzung der Kauffahrteischiffe m. Kapitänen u. Schiffsoffizieren, gültig v. 1. X. 1910 ab. (4 S.) 8. Hamburg (910). L. Friederichsen & Co. — 15

— besondere, für den Baudienst der Eisenbahn von Innsbruck nach Bozen. Wien 869. Beck'sche Univ.-Buchh. gr. 8. (52 S. mit 2 Steintaff. in qu. Fol.) n. 20 ngr.

Vorschriften, besondere, für den Baudienst der Eisenbahn von Innsbruck nach Bozen. [Zugleich Text zu Etzel's österr. Eisenbahnen, 6. Bd. Brenner Bahn.] 1. Abdr. 1869, und 2. Abdr. gr. 8. (52 S. mit 2 Stnt. in qu. Fol.) Wien 872, Hölder. *

(Gemeinde Bern.) Besondere Vorschriften für die einzelnen Verwaltungsabteilungen und Geschäftszweige. Vom Gemeinderate durchberatener ... Entwurf. (Vom 25. September 1901.) 75 S. 4.

Eisenbahndirektionsbezirk Königsberg i. Pr. Vorschriften über den Betriebsdienst auf den bei den Nebeneisenbahnen vorhandenen Kreuzungsstationen. Giltig v. 14. Febr. 1896. Ausg. 1897. Königsberg i. Pr. 1897: R. Leupold. (12 S.) 8° [F.]
(Dienstanweisung No K. 515.) [c5 10940 10

Vorschriften über die Beurkundung des Personenstandes und die Eheschliessung. Berlin 1899: Reichsdruckerei. (68 S.) 4°

Vorschriften üb. die Beurkundung des Personenstandes u. die Eheschliessung. (D.V.E. Nr. 18.) (40 S.) gr. 8. Berlin '03, E. S. Mittler & Sohn. —. 30; kart. —. 40.

Vorschriften ü. Beurkundung d. Personenstandes u. d. Eheschließung. München 1904.

— über die Beurkundung des Personenstandes u. die Eheschließung im Großherzogth. Baden, nebst der Dienstweisung f. die Standesbeamten. Amtl. Ausg. (Einband: Dienstvorschriften f. die Standesbeamten.) gr. 8. (XIII, 257 S.) Karlsruhe 901. (Ch. F. Müller.) Geb. in Leinw. n. 2. —

— bewährte, aus dem Gebiete der Chemie u. Technologie, mit beständiger Beziehung a. die chemischen Gründe derselben, f. Künstler u. Liebhaber der Künste. 8. Leipz. 797. Rabenhorst. (Daisenberger in Regensb.) 16 ℛ

Vorschriften für die großherzoglich badischen Bezirks-Forstbehörden zur Besorgung der Kaufs- und Tauschgeschäfte in Wald und Waldboden. - Karlsruhe 1846. 70 S.

Vorschriften, die, auf Buchhandel und Presse bezüglichen gesetzlichen, in Deutschland, Oesterreich und Schweiz. 8. (110 S.) Berlin 884, Bolm. **

— die, auf Buchhandel u. Presse bezüglichen gesetzlichen, in Deutschland, Oesterreich u. Schweiz. 8. (110 S.) Berlin 884. Issleib. n.n. 1. 25

Vorschriften betreffend den Bierwürze-Kontrollmessapparat (Patent Erhard-Schau) nebst der aus Anlass s. Einführung erfolgten Abänderung einiger Bestimmungen d. Biersteuervollzugsvorschrift. *Wien: Hof- u. Staatsdr. 1902.* (VII, 91 S.) 8° [F.]
— Handausgabe d. österr. Gesetze u. Verordn. 141. [02. 1126]

— für die Bildung u. Verwaltung v. Schiffs- u. Torpedoboots-Materialienkammern bei den kaiserl. Werften. gr. 8. (14 S.) Ebd. 893. n.n. — 25

[F.] Vorschriften über das akademische Bürgerrecht und die Handhabung der akademischen Disciplin, Honorarienordnung und Vorschriften über die Verwaltung und die Benutzung der Bibliothek an der Landes-Universität Giessen. Giessen, C. v. Münchow, Univ.-Dr., 1893; 32, 1 S. 8.

[Schweizerische Nordostbahn.] Vorschriften über die Deckungssignale und die besonderen Signal- und Läute-Einrichtungen der Stationen. Nachtrag I. *und* II. 8.
Nachtrag I: Vorschriften ... im Rangierbahnhof Romanshorn. (1901 März.) 3 S.
Nachtrag II: Sicherungsanlage ... auf der Station Hinwil. (1901 Mai.) [2 S.]

Vorschriften, (Allgemeine), zur Depositirung und Behandlung der Gewehre in den Magazinen der Truppenkörper. (Mit 1 Taf.) 8. Wien 1853.

— deutsche u. englische, z. Schönschreiben. 27 Bl. gest. v. ... Bogel. 8. Nürnb. 812. Riegel u. W. 1 ℛ 6 ℛ

— deutsche, z. Gebrauch für Schulen u. zum Selbstunterricht. 4. Hamb. 806. (Herold jun.) 8 ℛ

— deutsche, für fleißige Kinder. 7 Bl. in Steindruck. qu. 8. Berl. 819. Albanus. 2 ℛ

— deutsche, lateinische, ungarische, slawakische. .. Preßb. ... Weber. 12 K dies. Bl. deutsch, lateinisch, ungarisch. Ebd. 10 K dies. in 2 Sprachen. Ebd. 6 K

— deutsche, z. Schönschreiben, 12 Bl. Bresl. ... (Gehr). Holl.-P. 8 K Velinp. 10 K

— deutsche, z. Schönschreiben f. die Jugend. qu. Fol. Glogau 815. C. F. Günther. 12 K

— deutsche, zum Schulgebrauch u. Selbstunterricht. 1e Abthl. in 12 Bl. qu. gr. 8. Speyer 838. Neidhard's Buchh. 1/4 ℳ

— (deutsche,) für Volksschulen. 2 Hefte. 4. Neuhaldensl. 829. Eyraud. 6 K

Vorschriften für den Dienst und die Ausbildung der schweiz. Feldartillerie. 1905/1909. (Provisorische Ausg. Bundesratsbeschlüsse vom 7. Juli 1905 und 25. März 1909.) [Mit Figuren.] IV + 357 S. 8. [Bern, Stämpfli & Cie., 1909.]

Vorschriften f. d. Dienst u. d. Ausbildung der Kav. Bern 1901.

—— für den Dienst und die Ausbildung der Landes- und Scharfschützen-Compagnien der tirolisch-vorarlbergischen Landesvertheidigung. 3 Thle. gr. 8. Innsbruck 866, Wagner'sche Universitäts-Buchh.

Inhalt:

Thl. 1. Dienstes-Vorschriften. (80 S.) * 10 Ngr.
" 2. Abrichtungs- und Exerzier-Vorschriften. (104 S.) * 16 Ngr.
" 3. Felddienst. (34 S.) * 4 Ngr.

Vorschriften für den Dienst und die Ausbildung der Schweizerischen berittenen Mitrailleurtruppe. Vom schweiz. Bundesrat provisorisch genehmigt den 5. Juni 1900. 2. Aufl. [Mit Figuren.] IV + 156 S. 8. [Bern,] O[brecht] & K[äser,] IV. 1901.

Vorschriften üb. d. Dienst d. Krankenpflege i. Felde b. d. Kgl. preuß. Armee. Berlin 1834.

Vorschr. üb. d. Dienst d. Krankenpflege i. Felde. Berlin 1851.

Vorschriften über den Dienst der Krankenpflege im Felde bei der k. preussischen Armee. 8. Berlin 1855.

Vorschriften über den Dienst der Krankenpflege im Felde. Berlin 1855. 8°.
Dass. u. d. T.: Reglement . . . 1863.

Vorschriften für den Dienst und die Uebungen der Sanitäts-Kompagnien des königl. bayerischen Heeres. 12. München 1850.

Vorschriften für den Dienst und die Uebungen der Sanitäts-Compagnien des k. bayer. Heeres. München 1857. 8°

Vorschriften f. d. Dienst u. d. Übungen d. Sanitäts-Kompagnien d. Kgl. bayer. Heeres. München 1866.

Vorschriften f. d. Dienst u. Unterricht d. Bleisintenträger. München 1866.

Vorschriften für den Dienst der Verpflegungs-Abtheilungen im Kriege. München 1868. 8°.

Vorschriften f. d. Dienst d. Zeughausverwaltungen, i. d. Pulver- u. Munitionsmagazinen u. deren Arbeitshütten. Mit Anh. München 1844—1864.

— eines guten Dienstboten. 8. Landsh. 796. Storno. 1½ K

—— des k. k. Dienst-Reglements der Infanterie und Cavallerie. Für den Soldaten, den Untergebenen und den Vorgesetzten überhaupt dann für den Gemeinen, Tambour, Hornisten, Zimmermann rc. In deutscher, ungar., italien., böhm. und poln. Sprache. gr. 16. (VIII und 142 S.) Wien 861, Dirnböck.

—— des k. k. Dienst-Reglements der Infanterie und Cavallerie. In deutscher, ungar., italien., böhm. und poln. Sprache. 1. Thl. 2., verb. Aufl. br. 8. (IV und 132 S.) Wien 862, Dirnböck's Buchh.

—— des k. k. Dienst-Reglements für die Mannschaft vom Feldwebel abwärts in deutscher, ungar., italien., böhm. und poln. Sprache. 2. Thl. gr. 16. (296 S.) Wien 861(62), Dirnböck.

Vorschriften betr. Dienstverhältnis d. Regimentssattler. München 1891.

—— betr. das Dienstverhältniß der Regimentssattler bei der Kavallerie. 8. (12 S.) Berl. 891, Mittler u. Sohn. — 15; cart. — 30

— betr. d. Dienstverhältniß d. Regimentssattler b. d. Kavallerie. gr. 8. (16 S.) Berlin 898. E. S. Mittler & Sohn. — 10; kart. n. — 20

Vorschriften betr. die Dienst- u. Geschäftsverhältnisse der Gerichtsvollzieher in Elsass-Lothringen. Amtliche Ausg. (III, 70 S.) gr. 8. Strassburg, W. Heinrich. 1902. Kart. 1. 20.

— betr. die Dienst- u. Geschäftsverhältnisse der Gerichtsvollzieher in Elsass-Lothringen. II. Tl.: Geschäftsanweisung f. die Gerichtsvollzieher vom 1. III. 1904. Amtliche Ausg. (IV u. S. 71—319.) 8. Strassburg, W. Heinrich. 1904. Kart. 3. 50.

—— üb. die Dienstverhältnisse d. Lazarethgehülfen-Personals. Anlage 11 zu § 12,10 der organisator. Bestimmgn. gr. 8. (12 S.) Berl. 892, Mittler u. Sohn. — 15

—— über den Dienstweg und die Behandlung von Beschwerden der Militairpersonen des Heeres und der Marine sowie der Civilbeamten der Militair- und Marine-Verwaltung. Vom 6. März 1873. 8. Berlin 873, Mittler und Sohn. **

—— über den Dienstweg und die Behandlung von Beschwerden der Militär-Personen des Heeres und der Marine, sowie der Zivil-Beamten der Militär- und Marine-Verwaltung. Allerhöchste Kabinets-Ordre vom 6. März 1873. 8. (22 S.) Berlin 875, Kortkampf.

— über den Dienstweg u. die Behandlung v. Beschwerden der Militär-Personen d. Heeres u. der Marine, sowie der Civilbeamten der Militär- u. Marineverwaltung. Amtliche Ausg. 8. (21 S.) Berlin 883. Mittler & Sohn. n. — 20

— über den Dienstweg u. die Behandlung v. Beschwerden der Militär-Personen des Heeres u. der Marine, sowie der Civilbeamten der Militär- u. Marineverwaltung. Amtliche Ausg. Nachtrag: Bestimmungen üb. die Beschwerdeführg. rc. vom 14. Juni 1894. 8. (7 S.) Berlin 894. E. S. Mittler & Sohn. — 10
(Hauptwerk m. Nachtrag: n.n. — 25)

— über die Dienstwohnungen der Reichsbeamten vom 16. II. 1903. (D. V. E. Nr. 32.) (27 S.) gr. 8. Berlin 903. E. S. Mittler & Sohn. n. — 20; kart. n. — 35

Vorschriften über die Diplom-Prüfung für die Abtheilungen II, III u. IV der Kgl. Technischen Hochschule zu Berlin (v. 21. 12. 1887). 1888. — [Neudr.] 1892. 1894. ¶ Abgedr. in: Centralblatt f. d. ges. Unterrichts-Verwaltung in Preußen. Jg. 1888. S. 176 ff.

Vorschriften über die Diplom-Prüfung für die Abtheilungen II, III, IV u. V der Kgl. Technischen Hochschule zu Berlin (v. 21. 12. 1887). 1894. — [Neudr.] 1897.

Vorschriften über die Diplomprüfungen an der Herzogl. technischen Hochschule zu Braunschweig. Vom 18. 5. 1893.

[Dasselbe.] Vom 1. 7. 1897, bez. 22. 3. 1898.

[Dasselbe] (v. 12. 6. 1902).

[Dasselbe.] Vom 3. 9. 1904. — [Neudr. mit Zusätzen zu § 1 u. 2 u. neuem § 26a.]

Vorschriften für die Diplom-Prüfungen an der Kgl. Technischen Hochschule zu Hannover (v. 21. 12. 1887). — [Dasselbe] (v. 21. 12. 1887 u. 30. 11. 1894). — [Neudr.] 1897. ¶ Abgedr. in: Centralblatt f. d. ges. Unterrichts-Verwaltung in Preußen. Jg. 1888.

Vorschriften der **Direktion der a. priv. Kaiser Ferdinands-Nordbahn über die Verwendung, Vertheilung und Evidenzhaltung der im Verkehre befindlichen Wagen. Wien, 1855. Gedr. bei Josef Stöckholzer v. Hirschfeld. (16 S. 8.)**

Vorschriften über die Disziplinarbehandlung der k. k. Beamten und Diener. [Neue Ausg.] Wien: K. k. Hof- u. Staatsdr. 1902. (VI, 96 S.) 8° [F.]
= **Handausgabe** d. österr. Gesetze u. Verordnungen. H. 65. [06. 13189

Vorschriften für den Druck der Dissertationen der Philosophischen Fakultät der Universität Marburg i. H. o. O. (1905). (1 Bl.) 8° [Kopft.]

Vorschriften über Ehrenwachen und Ehrenbezeigungen
8. Dresden 1824.

Vorschriften betreffend die Einführung eines neuen Landesgewichts im Herzogtum Oldenburg.
Oldenburg 1858

Vorschriften über die Einführung einer Prüfung für mittlere Kommunalbeamte im Regierungsbezirk Arnsberg. Arnsberg: F. W. Becker 1905. (7 S.) 8° [Umschlagt. F.] [06. 3436 6

Die in der Provinz Schleswig-Holstein eingeführten **Vorschriften** über das Auseinandersetzungsverfahren, die Rechte dritter Personen und das Kostenwesen in Reallasten-Ablösungs-Angelegenheiten nach den für die Provinz Brandenburg geltenden Bestimmungen zusamg. von der Königlichen Regierung zu Schleswig. Schleswig. 1873. 8°

— üb. die Einrichtung, Ablegung u. Superrevision der kirchlichen Rechnungen in der Prov. Hannover, nebst Anweisg., betr. das Hebungs- u. Rechnungswesen bei den Revisions- u. Bauaufsichtskostenfonds. [Aus: „Kirchl. Amtsblatt f. den Bezirk d. k. Landesconsistoriums".] gr. 4. (80 S.) Hannover 889. Wolff & Hohorst.
n. 1 —; geb. n. 1. 50

— über Einrichtung u. Ausstattung der Kasernen. Hierzu 29 (lith.) Bl. Zeichngn. (in 4. u. qu. gr. 4.) gr. 8. (VII. 119 S.) Berlin 874. Trowitzsch & Sohn. n. 5. —

Vorschriften über Einrichtung und Ausstattung der Kasernen. Hierzu 29 Blatt Zeichnungen. Beigeb.: I. Nachtrag bis ult. December 1876. II. Nachtrag Militär-Oekonomie-Departement vom 12. Mai 1877.
8. Berlin 1874—1877.

— über Einrichtung u. Ausstattung der Kasernen. Hierzu 29 (lith. Bl.) Zeichnungen. gr. 8. (VII, 140 S.) Berlin 879. Trowitzsch & Sohn. n. 5. 50

—— über Einrichtung und Ausstattung der Kasernen, allerhöchst genehmigt unterm 21. Juli 1874. IV. Nachtrag. gr. 8. (14 S.) Berlin 880, Trowitzsch und Sohn.

Vorschriften ü. Einrichtung u. Ausstattung d. Kasernen. Mit Zeichn. München 1879.
— — 1882: Desgl. f. d. Militärwachen, Milit.-Arrestanstalten, Milit.-Gerichtslokale . . . Mit Zeichn.
— — 1890: Garnisons-Gebäudeordnung. T. 1.
— 1900: Garnisons-Gebäudeordnung.

— über Einrichtung u. Ausstattung der Militärwachen, Militär-Arrestanstalten, Militär-Gerichtslokale, Handwerksstuben, Montirungskammern u. der Räume zur Unterbringung der zum Heergeräth der Truppen u. zum Uebungsmaterial der Trainbataillone gehörenden Fahrzeuge, sowie der Exerzirgeschütze der Feldartillerie. Hierzu 9 (lith.) Blatt Zeichnungen. gr. 8. (56 S.) Berlin 880. Trowitzsch & Sohn. n. 1. 60

—— über Einrichtung und Ausstattung der Militärwachen, Militär-Arrestanstalten, Militär-Gerichtslokale, Handwerksstuben, Montirungskammern und der Räume zur Unterbringung der zum Heergeräth der Truppen und zum Übungsmaterial der Trainbataillone gehörenden Fahrzeuge, sowie der Exerzirgeschütze der Feldartillerie. gr. 8. (56 S. mit 9 lithogr. Bl. Zeichnungen.) Ebendas. 881. *

Vorschriften über Einrichtung und Ausstattung der Militärwachen, Militär-Arrestanstalten, Militär-Gerichtslokale, Handwerksstuben, Montirungskammern und der Räume zur Unterbringung der zum Heergeräth der Truppen und zum Uebungsmaterial der Trainbataillone gehörenden Fahrzeuge, sowie der Exerciergeschütze der Feldartillerie. Hiezu 9 Blatt Zeichnungen. Beigeb.: Tekturen v. Juni 1886.
8. Berlin 1881—1886.

— betr. die Einrichtung, Beaufsichtigung u. den Betrieb v. Aufzügen (Fahrstühlen). gr. 16. (15 S.) Hagen 900. O. Hammerschmidt. n. — 25

Vorschriften betr. die Einrichtung, Beaufsichtigung u. den Betrieb v. Aufzügen, Nachtrag, [: Polizei-Verordnung betr. die Einrichtung u. den Betrieb v. Aufzügen.

Vorschriften betr. die Einrichtung, Beaufsichtigung u. den Betrieb v. Aufzügen (Fahrstühlen) sowie Gebührenordnung f. Abnahme rc. (42 S.) kl. 8. Hannover 908. Gebr. Jänecke. — 70

— dasselbe f. die Prov. Hessen-Nassau, nebst den diesbezügl. Formular-Vordrucken. 12. (23 S.) Frankfurt a/M. Bockenheim 900. A. Kullmann. n. — 50

Vorschriften über die Einrichtung und den Betrieb der preussischen Baugewerkschulen vom 1. Juni 1908. Berlin (1908): C. Heymann. 15 S. 4° [Kopft.]

Vorschriften über die Einrichtung und den Betrieb der preußischen Baugewerkschulen vom 1. Juni 1908. Breslau 1909: Schles. Dr.-Genossensch. 20 S. 4° [Umschlagt.]

Vorschriften betr. die Einrichtung und den Betrieb von Dampffässern. Hagen i. W.: O. Hammerschmidt 1908. (27 S.) 8° [F.] [08. 16593

Vorschriften über die formelle Einrichtung der Jahresrechnungen und Justifikatorien in Ansehung derjenigen Einnahmen und Ausgaben, welche auf Grund des Gesetzes vom 20. Mai 1882 — Gesetzsamml. S. 298 —, betr. die Fürsorge für die Wittwen und Waisen der unmittelbaren Staatsbeamten, zu erheben, bez. zu leisten sind. [Dat.:] Potsdam, den 7. Juli 1882. (Berlin 1882.)

— f. die baulichen Einrichtungen in den Städten u. Vorstädten v. 20. VI. 1901. Nachtrag zu den Gesetzen der Brandversicherungsgesellschaft f. die Städte der Großherzogthümer Mecklenburg-Schwerin u. -Strelitz. gr. 8. (20 S.) Güstrow 901. Opitz & Co. n. — 25
Hauptwerk unt. d. Tit.: Gesetze der Brandversicherungs-Gesellschaft rc. Cbd. 894. n. 1. —.]

— für die baulichen Einrichtungen in den Städten u. Vorstädten vom 20. VI. 1901, nebst den Abänderungen vom 13. XI. 1901, 4. VIII. 1903, 13. u. 22. I. 1904. Nachtrag zu den Gesetzen der Brandversicherungsgesellschaft f. die Städte der Großherzogtümer Mecklenburg-Schwerin u. -Strelitz. (20 S.) gr. 8. Güstrow 904. Opitz & Co. n. — 25
Sonderabdruck aus: „Regierungsbl. f. Meckl.-Schw. u. Mecklenb.-Strel. öff. Anzeiger".

— f. die baulichen Einrichtungen in den Städten u. Vorstädten vom 20. VI. 1901. Neuer Abdr. m. den bis 1907 ergangenen Abändergn. Nachtrag zu den Gesetzen der Brandversicherungsgesellschaft f. die Städte der Großherzogtümer Mecklenburg-Schwerin u. -Strelitz. (20 S.) 8. Güstrow 907. Opitz & Co. — 25
Sonderabdruck aus: „Regiergsbl. f. Meckl.-Schw. u. Mecklenb.-Str. öff. Anzeiger".

— über Einrichtungen u. Betrieb der Apotheken u. Anweisung zu amtl. Besichtigungen der Apotheken in Preussen vom 16. XII. 1893. Mit Ergänzgn. u. Erläutergn. bis 1. VI. 1897. — Polizei-Verordnung üb. den Handel m. Giften vom 24. VIII. 1895. gr. 8. (39 S.) Berlin 897. Selbstverlag des deutschen Apotheker-Vereins. n. — 50

— über Einteilung der Feuerwehren u. über Uniformierung u. Ausrüstung, erlassen vom bayer. Landes-Feuerwehr-Ausschusse. Hrsg. vom bayer. Landes-Feuerwehr-Verband. (Ausg. am Erinnerungstage des 40jähr. Bestehens des Verbandes.) Nebst e. Beilage: 2 Taf. in Buntdr. (36 S.) 8. München 908. (Ph. L. Jung.) — 60

Vorschriften, 51 deutsche u. 51 lateinische, für Elementar-Schulen. qu. 8. Wesel 842, Becker'sche Buchh. 1/12 ℛ

Vorschriften des Deutschen Eisenbahn-Verkehrsverbandes für das Zugpersonal u. die Bahnsteigschaffner über d. Beförderung von Personen u. Reisegepäck nebst Zusatzbestimmungen d. Preuss.-Hess. Staatsbahnen ⟨Personen-Beförderungsvorschr., abgekürzt: P.B.V.⟩. Gültig v. 1. Mai 1907. [Nebst] Anh. u. Nachtr. 1. Erfurt 1907: Ohlenroth. 8° [08. 11603 4

— englische, der Hamburger pract. Handlungs-Akademie nach Perkins. 2 Hefte. qu. 8. (24 lith. Blätter mit Text.) Hamburg 846. (Herold.) n. 16 ngl

— englische, calligraphische, z. Gebrauch für Schulen, Privatunterricht u. eigen. Uebung. gr. 4. Weimar 801. 3e A. 802. Ind.-Compt. 12 gl

— englische, z. Schönschreiben, für junge Kaufleute u. öffentliche Büreaux, nach Tomkins, Green u. Champion. 18 Bl. gr. 4. Mannh. 806. Kaufmann. 2 ℛ 16 gl dass. 18 Bl. qu. Fol. London 821. (Frankf., Körner). 1 ℛ 16 gl

— über die Entschädigung f. an Milzbrand, Rauschbrand u. Schweinerotlauf gefallenen Tiere, s.: Gesetz, betr. die Entschädigg. usw.

— für das Entwerfen der Brücken m. eisernem Überbau auf Schutzgebietsbahnen. (12 S. m. 20 Abbildgn.) 33×21 cm. Berlin 908. W. Ernst & Sohn. — 80

Vorschriften für das Entwerfen der Brücken mit eisernem Überbau auf den Preußischen Staatseisenbahnen. Hierzu 5 Textabb. Mit e. Anh. enth. Hilfswerte z. wesentl. Vereinfachung u. Erleichterung d. Berechnung von F[ritz] Dircksen. Hierzu 3 Abb. *Berlin: W. Ernst & Sohn 1903.* (24 S.) 4° [04. 380

Anh. 2: Dircksen, F: Hilfswerte für das Entwerfen der Brücken mit eisernem Überbau auf den preußischen Staatsbahnen. Berlin 1904

Vorschriften f. d. Entwerfen der Brücken m. eisernem Ueberbau auf den preussischen Staatseisenbahnen. Eingeführt durch Erlass v. 1. V. 1903—I D 3216. (12 S. m. 5 Abb.) gr. 4. Berlin (905). W. Ernst & Sohn. n. — 60

Vorschriften für das Entwerfen der Brücken mit eisernem Überbau auf den preußischen Staatseisenbahnen. Eingef. durch Erl. v. 1. Mai 1903. Hierzu 5 Textabb. 4. Aufl. Berlin: Ernst 1910. 12 S. 4° [11. 10676 11

— die, üb. die Erfüllung der Wehrpflicht, s. a. Gesetze, österreichische.

Vorschriften, Die, über die Erfüllung der Wehrpflicht nebst den übrigen damit im Zusammenhange stehenden Gesetzen und Verordnungen. Mit neu einschlägigen Erkenntnissen des Verwaltungsgerichtshofes. 6. neu bearbeitete Aufl. (Aus: „Taschenausgabe der österreichischen Gesetze". 10. Bd Wehrvorschriften.) kl. 8. Wien 1892.

Vorschriften, Die, über die Erfüllung der Wehrpflicht nebst den übrigen damit im Zusammenhange stehenden Gesetzen und Verordnungen. Mit den einschlägigen Erkenntnissen des Verwaltungsgerichtshofes. 7. Auflage. (Aus: „Manz'schen Taschenausgabe der österreichischen Gesetze." 10. Bd. Wehrvorschriften.) kl. 8. Wien 1897.

— ergänzende, f. den Unterricht der königl. bayerischen Infanterie. 16. (III, m. 16 S. 10 lith. S. Musikbeilagen in Fol.) München 872. (Kaiser.) n. — 50

Vorschriften (Bestimmungen) f. Ergänzung d. Seeoffizierkorps . . . (Mit 1 Entw.) Berlin 1874—1899.

Vorschriften für die Ergänzung des Seeoffizierkorps nebst Ausführgsbestimmgen f. d. Annahme u. Einstellg als Seekadett in d. Kais. Marine. Berlin: E. S. Mittler & Sohn 1899. (VI, 25 S.) 8°

Vorschriften für die Ergänzung des Seeoffizierkorps nebst Ausführungsbestimmungen f. d. Annahme u. Einstellung als Seekadett in der Kais. Marine. 1899. Neuabdr. unter Einfügung der bis z. Juni 1900 veröffentl. Deckblätter. *Berlin: E. S. Mittler & Sohn 1900.* (25 S.) 8° [F.] [01. 10143

Vorschriften für die Ergänzung des Seeoffizierkorps nebst Ausführungsbestimmungen f. d. Annahme u. Einstellung als Seekadett in d. Kais. Marine. 1899. ⟨Seeoffz. E. V.⟩ Neuabdruck unter Einfügung d. bis Ende 1901 veröffentl. Deckblätter. *Berlin: E. S. Mittler & Sohn 1901.* (VI, 25 S.) 8° [F.] [02. 14688 11

Vorschriften für die Ergänzung des Seeoffizierkorps nebst Ausführungsbestimmungen f. d. Annahme u. Einstellung als Seekadett in d. Kais. Marine. 1899. ⟨Seeoffz. E. V.⟩ Neuabdr. unter Einfügung der bis April 1904 veröffentl. Deckblätter. Berlin: E. S. Mittler & Sohn 1904. (VI, 25 S.) 8° [F.] [06. 9137 11

Vorschriften für die Ergänzung des Seeoffizierkorps nebst Ausführungsbestimmungen f. d. Annahme u. Einstellung als Seekadett in d. Kais. Marine. 1899. ⟨Seeoffz. E. V.⟩ Neuabdr. unter Einfügung der bis April 1905 veröffentl. Deckbl. Berlin: E. S. Mittler & Sohn 1905. (VI, 25 S.) 8° [F.] [05. 11703

Vorschriften für die Ergänzung des Seeoffizierkorps nebst Ausführungsbestimmungen für die Annahme und Einstellung als Seekadett in der Kaiserlichen Marine. 1899. ⟨Seeoffz. E. V.⟩ Neuabdr. unter Einfügung der bis Jan. 1907 veröff. Deckblätter. Berlin: Reichs-Marine-Amt 1907. (25 S.) 8° [F.] [05. 11,81

Vorschriften für die Ergänzung des Seeoffizierkorps nebst Ausführungsbestimmungen f. d. Annahme u. Einstellung als Seekadett in d. Kais. Marine 1899. ⟨Seeoffz. E. V.⟩ Neuabdr. unter Einfügung der bis April 1908 veröffentl. Deckblätter. Berlin: Reichs-Marine-Amt 1908. 26 S. 8° [07. 10067

— für die Ergänzung des Seeoffizierkorps nebst Ausführungsbestimmgn. (Seeoffz. E. V.) Neudr. (VI, 26 S.) 8. Ebd. 909. — 40

Vorschriften betr. die Erhaltung und Fortführung der Flurkarten und Primärkataster. Amtsblatt des königl. württemb. Steuerkollegiums. 4° Stuttgart 1895

— zur Erhaltung der Sehkraft, in Bezug auf Lehrer und Schüler der öffentl. Unterrichts-Anstalten. 8. Aschaffenburg 844. (Nördlingen, Beck'sche Buchh.) 1 ngl

Vorschriften zur Erhaltung der Sehkraft in Bezug auf Lehrer und Schüler der öffentlichen Unterrichtsanstalten. Auf Allerhöchsten Befehl zum Druck befördert. Aschaffenburg 1845. V oder H: *Hoffmann*, Dr. (Hdschr. Mitth. von Friedrich Müller, München)

Vorschriften *über den Erlass von Schulgeld bei der Städtischen Realschule zu Wolfenbüttel.* Wolfenbüttel, Druck d. Heckner-schen Druckerei, 1896; 14—15 S. 4.
Wolfenbüttel, st. R '(HB)', OP 1896 (715)

— amtlich erlassene, über Anlage u. Betrieb der Eisenbahnen in Preussen. Zusammengestellt v. C. Hoffmann. gr. 4. (32 S.) Berlin 849, Reimarus (jetzt: Ernst & Korn). n. 12 ngl

— zu Erlernung d. Schönschreibens. Deutsches Schönschreiben. 2 Hefte. gr. 4. Wisb. ... Ritter. 16 K engl. Schönschr. 2 Hfte. gr. 4. Ebd. 16 K

— zur Erlernung der Schreibekunst. 16 Bl. Steindr. qu. Fol. (Magdeb. 819. Rubach). 9 K

Vorschriften f. d. Errichtung v. Friedens-Pulver Magazinen i. offenen Garnisons-Orten. Mit Pl. München 1859. 4°

Vorschriften für die Errichtung von elektrischen Starkstromanlagen, hrsg. vom Verband Deutscher Elektrotechniker. 1. Berlin: J. Springer 1902. 8°

Vorschriften für die Errichtung von elektrischen Starkstromanlagen, hrsg. v. Verband Deutscher Elektrotechniker. 1. *Berlin: J. Springer 1903.* 8° [03. 16181

Vorschriften für die Errichtung elektrischer Starkstromanlagen nebst Ausführungsregeln. Sicherheits-Vorschriften für den Betrieb elektrischer Starkstromanlagen. Hrsg. vom Verband Deutscher Elektrotechniker. Aufgenommen auf der Jahresversammlung zu Hamburg 1907. Gültig vom 1. Januar 1908 ab. Berlin, 1907. 83 S.

— für die Errichtung elektrischer Starkstromanlagen nebst Ausführungsregeln. — Vorschriften f. den Betrieb elektr. Starkstromanlagen nebst Ausführungsregeln. — Anleitung zur ersten Hilfeleistg. bei Unfällen im elektr. Betriebe. Hrsg. v. Verband deutsch. Elektrotechniker, eingetrag. Verein. (Ausg. Jan. 1910.) (IV, 79 S.) kl. 8. Ebd. 909. Kart. p — 80

Vorschriften über die Erstehung der Festungsstrafe in Kislau. Karlsr. 1851.

Vorschriften über die Erteilung der Doctorwürde in der mathematisch-naturwissenschaftlichen Fakultät zu Freiburg, Schweiz. Freiburg 1897. 4 p. 8°.

— über die Erzeugung u. den Verkehr v. Waffen u. Munitionsgegenständen, s.: Handausgabe d. österreichischen Gesetze u. Verordnungen. 137.

— die, üb. das Etats- u. Kassenwesen bei den Gerichtsbehörden. Für den Gebrauch der Gerichtsbehörden u. Gerichts-Verwaltungs-Beamten zusammengestellt u. m. e. Kommentar versehen. gr. 8. (VI, 244 S.) Trier 887. Lintz. cart. n. 2.40

—— die, über das Etats- und Rechnungswesen der Gemeinden und örtlichen Stiftungen in den Gemeinden der Landestheile diesseits des Rheins und über die formelle Behandlung des Kassawesens in den Gemeinden mit Landgemeindeverfassung nebst Formularien. gr. 8. (III, 135 S.) München 870, Franz'sche Buchh. *

Vorschriften für die Evidenzhaltung und Verrechnung der Inventur- und Verbrauchsgegenstände bei der a. p. Kaiser Ferdinands Nordbahn. Wien, 1856. Gedr. bei Josef Stöckholzer v. Hirschfeld. (16 S. 4.)

Vorschriften zu dem Exerzir-Reglement der Infanterie. Cassel 1849 8°.

— über die Feier des Jubiläums in der Erzdiözese Köln, nebst den dazu gehörigen Gebeten u. Gesängen. 12. Köln 825. Du: Mont-Schauberg. 2 K

Vorschriften für die Felddienst- und Festungsübungen im Frieden 8. München 1851.

Vorschriften f. Fertigung d. Inf.- u. Kav.-Patronen. München 1821. 4°

Vorschriften z. Fertigung d. Patronen f. d. Zündhütchen Gewehre u. Schützen-Stutzen d. Inf. München 1841.

Vorschriften f. d. Feuerlöschunterricht i. Geniergt. Mit Pl. München 1850.

— in Beziehung auf die Feuerungsanlagen, Kamine, Schornsteine u. Schornsteinfeger, nebst dem neuen Schornsteinfeger-Tarif. 8. (16 S.) Wiesbaden 886. Limbarth. n. — 25

Vorschriften über die Fondsverwaltung bei den Justizbehörden. Vom 28. Sept. 1879. Amtl. Ausg. Berlin 1879.

— betr. die Förderung der Viehzucht in Mähren. Gesetz vom 26. V. 1909, LGBl. Nr. 61, betr. die Förderung der Rindvieh- u. Schweinezucht in der Markgrafschaft Mähren. Verordng. des k. k. Statthalters in Mähren v. 18. III. 1910, LGBl. Nr. 27, zur Durchführg. d. Gesetzes vom 26. V. 1909, LGBl. Nr. 61, betr. die Förderung der Rindvieh- u. Schweinezucht in der Markgrafsch. Mähren m. Anh., enth. die Körordng.-Dienstes-Instruktion f. die mähr. Distriktstierärzte, erlassen m. dem Landesausschuß-Erlasse vom 26. VI. 1909, Z. 51,014. Mit e. alphabet. Inhaltsverzeichnisse. (III, 87 S.) kl. 8. Brünn 910. C. Winiker. 1.40

— dasselbe, s.: Irrgang's, Frdr., Taschenausgabe der mähr. Landesgesetze. Nr. 15.

Vorschriften über die zu beachtenden Formen bei der Anfertigung der Pläne, Kostenanschläge u. Erläuterungsberichte zu denjenigen Wegebauten, für welche die Bewilligung von Bauhilfsgeldern in Anspruch genommen wird. Vom 27. Mai 1879. gr. 8. (8 S.) Breslau 879. Korn. — 15

Vorschriften und Formularien für die Zählung der gewerblichen und landwirtschaftlichen Betriebe Niederösterreichs am 3. Juni 1902. Wien: Handels- u. Gewerbekammer 1904. (114 S.) 4°
= **Mitteilungen**, Statistische, d. Niederösterr. Handels- u. Gewerbekammer. H. 7. [05. 5558

Vorschriften und Formularien für die Zählung der gewerblichen und landwirtschaftlichen Betriebe Niederösterreichs am 3. Juni 1902. [Statistische Mitteilungen der niederösterreichischen Handels- und Gewerbekammer. Heft 7.] Lex.-8°. (114 S.) † K 2.— Wien: W. Braumüller 1905.

— f. die Försterprüfung. 4. (5 S.) Berlin 887. Springer. n. — 20

— **für Forstkartirung, Flächenberechnung und Herstellung d. Staatswald-Inventars. Erlassen vom königl. bayr. Staatsministerium der Finanzen am 23. Juni 1833. Abgedruckt aus dem „Archiv der Forst- u. Jagdgesetzgebung von St. Behlen." 1r Bd. 2s Hft. Mit 1 Steindruck u. (3) Tabellen. gr. 8. Freiburg 835. Fr. Wagner. 1/2 ₰**

Vorschriften für Forstkartirung, Flächenberechnung u. Herstellung d. Staatswald-Inventars. Erlassen v. königl. bayr. Staatsministerium d. Finanzen am 23. Juni 1833. Freiburg i. Br. 1835. 46 S. 1 Tvl. (Særtr.). P.

Vorschriften über den Frachtgüter-Verkehr auf der Wilhelms-Bahn. Ratibor 1847.

— **französische, 24 Bl. qu. Fol. Frankf. a. M. 812. Andreä. 16 gr**

Die **franzoesischen** Vorschriften über die Verwendung der Artillerie im Gefecht. Hrsg von C. H. C. Hannover 1889. 40 S.

— die französischen, üb. die Verwendung der Artillerie im Gefecht. Hrsg. v. C. H. C. gr. 8. (40 S.) Hannover 889. Helwing's Verl. n. — 80

[F.] **Vorschriften** über das Frauenstudium an österreichischen Universitäten. Hrsg. v. Dr. Carl Brockhausen, Univ.-Docent . . . in Wien. *Wien: C. Konegen 1898.* (27 S.) 1 Bd 8. [98. 2863

— **über den Freibord f. Dampfer u. Segelschiffe in der langen u. atlantischen Fahrt sowie in der grossen Küstenfahrt. 1903. Hrsg. v. der See-Berufsgenossenschaft. (VII, 49 S. m. Tab. u. Abbildgn.) Lex.-8. Berlin (904). (Hamburg, Eckardt & Messtorff.) n. 2. —**

— **geschrieben von mehreren Freunden d. Kalligraphie, gestochen v. Ludw. 17 Bl. qu. Fol. Elberf. 815. Büschler. (Schönian). 1 ₰ 12 gr**

— **englisches Original. 1s u. 2s Heft. Unter dem Titel: Bowles set of round Hand Copies. Mit Text dazu. 4. Nürnb. Campe. 813.**

— **50, mit deutscher Currentschrift für Volksschulen. qu. gr. 4. (50 Blätter.) Stuttgart 843. (Beck u. Fränkel.) n. 1/2 ₰**

Die **Vorschriften** über die Galakleidung und die Dienstkleidung sowie die Dienstabzeichen des Personals der Staatseisenbahnverwaltung. Berlin. Carl Heymann 1890
18 S. 4°
Aus: Eisenbahn-Verordnungsblatt. Jg. 1890. Nr. 3

Vorschriften f. d. Garnisons-Dienst. Entw. München 1822. 2°

— **für Gast- u. Schankgewerbe, dann f. den Handel m. gebrannten geistigen Getränken. (Redactionelle Beilage des kärntn. Gemeindeblattes.) gt. 8. (17 S.) Klagenfurt 893. (F. v. Kleinmayr.) n. — 48**

— zur Gebahrung und Verrechnung in den k. k. Militär-Heilanstalten zur Verwaltung der Kasernen und der übrigen Militär-Gebäude, u. viele andere die Militär-Administration betr. hohe Verordnungen, gesammelt und herausg. von einem k. k. Militär-Beamten als Fortsetzung zu dem Werke: „Geld-, Naturalien- und Service-Gebühren der k. k. österreich. Land-Armee." Brünn 857. Buschak u. Irrgang. gr. 8. (3 Bl., 222 S. u. 13 S. Tab. in 4.) n. 1 ₰. 18 ngr.

— u. **Gebete** für christliche Jungfrauen. 6. Aufl. 8. (VI, 114 S. m. 1 Stahlst.) München 881. Stahl. geb. n. — 40

— u. Gebete f. christliche Jungfrauen. 6. Aufl. 12. (VI, 114 S. m. 1 Stahlst.) Münch. 889. Stahl sen. geb. * — 60

Vorschriften über den Gebrauch v. Sprengstoffen im russischen Reiche. gr. 8. (16 S.) Kattowitz 887. Siwinna. n. 1. —

Die **Vorschriften** über die Gebühren und Vergütungen. Staßfurt: Seegelken 1908. 56 S. 8°
(Weicke's Zollbücherei. Bd 1.)

Vorschriften, die, üb. die Gebühren u. Vergütungen, s. a. Weicke's Zollbücherei. 1. Bd.

Vorschriften über die Gefangenen-Sammeltransporte auf Eisenbahnen vom 8. Dez. 1906. Amtl. Ausg. Berlin: C. Heymann 1907. (32 S.) 8° | G. [08 6157

— **auf Erfahrung gegründete, für Leinwanddrucker u. Färber etc. 8. Wesel 805. Becker. (Rein in Leipz.) 2 ₰ 16 gr Bei Becker Hbg. Pr. 6 gr**

— **geheime, d. Jesuiter-Ordens, a. d. Lat. 8. Rom. (Palm in Erlang.) 782.**

Vorschriften, geheime, der Väter d. Gesellschaft Jesu. Aus d. Latein. 8. Rom 782. N. Aufl. 8. Erlang. 816. Palm. 8 gr Dass. Latein., s. *Monita* secreta.

— **geheime, des Jesuiterordens, aus dem Latein. neue mit Zusätzen verm. Aufl. 8. Erlangen, Palmsche Verlagsbuchh. 816.**

Vorschriften für die Geldverrechnung bei dem Bahnbaue und Betriebe der a. p. Kaiser Ferdinands Nordbahn. Wien, 1856. Gedruckt bei Josef Stöckholzer v. Hirschfeld. (16 S. 4.)

Vorschriften für die Geldverrechnung bei dem Bahnbaue und Betriebe der a. p. Kaiser Ferdinands Nordbahn. Wien, 1857. Bei Josef Stöckholzer v. Hirschfeld. (16 S. 4.)

— die gelt., üb. die anhalt. Einkommensteuer u. feste Grundsteuer nach d. Gesetzen v. 18. Apr. 1886 (Nr. 724 d. Ges.-Samml.), vom 4. Apr. 1887 (Nr. 746 d. Ges.-Samml.) u. v. 12. Apr. 1890 (Nr. 827 d. Ges.-Samml.) u. d. zu dens. erlass. Ausführungs-Verordngn. v. 20. Juli 1886 (Nr. 731 der Ges.-Samml.), vom 28. Apr. 1887 (Nr. 752 d. Ges.-Samml.) u. v. 4. Novbr. 1890 (Nr. 839 der Ges.-Samml.). 12. (VII, 114 S.) Dessau 894. C. Dünnhaupt. Kart. n. — 80

— **die geltenden,** üb. die anhaltische Einkommensteuer u. feste Grundsteuer: 2. vervollständ. Aufl. 12. (VII, 104 S.) Dessau 900. C. Dünnhaupt. Geb. in Leinw. n. 1.—

— **die geltenden, üb. die anhaltische Einkommensteuer u. feste Grundsteuer nach dem Stande der Gesetze u. Verordnungen vom Juli 1904. 3. Aufl. (VII, 128 S.) kl. 8. Dessau 904. C. Dünnhaupt. Geb. in Leinw. n. 1. 50**

— gemeinnützige, f. Bürger- u. Landschulen, nebst e. Anweisung zum Schönschreiben, von J. W. Schwarz. kl. 4. Pirna, Friese. 812.

— für die Gerichtsvollzieher in der am 1. VII. 1903 geltenden Fassung. Tl. I. Gerichtsvollzieherordng. Tl. II. Geschäftsanweisung f. die Gerichtsvollzieher. Tl. III. Gebührenvorschriften f. Gerichtsvollzieher. Amtliche Ausg. (339 S.) 8. Berlin 903. R. v. Decker. Geb. n. 2. 25

— für die Gerichtsvollzieher in der am 1. VII. 1903 geltenden Fassung. I. Tl. Gerichtsvollzieherordng. II. Tl. Geschäftsanweisung f. die Gerichtsvollzieher. III. Tl. Gebührenvorschriften f. Gerichtsvollzieher. Amtl. Ausg. Nebst: Deckzettel u. Anh. II. (339 S., 24 Bl. u. 24 S.) 8. Berlin 903.07. R. v. Decker. Geb. in Leinw. u. geh. 2.60; Anh. II u. Deckzettel allein (24 S. u. 24 Bl.) (907.) —35

— dasselbe, Nachtrag, s.: Verfügung usw. betr. Aenderung der Gerichtsvollzieherordnung.

— die, f. die Geschäftsbehandlung der schöffengerichtlichen Strafsachen vom 20. Aug. 1879, nebst allen seit dem 20. August 1879 hiezu erlassenen Verordngn. u. Minist.-Entschließgn. gr. 8. (134 S.) Bamberg 893. G. Duckstein. n.n. 1. 30

—— für die Geschäftsbehandlung in Uebertretungssachen bei den königl. bayer. Stadt- und Landgerichten in den Landestheilen diesseits des Rheines. Amtliche Ausg. gr. 8. (XXXI und 96 S.) München 862, Weiß.

Vorschriften für den Geschäftsbetrieb der Gesindevermiether und Stellenvermittler. Erl. von Dr. F[ranz] Hoffmann, Geh. Reg.R. im Minist. f. Handel. *Berlin: C. Heymann 1901.* (34 S.) 8° [F.] [01. 11777

Vorschriften für den Geschäftsbetrieb der Gesindevermieter und Stellenvermittler. Erl. von Dr. F[ranz] Hoffmann, Geh. Ober-Reg.R. im Min. f. Handel. 2. Aufl. Berlin: C. Heymann 1907. (65 S.) 8° [F.] [08. 6134

Verband der Pferdezüchter in den Holsteinischen Marschen, e.G.m.b.H. '(Sektion d. Landwirthschaftskammer f. d. Prov. Schleswig-Holstein.)' **Vorschriften** für den Geschäftsbetrieb. '(Beschlossen vom Aufsichtsrath im März 1898.)' Glückstadt: Dr. v. J. J. Augustin [1898]. (95 S.) 8°

Vorschriften über den Geschäftsbetrieb der gewerbsmäßigen Vermittlungs-Agenten für Immobiliar-Verträge (Immobilien-Makler). Erlass d. Ministers f. Handel u. Gewerbe v. 29. Nov. 1907 ... Hrsg. von C[arl] V[iktor] Engelhard, Hannover. Hannover: C. V. Engelhard & Co. (1908). (117 S.) 8° [08. 3248 7

— über die Geschäftsführung der Verwalter, welche bei der Zwangsverwaltung bestellt werden. Amtliche Ausg. (13 S.) gr. 8. Berlin 904. R. v. Decker. n. — 30

— über das Geschäftsverfahren bei den techn. Revisionen im Bereiche der Marine-Artilleriedepots u. des Artillerie-Ressorts der Werften. (Artillerie-Revisionsvorschriften — A. Rv.) 1. Thl.: Artilleriedepots. 2. Thl.: Werften. gr. 8. (VIII, 123 S.) Berlin 899. E. S. Mittler & Sohn. n. 1. 75

Vorschriften der österreichischen Gesellschaft für Gesundheitspflege. Nr. 1. Inh.: Dr. A. Weichselbaum, Ueber Entstehung und Bekämpfung der Tuberculose. Mit 4 Tabellen. 16. (42 S.) —.10

— — Nr. 2. Inhalt: Dr. H. Charas, Ueber Krankentransportwesen in Städten und auf dem flachen Lande. 16. (32 S.) —.10

— — Nr. 3. Inh.: Prof. F. Kratschmer, Ueber die hygienische Bedeutung der Kochkunst. 16. (43 S.) —.10

— — Nr. 4. Inh.: Prof. W. Praussnitz, Neuere Bestrebungen auf dem Gebiete der öffentlichen Gesundheitspflege. Mit zwei Tabellen. 16. (31 S.) —.10

Nr. 8. Inh.: Dr. Rudolf Wlassak, Gegen den Alkohol. Ein Wort für die Totalabstinenz. 16. (42 S.) —.10

Wien: M.Perles 1896/97.

— des Gesetzes über die Beurkundung des Personenstandes u. die Eheschließg. in der vom 1. I. 1900 an geltenden Fassung. Zusammengestellt im Reichs-Justizamte. gr. 4. (67 S.) Berlin 899. C. Heymann. n. 1. —

— dasselbe. Außerordentl. Beilage zur deutschen Gemeinde-Zeitg. gr. 4. (67 S.) Berlin 899. P. Stankiewicz. n. 1. —

Vorschriften des Gesetzes über die Beurkundung des Personenstandes und die Eheschliessung in der vom 1. Jan. 1900 an geltenden Fassung. *(Zsgest. im Reichs-Justizamte.) Frankfurt a. O. [1899]: Trowitzsch & Sohn.* (61 S.) 8° [F.] [01. 6094

Vorschriften des Gesetzes über die Beurkundung des Personenstandes und die Eheschliessung in der vom 1. Jan. 1900 an geltenden Fassung. Zsgest. im Reichs-Justizamte. 2. Aufl. Berlin: C. Heymann 1900. (55 S.) 8°(4°)

Vorschriften. Gesetzliche V' über den Liegenschafts-Verkehr [im] Kanton Baselland. Amtliche Ausgabe. 52 S. 8. Liestal, Gebrüder Lüdin, 1904.

— die gesetzlichen, über die gerichtliche Auf- und Annahme letztwilliger Verfügungen in materieller und formeller Beziehung nach Allgemeinem Landrechte mit den betr. abweichenden Bestimmungen des Märkischen Provinzial-Rechts. Zusammengestellt und mit einer übersichtlichen Darstellung des Intestat- und Notherben-Rechts, sowie mit Formularen versehen von einem preußischen Richter. Berlin 856. Moeser. 8. (IV, 122 S.) n. 20 ngr.

[F.] Die gesetzlichen und reglementarischen **Vorschriften** betr. die Denkmalspflege. *Breslau: Dr. v. Grass, Barth & C. [1897].* (28 S.) 1 Bd 8. [98. 4628 Br

Die gesetzlichen und reglementarischen **Vorschriften**, betr. die Denkmalspflege. Breslau [um 1900]: Graß, Barth & Co. (28 S.) 8° [F.] [06. 10493

—— die gesetzlichen, über die Wahlen der Landtagsabgeordneten für die Städte und Oberamtsbezirke in Württemberg. Mit den amtl. Formularen und einem Sachregister nebst Inhaltsverzeichniß. Zum prakt. Gebrauch der mit dem Wahlgeschäfte betrauten Behörden und Personen, sowie zur Belehrung der Wähler bearb. 8. (55 S.) Stuttgart 882, Kohlhammer. *

Vorschriften z. Gewehrfechten. Schwerin 1854.

— für die Gewinnung u. Behandlung der Milch bis zur Ablieferung in die Molkerei. Plakat. Fol. Prenzlau 894. A. Mieck. n. — 10

Vorschriften über den Giroverkehr der Staatskassen (in Baden) mit der Reichsbank. Anlage 12 zu der Kassen- und Rechnungsordnung für die Großherzoglichen Staatskassen, gültig vom 1. Januar 1903 an. Karlsruhe 1902.

Vorschriften für den Präpariersaal Greifswald. 1. Kursus: Muskeln und Eingeweide. Greifswald 1906: J. Abel. (Bl. 1—12.) 8°

— gründliche, enth. deutsche, lateinische u. französ. Blätter. 4. Nürnb. ... Schneider u. W. 12 K

— gründliche, zum Schönschreiben. 4. Stendal 793. Franzen u. Gr. 4 K

Vorschriften für die Güterversendung auf der Gr. badischen Eisenbahn. Karlsruhe 1847. 4.

— über d. Halten v. Hunden. Zusammengest. vom kynolog. Verein zu Braunschweig. 8. (9 S.) Braunschweig 895. J. H. Meyer. n.n. — 30

Vorschriften, d. Hamburger, üb. d. Betrieb u. d. Revision d. Dampfkessel. 7., rev. Ausg. 16. (16 S.) Hamburg 892. Eckardt & Meßtorff. n. — 30

— Hamburger, zum Schönschreiben; e. nothwendige Beilage zu Büsch's prakt. Briefsteller f. Kaufleute. 4 Hefte. 4. Hamb. (Herold jun.) (1s. 16 gr 2s. engl. Vorschriften in 8 Bl. 14 gr 3s. auserles. deutsche Vorschriften. 14 gr 4s. enth. kaufmänn. Aufsätze, Briefe, Addressen u. Assekuranzrechnungen. 12 gr) 2 rß 8 gr

Vorschriften für Deutsche Handlungsreisende im Auslande. Zsgest. v. Verkehrsbureau d. Handelskammer zu Berlin. Berlin 1908: (Liebheit & Thiesen). (108 S.) 8° [08. 4422 B

Vorschriften der Handwerkskammer für Schwaben und Neuburg zur Regelung des Lehrlingswesens im Käserei- und Molkereihandwerk. Augsburg 1904

— für d. steuerfich. Herrichtg. d. nichtabgefund. Brennereien z. Betriebe. (Aus d. 2. Entwurfe e. Brennereiordng. Buch 2, Abschn. 1, Titel 2.) gr. 8. (30 S. m. 1 farb. Taf.) Berlin 897. (O. Drewitz.) — 75

Vorschriften für die Herstellung der an das Leitungsnetz des städtischen Elektrizitätswerks Charlottenburg anzuschließenden Anlagen. Charlottenburg 1903: A. Gertz. (29 S.) 8° [F.] [07. 17895

— für Herstellung u. Betrieb v. Grundstücks-Entwässerungen. Hrsg. v. Verband deutscher Architekten- u. Ingenieur-Vereine. (25 S.) gr. 8. Berlin 908. Deutsche Bauzeitg. 1.—

— für die Herstellung v. Geschützrohr-Schuppen. 8. (10 S m. 3 Taf.) Berlin 893. E. S. Mittler & Sohn. — 15

— zur gleichheitlichen Herstellung pharmaceutischer Zubereitungen, als Nachtrag zum Ergänzungsband des deutschen Apothekervereins hrsg. vom Verein der Apotheker Münchens. gr. 8. (16 u. Nachtrag 2 S.) München 893. (J. Grubert.) n. 1.—

— zur gleichheitl. Herstellg. pharmaceutischer Zubereitgn., welche weder im Arzneibuch f. d. Deutsche Reich, noch in d. v. deutschen Apothekervereine hrsg. Ergänzungsbande enth. sind. II. Aufl., bearb. im Auftr. d. Vereins d. Apotheker Münchens von Carl Bedall. gr. 8. (88 S.) München 898. J. Grubert. Geb. n. 2.—

— zur gleichheitl. Herstellung pharmaceutischer Zubereitungen, welche weder im Arzneibuch f. das Deutsche Reich, noch in dem v. deutsch. Apotheker-Vereine hrsg. Ergänzungsbande enth. sind. II. Aufl., bearb. im Auftrage d. Vereins der Apotheker Münchens v. Carl Bedall. 1.—3. Nachtrag. 1899. 1901 u. 1902. gr. 8. (4 S., 8 Bl. u. 4 Bl.) München, J. Grubert. 1.— Hauptwerk Ebd. 898. Geb. n. 2.—.

— zur gleichheitlichen Herstellung pharmaceutischer Zubereitungen, welche weder im Arzneibuch f. das Deutsche Reich, noch in dem vom deutschen Apothekervereine hrsg. Ergänzungsbande enth. sind. III. Aufl., bearb. im Auftrage des Vereins der Apotheker Münchens v. Carl Bedall. (120 S.) gr. 8. München 903. J. Grubert. Geb. in Leinw. n.n. 3.—; Nachtrag. (20 S.) 905. n.n. — 50

Vorschriften f. d. Herstellung d. gemauerten Normal-Feldbacköfen. Mit 1 Bl. München 1859.

Vorschriften für die Herstellung von Telegraphen-, Telephon- und Rohrpostlinien. Herausgegeben vom k. k. Handels-Ministerium. (Verordnung vom 11. Juni 1901, Z. 21.149.) (Mit 247 Figuren und 3 Tafeln.) Wien. 1901. Hof- und Staatsdruckerei. Gr.-8°. VIII, 635 S. Cart. K 8.—

— für das Hiebfechten. gr. 8. (35 S. m. eingedr. Fig.) Berlin 884. Mittler & Sohn. n.n. — 50

Vorschriften f. d. Hiebfechten. München 1885.

— 100 deutsche u. 50 engl. einzeil., f. Elementarschulen u. zur Selbstbeschäftigung. Lith. v. B. Kühlen. 1. Hft. 4. M. Gladbach 830. [Elberfeld, J. W. Schmachtenberg.]

— 100 deutsche u. 50 englische einzeilige, für Elementarschulen u. zur Selbstbeschäftigung. Lithographirt v. B. Kuhlen. 1s Heft. 4. M. Gladbach 830. Gebr. Schmachtenberg u. Steinb. 6 gr

— 100, als d. 3te Gang d. Naturkunde u. Gotteserkenntniß, auch als Lesebuch zu gebrauchen für die mittlern Klassen der Bürgerschulen u. den häuslichen Unterricht, (v. ... Günther). gr. 8. Züllichau 791. Frommann in Jena. 5 gr Anweis. z. Gebrauch desselb. (v. ... Günther). gr. 8. Ebd. 791. 7 gr

Vorschriften, Hundert, Als der dritte Gang der Naturkunde und Gotteserkenntniss . . . Züllichau u. Freystadt 1791. V: *Günther, Carl Ehrenfried.* (OI.) (Ky) (MGT)

— hundert neue, z. Farbenbereitung. Auch als 2. (3.) Nachtr. zu J. C. Leuchs Anleitung zu Bereit. aller Farben. gr. 8. (10 B.) Nürnberg 839, Leuchs u. Comp. — 21 Hauptwerk. 2 Bde. 1825. 5 Thlr., 1. u. 2. Nachtrag. 1828, 31. 1 Thlr. 13 Gr. Ebendas.

— hundert neue, zur Farbenbereitung, s. J. C. Leuch's Anleitung zur Bereitung aller Farben 5r Bd.

— 145, aus dem Gebiete der Land- u. Hauswirthschaft, der Viehzucht u. Gärtnerei, die sich durch Neuheit u. Gemeinnützigkeit auszeichnen. gr. 16. (VIII u. 93 S.) Quedlinburg 847, Ernst. 1/3 rß

— 117, den größten Nutzen aus den Kartoffeln zu ziehen. Nach den Erfahrungen von Jacobi, Juch, Kreyssig, Lampadius, Leuchs, Payen, Putsche, Riem, Schwarz, Ternaux u. a. Mit 15 Holzschn. gr. 8. Nürnb. 833. Leuchs u. Comp. 2/3 rß

— 194, zum Schönschreiben für Stadt- u. Landschulen, so wie zum Selbstunterricht. 1s Hft. Deutsche Vorschriften, enthaltend 45 Vorlegeblätter mit method. Vorübungen, und 52 mit Kernsprüchen des alten Testamentes. Nebst einer methodisch prakt. Anweisung für den Lehrer. (Mit Text.) 4. Danzig 833. Gerhard. n. 1/3 rß

— ders. 2s Hft. Latein. Vorschriften, enthalt. 45 Vorlegebl. mit method. Vorübungen, und 52 mit Kernsprüchen d. alten Testaments. Nebst einer methodisch prakt. Anweisung für d. Lehrer. (Mit Text.) 4. Ebd. 833. n. 1/3 rß

— dies. 2 Hfte. Neuer Abdruck. 4. Ebd. 833. n 2/3 rß

Vorschriften für die Jägerprüfung (§ 9–11 d. Bestimmungen über Vorbereitung u. Anstellung im Königlichen Forstschutzdienst vom 1. Okt. 1905). Neudamm: J. Neumann 1906. (17 S.) 4° [Umschlagt. F.] [07. 8175

— für Jedermann, wie er sich in d. Geschwindigkeit benehmen soll, wenn er e. Verunglückten antrifft. 8. Prag 810. Widtmann. 2 gr

— für das heil. Inquisitionsgericht. Aus d. Span. übersetzt von D. S—. 8. Stuttg. 830. v. Cotta. 1 ₰

Vorschriften und Instructionen für den Dienst am Bord der k. k. Kriegsschiffe. 4. Triest 1853.

Instructive Vorschriften f. Vornahme der Inspicirungen u. Abfassung d. einzusendenden Inspectionsberichte. München 1841. 2°

Vorschriften für die Inventarien-Verwaltung bei den Königlich Preussischen Berg-, Hütten- und Salzwerken des Oberbergamts-Bezirks Clausthal vom 1. Mai 1868. Clausthal. 1868.

Vorschriften für die Jugendwehr in Stuttgart, Juni 1863. 16 S., 8°.

— zu e. regelmäßigen Canzleihand, in 28 Bl. Fol. Götting. 788. Vandenhöck u. R. 20 K

(F) Vorschriften, betreffend das Kanzleihilfspersonal der politischen Verwaltung. Lex.-8°. (19 S.)
Wien: Hof- u. Staatsdruckerei 1902.

— über die Kassenverwaltung u. üb. die Einziehung der Eichgebühren nebst den damit verbundenen Nebengebühr. bei d. staatlichen Eichämtern. (109 S.) Lex. 8. Berlin 909. C. Heymann. 3. —

Vorschriften für die Katalogsarbeiten der k. k. Hofbibliothek. Wien 1901. H: *Karabacek, Joseph R. v.* (Berl)

Vorschriften für die Katalogsarbeiten der k. k. Hofbibliothek. Hrsg. von d. Direction. (Vorr.: Dir. [Josef] Karabacek.) Abt. 1. Bd 1. *Wien: Selbstverl. d. Hofbibl. 1901.* 8° [ca. 218

— für Kinder, od. Anfangsgründe z. Kunst schön zu schreiben, mit 27 Bl. 4. Augsb. 769. v. Jenisch u. Stage. 10 K

Germanischer Lloyd. Vorschriften für Klassifikation, Bau- und Ausrüstung von flußeisernen Seeschiffen. 1910. Rostock (1910): Rats- u. Univ.-Buchdr. XLI, 225 S. 8° [10. 15137

Vorschriften für die Klassifikation und für den Bau und die Ausrüstung von Yachten. 1902. Berlin 1902. 129 S.
— — 1907. 44 S.
— — 1908. 54 S.

— kleine, zum Gebrauch für Anfänger im Schönschreiben, 6 Bl. No. 1 u. 2. Fol. Bresl. 797—99. J. F. Korn. 20 K

— — — s. M. G. Ulrici.

— kleinere Hallische, in 16 Bl. f. Anfänger. 4. Halle ... Waisenhausbuchh. 6 K

—— die, über Conscription ꝛc., s. Gesetze, österreichische.

Vorschriften über Conscription. s. a. Taschenausgabe der österr. Gesetze. X. Bd.

Vorschriften über Konskription, Rekrutierung ꝛc. bis auf die neueste Zeit. Wien 1861. 359 S.

Vorschriften für die Konstruktion und Prüfung von Installationsmaterial. Festgesetzt nach d. Beschlüssen d. Verbandes Deutscher Elektrotechniker auf d. Jahresversammlung in Erfurt 1908. Berlin: Springer 1908. 10 S. 8° [09. 12198

— betr. die gesundheitspolizeiliche Kontrole v. Seeschiffen. (Beilage zu den „Veröffentlichgn. des kaiserl. Gesundheitsamtes".) hoch 4. (S. 137—148.) Berlin 897. J. Springer. n.n. — 30

—— Für die Controlle, über die Unzucht. Hamburg 1871. 8°. (1 Mk. 50 Pfg. L. M. Glogau Sohn, Hamburg, 1879.)

Vorschriften betreffend die Krankenmeldung, das Verhalten der Kranken und die Krankenaufsicht für die Krankenkasse der gewerblichen Anlagen und Betriebsstätten des Grafen Guido Henckel-Donnersmarck. [Nebst] Nachtrag. *Königshütte O./S. (1898–1901): M. Hautzinger.* (15 S., 1 Bl.) 8° [F.] [04. 6358 2

Vorschriften, betreffend Krankenzelte, Baracken und das Desinfectionsverfahren in den Lazarethen. Berlin 1870

— f. Künstler u. Handwerker, wie sie ihre Kunst mit leichter Mühe ausüben, u. die Produkte ihres Fleißes vollkommener machen sollen. 8. Grätz 792. Kienreich. (Hinrichs in Leipz.) 10 K

— die landesrechtlichen, über die Grundbuchführung im Großherzogt. Baden. Amtliche Ausg. vom Juni 1901. Nebst: Amtliche Muster zur Grundbuchdienstweisg. gr. 4. (XXXVI, 663 u. V, 277 S.) Karlsruhe 901. Ch. F. Müller. Geb. in Leinw. n. 9. —

— f. Landschulen in 37 Blättern. Magdeb., Creutz.

— für die Laufbahn d. höheren Marinebaubeamten des Schiffsbaufaches u. des Maschinenbaufaches. Neudr. vom Oktbr. 1909. (24 S.) 8. Berlin 909. E. S. Mittler & Sohn. nn — 45

Vorschriften f. d. Läuterung d. v. d. Salpetergräbern gelieferten Salpeters. München 1843. 4°

Vorschriften, Leipziger gemeinnützige, für Bürger- u. Landschulen, nebst e. Anleitung zum Schön- u. Richtigschreiben. 2 Hefte. gr. 4. Leipz. 806. Joachim. (à 2 ₰) 4 ₰

— Leipziger kleine, oder allgemeines u. nützliches Schreibebüchlein. 2 Hefte. 12. Leipz. ... Joachim. (à 6 K) 12 K

— für die Lichtmessung an Glühlampen nebst photometrischen Einheiten, hrsg. vom Verband deutscher Elektrotechniker. Versuchsweise angenommen v. der V. Jahresversammlg. des Verbandes deutscher Elektrotechniker in Eisenach 1897. Endgültig angenommen v. der VI. Jahresversammlg. des Verbandes deutscher Elektrotechniker in Frankfurt a. M. 1898. (4 S. mit 1 Fig.) 12. Berlin 903. J. Springer. n. — 20

Vorschriften für Lieferung von Eisen und Stahl, aufgestellt vom Verein deutscher Eisenhüttenleute. 1. Aufl. Düsseldorf, 1889. 45 S.
Dasselbe. 2. Aufl. Ebd., 1893. 45 S.
Dasselbe. 3. Aufl. Ebd., 1901. 45 S.

Vorschriften für Lieferung von Eisen und Stahl, aufgestellt vom Verein deutscher Eisenhüttenleute. Düsseldorf 1901. *(Düsseldorf): A. Bagel in Komm. (1901).* (45 S.) 8° [01. 10691 5

Vorschriften für Lieferung von Eisen und Stahl. Aufgestellt vom Verein deutscher Eisenhüttenleute. 4. Aufl. Düsseldorf 1901

Vorschriften, betr. die in den preußischen Hafenplätzen zu führenden Listen der im Seeverkehr angekommenen und abgegangenen Schiffe. Fol. (16 S.) Ebendas. 873.

Vorschriften für die Licentiatsprüfung der mathematisch-naturwissenschaftlichen Fakultät der Universität Freiburg (Schweiz). Freiburg 1898. 2 p. 8°.

Vorschriften für die Markscheider im Oberbergamtsbezirk Dortmund. Dortmund [1907]: H. Bellmann. (106 S.) 8° [Umschlagt. F.] [08. 1446 9

Vorschriften für die Marsch, Bagage und Lagerordnung als Erläuterung und Ergänzung der in dem k. k. Generals- und Dienst-Reglement enthaltenen Grundsätze. 8. (Wien) 1851.

— (Statuten) für den Mäßigkeits-Verein in Freienwalde a. d. O. ... Berlin 838. Fernbach jun. 1/6 ₰

Stadt Winterthur. Vorschriften betreffend vorsorgliche Massnahmen bei der Ausführung von Bauten. ... (1902 Februar 1/November 20.) 11 S. 8.

Vorschriften über die Maßregeln bei den durch Elementar- oder andere unvorhergesehene Ereignisse eintretenden Unterbrechungen des Verkehres der Züge. Prag, 1856. Druck des artistisch typographischen Instituts von C. Bellmann. (18 S. 8.)

—— über Material, Gestalt, Bezeichnung und sonstige Beschaffenheit der vom 1. Jänner 1876 ab im öffentl. Verkehr ausschließlich anzuwend. und bereits vom 1. Jan. 1873 ab zur Aichung zuzulass. neuen Maße und Gewichte, so wie über die Weite der Aichämter bei der Aichung dieser Maße und Gewichte einzuhalt. Fehlergrenzen. In Ausführung der Maß- und Gewichtsordnung vom 23. Juli 1871, erlassen von der k. k. Normal-Aichungs-Kommission. gr. 8. (23 S. mit 3 lithogr. Taf. in qu. Fol.) Wien 872, Seibel und Sohn.

Vorschriften für die Messtischarbeiten und die Zeichnungsart der topographischen Landesvermessung von Kurhessen. Kassel 1850. V: *Wiegrebe, Ernst.* (Gd)

Vorschriften ü. Methode ... d. Unterrichts a. d. Kriegsschulen. 2. Aufl. Berlin 1884.

(Schweizer. Militärdepartement.) Vorschriften.... 8.
[1.] Vorschriften betreffend das Reinigen der Gewehre. (1901 März 12.) 6 S.
[2.] Vorschriften betreffend Abgabe von Exerzierkleidern..., Waffen und Munition für den militärischen Vorunterricht. (1902 Januar 30.) 7 S.

— u. Mittel zum Waschen goldener u. silberner Treffen, aller Arten befleckter weißer u. farbiger Zeuge in Wolle, Seide, Linnen u. Baumwolle, wodurch selbige so gut wie neu wieder werden, zur Bereitung aller dazu erforderlichen Seifen, zum Vertilgen aller möglichen Flecke ꝛc. 8. Stade 830. (Herold u. W. in Lüneb.) 10 gr

Vorschriften und Nachrichten für die Studierenden der Königl. vereinigten Friedrichs-Universität Halle-Wittenberg. Halle a. S. 1907: Waisenhaus. (68 S.) 8° [J.]

Vorschriften und Nachrichten tur die Studierenden der Königl. vereinigten Friedrichs-Universität Halle-Wittenberg. Halle a. S. 1909: Waisenhaus. 69 S. 8° [U 10. 1653

Speyer, Königl. Bayer. Regierung der Pfalz, Vorschriften über den Nachrichtendienst bei Hochwasser. Speyer 1885.

—— über den Nachweis der Befähigung als Seeschiffer und Steuermann auf deutschen Kauffahrteischiffen, sowie über das Prüfungsverfahren und über die Zusammensetzung der Prüfungs-Kommissionen vom 25. Septbr. 1869 und 30. Mai 1870 nebst der Verordnung zur Verhütung des Zusammenstoßens der Schiffe auf See vom 23. Dezbr. 1871. 8. (48 S.) Berlin 873, Greßer.

— über den Nachweis der Befähigung u. über das Verfahren bei den Prüfungen der Maschinisten auf deutschen Seedampfschiffen. gr. 8. (11 S.) Berlin 879. Mittler & Sohn. n. — 40

— zu eigen gebackenen Näschereien. Mitau 869. (Lucas.) gr. 8. (VII, 23 S.) n. 15 ngr

— neue, üb. die Ausstellung v. Konsular-Fakturen f. Brasilien. Dekret Nr. 1103 vom 21. XI. 1903. (Autoris. Uebersetzg. aus dem Portugies.) (11 S.) gr. 8. Bremen 904. (J. Morgenbesser.) n. 2. —

— neue, in 19 Bl. Deutsch, Latein. u. Französ. 4. Winterth. 792. Steiner. 16 gr

Vorschriften, neue englische, vorzüglich f. junge Leute, die sich d. Handlung widmen wollen, in 12 Blätt. 4. Leipz. Cnobloch. 811. -

— neue, z. Erlernung e. schönen u. leichten Geschäftshand, nach J. Roschi. 4. Luzern ... Anich. 3 gr

— neue gesetzliche, zum Schutze des Lebens u. der Gesundheit der Hilfsarbeiter in gewerblichen u. industriellen Betriebsanlagen. (38 S.) 8. Mähr.-Ostrau (906). C. Mareš. n. — 40

— neue, Hallische, z. Gebrauch f. Schulen ꝛc. 4. Halle 751. Waisenhausbuchh. 16 gr

— neue, zur Canzlei- u. Fracturschrift ꝛc. 4. Nürnb. ... Raspe. 6 gr

Vorschriften, die neuen, üb. d. Aufklärungs- u. Sicherungsdienst der französ. Armee. 12. (VIII, 36 S.) Leipzig 895. Zuckschwerdt & Co. n. — 80

— neuere Hallische, f. J. M. Merbeth.

— neueste, zunächst für Landschulen, in 16 Bl. (Landsh. 820. Thomann). 2 gr

— neueste, f. die Volksschulen in Baiern. Fol. Landsh. 822. Weber in Münch. 3 gr

— die neuesten, über das Markscheiderwesen in Preußen. Essen 858. Baedeker. 16. (88 S.) 10 ngr

— die neuesten, wohlfeilsten u. besten, zur Anfertigung der verschied. Arten von Tinten u. die Verfertigung des Tintenpulvers u. der besten engl. Copirtinte. Aus dem Magazin für Spekulanten. 8. Leipzig 844, Schmaltz. n. 1/6 ₰

— nützliche, 28 Bl. .. Altona ... Bechtold. 8 gr

— die oberbergpolizeilichen f. das Königr. Bayern, v. 30. VII. 1900. Textausg. m. ausführl. Sachregister. 8. (46 S.) München 901. J. Schweitzer Verl. n. — 60

Oberpolizeiliche Vorschriften über die Einrichtung und den Betrieb der Molkereien und Sennereien. Augsburg 1905

—— oberpolizeiliche, vom 18. Febr. 1885 / 16. März 1892 üb. die Fleischbeschau f. den Reg.-Bezirk Mittelfranken. Nebst Anh.: Oberpolizeiliche Vorschriften in Bezug auf die Beschau der m. Erscheingn. v. Tuberkulose (Perlsucht, Lungensucht) behafteten Rinder u. Schweine. Vorschriften üb. die Verrichtgn. der Wasenmeister. 8. (32 S.) Ansbach 892, Brügel u. Sohn. * — 25

— oberpolizeiliche, vom 20. Novbr. 1885 üb. die Leichenschau u. die Zeit der Beerdigung. 8. (20 S.) Ansbach 886. Brügel & Sohn. n. — 20

— oberpolizeiliche, vom 20. Novbr. 1885 üb. die Leichenschau u. die Zeit der Beerdigung, m. in das Leichenwesen einschläg. Verordngn. u. gesetzl. Bestimmgn. 8. (25 S.) Ansbach 890. Brügel & Sohn. — 30

Vorschriften, oberpolizeiliche, d. k. bayr. Staatsministeriums des Innern zum Schutze der bei Bauten beschäftigten Personen vom 1. I. 1901. Plakat f. Baustellen, auf denen mehr als 10 Arbeiter beschäftigt werden. Fol. Würzburg (901). Stahel's Verl. n. — 20

Vorschriften der Königl. Ober-Rechnungskammer über die Legung der Forst-Geld-Rechnungen vom 13. Januar 1893. - Potsdam 1893. 15 u. 22 S.

—— betr. die Organisation d. Landsturmes, s. Gesetze u. Verordnungen, österreichische.
Vgl. auch: Vorschrift.

Vorschriften, betreffend die Organisation des Landsturmes für die im Reichsrathe vertretenen Königreiche und Länder, mit Ausnahme von Tirol und Vorarlberg. Wien 1887. 8°. (Handausgabe der österr. Gesetze und Verordnungen. 85.)

Vorschriften betreffend die Organisation des Landsturmes für die gefürstete Grafschaft Tirol und das Land Vorarlberg, nach dem Gesetze vom 23 Jänner 1887, betreffend das Institut der Landesvertheidigung (Amts-Exemplar.) 4. Innsbruck 1888.

— ortspolizeiliche, für den Stadtbezirk Bayreuth. Bayreuth 864. Giessel. gr. 8. (80 S.) 6 ngr.

—— ortspolizeiliche, der königl. bayerischen Stadt Kulmbach. 8. (64 S.) Kulmbach 866, Blumröder.

— ortspolizeiliche, der königl. bayerischen Stadt Kulmbach. 8. (64 S.) Kulmbach 878. Wanderer. n. — 50

— ortspolizeiliche, f. den Stadtbez. München üb. den Straßenverkehr u. den Schutz öffentlicher Anlagen. [Vom 23. März 1875.] gr. 8. (24 S.) München 875. Franz in Comm. n.n. — 25

— ortspolizeiliche Münchener, zu den Bestimmungen des Polizei-Strafgesetzbuches vom 10. Novbr. 1861. 1—7. Heft. München 862—64. Franz. 8. (S. 1—372.) Jedes Heft 3 ngr.

— ortspolizeiliche, der Stadt Nürnberg. Gesammelt, rev. u. hrsg. vom Stadtmagistrat Nürnberg am 1. Juli 1887. gr. 8. (XX, 251 S.) Nürnberg 887. (H. Schrag.) n. 2. 70

— ortspolizeiliche, u. damit im Zusammenhange steh. Ortsstatuten d. Stadt Nürnberg. Hrsg. v. Stadtmagistrate Nürnberg 1896. gr. 8. (XIII, 441 S.) Nürnberg 897. (J. Ph. Raw's Verl.) n. 3. —

— ortspolizeiliche, u. öffentliche Satzungen der Stadt Nürnberg. Hrsg. vom Stadtmagistrat. (XXV, 573 u. Nachträge 8, 1, 3, 1, 1, 2, 1, 2, 1, 2, 3, 1 u. 1 S.) gr. 8. Nürnberg 904. (J. L. Schrag.) n. 3. —

Vorschriften, ortspolizeiliche, u. örtliche Satzungen der Stadt Hof nebst den wichtigsten oberpolizeilichen Vorschriften. Hrsg. vom Stadtmagistrat. (II, 461 S.) gr. 8. Hof '04, G. A. Grau & Co. 2. 50.

— ortspolizeiliche, für die Stadt Würzburg. Nachtrag. Amtliche Ausg. 8. (57 S.) Würzburg 878. Stahel. n. — 60

Vorschriften für die Packung und Ausrüstung sämmtlicher Geschütze und Fahrzeuge der k. bayerischen Feld-Artillerie. (Mit 3 Taf. und 6 Tabellen.) 8. München 1859.

— paßpolizeiliche. [Redactionelle Beilage d. kärntner. Gemeindeblattes.] gr. 8. (7 S.) Klagenfurt 888. (v. Kleinmayr.) n. — 24

—— die, betreffend den Abel'schen Petroleumprober und seine Anwendung sowie seine Prüfung und Beglaubigung nach der kaiserl. Verordnung vom 24. Febr. 1882 und den in Ausführung derselben erlassenen Bekanntmachungen zusammengestellt und mit Erläuterungen hrsg. von der kaiserl. Normal-Aichungs-Kommission. gr. 8. (67 S. mit 2 Taf.) Berlin 883, C. Heymann's Verlag.

— über das Pferdewesen des k. k. Heeres. Wien 870. k. k. Hof- u. Staatsdruckerei. gr. 4. (XII, 157 S. mit 1 Steintaf. in gr. Fol.) n. 12 ngr.

Vorschriften über das Pferdewesen des k. k. Heeres. (Zu der Circular-Verordnung Präs. Nr. 445. vom 10. März. N.-V.-Bl. 13. Stück.) kl. 4. Wien 1870.

— — I. Th. Im Frieden. (Mit 13 Taf.) II. Th. Im Kriege. (2 Bde.) 8. Wien 1878.

— — II. Th. Im Kriege. 2. Auflage 8. Wien 1879.

— über das Pferdewesen d. k. k. Heeres. 1. Thl. Im Frieden. [Nachdruck-Aufl.] 8. (XV, 282 S. m. 13 Taf.) Wien 878. Hof- u. Staatsdruckerei. n. 1. 80

—— über das Pferdewesen d. k. u. k. Heeres. 8. (XVI, 297 S. m. 9 Taf.) Wien 892, Hof- u. Staatsdruckerei. • 1 20

(C-7) über das Pferdewesen des k. und k. Heeres. (Zu Abth. 3, Nr. 3178 (von 1891). N. V. Bl. für das k. u. k. Heer, 1. Stück vom Jahre 1892.) (Mit 9 Taf. Abbild.) Beigeb.: 1. Nachtrag 1893. 2. Nachtrag 1894. 8. Wien 1892 - 1894.

Vorschriften (C-7) über das Pferdewesen des k. u. k. Heeres 1892 (Ergänzung.) Beigeb.: Nachtrag 3. 1902. (Fortsetzung.) Anhang zum III. Hauptstücke, IV. Abschnitte: Die Rotzkrankheit und der Milzbrand der Pferde. 1900. (Separat gebunden.) 8. Wien 1900 - 1902.

— für Pfleger (Vormünder u. Vermögens-Verwalter). Nach der K. Justiz-Ministerial-Verordnung vom 26. Juni 1843. gr. 8. Wiesensteig 843, Schmid. (Leipzig, Melzer.) 1/12 rℓ

—— d. F.-V.-G. Phoenix, s. May, Osc.

Vorschriften zu militairischen Plan und Carten-Zeichnungen (Entworfen von Müller, Lieut. Ing., gezeichnet von Engelbrecht, gestochen v. Lud. Schmidt.) (Mit 12 Tafeln.) qu. 4. Potsdam (zirka 1805).

VORSCHRIFTEN. Polizeiliche, die Bordelle und öffentlichen Mädchen betreffend. Mit einem Anhange. Neustadt, J. J. Wagener (Altona, Verlagsbureau, 1859. 8°. 30 Pfg. Paul Neubner, 1888; jetzt theurer.)
Weller, fing. Druckorte.

Vorschriften für die **Praktikanten** [des Physikalischen **Instituts** der Universität Greifswald]. *[Greifswald 1903: J. Abel.]* (1 Bl.) 8° [Kopft.

Vorschriften, königl. preuß. gesetzl., über Aufgebot u. Trauung, s. J. L. C. Bävenroth.

Vorschriften, königl. preuß. gesetzliche, wegen des Aufgebots u. d. Trauung. 8. Berl. Nicolai. 815.

Provisorische Vorschriften über die Bekleidung und Ausrüstung der Truppen im Frieden. München 1872. 8°.

Provisorische Vorschriften z. Bekleidung u. d. Gran. Mannschaften. München 1875

— über die Prüfung, öffentliche Anstellung, Beschäftigung und Gebühren der Landmesser und Feldmesser in Preußen. 2. Aufl. gr. 8. (56 S.) Berlin 886, C. Heymanns Verlag. *

— betr. die Prüfung der Apotheker u. der Apotheker-gehilfen im Deutschen Reichsgebiete. 3., verm. Aufl. gr. 8. (24 S.) Berlin 893. C. Heymanns Verlag. n. — 50

Vorschriften betr. die Prüfung der Apotheker und -Gehilfen. (Heymann'sche Sammlung von Prüfungs-Bestimmungen 1) 3. Aufl. Berlin 1893

Vorschriften über die Prüfung der Ärzte, Pharmaceuten, Veterinäre, Dentisten und der Hebammen. Dorpat 1846. Ü: *Pawlowsky, Iwan.* (Erman & Horn, Bibliogr. d. dtsch. Universitäten. 2. Leipz. u. Berl. 1904.)

— für die Prüfung der Aerzte, Zahnärzte, Thierärzte und Apotheker im Königr. Bayern. Lex.-8. (23 S.) München 883, Th. Ackermann. *

— für die durch § 22 der Allerhöchsten Verordnung vom 6. Febr. 1873 befohlene militärärztliche Prüfung. 4. (2 S.) Ebendas. 881.

— die, über die Prüfung u. Bestellung der öffentlichen Feldmesser u. die Ausführung der Vermessungs-arbeiten im Königr. Württemberg. 8. (III, 52 S.) Stuttgart 902. W. Kohlhammer. n. — 90

— über die Prüfung der öffentlich anzustellenden Feldmesser. Vom 2. März 1871. Verordnung, betr. die Ablegung der Feldmesser-Prüfung durch die Aspiranten des königl. Forstverwaltungsdienstes. Vom 6. April 1871. gr. 8. (15 S.) Berlin 871, v. Decker'sche Geh. Ober-Hofbuchdr.

Vorschriften üb. d. Prüfung d Candidaten d. Lehramtes an österr. Gymnasien od. Realschulen. 8. (31 S.) Mähr.-Ostrau, Prokisch's Buchh. (Jul. Kittel). 15 kr. 1885.

— über die Prüfung der öffentlich anzustellenden Landmesser. Vom 4. Septbr. 1882. gr.8. (16 S.) Berlin 882. v. Decker. n. — 20

— über die Prüfung für das Lehramt an Gymnasien u. Realschulen, Lehrerbildungsanstalten, Handelsschulen u. s. w. in Österreich. gr. 8. (III, 92 S.) Wien 901. A. Pichler's Wwe. & Sohn. n. — 50

— üb. die Prüfg. f. das Lehramt an Gymnasien u. Realschulen, Lehrerbildungsanstalt., Handelsschulen usw. in Österreich. 2. Aufl. (III, 92 S.) 8. Wien 911. A. Pichler's Wwe. & Sohn. — 50

Vorschriften über die Prüfung der Markscheider. Vom 24. Okt. 1898. Amtl. Ausg. Berlin: C. Heymann 1898. (19 S.) 8°

Vorschriften über die Prüfung der Markscheider. Vom 24. Okt. 1898. Auf Grund d. Erlasses v. 18. März 1901 berichtigter Neudr. d. amtl. Ausg. *Berlin: C. Heymann 1901.* (16 S.) 8° [J.]

— betr. die Prüfung der Nahrungsmittel-Chemiker vom 22. Febr. 1894. [Aus: „Veröffentlichgn. des kaiserl. Gesundheitsamtes".] 4. (4 S.) Berlin 894. J. Springer. n. — 20

— betr. die Prüfung der Nahrungsmittel-Chemiker. gr. 8. (15 S.) Berlin 895. Besser. n. — 20

[J.] Vorschriften betreffend die Prüfung der Nahrungsmittel-Chemiker. *Berlin: W. Hertz 1895.* (15 S.) 1 Bd 8.

— dassolbe. 8. (20 S.) Berlin 895. A. Hirschwald. n. — 20

Vorschriften über die Prüfung der Tierärzte. Nach den Bekanntmachungen des Reichskanzlers vom 13. Juli 1889, 26. Juli 1902 und 14. Dezember 1905. [Gießen] 1906: [v. Münchow.] (9 S.) 8° [Kopft. J.]

— über die Prüfung der Thierärzte f. das Deutsche Reich. 12. (19 S.) Berlin 889. Hirschwald. n. — 40

— über die Prüfung der Zahnärzte f. das Deutsche Reich. gr. 8. (8 S.) Ebd. 889. n. — 20

— über die Prüfungen der Aerzte und Thierärzte behufs Erlangung einer bleibenden Anstellung im öffentlichen Sanitätsdienste bei den politischen Behörden. gr. 8. (21 S.) Wien 881, Seidel und Sohn. *

Vorschriften f. d. ärztl. Prüfungen. Straßburg 1898.

— über die ärztlichen Prüfungen für das Deutsche Reich nach den Bekanntmachungen des Reichskanzleramts vom 2. Juni 1883. [I. Bekanntmachung, betr. die ärztl. Prüfung, vom 2. Juni 1883. — II. Bekanntmachung, betr. die ärztl. Vorprüfung, vom 2. Juni 1883 („Tentamen physicum").] 1. und 2. Abdr. gr. 8. (19, 9 S.) Tübingen 884, Fues. *

— über die ärztlichen Prüfungen f. das Deutsche Reich. Nach den Bekanntmachgn. d. Reichskanzleramts. 3. Abdr. gr. 8. (57 S.) Tübingen 891. Fues. n. — 80

Daraus einzeln:

Bekanntmachung, betr. die ärztliche Prüfung, vom 2. Juni 1883. Bekanntmachung, betr. die Ausdehnung der ärztlichen Prüfung auf die Schutzpockenimpfung, vom 25. April 1887. (25 S.) n. — 40

Bekanntmachung, betr. die ärztliche Vorprüfung („tentamen physicum"), vom 2. Juni 1883. Bekanntmachung, betr. die Abänderung der Vorschriften f. die ärztliche Vorprüfung, vom 2. Juni 1883, vom 17. Jan. 1888. (11 S.) n. — 20

Bekanntmachung, betr. die Prüfung der Zahnärzte, vom 5. Juli 1889. (9 S.) n. — 20

Bekanntmachung, betr. die Prüfung der Thierärzte, vom 13. Juli 1889. (15 S.) n. — 40

Vorschriften über die bei der Königlichen Bergakademie zu Clausthal eingeführten Prüfungen. Leipzig 1898.

— die juristischen Prüfungen u. die Vorbereitung zum höheren Justizdienst betr., im Bezirke des gemeinschaftlichen thüring. Oberlandesgerichts zu Jena, in der vom 1. III. 1905 ab geltenden Fassung. Anh. Die Bedinggn. zur Erlangg. der Doktorwürde bei der Juristenfakultät Jena. 3. Aufl. (32 S.) kl. 8. Jena 905. O. Raßmann. n. — 80

— üb. die juristischen Prüfungen u. die Vorbereitung zum höheren Justizdienste, einschließlich d. Notariats, in Elsaß-Lothringen. Auf Grund amtl. Materialien zusammengestellt nach den vom 10. Aug. 1891 ab gült. Bestimmgn. 16. (32 S.) Straßb. i. E. 891, Straßburger Druckerei u. Verlagsanstalt. geb. * — 80

— über die juristischen Prüfungen u. Vorbereitung zum höheren Justizdienste in Elsaß-Lothringen. Auf Grund amtl. Materialien zusammengestellt. 12. (III, 40 S.) Straßburg 900. W. Heinrich. Kart. n. — 60

Vorschriften über die juristischen Prüfungen und die Vorbereitung zum höheren Justizdienste in Elsaß-Lothringen. Auf Grund amtl. Materialien zsgest. 2. Aufl. Straßburg i. E.: W. Heinrich 1906. (50 S.) 8° [J.]

— üb. die juristischen Prüfungen u. die Vorbereitg. zum höheren Justizdienste in Elsaß-Lothringen. Auf Grund amtl. Materialien zusammengestellt. 3. Aufl. (III, 63 S.) kl. 8. Straßburg 910. W. Heinrich. Geb. 1. —

— u. Rathschläge zur Bewirthschaftung regulirter Bauerhöfe im Lüneburgischen. Hrsg. v. der Direction d. landwirthschaftl. Provinzial-Vereins f. das Fürstenth. Lüneburg. gr. 8. (41 S.) Uelzen 852. (Lüneburg, Engel.) n. n. 1/8 ₰

Vorschriften und Rathschläge zur Bewirthschaftung regulirter Bauerhöfe im Lüneburgschen. Herausg. von der Direction des landwirthschaftlichen Provinzial-Vereins für das Fürstenthum Lüneburg. (2. Aufl.) Uelzen 853. (Lüneburg, Engel.) Lex.-8. (41 S.) n. 3¾ ngr.

—— über Rechtsgeschäfte außer Streitsachen. 1. Verfahren außer Streitsachen mit den darauf bezüglichen und den über die Verlassenschaftsgebühren, die Todeserklärung, die Amortisirung von Urkunden und die Abhandlung nach Ausländern erflossenen Verordnungen. 5. Aufl. 1875. 2. Notariatsordnung sammt Verfahren über Notariatsurkunden. 4. ergänzte Aufl. kl. 8. (VIII, 346 S.) Wien 875, Manz. *M.* 3.; geb. *

— die, über Rechtsgeschäfte außer Streitsachen. 1. Verfahren außer Streitsachen m. den darauf bezügl. u. den über die Verlassenschaftsgebühren, die Todeserklärung, die Amortisirung von Urkunden u. die Abhandlung nach Ausländern erflossenen Verordnungen. 6., verm. u. verb. Aufl. 2. Notariatsordnung sammt Verfahren über Notariatsurkunden. 6., verm. Aufl. 3. Verordnungen über Waisencassen u. Depositenwesen. 7., ergänzte Aufl. 8. (IV, 247; IV, 100 u. IV, 116 S.) Wien 878. Manz. n. 4. —; geb. n. 5. —

Vorschriften, Die, über Rechtsangelegenheiten ausser Streitsachen. I. Verfahren ausser Streitsachen nach dem kaiserlichen Patente vom 9. August 1854 etc. etc. II. Notariatsordnung und das Gesetz über die Errichtung einiger Rechtsgeschäfte vom 25. Juli 1871, etc. etc. III. Gesetze und Verordnungen über das civilgerichtliche Depositenwesen und die gemeinschaftlichen Waisencassen. (Aus: „Taschenausgabe der österreichischen Gesetze". 3. Bd.) 8. Wien 1890.

— die, üb. Rechtsangelegenheiten außer Streitsachen. I. Verfahren außer Streitsachen nach d. kaiserl. Patente v. 9. Aug. 1854, ꝛc. ꝛc. II. Notariatsordng. u. d. Gesetz üb. die notar. Errichtg. ein. Rechtsgeschäfte v. 25. Juli 1871, ꝛc. ꝛc. III. Gesetze u. Verordngn. üb. das civilgericht. Depositenwesen u. d. gemeinschaftl. Waisencassen. M. e. Uebersicht üb. die Spruchpraxis d. k. k. Obersten Gerichtshofes, sow. üb. d. einschläg. Entscheidgn. d. k. k. Verwaltungsgerichtshofes, verf. von Jos. Friedlaender. 12., verm. u. ergänzte Aufl. 12. (X, 460 S.) Wien 896. Manz. n. 2. 80

(F) **Die Vorschriften** über Rechtsangelegenheiten außer Streitsachen. [Manz'sche Gesetzausgabe. 3. Bd.] 8°. (VIII, 316 S.) Wien: Manz 1904. K 7.40, geb. K 8.40

— dasselbe, s.: Gesetze, die österr., 3. Bd.

Vorschriften über das Rechtsstudium und die juristischen Prüfungen in Preußen, mit Anm. u. Muster-Formularen. 7. Aufl. Berlin: C. Heymann 1905. (48 S.) 8° [F.]
= **Sammlung**, Heymannsche, von Prüfungsbestimmungen. No 7. [05.15948]

— für Rheder, Schiffer und Befrachter über Haverei und Seeschäden, Versicherungen und Bodmerei. Abdruck aus dem Allgemeinen Landrecht, 2. Thl., Titel 8, Abschn. 11—14, nebst dem neuesten Wechselgesetz. Stettin (854.) Müller. 8. (2 Bl., 130 S.) n. 12½ ngr.

[F.] **Vorschriften** betreffend die Regelung der Gehälter der unteren, mittleren und höheren Beamten nach Dienstalterstufen. Hrsg. v. Rhein. Justiz-Subalternbeamt.-Ver. *Köln: Verl.-Anst. u. Dr. A.-G. (1896).* (16 S.) 1 Bd 8.
= **Zeitschrift** f. Rhein. Justiz-Subalternbeamte. Jg. VII. Beil. [96.9033]

Vorschriften zur Regelung des Lehrlingswesens für Handwerksbetriebe im Bezirke der gemeinsamen Handwerkskammer zu Gera, Reuß. Gera, Reuß (1910). 8°

[Vorschriften.] Handwerkskammer zu Harburg. Vorschriften zur Regelung des Lehrlingswesens in Handwerksbetrieben. Harburg (1909). 8°.

Vorschriften zur Regelung des Lehrlingswesens in den Handwerksbetrieben der Provinz Westpreußen. *(Danzig: A. Müller [um 1900].)* (16 S.) 8° [Kopft. F.] [04.2056] 10

Vorschriften bezw. Reglement ü. Dienst d. Krankenpflege i. Felde. Mit Anl. Berlin 1834 – 1863.

Reglementaere Vorschriften f. d. bayer. Kadetten-Korps. T. 2. Schulordnung u. Prüfungs-Vorschriften. München 1884. 51 S.

— die, des Deutschen Reichs üb. das Seestraßenrecht. Zusammengest. im Reichsamt des Innern. 12. (III, 35 S.) Berlin 897. R. v. Decker. n. — 40

— des Deutschen Reichs üb. das Seestraßenrecht. Zusammengestellt im Reichsamt des Innern. Nachtrag. 12. (II, 5 S.) Berlin 901. R. v. Decker. n. — 20
Hauptwerk. Ebd. 897. n. — 40.

Die **Vorschriften** des Deutschen Reichs über das Seestraßenrecht. Zsgest. im Reichsamte d. Innern. 2. vervollst. Ausg. Berlin: R. v. Decker 1904. (39 S.) 8° [F.]

Vorschriften, die, des Deutschen Reichs üb. das Seestrassenrecht. Zusammengestellt im Reichsamte des Innern. 2. vervollständ. Ausg. Nachtrag. (III, 34 S) kl. 8. Berlin, R. v. Decker. 1906. —. 20.

Die **Vorschriften** des Deutschen Reichs über das Seestraßenrecht. Zsgest. im Reichsamte d. Innern. 2. vervollst. Ausg. nebst Nachtrag. Berlin: R. v. Decker 1908. (39, 37 S.) 8° [F.] [08.12401]

Die **Vorschriften** des Deutschen Reichs über das Seestraßenrecht. Zsgest. im Reichsamte d. Innern. 3. Ausg. Berlin: v. Decker 1908. 48 S. 8° [10.13655]

Die reichs- und landesrechtlichen **Vorschriften** über den Verkehr mit Sprengstoffen. 4. Aufl. *Berlin: C. Heymann 1901.* (32 S.) 8° [F.] [01.11504]

Vorschriften, Die reichs- und landesrechtlichen, über den Verkehr mit Sprengstoffen. 5. Aufl. Berlin 1903

Die reichs- und landesrechtlichen **Vorschriften** über den Verkehr mit Sprengstoffen. 6. Aufl. Berlin: C. Heymann 1906. (40 S.) 8° [F.]

Vorschriften, die reichs- u. landesrechtlichen, üb. den Verkehr m. Sprengstoffen. 7. Aufl. (39 S.) kl. 8. Berlin, C. Heymann. 1908. —. 60.

Vorschriften f. d. Reinigung u. Erhaltung d. Feuer-Waffen d. Inf. München 1841.

Vorschriften ü. d. Reinigung d. Kamine, Ofen, Herde u. Rauchrohre i. d. Milit. Gebäuden. München 1854.

Vorschriften über Reisemärsche und Vorpostendienst. 8. Dresden (1830?)

— betr. das Rettungswesen bei Eisenbahnen. Amtliche Ausg. 8. (29 S.) Wien 889. Hof- u. Staatsdruckerei. n. — 20

Vorschriften, revidirte, für die Geschäftsbehandlung in den zur Zuständigkeit der k. bayer. Stadt- u. Landgerichte in den rechtsrheinischen Landestheilen gehörigen *Strafsachen*. Amtl. Ausgabe. München 1872. 8°. XXXIX + 111 S. Cart.

— revidirte, für Pfleger (Vormünder u. Vermögens-Verwalter) im Königr. Württemberg. Mit Noten u. Sachregister. 8. Stuttgart 843, J. F. Steinkopf. n. 1/12 ₰

Revidirte Vorschriften zum Vollzug des Forstgesetzes. (Bekanntmachung vom 10. Okt. 1879). Besondere Vollzugs-Vorschriften in Ansehung der Gemeinde-, Stiftungs- und Körperschaftswaldungen. Ministerial-Entschließung vom 29. Juni 1852 und 27. Juli 1862. Nebst Sachregister. - Würzburg 1880. - (Das Forstwesen i. Bayern Lfg. 3)

Vorschriften für die Revision des Gewerbesteuerkatasters. 4° Stuttgart 1812

— russische, s. Schreibvorschriften.

— Russische. I.—III. Heft. qu. 8. (33 lithogr. Blätter.) Berlin 845, Winckelmann u. Söhne. 5/6 Rthl

Die russischen Vorschriften über die Errichtung, Instandhaltung und Revision elektrischer Anlagen mit Niederspannung (bis zu 250 Volt). Aus d. Russ. übers. von Ed. Bing, Fabrikdir. Berlin: G. Siemens in Komm. 1905. (22 S.) 4°(8°) [F.]
— Verein z. Wahrung gemeinsamer Wirtschaftsinteressen d. deutschen Elektrotechnik. No 5. [06. 999

Vorschriften über das Salzgefäll in Dalmatien. [Wien 1880.] V: *Träger, Theod. v.* (WFM)

Sanitätspolizeiliche Vorschriften bei den am häufigsten vorkommenden ansteckenden Krankheiten. Nebst Beil. A. B.
Beil. B. Belehrung über ansteckende Krankheiten.
(Gesetz-Sammlung für d. Kgl. Preuss. Staaten. Jg. 1835, Nr 27.)

— für das Satteln, Packen u. Zäumen in der k. u. k. Cavallerie. 12. (38 S. m. 1 Taf.) Wien 893. L. W. Seidel & Sohn. n. 1.—

— f. das Satteln, Packen u. Zäumen in der k. u. k. Cavallerie. 12. (46 S. m. 8 Abbildgn. u. 1 Taf.) Wien 902. L. W. Seidel & Sohn. n. 1.—

— für das Satteln, Packen u. Zäumen in der k. u. k. Kavallerie. 4. Aufl. (68 S. m. 26 Fig.) kl. 8. Wien 908. L. W. Seidel & Sohn. 1. 20

Vorschriften für das Scheibenschießen der Infanterie der Kgl. Hannov. Armee. Hannover 1852. 4°.
Dass. 1863. 8°.

Handelskammer Altona. Vorschriften für die von der Handelskammer Altona öffentlich angestellten und beeidigten Schiffstaxatoren. (13. März 1902.) *[Altona 1902.]* (2 Bl.) 4°(2°) [Kopft. F.] [03 11751

— von Schminksalben u. Balsamen, Gesichts-, Mund- u. Handpomaden, Bereitung der Masken, Stirnbinden rc. .. Ulm 818. Ebner. 8 kr

— z. Schönschreibekunst. .. Altona ... Bechtold. 6 kr

— z. Schönschreiben, s. Curas.

— zum Schönschreiben. .. Halle ... Dreyßig. 12 kr

— zum deutschen Schönschreiben, geschrieben v. Lauchs, gestochen v. Vogel. 4. Ebend. 814.

— zum Schönschreiben, s. Vogel, G., auch Lauchs.

— zum englisch Schönschreiben. 4. Nürnb. Stein. 812.-

— z. Schönschreiben, im neuesten engl. Geschmack. 4. Berl. 795. Franke. 10 kr

Vorschriften über wasserdichte Schotten für Passagierdampfer in außereuropäischer Fahrt. [Hrsg. von der See-Berufsgenossenschaft.] Rostock i. M. 1896

— z. deutschen u. lateinischen Schreiben. 4. Ulm ... Stettin. 2 kr

— oder kanzleimäßige Schreibschule. Fol. Nürnb. ... Bauer u. Raspe. 12 kr

— zu Schreib-Uebungen in höh. u. nied. Schulen. Mit e. Vorw. v. F. Kohlrausch u. F. G. Rettig. 4. (56 lith. Bl. u. 1 B. Vorw.) Hannover 848, Hahn'sche Hofbuchh.

— f. Schulen z. Unterr. im Schönschreiben. 2e Aufl. 4. Naumb. 825. Wild; (a. Cnobloch in Leipz.) 8 kr

Vorschriften über den Schulunterricht der Militärkinder vom 16. Jan. 1906. Berlin: E. S. Mittler & Sohn 1906. (12 S.) 8° [F.]
(D. V. E. No 20.) [06. 11038

Entwurf. Vorschriften über den Schulunterricht der Militärkinder in der Marine. Berlin: Reichs-Marine-Amt; Mittler [in Komm.] 1910. 12 S. 8°
(D. E. Nr 448.) [11. 6004

Vorschriften zum Schutze der Bauarbeiter in Württemberg. (32 S.) Stuttgart 1902

Vorschriften über den Schutz der Eisenbahn und des Eisenbahnbetriebes etc. 1847 (K. bayrische Eisenbahnen)

— 16, oder gründliche Anweisung zum Schreiben. Fol. Königsb. 791. Hartung. 5 kr

— 16 Deutsche u. 16 Englische, zum Schönschreiben. Systemat. geordnet. qu. 4. Stettin 845, Müller u. Co. 1/3 Rthl

— 16 Deutsche u. 16 Englische, zum Schönschreiben. Systematisch geordnet. qu. 4. (32 lith. Bl.) Stettin 852, Müller & Co. 1/4 Rthl

— 16, f. Schulen, lith. in 4. 4 auf 1 Bog. Regensb. ... Pustet. 1/2 kr

Vorschriften zur Selbstbereitung Pharmazeutischer Spezialitäten. Hrsg. von d. Deutschen Apotheker Verein 1903. [Berlin]: Selbstverl. d. Deutschen Apotheker-Ver. (1903). (64 S.) 8° [F.] [03. 8487

Vorschriften zur Selbstbereitung Pharmazeutischer Spezialitäten. Hrsg. von d. Deutschen Apotheker-Ver. 2. Aufl. [Berlin]: Deutscher Apotheker-Ver. 1906. (80, VII S.) 8° [F.] [06. 6075

Vorschriften zur Selbstbereitung pharmazeutischer Spezialitäten. Hrsg. von d. Deutschen Apotheker-Verein. 3. Aufl. [Nebst] Tekturen. Selbstverl. d. Deutschen Apotheker-Vereins Sobernheim (1908): Melsbach. 80 S. 8°

Vorschriften zur Selbstbereitung pharmazeutischer Spezialitäten Hrsg. von d. Deutschen Apotheker-Verein. 4. Aufl. (Berlin). Deutscher Apotheker-Verein (1910). 89 S. 8° [11. 1055

Vorschriften f. d. in den Laboratorien zu beobachtenden Sicherheits-Maßregeln. München 1858 4°

— 70, der ausgesuchtest. doppelten u. feinsten dopp. Liqueure. Nebst einer kurzgefaßten Anweisung über die vortheilhaft. Entfuselung des Branntweines oder Spiritus zur Liqueur-Fabrikation, der Destillation, Digestion und auf kaltem Wege, wie auch außerdem das noch wenig bekannte Verfahren, feine Liqueure rein u. kräftig von Geschmack, mit weniger Zucker dickflüssig darzustellen. Bearb. u. herausg. von einem anerkannt tüchtigen Fabrikanten. 8. Aachen 837. Mayer. (Brüssel, Mayer u. Somerhausen.) 1 Rthl

— für das Signalisiren m. dem Semaphor u. m. Winkflaggen. Neuabdr. unter Einarbeitg. der bis Novbr. 1894 ergangenen Ergänzgn. gr. 16. (12 S. m. Fig.) Berlin 894. E. S. Mittler & Sohn. n. — 20

Vorschriften für das **Signalisiren** mit dem **Winker** und mit Winkerflaggen. Neuabdr. unter Einarbeitung der bis Juli 1898 ergangenen Ergänzungen. *Berlin: E. S. Mittler & Sohn 1900.* (12 S.) 8° [F.] (a. 2275

Vorschriften für die Signalisirung auf der k. k. priv. Brünn-Rossitzer-Eisenbahn. Druck von Karl Winiker in Brünn. (27 S. 8.) 1856.

Vorschriften für die Signalisirung bei der k. k. priv. Buschtěhrader Eisenbahn. Prag, 1855. Druck von Karl Bellmann. (18 S. 8.)

Vorschriften für die Signalisirung auf der ausschl. priv. Kaiser Ferdinands-Nordbahn. 8. (30 S. 3 Bl. und 8 Abbildungen.) Wien. Gedruckt bei Joseph Stöckholzer von Hirschfeld. 1854

Vorschriften über die Signalisirung auf der a. p. Kaiser Ferdinands-Nordbahn. Wien, 1855. Gedruckt bei Josef Stöckholzer von Hirschfeld. (37 S. 8.)

Vorschriften über die Signalisirung auf der ausschl. privil. Kaiser Ferdinands-Nordbahn. Wien, 1856. Gedr. bei Josef Stöckholzer v. Hirschfeld. (37 S. 8.)

Vorschriften für die Signalisirung auf der nördlichen k. k. Staats-Eisenbahn. Prag, 1856. Druck des art. typ. Instituts von C. Bellmann. (18 S. 8.)

Vorschriften über die Sonntagsruhe im gewerblichen Betriebe Österreichs. Hrsg. vom K. k. Arbeitsstatist. Amt im Handelsministerium. Wien: Hölder 1909. 142 S. 8° (10. 3354

— die, üb. Sonn- u. Festtagsruhe im Handelsgewerbe in den Bezirken der Stadt Leipzig u. der königl. Amtshauptmannsch. Leipzig, zusammengestellt nach der Bekanntmachg. d. Rathes der Stadt Leipzig vom 18. Juni 1892 u. der Bekanntmachgn. der königl. Amtshauptmannsch. Leipzig vom 10. u. 27. Juni 1892. 8. (8 S.) Leipzig 892. Roßberg. n. — 25

— über d. Sonntagsruhe im Gewerbebetriebe, nebst d. preuß. Ausführungs-Anweisgn. u. Erläutergn. (f. den Reg.-Bez. Arnsberg). 12. (141 S.) Hagen 895. O. Hammerschmidt. n. 1. 20

Vorschriften, specielle, für den Bau einer Brücke über die Limmat bei der Limmatburg. Zürich 1861. fol. Lithogr.

— specielle, f. Brücken- u. Dachstuhlconstructionen. gr. 8. (15 S.) Zürich 884. (Schmidt.) n. — 50

— für die 2. Staatsprüfung im Hochbau-, Bauingenieur- u. Maschineningenieurfache sowie f. die Vorbereitung der Regierungsbauführer auf diese Prüfung. Zusammengestellt im April 1907. (19 S.) 33 ×21,5 cm. Stuttgart (907). (C. Grüninger.) — 85

— für das Stoßfechten. gr. 8. (VI, 34 S. m. eingedr. Fig.) Berlin 884. Mittler & Sohn. n.n. — 50

Vorschriften für das Stoßfechten. München 1885.

— die, über das Strandwesen. Hrsg. zum Dienstgebrauch für die preuß. Strandbehörden und Strandbeamten. gr. 8. (27 S.) Berlin 874, v. Decker'sche Geh. Ober-Hofbuchdr. *

(F) **Vorschriften** für die rechts- und staatswissenschaftlichen Studien und Staatsprüfungen an den österreichischen Universitäten. (Manz'sche Gesetz-Ausgabe Nr. 63.) Wien. 1900. Manz. 8°. 39 S. K —.50

Vorschriften für die Studierenden der Königlichen Albertus-Universität zu Königsberg i. Pr. *Königsberg 1904: Hartung.* (52 S.) 8° [F.]

Vorschriften für die Studierenden der Königlichen Albertus-Universität zu Königsberg i. Pr. Königsberg 1908: Hartung. (56 S.) 8° [F.]

Vorschriften für die Studierenden an der k. k. evangelisch-theologischen Fakultät in Wien. Wien, 1856. Druck und Papier von Leopold Sommer. (16 S. 8.)

Vorschriften für die **Studirenden** der kgl. Friedrich-Wilhelms-Universitaet zu Berlin. Berlin, Druck v. J. Becker, 1894; 50 S. 4.

Vorschriften für die **Studirenden** der Königlichen Friedrich-Wilhelms-Universität zu Berlin. *Halle a. S. 1901: Waisenhaus.* (60 S.) 8°

Vorschriften für die Studierenden der Königlichen Friedrich-Wilhelms-Universität zu Berlin. *Halle a. S. 1903: Waisenhaus.* (60 S.) 8°

Vorschriften für die Studierenden der Königlichen Friedrich-Wilhelms-Universität zu Berlin. Halle a. S. 1905: Waisenhaus. (60 S.) 8°

[F.] **Vorschriften** für die **Studirenden** der Königl. Rheinischen Friedrich-Wilhelms-Universität zu Bonn. Bonn, Univ.-Buchdr. v. C. Georgi 1880. 50 S. 8.

[F.] **Vorschriften** für die **Studirenden** der Königl. Rheinischen Friedrich-Wilhelms-Universität zu Bonn. Bonn, Univ.-Buchdr. v. C. Georgi 1881. 44 S. 8.

[F.] **Vorschriften** für die **Studirenden** der Königl. Rheinischen Friedrich-Wilhelms-Universität zu Bonn. (*Am Ende:* Bonn, d. 25 Juli 1883.) Bonn, Univ.-Buchdr. v. C. Georgi 1883. 45 S. 8.

[F.] **Vorschriften** für die **Studirenden** der Königl. Rheinischen Friedrich-Wilhelms-Universität zu Bonn. Bonn, Univ.-Buchdr. v. C. Georgi 1885. 47 S. 8.

Vorschriften für die **Studierenden** der Königlichen Rheinischen Friedrich-Wilhelms-Universität zu Bonn. *Bonn 1902: C. Georgi.* (61 S.) 8° [F.]

Vorschriften für die Studierenden der Königlichen Rheinischen Friedrich-Wilhelms-Universität zu Bonn. Bonn 1905: C. Georgi. (60 S.) 8° [F.]

Vorschriften für die Studierenden der Königlichen Rheinischen Friedrich-Wilhelms-Universität zu Bonn. Bonn 1908: C. Georgi. (66 S.) 8° [F.]

Vorschriften für die **Studierenden** der Königl. Georg-August-Universität zu Göttingen. *Göttingen 1901: Dieterich.* (47 S.) 8° [F.]

Vorschriften für die Studierenden der Kgl. Georg-August-Universität zu Göttingen. Göttingen 1904: Dieterich. (49 S.) 8° [F.] ¶[Neue Ausgabe mit Nachträgen a. d. J. 1905.]

Vorschriften für die hiesigen Studierenden über die Benutzung der Universitäts-Bibliothek. Dat. Halle 16. October 1818. 1 Bl. 2° [Kopft.] [Am Ende:] Prorektor, Kanzler, Direktor und übrige Professores.

Vorschriften für die Studirenden zu Halle über die Benutzung der Universitäts-Bibliothek. [Am Ende:] Das Universitäts-Curatorium. v. Witzleben. Das Ober-Bibliothekariat. Ersch. Voigtel. Dat. Halle 1. Okt. 1823. 1 Bl. 2° [Kopft.]

Vorschriften für die Studirenden der Königl. vereinigten Friedrichs-Universität Halle-Wittenberg. 1. Vorschriften für die Studirenden auf den Landes-Universitäten vom 1. Oct. 1879. 2. Auszug aus den Universitäts-Statuten. 3. Reglement über die Meldungen zu den Vorlesungen, sowie über Entrichtung, Stundung und Erlass der Honorare. (Berlin 18. Febr. 1880.) 4. Auszug aus der Ausleihe-Ordnung für die Universitäts-Bibliothek. 5. Reglement über die Verwaltung einer Handbibliothek für die Studirenden. 6. Auszug aus den Statuten des Universitäts-Lese-Vereins. 7. Nachrichten über öffentliche Unterstützungen zu Gunsten der Studirenden. (Halle [nach 18. Febr. 1880 bis Ostern 1884]: Hendel.) 47 S. 8°

Vorschriften für die Studierenden der Grossherzogl. Badischen Technischen Hochschule zu Karlsruhe. (Anh.: Auszug aus der Bibliotheksordnung.) 1887. — [Veränderte Fassung.] 1894.

Vorschriften für die Studirenden der Kgl. Technischen Hochschule zu Aachen (v. 12. 8. 1884). — [Dasselbe. Folgt:] Vorschriften für die Hospitanten ... v. 5. 4. 1886.

9—16. I. Allgemeine **Dienstanweisung** für das Unter-Personal an der Kgl. technischen Hochschule zu Aachen (v. 23. 1. 1895). [1—8.]

[1. Folgt:] II. Dienstanweisung für die Kastellane an den einzelnen Gebäuden.

[2. Folgt:] III. Dienstanweisung für die Sammlungs- und Laboratoriumsdiener.

[3. Folgt:] IV. Dienstanweisung für den Bibliothekdiener.

[4. Folgt:] V. Dienstanweisung für den Kassenboten.

[5. Folgt:] VI. Dienstanweisung für den Werkmeister.

[6. Folgt:] VII. Dienstanweisung für die Mechaniker an den einzelnen Instituten.

[7. Folgt:] VIII. Dienstanweisung für den Maschinisten des neuen Laboratoriums.

[8. Folgt:] IX. Dienstanweisung für die Schreiner.

Vorschriften für die Studierenden der Kgl. Technischen Hochschule zu Berlin (v. 3. 3. 1880). 1880. — [Dasselbe] (v. 3. 3. 1880, 15. 2. 1886 u. 16. 7. 1888; dat. 28. 3. 1890). — [Neudr. mit Anm. zu § 10.] — [Neudr. mit berichtigtem § 10.] — [Dasselbe] (v. 3. 3. 1880 . . . u. 12. 11. 1906; dat. 14. 11. 1906).

Vorschriften für die Studirenden der Kgl. Technischen Hochschule zu Hannover (v. 12. 8. 1884). [Folgt:] Hausordnung v. Jan. 1885. [Nebst] Abweichungen bei der Anwendung auf die Hospitanten v. 1. 4. 1886.

Vorschriften für die Studierenden der K. Technischen Hochschule in Stuttgart. 1898. [Folgt:] Auszug aus der Bibliothek-Ordnung — [Veränderte Fassung.] Stuttgart [1900]: Metzler. 27 S. [S. 11 beg.: bis zu 12 Stunden . . .] — [Veränderte Fassung.] Stuttgart [1904]: Metzler. 27 S. [S. 11 beg.: Semester erhoben . . .] — [Veränderte Fassung.] 1909. 1912.

Vorschriften für die Studierenden der Tierärztlichen Hochschule zu Berlin. Berlin 1904. 12 S.

Vorschriften für die Studierenden und Hörer der Kgl. Technischen Hochschule in Breslau (v. 17. 8. 1910). [19]10.

Vorschriften für die Studierenden u. Hospitanten der Königlichen Technischen Hochschule zu Danzig (v. 2. Okt. 1904). (Danzig [1905]: Schwital & Rohrbeck.) (12 S.) 8° [F.] [06. 669: 10

Vorschriften für die Studierenden und Hospitanten der Kgl. Technischen Hochschule zu Danzig (v. 2. 10. 1904). [Nebst] Nachtrag zu § 21 v. 15. 9. 1906. ¶ Abgedr. in: Damm 1909. S. 241 ff.

Vorschriften f. d. Studier. d. Landesuniversitäten. Berlin 1879

Vorschriften für die Studierenden der Landesuniversitäten und Auszug aus den Gesetzen für die Studierenden der Christian-Albrechts-Universität zu Kiel. Kiel 1909: Schmidt & Klaunig. 55 S. 8° [U 10. 2411

Vorschriften für die Studirenden der Grossherzogl. Badischen Polytechnischen Schule zu Carlsruhe. (Anh.: A. Ordnung für die Prüfung der Studirenden behufs Erlangung eines Zeugnisses über die von ihnen erworbenen Kenntnisse. B. Auszug aus der Ordnung für die Diplomprüfungen und die Ertheilung von Diplomen. C. Auszug aus der Bibliotheksordnung.) 1869. — [Veränderte Fassung.] 1873. 1879.

Vorschriften für die Studierenden an der Königlich Württembergischen Universität Tübingen. *Tübingen 1899: H. Laupp jr.* (34 S.) 8° [F.]

Vorschriften für die Studirenden der Königlichen Universität zu Breslau. 1879. Breslau (1879). (26 S.) 4° [F.]

Vorschriften für die Studirenden der Königlichen Universität zu Breslau. *Breslau 1899: Grass, Barth & Co.* (24 S.) 4° [F.]

Vorschriften für die Studierenden der Königlichen Universität zu Breslau. Breslau 1905: Graß, Barth & Co. (31 S.) 4° [F.]

Vorschriften für die Studierenden der Königlichen Universität zu Breslau. Breslau 1908: Winter. 34 S. 4° [U 09. 445

Vorschriften für die Studirenden der K. Universität zu Greifswald. Greifswald, Druck v. Julius Abel, 1889: 40 S. 8°

Vorschriften für die Studirenden der K. Universität zu Greifswald. Greifswald, Druck v. J. Abel, 1891; 43 S. 8°

[F.] Vorschriften für die Studirenden der Kgl. Universität zu Greifswald. Greifswald. Druck v. J. Abel, 1893; 46 S. 8.

Vorschriften für die Studierenden der Königlichen Universität zu Greifswald. Greifswald 1909. 8°

[F.] Vorschriften für die Studirenden der Kgl. Universität zu Marburg. Marburg, Univ.-Buchdr. v. J. A. Koch, 1897; 24 S. 8.

Vorschriften für die Studierenden der Königlichen Universität zu Marburg. Marburg 1905: J. A. Koch. (22 S.) 8° [F.]

Vorschriften für die Studierenden der Königlichen Universität zu Marburg. Marburg 1907: R. Friedrich. (23 S.) 8° [F.]

— für die Studirenden auf der russisch-kaiserl. Universität zu Dorpat. 4. Dorpat 807. (Kummer in Leipz.) 4 K

Vorschriften und Tarif über den directen Gütertransport der Gr. badischen und der k. württembergischen Staatseisenbahn. Karlsruhe 1854.

-- betr. den Tarif f. Leistungen der Advocaten u. ihrer Kanzleien. [Currentientarif.] 12. (15 S.) Wien: Hof- u. Staatsdruckerei 1890. n. — 20

Vorschriften und Tarife für die Benützung der K. Bayer. Donau-Dampfschiffahrt und des Ludwig-Kanals. Veröffentlicht von der General-Direction der k. Verkehrs-Anstalten. München 856. (Franz.) Lex.-8. (VII, 65 S.) n. 10 ngr.

— — für die Benützung der Kgl. Bayer. Staats-Eisenbahnen. Veröffentlicht von der General-Direction der k. Verkehrs-Anstalten. München 854. (Franz.) Lex.-8. (IV, 114 S. u. 3 Bl. Formulare in 4.) 15 ngr.

Vorschriften und Tarife für den Transport von Gütern, Tieren, Fahrzeugen, aussergewöhnlichen Gegenständen und Leichen auf den Bahnen des württemberg.-badischen Eisenbahn-Verbandes. Gültig vom 1. April 1863 ab. Stuttgart 1863

— technische, f. die Prüfung v. Saatgut, gültig vom 1. III. 1910 an. Nach Beschlüssen der 28. (ausserordentl.) Hauptversammlg. des Verbandes landwirtschaftl. Versuchs-Stationen im Deutschen Reiche vom 18. XII. 1909. (23 S.) 8. Berlin 910. P. Parey. — 60
Sonderabdruck aus: „Landw. Versuchs-Stationen".

—— die, des 2. Theils 8. Tit. d. allgem. Landrechts üb. Rheder, Schiffer u. Befrachter, Haverei u. Seeschäden, Versicherungen u. Bodmerei. Zum Gebr. f. Schiffer u. Steuerleute besond. abgedr. 3., unveränd. Ausg. 8. (8¼ B.) Stettin 840. [Berlin, Nicolaische Buchh.] *

— die, des 2n Theils 8n Titels des Allgem. Landrechts über Rheder, Schiffer u. Befrachter, Haverei u. Seeschäden, Versicherungen und Bodmerei. Zum Gebrauche für Schiffer und Steuerleute besonders abgedr. 2e unveränd. Ausg. 8. Stettin 840. Becker u. Altendorff. n. ⅓ ℳ

Vorschriften für die Thierärzte der Königlichen Armee beim Verordnen der Arzneyen für Dienstpferde. Berlin 1833. 15 S.

VORSCHRIFTEN der Töchter des heiligen Franziskus von Assisi. Budapest 1905: Stephaneum. 56 S. - 8°

(F) Die Vorschriften betreffend den Transport explosiver und denselben ähnlicher Gegenstände auf den österreichischen Eisenbahnen. Zusammengestellt von Dr. Max Freiherrn v. Buschmann unter Mitwirkung des Franz Hübner. 2., durch die bisherigen Abänderungen ergänzte Auflage. Wien. 1901. Hof- und Staatsdruckerei. 8°. XIV, 106 S. K 1.—
(F) Handausgabe der österreichischen Gesetze und Verordnungen. Heft 104.

Vorschriften über das Turnen der Infanterie. gr. 8. (VI, 82 S. mit eingedr. Holzschn. und 3 Stnt. in qu. gr. 4.) Berlin 876, Mittler und Sohn.

—— über das Turnen der Infanterie. Neuer Abdr., unter Berücksicht. aller, bis zum 14. April 1881 ergangener Bestimmungen. gr. 8. (VI, 81 S. mit 3 Stnt.) Ebendas. 881. *

—— über das Turnen der Infanterie. Entwurf zu Abänderungen der §§ 33 und 34. 8. (15 S. mit eingedr. Fig. und 2 Stnt.) Berlin 885, Mittler und Sohn.
Hauptwerk. Ebendas. 1881. ** 80 Pf.

—— über das Turnen der Infanterie. [Neue Ausg.] (VI, 94 S. mit eingedr. Fig. und 4 Taf.) Ebendas. 886. geb.

Vorschriften über das Turnen der Infanterie. Berlin 1876. 8°.
Dass. u. d. T.: Turnvorschrift für die Infanterie. 1895.
Dass. 1910.

Vorschriften uber das Turnen der Truppen zu Pferde. Berlin. R. v. Decker 1878. 72 S. m. 35 Abb. 3 Tab. 8°

— — 2. Abdr. 1879.

Vorschriften f. d. Übergabe u. Übernahme d. Zeughäuser u. der unter d. Zeughaus-Haupt-Direction stehenden Art.-Anstalten. München 1843. 4°

— für d. Ueberwachg. u. Prüfg. d. Brücken m. eis. Ueberbau im Bereiche d. preuss. Staatseisenbahnverwaltg. Fol. (6 S.) Ebd. 895. n.n. — 30

— zur Uebung im Schönschreiben, besteh. in Alphabeten, deutschen, latein. u. französ. Briefen, als Beilage zu Heynatz Handbuch. qu. Fol. Berl. 778. Wever. 12 K

— zur Uebung im Schreiben, in 12 Bl., deutsch u. engl. Schrift. gr. qu. 8. Ulm ... Jak. Ebner. 7 K

Vorschriften zur Uebung in der deutschen, lateinischen und Fractur-Schrift. Eine Fortsetzung der Eckernförder Schreibtabellen von den Verfassern dieser Tabellen. Altona. 1833. 20 Tvl. 4.

— zur Uebung in der deutschen, latein. und Fractur-Schrift. Eine Fortsetzung der Eckenförder Schreib-Tabellen, von den Verfasser dieser Tabellen. (20 lith. Blätter.) ½ Fol. Altona 835. Hammerich. 1½ ℳ

Vorschriften für die Übungen des kgl. bayer. Artillerie-Fuhrwesens. o. O. 1831. 8°. (Lithogr.)

Vorschriften f. d. Übungen d. Art.-Fuhrwesens. Mit Pl. München 1831.

Vorschriften für die Uebungen am Sprungkasten. Berlin: E. S. Mittler & Sohn 1897. (7 S.) 8° [F.]
— Turnvorschrift f. d. Infanterie. Nachtr. 1. (06. 13007

Vorschriften über den Umfang der Befugnisse und Verpflichtungen sowie über den Geschäftsbetrieb der Stellenvermittler für Schiffsleute. *[Königsberg i. Pr. 1903: Ostpr. Dr.]* (7 S.) 8° [Kopft. F.] [04 5170 10

— über den Umfang der Befugnisse u. Verpflichtungen, sowie üb. den Geschäftsbetrieb der Versteigerer. gr. 8. (24 S.) Schleswig (902). J. Ibbeken. — 30

Vorschriften über den Umfang der Befugnisse und Verpflichtungen sowie über den Geschäftsbetrieb der Versteigerer. *[Königsberg i. Pr.: Ostpr. Dr. & Verlagsanst. 1903.]* (31 S.) 8° [F.] [04. 3997 10

Vorschriften für den Umfang der Befugnisse und Verpflichtungen, sowie über den Geschäftsbetrieb der Versteigerer. Ministerialverfügungen v. 10. Juli 1902 u. 11. Juli 1902. Textabdr. nebst Buch- u. Gebrauchsformularen ... Hrsg. von Carl Victor Engelhard, Hannover. 2., verb. u. verm. Aufl. *Hannover: C. V. Engelhard & Co. 1904.* (116 S.) 8° [F.] [04. 7861 7

Vorschriften betreffend die Unfallversicherung des Militärs durch den Bund im Jahre 1901. (1901 Januar 1.) 8 S. 8.

— üb. d. Uniformirung d. k. k. Staatsbeamten, s. k. Gesetze u. Verordnungen, österreichische, 115. Hft.

[F.] Vorschriften über die Uniformirung der k. u. k. Staatsbeamten. *Wien: K. u. k. Hof- u. Staatsdr. 1896.* (63 S., 33 Taf.) 1 Bd 8.
= Handausgabe der österreich. Gesetze u. Verordngn. H. 115. [96. 4813

—— für die Unter-Officiere und Mannschaft der k. k. Artillerie in der Garnison, auf Wachen, im Lager, auf Vorposten und auf Märschen. Nach den Bestimmungen des k. k. Dienst-Reglements. 2. Thl. Zusammengestellt von einem k. k. Hauptmanne. 12. (75 S.) Wien 861, Leo's Verlags-Expedition.

— für die Unteroffiziere und Mannschaft der k. k. Artillerie, in der Garnison, auf Wachen, im Lager, auf Vorposten und auf Märschen. Nach der Bestimmung des k. k. Dienst-Reglements. 2. Thl. Zusammengestellt von einem k. k. Hauptmann. Wien 862. Leo. 16. (77 S.) n. 5 ngr.
1. Thl. s. Standespflichten rc.

Vorschriften f. d. Unterricht d. Art. T. 1—4. 7. Mit Pl., Nachtr. u. 1 Anh. München 1844–1870.

Vorschriften f. d. Unterricht d. K. B. Art. T. 6. Ernstfeuerwerkerei. München 1853.

Vorschriften für den Unterricht der k. bayer. Artillerie:
III. Band. I. Theil. Einübung der unbespannten Batterie. München 1867. 8°
IV. Band. I. Theil. Bedienung der Geschütze. München 1868. 8°

Vorschriften für den Unterricht im Bayonnet-Fechten. München 1824. 64 S., 13 Taf. in Kupferst. 8°

Vorschriften für den Unterricht im Bajonettfechten, Neuburg 1828, 68 S., 16°.

— für den Unterricht im Bayonnet-Fechten der k. bayer. Infanterie. 32. Amberg 843. (Regensburg, Manz.) 1/12 Thlr

Vorschriften für den Unterricht im Bayonnet-Fechten der kgl. bayer. Infanterie. München 1843. 8°.

Vorschriften f. d. Unterricht i. d. höheren Beschlagkunde. Karlsruhe 1847.

Vorschriften für den Unterricht im Distanzmessen bei den Feldbatterien. München 1868. 8°

— für den ersten Unterricht im Schönschreiben. Nebst einem Anh. genetisch-method. Vorlegeblätter von F. Kotzenberg. 4. Detmold 831. (Rinteln, Osterwald.) In Fol. n. 1 1/3 Thlr

Vorschriften f. d. Unterricht i. Fechten u. Voltigiren d. Cav. München 1830. 1844.

— für den Unterricht im Fechten u. Voltigiren der königl. bayer. Kavalerie. 16. Straubing 845, Schorner. 1/12 Thlr

Vorschriften f. d. Unterricht d. Genietruppen. Bd 1. 2. 4. 5. (Bd 3 nicht erschienen.) Mit Pl. u. Anh. München u. Ingolstadt 1851–1868. 8° u. 4°

Vorschriften für den Unterricht der k. bayerischen Genietruppen. II. Bd. Unterricht in den Genieübungen. 1. Th. Pionnierunterricht. Mit 25 Plänen. II. Bd. 2. Th. 1. Abth. Mineurunterricht. Mit 22 Plänen. II. Bd. 2. Th. 2. Abth. Sapeurunterricht. Mit 10 Plänen. II. Bd. 3. Th. Pontonnierunterricht. Mit 40 Plänen. (4 Bde. Text in 8. und 4 Bde. Pläne in Fol.) München und Ingolstadt 1851—1860.

Vorschriften für den Unterricht der k. bayer. Genietruppen. Provisorische Vorschrift für den Feldtelegraphen-Unterricht. Mit Plänen. Ingolstadt 1868. 8°

Vorschriften für den Unterricht der K. B. Infanterie. T. 1. 3. München 1860. 8°.
Dass. T. 5. 1864.

Vorschriften für den Unterricht der k. bayerischen Infanterie. Waffen-Uebungen. 1. Th. Unterricht des Soldaten in der geschlossenen Gefechts-Ordnung bis zum Eintritte in die Compagnie. 2. Th. Unterricht der Compagnie in der geschlossenen Gefechtsordnung. 3. Th. Unterricht des Bataillons in der geschlossenen Gefechtsordnung. (3 Bde.) kl. 8. München 1868.

Vorschriften für den Unterricht der k. bayer. Infanterie. Waffenübungen:
IV. Theil. Unterricht in der geöffneten Gefechts-Ordnung. München 1868. 8°
VIII. Theil. (Anhang zum VIII. Theil.) Unterricht in Behandlung der auf Rückladung abgeänderten Infanterie-Gewehre, M/1858. Anfertigung und Verpackung der Patronen. München 1868. 8°
(Hiezu Beilage zum Anhang des VIII. Theils.) Anfertigung und Verpackung der scharfen und blinden Patronen für die auf Rückladung abgeänderten Infanterie-Gewehre, M/1858. Mit 1 Plan. 1868. 8°
IX. Theil. Unterricht in Behandlung und Gebrauch des Infanterie-Gewehres, M/69. Mit 4 Plänen. München 1871. 8°

Anhang z. d. Vorschriften f. d. Unterricht d. Inf. T. 9. Abt. 6. Die i. dienstl. Gebrauche a. häufigsten vorkommenden Reparaturen d. Gew. bez. Pistolen M/69. (Mehr nicht vorhanden.) München 1877.

Vorschriften für den Unterricht der k. bayerischen Cavallerie. 1. Th. Beurtheilung und gewöhnlichste Krankheiten des Pferdes. 2. Th. Pflege der Dienstpferde. 4. Th. Reitunterricht. 5. Th. Abrichtung der Remonten. 6. Th. Unterricht des Reiters zu Fuss. 7. Th. Unterricht des Reiters zu Pferd. 8. Th. Unterricht im Plänkeln. 8. München 1860.

Vorschriften für den Unterricht der k. bayer. Kavallerie. Entwurf. 2 Bände. Bamberg 1870. 8°

Vorschriften für den Unterricht der kgl. bayer. Cavalerie. T. 3. 6. 7. 8. 9. 10. 11. 13. München (c. 1870). 8°.

Vorschriften für den Unterricht der k. bayer. Kavallerie.
III. Theil. Unterricht im Zäumen, Satteln und Packen. Mit Ergänzungen. s.a. (1868.) 8°
IX. Theil. Unterricht im Voltigiren und Turnen. Anhang: Gymnastik. München 1873. 8°
XIII. Theil. Unterricht in Behandlung und Gebrauch des Karabiners und Pistole M/69. Mit Abänderungen. München 1872. 8°

—— für den Unterricht der kgl. bayer. Cavalerie. Entwurf. 6.—8. Thl. Unterricht des Reiters zu Fuß, zu Pferd, des Gliedes, des Zuges, dann der Escadron und Regimentes zu Pferd. 2. Aufl. 16. (405 S.) Bamberg 872, Buchner'sche Buchh. *

Vorschriften für den Unterricht im Turnen der Kgl. Bayerischen Infanterie. München 1843. 38 S.

Vorschriften für den Unterricht in den Waffenübungen der königlich bayerischen Artillerie. (Mit 5 Taf. und 1 Abschrift des Kriegs-Ministerial-Befehls, die Bildung einer höheren Artillerie-Commission bei jedem Artillerie-Reg. betreffend. (Lithogr.) 4 München 1820.

Vorschriften i. d. Unterricht i. d. Waffenübungen d. Art. Mit Pl. T. 1. (Mehr nicht vorhanden.) München 1820.

Vorschriften i. d. Unterricht i. d. Waffenübungen d. Gendarmerie zu Fuß. München 1844.

Vorschriften i. d. Unterricht i. d. Waffenübungen d. Inf. T. 1–4. Mit Pl. u. Mänd. (1846?). München 1818–1846.
Dass. 1860–1871. T. 1–9.

Vorschriften für den *Unterricht in den Waffenübungen d. Kgl.-Baierischen Infanterie.* In 3 Thln. (in 1 Bde.), mit Plans!). (Zus. in 2 voll.) München, gedr. mit Lindauer'schen Schriften. 1823. 8⁰. Tit. gestemp. Hldrbde.
1: XXXI–680 S., 1 Bl. Err., 4 color. Taf., 2 Pläne, Musiknoten (für die Signale, Märsche etc.), militär. Uebungen (lithogr. Costümbilder) etc. Mit Zeichen-Erklärung als (gestoch.) Titelbl.

Vorschriften i. d. Unterricht i. d. Waffenübungen d. Cav. T. 1. 2. München 1818.
1828–1843. T. 1–6. Mit Pl. etc.
1858–1872. T. 1–13.

Vorschriften für den Unterricht in den Waffenübungen der königlich bayerischen Cavallerie. (Mit 20 Planen.) (2 Bde. Text und 2 Bde. Taf.) 8. München 1828.

— für den Unterricht in den Waffenübungen der Königl. Bayer. Kavallerie. 1. Thl. (Enth. „allgem. Bestimmungen für den Unterricht e. Kavallerie-Regiments u. den Unterricht des Reiters zu Fuß.") kl. 16. Straubing 845, Schorner'sche Buchh. 1/4 ℛ

[F.] Nur für den Dienstgebr. bestimmt. Vorschriften für die Untersuchung und Abnahme der 8 mm Maschinen-Gewehre und ihrer Munition ... *Berlin: Reichs-Marine-Amt 1897.* (VI, 161 S.) 1 Bd 8. [97. 5553

— für die Untersuchung und Abnahme der 3,7 cm-Revolver-Kanone der Schiffs-Artillerie und ihrer Munition. gr. 8. (VI, 17 S.) Ebendas. 886. *

Vorschriften für die ärztliche Untersuchung der Wehrpflichtigen. Wien 1906.

— für die Veranlagung der Brennereien zum Kontingent. [Aus: „Centralbl. f. d. Deutsche Reich".] gr. 4. (5 S.) Berlin 890. C. Heymann's Verl. n. — 60

— des Vereins deutscher Eisenbahn-Verwaltungen für den Bau und die Betriebs-Einrichtungen der Eisenbahnen. Red. nach den Triester General-Versammlungs-Beschlüssen vom 15. Septbr. 1858. Mit 5 (lith.) Blatt Zeichnungen (in 4. u. Fol.). Berlin 862. (Leipzig, Hinrichs.) gr 8. (53 S.) 15 ngr.

— f. das Verfahren der Aerzte bei den gerichtlichen Untersuchungen menschlicher Leichen. (52 S.) kl. 8. Dresden (906). C. Heinrich. Kart. n. — 60

Vorschriften für das Verfahren der Gerichtsärzte bei den gerichtlichen Untersuchungen menschlicher Leichen. Berlin: A. Hirschwald 1905. (2 S.) 8° [05. 5763

Vorschriften für das Verfahren bei dem Patent-Amte der Vereinigten Staaten von Nord-Amerika [Rules of practice in the United States Patent Office]. Aus d. Engl. übers. von Erich v. Boehmer. *Berlin: C. Heymann 1904.* (XII, 135 S.) 8° [03. 15854 6

— über das bei Thierseuchen von den politischen Behörden, Aerzten, Wund- und Thierärzten, dann den Ortsvorstehern zu beobachtende Verfahren und die aus Anlaß derselben einzuleitenden veterinär-polizeilichen Maßregeln. Fol. (52 S.) Wien 860, Hof- und Staatsdruckerei.

— zur Verhütung v. Brandunglück. Erste Hülfe bei Verbrenngn. od. Verbrühgn. Zur Warng. u. Belehrg. betr. die traur. Folgen des leichtsinn. Umganges (seitens der Dienstmädchen, Kinder, aber auch erwachs. Personen) m. Petroleum, Spiritus, Benzin, Gas, Streichhölzer, kochend heißem Wasser etc. Plakat. gr. Fol. (2 S.) Grünberg 898. (A. Bartsch.) — 60; aufgez. — 70

— zur Verhütung d. asiat. Cholera, so wie zur Behandl. ders. bis zur Ankunft d. Arztes. Mitgetheilt v. d. Kgl. ärztl. Prüfungsbehörde. gr. 4. (4½ B.) Hannover 831, Hahn.

— zur Verhütung der asiat. Cholera, so wie zur Behandlung derselben bis zur Ankunft des Arztes. Mitgetheilt von der königl. ärztl. Prüfungsbehörde. gr. 4. Hannov. 832. Hahn. 2 K

Vorschriften zur Verhütung von Unfällen in den Binnenschiffahrts-Baggerei-, Prahm-, Schiffbrücken- und Fährbetrieben, sowie in den Betrieben der Taucherschächte und des Felsenstampfers der Rheinstrombauverwaltung. Vom 12. Juni 1900. Coblenz 1900: H. L. Scheid. (33 S.) 8° [F.] [07. 15218

Vorschriften zur Verhütung und Verminderung der Unglücksfälle beim Sächsischen Bergbau. Freiberg. 1826.

— zur Verhütung des Zusammenstoßens der Schiffe auf See. 8. (8 S.) Stade 872, Pockwitz.

Vorschriften über den Verkehr mit Geheimmitteln und ähnlichen Arzneimitteln nebst Angaben über d. Zusammensetzung der in d. Anlagen A u. B. d. Verordnung verzeichn. Mittel. *Berlin: Selbstverl. d. Deutschen Apotheker-Ver. 1904.* (14 S.) 8° [04. 9682 11

— üb. den Verkehr m. Geheimmitteln u. ähnlichen Arzneimitteln. Bundesratsbeschluss vom 27. VI. 1907. Gültig vom 1. X. 1907. (8 S.) kl. 8. Berlin (907). J. Springer. — 20

— üb. den Verkehr m. Kraftfahrzeugen f. Preußen u. die deutschen Bundesstaaten, gültig vom 1. X. 1906, nebst Angabe der Kennzeichen f. die Kraftfahrzeuge in den einzelnen preuß. Provinzen, den bezügl. Bestimmungen des Reichsstempelgesetzes, Ausführungsbestimmngn. u. Mustern sowie Vorschriften betr. den Verkehr v. Fuhrwerken auf Straßen. (66 S.) kl. 8. Hagen 907. O. Hammerschmidt. Kart. n. — 80

Vorschriften über den Verkehr mit Kraftfahrzeugen für Preußen u. d. deutschen Bundesstaaten giltig v. 1. Okt. 1906 ... [Nebst] Nachtrag. Hagen i. W.: Hammerschmidt 1907–09. 8°
Nachtr. [u. d. T.:] Gesetz über den Verkehr mit Kraftfahrzeugen vom 3. Mai 1909. [10. 911

— für den schriftlichen Verkehr d. XII. (königl. sächs.) Armee-Korps. Ausg. 1892. gr. 8. (49 S.) Dresden, (C. Heinrich). Geb. n. — 80

Vorschriften, die, üb. den Verkehr m. Sprengstoffen. An der Hand der v. den Ministerien des Innern u. f. Handel u. Gewerbe unterm 19. Oktbr. 1893 u. 23. Dezbr. 1893 erlassenen Polizeiverordngn. systematisch dargestellt. Mit e. Anh., betr. das Reichsgesetz vom 9. Juli 1884, betr. den verbrecher. u. gemeingefährl. Gebrauch v. Sprengstoffen u. die dazu erlassenen Ausführungsvorschriften, sowie e. ausführl. Sachregister. [Aus: „Gemeinde-Verwaltungsblatt".] 12. (54 S.) Düsseldorf 894. L. Schwann. Kart. n. — 40

— dasselbe. Mit e. Anh. betr. das Reichsgesetz vom 9. Juni 1884 üb. den verbrecher. u. gemeingefährl. Gebrauch v. Sprengstoffen, nebst den dazu erlassenen Ausführungsvorschriften. 12. (30 S.) Kattowitz 894. G. Siwinna. Kart. n. — 30

Vorschriften, die, üb. den Verkehr mit Sprengstoffen. An der Hand der v. den Ministerien des Innern u. f. Handel u. Gewerbe unterm 14. IX. 1905 erlassenen Polizeiverordng. systematisch dargestellt. Mit e. Anh., enth. das Reichsgesetz vom 9. VI. 1884 üb. den verbrecher. u. gemeingefährl. Gebrauch von Sprengstoffen, die hierzu erlassenen Ausführungsbestimmungen, die einschläg. Vorschriften der Gewerbeordng., die ministeriellen Vorschriften vom 19. XI. 1900 üb. die Errichtg. u. den Betrieb von Anlagen zur Herstellg. v. nitroglyzerinhalt. Sprengstoffen, vom 6. II. 1900 üb. die Errichtg. v. Magazinen f. brisante Sprengstoffe, vom 14. IV. 1904 betr. die Führer d. Sprengstoff- u. Pulvertransporten, vom 23. XII. 1893 betr. die Versendg. v. Sprengstoffen u. Munitionsgegenständen der Militär- u. Marineverwaltg., sowie e. ausführl. Sachregister. (76 S.) kl. 8. Düsseldorf (906). L. Schwann. Kart. n. — 50
Sonderabdruck aus: „Gemeinde-Verwaltgsbl."

Vorschriften für die Vermessung und die Bearbeitung von Wirthschaftsplänen bezüglich der Hannoverschen Forsten. - Hannover 1866. 45 S.

Vorschriften u. Verordnungen für d. Feuerwehr Aarau. Herausgegeben von der Feuerwehr-Commission. 60 S. Aarau, H. R. Sauerländer. In Taschenformat gebdn. 1888

Vorschriften über die Verpflegung der Gefangenen in den Gefängnissen der preußischen Justizverwaltung. Amtl. Ausg. Berlin: v. Decker 1908. 66 S. 8°

— über die Verpflegung des königl. bayerischen Heeres im Kriege. München 859. (Kaiser.) 16. (XII, 163 S.) n. 16 ngr.

Vorschriften über die Verpflegung des königl. bayerischen Heeres im Kriege. kl. 8. München 1864.

Vorschriften für die Verpflegung des k. bayer. Heeres im Kriege. Abänderungen hiezu. München 1866. 8°

— üb. die Verrechnung der staatl. Beamtenpensionen, Hinterbliebenenbezüge u. dergl., ausschließlich derjenigen im Bereiche der Eisenbahn- u. der Justizverwaltung, dagegen einschließlich aller Pensionen der allgemeinen Witwenverpflegungsanstalt in Berlin u. der Beiträge der Mitglieder dieser Anstalt. Zivilpensions-Rechnungsordnung (Z. P. R. O.). (Amtliche Ausg.) (95 S.) Lex. 8. Potsdam 910. (A. Stein.) 1. 50

[F.] Vorschriften betreffend das Versorgungswesen der Militärpersonen vom Feldwebel abwärts und deren Hinterbliebene ... *Berlin: S. Gerstmann 1897.* (1 Bl., 112 S.) 1 Bd 8.
= Handbibliothek f. Militäranwärter u. Beamte. Bd III. [97. 7863

Vorschriften für die Vertheilung der den Zügen beizugebenden Uhren. Wien, 1855. Gedruckt bei Josef Stöckholzer v. Hirschfeld. (4 S. 8.)

— für die Verwaltung u. Bewirthschaftung der Waldungen der Gemeinden u. öffentlichen Anstalten. gr. 4. (41 S.) Straßburg 894. Straßburger Druckerei u. Verlagsanstalt. n.n. — 50

Vorschriften f. die Verwaltung der Etatsfonds bei d. Justizbehörden vom 31. III. 1900 (Justiz-Minist.-Blatt S. 301). Amtl. Ausg. gr. 8. (83 S.) Berlin 900. R. v. Decker. n. 1. —

— über die Verwaltung u. Gewährung v. Messegeräthen auf in Dienst gestellten Schiffen. gr. 8. (28 S.) Berlin 887. Mittler & Sohn. n. — 40

— für d. Verwaltg. d. preußischen Staatseisenbahnen. Gültig v. 1. Apr. 1895. Amtl. Ausg. 4. (788 S.) Berlin 895. C. Heymann's Verl. n. 12. —; geb. in Halbfrz. n. 15. —

Vorschriften für die Verwaltung der vereinigten Preussischen und Hessischen Staatseisenbahnen. Ausg. vom 1. Okt. 1902. *Berlin 1902: J. Sittenfeld.* (1033 S.) 8°(4°) [F.] [03. 3892

— für die Verwaltung der vereinigten preußischen u. hessischen Staatseisenbahnen. Ausg. vom 1. X. 1902. Amtliche Ausg. (1033 S.) gr. 4. Berlin 903. C. Heymann. n. 20. —

— f. die Verwaltung der vereinigten preussischen u. hessischen Staatseisenbahnen. Ausg. vom 1. VII. 1910. Amtliche Ausg. 2 Tle. (868 u. 273 S.) Lex.-8. Berlin, C. Heymann. 1910. 20. —

Vorschriften für die Verwaltung der vereinigten preußischen und hessischen Staatseisenbahnen. Ausg. v. 1. Juli 1910. T. 1. 2. Berlin (1910): Sittenfeld. 8°(4°) [10. 13231

Vorschriften über die Verwendung der Schutzen beim Linien Exerciren. St. Petersburg 1820.

— für die steuerfreie Verwendung von undenaturirtem Branntwein zu Heil-, wissenschaftlichen u. gewerblichen Zwecken. Gültig vom 1. April 1893 ab. (Bundesrathsbeschluß vom 18. Novbr. 1892. § 708 der Protokolle.) gr. 8. (20 S.) Berlin 892. O. Drewitz. — 75

[Kopft.:] [F.] Vorschriften für die steuerfreie Verwendung von undenaturirtem Branntwein zu Heil-, wissenschaftl. u. gewerbl. Zwecken. Gültig v. 1. Apr. 1893 ab. '(Bundesrathsbeschl. v. 18. Nov. 1892 — § 708 d. Protokolle.)' *(Berlin: Dr. v. O. Drewitz 1893.)* (20 S.) 1 Bd 8. [96. 2532

Vorschriften für die steuerfreie Verwendung von Branntwein zu heilwissenschaftlichen und gewerblichen Zwecken. *(Berlin: J. Springer 1900.)* (8 S.) 4° [Kopft.] [01. 263]

Vorschriften betreffend die Verzehrungssteuer von Fleisch, dann die Sicherstellung der Verzehrungssteuer von Fleisch, Wein, Weinmost und Obstmost außer den für die Verzehrungssteuereinhebung als geschlossen erklärten Orten. 3. Aufl. [Handausgabe der österr. Gesetze und Verordnungen. Heft 55.] 8° (V, 146 S.) Wien: Hof- u. Staatsdruckerei 1903. K 1.20

— für das Veterinärwesen in Bayern. Hrsg. von Vogel. 1.—4. Bd. (202, 208, 224 u. 204 S.) gr. 8. München 907—10. Hannover, M. & H. Schaper. 1. Bd. 5.—; 2.—4. Bd. à nn 5. 50

— für das Veterinärwesen im Königr. Sachsen. Hrsg. v. Edelmann. I. Bd. 12 Bog. (Nr. 1. 16 S.) Dresden 906. C. Heinrich. n. 5. —

Vorschriften für das Veterinärwesen im Königr. Sachsen. Hrsg. v. Edelmann. 2.—5. Bd. (X, 208; X, 182; X, 176 u. X, 216 S.) 8. Dresden 907—10. C. Heinrich. à Bd. 5. —

Vorschriften, vier,. St. Petersburg, Akadem. (Hartknoch in Leipzig).

— (deutsche,) für Volksschulen. 2 Hefte. 4. Neuhaldensl. 829. Eyraud. 6 gr

— f. Volksschulen nach Anweisung des Methodenbuchs von K. C. G. Zerrenner, Consistorial- u. Schulrath, geschrieben u. lithogr. v. Karl Berger. 6 Hefte. 4. Magdeb. 826. Rubach. 2 ꝑ

—— für Volksschulen nach Anweis. d. Methoden-Buches v. C. C. G. Zerrenner. I — V. Hft. Neue Aufl. 4. (104 lith. Blätt.) Magdeburg 830 — 33, [Berlin,] Rubach. à

— vollständige, in allen Schriftarten. 40 Bl. 4. Halle 828. Kümmel. 12 gr Dieselben in 37 Bl. Ebd. 8 gr

Vorschriften zur Vollziehung der Verfügung des Kgl. Finanzministeriums vom 23. Okt. 1850 betr. die Verwerthung des Holzes aus Staatswaldungen. - Stuttgart 1850. 24 S., Formulare

Vorschriften über den Vollzug der Festungsstrafe gegen Militär- und Civilpersonen, und Dienstanweisung für die Beaufsichtigung der Festungsgefangenen. Karlsruhe, den 28. October 1854.

— zum Vollzuge der allerhöchsten Verordnung vom 28. Mai 1862, die Behandlung des Tax- u. Stempelwesens bei den Gerichten, Bezirks- u. Rentämtern u. Notaren betr. Bamberg 862. Buchner. 8. (45 S.) 9 ngr.

Vorschriften zum Vollzuge der allerhöchsten Verordnung vom 14. April 1856, das militärische Strafverfahren betreffend. Beylage zum Kriegs-Ministerial-Reskript vom 16. April 1856, Nr. 3545. Verordn.-Bl. Nr. 10. [Münch. 1856.]

— für die Vorbereitung, Ausführung u. Prüfung von Eisenbetonbauten. (Königl. württemberg. Staatseisenbahnen.) (46 S. m. Fig.) 32,5×21,5 cm. Stuttgart 909. (K. Wittwer.) 2.—

— die, üb. die Vorbereitung u. die Prüfungen f. den höheren Justiz- u. Verwaltungsdienst in Bayern. Textausg. m. Einleitg. u. Anmerkgn. gr. 16. (IV, 141 S.) München 893. C. H. Beck. Kart. n. 1.20

— über Vorbereitungsdienst, Prüfung u. Anstellung der Justizsubaltern- u. Unterbeamten in Preußen. 2. Aufl. gr. 8. (57 S.) Berlin 886. C. Heymann's Verl. n. 1.—

— über die Vorbildung f. das geistliche Amt der evangelisch-lutherischen Kirche der Prov. Schleswig-Holstein. Hrsg. m. Genehmigung des königl. evangelisch-luther. Konsistoriums zu Kiel. gr. 8. (36 S.) Kiel 899. [E. Marquardsen.] R. Cordes. n. — 75

Vorläufige Vorschriften für die Benutzung des Königlichen Materialprüfungsamtes der Technischen Hochschule Berlin. (Berlin: J. Springer [1904]) (28 S.) 4° [Kopft. 8.] [illegible]

-- für den Vormund, Gegenvormund, Pfleger u. Beistand. 8. (32 S.) Tuttlingen 900. (E. L. Kling.) — 30

Vorschriften f. d. Waffenübungen bezügl. d. Unterrichts m. d. gezogenen Gewehre u. d. Dornbüchse. (3 verschiedene Ausg.) München 1859.

Vorschriften für Wasserstands-Beobachtungen nebst Anleitung zur Beobachtung der Wassertemperatur. Hrsg. v. k. k. hydrograph. Central-Bureau. Wien 1895.

— für Wasserstands-Beobachtungen nebst Anleitung zur Beobachtung der Wassertemperatur. Hrsg. mit Genehmigung des k. k. Ministeriums des Innern vom k. k. hydrograph. Zentralbureau. (Hydrographischer Dienst in Oesterreich.) (13 S. m. 3 Formularen.) Lex.-8. Wien 904. (W. Braumüller.) n.n. — 80

— die, über Wehrpflicht, Volkszählung rc., s. Gesetze, österreichische.

Vorschriften, die, über Wehrpflicht, Volkszählung, Einquartierung u. Vorspann bis auf die neueste Zeit zusammengestellt. 3., bis Ende 1869 vervollständ. Aufl. Wien 870. Manz' Verl. 8. (VIII, 515 S.) n. 1 ⁄ 16 ngr.

— die, über Wehrpflicht, Volkszählung, Einquartierung u. Vorspann. Mit einem ausführl. alphabet. u. chronolog. Register. 4., vervollständ. Aufl. 8. (VIII, 496 S.) Wien 879. Manz. n. 5.—

Vorschriften, die wichtigsten, üb. die Disciplinar-Bestrafung in der deutschen Armee. Nach dem Militär-Strafgesetzbuch f. das deutsche Reich, den Kriegsartikeln u. der Disciplinar-Strafordng. f. das Heer zusammengestellt v. Köppel. Mit e. Anh., enth. die Vollstreckg. der gerichtl. Strafen u. die Kriegsartikel. 8. (37 S.) Neisse 873. Hinze. — 30

— die wichtigsten, über die Thätigkeit der Civilgerichte u. Beamten der Staatsanwaltschaft in Strafsachen der Militärpersonen mit besond. Rücksicht auf das Großherzogthum Hessen zusammengestellt. 8. (24 S.) Darmstadt 878. Jonghaus. n. — 50

— die wichtigsten, üb. die Verwaltung der niederen Gerichtsbarkeit bei den Regiments-Gerichten. gr. 8. (26 S.) Berlin 872. v. Decker. — 30

Vorschriften für die Wirtschaftseinrichtung in den Württembergischen Staats- und Körperschaftswaldungen. - Stuttgart 1898. 79 S.

Vorschriften, württembergische schiffahrtspolizeiliche für den Bodensee nach dem Stand vom 1.10.01. Amtliche Ausgabe. (116 S) Stuttgart 1905

Vorschriften für taktische Zeichnungen in der Königl Bayerischen Armee. Als Anhang zu den Vorschriften für topographische Zeichnungen. Mit 10 Tafeln (1 Bd. und 3 Tafeln in 1 Schuber) 8. München 1849.

— für taktische Zeichnungen in der kgl. bayer. Armee. als Anh. zu den Vorschriften für topogr. Zeichnungen. Mit Taf. München 1849. 22 S.

— für topograph. Zeichnungen in der Kön. Bayer. Armee. Mit 42 Taf. auf Leinwand gez. 8. (Mit Text.) München 845, Franz. in Futteral. n. 5⅚ ⁄

Vorschriften für topographische Zeichnungen in der kgl. bayer. Armee. Mit Taf. München 1845. 47 S.

— für Zubereitung von Fischen, insbesondere Seefischen. Gesammelt vom Fischerei-Verein für den Kreis Norden [Ostfriesland] unter Zugrundelegung von Cheap recipes for fish cookery prepared by Mrs. Charles Clarke. 1.—3. Aufl. [Auch u. d. T.: Fisch-Koch-Buch.] 8. (36 S.) Norden 886,87, Braams. *

Industriequartier-Strassenbahn Zürich III. Vorschriften. (- 1901 Januar 17.) II + 64 S. 8. Zürich III, Emil Rüegg, 1901.

Vorschriften für die Zusammensetzung und Einübung der Bespannungen bei der k. preussischen Artillerie. 16. Berlin 1851.

Vorschriften f. Zusammensetzung u. Einübung d. Bespannung bei d. Art. Berlin 1851. 1867: Fahr-Instruction f. d. Art.

— 12, zur Uebung der englisch-latein. Schrift für den Schul- und Privatgebrauch. 1r Cursus. Lithogr. qu. ½ 4. Ansbach 839. Brügel. (Erlangen, F. Enke.) n. ⅙ ⁄

Vor- und Rückschritte, Österreichs.
Hamburg 1846. V: *Schuselka, Franz.* (Heidler, J. Čechya Rakousko. V Praze 1920. S. 20)

Vorschule, die, ein Sprech- u. Sprachbüchlein f. d. schweizer. Jugend. gr. 8. ... Bern 830, [Jenni, Sohn.]

Vorschule, Die, zu dem Wohleingerichteten Oesterreichischen A. B. C. Büchlein ... Wien [ca. 1750]. V: *Antesperg, Johann Balthas. von.* (EB)

Vorschule der Algebra. Für Progymnasien u. untere Realklassen. Luzern 869. (Gebhardt.) gr. 8. (IV, 60 S.) n. 10 ngr.

Vorschule d. Blumenzeichenkunst, in freyer Handzeichnung systematisch dargestellt zum Gebrauch für Schulen und zum Selbstunterricht in 48 lithographirten Vorlegeblättern. 2te umgeänd. Aufl. 12. Leipzig, Lauffer. 819.

Vorschule, geistliche, zu einem christkathol. Lebenswandel; oder Anfangsgründe des Seelenheils. Ein Lehrbüchlein für minder unterrichtete Christen, die sich ernstlich zu Gott wenden wollen. 2e Aufl. 12. Grätz 835. Kienreich. 1/8 ℛ

Vorschule der heiligen Geschichte. In Fragen u. Antworten. Zum Gebrauch des Katecheten für Kinder des 1. u. 2. Schuljahrs. Hrsg. von einem Priester der Diöcese Rottenburg. 2. Aufl. 8. (60 S.) Freiburg i/Br. 878. Herder. n. — 20

Vorschule, kleine, im freien Hand- u. Linearzeichnen, zum häusl. u. öffentl. Gebrauch für Knaben u. Mädchen, nebst Gebrauchsanweisung für Lehrer u. Eltern. Vorbereitendes Ergänzungsheft zu dem Leitfaden zum freien Handzeichnen in systemat. Ordnung für Sonntags- u. Gewerbsschulen von Fd. Frauendorff. qu. gr. 8. (24 Bl. mit Text.) Gotha 846, Hennings'sche Buchh. 6¼ ngr Vergl. Frauendorff.

— kleine, zum Zeichnen f. das Kindesalter, s. Er. Müller

— kleine, zum Zeichnen f. d. Kindesalter, v. E. Müller u. Roßmäsler. 1ste Classe mit 24 Vorlegeblättern. 8. Leipzig, Franz.

—— die, der Landwirthschaft. Ein Lehrbuch für landwirthschaftl. Fortbildungsschulen. 3. Aufl. gr. 8. (IV, 96 S. mit 13 eingedr. Holzschn.) Wien 873, Dirnböck's Buchh. *

— und erstes grammatisches Lesebuch der englischen Sprache. 2., umgearb. u. verb. Aufl. Ebend. 864. gr. 8. (VII, 164 S.) n. 17½ ngr.

Vorschule und erstes grammatisches Lesebuch der französischen Sprache. Mit zahlreichen Aufgaben zur Einübung der grammat. Formen. 3., umgearb., verb. und verm. Aufl. gr. 8. (XV und 144 S.) Bremen 866, Geisler. -

Vorschule der Religions- und Sittenlehre in anziehenden Gesprächen und Erzählungen . . . O. O. 1821—23. V: *Werner, C. A.* (MGT)

Vorschule der Sammlung arithmetischer u. geometrischer Aufgaben zur Vorbereitung auf die Lehrerinnen-Prüfung. Bearbeitet v. e. ehemaligen Mitgliede zweier Prüfungskommissionen. 12. (46 S.) Düsseldorf 891. F. Bagel. n. — 80; Lösungshft. (14 S.) n. — 40

Vorschule der Sammlung arithmetischer u. geometrischer Aufgaben zur Vorbereitung auf die Lehrerinnen-Prüfung. 12. (46 S.) [Düsseld. 891, F. Bagel.] Frankf. a. M., Jaeger. * — 80
Lösungsheft. (14 S.) * — 40

Vorschule d. deutschen Sprache, als Grundlage d. Religions-Unterrichts bearbeitet. Mit Beispielen aus d. bibl. Geschichte. 8. Heidelb. 827. Oßwald. 2¼ ℛ

Vorschule der französischen Sprache. 2. verb. u. verm. Aufl. Bremen 859. Geisler. gr. 8. (XIII, 89 S.) n. 10 ngr.

Vorschule der allgemeinen Sprachlehre . . . Öls 1813 [1814]. V: *Chlebus, Carl Wilh.* (MGT) (ErschDL) (Gi) (Ky)

Vorschule d. allgemeinen Sprachlehre. gr. 8. Oels. (Bresl. Barth.) 813.

— d. allgemeinen Sprachlehre, (v. ... Chlebus). gr. 8. Oels 814. (Holläufer in Bresl.) 2 ℛ

Vorschule zur deutschen Sprachlehre. Für die unteren Classen der Progymnasien und höheren Bürgerschulen. gr. 8. (23 S.) Goslar 855, Schönpflug.

—— zur speculat. Theologie d. Christenthums, 1. Abthl., s. a. Günther, Ant.

Vorschule zur speculativen Theologie des positiven Christenthums . . . Wien 1828. V: *Günther, Anton.* (ErGr) »1828—29« (Ky)

— zur speculativen Theologie des positiven Christenthums. In Briefen. (Von A. Günther.) 1e u. 2e Abth. gr. 8. Wien 828, 29. Wallishauser. 3 ℛ

— zur speculativen Theologie des positiven Christenthums. In Briefen. 1. Abthl. Die Creationstheorie. 2. verm. Aufl. gr. 8. Wien 846, Wallishausser. n. 2 ℛ 12 ngr

— u. Wiederholungsbuch der heiligen Geschichte. In Fragen u. Antworten. Für Kinder des ersten bis fünften Schuljahrs. Mit einem Vorwort für den Katecheten. Herg. von einem Priester der Diöcese Rottenburg. Freiburg i. Br. 869. Herder. 8. (XXIII, 210 S.) 12 ngr; die Vorschule apart [Schul-Ausg.] n. 2 ngr — das Wiederholungsbuch apart [Schul-Ausg.] n. 4½ ngr.

Vorschulze, Franz: Ueber syphilitische und tuberkulose Entzündungen der Dura mater des Rückenmarks ... München, kgl. Hofbuchdr. Kastner & Lossen, 1897; 20 S., 1 Bl. 8.
München, Med. Fak., Inaug.-Diss. v. 1897

Vorschuß-Anstalt, die Hamburgische, für Brandbeschädigte, u. ihre Wirksamkeit. Ein ernstes Wort an alle bei Hamburgs Brand Betheiligten. 8. Kiel 844, Bünsow. 1/12 ℛ

Vorschuß-Vereln zu Breslau, e. G. m. b. H., 1859—1909. — Breslau 1909: (Breslauer Genossensch. Buchdr.). 46 S. 8°

Vorschuß-Verein, der, in Cassel, s. Gewerbs-, Vorschuß- und Spar-Verein.

Vorschütz, Johannes, approb. Arzt aus Warburg i. W.: Zur **Casuistik** der Sklerodermie mit besonderer Berücksichtigung der Therapie derselben. *Greifswald 1902: H. Adler.* (49 S.) 8°
Greifswald, Med. Diss. v. 12. März 1902

Vorsegnung d. kathol. Wöchnerinn, nebst Gebethen während der darauf folgenden heil. Messe zu gebrauchen. Ein Anh. zur heil. Trauungsfeyer. 12. (1 B.) Augsburg 834. (Regensburg, Manz.)
Vgl. Trauungsfeyer.

Vorsegnung d. kathol. Wöchnerin, nebst Gebeten, währ. d. darauf folgenden heil. Messe zu gebrauchen. Ein Anh. z. heil. Trauungsfeyer. 2. Aufl. 12. (1 B.) Augsburg 837. (Regensburg, Manz.)

Vorsehung und Menschenleben. Ein Wort des Trostes ... Magdeburg 1831. V: *Sickel, Gustav Adolph Friedrich.* (Zu)

Vorsehung u. Menschenleben. Ein Wort d. Trostes f. Alle, die jetzt, bei vermehrter Lebensgefahr, besorgt auf d. Zukunft hinblicken, v. e. evangel. Prediger. gr. 8. (1¼ B.) Magdeburg 831, Heinrichshofen.

— u. Menschen-Schicksale, od. Preis d. Weisheit u. Vaterlandsliebe Gottes in der besondersten Lebensführung einzelner Menschen. Darstellung geschichtlicher Thatsachen. Vom Herausg. der: „Beispiele des Guten." (J. C. F. Steudel.) 8. Stuttg. 824. Steinkopf. 1 ₰ 2r Thl. Auch u. d. T.: die göttliche Vorsehung, oder das Walten der ewigen Weisheit. 8. Ebd. 827. Ebd. 1 ₰

Vorsehung und Menschen-Schicksale, oder Preis der Weisheit und Vaterlandsliebe Gottes ... Stuttgart 1824. V: *Steudel, Joh. Chn Frdr.* (Ky)

—— und Menschen-Schicksale, od. Preis d. Weisheit u. Vater-Liebe Gottes in d. besondersten Lebens-Führung einzelner Menschen. Darstellung geschichtl. Thatsachen. Von d. Hrsgb. der „Beyspiele des Guten 2c." (T. H. Lotter). (1. Thl.) 2., verb. u. verm. Aufl. 8. (34 B.) Stuttgart 830, Steinkopf.
2. Thl. Ebendas. 1827. 1 Thlr.

Vorsehung u. Menschenschicksale, od. Preis d. Weisheit u. Liebe Gottes in d. besond. Lebensführung einzelner Menschen. 2. Thl. — A. u. d. T.: Die göttl. Vorsehung, od. d. Walten d. ewigen Weisheit, Liebe u. Gerechtigkeit im Lebensgange einzelner Menschen. Eine Reihe wahrer u. merkwürd. Erzähln. 2., verb. u. verm. Aufl., besorgt v. J. C. F. Burk. 8. (30 B.) Stuttgart 841, J. F. Steinkopf.
1. Thl. Ebendas. 1830. 1 Thlr.

Vorsehung u. Menschenschicksale. Eine Sammlung merkwürdiger Thatbeweise der Weisheit, Liebe u. Gerechtigkeit Gottes in der besonderen Lebensführung einzelner Menschen. 1. Thl. 3. verb. u. verm. Aufl., besorgt von J. C. F. Burk. gr. 8. Stuttgart 845, J. F. Steinkopf. 1 ₰

Vorsehung und Menschenschicksale. Eine Sammlung merkwürd. Thatbeweise der Weisheit, Liebe und Gerechtigkeit Gottes in der besonderen Lebensführung einzelner Menschen. 4. neu bearb. Aufl. 1.—4. Bdchn. 8. Stuttgart 872—74, J. F. Steinkopf. cart. à Bdchn. *M* 1,50.
Inhalt:
Bdchn. 1. Wunderbare Wege in der Führung der Menschen. 54 ausgewählte Erzählungen. (254 S.)
" 2. Göttliche Gerechtigkeit und Errettung. 64 ausgewählte Erzählungen. (256 S.)
" 3. Gottes Gnadenwege. 44 ausgewählte Erzählungen. (248 S.)
" 4. Wunderbare Führungen. Gottes Gerichtswege. 52 ausgewählte Erzählungen. (230 S.)

Vorsehung u. Menschenschicksale. Eine Sammlg. merkwürd. Thatbeweise der Weisheit, Liebe u. Gerechtigkeit Gottes in der besonderen Lebensführg. einzelner Menschen. 4. neu bearb. Aufl. 1—4. Bdchn. 8. Stuttgart 872. 76. J. F. Steinkopf. à 1. 50
1. Wunderbare Wege in der Führung der Menschen. 54 ausgewählte Erzählgn. (254 S.)
2. Göttliche Gerechtigkeit u. Errettung. 64 ausgewählte Erzählgn. (256 S.)
3. Gottes Gnadenwege. 44 ausgewählte Erzählgn. (248 S.)
4. Wunderbare Führgn. Gottes Gerichtswege. 52 ausgewählte Erzählgn. (230 S.)

Vorsehung, die, in der Natur und dem Menschenleben; s.: Philalethes.

Vorsicht, Die göttliche, dargestellt in einer rührenden Familiengeschichte. . . . Varasdin 1821. V: *Pászthory, Jos.* (KU)

Vorsicht, hütet euch, — die Socialdemokraten kommen! 8°. Zeitz, A. Hoffmann, s. a.

Vorsicht, die, in der Liebe. Ein ärztlicher Rathgeber für beide Geschlechter. Mit 3 Abbildgn. (auf 1 lith. Taf. in 4.). Hamburg 853. Verlags-Comptoir. 8. (68 S.) verklebt n. 10 ngr

Vorsicht, die, in der Liebe. Ein ärztlicher Rathgeber für beide Geschlechter. 10. Aufl. 8. (68 S.) Hamburg 869, Verlags-Comptoir. [Altona, Verlags-Bureau.]

Vorsicht, von der nöthigen, bei d. Theilnahme an abgesonderten Religionsversammlungen; eine Predigt, welche am Kirchweihfeste e. Stadt- u. Landgemeinde gehalten worden ist. 8. Annab. 822. (Leipz., Leich). 2 gr

Vorsicht in Straffällen, durch ein Beispiel empfohlen. [Riga 1820.] V: *Bulmerincq, Johann Valentin von.* (R-N)

Vorsichtsbedingungen für elektrische Licht- und Kraftanlagen des Verbandes deutscher Privat-Feuervers.-Ges. V. 1893 I.

Vorsichtsmaßregeln

— u. Mittel gegen die Cholera. Kurze Bemerkk. über die zu Pesth in Ungarn herrschende epidem. Cholera. Aus d. Latein. d. Hrn. Franz von Bene. gr. 8. Hanau 831. König. 1 gr

Vorsichtsmassregeln für Novizen und Religiosen. Linz-Urfahr: Kath. Preßverein 1902. (16 S.) 16°

Vorsichtsmassregeln für Reisende in die Hochthäler und Gletschergebiete. 8. (15 S.) Innsbruck 861, Wagner'sche Universitäts-Buchh. Thlr. *

—— schützende, u. Heilart d. Cholera morbus. A. d. Engl. d. Brown 2c. Eine nützl. Schrift f. Jedermann. 8. (3¼ B.) Nordhausen 831, Fürst.

Vorsichtsmassregeln gegen schlagende Wetter, bearbeitet von der Schlagwetter-Commission. Nebst Nachtrag. Bonn. 1884.

Vorsichtsmaßregeln, die zehn, zur Abwendung d. Cholera morbus. Fol. (½ B.) Straubing 831, Schorner.

Vorsichts- u. Verhaltungsregeln in Beziehung auf die ansteckende asiatische Cholera. Mitgetheilt von der königl. ärztl. Prüfungsbehörde. gr. 4. Hannov. 831. (Hahn). 4 gr

Vorsichts- u. Verhaltungsregeln in Beziehung auf d. ansteckende Asiat. Cholera. Mitgetheilt v. d. Kgl. ärztl. Prüfungsbehörde. gr. 4. (½ B.) Hannover 832, (Hahn.)

Vorsokratiker, die. In Auswahl übers. u. hrsg. v. Wilh. Nestle. (IV, 245 S.) 8. Jena 908. E. Diederichs. 5.—; geb. 6.50

Vorspanns-Normale, Das — vom Jahre 1782 sammt allen bis zu Ende des Jahres 1853 nachgefolgten und noch in Geltung stehenden Vorschriften. Ein Handbuch nach dem Gesetztexte getreu zusammengestellt für anweisende, verrechnende und censurirende Militär-Beamte. 4. (56 S. und 2 Bl.) Wien. Druck und Verlag von J. P. Sollinger's Witwe 1854.

Der **Vorspessart** mit seinen farbig bezeichneten Touristenwegen. Hrsg. vom Spessart-Touristen-Verein. *Hanau 1895.* (1 Kartenbl. 17×11 cm.) 8° [Umschlagt.] [91. 910

Vorspiel, Das, Ein episches Gedicht. [Dresden] 1742. Bern 1742. V: *Rost, Johann Christoph.* (Wahl, Rost. Leipzig 1902. S. 62.) »satirisch-episches« (Waniek, Gottsched. Leipz. 1897. S. 448.) »Gedichte. Bern 1743.« (Wahl, Rost. Leipzig 1902. S. 64.) (Waniek, Gottsched. Leipzig 1897. S. 455.)

Vorspiel, Das. Ein Episches Gedichte Auf S. T. Herrn Joh. Christoph Gottscheden Professorn der Philosophie zu Leipzig. Bern 1743. V: *Rost, Johann Christoph.* (Wahl, Rost. Leipzig 1902. S. 65.)

Vorspiel, Das. Ein Episches Gedichte. Mit des Verfassers eigenen und etlichen neuen Anmerkungen. 4. Aufl. Bern 1743. V: *Rost, Johann Christoph.* (Wahl, Rost. Leipzig 1902. S. 64.)

Vorspiel, Das. Ein Episches Gedicht in fünf Gesängen Von dem Verfasser des Versuchs in Schäfergedichten. Bern 1772. V: *Rost, Johann Christoph.* (Wahl, Rost. Leipz. 1902. S. 66.) (JL) (ML)

Vorspiel, Geistliches, zur Passionaction betitelt: In Diluvio Cometa singulis oriens . . . [München 1782.] V: *Bucher, Ant. von.* (EB)

Vorspiel bey der Vermählung des Prinzen von Preußen. 4. Berlin. 742.

Vorspiel der neuen Welt. Welches sich in der letzten Abendröthe als ein paradisischer Lichtesglantz unter den Kindern Gottes hervor gethan. In Liebes, Lobes, Leidens, Krafft und Erfahrungsliedern abgebildet... Philadelphia 1732. V: *Beissel, Conrad, Michael Wohlfahrt, Martin Bremer* und Andere. (Seidensticker, German Printing in America. Philadelphia 1893. S. 8.)

Vorspiel der neuen Welt. Welches sich in der letzten Abendröthe als ein paradisischer Lichtesglanz unter den Kindern Gottes hervor gethan. Philadelphia: Benjamin Franklin, 1732. HSP

Vor- u. Nachspiele, 100, zu dem Choralbuche f. d. evangel.-christl. Kirche des Herzogth. Nassau. qu. gr. 4. (96 S.) Wiesbaden 849. (Kreidel.) n. 1/2 ℳ

Vorspiele, Microcosmische, des neuen Himmels und der neuen Erde. Amsterdam [Berlin] 1733. N. A. 1744. Frankf. 1784. V: *Dippel, Johann Conrad.* (WR)

Vorspiele, mikrokosmische, des neuen Himmels u. d. neuen Erde ꝛc., mit e. Vorbericht. 8. Leipz. 784. (Knobloch). 8 gr.

Vorspiele, zwey, die Georgsinsel, u. so opfern Herzen, v. G. H. Hagemann. 8. Hannover, Hahn.

Vorsselman de Heer, Pet. Otto Conr., de fractionibus continuis. Spec. inaug. 4 maj. (9 B.) Trajecti ad Rhen. 833, Altheer. (Lipsiae, Weigel.)

Vorsselman de Heer, Petrus Otto Conr., Specimen inaug. de fractionibus continuis. 4 maj. Trajecti ad Rhen. 833. Altheer 833. (Utrecht, Henkel et Natan.) n. 1 1/3 ℳ

Vorstädter, L., synoptische Tafeln zur Diagnostik der Herzklappenfehler, nebst anatomisch-physiologische Schemata des Circulationsapparates f. Aerzte u. Studirende. 5 Taf. m. 27 color. Schematas, darunter: 1 transparentes u. 1 verschiebbares (in Fol.) zur automat. Einstellung der Diagnosen. gr. 8. (VI, 121 S.) Berlin 901. A. Hirschwald. In Futteral n. 8. —

Wiener Vorstadt-Zeitung. (II. Jahrg.) Eigenthümer und Redakteur: Jul. Seidlitz. Druck von Keck und Pierer. Verlag von Eduard Hügel. Fol. 3spaltig. Erscheint täglich. Wien 1856.

Vorstadt-Zeitung, Wiener —. 3ter Jahrg. Eigenthümer und Redakteur: Julius Seidlitz. Dr. von A. Dorfmeister, Verlag von Ed. Hügel. Erscheint täglich. Fol. 3spaltig. 1857.

Wiener Vorstadt-Zeitung. IV. Jahrg. Eigenth. und verantw. Red. *Ed. Hügel.* Druck v. *A. Dorfmeister* in *Wien.* Verl. v. *Ed. Hügel.*
Erscheint in **Wien,** täglich, 1 Bog. in Fol. 3-spalt. Prän.-Pr. 1/4-jähr. 1 fl. 12 kr.; pr. Post 2 fl. 20 kr. Einzelne Nummern 1 kr.

Sonntags-Beilage, politische — zur Wiener Vorstadt-Zeitung. Eigenth. u. verantw. Red. *Ed. Hügel.* Verl. v. *Ed. Hügel.*
Erscheint in **Wien,** jed. Sonntag, 2 Bog. 4°. 2-spalt.

Vorstand und Aufsichtsrath sowie persönlich haftende Gesellschafter unter dem Aktiengesetz vom 18. Juli 1884. Berlin 1884. V: *Esser, Robert.* (CBH)

Vorstand und Aufsichtsrath sowie persönlich haftende Gesellschaften unter dem Aktiengesetze vom 18. Juli 1884. Eine übersichtl. Zusammenstellung der Rechte und Pflichten. 16. (27 S.) Berlin 884, Springer.

Vorstandsitzig, E, vu der Zunfft zu Saffran im Jahr 1770. Zürich 1894. V: *Pestalozzi, F. Otto.* (Cat. d. Stadtbibl. Zürich. Zürich 1864—97.) (BSchwLk V, 9 f)

Zum 25jähr. Vorstands Jubiläum [Adolf] Kirdorf — (Julius) Magery, Aachener Hütten-Actien-Verein [Rothe Erde bei Aachen]. (1875—1900.) — Aachen (1900) :La Ruelle. 22 S., 10 Taf. 8° [Umschlagt.:] Aachener Hütten-Actien-Verein.

Der Vorsteher: 1907—1913. St. Louis, MO

Published by Vorsteher Publishing Co.

Die Vorsteher des Taubstummeninstitutes geben sich hiemit die Ehre das verehrungswürdige Publikum zur ersten oeffentlichen Prüfung der Taubstummen einzuladen, welche am 10ten Weinmonats 1787 Vormittags von 9 bis 12 Uhr auf der Neustadt im Kucharzischen Hause, in Nro. 558, unter der Leitung ihres Lehrers Karl Berger Weltpriesters, über nachstehende Gegenstände wird vorgenommen werden. [Prag 1787.] 2 Bl. 4°. [Umschlagtit.]
Selten.
Dieses Institut ist eine Schöpfung der Altschott. del. Loge „Zu den 3 gekr. Säulen und Redlichkeit" in Prag. 21.

Unterzeichnete Vorsteher des Taubstummeninstitutes laden hiemit das verehrungswürdige Publikum zur sechsten öffentlichen Prüfung der Taubstummen ein, welche am Montage, den 13ten August 1792 im Waisenhause wird vorgenommen werden. [Prag 1792.] 18 S. 4°. [Umschlagtit.]
Selten. 20.

Vorsteher, Ernst [aus Barmen]: Darstellung des Potentials des Ellipsoids durch Lamé'sche Functionen. . . . Berlin, Buchdr. Otto Lange (1890); 1 Bl. + 50 S. + 1 Bl. 8°
Berlin, Phil. Fak., Inaug.-Diss. v. 7. Aug. 1890

Vorsteher, Ernst, Darstellung d. Potentials d. Ellipsoids durch Lamé'sche Functionen. Inaug.-Diss. gr. 8. (50 S.) Berlin 890. (Mayer & Müller.) n. 1. 20

Frühlingsblüten. Lieder von Karl August **Vorsteher**-Schmidt. (Hrsg.: Georg Alfred Vorsteher.) Elberfeld: Baedeker in Komm. 1903. (XVI, 211 S.) 8° [F.] [illegible]

Frühlingsblüten. Lieder von Karl August **Vorsteher**-Schmidt. 2. Aufl. (Hrsg.: Georg Alfred Vorsteher.) (Bd 1.) *Elberfeld: Baedeker in Komm. 1903.* 8° [F.] [illegible] 6

Vorstehhund, der. Offizielles Organ der Spezial-Klubs. Im Auftrage der Vorstandschaft hrsg. von E. v. Otto. 6. Bd. 1904. 12 Nrn. (à ca. 24 S. m. Taf.) gr. 8. Leipzig (P. Ehrlich). 5 —
Erscheint nicht mehr.

Vorstehhund, der, dessen Zeugung, Parforce-, Stuben- und Feldbressur nach dem Ausspruche erfahrener Waldmänner und erprobter alter Jäger. 1. Aufl. (23 S.); 2. Aufl. gr. 8. (22 S.) Leipzig 875, Schmidt und Günther.
—— dass. — s. Bibliothek für Jäger und Jagdfreunde.

Vorstellen und Bitten, Ad Imper. allerunterth., pro clementissime largienda actorum revisione ad reformandam sententiam d. d. 23. Dec. 1772 . . . O. O. 1773. V: *Heuschkel, Joh. Melch.* (Holz)

Vorstellung, die, s.: Gabelsberger-Bibliothek.

Vorstellung, Abermalige rechtsgegründete, cum petito humillimo et legali in Sachen des Hrn Hoch- und Deutschmeisters, contra die Gräfl. Oettingensche Kanzley . . . Wetzlar 1767. V: *Lang, Jacob Paul.* (ML)

Vorstellung, Abgedrungene, an die Reichs-Versammlung von Seiten Fürsten Ludwig Carl Ottens zu Salm-Salm . . . O. O. 1770. V: *Zwierlein, Chn Jac. v.* (Holz) (ML)

Vorstellung der königl. polnischen Armee. 8. Nürnberg, Raspe. 779. Rthlr.

Vorstellung, Accurate, der polnischen Armee, nach der auf dem im Jahre 1775 gehaltenen Reichstage festgesetzten Stärke und Uniform aller sowohl in der Krone Polen als dem Grossherzogthum Litthauen befindlichen National- und deutschen Brigaden, Pulks, Regimenter, Corps, Fahnen und Compagnien, worinnen zur eigentlichen Kenntniss der Uniform bei denen Nationaltruppen ein Officier, ein Towarczitz und ein Seeregowi, bei den deutschen Regimentern aber ein Officier und ein Gemeiner in völliger Montur und Armatur auf das accurateste abgebildet sind. (Mit 76 color. Taf.)
8. Nürnberg 1781.

Accurate **Vorstellung** der sämmtlichen Churfürstl. Hannoverischen Armee zur eigentlichen Kentniss der Uniform von jedem Regimente. Nebst beygefügter Geschichte, worinnen von der Stiftung, denen Chefs, der Stärke und den wichtigsten Thaten jedes Regiments Nachricht gegeben wird. Nürnberg, auf Kosten der Raspeschen Buchhandlung. [illegible] 1761. Tit., 44 S., 30 Taf. in kol. Kupferst. 8°

Vorstellung, Accurate, der sämmtlichen churfürstlichen hannöverischen Armee, zur eigentlichen Kenntniss der Uniform von jedem Regimente. Nebst beygefügter Geschichte, worinnen von der Stiftung, denen Chefs, der Stärke und den wichtigsten Thaten jedes Regiments Nachricht gegeben wird. Neue nach dem jetzigen Etat veränderte Aufl. (Mit 30 col. Taf.) 8.
Ebda. 1779

Vorstellung, Accurate, der sämmtlichen königlich preussischen Armee . . . Nürnberg 1759. Neue Aufl. 1789. V: *Schmalen, Joh. Christ. Herm. v.* (KA)

Accurate Vorstellung der sämmtlichen Königlich Preussischen Armee, worinnen zur eigentlichen Kenntniss der Uniform von einem jeden Regimente ein Offizier u. Gemeiner in völliger Montirung u. ganzer Natur nach dem Leben abgebildet sind. Hrsg. u. gez. von J. C. H. v. S. 8. M. 126 col. Taf. Nürnberg 1759.

Accurate Vorstellung der sämtlichen Königl. Preuß. Armee, worinnen zur eigentl. Kenntniß d. Uniform von jed. Regt. ein Offiz. u. Gemeiner ꝛc. abgebildet sind; nebst beygefügter Nachricht 1. von der Stiftung, 2. denen Chefs, 3. der Stärke u. 4. der in Friedenszeiten habenden Garnisons jedes Regts. Hrsg. u. gezeichn. von J. C. H. v. S. Nürnberg 1762. 2 Bde.

Accurate Vorstellung der kgl. preussischen Armee, nebst deren Geschichte. 8. Nürnberg 1790. Raspe. 12,00.

Vorstellung, Accurate, der sämmtlichen Kaiserl. Königl. Armeen zur eigentlichen Kenntniss der Uniform von jedem Regimente. Nürnb. 1762. V: *Schmalen, Joh. Christ. Herm. von.* (WrDiar 1762, N. 92) (Gilhofer 43/23) (Hiersemann 469/991) (Breslauer Räumungs-Kat., S. 57) (Biblrort)

Accurate **Vorstellung** der saemtlichen Kayserlich Koeniglichen Armeen zur eigentlichen Kentniss der Uniform von jedem Regimente. Nebst beygefugter Geschichte, worinne von der Stiftung jedes Regiments Nachricht gegeben wird. Nurnberg, auf Kosten der Raspischen Buchhdlg. 1762
Titelkupfer, Tit., 124 Taf. in kol. Kupferst. 4°

Vorstellung, Accurate, der **sämmtlichen k. k.** Armee zur eigentlichen Kenntniss der Uniform von jedem Regimente etc. Mit 127 colorirten Taf. nebst kurzgefasster Geschichte, worinnen von der Stiftung denen Chefs und den Standquartieren jedes Regiments Nachweiss gegeben wird. 8. Nürnberg **1779.**

— d. kaiserl. königl. Armee. 8. Ebend. 785.

——— der sämmtlichen kaiserl. königl. Armeen 1787 nach dem Range und den Uniforms der Regimenter u. Corps. (130 Abbildg.) Nürnberg 1787 [Raspe].

Accurate Vorstellung der zwischen den Oesterreichischen und Preussischen Armeen geschehenen Bataille bey Prag den 6. May 1757. O. M. 1 Bl.

Vorstellung des grossen Elb-Stroms in Deutschland, Accurate, vom Ursprung bis zu seinen Ausfluss, mit seinen Beyderseits einfliessenden Wassern und Flüssen. (Amsterdam 1744?) . . . . (Br. Mus.)

Accurate Vorstellung der den 4. Augusti 1704 von denen Engel- und Holländern eroberten Meer-Enge und Stadt Gibraltar, Auch wie solche nachmals im Monat Novembris von denen Spaniern und Franzosen wieder belagert worden. Flugblatt: Ansicht der Belagerung mit 2 Spalten Text. Nürnberg, Joh. Jon. Felsseckers Erben. (1705.) Anon. Kupfer. Fol. 40.—

— accurate, sämmtl. in Schwange gehender Münzen, besonders der von 1756—60. 4. Gotha 762. Mevius. 4 ℛ

Anonym: „Accurate Vorstellung sämmtlicher jetzo im Schwang gehender Münz- und Geldsorten . . ., nebst richtigem Verzeichniss, wie hoch jedes Stück am Werth sey . . . .", Gotha 1763. — Vorh.: Com. Bibl. Hamburg.

Vorstellung, Accurate, der sämmtlichen chur-fürstlich-sächsischen Regimenter und Corps, worinnen zur eigentlichen Kenntniss der Uniform von jedem Regimente ein Officier und ein Gemeiner in völliger Montirung und ganzer Statur nach dem Leben abgebildet sind. Nebst beygefügter Nachricht 1. Von ihrer Stiftung 2. Denen Chefs, Commandanten und Stabs Officiers. 3. Der Starke und 4. Derer in Friedenszeiten habenden Quartiere und Garnisons, eines jeden Regiments. Beigeb.: Kurze Geschichte der chur-furstlich-sächsischen Regimenter von ihrer Errichtung bis ans Ende des Jahres 1769. (Mit 27 Taf.)
8. Nürnberg 1760 - 1769.

Accurate **Vorstellung** der samtlichen Chur Furstl. Sachß. Regimenter und Corps. Worinnen zur eigentl. Kenntniß der Uniform von jedem Regimente Ein Officier und Ein Gemeiner in volliger Montirung und ganzer Statur nach dem Leben abgebildet sind. Nebst beygefugter Nachricht. 1.) von ihrer Stiftung 2.) denen Chefs, Commendanten, und Staabs Officiers 3.) der Starcke, und 4.) derer in Friedens Zeiten habenden Quartiere und Garnisons, eines jeden Regiments und Einer kurz gefaßten Geschichte desselben bis ans Ende des Jahrs 1769. Auf Kosten der Raspischen Handlung in Nurnberg (1769)
Tit., 22 S., 29 Taf. in kol. Kupferst., 2 Tabellen 4°

Actenmäßige **Vorstellung** und Apologie in Sachen Chur-Trier und dero geist- und weltlichen Landständen contra den Trierischen Adel in puncto praetensae immedietatis. o. O. [um 1714].

Vorstellung, Aktenmässige, des zwischen dem Domkapitul zu Lübeck und dessen Unterthanen . . . obschwebenden Rechtsstreits. O. O. 1765. V: *Neurath, Johann Friedrich Albrecht Constantin von.* (MGT)

Vorstellung, Actenmässige, wie die Grafschaft Wertheim sich über ihre Kräfte . . . unerträglich beschwert finde . . . Wertheim 1754. V: *Greineisen, Joh. Ldw. Just.* (Holz)

Vorstellung der Action bey Ellenbach ohnweit Cassel zwischen dem Corps des Pr. von Ysenburg und einen Theil der Armée des Pr. von Soubise, unter dem Duc de Broglio den 23. July 1758. Ohne M. 1 Bl.

Vorstellung, allerunterthänigste, der Erzbischöfe u. Bischöfe Bayerns an Se. Königl. Hoheit Prinz Luitpold v. Bayern, d. Königr. Bayern Verweser, die Lage der katholischen Kirche in Bayern betreffend. Fol. (4 S.) Passau 889. (Abt). — 05

— allerunterthänigste, an Kaiser Joseph II., d. Lehr-, Wehr- u. Nährstand betreffend. gr. 8. Kempten 786. Dannheimer. 2 ℛ

Vorstellung, Allerunterthänigste, an S. Maj. den König von Würtemberg, die Verbesserung der . . . Verhältnisse des protestantischen Elementarschullehrerstandes betreffend. O. O. 1818. V: *Pahl, Joh. Gottfr. v.* (MGT) (NN)

Vorstellung der Gemeinde Alpirsbach uber den vieljahrigen Notstand dieser Gemeinde und die Mittel zur Abhulfe desselben. Stuttgart 1845

— über die, d. Alten von Gott; ein Auszug aus Meiners: Historia doctr. de vero Dei, (von Jh. Fr. Breyer). 8. Erl. 781. Palm. 4 ℛ

Vorstellung der *Baalbekischen Alterthümer* nach d. englischen Originale, nebst e. kurzen Beschreibung derselben. Mit 6 (prächtigen) Kpftaf. (in gr. quer-Fol., „juxta originale *Roberti Sayer*, London, *Geo. Chp. Kilian* direx. et excud. Aug. Vind. C. privil. S. C. Maj. Acad. Francisc."). Augsburg, bey Conr. Heinr. Stage, 1782. Fol. Schwarz. Hersh.
[illegible] Text [illegible] Taf. Rar! — In J. Hess' [illegible] autrement [illegible] Dawkins. Avec [illegible] Londres [illegible]

— d. Baalbekischen Alterthümer. Mit 6 Kpf. gr. Fol. Augsb. 782. v. Jenisch u. St. 16 ℛ

Vorstellung der liebreichen Anstalten und Ordnung Gottes, die Menschen gut und glücklich zu machen. Wien 1778. V: *Gall, Joseph Anton.* (MGT)

Vorstellung und Anfrage des Kts. St. Gallen an die Bundesversammlung betreff. die Münzfrage. St. Gallen 1849

Vorstellung des Architektenvereins an den Gemeinderath [von Bern], den Christoffelthurm betreffend. (Bern, den 21. Mai 1858.) [S.A.] 8. [Bern 1858.]

Vorstellung der fränkischen u. schwäbischen Armee oder Kreistruppen. 8. M. K. Nurnberg 1782. Raspe. 3,00.

— d. königl. franz. Armee. 8. Ebend. 775.

Vorstellung der Chursächsischen Armee. Nürnberg 1779. Raspe.

Vorstellung der Russisch-Kayserlichen Armee. 8. M. 16 Taf. Nurnberg 1785. Raspe.

Vorstellung der semtlichen Konigl. Danischen Armee ... Ihro Konigl. Majestat ... prasentirt von Wilhelm E. P. von Hessen. Kopenhagen 1761
Kupfertit., Tit., 76 Bl. in Aquarell 4°

Vorstellung der sammtl. Königl. Danischen Armee. 8. Kopenhagen 1762.

Vorstellung der Turkischen Armee. Nurnberg 1790 Raspe.

Vorstellung, Ausfuehrliche, von einer neuen und gemeinerspriesslichen ... Anstalt, welche ... unter dem Namen und Titel ... einer Societatis universalis recognoscentium ... allen Liebhabern und Kennern wahrer Gelehrtheit ... bestermassen will empfohlen seyn. Itzstein 1720. V: *Lange*, *Johann Christian.* (ML, (Stri) (Dunkel, Hist.-krit. Nachrichten v. verstorb. Gelehrten. Dessau 1753—56.)

Ausfuhrliche geographische Vorstellung der Gegend um London, nach Anleitung des Engl. Originals, so Th. Bowles edirt, hrsg. von Homanns Erben. Nurnberg 1741. 1 Bl. [illegible] Mit einer Ansicht von London

Ausführliche **Vorstellung** des Ungrunds der ... **auf die Wiederlöslichkeit der Stadt** ... und des Zolles zu Kayserswerth machender Ansprach. o. O. u. J.

Vorstellung der Landschaft Basel an die Hohe Tagsatzung, und Erklarung an das gesammte Volk der freien Eidgenossenschaft. 8. Sursee 1831

Vorstellung der Landschaft Basel an die Hohe Tagsatzung, in Bezug auf die Missverhaltnisse zwischen Stadt und Land, aus Anlass der neuen Verfassung.... (Liestal, im Juli 1831.) 8. Sursee.

Vorstellung der Bataille bey Parma, so zwischen der Kayserl. und Allijrten Armee den 29 Junj 1734 daselbst vorgefallen: zu finden in der Homannischen Officin. Auf demselben Blatt: Prospect des koniglichen Lustschlosses Colorno nebst der zwischen den Kayserl. und Allirten Armée den 4 Junj 1734 vorgegangenen Action, edirt in der Homaennischen Officin. Ohne M. 1 Bl.

Vorstellung, Behauptete wahre, der Erbfolgeordnung in ... Nürnberg oder in den Brandenburgischen Fürstenthümern in Franken. Berlin 1778. V: *Steck*, *Johann Christoph Wilhelm von.* (ML; »1779« (Holz)

Vorstellung u. Beschreibung d. am 27. Juni 1743 bei Dettingen zw. den Kgl. Ungar. Allürten u. den Kgl. Französ. Truppen vorgefall. scharffen u. blutigen Aktion. Plan u. Text. fol. Augsburg (1743).

Vorstellung und Beschreibung einer Gewohnheit der Americaneren oder Carolineren, wie sie in einigen Fählen Menschen und Viehe behandeln. Gezogen auß einem neulich in Amsterdam herauß gegebenen berühmten und kostbaren Werk. Gegeben den 13. May, 1743. Flugblatt; 5 – 31 Zeilen Text mit einem kleinen Holzschnitt (Segelschiff). Fol. 50.—
Schilderung von Sonnen- und Mondfinsternissen und der Menschenopfer bei den Ureinwohnern von Carolina. -- Ohne die Abbildungen.

Vorstellung, und: Unterthänigste Beschwerdeführung &c. wegen Verletzung d. Verfassung durch Beschränkung d. gesetzl. Preßfreiheit, eingereicht v. d. Buchhändlern u. Buchdruckern in Würzburg, Bamberg, Augsburg u. Kempten. gr. 8. (2 B.) Würzburg 831, (Stahel.)

Vorstellung, Ex jure et facto bestätigte, des Sr. Kurfürstlichen Gnaden zu Köln ... übel abgesprochenen fori austraegalis ... Bonn 1770. V: *Böhmer*, *Georg Ludwig.* (ML)

Vorstellung der Beweggründe welche Seine Majestät den König von Preussen vermüssiget haben sich der Zertrümmerung von Baiern zu widersetzen. 1778. 4.

Vorstellung der Beweg-Ursachen, warum Fürst Anton Ulrich zu Braunschweig ist katholisch geworden. Cöln [Braunschw.?] 1712. V: *Käsewitz*, *Gg Chn Ferd. von.* (Wr)

Vorstellung u. Bitte betreff. die Aufrechthaltung der Grundgesetze der Stadt Hamburg, übergeben E. Hochedlen u. Hochweisen Rathe am 16. Aug. 1850. Nebst Beilagen v. Carl Wilh. Harder, Heinr. Hübbe, Hugo Hübbe u. Carl Trummer. A. u. d. T.: Zur Verwahrung gegen Beseitigung der Grundgesetze der Stadt Hamburg. 6 Hfte. gr. 4. (XII u. 100 S.) Hamburg 850. (Erie.) n. 1 1/3 ℛ

Vorstellung und Bitte der Bürgerschaft zu Stuttgart an ihren Stadtmagistrat wegen des bevorstehenden Landtags. O. O. 1796. V: *Ostertag*, *Johann Jacob.* (MGT)

Vorstellung u. Bitte von Gliedern der prot. [illegible] Kirche in Bayern um allergnädigste *Abhülfe mehrerer Beschwerden*: [illegible] vor dem [illegible] Erschwerung d. Bildung neuer Gemeinden, Beschränkung des Privatgottesdienstes etc. etc. [illegible] (Ms. Mspt. gedr.) O. O. u. J. (c. 1840). 4°. 18 S. Cart.

„An die hohe deutsche Bundesversammlung. Vorstellung und Bitte einer Anzahl Handwerker, Fabrikanten und Kaufleute des thüringer Waldes ..., um schleunige Herstellung des freien Handels und Gewerbsverkehrs im Innern des deutschen Bundesgebiets ...", 1819. — Vorh.: Com. Bibl. Hamburg.

— u. Bitte nebst Rechtsverwahrung, betreff. die Aufrechthaltung der Grundgesetze der Stadt Hamburg, gerichtet an Eine Hohe Deutsche Bundes-Versammlung, v. C. W. Harder, Heinr. Hübbe, Hugo Hübbe u. Carl Trummer. gr. 4. (VIII u. 74 S.) Hamburg 851, Erie in Comm. n. n. 3/4 ℛ

Hamburg. Vorstellung und Bitte des Vereins für Feuerbestattung in H. betr. Genehmigung der Tarifs von 1902 usw. Hamburg, Druck von Lütcke und **Wulff.** 1902.

Vorstellung u. Bitte von dem Vorstande [illegible] des Handlungsgremiums der Haupt- u. Residenzstadt München an die Hohe Stände-Versammlung [illegible] *Gerichtsordnung über Fristen u. Nachlass* [illegible] den [illegible] 7 S. Cart.

Vorstellung, Bittliche, mehrerer Individuen des Ritter- und Adelstandes in Bayern an die hochlöbl. Landschaft. O. O. 1799. V: *Pelkhoven*, *Joh. Nepomuk Freiherr von.* (Kn) (MGT)

Vorstellung, Unterthänigst bittliche, an Maximilian Joseph IV. Churfürsten, von dem Kollegiatstifte zum Il. Martin und Kastulus zu Landshut in Baiern. Landshut 1802. V: *Fessmaier*, *Johann Georg* (?). (Erman & Horn, Bibliogr. d. dtsch. Universitäten. 2. Leipzig u. Berlin 1904.)

Vorstellung d. [illegible] der Stadt Bern betreffend den Bau der Nydeckbrücke. 6. Dez. 1837

Vorstellung des Campements der Kayserl. und Reichs-Armée zu Bruchsal, mit denen Inondationen und neuen Linien 1735 in denen Gegenden von Ettlingen bis Langenbruck. Ausgefertigt in der Homännischen Officin 1735? Levé par G. F. Riecke, Enseigne de S. A. S. Msgr. le Duc de Brounsvic et Luneb. 1 : 34,000. 2 Sect. auf 1 Bl.

Vorstellung, Deutliche, dass Balthasar Stielkens . . . Vorhaben, eine Renovation der Vocation Hrn Dr. Joh. Frid. Mayern zu erhalten, unverantwortlich sei. O. O. 1703. V: *Büssing, Caspar.* (Schr)

— **deutliche,** d. edlen Probirkunst, nebst Bericht vom Salzsieden. 8. Nürnb. 766. Bauer u. R. 10 Gr.

Vorstellung, Deutliche, der Rechte des Fürsten Aloysius Gonzaga auf das Herzogthum Mantua; a. d. Lat. Frankf. 1790. V: *Heller, Wilhelm Friedrich.* (ML) (MGT)

[**Kraus, Margaretha.**] Deutliche Vorstellung Verschiedener Risse zur Löblichen Frauen-Zimmer Arbeit ... Nürnberg. Zu finden bey Johann Christoph Weigels ... seel. Wittib 1727.
Tit., 2 S., 24 Bl. Kupferst. 3 Bl. [illegible] des 2. Teiles [illegible]
[illegible] Ausg. [illegible] 1735

Vorstellung, Deutliche, der Nürnbergischen Trachten, in Kupfer gestochen und mit den nöthigsten Erklärungen versehen (von *Georg Andreas Will*). Mit 20 color. Bildern. Nürnberg 1766. 4°.
Anon.-Lex. IV. p. 359 (nach Meusel).

— **dringende,** u. Bitte von einigen patriot. Landleuten, daß d. Zeit u. Geld verschwendenden Kirchweihen zur Ehre des vernünftigen Landmannes an einem einzigen Tage im ganzen Lande gefeiert werden möchten, (von F. X. Geiger). 8. München 803. Fleischmann. 3 Gr.

Vorstellung und Bitte, Dringende, von einigen patriotischen Landleuten, dass . . . Kirchweihen an einem einzigen Tage im ganzen Lande gehalten werden möchten. München 1803. V: *Geiger, Franz Xaver.* (MGT) (Ky)

— **dringende,** d. Blitzableiter in Augsburg, an d. ehrwürdige Bürgerschaft daselbst. 8. Augsb. 791. v. Jenisch u. St. 2 Gr.

Vorstellung, Dringende, der Zünfte zu Stuttgart an den Stadtmagistrat, die beyden landschaftlichen Ausschüsse betreffend. Stuttgart 1797. V: *Kapff, Johann Wilhelm.* (MGT) (Adel) (Ky)

Vorstellung, Des Freyherrn von Ehrenfeld etc. verläumderische, an Se. Majestät den König von Baiern, nebst einigen Noten und der Gegenvorstellung eines der Verläumdeten. [Botzen] 1810. V: *Giovanelli, Josef von.* (Margr) (BiblPort)

Vorstellung, ehrerbietige, u. Bitte an den hochwürdigsten Episcopat in Preußen. Ein Wort zur Verständigg. v. Vincentius Sincerus. gr. 8. (44 S.) München 874. Stahl. — 60

Vorstellung, Ehrerbietige, an die Hochansehnliche Kammer der Abgeordneten im Königreich Würtemberg, den Bücher-Nachdruck betreffend. Aarau 1821. . . . V: *Sauerländer, Hnr. Remigius.* (Cb)

Vorstellung. Ehrerbietige V' der aargau'schen Klöster an ihre oberste Kantons-Behörde und die hohe eidgenössische Tagsatzung. (Den 24. April 1836.) fol. (Schaffhausen.)
s. auch: Nachtrag zu der ehrerbietigen Vorstellung ... der aargauischen Klöster ... (Den 1. Mai 1838.) — Rechtfertigung der aargauischen Klöster ... (Datum 14. Dez. 1836.)

Vorstellung. Ehrerbietige V' der Landesversammlung des Kant. Zürich abgehalten zu Uster ... den 22. November 1830. 8. (Zürich.)

Vorstellung. Ehrerbietige V' an sämmtliche h. Stände der schweizerischen Eidgenossenschaft und an die h. Tagsatzung. ([Eingereicht durch] Die Klostervorstände: Adalbert, Abt von Muri [und] Leopold, Abt von Wettingen. Den 1. Mai 1844.) [S.A.] fol. *o. O.*

Vorstellung. Ehrerbietige V' [von 20 Aargauer Flüchtlingen] an die Hohe eidgenössische Tagsatzung. (Zug. den 1. Juli 1841.) *Lithographiert.* fol. *o. O.*

Vorstellung. Ehrerbietige unterthänige V' der Gemeinden der alten St. Gallischen Landschaft, an ihren ... Landes-Herrn. Oeffentlich abgelesen den 31sten Mai 1795. 8. Helvetien 1795.

Eigentliche Vorstellung der vortreflichen und kostbaren Kaiserlichen Bibliothec, welche von Herrn **Joseph Emanuel, Freyherrn von Fischer** aufgeführet worden. Wien 1737. Fol.

Eigentliche **Vorstellung** der heutigen Straßburgische Mode und Kleydertrachten zu finden bey Johann Daniel Duisecker. Representation des Modes et Habillemens qui sont en Usage a Strasbourg. 1731
Kupfertit.; 21 Taf. in Kupferst. 8
Stecher: Fonbonne, J. Folkema, Monogrammist F. B., J. M. Weiss

[illegible] **Vorstellung** [illegible]

Eigentliche Vorstellung der Schlacht und Gegend bey St. Jacob vor Basel, den 26 Augustm. 1444. etc. Verlegt von den Homännischen Erben in Nurnberg. 1748. J. J. F. Ingen. del. 1 : 13,600. 1 Bl.

Vorstellung, Einer Hohen Obrigkeit des Cantons Schaffhausen von der Ehrwürdigen Geistlichkeit eingereichte, betreffend eine zweckmässigere Einrichtung des Kirchen- und Schulwesens dann Verbesserung der Einkünfte beiderseits der Kirchen- und Schuldiener. Schaffhausen 1823. V: *Hurter, Friedrich, Emanuel von.* (BSchwLk V, 10 c)

An den Amtmann zu Hadersleben Herrn von der Lühe eingerichtete Vorstellung abseiten des Hardesvogten Peter Christian Holm als Pächtern des Vorwerks Törning wegen einiger wider ihn von Bundes Nissen und Hans Lauritzen eingegebenen falschen Denunciationen. Flensburg. 1751. Fol.

Vorstellung des Eisenbahn-Comité in Regensburg, den Bau einer Eisenbahn an der oberen Donau betreffend. fol Regensburg 1863

— d. Erdkugel nach derselben natürl. und polit. Eintheil. in Tabellen. Fol. Augsb. Wolf. 734.

Vorstellung, Erläuterte bestgegründete, in Sachen löbl. unmittelbaren Reichs-Ritterschaft in Schwaben, Donau und Kocher Vierteln ... O. O. 1716. V: *Burgermeister*, *Joh. Steph.* (Holz)

Vorstellung, Evangelische, der Rechtfertigung eines armen Sünders vor Gott. Amsterdam [Leipz.] 1705. V: *Knorr von Rosenroth*, *C. A. Th.* (Myl) (Wr)

— d. Evangelischen im Königreiche Ungarn, ihrer Religionsbeschwerden u. d. Resolution darauf, herausg. von Chr. W. Fr. Walch. gr. 8. Lemgo 782. Meyer. 3 Ngr

Vorstellung des 2. und 3. Feldzuges auf d. hungar. und venezianischen Kriegstheater. 17 Auftritte. 4. M. K. Leipzig 1717.

Vorstellung, Fernerweite unterthänigste, in Sachen des Freyherrn S. F. von Gültlingen wider die Reichsritterschaft in Schwaben ... Wetzlar 1773. V: *Seyfert*, *Carl Jacob.* (Holz) (MGT)

Vorstellung der vorzüglichsten Gattungen des Türkischen Militairs, und ihrer Offiziere o. O. [um 1760]. Kupfertit. 28 Taf. in kol. Kupferst. 8°.

— d. Gebeine u. Muskeln d. menschl. Körpers, mit Kpf. gr. Fol. Nürnb. 774. Riegel u. W. 1 Thlr ill. 1 Thlr 16 Ngr

In facto gegründete Vorstellung gegen die Kurtze Information wegen dess von S. Maj. in Preussen sogen. übernommenen vor pommerischen Sequestri. 4. 1716

Vorstellung, In der Wahrheit gegründete, was es mit dem bey hochlöbl. C. G. zu Wetzlar den 28. Juni 1731 decisiue erörtertem Mandat-Process ... vor eine Bewandtsame habe ... O. O. 1732. V: *Stadelmann*, *von.* (Holz)

Vorstellung und Bitte, Gehorsamste, der Buchdrucker-Innung zu Leipzig an die Hohe II. Kammer der Ständeversammlung des Königreichs Sachsen ... O. O. 1840. V: *Schellwitz*, *Hartm.* (cb)

— gehorsamste, u. Bitte der jüd. Mitglieder des Oberraths, betreff. d. Verhältniß d. jüd. Glaubensbekenntnisses zur bürgerl. Gleichstellung. An die hohe Land.-Regier. zu Schwerin. gr. 4. (8 S.) (Schwerin 847, Kürschner; Hildebrand.) n. 1/12 Thlr

— unterthänigst gehorsamste, an den Kurfürst von Pfalz-Baiern, Maximilian IV., von Chr. Aug. Jos. Reichsgrafen von u. zu Königsfeld, die Primogenitur-Erbfolge d. alten Familien-Fideicommisses 2c. Fol. Landsh. ... Weber in Münch. 18 Ngr Hbg. Pr. 12 Ngr

Vorstellung, gehorsamste, von dem Verwaltungs-Ausschuss des Handlungsgremiums in München an die Hohe Stände-Versammlung, Kammer der Abgg., die *Aufnahme der §§ 1 u. 2 des Cap. XIV. der Augsburger Wechselordnung, das Retentions- u. Compensationsrecht in Falliments-Fällen* f. das ganze Königreich betreffend. München, am 10. April 1834. 8°. 23 S. Cart.

Vorstellung der Gemeindebevollmächtigten ... an die im J. 1831 versammelte Kammer der Abgeordneten, die gegenwärtige Gewerbs-Gesetzgebung betreffend. München 1831. Gedr. bey Dr. K. Wolf. 8°. VI—45 S. Cart.

Vorstellung, Genealogische, derer hohen Häuser, welche aus dem Jülichischen und Clevischen Stamm entsprossen ... Jena 1740. V: *Estor*, *Johann Georg.* (ML) (Adel) (Stri)

Vorstellung der wohlhergebrachten Gerechtsame der 2 gräfl. Sayn'schen Häuser zu besonderem Sitz und Stimme auf Niedersächs.-Westphäl. Grafentägen. Neuwied 1745. fol.

Vorstellung des Gewerbe-Vereins der bürgerl. Bier- u. Tafernwirthe in der k. Haupt- u. Residenzstadt München an die hohe Ständeversammlung, Kammer d. Abgeordneten, die Regulirung des Biersatzes u. der Verhältnisse der Bräuer zu den Wirthen u. dem Publikum betreffend. München 1846. 8°. 49 S. Cart.

— gewissenhafte, an d. evangel. Consistorien u. Universitäten, das Religionswesen unter den Händen theolog. Bücherrecensenten betreffend. 8. 793. (Brockhaus in Leipz.) 4 Ngr

Vorstellung, Ex Actis iudicialibus ... gezogene compendiöse, vermöge deren erweisslich dargethan wird, dass der Reichs-Ritterschaft in Franken Gerechtsame ... bestens gegründet seye. O. O. u. J. V: *Rössler*, *Joh. Heinr.* (Holz)

Vorstellung, grosse. Leporello-Album von 10 (chromolithogr.) Bildertaf. qu. 4. Stuttgart 888, F. Loewe. geb.

Vorstellung derjenigen Gründe, welche auf das gewisseste erweisslich machen, dass die Gefahr eines Religionskrieges in dem teutschen Reiche voritzo keineswegs vorhanden. Frankfurth 1757. 4. (15 S.)

Gründl. Vorstellung auf was weis die Friedenshandlung zu Aarauw abgebrochen u. der Krieg in der Eydgenossenschaft auf Neuw angefangen worden, nebst Beschreibung der den 25. Julii 1712 vorgegangenen Villmerger Schlacht (8 . 4 s. l. 1712.

Vorstellung, Gründliche und mit Urkunden belegte, derer Hochfürstl. Marggräfl. Badendurlachischen Gerechtsamen auf die Allodien derer Herren zu Hohengeroldseck. O. O. 1753. V: *Reinhard*, *Joh. Jac.* (Holz)

Vorstellung, Gründliche, der Beschaffenheit des Teutschen Commercii-Wesens und dessen Verbot mit Frankreich und denen Spanischen Ländern betreffend. O. O. 1703. Fol. . . . . [illegible]

Vorstellung, Gründliche, daß der wider die Röm. Kayserl. Majestät und dero Administration der Chur-Bayerischen Lande von den Unterthanen vorgenommene Auffstand hochstraffbar sey. Zu der Aufhetzer Schande ans Tagelicht gegeben. O. O. 1706. 2 Bl., 186 S., 1 Bl. 4°. Kart. 20.—

Gegen Maximilian II. Emanuel Kurfürsten von Bayern. Sucht in langatmigen staatsrechtlichen Ausführungen zu beweisen, daß die kaiserliche Besetzung Bayerns rechtmäßig und die Belastung der Untertanen erträglich sei; die Aufstandsbewegungen von 1705 wären eine Mache pflichtvergessener Geistlicher gewesen. Am Schluß ein deutsches Gedicht (6 Strophen zu je 4 Verszeilen).

Vorstellung und Deduction, Gründliche, die Sachsen-Meiningische Standes-Erhöhungs-Sache betreffend ... O. O. 1732. V: *Gruner*, *Joh. Frdr.* (Holz)

Vorstellung, Gründliche und kurze, von der Beschaffenheit des Processes in Sachen Stollberg contra Löwenstein-Wertheim die Grafschaft Rochefort betreffend . . . O. O. 1737. V: *Frühauf, Joh. Frdr. von.* (Holz)

Vorstellung, Gründliche, das Nürnbergische Matricular-Moderations-Geschäft betreffend. O. O. [1714]. V: *Wölker, Georg Carl.* (Holz) (Will)

Vorstellung, Gründliche, von der römisch-catholischen Kirche nichtigen Unfehlbarkeit. O. O. 17?? V: *Pilgram, Johann Siegmund.* (Jöch)

Vorstellung, Gründliche, was es mit dem zwischen dem Hochstift Worms und der Reichsstadt Worms . . . anhängigen Process wegen der . . . Krankenversehung . . . für eine actenmässige Bewandniss habe. [Hanau] 1749. V: *Moser, Johann Jacob.* (ML)

Vorstellung. Grundliche V', Einerseiths, Wie ein Stand Bern Alle zumuthliche Mittel und Vorschläg zu Widerharstellung eines billichen ... Friedens aufrichtig ... angenommen: Anderseiths dann Wie auf Seithen Lucern und Uri, Zuwider dem ... Frieden ... die Waaffen wider die Bernische Land und Vǒlcker geführt werden. (Geben ... den 24. Heumonats 1712.) [Mit 1 Vignette.] 4. *o. O.* 1712.
8 S.

Vorstellung. Grundliche V', Einerseits, Wie ein Stand Bern Alle ... Mittel ... zu Widerherstellung eines billichen ... Friedens, aufrichtig ... angenommen: Anderseits dann, Wie ... die Waffen wider die Bernische ... Vǒlcker geführet werden. (Geben ... den 24. Heumonats 1712.) 4. *o. O.* 1712.
8 S.

Vorstellung. Grundliche V', Einerseiths, Wie ein Standt Bern Alle ... Mittel ... zu Wiederharstellung eines billichen ... Friedens auffrichtig ... angenommen: Ander-seiths dann, Wie ... die Waaffen wieder die Bernische ... Vǒlcker geführet werden. (Geben ... den 24. Heumonats 1712.) 4. *o. O.* 1712.
10 S.

Vorstellung der Handelskammer zu Köln an den Bundesrath des Deutschen Reichs betreffend Reichsfinanzreform und Zollpolitik. 8°. Köln 1879.

— hildesheimische, d. evangelischen Landstände an d. Churfürsten von Cöln. Fol. Hannov. Helwing. 730.

— d. neuest. Historie u. Interesse d. vornehmsten Staaten in Europa bey gegenwärt. Kriege. 8. Leipz. Weitbrecht. 734.

Vorstellung, Höchstgemüssigte, derer Hochfürstl. Baden-Durlachischen Gerechtsamen . . . die Herrschaft Lahr betreffend. O. O. 1724. V: *Stadelmann, v.* (Holz)

Vorstellung, Ob manifestum in mora periculum, Höchstvermüssigte unterthänigste, und gesezmässige Bitte pro clementissime decernanda Ordinatione provisionali de non prohibendo . . . ciuibus incolisve matrimonium . . . O. O. 1774. V: *Hofmann, Casp. Frdr.* (Holz)

Vorstellung des Jagt-Palaies Hubertusburg. O. O. [1727]. V: *Naumann, Joh. Chph.* (Kat. d. stat. Bureaus. Dresden 1890.)

Vorstellung, Ad Imperatorem Allerunterthänigste, derer höchst verfänglichen Sub- et Obreptionen, welche von . . . Chph. Lud. Freyhrn v. Seckendorf, in Extrahirung des Kaiserl. Reichshofräthlichen Conclusi, den 22. Sept 1759 . . . begangen worden . . . O. O. 1760. V: *Schmidt, Johann Christian.* (ML)

Vorstellung, Ad Imperatorem, in Sachen Moser contra v. Ziegesar, Eschenau betreffend. Tübingen 1731. V: *Moser, Joh. Jac.* (Holz)

Vorstellung der Innungsvorsteher Stuttgarts, die Änderung der Gewerbeordnung betreffend. Stuttgart 1861

Vorstellung betr. das Kadettenwesen an die tit. Erziehungsdirektion d. Kantons Bern. 8. (16 S.) Burgdorf 883. (Langlois.) — 30

— einer Art Kanapee zum Auseinandernehmen u. Zusammenlegen, mit 1 Kpf. 8. Linz 786. Suara.

VORSTELLUNG. - einer Art Kanapee zum Auseinandernehmen u. Zusammensetzen. Suara, Linz 1786

Vorstellung an alle vernünftige Katholiken über den Verfall in der katholischen Kirche. Deutschland [Ulm] 1802. V: *Dunzinger, Franz Xaver.* (Wr)

— an alle vernünftige Katholiken über den Verfall in d. kathol. Kirche, seine Ursachen u. Mittel ihm vorzubeugen. 8. Ulm 802. Wohler. 4 K

Vorstellung des Bernerischen Kirchen- und Erziehungsrathes . . . über die Wiedereinsetzung der Sittengerichte. Bern 1800. V: *Stephani, Franz Ldw. & Johann Ith.* (MGT)

Vorstellung des Bernischen Kirchen- und Erziehungs-Raths an die helvetischen Gesezgeber über die Wiedereinsetzung der Sittengerichte. (Im Dezember 1800.) 8. Bern 1800.

Vorstellung, die Klagen unsrer Zeit über akademische Theologen betreffend . . . Halle 1776. V: *Nösselt, Johann August.* (MGT) (Adel) (Ky)

— d. Klagen unserer Zeit über academ. Theologen betreffend, zur Beförderung d. Wahrheit u. christl. Liebe, (von J. A. Nösselt). 8. Halle 776. Waisenh.=B. 3 ℳ

Vorstellung d. thurgau. Klöster an ihre oberste Landesbehörde. gr. 8. (3¾ B.) Schaffhausen 840. Hurter'sche Buchh.

Vorstellung der Comité des Kieler Handelstandes vom 30. März 1831 an die zur Entwerfung eines neuen Zoll-Gesetzes ernannte kgl. Commission. Als Manuscript. Kiel. 1835. P.

Vorstellung, An eine hochansehnliche Kaiserl. Kommission ... unterth., pro clementiss. decernenda inhibitione ... Anwaldts der ... Gräfin zu Oettingen und Wallerstein ... in Sachen des Hrn Hoch- und Deutschmeisters königl. Hoheit contra die Gräfl. Oettingische Kanzley und Consorten ... Wetzlar [1765]. V: *Lang, Jacob Paul.* (ML)

Vorstellung, An eine höchstansehnliche K. Commission unterthänigst hochvermüssigte, nebst rechtlicher Bitte ab seiten Bürgermeister und Rath der Reichsstadt Nördlingen ... die Waidwerks-Gerechtigkeit ... betreffend. Nördlingen 1770. V: *Dolp, Ant. Jac.* (Holz)

Vorstellung, An die Kaiserl. Commission und Reichs-Visitations-Deputation, in Sachen Pfalz-Zweybrücken contra Baden ... O. O. 1768. V: *Reinhard, Joh. Jac.* (Holz)

Vorstellung an kais. Commission der Grafen zu Wied-Isenburg und Crichingen in Sachen des fuldaischen Geh.-Raths von Gudenus contra den Grafen zu Wied-Runkel (177?). fol.

— über den gegenwärt. Krieg, an d. Völker Deutschlands. gr. 4. (Bayr. 795. Lübeck). 10 ℳ

Vorstellung der Kriegs-Geschichte in Kupferstichen zwischen den drey Kaiserhofen, nämlich den Romisch Kaiserlichen, den Russischen und Turkischen; dann dem nordischen Krieg in den Jahren von 1788 bis 1790 zwischen den Kaiserl russischen, Konigl schwedischen und dannemarkischen Hofen, mit allen dabei vorgefallenen Scharmützeln, Attaquen, Belagerungen, See- und Land-Bataillen, nach den entworfenen und ausgeführten Kriegs-Planen, und der natürlichen Lage des Terrains mit den Prospekten der Stadte, Situation und Handlungen bei jedem Gegenstand, dann mit der kurzen Beschreibung und Benennung eines jeden Officiers, sammt vielen Portraten der Befehlshaber, welche sich vorzuglich dabei ausgezeichnet haben (Text in deutscher und französischer Sprache)

4 u qu Fol. Wien 1795

Vorstellung der Französischen Kriegs- und Kammer-Wirthschaft. 8 Augsburg 1704.

Vorstellung, Kurze actenmässige, der bey dem Kais. und Reichs-Cammer-Gericht längst entschiedenen ... Sache die Jagensgerechtigkeit in dem Riederhofer District betreffend ... Frankf. 1773. Nachtrag 1773. V: *Jan, Joh. Christian Gottlieb.* (Holz) (Will) (ML)

Vorstellung, Kurze, und rechtlicher Begriff des Freyh. von Bettendorffischen Successions-Falles ... O. O. 1778. V: *Hofmann, Casp. Frdr.* (Holz)

Vorstellung, Kurze und deutliche, der Lehre von der Kirche und ihren Rechten in Ansehung des Glaubensbekenntnisses. Bützow 1778. V: *Reinhard, Adolph Friedrich von.* (ML) (Ky)

— d. Lehre von d. Kirche u. ihren Rechten, in Ansehung des Glaubensbekenntnisses, (von Ad. Fr. v. Reinhard). 8. Bützow 778. Böbner. 1 ℳ

Kurze und deutliche Vorstellung der edlen Probier-Kunst... nebst e.ausführlichen Bericht von Salpeter sieden und Erklärung aller chymischen Wörter und Zeichen. Von einem dieser edlen Kunst preißwürdigst Ergebenen. Nürnberg: Rüdiger 1718. 523 S. 8°

Kurtze doch Gründliche Vorstellung und Recommendation des rothen Böhmischen Melnicker Weins. Als ein bewehrtes Mittel Wider das PODAGRA und den Stein-Schmertzen. Worbey Von der Situation, Grund und Boden derer bey der Stadt Melnick gelegenen Weingärten gehandelt. Dann benebst nicht nur des Weinstocks, der Trauben und derer Weine insgemein, sondern auch des Melnicker Weins insonderheit verschiedene Arten, Eigenschafften, und Würckungen, nach der Botanic und der darzu gehörigen Chymie, untersuchet. Endlich aber auch derer Wein-Geträncke ordentlicher Genuß, Excesse, und der daraus entweder entspringende Nutz oder Schade deutlich und nervos vorstellig gemacht wird. Nürnberg & Prag: Rüdiger 1736. 64 S. - 29*

BJ Kurtze Vorstellung ... d. rothen böhm. Melnicker Weins ... Nürnberg & Prag 1736. Rubel, F. Vorstellung ... des rothen Melnicker Weins. Nürnberg 1736. - Bibliotheca oenologica Rubel, F. Vorstellung der rothen Melnicker Weine. -- Boehmer Von dem rothen Bohmischen Melnicker Wein. ... Gatterer Rubel, F. Vorstellung ... des rothen Melnicker Weins. -- Muller Rubel, Joh. Fr. Vorstellung ... des rothen Melnicker Weins. -- Thienemann Rubels, F. Vorstellung ... des rothen Melnicker Weines. -- Weber Rubel, F. Vorstellung ... des rothen Melnicker Weins.

Vorstellung, Kurze, doch gründliche, der Unterscheidungslehren der lutherischen Religion von andern in der Welt üblichen Religionen. Stolberg 1768. V: *Trinius, Johann Anton.* (Ky)

— kurze, doch gründliche, d. Unterscheidungslehren d. luther. Religion von andern in d. Welt üblichen Religionen, (von J. A. Trinius). 8. Stolberg 768. (Quedlinb., Ernst). 4 ℳ

Kurtze Vorstellung einer öffentl. Jubel-Freude, welche unter dem Prorectorat Henr. Muhlii bey höchst-erfreulicher Begehung des 2. Evang.-luth. Jubel-Jahrs 1717 d. 3. Nov. die (zu Kiel) Studirende bezeugen. Kiel. 4. P.

Vorstellung, Kurze, des Status caussae in Sachen Gotteshaus zu Neresheim contra Hrn Grafen zu Oettingen-Wallerstein . . . Wetzlar 1761. V: *König von Königsthal, Gustav Georg.* (ML) (Holz) (will)

Vorstellung, Eine kurtze, des theils von Africa, welches bewohnt wird von Negroes, darinnen beschrieben wird die Fruchtbarkeit des Landes . . . Ephrata 1763. V: *Benezet, Anthony.* (Seidensticker, German Printing in America. Philad. 1893.)

Kurze Vorstellung des von Ihro Churfürstlichen Durchlaucht zu Sachsen in Ansehung der Bayerischen Allodial-Verlassenschaft beobachteten Verhaltens und der daraus mit Ihro Majestät dem König von Preussen entstandenen Verbindungen. Dresden 1778. 4. 16 S.

Kurtze **Vorstellung** des Heil. Röm. Reichs Vicariats. seinem Ursprung, Gerechtigkeit, Macht u. Gewalt etc. . . . Wobey e. Nachricht von der ehemalig-vorgewesten Strittigkeit zwischen Chur-Pfaltz u. Chur-Bayern, eben dieses Vicariats halber. o. O. 1711.

Vorstellung, Kurze, warum der an Seiten Herzogl. Würtenbergischen Theils gegengesetzte Status controuersiae weder bey Lindach, noch bey andern . . . Lehengütern . . . fundirt sey. O. O. 1704. V: *Burgermeister, Joh. Steph.* (Holz)

Kurze Vorstellung der ganzen Welt oder Atlas cosmographiae portatilis. Zum Unterricht der Jugend in ein und dreyßig Landkarten beschrieben. Nürnberg: Weigel. 1780. 8, 290 S. 8°. Staatsbibliothek Neuburg/Donau

Vorstellung, Kurze, der allgemeinen Weltgeschichte in Frag und Antworten . . . Bremen 1787. V: *Rennebaum, Johann Sophian Samuel* (Fiker) oder *Rotermund, Heinr. Wilh.* (ML) (Ky) (MGT)

— kurze, d. allgemeinen Weltgeschichte in Fragen u. Antworten, zum Gebrauch d. ersten Anfänger, (von H. W. Rotermund oder Jh. Soph. Sam. Rennebaum?) 8. Bremen 787. Förster. 6 ℊ

— kurze, d. allgemeinen Welthistorie bis auf jetzige Zeit 8. Berl. 773. Birnstiel. 4 ℊ

Vorstellung, Kurze, wie es mit denen zwischen dem Hochstift Worms wegen des bischöfflichen Hofgerichts . . . rechtshängigen Streitigkeiten dermalen bewandt seye. [Hanau] 1750. V: *Moser, Johann Jacob.* (ML)

Kurtze und gründlich zusammengefassete Vorstellung an eine Hochlöbliche allgemeine Reichs-Versammlung, das Reichs-Constitutions-widrige Betragen des Kayserl. Reichs-Hofraths gegen Se. Königliche Majestät von Preussen die Allerhöchst-Denenselben abgedrungenen Maasregeln in Ansehung des Wiener und Dresdener Hofes betreffend. Regensburg d. 23. Dec. 1756. 4. (59 S.)

Vorstellung des Freyh. von Lamezan. s. v. Lamezan.

Vorstellung, Eines unpartheyischen Lehrers treugemeynte, an alle Theologen der Evangelischen Kirche, bey Gelegenheit der Streitigkeit zweyer berühmter Lehrer zu Hamburg und Berlin . . . Anspach 1737. V: *Öder, Georg Ludw.* (ML)

Vorstellung der Linie und Inondation von Bruchsal bis Retsch, woselbst die Inondation in den Rhein fliesst und ferner von da bis Manheim nebst denen Gegenden und dem Campem. der Kayserl. und Reichs Armee 1735. Ingleichen von der Attaque Philippsburg, nebst den dabey gemachten Fortificat. werkern, welche während der Belagerung gemacht worden. Ausgefertiget in in der Homänn. Off. in 1736? G. F. Riecke, Fahndr. del. 1 : 50,000. 1 Bl.

— wider d. Genuesische Lotto, von den Genfer Bürgern an ihren Rath; aus d. Französ. 8. Leipz. 773. Weidmann. 2 ℊ

Ihrer Kaiserl. Königl. Apostolischen Majestät Vorstellung und Ersuchen an Ihre hohe Mitstände des deutschen Reichs gegen die widerrechtlichen und friedbrüchigen Handlungen Sr. Königl. Preussischen Majestät Bey Gelegenheit der bayerischen Erbfolge. Wien 1778. 4. 6 S.

Ihrer Kaiserl. Königl. Apostol. Majestät Vorstellung und Ersuchen an Ihre Mitstände des deutschen Reichs gegen die widerrechtlichen Handlungen Sr. Königl. Preussischen Majestät bey Gelegenheit der bayerischen Erbfolge. Wien 1778. 4. (8 S. und 15 S. Beylagen.

Sr. Königl. Majestät von Preussen fernerweitige Vorstellung und Erklärung an Ihre Hohe Mitstände des Teutschen Reichs über das widerrechtliche und friedensstörerische Verfahren Ihro Majestät der Kayserin-Königin von Ungarn und Böhmen in Ansehung der bayerischen Erbfolge. Mit Beylagen. Im Oktobermonath 1778. 4. 35 S.

Vorstellung und Erklärung, Sr. königl. Majestät von Preussen fernerweite, an Ihre hohe Mitstände des Teutschen Reichs über das . . . Verfahren Ihro Majestät der Kaiserin von Ungern und Böhmen, in Ansehung der Bayrischen Erbfolge. Berlin 1778. V: *Herzberg, Ewald Friedrich Graf von.* (ML) (BrMm)

An die Römisch-kaiserl. Majestät allerunterthänigste Vorstellung und Bitte der Reichsstadtkölnischen Bürgerschaft de rato et mandato cavirenden Anwaldes ad causam zu Köln Augsburg. Confessions-Verwandte u. Reformirte super exercitio religionis. o. O. (1788).

Vorstellung an Menschenfreunde ... über Schulen. Hamburg 1768. V: *Basedow, Joh. Bernh.* (Collin, Anonymer. Kiobenh. 1869.)

Vorstellung, Deduction und Bitte, Merkwürdige, eines wegen der natürlichen Religion verfolgten ... Rechtsgelehrten ... Kopenh. 1772. V: *Schade, Georg.* (Bruun, Bibl. Danica III, 1427.)

VORSTELLUNG der heiligen Messe, oder Gebete während derselben über die vornehmsten Geheimnisse des Leidens unseres Herrn Jesu Christi. Hermannstadt 1846: Hochmeister'sche Buchhandlung. - kl. 8°

Vorstellung, Unterthänigst ... nähere, offenbahrer irrelevantz der abgehaltenen Local-Commission mit ... Bitt pro nunc tandem declaranda causa pro non devoluta in Sachen A. Schmitt contra ... Cöllen. O. O. ca. 1755. V: *Weybach, J. W.* (stBKöln II, 104)

„Vorstellung an die hohe deutsche National-Versammlung abseiten vieler Handelsvorstände und Schiffahrtscorporationen in Städten an der Elbe, der Weser und Aller, des Rheins, Mains, Neckars und der Donau, betr. die Beseitigung der von den deutschen Einzelstaaten vom deutschen Verkehr bisher erhobenen Flusszölle", (Frankfurt a. M. 1848). Folio. — Vorh.: Com. Bibl Hamburg.

Vorstellung, Natürliche, der Wahrheit: entgegengesetzt dem Preussischen sogenannten Gründlichen und überzeugenden Bericht von dem Betragen der Höfe zu Wien und Dresden. Warschau 1756. V: *Le Coq,* Kriegsrath. (Otto Krauske, Preuss. Staatsschriften. Berlin 1892. S. 346) (Bibl Port)

Vorstellung, Neue, von den Strafen der Verdammten in der Ewigkeit ... Rostock u. Leipzig 1772. V: *Walter, Ernst Johann Conrad.* (ML) (Mp) »1773« (Ky) (winer)

— neue, von d. Strafe d. Verdammten in d. Ewigkeit, (von E. J. K. Walter). 8. Rostock 773. Koppe. 5 Gr.

— neue, u. Vertheidigung d. Lehre von d. heil. Dreieinigkeit. 8. Bützow 775. Bödner. 5 Gr.

Vorstellung. Nothwendige V' an Helvetiens gesezgebende Räthe... betreffend die Kirchen- Schul- und Armengüter und die Erhaltung und Anwendung derselben. Von den Religionslehrern der Landschaft Zürich. Im Brachmonat 1800. -- Samt einer Beylage, nämlich Anmerkungen ... über Bürger Ministers der Wissenschaften [Philipp Albert Stapfer]... Entwurf einer Botschaft an die gesezg' R' über die Verhältnisse der Kirche zum Staat.... Bern 1800. 8. Zürich 1800.

Vorstellung, Patriotische, an den Monarchen in Betreff der Wiederherstellung der vormaligen Regierungsreform in Ungarn. Pressb. 1788. V: *Forgach, Nicolaus Graf.* (PK 1/811) (széchenyi 2/516) (BiblPort)

Vorstellung, Patriotische, an meine liebe Obrigkeit, die Nothwendigkeit einer Schulverbesserung betreffend. Amsterdam [Frankft. a. M.] 1776. V: *Afsprung, Joh. Mich.* (Ky 1/35) (GGr VII/187, Nr. 3/2) (Ephemeriden der Menschheit, Bd. 2, 1776, S. 302. Leipzig 1778.) (Ky 1/35) (Fr. Nicolai, Beschreibung einer Reise 9/102) (BiblPort)

Vorstellung an Se. päbstliche Heiligkeit den Pius VI. Aus d. Französ. Ms. des ohnlängst verstorbenen Herrn Delaurier. Wien 1782. Ü & B: *Rautenstrauch, Joh.* (BiblPort)

Königl. Preussische Vorstellung an den Wiener Hof auf dessen Note vom 16. Hornung, 1778. 4.

Vorstellung zweyer Priester der Gesellschaft Jesu ... ihre katholische Schriften betreffend. O. O. [ca. 1768]. V: *Neumayr, Franz.* (BB)

Vorstellung des P. Provinzials der Oberteutschen Provinz Societatis Jesu wider die Aufhebung des Nexus mit Ausländern ... O. O. 1770. V: *Mangold, Maxim.* oder: *Erhard, Joseph* [?]. (Jes) *Lori, Joh. Georg von.* (BB)

— d. P. Provinzialen wider d. Aufhebung d. Nexus mit d. Ausländern. 8. Münch. 770. J. Lindauer. 3 Gr.

Vorstellung das Betragen Sr. Majestät des Königs gegen die ungegründeten Beschuldigungen des Dreßdner Hofes zu rechtfertigen. Berlin 1756. V: *Fink von Finkenstein, Carl Wilhelm Graf.* (Preußische Staatsschriften. Bd. III. Berlin 1892. S. 393.)

Vorstellung, Rechts- und Aktenmässige, wie in dem ... Processu Mandati S. C. ... das neuerlich hervorgesuchte Jus primogeniturae keineswegs fundiret sey ... Wien [17??]. V: *Gräfe, Carl Rudolph.* (MGT)

Vorstellung, Rechtmässige, wie höchstnöthig es sey, die eingeführten ... abusus sacri officii Inquisitionis abzuschaffen. O. O. 1723. V: *Berger, Friedr. Ludw. v.* (Adel)

Vorstellung, rechtsgegründ., d. privileg. academ., besonders aber bei d. Nürnb. Universität zu Altdorf hergebrachten Jurisdiktion in causis criminalibus. Mit Beilagen (von J. Heumann). Fol. Nürnb. 753. (v. Ebner). 12 gr

— rechtsgegründete, der privilegirten akademischen, besonders aber bey der Nürnbergischen Universität zu Altorf hergebrachten Jurisdiction in causis criminalibus etc. Fol. Nürnberg, Lechner. 753.

Vorstellung, Rechtsgegründete, der privilegirten akademischen . . . Jurisdiction in causis criminalibus . . . Altdorf 1753. V: *Heumann von Teutschenbrunn, Johann.* (ML) (Holz) (Fiker) (EngJ) (Ky) (Will) (BB)

Vorstellung an den Reg.-Rath des Kts. Bern betreffend das Stimmrecht der Schweizerbürger in kantonalen Angelegenheiten und die Führung d. Stimmregister in der Stadt Bern. 28. Febr. 1874. (Vom liberalen Verein der Stadt Bern und vom Lorraine-Leist.) 16 Stn. 8. Bern, Lang & Cie. 1874.

— richtige, d. deistischen Grundsätze zwischen einem Zweifler u. einem Deisten; aus d. Engl. (von J. J. Spalding). 8. Leipz. 755. Weitbrecht. 4 gr

Vorstellung, Richtige, der deistischen Grundsätze in zwei Unterredungen . . . a. d. Engl. Leipzig 1755. Ü: *Spalding, Johann Joachim.* (JL) (MGT) (Ky)

— des alten Roms nach seinen 14 Regionen u. d. damal. Gegenden d. Stadt. (In Kupferstichen). gr. Fol. Erfurt 790. Keyser. 6 gr

— der Schauplätze berühmter Begebenheiten ꝛc. s. G. A. v. Breitenbauch.

Vorstellung der Seeschlacht zw. der Avantgarde der Russ. Galeren u. der Schwed. Escadre unter Ehrenschild bey Hangöudd. d. 27. Juli 1714.

Vorstellung von dem durch d. König in Preußen über die Oesterreich- u. Sächsische Armee d. 30. Sept. 1745 bey Soor unweit Prauschnitz erfochtenen Siege. Flugblatt. I. G. Schmidt excudit Berolini. Anon. Radierung (20,5 : 34 cm): Lebendige Darstellung der Schlacht; darunter Karte von Nord-Ost-Böhmen, altkoloriert, umgeben von Text, das Ganze gestochen. Fol. (36:36 cm).

— eines Staatsmanns im Auslande an einen deutschen Fürsten, welcher jüngst zur kathol. Kirche übertrat. 8. Hannov. 826. Hahn. 6 gr

Vorstellung der Staatsveränderung in Nordamerika, von den ersten Unruhen im Jahre 1774 bis zu dem Bündniß der Krone Frankreichs mit den Kolonien. Von einem Amerikaner. 2. Aufl., vermehrt mit den Reflexionen eines Engländers (John Wesley). 8. Bern 1784.

— d. Staatsveränderung in Nordamerika, mit den Reflektionen eines Engländers. 2e Aufl. 8. Bern 784. Haller. 20 gr

Vorstellung des Stadtraths und Bürger-Ausschusses zu Ulm an die Stände-Versammlung gegen die Art. 21, 22 u. 23 des Gesetzes-Entwurfs, betr. das Gemeinde-Bürger- und Beisitzrecht. Ulm 1828.

Vorstellung an die hohen Stände des Reichs von den Israeliten im Königreiche Baiern über ihre künftig politisch u. bürgerl. Stellung im Staate. München (o. A. d. Dr.) 1822. 8°. 51 S. Cart.

Motto auf d. Titelbl. „Il faut finir des juifs le honteux Esclavage." Athalie de Racine.

Vorstellung der Substituten und Scribenten in dem grössten Theil der Oberämter des Landes . . . Tübingen 1798. V: *Roller, Johann Gottlieb.* (MGT) (Adel)

Vorstellung, Summarische, in Sachen Baden-Durlach contra Nassau-Saarbrücken . . . O. O. 1723. V: *Preuschen, Gg Ernst Ldw. v.* (Holz)

Vorstellung, Summarische, des gegenwärtigen Zustandes von Italien in Ansehung des Teutschen Reichs . . . Göttingen 1742. V: *Schmauss, Johann Jacob.* (ML)

— synoptische, d. Veränderungen in d. Kirche Gottes ꝛc., in 3 Tabellen. 4. Leipz. 775. Jacobäer. 3 gr

Topographische Vorstellung der neuen Russischen Haupt-, Residenz- und Seestadt St. Petersburg. Nürnberg. 1 Bl. c. K. v.

Vorstellung des Treffens, welches Se. Kön. Maj. von Preussen der Österreichischen Armée bei Prag d. 6. May 1757 geliefert. Darstellung d. Schlachtfeldes mit der Stadt im Hintergrunde. Darunter Umgebungsplan und zwei Spalten Text. Anon. gleichz. Kupfer. Gr.-Fol. 45.— Schönes Flugblatt. — Bis zum Plattenrand beschnitten.

Vorstellung, die unglückliche. Trauersp. in 3 Aufz. Nach e. wahren Geschichte bearb. von K. v. Seckendorf. Neue Aufl. 8. Wartenstein, Firdorff u. K. 812.

Vorstellung, Unpartheyische, desjenigen, was wegen der Wahl eines Römischen Königs ist. Frankf. u. Leipz. 1751. V: *Schmauss, Joh. Jac.* (Mitth. Geh. Ober-Rgrt. Dr. Adam-Stuttgart.)

Vorstellung, Unpartheyische, von der Römischen Königswahl. Frankf. u. Leipzig 1751. V: *Schmauss, Johann Jacob.* (Pütter, Litt. d. Teutsch. Staatsr. Gött. 1773—91. III, 858.)

Vorstellung (Unterthänige und ehrerbietigste) der Bürgerschaft zu Genf an den Rath daselbst, das Lotto di Genova betreffend. Aus dem Französ. 8°. Cölln 1774.

— unterthänige, d. Handelsleute zu Würzburg an d. Hohe Kammer d. Abgeordneten d. Stände des Königr. Baiern, wegen Bewirkung einer geeigneten Abänderung des Zollgesetzes u. d. Zolltarifs von 1828. 16. (Frankf. 831. Sauerländer). 3 gr

Vorstellung. Unterthänigste V., und Bitte... von Seiten der Deputirten der Provinz Veltelin, und Clefen. Im May 1790 s. Esposizione, e supplica ai lodevoli Comuni delle eccelse tre Leghe....

Vorstellung u. Bitte, unterthänigste, des Handelsstandes der k. Haupt- u. Residenz-Stadt München (zur hohen Kammer der Abgg. des Reichs) um *Revision u. Abänderung einiger Bestimmungen im Gewerbsgesetz* u. der Vollzugs-Instruktion hiezu. O. O. (München, d. 27. May 1831.) 8°. 16 S. Cart.

—— Unterthænigste, und Bitte Mein Joseph Patridgen (,) General-Entrepreneur der Winterquartiers-Lustbarkeiten bey der Hohen Alliirten Armee (,) praes. den 12. Jan. 1760.(,) in puncto des Abzugs von I. p. C. (= 1%). 4°. (In Berlin: Bibl. Diez. 4° 2643. no. 8.) Lat. Lettern.

Vorstellung, Unterthänigste, An den König; In Sache Aus-Übungs der Artztney-Kunst. . . . O. O. [17??]. V: *Schoder (Soter), Johann Samuel.* (will)

Vorstellung, Unterthänigste, an das Land Tyrol, die Errichtung eines Lehrstuhles der praktischen Mathematik an der Universität zu Innsbruck betreffend. O. O. 1791. V: *Stapf, Joseph.* (EB)

— über d. Ursachen des Mangels an kathol. Geistlichen u. d. Mittel demselben abzuhelfen. 8. Münch. 818. J. Lindauer. 2 𝒦

Vorstellung der Ursachen, wodurch die zwischen Preussen und Russland angefangene Auswechselung der Kriegsgefangenen unterbrochen worden. O. O. 1760. V: *Herzberg, Ewald Friedrich Graf von.* (ML)

Vorstellung derer Ursachen, wodurch die zwischen Sr. Königl. Maj. von Preussen und der Kayserin von allen Reussen Maj. angefangene Auswechselung derer Krieges-Gefangenen unterbrochen worden. Magdeburg 1760. 4.

Wahre Vorstellung der Erbfolgeordnung in dem Burggrafthum Nürnberg oder in den Brandenburgischen Fürstenthümern in Franken. Berlin 1778. 4. (26 S.)

Vorstellung, Wahre, der Erbfolgeordnung in dem Burggrafthum Nürnberg . . . Berlin 1778. V: *Steck, Johann Christoph Wilhelm von.* (Holz) (ML)

Wahrhafte Vorstellung des Betragens, welches Se. Königl. Maj. von Grossbritannien als Churf. zu Braunschweig u. Füneb. bey denen in Teutschland entstandenen Krieges-Unruhen beobachtet haben. Entgegengesetzt der Schrift, welche den Titel führet: das Betragen Sr. Allerchristl. Maj. des Königs von Frankreich. 1758. 4.

— wahrhafte, des Betragens des Königs v. England als Kurfürst zu Braunschweig rc. bei den in Deutschland entstandenen Kriegsunruhen, (von J. M. Strube). 4. Hannov. 758. Hahn. 12 𝒦

Vorstellung, Wahrhafte, des Betragens, welches S. K. M. von Grossbritannien . . . bey denen in Teutschland entstandenen Kriegsunruhen beobachtet haben . . . O. O. 1758. V: *Strube, Julius Melchior.* (ML) (Ky)

—— Wahrhafte, wie in der heutigen Welt durch die Regiersucht der 3 grössten Uebel (Teufel, altes Weib, Geld) alles so confus zugehet. (Aus dem Französischen.) O. O. (Schweinfurt) 1758. 4°. (In Versen.) Selten! (36 xr. Th. Ackermann, München, Cat. 32, wo Druckort genannt.)
Haydinger's Bibl. III. no. 2012.

Wahrhafftige und rechtsbegründete **Vorstellung** von dem Hoch-fürstl. Holstein-Gottorffischem, pendente in petitorio lite, begangenem ohnverantwortlichem spolio, der Reichs-Graffschaft Rantzau. o. O. 1706.

Vorstellung, was es mit dem Process zwischen dem Hochstift Worms und der Reichsstadt Worms . . . für eine Bewandniss habe. Hanau 1749. V: *Moser, Joh. Jac.* (Holz)

— d. ganzen Welt, mit Kpf. u. einem genealog. Register aller regierenden Häupter. gr. 8. Nürnb. 780. Schneider u. W. 1 ꝛß 8 𝒦

Vorstellung der allgemeinen Weltgeschichte in Fragen und Antworten . . . Bremen 1787. V: *Rotermund, Heinrich Wilhelm.* (Roterm)

Vorstellung, wie es mit denen zwischen dem Hochstift Worms und der Reichsstadt Worms . . . rechtshängigen Strittigkeiten dermalen bewandt sey. Hanau 1750. V: *Moser, Joh. Jac.*

Wiederholte **Vorstellung** und Declaration ab Seiten Ih. Hoch-Fürstl. Durchl. (Karl Friedrich) zu Schleswig-Hollstein. Einem Hochweisen Raht und dessen Löbl. Collegiis der Stadt Hamburg gethan den 27. Febr. 1712. (Schiffbeck.) 4°

Vorstellung, Wohlgemeinte gründliche, derjenigen Ursachen, warum des Herrn Protonotarii und der Herrn Secretariorum ansehnliche Ehrenämter . . . nicht konnten zum Verbrauch gebracht werden. Hamburg 1708. V: *Anderson, Johann.* (schr)

Vorstellung des Doctor Georg Wülfke und anderer Einwohner der Insel Sylt an den König, enthaltend die Bitte um Untersuchung und Abstellung etlicher Beschwerden und Lasten etc. und um Haftentlassung und Wiedereinsetzung des Landvogts Lornsen. Mit der darauf erfolgten Königlichen Resolution. o. O. (1831.) 8°

Vorstellungen und Beschwerden des bischöflichen Generalvikariats zu Fulda gegen das über die Verhältnisse der katholischen Kirchen und Schulen im Großherzogthum Sachsen-Weimar-Eisenach erlassene neueste Gesetz. Mainz 1824.

— u. Beschwerde d. bischöfl. Generalvicariats zu Fulda gegen das, über d. Verhältnisse d. kathol. Kirchen u. Schulen im Großherzogth. Sachsen-Weimar-Eisenach erlass. neueste Gesetz. gr. 8. Mainz 824. Müller. 8 𝒦

Vorstellungen aus d. Bibel alten u. neuen Testaments, Sechzig bildl., mit histor. Texte begleitet v. J. N. Zappe. (Neue Ausg.) Lex.-8. (60 Kpfrt. u. 16½ B. Text.) Wien 828, (Gerold.)

Vorstellungen, bildliche, aus der Bibel rc. s. Zappe, J. M.

Vorstellungen, bildliche, aus dem alten Testamente mit erklärendem Texte. 8. (74 S. und XXXVI Kupferstiche.) Wien. 1847. Ungebunden 1 fl., gebunden 1 fl. 7 kr. C. M.
Verlag der Schulbücher-Verschleiß-Administration.

Vorstellungen, bildliche, aus dem neuen Testamente mit erklärendem Texte. 8. (74 S. und XXXVI Kupferstiche.) Wien. 1847.
Verlag der Schulbücher-Verschleiß-Administration.

Vorstellungen an den Bundestag, s. Portfolio, Hannoversches. I

Vorstellungen, Dringende, an Menschlichkeit und Vernunft um Aufhebung des ehelosen Standes der katholischen Geistlichkeit. [O. O.] 1782. V: *Cron, Joachim Anton.* (GGr) V: *Hübner, Lorenz.* (Ky) V: *Schuhbauer, Thom. Joach.* (MGT)

Vorstellungen, Dringende, an Menschlichkeit und Vernunft ... O. O. 1782. V: ***Westenrieder, Lorenz, Lorenz Hübner & Joachim Schuhbauer.*** (Hesperus 1832, 73, S. 292b) MV: ***Nagel, Anton.*** (MGT 18, 804) (Zeitschr. f. Büch. N. F. 15, 1923, 126)

— dringende, an Menschheit u. Vernunft, um Aufhebung d. ehelosen Standes d. kathol. Geistlichkeit, (von Lor. Hübner). gr. 8. Dessau 782. Gelehrten-Buchh. (Fleischmann in Münch.)
(auch Gräff in Leipzig)

Vorstellungen. Ehrerbietige V' an den ... Fürsten, Decan und Convent, des ... Stifts St. Gallen. Eingegeben von dasigen getreuen Gottshausangehörigen samtl. alten Landschaft. Unter dem 3ten Juni 1795. 8. Gedruckt Helvetien im nehmlichen Jahre (1795).

Vorstellungen, zuletzt eingereichte, zur Erlangung der Eisenbahn über Fulda durch die Stadt. Fulda 1842.

Gehorsamste **Vorstellungen** der fortwährenden Deputation von Prälaten und Ritterschaft der Herzogthümer Schleswig und Holstein vom 25. Juli und 7. October 1856 an das Königliche Ministerium für die Herzogthümer Holstein und Lauenburg und das Königliche Ministerium für das Herzogthum Schleswig betreffend die Auflegung und Erhebung von Gewerbecognitionen in den adeligen Districten. Als Manuscript gedruckt zur Vertheilung an die adeligen Klöster und Güter. Hamburg. (1856.) 4⁰

VORSTELLUNGEN aus meinem Guckkasten ins menschliche Leben. (22 zahme satyr.-moral. Briefe.) O. O. 1795. 8⁰. 661 S. Selten!

— aus meinem Guckkasten ins menschl. Leben. 8. Coburg 795. (Riemann). 1 Rthlr 12 gr

Vorstellungen aus dem Leben des h. Wenzels, welche einer im 14. Jahrhunderte gezeichneten Bilder-Bibel von Welislaw angehängt sind. Gestochen von Georg Döbler. Nebst dem Texte einer alten lateinischen Legende zur Erklärung derselben. Prag 1811. Fol.

— meine, von Gott, von Menschen u. von d. Welt, s. Harmonie d. Welt rc.

Vorstellungen an Menschenfreunde und vermögende Männer über Schulen, Studien ... Bremen 1768. V: *Basedow, Johann Bernhard.* (ErschDL)
Vgl. Vorstellung...

Vorstellungen, neue, der Aargauischen Klöster an die eidgenössischen Stände u. an die hohe Tagsatzung. gr. 8. Schaffhausen 841, Hurter'sche Buchh. 1/6 Rthlr

Vorstellungen, Patriotische, und sichere Mittel, arme Staaten zu bereichern. O. O. 1762. V: *Iselin, Isaac.* (Zuwachsverz. d. Bibl. Zürich 1898 ff. 7.)

Vorstellungen, Patriotische, und sichere Mittel, arme Staaten zu bereichern. [Zürich] 1762. V: *Meyer von Oberstad, Joh. Rud. Val.* (AarK) (Ky)

— patriot., u. Mittel, arme Staaten zu bereichern, (von J. R. V. Meyer). 8. Zürich 762. Orell. 6 gr

XVII **Vorstellungen** von deutschen National-Trachten. Augsburg, verlegt von C. F. Bürglen 1800.
Gest. Tit., 17 Taf. in Kupferst. 8⁰
Stecher: S. Gruenicher, Rein. Nilson u. J. H. Mayr. Enthält süddeutsche, österr. und schweizer Frauen- und Mädchentrachten

— von Thieren, mit 10 ill. Blättern Kpf. Fol. Augsb. 790. (Ulm, Ebner). 12 Rthlr

Vorstellungen, Väterliche — an die aufzunehmenden Handelslehrlinge, zur Darnachhaltung und Erinnerung in den Lehrjahren, empfohlen vom Arader Handels-Gremium. 8. (14 S.) Arad. Gedruckt bei Heinrich Goldscheider. 1854.

Vorstellungen und Vorschläge betreffend das Armenwesen in der Gemeinde Bauma. O. O. [1848]. V: *Hirzel, Joh.* (Cat. d. Stadtbibl. Zürich. Zürich 1864—97.)

Vorstellungen und Bitten, Zwey' an die französische National-Versammlung von Seiten des Raths der freyen Stadt Köln ... Aus dem Französischen übers. O. O. [1795]. V: ***Wallraf, Ferdinand Franz.*** (StBKöln I, 96)

„Allerunterthänigstes Vorstellungs-Schreiben an Ihro römisch-kaiserl. Majest. von Bürgermeistern und Räthen derer drei .... Hansee-Städte Lübeck, Bremen und Hamburg, die weitere Beibehaltung eines freien und unschädlichen Commercii bei jetzigen Krieges-Läufften mit denen feindlich declarirten Ländern betreffend", 1734. — Vorh.: Com. Bibl. Hamburg.

„Vorstellungs-Schreiben, Allerunterthänigstes, an Ihro Römische Kayserl. Majestät, ... Von der Löbl. Fränckischen Creiss-Versammlung. De Dato Nürnberg den 24sten Novembris 1736". — Vorh.: StB Nürnberg.

Vorstellungsschrift. Ehrerbietige V' an den Grossen Rath des Kantons Luzern. Eingereicht durch achtzehn Abgeordnete des Volks am 22. November 1830. 8. *o. O.*

Vorster, Albert (geb Hamborn a. Rh 26. 2. 1821). De causis perturbationum mentis. Berolini (1846) (31 S.) 8°
Berlin, Med. Diss. v. 25. Aug 1846.

Vorster, C. Kurze Anleitung, die Wahl der Urwähler nach dem Gesetz und Reglement vom 6. Dezember auszuführen. Berlin 1849. 15 S. 8.

Vorster, C. Sind die Berliner Wahlen vom 22. d. Mts. gültig oder ungültig? Eine Beleuchtung des bei einer großen Anzahl derselben befolgten mangelhaften Wahlmodus. Druck von C. Schultze. 1 Bl. Fol.
Flugblatt. Berlin, 23.Jan.1849.

Vorster, C., der Scrutator. Anleitung aus jeder beliebigen Anzahl Stimmzettel das Resultat der Wahl in kürzester Frist u. möglichst sicher darzustellen, m. dazu gehörigen Schema's. (4 Bl. in 8. u. 2 Bl. in gr. 4. u. e. Stimmbogen in gr. Fol.) gr. 8. (8 S.) Köln 848. (Welter.) 12 ngr

Vorster, Josef, appr. Arzt in München: Ueber subphrenische Abscesse. München 1905: Kastner & Callwey. (19 S.) 8°
München, Med. Fak., Ref. v. Bauer, Diss. v. 19. Juni 1905
[Geb. 6. Febr. 59 Stadtamhof; Wohnort: Würzburg; Staatsangeh.: Bayern; Vorbildung: Gymn. Regensburg Reife Aug. 78; Studium: München 9 S.; Coll. 16. Mai 05; Approb. 27. Febr. 05.]

Vorster, Julius

Vorster, Jul., Fürst Bismarck, e. Freund des deutschen Arbeiters. Auszüge aus s. Reden. 8. (80 S.) Köln 895. J. G. Schmitz. n. — 50

— die Großindustrie e. d. Grundlagen nationaler Sozialpolitik. Ein Vortrag, geh. in der sozial-wissenschaftl. Studentenvereinigung in Halle a/S. gr. 8. (30 S.) Jena 896. G. Fischer. n. — 50

— dasselbe. 2., umgearb. Aufl. gr. 8. (30 S.) Ebd. 896. n. — 60

Vorster, Jul., der preussische Landtag kein Klassenparlament! Eine Betrachtg. des preuss. Wahlrechts nach wirklichen Ergebnissen. (37 S.) 8. Cöln 907. P. Neubner. — 50

Vorster, J., die Organisation der staatlich überwachten Erziehung. Vortrag, geh. auf der 9. Jahresversammlg. der Gefängnis-Gesellschaft f. die Prov. Sachsen u. das Herzogt. Anhalt. [Aus: „Jahrb. d. Gefängis-Gesellsch. f. die Prov. Sachsen u. d. Herzogt. Anhalt".] gr. 8. (26 S.) Halle 894. (A. Kegel.) n. — 25

— der Socialismus der gebildeten Stände. Vortrag, geh. in der General-Versammlg. des Vereins der Industriellen des Reg.-Bez. Köln am 20. April 1894. 1.—8. Aufl. gr. 8. (49 S.) Köln 894. J. G. Schmitz. n. — 60

Vorster, Karl v., s.: Rebenstiecher. — Weinbau, d. Rheingauer.

Vorster, Carl Frhr von: Der Rheingauer Weinbau, aus selbst-eigener Erfahrung und nach der Natur-Lehre systematisch beschrieben. [Verf.: Carl Frhr von Vorster.] Frankfurt & Leipzig: Eßlinger 1765. 360 S., 6 Taf. -- 12.16.17.21*. 36. F 1. Gei 1. Rüd.*

Bibliotheca oeconomica: Der Rheingauer Weinbau .... Frankfurt: Brönner 1768. -- Boehmer Der Rheingauer Weinbau .... -- Heinsius: Der Rheingauer Weinbau .... Frankfurt: Eßlinger, Brönner 1768. -- Kayser: Der Rheingauer Weinbau .... Frankfurt a. M.: Brönner 1768. -- Weber: Der Rheingauer Weinbau .... -- Lt. Angaben der Stadtbibliothek Mainz: Forster, Anton.

Vorster, Carl E., a. Delstern b. Hagen i. W.: Aus der Universitäts-Poliklinik für Haut- und Geschlechtskrankheiten zu Rostock. ⟨Direktor: Prof. Dr. Wolters.⟩ Über Pemphigus neonatorum, seinen Zusammenhang mit Dermatitis exfoliativa neonatorum und Impetigo contagiosa. Rostock 1907: Adlers Erben. (56 S.) 8°
Rostock, Med. Fak., Ref. Wolters, Diss. v. 25. Juni 1907
[Geb. 30. Jan. 77 Delstern i. Westf.; Wohnort: Berlin; Staatsangeh.: Preußen; Vorbildung: Gymn. Göttingen Reife M. 00; Studium: Tübingen 3, Kiel 3, Rostock 4 S.; Coll. 13. Aug. 06; Approb. 14. Dez. 06.]

Vorster, Ludw., Entdeckung der Ursachen der Kartoffel-Krankheit nebst allgemein anwendbaren und erprobten Vorschriften zur Erzielung eines durchschnittlichen Doppelertrages der nächsten Kartoffel-Ernte. Hamburg 854. Verlags-Comptoir. 16. (29 S.) verklebt n. 10 ngr

([Vorster,] Pancratius.) Beantwortung der Beleuchtung Meiner Bemerkungen über das Umlaufschreiben der St. Gallischen Regierung d. d. 27. May 1817. (Arth den 23. Heumonat 1817.) 4. *o. O.*

Vorster, Thdr., über die Einwirkung des Ammoniaks auf die Oxyde des Nickel und Kobalt. Inaugural-Dissertation. gr. 8. (41 S.) Göttingen 861, (Vandenhoeck und Ruprecht's Verlagsh.) **

Vorster, W., Vortrag über die Simultanschule, geh. im Bürgerverein zu Remscheid. gr. 8. (30 S.) Langenberg 877. (Elberfeld, Langewiesche.) n.n. — 30

Vorster, W. A., der Familienfreund, ein Hülfsbuch für das Haus, die Gesellschaft u. das Leben, enthltd.: Gedichte zu Geburtstagen u. anderen bedeutungsvollen Festen des Hauses u. Jahres, Toaste, Polterabendscherze rc. Gera 870. Kanitz' Verl. gr. 16. (VIII, 158 S.) n. 12½ ngr

Vorster, *Friedrich Wilhelm* Walter [aus Stassfurt (Pr. Sachsen)]: Beiträge zur Kenntniss des Diphenylsulfons ... Heidelberg, Buchdr. v. C. Pfeffer, 1893; 31 S. 8.
Heidelberg, Naturw.-math. Fak., Inaug.-Diss. v. [16. Nov.] 1893

Vorster, Wilhelm, aus Hagen (Westfalen): Über Aethylendiaminrhodosochromsalze. Zürich-Selnau 1905. 56 S. 8°. [28. III. 05.]
Zürich. Phil. Diss. II. S. 1904/1905.

Vorster, Wilhelm. Über Aethylendiaminrhodosochromsalze. Diss. Phil. [II.] Univ. Zürich. II + 56 S. 8. Zürich-Selnau, Gebr. Leemann & Co, 1905.

Voerster, Alfr., praktische Mittel z. Verbesserg. d. Zwischenhandels im Buchgewerbe. (VI. Internationaler Verleger-Kongreß.) (86 S. m. 3 Taf.) 8. Leipzig 909. (F. Volckmar.) Nicht im Handel.

Vorstius, Ioh., dissertationes sacrae theologico-philologicae. 4. Deventer. 718.

— **de hebraismis N. T. commentarius, sive philologia sacra, acc. ej. de adagiis N. T. diatriba. 4. Frankf. ... Andreä. 1 ₰ 8 gr**

— de hebraismis N. Test. sive philologia sacra. 4. Frcft. Andreae. 705.

***Vorstius*, Jh., de hebraismis N. T. commentarius; access. praeter ejusd. cogitata de stylo N. T. et diatriben de adagiis N. T. Horatii Vitringae animadvers. ad comment. de hebraismis N. T. cur. Jh. Fr. Fischer. 8maj. Leipz. 778. (Cnobloch). 2 ₰ 8 gr**

— de hebraismis N. T. Commentarius, access. praeter ejusd. cogitata de stylo N. T. et Diatriben de adagiis N. T. Horatii Vitringae animadvers. ad Comment. de hebraismis N. T. cur. I. G. Fischer. 8. maj. Lips. Bohme. 778.

— de latinitate selecta et vulgo fere neglecta. Acc. Dornmeieri diss. de vitioso Ciceronis imitatore, et dial. de Cicerone relegato et revocato. Cum praef. C. F. Bodenburg. Berol. 718. 8. Cum praef. Gesneri. Ib. 738. 8. 8 gr.

— de latinitate selecta et vulgo fere neglecta, access. A. I. Dornmeier dissert. etc. c. annot. et praefat. I. M. Gessner. 8. Berlin, Nicolai. 738.

— de latinitate falso et merito suspecta. lib. II. 8. Lips. 722.

Vorstman, A. H. [app. Arzt aus Enschede (Holland)]: Zur Behandlung des Anus praeternaturalis und der Fistula stercoralis. . . . Berlin, Buchdr. v. Gustav Schade (Otto Francke) (1889); 37 + 1 S. + 1 Bl. 8°
Berlin, Med. Fak., Inaug.-Diss. v. 3. Aug. 1889

Vorstudien f. Leben u. Kunst, s. Hotho, H. G.

Vorstufe zu dem deutschen Lesebuche mit Bildern von Gabriel und Suppan. Bearb. u. hrsg. von e. prakt. Schulmanne. *Bielefeld & Leipzig: Velhagen & Klasing 1900.* (IV, 104 S.) 8° [A.] [illegible]

Vorstufe zu der Rechenschule. Hrsg. vom hess. Volksschullehrer-Verein. Der Zahlenraum von 1 bis 20. 8. (31 S. m. Abbildgn.) Cassel 900. Hessische Schulbuchhdlg. n.n. — 20

— dasselbe. Der Zahlenraum von 1 bis 20 u. von 1 bis 100. gr. 8. (48 S. m. Fig.) Ebd. 900. n.n. — 25

Vorsynode, die. Drei Briefe von einem Laien. Hannover 863. Klindworth. gr. 8. (15 S.) 1 ngr.

Vorsynode, die, am 19. u. 20. Mai 1886 zu S. Leopoldo, Provinz Rio Grande do Sul. 8. (55 S.) S. Leopoldo 886. Evang. Buchh. n. — 40

Vorsynode, die, am 19. u. 20. Mai 1886 zu S. Leopoldo, Prov. Rio Grande do Sul. 2., durch Abdruck der Protokolle verm. Aufl. gr. 8. (43 S.) Sao Leopoldo 887. Evangel. Buchh. n. — 50

Vortänzer, der, des Cotillon u. der Touren-Tänze. Eine Sammlung v. 138 neuen Tanz-Touren 3. verm. u. verb. Aufl. [Mit d. Umschlagstitel: 138 neue Tanz-Touren.] 32. (79 S.) Hohnstein 850, Centralschulbuchhandl. 1/2 ₰; m. Goldschn. n. 2/3 ₰

Vortheile u. Abkürzungen beim Kopfrechnen, s. **Methodik.**

Vortheile (Die) der Accise im preuss. Staate. Zum Beweise, dass die bisherige Accisverfassung, wenn sie von ihren Mängeln gereinigt wird, mit dem Staatsinteresse und der Landeswohlfahrt auch fernerhin sehr gut vereinbar ist. gr. 8°. Berlin 1808.

Vortheile, die, d. Accise im preuß. Staate rc. **8. Berl. 808. Litfas.** 8 ℊ

Vortheile, die, des Anbaues von Hanf, besonders als Schutzmittel gegen Raupenfraß f. alle Kohl- u. Rüben-Arten, Rapps, Rübsen, Rettige, Senf u. sonstige Gemüse od. Feld- u. Garten-Erzeugnisse. Aus der „Deutschen Reform" besond. abgedr. u. m. Zusätzen verm. 2. Aufl. gr. 8. (16 S.) Berlin 850, Decker. 1 1/2 ngl

Vorteile, Die, der Aschen-, . . . oder Naturdüngung . . ., s. Bauernfeind, Ernst Heinrich

VORTHEILE der Aufhebung des Cölibats. **Berlin und Wien (fing.) 1806.**
Weller, fing. Dr. I. p. 206.

Vortheile, über bisher noch nicht beachtete ökonomische, der Bauführung bei großen Unternehmungen, als Festungsbauten, Straßen- u. Eisenbahnanlagen, Ufer- u. Flußcorrectionen, Canalbauten, Planirungen u. dergl., überhaupt bei Unternehmungen, bei welchen viele Menschen verwendet werden. gr. 8. Leipzig 843, Fest'sche Verlagsbuchh. 1/4 ₰

— über die, d. Einsamkeit, in Absicht auf d. Christenthum. 8. Frankf. a. M. 781. Brönner. 4 ℊ

Vortheile z. Erziehung e. guten Nelkensamens u. z. glückl. Pflanzung d. Nelken (v. Joh. Albr. Klüpfel). 8. Stuttgart, 1780. Metzler. — 7 1/2

Fernere Vorteile der Kgl. Preuss. Armee Ausgangs October 1756. (2 Bl.) 4.

VORTHEILE, Funfzehen beträchtliche, die den katholischen Geistlichen beyderley Geschlechts, um ewige Keuschheit zu halten, wohl zu statten kommen; aus bewärten (sic!) katholischen Scribenten zusammengetragen. O. O. 1776. 8°. (In Marburg, Univbibl.)

— 15 beträchtl., welche d. Geistlichen beyderley Geschlechts um Keuschheit zu erhalten, wohl zu statten kommen. 8. Halle, Hendel. 776.

Vortheile, Fünfzehen [Andere Fünfzehen] beträchtliche, die den Katholischen beyderlei Geschlechts . . . wohl zu statten kommen. [Amsterdam] 1776—82. V: *Tilzak, Anton van.* (EB)

Vortheile geheimer Gesellschaften für die Welt . . . Halle 1772. V: *Dietz (Diez), Heinrich Friedrich von.* (MGT) (StAt)

Vortheile geheimer Gesellschaften für die Welt, von einem Unzertrennlichen in der A[micitia]. [Unterz.:] D. Halle: Hemmerde 1772. 32 S. 8° [Umschlagtit.]
Kl. 2787. Selten. 193.

— geheimer Gesellschaften für d. Welt. 8. Halle 772. Schwetschke u. S. 2 ℊ

— die großen, der Dampfwäsche oder: ausführl. Beschreibung eines Waschverfahrens, wodurch eine Familie, bei äußerst geringer Arbeit, bedeutende Kosten u. viel Verdruß ersparen u. dennoch eine weit schönere u. dauerhaftere Wäsche erzielen kann, als nach der alten Methode. Nebst einem Anhange über die Geheimnisse des Fleckenvertilgens. 8. (Mit 2 Taf. Abbild.) Liestal 845, Honegger. n. 1/8 ₰ — 2. verb. Aufl. 8. Ebend. 846. 4 1/2 ngl

Die Vortheile eines Juristen beym Heyrathen überlegte bey dem Burgmann- und Steinischen Verbindungs-Feste, als solches den 4. Maji 1736 in Rostock feyerlichst begangen wurde, in etwas . . . Ein Bekandter und Verwandter. Rostock. Fol. 2 Bll. (Ebd.)

—die, des Cavalleriedienstes, zur Bildung eines jungen Offiziers, von e. k. k. Offizier. N. verb. Aufl. 8. Dresd. 789. Walther. 18 ℊ

Vorteile des Cavaleriedienstes zur Bildung eines jungen Offiziers. Von einem kais. königl. Offizier. Dresden 1789. 394 S.

DIE VORTHEILE MATHEMATISCHER KENNTNISSE FÜR GEWERBETREIBENDE. Angehenden Gewerbetreibenden so wie Eltern und Lehrherren der Gewerbeschüler **und Lehrlinge zur Berücksichtigung empfohlen von der hamburgischen Gesellschaft zur Verbreitung mathematischer Kenntnisse. Hamburg 1862. 8°.**

— üb. die, ein. schwächlichen **Körperbaues**, nach d. Franz. des Foucquier de Maissemy von J. G. Knebel. 8. Görlitz, Anton. 806.

Vortheile u. Kunstgriffe, deren sich die Oekonomen, Handwerker, Künstler, Fabrikanten ꝛc. bedienen, um ihren Arbeiten d. größte Vollkommenheit zu geben. Neueste Aufl. Mit dazu gehörigen Rissen. 8. Grätz 813. Kienreich. 5/6 ₰

Vortheile der Landwirthschaft, oder 145 Anweisungen und Mittel zum Nutzen der Landwirthschaft, Viehzucht und der Gärtnerei. 2. (Titel-)Aufl. Quedlinburg (854.) Ernst. 16. (VIII, 93 S.) 10 ngr.

—— Gnaden und Ablässe, die reichen, der Erzbruderschaft des heil. Rosenkranzes. Vorzüglich den Mitgliedern dieser heil. Erzbruderschaft gewidmet. (Von Jos. Löcherer.) 12. (23 S. mit 1 Kpfrst.) Augsburg 855, Kollmann'sche Buchh.

— die, b. Schnellrechnen, s.: Miniatur-Bibliothek.

Vortheile, die seltsamen, der Trunkenheit. 8. (4 S.) Barmen 875. Wiemann. n. — 4

Vorteile, die seltsamen, der Trunksucht. VI. Aufl. Hamburg 1881. 8 S. 8°.

Vortheile der electropneumatischen Signal- u. Weichen-Stellung System Westinghouse. Hrsg. v. d. Westinghouse Eisenbahn-Bremsen-Gesellschaft. Lex.-8. (8 S.) Hannover 897. (Schmorl & v. Seefeld Nachf.) n. — 50

— der lateinischen Sprache, solche in 2 Jahren zu lernen. 8. Halle, Renger. 722.

Die **Vortheile** einer frühen Tugend, zum Gedächtnis des Herrn Carl v. Thiele. Berlin 1768. Kl. 1312. *[Almanach od. Taschen-Buch f. Frmr. 2 (1777) Bl. 46.]* 24.

Versicherten (Des) Vorteile aus der Invalidenversicherung (Unfall- u. Krankenkasse). gr. 8°. Güstrow, Opitz u. Co. in Komm., 1904. (34 S.)

Vortheile, Die, der Völker durch die Handlung; a. d. Franz. Leipz. 1766. V: *Accarias de Serionne, Jos.* Ü: *Jünger, Christian Friedrich.* (ML)

—**die, d. Völker durch d. Handlung; aus d. Französ. von M. C. F. J. 2 Bde. gr. 8. Leipz. 766. Weidmann. 2 ₰ 16 gr.**

Vortheile, welche aus den Verfolgungen, die wider die Freymaurerey unternommen wurden, entstehen mussten. Rede vorgetragen in der ger. und vollk. Loge Libanon zu den 3 Cedern in Erlangen am 2ten des 5ten 5785 bey der Aufnahme des W. Brs F[olquerolle]s vom Br. S. Erlangen [1785]: Elbrodt. 24 S. 4° [Umschlagtit.] Selten. Sieht in den Verfolgungen der Frmrei die Hauptursache ihres Emporkommens. 215.

— über die, welche d. Aufhebung des Jesuiterordens d. Kirche u. d. Staate gewährt hat, (von B. Schalk). 8. ... 792.

Vortheilen, von, Mängeln u. Verbesserungen des Ackerbaues. 8. Frankf. a. M. 775. Andreä. 2 gr.

— von den wahren, e. Staats. 8. Nördl. 782. Beck. 9 gr.

Vortheilhaftigkeit u. Zuverlässigkeit, über die, d. wirksamen Verhütung des bisherigen Schleichhandels mit russ. Branntwein auf Norwegen, (von F. W. Otte). 8. Flensb. 794.

[F.] **Vorthmann,** Clara: Skizzen aus Paris. Charlottenburg, Druck v. R. Münch, 1895; 3—24 S. 4. Charlottenburg, st. HM, P 1895**

Vortisch, Hermann. Alemannische Gedichte. Lörracher Mundart. ([Mit] Worterklärungen.) VIII + 111 S. 8. Aarau, H. R. Sauerländer & Co., 1902. [fr. 1. 50]

Vortisch, Hermann. Uns Hebels Haimet. Gedichte in alemannischer Mundart. VI + 123 S. 8. Aarau, H. R. Sauerländer & Co., 1907. [fr. 1. 80]

Vortisch, Hermann. Hin und her auf der Goldküste. Tagebuchblätter eines Missionsarztes. [Mit Illustrationen, 1 Tafel und 1 Karte.] 232 S. 8. Basel, Basler Missionsbuchh., 1907. [fr. 3. —]

Vortisch, Hermann, approb. Arzt aus Lörrach: Aus d. Tübinger Universitäts-Augenklinik. Über Sehnervenerkrankungen bei Turmschädel. *Tübingen: F. Pietzcker 1901.* (29 S.) 8° Tübingen, Med. Diss. v. 1901

Vortisch (gen. Burnet), Louis C. H.

Vortisch, Louis, die jüngste Katastrophe des Erdballs. Ein geolog. Versuch. (XIV u. 172 S.) Braunschweig 852, Vieweg & Sohn. n. 5/6 ₰

Vortisch, L. C. H., über geologische Configuration. (Für die kaiserl. Leopold.-Carol. Akademie der Naturforscher.) gr. 4. (34 S. mit 1 lithogr. und ill. Karte in Fol.) Bonn 854, Weber. *

Vortisch, gen. **Burnet,** L. C. H., das Mangelhafte der Newton'schen Gravitations-Theorie zur Erklärung der Bewegungen u. anderer Erscheinungen im Sonnensystem u. Zurückführung derselben auf ein anderes u. neues Princip angestellt. Rostock 866. Stiller'sche Hofbuchh. gr. 8. (III, 55 S. mit 2 Steintaff.) n. 10 ngr.

Vortisch, Louis C. H.: Ein Wort in Bezug auf nordische Geschiebe, nebst einem Beitrag zur Kenntniss der Geschiebe Mecklenburgs. (Aus d. Arch. d. Vereins für Mecklenburg.) New-Brandenburg. 1863. 8°

Vortisch, Reinhard [aus Basel]: Über die Einwirkung aromatischer Amine auf die drei isomeren Dibrombrenzweinsäuren. Basel 1902. 45 S. 8°.
Basel. Phil. Diss. 1901/1902.

Vortmann, Georg

Vortmann, G., Anleitung zur chemischen Analyse organischer Stoffe. Mit Abbildgn. u. Tabellen. 1. Hälfte. gr. 8. (170 S.) Wien 889. Deuticke. n. 4. —

Vortmann, G. Anleitung zur chemischen Analyse organischer Stoffe. Mit 27 Abbildgn. u. 18 Tab. gr. 8. (XII, 408 S.) Wien 891, Deuticke. * 10 —

Vortmann, Geo., Anleitung zur qualitativen chemischen Analyse, s.: Hlasiwetz, H.

Vortmann, Georg: Über die Anwendung des Natriumthiosulfats an Stelle des Schwefelwasserstoffgases im Gange der qualitativen chemischen Analyse. Separatabdruck aus: Sitzungsber. d. K. Akademie d. Wissensch. in Wien. Bd. 94. II. S. 510.

Vortmann [illegible] vgr.
Separatabdruck

— [illegible] vgr.
Separatabdruck

[illegible] vgr.
[illegible] vgr.
Separatabdruck

— [illegible] vgr.
Separatabdruck

Vortmann, Georg: Über die Einwirkung von Natriumthiosulfat auf Kupferoxydsalze. Separatabdruck aus: Sitzungsber. d. K. Akademie d. Wissensch. in Wien. Bd. 97. IIb. S. 135.

— Allgemeiner Gang der qualitativen chemischen Analyse ohne Anwendung v. Schwefelwasserstoffgas. (32 S.) gr. 8. Wien 908. F. Deuticke. 1. —

Vortmann, G., zur Kenntniss des Cinchonidins, s.: Skraup, Z. H.

[illegible] vgr.
Separatabdruck

Vortmann, Georg: Eine neue Reaktion zur Nachweisung geringer Mengen Blutsäure. Separatabdruck aus: Sitzungsber. d. K. Akademie d. Wissensch. in Wien. Bd. 94. II. S. 508.

Vortmann, Georg: Über die Trennung des Nickels vom Kobalt. Separatabdruck aus: Sitzungsber. d. K. Akademie d. Wissensch. in Wien. Bd. 87. II. S. 98.

— Uebungsaufgaben aus der quantitativen chemischen Analyse durch Maassanalyse. Unter Mitwirkg. v. Ant. Waegner bearb. gr. 8. (55 S. m. 12 Abbildgn.) Wien 902. F. Deuticke. n. 1.25

— 30 Übungsaufgaben als erste Anleitung zur quantitativen Analyse, s.: Weselsky, P.

Vortmann, G., Uebungsbeispiele aus d. quantitativen chem. Analyse durch Gewichtsanalyse einschliessl. d. Elektroanalyse. gr. 8. (III, 57 S. m. 12 Abb.) Wien 899. F. Deuticke. n. 1.25

— Uebungsbeispiele aus der quantitativen chemischen Analyse durch Gewichtsanalyse einschliesslich der Elektroanalyse. 2. Aufl. (III, 57 S. m. 12 Abbildgn.) gr. 8. Wien 904. F. Deuticke. n. 1.25

— Übungsbeispiele aus der quantitativen chem. Analyse durch Gewichtsanalyse einschliesslich der Elektroanalyse. 3. Aufl. (63 S. m. 12 Abb.) gr. 8. Ebd. 910. 1.50

VORTMANN, Thusnelda (ps.), Lyrisch-satyrische Nadelstiche einer verspäteten Jungfrau, wiedergegeben von —. Graz 1891. 8°. (1 Mk. J. Taussig, Prag, 1904.)

Vortmann, Th[usnelda]: Die Reform der Ehe. — Zürich: Verl.-Magazin 1894. VIII, 70 S. 8°

Vortmann, Wilhelm

—— Die wichtigsten Bestimmungen aus dem Handels- u. Wechselrechte, f. den Schulgebrauch zusammengestellt. 8. (16 S.) Ebd. 892. ** — 30

— u. A. **Risler,** Erklärungen u. Regeln zu Buchführg. u. Kontokorrent, nebst Erläutergn. kaufmänn. Ausdrücke u. Abkürzgn. zum Gebrauch in Handelsschulen. Deutsch u. französisch. gr. 8. (XII, 124 S.) Mülhausen i/E. 890. Detloff. cart. n. 2. —

Vortmann, Wilh., Lehrbuch für Buchführung u. Kontokorrent, nebst Erklärung kaufmänn. Ausdrücke. 2. verb. u. verm. Aufl. — Manuel de la tenue des livres et des comptes-courants suivi d'une explication des termes commerciaux. 2. éd., revue et augmentée. gr. 8. (XVI, 187 S.) Mülhausen i/E. 903. C. Detloff. Geb. in Leinw. n. 2.40

Vortmann, Wilh. Lehrbuch der deutschen Handels-Korrespondenz f. kaufmännische Schulen. gr. 8. (VII, 166 S.) Mühlhausen i. E. 890, Detloff. cart. * 2 —

— Lehrbuch der deutschen Handels-Korrespondenz f. kaufmännische Schulen. 2. verm. Aufl. gr. 8. (VII, 232 S.) Mülhausen i/E. 899. J. Brinkmann. Geb. in Leinw. n. 2. —

Vortmann, Wilh., Lehrbuch der deutschen Handels-Korrespondenz f. kaufmännische Schulen. 3., verm. Aufl. (IX, 246 S.) 8. Mülhausen i/E. 906. C. Detloff. Geb. in Leinw. n. 2.50

— die Mittelschule. 1. die bürgerliche, 2. die gewerbliche, 3. die kaufmännische. Ein Organisationsentwurf. gr. 8. (III, 44 S.) Strassburg 888. Schmidt. n. — 80

Vortmann, Wilh., die wichtigsten Rechtsbestimmungen für Geschäft u. Handel. Zusammengest. f. kaufmännische Schulen. 2., verm. Aufl. gr. 8. (IV, 36 S.) Mülhausen i. E. 897. C. Detloff. n. — 50

Vortolibri, ilustrita teknikal, en 6 lingui. Germana-Angla-Franca-Rusa-Italiana-Hispana. Laborita segun la specala metodo Deinhardt-Schlomann da injenioro Alfr. Schlomann. Tradukita en Ido. Tomo I. kl. 8. München 910. R. Oldenbourg. 1. —
I. Mashin-Elementi. Ordinara utensili. Tradukita en Ido da A. Wormser. (XV, 52 S.)

Ilustrita Teknikal Vortolibri en sis lingui: Germana-Angla-Franca-Rusa-Italiana-Hispana. [Illustrierte Technische Wörterbücher.] Laborita segun la specala metodo Deinhardt-Schlomann da Alfred Schlomann, injenioro. Tradukita en Ido da A. Wormser. T. 1. München & Berlin: Oldenbourg 1910. 8°
(Illustrierte Technische Wörterbücher. Bd 1. Erg.H.) III. 17796

Vortrab auf eine Läster-Charteque, betitelt: gründliche Entdeckung der Fehler. Franckfurt 1715. V: *Eilmar*, *Georg Christian*. (Myl)

Vortrag, der, oder so gelangt die Wahrheit zum Thron. Ein Roman aus der Fürstenwelt, von Jul. v. Voß. 8. Berlin, Schüppelsche Buchhdl. 819.

Vortrag für die beiden Abende des Ueberschreitungsfestes mit Beifügung aller Gebräuche, in's Deutsche übersetzt von M. J. Landau. Hebräisch. 8. (63 S.) Wien, Herzfeld & Bauer 1867. 6 kr.

— — Dasselbe, hebräisch und deutsch. Ebds. 1867.

Actenmässiger **Vortrag**, betr. den von der Academie zu Kiel auf gewisse Kielmannseggische bei der Landschaft Norder-Dithmarschen belegte Fideicommiss-Gelder, im Jahre 1737. bewirkten und 1769. erneuerten Arrest. o. O. 1771. Fol.

Vortrag der Aktien-Gesellschaft der k. k. privil. Maschinen- und Spinn-Fabrik in Innsbruck. 4. Falz. (28 pag.) Innsbruck, Felician Rauch. 1853.

Vortrag am Amtsjubiläum des Herrn Prof. Dr. J. J. Hettinger nebst den Erwiederungsworten des Jubilaren. Zürich 1858. V: *Wyss*, *Gg v.* (ADB 13, 201)

Vortrag am Amtsjubiläum des Hrn. Prof. Dr. J. J. Hottinger nebst den Erwiederungsworten des Jubilaren bei der Stiftungsfeier der Hochschule Zürich am 29. April 1858. (Von G. v. Wyß.) Lex.-8. (32 S.) Zürich 858, Höhr.

Vortrag des Ausschusses des grossen Raths in Augsburg . . . über öffentliche Administrationsgebrechen . . . O. O. 1796. V: *Zabuesnig*, *Johann Christoph von*. (MGT)

Vortrag zur Belehrung der Gemeinderäthe des Oberamtsbezirks Tübingen über das Pfandgesetz etc. vom 15. April 1825. Tüb. 1825. V: *Hufnagel*, *Carl Friedr.* (Kat. d. ständ. Bibl. Stuttg. 1907. S. 163.)

Vortrag, die Besetzung des Landesbestallten-Amtes betreffend. [Budissin 1850.] V: *Thielau*, *Hnr. Erdmann Aug. v.* (Kat. d. stat. Bureaus. Dresden 1890.)

Vortrag über das Besteuerungswesen. 8°. Frankfurt a. M., Sauerländer, 1818.

Vortrag über wissenschaftliche Bildung der Gewerbetreibenden . . . Dresden 1840. V: *Löwe*. (Kat. d. stat. Bureaus. Dresden 1890.)

Vortrag vor löbl. Bundstag gemeiner drey Bünden, betreffend die Addresse so von Bündnerischen Privatpersohnen den 2ten April 1790 der französischen Nationalversammlung eingereicht worden. Nebst den darüber eingekommenen Erklärungen und Erläuterungen = Motion portée par devant la L. Diette des trois Ligues, relative à l'Addresse presentée... à l'Assemblée Nationale.... fol. *o. O.* 1790.

Vortrag d. Chefs d. Finanz-Departements an die Stände-Versammlung üb. die Feststellung des Finanz-Haushaltes f. das Finanz-Jahr 1. Juli 1848 bis 1849. Stuttgart, d. 4. Oktbr. 1848. Mit Beilagen: A. Haupt-Finanz-Etat auf d. J. 1848 bis 1849. B. Entwurf d. Finanz-Gesetzes f. 1848 bis 1849. gr. 8. (48 S.) Stuttgart 848. (Metzler.) 4 ngr

Vortrag der Bernischen Direktion des Inneren an den Berner Regierungsrat. (Militärtüchtigkeit — Körperlänge — und Alkoholismus.) Bern. 1874.

Vortrag der Direktion der Erziehung des Kts. Bern an den Regierungsrath zu Handen des Grossen Rathes. 8 Stn. 8. 1872.

Vortrag der Direction des Innern des Kantons Bern an den Regierungsrath üb. die Errichtung von Genossenschaftsbrennereien und spez. über die Genossenschafts- und Muster-Brennerei in Hindelbank. 17 S. 4. Bern, Druck von J. A. Weingart. 1876.

Vortrag der Direktion des Innern an den Regierungsrath betreffend die Branntweinfrage. Bern 1864. V: *Kurz*, *L.* (BSchwLk V, 9j)

Vortrag der Direktion des Innern an den Reg.-Rath betr. die Theurung der Lebensmittel. 28 Stn. 4. Bern 1872.

Vortrag der Direktion der Justiz und Polizei des Kantons Bern, an den hohen Regierungsrath des Kantons Bern. Bern 1863. V: *Migy*, *Paul.* (BSchwLk V, 9j)

Vortrag der Direktion der Justiz und Polizei an Regierungsrath des Kantons Bern (über das Ergebniss der bisherigen Nachforschungen, behufs Ermittlung des Schicksals und Bestandes des ehemaligen Staatsschatzes). 4. (Bern 1851.)

Vortrag d. Abgeordneten Grafen v. Drechsel üb. d. Landescultur in Bayern. 8. (12½ B.) München 832, Franz.

Vortrag des Einwohnergemeinderathes der Stadt Bern an die Einwohnergemeinde betreff. Genehmigung des Bundesrathhausplanes. Bern 1851.

Vortrag über den Entwurf eines Strafgesetzbuches für das Grossherzogthum Hessen. O. O. [ca. 1837]. V: *Lindelof*, *Friedrich von*. (HS)

Vortrag, die Errichtung eines städtischen Statistischen Bureaus in Dresden betreffend. [Dresden 1870.] V: *Teucher*. (Kat. d. stat. Bureaus. Dresden 1890.)

— erster, d. k. k. österreich. vorsitzenden Gesandtschaft beim deutschen Bundestage. 4. Frankf. a. M. 817. Andreä. 3 gr

Vortrag am 23ten Februar 1817 bei Darlegung des Verfassungs-Entwurfes für eine allgemeine Burschenschaft zu *** [Heidelberg] . . . 1817. O. O. V: *Carové*, *Frdr. Wilh.* (Erman & Horn, Bibliogr. d. dtsch. Universitäten. 2. Leipz. u. Berl. 1904.)

Vortrag in der Loge Ferdinande Caroline [in Hamburg]. Wider die Jesuiten. 2. Aufl. Elberfeld 1871. V: *Bluntschli, Johann Caspar.* (wolfstieg II, 164)

(Gemeinde Bern.) Vortrag der Städtischen Finanzdirektion an den Gemeinderat betreffend Situationsbericht zum Budget pro 1902. (1901 Oktober 15/31.) 11 S. 8.

Vortrag des Finanz-Ministers in Betreff der Eisenbahnen (Württemberg). 1845.

— des Finanz-Ministers an die verfassungberathende Landesversammlung üb. die Feststellung d. Staats-Haushaltes f. die Finanzperiode 1. Juli 1849 bis 30. Juni 1852. Stuttgart, den 27. März 1850. gr. 8. (30 S. m. 9 Tab. in qu. gr. 4.) Stuttgart 850. (Metzler.) 1/4 ₰

—— des (k. württemberg.) Finanz-Ministers an die Stände-Versammlung über die Feststellung des Finanz-Haushaltes für die Finanz-Periode 1. Juli 1848 bis 1851. Stuttgart den 25. Januar 1845. gr. 8. (30 S. und Beil. XLVIII S. mit 3 Beilagen in gr. 4.) Stuttgart 848, (Metzler'sche Buchh.)

Vortrag üb. die finnländische Frage. Von P. S. (24 S.) gr. 8. Berlin 910. E. Ebering. — 60

Vortrag des Gemeinderathes der Stadt Bern an die Einwohnergemeinde betreff. die Stadterweiterung [illegible] Bern. [illegible]

Vortrag der Gesandtschaft von Luzern in der Sitzung der Tagsatzung vom 22. Juli 1834, über die Noten der fremden Mächte. 8. (Zürich.)

Gutachtlicher Vortrag erstattet von dem ausserordentlichen Ausschusse zur Revision des Statuts des Börsenvereins der Deutschen Buchhändler. Leipzig 1880. Druck von B. G. Teubner. 8°.

Vortrag bey dem J[ohannes]-F[est] der Loge zu den 3 Pf[eilen] in Nürnberg am 5. VII. 5816. [Nürnberg 1816.] V: *Merkel, Johann.* (wolfstieg II, 532)

Vortrag in der g. und v. St. Johannis-Loge zu den drey Bergen i. Or. v. Freyberg gehalten am Johannisfest 1817. [Freiberg 1817.] V: *Brause, J. F. von.* (KI 1201) (wolfstieg II, 550)

Vortrag d. bern. Kirchendir. betr. die Aufhbg. d. Diöcesan-Priester-Seminars i. Solothurn. 1870.

Vortrag des Comité zur Berathung des Gewerbegesetzes an die Handels- und Gewerbekammer für Oberösterreich erstattet am 7. Jänner 1856. Druck von Josef Wimmer in Linz. (29 S. 8.)

— gehalten in d. Commission d. XIII. am 14. März 1816, über d. zweckmäßigste Einrichtung d. Frankfurter Staatsverfassung. gr. 8. Frankf. a. M. 816. Brönner. 8 K

Vortrag des Meisters vom Stuhl der g. u. v. Loge Libanon zu den drei Cedern [in Erlangen] am Johannistage 1803. [Erlangen 1803.] V: *Hildebrandt, Friedrich.* (KI 1138) (wolfstieg I, 129)

Vortrag des Meisters vom Stuhl der Loge Libanon zu den drei Cedern [in Erlangen] am Johannistage 1803. o. O. u. J. 2 Bl. 4°. 430.

Vortrag an die Herren Mitglieder des Vereins zur Ermunterung des Gewerbsgeistes in Böhmen uber den Stand der Eisenhütten-Industrie im Kronlande Böhmen. 8. (40 S.) Prag. Druck von Rath. Gerzabek. 1854.

Vortrag über die Mitwirkung der Geistlichen und Lehrer bei der Unterbringung von Idioten, Geisteskranken, Epileptischen, Taubstummen und Blinden in geeigneten Anstalten. Idstein 1899. V: *Schwenk, J.* (STBFrankf I, 179)

— über die Parcellirung der Domainen gehalt. in der Sitzung des konstitutionellen Vereins zu Frankfurt a/O. am 27. Mai 1848. gr. 8. (16 S.) Frankfurt a/O. 848, Kuschy & Co. 3 ngr

Vortrag über die Quaiprojekte in Zürich, ca. 1875.

Vortrag des Br R. am 5. Febr. 1862. (Nur für BBr Mstr.) o. O. [1862]. 12 S. 8° [Kopftit.]
Von dem Meisterberuf im Lichte der Meisterweihe. 23.

Vortrag, Ein, über Rebenschädlinge in Steiermark . . . Marburg 1880. V: *Mullé, Julius.* (EB)

Vortrag des Regierungsrathes an den Grossen Rath betr. die Abstimmung über die neue Bundesverfassung. 3 Stn. 4. Bern 1872.

Vortrag des Regierungsrathes an den Grossen Rath der Republik Bern, betreffend die der Gesandtschaft auf der ausserordentlichen Tagsatzung zu ertheilende Instruktion. (Bern, den 27. Jenner 1845.) 8. *o. O.*

Vortrag, Schlichter, an die Deutschen über die Aufgabe des Tages. Berlin 1848. V: *Varnhagen von Ense, Carl August Ludw. Philipp.* (ErMm) (GGr)

Vortrag, Schlichter, an die Deutschen über die Aufgaben des Tages. Berlin 1848. V: *Roessler, Constantin.* (Roessler, C., Ausgew. Aufsätze. Berlin 1902. S. IX.)

— schlichter, an die Deutschen üb. d. Aufgabe d. Tages. gr. 8. (15 S.) Berlin 848, G. Reimer. 3 ngr

Vortrag über das Sparkassenwesen und einige bei der Sparkasse zu Plauen zu treffende Einrichtungen. Plauen [1880]. V: *Kuntze, Oscar.* (Kat. d. stat. Bureaus. Dresden 1890.)

Vortrag, die Ehrlich'sche Stifts- und zweite Gemeinde-Schule betreffend. Dresden [1870]. V: *Peschel, Edmund.* (Bibl. d. stat. Bureaus. Dresden 1890.)

Vortrag beim Stiftungsfeste der Loge zum Oelzweig in Bremen gehalten, am 22. Sept. 1860. Gedr. als Ms. Bremen 1860: Strack. 7 S. 8⁰ [Umschlagtit.]
Gedicht: „Wie Meereswogen hallt ein fernes Rauschen . . .“ 341.

— ein, üb. das öffentl. u. mündl. Strafverfahren mit Staatsanwälten u. Geschwornen. Gehalten im Volksbildungsverein zu Oldenburg. gr. 8. (40 S.) Oldenburg 848, Schulze. n. 4 ngl

Vortrag über die Strassenreinigung und die Verwerthung von Strassenkehricht und Russ. (Dresden 1887.] V: *Teucher.* (Kat. d. stat. Bureaus. Dresden 1890.)

Vortrag, Prof. Dr. v. Sybel's, über das Verhältniss der ersten Christen zu Staat und Gesellschaft im römischen Reiche vor dem Tribunal der Geschichte . . . Frankfurt a. M. 1857. V: *Braunmüller, Benedict.* (ADB 47)

Vortrag mit Tableau der Direction der öffentl. Bauten betr. die Vertheilung der Kreditsumme der Hochbauten pro 1871. 8 Stn. 4. Bern.

Vortrag (Ein) über republikanische Tugend. 8⁰. Dresden 1848.

Vortrag, die Überschüsse bei der Sparkasse und die Erweiterung der Localität für die Sparkassen-Expedition in Altstadt-Dresden betreffend. O. O. [1872]. V: *Hertel.* (Kat. des stat. Bureaus. Dresden 1890.)

Vortrag über die Verdächtigungen des Bundes der Freimaurer, gehalten in der grossen Loge zu Dresden den 28. Jan. 1852. Dresden [1852]: Ramming. 19 S. 8⁰ [Umschlagtit.]
Prüfung der der Frmrei gemachten Beschuldigungen; Bedeutung der Frmrei für die Jetztzeit. 23. 193.

Vortrag die Verhältnisse des Stadtorchesters in Leipzig betreffend. [Leipzig 1881.]

Vortrag des Br. W. am 5. Sept. 1849. Als Ms. f. BBr. des II. und III. Grades. Erfurt 1849. V: *Werneburg, Gottfried Christoph.* (wolfstieg II, 760)

Vortrag des Br. W. am 12. Sept. 1860. [Erfurt 1860.] V: *Wernebrug, Gottfried Christian* (?). (wolfstieg II, 139)

Vortrag des Br. W. am Sylvesterabend 1851. Erfurt 1852. V: *Werneburg, Gottfried Christoph* (?). (wolfstieg II, 775)

Vortrag über ächte maurerische Weisheit und Tugend, zur 23. Stiftungsfeyer der s. e. g. u. v. Loge z[um] P[e]l[i]c[a]n in A[l]t[o]na, gefeyert am 21/5 17/94 im Logensaale der in H[am]b[urg] unter Constitution der Gr. L[andes]-Loge v. D[eutschland] z. B[er]l[in] arbeitenden drey Frmrr.-Logen bestimmt vom Br. Gerh. Schchr. Als Ms. f. Ordens-Bbr. Altona 1794. V: *Schumacher, Balthasar Gerhard.* (wolfstieg II, 381)

Vortrag über das Wesen und die Bestimmung der Freimaurerei und der Freimaurerbrüderschaft. Zunächst für unsere geliebten neuaufgenommenen Brüder. [Erlangen] 1811: [Junge]. 19 S. 8⁰ [Umschlagtit.]

[Dasselbe.] [Erlangen] 1815. 16 S. 8⁰
Selten.

Vortrag, gehalten in der Wessenberg-Stiftung 1867. Const. 1867. V: *Leiner, Ldw.* (Cat. der Stadtbibl. Zürich. Zürich 1864—97.)

Vortrag üb. die Zulässigkeit u. Anwendbarkeit der Todesstrafe in der Gesetzgebung, erstattet v. der im Königr. Belgien im J. 1848 f. Revision d. Strafgesetzbuchs niedergesetzten Commission an den Minister der Justiz. Uebers. u. m. Anmerkungen begleitet v. Gross. gr. 8. (IV u. 64 S.) Dresden 851, Meinhold & Söhne. 1/4 ß

Vorträge, hrsg. vom deutschen gesellig-wissenschaftl. Vereine von New-York. Nr. 1—7. gr. 8. New-York, Steiger u. Comp. • •

Inhalt:

- Nr. 1. Jacobi, A., die Johns Hopkins Universität. Vortrag, gehalten am 15. Decbr. 1880. (33 S.) 881. * 80 Pf.
- » 2. Schem, Alex. J., Gegenwart und Zukunft der grossen Kultursprachen, besonders des Englischen und des Deutschen. Vortrag, gehalten am 24. April 1877. (26 S.) 881. * 80 Pf.
- » 3. Brachvogel, Udo, das Theissland und sein Dichter. Vortrag, gehalten am 26. Novbr. 1879. (50 S.) 881. **ℳ 1,20.
- » 4. Schoenhof, J., über die volkswirthschaftl. Fragen in den Vereinigten Staaten. Vortrag, gehalten am 18. Mai 1876. Revid. Ausg. (54 S.) 882. **ℳ 1,10.
- » 5. Gercke, Hartwig, das öffentliche Schulwesen der Stadt New-York. Vortrag, gehalten am 5. Octbr. 1881. (48 S.) 882. **ℳ 1,20.
- » 6. Miller, J. Bleecker, das englische Recht und das römische Recht als Erzeugnisse indo-germanischer Völker. Vortrag, gehalten am 15. Febr. 1882. (15 S.) 882. **ℳ 1,20.
- » 7. Wehle, Charles, der Geist unserer Gesetze. Vortrag, gehalten am 6. April 1881. (41 S.) 882. *ℳ 1,20.

Vorträge u. Abhandlungen, hrsg. von der Leo-Gesellschaft. 1.—11. Hft. gr. 8. Wien (Mayer & Co.). n. 5. 90

1. Die Agrarfrage u. d. internationale Großkapital. Vortrag v. G. Ruhland. Mit e. graph. Darstellung d. Normalpreise. (23 S.) 895. n. — 50
2. D. Reichthum d. kathol. Kirche. Von Augustin Rösler, C. SS. R. (26 S.) 896. n. — 50
3. D. Cartellwesen v. Standpunkte d. christl. Wirthschaftsauffassg. Von Rich. Weiskirchner. (15 S.) 896. n. — 40
4. D. neuesten Richtungen d. Malerei. Von Heinr. Reinhart. (35 S.) 896. n. — 80
5. Die Armenpflege e. Großstadt v. Standpunkte d. christl. Auffassg. d. Armenpflege. Von Rich. Weiskirchner. (22 S.) 896. n. — 40
6. Die industr. Production, ihr Wesen u. ihre Organisation. Von Frhr. zu Weichs-Glon. (28 S.) 897. n. — 50
7. Die geist. Bewegung im Anschluss an d. Thomas-Encyclica Leo XIII. v. 4. VIII. 1879. Von Thom. M. Wehofer, O. Praed. (28 S.) 897. n. — 30
8. D. Terminhandel in Getreide insbes. an d. Wiener Börse f. landwirtschaftl. Producte. Von Vict. Kienböck. (30 S.) 897. n. — 80
9. Die modernen Strafrechtstheorien v. Standpunkte d. christl. Staatsauffassung. Vortrag. Von Jos. Biederlack, S. J. (13 S.) 898. n. — 40
10. Die lateinische Stadtschule in Krems. Ein Culturbild aus Oesterreich. Von Karl Ferd. Kummer. (24 S.) 898. n. — 50
11. Der Darlehenszins. Von Jos. Biederlack, S. J. (43 S.) 898. n. — 80

— — hrsg. v. der Leo-Gesellschaft. 12.—17. u. 19. Hft. gr. 8. Wien, Mayer & Co. n. 5. 15

12. Die Entwicklung zur Weltwirtschaft u. der österreichisch-ungar. Ausgleich. Von Frz. Graf v. Kuefstein. (70 S.) 899. n. 1.20
13. Die historische u. wirtschaftliche Bedeutung der Gemeinde. Von Heinr. Misera. (32 S.) 900. n. — 60
14. Stewart Chamberlain's „Grundlagen d. 19. Jahrhunderts", kritisch gewürdigt. Von Alb H. Ehrhard. (25 S.) 901. n. — 60
15. Neue Wendungen in d. Leichenverbrennungsfrage. Von Heinr. Swoboda. (24 S.) 901. n. — 60
16. Über den Beginn des Notendruckes. Von Jos. Mantuani. (29 S.) 901. n. — 70
17. Die kirchliche Vorcensur u. das Partikularrecht. Von Karl Hilgenreiner. (39 S.) 901. n. — 80
19. Die Katakomben bei St. Stephan. Eine medicinisch-histor. Studie. Von Leop. Senfelder. Mit e. Plane. (29 S.) 902. n. — 75

Das 18. Hft. ist noch nicht erschienen.

— — hrsg. v. d. Leo-Gesellschaft. Heft. 18, 20—26 u. 28. gr. 8. Wien, Mayer & Co. n. 6. 20

Gießwein, Alex., deterministische u. metaphysische Geschichtsauffassung. (40 S.) 905. (Hft. 22.) n. — 80

Hohenlohe, Const. v., O. S. B., Friedrich Karl Graf Schönborn, Reichsvizekanzler u. Bischof von Bamberg u. Würzburg (1674—1746). Eine biograph. Skizze. (42 S.) 906. (Hft. 26.) n. — 80

Kuefstein, Frz. Graf, Grundrente u. städtische Bodenreform. Eine grundsätzl. Erörterg. (47 S.) 906. (Hft. 25.) n. — 80

Lampel, Jos., die drei Grafschaften der karolinischen u. der ottonischen Ostmark. [Aus: „Wiener Zeitg."] (19 S.) 908. (Hft. 28.) n. — 30

— elfhundert Jahre Oesterreich. Vortrag, geh. am 8. I. 1906, am ersten Montag-Abend der österr. Leo-Gesellschaft. (20 S.) 906. (Hft. 24.) n. — 30

Mantuani, Jos., Hartmanns Oratorium „St. Petrus". [Aus: „Die Kultur".] (16 S.) 904. (Hft. 21.) n. — 40

Poestion, J. C., zur Geschichte des isländischen Dramas u. Theaterwesens. (79 S.) 903. (Hft. 20.) n. 1. 50

Seeber, Jos., die Wodan-Religion. Skizze. (49 S.) 902. (Hft. 18.) n. — 80

Strunz, Frz., die Chemie im klassischen Altertum. Beitrag zur Geschichte der Chemie. (25 S.) 905. (Hft. 23.) n. — 50

Hft. 27 ist noch nicht erschienen.

— — hrsg. v. der Leo-Gesellschaft. 27. 29. 30 u. 32. gr. 8. Wien, Mayer & Co. 1. 70

Artmann, Ferd., wirtschaftliche Faktoren in Dalmatien. (18 S.) 907. (Nr. 30.) — 40

Gießwein, Alex, metaphysische Geschichtsauffassung. (29 S.) 907. (Nr. 29.) — 50

Lindl, Ernst, die Bedeutung der Assyriologie f. das Alte Testament u. unsere Erkenntnis der altorientalischen Kultur. (19 S.) 906. (Nr. 27.) — 40

Strunz, Karl, Johann Wenzel Kalliwoda (1801—1866). Zur deutschösterreich. Musikgeschichte der 1. Hälfte des 19. Jahrh. (19 S.) 910. (Nr. 32.) — 40

— — dasselbe. 31. gr. 8. Innsbruck 909. H. Schwick. — 40

31. Josef Pernter. Gedenkrede, geh. in der Leo-Gesellschaft in Wien, am 1. II. 1909. Von J. Hirn. (16 S.)

Vorträge u. Abhandlungen, hrsg. vom sozialwissenschaftlichen Bildungsverein in Wien. Nr. 1. gr. 8. Wien, C. W. Stern. n. — 50

Wie studirt man Sozialwissenschaft? Eine Anleitung. Von Fr. O. Hertz. (23 S.) 902.

— — hrsg. vom sozialwissenschaftlichen Bildungsverein in Wien. Nr. II u. III. gr. 8. Wien (F. Deuticke). à n. 1. —

II. Immanuel Kant zum Gedächtnis. Gedenkrede z. 100. Todestage, geh. im Wiener „Sozialwissenschaftl. Bildungsverein" am 9. II. 1901. Von Max Adler. [Aus: „Deutsche Worte".] (47 S.) 904.

III. Die Prostitution vom Standpunkte der Sozialhygiene aus betrachtet. Vortrag, geh. im sozialwissenschaftl. Bildungsvereine an der Wiener Universität am 9. V. 1900. Von Max Gruber. 2. verb., m. Anmerkgn. verseh. Ausg. (47 S.) 905.

— — hrsg. von der Zeitschrift „Das Weltall" unter Leitg. v. F. S. Archenhold. 3. u. 4. Hft. 4. Berlin, C. A. Schwetschke & Sohn. n. 3. —

3. Präcisionsmessungen m. Hülfe der Wellenlänge d. Lichts. Von E. Gumlich. Mit 10 Fig. im Text. (16 S.) 902. n. 1.—
4. Ueber Schattenphänomene bei Finsternissen. Vortrag, geh. auf der Treptow-Sternwarte am 68. Beobachtungsabend des „Vereins v. Freunden der Treptow-Sternwarte" am 9. X. 1901. Von A. Leman. Mit 3 Taf. u. zahlreichen Fig. im Text. (40 S.) 902. n. 2. —

Sonderabdrucke aus: „Das Weltall".

— — hrsg. von der Zeitschrift „Das Weltall" unter Leitung von F. S. Archenhold. 5.—12. Heft. Lex.-8. Berlin, C. A. Schwetschke & Sohn n. 8. —

Archenhold, F. S., die Beobachtung der totalen Sonnenfinsternis am 28. V. 1900 in Bouzareah bei Algier m. 12 Abbildgn. (Hft. 5.) n. 1. — (Vergriffen.)

— u. M. Albrecht, Ausgrabungen u. Vermessungen der Sternwartenreste Tycho Brahes auf der Insel Hven im J. 1902. Mit 9 Abbildgn. im Text u. 5 Taf. (20 S.) 901. (Hft. 9.) n. 1. —

Berndt, G., moderne Anschauungen üb. die Konstitution der Materie. (14 S.) 905. (Hft. 12.) n. 1. —

Bruhns, B., die Weltanschauungen des Coppernikus u. Giordano Bruno. (19 S.) 903. (Hft. 7.) n. 1. —

Günther, Ludw., ein Beitrag zur Reform des gregorianischen Kalenders, m. e. Einleitung: Auf den Frühlingspfaden unseres Kalenders von Max Jacobi, u. e. Anh.: Kalender f. alle Jahre von General v. Sichart. (20 S.) 903. (Hft. 6.) n. 1. —

Lieckfeldt, Ernst, die Entstehung u. Entwicklung der Weltkörper. Betrachtgn. e. Ingenieurs. (27 S.) 905. (Hft. 10.) n. 1. 50

Vieweg, Walt., die Bestandteile unserer Atmosphäre nach den neuesten Forschungen. Vortrag, geh. am 24. II. 1904 im „Verein von Freunden der Treptow-Sternwarte". (7 S.) 904. (Hft. 8.) n. — 50

Wehner, Heinr., üb. die Kenntnis der magnetischen Nordweisung im früheren Mittelalter. (20 S. m. 1 Fig.) 905. (Hft. 11.) n. 1. —

Sonderabdrucke aus: „Das Weltall".

Vorträge u. Abhandlungen, hrsg. v. der Zeitschrift „Das Weltall" unter Leitg. v. F. S. Archenhold. 13.—20. Heft. Lex. 8. Treptow, Verlag der Treptow-Sternwarte. 15. —

Berndt, G., Selenzellen. Drahtlose Telephonie. Fernphotographie u. Fernsehen. (30 S. m. Abbildgn.) 906. (14. Heft.) 2. —

Foerster, Wilh., die Freude an der Astronomie. Eine kulturgeschichtl. Betrachtg. (15 S.) 908. (20. Heft.) 1. —

Garrett, R. E., das Jaypur-Observatorium u. sein Erbauer. Übers. v. Bergholz. Mit zahlr. Abb. im Text u. 2 Taf. (VI, 64 S.) 907. (19. Heft.) 3. —

Hinrichs, Gustavus D., die Amana-Meteoriten gesammelt, untersucht u. verteilt. Mit 6 Taf. (17 S.) 906. (15. Heft.) 2. —

Loewenfeld, Kurt, aus meinen Handschriftenmappen. (Briefe berühmter Astronomen u. Physiker.) Mit 1 Bildnis v. Christian v. Wolff aus dem astronom. Museum der Treptow-Sternwarte u. Fcsms. der Handschriften v. Cassini, Wolff u. a. (46 S.) 907. (18. Heft.) 2. 50

Nelson, Leonard, Kant u. die nicht euklidische Geometrie. (28 S.) Berlin 906. (13. Heft.) 1. 50

Schiaparelli, G. V., Venusbeobachtungen u. Berechnungen der Babylonier. (17 S.) 906. (16. Heft.) 1. 50

Stavenhagen, W., Himmelsbeobachtungen in militärischer Beleuchtung, besonders das Zurechtfinden nach den Gestirnen im Gelände. Für Offiziere aller Waffen des Heeres u. der Marine. Mit 1 Skizze im Text u. 1 Sterntaf. (32 S.) 907. (17. Heft.) 1. 50

Sonderabdrucke aus: „Das Weltall".

— — hrsg. vom sozialwissenschaftl. akadem. Vereine in Czernowitz. Nr. 1 u. 2. gr. 8. Czernowitz, (H. Pardini). nn — 90

Ehrlich, Eug., die Aufgaben der Sozialpolitik im österr. Osten insbesondere in der Bukowina, m. besond. Beleuchtg. der Juden- u. Bauernfrage. Vortrag, geh. im sozialwissenschaftl. akadem. Vereine an der Czernowitzer Universität im Wintersem. 1908/9. (31 S.) 909. (Nr. 1.) nn — 40

Schumpeter, Jos., wie studiert man Sozialwissenschaft. (28 u. XI S.) 910. (Nr. 2.) nn — 50

Vorträge u. Abhandlungen d. deutschen homöopathischen Liga. 2. Heft. gr. 8. Charlottenburg (Spandauer-Straße 37), Homöopath. Central-Verlag. n. — 35
Die Zuckerkrankheit (Diabetes mellitus) u. ihre homöopathische Behandlung. Von Müller-Kypke. (29 S.) 907.

Vorträge und Abhandlungen aus dem Gebiete der Stenographie Hrsg. von L[ouis] Puff. H. 1. *Halle a. S. [1896]: L. Puff.* 8° [63. 536 3

— — zur Gabelsberger'schen Stenographie. 1.—4. Hft. gr. 8. Dresden, W. Reuter. n. 3. 25
1. Gabelsberger als Dichter. Vortrag, geh. im Dresdner Gabelsb. Stenographen-Verein v. Max Trömel. (22 S.) 892. n. — 30
2. Der stenographische Zeitgeist. Vortrag, geh. im Dresdner Gabelsb. Stenographen-Verein v. Rich. Preuss. (23 S.) 893. n. — 35
3. Abwege der Satzkürzung. Ein Wort f. die Formkürzg. u. gegen neuere Kürzungslehren. Von Ed. Oppermann. (72 S. m. 7 autogr. Taf.) 894.. n. 1. 60
4. Satzkürzung od. Wortkürzung? Entstehung u. Entwickelung der Satzkürzungslehre. 2 Vorträge v. Max Fröhliger. (61 S.) 894. n. 1.—

— — zur Stenographie. 5. Hft. 8. Dresden, W. Reuter. n. — 50 (1.—5.: n. 3. 75)
Ueber d. Unterricht in d. Stenographie. Ein Beitrag zu d. Frage: Wendet man beim Unterrichte in d. Stenographie m. mehr Erfolg d. vortragende od. d. entwickelnde Methode an? Von Wilh. Niemöller. (32 S.) 899.

Vorträge, Abzuhandelnde evangelische, in dem zu hoffenden Kirchen-Jahr 1785—86. Schleswig 1785. V: *Samme*[?]. (Bruun, Bibl. Danica I, 536.)

Landw. Kreisausschuß von Oberfranken. Acht Vorträge aus dem Gebiete der Ackerbaulehre. Gehalten auf dem III. Lehrgang f. prakt. Landwirte. Bamberg 1905 (u. a. von Prof. Kraus, Wein, Kindshoven). Bayreuth 1906.

— 8 biblische. Geh. im Gemeindehause zu Salzuflen. (V, 119 S.) 8. Salzuflen 904. (Stuttgart, J. F. Steinkopf.) n. 1. —

Vorträge, akademische. 1. und 2. (Heft.) gr. 8. Zürich 856, Meyer und Zeller's Verlag. *

Inhalt:

(Heft) 1. Ueber die formelle Gesetzmässigkeit des Schmuckes und dessen Bedeutung als Kunstsymbol. Von G. Semper. (30 S.) * 8 Ngr.
2. Die Individualität in der Natur mit vorzügl. Berücksicht. des Pflanzenreiches. Von Carl Nägeli. (42 S.) * 12 Ngr.

Vorträge, akademische. 3. und 4. (Heft.) gr. 8. Zürich 857, Meyer und Zeller's Verlag. *

Inhalt:

(Heft) 3. Clausius, R., über das Wesen der Wärme verglichen mit Licht und Schall. Ein populärer Vortrag gehalten zu Zürich den 12. Febr. 1857. (31 S.) * 6 Ngr.
» 4. Lebert, Skizzen aus dem Leben der Seidenraupe und der Geschichte ihrer Verbreitung. (28 S.) * 6 Ngr.
Letzteres wurde aus: Wissenschaftliche Monatsschrift, Heft 2. Jahrg. 1857, besonders abgedruckt.

—— dass. — 5. (Heft): Die menschliche Hand. Ein populärer Vortrag von G. Herm. Meyer. gr. 8. (37 S. mit eingedr. Holzschn.) Ebendas. 858. *
Aus: Monatsschrift des wissenschaftlichen Vereins in Zürich, besonders abgedruckt.

Vorträge, akademische. VI. u. VII. Zürich 859. Meyer & Zeller. gr. 8. n. 11 ngr.
VI.: Die Familie im deutschen und schweizerischen Recht. Akademischer Vortrag von Aloys v. Orelli. Abdr. aus der Monatsschrift des wissenschaftlichen Vereins in Zürich. (18 S.) n. 5 ngr.
VII.: Die weisen Frauen der Germanen. Akademischer Vortrag von Ludw. Ettmüller. Abdr. aus der Monatsschrift des wissenschaftl. Vereins in Zürich. (25 S.) n. 6 ngr.

Vorträge, akademische, von Zürcherischen Dozenten. (Wintersemester 1852—1853.) Zürich 853. Höhr. gr. 8. n. 1 ₰. 6 ngr.
Inhalt. I. Ueber die Größe des Kleinen in der Natur. Von Heinr. Frey. (21 S.) n. 6 ngr.
II. Ueber den Schlaf und die Träume, das Nachtwandeln und die Visionen. Von Hans Locher. (53 S.) n. 9 ngr.
III. Ueber die griechische Tragödie. Von J. Frei. (28 S. u. 1 lith. Taf.) n. 6 ngr.
IV. Ueber die Quellen der ältern Geschichte der Schweiz. Von Geo. v. Wyß. (22 S.) n. 6 ngr.
V. Eine Christengemeinde unter den Hellenen. Von Dav. Fries. (40 S.) n. 6 ngr.
VI. Die literarische Bedeutung Zürichs um die Mitte des vorigen Jahrhunderts. Von Sal. Vögelin. (22 S.) n. 6 ngr.

— — Wintersemester 1853—1854. I—III. Ebend. gr. 8. n. 21 ngr.
Inhalt. I. Was ist Gegenstand der Mathematik? Von Raabe. (22 S.) n. 7 ngr.
II. Religion und Politik in ihrer histor. Wechselwirkung auf die Zustände der Eidgenossenschaft. Von J. J. Hottinger. (32 S.) n. 7 ngr.
III. Conrad Gesner als Arzt. Von Lebert. (36 S.) n. 7 ngr.

— — Wintersemester 1854—55. I—IV. Ebend. 855. gr. 8. Jede Nr. n. 7 ngr.
Inhalt. I. Ueber Gefängnißanstalten und die Besserung der Sträflinge. Von Alb. Aloys v. Orelli. (24 S.)
II. Aischylos. Von Sal. Vögelin. (24 S.)
III. Ueber die wichtigsten Nahrungsmittel des Menschen. Von H. Frey. (32 S.)
IV. Zur Geschichte und Fortbildung der Zürcherischen Rechtspflege. Von J. Rüttimann. (33 S.)

Vorträge u. Ansprachen, geh. bei d. XI. Generalversammlg. d. Evangelischen Bundes zu Magdeburg v. 3.-5. X. 1898. [Aus: „Flugschr. des Ev. Bundes."] gr. 8. (8, 24, 19 u. 16 S.) Leipzig 898. Buchh. d. Ev. Bundes v. C. Braun. n. — 60

— u. **Ansprachen,** geh. bei der XIII.—XV. Generalversammlung des Evangelischen Bundes. gr. 8. Leipzig, Buchh. des ev. Bundes v. C. Braun. n. 2.70
XIII. zu Halberstadt vom 1.—4. X. 1900. (8, 6, 22, 11, 5, 34, 4, 8 u. 11 S.) 900. n. — 90
XIV. zu Breslau vom 8.—11. X. 1901. (12, 9, 11, 10, 20 u. 7 S.) 901. n. — 60
XV. zu Hagen i. W. vom 6.—9. X. 1902. (12, 10, 12, 12, 19, 9, 11, 14, 14, 29, 17 u. 12 S.) 902. n. 1. 20

Vorträge u. Ansprachen, geh. bei der XVI. Generalversammlg. des evangelischen Bundes zu Ulm a. D. vom 28. IX. bis 1. X. 1903. (36, 14, 10, 22, 15, 40, 13, 23 u. 12 S.) gr. 8. Leipzig 903. C. Braun. n. 1. —

Aus der Diaspora. **Vorträge** und Ansprachen gehalten im Prager Br.-Kreise „Harmonie" von G. J. H. Altenburg: Tittel [1903]. 222 S. 8°
cf. Z. 33 (1902—1903) S. 539; Bbl. 17 (1903) S. 658—659 (G. Diercks). 193.

Vorträge, apologetische, von den bernischen Geistlichen Bernard, Dubuis, v. Greyerz, Güder, Hugendubel, Lauterburg u. Rohr. Gehalten im Winter 1869 auf 1870. Bern 870. Haller. 8. (VI, 396 S.) n. 1 ₰

—— apologetische. Gehalten von den Pastoren Jul. Aug. Venus, Karl Ferd. Willkomm, Gust. Adf. Claus, Rud. Schuster, Ed. Kießling, Heinr. Rob. Tenner. gr. 16. (242 S.) Zwickau 872, (Döhner.)

Vorträge, apologetische, von M. Fuchs, F. M. Zahn, E. Achelis und R. Kübel. gr. 16. (181 S.) Barmen 874, Klein. *

Vorträge, apologetische. Geh. v. Geistlichen d. Diöcese Halberstadt M. Allihn, A. Bärthold, P. Brinckmann, E. Hermes, R. Koch, O. Richter. 6 Nrn. gr. 8. Halle 898. E. Strien. à n. — 40; in 1 Bd. n. 2. —
1. Das Welträthsel u. d. Naturwissenschaften. Von E. Hermes. (24 S.)
2. Naturgesetz u. Vorsehg., Wunder u. Gebetserhörung. Von P. Brinckmann. (31 S.)
3. Schöpfung u. Entwicklung! Von A. Bärthold. (20 S.)
4. Leib u. Seele. Von O. Richter. (59 S.)
5. Was ist Wahrheit? Von R. Koch. (20 S.)
6. Was gibt u. nimmt uns die moderne Weltanschauung? Von M. Allihn. (26 S.)

[A.] Apologetische Vorträge. Geh. v. Geistlichen d. Diöcese Halberstadt M[ax] Allihn, A[lbert] Bärthold, P[aul] Brinckmann, E[rnst] Hermes, R[einhold] Koch, O[tto] Richter. *Halle a. S.: E. Strien 1898.* (2 Bl., 24, 31, 20, 59, 20, 26 S.) 1 Bd 8.

Vorträge, apologetische. 1. Heft. (Von Frz. Meffert.) 1.—10. Taus. Hrsg. vom Volksverein für das kathol. Deutschland. (238 S.) 8. M. Gladbach 904. 905. Zentralstelle des Volksvereins f. das kath. Deutschland. n. 1. —

Vorträge, apologetische. 2. Heft. (Von Frz. Meffert.) 1.—5. Taus. Hrsg. vom Volksverein f. das kath. Deutschland. (270 S.) 8. M.Gladbach 907. Volksvereins-Verlag. 1.50
1. Heft. Ebd. 904. 1.—.

Vorträge über **Arbeiterversicherung** u. **Arbeiterschutzgesetzgebg.** Geh. im Auftrage des königl. Kultus-Ministeriums im Febr. u. März 1901 im Charitékrankenhause. Red. v. Schaper. gr. 8. (III, 205 S.) Berlin 901. A. Hirschwald. n. 5. —
Sonderabdruck aus: „Berliner klin. Wochenschrift".

VORTRÄGE UND AUFSÄTZE AUS DER COMENIUS-GESELLSCHAFT. Jahrg. 1. Stück 1. Leipzig 1893. R. Voigtländer's Verlag. In Komm. — A. u. d. T.: Die Comenius-Gesellschaft. Geschichtliches und Grundsätzliches von LUDWIG KELLER. Sonderaddruck (sic!) aus den Monatsheften der Comenius-Gesellschaft. ib. 1893. — 8°.
Stück 2. ib. 1893. — A. u. d. T.: Goethes religiöse Entwicklung. Dargestellt von W. HEINZELMANN. Sonderabdruck … ib. 1893. —
Stück 3. ib. 1893. — A. u. d. T.: Die kirchliche Reformbewegung in England im XIV. Jahrhundert und ihre Aufnahme und Durchführung in Böhmen. Akademische Antrittsrede, gehalten am 2. Mai 1893 von Dr. JOHANN LOSERTH. Sonderabdruck … ib. 1893.
Jahrg. 2. Stück 1. Wege und Ziele. Rückschau und Umschau am Beginn des neuen Gesellschaftsjahres. Von LUDWIG KELLER. ib. 1894. —
Stück 2. Die Schulordnung in Comenius' Unterrichtslehre und die Frankfurter Lehrpläne. Von KARL REINHARDT. ib. 1894. —
Stück 3. Die böhmischen Brüder und ihre Vorläufer. Von LUDWIG KELLER. ib. 1894. —
Jahrg. 3. Stück 1. Berlin 1895. Verlag der Comenius-Gesellschaft. Im Buchhandel durch den Verlag von Johannes Bredt in Münster i. W. — A. u. d. T.: Comenius und die Akademien der Naturphilosophen des 17. Jahrhunderts. Von LUDWIG KELLER. ib. 1895. —
Stück 2. Ludwig Natorp. Ein Beitrag zur Geschichte der Einführung Pestalozzischer Grundsätze in die Volksschule Preussens von PAUL NATORP. ib. 1895. —

— u. **Aufsätze** aus der Comenius-Gesellschaft. 3. Jahrg. 1. u. 2. Stück. gr. 8. Berlin 895. (R. Gaertner.) n. 3. —
1. Comenius u. d. Akademien d. Naturphilosophen d. 17. Jahrh. Von Ludw. Keller. (IV, 108 S.) n. 2.25
2. Ludwig Natorp. E. Beitrag zur Geschichte d. Einführg. Pestalozzischer Grundsätze in d. Volksschule Preussens. Von Paul Natorp. (63 S.) n. — 75

— — dasselbe. 4. Jahrg. 1. u. 2. Stück. gr. 8. Ebd. 897. n. 1.50
Die Anfänge d. Reformation u. d. Ketzerschulen. Untersuchgn. zur Geschichte d. Waldenser beim Beginn d. Reformation. Von Ludw. Keller. (IV, 61 S.)

— — dasselbe. 5. Jahrg. 1.—3. Stück. gr. 8. Ebd. 897. n. 2.2"
1. 2. Grundfragen d. Reformationsgeschichte. E. Auseinandersetzg. m. litterar. Gegnern. Von Ludw. Keller. (IV, 46 S.) n. 1.50
3. Jacob Böhme. Rede zur Böhme-Feier im Festsaale d. Berliner Rathauses am 4. IV. 1897. Von Adf. Lasson. (35 S.) n. — 75

— — dasselbe. 6. Jahrg. 1. u. 2. Stück. gr. 8. Ebd. 898. n. 1.50
1. Zur Geschichte d. Bauhütten u. der Hüttengeheimnisse. Von Ludw. Keller. (22 S.) n. — 75
2. Die Bücherhallen-Bewegg. im J. 1897. Von C. Nörrenberg. (24 S.) n. — 75

— u. **Aufsätze aus d. Comenius-Gesellschaft.** VII. Jahrg. 3 Stücke. gr. 8. Berlin [R. Gaertner]. Weidmann. n. 1.50
1. 2. Georg Blaurock u. die Anfänge d. Anabaptismus in Graubünden u. Tirol. Von Jos. R. v. Beck. Aus dem Nachlasse. Hrsg. v. Joh. Loserth. (30 S.) 899. n. — 75
3. Die römische Akademie u. die altchristl. Katakomben im Zeitalter der Renaissance. Von Ludw. Keller. (38 S.) 899. n. — 75

— — dasselbe. VIII. Jahrg. 2 Stücke. gr. 8. Ebd. à n. — 75
1. Volksbildung — Volkserholung — Volksheime. Neue Wege zu ihrer Förderg. Von W. Wetekamp. (24 S.) 900.
2. Die deutschen Gesellschaften des 18. Jahrh. u. die moralischen Wochenschriften. Ein Beitrag zur Geschichte des deutschen Bildungslebens. Von Ludw. Keller. (21 S.) 900.

— — dasselbe. IX. Jahrg. 3 Stücke. gr. 8. Ebd. à n. — 75
1. 2. Der Platonismus in Kants Kritik der Urteilskraft. Von Heinr. Romundt. (54 S.) 901.
3. Graf Albrecht Wolfgang v. Schaumburg-Lippe u. die Anfänge des Maurerbundes in England, Holland u. Deutschland. Von Ludw. Keller. (40 S.) 901.

— — dasselbe. X. Jahrg. 3 Stücke. gr. 8. Ebd. à n. — 75
1. Die Comenius-Gesellschaft. Ein Rückblick auf ihre 10jähr. Wirksamkeit. Von Ludw. Keller. (34 S.) 902. n. — 75
2. Die Studentenschaft u. die Volksbildung. Bericht üb. die Arbeiterbildungskurse der sozialwissenschaftl. Abteilung der Wildenschaft der techn. Hochschule zu Berlin. Von Wilh. Wagner. (III, 15 S.) 902.
3. Die Neugestaltung des städtischen Bibliothekswesens. Nebst e. Übersicht üb. den gegenwärt. Stand der Bücherhallenbewegg. Von G. Fritz. (23 S.) 902.

— u. **Aufsätze,** aus der Comenius-Gesellschaft. XI. Jahrg. 3 Stücke. gr. 8. Berlin [Weidmann]. Jena, E. Diederichs. à n. 1. —
1. Ein Reichsamt f. Volkserziehg. u. Bildungswesen. Nebst sonst. Vorschlägen zur Organisation der Volkserziehung. Von Jul. Ziehen. (28 S.) 903.
2. Die Anfänge der Renaissance u. die Kultgesellschaften des Humanismus im 13. u. 14. Jahrh. Von Ludw. Keller. (29 S.) 903.
3. Gottfried Wilhelm Leibniz u. die deutschen Sozietäten des 17. Jahrh. Von Ludw. Keller. (15 S.) 903.

— — dasselbe. XII Jahrg. 4 Stücke. gr. 8. Ebd. n. 4.50
1. Johann Gottfried Herder u. die Kultgesellschaften des Humanismus. Ein Beitrag zur Geschichte des Maurerbundes. Von Ludw. Keller. 1. u. 2. verb. Aufl. (106 S.) 904. n. 1.50
2. Die Sozietät der Maurer u. die älteren Sozietäten. Eine geschichtl. Betrachtung im Anschluss an Herders Freimaurergespräche. Von Ludw. Keller. (23 S.) 904. n. 1. —
3. Vedânta u. Platonismus im Lichte der Kantischen Philosophie. Von Paul Deussen. (25 S.) 903. n. 1. —
4. Der Humanismus u. seine Geschichte. Von Ludw. Keller. (15 S.) 904. n. 1. —

— — dasselbe. XIII. Jahrg. 5 Stücke. gr. 8. Ebd. n. 4.75
1. Gustav Theodor Fechner u. die Weltanschauung der Alleinslehre. Von Willy Pastor. (19 S.) 905. n. — 75
2. Die Tempelherrn u. die Freimaurer. Ein Beitrag zur Geistesgeschichte. Von Ludw. Keller. (49 S.) 905. n. 1.50
3. Schillers Stellung in der Entwicklungsgeschichte des Humanismus. Von Ludw. Keller. 2. Taus. (87 S.) 905. n. 1.50
4. Die freistudentische od. Finkenschaftsbewegung an den deutschen Hochschulen. Von Paul Ssymank. (20 S.) 905. n. — 50
5. Die italienischen Akademien des 18. Jahrh. u. die Anfänge des Maurerbundes in den romanischen u. den nord. Ländern. Von Ludw. Keller. (19 S.) 905. n. — 50

— — dasselbe. XIV. Jahrg. 1. u. 2. Stück. gr. 8. Ebd. n. 1.50
1. Latomien u. Loggien in alter Zeit. Beiträge zur Geschichte der Katakomben. Von Ludw. Keller. (23 S.) 906. n. — 50
2. Die heiligen Zahlen u. die Symbolik der Katakomben. Von Ludw. Keller. (38 S. m. Fig.) 906. n. 1. —

—— Jahrg. 15. Stück 1. Graf Wilhelm von Schaumburg Lippe. Ein Zeitgenosse und Freund Friedrichs des Grossen. Von Dr. LUDWIG KELLER. ib. 1907.

Stück 2. Die Idee der Humanitat und die Comenius-Gesellschaft. Ein Rückblick am Schlusse des 15. Gesellschaftsjahres. Von Dr. LUDWIG KELLER. ib. 19. –

Stück 3. Erfolge und Ziele der deutschen Bücherhallenbewegung 1902 1907. Von Dr. G. FRITZ. ib. 1907. –

Jahrg. XVI. Stück 1. Die Idee der Humanität und die Comenius-Gesellschaft. Ein Rückblick am Schlusse des 15. Gesellschaftsjahres von Dr. LUDWIG KELLER. Dritte durchgesehene Auflage. Jena 1908. Verlag von Eugen Diederichs.

Stück 2. Die soziale Frage im Lichte des Humanitatsgedankens. Vortrag, gehalten am 3. November 1907 zu Berlin in der Hauptversammlung der Comenius-Gesellschaft von Direktor Dr. jur. D. BISCHOFF, Leipzig. ib. 1908. —

Stuck 3. Die Grossloge Indissolubilis und andere Grosslogen-Systeme des 16., 17. und 18. Jahrhunderts. Von Dr LUDWIG KELLER. ib. 1908. –

Stuck 4. Erfolge und Ziele der deutschen Bücherhallenbewegung von Dr G. FRITZ. 2. durchgesehene Auflage. ib. 1908.

Stuck 5. Kulturideale und Volkserziehung. Vortrag, gehalten am 26. Februar 1908 in Berlin von KARL HESSE. ib. 1908. –

Jahrg. XVII. Stück 1. Die Wiedergeburt der Philosophie. Von Dr HEINRICH ROMUNDT in Dresden Plauen. ib. 1909. —

Stuck 2. Die geistigen Stromungen der Gegenwart und das offentliche Leben. Von Dr. LUDWIG KELLER. ib. 1909.

Stuck 3. Fichtes philosophischer Werdegang. Von ALBIN FREIHERR von REITZENSTEIN in Berlin. ib. 1909. –

Stück 4. Die Sozietaten des Humanismus und die Sprachgesellschaften. Von Dr LUDWIG KELLER. ib. 1909.

Stuck 5. Die geistigen Stromungen der Gegenwart und das offentliche Leben. Von Dr LUDWIG KELLER. 2. Auflage. ib. 1909. —

Stück 6. Schillers Weltanschauung und seine Stellung in der Entwicklungsgeschichte des Humanismus. Von Dr. LUDWIG KELLER. 2. Auflage. ib. 1909. —

Stück 7. Die Idee der Humanität und die Comenius-Gesellschaft. Von Dr. LUDWIG KELLER. 4. Auflage. ib. 1909.

Jahrg. XVIII. Stück 1. Nationale staatsburgerliche Erziehung. Von Dozent KARL HESSE. ib. 1910. —

Stuck 2. Die sozial-pädagogischen Erfolge der Comenius-Gesellschaft. Von Dr LUDWIG KELLER. ib. 1910. —

Stück 3. Nationale staatsbürgerliche Erziehung. Von Dozent KARL HESSE. 2. unveranderte Auflage. ib. 1910.

Stück 4. Johann Gottfried Herder. Seine Geistesentwicklung und seine Weltanschauung. Von Dr. LUDWIG KELLER. 2. Auflage. ib. 1910.

Stuck 5. Die geistigen Strömungen der Gegenwart und das offentliche Leben. Von Dr. LUDWIG KELLER. 3. Auflage. ib. 1910. –

Stück 6. Bibel, Winkelmass und Zirkel. Studien zur Symbolik der Humanitatslehre. Von Dr LUDWIG KELLER. ib. 1910. —

Vorträge u. Aufsätze

— — über **Entwicklungsmechanik** der Organismen. Hrsg. von Wilh. Roux. 1. Heft. gr. 8. Leipzig, W. Engelmann. n. 5. —

Die Entwickelungsmechanik, e. neuer Zweig der biologischen Wissenschaft. Eine Ergänzung zu den Lehrbüchern der Entwickelungsgeschichte u. Physiologie der Tiere. Nach e. Vortrag, geh. in der 1. allgemeinen Sitzung der Versammlg. deutscher Naturforscher u. Aerzte zu Breslau am 19. IX. 1904. Von Wilh. Roux. Mit 2 Taf. u. 1 Textfig. (XIV, 283 S.) 905.

— — üb. **Entwickelungsmechanik** der Organismen. Unter Mitwirkg. v. D. Barfuth, E. Bataillon, Beneke u. a. hrsg. v. Wilh. Roux. 2.—10. Heft. gr. 8. Leipzig, W. Engelmann. 22. —

Driesch, Hans, der Restitutionsreiz. Rede zur Eröffng. der Sektion f. experiment. Zoologie des 7. internat. Zoologenkongresses zu Boston. (24 S.) 909. (7. Heft.) 1. —

Godlewski, Emil, das Vererbungsproblem, im Lichte der Entwicklungsmechanik dargestellt. Mit 67 Abb. im Text. (302 S.) 909. (9. Heft.) 7. —

Küster, Ernst, über chemische Beeinflussung der Organismen durch einander. Vortrag, geh. am 9. XII. 1908 in der naturforsch. Gesellschaft zu Halle a. S. (25 S.) 909. (6. Heft.) 1. —

Loeb, Jacques, über den chemischen Charakter des Befruchtungsvorgangs u. seine Bedeutung f. die Theorie der Lebenserscheinungen. Vortrag, geh. auf dem internationalen. Zoologenkongress zu Boston am 22. VIII. 1907. (31 S.) 908. (2. Heft.) — 80

Oppel, Alb., über die gestaltliche Anpassung. d. Blutgefässe unter Berücksicht. der funktionellen Transplantation. Mit e. Orig.-Beigabe v. W. Roux, enth. seine Theorie der Gestaltg. der Blutgefässe einschliessl. d. Kollateralkreislaufs. (IX, 182 S.) 910. (10. Heft.) 4. 40

Ostwald, Wolfg., über die zeitlichen Eigenschaften d. Entwicklungsvorgänge. Mit 43 Fig. im Text u. auf 11 Taf. (71 S.) 908. (5. Heft.) 2. 80

Przibram, Hans, Anwendung v. elementarer Mathematik auf biolog. Probleme. Nach Vorlesgn., geh. an d. Wiener Universität im Sommersem. 1907. Mit 6 Fig. im Text. (VI, 84 S.) 908. (3. Heft.) 2. 10

Schlater, Gust., einige Gedanken üb. das Wesen u. die Genese d. Geschwülste. Vortrag, geh. in d. Gesellschaft z. Bekämpfg. der Krebskrankheit, im Jan. 1909, St. Petersburg. (44 S.) 909. (8. Heft.) 1. 20

Schultz, Eug., üb. umkehrbare Entwickelungsprozesse u. ihre Bedeutung f. e. Theorie der Vererbung. (48 S.) 908. (4. Heft.) 1. 40

Deutsches Museum. **Vorträge** und Berichte. H. 1. (München 1907: Bruckmann.) 8° [illegible]

Vorträge und Berichte. Deutsches Museum. München.

H. 1. Linde, C. v: Die Schätze der Atmosphäre. (1907)
H. 2. Oechelhaeuser, W. v: Ein Blick auf die Entwicklung der Gastechnik. (1909)
H. 3. Slaby, A: Otto von Guericke. (1906)
H. 4. Klein, F: Wissenschaft und Technik. (1908)
H. 5. Weiß, Eduard v: Landtransportmittel. (1910?)
H. 6. Exner, W: Internationale Gemeinschaftsarbeit auf technischen Gebieten. (1910)

— **Berliner.** 1.—4. Heft. 8. Berlin, K. Curtius. 4. 60

Forke, Alfr., die Völker Chinas. Vorträge, geh. im Seminar f. oriental. Sprachen zu Berlin. (90 S.) 907. (Heft 1.) 1. 50

Gerland, Heinr., die englische Gerichtsverfassung in ihrer gegenwärtigen Entwicklung u. die deutsche Gerichtsreform. Ein Vortrag, geh. in der jurist. Gesellschaft zu Berlin am 9. XI. 1907. (68 S.) 908. (Heft 3.) 1. —

Muthesius, Herm., die Einheit der Architektur. Betrachtungen üb. Baukunst, Ingenieurbau u. Kunstgewerbe. Vortrag, geh. am 13. II. 1908 im Verein f. Kunst in Berlin. (63 S.) 908. (Heft 4.) 1. 50

Plehn, Alb., über Wert-Wert u. ihre Bedeutung f. wirtschaftliche u. kriegerische Unternehmungen in den warmen Ländern. Vortrag, geh. in der Deutschen Kolonial-Gesellschaft. Abtellg. Berlin. (22 S.) 907. (Heft 2.) – 60

Vorträge u. Besprechungen

— — über d. Krisis des **Darwinismus** (Max Kassowitz, Rich. v. Wettstein, Berth. Hatschek, Christian Freih. v. Ehrenfels, Jos. Breuer). — Die socialethische Bedeutung der Musse (Chr. Freih. v. Ehrenfels). — Zur Erkenntnistheorie der ästhetischen Kritik (Rob. Eisler). (Wissenschaftliche Beilage zum 15. Jahresbericht [1902] der philosoph. Gesellschaft an der Universität zu Wien.) (79 S.) gr. 8. Leipzig 902. (J. A. Barth.) n. 2. –

— u. **Besprechungen** über das Wesen der Begriffe. (Twardowski, Kasimir, über begriffliche Vorstellgn. — Kralik Ritter v. Meyrswalden, Rich., über Philosphie als Begriffswissenschaft. – Kreibig, Jos. Klemens, über die Natur der Begriffe. — Sterneck, Rob. v., über die Elemente des Bewusstseins.) — Ueber die Axiome der Geometrie. (Gerstel.) — Natur- u. Kulturwissenschaft. (Menzel.) — Ueber die Beeinflussung subjektiver Gesichtsempfindungen. (Urbantschitsch.) (Wissenschaftliche Beilage zum 16. Jahresbericht [1903] der philosoph. Gesesellschaft an der Universität zu Wien.) (III, 139 S. m. 1 farb. Taf.) gr. 8. Wien 903. (Leipzig, J. A. Barth.) n. 3. 60

—— zum Besten der deutschen Invaliden gehalten im Gewandhaussaale zu Leipzig während der Monate Januar bis März 1871 von Wilh. Roscher, Gust. Baur, Geo. Curtius, Joh. Czermak, Geo. Voigt, Geo. Ebers und Herm. Credner. 1. Aufl. ℳ 2,70., und 2., zum Theil verb. Aufl. br. 8. (III, 149 S.) Leipzig 871, Hinrichs' Verlag. *

—— die besten komischen, für gesellige Kreise. 3. Aufl. gr. 8. (IV, 258 S.) Dresden 871, am Ende's Buchh. *

—— dass. — 4.—7. verb. Aufl. 16. (IV, 170 S.) Dresden 871—74, Kaufmann.

— die besten komischen, für gesellige Kreise. 1. u. 2. Bd. gr. 16. Dresden 878. Kaufmann's Verl. à 1. 25

1. 13., verb. Aufl. (IV, 170 S.) — 2. 6. Aufl. (IV, 152 S.)

— u. **biblische Betrachtungen** f. Leiterinnen von Jungfrauenvereinen. 8. (63 S.) Stuttgart 902. Buchh. der ev. Gesellschaft. n. — 60

Vorträge über moderne Chemie für Ingenieure geh. im Österr. Ingenieur- u. Architekten-Ver. in Wien. Wien: Ing.- u. Archit.-Ver. 1908. (IV, 236 S.) 8° 08 14172

— üb. moderne **Chemie** f. Ingenieure, geh. im österreich. Ingenieur- u. Architekten-Verein in Wien. (V. 236 S.) gr. 8. Wien 908. (Berlin, W. Ernst & Sohn.) 5.

— üb. **Cholera** asiatica, geh. f. die Mitglieder der Wiener Ärztekammer am 26. u. 27. IX. 1910. Paltauf: Über die Diagnose der Cholera asiatica. — Kraus: Zur Frage der ätiolog. Prophylaxe u. Therapie der Cholera asiatica. — Grassberger: Epidemiologie der Cholera u. hygien. Massnahmen. — Böhm: Die von der Gemeinde Wien zur Abwehr u. Bekämpfg. der Cholera getroffenen Massnahmen. — Winter: Sanitäre Massnahmen der Staatsbehörden anlässlich der Choleraerkrankgn. in Wien 1910. — Bogdan: Massnahmen gegen die Cholera v. Seite der österreich. Eisenbahnverwaltgn. (52 S.) gr. 8. Wien 910. M. Perles. — 60
Sonderabdr. aus: „Österr. Vierteljahrsschr. f. Gesundh.-Pflege".

Vorträge über **Cholera** asiatica, gehalten in den wissenschaftlichen Versammlungen des Wiener medicin. Doctoren-Collegiums im Octbr. 1886. gr. 8. Wien 887, Braumüller. *
Inhalt:
I. Weichselbaum, über Aetiologie der Cholera. — II. Oser, Pathologie und Therapie der Cholera. — III. Kratschmer, über Desinfection. — IV. Eisenschitz, über epidemische Cholera im Kindesalter. (93 S.)
Aus: Wiener medizinische Blätter, besonders abgedruckt.

— **christliche**, u. andere Aufsätze über moralische u. religiöse Materien, nebst einem Anhang über die vorzügl. Tugendmittel zur Förderung des Reiches Gottes. (Mit Titelbild.) gr. 8. Basel 841. (Schneider.) geb. 27 ngl

— im Dienste christlicher **Wahrheit** u. Liebe, gesammelt von G. Schulze. 1. Serie. 1. u. 2. Hft. gr. 8. M.-Gladbach 879. Schellmann's Verl. Subscr.-Pr. à n. — 50; Einzelpr. à — 75
1. Martin Butzer, der Reformator Straßburgs. Ein Vortrag von A. Natorp. (36 S.)
2. Luise Hensel u. Frhr. von Richthofen, eine Antithese aus der Kirchengeschichte der neuesten Zeit. Ein Vortrag von Stursberg. (44 S.)

Vorträge über die Dienstes Obliegenheiten des Waffen-Offiziers bezüglich fachmännischer Beaufsichtigung. [Wien 1886.] V: *Winklar, Johann.* (EB)

Vorträge und Discussionen gehalten vor dem Deutschen Gesellig-Wissenschaftlichen Verein von New York: no. 1 - [25], June 1870 - 1904.
Irregular. Title varies: GEMEINVERSTANDLICHE VORTRAGE, HERAUSGEGEBEN VOM DEUTSCHEN GESELLIG. WISSENSCHAFTLICHEN VEREIN VON NEW YORK, no. 21 - 25. Irregularities in numbering: no. [25] is unnumbered. No. 24, 1904 reprinted from the Society's VERHANDLUNGEN. No. 23 reprinted from MONATSHEFTE (Milwaukee), Jahrgang 15, no. 5 - 6, 1914. Octavo, various paging. Published by the Society.
New York, NY

Drei **Vorträge** aus dem Gebiete der Hygiene. (Hrgg. v. Graf Douglas.) Leipzig. 1895. 8°

Vorträge, drei, üb. die schweizer. Landesbefestigung, gehalten auf Veranlassung des St. Gallischen Offiziersvereins v. drei Offizieren der VII. Armeedivision. I. Militärisch-politischer Theil v. Oberst-Divisionär Vögeli. II. Militärisch-technischer Theil v. Stabsmajor H. Hungerbühler. III. Geschichtlicher Theil von Oberst-Brigadier Zollikofer. In-8°, 40 S. St. Gallen. Huber & Cie. Sort. 1880. — 60

Vorträge, Drei, über die schweizerische Landesbefestigung. St. Gallen 1880. V: *Vögeli-Bodmer, Arnold, Hugo Hungerbühler & Ludwig Zollikofer.* (Cat. d. Stadtbibl. Zürich. Zürich 1864—97.) (Zuwachsverz. d. Bibliotheken in Zürich 1898.)

Vorträge, Drei, gehalten in der IV. Landesconferenz der Volksschullehrer Kärntens am 20. und 21. October 1887. Inh.: 1. Jos. Palla, Welcher Vereinfachungen ist die Volksschulgrammatik fähig und bedürftig? 2. Josef Wüstner, Welcher Weg ist einzuschlagen, um die Erfolge des Zeichenunterrichtes an den allgemeinen Volksschulen zu bessern. 3. Jos. Berger, Wie kann von Seite der Schule dem Branntweinübergenusse entgegengewirkt werden? 8. (91 S.) Klgft., Leon. 1889. 95 S. * —.60

— **drei**, geh. auf der Lehrer-Conferenz zu Neuß am 21. Mai 1872 v. S. Blumenau, Fleischhacker u A. Treu. 8. (31 S.) Münster 872. Obertüschen in Comm. n. — 50

Vorträge, drei, aus dem Protestanten-Verein in Bremen. 16. (126 S.) Bremen [Halle] 869, Gesenius. *
Inhalt:
1. Kradolfer, J. J., über Glauben und Unglauben.
2. Manchot, Carl, über den Opfertod Jesu.
3. Schwalb, Moritz, der alte und der neue Glaube an Christus.

Drei **Vorträge** gehalten in der Loge Teutonia zu Potsdam, welche den Inhalt des Werkes: „Kosmogonie oder Menschenkörper, Menschengeist und Weltseele" in gedrängter Übersicht wiedergeben und durch neuerdings hinzugekommene Tatsachen, Beobachtungen und Entdeckungen vervollständigen. Potsdam, o. J.: Rentel. 53 S. 8°. 1 Taf. 21.

—— drei, gehalten in der Loge Teutonia in Potsdam, welche den Inhalt des Werkes: „Kosmogonie oder Menschenkörper, Menschengeist und Weltseele" in gedrängter Uebersicht wiedergeben und durch neuerdings hinzugekommene Thatsachen, Beobachtungen und Entdeckungen vervollständigen. gr. 8. (53 S. mit 1 Lithogr.) Potsdam 882, (Rentel's Buchh.) *

DREI VORTRÄGE gehalten in der ersten allgemeinen Versammlung des Historischen Vereins für Stadt u. Stift Essen am 16. December 1880. Essen. 1881. Druck von Fredebeul u. Koenen. 8°.

Drei **Vorträge** vom Vortragsabend des Liberalen Vereins für die Angelegenheiten der jüdischen Gemeinde zu Berlin am 10. Juni 1907. (Berlin: B. Levy 1907.) (31 S.) 8° 07. 14848

— drei, geh. in d. Wander-Versammlg. d. Vereines d. Aerzte in Troppau zu Teschen den 12. Septbr. 1895. gr. 8. (45 S.) Teschen 896. K. Prochaska n. 1. —
I. Ueber d. Anwendg. d. Erkenntnisformen in d. medicin. Wissenschaft. Von Ant. Dworzak.
II. Ueber Krankenkassenwesen. Von Leop. Buchbinder.
III. Ueber Asepsis u. Antisepsis in d. Praxis. Von Otto Zinsmeister.

— 63 höchst komische, humoristische. Eine Anthologie. 16. (110 S.) Erfurt 877. Körner. n. 1. —

Vorträge d. Geheimenr. D. Duttlinger u. d. Hofr. D. Welcker zur Vertheidigung des letzteren, gegen d. Anklage wegen e. angebl. Preßvergehens der Ehrenkränkung d. Badischen Ministeriums. Ein Beitr. zur Lehre v. d. Injurien. gr. 8. (9 B.) Freiburg 832, [Gebr. Groos, Vrls.-Expedit.]

— 31, zu Ehren der Himmelskönigin f. die Maiandachten. Von e. Pfarrer im Riesengebirge. gr. 8. (230 S.) Regensburg 885. Verlags-Anstalt. 2. 25

—— über Eisenbahnbau, gehalten an verschied. deutschen polytechn. Schulen. Begonnen von E. Winkler. 1.—3., 5., 11. Heft. gr. 8. Prag, Dominicus. *

Inhalt:

Heft 1. Winkler, E., der Eisenbahn-Oberbau, nach den Vorträgen über Eisenbahnbau, an der k. k. techn. Hochschule in Wien gehalten. 2. umgearb. Aufl. 2 Lfgn. [1. Lfg. (S. 1—96 mit 107 eingedr. Holzschn.) *ℳ 2,60.; 2. Lfg. (VIII, S. 97—248 mit 196 eingedr. Holzschn.) *ℳ 4,40.], und 3. verb. Aufl. (VIII, 284 S. mit 329 eingedr. Holzschn. und 4 lithogr., zum Theil farb. Taf.) 875. *ℳ 8.

» 2. Winkler, E., Weichen und Kreuzungen. 2. umgearb. Aufl. 1. Lfg. (S. 1—96 mit 137 eingedr. Holzschn.) 872. *ℳ 3,20.; 2. Lfg. (S. 97—212 mit 111 Holzschn.) 874. *ℳ 3,80.

» 3. Fränkel, W., Schiebebühnen und Drehscheiben. (V, 170 S. mit 116 eingedr. Holzschn. und 9 autograph. Taf. in gr. Fol.) 872. *ℳ 6,40.

Heft 5. Winkler, E. Unterbau. [Geometrische Vorarbeiten und Construction der Erdbauten.] 2. verb. Aufl. 1. Lfg. (96 S. mit 76 eingedr. Holzschn. und 2 Farbendruck-Taf. in qu. gr. 4.) 873. *ℳ 3,20.

» 11. Schmidt, Ed., Signalwesen. 1.—4. Lfg. (432 S. mit 118 zum Theile color. eingedr. Holzschn., 10 color. Holzschn.-Tab. und 1 lithogr. Taf. in qu. 4.) 874. *ℳ 10,80.

—— dass. — 2., 3., 5. Heft. gr. 4. Prag, Dominicus. *

Inhalt:

Heft 2. Die Weichen und Kreuzungen. (S. 50—102 mit 18 eingedr. Holzschn. und 25 lithogr. Taf., darunter 5 in Farbendr. in 4. und Fol.) 869. *ℳ 6.

» 3. Schiebebühnen und Drehscheiben. (S. 103—180.) 872. *ℳ 7.

» 5. Unterbau. [1. Thl.] (III, 68 S. mit 68 eingedr. Holzschn. und 14 lithogr. Taf., darunter 3 in Farbendr., in 4. und Fol.) 870. *ℳ 5,20.

1. Heft. Der Eisenbahn-Unterbau. Ebendas. 1867. *ℳ 4.

— dasselbe. 3. Hft. gr. 4. (S. 103—180.) Ebend, 874. n. 7. — (1—3 u. 5. Hft.: n. 22. 20)

—— über Eisenbahnbau, gehalten an verschiedenen deutschen polytechnischen Schulen, begonnen von E. Winkler. 3., 5. und 11. Heft 5.—7. (Schluss-)Lfg. gr. 8. Prag, Dominicus.

Inhalt:

Heft 3. Fränkel, W., Schiebebühnen und Drehscheiben. 2. verb. Aufl. (VII, 191 S. mit 115 eingedr. Holzschn. und 14 lithogr. Taf. in gr. 8. und qu. gr. 4.) 876. *ℳ 10.

» 5. Winkler, E., der Eisenbahn-Unterbau, nach den Vorträgen über Eisenbahnbau, gehalten an der k. k. techn. Hochschule in Wien. 3. verb. Aufl. (VII, 272 S. mit 275 eingedr. Holzschn. und 5 Taf. in Farbendr.) 877. *ℳ 10.

» 11. Schmidt, Ed., das Signalwesen, nach den Vorträgen über Eisenbahnbau, gehalten an der Universität Giessen. 5.—7. (Schluss-)Lfg. (X, S. 433—786 mit 356, zum Theil color., eingedr. Holzschn. und 1 lithogr. Taf.) 878. *ℳ 11,20.

Vorträge über Eisenbahnbau, geh. an verschiedenen deutschen polytechn. Schulen, begonnen von E. Winkler. 2. Hft. gr. 8. Prag 883. Dominicus. n. 10. — Die Weichen u. Kreuzungen, nach Vorträgen über Eisenbahnbau, geh. an techn. Hochschulen. In 1. u. 2. Aufl. bearb. von Emil Winkler u. in 3. verb. Aufl. bearb. von Frdr. Steiner. Mit 288 (eingedr.) Holzschn. (VII, 268 S.)

Vorträge über die unbefleckte Empfängnis der allerseligsten Jungfrau und Gottesmutter Maria, vom Vbl. Studium der V. V. Kapuziner in Solothurn. Mit kirchlicher Gutheissung hrg. von P. Magnus Künzle O. M. Cap. Lektor. VIII + 78 S. 8. Solothurn, Union, 1904. [fr. 1.—]

Vorträge über den Entwurf eines schweiz. Zivilgesetzbuches, gehalten im Zürcher Juristenverein im Winter 1905/6. Heft 1. Otto Lang: Das gesetzliche Erbrecht; H[ermann] F[erdinand] Hitzig: Die Rechtsstellung des Erben; Ernst Hafter: Zur Lehre von den juristischen Personen. IV + 117 S. 8. Zürich, Schulthess & Co., 1906. (fr. 3.20)

Zürcher Beiträge zur Rechtswissenschaft.... [Heft] 11.

Vorträge über den Entwurf eines schweiz. Zivilgesetzbuches, gehalten im Zürcher Juristenverein im Winter 1905/6. Heft 2. Georg Cohn: Das eheliche Güterrecht; August Egger: Grundeigentumsordnung und Grundpfandrecht; Max Huber: Die Wasserrechte. IV + 184 S. 8. Zürich, Schulthess & Co., 1906. (fr. 4. 20)

Zürcher Beiträge zur Rechtswissenschaft.... [Heft] 12.

Vorträge, ernste, s.: Miniatur-Bibliothek.

— üb. **Erziehung auf christlicher Grundlage. 4 Vorträge, geh. im kirchl. Verein zu Hamburg. (Grützmacher, Rich. H., Materialismus u. religiöse Erziehung. — Wagner, M., die biblische Geschichte als Grundlage der religiösen Unterweisung. — Brammer, Heinr., der Katechismus-Unterricht als Abschluß der religiösen Unterweisung. — Castens, A., Moral u. religiöse Erziehg.) (67 S.) gr. 8. Hamburg 905. Ev. Buchh. n. 1. 20**

— des hessischen u. nassauischen theologischen Ferienkurses. 1.—3. Heft. 8. Gießen, A. Töpelmann. n. 4. 70

1. Der Dekalog als katechetisches Lehrstück. Von E. Chr. Achelis. (75 S.) 905. n. 1. 50

2. Der christliche Gottesglaube. Seine Vorgeschichte u. Urgeschichte. Von Osc. Holtzmann. (VIII, 80 S.) 905. n. 1. 60

3. Neue Linien in der Kritik in der evangel. Ueberlieferung. (5 Vorträge, geh. auf dem 2. hess. u. nassau. theolog. Ferienkurs zu Marburg vom 8.–10. X. 1906.) Von Adf. Jülicher. (IV, 76 S.) 906. n. 1. 60

Vorträge an Christlichen Festtagen . . . Frankf. a. M. 1819. V: *Hufnagel, Wilhelm Friedr.* (MGT) »1818« (Ky) H: *Hufnagel, Eduard.* (Winer)

Vorträge an christl. Festtagen. Mit kindl. Sinne gesammelt aus den Papieren eines Predigers, (von Wlh. Fr. Hüfnagel). 8. Frankf. 818. Sauerländer. 1 ₰ 16 gr

Vorträge an christl. Festtagen ꝛc. s. Hufnagel, W. F.

—— zur Förderung und Belebung des reformirten Bekenntnisses! [Veranstaltet vom reformirten Schriftenverein.] I. Die Geschichte des Heidelberger Katechismus in Deutschland. Vortrag von H. Calaminus, gehalten am Montag, den 8. Dezbr. 1884 zu Elberfeld. 8. (15 S.) Barmen 885, Expedition des Reformirten Schriftenvereins. *

—— zur Förderung der Bestrebungen des Deutschen Kolonialvereins. 1.—3. Heft. gr. 8. Frankfurt a. M. 884, Verlag des Deutschen Kolonialvereins.

Inhalt:

Heft 1. Fick, A., Ist die Welt vergeben? Vortrag. (12 S.) * 50 Pf.

» 2. Moldenhauer, Frz., ein reicher Staat — ein mächtiger Staat. Vortrag. (11 S.) * 30 Pf.

» 3. Hasse, Ernst, die handelspolitische Erziehung des deutschen Kaufmanns. Vortrag. (12 S.) * 30 Pf.

—— zur Förderung der Bestrebungen des deutschen Kolonialvereins, Heft 4 u. fg., s. Beiträge zur Förderung ꝛc.

Vorträge über die wichtigsten Fragen auf dem Gebiete der deutschen Kali-Industrie, gehalten in der außerordentlichen Versammlung der Vereinigung Hannov. Handelskammern am 21. April 1906. Hannover, 1906. 79 S.

Freimaurerische Vorträge, Ansprachen, Gedichte und Tafelreden. [Abth.] 1—3. Frankfurt a. M.: Rommel 1880. VIII, 240 S. 8⁰

1. Rau, H.: Frmr. Vorträge u. Gedichte. S. 1 bis 139.
2. Zur Säcularfeier d. Aufnahme Goethes i. d. L. Amalia zu Weimar am 23. Juni 1780. S. 141—160.
3. Tafelreden, Ansprachen u. Gedichte. S. 161 bis 240.

[Umschlagtit.:] Freimaurer-Vademeum.

Recens: Bh. 23 (1880) S. 374; O. 6 (1880) S. 121; Al. 7 (1881) S. 127; L. 4 (1881) S. 7—8.

Tt. 1921.

Vorträge über Fremdenverkehr. Hg. vom Landesverbande für Fremdenverkehr in Kärnten. Kglft., v. Kleinmayr, 1910. 49 S. (Verf.: Ernst Maier-Höffern.)

Vorträge f. Freunde d. Evangelischen Bundes. Nr. 1 u. 2. 8. Dessau 892. P. Baumann. n. — 90

1. Wie starb Martin Luther? Vortrag, am 19/II. 1892 geh. zu Dessau v. Frdr. Winfr. Schubart. (26 S.) n. — 40
2. Was machte Luther zum Manne d. Volkes, u. was soll u. kann ihm noch heute die Herzen d. Volkes gewinnen? Vortrag, am 9/XI. 1889 in Dessau u. am 10/XI. 1891 in Magdeburg geh. v. Frdr. Loofs. (33 S.) n. — 60

— f. Freunde d. Evangelischen Bundes. Nr. 3. 8. Dessau 895. P. Baumann. n. — 30 (1.—3.: n. 1. 20)

Luther, d. Prophet Gottes, dem deutschen Volke gesandt. Vortrag, am 11. Novbr. 1894 zu Dessau geh. von Frdr. Nießmann. (19 S.)

— vor protestant. Freunden gehalten zu Magdeburg am Reformationsfeste 1842. 8. Magdeburg 843. (Creutz.) n. 1/6 ₰

— 5, von der Limburger Generalversammlung (Schmidt, Plaßmann, Ehses, Meyer, Wasmann), s.: Görres Gesellschaft zur Pflege der Wissenschaft im kathol. Deutschland.

Fünf Vorträge von der Paderborner Generalversammlung (Jos.) Wilpert, Wasmann, Kugler, Schweitzer, Dyroff). (Vorr.: Hermann Cardauns.) Köln: J. P. Bachem in Komm. 1907. (94 S.) 8° [F.]
= Görres-Gesellschaft z. Pflege d. Wissensch. im kath. Deutschland. Vereinsschrift f. 1907, 3. (08. 12731

Vorträge, 5, von der Paderborner Generalversammlung (Wilpert, Wasmann, Kugler, Schweitzer, Dyroff), s. a. Görres-Gesellschaft zur Pflege der Wissenschaft im kathol. Deutschland. 3. Vereinsschr.

[F.] Fünf Vorträge gehalten im Rüstringer Heimathsbund. 1) Pastor (Wilh.) Epping-Waddens 'Aus d. Waddenser-Chronik.' 2) Past. [Siebelt Gerhard] Marcus-Seefeld 'Ein Gang durch Stedingen.' 3) Past. [Hnr. Chr. Aug.] Eschen-Strückhausen 'Allerlei aus d. guten alten Zeit.' 4) H. Bulling-Esenshamm 'Die Entstehg d. Marschen.' 5) Past. Marcus-Seefeld 'Aus Butjadingens Vorzeit.' *Varel: Gedr. b. A. Allmers 1898.* (78 S.) 1 Bd 8. (98. 10528

— 5, geh. zur Vorbereitung der Lutherfeier in Görlitz vom 4. bis 9. Novbr. 1883. gr. 8. Görlitz 884. (Remer.) n. — 80; einzeln à n. — 20

1. Luthers Bedeutung f. die christliche Kirche. Von Schultze. (18 S.)
2. Luther u. die Bibel. Von Fischer. (21 S.)
3. Luther u. die Schwarmgeister. Von Wernicke. (15 S.)
4. Luther als deutscher Dichter. Von Linn. (14 S.)
5. Luther u. das deutsche Haus. Von Eitner. (18 S.)

55 wirklich wirksame Humoristische Vorträge. Sorgfältig ausgewählt von e. Urkomischen Charakter-Komiker. *Berlin: Tessaro-Verl. [1902].* (63 S.) 8° [F.]
= Vorträge, Humoristische. 1.
= Volksbücher. 3. (03. 13089

Vorträge über Gegenstände der Moral und Religion, in der Loge zum Füllhorn [in Lübeck] gehalten von H. K. Lübeck: Römhild 1807. IV, 122 S. 8°
Kl. 1151. 8 Vorträge. 193.

Die in der 10. General-Versammlung sämmtlicher der Landwirtschaftskammer für die Provinz Pommern angegliederten landwirtschaftlichen Vereine gehaltenen Vorträge. Stettin 1909: Pommersche Reichspost. 35 S. 4°
(Arbeiten d. Landwirtschaftskammer f. d. Prov. Pommer. H. 9.)

Vorträge, geheimwissenschaftliche. Hrsg. v. Arth. Weber. 1.—4. Hft. gr. 8. Leipzig (902.) Theosoph. Centralbuchh. à — 30

1. Keine Religion ist höher als die Wahrheit. Von Herm. Rudolph. (26 S.)
2. Die „Theosophische Gesellschaft", ihr Zweck u. ihre Verfassung. Von Herm. Rudolph. (34 S.)
3. Das Christentum, vom Standpunkte der occulten Philosophie aus betrachtet. Von Herm. Rudolph. (34 S.)
4. Warum vertritt d. „Theosophische Gesellschaft" das Prinzip der Toleranz? Von Herm. Rudolph. (26 S.)

— geheimwissenschaftliche. Hrsg. v. Arth. Weber. 5.—7. u. 15.—24. Heft gr. 8. Leipzig, Theosoph. Centralbuchh. à Heft — 30

5. Karma, das Gesetz der Wiedervergeltung u. Harmonie im Weltall. Von Herm. Rudolph. (42 S.) (904.)
6. Der verlorene Sohn. (Ev. Lucae 15, 11—32.) Von Herm. Rudolph. (32 S.) (904.)
7. Die Lebendigen u. die Toten. Von Herm. Rudolph. (26 S.) (904.)
15. Der wissenschaftliche Beweis der Unsterblichkeit u. die occulte Philosophie. Von Frz. Hartmann. (21 S.) (905.)
16. Die „Internationale theosophische Verbrüderung" u. die „Theosophischen Gesellschaften". Von Edwin Böhme. (42 S.) (905.)
17. Der Patriotismus u. die theosophische Verbrüderung der Menschheit. Von Herm. Rudolph. (28 S.) (905.)

18—20. Ueber den Verkehr m. der Geisterwelt. Von Frz. Hartmann. (82 S. m. Bildnis.) (905.)

21—23. Das Gedankenleben u. seine Beherrschung. Von Edw. Böhme. (86 S.) (905.)

24. Die Ehe u. die Geheimlehre. Von Herm. Rudolph. (35 S.) (905.)

— dasselbe. 1. Bd. gr. 8. Ebd. 904. 2. 50
Die Religion der Zukunft. Von Herm. Rudolph. (VIII, 204 S.)

— geheimwissenschaftliche. Hrsg. v. Arth. Weber. 25.—27. Heft. 8. Leipzig, Verlag des theosoph. Wegweisers. à — 30

Hartmann, Frz., Chemie u. Alchemie. (40 S.) (907.) (26. Heft.)
Rudolph, Herm., Kunst u. Religion. (27 S.) (907.) (25. Heft.)
Weber, Arth., eine Betrachtung einiger Lehren der Upanishaden. (40 S.) (907.) (27. Heft.)
Heft 1—7 u. 15—24. Jetzt Ebd. 902—06. à — 30: Heft 8—14 sind noch nicht erschienen.

— der Gehe-Stiftung zu Dresden. I. Bd. (36, 38, 58, 24, 43 u. 34 S.) gr. 8. Leipzig 909. B. G. Teubner. 4. 80

Hieraus einzeln:
Jellinek, Geo., Regierung u. Parlament in Deutschland. Geschichtliche Entwicklg. ihres Verhältnisses. Vortrag, geh. in der Gehe-Stiftg. zu Dresden am 13. III. 1909. (36 S.) 1. —
Kulemann, W., die Beteiligung der Laien an der Strafrechtspflege. (58 S.) 1. 40
Leist, Alex., das Vereinswesen u. seine Bedeutung. Vortrag, geh. in der Gehe-Stiftg. zu Dresden am 16. I. 1909. (24 S.) 1. —
Preuß, Hugo, Staat u. Stadt. Vortrag, geh. in der Gehe-Stiftg. zu Dresden am 7. XI. 1908. (38 S.) 1. —
Spann, Othmar, die Lage u. das Schicksal der unehelichen Kinder. Vortrag, geh. in der Gehe-Stiftg. zu Dresden am 13. II. 1909. (43 S.) 1. —
Wuttke, Rob., Reichsfinanzen u. Landesfinanzen. Vortrag, geh. zu Dresden am 12. II. 1909. (34 S.) 1.

— dasselbe. II. Bd. (II, 304 S.) gr. 8. Ebd. 910. 6. —

Hieraus einzeln:
Anschütz, Gerh., die Polizei. Vortrag, geh. in der Gehe-Stiftg. zu Dresden, am 12. II. 1910. (26 S.) 1. —
Borght, R. van der, Beruf, gesellschaftliche Gliederung u. Betrieb im Deutschen Reiche. Vortrag, geh. in der Gehe-Stiftg. zu Dresden am 15. I. 1910. Mit 9 Zahlentaf. u. 8 Zeichngn. (138 S.) 2. 80
Calker, Fritz van, die Reform der Gesetzgebung im Strafrecht u. Strafprozeß. Vortrag, geh. in der Gehe-Stiftg. zu Dresden am 6. XI. 1909. (40 S.) 1. —
Foerster, F. W., staatsbürgerliche Erziehung. Vortrag, geh. in der Gehe-Stiftg. zu Dresden am 12. III. 1910. (60 S.) 1. —
Schmidt, Rich., der Prozeß u. die staatsbürgerlichen Rechte. Vortrag, geh. in der Gehe-Stiftg. zu Dresden am 16. X. 1909. (40 S.) 1. —
Vergl.: Zeit- u. Streitfragen, neue.

— geisteswissenschaftliche. Durch Licht zum Licht! 1.—20. Heft. gr. 8. Leipzig, Theosoph. Verlagshaus. à — 40

Besant, Annie, die Aufgabe der theosophischen Gesellschaft. (6 S.) (909.) (1. Heft.)
— Die Aufgabe der Politik im Leben der Völker. (Vortrag, geh. zu Benares [Indien]. Verdeutscht von A. v. Ulrich.) (15 S.) (909.) (10. Heft.)
— Geistige Dunkelheit. (8 S.) (909.) (19. Heft.)
— Das Geheimnis der Entwickelung. (Aus dem Engl. übers. v. Frl. A. Dunkhase.) (13 S.) (909.) (11. Heft.)
— Die Gesetze des höh. Lebens. (12 S.) (909.) (20. Heft.)
— Hâtha-Yoga u. Râja-Yoga od. geistige Entwicklung nach altindischer Methode. (15 S.) (909.) (13. Heft.)
— Die Hüter der Menschheit. Vortrag, geh. zu Adyar im März 1908. [Aus: „Isis".] (12 S.) (909.) (12. Heft.)
— Die Notwendigkeit der Wiederverkörperung. (Vortrag. Aus dem Engl. übers. v. Frl. A. Dunkhase. (17 S.) (909.) (9. Heft.)
— Das Suchen nach Glück. (Aus dem Adyar Bulletin übers. v. A. Dunkhase.) (14 S.) (909.) (14. Heft.)
— Der Vegetarismus im Lichte der Theosophie. (13 S.) (909.) (5. Heft.)

-- Der Zeitgeist. (7 S.) (909.) (3. Heft.)
-- u. C. W. Leadbeater, der Äther im Weltenraume. (8 S.) (909.) (2. Heft.)
Blavatsky, H. P., die Jüngerschaft. Aussprüche. (S. 49 - 64 u. 12 S.) (909.) (16. 17. Heft.)
Böhme, Edwin, was ist Toleranz? (Nach e. beim Bundestage 1905 der „Theosophischen Gesellschaft in Deutschland“ in Leipzig geh. Vortrage.) (20 S. m. 1 Bildnis.) (909.) (15. Heft.)
Chatterji, J. C., der Pfad der Vervollkommnung. Das göttl. Schauen der Weisen Indiens. (47 S.) (909.) (7. 8. Heft.)
Leadbeater, C. W., unsichtbare Helfer. (14 S.) (909.) (4. Heft.)
— Naturgeister. Übersetzung aus dem „Theosophist“ v. A. Dunkhase. (23 S.) (909.) (18. Heft.)
Scott-Elliot, W., das Gesetz des Opfers. Verdeutscht von A. v. Ulrich. [Aus: „Isis“.] (21 S.) (909.) (6. Heft.)

Vorträge, Gemeinfassliche,
auf einige Feste Mariens ... Salzb. 1803.
V: *Thanner, Ignaz.* (IIr)

—— gemeinfaßliche, zum Vorlesen in Vereinen, hrsg. von Carstädt. Als Mscr. gedr. 1. Serie. 7 Hefte. gr. 8. Breslau, Koebner. à Heft * M 1. *
Inhalt:
Heft 1. Carstädt, Zweck und Ergebnisse der Nordpolfahrten. (22 S.) 876.
" 2. Lammers, A., die Schutzzölle. (16 S.) 876.
" 3. Hirt, Ludw., über den Einfluß der Berufsthätigkeit auf das Wohlbefinden des Menschen. (18 S.) 876.
" 4. Bauer, H., der Türkenschreck in Europa. (21 S.) 877.
" 5. Jacobi, Jos., Kunst und Wissenschaft in der Küche. (17 S.) 877.
" 6. Pfennig, Th., das Meer mit besond. Berücksicht. seiner Bewegung. (18 S.) 877.
" 7. Heinrich, B., Schreitet die Menschheit fort? (23 S.) 877.

—— dass. — 2. Serie. 6 Hefte. gr. 8. Ebendas. à Heft * M 1. *
Inhalt:
Heft 1. Mueller, Paul, die Stellung der Schöffen nach dem deutschen Gerichtsverfassungs-Gesetz und der deutschen Strafprozeßordnung. (20 S.) 877.
" 2. Trautwein v. Belle, C., Elsaß-Lothringen, ein Spiegelbild der Geschicke Deutschlands. (23 S.) 877.
" 3. Müller, Jul., Womit und wie sollen wir heizen? (16 S.) 878.
" 4. Köbner, Hugo, über medicinischen Aberglauben. (15 S.) 878.
" 5. Maaß, M., Lessing's Einfluß auf die geistige Bewegung seiner Zeit und der Gegenwart. (22 S.) 878.
" 6. Liebisch, Thdr., Gold und Silber. (15 S.) 878.

—— gemeinnützige. 1.—5. Heft. 8. Barmen, Wiemann. à Heft *
Inhalt:
Heft 1. Frommel, Max, über wahre Bildung. Vortrag gehalten in Barmen und Darmstadt, sowie im Institut Friedlaender in Carlsruhe. 1.—3. Aufl. (31 S.) 873.
" 2. Loesing, Geo. E., die Strikes, ihre Erscheinung, Beurtheilung und Behandlung nach der heil. Schrift. (39 S.) 873.
" 3. Vollmar, A., allgemeine Bemerkungen über die Aufgabe der Volksschule. Vortrag gehalten in der Conferenz für Lehrer und Schulfreunde in Barmen am 13. Aug. 1873. (32 S.) 873.
" 4. 5. Kirchner, Alb., Gedanken über christliche Erziehung. 2 Bdchn. Ansprachen an christl. Lehrer. (IV, 82 S.) 874.

Vorträge, gemeinnützige. 6. Heft: Die Familie in ihrer Bedeutung für die sittlichen Aufgaben der Gegenwart. Vortrag auf der kirchl. Conferenz in Barmen von H. Fhr. v. der Goltz. 8. (30 S.) Barmen 874, Wiemann. *
Nicht weiter erschienen.

—— und Abhandlungen, gemeinnützige. 10 Nrn. gr. 8. Berlin 881, Janke.
Inhalt:
Nr. 1. Nußbaum, J. N. Ritter v., eine kleine Hausapotheke. (15 S.) * 50 Pf.
Nr. 2. Finkelnburg, über Ziele und Wege der internationalen Gesundheitspflege. [Nach einem am 7. Septbr. 1880 beim internationalen Kongresse für Hygienie zu Turin gehaltenen Vortrage.] (16 S.) * 50 Pf.
" 3. Foerster, Wilh., zur Beurtheilung einiger „Zeitfragen“, insbesondere gegen die Einführung einer deutschen Normalzeit. Ein Vortrag, gehalten zu Hamburg im Verein für Kunst und Wissenschaft am 7. Febr. 1881. (23 S.) * 60 Pf.
" 4. Vogel, H. C., unser Planetensystem und die Planeten. (29 S.) * 60 Pf.
" 5. Sigmund, v., Was vermögen wir gegen die Syphilis als Volkskrankheit jetzt zu thun? (19 S.) * 50 Pf.
" 6. Laspeyres, E., Beiträge zur Lage der deutschen Industrie und insbesondere zum angeblichen wirtschaftlichen Rückgang Deutschlands in der angeblichen Aera des Freihandels. (16 S.) * 60 Pf.
" 7. Aegidi, Ludw. Karl, das deutsche Fürstenthum. Vortrag, gehalten im Wissenschaftl. Verein, Berliner Singakademie den 5. Febr. 1881. (16 S.) * 50 Pf.
" 8. Lette, über Freiheit der Person und des Eigenthums in Beziehung auf bäuerliche Verhältnisse. Aus den hinterlassenen Papieren. (20 S.) * 50 Pf.
" 9. Nowacki, Ant., über den Ackerbau und die Viehzucht der Ameisen. (28 S.) * M 1.
" 10. Ludwig, J., die Elektricität im Dienste des Lebens. (36 S.) * 60 Pf.
Aus: Deutsche Revue, besonders abgedruckt.

— gemeinverständliche, hrsg. vom deutschen gesellig-wissenschaftl. Verein von New York. Nr. 21. gr. 8. New York 898. (E. Steiger & Co.) 1. —
D. deutsche Revolution d. J. 1848. Vortrag, geh. im deutschen gesellig-wissenschaftl. Verein v. New York am 24. III. 1898. Von Hans Kudlich. (28 S.)

Vorträge, gemeinverständliche. 1. u. 2. Bd. 8. Leipzig, Jaeger'sche Verlagsbuchh. à — 60
Gorjemann, Ernst, Goethes Faust. Ein Vortrag über die Tragödie. (46 S.) (909.) (Bd. 1.)
-- Religionsgeheimnisse. Ein Vortrag. (36 S.) (910.) (Bd. 2.)

— u. **Abhandlungen,** gemeinverständliche darwinistische. Hrsg. v. Wilh. Breitenbach. 1.—5. Hft. gr. 8. Odenkirchen, Dr. W. Breitenbach. n. 5. 75
1. Die Abstammungslehre. Von L. Plate. Mit 8 Abbildgn., e. Brief Ernst Haeckel's als Vorwort u. e. Glossarium von Heinr. Schmidt. (51 S.) 901. n. 1. —
2. Die Biologie im 19. Jahrh. Vortrag, geh. im naturwissenschaftl. Verein zu Krefeld. Von Wilh. Breitenbach. (31 S.) 901. n. — 75
3. Die Ernährung der Tiere im Lichte der Abstammungslehre. Von Heinr. Simroth. Mit 5 Abb. (49 S.) 901. n. 1. —
4. Die Entstehung u. Bildung des Sonnen-Systems. Von B. Borchardt. Mit 6 Abbildgn. (44 S.) 902. n. 1. —
5. Haeckels biogenetisches Grundgesetz u. seine Gegner. Von Heinr. Schmidt. Mit 16 Abbildgn. (107 S.) 902. n. 2. —

— u. **Abhandlungen,** gemeinverständliche darwinistische. Hrsg.: Wilh. Breitenbach. 6.—13. Heft. 8. Brackwede, Dr. W. Breitenbach. n. 12. —
Breitenbach, Wilh., Ernst Haeckel. Ein Bild seines Lebens u. seiner Arbeit. Mit e. Portr. Haeckels u. e. Handschriftprobe. (107 S.) 904. (Hft. 11.) n. 2. —
Errera, L., gemeinverständlicher Vortrag üb. die Darwin'sche Theorie m. Berücksicht. einiger neueren Untersuchungen. Mit 6 Abbildgn. Aus dem Franz. übers. v. G. Michels. (44 S.) 902. (Hft. 6.) n. 1. —
Francé, R. H., die Weiterentwickelung des Darwinismus. Eine Wertg. der neuen Tatsachen u. Anschaugn. Mit 58 Abbildgn. (IV, 138 S.) Odenkirchen 904. (Hft. 12.) n. 2. 50
Jacobi, Arnold, die Bedeutung der Farben im Tierreiche. Mit 2 Abbildgn. (56 S.) 904. (Hft. 13.) n. 1. —
Meyer, J. G., die Kulturgeschichte im Lichte der Darwin'schen Lehre. (87 S.) Odenkirchen 904. (Hft. 10.) n. 1. 50
Schmidt, Heinr., die Urzeugung u. Professor Reinke. (48 S.) 903. (Hft. 8.) n. 1. —
Schnee, Paul, darwinistische Studie auf e. Korallen-Insel. (46 S.) 903. (Hft. 9.) n. 1. —
Schoenichen, Walth., der Scheintod als Schutzmittel des Lebens. Mit 8 Abbildgn. (107 S.) 903. (Hft. 7.) n. 2. —

— u. **Abhandlungen,** gemeinverständliche darwinistische. Hrsg.: Wilh. Breitenbach. 14.—16. Heft. 8. Brackwede, Dr. W. Breitenbach. 3. —
Breitenbach, Wilh., Abstammung u. Vorgeschichte des Menschen. Eine gemeinverständl. Uebersicht üb. den jetz. Stand der Frage. Mit 1 Taf. u. 2 Tab. (IV, 54 S.) 907. (15. Heft.) 1. —
May, Walth., auf Darwin-Spuren. Beiträge zur Biographie Darwins. Mit 5 Abb. (IV, 63 S.) 907. (14. Heft.) 1. —
Ogilvy, A. J., die Fibel des Darwinismus. Aus dem Engl. übers. von A. v. Borosini. (IV, 95 S.) 908. (16. Heft.) 1. —; geb. 1. 50

—— gemeinverständliche, geh. im Festsaale d. k. k. akadem. Gymnasiums in Wien. [Hrsg. im Auftrage der Wiener freiwill. Rettungs-Gesellschaft vom Schriftführer.] 8.—10. Folge. gr. 8. Wien, (Huber u. Lahme). [8. Folge. 8 Vorträge. (86 S.) 889; 9. Folge. 7 Vorträge. (V, 63 S.) 890; 10. Folge. 10 Vorträge. (99 S.) 891.] à Folge * 1 —; * 3 —

Vorträge gehalten bei der 21. Generalversammlung (des Evangelischen Bundes) in Braunschweig ... Leipzig: C. Braun in Komm. 1908. (Getr. Pag.) 8° [Umschlagt. F.] 108. 17758 2

— geh. bei der 21. Generalversammlung (des Evangelischen Bundes) in Braunschweig. (14, 25, 46, 12, 4, 4, 13, 11, 9, 14, 17, 15, 10, 14, 17, 22, 13, 9, 9, 14, 10 u. 16 S.) 8. Leipzig 908. Halle, Verl. des Evangel. Bundes. 1.25
Fortsetzg., s.: Reden u. Vorträge.

Vorträge gehalten in der Generalversammlung der Schleswig-Holsteinischen patriotischen Gesellschaft 1818 1836. Kiel, Altona, Schleswig u. s. w. 1818–36. 8°

—— in d. ersten u. dritten General-Versammlung d. Gewerbevereines in Karlsruhe, u. Tafel-Lied bei seiner 2. Jahresfeier v. L. K. gr. 8. (4¾ B.) Karlsruhe 835, Braun'sche Hofbuchh.

—— bei d. General-Versammlung u. Preisvertheilung d. Unterrheinkreis-Abtheil. Weinheim d. großhrzgl. badischen landwirthschaftl. Vereins, in d. heidelb. Universitätsaula am 17. Okt. 1837. gr. 4. (3½ B.) Heidelberg 838. [Mannheim, Bensheimer.]

„Vorträge bei der Generalversammlung und Preisvertheilung der Unterrheinkreisabthellung Weinheim des großherzoglich Badenschen landwirthschaftlichen Vereins am 17. October 1837", Heidelberg 1838 (Oswald).

— bei der General-Versammlung u. Preisvertheilung der Unterrheinkreis-Stelle des Großherzogl. Badischen landwirthschaftl. Vereins in Heidelberg am 29. Septbr. 1841 u. 31. Octbr. 1842. 2 Hefte. gr. 8. Ebend. 842, 43. à ¼ ₰

— gesammelte, über den 1., 2. u. 3. Artikel des christlichen Glaubens, geh. im Evangel. Verein zu Hannover von Freytag, Düsterdieck, Uhlhorn, Büttner, Niemann, Evers, Rocholl, Ziel, Danckwerts, Meyer, Sievers, Krome. 2. (Titel-)Ausg. gr. 8. (III, 163; III, 185 u. III, 172 S.) Hannover (1871—73) 878. Meyer. n. 4. —

—— gesammelte naturwissenschaftliche. gr. 8. (V, 400 S. mit 19 eingedr. Holzschn., 41 eingedr. Abbild. in Naturselbstdr. und 1 chromolithogr. Taf.) Wien 870, Braumüller. *

Vorträge. Gesammelte naturwissenschaftliche Vorträge. No. 1 bis 9. Wien 1871. 8.

Vorträge, gehalten in der naturforschenden Gesellschaft zu Danzig den 15. Juni 1870. Lex.-8. (40 S.) Danzig 871, (Anhuth.) *

Inhalt:
Lissner, über das Verhalten des Pragenauer Wassers in den Bleiröhren. — Helm, O., über die chem. Zusammensetzung des Wassers der neuen Wasserleitung und Vergleich desselben mit andern Trinkwässern Danzigs. — Brischke, C. G. A., Verzeichniss der Wanzen und Zirpen der Provinz Preussen.
Aus: Schriften der naturforschenden Gesellschaft zu Danzig, besonders abgedruckt.

— geh. in der pädagogischen Gesellschaft zu Leipzig. Hrsg. v. F. Dix. 1. Hft. gr. 8. Leipzig 876. Brandstetter. — 75
Ueber Belebung d. Religionsunterrichts in der Volksschule. Von Hempel. (S. 1—15.) — Hilfs- u. Anschauungsmittel d. Geschichtsunterrichts. Von H. O. Zimmermann. (S. 16—26.) — Unsere Zeit und die Zucht der Schule. Von Frdr. Sachse. (S. 27—46.) — Der Geschichtsunterricht in der Schule. Von Frdr C. Biedermann. (S. 47—56.)

— geh. 1878—80 in der Pädagogischen Gesellschaft zu Leipzig. Hrsg. von F. Dix. 4. u. 5. Hft. gr. 8. (67 S.) Leipzig, Siegismund & Volkening. n. 1. 20
cf.: Sammelmappe, pädagogische.

Polytechnische Gesellschaft, Vorträge, gehalten im Winter 1854—1855.
Diesterweg, A., Ueber Astrologie. — Ueber Geologie und Geognosie.
Matzner, E., Ueber die Hand des Menschen in cultur historischer Beziehung.
Schweitzer, Ueber vergleichende Cultur-Statistik.
Dove, Ueber die Construction optischer Instrumente.
Berlin 1855.

VORTRÄGE, IN DER WISSENSCHAFTLICHEN GESELLSCHAFT ZU HALBERSTADT IM JAHRE ... GEHALTEN.
Im Jahre 1861. Als Manuscript für die Mitglieder gedruckt. Halberstadt, Schnellpressendruck bei J. Hörling's Wittwe. 8°.
Im Jahre 1862. Als Manuscript nur für Mitglieder gedruckt. ib. Schnellpressendruck von H. Meyer.

— üb. das bürgerliche Gesetzbuch. gr. 8. (III, 582 S.) Leipzig 901. Roßberg'sche Verlagsbuchh. n. 10. —
Sonderabdruck aus: „Sächs. Archiv f. bürgerl. Recht u. Prozeß".

— üb. Gesetzeskunde u. Verwaltung. Hilfsmittel zur Vorbereitg. f. die Beamten-Prüfgn. Hrsg. vom Vereine der Finanz-Beamten zu Dresden. 1. Hft. Das Vormundschaftswesen. gr. 8. (8 S.) Dresden 894. C. Weiske. n. — 40

— üb. Gesetzeskunde u. Verwaltg. Hülfsmittel z. Vorbereitg. f. die Beamten-Prüfgn. Hrsg. v. Vereine der Finanz-Beamten zu Dresden. 2.—28. Hft. gr. 8. Dresden, C. Weiske. n. 9. 20
2. Die Handelsgesellschaften. (12 S.) 894. n. — 40
3. 4. Die kaufmänn. Buchführg. Kurzgef. Uebersicht üb. d. Wesen d. einf. u. dopp. Buchführg. (22 S.) 894. n. — 40
5. Die wesentl. Bestimmgn. üb. d. Militär-Pensionswesen. (8 S.) 895. n. — 40
6. Das Grundbuchwesen im Königr. Sachsen. Zusammenstellg. d. hauptsächl. Bestimmgn. (8 S.) 895. n. — 40
7. Die Verhältn. d. Civilstaatsdiener im Königr. Sachsen. E. Zusammenstellung d. hauptsächlichsten Bestimmgn. (12 S.) 895. n. — 40
8. Die Krankenversicherung der Arbeiter im Deutschen Reiche. (8 S.) 895. n. — 40
9. Die rechtl. Wirkungen der Ehe. (16 S.) 895. n. — 40
10. Das Landesbrandversicherungswesen im Königr. Sachsen. (15 S.) 895. n. — 40
11. D. königl. sächs. Hypothekenrecht. (9 S.) 895. n. — 40
12. Die Militärpflicht, Organisation d. Militärwesens u. d. Bestimmgn. üb. d. Militäranwärter. (13 S.) 895. n. — 40
13. Die deutsche Gewerbeordng. Kurze Darstellg. d. hauptsächlichsten gesetzl. Bestimmgn. [I. Thl.] (11 S.) 896. n. — 40
14. 15. Dasselbe. [II. Thl.] (21 S.) 896. n. — 60
16. 17. Die Steuerverfassg. d. Königr. Sachsen. E. Zusammenstellg. der hauptsächlichsten Bestimmgn. 1. Thl. Allgemeines u. Grundsteuer, nebst Anh., Grundsteuerregulirg. bei Dismembrationen, Zusammenleggn. etc. betr. (28 S.) 896. n. — 60
18. Die Zwangsvollstreckg. Das gerichtl. Zwangsvollstreckungs-Verfahren nach d. Reichs-Civilprozeßordng. u. die Zwangsvollstreckg. in Verwaltungssachen im Königr. Sachsen. (18 S.) 896. n. — 40
19. 20. Die Steuerverfassg. d. Königr. Sachsen. E. Zusammenstellg. der hauptsächlichsten Bestimmgn. 2. Thl. Die Einkommensteuer. (30 S.) 896. n. — 60
21. Die Verfassg. d. Königr. Sachsen. (15 S.) 896. n. — 40
22. 23. Das Registratur- u. Aktenwesen. (31 S.) 896. n. — 60
24. Verfassg., die, d. Deutschen Reiches. (22 S.) 897. n. — 40
25. 26. Steuerverfassg. d. Königr. Sachsen. 3. Thl.: Die Steuer v. Gewerbebetrieb im Umherziehen u. d. Erbschaftssteuer. (33 S.) 897. n. — 60
27. 28. Dasselbe. 4. Thl.: D. Stempelsteuer m. Berücksicht. d. Reichsstempelabgaben. (34 S.) 898. n. — 60

— über Gesetzeskunde u. Verwaltung. Hülfsmittel zur Vorbereitg. f. die Beamten-Prüfgn. Hrsg. vom Vereine der Finanz-Beamten zu Dresden. 1., 2., 5.—7. u. 29.—33. Hft. Lex.-8. Dresden, C. Weiske. n. 4. 40
1. Bestimmungen, die hauptsächlichsten, üb. die Vormundschaft. (Neue Aufl.) (10 S.) 900. n. — 40
2. Bestimmungen, die wesentlichen, üb. die Handelsgesellschaften nebst e. Anh.: Einiges üb. Inhaberpapiere. (Neue Aufl.) (10 S.) 900. n. — 40
5. 6. Das vom 1. I. 1900 ab geltende Grundbuchrecht. (Bearb. v. Rosenmüller.) (Neue Ausg.) (32 S.) (901.) n. — 80
7. Verhältnisse, die, der Civilstaatsdiener im Königr. Sachsen. Eine Zusammenstellg. der wesentlichsten gesetzl. Bestimmgn. unter besond. Berücksicht. der Vorschriften üb. die Pensionsverhältnisse u. die Anrechnung v. Dienstzeit. 2. umgearb. u. bis Ende Juli 1902 ergänzte Aufl. (82 S.) 902. n. — 40
29. Die Invalidenversicherung im Deutschen Reich. Von E. Hennig. (12 S.) 900. n. — 40
30. Die Unfallversicherung im Deutschen Reich. Von E. Hennig. (14 S.) 900. n. — 40
31. Reichsbehörden, die deutschen. Zusammengestellt auf Grund des Handbuchs f. das Deutsche Reich. (31 S.) (901.) n. — 60
32. Verwaltungsgerichte, die, u. die Organisation der Verwaltungsgerichtspflege im Königr. Sachsen nach dem Gesetze v. 19. VII. 1900. (16 S.) 901.
33. Das Gerichtsverfassungsgesetz u. das Gerichtswesen im Deutschen Reiche u. insbesondere im Königr. Sachsen. Von Roßbach. (21 S.) 901. n. — 60

— über Gesetzeskunde u. Verwaltung. Hülfsmittel zur Vorbereitg. f. die Beamten-Prüfgn. Hrsg. vom Vereine der Finanz-Beamten zu Dresden. 3. 4. 8. 22. 23. u. 34.—38. Heft. Lex.-8. Dresden, C. Weiske. n. 3. 60
Bahrmann, der Staatshaushalt des Königr. Sachsen. (Etat u. Rechenschaftsbericht.) Eine Zusammenstellg. des Wesentlichsten vom sächs. Etatrecht. (40 S.) 906. (Hft. 37. 38.) n. — 80
Francke, Hans, die Zwangsvollstreckung. Nachtrag zu der Neubearbeitg. vom J. 1901, enth. die inzwischen in Kraft getretenen Gesetze, insbesondere die Zwangsvollstreckg. wegen Geldleistgn. in Verwaltungssachen nach dem sächs. Gesetze vom 18. VII. 1902. (7 S.) 903. (Hft. 34.) n. — 20
Krankenversicherung, die, im Deutschen Reich. 2. erweit. u. bis auf die neueste Zeit ergänzte Aufl. (9 S.) 903. (Hft. 8.) n. — 40
Schubert, H. A., die kaufmännische Buchführung. Kurzgefaßte Uebersicht üb. das Wesen der einfachen u. der doppelten Buchführg. Als Hilfsmittel zur Vorbereitg. auf die Beamtenprüfgn. bearb. 2. umgearb. Aufl. (39 S.) 903. (Hft. 3. 4.) n. — 80
— das Registratur- u. Aktenwesen. 2. verb. Aufl. (30 S.) 903. (Hft. 22. 23.) n. — 60

Weise, das sächsische Enteignungsrecht nach dem Gesetze vom 24. VI. 1902. (16 S.) (904.) (Hft. 35.) n. — 40
— die sächsischen Gemeindeordnungen. (14 S.) (905.) (Hft. 36.) n. — 40

— über Gesetzeskunde u. Verwaltung. Hrsg. v. Vereine d. Finanzbeamten. 5., 6., 13.—15., 19. u. 32. Heft. Lex. 8. Dresden, C. Weiske. 2. 20

Frenzel, G., die deutsche Gewerbeordnung. Kurze Darstellg. der hauptsächlichsten gesetzl. Bestimmgn. 2. Aufl., umgearb. u. erweitert. (63 S.) 907. (13.—15. Heft.) — 80
Rosenmüller, das Grundbuchrecht. Eine Zusammenstellg. der in Sachsen gelt. Bestimmgn. 2. Aufl. (32 S.) 909. (5. 6. Heft.) — 60
Steuerverfassung des Königr. Sachsen. Eine Zusammenstellung der hauptsächlichsten Bestimmgn. 2. Tl.: Die Einkommensteuer. 2., umgearb. Aufl. von Albert Biehle. (28 S.) 907. (19. Heft.) 40
Verwaltungsrechtspflege, die, im Königr. Sachsen. Kurze Darstellgn. der hauptsächlichsten gesetzl. Bestimmungen. 2., ergänzte Aufl. (22 S.) 909. (32. Heft.) — 40

—— über Gesundheitspflege und Rettungswesen, gehalten im Vortrags-Pavillon der Hygiene-Ausstellung zu Berlin 1882—83. Hrsg. von Paul Boerner. 1. Cyclus. 1.—6. und 9.—11. Vortrag. gr. 8. Berlin 883, Pasch. à Vortrag

Inhalt:
Vortrag 1. Esmarch, über Samariter-Schulen. (S. 1—16.)
» 2. Mundy, J., über das freiwillige Rettungswesen in Europa. (S. 17—27.)
» 3. Nieden, Jul. zur, über die Errichtung von Pflegestätten im Kriege. Vortrag, gehalten am 6. Juni 1883. (24 S.)
» 4. —— der Eisenbahn-Transport verwundeter und erkrankter Krieger. (24 S. mit 17 Abbild.)
» 5. Fleck, H., über die Chemie in ihrer Bedeutung für die Gesundheitspflege. (28 S.)
» 6. König, J., die Wichtigkeit der Lebensmittel-Controle und ihre Ausführung in Deutschland und ausserdeutschen Staaten. (24 S.)
» 9. Wittmack, L., die Krankheiten der Nährpflanzen und ihre Beziehungen zur Hygiene. Vortrag, gehalten am 22. Juni 1883. (22 S.)
» 10 Kerschensteiner, v., die Verbreitung von Masern, Scharlach und Blattern. Ein Stück der Schulgesundheitspflege. Vortrag, gehalten am 26. Juni 1883. (19 S.)
» 11. Gjorgjewitj, Vl., die öffentliche Gesundheitspflege in Serbien. (24 S.)
7. und 8. Vortrag sind nicht erschienen.

—— dass. — 2. Cyclus. 1. und 2. Vortrag. gr. 8. Ebendas. à Vortrag

Inhalt:
Vortrag 1. Felix, J., über die sanitären Zustände Rumäniens. Vortrag, gehalten am 22. Septbr. 1883. (37 S.) 883.
» 2. Soyka, J., die Verbreitungsweise der Cholera nach Ort und Zeit. (35 S.) 884.

Vorträge, geh. im mähr. Gewerbe-Museum, betr. die Ausschmückung d. zu erbauenden Deutschen Hauses in Brünn. 4. Brünn 887. Verl. d. Vereines „Deutsches Haus". n. 1. 50

„Ueber d. Ausschmückg. des Deutschen Hauses". Vortrag, geh. am 31. Jänner 1887 v. Frdr. Wanneck. (8 S.) — Vortrag über d. volksthümlich-künstler. Verwerthg. d. altdeutschen Geschichte m. bes. Rücksicht auf Mähren, von d. Urzeit bis zur Völkerwanderg., unt. Beachtg. d. in d. alten Wohnsitzen zurückgebliebenen Germanen, nebst deren Schicksalen u. Cultur-Verhältnissen, geh. am 7. u. 11. Febr. 1887 v. Heinr. Kirchmayr. (13 S.) — Deutsche Bilder aus d. mähr. Vergangenheit, von Carl d. Großen bis Rudolf v. Habsburg. Vortrag, geh. am 14. u. 18. Febr. 1887 von Gust. Trautenberger. (11 S.) — Vortrag üb. d. volksthümlich-künstler. Verwerthg. der Geschichte Böhmens u. Mährens unter d. Luxemburgern. f. Zwecke d. Ausschmückg. d. deutschen Hauses in Brünn. Geh. am 21. u. 25. Febr. 1887 v. Aug. Prokop. (15 S.) — Drei Jahrhunderte mähr. Geschichte. (Von Albrecht II. bis Maria Theresia.) Vortrag, geh. am 28. Febr. u. 4. März 1887 von Paul Strzemcha. (13 S.) — Mähren unt. der Regierung Maria Theresia's u. Joseph's II. Vortrag, geh. am 7. u. 11. März 1887 von Fritz Wenzlitzke. (13 S.) — Die Urzeit Mährens auf Grundlage prähistor. Forschgn. von Alex. Makowsky. Vortrag am 14. u. 18. März 1887. (12 S.)
Forts. unt. d. T.: Blätter vom deutschen Hause.

Vorträge, gottesdienstliche, in der Schloßkirche zu Karlsruhe geh. v. E. Chr. Achelis, H. Bassermann, H. Cremer, A. Hauck, E. Haupt, W. Herrmann, J. Kaftan, L. Lemme, K. Sell, G. Weitbrecht. gr. 8. (XII, 139 S.) Freiburg i/B. 893. J. C. B. Mohr. n. 3. —; geb. in Leinw. n. 4. —

Gottesdienstliche Vorträge in der Schloßkirche zu Karlsruhe geh. von E[rnst] Chr[istian] Achelis, H. Bassermann, H. Cremer, A. Hauck, E. Haupt, W. Herrmann, J. Kaftan, L. Lemme, K. Sell, G. Weitbrecht. 2. Aufl. Freiburg i. B.: J. C. B. Mohr 1893. (XII, 139 S.) 8° [F.] 107. 7781 θ

— heilsame, zur Vertreibung müßiger Stunden, eine Wochenschr., (von Rud. Wedekind). 8. Götting. 776. Kübler. 1 ℛ
Beilage zu den Göttingischen Anzeigen, 1776.

— heitere, s.: Miniatur-Bibliothek.

— heitere, f. Damen. Erprobte Couplets u. kom. Vorträge. 16. (48 S.) Styrum 891. A. Spaarmann. — 20

—— heitere militärische. Hrsg. vom Landwehrmann Schmunzel. 16. (80 S.) Berlin 867, Schlesier. *

— heitere militärische. Hrsg. vom Landwehrmann Schmunzel. 2. Aufl. gr. 16. (80 S.) Berlin 874. Schlesier. n. — 40

Vorträge, auf Veranlassung des Hinscheidens des weil. Großherzogl. Badischen Kirchenraths, ersten Pfarrers bei der Gemeinde zum heil. Geist u. ordentl. Prof. der Theologie, Ritter des Ordens vom Zähringer Löwen, Dr. Jh. Fr. Abegg, in der St. Peters- u. der Heil. Geist-Kirche zu Heidelberg gehalten. gr. 8. Heidelberg 841, Mohr. 4 ngl

— auf dem Gebiete der Humanität und Lebensphilosophie, gehalten in der Freimaurerloge zu den drei Pfeilen in Nürnberg. Als Manuscript für Brüder. (Von J. K. Meißner.) Nürnberg 858. (Korn.) gr. 8. (VI, 470 S.) n. 1 ℛ

Vorträge auf dem Gebiete der Humanität und Lebensphilosophie, gehalten in der Loge zu den 3 Pfeilen in Nürnberg. Nürnberg 1858. Neue Folge 1861. V: *Meissner, Johann Carl.* (Tt) (SJL) (Ky)

—— auf dem Gebiete der Humanität und Lebensphilosophie gehalten in der Freimaurerloge zu den drei Pfeilen in Nürnberg. (Von J. K. Meißner.) Neue Folge. (Als Mscr. für Brüder.) 8. (VIII und 315 S.) Nürnberg 861, Korn'sche Buchh. *

— humoristische, gesammelt von L. Weyl. 8. Berlin 843, Berliner Verlags-Buchh. ½ ℛ

— humoristische. I. 55 wirklich wirksame humorist. Vorträge. Sorgfältig ausgewählt v. e. urkom. Charakterkomiker. 12. (63 S.) Berlin (902). [Tessaro-Verlag.] R. Krüger. — 20

— humoristische. I. 55 wirklich wirksame humorist. Vorträge. Sorgfältig ausgewählt v. e. urkom. Charakterkomiker. (63 S.) 16. Berlin (907). W. Frey. — 10

— dasselbe, f. Damen. Eine Sammlg. der schönsten Gedichte, Couplets, Soloscenen u. dramat. Aufführgn. 8. (96 S.) Hainichen (900). G. E. Hoffmann. — 60

— humoristische, f. gesellige Kreise. Orig.-Beiträge v. Jul. Stettenheim, Rich. Schmidt-Cabanis, Isid. Fuchs u. a. 8. (VII, 333 S.) Berlin 892. Neufeld & Henius. n. 3. —; geb. n. 4. —

— humoristische, f. gesellige Kreise. Original-Beiträge v. Jul. Stettenheim, Rich. Schmidt-Cabanis, Isidor Fuchs u. a. 2. Aufl. 8. (VII, 333 S.) Berlin 898. Neufeld & Henius. 3. —; geb. 4

— dasselbe, f. gesellige Kreise. Original-Beiträge v. Jul. Stettenheim, Rich. Schmidt-Cabanis, Isidor Fuchs u. a. 3. Aufl. 8. (VII, 333 S.) Berlin (902). Neufeld & Henius. 3. —

Humoristische **Vorträge** für gesellige Kreise. Original-Beiträge von Julius Stettenheim ... u. a. 4. Aufl. Berlin: Neufeld & Henius [1908]. (VII, 553 S.) 8° 108. 12734

— humoristische, f. gesellige Kreise. Orig.-Beiträge v. Jul. Stettenheim, Rich. Schmidt-Cabanis, Isidor Fuchs u. a. 5. Aufl. 9.—11. Taus. (VII, 333 S.) 8. Berlin 910. Neufeld & Henius. 3. –

— humoristische, für eine u. mehrere Personen zur Unterhaltung für Gesellschaften. gr. 16. (72 S.) Mügeln 877. (Leipzig, G. Senf.) — 50

Vorträge über Ingenieur-Wissenschaften an der polyt. Schule zu Hannover. Abth. 1: Wegebau. Hannover 1862. 8°.

—— vermischten Inhalts von mehr. Geistlichen in u. um Nürnberg. 8. (7½ B.) Nürnberg 833, Stein.

—— geh. am Instruktionskurse f. innere Mission in Bern 29. Septbr. bis 9. Oktbr. 1890. Im Auftrage d. bern. Ausschusses f. kirchl. Liebesthätigkeit hrsg. v. Geo. Langhans u. Frz. Studer. gr. 8. (XIII, 269 S.) Bern 891, (Körber). * 2 25

Vorträge gehalten am Instruktionskurse für innere Mission in Bern, 29. Sept. bis 9. Okt. 1890. Im Auftrage des bernischen Ausschusses für kirchliche Liebesthätigkeit hrsg. von *G. Langhans* u. *F. Studer*. In-8°. XIII, 269 S. Bern, Berner Volksschriftenverlag. 1891 2 50

— gehalten bei der Jubelfeier der Erfindung der Buchdruckerkunst in St. Gallen, am Johannestag, den 24. Juni 1840. Als Anhang einige Tafelreden, gesprochen am Festmahle im Saale d. Casino. gr. 8. St. Gallen 840. Scheitlin (u. Z.) ¼ ℛ

— über Kalidüngung u. Steigerung der Erträge. Geh. im „Club der Landwirthe" zu Berlin im Winterhalbjahr 1882/83 von Schulz-Lupitz, Grahl-Berlin, Maercker-Halle, Gruner-Berlin. gr. 4. (62 S.) Berlin 883. (Parey.) n. 2. —

— kirchengeschichtliche, aus dem evangelischen Verein in Hannover. 4 Hefte Hannover 868. Meyer. gr. 8. n. 1 ℛ 15 ngr.

1. Heft. Von Luther's Tode bis zur Concordienformel. Vortrag im evangel. Verein zu Hannover gehalten von R. Lohmann. (III, 36 S.) n. 5 ngr.
2. Heft. Die Reformation. 3 Vorträge von Gerh. Uhlhorn. (113 S.) n. 15 ngr.
3. Heft. Das siebzehnte Jahrhundert. 3 Vorträge von Ed. Niemann. (136 S.) n. 15 ngr.
4. Heft. Das Jahrhundert der Aufklärung. 2 Vorträge von Karl Guden. (72 S.) n. 10 ngr.

—— kirchengeschichtliche, aus dem evangelischen Verein in Hannover. 1., 1. a, 2. und 3. Heft. gr. 8. Hannover 868, Meyer. * 4 50

Inhalt:
Heft 1. Uhlhorn, Gerh., die Reformation. Drei Vorträge. (113 S.) * ℳ 1,50.
" 1. a Lohmann, R., von Luther's Tode bis zur Concordienformel. Vortrag im evangel. Verein zu Hannover gehalten. (III, 36 S.) * 50 Pf.
" 2. Niemann, Ed., das siebzehnte Jahrhundert. Drei Vorträge. (136 S.) * ℳ 1,50.
" 3. Guden, Karl, das Jahrhundert der Aufklärung. Zwei Vorträge. (72 S.) * ℳ 1.

— kirchliche, vor der Rheinischen Provinzialsynode bei ihrer dritten Versammlung, zu Bonn, den 21. u. 22. Aug. 1841. gehalten u. auf Synodalbeschluß herausgegeben. Enthält: I. Bei der Vorbereitung zur Feier des heil. Abendmahls, gesprochen vom Superint. Römer zu Saarbrücken. II. Predigt des Synodal-Assessors Dr. Nitzsch. gr. 8. Bonn 841, Marcus. ⅛ ℛ

— klinische, aus d. Gebiete d. Otologie u. Pharyngo-Rhinologie. Unter Mitwirkg. von Anton, Barth, L. Blau etc. Hrsg. von Rud. Haug. I. Bd. 13 Hfte. gr. 8. Jena, G. Fischer. Für d. Bd. n. 10. —; Einzelpr. n. 12. 20

1. Die Grundzüge e. hygien. Prophylaxe der Ohrentzündgn. unt. bes. Berücksicht. d. allgem., hygien. Massnahmen v. Rud. Haug. (41 S.) 895. n. 1. —
2. Ueber d. vom Gehörgange ausgelösten allgem. u. lokalen Reflexerscheingn. v. A. Eitelberg. (30 S.) 895. n. — 80
3. Die Intoxikationen, spec. d. Arzneiintoxikationen in ihrer Beziehung zu Nase, Rachen u. Ohr. Von F. Rohrer. (24 S.) 895. n. — 80
4. Die Folgekrankheiten der eitrigen Mittelohrentzündgn., ausschliessl. d. durch akute Eitergn. entstand. Warzenfortsatzerkrankgn. v. Eulenstein. (21 S.) 895. n. — 80
5. Der chron. Rachenkatarrh, s. Ursachen u. s. Behandlg. Von Eman. Fink. (44 S.) 895. n. 1. —
6. Ueber d. chron., trockene Entzündg. d. Trommelfells, e. in d. Behandlungsbereich d. prakt. Arztes fall. häuf. Erkrankg. Von G. Stetter. (16 S.) 895. n. — 50
7. Die Gewerbekrankheiten der Nase u. Mundrachenhöhle. Von Seifert. (36 S.) 895. n. — 80
8. Die akute, eiter. Mittelohrentzündg. u. ihre Behandlung. Von E. Weil. (19 S.) 896. n. — 60
9. Die luetischen Erkrankgn. des Gehörorgans. Von Joh. Habermann. (39 S.) 896. n. 1. —
10. Ueb. d. sog. Ménière'schen Symptomenkomplex u. d. Beziehgn. d. Ohres zum Schwindel. Von Gust. Brunner. (26 S.) 897. n. — 80
11. Kurzer Ueberblick üb. d. im Gefolge d. akuten eiterigen Mittelohrentzündung auftret. häufigsten Affektionen des Warzenfortsatzes unt. bes. Rücksichtnahme auf Aetiologie u. Behandlg. Von Vict. Lange. (18 S.) 896. n. — 60
12. Die Neubildg. d. Nasenhöhlen u. d. Nasenrachenraumes, unt. bes. Berücksicht. d. gutart. (m. Ausschluss d. adenoiden Vegetationen). Von Eug. Joël. (44 S.) 896. n. 1. 20
13. Ueber die Manifestationen der Hysterie am Gehörorgan. Von G. Gradenigo. (III, 100 S.) 896. n. 2. 40

Vorträge, klinische, aus d. Gebiete d. Otologie u. Pharyngo-Rhinologie. Unt. Mitwirkg. v. Anton, Barth, L. Blau etc. Hrsg. v. Rud. Haug. 2. Bd. 14 Hfte. gr. 8. Jena, G. Fischer. f. d. Band n. 10. —; Einzelpr. n. 14. 05

1. Die operative Eröffng. der Mittelohrräume. Eine f. den prakt. Arzt bestimmte Schilderg. d. jetzt übl. operativen Behandlungsweisen e. Teiles der Mittelohreitergn. Von Kretschmann. (27 S. m. 9 Abb.) 896. n. — 80
2. Die Diphtherie d. Nase. Von Wilh. Anton. (29 S.) 897. n. — 80
3. Die sog. Autophonie i. e. die patholog. Resonanz d. eig. Stimme. Von G. Brunner. (14 S.) 897. n. — 50
4. Das Cholesteatom des Ohres. Von Rud. Panse. (22 S.) 897. n. — 80
5. Das Verhältnis d. Ohrerkrankgn. zu d. Augenaffektionen. Von Rohrer. (24 S.) 897. n. — 80
6. Ueb. d. Verwertg. d. Pharyngo-Laryngoskopie in d. Diagnostik d. Erkrankgn. des Centralnervensystems. Von R. Dreyfuss. (32 S.) 897. n. — 80
7. Der Einfluss d. Klimas u. d. Witterg. auf d. Entstehg., Verhütg. u. Heilg. v. Ohr-, Nasen- u. Rachenkrankheiten. Von H. Hessler. (Mit 16 Tab. u. 28 Kurventaf.) (112 S.) 897. n. 2. 80
8. Die Fremdkörper in Nase u. Ohr. Von Eman. Fink. (24 S.) 897. n. — 80
9. Die angebor. u. erworb. Missbildungen des Ohres. Von Stetter (36 S.) 898. n. 1. —
10. Die Syphilis d. oberen Luftwege unt. bes. Berücksicht. d. different. Diagnose u. der lokalen Therapie. I. Tl. Die Syphilis d. Nase. Von Ant. Lieven. (28 S. m. 2 Fig.) 898. n. — 80
11. Ueb. d. Wesen u. d. Wert d. Hörübgn. bei Taubstummen u. hochgrad. Schwerhörigen. Von Treitel. (28 S.) 898. n. — 80
12. Die Gewerbe- u. Berufskrankheiten des Ohres. Von M. Kahn. (26 S.) 898. n. — 75
13. Die sogen. Sklerose d. Mittelohres. Von Rud. Panse. (28 S.) 898. n. — 80
14. Die Erkrankgn d. Gehörorgans bei Masern u. bei Influenza. Von Louis Blau. (70 S.) 898. n. 1. 80

— dasselbe. 3. Bd. 1. Hft. gr. 8. Ebd. 898. Einzelpr. n. 2. —; f. d. Bd. v. ca. 12 Hftn. n. 10. —

Ueber Beziehgn. zwischen ein. Affektionen d. Nase wie des Rachens u. Augenerkrankungen. Von Ernst Winckler. (75 S. m. 41 Abb.)

Vorträge, klinische, aus d. Gebiete d. Otologie u. Pharyngo-Rhinologie. Unter Mitwirkg. von Anton, Barnick, Barth etc. hrsg. v. Haug. 3. Bd. 2.—10. (Schluss-) Hft. gr. 8. Jena, G. Fischer. Einzelpr. n. 13. 10

2. Über Besserhören im Lärm u. die Bedeutung dieses Phänomens f. die Pathologie u. Therapie der chronischen progressiven Schwerhörigkeit im Lichte der Neuron-Lehre. Vortrag, geh. auf der 70. Versammlg. deutscher Naturforscher u. Aerzte in Düsseldorf 1898. Von Max Breitung. (12 S.) 899. n. — 50

3. Giebt es e. Hören ohne Labyrinth? (Vortrag, geh. im Breslauer physiolog. Verein am 28. XI. 1898.) Von Max Kamm. (20 S.) 899. n. — 60
4. Die tuberkulösen Erkrankungen des Gehörorgans. Von Otto Barnick. Mit 1 lith. Taf. (54 S.) 899. n. 2. —
5. Der Scharlach u. das Scharlachdiphtheroid in ihren Beziehungen zum Gehörorgan. Von E. Weil. (20 S.) 899. n. — 60
6. Zur vergleichenden Anatomie u. Physiologie des Gleichgewichtes e. Gehörorganes. Von Rud. Panse. Mit 35 Abbildgn. im Text. (54 S.) 899. n. 2. —
7. Ueber rheumatische Affektionen des Pharynx, des Larynx u. der Nase. Von Joh. Sendziak. (Nach dem in der Sitzg. d. französ. laryngolog., rhinolog. u. otolog. Gesellschaft, Paris, Mai 1899, geh. Vortrage.) (20 S.) 899. n. — 60
8. Witterung, Sonnenscheindauer u. Infektionskrankheiten. Nachtrag zu: Ueber den Einfluss des Klimas u. der Witterg. auf die Entstehg., Verhütg. u. Heilg. v. Ohr-, Nasen- u. Rachenkrankheiten (Bd. II, Hft. 7). Von Hessler. Mit 3 Kurventaf. (32 S.) 900. n. 1. 20
9. Ueber den gegenwärtigen Stand der Ohrenheilkunde. (Vortrag, geh. am 23. X. 1899 in der Festsitzg. des ärztl. Vereins zu Lübeck zur Feier seines 90jähr. Bestehens.) Von Karutz. (22 S.) 900. n. — 60
10. Diagnose u. Chirurgie des otogenen Kleinhirnabscesses. Von W. Okada. Mit 2 lith. Taf. (IV, 140 S.) 900. n. 5. —

— dasselbe. IV. Bd. 6 Hfte. gr. 8. Ebd. n. 10. —; Einzelpr. n. 13. 80
1. Betrachtungen üb. die Grenzen der Otochirurgie bei der Behandlung der eiterigen Mittelohr- u. Warzenfortsatz-Entzündungen. Von Stetter. (26 S.) 900. n. — 60
2. Die Syphilis der oberen Luftwege unter besond. Berücksicht. der differentiellen Diagnose u. der lokalen Therapie. Von Ant. Lieven. II. Tl. Die Syphilis der Mund- u. Rachenhöhle. Mit 1 lith. Taf. u. 2 Abbildgn. im Texte. (112 S.) 900. n. 3. 60; (I u. II n. 4. 30
3. Laryngeale Störungen bei den Erkrankungen des centralen Nervensystems, m. besond. Berücksicht. laryngealer Störungen bei Tabes dorsalis. (Vortrag, geh. in der Sitzung „Western ophthalmological and otolaryngological association", New-Orleans, February 10/11, 1899.) Von Joh. Sendziak. (40 S.) 901. n. 1. —
4. Die Hypertrophie der Rachentonsille. Eine Monographie. Von G. Gradenigo. Mit 3 Taf. u. 45 Abbildgn. im Texte. (214 S.) 901. n. 7. 50
5. Zur Behandlung der „trockenen" Mittelohraffektionen, insbesondere m. d. federnden Drucksonde. Von L. Jacobson. Mit 3 Abbildgn. (18 S.) 901. n. — 60
6. Die Endzündungen des äusseren Gehörganges. Von Wilh. Grosskopf. (16 S.) 901. n. — 60

— dasselbe. V. Bd. 8 Hfte. gr. 8. Ebd. n. 10. —; Einzelpr. n. 11. 40
1. Ueber Erschütterung des Ohrlabyrinthes (Commotio labyrinthi). Nach e. Vortrag, geh. in der laryngo-otolog. Sektion des IX. Kongresses poln. Aerzte u. Naturforscher in der Sitzung vom 23. VII. 1900 in Krakau. Von R. Spira. (70 S.) 901. n. 1. 80
2. Über letale Ohrerkrankungen. Von Thdr. Heimann. (104 S.) 901. n. 2. 50
3. Die Bakteriologie der akuten Mittelohrentzündung. Von Hasslauer. (98 S.) 901. n. 2. 50
4. Ohrenerkrankungen u. Lebensversicherung. Bericht für den 2. internationalen Kongress der Versicherungsärzte in Amsterdam, Septbr. 1901. Von H. Burger. (22 S.) 901. n. — 60
5. Die Ozaena. Eine Monographie u. Studie. Von Wilh. Grosskopf. (44 S.) 902. n. 1. 20
6. Das Heufieber u. andere Formen des nervösen Schnupfens. Von Eman. Fink. (62 S.) 902. n. 1. 50
7. Ohr u. Sprache od. üb. Hörprüfung mittelst Sprache. Von Treitel. (16 S.) 902. n. — 50
8. Ziele u. Wege der Funktionsprüfung des Ohres. Von Gust. Zimmermann. (30 S.) 902. n. — 80

Vorträge, klinische, aus dem Gebiete der Otologie u. Pharyngo-Rhinologie. Unter Mitwirkg. v. Anton, Barnick, Barth u. a. hrsg. v. Haug. Ergänzungsheft. gr. 8. Jena, G. Fischer. n. 1. —
Das natürliche Schutzsystem der oberen Wege als Fremdkörpertheorie. Nach eigenen Untersuchgn. u. Beobachtgn. Von W. Lamann. Vom Autor aus dem Russ. neu bearb. (42 S.) 903.

Vorträge, geh. im Deut. Lit. Klub v. Cincinnati. Festgabe z. 20. Stiftungsfest, 24. Nov. 1897. Cincinnati, 1897.

Vorträge, gehalten im polytechnischen Klub in Graz. 2 Hefte. 4° Graz 1875. 77

— komische. Auserwählte Sammlg. der besten u. berühmtesten Vorträge, Scenen u. Couplets in Poesie u. Prosa. gr. 8. (96 S.) Bremen 885. Haake. n. 1. —

— komische, v. Karl Hartmann, H. Müller u. a. 1. u. 2. Bdchn. (à 48 S.) kl. 8. Mülheim a/R. (904). J. Bagel. — 25

Komische Vorträge und heitere Couplets in Poesie und Prosa für heitere Gesellschaften. *Neu-Weißensee bei Berlin: E. Bartels [1902].* (96 S.) 8° [F.]
[Umschlagt.:] Der Komiker und Couplets-Sänger. Eine Sammlung d. besten u. beliebtesten urkomischen Vorträge u. Couplets. [03. 1161]

___ Komische, zur Erheiterung für jede Gesellschaft. Gesammelt und herausgegeben von F. W. Neuendorff. Zweite wohlfeile Ausgabe. Berlin 1850. Louis Nitze. 8°. IX u. 254 S. (In Berlin, Magistratsbibl.)

— komische, im Privat- u. Familienkreise. Eine Sammlung des Neuesten u. Beliebtesten aus d. Gebiete der Komik. Mit Original-Beiträgen von J. F. Rüthling. [Auszug aus dem größeren Werke: „Der Komiker ꝛc."] 4 Hfte. in 1 Bd. 12. (XVI u. 272 S. m. 1 Lith.) Potsdam 849, (Berlin) Janke. ½ ₰

— der theologischen Konferenz zu Gießen, geh. am 9. Juni 1887. [III. Folge.] 8. Gießen 887. Ricker. n. 1. —
W. Herrmann [Marburg], der Begriff der Offenbarung. Karl Müller [Gießen], Bericht üb. den gegenwärtigen Stand der Forschung auf dem Gebiet der vorreformatorischen Zeit. (65 S.)

— dasselbe, geh. am 31. Mai 1888. [IV. Folge.] 8. Ebd. 888. n. 1. —
Über d. Möglichkeit, Gott zu erkennen. Von Sachsse [Herborn]. (52 S.)

—— der theologischen Konferenz zu Gießen. (V., VI. u. VII. Folge.] 8. Gießen, Ricker. * 3 20
V. Eibach, R. Ueber die wissenschaftliche Behandlung u. praktische Benutzung der heil. Schrift. (S. 1—38.) — Schürer, E. Ueber den gegenwärtigen Stand der johanneischen Frage. (S. 39—73.) 889. * 1 —.
VI. Ehlers, Rud. Das neue Testament u. die Taufe. (46 S.) 890. * 1 —.
VII. Kattenbusch, Ferd. Von Schleiermacher zu Ritschl. Zur Orientirg. üb. den gegenwärt. Stand der Dogmatik. (86 S.) 892. * 1 20.

— der theologischen Konferenz zu Gießen, geh. am 13. Juni 1895. VIII. u. IX. Folge. 8. Gießen 895. J. Ricker. à n. 1. —
VIII. Sohms Kirchenrecht u. d. Streit üb. d. Verhältnis v. Recht u. Kirche v. Max Reischle. (56 S.)
IX. Das Alte Testament im evang. Religionsunterricht v. Frdr. Flöring. (52 S.)

— d. theologischen Konferenz zu Gießen. 10.—14. Folge. gr. 8. Ebd. n. 4. — (1.—14.: n. 13. 20)
10. Veräußerlichung, e. Hauptgefahr f. d. Ausübung d. geistl. Berufes in der Gegenwart. Von K. Walz. (35 S.) 896. n. — 80
11. D. deutsche Protestantismus u. d. Heidenmission im 19. Jahrh. v. Carl Mirbt. (56 S.) 896. n. 1. 20
12. D. sprachl. Erforschg. d. griech. Bibel, ihr gegenwärt. Stand u. ihre Aufgaben. Von G. Adf. Deißmann. (33 S.) 898. n. — 80
13. Religion u. Moral. Streitsätze f. Theologen. Von Mart. Rade. (27 S.) 898. n. — 60
14. D. neuen Funde auf d. Gebiete d. ältesten Kirchengeschichte. (1889—1898.) Von Gust. Krüger. (30 S.) 898. n. — 60

— der theologischen Konferenz zu Gießen. 15.—18. Folge 8. Gießen, J. Ricker. n. 5. 30
15. Die Rechtslage des deutschen Protestantismus 1800 u. 1900. Von Erich Foerster. (44 S.) 900. n. — 80
16. Die Idee des Reiches Gottes in der Theologie. Von Johs. Weiß. (IV, 156 S.) 901. n. 3. —
17. Die jüdische Schriftgelehrsamkeit zur Zeit Jesu. Von Osc. Holtzmann. (32 S.) 901. n. — 50
18. Das Alte Testament u. d. Ausgrabungen. Von Karl Budde. (39 S.) 903. n. — 80

— der theologischen Konferenz zu Gießen. 19. bis 25. Folge. 8. Gießen, A. Töpelmann. n. 7. 40
Dechent, H., Herder u. die ästhetische Betrachtung der hl. Schrift. (34 S.) 904. (22. Folge.) n. — 75
Drews, Paul, die Predigt im 19. Jahrh. Kritische Bemerkgn. u. prakt. Winke. (59 S.) 903. (19. Folge.) n. 1. —
Eger, Karl, das Wesen der deutsch-evangel. Volkskirche der Gegenwart. (63 S.) 906. (24. Folge.) n. 1. 25
Eibach, Rud., unser Volk u. die Bibel. Ein Nachwort zum Bibel- u. Babelstreit. (39 S.) 903. (20. Folge.) n. — 60
Knopf, Rud., der Text des Neuen Testaments. Neue Fragen, Funde u. Forschgn. der neutestamentl. Textkritik. (48 S.) 906. (25. Folge.) n. 1. —
Köhler, Walth., Katholizismus u. Reformation. Kritisches Referat üb. die wissenschaftl. Leistgn. der neueren kathol. Theologie auf dem Gebiete der Reformationsgeschichte. (88 S.) 905. (23. Folge.) n. 1. 80
Wiegand, Frdr., das apostolische Symbol im Mittelalter. Eine Skizze. (52 S.) 904. (21. Folge.) n. 1. —

— der theologischen Konferenz zu Gießen. 26.–30. Folge. 8. Gießen, A. Töpelmann. 7. 70

Bornemann, W., der Konfirmandenunterricht u. der Religionsunterricht in der Schule in ihrem gegenseitigen Verhältnis. (84 S.) 907. (26. Folge.) 1. 80

Herrmann, W., Offenbarung u. Wunder. (71 S.) 908. (28. Folge.) 1. 40

Knodt, Emil, die Bedeutung Calvins u. des Calvinismus f. die protestantische Welt im Lichte der neueren u. neuesten Forschung. (71 S.) 910. (30. Folge.) 1. 80

Preuschen, Erwin, die philologische Arbeit an den älteren Kirchenlehrern u. ihre Bedeutung f. die Theologie. Ein Referat. Für den Druck m. Anmerkgn. versehen. (48 S.) 907. (27. Folge.) 1. 20

Veit, Willy, was soll der evangelische Gemeindepfarrer sein: Priester, Evangelist oder Seelsorger? (63 S.) 910. (29. Folge.) 1. 50

— der theologischen Conferenz zu Kiel. 1. Hft. gr. 8. (Kiel, R. Cordes.) n. 1. —

Luther's Grundanschauung vom Sittlichen verglichen m. der Kantischen. Von Titius. — Wie kann die neutestamentliche, eschatolog. Hoffng. f. das religiös-sittliche Leben unserer Zeit die rechte prakt. Bedeutg. gewinnen? Von Decker. (56 S.) 899.

Vorträge der theologischen Conferenz zu Kiel. H. 1. Luther's Grundanschauung vom Sittlichen, verglichen mit der Kantischen v. [Arthur] Titius. Wie kann die neutestamentliche, eschatologische Hoffnung für das religiös-sittliche Leben unserer Zeit die rechte praktische Bedeutung gewinnen? v. [Karl August Hermann] Decker. Kiel: E. Marquardsen 1899.

— geh. auf dem internationalen Kongress für angewandte Photographie in Wissenschaft u. Technik, Dresden 1909, hrsg. v. R. Luther u. H. Weisz, s.: Encyklopädie der Photographie. 72. Heft.

— über ärztliche Kriegswissenschaft, geh. von E. v. Bergmann, Kirchner, R. Koch u. a., hrsg. vom Zentralkomitee f. das ärztl. Fortbildungswesen in Preussen, in dessen Auftrage red. v. R. Kutner. gr. 8. (333 S. m. 56 Abbildgn., 14 Diagr. u. 4 Taf.) Jena 902. G. Fischer. n. 6. —; geb. n. 7. —

Hieraus einzeln:

1. Seuchenbekämpfung im Kriege. Referat nach dem 1. Vortrage, geh. am 15. X. 1901. Von Rob. Koch. (8 S.) n. — 40
2. Ernährung u. Trinkwasserversorgung im Felde. 2. Vortrag, geh. am 18. X. 1901. Von Mart. Kirchner. (28 S.) n. — 80
3. Hygiene des Marsches u. der Truppenunterkunft. 3. Vortrag, geh. am 20. X. 1901. Von Schumburg. (26 S.) n. — 60
4. Bekleidung u. Ausrüstung des Soldaten. 4. Vortrag, geh. am 22. X. 1901. Von Krocker. Mit 1 Taf. (38 S.) n. 1. 50

5. 6. Erste Hilfe auf dem Schlachtfelde u. Asepsis u. Antisepsis im Kriege. 5. u. 6. Vortrag, geh. am 25. u. 29. X. 1901. Von Ernst v. Bergmann. Mit 12 Abbildgn. im Text. (44 S.) n. 1. 50

7. Ueber Schusswunden an den Extremitäten. 7. Vortrag, nach Erfahrgn. im griechisch-türk., südafrikan. u. chines. Feldzuge geh. am 1. XI. 1901. Von H. Küttner. Mit 10 Abbildgn. im Text. (32 S.) n. 1. —
8. Schussverletzungen am Rumpfe, insbesondere am Thorax. 8. Vortrag, geh. am 5. XI. 1901. Von F. König. Mit 1 Abbildg. im Text. (16 S.) n. — 50
9. Schusswunden des behaarten Kopfes. 9. Vortrag, geh. am 9. XI. 1901. Von Ernst v. Bergmann. Mit 7 Abbildgn. im Text. (18 S.) n. — 60
10. Ueber Hieb- u. Stichwunden im Kriege. 10. Vortrag, geh. am 12. XI. 1901. Von A. Köhler. (18. S.) n. — 50
11. Die Organisation des Sanitätsdienstes im Kriege 11. Vortrag, geh. am 15. XI. 1901. Von O. Schjerning. Mit 1 Taf. (22 S.) n. 1. —
12. Krankentransport u. -Unterkunft im Kriege. 12. Vortrag, geh. am 19. XI. 1901. Von Werner. Mit 26 Abbildgn. im Text. (34 S.) n. 1. —
13. Die Krankenpflege im Kriege. 13. Vortrag, geh. am 22. XI. 1901. Von H. Schaper. (16 S.) n. — 50
14. Kriegs-Sanitätsstatistik. 14. Vortrag, geh. am 26. XI. 1901. Von Kübler. Mit 14 Diagr. im Text u. 2 Zahlentaf. (33 S.) n. 1. 20

Sonderabdrucke aus: „Klinisches Jahrbuch".

— f. prakt. Landwirte. Bericht üb. d. 3. Vorlesungskursus an d. landwirtschaftl. Institut d. Universität Göttingen. Im Auftr. d. beteiligten Dozenten hrsg. v. G. Liebscher. gr. 8. (VII, 46 S.) Berlin 895. P. Parey. n. 1. —

Vorträge für praktische Landwirte, veranstaltet v. Klub b. Landwirte, München. München 1908 ff.
Jährlich im Winter, m. Vorträgen der besten Sachkenner der bayer. u. dt. Landwirtschaft.

Vorträge aus dem Gebiete der Landwirtschaft, geh. auf d. Vortragskursus d. Landwirtschaftskammer f. d. Prov. Posen vom 27. Febr. bis 1. März 1907. Posen: F. Ebbecke 1907. (82 S.) 8° [F.]
Aus: Landwirtsch. Centralblatt f. d. Prov. Posen.
(Veröffentlichung d. Landwirtschaftskammer f. d. Prov. Posen.) [07. 13534

— landwirthschaftliche. 1. und 2. Heft. 8. Lindau i. B. 869, Ludwig.

Inhalt:

Heft 1. Fleischmann, W., Chemie und Ackerbau. Zum Fortschritt auf dem Gebiete der Landwirthschaft. (24 S.) 30 Pf.
" 2. —— die Kuhmilch. Zur Vermittlung zwischen Wissenschaft und Praxis auf dem Gebiete der Milchwirthschaft. (39 S.) 40 Pf.

— landwirtschaftliche, s. Soldaten v. Agricola, s.: Saat u. Ernte. I, 2.

VORTRAG (VORTRÄGE) ZU DEN LICHTBILDERN DER DEUTSCHEN KOLONIALGESELLSCHAFT

über die deutsche Flotte. Als Manuskript gedruckt. Was soll und was kann unsere Flotte leisten zum Schutz von Handel, Industrie und Kolonien im Kriege wie im Frieden? Berlin. (Gedruckt bei Julius Sittenfeld.) 4° u. 8°.

über Kamerun. Im Auftrage der Kolonialgesellschaft verfasst von A. SEIDEL. Als Manuskript gedruckt. ib. 1896. —

über Deutsch-Südwestafrika. Im Auftrage . . . verfasst von A. SEIDEL. Als Manuskript gedruckt. ib. (1896) -

über die deutschen Südsee-Kolonien. Im Auftrage der Deutschen Kolonialgesellschaft verfasst von A. SEIDEL. Als Manuskript gedruckt. ib. (1897). —

über Kiautschou und West-Schantung. Im Auftrage . . . verfasst von A. SEIDEL. Als Manuskript gedruckt. ib. (1898). —

über Kamerun. Im Auftrage der Deutschen Kolonialgesellschaft bearbeitet von WOHLTMANN. Als Manuskript gedruckt. ib. (1899). —

über Samoa. Im Auftrage . . . verfasst von G. TRUPPEL. Als Manuskript gedruckt. ib. (1899). —

über Deutsch-Südwestafrika. Nr. I. Im Auftrage . . . verfasst von K. DOVE. Als Manuskript gedruckt. ib. (1899). — Nr. II. ib. (1899). —

über die Palau-Inseln und Karolinen. Im Auftrage . . . verfasst von F. GRABOWSKY-Braunschweig. Als Manuskript gedruckt. ib. (1899). —

über Togo Nr. I. 2., stark vermehrte und umgearbeitete Auflage. Im Auftrage . . . verfasst von A. SEIDEL. Als Manuskript gedruckt. ib. 1900. —

über Kamerun. 2. Aufl. Im Auftrage . . . bearbeitet von WOHLTMANN. Als Manuskript gedruckt. ib. 1900. —

über Deutsch-Südwestafrika Nr. I. 2. Aufl. Im Auftrage . . . verfasst von K. DOVE. Im Interesse der Übersichtlichkeit ist bei den nachstehenden Erläuterungen eine etwas andere Anordnung des Textes als in der ersten Auflage von der Geschäftsstelle vorgenommen. Als Manuskript gedruckt. ib. 1900. -

über Unsere Wehrkraft zur See. Auf Ersuchen der Deutschen Kolonialgesellschaft verfasst von v. SCHEVE. Als Manuskript gedruckt. ib. 1900. —

über Transvaal und den Freistaat. Im Auftrage der Deutschen Kolonialgesellschaft verfasst von S. PASSARGE. Als Manuskript gedruckt. ib. (1900).

über Brasilien. Im Auftrage . . . verfasst von O. CANSTATT. Als Manuskript gedruckt. ib. 1900. —

über Adamaua, Land und Leute. Im Auftrage . . . verfasst von S. PASSARGE. Als Manuskript gedruckt. ib. 1901. —

über Kamerun. (II. Teil.) Im Auftrage . . . verfasst von P. MÜLLENDORFF. Als Manuskript gedruckt. ib. 1901. —

über Togo Nr. II. Im Auftrage . . . verfasst von H. SEIDEL. Als Manuskript gedruckt. ib. 1901. —

über Deutsch-Ostafrika. Im Auftrage . . . verfasst von LEUE. Als Manuskript gedruckt. ib. 1902. Druck von Rudolf Mosse in Berlin.

Kultur- und Vegetationsbilder aus Togo und Kamerun. Aufgenommen und verfasst von F. WOHLTMANN. Als Manuskript gedruckt. ib. 1903. Deutsche Kolonialgesellschaft.

über Kultur- und Vegetationsbilder aus Samoa. Verfasst von F. WOHLTMANN. Als Manuskript gedruckt. ib. 1903. —

über Südafrika unter besonderer Berücksichtigung der Metropole Kapstadt. Im Auftrage der Deutschen Kolonialgesellschaft von WETTSTEIN. Als Manuskript gedruckt. ib. 1903. —

über Samoa. Als Manuskript gedruckt. ib. 1903. —

Kultur- und Vegetationsbilder aus Deutsch-Ostafrika. Aufgenommen und verfasst von F. WOHLTMANN. Als Manuskript gedruckt. ib. 1903. —

über Deutsch-Südwestafrika. Nr. I. 3. Auflage. Verfasst von K. DOVE. Als Manuskript gedruckt. ib. 1904. —

über Deutsch-Südwestafrika zur Zeit des Hereroaufstandes. Verfasst von PROSPER MÜLLENDORFF. Als Manuskript gedruckt. ib. 1904. —

über die deutschen Schutzgebiete (Allgemeine Sammlung). Verfasst von K. DOVE. Als Manuskript gedruckt. ib. 1905. —

Kriegsbilder aus Südwestafrika. Aufgenommen von Herren des Hauptquartiers. Verfasst von Hauptmann BAYER. Als Manuskript gedruckt. ib. 1906. —

Vergleiche der deutschen Kolonistenarbeit im brasilianischen Urwald mit dem Farmerleben auf den Grassteppen Deutsch-Südwestafrikas (in mehr als hundert deutschen Städten gehalten) von WETTSTEIN. Als Manuskript gedruckt. ib. 1907. —

Kriegsbilder aus Südwestafrika. Reihe 2. Verfasst von M. BAYER. Als Manuskript gedruckt. ib. 1907. —

Frieden und Krieg im Hererolande. Verfasst von KUHN. Als Manuskript gedruckt. ib. 1907. —

über Kamerun (III. Teil). Im Auftrage der Deutschen Kolonialgesellschaft verfasst von GEO A. SCHMIDT. Als Manuskript gedruckt. ib. 1908. —
Land und Leute auf den Karolinen, Marianen und Palau-Inseln. Verfasst im Auftrage der Deutschen Kolonialgesellschaft von P. KILIAN MÜLLER, O. M. CAP. Als Manuskript gedruckt. ib. 1910. —
Kamerun V. Verfasst von LANGHELD. Als Manuskript gedruckt. ib. 1910. —
Deutsch-Ostafrika. II. Verfasst im Auftrage der Deutschen Kolonialgesellschaft von RICHELMANN. Als Manuskript gedruckt. ib. 1910. —
Eine Reise nach Kamerun. Verfasst von W. LANGHELD. Als Manuskript gedruckt. ib. 1910. —
über Deutsch-Neuguinea. Im Auftrage . . . verfasst von E. TAPPENBECK. Als Manuskript gedruckt. ib. 1901. —
über Deutsch-Südwestafrika Nr. II. 2. Aufl. Im Auftrage . . . verfasst von K. DOVE. Im Interesse der Uebersichtlichkeit ist bei den nachstehenden Erläuterungen eine etwas andere Anordnung des Textes als in der ersten Auflage von der Geschäftsstelle vorgenommen. Als Manuskript gedruckt. ib. 1901. —

— u. Lieder am Kannenfeste den 29. März 1842 u. andern fröhlichen Tagen in der Felsengrotte der Bierhalle zum Gambrinus rc. gr. 8. Berlin 843. (Eyssenhardt.) n. 1/6 ₰

— Lieder u. Spiele f. Schulfeste. I. u. II. gr. 8. (16 u. 20 S.) Unna 872. (Leipzig, Siegismund & Volkening.) à n. — 20

— der deutschen homöopathischen Liga. 1. Heft. gr. 8. Charlottenburg (Spandauer Str. 37) 904. Homöopath. Central-Verlag. n. — 30
Ueber den gegenwärtigen Stand u. die Ziele der Liga. Von Windelband. — Ueber die Wirksamkeit kleinster Mengen. Von Kröner. — Die Homöopathie in ihren Beziehungen zu den seelischen Funktionen. Von Frdr. Gisevius. (32 S.)
Fortsetzung s. u. d. T.: Vorträge u. Abhandlungen.

Vorträge der Deutschen homöopathischen Liga. H. No 1. Berlin-Charlottenburg: Homöopath. Central-Verl. [1906]. 8° [07. 3091

Vorträge aus der Loge zum goldenen Apfel in Dresden. Samml. 1. Leipzig 1857: Andrä. 133 S. 8⁰ 25.

—— über Maschinenbau. I. Dampfschiffbau [1. Thl.], nach dem Vortrage von Leonidas Lewicki mit dessen Genehmigung bearb. und hrsg. vom Maschinen-Techniker-Verein am königl. Polytechnikum zu Dresden. S. S. 1882. 4. (105 autogr. S. mit Fig. und 4 color. Taf.) Dresden 882. (Knecht.) **

Maurerische **Vorträge,** gehalten in der Loge zur Einigkeit zu Frankfurt am Main. Eine Brudergabe zum Johannisfeste 1857. Frankfurt a. M. 1857: Krebs-Schmitt. 31 S. 8⁰
3 Vorträge, 2 Gedichte. 23.

Maurerische **Vorträge,** gehalten in der Loge zur Einigkeit zu Frankfurt a. M. Eine Brudergabe zur Ostermeßloge 1858. Frankfurt a. M. 1858: Krebs-Schmitt. 39 S. 8⁰ [Umschlagtit.]
3 Gedichte von F. M. Hessemer, 1 Vortr. von A. Buddeus. 140.

Maurerische Vorträge vom Redner der Loge Louise zum aufrichtigen Herzen in Tilse [d. i. **Klein**]. Tilse 1818: Post. X, 130 S. 8⁰
Kl. 1206. 23.

Vorträge über Militär-Verpflegswesen in technischer und administrativer Beziehung . . . Wien 1883. V: *Kratschmer, Bernhard.* (KA)

—— über Militär-Verpflegswesen in technischer und administrativer Beziehung, gehalten am theoret. Kurse für Einjährig-Freiwillige des Verpflegsdienstes im J. 1883. I. Technischer Theil. 2 Hefte. Als Mscr. gedr. gr. 8. Wien 883, Seidel und Sohn. à Heft *ℳ 5. *
Inhalt:
Heft 1. Waarenkunde in Bezug auf Verpflegs-Artikel. (S. 1—342.)
" 2. Verarbeitung der Rohstoffe für Verpflegszwecke; das Verpacken, Messen und Wägen der Verpflegs-Artikel; Menagebereitung. (S. 343—607 mit 9 Stnt.)

—— dass. — II. Administrativer Theil. gr. 8. (S. 609—983.) Ebendas. 883. *

Vorträge, geh. bei der Missions-Jahrhundertfeier in Herrnhut vom 7.—10. VI. 1900. gr. 8. (93 S.) Herrnhut (900). Missionsbuchh. n. — 80

— auf d. Lausigker Missionslehrkursus. Nr. 1—4. gr. 8. Leipzig, Verlag d. ev.-luth. Mission zu Leipzig. à n. — 20
1. Die Mission u. die Hebung der niederen Volksschichten. Von v. Schwartz. [Aus: „Der alte Glaube".] (20 S.) 901.
2. Aufgabe u. Ziel des Missionsseminars. Von Hofstätter. [Aus: „Allg. ev.-luth. Kirchenzeitg."] (17 S.) 901.
3. Geburt, Heirat und Tod bei den Wakamba. Von J. Hofmann. Mit 6 Bildern. (25 S.) 901.
4. Tamulische Studenten der Theologie. Eine Darlegg. ihres Bildungsganges m. besond. Berücksicht. des Predigerseminars in Trankebar. Von Gehring. Mit 1 Bilde. (25 S.) 901.

— modernistische. I. u. II. 8. Würzburg 910. Memminger. à — 50
Engert, Thaddaeus, Geburt, Hochzeit u. Tod im Glauben der Menschheit. (42 S.) 910. (II.)
Der deutsche Modernismus. (34 S.) (I.)

(VORTRÄGE GEHALTEN IN DER MILITÄRISCHEN GESELLSCHAFT MÜNCHEN.)

(1.) EINIGE GEDENKTAGE AUS DER BAYERISCHEN HEERESGESCHICHTE. Vortrag, gehalten in der »Militärischen Gesellschaft München« an ihrem Eröffnungstage am 27. November 1868. München 1868. Akademische Buchdruckerei von F. Straub. 8°.
2. A. MIEG, Ueber den taktischen Werth der mechanischen Feuergeschwindigkeit. Vortrag. . . . Als Manuscript gedruckt. ib. 1869. —
3. RUDOLPH SCHWARZ, Die Factoren der modernen Kriegsführung. Vortrag, . . . Als Manuscript gedruckt. ib. 1869. —
4. V. LANGMANTEL, Die Römische Heeresorganisation im Zusammenhange mit dem Militärdiplom von Weissenburg. Vortrag, . . . Als Manuscript gedruckt. ib. 1869. —
5. FRIEDRICH MÜNICH, Ueber die Pflege des Historischen Sinnes in den Heeren. Vortrag, . . . Mit einem Anhange: »Zur Säcular-Feier der Leibgarde der Hartschiere.« Als Manuscript gedruckt. ib. 1869. —
6. KARL v. SAUER, Ueber die Entwickelung der Waffen. Vortrag, . . . Als Manuscript gedruckt. ib. 1869. —
7. EUGEN KELLER, Ueber die Verminderung der Militärbudgets. Vortrag, . . . Als Manuscript gedruckt. ib. 1869. —
8. PAUL v. BRANCA, Ueber den Werth der Gymnastik überhaupt und über ihre Bedeutung für militärische Zwecke. Vortrag, . . . Als Manuscript gedruckt. ib. 1869. —

VORTRÄGE GEHALTEN IN DER MILITÄRISCHEN GESELLSCHAFT MÜNCHEN im Winter 1869/70. Als Manuscript gedruckt. ib. 1872. — 8°.

Musikalische Vorträge bei der Trauer-Feier der ger.·. u.·. vollk.·. St.·. Joh.·. Loge zur Einigkeit im Or.·. von Frankfurt a. M. am 17. Nov. 5875. [Frankfurt a. M. 1875: Mahlau & Waldschmidt.] 2 Bl. 8⁰ [Umschlagtit.]
Kavatine, Quartett von F. W. Rühl u. Kantate von L. Gellert ohne Noten. 140.

Vorträge für Mütterabende. Hrsg. v. Ausschuß für soziale Bestrebungen d. Vereins Berliner Volksschullehrerinnen. Berlin: 1910: Vaterländ. Verl.- u. Kunstanst. 157 S. 8° [11. 1960

— für christliche Müttervereine. 2. u. 3. Bd. gr. 8. Regensburg, Verlagsanstalt vorm. G. J. Manz. à n. 2.50
2. Dreifacher Cyklus von je 12 Vorträgen f. christliche Müttervereine. Von Mich. Huber. (183 S.) 899. n. 2.50
3. Dreifacher Jahrgang praktischer Müttervereinsvorträge für alle Bruderschaftsfeste u. Monatsversammlungen. Von Mich. Huber. (IV, 220 S.) 900. n. 2.50
Bd. 1 unter dem Titel: Kösterus, Fdr., Vorträge. Ebd. 894. n. 4.—.

— f. christliche Müttervereine. 2. Bd. gr. 8. Regensburg 903. Verlagsanstalt vorm. G. J. Manz. n. 2. 50
Dreifacher Cyklus v. je 12 Vorträgen, f. christliche Müttervereine geh. u. hrsg. Von Mich. Huber. 2. durchgeseh. Aufl. (183 S.)

Vorträge aus d. Gebiete d. Naturwissenschaften u. d. Oekonomie, gehalt. vor e. Kreise gebild. Zuhörer in d. physikal.-ökonom. Gesellschaft zu Königsberg. 1. Bdchn., mit Vorträgen d. Hren. Argelander, v. Baer, Bujack, Dove, Dulk, M. H. Jacobi, Ernst Meyer, L. Moser, hrsg. v. K. E. v. Baer. gr. 8. (18 B.) Königsberg 834, Unzer. Thlr.

Vorträge aus d. Gebiete d. Naturwissenschaften u. d. Oekonomie, gehalt. etc. z. Königsberg. Hrsg. v. K. E. v. Baer. 1. Bd. D. geographische Verbreitung d. Weinstocks mit Rücksicht auf d. Weinbau in Preussen während d. Herrschaft d. deutschen Ordens, v. Bujack. gr. 8. Königsberg, 1834. Unzer. 1. 7½

— u. Couplets, neue, f. heitere Kreise, v. Karl Hartmann u. a. 4.—6. Sammlung. (à 80 S.) kl. 8. Mülheim a/R. (904. 905.) J. Bagel. à — 40

Vorträge, neue humoristische. Auserwählte Sammlung der besten Vorträge, Scenen u. Couplets in Poesie u. Prosa. 8. (80 S.) Bremen 880. Haake. 1. —

—— neue komische, und heitere Deklamationen von erprobter Wirkung. 1.—6. Bdchn. 8. (à Bdchn. 32 S.) Oberhausen 884, Spaarmann. à Bdchn. * 20 Pf. *

—— neue komische, und heitere Deklamationen von erprobter Wirkung. 1.—6. Bdchn. 2. Aufl. 8. (à Bdchn. 32 S.) Styrum 887, Spaarmann. à Bdchn. * 20 Pf. *

—— neue komische, heitere Szenen u. humoristische Aufsätze. 16. (48 S.) Styrum 891, Spaarmann. — 20

Vorträge, neueste, der Professoren der Chirurgie u. Vorstände der Krankenhäuser zu Paris üb. Schusswunden u. Verhandlgn. der Academie nationale de médecine üb. denselben Gegenstand, nebst ihrer Würdigung. Veranlasst durch die Ereignisse der Französ. Revolution im Febr. u. Juni 1848. Aus der Gazette des hôpitaux in's Deutsche übertr. u. geordnet v. Wierrer. 2 Thle. gr. 12. 1. Thl.: Februar-Ereignisse. (VIII u. 268 S.) 2. Thl.: Juni-Ereignisse. (IV u. 308 S.) Sulzbach 849, v. Seidel (jetzt: Regensburg, Pustet). (à ¾ ₰) n. 1½ ₰

—— neun apologetische, über einige wichtige Fragen und Wahrheiten des Christenthums von Zöckler, Cremer, Fuchs, Luthardt, Uhlhorn, Geß, Tischendorf, Lange, Disselhoff. Hrsg. von dem Vorstande des Vereins für innere Mission in Bremen. 8. (XII, 407 S.) Gotha 869, F. A. Perthes. *

Inhalt:

1. Zöckler, O., Schöpfungsgeschichte und Naturwissenschaft. * 80 Pf.
2. Cremer, H., Vernunft, Gewissen und Offenbarung. * 80 Pf.
3. Fuchs, M., das Wunder. * 80 Pf.
4. Luthardt, Chr. E., die Person Jesu Christi. * 80 Pf.
5. Uhlhorn, G., die Auferstehung Christi als heilsgeschichtliche Thatsache. * 80 Pf.
6. Geß, W. Fr., über die biblische Versöhnungslehre. * 80 Pf.
7. Tischendorf, C., die Echtheit unserer Evangelien. * 60 Pf.
8. Lange, J. P., die Idee der Vollendung des Reiches Gottes und ihre Bedeutung für das historische Christenthum. * 80 Pf.
9. Disselhoff, J., Christenthum und Cultur. * 80 Pf.

— neun gemeinverständliche, geh. im Festsaale d. k. k. akadem. Gymnasiums in Wien im Novbr. 1886. [Hrsg. im Auftrage der Wiener Freiwilligen Rettungs-Gesellschaft vom Schriftführer dieser Gesellschaft.] gr. 8. (V, 79 S.) Wien 887. (Huber & Lahme.) n. — 60

Vorträge u. Abhandlungen,

— — neuphilologische. (Umschlag: Sammlg. neuphilologischer Vorträge u. Abhandlgn.) Hrsg. v. Wilh. Viëtor. I—III. 8. Leipzig, B. G. Teubner. n. 4. 60

I. De Hugo à Mistral. Leçons sur la poésie française contemporaine. Par Mich. Jouffret. (VI, 103 S.) 902. n. 1. 80
II. On certain aspects of recent English literature. Six lectures. By Rob. Shindler, M. A. (VI, 112 S.) 902. n. 1. 80
III. Die Methodik des neusprachlichen Unterrichts. Ein geschichtl. Überblick in 4 Vorträgen. Von Wilh. Viëtor. (VI, 56 S.) 902. n. 1. —

Vorträge, öffentliche, zur Feier d. 400jähr. Geburtstages D. Martin Luthers, geh. in der Schloß- u. Stadtkirche zu St. Marien zu Dessau. I—VI. 8. Dessau 883. Baumann. à n. — 50

I. Luther als Reformator der Kirche v. Ernst Teichmüller. (33 S.)
II. Luther u. das christliche Haus v. Karl Werner. (23 S.)
III. Luther als deutscher Schriftsteller v. Adf. Rümelin. (29 S.)
IV. Luther als Lehrer u. Erzieher v. F. Seelmann. (32 S.)
V. Luther u. die deutsche Nation v. Rich. Köhler. (15 S.)
VI. Luther u. der Papst v. Karl Grape. (33 S.)

—— öffentliche, gehalten in der Schweiz und hrsg. unter Mitwirkung von E. Desor, L. Hirzel, G. Kinkel, Alb. Müller und L. Rütimeyer. 1. und 2. Bd. à 12 Hefte. gr. 8. Basel, Schweighauser'sche Buchh. Subscr.-Pr. für je 12 Hefte * geb. *

Inhalt:

Bd. 1. 1. Heft. Desor, E., die Sahara. (VII, 59 S.) 871. * ℳ 1. — 2. Heft. Kinkel, Gfried., die Malerei der Gegenwart. (35 S.) 871. * 80 Pf. — 3. Heft. Müller, Albr., die ältesten Spuren des Menschen in Europa. (48 S.) 871. * 80 Pf. — 4. Heft. Hirzel, L., Göthe's italienische Reise. (42 S.) 871. * 80 Pf. — 5. Heft. Dor, H., das Stereoscop und das stereoscopische Sehen. (28 S. mit 1 Holzschntaf.) 871. * 60 Pf. — 6. Heft. Behn-Eschenburg, H., Charles Dickens. (42 S.) 871. * 80 Pf. — 7. Heft. Heim, Alb., aus der Geschichte der Schöpfung. (44 S.) 872. * 80 Pf. — 8. Heft. Wackernagel, Wilh., über den Ursprung und die Entwickelung der Sprache. (58 S.) 872. * 80 Pf. — 9. Heft. Kinkelin, Friedr., über Ernährung. Vortrag, gehalten in der Jahresversammlung der aargauischen naturforsch. Gesellschaft zu Zofingen. (32 S.) 872. * 60 Pf. — 10. Heft. Schwendener, S., aus der Geschichte der Culturpflanzen. Zwei Vorträge. (67 S.) 872. * ℳ 1. — 11. Heft. Oppert, Jul., Grundzüge der assyrischen Kunst. (31 S.) 872. * 80 Pf. — 12. Heft. Motz, Heinr., Lessing's Bedeutung für das deutsche Drama. (57 S.) 872. * ℳ 1.

» 2. 1. Heft. Rahn, J., Rud., das Erbe der Antike. Vortrag gehalten im Rathhaussaale zu Zürich am 3. Mai 1871. (32 S.) 873. * 60 Pf. — 2. Heft. Tobler, die fremden Wörter in der deutschen Sprache. (56 S.) 873. * 80 Pf. — 3. Heft. Vögelin, Salom., über das Verhältniss der Christen zur bildenden Kunst während der ersten vier Jahrh. (32 S.) 873. * 60 Pf. — 4. Heft. Schönberg, G., die Frauenfrage. (44 S.) 873. * 80 Pf. — 5. Heft. Gelzer, H., eine Wanderung nach Troja. (32 S.) 873. * 60 Pf. — 6. Heft. Hirsch, Adph., die Sternschnuppen. Vortrag gehalten in der Neuenburger gemeinnütz. Gesellschaft am 7. Decbr. 1872. (32 S.) 873. * 80 Pf. — 7. Heft. Steiner, Heinr., über hebräische Poesie. Vortrag gehalten im Rathhaussaale zu Zürich am 22. Febr. 1872. (40 S.) 873. * 80 Pf. — 8. Heft. Meyer v. Knonau, G., die Sage von der Befreiung der Waldstätte. Die Ausgangsstelle, das Erwachen und der Anbau derselben. (52 S.) 873. * ℳ 1. — 9. Heft. Müller, Albr., das Wachsen der Steine. (44 S.) 874. * ℳ 1. — 10. Heft. Kinkel, Gottfr., Peter Paul Rubens. Vortrag gehalten im Rathhaussaale zu Zürich. (26 S.) 874. * 80 Pf. — 11. Heft. Munzinger, Walther, erbrechtliche Studien. Vortrag gehalten im Rathhaussaale zu Solothurn am 19. Febr. 1868. (44 S.) 874. * ℳ 1. — 12. Heft. Huguenin, G., über Sinnestäuschungen. Vortrag gehalten im Rathhaussaale zu Zürich. (34 S.) 874. * 80 Pf.

—— dass. — 1. Bd. 3. und 8. Heft. 2. Aufl. gr. 8. Basel 876, Schweighauserische Verlagsh. à Heft * ℳ 1. *

Inhalt:

Heft 3. Müller, Albr., die ältesten Spuren des Menschen in Europa. (52 S.)
» 8. Wackernagel, Wilh., über den Ursprung und die Entwicklung der Sprache. Academische Festrede, gehalten am 8. Novbr. 1866 bei der Jahresfeier der Universität Basel. (56 S.)

—— dass. — 3. Bd. 1.—3. Heft. gr. 8. Ebendas. 874. *

Inhalt:

Heft 1. Hirsch, Adph., die Sonne. (41 S. mit 2 Chromolithogr.) * ℳ 1,20.
» 2. Vogt, Carl, über Vulkane. (48 S.) * ℳ 1.
» 3. Jacoby, Daniel, Friedrich der Grosse und die deutsche Litteratur. (43 S.) * ℳ 1.

—— öffentliche, gehalten in der Schweiz und hrsg. unter gefäll. Mitwirkung von E. Desor, Ludw. Hirzel, Gfried. Kinkel, Albr. Müller und L. Rütimeyer. 3. Bd. 4.—12. (Schluss-)Heft. gr. 8. Basel, Schweighauserische Verlagsh. 3. Bd. compl. * ℳ 8.; geb.

Inhalt:

Heft 4. Born, Steph., Heinrich Heine. Vortrag, gehalten im grossen Saale des Bernoullianums zu Basel am 10. Jan. 1875. (49 S.) 875. * ℳ 1.
» 5. Kaiser, Vict., Macbeth und Lady Macbeth in Shakespeare's Dichtung und in Kunstwerken von Cornelius und Kaulbach. Psychologischer Essay. (45 S.) 875. * ℳ 1.
» 6. Müller, Albr., der Gebirgsbau des St. Gotthard. (42 S. mit 1 lithogr. Profilkarte.) 875. * ℳ 1.
» 7. Meyer, Karl, Walther von der Vogelweide. Vortrag, gehalten in der Aula zu Basel am 15. Decbr. 1874. (30 S.) 875. * 80 Pf.
» 8. Alaux, J. E., über die Wandlungen der Moral im Menschengeschlecht. (36 S.) 876. * 80 Pf.
» 9. Osenbrüggen, Ed., die deutschen Rechtssprichwörter. 876. * 80 Pf.
» 10. Meyer v. Knonau, Gerold, die Ekkeharte von St. Gallen. (32 S.) 876. * 80 Pf.
» 11. Vögelin, Sal., Kunst und Volksleben. Vortrag, gehalten zu Winterthur den 11. Jan. 1876. (30 S.) 876. * 80 Pf.
» 12. Billeter, A., Felix Mendelssohn-Bartholdy. Vortrag, gehalten in Burgdorf am 19. Jan. 1875. (20 S.) 876. * 80 Pf.

—— dass. — 4. Bd. 12 Hefte. gr. 8. Ebendas.

Inhalt:

Heft 1. Desor, E., der Mensch der Wüste. (38 S.) 876. * ℳ 1.
» 2. Chambrier, Alfr. de, die letzten Hohenstaufen und das Papstthum. (29 S.) 876. * 80 Pf.
» 3. Müller, Albr., die Meteorsteine. (36 S.) 876. * 80 Pf.
» 4. Born, Steph., Nicolaus Lenau. Vortrag, gehalten im Bernoullianum zu Basel am 12. März 1876. (36 S.) 877. * 80 Pf.
» 5. Arbenz, Emil, die Schriftstellerei in Rom zur Zeit der Kaiser. Vortrag, gehalten im Bibliotheksaal der Kantonsschule in St. Gallen den 13. Jan. 1876. (47 S.) 877. * ℳ 1.
» 6. Kaiser, Vict., Cornelius und Kaulbach in ihren Lieblingswerken. (55 S.) 877. * ℳ 1.
» 7. Meyer, M. Wilh., von den ersten und letzten Dingen im Universum. (45 S.) 877. * ℳ 1.
» 8. Wackernagel, Jac., über den Ursprung des Brahmanismus. Vortrag, gehalten zu Basel am 17. Novbr. 1876. (35 S.) 877. * 80 Pf.
» 9. Wille, Ludw., Goethe's Werther und seine Zeit. Eine psychiatrisch-litterar. Studie. (30 S.) 877. * 80 Pf.
» 10. Choffat, Paul, die Paläontologie, deren Methode, Nutzen und Ziel. (28 S. mit 1 autogr. Kärtchen.) 878. * 80 Pf.
» 11. Kinkel jun., Gfried., Kunst und Cultur im alten Italien vor der Herrschaft der Römer. Vortrag, gehalten im Casino zu Winterthur am 3. Decbr. 1872. (34 S.) 878. * 80 Pf.
» 12. Terrier, Léonce, Galilei. Vortrag, gehalten in der gemeinnütz. Gesellschaft zu Neuchâtel. (64 S.) 878. * ℳ 1,20.

—— dass. — 5. Bd. 1.—8. Heft. gr. 8. Ebendas. 5. Bd. compl. * ℳ 8.; geb.

Inhalt:

Heft 1. Born, Steph., André Chenier. Ein Dichterleben aus der Zeit der französ. Revolution. Vortrag, gehalten im Bernoullianum zu Basel am 11. März 1877. (44 S.) 878. * ℳ 1.
Heft 2. Billwiller, Rob., über Astrologie. Vortrag, gehalten am 23. Jan. 1877, dem 59. Stiftungstag der naturwissenschaftl. Gesellschaft in St. Gallen. (33 S.) 878. * 80 Pf.
» 3. Meyer, M. Wilh., Kraft und Stoff im Universum und die Ziele der astronomischen Wissenschaft. Vortrag. (31 S.) 878. * 80 Pf.
» 4. Chambrier, A. de, die Rolle der phönizischen Rasse in der alten Welt. (31 S.) 878. * 80 Pf.
» 5. Heim, Alb., über die Verwitterung im Gebirge. (40 S. mit 17 Abbild. auf 1 Stnt.) 879. * ℳ 1.
» 6. Kinkel jun., Gfried., Macaulay. Sein Leben und sein Geschichtswerk. (41 S.) 879. * ℳ 1.
» 7. Meyer, Karl, das geistliche Schauspiel des Mittelalters. Vortrag. (32 S.) 879. * 80 Pf.
» 8. Niggli, A., Robert Schumann. Sein Leben und seine Werke. Vortrag. (37 S.) 879. * 80 Pf.

—— öffentliche, gehalten in der Schweiz und hrsg. unter gefäll. Mitwirkung von E. Desor, L. Hirzel, G. Kinkel, Albr. Müller und L. Rütimeyer. 5. Bd. 9.—12. (Schluss-) Heft. gr. 8. Basel 880, [Schweighauserische Buchh.] Schwabe.

Inhalt:

Heft 9. Hotz-Osterwald, J. H., das Dogma in der Wissenschaft. (50 S.) * ℳ 1.
» 10. Haggenmacher, Otto, die Eleusinischen Mysterien. (28 S.) * 80 Pf.
» 11. Müller, Albr., die Erzgänge. Vortrag, gehalten im Bernoullianum in Basel. (38 S.) * 80 Pf.
» 12. Honegger, J. J., Iwan Turgénjew. Vortrag. (33 S.) * 80 Pf.

Vorträge, öffentliche, gehalten in der Schweiz und hrsg. unter gefäll. Mitwirkung von E. Desor, L. Hirzel, G. Kinkel, Albr. Müller und L. Rütimeyer. 6. Bd. 12 Hefte. gr. 8. Basel 881,82, [Schweighauserische Buchh.] Schwabe. Subscr.-Pr. *

Inhalt:

Heft 1. Hotz, R., die Erschliessung Central-Afrika's. Vortrag, gehalten im Bernoullianum zu Basel. (52 S.) * ℳ 1.
» 2. Desor, E., im Urwald. Vortrag. (51 S.) * ℳ 1.
» 3. Wille, Ludw., der Spiritismus der Gegenwart. (34 S.) * 80 Pf.
» 4. Honegger, J. J., Francis Bret Harte. Vortrag. (34 S.) * 80 Pf.
» 5. Born, Steph., Beaumarchais. Vortrag, gehalten im Bernoullianum in Basel. (39 S.) * ℳ 1.
» 6. Bloesch, E., Valerius Anshelm und seine Chronik. Vortrag, gehalten im Saale des Grossen Rathes zu Bern am 13. Febr. 1880. (38 S.) * ℳ 1.
» 7. Heim, Alb., die Gebirge. Vortrag. (28 S. mit 1 lithogr. Taf.) * ℳ 1.
» 8. Buss, Ernst, der Volksaberglaube. Vortrag, gehalten im Bernoullianum in Basel. (36 S.) * 80 Pf.
» 9. Niggli, A., Joseph Haydn. Sein Leben und Wirken. Vortrag. (87 S.) * ℳ 1,60.
» 10. Bagge, S., das Musikalisch-Schöne. Vortrag. (27 S.) * 80 Pf.
» 11. Goetz, Wilh., Speise und Trank vergangener Zeiten in deutschen Landen. (24 S.) * 60 Pf.
» 12. Vetter, Ferd., ein Mystikerpaar des 14. Jahrh. Schwester Elsbeth Stachel in Töss und Vater Amandus [Suso] in Konstanz. Vortrag, gehalten im Rathhaussaale zu Bern. (63 S.) * ℳ 1,20.

—— dass. — Hrsg. von Benno Schwabe unter gefäll. Mitwirkung von Steph. Born, Alb. Heim, Ludw. Hirzel, Albr. Müller und L. Rütimeyer. 7. Bd. 12 Hefte. gr. 8. Basel 883, Schwabe. Subscr.-Pr. *

Inhalt:

Heft 1. Hotz-Osterwald, J. H., der Reichthum und das Himmelreich. (61 S.) * ℳ 1,20.
» 2. Keller, Conr., das Thierleben in grossen Meerestiefen. Academischer Vortrag, gehalten im Rathhaussaale von Zürich am 24. Novbr. 1881. (33 S.) * 80 Pf.
» 3. Cramer, C., über das Bewegungsvermögen der Pflanzen. Vorgetragen im Rathhaussaale zu Zürich am 26. Jan. 1882. (33 S.) * 80 Pf.
» 4. Born, Steph., Lord Byron. Vortrag. (39 S.) * 80 Pf.
» 5. Zehnder, G., Martin Disteli. Vortrag, gehalten in Olten. (42 S.) * 80 Pf.
» 6. Heumann, K., das Feuer. Vortrag, gehalten im Rathhaussaale zu Zürich. (27 S.) * 80 Pf.
» 7. Schär, Ed., aus der Geschichte der Gifte. Vortrag, gehalten im Rathhaussaale zu Zürich den 18. Jan. 1883. (48 S.) * 80 Pf.
» 8. Goetz, Wilh., Leben und Streben vergangener Zeiten in germanischen Landen. Vortrag. (52 S.) * 80 Pf.
» 9. Meyer, Carl, der Parzival Wolframs von Eschenbach. Vortrag. (30 S.) * 80 Pf.
» 10. Brunnhofer, Herm., der Indienfahrer Anquetil Duperron. Vortrag, gehalten in Aarau den 7. Febr. 1883. (39 S.) * 80 Pf.
» 11. Schröter, C., die Alpenflora. Vortrag. (31 S.) * 80 Pf.
» 12. Kraemer, Adf., die Entwickelung der Landwirthschaft in den letzten 100 Jahren. Vortrag. (50 S.) * ℳ 1.

—— dass. — 8. Bd. 1.—8. Heft. gr. 8. Ebendas. 884. Subscr.-Pr. für Bd. 8. *

Inhalt:

Heft 1. Fröhlich, Frz., die Mode im alten Rom. Vortrag, gehalten am 28. Novbr. 1883 in Aarau. (35 S.) * ℳ 1.
» 2. Bagge, S., Carl Maria v. Weber. Vortrag. (33 S.) * 80 Pf.
» 3. Rudio, F., Leonhard Euler. Vortrag, gehalten auf dem Rathhause in Zürich am 6. Decbr. 1883. (24 S.) * 60 Pf.
» 4. Kottmann, A., die Arzneimittel. Vortrag. (43 S.) * 80 Pf.
» 5. Brunnhofer, Herm., über den Ursitz der Indogermanen. Vortrag. (28 S.) * 80 Pf.
» 6. Ritter, W., Fluth und Ebbe. Vortrag. (27 S.) * 80 Pf.
» 7. Steck, R., Goethe und Lavater. Vortrag. (39 S.) * 80 Pf.
» 8. Keller, Rob., die naturwissenschaftliche Bedeutung der zwecklosen Organe im Thierreich. Vortrag, gehalten in der naturforschenden Gesellschaft St. Gallen am 26. April 1881. (34 S.) * 80 Pf.

—— öffentliche, gehalten in der Schweiz. 8. Bd. 9.—12 Heft. gr. 8. Basel 885, Schwabe. à Heft *

Inhalt:

Heft 9. Heim, Alb., die Quellen. Vortrag, gehalten auf dem Rathhaus in Zürich den 20. Novbr. 1884. (31 S.)
» 10. Bühler, A., der Wald in der Culturgeschichte. Vortrag, gehalten im Rathhaussaale zu Zürich am 5. Febr. 1885. (29 S.)
» 11. Hunziker, O., Rousseau und Pestalozzi. Vortrag. (36 S.)
» 12. Born, Steph., Heinrich Zschokke. Vortrag. (38 S.)

—— dass. — 9. Bd. 12 Hefte. gr. 8. Ebendas. à Heft * pro Bd. von 12 Heften *

Inhalt:

Heft 1. Baur, C., die Entwicklung der Fernsprechkunst. Vortrag. (37 S.) 886.
» 2. Mühlberg, Fr., der Kreislauf der Stoffe auf der Erde. Vortrag. (36 S.) 886.
Heft 3. Wille, Ludw., das Gemüth. Vortrag. (27 S.) 887.
» 4. Sonderegger, Naturwissenschaft und Volksleben. Vortrag, gehalten am Stiftungstage der naturwissenschaftl. Gesellschaft St. Gallen. (29 S.) 887.
» 5. Steck, R., der Koran. Vortrag. (29 S.) 887.
» 6. Meyer, Paul, Johann Sebastian Bach. Vortrag. (39 S.) 887.
» 7. Keller, Rob., die Blüthen alpiner Pflanzen, ihre Grösse und Farbenintensität. Vortrag, gehalten am Jahresfeste der S. A. C. in Winterthur im Septbr. 1886. (36 S.) 887.

» 8. Blümner, Hugo, Lebens- und Bildungsgang eines griechischen Künstlers. (34 S.) 887.
» 9. Bücher, Karl, von den Productionsstätten des Weihnachtsmarktes. Vortrag, gehalten am 1. Febr. 1887 in der Aula zu Basel. (37 S.) 887.
» 10. Zollinger, A., Charles Dickens, der Humorist. Vortrag. (32 S.) 887.
» 11. Keller, Conr., Natur und Volksleben der Insel Réunion. Vortrag, gehalten im Cyclus ethnograph. Vorträge im Rathhaussaale Zürich. [Dezbr. 1887.] (31 S.) 888.
» 12. Schär, Ed., die Arznei- und Genussmittel in ihrer commerciellen und ethnograph. Bedeutung. Vortrag, gehalten im Rathhaussaale zu Zürich den 12. Jan. 1888. (38 S.) 888.

—— öffentliche, gehalten von einem Verein akademischer Lehrer zu Marburg. 1. Abthl. 2 Bde. gr. 8. Stuttgart 862, Franckh'sche Buchh. à Bd. 1 Thlr. 10 Ngr.

Hieraus einzeln à 8 Ngr.:

Zeller, E., die Entwicklung des Monotheismus bei den Griechen. (31 S.)
Mangold, Wilh., Julian, der Abtrünnige. (27 S.)
Justi, Karl, Dante und die göttliche Comödie. (40 S.)
Waitz, Thdr., Hernando Cortes. (22 S.)
Herrmann, Ernst, Wilhelm von Oranien. (26 S.)
Henke, E. L. Th., Papst Pius VII. (29 S.)
Cäsar, Jul., das finnische Volksepos Kalewala. (31 S.)
Schell, W., über Wahrscheinlichkeit. (24 S.)
Wüllner, A., Wind und Wetter. (24 S.)
Bromeis, C., über die Entdeckung des Sauerstoffs. (27 S.)
Claudius, das Gehörorgan. (20 S.)
Henke, W., die Quelle der Kräfte des Lebens im Körper der Menschen und Thiere. (32 S.)
Heusinger, Otto, über die Getränke. (27 S.)

— bei der feierlichen Ordination des evangel. Missionärs Herrn. Mögling. 8. Tübingen 836. Fues. 1/8 ß

Vorträge, die, auf dem Ornithologen-Congresse, Wien 1884. Hrsg. von Siegfr. Freund. 8. (60 S.) Wien 884, [Wallishausser'sche Hofbuchh.] Künast. *

Vorträge u. **Abhandlungen**, pädagogische. Sammlung zeitgemäßer Vorträge u. Abhandlgn. aus dem Gebiete des kathol. Erziehungs- u. Unterrichts-Wesens. In Verbindg. m. namhaften Schulmännern hrsg. v. Jos. Pötsch. 1.—7. Hft. 8 Kempten, J. Kösel. 3. 30

1. Papst Leo XIII. u. Kaiser Wilhelm II. üb. die Aufgabe der Schule in der heutigen Zeit. Von Jos. Pötsch. (29 S.) 893. — 30
2. Die Schule im Paradiese der Sozialdemokratie. Nach sozialdemokrat. Schriften dargestellt v. Heinr. Bals. (58 S.) 894. n. — 50
3. Jesuiten u. Jesuitenschulen. Offene Antwort, dem Historiker der „Deutschen Schulzeitung", Hrn. E. Henze, ins Album geschrieben v. Jos. Reiß. (96 S.) 894. — 70
4. Die wahren Verdienste Luthers um die Volksschule. Zur Lehr u. Wehr dargestellt v. Thalheim. (29 S.) 894. — 30
5. Die Erziehungsprinzipien Dupanloup's u. unsere modernen Pädagogen. Von Hugo Wehner. (85 S.) 894. — 60
6. Die kulturhistorischen Stufen der Herbart-Ziller-Stoy'schen Schule. Eine Darlegg. nebst Beurteilg. derselben. Von Al. Knöppel. (46 S.) 894. — 45
7. Das Kind. Vortrag, geh. am 17. Mai 1894 zu Mettmann auf der 3. Pfingst-Generalversammlg. der „Kathol. Vereinigg. berg. Lehrer" v. Etna. (44 S.) 894. — 45

— u. **Abhandlungen**, pädagogische. Sammlg. zeitgem. Vorträge u. Abhandlgn. aus d. Gebiete d. kathol. Erziehungs- u. Unterrichtswesens. In Verbindg. m. namhaften Schulmännern hrsg. v. Jos. Pötsch. 8.—23. Hft. 8. Kempten, J. Kösel. n. 8. 70 (1.—23.: n. 12. —)

8. Das undogmat. Christentum u. die unabhäng. Morallehre, zwei Ideale der modernen Pädagogik. Beleuchtet v. Jos. Pötsch. (45 S.) 894. — 45
9. J. J. Rousseau u. s. Einfluß auf d. Volksschule. Von Heinr. Bals. (61 S.) 895. n. — 50
10. Kein besond. Gefühlsvermögen. Ein Kapitel aus d. pädagog. Psychologie. Von e. prakt. Schulmanne. (72 S.) 895. — 60
11. Das Verhältnis d. Pädagogik zu Religion u. Philosophie. Von Alb. Stöckl. (57 S.) 895. — 60
12. Wesen, Bedeutg. u. Eigenschaften d. Arbeit im christl. Sinne u. d. Erziehung zu Arbeit u. Fleiß. Mit vorwalt. Rücksicht auf d. Volksschule dargest. v. Thdr. Hemmersbach. (68 S.) 895. — 60
13. Der selige Johann Baptist de la Salle. Ein Pädagoge vor 200 Jahren. Eine biographisch-pädagog. Studie v. Johs. Zelter. (80 S.) 895. — 70
14. Schulsparkassen. E. Stimme gegen dieselben v. Adam Langer. (44 S.) 896. — 45
15. Die soziale Stellg. d. Lehrers. Ein Wort an alle Lehrer u. Lehrerfreunde v. Adam Langer. (86 S.) 896. — 75
16. Kirche u. Schule währ. u. unmittelbar nach d. „Reformations"-Zeit v. A. Stöckl. Mit e. kurzen Lebensskizze d. Verf. v. Herausgeber. (61 S.) 896. — 60
17. Beleuchtg. v. Dittes' Werken. Von Joh. Ev. Weis. M. e. Anh.: Etwas üb. Herrn Dittes selbst v. Herausgeber. (39 S.) 896. — 45
18. Was soll d. kathol. Lehrer v. Immanuel Kant wissen? (39 S.) 897. — 45 (13—18 als III. Bd. geb. in Leinw. n. 3. 80; I.—III. Bd. geb. n. 10. 40)
19. Das Wesen der Seele, gemeinverständlich erklärt. Von C. Rolfes. (51 S.) 897. n. — 60
20. Verrohung, die, d. Jugend u. Mittel dagegen v. e. Juristen u. Jugendfreunde. Mit e. statist. Beilage. (84 S.) 897. n. — 65
21. Frauenfrage u. Mädchen-Erziehung. Von Anna Benfey-Schuppe. (29 S.) 897. n. — 35
22. Ueber d. Erhebg. d. Pädagogik zur Wissenschaft. Von Otto Willmann. (40 S.) 898. n. — 50
23. Der Aufsatz in der Volksschule. Von Gansen. (47 S.) 898. — 45

— — **pädagogische. Sammlung zeitgemäßer Vorträge u. Abhandlgn. aus dem Gebiete des kathol. Erziehungs- u. Unterrichts-Wesens. In Verbindung m. namhaften Schulmännern hrsg. v. Jos. Pötsch. 24.—35. Hft. 8. Kempten, J. Kösel.** 6. 80

24. Johann Ludwig Vives, der Begründer der neuen Pädagogik. Vortrag f. die pädagog. Konferenz Würzburg. Von M. A. Beringer. (55 S.) 899. — 45
25. Die Fortbildungsschule in ihrer geschichtl. Entwickelg., ihrer pädagog. u. wirtschaftl. Bedeutung u. ihrer zeitgem. Ausgestaltung. Von A. Nießen. (59 S.) 899. — 60
26. Allerlei Praktisches. Von Gansen. (60 S.) 899. n. — 65
27. Disziplin, humane, od. das Züchtigungsrecht in der Volksschule. Von e. prakt. Schulmanne. (88 S.) 899. — 75
28. Naturwissenschaft od. Geisteswissenschaft als Mittelpunkt des Bildungsinhaltes? Eine krit. Beleuchtung der v. der Naturforschung an die Schule erhobenen Forderung. Von J. Jos. Wolff. (32 S.) 899. — 40
29. Die Schulärztefrage in sozialpädagog. Beleuchtg. Von Joh. Beringer. (93 S.) 899. — 90
30. Die Volksschule u. die soziale Frage. Vortrag, geh. am 26. VII. 1899 zu Dornbirn in Vorarlberg in der Versammlg. des österreich. kathol. Lehrerbundes. Von Otto Willmann. (20 S.) 900. — 30
31. Der Volksschullehrer gegenüber dem modernen Zeitgeiste. Vortrag, geh. am 27. IX. 1899 in der Versammlg. d. kathol. Lehrerverbandes, Kreisverein Essen. Von Otto Willmann. (20 S.) 900. — 30
32. Christliches Volkstum als Grundlage der Jugendbildung. Vortrag, geh. am 16. IV. 1899 in der Generalversammlung des österreich. kathol. Schulvereins in Wien. Von Otto Willmann. (20 S.) 900. — 30
33. Konfessionelle Schulen, e. Erfordernis der pädagog. Grundsätze. Von Valentin Eschenlohr. (64 S.) 900. n. — 65
34. Die psychopathischen Minderwertigkeiten. Wesen, Bedeutung u. Behandlg. derselben in der Volksschule. Von K. Michels. (64 S.) 901. — 75
35. Landesväterliche Fürsorge der preuß. Könige f. die preußischen Volksschullehrer u. Lehrerinnen. Zur 200 jähr. Jubelfeier des preuß. Königtums. Geschichtl. Überblick. Von Osc. Grimm. (71 S.) 901. — 75

— — pädagogische. Sammlung zeitgemäßer Vorträge u. Abhandlgn. aus dem Gebiete des kathol. Erziehungs- u. Unterrichts-Wesens. In Verbindg. m. namhaften Schulmännern hrsg. v. Jos. Pötsch. 36. Heft. 8. Kempten, J. Kösel. — 75 (31.—36. Heft in 1 Bde. [6. Bd.] 3. —; geb. in Leinw. 3. 80)

Randglossen zur Jugendschriften-Frage. Von Laurenz Kiesgen. (64 S.) 904.

—— und Abhandlungen, pädagogische, in zwanglosen Heften. 1. Bd. 5. Hefte. gr. 8. Leipzig 867, Klinkhardt.

Inhalt:

Heft 1. Möbius, Paul, Theologen oder Seminaristen? Ein Vortrag im Leipziger Lehrerverein gehalten. (20 S.) 3 Ngr.
» 2. Eckstein, Friedr. Aug., die Gestaltung der Volksschule durch den Francke'schen Pietismus. (39 S.) — Bornemann, E., die permanente Ausstellung von Lehrmitteln zu Leipzig. (9 S.) 6 Ngr.
» 3. Hildebrand, H. R., vom deutschen Sprachunterricht in der Schule und von etlichem ganz Anderen, das doch damit zusammenhängt. (80 S.) 9 Ngr.
» 4. Delitsch, Otto, Beiträge zur Methodik des geographischen Unterrichts, namentlich des Kartenlesens und Kartenzeichnens in Schulen. (54 S.) 6 Ngr.
» 5. Arendt, Rud., über den Unterricht in der Chemie an höheren und niederen Schulen. Nach Vorträgen, gehalten im Lehrer-Verein und in der pädagog. Gesellschaft zu Leipzig. (III und 50 S.) 6 Ngr.

—— und Abhandlungen, pädagogische, in zwanglosen Heften. 2. Bd. 4 Hefte. gr. 8. Leipzig, Klinkhardt. (M. 2,85.)

Inhalt:

Heft 1. Contzen, H., die Volkswirthschaftslehre als Unterrichtsgegenstand auf höheren und niederen Schulen. Ein Vortrag gehalten im Leipziger Lehrerverein. (40 S.) 868. 60 Pf.
» 2. Stoyner, H. E., Altes und Neues aus dem Gebiete der Heilpädagogik. (126 S.) 868. 90 Pf.
» 3. St. Marie, Ludw. v., der Blinde und seine Bildung. (36 S.) 868. 60 Pf.
» 4. Budich, H. M., der Bildungsgang der Frauen. — Werner, W., über die Gewinnung und Benutzung von Lehrmitteln zur Belebung des Unterrichts und manches, was damit in Verbindung steht. (III, 50 S.) 869. 75 Pf.

1. Bd. Ebendas. 1867. M. 3.

— gehalten bei der Pestalozzi-Feier am 12. Jenner 1846 in Basel. gr. 8. Basel 846, Schweighauser. 11 ngl

Vorträge gehalten bei der Pestalozzi-Feier am 12. Jenner 1846 in Basel. Basel 1846. H: *Fechter, Daniel Albert.* (BrMm)

— über Pflanzenschutz der Abteilung für Pflanzenkrankheiten des Kaiser Wilhelms-Institut f. Landwirtschaft in Bromberg. 1. Heft. gr. 8. Berlin 910. P. Parey. p 1. 20

1. Forstschutz. 1. Heft. (80 S. m. 61 Abbildgn.)

Philosophische **Vorträge** hrsg. von d. Philos. Gesellsch. zu Berlin. Neue Folge. H. 1–24; Folge 3. H. 1–7. Halle a. S. (H. 22–24: Leipzig): C. E. M. Pfeffer (3. F.: Berlin: R. Gaertner) 1882–99. 28 Bde 8°

N. F. 1 = Frederichs, [Friedrich]: Ueber d. realist. Princip d. Autorität als Grundlage d. Rechts u. d. Moral nebst d. Entgegnungen d. Präs. [Julius Hermann] v. Kirchmann [u. a.]. 1882.

2, [1] = Michelet, [Karl Ludwig]: Herbert Spencer's System d. Philosophie u. s. Verhältnis z. deutschen Philos. nebst d. Entgegnungen d. Lic. Dr. Fr[iedrich] Kirchner u. d. Prof. [Adolf] Lasson. 1882.

2, [2] = Rau, Julius: Ueber d. Princip d. Schönen in d. Kunst, nebst d. Entgegnungen d. Prof. Michelet u. d. Präs. v. Kirchmann. 1882.

3 = Lasson: Die Entwickelung d. religiösen Bewusstseins d. Menschheit nach E. v. Hartmann. 1883.

4 = Kirchmann, v.: Ueber d. Anwendbarkeit d. mathemat. Methode auf d. Philosophie. 1883.

5 = Kahle: A. Lasson's System d. Rechtsphilosophie in s. Grundzügen beurteilt. 1883.

6 = Focke, Rudolf: Ueber d. Wesen d. Seele. 1883.

7 = Dreher, Eugen: Ueber d. Zusammenhang d. Naturkräfte. 1884.

8, [1] = Michelis, Friedrich: Ueber d. Bedeutung d. Neuplatonismus f. d. Entwickelung d. christl. Speculation. 1884.

8, [2] = Heydebreck, A[dolf] v.: Ueber d. Begriff d. unbewussten Vorstellung. 1885.

9 = Lasson u. Meineke: J. H. v. Kirchmann als Philosoph. 1885.

10 = Lasson: Der Satz v. Widerspruch. 1885.

11 = Runze, Georg: Die Bedeutung d. Sprache f. d. wissensch. Erkennen. 1886.

12 = Engel, Gustav: Ueber d. Begriff d. Klangfarbe. 1887.

13 = Stuckenberg, J. H. W.: Grundprobleme in Hume. 1887.

14 = Dreher: Natur- u. Kunstgenuss. 1887.

15–17 = Schmitt, Eugen Heinrich: Das Geheimnis d. Hegelschen Dialektik, beleuchtet v. concret-sinnlichen Standpunkte. 1888.

18 = Kirchner: Ueber d. Zufall. 1887.

19 = Zöller, Egon: Der Gottesbegriff in d. neueren schwed. Philos. mit besond. Berücks. d. Weltanschauungen Boströms u. Lotzes. 1888.

20, [1] = Frederichs: Ueber d. Schellingschen Freiheitsbegriff. 1889.

20, [2] = Kirchner: Ueber d. Thierseele. 1890.

21 = Engel: Die Philosophie u. d. sociale Frage. 1892.

22–23 = Abhandlungen, Acht, Herrn Prof. Dr. Karl Ludwig Michelet z. 90. Geburtstag als Festgruss dargereicht. 1892.

24 = Heydebreck, [Adolf] v.: Über d. Gewissheit des Allgemeinen. 1893.

Folge 3. H. 1 = Döring, A[ug.]: Über Zeit u. Raum. 1. Vortrag über d. Wesen d. Zeit. 2. Thesen über d. Wesen d. Raumes mit Erl. 1894.

2 = Lasson: Das Gedächtnis. 1894.

3 = Ulrich, Georg: Verdienst u. Gnade oder Über d. Motive d. Handelns. 1895.

4 = Zöller: Die Entwickelung d. Menschen u. d. Menschheit. 1895.

5 = Schmidt, Ferdinand Jakob: Das Lebensideal Karl Christian Plancks. 1896.

6 = Lasson: Der Leib. 1898.

7 = Wenzel, Alfred: Gemeinschaft u. Persönlichkeit im Zusammenhange mit d. Grundzügen geistigen Lebens. 1899.

Aufs. u. d. T.: Verhandlungen d. Philos. Gesellschaft zu Berlin. [illegible]

— philosophische, hrsg. von der philosophischen Gesellschaft zu Berlin. Neue Folge. 1. u. 2. Hft. gr. 8. Halle 882. Pfeffer. pro Serie v. 6 Hftn. n. 5. 40; Einzelpr. à n. 1. 20

1. Ueber das realistische Princip der Autorität als der Grundlage des Rechts u. der Moral von Frederichs, nebst den Entgegnungen von Kirchmann, Fr. Kirchner, Michelet, Essen u. Lasson. (64 S.)
2. Herbert Spencer's System der Philosophie u. sein Verhältniss zur deutschen Philosophie von Michelet, nebst den Entgegnungen von Fr. Kirchner u. Lasson. Ueber das Princip des Schönen in der Kunst von Jul. Rau, nebst den Entgegnungen von Michelet u. v. Kirchmann. (58 S.)

— philosophische, hrsg. v. der philosoph. Gesellschaft zu Berlin. Neue Folge. 3.–7. Hft. gr. 8. Halle 883–84. Pfeffer. Einzelpr. à n.

3. Die Entwickelung d. religiösen Bewusstseins der Menschheit nach E. v. Hartmann. Von A. Lasson, nebst der dabei stattgehabten Diskussion. (79 S.)
4. Ueber die Anwendbarkeit der mathematischen Methode auf die Philosophie. Ein Vortrag von v. Kirchmann, nebst der dabei stattgehabten Diskussion. (70 S.)
5. A. Lasson's System der Rechtsphilosophie, in seinen Grundzügen beurtheilt v. Kahle. Ein Vortrag, nebst der dabei stattgehabten Diskussion. (64 S.)
6. Ueber das Wesen der Seele. Von Rud. Focke, nebst der dabei stattgehabten Diskussion. (51 S.)
7. Ueber den Zusammenhang der Naturkräfte. Von Eug. Dreher, nebst der dabei stattgehabten Diskussion. (46 S.)

—— dass. — Neue Folge. 2. Serie. 1. Heft: Ueber den Zusammenhang der Naturkräfte. Von Eugen Dreher. Nebst der dabei stattgehabten Diskussion. gr. 8. (46 S.) Ebendas. 884.

—— philosophische, hrsg. von der philosoph. Gesellschaft zu Berlin. Neue Folge. 8.—12. Heft. gr. 8. Halle, Pfeffer. à Heft *

Inhalt:

Heft 8. Michelis, Friedr., über die Bedeutung des Neuplatonismus für die Entwickelung der christlichen Speculation. — Heydebreck, A. v., über den Begriff der unbewussten Vorstellung. Nebst den dabei stattgehabten Diskussionen. (S. 49—140.) 885.

» 9. Lasson, Adf., und Meineke, I. H. v. Kirchmann als Philosoph. Vorträge. (S. 141—185.) 885.

» 10. Lasson, Adf., der Satz vom Widerspruch, nebst der dabei stattgehabten Diskussion. (S. 197—253.) 885.

» 11. Runze, Geo., die Bedeutung der Sprache für das wissenschaftliche Erkennen. (S. 255—310.) 886.

» 12. Engel, Gust., über den Begriff der Klangfarbe. (S. 311—358.) 887.

—— dass. — Neue Folge. 3. Serie. 13.—18. Heft. gr. 8. Ebendas. *
Einzeln à Heft *

Inhalt:

Heft 13. Stuckenberg, J. H. W., Grundprobleme in Hume. Vortrag, nebst der dabei stattgehabten Diskussion. (35 S.) 888.

» 14. Dreher, Eug., Natur- und Kunstgenuss. Vortrag, nebst der dabei stattgehabten Diskussion. (54 S.) 887.

» 15—17. Schmitt, Eug. Heinr., das Geheimniss der Hegelschen Dialektik, beleuchtet vom concret-sinnl. Standpunkte. (XIV, 144 S.) 888.

» 18. Kirchner, Friedr., über den Zufall. Vortrag, nebst der dabei stattgehabten Diskussion. (56 S.) 887.

Vorträge, philosophische, hrsg. v. der philosoph. Gesellschaft zu Berlin. Neue Folge. 19. u. 20. Heft. gr. 8. [Halle 889.] Lpz., Pfeffer. Einzeln à Heft * 1 20

19. Zöller, Egon. Der Gottesbegriff in der neueren schwedischen Philosophie, m. besond. Berücksicht. der Weltanschauungen Boströms u. Lotzes. Auszugsweise vorgetragen in der philosoph. Gesellschaft zu Berlin am 7. Juni 1887. (58 S.)
20. Frederichs. Ueber den Schelling'schen Freiheitsbegriff. — Kirchner, Friedr. Ueber die Thierseele. (33; 28 S.)
20. Ueber den Schelling'schen Freiheitsbegriff. Von Frederichs. Ueber die Thierseele. Von Frdr. Kirchner. (33 u. 28 S.) 890.

—— dass. — Neue Folge. 21.—24. Heft. gr. 8. Lpz., Pfeffer. Einzeln à Heft * 1 20

21. Engel, Gust. Die Philosophie u. die sociale Frage. Vortrag. (41 S.) 891.
22. 23. Acht Abhandlungen, Hrn. Prof. Dr. Karl Ludw. Michelet zum 90. Geburtstag als Festgruss dargereicht. (102 S.) 892.
24. Heydebreck, A. v. Ueber die Gewissheit d. Allgemeinen. (35 S.) 893.

Das 19.—24. Heft bilden die 4. Serie. — Der Gesamtpreis f. eine Serie ist * 5 40.

— dasselbe. 3. Folge. 1. u. 2. Hft. gr. 8. Berlin, R. Gaertner. n. 2. 40

1. Über Zeit u. Raum. Von A. Döring. I. Vortrag üb. das Wesen der Zeit. II. Thesen üb. das Wesen des Raumes m. Erläutergn. (41 S.) 894. n. 1. —
2. Das Gedächtnis. Von Adf. Lasson. (72 S.) 894. n. 1. 40

— philosophische, hrsg. v. d. philosoph. Gesellschaft zu Berlin. III. Folge. 3.—6. Hft. gr. 8. Berlin, R. Gaertner. n. 6. 10 (1.—6.: n. 8. 50)

3. Verdienst u. Gnade od. Über d. Motive des Handelns. Von Geo. Ulrich. (III, 94 S.) 895. n. 1. 60
4. Die Entwickelg. des Menschen u. der Menschheit. Von Egon Zöller. (116 S.) 895. n. 2. —
5. Das Lebensideal Karl Christian Plancks. Von Ferd. Jak. Schmidt. (43 S.) 896. n. 1. —
6. Der Leib. Von Adf. Lasson. (55 S.) 898. n. 1. 50

— philosophische, hrsg. von der philosoph. Gesellschaft zu Berlin. III. Folge. 7. Hft. gr. 8. Berlin. [R. Gaertner.] Weidmann. n. 2. 80

Gemeinschaft u. Persönlichkeit im Zusammenhange m. den Grundzügen geistigen Lebens. Ethische u. psychologische Studien. Von Alfr. Wenzel. (III, 141 S.) 899.

— populäre, aus allen Fächern der Naturwissenschaft, s.a. Schriften des Vereins zur Verbreitung naturwissenschaftlicher Kenntnisse in Wien. Bd. 40.

Populäre Vorträge aus allen Fächern der Naturwissenschaft. Herausgegeben vom Vereine zur Verbreitung naturwissenschaftlicher Kentnisse in Wien. XL. Vortragsreihe. Wien. 1900. Selbstverlag des Vereines zur Verbreitung naturwissenschaftlicher Kenntnisse in Wien. In Comm. Braumüller. 8°. CXXIV, 484 S mit 9 Tafeln K 8.—

—— populäre, gehalten im niederösterreichischen Gewerbe-Vereine im Winterhalbjahre 1862. 4 Hefte. gr. 8. Wien 862, (Seidel und Sohn.) à Heft 3 Ngr.

Inhalt:

Heft 1. Quaglio, Jul., volkswirthschaftliche Bedingungen des gewerblichen Fortschrittes. (24 S.)
„ 2. Kohn, Carl, über Kirchthurm-Glocken. (11 S.)
„ 3. Quaglio, Jul., Capital und Arbeitslohn. (12 S.)
„ 4. Hohenbruck, Arthur Frhr. v., über Werth und Nutzen von Ausstellungen. (17 S.)

—— dass. — im Winterhalbjahre 1863. 4 Hefte. gr. 8. (Ebendas.) 862,63. à Heft 3 Ngr.

Inhalt:

Heft 1. Glatter, Ed., über Blei und seine Bedeutung für die verschiedenen Schichten der Bevölkerung, mit besond. Rücksichtsnahme auf die mit Blei, dessen Mengungen und Präparate beschäftigten Arbeiter. (16 S.)
„ 2. Vereine zum Wohle der arbeitenden Klassen, von Arth. Frhrn. v. Hohenbruck am 19. Febr. 1863. (31 S.)
„ 3. Sonndorfer, R., die Geometrie der Künste und Gewerbe. Vortrag, gehalten am 22. Jänner 1863. (18 S.)
„ 4. Scherzer, Karl v., die deutsche Arbeit in außereuropäischen Ländern. Vortrag, gehalten am 5. März 1863. (26 S.)

—— populäre kunstgewerbliche. Nr. 1: Die künstlerische Ausstattung der bürgerlichen Wohnung von Friedr. Fischbach. gr. 8. (43 S.) Basel 883, Schwabe. *

—— populär-naturwissenschaftliche, über neuere Forschungen. 1. und 2. Heft. gr. 8. Kreuznach 867, Voigtländer. à Heft * 5 Ngr. *

Inhalt:

Heft 1. Dellmann, F., die Harmonie der Einzeltöne oder das Ohm'sche musikalisch-akustische Gesetz. (30 S.)
„ 2. —— die Meteoriten. (26 S.)

—— populär-naturwissenschaftliche, über neuere Forschungen. 3.—7. Heft. gr. 8. Kreuznach, Voigtländer. à Heft *

Inhalt:

Heft 3. Dellmann, F., das atlantische Kabel. (15 S.) 868.
„ 4. Dippel, das Mikroskop und die häusliche Mikroskopie. (25 S.) 868.
„ 5. Martius-Matzdorff, J., über unsichtbares Licht. (20 S.) 869.
„ 6. Dellmann, F., über Luftelektricität, Nebel und Höhenrauch. Nach Untersuchungen des Verf. (20 S.) 870.
„ 7. Martius-Matzdorff, J., über explodirende und erstickende Gase und die Mittel zur Verhinderung ihrer schädlichen Wirkung. (17 S.) 871.

— populär-wissenschaftliche. I—V. gr. 16. Stuttgart, Deutsches Volksblatt. à n. —20

I. Die Entwicklungslehre. Geh. am 29. X. 1903 in Stuttgart. Von v. Schanz. (31 S.) 903.
II. Die Toleranz in der Geschichte. Geh. am 18. XI. 1903 in Stuttgart. Von Günter. (20 S.) 903.
III. Buddhismus u. Christentum. Geh. am XII. 1903 in Stuttgart. Von Schweitzer. (22 S.) 903.
IV. Kirche u. Staat. Geh. am 24. II. 1904 in Stuttgart. Von Sägmüller. (18 S.) 904.
V. Friedrich Nietzsche. Vortrag, geh. zu Stuttgart am 15. III. 1904 u. in erweit. Form hrsg. Von Ludw. Baur. (34 S.) 904.

— populär-wissenschaftliche, üb. jüdische Geschichte u. Literatur. Hrsg. v. J. Gossel. 1. Bd. gr. 8. (VII, 372 S.) Frankfurt a/M. 902. J. Kauffmann. n. 4.—

— populär-wissenschaftliche, üb. Juden u. Judentum. I—IV. gr. 8. Leipzig, M. W. Kaufmann. n. 2.—

I. Was heisst u. zu welchem Ende studirt man jüdische Geschichte u. Litteratur? Ein Vortrag. Von M. Lazarus. (41 S.) 900. n. —50
II. III. Die gegenseitigen Beziehungen zwischen abendländ. u. morgenländ. Wissenschaft m. besond. Rücksicht auf Salomon ibn Gebirol u. seine philosoph. Bedeutung. Rede. Von Rud. Seyerlen. (56 S.) (900.) n. 1.—
IV. Die Juden v. Toledo. Ein Vortrag. Von M. Kayserling. (23 S.) (900.) n. —50

—— über die Propheten gehalten auf Veranstaltung eines christl. Vereins vor Zuhörern aus allen Ständen. 1.—6. Heft. gr. 8. Basel 862, Bahnmaier's Verlag. *

Inhalt:

Heft 1. Preiswerk, S., Samuel und die Propheten. (23 S.) * 4 Ngr.
„ 2. —— David. (58 S.) * 7½ Ngr.
„ 3. Sartorius, K., Elia und Elisa. (68 S.) * 7½ Ngr.
„ 4. Stockmeyer, J., Joel. (26 S.) * 4 Ngr.
„ 5. Riggenbach, Ch. Joh., Amos und Hosea. (60 S.) * 7½ Ngr.
„ 6. Preiswerk, S., Jona und Nahum. (34 S.) * 6 Ngr.

—— protestantische. 1.—5. Bd. à 8 Hefte und 6. Bd. 1.—3. Heft. 8. Berlin, Henschel. [Leipzig, Barth.] à Heft (* 50 Pf.) * 80 Pf.; à Bd. *

Inhalt:

Bd. 1. 1. Heft. Müller, Wilh., die Schule und der Religions-Unterricht. Vortrag. (26 S.) — 2. Heft. Ziegler, H., das Ansehen der Bibel in der protestantischen Kirche. Vortrag, gehalten am 10. Decbr. 1869 im Berliner Unionsverein [deutschen Protestantenverein]. (35 S.) — 3. Heft. Schmidt, P. W., Partei und Christenthum. Vortrag, gehalten am 7. Jan. 1870 im Berliner Unionsverein [deutschen Protestantenverein]. (23 S.) — 4. Heft. Baumgarten, M., die kirchliche Gegenwart in dem Lichte des tridentinischen Concils. Vortrag in dem Protestantenverein zu Greifswald am 26. Octbr. 1869. (31 S.) — 5. Heft. Lisco, G., Berlin und der Protestantismus. Vortrag gehalten am 4. Febr. 1870. (27 S.) — 6. Heft. Schellenberg, E. O., der Prophet Jesaias als religiöser Volksredner mit Blicken auf das römische Concil. Vortrag. (38 S.) — 7. Heft. Lisco, G., Schleiermacher's Reden über die Religion und Chateaubriands Geist des Christenthums. Vortrag. (27 S.) — 8. Heft. Remy, F., über den Werth der Lehre von den letzten Dingen. Vortrag gehalten im Unions-Verein. (28 S.) 870.

„ 2. 1. Heft. Hoßbach, Wie steht es mit dem Glauben in der modernen Orthodoxie und in dem angeblich ungläubigen Protestantenverein? Vortrag. (29 S.) 870. — 2. Heft. Lipsius, Rich. Adelb., über Glauben und Wissen. Vortrag, gehalten im Berliner Unionsverein. (24 S.) — 3. Heft. Holtzendorff, F. v., der Kirchenstaat. Eine Gedächtnißrede, gehalten im Berliner Unions- und Protestanten-Verein am 2. Dezbr. 1870. (23 S.) — 4. Heft. Hanne, J. W., der Christenglaube und die Erziehung zur wahren Christlichkeit. Einweihungsrede zur Eröffnung des neuen städtischen Gymnasial-Gebäudes in Greifswald am Luthertage 1870 gehalten. (39 S.) — 5. Heft. Spiegel, B., die Unfehlbarkeit des Papstes und die deutsche Nationalkirche. Vortrag. (30 S.) — 6. Heft. Ziegler, H., Paulus der Apostel und Jesus der Christ. Vortrag, gehalten am 10. Febr. 1871 im Berliner Unionsverein [deutschen Protestantenverein]. (25 S.) — 7. Heft. Schiffmann, G. A., die evangelische Lehre von der Rechtfertigung durch den Glauben. Ein Vortrag, gehalten im Berliner Unions- und Protestantenverein am 10. Febr. 1871. (25 S.) — 8. Heft. Naumann, Emil, die protestantische Kunst. Vortrag gehalten im neuen Berliner Rathhause am 10. März 1871. (26 S.) 871.

„ 3. 1. Heft. Spath, H., das Zeitalter der Reformation und Gegenwart. Ein Vortrag gehalten in einer Versammlung des Protestanten-Vereins in Bremen am 16. März 1871. (22 S.) 871. — 2. Heft. Müller, Wilh., Civilehe und Trauung. Ein Vortrag. (15 S.) — 3. Heft. Schröder, A., Religion und Theologie. Vortrag, gehalten im Protestantenverein in Bremen am 23. März 1871. (36 S.) — 4. Heft. Lisco, G., das apostolische Glaubensbekenntniß. Vortrag, gehalten in Greifswald am 10. Decbr. 1871, in Berlin am 5. Jan. 1872. (36 S.) — 5. Heft. Sydow, die wunderbare Geburt Jesu. Vortrag, gehalten im Berliner Unionsverein am 12. Jan. 1872. 1. und 2. unveränd. Aufl. (19 S.) — 6. Heft. Spaeth, H., die Entwicklung Jesu. Vortrag, gehalten im Berliner Unionsverein am 26. Jan. 1872. (27 S.) — 7. Heft. Remy, F., Jesus als Erlöser von der Sünde. Vortrag, gehalten im Berliner Unionsverein am 9. Febr. 1872. (27 S.) — 8. Heft. Müller, Wilh., das Wunder. Vortrag, gehalten im Berliner Unionsverein. (24 S.) 872.

„ 4. 1. Heft. Hoßbach, das Gebet. Vortrag, gehalten im Berliner Unionsverein am 23. Febr. 1872. (37 S.) — 2. Heft. Ehlers, Rud., der Tod Jesu. Vortrag, gehalten im Berliner Unionsverein am 1. März 1872. (48 S.) — 3. Heft. Thomas, A., die Auferstehung Jesu. Vortrag, gehalten im Berliner Unionsverein am 8. März 1872. (22 S.) — 4. Heft. Richter, Jesus und die Gemeinde. Vortrag, gehalten im Berliner Unionsverein am 15. März 1872. (24 S.) — 5. Heft. Manchot, Carl, die Parteien der christlichen Gemeinde, gemessen an den Grundsätzen Jesu und des Apostels Paulus. Vortrag. Nebst einem offenen Briefe an Prof. Dr. M. Baumgarten in Rostock. (36 S.) 872. — 6. Heft. Steinacker, Gust., Christenthum und Humanität. Vortrag gehalten im Protestanten-Verein zu Leipzig am 10. Dezbr. 1872. (19 S.) — 7. Heft. Hetzel, H., Luther als Ketzer vor dem Glaubensgericht der luther. Kirchenlehre. Vortrag gehalten am 13. Dezbr. 1872 im Berliner Unions-Verein. (24 S.) — 8. Heft. Späth, H., der Glaube an Gott. Vortrag gehalten im Berliner Unions-Verein am 10. Jan. 1873. (24 S.) 873.

„ 5. 1. Heft. Müller, Wilh., die Sünde. Vortrag gehalten im Berliner Unions-Verein am 24. Jan. 1873. (19 S.) — 2. und 3. Heft. Schmidt, Paul Wilh., die Entstehung der kirchl. Christuslehre. I. Der Weg nach Chalcedon. II. Das 4., 5. und 6. allgemeine Concil und die fehlbaren Päpste. Vortrag. (26; 23 S.) — 4. Heft. Schramm, R., die bleibende Bedeutung Jesu. Vortrag. (27 S.) — 5. Heft. Lisco, G., der Glaube an den heiligen Geist. Vortrag gehalten im Berliner Unions-Verein am 28. Febr. 1873. (30 S.) — 6. Heft. Woltersdorf, Th., die Kirche. Vortrag gehalten im Berliner Unions-Verein am 7. März 1873. (20 S.) — 7. Heft. Immer, die Geschichtsquellen des Lebens Jesu. Vortrag gehalten in Berlin am 4. Febr. 1873. (29 S.) — 8. Heft. Schneider, F., Goethe und Schiller nach ihrer Stellung in der Geschichte des Protestantismus. Vortrag im schles. Protestanten-Verein gehalten in Breslau am 7. Febr. 1873. (29 S.) 873.

Bd. 6. 1. Heft. Treblin, A., Blicke in Schleiermacher's Theologie. Vortrag gehalten im Protestantenverein zu Breslau am 21. Febr. 1873. (36 S.) — 2. Heft. Spaeth, H., das Wesen der Religion, ihr Ursprung und ihre Bedeutung für das Leben. Vortrag gehalten in Oldenburg am 28. Febr. 1873. (23 S.) — 3. Heft. Spaeth, H., das Wesen des Christenthums. Vortrag gehalten in Oldenburg am 28. Mai 1873. (20 S.) 873.

— für das gebildete Publikum. Herausg. von Berg, Diestel, Cosack, Disselhoff rc. Elberfeld 861. Friderichs. gr. 8. (IV, 255 S.) n. 1 ₰

Vorträge für das gebildete Publikum. Hrsg. von Beyschlag, Cassel, Diestel, Disselhoff rc. 2. Sammlung. gr. 8. (III und 268 S.) Elberfeld 862, Friderichs. *

— für das gebildete Publikum. Hersg. von Beyschlag, Cassel, Diestel, Disselhoff rc. 3. Sammlung. Mit Beiträgen von Baxmann, Cassel, Diestel rc. Elberfeld 864. Friderichs. gr. 8. (III, 223 S.) n. 1 ₰

—— dass. — 4. Sammlung. Mit Beiträgen von Disselhoff, M. Frommel, Hälschner rc. Hrsg. von dem rheinisch-westfäl. Provinzial-Ausschuß für innere Mission. gr. 8. (IV und 225 S.) Ebendas. 867. *
1. Sammlung. Ebendas. 1861. * 1 Thlr.

Vorträge u. Reden v. der XX. Generalversammlung des Evangel. Bundes zu Worms vom 29. IX. bis 3. X. 1907. (26, 18, 21, 17, 36, 12, 12, 18, 8 u. 14 S.) 8. Leipzig 907. Halle, Verlag des Evangel. Bundes. 1. —

— u. Reden, geh. auf der 7. Nationalkonferenz der evangel. Jünglingsbündnisse Deutschlands vom 24.—26. IX. 1904 in Stuttgart. (162 S. m. Abbildgn. u. 1 Bildnis.) kl. 8. Barmen 904. (Elberfeld, Westdeutscher Jünglingsbund.) n. 1. —

Vorträge, geh. auf dem II. rheinischen Rednerkursus der nationalliberalen Partei vom 7—12. IX. 1908 in Köln. Hrsg. v. C. Peter. (34 S.) gr. 8. Köln. Berlin, Buchh. der nationalliberalen Partei. 1908. 1. —

Musikpädagogischer Kongress... Vorträge und Referate. Hrsg. von d. Vorstande d. Musikpädag. Verbandes. [2.] Berlin: Der Klavierlehrer in Komm. 1904. 8°
[1 ist nicht im Druck erschienen.] (07. 701)

— üb. die Reichsfinanzreform. (53 S.) 8. M. Gladbach 909. Volksvereins-Verlag. — 30

—— über Sachenrecht, eheliches Güterrecht, Erbrecht u. Vormundschaftsrecht, m. e. Einleitg. üb. allgemeines Privatrecht u. e. Anh. prakt. Beispiele f. württemb. angehende Notariatskandidaten. gr. 8. (VIII, 121 S.) Stuttg. 892, Kohlhammer. * 1 —

— St. Gallische. 1.—4. Hft. gr. 8. St. Gallen 890. Hasselbrink. à n. — 50
1. Die Feuerbestattung unter dem Gesichtspunkt der Religion. Von G. Schönholzer. (29 S.)
2. Durch die Natur zu Gott. Von G. Schönholzer. (22 S.)
3. 4. Die Gesundheitspflege d. Frau. Von G. Rheiner. (73 S.)

—— St. Gallische. 1.—6. Heft. gr. 8. St. Gallen, Hasselbrink u. Ehrat. à Heft * — 50
1. Schönholzer, G. Die Feuerbestattung unter dem Gesichtspunkt der Religion. (29 S.) 890.
2. —— Durch die Natur zu Gott. (22 S.) 890.
3. 4. Rheiner, Guido. Die Gesundheitspflege der Frau. (73 S.) 891.
5. 6. Müller, J. Die Heilkunde einst u. jetzt. (66 S.) 891.

— St. Gallische. 5.—8. Hft. gr. 8. St. Gallen, Hasselbrink & Ehrat. à n. — 50
5. 6. Die Heilkunde einst u. jetzt. Vortrag, geh. in St. Gallen am 18. Jan. 1891 v. J. Müller. (66 S.) 891.
7. 8. Die krankhafte Wucherung der dritten Mandel u. ihr schädigender Einfluß auf die geistige u. körperliche Entwicklung beim Kinde. Vortrag, geh. in der naturwissenschaftl. Gesellschaft in St. Gallen am 7. Mai 1892 v. Carl Hufschmid. (40 S.) 892.

— üb. Säuglingspflege u. Säuglingsernährung, geh. in der Ausstellg. f. Säuglingspflege in Berlin im März 1906 v. A. Baginsky, B. Bendix, J. Cassel, L. Langstein, H. Neumann, B. Salge, P. Selter, F. Siegert, J. Trumpp. Hrsg. v. dem Arbeitsausschuß der Ausstellg. (VIII, 168 S.) 8. Berlin 907. J. Springer. n. 2. —

Vorträge am Schwesternfeste der Loge Modestia c[um] libertate in Zürich, den 5. April 1851. Zürich: Orell, Füssli & Co. 1851. 31 S. 8⁰ [Umschlagtit.] 193.

— sechs, üb. den ersten Artikel d. christlichen Glaubens im evangel. Vereine zu Hannover geh. von Freytag, Düsterdieck, Uhlhorn, Büttner, Niemann und Evers. gr. 8. (III, 163 S.) Hannover 871. Meyer. n. 2. —

—— sechs, gehalten zum Besten der Herberge zur Heimat in Nürnberg. gr. 8. Erlangen 876, Deichert. *
Inhalt:
Ebrard, Aug., Gott in der Natur. (16 S.) — Ranke, Leop., August Hermann Francke. (26 S.) — Herzog, J., die Rückkehr der vertriebenen Waldenser in ihre Thäler im J. 1689. (14 S.) — Frank, F. H. R., Christenthum und Volksthum im Lichte des Weihnachtsfestes. (16 S.) — Müller, Iwan, die Apollo-Idee in ihrer culturgeschichtlichen Bedeutung für Griechenland. (18 S.) — Zezschwitz, C. A. G. v., von der herrschenden und dienenden Kirche. (19 S.)

Sechs Vorträge von der Generalversammlung der Görresgesellschaft zu Regensburg. ((Stephan) Ehses, Schmidlin, Obermaier, Scherer, Wasmann.) Köln: Bachem in Komm. 1909. 108 S. 8°
(Görres-Gesellschaft z. Pflege d. Wissenschaft im kath. Deutschland. Vereinsschrift 1909, 3.) 10. 9461 5

— 6, v. der Generalversammlung der Görresgesellschaft zu Regensburg. (Steph. Ehses, Karl Rieder, J. Schmidlin, Hugo Obermaier, Wilh. Scherer, E. Wasmann), f. d. Görres Gesellschaft zur Pflege der Wissenschaft im kathol. Deutschland.

Sechs Vorträge über Landwirtschaft geh. auf dem von d. Landwirtschaftskammer 1908 veranst. Vortragskursus f. prakt. Landwirte in Bonn. Bonn: Landwirtschaftskammer 1908. 83 S. 8°
(Veröffentlichungen d. Landwirtschaftskammer f. d. Rheinprovinz. 1908, No. 2.) A 12. 9839

— 6, aus dem Gebiete der sozialen Medizin, geh. im Rostocker Aerzteverein 1901/1902. (107 S. m. 1 Tab.) gr. 8. München 903. J. F. Lehmann's Verl. n. 3. —
Sonderabdruck aus: „Münch. med. Wochenschr."

—— sechs, aus dem Gebiete der Nahrungsmittel-Chemie, gehalten bei Gelegenheit der ersten Versammlung bayer. Chemiker zu München von Holzner, Kayser, List, Prior, Sendtner, Vogel. Im Auftrage der Referenten zusammengestellt von Edm. List. gr. 8. (III, 64 S.) Würzburg 883, Stuber's Verlagsh. *

Sechs Vorträge aus dem Gebiete der Nahrungsmittel-Chemie, gehalten bei Gelegenheit der ersten Versammlung bayerischer Chemiker zu München von Holzner, Kayser, List, Prior, Sendtner, Vogel. Im Auftrage der Referenten zusammengestellt von E. List. Würzburg, 1884. 8vo.

Landw. Kreisausschuß von Oberfranken, Sechs Vorträge aus dem Gebiete der Tierzuchtlehre. Gehalten auf dem IV. Lehrgang f. prakt. Landwirte in Bayreuth 1906 (u. a. v. Attinger). Bayreuth 1906–1907.

— sechs, im Vereine des heil. Vincenz von Paul in München. 1. Ueber die Bedeutung seiner Generalversammlungen im Verhältnisse zur Kirche; 2. über sein Verhältniß zu anderen Wohlthätigkeits-Vereinen; 3. über den Unterstützungsvorschlag und den Besuch der Armen. München 854. Lentner in Comm. 8. (70 S.) n. 3 ngr.

— sieben, üb. die zweiten Artikel d. christlichen Glaubens im evangel. Verein zu Hannorer geh. von Rocholl, Büttner, Uhlhorn, Ziel, Danckwerts, Meyer. gr. 8. (III, 185 S.) Hannover: Meyer 1872. n. 2. —

— sieben gemeinverständliche, geh. im Festsaale d. k. k. akadem. Gymnasiums in Wien im Novbr. u. Decbr. 1887. [7. Folge 1881—1887.] gr. 8. (V, 77 S.) Wien: Huber u. Lahme 1888. n. 1. —

Vorträge, Sieben gemeinverständliche, gehalten im Festsaale des k. k. akademischen Gymnasiums in Wien, im November und December 1889. (Neunte Folge) 1881—1889. Gr.-8. (63 S.) —.50
Ebda 1890.

—— gehalten in d. öffentl. **Sitzung** d. k. böhm. Gesellschaft d. Wissenschaften bei ihrer ersten Jubelfeier am 14. Sept. 1836 gr.8. (7½ B. u. 1 Stnt.) Prag 837, (Calve'sche Brlsbuchh.) *

Vorträge, Sonderbare, vom Landtage seit dem 19. Februar 1789 . . . Mitau 1789. V: *Raison, Friedrich Wilhelm Albrecht Carl Maximilian von.* (R-N)

S o z i a l e **Vorträge**. Hrsg. v. Volksverein f. d. Kath. Deutschland. Als Ms. gedr. H. 1. M.-Gladbach: Zentralstelle d. Volksvereins f. d. Kath. Deutschland (1910). 8⁰

— **soziale.** Hrsg. vom Volksverein f. das kath. Deutschland. 5. u. 6. Heft. 8. Ebd. 1. 80
5. Handwerk, das. (214 S.) 908. —80
6. Kaufmann, der. (240 S.) 909. 1. —
Heft 1—4 sind nicht im Handel.

— **sociale,** geh. bei d. Wiener socialen Vortrags-Curse 1894. Auf Veranlassung der Leo-Gesellschaft ges. u. hrsg. v. Frz. M. **Schindler.** gr. 8. (III, 148 S.) Wien 895. (H. Kirsch.) n. 1. 80

Vorträge, sprachwissenschaftliche. Hrsg. v. Alfr. Baß. 1.—3. u. 6. Heft. Leipzig, Leipziger Verlags- u. Kommissionsbuchh. 2. 20
Baß, Alfr., deutsche Vornamen. (28 S.) 909. (3. Heft.) —60
Blocher, Eduard, das Elsaß u. die Zweisprachigkeit. (16 S.) (909.) (2. Heft.) —40
Stürmer, Frz., die Aufgaben der Sprachwissenschaft. (23 S.) (909.) (1. Heft.) —60
— Die Etymologie im Sprachunterricht der höheren Schulen. (18 S.) (909.) (6. Heft.) —60

— **städtebauliche,** aus dem Seminar f. Städtebau an der königl. technischen Hochschule zu Berlin. Hrsg. v. den Leitern des Seminars f. Städtebau Jos. Brix u. Fel. Genzmer. 1.—3. Vortragszyklus. I.—III. Bd. à 8 Hefte u. 4. Vortragszyklus. IV. Bd. 3. Heft. Lex. 8. Berlin, W. Ernst & Sohn. 53. 20
Alexander-Katz, Paul, Enteignung u. Städtebau. (21 S.) 909. (II. Bd. 6. Heft.) 1. —
— Über preussisches Fluchtlinienrecht. (31 S.) 908. (I. Bd. 7. Heft.) 1. 80
Baumeister, Rhard., Bauordnung u. Wohnungsfrage. (41 S.) 911. (IV. Bd. 3. Heft.) 2. 40
Bornhak, Conr., Verwaltungsrechtliches im Städtebau. (17 S.) 908. (I. Bd. 3. Heft.) 1. —
Borrmann, R., monumentale Wasserkunstanlagen im Städtebau des Altertums u. der neueren Zeit. (28 S. m. 26 Fig.) 910. (III. Bd. 5. Heft.) 2. —
Brix, Jos., Aufgaben u. Ziele des Städtebaues. — Genzmer, Fel., Kunst im Städtebau. (32 S.) 908. (I. Bd. 1. Heft.) 1. 80
— Die ober- u. unterirdische Ausbildung der städtischen Strassenquerschnitte. Mit 30 in den Text eingedr. Abb. (25 S.) 909. (II. Bd. 2. Heft.) 1. 40
— Kanalisation u. Städtebau. (40 S. m. 42 Abb.) 910. (III. Bd. 1. Heft.) 2. 60
Eberstadt, Rud., Bauordnung u. Volkswirtschaft. Mit 7 in den Text eingedr. Abb. (23 S.) 909. (II. Bd. 7. Heft.) 1. 40
Ebhardt, Bodo, der Einfluss des mittelalterlichen Wehrbaues auf den Städtebau. (40 S. m. 39 Abb.) 910. (III. Bd. 8. Heft.) 3. —
Franz, W., Bilder aus der Geschichte des deutschen Städtebaues. Mit 28 in den Text eingedr. Abb. (28 S.) 909. (II. Bd. 3. Heft.) 1. 80
— Bilder aus der Geschichte des deutschen Städtewesens. (29 S. m. 19 Abb.) 910. (III. Bd. 7. Heft.) 2. —
Genzmer, Fel., die Ausstattung v. Strassen u. Plätzen. (59 S. m. 69 Abb. u. 1 Taf.) 910. (III. Bd. 2. Heft.) 4. —
— Die Gestaltung des Strassen- u. Platzraumes. Mit 69 in den Text eingedr. Abb. (52 S.) 909. (II. Bd. 1. Heft.) 3. 60
— Kunst im Städtebau, s.: Brix, Jos., Aufgaben u. Ziele des Städtebaues.
Herkner, Heinr., Wohnungsfrage u. Bebauungsplan. (20 S.) 908. (I. Bd. 5. Heft.) 1. 20
Kassner, C., die meteorologischen Grundlagen des Städtebaues. (26 S. m. 5 Abb.) 910. (III. Bd. 6. Heft.) 1. 40
Koehne, Carl, die Bedeutung der in Preussen durch das Kommunalabgaben-Gesetz u. sonst gesetzlich zustehenden Einkünfte f. den Städtebau. (62 S.) 910. (III. Bd. 4. Heft.) 3. —
— Die Grundsätze des Erbbaurechts u. dessen Anwendung beim Bau v. Städten u. Ortschaften. (42 S.) 908. (I. Bd. 2. Heft.) 2. 40
Kyllmann, Walt., Bebauungsplan u. Baupolizeiverordnung in der Nähe v. Grossstädten. Praktische Winke. (24 S.) 908. (I. Bd. 4. Heft.) 1. 60
Petersen, Rich., die Aufgaben des grossstädtischen Personenverkehrs u. die Mittel zu ihrer Lösung. (64 S. m. Abb.) 908. (I. Bd. 8. Heft.) 4. —
— Zeichnerische Darstellung v. Ertragsberechnungen f. wirtschaftliche Unternehmungen der Städte. (Stadtbahnen, Strassenbahnen, Elektrizitäts-, Gas-, Wasserwerke usw.) (47 S. m. 26 Abb.) 909. (II. Bd. 8. Heft.) 3. —
Salomon, Herm., die hygienischen Vorbedingungen f. die Ortsansiedelungen. (23 S.) 910. (III. Bd. 3. Heft.) 1. 20
Stübben, J., die Durchführung v. Stadterweiterungen m. besond. Berücksicht. der Eigentumsverhältnisse. Mit 38 Abb. im Text. (28 S.) 908. (I. Bd. 6. Heft.) 2. 40
— Über den Zusammenhang zwischen Bebauungsplan u. Bauordnung. (22 S.) 909. (II. Bd. 4. Heft.) 1. 20
Zimmermann, Max Gg., künstlerische Lehren aus der Geschichte des Städtebaus. Mit 27 in d. Text eingedr. Abb. (26 S.) 909. (II. Bd. 5. Heft.) 2. —
IV. Bd. Heft 1 u. 2 sind noch nicht erschienen.

—— **statistisch-administrative,** auf Veranstaltung der k. k. statistischen Central-Commission abgehalten im Winter-Semester 1866—1867. Lex.-8. (VII und 365 S. mit 7 Stnt.) Wien 867, (Prandel.) *

—— **statistisch-administrative,** auf Veranstaltung der k. k. statistischen Central-Commission abgehalten im Winter-Semester 1866—1867. Lex.-8. (VII, 365 S. mit 7 lithogr. Taf.) Wien 868, (Prandel.) [Gerold's Sohn.] *

Vorträge dem gel. Br.·. Steidel bei seinem 25jährigen Maurer-Jubiläum am 7. Okt. 1861 gewidmet. [Guben 1861: Fechner.] 15 S. 8⁰ [Umschlagtit.]
Vortrag von Vogel; 2 Gedichte von Heydemann u. Reimnitz. 358.

Vorträge, gehalten bei Stiftung des schweizerischen Logenvereins am 23. und 24. Juni 1844 in Zürich. Zürich: 1844 Orell, Füssli & Co. 47 S. 8⁰
Enth.: 1. Bluntschli, J. K.: Das Verhältniss der Maurerei zu Staat u. Kirche. 2. Furrer, J.: Des Festes Bedeutung für die vaterländische Mrei und deren Zukunft. 3. Hottinger, J. J.: Die Aufgabe der Mrei in der gegenwärtigen Zeit. 23. 25. 193.

Vorträge, gehalt. am Stiftungsf. des Chemnitzer Turnvereins, 9. 7. 1848 (außerordentl. Beil. zu Nr. 14 d. „Chemnitzer Boten" v. 14. 7. 1848, S. 77—80), 4 S., 4⁰.

— **üb. Syphilis,** Gonorrhoe u. deren Folgekrankheiten. Geh. im Auftrage des königl. Kultus-Ministeriums im Octbr. u. Novbr. 1900 im Charitékrankenhause. Red. v. Schaper. gr. 8. (III, 378 S.) Berlin 901. A. Hirschwald. n. 8. —

— **dasselbe.** II. Cyklus, veranstaltet von dem Zentralkomitee f. das ärztl. Fortbildungswesen in Preussen, geh. im Charité-Krankenhause. Red. v. Schaper. gr. 8. (III, 73 S.) Ebd. 902. n. 2. —
Sonderabdrucke aus: „Berliner klin. Wochenschrift".

— u. **Abhandlungen,** technische. 1—5. Hft. gr. 8. Wien 884. 86. Spielhagen & Schurich. n. 11. 10

1. Ueber die Ausführung d. Arlberg-Tunnels. 4 Vorträge, geh. v. Gust. Plate. Mit 2 Abbildgn. u. 2 Taf. (IV, 120 S.) n. 3. —
2. West-Ungarn zwischen Donau u. Trau u. die Mittel zu dessen wirtschaftlicher Hebung. Eine technisch-wirtschaftl. Studie von Ludw. v. Bernuth. (37 S.) n. 1. —
3. Der Neubau d. eingestürzten X. Ringes im Tunnel zu Csortanovce, Linie Budapest-Semlin der königl. ung. Staatsbahnen. Fundirung im Schwimmsande 3.5 M. tief unter Schwellenhöhe unter e. Einsturzschuttkegel v. 40 M. Höhe. Von Mich. v. Könyves-Tóth. [Aus: „Zeitschr. d. österr. Ingen.- u. Archit.-Vereins".] Mit 4 (lith.) Taf. (32 S.) n. 1. 60
4. Die Erprobung der inländischen hydraulischen Bindemittel bezüglich ihres Verhaltens im Seewasser. Bericht erstattet v. Frdr. Bömches. [Aus: „Zeitschr. d. österr. Ingen.- u. Archit.-Vereins.] (18 S.) n. — 80
5. Der Mikromembran-Filter. Ein neues techn Hilfsmittel zur Gewinng. v. pilzfreiem Wasser im kleinen u. grössten Massstabe. Vortrag, geh. v. Frdr. Breyer. Mit 19 Abbildgn. 3. Aufl. (43 S.) n. 1. 20

——— und **Abhandlungen,** technische. 5.—10. Heft. gr. 8. Wien, Spielhagen und Schurich.

Inhalt:

Heft 5. Breyer, Friedr., der Mikromembran-Filter. Ein neues technisches Hilfsmittel zur Gewinnung von pilzfreiem Wasser im kleinen und grössten Massstabe. Vortrag. 3. verm. und verb. Aufl. (III, 157 S. mit 34 Abbild.) 886. *M 1.20.

» 6. Gintl, Heinr. E., die Concurrenzfähigkeit des galizischen Petroleums mit Rücksicht auf die neuen Oelgruben in Sloboda-Rungurska nächst Kolomea. Vortrag, gehalten im Club österreich. Eisenbahn-Beamten in Wien am 2. Decbr. 1884. (27 S.) 885. * 80 Pf.

» 7. Birk, Alfr., über Schmalspurbahnen. Vortrag, gehalten im österreich. Ingenieur- und Architecten-Verein. (48 S.) 886. *M 1.20.

» 8. Kresnik, P., allgemeine Berechnung der Wasser-, Profils- und Gefälls-Verhältnisse für Flüsse und Canäle. (IV. 39 S. mit 2 Holzschn.) 886. *M 1.50.

» 9. Groll, Mor., Eichenschwelle und Waldsubstanz oder der bevorstehende Ruin der Eichenwälder. Zwei Vorträge, gehalten im Club der österreich. Eisenbahn-Beamten in Wien am 21. Decbr. 1886 und 25. Jan. 1887. (45 S.) 887. *M 1.—. — [Aus: Oesterreichische Eisenbahnzeitung, besonders abgedruckt.]

» 10. Emperger, Friedr. v., über die Zulässigkeit schwerer Fahrbetriebsmittel vom Standpunkte einer neuen Verordnung für Eisenbahnbrücken. Vortrag, gehalten im deutschen polytechn. Verein in Prag. (V, 58 S. mit 4 lithogr. Taf.) 387. *M 2.—.

—— —— technische. 11.—18. Heft. gr. 8. Wien 889—92, Spielhagen u. Schurich. * 13 60

11. Fischer v. Röslerstamm, Hugo. Die Dampfheizung der Eisenbahnwagen, deren Berechnung, Details u. neue Systeme. (II, 57 S. m. 4 lithogr. Taf. u. 5 Abbildgn.) * 2 40.
12. Platte, Aug. Erörterung der wichtigsten aëronautischen Streitfragen in populärer Darstellung. (28 S. m. Fig.) * 1 20.
13. Kresnik, P. Die Sicherheits- u. Benützungsvorkehrungen bei Wasserreservoir-Thalsperren. (24 S. m. 1 Taf.) * 1 —.
14. Fischer, Stef. Die Gesammt-Ursachen der stetigen Erhöhg. der Deiche im Unterlaufe der Ströme. (58 S. m. 2 Holzschn. u. 1 Taf.) * 2 —.
    Aus: Zeitschrift d. österr. Ingenieur- u. Architekten-Vereins, besonders abgedruckt.
15. Boemches, Friedr. Der internationale Congress f. Nutzbarmachung der fliessenden Gewässer [Paris 1889] im Vergleiche zu den Binnenschifffahrts-Congressen von Brüssel, Wien u. Frankfurt a. M. Studie. (50 S.) * 1 —.
16. Breyer, Friedr. Die Gewinnung v. sterilem Wasser in grösster Menge auf dem kalten Wege der Filtration. 2. verm. Aufl. Mit 23 Abbildgn. (84 S.) * 2 —. 1891.
17. Kresnik, P. Hydrologische Tafel zum raschen Ablesen aller bei der Wassermengen-, Geschwindigkeits-, Gefälls- u. Querprofilsberechnung f. Flüsse u. Canäle zu suchenden Grössen. Mit 1 lithogr. Taf. (10 S.) * 1892,
18. Weber v. Ebenhof, Alfr. Ritter. Die Etschregulirung in Tirol u. Italien. Vortrag. (30 S. m. 1 Taf.) * 3 —. 1892.
    Aus: Zeitschrift d. österr. Ingenieur- u. Architekten-Vereins, besonders abgedruckt.

Vorträge. Technische, und Abhandlungen XIX. Inh.: Dr. P. Kresnik, Hilfstafel zur Verfassung von Drainage-Plänen nach den Grundsätzen der Längs- oder Quer-Drainage. Mit 1 Abbildung u. 1 Tafel. Gr.-8. (14 S) 1893. —.50

XX. Heft. Inhalt: A. R. v. Miller-Hauenfels, Ueber Vermeidung von Constructions-Fehlern an Dynamo-Maschinen. Vortrag, gehalten im polytechnischen Club zu Graz, am 8. April 1893. Gr.-8. (30 S.) —.60 1893. Ebda.

Vorträge, Technische, und Abhandlungen XXI. Inhalt: Anton Tichy, Das Schlussergebniss der Betrachtungen auf dem Gebiete der graphischen Tachymetrie. Vortrag, gehalten in der Vollversammlung des österr. Ingenieur- und Architekten-Vereines am 8. April 1893. Mit 1 Figurentafel. Gr.-8. (30 S.) 1894 —.75

— — XXII. Inh.: Georg Rank, Die Sicherung von Bahnabzweigungen mit besonderer Berücksichtigung der Industrie-Geleise. Mit drei Tafeln. Gr.-8. (18 S.) 1894 Ebda. —.80

— — technische. XXIII.—XXIX. Hft. gr. 8. Wien, Spielhagen & Schurich. n. 8. 20

XXIII. Der VI. internat. Binnenschiffahrts-Congress im Haag im J. 1894. Bericht, erstattet von Alfr. Ritter Weber v. Ebenhof. [Aus: „Zeitschr. des österr. Ingen.- u. Archit.-Vereins".] (21 S.) 895. n. 1. —
XXIV. Ueber Anlage u. Einrichtungen nordamerikan. Bahnhöfe. Von Ernst Reitler. [Aus: „Oesterr. Eisenbahnzeitg."] (31 S. m. 22 Abb.) 895. n. 1. 20
XXV. Ueber englischen u. nordamerikan. Oberbau. Von Ernst Reitler. [Aus: „Zeitschr. d. österr. Ingen.- u. Archit.-Vereines".] (28 S. m. 23 Abb.) 895. n. 1. 20
XXVI. Wasserbeschaffg. mittelst artesischer Brunnen. Vortrag, geh. v. Edm. Herzog. (31 S. m. 31 Abb., 3 Tab. u. 3 Taf.) 895. n. 2. —
XXVII. Ueber englische Güterbahnhöfe. Von Ernst Reitler. [Aus: „Zeitschr. d. österr. Ingen.- u. Archit.-Vereines".] (15 S. m. 11 Abb.) 895. n. — 80
XXVIII. Der eiserne Oberbau System Heindl verglichen m. Holzschwellen-Oberbau. Von Frz. Heindl. [Aus: „Zeitschr. d. österr. Ingen.- u. Archit.-Vereins".] (21 S. m. 1 Taf.) 896. n. 1. —
XXIX. Das 2000jähr. Problem d. Trisection d. Winkels. Von Sigism. Wellisch. [Aus: „Zeitschr. d. österr. Ingen.- u. Archit.-Vereins".] (19 S. m. 11 Fig.) 896. n. 1. —

— — technische. XXX u. XXXI. gr. 8. Wien, Spielhagen & Schurich. à n. 1. —

XXX. Die Anlage v. Gebirgs-Kunststrassen entsprechend dem Arbeitsvermögen der Zugthiere. Von Jos. Rossmanith. [Aus: „Öst. Monatschr. f. d. öffentl. Baudienst".] (18 S. m. Fig.) 899.
XXXI. Bewegliche Uferschutzbauten u. Sohlenversicherungen. Ein Beitrag zur Reform der übl. Uferschutzbauten. Von A. Lernet. (21 S. m. 22 Abbildgn.) 901.

— — technische. XXXII. u. XXXIII. gr. 8. Wien, Spielhagen & Schurich. n. 2. 20

XXXII. Die neuen Vorschläge zur Lösung der Schienenstossfrage. Von Fritz Steiner [Aus: Ztschr. d. öst. Ingenieur- u Architektenver."] Mit 35 in den Text gedr. Abbildgn. (23 S.) 905. n. 1. —
XXXIII. Wasserbewegung durch Boden. Neue Filtrationsversuche. Von P. Kresnik. Mit 1 Textfig. u. 1 Taf. [Aus: „Oest. Wochenschr. f. d. öff. Baudienst".] (17 S. m. 1 Tab.) 906. n. 1. 20

— — technische. XXXIV. gr. 8. Wien, Spielhagen & Schurich. 1. —

XXXIV. Über die Verhütg. v. Schlagwetter-Explosionen. Von Emil Treptow. Mit 7 in den Text gedr. Abb. [Aus: „Archiv f. Volkswohlfahrt".] (18 S.) 1. —

Vorträge aus dem Gebiete der allgemeinen Therapie. II. 1. *Jena: G. Fischer 1904.* 4°(8°)

— über praktische Therapie. Hrsg. v. J. Schwalbe. 1.—12. Heft. (1. Bd. IV, 980 S.) gr. 8. Leipzig 905. 906. G. Thieme. à n. — 80
Sonderabdruck aus: „Deut. medizin. Wochenschr."

Vorträge über praktische Therapie. Hrsg. v. J. Schwalbe. II. u. III. Serie. à 12 Hefte. gr. 8. Leipzig, G. Thieme. 24. 60

II. 1—12. (953 S. m. Abb.) 907. 08. 12. —
III. 1—11. (S. 1—863 m. Abb.) 909. 10. 11. —
III. 12. Behandlung, die, der Syphilis m. d. Ehrlich'schen Präparat 606. Verhandlungen auf der 82. Versammlg. deutscher Naturforscher u. Aerzte in Königsberg am 20. IX. 1910. (S. 864—992.) 910. 1. 60
Sonderabdrucke aus: „Deut. med. Wochenschr."

—— für Thierärzte, redig. von J. G. Pflug. 1. Serie. 12 Hefte. gr. 8. [Leipzig 878, Dege.] Jena, Dege und Haenel. Subscr.-Pr. * Einzelpr. à Heft

Inhalt:

Heft 1. Pflug, J. G., die künstliche Blutleere bei Operationen. (35 S. mit 2 eingedr. Holzschn.)

» 2. Zürn, Friedr. Ant., die kugel- und eiförmigen Psorospermien als Ursache von Krankheiten bei Hausthieren. (32 S. mit 5 eingedr. Holzschn.)

» 3. Zündel, Aug., die Thermometrie bei den Hausthieren und deren Nützlichkeit in der Thierheilkunde. (31 S. mit 2 lithogr. Taf.)

» 4. Jhering, Herm. v., Befruchtung und Furchung des thierischen Eies und Zelltheilung, nach dem gegenwärt. Stand der Wissenschaft dargestellt. (56 S. mit 9 eingedr. Holzschn.)
» 5. Schmidt, Carl, die durch das Verschlucken zu grosser und fremder Körper bedingten Krankheiten des Rindes. (60 S.)
» 6. 7. Pütz, Herm., die Lungenseuche als Gegenstand der Veterinär-Sanitätspolizei. Zwei Vorträge. (76 S.)
» 8. 9. Feser, J., die polizeiliche Controle der Markt-Milch. Zwei Vorträge. (97 S. mit 17 eingedr. Holzschn. und 1 Tab.)
» 10. Siedamgrotzky, Otto, über die Leukämie bei den Hausthieren. (40 S. mit 1 lithogr. Taf.)
» 11. Pflug, J. G., Typhus und Status typhosus vom veterinärmedicinischen Standpuncte aus besprochen. (39 S.)
» 12. Pütz, Herm., über Wundheilung resp. Wundenbehandlung. (56 S. mit 1 lithogr. Taf.)

—— dass. — redig. von J. G. Pflug. 2. Serie. 12 Hefte. gr. 8. Ebendas. 879. Subscr.-Pr. *
Einzelpr. à Heft

Inhalt:
Heft 1. Eichbaum, F., die Brusthöhle des Pferdes vom topographisch-anatomischen Standpuncte und mit besond. Berücksicht. der physikal. Diagnostik besprochen. (48 S. mit 2 schemat. Abbild. auf 1 Stnt.)
» 2. Graff, Karl, vergleichende Untersuchungen über den Bau der Haussäugethiere und des Menschen mit besond. Berücksicht. der Praeputialdrüsen. (28 S. mit 4 lithogr. Taf.)
Heft 3. Haase, W., die Mondblindheit oder die innere [periodische] Augenentzündung. (27 S.)
» 4. Anacker, die Knochenbrüchigkeit der Rinder, Osteoclasis, s. Osteopsathyrotes, mit besond. Berücksicht. ihrer Pathogenese. (43 S.)
» 5. 6. Haase, W., die Influenza der Pferde. (100 S.)
» 7. Zürn, Friedr. Ant., Massenerkrankungen von Schafen, durch den Genuss befallener Lupinen herbeigeführt. (29 S. mit 6 eingedr. Holzschn.)
» 8. Zündel, Aug., die Druse der jungen Pferde. (32 S.)
» 9. 10. Pütz, Herm., über Wundheilung resp. Wundenbehandlung [Fortsetzung zum 12. Heft der 1. Serie dieser Vorträge]. (70 S. mit 2 eingedr. Holzschn.)
» 11. 12. —— die Stellung der Thiermedicin zu den übrigen Zweigen der Naturwissenschaften. Vortrag, gehalten in der ersten Sitzung der Section für Veterinärkunde der 52. Generalversammlung deutscher Naturforscher und Aerzte am 18. Septbr. 1879 in Baden-Baden. (42 S.)

—— für Thierärzte, redig. von Otto Siedamgrotzky. 3. Serie. 12 Hefte. gr. 8. Jena 880,81, Dege und Haenel.
Subscr.-Pr. à Heft *
Einzeln à Heft *

Inhalt:
Heft 1. Schmidt, Carl, die Retention der Eihäute und ihre Folgen, vom klin. Standpunkte aus besprochen. (39 S.)
» 2. Siedamgrotzky, über Fleischvergiftungen. (42 S.)
» 3. 4. Semmer, E., über die gegenwärtigen Grenzen der miasmatischen und contagiösen Krankheiten. (52 S.)
» 5. Zorn, E., die Anomalien der Milch. Ein Vortrag. (41 S.)
» 6. Born, L., der Mais als Futtermittel. (31 S.)
» 7. Ellenberger, der gegenwärtige Standpunkt der Verdauungslehre. (46 S.)
» 8. 9. Lungwitz, Ant., die Verwendung des Gummi im Hufbeschlag. (44 S. mit 3 lithogr. Taf.)
» 10. 11. Rueff, A. v., die Impfung beim Kampfe gegen die Lungenseuche im Gegensatz zu den Tilgungsmassregeln der modernen Seuchen-Polizei. (74 S.)
» 12. Dèle, Ed., über das Rind von Nordamerika und seine Einführung nach Grossbritannien und Belgien. (39 S.)

—— dass. — 4. Serie. 12 Hefte. gr. 8. Ebendas. 881,82.
Subscr.-Pr. à Heft *
Einzeln à Heft *

Inhalt:
Heft 1. Peters, Fr., die Fissuren des Fesselbeins vom Pferde, mit besond. Berücksicht. der Bewegungsvorgänge in den unteren Gelenken. (32 S. mit 3 eingedr. Holzst. und 1 lithogr. Taf.)
» 2. 3. Möller, H., Grundzüge der Arzneimittelwirkung. (76 S.)
» 4. Föringer, Ernst, die Ophthalmoskopie in der Veterinär-Medicin. (30 S.)
» 5—7. Friedberger, die Staupe der Hunde. (87 S.)
» 8. 9. Johne, Alb., über Geschwülste und deren Eintheilung. (62 S.)
» 10. Kaiser, über Scabies bei den Haussäugethieren, speciell bei den Schafen. (48 S.)
» 11. 12. Müller, Geo., Milch und Milchcontrole. Vortrag, gehalten in dem thierärztl. Verein für den Reg.-Bez. Leipzig. (47 S.)

Vorträge für Thierärzte, redig. von O. Siedamgrotzky. 5. Serie. 12 Hefte. gr. 8. Jena 882, Dege und Haenel.
Subscr.-Pr. à Heft *
Einzeln à Heft

Inhalt:
Heft 1. Ellenberger, über die Physiologie der Haut und über Erkältung. (47 S.)
» 2. 3. Semmer, E., der Milzbrand und das Milzbrandcontagium. (83 S. mit 1 lithogr. Taf.)
» 4. 5. Blažekovik, Fr., die Krankheiten des Herzens unserer Hausthiere, speciell des Pferdes. (71 S.)
» 6. 7. Toepper, R., die neueren Erfahrungen über die Aetiologie des Milzbrandes. (57 S.)
» 8. Plaut, Hugo Carl, das organisirte Contagium der Schafpocken und die Mitigation desselben nach Toussaint's Manier. [Dissertation.] (35 S. mit 3 Holzschn. und 5 Autotypien.)
» 9. 10. Grünwald, Gust., experimenteller Beitrag zur Lehre über einige Contagien. (61 S.)

» 11. 12. Brümmer, J., die Dauer, Erkennung und Regelwidrigkeiten der Trächtigkeit, sowie die Behandlung der trächtigen Hausthiere. 1. Thl.: Die Dauer und Erkennung der Trächtigkeit. (58 S.)

—— dass. — 6. Serie. 12 Hefte. gr. 8. Leipzig 883, Dege'sche Verlagsh.
Subscr.-Pr. à Heft *
Einzeln à Heft

Inhalt:
Heft 1. Tappe, Wilh., der Lungenbrand der Pferde, vom aetiolog. und pathologisch-anatom. Standpunkte besprochen. (40 S.)
» 2. 3. Molkentin, Rud., ein Beitrag zur Sicherstellung der Diagnose des occulten Rotzes. (69 S. mit 1 lithogr. Taf.)
» 4. Schneidemühl, Geo., die Lupinen-Krankheit der Schafe. (30 S.)
» 5. 6. Krajewski, Alfr., über die Wirkungen der gebräuchlichsten Antiseptica auf einige Contagien. (53 S. mit 1 lithogr. Taf.)
» 7. 8. Warrikoff, Hugo, über die Wirkung einzelner Antiseptica auf das Milzbrandcontagium. (51 S.)
» 9. 10. Baranski, A., die Zähmung unserer Hausthiere. (67 S.)
» 11. Csokor, J., über den feineren Bau der Geflügelpocke [Epithelioma contagiosum B.]. (26 S. mit 2 Holzschn.)
» 12. Tobolewski, Fr. Rom., kurze Uebersicht über Bau, Zweck und Krankheiten der Haare. 1. Thl.: Anatomie des Haares. (36 S.)

—— dass. — 7. Serie. 1.—5. Heft. gr. 8. Ebendas. 884.
Subscr.-Pr. à Heft *
Einzeln à Heft

Inhalt:
Heft 1. Pütz, H., über die Milzbrandimpfungen Pasteur's. (27 S.)
» 2. 3. Baranski, A., Zähmung und Abstammung des Pferdes. (75 S.)
» 4. Pauntscheff, Geo., Untersuchungen über den Magen der Wiederkäuer. (43 S. mit 1 lithogr. Taf.)
» 5. Tobolewski, Fr. Rom., kurze Uebersicht über Bau, Zweck und Krankheiten der Haare. 2. Thl.: Anatomie des Haares. (22 S.)

—— für Thierärzte. 7. Serie. 6.—12. Heft. gr. 8. Leipzig 885, Dege.
Subscr.-Pr. à Heft *
Einzeln à Heft *

Inhalt:
Heft 6—10. Lydtin, A., über die Perlsucht. Vortrag, gehalten auf dem internationalen thierärztlichen Congress zu Brüssel. [Nach der französ. Übersetzung von Wehenkel und Siegen.] (112, 62 S.)
» 11. 12. Degive, A., die Lungenseuche des Rindviehes. (70 S.)

Vorträge für Thierärzte. 8. Serie. 1.—4. Heft. gr. 8. Leipzig 886, Dege. **à Heft ***

Inhalt:
Heft 1. Herrmann, E., die Vererbung von pathologischen Zuständen, psychischen Mängeln und Fehlern der Form beim Pferde. (40 S.)
» 2—4. Hugues, der Unterricht in der Veterinärmedizin, wie er ist und wie er sein müsste. (86 S.)
Nicht weiter erschienen.

— thiermedizinische, unter Mitwirkg. v. Albrecht, Azary, C. Bauwerker etc. hrsg. v. G. Schneidemühl. 1. Bd. 12 Hfte. gr. 8. Halle 888—890. (Leipzig, Felix.) à Hft. n. 1.50;
f. den Bd. v. 12 Hftn. n. 12.—

1. Der Stäbchenrothlauf u. d. Schweineseuche. Von E. Hess. (24 S.)
2. Die Fortschritte auf dem Gebiete der Verdauungslehre unserer Haussäugethiere im letzten Decennium. Von R. Edelmann. (32 S.)
3. Die Fortschritte in der Wundbehandlung. Von Müller. (29 S.)
4. Ueber Rauschbrand d. Rindes. Von E. Hess. (23 S.)
5. 6. Ueber allgemeine Narkose u. lokale Anästhesie in d. Thierheilkunde. Von L. Hoffmann. (47 S.)
7. Ueber Abortus bei Thieren, unter besond. Berücksicht. d. seuchenartig auftret. Verwerfens bei Kühen. Von G. Schneidemühl. (30 S.)
8. Die Schutz- u. Noth-Impfung im Kampfe gegen Thierseuchen. Von Herm. Pütz. (28 S.)
9. 10. Neuerungen u. Erfindungen auf dem Gebiete d. Hufbeschlages u. der Behandlung d. Hufkrankheiten in den letzten 10 Jahren. Von L. Kuhn. (64 S.)
11. 12. Die neueren Antipyretica. Von J. Tereg. (40 S. m. Abbildgn.)

—— dass. — 2. Bd. 12 Hefte. gr. 8. Lpz., Felix. * 12 —
Einzelpreis à Heft * 1 50

1. Petersen, Gust. Ueber die Verbreitung ansteckender Krankheiten durch Milchgenuss u. die dagegen zu ergreifenden sanitätspolizeil. Massregeln. (24 S.) 890.
2. Müller-Dresden. Die oberflächlichen Hautentzündungen [Hautkatarrhe] u. ihre Behandlung. (40 S.) 890.
3.—6. Hess, E. Ueber Hufkrankheiten u. ihre Behandlung. (84 S. m. 3 lithogr. Taf.) 891.
7. Schneidemühl, Geo. Der gegenwärtige Standpunkt der laryngealen u. trachealen Arzneianwendungsmethode. (47 S.) 891.
8. Kirchner. Ueber die gegenwärtigen Arten der Milchverwerthung m. besond. Berücksicht. der kranken u. gesunden Milch. (32 S.) 892.
9. 10. Schneidemühl, Geo. Das Fleischbeschauwesen im Deutschen Reiche, nebst Vorschlägen f. dessen gesetzliche Regelg. (78 S.) 892.
11. Lubarsch, O. Ueber Immunität u. Schutzimpfung. (34 S.) 892.
12. Hoffmann, L. Ueber die Kastration der Hausthiere. (III, 46 S.) 892.

— dasselbe. 3 Bd. 6 Hfte. gr. 8. Ebd. à Hft. n. 1.50; f. den Bd. v. 6 Hftn. n. 6 —

1. 2. Zelle u. Zellkern v. Bernh. Solger. (61 S. m. 1 farb Taf.) 892.
3. Ueber Geburtshilfe beim Schwein. Von A. Tapken. (31 S.) 893.
4. Ueber die Grundzüge f. die Beurtheilung der Pferde auf Leistungsfähigkeit. Von F. v. Chelchowski. (28 S. m. Abbildgn.) 893.
5. Ueber Hundswuth vom sanitätspolizeilichen Standpunkte. Von Geo. Boenninghaus. (24 S. m. 2 Fig.) 893.
6. Die Blutserumimpfungen u. die bisherigen Erfolge ihrer Anwendung zum Schutze u. zur Heilung v. Thierseuchen. Von Geo. Schneidemühl. (34 S.) 894.

— thiermedizinische, hrsg. v. Geo. Schneidemühl. III. Bd. 7.—12. (Schluss-) Hft. gr. 8. Leipzig, A. Felix. Für Hft. 7—12 n. 6. —; Einzelpr. à n. 1.50

7. Ueber d. Verbreitg. v. Krankheiten durch Milch u. deren Produkte, sowie üb. d. Massregeln gegen d. Verbreitung v. sanitätspolizeil. Standpunkt. Von A. Stühlen. (32 S.) 895.
8.—10. Die Tuberkulose d. Menschen u. d. Thiere, vom sanitäts- u. veterinärpolizeilichen Standpunkte erörtert. Von Geo. Schneidemühl. (117 S.) 895.
11. Ueber Sarkosporiden. Von Geo. Schneidemühl. (39 S.) 897.
12. Ueber Nervenkrankheiten bei Hausthieren m. gleichzeit. Berücksicht. d. beim Menschen vorkommenden. Von Geo. Schneidemühl. (35 S.) 898.

Erscheinen nicht weiter.

— f. Turnvereine. Hrsg. v. F. Goetz, R. Gasch u. P. Erbes. 1.—11. Heft. 8. Leipzig, P. Eberhardt. à — 40

Brendicke, Hans, Friedrich Ludwig Jahns Stellung zur deutschen Sprache. — Brendicke, Hans, die älteren Berliner Turnstätten (1800—1870). (31 S.) 908. (6. Heft.)

Gasch, R., Vaterland, nur dir! — Metzke, Gust., das Turnen in seinen Beziehungen zwischen Schule u. Verein. (32 S.) 909. (9. Heft.)

Goetz, F., im alten Griechenland. (I.) — II. Goetz, F., die Deutsche Turnerschaft. — III. Deneke, Th., die gesundheitliche Bedeutung der Leibesübungen f. den Großstädter. (32 S.) 908. (1. Heft.)

Goetz, F., Turnvater Jahn. (IV.) — V. Roth, B., von der Wiege des deutschen Turnens. — VI. Meyer, B. W., turnerische Ideale. (32 S.) 908. (2. Heft.)

Hoffmann, P., I. Friedrich Ludwig Jahn. (32 S.) 908. (4. Heft.) — II. Friedrich Friesen. (20 S.) 908. (5. Heft.)

Raydt, H., e. Abend im Zentralausschuß f. die Pflege der Leibesübungen in Stettin. (30 S.) 909. (8. Heft.)

Schmeel, H., Adolf Spieß. (53 S. m. Abb.) 910. (10. 11. Heft.)

Schmidt, F. A., Volkstüchtigkeit u. ihre Mehrung durch Leibesübung. (32 S.) 907. (3. Heft.)

Schmuck, die Gewinnung der schulentlassenen Jugend f. die Leibesübungen. — Zander, R., die körperliche Ausbildung der männlichen u. weiblichen Jugend nach Abschluß der Schule. (32 S.) 908. (7. Heft.)

— bei Veränderung d. preuß. Regierung gehalten von verschied. Gottesgelehrten. 8. Quedlinb. 787. Ernst. 8 gr

Vorträge geh. auf dem Verbandstage des Verbandes Deutscher Bücher-Revisoren, eingetr. Ver. i. Berlin: Verband Deutscher Bücher-Rev. (1905). 8° [illegible]

Vorträge, geh. auf dem I. Verbandstage des Verbandes deutscher Bücher-Revisoren, eingetragener Verein, in Berlin am 22. u. 23. IX. 1905. (48 S.) gr. 8. Berlin (906). (Schall & Rentel.) n. 1. —

— auf Veranstaltung des Evangelischen Vereins für kirchliche Zwecke zu Berlin gehalten im Winter 1852. Berlin, W. Schultze. gr. 8. n. 1 Rthlr.

— — gehalten im Winter 1853. Ebend. 855. gr. 8. n. 1 Rthlr. 2 ngr.

— — gehalten im Winter 1854. Ebend. gr. 8. n. 1 Rthlr. 24 ngr.

Enthalten die früher einzeln gedruckten Vorträge, hier in Bände vereinigt.

— — gehalten im Winter 1855. Ebend. 855. gr. 8. (425 S.) 1 Rthlr. 18 ngr.

— — gehalten im Winter 1856. Ebend. 856. gr. 8. (287 S.) 1 Rthlr. 10 ngr.

Vorträge aus dem Historischen Verein zu Münster. (Als Ms. gedr.) *[Münster i. W.] 1899: [J. Bredt].* (115 S.) 8° [F.] [illegible]

VORTRÄGE, gehalten im Historischen Verein für Schrobenhausen und Umgebung. I. Reihe. Herausgegeben von der Vereinsleitung. Schrobenhausen 1906. Im Kommissionsverlag der M. Hueber'schen Buchhandlung. 8°.

—— gehalten im jüdisch-theologischen Verein in Breslau, Ende Juni 1869. gr. 8. (III, 71 S.) Leipzig 870, Leiner. *

—— gehalten im land- u. forstwirthschaftl. Vereine zu Hettstädt. 8. (3½ B.) Hettstädt 840. (Leipzig, Schreck.)

— gehalten im land- u. forstwirthschaftl. Vereine zu Hettstädt. 8. Hettstädt 841. (Leipzig, Schreck.) n. ⅓ Rthlr.

— des Vereins deutscher Studenten f. modern-wissenschaftliche Bildung in Wien. Nr. 3. 8. Salzburg, P. Pacher. — 25

Giordano Bruno. Von F. Reinisch. (28 S.) 906.

Vgl. Vorträge der Wiener modern-wissenschaftl. Vereine.

—— des Vereines zur Verbreitung naturwissenschaftlicher Kenntnisse in Wien. 30. Jahrg. 18 Hefte. 8. Wien 890, (Hölzel). * 12 62

1. Suess, Ed. Über die Structur Europas. (21 S. m. 1 Karte.) * — 60.
2. Exner, Sigm. Über die menschliche Stimme. (40 S. m. 1 Taf. u. 2 eingedr. Abbildgn.) * — 60.
3. Molisch, Hans. Blattgrün u. Blumenblau. (34 S. m. 4 eingedr. Abbildgn.) * — 60.
4. Marenzeller, Emil v. Über Färbung u. Zeichnung der Thiere. (29 S.) * — 60.
5. Gruber, Max. Die bacteriologische Wasseruntersuchung u. ihre Ergebnisse. (36 S.) * — 60.
6. Jüllig, Max. Über die Fortschritte der Telephonie. (34 S. m. 14 Abbildgn.) * — 60.
7. Pernter, J. M. Die blaue Farbe d. Himmels. (23 S.) * — 50.
8. Höhnel, Ludw. Ritter v. Zum Rudolf-See u. Stefanie-See. (34 S. m. 4 Vollbildern, 1 Karte u. 8 Abbildgn. im Texte.) * — 72.
9. Kundrat, Hanns. Über Wachsthumsstörungen d. menschlichen Organismus. I. Der Muskulatur. (21 S.) * — 50.
10. Wettstein, Rich. Ritter v. Die wichtigsten pflanzl. Feinde unserer Forste. (33 S. m. 8 Abbildgn.) * — 60.
11. Toula, Frz. Zur Erinnerung an Melchior Neumayr. Nachruf. (38 S.) * — 60.
12. Lecher, Ernst. Die Versuche v. H. Hertz üb. den Zusammenhang v. Licht u. Elektricität. (22 S. m. 5 Abbildgn.) * — 50.
13. Benedikt, Rud. Die Harze. (22 S.) * — 50.
14. Penck, Albr. Das österreichische Alpenvorland. (21 S.) * — 50.
15. Eder, J. M. Über Fortschritte in der Photographie. (20 S.) * — 50.
16. Toula, Frz. Reisen u. geologische Untersuchungen in Bulgarien. Mit 1 geolog. Karte, 4 geolog. Profilen, 7 Vollbildern u. 2 Abbildgn. im Texte. (144 S.) * 3 —.
17. Brezina, Aristides. Wie wachsen die Steine? (31 S. m. 19 Abbildgn.) * — 60.
18. Ludwig, Ernst. Ein Capitel aus der Nahrungsmittellehre. (19 S.) * — 50.

Vorträge des Vereines zur Verbreitung naturwissenschaftlicher Kenntnisse in Wien. Inhaltsverzeichniss der in den Schriften d. Vereines zur Verbreitg. naturwissenschaftl. Kenntnisse in Wien vom J. 1880/81 bis einschliesslich 1889/90 veröffentlichten Vorträge u. Abhandlgn. Bd. XXI—XXX. 8. (12 S.) Wien 890. (Hölzel.) n. — 30

—— dass. — 31. Jahrg. 18 Hefte. 8. (Ebd.) 891. * 12 30

1. Penck, Albr. Die Donau. Mit 2 Taf. u. 2 Abbildgn. im Texte. (101 S.) * 2 —.
2. Fleischl v. Marxow, Ernst. Über die wichtigsten Lebenseigenschaften der Nerven. (23 S.) * — 50.
3. Exner, Frz. Über unsere Atmosphäre. (37 S.) * — 60.
4. Marenzeller, Emil v. Auf der Suche nach Tiefseethieren. (31 S.) * — 60.
5. Pernter, J. M. Über die Höfe u. Ringe um Sonne u. Mond u. verwandte Erscheinungen. (30 S. m. 5 Abbildgn.) * — 60.
6. Brauer, Friedr. Das organische Leben in periodischen Wassertümpeln. (36 S.) * — 60.
7. Toula, Frz. Die Entstehung der Kalksteine u. der Kreislauf d. kohlensauren Kalkes. (44 S.) * — 60.
8. Gruber, Max. Über Schutzimpfung. (34 S.) * — 60.
9. Kundrat, Hanns. Über Wachsthumsstörungen d. menschlichen Organismus. II. Des Knochensystems. (26 S.) * — 50.
10. Wettstein, Rich. R. v. Der Bernstein u. die Bernsteinbäume. Mit 2 Taf. u. 1 Abbildg. im Texte. (24 S.) * — 60.
11. Lecher, Ernst. Neues üb. Blitzableiter. (26 S. m. 4 Abbildgn.) * — 60.
12. Perger, H. v. Einige Färbeversuche. (29 S.) * — 50.
13. Benedikt, Rud. Über Metallwandlung. (14 S.) * — 40.
14. Eder, J. M. Über Fortschritte in der Photographie. Mit 4 Taf. u. 12 Abbildgn. im Texte. (20 S.) * — 80.
15. Böhm, Aug. Bodengestaltende Wirkungen der Eiszeit. (35 S.) * — 60.
16. Lang, Vikt. v. Die neuen Kilogramm- u. Meterprototype. (23 S. m. Abbildg.) * — 50.
17. Toula, Frz. Die Salzgebirge u. das Meer. Mit 4 Tab. u. 11 Abbildgn. im Texte. (82 S.) * 1 20.
18. Weiss, E. Über die Oberflächenbeschaffenheit der Planeten unseres Sonnensystemes. (27 S.) * — 50.

Diese Vorträge sind Separat-Abdrücke aus den „Schriften d. Vereins zur Verbreitung naturwissenschaftl. Kenntnisse in Wien" (s. d.). Von den früheren Jahrgängen der „Schriften" wurden Einzel-Ausgaben nicht veröffentlicht.

— des Vereines zur Verbreitung naturwissenschaftlicher Kenntnisse in Wien. [Aus: „Schriften des Vereins“.] 39. Jahrg. 1.—3. u. 5.—17. Hft. 8. Wien 899. (W. Braumüller.) à n.n. 11.60

1. Zum 100jährigen Jubiläum der Gasflamme. Vortrag, geh. den 9. XI. 1898. Von A. Bauer. (34 S.) n.n. — 60
2. Die Erforschung der höheren Schichten unserer Atmosphäre. Vortrag, geh. den 23. XI. 1898. Von Wilh. Trabert. (32 S.) n.n. — 60
3. Die vierte Eiszeit im Bereiche der Alpen. Vortrag, geh. den 14. XII. 1898. Von Albr. Penck. (20 S.) n.n. — 60
5. Die Bedeutung der individuellen Verschiedenheiten im Gehirne. Vortrag, geh. den 1. II. 1899. Von H. Obersteiner. (34 S.) n.n. — 60
6. Die Röntgenstrahlen u. ihre Anwendung in der Medicin. Vortrag, geh. den 28. XII. 1898. Von Leop. Freund. Mit 4 Taf. (32 S.) n.n. 1. —
7. Über die Stellschrift. Vortrag, geh. den 18. I. 1899. Von A. v. Reuss. (31 S.) n.n. — 60
8. Über Riechstoffe. Vortrag, geh. den 11. I. 1899. Von H. v. Perger. (40 S.) n.n. — 80
9. Über Surrogate f. Seide. Vortrag, geh. den 25. I. 1899. Von Karl Hassack. Mit 3 Abb. im Texte. (38 S.) n.n. — 80
10. Über die Fleisch- u. Wurst-Vergiftungen. Vortrag, geh. den 15. II. 1899. Von Max Gruber. (28 S.) n.n. — 60
11. Die Färbung der Insecten. Vortrag, geh. den 16. XI. 1898. Von Karl Brunner v. Wattenwyl. (Mit 5 Taf.) (14 S.) n.n. — 80
12. Über die Eiweisskörper. Vortrag, geh. den 1. III. 1899. Von Rich. Ritter v. Zeynek. (Mit 1 Abb. im Texte.) (23 S.) n.n. — 60
13. Wissenschaftliche Resultate meiner Luftballonfahrten. Vortrag, geh. den 30. XI. 1898. Von Jos. Tuma. (Mit 6 Abb. im Texte.) (25 S.) n.n. — 6?
14. Der Planet Mars. Vortrag, geh. den 4. I. 1899. Von Frdr. Bidschof. (Mit 1 Karte.) (51 S.) n.n. 1. —
15. Neuerungen auf dem Gebiete der Photographie. Vortrag, geh. den 8. II. 1899. Von J. M. Eder. (14 S.) n.n. — 60
16. Über den neuesten Stand der Goldfrage. Vortrag, geh. den 22. II. 1899. Von Frz. Toula. (Mit 5 Taf. u. 11 Abb. im Texte.) (60 S.) n.n. 1. 20
17. Über Wirbelbewegung. Vortrag, geh. den 8. III. 1899. Von Ant. Lampa. (Mit 12 Abb. im Texte.) (23 S.) n.n. — 60

Das 4. Hft., enth. Joh. Bolle, der Seidenspinner des Maulbeerbaumes, ist nicht als Sonderdruck erschienen.

— dasselbe. 40. Jahrg. 15 Hfte. 8. Ebd. 900. n.n. 11.10

1. Über das Zündhölzchen. Vortrag, geh. den 8. XI. 1899. Von A. Bauer. (27 S.) n.n. — 50
2. Die Pflanzenwelt der Polargegend. Vortrag, geh. am 6. XII. 1899. Von R. v. Wettstein. (Mit 4 Abb. im Texte.) (25 S.) n.n. — 60
3. Die Unterscheidung der Gewebefasern. Vortrag, geh. den 10. I. 1900. Von Karl Hassack. (Mit 11 Abb. im Texte.) (28 S.) n.n. — 70
4. Thiere im Blute des Menschen u. ihre Wirkungen. Vortrag, geh. den 20. XII. 1899. Von Emil v. Marenzeller. (35 S.) n.n. — 70
5. Hagelwetter u. Wetterschiessen. Vortrag, geh. den 14. II. 1900. Von Wilh. Trabert. (26 S.) n.n. — 50
6. Die Jungfraubahn. Vortrag, geh. den 22. XI. 1899. Von Rob. v. Reckenschuss. Mit 6 Taf. u. 1 Uebersichtskarte. (35 S.) n.n. 1. —
7. Über den elektrolytischen Stromunterbrecher von A. Wehnelt. Vortrag, geh. den 29. XI. 1899. Von Ant. Lampa. Mit 7 Abb. im Texte. (16 S.) n.n. — 50
8. Der Wechselstrom. Vortrag, geh. den 13. XII. 1899. Von Max Reithoffer. Mit 3 Abb. im Texte. (35 S.). n.n. — 70
9. Die Eiszeit der Antipoden. Vortrag, geh. den 7. II. 1900. Von Albr. Penck. (14 S.) n.n. — 50
10. Über Photogrammetrie u. ihre Anwendungen. Vortrag, geh. den 31. I. 1900. Von Ed. Doležal. Mit 2 Taf. u. 3 Abb. im Texte. (76 S.) n.n. 1. 80
11. Über die höchsten erreichbaren Hitzegrade. Vortrag, geh. den 3. I. 1900. Von M. Bamberger. Mit 4 Abb. im Texte. (25 S.) n.n. — 60
12. Über Eis u. Schnee. Vortrag, geh. den 28. II. 1900. Von F. Becke. (18 S.) n.n. — 50
13. Über Fluorescenz u. Phosphorescenz. Vortrag, geh. den 24. I. 1900. Von Ant. Lampa. Mit 5 Abb. im Texte. (20 S.) n.n. — 50
14. Über die Grösse u. die Zahl der Sterne. Vortrag, geh. den 17. I. 1900. Von Frdr. Bidschof. (67 S.) n.n. 1. 40
15. Neuere Forschungen üb. erworbene Immunität. Vortrag, geh. den 21. II. 1900. Von Max Gruber. (28 S.) n.n. — 60

Vorträge des Vereines zur Verbreitung naturwissenschaftlicher Kenntnisse in Wien. [Aus: „Schriften des Vereins“.] 41. Jahrg. 13 Hfte. 8. Wien 901. (W. Braumüller.) n.n. 10. 70

1. Die geologische Geschichte des Schwarzen Meeres. Vortrag, geh. den 7. XI. 1900. Von Frz. Toula. (51 S.) n.n. 1. —
2. Tönende Stäbe, Flüssigkeits- u. Gassäulen. Vortrag, geh. am 14. XI. 1900. Von Gust. Jäger. Mit 2 Abb. im Texte. (18 S.) n.n. — 60
3. Über die Fermente. Vortrag, geh. den 28. XI. 1900. Von Rich. v. Zeynek. (25 S.) n.n. — 60
4. Der Kautschuk u. seine Industrie. Vortrag, geh. den 30. I. 1901. Von Karl Hassack. Mit 4 Taf. (41 S.) n.n. 1. 20
5. Zur Biologie der Blüten. Vortrag, geh. den 13. II. 1901. Von H. Rebel. (27 S.) n.n. — 60
6. Die Bedeutung der Schilddrüse. Vortrag, geh. den 16. I. 1901. Von Jos. Sorgo. Mit 1 Taf. (53 S.) n.n. 1. 20
7. Die scheinbare Gestalt des Himmelsgewölbes u. die scheinbare Grösse der Gestirne. Vortrag, geh. den 12. XII. 1900. Von J. M. Pernter. Mit 4 Abb. im Texte. (33 S.) n.n. — 60
8. Neueres üb. das Sehen. Vortrag, geh. den 19. XII. 1900. Von A. Elschnig. (Mit 4 Abb. im Texte. (24 S.) n.n. — 70
9. Über Capillarität. Vortrag, geh. den 23. I. 1901. Von Ant. Lampa. Mit 14 Abb. im Texte. (26 S.) n.n. — 80
10. Die Adria u. ihre geographischen Beziehungen. Vortrag, geh. den 9. I. 1901. Von Rob. Sieger. (48 S.) n.n. 1. —
11. Über Mineralwässer. Vortrag, geh. den 27. II. 1901. Von E. Ludwig. (30 S.) n.n. — 60
12. Die Quelle der Muskelkraft. Vortrag, geh. den 21. XI. 1900. Von Max Gruber. (21 S.) n.n. — 60
13. Der Drehstrom. Vortrag, geh. den 6. II. 1901. Von Max Reithoffer. (Mit 3 Taf. u. 5 Abbildgn. im Texte. (21 S.) n.n. 1. —

— dasselbe. 42. Jahrg. 16 Hfte. 8. Ebd. 902. n.n. 12.40

1. Über den Schwefel. Vortrag, geh. den 6. XI. 1901. Von A. Bauer. (29 S.) n.n. — 60
2. Über Cacao u. Chocolade. Vortrag, geh. den 20. XI. 1901. Von Karl Hassack. (34 S.) n.n. — 70
3. Über Buttersäuregährung. Vortrag, geh. den 18. XII. 1901. Von A. Schattenfroh. (16 S.) n.n. — 50
4. Das infrarothe Wärmespectrum. Vortrag, geh. den 18. XI. 1901. Von Gust. Jäger. (18 S. m. 1 Taf. u. 5 Abbildgn.) n.n. — 60
5. Über dynamische Luftschiffahrt. Vortrag, geh. den 15. I. 1902. Von Wilh. Kress. (23 S.) n.n. — 50
6. Der Bodensee. Vortrag, geh. am 27. XI. 1901. Von Albr. Penck. (26 S. m. 1 Karte.) n.n. — 70
7. Über Strahlung. Vortrag, geh. den 11. XII. 1901. Von Ant. Lampa. (34 S. m. 5 Abbildgn.) n.n. — 50
8. Über die Blutfarbstoffe. Vortrag, geh. den 22. I. 1902. Von Rich. v. Zeynek. (23 S. m. 2 Taf.) n.n. — 70
9. Über Staubkrankheiten. Vortrag, geh. den 8. I. 1902. Von Jos. Sorgo. (43 S.) n.n. — 90
10. Über die Rauschbrandkrankheit. Vortrag, geh. den 12. II. 1902. Von R. Grassberger. (25 S.) n.n. — 50
11. Die Lianen. Vortrag, geh. den 26. II. 1902. Von R. v. Wettstein. (23 S. m. 2 Abbildgn. u. 2 Taf.) n.n. — 70
12. Die physikalische Therapie in der Vorzeit u. in der Gegenwart. Vortrag, geh. den 29. I. 1902. Von Leop. Freund. (40 S.) n.n. — 80
13. Einiges üb. krystalline Schiefer. Vortrag, geh. den 12. III. 1902. Von F. Becke. (17 S.) n.n. — 50
14. Luftspiegelungen u. Fata Morgana. Vortrag, geh. den 5. II. 1902. Von J. M. Pernter. (33 S. m. 7 Abbildgn.) n.n. — 80
15. Über colloidale Metalle. Vortrag, geh. den 19. II. 1902. Von M. Bamberger. (27 S. m. 5 Abbildgn. u. 1 Taf.) n.n. — 70
16. Die Spectralanalyse der Himmelskörper u. deren Förderung durch Bergobservatorien, m. besond. Berücksicht. des projectierten astrophysikalisch-meteorolog. Bergobservatoriums im Semmeringgebiete bei Wien. Erweiterte Bearbeitg. des Vortrages, geh. den 5. III. 1902. Von Karl Kostersitz. (99 S. m. 2 Abbildgn. u. 1 Taf.) n.n. 2. 40

— des Vereines zur Verbreitung naturwissenschaftlicher Kenntnisse in Wien. [Aus: „Schriften des Vereins“.] 43.—46. Jahrg. 15, 15, 17 u. 15 Hefte. 8. Wien (W. Braumüller). n.n. 53. 40

Bauer, A., Humphry Davy. (1778—1829.) Vortrag, geh. den 30. XII. 1903. (55 S. m. 1 Bildnis.) 904. (44. Jhrg. 5. Hft.) n.n. 1. 20

— Lavoisier. Vortrag, geh. den 20. XII. 1905. (70 S.) 906. (46. Jhrg. 2. Hft.) n.n. 1. 50

Becke, Frdr., Geologisches v. der Tauernbahn. Vortrag, geh. den 14. III. 1906. (Mit 8 Abbildgn.) (15 S.) 906. (46. Jhrg. 10. Hft.) n.n. — 60

— über die vulkanischen Laven. Vortrag, geh. den 27. I. 1904. (18 S.) 904. (44. Jhrg. 10. Hft.) n.n. — 50

— über das Uranpecherz v. Joachimsthal. Vortrag, geh. den 22. II. 1905. (13 S.) 905. (45. Jhrg. 11. Hft.) n.n. — 50

Böck, Frdr., Chemie der Küche. Vortrag, geh. den 20. II. 1904. (36 S.) 904. (44. Jhrg. 13. Hft.) n.n. — 70

— Einiges aus der Chemie u. Technik der Explosionen u. Sprengstoffe. Vortrag, geh. den 26. XI. 1902. (22 S. m. 1 Taf.) 903. (43. Jhrg. 8. Hft.) n.n. — 70

— Neuerungen im Rettungsdienste nach Schlagwetterexplosionen. Vortrag, geh. den 15. II. 1905. (Mit 5 Taf.) (21 S.) 905. (45. Jhrg. 15. Hft.) n.n. 1. —

Böhm, Aug. v., das Karlseisfeld einst u. jetzt. Vortrag, geh. den 18. II. 1903. (20 S. m. 1 Taf.) 903. (43. Jhrg. 13. Hft.) n.n. — 60

Elschnig, Ant., über Gesichtstäuschungen. Vortrag, geh. den 19. XI. 1902. (26 S. m. 9 Abb.) 903. (43. Jhrg. 3. Hft.) n.n. — 80

— die Tiefenwahrnehmung im Raume u. das stereoskopische Sehen. Vortrag, geh. den 17. I. 1906. (Mit 1 Taf. u. 6 Abbildgn. im Texte.) (22 S.) 906. (46. Jhrg. 9. Hft.) n.n. — 70

Engelhardt, Vikt., über Herstellung v. Stahl im elektr. Ofen. Vortrag, geh. den 8. II. 1905. (Mit 12 Abbildgn. im Texte.) (52 S. m. 1 Taf.) 905. (45. Jhrg. 16. Hft.) n.n. 1. 30

Freund, Leop., Radium- u. Lichtstrahlen als Heilmittel. Vortrag, geh. den 7. II. 1906. (28 S.) 906. (46. Jhrg. 8. Hft.) n.n. — 60

Hassack, Karl, Einiges üb. den Tabak. Vortrag, geh. den 3. XII. 1902. (44 S. m. 3 Taf.) 903. (43. Jhrg. 4. Hft.) n.n. 1. 20

— die Erzeugung des Papieres. Vortrag, geh. den 23. XI. 1904. (Mit 5 Taf.) (37 S.) 905. (45. Jhrg. 1. Hft.) n.n. 1. —

— der Flachs u. seine Bearbeitung. Vortrag, geh. den 31. I. 1906. (Mit 6 Abbildgn. im Texte.) (49 S.) 906. (46. Jhrg. 6. Hft.) n.n. 1. 10

— über Zelluloid u. verwandte Erzeugnisse. Vortrag, geh. den 18. XI. 1903. (39 S.) 904. (44. Jhrg. 2. Hft.) n.n. — 80

Hepperger, Jos. v., über Kometen. Vortrag, geh. den 11. I. 1905. (31 S.) 905. (45. Jhrg. 6. Hft.) n.n. — 60

Hillebrand, K., Beleuchtungsverhältnisse bei totalen Mondesfinsternissen. Vortrag, geh. den 16. XII. 1903. (21 S. m. 2 Abbildgn.) 904. (44. Jhrg. 7. Hft.) n.n. — 50

Hochenegg, Karl, über elektrische Arbeitsübertragung. Vortrag, geh. den 9. XI. 1904. (Mit 9 Abbildgn. im Texte.) (38 S.) 905. (45. Jhrg. 17. Hft.) n.n. 1. —

Jäger, Gust., der Druck des Lichtes. Vortrag, geh. den 2. III. 1904. (20 S. m. 5 Abb.) 904. (44. Jhrg. 15. Hft.) n.n. — 60

— neue hydrodynamische Experimente. Vortrag, geh. den 1. III. 1905. (Mit 9 Abb. im Texte.) (22 S.) 905. (45. Jhrg. 14. Hft.) n.n. — 70

— über die elektrolytische Leitfähigkeit v. Lösungen. Vortrag, geh. den 3. I. 1906. (Mit 2 Abbildgn. im Texte.) (24 S.) 906. (46. Jhrg. 4. Hft.) n.n. — 60

— das Zeemanphänomen. Vortrag, geh. den 25. II. 1903. (27 S. m. 8 Abbildgn.) 903. (43. Jhrg. 9. Hft.) n.n. — 80

Joseph, Heinr., der Begriff des Individuums in der Zoologie. Vortrag, geh. den 28. I. 1903. (41 S. m. 14 Abb.) 903. (43. Jhrg. 12. Hft.) n.n. 1. —

Jüptner v. Jonstorff, Hanns Frhr. v., Neues vom Eisen. Vortrag, den 7. XII. 1904. (Mit 4 Taf. u. 23 Abbildgn. im Texte.) (28 S.) 905. (45. Jhrg. 4. Hft.) n.n. 1. 20

Jüptner v. Jonstorff, Hanns Frhr. v., neuere Richtungen in der Chemie. Vortrag, geh. den 3. II. 1904. (33 S. m. 4 Abb.) 904. (44. Jhrg. 6. Hft.) n.n. — 70

Kostersitz, Karl, über die totale Sonnenfinsternis vom 30. VIII. 1905. Vortrag, geh. den 7. III. 1906 im Verein zur Verbreitung naturwissenschaftl. Kenntnisse in Wien. (Mit 15 Abbildgn.) (47 S.) 906. (46. Jhrg. 14. Hft.) n.n. 1. 50

Ludwig, E., über das Arsen. Vortrag, geh. den 12. XI. 1902. (22 S.) 903. (43. Jhrg. 10. Hft.) n.n. — 60

Meyer, St., über das Wachstum der Kristalle. Vortrag, geh. den 7. I. 1903. (17 S. m. 7 Taf.) 903. (43. Jhrg. 6. Hft.) n.n. 1. —

Obermayer, A. v., das Fliessen fester Körper unter hohem Drucke insbesondere des Eises. Vortrag, geh. den 13. I. 1904. (32 S. m. 7 Abb.) 904. (44. Jhrg. 9. Hft.) n.n. — 70

Penck, Albr., über das Karstphänomen. Vortrag, geh. den 4. XI. 1903. (32 S. m. 5 Abbildgn.) 904. (44. Jhrg. 1. Hft.) n.n. — 80

Penther, Arnold, das Gebiet des Erdschias-Dagh (Mons Argaeus). Vortrag, geh. den 28. II. 1906. Mit 10 Taf. u. 1 Kartenskizze. (22 S.) 906. (46. Jhrg. 12. Hft.) n.n. 1. 60

Pernter, J. M., der Formenreichtum der Schneekristalle. Vortrag, geh. den 24. I. 1906. (Mit 6 Taf. u. 2 Abbildgn. im Texte.) (15 S.) 906. (46. Jhrg. 15. Hft.) n.n. 1. 50

— besondere Gattungen gefürchteter Winde bei uns u. anderwärts. Vortrag, geh. den 9. III. 1904. (27 S.) 904. (44. Jhrg. 14. Hft.) n.n. — 60

— allerlei Methoden, das Wetter zu prophezeien. Vortrag, geh. den 14. I. 1903. (36 S. m. 8 Abbildgn.) 903. (43. Jhrg. 14. Hft.) n.n. 1. —

Pintner, Thdr., Einiges üb. Regeneration im Tierreiche. Vortrag, geh. den 8. III. 1905. (Mit 16 Abb. im Texte.) (27 S.) 905. (45. Jhrg. 12. Hft.) n.n. — 80

— die Grubenwurmkrankheit u. ihr Erreger (Ankylostoma). Vortrag, geh. den 21. XII. 1904. (Mit 5 Abb. im Texte.) (82 S.) 905. (45. Jhrg. 2. Hft.) n.n. — 70

— aus dem Leben der Ameisen. 2 Vorträge, geh. den 6. u. 13. XII. 1905. (46 S.) 906. (46. Jhrg. 8. Hft.) n.n. 1. —

Reckenschuss, Rob. v., die Albulabahn. Vortrag, geh. den 25. XI. 1903. (34 S. m. 14 Taf.) 904. (44. Jhrg. 12. Hft.) n.n. 1. 60

— der Simplondurchstich. Vortrag, geh. den 29. XI. 1905. (Mit 9 Taf. u. 8 Abbildgn. im Texte.) (54 S.) 906. (46. Jhrg. 11. Hft.) n.n. 2. —

Reithoffer, Max, Aufzeichnung elektr. Wechselströme. Vortrag, geh. den 21. II. 1906. (Mit 10 Abbildgn.) (17 S.) 906. (46. Jhrg. 13. Hft.) n.n. — 70

— elektrisches Licht. Vortrag, geh. den 25. I. 1905. (Mit 2 Taf.) (20 S.) 905. (45. Jhrg. 13. Hft.) n.n. — 70

Reuss, A. v., über die Blindheit u. ihre häufigsten Ursachen. Vortrag, geh. den 2. XII. 1903. (50 S.) 904. (44. Jhrg. 4. Hft.) n.n. 1. —

— über Brillen. Vortrag, geh. den 22. XI. 1905. (31 S.) 906. (46. Jhrg. 5. Hft.) n.n. — 60

— die Kosmetik in der Augenheilkunde. Vortrag, geh. den 30. XI. 1904. (39 S.) 905. (45. Jhrg. 5. Hft.) n.n. — 80

Sahulka, Joh., über die Grundwirkungen elektr. Ströme. Vortrag, geh. den 14. XII. 1904. (22 S.) 905. (45. Jhrg. 10. Hft.) n.n. — 60

Schaffer, Fr. X., Reisebilder aus Cilicien. Vortrag, geh. den 17. XII. 1902. (18 S. m. 5 Taf.) 903. (43. Jhrg. 5. Hft.) n.n. 1 —

Schattenfroh, Arth., die hygienischen Einrichtungen Wiens. Vortrag, geh. den 10. XII. 1902. (24 S.) 903. (43. Jhrg. 2. Hft.) n.n. — 60

— die Stellung des Schularztes. Vortrag, geh. den 8. XI. 1905. (32 S.) 906. (46. Jhrg. 1. Hft.) n.n. — 60

— moderne Tuberkulosebekämpfung. Vortrag, geh. den 16. XI. 1904. (45 S.) 905. (45. Jhrg. 7. Hft.) n.n. 1. —

— neuere Wasserreinigungs-Verfahren. Vortrag, geh. den 9. XII. 1903. (26 S.) 904. (44. Jhrg. 3. Hft.) n.n. — 60

Sorgo, Jos., über die Arten der Tuberkuloseinfektion. Vortrag, geh. den 10. II. 1904. (40 S.) 904. (44. Jhrg. 8. Hft.) n.n. — 80

— über die Beziehungen zwischen menschlicher u. tierischer Tuberkulose u. üb. echte u. Pseudotuberkelbacillen. Vortrag, geh. den 4. II. 1903. (42 S.) 903. (43. Jhrg. 11. Hft.) n.n. — 90

— über die Disposition zur Tuberkulose. Vortrag, geh. den 4. I. 1905. (42 S.) 905. (45. Jhrg. 3. Hft.) n.n. — 80

Szombathy, Jos., die Vorläufer des Menschen. Vortrag, geh. den 5. XI. 1902. (35 S. m. 10 Abbildgn.) 903. (43. Jhrg. 1. Hft.) n.n. — 90

Wegscheider, R., über radioaktive Substanzen. Vortrag, geh. den 18. I. 1905. (39 S.) 905. (45. Jhrg. 8. Hft.) n.n. — 80

Weiss, E., über die Ursache des Ausbleibens der Leoniden nebst Notizen üb. Yey-Sings Sternwarten. Vortrag, geh. den 4. III. 1903. (27 S. m. 1 Abb. u. 1 Taf.) 903. (43. Jhrg. 15. Hft.) n.n. — 60

Wettstein, R. v., die Biologie unserer Wiesenpflanzen. Vortrag, geh. den 24. II. 1904. (21 S.) 904. (44. Jhrg. 11. Hft.) n.n. — 50

— Neues aus der Biologie der Orchideen. Vortrag, geh. den 10. I. 1906. (Mit 8 Abb. im Texte.) (26 S.) 906. (46. Jhrg. 7. Hft.) n.n. — 70

— das Pflanzenleben des Meeres. Vortrag, geh. den 1. II. 1905. (Mit 3 Abbildgn. im Texte.) (27 S.) 905. (45. Jhrg. 9. Hft.) n.n. — 70

Zeynek, Rich. Ritter v., über das Kupfer. Vortrag, geh. den 21. I. 1903. (23 S.) 903. (43. Jhrg. 7. Hft.) n.n. — 60

— des Vereines zur Verbreitung naturwissenschaftlicher Kenntnisse in Wien. [Aus: „Schriften d. Vereines“.] 47.—50. Jahrg. 16, 17, 15 u. 15 Hefte. 8. Wien, (W. Braumüller). nn 57. 90

Abel, O., die Anpassungsformen der Wirbeltiere an das Meeresleben. Vortrag, geh. den 19. II. 1908. (Mit 6 Abb. im Texte.) (28 S.) 908. (48. Jahrg. 14. Heft.) nn — 70

— Das Zeitalter der Reptilienherrschaft. Vortrag, geh. den 24. II. 1909. (Mit 9 Abb. im Texte.) (31 S.) 909. (49. Jahrg. 15. Heft.) nn — 90

Bamberger, M., über die Geschwindigkeit chem. Reaktionen. Vortrag, geh. den 9. II. 1910. (60 S. m. 16 Abb. u. 1 Taf.) 910. (50. Jahrg. 15. Heft.) nn 1. 80

— Über die Industrie komprimierter u. verflüssigter Gase. Vortrag, geh. den 27. I. 1909. (Mit 1 Taf. u. 23 Abbildgn. im Texte.) (57 S.) 909. (49. Jahrg. 13. Heft.) nn 2. —

— Über die allotropen Modifikationen der Elemente. Vortrag, geh. den 29. I. 1908. (Mit 13 Abb. im Texte.) (53 S.) 908. (48. Jahrg. 15. Heft.) nn 1. 50

— Nutzbarmachung des Luftstickstoffes. Vortrag, geh. den 2. I. 1907. Mit 4 Taf. u. 8 Abbild. im Texte. (39 S.) 907. (47. Jahrg. 14. Heft.) nn 1. 10

Beck v. Mannagotta, Günth. Ritter, Waldeszauber. Vortrag, geh. den 9. I. 1907. Mit 19 Abbild. (53 S.) 907. (47. Jahrg. 9. Heft.) nn 1. 60

Becke, F., der Einfluss des Gesteins auf das Landschaftsbild. Vortrag, geh. den 5. I. 1910. (14 S.) 910. (50. Jahrg. 8. Heft.) nn — 60

Becke, F., die Goldbergbaue der Hohen Tauern. Vortrag, geh. den 17. III. 1909. (Mit 1 Kartenskizze.) (23 S.) 909. (49. Jahrg. 10. Heft.) nn — 70

— Die Tracht der Kristalle. Vortrag, geh. den 27. II. 1907. Mit 10 Abb. im Texte. (21 S.) 907. (47. Jahrg. 13. Heft.) nn — 70

Böck, Frdr., über Selbstentzündung. Vortrag, geh. d. 20. II. 1907. (41 S.) 907. (47. Jahrg. 12. Heft.) nn — 80

Conrad, V., über Apparate zur Registrierung v. Erdbeben. Vortrag, geh. den 6. III. 1907. Mit 1 Taf. u. 4 Abbild. im Texte. (20 S.) 907. (47. Jahrg. 16. Heft.) nn — 80

— Über Gewitter. Vortrag, geh. den 8. I. 1908. (20 S.) 908. (48. Jahrg. 8. Heft.) nn — 60

Diener, C., der Entwicklungsgedanke in der Paläontologie. Vortrag, geh. den 25. XI. 1908. (36 S.) 909. (49. Jahrg. 2. Heft.) nn — 80

Doležal, Eduard, üb. photograph. Ballonaufnahmen u. ihre Verwendung. Vortrag, geh. den 12. I. 1910. (36 S. m. 10 Taf.) 910. (50. Jahrg. 13. Heft.) nn 1. 80

Engelmann, Ed., die wirtschaftliche Bedeutung der Wasserkräfte u. ihr rationeller Ausbau, m. besond. Berücksicht. der Wasserkräfte Österreichs. Vortrag, geh. den 3. XI. 1909. (28 S. m. 3 Abb.) 910. (50. Jahrg. 9. Heft.) nn — 80

Freund, Leop., die Berufskrankheiten der gebildeten Stände. Vortrag, geh. den 16. XII. 1908. (34 S.) 909. (49. Jahrg. 8. Heft.) nn — 70

— Einiges üb. Schönheitspflege. Vortrag, geh. den 27. XI. 1907. (51 S.) 908. (48. Jahrg. 1. Heft.) nn 1. —

Grassberger, R., Gesundheitsstörungen durch verdorbene Nahrungsmittel. Vortrag, geh. den 6. II. 1907. (42 S.) 907. (47. Jahrg. 8. Heft.) nn — 90

Hasenöhrl, Fritz, über den Lichtäther. Vortrag, geh. d. 13. II. 1907. (22 S.) 907. (47. Jahrg. 10. Heft.) nn — 60

Hoernes, M., die prähistorischen Menschenrassen Europas besonders in der jüngeren Steinzeit. Vortrag, geh. den 20. I. 1909. Mit 1 Taf., 2 Kartenskizzen u. 7 Abbildgn. im Texte. (43 S.) 909. (49. Jahrg. 6. Heft.) nn 1. 50

Jäger, Gust., über die physikalischen Bedingungen des Fliegens. Vortrag, geh. den 4. XI. 1908. (Mit 15 Abbildgn. im Texte.) (20 S.) 909. (49. Jahrg. 4. Heft.)

Elektrische u. verwandte Erscheinungen in Metallen. Vortrag, geh. den 13. XI. 1907. (Mit 6 Abb. im Texte.) (21 S.) 908. (48. Jahrg. 2. Heft.) nn — 60

— Flüssigkeiten im elektrischen Felde. Vortrag, geh. den 19. XII. 1906. Mit 20 Abb. im Texte. (26 S.) 907. (47. Jahrg. 7. Heft.) nn — 90

— Die elektrische Leitfähigkeit der Gase. Vortrag, geh. den 26. I. 1910. (19 S. m. Abb.) 910. (50. Jahrg. 6. Heft.) nn — 60

Kraus, Ernst, d. Quecksilberdampflampen. Die singende od. sprechende Bogenlampe. (Die drahtlose Telephonie.) Vortrag, geh. den 14. XI. 1906. Mit 17 Abb. im Texte. (38 S.) 907. (47. Jahrg. 4. Heft.) nn 1. —

Lampa, Ant., über die Farben ungefärbter Körper. Vortrag, geh. den 9. XII. 1908. (Mit 2 Abb. im Texte.) (23 S.) 909. (49. Jahrg. 3. Heft.) nn — 60

Lechner, Ernst, über physikal. Weltanschauungen. Vortrag, geh. den 9. III. 1910. (26 S. m. 7 Abbild.) 910. (50. Jahrg. 12. Heft.) nn — 70

Leon, Alfons, Baugesetze in Natur u. Technik. Vortrag, geh. den 3. III. 1909. (Mit 20 Abb. im Texte.) (27 S.) 909. (49. Jahrg. 14. Heft.) nn 1. —

Mache, H., über das Vorkommen radioaktiver Substanzen in Erde u. Luft. Vortrag, geh. den 17. II. 1909. (Mit 1 Abb. im Texte.) (30 S.) 909. (49. Jahrg. 9. Heft.) nn — 70

Marburg, Otto, über Bau u. Leistungen der Grosshirnrinde bei Mensch u. Tier. Vortrag, geh. den 5. II. 1908. Mit 3 Abbildgn. im Texte. (24 S.) 908. (48. Jahrg. 10. Heft.) nn — 60

Gehirn u. Sprache. Vortrag, geh. d. 10. II. 1909. (Mit 2 Abbildgn. im Texte.) (24 S.) 909. (49. Jahrg. 7. Heft.) nn — 60

Der Hirnmechanismus der menschlichen Beweggn. Vortrag, geh. den 19. I. 1910. (28 S. m. 7 Abbildgn.) 910 (50. Jahrg. 5. Heft.) nn — 80

Marenzeller, Emil v., einiges über die Verdauung. Vortrag, geh. den 26. II. 1908. (31 S.) 908. (48. Jahrg. 9. Heft.) nn — 70

Molisch, Hans, das Leuchten der Pflanzen. Vortrag, geh. den 12. XII. 1906. Mit 5 Taf. (28 S.) 907. (47. Jahrg. 5. Heft.) nn 1. 10

Ultramikroskop u. Botanik. Vortrag, geh. den 15. XII. 1909. (40 S. m. 1 Fig.) 910. (50. Jahrg. 4. Heft.) nn — 90

Oberhummer, Eug., die Polarforschung, ihre Ziele u. Ergebnisse. Vortrag, geh. den 30. I. 1907. (51 S.) 908. (48. Jahrg. 17. Heft.) nn 1. 20

Paltauf, Rich., die biologischen Eiweissreaktionen u. ihre Anwendg. in der Medizin u. Naturwissenschaft. Vortrag, geh. den 2. III. 1910. (30 S. m. 2 Abbildgn.) 910 (50. Jahrg. 14. Heft.) nn — 70

Panzer, Thdr., Blutfarbstoff u. Blattgrün, Vortrag, geh. den 21. XI. 1906. (16 S.) 907. (47. Jahrg. 2. Heft.) nn — 50

Die Funktionen der Leber. Vortrag, geh. den 10. XI. 1909. (22 S.) 910. (50. Jahrg. 1. Heft.) nn — 60

Panzer, Thdr., die Rolle der unorganischen Salze im tierischen Organismus. Vortrag, geh. den 22. I. 1908. (27 S.) 908. (48. Jahrg. 7. Heft.) nn — 60

— Schutzmittel des menschlichen Organismus gegen Gifte. Vortrag, geh. den 11. XI. 1908. (21 S.) 909. (49. Jahrg. 1. Heft.) nn — 60

Pintner, Thdr., die Aalfrage. Vortrag, geh. den 20. XI. 1907. Mit 8 Abbildgn. u. 1 Karte im Texte. (27 S.) 908. (48. Jahrg. 4. Heft.) nn — 80

— Ameisen unter sich u. ihre Gäste. Vortrag, geh. den 7. XI. 1906. (31 S.) 907. (47. Jahrg. 1. Heft.) nn — 60

— Messina, e. zerstörtes Paradies der Zoologen. Vortrag, geh. den 3. II. 1909. (Mit 1 Kartenskizze im Texte.) (29 S.) 909. (49. Jahrg. 5 Heft.) nn — 70

— Nachklänge zum Darwinjubiläum. Vortrag, geh. den 17. XI. 1909. (35 S.) 910. (50. Jahrg. 2. Heft.) nn — 80

Rebel, H., eine zoologische Studienreise nach Ostkreta. Vortrag, geh. den 5. XII. 1906. Mit 3 Abbildgn. im Texte u. 3 Taf. (22 S.) 907. (47. Jahrg. 6. Heft.) nn — 90

Reithoffer, Max, die Grundlagen der drahtlosen Telegraphie. Vortrag, geh. den 11. XII. 1907. (19 S.) 908. (48. Jahrg. 16. Heft.). nn — 60

— Neuerungen in der drahtlosen Telegraphie. Vortrag, geh. den 1. XII. 1909. (16 S.) 910. (50. Jahrg. 7. Heft.) nn — 60

— Über elektrische Unfälle u. deren Verhütung. Vortrag, geh. den 16. I. 1907. Mit 5 Abbildgn. im Texte. (30 S.) 907. (47. Jahrg. 15. Heft.) nn — 70

Renezeder, Heinr., einiges aus dem Kreislauf der Materie: Reinigung u. Verwertung städt. Abwässer. Vortrag, geh. den 4. XII. 1907. (Mit 5 Abbildgn. im Texte.) (42 S.) 908. (48. Jahrg. 3. Heft.) nn 1. —

Reuss, A. v., über die ägyptische Augenkrankheit. Vortrag, geh. den 28. XI. 1906. (37 S.) 907. (47. Jahrg. 3. Heft.) nn — 80

— Über die Erziehung des Farbensinnes. Vortrag, geh. den 11. III. 1908. (30 S.) 908. (48. Jahrg. 13. Heft.) nn — 60

Sahulka, Joh., über die bisherigen Versuche, die Gravitation aus dem Stosse der Ätherteilchen zu erklären. Vortrag, geh. den 18. XI. 1908. (Mit 4 Abbild. im Texte.) (33 S.) 909. (49. Jahrg. 12. Heft.) nn — 80

Schweidler, Egon Ritter v., über Fluoreszenz und lichtelektrische Wirkungen. Vortrag, geh. den 12. II. 1908. (Mit 2 Abbildgn. im Texte.) (14 S.) 908. (48. Jahrg. 12. Heft.) nn — 60

Stark, Mich., die Interferenzbilder der Kristalle. Vortrag, geh. den 18. XII. 1907. (21 S.) 908. (48. Jahrg. 6. Heft.) nn — 60

Toula, Frz., Erdbeben von Messina. Vortrag, geh. den 10. III. 1909. (Mit 16 [richtig 17] Abbildgn. im Texte u. auf [4] Taf.) (42 S.) 909. (49. Jahrg. 11. Heft.) nn 2. —

— Das Relief von Wien u. die Ursachen seiner Entstehung. Vortrag, geh. den 23. III. 1910. (49 S. m. 8 Taf. u. 1 Karte.) 910. (50. Jahrg. 10. Heft.) nn 2. 50

— Das Wandern und Schwanken der Meere. Vortrag, geh. den 4. III. 1908. (Mit 12 Taf.) (59 S.) 908. (48. Jahrg. 11. Heft.) nn 2. 40

Trabert, Wilh., die Umwälzung in unserer Kenntnis der Solarkonstante. Vortrag, geh. den 23. II. 1910. (20 S. m. 3 Abbildgn.) 910. (50. Jahrg. 11. Heft.) nn — 60

Tschermak, Erich v., die Mendelschen Vererbungsgesetze. Vortrag, geh. den 15. I. 1908. (20 S.) 908. (48. Jahrg. 5. Heft.) nn — 60

Weiss, E., über Kometen m. besond. Beziehung auf d. Halleyschen. Vortrag, geh. den 24. XI. 1909. (34 S. m. 9 Abbildgn.) 910. (50. Jahrg. 3. Heft.) nn 1. —

Wettstein, R. v., Ähnlichkeiten im Pflanzenreiche. Vortrag, geh. den 23. I. 1907. Mit 7 Abbildgn. im Texte. (29 S.) 907. (47. Jahrg. 11. Heft.) nn — 80

— der Wiener modern-wissenschaftlichen Vereine. Nr. 1, 2, 4 u. 5. Wien. (Salzburg, Nonnberg 16, Paul Pacher.) n. — 44

1. Galilei u. die römische Kurie. Nach den neuest. Quellen. Von A. Kühnel. [Aus: „Bürgerschul-Zeitg."] (19 S.) kl. 8. 905. — 12
2. Heinrich Heine. Von F. Reinisch. [Aus: „Freie deutsche Schule".] (37 S.) kl. 8. 905. — 12
4. Robert Mayer. Von A. Kühnel. [Aus: „Freie deutsche Schule".] (18 S.) kl. 8. (906.) — 10
5. Der Naturgrund v. Recht u. Gerechtigkeit. Von F. Schütz. (8 S.) 8. 906. — 10

Nr. 3 erschien u. d. T.: Vorträge des Vereins deutscher Studenten f. modern-wissenschaftl. Bildung in Wien.

Vorträge über das österreichische civilgerichtliche Verfahren. Krakau 1865. V: *Fierich, Eduard.* (EB)

— u. Verhandlungen bei der am 16. Juli 1845 zu Quedlinburg stattgefundenen allgemeinen Versammlung des Vereins der Gustav-Adolph-Stiftung für das Fürstenth. Halberstadt und Stift Quedlinburg. gr. 8. Quedlinburg 845, Franke. n. 1/6 ℔

Vorträge, gehalten bei der Versammlung der Grossloge Alpina zu Bern 1850. Zürich 1850. V: *Hottinger, Joh. Jac., Ernst Gelpke & Joh. Wieland.* (Cat. d. Stadtbibl. Zürich. Zürich 1864—97.)

Vorträge, gehalten bei der ... Versammlung des Württembergischen Forstvereins zu ... - 1. -7. Vers. 1876-1884.
Forts. s.: Ber. üb. d. Vers. d. Württ. Forstver.

Vorträge gehalten auf der Versammlung von Juristen und Ärzten in Stuttgart 1905. Halle: C. Marhold 1906. (111 S.) 8°
= **Grenzfragen**, Juristisch-psychiatrische. Bd 3, H. 6/7. 06. 1060 3

Vorträge, gehalten auf der Versammlung von Juristen und Ärzten in Stuttgart, 1906. Testamentserrichtung u. Testierfähigkeit. Ref.: Med.R. Dr. [Heinrich] Kreuser, Landger.R. Dr. [Eugen] Schmoller. Latente Geistesstörung bei Prozessbeteiligten. Ref.: Prof. Dr. [August] Hegler, Priv.Doz. Dr. [Johannes] Finckh. Die verminderte Zurechnungsfähigkeit im früheren württemb. Strafrecht. Ref.: Min.Dir. [Hermann Gustav] v. Schwab, Stuttgart. Halle a. S.: C. Marhold 1907. (89 S.) 8°
= **Grenzfragen**, Juristisch-psychiatrische. Bd. 4, H. 7/8. 07. 3317 3

„Vorträge, gehalten in den öffentlichen Versammlungen des berliner Vereins zur Centralisation deutscher Auswanderung und Colonisation". 1. E. A. Welmann: „Mittel-Amerika als gemeinsames Auswanderungs-Ziel"; 2. und 3. A. von Bülow: „Die Verbindungswege des Welthandels durch Central-Amerika", Berlin 1850. — Vorh.: Com. Bibl. Hamburg.

— für Verwaltungsbeamte. Veranstaltet vom Verein der Landgemeinden, -Bürgermeistereien u. -Bürgermeister des Reg.-Bez. Düsseldorf. 1. u. 2. Heft. Düsseldorf, L. Schwann. à n. 1. 20

1. Die Grundlagen des preußischen Verwaltungsrechtes. 3 Vorträge. Von Born. — Das neue bürgerliche Recht. 2 Vorträge. Von Mentzel. (80 S.) 8. (905.)
2. Die Grundlagen des preußischen Verwaltungsrechtes. 4. Vortrag. Von Born. — Das neue bürgerliche Recht. 3. u. 4. Vortrag. Von Mentzel. (69 S.) (906.)

Vier **Vorträge**. 1. Handelshochschulen u. Fortbildungsschulen. 2. Der Handel in s. Beziehung z. Kultur. 3. Die Kaufmannsgerichte. 4. Die Frauenfrage im Handelsgewerbe. Als Ms. gedr. 2. Aufl. Hamburg: Ver. f. Handlungs-Commis von 1858. 1905. (71 S.) 8° [F.] [07. 16141

Vier **Vorträge**, gehalten in der Freimaurerloge [Z. Wahrheit u. Treue] zu Neuwied. Neuwied [1891]: Heuser. 39 S. 8°
Recens: SL. 11 (1891) S. 198; DrL. 21 (1891 bis 1892) S. 1758 (J. H. Roitzsch); Bh. 35 (1892) S. 16 (C. Gotthold); FZ. 46 (1892) S. 100 (K. Pilz).
Üb. Wert d. gegenw. u. vergang. Besitzes; üb. Wissen u. Glauben; Freundschaft; Bedeutung d. Johannisfestes. 23. 25.

— 4, geh. auf der XIX. Generalversammlung des Evangelischen Bundes in Graudenz am 8. u. 9. X. 1906 üb.: Das Einheitsband der evangel. Deutschen. 1. Seine Voraussetzg. — gemeinsame evangel. Güter. Von Scholz. — 2. Seine Stärkg. — evangel. Wachsamkeit. Von Niemöller. — 3. Seine Betätigg. — evangel. Gemeinsinn. Von Traub. — 4. Seine Bewährg. — evangel. Treue. Von Aßmann. (15, 13, 17 u. 9 S.) 8. Leipzig 906. (C. Braun.) n. — 30

— vier öffentliche, geh. im Winter 1880/81 zum Besten der Fröbel'schen Kindergärten in Zürich. 8. Zürich 881. Schröter. n. 1. —
Die Kunst des Erzählens, ein Bildungsmittel für das früheste Kindesalter. Von F. Zehender. I. II.
Die Grundgedanken von Pestalozzi u. Fröbel. Von F. Beust.
Der Fröbel'sche Kindergarten u. sein erziehender Einfluß. Von M. Wellauer. (95 S.)

— vier, zur Verantwortung d. christlichen Glaubens, geh. in Stuttgart v. O. Schwarzkopf, C. Burk, G. Weitbrecht u. F. Braun. 8. (24, 26, 24 u. 20 S.) Stuttgart 898. J. F. Steinkopf. n. — 80; geb. n. 1. — u. n. 1. 20

—— volksthümliche, vaterländischen, kirchlichen u. kulturgeschichtlichen Inhalts. 1. Heft: Das Reformations-Jubiläum d. Hohenzollernhauses. Festrede zum 1. Novbr. 1889 v. M. Evers. gr. 8. (32 S.) Duisb. 890, Ewich. * — 40
Nicht weiter erschienen.

— volkstümliche, geh. in Rudolf Just's Kuranstalt, Jungborn (i/Harz) vom Jungborn-Arzt. (IV. 145 S.) 8. Jungborn-Stapelburg (909. 10). R. Just. 4. —

— volksthümliche, d. allg. n.-ö. Volksbildungsvereins, Zweig Wien u. Umgebung. Nr. 1—20. [Aus: „N.-ö. Volksbildungsblätter".] 8. Wien, (G. Szelinski). à n. — 10
1. Wie ist das Versicherungswesen entstanden, wie hat es sich entwickelt? Von Frdr. Hönig. (15 S.) 891.
2. Wie Oesterreich an die Habsburger kam. Von Ludw. Singer. (15 S.) 891.
3. Die Oekonomie d. Haushaltes. Von Gust. Seidler. (16 S.) 891.
4. Samuel Smiles. Von Ferd. Groß. (16 S.) 891.
5. Franz Grillparzer. Von Adam Müller-Guttenbrunn. (16 S.) 891.
6. Zweck der Gesundheitspflege. Von Adf. Heider. (16 S.) 891.
7. Arbeiterschutz u. Arbeiterversicherung. Von Karl Kögler. (16 S.) 891.
8. Jugendspiele. (15 S.) 891.
9. Die einfachste Art der Buchführung f. den Gewerbsmann. Von Frdr. Janeczek sen. (16 S.) 892.
10. Was wir dem Rechte zu danken haben. Von Frz. Klein. (15 S.) 892.
11. Das Jahr in der Natur, wie es kommt u. geht. Von Wahrmund Riegler. — Rechenschafts-Bericht, betr. die Einleitungen zur Eröffnung d. Abend-Kochcurses f. Arbeiter-Frauen u. -Töchter. Von Migerka. (12 u. 4 S.) 892.
12. Ueber Volkslied u. Volksdichtung. Von Hugo Herzog. (13 S.) 892.
13. Ferdinand Raimund. Von Rud. Tyrolt. (15 S.) 892.
14. Ueber „Gesittung". Vortrag, geh. am 6. März v. Rich. Frhr. v. Krafft-Ebing. (18 S.) 892
15. Ueber die Verhütung der Tuberculose. Von G. Kobler. (15 S.) 892.
16. Berufsbeamtenthum u. Selbstverwaltung in Oesterreich. Von Sigm. Adler. (13 S.) 892.
17. Ueber Vulkane. Von E. Reyer. (15 S. m. Abbildgn.) 892.
18. Culturbilder aus Oesterreich. Von A. Wild. (15 S.) 892.
19. Die Familie u. ihr Recht. Vortrag, geh. am 13. März 1892 v. Jos. Friedlaender. (15 S.) 892.
20. Die Entstehung u. Entwicklung der österreichisch-ungarischen Monarchie. Vortrag, geh. am 2. Apr. 1892 im Zweigvereine „Liesing u. Umgebg." v. Jos. Hofmann v. Aspernburg. (15 S.) 892.

—— volkswirthschaftliche. Gehalten im Lehrervereine zu Bruck im J. 1871—72. 8. (III, 55 S.) Graz 872, (Hesse's Buchh.) **

Vorträge gehalten auf dem Vortragskreis für praktische Landwirte in Münster i. W. vom 20. bis 25. Februar 1905. Münster i. W. (1905): L. Espagne. (208 S.) 8° [F.]
= **Veröffentlichungen** d. Landwirtschaftskammer f. d. Prov. Westfalen. H. 2. [06. 15653 6

Vorträge während des Vortrags-Kursus für praktische Landwirte in Cassel v. 19. bis 21. Jan. 1905. Cassel 1905: Weber & Weidemeyer. 189 S. 8°
(Arbeiten d. Landwirtschaftskammer f. d. Reg.Bez. Cassel. Bd 1.) [11. 6734 4

— über die Waffenlehre. Für k. k. Offiziersschulen zusammengestellt v. A. G. Mit 187 Holzschn. im Text. gr. 8. (167 S.) Teschen 874. Prochaska. n. 4. —

Vorträge, gehalten in dem von der Großh. Weinbau-Commission veranstalteten Weinbau-Congreß in Remich und Grevenmacher 24. und 31. Januar 1907. Grevenmacher 1907: Meyer-Schock. 46 S. -- 121*

Vorträge welche gelegentlich der Hauptversammlung der Zentralstelle für Gefangenenfürsorge in der Provinz Hessen-Nassau in Wiesbaden 1906 gehalten wurden. Cassel 1906: Becker & Rennert. (30 S.) 8° [F.] [08. 1447 4

Vorträge, welche in Logen-Versammlungen mit Schwestern gehalten worden sind. Görliz 1818. V: *Anton, Carl Gottlob von.* (wolfstieg I, 74)

— welche in Logenversammlungen mit Schwestern gehalten worden sind. gr. 8. Görlitz 818. Anton in Halle. 18 gr.

— für die gebildete Welt. Nr. 1. gr. 8. Riga 883. Schnakenburg Sep.-Cto. n. 1. 60
Schiller's Braut von Messina. Von Aug. Hagemann. Hrsg. von Paul Hagemann. (VIII, 51 S.)

— für die gebildete Welt. Nr. 1—4. gr. 8. Berlin 885. 86. Hettler. à n. 1. —
1. Schiller's Braut v. Messina. Von Aug. Hagemann. Hrsg. v. Paul Hagemann. 2. unveränd. Aufl. (VIII, 51 S.)
2. Goethe's Iphigenia auf Tauris. Von Aug. Hagemann. Hrsg. v. Paul Hagemann. 2. unveränd. Aufl. (VIII, 69 S.)
3. Lessing's Emilia Galotti. Von Aug. Hagemann. Hrsg. v. Paul Hagemann. (VIII, 32 S.)
4. Wie ist Ernst Moritz Arndt in Wort u. Schrift f. seines Volkes Erhebung thätig gewesen? Von Aug. Hagemann. (VI, 40 S.)

— f. die gebildete Welt. Hrsg. v. P. Hagemann. 1.—3. Hft. gr. 8. Spandau 888. Frankfurt a/O., Oesterwitz Verl. n. 2. 80
1. Schiller's Braut v. Messina. Von A. Hagemann. 3. Aufl. (VIII, 51 S.) n. 1. —
2. Goethe's Iphigenia auf Tauris. Von A. Hagemann. 3. Aufl. (VI, 69 S.) n. 1.
3. Lessing's Emilia Galotti. Von A. Hagemann. 2. Aufl. (VI, 32 S.) n. — 80

— über Weltgeschichte. Geh. zu Bruck u. Kindberg im J. 1870/71. 1. Thl. 8. (IV, 204 S.) Graz 872. Hesse. n.n. 2. —

— die wichtigsten, während der Verhandlungen des dänischen Reichsraths über den sogenannten Elfer-Antrag durch Carl Baron von Scheel-Plessen. Aus den Acten theils abgedr., theils übers., und von Auszügen der übrigen Vorträge sowie von kritischen und geschichtlichen Anmerkungen begleitet. Kopenhagen 856. Gyldendal. gr. 8. (2 Bl., 344 S.) nn. 1 ᵽ.

— bei der Wiedereröffnung der evang.-reform. Stadt- u. Universitäts-Kirche zu Marburg am 25. Oct. 1846. Mit e. Vorworte. Hrsg. v. Jos. Klöffler. 2. Aufl. gr. 8. (29 S.) Marburg 847. Elwert. 1/6 ᵽ

— Wiener evangelische. 1. Sammlg. gr. 8. (190 S.) Wien (899). Evang. Verlag. Kart. n. 1.80

Vorträge in der Loge Wilhelm zur aufgehenden Sonne in Stuttgart. [H.] 1. 2. [Stuttgart] 1851. 8⁰
1. 8 S.; 2. 8 S.
Jedes Heft enth. 1 Vortrag. 358.

— wirtschaftliche, veranstaltet vom Verband technisch-wissenschaftlicher Vereine zu Hannover. Winter-Sem. 1906/07, 1907/08 u. 1908/09. 8. Hannover, A. Sponholtz Verl. 3. —
1906/07. (III, 27 S.) (907.) — 50. — 1907/08. (III, 91 S.) (908.) 1. —. 1908/09. (III, 103 S.) (910.) 1. 50.

— wissenschaftliche, über religiöse Fragen. gr. 8. Frankfurt a/M. 877. Diesterweg. n. 1. 20
Die Gottesidee. Von Rich. Adb. Lipsius. (IV, 15 S.) — Der christliche Glaube an Jesus u. die geschichtliche Frage des Lebens Jesu. Von Herm. Schultz. (S. 16—48.) — Reich Gottes u. Kirche. Von Köhler. (S. 49—79.)

— dasselbe. 2. Sammlung. gr. 8. Ebend. 878. n. 2. —
Der Streit um die christliche Schöpfungslehre. Von H. Holtzmann. (IV, 39 S.) — Die Sünde nach Wesen u. Ursprung. Von Heinrici. (S. 40—66.) — Die göttliche Weltregierung. Von R. A. Lipsius. (S. 67—85.) — Erlösung u. Erlöser. Von Pfleiderer (Berlin). (S. 86—111.) — Ueber die Sündlosigkeit u. menschliche Entwickelung Jesu. Von Willib. Beyschlag. (S. 112—131.) — Das Wesen des christlichen Glaubens. Von Frdr. Nippold. (S. 132—157.)

Vorträge, wissenschaftliche, über religiöse Fragen. 3. Sammlung. gr. 8. Frankfurt a/M. 879. Diesterweg. n. 1. 20 (cplt. 1—3 in 1 Bd.: n. 3. —)
Das Christenthum nach römisch-griechischen Ansichten. Von Geo. Heinrici. (IV, 28 S.) — Wessenberg u. der liberale Katholicismus seiner Zeit. Von G. A. Koellreutter. (S. 29—53.) — Die christliche Auferstehungsidee in ihrer biblischen Entwickelung. Von Teichmann. (S. 54—78.) — Die religiöse Weltanschauung. Von H. Bassermann. (S. 79—96.)

—— wissenschaftliche, über religiöse Fragen. 4. Sammlung. gr. 8. Frankfurt a. M. 881, Diesterweg.
Inhalt:
Bassermann, Heinr., der Glaube an Jesus Christus. (S. 1—21.) — Dreyer, Otto, die Bekenntnißfrage. (S. 22—49.) — Köhler, K., Christenthum und Nationalität. (S. 50—82.) — Schultz, Herm., das katholische und das evangelische Lebensideal. (S. 83—106.)

—— dass. — 5. Sammlung. gr. 8. Ebendas. 882.
Inhalt:
Weiß, H., die Bedeutung des Christenthums für das sociale Leben der Gegenwart. (S. 1—19.) — Holtzmann, H., die ersten Christen und die sociale Frage. (S. 20—55.) — Kambli, C. W., das Eigenthum im Lichte des Evangeliums. (S. 56—86.) — Graue, H., der Einfluß der Reformation auf die christliche Beurtheilung und Behandlung der socialen Frage. (S. 87—114.)

Wissenschaftliche **Vorträge** gehalten auf der Ersten Internationalen Luftschiffahrts-Ausstellung (Ila) zu Frankfurt a. M. 1909. Hrsg. von Prof. Dr. Richard Wachsmuth. Mit 128 Fig. u. 5 Taf. Berlin: Springer 1910. 293 S. 4⁰(8⁰)
(Denkschrift d. Ersten Internat. Luftschiffahrts-Ausstellung (Ila) in Frankfurt a. M. 1909. Bd. 1.)

— wissenschaftliche, geh. auf der 1. internationalen Luftschiffahrts-Ausstellung zu Frankfurt a/M. 1909, hrsg. v. Rich. Wachsmuth, s. a. Denkschrift der 1. internat. Luftschiffahrts-Ausstellung zu Frankfurt a/M. I.

— wissenschaftliche, gehalten zu München im Winter 1855 von Th. Bischoff, J. C. Bluntschli, F. Bodenstedt, M. Carriere, P. Heyse, Ph. Jolly, F. Knapp, Fr. v. Kobell, J. v. Liebig, F. Löher, M. Pettenkofer, W. H. Riehl, L. Seidel, H. v. Sybel, O. v. Voeldernborff, B. Windscheid. Braunschweig 858. Vieweg. gr. 8. (IX, 612 S.) n. 3 ᵽ.

— zehn gemeinverständliche, geh. im Festsaale d. k. k. akadem. Gymnasiums in Wien im Novbr. u. Decbr. 1890. Hrsg. nach stenograph. Aufzeichngn. im Auftrage der Wiener freiwill. Rettungs-Gesellschaft vom Schriftführer dieser Gesellschaft. [10. Folge. 1881—1890.] gr. 8. (99 S.) Wien 891. (Huber & Lahme.) n. 1. —

— 10, über den Jubiläums-Ablaß, veranlaßt durch das von dem heil. Vater Pius IX. am 9. Nov. 1846 verliehene außerordentliche Jubiläum, v. e. Geistlichen der Erzdiöcese Posen. gr. 8. (94 S.) Posen 847, Cohn in Comm. 1/3 ᵽ

—— zeitgeschichtliche, von E. Achelis, Wilh. Bauer, W. Beyschlag, H. Henrici, H. Heppe, J. Fr. Iken, E. Niemann, R. Rocholl und F. M. Zahn. gr. 8. (III, 314 S.) Bremen 871, Müller's Verlag.

— bei dem Centralfeste u. der Preisvertheilung des Großherzogl. Badischen Landwirthschaftl. Vereins, abgehalten in Mannheim am 15. u. 16. Oktober 1840. gr. 8. Heidelberg 841. C. F. Winter, Verlagsbuchh. 1/4 ᵽ

—— zoologische, hrsg. v. William Marshall. 1.—11. Heft. gr. 8. [Lpz. 889—92.] Kötzschenbroda, Freese. * 21 —
1. Marshall, William. Die Papageien [Psittaci]. (63 S. m. 1 Karte.) * 1 50.
2. —— Die Spechte [Pici]. (76 S. m. 1 Karte.) * 1 50.
3. 4. —— Leben u. Treiben der Ameisen. (144 S.) 3 —.
5. Pohlig, Hans. Die grossen Säugetiere der Diluvialzeit. (III, 64 S.) 1 50.
6. Simroth, Heinr. Unsere Schnecken. (III, 72 S.) 1 50.
7. 8. Eckstein, Karl. Pflanzengallen u. Gallentiere. (88 S. m. 4 Taf.) 3 —.
9. Keller, Conr. Alpentiere im Wechsel der Zeit. (48 S.) * 1 —.
10. Looss, Arth. Schmarotzertum in der Tierwelt. (180 S.) * 4 —.
11. Rey, Eugène. Altes u. Neues aus dem Haushalte d. Kuckucks. (VIII, 108 S.) * 4 —.

Vorträge gehalten im Naturheilverein Zürich, Wintersaison 1900/1901 (von Clara Muche, Sanitätsrat Dr. med. [Eugen] Bilfinger, Prof. Dr. G[ustav] Jaeger, Georg Wagner, Frau Anna Schulz. Reinhold Gerling [und Alfred] Meyer-Schlatter). IV + 132 S. 8, Zürich V, Peters & Cie., (1901). (fr. 1. —)

Vorträge, zwei, gehalten auf der allgemeinen kirchlichen Conferenz in der Wupperthaler Festwoche, den 15. Aug. 1861. 8. (67 S.) Elberfeld 862, Bädeker'sche Buchh. *

Vorträge, zwei maur. gehalten in der Loge z. Einigkeit am 7. October 1863. 1. Weismann Dr. H., „Die Deutschen sollen national zu werden trachten; aber vor Allem human, also ächt maurerisch." 2. Fester Dr. J., „Nur wer an Gott glaubt, kann ein wahrer Freimaurer sein." Gedruckt als Festschrift zum 25 jähr. Jubiläum des Br. J. K. J. Einbigler am 21. Nov. 1863. Frankfurt. Druck von Krebs-Schmitt. 1863. 8. 29 S.

—— zwei, über Obstbaumzucht. Gehalten zu Billerbeck von einem Ehrenmitgliede des landwirthschaftl. Vereins Billerbeck, Darfeld und Beerlage. 8. (36 S.) Coesfeld 865, Wittneven Sohn. *

—— zwei pädagogische. I. Die Volkserziehung, nach Pestalozzis erster Erziehungsschrift. Von Paasche. II. Der Unterricht im Sprechen als Zweig des Sprachunterrichts in der Volksschule. Von Offe. gr. 8. (29 S.) Neuwied 887, Heuser's Verlag.
Aus: Rheinischer Schulmann, besonders abgedruckt.

— zwei, üb. die Pensions-Verhältnisse d. land- u. forstwirthschaftl. Beamten. I. Beiträge z. Pensions-Statistik von Robert Micklitz. II. Mittheilungen über Pensions-Normalien von Arthur Freih. v. Hohenbruck. gr. 8. (33 S.) Wien, Wilh. Frick. 40 kr. 1883.

Vorträge, 2, üb. die kirchliche Tonkunst nach dem Geiste d. Cäcilien-Vereins. gr. 8. (24 S.) Köln 885. Theissing. n. — 20

— **zwei,** geh. im Verein f. Verbesserg. d. Frauenkleidung. I. Die Zukunft d. Mode. Von Marg. Pochhammer. II. Bestrebgn. u. Ziele des Vereins. Von Anna Dreher. [Aus: „Deutsche Frauen-Zeitg."] 8. (16 S.) Berlin 897. Allg. Verein z. Verbesserung d. Frauenkleidung. n. — 30

ZWEI VORTRÄGE gehalten im Verein für Verbesserung der Frauenkleidung. I. Die Zukunft der Mode von Frau MARGARETHE POCHHAMMER. — II. Bestrebungen und Ziele des Vereins von Frau ANNA DREHER. II. Auflage. Berlin 1898. Verlag Allgemeiner Verein für Verbesserung der Frauenkleidung. 8°

63 wirksame und erprobte **Vorträge** für Polterabend und Hochzeit. Gesammelt u. sorgfältig ausgew. von E. v. F. *Berlin: Tessaro Verl. [1902].* (63 S.) 8° [F.]
— Polterabend-Scherze. 1.
— **Volksbücher.** 7. [03. 9954]

Vortrags-Entwürfe. Hrsg. vom Deutschnationalen Handlungsgehilfen-Verband in Hamburg. 1.—4. Heft. 8. Hamburg 906. Deutschnationaler Handlungsgehilfen-Verband. à n. — 50
1. Gottfried Keller. Ein Vortrag. Von H. K. Jessen. (15 S.)
2. Die Konkurrenzklausel, ihr Wesen u. ihre Bedeutung. Ein Vortrag. Von Otto Schilling. (10 S.)
3. Aus der Urgeschichte unserer Heimat. Ein Vortrag. Von Ernst Lenz. (16 S.)
4. Die Geschichte der Revolutionen. 1. Die französ. Revolution. Ein Vortrag. Von Det. Thomas. (19 S.)

Vortrags-Entwürfe, hrsg. v. deutschnationalen Handlungsgehilfen-Verband in Hamburg. 5.—19. u. 21.—24. Heft. 8. Hamburg, Buchh. des deutschnationalen Handlungsgehilfen-Verbandes. à Heft — 50
Buncke, Rud., die Frau in unserm Wirtschaftsleben. Ein Vortrag. (19 S.) (907.) (7. Heft.)
Habermann, Max, von den Pflichten des Kaufmanns. Ein Vortrag. (12 S.) (910.) (19. Heft.)
Koock, Wilh., die Notwendigkeit der kaufmännischen Fortbildg. Ein Vortrag. (15 S.) (907.) (8. Heft.)
Koslowski, Max, das Papier. (1. Tl.) Geschichte u. Herstellg. Ein Vortrag. (19 S.) (908.) (9. Heft.)
— Dasselbe. (2. Tl.) Die Herstellg. des Maschinenpapiers u. d. Bedeutg. der Papierindustrie f. die heim. Volkswirtschaft. Ein Vortrag. (19 S.) (908.) (10. Heft.)
Lenz, Ernst, Überlieferungen aus germanischer Vorzeit. Ein Vortrag. (15 S.) (907.) (6. Heft.)
Otto, E., mit dem D. H. V. nach Dänemark. Ein Vortrag in 2 Tln. (51 S.) (910.) (15. 16. Heft.)
— Mit dem D. H. V. durch das rheinisch-westfälische Industriegebiet. Ein Vortrag in 2 Tln. (50 S.) (910.) (17. 18. Heft.)
— England. Ein Vortrag in 2 Tln. (46 S.) (910.) (13. 14. Heft.)
— London. Ein Vortrag in 2 Tln. (47 S.) (910.) (21. 22. Heft.)
— Die Schweiz. Ein Vortrag in 2 Tln. (46 S.) (910.) (11. 12. Heft.)
Reemtsen, E., Beziehungen zwischen Bank u. Kaufmann. Ein Vortrag. (38 S.) (909.) (23. 24. Heft.)
Zimmermann, A., germanische Götterlehre. Ein Vortrag. (15 S.) (907.) (5. Heft.)
Heft 20 ist noch nicht erschienen.

Vortragsfolge am Vorabend zur 150jährigen Jubelfeier der Loge Archimedes zu den 3 Reissbretern in Altenburg am 30. Januar 1892. 1 Bl. 4°. 358a.

(F) **Lustige und sinnige Vortragsgedichte** in österr. Mundart. 16°. (32 S.) Wien: Franz C. Mickl 1907. K —.50

Vortrags-Gedichte, neue lustige u. sinnige, in österreichischer Mundart f. gesellige Kreise. (Gedichte v. Frz. Unger, m. e. Vorgedicht v. Eduard v. Bauernfeld.) (Wendikt's Musterbücher.) 2. verm. Aufl. (39 S.) 16. Wien 908. F. C. Mickl. — 50

Ethisch-socialwissenschaftliche **Vortragskurse**, veranstaltet von den ethischen Gesellschaften in Deutschland, Oesterreich u. d. Schweiz, hrsg. von d. Schweiz. Gesellsch. f. eth. Kultur. (Züricher Reden.) Bd 1–7. *Bern: A. Siebert 1896–97.* 7 Bde 8° [F.]
1 — Höffding, Harald: Ethische Principienlehre. 1896.
2 — Penzig, Rudolph: Die ersten Moralunterweisungen d. Kinder. 1896.
3 — Egidy, M[oritz] v.: Ueber Erziehung. 1896.
4 — Sombart, Werner: Socialismus u. soc. Bewegung im 19. Jh. 1897.
5 — Reich, Emil: Volkstüml. Universitätsbewegung. 1897.
6 — Staudinger, F[ranz]: Beiträge z. Volkspädagogik. 1897.
7 — Tönnies, Ferd.: Ueber d. Grundthatsachen d. soc. Lebens. 1897. [03. 178]

Vortragskurse, ethisch-socialwissenschaftliche, veranstalt. v. d. Gesellschaften f. eth. Kultur in Deutschland, Oesterreich u. d. Schweiz, hrsg. v. d. schweizer. Gesellschaft f. eth. Kultur. (Züricher Reden.) 1.—20. Lfg. gr. 8. Bern, C. Sturzenegger. à Lfg. n.n. — 15; in Bdn. à 4 Lfgn. n. — 60
1.—4. (I. Bd.) Ethische Principienlehre v. Harald Höffding. (64 S.) 896.
5.—8. (II. Bd.) D. ersten Moralunterweisgn. d. Kinder. Von Rud. Penzig. (37 S.) Diskussion üb. d. Vorträge d. Hrn. Prof. Harald Höffding. am 1. Septbr. 1896. (16 S.) 896.
9.—12. (III. Bd.) Ueber Erziehung. Von M. v. Egidy. (59 S.) 896.
13.—16. (IV. Bd.) Socialismus u. sociale Bewegung im 19. Jahrh. Von Werner Sombart. (86 S.)
17.—20. (V. Bd.) Volkstümliche Universitätsbewegung. Von Emil Reich. (36 S.) 897.

— dasselbe. 6. u. 7. Bd. gr. 8. Ebd. 897. à n. — 60
6. Beiträge z. Volkspädagogik. Von F. Staudinger. (64 S.)
7. Ueber d. Grundthatsachen d. socialen Lebens. Von Ferd. Tönnies. (75 S.)

Vortragsmappe. 1909/10. 12 Hefte. 8. München, V. Höfling. 4. 50
1. (8 S.) — 20. — 2. (8 S.) — 20. — 3. (12 S.) — 40.
4. (8 S.) — 40. — 5. (8 S.) — 40. — 6. (8 S.) — 40.
7. (8 S.) — 40. — 8. (8 S.) — 40. — 9. (8 S.) — 40.
10. (8 S.) — 40. — 11. (8 S.) — 40. — 12. (8 S.) — 50.

— f. Scherz u. Humor. Nr. 1—7. 8. Ebd. 4. 60
1. Scherzgedichte I. Für den Vortrag bearb. Von Frz. Seitz. (8 S.) (908.) — 20
2. (S. 9—11 u. Musikbeilage 2 S.) 908. — 20
3. (S. 13—15 u. Musikbeilage 2 S.) (908.) 1. 20
4. (S. 17—24.) 908. — 20
5. (S. 27—29 m. Musikbeilage 3 S.) 908. 1. 20
6. Scherzgedichte III. Von Pollmanns-Minere. (8 S.) (909.)
7. (8 S.) 909. — 20

Vortragsordnung der 1.–2. Hauptaufführung des XXI. Preußischen Provinzial-Sängerfestes d. 5.–6. Juli 1903 zu Königsberg i. Pr. im Tiergarten. *(Königsberg i. Pr. 1903: L. Krause & Ewerlien.)* (2 Bl.) 4° [F.]

Vortragsordnungen nebst dem Wortlaut der Lieder für die Hauptaufführungen und Kommerse des VII. Deutschen Sängerbundesfestes in Breslau. Breslau: Festausschuß (1907). (53 S.) 8° [F.] [07. 11794]

Vortrags-Organisation des DMB (Deutschen Monistenbundes). Vorträge u. Redner. (32 S.) 8. Berlin (909). München, Verl. d. deutschen Monistenbundes. — 30

Vortragsskizzen. Hrsg. vom Volksverein f. d. kath. Deutschland. Nr. 6. gr. 8. M.Gladbach 910. Volksvereins-Verl. — 50
6. Skizze d. Arbeiterfrage u. der deutschen Arbeitersozialpolitik, m. e. statistischen Übersicht der Hauptergebnisse der letzten Berufs- u. Betriebszählung. Von Hitze. (56 S.)
Heft 1—5 sind nicht im Handel.

Vortragsstoffe f. Volks- u. Familienabende. Hrsg. v. Herm. Barth u. Karl Schirmer. 1. Reihe. 1.—17. Heft. gr. 8. Leipzig, F. Engelmann. Subskr.-Pr. n. 6. 70; Einzelpr. n. 8. 50
Barth, Herm., Johann Cicero. Joachim I. Nestor. (16 S.) (Hft. 5.) Subskr.-Pr. — 20; Einzelpr. — 25
— Karls des Großen Bedeutung in der deutschen Geschichte u. im deutschen Lied. (48 S.) 906. (Hft. 12.) Subskr.-Pr. — 50; Einzelpr. — 75
— Mirabeau. (24 S.) 906. (Hft. 2.) Subskr.-Pr. — 40; Einzelpr. — 50
— Petöfi. (20 S.) 906. (Hft. 9.) Subskr.-Pr. — 40; Einzelpr. — 50
Haendtke, Berthold, das Kind u. die Kunst. (15 S.) 906. (Hft. 16.) Subskr.-Pr. — 20; Einzelpr. — 25
Kinzel, Karl, Klopstocks Lyrik. Mit einem Bildnis Klopstocks. (27 S.) 906. (Hft. 6.) Subskr.-Pr. — 40; Einzelpr. — 50
Kolbe, P., der russisch-japanische Krieg in den J. 1904 u. 1905. (64 S.) 906. (Hft. 15.) Subskr.-Pr. — 80; Einzelpr. 1. —
Loppe, Ernst, die schwere Artillerie des Feldheeres. Mit 1 Abbildg. im Text. (32 S.) 906. (Heft. 11.) Subskr.-Pr. — 40; Einzelpr. — 50
— das Maschinengewehr. Mit 6 Abbildgn. (30 S.) 906. (Hft. 17.) Subskr.-Pr. — 80; Einzelpr. 1. —
Nordmann, Rich., die deutsche Flotte. (16 S.) 906. (Hft. 14.) Subskr.-Pr. — 20; Einzelpr. — 25
— Gustav Freytag. (23 S.) 906. (Hft. 7.) Subskr.-Pr. — 40; Einzelpr. — 50
— die Jugend Friedrichs des Großen. (19 S.) 906. (Hft. 8.) Subskr.-Pr. — 40; Einzelpr. — 50
— Napoleon in Aegypten. (23 S.) 906. (Hft. 4.) Subskr.-Pr. — 40; Einzelpr. — 50

Rocholl, Heinr., Freiheit, Gleichheit, Brüderlichkeit, die Zauberformel der Revolution. (20 S.) 906. (Hft. 13.) Subskr.-Pr. — 40; Einzelpr. — 50

Schirmer, Karl, Ikarla. Ein sozialist. Musterstaat. (16 S.) 906. (Hft. 1.) Subskr.-Pr. — 20; Einzelpr. — 25

— aus dem alten Rom. (32 S.) 906. (Hft. 10.) Subskr.-Pr. — 40; Einzelpr. — 50

Stoltenburg, Hans, Polen u. Deutsche. Ein geschichtl. Rückblick. (16 S.) 906. (Hft. 3.) Subskr.-Pr. — 20; Einzelpr. — 25

Vortragsstoffe f. Volks- u. Familienabende. Hrsg. v. Herm. Barth u. Karl Schirmer. I. Reihe. 18.—29. Heft. gr. 8. Leipzig, F. Engelmann. 5.75; Subskr.-Pr. 4. 60

Adam, Johs., Cäsars Persönlichkeit nach seinen Schriften. (Umschlag: Die weltumfassenden Gesichtspunkte in Cäsars Geschichtsschreibung.) (20 S.) 907. (22. Heft.) — 50; Subskr.-Pr. — 40

Haendcke, Berth., die Kunst u. d. natürliche Umwelt. (31 S.) 908. (28. Heft.) — 50; Subskr.-Pr. — 40

Kinzel, Karl, Anzengruber als Dramatiker. (39 S.) 907. (20. Heft.) — 85; Subskr. Pr. — 60

Kolbe, E., allerlei Inschriften. Ein Beitrag zur Volks- u. Sittengeschichte. (32 S.) 907. (27. Heft.) — 50; Subskr.-Pr. — 40

Kalenderwesen u. Zeitrechnung. (32 S.) 908. (Umschlag: 907.) (29. Heft.) — 50; Subskr.-Pr. — 40

Loppe, Ernst, Eisenbahnen im Heeresdienste. (16 S.) 907. (23. Heft.) — 25; Subskr.-Pr. — 20

Muths, Otto, die Sicherung der Landesgrenzen im Frieden u. im Kriege. (15 S.) 907. (25. Heft.) — 25; Subskr.-Pr. — 20

Nordmann, Rich., Schillers Bedeutung f. das deutsche Volk. (16 S.) 906. (18. Heft.) Einzelpr. — 25; Subskr.-Pr. — 20

Rocholl, Heinr., Frankreichs Politik zur Besitzergreifung des Elsaß beim Abschlusse des westfälischen Friedens. Ein histor. Aufsatz auf Grund archival. Dokumente. (31 S.) 907. (26. Heft.) — 50; Subskr.-Pr. — 40

— Gottes Weltregierung. Naturgewalten. Menschl. Schicksale. (23 S.) 907. (24. Heft.) — 50; Subskr. Pr. — 40

Stremme, H., das Erdöl u. seine Entstehung. (32 S.) 907. (21. Heft.) — 50; Subskr.-Pr. — 40

Tannhäuser, K., Vulkanismus u. Erdbeben. (39 S.) 906. (19. Heft.) Einzelpr. — 75; Subskr.-Pr. — 60

VORTRAGS-CYKLUS (auch: CYCLUS) DER PSYCHOLOGISCHEN GESELLSCHAFT ZU BRESLAU über die Entwick(e)lung der Psychologie und verwandter Gebiete des Wissens und des Lebens im neunzehnten Jahrhundert.

I./II. Die psychologische Arbeit des neunzehnten Jahrhunderts insbesondere in Deutschland. Von L. WILLIAM STERN. Vorgetragen am 13. und 27. November 1899. Sonderabdruck aus der Zeitschrift für pädagog. Psychologie und Pathologie, II. Jahrg. MCM. Berlin 1900. Hermann Walther (Friedrich Bechly). 8°.

(III.) Mit d. T.: Die Entwicklung der Gehirnphysiologie im XIX. Jahrhundert. Von HEINRICH SACHS. Mit 3 Abbildungen. Sonderabdruck aus der Zeitschrift für pädagog. Psychologie und Pathologie. III. Jahrg. MCMI. ib. 1902. Hermann Walther Verlagsbuchhandlung, G. m. b. H.

IV. Die Entwickelung der Psychiatrie im neunzehnten Jahrhundert. Von ROBERT GAUPP. Vorgetragen am 15. Januar 1900. Sonderabdruck aus der Zeitschrift für pädagog. Psychologie und Pathologie, II. Jahrg. MCM. ib. 1900. Hermann Walther (Friedrich Bechly).

VI.[1]) Der Verantwortlichkeitsgedanke im XIX. Jahrhundert. (Mit besonderer Rücksicht auf das Strafrecht.) Von Dr. KURT STEINITZ. Sonderabdruck aus der Zeitschrift für Pädag. Psychologie und Pathologie, III. Jahrg. MCMI. ib. 1902. Hermann Walther Verlagsbuchhandlung G. m. b. H.

XII. Die Entwicklung der Pädagogischen Psychologie im XIX. Jahrhundert. Von Dr. FERDINAND KEMSIES. Sonderabdruck aus der Zeitschrift für Pädagog. Psychologie, Pathologie und Hygiene. IV. Jahrg. ib. 1903. —.

[1]) Heft V, VII, VIII, X, XI sind nicht mehr erschienen, da die Gesellschaft einging. Der Titel des Heft IX des Vortrags-Cyclus lautet: Die psychologische Begründung der religiösen Weltanschauung. Von Konsistorialrat Dr. D. CARL v. HASE.

Vortrefflichkeit, Die, des Hrn. C. Dünkelfeind über die Abhandlung von der Melodie ... O. O. ca. 1755. V: *Nichelmann, Christoph* [?]. (ADB)

Die **Vortreflichkeit** [!] einer Gesellschaft die auf Weisheit und Tugend gegründet ist. Bey feyerlicher Begehung des Johannisfestes zu Magdeburg den 24ten Jun. 1762 in Gegenwart sämtlicher Brüder der beyden ger. und vollk. Freymäurerlogen der vollkommenen Einigkeit und Beständigkeit [in Magdeburg] in einer Rede entworfen von dem Redner der Beständigkeitsloge J. J. Sp. [Magdeburg]: Selbstverl. d. Loge [1762]. 29 S. 8° [Umschlagtit.]
Sehr selten.

Vortrefflichkeit, die, des englischen Grußes, oder die Vorzüge des Ave Maria. Von einem Priester der Gesellschaft Jesu. Coblenz 865. Hergt. 32. (99 S.) 4 *ngr.*

Vortrefflichkeit, die hohe, des Jubiläums-Ablasses; mit welchem Geiste das Jubiläum zu halten, und welche äußeren Werke zu erfüllen sind rc. Nebst vielen andern nützlichen Unterweisungen sowie sehr kräftigen und eindringlichen Gebeten rc. Für alle heilsbegierigen Seelen. (Von Jos. Löcherer.) 4., verb. Aufl. Augsburg 854. Kollmann. 12. (36 S.) n. 2 *ngr.*

Vortrefflichkeit, Die, der constitutionellen Monarchie für England und die Unbrauchbarkeit der constitutionellen Monarchie für die Länder des europäischen Continentes. Hannover 1851. V: *Zimmermann, Gustav.* (Priv.-Bibl. König v. Hannover. Hann. 1858.) (CBH) (Kat. der ständ. Bibl. Stuttg. 1907. S. 271.)

Die Vortrefflichkeit der constitutionellen Monarchie für England und die Unbrauchbarkeit der constitutionellen Monarchie für die Länder des europäischen Continents. Hannover, C. Rümpler 1851. VIII 229 S. 8.

Vortrefflichkeit und Nothwendigkeit, Die, der Elenden Scribenten, gründlich erwiesen ... O. O. 1734. V: *Liscow, Christian Ludwig.* (Litzmann, Liscow. Hamb. u. Leipz. 1883. (ML) (Ml.)

Vortrefflichkeit und sonderbare Nutzbarkeit, Die, derer Gleichmannischen politischen Schriften ... Frankf. u. Leipzig 1738. V: *Gleichmann, Johann Zacharias.* (Ml.)

Der Vorturner, Organ zur Veröffentlichung von Übungsgruppen aus d. Gebiete d. Sektionsturnens, Burgdorf 1884/85, 8°.

Vorturnerzeitung, deutsche. 1.—4. Jahrg. 1907—1910. à 52 Nrn. (à ca. 12 S.) 21×12 cm. Crefeld, G. Hohns. à Jahrg. 2. 40

Vorüber! Hinüber! 16. (8 S.) Dinglingen (897). (Frankfurt a/M., J. Schergens.) n.n. — 10

Vorübungen. 1s Bdchen. 8. Braunschw. 793. Schulbuchh. 8 *gl*

— z. Akademie f. Jünglinge, herausg. von G. F. Palm u. G. W. Benecker. 3 Bde. 8. Leipz. Weidmann. 793. (I. 18 gr. II. III. à 20 gr.)

Vorübungen für Anfänger im Lesen und Denken ... Leipzig 1809. V: *Plato, Carl Gottlieb.* (Ky) »für die unt. Klassen der Volksschulen. 1797.« (Gi)

— für Anfänger im Lesen u. Denken; gesammelt für d. untern Klassen d. Leipziger Rathsfreischulen, (von K. G. Plato). 8. Leipz. 809. 9e A. 830. Barth. 4½ *gl*

Vorübungen für Anfänger im Lesen u. Denken, gesammelt für die untern Classen der Leipziger Rathsfreyschule. 7te Aufl. 8. Leipzig, Barth. 821.

— für Anfänger im Lesen u. Denken. 8e Aufl. 8. Leipz. 825, Barth.

Vorübungen f. Anfänger im Lesen u. Denken. Gesammelt f. d. unt. Classen d. Volksschulen, zunächst d. Leipziger Raths-Freyschule. Nebst e. Anh. 9. Aufl. 8. (8½ B.) Leipzig 830, Barth.

Vorübungen für Anfänger im Lesen u. Denken. Gesammelt für die untern Classen der Volksschulen, zunächst der Leipziger Raths-Freischule. Nebst einem Anhange. 10. Aufl. 8. Leipzig 841, Barth. 6 ngl

— — dasselbe im Auszuge. Zunächst für die gebirg. Waisenhausschulen. 8. Ebend. 817.

Vorübungen für Anfänger der englischen Sprache. Bremen 1798. V: *Braubach, Daniel.* (Ky)

— für Anfänger d. engl. Sprache, (von D. Braubach). 8. Brem. 798. (Fr. Fleischer in Leipz.) 16 gl.

Vorübungen zur Baumzeichnung nach der Natur. Gezeichnet und lith. von J. Höger. 1. 2. Heft. Wien. Druck der artistischen Anstalt von Reiffenstein & Rösch. Verlag von F. Paterno. Jedes Heft enthält 6 Blatt. (qu. kl. Fol.) 1855.

Vorübungen zum Briefschreiben für die Jugend . . . Berlin und Stettin 1789. 3. Aufl. 1813. V: *Mayer.* H u. B (3. Aufl.): *Wilmsen, Fr. Phil.* (Russell XVI, I, 2, 1870)

— zum Briefschreiben für d. Jugend, zum Gebrauch d. mittlern Schulen, (von Ehrb. Gruber, nach And. von ... Meyer). 8. Berl. 789. 2e A. 794. 3e Aufl., umgearb. von F. P. Wilmsen 813. Nicolai. 20 gl.

— im Englischen, für Jünglinge, die sich d. Handlung widmen. 8. Leipz. 806. Leo. 1 rthl 12 gl.

— zur Erlernung d. italien. Sprache. 8. Basel 805. Flick. (Neukirch). 18 gl.

— erste, im Zeichnen u. Schreiben, mit 24 in Kupfer gestoch. Blättern. lang 8. Frankf. a. M. 820. Döring. 1 rthl

Vorübungen zur Erweckung der Aufmerksamkeit und des Nachdenkens. Berlin 1767—91. V: *Sulzer, Johann Georg.* (Jl.) (Cat. d. Stadtbibl. Zürich. Zürich 1864—97.)

— f. d. Jugend, s. J. G. Sulzer Vorübungen z. Erweck. d. Aufmerksamkeit.

— im Französischen, für Jünglinge, welche sich auf d. französ. Handlungscorrespondenz vorbereiten. 8. Leipz. 806. Leo. 1 rthl 12 gl.

— zur praktischen u. theoretischen Geometrie für Kinder, s. G. H. Hollenberg.

— zum freien Handzeichnen. 12. Herrmannstadt 823. Thierry. (Weygand in Leipz.) 18 gl.

— hebräische, des Lesens u. Uebersetzens, nebst 50 grammatikal. Aphorismen, (von Karl Ehrenfr. Günther). 8. Züllichau 792. Frommann in Jena. 4 gl.

— für Landschaftszeichner, in Kreidemanier. 1s, 2s Heft. kl. 4. Bresl. 828. (Hentze). (à 8 gl.) 16 gl.

— im Lesen vor dem ABC-Buch zu gebrauchen, vorzügl. bei d. Lesetafel. 8. Frankf. 800. Hermann. 2 gl. Dieselben auf einer Seite gedruckt 12 gl.

— zum Lesenlernen. Ein Geschenk f. artige Kinder. 8. (1¼ B. u. 24 ill. Kpfr.) Frankfurt a. d. O. 832, Trowitzsch u. Sohn.

Vorübungen zum Lesenlernen. Ein Geschenk für folgsame Kinder. Mit (24) feinen color. Bildern. 8. Guben 839. (Berger.) n. ⅙ rthl

— für junge Leute, zur Bildung des ästhetischen u. moralischen Geschmacks. 8. Leipz. 800. Andrä. 20 gl.

— f. jung. Leute, z. Bildung d. ästhet. u. moral. Geschmacks. 8. Leipz. Meefeld. (Bauer). 800.

Mathematische Vorübungen zum Gebrauche der Anfänger. Frankfurt und Leipzig, bey Perrenon 1772. 8º 9 1/2 Bog. 3 Kupf.
Dass. Neue verbesserte und vermehrte Aufl. 146 S. mit Kupf. 8. Ebda. 1789.

— mathematische, zum Gebrauch d. 1sten u. 2ten Schule, (v. Ksp. Zumkley). 8. Frankf. u. Leipz. (Münster) 789. 3e Aufl., von J. B. Jos. König. 8. Ebd. 816. 4e A. 818. 5e A. 823. mit sm. Namen. Coppenrath. 20 gl.

— zum Rechnen. (Eins u. Eins. — Eins von Eins. — Ein mal Eins. — Eins in Eins.) 8. Glatz 841, Pompejus. 10 Exempl. 1/12 rthl

— zum Zeichnen für den ersten Unterricht. 8. Potsd. 817. Horvath. 3 gl.

Vorum, ..., s. Ansichten der merkwürd. u. schönsten Gegenden.

Freiwilliger militärischer Vorunterricht III. Stufe. Anleitung zur Erstellung der Komptabilität eines Jahreskurses. (Vom schweiz. Militärdepartement genehmigt den 25. Mai 1900.) 2. Aufl. 15 S. 8. [Bern,] C. St[ur]z[enegger,] XII. 1901.

Vorunterricht, der militärische. ca. 1880.

Militärischer Vorunterricht des Kantons Aargau. Vorschriften für 1902. 15 S. 8. Muri, A. Schibli-Keller, 1902.

Voruntersuchungsacten. Die Voruntersuchungsakten und die Verhöre mit Jakob Müller, von Stechenrain..., denjenigen mit dessen Ehefrau und dessen Mutter, in Betreff des an Rathsherrn Joseph Leu (von Ebersol) begangenen Mordes. Wörtlich getreu aus den Akten abgedruckt. [Mit 1 Plan.] 8. Zürich 1846.

Vorurteil.

— das; Lstspl. in 5 Akt. Nach d. Engl. v. Chr. Hnr. Schall. 8. Leipz. 798. Dyck. 10 gl.

Vorurtheil, Das, oder d' Freimuurer. Vom Verf. vo-n Eisi und Aenni. [Bern ca. 1874.] V: *Schumacher, Arnold.* (wolfstieg II, 911)

— wid. das, in Absicht auf Religion u. Christenthum. 2 St. 8. Schneeberg, Arnold. 792.

Vorurtheil, Das besiegte, oder Falkenberg und Caroline . . . Stendal 1787. V: *Falkenstein, Friedrich August.* (Ky) (MGT)

Vorurtheil, das besiegte, oder Falkenberg und Caroline, ein Gemählde für Jünglinge und Mädchen, in Briefen, 2 Theile, 8. Stendal, 787. Franzen. 20 sgl.

Vorurtheil, d. bestrittene, in zweien Abhandll., d. Einpfropfung d. Kinderpocken, u. d. Beerdigung d. Todten in den Kirchen u. Städten betreffend; aus d. Französ. übersetzt u. mit e. Vorrede herausg. von Ign. Wetsch. 4. Wien 764.

Vorurtheil, Das, der Geburt und der Verdienste, Lustspiel in fünf Aufz. München 1774. V: *Törring-Seefeld, Anton Graf von.* (Ky) (GGr)

— u. Liebe. Sittengemälde. 8. Basel, Schweighäuser. 792.

— das, über Stand u. die Geburt. Lstspl. in 3 A. 8. Cilli 778 (Leipz., Wienbrack). 3 ℛ

Vorurtheil, Das, über den Stand und Geburt. Ein Lustspiel in drei Aufzügen. München 1779. V: *Eckartshausen, Carl von.* (GGr) (AarK) (Ky)

Vorurtheil, das, über den Stand und Geburt. Lustsp. 8. München, Fritz. (a. Gastl in Brünn.) 779. Rthlr. — 3

— das, üb. Stand u. Geburt. Lustsp. 8. Cilli, Korn d. ält. 794.

Vorurtheil u. Wahrheit. Eine Fortsetzung der Reise auf dem Postwagen. (Aus der wohlfeilen kathol. Bibliothek besonders abgedruckt.) 12. Aachen 841, Cremer'sche Buchh. (Cazin.) 6¼ ngl

Vorurtheile, ein schönes Gesänge bey einer Dorfgemeine einzuführen. [Frankf. 1760.] V: *Snell, Joh. Peter.* (stri)

— des Christenthums, o!!! aber sind sie's!!! ein Wort geredet zu seiner Zeit, (von K. A. G. v. Seckendorf). 8. Ansb. 787. Haueisen. 5 ℛ

Vorurtheile der Teutschen bey Antretung ihrer Reisen in auswärtige Länder . . . Frankfurt a. M. 1734. V: *Berger, Theodor.* (ML)

Vorurtheile und Phantasien, Militärische, A. d. Franz. übers. v. L. S. von Brenckendorff. Frankf. u. Leipzig 1783. V: *Ligne, Charles Joseph Prince de.* (KA 1, 47)

Vorurtheile, Militärische, von einem österreichischen Offizier. Aus dem Franz. übersetzt von S. L. von Benckenhoff. Frankfurt u. Leipzig 1783. V: *Ligne, Charl. Jos. Prince de.* (Des Fürsten von Ligne Erinnerungen u. Briefe a. d. Franz. übers. u. hgbn. von Victor von Klarwill. Wien 1920. S. 395) (BiblPort)

— militärische, u. Phantasien von e. österreich. Offizier, s. a. Fürst v. *Ligne* préjugés.

— u. Mißbräuche, politische u. Religions-. Pendant zu der Schrift: Vorurtheile d. Christenthums, od. ganz unmaßgebliche Gedanken, Bemerkungen, Wünsche, Bitten und Vorschläge bey d. wichtigsten Gegenständen d. Lebens, besonders in Rücksicht auf Religion u. thätiges Christenthum. 8. Leipz. Joachim.

Vorurtheile u. Mißbräuche, politische, u. Religions-Pendant zu mein. Schrift: Vorurtheile des Christenthums, von K. v. S. Neue Aufl. 8. Halle am Kocher, Schmeißer. (Wartenst. Firdorff u. K. in Comm.) 813.

Vorurtheile, Die, und der Prüfstein; zwey Schauspiele. Berlin 1787. V: *Hagemeister, Joh. Gottfried.* (MGT)

Vorurtheile, die, u. der Prüfstein. Zwey Lstsp. von Hagemeister. 8. Berlin, Bourdeaux. 787.

Vorurtheile für und wider die christliche Religion . . . Frankf. 1774. V: *Köster, Heinrich Martin Gottfried.* (Adel) (MGT) (stri) (Ky)

— für u. wider d. christl. Religion, (von H. M. G. Köster). 8. Frankf. a. M. 774. Varrentrapp. 8 ℛ

— über schädliche, in d. Religion, eine Sammlung von Kanzelvorträgen, gr. 8. Halberst. 792. Groß. (W. Rauck in Leipz.) 1 ℛß 8 ℛ

VORURTHEILE, Die schädlichen. Eine Wochenschrift (hrsg. von Christoph Gottlieb Richter?). Nürnberg. o. J. (c. 1760).
Anon.-Lex. IV. p. 362 (nach Kayser u. Meusel). — Selten!

— die schädlichen. Eine Wochenschrift (von Cph. Gli. Richter). 12 Stücke. 8. Nürnb.

Vorurtheile, über die, welche Brachabstellungen im Wege sind. 8. Grätz 798. Tusch. (Wienbrack in Leipz.) 5 ℛ

Vorwände und Thatsachen. Ein Beitrag zur Kritik der Opposition gegen den Handelsvertrag vom 2. Aug. 1862. Berlin 1862. V: *Aegidi, Ludw. Carl.* (Kat. der ständ. Bibl. Stuttg. 1907. S. 648.)

Vorwände und Thatsachen. Ein Beitrag zur Kritik der Opposition gegen den Handelsvertrag vom 2. Aug. 1862. Berlin 862. G. Reimer. gr. 8. (47 S.) n. 5 ngr

Vorwärts [Sachl. OW]

Vorwärts. Flugschriften polit. u. wissenschaftl. Inhalts. 1r Bd. 10 Stücke. gr. 8. Weimar 819 u. 20. L.-Ind.-Compt. 4 ℛß

Vorwärts. Volks Taschenbuch für das Jahr 1843. Unter Mitwirkung von Johann Herm. Detmold, Georg Herwegh . . . u. A. Herausgegeben von Robert Blum und Friedrich Steger. Leipzig, R. A. Friese 1843. XI 217 S. 8.

—— Volks-Taschenbuch f. d. J. 1843—47. 1—5. Jahrg. Hrsg. v. Rob. Blum u. Friedr. Steger. gr. 12. Leipzig, Friese. [1843. (9⅔ B.) 44. (19½ B.) 45. (21½ B.) à * 20 Ngr., 46. (29½ B.) 47. (21 B.) à * 1 Thlr.] *

1. u. 3. Jahrg. hrsg. v. Rob. Blum u. Friedr. Steger. 4. u. 5. J. von Ersterem allein.

— Volks-Taschenbuch f. d. J. 1847. Unter Mitwirkung mehrerer freisinnigen Schriftsteller Deutschlands hrsg. v. Rob. Blum. 5. Jahrg. 8. (340 S.) Leipzig, Friese. n. 1 ℛ

— dass. 1. u. 3—5. Jahrg. Neue Ausg., s.: Amnestirte der Zeit. — Freizüge, polit. — Funken, electrische. — Gefangene, freigelassene.

Vorwärts. Ein Wort an Prediger und Laien über Prediger-Conferenzen und deren Aufgabe und Stellung . . . Bielefeld 1844. V: *Möller, Arnold Wilhelm.* (zu)

— Ein Wort an Prediger u. Laien über Prediger-Conferenzen, u. deren Aufgabe u. Stellung. Nebst einem Entwurf zu Statuten einer Predigerconferenz u. einem besondern Nachwort für Minden-Ravensberg. Von M. v. L. gr. 8. Bielefeld 844, Helmich. n. ⅙ ℛ

Vorwärts! Pariser deutsche Zeitschr. Wöchentlich 2 mal. Hrsg. von H. Börnstein und Lazarus Bernays. Paris 1844. Jan. — Dec.

— Unterhaltende u. das Gemeinwohl fördernde Monatsschrift für Potsdam. Verantwortl. Herausgeber: Albert Arndt. Januar- bis März-Heft. 8. Potsdam 844, Stuhr'sche Buchh. ½ ℛ

„Vorwärts!" An die protestant. Geistlichen Deutschlands. Von einem ihrer Amtsgenossen im Königr. Sachsen. gr. 8. Altenburg 845, Schnuphase'sche Buchh. n. 4 ngr

Vorwärts: Mar. 10, 1845 – 1846? St.Louis, MO

Weekly. Follows Antipfaff. Edited & published by Heinrich Koch.

Vorwärts: Jahrgang 1 – 2, no. 24, Mar. 1847 – Mar. 15, 1849

Monthly, Mar. 1847 – Jan. 1848; semi-monthly, Feb. 1848 – Mar. 15, 1849. Sub-title: Eine Zeitschrift für wissenschaftliche und religiöse Bildung. The Editor reports the "Tendenz": „Verbreitung wissenschaftlicher Kenntnisse und wahrer Aufklärung auf dem Gebiete der Religion." Quarto, each issue 8 pages. Edited by Robert Clemen, 1847 – 49. Published by Druckerei des "Westboten", Mar. 1847 – Aug. 1848, by W. Rane, in der Office des "Ohio State Journal," Sept. 1848 – Mar. 15, 1849.
Columbus, OH

Vorwärts. –
Lüneburg. – 1.VII.1848 – 26.III.1850.

Vorwärts. –
München. – 6.VIII.1848 – 14.V.1849.

Vorwärts! (Polit. Journal.) Nr. 1, 11, 22, 24—26, 36—37, 49, 56, 58, 92 (vom 6. August bis 21. Novbr. 1848). Zus. 12 Nrn. (in 1 Bde.). (München.) Fol. Cart.

Jede Nr. hat 4 S. à 2 Col. — Selten!

Vorwärts! Neue freiheitliche Blätter. Hrsg. v. Wilh. Frdr. Köhler. 1. Jahrg. 1848. 1. Bd. 1. Hft. gr. 8. (108 S.) Oldenburg, Schulze. n. ½ ℛ

— Lüneburger Volkszeitung. Hrsg.: Th. Gravenhorst, H. Krause, E. Langrehr, G. Ribock. (1. Jahrg.) 1848. Juli — Decbr. 51 Nrn. — 2. Jahrg. 1849. Red.: H. Krause, E. Langrehr. 104 Nrn. Imp. 4. (½ Bog.) Lüneburg, Herold & Wahlstab. 1848: n. 1 ℛ 1849: n. 2 ℛ

— Vaterlandsblätter. Red.: C. E. Cramer. Jahrg. 1850. 156 Nrn. hoch 4. (½ Bog.) Leipzig, Matthes in Comm. n. n. 2 ℛ

Vorwärts: 1852—1854.

Democratic weekly. Continued at Galena, Ill. Edited & published by Jens Peter Stibolt & V. Walter.
Alton, IL

Vorwärts. Monatsschrift für Landwirthschaft und Gewerbe, herausg. von Wilibald Artus und C. F. Müller. 1—3. Jahrg. 1856—58. à 2 Bde. oder 12 Hefte (à 3 Bgn. mit Abbildgn.). Erfurt, Bartholomäus. Jeder Band n. 1 ℛ. 15 ngr.

—— Monatsschrift für Landwirthschaft und Gewerbe, hrsg. von Wilib. Artus und C. F. Müller. 2. und 3. Jahrg. 1857 und 1858. à Jahrg. 2 Bde. oder 12 Hefte. (à 3 Bog. mit Abbildungen.) Lex.-8. Erfurt, Bartholomäus. à Jahrg. Thlr. *

Ist nicht fortgesetzt worden.

Vorwärts! Rückblick. Vom Neujahrsgruß bis Ostern. — In der zwölften Stunde! Göttingen 859. Wigand. gr. 8. (31 S.) n. 5 ngr.

— Ein Votum aus und für Sachsen. 1. u. 2. Aufl. Leipzig 859. Lehmann. (Wolf.) gr. 8. (32 S.) 6 ngr.

Vorwärts. Magazin für Kaufleute. Illustrirte Mittheilungen, Abhandlungen u. Schilderungen aus dem Gesammtgebiete der Handelsthätigkeit. Unter Mitwirkung namhafter Geschäftsmänner u. Gelehrten herausg. von Ed. Amthor. Neue Folge. 1—8. Bd. à 6 Hefte (à 4—5 Bgn. m. Holzschn.). Leipzig 859—64. Spamer. gr. 8. Jeder Bd. n. 1 ℛ 15 ngr.

Fortsetzung von: „Magazin für Kaufleute ꝛc."

—— Magazin für Kaufleute. Illustrirte Mittheilungen, Abhandlungen und Schilderungen aus dem Gesammtgebiete der Handelsthätigkeit zur Unterhaltung sowie zur Fortbildung. Unter Mitwirkung namhafter Geschäftsmänner und Gelehrten hrsg. von Ed. Amthor. Neue Folge. 1—3. Bd. à Bd. 6 Hefte. (à 4 Bog. mit Holzschn.) Lex.-8. Leipzig 860, Spamer. à Bd. *

Die frühern Bände erschienen unter dem Titel: Magazin für Kaufleute.

Vorwärts. Magazin für Kaufleute. Illustrirte Mittheilungen, Abhandlungen und Schilderungen aus dem Gesammtgebiete der Handelsthätigkeit. Unter Mitwirkung namhafter Geschäftsmänner und Gelehrten hrsg. von Ed. Amthor. Neue Folge. 4.—8. Bd. à Bd. 6 Hefte. Lex.-8. (à Heft 4 Bog. mit eingedr. Holzschn. und Holzschntaf.) Leipzig 862—64, Spamer. à Bd. *
geb. à Bd. *

Vorwärts. Magazin für Kaufleute. Illustrirte Mittheilungen, Abhandlungen u. Schilderungen aus dem Gesammtgebiete der Handelsthätigkeit. Unter Mitwirkung namhafter Geschäftsmänner u. Gelehrten herausg. von Ed. Amthor. Neueste Folge. 1—5. Bd. (Der ganzen Reihe 14—18. Bd.) Jeder Bd. 12 Hefte (à 3 Bgn. mit eingedr. Holzschn.). Stuttgart 865—67. Rübling. Lex.-8. Jeder Bd. n. 2 ℛ; geb. n. 2 ℛ 10 ngr.

—— dass. — Abhandlungen, Schilderungen und Mittheilungen aus dem Gesammtgebiete der Handelsthätigkeit. Unter Mitwirkung namhafter Geschäftsmänner und Gelehrten hrsg. von Demselben. 19. Bd. 6 Hefte. Lex.-8. (à Heft ca. 72 S.) Ebendas. 867. * 1 Thlr. 15 Ngr.; geb. *

Vorwärts! Magazin für Kaufleute. Abhandlungen, Schilderungen und Mittheilungen aus dem Gesammtgebiete der Handelsthätigkeit. Unter Mitwirkung namhafter Geschäftsmänner und Gelehrten hrsg. von Ed. Amthor. 20. Bd. 6 Hefte. Lex.-8. (à Heft ca. 72 S.) Stuttgart 868, W. Rübling. *
geb. *

Fortsetzung, s. Handelswelt, die.

Vorwärts: July? 1869—1870, New Braunfels, TX
Weekly.

Vorwärts: Oct. 16, 1870 – ?

Weekly. Organ of Hildise-Bund. Edited & published by S. Herzberg. Quarto, 8 pages.
New York, NY

Vorwärts: Jahrgang 1–3, no. 34, Jan. 6, 1871–July 19, 1873.

Weekly, Jan. 6, 1871–Feb. 1873; semi weekly, Mar.–May 10? 1873; weekly, May 17?–July 19, 1873. Sub-title: 1) Central Blatt für die deutsche Bevölkerung in Texas, Jan. 6, 1871–Mar. 1872; 2) Central-Blatt für die deutsche Bevölkerung in Texas: Unabhängiges Organ der Fortschritts-Partei, Apr. 5, 1872–July 19, 1873. For daily edition, see Vorwärts.
Circulation: 1872, 700; 1875, 500. Edited by Julius Schütze, & published by J. Schütze & O. H. Dietzel, Jan. 6–Aug. 18, 1871; edited & published by Julius Schütze, Aug. 25, 1871–July 19, 1873.
Austin, TX

Vorwärts: Jahrgang 1, June 1872–?
Weekly, containing political news and some belles-lettres. Small folio, each issue 4 pages. Sub-title: Deutsches Wochenblatt. Edited and published by Isidore Epstein.
Hanover, PA

Vorwärts. Organ f. Gehilfen d. deutschen Buch-, Kunst- u. Musikalienhandels. Red.: J. B. Vogel. 1. Jahrg. 1875. Nr. 1–5. (B.) gr. 4. Freiburg i/Br. Expedition. n. 2. —

—— Organ und Correspondenzblatt für Gehilfen des deutschen Buchhandels und seine Nebenzweige. Redact.: J. B. Vogel. 1. Jahrg. 1875. Nr. 6–17. (Bog.) gr. 4. Ebendas. *
Nicht weiter erschienen.

Vorwärts!
④ Flugblätter der Gesellschaft »Vorwärts« ⓢ 3 Probenummern im Juni 1876; 2. 7. 1876—ca. 10. 10. 1876 ⓕ 2° ⓣ Wochenblatt ⓥ Basel: R. Moes (Juni 1876—Juli 1876), Genossenschaftsbuchdruckerei (August? 1876—September 1876); Liestal: A. Brodbeck (um den 10. 10. 1876) ⓗ Gesellschaft Vorwärts (verantwortlich: Johann Martin Senn: Juni 1876 September 1876., J. Sturzenegger (Anfang Oktober 1876) ⓡ Johann Martin Senn ⓡ Demokratische Partei Basels (Linksopposition gegen die freisinnige Regierung) ⓑ Helvetische Typographia 1876, Nr. 42; Schweizerischer Volksfreund Nr. 148 v. 24. 6. 1876; Nr. 240 v. 10. 10. 1876 ⓥ Die letzte Nummer (um den 10. 10. 1876) in Bs: SA (Polizeiakten in Handel und Gewerbe JJJ 7) ⓢ Das Wochenblatt wurde durch wiederholte Verurteilungen (wegen mangelhafter Angaben über Herausgeber und Drucker) am Erscheinen verhindert v. den Bericht in der letzten Nummer.

Vorwärts. –
Leipzig. · 1.X.1876 – 27.X.1878.
Vorh. u.d.T.: Der Volksstaat.

Vorwärts. Centralorgan der Socialdemokratie Deutschlands. fol. Leipzig, Nr. 1, 1. Oct. 1876. Jhrg. 1, 39 Nrn. Jhrg. 2, 1877, Nr. 1—152. Jhrg. 3, 1878, Nr. 1—127 (2. Oct. 1878, Socialistengesetz). Jhrg. 15, Berliner Volksblatt, Zentralorgan etc., 1898.

Volksstaat, der. Organ der sozialdemokrat. Arbeiterpartei und der internationalen Gewerksgenossenschaften. Jahrg. 1875—76 (vom 6. Januar 1875—29. Sept. 1876, Schluss, weil *verboten*). (2 voll.) Leipzig. Gr. Fol. Saub. Ppbde. m. roth. Lwdruck.
Die Fortsetzung erhielt den folgenden Titel:
Vorwärts! Central-Organ d. Sozialdemokratie Deutschlands. Jahrg. 1—2 (vom 3. Jan. 1877—9. Juni 1878). (2 voll.) (Die vielen fehlend. Nrn. *confiscirt.*) Leipzig. Gr. Fol. Saub. Ppbde. m. roth. Lwdrück.
Weiteres Erscheinen verboten.

Vorwaerts. Berliner Volksblatt. Centralorgan d. sozialdemokrat. Partei Deutschlands. Jg 1903ff. Berlin 1903ff. 2°

Vorwärts: 1877–1879
Socialist daily, morning except Sunday. Published by Journeymen Printing Association.
Newark, NJ

Vorwärts. Zeitschrift für prakt. Christenthum. In zwanglosen Hftn. Hrsg. von Heinr. Rhold. Ghilf. Ebel. 1—3. Hft. (Nr. 1–12.) gr. 8. (64 S.) Königsberg 877. 78. Strübig. à n. 1. 20

— dasselbe. 1878 Nr. 13—19. 8. (à 16 S.) Ebend. 879. 80. à n. — 30

— dasselbe. Nr. 20–23. gr. 8. (S. 306—368.) Ebend. 880. à n. — 30

—— Zeitschrift für praktisches Christenthum. Hrsgbr.: Heinr. Ebel. Nr. 18—23. gr. 8. (S. 272—368.) Berlin 880. (Königsberg, Schubert und Seidel.) à Nr. * 30 Pf. *
—— dass. — Nr. 24—29. gr. 8. (S. 369—472.) Königsberg 881—84, Schubert und Seidel. Nr. 24 *
Nr. 25—29 à *

Vorwärts. Zeitschrift für prakt. Christenthum. In zwanglosen Hftn. Hrsg. von Heinr. Rhold. Ghilf. Ebel. Nr. 24—26. gr. 8. Königsberg, Strübig in Comm. n. 1. 30
24. (S. 369—384.) n. — 30
25. Denkschrift in Sachen der christlichen Taufe von Heinr. Reinhold Ghilf. Ebel. (S. 385—406.) n. — 50
26. Wie kann die evangelische Kirche ihrer Verpflichtung mit Christo zu sammeln auch hinsichts der Baptisten in rechter Bußfertigkeit u. Wahrheitsliebe nachkommen? Beantwortet von H. R. G. Ebel. (S. 407—420.) n. — 50

Vorwärts. Zeitschrift f. prakt. Christenthum, hrsg. v. Heinr. Rhold. Ghilf. Ebel. Nr. 27—29. gr. 8. Königsberg 883. 84. (Akadem. Buchh. v. Schubert & Seidel.) à n. — 50
27. Wachet! denn ihr wisset weder Tag noch Stunde, in welcher d. Menschen Sohn kommen wird. Ev. Matth. 25, 13. Ein Mahnruf d. HErrn an alle Kinder Gottes, die zerstreuet sind in dieser Welt. Von H. R. G. Ebel. (S. 421—435.)
28. Eine Hinweisung auf die hohe Wichtigkeit der Verkündigung d. prophetischen Wortes f. die gegenwärtige Entwickelung der Gemeine m. Rücksicht auf e. würdige Feier d. Luther-Jubiläums. Von Heinr. Rhold. Ghilf. Ebel. (S. 437—452.)
29. Wer sich rühmet, der rühme sich d. HErrn. 1 Cor. 1, 26—31. Jubiläums-Predigt, zum Andenken Dr. Mart. Luthers am 11. Novbr. 1883 geh. v. Heinr. Rhold. Ghilf. Ebel. (S. 453—472.)

Vorwärts: Jahrgang 1–55, no. 42, Jan. ? 1877–Oct. 15, 1932
Weekly edition of New Yorker Volkszeitung. Sub-title: 1) Wochenblatt der New Yorker Volkszeitung, June 1897–1932, sub-title, usually given in mast head: Central Organ der Sozialistischen Arbeiter Partei von Nord Amerika, later as Organ der "Socialist Party." Title varies: Wochenblatt der New Yorker Volkszeitung, 1878–May 1897. Circulation: 1880, 5700; 1890, 6500; 1895, 4395; 1900, 10,000; 1910, 18,000; 1915, 45,000; 1925, 8000; 1930, 15,000.
New York, NY

Vorwarts (Milwaukee'r Socialist): Sept. 1878–Jan. 1879
Socialist daily. Title varies: Vorwarts, Jan.–Sept. 3, 1878. Absorbed Milwaukee'r Socialist. Followed by Milwaukee'r Freie Presse. Circulation: 1878, 1176. Edited by Johann Brucker & published by Socialist Printing Co.
Milwaukee, WI

Vorwarts 1880–1886 Porto Alegre
Published by [illegible] for a short time.

Vorwärts. Zeitschrift für Buchdrucker- und verwandte Interessen. Hrsgbr. und Redact.: Karl Höger. 14.—18. Jahrg. 1880—1884. à Jahrg. 52 Nrn. (Bog.) 4. Wien, Administration. à Jahrg. **

Vorwärts. Zeitschrift für Buchdrucker- und verwandte Interessen. Hrsgbr. und Redact.: Emil Kralik. 19.—22. Jahrg. 1885—1888. à Jahrg. 52 Nrn. (Bog.) 4. Wien, Administration I., Am Bergel Nr. 1. à Jahrg. **

Vorwarts: 1885–1890
Independent weekly. Circulation: 1890, 900. Edited & published by William F. Loepel, 1885–87; by H. F. Schubert, 1888–89; by W. Kurtz, 1890. See *Ayer*, 1885–90. Published at O'Fallon?
Kansas City, MO

Vorwarts! Eine Sammlung von Gedichten für das arbeitende Volk. 8°. Zürich, Volksbuchhandlg., 1886

Vorwarts: 1886–1887 Philadelphia, PA
Semi weekly labor journal. Published by Vorwärts Publication Assn., 1886–87.

Vorwärts. Jahrbuch d. „Schweizer Handels-Courier". Hrsg. unter Mitwirkg. v. Mitarbeitern v. A. Schüler u. Hans Balmer. 8. (300 S. m. Illustr. u. 1 Chromolith.) Bern 887. (Jenni.) n. 2. 50

Vorwärts: Jahrgang 1–12, Jan. 1887–Aug. 1898.
Sunday edition of Milwaukee'r Arbeiter Zeitung, Jan. 1887–Dec. 1889; of Milwaukee Volkszeitung, Jan. 1890–Dec. 1892; of Wisconsin Vorwärts, Jan. 1893–Aug. 1898. As a Sunday paper, it was continued instead of the daily Wisconsin Vorwärts, but information is carried on with that paper. Circulation: 1890, 3800; 1895, 4200. DABZ reports Oct. 16, 1899 closed. See *Ayer*, 1887–98; *Wis. (1)*; *N.Y. (Hadell)*.
Milwaukee, WI

Vorwärts: Jahrgang 1–2, no. 52, Nov. 19, 1892–Nov. 17, 1894.

Weekly. Sub-title: Central-Organ der Sozialistischen Arbeiter-Partei von Nord-Amerika. Jahrgang 1 printed on pink-colored paper, with large cartoon, page 1: „Vorwärts! Die Zwingburg [representing 'Capitalism'] muß fallen!"
Follows DER SOZIALIST. Merged with WOCHENBLATT DER NEW YORKER VOLKSZEITUNG. Small folio, each issue 8 pages, up to Dec. 1893; then, octavo, each 16 pages. Edited by W. L. Rosenberg, & published by New York Labor News Co. [owner: Sozialistische Arbeiter-Partei].
New York, NY

Vorwärts! Unterhaltungsblatt f. die Anhänger der vereinfachten Stenographie [System Schrey — Dr. Johnen — Dr. Socin]. Hrsg. v. C. Kümpel u. C. Volland. 1. u. 2. Jahrg. 1892. 1893. à 12 Nrn. (à ca. 3/4 Bog.) gr. 8. Hildburghausen, (Kesselring). à Jahrg. n. 1. 50

— Korrespondenz-Unterhaltungsblatt. Hrsg. v. den Schüler-Vereinen f. vereinfachte Stenographie unter Leitg. v. G. Nanninga, C. Kümpel u. C. Volland. 3. Jahrg. 1894. 12 Nrn. (à ca. 3/4 Bog.) gr. 8. Ebd. n. 1. 50

Vorwärts! Korrespondenz- u. Unterhaltungsblatt. Hrsg. v. d. Schüler-Vereinen f. vereinf. Stenographie. Red. v. C. Kümpel, G. Nanninger. 5. Jahrg. 1895. 12 Nrn. (à ca. 20 S.) gr. 8. Hildburghausen (Kesselring). n. 2. —

— dasselbe, Fortsetzg., s.: Post, stenographische.

Vorwärts: 1893–1895?

Sub-title: Monatsschrift des Turnvereins „Vorwärts". Lived two years. Well run.
Baltimore, MD

Vorwärts: 1893–1895

Sunday edition of SAN FRANCISCO TAGEBLATT. Continued as SONNTAGSBLATT DES SAN FRANCISCO TAGEBLATT. Circulation 1897, 2300.
San Francisco, CA

Vorwärts
① Organ für die Interessen des arbeitenden Volkes. Verlag des Arbeiterbundes und der Sozialdemokratischen Partei Basel ③ Basler Arbeiterfreund ④ Basler Vorwärts (I) ⑤ Probe-Nr. am 23. 9. 1893; 3. 10. 1893—30. 6. 1897 ⑥ 2° ⑦ wochentlich 6× ⑥ Basel: Vereinsdruckerei Basel ⑩ Arbeiterbund und sozialdemokratische Partei Basel ⑪ Eugen Wullschleger (bis 31. 1. 1897), Edgar Steiger Muller (seit 17. 10. 1893), Wilhelm Arnold (seit 2. 2. 1893) ⑫ sozialdemokratisch ⑬ Arbeiter Zeitung-Jubiläumsnummer 1. 2. 1946 (Nr. 27) ⑭ Bs: U.

'Vorwärts'. Sammlg polit.-satyr., ernster u. humorist. Vorträge, als: Kouplets, Soloscenen, Duette, Lieder etc. [Serie] 1. (3. Aufl.) [Textbuch]. *Berlin: A. Hoffmann [1895].* 8. (96. 2933

— III. Serie. Nr. 1—6 u. 8—10. gr. 8. Ebd. 2. 80
1. Ravachol od. d. Sozialistenfieber. Satyr. Gegenwartsbild m. Gesang in 1 Akt v. Paul Gent. Musik v. Paul Lincke. (20 S.) Zeitz 893. — 40
2. An d. Scholle gefesselt! Drama aus d. Arbeiterleben in 1 Akt v. Paul Gent. (15 S.) 894. — 30
3. Gewalt geht vor Recht od. der Fahne treu. Lebensbild in 1 Akt. Nach e. Idee v. F. S., f. d. Bühne bearb. v. Paul G. Schanzer. (13 S.) 895. — 30
4. O, welche Lust, Soldat zu sein! Lebensbild m. Gesang in 3 Aufzgn. u. e. Schlußtableau: „Völkerfrieden" v. Paul Gent. Musik v. E. Lier. (30 S.) 895. — 40
5. Um schnöden Mammon. Sociales Schauspiel in 3 Akten v. Felix Renker. (21 S.) 895. — 40
6. Der Denunciant. E. Bild aus d. Arbeiterleben in 4 Abthlgn. v. Fr. Grundmann. (48 S.) 895. — 30
8. Ausgewiesen! Bild aus d. Arbeiterleben in 1 Akt u. 1 leb. Bild v. W. Lehmann. (13 S.) 895. — 30
9. Ein verlorener Sohn. E. Bild aus d. Leben in 1 Akt v. Frz. Grundmann. (15 S.) 895. — 30
10. Ein 1. Mal auf d. Lande. Maifestsp. in 1 Bild v. F. R. (8 S.) 895. — 10

„Vorwärts I." Vorträge, Couplets, Soloscenen, Duette, Lieder ernster u. humor., politisch-satyr. Sammlg. 4. Aufl. gr. 16. (94 S.) Berlin 897. A. Hoffmann. Kart. — 30

Vorwärts: 1897. New York, NY

Yiddish daily.

Vorwärts! (BS III)
① Dreimonatliche Revue des Basler Arbeitersekretariates ⑤ Mai 1901—? ⑥ 8° ⑦ Quartalschrift ⑧ Basel: Emil Birkhäuser (?) ⑩ Basler Arbeitersekretariat ⑫ sozialdemokratisch ⑭ Be: L (Nr. 1).

Vorwärts! Eine Wochenschrift zur Erweckg. u. Förderung christlichen Lebens. In Gemeinschaft m. Keeser u. Löhr, Jansfrüchte u. a. hrsg. v. H. Helbing. 4. u. 5. Jahrg. 1901 u. 1902. à 52 Nrn. gr. 4. (à ca. 4 S.) Elberfeld, Buchh. d. westdeutsch. Jünglingsbundes. à Jahrg. n.n. —60

Vorwärts! Eine Wochenschrift zur Erweckg. u. Förderg. christl. Lebens. In Gemeinschaft m. W. Dröner hrsg. v. H. Helbing. 6.—9. Jahrg. 1903—1906. à 52 Nrn. (à Jhrg. 208 S.) gr. 4. Elberfeld. Barmen, Westdeutscher Jünglingsbund. à Jhrg. n.n. — 60

Vorwärts! Eine Wochenschrift zur Erweckg. u. Förderg. christl. Lebens. Red. v. Heinr. Stuhrmann unt. Mithilfe v. J. Weber. 10. Jahrg. 1907. 52 Nrn. (à 4 S. m. Abb.) Lex. 8. Barmen, Westdeutscher Jünglingsbund. nn — 60
Fortsetzg., s.: Aufwärts!

Vorwärts: 1903–1932 (.) Hillsboro, KS

Weekly. 1903–09 HILLSBORO JOURNAL.

Basler Vorwärts
① Offizielles Presseorgan des Arbeiterbundes und der Socialdemokratischen Partei Basel. Organ für die Interessen des arbeitenden Volkes (1. 7. 1879—30. 6. 1902). Socialdemokratisches Tagblatt und offizielles Organ des Arbeiterbundes der Socialdemokratischen Partei Basel (1. 7. 1902—1904). Sozialdemokratisches Tagblatt. Offizielles Organ des Arbeiterbundes und der sozialdemokratischen Partei Basel (1905—30. 6. 1913). Sozialdemokratisches Tagblatt. Offizielles Publikationsorgan der Sozialdemokratischen Partei der Schweiz, des Arbeiterbundes Basel sowie der sozialdemokratischen Parteien von Baselstadt und Baselland (1. 7. 1913—12. 1. 1920). Sozialdemokratisches Tagblatt. Offizielles Publikationsorgan der Sozialdemokratischen Partei der Schweiz, der Arbeiterunion Basel sowie der sozialdemokratischen Parteien von Baselstadt und Baselland (13. 1. 1920—19. 2. 1921). Kommunistische Tageszeitung. Offizielles Publikationsorgan der sozialistischen Parteilinken der Schweiz sowie der Arbeiterunion Basel (21. 2.—6. 3. 1921). Offizielles Organ der Kommunistischen Partei der Schweiz (Sektion der III. kommunistischen Internationale) sowie der Arbeiterunion Basel (7. 3.—Ende 1921). Offizielles Organ der Kommunistischen Partei der Schweiz (Sektion der III. kommunistischen Internationale, der komm. Parteien Baselstadt, Baselland, Aargau, Bern und Solothurn, sowie der Arbeiterunion Basel (1922—5. 1. 1927). Offizielles Organ der Kommunistischen Partei der Schweiz (Sektion der Kommunistischen Internationale), sowie der komm. Parteien Baselstadt, Baselland, Aargau, Bern und Solothurn, und der Gewerkschaftskartelle Baselstadt und Baselland (7. 1. 1927—13. 6. 1930). Zentralorgan der Kommunistischen Partei der Schweiz (Sektion der Kommunistischen Internationale) (14. 6. 1930—27. 9. 1935). Zentralorgan der Kommunistischen Partei der Schweiz (28. 9. 1935—28. 8. 1936). Schweizerische Volkszeitung. Organ der Kommunistischen Partei der Schweiz (29. 8. 1936—28. 12. 1939) ② Vorwärts (BS IV) (28. 9. 1935—28. 8. 1936), Freiheit (BS) (29. 8. 1936—28. 12. 1939) ③ Vorwärts (II). Kämpfer (Fusion 29. 8. 1936) ④ Vorwärts (Ge—BS) (Ende Januar 1945) ⑤ 1. 7. 1897—28. 12. 1939 ⑥ 2° ⑦ Tageszeitung ⑧ Basel: Heinrich Gaß (1. 7. 1897—31. 3. 1898). Emil Birkhäuser (1. 4. 1898—29. 6. 1922). Genossenschafts-Buchdruckerei (1. 7. 1922—28. 12. 1939) ⑨ Schweizerisches Sonntagsblatt (1. 7. 1897—24. 7. 1898. Wochenblatt, illustriert): Illustriertes Unterhaltungsblatt (15. 12. 1912—1914. Wochenblatt): Beilage zum «Basler Vorwärts» (1914—8. 12. 1917. 4°, Wochenblatt). Der Weggefährte (11. 7. 1927—11. 9. 1930) v. Weggefährte. Der Weggefährte: Die arbeitende Frau (15. 9. 1923—28. 3. 1931) v. Frau: Die arbeitende Frau; Arbeiterjugend (16. 4. 1927—19. 7. 1930) v. Arbeiterjugend: Der Berner Büetzer. Beilage des «Basler Vorwärts» für den Kanton Bern (8. 5. 1930—September 1930. 2°, alle 14 Tage). Proletarischer Feuilleton (9. 8. 1930—1931 ?. 2°, anfänglich alle 14 Tage bis drei Wochen. Bis Nr. 6 (27. 6. 1930) fortlaufend numeriert. Später unregelmäßig; Junge Garde (7. 9. 1930) v. Garde: Junge Garde; Die Seite der Frau (13. 8. 1938—31. 12. 1938. 2°. Monatsblatt) ⑩ Heinrich Gaß (1. 7. 1897—31. 3. 1898). Arbeiterbund und Sozialdemokratische Partei (1. 4. 1898—2. 7. 1898). Presseunion des «Basler Vorwärts» (3. 7. 1898—28. 12. 1939) ⑪ Wilhelm Arnold (1. 7. 1897—12. 9. 1914). Johannes Frei (1. 7. 1902—30. 6. 1917). Fritz Brun (1. 9. 1902—30. 6. 1917). Friedrich Schneider (2. 7. 1917—31. 3. 1920). Dr. Fritz Wieser (8. 12. 1917—1929). L. Schaffner (3. 1. 1921 — 3. 4. 1922). Hermann Bobst (24. 3. 1921 — 30. 9. 1922). Emil Arnold (1. 10. 1924—1932, 2. 6. 1936—28. 12. 1939). J. Weiner (1930). M. Pfeiffer (1931). Robert Krebs (1930—1935). Max Wullschleger (1930—7. 12. 1938). Marino Bodenmann (2. 6. 1936—28. 12. 1939). Ernst Walter (2. 6. 1936—21. 1. 1938). Heinrich Grüebler (2. 6. 1936—21. 1. 1938). J. Stark (7. 12. 1938—28. 12. 1939) ⑫ sozialdemokratisch (1. 7. 1897—19. 2. 1921). kommunistisch (21. 2. 1921—28. 12. 1939) ⑬ BGSZ: 187; H(ans) J(oneli): «Basler Arbeiterzeitung»—«Vorwärts» und «Basler Vorwärts»: «A-Z Arbeiterzeitung» 1. 2. 1946 Jubiläumsnummer p. 6 ⑭ Bs: SA, U (Beilagen unvollständig). WA (1919—1947) ⑮ Sowohl der «Kämpfer» für Zürich als auch die «Neue Ordnung» für die Zentral- und Westschweiz waren zeitweise Kopfblätter des Basler Vorwärts.

— durchs Leben. Volkstüml. Wochenschrift f. Wohlstand, Gesundheit, Recht u. Lebenskenntnis. Hrsg.: Jos. Schmid. Red.: Rob. Plöhn. 1. Jahrg. 1908. 52 Hefte. (à 16 S.) 30,5×23 cm. Wien, Verwaltg. 8. —

Vorwärts für den Bonifacius-Verein! An die Katholiken Deutschlands. Denkschrift zur ersten General-Versammlung des schlesischen Bonifacius-Vereins am 22. Octbr. 1861. Von einem Vereinsmitgliede. Jauer. (Breslau, Aderholz.) 8. (20 S.) n. 2 *ngr.*

Vorwärts heisst die Losung. Lied in in 3 Versen. 8°. Verlag von A. Schierwater in Hamburg, s. a.

Vorwärts der Pacific Küste: 1910–1919

Socialistic weekly. Organ of Socialist Party of San Francisco. Continued from WOCHENBLATT DES SAN FRANCISCO TAGEBLATT. Published by California Labor Publ. Co.
San Francisco, CA

— Preußen. Ein Mahnruf. Von einem „Süddeutschen". Berlin 866. Liebrecht. gr. 8. (16 S.) 1½ ngr.

Vorwärts mein Preußenvolk! Ein Wort zum Verständniß. Von einem Mitgliede der deutschen Fortschrittspartei in Preußen. Leipzig 862. Violet. gr. 8. (56 S.) 7½ ngr.

— Rückwärts! Stehen bleiben! Frankfurt a. M. 865. (Baist.) gr. 8. (11 S.) 1½ ngr.

— **Stenotachygr.** Monatsschrift. Jahrg. 1897. 12 Nrn. (à ca. 4 S.) gr. 8. Augsburg (Oblatterwallstr. 26), A. Pfeiler. n.n. 2. —

Vegetarischer Vorwärts. Monatsschrift f. Gesellschaftsreform u. Selbstreform ... auf d. Grundlage d. sozialdemokrat. Programms u. naturgemäßen Lebensweise (fleischloser Diät) (Jg. 6–9: ... Wochenschrift f. allseitige Reform auf naturgemäßer Grundlage). (Hrsg. von Paul Heidemann, Berlin.) Jg. 1, No 7–12. Jg. 2–10. *(Berlin: H. Zeldmann 1894–)1903.* 10 Bde 4°
[Jg. 1 No 1–6 sind in d. Form großer Flugblätter erschienen.]
1. (1894.) 2. [1895.] 3–10. 1896–1903
Fortges. u. d. T.: Der Mensch. [04. 1979

— **vegetarischer.** Monatsschrift f. Staatsreform u. Selbstreform (Erziehungs- u. Heilreform). 1. Jahrg. Juli 1894—Juni 1895. 12 Nrn. (Nr. 7—18) (Bog.) gr. 8. Berlin, P. Heidemann. Halbjährlich n. 1. —
Nr. 1—6 erschienen als Flugblätter.

— **vegetarischer.** Monatsschrift f. Staatsreform u. Selbstreform (Erziehungs- u. Heilreform) auf d. Grundlage d. socialdemokrat. Programms u. naturgem. Lebensweise (fleischloser Diät). 2. Jahrg. 1895. 12 Nrn. (à ca. 24 S.) gr. 8. Berlin, P. Heidemann n. 2. —; einz. Nrn n. — 25

— **dasselbe.** Monatsschrift f. Gesellschaftsreform u. Selbstreform. — Naturheilkunde auf sozialer Grundlage. (Erziehungs- u. Heilreform.) 3. Jahrg. 1896. 12 Nrn. (à ca. 24 S.) gr. 8. Ebd. n. 1. 20

— **dasselbe.** 4. Jahrg. 1897. 12 Nrn. (à ca. 20 S.) gr. 8. Ebd. n. 1. 60

— dasselbe. 5. Jahrg. 1898. 12 Nrn. (à ca. 3 Bog.) gr. 8. 2. 40

Vorwärts, vegetarischer. Wochenzeitschrift für allseit. Reformen auf naturgemäßer Grundlage. 6. Jahrg. 1899. 52 Nrn. gr. 4. (à ca. 18 S.) Berlin, P. Heidemann. n. 8. —

— **dasselbe.** Begründet von Paul Heidemann. Red.: Carl Schon. 7. Jahrg. 1900. 52 Nrn. gr. 4. (à ca. 18 S.) Berlin, Zeitschriften-Verlag „Der Mensch". n. 8. —

— **dasselbe.** Wochenschrift f. allseit. Reformen auf naturgemäßer Grundlage. Begründet von Paul Heidemann. Red.: Carl Schon. 8. Jahrg. 1901. 52 Nrn. gr. 4. (à ca. 12 S.) Ebd. n. 8. 80

— **dasselbe.** 9. Jahrg. 1902. 52 Nrn. gr. 4. (à ca. 8 S.) Ebd. n. 6. —

— **vegetarischer.** Wochenschrift f. allseit. Reformen auf naturgemäßer Grundlage. Organ des „Deutschen Bundes für Lebensreform". Schriftleitung i. V.: Heinr. Bolte. 10. Jahrg. 1903. 52 Nrn. (à ca. 8 S. m. Abbildgn.) gr. 4. Berlin, Lebensreform. n. 6. —
Fortsetzung, s.: Mensch, der.

Vorwärts [Verfasser]

Vorwärts, Anastasius, Grundpfeiler für moderne Schul-Reform oder Erziehung u. Unterricht im modernen Staate. 8. (34 S.) —.80
Linz: E. Mareis 1891.

Social-Reform (Friedliche). Ein Vorschlag zur Lösung der socialen Frage. Von Ernst Vorwärts. gr. 8⁰. Altona, Harz, 1885.

Der **Vorwärts-Konflikt**. Gesammelte Aktenstücke. (München: G. Birk & Co. in Komm. 1905.) (143 S.) 8° [F.] [05. 16010

Vorwärts-Konflikt (Der). Gesammelte Aktenstücke. 8⁰. München, G. Birk u. Co., 1906.

Vorwerck, E. Ein Beitrag zur Geschichte von Soest. 23 S.
Soest, Progr. 1844

Vorwerck, E. **Beschreibung von d. Lande u. d. Staate der Spartaner.** 18 S.
Soest, Progr. 1839

Vorwerck: Ein Bruchstück aus der Geschichte d. Soester Armenanstalten. 11 S. Soest, Progr. 1867.

Vorwerck: Daniel von Soest. 20 S. Soest, Progr. 1856

Vorwerck: Daniel von Soest. 20 S. Progr. Soest 1859.

Derselbe Die Capelle der heiligen drei Könige. 9 S.
Soest, Progr. 1849

Vorwerck: Die Kapelle St. Petri auf dem Hoerode-Plettenburg-Oirschen und die Kapelle St. Johannis auf dem v. Hoberg'schen Hofe. 21 S. Soest, Progr. 1860.

Vorwerg, Oskar

Vorwerg, O.: Beiträge zur Diluvialforschung im Riesengebirge. (S.-A. Zeitschrift der Deutschen Geologischen Gesellschaft. Jahrg. 1897. S. 829–864.) Berlin 1897. 36 S. 8°.

Vorwerg, O.: Beiträge zur Förderung der Schneeschuhsache. Herischdorf 1909. 31 S.

Vorwerg, O., offener **Brief** an die Mitglieder des Alldeutschen Verbandes. (36 S.) 8. Herischdorf 905. O. Vorwerg. n. — 50

Vorwerg, O.: Eine Erstlingsbesteigung in der Kreuzel-Gruppe. (S.-A. Zeitschrift des Deutschen und Oesterreichischen Alpenvereins. Bd. 22. 1891.) Wien 1891. 7 S. 8°

Nationalbewußtsein. Von O. **Vorwerg**, Hauptm. a. D. Herischdorf i. R.: Selbstverl. 1905. (67 S.) 8° [F.] [05. 23601

Das Nebenmenschentum. Von Oskar **Vorwerg**. T. 1, Abt. 1. Herischdorf i. Riesengeb.: Selbstverl. 1907. 8° [F.] [08. 5249

Vorwerg, O., die Organisation der technischen Waffe. gr. 8. (99 S.) Herischdorf b/Warmbrunn 894. O. Vorwerg. n. 2. —

Vorwerg, O. Reformation od. Revolution. gr. 8. (25 S.) Herischdorf bei Warmbrunn 892, Vorwerg. * — 40

— **das Schneeschuhlaufen.** 1. u. 2., verb. Aufl. gr. 8. (III, 23 S. m. 1 Taf.) Ebd. 893, 894. n. — 50

Vorwerg, O[skar]: Über Schneeschuhwettläufe. Herischdorf im Riesengeb.: Selbstverl.; Leipzig: H. G. Wallmann 1902. (89 S.) 8⁰

Über Steinkessel. Von O. **Vorwerg**, Hauptm. a. D. 1. *Herischdorf im Riesengeb.: Selbstverl. 1903.* 8° [03. 15501

— Zahl u. Güte der Krieger, Länge der Dienstzeit u. die Militärvorlage. gr. 8. (26 S.) Ebd. 893. n. — 50

Vorwerg, Richard, bacc. jur.: Über Nichtigkeit von Aktien und Interimsscheinen nach dem geltenden HGB. vom 10. 5. 1897. Borna-Leipzig 1908: Noske. IX, 47 S. 8°
Leipzig, Jur. Diss. v. 19. Dez. 1908
[Geb. 26. März 81 Wetzlar; Wohnort: Kiel; Staatsangeh.: Preußen; Vorbildung: Gymn. Wetzlar Reife O. 00; Studium: Phil. Straßburg 1, Marburg 1, Jura Straßburg 4, Kiel 4 S.; Rig. 22. Dez. 06.] [U 09. 2712

Vorwerk, das,. Lustsp. 8. Breslau, Pietsch. 761.

Vorwerk, A. F., das Reichsgesetz üb. die Konsulargerichtsbarkeit, s.: Guttentag's Sammlung deutscher Reichsgesetze. Nr. 75.

V[orwerk], A[nna]: Zur Oberlehrerinnenfrage. Ein Wort d. Friedens. — Wolfenbüttel 1888 (:Wollermann). 22 S. 8°

Vorwerk, Benno, Gerichtsref. in Düsseldorf: Die **Automobilhaftung** nach bestehendem Recht und de lege ferenda. *Düsseldorf 1904: A. Bagel.* (XII, 144 S.) 8°
Tübingen, Jur. Diss. v. 1901

Vorwerk, Benno, die Automobilhaftung nach bestehendem Recht u. de lege ferenda. Diss. (XII, 144 S.) 8. Düsseldorf 904. (Berlin, H. Bahr.) n. 2. —

Vorwerk, B., Die Automobilhaftung **nach bestehendem Recht u. de lege** ferenda. Diss. (XII, 144 S.) 8. Düsseldorf '04. **Berlin, G. Nauck.** 2. —

Vorwerk, Dietrich

Vorwerk, Dietr., die Elfenschule. Märchenschwank in 1 Akt. Aufgeführt zur Feier des 50jähr. Bestehens der Stiftischen höheren Töchterschule (Cecilienschule) in Bielefeld am 31. V. 1906. Eingerichtet zur Aufführg. durch Mädchenschulen u. Liebhaberbühnen überhaupt. (31 S.) kl. 8. Bielefeld (Ritterstr. 43) (906). A. v. der Mühlen. n. — 50

— Harzluft, allerlei zum Herzgesunden. Geschichten u. Gedichte. (87 S. m. Abb.) 8. Schwerin 905. F. Bahn. n. 1. 50

Vorwerk, Dietr., Harzluft. Allerlei zum Herzgesunden. Geschichten, Gedanken u. Gedichte. Mit Buchschmuck v. Albr. Biedermann. 2., stark veränd. u. verm. Aufl. (165 S. m. Titelbild.) 8. Schwerin 908. F. Bahn. Geb. in Leinw. 2. 40

— Im Heer der Heimatlosen. Werdegang e. deutschen Fremdenlegionärs. Dem Leben nacherzählt. 1.—3. Taus. (V, 397 S.) 8. Dortmund 909. W. Crüwell. 3.50; geb. n 4. 50

— Kann auch e. Pastor selig werden? Ernste Gedanken f. Seelsorger u. alle, die an anderen Seelen arbeiten. 3. Aufl. (4.—5. Taus.) (111 S.) 8. Ebd. 910. 1. 80

— Kinderseelenkunde als Grundlage des Konfirmandenunterrichts. (144 S.) gr. 8. Schwerin 911. F. Bahn. 2. —

Vorwerk, Dietr., Maria Magdalena. Die Geschichte e. Sünderin aus der Zeit Christi. gr. 8. (VII, 324 S.) Stuttgart 902. Greiner & Pfeiffer. Geb. in Leinw. n. 5. —

— Vulkanische Menschen. Roman. Mit Buchschmuck v. Albr. Biedermann. 1. u. 2. Aufl. (386 S.) 8. Ebd. 908. 4. —; geb. in Leinw. 5. —

— Die Persönlichkeit Jesu, jenseits v. Kirche u. Kritik geschaut u. geschildert. 1. u. 2. Aufl. (63 S.) 8. Ebd. 910. 1. —

Wipfelrauschen. Gedichte von Dietrich **Vorwerk**. Stuttgart & Berlin: J. G. Cotta Nachf. 1906. (238 S.) 8° [F.] [07. 18282

Vorwerk, Geo. Jul., Geschichte u. Verfassung des Dresdener Schulwesens, nach d. zuverlässigsten Quellen bearbeitet. gr. 8. Dresden 836. Grimmer. 5/8 ₰

Vorwerk, Geo. Jul., Geschichte u. Verfassung d. dresdener Schulwesens, nach d. zuverlässigsten Quellen bearb. gr. 8. (10 B.) Dresden 836, [Korische Buchh.]

Vorwerk, Karl, deutsches Lesebuch, s.: Kühne, Alfr.

— Sprachschule f. Volksschulen höherer Lehranstalten. Zugleich Anh. zu Kühne u. Vorwerk, deutsches Lesebuch f. Volksschulen höherer Lehranstalten. 2 Tle. gr. 8. Leipzig 909. B. G. Teubner. — 70
I. 2. Vorschulklasse. 2. Schulj. (30 S.) — 30
II. 1. Vorschulklasse. 3. Schulj. (51 S.) — 40

Vorwerk, M., s. a.: Oertzen, M. v.

— Das perspektivische Skizzieren nach drei Liniengesetzen. Für Volks-, Real-, Gymnasial-, Fortbildungs-, Fach- u. Kunstgewerbeschulen, sowie zum schnelleren Selbststudium ohne irgendwelche Vorstudien. (16 S. m. Abbildgn.) gr. 8. Hamburg 908. Boysen & Maasch. — 70

— Die Patenkinder. Erzählung f. junge Mädchen. (118 S.) 8. Bielefeld 910. Verlagshandlg. der Anstalt Bethel. Geb. in Leinw. 1. 80

Vorwerk, W. C. M., Schattenlehre f. gewerbliche Fortbildungsschulen. (24 S. m. Abbildgn.) gr. 8. Hamburg 909. Boysen & Maasch. 1. —

J. F. Das nöthige Vorwissen für angehende Sänger. Kurzgefasst von J. F., Gesanglehrer. Klgft., Leon, 1854. 16 S.

Vorwitzige, Der, ein Lustspiel in dreyen Aufzügen. Wien 1764. München 1772. V: *Wurz, Ignaz.* (BiblPort)

Vorwort zu der Beleuchtung der Stolbergischen Schrift über den Vorrang des Apostels Petrus . . . Nürnberg 1817. V: *Sethe, Chph Wilh. Hnr.* (Hitzig)

Vorwort zur Erinnerung an d. dritte Jubelfest d. großen Kirchenverbesserung. 8. Halberst. 818. Dölle. (Lpz., Barth). 2/4

Vorwort bei Eröffnung der öffentlichen Prüfung des Privat-Erziehungs-Institutes für arme unmündige Blinde am 5. October 1825. Gesprochen von Johann Lischka Zögling des Institutes. Prag. V: *Klar, Alois.* (GGr VI/749, Nr. 64/15) (BiblPort)

Vorwort, e., zu den diesjährigen Herbst-Mannövern. [Aus: „Organ der militär-wissenschaftl. Vereine".] gr. 8. (32 S.) Wien 876. Seidel & Sohn in Comm. n. — 80

Vorwort II zum offiziellen Katalog der III. Basler Gewerbeausstellung 1901. Basel 1901. V: *Vischer van Gaasbek, Richard.* (BSchwL V, 9g, S. 8)

Vorwort zu Brakenridge's Rede für die Rechte der Juden. Berlin 1820. V: *Zunz, Leopold.* (Hitzig) (Koner) S. a. Brackenridge, H. M.

Vorwort zu der Schrift: Die Freymaurerey mit offenem Gesichte . . . Erlangen 1843. V: *Leutbecher, Joh.* (Tt)

Vorwort zu der Schrift: Die Freymaurerey mit offenem Gesichte, u. freyen, reinen Händen dargestellt aus ihren eigenen Mythen u. Symbolen von einem uralten Freymaurer für Brüder Maurer, aber auch für höhere Staatsbeamte. gr. 8. Erlangen 843, Palm'sche Verlagshandl. 1/3 Thlr

Vorwort an die Zuschauer des Festspiels: Des Epimenides Erwachen. [Berlin 1815.] V: *Levezow, Konrad.* (Bresl 31, S. 45)

Wider den **Vorwurf** der Heuchelei. Von e. alten Pfarrer. (Barmen: Buchh. d. Blauen Kreuzes [1907].) (8 S.) 8° [Kopft. 3.] (08. 9037)

Vorwürfe u. Invectiven, die in der 2. Kammer der Sächsischen Ständeversammlung gegen die Bauverwaltung der Sächs.-Baier. Eisenbahn ausgesprochenen, gewürdigt u. zurückgewiesen von den betheiligten Ingenieuren. gr. 8. (66 S.) Halle 847. (Leipzig, Volckmar.) n. 1/6 Thlr

Natürliche Vorzeichen verschiedenen Wetters, welche man an der Sonne, am Monde, an den Sternen, der Luft, dem Wasser, der Erde, an Thieren etc. wahrgenommen hat, allen Landleuten, Gärtnern wie auch Schiffern sehr dienlich, von einem Liebhaber von Zeit zu Zeit in Acht genommen und durch eigene Erfahrung aufgesetzt. Aus dem Holl. übersetzt. Leipzig 1775.

Vorzeichen, d. verschiedenen, des Wetters 2c. 8. Leipz. ... (Chr. Fr. Günther in Glogau). 4 Gr

Vorzeichnung, Eine nach dem Alphabet entworfene und erklärte, der gebräuchlichsten, aus . . . anderen fremden Sprachen entlehnten Wörter . . . Hamburg 1748. V: *Kruse, Jürgen Elert.* (Schr)

Vorzeichnungen von deutschen u. latein. Buchstaben, sowohl in Schreib- als Druckschrift, nebst e. ABC in Blumen. qu. Fol. Berl. 813. Wittich. 20 Gr

Vorzeichnungen von 108 Medaillons zu Hand- u. Taschentüchern, Hemden, Tisch- u. Bettzeichen, von L. R. Mit 12 Kpf. gr. 4. Leipz. 805. Voß. 2 Thlr 1810. Hbg. Pr. 18 Gr

— nach bewährten Mustern. 2 Hefte. Fol. Braunschw. 796, 97. Bremer. 2 Thlr

VORZEIT, Die, oder Geschichte, Dichtung, Kunst und Literatur des Vor- und Mittel-Alters (hrsg. von Chrn. Aug. Vulpius). 4 Bde. Mit vielen, z. Th. illum. Kpfertaf. u. Musikbeilagen. Erfurt, G. A. Kaysers Buchh. 1817—21. 8⁰. (Expl. im British Museum.) (24 Mk., mit 29 illum. Kpftaf. u. 1 Musikbeil., Edm. Meyer, Berlin. 1908; 1—2, mit 17 illum. Kpftaf., Scheible, vor 1885; 1—4: 40 Mk., mit 28, z. Th. handcolor. Kpftaf. u. 3 Musikbeil., Hfrzbde., Bernh. Liebisch, Lpz., c. 1910.)
Folkloristisch-wichtige Zeitschrift. — Anon.-Lex. IV. p. 363 (nach Engelmann, K. v. Bahder, Kayser); Haydinger's Bibl. II. no. 1020.

— die, ein Journal für Geschichte, Dichtung, Kunst u. Literatur des Mittelalters, (von Chr. A. Vulpius). Mit kolor. u. schwarzen Kpf. 4 Bde. gr. 8. Erfurt 817—21. Keyser. (à 3 Thlr) 12 Thlr Hbg. Pr. compl. 6 Thlr

Die Vorzeit. Ein Taschenbuch für das Jahr . . . ([Hrsg.:] K[arl] W[ilhelm] Justi. [Mit Kupf. u. Lithogr. v.] C. F. Müller, G[ottlieb] Böttger sen. [u. a.].) Marburg, Cassel: Krieger [1819—1824]. 8°
[Lith. u. gest. Tit.]
1820: [1819.] VI, 276 S., 1 Titelkupf., 4 Taf.
1821: [1820.] X, 324 S., 1 Titelkupf., 2 Taf.
1822: [1821.] X, 356 S., 1 Titelkupf., 3 Taf.
1823: [1822.] XII, 324 S., 2 Bl., 1 Titelkupf., 3 Taf.
1824: [1823.] X, 324 S., 2 Bl., 1 Titelkupf., 3 Taf.
1825: [1824.] X, 375 S., 1 Titelkupf., 3 Taf.

— ein Taschenbuch für d. J. 1820—27. Herausg. v. K. W. Justi. Mit Kpf. 8. Marb., Krieger. 1r, 2r J. à 1 Thlr 12 Gr 3r—8r J. à 1 Thlr 16 Gr 13 Thlr Dass. für 1828. 8. Marb. 828. Garthe. 1 Thlr 16 Gr NB. Das unter Justi mangelhaft aufgeführte ist unberücksichtigt zu lassen.

Vorzeit, Die. Ein Taschenbuch f. d. J. . . . . Hg.: K. W. Justi.
1820. M. Titelk., lith. Tit., 2 Kpf. u. 2 Lith.
1821. M. Titelk., gest. Tit. u. 2 Kpf.
1822. M. Titelk., lith. Tit. u. 2 Kpf.
1823. M. Titelk., lith. Tit., 2 Lith. u. 1 Kpf.
1824. M. Titelk., lith. Tit., 1 Kpf. u. 2 Lith.
1825. M. Titelk., lith. Tit. u. 3 Lith.
1826. M. Titelk., gest. Tit., 2 Lith. u. 1 Facs.
1827. M. Titelk., lith. Tit., 4 Lith. u. 1 Ordriß.
1828. M. Titelk., lith. Tit. u. 4 Lith.
1838.
Marburg u. Cassel.

— Die. Zur Kunde der Sitten und Gebräuche der Vorfahren vorzüglich im Mittelalter (= Jugendbibliothek, hrsg. von J. M. Braun, 1. [einz.] Bd.). Mit Titelkpfr. (Schuler fils sc.). Stuttgart 1837. 8⁰.

— die, s. Jugend-Bibliothek, von J. M. Braun. 16 Bdchn.

AUS AACHENS VORZEIT. MITTHEILUNGEN DES VEREINS FÜR KUNDE DER AACHENER VORZEIT.
Im Auftrage des Vorstandes herausgegeben von Dr. KARL WIETH.
Jahrg. 2. (Mit 1 Plan und 1 Skizze.) ib. 1889. —
Im Auftrage (auch: Auftrag) des Vereins herausgegeben von HEINRICH SCHNOCK.
Jahrg. 3—6. ib. 1890—1893. — 7—9. (Mit Tafeln.) ib. 1894—1896. — 10—11. ib. 1897—1898. — 12. Mit Tafeln. ib. 1899. — 13. (Mit 1 Tafel.) ib. 1900. — 14—17. (Mit Tafeln.) ib. 1901—1904. —
Vorh. u. d. T.: Mitteilungen d. Vereins f. Kunde der Aachener Vorzeit. Jg. 1. 1888.

Aus Flensburgs **Vorzeit**. Beiträge zur Geschichte der Stadt. Hrgg. in zwanglosen Heften. Heft 1. Flensburg. 1887. 8°

Vorzeit u. Gegenwart. Ein periodisches Werk f. Geschichte, Literatur, Kunst u. Dichtung, s. Schottky, J. M.

—— und Gegenwart. Eine histor. Lese-Gabe zur Unterhalt. u. Belehr. f. alle Stände. Hrsg. v. M. A. Barth. 1—3. Jahrg. 1831—33. à 52 Lfgn. (Bog.) u. 52 Kpfrn. kl. Fol. Augsburg, Schlosser. à J.

Vorzeit und Gegenwart. Historisch-romantische Schilderungen aus Schwaben u. Franken. 1—3. Bd. Stuttgart 861. Fischhaber. 8. (3 Bl., 1117 S. u. 1 Lithogr.) Jeder Bd. n. 20 ngr.

— , Die, dargestellt in historischen Gemälden, Erzählungen etc. 42 Hefte (von à 100 u. mehr Seiten). Mit 42 Kpfrn., gest. v. F. Weishack (?), Wunder, V. Müller, E. v. Stadler. Ulm, Ebner, 1824—34. 12⁰. (13 Mk W. H. Kühl, Berlin, 1882; jetzt theurer!)

Vorzeit, die, dargest. in histor. Gemälden, Erzählungen ꝛc. zur Belehrung u. Unterhaltung. 42 Hfte. 16. (308½ B. u. 42 Kpfr.- u. Stnt.) Ulm 828—34, Ebner. à 4 Gr.

Vor- und Jetzt-Zeit der Grossherzoglich Oldenburgischen Stadt Eutin, im Fürstenthum Lübeck . . . Eutin 1836. H: *Herbart, G. F.* (schles)

Vor- und Jetzt-Zeit der Grossherzogl. Oldenburgischen Stadt Eutin, im Fürstenthum Lübeck, vormals Residenz der Bischöfe zu Lübeck. Mit 3 Abdrucken in Stein. Lübeck. 1836.

Aus der **Vorzeit** Plau's. Eine Sammlung von in der 'Plauer Zeitung' veröff. Aufsätzen. 2. Aufl. Plau: [L. Hancke] 1905. (31 S.) 8° [Umschlagt. J.]
[07. 4791 9

Vorzeit Preußens, s. a. Preußens Vorzeit.

— Preußens. Histor. Unterhaltungen, Gemälde u. Sagen der Vergangenheit, von Städten, Burgen, Schlössern u. Klöstern. Biographien u. s. w. In Verbindung mit mehrern herausgeg. v. Fr. Reiche. 1r—3r Jahrg. à 6 Hfte. u. Supplement. 1835—1838. Mit 17 Stahlst. u. 1 Karte. gr. 8. Berlin, Heymann. 6⅓ ß — dass. auch u. d. T.: Deutschlands Vorzeit. 1e Abtheil.: Preußens Vorzeit. 4 Bde. Mit 12 Stahlstichen. gr. 8. Ebd. 5⅓ ß

Vorzeit, Preußens. Histor. Unterhaltungen, Gemälde u. Sagen der Vergangenheit, von Städten, Burgen, Schlössern u. Klöstern, Biographien u. Züge aus dem Leben der Fürsten, Herren, Ritter u. Bürger ꝛc. Herausgeg. von Fr. Reiche. 2. Ausg. 17.—30. (letztes) Hft. Mit Stahlst. gr. 8. Berlin 842—44, Heymann. à n. ¼ ß

SCHLESIENS VORZEIT IN BILD UND SCHRIFT. Namens des Vereins für das unter dem Protectorate Ihrer Königlichen, später: K. K. Hoheit der Frau Kronprinzessin Friedrich Wilhelm stehende Museum schlesischer Alterthümer herausgegeben von HERMANN LUCHS.
Bd. I. Mit 26 Bildtafeln, einer archäologischen Karte von Schlesien und 8 Holzschnitten. Breslau 1870. Eduard Trewendt. 4°
A. u. d. T.:
Bericht des Vereins zur Errichtung eines Museums für schlesische Alterthümer.
1. Breslau 1859. Druck von Robert Nischkowsky.
Bericht des unter dem Protectorate Ihrer Königlichen Hoheit der Prinzessin Friedrich Wilhelm stehenden Vereines zur Errichtung eines Museums für schlesische Alterthümer.
2. (1)–2., fast ganz unveränderte Auflage. ib. 1860. Druck von Grass, Barth und Comp. (W. Friedrich).
Bericht des unter dem Protectorate Ihrer Königlichen Hoheit der Frau Kronprinzessin Friedrich Wilhelm stehenden Vereines des Museums für schlesische Alterthümer, später: Vereins für das Museum schlesischer Alterthümer.
3—7. Mit Bildtafeln. ib. 1862 - 1867. Druck von Robert Nischkowsky.
Schlesiens Vorzeit in Bild und Schrift. — Bericht des unter dem Protectorate Ihrer Königlichen Hoheit der Frau Kronprinzessin Friedrich Wilhelm stehenden Vereins für das Museum schlesischer Alterthümer.
Bericht 8–12. Mit Bildtafeln, 1 Karte, Holzschnitten . . . ib. 1867–1869. —
Bd. II. Mit 33 Bildtafeln und vielen Holzschnitten. Breslau 1875. Eduard Trewendt.
A. u. d. T.:
Schlesiens Vorzeit in Bild und Schrift. — Bericht des unter dem Protectorate Ihrer Königlichen, später: K. K. Hoheit der Frau Kronprinzessin Friedrich Wilhelm stehenden Vereins für das Museum schlesischer Alterthümer, herausgegeben von HERMANN LUCHS.
Bericht 13–22. Bd. II. Heft 1–10. Mit Bildtafeln und Holzschnitten. Breslau 1870—1874. Druck von Robert Nischkowsky.
Schlesiens Vorzeit in Bild und Schrift. — Bericht des unter dem Protectorate Ihrer K. K. Hoheit der Frau Kronprinzessin Friedrich Wilhelm stehenden Vereins für das Museum schlesischer Alterthümer.
Bericht 23—24. Bd. II. Heft 11–12. Mit Bildtafeln. ib. 1875. —
Bd. III. Mit 21 Bildtafeln und 18 Holzschnitten. Breslau 1881. Eduard Trewendt. 8°.
(Enthält:
Schlesiens Vorzeit in Bild und Schrift. — Bericht des unter dem Protectorate Ihrer Kaiserlichen und Königlichen Hoheit der Frau Kronprinzessin Friedrich Wilhelm stehenden Vereines für das Museum schlesischer Alterthümer.
Bericht 25—45. Breslau 1875—1880.)
Bd. IV. Schlesiens Vorzeit in Bild und Schrift. — Bericht des unter dem Protektorate Ihrer Kaiserlichen und Königlichen Hoheit der Frau Kronprinzessin Friedrich Wilhelm stehenden Vereines für das Museum schlesischer Alterthümer.
Bericht 46–51. Mit Bildtafeln. ib. 1881—1882.

Bericht 28 ersch. a. u. d. T.:
Beiträge zur schlesischen Alterthumskunde. Mit 4 Bildtafeln. Dem Vicepräses des Vereins für das Museum schlesischer Alterthümer, Herrn Geh. Medicinalrath Professor Dr. Goeppert, gewidmet zu seinem 50jährigen Doctorjubiläum am 11. Januar 1875. Breslau 1875. Druck von Robert Nischkowsky. 4°.

SCHLESIENS VORZEIT IN BILD UND SCHRIFT. — Bericht des unter dem Protektorate Ihrer Kaiserlichen und Königlichen Hoheit der Frau Kronprinzessin Friedrich Wilhelm stehenden Vereines für das Museum schlesischer Altert(h)ümer. (Herausgeber H. LUCHS.)
Bericht 52 bis 55—62. (Bd. IV. № 8-11 — 18.) Breslau, 1884 — Juni 1886. (Mit Tafeln.) Druck von Robert Nischkowsky in Breslau. 8°.

SCHLESIENS VORZEIT IN BILD UND SCHRIFT. Namens des Vereins für das unter dem Protektorate Ihrer Majestät der Kaiserin-Witwe Viktoria stehende Museum schlesischer Altertümer
herausgegeben von HERMANN LUCHS, fortgesetzt von GREMPLER und MARTIN ZIMMER.
Bd. IV. (Mit Tafeln.) Breslau 1888. Selbstverlag des Vereins. 8°.
(Enthält: Schlesiens Vorzeit in Bild und Schrift. Bericht des unter dem Protektorate Ihrer Kaiserlichen und Königlichen Hoheit der Frau Kronprinzessin Friedrich Wilhelm stehenden Vereines für das Museum schlesischer Alterthümer. Bericht 46. und 47–64. Breslau, 1881 – December 1887.)

SCHLESIENS VORZEIT IN BILD UND SCHRIFT. Zeitschrift des Vereins für das Museum schlesischer Altertümer.
Herausgegeben von W. GREMPLER, H. LUTSCH, E. v. CZIHAK und H. SEGER.
Bd. V. (Mit 37 Tafeln u. mit der Beilage: Erinnerungen an den ehemaligen Verein der schlesischen Freiwilligen aus den Befreiungskriegen von 1813–1815. Von einem Breslauer Landwehr-Offizier.) ib. 1894. —
(Enthält: Schlesiens Vorzeit in Bild und Schrift. Zeitschrift . . . Bericht 65 u. 66–83. Breslau. Mai 1888 – Januar 1894.)
Herausgegeben von W. GREMPLER und H. SEGER.
Bd. VI. (Mit Tafeln.) ib. 1896. —
Bd. VII. (Mit Tafeln und Autoren- und Sach-Register zu Bd. I–VII.) ib 1899. —
Neue Folge. — A. u. d. T.: JAHRBUCH des schlesischen Museums für Kunstgewerbe und Altertümer. Herausgegeben von KARL MASNER und HANS SEGER.
Bd. 1. Mit 10 Tafeln und zahlreichen Abbildungen im Texte. ib. 1900. Druck von Grass, Barth & Comp. (W. Friedrich).
Bd. 2. Mit 5 Tafeln und zahlreichen Abbildungen im Text. ib. 1902. Kommissionsverlag von Eduard Trewendt.
Bd. 3. Mit 6 Tafeln und zahlreichen Abbildungen im Text. Berlin 1904. —
Bd. 4. Mit 8 Tafeln und zahlreichen Abbildungen im Text. ib. 1907. —
Bd. 5. Mit 12 Tafeln und zahlreichen Abbildungen im Text. ib. 1909. —

Vorzeit, unsere. III. Germanische Volkssagen. Erzählt f. Jugend u. Volk v. J. Nover u. J. Wägner u. a. 3. [Tit.-] Aufl. Mit 43 Abbildgn. nach Zeichngn. v. Erdm. Wagner u. a. (V, 524 S.) 8. Leipzig [907] (910). O. Spamer. 7.50; geb. in Leinw. 8.50

Vorzug

— des philosophischen Frauenzimmers vor andern ihres Geschlechts. Bremen, Cramer, 1740. 8°. Cat. Monath IV. Nürnb. 1785. p. 340. — Rar!

VORZUG, Der gerettete, des männlichen vor dem weiblichen Geschlechte. O. O. 1721. 8°. Selten!

Vorzug, Der, des weiblichen Geschlechts vor dem männlichen . . . A. d. Latein. [Ulm 1780.] V: *Agrippa von Nettesheim, Heinrich Cornelius.* (BGE)
Vgl. Vorzüge . . .

Vorzug, d. große, d. Kinder Gottes vor den Kindern d. Welt im Leben, Krankheit u. Sterben, nach seiner Wichtigkeit vorgestellt ꝛc. (von D. G. Schöber). 8. Frankf. u. Leipz. 757.

Vorzug, Der grosse, der Kinder Gottes vor den Kindern der Welt im Leben, Krankheit und Sterben . . . Frankf. u. Leipzig 1757. V: *Schöber, David Gottfried.* (Ky) (Ml)

Vorzüge, die, des alten Adels; eine Erzählung. 8. Lemgo, Meyer. 772.

Vorzüge, Die, des alten Adels; eine Erzählung a. d. Franz. Lemgo 1772. Ü: *Benzler, Johann Lorenz.* (Ky) (MGT)

Vorzüge und Ehrerbietigkeit, Die Denen Christlichen Gottes-Häusern gebührende, . . . Breslau 1751. V: *Loos, Jacob.* (Kat. d. Druckschr. üb. Breslau. Breslau 1903. S. 254.)

— die, u. Gerechtsamen d. röm. Kaiser. 2 St. m. Anmerk. üb. d. Mönchsstand, nebst Forts. 8. Frankf. Eßlinger. (auch Hermann). 781.

Die **Vorzüge** und Gerechtsame des Römischen Kaisers gegen die Behauptungen der Römischen Curialisten aus der Geschichte bewiesen. o. O. u. J.

Vorzüge, die, des neuen Gesangbuches für die evangelisch-lutherische Kirche in Bayern im Vergleich mit dem bisher gebrauchten. Nürnberg 855. Raw. 8. (27 S.) 3 ngr.

— die, d. weiblichen Geschlechts vor dem männlichen, a. d. Lat. 8. Augsb. Bartholomäi. 780.

— die, d. weibl. Geschlechts vor dem männlichen; aus d. Latein. 8. Augsb. 780. (Streng in Frankf.) 4 K
Vgl. Vorzug...

Vorzüge, glückselige, Deutschlands in d. Person e. röm. Kaisers. 4. Bremen. 741.

Vorzüge, die, d. Roller'schen Kurzschrift. gr. 8. (8 S.) Berlin (895). (Leipzig, J. H. Robolsky.) n. — 05

Vorzüge, Die, des ächten Maurers in einer bey Gelegenheit der höchsten Geburtstagsfeier Ihres Durchlauchtigsten Beschützers [Alexander von Ansbach u. Bayreuth] gehaltenen Rede dargestellt in der g. u. v. Loge Libanon zu den drey Cedern den 24. Febr. 1785. Erlangen 1785. V: *Loschge, Friedrich Heinrich.* (wolfstieg I, 172)

Vorzüge, Die natürlichen, des Hafens und der Rhede von Wismar. [Wismar 1848.] V: *Martens, Carl & G. Walther.* (EB)

— über einige, des Naturrechts des K. A. v. Martini, (von Jos. Mader). gr. 8. Wien 774. Trattner. 8 K

— über die, d. Realgewerbsgerechtigkeiten im Gegensatze d. Nachtheile d. Verwandlung derselben in bloße Personalrechte. 8. Landsh. 815. Thomann. 5 K

Vorzüge, über die, der monarchischen Regierung, nach den Ansichten eines unparteiischen deutschen Weltweisen, allen Freunden u. Feinden der monarch. Verfassung gewidmet von einem Oesterreicher. gr. 8. Wien 833. Mechitaristen-Congregat.-Buchh. 1/3 Rthlr

Ueber die Vorzüge der Preussischen Regierung. Ein Aufsatz welcher bei der in dem Catholischen Schul-Institut zu Alt-Schottland den 24. Januar 1786 öffentlich begangenen Geburts-Feyer des Königs verfertigt worden. Marienwerder. 4.

Vorzüge, Die, der greifswaldischen hohen Schule in den reinen und heiligen Absichten ihrer ersten und andern Stiftung . . . Leipzig und Greifswald 1740. V: *Koch, Ehrenreich Christoph.* (Erman & Horn, Bibliogr. d. dtsch. Universitäten. 2. Leipz. u. Berl. 1904.)

— die, d. Stallfütterung, nebst e. Anweis. über d. Behandl. derselben. 8. Rostock 806. Stiller. 3 K

— die, d. Stenotachygraphie gegenüber der Gabelsberger'schen Redezeichenkunst u. d. Stolze'schen Stenographie. M. e. vergleich. Schriftprobe. V. mitteldeutschen Stenotachygraphen-Verbande. gr. 8. (4 S.) Leipzig-R., (Charlottenstr. 5, II) 897. H. Eckhardt. — 10

— die, d. Unwissenheit vor d. Weisheit u. Gelehrsamkeit. 8. Leipz. 771. Jacobäer. 4 K

Vorzüge, die, des deutschen Vaterlandes. 8. Erlangen, Heyder. 817. Rthlr.

— die, des deutschen Vaterlandes. 8. Erlang. 818. Heyder. 16 K

Vorzüge, Einige wesentliche, des öffentlichen vor dem Privatunterrichte. [Riga 1813.] V: *Willigerod, Johann Conrad Philipp.* (R-N)

Von den Vorzügen einer Nationaltracht. Ein Wort an Deutschlands Frauen. Frankfurt a. M. 1814. 8. . . . . (D.)

Vorzügen, von den, einiger Nationaltrachten. Ein Wort an Deutschlands Frauen. 8. Frankf. 814. Andreä. 4 K

Vorzüglichkeiten des hochbejahrten Standes für andere Alter des menschlichen Lebens. In e. kurtzen Vortrage...abgefasset. Franckfurt a.M. 1765: Diehl. 91 S. 8°

Vorzüglichste, das, über den Anbau u. die Behandlung der Runkelrübe zur Zuckerbereitung. Nach vieljähr. Erfahrung von einem prakt. Oekonomen. 1 verklebtes Couvert in 8. Leipzig 836. (Melzer.) 3/8 Rthlr

Vorzüglichste, das, üb. d. Anbau u. d. Behandlung d. Runkelrübe z. Zuckerbereitung. Nach vieljähr. Erfahr. von e. prakt. Oekonomen. 8. Leipzig 836. [Braunschweig, Westermann.] Verklebt.

Vorzugspreise, Subskriptionspreise, Serien- und Partiepreise, Aufhebung des Ladenpreises, Verlags- und Preisänderungen und Verbote von Büchern. Zusammenstellung der betreffenden Mitteilungen im Börsenblatt ... Bearb. von d. Red. d. Börsenblattes. [1.] 1910, Nr. 1. Leipzig: Börsenverein d. deutschen Buchh. 1910. 8°
(Börsenblatt f. d. deutschen Buchhandel. Jg. 77. Beil.) (10. 3044

Vorzugsrecht d. Kinder Gottes vor d. Kind. d. Welt etc. im Leben, Krankh. u. Sterben. 8. Nürnb. Endter.

Vorzugs-Rechte der Stapel- und Messgerechtigkeit in Leipzig . . . Leipzig 1741. V: *Born, Jac. Hnr.* (BrMm)

Vorzugs-Rechte, Vertheidigte hohe, der Churfürsten und Herzoge in Baiern . . . [München] 1789. V: *Eckartshausen, Carl von.* (Hr) (BrMm)

Vorzugsrechte, hohe vertheidigte, d. Churfürsten u. Herzoge in Baiern, gegen die Anmaßungen der Erzbischoffe von Salzburg. 8. München, Lentner. 789.

Vorzugs-Taxe f. alle Armen- u. Krankenkassen Münchens f. d. J. 1894. Hrsg. vom Verein der Apotheker Münchens. gr. 16. (24 S.) München 894. J. Grubert. n. 1. —

Vorzugs-Taxe f. alle Armen- u. Krankenkassen Münchens f. d. J. 1898. Hrsg. v. d. verein. Apothekern Münchens. gr. 16. (22 S.) München 898. (J. Grubert). In Leinw. kart. n. 1. —

Vorzugs-Taxe f. alle Armen- u. Krankenkassen Münchens f. d. J. 1899. Hrsg. von den vereinigten Apothekern Münchens. gr. 16. (26 S. m. 1 Plakat in Imp.-Fol.) München 899. (J. Grubert.) In Leinw. kart. n.n. 1.50

FSC
www.fsc.org
MIX
Papier | Fördert gute Waldnutzung
FSC® C083411

Kolibri 360 GmbH
Ferdinand-Jühlke-Straße 7
99095 Erfurt, Deutschland
produktsicherheit@kolibri360.de